生命科学名著

糖生物学基础

（原书第四版）

Essentials of Glycobiology

(Fourth Edition)

〔美〕A. 瓦尔基（A. Varki）
〔美〕J. D. 艾斯科（J. D. Esko）
〔美〕G. W. 哈特（G. W. Hart）
〔美〕D. 莫南（D. Mohnen）
〔澳〕N. H. 帕克（N. H. Packer）
〔美〕R. L. 施纳尔（R. L. Schnaar）
〔美〕R. D. 卡明斯（R. D. Cummings）
〔美〕P. 斯坦利（P. Stanley）
〔瑞士〕M. 艾比（M. Aebi）
〔日〕木下太郎（Taroh Kinoshita）
〔美〕J. H. 普利斯特加德（J. H. Prestegard）
〔德〕P. H. 西伯格（P. H. Seeberger）
主编

主　译　谢　然
副主译　陈萃英
主　审　金　城

本书由先思达（南京）生物科技有限公司资助

科 学 出 版 社

北　京

图字：01-2023-5869 号

内 容 简 介

本书系统地介绍了糖类（聚糖）在生命科学中的重要作用，内容涵盖了糖类的化学结构、糖基化过程、生物合成与代谢、主要糖复合物的生物学功能、进化与发育、生理与疾病中的聚糖、聚糖识别的基本原则、聚糖结合蛋白的结构、聚糖检测的主要方法及结构分析、糖生物信息学与糖组学、糖基化工程、生物技术与应用中的糖科学等前沿内容。本书章节编排合理有序，对基础概念与术语均进行了合理标识，文末罗列延伸阅读、词汇表、学习指南和附录等内容，便于读者学习查阅。

本书适合生物学、化学、医学、药学、材料科学等相关专业的本科生、研究生及科研人员阅读，同时也可作为从事糖科学研究的科学家与医药研发人员的经典参考用书。

图书在版编目（CIP）数据

糖生物学基础：原书第四版 / (美) A.瓦尔基 (A. Varki) 等主编；谢然主译. 北京：科学出版社, 2025. 3. -- (生命科学名著). -- ISBN 978-7-03-081050-2

Ⅰ. Q53

中国国家版本馆CIP数据核字第2025D6Q187号

责任编辑：罗 静 刘 晶 / 责任校对：宁辉彩
责任印制：肖 兴 / 封面设计：刘新新

科学出版社 出版
北京东黄城根北街16号
邮政编码：100717
http: //www. sciencep. com
北京建宏印刷有限公司印刷
科学出版社发行 各地新华书店经销
*
2025年3月第 一 版 开本：889×1194 1/16
2025年5月第二次印刷 印张：59 1/4
字数：1 920 000

定价：378.00元

（如有印装质量问题，我社负责调换）

译 者 序

我们非常荣幸地向读者们呈现《糖生物学基础》（原书第四版）的中译本。作为本书的译者，仅在这里与您分享翻译过程中的一些体会与感受。

从国学大师季羡林先生逾 80 万字的《糖史》到约翰斯 · 霍普金斯大学（Johns Hopkins University）人类学教授西敏司（Sidney W. Mintz）的著作《甜与权力——糖在近代历史上的地位》，均可以看出糖在人类历史与社会发展中的重要性毋庸置疑。从广为人知的焦糖美拉德反应（Maillard reaction）到人工代糖的健康争议，从新冠病毒刺突蛋白通过硫酸乙酰肝素引发感染到全球糖尿病人口的持续性攀升，显而易见，糖和糖生物学与我们的当代生活亦息息相关。

对于糖科学领域研究者而言，2001 年以来，欧美等发达国家和地区相继推出糖科学研究计划，以糖生物学和糖化学等传统研究范式为核心，积极布局，不断推进糖科学的基础研究和前沿探索。2024 年，中国国家自然科学基金委员会启动了“破译生命的糖质密码”重大研究计划，这不仅标志着我国在糖科学领域的研究开启了全新阶段，也为推动基于糖科学生物医学创新研究注入了新动力。

《糖生物学基础》（*Essentials of Glycobiology*）原著由阿吉特 · 瓦尔基（Ajit Varki）教授主编，为糖科学工作者提供了一部全面而不失精炼的糖生物学经典著作。原书第一版中译本由中国科学院微生物研究所张树政院士领衔执笔，经过国内糖科学工作者的多方努力，于 2003 年付梓刊印。书中针对聚糖的发生和功能，详细地阐述了糖生物学的发展历史、基础知识、糖链的生物和生理功能及其与人类生命健康关系等内容，一经问世，即引起了我国糖科学工作者和相关领域读者的广泛兴趣。无论是作为我求学期间的“入行必读”，还是时至今日开展研究工作时的“温故知新”，这本书依然是桌几上的首选。2022 年，恰值 *Essentials of Glycobiology* 一书的最新英文原版（第四版）问世及张树政先生百年诞辰，翻译团队决定将其译为中文，以纪念张先生的高瞻远瞩，同时希望我们绵薄的工作，能够助力我国糖科学的研究与教学，为更多的学生和读者朋友提供学术资源与灵感启迪，使他们从中受益。

翻译这部经典著作，兼具荣誉与责任，令人兴奋但也时刻充满挑战。首先，面对原著作者众多所导致的文化差异大、词汇术语多、文体风格杂、专业知识广等诸多困难，译者需要持之以恒的耐心、舍我其谁的热忱和一丝不苟的专业态度。其次，由于糖生物学的历史沿革与诸多生命科学的基础认知交错进行，许多旧有概念正在被不断刷新迭代。如何重点介绍糖生物学所需的必备概念，兼顾描述其他生命科学体系时必需的背景铺陈，是对翻译团队的无形考验。另外，本书在糖科学领域的知名度由来已久，如何在翻译过程中忠实原著的科学严谨性和思想深度，兼顾行文的流畅与可读性，从而不负众望传承经典，是摆在译者面前必须攻克的难关。因此，我们在翻译中主要进行了以下尝试：添加多级标题，便于读者确定各章节之间的关系，利于查找和定位相关信息；对关键内容进行颜色和字体标识，如专业术语和重要定义采用深蓝色标注，二名法命名采用紫色标注；聚糖相关疾病采用红色标注；催化聚糖反应的关键酶采用楷体字标识等；移植、补充并整理原版中在线附录的内容，提供更为全面的背景信息以飨读者；在章节中添加译注，帮助读者理解内容并修正部分错误。我们力求在忠实原著的基础上，确保译文的“原汁原味”，希冀糖生物学的“精妙”能够准确地传递给每一位读者，但限于学识与时间，疏漏之处在所难免，不当之处，诚请专家学者和广大读者批评指正。

翻译的过程中，我们不可避免地遇到了一些困难，也收获了来自专家同行们的建议、支持与鼓励。本书既是原著作者们的杰作，也是译者们共同努力的结晶。此外，衷心感谢科学出版社工作人员在图书校对与制图方面给予的专业支持，同时感谢先思达（南京）生物科技有限公司对本书翻译出版工作的赞助。最后，我们感谢糖科学领域的所有工作者，以及所有那些一直支持并期待着这本译作出版的读者朋友们，感谢所有糖科学研究小组中可爱、勤劳、聪慧、勇敢的研究生们，你们是糖科学未来的希望。我们衷心期待《糖生物学基础》（原书第四版）能够为您带来专业的知识与阅读的乐趣，并启发您探究糖科学的智慧与奥秘。谢谢！

谢 然

2024 年 3 月

原书序言

如何无障碍在线获取学术信息，已经困扰了学术研究人员20余年，而争论的核心则聚焦于如何将研究论文从期刊订阅的桎梏中解放出来。然而，随着近年来越来越多的期刊转变为开放获取，关注的焦点也随之转移到包括教科书在内的各类书籍，以及它们所面临的挑战：如何在保持财务收益的同时，向读者免费提供相关内容。在未来何去何从的争论之中，《糖生物学基础》20年来为实现这一目标的成功探索，却并未如预期一般广为人知。一切成就应该归功于两家非营利机构，与由本书的执行主编、不知疲倦的阿吉特·瓦尔基（Ajit Varki）所领导的科学家-编辑协会之间的通力合作。

《糖生物学基础》第一版于1999年付梓，同年，美国国立卫生研究院（NIH）院长哈罗德·瓦穆斯（Harold Varmus）提议创建一个免费提供所有最新研究论文手稿的电子档案馆。这一激进的"在线生物医学库"（Ebiomed）计划并未引发关注，但在当时的主编阿吉特的推动下，《临床研究期刊》（*Journal of Clinical Investigation*）杂志已经实现了在出版过程中免费在线提供所有文章内容。这一大胆的尝试极大地拓展了该期刊的读者群。受此鼓舞，作为糖生物学这一新兴的、跨学科领域的积极倡导者，阿吉特渴望为他的研究领域增加尽可能广泛的受众。因此，在本书付梓之际，他开始与出版商冷泉港实验室出版社（Cold Spring Harbor Laboratory Press, CSHLP）探讨如何免费提供教材内容。而对于一家在科学传播领域拥有百年创新历史的机构而言，一本开放获取的教科书的想法确实引人入胜。

美国国家生物技术信息中心（National Center for Biotechnology Information, NCBI）是美国国立卫生研究院国家医学图书馆的部门之一，由另一位对于打破信息流动障碍颇感兴趣的企业科学家大卫·李普曼（David Lipman）领衔。NCBI的一项革新是创建了开放的图书发布平台Bookshelf。在阿吉特和同事们的斡旋之下，糖生物学编辑协会（Consortium of Glycobiology Editors）（旗下编辑们共同拥有《糖生物学基础》的版权）在出版社与NCBI之间达成了一项协议，使人们能够在Bookshelf上获取、搜索和在线阅读该书的全部内容，而印刷版仍然可以通过出版社进行出售。这一协议在当时看来风险巨大，因为在线提供高质量的免费图书势必会限制印刷品的销售，使出版社无法回收创作该书所需的投资。

《糖生物学基础》的在线版本于2003年问世，其使用率之高，即使在五年之后，每周仍有来自世界各地数以百计的人士进行在线查阅。可以通过主流搜索引擎索引、维基百科引用、图书馆列表与链接，以及PubMed搜索引擎中的条目对这些内容进行访问。令人欣慰的是，人们对于印刷版的兴趣似乎也并未因此意兴阑珊。于是乎，当《糖生物学基础》第二版于2008年行将付梓之时，我们又做出了一个大胆的决定，即同时发行印刷版和Bookshelf版，这是在一本主流教科书中进行的首次尝试。该举措再一次收获了回报：印刷版销量大增，而在线内容的使用也再创新高。2017年的第三版采用了相同的方法。而今在第四版中，该项目得以继续发展，因为允许自由访问的Bookshelf目前同时提供了可供打印使用的印刷版，以及可从出版社网站独家下载，在各种便携式设备上轻松阅读的电子书版。

在编辑们、NCBI和出版社开展这项联合工作近20年后，热衷于糖生物学的读者们在如何查阅和使用最新版的《糖生物学基础》上，拥有了比以往更多的选择。在这一时期，人们的品味与信息习惯也发生了巨大的变化——尽管编辑协会成员里克·卡明斯[①]（Rick Cummings）的设计与插图十分雅致，制作水准一流，然而这样一本大部头的印刷版，对于读者的吸引力却大不如前。但《糖生物学基础》的使命却未曾改变。在糖生物学编辑协会的主体保持不变的同时，也招募了新一代的年轻作者薪火相传。在每个版本中，他们通力合作，创建了一个不仅可以满足资深研究者的需要，同时也吸引着学术新人来研究至关重要、多种多样、不断拓展的聚糖生物学的前沿知识库。冷泉港实验室出版社与NCBI的历任领导，仍在致力于确保编辑们策划的信息能够随时随地覆盖尽可能广泛的受众。谨代表我们的组织，祝贺糖生物学编辑协会，为糖科学文献做出了又一项非凡的、重要的和开创性的贡献。

约翰·英格利斯（John Inglis）
执行董事兼出版商，冷泉港实验室出版社

丽塔·萨卡（Rita Sarkar）
美国国家心肺和血液研究所（NHLBI）项目官员，美国国立卫生研究院

斯蒂芬·T. 谢里（Stephen T. Sherry）
美国国家生物技术信息中心（NCBI）代理主任，美国国家医学图书馆

① 即本书主编理查德·卡明斯（Richard Cummings）。

原书前言

有鉴于本书已经是该系列的第四个版本，理应回溯一下本项目的起源，同时向做出贡献的诸多个人与组织表示感谢。这些过往的记忆并非如计算机文件一般储存在我们的脑海中，而是必须在我们每每回忆之时重新构建，这使得它们容易随着时间的推移日渐褪色，亦或发生“变异”。但自 20 世纪 90 年代起，我们已经将电子邮件和其他电子记录存档，以交叉检验我们的记忆是否准确。通过挖掘这些档案并联系多方人士，我得以复原了一段可能并不完整，但却相当准确的历史。如下所述。

直至 20 世纪 70 年代，对生物系统中包括核酸、蛋白质、脂质和聚糖等主要类别的大分子的研究，仍然处于齐头并进的状态。然而至 20 世纪 80 年代末，大多数关于分子生物学的畅销书、专著和手册，都着重强调了 DNA、RNA 和蛋白质，对脂质也有一些关注，却显而易见地忽视了聚糖。人们对聚糖知之甚少，而且它们结构复杂，种类繁多，难于研究。这一反常现象也波及了流行期刊《当代分子生物学实验室指南》（*Current Protocols in Molecular Biology*），它由哈佛大学的专家们与格林出版社（Greene Publishing Associates）的莎拉 · 格林（Sarah Greene）于 1987 年合作创刊。但其中一位编辑，已故的生物化学领域研究员约翰 · 史密斯（John Smith），向期刊编委会提出增设关于聚糖的章节。显然这是与时任美国国立卫生研究院（National Institutes of Health，NIH）主任，后来成为《当代免疫学实验室指南》（*Current Protocols in Immunology*）期刊编辑的约翰 · 科利根（John Coligan）探讨之后的提议。其最终结果是在阿德里亚娜 · 曼齐（Adriana Manzi）、哈德森 · 弗里兹（Hudson Freeze）和我的领导下，卡伦 · 杨森（Kaaren Janssen）作为丛书编辑居中协调，形成了关于糖复合物制备与分析的一系列出版物。

至 20 世纪 90 年代，那些看起来“单打独斗”的少数从事聚糖研究的科学家们，已经接受了雷蒙德 · 德威克（Raymond Dwek）提出的“糖生物学”（glycobiology）这一术语，以及随之成立的同名协会与期刊。在加州大学圣迭戈分校（UCSD），一小群爱好者在加州大学圣迭戈分校癌症中心（UCSD Cancer Center）成立了一个糖生物学项目，并与由乔治 · 帕拉德（George Palade）和玛丽莲 · 法夸尔（Marylin Farquhar）所创建的细胞和分子医学部（the Division of Cellular and Molecular Medicine）一起，招募了杰米 · 玛斯（Jamey Marth）和杰夫 · 艾斯科（Jeff Esko）[①]。同时还与当时拉荷亚癌症研究基金会（La Jolla Cancer Research Foundation），即现在的桑福德 · 伯纳姆 · 普雷比斯医学发现研究所（Sanford Burnham Prebys）的一个平行项目合作，组织了圣迭戈糖生物学年度研讨会。研究生选修课糖生物学基础（Essentials of Glycobiology）在加州大学圣迭戈分校已经开设多年，将其转化为一本教材可谓顺理成章，水到渠成。在 1996 年 12 月 23 日发给糖生物学项目成员的电子邮件中，我写道：“当我在希腊参加糖免疫学（GlycoImmunology）会议时，我与杰瑞 · 哈特（Jerry Hart）[②]和里克 · 卡明斯（Rick Cummings）[③]就他们提议的糖生物学专著进行了长时间的交谈。他们对与我们一同合作，在 1998 年开设糖生物学课程，并出版一本书的可能性很感兴趣。”通力合作下，我们组建了“糖生物学编辑协会”（Consortium of

---

① 即本书主编杰弗里 · 艾斯科（Jeffery Esko）。

② 即本书主编杰拉德 · 哈特（Gerald Hart）。

③ 即本书主编理查德 · 卡明斯（Richard Cummings）。

Glycobiology Editors，CGE)，协会提议编写一本名为《糖生物学基础》的研究生教科书。

在寻找出版商时，我们有一个优势，那就是前文所述的与卡伦·杨森的故交，他目前在冷泉港实验室出版社（Cold Spring Harbor Laboratory Press，CSHLP）工作，我们由他介绍，认识了出版社执行董事约翰·英格利斯（John Inglis），在权衡了一些选项之后，与这一久负盛名的非营利性组织签订协议，可以说是一个必然选择。另外一项重要因素是约翰所具有的前瞻性，他愿意考虑我们所提出的一项不同寻常的要求：确保在网络上免费搜索和阅读本书内容。这本史无前例的大型教科书能够成功付梓，得益于另一个巧合：我刚好卸任了《临床研究期刊》（*Journal of Clinical Investigation*，JCI）的主编一职，在任期间，我们充分利用了期刊在线展示（在当时是一个全新概念）的特点，将其免费提供给所有读者。这种方法后来被称之为"开放获取"（open access)。

《临床研究期刊》开放获取试验的成功，促成了时任美国国家医学图书馆（National Library of Medicine）美国国家生物技术信息中心（National Center for Biotechnology Information，NCBI）的新主任大卫·李普曼（David Lipman）对 PubMed 中心咨询委员会的邀请。NCBI 正是 GenBank、PubMed 和其他许多免费在线生物信息资源库的所在地。李普曼毫不犹豫地接受了编辑们和冷泉港实验室出版社的建议，在 NCBI Bookshelf 平台上将整本著作免费提供给所有读者，供世界上任何可以联网的人群进行搜索和阅读——最终还包括了书中每张插图幻灯片的下载权限。NCBI 的乔·麦肯泰尔（Jo McEntyre）以及随后的马里鲁·霍普纳（Marilu Hoeppner）与出版社和编辑们密切合作，使得这一切成为可能。虽然李普曼近期从 NCBI 离职卸任，我们幸运地看到，NCBI 的继任领导吉姆·奥斯特尔（Jim Ostell）和现在的史蒂夫·谢里（Steve Sherry）仍然继续支持网络版。尽管后来美国国立卫生研究院院长办公室（the Office of the NIH Director）考虑支持这项工作，但如果没有全国性的竞争及一位匿名捐赠者的介入，帮助出版社承担了部分费用，他们仍然无法实现这一任务。然而，编辑"部门"（office）仍然需要来自行政管理上的支持。幸运的是，美国国家心肺和血液研究所（the National Heart，Lung，and Blood Institute，NHLBI）向加州大学圣迭戈分校糖生物学研究和培训中心（Glycobiology Research and Training Center，GRTC）（该中心由杰夫·艾斯科和我共同领导）的成员们提供了一项聚焦于糖生物学的长期基金项目，可用于支持本工作，随之而来的基金项目源自美国国家心肺和血液研究所糖科学卓越计划（the NHLBI Programs of Excellence in Glycosciences）（2011—2019）以及美国国家糖科学卓越人才职业发展联盟（National Career Development Consortium for Excellence in Glycosciences）（K12，2018—2023），该协会侧重于对博士后在糖科学中进行全方位沉浸式训练。美国国家心肺和血液研究所对以上项目的资助，以及对本书的支持，均由项目专员丽塔·萨卡（Rita Sarkar）牵头，没有她的奉献与不懈支持，这一切都不可能发生。

与前一版本一致，糖生物学编辑协会（现已注册为美国非营利性组织）的编辑们同意将本书完全视为对科学界的无私奉献，婉拒来自本书的任何个人收入。相反，我们将把支付生产成本费用后产生的任何剩余收入，用于进一步扩大本书在糖科学界的影响力。早期版本的编辑们也已经同意，将之前版本的剩余收入用于同一目标。

NCBI 在本书第三版中支持的另外两个衍生项目，现在由具有国际代表性的委员会独立运行，即现由娜塔莎·扎查拉（Natasha Zachara）领导的 NCBI 聚糖网页（the NCBI Glycans Page），以及现由斯里拉姆·尼拉梅格姆（Sriram Neelamegham）领导的聚糖符号命名法（Symbol Nomenclature for Glycans，SNFG）。这本书的另一个特色是出色的插图，主要由里克·卡明斯（Rick Cummings）完成（在本版及所有之前的版本中），并且所有图表均可通过下载幻灯片的形式获取。此外，还要特别感谢洛伦佐·卡萨利诺（Lorenzo Casalino）和罗米·阿马罗（Rommie Amaro）为本书第四版封面提供冠状病毒刺突蛋白的图片。

从本书第一版至第四版，我们在编辑和合著者的性别平衡（女性比例从 8% 上升至 39%）、编辑与合著者总人数（从 13 人上升至 131 人），以及国际参与度（从 8% 上升至 56%）等方面均有了逐步改善。NCBI 的使用统计显示，自 2011 年以来，共有 2 036 226 个独立的 IP 地址进行了 2 213 203 次访问。这要归功于冷泉港实验室出版社团队：丹尼斯 · 魏斯（Denise Weiss）、凯瑟琳 · 布比奥（Kathleen Bubbeo）、伊内兹 · 西亚利亚诺（Inez Sialiano）、卡罗尔 · 布朗（Carol Brown）和马拉 · 马祖洛（Mala Mazzullo）。NCBI Bookshelf 团队：斯黛西 · 莱思罗普（Stacy Lathrop）、金 · 普鲁伊特（Kim Pruitt）、苏珊 · 道格拉斯（Susan Douglas）、戴安娜 · 乔丹（Diana Jordan）和杰夫 · 贝克（Jeff Beck）。PubChem 的伊万 · 博尔顿（Evan Bolton），以及虽然最后提及，但至关重要的加州大学圣迭戈分校糖生物学研究和培训中心的"糖类图书管理员"（Glycobook Administrator）阿曼达 · 库尔沃（Amanda Cuervo），她是本书的总协调人。

第四版的大多数作者都是像我一样的"潮人"[①]，很可能无法参与下一版的工作。因此，这本书和这一领域的未来，将由年轻一代的糖科学达人，例如我们在这一版中所招募的那些共同作者们决定。我们希望他们能够实现将聚糖重新引入"分子生物学"主流的历史使命。

阿吉特 · 瓦尔基（Ajit Varki）
谨代表糖生物学协会的诸位作者

① 对应原文为 Boomers，代指 1946 ～ 1965 年婴儿潮出生的人群。

对《糖生物学基础》早期版本的点评

第 一 版

“糖生物学是一个正在取得惊人进展的领域，它逐步揭示了糖蛋白和蛋白聚糖在真核细胞的组织与功能中的关键作用，尤其是在多细胞生物体中。糖生物学……已经为在不久的将来取得进一步的重大进展做好了准备。这本书……将极大地帮助所有准备进入这个具有挑战，但又充满希望的领域的人。”

——乔治 · E. 帕拉德（George E. Palade），1974 年诺贝尔生理学或医学奖得主

“精确的规律支配着核酸和蛋白质的线性序列，但复杂的碳水化合物呢？是否存在碳水化合物的代码？碳水化合物的序列是否决定了携带它们的蛋白质和脂质的行为？本书为回答这些适时的问题提供了必要的背景知识。在功能基因组学时代，这本书对于任何遇到具有未知糖类修饰的新分子的人来说，都是不可或缺的。”

——迈克尔 · S. 布朗（Michael S. Brown）和约瑟夫 · L. 戈尔茨坦（Joseph L. Goldstein），1985 年诺贝尔生理学或医学奖得主

“随着生物学家可获得的文献继续以不断增长的速度扩展，我们更倾向于专业化……当然，这种做法充满了危险。最激动人心的研究进展，往往是那些将一个领域的知识汇总在一起，并展现出它适用于另一个领域的研究进展……因此，《糖生物学基础》对我们所有人都具有重大价值，并且对于在生物学所有分支领域工作的人而言都很重要。”

——埃德温 · G. 克雷布斯（Edwin G. Krebs），1992 年诺贝尔生理学或医学奖获得者

“许多分子生物学家闻糖基（glyco-）而色变……谢天谢地，这本糖生物学的专著为揭开这一复杂领域的神秘面纱贡献卓越。这本专著合乎逻辑，详尽周到，同时对每个主题的介绍简洁明快，令人耳目一新。尽管人们对于糖基化固有的生物学特性知之甚少，但本书对已知内容的介绍清晰而严谨。这是我六年前对该领域产生兴趣时所梦寐以求的教科书。我推荐它作为一本知识丰富且可读性强的信息来源……”

——理查德 · J. 罗伯茨（Richard J. Roberts），1993 年诺贝尔生理学或医学奖得主

第 二 版

“我自己的研究生涯多次与糖生物学不期而遇——大肠杆菌肠毒素的神经节苷脂亲和纯化，红细胞 Rh 血型抗原的分离，以及 *N*- 糖基化水通道蛋白的分子阐释。这些碳水化合物的生物学重要性总是耐人寻味，但却时而令人困惑。现在，《糖生物学基础》第二版的问世，为像我这样的非专业人士以及行家里手提供

了对于这一重要科学领域的简明概述。该书明确地阐述了糖生物学的基本原理和复杂碳水化合物在疾病中的作用，是所有生物医学科学工作者的重要读物。”

——彼得·阿格雷（Peter Agre），2003 年诺贝尔化学奖得主

“我与糖蛋白的首次相遇是 1957 年，在我的论文中研究了蛋白质对长链糖透明质酸物理特性的影响。1990 年，我开始与牛津大学糖生物学研究所建立合作关系，这是一个糖生物学先锋实验室，正是其主任雷蒙德·德威克（Raymond Dwek）提出了‘糖生物学’这一术语。我们启动了一项计划，从而为丙型肝炎病毒（HCV）和可能对预防和治疗其他病毒性疾病产生深远影响的许多其他病毒设计了全新的潜在药物——亚氨基糖。《糖生物学基础》是了解翻译后生化反应的主要资源，这些生化反应影响了由基因产生的蛋白质的功能和命运，而这些蛋白质则因其添加的糖而发生了显著的变化。”

——巴鲁克·S. 布隆伯格（Baruch S. Blumberg），1976 年诺贝尔生理学或医学奖得主

“法国作家、诗人和数学家保罗·瓦莱里（Paul Valery）曾经说过：*Ce qui est simple est faux, ce qui est compliqué est incomprehensible*（简单的东西是错误的，复杂的东西是不可理解的）。嗯，虽然不错，但这次不是。《糖生物学基础》第二版印刷精美，图文并茂，以简单且绝对精确的术语，揭示了糖生物学的复杂奥秘。40 年前当我在这个领域努力工作时，我会不惜一切代价想要得到这本百科全书式的著作。”

——埃德蒙·H. 费歇尔（Edmond H. Fischer），1992 年诺贝尔生理学或医学奖得主

第三版

“糖生物学领域已日臻成熟。诺贝尔奖获得者对早期版本的评论，反映出长期以来的信念，即该领域的研究将揭示各式各样的聚糖链所发挥出的核心功能。现在，由于分析化学的进步，以及对基因组、细胞和组织形态更深入的了解，该领域已经王者归来。《糖生物学基础》第三版是针对这一主题的权威论著，涵盖了该领域的各个方面，由全球该研究领域的执牛耳者们书就。”

——詹姆斯·E. 罗斯曼（James E. Rothman），2013 年诺贝尔生理学或医学奖得主

“由于难以人工分析和合成，聚糖常常被简单忽略。如此这般的结果，导致人们对生命体中的一个重要组成部分视而不见。聚糖不仅仅是装饰，还进一步放大了它们所连接的、已经非常多样化的分子的多样性，影响蛋白质的折叠和稳定性，指挥细胞内的运输，充当自我与非我的指示牌，创造保护我们的屏障，反之，聚糖也保护了微生物，使其中一些成为了病原体。很难想象一个没有复杂糖类的世界，但假使这样的世界真的存在，也必将式微。《糖生物学基础》第三版可能会改变那些尚未接触过糖生物学的科学家们的生活，而对于那些已经从事糖生物学的科学家而言，它无疑是一个宝贵的资源。”

——布鲁斯·博伊特勒（Bruce Beutler），2011 年诺贝尔生理学或医学奖得主

“聚糖的重要性早已获得了认可，并且在这类天然化合物的合成和化学分析方面，研究者已经取得了巨大进展。在我的研究领域——结构生物学中，糖蛋白与那些复杂的多组分大分子体系中的碳水化合物分子，一直并且依然令人为难。我由衷地赞赏这本多作者的著作所呈现出的努力，该书在当前丰富的化

学和生物学数据的背景下，介绍了使用结构生物学方法所获得的结果。我推荐《糖生物学基础》第三版，作为研究该领域现状的一份极其有用的参考书。”

——库尔特·维特里希（Kurt Wüthrich），2002 年诺贝尔化学奖得主

“我们通常认为，免疫系统的进化是为了对付那些表达‘外来’蛋白质（和多肽）的入侵病原体，它们以特定的识别单元，尤其是以分泌的抗体和与细胞结合的 T 淋巴细胞受体作为靶标。随着分子革命的展开，这种依赖于基因型和表型之间合理而直接相关的科学，已经变得简单明了。更加难以评估的是糖基化特征在免疫识别和病原体消除中所发挥的作用。也许更耐人寻味的是癌症和许多其他疾病过程中的聚糖异常和识别作用。现在，在由该领域权威泰斗们所撰写的第三版《糖生物学基础》中，我们了解了这些知识如何快速发展，并且看到了在理解和治疗方面取得真正突破的可能性。”

——彼得·C. 杜赫提（Peter C. Doherty），1996 年诺贝尔生理学或医学奖得主

编著者名单

执行编辑

阿吉特·瓦尔基（Ajit Varki），加州大学圣迭戈分校医学和细胞与分子医学杰出教授，糖生物学研究和培训中心（GRTC）创始主任，拉霍亚，加利福尼亚州，美国

编辑

理查德·D. 卡明斯（Richard D. Cummings），贝斯以色列女执事医疗中心（BIDMC）外科教授，哈佛医学院美国国家功能糖组学中心主任，波士顿，马萨诸塞州，美国

杰弗里·D. 艾斯科（Jeffrey D. Esko），加州大学圣迭戈分校细胞与分子医学杰出教授，糖生物学研究和培训中心创始主任，拉霍亚，加利福尼亚州，美国

帕梅拉·斯坦利（Pamela Stanley），霍勒斯·W. 戈德史密斯（Horace W. Goldsmith）基金会主席、阿尔伯特爱因斯坦医学院细胞生物学教授，布朗克斯，纽约州，美国

杰拉德·W. 哈特（Gerald W. Hart），佐治亚研究联盟，药物发现领域资深学者，佐治亚大学复杂碳水化合物研究中心生物化学与分子生物学威廉·亨利·特里（William Henry Terry）教授，雅典，佐治亚州，美国

马库斯·艾比（Markus Aebi），苏黎世联邦理工学院真菌学教授，微生物研究所，生物学系，苏黎世，瑞士

黛布拉·莫南（Debra Mohnen），杰出研究教授，佐治亚州田径协会复杂碳水化合物研究教授，生物化学和分子生物学教授，佐治亚大学复杂碳水化合物研究中心，雅典，佐治亚州，美国

木下太郎（Taroh Kinoshita），大阪大学特聘主席和教授，薮本（Yabumoto）疑难病研究科，微生物疾病研究所，免疫学前沿研究中心，大阪，日本

妮可·H. 帕克（Nicolle H. Packer），麦考瑞大学分子科学杰出教授，悉尼，澳大利亚；格里菲斯大学糖组学研究所，首席研究负责人，黄金海岸，澳大利亚

詹姆斯·H. 普利斯特加德（James H. Prestegard），佐治亚大学复杂碳水化合物研究中心教授和名誉学者，雅典，佐治亚州，美国

罗纳德·L. 施纳尔（Ronald L. Schnaar），约翰斯·霍普金斯大学药理学和神经科学系教授，巴尔的摩，马里兰州，美国

彼得·H. 西伯格（Peter H. Seeberger），马克斯普朗克胶体与界面研究所所长，波茨坦，德国；柏林自由大学教授，柏林，德国

合著者

秋元义弘（Yoshihiro Akimoto），杏林大学医学院教授，东京，日本

索尼娅·维雷娜·阿尔伯斯（Sonja-Verena Albers），德国弗莱堡大学教授，布赖斯高地区，弗莱堡，德国

安形高志（Takashi Angata），台湾“中研院”生物化学研究所副研究员，台北，中国台湾

赫苏斯·安古洛（Jesús Angulo），塞维利亚大学高级研究员，塞维利亚，西班牙

木下圣子（Kiyoko F. Aoki-Kinoshita），创价大学聚糖与生命系统集成中心教授，东京，日本

苏珊·L. 贝利斯（Susan L. Bellis），阿拉巴马大学教授兼讲席教授，伯明翰，阿拉巴马州，美国

卡罗琳·R. 贝尔托齐（Carolyn R. Bertozzi），斯坦福大学教授，斯坦福，加利福尼亚州，美国

迈克尔·博伊斯（Michael Boyce），杜克大学副教授，达勒姆，北卡罗来纳州，美国

托马斯·布劳克（Thomas Braulke），汉堡埃彭多夫大学医学中心教授，汉堡，德国

因卡·布罗克豪森（Inka Brockhausen），女王大学副教授，金斯顿，安大略省，加拿大

马修·P. 坎贝尔（Matthew P. Campbell），格里菲斯大学糖组学研究所研究员，昆士兰，澳大利亚

陈希（Xi Chen），加州大学戴维斯分校教授，戴维斯，加利福尼亚州，美国

埃莉斯·奇福罗（Elise Chiffoleau），南特大学法国国家健康与医学研究所研究员，南特，法国

亨利克·克劳森（Henrik Clausen），哥本哈根大学哥本哈根糖组学中心教授，哥本哈根，丹麦

凯伦·J. 科利（Karen J. Colley），伊利诺伊大学芝加哥分校教授兼院长，芝加哥，伊利诺伊州，美国

约翰·库奇曼（John Couchman），哥本哈根大学名誉教授，哥本哈根，丹麦

南希·达姆斯（Nancy Dahms），威斯康星医学院教授，密尔沃基，威斯康星州，美国

艾伦·G. 达维尔（Alan G. Darvill），佐治亚大学复杂碳水化合物研究中心主任兼董事会教授，雅典，佐治亚州，美国

本杰明·G. 戴维斯（Benjamin G. Davis），罗莎琳德·富兰克林研究所和牛津大学教授兼科学主任，牛津，英格兰

玛蒂娜·德尔比安科（Martina Delbianco），马克斯普朗克胶体与界面研究所课题组长，波茨坦，德国

马修·P. 德利萨（Matthew P. DeLisa），康奈尔大学化学与生物分子工程教授，伊萨卡，纽约州，美国

安妮·戴尔（Anne Dell），英国伦敦帝国理工学院教授兼生命科学系主任，伦敦，英国

塔玛拉·L. 多林（Tamara L. Doering），华盛顿大学医学院教授，圣路易斯，密苏里州，美国

库尔特·德里卡默（Kurt Drickamer），英国伦敦帝国理工学院教授，伦敦，英国

杰里·艾希勒（Jerry Eichler），内盖夫本 - 古里安大学教授，贝尔谢巴，以色列

玛丽莲·E. 埃茨勒（Marilynn E. Etzler），加州大学戴维斯分校教授，戴维斯，加利福尼亚州，美国

迈克尔·A. J. 弗格森（Michael A. J. Ferguson），邓迪大学生命科学学院钦定教授，邓迪，英国

达龙·I. 弗里德伯格（Darón I. Freedberg），美国食品药品监督管理局生物制品评价与研究中心高级科学家，银泉，马里兰州，美国

哈德森 · H. 弗里兹（Hudson H. Freeze），桑福德 · 伯纳姆 · 普雷比斯医学发现研究所教授，圣迭戈，加利福尼亚州，美国

藤田盛久（Morihisa Fujita），江南大学教授，无锡，江苏省，中国

帕斯卡 · 加纽克斯（Pascal Gagneux），加州大学圣迭戈分校教授，拉霍亚，加利福尼亚州，美国

卡米尔·戈杜拉（Kamil Godula），加州大学圣迭戈分校糖生物学研究和培训中心副教授兼副主任，拉霍亚，加利福尼亚州，美国

迈克尔 · G. 哈恩（Michael G. Hahn），佐治亚大学复杂碳水化合物研究中心教授，雅典，佐治亚州，美国

罗伯特 · S. 哈蒂旺格（Robert S. Haltiwanger），佐治亚大学复杂碳水化合物研究中心 GRA 杰出学者，雅典，佐治亚州，美国

文森特 · 哈斯考尔（Vincent Hascall），克利夫兰医学中心勒纳研究所教授，克利夫兰，俄亥俄州，美国

斯图尔特 · M. 哈斯拉姆（Stuart M. Haslam），英国伦敦帝国理工学院教授，伦敦，英格兰

蒂埃里 · 亨内特（Thierry Hennet），瑞士苏黎世大学生理学研究所教授，苏黎世，瑞士

伯纳德 · 亨利萨特（Bernard Henrissat），丹麦技术大学教授，孔恩斯灵比，丹麦

卡琳 · M. 霍夫迈斯特（Karin M. Hoffmeister），Versiti 转化糖组学中心和血液研究所教授，讲席教授兼主任，沃瓦托萨，威斯康星州，美国

科内利斯 · H. 霍克（Cornelis H. Hokke），荷兰莱顿大学医学中心教授，莱顿，荷兰

安妮 · 安伯蒂（Anne Imberty）法国国家科学研究中心（CNRS）植物大分子研究中心（CERMAV）研究主任，格勒诺布尔，法国

哈米德 · 贾法尔 - 内贾德（Hamed Jafar-Nejad），贝勒医学院教授，休斯敦，得克萨斯州，美国

神奈木玲儿（Reiji Kannagi），台湾“中研院”生物医学科学研究所特聘研究员，台北，中国台湾

尼古拉斯 · G. 卡尔森（Niclas G. Karlsson），奥斯陆城市大学教授，奥斯陆，挪威

加藤耕一（Koichi Kato），日本国立自然科学研究所探索研究中心教授，冈崎，日本

邱继辉（Kay-Hooi Khoo），台湾“中研院”生物化学研究所特聘研究员，台北，中国台湾

詹妮弗 · J. 科勒（Jennifer J. Kohler），得克萨斯大学西南医学中心副教授，达拉斯，得克萨斯州，美国

斯内哈 · 苏达 · 科马特（Sneha Sudha Komath），贾瓦哈拉尔尼赫鲁大学生命科学学院教授，新德里，印度

斯图尔特 · 科恩菲尔德（Stuart Kornfeld），圣路易斯华盛顿大学医学院教授，圣路易斯，密苏里州，美国

戈登 · 劳克（Gordan Lauc），萨格勒布大学教授，克罗地亚

卡利托 · B. 莱布里拉（Carlito B. Lebrilla），加州大学戴维斯分校特聘教授，戴维斯，加利福尼亚州，美国

德克 · J. 勒费伯（Dirk J. Lefeber），拉德堡德大学医学中心教授，奈梅亨，荷兰

内森 · E. 刘易斯（Nathan E. Lewis），加州大学圣迭戈分校副教授，拉霍亚，加利福尼亚州，美国

阿曼达 · L. 刘易斯（Amanda L. Lewis），加州大学圣迭戈分校糖生物学研究和培训中心教授兼副主任，拉霍亚，加利福尼亚州，美国

乌尔夫·林达尔（Ulf Lindahl），乌普萨拉大学名誉教授，乌普萨拉，瑞典

罗伯特·J. 林哈特（Robert J. Linhardt），伦斯勒理工学院院长，特洛伊，纽约州，美国

弗雷德里克·利萨切克（Frédérique Lisacek），日内瓦大学，瑞士生物信息学研究所课题组长，日内瓦，瑞士

刘扶东（Fu-Tong Liu），台湾“中研院”副院长，台北，中国台湾

刘健（Jian Liu），北卡罗来纳大学埃谢尔曼药学院教授，教堂山，北卡罗来纳州，美国

托德·L. 洛瓦里（Todd L. Lowary），台湾“中研院”生物化学研究所特聘研究员，台北，中国台湾

拉腊·K. 玛哈尔（Lara K. Mahal），阿尔伯塔大学，加拿大卓越研究讲席教授，埃德蒙顿，阿尔伯塔省，加拿大

罗杰·P. 麦克埃弗（Rodger P. McEver），俄克拉荷马医学研究基金会研究副总裁，俄克拉荷马城，俄克拉荷马州，美国

凯瑟琳·L. R. 梅里（Catherine L. R. Merry），诺丁汉大学干细胞糖生物学教授，诺丁汉，英国

本杰明·H. 迈耶（Benjamin H. Meyer），杜伊斯堡 - 埃森大学，分子酶技术与生物化学，德国

安东尼奥·莫利纳（Antonio Molina），马德里理工大学植物生物技术与基因组学中心教授兼主任，马德里，西班牙

罗伯特·J. 穆恩（Robert J. Moon），美国农业部林务局林产品实验室材料研究工程师，麦迪逊，威斯康星州，美国

凯利·W. 莫尔曼（Kelley W. Moremen），佐治亚大学复杂碳水化合物研究中心教授，雅典，佐治亚州，美国

珍妮·C. 莫蒂默（Jenny Mortimer），阿德莱德大学副教授，格伦奥斯蒙德，南澳大利亚州，澳大利亚

芭芭拉·穆洛伊（Barbara Mulloy），英国伦敦帝国理工学院糖科学实验室客座教授，伦敦，英国

中藤弘（Hiroshi Nakato），明尼苏达大学教授，明尼阿波利斯，明尼苏达州，美国

斯里拉姆·尼拉梅格姆（Sriram Neelamegham），纽约州立大学布法罗分校教授，布法罗，纽约州，美国

马尔科姆·A. 奥尼尔（Malcolm A. O’Neill），佐治亚大学复杂碳水化合物研究中心副研究员，雅典，佐治亚州，美国

冈岛徹也（Tetsuya Okajima），日本名古屋大学医学院教授，名古屋，日本

赫尔曼·S. 奥弗克利夫特（Hermen S. Overkleeft），荷兰莱顿大学教授，莱顿，荷兰

大关泰裕（Yasuhiro Ozeki），日本横滨市立大学理学院教授，横滨，日本

弗拉迪斯拉夫·帕宁（Vladislav Panin），得克萨斯农工大学教授，大学城，得克萨斯州，美国

阿曼多·帕罗迪（Armando Parodi），莱洛伊尔研究所基金会教授，布宜诺斯艾利斯，阿根廷

凯瑟琳娜·帕辛格（Katharina Paschinger），自然资源与生命科学大学生物化学研究所，维也纳，奥地利

马库斯·保利（Markus Pauly），杜塞尔多夫大学教授，杜塞尔多夫，德国

塞尔吉 · 佩雷斯（Serge Perez），法国国家科学研究中心名誉研究主任，格勒诺布尔，法国

迈克尔 · J. 皮尔斯（Michael J. Pierce），佐治亚大学特聘教授和穆德特（Mudter）癌症研究教授，雅典，佐治亚州，美国

加布里埃尔 · A. 拉宾诺维奇（Gabriel A. Rabinovich），布宜诺斯艾利斯大学国家科学研究委员会生物与实验医学研究所教授，布宜诺斯艾利斯，阿根廷

T. N. C. 拉姆亚（T. N. C. Ramya），印度微生物技术研究所科学与工业研究委员会首席科学家，昌迪加尔，印度

塞尔索 · A. 雷斯（Celso A. Reis），波尔图大学 i3S 健康研究与创新研究所教授，波尔图，葡萄牙

詹姆斯 · M. 里尼（James M. Rini），多伦多大学教授，多伦多市，安大略省，加拿大

弗朗索瓦丝 · H. 鲁蒂埃（Françoise H. Routier），汉诺威医学院临床生物化学研究所教授，汉诺威，德国

宝琳 · M. 拉德（Pauline M. Rudd），新加坡 A*Star 生物加工技术研究所客座研究员，新加坡；爱尔兰都柏林大学兼职教授，都柏林，爱尔兰

罗伯特 · 萨克斯坦（Robert Sackstein），佛罗里达国际大学健康事务高级副校长兼医学院院长，迈阿密，佛罗里达州，美国

罗杰 · 桑德霍夫（Roger Sandhoff），德国癌症研究中心，海德堡，德国

莉莉安娜 · 谢弗（Liliana Schaefer），歌德大学教授，法兰克福，德国

梅兰妮 · A. 辛普森（Melanie A. Simpson），北卡罗来纳州立大学教授兼系主任，罗利，北卡罗来纳州，美国

查德 · 斯劳森（Chad Slawson），堪萨斯大学医学中心副教授，堪萨斯城，堪萨斯州，美国

理查德 · 斯蒂特（Richard Steet），格林伍德遗传学中心研究总监，格林伍德，南卡罗来纳州，美国

肖恩 · R. 斯托威尔（Sean R. Stowell），哈佛医学院布莱根妇女医院副教授，波士顿，马萨诸塞州，美国

阿瓦德莎 · 苏罗利亚（Avadhesha Surolia），印度科学理工学院，班加罗尔，印度

铃木匡（Tadashi Suzuki），理化学研究所（RIKEN）开拓研究本部首席科学家，和光，日本

克里斯汀 · M. 西曼斯基（Christine M. Szymanski），佐治亚大学教授，雅典，佐治亚州，美国

谷口直之（Naoyuki Taniguchi），大阪国际肿瘤中心研究中心主任、大阪大学名誉教授，大阪，日本

莫林 · E. 泰勒（Maureen E. Taylor），伦敦帝国理工学院准教授，伦敦，英格兰

凯利 · G. 滕哈根（Kelly G. Ten Hagen），美国国立卫生研究院高级研究员兼所长，贝塞斯达，马里兰州，美国

尼古拉斯 · 特拉彭（Nicolas Terrapon），艾克斯 - 马赛大学副教授，马赛，法国

莫滕 · 塞森 - 安德森（Morten Thaysen-Andersen），麦考瑞大学副教授，ARC 未来研究员，悉尼，澳大利亚

迈克尔 · 蒂迈尔（Michael Tiemeyer），佐治亚大学复杂碳水化合物研究中心教授，雅典，佐治亚州，美国

布丽安娜 · 乌尔班诺维奇（Breeanna Urbanowicz），佐治亚大学复杂碳水化合物研究中心助理教授，雅典，佐治亚州，美国

伊薇特 · 范 · 科伊克（Yvette van Kooyk），阿姆斯特丹大学医学中心教授，阿姆斯特丹，荷兰

赫拉尔多 · R. 瓦斯塔（Gerardo R. Vasta），马里兰大学医学院海洋与环境技术研究所教授，巴尔的摩，马里兰州，美国

大卫 · J. 沃卡德罗（David J. Vocadlo），西蒙弗雷泽大学教授，伯纳比，不列颠哥伦比亚省，加拿大

史蒂芬 · 冯 · 冈顿（Stephan von Gunten），伯尔尼大学药理学研究所教授，伯尔尼，瑞士

汉斯 · H. 旺德尔（Hans H. Wandall），哥本哈根大学健康与医学科学学院，哥本哈根糖组学中心教授，哥本哈根，丹麦

兰斯 · 威尔斯（Lance Wells），佐治亚大学复杂碳水化合物研究中心教授，雅典，佐治亚州，美国

克里斯托弗 · M. 韦斯特（Christopher M. West），佐治亚大学教授兼系主任，雅典，佐治亚州，美国

克里斯 · 怀特菲尔德（Chris Whitfield），圭尔夫大学教授，圭尔夫市，安大略省，加拿大

约兰 · 维德马尔姆（Göran Widmalm），斯德哥尔摩大学教授，斯德哥尔摩，瑞典

伊恩 · B. H. 威尔逊（Iain B. H. Wilson），自然资源与生命科学大学副教授，维也纳，奥地利

罗伯特 · J. 伍兹（Robert J. Woods），佐治亚大学复杂碳水化合物研究中心教授，雅典，佐治亚州，美国

曼弗雷德 · 沃格尔（Manfred Wuhrer），莱顿大学蛋白质组学与代谢组学中心教授，莱顿，荷兰

徐定（Ding Xu），布法罗大学副教授，布法罗，纽约，美国

威廉 · S. 约克（William S. York），佐治亚大学复杂碳水化合物研究中心名誉教授，雅典，佐治亚州，美国

娜塔莎 · E. 扎查拉（Natasha E. Zachara），约翰斯 · 霍普金斯大学医学院副教授，巴尔的摩，马里兰州，美国

约亨 · 齐默（Jochen Zimmer），弗吉尼亚大学教授，夏洛茨维尔，弗吉尼亚州，美国

早期版本编辑名单

糖生物学协会的现任编辑们，感谢以下同事作为本书早期版本的编辑所做出的重大贡献。

卡罗琳 · R. 贝尔托齐（Carolyn R. Bertozzi），斯坦福大学，安妮 · T. 巴斯与罗伯特 · M. 巴斯化学教授，化学、系统生物学与辐射研究院教授，斯坦福，加利福尼亚州，美国

艾伦 · G. 达维尔（Alan G. Darvill），佐治亚大学复杂碳水化合物研究中心主任兼董事会教授，GRA 高级研究员，雅典，佐治亚州，美国

玛丽莲 · E. 埃茨勒（Marilynn E. Etzler），加州大学戴维斯分校生物化学名誉教授，戴维斯，加利福尼亚州，美国

哈德森 · H. 弗里兹（Hudson H. Freeze），人类遗传学项目主任，桑福德儿童健康研究中心主任，拉霍亚，加利福尼亚州，美国

杰米 · 玛斯（Jamey Marth），桑福德 · 伯纳姆 · 普雷比斯医学发现研究所免疫与发病机制项目主任兼教授，拉霍亚，加利福尼亚州，美国

审稿顾问

编辑们谨向以下审稿人的宝贵帮助致以感谢。

安娜贝尔·冈萨雷斯-吉尔（Anabel Gonzalez-Gil），约翰斯·霍普金斯大学医学院，美国

劳拉·巴塞特（Laura Bacete），挪威科技大学，挪威

菲利克斯·布鲁克（Felix Broecker），伊多西亚制药公司，德国

狄龙·陈（Dillon Chen），加州大学圣迭戈分校医学院，美国

詹妮弗·格罗夫斯（Jennifer Groves），约翰斯·霍普金斯大学医学院，美国

格雷厄姆·赫伯利格（Graham Heberlig），加州大学圣迭戈分校医学院，美国

金素英（So-Young Kim），加州大学圣迭戈分校医学院，美国

松田淳子（Junko Matsuda），川崎医学院，日本

萨蒂亚吉特·迈尔（Satyajit Mayor），印度国家生命科学中心，印度

鲍比·阮（Bobby Ng），桑福德·伯纳姆·普雷比斯医学发现研究所，美国

基里亚科斯·帕帕尼科拉乌（Kyriakos Papanicolaou），约翰斯·霍普金斯大学医学院，美国

瑞安·波雷尔（Ryan Porell），加州大学圣迭戈分校医学院，美国

鲁斯·肖（Ruth Siew），加州大学圣迭戈分校医学院，美国

普里亚·乌玛帕蒂（Priya Umapathi），约翰斯·霍普金斯大学医学院，美国

王岩（Yan Wang），克利夫兰医学中心勒纳研究所，美国

编辑和合著者们衷心感谢理查德·D. 卡明斯（Richard D. Cummings）在帮助协调和准备本书中数以百计的插图所做出的努力。

经典书籍和专著

本书的早期版本提供了一系列书籍和专著资源的书目清单。 鉴于当今发达的互联网搜索和频繁的综述性文章，该列表的重要性有所下降。然而，某些经典书籍和专著，对于那些想要探索该领域历史的人而言，仍然具有很大的价值。 因此，我们保留了以下这份来自于 20 世纪的书目清单。

——本书编辑

Gottschalk A, ed. 1960. *The chemistry and biology of sialic acids and related substances.* Cambridge University Press, Cambridge.

Stacey M, Barker SA. 1960. *Polysaccharides of micro-organisms*. Oxford University Press, London.

Ginsburg V, Neufeld E, eds. 1966. Complex carbohydrates, part A. *Methods in enzymology*, Vol. 8. Academic, San Diego.

Whistler R, ed. 1968-80. *Methods in carbohydrate chemistry*, Vols. I-VIII. Academic, San Diego.

Hunt S. 1970. *Polysaccharide-protein complexes in invertebrates*. Academic, London.

Ginsburg V, ed. 1972. Complex carbohydrates, part B. *Methods in enzymology*, Vol. 28. Academic, San Diego.

Gottschalk A, ed. 1972. *Glycoproteins: their composition, structure and function.* Elsevier, New York.

Rosenberg A, Schengrund C-L., eds. 1976. *Biological roles of sialic acids*. Plenum, New York.

Ginsburg V, ed. 1978. Complex carbohydrates, part C. *Methods in enzymology*, Vol. 50. Academic, San Diego.

Sweeley CC, ed. 1979. *Cell surface glycolipids*. American Chemical Society, Washington, DC.

Lennarz WJ, ed. 1980. *The biochemistry of glycoproteins and proteoglycans*. Plenum, New York.

Ginsburg V, Robbins P, eds. 1981. *Biology of carbohydrates*, Vol. 1. Wiley, New York.

Ginsburg V, ed. 1982. Complex carbohydrates, part D. *Methods in enzymology,* Vol. 83. Academic, San Diego.

Horowitz M, Pigman W, eds. 1982. *The glycoconjugates*. Academic, New York.

Schauer R, ed. 1982. *Sialic acids, chemistry, metabolism, and function.* Springer-Verlag, New York.

Ginsburg V, Robbins P, eds. 1984. *Biology of carbohydrates*, Vol. 2. Wiley, New York.

Ivatt RJ, ed. 1984. *The biology of glycoproteins*. Plenum, New York.

Beeley JG, ed. 1985. *Glycoprotein and proteoglycan techniques*. Elsevier, Amsterdam.

Evered D, Whelan J, eds. 1986. *Functions of the proteoglycans*. Ciba Foundation Symposium. Wiley, Chichester, UK.

Liener IE, Sharon N, Goldstein IJ, eds. 1986. *The lectins: properties, functions, and applications in biology and medicine*. Academic, Orlando, FL.

Chaplin MF, Kennedy JF, eds. 1987. *Carbohydrate analysis: a practical approach.* IRL Press, Oxford.

Ginsburg V, ed. 1987. Complex carbohydrates, part E. *Methods in enzymology*, Vol. 138. Academic, San Diego.

Wight TN, Mecham RP. 1987. *Biology of proteoglycans*. Academic, London.

Evered D, Whelan J. 1988. *The biology of hyaluronan*. Ciba Foundation Symposium. Wiley, Chichester, UK.

Evered D, Whelan J, eds. 1989. *The biology of hyaluronan*. Ciba Foundation Symposium, Vol. 143. Wiley, New York.

Feizi T. 1989. *Carbohydrate recognition in cellular function*. Ciba Foundation Symposium, Vol. 145. Wiley, New York.

Ginsburg V, ed. 1989. Complex carbohydrates, part F. In *Methods in enzymology*, Vol. 179. Academic, San Diego.

Greiling H, Scott JE, eds. 1989. *Keratan sulphate: chemistry, biology, chemical pathology*. The Biochemical Society, London.

Margolis RU, Margolis RK, eds. 1989. *Neurobiology of glycoconjugates*. Plenum, New York.

Lane DG, Lindahl U, eds. 1990. *Heparin: chemical and biological properties*. CRC Press, Boca Raton, FL.

Ginsburg V, Robbins P, eds. 1991. *Biology of carbohydrates,* Vol. 3. Wiley, New York.

Allen HJ, Kisailus EC, eds. 1992. *Glycoconjugates: composition, structure, and function*. Marcel Dekker, New York.

Fukuda M, ed. 1992. *Cell surface carbohydrates and cell development*. CRC Press, Boca Raton, FL.

Fukuda M, ed. 1992. *Glycobiology: a practical approach*. IRL Press, Oxford.

Roth J, Rutishauser U, Troy F, eds. 1992. *Polysialic acids*. Birkhauser Verlag, Basel, Switzerland.

Roberts DD, Mecham RP, eds. 1993. *Cell surface and extracellular glycoconjugates: structure and function*. Academic, San Diego.

Varki A, Guest Ed. 1993. Analysis of glycoconjugates. In *Current protocols in molecular biology* (ed. Ausubel F, et al.), Chap. 17. Green Publishing/Wiley Interscience, New York.

Bock K, Clausen H, eds. 1994. *Complex carbohydrates in drug research: structural and functional aspects*. Munksgaard, Copenhagen.

Fukuda M, Hindsgaul O, eds. 1994. *Molecular glycobiology*. Oxford University Press, New York.

Lee YC, Lee RT. 1994. Neoglycoconjugates, part B. Biomedical applications. In *Methods in enzymology*, Vol. 247. Academic, London.

Lennarz WJ, Hart GW, eds. 1994. Guide to techniques in glycobiology. In *Methods in enzymology,* Vol. 230. Academic, San Diego.

Alavi A, Axford JS. 1995. *Advances in experimental medicine and biology*, Vol. 376, *Glycoimmunology*. Plenum, New York.

Montreuil J, Vliegenthart JFG, Schachter H, eds. 1995. *Glycoproteins*. Elsevier, New York.

Rosenberg A, ed. 1995. *Biology of the sialic acids*. Plenum, New York.

Verbert A, ed. 1995. *Methods on glycoconjugates: a laboratory manual.* Harwood Academic, Chur, Switzerland.

Montreuil J, Vliegenthart JFG, Schachter H, eds. 1996. *Glycoproteins and disease*. Elsevier, New York.

Brockhausen I, Kuhns W. 1997. *Glycoproteins and human disease*. R.G. Landes, Austin, TX.

Gabius HJ, Gabius S, eds. 1997. *Glycosciences: status and perspectives*. Chapman and Hall, New York.

Montreuil J, Vliegenthart JFG, Schachter H, eds. 1997. *Glycoproteins II.* Elsevier, New York.

Townsend RR, Hotchkiss AT, eds. 1997. *Techniques in glycobiology*. Marcel Dekker, New York.

Conrad HE, ed. 1998. *Heparin-binding proteins*. Academic, San Diego.

Hounsell EF, ed. 1998. *Methods in molecular biology*, Vol. 76, *Glycoanalysis protocols*. Humana, Totowa, NJ.

Laurent TC. 1998. *The chemistry, biology and medical applications of hyaluronan and its derivatives*. Portland Press, London.

Varki A, Esko J, Cummings R, Freeze HH, Hart GW, Marth J, eds. 1999. *Essentials of glycobiology*. Cold Spring Harbor Laboratory Press, Cold Spring Harbor, NY.

目　录

第一篇　一般原则

第 1 章　历史背景及概论……2
1.1　什么是糖生物学？……2
1.2　单糖是聚糖的基本结构单元……5
1.3　聚糖可能构成糖复合物的质量主体……6
1.4　单糖的连键方式多于氨基酸或核苷酸……7
1.5　糖复合物中常见的单糖单元……8
1.6　糖复合物与聚糖的主要类别……8
1.7　聚糖链结构并非由基因组直接编码……12
1.8　蛋白质糖基化中位点特异性的结构多样性……12
1.9　糖基化的细胞生物学……12
1.10　糖基化研究中所使用的工具……14
1.11　糖组学……14
1.12　生物体与体外培养细胞中的糖基化缺陷……15
1.13　聚糖的生物学功能多种多样……15
1.14　发育、分化及恶性肿瘤中的糖基化改变……15
1.15　糖生物学中的进化因素……16
1.16　聚糖在医学与生物技术中的应用……16
1.17　聚糖在纳米科学、生物能源和材料科学中的应用……16
致谢……17
延伸阅读……17

第 2 章　单糖的多样性……19
2.1　聚糖术语介绍……19
2.2　单糖：基本结构与立体异构……20
2.3　单糖主要以环状形式存在……22
2.4　端基差向异构体化学……24
2.5　单糖上官能团的化学特性……26
2.6　糖苷键……26
致谢……28
延伸阅读……28

第 3 章　寡糖与多糖……29
3.1　自然界中的聚糖通常以结合物的形式存在……29
3.2　寡糖分支的多样性……29
3.3　结构性多糖和储存型多糖……31
3.4　动物细胞表面的多糖……32
3.5　细菌多糖……34
致谢……37
延伸阅读……37

第 4 章　糖基化在细胞中的组织形式……39
4.1　糖基化在生命体中普遍存在……39
4.2　聚糖生物合成中的拓扑学问题……40
4.3　真核生物分泌途径中的糖基化……42
4.4　发生于意料之外的亚细胞中的糖基化……46
4.5　聚糖的周转和回收……46
致谢……46
延伸阅读……46

第 5 章　糖基化前体……48
5.1　一般原则……48
5.2　糖的外部来源和糖转运蛋白……49
5.3　单糖的细胞内来源……50
5.4　核苷酸糖转运蛋白……57
5.5　对糖基化前体的控制……60
5.6　聚糖修饰的供体……61
5.7　脂质载体的合成……61

5.8 新兴知识 …… 62
致谢 …… 62
延伸阅读 …… 62

第 6 章 糖基转移酶与聚糖加工酶 …… 63
6.1 一般属性 …… 63
6.2 糖基转移酶的特异性 …… 64
6.3 可识别其受体底物蛋白质部分的糖基转移酶 …… 65
6.4 糖基转移酶序列家族和折叠类型 …… 67
6.5 糖苷酶 …… 69
6.6 催化机理与动力学机制 …… 70
6.7 硫酸化和其他修饰 …… 72
致谢 …… 73
延伸阅读 …… 73

第 7 章 聚糖的生物学功能 …… 75
7.1 一般原则 …… 75
7.2 实验改变糖基化带来多样的生物学后果 …… 76
7.3 聚糖的结构性功能 …… 77
7.4 聚糖作为信息载体：细胞 - 细胞相互作用的特异性配体（内源性识别） …… 77
7.5 聚糖作为细胞 - 微生物相互作用的特异性配体（外源性识别） …… 79
7.6 宿主聚糖的分子模拟及病原体与宿主的聚糖骗局 …… 79
7.7 同一种聚糖在生物体内可以具有不同的功能 …… 80
7.8 糖基化的物种内和物种间变异 …… 80
7.9 糖链末端序列、修饰和异常结构的潜在重要性 …… 81
7.10 是否存在“垃圾”聚糖？ …… 81
7.11 阐明聚糖特定生物学功能的方法 …… 81
致谢 …… 85
延伸阅读 …… 85

第 8 章 基因组学视角下的糖生物学 …… 87
8.1 糖组 …… 87
8.2 糖基化的基因组学 …… 88
8.3 基因家族 …… 88
8.4 不同生物体中的糖组 …… 90
8.5 真核生物 …… 92
8.6 模块化的糖基转移酶和糖苷水解酶 …… 93
8.7 基因组学与糖组学的关系 …… 94
8.8 糖组的调控 …… 95
致谢 …… 95
延伸阅读 …… 95

第二篇 聚糖的结构与生物合成

第 9 章 *N*- 聚糖 …… 98
9.1 发现和背景 …… 98
9.2 真核生物中 *N*- 聚糖的主要类别和命名 …… 99
9.3 真核生物中的 *N*- 糖基化位点预测 …… 99
9.4 *N*- 聚糖的分离、纯化和分析 …… 100
9.5 真核生物中 *N*- 聚糖的合成 …… 100
9.6 溶酶体水解酶上的磷酸化 *N*- 聚糖 …… 108
9.7 *N*- 聚糖合成中的转移酶和转运蛋白 …… 109
9.8 糖蛋白可以具有多种糖型 …… 109
9.9 *N*- 聚糖的功能 …… 109
致谢 …… 110
延伸阅读 …… 110

第 10 章 *O*-GalNAc 聚糖 …… 112
10.1 黏蛋白型糖蛋白 …… 112
10.2 *O*-GalNAc 聚糖的核心结构 …… 114
10.3 黏蛋白 *O*-GalNAc 聚糖的分离、纯化与分析 …… 115
10.4 *O*-GalNAc 聚糖的生物合成 …… 116
10.5 *O*-GalNAc 聚糖的功能 …… 121
致谢 …… 122
延伸阅读 …… 122

第 11 章 鞘糖脂 …… 124
11.1 发现和背景 …… 124
11.2 主要类别和命名法 …… 125

11.3 糖脂的分离、纯化和分析 ······126
11.4 鞘糖脂的生物合成、运输和降解 ······128
11.5 生物学和病理学作用 ······130
致谢 ······134
延伸阅读 ······134

第 12 章 糖基磷脂酰肌醇锚 ······135
12.1 背景和发现 ······135
12.2 糖基磷脂酰肌醇锚定蛋白的多样性 ······135
12.3 糖基磷脂酰肌醇锚的结构 ······136
12.4 糖基磷脂酰肌醇锚的化学性质 ······138
12.5 糖基磷脂酰肌醇锚的生物合成和运输 ······138
12.6 糖基磷脂酰肌醇锚定蛋白的膜属性 ······145
12.7 糖基磷脂酰肌醇锚作为细胞生物学中的工具 ······145
12.8 糖基磷脂酰肌醇锚的生物学功能 ······146
12.9 糖基磷脂酰肌醇锚和疾病 ······147
致谢 ······148
延伸阅读 ······148

第 13 章 其他类别的真核聚糖 ······149
13.1 全新糖基化类型的发现 ······149
13.2 表皮生长因子重复序列中的 *O*- 连接修饰 ······150
13.3 血小板应答蛋白 1 型重复序列的岩藻糖修饰 ······155
13.4 *O*- 甘露糖聚糖 ······156
13.5 胶原蛋白中的 *O*- 聚糖 ······158
13.6 *C*- 甘露糖基化 ······158
致谢 ······159
延伸阅读 ······159

第 14 章 不同聚糖的共同结构 ······161
14.1 聚糖延伸结构的糖基化是可调控的 ······161
14.2 人类 A、B 和 H 血型 ······164
14.3 Lewis 血型 ······168
14.4 P 血型 ······169
14.5 乳寡糖 ······170
14.6 Galα1-3Gal 末端 ······171
14.7 福斯曼抗原 ······171
14.8 硫酸化的 *N*- 乙酰半乳糖胺——垂体糖蛋白激素 ······172
14.9 末端 β- 连接的 *N*- 乙酰半乳糖胺——Sd^a 血型 ······173
14.10 α2-3- 唾液酸化聚糖 ······174
14.11 α2-6- 唾液酸化聚糖 ······175
14.12 α2-8- 唾液酸化聚糖 ······176
14.13 硫酸化和磷酸化聚糖 ······177
致谢 ······178
延伸阅读 ······178

第 15 章 唾液酸与其他壬酮糖酸 ······180
15.1 唾液酸与其他壬酮糖酸的发现与一般分类 ······180
15.2 唾液酸家族 ······182
15.3 唾液酸聚糖的多样性 ······182
15.4 多唾液酸 ······184
15.5 人体中 *N*- 羟乙酰神经氨酸的缺失 ······185
15.6 唾液酸与其他壬酮糖酸的代谢 ······185
15.7 研究唾液酸的方法 ······189
15.8 唾液酸的功能 ······190
15.9 发育生物学和恶性肿瘤中的唾液酸 ······193
15.10 药理学中的唾液酸 ······194
15.11 唾液酸的进化分布 ······195
15.12 原核生物的壬酮糖酸 ······195
15.13 壬酮糖酸的缩写名称 ······196
致谢 ······197
延伸阅读 ······198

第 16 章 透明质酸 ······199
16.1 历史和进化视角 ······199
16.2 结构和生物物理特性 ······200
16.3 透明质酸的生物合成 ······200
16.4 透明质酸酶和透明质酸的周转 ······201
16.5 透明质酸在细胞外基质中的功能 ······202
16.6 具有连接模件的透明质酸结合蛋白 ······204
16.7 透明质酸和细胞信号传递 ······205

16.8 细菌中的透明质酸荚膜……207
16.9 透明质酸作为治疗剂……207
致谢……208
延伸阅读……208

第 17 章 蛋白聚糖和硫酸化糖胺聚糖……209
17.1 历史视角……209
17.2 蛋白聚糖和糖胺聚糖的组成……210
17.3 蛋白聚糖的结构和功能多种多样……211
17.4 糖胺聚糖与蛋白质的连键……215
17.5 糖胺聚糖的生物合成……216
17.6 肝素与硫酸乙酰肝素的比较……220
17.7 蛋白聚糖的加工和周转……221
致谢……221
延伸阅读……222

第 18 章 核细胞质中的糖基化……223
18.1 核细胞质蛋白的单糖基化……223
18.2 核细胞质蛋白的复杂糖基化……228
18.3 核细胞质糖蛋白上出现“常规”分泌型聚糖的可能性……233
18.4 已验证的细胞质糖基转移酶，其靶标分子被输出到细胞外界……236
18.5 组装输出细胞的糖复合物或多糖时的中间产物……237
18.6 细胞核或细胞质中的凝集素与酶……237
18.7 结论……238
致谢……239
延伸阅读……239

第 19 章 *O*-GlcNAc 修饰……241
19.1 历史背景……241
19.2 为何 *O*-GlcNAc 糖基化长期以来一直未被发现？……243
19.3 控制 *O*-GlcNAc 糖基化循环的酶……244
19.4 *O*-GlcNAc 糖基化是一种高度动态的修饰方式……247
19.5 *O*-GlcNAc 糖基化在后生动物中无处不在且必不可少……248
19.6 *O*-GlcNAc 糖基化与 *O*- 磷酸化具有复杂的动态相互作用……249
19.7 *O*-GlcNAc 糖基化的生物学功能……249
19.8 展望……253
致谢……253
延伸阅读……253

第三篇 进化与发育中的聚糖

第 20 章 聚糖多样性的进化……256
20.1 研究人员对自然界中的聚糖多样性认知有限……256
20.2 聚糖的进化变异……258
20.3 病毒劫持宿主的糖基化……263
20.4 细菌和古菌具有极其庞大的糖基化多样性……263
20.5 病原体对宿主聚糖的分子模拟……264
20.6 糖基化的物种间和物种内差异……264
20.7 使用模式生物研究聚糖的多样性……265
20.8 为什么广泛表达的糖基转移酶具有的内源性功能有时却很有限？……266
20.9 推动自然界中聚糖多样化的进化力量……266
致谢……267
延伸阅读……267

第 21 章 真细菌……269
21.1 细胞被膜结构概述……269
21.2 肽聚糖——一种动态应力承压层……271
21.3 革兰氏阳性菌产生额外的细胞壁糖聚合物……274
21.4 分枝杆菌拥有异常复杂的细胞被膜糖复合物……276
21.5 脂多糖（内毒素）——大多数革兰氏阴性菌的关键成分……277
21.6 蛋白质糖基化——细菌糖生物学的一个扩展方向……280
21.7 渗透调节周质葡聚糖……282
21.8 细胞外多糖……282
21.9 细菌糖生物学的其他方面……285

致谢 ……285
延伸阅读 ……286

第 22 章 古菌……287
22.1 背景 ……287
22.2 古菌细胞壁 ……288
22.3 古菌中的蛋白质糖基化 ……291
22.4 古菌糖基化的生理作用 ……295
致谢 ……296
延伸阅读 ……296

第 23 章 真菌……297
23.1 真菌的多样性 ……297
23.2 真菌作为遗传学、生物化学和糖生物学的模型系统 ……298
23.3 模型真菌 ……303
23.4 利用酵母进行生产 ……303
23.5 担子菌的多样性 ……304
23.6 致病性真菌 ……305
致谢 ……307
延伸阅读 ……307

第 24 章 绿色植物与藻类……309
24.1 植物聚糖的多样性 ……309
24.2 核苷酸糖——构建单元……311
24.3 植物糖基转移酶和聚糖修饰酶 ……312
24.4 植物突变体为聚糖功能的发现提供了线索 ……312
24.5 植物代谢碳水化合物 ……313
24.6 植物细胞壁 ……313
24.7 植物初生细胞壁中的聚糖 ……313
24.8 植物次生细胞壁中的聚糖 ……317
24.9 半纤维素和果胶的生物合成 ……317
24.10 植物产生含有 *O*- 连接寡糖和 *O*- 连接多糖的蛋白聚糖 ……318
24.11 植物糖蛋白的 *N*- 连接聚糖具有独特的结构 ……319
24.12 藻类中的聚糖 ……320
24.13 植物糖脂 ……321
24.14 其他植物糖复合物 ……322
致谢 ……322
延伸阅读 ……322

第 25 章 线虫动物门……324
25.1 秀丽隐杆线虫的发育生物学 ……324
25.2 秀丽隐杆线虫中的聚糖 ……325
25.3 秀丽隐杆线虫中的糖基转移酶基因 ……328
25.4 糖复合物的功能分析 ……330
25.5 秀丽隐杆线虫中的聚糖结合蛋白 ……334
25.6 其他线虫的糖生物学 ……335
致谢 ……336
延伸阅读 ……336

第 26 章 节肢动物门……338
26.1 历史视角 ……338
26.2 昆虫糖蛋白 ……339
26.3 昆虫的蛋白聚糖和糖胺聚糖 ……348
26.4 壳多糖 ……350
26.5 昆虫鞘糖脂 ……351
26.6 昆虫凝集素 ……352
26.7 昆虫核苷酸糖转运蛋白 ……353
致谢 ……353
延伸阅读 ……354

第 27 章 后口动物……355
27.1 进化背景 ……355
27.2 海胆 ……356
27.3 蛙类 ……358
27.4 斑马鱼 ……359
27.5 小鼠 ……360
27.6 人类和其他灵长类动物 ……363
致谢 ……363
延伸阅读 ……363

第四篇 聚糖结合蛋白

第 28 章 聚糖结合蛋白的发现与分类……366
28.1 两类不同的聚糖结合蛋白 ……366

28.2 凝集素的发现和历史……367
28.3 硫酸化糖胺聚糖结合蛋白的发现……368
28.4 聚糖结合蛋白的主要生物学功能……368
28.5 凝集素的组织架构……370
28.6 基于结构相似性的凝集素分类……371
28.7 通过生物功能、生化功能及结构相似性鉴定聚糖结合蛋白……374
28.8 凝集素的聚糖配体……374
28.9 特定聚糖结合蛋白配体的术语……376
致谢……376
延伸阅读……376

第 29 章 聚糖识别的基本原则……378
29.1 蛋白质 - 聚糖的识别……378
29.2 历史背景……378
29.3 结合的热力学……380
29.4 研究蛋白质 - 聚糖相互作用的技术……381
延伸阅读……390

第 30 章 聚糖识别的结构生物学……392
30.1 研究背景……392
30.2 晶体学……393
30.3 核磁共振……396
30.4 冷冻电子显微术……399
30.5 计算机建模……400
30.6 未来展望……403
致谢……403
延伸阅读……404

第 31 章 R 型凝集素……405
31.1 历史背景……405
31.2 植物中的 R 型凝集素……406
31.3 真菌、原生动物和动物中的 R 型凝集素……411
31.4 微生物的 R 型凝集素……414
31.5 展望……415
致谢……415
延伸阅读……416

第 32 章 L 型凝集素……417
32.1 历史背景……417
32.2 L 型凝集素的共同特征……418
32.3 植物的 L 型凝集素……419
32.4 蛋白质质量控制和分选中的 L 型凝集素……422
32.5 其他 L 型凝集素……424
32.6 其他具有果冻卷基序和 L 型凝集素结构域的蛋白质……425
致谢……425
延伸阅读……426

第 33 章 P 型凝集素……428
33.1 历史背景……428
33.2 P 型凝集素（甘露糖 -6- 磷酸受体）的共同特征……432
33.3 甘露糖 -6- 磷酸受体中的诱导遗传缺陷……434
33.4 甘露糖 -6- 磷酸受体的亚细胞运输……434
33.5 甘露糖 -6- 磷酸识别系统的进化起源…436
33.6 非阳离子依赖性的甘露糖 -6- 磷酸受体与多种其他配体结合……436
33.7 甘露糖 -6- 磷酸对非溶酶体蛋白的重要性……437
33.8 运输溶酶体酶的其他途径……437
致谢……438
延伸阅读……438

第 34 章 C 型凝集素……440
34.1 C 型凝集素及其共同结构基序的发现……440
34.2 C 型凝集素的不同亚家族……442
34.3 阿什韦尔 - 莫雷尔受体……444
34.4 其他内吞的 C 型凝集素……445
34.5 胶原凝集素……446
34.6 髓系 C 型凝集素……447
34.7 选凝素……451
34.8 具有 C 型凝集素结构域的蛋白聚糖……458
34.9 具有 C 型凝集素结构域的其他蛋白质…458
致谢……459
延伸阅读……459

第 35 章 I 型凝集素……461
35.1 历史背景和概述……461
35.2 唾液酸结合免疫球蛋白样凝集素以外的 I 型凝集素……463
35.3 唾液酸结合免疫球蛋白样凝集素的共同特点……464
35.4 保守的唾液酸结合免疫球蛋白样凝集素的表达模式和功能……466
35.5 CD33 相关的唾液酸结合免疫球蛋白样凝集素（CD33rSiglec）的基因架构、表达模式和功能……470
35.6 人类在唾液酸结合免疫球蛋白样凝集素生物学中的特定变化……475
35.7 CD33 相关的唾液酸结合免疫球蛋白样凝集素的非唾液酸化配体……475
致谢……476
延伸阅读……476

第 36 章 半乳凝集素……477
36.1 半乳凝集素发现的历史背景……477
36.2 半乳凝集素家族……478
36.3 半乳凝集素的分类学分布和进化……479
36.4 半乳凝集素的结构……480
36.5 半乳凝集素的聚糖配体……483
36.6 半乳凝集素的生物合成和输出……483
36.7 半乳凝集素的生物学作用……484
致谢……487
延伸阅读……487

第 37 章 微生物凝集素：血凝素、黏附蛋白和毒素……489
37.1 背景……489
37.2 病毒的聚糖结合蛋白……490
37.3 细菌对聚糖的黏附……493
37.4 与聚糖结合的分泌毒素……495
37.5 寄生虫凝集素……496
37.6 治疗意义……497
致谢……497
延伸阅读……497

第 38 章 结合硫酸化糖胺聚糖的蛋白质……499
38.1 糖胺聚糖结合蛋白很常见……499
38.2 测量糖胺聚糖 - 蛋白质结合的方法……500
38.3 对构象和序列的考量……501
38.4 糖胺聚糖 - 蛋白质间相互作用的特异性……502
38.5 抗凝血酶 - 肝素——研究糖胺聚糖结合蛋白的经典范式……503
38.6 成纤维细胞生长因子 - 肝素的相互作用增强对成纤维细胞生长因子受体信号转导的刺激……504
38.7 C-C 基序趋化因子配体 5 与硫酸软骨素的相互作用——对趋化梯度的稳定……506
38.8 糖胺聚糖 - 蛋白质相互作用的其他属性……507
致谢……508
延伸阅读……508

第五篇 生理学和疾病中的聚糖

第 39 章 糖蛋白质量控制中的聚糖……510
39.1 分子伴侣促进蛋白质的折叠……510
39.2 钙连蛋白 / 钙网蛋白（CNX/CRT）和尿苷二磷酸 - 葡萄糖糖蛋白葡萄糖基转移酶（UGGT）决定了糖蛋白何时被正确地折叠……511
39.3 从钙连蛋白 / 钙网蛋白 / 尿苷二磷酸 - 葡萄糖糖蛋白葡萄糖基转移酶循环中去除错误折叠的糖蛋白……514
39.4 错误折叠的糖蛋白向细胞质的逆向易位……515
39.5 内质网质量控制中的 *O*- 糖基化反应…516
39.6 内质网质量控制机制与生存活性……517
致谢……518
延伸阅读……518

第 40 章 作为生物活性分子的游离聚糖……519
40.1 聚糖信号系统的性质和范围……519
40.2 聚糖信号触发植物防御反应的启动……520

40.3 结瘤因子是启动固氮根瘤菌 - 豆科植物共生的信号 ······ 522
40.4 植物发育和动物发育中的寡糖信号 ······ 523
40.5 糖胺聚糖和细胞信号传递 ······ 524
40.6 聚糖作为先天免疫的调节剂 ······ 525
致谢 ······ 526
延伸阅读 ······ 526

第 41 章 系统生理学中的聚糖 ······ 528
41.1 生殖生物学 ······ 528
41.2 胚胎学和发育 ······ 528
41.3 血液学 ······ 529
41.4 免疫学 ······ 530
41.5 心血管生理学 ······ 530
41.6 气道和肺生理学 ······ 530
41.7 内分泌学 ······ 530
41.8 口腔生物学 ······ 531
41.9 胃肠病学 ······ 531
41.10 肝病学 ······ 531
41.11 肾脏病学 ······ 532
41.12 皮肤生物学 ······ 532
41.13 肌肉骨骼生物学 ······ 532
41.14 神经生物学 ······ 532
致谢 ······ 533
延伸阅读 ······ 533

第 42 章 细菌和病毒感染 ······ 534
42.1 背景 ······ 534
42.2 作为毒力因子的细菌表面聚糖 ······ 534
42.3 定植和入侵的机制 ······ 538
42.4 病毒感染 ······ 540
42.5 宿主和肠道微生物群之间基于聚糖的相互作用：共栖物和病原体 ······ 544
致谢 ······ 545
延伸阅读 ······ 545

第 43 章 寄生虫感染 ······ 546
43.1 寄生虫感染的背景 ······ 546
43.2 疟原虫 ······ 549
43.3 锥虫 ······ 550
43.4 利什曼原虫 ······ 553
43.5 内阿米巴 ······ 554
43.6 血吸虫 ······ 555
43.7 其他寄生虫的糖生物学 ······ 557
致谢 ······ 558
延伸阅读 ······ 558

第 44 章 聚糖降解的遗传性疾病 ······ 561
44.1 溶酶体酶 ······ 561
44.2 聚糖溶酶体降解中的遗传缺陷 ······ 562
44.3 糖蛋白的降解 ······ 565
44.4 糖胺聚糖的降解 ······ 566
44.5 鞘糖脂的降解 ······ 570
44.6 降解和重新合成 ······ 572
44.7 单糖的补救 ······ 572
44.8 降解的阻断 ······ 573
44.9 溶酶体酶缺乏症的治疗 ······ 573
致谢 ······ 575
延伸阅读 ······ 575

第 45 章 先天性糖基化障碍 ······ 576
45.1 背景和发现 ······ 576
45.2 遗传性病理突变发生在所有主要聚糖家族中 ······ 576
45.3 *N*- 聚糖生物合成中的缺陷 ······ 578
45.4 *O*- 聚糖生物合成中的缺陷 ······ 582
45.5 脂质和糖基磷脂酰肌醇锚生物合成中的缺陷 ······ 586
45.6 多种糖基化途径中的缺陷 ······ 587
45.7 未来展望——病理生理学及治疗 ······ 591
致谢 ······ 591
延伸阅读 ······ 591

第 46 章 人类后天疾病中的聚糖 ······ 593
46.1 心血管病学 ······ 593
46.2 牙科疾病 ······ 594
46.3 皮肤病学 ······ 595
46.4 内分泌学和新陈代谢 ······ 595

46.5 胃肠病学 ······596
46.6 血液病学 ······597
46.7 免疫学和风湿病学 ······600
46.8 传染病 ······601
46.9 肾脏病学 ······602
46.10 神经病学和精神病学 ······603
46.11 肿瘤学：癌症中的糖基化改变 ······604
46.12 肺部医学 ······605
致谢 ······606
延伸阅读 ······606

第 47 章 癌症中的糖基化变化 ······608
47.1 历史背景 ······608
47.2 癌症中的糖基化变化是非随机的 ······608
47.3 *N*- 聚糖的分支和岩藻糖基化的异变 ······609
47.4 黏蛋白表达的异变与截短的 *O*- 聚糖 ······610
47.5 唾液酸表达的异变 ······611
47.6 选凝素配体表达的增加 ······612
47.7 血型表达的异变 ······613
47.8 鞘糖脂表达的异变 ······614
47.9 糖基磷脂酰肌醇锚表达的丢失 ······614
47.10 透明质酸的变化 ······614
47.11 硫酸化糖胺聚糖的变化 ······616
47.12 细胞质与核 *O*-GlcNAc 的变化 ······617
47.13 聚糖表达异变的机制 ······617
47.14 癌症干细胞和上皮 - 间质转化期间的聚糖变化 ······618
47.15 临床意义 ······618
致谢 ······619
延伸阅读 ······619

第六篇 方法与应用

第 48 章 作为工具的聚糖识别探针 ······622
48.1 背景 ······622
48.2 聚糖分析中最常用的凝集素 ······623
48.3 针对聚糖抗原的单克隆抗体的产生 ······626
48.4 识别聚糖的重组凝集素、工程化凝集素及非活性酶的产生 ······628
48.5 聚糖识别探针在聚糖鉴定中的应用 ······629
48.6 抗体和凝集素在聚糖和糖蛋白纯化中的应用 ······630
48.7 聚糖识别蛋白在表征细胞表面糖复合物中的应用 ······633
48.8 抗体和凝集素在产生动物细胞糖基化突变体中的应用 ······634
48.9 抗体和凝集素在表达克隆糖基转移酶基因中的应用 ······634
48.10 抗体和凝集素在糖基转移酶及糖苷酶检测中的应用 ······635
延伸阅读 ······636

第 49 章 体外培养哺乳动物细胞的糖基化突变体 ······639
49.1 历史 ······639
49.2 糖基化突变体的分离 ······640
49.3 具有糖基化突变的小鼠或人类细胞系 ······642
49.4 隐性糖基化突变体 ······643
49.5 显性糖基化突变体 ······644
49.6 糖基磷脂酰肌醇锚生物合成中的突变体 ······645
49.7 蛋白聚糖组装中的突变体 ······645
49.8 糖脂或 *O*- 聚糖合成中存在缺陷的突变体 ······646
49.9 哺乳动物糖基化突变体的用途 ······647
致谢 ······648
延伸阅读 ······648

第 50 章 聚糖的结构分析 ······650
50.1 背景 ······650
50.2 聚糖的检测 ······651
50.3 聚糖的释放和分离 ······654
50.4 单糖成分分析 ······655
50.5 连键分析 ······656
50.6 聚糖的三维结构 ······661
致谢 ······662
延伸阅读 ······662

第 51 章 糖组学和糖蛋白质组学……664
51.1 糖组……664
51.2 糖组与基因组和蛋白质组的关系……665
51.3 比较糖组学……665
51.4 用于表征糖组的工具……666
51.5 糖组学和糖蛋白质组学……666
51.6 糖组学分析……668
51.7 糖组学分析的未来……673
51.8 从糖组学分析到糖蛋白质组学分析……673
51.9 糖基化位点的描绘……673
51.10 糖蛋白质组学：确定位点上不均一的糖基化……674
51.11 糖蛋白质组学的局限与前景……676
致谢……677
延伸阅读……677

第 52 章 糖生物信息学……678
52.1 糖生物学中对信息学的需求……678
52.2 聚糖结构图……680
52.3 对糖生物信息学数据库需求的认识……680
52.4 当代糖生物信息学研究……681
52.5 数据标准化和本体论……683
52.6 用于阐释实验数据的软件工具……684
52.7 糖生物信息学发展的未来展望……688
致谢……689
延伸阅读……689

第 53 章 聚糖和糖复合物的化学合成……691
53.1 控制区域选择性化学……691
53.2 控制立体化学……691
53.3 对保护基的操控……692
53.4 代表性的溶液相化学聚糖合成……693
53.5 代表性的自动化聚糖组装……693
53.6 计算机辅助聚糖组装……697
53.7 前景展望……698
致谢……698
延伸阅读……698

第 54 章 聚糖和糖复合物的化学酶法合成……699
54.1 糖基转移酶和糖苷酶的催化机理……699
54.2 糖基转移酶介导的聚糖合成……700
54.3 从转糖基化到糖合成酶……702
54.4 前景展望……706
致谢……706
延伸阅读……706

第 55 章 抑制糖基化的化学工具……708
55.1 抑制剂的优点……708
55.2 生物合成前体的抑制剂……708
55.3 抑制糖苷形成或断裂的抑制剂……711
55.4 糖苷引发剂和糖链终止剂……715
55.5 基于结构的理性设计……718
致谢……719
延伸阅读……719

第 56 章 糖基化工程……721
56.1 细胞糖工程的目标……721
56.2 对糖基化途径的认知，使糖工程成为可能……724
56.3 真核生物中糖工程的基因敲入/敲除策略……724
56.4 细菌中的糖工程……725
56.5 酵母中的糖工程……728
56.6 植物细胞中的糖工程……729
56.7 昆虫细胞中的糖工程……730
56.8 哺乳动物细胞中的糖工程……731
56.9 糖科学中的糖工程……734
56.10 未来展望……735
致谢……735
延伸阅读……735

第 57 章 生物技术和制药工业中的聚糖……737
57.1 聚糖作为小分子药物的成分……737
57.2 治疗性糖蛋白……738
57.3 糖基化工程……740
57.4 代谢疾病的聚糖治疗方法……741
57.5 糖胺聚糖的治疗应用……743
57.6 糖质营养素……743
57.7 聚糖作为疫苗成分……744

57.8 阻断疾病中的聚糖识别 ······ 745
57.9 抗聚糖抗体对输血和移植的排斥作用 ······ 746
致谢 ······ 747
延伸阅读 ······ 747

第 58 章 纳米技术中的聚糖 ······ 749
58.1 简介 ······ 749
58.2 糖纳米材料的类型和应用 ······ 750
58.3 无机纳米颗粒 ······ 750
58.4 碳基糖纳米材料 ······ 753
58.5 糖树枝状聚合物 ······ 754
58.6 基于多糖的纳米材料 ······ 755
58.7 诊断和治疗中的糖纳米材料 ······ 756
58.8 结论 ······ 757
致谢 ······ 757
延伸阅读 ······ 757

第 59 章 生物能源和材料科学中的聚糖 ······ 759
59.1 简介 ······ 759
59.2 聚糖和生物能源 ······ 759
59.3 精细化学品和原料 ······ 761
59.4 聚合物材料 ······ 761
59.5 纳米材料 ······ 762
59.6 前景展望和未来挑战 ······ 763
致谢 ······ 763
延伸阅读 ······ 763

第 60 章 糖科学的未来方向 ······ 765
60.1 糖科学对科学和社会的普遍影响将在未来持续增加 ······ 765
60.2 阐明聚糖结构 / 功能的技术进步 ······ 767
60.3 未来的一些重大基本问题 ······ 769
延伸阅读 ······ 773

缩略词对照表 ······ 774
词汇表 ······ 790
学习指南 ······ 807
附录 1 糖生物学史上的一些重要里程碑 ······ 823
附录 2 聚糖符号命名法 ······ 830
附录 3 参与 *N*- 聚糖合成的酶的相关信息 ······ 861
附录 4 糖脂磷脂酰肌醇锚定蛋白示例、结构、化学性质和抑制剂 ······ 868
附录 5 小鼠胚胎发育必需的糖基化基因 ······ 878
附录 6 两大类聚糖结合蛋白的比较 ······ 884
附录 7 分子动力学模拟 ······ 885
附录 8 已知的人类糖基化障碍 ······ 886
索引 ······ 898

第一篇

一 般 原 则

第 1 章 历史背景及概论
第 2 章 单糖的多样性
第 3 章 寡糖与多糖
第 4 章 糖基化在细胞中的组织形式
第 5 章 糖基化前体
第 6 章 糖基转移酶与聚糖加工酶
第 7 章 聚糖的生物学功能
第 8 章 基因组学视角下的糖生物学

第 1 章

历史背景及概论

阿吉特 · 瓦尔基（Ajit Varki），斯图尔特 · 科恩菲尔德（Stuart Kornfeld）

1.1 什么是糖生物学？ / 2
1.2 单糖是聚糖的基本结构单元 / 5
1.3 聚糖可能构成糖复合物的质量主体 / 6
1.4 单糖的连键方式多于氨基酸或核苷酸 / 7
1.5 糖复合物中常见的单糖单元 / 8
1.6 糖复合物与聚糖的主要类别 / 8
1.7 聚糖链结构并非由基因组直接编码 / 12
1.8 蛋白质糖基化中位点特异性的结构多样性 / 12
1.9 糖基化的细胞生物学 / 12
1.10 糖基化研究中所使用的工具 / 14
1.11 糖组学 / 14
1.12 生物体与体外培养细胞中的糖基化缺陷 / 15
1.13 聚糖的生物学功能多种多样 / 15
1.14 发育、分化及恶性肿瘤中的糖基化改变 / 15
1.15 糖生物学中的进化因素 / 16
1.16 聚糖在医学与生物技术中的应用 / 16
1.17 聚糖在纳米科学、生物能源和材料科学中的应用 / 16
致谢 / 17
延伸阅读 / 17

本章旨在提供糖生物学领域的历史背景，以此作为本书的概论。书中出现的常用术语、糖复合物中常见的单糖单元、用于描述糖链结构的统一符号命名法，都将在本章中提及。本章同时概述了书中出现的主要聚糖类别及常见的聚糖生物合成途径（biosynthetic pathway）。此外，本章还将探讨与糖复合物的生物合成和功能相关的拓扑学问题，并简述这些聚糖分子在医学、生物技术、纳米技术、生物能源和材料科学中日益增长的作用。

1.1 什么是糖生物学？

广义而言，**糖生物学（glycobiology）**可以定义为研究自然界中广泛分布的糖类（也称碳水化合物、糖链或聚糖）的结构、生物合成、生物学、进化，以及识别它们的蛋白质的一门学科。如何将糖生物学融入现代概念下的分子生物学范畴？推动分子生物学研究的中心法则是生物信息从 DNA 流向 RNA 再流向蛋白质。这一概念的强大之处在于：信息流的准确性以模板为基础，可以依据对一类分子的认知而对另一类分子进行操控，或根据序列同源性及序列相关性模式预测分子功能并揭示分子之间的进化关系。随着对多种生物基因组测序工作的不断深入，人们对核酸生物学和蛋白质生物学的研究取得了惊人的进展。因此许多科学家认为，仅仅通过研究这些分子，就可以解释细胞、组织、器官、生理系统乃至完整生物体的构成。事实上，构成细胞还需要许多小分子代谢物，以及另外两大类生物大分子——脂质和碳水化合物。它们可以作为产能中间体、信号效应器、识别标志物和结构性组分发挥作用。由于脂质和碳水化合物均参与了蛋白质的多种翻译后修饰，这两类生物大分子的出现，有助于解释为何典型基因组仅通过有限的基因数量就能够造就出不同生物体在发育、生长和功能上巨大的生物学复杂性。

糖类的生物学功能在复杂的多细胞器官和生物体的构建过程中尤为突出，因为细胞与周围基质之间的相互作用，在构建过程中密不可分。然而，自然界中已知的所有细胞乃至诸多天然大分子无一例外，都携带着一系列共价连接的糖（单糖）或糖链（寡糖），本书中统称为**“聚糖”（glycan）**①。有时，聚糖也能够以独立实体的形式出现。许多聚糖位于细胞与分泌大分子的外表面，能够调控或介导多种细胞 - 细胞、细胞 - 基质、细胞 - 分子间相互作用过程中发生的各类事件，这些相互作用对于多细胞生物的发育和功能至关重要。聚糖还能够介导不同生命体之间的相互作用，如宿主与寄生虫、病原体或共生体之间的相互作用。此外，细胞核和细胞质中也富含结构简单、能够与蛋白质动态结合的聚糖，行使着调控开关的功能。因此，一个更为完整的分子生物学法则中必须包含聚糖，它们通常与其他大分子共价结合，即形成**糖复合物（glycoconjugate）**②，如**糖蛋白（glycoprotein）**和**糖脂（glycolipid）**。类比于宇宙学的发展现状，聚糖可以被视为生物宇宙中的“暗物质”，即一种尚未完全纳入生物学“标准模型”的主要而关键的成分。然而，与宇宙中的暗物质情况不同，研究人员已经积累了大量关于聚糖的知识。

碳水化合物的化学与代谢过程是 20 世纪上半叶的重要研究课题，虽然引起了诸多关注，但主要被视为一种能量来源或结构材料，明显不具备其他生物活性。此外，20 世纪 70 年代分子生物学革命时期，对聚糖的研究严重滞后于其他几类主要分子类别，部分原因在于聚糖结构固有的复杂性、难以测序，以及无法从 DNA 模板预测其生物合成。随着用于探索聚糖结构和功能的技术革新，“糖生物学”这一分子生

图 1.1　历史上糖生物学相关领域的诺贝尔奖获得者。埃米尔 · 费歇尔（化学奖，1902 年），“表彰他在糖和嘌呤合成方面所做出的非凡贡献”；爱德华 · 比希纳（化学奖，1907 年），“表彰他发现了无细胞发酵”；奥托 · 迈尔霍夫（生理学或医学奖，1922 年），“表彰他发现了肌肉中的氧气消耗与肌肉中的乳酸代谢之间的固定关系”；卡尔 · 兰德施泰纳（生理学或医学奖，1930 年），“表彰他发现了人类的血型”；诺曼 · 哈沃斯（化学奖，1937 年），“表彰他对碳水化合物和维生素 C 的研究”；卡尔 · 科里和吉蒂 · 科里（生理学或医学奖，1947 年），“表彰他（她）们发现了糖原的催化转化过程”；卢伊斯 · 莱洛伊尔（化学奖，1970 年），“表彰他发现了糖核苷酸及其在碳水化合物生物合成中的作用”；乔治 · 帕拉德（生理学或医学奖，1974 年），“表彰他在细胞结构和功能组织中的发现”；詹姆斯 · 罗斯曼和兰迪 · 谢克曼（生理学或医学奖，2013 年），“表彰他们发现了调控囊泡运输的机制，这是我们细胞中的一个主要运输系统”（C. Cori，G. Cori，L. Leloir，G. Palade，The Nobel Foundation/TT/Sipa USA；J. Rothman，R. Schekman，#Nobel Media AB. 摄影师：Alexander Mahmoud）。

---

① 近年来有研究人员认为可将该词翻译为“糖质”，以与蛋白质、脂质等生物大分子的名词对应。由于使用场合及习惯，本书仍通译为“聚糖”。

② 也译为“糖缀合物”，根据 2024 年《生物化学与分子生物学名词》审定公布名词建议，本书通译为“糖复合物”。

物学前沿领域的新概念于20世纪80年代被首次提出。该学科旨在将糖化学、生物化学等传统学科，与研究人员对当代聚糖、糖蛋白和糖脂等糖复合物的细胞及分子生物学的理解有机结合。糖生物学是当代自然科学中发展较快的领域之一，与基础研究、生物医学和生物技术的诸多领域广泛相关。该领域的研究内容包括糖化学、聚糖形成和降解的酶学、特定蛋白质对聚糖的识别、聚糖在复杂生命体系中的功能，以及通过多种技术对聚糖进行分析或操作。因此，糖生物学研究不仅需要有关聚糖的命名、生物合成、结构、化学合成和功能方面的基础认知，还需要了解分子遗传学、蛋白质化学、细胞生物学、发育生物学、生理学和医学等基础学科。本书提供了对糖生物学领域的概述，着重强调了高等动物中的聚糖。本书假定读者群具有本科高等化学、生物化学与细胞生物学的基础。一些影响糖生物学早期发展的学术泰斗参见**图1.1**，更多内容参见**附录1**。许多其他研究人员也对该领域做出了重大贡献，从这些研究中所获得的一般原则参见**表1.1**。

表1.1 糖生物学中的一般原则

存在形式
自然界中的所有细胞都被密集而复杂的糖链（聚糖）所覆盖。
细菌和古菌的细胞壁由几类聚糖和糖复合物组成。
真核生物的大多数分泌蛋白都携带了大量共价连接的聚糖。
在真核生物中，细胞表面聚糖和分泌的聚糖主要通过内质网 - 高尔基体途径进行组装。
真核生物的细胞外基质、分泌物和体液中也富含聚糖。
细胞质聚糖和核聚糖在真核生物中很常见。
由于拓扑学、进化和生物物理学原因，细胞表面聚糖 / 分泌聚糖与细胞核 / 细胞质聚糖之间的相似性十分有限。
化学和结构
糖苷键可以是α- 或β- 连键形式，它们在生物学上被认为是不同的。
聚糖链可以是直链的或支链的。
聚糖可以被多种不同的取代基修饰，如乙酰化和硫酸化。
对聚糖进行完整测序是可行的，但通常需要组合或迭代不同的方法，并需要注意不稳定的取代基信息可能会丢失。
现代技术可以利用化学酶法在体外合成简单聚糖和复杂聚糖。
生物合成
聚糖的主要单元（单糖）可以在细胞内合成，也可从环境中回收。
单糖在用作聚糖合成的供体之前，被活化为核苷酸糖或脂质连接的糖。
脂质连接的糖供体可以跨膜翻转，而核苷酸糖则必须被转运到真核生物的内质网 - 高尔基体途径的腔室内。
聚糖或糖复合物的每个连键单元，由一种或多种独特的糖基转移酶组装。
许多糖基转移酶是具有相关功能的多基因家族的成员。
大多数糖基转移酶仅识别其目标受体上潜在的聚糖链，但有些糖基转移酶具有蛋白质特异性或脂质特异性。
许多生物合成酶（糖基转移酶、糖苷酶、磺基转移酶等）的表达，具有细胞类型特异性和组织特异性，并且受时间调控。
多样性
单糖可以产生出比核苷酸或氨基酸大得多的组合多样性。
聚糖的分支或共价修饰提供了进一步的多样性。
糖基化显著增加了糖蛋白的多样性。
在给定的生物体或细胞类型中，只发现了所有潜在的、结构迥异的聚糖中有限的聚糖结构。
内源多样性（微不均一性）可以存在于一种细胞类型内糖蛋白的聚糖链中，甚至存在于单个糖基化位点上。
一个给定的细胞类型或生物体所表达的聚糖库的总和（糖组），比基因组或蛋白质组复杂得多。
一个给定的细胞类型或生物体的糖组也是动态的，可以响应内源性和外源性信号的变化而发生变化。
在不同细胞类型、空间和时间下的糖组差异产生了生物多样性，并有助于解释为什么典型基因组中仅表达了有限数量的基因。

续表

识别过程
聚糖能够被生物体内源性的特定聚糖结合蛋白识别。
聚糖也可以被病原体和共生体的多种外源性聚糖结合蛋白识别。
聚糖结合蛋白可分为两大类：一类通常可以根据共同的进化起源和（或）结构折叠的相似性（凝集素）进行分组；一类通过来自不同祖先的趋同进化而产生（如硫酸化的糖胺聚糖结合蛋白）。
聚糖结合蛋白通常在与特定聚糖结构结合时表现出高度的特异性，但与单一位点结合的亲和力通常相对较低。
生物学相关的凝集素识别，往往需要聚糖和聚糖结合蛋白的多价性，以产生结合所需的高亲合力。
遗传学
天然发生的聚糖遗传缺陷在完整生物体中相对罕见。这种显著的罕见性可能是由于不可预测的表型或存在多效性表型，导致生物体无法存活，或无法对遗传缺陷进行检测。
在体外培养的细胞中，细胞表面聚糖 / 分泌聚糖的遗传缺陷所造成的生物学后果不易察觉，而在完整多细胞生物中，相同的突变却可能对表型产生重大影响。
完全消除主要的聚糖类别，通常会导致早期发育死亡。
具有组织特异性聚糖异变的生物体往往能够存活下来，但同时具有细胞自主性缺陷和远端生物学缺陷。
生物学作用
聚糖的生物学作用涵盖了从非必需的生命活动，到对生物体的发育、功能和生存至关重要的活动。
聚糖在不同的组织或发育的不同时期可以发挥不同的作用。
聚糖的末端序列、不寻常的聚糖链及对聚糖的修饰，更有可能介导特定的生物学作用，也可能反映了聚糖与微生物和其他有害物质在进化中的相互作用。
细胞表面聚糖的主要作用中，有许多涉及细胞间和（或）细胞外的相互作用。
细胞核 / 细胞质聚糖承载了更多的细胞内源性作用（如信号传递）。
很难对特定聚糖的功能，或其对生物体的相对重要性进行先验预测。
进化
关于聚糖的进化，研究人员仍然知之甚少。
聚糖结构的物种间变异和物种内变异十分常见，这表明聚糖可以迅速进化。
聚糖进化的主导机制包括来自识别或模拟宿主聚糖的病原体持续的选择压力，以及保留关键内源性聚糖功能的需要。
来自病原体的选择压力与保持聚糖内源性功能之间的相互作用，可能导致“垃圾”聚糖的形成，在进化过程中可能会从这些“垃圾”聚糖中产生全新的聚糖内源性功能。

1.2　单糖是聚糖的基本结构单元

糖类被定义为多羟基醛、多羟基酮及它们的简单衍生物，或可水解形成此类单元的较大化合物。**单糖**（**monosaccharide**）通常是不能水解成更简单糖单元的一类碳水化合物。单糖在其碳链末端（对应醛基）或碳链内部（对应酮基）含有一个羰基。这两种类型的单糖分别被称为**醛糖**（**aldose**）和**酮糖**（**ketose**）（示例详见**第 2 章**）。游离单糖能够以**开链形式**（**open-chain form**）或**环状形式**（**ring form**）存在（图 1.2）。环状单糖是**寡糖**（**oligosaccharide**）的基本组成单元，它们通过**糖苷键**（**glycosidic linkage**）彼此连接，形成**直链**（**linear chain**）或**支链**（**branched chain**）结构，而术语**多糖**（**polysaccharide**）通常是指由寡糖重复基序组成的大分子聚糖（示例详见**第 3 章**）。单糖的环状结构在醛糖的 C-1 位或酮糖的 C-2 位产生具有手性的**异头中心 / 端基差向异构中心**（**anomeric center**）（详见**第 2 章**）。糖苷键通常通过单糖异头中心的羟基，在单糖和另外一个残基之间形成**连键**（**linkage**），根据糖苷氧与异头碳和糖环位置关系的不同，可产生 α- 型或 β- 型异构体（**第 2 章**），这两种连键类型使得在组成上完全相同的糖链序列具有迥异的结构特性和生物学功能。以经典的淀粉和纤维素之间的差异为例：二者都是葡萄糖的均聚物，前者主要以 α1-4 糖苷键进行连接，后者则主要以 β1-4 糖苷键彼此连接。**糖复合物**（**glycoconjugate**）是由**糖基**

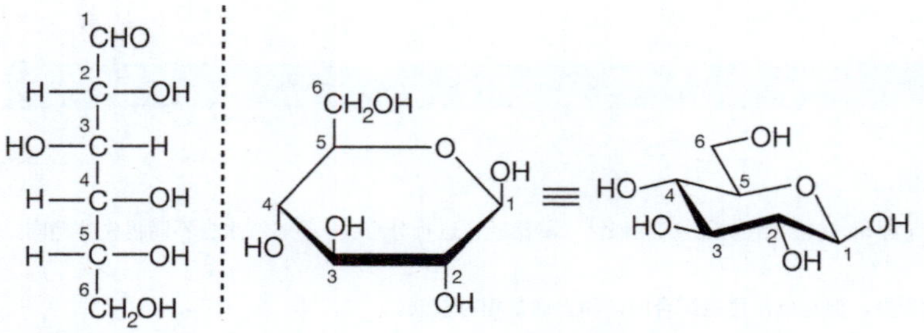

图 1.2 葡萄糖的开链形式和环状形式。特定碳原子周围羟基朝向的变化，会产生具有独特生物学和生物化学特性的新分子（例如，半乳糖是葡萄糖的 C-4 差向异构体）。在环状结构中，葡萄糖和其他糖类采用两种羟基朝向中的一种（α 或 β），图中展示的是 β- 异构体。

（glycone），即糖复合物中一个或多个单糖或寡糖单元，与**糖苷配基**（aglycone），即糖复合物中的非糖类部分共价连接形成的化合物。没有与糖苷配基连接的游离寡糖，在其末端单糖组分中保有醛或酮的化学还原性，但对那些通过还原末端连接在一起所产生的寡糖则不适用，如基于蔗糖（sucrose）或海藻糖（trehalose）结构的衍生物。因此，暴露出醛基或酮羰基的聚糖末端被称为**还原末端**（reducing terminus）或**还原端**（reducing end），即使糖链连接到糖苷配基上并因此失去其还原能力，研究人员仍然倾向于继续使用这些术语来表示糖链的方向。与之相应，糖链的另一端通常被称为**非还原末端**（nonreducing terminus）或**非还原端**（nonreducing end），这一概念类似于蛋白质中的氨基末端和羧基末端，或 DNA 和 RNA 中的 5′ 端和 3′ 端。

1.3 聚糖可能构成糖复合物的质量主体

在天然存在的糖复合物中，分子中的聚糖部分在整体空间尺寸中的占比可能存在很大的差异。在许多情况下，聚糖链的分子质量占糖复合物分子质量的很大一部分（典型示例参见图 1.3）。因此，自然界中所有类型的细胞表面都大量修饰着不同类型的糖复合物，使得该表面被一层致密的糖衣所包被，即形成所谓的**糖萼**（glycocalyx）。多年前，电子显微镜专家即观察到这种细胞表面结构在细菌中表现为在细胞膜表面之外，带有可以用钌红染色、具有一层负电荷的包被结构；在动物细胞中则是可以被聚阳离子试剂修饰的阴离子包被结构（图 1.4）。“糖萼”中富含糖类（包括动物细胞中那些修饰在蛋白质上的唾液酸）的证据，首先源自蛋白水解酶对细胞电泳中红细胞行为影响的研究，以及对此类细胞的病毒和植物凝集素结合位点的研究。糖萼可以具有极高的聚糖密度，例如，计算表明典型人 B 淋巴细胞糖萼中的唾液酸浓度可达 100 mmol/L 以上。

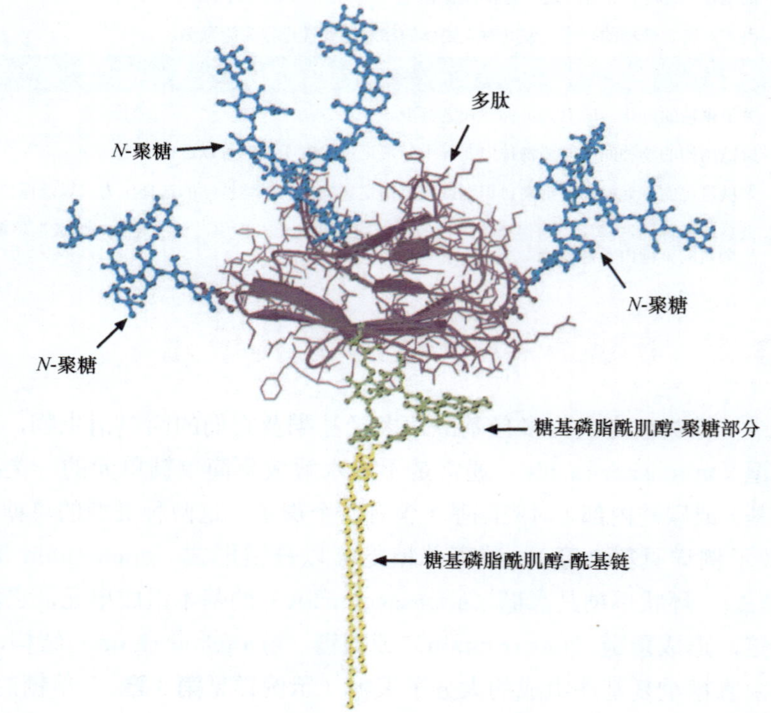

图 1.3 Thy-1 糖蛋白示意图。Thy-1 糖蛋白包含三个 *N*- 聚糖（蓝色）和一个糖基磷脂酰肌醇脂质锚。其中，糖基磷脂酰肌醇 - 聚糖部分以绿色表示，糖基磷脂酰肌醇 - 酰基链（黄色）通常嵌入膜双分子层中。请注意，多肽（紫色）在蛋白质总质量中所占的比例相对较小（由 Oxford Glycobiology Institute 的 Mark Wormald 和 Raymond Dwek 提供）。

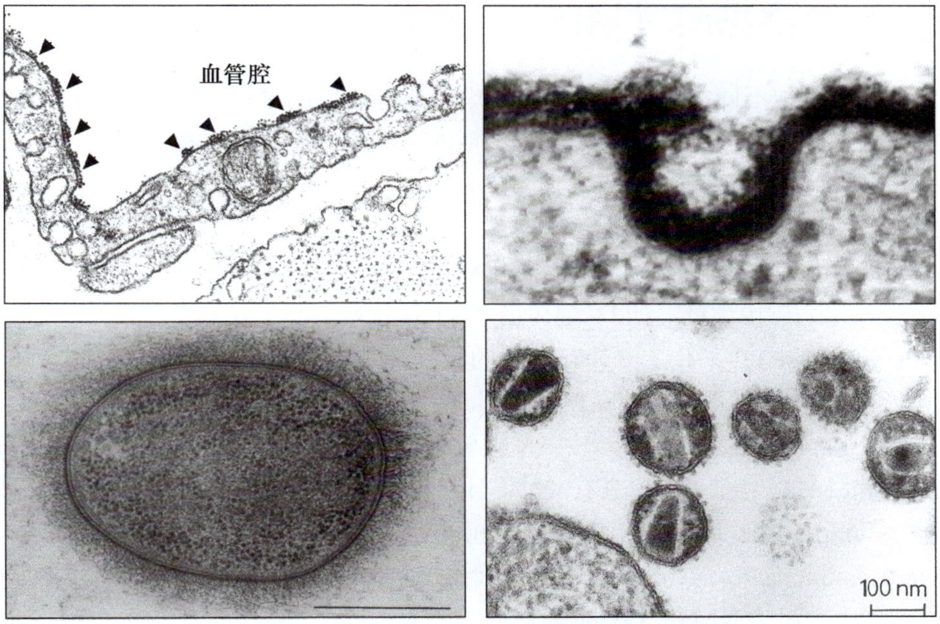

图 1.4 自然界中所有生命体的表面都包覆了聚糖①。（左上）大鼠膈肌毛细血管内皮细胞电子显微图像的历史照片。图中显示了内皮细胞的腔内侧（即面向血液的一侧）的细胞膜，可以被阳离子化的铁蛋白颗粒（箭头所示）修饰。这些颗粒能够与细胞表面糖萼中含有的酸性残基（携带唾液酸的聚糖以及硫酸化的糖胺聚糖）结合。请注意，这些颗粒有数层，表明糖复合物层具有相当的厚度（由已故 University of California，San Diego 的 George E. Palade 提供）。（右上）经钌红（120 000 ×）染色的成纤维细胞糖萼的电子显微图像（引自文献 Martinez-Palomo A，et al. 1969. *Cancer Res* 29：925-937，经 American Association for Cancer Research 许可）。（左下）肺炎克雷伯菌（*Klebsiella pneumonia*）的薄层切片经四氧化锇置换和固定后显示出的荚膜层。标尺：0.5 μm（引自文献 Amako K，et al. 1988. *J Bacteriol* 170：4960-4962，经 American Society for Microbiology 许可）。（右下）超薄切片透射电子显微镜（ultrathin section transmission electron microscope，TS-TEM）显示的形态成熟的人类免疫缺陷病毒 1（human immunodeficiency virus，HIV-1）颗粒。可产生病毒的 H9 细胞经 1% 单宁酸处理，以检测病毒颗粒上的刺突糖蛋白。若隐若现的“斑点”状聚集体，代表了在病毒颗粒切片的切向面上观察到的刺突蛋白（引自文献 Gelderblom HR，et al. 1987. *Virology* 156：171-176，经 Elsevier 许可）。

1.4 单糖的连键方式多于氨基酸或核苷酸

核苷酸和蛋白质都是直链聚合物，各单体之间只能包含一种基本的成键类型。相比之下，每种单糖理论上均能够以 α- 连键或 β- 连键，与糖链中另一个单糖若干位置的任何一个或者其他分子进行连接。因此，三种不同的核苷酸或氨基酸只能产生 6 种三聚体，而三种不同的己糖根据形式不同，理论上可以产生 1056 ～ 27 648 种独特结构的三糖。随着天然聚糖中单糖单元数量的增加（现已发现含有数百个单体的聚糖），其复杂性程度也快速增加。幸运的是，对于糖生物学专业的学生而言，在特定物种中天然存在的生物大分子上，通常只含有所有可能的单糖单元中相对较少的种类，并且它们的成键类型也相对有限。目前大多数物种中的大多数聚糖尚有待发现及进行结构确证，因此，自然界中仍有存在其他聚糖多样性的可能。

---

① 对应原文为 All living cells in nature are coated with glycans. 由于病毒是由核酸分子与蛋白质构成的非细胞形态，因此这里采用“活细胞”一词略显失当，此处根据语义进行了更改。

1.5 糖复合物中常见的单糖单元

虽然自然界中有数百种不同类型的单糖，但其中已充分研究的聚糖仅仅是凤毛麟角。脊椎动物细胞中常见单糖例举如下，并附上其标准缩写（这些单糖的详细结构参见**第 2 章**，以及附录 2 中的聚糖表示符号）。

- **戊糖（pentose）**：五碳中性糖，如 D- 木糖（Xyl）。
- **己糖（hexose）**：六碳中性糖，如 D- 葡萄糖（Glc）。
- **己糖胺（hexosamine）**：在 C-2 位具有氨基的己糖，可以是游离氨基形式，也可以是更为常见的 *N*- 乙酰化形式，如 *N*- 乙酰 -D- 葡萄糖胺（GlcNAc）。
- **6- 脱氧己糖（6-deoxyhexose）**：C-6 位羟基被氢取代后形成的己糖，如 L- 岩藻糖（Fuc）。
- **糖醛酸（uronic acid）**：在 C-6 位具有羧酸基团的己糖，如 D- 葡萄糖醛酸（GlcA）。
- **壬酮糖酸（nonulosonic acid）**[①]：一类九碳酸性糖，其中在动物中最常见的是 *N*- 乙酰神经氨酸（*N*-acetylneuraminic acid，Neu5Ac），它是多种唾液酸中的其中一种，有时也缩写表示为 NeuAc，或在历史文献中表示为 NANA（参见**第 15 章**）。

为简单起见，除非出现不常见的单糖衍生物，本书由此开始，省略常见单糖全称中的 D 型和 L 型符号。上述这些有限类型的单糖，在进化晚期的动物，即所谓“高等”生物的糖生物学中最为常见。而一些其他单糖，或者出现于“低等”动物中，如泰威糖（tyvelose）（参见**第 25 章**、**第 26 章**）；或者出现在细菌和古菌中，如酮 - 脱氧辛酮糖酸（keto-deoxyoctulosonic acid，Kdo）、鼠李糖（rhamnose）、L- 阿拉伯糖（L-arabinose）、胞壁酸（muramic acid）（参见**第 21 章**、**第 22 章**）；或者出现在植物中，如阿拉伯糖（arabinose）、芹菜糖（apiose）和半乳糖醛酸（galacturonic acid）（参见**第 24 章**）。聚糖的多种修饰进一步增加了它们在自然界中的多样性，并据此介导特定的生物学功能。此外，不同单糖的羟基可以进行磷酸化、硫酸化、甲基化、*O*- 乙酰化或脂酰化等修饰。尽管单糖中的氨基通常以 *N*- 乙酰化修饰的形式存在，但它们也能够以 *N*- 硫酸化修饰，或以未被修饰的状态存在。单糖的羧基有时可与邻近的羟基形成内酯，或与邻近的氨基发生内酰胺化反应。

关于单糖结构、连键类型和寡聚糖的结构信息详见**第 2 章**。本书中的许多插图采用了糖链的符号表示法（见附录 2 和图 1.5 中的示例）。**聚糖符号命名法（symbol nomenclature for glycans，SNFG）**在本书第二版的基础上进行了扩充，已经为大量研究人员所审核并加以采用。为方便读者，本书将可在美国国家生物技术信息中心（NCBI）网站进行查看的完整符号列表收于附录 2，也可从该网站下载这些符号的图像及文本格式。关于符号命名法命名逻辑的详细说明，以及希望使用该命名系统的研究人员所应关注的每种单糖的详细信息、颜色设置及在线数据库链接等，详见附录 2。

1.6 糖复合物与聚糖的主要类别

常见的聚糖类别，主要根据其与糖苷配基（蛋白质或脂质）连键的性质进行定义（在真核生物中的常见示例参见图 1.6、图 1.7）。**糖蛋白（glycoprotein）**是一种通常通过 *N*- 连键或 *O*- 连键共价偶联一个

① 酮糖酸（ulosonic acid）是指以 2- 酮糖为起始端（C-1 位）的 -CH_2OH 基团被氧化形成羧基后产生的化合物，具有 α- 酮酸（α-ketoacid）结构的单糖；根据《有机化合物中文命名原则（2017 版）》1.3.2.4，“壬”用于表示 9 个碳原子的链或环的原子数，本书通译为“壬酮糖酸”。

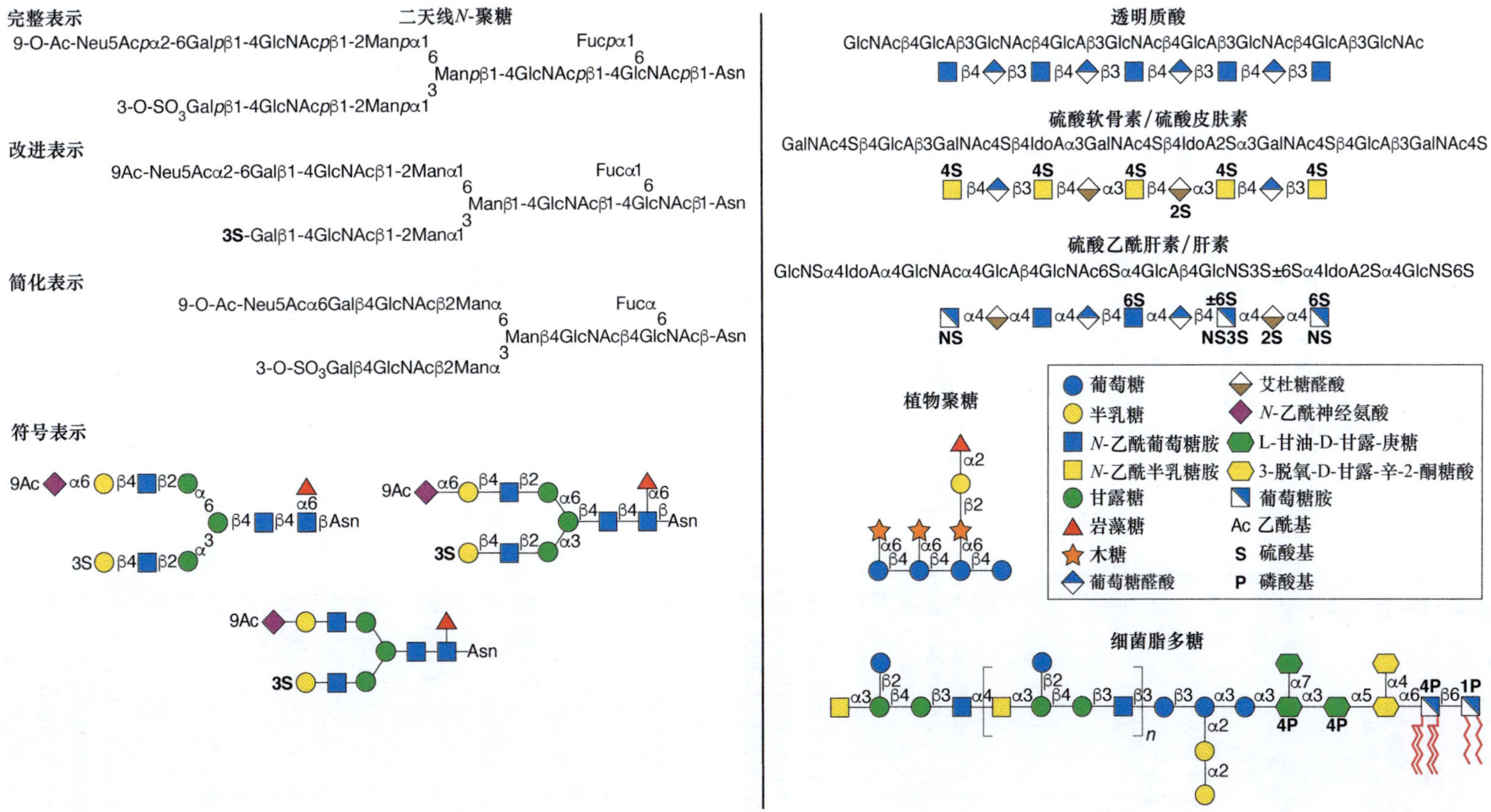

图 1.5　聚糖结构的符号表示法及传统表示法示例。本书沿用了《糖生物学基础》（第三版）中的单糖符号集，但扩展并涵盖了在自然界中发现的、更为广泛的单糖类型。为方便读者，本书附录 2 中转载了完整的符号表（也可在 NCBI Books 网站上获得在线版本）。此处展示了一些聚糖的符号表示，以及使用该系统描述天然存在的聚糖的实例。（左）来自脊椎动物的、具有两种不同外部末端聚糖类型的“二天线”支链 *N*- 聚糖，图中依照不同层次的结构细节进行了展示。（右）来自后生动物的糖胺聚糖链、植物聚糖和细菌脂多糖。缩写：天冬酰胺（Asn）。

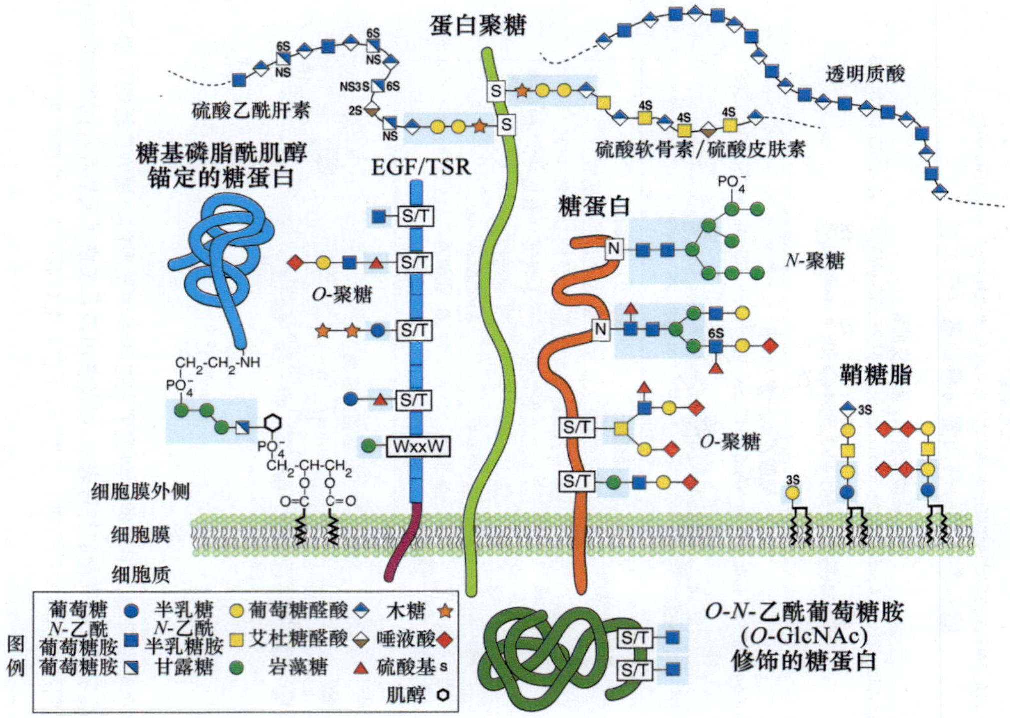

图 1.6 常见的动物聚糖类别。有关单糖的全称和指定符号，参见**附录 2**。缩写：表皮生长因子（EGF）；血小板应答蛋白重复序列（TSR）（经 Springer Nature 许可修改并更新自文献 Varki A. 1997. *FASEB J* 11：248-255；Fuster M，Esko JD. 2005. *Nat Rev Can* 7：526-542；Stanley P. 2011. *Cold Spring Harb Perspect Biol* 3：a005199）。

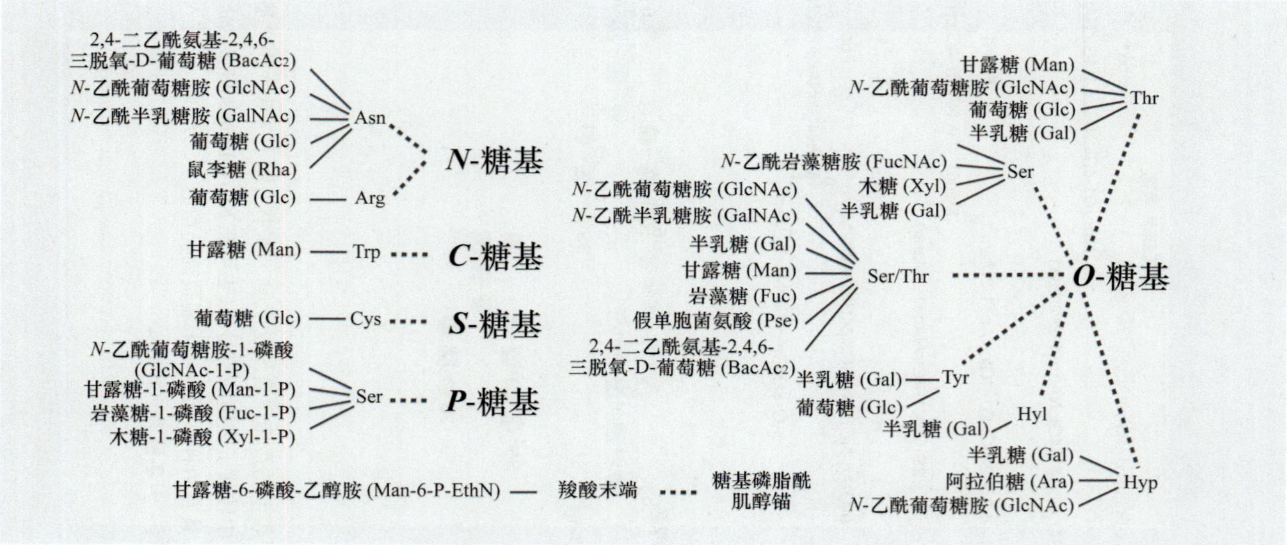

图 1.7 自然界中已报道的聚糖 - 蛋白质连键。迄今为止，在自然界中已经发现的 6 种不同类型的糖 - 多肽连键示意图（单糖全称参见**附录 2**）。**糖基磷脂酰肌醇化（glypiation）**是将糖基磷脂酰肌醇锚添加到蛋白质上的过程。其他相关的详细信息，包括端基差向异构的连键，请参阅版权信息中引用的综述文章。图中缩写：天冬酰胺（Asn），精氨酸（Arg），色氨酸（Trp），半胱氨酸（Cys），丝氨酸（Ser），苏氨酸（Thr），羟赖氨酸（Hyl），羟脯氨酸（Hyp）（经 Oxford University Press 许可，更新并重绘自文献 Spiro RG. 2002. *Glycobiology* 12：43R-56R）。

或多个聚糖链到多肽骨架上的糖复合物。***N*- 聚糖**（***N*-glycan**）（或称 *N*- 连接寡糖、*N*- 天冬酰胺 - 连接寡糖）是糖链与多肽链上的天冬酰胺残基共价连接形成的糖蛋白，在真核生物中通常涉及 *N*- 乙酰葡萄糖胺（GlcNAc）残基和一个**共识多肽序列**（**consensus peptide sequence**）——天冬酰胺 -X- 丝氨酸 / 苏氨酸（Asn-X-Ser/Thr，X 代表除脯氨酸外的任意氨基酸）。动物中的 *N*- 聚糖都具有共同的五糖核心区（pentasaccharide core region），一般可分为三种主要类型：**寡甘露糖型**（**oligomannose-type**）（或称**高甘露糖型**[**high-mannose type**]）、**复合型**（**complex type**）和**杂合型**（**hybrid type**）（详见**第 9 章**）。***O*- 聚糖**（***O*-glycan**）（或称 *O*- 连接寡糖）通常将 *N*- 乙酰半乳糖胺（GalNAc）连接到多肽链中丝氨酸或苏氨酸残基的羟基上，并可随着糖链延伸，形成具有不同核心结构（core structure）的类型（详见**第 10 章**）。**黏蛋白**（**mucin**）是一类携带有大量紧密间隔、成簇分布的 *O*- 聚糖的大型糖蛋白。生物体中也存在着其他类型的 *O*- 聚糖（如 *O*- 连接的岩藻糖、葡萄糖或甘露糖）。**蛋白聚糖**（**proteoglycan**）是一类糖复合物，含有一条或多条**糖胺聚糖**（**glycosaminoglycan，GAG**）（定义见下文），这些糖胺聚糖通过其典型核心区域还原端的木糖残基，与多肽链中丝氨酸残基上的羟基成键，连接至"核心蛋白"上。蛋白聚糖与糖蛋白的区别是人为界定的，因为某些蛋白聚糖的多肽链上可以同时携带糖胺聚糖链以及不同的 *O*- 聚糖和 *N*- 聚糖（**第 17 章**）。许多胞质蛋白和核蛋白的一个或多个丝氨酸或苏氨酸残基上，具有单一的 *N*- 乙酰葡萄糖胺（GlcNAc）残基修饰（**第 19 章**）。图 1.7 中列出了自然界中已知的聚糖 - 蛋白质连键方式。

糖基磷脂酰肌醇锚（**glycosylphosphatidylinositol anchor，GPI anchor**）通过聚糖结构桥联磷脂酰肌醇和磷脂酰乙醇胺，其中磷脂酰乙醇胺进一步与蛋白质的羧基末端形成酰胺键。该结构通常作为唯一锚点，将此类蛋白质锚定在脂质双分子层上（**第 12 章**）。**鞘糖脂**（**glycosphingolipid**）通常被称为**糖脂**（**glycolipid**），是一类由寡糖链通过葡萄糖或半乳糖，与神经酰胺的脂肪链中末端伯羟基相连所形成的糖复合物。神经酰胺则由长链基底（即鞘氨醇）和脂肪酸组成（**第 11 章**）。糖脂可以是电中性或负电性分子。**神经节苷脂**（**ganglioside**）是一类含有一个或多个唾液酸残基的阴离子糖脂。需要注意的是，上述糖复合物仅仅代表了真核细胞体系中最常见的聚糖类别。在动物（**第 13 章、第 17 章、第 18 章**）、植物、藻类和原核生物细胞膜的两侧，研究人员亦发现了其他几种研究相对较少的聚糖类型。

尽管不同的聚糖类别可以通过独特的**核心区域**（**core region**）进行区分，但不同类别的聚糖之间往往共享了某些糖链外侧的结构序列。例如，动物中 *N*- 聚糖、*O*- 聚糖和鞘糖脂经常包含亚末端二糖 Galβ1-4GlcNAcβ1-，即 *N*- 乙酰乳糖胺（LacNAc）；或包含不太常见的 GalNAcβ1-4GlcNAcβ1-，即二 -*N*- 乙酰基乳糖胺（LacdiNAc）结构单元。*N*- 乙酰乳糖胺单元有时可重复出现，产生延伸的聚 -*N*- 乙酰乳糖胺（poly-*N*-acetyllactosamine，polyLacNAc）结构，该结构经常被错误地称为"聚乳糖胺"（polylactosamine）（**第 14 章**）。二 -*N*- 乙酰基乳糖胺单元也可以被重复延长，形成聚 - 二 -*N*- 乙酰基乳糖胺（polyLacdiNAc），但并不常见。糖链外侧的 *N*- 乙酰乳糖胺单元可以被岩藻糖基化修饰，或进一步生成支链结构，并且在脊椎动物中被常见的唾液酸（sialic acid，Sia），或不太常见的硫酸基团、岩藻糖（Fuc）、α- 半乳糖（α-Gal）、β-*N*- 乙酰半乳糖胺（β-GalNAc）、β- 葡萄糖醛酸（β-GlcA）等结构封端（**第 14 章、第 15 章**）。相比之下，真核生物的**糖胺聚糖**（**glycosaminoglycan，GAG**）是含有酸性二糖重复单元的直链共聚物，每一个重复单元中通常包含一个己糖胺分子（葡萄糖胺或半乳糖胺），以及一个己糖（半乳糖）或己糖醛酸（葡萄糖醛酸或艾杜糖醛酸）分子（**第 17 章**）。根据二糖单元的类型不同，可以将糖胺聚糖定义为**硫酸软骨素**（**chondroitin sulfate**）（GalNAcβ1-4GlcA）、**硫酸皮肤素**（**dermatan sulfate**）（GalNAcβ1-4IdoA）、**肝素**（**heparin**）或**硫酸乙酰肝素**（**heparan sulfate**）（GlcNAcα1-4GlcA/IdoA）、**硫酸角质素**（**keratan sulfate**）（Galβ1-4GlcNAc）。硫酸角质素实际上是连接到 *N*- 聚糖或 *O*- 聚糖核心结构上的、6-*O*- 硫酸化形式的聚 -*N*- 乙酰乳糖胺，而并非如典型的蛋白聚糖一般，在糖胺聚糖与含有木糖 - 丝氨酸（Xyl-Ser）的**蛋白聚糖连键区域**（**proteoglycan linkage region**）进行共价相连。另一种糖胺聚糖——**透明质酸**（**hyaluronan**）（GlcNAcβ1-4GlcA 的聚合物）

似乎主要以游离聚糖链的形式存在，不与任何糖苷配基相连（**第16章**）。某些糖胺聚糖能够在氨基或羟基形成硫酸酯（即*N*-硫酸酯基或*O*-硫酸酯基）。另一种可以从*N*-乙酰乳糖胺单元延伸而出的阴离子多糖是**多唾液酸（polysialic acid）**，它是一种仅在脊椎动物少数蛋白质上选择性表达的唾液酸均聚物。研究人员在某些病原菌的**荚膜多糖（capsular polysaccharide）**上也发现了多唾液酸和透明质酸（**第15章**）。为简单起见，本节主要关注脊椎动物中的聚糖。其他类别的多种聚糖广泛地存在于生命之树的其他分支中（**第21章至第26章**）。

1.7　聚糖链结构并非由基因组直接编码

与作为初级基因产物的蛋白质序列不同，聚糖结构并不直接由基因组编码，而是作为次级基因产物存在。人类基因组中有相当比例的已知基因专门产生负责聚糖生物合成与组装的酶及转运蛋白（**第8章**），通常参与蛋白质的翻译后修饰或核心脂质的糖基化过程。各种相互竞争、次第行使催化功能的**糖苷酶（glycosidase）**及**糖基转移酶（glycosyltransferase）**（**第6章**），结合真核细胞高尔基体亚区室中聚糖生物合成的“装配线”机制（**第4章**），赋予了聚糖链呈现出各式各样结构组合的可能性。因此，即使完全知晓所有相关基因产物的表达水平，也无法准确预测某一特定细胞类型所产生聚糖的精确结构。此外，环境因素的微小变化，也会导致特定细胞所产生的聚糖发生巨变。正是糖基化的这种动态可变性，使其成为了产生和调节生物多样性及复杂性的有力途径。自然而然地，这一特性也使得聚糖比核酸和蛋白质更加难于研究。

1.8　蛋白质糖基化中位点特异性的结构多样性

蛋白质糖基化研究最引人入胜但也最令人沮丧的一个特点是存在**微不均一性（microheterogeneity）**。因此，对于由特定细胞类型合成的给定蛋白质而言，以糖苷键连接到蛋白质上任何特定的糖基化位点时，有可能出现一系列不同类型的糖链结构（在某些情况下，聚糖链也可能丢失）。实际上，由单个基因编码的指定多肽链，能够以多种**糖型（glycoform）**存在，每一种都包含着截然不同的**分子种类（molecular species）**。对于某些糖蛋白而言，特定位点的微不均一性可能相当有限，而对于其他位点则可能程度很高，即使在同一种糖蛋白中也是如此。从机制上讲，微不均一性的产生原因可能是：①新合成的糖蛋白快速通过内质网和高尔基体时，发生了多酶的、连续进行的、酶与酶之间相互部分竞争的糖基化和去糖基化反应；②缺乏指导合成的模版；③聚糖链与修饰酶上的特定位点能否相互接近（**第4章**）。另一种可能性是，每一个细胞或某一种细胞类型实际上产生极其特异的糖基化产物，但是细胞间的变异导致天然多细胞来源样品表现出微不均一性。无论微不均一性的起源究竟如何，它都解释了在分析/分离糖蛋白时出现的异常行为，并且使得糖蛋白的完整结构分析成为了一项艰巨的任务。从功能角度而言，微不均一性的生物学意义仍然不甚明晰，它很可能是某种多样性发生器（diversity generator），旨在产生多样化的内源性识别功能和（或）逃避只能与某些特定的聚糖结构发生高度特异性结合的外来微生物及寄生生物（**第37章、第42章**）。

1.9　糖基化的细胞生物学

真核生物主要聚糖类别的生物合成途径中，研究最为详尽的途径主要发生在内质网和高尔基体中（**第4章**）。源自内质网的新合成的蛋白质，在到达其最终目的地的不同阶段，以**共翻译修饰（co-**

translational modification）或**翻译后修饰**（**post-translational modification**）的形式被修饰上聚糖链。*N*-聚糖在位于内质网细胞质一侧的脂质供体上进行部分组装，随后翻转进入内质网完成寡糖的组装，并转移到新生蛋白质上。该寡糖链经过修剪后，以每次添加一个单糖的过程进行糖链延长。这些糖基化反应使用活化形式的单糖，即**核苷酸糖**（**nucleotide sugar**）（**第 5 章**）作为糖基转移酶催化反应的供体（有关糖基转移酶的生物化学、分子遗传学及细胞生物学，详见**第 4 章**、**第 6 章**、**第 8 章**）。核苷酸糖供体由内源性或外源性的单糖前体在细胞质或核区合成获得，然后通过主动转运跨越磷脂双分子层，进入内质网和高尔基体区室（**第 5 章**）。值得注意的是，在糖复合物中朝向这些区室内侧的部位，最终将朝向细胞外侧，或者朝向分泌颗粒或溶酶体的内侧，因此在拓扑学概念上不会暴露在细胞质中。研究人员已经对负责催化这些反应的生物合成酶（糖基转移酶、磺基转移酶等）进行了深入研究（**第 6 章**），这些酶所出现的位置，对于确定**内质网 - 高尔基体途径**（**ER-Golgi pathway**）中各个区室的功能颇有助益。一个经典的模型设想这些酶沿着这一途径，以它们发挥实际催化作用的精确顺序次第排列。由于这些酶的分布具有相当程度的重叠，而且某种酶的实际分布取决于细胞类型，该模型似乎有过度简化之嫌。

上述所有的拓扑学考量，在细胞核与细胞质的糖基化过程中却都是相反的，因为与这些糖基化过程相关的糖基转移酶活性位点朝向细胞质，而细胞质与细胞核内部是直接连通的。直到 20 世纪 80 年代中期，人们仍然教条地认为糖复合物仅仅出现在细胞外表面、细胞器的内表面（腔室侧）和外泌分子上。细胞质和细胞核被认为不存在糖基化。如今已经明确，某些确切类型的糖复合物在细胞质和细胞核中合成，并定位于细胞质和细胞核中（**第 18 章**）。许多研究人员长久以来忽略了这一主要的糖基化形式，这一事实着重强调了糖生物学中仍有诸多有待探索的未知领域。

与活细胞的所有组分一样，聚糖也始终进行着周转和降解。催化这一过程的酶可在外末端（即非还原端）通过**糖苷外切酶**（**exoglycosidase**），或在糖链内部通过**糖苷内切酶**（**endoglycosidase**）实现对聚糖链的切割（**第 4 章**、**第 44 章**）。某些末端单糖单元（如唾液酸）有时可在内体循环（endosomal recycling）过程中被移除，全新的糖单元则会被重新连接，而不会降解其底层的糖链结构。多数真核生物聚糖的完全降解，一般由溶酶体中的多种糖苷酶完成。这些被降解为独立单元的单糖，通常会从溶酶体中输出，进入细胞质以供循环利用（**图 1.8**）。与内质网 - 高尔基体途径中相对较慢的聚糖周转速率不同，细胞核与细胞质中的 *O*-*N*- 乙酰葡萄糖胺（*O*-GlcNAc）单糖修饰显得更为动态（**第 19 章**）。在某些情境下，细胞外或细胞内的游离聚糖也可以作为信号分子（**第 40 章**）。

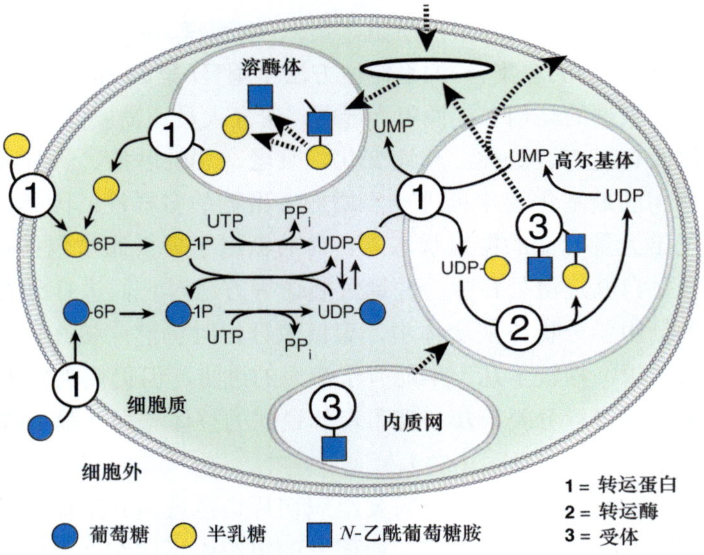

图 1.8　常见单糖的生物合成、利用与周转。半乳糖是动物聚糖中的一种常见单糖成分，该示意图显示了半乳糖的生物合成、细胞命运和周转。尽管可以从细胞外部少量摄取半乳糖，但大多数细胞的半乳糖或是源自葡萄糖的从头合成（*de novo* synthesis），或是从溶酶体降解的糖复合物中回收获得。该简图显示了名为尿苷二磷酸 - 半乳糖（UDP-Gal）的核苷酸糖的生成、它与尿苷二磷酸 - 葡萄糖（UDP-glucose）的平衡状态，以及它在高尔基体中被摄取和用于合成新聚糖的过程。实线表示生物化学途径；虚线表示膜转运和聚糖转运途径。图中缩写：单糖 6- 磷酸修饰（-6P）；单糖 1- 磷酸修饰（-1P）；尿苷三磷酸（UTP）；尿苷二磷酸（UDP）；尿苷一磷酸（UMP）；焦磷酸（PP_i）。

1.10 糖基化研究中所使用的工具

与寡核苷酸和蛋白质不同，聚糖通常不以无支链的线性方式（直链结构）存在。即使如糖胺聚糖一般以直链结构存在，其糖链上也经常含有各种非均匀分布的取代基（如硫酸基团）。因此，在通常情况下，通过单一方法对聚糖进行完整测序可谓是缘木求鱼，应当综合运用物理、化学、酶学等方法，共同阐明聚糖的结构细节（对于具有低分辨率和高分辨率的聚糖的各种分离分析方法的讨论，包括质谱法与核磁共振法，参见**第 50 章**）。有时，不甚详细的结构信息已足够用于探索某些聚糖的生物学特性，并且可以通过简单的技术获得这些结构信息，例如，使用糖苷酶（糖苷内切酶和糖苷外切酶）、**凝集素（lectin）**和其他**聚糖结合蛋白（glycan-binding protein，GBP）**（**第 48 章、第 50 章**），使用化学方法进行修饰或切除，以及使用代谢物放射性标记、抗体、糖基转移酶分子克隆等方法（**第 53 章、第 54 章**）。此外，还可以通过多种方式对糖基化进行干预，例如，使用糖基化抑制剂和引物（**第 55 章、第 56 章**），或者通过对完整细胞和生物体内的糖基化进行遗传学操作加以干预（**第 49 章**）。近年来，通过化学和酶学方法在体外直接合成聚糖的研究也取得了长足发展，为探索糖生物学提供了许多全新的工具（**第 53 章、第 54 章、第 57 章**）。经各种途径构建的复杂糖库，进一步促进了化学与生物学的交融（**第 53 章、第 54 章**），而构建**聚糖微阵列（glycan microarray）**正是其中的典型代表。

1.11 糖组学

与基因组学和蛋白质组学类似，**糖组学（glycomics）**代表了对特定细胞类型或生物体**糖组（glycome）**（聚糖结构的总集合）的系统性方法学阐释（**第 51 章、第 52 章**）。实际上，糖组比基因组或蛋白质组复杂得多。不仅聚糖的结构多样性更为显著，研究人员还需要面对由糖基化的微不均一性所引起的复杂性（见上文），以及在发育、分化、代谢变化、衰老、恶性肿瘤、炎症或感染过程中发生的聚糖动态变化。物种内和物种间的糖基化变化也进一步增加了聚糖的多样性。因此，在一个特定物种中的特定细胞类型上，可以展现出大量可能的糖组状态。目前的糖组学分析通常包括提取完整的细胞类型、器官或生物体，将所有的糖链自其连键处释放，并通过质谱等方法对它们进行分类。在一种名为**糖蛋白质组学（glycoproteomics）**的糖组学分析方法变体中，聚糖被分析时仍然连接在由蛋白酶产生的糖蛋白片段之上。这些方法所获得的结果，相较于几十年前有了惊人的进步，但仍然类似于“只见树木，不见森林”，即砍伐森林中的所有树木以进行分类，却忽视了森林景观的整体布局（**第 15 章**仅从唾液酸这类单糖的角度对这一复杂问题进行了讨论，参见图 15.3）。

因此，糖组学分析需要组织切片染色或流式细胞术等经典方法的辅助。这些方法使用凝集素或聚糖特异性抗体，充分考量了所研究的组织中不同细胞类型和亚细胞域中的糖基化异质性，因而能够增益我们对糖组的认识。研究人员普遍发现，将细胞从其正常环境中取出并置于组织培养环境中，会导致细胞的糖基化机制发生重大变化，该结果进一步凸显了这些方法的重要性。然而，这些经典方法存在定量较差、对于聚糖结构细节相对不敏感等问题。如今，通过激光捕获显微切割，从组织切片中分离出特定的细胞类型并直接进行质谱法检测的复合方法具有潜在的可行性。显然，研究人员亟需能够对完整“森林”中的聚糖进行原位成像和表征的新方法。

由于参与聚糖生物合成途径的大多数基因已经从多种生物体中克隆获得，如今从基因组和转录组等间接视角出发理解特定细胞类型的糖组已经成为了可能（**第 8 章**）。然而，有鉴于信使核糖核酸（mRNA）水平与蛋白质水平之间的相关性相对较差，以及细胞高尔体基糖基化途径中复杂的装配过程和糖酶彼此竞争等事实，即使完全掌握一个特定细胞中所有相关基因的 mRNA 表达模式，也无法准确地预测出该细胞类型中聚糖的分布与结构。因此，除了使用一系列方法进行实际分析外，目前还没有可靠的间接途径对糖组进行阐释。

1.12 生物体与体外培养细胞中的糖基化缺陷

研究人员已经报道了许多在体外培养细胞系中具有聚糖结构变化和特定聚糖生物合成缺陷的突变株，其中最常见的一类突变株具有凝集素抗性（**第 49 章**）。事实上，除少数个例外，对于体外培养的动物细胞，已经获得的突变株几乎涵盖了所有聚糖生物合成途径的大多数生物合成步骤中所具有的特定缺陷。这些细胞系对于阐明聚糖生物合成途径的细节具有重要价值。这些具有糖基化缺陷的细胞系仍能存活，意味着对于在实验人员精心关注，环境变化相对恒定的培养皿中的、处于最佳细胞生长条件的单个细胞而言，许多类型的聚糖对它们的影响有限。相反，大多数聚糖结构在介导完整多细胞生物体内的细胞 - 细胞、细胞 - 基质相互作用，以及介导不同生物体之间的相互作用中必定更为重要。与该假设一致，所有消除完整动物中主要聚糖类别的遗传缺陷都会引起胚胎致死（**第 45 章**）。正如预期一般，在自然界中产生的此类动物突变体如果能够存活，则这些突变体的疾病表型的严重程度往往居于中等，并且通常显示出涉及多系统的复杂表型；而那些针对聚糖链外侧组分的、不太严重的遗传变异，往往会赋予可存活的生物体更为特异的表型（**第 45 章**）。总而言之，研究完整多细胞生物（包括人类在内）中自然产生或诱导形成的遗传缺陷的相关后果，可以获益良多（**第 45 章**）。

1.13 聚糖的生物学功能多种多样

本书的主题之一是探索和阐明聚糖的生物学作用。有趣的是，自本书第一版问世后，人们已经不再发问“聚糖到底是干什么的”，转而面临如何去解释各种发生在人类、小鼠、果蝇和其他生物体中一系列复杂多样、有时会产生致死性的糖基化修饰表型。与任何生物学系统一样，解决和回答这些问题的最佳途径是仔细考量聚糖的结构及其生物合成与聚糖实际功能之间的关系（**第 7 章**）。从聚糖广泛存在、结构复杂的属性不难想象，聚糖的生物学功能理应包罗万象。事实上，询问聚糖都有哪些功能，与询问蛋白质的功能如出一辙，即所有提出的关于聚糖功能的理论都已被证明部分正确，但也可以在每个理论中找到例外情况。对如此庞杂多样的生物分子而言，聚糖的生物学功能跨度很大并不令人称奇，其中某些功能可能不易察觉，某些功能则与生物体的发育、生长、功能或生存休戚相关（**第 7 章**）。自然界赋予聚糖的各种功能，可以简单分为两大类：①结构与调节功能（涉及聚糖本身，或聚糖对它们所连接的分子的调节）；②聚糖结合蛋白对聚糖的特异性识别。诚然，任何特定聚糖都可以介导任意一种，或同时介导以上两类功能。聚糖结合蛋白又可分为两大类：**凝集素（lectin）**与**硫酸化糖胺聚糖结合蛋白（sulfated GAG-binding protein）**（**第 27 章、第 28 章、第 38 章**）。这类分子可以从合成同源聚糖（cognate glycan）的生物体中内源性产生（详见**第 31 章至第 36 章、第 38 章、第 39 章**），也可以是外源性的（有关与宿主细胞上特定聚糖结合的微生物蛋白质的信息，参见**第 37 章、第 42 章**）。这些聚糖 - 蛋白质相互作用的原子细节，已在许多情况下得到了阐明（**第 29 章、第 30 章**）。尽管仍有例外，但凝集素符合以下基本概述：单价结合的**亲和力（affinity）**往往相对较低，而大量多价聚糖与同源凝集素结合位点之间的相互作用则可以产生高**亲合力（avidity）**，进而确保此类识别过程的特异性和生物功能的实现。

1.14 发育、分化及恶性肿瘤中的糖基化改变

当研究人员开发出一种特异性检测特定聚糖的新工具（如抗体或凝集素），并用于探测该聚糖在完整

生物体内的表达时，通常发现聚糖表达在细胞活化、胚胎发育、器官生成和分化等过程中展现出精确特异的时空模式（实例见**第 41 章**）。在恶性肿瘤的转化与进展（**第 47 章**）、炎症（**第 46 章**）等其他病理情况中，也经常能观察到聚糖表达产生了某些相对特定的变化。这些在时间和空间上受控的**聚糖表达模式**（**glycan expression pattern**），意味着聚糖参与了多种正常过程和病理过程，而研究人员对于确切机制的认识目前仍然有限。

1.15 糖生物学中的进化因素

研究人员对糖基化的进化过程可谓一知半解。在不同的生物界与分类群中，糖基化具有明显的共性与特性。在动物界中，似乎存在着分类群越接近进化晚期（“更高等”），其 *N*- 聚糖与 *O*- 聚糖越复杂的趋势。物种内与物种间的糖基化变异也相当地普遍。一种观点认为，聚糖所具有的特定生物学功能往往由三类过程介导：①不常见的糖链结构；②常见糖链结构的异常呈现；③对于常见的糖链结构本身进行进一步修饰。这些不同寻常的糖链结构，可能由相关的糖基转移酶或其他聚糖修饰酶独特的表达模式所决定（内源性）。另外，这些不寻常的聚糖可以作为传染性微生物和各种毒素的特定识别靶标（外源性）。因此，在自然界聚糖表达的多样性中，至少有一部分必然与因物种之间的相互作用（如宿主 - 病原体、宿主 - 共生体相互作用）而产生的**进化选择压力**（**evolutionary selection pressure**）有关。换言之，对于特定的聚糖靶标而言，上述两类不同的聚糖识别过程（分别由内源性和外源性的聚糖结合蛋白介导）之间是彼此竞争的。从生物医学角度出发，人们对寄生生物和微生物表达的特殊聚糖有极大的兴趣（**第 21 章、第 22 章、第 23 章、第 43 章**），这些特异性聚糖自身也可能受到进化选择压力的影响。这些问题将在**第 20 章**中进一步讨论。**第 20 章**中还讨论了现有的各种聚糖生物合成途径如何在不同的生命形式中实现进化与分化，关于这些信息，研究人员仍然知之甚少。

1.16 聚糖在医学与生物技术中的应用

许多天然生物活性分子都是糖复合物，其上共价连接的聚糖对于这些分子在完整生命体内的生物合成、稳定性、生物作用与周转影响深远。例如，肝素及其衍生物作为硫酸化的糖胺聚糖之一，是全世界广为使用的药物。氨基糖苷类抗生素都含有对活性至关重要的碳水化合物成分。由于以上和其他多种原因，糖生物学和糖化学在现代生物技术中日趋重要。为糖蛋白药物申请专利、获得美国食品药品监督管理局（FDA）的使用许可，乃至监控其生产过程，都需要了解这些蛋白药物上聚糖结构的相关知识。另外，包括单克隆抗体、酶、激素在内的糖蛋白，是当下生物技术产业的拳头产品，年销售额逾数百亿美元，并且还在不断加速增长。此外，多种人类疾病状态涉及聚糖生物合成的改变，这些变化可能具有诊断和（或）治疗意义。**第 56 章**和**第 57 章**讨论了糖生物学在医学和生物技术中日益突显的重要性。

1.17 聚糖在纳米科学、生物能源和材料科学中的应用

尽管在传统意义上并未被视为“糖生物学”的一部分，许多天然聚糖与合成聚糖仍然是纳米技术、生物能源和材料科学中的关键组分。糖纳米材料（**第 58 章**）具有化学和物理可调性，能够构建在不同的支架上，以探测细胞、组织和生物体的相互作用。聚糖修饰能够改变纳米材料的性质，优化其可溶性和生物相容性，同时降低细胞毒性。糖纳米材料已被用作显影剂、光谱学工具、细胞体系监测器，以及疫苗接种和药物递送的载体。植物聚糖具有多种用途，如能源材料、建筑材料、服装原料、纸制品、动物

饲料及食品饮料添加剂（**第 59 章**）。对于环境破坏、石油及其副产品储量减少等问题的担忧，极大地激发了人们使用植物聚糖进行能源生产、生成具有功能改良或全新功能的聚合物，以及将其作为高价值化学合成前体的兴趣（**第 59 章**）。

致谢

感谢已故的内森·沙龙（Nathan Sharon）对本章前一版本的贡献，以及其他编辑提供的有益评论及建议。

延伸阅读

Rademacher TW, Parekh RB, Dwek RA. 1988. Glycobiology. *Annu Rev Biochem* **57**: 785-838.

Varki A. 1993. Biological roles of oligosaccharides: all of the theories are correct. *Glycobiology* **3**: 97-130.

Drickamer K, Taylor ME. 1998. Evolving views of protein glycosylation. *Trends Biochem Sci* **23**: 321-324.

Etzler ME. 1998. Oligosaccharide signaling of plant cells. *J Cell Biochem Suppl* **30-31**: 123-128.

Gagneux P, Varki A. 1999. Evolutionary considerations in relating oligosaccharide diversity to biological function. *Glycobiology* **9**: 747-755.

Roseman S. 2001. Reflections on glycobiology. *J Biol Chem* **276**: 41527-41542.

Hakomori S-I. 2002. The glycosynapse. *Proc Natl Acad Sci* **99**: 225-232.

Spiro RG. 2002. Protein glycosylation: nature, distribution, enzymatic formation, and disease implications of glycopeptide bonds. *Glycobiology* **12**: 43R-56R.

Haltiwanger RS, Lowe JB. 2004. Role of glycosylation in development. *Annu Rev Biochem* **73**: 491-537.

Sharon N, Lis H. 2004. History of lectins: from hemagglutinins to biological recognition molecules. *Glycobiology* **14**: 53R-62R.

Drickamer K, Taylor ME. 2006. *Introduction to glycobiology*, Vol. 2. Oxford University Press, Oxford.

Ohtsubo K, Marth JD. 2006. Glycosylation in cellular mechanisms of health and disease. *Cell* **126**: 855-867.

Patnaik SK, Stanley P. 2006. Lectin-resistant CHO glycosylation mutants. *Methods Enzymol* **416**: 159-182.

Kamerling J, Boons G-J, Lee Y, Suzuki A, Taniguch N, Voragen AGJ. 2007. *Comprehensive glycoscience*, pp. 1-4. Elsevier Science, London.

Freeze HH, Ng BG. 2011. Golgi glycosylation and human inherited diseases. *Cold Spring Harb Perspect Biol* **3**: a005371.

Hart GW, Slawson C, Ramirez-Correa G, Lagerlof O. 2011. Cross talk between O-GlcNAcylation and phosphorylation: roles in signaling, transcription, and chronic disease. *Annu Rev Biochem* **80**: 825-858.

Sarrazin S, Lamanna WC, Esko JD. 2011. Heparan sulfate proteoglycans. *Cold Spring Harb Perspect Biol* **3**: a004952.

Varki A. 2011. Evolutionary forces shaping the Golgi glycosylation machinery: why cell surface glycans are universal to living cells. *Cold Spring Harb Perspect Biol* **3**: a005462.

Aebi M. 2013. N-linked protein glycosylation in the ER. *Biochim Biophys Acta* **1833**: 2430-2437.

Prasanphanich NS, Mickum ML, Heimburg-Molinaro J, Cummings RD. 2013. Glycoconjugates in host-helminth interactions. *Front Immunol* **4**: 240.

Varki A. 2013. Omics: account for the ‘dark matter’ of biology. *Nature* **497**: 565.

Belardi B, Bertozzi CR. 2015. Chemical lectinology: tools for probing the ligands and dynamics of mammalian lectins in vivo. *Chem Biol* **22**: 983-993.

Endo T. 2015. Glycobiology of α-dystroglycan and muscular dystrophy. *J Biochem* **157**: 1-12.

Misra S, Hascall VC, Markwald RR, Ghatak S. 2015. Interactions between hyaluronan and its receptors (CD44, RHAMM) regulate the activities of inflammation and cancer. *Front Immunol* **6**: 201.

Varki A, Cummings RD, Aebi M, Packer NH, Seeberger PH, Esko JD, Stanley P, Hart G, Darvill A, Kinoshita T, et al. 2015. Symbol nomenclature for graphical representations of glycans. *Glycobiology* **25**: 1323-1324.

Aoki-Kinoshita K, Agravat S, Aoki NP, Arpinar S, Cummings RD, Fujita A, Fujita N, Hart GM, Haslam SM, Kawasaki T, et al. 2016. GlyTouCan 1.0—the international glycan structure repository. *Nucl Acids Res* **44**: D1237-D1242.

Cook GMW. 2016. Glycobiology of the cell surface: its debt to cell electrophoresis 1940-65. *Electrophoresis* **37**: 1399-1406.

Varki A. 2017. Biological roles of glycans. *Glycobiology* **27**: 3-49.

第 2 章

单糖的多样性

彼得 · H. 西伯格（Peter H. Seeberger）

2.1 聚糖术语介绍 / 19
2.2 单糖：基本结构与立体异构 / 20
2.3 单糖主要以环状形式存在 / 22
2.4 端基差向异构体化学 / 24
2.5 单糖上官能团的化学特性 / 26
2.6 糖苷键 / 26
致谢 / 28
延伸阅读 / 28

本章从化学概念出发，介绍了聚糖的基本组成和对于聚糖结构的基本考量因素，同时讨论了聚糖的连键模式及描述聚糖结构的方法，为理解长链聚糖奠定基础（**第 3 章**）。

2.1 聚糖术语介绍

在本书及本书早期版本中，都使用了**聚糖（glycan）**这一术语。尽管如此，在其他教科书和文献中，仍有许多通常用于指代糖类聚合物的名称。在 19 世纪，基于糖类的物质被称为**碳水化合物（carbohydrate）**或“碳的水合物”，这些物质可用通式 $C_x(H_2O)_n$ 来表示，具有羰基官能团，以醛或酮的形式存在。**单糖（monosaccharide）**是这些多羟基羰基化合物中最简单的一种（saccharide 一词来自希腊语，意为“糖”或“甜味”）。

单糖连接在一起产生**寡糖（oligosaccharide）**或**多糖（polysaccharide）**。“寡糖”这一术语通常指任何 20 个以下的单糖残基通过**糖苷键（glycosidic linkage）**连接组成的聚糖。“多糖”这一术语通常用于表示任何由单糖残基组成的直链或支链聚合物，如纤维素（**第 14 章、第 24 章**）。因此，单糖与寡糖或多糖之间的关系，可类比于氨基酸与蛋白质、核苷酸与核酸（多核苷酸［polynucleotide］）之间的关系。

糖复合物（glycoconjugate）一词常用于描述一类大分子，其中含有与蛋白质或脂质共价连接的，至少为单糖结构片段的糖链结构。名词中的前缀“glyco”、后缀“saccharide”和“glycan”表明了碳水化合物成分的存在，如**糖蛋白（glycoprotein）**、**糖脂（glycolipid）**和**蛋白聚糖（proteoglycan）**。正如在自然界中观察到的蛋白质一样，对羟基进行磷酸酯、硫酸酯或乙酰酯修饰、对氨基进行乙酰化或硫酸化修饰，都可以赋予聚糖额外的结构多样性。

如果一种糖类含有一种以上的单糖构成单元，常被冠以**“复合”（complex）**这一修饰词。仅由葡萄糖组成的聚合物纤维素是一种**“简单”（simple）**糖类，而由半乳糖和甘露糖组成的半乳甘露聚糖（galactomannan）则是复杂糖类中的一种。然而，即使是如纤维素和淀粉这些所谓的简单聚糖，其三维分子结构仍十分复杂。术语**“复合糖类”（complex carbohydrate）**包含了糖复合物，而术语“碳水化合物 / 糖类”本身则不包括。本章和**第 3 章**还涵盖了其他命名问题。在期刊中也能够获取更为详细和全面的碳水化合物命名规则列表（参见本章末尾延伸阅读中的 McNaught, 1997；Varki, 2015；附录 2）。

2.2 单糖：基本结构与立体异构

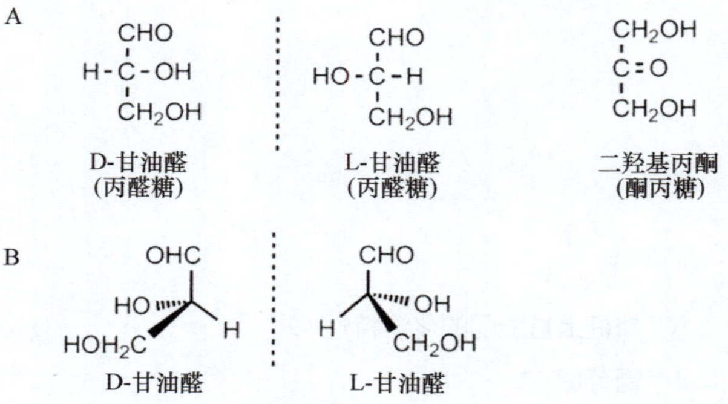

图 2.1 甘油醛和二羟基丙酮的结构。（A）费歇尔投影式。（B）D- 甘油醛和 L- 甘油醛。甘油醛中的手性中心碳产生了两种可能的分子构型，分别称为 D 型和 L 型。

对单糖结构进行分类始于 19 世纪末埃米尔 · 费歇尔（Emil Fischer）的开创性工作。所有简单单糖都符合共同的经验式 $C_x(H_2O)_n$，其中 n 表示 3 ～ 9 之间的任意整数。正如在**第 1 章**中简述的那样，所有单糖都是由具有手性的羟甲基单元构成的长链，其一端以羟甲基终止，另一端则以醛基终止，形成**醛糖（aldose）**，或以 α- 羟基酮终止，形成**酮糖（ketose）**。甘油醛是最简单的醛糖，而二羟基丙酮是最简单的酮糖（图 2.1）。甘油醛和二羟基丙酮的结构差异性，表现在甘油醛含有一个不对称碳原子（手性碳）（图 2.1），而二羟基丙酮则没有。除二羟基丙酮外，所有的单糖都至少有一个不对称碳原子，其总数等于糖链内部 CHOH 基团的数量（醛糖为 n-2，酮糖为 n-3，n 为碳原子数）。**立体异构体（stereoisomer）**的数量为 2^k，其中 k 为不对称碳原子数。例如，具有通式 $C_6H_{12}O_6$ 和 4 个不对称碳原子即 4 个（CHOH）基团的醛基己糖，共有 16 种可能的异构体形式（图 2.1）。

单糖中的碳原子编号遵循有机化学命名规则。醛糖的醛基碳为 C-1，酮糖的羰基碳为 C-2。每种糖的**整体构型（overall configuration）**（D 型或 L 型）由离羰基最远的立体中心（stereogenic center）的**绝对构型（absolute configuration）**所决定（即具有最高编号的不对称碳原子；己糖中为 C-5，戊糖中为 C-4）。单糖的构型最容易以**费歇尔投影式（Fischer projection）**表示的单糖结构进行确认。如果该 OH（或其他非 -H 的官能团）位于费歇尔投影式的右侧，则整体构型为 D 型；如果该 OH（或其他非 -H 的官能团）位于费歇尔投影式的左侧，则整体构型为 L 型（图 2.2）。该图中还展示了在溶液中发现的 D 型和 L 型葡萄糖的一种环状结构——**椅式构象（chair conformation）**。除岩藻糖（Fuc）和艾杜糖醛酸（IdoA）以 L 型构型存在外，大多数脊椎动物中的单糖构型为 D 型。图 2.3 所示的费歇尔投影式展示了所有通过醛己糖基形成的、非环状结构的 D-醛糖。

任何两种仅在单个手性碳原子上存在不同构型的糖互为**差向异构体（epimer）**。例如，D- 甘露糖是 D- 葡萄糖的 C-2 差向异构体，而 D- 半乳糖是 D- 葡萄糖的 C-4 差向异构体（图 2.4）。单糖名称通常采用缩写形式，最常见的是简单单糖的三字母缩写，如半乳糖（Gal）、葡萄糖（Glc）、甘露糖（Man）、木糖（Xyl）、岩藻糖（Fuc）。研究人员在脊椎动物的糖复合物中已经发现了 9 种常见的单糖（图 2.4）。一旦整合进入聚糖链，这九种单糖

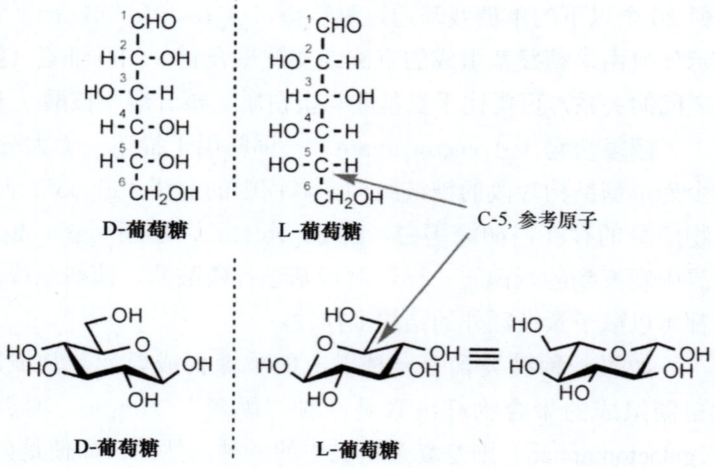

图 2.2 D- 吡喃葡萄糖和 L- 吡喃葡萄糖的费歇尔投影式和椅式构象表示。

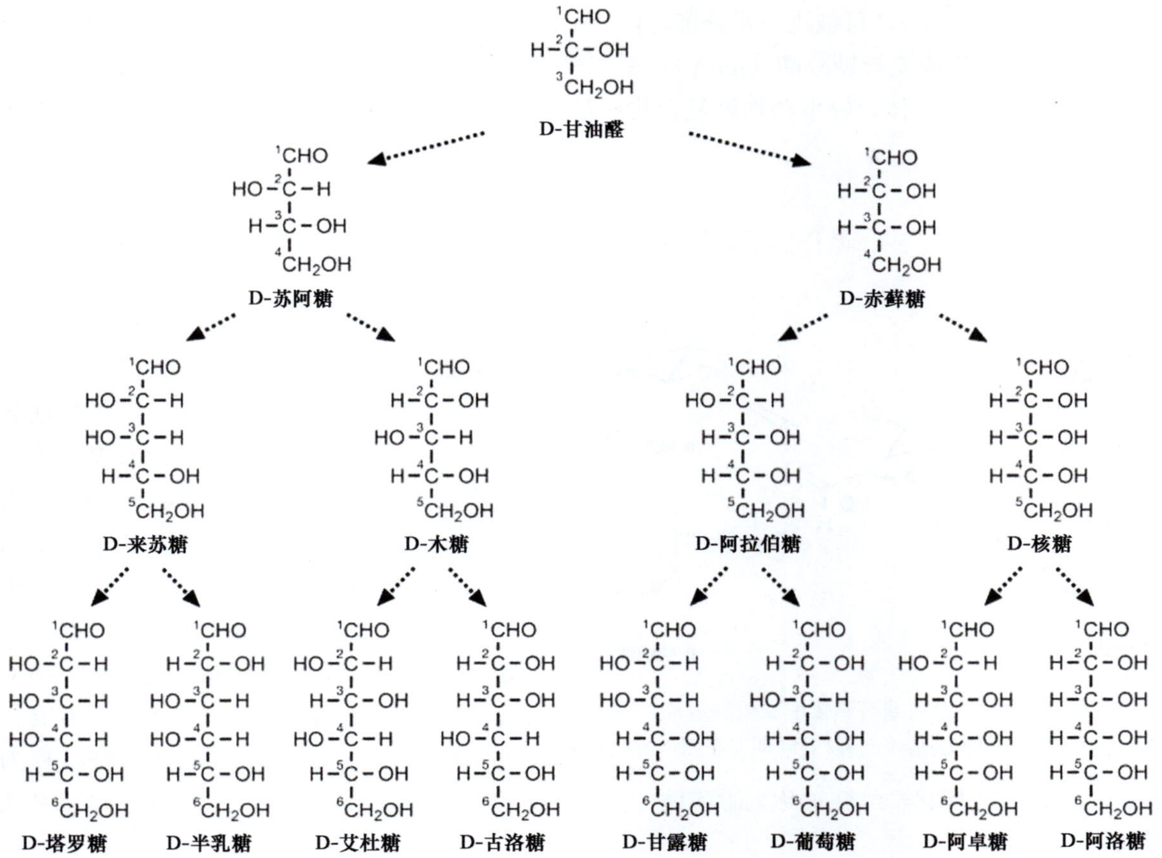

图 2.3 非环状 D- 醛糖的费歇尔投影式表示（丙糖至己糖）。

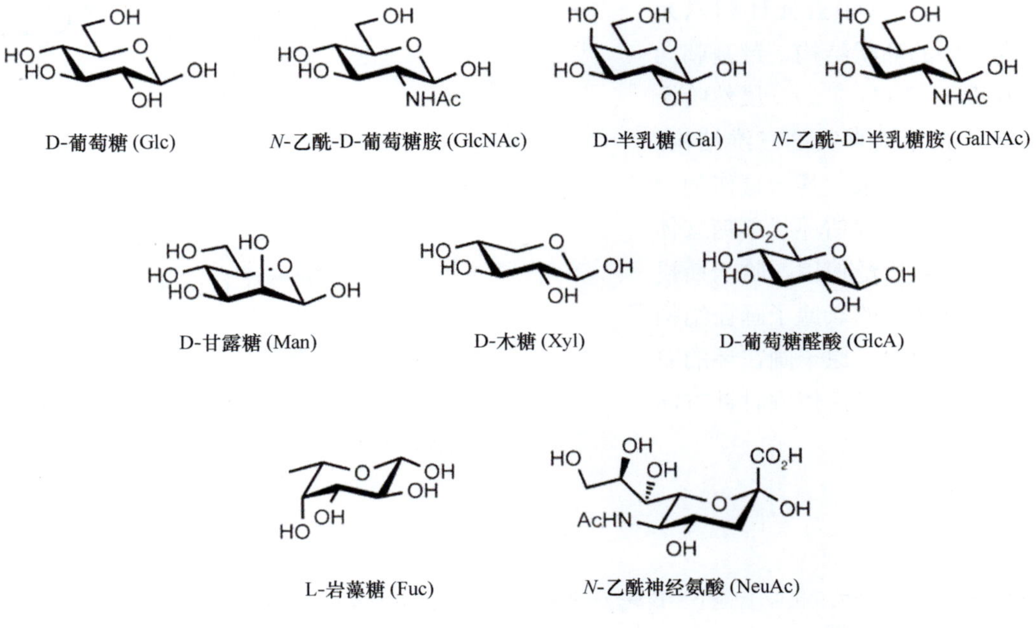

图 2.4 脊椎动物中发现的常见单糖。 *N*- 乙酰神经氨酸是最常见的唾液酸形式。

构建单元（**building block**）[1]可被进一步修饰，以产生额外的糖结构。例如，葡萄糖醛酸（GlcA）可以发生 C-5 差向异构化，生成艾杜糖醛酸（IdoA）。更多种类的单糖广泛存在于其他物种的糖复合物中，并且可以作为新陈代谢的中间体。脊椎动物糖复合物中最为丰富的单糖，在本书通常使用聚糖符号表示法来表示（**第 1 章**）。

2.3 单糖主要以环状形式存在

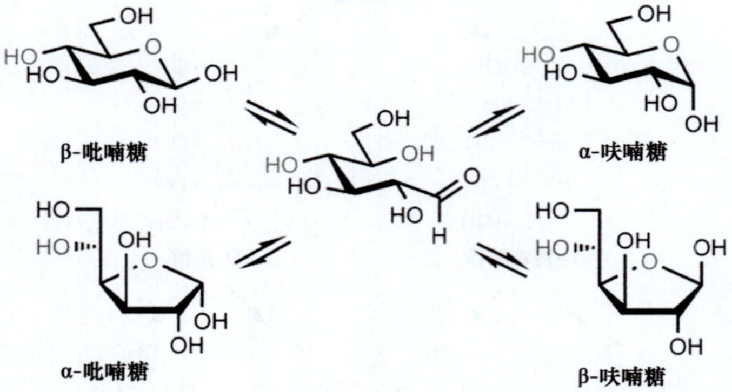

图 2.5 非环状形式的 D- 葡萄糖可环化形成吡喃糖和呋喃糖结构[2]。环化反应产生 α 和 β 端基差向异构体（即 C-1 差向异构体）。

单糖以**非环状形式**（**acyclic form**）和**环状形式**（**cyclic form**）的平衡态混合物存在于溶液中，每种形式的比例因单糖结构而异。单糖环状形式的特点是其中一个羟基与 C-1 的醛或酮反应，形成**半缩醛**（**hemiacetal**）或**半缩酮**（**hemiketal**）。出于化学稳定性的原因，非环状形式的单糖最常环化形成五元环和六元环。**己醛糖**（**aldohexose**）（六碳醛糖）和**己酮糖**（**hexulose**）（六碳酮糖）通过 C-1-O-C-5 环合，形成六元环；或通过 C-1-O-C-4 环合，形成五元环（**图 2.5**）。五元环状半缩醛被称为**呋喃糖**（**furanose**），六元环状半缩醛被称为**吡喃糖**（**pyranose**）。**戊糖**（**pentose**）也可以形成吡喃糖和呋喃糖两种形式。

2.3.1 半缩醛的形成

单糖也可以用**哈沃斯投影式**（**Haworth projection**）来表示，其中五元环和六元环均被描绘为平面的环状结构，羟基朝向环平面的上方或下方（**图 2.6**）。虽然哈沃斯投影式无法代表单糖真实的三维结构，但自 19 世纪 20 年代以来，其一直作为一种既易描绘，又能快速评估环状单糖立体化学的表示方法而被广泛使用。哈沃斯投影式习惯将呋喃糖环中的氧原子画在结构顶部，将吡喃糖环中的氧原子画在环的右上角。环上碳原子的编号，依顺时针方向递增。

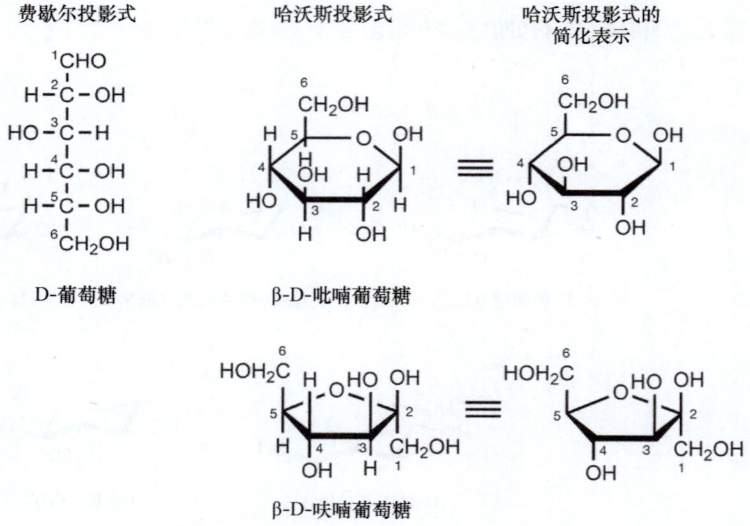

图 2.6 费歇尔投影式到哈沃斯投影式的转换[2]。在费歇尔投影式中，每个位于碳链右侧的羟基，在哈沃斯投影式中均指向环平面下方。

① 在糖化学中一般译为“合成砌块”，因全书中该概念代指构成聚糖链的最小结构单元，故通译为“构建单元”，在糖化学相关章节中仍使用“合成砌块”一词以便理解。

②《糖生物学基础》（第四版）英文原版中该图使用错误，根据早期版本的原始图片进行了更新纠正。

对于任何 D 型糖，费歇尔投影式到哈沃斯投影式的转换步骤如下：①位于费歇尔投影式右侧的任何基团或原子，在哈沃斯投影式中则位于环的下方；②位于费歇尔投影式左侧的任何基团或原子，在哈沃斯投影式中则位于环的上方；③末端的 -CH_2OH 基团在哈沃斯投影式中位于环的上方。对于 L 型糖，步骤①和②相同，但末端的 -CH_2OH 基团位于环的下方。

平面的哈沃斯投影式实际上是对真实分子结构的扭曲表示。吡喃糖环的优势构象应为类似于环己烷结构的椅式构象。将哈沃斯投影式转换为椅式构象，并不改变糖环上下取代基的方向。两种椅式构象可分别表示为 $^4C_1$ 和 $^1C_4$（图 2.7A），这些**构象异构体（conformer）**可以通过一个名为“环翻转”（ring flip）的过程进行相互转换。椅式构象名称中的第一个上标数字，表示位于“椅座”（由 C-2、C-3、C-5 和糖环上的 O 构成的平面，用 C 表示）平面上方糖环中的碳原子编号；第二个下标数字，表示椅座平面下方糖环中的碳原子编号。椅式构象将糖环中的氧原子置于“椅座”的右上角，因此糖环的编号沿顺时针方向进行。为了验证椅式结构的立体化学与费歇尔投影式的对应性，我们可以锁定 C-6，然后沿着单糖碳链骨架，将每个碳原子形成的 C-O 和 C-H 键一分为二。-OH（或 -OR）和 -H 基团理应如费歇尔投影式中一样，出现在碳链骨架的右侧（R）或左侧（L）（图 2.8）。

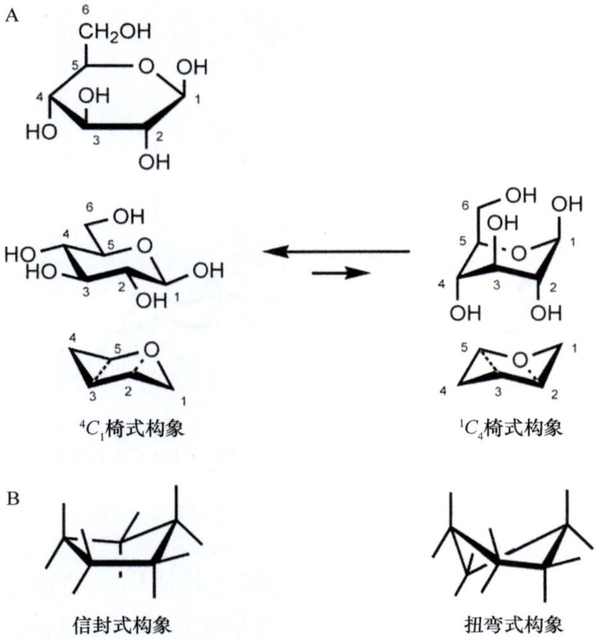

图 2.7　椅式构象。A. β-D- 葡萄糖的哈沃斯投影式及其 $^4C_1$ 和 $^1C_4$ 椅式构象；B. 五元环结构的信封式和扭弯式构象。

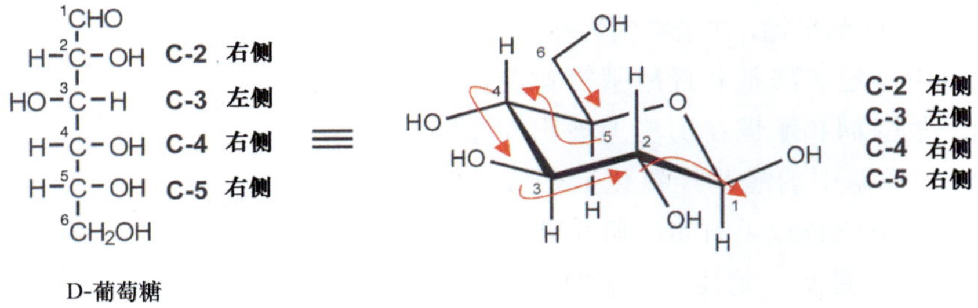

图 2.8　从费歇尔投影式到椅式构象的转换。红色箭头表示将费歇尔投影式的立体化学与椅式构象相关联时所经过的糖骨架路径。

在描述吡喃糖时，结构信息更加准确的椅式构象表示法较哈沃斯投影式更为常用；而哈沃斯投影式书写方便，在描述呋喃糖时更为常用。呋喃糖环具有一定的柔性，它通常采用的任何一种能量较低的构象，碳原子并非完全位于一个平面。例如，从侧面观察信封式（envelope）和扭弯式（twist/skew）这两种呋喃糖构象时，可以看到糖环平面具有轻微的折叠（图 2.7B）。由于呋喃糖可以采用多种低能量的构象，研究人员改为使用哈沃斯投影式进行表示，从而能够更简单地表示这种构象。

2.4 端基差向异构体化学

2.4.1 变旋现象

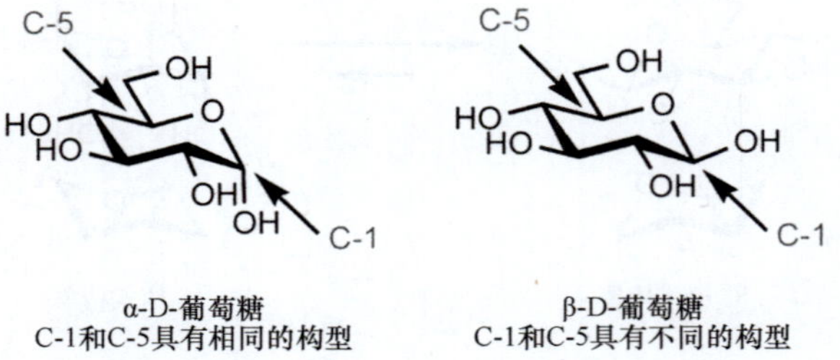

图 2.9 端基差向异构（异头）中心的构型确定。

单糖成环后，会获得一个源自羰基碳原子的、额外的不对称中心（图 2.5）。这一全新的不对称中心被称为**异头碳（anomeric carbon）**（如葡萄糖环状形式中的 C-1）。由于异头碳上的羟基有两种可能的空间取向，故环化反应能够形成两种**端基差向异构体（anomer）**。当异头碳与距离异头碳最远的立体中心的构型相同时，将单糖定义为α端基差向异构体（α anomer）；当构型不同时，将单糖定义为β端基差向异构体（β anomer）（图 2.9）。与单糖环上其他构型稳定的立体中心不同，**异头中心（anomeric center）**可以通过变旋过程进行立体异构体的相互转化。在稀酸或稀碱的催化下，反应向环化反应的逆反应方向进行。单糖环打开后重新闭合，形成具有另一种异头构型的糖环（图 2.5）。术语**变旋现象（mutarotation）**源自具有同一异头碳结构的单糖纯品在水中溶解时所观察到的旋光度（用［α］D 表示）的快速变化。例如，β-D- 吡喃葡萄糖的起始旋光度为 +19°，而 α-D- 吡喃葡萄糖的起始旋光度为 +112°。当任意一种端基差向异构体发生变旋作用时，均可得到包含了两种端基差向异构体的平衡态混合物，该混合物的旋光度为 +52.5°。

2.4.2 氧化和还原

一般而言，在平衡态混合物溶液中，非环状（醛或酮）状态的单糖仅少量存在（<0.01%）。然而，这些开链的醛或酮可以参与化学反应，推动平衡，并最终消耗单糖底物。

由于在化学检测中确定了醛基和羟酮基等官能团具有响应氧化的能力，故醛糖和酮糖在历史上被称为**还原糖（reducing sugar）**。醛糖中的醛基经氧化后形成的化合物被称为**糖酸（glyconic acid）**（例如，葡萄糖酸是葡萄糖的氧化产物）。单糖的羟基，尤其是末端的羟基（如葡萄糖 C-6 位的羟基）也可以被氧化，该反应会产生**糖醛酸（glycuronic acid）**。若两个末端基团都被氧化，则产物被命名为**糖二酸（glycaric acid）**。由 D- 葡萄糖衍生形成的三种酸见图 2.10。这些化合物倾向于发生分子内环化反应，优先产生六元内酯。两种内酯化形式的单糖的实例参见图 2.10。自然界中也存在着氧化形式的单糖。例如，葡萄糖醛酸是诸多糖胺聚糖的主要成分（**第 17 章**）。

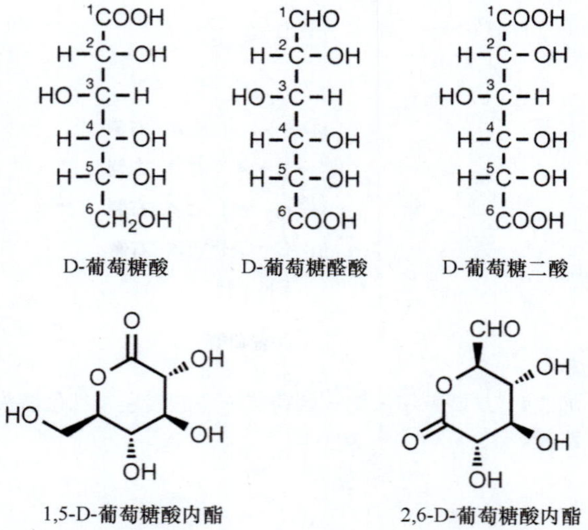

图 2.10 D- 葡萄糖的氧化形式。

醛糖和酮糖的羰基也可以被硼氢化钠（$NaBH_4$）还原形成多羟基醇，即**醛糖醇（alditol）**。该反应被广泛应用于通过 NaB^3H_4 还原，在单糖的 C-1 处引入放射性标记（图 2.11）。

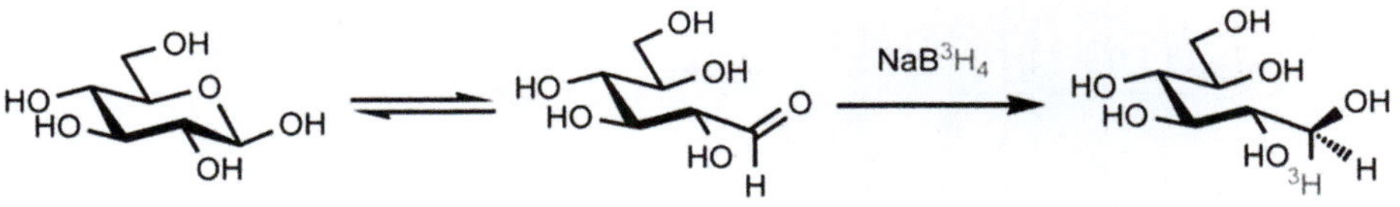

图 2.11 用 NaB^3H_4 进行还原，将单糖转化为氚标记的醛糖醇。

2.4.3 席夫碱反应

单糖的醛基和酮基也可以与胺（amine）或酰肼（hydrazide）发生席夫碱（Schiff base）反应，分别形成亚胺（imine）和腙（hydrazone）（图 2.12）。该反应通常用于将单糖与蛋白质（通过赖氨酸残基）或生化探针（如生物素酰肼）进行偶联。需注意的是，与氨基形成的亚胺对水不稳定，可与氰基硼氢化钠（$NaCNBH_3$）发生还原胺化反应。

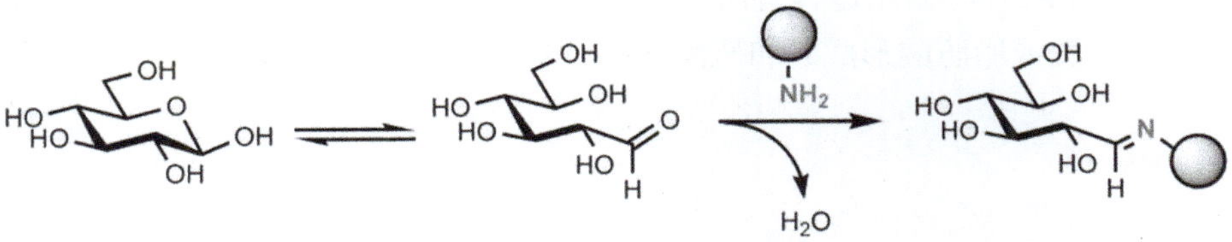

图 2.12 单糖与氨基偶联形成亚胺。实心圆代表任何含有胺的小分子或大分子。

还原糖上的醛基也可以与蛋白质赖氨酸残基上的氨基形成席夫碱。这种将聚糖与蛋白质连接起来的非酶过程被称为**糖化（glycation）**，而非在糖和蛋白质之间形成糖苷键的**糖基化（glycosylation）**。糖化产物可以进一步反应，导致蛋白质发生交联，进而产生致病性结果。例如，糖化蛋白具有免疫原性，并且改变了蛋白质的性质。由于血糖水平升高，糖尿病患者体内葡萄糖糖化产物的积累水平高于健康个体。这些修饰蛋白被视为糖尿病相关的某些病理学的基础。

2.4.4 糖苷键的形成

两个单糖单元可以通过**糖苷键（glycosidic bond）**连接在一起，这是所有寡糖中的单糖结构单元之间的基本连接方式。糖苷键在一个单糖的异头碳与另一个单糖的羟基之间形成。从化学角度而言，糖苷键的形成即半缩醛与醇发生反应，产生**缩醛（acetal）**的过程。糖苷键几乎可以在糖和任何含有羟基的化合物之间形成，包括甲醇等简单醇类（图 2.13），或丝氨酸、苏氨酸和酪氨酸之类的含羟基氨基酸。事实上，糖与这些氨基酸在蛋白质内形成糖苷键，产生了糖蛋白（**第 9 章、第 10 章**）。与半缩醛一样，缩醛或糖苷键能够以 α 和 β 两种立体异构形式存在。但与半缩醛不同，缩醛在大多数条件下保持构型稳定。因此，糖苷键一旦形成，其构型将保持不变。与一般的缩醛一样，糖苷键可以在稀酸中水解，生成寡糖中的单糖组分。

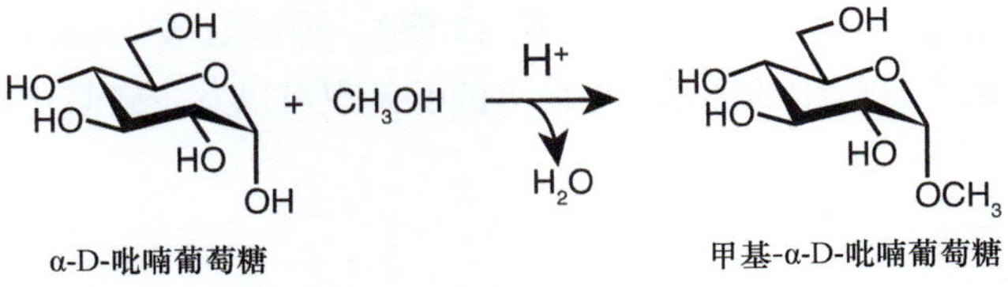

图 2.13 糖苷键的形成。半缩醛随之转化为缩醛。

糖苷键的构建是聚糖合成中的核心挑战，学术界在提高糖基化反应产率和立体选择性等方面付出了巨大的努力。**第 53 章**和**第 54 章**提供了对聚糖合成策略的概述。

2.5 单糖上官能团的化学特性

2.5.1 羟基的甲基化

位于单糖和寡糖中的羟基，均可以在不影响糖苷键的条件下进行化学修饰。甲基化（methylation）常被用于聚糖的结构分析（**第 50 章**）。许多天然产物中含有部分甲基化的聚糖结构，并且研究人员已经鉴定出一系列参与相关过程的甲基化转移酶。

2.5.2 羟基的酯化

各种不同的酶均可以对聚糖的羟基进行酯化（esterification），从而瞬时改变聚糖的结构。在糖类与其他生物大分子发生相互作用时，酯化过程有时是必需的。自然界中最重要的糖酯类型是磷酸酯（包括二磷酸酯）、酰基酯（与乙酸或脂肪酸形成）和硫酸酯。酰基酯有时可以迁移到同一单糖的其他羟基上。

2.5.3 羟基的脱氧

用氢原子取代单糖的羟基，可以形成**脱氧糖（deoxysugar）**。自然界已经进化出能够以最少的步骤完成这一反应的各种酶，而在化学上则需要多步反应方能达到相同的效果。核糖核苷酸中的核糖经脱氧作用（deoxygenation）形成 2- 脱氧核糖核苷酸，这是 DNA 生物合成中的关键反应。岩藻糖是脊椎动物中的一种常见单糖，其生物合成涉及甘露糖在 C-6 处的脱氧反应（**第 5 章**）。

2.5.4 氨基

许多单糖中含有 *N*- 乙酰氨基，如 *N*- 乙酰葡萄糖胺（GlcNAc）、*N*- 乙酰半乳糖胺（GalNAc）和 *N*- 乙酰神经氨酸（NeuNAc）。通过去 *N*- 乙酰化（de-*N*-acetylation）反应催化脱除 *N*- 乙酰氨基后，所形成的游离**氨基糖（aminosugar）**在自然界中较为罕见，但存在于**硫酸乙酰肝素（heparan sulfate）**（**第 17 章**）、**糖基磷脂酰肌醇锚（GPI-anchor）**（**第 12 章**）、神经氨酸（Neu）（**第 15 章**）和许多细菌聚糖结构（**第 20 章**）之中。类似于聚糖中的羟基，聚糖上的氨基也可以发生硫酸化修饰，研究人员已经在硫酸乙酰肝素中确认了这一修饰。

2.6 糖苷键

两个单糖之间可以形成的连键方式多种多样。糖苷键可以在一个单糖的异头碳（α 或 β）上产生两种可能的**立体异构体（stereoisomer）**。此外，当一个单糖与另一个单糖上的多个不同羟基之间形成糖苷键时，能够产生多种可能的**位置异构体（regioisomer）**。例如，两个葡萄糖残基可以通过多种方式连接在一起，如麦芽糖（Glcα1-4Glc）和龙胆二糖（Glcβ1-6Glc）（**图 2.14**）。这些异构体具有

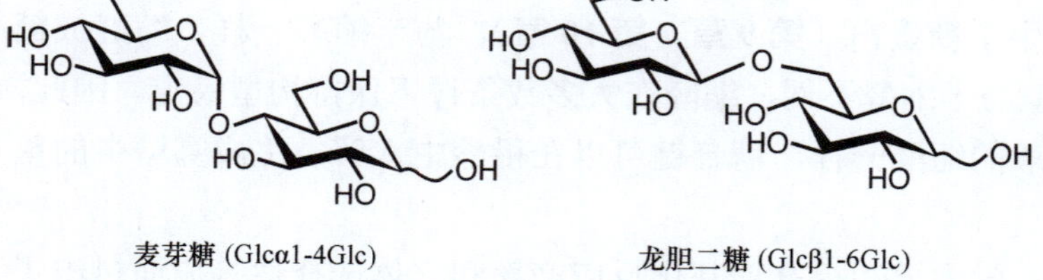

图 2.14 两种同分异构的二糖。

截然不同的三维结构和生物活性。一个单糖可以形成两个以上的糖苷键，因此可以作为糖链结构的**分支点**（**branchpoint**）。与几乎在所有的多肽和寡核苷酸中所发现的**直链序列**（**linear sequence**）不同，糖链中普遍出现的**支链序列**（**branched sequence**）是聚糖所特有的排布方式，并且有助于聚糖多样结构的产生。

糖苷键之于寡糖，类比于酰胺键之于多肽、磷酸二酯键之于多核苷酸（polynucleotide）。然而，在多肽和核酸各自的形成过程中，氨基酸和核苷酸分别仅有一种成键方式。这些生物大分子中不存在**立体化学多样性**（**stereochemical diversity**）或**区域化学多样性**（**regiochemical diversity**）。寡糖中所包含的单糖残基的数量信息，已经包含在其命名法之中，如二糖、三糖，依此类推。正如多肽具有氨基末端和羧基末端、多核苷酸具有 5′ 端和 3′ 端一样，寡糖的极性由其**还原末端**（**reducing terminus**）和**非还原末端**（**nonreducing terminus**）决定（图 2.15）。寡糖的**还原端**（**reducing end**）带有一个不参与糖苷键形成的、游离的异头中心，因此保留了醛的化学反应性。然而，即使它参与连键，如与糖蛋白中丝氨酸或苏氨酸上的羟基形成糖苷键，寡糖链的这一侧仍然被称为还原端。聚糖结构的书写通常从左侧的**非还原端**（**nonreducing end**）向右侧的还原端进行。某些聚糖结构中不存在还原端，例如，常见的二糖蔗糖（sucrose）和海藻糖（trehalose）在两种单糖成分的异头中心之间形成了糖苷键（图 2.16）。

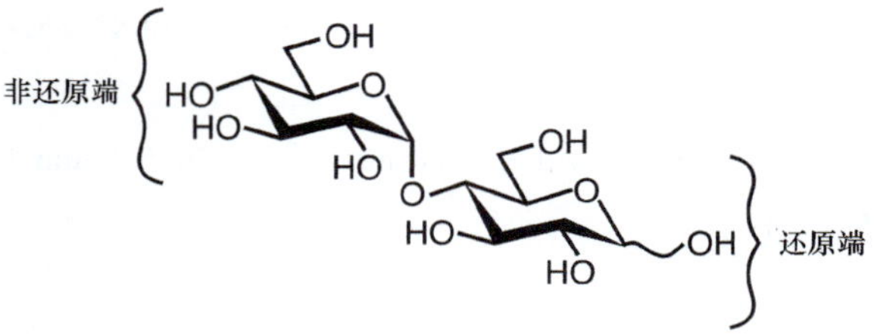

图 2.15　二糖的还原端和非还原端。

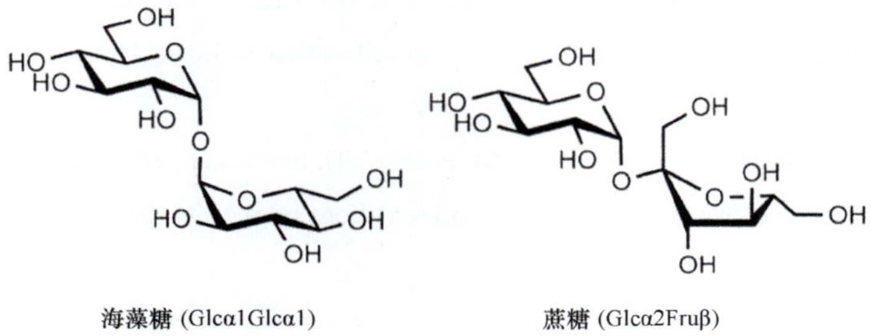

图 2.16　非还原性二糖。

糖苷键在二糖结构中最具柔性。尽管具有椅式构象的单糖结构相对刚性，但糖苷键周围的**扭转角**（**torsional angle**）（φ，ψ，ω）可以发生变化（图 2.17）。因此，具有明确一级结构的二糖，在溶液中能够以两个单糖位于不同相对朝向（relative orientation）的多种构象存在，结构上的刚柔并济，是复杂碳水化合物的典型特征，对其生物学功能至关重要。

聚糖通过糖苷键连接到其他生物分子上（如脂质或多肽中的氨基酸等），形成**糖复合物**（**glycoconjugate**）（参见**第 9 章至第 12 章**）。其中的聚糖部分通常被称为糖复合物的**糖基**（**glycone**），非碳水化合物组分则被称为**糖苷配基**（**aglycone**）。糖链部分可以是单糖，也可以是寡糖。

总之，单糖构建单元可以形成各种区域化学和立体化学结构，生成的寡糖可以组装在蛋白质或脂质的支架上（**第 3 章**）。

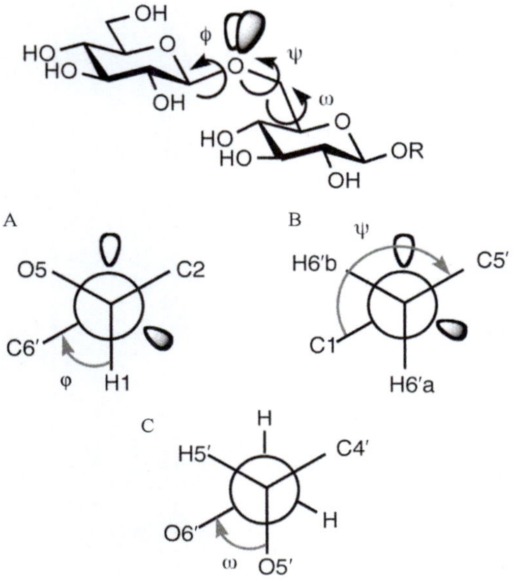

图 2.17　扭转角 φ、ψ 和 ω 定义了糖苷键的构象。A. 沿 C1-O1 键的纽曼投影式（Newman projection），图中显示出 1 → 6 糖苷键的扭转角 φ。B. 沿 C6′-O1 键的纽曼投影式，图中显示出 1 → 6 的扭转角 ψ。C. 沿 C5′-C6′ 键的纽曼投影式，图中显示出 1 → 6 的扭转角 ω。糖苷氧原子上的瓣状结构代表孤对电子。图中所描绘的扭转角是任意的，不一定反映该二糖最稳定的构象。

致谢

感谢卡罗琳 · R. 贝尔托齐（Carolyn R. Bertozzi）与大卫 · 拉布卡（David Rabuka）对本章先前版本的贡献，同时感谢德克·勒费伯（Dirk Lefeber）、托德·洛瓦里（Todd Lowary）和斯里拉姆·尼拉梅格姆（Sriram Neelamegham）的有益评论及建议。

延伸阅读

El Khadem HS. 1988. *Carbohydrate chemistry: monosaccharides and their oligomers*. Academic, San Diego.

Allen HJ, Kisailus EC. 1992. *Glycoconjugates: composition, structure, and function*. Marcel Dekker, New York.

McNaught AD. 1997. Nomenclature of carbohydrates. *Carbohydr Res* **297**: 1-92.

Bill MR, Revers L, Wilson IBH. 1998. *Protein glycosylation*. Kluwer Academic, Boston.

Boons G-J. 1998. *Carbohydrate chemistry*. Blackie Academic and Professional, London.

Stick RV. 2001. *Carbohydrates: the sweet molecules of life*. Academic, New York.

Varki NM, Varki A. 2007. Diversity in cell surface sialic acid presentations: implications for biology and disease. *Lab Invest* **87**: 851-857.

Varki A, Cummings RD, Aebi M, Packer NH, Seeberger PH, Esko JD, Stanley P, Hart G, Darvill A, Kinoshita T, et al. 2015. Symbol nomenclature for graphical representations of glycans. *Glycobiology* **25**: 1323-1324.

第 3 章
寡糖与多糖

卡利托 · B. 莱布里拉（Carlito B. Lebrilla），刘健（Jian Liu），约兰 · 维德马尔姆（Göran Widmalm），詹姆斯 · H. 普利斯特加德（James H. Prestegard）

3.1 自然界中的聚糖通常以结合物的形式存在 / 29
3.2 寡糖分支的多样性 / 29
3.3 结构性多糖和储存型多糖 / 31
3.4 动物细胞表面的多糖 / 32
3.5 细菌多糖 / 34
致谢 / 37
延伸阅读 / 37

本章讨论了当多个单糖（**第 2 章**）连接在一起，形成寡糖和多糖［后者构成了地球上大部分的生物质（biomass）］时所产生的结构与特性的多样性。本章同时例举了自然界中一些更为复杂的糖类聚合物组装体，并讨论了这些非凡的结构是如何产生的。

3.1 自然界中的聚糖通常以结合物的形式存在

除了作为生物体的能量来源以外，糖类在自然界中很少以单糖形式出现。相反，它们通常作为更为复杂分子的**构建单元（building block）**。在最常见的过程中，初始糖与糖苷配基（通常是脂质或蛋白质）相连后，通过在待添加单糖的异头碳与初始糖上的一个羟基氧之间形成**糖苷键（glycosidic bond）**（**第 2 章**），将单糖共价连接到初始糖上，从而实现糖链的延长。由此产生的糖类被称为**寡糖（oligosaccharide）**（通常少于 12 个单糖）或**多糖（polysaccharide）**（通常超过 12 个单糖）。多糖通常建立在一个由彼此连接的单糖组成的、**重复亚单元（repeating subunit）**的**核心结构（core structure）**上。寡糖和多糖的组装方式产生了多种多样的结构和千差万别的性质，使得聚糖能够发挥各种生物学作用。无论是与位于细胞表面，在细胞分化、识别和增殖中扮演重要功能的蛋白质之间的相互作用，还是与产生植物和微生物细胞壁机械特性的其他聚糖之间的相互作用。

3.2 寡糖分支的多样性

只需将不同单糖通过糖苷键进行简单连接，就可以创造出结构多样的寡糖或多糖。这种多样性不仅源于所选择的单糖，还来自于它们的连键方式。如果单糖的连接方式是唯一的，那么在十几种常见的单糖中进行选择，能够产生的多糖类型会比多核苷酸（DNA 和 RNA 各有 4 种核苷酸以供选择）更为多样，但不会比多肽（哺乳动物蛋白质有 20 种氨基酸以供选择）更加复杂。然而，一个单糖的**异头碳（anomeric carbon）**与另一个单糖或寡糖上任意未修饰的羟基之间形成糖苷键，大大增加了可能的结构多样性，因为该成键过程不仅能够形成更多的**直链产物**（**linear product**），还能够在某一特定单糖一个以上的羟基位置形成糖苷键，产生**支链产物**（**branched product**）。此外，每个异头碳都是一个立体中心，因此每个糖苷键均能够以 α- 构型或 β- 构型存在。如果仅以同一种环状单糖（如吡喃葡萄糖）构建仅有一个未成键还原端的四糖，笔者可以构建出 1792 种截然不同的结构。诚然，由于缺乏某些构建聚糖分子所需要的酶，并非所有理论上可能存在的聚糖链都可以在自然界中产生，但那些业已形成的糖链分子均具有广泛的功能特性，使得碳水化合物能够发挥各种重要作用。

分支（**branching**）是哺乳动物细胞表面诸多聚糖的主要特征。**图 3.1** 展示了真核生物**蛋白质糖基化**（**protein glycosylation**）中的两种主要聚糖类型。***N*- 聚糖**（***N*-glycan**）在**共识多肽序列**（**consensus peptide sequence**）——天冬酰胺 -X- 丝氨酸 / 苏氨酸（N-X-S/T，X 代表除脯氨酸外的任意氨基酸）中的天冬酰胺（Asn）残基的侧链氮原子处形成糖苷键。***O*- 聚糖**（***O*-glycan**）则是在丝氨酸（Ser）或苏氨酸（Thr）残基的末端氧原子处形成糖苷键。*N*- 聚糖包含一个由三个甘露糖（Man）残基和两个 *N*- 乙酰葡萄糖胺（GlcNAc）残基组成的核心结构：Manα1-6(Manα1-3)Manβ1-4GlcNAcβ1-4GlcNAcβ1-*N*-Asn。**图 3.1** 中左侧描绘的是一个二天线聚糖（biantennary glycan），其分支在聚糖链中的第一个甘露糖残基的 3 号位和 6 号位产生。然而，还存在着含有 3 或 4 个分支的、更为复杂的聚糖结构。关于这些聚糖链的合成及其在生物学中的重要性详见**第 9 章**。图中右侧所描绘的 *O*- 聚糖包含一个典型的核心结构（为 4 种常见的 *O*- 聚糖核心结构之一），它从还原端开始，由一个 *N*- 乙酰半乳糖胺（GalNAc）通过 α- 端基差向异构连接到丝氨酸或苏氨酸上，形成 GlcNAcβ1-6(Galβ1-3)GalNAcα1-*O*-Ser/Thr。起始的二天线结构可以进一步向非还原端延伸，形成更为复杂的结构。*O*- 聚糖的合成及其在生物学中的重要性详见**第 10 章** *O*-*N*- 乙酰半乳糖胺（*O*-GalNAc）和**第 19 章** *O*-*N*- 乙酰葡萄糖胺（*O*-GlcNAc）。

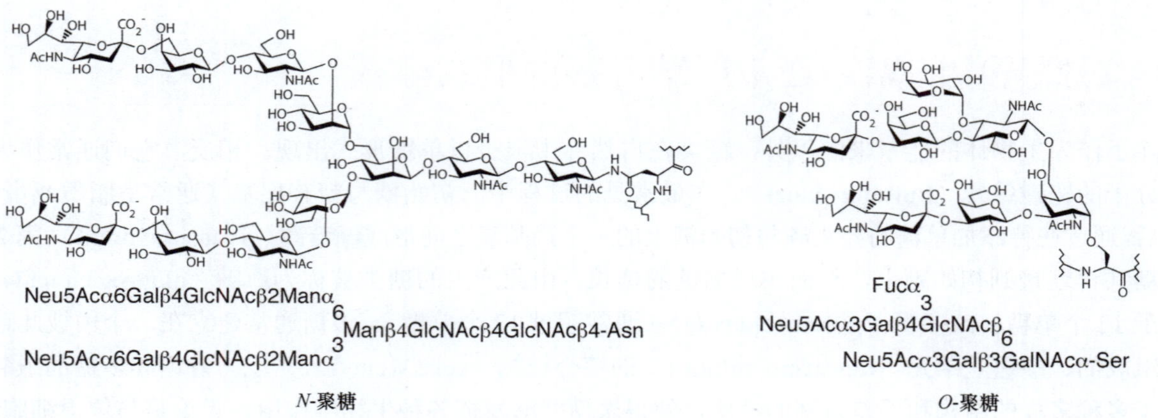

图 3.1 ***N*- 连接聚糖和 *O*- 连接聚糖中的支链结构示例。**缩写：半乳糖（Gal），甘露糖（Man），岩藻糖（Fuc），*N*- 乙酰半乳糖胺（GalNAc），*N*- 乙酰葡萄糖胺（GlcNAc），*N*- 乙酰神经氨酸（Neu5Ac），天冬酰胺（Asn），丝氨酸（Ser）。

上述两种聚糖的非还原端都以唾液酸（sialic acid）为终止，在人体中通常为 *N*- 乙酰神经氨酸（Neu5Ac）。**唾液酸化**（**sialylation**）是哺乳动物聚糖的显著特征，对免疫应答至关重要。在蛋白质 - 聚糖相互作用中，参与识别过程的不仅是特定的聚糖残基本身，这些残基在分支结构中的位置通常也会被识别。一个有趣的例子是将 2,6- 连接的唾液酸添加到 *N*- 聚糖末端时酶的作用过程。尽管二天线结构上的两条支链在回归到支化起始阶段的甘露糖结构时，具有完全一致的糖链序列（Galβ1-4GlcNAcβ1-2Manα-），但该酶倾向于在 1,3- 连接的支链上添加唾液酸（其催化效率可超过一个数量级）。这一结果显著地表明，分支结构在识别过程中发挥了重要的作用。

在哺乳动物的乳汁中具有一类独特的游离寡糖。母乳中富含**人乳寡糖（human milk oligosaccharide, HMO）**。同大多数与蛋白质或脂质形成结合物的聚糖链不同，人乳寡糖在其天然状态下以非结合态存在。因此，在它们的还原端含有具有反应活性的醛基。人乳寡糖的含量在哺乳期间逐渐减少，但其含量通常比蛋白质还要丰富。尽管关于它们合成的确切细节尚不为人所知，但人乳寡糖的结构更加类似于糖脂上的聚糖和蛋白质上的 *O*- 聚糖。这些聚糖的结构均基于乳糖核心结构（Galβ1-4Glc），并且以支链或直链的形式进行糖链延伸。延伸的部分主要由葡萄糖、半乳糖、*N*- 乙酰葡萄糖胺、岩藻糖和唾液酸组成。人乳寡糖一般是结构中含有 3 ～ 6 个单糖的小分子，然而研究人员也已经观察到超过 20 个单糖的人乳寡糖结构。通过液相色谱 - 质谱法（liquid chromatography-mass spectrometry，LC-MS）等先进的糖组学分析工具，研究人员实现了人乳寡糖的结构表征（**第 50 章**）。一位母亲通常能够产生约 100 种人乳寡糖结构，而目前能够观测到的结构已逾数百种。

来自 4 种**基因型（genotype）**的 2 种人乳寡糖**表型（phenotype）**，决定了母乳中人乳寡糖的结构类型。能够分泌母亲所具有的血型糖型，或分泌 Lewis b 表位（Lewis b epitope）糖型的母亲，被称为**分泌者（secretor）**。分泌者能够产生含有 α1-2 连接岩藻糖的人乳寡糖。**非分泌者（nonsecretor）**产生很少或不产生 α1-2 连接的岩藻糖，而主要产生 α1-3 或 α1-4 连接的岩藻糖。分泌者母亲的乳汁中含量最为丰富的成分之一是 2- 岩藻糖基乳糖，而非分泌者母亲的乳汁中则含有很少或不含有该化合物。同样地，分泌者母乳中所含有的岩藻糖基化化合物略显丰富，而非分泌者母乳中则是唾液酸化化合物含量略胜一筹。

人乳寡糖改变了我们对食物功能这一概念的认知。母乳通常被认为是营养物质，然而尽管母乳中含有大量的人乳寡糖，但婴儿肠道中却没有能够降解它们的人源酶。与之相反，对婴儿肠道微生物组（microbiome）的表征表明，人乳寡糖是肠道细菌的主要食物。事实上，研究人员在母乳喂养的、健康婴儿的微生物组中发现的**双歧杆菌（*Bifidobacteria*）**，具有专门分解人乳寡糖的糖基水解酶。此外，人乳寡糖还可能通过阻止病原体与肠道的结合而起到保护作用。

3.3 结构性多糖和储存型多糖

在多糖的结构特性中，糖苷键的变化具有重要的作用，这里以两种密切相关的葡萄糖聚合物为例进行说明。两种聚合物的**重复单元（repeating unit，RU）**分别为 $\text{-(4Glc}\beta\text{1-)}_n$ 和 $\text{-(4Glc}\alpha\text{1-)}_n$。前者是**结构性多糖（structural polysaccharide）**纤维素（cellulose），它是所有植物细胞壁的基础，是木材和棉花等材料的主要成分。后者是淀粉（starch），一种没有显著的结构效用、易于消化的物质。纤维素能够联结形成长纤维，其中具有的**结晶区（crystalline region）**和**无定形区（amorphous region）**对其结构特性均有所助益，而在淀粉中却缺乏这些结构特性，这显然与两种分子中异头碳的**立体化学（stereochemistry）**结构（纤维素为 β- 构型，淀粉为 α- 构型），以及糖苷键中 C1′-O4 键和 O4-C4 键优选的**扭转角（torsional angle）**有关。扭转角被称为 φ 和 ψ，与多肽一级结构中的变量相同①；根据国际纯粹与应用化学联合会（International Union of Pure and Applied Chemistry，IUPAC）的惯例，它们由 4 个相连的原子定义，分别为 O5′-C1′-O4-C4 和 C1′-O4-C4-C3。由于扭转角可以直接通过核磁共振（nuclear magnetic resonance，NMR）谱图中糖苷键两端质子间的耦合常数进行监测，所以另一种基于核磁共振的定义也被普遍使用，即 H1′-C1′-O4-C4 代表 φ，C1′-O4-C4-H4 代表 ψ。糖苷扭转角在结晶态纤维素和淀粉中差异巨大。根据国际纯粹与应用化学联合会的定义，在结晶态纤维素中倾向于 φ ～ −95°、ψ ～ +95°，在淀粉中则倾向于 φ ～ +115°、ψ ～ +120°。图 3.2

① 在多肽链中，φ 和 ψ 扭转角也称为二面角，分别用于描述多肽链骨架 N 原子和骨架 α-C 之间的连键夹角，以及多肽链骨架 α-C 和骨架羰基碳之间的连键夹角，是每个氨基酸残基所具有的两个主要的自由度。

描绘了组成纤维素和淀粉的重复二糖单元中的上述差异。对应于这两种重复二糖单元的游离二糖，分别被称为纤维二糖（cellobiose）和麦芽糖（maltose）。这些扭转角的局域偏好性影响了重复单元的结合属性，并最终影响了聚合物的结构特征。当糖链延伸形成较长的纤维素聚合物时，纤维二糖单元能够形成聚糖链束（strand）。这些成束的聚糖链能够彼此堆叠，并且通过**氢键（hydrogen bond）**与其他聚糖链相互作用，形成层状结构。各层之间进一步通过各种分子力的综合作用，形成包含有 18 条聚合物链的原纤维（fibril）。淀粉中螺旋状的聚糖链越多，越不容易产生堆叠，因而最终表现为一种无定形态材料。

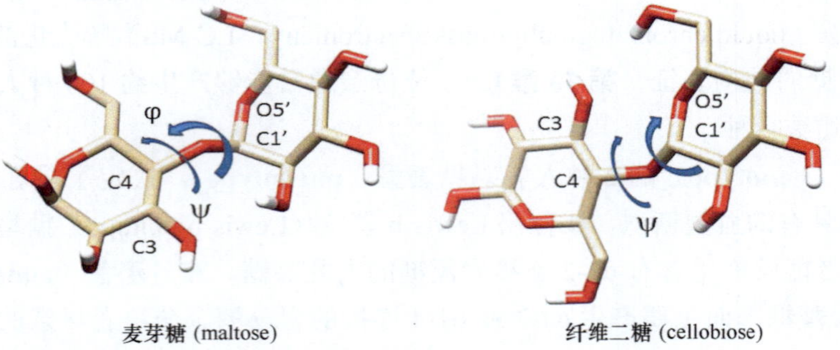

图 3.2　源自纤维素和淀粉的重复单元。图中显示了二者的构象和糖苷扭转角 φ 和 ψ。

其他重要的多糖，如植物细胞壁中的果胶，能够帮助植物适应生长过程中的变化。**果胶（pectin）**是自然界中最为复杂的一类聚合物。它们基于 α1-4 连接的半乳糖醛酸（galacturonic acid，GalA），或基于包含 L- 鼠李糖（L-rhamnose，Rha）的重复单元：-2)-α-L-Rha-(1-4)-α-D-GalA-(1- 聚合而成，还可能含有额外的糖与非糖取代基（包括甲基和乙酰酯基）。半乳糖醛酸残基 6 号位上带负电荷的羧基有助于这些聚合物的水溶性，而长程相互作用（long-range interaction）则赋予了果胶在食品工业中广为应用的胶凝（gelling）属性。植物来源的寡糖与多糖详见**第 24 章**。

动物也将多糖用于多种目的。糖原（glycogen）是一种与淀粉有关的**储存型多糖（storage polysaccharide）**，它是主要以 α1-4 糖苷键连接的葡萄糖聚合物，但在某些葡萄糖残基上以 α1-6 糖苷键连接，因而高度支化。动物中也存在着结构性多糖。例如，*N*- 乙酰葡萄糖胺的重复聚合物 -(4GlcNAcβ1-)$_n$ 是构成蛛形纲、甲壳纲和昆虫纲等生物中外骨骼材料壳多糖（chitin）①的主要成分（**第 26 章**）。将葡萄糖残基 2 号位上的羟基取代为氨基并进行 *N*- 乙酰化修饰，大大改变了多糖的结构属性。这些改变使多糖能够与蛋白质和矿物质形成复合材料，进而在结构和功能中产生额外的变化。

3.4　动物细胞表面的多糖

在动物中发现的大多数细胞表面多糖，均隶属于一类被称为**糖胺聚糖（glycosaminoglycan，GAG）**的聚糖（**第 17 章**）。糖胺聚糖在细胞表面及细胞外基质中大量存在，是分子质量大于 15 000 Da 的直链大分子。大多数糖胺聚糖的构建单元，由一个氨基取代单糖和一个己糖醛酸残基组成。在糖胺聚糖中，糖残基上的修饰十分常见，对羟基或氨基的硫酸化修饰尤甚。在生理条件下，硫酸基团和己糖醛酸上的羧基均呈负电性。因此，糖胺聚糖是动物界中携带最多阴离子的分子。常见的糖胺聚糖包括**硫酸软骨素（chondroitin sulfate）**、**硫酸皮肤素（dermatan sulfate）**、**硫酸乙酰肝素（heparan sulfate）**、**透明质酸**

① 旧称“几丁质”，根据生物化学与分子生物学名词审定委员会于 2024 年审定公布，本书通译为“壳多糖”。

（hyaluronic acid）、**硫酸角质素**（**keratan sulfate**）。这些糖胺聚糖的二糖重复单元中存在着结构差异，例如，硫酸软骨素的二糖重复单元为 (4GlcAβ1-3GalNAcβ1-)$_n$，而硫酸乙酰肝素由结构为 (4GlcAβ1-4GlcNAcα1-)$_n$ 或 (4IdoAα1-4GlcNSα1-)$_n$ 的二糖重复单元组成（图 3.3A）。这些聚合物的结构多样性主要源自羟基上额外的硫酸化修饰，下文将讨论在哺乳动物中发现的各种硫酸乙酰肝素聚合物。凭借这些额外修饰的差异，可以对在其他动物中发现的糖胺聚糖与在哺乳动物中发现的糖胺聚糖进行区分。例如，海洋无脊椎动物的糖胺聚糖上可以携带极其独特的硫酸化模式（如葡萄糖醛酸残基上的 3-*O*- 硫酸化）和不同的侧链修饰（如硫酸软骨素上的岩藻糖基化）。

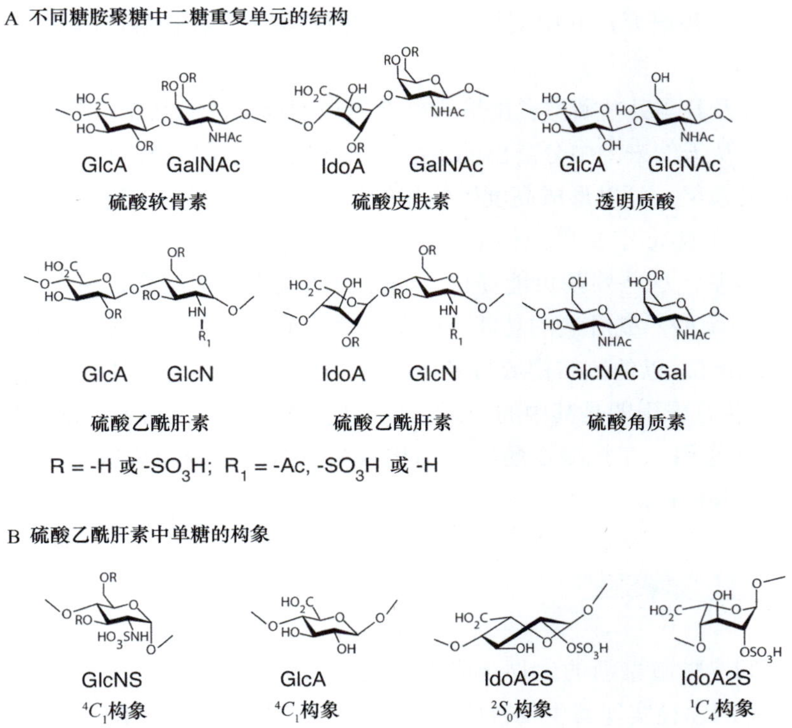

图 3.3 A. 不同糖胺聚糖中二糖重复单元的结构。B. 源自硫酸乙酰肝素中单糖的不同构象。缩写：半乳糖（Gal），葡萄糖胺（GlcN），*N*- 乙酰半乳糖胺（GalNAc），*N*- 乙酰葡萄糖胺（GlcNAc），葡萄糖醛酸（GlcA），艾杜糖醛酸（IdoA），2-*O*- 磺基艾杜糖醛酸（IdoA2S），*N*- 磺基 -*N*- 乙酰葡萄糖胺（GlcNS）。

3.4.1 动物多糖的结构 - 功能关系

糖胺聚糖主要通过与位于细胞表面和细胞外空间的、数量可达数百种的**糖胺聚糖结合蛋白**（**GAG-binding protein**）发生相互作用，展示其生物学功能。影响结合强度和结合特异性的结构因素，是引发适当生物响应的关键。作为糖胺聚糖家族中被研究得最为详尽的成员，硫酸乙酰肝素很好地说明了聚糖对生理和病理功能影响的广泛性。例如，硫酸乙酰肝素通过与生长因子（growth factor）和生长因子受体（growth factor receptor）相互作用，从而参与胚胎发育调控。硫酸乙酰肝素与血液中的蛋白酶和蛋白酶抑制剂的相互作用，控制了凝血过程；它还可以作为病毒感染的受体，与病毒的衣壳蛋白结合。另外，**肝素**（**heparin**）是硫酸乙酰肝素的一种高度硫酸化的形态，它是临床上常用的抗凝血药物。关于硫酸乙酰肝素的生物功能，更为完整的讨论详见**第 17 章**和**第 38 章**。本节以硫酸乙酰肝素和蛋白质之间的相互作用为例，说明结构因素如何影响糖胺聚糖与蛋白质之间的结合。

促成硫酸乙酰肝素与蛋白质相互作用结构多样性的因素之一，是 L- 艾杜糖醛酸（L-IdoA）及其衍生物 L-2-*O*- 磺基艾杜糖醛酸（L-IdoA2S）在构象上的灵活性。艾杜糖醛酸或 2-*O*- 磺基艾杜糖醛酸的六元环结构以吡喃糖的形式存在，可以采用椅式构象或斜船式（skew-boat）构象（**图 3.3B**）。迄今为止，研究人员仅通过实验验证了硫酸乙酰肝素中的葡萄糖醛酸（GlcA）和葡萄糖胺（GlcN）存在 $^4C_1$ 椅式构象，而在含有硫酸乙酰肝素的晶体结构中，研究人员已经发现了 2-*O*- 磺基艾杜糖醛酸残基的 $^1C_4$ 椅式构象和 $^2S_0$ 构象。核磁共振研究表明，2-*O*- 磺基艾杜糖醛酸和艾杜糖醛酸残基在溶液中以 $^1C_4$ 和 $^2S_0$ 的混合构象存在。艾杜糖醛酸残基的构象所具有的柔性，使得硫酸乙酰肝素中的硫酸基团能够产生特定的**朝向（orientation）**，从而最大限度地提高了硫酸乙酰肝素与蛋白质之间的结合亲和力。决定一种构象形式优于另一种构象形式的结构要素仍然有待进一步研究，其中艾杜糖醛酸或 2-*O*- 磺基艾杜糖醛酸残基周围硫酸化单糖的序列也产生了潜在的影响。

促成聚糖结构多样性及其与某些硫酸乙酰肝素结合蛋白的选择性相互作用的第二个因素，是硫酸化的糖结构域所具有的尺寸。从天然来源中分离出的硫酸乙酰肝素，表现出类结构域（domain-like）的结构片段，其中 6 ～ 8 个单糖的簇集，可以形成高度硫酸化的结构域，被称为 **S 结构域（S-domain）**。这些区域被非硫酸化的、由 GlcA-GlcNAc 重复单元构成的 ***N*- 乙酰基结构域（NAc-domain）**间隔开来。S 结构域中主要包含艾杜糖醛酸残基，这些残基可能提供了与蛋白质发生最优结合、引发生物活性所必需的糖链柔性。*N*- 乙酰基结构域对硫酸乙酰肝素的功能贡献尚未完全确定，但一个可能的作用是使得 S 结构域在一条多糖链中得以恰当地定位，以便该结构域与多种蛋白质发生相互作用。肝素与抗凝血酶（antithrombin）和凝血酶（thrombin）的相互作用即是其中的一例。在该复合物中，肝素链的一部分与抗凝血酶相互作用，另一部分则与凝血酶相互作用。在抗凝血酶结合结构域与凝血酶结合结构域之间，存在着一个由 6 ～ 7 个糖残基组成的**连接子（linker）**。

3.4.2 糖胺聚糖结构的细胞调控

与蛋白质和核酸不同，糖胺聚糖的生物合成不受明确定义的模板的调控。相反，糖胺聚糖家族中的每个成员均通过各自独特的途径实现其生物合成（**第 17 章**）。例如，硫酸乙酰肝素的合成途径涉及多种酶，包括几种特定的糖基转移酶（或硫酸乙酰肝素聚合酶）、一种差向异构酶和几种磺基转移酶。此外，硫酸乙酰肝素经过生物合成，最终形成与**蛋白聚糖（proteoglycan）**共价连接的聚合物，而该蛋白聚糖则由**核心蛋白（core protein）**和**多糖侧链（polysaccharide side chain）**组成。事实上，这些蛋白聚糖的功能主要由添加在其上的硫酸乙酰肝素链的性质所决定。虽然这是一个非模板驱动的过程，但硫酸乙酰肝素的整体结构在几代人之间通常保持不变。人们对于理解控制硫酸乙酰肝素结构的相关机制有浓厚的兴趣。

与硫酸乙酰肝素相比，人们对硫酸软骨素和硫酸皮肤素的生物合成了解较少。硫酸软骨素倾向于在不同的蛋白聚糖核心蛋白上完成其生物合成，并且与特异性识别硫酸乙酰肝素的酶相比，硫酸软骨素的生物合成需要一套不同的聚合酶和磺基转移酶。合成硫酸皮肤素中的艾杜糖醛酸残基需要一种特定的差向异构酶。透明质酸的生物合成则与之大相径庭：合成既不在核心蛋白上进行，也不在内质网和高尔基体中发生，而是仅需一种透明质酸合成酶（一种具有双重活性的糖基转移酶）即可实现，因为该多糖链中不含硫酸基团或艾杜糖醛酸残基（**第 16 章**）。

3.5 细菌多糖

细菌与其周边环境之间的相互作用，为阐释多糖的特性如何在生物体的生存中发挥重要作用提供了极佳的范例。由于重复单元中可以包括大量不同的糖残基（通常为 2 ～ 6 个）并且可以包含分支结构，**细菌多糖（bacterial polysaccharide）**的结构因此五花八门，极其多样。许多细菌多糖是细菌细胞膜的一部分，它们在细胞膜上发挥了重要的结构作用和保护作用。由于位于细胞的外部，**脂多糖（lipopolysaccharide，LPS）**、**荚膜多糖（capsular polysaccharide，CPS）**和**胞外多糖（exopolysaccharide，EPS）**等细菌多糖通常是能够在人体中引发强烈免疫应答的强效抗原。脂多糖为革兰氏阴性菌（Gram-negative bacteria）所独有，它们是构成细菌外膜（outer membrane）脂外层（outer leaflet）的主要成分，其上还携带被称为 ***O*- 抗原（*O*-antigen）**的长链多糖。该类型的细菌也可能携带荚膜多糖，从而在细菌周围形成相对致密的附加层状结构。细胞壁**脂磷壁酸（lipoteichoic acid）**和**磷壁酸（teichoic acid）**是革兰氏阳性菌（Gram-positive bacteria）产生的独特成分，它们通常被荚膜多糖或密度较低的胞外多糖层包覆。

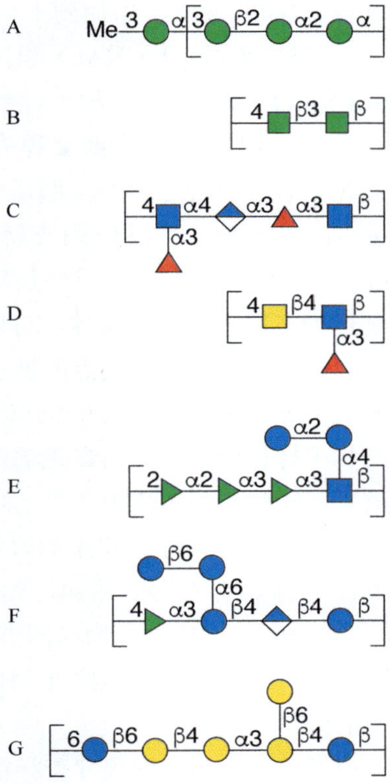

图 3.4 细菌多糖重复单元的聚糖符号命名法示意图。A. **大肠杆菌（*E. coli*）**O8 的 *O*- 抗原；B. **肠道沙门氏菌（*Salmonella enterica*）**O54 的多聚 *O*- 抗原链（*O*-polysaccharide）；C. 大肠杆菌 O168 的 *O*- 抗原；D. **幽门螺杆菌（*Helicobacter pylori*）**中的多聚 *O*- 抗原链；E. **福氏志贺菌（*Shigella flexneri*）**血清型 7a 的 *O*- 抗原；F. 来自**产碱杆菌属（*Alcaligenes*）**的胞外多糖 S-194/ 鼠李胶（rhamsan）；G. 来自**瑞士乳杆菌（*Lactobacillus helveticus*）**的胞外多糖。

细菌物种之间**生物合成途径（biosynthetic pathway）**的变异，最终导致了细菌多糖的多样性。关于细菌多糖的生物合成，详见**第 21 章**。在此采撷几例，以说明主链结构的合成、支化及聚合后修饰（postpolymerization modification）如何导致了多样化聚糖结构的产生。在其中一个生物合成途径中，糖残基被依次添加到一个锚定分子（anchor molecule）上，因此，聚糖链自非还原末端开始生长延长，直至阻止糖链进一步延长的末端实体（terminal entity）或取代基被添加到聚糖链的末端，例如，在**大肠杆菌（*Escherichia coli*）**O8 菌株的脂多糖上添加的 *O*- 抗原多糖（**图 3.4A**），即作为脂多糖的末端实体。*O*- 抗原是一种直链聚糖，尽管形成 *O*- 抗原的单糖残基是逐步次第添加的，但仍然可以从中识别出重复单元。

某些**杂多糖（heteropolysaccharide）**中含有两种依次交替添加的糖残基，可以从中识别出正式的重复单元。通常情况下，进行性的（processive）糖基转移酶负责形成这种重复单元模式，如**肠道沙门氏菌（*Salmonella enterica*）**O54 的**多聚 *O*- 抗原链（*O*-polysaccharide）**的合成即是如此（**图 3.4B**）。当两种糖残基供聚合选择时，也可以形成支链结构，因为一种糖可以产生聚合物主链，而另一种糖则可以产生侧链。

多糖的合成并不总是从非还原端开始，在组装过程中也可以使用预先形成的亚单元结构。例如，大肠杆菌抗原 O5ab 和 O5ac 的合成，依赖于一个预先形成的直链寡糖，其重复单元由 5 个糖残基构成。该寡糖首先在一个十一异戊二烯基焦磷酸糖苷（undecaprenyl pyrophosphoryl glycoside）锚定分子上进行组装，然后被添加到另一个寡糖 - 脂质锚（oligosaccharide-lipid anchor）上，从而自“还原端”生长出聚糖链。当寡糖中倒数第二个糖发生聚合反应时，会产生一个支链重复单元（参见大肠杆菌 O168 的 *O*- 抗原，**图 3.4C**）。

在聚糖主链形成之后，还可以通过添加糖来引入分支。**幽门螺杆菌（*Helicobacter pylori*）***O*- 抗原中通常包含了人类的血型糖结构，并以此作为重复单元的一部分。*N*- 乙酰基 -D- 葡萄糖胺（GlcNAc）和 D-

半乳糖（Gal）被依次添加到十一异戊二烯基焦磷酸载体上，从而形成由Galβ1-4GlcNAc二糖重复单元，即*N*-乙酰乳糖胺（LacNAc）组成的直链多糖。随后，L-岩藻糖残基被添加到主链多糖上，形成支链的**Lewis型（Lewis-type）**结构（**图3.4D**）。

组成细菌糖类的单糖多种多样（**第2章**），包括6-脱氧己糖（6-deoxy-hexose）如L-鼠李糖或L-岩藻糖，以及常见于寡糖-脂质受体末端的**罕见糖（rare sugar）**。在糖链聚合过程中，**罕见单糖（rare monosaccharide）**可以作为支链结构中侧链的一部分，产生细菌物种所特有的结构表位（structural epitope）。在某些情况下，这些表位是**分子模拟（molecular mimicry）**的基础（**第42章**）。此外，这些糖残基作为多糖链的末端实体，可以被免疫系统中的抗体识别。多糖也可以被氨基酸、*O*-酰基或磷酸二酯基等取代基修饰。在分支点的糖残基上发现*O*-乙酰基修饰也并不鲜见，该修饰可形成一种高度堆积的取代模式，即在糖残基所有的位点上，或是形成了糖苷键，或是携带有非糖的取代基。通过添加取代基实现结构多样性的示例，可参见**福氏志贺菌（*Shigella flexneri*）**的*O*-抗原，其主链上添加了葡萄糖基、*O*-乙酰基或磷酸乙醇胺基团（**图3.4E**）。

在糖链中产生分支和添加取代基，能够影响多糖溶液的性质，如产生胶凝和高黏度。其中一些聚糖因商品名称而为人们所熟知，如结兰胶（Gelan）、威兰胶（Welan）、鼠李胶/S-194胶（Rhamsan/S-194）等（**图3.4F**）。这些聚合物与同类型聚合物之间的差异，主要取决于酰基取代基（如*O*-乙酰基或*O*-琥珀酰基）、侧链（由L-鼠李糖/L-甘露糖、二葡萄糖基或二鼠李糖基组成），以及主链中L-鼠李糖/L-甘露糖上的修饰。

由细菌产生的多糖尺寸差异很大。脂多糖中*O*-抗原的重复单元通常少于100个，而荚膜多糖和胞外多糖则具有更高数量的重复单元（$10^3 \sim 10^5$个）。这些多糖中通常存在支链结构（**图3.4G**），侧链中或是有一个以上的糖残基，或是在重复单元中包含两个分支。关于这些复杂材料的更多信息，详见**第42章**。

电荷（electric charge）可以显著地影响多糖的性质。带电荷的多糖构成了细菌聚合物中一个常见的亚类，主要以带负电的糖残基形式，或者添加了带负电的取代基后所形成的产物形式存在。糖醛酸（如葡萄糖醛酸）和壬酮糖酸（如*N*-乙酰神经氨酸、唾液酸）通过将负电荷引入重复单元，使多糖成为了多阴离子聚合物，与哺乳动物系统中的糖胺聚糖非常相似。丙酮酸基、磷酸基和硫酸基等糖残基上的取代基，也赋予了聚糖多阴离子的特性。带电基团可以同时存在于多糖的主链和侧链中。带正电荷的胺有时与带负电荷的基团共同存在于重复单元中。**脑膜炎奈瑟菌（*Neisseria meningitidis*）**中的荚膜多糖是此类型多糖的代表。其中，脑膜炎奈瑟菌B型和C型是*N*-乙酰神经氨酸的均聚物，W-135型和Y型则含有由*N*-乙酰神经氨酸和一个己糖组成的二糖重复单元。

柔性（flexibility）是细菌多糖的一个重要变量（参见扭转角φ和ψ）。然而在通过6号位的氧原子形成糖苷键时，由于吡喃糖中环外羟甲基的存在，在糖苷键的位置会产生一个额外的自由度，即扭转角ω。多糖主链中的1-6糖苷键（**图3.4G**）可能产生刚性较低的聚糖链，但具有较高的柔性，同时具有无规卷曲（random coil）的聚合物特征。同样地，在侧链中出现此类糖苷键，会使聚糖链更富柔性。当聚糖链中含有呋喃糖残基时，不同的环构象为引入柔性提供了更多的选择。

交联（cross-linking）是另一种改变细菌多糖物理性质的方式。革兰氏阳性菌的细胞壁含有一层极厚的**肽聚糖（peptidoglycan）**，这些肽聚糖彼此通过短肽序列共价交联。此外，由甘油或核糖醇（ribitol）残基组成、通过磷酸二酯键构成的磷壁酸聚糖链也位于细菌细胞壁内。含有氨基糖的单糖或二糖重复单元可以是这些重复结构中的组成部分，从而产生出不同类型的细胞壁磷壁酸。作为重复单元的一部分，在主链结构内具有磷酸二酯键的聚糖链，被称为**"磷壁酸型"（teichoic acid type）**。**流感嗜血杆菌（*Haemophilus influenzae*）**的荚膜多糖即为此类型中的代表，其中两种荚膜多糖（血清型a和血清型b）的重复单元由(ribitol-P-Hex-)$_n$组成，另外两种荚膜多糖（血清型c和血清型f）由(Hex-P-Hex-)$_n$组成（ribitol为核糖醇，

P 为磷酸，Hex 为己糖）。

综上所述，细菌多糖凸显出在寡糖和多糖中引入多样性所能采取的多种方式。某些多样性来自丰富的糖残基，某些来自分支结构，某些则来自各式各样的取代基修饰（如磷酸基、硫酸基、酰基和氨基等）。这些多样性产生了不同的物理特性，使得细菌能够模拟宿主、逃逸检查，提供了一种将细菌的“自我”与竞争性有机体加以区分的方法。本章讨论的糖链结构在表 3.1 中以国际纯粹与应用化学联合会 / 国际生物化学与分子生物学联盟（IUPAC/IUBMB）的缩写形式进行了描述，以便与正文和图中使用的常用名、符号表示和实际化学结构进行比较。本章可以视为对后续章节中更为全面讨论的聚糖的前瞻性预览。

表 3.1 寡糖重复单元及多糖重复单元

常用名	图号	代表性结构	章号
N- 连接聚糖	3.1	Galβ1-4GlcNAcβ1-2Manα1-6(Neu5Acα1-6Galβ1-4GlcNAcβ1-2Manα1-3) Manβ1-4GlcNAcβ1-4GlcNAcβ1-*N*-Asn	第 9 章
O- 连接聚糖	3.1	GlcNAcβ1-6(Galβ1-3)GalNAcα1-*O*-Ser/Thr	第 10 章
O- 连接聚糖		GlcNAcβ1-*O*-Ser/Thr	第 19 章
纤维素	3.2	$-(4Glc\beta1-)_n$	第 24 章
淀粉	3.2	$-(4Glc\alpha1-)_n$	第 24 章
壳多糖		$-(4GlcNAc\beta1-)_n$	第 26 章
硫酸软骨素	3.3	$-(4GlcA\beta1\text{-}3GalNAc4/6S\beta1-)_n$	第 17 章
硫酸乙酰肝素	3.3	$-(4GlcA\beta1\text{-}4GlcNAc\alpha1-)_n+-(4IdoA2S\alpha1\text{-}4GlcNS6S\alpha1-)_m$	第 17 章
荚膜多糖		$-(6Glc\alpha1\text{-}4Neu5Ac\alpha2-)_n$	第 21 章
脂多糖 *O*- 抗原	3.4D	$-(4GalNAc\beta1\text{-}4[Fuc\alpha1\text{-}3]GlcNAc\beta1-)_n$	第 21 章
胞外多糖	3.4G	$-(6Glc\beta1\text{-}6Gal\beta1\text{-}4Gal\alpha1\text{-}3[Gal\beta1\text{-}6]Gal\beta1\text{-}4Glc\beta1-)_n$	第 21 章

缩写表示：甘露糖（Man），半乳糖（Gal），葡萄糖（Glc），岩藻糖（Fuc），*N*- 乙酰半乳糖胺（GalNAc），*N*- 乙酰葡萄糖胺（GlcNAc），*N*- 乙酰神经氨酸（Neu5Ac），葡萄糖醛酸（GlcA），艾杜糖醛酸（IdoA），4/6- 磺基 -*N*- 乙酰半乳糖胺（GalNAc4/6S），2-*O*- 磺基艾杜糖醛酸（IdoA2S），*N*, 6- 二磺基 - 葡萄糖胺（GlcNS6S），天冬酰胺（Asn），丝氨酸（Ser），苏氨酸（Thr）。

致谢

感谢卡罗琳 · R. 贝尔托齐（Carolyn R. Bertozzi）和大卫 · 拉布卡（David Rabuka）对本章先前版本的贡献，并感谢珍妮 · 莫蒂默（Jenny Mortimer）、布丽安娜 · 乌尔班诺维奇（Breeanna Urbanowicz）和达龙 · 弗里德伯格（Darón Freedberg）的有益评论及建议。

延伸阅读

Laremore TN, Zhang F, Dordick JS, Liu J, Linhardt RJ. 2009. Recent progress and applications in glycosaminoglycan and heparin research. *Curr Opin Chem Biol* **13**: 633-640.

Zivkovic AM, German JB, Lebrilla CB, Mills DA. 2011. Human milk glycobiome and its impact on the infant gastrointestinal microbiota. *Proc Natl Acad Sci* **108**: 4653-4658.

DeAngelis PL, Liu J, Linhardt RJ. 2013. Chemoenzymatic synthesis of glycosaminoglycans: re-creating, re-modeling, and re-designing nature's longest or most complex carbohydrate chains. *Glycobiology* **23**: 764-777.

Cosgrove DJ. 2021. Re-constructing our models of cellulose and primary cell wall assembly. *Curr Opin Plant Biol* **22**: 122-131.

Schmid J, Sieber V. 2015. Enzymatic transformations involved in the biosynthesis of microbial exo-polysaccharides based on the assembly of repeat units. *Chembiochem* **16**: 1141-1147.

Higel F, Seidl A, Soergel F, Friess W. 2016. N-glycosylation heterogeneity and the influence on structure, function and pharmacokinetics of monoclonal antibodies and Fc fusion proteins. *Eur J Pharm Biopharm* **100**: 94-100.

Moradali MF, Rehm BHA. 2020. Bacterial biopolymers: from pathogenesis to advanced materials. *Nat Rev Microbiol* **18**: 195-210.

Whitfield C, Wear SS, Sande C. 2020. Assembly of bacterial capsular polysaccharides and exopolysaccharides. *Annu Rev Microbiol* **74**: 521-543.

第 4 章

糖基化在细胞中的组织形式

凯伦 · J. 科利（Karen J. Colley），阿吉特 · 瓦尔基（Ajit Varki），罗伯特 · S. 哈蒂旺格（Robert S. Haltiwanger），木下太郎（Taroh Kinoshita）

4.1 糖基化在生命体中普遍存在 / 39
4.2 聚糖生物合成中的拓扑学问题 / 40
4.3 真核生物分泌途径中的糖基化 / 42
4.4 发生于意料之外的亚细胞中的糖基化 /46
4.5 聚糖的周转和回收 / 46
致谢 / 46
延伸阅读 / 46

本章从单个细胞的角度出发，概述了**糖基化（glycosylation）**过程，涉及大多数细胞类型共有的生物合成酶与降解酶的表达模式、拓扑学结构及其他特征，重点聚焦于真核细胞中糖基化的**组织形式（organization）**。**第 21 章**和**第 22 章**进一步讨论了原核生物的糖基化机制。

4.1 糖基化在生命体中普遍存在

历经 30 多亿年的进化，真核生物中每一个自由生活的细胞上、每一种细胞类型上，都覆盖着一层致密而复杂的聚糖层（**第 20 章**），即使从受感染细胞中萌发出的包膜病毒上也携带着宿主的**糖基化模式（glycosylation pattern）**。此外，大多数分泌分子也经历了糖基化过程，多细胞生物的细胞外基质则富含聚糖和糖复合物，单细胞生物聚集时所分泌的基质（如细菌生物膜，**第 21 章**）中也含有聚糖。因此，进化反复且始终如一地选择将聚糖作为最多样化且最灵活的分子，将其置于细胞和细胞外环境之间的界面之中。形成这一分布的可能原因包括聚糖在水环境中的相对亲水性、柔性和流动性，以及它们极度多样的类型，从而可以轻松地应对不断变化的环境和病原体条件，产生短期和长期的适应性。

在细菌、古菌和真菌中，聚糖在构成细胞壁、抵抗细胞质与环境间巨大的渗透压差等方面发挥了关键的结构性作用。在真核生物中，分泌蛋白和膜蛋白通常都要穿越**内质网 - 高尔基体途径（ER-Golgi pathway）**，二者是细胞内多种主要糖基化反应的发生场所（见下文）。动物血浆中的大多数蛋白质也都被高度地糖基化修饰（白蛋白除外），这些蛋白质和其他分泌蛋白的糖基化可以提供溶解性、亲水性和负电荷，从而减少不必要的分子间相互作用，防止蛋白质水解。受体、黏附分子和通道蛋白等细胞表面的膜蛋白通常也是糖基化的，该修饰可以促进这些蛋白质正确折叠，确保其稳定性并影响其功能。

自本章起，参与糖基化、糖代谢合成、糖代谢分解等过程，以及聚糖链修饰的各种相关酶，均采用楷体进行标识。

4.2 聚糖生物合成中的拓扑学问题

4.2.1 真核生物的内质网 - 高尔基体途径

乔治 · 帕拉德（George Palade）的经典工作表明，真核细胞中的大多数**细胞表面蛋白**（**cell-surface protein**）和**分泌蛋白**（**secreted protein**），都通过共翻译（cotranslation）的方式被转运到内质网中，随后在内质网中被折叠、修饰，并经由相关的机制进行蛋白质的质量控制（quality control）。然后，它们通过**中间区室**（**intermediate compartment，IC**），穿过高尔基体的多个**堆栈**（**stack**），最终自**反面高尔基网**（***trans*-Golgi network，TGN**）分配到各个目的地。**分泌途径**（**secretory pathway**）中的蛋白质可以发生 *N*- 糖基化、*O*- 糖基化和（或）**糖基磷脂酰肌醇锚**（**glycosylphosphatidylinositol anchor，GPI anchor**）修饰，并且其中一些被称为**蛋白聚糖**（**proteoglycan**）的蛋白质，可以被**糖胺聚糖**（**glycosaminoglycan，GAG**）共价修饰。这些修饰途径中所涉及的酶都不尽相同。*N*- 连接聚糖和糖基磷脂酰肌醇锚在被转移到蛋白质之前会进行预组装，然后在内质网 - 高尔基体途径中获得进一步地修饰。而 *O*- 连接聚糖和糖胺聚糖的逐步组装及脂质的糖基化，均涉及内质网和高尔基体中的相关反应（**第 9 章至第 13 章、第 17 章**）。**图 4.1** 粗略地描绘了动物细胞的内质网 - 高尔基体途径中主要聚糖类别合成过程中的一些步骤。

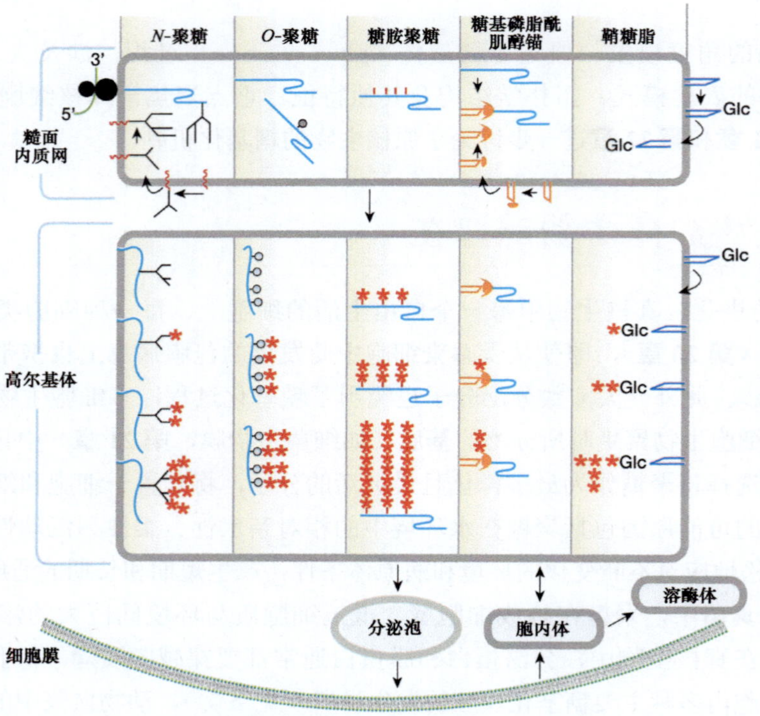

图 4.1 真核细胞主要类别的糖复合物生物过程的起始和成熟，与内质网 - 高尔基体 - 质膜途径（ER-Golgi-plasma membrane pathway）中的亚细胞运输有关。图中概述了动物细胞中主要聚糖类别的起始、修剪和糖链延伸的不同机制与拓扑学结构。星号代表向高尔基体中的聚糖外层添加的糖。对于 *N*- 聚糖和糖基磷脂酰肌醇锚，它们通过将预先形成的大型前体聚糖整体转移（*en bloc* transfer）到新合成的糖蛋白来启动糖基化过程。*O*- 聚糖通过将单个单糖添加到丝氨酸或苏氨酸上进行起始，而硫酸化的糖胺聚糖则通过将单个单糖添加到特定的四糖连接子（tetrasaccharide linker）上作为合成起始，随后进行糖链延伸。最常见的鞘糖脂将葡萄糖（Glc）添加到内质网 - 高尔基体区室外表面的神经酰胺上，作为其合成的起始步骤，然后将糖脂翻转到腔室内以进行糖链的延伸。如需详细理解本图中所描述的生物学过程，请参阅本书其他章节中的详细信息：*N*- 聚糖（**第 9 章**）；*O*- 聚糖（**第 10 章、第 13 章**）；鞘糖脂（**第 11 章**）；糖基磷脂酰肌醇锚（**第 12 章**）；硫酸化的糖胺聚糖（**第 17 章**）。

在内质网 - 高尔基体途径中，有些聚糖链在细胞内膜的细胞质面形成并翻转到另一侧，但大多数聚糖链在内质网或高尔基体的**内部**进行添加和延长（图 4.1）。无论如何，分子中朝向内质网或高尔基体**腔室（lumen）**内的部分，最终将朝向细胞的**外部**，或朝向分泌颗粒或溶酶体的**内部**。研究人员目前尚未发现任何有确切依据的违反该拓扑学规则的例外情况。当然，这些拓扑学上的考量，对于细胞核和细胞质的糖基化而言是相反的（见下文），因为与这些反应相关的糖基转移酶的活性位点均朝向细胞质。因此，迄今为止在细胞膜的两侧所发现的聚糖类型似乎彼此不同，无需将其视为某种重大发现。一些注定要进入细胞外空间的**"无前导分泌蛋白"（leaderless secretory protein，LLSP）**永远不会进入内质网腔体，而是直接通过尚未明确解析的机制进行质膜转移，这些分泌蛋白包括：细胞因子，如白细胞介素 -1β（IL-1β）和白细胞介素 -18（IL-18）；生长因子，如成纤维细胞生长因子 2（fibroblast growth factor 2，FGF2）；**半乳凝集素（galectin）**。有趣的是，这些蛋白质中有许多具有聚糖结合特性，如果它们转而穿过富含聚糖的内质网 - 高尔基体途径，可能会使细胞出现问题。

4.2.2 糖基化反应的供体

无论在何处进行，大多数糖基化反应都使用**活化形式的单糖（activated monosaccharide）**作为**糖基转移酶（glycosyltransferase）**的**供体（donor）**（与糖基化反应相关的酶、酶所对应的供体、相应的转运蛋白以及它们的生物化学细节，参见**第 5 章**）。活化形式的单糖通常是**核苷酸糖（nucleotide sugar）**，在某些情况下是**与脂质 - 磷酸相连的糖（lipid-phosphate-linked sugar）**，如多萜醇磷酸甘露糖（dolichol phosphate mannose）。自然界中也会发生多种聚糖修饰（**第 6 章**），其中最常见的修饰由磺基转移酶（sulfotransferase）、乙酰转移酶（acetyltransferase）和甲基转移酶（methyltransferase）负责产生，它们分别使用活化形式的硫酸酯——3′- 磷酸腺苷 -5′- 磷酰硫酸（3′-phosphoadenosine-5′-phosphosulfate，PAPS）、活化形式的乙酸酯——乙酰辅酶 A（acetyl-CoA）和活化形式的甲基——*S*- 腺苷甲硫氨酸（*S*-adenosylmethionine，AdoMet）作为反应底物。几乎所有用于糖基化反应和聚糖修饰的供体都在细胞膜内，并且由内源性前体合成而来。在真核生物中，这些供体中的大多数经由特定的多通道**转运蛋白（transporter protein）**，通过主动运输跨越磷脂双分子层，以供内质网 - 高尔基体途径中各腔室内的各种反应使用。

4.2.3 真核生物中细胞核与细胞质的糖基化

多年来，研究人员认为细胞核和胞质溶胶（与核孔相连，因而在拓扑学上是半连续的）中不存在糖基化。但现已确定，一些不同类型的糖复合物可以在这些**区室（compartment）**内合成并驻留。事实上，如果依照数量计算，其中的一种糖基化形式——*O*- 连接 -*N*- 乙酰葡萄糖胺（*O*-GlcNAc）（**第 19 章**）很可能是许多细胞中最为常见的糖复合物类型。负责在核蛋白和胞质蛋白上合成 *O*-GlcNAc 的 *O*- 连接 -*N*- 乙酰葡萄糖胺转移酶（*O*-GlcNAc transferase，OGT）和负责去除此单糖的 *O*- 连接 -*N*- 乙酰葡萄糖胺水解酶（O-GlcNAcase，OGA）都是这些区室中的可溶性蛋白。此外，在一些选定的细胞质蛋白上，可以发生 *O*- 葡萄糖（*O*-Glc）、*O*- 岩藻糖（*O*-Fuc）或 *O*- 甘露糖（*O*-Man）修饰（**第 18 章、第 19 章**）。

4.2.4 细胞膜上的糖基化反应

原核细胞中不存在内质网 - 高尔基体途径，它们通常在**细胞质膜（plasma membrane）**和**细胞质（cytoplasm）**的界面，或在**周质（periplasm）**中产生细胞表面的聚糖（见下文）。其他糖复合物，如脊椎动物细胞中的透明质酸、无脊椎动物细胞中的壳多糖和植物细胞中的纤维素，都在细胞质膜中朝向细胞质的一侧合成，同时通过挤出过程穿越细胞膜，到达细胞外（**第 16 章、第 24 章、第 26 章**）。参与这些糖复合物合成的酶似乎介导了这一挤出过程。典型的真核生物**高尔基体糖基化酶（Golgi glycosylation enzyme）**，被发现能够以可溶形式存在于细胞表面或细胞外空间，如下文所述。目前尚不清楚是否有足够的核苷酸糖供体被定期地提供给这些糖基转移酶，以便对细胞表面的聚糖进行修饰，但至少已有一例报道（见下文）。另外，研究人员也发现了动物细胞中细胞表面聚糖重塑的实例，如修饰硫酸乙酰肝素糖胺聚糖的硫化酶——*内切硫酸酯酶*（endosulfatase）（**第 17 章**）和去除细胞表面唾液酸的内源性*唾液酸酶*（sialidase）（**第 15 章**）。某些原生动物寄生虫（如锥虫）使用*转唾液酸酶*（*trans*-sialidase），将唾液酸从宿主糖复合物转移至它们自身的细胞表面聚糖上（**第 43 章**）。

4.2.5 细菌和古菌中的糖基化途径

原核生物的多糖和寡糖**组装途径（assembly pathway）**，与在真核生物的内质网和质膜中发现的糖基化途径非常相似。它们在细胞质中组装，然后转运穿过细胞质膜。对于许多生物合成途径，如革兰氏阴性菌 *O*- 抗原的生物合成、**古菌（Archaea）**中 *N*- 连接蛋白糖基化的生物合成，以及某些革兰氏阴性菌和革兰氏阳性菌中**表面层（S-layer）**的生物合成而言，寡糖在细胞质膜内部的**脂质载体（lipid carrier）**上进行组装，然后翻转到周质上（**第 21 章、第 22 章**）。寡糖合成可以在周质中继续进行，但对于这些反应而言，由**异戊二烯连接的单糖（isoprenoid-linked monosaccharide）**充当了反应中的活化底物。在放线菌（分枝杆菌）细胞壁的生物发生（biogenesis）过程中也存在类似的途径（**第 21 章**）。

4.3 真核生物分泌途径中的糖基化

在了解内质网和高尔基体中的糖基化及聚糖修饰的机制等方面，研究人员已经付出了很多心血，显然，各种相互作用与彼此竞争的因素，共同决定了糖基化反应的最终结果。研究人员对糖基转移酶和**加工糖苷酶（processing glycosidase）**已经进行了充分地研究（**第 6 章**），它们所处的位置有助于定义内质网 - 高尔基体途径中的各种功能性区室。

4.3.1 许多高尔基体酶具有相似的拓扑学结构

尽管不同的糖基转移酶家族之间缺乏**序列同源性（sequence homology）**，但大多数高尔基体酶具有一些共同的特征。对脊椎动物糖基转移酶的早期研究发现，其中一些酶以可溶形式存在于分泌物和体液之中，其他酶被发现结合在细胞内的膜结构上，有些高尔基体酶则同时显示出这两种特性。这些酶在不同的位置均能够发挥其对应的生物学活性。随后的**分子克隆（molecular cloning）**确定了高尔基糖基转移酶的序列，表明它们具有共同的拓扑学结构和**域结构（domain structure）**，可用于解释这些观察结果。

大多数高尔基糖基化酶是 **II 型膜蛋白（type II membrane protein）**，由三个部分组成：①氨基末端的**细胞质尾部（cytoplasmic tail）**；②**跨膜区（transmembrane region，TM region）**，也充当了不可切割的信号序列；③一个很大的羧基末端区域，包含一个位于膜近端、对蛋白水解酶敏感的**主干区（stem region）**和一个很大的**催化结构域（catalytic domain）**。这些高尔基体酶的 II 型拓扑学结构，将它们的催化序列置于高尔基体的腔室内，通过在分泌途径内进行中转，参与蛋白质和脂质上聚糖链的合成（**图 4.2**）。

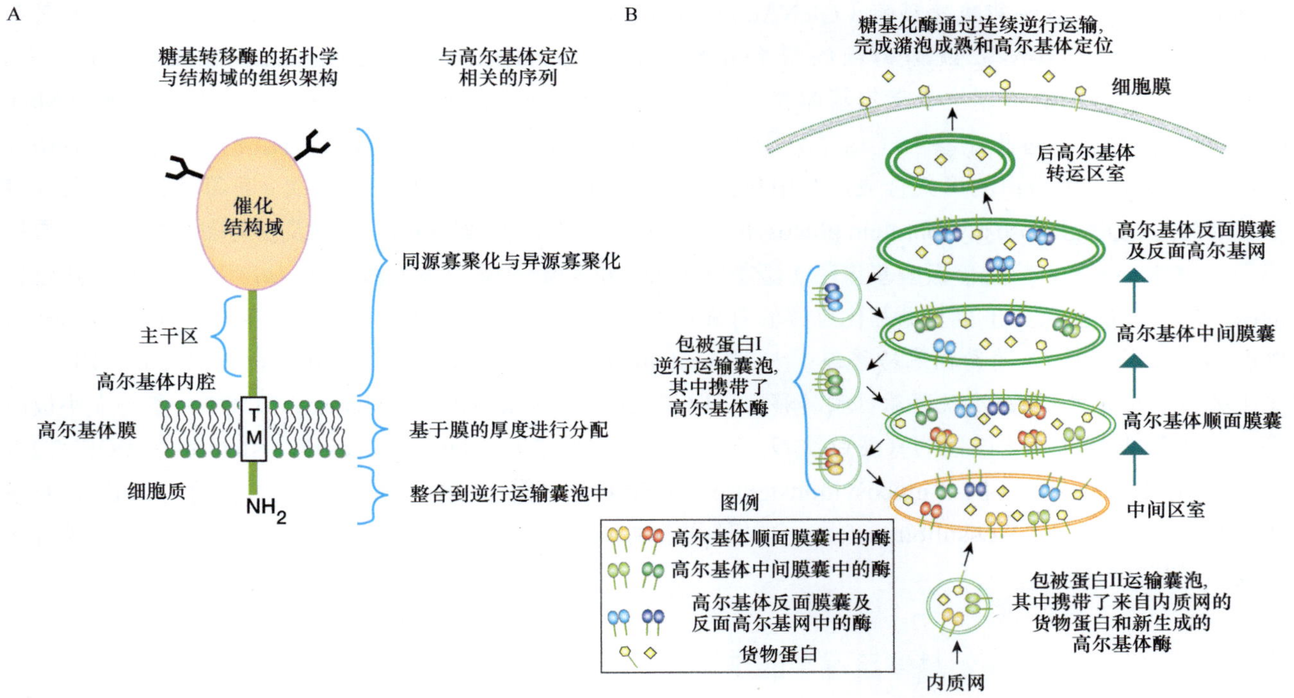

图 4.2　高尔基体糖基化酶的拓扑学结构和定位。高尔基体糖基转移酶和糖苷酶均为 II 型膜蛋白，其催化序列朝向高尔基体内腔。根据高尔基体内（*intra*-Golgi）运输的潴泡成熟模型，这些糖基化酶保持在高尔基体内，通过在包被蛋白 I（coat protein I，COPI）有被小泡中的连续逆向运输，被分离到不同的潴泡中。它们整合进入这些高尔基体囊泡的过程，可能由这些酶中的细胞质尾部序列，以及与有被小泡相关蛋白质之间的相互作用介导。例如，两个选定的包被蛋白 I 包被体亚基（COPI coatomer subunit），已被证明能够与许多位于高尔基体糖基化酶氨基末端的、细胞质尾部的特定序列基序（sequence motif）结合。在用于修饰溶酶体酶的 *N*- 乙酰葡萄糖胺 -1- 磷酸转移酶（GlcNAc-1-phosphotransferase）中，该序列基序的突变会引起酶定位错误，导致溶酶体贮积病——黏脂贮积症 III 型（**第 33 章**）。糖基化酶在膜中的选择性分配，在它们的高尔基体定位中也发挥了作用。由于跨膜结构域的长度和疏水性的差异，这些酶会被选择性地分配到具有低胆固醇含量（较薄的膜）或高胆固醇含量（较厚的膜）的不同区室中。一般而言，这些酶上的跨膜区相对较短，这可能阻止了它们被分配到后高尔基体转运区室，因为这些区室与细胞膜表面一样，具有更厚的、富含胆固醇的磷脂膜。高尔基糖基化酶的管腔序列（luminal sequence）负责介导这些酶的二聚化和异源寡聚化，该序列对于某些合成途径中酶的定位和有效的糖基化也很重要。这些酶在高尔基体中的定位并非一成不变，有些酶存在于细胞表面，有些酶位于高尔基体晚期区室或后高尔基体区室，可被蛋白酶在其蛋白质水解敏感的主干区切割并分泌到细胞外空间（图中未显示）。

许多高尔基体酶由细胞分泌，有时能够以很高的含量存在于细胞培养上清液和各种体液中。通过在高尔基体酶主干区进行一种或多种蛋白水解切割事件，这些酶从膜结合形式（membrane-associated form）最终衍生形成可溶性的分泌酶（**图 4.2**）。高尔基体反式区域（Golgi *trans* region）和**后高尔基体区室（post-Golgi compartment）**中的蛋白酶负责催化这些切割事件。在炎症条件下，由肝细胞和内皮细胞等细胞类型产生的可溶性酶可以显著上调。由于体内循环的糖基转移酶和细胞表面定位的糖基转移酶无法获得足够浓度的供体核苷酸糖（主要位于细胞内），研究人员一般认为它们在功能上应该无法实现细胞外空间的糖基转移反应。然而最近的证据表明，被活化的血小板所释放出的核苷酸糖供体，可能允许可溶性的分泌酶 β- 半乳糖苷 α2-6 唾液酰基转移酶 1（β-galactoside α-2,6-sialyltransferase I，ST6Gal-I）在该酶原始来源之外的细胞表面上对聚糖进行修饰。

分泌途径中的糖基化酶并非全都是 II 型膜蛋白。例如，*尿苷二磷酸 -N- 乙酰葡萄糖胺：溶酶体酶 N- 乙酰葡萄糖胺 -1- 磷酸转移酶*［UDP-GlcNAc：lysosomal enzyme *N*-acetylglucosamine-1-phosphotransferase；

又名*N*-乙酰葡萄糖胺磷酸转移酶（GlcNAc-phosphotransferase）]是一种多亚基复合物，而*N*-乙酰葡萄糖胺-1-磷酸二酯α-*N*-乙酰葡萄糖胺酶（GlcNAc-1-phosphodiester α-*N*-acetylglucosaminidase）是一个I型膜蛋白，后者的氨基端位于高尔基体腔内。这些酶在新合成的溶酶体水解酶的甘露糖-6-磷酸（Man-6-P）靶向信号产生过程中参与了信号分子的合成（**第33章**）。一些**内质网糖基化酶（ER glycosylation enzyme）**以可溶性蛋白的形式合成，其中包括参与内质网质量控制的尿苷二磷酸-葡萄糖糖蛋白葡萄糖基转移酶（UDP-glucose glycoprotein glucosyltransferase，UGGT）（**第39章**），以及参与**表皮生长因子重复序列（EGF repeat）**或**血小板应答蛋白1型重复序列（thrombospondin type 1 repeat，TSR）**糖基化过程的酶。参与表皮生长因子重复糖基化过程的有蛋白质*O*-岩藻糖基转移酶1（protein *O*-fucosyltransferase 1，POFUT1）、蛋白质*O*-葡萄糖基转移酶1～3（protein *O*-glucosyltransferase I～III，POGLUT I～III）、表皮生长因子特异性*O*-*N*-乙酰葡萄糖胺转移酶（EGF-specific *O*-GlcNAc transferase，EOGT）；参与血小板应答蛋白1型重复糖基化过程的有蛋白质*O*-岩藻糖基转移酶2（protein *O*-fucosyltransferase 2，POFUT2）、β1-3-葡萄糖基转移酶（β1-3-glucosyltransferase，B3GLCT）（**第13章**）。此外，*N*-乙酰葡萄糖胺3-*O*-磺基转移酶1（GlcNAc 3-*O*-sulfotransferase 1）是位于高尔基体的一种可溶性酶，它是参与了硫酸乙酰肝素合成的磺基转移酶之一。

4.3.2 糖基化酶在高尔基体区室中的定位

在分泌途径中，所有形式的糖基化都是高度有序且连续不断的过程，通常涉及糖基转移酶的反应。这些酶、它们的聚糖底物（最终连接在蛋白质或脂质上），以及恰当的核苷酸糖供体必须位于同一区室中。生物化学和超微结构研究表明，糖基转移酶在分泌途径中被分隔到不同的、相互重叠的区室中。一般而言，在生物合成途径早期起作用的酶定位在**高尔基体顺面膜囊（*cis*-Golgi）**和**高尔基体中间膜囊（*medial*-Golgi）**，而在合成途径后期起作用的酶则倾向于定位在**高尔基体反面膜囊（*trans*-Golgi）**和**反面高尔基网（*trans*-Golgi network，TGN）**中。这些观察结果促使人们对糖基转移酶和加工糖苷酶实现这种区室隔离的机制进行了广泛地探索。早期的研究旨在根据蛋白质运输的**囊泡运输模型（vesicular transport model）**，确定它们保留在高尔基体**潴泡（cisternae）**中所需要的酶序列，而最近的研究则逐渐形成了**潴泡成熟模型（cisternal maturation model）**的框架（见下文）。

研究人员对于蛋白质如何穿过高尔基体堆栈，以及高尔基体酶如何在高尔基体潴泡中"驻留"于这些酶所处的相对位置，已经取得了实质性的进展，其中包括上面提到的两种主要模型，它们并不相互排斥，可以在细胞中共同发挥作用。囊泡运输模型假定高尔基体是一个稳定的区室，**货物蛋白（cargo protein）**被封装在**有被小泡（coated vesicle）**中，从内质网运输到中间区室，并以矢量方式（具有大小和方向）在每个高尔基体潴泡之间进行运输，在此期间，这些蛋白质被保留在每个潴泡之中的高尔基体糖基化酶修饰。近期的实验数据则更为支持潴泡成熟模型，该模型可以解释较大的货物分子在高尔基体内的运输，而这些货物分子无法被装入较小的运输囊泡中（图4.2）。在该模型中，通过将包被蛋白II（coat protein II，COPII）有被小泡中的货物分子从内质网运输到中间区室，在堆栈的顺面形成一个全新的**高尔基体潴泡（Golgi cisterna）**。高尔基体顺面膜囊中的酶，则经过包被蛋白I（coat protein I，COPI）有被小泡的封装，从"更早形成的"的**顺面潴泡（*cis* cisterna）**中被逆向运输到新形成的区室，而该区室则随之成为了顺面潴泡。随着后续的高尔基体糖基化酶被次第运输到"新近形成的"的潴泡中，潴泡和其中的货物分子也随之逐步成熟。潴泡不断地发展和成熟，直到它们在反面高尔基网阶段被有效地溶解，膜和货物分子或被运输到细胞质膜上，实现货物分子的停留或**组成型分泌（constitutive secretion）**，或被运输到分泌颗粒中以进行**调节型分泌（regulated secretion）**，或被运输到**内体/溶酶体系统（endosome/lysosome system）**。

因此，潴泡成熟模型与囊泡运输模型的不同之处在于，高尔基体酶不会驻留在稳定的区室中，而是以逆向方式被连续输送给新近形成的潴泡中的货物分子，同时对其进行“成熟化”。

潴泡成熟在高尔基体酶定位中的作用得到了以下观察结果的支持：参与**逆向囊泡运输**（**retrograde vesicle transport**）的**保守寡聚高尔基体复合物**（**conserved oligomeric Golgi complex，COG**）的突变，会影响高尔基体酶的分布和所有蛋白质的糖基化过程。保守寡聚高尔基体复合物是八亚基的异寡聚体，被认为行使了细胞质**栓系复合物**（**tethering complex**）的功能，它负责在囊泡融合过程发生前，将接踵而来的囊泡与其靶标区室进行连接。研究人员认为，该复合物与包被蛋白 I 亚基合作，在高尔基体之间，以及在高尔基体 - 内质网运输相关的逆向囊泡运输中发挥作用。保守寡聚高尔基体蛋白亚基上的突变，导致多种高尔基体糖基转移酶在穿过堆栈时不稳定和（或）错误定位，进而导致相应的糖基化缺陷。保守寡聚高尔基体复合物并不直接与高尔基体酶相互作用，但它对高尔基体系统中的逆向囊泡运输至关重要，并以这种方式影响了高尔基体的整体结构，从而确保了糖基化过程的高效性。值得注意的是，保守寡聚高尔基体蛋白亚基突变可导致几种**先天性糖基化障碍 II 型**（**congenital disorders of glycosylation type II，CDG-II**）的产生（**第 45 章**）。

使用高尔基体酶突变体和高尔基体酶嵌合体的研究表明，不同的酶对它们的定位要求有所不同。早期的研究指出，位于高尔基体中间膜囊的 *N*- 乙酰葡萄糖胺转移酶 1（*N*-acetylglucosaminyltransferase I，GlcNAcT-I，GnT-I）、位于高尔基体反面膜囊的半乳糖基转移酶 1（galactosyltransferase I，GalT-I），以及位于高尔基体反面膜囊和反面高尔基网的 β- 半乳糖苷 α2-6 唾液酰基转移酶 1（ST6Gal-I）具有不同的跨膜区域。但后续研究表明，对许多酶而言，有多种信号和机制参与决定它们的高尔基体区室定位。研究人员已经确定了**同源寡聚化**（**homo-oligomerization**）和**异源寡聚化**（**hetero-oligomerization**）在某些高尔基体酶定位中的作用。此外，大量证据证明了糖基转移酶的细胞质尾部在酶的逆向运输和高尔基体定位中发挥作用（见下文）。

膜蛋白跨膜区的长度和疏水性决定了膜蛋白被分配（partition）至不同类型的膜上，从而形成**膜微结构域**（**membrane microdomain**）的能力，这两个参数现在也被认为与整个细胞中的膜蛋白运输和定位相关。在整个分泌途径中，胆固醇的浓度和膜的厚度都会逐步增加，在细胞表面达到峰值，形成厚度最大、胆固醇含量最高的细胞膜。使用含有胆固醇的模式细胞膜（model membrane）进行的实验表明，较短的跨膜肽会被分配到较薄的膜上，而较长的跨膜肽则会被分配到较厚的膜上。脂质酰基链被胆固醇刚性结构“拉直”的倾向，可能使得在厚度不匹配的膜中进行跨膜肽的分配变得更加困难。研究人员已经注意到内质网蛋白具有比细胞质膜蛋白更短的跨膜区域，而高尔基体酶跨膜区域的长度则介于内质网和质膜蛋白之间，这一结果支持了膜厚度可能有助于膜蛋白在分泌途径中的定位的假说。然而在高尔基体酶中，当酶从细胞器的顺面移动到反面时，却并未观测到跨膜区域长度的严格增加。一种可能的解释认为，对于特定的酶而言，跨膜区域长度对于潴泡定位的相对影响还取决于参与酶定位的其他序列和机制。然而，高尔基体酶上较短的跨膜区域至少会阻止这些蛋白质离开高尔基体，因为这样的短跨膜区降低了这些高尔基体酶被分配到较厚的、富含胆固醇的膜上的能力，而这些作为蛋白质载体的膜的目的地是后高尔基体区室，如细胞质膜（图 4.2）。

另一个有助于高尔基体定位的机制是它们形成寡聚复合物的能力（图 4.2）。*N*- 连接和 *O*- 连接糖基化途径中几乎所有的酶都能形成同源二聚体，并且其中许多还可以形成**异聚复合物**（**heteromeric complex**）。在某些情况下，异聚复合物的形成表现出 pH 依赖性。催化相同生物合成途径中连续反应的酶之间，以及位于相同潴泡之中的酶之间均可形成异聚复合物。例如，在 *N*- 糖基化途径中，两种 *N*- 乙酰葡萄糖胺转移酶——*N*- 乙酰葡萄糖胺转移酶 1（GlcNAcT-I）和 *N*- 乙酰葡萄糖胺转移酶 2（*N*-acetylglucosaminyltransferase II，GlcNAcT-II，GnT-II）可以在高尔基体中间囊膜中形成复合物；半乳糖基转移酶 1

（GalT-I）和β-半乳糖苷α2-6唾液酰基转移酶1（ST6Gal-I）可以在高尔基体反面囊膜中形成复合物。值得注意的是，不在同一途径中的酶（如*O*-糖基化酶和*N*-糖基化酶），或在同一途径中但参与催化竞争性反应的酶，或催化非连续性糖基化反应的酶，即使它们位于同一潴泡中，也不会形成异聚复合物。合成途径中连续催化步骤的酶之间形成的复合物，可以通过促进底物通道（substrate channeling）的形成来提高糖基化的效率。在底物通道中，其中一种酶能够将新修饰的底物传递给途径中的下一种酶。

综上，各种证据表明，糖基化酶使用多种机制来维持其在高尔基体中的定位。一种酶所使用的信号和机制的数量，可以决定它在高尔基体中的定位究竟有多么稳定、它能否移动到后面的区室，以及它是否被切割并分泌到细胞外空间。

4.4 发生于意料之外的亚细胞中的糖基化

有零星的报道称，糖基化可以在意想不到的位置出现。例如，在线粒体中发现的神经节苷脂，以及在细胞核中发现的糖胺聚糖和*N*-聚糖，但其中许多报道的证据并不完整（**第18章**）。一种可能性是在这些意想不到的地方确实存在聚糖，但这些聚糖的实际化学结构非常新颖。反之，尽管结构性证据十分充分，但尚未有足够的证据来确定研究者提出的聚糖结构所具有的拓扑学分布。无论如何，过去的经验告诉我们，糖基化的细胞生物学可以带来许多惊喜，对于这类众说纷纭的问题，没有必要墨守成规。

4.5 聚糖的周转和回收

与活细胞的所有成分一样，聚糖不断地进行着**周转（turnover）**。一些糖复合物，如跨膜的硫酸乙酰肝素蛋白聚糖，可以通过有限的蛋白水解从细胞表面脱落，进而发生周转。大多数糖复合物的周转，通过内吞作用和随后在溶酶体中的降解发生（**第44章**）。**糖苷内切酶（endoglycosidase）**首先在聚糖链内部切割聚糖，为溶酶体中的**糖苷外切酶（exoglycosidase）**提供底物。一旦聚糖被分解，单个单糖通常会从溶酶体输出到细胞质中，以便它们被重复使用（图1.8，**第1章**）。与来自内质网-高尔基体途径的聚糖相对缓慢的周转相比，细胞核和细胞质中的聚糖可能更为动态并且周转迅速（**第18章、第19章**）。当细胞壁历经水解和重塑时，细菌细胞中的聚糖，尤其是细胞壁中的聚糖，也会在细胞分裂的过程中发生周转。

致谢

感谢杰弗里·D. 艾斯科（Jeffrey D. Esko）对本章先前版本的贡献，并感谢詹姆斯·H. 普利斯特加德（James H. Prestegard）的有益评论及建议。

延伸阅读

Paulson JC, Colley KJ. 1989. Glycosyltransferases. Structure, localization, and control of cell type-specific glycosylation. *J Biol Chem* **264**: 17615-17618.

Calo D, Kaminski L, Eichler J. 2010. Protein glycosylation in Archaea: sweet and extreme. *Glycobiology* **20**: 1065-1076.

Dell A, Galadari A, Sastre F, Hitchen P. 2010. Similarities and differences in the glycosylation mechanisms in prokaryotes and eukaryotes. *Int J Microbiol* **2010**: 148178.

Nothaft H, Szymanski CM. 2010. Protein glycosylation in bacteria: sweeter than ever. *Nat Rev Microbiol* **8**: 765-778.

Banfield DK. 2011. Mechanisms of protein retention in the Golgi. *Cold Spring Harb Perspect Biol* **3**: a005264.

Glick BS, Luini A. 2011. Models for Golgi traffic: a critical assessment. *Cold Spring Harb Perspect Biol* **3**: a005215.

Reynders E, Foulquier F, Annaert W, Matthijs G. 2011. How Golgi glycosylation meets and needs trafficking: the case of the COG complex. *Glycobiology* **21**: 853-863.

Varki A. 2011. Evolutionary forces shaping the Golgi glycosylation machinery: why cell surface glycans are universal to living cells. *Cold Spring Harb Perspect Biol* **3**: a005462.

Moremen KW, Tiemeyer M, Nairn AV. 2012. Vertebrate protein glycosylation: diversity, synthesis and function. *Nat Rev Mol Cell Biol* **13**: 448-462.

第 5 章

糖基化前体

哈德森 · H. 弗里兹（Hudson H. Freeze），迈克尔 · 博伊斯（Michael Boyce），娜塔莎 · E. 扎查拉（Natasha E. Zachara），杰拉德 · E. 哈特（Gerald W. Hart），罗纳德 · L. 施纳尔（Ronald L. Schnaar）

5.1 一般原则 / 48
5.2 糖的外部来源和糖转运蛋白 / 49
5.3 单糖的细胞内来源 / 50
5.4 核苷酸糖转运蛋白 / 57
5.5 对糖基化前体的控制 / 60
5.6 聚糖修饰的供体 / 61
5.7 脂质载体的合成 / 61
5.8 新兴知识 / 62
致谢 / 62
延伸阅读 / 62

自然界中的大多数聚糖由糖基转移酶合成，糖基转移酶将活化形式的单糖从**核苷酸糖**（**nucleotide sugar**）和**脂质连接的糖中间体**（**lipid-linked sugar intermediate**）转移到受体上，这些受体包括蛋白质、脂质和延长中的聚糖链。单糖前体或被输运进细胞，或从降解的聚糖中回收，或从细胞内的其他糖中通过酶的作用产生。在真核细胞中，糖基化主要发生在内质网和高尔基体中，而单糖的活化和相互转化主要发生在细胞质中。核苷酸糖特异性转运蛋白主要负责将活化的糖供体带入高尔基体，小部分则带至内质网。某些情况下，核苷酸糖在聚糖链转移之前，被用于合成活化的、脂质连接的中间体。本章描述了细胞如何完成这些任务，重点聚焦于动物细胞。

5.1 一般原则

上至人类，下至酵母，葡萄糖和果糖是多种生物的主要碳源和能量来源。大多数生物体中，**聚糖生物合成**（**glycan biosynthesis**）所需的其他单糖可以从这些来源合成。这些**生物合成途径**（**biosynthetic pathway**）并非在所有类型的细胞中都同样活跃，然而，依然存在着一些一般性原则。单糖必须被活化为高能**供体**（**donor**），才能用于聚糖合成。该过程需要**核苷三磷酸**（**NTP**）［通常是尿苷三磷酸（UTP）或鸟苷三磷酸（GTP）］和**糖基-1-磷酸**（**glycosyl-1-P**）化合物（在异头碳上带有磷酸酯的单糖）。它们可以被激酶活化（反应1），或由先前合成的、活化的核苷酸糖产生（反应2和3）：

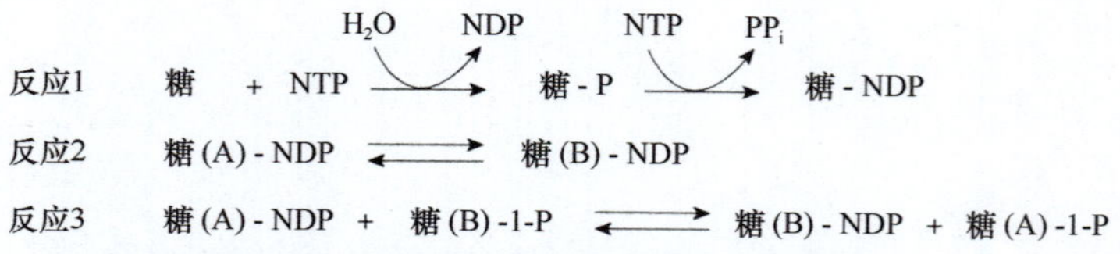

缩写：核苷三磷酸 (NTP)，核苷二磷酸 (NDP)，焦磷酸 (PP_i)，磷酸 (P)

动物细胞中最常见的核苷酸糖供体如表 5.1 所示。唾液酸及其进化祖先，即原核生物中的**壬酮糖酸**（**nonulosonic acid**）和**酮 - 脱氧辛酮糖酸**（**keto-deoxyoctulosonic acid, Kdo**）是动物中唯一以胞苷一磷酸（CMP）这一单核苷酸作为活化形式的单糖。艾杜糖醛酸（IdoA）没有母体核苷酸糖，因为它是在葡萄糖醛酸（GlcA）整合进入糖胺聚糖链后，通过**差向异构化**（**epimerization**）形成的。在某些情况下，一种核苷酸糖可以通过直接差向异构化（上述反应 2）或核苷酸交换反应（上述反应 3），由另一种核苷酸糖形成。例如，尿苷二磷酸 - 半乳糖（UDP-Gal）是由尿苷二磷酸 - 葡萄糖（UDP-Glc）与半乳糖 -1- 磷酸（Gal-1-P）发生反应，将其交换形成葡萄糖 -1- 磷酸（Glc-1-P）后获得的。

表 5.1 动物细胞中活化的糖供体

单糖类型	活化形式
葡萄糖（Glc）	尿苷二磷酸 - 糖（UDP-sugar）
半乳糖（Gal）	尿苷二磷酸 - 糖（UDP-sugar）
N- 乙酰葡萄糖胺（GlcNAc）	尿苷二磷酸 - 糖（UDP-sugar）
N- 乙酰半乳糖胺（GalNAc）	尿苷二磷酸 - 糖（UDP-sugar）
葡萄糖醛酸（GlcA）	尿苷二磷酸 - 糖（UDP-sugar）
木糖（Xyl）	尿苷二磷酸 - 糖（UDP-sugar）
甘露糖（Man）	鸟苷二磷酸 - 糖（GDP-sugar）
岩藻糖（Fuc）	鸟苷二磷酸 - 糖（GDP-sugar）
唾液酸（Sia）	胞苷一磷酸 - 唾液酸（CMP-Sia）

5.2 糖的外部来源和糖转运蛋白

携带糖穿过质膜进入细胞的**糖转运蛋白**（**sugar transporter protein**）有三种类型。第一种类型是非能量依赖性的**促进扩散转运蛋白**（**facilitated diffusion transporter**），如在酵母和大多数哺乳动物细胞中发现的一种己糖转运蛋白——葡萄糖转运蛋白（glucose transporter，GLUT）家族。编码这些蛋白质的基因被命名为 *SLC2A*（溶质载体蛋白 2A，solute carrier 2A）。第二种类型是**能量依赖性转运蛋白**（**energy-dependent transporter**），如肠道和肾脏上皮细胞中的钠依赖性葡萄糖转运蛋白（sodium-dependent glucose transporter，SGLT）（基因名称为 *SLC5A*）①。第三种类型是将腺苷三磷酸（ATP）依赖性磷酸化与糖的输入结合起来的转运蛋白。这些转运蛋白存在于细菌中（**第 21 章**），在本章中并未涉及。

葡萄糖转运蛋白家族首先在酵母中被发现，其中至少有 18 个基因是已知的。人类有 14 个葡萄糖转运蛋白**同源物**（**homolog**）。GLUT 蛋白的大小为 40 ～ 70 kDa，并且具有相似的结构，包含 12 个**跨膜结构域**（**membrane-spanning domain**），这是许多真核转运蛋白的典型结构特征。跨膜结构域形成一个带有孔道的桶状结构以供糖类通过。与葡萄糖转运蛋白 1（GLUT1）相比，其他家族成员的氨基酸一致性适中（28% ～ 65%）。这些葡萄糖转运蛋白中存在所谓的"糖转运蛋白标志性特征（sugar transporter signature）"，即跨膜结构域特定位置的一个或几个氨基酸，但不存在主要的**转运蛋白基序**（**transporter motif**）。

通常情况下，葡萄糖转运蛋白摄取葡萄糖的米氏常数（K_m）②在 1 ～ 20 mmol/L 范围内。在酵母中，许多转运蛋白都可以转运葡萄糖，但其他转运蛋白对半乳糖、果糖或二糖具有特异性。大多数哺乳动物的 GLUT 蛋白能够以不同的转运效率对葡萄糖或果糖进行转运，但研究人员并未在生理情况下充分表征它们的转运特异性。其中，葡萄糖转运蛋白 5（GLUT5）主要负责运输果糖；葡萄糖转运蛋白 13（GLUT 13）是一种质子肌肉 - 肌醇转运蛋白（proton *myo*-inositol transporter，HMIT）；葡萄糖转运蛋白 2（GLUT 2）

① 现学术界通译为钠依赖性葡萄糖共转运蛋白（sodium-dependent glucose cotransporter），为保证与原文的一致性，仍采用直译。
② 米氏常数（K_m）指酶促反应达最大速度一半时的底物浓度。它是酶的一个特征性物理量，其大小与酶的性质有关。

也能有效地转运葡萄糖胺。

葡萄糖由需要能量的钠依赖性葡萄糖转运蛋白 1（SGLT1）从肠腔内转运，并由与其功能相关的转运蛋白钠依赖性葡萄糖转运蛋白 2（SGLT2）从肾脏滤液中回收。这些钠依赖性葡萄糖转运蛋白对葡萄糖的 K_m<1 mmol/L。

葡萄糖转运蛋白（GLUT）1～5 在不同的哺乳动物细胞中具有不同的分布与不同的 K_m 值，使得它们能够对葡萄糖的可供应量（availability）作出响应。尽管大多数人类 GLUT 蛋白位于细胞表面，但一部分葡萄糖转运蛋白 4（GLUT4）存在于细胞内囊泡中，这些囊泡可以响应胰岛素而被招募到细胞表面。在高碳水化合物饮食后，小肠中由钠依赖性葡萄糖转运蛋白 1（SGLT1）负责运输的葡萄糖，被认为能够促进葡萄糖转运蛋白 2（GLUT2）向肠道上皮细胞的顶端表面（apical surface）的募集，以增强葡萄糖的摄取。

5.3 单糖的细胞内来源

5.3.1 单糖的再利用（补救）

单糖可以从细胞内降解的聚糖中进行回收（**第 44 章**）。大多数降解发生在低 pH 的溶酶体中。**补救途径（salvage pathway）**受到的关注相对较少，但它们对糖基化的贡献可能相当可观。例如，在肝脏溶酶体中降解的糖蛋白上，80% 被放射性标记的 *N*- 乙酰葡萄糖胺（GlcNAc）被转化为尿苷二磷酸 -*N*- 乙酰葡萄糖胺（UDP-GlcNAc），其中至少 1/3 被用于合成**分泌型糖蛋白（secreted glycoprotein）**。此外，成纤维细胞能够内吞这些被标记的聚糖，并将约 50% 的氨基糖重新用于糖蛋白的**从头合成（*de novo* synthesis）**。高效的再利用过程并不限定于 *N*- 乙酰葡萄糖胺，从内吞的胞外聚糖中获得的大部分唾液酸也可以被重复使用。

经过降解过程释放出的单糖必须离开溶酶体。对于中性己糖（葡萄糖、甘露糖和半乳糖）、*N*- 乙酰氨基糖和酸性糖，存在着不同的**溶酶体载体（lysosomal carrier）**；中性糖载体对己糖底物的 K_m 值为 50～75 mmol/L，但也可以运输岩藻糖（Fuc）和木糖（Xyl）。*N*- 乙酰己糖胺载体（K_m 约 4 mmol/L）无法运输非乙酰化的氨基糖。唾液酸和葡萄糖醛酸载体（K_m 300～550 μmol/L）对于生物体至关重要，因为它们的丢失会导致这些糖在溶酶体中积累并最终分泌到尿液中，而这些载体的基因突变则会导致人类**溶酶体贮积病（lysosomal storage disease）**（**第 44 章**）。如下所述，大多数到达细胞质的单糖都可被活化和重复使用。然而，动物体内的糖醛酸不能被重复利用，而是通过**磷酸戊糖途径（pentose phosphate pathway）**进行降解。自 *N*- 聚糖加工或周转过程中释放出的甘露糖，通过己糖转运蛋白 / 交换蛋白（transporter/exchanger）转运出细胞，很少或不再被直接再利用。

在临床上，聚糖补救途径可被用于减轻某些以糖生物合成或糖转运为目标的、罕见的**先天性糖基化障碍（congenital disorders of glycosylation，CDG）**所带来的影响（**第 45 章**）。在实验中，补救途径被用于操纵核苷酸糖库，用于整合带有生物正交（bioorthogonal）化学官能团的聚糖（**第 56 章**），以及用于生成代谢型糖基转移酶抑制剂（**第 55 章**）。

5.3.2 单糖的活化与相互转化

1. 糖原

糖原（glycogen）是一种巨大的分子，包含多达十万个葡萄糖单元，以 Glcα1-4Glc 重复二糖的形式排列并伴有周期性的 α1-6Glc 支链结构。它在一种被称为**糖原蛋白（glycogenin）**的细胞质蛋白上合成（**第 18 章**）。糖原是动物细胞中主要的储存型多糖，其合成和降解［即**糖原分解（glycogenolysis）**］在能量利用的过程中受到高度调控。通过源自尿苷二磷酸 - 葡萄糖（UDP-Glc）的单个葡萄糖单元的逐步添加，糖原的合成得以进行，而通过*糖原磷酸化酶*（glycogen phosphorylase），糖原的降解得以进行。这种不依赖于腺苷三磷酸（ATP）的反应，通过糖原的**磷酸解（phosphorolysis）**作用，形成葡萄糖 -1- 磷酸（Glc-1-P）。该底物可直接用于形成尿苷二磷酸 - 葡萄糖（UDP-Glc）或转化为葡萄糖 -6- 磷酸（Glc-6-P），以通过**糖酵解（glycolysis）**或*葡萄糖 -6- 磷酸脱氢酶*（glucose-6-phosphate dehydrogenase）的直接氧化进一步完成分解代谢。

2. 葡萄糖

葡萄糖（Glc）是碳水化合物代谢中的核心单糖，它可以直接或间接地转化为所有其他糖类（**图 5.1**）。葡萄糖首先由*己糖激酶*（hexokinase）转化为葡萄糖 -6- 磷酸（Glc-6-P）。在**糖酵解途径（glycolytic pathway）**中，葡萄糖 -6- 磷酸被*磷酸葡萄糖异构酶*（phosphoglucose isomerase）转化为果糖 -6- 磷酸（Fru-6-P），或被*磷酸葡萄糖变位酶*（phosphoglucomutase）转化为葡萄糖 -1- 磷酸（Glc-1-P）。葡萄糖 -1- 磷酸与尿苷三磷酸（UTP）在*尿苷二磷酸葡萄糖焦磷酸化酶*（UDP-glucose pyrophosphorylase）的作用下发生反应，形成高能量的供体——尿苷二磷酸 - 葡萄糖（UDP-Glc）。尿苷二磷酸 - 葡萄糖的**代谢池（pool）**可用于合成糖原和其他含葡萄糖的分子，如葡萄糖神经酰胺（glucosylceramide）（**第 11 章**）和 *N*- 连接聚糖生物合成途径中的多萜醇 - 磷酸 - 葡萄糖（dolichol-P-Glc）（**第 9 章**）。

除参与其他代谢过程外，葡萄糖 -6- 磷酸还可以作为*葡萄糖 -6- 磷酸脱氢酶*（glucose-6-phosphate dehydrogenase）的底物，葡萄糖 -6- 磷酸可以自此经磷酸戊糖途径进入它的氧化过程，随之相继产生 6-磷酸葡萄糖酸（6-phosphogluconate）和核糖 -5- 磷酸（ribose-5-phosphate）。这些反应产生**还原型烟酰胺腺嘌呤二核苷酸磷酸（nicotinamide adenine dinucleotide phosphate，NADPH）**，它是维持适当的氧化还原状态所必需的分子。

3. 葡萄糖醛酸

尿苷二磷酸 - 葡萄糖醛酸（UDP-GlcA）通过一个两步反应，在 C-6 处进行依赖于**烟酰胺腺嘌呤二核苷酸（nicotinamide adenine dinucleotide，NAD^+）**的、两阶段的氧化反应，由尿苷二磷酸 - 葡萄糖（UDP-Glc）直接合成产生。尿苷二磷酸 - 葡萄糖醛酸（UDP-GlcA）主要用于糖胺聚糖的生物合成（**第 16 章、第 17 章**），但一些 *N*- 连接和 *O*- 连接的聚糖及鞘糖脂中也含有葡萄糖醛酸。在肝细胞中，将葡萄糖醛酸添加到胆汁酸和外源化合物（如药物和毒素）中，可增加它们的溶解度。有一大类*微粒体葡萄糖醛酸转移酶*（microsomal glucuronosyltransferase）专门用于催化这些反应。

4. 艾杜糖醛酸

艾杜糖醛酸（IdoA）是葡萄糖醛酸（GlcA）的 C-5 差向异构体，存在于糖胺聚糖硫酸皮肤素、硫酸乙酰肝素和肝素中。艾杜糖醛酸并不直接由核苷酸糖供体合成，相反，它是在葡萄糖醛酸整合进入不断增长的糖胺聚糖链后，通过差向异构化产生的（**第 17 章**）。

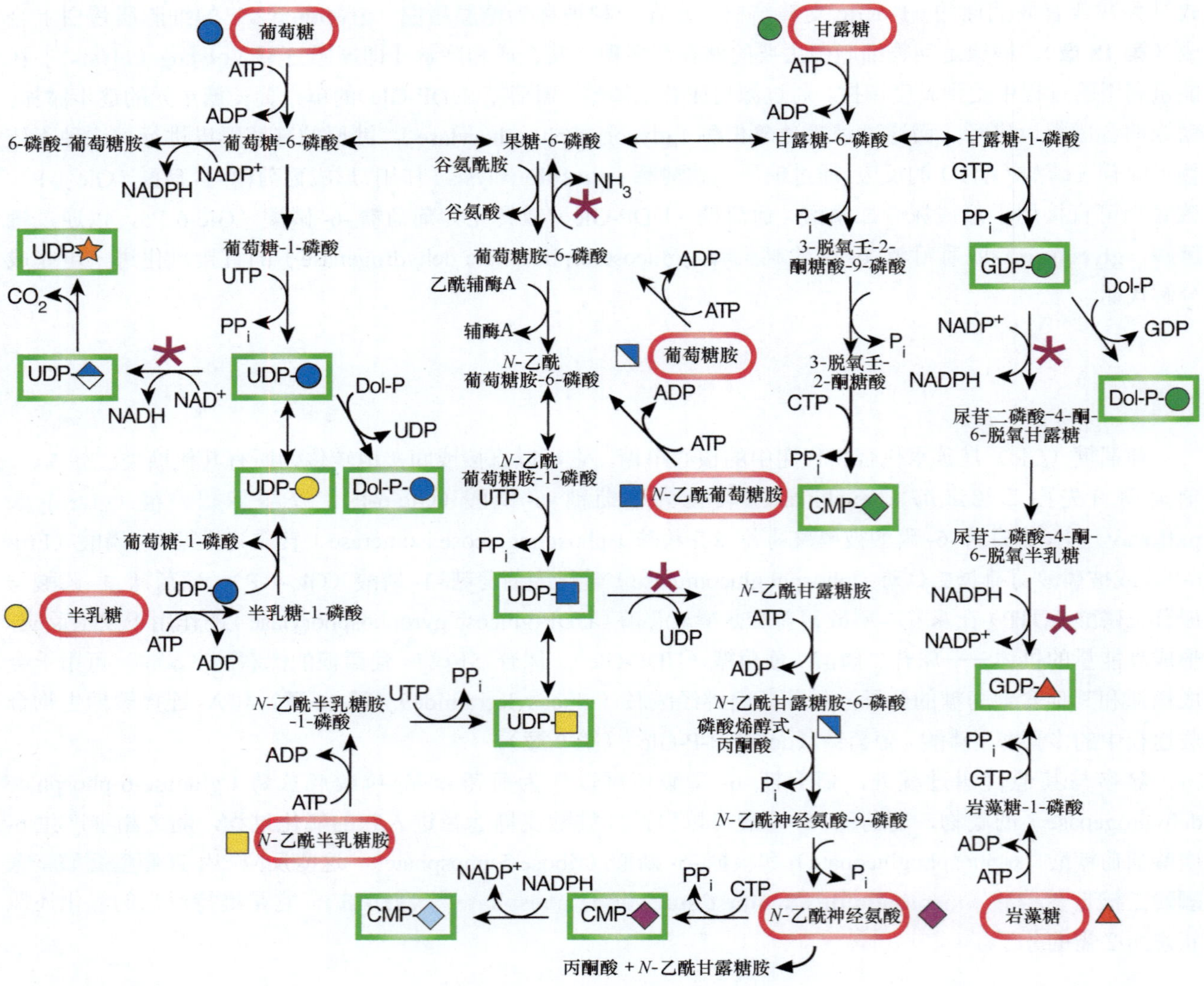

图 5.1 单糖的生物合成和相互转化。在生理条件下，每条途径的相对贡献目前仍然未知。绿色矩形框表示供体；红色椭圆框表示单糖；星号表示控制节点。缩写：腺苷三磷酸（ATP），腺苷二磷酸（ADP），尿苷三磷酸（UTP），尿苷二磷酸（UDP），胞苷三磷酸（CTP），胞苷一磷酸（CMP），鸟苷三磷酸（GTP），鸟苷二磷酸（GDP），还原型烟酰胺腺嘌呤二核苷酸磷酸（NADPH），烟酰胺腺嘌呤二核苷酸磷酸（$NADP^+$），还原型烟酰胺腺嘌呤二核苷酸（NADH），烟酰胺腺嘌呤二核苷酸（NAD^+），多萜醇-磷酸（Dol-P），焦磷酸（PP_i），磷酸（P_i）。有关单糖的全称和符号，请参见附录 2。

5. 木糖

尿苷二磷酸-葡萄糖醛酸（UDP-GlcA）经脱羧反应，生成尿苷二磷酸-木糖（UDP-Xyl），该分子在脊椎动物中用于启动糖胺聚糖的合成（图 5.2，**第 17 章**）。木糖也存在于**表皮生长因子模件（EGF module）**中具有 *O*-葡萄糖（*O*-Glc）修饰的蛋白质（**第 13 章**），以及 **α-抗肌萎缩蛋白聚糖（α-dystroglycan）**中基于 *O*-甘露糖（*O*-Man）修饰的聚糖上（**第 13 章、第 45 章**），此外，木糖在植物的 *N*-聚糖中也有分布。一种 II 型膜蛋白使用转运到内质网或高尔基体的尿苷二磷酸-葡萄糖醛酸(UDP-GlcA)进行脱羧反应。在**秀丽隐杆线虫**（***Caenorhabditis elegans***）中，这种脱羧酶被称为 SQV-1，它与尿苷二磷酸-葡萄糖醛酸（UDP-GlcA）转运蛋白共定位（**第 25 章**）。在**拟南芥**（***Arabidopsis thaliana***）中，另一种尿苷二磷酸-葡萄糖醛酸脱羧酶也出现在细胞质中，但在动物中尚未鉴定出其**直系同源物（ortholog）**。

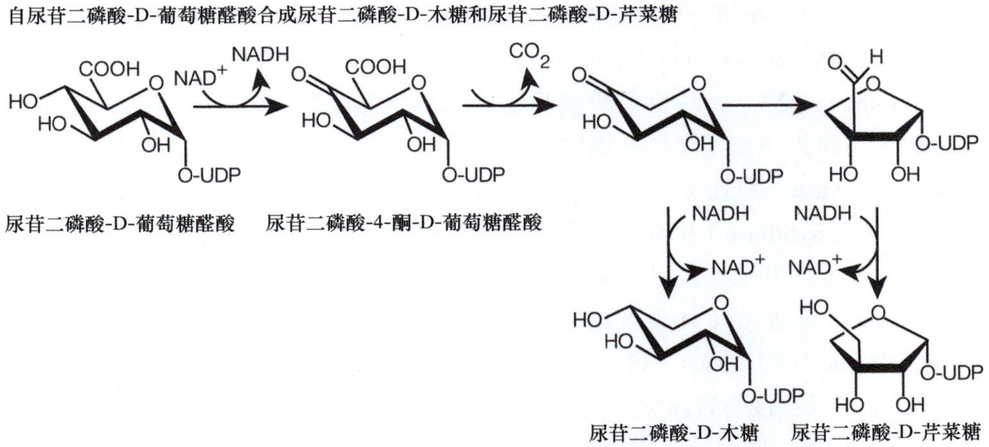

图 5.2 自尿苷二磷酸 - 葡萄糖醛酸（UDP-GlcA）生物合成尿苷二磷酸 - 木糖（UDP-Xyl）和支链糖供体尿苷二磷酸 - 芹菜糖（UDP-Api）。木糖存在于动物和植物中，而芹菜糖则存在于植物多糖之中，如**浮萍（*Lemna minor*）**中的芹半乳糖醛酸聚糖（apiogalacturonan）。注意木糖和芹菜糖在合成过程中具有的相似性和重叠的步骤。二者唯一的区别是芹菜糖的 C-3 通过一个未知的机制得以去除，对新形成的醛进行还原产生了支链糖供体。缩写：还原型烟酰胺腺嘌呤二核苷酸（NADH），烟酰胺腺嘌呤二核苷酸（NAD^+）。

6. 甘露糖

甘露糖（Man）被用于多种类型的聚糖中（**第 9 章、第 11 章至第 13 章**）。鸟苷二磷酸 - 甘露糖（GDP-Man）是主要的活化供体，它的产生需要预先合成甘露糖 -6- 磷酸（Man-6-P）并将其转化为甘露糖 -1- 磷酸（Man-1-P）。产生甘露糖 -6- 磷酸有两种方法：通过己糖激酶（hexokinase）对甘露糖进行直接磷酸化；使用磷酸甘露糖异构酶（phosphomannose isomerase），将果糖 -6- 磷酸（Fru-6-P）转化为甘露糖 -6- 磷酸。在酵母中，后一种酶的缺失具有致死性。在人类中，该酶的缺失会产生一种潜在的致命疾病，称为**先天性糖基化障碍 Ib 型（CDG type Ib，MPI-CDG）**（**第 45 章**）。磷酸甘露糖异构酶十分重要，因为游离形态的外源甘露糖在饮食中并不常见，而这种酶是连接甘露糖和葡萄糖之间的关键环节。尽管过量的甘露糖具有毒性，酵母和人类的磷酸甘露糖异构酶的缺陷，都可以通过提供外源甘露糖来进行挽救。缺乏磷酸甘露糖异构酶活性的小鼠在母体子宫内死亡，因为甘露糖 -6- 磷酸的累积会抑制糖酵解并耗尽 ATP。在哺乳动物中，甘露糖 -6- 磷酸通过磷酸甘露糖变位酶（phosphomannomutase）转化为甘露糖 -1- 磷酸（Man-1-P）。由于甘露糖 -6- 磷酸和甘露糖 -1- 磷酸都是鸟苷二磷酸 - 甘露糖（GDP-Man）的专属前体，因此未能产生足够数量的任何一种前体都会减少鸟苷二磷酸 - 甘露糖的形成，而它是形成脂质连接寡糖的直接供体（见下文），也是用于多种糖基化途径的多萜醇 - 磷酸 - 甘露糖（dolichol-P-Man）的前体。

甘露糖 -6- 磷酸还能与**磷酸烯醇式丙酮酸（phosphoenolpyruvate）**缩合，形成 3- 脱氧 - 壬 -2- 酮糖酸（3-deoxy-non-2-ulosonic acid，Kdn）。该分子能够被胞苷三磷酸（CTP）活化，产生胞苷一磷酸 -3- 脱氧 - 壬 -2- 酮糖酸（CMP-Kdn），在鱼类中含量丰富（如存在于鳟鱼的睾丸和精子中），它被认为对精卵黏附过程至关重要。

7. 岩藻糖

通过三步反应，鸟苷二磷酸 - 岩藻糖（GDP-Fuc）可以在两种酶的次第催化下，从鸟苷二磷酸 - 甘露糖（GDP-Man）衍生获得。在第一步中，鸟苷二磷酸 - 甘露糖（GDP-Man）的 C-4 羟基被鸟苷二磷酸 - 甘露糖 4,6- 脱水酶（GDP-Man 4,6-dehydratase）氧化成酮类物质——鸟苷二磷酸 -4- 酮 -6- 脱氧 - 甘露糖（GDP-4-keto-6-deoxy-mannose），同时将**烟酰胺腺嘌呤二核苷酸磷酸（nicotinamide adenine dinucleotide phosphate，NADP$^+$）**还原为还原型烟酰胺腺嘌呤二核苷酸磷酸（NADPH）。接下来的两步反应，由同时具有差向异构酶（epimerase）和还原酶（reductase）活性的单一多肽，即人类中的鸟苷二磷酸 -L- 岩藻糖合成酶（GDP-L-fucose synthase）催化，该多肽从细菌到哺乳动物都具有很好的保守性。鸟苷二磷酸 -4- 酮 -6- 脱氧 - 甘露糖在 C-3 和 C-5 经过差向异构化，形成鸟苷二磷酸 -4- 酮 -6- 脱氧 -L- 半乳糖（GDP-4-keto-4-deoxy-L-galactose），然后在 C-4 处被还原型烟酰胺腺嘌呤二核苷酸磷酸（NADPH）还原，形成鸟苷二磷酸 - 岩藻糖（GDP-Fuc）（图 5.3A）。第一个氧化步骤受到鸟苷二磷酸 - 岩藻糖（GDP-Fuc）的反馈抑制。鸟苷二磷酸 - 岩藻糖也可以直接由岩藻糖合成获得。首先在激酶的作用下形成岩藻糖 -1- 磷酸（Fuc-1-P），然后将其转化为鸟苷二磷酸 - 岩藻糖（GDP-Fuc）。在无法将鸟苷二磷酸 - 甘露糖（GDP-Man）转化为鸟苷二磷酸 - 岩藻糖（GDP-Fuc）的**中国仓鼠卵巢（Chinese hamster ovary，CHO）**细胞的突变株中，可以形成低岩藻糖基化蛋白（hypofucosylated protein），但在培养基中提供外源岩藻糖可以对糖基化进行纠正。另外，对于自鸟苷二磷酸 - 甘露糖（GDP-Man）转化为鸟苷二磷酸 - 岩藻糖（GDP-Fuc）过程中存在遗传缺陷的小鼠，可以通过在其食物或饮用水中提供岩藻糖进行拯救。研究人员已经表征了除葡萄糖以外的其他糖类的细胞质膜转运蛋白；岩藻糖转运蛋白也可能存在，尽管它们尚未被完全表征，因此无法对它们在生物合成中的贡献进行量化。与葡萄糖以外的许多单糖一样，血液中的游离岩藻糖浓度处于非常低的微摩尔（μmol）浓度范围内。

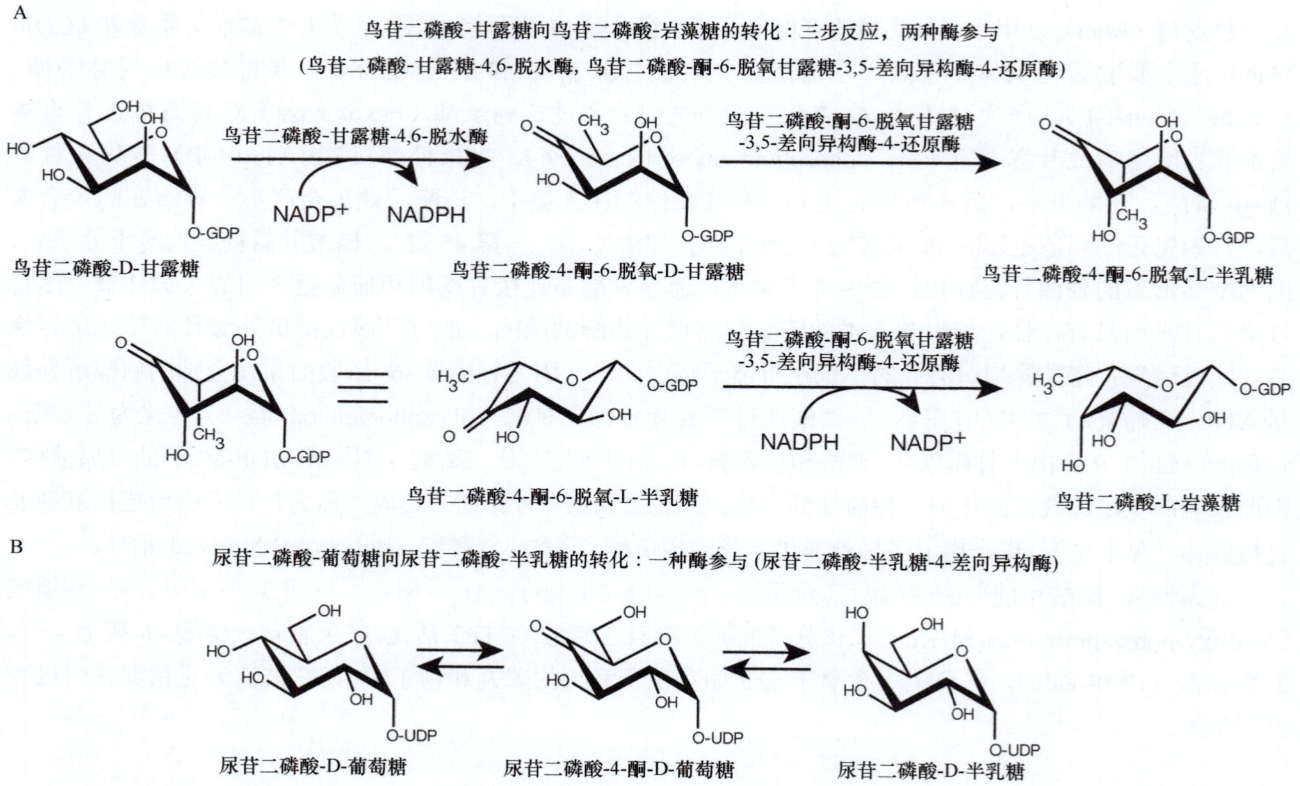

图 5.3 活化糖供体的转化。A. 自鸟苷二磷酸 - 甘露糖（GDP-Man）生物合成鸟苷二磷酸 - 岩藻糖（GDP-Fuc）的合成步骤；B. 自尿苷二磷酸 - 葡萄糖（UDP-Glc）生物合成尿苷二磷酸 - 半乳糖（UDP-Gal）的合成步骤。各种酶的详细信息已在文中给出。通过此途径合成鸟苷二磷酸 - 岩藻糖是不可逆的，而尿苷二磷酸 - 葡萄糖和尿苷二磷酸 - 半乳糖则很容易实现可逆转化。

8. 半乳糖

尿苷二磷酸 - 半乳糖（UDP-Gal）可以通过两步反应形成：在 C-1 处由半乳糖激酶（galactokinase）催化，进行依赖于 ATP 的半乳糖磷酸化，形成半乳糖 -1- 磷酸（Gal-1-P）；然后在半乳糖 -1- 磷酸尿苷转移酶（galactose-1-phosphate uridylyltransferase）的作用下，取代尿苷二磷酸 - 葡萄糖（UDP-Glc）中的葡萄糖 -1- 磷酸（Glc-1-P），形成尿苷二磷酸 - 半乳糖（UDP-Gal）。这种酶活性的缺失会导致一种被称为**半乳糖血症（galactosemia）**的严重人类疾病，如果对半乳糖的摄入不加控制，会导致智力障碍、肝脏损伤和最终死亡（**第 45 章**）。最后，尿苷二磷酸 - 半乳糖（UDP-Gal）可以在尿苷二磷酸 - 半乳糖 -4- 差向异构酶（UDP-Gal 4-epimerase）的催化下，通过依赖于烟酰胺腺嘌呤二核苷酸（NAD^+）的反应，从尿苷二磷酸 - 葡萄糖（UDP-Glc）转化形成。该酶首先将 C-4 羟基转化为酮类的衍生物，将结合的烟酰胺腺嘌呤二核苷酸（NAD^+）还原为**还原型烟酰胺腺嘌呤二核苷酸（NADH）**。在下一步中，酮基被还原并转换为方向相反的羟基，此步骤伴随着烟酰胺腺嘌呤二核苷酸（NAD^+）的重新形成（**图 5.3B**）。在哺乳动物中，同样的酶可以实现尿苷二磷酸 -*N*- 乙酰半乳糖胺（UDP-GalNAc）和尿苷二磷酸 -*N*- 乙酰葡萄糖胺（UDP-GlcNAc）的相互转化。

在“高等”动物中，半乳糖通常以**环状吡喃糖（pyranose，*p*）**的形式出现；但在细菌和致病性真核生物，如**利什曼原虫属（*Leishmania*）**和**曲霉菌属（*Aspergillus*）**中，整合到它们的聚糖链上的半乳糖以**环状呋喃糖（furanose，*f*）**，即呋喃半乳糖（galactofuranose）的形式存在（**第 21 章**）。它们使用黄素腺嘌呤二核苷酸依赖性变位酶（flavin adenine dinucleotide-dependent mutase），将尿苷二磷酸 - 吡喃半乳糖（UDP-Gal*p*）转换为所需的供体尿苷二磷酸 - 呋喃半乳糖（UDP-Gal*f*）。

9. *N*- 乙酰葡萄糖胺

尿苷二磷酸 -*N*- 乙酰葡萄糖胺（UDP-GlcNAc）的酶促合成，始于谷氨酰胺 - 果糖 -6- 磷酸转氨酶（glutamine-fructose-6-phosphate transaminase，GFAT）利用谷氨酰胺（Gln）作为氨基供体，从果糖 -6- 磷酸（Fru-6-P）形成葡萄糖胺 -6- 磷酸（GlcN-6-P）。然后，葡萄糖胺 -6- 磷酸通过**乙酰辅酶 A（acetyl-CoA）**介导的反应进行 *N*- 乙酰化，形成 *N*- 乙酰葡萄糖胺 -6- 磷酸（GlcNAc-6-P），继而经 1,6- 双磷酸中间体状态，被异构化为 *N*- 乙酰葡萄糖胺 -1- 磷酸（GlcNAc-1-P）。与其他活化反应类似，*N*- 乙酰葡萄糖胺 -1- 磷酸（GlcNAc-1-P）随后与尿苷三磷酸（UTP）反应，形成尿苷二磷酸 -*N*- 乙酰葡萄糖胺（UDP-GlcNAc）和焦磷酸。另一种选择是 *N*- 乙酰葡萄糖胺（GlcNAc）被一种激酶直接磷酸化，形成 *N*- 乙酰葡萄糖胺 -6- 磷酸（GlcNAc-6-P），该激酶也负责从 *N*- 乙酰甘露糖胺（ManNAc）合成 *N*- 乙酰甘露糖胺 -6- 磷酸（ManNAc-6-P）。磷酸 -*N*- 乙酰葡萄糖胺变位酶（phospho-*N*-acetylglucosamine mutase）随后将 *N*- 乙酰葡萄糖胺 -6- 磷酸（GlcNAc-6-P）转化为 *N*- 乙酰葡萄糖胺 -1- 磷酸（GlcNAc-1-P）。这条路线可能解释了从溶酶体降解而来的聚糖为何能够高效地补救 *N*- 乙酰葡萄糖胺。葡萄糖胺（GlcN）也可以在连续的磷酸化和乙酰化之后被回收利用（补救）。

10. *N*- 乙酰半乳糖胺

在动物中，尿苷二磷酸 -*N*- 乙酰半乳糖胺（UDP-GalNAc）可以通过两条途径产生。一是 *N*- 乙酰半乳糖胺 -1- 磷酸（GalNAc-1-P）与尿苷三磷酸（UTP）的直接反应。*N*- 乙酰半乳糖胺 -1- 磷酸（GalNAc-1-P）

由一种特定的激酶形成，该酶不同于半乳糖 -1- 激酶（galactose-1-kinase）。尿苷二磷酸 -*N*- 乙酰半乳糖胺（UDP-GalNAc）的第二种生成途径，源自尿苷二磷酸 -*N*- 乙酰葡萄糖胺（UDP-GlcNAc）的差向异构化形成，该过程使用的差向异构酶与将尿苷二磷酸 - 葡萄糖（UDP-Glc）转化为尿苷二磷酸 - 半乳糖（UDP-Gal）的酶一致，该酶具有烟酰胺腺嘌呤二核苷酸（NAD^+）依赖性。

11. 唾液酸

唾液酸包括三种母体化合物：*N*- 乙酰神经氨酸（*N*-acetylneuraminic acid，Neu5Ac）、*N*- 羟乙酰神经氨酸（*N*-glycolylneuraminic acid，Neu5Gc）和 3- 脱氧 - 壬 -2- 酮糖酸（3-deoxy-non-2-ulosonic acid，Kdn）（**第 15 章**），它们均会转化为被胞苷一磷酸修饰的核苷酸糖。胞苷一磷酸 -*N*- 乙酰神经氨酸（CMP-Neu5Ac）的生成，比其他活化单糖的生成更为复杂。首先，尿苷二磷酸 -*N*- 乙酰葡萄糖胺（UDP-GlcNAc）被双功能的*尿苷二磷酸 -N- 乙酰葡萄糖胺 2- 差向异构酶 /N- 乙酰甘露糖胺激酶*（UDP-*N*-acetylglucosamine 2-epimerase/*N*-acetylmannosamine kinase，GNE）转化为 *N*- 乙酰甘露糖胺 -6- 磷酸（ManNAc-6-P），该酶具有两种催化活性。第一种活性使尿苷二磷酸 -*N*- 乙酰葡萄糖胺（UDP-GlcNAc）中的 *N*- 乙酰葡萄糖胺在 C-2 处发生差向异构化，同时切除尿苷二磷酸（UDP），产生 *N*- 乙酰甘露糖胺（ManNAc）。在接下来的反应中，第二种活性则利用 ATP 形成 *N*- 乙酰甘露糖胺 -6- 磷酸（ManNAc-6-P）。该酶的突变会导致两种完全不同的代谢紊乱：**唾液酸尿症（sialuria）**和**包涵体肌病 2 型（inclusion body myopathy type 2）**（**第 45 章**）。在小鼠中敲除该基因会导致早期胚胎致死。在下一步中，*N*- 乙酰甘露糖胺 -6- 磷酸（ManNAc-6-P）与磷酸烯醇式丙酮酸缩合，形成 *N*- 乙酰神经氨酸 -9- 磷酸（Neu5Ac-9-P）。然后通过磷酸酶去除磷酸基团，最终获得 *N*- 乙酰神经氨酸。用胞苷三磷酸（CTP）对其进行活化，可以产生胞苷一磷酸 -*N*- 乙酰神经氨酸（CMP-Neu5Ac），某些生物体中的羟化酶（hydroxylase）能够以胞苷一磷酸 -*N*- 乙酰神经氨酸（CMP-Neu5Ac）为靶标，将其中一部分底物转化为胞苷一磷酸 -*N*- 羟乙酰神经氨酸（CMP-Neu5Gc）。由于未知的原因，在脊椎动物细胞中，唾液酸生物合成的最后步骤发生在细胞核中，随后将活化的前体——胞苷一磷酸 - 唾液酸（CMP-Sia）输出到细胞质中。在唾液酸转移到寡糖受体之后，对唾液酸的其他修饰可以在高尔基体中发生。

唾液酸可以从内部糖蛋白的周转过程或从血浆中回收以进行再利用（补救途径），并通过直接的磷酸化，以及从胞苷三磷酸（CTP）中获取胞苷一磷酸（CMP）来进行自身的活化。此外，*N*- 乙酰葡萄糖胺（GlcNAc）可以被活化为尿苷二磷酸 -*N*- 乙酰葡萄糖胺（UDP-GlcNAc），重新进入胞苷一磷酸 -*N*- 乙酰神经氨酸（CMP-Neu5Ac）的生物合成途径（**第 15 章**）。

5.3.3 细菌和植物中的多种单糖

岩藻糖是动物细胞聚糖中唯一一种常见的**脱氧己糖（deoxyhexose）**。相反，细菌和植物的多糖及糖蛋白中，经常含有各种脱氧糖、脱氧氨基糖和支链糖。这些不同的糖类往往具有强大的生物学特性。例如，链霉素（streptomycin）等氨基糖苷类抗生素，能够与细菌的核糖体结合，破坏蛋白质的合成。脱氧己糖往往是脂多糖或**沙门氏菌（*Salmonella*）***O*- 抗原的免疫决定簇。在这些生物体中的革兰氏阴性菌细胞壁**脂多糖（lipopolysaccharide）**的非还原端，研究人员发现了 8 种可能的 3,6- 二脱氧己糖中的 5 种。其他脱氧己糖，如 4,6- 二脱氧己糖和 2,3,6- 三脱氧己糖，也具有重要的生物学意义，但迄今为止，它们似乎在自然界中并不常见。

脱氧糖和二脱氧糖的生物合成均始于 C-4 的氧化，类似于鸟苷二磷酸 - 甘露糖（GDP-Man）转化为鸟苷二磷酸-岩藻糖（GDP-Fuc）过程中的第一步。各种糖的核苷酸（nucleotide，N）各不相同，并且各个生物合成途径中使用了不同的**脱水酶（dehydratase）**。例如，除了 3,6- 二脱氧 -L- 甘露糖，即可立糖（colitose）之外，大多数 3,6- 二脱氧己糖的生物合成始于烟酰胺腺嘌呤二核苷酸（NAD^+）依赖性的胞苷二磷酸 - 葡萄糖脱水酶（CDP-glucose dehydratase）将胞苷二磷酸 - 葡萄糖（CDP-Glc）转化为胞苷二磷酸 -4- 酮 -6- 脱氧己糖（CDP-4-keto-6-deoxyhexose）。在阿比可糖（abequose），即 3,6- 二脱氧 -D- 木己糖的生物合成中，产物胞苷二磷酸 -6- 脱氧 -L- 苏式 -D- 甘油 - 己酮糖（CDP-6-deoxy-L-*threo*-D-*glycero*-hexulose）通过另外一种脱水酶和还原酶的次第作用，经两步转换为胞苷二磷酸 -3,6- 二脱氧 -D- 甘油 -D- 甘油 -4- 己酮糖（CDP-3,6-dideoxy-D-*glycero*-D-*glycero*-4-hexulose）。

葡萄糖胺等**氨基糖（aminosugar）**通过在酮糖上添加来自谷氨酰胺的氨基而产生（图 5.1）。此外，细菌和植物中有许多在 2、3 或 4 号位携带氨基的 6- 脱氧己糖。例如，柔红糖胺（daunosamine）是一种 3- 氨基 -6- 脱氧己糖，存在于抗生素柔红霉素（daunomycin）中①。该体系中，胸苷二磷酸 - 葡萄糖（TDP-Glc）脱水形成 3- 酮 -6- 脱氧葡萄糖（3-keto-6-deoxyglucose），并通过**转氨反应（transamination reaction）**添加氨基，该转氨反应可能具有维生素 B_6 依赖性。

植物和细菌中也含有一些**支链糖（branched-chain sugar）**。例如，芹菜糖（apiose）是存在于**浮萍（*Lemna minor*）**中的多糖：芹半乳糖醛酸聚糖（apiogalacturonan）的组成成分之一，而链霉糖（streptose）则是抗生素链霉素的成分之一，由**灰色链霉菌（*Streptomyces griseus*）**产生。芹菜糖（图 5.2）由尿苷二磷酸 - 葡萄糖醛酸（UDP-GlcA）通过一种 4- 酮中间体合成获得，该中间体可以产生尿苷二磷酸 - 木糖（UDP-Xyl）或尿苷二磷酸 - 芹菜糖（UDP-Api）。在芹菜糖的合成中，可通过一种未知的机制将 C-3 从碳链中移除，最终形成了支链糖。尽管其他支链糖的合成过程尚未获得完整的描绘，但它们可能遵循着类似的反应途径。

5.4 核苷酸糖转运蛋白

在真核生物中，核苷酸糖在细胞质或细胞核中合成，而大多数糖基化则发生在内质网或高尔基体区室内，但透明质酸的生物合成（**第 16 章**）和**核细胞质糖基化（nucleocytoplasmic glycosylation）**（**第 18 章**、**第 19 章**）除外。因此，对于大多数糖基化反应而言，新合成的核苷酸糖将位于膜的“错误”一侧，必须被转运到内质网和高尔基体中。核苷酸糖所携带的负电荷，可以阻止这些供体简单地扩散到这些区室中。为了克服这一拓扑学分布的障碍，真核细胞具有一组不依赖于能量的**核苷酸糖反向转运蛋白（nucleotide sugar antiporter）**，它们将核苷酸糖输送到这些细胞器的腔室内，同时将核苷一磷酸（NMP）从中运出。这些核苷一磷酸中的大部分，必须首先经核苷二磷酸酶（nucleoside diphosphatase）催化，从核苷二磷酸（NDP）生成（图 5.4）。研究人员通过在分离的囊泡中使用生物化学方法，以及在各种突变细胞系中使用遗传学方法，对这一转运机制进行了确认。转运蛋白的 K_m 范围从 1 ～ 10 μmol/L 不等。这些转运体在体外系统（*in vitro* system）中已被证明能够使高尔基体腔内的核苷酸糖浓度提高 10 ～ 50 倍，通常足以达到或超过使用这些供体的糖基转移酶的 K_m 计算值。

反向转运蛋白大多数位于高尔基体内，但也有一些存在于内质网中。它们具有细胞器特异性，其位置通常与相关的糖基转移酶的位置相对应（表 5.2，图 5.4）。核苷酸糖进入高尔基体不依赖于能量，也不受离子载体（ionophore）的影响。然而，核苷酸糖的输入，受到细胞质中相应的核苷一磷酸（NMP）和核

① 也音译为道诺霉素，是一种属于蒽环类抗生素的化疗药物。

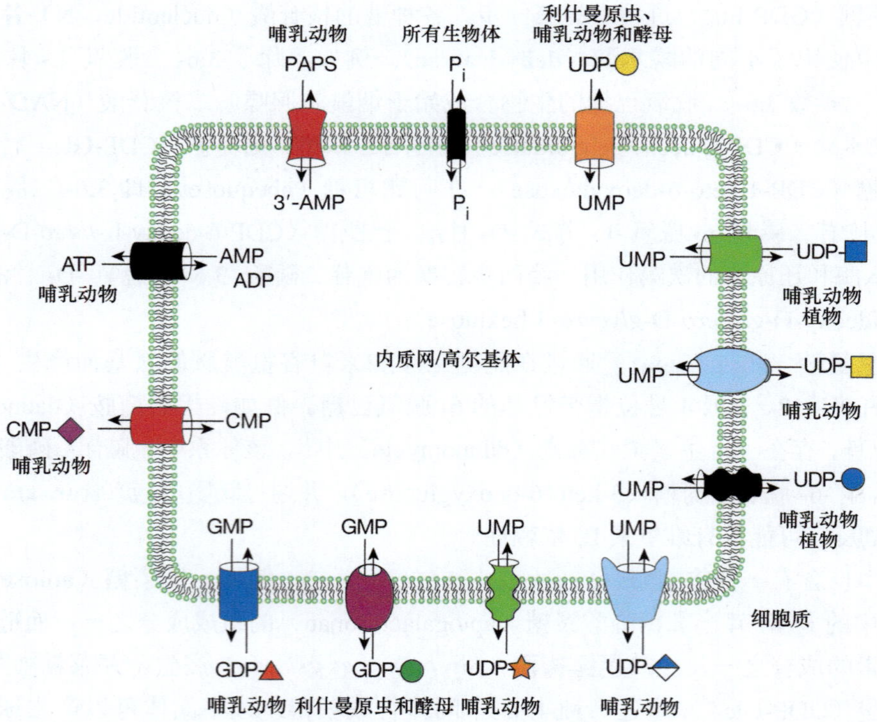

图 5.4 位于哺乳动物、酵母、原生动物和植物高尔基体膜中的一些已知核苷酸糖转运蛋白、3′- 磷酸腺苷 -5′- 磷酰硫酸（PAPS）转运蛋白，以及腺苷三磷酸（ATP）转运蛋白。这些蛋白质也是反向转运蛋白，当核苷酸糖被递送到内质网或高尔基体区室时，它们会将相应的核苷一磷酸运回细胞质。由于大多数糖基化反应产生核苷二磷酸，因而需要首先将其转化为核苷一磷酸。与 3′- 磷酸腺苷 -5′- 磷酰硫酸对应的外排分子目前尚不清楚，而对于腺苷三磷酸（ATP）而言，外排分子可以是腺苷一磷酸（AMP）、腺苷二磷酸（ADP），或是二者兼有。图中假定存在磷酸基团（P_i）的转运蛋白。缩写：尿苷二磷酸（UDP），尿苷一磷酸（UMP），鸟苷二磷酸（GDP），鸟苷一磷酸（GMP），胞苷一磷酸（CMP）。有关单糖的全称和指定符号请参见附录 2。

表 5.2 高尔基体和内质网中的核苷酸转运蛋白

核苷酸	内质网	高尔基体
胞苷一磷酸 - 唾液酸（CMP-Sia）	−	+++
鸟苷二磷酸 - 岩藻糖（GDP-Fuc）	+	++++
尿苷二磷酸 - 半乳糖（UDP-Gal）	−	++++
3′- 磷酸腺苷 -5′- 磷酰硫酸（PAPS）	−	++++
鸟苷二磷酸 - 甘露糖（GDP-Man）	−	++++
尿苷二磷酸 -*N*- 乙酰葡萄糖胺（UDP-GlcNAc）	++	++++
尿苷二磷酸 -*N*- 乙酰半乳糖胺（UDP-GalNAc）	++	++++
尿苷二磷酸 - 木糖（UDP-Xyl）	++	++++
腺苷三磷酸（ATP）	+++	++++
尿苷二磷酸 - 葡萄糖醛酸（UDP-GlcA）	++++	++++
尿苷二磷酸 - 葡萄糖（UDP-Glc）	++++	+

注：内质网和高尔基体中核苷酸转运蛋白的相对分布由正号（+）的数量来表示，负号（−）表示在该区室中未发现该转运蛋白。

苷二磷酸（NDP）的竞争性抑制，但不受单糖的抑制。细胞中也有腺苷三磷酸（ATP）和 3′- 磷酸腺苷 -5′- 磷酰硫酸（PAPS）转运蛋白，它们被用于碳水化合物和蛋白质的硫酸化。

在内质网中对胆汁和异生化合物（xenobiotic compound）进行的**葡萄糖醛酸化（glucuronidation）**，解释了肝细胞的内质网中为何需要尿苷二磷酸 - 葡萄糖醛酸（UDP-GlcA）转运蛋白。高尔基体转运蛋白所在的位置，与使用尿苷二磷酸 - 葡萄糖醛酸（UDP-GlcA）形成糖胺聚糖链和其他类别聚糖的糖基转移酶的位置一致。研究人员还观察到内质网中发生错误折叠糖蛋白的**重新糖基化（reglycosylation）**（**第 39 章**），该结果解释了内质网为何需要尿苷二磷酸 - 葡萄糖（UDP-Glc）转运蛋白。在应激条件下，内质网腔内的尿苷二磷酸酶（uridine diphosphatase）的合成增加，以适应错误折叠的糖蛋白重新糖基化时对尿苷二磷酸 - 葡萄糖（UDP-Glc）转运量增加的需求。内质网中还存在尿苷二磷酸 -*N*- 乙酰葡萄糖胺（UDP-GlcNAc）、尿苷二磷酸 -*N*- 乙酰半乳糖胺（UDP-GalNAc）和尿苷二磷酸 - 木糖（UDP-Xyl）转运蛋白。这可能意味着一些被认为仅仅发生在高尔基体中的反应，也可能发生在内质网中。一个很好的例子是 *O*- 岩藻糖基化蛋白（如 Notch 蛋白）的合成位于内质网，而 *N*- 连接和 *O*- 连接糖链的岩藻糖基化过程发生在高尔基体中（**第 13 章**）。其他尚未发现的糖基化反应，也可能发生在内质网中。

尿苷二磷酸 - 半乳糖（UDP-Gal）、胞苷一磷酸 - 唾液酸（CMP-Sia）、鸟苷二磷酸 - 岩藻糖（GDP-Fuc）、尿苷二磷酸 - 葡萄糖醛酸 / 尿苷二磷酸 -*N*- 乙酰半乳糖胺（UDP-GlcA/UDP-GalNAc）和尿苷二磷酸 -*N*- 乙酰葡萄糖胺（UDP-GlcNAc）等核苷酸糖转运蛋白如果发生突变，会导致人类的糖基化障碍（**第 45 章**），产生不完整的糖链。突变的哺乳动物细胞系中也缺乏特定的核苷酸糖转运蛋白，如缺乏转运尿苷二磷酸 - 半乳糖（UDP-Gal）或胞苷一磷酸 - 唾液酸（CMP-Sia）的核苷酸糖转运蛋白（**第 49 章**）。然而，这类突变体也存在着一定程度的“渗漏”。例如，在突变的马丁达比犬肾（Madin-Darby canine kidney，MDCK）细胞的高尔基体中，尿苷二磷酸 - 半乳糖（UDP-Gal）转运蛋白的缺失会降低硫酸角质素和半乳糖基化糖蛋白及糖脂的合成，但不会影响硫酸乙酰肝素和硫酸软骨素的合成。这可能是因为合成糖胺聚糖链共有的核心区四糖的半乳糖基转移酶，对其供体而言具有的 K_m 值较低（**第 17 章**）。

通过对哺乳动物、**黑腹果蝇（*Drosophila melanogaster*）**、**秀丽隐杆线虫（*C. elegans*）**、植物和酵母的基因组进行同源性比对，研究人员鉴定出了许多推定的（putative）转运蛋白。与上文讨论的细胞质膜的葡萄糖转运蛋白类似，它们都是多次跨膜蛋白（III 型），但氨基酸同一性水平并不能提供任何关于底物特异性的线索。来自哺乳动物细胞和酵母的尿苷二磷酸 -*N*- 乙酰葡萄糖胺（UDP-GlcNAc）转运蛋白具有 22% 的同一性，而哺乳动物的胞苷一磷酸 - 唾液酸（CMP-Sia）、尿苷二磷酸 - 半乳糖（UDP-Gal）和尿苷二磷酸 -*N*- 乙酰葡萄糖胺（UDP-GlcNAc）的核苷酸糖转运蛋白却具有 40% ～ 50% 的同一性。设计精巧的结构域互换试验（domain-swapping experiment）表明，转运功能由蛋白质中的不同区域负责，并且工程化的**嵌合体转运蛋白（chimeric transporter）**可以携带胞苷一磷酸 - 唾液酸（CMP-Sia）和尿苷二磷酸 - 半乳糖（UDP-Gal）。对真核生物的鸟苷二磷酸 - 甘露糖（GDP-Man）和胞苷一磷酸 - 唾液酸（CMP-Sia）转运蛋白的生物物理学研究，阐明了转运蛋白功能中核苷酸糖的选择性和膜脂相互作用的结构基础。

在转运蛋白缺陷的细胞系中进行异源表达或对其进行回补（rescue），可用于分析推定的转运蛋白的功能。例如，在酵母中表达**秀丽隐杆线虫（*C. elegans*）**基因 *SQV-7*，结果表明该蛋白质可以转运尿苷二磷酸 - 葡萄糖醛酸（UDP-GlcA）、尿苷二磷酸 -*N*- 乙酰半乳糖胺（UDP-GalNAc）和尿苷二磷酸 - 半乳糖（UDP-Gal），而**突变等位基因（mutant alleles）**无法转运这些糖供体中的任何一种。人类基因 *SLC35B4* 用于编码识别尿苷二磷酸 - 木糖（UDP-Xyl）和尿苷二磷酸 -*N*- 乙酰葡萄糖胺（UDP-GlcNAc）的双功能转运蛋白。另一个例子是**利什曼原虫属（*Leishmania*）**的鸟苷二磷酸 - 甘露糖（GDP-Man）转运蛋白，它也可以转运鸟苷二磷酸 - 岩藻糖（GDP-Fuc）和鸟苷二磷酸 - 阿拉伯糖（GDP-Ara）。这一发现说明，对转运蛋白进行功能性生化分析不可或缺，仅凭**基因同源性（genetic homology）**不足以推断出转运蛋白的特异性。此外，并非所有潜在的转运蛋白样（transport-like）基因都被确定和分配了特定的生理底物。

理论上，可以通过调控高尔基体内核苷酸糖的可利用量（即代谢池的库容）来实现对糖基化的部分调控，该过程可能可以通过调控转运蛋白来实现。高尔基体中转运蛋白所在的亚区室位置（高尔基体的顺面、中间区室、反面）目前仍然未知，转运蛋白与它们所服务的各种糖基转移酶之间的物理关系也不明晰。显然，高尔基体区室需要核苷酸糖供体以及与转移酶共定位的受体，方能实现其功能。关于高尔基体内实际糖基化反应如何发生的研究寥寥无几。它是更像溶液化学还是固态转移？是否真的存在核苷酸糖的“可溶性代谢池”？绿色荧光蛋白（green fluorescent protein，GFP）标记的糖基转移酶的延时视频颇具戏剧性，视频显示这些蛋白质在高尔基体内具有高度的移动性；但也有物理证据表明，**多糖基转移酶复合物（multiglycosyltransferase complex）**参与了 *N*- 连接聚糖、鞘糖脂和硫酸乙酰肝素的生物合成。许多转运蛋白似乎以同源二聚体的形式发挥作用，**酿酒酵母（*Saccharomyces cerevisiae*）**中的鸟苷二磷酸 - 甘露糖（GDP-Man）转运蛋白 VRG4 在内质网中发生寡聚化，并且该转运蛋白似乎通过一个主动过程被转运到高尔基体。此外，半乳糖神经酰胺（galactosylceramide）的合成发生在内质网中，一部分尿苷二磷酸 - 半乳糖（UDP-Gal）转运蛋白还可与半乳糖神经酰胺合成酶（galactosylceramide synthase）特异性结合，并保留在内质网中以提供供体底物（**第 11 章**）。

研究人员在线粒体中发现了蛋白质 ***O-N-* 乙酰葡萄糖胺糖基化（*O*-GlcNAcylation）**，以及用于添加和水解 *O-N-* 乙酰葡萄糖胺（*O*-GlcNAc）这一循环过程的酶，这一发现表明，存在将线粒体外膜和内膜与胞质溶胶相连的核苷酸糖转运蛋白。最近的实验结果表明，一种嘧啶核苷酸载体蛋白能够有效转运尿苷二磷酸 -*N*- 乙酰葡萄糖胺（UDP-GlcNAc）。

5.5 对糖基化前体的控制

对糖基化前体（其根本是核苷酸糖）的细胞内浓度进行生化控制，是一个不断推进的、复杂而重要的研究领域。在某些情况下，关键的生物合成酶会受到其最终产物的抑制。一种被称为**唾液酸尿症（sialuria）**的人类遗传疾病就是一个典型示例。在该疾病中，大量的唾液酸（每天可达数克）与胞苷一磷酸 - 唾液酸（CMP-Sia）生物合成途径中的各种中间体一起被分泌到尿液中。唾液酸尿症由负责唾液酸生物合成第一步的酶——尿苷二磷酸 -*N*- 乙酰葡萄糖胺 2- 差向异构酶 /*N*- 乙酰甘露糖胺激酶（UDP-*N*-acetylglucosamine 2-epimerase/*N*-acetylmannosamine kinase，GNE）的突变引起。引起唾液酸尿症的突变损害了**核苷酸糖前体途径（precursor pathway）**的最终产物——胞苷一磷酸 - 唾液酸（CMP-Sia）对尿苷二磷酸 -*N*- 乙酰葡萄糖胺 2- 差向异构酶 /*N*- 乙酰甘露糖胺激酶（GNE）正常的反馈抑制（**第 45 章**）。

大多数糖基化前体的代谢池在几分钟之内就会完成周转。研究人员一直很难得出与核苷酸糖相关的稳态浓度的可靠数值。测量核苷酸糖供体在其作用部位的浓度尤其困难，这些部位通常限定在内质网或高尔基体的腔室内。在整体动物研究中，肠道中的鸟苷二磷酸 - 岩藻糖（GDP-Fuc）代谢池和岩藻糖基化聚糖，可以通过饮食和断奶时间进行调控。鉴于小肠常驻菌参与了对肠细胞中岩藻糖基化途径的诱导过程，以及肠道细菌可以释放和使用单糖的事实，通过饮食操纵糖基化过程为这一问题引入了另一重尚未探索的复杂性。

己糖胺生物合成途径中的酶，如谷氨酰胺 - 果糖 -6- 磷酸转氨酶（glutamine-fructose-6-phosphate transaminase，GFAT）和尿苷二磷酸 -*N*- 乙酰己糖胺焦磷酸化酶（UDP-*N*-acetylhexosamine pyrophosphorylase）通常在癌症中表达上调。众所周知，聚糖谱的**异变（alteration）**是肿瘤进展的标志性事件（**第 47 章**），可能由核苷酸糖代谢池和糖基转移酶的变化引起。推动肿瘤中己糖胺合成上调的一个可能因素是**未折叠蛋白质应答（unfolded protein response，UPR）**的激活，这可能会增加谷氨酰胺 - 果糖 -6- 磷酸转氨酶（GFAT）和其他核苷酸糖代谢酶以及糖基转移酶的表达。这条将未折叠蛋白质应答与核苷酸糖代谢联系起来的纽带，也与寿命调控和心脏肥大有关。

5.6 聚糖修饰的供体

聚糖可以在合成后进行修饰，这一过程增加了聚糖的复杂性，赋予了聚糖额外的生物学信息。已报道的修饰包括硫酸化、磷酸化、甲基化、丙酮酰化、乙酰化、琥珀酰化和酰基化，相应的供体列于表 5.3。在“低等”真核生物和细菌中，丙酮酸通常在糖（如半乳糖）的两个羟基之间形成 1- 羧基亚乙基桥。由于所有这些反应都发生在真核生物的高尔基体中，所以必定存在载体或转运蛋白，从而对活化供体进行递送和引导，以便合成能够高效地进行。随着内质网 - 高尔基体途径中聚糖链上额外修饰的发现，它们很可能需要特定的转运蛋白，将活化的供体运送到这些区室的腔内。

表 5.3 聚糖修饰的供体

修饰	前体	转运蛋白
磷酸基	腺苷三磷酸（ATP）（?）	需要
硫酸基	3′- 磷酸腺苷 -5′- 磷酰硫酸（PAPS）	需要
甲基	*S*- 腺苷甲硫氨酸（SAM）	?
乙酰基	乙酰辅酶 A	需要
丙酮酸	磷酸烯醇式丙酮酸	?
酰基	酰基辅酶 A（?）	?
琥珀酰基	琥珀酰基 - 辅酶 A（?）	?

5.7 脂质载体的合成

原核生物和真核生物中的多种糖基化途径，需要**脂质载体（lipid carrier）**将单糖和寡糖呈递到适当的位置。**十一异戊二烯基磷酸（undecaprenyl-P）**即**细菌萜醇（bactoprenol）**是细菌中 *O*- 抗原、肽聚糖、荚膜多糖、磷壁酸和甘露聚糖（mannan）的糖基载体（**第 21 章**）。**多萜醇磷酸（dolichol-P）**在真核细胞中发挥类似的功能（**第 9 章**）。多萜醇 - 磷酸 - 甘露糖（dolichol-P-Man）负责为糖磷脂锚、*C*- 甘露糖基化蛋白、*O*- 甘露糖链，以及用于 *N*- 聚糖生物合成的前体寡糖中的 4 个甘露糖残基提供所需要的甘露糖。多萜醇 - 磷酸 - 葡萄糖（dolichol-P-Glc）为成熟的 *N*- 连接聚糖前体 $Glc_3Man_9GlcNAc_2$ 提供葡萄糖，此时聚糖前体自身与多萜醇焦磷酸（dolichol-PP）相连。

多萜醇 - 磷酸的形成，涉及法尼基焦磷酸（farnesyl pyrophosphate）与多个顺式 - 异戊烯基焦磷酸（*cis*-isopentenyl pyrophosphate）单元的延伸。**异戊二烯单元（isoprene unit）**的总数在不同的物种中可以不同，从细菌中常见的 11 个（形成 C_{55} 细菌萜醇链），到哺乳动物中多达 21 个。在真核生物中，离焦磷酸最近的双键必须被还原，载体才能够在糖基化中发挥作用。在酵母、小鼠和人类中的研究表明，将**聚戊烯醇（polyprenol）**直接还原为**多萜醇（dolichol）**是多萜醇生物合成的主要途径，但也必定存在其他的替代途径。目前尚不清楚磷酸的去除是发生在还原步骤之前还是之后。不同的链长以及对双键进行还原反应，在进化中的意义也尚不明晰。多萜醇可以被依赖于 ATP 的多萜醇激酶（dolichol kinase）磷酸化，根据需要生成多萜醇 - 磷酸。由于多萜醇、多萜醇 - 磷酸和多萜醇 - 焦磷酸都是从一个共同的、代谢上保持稳定的代谢池中产生，因此它们必须根据需要进行回收利用和相互转化。多萜醇存在于内质网和高尔基体中，并且其周转非常缓慢。

5.8 新兴知识

核苷酸糖代谢的紊乱会导致疾病，这一发现带来了海量的数据，拓展了我们对控制核苷酸糖**代谢流**（**metabolic flux**）的**信号通路**（**signaling pathway**）的认识，突出了核苷酸糖的非经典作用，并确定了调节代谢过程的全新药物。调控核苷酸糖生物合成和信号通路的图谱目前并不完整，在组织特异性、发育、营养供应（nutrient availability）和应激等方面表现尤甚。以细胞器特异性或细胞特异性的方式研究代谢流并开发新方法、对核苷酸糖水平进行评估或调节，以及对核苷酸糖转运蛋白和糖基转移酶结构信息进行深度洞察，正在让这些科学问题的答案日益清晰。代谢物的同位素标记、质谱分析、核苷酸糖的生物遗传和化学生物传感器，以及**冷冻电子显微术**（**cryo-electron microscopy**）等创新技术方法，在该领域中大有可为。

致谢

感谢已故的艾伦·艾尔本（Alan Elbein）对本章先前版本的贡献，并感谢德克·J. 勒费伯（Dirk J. Lefeber）和史蒂芬·冯·冈顿（Stephan von Gunten）的有益评论及建议。

延伸阅读

Leloir LF. 1970. Two decades of research on the biosynthesis of saccharides. *Nobel Lecture.*

Kresge N, Simoni RD, Hill RL. 2005. Luis F. Leloir and the biosynthesis of saccharides. *J Biol Chem* **280**: 158-160.

Park D, Ryu KS, Choi D, Kwak J, Park C. 2007. Characterization and role of fucose mutarotase in mammalian cells. *Glycobiology* **17**: 955-962.

Holden HM, Cook PD, Thoden JB. 2010. Biosynthetic enzymes of unusual microbial sugars. *Curr Opin Struct Biol* **20**: 543-550.

Bar-Peled M, O'Neill MA. 2011. Plant nucleotide sugar formation, interconversion, and salvage by sugar recycling. *Annu Rev Plant Biol* **62**: 127-155.

Freeze HH, Ng BG. 2011. Golgi glycosylation and human inherited diseases. *Cold Spring Harb Perspect Biol* **3**: a005371.

Sharma V, Ichikawa M, Freeze HH. 2014. Mannose metabolism: more than meets the eye. *Biochem Biophys Res Commun* **453**: 220-228.

Yonekawa T, Malicdan MC, Cho A, Hayashi YK, Nonaka I, Mine T, Yamamoto T, Nishino I, Noguchi S. 2014. Sialyllactose ameliorates myopathic phenotypes in symptomatic GNE myopathy model mice. *Brain* **137**: 2670-2679.

Chen LQ, Cheung LS, Feng L, Tanner W, Frommer WB. 2015. Transport of sugars. *Annu Rev Biochem* **84**: 865-894.

第 6 章

糖基转移酶与聚糖加工酶

詹姆斯 · M. 里尼（James M. Rini），凯利 · W. 莫尔曼（Kelley W. Moremen），本杰明 · G. 戴维斯（Benjamin G. Davis），杰弗里 · D. 艾斯科（Jeffrey D. Esko）

6.1 一般属性 / 63
6.2 糖基转移酶的特异性 / 64
6.3 可识别其受体底物蛋白质部分的糖基转移酶 / 65
6.4 糖基转移酶序列家族和折叠类型 / 67
6.5 糖苷酶 / 69
6.6 催化机理与动力学机制 / 70
6.7 硫酸化和其他修饰 / 72
致谢 / 73
延伸阅读 / 73

糖基转移酶（glycosyltransferase）和**糖苷酶（glycosidase）**负责聚糖的组装、加工及周转。此外，还有许多**转移酶（transferase）**通过添加乙酰基、甲基、磷酸基、硫酸基和其他基团来修饰聚糖。本章涵盖了参与聚糖起始、组装和加工的酶的一般特征，包括对底物特异性、一级结构相关性、结构和酶催化机制等方面的基本概述。

6.1 一般属性

聚糖的生物合成主要由将单糖分子组装成直链和支链聚糖链的**糖基转移酶（glycosyltransferase）**决定。正如从自然界中发现的一系列复杂的聚糖结构可以推断，糖基转移酶构成了一个巨大的酶家族。在许多情况下，它们催化基团转移反应，将核苷酸糖供体底物（**亲电体［electrophile］**），如尿苷二磷酸 - 半乳糖（UDP-Gal）、鸟苷二磷酸 - 岩藻糖（GDP-Fuc）或胞苷一磷酸 - 唾液酸（CMP-Sia）（**第 5 章**）中的单糖部分（monosaccaride moiety）转移到受体（**亲核体［nucleophile］**）底物上。在某些情况下，供体底物包含了与甘露糖或葡萄糖相连的脂质部分（lipid moiety），如多萜醇磷酸（dolichol-phosphate）。对于其他一些糖基转移酶而言，供体底物是与寡糖相连的多萜醇焦磷酸（dolichol-pyrophosphate），在这些情况下，全部寡糖链被**整体转移（*en bloc* transfer）**到受体底物上（**第 9 章**）。类似地，其他脂质连接的糖，可作为细菌糖基转移酶的供体底物，参与包括 *N*- 乙酰葡萄糖胺 -*N*- 乙酰胞壁酸（五肽）- 十一异戊二烯基焦磷酸（GlcNAc-MurNAc［pentapeptide］-undecaprenyl pyrophosphate）在内的**肽聚糖（peptidoglycan）**、**脂多糖（lipopolysaccharide）**和**荚膜（capsule）**的组装（**第 21 章、第 22 章**）。

使用单糖、寡糖、蛋白质、脂质、有机小分子和 DNA 作为受体底物的糖基转移酶，已被研究人员进行了系统性表征（也有研究者提出糖基转移酶对 RNA 的活性），但本章中仅讨论参与糖蛋白、蛋白聚糖和糖脂生物合成的糖基转移酶。这些酶中的绝大多数负责延长这些糖复合物中的聚糖部分（glycan moiety），其余酶负责将单糖或寡糖直接转移到多肽或脂质上。一般而言，延长聚糖的酶可以次第发挥作用，因而一种酶的产物就会作为下一种酶首选的受体底物。最终的结果是构成了由相互连接的单糖组成的直链和（或）支链结构。当受体底物中存在多肽部分（polypeptide moiety）或脂质部分（lipid moiety）时，用于聚糖结构延长的糖基转移酶对受体的识别通常不会涉及这些部分，当然也有几个值得注意的例外，如下文所述。

在某些聚糖类别的生物合成中，去除单糖以形成那些供糖基转移酶催化中间体的**糖苷酶（glycosidase）**也发挥了重要作用。这些糖苷酶与参与聚糖降解的糖苷酶（如溶酶体中的糖苷酶，**第 44 章**）形成了对比。此外，聚糖可以被许多其他类型的酶修饰，包括各种**磺基转移酶（sulfotransferase）**、**磷酸转移酶（phosphotransferase）**、***O*- 乙酰转移酶（*O*-acetyltransferase）**、***O*- 甲基转移酶（*O*-methyltransferase）**、**丙酮酰基转移酶（pyruvyltransferase）**和**磷酸乙醇胺转移酶（phosphoethanolamine transferase）**。

6.2 糖基转移酶的特异性

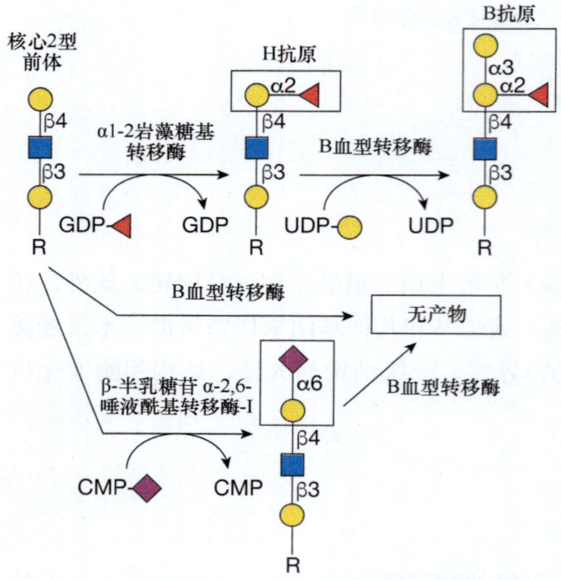

图 6.1 人类 B 血型 α1-3 半乳糖基转移酶，说明了糖基转移酶严格的受体底物特异性。B 血型转移酶以 α1-3 连键将半乳糖添加至 H 抗原（中上），以形成 B 抗原（右上）。该酶需要首先对 H 抗原进行 α1-2 连接的岩藻糖修饰方能发挥活性，因为 B 血型转移酶无法将半乳糖添加至未修饰的 2 型前体（左上），或添加至被唾液酸残基（底部）修饰的前体，或添加至其他单糖上（图中未显示），*N*- 聚糖、*O*- 聚糖或糖脂均以 R 表示。缩写：鸟苷二磷酸（GDP），尿苷二磷酸（UDP），胞苷一磷酸（CMP）。关于单糖的符号表示，请参见**附录 2**。

大多数糖基转移酶对其供体和受体底物都表现出高度的特异性，这一观察结果促使索尔·罗斯曼（Saul Roseman）及其同事提出了“一酶一连键”（one enzyme-one linkage）的假说。人类 B 血型 α1-3 半乳糖基转移酶（B blood group α1-3 galactosyltransferase）就是这一概念的例证。该酶负责催化半乳糖（Gal）通过 α- 连键与受体底物上半乳糖残基的 C-3 羟基进行连接的糖基化反应（**图 6.1**）。然而，该酶仅作用于以 α1-2 连键修饰过岩藻糖后的半乳糖，事先被其他单糖（如 α2-6 连接的唾液酸）修饰过的糖链无法作为该酶的底物（**图 6.1**）。

研究人员现在已知在某些情况下，不止一种糖基转移酶可以使用相同的受体，用于形成相同的连键。例如，人类岩藻糖基转移酶 3 ～ 7（fucosyltransferases III ～ VII）均能够以 α1-3 连键形式将岩藻糖连接到聚糖链的 *N*- 乙酰乳糖胺上（**第 14 章**）。α2-3 唾液酰基转移酶（α2-3 sialyltransferase）和 β1-4 半乳糖基转移酶（β1-4 galactosyltransferase）具有较为宽松的受体特异性，它们分别广泛作用于 β- 连接的半乳糖（Gal）和 *N*- 乙酰葡萄糖胺（GlcNAc）。在极少数情况下，一种酶可以催化一种以上的反应。人类岩藻糖基转移酶 3 能够以 α1-3 或 α1-4 连键方式转移岩藻糖，一种名为 EXTL2 的酶[①]能够以 α- 连键将 *N*- 乙酰半乳糖胺或 *N*- 乙酰葡萄糖胺连接到葡萄糖醛酸上（**第 17 章**）。参与 *N*- 乙酰乳糖胺形成的 β1-4 半乳糖基转移酶的糖基转移特异性，则表现出非比寻常的灵活性。当 β1-4 半乳糖基转移酶与 α- 乳清蛋白（α-lactalbumin）结合时，形成被称为乳糖合成酶（lactose

① 即 α1-4 *N*- 乙酰己糖胺转移酶（α1-4 *N*-acetylhexosaminyltransferase），又称外骨蛋白相关蛋白 2（exostosin-related protein 2）或外骨蛋白样糖基转移酶 2（exostosin like glycosylstransferase 2），由 *EXTL2* 基因编码。

synthase）的复合物，该复合物能够将其受体特异性地从 *N*- 乙酰葡萄糖胺（GlcNAc）转换为葡萄糖（Glc），从而在母乳产生过程中合成乳糖和其他寡糖（**第 14 章**）。最后，一些糖基转移酶有两个独立的活性位点，各自具有不同的底物特异性。例如，合成硫酸乙酰肝素的酶 EXT1[①]与合成透明质酸骨架的酶 HAS[②]均具有一个活性位点，可催化将 *N*- 乙酰葡萄糖胺连接至葡萄糖醛酸，另一个活性位点则负责催化将葡萄糖醛酸连接至 *N*- 乙酰葡萄糖胺的反应（**第 16 章、第 17 章**）。然而，上述示例均为大多数糖基转移酶普遍显示且需要严格遵循的供体、受体和连键特异性等要求中的例外情况，这些特性可用于确定和限制在给定的细胞类型或生物体中所能观察到的聚糖结构的数量及其类型。

将单糖或寡糖直接转移到多肽或脂质部分的糖基转移酶，也表现出高度的底物特异性，这一点将在下文针对多肽的糖基转移酶进行更为详细的讨论。启动鞘糖脂合成的糖基转移酶，负责将其中的单糖部分转移到鞘脂生物合成中神经酰胺脂质前体上原本是丝氨酸残基的位置（**第 11 章**）。由于不同的糖脂具有不同的神经酰胺部分，一些糖基转移酶（如唾液酰基转移酶）似乎可以根据神经酰胺部分所具有的性质差异，对它们的底物进行识别。

6.3　可识别其受体底物蛋白质部分的糖基转移酶

将糖直接转移到蛋白质或糖蛋白的多肽链上的糖基转移酶，能够以多种不同的方式识别其受体底物。所有真核生物 *N*- 聚糖的合成，均由*寡糖基转移酶*（oligosaccharyltransferase，OST）启动，该酶通常是驻留在内质网中的多亚基酶，可将糖链结构 $Glc_3Man_9GlcNAc_2$ 整体转移到**序列基序（sequence motif）**天冬酰胺 -X- 丝氨酸 / 苏氨酸（Asn-X-Ser/Thr）中天冬酰胺残基的侧链上（X 可以是除脯氨酸外的任何氨基酸；**第 9 章**）。相反，负责启动黏蛋白型（mucin-type）*O*- 聚糖的*多肽 O-N- 乙酰半乳糖胺转移酶*（polypeptide *O*-GalNAc transferase，ppGalNAcT）在蛋白质被折叠并转运到高尔基体后才能发挥作用（**第 10 章**）。*多肽 O-N- 乙酰半乳糖胺转移酶*（ppGalNAcT）不识别特定的序列基序，一般而言，它们将 *N*- 乙酰半乳糖胺（GalNAc）转移到被折叠蛋白相对非结构化区域（unstructured region）中发现的丝氨酸和苏氨酸残基的侧链羟基上。某些多肽 *O*-*N*- 乙酰半乳糖胺转移酶具有**凝集素结构域（lectin domain）**，该结构域用于将糖基转移酶引导至多肽中已经具有 *O*- 聚糖链的区域。通过这种方式可以合成具有高度 *O*- 聚糖取代的多肽区域，而这正是**黏蛋白（mucin）**的典型结构。

除了由多肽 *O*-*N*- 乙酰半乳糖胺转移酶形成的 *O*-*N*- 乙酰半乳糖胺（*O*-GalNAc）连键外，许多其他的糖基转移酶也可以糖基化丝氨酸和苏氨酸的侧链羟基，生成 *O*-*N*- 乙酰葡萄糖胺（*O*-GlcNAc）、*O*- 岩藻糖（*O*-Fuc）、*O*- 葡萄糖（*O*-Glc）、*O*- 甘露糖（*O*-Man）和 *O*- 木糖（*O*-Xyl）连键（**第 13 章、第 17 章、第 19 章**）。对于特定丝氨酸或苏氨酸残基的糖基转移特异性，可以通过不同的方式加以实现。例如，对硫酸软骨素和硫酸乙酰肝素蛋白聚糖中的丝氨酸残基进行 *O*- 木糖基化的*木糖基转移酶*（xylosyltransferase），对丝氨酸羧基末端的甘氨酸残基和（或）糖基化位点附近的更多酸性氨基酸残基有绝对的要求。相比之下，负责将 *N*- 乙酰葡萄糖胺添加到数以千计的核蛋白和细胞质蛋白的丝氨酸及苏氨酸残基上的 *O-N- 乙酰葡萄糖胺转移酶*（*O*-GlcNAc transferase，OGT）（**第 19 章**），缺乏与受体底物结合特异性相关的任何明显的**共识序列（consensus sequence）**。用于形成糖肽键的某些氨基酸共识序列或糖基化基序，参见**表 6.1**。

---

① 即葡萄糖醛酸基 -*N*- 乙酰葡萄糖胺基蛋白聚糖 /*N*- 乙酰葡萄糖胺基蛋白聚糖 4-α-*N*- 乙酰葡萄糖胺转移酶（glucuronosyl-*N*-acetylglucosaminyl-proteoglycan/*N*-acetylglucosaminyl-proteoglycan 4-α-*N*-acetylglucosaminyltransferase），又称外骨蛋白 1（exostosin-1），由 *EXT1* 基因编码。

② 即透明质酸合成酶（hyaluronan synthase），由 *HAS* 基因家族编码。

表 6.1 用于形成糖肽键的氨基酸共识序列或糖基化基序

糖肽键	共识序列或糖基化基序
***N*- 连接**	
GlcNAc-β-Asn	天冬酰胺 -X- 丝氨酸 / 苏氨酸（Asn-X-Ser/Thr），X 为除脯氨酸（Pro）外的任何氨基酸
Glc-β-Asn	天冬酰胺 -X- 丝氨酸 / 苏氨酸（Asn-X-Ser/Thr）
***O*- 连接**	
GalNAc-α-Ser/Thr	富含丝氨酸（Ser）、苏氨酸（Thr）、脯氨酸（Pro）、甘氨酸（Gly）、丙氨酸（Ala）的重复结构域，无特定序列
GlcNAc-α-Thr	脯氨酸（Pro）残基附近富含丝氨酸（Ser）的结构域
GlcNAc-β-Ser/Thr	脯氨酸（Pro）、缬氨酸（Val）、丙氨酸（Ala）、甘氨酸（Gly）附近富含丝氨酸 / 苏氨酸（Ser/Thr）的结构域 表皮生长因子模件：半胱氨酸 -X-X- 甘氨酸 -X- 丝氨酸 / 苏氨酸 - 甘氨酸 -X-X- 半胱氨酸（Cys-X-X-G-X-Ser/Thr-G-X-X-Cys）
Man-α-Ser/Thr	富含丝氨酸 / 苏氨酸（Ser/Thr）的结构域
Fuc-α-Ser/Thr	表皮生长因子模件：半胱氨酸 -X-X-X-X- 丝氨酸 / 苏氨酸 - 半胱氨酸（Cys-X-X-X-X-Ser/Thr-Cys） 血小板应答蛋白重复 1 型模件：半胱氨酸 -X-X- 丝氨酸 / 苏氨酸 - 半胱氨酸 -X-X- 甘氨酸（Cys-X-X-Ser/Thr-Cys-X-X-Gly）
Glc-β-Ser	表皮生长因子模件：半胱氨酸 -X- 丝氨酸 -X- 脯氨酸 / 丙氨酸 - 半胱氨酸（Cys-X-Ser-X-Pro/Ala-Cys）
Xyl-β-Ser	位于一个或多个酸性氨基酸残基附近的丝氨酸 - 甘氨酸（Ser-Gly）
Glc/GlcNAc-Thr	Rho 蛋白：37 号位的苏氨酸（Thr-37）；Ras，Rac，Cdc42 蛋白：35 号位的苏氨酸（Thr-35）
Gal-Thr	甘氨酸 -X- 苏氨酸（Gly-X-Thr），其中 X 为丙氨酸（Ala）、精氨酸（Arg）、脯氨酸（Pro）、羟脯氨酸（Hyp）、丝氨酸（Ser）。见于**巨型管虫**（*Riftia pachyptila*）
Gal-β-Hyl	胶原蛋白重复：X- 羟赖氨酸 - 甘氨酸（X-Hyl-Gly）
Ara-α-Hyp	富含羟脯氨酸（Hyp）的重复的结构域，如赖氨酸 - 脯氨酸 - 羟脯氨酸 - 羟脯氨酸 - 缬氨酸（Lys-Pro-Hyp-Hyp-Val）
GlcNAc-Hyp	Skp1 蛋白：143 号位的羟脯氨酸（Hyp-143）
Glc-α-Tyr	糖原蛋白：194 号位的酪氨酸（Tyr-194）
GlcNAc-α-1-P-Ser	富含丝氨酸（Ser）的结构域，如丙氨酸 - 丝氨酸 - 丝氨酸 - 丙氨酸（Ala-Ser-Ser-Ala）
Man-α-1-P-Ser	富含丝氨酸（Ser）的重复结构域
***C* 连接**	
Man-α-*C*-Trp	色氨酸 -X-X- 色氨酸（Trp-X-X-Trp）

修改自文献 Spiro RG. 2002. *Glycobiology* 12.：43R-56R.，经牛津大学出版社（Oxford University Press）许可。另请参见图 1.7。

在内质网中驻留的蛋白质 *O*- 岩藻糖基转移酶 1（protein *O*-fucosyltransferase 1，POFUT1）和蛋白质 *O*- 岩藻糖基转移酶 2（protein *O*-fucosyltransferase 2，POFUT2），分别特异性地对**表皮生长因子样结构域（epidermal growth factor-like domain，EGF-like domain）**和**血小板应答蛋白 1 型重复序列（thrombospondin type 1 repeat，TSR）**进行岩藻糖基化（**第 13 章**），与大多数其他糖基转移酶有本质上的不同。除了识别含有目标丝氨酸或苏氨酸残基的特定序列基序外（**表 6.1**），这些酶只作用于正确折叠和正确形成二硫键的表皮生长因子样结构域及血小板应答蛋白 1 型重复序列。也存在将 *O*- 葡萄糖（*O*-Glc）和 *O*-*N*- 乙酰葡萄糖胺（O-GlcNAc）添加到表皮生长因子样结构域中的其他丝氨酸和苏氨酸残基的糖基转移酶，这些酶也能够识别特定的序列基序，同时需要完成折叠后的表皮生长因子样结构域。

许多作用于糖蛋白的、用于聚糖链延长的糖基转移酶，也识别其受体底物中的多肽部分。β1-4 *N*- 乙酰半乳糖胺转移酶（β1-4GalNAcT）家族中的一员——*糖蛋白激素 N- 乙酰半乳糖胺转移酶*（glycoprotein hormone GalNAc transferase）提供了一个有趣的示例，其中 *N*- 聚糖的修饰取决于蛋白质序列基序——脯氨酸 -X- 精氨酸 / 赖氨酸（Pro-X-Arg/Lys），该基序位于被修饰的 *N*- 糖蛋白氨基末端的几个氨基酸处。在该基序后，通常紧跟着额外的、带有正电荷的氨基酸残基。对该糖基转移酶的受体底物——人绒毛膜促性腺激素（human chorionic gonadotropin）的 X 射线晶体结构研究表明，脯氨酸 -X- 精氨酸 / 赖氨酸基序位于一个暴露在表面的短螺旋结构的起始位置，该螺旋还包含额外的、带正电荷的氨基酸残基（图 6.2）。经该酶转移形成的 *N*- 乙酰半乳糖胺残基，随后会发生生物学上重要的 4-*O*- 硫酸化反应，在以促黄体素［又称黄体生成素（luteinizing hormone）］和卵泡刺激素（follicle-stimulating hormone，FSH）为底物的情况下，产生一种被特定的肝脏清除受体（liver clearance receptor）识别的决定簇，将它们从血液中清除（**第 34 章**）。仅用于在蛋白质 *O*- 岩藻糖基转移酶 1（POFUT1）或蛋白质 *O*- 岩藻糖基转移酶 2（POFUT2）添加的岩藻糖分子上进行糖链延长的糖基转移酶，也存在于生物体中（**第 13 章**）。这些酶所显示出的特异性，源于它们能够同时识别岩藻糖分子，以及受体底物中表皮生长因子样结构域和血小板应答蛋白 1 型重复序列的能力。其他可以在特定糖蛋白底物上延长聚糖的酶的示例包括：作用于神经细胞黏附分子（neural cell adhesion molecule，NCAM）和神经纤毛蛋白 -2（neuropilin-2）的多唾液酰基转移酶（polysialyltransferase）（**第 15 章**）；EXTL3 蛋白① 在蛋白聚糖上进行的硫酸乙酰肝素生物合成的第一步中负责将 *N*- 乙酰葡萄糖胺以 α1-4 连键添加到葡萄糖醛酸上（**第 17 章**）。

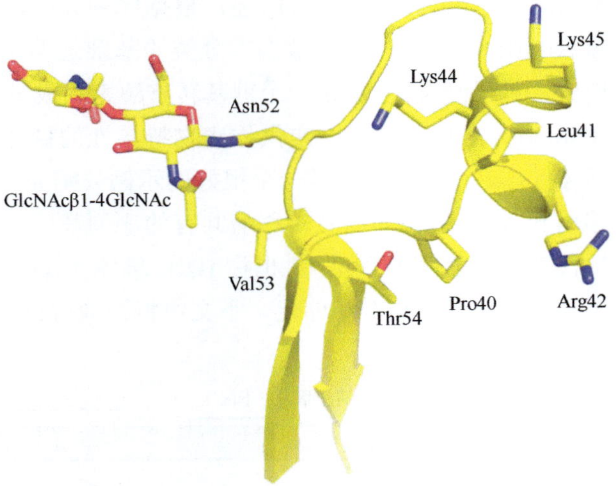

图 6.2　人绒毛膜促性腺激素中被糖蛋白激素 *N*- 乙酰半乳糖胺转移酶所识别的决定簇。 人绒毛膜促性腺激素（PDB 编号：1HRP）片段（残基 34 ～ 58）的飘带图。脯氨酸 - 亮氨酸 - 精氨酸三肽（Pro40-Leu41-Arg42）及两个赖氨酸残基（Lys44 和 Lys45）对应于糖蛋白激素 *N*- 乙酰半乳糖胺转移酶识别时所必需的残基。谷氨酰胺 - 缬氨酸 - 苏氨酸（Asn52-Val53-Thr54）残基对应于被糖蛋白激素 *N*- 乙酰半乳糖胺转移酶修饰的 *N*- 聚糖（位于 Asn52）所需的 *N*- 糖基化序列基序。图中仅显示了完整受体 *N*- 聚糖中的壳二糖核心（GlcNAcβ1-4GlcNAc）。氨基酸缩写：脯氨酸（Pro）、亮氨酸（Leu）、精氨酸（Arg）、赖氨酸（Lys）、天冬酰胺（Asn）、缬氨酸（Val）、苏氨酸（Thr）。数字代表氨基酸序列中的编号。

在另一个典型示例中，*N*- 乙酰葡萄糖胺 -1- 磷酸转移酶（GlcNAc-1-phosphotransferase）能够选择性地修饰那些在一个大型溶酶体酶家族中发现的 *N*- 聚糖。该家族中的蛋白质具有不同的三维结构，且缺乏任何明显和共同的蛋白质序列基序。在这种情况下，这种酶的修饰已被证明依赖于与 *N*- 聚糖位点之间具有适当间隔和定位的赖氨酸残基（**第 33 章**）。驻留于内质网中的葡萄糖基转移酶——尿苷二磷酸 - 葡萄糖糖蛋白葡萄糖基转移酶（UDP-glucose glycoprotein glucosyltransferase，UGGT），也能够将糖转移到多样但类型独特的糖蛋白底物的 *N*- 聚糖上（**第 39 章**）。在此例中，该酶将一个葡萄糖基添加到错误折叠的糖蛋白的 *N*- 聚糖上，使它们成为驻留在内质网中的凝集素——**钙连蛋白（calnexin）**和**钙网蛋白（calreticulin）**的底物。这些凝集素反过来招募用于蛋白质折叠的催化蛋白，促进二硫键的正确形成和脯氨酸残基的顺反异构化。

6.4　糖基转移酶序列家族和折叠类型

在哺乳动物基因组中，约有 1% 的基因参与了聚糖的产生或修饰。在所有的生物界（Kingdom）中，已知的糖基转移酶序列超过 75 万种，且这一数字仍在迅速增长。如**碳水化合物活性酶数据库（Carbohydrate-**

① 即葡萄糖醛基 - 半乳糖基 - 蛋白聚糖 4-α-*N*- 乙酰葡萄糖胺转移酶（glucuronyl-galactosyl-proteoglycan 4-α-*N*-acetylglucosaminyltransferase），又称外骨蛋白相关蛋白 3（exostosin-related protein 3）或外骨蛋白样糖基转移酶 3（exostosin like glycosylstransferase 3），由 *EXTL3* 基因编码。

Active Enzymes，CAZy）所述，根据序列分析，已知的糖基转移酶序列可被归类至 110 多个糖基转移酶家族（**第 8 章**）。尽管该数据库分类的基础是不同的糖基转移酶家族成员之间缺乏显著的序列相似性，但研究人员已经确定，不止一个糖基转移酶家族成员之间存在着共有的短序列基序。这些**序列元件**（**sequence element**）常见于具有给定供体底物特异性的糖基转移酶中；真核生物的唾液酰基转移酶中共有的**唾液酰基序**（**sialyl motif**）就是一个很好的示例（图 6.3）。研究人员也已经鉴定出半乳糖基转移酶、岩藻糖基转移酶和 *N*- 乙酰葡萄糖胺转移酶共有的序列基序。相反，所谓的**天冬氨酸 -X- 天冬氨酸基序**（**Asp-X-Asp,** X 代表任意氨基酸残基），也称 **DXD 基序**（**DXD motif**），却与任何特定底物的特异性无关；该基序参与了与金属离子的结合和催化，下文中将详细讨论。

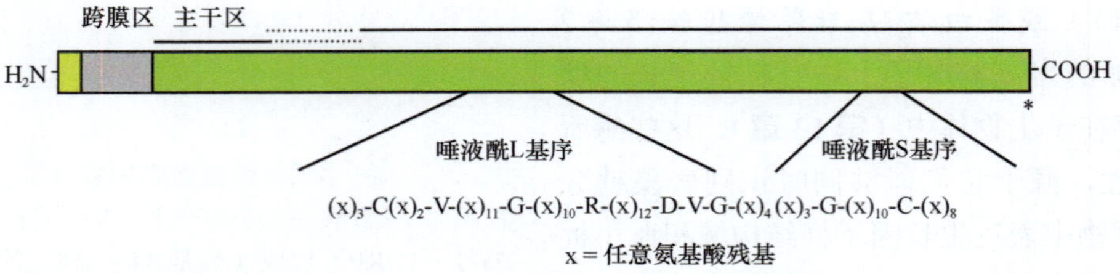

图 6.3 唾液酰基序。典型唾液酰基转移酶的结构域示意图，图中显示出该酶家族共有的唾液酰基序。由 48 ～ 49 个氨基酸组成的唾液酰 L 基序（sialyl L motif），在各家族成员之间具有显著的相似性，并且在氨基酸序列上可能有高达 65% 的一致性。唾液酰 S 基序（sialyl S motif）较小（约 23 个氨基酸），并且在各家族成员之间差异较大，仅有两个绝对保守的残基。图中对两种情况下相同的残基均进行了标识，具有相似性的残基则用括号表示。星号代表高度保守的序列组氨酸 -X_4- 谷氨酸（H-X_4-E）所在的位置（X 代表任意氨基酸）。其他保守基序也可能存在。氨基酸缩写：半胱氨酸（C），缬氨酸（V），甘氨酸（G），精氨酸（R），天冬氨酸（D）。数字代表氨基酸的数目。

尽管研究人员已经定义了大量的糖基转移酶序列家族，但结构分析表明，糖基转移酶所拥有的折叠类型数量有限。迄今为止，研究人员已经通过 **X 射线晶体学**（**X-ray crystallography**）或**冷冻电子显微术**（**cryo-electron microscopy，cryo-EM**）确定了代表 59 个 CAZy 家族的 262 个家族成员蛋白的结构；其中，除少数蛋白质以外，所有成员都具有所谓的 GT-A 型、GT-B 型、GT-C 型和溶菌酶型（lysozyme-type）的折叠（图 6.4）。GT-A 型和 GT-B 型使用核苷酸糖供体底物，而 GT-C 型和溶菌酶型则使用脂质连接的糖供体。GT-A 型糖基转移酶似乎由一个共同的祖先进化而来，该祖先具有约 231 个氨基酸的核心结构以及一组保守的结构特征。核心结构中包含了介导酶与核苷酸糖相互作用的**罗斯曼折叠**（**Rossmann fold**）元件，以及负责与二价阳离子（通常是 Mn^{2+} 或 Mg^{2+} 离子）结合、具有催化作用、通常较为保守的 DXD 基序。在最近的分析实验中，研究人员解析了随着进化时间的推移，在 GT-A 型的核心结构中插入**环肽链**（**loop**）如何促进了 GT-A 型酶获得其所展示出的受体特异性的。不同 GT-B 型酶具有两个不同的结构域，虽然羧基末端结构域主要负责结合核苷酸糖供体底物，但两个结构域中都具有罗斯曼折叠的元件。受体底物通常结合在两个结构域之间的裂隙（cleft）中，与 GT-A 型不同，GT-B 型糖基转移酶不依赖于金属离子，且不具有天冬氨酸 -X- 天冬氨酸（DXD）基序。GT-C 型是多次跨膜的**膜整合蛋白质**（**integral membrane protein**），其特征是它们使用脂质连接的糖供体。最近的 X 射线晶体学和冷冻电镜结构，为这些酶如何介导底物结合和催化提供了重要的见解（图 6.4）。其中值得关注的是原核生物（PglB 和 AglB）和真核生物（酵母和人类）中寡糖基转移酶的结构，它们为在生命体的所有三域系统中均保守的修饰——*N*- 糖基化修饰提供了一个模型。通过 GT-C 型糖基转移酶之间的结构比较，研究人员已经确定了一个参与供体结合的、跨膜螺旋（transmembrane helix）的保守核心，以及参与受体相互作用的、可变数量的跨膜结合片段（transmembrane-associated segment）和非膜结合片段（nonmembrane-associated segment）。该类型糖基转移

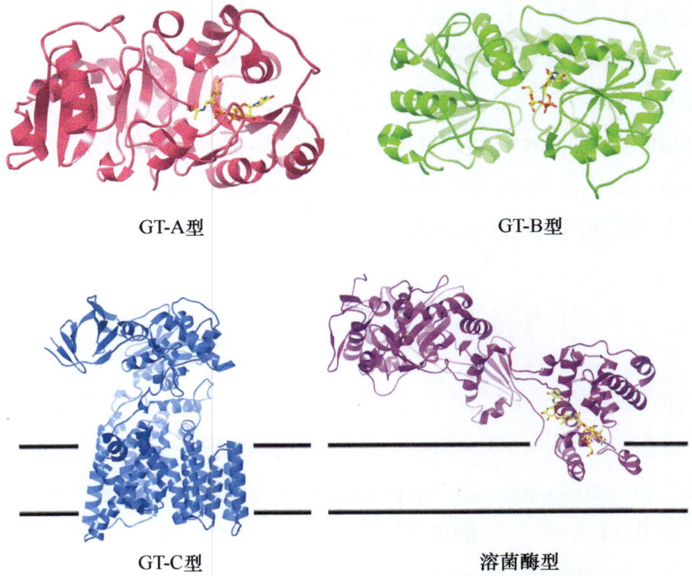

图 6.4 具有代表性的 GT-A 型、GT-B 型、GT-C 型和溶菌酶型折叠的糖基转移酶飘带图。GT-A 型和 GT-B 型糖基转移酶的结构，分别对应于兔 β1-2 *N*- 乙酰葡萄糖胺转移酶 1（β1-2 *N*-acetylglucosaminyltransferase I）（PDB 编号：1FOA）和 T4 噬菌体 β- 葡萄糖基转移酶（β-glucosyltransferase）（PDB 编号：1J39）的结构。在这两种情况下，结合的核苷酸糖供体底物均以棒状模型表示。GT-C 型结构对应于**海鸥弯曲菌（*Campylobacter lari*）**寡糖基转移酶 PglB（PDB 编号：3RCE）的结构，溶菌酶型结构对应于**金黄色葡萄球菌（*Staphylococcus aureus*）**细菌肽聚糖糖基转移酶（peptidoglycan glycosyltransferase）（PDB 编号：2OLV）与默诺霉素（moenomycin）（用棒状模型在图中表示）形成的复合物。

酶的糖供体为聚异戊二烯磷酸 - 糖（polyisoprenoid phosphate-sugar）或聚异戊二烯焦磷酸 - 糖（polyisoprenoid pyrophosphate-sugar）。溶菌酶型糖基转移酶（CAZy 51 家族）参与了细菌肽聚糖的生物合成，并使用**脂质 II（lipid II）**，即 *N*- 乙酰葡萄糖胺 -*N*- 乙酰胞壁酸（五肽）- 十一异戊二烯焦磷酸作为供体底物（**第 21 章**）。除了溶菌酶型结构域外，这些糖基转移酶还具有颚状亚结构域（jaw subdomain），该结构域嵌入细胞质膜的细胞外表面以接近脂质 II 底物。最近的研究已经表明，具有双重活性的糖基转移酶 - 磷酸化酶对**利什曼原虫属（*Leishmania*）**中的储存型多糖——甘露糖原（mannogen）的周转和毒力十分重要，该酶具有以前未在糖基转移酶中观察到的 **β 螺旋桨折叠（β-propeller fold）**催化结构域。

6.5 糖苷酶

糖苷酶（glycosidase）是种类极多的一大类酶，有超过 87 万个成员，隶属于 170 多个**碳水化合物活性酶（CAZy）数据库**家族（**第 8 章**）。与糖基转移酶不同，该家族的成员已经经历了多次独立的进化，表现为这些酶的三维结构异彩纷呈。糖苷酶在聚糖结构的降解中发挥重要作用，从而促进糖的摄取和代谢以及各种细胞生物学过程中糖复合物的周转。糖苷酶还参与了中间体的形成，这些中间体被用作聚糖生物合成中糖基转移酶的底物。在进化程度较高的真核生物中，以此种方式使用糖苷酶，对于含有 *N*- 聚糖的糖蛋白的生物合成尤为重要，并且被认为与多细胞生物进化过程中复杂 *N*- 聚糖的产生有关。在这种情况下，新生的糖蛋白聚糖 Glc$_3$Man$_9$GlcNAc$_2$-Asn，被内质网和高尔基体中的葡萄糖苷酶（glucosidase）和甘露糖苷酶（mannosidase）修剪，产生糖基转移酶的底物，进而产生结构多样的**复合型（complex-type）**和**杂合型（hybrid-type）** *N*- 聚糖（**第 9 章**）。葡萄糖苷酶 II（glucosidase II）是驻留在内质网中的两种葡萄糖苷酶之一，在糖蛋白的折叠过程中，它与尿苷二磷酸 - 葡萄糖糖蛋白葡萄糖基转移酶（UGGT）通力合作，以便在被称为**钙连蛋白 / 钙网蛋白质量控制循环**（**calnexin/calreticulin quality control cycle**）的生物过程中实现反复发生的去葡萄糖基化 / 再葡萄糖基化过程（**第 39 章**）。在许多核蛋白和细胞质蛋白中的 *O-N-* 乙酰葡萄糖胺（*O*-GlcNAc）分子上，也发现了糖基化和去糖基化之间的相互作用，该过程由 *O-N-* 乙酰葡萄糖胺转移酶（*O*-GlcNAc transferase，OGT）负责 *N-* 乙酰葡萄糖胺分子的添加（**第 19 章**）。在这种情况下，通过糖苷酶 *O-N-* 乙酰葡萄糖胺水解酶（*O*-GlcNAcase，OGA）去除 *N-* 乙酰葡萄糖胺分子，为动态调控 *O*-GlcNAc 糖基化的程度及其所介导的各种过程提供了有效的手段。

6.6 催化机理与动力学机制

糖基转移酶通过在供体底物的异头碳原子上进行对于该位点立体化学的**构型反转**（**inversion**）或**构型保留**（**retention**）来催化反应（图 6.5）。例如，β1-4 半乳糖基转移酶（β1-4 galactosyltransferase）是一种**构型反转型糖基转移酶**（**inverting glycosyltransferase**），它能够从尿苷二磷酸 -α- 半乳糖（UDP-α-Gal）转移半乳糖(Gal)，生成含有 β1-4 连接半乳糖的产物。立体化学的反转源于酶使用了**双分子亲核取代**（**S_N2**）**反应机理**（**substitution nucleophilic bimolecular reaction mechanism**），其中受体羟基从一侧进攻尿苷二磷酸 - 半乳糖（UDP-Gal）的异头碳原子，而尿苷二磷酸（UDP）则从另一侧离开（图 6.5A）。此类酶中通常具有天冬氨酸、谷氨酸或组氨酸残基，酶的侧链用于使进入其中的、作为广义碱（general base）的受体羟基部分去质子化，使其成为更好的亲核体（如在图 6.6 中所示的 β1-4 半乳糖基转移酶）。研究人员已经解析出其他具有 **GT-B 折叠**（**GT-B fold**）的构型反转型糖基转移酶的蛋白质结构，在这些蛋白质中似乎缺乏此类碱。在这些情况下，研究人员已经提出了一种由水介导的**质子穿梭机理**（**proton-shuttle mechanism**）以实现所需的受体去质子化。此外，这些酶有助于促进**离去基团**（**leaving group，LG**）的离开。在 GT-A 型糖基转移酶中，与天冬氨酸 -X- 天冬氨酸（DXD）基序结合的金属离子，通常位于与二磷酸基团相互作用的位置。在供体底物的糖 - 磷酸键断裂期间，带正电荷的金属离子可用于稳定在尿苷二磷酸离去基团的末端磷酸分子上额外产生的负电荷，使体系保持电中性（图 6.6）。在少数不依赖金属离子的 GT-A 型糖基转移酶中，带正电荷的侧链可以稳定离去基团，一些具有 GT-B 折叠的酶也使用此种策略。

尽管对**构型保留型糖基转移酶**（**retaining glycosyltransferase**）所使用的催化机理仍然众说纷纭，但研究人员基于糖苷酶机理的初始催化模型（见下文），提出了一种**双置换机理**（**double-displacement mechanism**）（图 6.5B）。在这种情况下，酶活性位点中的亲核体（如天冬氨酸或谷氨酸侧链），通过反转端基差向异构构型进行第一次攻击，然后在形成的**糖基 - 酶中间体**（**glycosyl-enzyme intermediate**）上进行第二次攻击与反转，最终立体化学获得了整体保留。然而，研究人员尚未鉴定出构型保留型糖基转移酶中与酶相关的催化亲核体，并且捕获和研究糖基转移酶共价反应中间体的尝试也尚未明确支持该催化机理。因此，虽然目前还无法简单忽视“双置换”机理和（或）该机理可能仅适用于特定的糖基转移酶家族，但研究人员已经提出了其他解释构型保留型糖基转移酶催化过程的机理。在某些情况下，构型保留型糖基转移酶似乎将受体的羟基亲核体定位在供体核苷酸的 β- 磷酸基团附近。据此研究人员提出，供体磷酸基团进行了**底物辅助受体去质子化**（**substrate-assisted acceptor deprotonation**），该过程遵循**同侧 / 前侧解离机理**（**dissociative，same/front-side mechanism**），其中离去基团将亲核受体“引导”至异头碳的同一侧，从而使产生的糖苷键保留了异头构型（图 6.5C）。这种 **S_Ni 或类 S_Ni 机理**（**S_Ni/S_Ni-like mechanism**）得到了计算模型的支持，在特定情况下，对过渡态类似物抑制剂复合物的动力学分析和 X 射线晶体结构解析也支持这一机理。

在大量结构和酶动力学分析的基础上，研究人员已经确定了构型反转型糖苷酶通过单一的 S_N2 置换机理进行（图 6.5A），而构型保留型糖苷酶则使用涉及共价的糖基 - 酶中间体的双置换机理进行（图 6.5B）。

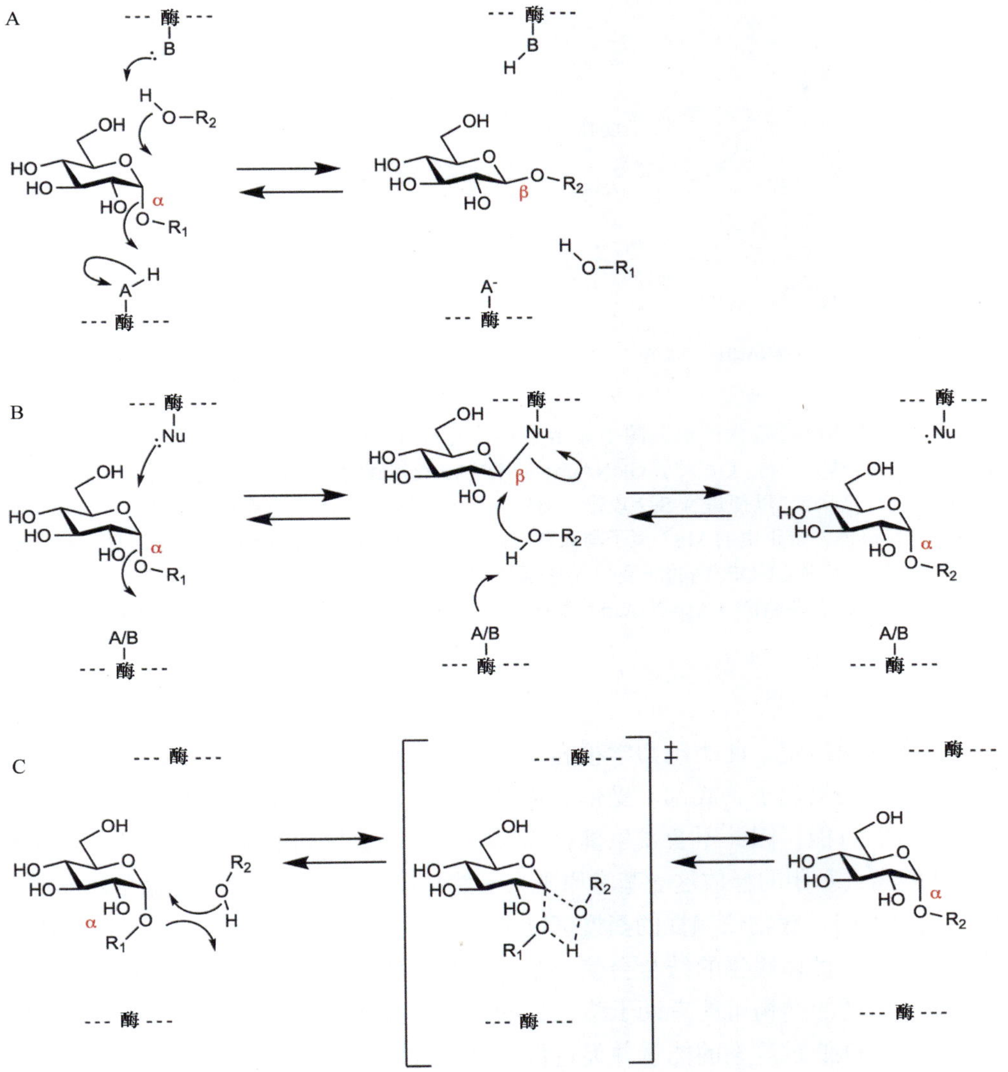

图 6.5　构型反转和构型保留的催化机理示意图。 A. 受体对供体的 S_N2 攻击，导致供体糖 C1（异头碳）处的立体化学发生反转。对于糖苷酶的反应，R_2 对应于质子（即水作为亲核体攻击），R_1 是糖苷的剩余部分（即糖苷配基）。A 和 B 代表酶催化位点中常见的酸性和碱性基团。对于糖基转移酶的反应，R_2 对应于受体底物的其余部分，R_1 通常是供体底物的核苷一磷酸或核苷二磷酸部分。对糖基转移反应而言，通常不需要常见的酸性 / 碱性残基，而是由其他有助于离去基团发生离去的机理发挥作用（见正文）。B. 该催化机理仅在糖苷酶中出现，即所谓的“双置换”机理，涉及由糖基 - 酶（glycosyl-enzyme）中间体分隔开的、两个连续的 S_N2 反应，导致在端基差向异构 C1 处的构型获得了保留。对于糖苷酶反应，R_1 对应于糖苷 / 糖苷配基的其余部分，R_2 对应于一个质子。对于糖基转移酶，R_1 则对应于离去基团，R_2 对应于受体。第一个 S_N2 反应中亲核体的残基用 Nu 表示。C. S_Ni 或类 S_Ni 的同侧 / 前侧解离机理，其中离去基团将亲核受体“引导”至异头碳的同一面，从而保留了异头构型。研究人员已经提出由供体离去基团的 β- 磷酸酯进行的底物辅助受体去质子化过程。对于糖基转移酶，R_1 对应于离去基团（因此负责引导的氧来自磷酸基团），R_2 则对应于受体。

在双置换机理中，酶活性位点的天冬氨酸或谷氨酸侧链负责进行第一次攻击和反转，随后是在糖基 - 酶中间体上由水介导的第二次攻击和反转，最终获得立体化学的整体保留。通过使用基于机理的抑制剂，糖基酶中间体已被研究人员捕获，并且通过 X 射线晶体学对多种糖苷酶进行了研究。

许多糖基转移酶已被证明具有**双 - 双连续动力学机理（bi-bi sequential kinetic mechanism）**，其中供体底物在受体底物之前与糖基转移酶结合，且糖基化受体在核苷一磷酸或核苷二磷酸形成之前即完成释

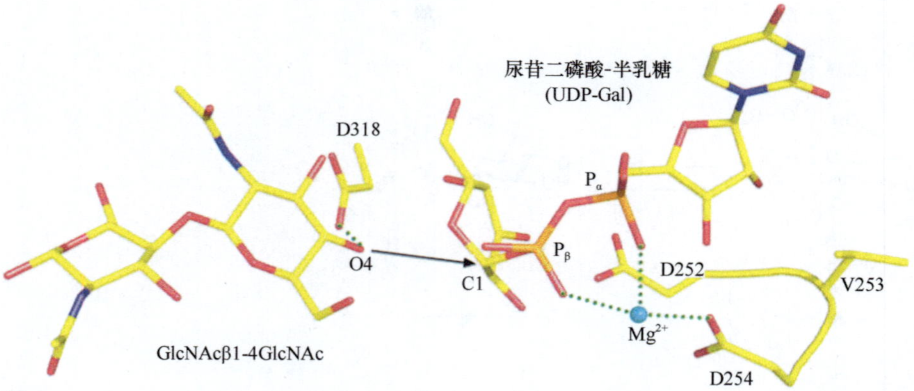

图 6.6 牛 β1-4 半乳糖基转移酶的催化位点。图中显示了供体复合物（PDB 编号：1TW1）与受体复合物（PDB 编号：1TW5）叠加后选定表示的残基 / 原子。O4 表示 GlcNAcβ1-4GlcNAc 受体底物的 C4 羟基，与尿苷二磷酸 - 半乳糖（UDP-Gal）供体底物的 C1 同轴排列（箭头），以便进行 S_N2 攻击。318 位天冬氨酸（D318）的羧酸盐形式可作为碱，使 C4 羟基部分去质子化，成为更好的亲核体。带正电的 Mg^{2+} 离子与尿苷二磷酸（UDP）离去基团的两个磷酸基团配位，通过稳定离去基团 P_β 上产生的额外负电荷，促进 C1-OP_β 键的断裂。天冬氨酸 - 缬氨酸 - 天冬氨酸（D252-V253-D254）对应于牛 β1-4 半乳糖基转移酶中的天冬氨酸 -X- 天冬氨酸（Asp-X-Asp）基序。氨基酸缩写：天冬氨酸（D），缬氨酸（V）。数字代表氨基酸序列中的编号。

放，具体情况依具体反应而定。此类动力学很容易用结构模型加以解释，其中活性位点代表了一个较深的催化口袋，核苷酸糖底物位于其底部，受体底物堆叠在顶部。如果受体底物首先结合，它将在空间上排除与供体底物结合的可能，因此不会发生催化作用。由于堆叠排列的存在，还需要遵循糖基化产物的释放必须先于核苷酸离去基团的释放这一基本原则。虽然与该模型基本一致，但糖基转移酶 - 底物复合物的 X 射线晶体结构也表明，底物依赖性的**柔性环肽链定序（flexible loop ordering）**是糖基转移酶的一个共同特征。通常情况下，供体底物的结合会使一个或多个环肽链有序化，而环肽链又会促进受体底物的结合。此外，理顺环肽链的结构可能有助于将大量的水排除在活性位点之外，这是大多数酶用来创造活性位点环境的策略，以降低过渡态的能量并促进催化过程。对于糖基转移酶而言，该过程也有助于去除作为竞争性水解亲核体的水分子，从而有利于受体底物的结合。

6.7 硫酸化和其他修饰

磺基转移酶（sulfotransferase）是在细胞质和高尔基体中发现的一个庞大的酶家族。磺基转移酶在糖胺聚糖的产生（**第 17 章**），以及 L 选凝素配体、聚糖及淋巴细胞在穿越淋巴结高内皮小静脉时所需的糖复合物的形成等生命过程中发挥着极其重要的作用（**第 34 章**）。所有磺基转移酶都使用 **3′- 磷酸腺苷 -5′- 磷酰硫酸（3′-phosphoadenosine-5′-phosphosulfate，PAPS）**作为硫酸基团供体（**第 5 章**）。尽管磺基转移酶之间的序列相似性可能极低，但它们都具有保守的序列基序，负责结合 3′- 磷酸腺苷 -5′- 磷酰硫酸中位于的 5′ 和 3′ 位置的磷酸基团。此外，迄今为止所有已完成结构分析的磺基转移酶都具有相同的基本结构。这类酶通过**类 S_N2 反应机理（S_N2-like mechanism）**进行催化，受体的羟基对硫酸基团进行同轴攻击；应该注意的是，硫的取代和碳的取代在机理上可能迥然不同。结构研究和突变试验表明，组氨酸残基被用于激活羟基亲核体，而赖氨酸残基则有助于稳定离去基团 **3′- 磷酸腺苷 -5′- 磷酸（3′-phosphoadenosine 5′-phosphate，PAP）**。有趣的是，保守的丝氨酸残基似乎参与调节了这些酶的活性，以防止在没有受体底物的情况下 3′- 磷酸腺苷 -5′- 磷酰硫酸（PAPS）的水解，这是另一个示例，以说明酶需要对在反应中竞争

的水分子加以控制。

腺苷三磷酸依赖性激酶（ATP-dependent kinase）对糖残基的**磷酸化（phosphorylation）**可发生在蛋白聚糖中 *O*- 木糖的 C-2 位（**第 17 章**）；也可以在 α- 抗肌萎缩蛋白聚糖（α-dystroglycan）中的 *O*- 甘露糖发生进一步的糖基化后，在该甘露糖的 C-6 位产生（**第 13 章**）。**磷酸糖基化（phosphoglycosylation）**又称**糖磷酸化（glycophosphorylation）**，是一种糖磷酸基（sugar phosphyl）从核苷酸糖供体直接转移到蛋白质丝氨酸残基上的过程。例如，*N*- 乙酰葡萄糖胺 - 磷酸 - 丝氨酸（GlcNAc-P-Ser）和甘露糖 - 磷酸 - 丝氨酸（Man-P-Ser）修饰，分别发生在**网柄菌属（*Dictyostelium*）**和**利什曼原虫属（*Leishmania*）**中。在真核细胞中，溶酶体酶中 *N*- 聚糖上的甘露糖 -6- 磷酸（Man-6-P）的形成，通过两步过程发生，该磷酸化修饰以尿苷二磷酸 -*N*- 乙酰葡萄糖胺（UDP-GlcNAc）作为磷酸供体。在第一步中，*N*- 乙酰葡萄糖胺 -1- 磷酸转移酶（GlcNAc-1-phosphotransferase）使用尿苷二磷酸 -*N*- 乙酰葡萄糖胺（UDP-GlcNAc），生成 *N*- 聚糖中的糖链结构 GlcNAcα1-P-6-Manα1-R（R 表示其余糖链结构）；在第二步中，*N*- 乙酰葡萄糖胺部分被第二种酶去除，最终生成 *N*- 聚糖中的糖链结构 P-6-Manα1-R（**第 33 章**）。

聚糖的 ***O*- 乙酰化（*O*-acetylation）**发生在细菌和植物中，唾液酸的 *O*- 乙酰化存在于细菌、寄生虫和脊椎动物中。一种植物乙酰转移酶的结构表明，该酶使用**催化三联体机理（catalytic triad mechanism）**和双置换机理进行乙酰基转移，与酯酶和丝氨酸蛋白酶的催化机理类似。CASD1 蛋白是人体内的唾液酸 *O*- 乙酰转移酶（sialate *O*-acetyltransferase，SOAT），是一种具有球状膜外催化结构域的多跨膜蛋白。该酶将乙酰基从**乙酰辅酶 A（acetyl coenzyme A，acetyl-CoA）**转移到胞苷一磷酸 -*N*- 乙酰神经氨酸（CMP-Neu5Ac）。因此，正是唾液酰基转移酶介导的 9-*O*- 乙酰化唾液酸向受体底物的糖基转移，导致了 9-*O*- 乙酰化糖复合物的形成。9-*O*- 乙酰化唾液酸在 CD22 信号转导中发挥作用，该过程受到唾液酸 9-*O*- 乙酰酯酶（sialate 9-*O*-acetylesterase，SIAE）的反向调控；它还可以作为丙型流感病毒和许多冠状病毒的受体或辅助受体。在肝素 / 硫酸乙酰肝素的形成（**第 17 章**）、脂多糖的组装（**第 21 章、第 22 章**）和糖基磷脂酰肌醇锚的合成（**第 12 章**）期间，还可以发生 *N*- 乙酰葡萄糖胺（GlcNAc）残基向葡萄糖胺（GlcN）的 ***N*- 去乙酰化（*N*-deacetylation）**转化。细菌中催化该反应的酶具有锌离子依赖性，但研究人员尚未对脊椎动物的 *N*- 脱乙酰酶进行深入研究。*N*- 乙酰神经氨酸（Neu5Ac）（最常见的唾液酸）的 *N*- 去乙酰化也有报道（**第 15 章**）。

最后，聚糖可以通过许多其他方式进行修饰，包括丙酮酰化（如 *N*- 乙酰胞壁酸的形成过程中；**第 21 章、第 22 章**）、添加磷酸乙醇胺（如糖基磷脂酰肌醇锚的合成过程中；**第 12 章**），以及微生物聚糖中的烷基化、脱氧和卤化。所有这些反应都由独特的转移酶或氧化还原酶催化，共同构成了多个活跃的研究领域。

致谢

感谢大卫 · 沃卡德罗（David Vocadlo）、迈克 · 弗格森（Mike Ferguson）、苏珊 · 贝利斯（Susan Bellis）和冈岛徹也（Tetsuya Okajima）的有益评论及建议。

延伸阅读

Roseman S. 2001. Reflections on glycobiology. *J Biol Chem* **276**: 41527-41542.

Lairson LL, Henrissat B, Davies GJ, Withers SG. 2008. Glycosyltransferases: structures, functions, and mechanisms. *Annu Rev Biochem* **77**: 521-555.

Schwarz F, Aebi M. 2011. Mechanisms and principles of N-linked protein glycosylation. *Curr Opin Struct Biol* **21**: 576-582.

Bennett EP, Mandel U, Clausen H, Gerken TA, Fritz TA, Tabak LA. 2012. Control of mucin-type O-glycosylation: a classification of the polypeptide GalNAc-transferase gene family. *Glycobiology* **22**: 736-756.

Hurtado-Guerrero R, Davies GJ. 2012. Recent structural and mechanistic insights into post-translational enzymatic glycosylation. *Curr Opin Chem Biol* **16**: 479-487.

Albesa-Jové D, Giganti D, Jackson M, Alzari PM, Guerin ME. 2014. Structure-function relationships of membrane-associated GT-B glycosyltransferases. *Glycobiology* **24**: 108-124.

Janetzko J, Walker S. 2014. The making of a sweet modification: structure and function of O-GlcNAc transferase. *J Biol Chem* **289**: 34424-34432.

Speciale G, Thompson AJ, Davies GJ, Williams SJ. 2014. Dissecting conformational contributions to glycosidase catalysis and inhibition. *Curr Opin Struct Biol* **28**: 1-13.

Moremen KW, Haltiwanger RS. 2019. Emerging structural insights into glycosyltransferase-mediated synthesis of glycans. *Nat Chem Biol* **15**: 853-864.

Bai L, Li H. 2020. Protein N-glycosylation and O-mannosylation are catalyzed by two evolutionarily related GT-C glycosyltransferases. *Curr Opin Struct Biol* **68**: 66-73.

Taujale R, Venkat A, Huang L-C, Yeung W, Rasheed K, Edison AS, Moremen KW, Kannan N. 2020. Deep evolutionary analysis reveals the design principles of fold A glycosyltransferases. *eLife* **9**: e54532.

第 7 章

聚糖的生物学功能

帕斯卡 · 加纽克斯（Pascal Gagneux），蒂埃里 · 亨内特（Thierry Hennet），阿吉特 · 瓦尔基（Ajit Varki）

7.1 一般原则 / 75
7.2 实验改变糖基化带来多样的生物学后果 / 76
7.3 聚糖的结构性功能 / 77
7.4 聚糖作为信息载体：细胞 - 细胞相互作用的特异性配体（内源性识别）/ 77
7.5 聚糖作为细胞 - 微生物相互作用的特异性配体（外源性识别）/ 79
7.6 宿主聚糖的分子模拟及病原体与宿主的聚糖骗局 / 79
7.7 同一种聚糖在生物体内可以具有不同的功能 / 80
7.8 糖基化的物种内和物种间变异 / 80
7.9 糖链末端序列、修饰和异常结构的潜在重要性 / 81
7.10 是否存在“垃圾”聚糖？/ 81
7.11 阐明聚糖特定生物学功能的方法 / 81
致谢 / 85
延伸阅读 / 85

本章概述了聚糖的三大生物学功能：①在细胞内、细胞上和细胞外的结构作用；②包括营养物质的储藏和封存在内的能量代谢；③作为信息载体，最常见的是通过内源性或外源性的聚糖结合蛋白所进行的特异性识别。随后，本章介绍了一些理解和进一步探索聚糖生物学功能的一般原则。详情请参阅本章中引用的资料和其他章节。

7.1 一般原则

与其他主要类别的大分子一样，聚糖的生物学功能范围很广，既包括不易察觉的细微功能，也包括对合成它们的生物体的发育、生长、维持或生存至关重要的关键功能。对许多聚糖而言，其具体的功能尚不明显。相同的聚糖也可能具有不同的功能，取决于它所连接的糖苷配基（蛋白质或脂质）。多年来，人们提出了关于聚糖生物学作用的诸多理论。尽管有证据支持所有的理论，但也可以在每个理论中找到例外情况。鉴于自然界中聚糖的丰富多样，这一发现不足为奇。聚糖功能的复杂性的另一个原因在于，聚糖经常与微生物和微生物毒素结合，使其对合成它们的生物体产生不利影响。

聚糖的生物学功能可分为三大类。①结构贡献。例如，作为细胞外支架的细胞壁和细胞外基质，作为蛋白质折叠和功能中的结构支撑。②能量代谢。例如，碳水化合物作为碳源，用于储存能量、操控动物行为，或用于植物的授粉与种子传播。③信息载体。例如，由**聚糖结合蛋白（glycan binding protein，GBP）**识别的**分子模式（molecular pattern）**（图 7.1）。聚糖结合蛋白可分为两类：①**内源性聚糖结合蛋

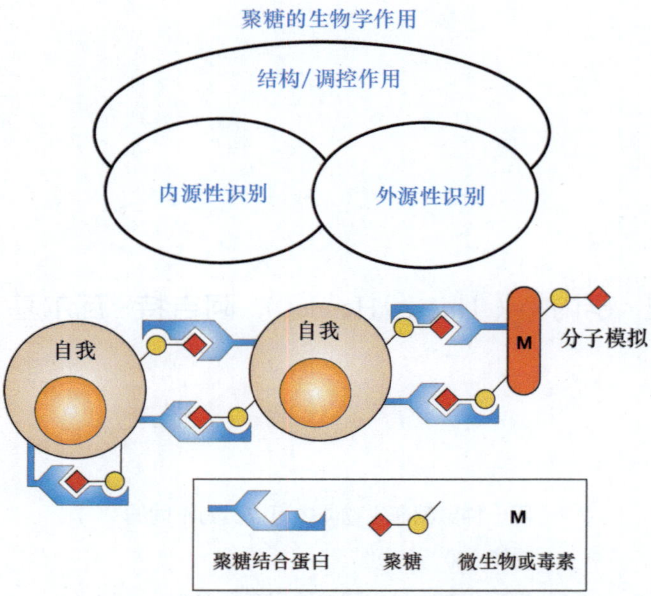

图 7.1 聚糖生物学功能的一般分类。这里提出了一种简化和广义的分类方法，强调了生物体内源性和外源性聚糖结合蛋白在识别聚糖中的作用。分类中的各组之间存在部分重叠（例如，一些结构特性涉及聚糖的特异性识别）。在图的下半部分，内源性识别由位于中心的“自我”细胞与左侧显示的细胞之间的结合过程来表示，而外源性识别则由该细胞右侧显示的结合过程来表示。［更新并重绘自文献 Gagneux P，Varki A. 1999. *Glycobiology* 9：747-755，经牛津大学出版社（Oxford University Press）许可］。

白（intrinsic GBP），可识别来自同一生物体的聚糖；②**外源性聚糖结合蛋白**（extrinsic GBP），可识别来自另一个生物体的聚糖。内源性聚糖结合蛋白通常介导细胞 - 细胞之间的相互作用或识别细胞外分子，但它们也可以识别同一细胞表面糖萼上的聚糖。外源性聚糖结合蛋白包括致病性微生物黏附蛋白、凝集素或毒素，它们为定植或入侵宿主进化而产生，但也包括了介导共生关系的蛋白质，或是针对微生物聚糖进行宿主防御的蛋白质。内源性和外源性聚糖识别也可以作为相反的**选择压力**（selective force），各自同时制约和驱动着进化演化（**第 20 章**），这可能是自然界中聚糖巨大多样性的成因。多样性的进一步产生，是因为微生物病原体也参与了**“分子模拟”**（molecular mimicry），通过用宿主典型的聚糖装饰自己来逃避免疫反应，甚至在**“聚糖骗局”**（glycan gimmickry）过程中调节宿主免疫，以提高自身的耐受性。最后，大多数微生物本身也是病原体的靶标，这些病原体（如侵入细菌的噬菌体）使用微生物聚糖进行附着和感染。

基于现有文献，研究人员总结了其他的一般原则。在各种系统中通过实验改变糖基化，其生物学后果似乎高度可变且不可预测。此外，在不同的组织中、在发育的不同时期（生物体的内源性功能），或在不同的环境背景（生物体的外源性功能）下，特定的聚糖可能具有不同的作用。简要而言，聚糖的末端序列、不寻常的结构和特定修饰，更有可能在生物体中负责介导特定的生物学功能。然而，这些聚糖或其修饰也更有可能成为病原体和毒素的靶标。或许正因如此，糖基化的**物种内变异**（intraspecies variation）和**物种间变异**（interspecies variation）相对普遍，至少自然界中聚糖的某些多样性可能代表了过去或当下宿主 - 病原体之间、宿主 - 共生菌之间共生相互作用的特征（**第 20 章**）。最后，糖基化的遗传缺陷很容易在体外培养的细胞中获得，但其生物学后果往往有限。相比之下，相同的缺陷通常会对完整生物体产生重大的，甚至是灾难性的后果。这一概述表明，聚糖的诸多功能主要在完整的多细胞生物体内发挥作用。下面将简要讨论其中的一些原则。

7.2 实验改变糖基化带来多样的生物学后果

阐明聚糖生物学作用的实验方法包括阻止初始糖基化、阻止聚糖链的延长、改变聚糖的加工过程、对已完成的糖链进行酶促或化学去糖基化、糖基化位点的遗传学消除、添加非天然单糖，以及对糖基化酶的突变体和天然产生的遗传变异进行研究。此类操作导致的结果范围可能覆盖了从基本检测不到变化，到特定功能的完全丧失，乃至带有异变聚糖的整个糖复合物的丢失。即使在特定类别的分子（如细胞表面受体）中，改变糖基化后的效果也是多变且不可预测的。此外，相同的糖基化变化在不同的细胞类型中，以及在**体内研究**（*in vitro*）或**体外研究**（*in vivo*）时所产生的效果，也可能具有显著不同。这些效果可能取决于聚糖的结构、生物环境（包括与同源聚糖受体之间的相互作用）、聚糖结合蛋白，以及特定的生物学功能。综合考量上述因素，很难对特定糖复合物上的特定聚糖可能介导的功能及其对生物体的相对重要性进行预测。

7.3 聚糖的结构性功能

聚糖具有多种保护、稳定、组织架构（organization）和屏障功能。覆盖所有真核细胞的**糖萼（glycocalyx）**和各种原核生物的多糖外衣，形成了一个实质性的物理屏障。纤维素（cellulose）为植物的细胞壁提供了材料，而壳多糖（chitin）在真菌中发挥着这一作用。节肢动物进化出富含壳多糖的抗性外骨骼。纤维素和壳多糖是地球上最丰富的两种生物聚合物。在多细胞生物中，基质分子中的聚糖成分（如蛋白聚糖）对于维持组织结构（tissue structure）、孔隙度和完整性非常重要。此类分子中还包含了其他特定聚糖的结合位点，这反过来又有助于基质整体的组织架构。大多数位于糖蛋白外端的聚糖链可以提供总体屏障，如黏蛋白可以保护底层多肽不被蛋白酶识别；病毒糖蛋白可以阻断与抗体的结合；在一些生物学场景下，黏蛋白甚至可以保护整个组织表面免受微生物的附着。

聚糖的另一个结构性作用是它们参与了在内质网中新合成多肽的折叠和（或）随后对蛋白质的溶解度及构象的保持（**第 39 章**）。事实上，当某些蛋白质被错误地糖基化时，它们可能无法正确折叠和（或）离开内质网。这种错误折叠的糖蛋白可以被转移到细胞质中，从而在蛋白酶体中降解。相反，有些糖蛋白的合成、折叠、运输、对蛋白水解的敏感性或免疫识别似乎不受糖基化改变的影响。此外，仅影响聚糖加工后期步骤的抑制剂（**第 55 章**）或基因突变（**第 45 章**），通常也不会干扰聚糖基本的结构性功能。尽管聚糖的结构性功能对完整生物体的重要性显而易见，但它们并不能用于解释这一类多样而复杂的分子进化过程。

聚糖的另一个结构性功能是充当生物中重要分子的保护性储存库（“海绵块”）。例如，许多与肝素结合的生长因子（**第 17 章、第 38 章**）能够与细胞外基质中的糖胺聚糖链结合，这些聚糖毗邻需要刺激的细胞（例如，位于上皮细胞和内皮细胞下面的基底膜）。聚糖可以防止这些因子从分泌部位扩散，有时也可用于产生**形态发生梯度（morphogenic gradient）**，保护这些因子免受非特异性蛋白酶的水解，延长它们的活性寿命，并允许其在特定的条件下进行释放。同样，分泌颗粒（secretory granule）中的糖胺聚糖链可以结合和保护颗粒中的蛋白质内容物并调节其功能。在其他几种情况中，聚糖充当水、离子和免疫调节蛋白等重要生物分子的储槽或仓库。大多数聚糖定位在细胞质膜的脂外层（outer leaflet）上，这种定位的不对称性可能有助于产生细胞内囊泡破裂的信号，破裂后暴露出的聚糖可被细胞质中的凝集素（如半乳凝集素）检测，并触发自噬（autophagy）。

包括植物中的淀粉和纤维素、动物中的糖原在内的糖类聚合物，可以在营养储藏和封存中发挥重要作用。此类聚合物内部的化学连键是否对内源酶或外源酶的消化能力具有相对抗性，决定了这些聚糖应当被视为结构性成分，还是应当被视为一种营养封存的机制。开花植物已经进化出基于聚糖的重要策略，通过向传粉者和种子散播者提供富含蔗糖的奖励物质（花蜜和果实）来利用动物行为。许多动物物种（蜜蜂和蜜罐蚁）也已经二次进化出一些策略，以储存收集而来的花蜜。开花植物还进化出了各种方法，将淀粉和其他多糖营养物质储存在种子的胚乳中，为子代提供竞争优势。

7.4 聚糖作为信息载体：细胞 - 细胞相互作用的特异性配体（内源性识别）

在脊椎动物中最早发现的内源性动物聚糖受体（即聚糖结合蛋白）是那些介导可溶性血浆糖蛋白清除、周转和细胞内运输的受体（**第 33 章、第 34 章**），这些受体能够特异性识别血液循环糖蛋白上的某些末端或亚末端聚糖。研究人员对甘露糖 -6- 磷酸（Man-6-P）在溶酶体酶向溶酶体的细胞内运输中的作用业已明晰（**第 33 章**），然而，即使对该体系的研究极其精准，仍然存在例外情况。甘露糖 -6- 磷酸化在某些细胞类型的溶酶体酶运输中并非必需，它在某些“低等”真核生物中也无法发挥作用。此外，还有一些识别特定聚糖序列的内吞受体，其功能尚待确定。有几个实例表明，**游离聚糖（free glycan）**可能具有类似激素的作用，以结构特异性的方式诱导特定反应。具体示例包括来自细菌和真菌共生体的小型聚糖——脂质壳寡糖（lipochitooligosaccharide）与植物根系的聚糖结合蛋白之间的相互作用（**第 40 章**），以及在哺乳动物系统中可被聚糖结合蛋白识别的透明质酸片段的生物活性（**第 16 章**），二者均能够以聚糖尺寸依赖性和结构依赖性的方式诱导生物学响应。同样，某些细胞类型释放出的游离的硫酸乙酰肝素或硫酸皮肤素片段，可以在伤口愈合等情况下产生生物学效应。在许多此类示例中，这些聚糖分子的推定聚糖结合蛋白受体（putative GBP receptor）及其确切的结合机制仍然有待确认。

现已知晓，聚糖在细胞 - 细胞识别和细胞 - 基质相互作用中，具有多种承载特定信息的生物学作用。一个已被深入研究的例子是黏附分子中的**选凝素家族（selectin family）**。这些细胞表面蛋白可以识别配体上的聚糖，并且在各种正常和病理情况下，介导血细胞和血管细胞之间的关键相互作用；同时它们也参与了胚胎在子宫内膜上的植入过程（**第 34 章**）。细胞表面的聚糖和聚糖结合蛋白，能够与基质中的分子发生特异性相互作用，甚至与同一细胞表面上的聚糖发生**顺式相互作用（*cis* interaction）**。一些关键的识别位点实际上是聚糖和蛋白质的组合。例如，P 选凝素（P-selectin）仅在 P 选凝素糖蛋白配体 -1（P-selectin glycoprotein ligand-1，PSGL-1）氨基末端的 13 个氨基酸存在的情况下（其中包含了识别所必需的硫酸化酪氨酸残基），才能以高亲和力识别通用的选凝素配体——**唾液酸化 Lewis x 聚糖（sialyl Lewis x）**（**第 34 章**）。细胞表面受体，如**唾液酸结合免疫球蛋白样凝集素（sialic acid-binding immunoglobulin-like lectin, Siglec）**上的聚糖结合位点，可以被同一细胞表面的**同源聚糖（cognate glycan）**掩盖或“阻断”，使其无法识别外部的配体（**第 35 章**）。另外，一些聚糖可以充当**“生物掩蔽物”（biological mask）**，以阻止对聚糖链中底层糖残基的识别。例如，唾液酸可以掩盖半乳凝集素或其他聚糖结合蛋白对糖链底层 β- 半乳糖苷的识别。

碳水化合物之间的相互作用也可以具有特定的生物学功能。一个典型的例子是海洋生物海绵（marine sponge）之间的物种特异性相互作用，该作用由聚糖在一种大型细胞表面糖蛋白上的**同型结合（homotypic binding）**介导，这可能表明糖基化对于多细胞体的进化至关重要。另一个例子是小鼠胚胎在桑椹胚阶段的紧密化（compaction），该过程似乎由同种聚糖 Lewis x-Lewis x 之间的相互作用促成。这种相互作用的单一位点**亲和力（affinity）**通常很弱，因此难以测量。然而，如果分子以非常高的拷贝数存在，大量相对低亲和力的相互作用可以协同产生具有高**亲合力（avidity）**的“魔术贴”效应，足以介导生物学相关的相互作用。

糖基化还可以调节蛋白质之间的相互作用。一些生长因子受体在通过高尔基体时，以依赖糖基化的方式获得结合能力。这可能限制了新合成的受体与在同一细胞中合成的生长因子之间不必要的早期相互作用。多肽的糖基化也可以介导**开关效应（on-off switching effect）**。例如，当名为 β- 人绒毛膜促性腺激素（β-human chorionic gonadotrophin）的一种激素被去糖基化时，它仍能够采用相似的亲和力与其受体结合，但它无法刺激腺苷酸环化酶（adenylate cyclase）。大多数情况下，糖基化的作用是不完全的，也就是说，糖基化似乎是在“调整”蛋白质的主要功能，而不是完全地打开或关闭它。例如，一些糖基化的生长因子和激素的活性，可以在很宽的范围内通过改变它们的糖基化程度和类型进行调节。此外，相同的抗体可以根据其 Fc 结构域中 *N*- 聚糖的精确结构，介导不同的生物学效应。当通过生物技术生产重组糖蛋白分子时，这一点变得尤为明显，依照所使用的细胞表达系统（细菌、酵母、昆虫、非人类哺乳动物或人类）的不同进化历史，这些抗体具有不同的糖基化模式。

Fringe 糖基转移酶（Fringe glycosyltransferase）可以对 Notch 蛋白 - 配体之间的相互作用进行复杂调节，进而调谐顺式（*cis*）和反式（*trans*）配体之间的相互作用，这是特定聚糖修饰的信息内容对发育具有重要性的一个典型示例（**第 13 章**）。另一个引人注目的例子是**多唾液酸（polysialic acid，polySia）**链对神经细胞黏附分子（neural cell adhesion molecule，NCAM）的作用。这种黏附受体通常介导神经细胞之间的同嗜性结合（homophilic binding）。在胚胎状态或其他神经“可塑”状态下，多唾液酸链往往很长，因此会干扰同嗜性结合（**第 15 章**）。在某些其他示例中，生物学功能可以通过连接到其他相邻结构的聚糖加以调谐。例如，胚胎中神经细胞黏附分子上的多唾液酸，可以干扰其他不相关的受体 - 配体对的相互作用，该过程仅需多唾液酸对细胞进行物理隔离即可实现。此外，表皮生长因子（epidermal growth factor，EGF）和胰岛素受体的酪氨酸磷酸化，可以通过内源性细胞表面的**神经节苷脂（ganglioside）**进行调节，可能是通过将它们组织形成**膜微区（membrane microdomain）**得以实现（**第 11 章**）。尽管后一种作用的确切机理尚不明晰，但神经节苷脂上需要确定的聚糖序列，由此暗示了调节过程的特异性。由于聚糖的此类“调谐”作用大多数是局部的，因此它们的整体重要性往往受到质疑。然而，几个这样的局部效应的总和，可能会对最终的生物学结果产生巨大影响。因此，当使用来自典型基因组的基因产物（蛋白质）时，糖基化似乎是一种重要的机制，确保从一组有限的、可能存在的基本受体 - 配体相互作用中衍生出多样的重要功能。诚然，与大多数其他聚糖的功能一样，也可以从中找到例外。许多受体与配体之间的结合作用并不依赖于糖基化，还有多种多肽配体的结合和作用不受糖基化的显著影响。

7.5 聚糖作为细胞 - 微生物相互作用的特异性配体（外源性识别）

许多聚糖参与各种病毒、噬菌体、细菌和寄生虫的特异性识别，也是许多毒素的靶标（**第 37 章**）。由于病原体具有快速进化和持续选择的特点，它们通常对所涉及的聚糖序列具有出色的识别特异性。例如，许多病毒的血凝素能够特异性识别宿主唾液酸的类型、唾液酸上的修饰，以及唾液酸与底层糖链之间的糖苷键。同样，各种毒素与某些神经节苷脂具有很强的结合特异性，但并不与蛋白质上存在的、相同的聚糖表位结合（**第 11 章、第 37 章**）。结构特异性对于这些聚糖功能的重要性毋庸置疑。事实上，该过程中涉及的一些微生物结合蛋白已被用作分子探针，用于研究其同源聚糖的表达。然而，提供这样的“指路标”来帮助病原微生物获得成功，对于合成这种聚糖的生物体而言并没有什么明显的价值。为了应对这种有害后果，一些生物体还进化出了掩蔽或修饰那些被微生物或毒素识别的聚糖的能力。同时，可溶性糖复合物（如分泌的黏蛋白）上的聚糖序列，可以充当微生物和寄生虫的诱饵（decoy）。因此，那些进化出能够与黏膜细胞膜结合的病原体或毒素，可能首先遭遇到附着在可溶性黏蛋白上的同源配体，由于这些黏蛋白可以被冲刷清除，因此消除了病原体或毒素对黏蛋白下层细胞的危害。相反，共生则代表了由特定聚糖识别介导的情形，例如，动物肠腔中的一些共生细菌、固氮豆科植物中参与形成植物根瘤的细菌，以及树木和真菌之间的菌根共生（**第 40 章**）。许多**病原体相关分子模式（pathogen-associated molecular pattern，PAMP）**通常由外来聚糖和（或）聚糖模式（glycan pattern）组成，这些位于入侵微生物上的聚糖和（或）聚糖模式，可以被先天免疫细胞识别，并被特定受体，如 Toll 样受体（Toll-like receptor，TLR）和 C 型凝集素（C-type lectin）识别（**第 34 章**）。然而，同样重要的是，先天免疫机制在生物体内通过识别**自相关分子模式（self-associated molecular pattern，SAMP）**而得到控制。

7.6 宿主聚糖的分子模拟及病原体与宿主的聚糖骗局

侵入多细胞动物的病原体，有时会采用与宿主细胞表面相同或几乎相同的聚糖结构来装饰自己（**第**

42 章、**第 43 章**)。这些聚糖阻断了对底层抗原表位的识别，限制了免疫细胞补体系统的激活，还可以模拟宿主的自身相关分子模式，这些都是逃避宿主免疫应答的成功策略。病原体使出“浑身解数”进化出的这种分子模拟，包括直接或间接占用宿主的聚糖、向类似生物合成途径的**趋同进化**(**convergent evolution**)，甚至**横向基因转移**(**lateral gene transfer**)，这些进化选择并不奇怪。在某些情况下，病原体的影响会因自身免疫反应而加剧，这是由宿主对这些与自身抗原相似的抗原产生响应所导致。病原体和寄生虫也参与**聚糖骗局**(**glycan gimmickry**)，这里仅举几例：肠道共生体**脆弱拟杆菌**(***Bacteroides fragilis***)使用称为多糖 A(polysaccharide A)的五糖，诱导肠道免疫的耐受性状态；分枝杆菌的脂阿拉伯甘露聚糖(lipoarabinomannan，LAM)与宿主的**树突状细胞特异性细胞间黏附分子 -3- 捕获非整联蛋白**(**dendritic cell-specific intercellular adhesion molecule-3-grabbing nonintegrin，DC-SIGN**)结合，诱导了抑制性细胞因子白细胞介素 -10(interleukin-10，IL-10)的表达；寄生性蠕虫已经进化出许多方法，利用特定的免疫调节性聚糖来调控宿主对长期耐受的免疫应答。哺乳动物分泌的、可溶的乳寡糖(均为二糖乳糖的糖链延伸)提供了母体聚糖对婴儿体内微生物共生体或病原体进行跨代聚糖操控的示例。这些聚糖通过帮助婴儿肠道中的共生体和阻止致病微生物(细菌和病毒)而发挥强大的作用。

7.7 同一种聚糖在生物体内可以具有不同的功能

在不同发育阶段、不同组织中的不同糖复合物上某些聚糖的表达，意味着这些聚糖结构在同一生物体中具有各式各样的作用。例如，含有甘露糖 -6- 磷酸的聚糖最早在溶酶体酶上发现，参与了溶酶体运输(**第 33 章**)。然而现在已知，此类聚糖出现在一些明显不相关的蛋白质上，发挥着不同的功能。同样，对选凝素识别至关重要的唾液酸化岩藻糖基化的乳糖胺(**第 34 章**)，也出现在哺乳动物的多种不相关的细胞类型中；在胚胎神经系统的神经细胞黏附分子(NCAM)功能中起重要作用的多唾液酸链(**第 15 章**)，也在树突状细胞中表达的一种 G 蛋白偶联受体(G protein-coupled receptor GPCR)——CCR7 上出现，它们似乎对于将这些细胞靶向至淋巴结的过程分外重要。鉴于聚糖的添加过程在翻译后进行，这些观察结果理应不足为奇。一旦在生物体中表达了新的聚糖或聚糖修饰，聚糖几种不同的功能就可以在不同的组织、发育的不同时期独立进化。如果这些进化过程中的任何一种介导了对生存和繁殖有价值的功能，那么负责聚糖表达及其表达模式的遗传机制将在进化中保持保守性。聚糖这一双重功能的另一个示例是多细胞生物的免疫系统，能够将结构性聚糖片段识别为**危险 / 损伤相关分子模式**(**danger/damage-associated molecular pattern，DAMP**)。具体实例包括植物中的细胞壁碎片和脊椎动物中的透明质酸片段。

7.8 糖基化的物种内和物种间变异

主要聚糖类别的核心结构在许多物种中往往是保守的，例如，*N*- 聚糖的**核心结构**(**core structure**)在所有真核生物和至少一些古菌中都是保守的(**第 9 章**)。然而，即使在相对相似的物种中，聚糖链外侧的糖基化组成也可能存在着相当大的差异。聚糖结构的这种物种间变异表明，某些聚糖序列在它们表达的所有组织(tissue)和细胞类型中，并不具有基础性和普遍性作用。当然，这种多样性可能与物种间形态和功能的差异有关。这种变异也可能反映了暴露于不同的病原体环境而催生出的不同选择压力的结果。此外，尽管它们可能参与了寄生虫和宿主种群之间的相互作用(**第 20 章**)，但聚糖结构中仍能存在显著的**种内多态性**(**intraspecies polymorphism**)却没有明显的功能价值。

7.9　糖链末端序列、修饰和异常结构的潜在重要性

鉴于上述所有情况，预测哪些聚糖结构可能在生物体内介导了更为具体或关键的生物作用极具挑战。如上所述，末端糖序列、不寻常的结构或是聚糖的修饰，更有可能参与此类特定作用。由于这类分子实体也更有可能与微生物和其他潜在有害物质相互作用，因而降低了这些观察结果的预测价值。该问题进一步的复杂性源自聚糖结构的 **"微不均一性"（microheterogeneity）**（**第 20 章**），在同一物种中，相同蛋白质上的相同糖基化位点可以携带多种相关的聚糖结构（或根本不携带）。因此，我们面临的挑战是如何预测和梳理出在特定的细胞类型和生物体中，一个特定的聚糖结构可以被赋予哪些不同的功能。在病原体和宿主之间共同进化的"军备竞赛"中，病原体倾向于利用宿主难以改变的聚糖，即那些受宿主内源性功能制约的聚糖，并且由于宿主受到进化速度较慢和现有聚糖功能的制约，无法轻易地改变其自身的聚糖，因此这些聚糖的外源性和内源性功能势必会发生重叠。然而，在力所能及的范畴内，可以预期宿主会进化出微生物难以模拟的聚糖，如脊椎动物特有的唾液酸——*N*- 羟乙酰神经氨酸（Neu5Gc）（**第 15 章**）和硫酸化的糖胺聚糖（**第 17 章**），这些聚糖似乎尚未被原核生物重新利用。

7.10　是否存在"垃圾"聚糖？

由于结合聚糖的微生物和寄生虫与其多细胞的宿主平行进化，因此它们必须不断对其聚糖结合"库"进行调整，以适应由宿主呈现出的任何聚糖结构上的变化。同时，这些微生物中的每一种又都是其自身一系列寄生性病毒（噬菌体）的宿主，众所周知，它们利用微生物细胞表面的聚糖来实现感染。宿主（被微生物感染的多细胞生物，或被噬菌体感染的微生物）可能会对那些被寄生虫 / 寄生病毒所针对的聚糖结构进行全新修饰，尤其是当微生物同时在生物体内的其他地方进化出了重要功能时。这将限制对那些最新修饰发生时所在的底层聚糖链支架（scaffold）的保留，同时为宿主聚糖增添了更多的复杂性。这种微生物和宿主之间往复嵌套的进化相互作用循环，可能解释了在多细胞生物中，特别是在与微生物频繁接触的区域中所发现的一些复杂和延伸的糖链，如黏膜表面分泌的黏蛋白。通过这种方式，所谓的"垃圾"聚糖，即在当下没有**适应值（adaptive value）**①的聚糖得以积累起来，类似于"垃圾"DNA。一个重要的区别是，大部分垃圾 DNA 由能够复制的、自私的 DNA 元素组成，而聚糖不能编码自身的额外拷贝，因为它们的合成依赖于基因产物协调网络的活动。尽管这些具体的结构仍然具有结构性支架的功能，但在进化的特定时期，它们对于特定的细胞类型而言可能没有其他的特定作用。当然，它们将为未来的进化选择提供素材，无论是全新的生物体内源性功能，还是对全新病原体的选择性响应。此外，**中性漂移（neutral drift）**②（现在被认为是进化中的主要过程）可以解释一些明显的"垃圾"聚糖。聚糖合成过程中固有的微不均一性，可能会产生"中性噪声"（neutral noise），但这种噪声也可能对进化过程的灵活性有所助益。

7.11　阐明聚糖特定生物学功能的方法

聚糖的某些功能是偶然发现的。在其他一些情况下，研究人员已经阐明了特定聚糖的结构和生物合

---

① 又称达尔文适应值或适合度，指某一基因型个体与其他基因型个体相比时，能够存活并留下后代的能力，是一个用以衡量自然选择强弱的参数。

② 即中性突变与随机漂移理论（neutral mutation and random genetic drift theory），是分子进化的重要理论之一。其核心为：大部分对种群的遗传结构与进化有贡献的分子突变，在自然选择的意义上都是中性或近中性的，因而自然选择对这些突变并不起作用；中性突变的进化是随机漂移的过程，或被固定在种群中，或最终消失。

成的完整细节，却不知道它的功能何在。因此有必要设计试验，以区分每种聚糖所介导的功能究竟是微不足道还是至关重要。下文将讨论各种方法，并强调了每种方法的优缺点（在图 7.2 中以示意图的形式呈现）。

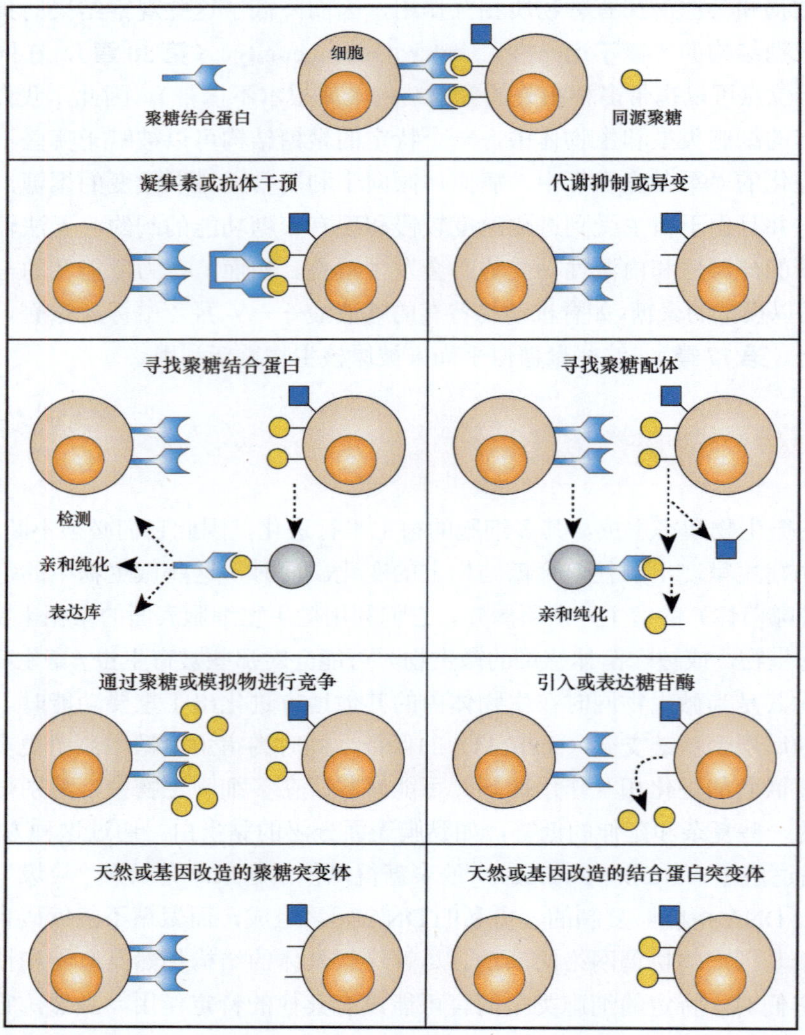

图 7.2 阐明聚糖生物学功能的方法。图中假设特定的生物学作用，由特定的聚糖结合蛋白与特定的聚糖结构之间的识别作用介导。可以通过各种不同的方法，获得该生物学作用的线索（关于每种方法的讨论，参见正文）。

7.11.1 使用聚糖识别探针对特定聚糖进行定位或干扰

目前许多了解聚糖多样性的方法（**第 50 章、第 51 章**）都涉及对给定器官或组织中发现的全部聚糖进行提取和鉴定，却对单个细胞类型甚至同一细胞的基底侧和顶端侧的聚糖表达模式可能存在巨大差异这一事实视而不见。可以使用高度特异性的**聚糖识别探针（glycan-recognizing probe，GRP）**（聚糖结合蛋白或抗体，参见**第 48 章**）来探索聚糖的细胞类型特异性定位。一旦特定聚糖定位在有趣的生物学环境中，研究人员自然而然地会考虑将同源聚糖识别探针引入完整系统，希望通过干扰特定的功能，从而产生可解释的表型。这种方法可能会对聚糖功能的阐释给出模棱两可的结果。一些聚糖结合探针（如针对聚糖的抗体）往往亲和力较弱，并且显示出交叉反应性。尽管某些植物凝集素似乎对动物聚糖的特异性非常好，但它们往往源自不包含相同配体的生物体。因此，当把它们引入复杂的动物生物系统时，它们的表观特异性可能并非那么可靠，因为在这些系统中，它们可能会结合未知的、交叉反应的聚糖。最后，大多数聚糖识别探针是多价的，它们的同源配体（聚糖）往往以多拷贝的形式存在于多个糖复合物上。因此，将聚糖识别探针引入复杂的生物系统，可能会导致各种分子和细胞类型的非特异性聚集，并且所观测到的实际影响可能远远超出所讨论聚糖的生物学功能范畴。只要有足够高的亲和力，开发一些源自所研究的、同一系统的重组单价**聚糖识别探针模件（GRP module）**似乎值得一试。引入这种单价聚糖识别探针作为聚糖原生功能的竞争剂，可能会产生更多可解释的线索。

7.11.2　糖基化的代谢抑制或异变

许多药物可以在完整细胞和动物中代谢性地抑制或改变糖基化（**第 49 章**）。尽管此类药剂是阐明生物合成途径的有力工具，但它们在复杂系统中可能会产生令人困惑的结果。一个问题是抑制剂可能对其他不相关的生物途径产生影响。例如，阻断 *N*- 连接糖基化的细菌抑制剂衣霉素（tunicamycin）也能引起内质网应激，并抑制尿苷二磷酸 - 半乳糖（UDP-Gal）的高尔基体摄取。第二个问题是抑制剂可能会导致聚糖合成发生全局性变化，从而改变糖复合物和（或）膜的物理性质，使结果难以解释。通过引入末端糖基化的低分子质量引物（primer），可以获得更为有用的结果（**第 55 章**）。这些引物可以作为高尔基体酶的替代底物，使糖链合成过程偏离原定的内源性糖蛋白修饰。然而，这种方法可以同时在内源性糖复合物上产生不完整的聚糖和分泌型聚糖链，这两种结果都有其自身的生物学效应。

7.11.3　寻找特定受体的天然聚糖配体

由于可以在氨基酸一级序列中识别出特定的**“碳水化合物识别域”（carbohydrate-recognition domain，CRD）**（**第 28 章、第 29 章**），研究人员现在已可以对新克隆的蛋白质能否结合聚糖进行预测。如果能够产生足够数量的、潜在的聚糖结合蛋白，则可以使用**血细胞凝集（hemagglutination）**、**流式细胞术（flow cytometry，FACS）**、**表面等离子体共振（surface plasmon resonance，SPR）**和**亲和色谱（affinity chromatography）**（**第 28 章、第 29 章**）等技术来寻找特定的配体。然而，推定的聚糖结合蛋白对其配体的单价亲和力可能并不高。因此，可能需要高密度和（或）多价检测方法，以避免遗漏那些生物学相关的相互作用。还有一个问题是，对于复杂的多细胞系统而言，究竟应该在何处寻找具有生物学相关性的配体。此外，由于许多聚糖结构可以在发育和生长的不同时间在不同的组织中表达，重组聚糖结合蛋白可能会在不具有主要生物学功能的位置与时间检测到同源结构。对聚糖结合蛋白的自然发生和表达情况进行仔细考量，应当可以合理地决定在哪里寻找与其生物学相关的聚糖配体。

7.11.4　寻找识别特定聚糖的受体

当发现不寻常的聚糖在有趣的环境中表达并推测其为特定受体的配体时，就会出现和前文相反的情况。可以通过与上述技术类似的方法来寻找此类受体，如血细胞凝集、流式细胞术和亲和色谱（**第 28 章、第 29 章**）。为了便于搜索，有必要准备合理数量的、结构完全确认的聚糖纯品，以及各种密切相关的聚糖结构作为阴性对照。由于许多生物学相关的、类似于凝集素的相互作用的亲和力较低，因此建议使用多价形式的聚糖作为探针（诱饵）。最后，选择在何处寻找聚糖结合蛋白可能并非显而易见。例如，识别垂体促性腺激素上异常硫酸化 *N*- 聚糖受体的工作，最终既未在垂体中实现，也没有在这些激素的任何靶组织中实现，而是在调控激素循环半衰期的肝内皮细胞中得以发现（**第 31 章**）。事实上，与特定聚糖具有最强生物学相关性的受体，甚至可能存在于另一种生物体（病原体、共生体或配偶）中。

7.11.5 用可溶性聚糖或结构模拟物进行干扰

在系统中添加可溶性聚糖或结构模拟物，可以阻断内源性聚糖结合蛋白和特定聚糖之间的相互作用（**第 28 章**、**第 29 章**）。如果特定的抑制剂可以达到足够的抑制浓度，那么由此产生的表型变化可能具有指导意义。在研究体外系统时，即使是单糖也可用于此类试验，例如，对甘露糖 -6- 磷酸受体途径的研究即属此类（**第 33 章**）。然而，通常需要使用高浓度的竞争聚糖来阻断聚糖结合蛋白与其配体之间相对低亲和力的位点相互作用。有时可以使用多价形式的同源聚糖来克服固有的低位点亲和力。最后，特别是在研究复杂的多细胞系统时，引入的聚糖可能会被其他已知或未知的结合蛋白交叉识别，从而产生令人迷惑的表型。

7.11.6 通过糖苷酶消除特定的聚糖结构

使用已知对特定聚糖序列具有高度特异性的降解酶，是一种强效的研究方法。研究人员可以从微生物病原体中获得许多这样的特异性酶。这种方法的优点在于，可以在正常合成完成后选择性地消除某些聚糖结构，而不是对生物合成的细胞机器进行干扰。举例来说，唾液酸酶（sialidase）的处理破坏了淋巴细胞与淋巴结高内皮小静脉的结合，并首次指明了 L 选凝素（L-selectin）可能的内源性配体（**第 32 章**）；向发育中的视网膜中注射神经氨酸内切酶（endoneuraminidase），表明了多唾液酸的特定作用（**第 15 章**）；向发育中的胚胎注射乙酰肝素酶（heparanase），可以随机化左右轴的形成（**第 17 章**）。在所有此类研究中，使用的酶的纯度至关重要，并且需要适当的对照（最好包括酶的特定抑制剂，或无催化活性的相同酶）。如果酶是细菌来源的，则痕量的污染物（如内毒素）也应加以关注。通过在完整细胞或动物中表达聚糖修饰酶的互补 DNA（cDNA），可以使用遗传学方法来避免污染问题。例如，在小鼠中转基因表达丙型流感病毒唾液酸特异性的 9-*O*- 乙酰酯酶（9-*O*-acetylesterase），会导致早期或晚期发育异常，具体取决于所使用的启动子。遗憾的是，许多这样的糖苷酶在完整动物的情境下可能无法正常发挥，或根本无法发挥其功能，这有可能限制了通过此方法探测功能性聚糖结构的范围。

7.11.7 研究天然的或基因改造的聚糖突变体

研究天然的或基因改造的聚糖突变体，通常被认为是理解聚糖功能的一个强有力的方法。在体外培养的细胞系中研究糖基化突变体最为容易（**第 49 章**）。虽然在细胞中获取糖基化的遗传缺陷或获得性缺陷相对容易，但这些缺陷可能具有有限的或不易察觉的生物学后果，这可能是由于缺失了可使其在完整生物体内存在的其他因素或细胞类型。例如，聚糖的同源受体可能不存在于同一细胞类型中。当然，这样的突变体仍可用于分析聚糖的基本结构性功能，以及聚糖与单细胞生理学的相关性。此外，可以重新引入外部因素，或引入其他与修饰的聚糖相互作用的细胞类型。一些突变体也可以重新引入完整的生物体中，例如，研究恶性细胞的致瘤性或转移行为。

尽管通过这些方法可以获得许多有用的信息，但研究人员仍需要通过研究完整多细胞生物体中的突变，以揭示聚糖的各种更为具体的作用。纵观最近在果蝇、蠕虫、小鼠和人类中发现的各种糖基化突变体，聚糖变化具有明显的**多效性**（pleiotropic），通常会影响多个系统，表型不可预测且高度可变。通过比较自然发生的人类糖基化障碍和实验诱导的小鼠糖基化障碍中的基因型 - 表型关系，这一点在一定程度上已经变得显而易见。在人类中，糖基化途径中自然发生的与疾病相关的突变通常会使一些残留的酶功能保持如初（**第 44 章**、**第 45 章**），而小鼠中相应酶基因座的缺失通常会导致胚胎发育过程中出现致死表型。无论如何，在完整动物中进行糖基化突变体的改造，其价值是不言而喻的。事实上，研究人员在小鼠中已经完成了对脊椎动物大多数主要聚糖类别的完全消除，并且在每种情况下都导致了胚胎死亡。鉴于复杂的表型和早期发育致死的可能性，以时间调控和细胞类型特异性的方式破坏糖基化相关基因的能力可能极具价值。此外，经基因工程处理后的组织模型的建立，使得研究人员在人类组织模型上展示每一类聚糖在特定情境下的功能成为了可能，如反映人类皮肤自然分化的模型。

7.11.8 研究天然或基因改造产生的聚糖受体突变体

消除特定的聚糖受体，可以产生可能对聚糖功能颇具指导意义的表型。与聚糖的基因修饰一样，如果在完整生物体中进行研究，实验结果将更为有用。然而，受体蛋白也可能具有与聚糖识别无关的其他功能。相反，所研究的聚糖也可能具有不由受体介导的其他功能。例如，对唾液酸结合免疫球蛋白样凝集素 -2（Siglec-2，CD22）受体和产生其配体（唾液酸）的 β- 半乳糖苷 α2-6 唾液酰基转移酶 1（ST6Gal-I）分别进行基因敲除，产生了互补但不完全相同的表型（**第 35 章**）。然而，将两种突变培育到同一只小鼠中，结果表明确实存在基因座的**上位相互作用**（epistatic interaction）[①]。将缺乏制造多唾液酸能力的小鼠与缺乏多唾液酸蛋白质载体——神经细胞黏附分子的小鼠交配，也获得了类似的结果。

致谢

感谢汉斯 · 旺德尔（Hans Wandall）的有益评论及建议。

延伸阅读

Berger EG, Buddecke E, Kamerling JP, Kobata A, Paulson JC, Vliegenthart JF. 1982. Structure, biosynthesis and functions of glycoprotein glycans. *Experientia* **38**: 1129-1162.

Kobata A. 1992. Structures and functions of the sugar chains of glycoproteins. *Eur J Biochem* **209**: 483-501.

Lis H, Sharon N. 1993. Protein glycosylation. Structural and functional aspects. *Eur J Biochem* **218**: 1-27.

Varki A. 1993. Biological roles of oligosaccharides: all of the theories are correct. *Glycobiology* **3**: 97-130.

Drickamer K, Taylor ME. 1998. Evolving views of protein glycosylation. *Trends Biochem Sci* **23**: 321-324.

Ferguson MA. 1999. The structure, biosynthesis and functions of glycosylphosphatidylinositol anchors, and the contributions of trypanosome research. *J Cell Sci* **112**: 2799-2809.

Gagneux P, Varki A. 1999. Evolutionary considerations in relating oligosaccharide diversity to biological function. *Glycobiology* **9**: 747-755.

Spiro RG. 2002. Protein glycosylation: nature, distribution, enzymatic formation, and disease implications of glycopeptide bonds.

① 原意指某一基因受不同位点上其他基因抑制而不能表达的现象。现在其涵义已有扩展，在非等位基因的遗传效应无法相加时，称之为上位性，即位于不同座位上的基因间的非相加性相互作用。

Glycobiology **12**: 43R-56R.

Haltiwanger RS, Lowe JB. 2004. Role of glycosylation in development. *Annu Rev Biochem* **73**: 491-537.

Ohtsubo K, Marth JD. 2006. Glycosylation in cellular mechanisms of health and disease. *Cell* **126**: 855-867.

Bishop JR, Schuksz M, Esko JD. 2007. Heparan sulphate proteoglycans fine-tune mammalian physiology. *Nature* **446**: 1030-1037.

Moremen KW, Tiemeyer M, Nairn AV. 2012. Vertebrate protein glycosylation: diversity, synthesis and function. *Nat Rev Mol Cell Biol* **13**: 448-462.

Hart GW. 2013. Thematic minireview series on glycobiology and extracellular matrices: glycan functions pervade biology at all levels. *J Biol Chem* **288**: 6903.

Hardivillé S, Hart GW. 2014. Nutrient regulation of signaling, transcription, and cell physiology by O-GlcNAcylation. *Cell Metab* **20**: 208-213.

Van Breedam W, Pöhlmann S, Favoreel HW, de Groot RJ, Nauwynck HJ. 2014. Bitter-sweet symphony: glycan-lectin interactions in virus biology. *FEMS Microbiol Rev* **38**: 598-632.

Schnaar RL. 2017. Glycobiology simplified: diverse roles of glycan recognition in inflammation. *J Leukoc Biol* **99**: 825-838.

Stanley P. 2017. What have we learned from glycosyltransferase knockouts in mice? *J Mol Biol* **428**: 3166-3182.

Varki A. 2017. Biological roles of glycans. *Glycobiology* **27**: 3-49.

Broussard AC, Boyce M. 2019. Life is sweet: the cell biology of glycoconjugates. *Mol Biol Cell* **30**: 525-529.

Dabelsteen S, Pallesen EMH, Marinova IN, Nielsen MI, Adamopoulou M, Rømer TB, Levann A, Andersen MM, Ye Z, Thein D, et al. 2020. Essential functions of glycans in human epithelia dissected by a CRISPR-Cas9-engineered human organotypic skin model. *Dev Cell* **54**: 669-684.

Schjoldager KT, Narimatsu Y, Joshi HJ, Clausen H. 2020. Global view of human protein glycosylation pathways and functions. *Nat Rev Mol Cell Biol* **21**: 729-749.

第 8 章
基因组学视角下的糖生物学

尼古拉斯 · 特拉彭（Nicolas Terrapon），伯纳德 · 亨利萨特（Bernard Henrissat），木下圣子（Kiyoko F. Aoki-Kinoshita），阿瓦德莎 · 苏罗利亚（Avadhesha Surolia），帕梅拉 · 斯坦利（Pamela Stanley）

8.1 糖组 / 87
8.2 糖基化的基因组学 / 88
8.3 基因家族 / 88
8.4 不同生物体中的糖组 / 90
8.5 真核生物 / 92
8.6 模块化的糖基转移酶和糖苷水解酶 / 93
8.7 基因组学与糖组学的关系 / 94
8.8 糖组的调控 / 95
致谢 / 95
延伸阅读 / 95

合成和代谢聚糖需要多种**糖基转移酶（glycosyltransferase，GT）**、**糖苷水解酶（glycoside hydrolase，GH）**、其他酶以及核苷酸糖转运蛋白。此外，许多基因编码**聚糖结合蛋白（glycan-binding protein，GBP）**，它们能够识别特定的聚糖结构。本章从基因组学的视角介绍了编码糖基转移酶、糖苷水解酶和聚糖结合蛋白的基因。

8.1 糖组

糖组（glycome）包含一个生物体合成的所有聚糖结构。它类似于基因组、转录组和（或）蛋白质组，但更具动态性，并且结构复杂程度也更高，尚未被完全阐明。不同类型的细胞，根据它们所处的分化状态和生理环境，最终合成了糖组的一个子集。人类和小鼠的糖组具有许多共同的聚糖结构，但也存在一些独特的结构，或是具有不同的功能特性。例如，与人类不同，啮齿动物会合成胞苷一磷酸 -*N*- 羟乙酰神经氨酸（CMP-Neu5Gc），用于将 *N*- 羟乙酰神经氨酸（Neu5Gc）转移到 *N*- 聚糖和 *O*- 聚糖上（**第 15 章**）。类似地，编码 α1-3 半乳糖基转移酶 2（α1-3 galactosyltransferase，A3GALT2）的基因在小鼠中有功能，但在人类中没有（**第 20 章**）。人类和果蝇的基因组中包含了编码催化相同反应的糖基转移酶的直系同源基因（orthologous gene），但它们也具有独特的糖基转移酶。因此，哺乳动物中的蛋白质 *O*- 岩藻糖基转移酶 1（protein *O*-fucosyltransferase 1，POFUT1）和果蝇中的鸟苷二磷酸 - 岩藻糖蛋白质 *O*- 岩藻糖基转移酶 1（GDP-fucose protein *O*-fucosyltransferase 1，Ofut1）均可以将岩藻糖转移到 Notch 蛋白受体上，是进化上保守的糖基转移酶的示例。相比之下，果蝇不会产生具有四分支的复合型 *N*- 聚糖，而该糖链结构在哺乳动物糖蛋白中却很常见（**第 9 章、第 20 章**）。此外，果蝇会产生哺乳动物中不存在的独特糖脂，这些糖脂对于由表皮生长因子受体（epidermal growth factor receptor，EGFR）或 Notch 蛋白受体介导的、保守的信号通路非常重要（**第 26 章**）。

8.2 糖基化的基因组学

基因组（genome）编码了构建与调控生物体糖组所需的所有酶、转运蛋白和其他活性酶。1999 年本书第一版时，可用的完整基因组寥寥无几；至 2009 年第二版时，已经确认了大约 650 个基因组；至 2015 年第三版时，该数据上升至 25 000 个；截至 2021 年 8 月，**基因组在线数据库（Genomes OnLine Database，GOLD）**中有 259 000 个永久基因组草图，其中超过 22 000 个已完成的基因组被纳入了人为选定的**碳水化合物活性酶数据库（Carbohydrate-Active Enzymes，CAZy）**中。同样，具有已知三维结构的糖基转移酶的数量，也从 1999 年的 1 个增长到 2015 年的 158 个、2020 年的 282 个。碳水化合物活性酶数据库致力于：①对美国国家生物技术信息中心（NCBI）在 GenBank 中发布的以惊人速度增长的基因序列进行妥善处置；②根据文献创建新的基因家族；③报告现有家族中的新功能 / 底物特异性和三维结构。

在前基因组时代，哺乳动物、无脊椎动物、植物、细菌和病毒的糖生物学之间并没有广泛的重叠，一个领域中的进展无法立刻惠及其他相关领域。随着全新基因组的报道频率达到每天几个的量级，糖基转移酶和糖苷水解酶序列的进化史不断被阐明。我们现在知道，来自不同生物体的糖基转移酶展示出相同的**基本结构折叠（basic structural fold）**，糖基转移酶的序列和特异性之间的关系如今已能够为我所用（**第 6 章**）。研究人员还可以从糖生物学的角度出发，对基因组的内容进行检查，例如，列出基因组中候选的糖苷水解酶或糖基转移酶，并在不同的基因组之间进行比较，以了解哪些家族在进化过程中得以扩展亦或是日渐式微。研究人员对完全测序的基因组序列进行检查后发现，在任何基因组中，都有百分之几的比例用于编码糖基转移酶和糖苷水解酶。不同生物体中糖基转移酶基因的数量可变，但在一个分类进化枝（taxonomical clade）内的差异要小得多。糖基转移酶的数量往往大于糖苷水解酶的数量，但以复杂聚糖作为碳源的生物体除外。因此，肠道菌群中的腐物寄生性真菌和细菌的基因组，可以编码数百种酶来分解聚糖（即糖苷水解酶的数量是糖基转移酶的 5 ～ 10 倍）。编码聚糖结合蛋白的基因数量更加难以确定，因为许多基因具有其他的功能性结构域，并且尚未被标识为聚糖结合蛋白。据保守估计，哺乳动物基因组编码 100 ～ 200 个聚糖结合蛋白。

目前，每个新物种的基因组都被例行搜索，以寻找与已知的糖基转移酶、糖苷水解酶或聚糖结合蛋白相似的基因。为了对一个新基因进行注释（annotation），需要将其序列与先前注释的基因进行比较，即**双序列比对（pairwise alignment）**；或与基因家族进行比较，即**模型比对（model alignment）**。序列相似性被视为同源性的代替物（proxy），根据预测蛋白质与先前表征的蛋白质之间的距离来推断其生化活性。糖基转移酶具有高度的通用性；糖苷水解酶尽管对其识别的底物更具特异性，但可以形成具有各种催化活性的大家族。因此，尽管很难根据糖基转移酶或糖苷水解酶与经过生化表征的酶的序列相关性来预测其催化的精确反应，但通常可以预测酶对所转移或水解的糖的端基差向异构连键，或是预测这些酶所靶向催化聚糖的大致类别。原核生物与真核生物的糖苷水解酶有相似之处，但也有一些例外。原核生物与真核生物的糖基转移酶具有以下三种折叠之一，即 GT-A 型、GT-B 型或 GT-C 型，表明基本上所有的糖基转移酶都应源于三个共同的祖先（**第 6 章**）。还可以通过搜索信号肽、跨膜结构域、糖基磷脂酰肌醇锚（**第 12 章**）或羧基末端检索序列等**保守基序（conserved motif）**，从新基因的序列中获取额外的信息。

8.3 基因家族

8.3.1 糖基转移酶和糖苷水解酶家族

碳水化合物活性酶可以根据几个标准进行分类。底物特异性是国际生物化学与分子生物学联盟

（IUBMB）分配一组**酶学委员会（Enzyme Commission，EC）**编号的最简单基础依据。糖苷水解酶（GH）的编号为 EC 3.2.1.x，其中 x 代表底物的特异性。类似地，糖基转移酶（GT）的编号为 EC 2.4.y.z，其中 y 明确了所转移的糖，z 则描述了精确的供体和受体。EC 编号仅在通过实验确定了酶的特异性之后才会给出。目前有 462 个 EC 编号描述了已知活性的糖基转移酶，213 个 EC 编号描述了已知活性的糖苷水解酶。

基于底物（或产物）特异性的分类系统，其内在问题是无法对可以作用于多种底物的酶进行合适的分配。该分类系统也无法反映出这些酶与进化相关的序列或结构特征。为了规避这些问题，研究人员引入了一种全新的系统，根据氨基酸序列和折叠相似性之间的关系，对糖苷水解酶和糖基转移酶进行了分类。无论活性和底物特异性如何，显示出相似性序列的酶都被归入同一家族。对于糖基转移酶，这种分类始于 1997 年（约 500 个序列、27 个家族）。该分类方式在碳水化合物活性酶数据库（CAZy）中历经不断更新，截至 2021 年 8 月，该数据库列出了大约 110 个家族中的约 85 万个糖基转移酶序列。碳水化合物活性酶数据库不仅提供了对糖基转移酶和糖苷水解酶各个家族的访问权限，还提供了**多糖裂合酶（polysaccharide lyase）**及其**碳水化合物结合模件（carbohydrate-binding module）**，以及几个具有**辅助活性（auxiliary activities）**的家族的信息，如近期报道的*裂解多糖单加氧酶*（lytic polysaccharide monooxygenase）。对于每个碳水化合物活性酶家族，研究人员都对已知酶活性进行了注释，通常包括其催化和结构特征。在这些概要信息之后，是属于该家族的蛋白质信息和**可读框（open reading frame，ORF）**列表，并附有公共数据库中的序列和结构信息的链接。2021 年 8 月，碳水化合物活性酶数据库还提供了大约 22 000 个公开基因组（约 95% 为细菌来源）的摘要页面。

研究人员从基于序列的家族中最早观察到，许多家族具有“多特异性”（polyspecific），并且包含了具有不同底物特异性的酶。多特异性家族的出现表明：①糖苷水解酶和糖基转移酶获得新的特异性是一个共同的进化事件；②它们的底物特异性可以在改造（工程化）后用于实验或应用目的；③它们的底物或产物特异性由三维结构的细节精密支配，而非由整体折叠支配。经实验确定活性的人类糖基转移酶，已被汇编在多个优秀资源库中，包括**京都基因与基因组百科全书（Kyoto Encyclopedia of Genes and Genomes，KEGG）**、**联合蛋白质数据库（Universal Protein Source，UniProt）**和亚洲糖科学和糖技术协会数据库（Asian Community of Glycoscience and Glycotechnology-Database，ACGG-DB）中的**糖基因数据库（GlycoGene DataBase，GGDB）**（**第 52 章**）。相比之下，对其他生物体（如微生物）中的糖酶分配往往有误，由于序列相关性太小，EC 编号往往被错误地分配。后基因组时代的挑战之一，是如何对一类不断增长的可读框列表进行表征，它所编码的蛋白质是具有未知供体、受体和产物特异性的候选糖基转移酶。

8.3.2　聚糖结合蛋白

糖复合物上各种各样的聚糖所呈现出的信息，由同样功能多样的**聚糖结合蛋白（glycan-binding protein，GBP）**负责破译，这些聚糖结合蛋白能够识别特定的糖、聚糖或糖肽（**第 28 章至第 38 章**）。为了解蛋白质 - 聚糖相互作用背后的生物学原理，鉴定出所有的聚糖结合蛋白及其聚糖配体不可或缺。

在过去，聚糖结合蛋白的聚糖识别特性是通过系统性的生化研究来确定的。然而，近期完成测序的基因组数目爆炸性增长，使得通过序列相似性识别可能编码聚糖结合蛋白的基因成为可能。例如，甘露糖结合凝集素（mannose-binding lectin，MBL）很容易被识别，因为它们显示出在 **C 型凝集素（C-type lectin）**中发现的基序（**第 34 章**）以及一个**胶原蛋白样结构域（collagen-like domain）**，该结构域能够促进凝集素的寡聚化，并且是通过补体激活进行宿主防御所必需的。在人类 *MBL2* 基因的启动子和结构区域均发生变化的**变异等位基因（variant allele）**，会影响蛋白质的稳定性和血清浓度。流行病学研究表明，由遗传学决定的甘露糖结合凝集素的血清浓度变化，会影响不同类型的感染、自身免疫反应、代谢和心血管疾病的易感性和病程。甘露糖结合凝集素的遗传变异非常频繁，这表明甘露糖结合凝集素在宿主防御中具有双重作用，并且凸显了基因组学在帮助我们了解人类疾病时所展现出的威力。

大多数关于聚糖结合蛋白的研究仅限于哺乳动物的蛋白质，如C型凝集素、**半乳凝集素（galectin）**和**唾液酸结合免疫球蛋白样凝集素（Siglec）**，它们在植物和其他“低等”生物体中的对应实体尚未得到充分探索。**第28章**中提出了聚糖结合蛋白的扩展分类，并将它们与识别硫酸化糖胺聚糖的结合蛋白进行了对比。识别硫酸化糖胺聚糖的结合蛋白似乎是通过趋同进化独立出现的。

确定聚糖结合蛋白在活体中的功能，需要了解它们的配体特异性。在相关信息匮乏的情况下，基于现有的**碳水化合物识别域（carbohydrate-recognition domain，CRD）**的框架和序列进行合理预测，被证明非常有用。**豆科凝集素（legume lectin）**代表了一类在数十年前发现的聚糖结合蛋白，并继续作为可能是最佳的蛋白质 - 聚糖识别模型沿用至今。此外，在哺乳动物凝集素，如半乳凝集素（**第36章**）、钙连蛋白（calnexin）和钙网蛋白（calreticulin）（**第34章**）中发现的豆类凝集素折叠，也被称为**果冻卷基序（jelly-roll motif）**，凸显了这种折叠结构对于碳水化合物的识别在整个系统发生树中均出类拔群。早期对豆类凝集素的单糖结合特异性的鉴定工作，为寻找它们在所有生命形式中的类似物提供了基本框架（**第32章**）。通过这种鉴定方法，研究人员实现了对一类聚糖结合蛋白的聚糖特异性分类，这些聚糖结合蛋白参与了哺乳动物细胞内质网和高尔基体区室中囊泡区室分选和糖蛋白的折叠过程（**第39章**）。同样重要的是，在基因组数据库中，研究人员利用相似性搜索发现了半乳凝集素 -10（galectin-10）家族中全新的半乳凝集素和半乳凝素样（galectin-like）蛋白（**第36章**）。与之类似，能够结合唾液酸的免疫球蛋白样凝集素隶属于与唾液酸结合的**I型凝集素（I-type lectin）**家族，参与调控多种生物反应（**第35章**）。该家族显示出标志性的序列基序，迄今为止，研究人员已在灵长类动物中鉴定出17个该家族的成员。值得注意的是，在蛋白质中仅仅存在碳水化合物识别域，并不意味着一定会转化为功能性的聚糖识别活性。这是因为用于识别碳水化合物识别域的序列基序，往往存在于功能失活的凝集素样（lectin-like）碳水化合物识别域折叠中（**第34章**）。

聚糖微阵列（glycan microarray）为检测聚糖结合蛋白与具有不同寡糖序列的糖蛋白、糖脂和多糖间的相互作用提供了一种高通量的方法（**第30章**）。使用载玻片、微阵列打印技术，以及显示独特碳水化合物表位的工程化糖噬菌体（glycophage）表面图案形成（surface patterning）等手段，可以产生聚糖微阵列，这些微阵列具有同时检测所有类型的聚糖结合蛋白（凝集素、抗聚糖的单克隆抗体或血清抗体，以及聚糖结合细胞因子或趋化因子）与数千种独特聚糖结构之间结合的潜力。结合过程需要通过荧光或谱学技术进行评估。聚糖微阵列的数据可以由多种资源和数种分析软件包提供。资源库包括：功能糖组学联盟（Consortium for Functional Glycomics，CFG，http://www.functionalglycomics.org/）；帝国理工学院微阵列数据在线门户（the Imperial College Microarray Data Online Portal，https://glycosciences.med.ic.ac.uk/data.html）。分析软件包包括：聚糖阵列仪表盘（Glycan Array Dashboard，GLAD，https://glycotoolkit.com/GLAD/）；MotifFinder（https://haablab.vai.org/tools/）；MCAW（https://mcawdb.glycoinfo.org/）；CCARL（https://github.com/andrewguy/CCARL）等。需要注意的是，使用不同的连接子（linker）和（或）不同偶联化学的微阵列可能产生迥异的结果，并且需要在天然的结合现象发生的情境下对结果进行评估。

8.4 不同生物体中的糖组

8.4.1 病毒

众所周知，许多病毒利用宿主聚糖作为进入细胞的特异性结合受体（**第37章**）。同样，一些病毒编码**溶解酶**（**lytic enzyme**），分解宿主细胞表面的聚糖，以便在病毒完成复制后释放病毒颗粒。基因组测序表明，许多双链 DNA 病毒也利用病毒糖基转移酶，向宿主的糖蛋白添加糖（**第 42 章**）。尽管研究者对病毒糖基转移酶的生物学作用知之甚少，但已经确定了一些功能。例如，T4 噬菌体编码可降解宿主细胞 DNA 的**核酸酶**（**nuclease**）。为了保护自身的基因组，噬菌体用 5- 羟甲基胞嘧啶取代胞嘧啶，然后使用特定的尿苷二磷酸 - 葡萄糖：DNA 葡萄糖基转移酶（UDP-Glc：DNA Glc-transferase），将葡萄糖转移到 5- 羟甲基胞嘧啶上以对其 DNA 进行修饰。**杆状病毒**（**Baculovirus**）的蜕皮类固醇葡萄糖基转移酶（ecdysteroid glucosyltransferase，EGT）通过催化蜕皮类固醇激素（ecdysteroid hormone）与葡萄糖或半乳糖的偶联反应，破坏其昆虫宿主的激素平衡。*EGT* 基因的表达使病毒能够阻止受感染昆虫幼虫的蜕皮和化蛹。类似地，**绿藻病毒**（**Chlorovirus**）具有进行结构性蛋白糖基化的酶，位于碳水化合物活性酶家族 GT4 中。**福氏志贺菌**（***Shigella flexneri***）的血清型转换由温和噬菌体（temperate bacteriophage）介导，这些噬菌体编码的糖基转移酶，通过将葡萄糖添加到 *O*- 抗原单元来介导 *O*- 抗原的结构转换。最后，**巨型病毒**（**giant virus**），如感染**多食棘变形虫**（***Acanthamoeba polyphaga***）的**拟菌病毒**（**mimivirus**）编码了 12 个推定的糖基转移酶，用于合成复杂 *O*- 聚糖。

8.4.2　细菌

细菌的糖基转移酶在它们的共生和毒力等方面发挥着重要作用。一些细菌，如**弯曲杆菌**（***Campylobacter***），能够对其蛋白质进行 *N*- 糖基化，但细菌糖基化最普遍的作用是合成细胞壁肽聚糖、简单的糖脂、脂多糖和复杂的胞外多糖（**第 21 章**）。参与肽聚糖生物合成的糖基转移酶是 GT28 家族的 MurG 蛋白，它将 *N*- 乙酰葡萄糖胺（GlcNAc）添加到十一异戊二烯基二磷酸 -*N*- 乙酰胞壁酸（undecaprenyl-PP-MurNAc）上，而 GT51 家族的 MtgA 蛋白，则负责十一异戊二烯基二磷酸 -*N*- 乙酰胞壁酸 -*N*- 乙酰葡萄糖胺（undecaprenyl-PP-MurNAc-GlcNAc）的聚合。**结核分枝杆菌**（***Mycobacterium tuberculosis***）能够产生一个极其复杂的细胞被膜（envelope），被膜中包含了上述的所有聚糖类别。在细菌中，这些聚糖的作用是产生一道屏障，为细胞提供机械、化学和生物保护。一些致病菌或共生菌会产生一个模仿它们宿主的**外聚糖层**（**outer glycan layer**），以逃避宿主的免疫监视（**第 15 章、第 42 章**）。**多杀巴斯德菌**（***Pasteurella multocida***）产生一层厚厚的透明质酸荚膜。口腔链球菌能够产生两种用于黏附和毒力的糖基转移酶，而由 *epaX* 基因编码的 EPax 糖基转移酶，使得**粪肠球菌**（***Enterococcus faecalis***）能够在肠道内定植。其他病原体，如**大肠杆菌**（***Escherichia coli***）K1 和**脑膜炎奈瑟菌**（***Neisseria meningitidis***）会产生含有 α2-8 连键的多唾液酸荚膜。哺乳动物肠道细菌产生的荚膜多糖，被认为有助于宿主免疫系统的成熟。

8.4.3　古菌

古菌（**Archaea**）将约 1% 的基因用于编码糖基转移酶，但平均仅将 0.25% 的基因用于编码糖苷水解酶，而且与糖苷水解酶相关的基因数量同基因总数之间几乎没有相关性。令人惊讶的是，在约 20% 已完成测序的古菌基因组中，似乎完全没有糖苷水解酶。最引人注目的例子是**斯氏甲烷球形菌**（***Methanosphaera stadtmanae***），其基因组编码至少 43 个糖基转移酶，但显然不编码糖苷水解酶。这一结果并非由**序列趋异**（**sequence divergence**）所致，因为在某些古菌中很容易检测到糖苷水解酶。这些观察结果表明：①基因横向转移（horizontal transfer）可能是古菌糖苷水解酶谱系背后的决定性因素；②所讨论的古菌不会对由它们自身的糖基转移酶精心设计，进而形成的糖苷键进行回收处理。虽然古菌不像细菌那样制造肽聚糖，但它们利用核苷酸活化的寡糖来制造各种细胞外多糖，如**巴氏甲烷八叠球菌**（*Methanosarcina barkeri*）制造的杂多糖“甲烷菌软骨素（methanochondroitin）”，类似于真核生物中的硫酸软骨素（**第 17 章**）。古菌也制造**糖磷脂**（**glycophospholipid**），与之相关的一个糖基转移酶是来自**布氏拟甲烷球菌**（*Methanococcoides burtonii*）GT81 家族的鸟苷二磷酸 - 葡萄糖：葡萄糖基 -3- 磷酸甘油酯合成酶（GDP-Glc: glucosyl-3-phosphoglycerate synthase）。在碳水化合物活性酶家族 GT55 中，有几种古菌的鸟苷二磷酸 - 甘露糖：甘露糖基 -3- 磷酸甘油酯合成酶（GDP-Man: mannosyl-3-phosphoglycerate synthase）。许多古菌具有与隶属于碳水化合物活性酶家族 GT66 的、细菌和真核生物中的寡糖基转移酶（oligosaccharyltransfrase，OST）相关的糖基转移酶，这与古菌使用**寡糖基二磷脂**（**oligosaccharyldiphospholipid**）作为糖供体的事实相一致。研究者已经证明，古菌**沃氏甲烷球菌**（*Methanococcus voltae*）使用该策略将 *N*- 聚糖转移到鞭毛蛋白和**表面层蛋白**（**S-layer protein**）上。与细菌和真核生物一样，向**专性共生物**（**obligate symbiont**）[①]的生活方式的进化，也伴随着古菌的基因丢失。例如，**骑火球纳米古菌**（*Nanoarchaeum equitans*）的微小基因组似乎只能编码 3 个糖基转移酶，而没有糖苷水解酶。

8.5 真核生物

真核生物凭借其庞大的基因组和复杂的身体结构，需要在不同组织（tissue）和（或）不同发育阶段调控基因的表达，因此，与单个细菌和古菌的基因组相比，真核生物基因组编码更多的糖基转移酶和糖苷水解酶。但总体而言，原核生物似乎使用了自然界中存在的、更多种类的单糖（**第 20 章至第 23 章**）。一些真核生物也经历了基因组减少并丢失了大部分的糖基转移酶基因。因此，**恶性疟原虫**（*Plasmodium falciparum*）和**兔脑炎微孢子虫**（*Encephalitozoon cuniculi*）分别只有 9 个和 8 个糖基转移酶。总而言之，自生的（free-living）真核生物中糖基转移酶的丰度，与向多细胞生物的进化过程相关。自生的真菌和单细胞海洋绿藻**金牛鸵球藻**（*Ostreococcus tauri*）具有许多与某些细菌相似的糖基转移酶。

8.5.1 植物

高等植物基因组编码的糖基转移酶比任何其他生物都要多，在**拟南芥**（*Arabidopsis*）中有约 560 种，杨树中有约 800 种，而在**花生**（*Arachis hypogaea*）中则有约 1200 种！高等植物具有由几轮完整的基因组复制所产生的巨大基因组。植物中糖基转移酶数量之大，由几个成员极其丰富的糖基转移酶家族的不断扩展所致。例如，拟南芥、杨树和花生分别具有大约 120 个、280 个和 400 个 GT1 家族基因。高等植物的特点是含有由各种多糖组成的极其复杂的细胞壁，这些多糖可以像纤维素（cellulose）一样相对简单，也可以像半纤维素（hemicellulose）那样复杂，如**木聚糖**（**xylan**）、**葡糖醛酸木聚糖**（**glucuronoxylan**）、**半乳甘露聚糖**（**galactomannan**）、**木葡聚糖**（**xyloglucan**）；或者像**果胶**（**pectin**）的多毛区（hairy region）那样，具有极其复杂的聚糖结构（**第 24 章**），仅果胶的生物合成就需要数十种糖基转移酶的作用。糖基转移酶在不同组织中的差异表达，可能是植物中数百个编码糖基转移酶的基因得以积累的驱动力之一。同样，在植物的生长过程中，多种糖苷水解酶参与了植物细胞壁的重塑。因此，拟南芥、杨树和花生基因组分别编码约 420 种、620 种和 950 种糖苷水解酶。

---

① 即永久性成对组合的生物，彼此分开后都不能单独生存的共生现象。

8.5.2　脊椎动物

脊椎动物的特点是具有多种多样的糖基转移酶基因。人类糖基转移酶可归类至 46 个碳水化合物活性酶家族，其数量与植物相似。仅存在于脊椎动物中的糖基转移酶家族，包括 GT6、GT12 家族和 GT29 家族中的大多数成员。脊椎动物通常有许多不同的、GT29 家族的唾液酰基转移酶，隶属于几个不同的亚家族（subfamily），而无脊椎动物只有一个特定的唾液酰基转移酶家族成员。然而，没有任何糖基转移酶家族是人类或灵长类独有的。第一个动物基因组测序的完成，揭示了其所编码的糖苷水解酶的数量相对较少。人类基因组仅编码 93 种糖苷水解酶，其中十几个专门用于消化三种聚糖，即蔗糖、乳糖和一部分淀粉。饮食中绝大多数植物细胞壁多糖的消化，被“外包”给在人类肠道中定植的诸多不同的微生物。这种菌群的遗传物质，即 **“微生物组”（microbiome）**，极大地拓展了我们有限的基因组。例如，我们的一种肠道细菌——**解纤维素拟杆菌（*Bacteroides cellulosilyticus*）**WH2，其编码的糖苷水解酶有 408 种，是我们自身基因组编码糖苷水解酶的 4 倍。

8.5.3　无脊椎动物

首批基因组测序的完成所带来的第一个惊喜是人类基因组编码的糖基转移酶基因（242 个）比**秀丽隐杆线虫（*Caenorhabditis elegans*）**的糖基转移酶基因要少（273 个）。有趣的是，**黑腹果蝇（*Drosophila melanogaster*）**只有 155 个糖基转移酶基因。然而，这些总数上的差异，掩盖了重要的生物学差异。与人类相比，在秀丽隐杆线虫中，糖基转移酶的相对丰度主要是由于线虫中有 4 个糖基转移酶家族具有更多的成员：GT1 家族的*葡萄糖醛酸转移酶*（glucuronyltransferase）（秀丽隐杆线虫 79 个、人类 35 个），GT11 家族的*岩藻糖基转移酶*（fucosyltransferase）（秀丽隐杆线虫 26 个、人类 3 个），GT14 家族的 *β-木糖基转移酶*（β-xylosyltransferase）和 *β1-6 N-乙酰葡萄糖胺转移酶*（β1-6 GlcNAc-transferase）（秀丽隐杆线虫 20 个、人类 11 个），GT92 家族的*半乳糖基转移酶*（galactosyltransferase）（秀丽隐杆线虫 27 个、人类没有）。对于大多数其他的糖基转移酶家族，秀丽隐杆线虫似乎具有与人类数量相同或更少的糖基转移酶基因。拥有超过 415 个糖基转移酶基因的蛭形轮虫——**游荡盘网轮虫（*Adineta vaga*）**，是已知拥有糖基转移酶数量最多的动物，原因可能是这种动物的非减数分裂繁殖方式，伴随着从其他生物体中获取的大量的水平基因。秀丽隐杆线虫有 114 种糖苷水解酶，而黑腹果蝇有 104 种，人类有 93 种。GH18 家族的*壳多糖酶*（chitinase）在秀丽隐杆线虫和黑腹果蝇中高度表达，分别有 43 个和 22 个成员。

8.6　模块化的糖基转移酶和糖苷水解酶

除了催化特异性之外，一些糖基转移酶和糖苷水解酶的氨基酸序列中还可以包含一个或多个调节糖基转移酶或糖苷水解酶的、额外的结构域。最突出的例子是双结构域的哺乳动物*乙酰肝素合成酶*（heparan synthase），它已经进化为可用于交替催化、次第添加单糖以形成多糖链的单独的聚糖合成酶（**第 16 章、第 17 章**）。添加 β1-4 葡萄糖醛酸（GlcA）残基的氨基末端结构域隶属于 GT47 家族，而添加 α1-4 *N*-乙酰葡萄糖胺（GlcNAc）残基的羧基末端结构域隶属于 GT64 家族。一些细菌菌株也具有乙酰肝素合成酶，由 GT2 和 GT45 家族的两个催化模件（catalytic module）组成（**图 8.1**），从而为**趋同进化（convergent evolution）**提供了一个绝佳的范例。在*软骨素合成酶*（chondroitin synthase）中发现了一个类似的趋同进化示例，其中人类的该酶由 GT31 和 GT7 家族的催化结构域组成，而细菌的同类酶则是由串联的 GT2 家族催化结构域组成。人类中的 LARGE 蛋白是另一种由两个结构域组成的双功能糖基转移酶。添加 α1-3

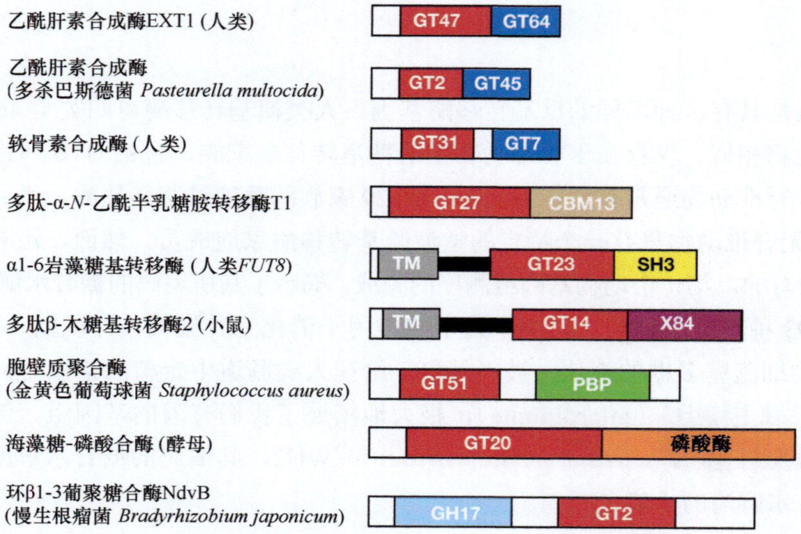

图 8.1 模块化的糖基转移酶示意图。糖基转移酶（GT）家族模块以红色和蓝色显示。其他不同颜色的模件如下：蓖麻毒素样碳水化合物结合模件（ricin-like carbohydrate-binding module，CBM13）；src 同源结构域 3（src homology domain 3，SH3）；推定的糖结合模件（X84）；青霉素结合蛋白（penicillin-binding protein，PBP）；跨膜结构域（TM）；磷酸酶（海藻糖 6- 磷酸磷酸酶 [trehalose 6-phosphate phosphatase]），糖苷酶家族 17 模件（glycosidase family 17 module，GH17）。没有标注的区域功能未知。

木糖（Xyl）残基的氨基末端结构域隶属于 GT8 家族，而添加 β1-3 葡萄糖醛酸（GlcA）残基的羧基末端结构域则属于 GT49 家族。

其他模块化的糖基转移酶，可以具有附加的聚糖结合蛋白结构域。最著名的例子是多肽 *N*- 乙酰半乳糖胺转移酶（polypeptide *N*-acetylgalactosaminyltransferase，ppGalNAcT，GALNT），它能够将 *N*- 乙酰半乳糖胺（GalNAc）转移到多肽链的丝氨酸（Ser）或苏氨酸（Thr）残基上（**第 6 章、第 10 章**）。在这些酶中，GT27 催化结构域与一个**蓖麻毒素（ricin）**相关聚糖结合蛋白结构域相连，在碳水化合物活性酶数据库中被归类为碳水化合物结合模件 13（carbohydrate-binding module 13，CBM13）。聚糖结合蛋白结构域与通过 GT27 催化结构域转移到蛋白质上的 *N*- 乙酰半乳糖胺残基结合，将酶与底物拴系（tether）在一起。另一个例子是小鼠多肽 β- 木糖基转移酶 2（polypeptide β-xylosyltransferase 2），其中 GT14 催化结构域与一个羧基末端结构域相连，该结构域被推定为具有聚糖结合活性。

糖苷水解酶也可以是模块化的，其催化结构域可以附加在一个或多个其他模件的前后，这些模件的作用是结合多糖。尽管人类的糖苷水解酶很少是模块化的，但那些参与植物细胞壁降解的微生物的糖苷水解酶，可以有超过 5 个不同的模件组合在同一条多肽链中。人类的酸性壳多糖酶（acidic chitinase）是哺乳动物模块化糖苷水解酶的一个例子，它在 GH18 催化结构域的羧基末端附加了一个碳水化合物结合模件 14（CBM14）结构域。最复杂的糖苷水解酶结构来自研究人员在某些特定细菌中的发现，**热纤维梭菌（*Clostridium thermocellum*）**精心设计了一个被称为"纤维素体"（cellulosome）的大分子复合物，其中多种模块化的植物细胞壁水解酶被共同组装在一个支架蛋白（scaffold protein）上。该策略能够组装数十个催化模件，同时靶向构成植物细胞壁的各种多糖。

8.7 基因组学与糖组学的关系

总之，包含生物体 DNA 的基因组，囊括了产生糖组所需的所有基因，而糖组则包含了生物体产生的所有聚糖。尽管在同一个生物体内，几乎每个包含细胞核和线粒体的细胞都具有相同的基因组；不同细胞通常在基因组中存在着差异，使得它们所表达的糖组也有差异。因此，细胞中的聚糖类型取决于哪些基因被活跃转录，以及哪些转录物被翻译和稳定表达。转录、剪接、翻译和翻译后加工等过程，可能因细胞的分化状态和生理环境而异。因此，在发育和分化过程中，以及在不同的环境条件下，细胞的**聚糖库**（**glycan repertoire**）代表了生物体能够制造的所有聚糖类型的一个子集。为了描述这种变化，当指代由特定组织或细胞类型产生的聚糖时，通常会对“糖组”这一术语添加限定条件（如 T 细胞糖组、肝细胞糖组或血清糖组），并注明特定的发育阶段（如胎儿肝糖组、乳腺癌血清糖组）。

8.8　糖组的调控

生物体内特定细胞的糖组，可以响应环境刺激而发生重大变化，这些刺激涵盖了 pH、离子强度、激素刺激或炎症。结合高尔基体的“装配线”性质（**第 4 章**），以及糖苷水解酶潜在的聚糖链重塑属性，对糖基转移酶和糖苷水解酶转录组的全面了解仅仅是对给定细胞类型中实际糖组的一种粗略预测，但是这一预测对于研究人员而言仍然是大有裨益的。除了**转录控制**（**transcriptional control**）外，糖组还受到微小核糖核酸（microRNA，miR）**转录后控制**（**posttranscriptional control**）的调节。例如，编码糖基转移酶——*多肽 N- 乙酰半乳糖胺转移酶* 7（polypeptide *N*-acetylgalactosaminyltransferase 7，GALNT7）的基因 *GALNT7*，是 miR-30d 的靶标，miR-30d 是一种已知可促进患者和小鼠模型中黑色素瘤转移的微小核糖核酸。*GALNT7* 的下调是对 miR-30d 表达的**表型模拟**（**phenocopy**）[①]。随后，由于 miRNA 能够调节多个糖基转移酶和糖苷水解酶的 mRNA 靶点，它们已经成为了糖组的关键调节因子。迄今为止，近 80 个糖基转移酶和糖苷水解酶基因已被确定为 miRNA 的靶标。

致谢

感谢凯利 · 莫尔曼（Kelley Moremen）和铃木匡（Tadashi Suzuki）的有益评论及建议。

延伸阅读

El Kaoutari A, Armougom F, Gordon JI, Raoult D, Henrissat B. 2013. The abundance and variety of carbohydrate-active enzymes in the human gut microbiota. *Nature Rev Microbiol* **11**: 497-504.

Lombard V, Golaconda Ramulu H, Drula E, Coutinho PM, Henrissat B. 2014. The Carbohydrate-Active enZYmes database（CAZy）in 2013. *Nucleic Acids Res* **42**: D490-D495.

Kohler A, Kuo A, Nagy LG, Morin E, Barry KW, Buscot F, Canback B, Choi C, Cichocki N, Clum A, et al. 2015. Convergent losses of decay mechanisms and rapid turnover of symbiosis genes in mycorrhizal mutualists. *Nat Genet* **47**: 410-415.

Kremkow BG, Lee KH. 2018. Glyco-Mapper: a Chinese hamster ovary（CHO）genome-specific glycosylation prediction tool. *Metab Eng* **47**: 134-142.

Moremen KW, Haltiwanger RS. 2019. Emerging structural insights into glycosyltransferase-mediated synthesis of glycans. *Nat Chem Biol* **15**: 853-864.

① 又称拟表型，是指因环境条件的改变所引起的表型改变，类似于某基因型改变引起的表现型变化的现象。

Jayaprakash NG, Singh A, Vivek R, Yadav S, Pathak S, Trivedi J, Jayaraman N, Nandi D, Mitra D, Surolia A. 2020. The barley lectin, horcolin, binds high-mannose glycans in a multivalent fashion, enabling high-affinity, specific inhibition of cellular HIV infection. *J Biol Chem* **295**: 12111-12129.

Thu CT, Mahal LK. 2020. Sweet control: microRNA regulation of the glycome. *Biochemistry* **59**: 3098-3110.

Huang Y-F, Aoki K, Akase S, Ishihara M, Liu Y-S, Yang G, Kizuka Y, Mizumoto S, Tiemeyer M, Gao X-D, et al. 2021. Global mapping of glycosylation pathways in human-derived cells. *Dev Cell* **56**: 1195-1209.e7.

第二篇

聚糖的结构与生物合成

第 9 章　*N*- 聚糖
第 10 章　*O*-GalNAc 聚糖
第 11 章　鞘糖脂
第 12 章　糖基磷脂酰肌醇锚
第 13 章　其他类别的真核聚糖
第 14 章　不同聚糖的共同结构
第 15 章　唾液酸与其他壬酮糖酸
第 16 章　透明质酸
第 17 章　蛋白聚糖和硫酸化糖胺聚糖
第 18 章　核细胞质中的糖基化
第 19 章　*O*-GlcNAc 修饰

第 9 章

N- 聚糖

帕梅拉 · 斯坦利（Pamela Stanley），凯利 · W. 莫尔曼（Kelley W. Moremen），内森 · E. 刘易斯（Nathan E. Lewis），谷口直之（Naoyuki Taniguchi），马库斯 · 艾比（Markus Aebi）

9.1 发现和背景 / 98
9.2 真核生物中 *N*- 聚糖的主要类别和命名 / 99
9.3 真核生物中的 *N*- 糖基化位点预测 / 99
9.4 *N*- 聚糖的分离、纯化和分析 / 100
9.5 真核生物中 *N*- 聚糖的合成 / 100
9.6 溶酶体水解酶上的磷酸化 *N*- 聚糖 / 108
9.7 *N*- 聚糖合成中的转移酶和转运蛋白 / 109
9.8 糖蛋白可以具有多种糖型 / 109
9.9 *N*- 聚糖的功能 / 109
致谢 / 110
延伸阅读 / 110

***N*- 聚糖（*N*-glycan）**通过 *N*- 糖苷键共价连接到蛋白质的天冬酰胺（Asn）残基上。尽管在原核生物中有多种糖与天冬酰胺相连（**第 21 章**、**第 22 章**），但所有真核生物的 *N*- 聚糖都以 *N*- 乙酰葡萄糖胺 -β1- 天冬酰胺（GlcNAcβ1-Asn）作为起始，而这一类 *N*- 聚糖是本章的重点。*N*- 聚糖的生物合成在哺乳动物中最为复杂，本章中将进行详细描述。**第 14 章**描述了在很大程度上决定 *N*- 聚糖多样性的末端糖。**第 39 章**介绍了糖基化介导的 *N*- 聚糖蛋白质折叠的质量控制。**第 33 章**描述了 *N*- 聚糖上的甘露糖 -6- 磷酸（Man-6-P）识别决定簇，它在将溶酶体水解酶靶向至溶酶体的过程中是必需的。**第 45 章**讨论了由 *N*- 聚糖合成缺陷引起的人类先天性糖基化障碍。

9.1 发现和背景

N- 乙酰葡萄糖胺 -β1- 天冬酰胺（GlcNAcβ1-Asn）连键的发现，源于对卵清蛋白（ovalbumin）的生化分析。接受 *N*- 聚糖的最小氨基酸序列是天冬酰胺 -X- 丝氨酸 / 苏氨酸（Asn-X-Ser/Thr），其中“X”是除脯氨酸（Pro）之外的任何氨基酸。然而正如下文中所述，并非该序列中的所有天冬酰胺残基都经历了 ***N*- 糖基化（*N*-glycosylation）**。与天冬酰胺的其他连键类型包括哺乳动物中的层粘连蛋白（laminin）、古菌中的**表面层（S-layer）**，以及某些革兰氏阴性菌黏附蛋白（adhesin）中葡萄糖与天冬酰胺的连键（Glc-Asn）、古菌中 *N*- 乙酰半乳糖胺与天冬酰胺的连键（GalNAc-Asn）、细菌中鼠李糖或芽孢杆菌胺（bacillosamine，Bac）与天冬酰胺的连键（Rha/Bac-Asn）。在一种甜玉米糖蛋白中，葡萄糖以 *N*- 连键与精氨酸相连（Glc-Arg）。

在真核生物中，*N*- 聚糖的合成始于一个类似于脂质的聚异戊二烯（polyisoprenoid）分子，称为**多萜醇 - 磷酸（dolichol-phosphate，Dol-P）**。在合成了含有多达 14 个单糖的寡糖链之后，*N*- 聚糖被**整体转移（en bloc transfer）**到蛋白质上。这一合成途径在所有的后生动物、植物和酵母中都是保守的。细菌使用与该合成机制相关的步骤来合成细胞壁（**第 21 章**）。*N*- 聚糖影响糖蛋白的许多特性，包括它们的构象、溶解度、抗原性、活性，以及与**聚糖结合蛋白**（**GBP**）的识别过程。引入 *N*- 聚糖位点（Asn-X-Ser/Thr），可用于在**分泌途径**（**secretory pathway**）中定位或引导（orient）糖蛋白，或用于跟踪该糖蛋白在细胞中的运输。*N*- 聚糖的合成缺陷会导致多种人类疾病（**第 45 章**）。

9.2 真核生物中 *N*- 聚糖的主要类别和命名

所有真核生物的 *N*- 聚糖具有共同的**核心序列**（**core sequence**）——Manα1-3(Manα1-6)Manβ1-4GlcNAcβ1-4GlcNAcβ1-Asn-X-Ser/Thr，可分为三种类型：①**寡甘露糖型**（**oligomannose-type**），只有甘露糖（Man）残基用于核心结构的延长；②**复合型**（**complex-type**），由 *N*- 乙酰葡萄糖胺（GlcNAc）起始的"天线"结构对核心结构进行延长；③**杂合型**（**hybrid-type**），甘露糖用于延伸核心结构中的 Manα1-6 支链，由一个或两个 *N*- 乙酰葡萄糖胺（GlcNAc）起始的天线结构，用于延伸 Manα1-3 支链（图 9.1）。

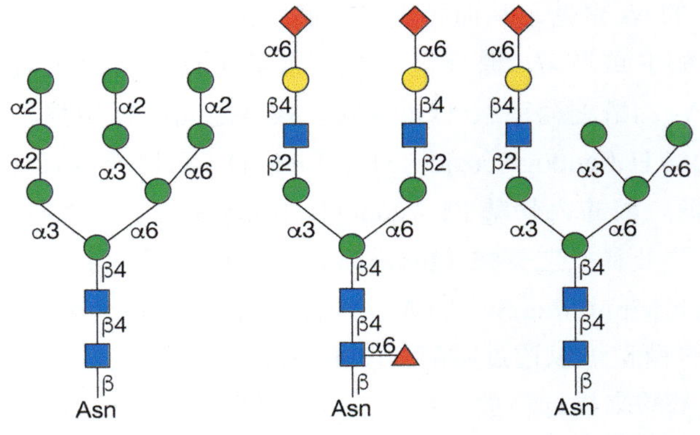

图 9.1 *N*- 聚糖的类型。真核细胞糖蛋白中天冬酰胺 -X- 丝氨酸 / 苏氨酸（Asn-X-Ser/Thr）序列上的 *N*- 聚糖，可分为三种基本类型：寡甘露糖型、复合型和杂合型。每种 *N*- 聚糖都含有共同的核心结构 $Man_3GlcNAc_2Asn$。复合型 *N*- 聚糖可以有多达 5 个由 *N*- 乙酰葡萄糖胺（GlcNAc）起始的分支，并以 *N*- 乙酰乳糖胺（LacNAc，Galβ1-4GlcNAc）重复单元进行糖链延长（参见图 9.6）。

9.3 真核生物中的 *N*- 糖基化位点预测

N- 聚糖被添加到**分泌型糖蛋白**（**secreted glycoprotein**）和**膜结合型糖蛋白**（**membrane-bound glycoprotein**）中的天冬酰胺 -X- 丝氨酸 / 苏氨酸（Asn-X-Ser/Thr）序列上。大约 70% 的蛋白质含有该**序列段**（**sequon**）[①]，而约 70% 的序列段上携带了 *N*- 聚糖。小鼠 *N*- 糖蛋白质组图谱揭示了超过 1 万个不同的 *N*- 糖基化位点。*N*- 聚糖偶尔出现在天冬酰胺 -X- 半胱氨酸（Asn-X-Cys）上，或者在极少的情况下，在该序列的第三个位置出现不同的氨基酸。在蛋白质底物**易位**（**translocation**）期间或之后，*N*- 聚糖向天冬酰胺 -X- 丝氨酸 / 苏氨酸的糖基转移发生在内质网膜的腔室内侧。没有确定的证据表明 *N*- 聚糖出现在细胞质或核蛋白上，*N*- 聚糖也不会出现在膜蛋白的细胞质部分。然而，最近发现了与 RNA 共价连接并在细胞表面表达的 *N*- 聚糖。在蛋白质中，已知只有可以进入内质网腔体的天冬酰胺 -X- 丝氨酸 / 苏氨酸（Asn-X-Ser/Thr）序列段能够接受 *N*- 聚糖。"X"可能不是脯氨酸，或者某些"X"可能会降低糖基化的效率，

① 即蛋白质糖基化修饰位点的氨基酸序列，也称共识序列（consensus sequence）或共识基序（consensus motif）。

如"X"是酸性氨基酸［如天冬氨酸（Asp）或谷氨酸（Glu）］时；而某些"X"则能够提高糖基化效率，如苯丙氨酸（Phe）出现在糖基化位点相邻的β转角（reverse turn）时[①]。然而，尽管存在天冬酰胺-X-丝氨酸/苏氨酸序列是接受*N*-聚糖所必需的，但由于糖蛋白折叠过程中的构象或其他限制，*N*-糖基化转移并不一定会发生。因此，由mRNA编码的天冬酰胺-X-丝氨酸/苏氨酸序列被称为潜在的*N*-聚糖位点。证明*N*-聚糖确实存在需要实验证据，如本章下文所述。

9.4 *N*-聚糖的分离、纯化和分析

真核生物的*N*-聚糖，可以使用细菌酶肽-*N*-糖苷酶F（peptide-*N*-glycosidase F，PNGase F）从天冬酰胺处释放。这种酶可去除连接在天冬酰胺上的寡甘露糖型、杂合型和复合型*N*-聚糖，除非*N*-聚糖核心具有在黏菌、植物、昆虫和寄生虫中发现的某些修饰。另一种源于杏仁、被称为肽-*N*-糖苷酶A（peptide-*N*-glycosidase A，PNGase A）的酶，能够去除所有的*N*-聚糖。这两种酶都是酰胺酶（amidase），可以释放与天冬酰胺的氮元素相连的*N*-聚糖，从而将天冬酰胺（Asn）转化为天冬氨酸（Asp）。因此，糖基化位点可以通过在肽-*N*-糖苷酶F或肽-*N*-糖苷酶A处理前后进行氨基酸序列分析加以推断。其他细菌酶可以在*N*-聚糖核心的两个*N*-乙酰葡萄糖胺（GlcNAc）残基之间进行切割，留下一个连接到天冬酰胺的*N*-乙酰葡萄糖胺。糖苷内切酶H（endoglycosidase H，Endo H）可以释放寡甘露糖型和杂合型的*N*-聚糖，但无法切割复合型的*N*-聚糖。糖苷内切酶F1（endoglycosidase F1）与糖苷内切酶H相似，而糖苷内切酶F2（endoglycosidase F2）主要释放**二天线（biantennary）**的*N*-聚糖，糖苷内切酶F3（endoglycosidase F3）可释放二天线和**三天线（triantennary）**的*N*-聚糖，并且对核心结构中具有岩藻糖（Fuc）残基的那些*N*-聚糖具有偏好性。*N*-聚糖也可以通过**肼解（hydrazinolysis）**，或通过使用蛋白酶进行彻底消化，去除除天冬酰胺之外的所有氨基酸来进行释放。释放的*N*-聚糖可以通过常规的离子交换色谱法、尺寸排阻色谱法、高效液相色谱法（HPLC）和聚糖结合蛋白（如凝集素）亲和色谱法进行纯化。用于聚糖分析的凝集素通常从植物中获得（**第48章**）。使用化学法和酶促法释放*N*-聚糖并进行纯化与分析，将在**第50章**和**第51章**中进行详述。

9.5 真核生物中*N*-聚糖的合成

N-聚糖的生物合成可分为两个阶段，在真核细胞的**内质网（endoplasmic reticulum，ER）**和**高尔基体（Golgi apparatus）**这两个区室内进行（**第4章**）。第一阶段是一个高度保守的途径，在位于内质网膜的**脂质载体（lipid carrier）**多萜醇-磷酸（Dol-P）上进行。组装在多萜醇-磷酸上的寡糖在转入内质网的过程中，被转移到分泌蛋白和膜蛋白上选定的天冬酰胺-X-丝氨酸/苏氨酸序列的天冬酰胺上。第二阶段以内质网腔室内的糖苷酶和糖基转移酶对*N*-聚糖的加工为起始，并以物种、细胞类型、蛋白质，甚至位点特异性的方式在高尔基体中继续进行。许多糖苷酶和糖基转移酶具有显著的差异表达，它们的活性对于细胞的生理状态极为敏感。所有的糖基转移酶都使用活化的糖（核苷酸糖、多萜醇糖）作为底物（**第5章**）。因此，一个成熟的糖蛋白所携带的*N*-聚糖，依赖于生成该糖蛋白的细胞类型中所表达的糖基化基因的互补作用，同时依赖于可能影响糖基化酶和核苷酸糖转运蛋白定位与活性的细胞所处的生理状态。

---

① 又称反向转角或"β发夹（β hairpin）"，是蛋白质二级结构类型之一，由4个氨基酸残基组成，其中第一个残基的-CO基团和第四个残基的-NH基团之间形成氢键，使多肽链的方向发生"U"形改变。

9.5.1 多萜醇连接前体的合成

多萜醇（dolichol）是一种由五碳异戊二烯单元组成的聚异戊二烯（polyisoprenoid）（图 9.2）。最常见的酵母菌多萜醇具有 14 个异戊二烯单元，而来自包括哺乳动物在内的其他真核生物的多萜醇可能具有多达 19 个异戊二烯单元。在多萜醇 - 磷酸上合成的成熟的 *N-* 聚糖前体结构可参见图 9.3。研究人员在**酿酒酵母（*Saccharomyces cerevisiae*）**中进行的遗传学研究，已经确定了保守的**天冬酰胺连接糖基化（Asn-linked glycosylation，*ALG*）**基因位点，它们编码了真核生物中用于组装脂质连接寡糖的**生物合成机器（biosynthetic machinery）**（图 9.3）。

多萜醇-磷酸

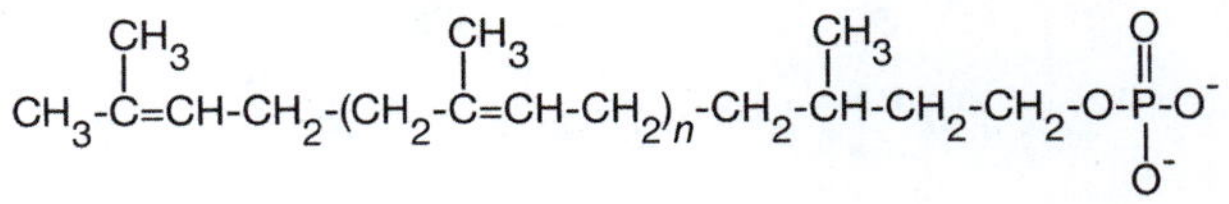

图 9.2 多萜醇 - 磷酸（Dol-P）的结构式。*N-* 聚糖的合成起始于将源自尿苷二磷酸 -*N-* 乙酰葡萄糖胺（UDP-GlcNAc）的 *N-* 乙酰葡萄糖胺 -1- 磷酸（GlcNAc-1-P）转移到多萜醇 - 磷酸，以生成多萜醇 - 焦磷酸 -*N-* 乙酰葡萄糖胺（Dol-PP-GlcNAc）。该反应可被阻断 *N-* 聚糖合成的衣霉素（tunicamycin）抑制。

前体合成的第一步，由尿苷二磷酸 -*N-* 乙酰葡萄糖胺 - 多萜醇基 - 磷酸 -*N-* 乙酰葡萄糖胺磷酸转移酶（UDP-GlcNAc-dolichyl-phosphate *N*-acetylglucosamine phosphotransferase，DPAGT1）负责进行。该酶在酵母中名为 ALG7 蛋白，在哺乳动物中名为 DPAGT1 蛋白，它是一种 *N-* 乙酰葡萄糖胺 -1- 磷酸转移酶（GlcNAc-1-phosphotransferase），可以从尿苷二磷酸 -*N-* 乙酰葡萄糖胺（UDP-GlcNAc）中转移 *N-* 乙酰葡萄糖胺 -1- 磷酸（GlcNAc-1-P），形成多萜醇 - 焦磷酸 -*N-* 乙酰葡萄糖胺（Dol-PP-GlcNAc）。**衣霉素（tunicamycin）**是这种酶的抑制剂，可用于抑制细胞中的 *N-* 糖基化。随后，分别以尿苷二磷酸 -*N-* 乙酰葡萄糖胺（UDP-GlcNAc）和鸟苷二磷酸 - 甘露糖（GDP-Man）为底物，转移第二个 *N-* 乙酰葡萄糖胺（GlcNAc）以及后续的 5 个甘露糖（Man）残基，在内质网膜的细胞质侧生成多萜醇前体——$Man_5GlcNAc_2$-PP-Dol（图 9.3）。所有这些酶只负责核苷酸糖结构中单糖部分的转移。在酵母中，$Man_5GlcNAc_2$-PP-Dol 前体通过 *RFT1* 基因座编码的“翻转酶”（flippase），即寡糖易位蛋白（oligosaccharide translocation protein）RFT1，跨越内质网膜双分子层进行**易位（translocation）**。随后，多萜醇前体 $Man_5GlcNAc_2$-PP-Dol，通过添加分别从多萜醇 - 磷酸 - 甘露糖（Dol-P-Man）和多萜醇 - 磷酸 - 葡萄糖（Dol-P-Glc）转移而来的 4 个甘露糖（Man）残基和 3 个葡萄糖（Glc）残基进行糖链的延长。多萜醇 - 磷酸 - 甘露糖和多萜醇 - 磷酸 - 葡萄糖供体分别由鸟苷二磷酸 - 甘露糖（GDP-Man）和尿苷二磷酸 - 葡萄糖（UDP-Glc）在内质网膜的细胞质侧形成。多萜醇 - 磷酸 - 甘露糖和多萜醇 - 磷酸 - 葡萄糖也必须翻转穿越内质网膜进入腔室。哺乳动物中的甘露糖 - 磷酸 - 多萜醇利用缺陷 1 蛋白（mannose-P-dolichol utilization defect 1 protein，MDPU1）是一种内质网膜蛋白，在利用内质网腔内的多萜醇 - 磷酸 - 甘露糖和多萜醇 - 磷酸 - 葡萄糖合成成熟的 *N-* 聚糖前体 $Glc_3Man_9GlcNAc_2$-PP-Dol 的过程中是必需的（图 9.3）。这一含有 14 个单糖的聚糖，通过寡糖基转移酶（oligosaccharyltransferase，OST）转移到已经易位穿过内质网膜的、蛋白质区域中的受体序列段——天冬酰胺 -X- 丝氨酸 / 苏氨酸中的天冬酰胺上。

9.5.2 将多萜醇连接的前体转移到新生蛋白质

寡糖基转移酶（OST）是内质网膜中的多亚基蛋白复合物，但在**动质体（kinetoplastid）**[①]中除外

① 是一种附有鞭毛的原生动物，包含某些能使人类或其他动物发生严重疾病的寄生虫。

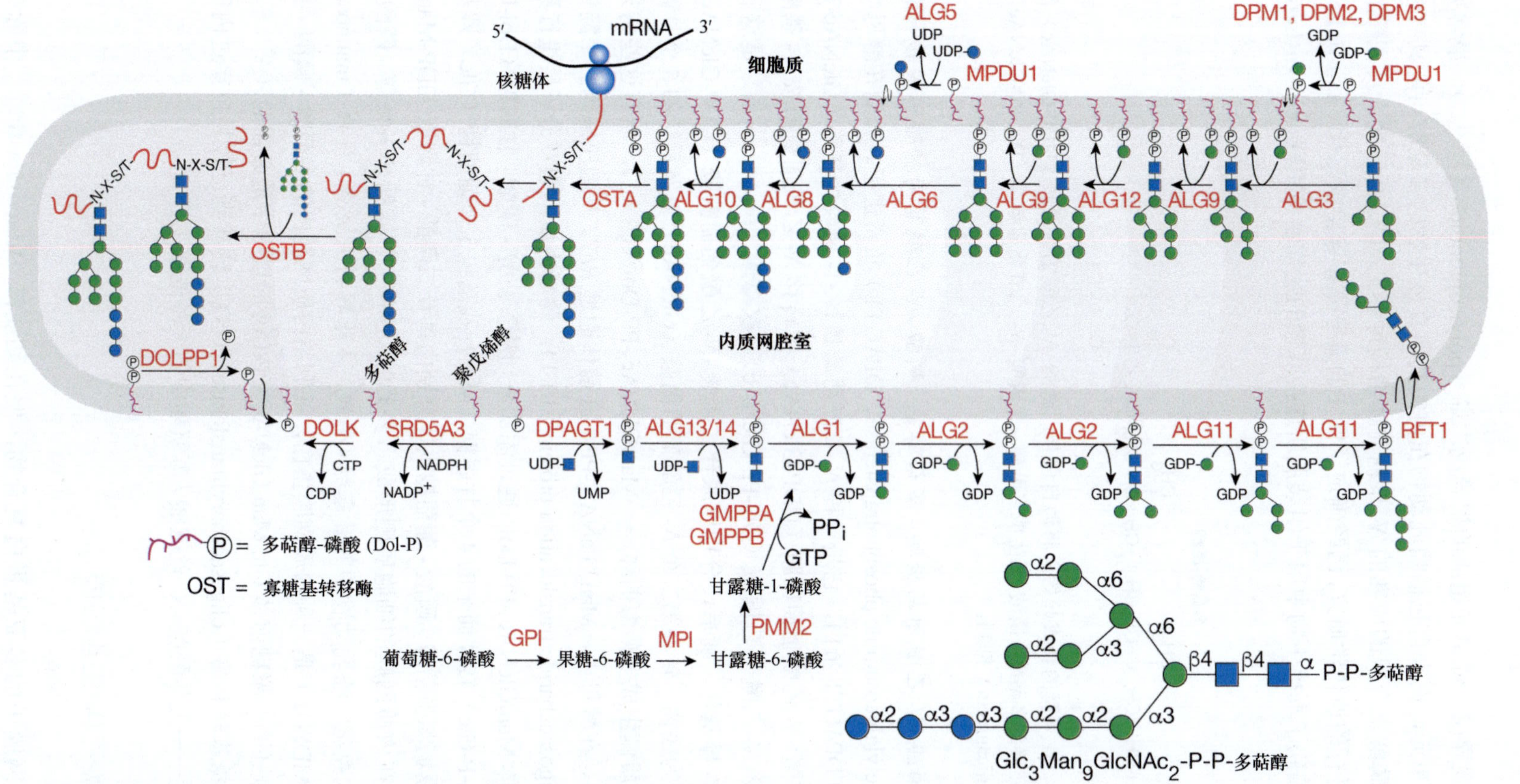

图 9.3 多萜醇连接的十四寡糖前体——多萜醇 -PP-GlcNAc$_2$Man$_9$Glc$_3$ 的合成。位于内质网膜细胞质面的多萜醇 - 磷酸（Dol-P）（多萜醇用紫色波形线表示）接收从细胞质中的尿苷二磷酸 -*N*- 乙酰葡萄糖胺（UDP-GlcNAc）处来源的 *N*- 乙酰葡萄糖胺 -1- 磷酸（GlcNAc-1-P），生成多萜醇 - 焦磷酸 -*N*- 乙酰葡萄糖胺（Dol-PP-GlcNAc）。多萜醇 - 焦磷酸 -*N*- 乙酰葡萄糖胺进而被逐步延长，直至形成前体结构 Dol-PP-GlcNAc$_2$Man$_5$，经“翻转”穿过内质网膜后进入到内质网腔室内侧。随后向糖链上添加来自多萜醇 - 磷酸 - 甘露糖（Dol-P-Man）的 4 个甘露糖（Man）残基，以及来自多萜醇 - 磷酸 - 葡萄糖（Dol-P-Glc）的 3 个葡萄糖（Glc）残基。多萜醇 - 磷酸 - 甘露糖和多萜醇 - 磷酸 - 葡萄糖也在内质网膜的细胞质侧生成，并“翻转”进入到腔室内侧。在天冬酰胺连接糖基化（asparagine-linked glycosylation，*alg*）基因中存在缺陷的酵母突变体，被用于多步反应中 ALG 酶的鉴定。以上步骤最终形成的十四糖寡糖前体，在含有 8～9 个跨膜蛋白的寡糖基转移酶（oligosaccharyltransferase，OST）复合物的作用下，被转移到序列段天冬酰胺 -X- 丝氨酸 / 苏氨酸（N-X-S/T）中的天冬酰胺侧链上。在哺乳动物细胞中，OSTA 复合物与内质网膜中的易位蛋白（translocon）结合，并优先对穿过易位蛋白的新生多肽进行糖基化，而 OSTB 复合物则对已经离开易位蛋白、位于内质网腔室中的蛋白质进行修饰。酶的名称来自人类基因组组织基因命名委员会（Human Genome Nomenclature Committee，HGNC）。关于 *N*- 聚糖合成中酶的相关信息，参见附录 3。缩写：尿苷二磷酸（UDP），尿苷一磷酸（UMP），鸟苷三磷酸（GTP），鸟苷二磷酸（GDP），胞苷三磷酸（CTP），胞苷二磷酸（CDP），焦磷酸（PP$_i$），磷酸（P），多萜醇（Dol），还原型烟酰胺腺嘌呤二核苷酸磷酸（NADPH），烟酰胺腺嘌呤二核苷酸磷酸（NADP$^+$）。

（**第 43 章**）。在通过**易位蛋白（translocon）**进入内质网期间，寡糖基转移酶负责催化寡糖从多萜醇 - 焦磷酸（Dol-PP）转移到新合成蛋白质区域中的天冬酰胺 -X- 丝氨酸 / 苏氨酸上。寡糖基转移酶对完整组装的寡糖具有高度特异性，在大多数真核生物中，该寡糖的结构为 $Glc_3Man_9GlcNAc_2$。组装的寡糖结构若不完整会降低转移效率，导致糖蛋白的**低糖基化（hypoglycosylation）**，使这些糖蛋白成熟时具有留空的 *N*- 聚糖位点。所有寡糖基转移酶亚基都是跨膜蛋白，具有 1 ～ 13 个跨膜结构域。**寡糖基转移酶复合物（OST complex）**可以切割高能的 *N*- 乙酰葡萄糖胺 - 磷酸键（GlcNAc-P bond），在此过程中释放出多萜醇 - 焦磷酸（图 9.3）。酵母的寡糖基转移酶由 8 个不同的亚基组成，即 Stt3p、Ost1p、Wbp1p、Swp1p、Ost2p、Ost4p、Ost5p 和 Ost3p（或 Ost6p）。其中，Stt3p 是酶的催化亚基。两种寡糖基转移酶复合物（包含两种硫氧还蛋白亚基 Ost3p 或 Ost6p 中的一种）具有不同的蛋白质 - 底物特异性。寡糖基转移酶的复杂性在多细胞生物中有所增加。在哺乳动物中，有两种不同的、具有催化活性的 STT3 亚基，二者都与核糖体结合蛋白 I（ribophorin I）、核糖体结合蛋白 II（ribophorin II）、多萜醇基 - 二磷酸寡糖 - 蛋白质糖基转移酶 48kDa 亚基（dolichyl-diphosphooligosaccharide-protein glycosyltransferase 48kDa subunit，OST48）、多萜醇基 - 二磷酸寡糖 - 蛋白质糖基转移酶亚基 4（dolichyl-diphosphooligosaccharide-protein glycosyltransferase subunit 4，OST4）和多萜醇基 - 二磷酸寡糖 - 蛋白质糖基转移酶亚基 DAD1（dolichyl-diphosphooligosaccharide-protein glycosyltransferase subunit DAD1）相结合以形成复合物，它们分别对应于酵母中 Ost1p、Swp1p、Wbp1p、Ost4p 和 Ost2p 的哺乳动物同源物。与易位蛋白密切结合的 STT3A 复合物（OSTA）包含了 KCP2 和 DC2 亚基，而 STT3B 复合物（OSTB）具有 MAGT1 或 TUSC3 蛋白（即酵母 Ost3p/Ost6p 的同源物），能够对易位进入内质网的多肽进行翻译后糖基化。在与具有催化功能的 STT3 亚基结合时，所结合多肽（client peptide）采取了 180° 转角，使多肽折叠（polypeptide folding）过程与 *N*- 糖基化的过程达成彼此竞争的状态。事实上，寡糖基转移酶复合物中的硫氧还蛋白亚基（thioredoxin subunit）（酵母中的 Ost3p/Ost6p；哺乳动物中的 MAGT1/TUSC1）能够调节所结合多肽的氧化折叠，从而扩展了寡糖基转移酶的多肽底物范围。截至 2021 年 2 月，**联合蛋白质数据库（Universal Protein Source，UniProt）**报道了酵母中的 1911 个 *N*- 糖基化位点和鼠类糖蛋白中的 13 648 个 *N*- 糖基化位点。

9.5.3 早期加工步骤：从 $Glc_3Man_9GlcNAc_2Asn$ 到 $Man_5GlcNAc_2Asn$

十四糖（$Glc_3Man_9GlcNAc_2$）寡糖与蛋白质中的天冬酰胺 -X- 丝氨酸 / 苏氨酸（Asn-X-Ser/Thr）共价连接后（$Glc_3Man_9GlcNAc_2Asn$），后续的加工反应会对内质网中的 *N*- 聚糖进行**修剪（trimming）**。通过与能够识别修剪后的 *N*- 聚糖所具特征的内质网**分子伴侣（chaperone）**相互作用，初始步骤对于调控糖蛋白的折叠发挥了关键作用（**第 39 章**）。$Glc_3Man_9GlcNAc_2Asn$ 的加工起始于葡萄糖残基的去除，该过程通过 α- 葡萄糖苷酶 I（α-glucosidase I）即甘露糖基 - 寡糖葡萄糖苷酶（mannosyl-oligosaccharide glucosidase，MOGS）、α- 葡萄糖苷酶 II（α-glucosidase II）即中性 α- 葡萄糖苷酶 AB（neutral α-glucosidase AB，GANAB）依次进行（图 9.4）。这两种葡萄糖苷酶都在内质网腔室内发挥作用，α- 葡萄糖苷酶 I 特异性地作用于末端的 α1-2 葡萄糖，α- 葡萄糖苷酶 II 则依次去除两个内部的 α1-3 葡萄糖残基。葡萄糖残基的去除，以及在蛋白质折叠过程中瞬时重新添加最内层的 α1-3 葡萄糖，都有助于延长这些糖蛋白在内质网中的保留时间。实验中可以通过使用葡萄糖苷酶 I 的抑制剂，如**卡斯塔碱（castanospermine）**或**脱氧野尻霉素（deoxynojirimycin）**来阻断葡萄糖的去除（**第 55 章**）。抑制后的 *N*- 聚糖保留了 3 个葡萄糖残基，并且通常在它们通过内质网和高尔基体时丢失 1 个或 2 个甘露糖残基，从而在成熟的糖蛋白上产生具有 $Glc_3Man_{7-9}GlcNAc_2$ 糖链结构的 *N*- 聚糖。在离开内质网之前，内质网中的 α- 甘露糖苷酶 I（α-mannosidase

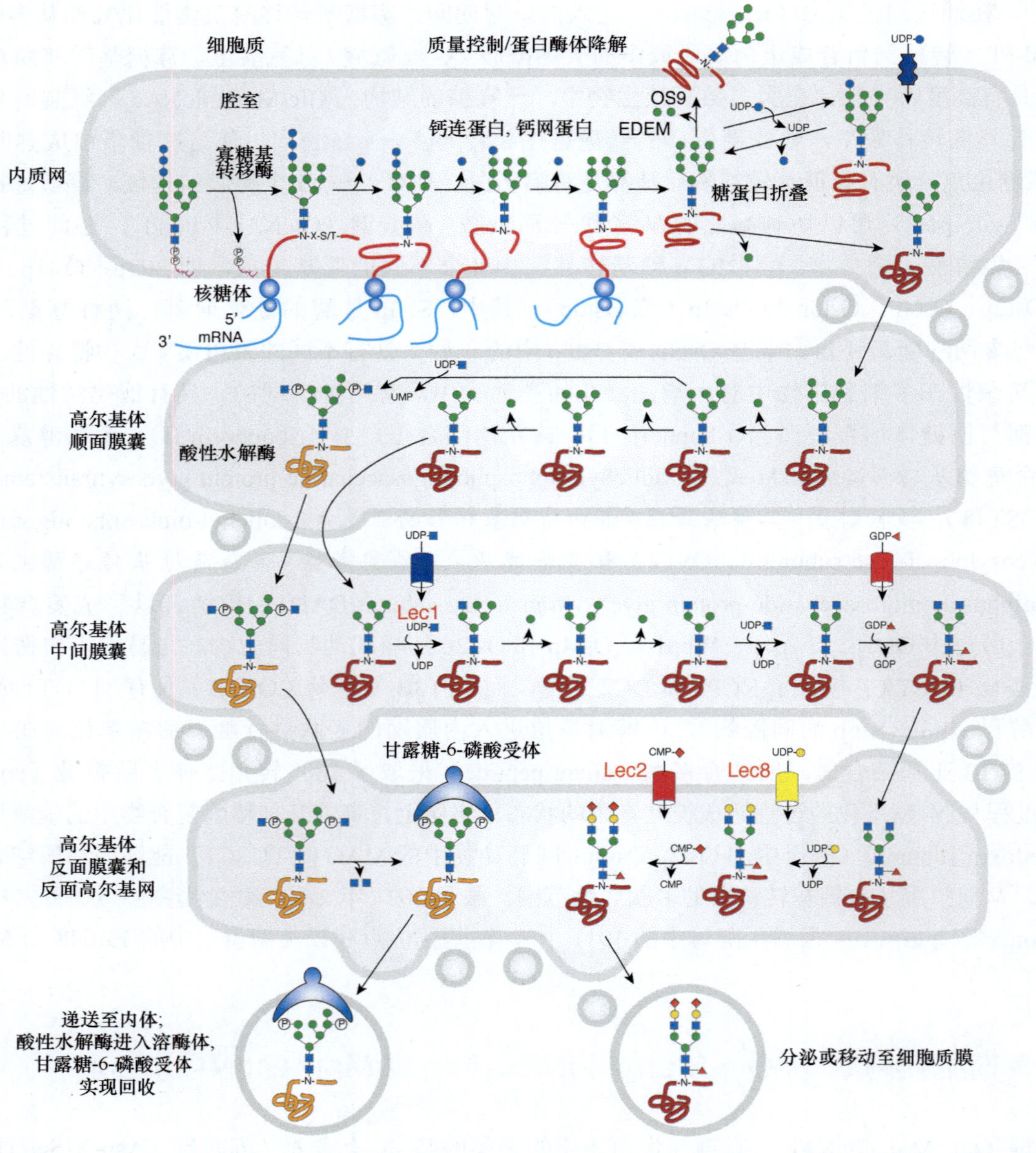

图 9.4　*N*- 聚糖的加工和成熟。连接到多萜醇 - 焦磷酸（Dol-PP）上的成熟聚糖（**图 9.3**），通常在蛋白质合成过程中，即蛋白质被转运到内质网时，被转移到天冬酰胺 -X- 丝氨酸 / 苏氨酸（Asn-X-Ser/Thr）序列上。某些聚糖的转移过程也发生在易位完成后。在 $Glc_3Man_9GlcNAc_2$ 被转移到蛋白质上之后，内质网中的葡萄糖苷酶去除 3 个葡萄糖（Glc）残基，而内质网甘露糖苷酶则去除 1 个甘露糖（Man）残基。这些反应与两种凝集素——钙连蛋白（calnexin）和钙网蛋白（calreticulin），以及尿苷二磷酸 - 葡萄糖糖蛋白葡萄糖基转移酶（UDP-glucose glycoprotein glucosyltransferase，UGGT）协助下的糖蛋白折叠密切相关，它们共同决定了带有 $Man_9GlcNAc_2$ 的糖蛋白是继续进入高尔基体还是被降解（**第 39 章**）。对于在内质网中错误折叠的蛋白质，通过内质网降解增强 α- 甘露糖苷酶 I 样蛋白（ER degradation-enhancing α-mannosidase I-like protein，EDEM）进行甘露糖的修剪，形成可被凝集素 OS9 蛋白识别的 $Man_7GlcNAc_2$ *N*- 聚糖，通过**逆向易位（retrotranslocation）**将糖蛋白护送进入细胞质中以进行降解（**第 39 章**）。自糖链上去除第一个葡萄糖（以及所有的葡萄糖）的过程，在实验中可以通过卡斯塔碱进行阻断，留下 $Glc_3Man_9GlcNAc_2$ 糖链。在该糖链随后通过高尔基体的过程中，可能被去除末端的甘露糖残基。对于大多数糖蛋白而言，在高尔基体顺面膜囊（*cis*-Golgi）的区室中，额外的甘露糖残基可以被甘露糖苷酶家族中的酶，即 α1-2 甘露糖苷酶 IA（MAN1A1）、α1-2 甘露糖苷酶 IB（MAN1A2）和 α1-2 甘露糖苷酶 IC（MAN1C1）去除，直至产生 $Man_5GlcNAc_2$。甘露糖苷酶抑制剂脱氧甘露野尻霉素和几夫碱可以阻断这些甘露糖残基的去除，留下不会在高尔基体中被进一步加工的 $Man_9GlcNAc_2$ 糖链。*N*- 乙酰葡萄糖胺转移酶 I 对高尔基体中间膜囊（*medial*-Golgi）中 $Man_5GlcNAc_2$ 的作用，启动了复合型或杂合型 *N*- 聚糖的第一个分支。该反应在 *N*- 乙酰葡萄糖胺转移酶 I 失活的中国仓鼠卵巢细胞（CHO）

的突变株 *Lec1* CHO 细胞中被阻断，留下不会被进一步加工的 $Man_5GlcNAc_2$ 糖链。两种 α- 甘露糖苷酶 II，即 MAN2A1 或 MAN2A2，可催化去除反应中两个外端的甘露糖残基，该过程可能被抑制剂苦马豆素阻断。经过 α- 甘露糖苷酶 II 的作用，产生了 *N*- 乙酰葡萄糖胺转移酶 2（GlcNAcT-II）的催化底物。经该酶催化产生的二天线 *N*- 聚糖，通过添加岩藻糖、半乳糖和唾液酸将聚糖链延长，生成具有两个分支的复合型 *N*- 聚糖。在尿苷二磷酸 - 半乳糖（UDP-Gal）转运蛋白失活的 *Lec8* CHO 细胞突变株中则不会发生半乳糖的添加。因此在 *Lec8* 突变株中，复合型 *N*- 聚糖以 *N*- 乙酰葡萄糖胺作为终止。在胞苷一磷酸 - 唾液酸（CMP-Sia）转运蛋白失活的中国仓鼠卵巢细胞的突变株 *Lec2* CHO 细胞中，不会发生唾液酸的添加。该突变株中的复合型 *N*- 聚糖以半乳糖作为终止。复合型 *N*- 聚糖的糖链结构中可能含有比本图中所显示的更多的糖，包括连接到核心的额外的糖残基、更多的糖链分支、以聚 *N*- 乙酰乳糖胺（poly-LacNAc）单元进行延伸的分支结构，以及不同的“封端”表位（**第 14 章**）。图中还显示了溶酶体水解酶中的特殊情况，这些水解酶通过 *N*- 乙酰葡萄糖胺 -1- 磷酸转移酶（*N*-acetylglucosamine-1-phosphotransferase），即由 *N*- 乙酰葡萄糖胺 -1- 磷酸转移酶亚基 α/β（*N*-acetylglucosamine-1-phosphotransferase subunits α/β，GNPTAB）和 *N*- 乙酰葡萄糖胺 -1- 磷酸转移酶亚基 γ（*N*-acetylglucosamine-1-phosphotransferase subunits γ，GNPTG）构成的异二聚体，在高尔基体顺面膜囊的寡甘露糖型 *N*- 聚糖中甘露糖残基的 C-6 处添加 *N*- 乙酰葡萄糖胺 -1- 磷酸（GlcNAc-1-P）。在高尔基体反面膜囊（*trans*-Golgi）中，*N*- 乙酰葡萄糖胺被 α-*N*- 乙酰葡萄糖胺 -1- 磷酸二酯糖苷酶（α-*N*-acetylglucosamine-1-phosphodiester glycosidase，NAGPA）去除，从而暴露出甘露糖 -6- 磷酸（Man-6-P），它可以被甘露糖 -6- 磷酸受体（Man-6-P receptor，M6PR）识别，并输送到酸化的前溶酶体区室（prelysosomal compartment）（**第 33 章**）。**第 55 章**描述了 *N*- 聚糖加工的化学抑制剂，**第 49 章**描述了 *N*- 聚糖合成中受阻的 CHO 突变株。缩写：尿苷一磷酸（UMP），尿苷二磷酸（UDP），鸟苷二磷酸（GDP），胞苷一磷酸（CMP）（修改自 Kornfeld R，Kornfeld S. 1985. *Annu Rev Biochem* 54：631-634.，经 *Annual Review of Biochemistry* 授权许可）。

I），即内质网甘露糖基 - 寡糖 α1-2 甘露糖苷酶（endoplasmic reticulum mannosyl-oligosaccharide α1-2 mannosidase，MAN1B1），从 $Man_9GlcNAc_2$ 结构的中央糖链（中央臂）移除末端的 α1-2 甘露糖，产生 $Man_8GlcNAc_2$ 异构体（图 9.4）。随着内质网降解增强 α- 甘露糖苷酶 I 样蛋白（ER degradation-enhancing α-mannosidase I-like protein，EDEM）对错误折叠的糖蛋白末端 α1-2 甘露糖残基进行缓慢地切割，修剪后的聚糖可以被 **OS9 蛋白（protein OS9）**识别，并将其靶向至内质网进行降解（**第 39 章**）。大多数离开内质网进入高尔基体的糖蛋白，都携带了含有 8 个或 9 个甘露糖残基的 *N*- 聚糖。

由于在内质网中的加工过程并不完全，**高尔基体顺面膜囊（*cis*-Golgi）**中的一些 *N*- 聚糖保留了一个葡萄糖残基。在这种情况下，高尔基体内切 -α- 甘露糖苷酶（endo-α-mannosidase，MANEA）在糖链中 Glcα1-3Manα1-2Manα1-2 部分的两个甘露糖残基之间进行切割，从而产生 $Man_8GlcNAc_2$，其结构不同于由内质网 α- 甘露糖苷酶 I（MAN1B1）产生的 $Man_8GlcNAc_2$，但二者互为异构体。对 α1-2 甘露糖残基的修剪，在高尔基体顺面膜囊的 α1-2 甘露糖苷酶 IA（α1-2 mannosidase IA，MAN1A1）、α1-2 甘露糖苷酶 IB（α1-2 mannosidase IB，MAN1A2）和 α1-2 甘露糖苷酶 IC（α1-2 mannosidase IC，MAN1C1）的作用下继续进行，产生 $Man_5GlcNAc_2$（图 9.4），$Man_5GlcNAc_2$ 是杂合型和复合型 *N*- 聚糖途径中的关键中间体（图 9.1）。一些 $Man_{5\text{-}9}GlcNAc_2$ 聚糖也可能逃脱了进一步的修饰。在这些情况下，成熟的膜结合型糖蛋白或分泌型糖蛋白上将携带 $Man_{5\text{-}9}GlcNAc_2$ *N*- 聚糖。此外，内质网 α- 甘露糖苷酶 I（MAN1B1）、α1-2 甘露糖苷酶 IA（MAN1A1）、α1-2 甘露糖苷酶 IB（MAN1A2）和 α1-2 甘露糖苷酶 IC（MAN1C1）的作用，都可以在实验中通过抑制剂**脱氧甘露野尻霉素（deoxymannojirimycin）**或**几夫碱（kifunensine）**进行阻断，从而在成熟的糖蛋白上形成糖链结构 $Man_{8\text{-}9}GlcNAc_2$。大多数成熟的糖蛋白中，具有一些未在高尔基体顺面膜囊中加工的寡甘露糖型 *N*- 聚糖。

9.5.4 后期加工步骤：从 $Man_5GlcNAc_2Asn$ 到杂合型和复合型 *N*- 聚糖

杂合型和复合型 *N*- 聚糖的生物合成（图 9.1）是在**高尔基体中间膜囊（*medial*-Golgi）**中，以一种被

称为 *N*- 乙酰葡萄糖胺转移酶 1（*N*-acetylglucosaminyltransferase I，GlcNAcT-I）即 α1-3 甘露糖基 - 糖蛋白 2-β-*N*- 乙酰葡萄糖胺转移酶 1（α1-3 mannosyl-glycoprotein 2-β-*N*-acetylglucosaminyltransferase 1，MGAT1）的糖基转移酶参与的催化反应作为起始步骤①。该酶将 *N*- 乙酰葡萄糖胺（GlcNAc）残基添加到糖链结构 $Man_5GlcNAc_2$ 核心处 α1-3 甘露糖的 C-2 上（**图 9.4**）。随后，大部分 *N*- 聚糖被高尔基体中间膜囊中的 α- 甘露糖苷酶 2（α-mannosidase II，MAN2A1/MAN2A2）修剪，去除 $GlcNAcMan_5GlcNAc_2$ 末端的 α1-3 甘露糖和 α1-6 甘露糖残基，形成 $GlcNAcMan_3GlcNAc_2$。值得注意的是，α- 甘露糖苷酶 II 无法修剪 $Man_5GlcNAc_2$，除非它已经被 *N*- 乙酰葡萄糖胺转移酶 1（MGAT1）进行了修饰。一旦两个甘露糖残基都被去除，在 *N*- 乙酰葡萄糖胺转移酶 2（*N*-acetylglucosaminyltransferase II，GlcNAcT-II），即 α1-6 甘露糖基 - 糖蛋白 2-β-*N*- 乙酰葡萄糖胺转移酶（α1-6 mannosyl-glycoprotein 2-β-*N*-acetylglucosaminyltransferase，MGAT2）的作用下，第二个 *N*- 乙酰葡萄糖胺（GlcNAc）残基被添加到 *N*- 聚糖核心中 α1-6 甘露糖的 C-2 上，以产生所有二天线、复合型 *N*- 聚糖的前体。如果 *N*- 乙酰葡萄糖胺转移酶 I（MGAT1）产生的 $GlcNAcMan_5GlcNAc_2$ 聚糖没有被 α- 甘露糖苷酶 2 作用，则形成杂合型 *N*- 聚糖。α- 甘露糖苷酶 2 的不完全作用，可以形成 $GlcNAcMan_4GlcNAc_2$ 杂合链。研究人员在无脊椎动物和植物中已经发现了相对大量的、小型的寡甘露糖型 *N*- 聚糖。这些具有 $Man_{3\text{-}4}GlcNAc_2$ 糖链结构的 *N*- 聚糖即**乏甘露糖型 *N*- 聚糖（paucimannose *N*-glycan）**。该类聚糖的形成首先由高尔基体氨基己糖苷酶（hexosaminidase）去除糖链 $GlcNAcMan_{3\text{-}4}GlcNAc_2$ 外层的 *N*- 乙酰葡萄糖胺（GlcNAc）残基，随后在 α- 甘露糖苷酶 2 的作用下最终形成目标产物（**第 24 章、第 26 章**）。乏甘露糖型 *N*- 聚糖也存在于哺乳动物中，并且其含量会在癌症、炎症和干细胞发育等过程中升高。

图 9.4 的高尔基体中间膜囊中显示的是具有二天线或分支结构的复合型 *N*- 聚糖，它以在糖链上添加两个 *N*- 乙酰葡萄糖胺（GlcNAc）残基作为起始。额外的分支结构可以由 *N*- 乙酰葡萄糖胺转移酶 4（*N*-acetylglucosaminyltransferase IV，GlcNAcT-IV），即 α1-3 甘露糖基 - 糖蛋白 4-β-*N*- 乙酰葡萄糖胺转移酶 A（α1-3 mannosyl-glycoprotein 4-β-*N*-acetylglucosaminyltransferase A，MGAT4A）、α1-3 甘露糖基 - 糖蛋白 4-β-*N*- 乙酰葡萄糖胺转移酶 B（α1-3 mannosyl-glycoprotein 4-β-*N*-acetylglucosaminyltransferase B，MGAT4B）、α1-3 甘露糖基 - 糖蛋白 4-β-*N*- 乙酰葡萄糖胺转移酶 C（α1-3 mannosyl-glycoprotein 4-β-*N*-acetylglucosaminyltransferase C，MGAT4C）在核心 α1-3 甘露糖的 C-4 处催化分支结构反应的起始；也可以由 *N*- 乙酰葡萄糖胺转移酶 5（*N*-acetylglucosaminyltransferase V，GlcNAcT-V），即 α1-6 甘露糖基 - 糖蛋白 6-β-*N*- 乙酰葡萄糖胺转移酶 A（α1-6 mannosyl-glycoprotein 6-β-*N*-acetylglucosaminyltransferase A，MGAT5），在核心 α1-6 甘露糖的 C-6 处催化分支结构反应的起始，从而产生三天线和四天线（tetra-antennary）的 *N*- 聚糖（**图 9.5**）。*N*- 乙酰葡萄糖胺转移酶 9（*N*-acetylglucosaminyltransferase IX，GlcNAcT-IX），即 α1-6 甘露糖基 - 糖蛋白 6-β-*N*- 乙酰葡萄糖胺转移酶 B（α1-6 mannosyl-glycoprotein 6-β-*N*-acetylglucosaminyltransferase B，MGAT5B）催化了相同的反应，但优先作用于脑中的 *O*- 甘露糖聚糖。在鸟类和鱼类中发现的另一个分支，可以通过 *N*- 乙酰葡萄糖胺转移酶 6（*N*-acetylglucosaminyltransferase VI，GlcNAcT-VI），即 α1-6 甘露糖基 - 糖蛋白 4-β-*N*- 乙酰葡萄糖胺转移酶（α1-6 mannosyl-glycoprotein 4-β-*N*-acetylglucosaminyltransferase，MGAT6），在核心 α1-6 甘露糖的 C-4 处催化分支结构反应的起始（**图 9.5**）。与该酶相关的基因存在于哺乳动物基因组中，负责编码 α1-3 甘露糖基 - 糖蛋白 4-β-*N*- 乙酰葡萄糖胺转移酶 C（α1-3 mannosyl-glycoprotein 4-β-*N*-acetylglucosaminyltransferase C，MGAT4C）。复合型和杂合型 *N*- 聚糖也可能带有一个“二等分”（bisecting）的 *N*- 乙酰葡萄糖胺残基，该残基通过 *N*- 乙酰葡萄

---

① *N*- 聚糖合成中的 *N*- 乙酰葡萄糖胺转移酶（*N*-acetylglucosaminyltransferase）系列酶，由于使用习惯不同，具有不同的命名方法，以 *N*- 乙酰葡萄糖胺转移酶 I 为例，除 MGAT1 外，还有 GlcNAcT-I、GNT-I、GnTI、GNT1 等表示方法（**第 4 章**）。

糖胺转移酶 3（*N*-acetylglucosaminyltransferase III，GlcNAcT-III），即 β1-4 甘露糖基 - 糖蛋白 4-β-*N*- 乙酰葡萄糖胺转移酶（β1-4 mannosyl-glycoprotein 4-β-*N*-acetylglucosaminyltransferase，MGAT3）连接到核心的 β- 甘露糖上（图 9.5）。二天线的 *N*- 聚糖上的**二等分 *N*- 乙酰葡萄糖胺（bisecting GlcNAc）**如图 9.5 所示，它可能存在于所有支化程度更高的 *N*- 聚糖中，但是通常不会被延长。

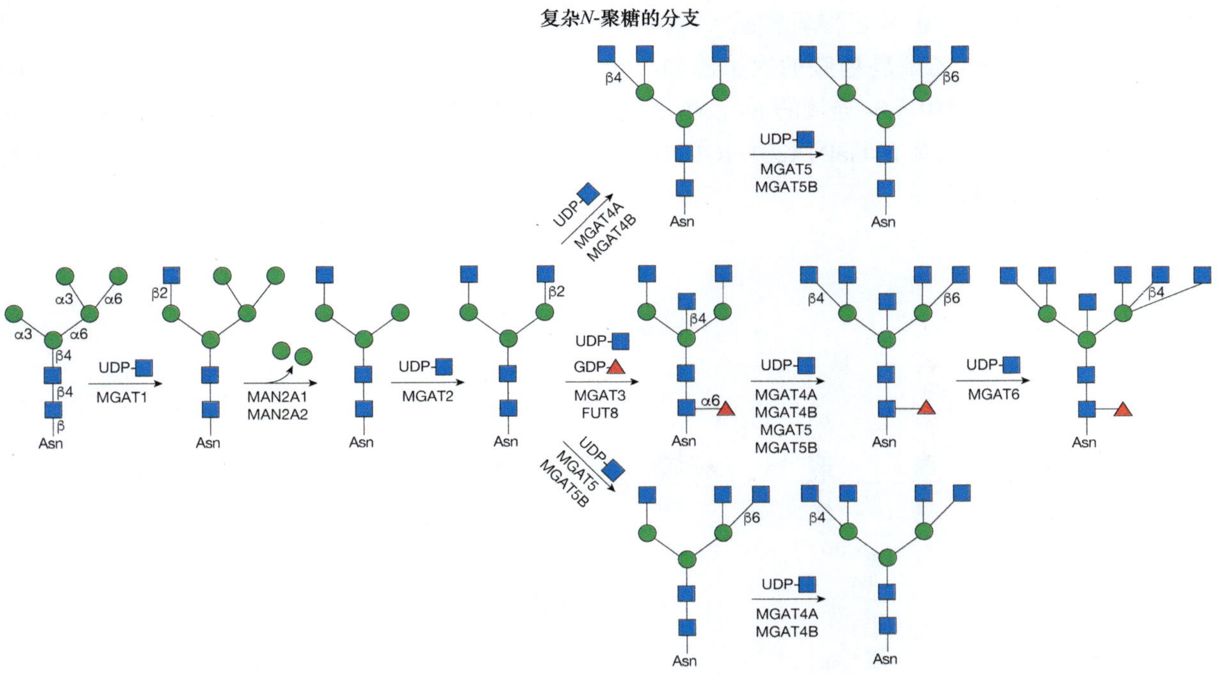

图 9.5　复杂 *N*- 聚糖的分支与核心修饰。图 9.4 中显示的杂合型和成熟的二天线复合型 *N*- 聚糖，可能包含更多的糖链分支，因为高尔基体中的 *N*- 乙酰葡萄糖胺转移酶（GlcNAcT）仅在 *N*- 乙酰葡萄糖胺转移酶 1（MGAT1）完成催化反应后方能发挥作用。如果 α- 甘露糖苷酶 2（MAN2A1 或 MAN2A2）不发挥作用，则相应产生杂合型 *N*- 聚糖。当甘露糖苷酶发挥作用时，*N*- 乙酰葡萄糖胺转移酶 2（MGAT2）会产生一个二天线的 *N*- 聚糖。该底物可经 *N*- 乙酰葡萄糖胺转移酶 3（MGAT3）催化，形成二等分 *N*- 乙酰葡萄糖胺，经 α1-6 岩藻糖基转移酶（FUT8）催化添加岩藻糖，或经来自哺乳动物的一系列 *N*- 乙酰葡萄糖胺分支酶（MGAT4A、MGAT4B、MGAT5 或 MGAT5B）催化添加 *N*- 乙酰葡萄糖胺。*N*- 乙酰葡萄糖胺转移酶 6（MGAT6）存在于鸟类和鱼类中，在哺乳动物中也可能存在。每个 *N*- 乙酰葡萄糖胺分支可以通过添加半乳糖、*N*- 乙酰葡萄糖胺、唾液酸和岩藻糖进行糖链延长（图 9.6，**第 14 章**）。除非 *N*- 乙酰葡萄糖胺转移酶 2（MGAT2）缺失，否则二等分 *N*- 乙酰葡萄糖胺糖链通常不会被进一步延长，哺乳动物的核心岩藻糖也不会被进一步延长。图中显示了在每个转移步骤中糖的连键。参与 *N*- 聚糖合成的酶的相关信息参见附录 3。缩写：尿苷二磷酸（UDP），鸟苷二磷酸（GDP），天冬酰胺（Asn）。

9.5.5　*N*- 聚糖的成熟

糖的进一步添加，最终将有限的杂合与支化的 *N*- 聚糖库转化为大量成熟的、复杂的 *N*- 聚糖类型，包括：①向 *N*- 聚糖核心添加糖；②通过添加糖，延长分支的 *N*- 乙酰葡萄糖胺残基；③对延长的分支进行“封端”（capping）或“装饰”。

脊椎动物 *N*- 聚糖的主要**核心修饰（core modification）**，是将 α1-6 岩藻糖（Fuc）添加到 *N*- 聚糖核心中天冬酰胺连接的 *N*- 乙酰葡萄糖胺上（图 9.5）。α1-6 岩藻糖基转移酶（α1-6 fucosyltransferase，FUT8）通常需要 *N*- 乙酰葡萄糖胺转移酶 I（MGAT1）的先行作用（图 9.4）。在无脊椎动物糖蛋白中，两个核心的 *N*- 乙酰葡萄糖胺残基都可以接受 α1-3 连接和（或）α1-6 连接的岩藻糖（**第 25 章、第 26 章**）。在植物中，

岩藻糖仅以 α1-3 连键被转移到与天冬酰胺相连的那一个 *N*- 乙酰葡萄糖胺上（**第 24 章**）。此外，在植物和蠕虫的糖蛋白中，将 β1-2 木糖添加至核心的 β- 甘露糖上也很常见。这种木糖基转移酶（xylosyltransferase）也需要 *N*- 乙酰葡萄糖胺转移酶 I 的先行作用。在脊椎动物的 *N*- 聚糖中，研究人员尚未检测到木糖。

大多数复合型和杂合型 *N*- 聚糖都具有延伸的**分支（branching）**，这些分支通过将半乳糖（Gal）添加到起始的 *N*- 乙酰葡萄糖胺（GlcNAc）得以形成，从而产生了普遍存在的聚糖**构建单元（building block）** Galβ1-4GlcNAc，被称为 **2 型 *N*- 乙酰乳糖胺（Type-2 *N*-acetyllactosamine）**或**"*N*- 乙酰乳糖胺"（LacNAc）**序列（**图 9.6**）。二糖 *N*- 乙酰乳糖胺的次第添加，产生的串联重复序列被称为**聚 -*N*- 乙酰乳糖胺（poly-LacNAc）**。在某些糖蛋白中，β- 连接的 *N*- 乙酰半乳糖胺（GalNAc）而不是半乳糖（Gal）被添加到 *N*- 乙酰葡萄糖胺上，从而产生具有 GalNAcβ1-4GlcNAc，即以**二 -*N*- 乙酰基乳糖胺（LacdiNAc）**进行糖链延长的天线结构（**第 14 章**）。

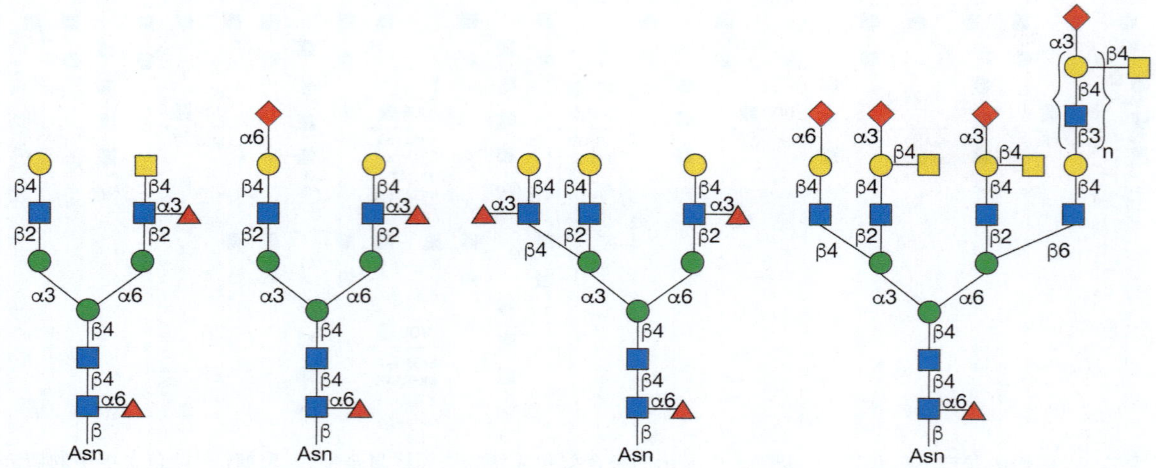

图 9.6 在成熟糖蛋白上发现的典型复合型 *N*- 聚糖。任何分支上的 *N*- 乙酰乳糖胺（LacNAc）单元可以重复多次（括号内）。缩写：天冬酰胺（Asn）。关于聚糖的符号命名法，请参见**附录 2**。

最重要的**"封端"（capping）**反应包括将唾液酸、岩藻糖、半乳糖、*N*- 乙酰葡萄糖胺和硫酸基团添加到复杂 *N*- 聚糖的分支中。**封端糖（capping sugar）**最常见的连键方式是 α- 连键，因此在结构上会从 β- 连键的聚 -*N*- 乙酰乳糖胺分支中突出，从而促进末端糖向凝集素和抗体的呈递。这些结构中有许多为 *N*- 聚糖、*O*- 聚糖及糖脂所共有（**第 14 章**）。末端唾液酸可以进行进一步的化学修饰（如 *O*- 乙酰化）（**第 15 章**）。

上述各种反应可能会产生无数种复杂 *N*- 聚糖，它们在分支数、组成、长度、封端排列和核心修饰等方面各有不同。**图 9.6** 中展示了一些实例以说明这种结构多样性。

9.6 溶酶体水解酶上的磷酸化 *N*- 聚糖

溶酶体水解酶（lysosomal hydrolase）在溶酶体中降解蛋白质、脂质和聚糖。许多此类的酶通过需要磷酸化的寡甘露糖型 *N*- 聚糖参与的特殊运输途径，被靶向至溶酶体。磷酸化步骤包括由 *N*- 乙酰葡萄糖胺 -1- 磷酸转移酶（*N*-acetylglucosamine-1-phosphotransferase），即 *N*- 乙酰葡萄糖胺 -1- 磷酸转移酶亚基 α/β（GNPTAB）和 *N*- 乙酰葡萄糖胺 -1- 磷酸转移酶亚基 γ（GNPTG）构成的异二聚体，将 *N*- 乙酰葡萄糖胺 -1- 磷酸（GlcNAc-1-P）转移到高尔基体顺面膜囊溶酶体水解酶中的、寡甘露糖型 *N*- 聚糖上的、甘露糖残基内的 C-6 位（图 9.4）。高尔基体反面囊膜中的 α-*N*- 乙酰葡萄糖胺 -1- 磷酸二酯糖苷酶（α-*N*-acetylglucosamine-1-phosphodiester glycosidase，NAGPA）可以去除 *N*- 乙酰葡萄糖胺，生成被**甘露糖 -6- 磷酸受体**（**Man-6-P receptor，M6PR**）识别的甘露糖 -6- 磷酸（Man-6-P）。甘露糖 -6- 磷酸受体将溶酶体水解酶运送到一个酸化区室，该区室最终与溶酶体融合。**第 33 章**详细介绍了这一转运途径。

9.7 *N*- 聚糖合成中的转移酶和转运蛋白

内质网中的糖基转移酶主要是交织在内质网膜中的多跨膜蛋白。相比之下，高尔基体区室中的糖基转移酶通常是 II 型膜蛋白，具有一个小的细胞质氨基末端结构域、一个单次**跨膜结构域**（**transmembrane domain，TM**）和一个大的**管腔结构域**（**lumenal domain**），其中包括一个从膜延伸而出的**主干区**（**stem region**）和一个球状的**催化结构域**（**catalytic domain**）（**第 6 章**）。主干区通常被一类称为**信号肽类肽酶**（**signal peptide peptidase-like，SPPL**）的蛋白质酶切割，特别是被信号肽类肽酶 3（SPPL-3）切割，将催化结构域释放到高尔基体腔内完成其分泌。因此，许多糖基转移酶能够以胞外的可溶性形式存在于组织和血清中，如果核苷酸糖存在于胞外，它们可以作为转移酶发挥作用。核苷酸糖在细胞质中合成，但在细胞核中合成的胞苷一磷酸 - 唾液酸（CMP-Sia）除外（**第 5 章**）。随后，在经过负责胞苷一磷酸 - 唾液酸（CMP-Sia）、尿苷二磷酸 - 半乳糖（UDP-Gal）、尿苷二磷酸 - 葡萄糖（UDP-Glc）、尿苷二磷酸 -*N*- 乙酰葡萄糖胺（UDP-GlcNAc）、鸟苷二磷酸 - 岩藻糖（GDP-Fuc）和其他核苷酸糖易位过程的专用**核苷酸糖转运蛋白**（**nucleotide sugar transporter**）跨膜转运后，这些核苷酸糖可集中在适当的区室中。某些转运蛋白可以转运不止一种核苷酸糖。每一种转运蛋白都是多跨膜蛋白，通常包含 10 个跨膜结构域。在转移到聚糖受体之前，一些胞苷一磷酸 - 唾液酸可以在高尔基体腔内被 *O*- 乙酰基进一步地修饰（**第 15 章**）。

9.8 糖蛋白可以具有多种糖型

在一个特定的天冬酰胺 -X- 丝氨酸 / 苏氨酸 *N*- 糖基化序列段上，糖蛋白通常具有一系列不同的 *N*- 聚糖链，导致每个位点**聚糖不均一性**（**glycan heterogeneity**）的产生。此外，当每个分子上存在多个天冬酰胺 -X- 丝氨酸 / 苏氨酸序列段时，全部糖蛋白中的不同分子可能在不同的序列段上具有不同的 *N*- 聚糖亚类，从而导致糖蛋白**微不均一性**（**microheterogeneity**）的产生。仅在其 *N*- 聚糖链中存在差异的糖蛋白被称为具有不同的**糖型**（**glycoform**）。糖蛋白 *N*- 聚糖的变化，可能是由于蛋白质的构象影响了高尔基体糖苷酶或糖基转移酶的底物可供应量、核苷酸糖的代谢、糖蛋白通过内质网和高尔基体腔时的转运速率，以及天冬酰胺 -X- 丝氨酸 / 苏氨酸序列段与跨膜结构域之间的接近程度。另外，糖基转移酶在高尔基体亚区室中的定位可以决定哪些酶与 *N*- 聚糖受体相遇。此外还应注意，多种糖基化酶通常会竞争相同的受体，并且大多数糖基转移酶和糖苷酶需要在其他糖基转移酶及糖苷酶的先行作用后方可发挥作用（图 9.4）。

9.9 *N*- 聚糖的功能

研究人员可以使用抑制剂来完成 *N*- 聚糖功能的确定，包括阻断 *N*- 糖基化第一步的衣霉素，或阻断 *N*- 聚糖加工过程的卡斯塔碱、脱氧野尻霉素、脱氧甘露野尻霉素、几夫碱和**苦马豆碱**（**swainsonine**）；也可以通过模式生物，如酵母、体外培养的哺乳动物细胞、黑腹果蝇、秀丽隐杆线虫、斑马鱼和小鼠的糖基化突变体，来完成 *N*- 聚糖功能的确定。**第 55 章**讨论了 *N*- 聚糖合成的各种化学抑制剂。研究人员在图 9.3 中确定了许多 *N*- 聚糖合成和初始加工过程中的酵母突变体，在图 9.4 中鉴定了三种发生糖基化改变的体外培养细胞突变体，并且在**第 49 章**中进行了详细描述。*N*- 糖基化发生异变的突变细胞或生物体，为了解 *N*- 聚糖的生物学功能及其在结构、活性、蛋白酶敏感性和抗原性等方面对糖蛋白生化特性的贡献提供了海量的启示。此外，这些突变的细胞和生物体，使得了解在活体中运作的糖基化途径成为了可能。具有**功能丧失突变（loss-of-function）**的细胞或生物体，通常会积累生物合成中间体，这些中间体是突变体中丧失活性的酶的底物。**功能获得突变（gain-of-function）**则揭示了可能发生的替代途径或糖基化反应，具体取决于细胞类型。*N*- 聚糖的功能也已经从人类**先天性糖基化障碍（congenital disorders of glycosylation, CDG）**的特征中得到了确认（**第 45 章**）。

值得一提的是，小鼠突变体为了解 *N*- 聚糖中存在的单个糖的功能，以及所有类型的 *N*- 聚糖功能提供了全面的见解。因此，删除编码 *N*- 乙酰葡萄糖胺转移酶 I（MGAT1）的 *Mgat1* 基因，阻止了复合型和杂合型 *N*- 聚糖的合成，以至于研究人员在所有复合型和杂合型的 *N*- 聚糖位点处，都只能发现 $Man_5GlcNAc_2$（图 9.4）。虽然 *N*- 乙酰葡萄糖胺转移酶 1（MGAT1）的缺失不会影响体外培养的 Lec 1 CHO 细胞在正常条件下的活力或生长状态，但在小鼠中敲除 *N*- 乙酰葡萄糖胺转移酶 1 会引起胚胎发育致死（**第 41 章**）。复杂 *N*- 聚糖对于将生长因子和细胞因子受体保留在细胞表面十分重要，可能是通过与聚糖结合蛋白（如半乳凝集素）或细胞因子（如转化生长因子 -β［transforming growth factor-β，TGF-β］）之间的相互作用。删除编码唾液酰基转移酶、岩藻糖基转移酶，以及除了 *N*- 乙酰葡萄糖胺转移酶 1 以外的分支 *N*- 乙酰葡萄糖胺转移酶（MGAT）的基因，通常会产生具有免疫或神经细胞迁移缺陷、肺气肿或炎症的可存活小鼠。*N*- 聚糖可能携带能够被**选凝素（selectin）**识别的糖决定簇，而选凝素介导了细胞间的相互作用，对于白细胞从血流中外渗，调控淋巴细胞向淋巴结的归巢十分重要（**第 34 章**）。众所周知，当细胞发生癌变时，*N*- 聚糖会变得更加支化，而这种变化会促进癌症的进展（**第 47 章**）。在缺乏 *N*- 乙酰葡萄糖胺转移酶 5（MGAT5）的小鼠中，形成的肿瘤进展较为缓慢，因此，某些糖基转移酶可能是癌症治疗药物设计的合适靶标。

致谢

感谢哈里 · 沙赫特（Harry Schachter）对本章先前版本的贡献，并感谢蒂埃里 · 亨内特（Thierry Hennet）对此版本的有益评论及建议。

延伸阅读

Waechter CJ, Lennarz WJ. 1976. The role of polyprenol-linked sugars in glycoprotein synthesis. *Annu Rev Biochem* **45**: 95-112.

Snider MD, Sultzman LA, Robbins PW. 1980. Transmembrane location of oligosaccharide-lipid synthesis in microsomal vesicles. *Cell* **21**: 385-392.

Kornfeld R, Kornfeld S. 1985. Assembly of asparagine-linked oligosaccharides. *Annu Rev Biochem* **54**: 631-664.

Herscovics A. 1999. Importance of glycosidases in mammalian glycoprotein biosynthesis. *Biochim Biophys Acta* **1473**: 96-107.

Berninsone PM, Hirschberg CB. 2000. Nucleotide sugar transporters of the Golgi apparatus. *Curr Opin Struct Biol* **10**: 542-547.

Schenk B, Fernandez F, Waechter CJ. 2001. The ins (ide) and out (side) of dolichyl phosphate biosynthesis and recycling in the endoplasmic reticulum. *Glycobiology* **11**: 61R-70R.

Spiro RG. 2002. Protein glycosylation: nature, distribution, enzymatic formation, and disease implications of glycopeptide bonds. *Glycobiology* **12**: 43R-56R.

Patnaik SK, Stanley P. 2006. Lectin-resistant CHO glycosylation mutants. *Methods Enzymol* **416**: 159-182.

Zielinska DF, Gnad F, Wisniewski JR, Mann M. 2010. Precision mapping of an in vivo N-glycoproteome reveals rigid topological and sequence constraints. *Cell* **141**: 897-907.

Moremen KW, Tiemeyer M, Nairn AV. 2012. Vertebrate protein glycosylation: diversity, synthesis, and function. *Nat Rev Cell Mol Biol* **13**: 448-462.

Aebi M. 2013. N-linked protein glycosylation in the ER. *Biochim Biophys Acta* **1833**: 2430-2437.

Shrimal S, Cherepanova NA, Gilmore R. 2015. Cotranslational and posttranslocational *N*-glycosylation of proteins in the endoplasmic reticulum. *Semin Cell Dev Biol* **41**: 71-78.

Taniguchi N, Kizuka Y. 2015. Glycans and cancer: role of N-glycans in cancer biomarker, progression and metastasis, and therapeutics. *Adv Cancer Res* **126**: 11-15.

Harada Y, Ohkawa Y, Kizuka Y, Taniguchi N. 2019. Oligosaccharyltransferase: a gatekeeper of health and tumor progression. *Int J Mol Sci* **20**: 6074-6087.

Zheng L, Liu Z, Wang Y, Yang F, Wang J, Huang W, Qin J, Tian M, Cai X, Liu X, et al. 2021. Cryo-EM structures of human GMPPA-GMPPB complex reveal how cells maintain GDP-mannose homeostasis. *Nat Struct Mol Biol* **28**: 1-12.

第 10 章

O-GalNAc 聚糖

因卡 · 布罗克豪森（Inka Brockhausen），汉斯 · H. 旺德尔（Hans H. Wandall），凯利 · G. 滕哈根（Kelly G. Ten Hagen），帕梅拉 · 斯坦利（Pamela Stanley）

10.1 黏蛋白型糖蛋白 / 112
10.2 *O*-GalNAc 聚糖的核心结构 / 114
10.3 黏蛋白 *O*-GalNAc 聚糖的分离、纯化与分析 / 115
10.4 *O*-GalNAc 聚糖的生物合成 / 116
10.5 *O*-GalNAc 聚糖的功能 / 121
致谢 / 122
延伸阅读 / 122

许多糖蛋白中携带有以连接到丝氨酸（Ser）或苏氨酸（Thr）残基的羟基上的 *N*- 乙酰半乳糖胺（GalNAc）作为起始的聚糖。**黏蛋白（mucin）**①是一种独特的糖蛋白类型，因其上携带的 ***O*- 连接的 *N*- 乙酰半乳糖胺聚糖（*O*-GalNAc）**最为丰富，因此也将 *O*- 连接的 *N*- 乙酰半乳糖胺聚糖称为黏蛋白型 *O*- 聚糖，但这种翻译后修饰在多种糖蛋白中都很常见。在 *O*-GalNAc 聚糖中发现的单糖，包括 *N*- 乙酰半乳糖胺（GalNAc）、半乳糖（Gal）、*N*- 乙酰葡萄糖胺（GlcNAc）、岩藻糖（Fuc）和唾液酸（Sia），而甘露糖（Man）、葡萄糖（Glc）或木糖（Xyl）残基并未出现。唾液酸还可通过 *O*- 乙酰化进行修饰，半乳糖和 *N*- 乙酰半乳糖胺还可通过硫酸化进行修饰。*O*-GalNAc 聚糖的长度可以从单个 *N*- 乙酰半乳糖胺到超过 20 个糖残基不等，糖链结构中还可以包括**血型糖（blood group）**和其他**聚糖表位（glycan epitope）**。本章介绍了 *O*-GalNAc 聚糖在哺乳动物中的结构、生物合成和功能。

10.1 黏蛋白型糖蛋白

约 150 年前，E. 艾希瓦尔德（E. Eichwald）和 F. 霍普 - 塞勒（F. Hoppe-Seyler）指出，含有数百个 *O*-GalNAc 聚糖的、高度糖基化的蛋白质遍布全身，他们将其称之为黏蛋白 / 黏液素（图 10.1）。自此，我们了解到 *O*-GalNAc 聚糖不仅在黏蛋白上以密集的簇状形式存在，而且在大多数**分泌型蛋白（secreted protein）**和**膜结合型蛋白（membrane-bound protein）**的单个位点上也有发现。*O*-GalNAc 聚糖几乎涉及生物学的各个方面，包括细胞 - 细胞通信、细胞黏附、信号转导、免疫监视、上皮细胞保护和宿主 - 病原体相互作用。

与丝氨酸 / 苏氨酸连接的 *N*- 乙酰半乳糖胺（GalNAc）是 *O*-GalNAc 聚糖的起始单糖，通常会延伸形成 4 种常见的**核心结构（core structure）**之一（表 10.1，图 10.1）。随后，每种核心结构都可以被进一步地延长，以产生成熟的、具有直链或支链结构的 *O*-GalNAc 聚糖。

① 也称“黏液素”，或简称“黏素”。此外，主要由黏多糖（即糖胺聚糖）组成的糖蛋白也翻译为黏蛋白（mucoprotein），读者需明确区分。

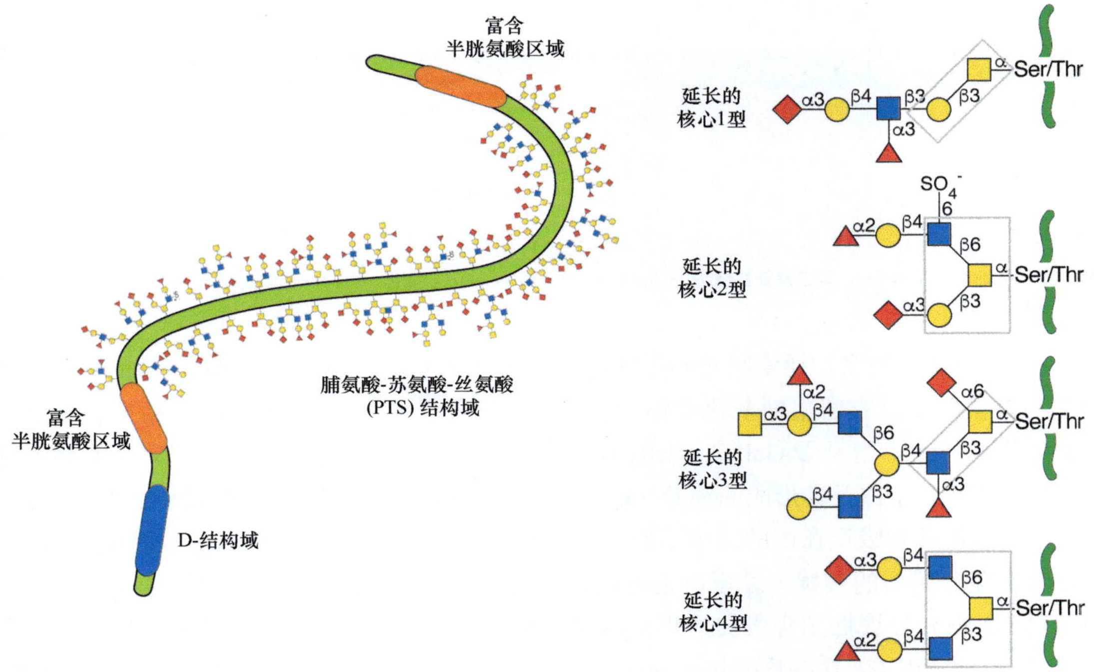

图 10.1 大型分泌型黏蛋白的简化模型。脯氨酸 - 苏氨酸 - 丝氨酸（PTS）结构域富含脯氨酸（Pro）、苏氨酸（Thr）和丝氨酸（Ser），在丝氨酸 / 苏氨酸位点高度 *O*- 糖基化。黏蛋白呈现出伸长的“瓶刷”构象。富含半胱氨酸区域（Cys-rich region）可以形成二硫键，产生分子质量达数百万道尔顿（Da）的大型聚合物。D 结构域（D-domain）与血管性血友病因子（von Willebrand factor）具有相似性，也参与了聚合过程。复杂的 *O*-GalNAc 聚糖连接在黏蛋白上，具有不同的核心结构（灰色框）。延长的核心 1 型、2 型、3 型或 4 型 *O*-GalNAc 聚糖来自人呼吸道中的黏蛋白，延长的核心 3 型 *O*-GalNAc 聚糖也可来自人结肠黏蛋白。方框中的所有 4 种核心结构都可以进行延长和分支，并以岩藻糖、唾液酸或血型抗原决定簇作为终止（**表 10.1**，**第 14 章**）。核心 1 型和核心 3 型 *O*-GalNAc 聚糖中也可能携带了与核心 *N*- 乙酰半乳糖胺（GalNAc）相连的 α2-6 唾液酸。绿线代表蛋白质。

表 10.1 *O*-GalNAc 聚糖核心和黏蛋白的抗原表位

核心结构	
Tn 抗原	GalNAcαSer/Thr
唾液酸化 Tn 抗原	Siaα2-6GalNAcαSer/Thr
核心 1 型 /T 抗原	Galβ1-3GalNAcαSer/Thr
核心 2 型	GlcNAcβ1-6(Galβ1-3)GalNAcαSer/Thr
核心 3 型	GlcNAcβ1-3GalNAcαSer/Thr
核心 4 型	GlcNAcβ1-6(GlcNAcβ1-3)GalNAcαSer/Thr
表位	
H 血型	Fucα1-2Gal-
A 血型	GalNAcα1-3(Fucα1-2)Gal-
B 血型	Galα1-3(Fucα1-2)Gal-
直链 B 血型	Galα1-3Gal-
i 血型	Galβ1-4GlcNAcβ1-3Gal-
I 血型	Galβ1-4GlcNAcβ1-6(Galβ1-4GlcNAcβ1-3)Gal-
Sd^{a}/Cad 血型	GalNAcβ1-4(Siaα2-3)Gal-

续表

表位	
Lewis a 血型	Galβ1-3(Fucα1-4)GlcNAc-
Lewis x 血型	Galβ1-4(Fucα1-3)GlcNAc-
唾液酸化 Lewis x 血型	Siaα2-3Galβ1-4(Fucα1-3)GlcNAc-
唾液酸化 Lewis y 血型	Fucα1-2Galβ1-4(Fucα1-3)GlcNAc-

缩写：*N*- 乙酰半乳糖胺（GalNAc），*N*- 乙酰葡萄糖胺（GlcNAc），半乳糖（Gal），岩藻糖（Fuc），唾液酸（Sia），丝氨酸（Ser），苏氨酸（Thr）。关于聚糖的缩写表示请参见附录 2。

O-GalNAc 聚糖种类繁多，通常很难确定特定糖基化位点上的单个 *O*-GalNAc 聚糖的功能，而大多数生物学功能历来被归于具有密集糖基化修饰的黏蛋白。在黏蛋白中，*O*-GalNAc 聚糖控制着蛋白质的化学、物理和生物学特性。由于 *O*-GalNAc 聚糖的亲水性，并且通常带有负电荷，因此其能够促进水与盐的结合，并且是造成黏蛋白及其形成的**黏液（mucus）**具有黏度和黏附性的主要原因。黏蛋白分布在包括胃肠道、泌尿生殖道和呼吸道在内的身体中的上皮表面，它们不仅保护了上皮细胞免受物理和化学损伤，并且能够使它们免受感染的袭扰。黏蛋白也可以表现出抗黏附性、排斥细胞与表面的相互作用，或是通过其 *O*-GalNAc 聚糖介导聚糖结合蛋白的识别以促进黏附。许多疾病与黏蛋白基因的异常表达和黏蛋白 *O*-GalNAc 聚糖的异常相关，这些疾病包括癌症（**第 47 章**）、炎症性肠病、先天性糖基化障碍（**第 45 章**），以及分泌过度性支气管和肺部疾病。

人类有大约 20 种不同的黏蛋白基因，编码分泌型和膜结合型黏蛋白，二者的一级序列和组织特异性表达差异巨大。黏蛋白的特点是具有密集的糖基化区域，曾经被称为**“可变数目串联重复”（variable number tandem repeat，VNTR）**的区域，因富含脯氨酸、苏氨酸和丝氨酸，现称为**脯氨酸 - 苏氨酸 - 丝氨酸结构域（proline，threonine and serine domain，PTS domain）**，该结构域在丝氨酸和苏氨酸残基上携带了绝大多数的 *O*-GalNAc 聚糖（可占黏蛋白分子质量的 50% ～ 80%）（图 10.1）。在黏蛋白上表达的 *O*-GalNAc 聚糖是那些产生黏蛋白的细胞中各种糖基转移酶活跃表达的结果。第一个被克隆的黏蛋白多肽基因 *MUC1*，编码了一种普遍存在于上皮细胞中的跨膜黏蛋白。在某些肿瘤中，MUC1 蛋白的表达水平很高，该蛋白质的糖基化往往会出现异常。在膜结合型黏蛋白或在其他糖蛋白上致密分布、绵延细长的 *O*- 聚糖，被认为赋予了黏蛋白伸展而出的“瓶刷”构象，从而将这些 *O*- 聚糖抬升至细胞表面上方（图 10.1），并且提供保护，使其免受蛋白酶的裂解。此外，能够形成凝胶的、大型分泌型肠道黏蛋白 MUC2 上致密的 *O*-GalNAc 聚糖，使其能够获得一种水合的膜状结构，这是保护底层上皮细胞、调整上皮细胞与微生物组之间适当相互作用的第一道防线。缺乏 *Muc2* 基因的小鼠表明了这种黏蛋白在肠道健康中的重要性，这些小鼠会自发发展为结直肠癌。

10.2 *O*-GalNAc 聚糖的核心结构

黏蛋白的 *O*-GalNAc 聚糖有 4 种主要的核心结构类型（**核心 1 ～ 4 型**；表 10.1）。每种核心结构都可以通过各种糖残基进行延长（图 10.1），从而产生类似于 *N*- 聚糖（**第 9 章**）和糖脂（**第 11 章**）中所观察到的直链或支链聚糖结构。**血型决定簇（blood group determinant）**通常存在于黏蛋白中 *O*-GalNAc 聚糖的非还原末端（**第 14 章**）。*O*-GalNAc 经 β1-3Gal 修饰后，延伸形成最常见的 *O*-GalNAc 聚糖——**核心 1 型（core 1）**。将 β1-6GlcNAc 添加到核心 1 型结构的 *N*- 乙酰半乳糖胺（GalNAc）后，可以形成**核心 2 型（core 2）**。**核心 3 型（core 3）**是不太常见的核心结构，可通过将 β1-3GlcNAc 添加到 *O*-GalNAc 后形成。将分支的 β1-6GlcNAc 添加到核心 3 型上，则可以形成**核心 4 型（core 4）**（表 10.1）。核心 1 型和核心 2

型 *O*-GalNAc 聚糖存在于由多种不同的细胞类型产生的糖蛋白与黏蛋白中。然而，核心 3 型和核心 4 型 *O*-GalNAc 聚糖则更加局限于胃肠道和支气管组织中的黏蛋白与糖蛋白中。

与丝氨酸 / 苏氨酸相连的单个 *N*- 乙酰半乳糖胺（GalNAc）残基，也被称为 **Tn 抗原（Tn antigen）**。如上所述，核心 1 型 *O*-GalNAc 聚糖（丝氨酸 / 苏氨酸上的 Galβ1-3GalNAc）形成了 **TF 抗原（Thomsen-Friedenreich antigen, TF antigen）**，也被称为 **T 抗原（T antigen）**。尽管由于聚糖链被其他类型的单糖延伸，使得 Tn 抗原和 T 抗原通常隐而不见，但它们在癌细胞的黏蛋白中表达水平激增。它们还可以携带唾液酸，形成**唾液酸化 Tn 抗原（sialyl-Tn antigen）**或**唾液酸化 T 抗原（sialyl-T antigen）**。

O-GalNAc 聚糖的核心结构经常延伸形成复杂 *O*-GalNAc 聚糖，其中可能包括 ABO 血型和 Lewis 血型决定簇（**第 14 章**）、多唾液酸、直链的 **i 抗原（i antigen）**（Galβ1-4GlcNAcβ1-3Gal）和具有 GlcNAcβ1-6-分支的 **I 抗原（I antigen）**（**表 10.1**）。可以通过 **1 型聚糖单元（Type-1 unit）**（Galβ1-3GlcNAc）或 **2 型聚糖单元（Type-2 unit）**（Galβ1-4GlcNAc）对 *O*-GalNAc 糖链进行延伸，并且它们可以为添加额外的糖修饰或官能团提供所需的支架（scaffold）。*O*-GalNAc 聚糖的末端可能包含岩藻糖和唾液酸（均为 α- 连键）、半乳糖、*N*- 乙酰半乳糖胺、*N*- 乙酰葡萄糖胺（均为 α- 和 β- 连键）和硫酸基团。这些末端糖中有许多具有抗原性，或者能够被凝集素识别。值得一提的是，唾液酸化和硫酸化的 **Lewis 抗原（Lewis antigen）**是**选凝素（selectin）**的配体（**第 34 章**），而末端的半乳糖结构则是**半乳凝集素（galectin）**的配体（**第 36 章**）。一些糖残基或其上的修饰可能会掩盖潜在的抗原或受体。例如，唾液酸化 Tn 抗原唾液酸上的 *O*- 乙酰基阻止了抗唾液酸化 Tn 抗体的识别。肠道细菌可能会主动去除这一“面具”。黏蛋白结构域密集的 *O*- 糖基化修饰提供了近乎完美的保护，防止了蛋白酶对黏蛋白的降解。

10.3　黏蛋白 *O*-GalNAc 聚糖的分离、纯化与分析

N- 乙酰半乳糖胺（GalNAc）和丝氨酸 / 苏氨酸（Ser/Thr）残基之间的 *O*- 连键，在碱性条件下不稳定。因此，*O*-GalNAc 聚糖可以通过 **β 消除反应（β elimination）**，即采用 0.1 mol/L 的氢氧化钠（NaOH）处理，实现 *O*- 糖链的释放。反应后产生的半缩醛 *N*- 乙酰半乳糖胺，在此条件下会发生快速的碱催化降解，即所谓的“剥离”（peeling）过程，但可以经硼氢化钠（$NaNH_4$）还原，在释放的 *O*- 聚糖还原端产生稳定的 *N*- 乙酰半乳糖胺醇（*N*-acetylgalactosaminitol）。β 消除反应是从同时具有 *N*- 聚糖的糖蛋白中释放 *O*- 聚糖的首选方法，因为前者在温和的条件下不易发生切割。*O*-GalNAc 聚糖以及其他丝氨酸 / 苏氨酸连接的聚糖（**第 13 章**），可以通过 β 消除反应以糖醇的形式获得释放，但在过程中会损失不稳定的 *O*- 乙酰酯或硫酸酯。另一种保留 *O*-GalNAc 还原端的方法是依次使用氨水和硼酸进行处理。未被其他糖取代的 *O*-GalNAc，可以通过 *N*- 乙酰半乳糖胺酶（*N*-acetylgalactosaminidase）进行酶促释放。一种名为 *O*- 聚糖酶（*O*-glycanase）的糖苷酶，能够从丝氨酸 / 苏氨酸上释放核心 1 型（Galβ1-3GalNAc-）聚糖，其前提条件是该二糖尚未被进一步取代。因此，经唾液酸酶（sialidase）和 *O*- 聚糖酶依次处理后，能够释放出最简单的核心 1 型 *O*-GalNAc 聚糖。末端的唾液酸残基也可以使用温和的酸处理轻松去除。目前没有已知的酶可以释放结构更为复杂且具有延长结构的完整 *O*-GalNAc 聚糖，但糖苷外切酶的混合物可用于从糖蛋白的 *O*-GalNAc 聚糖上依次去除糖。具有唾液酸化 *O*-GalNAc 聚糖簇的糖蛋白，可以被 *O*- 唾液酸糖蛋白内肽酶（*O*-sialoglycoprotein endopeptidase）消化。

被释放的完整 *O*-GalNAc 聚糖，可以通过包括**高效液相色谱法（high-performance liquid chromatography, HPLC）**在内的不同色谱方法进行分离。对还原端的 *N*- 乙酰半乳糖胺进行化学衍生化，有助于使用**气相色谱法（gas chromatography）**和**质谱法（mass spectrometry，MS）**对糖的组成与连键分别进行分离及后续分析（**第 50 章**）。分离具有特定表位 *O*- 聚糖的另一种工具是使用凝集素的**亲和色谱法（affinity**

chromatography）。例如，**罗马蜗牛**（***Helix pomatia***）凝集素（HPA）能够与末端 *N*- 乙酰半乳糖胺结合，而花生凝集素（PNA）则能够与未取代的核心 1 型聚糖结合（**表 10.1**）。

从黏蛋白和其他糖蛋白上释放的 *O*-GalNAc 聚糖结构，可以通过液相色谱法或气相色谱法、质谱法和**核磁共振**（**nuclear magnetic resonance，NMR**）的组合表征加以确定。每种糖的差向异构连键，可以使用能够区分 α- 连接或 β- 连接单糖的特定糖苷酶，以及通过一维和二维核磁共振的方法进行确认（**第 50 章**）。

黏蛋白中 *O*-GalNAc 聚糖的修饰位点很难直接确定，但研究人员已通过灵敏的质谱方法和全新的酶学工具成功实现了测定。在蛋白质组学范围内对 *O*-GalNAc 糖基化位点进行描绘（mapping），使研究人员对 *O*-GalNAc 糖蛋白组的认知向前迈出了一大步。多种基于质谱的研究策略已经被应用于相关研究，包括通过化学方法对内源聚糖的结构进行标记、对从天然或糖工程化细胞衍生出的聚糖进行凝集素富集，或对样品进行 *O*-GalNAc 特异性内肽酶处理。此外，使用黏蛋白型 *O*- 蛋白酶（如 OpeRATOR 和 StcE）特异性切割 *O*- 糖基化的丝氨酸 / 苏氨酸的氨基末端，有助于糖基化位点的确定。基于这些方法，研究人员现在已知有超过 80% 经历了分泌途径的蛋白质会被 *O*-GalNAc 聚糖修饰，尽管 *O*-GalNAc 聚糖在糖基化位点上的占有率和性质仍然难以捉摸。

10.4 *O*-GalNAc 聚糖的生物合成

O-GalNAc 聚糖在高尔基体中被添加到蛋白质的丝氨酸 / 苏氨酸残基上。参与生物合成的糖基转移酶是 II 型跨膜蛋白，在氨基末端有一个较短的**细胞质尾部**（**cytoplasmic tail**）、一个**跨膜结构域**（**transmembrane domain**）、一个**主干区**（**stem region**）和一个位于高尔基体腔室内的**催化结构域**（**catalytic domain**）。这些酶在高尔基体膜内的排布似乎类似于一条“装配线”，早期糖基化反应发生在**高尔基体顺面膜囊**（***cis*-Golgi**），晚期糖基化反应则发生在**高尔基体反面膜囊**（***trans*-Golgi**）（**第 4 章**）。然而，许多酶在高尔基体区室中分散分布。

参与 *O*-GalNAc 聚糖组装的糖基转移酶的亚细胞定位、活性水平和底物特异性，在决定一个细胞所合成的 *O*- 聚糖范围时起关键作用（**表 10.2**，**图 10.2**，**图 10.3**）。参与 *O*-GalNAc 聚糖组装的糖基转移酶列于**表 10.2**。然而，其他有助于 *N*- 聚糖和糖脂合成的酶也可作用于 *O*- 聚糖，其中一些酶更倾向于以 *O*- 聚糖作为受体底物（**第 14 章**）。体外试验表明，糖基转移酶的活性受金属离子和 pH 等因素控制。

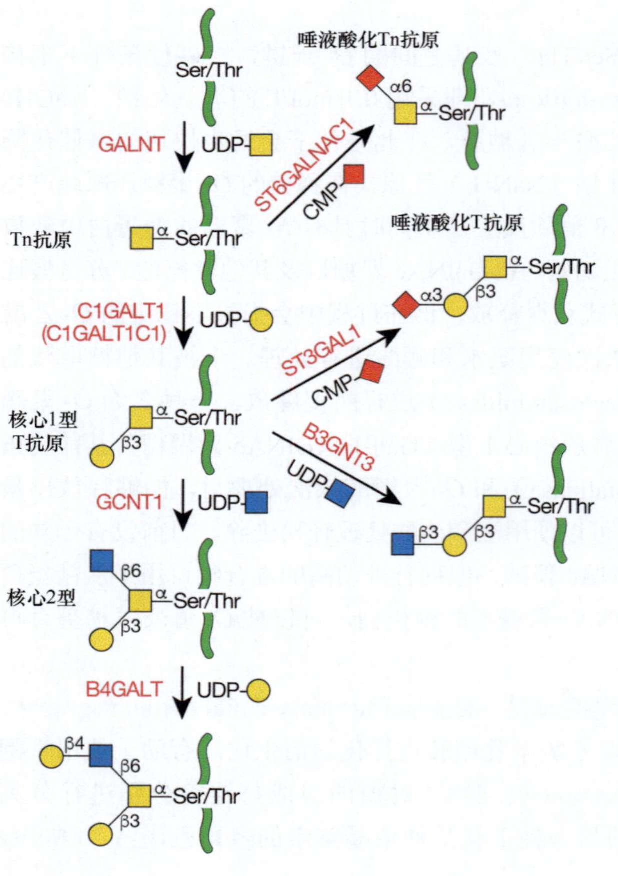

图 10.2 核心 1 型与核心 2 型 *O*-GalNAc 聚糖的生物合成。 详见文中描述。绿线代表蛋白质。催化糖基转移反应的对应酶名称参见**表 10.2**。缩写：丝氨酸（Ser），苏氨酸（Thr），尿苷二磷酸（UDP），胞苷一磷酸（CMP）。

表 10.2 合成 *O*-GalNAc 聚糖的糖基转移酶和聚糖修饰酶

糖基转移酶名称	简称	人类基因组组织基因命名委员会（HGNC）名称
多肽 *N*- 乙酰半乳糖胺转移酶（polypeptide *N*-acetylgalactosaminyltransferase）	ppGalNAcT-1 至 ppGalNAcT-20	GALNT1 ～ 20
核心 1 型 β1-3 半乳糖基转移酶 1（core 1 β1-3 galactosyltransferase 1）①	C1GalT-1，或称 T 合成酶（T synthase）	C1GALT1
T 合成酶的必需分子伴侣②	Cosmc	C1GALT1C1
核心 2 型 β1-6 *N*- 乙酰葡萄糖胺转移酶（core 2 β1-6 *N*-acetylglucosaminyltransferase）	C2GnT-1, C2GnT-3	GCNT1, GCNT4
核心 3 型 β1-3 *N*- 乙酰葡萄糖胺转移酶 6（core 3 β1-3 *N*-acetylglucosaminyltransferase 6）	C3GnT-6	B3GNT6
核心 2/4 型 β1-6 *N*- 乙酰葡萄糖胺转移酶 2（core 2/4 β1-6 *N*-acetylglucosaminyltransferase 2）	C2GnT-2	GCNT3
糖链延长 β1-3 *N*- 乙酰葡萄糖胺转移酶（elongation β1-3 *N*-acetylglucosaminyltransferase）③	Elongation β3GnT	B3GNT3
I 分支 β1-6 *N*- 乙酰葡萄糖胺转移酶（I branching β1-6 *N*-acetylglucosaminyltransferase）④	I GnT	GCNT2
β1-3 半乳糖基转移酶（β1-3 galactosyltransferase）	β3GalT5	B3GALT5
β1-4 半乳糖基转移酶（β1-4 galactosyltransferase）⑤	β4GalT1-7	B4GALT1 ～ 7
核心 1 型 α2-3 唾液酰基转移酶（core 1 α2-3 sialyltransferase）⑥	ST3Gal I	ST3GAL1
α2-6 唾液酰基转移酶（α2-6 sialyltransferase）⑦	ST6GalNAc I, II, III, IV	ST6GALNAC1 ～ 4
核心 1 型 3-*O*- 磺基转移酶（core 1 3-*O*-sulfotransferase）	Gal3ST4	GAL3ST4
α1-2 岩藻糖基转移酶（α1-2 fucosyltransferase）	FucT-I, FucT-II	FUT1, FUT2

10.4.1 多肽 -*N*- 乙酰半乳糖胺转移酶

O-GalNAc 糖基化的第一步（也是不可或缺的一步），由多肽 -*N*- 乙酰半乳糖胺转移酶（polypeptide GalNAc-transferase，ppGalNAcT，GALNT）负责执行，将 *N*- 乙酰半乳糖胺（GalNAc）以 α- 连键的方式添加到丝氨酸（Ser）或苏氨酸（Thr）上（**表 10.2**，**图 10.2**）。人类有 20 个编码多肽 -*N*- 乙酰半乳糖胺转移酶的基因。大量的多肽 -*N*- 乙酰半乳糖胺转移酶提供了酶的**冗余性（redundancy）**，同时反映出在底物特异性中所存在的差异。对果蝇的研究表明，某些多肽 -*N*- 乙酰半乳糖胺转移酶（GALNT）（在果蝇中对应的蛋白质名称为 PGANT）是正常发育所必需的（**第 26 章**）。哺乳动物中，单个多肽 -*N*- 乙酰半乳糖胺转移酶的缺失会导致器官和细胞分化缺陷。多肽 -*N*- 乙酰半乳糖胺转移酶遍布整个动物界，但在细菌、酵母和植物中没有该酶。所有的多肽 -*N*- 乙酰半乳糖胺转移酶都被归入**碳水化合物活性酶数据库（CAZy）**中的 GT27 家族，具有 GT-A 型折叠（**第 8 章**），并且它们中的大多数在羧基末端有一个凝集素结构域，即**蓖麻毒素样结构域（ricin-like domain）**，这在糖基转移酶中是独一无二的。多

① 全称为糖蛋白 -*N*- 乙酰半乳糖胺 3-β- 半乳糖基转移酶（glycoprotein-*N*-acetylgalactosamine 3-β-galactosyltransferase）。

② 全称为核心 1 型 β3- 半乳糖基转移酶特异性分子伴侣（core 1 β3-galactosyltransferase-specific molecular chaperone, Cosmc），有时也被称为核心 1 型 β1-3 半乳糖基转移酶 2（core 1 β1-3 galactosyltransferase 2）。

③ 全称为 *N*- 乙酰乳糖胺苷 β1-3 *N*- 乙酰葡萄糖胺转移酶 3（*N*-acetyllactosaminide β1-3 *N*-acetylglucosaminyltransferase 3）。

④ 全称为 β1-3 半乳糖基 -O- 糖基 - 糖蛋白 β1-6-*N*- 乙酰葡萄糖胺转移酶（β1-3 galactosyl-*O*-glycosyl-glycoprotein β1-6 *N*-acetylglucosaminyltransferase）。

⑤ 原表格中遗漏此行数据，该酶出现在**图 10.2** 中，已根据表格规范进行补全。

⑥ 全称为胞苷一磷酸 - *N*- 乙酰神经氨酸基 -β- 半乳糖胺苷 -α2-3 唾液酰基转移酶 1（CMP-*N*-acetylneuraminate-β-galactosamide-α2-3 sialyltransferase 1）。

⑦ 全称为 α-*N*- 乙酰半乳糖胺苷 α2-6 唾液酰基转移酶（α-*N*-acetylgalactosaminide α2-6 sialyltransferase）。

肽 -*N*- 乙酰半乳糖胺转移酶负责协调 *N*- 乙酰半乳糖胺从供体底物——尿苷二磷酸 -*N*- 乙酰半乳糖胺（UDP-GalNAc）转移至受体底物的丝氨酸 / 苏氨酸羟基上，一般可分为两大类：一类要求多肽或蛋白质上已经存在 *N*- 乙酰半乳糖胺后，方能增加额外的 *N*- 乙酰半乳糖胺，即**糖肽偏好转移酶（glycopeptide-preferring transferase）**；另一类是将 *N*- 乙酰半乳糖胺转移到已修饰或未修饰的蛋白质上，即**多肽转移酶（peptide transferase）**。各种多肽 -*N*- 乙酰半乳糖胺转移酶的晶体结构，揭示了这些酶的作用机制的关键细节及其独特的底物特异性。在所有多肽 -*N*- 乙酰半乳糖胺转移酶中发现的保守**天冬氨酸 -X- 组氨酸基序（Asp-X-His，DXH，X 代表任何氨基酸残基）（DXH motif）**①能够配位 Mn^{2+}，以促进和尿苷二磷酸 -*N*- 乙酰半乳糖胺（UDP-GalNAc）的结合。受体底物的偏好性由每种多肽 -*N*- 乙酰半乳糖胺转移酶的催化结构域内存在的独特氨基酸决定。例如，某些多肽 -*N*- 乙酰半乳糖胺转移酶在催化结构域内含有"脯氨酸口袋"（proline pocket），因此对 *O*- 糖基化位点附近的脯氨酸（Pro）残基具有强烈的偏好性。凝集素结构域能够识别经历了先前的糖基化过程后在底物上业已存在的 *O*-GalNAc 残基，以便对催化结构域进行定位，从而进一步添加 *N*- 乙酰半乳糖胺。最近的研究表明，凝集素结构域内的带电残基，也能在尚未执行先前糖基化的情况下，影响带电蛋白质底物的糖基化过程。此外，催化结构域和凝集素结构域之间的柔性连接子（linker），已被证明会影响 *N*- 乙酰半乳糖胺的添加位点。在不同的多肽 -*N*- 乙酰半乳糖胺转移酶中，这些连接子的长度和序列有所不同。基于 *O*- 糖基化位点周围的已知序列，以及对某些多肽 -*N*- 乙酰半乳糖胺转移酶序列偏好性的体外测定，研究人员构建了估算特定位点 *O*- 糖基化可能性的数据库（如 NetOGlyc 和 ISOGlyP）。然而，这些预测并没有考虑到在产生特定糖蛋白的细胞类型中多肽 -*N*- 乙酰半乳糖胺转移酶表达水平的不同，并且这些数据库并不适用于黏蛋白。由于多肽 -*N*- 乙酰半乳糖胺转移酶和其他糖链延伸酶在定位上存在重叠，因此所有成熟的糖蛋白上可能都存在修饰了不同 *O*-GalNAc 聚糖的、不均一的混合物。此外，由于周围氨基酸序列提供的预测价值有限，蛋白质上的 *O*-GalNAc 聚糖的存在与否也可能经常被遗漏。

10.4.2 *O*-GalNAc 聚糖核心的合成

如上所述，*O*-GalNAc 聚糖的合成始于在多肽 -*N*- 乙酰半乳糖胺转移酶催化下，从尿苷二磷酸 -*N*- 乙酰半乳糖胺（UDP-GalNAc）而来的 *N*- 乙酰半乳糖胺向丝氨酸 / 苏氨酸的转移。尽管与丝氨酸 / 苏氨酸直接相连，单一未延伸的 *N*- 乙酰半乳糖胺糖修饰，即 Tn 抗原，在正常的黏蛋白中并不常见，但在肿瘤黏蛋白中经常发现其表达水平的升高。这表明超出第一个糖的 *O*-GalNAc 聚糖的延伸过程，在某些癌细胞中被阻断。唾液酸通过 α-*N*- 乙酰半乳糖胺苷 α2-6 唾液酰基转移酶 1（α-*N*-acetylgalactosaminide α2-6 sialyltransferase 1，ST6GALNAC1）添加到 *N*- 乙酰半乳糖胺上，产生在晚期肿瘤中常见的唾液酸化 Tn 抗原。其他糖并不确定是否会被添加到唾液酸化 Tn 抗原上，但该糖抗原可以被唾液酸 *O*- 乙酰转移酶（Sia *O*-acetyltransferase）*O*- 乙酰化，从而阻止了抗 - 唾液酸化 Tn 抗体（anti-STn）对于该抗原的检测。

在 *O*-GalNAc 上添加一个或两个中性糖，*O*-GalNAc 聚糖的各种不同核心类型中的一种随之应运而生（**表 10.1**，**图 10.2**）。核心 1 型（Galβ1-3GalNAc-*O*-Ser/Thr）结构由糖基转移酶核心 1 型 β1-3 半乳糖基转移酶 1（core 1 β1-3 galactosyltransferase 1，C1GALT1）生成。该酶在大多数细胞类型中保持其催化活性，但在哺乳动物细胞的内质网中进行聚糖合成时，其分子伴侣核心 1 型 β1-3 半乳糖基转移酶 1 特异性分子伴侣 1（C1GALT1 specific chaperone 1，C1GALT1C1/Cosmc）必不可少，以确保其随后在高尔基

① 对应于其他糖基转移酶的活性位点 DXD 基序，参见**第 6 章**。

体中的正确折叠和活性。在某些细胞类型中缺乏核心 1 型 *O*-GalNAc 聚糖的合成，这可能是由于 C1GALT1 的缺陷或是 C1GALT1C1 的功能缺失，并且最终以 Tn 抗原和唾液酸化 Tn 抗原高表达的形式表现出来。例如，Jurkat T 细胞和结肠癌白血病干细胞（leukemic stem cell，LSC）缺乏分子伴侣 C1GALT1C1，因此也缺乏 C1GALT1 的催化活性，并且具有高表达的 Tn 抗原和唾液酸化 Tn 抗原。

在核心 1 型的 *N*- 乙酰半乳糖胺残基上增加一个 GlcNAcβ1-6 分支，形成了核心 2 型 *O*-GalNAc 聚糖（表 10.1，表 10.2，图 10.2）。与几乎无处不在的核心 1 型 *O*-GalNAc 聚糖相比，核心 2 型 *O*-GalNAc 聚糖具有更加明显的细胞类型特异性，并且它们的表达在淋巴细胞激活、细胞因子刺激和胚胎发育过程中受到高度调控。白血病、癌细胞及其他病变组织具有数量异常的核心 2 型 *O*-GalNAc 聚糖。负责核心 2 型 *O*- 聚糖合成的酶是核心 2 型 β1-6 *N*- 乙酰葡萄糖胺转移酶 1（core 2 β1-6 *N*-acetylglucosaminyltransferase 1，GCNT1）、核心 2/4 型 β1-6 *N*- 乙酰葡萄糖胺转移酶 3（core 2/4 β1-6 *N*-acetylglucosaminyltransferase 3，GCNT3）及核心 2 型 β1-6 *N*- 乙酰葡萄糖胺转移酶 4（core 2 β1-6 *N*-acetylglucosaminyltransferase 4，GCNT4）。这些糖基转移酶不需要二价阳离子作为辅助因子，X 射线晶体学表明，带正电的氨基酸取代了二价金属离子的功能。研究发现存在两种不同类型的核心 2 型 β1-6 *N*- 乙酰葡萄糖胺转移酶。一种类型只合成核心 2 型 *O*-GalNAc 聚糖，包括核心 2 型 β1-6 *N*- 乙酰葡萄糖胺转移酶 1（GCNT1）和核心 2 型 β1-6 *N*- 乙酰葡萄糖胺转移酶 4（GCNT4），其中 GCNT1 也被称为白细胞型 /L 型酶（leukocyte type enzyme，L-type enzyme）。而另一种类型则负责合成核心 2 型和核心 4 型 *O*-GalNAc 聚糖，即核心 2/4 型 β1-6 *N*- 乙酰葡萄糖胺转移酶 3（GCNT3），也被称为黏蛋白型 /M 型酶（mucin type enzyme，M-type enzyme）（表 10.1，图 10.3）。L 型酶在许多组织和细胞类型中都有活性，但 M 型酶仅存在于肠、胃和呼吸系统等分泌黏蛋白的组织中。L 型和 M 型酶的表达与活性，在某些肿瘤中均发生了异变。核心 2 型 *O*-GalNAc 聚糖的合成与肿瘤转移相关，可能是因为选凝素配体优先组装在核心 2 型 *O*-GalNAc 聚糖上，促进了糖链修饰的分子从体循环中外排（**第 34 章**）。

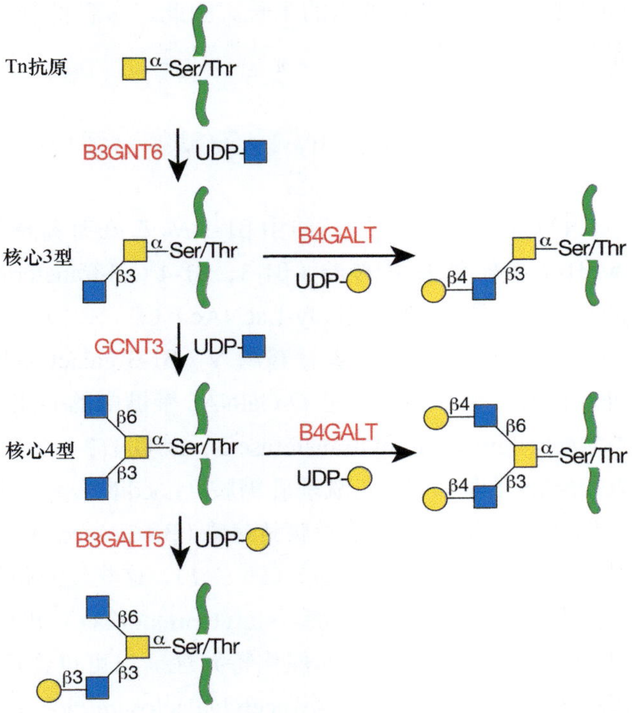

图 10.3 核心 3 型与核心 4 型 *O*-GalNAc 聚糖的生物合成。 详见文中描述。绿线代表蛋白质。催化糖基转移反应的对应酶名称参见表 10.2。缩写：丝氨酸（Ser），苏氨酸（Thr），尿苷二磷酸（UDP）。

核心 3 型 *O*-GalNAc 聚糖的合成，似乎主要来自胃肠道和呼吸道的黏液上皮细胞及唾液腺。负责的酶是核心 3 型 β1-3 *N*- 乙酰葡萄糖胺转移酶 6（core 3 β1-3 *N*-acetylglucosaminyltransferase 6，B3GNT6）（表 10.2，图 10.3）；该酶在体外活性较低，但在体内必定是高效的，因为结肠的黏蛋白富含核心 3 型 *O*-GalNAc 聚糖。B3GNT6 的表达和活性在结肠肿瘤中特别低，并且在体外培养的肿瘤细胞中几乎不存在。结肠癌细胞中该酶的过量表达会降低其转移能力。缺乏 B3GNT6 的小鼠表现出对结肠炎和肿瘤发展易感性的增加。需要事先合成核心 3 型 *O*-GalNAc 聚糖后，方可在 M 型酶——核心 2/4 型 β1-6 *N*- 乙酰葡萄糖胺转移酶 3（GCNT3）的作用下合成核心 4 型 *O*-GalNAc 聚糖（图 10.3）。向结肠癌细胞系 HCT116 转染 GCNT3 后，可以抑制细胞的生长和侵袭特性。在裸鼠的**异种移植模型（xenograft model）**中，转染

GCNT3 也能够抑制肿瘤的生长。因此，尽管抑制机理尚不明晰，核心 3 型和核心 4 型 *O*-GalNAc 聚糖均能够抑制肿瘤的进展。

10.4.3 复杂 *O*-GalNAc 聚糖的合成

O-GalNAc 聚糖的延伸由 β1-3 *N*- 乙酰葡萄糖胺转移酶（β1-3 GlcNAc-transferase）家族，以及 β1-3 和 β1-4 半乳糖基转移酶（β1-3，β1-4 Gal-transferase）家族负责催化，形成具有 1 型和 2 型聚糖单元的聚 -*N*- 乙酰乳糖胺（poly-LacNAc）（**表 10.1**）。尽管大多数延伸酶可以作用于多种不同的聚糖，但核心 3 型是 β1-3 半乳糖基转移酶 V（β1-3 galactosyltransferase V，β3GalT5，B3GALT5）的首选底物。此外，核心 1 型和核心 2 型 *O*-GalNAc 聚糖中的 Galβ1-3 残基是延伸酶 β1-3 *N*- 乙酰葡萄糖胺转移酶 3（β1-3 *N*-acetylglucosaminyltransferase 3，B3GNT3）的首选底物。不太常见的延伸反应可以形成 GalNAcβ1-4GlcNAc-［即二 -*N*- 乙酰基乳糖胺（LacdiNAc）］和 Galβ1-3GlcNAc- 序列。直链的聚 -*N*- 乙酰乳糖胺单元，可以被 β1-6 *N*- 乙酰葡萄糖胺转移酶（β1-6 *N*-acetylglucosaminyltransferase）家族的成员（如 GCNT2）分支化，从而产生 **I 抗原（I antigen）**（**表 10.2**）。这些延伸和分支反应大多数也发生在 *O*- 聚糖、*N*- 聚糖和糖脂上。

某些**唾液酰基转移酶（sialyltransferase）**和磺基转移酶更倾向于以 *O*-GalNAc 聚糖作为底物，但其中的许多酶具有重叠的催化特异性，也可以作用于 *N*- 聚糖。具有不同特异性的 α-*N*- 乙酰半乳糖胺苷 α2-6 唾液酰基转移酶（α-*N*-acetylgalactosaminide α2-6 sialyltransferase，ST6GALNAC 1 ～ 4）家族，负责合成唾液酸化 Tn 和唾液酸化核心 1 型的 *O*-GalNAc 聚糖。一个 α2-3 唾液酰基转移酶家族负责唾液酸化 *O*-GalNAc 聚糖的合成，该家族中的 β- 半乳糖苷 α2-3 唾液酰基转移酶 1（β-galactoside α2-3 sialyltransferase 1，ST3GAL1）主要参与核心 1 型和核心 2 型 *O*-GalNAc 聚糖上 Galβ1-3 残基的唾液酸化。唾液酸化阻断了 *O*- 聚糖链进一步以直链结构进行延伸。

磺基转移酶（sulfotransferase）位于高尔基体中，通过在半乳糖的 3 号位或 *N*- 乙酰葡萄糖胺（GlcNAc）的 6 号位形成硫酸酯，对 *O*-GalNAc 聚糖进行封端。硫酸基团从 **3′- 磷酸腺苷 -5′- 磷酰硫酸（3′-phosphoadenosine-5′-phosphosulfate，PAPS）**转移到糖链上。硫酸化修饰为肺、肠和其他黏蛋白上的 *O*-GalNAc 聚糖增加了负电荷，对这些聚糖的化学性质及金属离子结合特性产生了重大影响。半乳糖 -3-*O*- 磺基转移酶 4（galactose-3-*O*-sulfotransferase 4，GAL3ST4）是作用于核心 1 型 *O*- 聚糖上半乳糖残基的主要磺基转移酶。骨骼型（skeletal-type）硫酸角质素也是一种具有 *O*-GalNAc 连接的、高度硫酸化的多糖（**第 17 章**）。将 *O*- 乙酰酯添加到唾液酸残基的一个或多个羟基上的 ***O*- 乙酰转移酶（*O*-acetyltransferase）**仍然缺乏表征。一些证据表明，这些酯可以在糖基转移发生前添加到胞苷一磷酸 - 唾液酸（CMP-Sia）中。

α1-2 岩藻糖基转移酶 1（α1-2 fucosyltransferase 1，FUT1）和 α1-2 岩藻糖基转移酶 2（α1-2 fucosyltransferase 2，FUT2）负责合成 *O*-GalNAc 聚糖的 **H 型血型决定簇（blood group H determinant）**，它可以进一步经 α1-3 半乳糖转移酶（α1-3 galactosyltransferase）转化为 **B 型血型决定簇（blood group B determinant）**，或经 α1-3 *N*- 乙酰半乳糖胺转移酶（α1-3 *N*-acetylgalactosaminyl transferase）转化为 **A 型血型决定簇（blood group A determinant）**（**表 10.1**）。此外，α1-3 岩藻糖基转移酶（α1-3 fucosyltransferase）和 α1-3/4 岩藻糖基转移酶（α1-3/4 fucosyltransferase）还能合成 **Lewis 抗原（Lewis antigen）**（**表 10.1**）。研究人员在 *O*-GalNAc 聚糖上还发现了许多不常见的、具有抗原性的糖链。例如，神经系统中的神经纤毛蛋白 -2（neuropilin-2）具有核心 1 型和核心 2 型 *O*-GalNAc 聚糖，它们携带由多唾液酰基转移酶 IV（polysialytransferase IV，ST8SIA4）催化形成的**多唾液酸（polysialic acid）**残基。这些高度带电的聚糖在神经系统成熟时，在细胞黏附的负调控中起关键作用。胃组织中的 α1-4 *N*- 乙酰葡萄糖胺转移酶（α1-4

GlcNAc-transferase）将 *N*- 乙酰葡萄糖胺（GlcNAc）以 α1-4 连键添加到核心 1 型和核心 2 型 *O*-GalNAc 聚糖中的 β1-4Gal 上。含有 α1-4GlcNAc 结构的聚糖，似乎可以抑制**幽门螺杆菌**（***Helicobacter pylori***）的定植。

10.5 *O*-GalNAc 聚糖的功能

O-GalNAc 聚糖的功能多种多样，具体功能取决于它们的结构、密度，以及它们所修饰的蛋白质。如上所述，在黏蛋白等密集糖基化的蛋白质中，*O*- 聚糖有助于水合作用、结构支撑、与微生物组相互作用，以及防止蛋白质水解。相比之下，*O*-GalNAc 糖基化在单个位点的功能差异很大，并且具体的功能仍在确证之中。例如，在某些蛋白质中的一个或几个位点的 *O*-GalNAc 糖基化，已被证明可以调控蛋白质原转化酶（proprotein convertase）的切割、胞外域的脱落、与配体的结合，以及细胞 - 细胞和细胞 - 基质的相互作用，影响组织的形成与分化。此外，无论是位于确定的位点还是成簇地分布，*O*- 聚糖都可以作为末端配体的载体，如**唾液酸化 Lewis x 聚糖**（**sialyl Lewis x，SLe^x**）等血型抗原，这对于宿主 - 病原体相互作用以及免疫细胞的循环和归巢非常重要。内皮细胞和白细胞之间某些选凝素介导的相互作用的配体也需要唾液酸化 Lewis x 聚糖，而它通常连接在核心 2 型 *O*-GalNAc 聚糖上（**表 10.1**）。最后，某些免疫细胞亚型上的 *O*- 聚糖末端基序，可以结合特定的**唾液酸结合免疫球蛋白样凝集素**（**sialic-acid-binding immunoglobulin-like lectin，Siglec**），并诱导对自体抗原的耐受性。

确定 *O*-GalNAc 聚糖功能的方法多种多样，包括使用生物合成的抑制剂、构建在 *O*- 糖基化途径中缺乏或过表达特定酶的细胞系、使用 *O*-GalNAc 聚糖特异性凝集素或抗体、用糖苷酶去除特定的糖残基，以及在模式生物中删除或突变特定的多肽 -*N*- 乙酰半乳糖胺转移酶（GALNT）等。例如，用苄基 -*O*-*N*- 乙酰半乳糖胺（GalNAc-*O*-benzyl）处理细胞，揭示了 *O*-GalNAc 聚糖在选凝素介导的细胞黏附中的关键作用，该化合物是核心 1 型和核心 2 型 *O*-GalNAc 聚糖合成中的竞争性抑制剂。苄基 -*O*-*N*- 乙酰半乳糖胺充当了核心 1 型 β1-3 半乳糖基转移酶 1（C1GALT1）的诱饵型底物（decoy substrate），从而减少了糖蛋白上核心 1 型和核心 2 型 *O*-GalNAc 聚糖的合成。经抑制剂处理的癌细胞，在体外失去了与 **E 选凝素**（**E-selectin**）和内皮细胞结合的能力。癌细胞经常表达唾液酸化 Lewis x 聚糖，因此这些细胞可以利用唾液酸化 Lewis x 聚糖的选凝素结合特性侵入组织。研究人员正在开发使多肽 -*N*- 乙酰半乳糖胺转移酶（GALNT）失活的小分子抑制剂，以阻断每种多肽 -*N*- 乙酰半乳糖胺转移酶对所有 *O*-GalNAc 聚糖的合成启动。

经工程化改造以表达改变的 *O*-GalNAc 聚糖的细胞系，以及具有糖基转移酶靶向突变的小鼠，是确认 *O*-GalNAc 糖基化功能的极佳模型。研究人员已经制备了缺乏核心 1 型 β1-3 半乳糖基转移酶 1 特异性分子伴侣 1（C1GALT1C1）的细胞，以确定不完整的 *O*-GalNAc 蛋白质组（即核心 1 型或核心 2 型 *O*-GalNAc 聚糖在糖蛋白质组中的特定分布）。采用相同的策略，研究人员已经确定了核心 1 型和核心 2 型 *O*-GalNAc 聚糖在细胞转化和癌细胞进展中的作用。缺失核心 1 型 β1-3 半乳糖基转移酶 1（C1GALT1），并因此缺失核心 1 型和核心 2 型 *O*-GalNAc 聚糖的小鼠，在胚胎发育期间因血管生成缺陷和出血而死亡（**第 41 章**）。此外，在小鼠特定组织中条件性缺失核心 1 型 *O*- 聚糖，可以观察到多种表型，包括**自发性结肠炎**（**spontaneous colitis**）、**血小板减少症**（**thrombocytopenia**）、淋巴细胞归巢缺陷、**足细胞功能缺陷**（**podocyte dysfunction**）和血液 / 淋巴错误连接。肠上皮细胞中缺乏核心 1 型和核心 2 型 *O*- 聚糖的小鼠，会发展为**自发性十二指肠肿瘤**（**spontaneous duodenal tumor**），说明了 *O*- 聚糖在肠道保护和体内平衡中的作用。同样，单种多肽 -*N*- 乙酰半乳糖胺转移酶（GALNT）的生物学影响，也在模式生物和人体组织模型中得到了检验。单种多肽 -*N*- 乙酰半乳糖胺转移酶的缺失或下调，表明其在人体模型中对上皮细胞分化的重要性。在**黑腹果蝇**（***Drosophila melanogaster***）中，多肽 -*N*- 乙酰半乳糖胺转移酶的缺失导致果蝇丧失发育能力、细胞外基质的分泌过程和分泌囊泡（secretory vesicle）的形成出现缺陷，从而导致上

皮细胞损伤和细胞 - 细胞间黏附丧失（**第 26 章**）。缺失多肽 -*N*- 乙酰半乳糖胺转移酶 1（GALNT1）的小鼠，在心脏发育、止血、免疫细胞归巢和细胞外基质组成等方面存在缺陷。在缺失多肽 -*N*- 乙酰半乳糖胺转移酶 2（GALNT2）的人类和动物模型中会出现复杂的表型，包括**血脂异常（dyslipidemia）**、**高胆固醇血症（hypercholesterolemia）**和神经发育障碍。在人类中，多肽 -*N*- 乙酰半乳糖胺转移酶 3（GALNT3）的突变导致**高磷血症家族性肿瘤性钙质沉着症（hyperphosphatemic familial tumoral calcinosis，HFTC）**，其特征是高血磷水平和钙化肿瘤的形成。该疾病由多肽 -*N*- 乙酰半乳糖胺转移酶 3（GALNT3）介导的糖基化作用的丧失所致，因糖基化能够保护磷酸盐调控激素——成纤维细胞生长因子 23（fibroblast growth factor 23，FGF23）不被裂解失活。在该疾病的小鼠模型中也显示出类似的表型，并伴随着口腔微生物组的破坏。最后，多肽 -*N*- 乙酰半乳糖胺转移酶 11（GALNT11）缺陷的小鼠，表现出**低分子质量蛋白尿症（low-molecular-weight proteinuria）**，这是因为近端肾小管内吞受体巨蛋白（megalin）的糖基化异变，改变了其与配体结合的能力。

O-GalNAc 聚糖的潜在功能多种多样，但令人惊讶的是，直接的医学和生物治疗应用却寥寥无几。最突出的一例应用是通过抗体或小分子模拟物，在炎症条件下靶向 **P 选凝素糖蛋白配体 -1（P-selectin glycoprotein ligand 1，PSGL-1）**，最近已成功应用于患有**镰状细胞贫血危象（sickle cell crisis）**的儿童。另一个可以利用 *O*-GalNAc 聚糖疾病特异性变化的研究领域是肿瘤学。由于 Tn 抗原、唾液酸化 Tn 抗原和 T 抗原水平升高与癌症相关，因此研究人员正在集中研究基于这些癌症相关 *O*-GalNAc 聚糖的几种候选疫苗。另一个颇有前景的策略使用了对癌症相关的 *O*-GalNAc 聚糖具有选择性的高亲和力抗体，此类抗体可能对基于抗体的新型治疗策略特别有效，包括**双特异性 T 细胞衔接系统（bi-specific T-cell engagers，BiTE）**和**嵌合抗原受体 T 细胞疗法（chimeric antigen receptors inserted in cytotoxic T cells，CAR-T）**。事实上，针对黏蛋白 1（MUC1）中糖肽表位的 CAR-T 疗法，已经在临床前动物模型中展现出抗肿瘤效果。

致谢

感谢哈里 · 沙赫特（Harry Schachter）对本章先前版本的贡献。

延伸阅读

Brockhausen I. 2010. Biosynthesis of complex mucin-type O-glycans. In *Comprehensive natural products. II: chemistry and biology* (ed. Mander L, Lui H-W, Wang PG, editors.) , Vol. 6, pp. 315-350. Elsevier, Oxford.

Jensen PH, Kolarich D, Packer NH. 2010. Mucin-type O-glycosylation-putting the pieces together. *FEBS J* **277**: 81-94.

Bennett EP, Mandel U, Clausen H, Gerken TA, Fritz TA, Tabak LA. 2012. Control of mucin-type O-glycosylation: a classification of the polypeptide GalNAc-transferase gene family. *Glycobiology* **22**: 736-756.

Brockhausen I, Gao Y. 2012. Structural glycobiology: applications in cancer research. In *Structural glycobiology* (ed. Yuriev E, Ramsland PA, editors.) , pp. 177-213. CRC Press, Boca Raton, FL.

Steentoft C, Vakhrushev SY, Joshi HJ, Kong Y, Vester-Christensen MB, Schjoldager KT, Lavrsen K, Dabelsteen S, Pedersen NB, Marcos-Silva L, et al. 2013. Precision mapping of the human O-GalNAc glycoproteome through SimpleCell technology. *EMBO J* **32**: 1478-1488.

de Las Rivas M, Lira-Navarrete E, Gerken TA, Hurtado-Guerrero R. 2018. Polypeptide GalNAc-Ts: from redundancy to specificity. *Curr Opin Struct Biol* **56**: 87-96.

Khoo KH. 2019. Advances toward mapping the full extent of protein site-specific O-GalNAc glycosylation that better reflects underlying glycomic complexity. *Curr Opin Struct Biol* **56**: 146-154.

Tian E, Wang S, Zhang L, Zhang Y, Malicdan MC, Mao Y, Christoffersen C, Tabak LA, Schjoldager KT, Ten Hagen KG. 2019. Galnt11 regulates kidney function by glycosylating the endocytosis receptor megalin to modulate ligand binding. *Proc Natl Acad Sci* **116**: 25196-25202.

van Tol W, Wessels H, Lefeber DJ. 2019. O-glycosylation disorders pave the road for understanding the complex human O-glycosylation machinery. *Curr Opin Struct Biol* **56**: 107-118.

Bagdonaite I, Pallesen EM, Ye Z, Vakhrushev SY, Marinova IN, Nielsen MI, Kramer SH, Pedersen SF, Joshi HJ, Bennett EP, Dabelsteen S, Wandall HH. 2020. O-glycan initiation directs distinct biological pathways and controls epithelial differentiation. *EMBO Rep* **21**: e48885.

May C, Ji S, Syed ZA, Revoredo L, Paul Daniel EJ, Gerken TA, Tabak LA, Samara NL, Ten Hagen KG. 2020. Differential splicing of the lectin domain of an O-glycosyltransferase modulates both peptide and glycopeptide preferences. *J Biol Chem* **295**: 12525-12536.

Wandall HH, Nielsen MAI, King-Smith S, de Haan N, Bagdonaite I. 2021. Global functions of O-glycosylation: promises and challenges in O-glycobiology. *FEBS J* doi: 10.1111/febs.16148.

第 11 章

鞘糖脂

罗纳德 · L. 施纳尔（Ronald L. Schnaar），罗杰 · 桑德霍夫（Roger Sandhoff），迈克尔 · 蒂迈尔（Michael Tiemeyer），木下太郎（Taroh Kinoshita）

11.1 发现和背景 / 124
11.2 主要类别和命名法 / 125
11.3 糖脂的分离、纯化和分析 / 126
11.4 鞘糖脂的生物合成、输运和降解 / 128
11.5 生物学和病理学作用 / 130
致谢 / 134
延伸阅读 / 134

鞘糖脂（glycosphingolipid，GSL）是**糖脂（glycolipid）**的一个亚类，存在于从细菌到人类的生物体细胞膜中，是动物中的主要糖脂。本章的重点是脊椎动物的鞘糖脂。有关真菌、植物和无脊椎动物糖脂的信息，可以参见其他章节（**第 20 章、第 23 章至第 26 章**）。作为膜锚定结构附着在蛋白质上的**糖基磷脂酰肌醇（glycosylphosphatidylinositol，GPI）**糖脂也在其他章节进行了介绍（**第 12 章**）。本章描述了鞘糖脂的特征、生物合成途径，以及它们在膜结构、宿主 - 病原体相互作用、细胞 - 细胞间识别和膜蛋白功能调节中的生物学作用。

11.1 发现和背景

第一种被表征的鞘糖脂是**半乳糖神经酰胺（galactosylceramide，GalCer）**。它是结构最为简单的糖脂之一，也是脊椎动物大脑中最为丰富的分子之一。它由单个半乳糖残基与**神经酰胺（ceramide）**的脂质分子 C-1 羟基以 β- 糖苷键连接形成（图 11.1）。这是一种通过酰胺键与脂肪酸相连所形成的长链氨基醇，由于其结构难以确定，故依照神秘的埃及狮身人面像斯芬克斯（Sphinx）将其命名为**“鞘氨醇”（sphingosine）**。动物细胞能够合成各种鞘氨醇和相关的长链氨基醇，它们被统称为**鞘氨醇基（sphingoid bases）**。在脊椎动物中，几乎所有的糖脂都是鞘糖脂，而鞘糖脂又是更大的**鞘脂（sphingolipid）**家族（即建立在鞘氨醇基上的更大一类脂质）的一部分，该家族包括大多数类型的**膜磷脂（membrane phospholipid）**、**鞘磷脂（sphingomyelin）**，以及调节血管生成和免疫细胞运输的第二信使——鞘氨醇 -1- 磷酸（sphingosine 1-phosphate）。随后，研究人员又发现并确定了其他的鞘糖脂，因为它们在患有**溶酶体贮积病（lysosomal storage disease）**患者的组织中可以积累到病理水平，而溶酶体贮积病恰恰是聚糖降解酶存在缺陷或缺失的一类遗传疾病（**第 44 章**）。例如，一种含有唾液酸的鞘糖脂（GM2）首次从**泰 - 萨克斯病（Tay-Sachs disease）**[①]患者的大脑中分离获得，它在脑部积累，并依据其在大脑中的神经簇或神经节（ganglia）的位

① 也称为家族性黑蒙性痴呆症，以英国眼科医生华伦 · 泰伊（Waren Tay）和美国神经病学医生伯纳德 · 萨克斯（Bernard Sachs）的姓氏命名。

置而被命名为**神经节苷脂**（**ganglioside**）。同样，**葡萄糖神经酰胺**（**glucosylceramide，GlcCer**）最初从**戈谢病**（**Gaucher disease**）患者的脾脏中分离获得，该鞘糖脂可以在脾脏中积累。随着纯化、分离和分析技术的改进，研究人员在所有脊椎动物组织中都发现了鞘糖脂。目前仅根据聚糖结构上的不同，就已经发现了数百种独特的鞘糖脂结构，这些结构中的每一种还可以存在于几种不同的神经酰胺上。

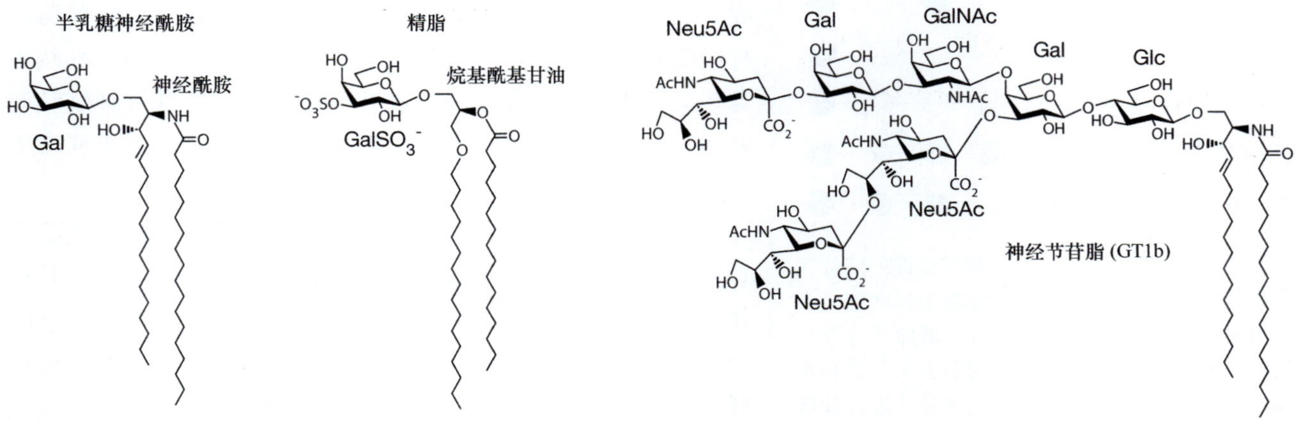

图 11.1 鞘糖脂和甘油糖脂的代表性结构。以半乳糖神经酰胺为代表的鞘糖脂，含有神经酰胺脂质分子片段，该部分由与脂肪酸形成酰胺键的长链氨基醇（鞘氨醇）组成。相比之下，以精脂为代表的甘油糖脂，含有二酰基或烷基（酰基）甘油脂质分子片段。大多数的动物糖脂为鞘糖脂，这是一个与神经酰胺相连的、庞大而多样的聚糖家族。图中显示的是复杂唾液酸化鞘糖脂中的一个示例——GT1b（$IV^3Neu5AcII^3[Neu5Ac]_2Gg_4Cer$）。

甘油糖脂（**glycoglycerolipid**）与鞘糖脂的区别在于它们的脂质部分，甘油糖脂中的聚糖与二酰基或烷基酰基甘油的 C-3 羟基相连（图 11.1），它们是大多数动物组织（睾丸除外）中的极少量成分，但广泛分布于微生物和植物中。**第 20 章、第 23 章至第 26 章**介绍了真菌、植物和无脊椎动物的糖脂。糖基磷脂酰肌醇（GPI）是一个不同的糖脂家族，通常以膜组成成分的形式与蛋白质相连，也能以游离糖脂的形式存在（相关讨论见**第 12 章**）。**第 21 章**讨论了革兰氏阴性菌的**脂多糖**（**lipopolysaccharide**）。

11.2 主要类别和命名法

鞘糖脂的神经酰胺脂质部分由鞘氨醇基与位于 C-2 的氨基形成的脂肪酸酰胺组成。鞘氨醇是哺乳动物中最为常见的鞘氨醇基，在 C-1 和 C-3 碳原子上具有羟基，在 C-4 和 C-5 之间具有反式（*trans*）双键（图 11.1）。**二氢鞘氨醇**（**sphinganine**）具有相同的结构，但没有双键；**植物鞘氨醇**（**phytosphingosine**），即 4- 羟基二氢鞘氨醇中没有双键，且在 C-4 上有一个额外的羟基。含有二氢鞘氨醇和植物鞘氨醇的神经酰胺在动物中含量较低，而植物鞘氨醇在植物和真菌的鞘糖脂中含量较高。神经酰胺的脂肪酸成分长度范围变化很大，从 C14 到 C30 或更长，尽管它们通常以饱和脂肪酸的形式存在，但也可能是不饱和的或具有 α- 羟基。神经酰胺的结构可以调节鞘糖脂的膜结合属性和膜功能。

尽管神经酰胺的变化显著地增加了鞘糖脂的结构多样性，但主要的结构和功能分类仍然基于聚糖链。在脊椎动物中，与神经酰胺连接的第一个糖通常是 β- 连键的半乳糖（构成半乳糖神经酰胺）或葡萄糖（构成葡萄糖神经酰胺）。半乳糖神经酰胺（GalCer）及其类似物**硫苷脂**（**sulfatide**），即在半乳糖神经酰胺中半乳糖的 C-3 羟基上形成的硫酸酯，是肾脏和大脑中的主要聚糖。在大脑中，它们在**髓磷脂**（**myelin**）的结构和功能中发挥着重要作用，髓磷脂是实现快速神经传导时所需的绝缘体。有趣的是，与

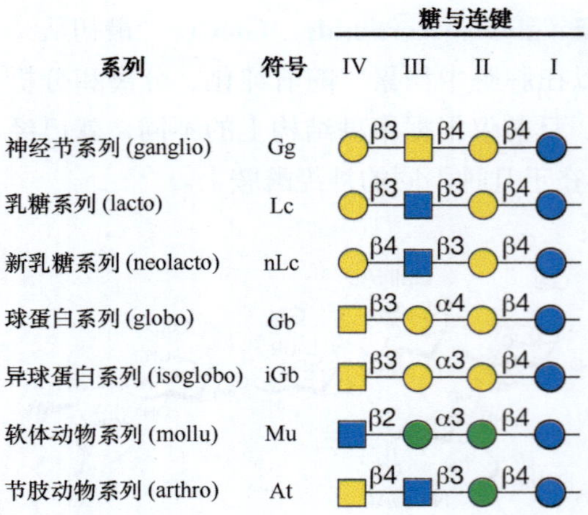

图 11.2 鞘糖脂的中性核心及其基于国际纯粹与应用化学联合会（IUPAC）命名法的命名。 在官方命名法中，自中性核心结构延伸或分支出的糖类和其他取代基用罗马数字表示，需指定哪个中性核心糖带有取代基（将最接近神经酰胺的单糖计为“I”），用上标表示该糖上的哪个羟基被修饰。示例可参见图 11.1 中的神经节苷脂 GT1b［$IV^3Neu5AcII^3(Neu5Ac)_2Gg_4Cer$］。有关单糖的全称和指定符号请参见附录 2。

之相关的磺基半乳糖甘油脂（sulfogalactoglycerolipid），即**精脂（seminolipid）**（图 11.1），仅在男性生殖道中含量丰富，它对于精子形成（spermitogenesis）至关重要。唾液酸化的半乳糖神经酰胺（Neu5Acα2-3GalβCer；GM4）也隶属于髓磷脂。这些半乳糖脂很少延伸形成较大的糖链结构；相反，动物中庞大而多样的鞘糖脂家族的大多数其他成员都建立在葡萄糖神经酰胺（GlcCer）基础之上（图 11.2）。葡萄糖神经酰胺本身在某些组织中含量丰富。在皮肤中，它是特殊神经酰胺的前体；当嵌入表皮角质层时，它是形成重要的表面水屏障所必需的物质（见下文）。

绝大多数鞘糖脂结构，可根据 7 种常见的**四糖中性糖核心序列（tetrasaccharide neutral sugar core sequence）**进行分类（图 11.2）。共享相同中性核心序列的鞘糖脂被归于同一**“系列”（series）**。在脊椎动物数量上占主要地位的三种系列是神经节系列（ganglio-series）、球蛋白系列（globo-series）和新乳糖系列（neolacto-series）；而在无脊椎动物中占主导地位的是软体动物系列（mollu-series）和节肢动物系列（arthro-series）。

鞘糖脂的各个系列以组织特异性模式表达。在哺乳动物中，神经节系列的鞘糖脂虽然分布广泛，但在大脑中占主导地位，而新乳糖系列糖脂在包括白细胞在内的某些造血细胞中十分常见。相比之下，乳糖系列（lacto-series）糖脂在分泌器官中占主导地位，而球蛋白系列糖脂则是在红细胞中最为丰富。这种多样性大致反映了鞘糖脂功能上的重要差异。

鞘糖脂可进一步细分为没有带电的糖或离子基团的**中性鞘糖脂（neutral GSL）**、具有一个或多个唾液酸残基的**唾液酸化鞘糖脂（sialylated GSL）**，以及**硫酸化鞘糖脂（sulfated GSL）**。传统意义上所有唾液酸化的鞘糖脂都被称为神经节苷脂，无论它们是否确实基于神经节系列糖脂的中性糖核心而形成。在官方命名法中，自中性核心结构延伸或分支出的糖类和其他取代基用罗马数字表示，指定哪个中性核心糖带有取代基（将最接近神经酰胺的单糖计为“I”），用上标表示该糖上的哪个羟基被修饰（图 11.2）。这种命名法对于日常使用来说过于复杂，因此最常见的鞘糖脂通常以非官方名称进行指代。例如，在广泛使用的**斯文纳霍尔姆命名法（Svennerholm nomenclature）**中，神经节苷脂 Galβ1-3GalNAcβ1-4(Neu5Acα2-3)Galβ1-4GlcβCer 被命名为“GM1”（图 11.3）。在该命名法中，G 指神经节苷脂系列；第二个字母指唾液酸残基的数量，即单个（mono，M）、两个（di，D）、三个（tri，T）、四个（quattro/tetra，Q）、五个（penta，P）等；数字（1、2、3 等）则是指神经节苷脂在**薄层色谱法（thin-layer chromatography，TLC）**上相对于起点的迁移顺序，如 GM3>GM2>GM1。因此，随着数字的增加，中性核心寡糖的大小会逐步缩小，并在薄层色谱上移动得更远。

11.3 糖脂的分离、纯化和分析

有机溶剂常被用于从组织和细胞中萃取糖脂，它们主要存在于细胞质膜的脂外层（outer leaflet）。在萃取过程中，通常使用特定比例的氯仿 - 甲醇 - 水混合物，并经过一定优化，以沉淀并去除蛋白质和核酸，同时最大限度地溶解鞘糖脂（及其他脂质）。由于鞘糖脂在水溶液中彼此聚集，并且与其他脂质相互聚集，

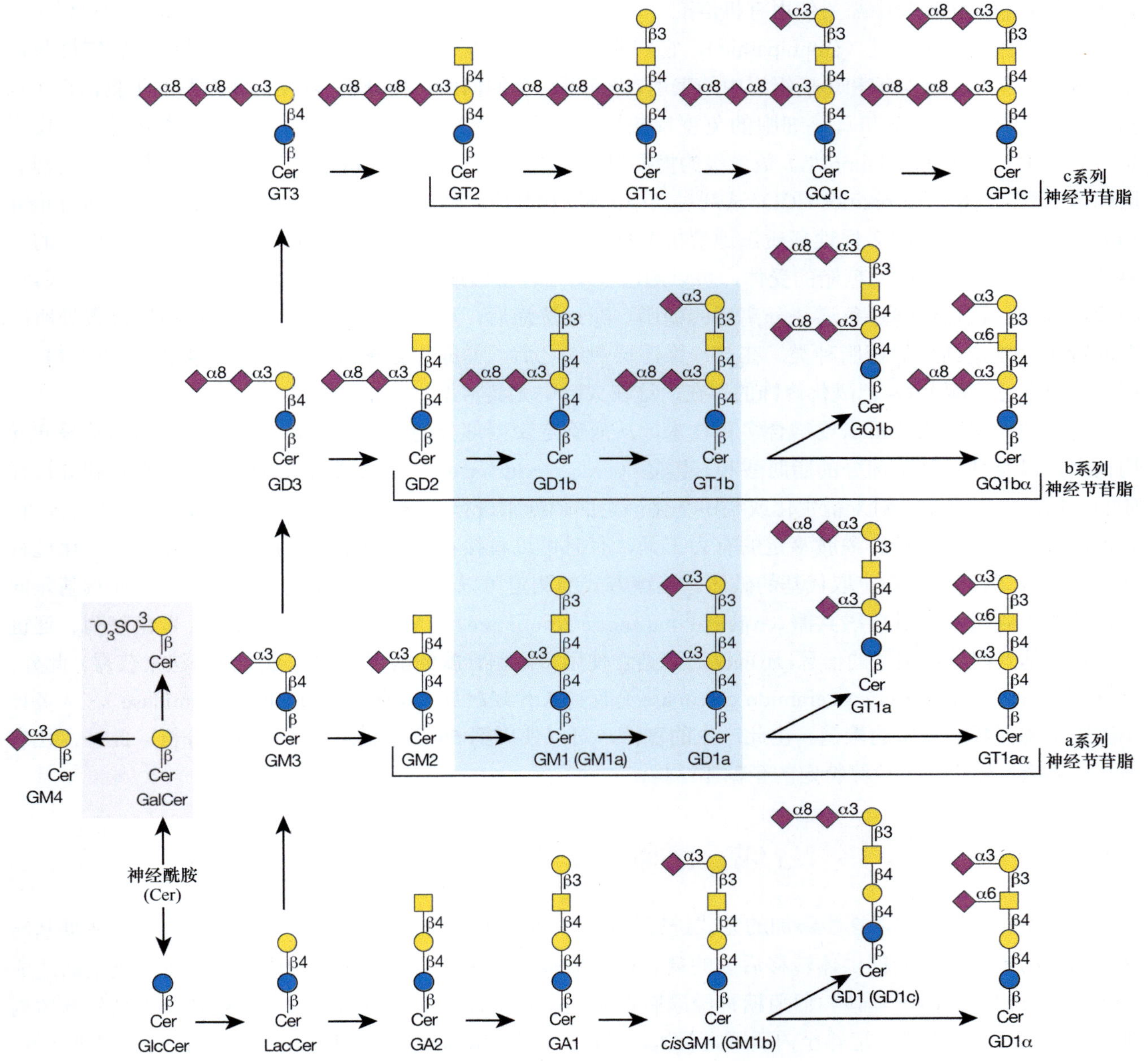

图 11.3　鞘糖脂通过首先将糖逐步添加到神经酰胺，随后再添加到正在生长的聚糖中以实现合成。 图中所示的是大脑中主要的鞘糖脂。神经酰胺（Cer）分别是尿苷二磷酸 - 半乳糖：神经酰胺 β- 半乳糖基转移酶（UDP-Gal ： ceramide β-galactosyltransferase）或尿苷二磷酸 - 葡萄糖：神经酰胺 β- 葡萄糖基转移酶（UDP-Glc ： ceramide β-glucosyltransferase）的受体。这两种酶分别参与了在少突胶质细胞（粉红色阴影）和神经细胞（蓝色阴影）中，那些含量占主导地位的鞘糖脂类型所进行的生物合成中的主要途径。半乳糖神经酰胺（GalCer）是半乳糖神经酰胺磺基转移酶（GalCer sulfotransferase）的受体，该酶在半乳糖的 C-3 上添加一个硫酸基团以形成硫苷脂。主要类型的脑神经节苷脂的形成，起始于葡萄糖神经酰胺的糖链延伸。首先通过尿苷二磷酸 - 半乳糖：葡萄糖神经酰胺 β1-4 半乳糖基转移酶（UDP-Gal: GlcCer β1-4 galactosyltransferase）生成乳糖神经酰胺（LacCer），然后通过胞苷一磷酸 -*N*- 乙酰神经氨酸：乳糖神经酰胺 α2-3 唾液酰基转移酶（CMP-Neu5Ac ： lactosylceramide α2-3 sialyltransferase）生成简单的神经节苷脂 GM3。GM3 是一个分支点，可充当尿苷二磷酸 -*N*- 乙酰半乳糖胺：GM3/GD3 β1-4 *N*- 乙酰半乳糖胺转移酶（UDP-GalNAc ： GM3/GD3 β1-4 *N*-acetylgalactosaminyltransferase）的受体，产生 a 系列神经节苷脂；或是作为胞苷一磷酸 -*N*- 乙酰神经氨酸：GM3 α2-8 唾液酰基转移酶（CMP-Neu5Ac ： GM3 α2-8 sialyltransferase）的受体，产生 GD3 和 b 系列神经节苷脂。类似地，α2-8 唾液酰基转移酶（α2-8 sialyltransferase）对 GD3 的作用，产生了 GT3 和 c 系列神经节苷脂。用于后续糖链延伸的酶，对于 a 系列、b 系列和 c 系列神经节苷脂是通用的。

因此在随后的纯化步骤中需要使用有机溶剂，这些步骤通常包括溶剂分配、离子交换色谱和吸附色谱。

由于糖脂的两亲属性（amphipathic），它们非常适合于薄层色谱法分析，对于监测其纯化、定性与定量地测定糖脂在正常组织和患病组织中的表达、进行不完全的糖脂结构分析，以及检测糖脂的生物活性（包括对毒素、病毒、细菌和真核细胞的免疫反应性和结合活性）都很有用。经薄层色谱法分离后，皮摩尔（pmol/L）到纳摩尔（nmol/L）数量级的糖脂可以用苔黑酚（orcinol）试剂对其中的己糖进行化学检测，用间苯二酚 - 盐酸（resorcinol-HCl）试剂对其中的唾液酸进行化学检测。**正相薄层色谱法（normal phase TLC）**可以根据寡糖的多样性高质量地解析鞘糖脂，但对于由神经酰胺的差异所引起的不同鞘糖脂的分离则不太有效。为了研究糖脂的受体，可以用潜在的结合蛋白或生物体（如抗体、凝集素、毒素、病毒、细菌或细胞）覆盖经薄层色谱法分离后的糖脂。经过洗涤后，可以通过检测薄层色谱板精确位置处所结合的物质来鉴定结合的糖脂种类。在第一维薄层色谱之后，暴露于氨蒸气的**二维薄层色谱法（2D TLC）**可用于识别唾液酸上 *O*- 乙酰化修饰的存在，这在大脑中尤其常见。

糖脂的完整结构分析需要结合多种技术，从而确定聚糖部分的组成、序列、连键位置和端基差向异构构型，以及神经酰胺部分的脂肪酸和**长链基（long chain base）**[①]。聚糖的组成则是通过水解和分析释放的单糖来加以确定。对未衍生化或全甲基化衍生的鞘糖脂进行**质谱法（mass spectrometry，MS）**分析，是糖链的序列测定和神经酰胺鉴定的有力工具，有时可以直接在薄层色谱板上进行。然而，甲基化过程会导致 *O*- 乙酰酯等不稳定取代基的破坏。连键方式的测定可以通过严格的甲基化分析获得，而端基差向异构的构型则可以通过**核磁共振（nuclear magnetic resonance，NMR）**谱学解析获得。聚糖序列、连键方式和端基差向异构构型的信息，还可以通过结合使用特定糖苷酶的酶促水解与薄层色谱法来获得。此外，可以使用*神经酰胺聚糖酶*（ceramide glycanase）或*糖基神经酰胺内切酶*（endoglycoceramidase），从多种鞘糖脂中酶促释放完整的聚糖。由此产生的寡糖，可以使用**第 50 章**中描述的方法进行分析。此外，还有许多单克隆抗体可用于检测特定的鞘糖脂结构。

11.4 鞘糖脂的生物合成、运输和降解

鞘糖脂的生物合成以逐步添加的方式进行，首先将单个糖添加到神经酰胺（Cer）上，然后在糖基转移酶的作用下从核苷酸糖供体转移后续的糖。神经酰胺在内质网的细胞质面合成，与内质网腔室面达成平衡后，被输送到高尔基体。葡萄糖神经酰胺在早期高尔基体的细胞质面合成。它被翻转到高尔基体内侧的腔室之后（或在逆行运输至内质网之后），通过一系列高尔基体糖基转移酶进行糖链延长。相比之下，半乳糖神经酰胺在内质网内侧的腔室合成，然后被运输穿越高尔基体。在高尔基体中，它可能被硫酸化以形成硫苷脂。在以上两种情况下，鞘糖脂在生物合成过程中的最终朝向（orientation）（即拓扑学），与它们几乎只出现在细胞质膜的脂外层、朝向细胞外环境的结果相一致。在鞘糖脂的生物合成中，也会出现特殊的例外情况，如位于中性粒细胞颗粒中的高浓度**乳糖神经酰胺（lactosylceremide）**。尽管神经酰胺驻留在细胞内的细胞器（如线粒体）上，但除葡萄糖神经酰胺之外的其他鞘糖脂，通常不会出现在面向细胞质的脂单层（leaflet）上，但它们会出现在细胞核内。

大脑中鞘糖脂的生物合成，为阐明竞争性生物合成途径如何导致聚糖结构的多样性提供了一个示例（图 11.3）。半乳糖神经酰胺和硫苷脂的逐步生物合成，发生在少突胶质细胞（oligodendrocyte）即制造髓磷脂的细胞之中。相反，神经节苷脂由所有细胞合成，不同形式的神经节苷脂浓度因细胞类型而异。鞘糖脂的表达模式由其生物合成所需酶的表达与这些酶在细胞内的分布共同决定。在某些情况下，多个糖

① 即鞘氨醇基。

基转移酶会竞争同一个鞘糖脂前体（图 11.3）。例如，神经节苷脂 GM3 可能被 *N*- 乙酰半乳糖胺转移酶（*N*-acetylgalactosaminyltransferase）催化，形成 GM2，并继续拓展出“a 系列”（a-series）神经节苷脂；或通过唾液酰基转移酶（sialyltransferase）的作用，形成 GD3，即最简单的“b 系列”（b-series）神经节苷脂。每个糖链分支都对应着一条既定的合成途径，因为唾液酰基转移酶无法直接将除 GM3 之外的 a 系列神经节苷脂转化为其相应的 b 系列神经节苷脂。由于这种糖链分支的排他性，两种酶在关键分支点处的竞争决定了最终鞘糖脂产物的相对表达水平。*N*- 乙酰半乳糖胺（GalNAc）向 a 系列、b 系列和 c 系列（c-series）神经节苷脂的转移，使得 GM3 转化为 GM2、GD3 转化为 GD2、GT3 转化为 GT2，该过程由相同的 *N*- 乙酰半乳糖胺转移酶催化。同样，将半乳糖转移到 GM2 以形成 GM1、转移到 GD2 以形成 GD1b，或转移到 GT2 以形成 GT1c，也由同一个半乳糖基转移酶完成。此外，高尔基体腔室内的糖基转移酶所使用的核苷酸糖供体包括尿苷二磷酸 - 半乳糖（UDP-Gal）、尿苷二磷酸 - 葡萄糖（UDP-Glc）、尿苷二磷酸 -*N*- 乙酰葡萄糖胺（UDP-GlcNAc）、尿苷二磷酸 -*N*- 乙酰半乳糖胺（UDP-GalNAc）和胞苷一磷酸 -*N*- 乙酰神经氨酸（CMP-Neu5Ac），它们的含量水平将从根本上影响聚糖的最终结构，并受到细胞质或细胞核中的合成酶，以及高尔基体膜上核苷酸糖转运蛋白活性的调控（**第 5 章**）。人类神经节苷脂中的唾液酸完全以 *N*- 乙酰神经氨酸（*N*-acetylneuraminic acid，Neu5Ac）及其 *O*- 乙酰化衍生物的形式存在，但对许多其他哺乳动物的唾液酸而言，可以同时含有 *N*- 乙酰神经氨酸和 *N*- 羟乙酰神经氨酸（*N*-glycolylneuraminic acid，Neu5Gc）（**第 15 章**）。即使在那些非神经组织的神经节苷脂，以及以 *N*- 羟乙酰神经氨酸作为主要唾液酸类型的动物中，它们的脑神经节苷脂中也几乎只含有 *N*- 乙酰神经氨酸。神经节苷脂上的唾液酸，可以通过 *O*- 乙酰化或去除 *N*- 乙酰基以产生游离的氨基（即形成神经氨酸）来进行进一步的修饰（**第 15 章**）。

通过将不同鞘糖脂的糖基转移酶稳定结合，形成“多糖基转移酶”（multiglycosyltransferase）复合物，可以对糖基化过程进行更进一步的调控。研究人员认为，多种酶在不释放中间体结构的情况下，可以对不断生长中的鞘糖脂进行协同作用，从而确保催化过程向预期的最终产物不断推进。

尽管催化鞘糖脂生物合成初始步骤的酶是特异性的，并且仅用于鞘糖脂的生物合成，但外层的糖（如最外层的唾液酸、岩藻糖或葡萄糖醛酸残基）有时也可被那些作用于糖蛋白的糖基转移酶进行识别和添加，致使鞘糖脂和糖蛋白聚糖具有共享的末端结构（**第 14 章**）。例如，血型 ABO 抗原系统中，由 A 血型基因编码的 α1-3 *N*- 乙酰半乳糖胺转移酶（α1-3 *N*-acetylgalactosaminyltransferase）在糖蛋白和糖脂上产生 A 血型决定簇 GalNAcα1-3(Fucα1-2)Gal；相应地，由等位基因 B 血型基因编码的 α1-3 半乳糖基转移酶（α1-3 galactosyltransferase），负责将半乳糖（Gal）转移到糖蛋白和糖脂上。

主要类别的脑神经节苷脂结构在所有哺乳动物和鸟类中高度保守。与之相反，即使在人类中，血细胞糖脂的差异性也是众所周知的，例如，在 ABO 血型、Lewis 血型和 P 血型抗原中可观察到不同的糖链结构（**第 14 章**）。糖脂之间也存在着物种差异，一个例子是**福斯曼抗原（Forssman antigen）**[①]中 GalNAcα1-3GalNAcβ1-3Galα1-4Galβ1-4GlcβCer 的表达。该分子是福斯曼抗原阴性物种（如兔、大鼠和人类）中的良好免疫原，它们具有突变的 α1-3 *N*- 乙酰半乳糖胺转移酶，无法将 *N*- 乙酰半乳糖胺（GalNAc）转移到前体 Gb4Cer 之上；相反，豚鼠、小鼠、绵羊和山羊呈福斯曼抗原阳性。

鞘糖脂的分解是在**溶酶体水解酶（lysosomal hydrolase）**的作用下逐步进行的。细胞质膜外表面的鞘糖脂与其他膜成分一起被内化到内陷的囊泡中，然后与内体（endosome）融合，使得鞘糖脂的聚糖部分面向内体腔室。然后，内体膜上富含鞘糖脂的区域可能再次内陷，在内体内形成腔内囊泡（intraluminal vesicle）。当内体与初级溶酶体（primary lysosome）融合时，鞘糖脂会暴露在溶酶体水解酶面前。缺少任何一种糖苷酶，都会导致**溶酶体贮积病（lysosomal disorder disease）**（**第 44 章**）。

① 也称嗜异性抗原（heterophil antigen）。

随着鞘糖脂被连续裂解为更小的结构，剩余的“核心”单糖变得无法被水溶性的溶酶体水解酶接近，因而需要来自被称为**“提升酶”（liftase）**的激活蛋白的帮助。这些提升酶包括 GM2 激活蛋白（GM2-activator protein）及 4 种结构相关的**鞘脂激活蛋白（saposin）**，所有这些蛋白质都通过水解切割，从单一的多肽前体衍生而来。鞘脂激活蛋白被认为与其糖脂底物结合，破坏了它与局部膜环境之间的相互作用，并促进聚糖向水溶性水解酶靠近。在某些溶酶体贮积病中（**第 44 章**），即使存在着丰富的、负责降解的水解酶，激活蛋白的突变仍然会导致糖脂的病理性积累，从而证明了激活蛋白在活体的鞘糖脂分解代谢中的重要作用。鞘糖脂分解代谢的最终分解产物为单糖、脂肪酸和游离的鞘氨醇基，它们随后可以通过**补救途径（salvage pathway）**进行再利用。

11.5 生物学和病理学作用

11.5.1 富含鞘糖脂的膜微区

鞘糖脂占脊椎动物总膜脂的比例，从红细胞中的 <5%，到髓鞘（myelin）[①]中的 >20% 不等。然而，它们并非均匀地分布在膜平面上，而是聚集在**脂筏（lipid raft）**中，即由自缔合（self-associate）的膜分子形成的小型横向微区。尽管脂筏的精确结构和组成一直存在争议，但它们的脂外层被认为富含鞘脂，包括鞘糖脂和鞘磷脂（即神经酰胺的磷酸胆碱衍生物）。长饱和碳链赋予了鞘脂独特的生物物理特性，驱动了它们的自缔合过程（图 11.1）。除了鞘脂外，脂筏还富含胆固醇和一些特定的蛋白质，包括**糖基磷脂酰肌醇锚定蛋白（GPI-anchored protein）**和一些跨膜信号蛋白（如受体酪氨酸激酶）。在细胞质侧，酰化的蛋白（如 Src 家族蛋白酪氨酸激酶和 G 蛋白的 Gα 亚基）可以与脂筏相结合。

脂筏显然是动态的、短暂的（毫秒级）和小尺寸的（直径 10 ～ 50 nm），每个脂筏可能包含了数百个脂质分子和一些蛋白质分子。有人认为，脂筏外部聚集成更大的结构，可能会将信号分子（如激酶）及其底物聚集在一起，以增强细胞内的信号传递。因此，鞘糖脂可以作为信息从细胞外部流向细胞内部的中介。这一观点得到了以下观察结果的支持：抗体诱导的鞘糖脂的簇集，激活了脂筏缔合引起的信号传递，并由此产生了质膜**“糖信号结构域”（glycosignaling domain）**或**“糖突触”（glycosynapse）**的概念。聚糖和聚糖结合蛋白之间的相互作用及聚糖 - 聚糖之间的相互作用，其结合**亲和力（affinity）**在很大程度上受到聚糖密度的影响。与单个聚糖分子相比，聚集在有限区域中的多个聚糖可以增加同源结合蛋白的**亲合力（avidity）**（**第 29 章**）。天然具有的**多价性（multivalency）**，为细胞质膜糖脂增加了独特的功能特性。事实上，包括表皮生长因子受体、胰岛素受体和神经生长因子受体在内的几种生长因子受体均位于膜微区中，并且结构研究确定了为调节受体信号功能的特定鞘糖脂所占据的结合位点。

11.5.2 鞘糖脂的生理功能

当鞘糖脂表达在细胞质膜的脂外层，其聚糖部分朝向外环境时，鞘糖脂的功能可分为两大类：与毗邻的质膜上互补分子的结合，即**反式识别（*trans* recognition）**；调节同一细胞质膜上蛋白质的活性，即**顺式调控（*cis* regulation）**。

---

① 套在轴索（轴突和长树突）外面的鞘膜，主要由施万细胞、卫星细胞或少突胶质细胞等神经胶质细胞构成。英文与髓磷脂（myelin）一致，本书中根据语境含义进行对应翻译。

在单细胞水平上，鞘糖脂并不是生命过程所必需的。使用特定的化学抑制剂或对鞘糖脂的生物合成基因进行基因消除之后，失去了鞘糖脂的细胞仍可以正常存活、增殖甚至分化。然而，在整体动物层面上，鞘糖脂对发育是必需的。经基因改造获得的、缺乏合成葡萄糖神经酰胺（GlcCer）基因的小鼠无法正常发育，由于胚胎中大量细胞的凋亡，小鼠胚胎在原肠胚期之后立即停止发育。基于这些实验结果及其他近期的观察可知，鞘糖脂在多细胞生物体中负责介导和调节细胞间的**协调作用（coordination）**。有时该过程以相当微妙的方式发生，如半乳糖神经酰胺（GalCer）和硫苷脂在**髓鞘形成（myelination）**中的作用。

半乳糖神经酰胺及其 3-*O*- 硫酸化衍生物——硫苷脂是大脑中的主要聚糖，占总糖复合物的 50% 以上。在大脑中，它们由形成髓磷脂的少突胶质细胞表达。少突胶质细胞还可以形成髓鞘，即包裹神经轴突的多层绝缘膜。半乳糖神经酰胺和硫苷脂在髓鞘脂质中的占比 >20%，被普遍认为是维持髓鞘结构所必需的。事实证明确实如此，但其作用方式比预期的更为微妙。经工程化改造、缺乏负责半乳糖神经酰胺合成的尿苷二磷酸 - 半乳糖：神经酰胺 β- 半乳糖基转移酶（UDP-Gal: ceramide β-galactosyltransferase）的小鼠，无法产生任何半乳糖神经酰胺或硫苷脂。但它们能够在轴突外周形成髓鞘，且髓鞘看起来非常正常。然而，小鼠却表现出髓鞘形成失败的所有迹象，包括震颤、共济失调、神经传导缓慢和过早死亡。在正常小鼠和突变小鼠中，髓鞘形成（myelination）在沿轴突的短距离内发生，被称为**“郎飞结”（nodes of Ranvier）**的间歇性空隙隔开，浓缩在郎飞结中的离子通道负责将神经冲动传递到下一个间隙。在结点边缘，髓鞘膜通常会向下弯曲并附着在轴突上，以封闭结点。在缺乏半乳糖神经酰胺和硫苷脂的动物中，这些髓磷脂的终足（end feet）无法附着在轴突上，而是转而向上方远离轴突。其结果是形成有缺陷的郎飞结，使离子通道和黏附分子变得杂乱无章。如果无法形成恰当的郎飞结结构，快速神经传导就会中断。缺乏负责将硫酸基团添加到半乳糖神经酰胺，以制造硫苷脂的相关酶的小鼠也具有类似的表型。总之，硫苷脂对于髓鞘 - 轴突相互作用必不可少，它的缺失会导致严重的神经功能缺损。

对产后动物分解代谢的研究，使得研究人员发现了葡萄糖神经酰胺的一项关键功能。神经酰胺是皮肤外层的一个关键成分，负责表皮渗透屏障的形成，这是生物体防止脱水的一重关键屏障。患有严重戈谢病的婴儿，其 β- 葡萄糖脑苷脂酶（β-glucocerebrosidase）几乎完全失活，导致葡萄糖神经酰胺无法被分解代谢，进而由于皮肤的高渗透性出现脱水现象。葡萄糖神经酰胺、神经酰胺和皮肤渗透性之间的关系已经在基因改造的小鼠中得到了证实，这些小鼠具有与患病婴儿中发现的 β- 葡萄糖脑苷酯酶相同的突变。无法分解代谢葡萄糖神经酰胺的小鼠，在出生后几天内因皮肤脱水而死亡。这确立了葡萄糖神经酰胺的关键功能，即可以作为构建皮肤最外层的保护层［即角质层（stratum corneum）］所需的神经酰胺的专性前体。葡萄糖神经酰胺被合成、运输到角质层，然后被酶催化水解，导致了神经酰胺的沉积。

更为复杂的鞘糖脂参与了细胞 - 细胞识别和信号转导调控。与硫苷脂一样，这些功能有时十分微妙，神经节苷脂生物合成的阻断对于神经系统生理学的影响即是一例。鉴于**复杂神经节苷脂（complex ganglioside）**生物合成中所展现出的纷繁变化（图 11.3），人们惊讶地发现，神经节苷脂表达的重大改变仅仅导致了小鼠表型不甚明显的变化。当负责神经节苷脂延长的 *N*- 乙酰半乳糖胺转移酶（*N*-acetylgalactosaminyltransferase），即 GM2/GD2 合成酶（GM2/GD2 synthase）在小鼠体内失活时，主要的复杂神经节苷脂（GM1、GD1a、GD1b 或 GT1b）均未表达，而在成年小鼠的大脑中，研究人员发现了浓度相当的**简单神经节苷脂（simple ganglioside）** GM3 和 GD3。由此产生的小鼠大致正常，但随着年龄的增长，不具有正常脑神经节苷脂类型的小鼠表现出轴突退化和髓鞘脱离（demyelination）等迹象，这是髓鞘 - 轴突细胞 - 细胞通讯出现问题的标志。这些缺陷是由于神经节苷脂丧失了与髓鞘膜上的一种蛋白质——**髓鞘相关糖蛋白（myelin-associated glycoprotein，MAG）**的结合能力所致。髓鞘相关糖蛋白是具有唾液酸依赖性的碳水化合物结合蛋白——**唾液酸结合免疫球蛋白样凝集素（sialic-acid-binding immunoglobulin-like lectin，Siglec）**家族的成员（**第 35 章**）。髓鞘相关糖蛋白在髓鞘包膜的最内层表达，直接与轴突表面相对。

通过基因改造获得的缺乏髓鞘相关糖蛋白的小鼠，与缺乏 GM2/GD2 合成酶的小鼠有许多相同的表型变化。生物化学和细胞生物学研究表明，主要的脑神经节苷脂 GD1a 和 GT1b 是髓鞘相关糖蛋白的极佳配体。这些结果支持了如下结论：最内层髓鞘膜上的髓鞘相关糖蛋白，可以与轴突细胞表面的 GD1a 和 GT1b 结合，以稳定髓鞘 - 轴突之间的相互作用。人类中相同的神经节苷脂生物合成基因的破坏，会导致**遗传性痉挛性截瘫**（**hereditary spastic paraplegia**），产生类似的表型。

鞘糖脂的第二种反式识别作用，在炎症过程的白细胞与血管壁相互作用中十分显著。炎症过程是人体对细菌感染的保护，正如**第 34 章**所讨论的，炎症的第一步是白细胞与感染部位附近的、血管内壁的内皮细胞（活化的内皮细胞）结合。当那些在活化的内皮细胞上表达的**选凝素**（**selectin**）家族糖结合蛋白，与血液中流经的白细胞表面互补的聚糖进行结合时，就会启动这种细胞 - 细胞相互作用。其中一种选凝素 **E 选凝素**（**E-selectin**）可以与人类白细胞上发现的糖复合物结合。E 选凝素的聚糖受体具有蛋白酶抗性，表明它们可能是鞘糖脂。研究人员已在白细胞中鉴定出一类功能尚不明确的鞘糖脂，即**髓聚糖**（**myeloglycan**）。这类鞘糖脂具有很长的糖链，由中性核心结构及具有 Galβ1-4GlcNAcβ1-3 结构的重复单元共同组成（**第 14 章**）；此外，其在一个或多个 *N*- 乙酰葡萄糖胺（GlcNAc）残基上还具有末端唾液酸和岩藻糖残基取代。

鞘糖脂在介导炎症反应中的另一作用涉及脂质特异性的抗原呈递。自然杀伤 T 细胞（natural killer T cell，NKT cell）同时携带了 T 细胞和自然杀伤细胞（natural killer cell）的细胞受体，参与抑制自身免疫反应、癌症转移和移植排斥反应。树突状细胞（dendritic cell）的**主要组织相容性复合体**（**major histocompatibility complex，MHC**）I 类相关分子是鞘糖脂 CD1d，它通过 **T 细胞受体**（**T cell receptor，TCR**）来识别呈递的糖脂抗原，以激活自然杀伤 T 细胞。自然杀伤 T 细胞可以被由小鼠大肠中一些细菌表达的非哺乳动物半乳糖 α- 神经酰胺（Galα-ceramide）激活，也可被异球蛋白系列（isoglobo-series）鞘糖脂 iGb_3Cer（Galα1-3Galβ1-4GlcβCer）激活，该鞘糖脂可以作为内源性自然杀伤 T 细胞的激活剂。

除了可以作为反式识别分子行使功能，鞘糖脂还可以与同一膜上的蛋白质发生横向相互作用，以调节这些蛋白质的活性（顺式调控）。在这些顺式调控的相互作用中，值得注意的是神经节苷脂与受体酪氨酸激酶家族成员之间的相互作用。神经节苷脂调控表皮生长因子受体、血小板衍生生长因子受体（platelet-derived growth factor receptor）、成纤维细胞生长因子受体（fibroblast growth factor receptor）、TrkA 神经营养因子受体（TrkA neurotrophin receptor）和胰岛素受体（insulin receptor）的活性。例如，神经节苷脂 GM3 能够下调胰岛素受体对胰岛素的反应性。缺乏负责 GM3 生物合成的酶的小鼠，表现出胰岛素受体磷酸化增加、葡萄糖耐受增强和胰岛素敏感性增强，并且不易受到诱导的胰岛素抵抗的影响。顺式调控的相互作用，如 GM3 介导的胰岛素敏感性，可能源于与信号受体的直接相互作用，或源自鞘糖脂对膜微结构域生物物理特性的贡献。

11.5.3 人类病理学中的鞘糖脂

鞘糖脂生物合成基因的突变在人类中极为罕见，这可能是因为它们的影响颇具毁灭性（**第 45 章**）。研究人员已经报道了一例尿苷二磷酸 - 葡萄糖神经酰胺葡萄糖基转移酶（UDP-glucose ceramide glucosyltransferase，Ugcg）缺乏症，导致了一种致死性的**鱼鳞病**（**ichthyosis**）。该突变显然保留了一些残存的酶活性，因为活性的完全丧失对于小鼠的胚胎是致死性的。神经节苷脂 GM3 生物合成所需基因 *ST3GAL5* 的突变，导致严重的**婴儿癫痫**（**infantile seizure**）发作，并伴有严重的运动和智力缺陷及失明、失聪。该基因编码乳糖神经酰胺 α2-3 唾液酰基转移酶（lactosylceramide α2-3 sialyltransferase）。负责 GM2 和 GD2 生物合成的另一个神经节苷脂特异性生物合成基因 *B4GALNT1* 的突变，其严重性相对较轻，会导致伴有智力残疾的**遗传性痉挛性截瘫**（**hereditary spastic paraplegia**）。该基因编码 β1-4 *N*- 乙酰半乳糖胺转移酶 1（β1-4 *N*-acetyl galactosaminyltransferase 1，B4GALNT1）。球蛋白系列鞘糖脂的缺失不会引起明显的疾病，但会增加与 α4- 半乳糖基转移酶（α4-galactosyltransferase）缺乏引起的罕见的 p 血型相关**自发性流产**（**spontaneous abortion**）。鞘糖脂降解基因的突变也很罕见，它会导致**鞘糖脂贮积病**（**glycosphingolipid storage disease**），从而导致鞘糖脂在溶酶体中的积聚。积聚的原因通常由糖苷酶的突变引起，较少由激活蛋白的突变引起（**第 44 章**），症状取决于未水解的鞘糖脂所积聚的组织及酶活性的丧失程度。最常见的鞘糖脂贮积病是**戈谢病**（**Gaucher disease**），它由 β- 葡萄糖脑苷脂酶（β-glucocerebrosidase）的突变引起，主要导致葡萄糖神经酰胺在肝脏和脾脏中的积累（在更严重的病例中也包括其他组织）。**酶替代疗法**（**enzyme replacement therapy，ERT**）在治疗戈谢病中取得了成功。能够阻断葡萄糖神经酰胺合成的药物，即所谓的**"底物减少疗法"**（**substrate reduction therapy**）也已应用于临床（**第 55 章**）。另一个例子是**泰 - 萨克斯病**（**Tay-Sachs disease**），它由 β- 己糖胺酶（β-hexosaminidase）的突变引起，导致了 GM2 的积聚，最终使大脑功能产生不可逆转的致命恶化。遗憾的是，目前尚未成功开发出向大脑递送酶替代物的方法，这也是戈谢病长期治疗中的一个问题。在**第 44 章**中更广泛地讨论了鞘糖脂贮积和相关的疾病。

抗鞘糖脂的抗体与某些自身免疫性疾病相关（**第 46 章**）。某些形式的**吉兰 - 巴雷综合征**（**Guillain-Barré syndrome**）是全世界最常见的麻痹性疾病，显然与针对神经节苷脂的自身抗体相关。其中一种形式的吉兰 - 巴雷综合征发生在感染了常见腹泻病菌——**空肠弯曲杆菌**（***Campylobacter jejuni***）的特定菌株类型之后。这些细菌产生了与脑神经节苷脂聚糖结构（如 GD1a）近乎一致的精确复制品，并将其连接在细菌的**脂寡糖**（**lipooligosaccharide**）核心上。在细菌感染和免疫清除后，为对抗细菌而产生的抗聚糖抗体会继续攻击患者自身的神经，最终导致患者瘫痪。在一些**多发性骨髓瘤**（**multiple myeloma**）（一种产生抗体的浆细胞恶性肿瘤）患者中，肿瘤细胞会分泌针对糖脂的单克隆抗体，如针对神经系统鞘糖脂中罕见的磺基葡萄糖醛酸基表位 HNK-1［$IV^3GlcA(3\text{-}SO_4^{2-})\text{-}nLc_4Cer$］的抗体。这些患者患有严重的周围神经病变。

研究发现有几种细菌毒素可以利用鞘糖脂进入细胞（**第 37 章**）。霍乱毒素和结构上相关的大肠杆菌热敏性肠毒素可以在受感染者的肠道中产生，随之与肠上皮细胞表面结合，并通过细胞膜插入"有效载荷"，即毒性多肽，从而破坏离子流，引发严重腹泻。这些毒素充当了以神经节苷脂作为附着位点的对接模件（docking module）。具有环状结构的毒素中的 5 个相同的多肽 B 亚基，分别与细胞表面的神经节苷脂 GM1 结合，协助第 6 个 A 亚基（"有效载荷"）的细胞膜插入。志贺毒素（Shiga toxin）也被称为维罗毒素（verotoxin），同样使用了类似的机制。它通过环状结构中的 5 个亚基，与糖脂 Gb_3Cer 即球蛋白系列三己糖神经酰胺（globotriaosylceramide）Galα1-4Galβ1-4GlcβCer 结合，每个亚基上均具有 3 个鞘糖脂结合位点。相反，破伤风和相关的肉毒杆菌毒素（botulinum toxin）是多结构域的单多肽毒素。一个结构域与神经细胞上的 b 系列神经节苷脂结合，而其他结构域负责将毒素转移到细胞中，并破坏突触传递所必需的蛋白质。研究人员目前正在评估定制设计的多价聚糖和糖复合物能否作为某些细菌毒素的高亲和力阻断剂。除了可溶性毒素外，某些完整的细菌还通过称为**黏附蛋白**（**adhesin**）的细菌表面蛋白与特定的鞘糖脂结合。这种黏附对于细菌的成功定植和共生至关重要。**第 37 章**更为详细地讨论了微生物黏附蛋白。

癌症进展中的恶性转化通常与糖蛋白和糖脂上聚糖结构的变化有关，这些变化主要由参与糖脂生物合成的糖基转移酶活性水平的改变引起。在黑色素瘤中，GD3 或 GM2 的增加、胃肠道癌中唾液酸化 Lewis 聚糖抗原（Neu5Acα2-3Galβ1-3[Fucα1-4]GlcNAcβ1-3Galβ1-4GlcβCer）的增加，以及神经母细胞瘤中 GD2 的增加都是典型的示例（**第 47 章**）。某些癌症还会产生并脱落具有免疫抑制作用的神经节苷脂。

致谢

感谢铃木明身（Akemi Suzuki）对本章先前版本的贡献，并感谢安娜贝尔 · 冈萨雷斯 - 吉尔（Anabel Gonzalez-Gil）、冈岛徹也（Tetsuya Okajima）和瑞安 · N. 波雷尔（Ryan N. Porell）提供的有益评论及建议。

延伸阅读

Hakomori S. 1981. Glycosphingolipids in cellular interaction, differentiation, and oncogenesis. *Ann Rev Biochem* **50**: 733-764.

Todeschini AR, Hakomori S-I. 2008. Functional role of glycosphingolipids and gangliosides in control of cell adhesion, motility, and growth, through glycosynaptic microdomains. *Biochim Biophys Acta* **1780**: 421-433.

Simons K, Gerl MJ. 2010. Revitalizing membrane rafts: new tools and insights. *Nat Rev Mol Cell Biol* **11**: 688-699.

Merrill AH Jr. 2011. Sphingolipid and glycosphingolipid metabolic pathways in the era of sphingolipidomics. *Chem Rev* **111**: 6387-6422.

D'Angelo G, Capasso S, Sticco L, Russo D. 2013. Glycosphingolipids: synthesis and functions. *FEBS J* **280**: 6338-6353.

Jennemann R, Grone HJ. 2013. Cell-specific in vivo functions of glycosphingolipids: lessons from genetic deletions of enzymes involved in glycosphingolipid synthesis. *Prog Lipid Res* **52**: 231-248.

Julien S, Bobowski M, Steenackers A, Le Bourhis X, Delannoy P. 2013. How do gangliosides regulate RTKs signaling? *Cells* **2**: 751-767.

Sandhoff K, Harzer K. 2013. Gangliosides and gangliosidoses: principles of molecular and metabolic pathogenesis. *J Neurosci* **33**: 10195-10208.

Feingold KR, Elias PM. 2014. Role of lipids in the formation and maintenance of the cutaneous permeability barrier. *Biochim Biophys Acta* **1841**: 280-294.

Platt FM. 2014. Sphingolipid lysosomal storage disorders. *Nature* **510**: 68-75.

Schnaar RL, Gerardy-Schahn R, Hildebrandt H. 2014. Sialic acids in the brain: gangliosides and polysialic acid in nervous system development, stability, disease and regeneration. *Physiol Rev* **94**: 461-518.

Sandhoff R, Schulze H, Sandhoff K. 2018. Ganglioside metabolism in health and disease. *Prog Mol Biol Transl Sci* **156**: 1-62.

Dunn TM, Tifft CJ, Proia RL. 2019. A perilous path: the inborn errors of sphingolipid metabolism. *J Lipid Res* **60**: 475-483.

Yu J, Hung J-T, Wang S-H, Cheng J-Y, Yu AL. 2020. Targeting glycosphingolipids for cancer immunotherapy. *FEBS Lett* **594**: 3602-3618.

第 12 章
糖基磷脂酰肌醇锚

斯内哈·苏达·科马特（Sneha Sudha Komath），藤田盛久（Morihisa Fujita），杰拉德·W. 哈特（Gerald W. Hart），迈克尔·A. J. 弗格森（Michael A.J. Ferguson），木下太郎（Taroh Kinoshita）

12.1 背景和发现 / 135
12.2 糖基磷脂酰肌醇锚定蛋白的多样性 / 135
12.3 糖基磷脂酰肌醇锚的结构 / 136
12.4 糖基磷脂酰肌醇锚的化学性质 / 138
12.5 糖基磷脂酰肌醇锚的生物合成和运输 / 138
12.6 糖基磷脂酰肌醇锚定蛋白的膜属性 / 145
12.7 糖基磷脂酰肌醇锚作为细胞生物学中的工具 / 145
12.8 糖基磷脂酰肌醇锚的生物学功能 / 146
12.9 糖基磷脂酰肌醇锚和疾病 / 147
致谢 / 148
延伸阅读 / 148

细胞质膜上的蛋白质是**外周蛋白质（peripheral protein）**或**膜整合蛋白质（integral membrane protein）**。后者包括一次或多次跨越脂质双分子层的蛋白质，以及与脂质共价连接的第二类蛋白质。通过其羧基末端与**糖基磷脂酰肌醇（glycosylphosphatidylinositol，GPI）**连接的蛋白质，通常存在于面向细胞外环境的脂质双层的脂外层中。糖基磷脂酰肌醇膜锚可以很方便地理解为 I 型膜整合蛋白单次跨膜结构域的替代物。本章回顾了 GPI 锚及相关分子的发现、分布、结构、生物合成、性质和相关的功能，以及它们在疾病中的作用。

12.1 背景和发现

首个证明蛋白质 - 磷脂锚存在的前期证据出现于 1963 年，研究人员发现，粗制的**细菌磷脂酶 C（bacterial phospholipase C，PLC）**能够从哺乳动物细胞中选择性地释放碱性磷酸酶（alkaline phosphatase）。研究人员于 20 世纪 70 年代中期首次提出了**磷脂酰肌醇蛋白质锚（phosphatidylinositol-protein anchor，PI-protein anchor）**，当时观察到高度纯化的**细菌磷脂酰肌醇特异性磷脂酶 C（bacterial phosphatidylinositol-specific phospholipase C，bacterial PI-PLC）**能够从哺乳动物的细胞质膜上释放碱性磷酸酶和 5′- 核苷酸酶（5′-nucleotidase）等蛋白质。至 1985 年，对一系列蛋白质的组成和结构研究证实了这些预测。这些蛋白质包括来自**电鳐属（*Torpedo*）**的乙酰胆碱酯酶（acetylcholinesterase）、来自人和牛的红细胞乙酰胆碱酯酶、来自大鼠的 Thy-1 蛋白，以及来自昏睡病的寄生虫**布氏锥虫（*Trypanosoma brucei*）**的可变表面糖蛋白（variant surface glycoprotein，VSG）等。第一组完整的糖基磷脂酰肌醇结构，即布氏锥虫的可变表面糖蛋白（VSG）和大鼠的 Thy-1 蛋白对应的糖基磷脂酰肌醇结构，最终于 1988 年获得解析（**第 1 章**，图 1.3）。

12.2 糖基磷脂酰肌醇锚定蛋白的多样性

迄今为止，研究人员已在许多真核生物中鉴定出数百种**糖基磷脂酰肌醇锚定蛋白（GPI-anchored**

protein，GPI-AP），范围涵盖了自原生动物和真菌到植物和人类（附录 4.1）。目前已经报道的糖基磷脂酰肌醇锚定蛋白及推定的糖基磷脂酰肌醇生物合成基因的分布表明：①GPI 锚在真核生物中几乎无处不在；② GPI 锚定蛋白的功能多样，包括水解酶、黏附分子、补体调节蛋白、受体、原生动物包被蛋白和朊病毒蛋白；③在哺乳动物中，信使 RNA（messenger RNA，mRNA）的**可变剪接**（**alternative splicing**）可能导致同一基因产物以不同形式进行表达，这些形式有跨膜形式和（或）可溶形式，以及糖基磷脂酰肌醇锚定的形式。以上这些变体可能受到发育调控。例如，神经细胞黏附分子（neural cell adhesion molecule，NCAM）在肌肉中表达时，以糖基磷脂酰肌醇锚定形式和可溶形式存在；在脑中表达时，则以糖基磷脂酰肌醇锚定形式和两种跨膜形式存在。

12.3 糖基磷脂酰肌醇锚的结构

12.3.1 蛋白质连接的糖基磷脂酰肌醇的结构

在糖基磷脂酰肌醇锚和相关的结构中，普遍包含了甘露糖 α1-4- 葡萄糖胺 α1-6- 肌肉 - 肌醇 -1- 磷酸 - 脂质（Manα1-4GlcNα1-6-*myo*-inositol-1-P-lipid）亚结构。除了一种蛋白质连接的 GPI 锚之外，所有的 GPI 锚都共享一个更大的共同**核心结构**（**core structure**）（图 12.1，附录 4.2 ～ 4.6）。在 GPI 锚定蛋白中，蛋白质 - 碳水化合物之间的结合方式独辟蹊径，因为在糖基磷脂酰肌醇（GPI）中，寡糖的还原末端并不连接到蛋白质上，而是与磷脂酰肌醇（PI）中的 D- 肌肉 - 肌醇（D-*myo*-inositol）头基形成 α1-6 连键。远端非还原的甘露糖（Man），则通过其 C-6 羟基和羧基末端氨基酸的 α- 羧基之间的磷酸乙醇胺（ethanolamine phosphate，EtNP）将蛋白质桥接到糖链上。GPI 是罕见的葡萄糖胺（glucosamine，GlcN）结构上不含有 *N*- 乙酰基或 *N*- 硫酸化（如在蛋白聚糖中）基团的一个实例

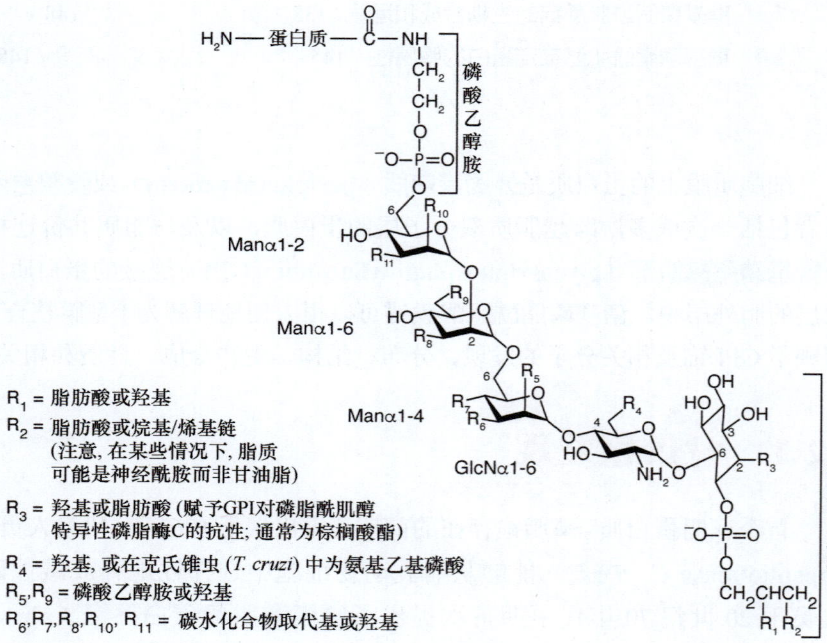

图 12.1 连接在蛋白质上的糖基磷脂酰肌醇（GPI）锚的结构通式。所有已表征的糖基磷脂酰肌醇锚，都有一个由乙醇胺 - 磷酸 -6- 甘露糖 α1-2- 甘露糖 α1-6- 甘露糖 α1-4- 葡萄糖胺 α1-6- 肌肉 - 肌醇 -1- 磷酸 - 脂质（EtN-P-6Manα1-2Manα1-6Manα1-4GlcNα1-6*myo*-inositol-1-P-lipid）组成的共同核心结构。糖基磷脂酰肌醇锚的不均一性，源自在该核心结构上进行的各种衍生化，在图中用 R 表示（参见附录 4）。在哺乳动物细胞中，优先使用 α1-6 连接的甘露糖（Man-2）上的磷酸乙醇胺，而非 α1-2 连接的甘露糖（Man-3）上的磷酸乙醇胺，从而将糖基磷脂酰肌醇连接到某些糖基磷脂酰肌醇锚定蛋白上①（经许可修改自 Cole RN，Hart GW. 1997. In *Glycoproteins II*［ed. Montreuil J，et al.］，pp. 69-88. Elsevier，Amsterdam，©Elsevier 版权所有）。

① 习惯上从还原端开始对 GPI 中的甘露糖分子及其修饰进行编号，并以数字依次表示，如 Man-1、EtNP-2 等。

（第 17 章）。

除了共同的核心结构之外，成熟的糖基磷脂酰肌醇锚具有非常多样化的结构，这取决于它们所连接的蛋白质与合成它们的生物体（图 12.1，附录 4）。对核心结构的修饰包括添加额外的磷酸乙醇胺及各种各样的直链和支链的糖基取代物，其功能大部分未知。

糖基磷脂酰肌醇（GPI）中的磷脂酰肌醇（PI）部分可以有相当大的变化。事实上，糖基磷脂酰肌醇是一个相当宽泛的术语，因为严格来说，磷脂酰肌醇特指 D- 肌肉 - 肌醇 -1- 磷酸 -3（*sn*-1,2- 二酰基甘油）（D-*myo*-inositol-1-P-3［*sn*-1,2-diacylglycerol］），即二酰基磷脂酰肌醇（diacyl-PI），而在许多糖基磷脂酰肌醇中，包含了其他类型的**肌醇磷脂（inositolphospholipid）**，如溶血酰基 - 磷脂酰肌醇（*lyso*acyl-PI）、烷基酰基 - 磷脂酰肌醇（alkylacyl-PI）、烯基酰基 - 磷脂酸肌醇（alkenylacyl-PI）和**肌醇磷酸神经酰胺（inositolphosphoceramide）**（附录 4）。糖基磷脂酰肌醇的另一重变化，源自在肌醇残基的 C-2 羟基处形成的脂肪酸酯，这使得该锚结构对细菌磷脂酰肌醇特异性磷脂酶 C（bacterial PI-PLC）产生了固有的抗性。现有的结构数据表明：①基于肌醇磷酸神经酰胺的、连接蛋白的糖基磷脂酰肌醇，主要存在于低等的真核生物中，如**酿酒酵母（*Saccharomyces cerevisiae*）**、**烟曲霉（*Aspergillus fumigatus*）**、**黑曲霉（*Aspergillus niger*）**、**盘基网柄菌（*Dictyostelium discoideum*）**和**克氏锥虫（*Trypanosoma cruzi*）**；②糖基磷脂酰肌醇中的脂质结构，通常不反映出细胞中常见的磷脂酰肌醇或肌醇磷酸神经酰胺结构库（pool）中的脂质结构；③某些糖基磷脂酰肌醇锚定蛋白的脂质结构受到发育控制，在锥虫中即是如此。

控制成熟的、与蛋白质相连的糖基磷脂酰肌醇合成的影响因素，似乎与其他翻译后修饰（如 *N*- 糖基化和 *O*- 糖基化）中的那些影响因素相似。因此，**初级控制（primary control）**发生在细胞水平，其中特定生物合成酶和加工酶的水平决定了最终的 GPI 结构。**次级控制（secondary control）**发生在糖基磷脂酰肌醇锚定蛋白的三级 / 四级结构水平，这会影响加工酶的可接近性（accessibility）。初级控制的例子包括：①人类与猪的膜二肽酶（membrane dipeptidase）在糖基磷脂酰肌醇的聚糖侧链存在差异；在大鼠的脑部与胸腺细胞中，Thy-1 蛋白上糖基磷脂酰肌醇的聚糖侧链存在差异；②布氏锥虫的可变表面糖蛋白（VSG）上糖基磷脂酰肌醇的聚糖侧链和脂质结构，在血流型阶段（bloodstream form stage）与昆虫生命周期阶段（insect life-cycle stage）存在差异。当具有不同羧基末端序列的可变表面糖蛋白在同一锥虫中进行克隆表达时，可变表面糖蛋白上糖基磷脂酰肌醇的聚糖侧链所展现出的差异可以视为次级控制的一个实例。

12.3.2　非蛋白连接的糖基磷脂酰肌醇的结构

研究人员在哺乳动物细胞表面发现了一些游离的糖基磷脂酰肌醇，其中包括成熟的糖基磷脂酰肌醇，以及糖基磷脂酰肌醇生物合成的中间产物，尽管对于它们的功能目前仍然未知。另外，一些原生动物（尤其是锥虫）在其细胞表面表达大量（$>10^7$ 个拷贝 / 细胞）游离的糖基磷脂酰肌醇作为代谢终产物，其中包括**利什曼原虫属（*Leishmania*）**中所谓的**糖基肌醇磷脂（glycosylinositolphospholipid，GIPL）**和**脂磷酸聚糖（lipophosphoglycan，LPG）**。一些原生动物的糖肌醇磷脂中，具有与蛋白质连接的 GPI 中常见的甘露糖 α1-6- 甘露糖 α1-4- 葡萄糖胺 α1-6- 磷脂酰肌醇（Manα1-6Manα1-4GlcNα1-6PI）序列相符合的结构（1 型）；而在其他糖肌醇磷脂中，则含有甘露糖 α1-3- 甘露糖 α1-4- 葡萄糖胺 α1-6- 磷脂酰肌醇（Manα1-3Manα1-4GlcNα1-6PI）基序结构（2 型）；此外，还有一些糖肌醇磷脂中具有杂合结构，含有分支的（甘露糖 α1-6）- 甘露糖 α1-3- 甘露糖 α1-4- 葡萄糖胺 α1-6- 磷脂酰肌醇［(Manα1-6)Manα1-3Manα1-4GlcNα1-6PI］基序。迄今为止发现的唯一 GPI 连接的真菌多糖，是**烟曲霉（*A. fumigatus*）**中的半乳甘露聚糖 - 甘露糖 α1-2- 甘露糖 α1-2- 甘露糖 α1-6- 甘露糖 α1-4- 葡萄糖胺 - 肌醇磷酸神经酰胺（galactomannan-Manα1-2Manα1-2Manα1-6Manα1-4GlcN-inositolphosphoceramide），其中聚糖部分被直接连接到锚上，结构中没有桥接的磷酸乙醇胺（参见附录 4.3）。

12.4 糖基磷脂酰肌醇锚的化学性质

糖基磷脂酰肌醇可以通过多种化学试剂和酶试剂进行选择性切割（附录 4.7）。这些试剂最初被用于确定糖基磷脂酰肌醇的结构，现在被用于确认它们的存在与否和（或）获取部分结构信息。其中的一个关键反应是葡萄糖胺残基的亚硝酸脱氨（deamination），该反应选择性地切割葡萄糖胺与肌醇之间的糖苷键，从而释放出糖基磷脂酰肌醇（GPI）中的磷脂酰肌醇（PI）部分，进而通过溶剂的分配分离和质谱法进行检测和分析。而对于糖基磷脂酰肌醇的聚糖部分，反应后产生的游离还原末端以 2,5- 脱水甘露糖（2,5-anhydromannose）的形式存在，可以通过硼氢化钠还原形成［1-^{3}H］2,5- 脱水甘露醇（anhydromannitol，AHM），从而引入放射性标签；或者可以通过还原胺化作用，在还原端连接一个荧光团，如 2- 氨基苯甲酰胺（2-aminobenzamide，2-AB）。一旦标记完成并用氢氟酸（HF）进行去磷酸化，就可以使用糖苷外切酶，方便地对糖基磷脂酰肌醇中的聚糖进行测序。还可以通过串联质谱分析，对糖基磷脂酰肌醇锚定蛋白的蛋白部分水解消化后产生的**糖基磷脂酰肌醇 - 多肽（GPI-peptide）**或氢氟酸去磷酸化和完全甲基化后获得的糖基磷脂酰肌醇中的聚糖部分进行检测，以获得糖基磷脂酰肌醇锚的部分结构信息。其他用于推断 GPI 锚定蛋白存在的间接方法参见附录 4.7。

12.5 糖基磷脂酰肌醇锚的生物合成和运输

糖基磷脂酰肌醇锚的生物合成可分为三个阶段进行：①内质网膜上 GPI 前体的预组装；② GPI 连接到内质网腔体中新合成的蛋白质上，同时裂解羧基末端的**糖基磷脂酰肌醇添加信号肽（GPI-addition signal peptide，GPIsp）**；③在内质网内和转运至高尔基体后，进行**脂质重构（lipid remodeling）**和（或）碳水化合物侧链修饰。

研究人员在布氏锥虫中开发的无细胞系统，使得针对糖基磷脂酰肌醇的生物合成分析成为可能。研究人员在**克氏锥虫**（*Trypanosoma cruzi*）、**刚地弓形虫**（*Toxoplasma gondii*）、**恶性疟原虫**（*Plasmodium falciparum*）、**硕大利什曼原虫**（*Leishmania major*）、**草履虫属**（*Paramecium* spp.）、**酿酒酵母**、**白色念珠菌**（*Candida albicans*）、**新型隐球菌**（*Cryptococcus neoformans*）和哺乳动物细胞中，也研究了糖基磷脂酰肌醇生物合成事件的基本步骤。对真核微生物研究的重视程度，反映出这些生物体中糖基磷脂酰肌醇锚定蛋白的丰度，以及抑制糖基磷脂酰肌醇在化学治疗干预中的潜力。这一概念已在血流型布氏锥虫、恶性疟原虫、酿酒酵母和白色念珠菌中得到基因层面的验证。

糖基磷脂酰肌醇生物合成中的基本事件是高度保守的。但是，围绕这一主题也产生了一些变化。此处用布氏锥虫、酿酒酵母和哺乳动物细胞的糖基磷脂酰肌醇生物合成途径来展示这些差异（图 12.2）。对所有三种生物的**糖基磷脂酰肌醇生物合成途径（GPI biosynthesis pathway）**而言，糖基磷脂酰肌醇的生物合成，都以尿苷二磷酸 -*N*- 乙酰葡萄糖胺（UDP-GlcNAc）中 *N*- 乙酰葡萄糖胺（GlcNAc）向磷脂酰肌醇（PI）的转移为起始，产生 *N*- 乙酰葡萄糖胺 - 磷脂酰肌醇（GlcNAc-PI），该分子在下一步中被**去 *N*- 乙酰化（de-*N*-acetylation）**，在内质网的细胞质面产生葡萄糖胺 - 磷脂酰肌醇（GlcN-PI）（图 12.3，表 12.1）。从此处开始，布氏锥虫与酵母或哺乳动物的糖基磷脂酰肌醇生物合成途径之间出现了显著差异。葡萄糖胺 - 磷脂酰肌醇在 D- 肌肉 - 肌醇的 C-2 羟基处发生了肌醇酰化（inositol-acylation），产物可表示为 GlcN-aPI，该过程严格发生在布氏锥虫中第一个甘露糖（Man-1）的添加之后，而这些步骤在酵母和哺乳动物细胞中的时序是逆转的。在酵母和哺乳动物的糖基磷脂酰肌醇合成途径中，肌醇酰化和去酰基化是两个不连续的步骤，分别仅在合成途径的开始和结束时发生，而在布氏锥虫中，这些反应发生在多个糖基磷脂酰肌醇中间产物上。此外，在一些哺乳动物细胞，如人类成红细胞（erythroblast）中，肌醇的去酰化过程从未发生，成熟的糖基磷脂酰肌醇蛋白最终保留了 3 条烃链（附录 4.4）。

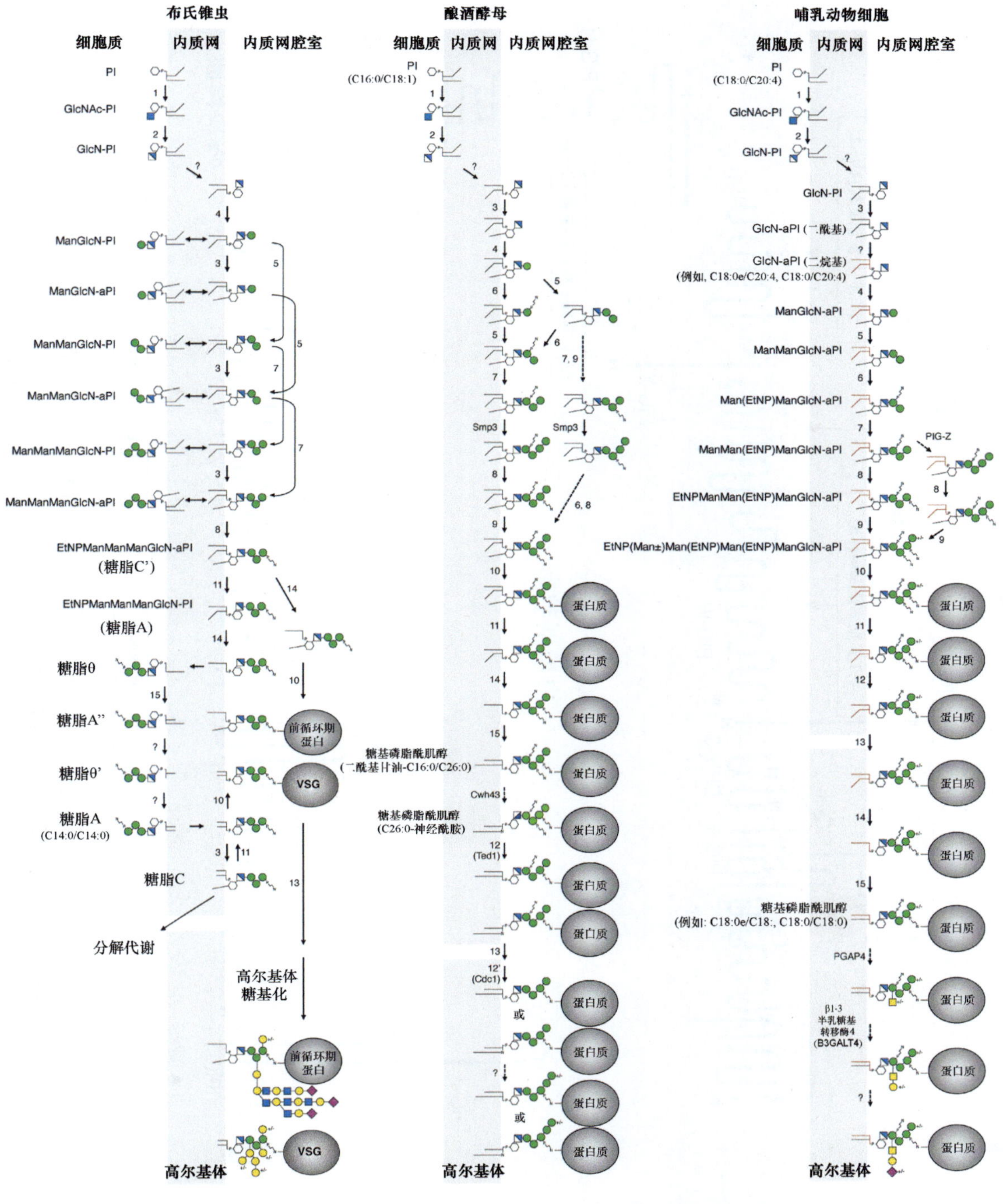

图 12.2 布氏锥虫、酿酒酵母和哺乳动物中糖基磷脂酰肌醇（GPI）的生物合成途径。这些例子表明，尽管糖基磷脂酰肌醇锚的核心结构高度保守，但其生物合成过程仍存在多样性。值得一提的是，酵母和哺乳动物的糖基磷脂酰肌醇中间产物，在葡萄糖胺 - 磷脂酰肌醇（GlcN-PI）水平被肌醇酰化，并且在转移到蛋白质前不会发生去酰化，而布氏锥虫的糖基磷脂酰肌醇中间产物在甘露糖 - 葡萄糖胺 - 磷脂酰肌醇（Man-GlcN-PI）水平被酰化，并且在整个途径中经历了多轮的去酰化和再酰化。哺乳动物的糖基磷脂酰肌醇中间产物，在葡萄糖胺 - 酰化磷脂酰肌醇（GlcN-aPI）水平经历了第一轮脂质重构，然后在转运至高尔基体后进行再次重构。与哺乳动物不同，酿酒酵母的糖基磷脂酰肌醇中间产物，必须添加第四个甘露糖（Man-4），并且其糖基磷脂酰肌醇锚定蛋白的脂质重构发生在内质网的两个连续步骤中。表 12.1 描述了在哺乳动物和酿酒酵母中催化这些步骤的生物合成途径中的蛋白质成分。布氏锥虫中的某些蛋白质同源物目前尚待鉴定。生物合成途径中的未知过程以“?”标识。双向箭头表示通过未知的机制进行了糖基磷脂酰肌醇中间产物的翻转。虚线箭头表示可能的替代途径或非强制性步骤。关于聚糖的字母表示参见附录 2。缩写：磷脂酰肌醇（PI），酰化磷脂酰肌醇（aPI），磷酸乙醇胺（EtNP）。

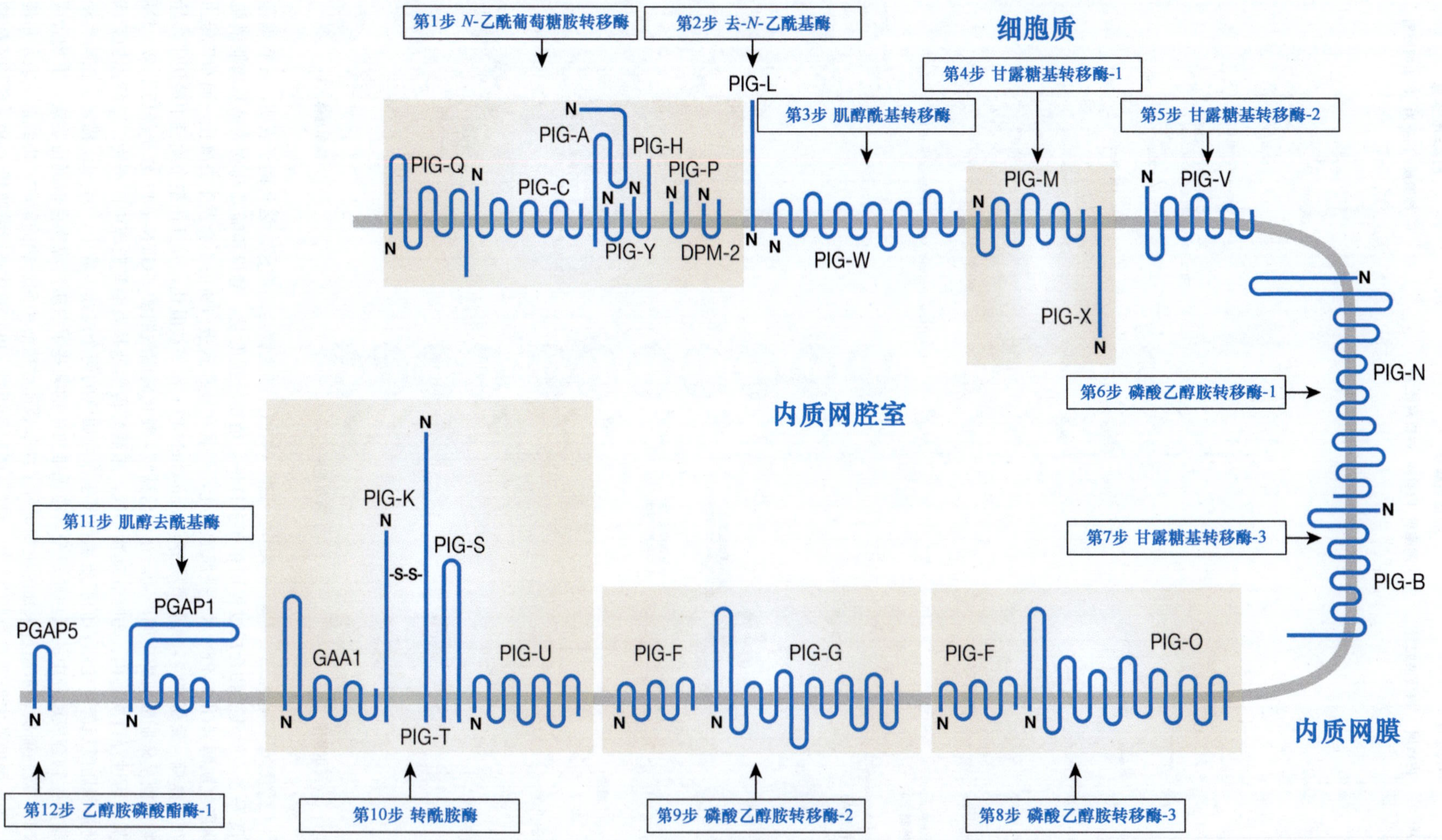

图 12.3　哺乳动物细胞中驻留在内质网内的糖基磷脂酰肌醇（GPI）生物合成部件的预测拓扑学结构。方框内的成分属于多亚基复合物。各步骤编号参见图 12.2 和表 12.1。多次跨膜蛋白的拓扑学结构，多数源自基于生物信息学方法的预测。氨基末端用 N 表示。

表 12.1　参与哺乳动物和酿酒酵母糖基磷脂酰肌醇（GPI）核心结构生物合成的部件

第 1 步. *尿苷二磷酸 -N- 乙酰葡萄糖胺：磷脂酰肌醇 α1-6 N- 乙酰葡萄糖胺转移酶*（UDP-GlcNAc: PI α1-6 *N*-acetylglucosaminyltransferase，GlcNAc-T）将 *N*- 乙酰葡萄糖胺（GlcNAc）从尿苷二磷酸 -*N*- 乙酰葡萄糖胺（UDP-GlcNAc）转移到磷脂酰肌醇（PI），产生 *N*- 乙酰葡萄糖胺 - 磷脂酰肌醇（GlcNAc-PI）

蛋白质名称	哺乳动物（酿酒酵母）中预测的氨基酸数	哺乳动物（酿酒酵母）中预测的跨膜结构域数	说明
PIG-A[①②]（Gpi3）	484（452）	1（1）	催化亚基
PIG-H[②]（Gpi15）	188（229）	2（2）	与 PIG-A 结合
PIG-C[②]（Gpi2）	292（280）	8（6）	与 PIG-Q（Gpi1）结合
PIG-Q[②]（Gpi1）	581（609）	6（6）	与 PIG-C 结合
PIG-P[②]（Gpi19）	134（140）	2（2）	与 PIG-A，PIG-Q（Gpi2）结合
DPM2（Yil102c-A）	84（75）	2（2）	多萜醇 - 磷酸 - 甘露糖合成酶（Dol-P-Man synthase）亚基
PIG-Y[②]（Eri1）	71（68）	2（2）	与 PIG-A 结合

补充说明：PIG-A/PIG-H 复合物可以与 PIG-C/PIG-Q 复合物结合。活性位点朝向细胞质。在酵母而非哺乳动物中，Ras 蛋白能够与 GlcNAc-T 发生物理结合。Ras2 蛋白抑制酿酒酵母中的 GlcNAc-T。Ras1 蛋白在白色念珠菌中激活 GlcNAc-T。

第 2 步. *N- 乙酰葡萄糖胺 - 磷脂酰肌醇去 -N- 乙酰基酶*（GlcNAc-PI de-*N*-acetylase）对 *N*- 乙酰葡萄糖胺 - 磷脂酰肌醇（GlcNAc-PI）进行去乙酰化，产生葡萄糖胺 - 磷脂酰肌醇（GlcN-PI）

蛋白质名称	哺乳动物（酿酒酵母）中预测的氨基酸数	哺乳动物（酿酒酵母）中预测的跨膜结构域数	说明
PIG-L[②]（Gpi12）	252（304）	1（1）	—

补充说明：PIG-L(Gpi12) 的活性位点朝向细胞质。它通常受到二价阳离子的刺激，但似乎存在着物种特异性的对金属离子的偏好性差异。

第 3 步. *肌醇酰基转移酶*（inositol acyl-T）以酰化辅酶 A（acyl-CoA）为供体，对肌肉 - 肌醇（*myo*-inositol）的 C-2 羟基进行酰化，产生葡萄糖胺 - 酰化磷脂酰肌醇（GlcN-aPI）

蛋白质名称	哺乳动物（酿酒酵母）中预测的氨基酸数	哺乳动物（酿酒酵母）中预测的跨膜结构域数	说明
PIG-W[②]（Gwt1）	504（490）	13（12）	—

补充说明：PIG-W(Gwt1) 的活性位点朝向内质网腔室，这需要糖基磷脂酰肌醇中间产物从细胞质面翻转至内质网内。研究者尚未确定负责该过程的翻转酶。在哺乳动物脂质重构的第一阶段中，以二烃基（diradyl）取代二酰基的过程，也发生在此步骤中。该过程的详细机理尚不清楚。

第 4 步. *甘露糖基转移酶 -1*（mannosyltransferase-1，MT-1）从多萜醇 - 磷酸 - 甘露糖（Dol-P-Man）中将第一个甘露糖（Man-1）转移至前体，产生甘露糖 - 葡萄糖胺 - 酰化磷脂酰肌醇（Man-GlcN-aPI）

蛋白质名称	哺乳动物（酿酒酵母）中预测的氨基酸数	哺乳动物（酿酒酵母）中预测的跨膜结构域数	说明
PIG-M[②]（Gpi14）	423（403）	8（8）	催化亚基
PIG-X（Pbn1）	252（416）	1（1）	与 PIG-M 结合

补充说明：PIG-M(Gpi14) 的活性位点朝向内质网腔室。保守的天冬氨酸 -X- 天冬氨酸（DXD，X 为任意氨基酸）基序对活性至关重要。回补 *gpi14* 基因突变株需要 PIG-M 和 PIG-X 的共同表达。酵母中的 Arv1 蛋白可能涉及糖基磷脂酰肌醇中间产物的翻转和（或）中间产物向 MT-1 的递送。人类的 ARV1 蛋白[②]（271 个预测的氨基酸，3 个预测的跨膜结构域）与酵母的 Arv1 蛋白（321 个预测的氨基酸，3 个预测的跨膜结构域）在功能上互补；它在糖基磷脂酰肌醇合成途径中的内源性功能尚不清楚。

第 5 步. *甘露糖基转移酶 -2*（mannosyltransferase-2，MT-2）从多萜醇 - 磷酸 - 甘露糖（Dol-P-Man）中将第二个甘露糖（Man-2）转移至前体，产生甘露糖 - 甘露糖 - 葡萄糖胺 - 酰化磷脂酰肌醇（Man-Man-GlcN-aPI）

蛋白质名称	哺乳动物（酿酒酵母）中预测的氨基酸数	哺乳动物（酿酒酵母）中预测的跨膜结构域数	说明
PIG-V[②]（Gpi18 结合 Pga1）	493（433，198）	8（8+2）	—

补充说明：PIG-V(Gpi18) 的活性位点朝向内质网腔室。PIG-V 与 Gpi18 和 Pga1 在功能上互补。

第 6 步. *磷酸乙醇胺转移酶 -1*（ethanolamine phosphate transferase-1，EtNPT-1）将磷脂酰乙醇胺（PE）中的磷酸乙醇胺转移至糖基磷脂酰肌醇中第一个甘露糖上（即 EtNP-1），产生甘露糖 -（磷酸乙醇胺）甘露糖 - 葡萄糖胺 - 酰化磷脂酰肌醇（Man-[EtNP]Man-GlcN-aPI）

蛋白质名称	哺乳动物（酿酒酵母）中预测的氨基酸数	哺乳动物（酿酒酵母）中预测的跨膜结构域数	说明
PIG-N[②]（Mcd4）	931（919）	15（14）	—

补充说明：PIG-N(Mcd4) 的活性位点朝向内质网腔室。PIG-N、PIG-O 和 PIG-G 具有保守的磷酸酶基序。

第 7 步. *甘露糖基转移酶 -3*（mannosyltransferase-3，MT-3）从多萜醇 - 磷酸 - 甘露糖（Dol-P-Man）中将第三个甘露糖（Man-3）转移至前体，产生甘露糖 - 甘露糖 -（磷酸乙醇胺）甘露糖 - 葡萄糖胺 - 酰化磷脂酰肌醇（Man-Man-[EtNP]Man-GlcN-aPI）

蛋白质名称	哺乳动物（酿酒酵母）中预测的氨基酸数	哺乳动物（酿酒酵母）中预测的跨膜结构域数	说明
PIG-B[①②]（Gpi10）	554（616）	9（9）	—

补充说明：PIG-B 的活性位点朝向内质网腔室。Dol-P-Man 是甘露糖的供体。某些原生动物寄生虫中的 MT-3 也可添加第四个甘露糖（Man-4）。

续表

第 8 步. *磷酸乙醇胺转移酶* -3（ethanolamine phosphate transferase-3，EtNPT-3）将磷脂酰乙醇胺（PE）中的磷酸乙醇胺转移至糖基磷脂酰肌醇中第三个甘露糖上（即 EtNP-3），产生（磷酸乙醇胺）甘露糖 - 甘露糖 -（磷酸乙醇胺）甘露糖 - 葡萄糖胺 - 酰化磷脂酰肌醇（[EtNP]Man-Man-[EtNP]Man-GlcN-aPI）

蛋白质名称	哺乳动物（酿酒酵母）中预测的氨基酸数	哺乳动物（酿酒酵母）中预测的跨膜结构域数	说明
PIG-O②（Gpi13）	880（1017）	14（13）	催化亚基
PIG-F②（Gpi11）	219（219）	6（4）	与 PIG-O 结合
补充说明：PIG-O 的活性位点朝向内质网腔室。在酵母中，Gpi11 并非该步骤的主要参与者。			

第 9 步. *磷酸乙醇胺转移酶* -2（ethanolamine phosphate transferase-2，EtNPT-2）将磷脂酰乙醇胺（PE）中的磷酸乙醇胺转移至糖基磷脂酰肌醇中第二个甘露糖上（EtNP-2），产生（磷酸乙醇胺）甘露糖 -（磷酸乙醇胺）甘露糖 -（磷酸乙醇胺）甘露糖 - 葡萄糖胺 - 酰化磷脂酰肌醇（[EtNP]Man-[EtNP]Man-[EtNP]Man-GlcN-aPI）

蛋白质名称	哺乳动物（酿酒酵母）中预测的氨基酸数	哺乳动物（酿酒酵母）中预测的跨膜结构域数	说明
PIG-G②（Gpi13）	983（830）	13（9）	催化亚基
PIG-F②（Gpi11）	219（219）	6（4）	与 PIG-G 结合
补充说明：PIG-G 的活性位点朝向内质网腔室。在酵母中，Gpi11 对 Gpi7 的活性并不重要，但对事先通过*甘露糖基转移酶* -4（mannosyltransferase-4，MT-4）（Smp3，516 个预测的氨基酸，7 个预测的跨膜结构域）添加第四个甘露糖（Man-4）的步骤至关重要。在人类中，*甘露糖基转移酶* -4（PIG-Z，579 个预测的氨基酸，4 个预测的跨膜结构域）的作用具有组织特异性。			

第 10 步. *糖基磷脂酰肌醇转酰胺酶*（GPI transamidase）将完整的糖基磷脂酰肌醇前体转移到蛋白质上

蛋白质名称	哺乳动物（酿酒酵母）中预测的氨基酸数	哺乳动物（酿酒酵母）中预测的跨膜结构域数	说明
GPAA1②（Gaa1）	621（614）	7（6）	—
PIG-K②（Gpi8）	367（411）	1（1）	催化亚基
PIG-T①②（Gpi16）	557（610）	1（1）	通过二硫键与 PIG-K 相连
PIG-S②（Gpi17）	555（534）	2（2）	—
PIG-U②（Gab1）	435（394）	8（8）	—
补充说明：PIG-K/Gpi8 是一种半胱氨酸蛋白酶样内肽酶（cysteine protease-like endopeptidase），可切割糖基磷脂酰肌醇添加信号肽（GPIsp）。GPAA1/Gaa1 是一种金属蛋白酶 / 合成酶（metallo-protease/synthase），据预测它可以催化糖基磷脂酰肌醇锚和蛋白质之间酰胺键的形成。两个亚基的活性位点都朝向内质网腔室。在酵母中，Gpi8 并不通过二硫键与 Gpi16 相连。			

第 11 步. *肌醇去酰基酶*（inositol deacylase）对糖基磷脂酰肌醇锚定蛋白上的肌醇进行去酰化

蛋白质名称	哺乳动物（酿酒酵母）中预测的氨基酸数	哺乳动物（酿酒酵母）中预测的跨膜结构域数	说明
PGAP1②（Bst1）	922（1029）	6（8）	—
补充说明：PGAP1 的活性位点朝向内质网腔室。活性位点中保守的丝氨酸对活性至关重要。			

第 12 步. *乙醇胺磷酸酯酶* -1（ethanolamine phosphoesterase-1）去除糖基磷脂酰肌醇锚定蛋白第二个甘露糖（Man-2）上的磷酸乙醇胺（EtNP-2）

蛋白质名称	哺乳动物（酿酒酵母）中预测的氨基酸数	哺乳动物（酿酒酵母）中预测的跨膜结构域数	说明
PGAP5（Ted1）	396（473）	2（1）	—
补充说明：PGAP5 的活性位点朝向内质网腔室。它是一种 Mn^{2+} 依赖性的磷酸酯酶。在酵母中，*乙醇胺磷酸酯酶* -2（ethanolamine phosphoesterase-2）（Cdc1，491 个预测的氨基酸，3 个预测的跨膜结构域）是 Ted1 蛋白的旁系同源物，可去除 Man-1 上的磷酸乙醇胺（EtNP-1），并确保糖基磷脂酰肌醇锚定蛋白在细胞壁上的定位。最近的研究表明，Cdc1 定位于高尔基体（图 12.2）。			

第 13 步. 内质网到高尔基体的转运货物受体（transport cargo receptor）在将糖基磷脂酰肌醇锚定蛋白封装到包被蛋白 II 有被小泡（COPII-coated vesicle）后，将其运输到高尔基体

蛋白质名称	哺乳动物（酿酒酵母）中预测的氨基酸数	哺乳动物（酿酒酵母）中预测的跨膜结构域数	说明
TMED9（Erp1）	235（219）	1（1）	—
TMED2（Emp24）	201（203）	1（1）	—
TMED5（Erp2）	229（215）	1（1）	GPI 结合亚基
TMED10（Erv25）	219（211）	1（1）	—

第 14 步. 脂肪酸重构的第一步，去除 *sn*-2 脂肪酸，在高尔基体中产生溶血 - 磷脂酰肌醇（*lyso*-PI）

蛋白质名称	哺乳动物（酿酒酵母）中预测的氨基酸数	哺乳动物（酿酒酵母）中预测的跨膜结构域数	说明
PGAP3②（Per1）	320（357）	7（6）	GPI 特异性磷脂酶 A2（GPI-specific phospholipase A2）
补充说明：在酵母中，该反应由内质网腔室内的 Per1 蛋白介导。			

续表

第 15 步. 脂肪酸重构的第二步，在 *sn*-2 处用饱和脂肪酸进行再酰化

蛋白质名称	哺乳动物（酿酒酵母）中预测的氨基酸数	哺乳动物（酿酒酵母）中预测的跨膜结构域数	说明
PGAP2②（Gup1）	254（560）	5（10）	—
补充说明：PGAP2 是高尔基体蛋白。Gup1 是结合在内质网膜上的酰基转移酶，而非 PGAP2 的结构同源物。酿酒酵母许多糖基磷脂酰肌醇锚定蛋白上的二酰基甘油，最终可能在如前所述的**第 13 步**之前，通过脂肪酸重构的第三步（Cwh43，953 个预测的氨基酸，多重跨膜结构域），在内质网中被神经酰胺取代。			

注：生物合成具体步骤的编号参见图 12.2。表格中给出的氨基酸的数目及跨膜结构域的跨膜次数均为预测值。括号中的名称和数字对应于酵母同源物中的数据。在大多数情况下，具有 5 个以上跨膜结构域的蛋白质中跨膜结构域的数量，根据其氨基酸序列预测获得，而非通过实验确定。

①人类中该基因的突变，可能会产生**阵发性睡眠性血红蛋白尿症（paroxysmal nocturnal hemoglobinuria，PNH）**（**第 46 章**）。

②人类中该基因的突变，会导致**遗传性糖基磷脂酰肌醇缺乏症（inherited GPI deficiency，IGD）**（**第 45 章**）。

血流型布氏锥虫糖基磷脂酰肌醇中的脂肪酸重构，发生在糖基磷脂酰肌醇生物合成途径的最后阶段，但仍在转移到蛋白质上形成锚定蛋白之前，并涉及将 *sn*-2 脂肪酸（C18-C22 脂肪酸的混合物）与 *sn*-1 脂肪酸（C18:0）特异性交换为肉豆蔻酸（C14:0）的步骤。在酵母中，该过程发生在内质网，在糖基磷脂酰肌醇转移到蛋白质之后进行，涉及两个不同但连续的过程。首先，不饱和的 *sn*-2 脂肪酸（C18:1）被交换为 C26:0 链；其次，在许多（但并非所有）糖基磷脂酰肌醇锚定蛋白上，二酰基甘油被交换为神经酰胺（ceramide）。

在哺乳动物细胞中，脂质重构的过程更为复杂。许多与蛋白质连接的糖基磷脂酰肌醇上，含有具有两条饱和脂肪链的 *sn*-1- 烷基 -2- 酰基 - 磷脂酰肌醇（*sn*-1-alkyl-2-acyl-PI），而细胞中主要的磷脂酰肌醇是 *sn*-1- 硬脂酰 -2- 花生四烯酰 - 磷脂酰肌醇（*sn*-1-stearoyl-2-arachidonoyl-PI）（即具有 C18:0 和 C20:4 的脂肪酸，某些体系下伴有少量烷基或烯基修饰）。这些结构变化涉及两个过程。首先，将二酰基 - 磷脂酰肌醇（diacyl-PI）重构为**二烃基 - 磷脂酰肌醇（diradyl-PI）**①，即 1- 烷基 -2- 酰基 - 磷脂酰肌醇（1-alkyl-2-acyl-PI）和二酰基 - 磷脂酰肌醇（diacyl-PI）的混合物，使糖基磷脂酰肌醇在 *sn*-2 位具有不饱和脂肪酸。该过程在糖基磷脂酰肌醇合成途径的早期于内质网中发生，以产生带有重构脂质尾巴的葡萄糖胺 - 酰化磷脂酰肌醇（GlcN-aPI）。催化该过程的反应尚不清楚，但在过氧化物酶体（peroxisome）中合成的烷基磷脂（alkyl phospholipid）可作为该反应的烷基供体。其次，在糖基磷脂酰肌醇锚定蛋白被转运到高尔基体后，会发生脂肪酸重构，包括将不饱和 *sn*-2 脂肪酸交换为饱和脂肪酸，主要是硬脂酸（C18:0）。

糖基磷脂酰肌醇合成途径中所涉及的基因，主要通过使用哺乳动物细胞的糖基磷脂酰肌醇缺陷突变体，以及温度敏感的酵母突变体的表达克隆进行鉴定。最近，表位标记 / 蛋白质体外结合牵拉试验 / 蛋白质组学方法（epitope tagging/pull-down/proteomic approach）已被用于识别糖基磷脂酰肌醇途径中的相关成分。表 12.1 描述了在已知的哺乳动物和酵母中，参与该过程的各种酶的基本细节，以及它们在内质网膜中的拓扑学结构。哺乳动物相关酶的预测拓扑学结构如图 12.3 所示。

糖基磷脂酰肌醇前体通过**多亚基转酰胺酶复合物（multisubunit transamidase complex）**转移到蛋白质上。该反应涉及两种复杂底物，即预组装的糖基磷脂酰肌醇前体，以及部分折叠的、新生蛋白的羧基末端（图 12.4）。羧基末端的**糖基磷脂酰肌醇添加信号肽（GPIsp）**上包含了三个结构域。①分别位于 ω、ω+1 和 ω+2 的三个相对较小的氨基酸，可以为丙氨酸（Ala）、天冬酰胺（Asn）、天冬氨酸（Asp）、半胱氨酸（Cys）、甘氨酸（Gly）或丝氨酸（Ser）。其中，ω 是连接到糖基磷脂酰肌醇锚的氨基酸，ω+1 和 ω+2 分别是裂解后多肽的前两个残基。②一个通常包含 5 ～ 10 个残基的、相对极性的结构域。③疏水结构域，通常包含 15 ～ 20 个疏水氨基酸。这些糖基磷脂酰肌醇添加信号肽没有严格的共识序列，但很容易通过肉眼和自动算法进行识别。氨基酸序列中最后的疏水段，通常类似于跨膜结构域，但紧靠下游的这段序列不含带正电荷的残基和极性残基，使得糖基磷脂酰肌醇添加信号肽很容易被发现。与 *N*- 糖基化

① 此处的烃基（radyl）代表结构不确定的酰基和烷基取代基。

A

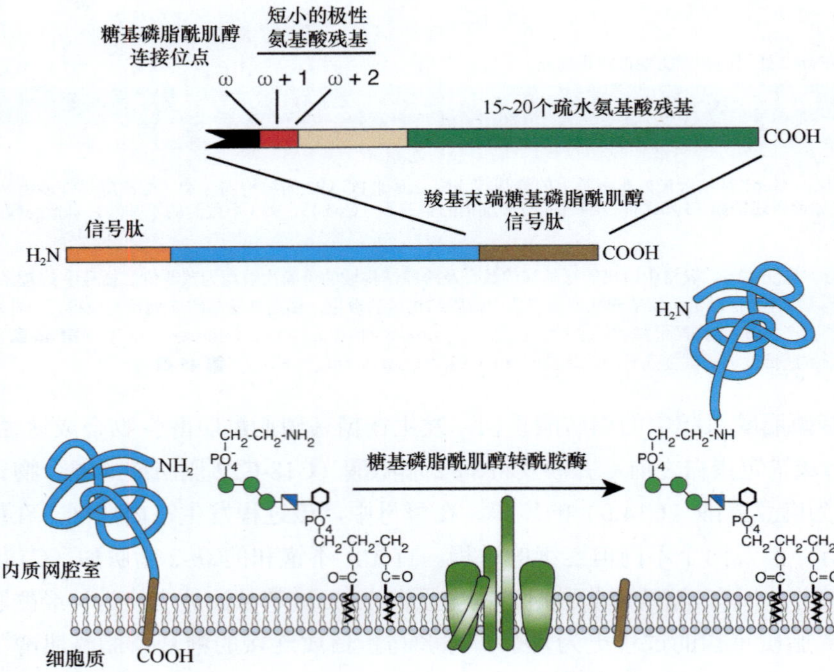

B

蛋白质	糖基磷脂酰肌醇信号序列	
乙酰胆碱酯酶（电鳐）	NQFLPKLLNATA**C**	DGELSSSGTSSSKGIIFYVLFSILYLIFY
碱性磷酸酶（胎盘）	TACDLAPPAGTT**D**	AAHPGRSVVPALLPLLAGTLLLLETATAP
衰变加速因子	HETTPNKGSGTT**S**	GTTRLLSGHTCFTLTGLLGTLVTMGLLT
Thy-1蛋白（大鼠）	KTINVIRDKLVK**C**	GGISLLVQNTSWLLLLLLSLSFLQATDFISL
朊病毒蛋白（仓鼠）	QKESQAYYDGRR**S**	SAVLFSSPPVILLISFLIFLMVG
可变表面糖蛋白（布氏锥虫）	ESNCKWENNACK**D**	SSILVTKKFALTVVSAAFVALLF
前循环酸性重复蛋白（PARP）（布氏锥虫）	EPEPEPEPEPEP**G**	AATLKSVALPFAIAAAALVAAF
Gas1蛋白（酿酒酵母）	SASSSSSSKK**N**	AATNVKANLAQVVFTSIISLSIAAGVGFALV

注：粗体标注氨基酸为糖基磷脂酰肌醇的连接位点。锚添加过程完成后，转酰胺酶从蛋白质上将空格右侧序列切割。

图 12.4 A. 糖基磷脂酰肌醇锚定蛋白的特征，以及糖基磷脂酰肌醇转酰胺酶对糖基磷脂酰肌醇锚定蛋白的加工。糖基磷脂酰肌醇锚定蛋白具有位于氨基末端的信号肽，用于将其易位至内质网；还具有位于羧基末端的糖基磷脂酰肌醇添加信号肽（顶部），该信号肽被去除后，可直接被糖基磷脂酰肌醇前体取代（底部）。B. 位于羧基末端的糖基磷脂酰肌醇锚添加信号序列示例。序列中的大写字母代表 20 种常见氨基酸的单字母缩写。

中的序列段一样，糖基磷脂酰肌醇添加信号肽只有在蛋白质被易位（translocate）到内质网时才能够发挥作用。因此，所有的糖基磷脂酰肌醇锚定蛋白在合成后都含有一个氨基末端的内质网定位信号肽。

根据物种、细胞类型和蛋白质的不同，糖基磷脂酰肌醇的聚糖侧链呈现出**微不均一性（micro-heterogeneity）**（**附录 4**）。在哺乳动物、酵母和布氏锥虫中，参与这些反应的少数酶是已知的（**附录 4.6**）。酵母和一些哺乳动物的糖基磷脂酰肌醇具有第四个 α1-2 甘露糖残基（Man-4），由 Smp3/PIG-Z 在内质网中的糖基磷脂酰肌醇前体组装过程中添加形成。酵母的糖基磷脂酰肌醇锚定蛋白，可在高尔基体中添加第五个 αMan 残基（Man-5）。一部分哺乳动物的糖基磷脂酰肌醇锚定蛋白含有被 β1-4 *N*- 乙酰半乳糖胺（GalNAc）修饰的第一个甘露糖残基（Man-1），并且可以在高尔基体中被 β1-4 半乳糖（Gal）进一步修饰。α2-3 唾液酸（Sia）可以被添加到该半乳糖上。在血流型布氏锥虫中，糖基磷脂酰肌醇锚定蛋白上呈现出由半乳糖组成的聚糖侧链，而前循环型（procyclic form）布氏锥虫的糖基磷脂酰肌醇则携带有唾液酸化的聚 -*N*- 乙酰乳糖胺（poly-LacNAc）和聚 - 乳 -*N*- 二糖（poly-lacto-*N*-biose）结构。

糖基磷脂酰肌醇锚定蛋白从内质网到高尔基体的转运，由包被蛋白 II 有被小泡（COPII-coated vesicle）介导。糖基磷脂酰肌醇锚定蛋白在小泡中的包封过程需要一个跨膜的货物受体（cargo receptor）的参与，这是一个由 4 种 p24 家族蛋白组成的复合物，它将朝向小泡内腔的糖基磷脂酰肌醇与内质网膜细胞质侧的包被蛋白 II（COPII）联结在一起。

12.6　糖基磷脂酰肌醇锚定蛋白的膜属性

具有两条长烷基链的糖基磷脂酰肌醇锚定蛋白，即那些含有二酰基甘油（diacylglycerol）、烷基酰基甘油（alkylacylglycerol）、烯基酰基甘油（alkenylacylglycerol）或神经酰胺的糖基磷脂酰肌醇锚定蛋白，均能够与脂质双层稳定结合。由此可见，具有三条脂肪酸链的、肌醇酰化修饰的糖基磷脂酰肌醇蛋白，应该具有更强的结合稳定性。与之相对，具有单个 C24:0 烷基链的利什曼原虫的脂磷酸聚糖（LPG），在细胞表面的半衰期仅有几分钟，并且会完整地分泌到培养基中。

脂质双分子层相互作用的热力学还取决于脂肪酸链的长度和饱和度。在这方面，大多数（但并非全部）哺乳动物的糖基磷脂酰肌醇锚所具有的饱和脂肪酸链（**附录 4.3**，**附录 4.5**）被认为可以解释为什么糖基磷脂酰肌醇锚定蛋白可以与“脂筏”相关联。膜组分形成的**瞬态有序液体纳米团簇（transient liquid-ordered nanocluster）**，被认为是哺乳动物中脂筏的最新模型。这些团簇依赖于动态的皮质肌动蛋白星状体（cortical actin aster），通过衔接蛋白（adaptor protein）将磷脂酰丝氨酸（phosphatidylserine，PS）聚集在细胞质膜双分子层的内表面。这种耦合效应的发生，是因为来自细胞膜脂内层（inner leaflet）磷脂酰丝氨酸的长饱和脂质链，与脂质双分子层中间的糖基磷脂酰肌醇锚定蛋白和鞘糖脂（glycosphingolipid）发生重叠并相互作用，从而产生了具有功能的膜结构域。该模型一个引人注目的方面是，虽然动态的皮质肌动蛋白可以将横跨细胞膜脂单层的分子组装成纳米簇，但糖基磷脂酰肌醇锚定蛋白或鞘糖脂在细胞膜脂外层（outer leaflet）的聚集也可以反过来对脂内层进行组织，并募集可能有利于有序液体结构域形成的分子。这为糖基磷脂酰肌醇锚定蛋白能够执行跨质膜信号转导这一过程复杂但特征明确的功能提供了可能的解释。

研究人员发现了许多糖基磷脂酰肌醇锚定蛋白与抗体交联以及与各种细胞（特别是白细胞）上第二个抗体成簇，进行跨膜信号传递的实例。细胞的下游响应包括细胞内 Ca^{2+} 的增加、酪氨酸磷酸化、增殖、细胞因子诱导和活性氧暴发（oxidative burst）。这些信号事件依赖于糖基磷脂酰肌醇锚的存在，并且可能主要由脂筏纳米团簇的诱导和集聚引起，尽管不能排除它们有可能参与了配体与信号受体的结合，以实现细胞外信号转导。**拟南芥（*Arabidopsis thaliana*）**中的受体样激酶（receptor-like-kinase）即是一例典型的信号受体。一些参与跨膜信号传递的糖基磷脂酰肌醇锚定蛋白，如神经胶质细胞（系）衍生的神经营养因子受体 -α（neurotrophic factor receptor-α，GDNFR-α），需要与跨膜的 β 辅助受体相结合，方能传递其信号。同样地，糖基磷脂酰肌醇锚定的一种脂多糖/脂多糖结合蛋白受体 CD14，需要与跨膜的 Toll 样受体 -4（Toll-like receptor-4，TLR-4）进行配对，方能发挥信号转导功能，并且对于糖基磷脂酰肌醇锚定状态的 CD14 和具有剪接跨膜结构域的 CD14 而言，二者具有相同的生物学功能。

12.7　糖基磷脂酰肌醇锚作为细胞生物学中的工具

用糖基磷脂酰肌醇添加信号肽（GPIsp）替换 I 型膜整合蛋白质羧基末端的跨膜结构域，可以使这些蛋白质在转染的哺乳动物细胞质膜上，以糖基磷脂酰肌醇锚定蛋白的形式表达。这为生产可溶形式的膜蛋白提供了一种有用的方法。例如，T 细胞受体以糖基磷脂酰肌醇锚定形式表达后，经细菌磷脂酰肌醇特异性磷脂酶 C（PI-PLC）处理，变为可溶形式，而仅仅表达删除了跨膜结构域的对应蛋白质则不可溶。此外，纯化的糖基磷脂酰肌醇锚定蛋白，可用于涂布具有疏水性表面的**表面等离子体共振（surface plasmon resonance，SPR）**芯片，从而为蛋白质 - 蛋白质结合研究中蛋白质的朝向（orientation）与展示提供一种便捷方法。显而易见，纯化的糖基磷脂酰肌醇锚定蛋白会自发地嵌插到脂质双分子层上。在膜上发生的 GPI 锚定蛋白 -GPI 锚定蛋白之间的直接交换，其生理意义仍不确定，特别是因为所有哺乳动物血清中的**糖基磷脂酰肌醇 - 磷脂酶 D（GPI-phospholipase D，GPI-PLD）**都具有很高的活性，可以去除锚中的脂质，即磷脂酸（phosphatidic acid）成分，因此，实际上阻止了糖基磷脂酰肌醇蛋白的重新嵌插。然而，研究人员已经利用糖基磷脂酰肌醇锚定蛋白重新嵌插的特性，在实验中将外源蛋白“涂布”到细胞表面。

12.8 糖基磷脂酰肌醇锚的生物学功能

糖基磷脂酰肌醇锚对于某些（但并非全部）真核微生物的生命过程至关重要。对于酿酒酵母（可能还包括大多数的真菌）而言，糖基磷脂酰肌醇锚通过**转糖基化（transglycosylation）**反应，将某些甘露糖蛋白（mannoprotein）共价整合进入细胞壁的 β- 葡聚糖层（β-glucan layer）。糖基磷脂酰肌醇锚核心结构中的第一个甘露糖（Man-1）可能通过 Dfg5 和 Dcw1 两个酶的作用被转移到 β- 葡聚糖聚合物上。细胞壁生物合成中产生的相应缺陷对酵母是有害的，这可能为糖基磷脂酰肌醇的生物合成对于该生物体不可或缺提供了一种解释。白色念珠菌糖基磷脂酰肌醇生物合成突变体的某些独特表型与单个基因缺陷之间严格相关，说明相关的糖基磷脂酰肌醇生物合成步骤与其他细胞途径间存在着高度特异性的**串扰（cross-talk）**。糖基磷脂酰肌醇的生物合成对于布氏锥虫的血流型至关重要，即使是在组织培养中也是如此。这可能是因营养压力而引起，因为该寄生虫使用的一种由糖基磷脂酰肌醇负责锚定的转铁蛋白受体对于锥虫而言是必需的。令人惊讶的是，糖基磷脂酰肌醇的生物合成和（或）向蛋白质的转移，对于布氏锥虫或利什曼原虫的昆虫栖息型（insect-dwelling form）并非必需。在拟南芥中，糖基磷脂酰肌醇的生物合成是细胞壁合成、形态发生和花粉管发育所必需的。具有糖基磷脂酰肌醇缺陷的哺乳动物细胞系可以被用于实验研究，这表明糖基磷脂酰肌醇锚定蛋白在细胞水平上并非不可或缺。然而，小鼠 *PIGA* 基因的全基因敲除和组织特异的条件性敲除均清楚地表明，糖基磷脂酰肌醇锚定蛋白对于早期胚胎和组织发育至关重要。糖基磷脂酰肌醇锚赋予其连接的蛋白质一项特殊能力，即能够在细胞或血清中的糖基磷脂酰肌醇裂解酶（GPI-cleaving enzyme）的作用下，将锚定蛋白以可溶形式从细胞表面脱落释放。糖基磷脂酰肌醇锚定的 TEX101 蛋白和 LY6 蛋白，在被精子相关的糖基磷脂酰肌醇裂解酶：睾丸型血管紧张素转化酶（testis form angiotensin converting enzyme，tACE）释放后，哺乳动物的精子获得了与卵母细胞融合的能力。对糖基磷脂酰肌醇锚定蛋白的切割释放，是精子表面的金属蛋白酶 ADAM3 成熟所必需的。糖基磷脂酰肌醇锚定蛋白 RECK 是一种蛋白酶抑制剂，在被一种糖基磷脂酰肌醇裂解酶——甘油磷酸二酯磷酸二酯酶 2（glycerophosphodiester phosphodiesterase 2，GDE2）裂解释放后，某些增殖中的运动神经元因此开始分化。该过程解除了对 ADAM10 金属蛋白酶的抑制，使其能够降解 Notch 配体，以终止 **Notch 信号通路（Notch signaling pathway）**。至此，细胞从增殖过程切换到分化过程。糖基磷脂酰肌醇锚定蛋白 CRIPTO 可作为 **Nodal 信号通路（Nodal signaling pathway）**的辅助受体。在一种糖基磷脂酰肌醇 - 磷脂酶 A2（GPI-phospholipase A2）——PGAP6 和磷脂酶 D 样酶（PLD-like enzyme）的依次作用下，CRIPTO 蛋白从膜上脱落，进而调控 Nodal 信号传递。在低等的真核生物中，糖基磷脂酰肌醇锚可用于组装特别致密的细胞表面蛋白质外壳（protein coat），如布氏锥虫的可变表面糖蛋白（VSG）外壳。在这种情况下，每个寄生虫在细胞表面表达 500 万个可变表面糖蛋白二聚体，以保护其免受补体介导的裂解。如果每个可变表面糖蛋白单体都有一个跨膜结构域而不是糖基磷脂酰肌醇锚点，那么对于其他膜整合蛋白质（如己糖转运蛋白和核苷转运蛋白）而言，将没有足够的膜表面空间。一般而言，糖基磷脂酰肌醇锚定蛋白确实通过细胞内区室进行循环利用，但与典型的跨膜蛋白相比，它们在细胞表面的比例更高，半衰期也更长。研究者已经发现了几个糖基磷脂酰肌醇锚定蛋白从一个细胞表面交换到另一个细胞表面的实例。一些糖基磷脂酰肌醇锚定蛋白可以被整合到外泌体中，这表明存在由外泌体介导的、糖基磷脂酰肌醇锚定蛋白在细胞间转移的可能性。精子从附睾获得的一些糖基磷脂酰肌醇锚定蛋白（如 CD52），很可能由外泌体介导。

12.9 糖基磷脂酰肌醇锚和疾病

阵发性睡眠性血红蛋白尿症（paroxysmal nocturnal hemoglobinuria，PNH）是一种人类疾病，患者患有溶血性贫血，由几种保护血细胞免于被补体系统裂解的糖基磷脂酰肌醇锚定蛋白的表达缺失引起，如衰变加速因子（decay accelerating factor，DAF）和 CD59。阵发性睡眠性血红蛋白尿症细胞中的缺陷，属于 X 染色体连锁 *PIGA* 基因中的体细胞突变，并且似乎发生在骨髓干细胞中。与该糖基磷脂酰肌醇生物途径中由常染色体基因编码的其他酶不同，由 *PIGA* 基因突变引起的阵发性睡眠性血红蛋白尿症被认为由于 **X 染色体失活（X inactivation）**而以更高的频率出现。在男性和女性的干细胞中，*PIGA* 的一个活性等位基因的体细胞突变，导致了 *N*- 乙酰葡萄糖胺转移酶（GlcNAc-T）功能的完全丧失（**第 46 章**）。已有文献报道了由 *PIGT* 或 *PIGB* 基因突变引起的非典型阵发性睡眠性血红蛋白尿症，患者除了具有典型的阵发性睡眠性血红蛋白尿症的症状外，还表现出自身炎症的特征，如无菌性脑膜炎。

遗传性糖基磷脂酰肌醇缺乏症（inherited GPI deficiency，IGD）由参与糖基磷脂酰肌醇生物合成、蛋白质转移和重构的基因的种系突变（germline mutation）引起。糖基磷脂酰肌醇的完全缺失会导致胚胎死亡，因此遗传性糖基磷脂酰肌醇缺乏症中的突变是亚效突变（hypomorphic mutation），会导致基因的部分缺失。参与糖基磷脂酰肌醇重构的基因（如 *PGAP1*）的突变可能是无效的（null），并且导致了糖基磷脂酰肌醇锚定蛋白的结构异常。研究人员已经报道了由糖基磷脂酰肌醇生物合成途径中的 23 种基因突变所引起的遗传性糖基磷脂酰肌醇锚缺陷患者（**表 12.1**）。这些突变中的大多数通过对病患细胞进行全外显子组测序而得以确定。遗传性糖基磷脂酰肌醇缺乏症的主要症状是神经系统问题，如发育迟缓 / 智力障碍、癫痫发作、大脑和（或）小脑萎缩、听力丧失和视力障碍。其他症状还包括：**高磷酸酯酶症（hyperphosphatasia）**；**远节指骨短小（brachytelephalangy）**；面部特征异常，如眼距过宽和帐篷式嘴（tented mouth）；腭裂；肛门直肠、肾脏和心脏异常；**希尔施普龙病（Hirschsprung disease）**[①]（**第 45 章**）。

如上所述，糖基磷脂酰肌醇的生物合成及其向蛋白质的转移，对于酵母、致病性真菌和非洲昏睡病寄生虫（布氏锥虫）必不可少。顶复门（Apicomplexa）寄生虫**恶性疟原虫（*Plasmodium falciparum*）**（引发疟疾）、**弓形虫属（*Toxoplasma*）**和**隐孢子虫属（*Cryptosporidium*）**的几个关键表面分子，由糖基磷脂酰肌醇进行锚定，研究人员认为，糖基磷脂酰肌醇途径在这些病原体中可能是必需的。有证据表明，一些寄生虫的糖基磷脂酰肌醇锚在调节宿主对感染的免疫应答中也发挥着直接作用。因此，研究人员正在积极寻求病原体特异性的糖基磷脂酰肌醇途径抑制剂，作为潜在的药物（**附录 4.8**）。事实上，研究人员目前正在优化糖基磷脂酰肌醇锚定细胞壁转移蛋白 1（GPI-anchored wall transfer protein 1，Gwt1）的抑制剂，作为抗疟药物的先导药物。该蛋白质也被视为重要的抗真菌药物靶点。在该领域中，特别引人注目的是 fosmanogepix（APX001），目前处于 II 期临床试验阶段。真菌的糖基磷脂酰肌醇锚定蛋白可以保护细胞壁的 β1-3- 葡聚糖免受巨噬细胞的核查。因此，糖基磷脂酰肌醇生物合成的抑制剂应该能够支持宿主的免疫

① 又称先天性巨结肠。由于远端肠管神经节细胞缺如或功能异常，肠管处于痉挛狭窄状态，导致近端肠管代偿性增大、肠壁增厚的疾病。临床表现为胎便排出延迟、顽固性便秘腹胀、营养不良性发育迟缓、巨结肠伴发小肠结肠炎等。

系统，从而更好地清除病原体。

与其他糖复合物一样，糖基磷脂酰肌醇锚定蛋白可以为病原体所利用。例如，糖基磷脂酰肌醇锚本身就是溶血性成孔毒素的受体，例如，来自**嗜水气单胞菌**（***Aeromonas hydrophilia***）的气单胞菌溶素（aerolysin），它会导致人类肠胃炎、深部伤口感染和败血症。此外，糖基磷脂酰肌醇锚定蛋白 CD55/DAF 蛋白，是肠道病毒和几种**埃克病毒**（**echovirus**）的主要细胞表面配体。最后，内源性**朊病毒蛋白**（**prion protein**）经历了构象变化，成为异常的海绵状脑病（疯牛病或绵羊瘙痒病）的致病形式，这可能与这种糖基磷脂酰肌醇锚定蛋白在神经元中遵循的**不依赖于网格蛋白的内吞途径**（**clathrin-independent endocytic pathway**）相关。

致谢

感谢萨蒂亚吉特 · 迈尔（Satyajit Mayor）、中藤弘（Hiroshi Nakato）和杰里 · 艾希勒（Jerry Eichler）的有益评论及建议。

延伸阅读

Ferguson MA, Williams AF. 1988. Cell-surface anchoring of proteins via glycosyl-phosphatidylinositol structures. *Annu Rev Biochem* **57**: 285-320.

Ferguson MA, Homans SW, Dwek RA, Rademacher TW. 1988. Glycosyl-phosphatidylinositol moiety that anchors Trypanosoma brucei variant surface glycoprotein to the membrane. *Science* **239**: 753-759.

Guha-Niyogi A, Sullivan DR, Turco SJ. 2001. Glycoconjugate structures of parasitic protozoa. *Glycobiology* **11**: p45R-p59R.

de Macedo CS, Shams-Eldin H, Smith TK, Schwarz RT, Azzouz N. 2003. Inhibitors of glycosylphosphatidylinositol anchor biosynthesis. *Biochimie* **85**: 465-472.

Maeda Y, Ashida H, Kinoshita T. 2006. CHO glycosylation mutants: GPI anchor. *Methods Enzymol* **416**: 182-205.

Levental I, Grzybek M, Simons K. 2010. Greasing their way: lipid modifications determine protein association with membrane rafts. *Biochemistry* **49**: 6305-6316.

Nikolaev AV, Al-Maharik N. 2011. Synthetic glycosylphosphatidylinositol (GPI) anchors: how these complex molecules have been made. *Nat Prod Rep* **28**: 970-1020.

Tsai YH, Liu X, Seeberger PH. 2012. Chemical biology of glycosylphosphatidylinositol anchors. *Angew Chem Int Ed Engl* **51**: 11438-11456.

Guo Z. 2013. Synthetic studies of glycosylphosphatidylinositol (GPI) anchors and GPI-anchored peptides, glycopeptides, and proteins. *Curr Org Synth* **10**: 366-383.

Raghupathy R, Anilkumar AA, Polley A, Singh PP, Yadav M, Johnson C, Suryawanshi S, Saikam V, Sawant SD, Panda A, et al. 2015. Transbilayer lipid interactions mediate nanoclustering of lipid-anchored proteins. *Cell* **161**: 581-594.

Kinoshita T, Fujita M. 2016. Biosynthesis of GPI-anchored proteins: special emphasis on GPI lipid remodeling. *J Lipid Res* **57**: 6-24.

Muñiz M, Riezman H. 2016. Trafficking of glycosylphosphatidylinositol anchored proteins from the endoplasmic reticulum to the cell surface. *J Lipid Res* **57**: 352-360.

Komath SS, Singh SL, Pratyusha VA, Sah SK. 2018. Generating anchors only to lose them: the unusual story of glycosylphosphatidylinositol anchor biosynthesis and remodeling in yeast and fungi. *IUBMB Life* **70**: 355-383.

Kinoshita T. 2020. Biosynthesis and biology of mammalian GPI-anchored proteins. *Open Biol* **10**: 190290.

第 13 章

其他类别的真核聚糖

罗伯特 · S. 哈蒂旺格（Robert S. Haltiwanger），兰斯 · 威尔斯（Lance Wells），哈德森 · H. 弗里兹（Hudson H. Freeze），哈米德 · 贾法尔 - 内贾德（Hamed Jafar-Nejad），冈岛徹也（Tetsuya Okajima），帕梅拉 · 斯坦利（Pamela Stanley）

13.1 全新糖基化类型的发现 / 149

13.2 表皮生长因子重复序列中的 *O*- 连接修饰 / 150

13.3 血小板应答蛋白 1 型重复序列的岩藻糖修饰 / 155

13.4 *O*- 甘露糖聚糖 / 156

13.5 胶原蛋白中的 *O*- 聚糖 / 158

13.6 *C*- 甘露糖基化 / 158

致谢 / 159

延伸阅读 / 159

本章重点介绍在某些蛋白质或结构域上出现的、不太容易归类的聚糖连键类型。**表皮生长因子样重复序列（EGF-like repeat）**上的 *O*- 连接糖，调控了 Notch 信号转导和其他几种蛋白质的功能，包括 *O*- 岩藻糖（*O*-fucose）、*O*- 葡萄糖（*O*-glucose）和 *O*-*N*- 乙酰葡萄糖胺（*O*-GlcNAc）。**血小板应答蛋白 1 型重复序列（thrombospondin type-1 repeat，TSR）**上的 *O*- 岩藻糖基化，是在许多分泌的基质细胞蛋白中折叠这些蛋白质结构域所必需的。**α- 抗肌萎缩蛋白聚糖（α-dystroglycan）**上的 *O*- 甘露糖基化（*O*-mannosylation），对于与几种细胞外基质（extracellular matrix，ECM）蛋白的相互作用至关重要。若添加这些聚糖（*O*- 岩藻糖、*O*- 葡萄糖、*O*-*N*- 乙酰葡萄糖胺和 *O*- 甘露糖）的糖基转移酶产生缺陷，会导致人类疾病。*C*- 甘露糖基化（*C*-mannosylation）是一种独特的糖基化形式，其中甘露糖通过碳 - 碳键与色氨酸（Trp）连接。*O*- 连接的二糖——葡萄糖 - 半乳糖可被添加到羟赖氨酸（hydrolysine）残基上，在胶原蛋白原纤维的形成中起重要作用。尽管本章描述的聚糖仅存在于相对较少的糖蛋白上，但它们在生物学中发挥着特殊而重要的作用。

13.1 全新糖基化类型的发现

在糖蛋白中，聚糖的第一个糖与蛋白质之间的连键，定义了其糖基化所归属的类别（**第 1 章**，图 1.7），包括糖蛋白和蛋白聚糖中常见的 *N*- 乙酰葡萄糖胺 -*N*- 天冬酰胺（GlcNAc-*N*-Asn）、*N*- 乙酰半乳糖胺 -*O*- 丝氨酸 / 苏氨酸（GalNAc-*O*-Ser/Thr）和木糖 -*O*- 丝氨酸（Xyl-*O*-Ser）连键。新型的非经典聚糖——葡萄糖 β1-3 岩藻糖 α-*O*- 苏氨酸（Glcβ1-3Fucα-O-Thr）最初在人类尿液中发现，但当时引起的关注寥寥无几。然而，与各种凝血蛋白和信号受体（如 Notch 蛋白）直接相关的 *O*- 岩藻糖修饰的发现，则引发了研究人员极大的兴趣。检测特定蛋白质（如 α- 抗肌萎缩蛋白聚糖）上聚糖的单克隆抗体，提供了识别这些新型聚糖的工具。此外，**质谱法（mass spectrometry）**揭示了不寻常的蛋白质修饰，如甘露糖以 *C*- 糖苷键的形式与蛋白质连接。表 13.1 中描述了在内质网 - 高尔基体分泌途径中合成的许多不太常见的聚糖连键。**第 18 章**和**第 19 章**描述了在细胞核和细胞质中合成的、极少数已知的糖基化连键。

表 13.1 其他类别的真核糖蛋白糖基化

修饰	被修饰蛋白质示例	基序
O-α- 岩藻糖	Notch 蛋白，Delta 蛋白，Serrate 蛋白，Jagged 蛋白，凝血因子 IX，尿激酶，组织纤溶酶原激活剂（t-PA），凝血因子 XII，凝血因子 VII，CRIPTO 蛋白	表皮生长因子重复
O-α- 岩藻糖	血小板应答蛋白 1，备解素（properdin），F- 应答蛋白，具有血小板应答蛋白基序的去整联蛋白和金属蛋白酶 13（ADAMTS13），具有血小板应答蛋白基序的去整联蛋白和金属蛋白酶样蛋白 1（ADAMTS-like 1）	血小板应答蛋白 1 型重复序列
O-β- 葡萄糖	Notch 蛋白，Delta 蛋白，Jagged 蛋白，Crumbs-2 蛋白，闭眼（eye shut）蛋白，凝血因子 VII，凝血因子 IX，蛋白 Z（protein Z）	表皮生长因子重复
O-β-*N*- 乙酰葡萄糖胺	Notch 蛋白，Delta 蛋白，Serrate 蛋白，Dumpy 蛋白	表皮生长因子重复
O-β- 半乳糖	胶原蛋白，表面活性蛋白，补体因子 C1q，甘露聚糖结合蛋白（mannan-binding protein）	胶原蛋白重复
O-α- 甘露糖	α- 抗肌萎缩蛋白聚糖、钙黏蛋白（cadherin）、丛状蛋白（plexin）	黏蛋白样结构域
C-α- 甘露糖	RNase 2，血小板应答蛋白 1，备解素	色氨酸 -X-X- 色氨酸（WXXW）基序

13.2 表皮生长因子重复序列中的 *O*- 连接修饰

表皮生长因子重复序列也称**表皮生长因子结构域**（**EGF domain**），是由 6 个保守的半胱氨酸（Cys）残基定义的小蛋白质结构域（约 40 个氨基酸），形成 3 个二硫键（**图 13.1A**）。表皮生长因子重复序列存在于后生动物的数百种细胞的表面和分泌蛋白中，并且根据它们的序列，可以通过 *O*- 聚糖进行修饰，如**表 13.1** 中所述。含有这些 *O*- 聚糖的、具有表皮生长因子重复序列的蛋白质，包括几种参与血凝块形成

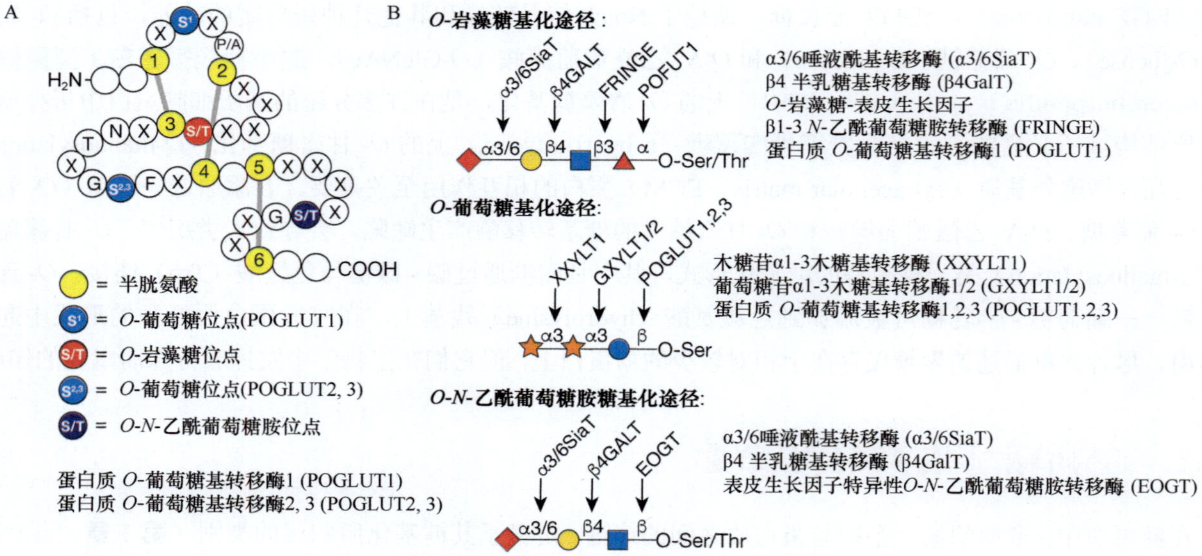

图 13.1 表皮生长因子重复序列的修饰。A. 表皮生长因子重复序列可以被 *O*- 岩藻糖、*O*- 葡萄糖和 *O*-*N*- 乙酰葡萄糖胺修饰。图 A 为表皮生长因子重复序列的示意图：黄色表示保守的半胱氨酸（Cys）残基；半胱氨酸之间的灰线表示二硫键的形成模式。*O*- 葡萄糖（蓝色）、*O*- 岩藻糖（红色）和 *O*-*N*- 乙酰葡萄糖胺（深蓝色）的修饰位点显示在每个共识序列的前后。蛋白质 *O*- 葡萄糖基转移酶 1（protein *O*-glucosyltransferase 1，POGLUT1）的修饰位点用 S^1 表示；蛋白质 *O*- 葡萄糖基转移酶 2/3（protein *O*-glucosyltransferase 2/3，POGLUT2/3）的修饰位点用 $S^{2,3}$ 表示。氨基酸缩写：丝氨酸（Ser，S）；苏氨酸（Thr，T）；脯氨酸（P）；丙氨酸（A）；甘氨酸（G）；天冬酰胺（N）；苯丙氨酸（F）；任何氨基酸（X）。B. 哺乳动物中表皮生长因子重复上 *O*- 聚糖的合成。图中显示了表皮生长因子重复序列上 *O*- 岩藻糖、*O*- 葡萄糖和 *O*-*N*- 乙酰葡萄糖胺聚糖链的最大已知结构，并标注了负责添加每种糖的酶（经许可修改自 Haltiwanger RS. 2004. In *Encyclopedia of Biological Chemistry*，Vol. 2，pp. 277-282，©Elsevier 版权所有）。

和溶解的蛋白质（即各种凝血因子）、参与决定细胞命运的 Notch 蛋白受体家族，以及典型的 Notch 蛋白配体（Delta 蛋白和 Serrate/Jagged 蛋白）。这些聚糖修饰十分重要，因为它们在胚胎发育和成人器官维持、细胞分化及几种肿瘤的生长过程中调控信号转导。此外，研究人员在人类疾病中发现了与这些聚糖的添加或延长有关的几种酶的突变（**第 45 章**）。

最广为人知的、受表皮生长因子重复序列上的 *O*- 聚糖调控的信号通路是 **Notch 信号通路（Notch signaling pathway）**。Notch 蛋白最初在果蝇中发现，并且在所有的后生动物中都发现了其同源物，在哺乳动物中，有 4 种 **Notch 蛋白受体（Notch receptor）**。Notch 信号转导的激活在多个水平上受到控制；Notch 信号转导的失调会导致许多人类疾病，包括几种类型的癌症和各种发育障碍。果蝇中有两种典型配体：Delta 蛋白和 Serrate 蛋白，它们能够结合并激活果蝇中的 Notch 信号。哺乳动物有三个类似于 Delta 蛋白的同源物，即 Delta 样蛋白 1,3,4（Delta-like protein 1,3,4，DLL1,3,4），以及两个 Serrate 蛋白的同源物 Jagged1 蛋白（JAG1）和 Jagged2 蛋白（JAG2）。这些配体均为单次跨膜糖蛋白，可以结合并**反式激活（*trans*-activation）**相邻细胞上的 Notch 蛋白受体。Notch 蛋白和配体在同一细胞中的结合，通常导致该信号通路的**顺式抑制（*cis*-inhibition）**。近年来的研究表明，Notch 蛋白受体上的 *O*- 聚糖影响了 Notch 蛋白受体与其配体之间的反式激活作用和顺式抑制作用。Notch 蛋白的细胞外结构域包含了多达 36 个串联的表皮生长因子重复序列（**图 13.2**），其中许多重复序列包含一种或多种 *O*- 聚糖的**共识位点（consensus site）**（**图 13.1A**）。Notch 蛋白中的表皮生长因子重复序列，可以含有 *O*- 岩藻糖、*O*-*N*- 乙酰葡萄糖胺和（或）*O*- 葡萄糖（**图 13.2**）。如下文所述，这些糖修饰调控了 Notch 信号转导的各个方面，有时以部分冗余的方式进行调控，有时则通过不同的机理进行调控。

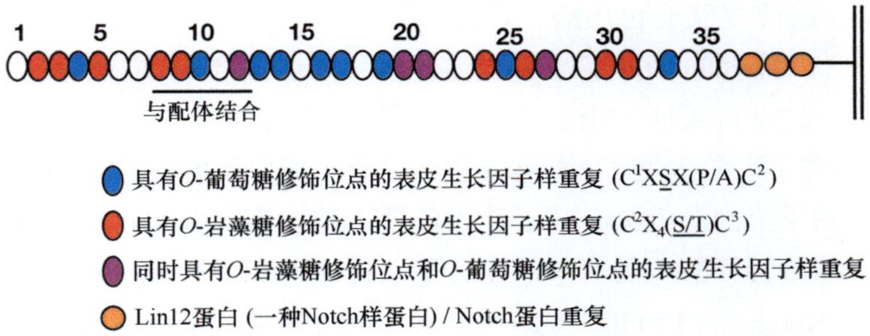

图 13.2 Notch 蛋白受体细胞外结构域的通用示意图。图中显示出果蝇 Notch 蛋白、小鼠 NOTCH1 和 NOTCH2 蛋白，以及人类 NOTCH1 和 NOTCH2 蛋白中，在进化上保守的蛋白质 *O*- 岩藻糖基转移酶 1（POFUT1）和蛋白质 *O*- 葡萄糖基转移酶 1（POGLUT1）所修饰的众多位点。直接参与配体结合的表皮生长因子重复序列用下划线标出。氨基酸缩写：半胱氨酸（C），丝氨酸（S）；苏氨酸（T）；脯氨酸（P）；丙氨酸（A）；任何氨基酸（X）。半胱氨酸的编号代表了表皮生长因子重复序列中保守的半胱氨酸的出现顺序。[经美国生物化学和分子生物学会（the American Society for Biochemistry and Molecular Biology）许可，修改自 Shao L，Moloney DJ，and Haltiwanger RS. 2003. *J Biol Chem* 278：7775-7782.]。

13.2.1 *O*- 岩藻糖聚糖

α- 连接的 *O*- 岩藻糖修饰，紧接在某些表皮生长因子重复序列的第三个保守的半胱氨酸残基之前（**图 13.1A**）。*O*- 岩藻糖基化的**共识基序（consensus motif）**是半胱氨酸 -X-X-X-X- 丝氨酸 / 苏氨酸 - 半胱氨酸，即 $C^2X_4(S/T)C^3$，其中 C^2 和 C^3 是表皮生长因子重复序列的第二个和第三个保守的半胱氨酸。在小鼠或人类数据库中有近 100 种蛋白质包含该序列。在某些情况下，*O*- 岩藻糖可以延长为四糖（Siaα2-3/6Galβ1-4GlcNAcβ1-3Fucα-*O*-Ser/Thr），如在人凝血因子 IX（clotting factor IX）的 EGF1 和小鼠 NOTCH1 蛋白的

EGF12 上[①]（**表 13.1**）；但在其他情况下则不能延长，如在人凝血因子 VII（clotting factor VII）的 EGF1 和小鼠 NOTCH1 蛋白的 EGF5 上。

蛋白质 *O*- 岩藻糖基转移酶 1（protein *O*-fucosyltransferase 1，POFUT1）负责将源自鸟苷二磷酸 - 岩藻糖（GDP-Fuc）的岩藻糖转移到包含了恰当共识序列的、正确折叠的表皮生长因子重复序列上（**图 13.1B**）。*O*- 岩藻糖可以通过 β1-3 *N*- 乙酰葡萄糖胺转移酶（β1-3 *N*-acetylglucosaminyltransferase，β3GlcNAcT）延长，该酶对正确折叠的表皮生长因子重复序列中的 *O*- 岩藻糖残基具有特异性。编码 *O*- 岩藻糖表皮生长因子 β1-3 *N*- 乙酰葡萄糖胺转移酶的基因，最初在果蝇中被鉴定为 Notch 信号转导中的一个修饰基因（modifier），称为 *fringe*。在哺乳动物中存在三种同源蛋白：manic fringe（MFNG）、lunatic fringe（LFNG）和 radical fringe（RFNG）。每种 Fringe 蛋白，均能以尿苷二磷酸 -*N*- 乙酰葡萄糖胺（UDP-GlcNAc）为底物，将 *N*- 乙酰葡萄糖胺（GlcNAc）转移到表皮生长因子重复序列的 *O*- 岩藻糖上。*N*- 乙酰葡萄糖胺（GlcNAc）可以通过 β4 半乳糖基转移酶（β4GalT），如 β 1-4 半乳糖基转移酶 1（β 1-4 galactosyltransferase 1，B4GALT1）进一步延长一个半乳糖，并用唾液酸封端，该步骤中可能使用了与作用于 *N*- 聚糖或其他 *O*- 聚糖（**第 14 章**）相同的唾液酰基转移酶，即 α2-3/α2-6 唾液酰基转移酶（α2-3/α2-6SiaT）来完成封端过程。迄今为止，在果蝇 Notch 蛋白上尚未观察到超过二糖的延长结构。

O- 岩藻糖聚糖在 Notch 信号转导通路中发挥了重要作用。在果蝇或小鼠中消除蛋白质 *O*- 岩藻糖基转移酶 1（POFUT1）可产生胚胎致死，并伴有发育缺陷，这一发现引发了研究人员对 Notch 信号通路丢失的联想。此外，基于细胞层面的检测，以及对缺乏特定 *O*- 岩藻糖基化位点的果蝇的 *Notch* 和小鼠的 *Notch1* 的等位基因敲入分析表明，蛋白质 *O*- 岩藻糖基转移酶 1 及其下游的酶主要（如果不是唯一的话）通过向 Notch 蛋白受体添加 *O*- 岩藻糖来调控 Notch 信号传递。人类 *POFUT1* 基因的杂合突变，导致一种罕见的常染色体显性遗传皮肤变色疾病，称为**道林 - 德戈斯病 2 型（Dowling-Degos disease type 2，DDD2；OMIM 615327）**[②]。纯合的 *POFUT1* 突变体导致称为**蛋白质 *O*- 岩藻糖基转移酶 1 型先天性糖基化障碍（POFUT1-CDG）**的发育疾病。蛋白质 *O*- 岩藻糖基转移酶 1 定位于内质网中，它仅能修饰正确折叠的表皮生长因子重复序列，这表明 *O*- 岩藻糖基化可能在蛋白质的质量控制中具有一定的作用。蛋白质 *O*- 岩藻糖基转移酶 1 的果蝇同源物具有分子伴侣活性，被认为在 Notch 蛋白的正确折叠和运输中发挥了作用。蛋白质 *O*- 岩藻糖基转移酶 1 的缺失，也会不同程度地影响 Notch 蛋白受体向哺乳动物细胞表面的运输。结构研究表明，Notch 蛋白 EGF12 上的 *O*- 岩藻糖直接参与了典型的 Notch 蛋白配体结合。值得注意的是，在果蝇的 Notch 蛋白和小鼠的 NOTCH1 蛋白中，突变该 *O*- 岩藻糖基化位点会导致胚胎死亡，其表型比各自体系中 Notch 蛋白 /NOTCH1 蛋白缺失后产生的表型更为温和，这表明 Notch 蛋白上其他的 *O*- 岩藻糖基化位点也有助于 POFUT1 对 Notch 信号传递的作用。

Notch 蛋白中表皮生长因子重复序列上的 *O*- 岩藻糖，可以通过 Fringe 蛋白的活性催化进行糖链延长，Fringe 蛋白将 *N*- 乙酰葡萄糖胺（GlcNAc）残基转移到 Notch 蛋白受体的 *O*- 岩藻糖上（**图 13.1B**）。消除果蝇中的 Fringe 蛋白，会导致翅膀、眼睛和腿部发育缺陷；而去除小鼠中的 *Lfng* 基因，会导致体节形成（somite formation）出现严重缺陷。值得注意的是，在小鼠和果蝇的胚胎中，*Pofut1* 基因功能缺失的表型，比 *Fringe* 基因功能缺失的表型更为严重且范围更广，这表明 Fringe 蛋白对 *O*- 岩藻糖的延长，仅部分参与了对依赖于 Notch 蛋白的所有发育过程的调控。人类 *LFNG* 的突变导致椎骨和肋骨畸形，产生名为**脊椎肋骨发育不全 3 型（spondylocostal dysostosis type 3，OMIM 609813）**的疾病。令人惊讶的是，Fringe 蛋白减少了配体 Serrate/Jagged 蛋白对 Notch 蛋白的激活，但增强了配体 Delta 蛋白对 Notch 蛋白的激活（**图**

① 此处出现的数字代表在 Notch 蛋白中表皮生长因子重复（EGF）出现的序号，下同。

② 也称皱褶部网状色素沉着症，数字为在线人类孟德尔遗传病数据库（Online Mendelian Inheritance in Man, OMIM）中的疾病编号。

13.3）。例如，由 Fringe 蛋白介导的、配体结合域 EGF8 和 EGF12 上 *O*- 岩藻糖的糖链延伸，明显增强了 Notch 蛋白和 Delta 蛋白配体之间的亲和力，导致 Notch 信号激活增强。NOTCH1 蛋白中 EGF12 上岩藻糖的功能类似于替代氨基酸（surrogate amino acid），因为它直接参与了与配体的结合过程。*O*- 岩藻糖对 Notch 信号传递的调控提供了一个最为明晰的范例，以说明信号转导途径可以通过改变受体的糖基化来进行调控。

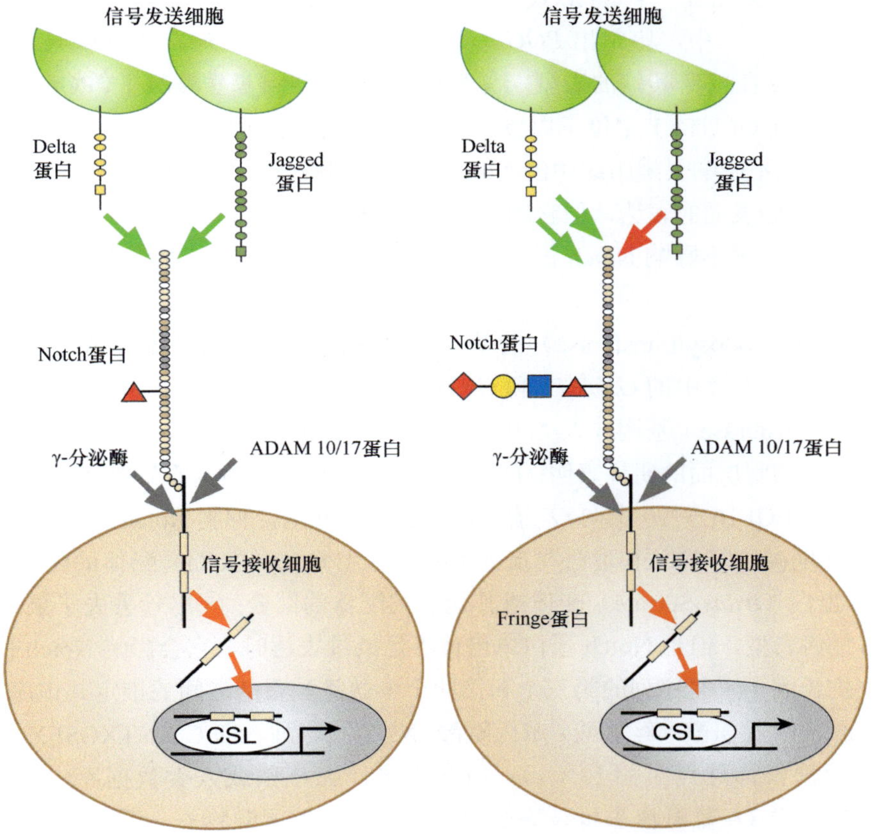

图 13.3 Notch 信号通路。 Notch 蛋白在细胞表面以异源二聚体的形式存在，其中，细胞外结构域通过非共价、钙依赖性的相互作用，与跨膜结构域和细胞内结构域相连。Notch 蛋白由在“信号发送细胞”（sending cell）表面表达的配体，即哺乳动物中的 Delta 蛋白或 Jagged 蛋白家族的成员激活。图中显示了两种配体，但通常信号发送细胞将主要表达二者之一。与配体的结合诱导了 Notch 蛋白受体的构象变化，暴露出细胞表面蛋白酶（ADAM10 或 ADAM17）的酶切位点。在发生细胞外切割之后，Notch 蛋白可以在 γ- 分泌酶（γ-secretase）的催化下进行第二次切割，导致 Notch 蛋白的细胞内结构域作为“信号接收细胞”细胞质中的可溶性蛋白而获得释放。Notch 蛋白的细胞内结构域可易位至细胞核，它在这里与 CSL 家族的转录调控因子成员如着丝粒结合蛋白 1（centromere-binding protein 1，CBF1）、Su(H) 蛋白、Lag-1 蛋白发生相互作用，激活多个下游基因的转录。图中对没有 Fringe 蛋白的信号接收细胞（左）与表达 Fringe 蛋白的信号接收细胞（右）中 Notch 蛋白的表达进行了比较。Fringe 蛋白的存在导致了 *O*- 岩藻糖的延长，并改变了 Notch 蛋白对信号发送细胞上配体的响应能力。在本例中，Fringe 蛋白导致了 Delta 蛋白的信号增强和 Jagged 蛋白的信号减少（经 *Annual Review of Biochemistry* 许可，修改自 Haltiwanger RS，Lowe JB. 2004. *Annu Rev Biochem* 73：491-537，©Annual Reviews 版权所有）。

13.2.2 *O*- 葡萄糖聚糖

在表皮生长因子重复序列上首次报道的 β- 连接的 *O*- 葡萄糖修饰，发生在共识序列——半胱氨酸 -X- 丝氨酸 -X-（脯氨酸 / 丙氨酸）- 半胱氨酸，即 $C^1XSX(P/A)C^2$ 的第一个和第二个保守的半胱氨酸残基之间（图 13.1A），研究人员目前已在小鼠或人类数据库中大约 50 种蛋白质上发现了这一修饰。这种 *O*- 葡萄糖聚糖通常以三糖 Xylα1-3Xylα1-3Glcβ-*O*-Ser 的形式存在，尽管单糖和二糖形式也有存在。编码这种蛋白质 *O*- 葡萄糖基转移酶（POGLUT）的人类基因是 *POGLUT1*（果蝇中的 *rumi* 基因）。小鼠和果蝇中的 *Poglut1/rumi* 基因突变导致的发育缺陷，类似于 *Notch1/Notch* 突变，尽管在这两种生物体中，*O*- 葡萄糖基化在其他糖蛋白中也很重要。与 *POFUT1* 基因类似，人类 *POGLUT1* 基因的杂合突变会导致一种常染色体显性遗传的皮肤色素沉着病，称为**道林 - 德戈斯病 4 型（Dowling-Degos disease type 4，DDD4；OMIM 615696）**。此外，研究人员已在一种新形式的**肢带型肌营养不良症（limb-girdle muscular dystrophy，LGMDR21；OMIM 617232）**中，鉴定出 *POGLUT* 的隐性突变，该疾病在皮肤或其他已知依赖于 Notch 信号传递器官系统中不存在任何其他的表型。与蛋白质 *O*- 岩藻糖基转移酶 1（POFUT1）一样，蛋白质 *O*- 葡萄糖基转移酶 1（POGLUT1）定位于内质网，需要正确折叠的表皮生长因子重复序列作为底物。虽然 *Poglut1/rumi* 的缺失既不影响果蝇组织中的 Notch 蛋白在细胞表面的表达，也不影响几种哺乳动物细胞系中 NOTCH1 蛋白在细胞表面的表达，但它确实会影响 NOTCH1 蛋白在其他一些哺乳动物细胞系中的表面表达。*O*- 葡萄糖基化似乎不影响 Notch 蛋白与经典配体之间的结合，并且可能是 Notch 蛋白水解切割过程中所必需的修饰。

编码木糖基转移酶（xylosyltransferase）的基因，包括葡萄糖苷 α1-3 木糖基转移酶（glucoside α1-3 xylosyltransferase）基因（人类中的 *GXYLT1* 和 *GXYLT2*，果蝇中的 *shams*）和木糖苷 α1-3 木糖基转移酶（xyloside α1-3 xylosyltransferase）基因（人类中的 *XXYLT1*，果蝇中的 *Xxylt*）（**图 13.1B**）。对果蝇 Notch 蛋白木糖基化的遗传学和细胞层面的研究表明：①虽然向 Notch 蛋白添加 *O*- 葡萄糖可以促进 Notch 信号通路，但在果蝇 Notch 蛋白的 EGF16 ～ 20 上向 *O*- 葡萄糖添加木糖残基会抑制 Notch 信号通路；② EGF16 ～ 20 上的木糖残基选择性地减少了 Notch 蛋白与反式 Delta 蛋白（*trans*-Delta）配体的结合，而不影响 Notch 蛋白与反式 Serrate 蛋白（*trans*-Serrate）配体或其他顺式配体的结合；③尽管丢失了果蝇 *GXYLT/shams* 的一个拷贝本身没有任何表型，但当 Notch 蛋白单倍体不足或过表达时，它会影响 Notch 信号通路。

最近，在表皮生长因子重复序列的第三个和第四个半胱氨酸残基之间的推定共识序列——半胱氨酸 -X- 天冬酰胺 - 苏氨酸 -X- 甘氨酸 - 丝氨酸 - 苯丙氨酸 -X- 半胱氨酸，即 $C^3XNTXGSFXC^4$ 上，发现了第二个 β- 连接的 *O*- 葡萄糖修饰位点（**图 13.1A**），研究人员已在小鼠或人类数据库中大约 30 多种蛋白质上发现了该位点。蛋白质 *O*- 葡萄糖基转移酶 1（POGLUT1）的同源物——蛋白质 *O*- 葡萄糖基转移酶 2（POGLUT2）和蛋白质 *O*- 葡萄糖基转移酶 3（POGLUT3）负责修饰该位点。目前尚没有该位点 *O*- 葡萄糖的糖链延长超过单糖的报道。

13.2.3 *O-N*- 乙酰葡萄糖胺聚糖

尽管 β- 连接的 *O-N*- 乙酰葡萄糖胺（*O*-GlcNAc）在细胞核和细胞质区室中的蛋白质上十分常见（**第 19 章**），但相同的修饰却在相对较少的膜蛋白和分泌蛋白中被发现。*O-N*- 乙酰葡萄糖胺的添加，发生在小鼠和果蝇 Notch 蛋白中表皮生长因子重复序列的第 5 个和第 6 个保守的半胱氨酸残基之间，推定的共识序列为半胱氨酸 -X-X-X-X-（丝氨酸 / 苏氨酸）- 甘氨酸 -$X_{2\text{-}3}$- 半胱氨酸，即 $C^5XXXX(S/T)GX_{2\text{-}3}C^6$（**图 13.1A**）。然而，研究人员仅在少数蛋白质上确认了这一位点。*O*-GlcNAc 可以被 β1-4Gal 延长，然后添加唾液酸，形成 Siaα2-3/6Galβ1-4GlcNAc 糖链结构。表皮生长因子特异性 *O-N*- 乙酰葡萄糖胺转移酶（EGF-specific *O*-GlcNAc transferase，EOGT），与修饰细胞核和细胞质蛋白的 *O-N*- 乙酰葡萄糖胺转移酶（*O*-GlcNAc transferase，OGT）大不相同（**第 19 章**）。果蝇 *Eogt* 基因的失活具有蛹期致死性，如果在翅膀中进行基因删除，会导致翅膀起泡（wing-blister）。在果蝇中观察到的表型，可以通过 EOGT 蛋白的底物 Dumpy 蛋白进行解释，并且没有观察到明显的 Notch 蛋白缺陷表型。然而，*eogt* 和 Notch 通路基因突变之间的遗传相互作用也发生在果蝇中，人类 *EOGT* 的基因突变导致**亚当斯 - 奥利弗综合征 4 型（Adams-Oliver syndrome type 4，OMIM 615297）**[①]患者出现的皮肤和骨骼问题，这是一种与 Notch 信号通路有关的疾病。与之相一致，小鼠中的 EOGT 蛋白可以通过增强 Delta 蛋白样配体（Delta-like ligand）介导的 Notch 信号通路来调控血管发育过程及血管形成的完整性。

13.3　血小板应答蛋白 1 型重复序列的岩藻糖修饰

血小板应答蛋白 1 型重复序列（TSR）上也有 *O*- 岩藻糖修饰。与表皮生长因子重复序列相似，血小板应答蛋白 1 型重复序列是短小的蛋白质结构域（50 ～ 60 个氨基酸），有 6 个保守的半胱氨酸，形成 3 个二硫键（图 13.4）。与表皮生长因子重复序列一样，血小板应答蛋白 1 型重复序列存在于后生动物的细胞表面和一部分分泌蛋白中，它们似乎在蛋白质 - 蛋白质相互作用中发挥了作用。*O*- 岩藻糖位点出现在大约 50 种蛋白质上的、血小板应答蛋白 1 型重复序列中推定的共识序列——半胱氨酸 -X_2-（丝氨酸 / 苏氨酸）- 半胱氨酸，即 $C^1X_2(S/T)C^2$ 的第一个和第二个保守的半胱氨酸残基之间（表 13.1）。血小板应答蛋白 1 型重复序列上的 *O*- 岩藻糖，可以延长形成二糖 Glcβ1-3Fucα-*O*-Ser/Thr，于 1975 年在人类尿液的糖苷中首次被观察到。对血小板应答蛋白 1 型重复序列进行岩藻糖基化的酶是蛋白质 *O*- 岩藻糖基转移酶 2（protein *O*-fucosyltransferase 2，POFUT2），它在许多细胞和组织中表达，与蛋白质 *O*- 岩藻糖基转移酶 1（POFUT1）不同。在小鼠中删除 *Pofut2* 基因会导致早期胚胎致死，并伴有原肠胚形成（gastrulation）缺陷。负责编码在血小板应答蛋白 1 型重复序列上延长 *O*- 岩藻糖的 β3- 葡萄糖基转移酶（β3-glucosyltransferase，B3GLCT）的基因是 *B3GLCT*。人类中 *B3GLCT* 的突变导致一种多方面的严重发育障碍，被称为**彼得斯复合综合征（Peters-plus syndrome，OMIM 261540）**。在小鼠中删除 *B3glct* 基因，能够对该综合征中的许多缺陷进行表型复制（phenocopy）。血小板应答蛋白 1 型重复序列也经常被 *C*- 甘露糖修饰（图 13.4），尽管 *O*- 岩藻糖 /*C*- 甘露糖修饰之间的关系尚不清楚。研究人员现在已知，许多生物学上饶有兴味的蛋白质含有或预测含有 *O*- 岩藻糖修饰，包括血小板应答蛋白 -1（thrombospondin-1）和血小板应答蛋白 -2（thrombospondin-2）、所有的具有血小板应答蛋白基序的去整联蛋白和金属蛋白酶（a disintegrin and metalloproteinase with thrombospondin motif，ADAMTS，包括 ADAMTS1 ～ 20），以及具有血小板应答蛋白基序的去整联蛋白和金属蛋白酶样蛋白（ADAMTS-like protein）、备解素（properdin）和 F- 应答蛋白（F-spondin）（表 13.1）。包括 ADAMTS13 蛋白和 ADAMTS 样蛋白 1（ADAMTS-like 1）在内的几种蛋白质中的血小板应答蛋白 1 型重复序列上的 *O*- 岩藻糖基化是其分泌所必需的，这表明血小板应答蛋白 1 型重复序列的 *O*- 岩藻糖基化，可能参与了蛋白质的质量控制或折叠，类似于预测的 *O*- 岩藻糖在果蝇表皮生长因子重复序列中的功能。与蛋白质 *O*- 岩藻糖基转移酶 1（POFUT1）一样，蛋白质 *O*- 岩藻糖基转移酶 2（POFUT2）定位于内质网，仅对正确折叠的血小板应答蛋白 1 型重复序列进行岩藻糖基化。蛋白质 *O*- 岩藻糖基转移酶 2 和 β3- 葡萄糖基转移酶（B3GLCT）似乎在一种新型的内质网质量控制途径中发挥作用，该途径对血小板应答蛋白 1 型重复序列的正确折叠是必需的。在血小板应答蛋白 -1 中，用 *O*- 岩藻糖修饰的血小板应答蛋白 1 型重复序列区域，介导了该序列与几种细胞表面受体之间的相互作用。因此，该区域中 *O*- 岩藻糖的存在，可能会影响血小板应答蛋白 1 型重复序列和相邻细胞之间的相互作用，恰似表皮生长因子重复序列上的 *O*- 岩藻糖调节 Notch 蛋白配体结合的功能。血小板应答蛋白 1 型重复序列的存在，确保了血小板应答蛋白等蛋白质与细胞和（或）细胞外基质中的其他成分结合，这是这些蛋白质抗血管生成功能中的一个重要步骤。

---

① 也称先天性头皮缺乏伴四肢复位异常。

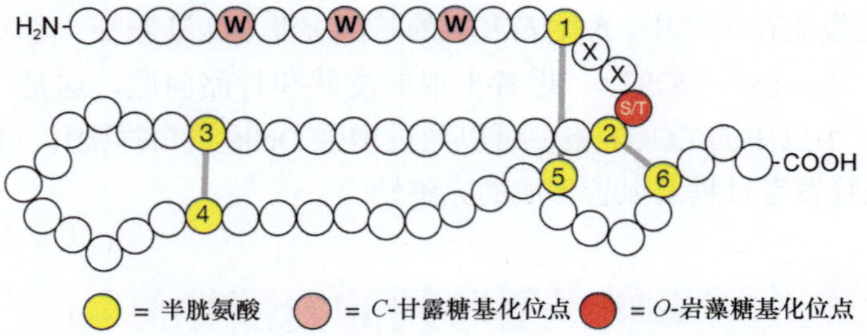

图 13.4 血小板应答蛋白 1 型重复序列（TSR）的修饰。这些重复序列具有 6 个保守的半胱氨酸（黄色）、3 个二硫键（灰线），以及 *O*- 岩藻糖（红色）和 *C*- 甘露糖（粉红色）添加的共识位点。氨基酸缩写：色氨酸（W）；丝氨酸（S）；苏氨酸（T）；任何氨基酸（X）。半胱氨酸的编号代表血小板应答蛋白 1 型重复序列中保守的半胱氨酸的出现顺序［经许可修改自 Haltiwanger RS. 2004. In *Encyclopedia of Biological Chemistry* (ed. Lennarz WI，Lane MD)，Vol. 2，pp. 277-282，©Elsevier 版权所有］。

13.4 *O*- 甘露糖聚糖

20 世纪 50 年代，研究人员在酵母中首次发现了与蛋白质相连的 α- 甘露糖（**第 23 章**）。真菌用一系列甘露糖基转移酶（mannosyltransferase）延长该甘露糖，形成类似于真菌 *N*- 聚糖上的糖链结构延伸。*O*- 甘露糖（O-mannose）于 1979 年首次在哺乳动物中发现，与大鼠大脑中的蛋白聚糖有关。*O*- 甘露糖聚糖可占某些哺乳动物组织（包括大脑）中所有 *O*- 聚糖的 1/3。哺乳动物中的 *O*- 甘露糖聚糖种类繁多，隶属于三个核心类别（**图 13.5**）。**α- 抗肌萎缩蛋白聚糖（α-dystroglycan）**是抗肌萎缩蛋白 - 糖蛋白复合物（dystrophin-glycoprotein complex）的主要细胞外糖蛋白成分，α- 抗肌萎缩蛋白聚糖的 *O*- 甘

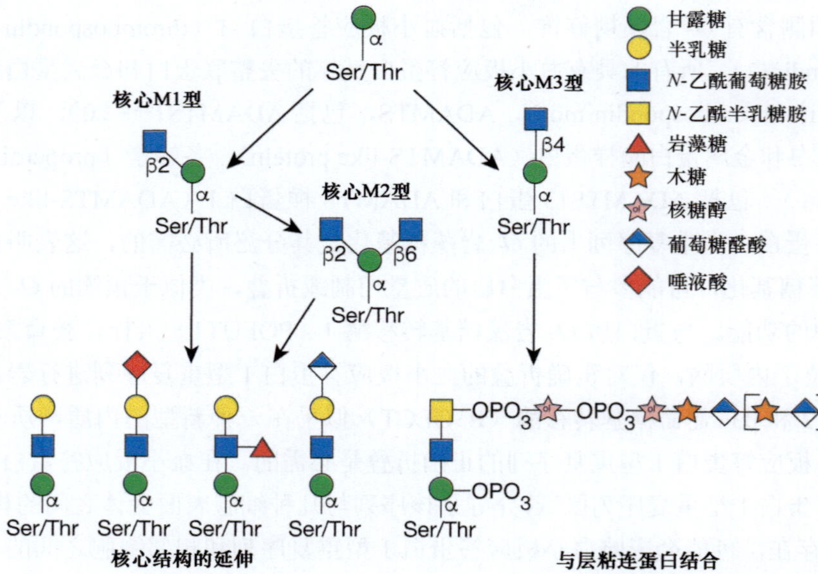

图 13.5 *O*- 甘露糖聚糖的生物合成途径。*O*- 甘露糖隶属于三个核心类别，分别由 β1-2 连键的单个 *N*- 乙酰葡萄糖胺（GlcNAc）（核心 M1 型）、β1-2 和 β1-6 连键的两个 *N*- 乙酰葡萄糖胺（核心 M2 型）或 β1-4 连键的 *N*- 乙酰葡萄糖胺（核心 M3 型），从蛋白质连接的甘露糖延伸而来。如图所示，所有三个核心类别都可以通过甘露糖的延伸来实现进一步的结构拓展。核心 M3 型聚糖可能对哺乳动物中的 α- 抗肌萎缩蛋白聚糖具有特异性，并且通常携带由 LARGE 蛋白负责执行糖基转移的一种重复二糖——基质蛋白聚糖（matriglycan），该聚糖是结合层粘连蛋白所必需的。氨基酸缩写：丝氨酸（Ser）；苏氨酸（Thr）。

露糖基化缺陷会导致多种形式的**先天性肌营养不良症**（**congenital muscular dystrophy，CMD**）。这些疾病被称为**继发性肌营养不良症**（**secondary dystroglycanopathy**），包括**沃克 - 瓦尔堡综合征**（**Walker-Warburg syndrome**）、**肌 - 眼 - 脑病**（**muscle-eye-brain disease**）、**福山型先天性肌营养不良症**（**Fukuyama congenital muscular dystrophy**）和各种形式的**肢带型肌营养不良症**（**limb-girdle muscular dystrophy**）（**第 45 章**）。α- 抗肌萎缩蛋白聚糖上的一些 *O*- 甘露糖聚糖，充当了含有层粘连蛋白（laminin）球状结构域的细胞外基质蛋白的结合位点。这些相同的 *O*- 甘露糖修饰也可作为某些**沙粒病毒**（**arenavirus**）的受体，而这些聚糖的丢失也与多种癌症的转移有关。

α- 抗肌萎缩蛋白聚糖中的起始 *O*- 甘露糖，由两种 *O*- 甘露糖基转移酶（*O*-mannosyltransferase）负责转移，即蛋白质 *O*- 甘露糖基转移酶 1（protein *O*-mannaosyltransferase 1，POMT1）和蛋白质 *O*- 甘露糖基转移酶 2（protein *O*-mannaosyltransferase 2，POMT2），二者共同发挥作用（**图 13.5**）。然而，也有多种蛋白质 *O*- 甘露糖基转移酶使用多萜醇 - 磷酸 - 甘露糖（Dol-P-Man）作为供体，在内质网中催化 *O*- 甘露糖添加到多种蛋白质的丝氨酸 / 苏氨酸（Ser/Thr）残基上。随后，高尔基体定位的一种 *N*- 乙酰葡萄糖胺转移酶——蛋白质 *O*- 连接甘露糖 *N*- 乙酰葡萄糖胺转移酶 1（protein *O*-linked mannose *N*-acetylglucosaminyltransferase 1，POMGNT1）催化反应生成**核心 M1 型**（**core M1**）*O*- 甘露糖聚糖（**图 13.5**），该酶负责将 β1-2GlcNAc 添加到糖蛋白上的 *O*- 甘露糖中。核心 M1 型聚糖也可以通过在其他途径中发挥作用的酶实现进一步的延伸，包括半乳糖基转移酶（galactosyltransferase）、岩藻糖基转移酶（fucosyltransferase）、葡萄糖醛酸转移酶（glucuronyltransferase）和唾液酰基转移酶（sialyltransferase）。核心 M1 型聚糖也可以通过向 *O*- 甘露糖上添加 β1-6GlcNAc 而转化为**核心 M2 型**（**core M2**）*O*- 甘露糖聚糖，该反应由 *N*- 乙酰葡萄糖胺转移酶——α1-6 甘露糖基 - 糖蛋白 6-β-*N*- 乙酰葡萄糖胺转移酶 B（α1-6 mannosyl-glycoprotein 6-β-*N*-acetylglucosaminyltransferase B，MGAT5B）催化。核心 M2 型聚糖上的这个全新的糖链分支，也可以通过作用于核心 M1 型的糖基转移酶进行延伸（**图 13.5** 核心结构的延伸）。除 α- 抗肌萎缩蛋白聚糖之外，研究人员已在多种哺乳动物蛋白上鉴定出核心 M1 型和核心 M2 型 *O*- 甘露糖聚糖。

核心 M3 型（**core M3**）*O*- 甘露糖聚糖（**图 13.5**）具有关键的功能特性，迄今为止仅在哺乳动物蛋白——α- 抗肌萎缩蛋白聚糖上进行了鉴定。在内质网中，核心 M3 型 *O*- 甘露糖通过添加 β1-4GlcNAc 的 *N*- 乙酰葡萄糖胺转移酶——蛋白质 *O*- 连接甘露糖 *N*- 乙酰葡萄糖胺转移酶 2（protein *O*-linked mannose *N*-acetylglucosaminyltransferase 2，POMGNT2）进行延伸。而催化获得的二糖结构，则是一种 *N*- 乙酰半乳糖胺转移酶——β1-3 *N*- 乙酰半乳糖胺转移酶 2（β1-3 *N*-acetylgalactosaminyltransferase 2，B3GALNT2）的底物，它可以将 β1-3GalNAc 添加到二糖中的 *N*- 乙酰葡萄糖胺（GlcNAc）上。形成的三糖是一种分泌途径激酶——蛋白质 *O*- 甘露糖激酶（protein *O*-mannose kinase，POMK）的底物，它在核心甘露糖上添加一个 6- 磷酸酯。紧随其后的下一步是在福山蛋白（fukutin，FKTN）的催化下，将核糖醇 -5- 磷酸（ribitol-5-P）以磷酸二酯键的形式添加到 *N*- 乙酰半乳糖胺（GalNAc）上，然后经由福山蛋白相关蛋白（fukutin-related protein，FKRP）的催化，以磷酸二酯键的形式添加另一个核糖醇 -5- 磷酸到第一个核糖醇上。一种 D- 核糖醇 -5- 磷酸胞苷转移酶（D-ribitol-5-phosphate cytidylytransferase）——胞苷二磷酸 -L- 核糖醇焦磷酸化酶 A（CDP-L-ribitol pyrophosphorylase A，CRPPA），可以产生福山蛋白和福山蛋白相关蛋白所使用的核苷酸糖，即胞苷二磷酸 - 核糖醇（CDP-ribitol）。核糖醇木糖基转移酶 1（ribitol xylosyltransferase 1，RXYLT1）和 β1-4 葡萄糖醛酸转移酶 1（β1-4 glucuronyltransferase 1，B4GAT1）分别将木糖和葡萄糖醛酸添加到最外层的核糖醇上。该操作用于核心 M3 型聚糖的启动，以添加重复二糖 (Xyl-α3-GlcA-β3-)$_n$。重复二糖的添加，由具有双重活性的糖基转移酶——LARGE 木糖基和葡萄糖醛酸转移酶 1（LARGE xylosyl-and glucuronyltransferase 1，LARGE 1）或 LARGE 木糖基和葡萄糖醛酸转移酶 2（LARGE xylosyl-and glucuronyltransferase 2，LARGE 2）负责催化。形成的重复二糖被称为**基质蛋白聚糖**（**matriglycan**），可作为含有层粘连蛋白球状结构域的细胞外基质蛋白的结合位点，包括层粘连蛋白、突触蛋白聚糖（agrin）、皮卡丘素（pikachurin）、闭眼蛋白同源物蛋白（eyes shut homolog，EYS），以及某些沙粒病毒的刺突蛋白。研究人员已经在先天性肌营养不良症患者中鉴定出编码参与 M3 型聚糖合成的所有酶的基因突变（**第 45 章**）。

13.5 胶原蛋白中的 *O*- 聚糖

具有**胶原蛋白结构域（collagen domain）**的蛋白质，可被二糖 Glcα1-2Galβ- 修饰，该二糖组装在羟赖氨酸（hydroxylysine，Hyl）残基上。20 世纪 60 年代，研究者首次在胶原蛋白中发现了这种 *O*- 聚糖，并且在其他具有**胶原蛋白样模件（collagen-like module）**的蛋白质中观察到该修饰，这些蛋白质包括脂连蛋白（adiponectin）和肺表面活性蛋白（pulmonary surfactant protein）。海绵和海葵中原始形式的胶原蛋白，也含有经二糖修饰的羟赖氨酸。该聚糖生物合成途径的第一步是通过三个赖氨酰羟化酶（lysyl hydroxylase）将赖氨酸羟化为羟赖氨酸。随后，在大多数可用的受体位点上迅速地进行共分为两步的糖基化过程。两种半乳糖基转移酶（galactosytransferase）——胶原蛋白 β（1-*O*）半乳糖基转移酶 1（collagen β[1-*O*]galactosyltransferase 1，COLGALT1）和胶原蛋白 β（1-*O*）半乳糖基转移酶 2（collagen β[1-*O*] galactosyltransferase 2，COLGALT2）在内质网中启动胶原蛋白的糖基化。研究人员在两名无血缘关系、患有与脑血管脆性相关的脑血管疾病的患者中，发现了 ***COLGALT1* 基因的常染色体隐性突变（OMIM 618360）**。重要的是，在一些具有 IV 型胶原蛋白（collagen type IV）突变的患者中，研究人员也观察到了类似的表型，从而突出了胶原蛋白糖基化在血管完整性中的关键作用。有趣的是，尽管在所核验的所有动物物种中，羟基化过程和半乳糖的添加都是保守的，并且通过两种不同酶的作用发生，但**巨型病毒（giant virus）**具有一种双功能酶，能够使赖氨酸羟基化，同时将葡萄糖而不是半乳糖添加到胶原蛋白中。值得注意的是，将葡萄糖添加到位于胶原蛋白的半乳糖上的酶仍然有待鉴定，尽管人类赖氨酰羟化酶 3（lysyl hydroxylase 3，LH3）已被认为除了赖氨酸的羟基化外还具有这一活性。缺乏赖氨酰羟化酶 3 的小鼠，无法正确地将 IV 型胶原蛋白糖基化，这会导致小鼠胚胎致死，以及内质网中错误折叠的胶原蛋白沉积。该糖基化过程被认为是持续进行的，直至蛋白质折叠并组装为众所周知的胶原蛋白三股螺旋（collagen triple helix）。一些研究表明，糖基化的程度能够控制或影响三股螺旋的形成速率，进而影响胶原原纤维（collagen fibril）的大小。其他研究表明，羟赖氨酸的过度糖基化使它们成为细胞外酶促脱氨反应的不良底物，而这恰恰是胶原蛋白交联过程中的第一步。

13.6 *C*- 甘露糖基化

研究人员在人类尿液中首次检测到另一种类型的糖基化，被称为 ***C*- 甘露糖基化（*C*-mannosylation）**。单个甘露糖残基的 C-1 原子，以 α- 连键方式添加到目标蛋白中色氨酸（Trp）吲哚部分的 C-2 原子上（**图 13.6**）。值得注意的是，这是一种罕见的糖苷键，因为它是一个 C-C 键，而不是 C-O 或 C-N 键。结构分析、哺乳动物细胞系中的生物合成研究，以及针对该修饰的特异性抗体均表明，*C*- 甘露糖基化是广泛存在的，但在细菌和酵母中似乎不存在这一修饰。保守的 *C*- 甘露糖基化位点主要存在于具有血小板应答蛋白 1 型重复序列的蛋白质和 I 型细胞因子受体中。*C*- 甘露糖基化关键的序列是色氨酸 -X-X- 色氨酸 / 半胱氨酸（WXXW/C）。在血小板应答蛋白 1 型重复序列中，*C*- 甘露糖基化基序可以有多达三个色氨酸残基，即色氨酸 -X-X- 色氨酸 -X-X- 色氨酸 -X-X- 半胱氨酸（WXXWXXWXXC），这三个残基都可以被 *C*- 甘露糖基化（**图 13.4**）。具有此基序的合成多肽，可以在体外被 *C*- 甘露糖基化，超过 300 种哺乳动物的蛋白质中具有该序列。几种补体蛋白含有携带 *C-* 甘露糖的血小板应答蛋白 1 型重复序列。例如，在补体的正调节剂——备解素中，17 个共识位点中有 14 个被完全糖基化修饰。内质网中 *C-* 甘露糖基化的生物合成供体是多萜醇 - 磷酸 - 甘露糖（Dol-P-Man），它由鸟苷二磷酸 - 甘露糖（GDP-Man）产生（**第 5 章**）。研究人员已在**秀丽隐杆线虫**（***Caenorhabditis elegans***）中鉴定出编码 *C-* 甘露糖基转移酶的基因 *dpy-19*，并且 DPY-19 蛋白的突变体会导致成神经细胞迁移缺陷。哺乳动物基因组编码 4 个 DPY-19 蛋白的同源物，其中 2 个已被证明具有 *C-* 甘露糖基转移酶活性。研究人员认为，蛋白质 *C-* 甘露糖基化在内质网中蛋白质折叠之前或期间发生。此外，*C-* 甘露糖基化的丧失会导致一些 DPY-19 蛋白的靶蛋白在内质网中积累。因此，*C-* 甘露糖基化可能有助于内质网中的蛋白质折叠。鉴于蛋白质上广泛存在 *C-* 甘露糖基化，以及最近成功鉴定出负责这种翻译后修饰的酶，研究人员应该能够很快揭示出其生物学功能。

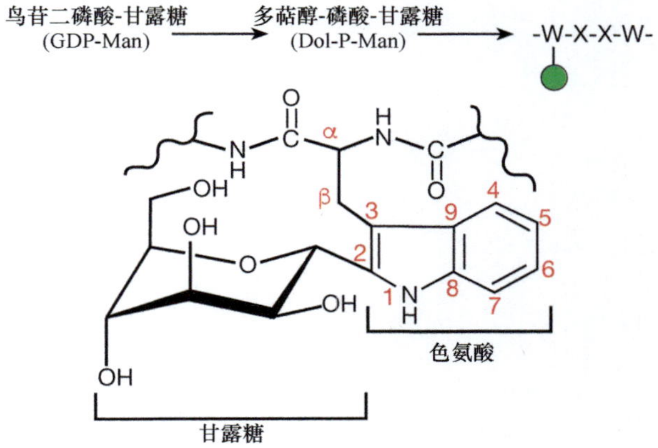

图 13.6　*C-* 甘露糖基化的生物合成途径和 *C-* 甘露糖基化色氨酸的结构细节。 α- 连接的甘露糖，以 $^{1}C_4$ 构象显示。

致谢

感谢蒂埃里 · 亨内特（Thierry Hennet）、铃木匡（Tadashi Suzuki）和乔恩 · 阿吉雷（Jon Agirre）的有益评论及建议。

延伸阅读

Ogawa M, Furukawa K, Okajima T. 2014. Extracellular O-linked β-N-acetylglucosamine: its biology and relationship to human disease. *World J Biol Chem* **5**: 224-230.

Praissman JL, Wells L. 2014. Mammalian O-mannosylation pathway: glycan structures, enzymes, and protein substrates. *Biochemistry* **53**: 3066-3078.

Yoshida-Moriguchi T, Campbell KP. 2015. Matriglycan: a novel polysaccharide that links dystroglycan to the basement membrane. *Glycobiology* **25**: 702-713.

Sheikh MO, Halmo SM, Wells L. 2017. Recent advancements in understanding mammalian O-mannosylation. *Glycobiology* **27**: 806-819.

Hennet T. 2019. Collagen glycosylation. *Curr Opin Struct Biol* **56**: 131-138.

Hohenester E. 2019. Laminin G-like domains: dystroglycan-specific lectins. *Curr Opin Struct Biol* **56**: 56-63.

Holdener BC, Haltiwanger RS. 2019. Protein O-fucosylation: structure and function. *Curr Opin Struct Biol* **56**: 78-86.

Shcherbakova A, Preller M, Taft MH, Pujols J, Ventura S, Tiemann B, Buettner FF, Bakker H. 2019. C-mannosylation supports folding and enhances stability of thrombospondin repeats. *eLife* **8**: e52978.

Varshney S, Stanley P. 2019. Multiple roles for O-glycans in Notch signaling. *FEBS Lett* **592**: 3819-3834.

Yu H, Takeuchi H. 2019. Protein O-glucosylation: another essential role of glucose in biology. *Curr Opin Struct Biol* **56**: 64-71.

John A, Järvå MA, Shah S, Mao R, Chappaz S, Birkinshaw RW, Czabotar PE, Lo AW, Scott NE, Goddard-Borger ED. 2021. Yeast- and antibody-based tools for studying tryptophan C-mannosylation. *Nat Chem Biol* **17**: 428-437.

Pandey A, Niknejad N, Jafar-Nejad H. 2021. Multifaceted regulation of Notch signaling by glycosylation. *Glycobiology* **31**: 8-28.

第 14 章

不同聚糖的共同结构

帕梅拉·斯坦利（Pamela Stanley），曼弗雷德·沃格尔（Manfred Wuhrer），戈登·劳克（Gordan Lauc），肖恩·R. 斯托威尔（Sean R. Stowell），理查德·D. 卡明斯（Richard D. Cummings）

14.1 聚糖延伸结构的糖基化是可调控的 / 161
14.2 人类 A、B 和 H 血型 / 164
14.3 Lewis 血型 / 168
14.4 P 血型 / 169
14.5 乳寡糖 / 170
14.6 Galα1-3Gal 末端 / 171
14.7 福斯曼抗原 / 171
14.8 硫酸化的 N- 乙酰半乳糖胺——垂体糖蛋白激素 / 172
14.9 末端 β- 连接的 N- 乙酰半乳糖胺——Sd[a] 血型 / 173
14.10 α2-3- 唾液酸化聚糖 / 174
14.11 α2-6- 唾液酸化聚糖 / 175
14.12 α2-8- 唾液酸化聚糖 / 176
14.13 硫酸化和磷酸化聚糖 / 177
致谢 / 178
延伸阅读 / 178

本章描述了连接到每种聚糖类别（*N*- 聚糖、*O*- 聚糖和糖脂）核心结构上的可变组成，这些聚糖类别在**第 9 章至第 11 章**中进行了介绍。这些核心结构的延伸，形成了成熟的聚糖，其中还包括人类血型决定簇。成熟聚糖的末端糖，通常调节糖复合物的功能或识别特性。本章还对乳寡糖进行了讨论，它们在乳糖核心上带有许多相同的延伸结构。

14.1 聚糖延伸结构的糖基化是可调控的

作为正常发育过程的一部分，许多聚糖的延伸结构在胚胎发生过程中和出生后受到调控（**第 41 章**）。末端聚糖结构的变化也常常与癌症的恶性转化有关（**第 47 章**）。相关糖基转移酶和相关糖基化基因的调控表达，决定了对聚糖延伸结构生物合成调控的组织特异性和（或）谱系特异性。本章讨论了聚糖延伸结构的这些变化所产生的生物学后果。然而，研究中所观察到的大多数受调控的末端糖基化，可能具有许多不同的功能。

14.1.1 2 型聚糖单元（*N*- 乙酰乳糖胺）

图 14.1 中的核心结构具有末端 *N*- 乙酰葡萄糖胺（GlcNAc），可以接受 β1-4 半乳糖（β1-4Gal），以生成由 Galβ1-4GlcNAc 组成的 **2 型聚糖单元（Type-2 unit）**，该单元也被称为 ***N*- 乙酰乳糖胺（*N*-acetyllactosamine, LacNAc）**（**图 14.2**）。如此产生的末端半乳糖（Gal）可以接受一个 β1-3GlcNAc，后者又可以再次接受 β1-

4Gal，从而形成两个 *N*- 乙酰乳糖胺单元。这些反应可以重复进行，形成**聚 -*N*- 乙酰乳糖胺（poly-LacNAc）(-3Galβ1-4GlcNAcβ1-)$_n$**。聚 -*N*- 乙酰乳糖胺链存在于大多数细胞类型的聚糖中。另一种组合是在 β1-4 *N*- 乙酰半乳糖胺转移酶（β1-4GalNAc-transferase）催化下形成的**二 -*N*- 乙酰基乳糖胺（GalNAcβ1-4GlcNAc，LacdiNAc）**聚糖单元，随后组成聚糖链 **(-3GalNAcβ1-4GlcNAcβ1-)$_n$**。二 -*N*- 乙酰基乳糖胺末端结构出现在牛乳、大鼠催乳素、肾上皮细胞，以及蜗牛和蠕虫等无脊椎动物的 *N*- 聚糖上（**第 25 章**）。这些残基在脊椎动物中经常被 α2-6- 唾液酸化。

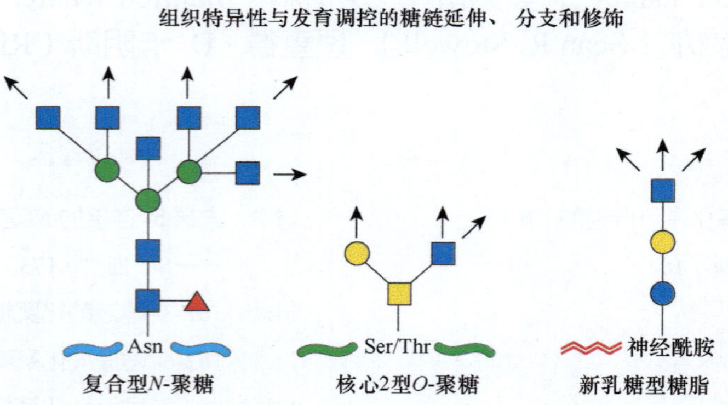

图 14.1 *N*- 聚糖的合成，产生具有 *N*- 乙酰葡萄糖胺（GlcNAc）残基的复合型 *N*- 聚糖（**第 9 章**），这些残基通常在糖基化反应中被进一步延伸（箭头），并且这些反应可能具有组织特异性、受发育调控，甚至具有蛋白质特异性。与核心甘露糖相连的 *N*- 乙酰葡萄糖胺，被称为二等分 *N*- 乙酰葡萄糖胺（bisecting GlcNAc），它通常不会被进一步修饰。*O*-*N*- 乙酰半乳糖胺（*O*-GalNAc）聚糖的合成，包括一个带有 *N*- 乙酰葡萄糖胺的核心 2 型（core 2）结构（**第 10 章**），该结构随后可能被许多同样作用于 *N*- 聚糖的相同酶催化，对其进行修饰。糖脂核心结构（**第 11 章**）及具有末端 *N*- 乙酰葡萄糖胺的 *O*- 岩藻糖和 *O*- 甘露糖（**第 13 章**），也会被许多作用于 *N*- 聚糖和 *O*- 聚糖的相同的酶催化修饰。氨基酸缩写：天冬酰胺（Asn），丝氨酸（Ser），苏氨酸（Thr）。

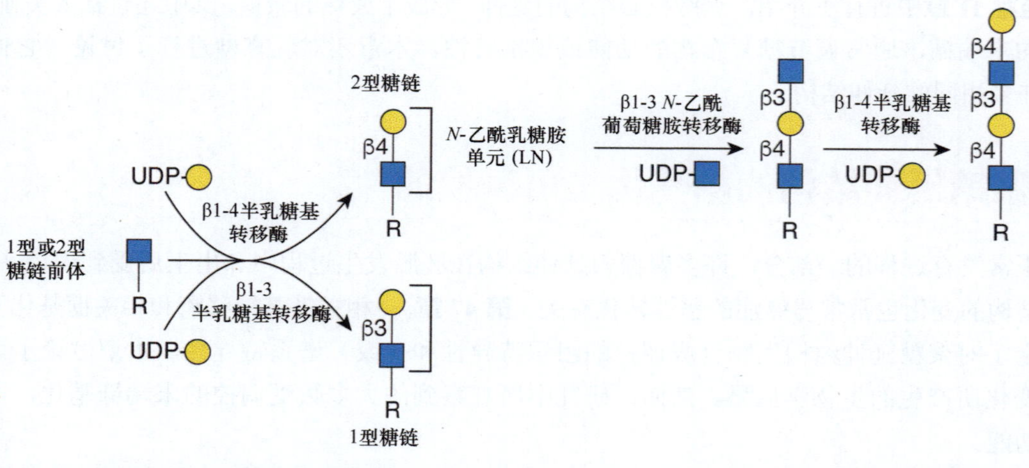

图 14.2 末端 *N*- 乙酰葡萄糖胺残基通常被半乳糖基化。β1-4 半乳糖（向上箭头）的修饰存在于所有哺乳动物的组织中。该反应由 β1-4 半乳糖基转移酶 1 ～ 6（β1-4 galactosyltransferase，B4GALT1 ～ B4GALT6）催化，产生具有 *N*- 乙酰乳糖胺（Gaβ1-4GlcNAc，LacNAc）结构的 2 型聚糖单元。β1-3 半乳糖残基的糖基转移反应（向下箭头）仅在某些组织中进行。该反应由 β1-3 半乳糖基转移酶 1,2,4,5（β1-3 galactosyltransferase，B3GALT1,2,4,5）催化，产生具有 Galβ1-3GlcNAc 结构的 1 型聚糖单元。*N*- 聚糖、*O*- 聚糖或糖脂用 R 表示。2 型和 1 型聚糖单元可以通过后续的糖基化反应被进一步修饰。聚 -*N*- 乙酰半乳糖胺（poly-LacNAc）糖链的起始，由 β1-3 *N*- 乙酰葡萄糖胺转移酶 3 ～ 8（β1-3 *N*-acetylglucosaminyltransferase，B3GNT2 ～ B3GNT8）负责催化。缩写：尿苷二磷酸（UDP）。

14.1.2 1 型聚糖单元

N- 聚糖、*O*- 聚糖和糖脂中的末端 *N*- 乙酰葡萄糖胺（GlcNAc）残基也可以被 β1-3 半乳糖（β1-3Gal）修饰（图 14.2），以生成由 Galβ1-3GlcNAc 组成的 **1 型聚糖单元（type-1 unit）**。在人类胃肠道或生殖道上皮细胞中的糖蛋白及糖脂中，*O*- 聚糖上 1 型聚糖单元的表达相对较高。

1 型和 2 型聚糖单元均可以被糖基转移酶进一步修饰，将糖转移到末端的半乳糖（Gal）或亚末端的 *N*- 乙酰葡萄糖胺（GlcNAc）上，产生唾液酸化、岩藻糖基化或硫酸化的结构，或产生不同的**血型决定簇（blood group determinant）**。基于 1 型或 2 型糖链的血型决定簇，可以用免疫学手段加以区分，并且对移植和输血等情况下产生的同种异体屏障（allogenic barrier）的跨越十分重要。

14.1.3 聚 -*N*- 乙酰乳糖胺与人类 i 型和 I 型血型

一些糖蛋白和糖脂优先携带聚 -*N*- 乙酰乳糖胺。这意味着负责催化的糖基转移酶可以区分聚糖受体是具有末端 *N*- 乙酰葡萄糖胺还是具有末端半乳糖。例如，聚 -*N*- 乙酰乳糖胺的延伸优先发生在多天线（multiantennary）的 *N*- 聚糖上，特别是在由 *N*- 乙酰葡萄糖胺转移酶 V（*N*-acetylglucosaminyltransferase V，GlcNAcT-V，MGAT5）负责启动的 β1-6 *N*- 乙酰葡萄糖胺（β1-6GlcNAc）分支上（**第 9 章**）。类似地，与黏蛋白型糖蛋白相关的 *O*-GalNAc 聚糖上的聚 -*N*- 乙酰乳糖胺延伸，往往优先发生在由核心 2 型 β1-6 *N*- 乙酰葡萄糖胺转移酶 1（core 2 β1-6 *N*-acetylglucosaminyltransferase 1，GCNT1）、核心 2/4 型 β1-6 *N*- 乙酰葡萄糖胺转移酶 3（core 2/4 β1-6 *N*-acetylglucosaminyltransferase 3，GCNT3）及核心 2 型 β1-6 *N*- 乙酰葡萄糖胺转移酶 4（core 2 β1-6 *N*-acetylglucosaminyltransferase 4，GCNT4）负责转移的 β1-6GlcNAc 分支上（**第 10 章**）。*N*- 聚糖通常比 *O*- 聚糖具有更长的聚 -*N*- 乙酰乳糖胺延伸，并且两者都可能接受唾液酸、岩藻糖或硫酸基团。因此，聚 -*N*- 乙酰乳糖胺链可以作为用于呈现特定末端聚糖的、直链延伸的支架结构，这些聚糖的功能要求它们出现在位于细胞质膜特定距离的位置。考虑到在细胞表面存在许多以 *N*- 乙酰乳糖胺封端的聚糖，这一点可能尤其重要。例如，结合 *N*- 乙酰乳糖胺的**半乳凝集素（galectin）**，似乎优先与特定的细胞表面聚糖结合。更具体而言，半乳凝集素表现出对聚 -*N*- 乙酰乳糖胺聚糖链的强烈偏好，这一观察在细胞表面尤其明显。这些相互作用通过糖链内部和末端半乳糖的参与得以发生（**第 36 章**）。由于细胞表面的聚糖呈递过程以复杂的糖萼作为背景，将聚糖延伸为直链的聚 -*N*- 乙酰乳糖胺结构，可能使得半乳凝集素（也许还包括其他凝集素）能够在许多潜在的、带有 *N*- 乙酰乳糖胺的糖复合物中，与不同的糖蛋白发生特异性的结合。有趣的是，聚 -*N*- 乙酰乳糖胺也是硫酸角质素（keratan sulfate，KS）的骨架结构（见下文），其中的半乳糖和 *N*- 乙酰葡萄糖胺残基是 6-*O*- 硫酸化的，而这种硫酸化的聚 -*N*- 乙酰乳糖胺无法被半乳糖凝集素识别。

通过在内部的半乳糖残基上添加 β1-6GlcNAc，聚 -*N*- 乙酰乳糖胺链也可以产生分支糖链。有支链和无支链的聚 -*N*- 乙酰乳糖胺链，分别对应于 **I 血型抗原（I blood group antigen）**和 **i 血型抗原（i blood group antigen）**（图 14.3）。这些抗原最初是在分析一位获得性溶血性贫血患者时产生的、具有低温依赖性的凝集抗体，即**冷凝集素（cold agglutinin）**时发现的，因此该病也被称为**冷凝集素病（cold agglutinin disease，CAD）**（**第 46 章**）。冷凝集素抗体能够与表达 I 血型抗原（即 I 型抗原）的红细胞相互作用。针对 I 型抗原的抗体，其产生通常与**肺炎支原体（*Mycoplasma pneumoniae*）**感染有关，而抗 i 型抗体则最常在罹患**传染性单核细胞增多症（infectious mononucleosis）**时出现。不同的 β1-6 *N*- 乙酰葡萄糖胺转移酶（β1-6 GlcNAcT）可以产生不同类型的 β1-6- 支链聚糖（图 14.3）。i 血型抗原在胚胎红细胞（embryonic erythrocytes）表面和红细胞生成（erythropoiesis）异变期间的红细胞上大量表达。这些细胞的 I 血型抗原表达则相对缺乏。然而，在人类生命的最初 18 个月内，红细胞上的 I 血型抗原反应性可以达到成人水平，而 i 血型抗原的反应性则下降至极低水平。据推测，该发育调控受控于 I 分支 β1-6 *N*- 乙酰葡萄糖胺转移酶 2（I branching β1-6 *N*-acetylglucosaminyltransferase 2，GCNT2）或核心 2/4 型 β1-6 *N*- 乙酰葡萄糖胺转移酶 3（GCNT3）的表达，二者均为 β1-6 *N*- 乙酰葡萄糖胺转移酶。鉴于 I 血型抗原表达受到发育调控，当测试某人是否具有抗 i 型抗体时，在实际操作中，可以将脐带血作为提供靶标 i 血型抗原的来源。一些罕见个体具有 i 血型抗原的遗传持久性，因而从未在其红细胞上表达过 I 血型抗原，并且能够在成年后保持胚胎时期的红细胞 i 血型抗原表达水平。尽管这种表型在对个体进行冷凝集素病测试时可能会带来挑战，但目前尚未发现与人类 I 血型糖缺失有关的、明显的病理生理学影响。

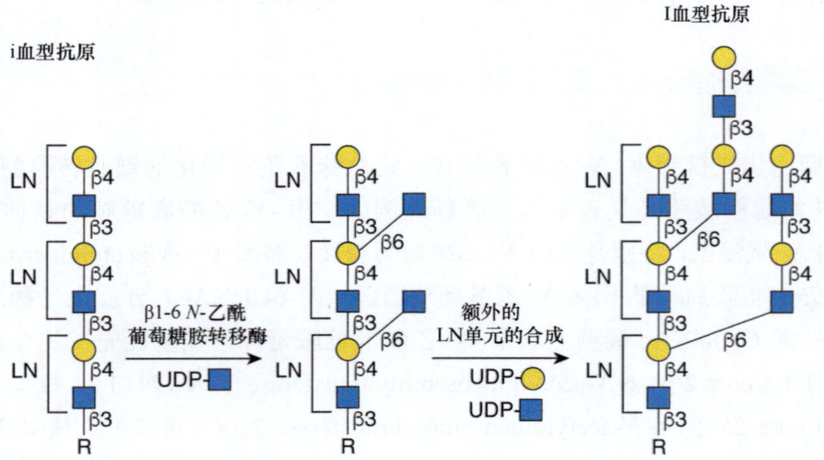

图 14.3 i 血型抗原和 I 血型抗原的合成。 在 *N*- 聚糖、*O*- 聚糖或糖脂（均以 R 表示）上合成的直链聚 -*N*- 乙酰乳糖胺链（i 血型抗原），可被 β1-6 *N*- 乙酰葡萄糖胺转移酶——I 分支 β1-6 *N*- 乙酰葡萄糖胺转移酶 2（GCNT2）或核心 2/4 型 β1-6 *N*- 乙酰葡萄糖胺转移酶 3（GCNT3）修饰。这些酶以 β1-6 连键将 *N*- 乙酰葡萄糖胺转移到糖链内部的半乳糖残基上。新添加的 β1-6 *N*- 乙酰葡萄糖胺分支（I 血型抗原），可以作为后续聚 -*N*- 乙酰乳糖胺生物合成的底物（图 14.2）。缩写：*N*- 乙酰乳糖胺单元（LN），尿苷二磷酸（UDP）。

14.2 人类 A、B 和 H 血型

ABO 血型抗原在 20 世纪初由卡尔 · 兰德施泰纳（Karl Landsteiner）及其同事发现。他们的研究表明，根据血清因子（serum factor）的存在与否，可以将人类分为不同的群体，这些血清因子能够凝集从其他人身上分离出的红细胞。我们现在知道，这些血清因子是抗体，而相应的抗原则是由基因遗传决定的**聚糖表位（glycan epitope）**，这些基因主要用于编码糖基转移酶。

A、B、H 血型抗原（A，B，H blood group antigen）能够以 ABH 血型抗原的 **1 型（type-1）**或 **2 型（type-2）**糖链结构存在（图 14.2），也可以修饰 *O*-*N*- 乙酰半乳糖胺（*O*-GalNAc）聚糖形成 **3 型（type-3）**糖链，或位于糖脂上形成 **4 型（type-4）**糖链结构（图 14.4）。血型抗原由 *ABO*、*H* 和 *Se* 基因编码的糖基转移酶的连续作用形成，现在被称为 *ABO*、*FUT1* 和 *FUT2* 基因座（loci）（图 14.5）。血型抗原的合成，起始于对 1 型或 2 型糖链结构的修饰，通过将 α1-2 岩藻糖（α1-2Fuc）转移到半乳糖上，形成**血型 H 决定簇（blood group H determinant）**。*H* 等位基因负责编码在红细胞前体中表达的 α1-2 岩藻糖基转移酶——岩藻糖基转移酶 1（H 血型）（fucosyltransferase 1 [H Blood Group]，FUT1），并将岩藻糖转移至 2 型和 4 型聚糖单元，形成红细胞上的 **H 抗原（H antigen）**（图 14.4）。*Se* 等位基因负责编码另一种在上皮细胞中表达的 α1-2 岩藻糖基转移酶——岩藻糖基转移酶 2（fucosyltransferase 2，FUT2），并以 1 型和 3

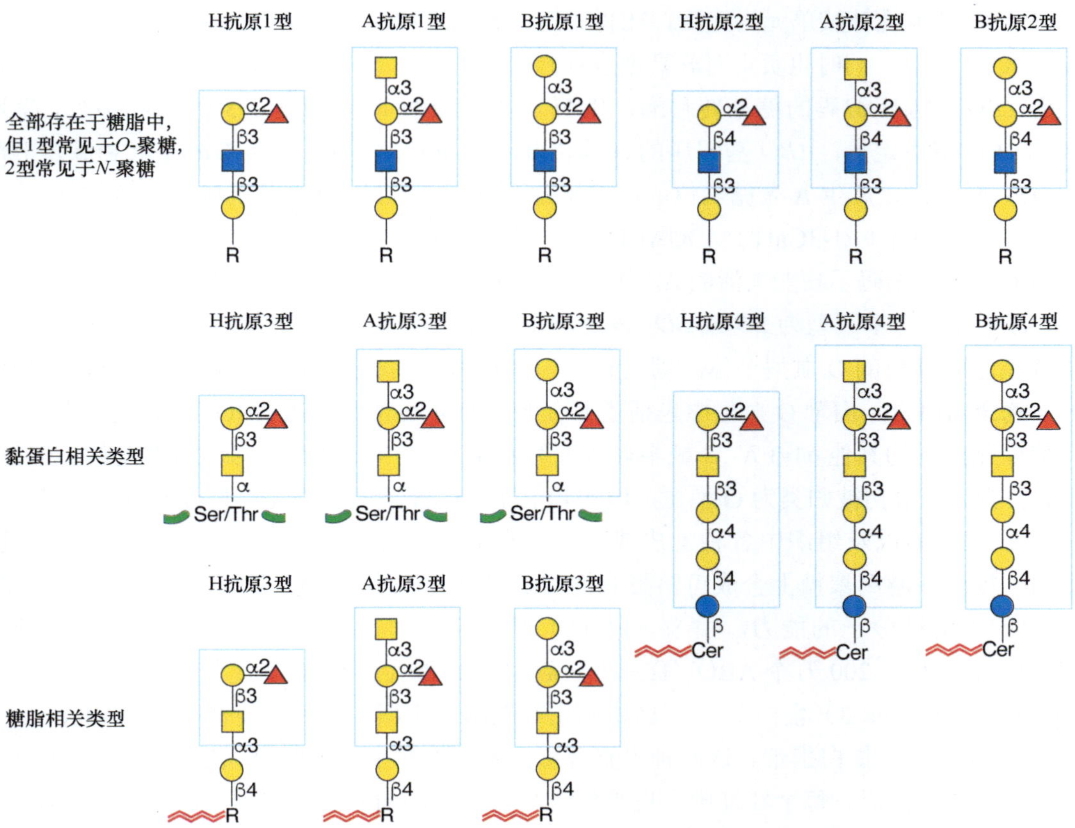

图 14.4　基于 1 型、2 型和 3 型聚糖单元的 H、A、B 抗原，在 *N*- 聚糖和 *O*- 聚糖上形成 O（H）、A 和 B 血型决定簇。基于 4 型聚糖单元的 H、A、B 抗原，在糖脂上形成 O（H）、A 和 B 血型决定簇。*N*- 聚糖、*O*- 聚糖或糖脂均以 R 表示。缩写：丝氨酸（Ser），苏氨酸（Thr），神经酰胺（Cer）。

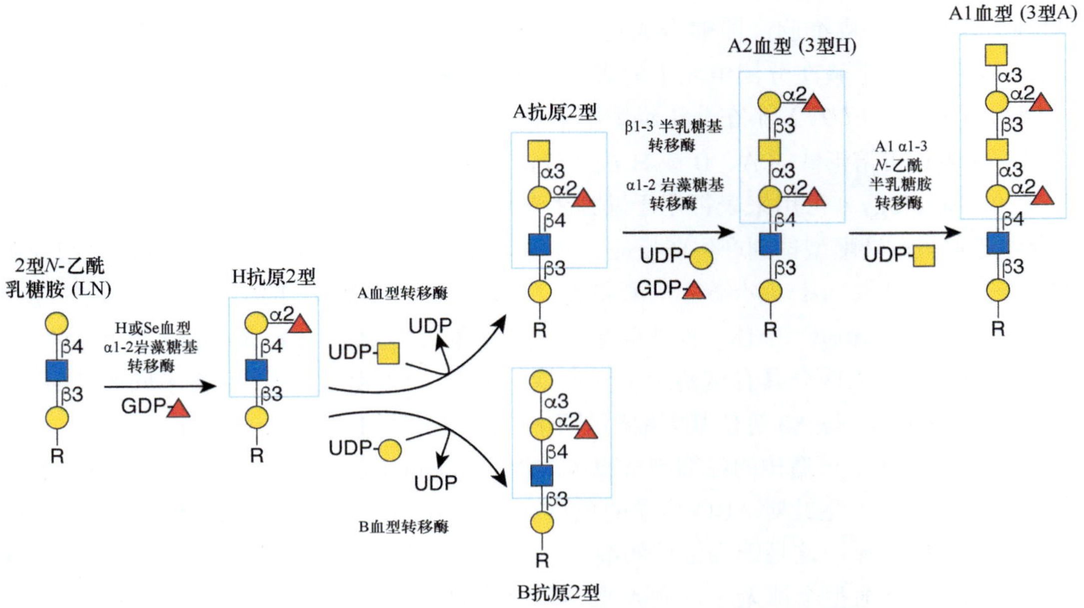

图 14.5　H（O）、A 和 B 血型决定簇的合成。详细过程见正文。*N*- 乙酰乳糖胺单元用 LN 进行表示。*N*- 聚糖、*O*- 聚糖或糖脂均以 R 表示。缩写：尿苷二磷酸（UDP），鸟苷二磷酸（GDP）。

型糖链结构中的 *N*- 乙酰乳糖胺单元为底物，在胃肠道、呼吸道和生殖道腔内衬的上皮细胞，以及唾液腺中形成 H 抗原（图 14.4），同时也负责对乳寡糖进行修饰。

随后，由 *ABO* 基因座编码的糖基转移酶，以 H 血型抗原的 1 型、2 型、3 型或 4 型决定簇为起始，形成 A 血型或 B 血型决定簇。*ABO* 基因座的 *A* 等位基因，负责编码 α1-3 *N*- 乙酰半乳糖胺转移酶（α1-3GalNAcT，A3GALNT），产生 A 聚糖表位，形成 A 血型（图 14.5）。*ABO* 基因座的 *B* 等位基因，负责编码 α1-3 半乳糖基转移酶 1（α1-3GalT，A3GALT1），产生 B 聚糖决定簇，形成 B 血型（图 14.5）。*ABO* 基因座的 *O* 等位基因，则编码了功能失活的 A/B 糖基转移酶。仅合成 A 型决定簇的个体是 A 型血，基因型为 *AA* 或 *AO*；B 型血个体基因型为 *BB* 或 *BO*；表达一个 *A* 和一个 *B* 等位基因的个体具有基因型 *AB*；表达无活性的 A/B 糖基转移酶的 O 血型个体，则具有基因型 *OO*，仅表达 H 抗原。血型名称与上述血型基因型一一对应。就命名而言，由于 O 血型中包括了 H 抗原，偶尔也使用术语 ABO（H）进行表示。人体中也存在具有酶催化活性的其他 α1-3 *N*- 乙酰半乳糖胺转移酶和 α1-3 半乳糖基转移酶的变体，但表达水平要低得多。这些变体在最初被归类为 O 型血，但实际上在表达极低水平的 A 血型或 B 血型抗原。

ABO 抗原在红细胞以及组织中各种上皮或内皮细胞膜表面的糖蛋白和糖脂上表达。一些组织还在分泌的糖蛋白、糖脂和游离聚糖上合成可溶形式的 ABO 抗原。如下所述，是否具有能够分泌携带 ABO（H）血型抗原的可溶性分子的能力，由 *Se*（FUT2）基因座上的等位基因所决定。在人体中每一个红细胞上所具有的 100 万～200 万个 ABO（H）决定簇中，约 80% 的修饰发生在阴离子转运蛋白条带 3（anion transport protein band 3）蛋白上，约 15% 则由红细胞葡萄糖转运蛋白条带 4.5（erythrocyte glucose transport protein band 4.5）蛋白携带。这两种膜整合蛋白质都能够在具有聚 -*N*- 乙酰乳糖胺的单个支链 *N*- 聚糖上携带 ABO（H）抗原。每个红细胞上也都包含具有 ABO（H）决定簇的其他糖蛋白，以及大约 50 万个具有 ABO（H）决定簇的糖脂。其中许多糖脂的 A、B 和 H 决定簇位于聚 -*N*- 乙酰乳糖胺糖链上，被称为**聚糖基神经酰胺（polyglycosylceramide）**或**大糖脂（macroglycolipid）**。基于 4 型糖链结构的 A、B 和 H 决定簇（图 14.4），也存在于人类红细胞的糖脂中。

表皮的 A、B 和 H 决定簇主要位于 2 型聚糖单元上，而胃黏膜和卵巢囊液中的黏蛋白则在 3 型聚糖单元上携带了 A、B 和 H 抗原（图 14.4）。消化道、呼吸道、泌尿道和生殖道内壁的上皮细胞，以及一些唾液腺和外分泌腺的上皮细胞，能够合成可溶形式的 ABO（H）决定簇，主要携带了 1 型聚糖单元（图 14.4）。A、B 和 H 决定簇在分泌组织中的表达，由 *Se* 基因（*FUT2*）编码的 α1-2 岩藻糖基转移酶的功能决定，因为 *H* 基因（*FUT1*）不在分泌组织中表达。具有失活的 *FUT2* 基因的人类，无法在唾液、乳寡糖或其他组织中表达可溶形式的 A、B 或 H 决定簇，因而被称为**"非分泌者"（nonsecretor）**。

血清学实验（serology）可用来表征用于输血的红细胞，也因而鉴定出了 A 血型和 B 血型决定簇的变体，这些变体通常与血液配型试剂产生弱反应。有趣的是，植物凝集素在历史上曾被用来帮助血液分型。例如，来自**双花扁豆（*Dolichos biflorus*）**的凝集素，可以凝集大多数来自 A 型血个体的红细胞，这些个体称为 **A1 亚型（A1 subgroup）**个体，但该凝集素无法凝集 **A2 亚型（A2 subgroup）**个体的红细胞。双花扁豆凝集素目前仍被用来区分具有这两种不同血型的个体。A1 和 A2 亚型具有不同的抗原（图 14.5），这反映出 *ABO* 基因座上 A1 与 A2 等位基因编码了不同的 A 血型转移酶（A transferase）。

由 *ABO* 基因座决定的、可遗传的红细胞抗原多态性（antigenic polymorphism），具有重要的医学意义。在产后早期，免疫系统会产生针对 ABO 抗原的免疫球蛋白 M（immunoglobulin M，IgM）抗体，尽管在红细胞中并不存在这些抗原。这是因为定植的细菌和真菌上，携带了与 A 血型和 B 血型决定簇相似或相同的聚糖抗原。因此，O 血型个体无法合成 A 血型或 B 血型决定簇，但可以表达相对较高滴度的体循环 IgM 抗体，即**同种凝集素（isoagglutinin）**，以对 A 血型和 B 血型决定簇产生抗性。同样，B 血型个体产生抗 A 的循环 IgM 抗体（同种凝集素），但它们不产生抗 B 血型决定簇的同种凝集素，即**自身抗原（self**

antigen）。相反，来自 A 血型个体的血清中含有抗 B 抗体，但不含有抗 A 的抗体。最后，AB 血型的人不会产生抗 A 或抗 B 的 IgM 同种凝集素，因为二者都是自身抗原。大多数人不会产生抗 H（O）抗体，因为很大一部分抗原会被转化为 A 型或 B 型决定簇，或者它们本身即是一种自身抗原。

IgM 同种凝集素能够有效地触发补体级联反应并在人体的血浆中循环，其滴度足以引起那些显示出相应血型抗原的、外源输注的红细胞产生补体依赖性的裂解。这种快速的红细胞裂解，会立即引起**急性输血反应**（**acute transfusion reaction**），从而导致低血压、休克、急性肾功能衰竭，乃至因循环衰竭而死亡。通过确保输注红细胞的 ABO 血型与受血者的 ABO 血型兼容，可以规避这一问题。因此，A 血型受血者可以接受来自 A 型或 O 型个体的红细胞，但不能接受来自 B 型或 AB 型个体的红细胞。血库会进行血液分型（blood typing）和交叉配型（cross-matching）检测。首先，经 A 型和 B 型抗原鉴定，具有不同聚糖单元的红细胞产品被用来匹配患者的 ABO 类型。为了确保配型真正“兼容”，患者的血清会与每种含有预期的红细胞聚糖单元的、少量的样品进行混合，以进行交叉配型。具有可兼容聚糖单元的红细胞不会凝集（即形成红细胞团块），而患者血清中的抗体如果形成了红细胞凝集，则表明不相容。血型分型不仅可用于确保输血过程中红细胞的兼容性，而且还用于确认血小板和血浆的兼容性。类似的 ABO 兼容性问题，在心脏、肾脏、肝脏和骨髓移植手术中也很重要。“血液分型与交叉配型”检测实际上消除了 ABO 血型输血反应。研究人员目前正在尝试使用糖苷酶对 A 型或 B 型红细胞进行酶促改造，以去除 A 血型中的 *N*- 乙酰半乳糖胺（GalNAc）和（或）B 血型中的半乳糖（Gal），以便将它们转化为 O 血型，即**通用供血型**（**universal donor**）。少数 AB 型的个体是**通用受血型**（**universal acceptor**）。除了对 AB 血型进行准确分型外，A1 血型和 A2 血型的区分在临床上也很重要，因为 A2 型个体可以产生抗 A1 型的抗体，尽管这些抗体通常不具有临床意义。此外，在实体器官移植过程跨越 ABO（H）血型屏障时，与 A1 型相比，A2 型供体器官在移植到 O 型或 B 型受血者后具有更好的总体存活率，这可能是由于 A2 型个体中 A 抗原的存在。

除了输血和移植外，ABO（H）**同种异体抗原**（**alloantigen**）是胎儿发育过程中最常见的同种异体屏障（allogeneic barrier）之一。存在于 O 型血母亲体内的免疫球蛋白 G（immunoglobulin G，IgG）抗 A、抗 B 抗体，会与 A 和 B 血型抗原反应，在穿过胎盘后，与胎儿红细胞表面的 A 血型抗原或 B 血型抗原结合。然而，与针对其他同种异体抗原，如 Rh 血型 D 抗原（RhD）的 IgG 抗体不同，IgG 抗 A、抗 B 抗体很少会导致胎儿或新生儿出现危及生命的贫血，这可能是因为胎儿红细胞上 A 血型抗原和 B 血型抗原的表达水平相对较低。然而，尽管胎儿红细胞上 A 血型抗原和 B 血型抗原表达水平较低，但在母体循环系统中存在的抗 A 和抗 B 抗体，可以在分娩期接触后迅速地清除 A 血型抗原或 B 血型抗原阳性的胎儿红细胞，从而降低对其他同种异体抗原发生**同种异体免疫**（**alloimmunization**）的可能性。这是临床上抗体介导免疫抑制的首个案例，并以此作为理论基础，形成了大获成功的抗 Rh 血型 D 抗原的配方，该配方旨在防止 Rh 血型同种异体免疫，从而预防胎儿和新生儿的溶血性疾病。

交叉配型有助于识别一种罕见的 ABO 血型表型，被称为**孟买表型**（**Bombay phenotype**）。该表型以首例被确认个体所居住的城市“孟买”而得名。受影响个体的红细胞和组织细胞缺乏 A、B 和 H 决定簇，因为这些人的 *FUT1* 和 *FUT2* 基因失活，无法产生 α1-2 岩藻糖基转移酶。孟买表型的血清中所含有的 IgM 抗体，能够与几乎所有供血者的红细胞发生反应，包括 O 型红细胞在内（即 H 抗原阳性、A 抗原和 B 抗原阴性）。这些人显示出强劲的抗 H、抗 A 和抗 B 的 IgM 抗体滴度，并且无法接受除了具有相同孟买血型的供血者之外任何供血者的红细胞。一种被称为**亚孟买血型**（**para-Bombay**）的相关表型发生在 *FUT1* 基因失活但至少保留了一个功能正常的 *Se*（*FUT2*）等位基因，即**分泌者阳性**（**secretor-positive**）的人群中。孟买表型的个体普遍健康，这一事实意味着假使 A、B 和 H 抗原曾经具有发育或生理学功能，如今这些功能也已经不再与血型相关。然而，ABO 血型表型与某些病原体感染，以及罹患一系列疾病的相对风险之间存在着多种关联。例如，血型为 O 型，且 **Lewis 抗原（Lewis-antigen）**呈阳性的个体，最容易感染**幽门螺杆菌**（*Helicobacter pylori*）（见下文）。这是因为幽门螺杆菌与带有末端岩藻糖的聚糖（如 H 抗原和 Lewis 抗原）具有更好的结合效果。AB 型血与引发**布鲁氏菌病**（**Brucellosis**）的**布鲁氏菌属**（***Brucella* spp.**）和引起肠胃炎的**诺如病毒**（**norovirus**）感染有关，而 O 型血的人患霍乱的风险似乎更高。**血管性血友病因子（von Willebrand factor，VWF）**①水平与 ABO（H）血型遗传相关，A 血型个体平均而言具有最高的血管性血友病因子水平。不同血型状态的个体之间的血管性血友病因子差异，可能部分解释了研究中观察到的 A 血型个体与血栓栓塞和其他形式心血管疾病之间的关联。血型状态也与胃癌和胰腺癌的风险有关。此外，ABO 血型状态也可能具有保护作用。因此，具有包膜的病毒携带了其宿主的 ABO（H）聚糖，在感染另一个具有 ABO 不相容类型的个体后则更容易被裂解。最后，对疟疾严重并发症的易感性差异似乎受到了 ABO 血型的影响。与血型决定簇的这些作用相关的保护机制，可以解释为什么 ABO 血型系统能够在逾 5000 万年的灵长类动物进化中得以留存。

14.3 Lewis 血型

Lewis 血型抗原（Lewis blood group antigen）是一组彼此相关的聚糖，带有 α1-3/α1-4 岩藻糖（α1-3/α1-4Fuc）残基（图 14.6）。Lewis 一词源于一个罹患红细胞不相容疾病的家族。**Lewis a 抗原（Lewis a**

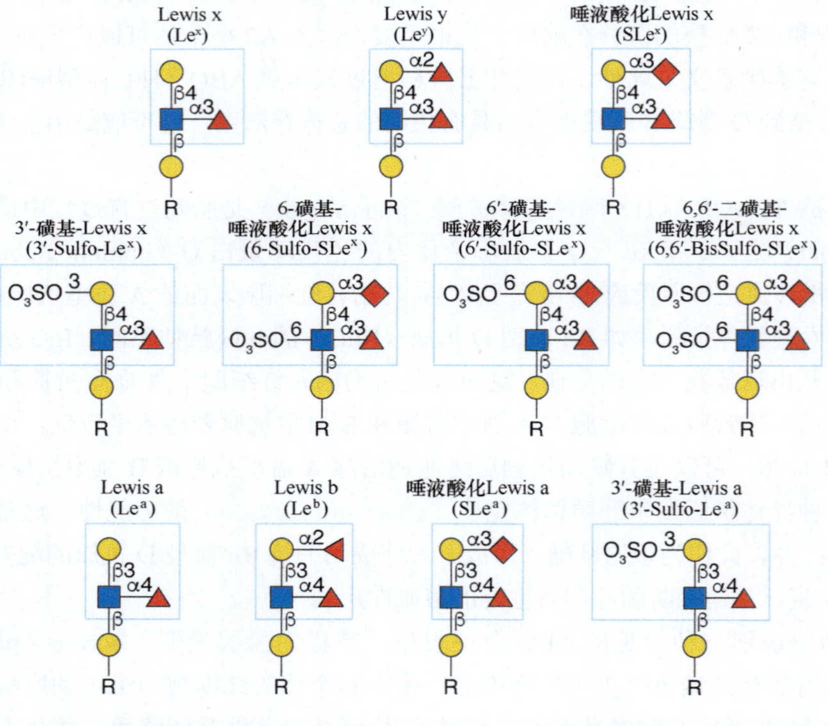

图 14.6 1 型和 2 型 Lewis 血型决定簇。1 型和 2 型聚糖单元，在最外层的半乳糖连键上有所不同（分别为 β1-3 或 β1-4），因此，在岩藻糖与内部的 *N*- 乙酰葡萄糖胺的连键上也存在差异（分别为 α1-4 或 α1-3）。*N*- 聚糖、*O*- 聚糖或糖脂用 R 表示。Lewis x 决定簇可能在半乳糖的 C3 或 C6，以及 *N*- 乙酰葡萄糖胺的 C6 处含有硫酸酯修饰。6-*O*- 硫酸化的 *N*- 乙酰葡萄糖胺是淋巴细胞归巢到外周淋巴结所必需的。糖蛋白和糖脂上的 1 型 Lewis 血型决定簇的特征，在于是否存在岩藻糖基转移酶 FUT2 和 FUT3。

① 也称冯 · 维勒布兰德因子，第 12 号染色体的短臂所编码的糖蛋白表达水平低或表达异常，产生无法正常凝血的终身性出血障碍，即**血管性血友病（von Willebrand disease，VWD）**。该疾病以首位发现者芬兰医师埃里克 · 冯 · 维勒布兰德（Erik von Willebrand）命名。

antigen，Le^a）由 *Lewis*（*LE* 或 *FUT3*）血型基因座编码的 α1-3/α1-4 岩藻糖基转移酶（α1-3/α1-4FucT，FUT3）合成。**Lewis b 抗原（Lewis b antigen，Le^b**）则是由 FUT3 和 FUT2（*Se*）协同合成的。分泌者阳性的个体表达 FUT2，并将 1 型聚糖单元转换为 1 型 H 决定簇，FUT3 可以作用于这些决定簇，形成 Le^b 抗原决定簇（图 14.6）。不在分泌型上皮细胞中合成 1 型 H 决定簇的非分泌者（nonsecretor），通过 FUT3 表达 Le^a 抗原决定簇（图 14.6）。具有失活的 *FUT3* 基因座的个体（占人口总数的 10% ～ 20%）被称为 **Lewis 阴性（Lewis-negative）**。Lewis 阴性分泌者表达的 I 型 H 决定簇无法被转化为 Le^a 或 Le^b 抗原决定簇。Lewis 阴性非分泌者表达不含有岩藻糖的 1 型聚糖单元。

Le^a、Le^b 聚糖的表达及 FUT3 的表达，主要限定在表达 FUT2 的同一上皮细胞中。因此，这些抗原的可溶形式可被释放到分泌物和体液中。研究人员也可在红细胞上检测出 Le^a 和 Le^b 抗原。然而，红细胞上的聚糖前体并不合成这些决定簇。相反，Lewis 抗原是通过红细胞膜被动吸附 Lewis 阳性的糖脂而获得的，这些糖脂以脂蛋白复合物和水相分散体的形式在血浆中循环。针对 Le^a 抗原的抗体与偶发的不良输血反应有关。然而，这些反应非常罕见，可能是因为可溶性的 Lewis 糖脂能够结合抗 Lewis 抗体，从而阻止了这些抗体与输血所引入的红细胞结合，并引起溶血性输血反应。

由于结构上的相似性，“Lewis 抗原”一词也被应用于其他聚糖序列，包括 **Lewis x 决定簇（Le^x determinant）**和 **Lewis y 决定簇（Le^y determinant）**，以及被唾液酸化和（或）硫酸化的 Le^a 和 Le^x 决定簇（图 14.6）。这些聚糖表位是通过一系列岩藻糖基转移酶（FUT），包括 FUT3、FUT4、FUT5、FUT6、FUT7 和（或）FUT9 的作用形成的。一些 Lewis 血型抗原在**选凝素（selectin）**依赖性的白细胞外渗和肿瘤细胞转移中具有重要作用。其中关系最为密切的，是以**唾液酸化 Lewis x（sialyl Lewis x，SLe^x）**及其硫酸化变体——**磺基唾液酸化 Lewis x（sulfo-sialyl Lewis x，sulfo-SLe^x）**为代表的唾液酸化和（或）硫酸化的抗原决定簇（图 14.6），它们位于白细胞和肿瘤细胞的糖蛋白及糖脂上，作为选凝素的配体发挥作用（**第 34 章、第 47 章**）。研究人员认为，Lewis 血型抗原在幽门螺杆菌的发病机制中也发挥了作用，幽门螺杆菌是与肥大性胃病、十二指肠溃疡、胃腺癌和胃肠道淋巴瘤相关的慢性活动性胃炎的病原体（**第 37 章**）。另外，Lewis 抗原也可能表达在植物的糖蛋白上（**第 24 章**）。

14.4 P 血型

P1PK 血型（P1PK blood group）包括 **P1 抗原（P1 antigen）**和 **P^k 抗原（P^k antigen）**。它们的合成涉及两条途径，每条途径都以乳糖神经酰胺（lactosylceramide）作为起始结构（图 14.7）。P^k 抗原由 P^k 转移酶即 α1-4 半乳糖基转移酶（P 血型）（α1-4 galactosyltransferase[P blood group]，A4GALT）合成，并可被 P 转移酶即 β1-3 *N*- 乙酰半乳糖胺转移酶 1（红细胞糖苷酯血型）（β1-3 *N*-acetylgalactosaminyltransferase 1 [globoside blood group]，B3GALNT1）修饰，以形成 P 抗原。在第二条途径中，P1 抗原的生物合成始于两个形成副红细胞糖苷酯（paragloboside）的反应。副红细胞糖苷酯在 α 1-4 半乳糖基转移酶（P 血型）（A4GALT）的作用下形成 P1 抗原，这是最为常见的 **P 血型（P blood group）**。具有该血型的个体同时具有这两条途径，它们的红细胞能够表达 P 抗原和 P1 抗原，以及少量未转化为 P 决定簇的 P^k 决定簇。具有较低 P1 转移酶表达的个体非常常见，表达 **P2 血型（P2 blood group）**。它们的红细胞显示出正常水平的 P 抗原和 P^k 抗原，但由于 α1-4 半乳糖基转移酶（P 血型）（A4GALT）的低表达，导致了 P1 决定簇的缺乏。针对 P、P1 和 P^k 决定簇的抗体与输血反应相关。**“多纳特 - 兰德施泰纳”抗体（Donath-Landsteiner antibody）**是一种能够与补体结合、具有低温反应活性的抗 P 抗体，该抗体会导致血管内溶血，在被称为**阵发性冷性血红蛋白尿症（paroxysmal cold hemoglobinuria）**的综合征中可以观察到（**第 46 章**）。该综合征与冷凝集素病的不同之处在于其产生的抗体通常是 IgG。

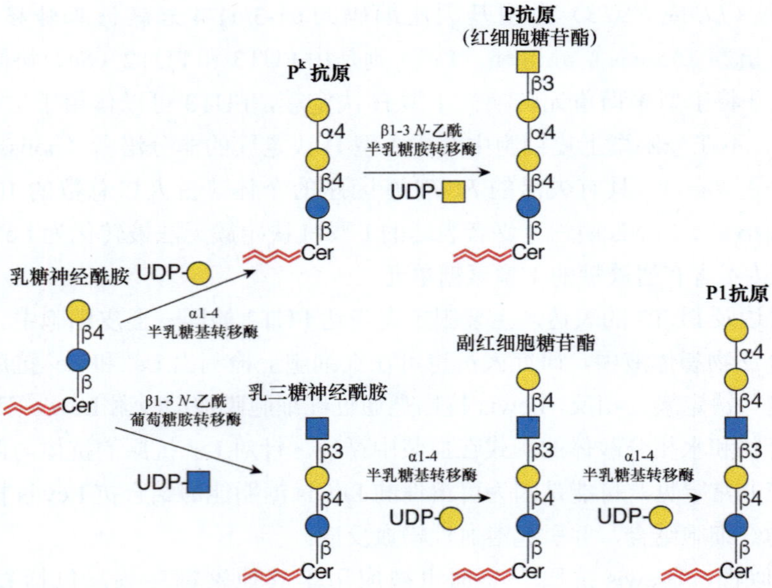

图 14.7 P1PK 血型系统抗原的生物合成。P^k、P 和 P1 抗原的结构如图所示。缩写：神经酰胺（Cer），尿苷二磷酸（UDP）。

大肠杆菌（***Escherichia coli***）的多种泌尿致病性菌株均能够表达与 P^k 抗原和 P1 抗原末端 Galα1-4Gal 分子结合的黏附蛋白（**第 37 章**）。P1 决定簇在膀胱上皮的表达，可能通过介导细菌附着来促进感染过程。P1 个体患尿路感染和肾盂肾炎的相对风险较高。大肠杆菌肾盂肾炎菌株对肾脏组织的黏附，由对 Galα1-4Gal 表位特异的细菌黏附蛋白介导，黏附蛋白的缺乏会严重削弱生物体的肾盂肾炎活性。P 血型抗原也可作为人类**细小病毒**（**parvovirus**）B19 的受体发挥作用。这种病毒会导致传染性红斑，并在子宫内感染后，导致先天性贫血和胎儿水肿；它还与溶血性贫血患者的短暂再生障碍危象，以及免疫功能低下个体的**纯红细胞再生障碍和慢性贫血**（**pure erythrocyte aplasia and chronic anemia**）有关。由于病毒和具有 P 抗原的糖脂之间的相互作用，细小病毒 B19 的复制仅限于红系祖细胞内。

14.5 乳寡糖

哺乳动物制造一系列具有乳糖核心（Galβ1-4Glc）结构的低聚糖，并将它们分泌到乳汁中。人类母乳包含了数百种不同的聚糖，其中少量的聚糖含有 15 个以上的单糖。每种寡糖的结构分布和数量，在不同个体之间和哺乳周期中各不相同。乳汁中含有相对高浓度的、复杂的唾液酸化和岩藻糖基化的寡糖，这些聚糖似乎可以保护婴儿免受肠道病原体的侵害。有趣的是，在非分泌者和 Lewis 阴性的个体中，研究人员所鉴定的岩藻糖基化聚糖的长度，均小于 2′- 岩藻糖基乳糖（2′-fucosyllactose）的糖链长度，而且寡糖的总体种类也大大减少。大多数其他哺乳动物都能够合成乳糖，但表达的却是与人类大相径庭、具有物种特异性的聚糖库。这些聚糖通常结构更为简单，但可能具有相似的功能。除了具有重要营养价值的乳糖外，较大的人乳寡糖被认为对婴儿的免疫保护至关重要，并且通过促进健康微生物群的发育而具有益生菌活性。令人惊讶的是，关于这些含量丰富的聚糖如何经激素调控进行生物合成的信息寥寥无几。乳糖仅在哺乳期的乳腺中，由 β1-4 半乳糖基转移酶即乳糖合成酶（lactose synthase）生成，由于名为 α- 乳清蛋白（α-lactalbumin）的修饰蛋白在泌乳期的特异性表达，使得该酶以尿苷二磷酸 - 半乳糖（UDP-Gal）为底物，转移其中的半乳糖（Gal）至以葡萄糖（Glc）为底物的聚糖链上，而不是转移至以 *N*- 乙酰葡萄糖胺（GlcNAc）为底物的聚糖链上。尽管该过程已被证明发生在完整的高尔基体中，但在哺乳期，特定的糖基转移酶如何通过添加其他聚糖对乳糖进行修饰的确切机制尚不明晰。据推测，参与制造其他聚糖类别末端的、相同的糖基转移酶负责了这一过程。

14.6 Galα1-3Gal 末端

Galα1-3Gal 表位（Galα1-3Gal epitope） 通常被称为“α-Gal”，由一个特定的 α1-3 半乳糖基转移酶（α1-3 galactosyltransferase，GGTA1）在糖脂和糖蛋白的 2 型聚糖单元上合成（图 14.8）。该表位和用以合成它的 α1-3 半乳糖基转移酶，在新世界灵长类动物和许多非灵长类哺乳动物中表达，但 α1-3 半乳糖基转移酶基因（*GGTA1*）在人类和旧世界灵长类动物中失活。经过工程化改造的、缺乏 α1-3 半乳糖基转移酶的小鼠患有白内障。包括人类在内的不表达 Galα1-3Gal 表位的物种均携带抗 Galα1-3Gal 抗体，可能是因为接触了微生物和食物中的 Galα1-3Gal 表位而进行了免疫。抗 Galα1-3Gal 抗体的存在，是使用猪和其他非灵长类动物器官进行人类异种移植（xenotransplantation）的主要障碍，因为抗体会与异种移植血管内皮上的 Galα1-3Gal 表位结合，并通过补体介导的内皮细胞细胞毒性引起**超急性移植排斥（hyperacute graft rejection）**。研究人员正在努力通过使用经基因改造的动物器官供体来克服这一障碍。已经尝试的方法包括岩藻糖基转移酶 1（H 血型）（FUT1）的转基因表达，期望将 2 型聚糖单元导向 H 抗原的合成以减少 Galα1-3Gal 的表达。遗憾的是，缺乏 Galα1-3Gal 的猪组织，会引发对其他猪抗原的移植排斥反应。抗 Galα1-3Gal 抗体也被证明显著降低了重组逆转录病毒的感染效率。该问题已通过生成缺乏 α1-3 半乳糖基转移酶的包装细胞系（packaging cell line）[①]得到了妥善解决。由表达 Galα1-3Gal 的治疗性单克隆抗体所导致的过敏反应首次表明，在不表达 α1-3 半乳糖基转移酶的细胞中制备用于人类治疗用途的重组糖蛋白的重要性。当成年人体内出现针对该表位的高滴度 IgE 抗体时，可能会发生对食用红肉的严重过敏，据报道，该过敏反应是先前被孤星蜱虫（Lone Star tick）叮咬的结果，因为孤星蜱虫的唾液中可能表达了相同的聚糖表位。

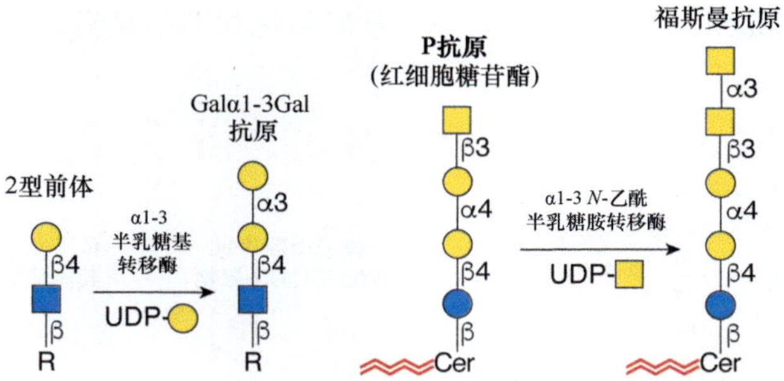

图 14.8 Galα1-3Gal 抗原的结构与合成。 α1-3 半乳糖基转移酶（GGTA1）使用糖蛋白或糖脂（用 R 表示）上未被取代的 2 型聚糖单元，形成了 Galα1-3Gal 末端表位。红细胞糖苷酯 α1-3 *N*- 乙酰半乳糖胺转移酶 1（福斯曼血型）（GBGT1）以红细胞糖苷酯作为底物，形成被称为福斯曼糖脂（Forssman glycolipid）的红细胞五糖神经酰胺。缩写：神经酰胺（Cer），尿苷二磷酸（UDP）。

14.7 福斯曼抗原

福斯曼抗原（Forssman antigen）[②]是一种糖脂，也被称为红细胞五糖神经酰胺（globopentosylceramide），它能够在糖基转移酶红细胞糖苷酯 α1-3 *N*- 乙酰半乳糖胺转移酶 1（福斯曼血型）（globoside α1-3 *N*-acetylgalactosaminyltransferase 1[Forssman blood group]，Forssman α1-3GalNAcT，GBGT1）的作用下，在红细胞糖苷酯末端的 *N*- 乙酰半乳糖胺（GalNAc）上添加末端 α1-3GalNAc。其中，GBGT1 与 ABO 转移

① 指通过基因工程技术对细胞进行修饰使其产生病毒结构基因所编码的蛋白质，为逆转录病毒载体包装成为重组病毒提供全面的病毒蛋白，同时包装细胞本身不产生任何形式的病毒颗粒。

② 也称嗜异性抗原（heterophil antigen）。

酶具有序列相关性（图 14.8）。福斯曼抗原由约翰 · 弗里德里克 · 福斯曼（John Frederick Forssman）在绵羊红细胞中首次发现，在多种哺乳动物的胚胎和成年阶段均有表达。人类具有的 GBGT1 产生了突变，无法合成福斯曼抗原，但在血清中携带了抗福斯曼抗体。罕见个体具有 GBGT1 活性回复，以及福斯曼抗原合成的回复突变。抗福斯曼抗体可能通过与外周神经髓鞘发生交叉反应的糖脂成分结合而促成**吉兰 - 巴雷综合征（Guillain-Barré syndrome）**的发病机制。有趣的是，抗福斯曼抗体可以破坏紧密连接（tight junction）的形成、顶端 - 基底极化和细胞黏附。

14.8 硫酸化的 *N*- 乙酰半乳糖胺——垂体糖蛋白激素

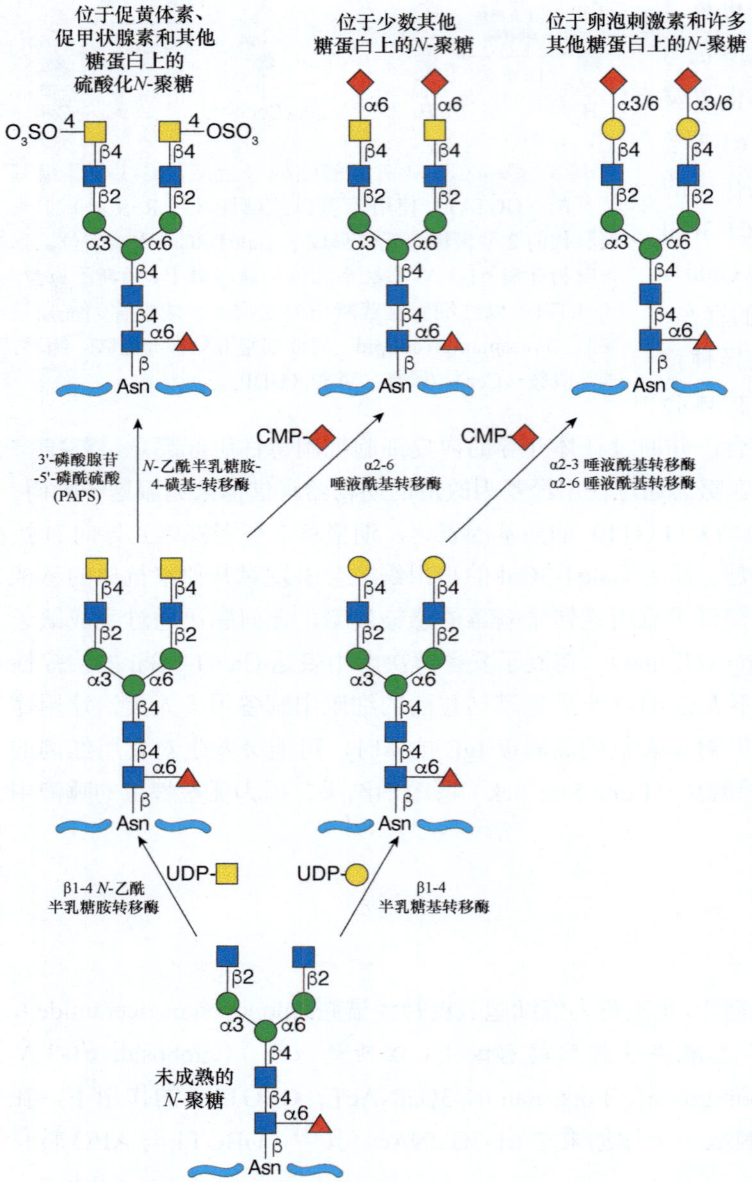

图 14.9　含有末端 *N*- 乙酰半乳糖胺（GalNAc）的 *N*- 聚糖的结构与合成，包括那些在垂体激素——促黄体素和促甲状腺素上发现的硫酸化的 *N*- 乙酰半乳糖胺，这些 *N*- 聚糖结构在卵泡刺激素上并未发现。缩写：天冬酰胺（Asn），胞苷一磷酸（CMP），尿苷二磷酸（UDP）。

研究人员在两种垂体糖蛋白激素——**促黄体素（lutropin，LH）**和**促甲状腺素（thyrotropin，TSH）**上，发现了具有硫酸化的、末端 β- 连接的 *N*- 乙酰半乳糖胺（GalNAc）结构的聚糖，但在**卵泡刺激素（follicle-stimulating hormone，FSH）**上并未发现，尽管它们由相同的细胞产生。这些异二聚体糖蛋白包含一个共同的 α 亚基和一个独特的 β 亚基，每个亚基都具有二天线（biantennary）的 *N*- 聚糖。促甲状腺素和促黄体素的 *N*- 聚糖中具有不同寻常的 4-*O*- 硫酸化 *N*- 乙酰半乳糖胺，与 *N*- 乙酰葡萄糖胺（GlcNAc）残基相连（图 14.9）。这与卵泡刺激素上的 *N*- 聚糖和大多数的 *N*- 聚糖结构迥异，它们的 *N*- 乙酰葡萄糖胺残基会被 β1-4Gal 取代，并通常延伸为 α2-3 或 α2-6 连键的唾液酸（**第 9 章**）。垂体细胞中存在一种与促黄体素、促甲状腺素和卵泡刺激素共有的游离 α 亚基，它也同时携带了这一聚糖决定簇，垂体和其他部位合成的其他糖蛋白上也是如此。例如，在阿片黑皮质素原（proopiomelanocortin）的 *O*- 聚糖上，研究人员发现了这一聚糖决定簇。硫酸化的 *N*- 乙酰半乳糖胺决定簇的合成受 β1-4 *N*- 乙酰半乳糖胺转移酶 3/4（β1-4 *N*-acetylgalactosaminyltransferase 3/4，B4GALNT3/B4GALNT4）控制（图 14.9）。末端 β1-4GalNAc 随后被磺基转移酶碳水化合物磺基转移酶 8/9（carbohydrate sulfotransferase 8/9，CHST8/CHST9）硫酸化，该酶也在垂体细胞中表达。包括垂体在内的一些组织中，β1-4GalNAc 能够被一个 α2-6Sia 残基取代。β1-4 *N*- 乙酰半乳糖胺转移酶和 β1-4 半乳糖基转移酶均在垂体细胞中表达，但促黄体素和促甲状腺素上的 *N*- 聚糖却携带不常见的 β1-4GalNAc 残基，而卵泡刺激素上的 *N*- 聚糖则携带常见的 β1-4Gal 残基。这种蛋白质的特异性糖基化是 B4GALNT3 或 B4GALNT4 与促黄体素和促甲状腺素上组合形成的 αβ 亚基上存在的特定多肽基序之间相互作用的结果。这种相互作用使得 β1-4 *N*- 乙酰半乳糖胺转移酶的催化效率增加，以牺牲竞争性的糖基转移酶——β1-4 半乳糖基转移酶的活性为代价，对促黄体素和促甲状腺素上的二天线 *N*- 聚糖进行修饰。重要的是，β1-4 *N*- 乙酰半乳糖胺转移酶识别的多肽基序不存在于卵泡刺激素的 β 亚基中，并且卵泡刺激素的 α 亚基上的识别基序也无法被该酶接近，因此确保了卵泡刺激素上的二天线 *N*- 聚糖仅被 β1-4 半乳糖基转移酶修饰。

这些不同的糖基化事件，对脊椎动物的排卵周期影响深远。促黄体素的体循环水平，以脉冲的方式激增和锐减。这确保了在排卵期前的激增对卵巢促黄体素受体（LH receptor）产生最大刺激，因为持续的高促黄体素水平会导致促黄体素受体的去敏化。促黄体素水平的升高与降低，部分由垂体对激素的脉冲式释放所致。然而，促黄体素从体循环中的快速清除，能够显著增益峰值和谷值，这种清除是通过一种甘露糖受体——C 型甘露糖受体 1（mannose receptor C-type 1，MRC1）对其末端硫酸化的 GalNAcβ1-4GlcNAc 决定簇的识别过程来介导的，该受体由肝脏内皮细胞和肝脏中的库普弗细胞（Kupffer cell）表达。促黄体素与受体结合后，会被内化和溶酶体降解。C 型甘露糖受体 1 也在巨噬细胞中表达。在肝脏中，C 型甘露糖受体 1 通过 R 型凝集素（R-type lectin）结构域识别硫酸化的 *N*- 乙酰半乳糖胺，而在巨噬细胞中，同一受体通过 L 型凝集素（L-type lectin）结构域识别甘露糖（**第 31 章**、**第 32 章**）。

14.9　末端 β- 连接的 *N*- 乙酰半乳糖胺——Sd^a 血型

向已经被 α2-3 唾液酸取代的半乳糖上添加 *N*- 乙酰半乳糖胺，也可能发生在糖蛋白和糖脂上（图 14.10）。在糖蛋白上，这种结构形成了人类的 **Sd^a 血型（Sd^a blood type）**，大多数人都会表达这种血型决定簇。在小鼠中，Sd^a 抗原首先在细胞毒性 T 淋巴细胞（cytotoxic T lymphocytes，CTL）上被报道，并被称为 **CT 抗原（CT antigen）**。在糖脂上，神经节苷脂 GM2 也具有相同的三糖末端（**第 11 章**）。研究人员在 *O*- 聚糖和糖脂中也发现了与 Sd^a 抗原 GalNAcβ1-4(Neu5Acα2-3)Galβ1-3(Neu5Acα2-6)GalNAc 相关的结构。研究人员首次在人类尿液中的塔姆 - 霍斯福尔糖蛋白（Tamm-Horsfall glycoprotein）[①]上的 *N*- 聚糖中，实现了人类 Sd^a 抗原的糖链结构鉴定（糖链测序）。人和小鼠的 β1-4 *N*- 乙酰半乳糖胺转移酶 2（β1-4 *N*-acetylgalactosaminyltransferase 2，B4GALNT2）都能够将 *N*- 乙酰半乳糖胺转移到糖蛋白上的 *N*- 聚糖和 *O*- 聚糖上，但不会转移到糖脂 GM3（Siaα2-3Galβ1-4Glc-Cer）上，尽管二者在体外培养的条件下都可以有效利用 3- 唾液酸化乳糖（Siaα2-3Galβ1-4Glc）作为底物。在小鼠中，**Sd^a 抗原（Sd^a antigen）**可以被称为 CT1 和 CT2 的 IgM 单克隆抗体识别，因它们能够阻止小鼠的细胞

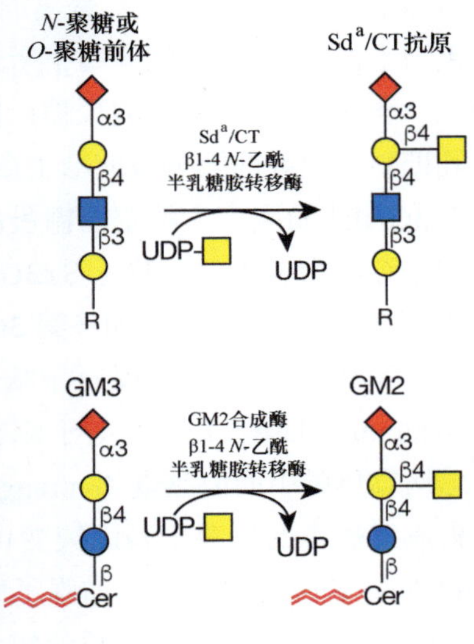

图 14.10　人类 Sd^a 抗原（即小鼠 CT 抗原）和糖脂 GM2 的合成。糖蛋白或聚糖链（R）。缩写：神经酰胺（Cer），尿苷二磷酸（UDP）。

① 也称尿调蛋白（uromodulin）。

毒性T淋巴细胞克隆对细胞靶标的裂解而被分离出来。极少数人类缺乏该决定簇，并因此形成针对它的天然抗体，但并没有表现出明显的病理生理学影响。具有显性遗传形式的**血管性血友病**（**von Willebrand disease，VWD**）小鼠，在血管内皮中异常表达β1-4 *N*-乙酰半乳糖胺转移酶2（B4GALNT2）。该酶在该异常位置的存在会产生携带Sd^a决定簇的血管性血友病因子（VWF）。这种血管性血友病因子糖型，可被肝脏中的**无唾液酸糖蛋白受体**（**asialoglycoprotein receptor，ASGPR**）从体循环中迅速清除，导致血管性血友病因子的缺乏和出血性疾病。

Sd^a决定簇的糖脂等效物被称为GM2，由GM2合成酶（GM2 synthase）即β1-4 *N*-乙酰半乳糖胺转移酶1（β1-4 *N*-acetylgalactosaminyltransferase 1，B4GALNT1）负责合成（图14.10），在中枢和周围神经系统及肾上腺中广泛表达。*B4galnt1*基因无效突变的纯合小鼠，在周围神经系统中表现出中度的传导缺陷及雄性不育（**第41章**）。

14.10 α2-3-唾液酸化聚糖

α2-3连键的唾液酸存在于*N*-聚糖、*O*-聚糖和糖脂上，由6种不同的β-半乳糖苷α2-3唾液酰基转移酶（β-galactoside α2-3 sialyltransferase，ST3GAL1～ST3GAL6）负责生成。ST3GAL3和ST3GAL4在哺乳动物中广泛表达。小鼠中，*St3gal1*基因的转录本在脾脏、肝脏、骨髓、胸腺和唾液腺中最为丰富；*St3gal2*的基因表达在大脑中最为丰富，而大脑中α2-3-唾液酸化的糖脂也很常见；*St3gal5*在大脑、骨骼肌、肾上腺和肝脏中表达良好；*St3gal6*在睾丸中表达最多。在脊椎动物中，α2-3唾液酸残基存在于末端半乳糖残基上。向半乳糖上添加α2-3唾液酸，会抑制其他糖基转移酶的作用，包括与末端α2-3唾液酰基转移酶竞争的α1-2岩藻糖基转移酶、α1-3半乳糖基转移酶、*N*-乙酰葡萄糖胺转移酶及*N*-乙酰半乳糖胺转移酶。尽管糖蛋白上的大多数α2-3唾液酸存在于复合型*N*-聚糖（**第9章**）和*O*-GalNAc聚糖（**第10章**）上，但唾液酸化也发生在*O*-岩藻糖和*O*-甘露糖聚糖上（**第13章**），这些聚糖修饰仅存在于一部分特定的糖蛋白上。如上文和**第34章**中所述，选凝素的配体是α2-3唾液酸化的聚糖。

含有α2-3唾液酸的聚糖，能够通过"掩蔽"（mask）末端的半乳糖残基，阻止血清中糖蛋白上由半乳糖残基介导的无唾液酸糖蛋白受体（ASGPR）的清除过程，从而促进血浆糖蛋白的循环半衰期（**第34章**）。ST3GAL1负责产生特定的糖蛋白修饰Siaα2-3Galβ1-3GalNAcα-Ser/Thr，该糖链结构对于外周$CD8^+$ T细胞的生存能力很重要。缺乏ST3GAL1的小鼠，表现出细胞毒性T细胞应答降低和初始$CD8^+$ T细胞（naïve $CD8^+$ T cell）的凋亡增加（**第36章**）。

唾液酸的识别过程对于病毒和细菌的结合过程十分重要。与唾液酸结合以及随后被神经氨酸酶（neuraminidase）释放，对于流感病毒的感染过程极其重要。α2-3连键的唾液酸残基，能够被禽鸟和猪流感病毒包膜中的**血凝素**（**hemagglutinin，HA**）识别。人流感病毒则更普遍地与α2-6连键的唾液酸残基结合。禽流感病毒的血凝素基因突变可能导致了人类流感大流行，部分原因在于它们能够改为通过血凝素识别α2-6 *N*-乙酰神经氨酸，增强了感染人类细胞的能力（**第42章**）。带有α2-3唾液酸残基的聚糖也与细菌的致病机制相关。以α2-3唾液酸残基为末端的聚糖，协助了**幽门螺杆菌**（***H. pylori***）的黏附，从而导致胃炎、胃溃疡和胃癌。神经节苷脂GM1（Galβ1-3GlcNAcβ1-4[Siaα2-3]Galβ1-4GlcβCer），是**霍乱弧菌**（***Vibrio cholerae***）产生的霍乱毒素，以及**产肠毒素大肠杆菌**（**enterotoxigenic *E. coli***）产生的热不稳定肠毒素（heat-labile enterotoxin）——LT-1的受体（**第42章**）；最近的数据表明，肠毒素LT-1也可识别H抗原，这可能为在O型血个体中观察到的该疾病预后较差提供了一种可能的解释。目前，研究人员正在对基于聚糖的抑制剂在人体中减轻霍乱症状和疾病进展的能力进行评估。多种其他的病原体和毒素，能够与带有诸多可能的修饰结构之一的唾液酸化的糖链末端结合（**第15章**）。

14.11　α2-6- 唾液酸化聚糖

α2-6 连键的唾液酸存在于 *N*- 聚糖、*O*- 聚糖和糖脂上。两种 α2-6 唾液酰基转移酶：β- 半乳糖苷 α2-6 唾液酰基转移酶 1/2（β-galactoside α2-6 sialyltransferase 1/2，ST6GAL1/ST6GAL2）负责将唾液酸转移到半乳糖（Gal）上，而 α-*N*- 乙酰半乳糖胺苷 α2-6 唾液酰基转移酶 1 ～ 6（α-*N*-acetylgalactosaminide α2-6 sialyltransferase 1 ～ 6，ST6GALNAC1 ～ ST6GALNAC6）负责将唾液酸转移到 *N*- 乙酰半乳糖胺（GalNAc）上，其中 ST6GALNAC5 和 ST6GALNAC6 也可以将唾液酸转移到 *N*- 乙酰葡萄糖胺（GlcNAc）上（图 14.11）。在脊椎动物中，α2-6 唾液酸存在于末端半乳糖、末端 / 亚末端的 *N*- 乙酰半乳糖胺上，或者在 ST6GALNAC3 和 ST6GALNAC4 催化的反应中位于核心 *N*- 乙酰半乳糖胺上。α2-6 唾液酸在组织糖蛋白（tissue glycoprotein）中不如 α2-3 唾液酸常见，但在血浆糖蛋白（plasma glycoprotein）中更为常见。具有末端 α2-6 唾液酸的聚糖，通常不会被进一步修饰。在小鼠中，*St6gal1* 在肝细胞和淋巴细胞中的表达水平相对较高，并负责淋巴细胞中血清糖蛋白和抗原受体复合物糖蛋白的 α2-6 唾液酸化。*St6gal2* 的表达主要局限于胚胎和成人大脑，其功能目前尚不清楚。

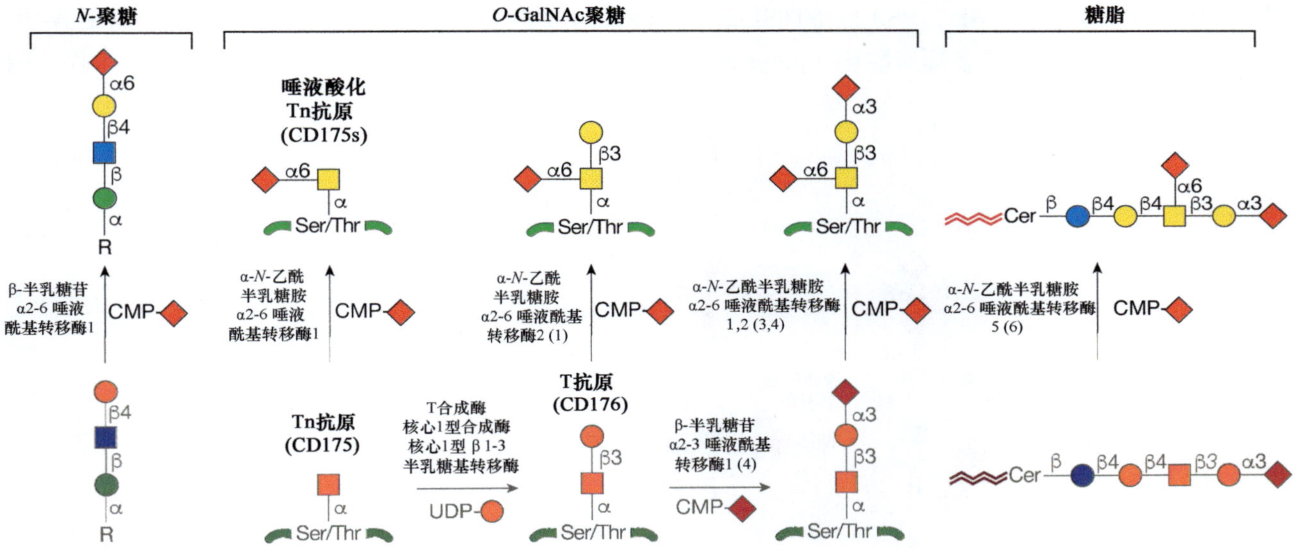

图 14.11　*O*- 聚糖和糖脂上的 α2-6 和 α2-3 唾液酸的合成（**第 9 章、第 10 章**），由 β- 半乳糖苷 α2-3 唾液酰基转移酶（ST3Gal）和 α-*N*- 乙酰半乳糖胺苷 α2-6 唾液酰基转移酶（ST6GalNAc）家族的唾液酰基转移酶负责完成。括号内的酶，在体外对图中所示反应的贡献相对较低。糖蛋白（R）。缩写：胞苷一磷酸（CMP），丝氨酸（Ser），苏氨酸（Thr），神经酰胺（Cer）。

由 ST6GALNAC1 和 ST6GALNAC2 负责催化形成的 α2-6 唾液酸化聚糖，仅限于 *O*- 聚糖。ST6GALNAC3 和 ST6GALNAC4 则负责将 α2-6 唾液酸转移到 *O*-GalNAc 聚糖的 GalNAcα-Ser/Thr 核心，以及糖脂中的 *N*- 乙酰半乳糖胺（GalNAc）上。ST6GALNAC5 和 ST6GALNAC6 似乎使用糖脂作为首选受体。许多人类感染性流感病毒株能够结合末端 α2-6 唾液酸残基（**第 37 章**），而带有 α2-6 唾液酸化的糖蛋白可以通过无唾液酸糖蛋白受体（ASGPR）从循环中清除（**第 31 章**）。

缺乏 ST6GAL1 的小鼠，对 T 淋巴细胞依赖性和非依赖性抗原的抗体应答减弱，对 B 淋巴细胞的增殖反应减弱，B 细胞表面 IgM 和 CD22 水平降低，血清 IgM 水平降低约 65%，B 细胞受体（B-cell receptor，BCR）信号传递降低（**第 35 章**）。B 淋巴细胞上 CD22 蛋白的胞外结构域，能够特异性地识别 Siaα2-6Galβ1-4GlcNAc- 聚糖结构。在聚糖链中没有 α2-6 唾液酸的情况下，CD22 与 B 细胞受体更易簇集，并且B细胞受体的信号转导被下调。α2-3和α2-6唾液酸的添加，可能不仅为**唾液酸结合免疫球蛋白样凝集素（sialic acid-binding immunoglobulin-like protein，Siglec）**提供了配体，还可以阻止一些**半乳凝集素（galectin）**家族成员以及其他可能的凝集素对末端糖的识别。通过这种方式，末端唾液酸化可以被视为与细胞内磷酸化类似的调控途径，其中唾液酸的添加和连接可以控制多种细胞表面聚糖对聚糖结合蛋白诱导的细胞活性变化的敏感性。

14.12 α2-8-唾液酸化聚糖

由α2-8多唾液酸化修饰的聚糖，主要存在于脊椎动物的大脑发育过程中，主要由神经细胞黏附分子（neural cell adhesion molecule，NCAM）携带。α2-8-唾液酸化聚糖也在非神经细胞和肿瘤细胞中的一些糖蛋白上表达。研究人员已经鉴定出6种α-*N*-乙酰神经氨酸苷α2-8唾液酰基转移酶（α-*N*-acetylneuraminide α2-8 sialyltransferases，ST8SIA1～ST8SIA6），它们将α2-8连键的唾液酸转移到末端α2-3连接或α2-6连接的唾液酸上，该过程通常在*N*-聚糖上发生（图14.12）。ST8SIA2（也称为STX）和ST8SIA4（也称为PST）能够催化合成多达400个α2-8唾液酸残基的直链聚合物，从而在神经细胞黏附分子上形成**多唾液酸（polysialic acid，polySia，PSA）**。ST8SIA2和ST8SIA4都具有自催化属性，能够在它们自身的*N*-聚糖上合成多唾液酸，尽管**多唾液酸化（polysialylation）**并不是它们唾液酰基转移酶活性的先决条件。因

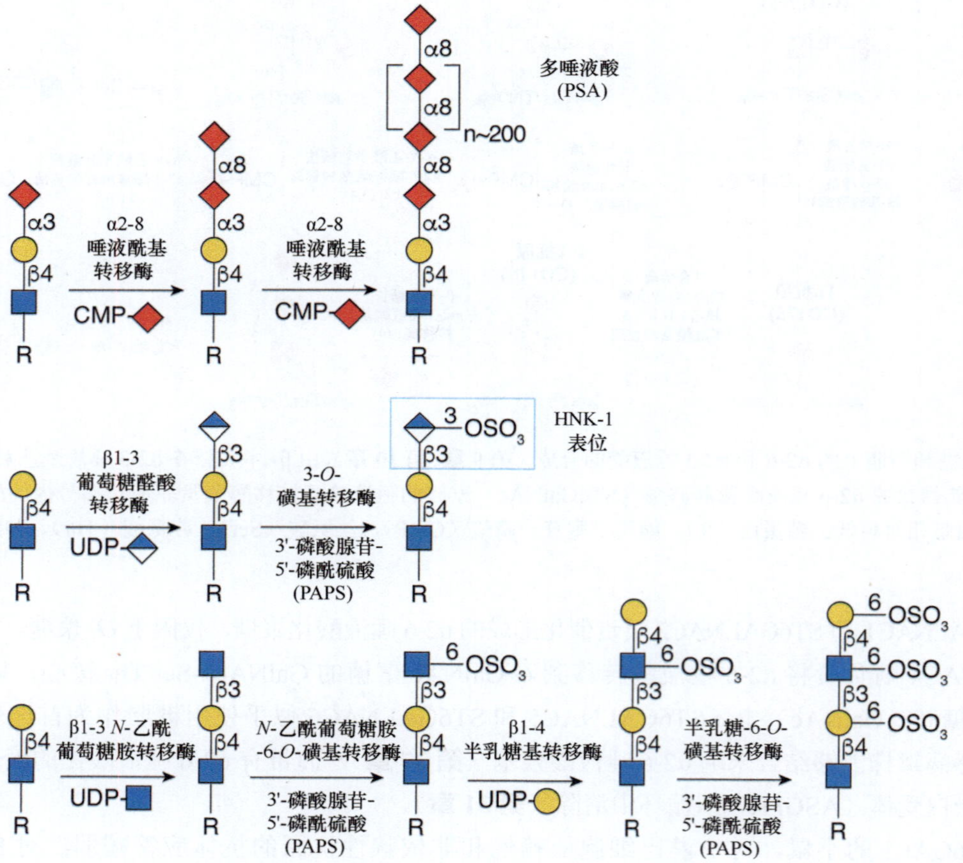

图14.12 通过α-*N*-乙酰神经氨酸苷α2-8唾液酰基转移酶（ST8SIA1～ST8SIA6），在*N*-聚糖上构建和合成具有α2-8连键的唾液酸化（包括多唾液酸）聚糖。图中还展示了HNK-1表位的结构与合成。缩写：糖蛋白或聚糖链（R），胞苷一磷酸（CMP），尿苷二磷酸（UDP）。

此，一些体外培养的、不表达这些唾液酰基转移酶已知底物的细胞，在转染了 ST8SIA2 或 ST8SIA4 后，可能会因为它们的**自体唾液酸化（autosialylation）**而表达表面多唾液酸。研究人员已经报道了携带 1 个 α2-8 唾液酸、2 个 α2-8 唾液酸（二唾液酸），或多达 7 个 α2-8 唾液酸（寡唾液酸）糖链结构的 *N*- 聚糖或 *O*- 聚糖糖蛋白，并且可以通过 ST8SIA3 和（或）ST8SIA6 进行合成。然而，功能研究主要聚焦于神经细胞黏附分子上的多唾液酸（**第 15 章**）。

多唾液酸带有大量的负电荷并且高度水合，可占神经细胞黏附分子总分子质量的 1/3。神经细胞黏附分子的胚胎形式（embryonic form）可被多唾液酸广泛修饰，能够发挥抗黏附功能，并减少同型相互作用（homptypic interaction）。多唾液酸可以减少由其他黏附分子促进的相互作用，如依赖于 L1 蛋白的层粘连蛋白（laminin）或胶原蛋白的附着；还可以结合细胞外信号分子，如脑源性神经营养因子（brain-derived neurotrophic factor，BDNF）和成纤维细胞生长因子 2（fibroblast growth factor 2，FGF2）。缺乏 ST8SIA4 的小鼠，在某些脑区表现出多唾液酸的降低，并在海马体 CA1 区产生神经元响应的改变。由于一部分海马神经元的错误迁移和突触异位，缺乏 ST8SIA2 的小鼠具有明显的神经元表型。当 ST8SIA2 和 ST8SIA4 均失活时，小鼠会出现严重的神经元损伤和其他问题，此外会过早死亡。然而，这种表型可以通过在一个三重基因敲除的小鼠品系中去除神经细胞黏附分子来挽救。这表明，缺乏多唾液酸的神经细胞黏附分子的存在，是导致双基因敲除小鼠严重缺陷的主要肇因（**第 41 章**）。

某些糖脂也带有 α2-8 唾液酸化修饰，由三种 α2-8 唾液酰基转移酶构建而成，分别为 ST8SIA1［也称为 GD3 合成酶（GD3 synthase）］、ST8SIA3 和 ST8SIA5（**第 11 章**）。它们产生单个或寡聚的 α2-8 唾液酸残基，但不产生高聚合度的多唾液酸。这三种酶通常被认为主要作用于糖脂底物，但研究表明，ST8SIA3 也可以使用 *N*- 聚糖和 *O*- 聚糖作为底物，生成**寡唾液酸（oligosialic acid）**。这些 α2-8 唾液酰基转移酶在大脑中表达，每一种都表现出独特的发育调控表达模式。ST8SIA1 也存在于肾脏和胸腺中。体外实验表明，某些 α2-8 唾液酸化的糖脂，可能参与了神经细胞类型的信号转导过程。小鼠中 *ST8SIA1* 基因的失活导致感觉神经元对疼痛的响应发生了改变。

14.13 硫酸化和磷酸化聚糖

原则上，单糖上的任何游离羟基都可以通过硫酸化或磷酸化进行修饰。然而在脊椎动物中，聚糖硫酸化仅限于内部或末端位置的半乳糖、*N*- 乙酰葡萄糖胺、葡萄糖醛酸和 *N*- 乙酰半乳糖胺。迄今为止，研究人员仅在甘露糖、*N*- 乙酰葡萄糖胺和木糖上观察到磷酸化修饰。**第 17 章**讨论了肝素、硫酸乙酰肝素和硫酸软骨素等**蛋白聚糖（proteoglycan）**中的内部硫酸化聚糖，以及硫酸角质素上的硫酸化 *N*- 聚糖。本章描述了可以被 L 选凝素、HNK-1 表位和上述垂体糖蛋白激素识别的硫酸化聚糖。**第 17 章**还提到了启动蛋白聚糖核心糖基化的木糖的瞬时磷酸化。**第 9 章、第 13 章、第 33 章**描述了甘露糖的磷酸化。寄生虫、真菌和细菌具有多种多样的磷酸化聚糖（**第 21 章至第 23 章、第 43 章**）。然而，聚糖硫酸化在原核生物中非常罕见。

在脊椎动物中，淋巴细胞上的 **L 选凝素（L-selectin）**通过识别高内皮小静脉（high endothelial venules，HEV）糖蛋白中的、*O*-GalNAc 聚糖上存在的 L 选凝素配体，与淋巴结中的高内皮小静脉结合。硫酸化形式的**唾液酸化 Lewis x 决定簇（sialyl Lewis x determinant）**（图 14.6）为 L 选凝素识别这些糖蛋白作出了重要贡献。磺基转移酶碳水化合物磺基转移酶 1（carbohydrate sulfotransferase 1，CHST1）在半乳糖的 C-6 处发生硫酸化，碳水化合物磺基转移酶 2（carbohydrate sulfotransferase 2，CHST2）和碳水化合物磺基转移酶 4（carbohydrate sulfotransferase 4，CHST4）在 *N*- 乙酰葡萄糖胺的 C-6 处发生硫酸化，二者都有助于 L 选凝素的配体活性。缺乏这两种磺基转移酶的小鼠，几乎没有淋巴细胞实现向高内皮小静脉的归巢。**第 34 章**讨论了硫酸化 L 选凝素配体的生物合成以及参与该过程的酶。如**第 35 章**中所述，硫酸化形式的唾液酸化 Lewis x 决定簇也被认为有助于唾液酸结合性免疫球蛋白样凝集素（Siglec）的识别。

HNK-1 抗原（HNK-1 antigen）是一种末端硫酸化的聚糖，首先在人类自然杀伤细胞（natural killer cell，NK cell）中发现，也被称为 CD57。HNK-1 表位在脊椎动物神经系统中表达，表达模式在神经发育过程中发生变化（**第 41 章**）。HNK-1 决定簇中包括 3-*O*- 硫酸化的葡萄糖醛酸（GlcA），它以 β1-3 连键的形式与 *N*- 聚糖、*O*- 聚糖、蛋白聚糖和糖脂的末端半乳糖相连（**图 14.12**）。两种不同的葡萄糖醛酸转移酶参与了 HNK-1 中葡萄糖醛酸的添加，分别为 β1-3 *葡萄糖醛酸转移酶* 1（β1-3 glucuronyltransferase 1，GlcAT-P，B3GAT1）和 β1-3 *葡萄糖醛酸转移酶* 2（β1-3 glucuronyltransferase 2，GlcAT-S，B3GAT2）。它们在体外试验中对糖蛋白或糖脂底物具有非常不同的活性，并且可能在体内产生功能不同的 HNK-1 表位。在完成**葡萄糖醛酸化（glucuronylation）**之后，由*碳水化合物磺基转移酶* 10（carbohydrate sulfotransferase 10，CHST10）对葡萄糖醛酸进行 3-*O*- 硫酸化。HNK-1 表位存在于多种神经细胞的糖蛋白上，包括神经细胞黏附分子、接触蛋白（contactin）、髓鞘相关糖蛋白（myelin-associated glycoprotein，MAG）、端脑蛋白（telencephalin）、L1 蛋白，以及周围神经髓鞘的主要糖蛋白——P0 蛋白。有证据表明，HNK-1 可以作为层粘连蛋白、L 选凝素、P 选凝素，以及被称为两性蛋白（amphoterin）的小脑黏附蛋白的配体。HNK-1 也被证明可以介导涉及 P0 蛋白的同型黏附相互作用。具有 HNK-1 依赖性的黏附相互作用，与涉及细胞 - 细胞和细胞 - 基质相互作用的细胞迁移过程相关，并被认为参与了运动神经元对肌肉的神经再支配。

糖类的磷酸化在识别事件中也很重要。在哺乳动物中，位于溶酶体水解酶的寡甘露糖型 *N*- 聚糖上的甘露糖，其 C-6 位的磷酸化通过*磷酸 -N- 乙酰葡萄糖胺转移酶*（phospho-GlcNAc transferase）催化发生，从而产生 *N*- 乙酰葡萄糖胺 - 磷酸 -6- 甘露糖二酯（GlcNAc-P-6-Man）（**第 9 章、第 33 章**）。在去除 *N*- 乙酰葡萄糖胺（GlcNAc）后，暴露出的单磷酸酯——**甘露糖 -6- 磷酸（Man-6-P）**，可以通过**甘露糖 -6- 磷酸受体（Man-6-P receptor, M6PR）**识别溶酶体水解酶。有趣的是，甘露糖 -1-6- 磷酸 - 甘露糖（Man-1-6-P-Man）是酵母细胞壁上甘露聚糖（mannan）中的常见修饰。木糖 C-2 位的磷酸化负责启动蛋白聚糖核心连接子（core linker）的合成，由高尔基体中的*糖胺聚糖木糖激酶* FAM20B（glycosaminoglycan kinase FAM20B）介导，并且对于在核心四糖连接子 GlcAβ1-3Galβ1-3Galβ1-4Xylβ1-Ser/Thr 中添加第二个半乳糖必不可少。在将葡萄糖醛酸添加到核心连接子之前，必须通过磷酸酶——*2- 磷酸木糖磷酸酶* 1（2-phosphoxylose phosphatase 1，PXYLP1）去除磷酸基团，从而生成用于延长硫酸乙酰肝素、硫酸角质素或硫酸皮肤素的底物。有趣的是，可以将 *N*- 乙酰葡萄糖胺（GlcNAc）添加到磷酸化的三糖中以阻断核心连接子聚糖的延伸。这种由木糖的磷酸化进行的调控，对蛋白聚糖的生理稳态至关重要（**第 17 章、第 41 章**）。在另一个通过磷酸化调控的例子中，高尔基体中的激酶——*蛋白质 O- 甘露糖激酶*（protein *O*-mannose kinase，POMK），将 *O*- 甘露糖的 C-6 位磷酸化，从而启动 **α- 抗肌萎缩蛋白聚糖（α-dystroglycan）**上的 *O*- 甘露糖聚糖合成，这已被证明对于糖基转移酶 LARGE 蛋白的后续作用至关重要。该酶负责将 -3GlcAβ1-3Xylα1- 二糖重复结构组成的聚合物添加到 *O*- 甘露糖的核心之上（**第 13 章、第 45 章**）。

致谢

感谢安形高志（Takashi Angata）和妮可 · H. 帕克（Nicolle H. Packer）的有益评论及建议。

延伸阅读

Yamamoto F. 2004. Review: ABO blood group system—ABH oligosaccharide antigens, anti-A and anti-B, A and B glycosyltransferases, and ABO genes. *Immunohematology* **20**: 3-22.

Audry M, Jeanneau C, Imberty A, Harduin-Lepers A, Delannoy P, Breton C. 2011. Current trends in the structure-activity relationships of sialyltransferases. *Glycobiology* **21**: 716-726.

Fiete D, Beranek M, Baenziger JU. 2012. Molecular basis for protein-specific transfer of N-acetylgalactosamine to N-linked glycans by the glycosyltransferases β1, 4-N-acetylgalactosaminyl transferase 3 (β4GalNAc-T3) and β4GalNAc-T4. *J Biol Chem* **287**: 29194-29203.

Patnaik SK, Helmberg W, Blumenfeld OO. 2014. BGMUT database of allelic variants of genes encoding human blood group antigens. *Transfus Med Hemother* **41**: 346-351.

Yamamoto F, Cid E, Yamamoto M, Saitou N, Bertranpetit J, Blancher A. 2014. An integrative evolution theory of histo-blood group ABO and related genes. *Sci Rep* **4**: 6601.

Bode L. 2015. The functional biology of human milk oligosaccharides. *Early Hum Dev* **91**: 619-622.

Jost T, Lacroix C, Braegger C, Chassard C. 2015. Impact of human milk bacteria and oligosaccharides on neonatal gut microbiota establishment and gut health. *Nutr Rev* **73**: 426-437.

Quraishy N, Sapatnekar S. 2017. Advances in blood typing. *Adv Clin Chem* **77**: 221-269.

Stowell CP, Stowell SR. 2019. Biologic roles of the ABH and Lewis histo-blood group antigens. Part I: infection and immunity. *Vox Sang* **114**: 426-442.

Stowell SR, Stowell CP. 2019. Biologic roles of the ABH and Lewis histo-blood group antigens. Part II: thrombosis, cardiovascular disease and metabolism. *Vox Sang* **114**: 535-552.

Rahfeld P, Withers SG. 2020. Toward universal donor blood: enzymatic conversion of A and B to O type. *J Biol Chem* **295**: 325-334.

第 15 章

唾液酸与其他壬酮糖酸

阿曼达 · L. 刘易斯（Amanda L. Lewis），陈希（Xi Chen），罗纳德 · L. 施纳尔（Ronald L. Schnaar），阿吉特 · 瓦尔基（Ajit Varki）

15.1 唾液酸与其他壬酮糖酸的发现与一般分类 / 180
15.2 唾液酸家族 / 182
15.3 唾液酸聚糖的多样性 / 182
15.4 多唾液酸 / 184
15.5 人体中 *N*- 羟乙酰神经氨酸的缺失 / 185
15.6 唾液酸与其他壬酮糖酸的代谢 / 185
15.7 研究唾液酸的方法 / 189
15.8 唾液酸的功能 / 190
15.9 发育生物学和恶性肿瘤中的唾液酸 / 193
15.10 药理学中的唾液酸 / 194
15.11 唾液酸的进化分布 / 195
15.12 原核生物的壬酮糖酸 / 195
15.13 壬酮糖酸的缩写名称 / 196
致谢 / 197
延伸阅读 / 198

唾液酸（sialic acid，Sia）在脊椎动物糖蛋白、糖脂、乳寡糖以及一些微生物表面聚糖中含量丰富，介导了多种多样的生物学功能。唾液酸最早在后口动物（Deuterostome）谱系中的动物与相关微生物中发现，实际上是更为古老的 α- 酮酸（α-keto acid）单糖家族的一个子集。该家族具有九碳骨架，被称为**壬酮糖酸（nonulosonic acid，NulO）**，在一些真细菌（Eubacteria）和古菌（Archaea）中也有发现。所有壬酮糖酸聚糖的生物合成，需要将壬酮糖酸活化为胞苷一磷酸 - 糖，然后将壬酮糖酸转移到聚糖受体上。作为一种单糖，壬酮糖酸所携带的官能团数量和种类超乎寻常。此外，壬酮糖酸的结构复杂性还来自各种差向异构体、修饰以及与其他聚糖的不同连键，使得这些分子非常适合携带聚糖 - 蛋白质、细胞 - 细胞和病原体 - 宿主识别所需的信息。壬酮糖酸是自然界中进化最为迅速的单糖类型之一，特别是在微生物世界种类繁多。由于它们在脊椎动物细胞上密度高、分布广，唾液酸还能够通过负电荷发挥多种功能，如排斥细胞与细胞之间的相互作用、蛋白质稳定、离子结合和离子转运。

15.1 唾液酸与其他壬酮糖酸的发现与一般分类

此类分子的早期命名与它们的发现有关。冈纳 · 布利克斯（Gunnar Blix）于 1936 年首先从唾液黏蛋白中分离获得了一种单糖；1941 年，在恩斯特 · 克伦克（Ernst Klenk）的独立工作中，研究人员从脑糖脂中分离获得了同种单糖。冈纳 · 布利克斯以希腊语中的“唾液（σίαλον）”将该物质命名为“唾液酸”（sialic acid），而恩斯特 · 克伦克以大脑中的神经元将其命名为“神经氨酸”（neuraminic acid，Neu）。当这些物质的关系变得显而易见时，这两个常用名已经被广泛使用并保留至今。虽然 5-*N*- 乙酰神经氨酸（5-*N*-acetylneuraminic acid，Neu5Ac，NANA）是人体中最为常见的唾液酸，但在 C-5 上发生变化的、类似的糖结构组成了唾液酸家族（图 15.1），包括 5-*N*- 羟乙酰神经氨酸（5-*N*-glycolylneuraminic acid，Neu5Gc）和 3- 脱氧 -D- 甘油 -D- 半乳 - 壬 -2- 酮糖酸（3-deoxy-D-glycero-D-galacto-non-2-ulosonic acid）［也被称为 3- 脱氧 - 壬酮糖酸（3-deoxy-nonulosonic acid，Kdn）］。随后，研究人员在一些细菌脂多糖中发现了类似的九碳骨架的 2- 酮酸单糖，最初被称为“细菌唾液酸”（bacterial sialic acid）。由此产生的各种混淆最终经过研究者们的建议，将术语“唾液酸”（Sia）的使用限定在最初用于描述神经氨酸（Neu）、Kdn，以及它们在后口动物及其病原体中的衍生物；而术语“壬酮糖酸”（NulO），则用于描述所有包含九碳骨架的壬 -2- 酮糖酸的单糖组分（图 15.1）。图 15.1 展示了壬酮糖酸分子大家族的基本结构以供比较。

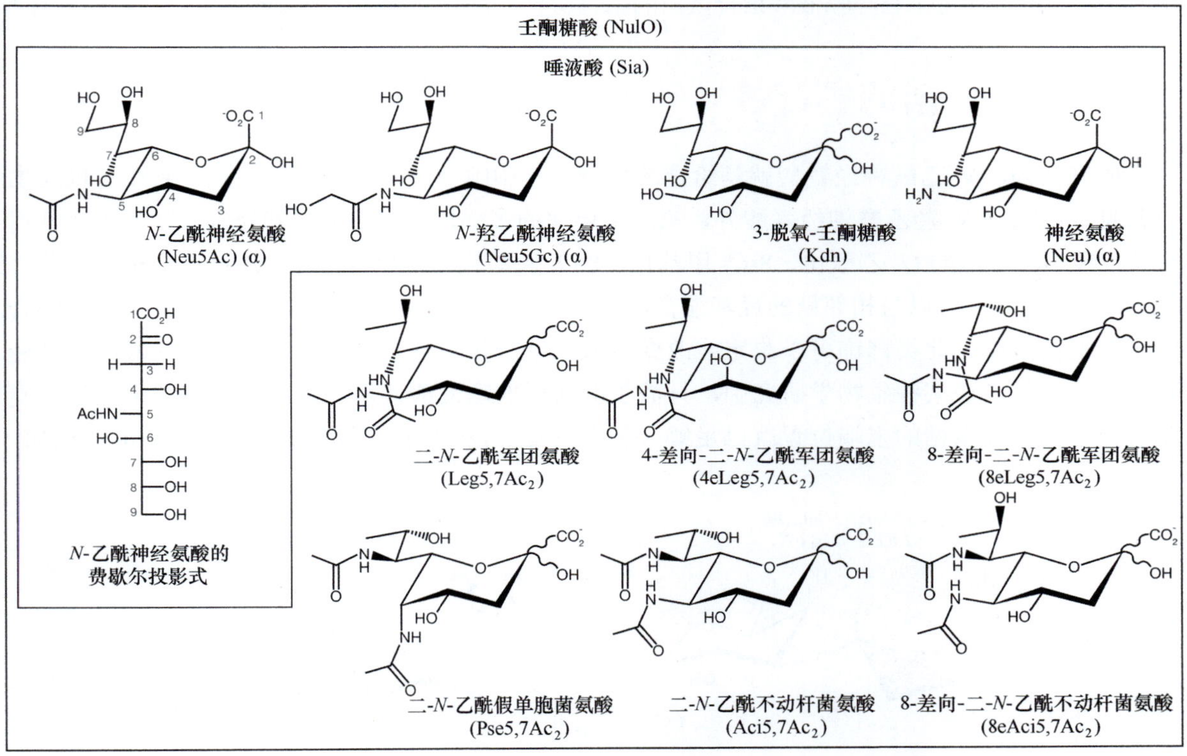

图 15.1　唾液酸和其他壬酮糖酸。如图所示，唾液酸是壬酮糖酸的一个子集。所有的壬酮糖酸都携带一个带负电荷的羧酸盐（C-1）和一个三碳的环外甘油样侧链（C-7 至 C-9）。端基差向异构中心（C-2）处的羧基，被描绘为直立键取向（即唾液酸的 α- 端基差向异构体），这是唾液酸在结合状态下形成糖苷键时通常出现的构型，而在溶液中的未结合状态下，β- 端基差向异构体含量更为丰富，并且是胞苷一磷酸 - 唾液酸（CMP-Sia）中的常见构型。大多数原核生物的壬酮糖酸中均存在 α- 构型和 β- 构型的示例。插图框显示了核心唾液酸的结构。连接到 C-5 的取代基在这些分子中存在着较大的不同。对于唾液酸，*N*- 乙酰基是最常见的形式，对应形成 *N*- 乙酰神经氨酸（Neu5Ac），而 *N*- 羟乙酰基形式在许多非人类脊椎动物及“高等”无脊椎动物中很常见，对应形成 *N*- 羟乙酰神经氨酸（Neu5Gc）。根据物种的不同，3- 脱氧 -D- 甘油 -D- 半乳 - 壬 -2- 酮糖酸（Kdn）（在 C-5 处有一个羟基）似乎丰度不高，并且在哺乳动物中未发现以结合状态存在；而以游离胺形式存在的唾液酸对应于神经氨酸（Neu），在自然界中十分罕见，仅以糖苷连键的形式存在。迄今为止报道的非唾液酸的壬酮糖酸与 *N*- 乙酰神经氨酸的不同之处在于，壬酮糖酸的 C-9 处没有羟基，而 C-7 处有一个额外的、经常被其他官能团（如乙酰基、甲酰基、亚氨乙酰基）取代的氨基，以及 C-4、C-5、C-7、C-8 处各种不同的立体化学。研究者们尚未就命名法达成共识。例如，Leg 和 Leg5,7Ac$_2$ 都可以用于表示二 -*N*- 乙酰军团氨酸（di-*N*-acetyllegionaminic acid）。到目前为止，自然界中尚未发现在 C-5 和 C-7 处具有游离氨基的 9- 脱氧壬酮糖酸。图中展示了代表原核生物 6 种不同类型的壬酮糖酸结构：二 -*N*- 乙酰军团氨酸（di-*N*-acetyllegionaminic acid，Leg5,7Ac$_2$），8- 差向 - 二 -*N*- 乙酰军团氨酸（8-*epi*-di-*N*-acetyllegionaminic acid，8eLeg5,7Ac$_2$），4- 差向 - 二 -*N*- 乙酰军团氨酸（4-*epi*-di-*N*-acetyllegionaminic acid，4eLeg5,7Ac$_2$），二 -*N*- 乙酰假单胞菌氨酸（di-*N*-acetylpseudaminic acid，Pse5,7Ac$_2$），二 -*N*- 乙酰不动杆菌氨酸（di-*N*-acetylacinetaminic acid，Aci5,7Ac$_2$），8- 差向 - 二 -*N*- 乙酰不动杆菌氨酸（8-*epi*-di-*N*-acetylacinetaminic acid，8eAci5,7Ac$_2$）。

本章将主要论述哺乳动物中唾液酸的生物学、新陈代谢与功能。在本章末将简要介绍壬酮糖酸大家族的进化、分布与功能。

15.2 唾液酸家族

人体中最常见的唾液酸形式是酸性相对较强的 *N*- 乙酰神经氨酸（Neu5Ac）（pK_a=2.6），其中吸电子的 C-1 羧酸盐与 C-2 异头碳相连。与甘油结构类似的环外侧链（C-7、C-8 和 C-9 各带有一个羟基），则为氢键的形成提供了机会。*N*- 乙酰基促进了疏水相互作用，当它被 *N*- 羟乙酰基取代时，则表现出亲水性。唾液酸结构中的每个部分都促进了它与唾液酸结合蛋白的结合特异性，并且对含有唾液酸的聚糖的功能大有裨益。

15.3 唾液酸聚糖的多样性

许多研究认为，*N*- 乙酰神经氨酸就是给定的生物样本中唾液酸唯一的存在方式，它在脊椎动物中的确十分常见。但除了 *N*- 羟乙酰神经氨酸外，第二个层次的多样性来自各种天然修饰，如发生在任何羟基上单个位点或多个位点的 *O*- 乙酰化、8-*O*- 甲基化、8-*O*- 硫酸化和 9-*O*- 乳酸化（lactylation），这些修饰非常普遍。C-1 上的羧基可以与相邻糖的羟基缩合，形成不带电荷的内酯，或与 C-5 上的游离氨基缩合，形成不带电荷的内酰胺。此类修饰可以决定或改变唾液酸结合蛋白的识别作用，并调节唾液酸的功能。尽管存在这些复杂性，在某些生物学研究中，只需了解通用的唾液酸残基（符号命名系统中以红色菱形进行表示）位于所研究聚糖的末端位置就已足够（图 15.2）。自然界中也存在脱羟基的唾液酸。例如，2,3-

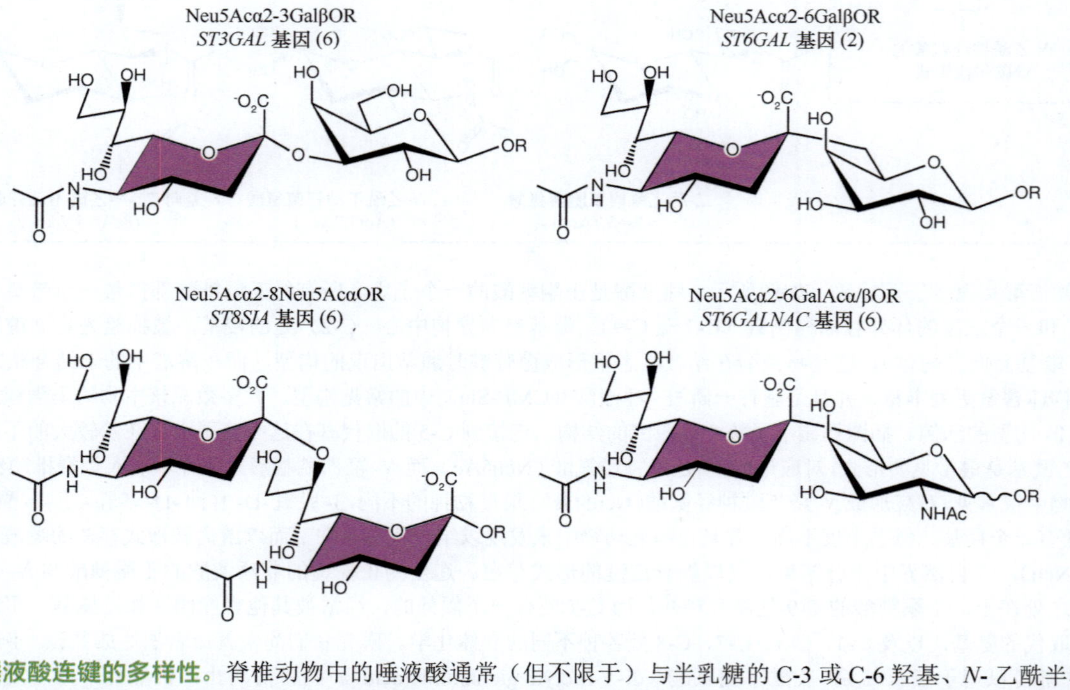

图 15.2 唾液酸连键的多样性。脊椎动物中的唾液酸通常（但不限于）与半乳糖的 C-3 或 C-6 羟基、*N*- 乙酰半乳糖胺的 C-6 羟基、另一个唾液酸的 C-8 羟基或 *N*- 乙酰葡萄糖胺的 C-6 羟基（较为罕见的情况下），以 α- 糖苷键进行连接。有多种唾液酰基转移酶基因负责创建每种类型的连键。在人类和小鼠（以及其他哺乳动物）中，有 6 个基因编码将唾液酸以 α2-3 连键转移到半乳糖的酶、2 个基因编码将唾液酸以 α2-6 连键转移到半乳糖的酶、6 个基因编码将唾液酸以 α2-6 连键转移到 *N*- 乙酰半乳糖胺的酶、6 个基因编码将唾液酸以 α2-8 连键转移到另一个唾液酸上的酶。糖蛋白或糖脂上的聚糖链用 R 表示（经许可修改自 Schnaar RL et al. 2014. *Physiol Rev* 94：461-518）。

脱氢 -2- 脱氧 -*N*- 乙酰神经氨酸（2,3-dehydro-2-deoxy-*N*-acetylneuraminic acid，Neu2en5Ac，DANA）对唾液酸酶（sialidase）具有天然的抑制特性，可作为设计更为有效的抑制剂如抗流感药物瑞乐砂（Relenza）的起始物（**第 57 章**）。

细胞上不同**唾液酸聚糖（sialoglycan）**的总和被称为**"唾液酸组"（sialome）**。如前所述，唾液酸经常作为 *N*- 聚糖、*O*- 聚糖、鞘糖脂、乳寡糖分支上的末端（最外层）糖，并且偶尔会对糖基磷脂酰肌醇锚的侧链进行封端（**第 12 章**）。唾液酸组中的一个重要概念，是它可以作为细胞表面聚糖"森林"（整个糖组）中的"森林树冠"（forest canopy）（**图 15.3**）。最外层是不同的唾液酸结构（叶片与花朵），它们与下面的直链和支链寡糖（茎与枝）通过糖苷键连接（**图 15.2**，**图 15.3**），而后者又是糖蛋白和糖脂（树干）的组成部分。在细胞表面，糖脂和糖蛋白可以组合形成横向微域（森林）。正如森林的组成因地而异，位于不同的细胞类型和特定细胞表面不同区域的唾液酸组也不尽相同，并且具有特定的功能。与**糖组（glycome）**

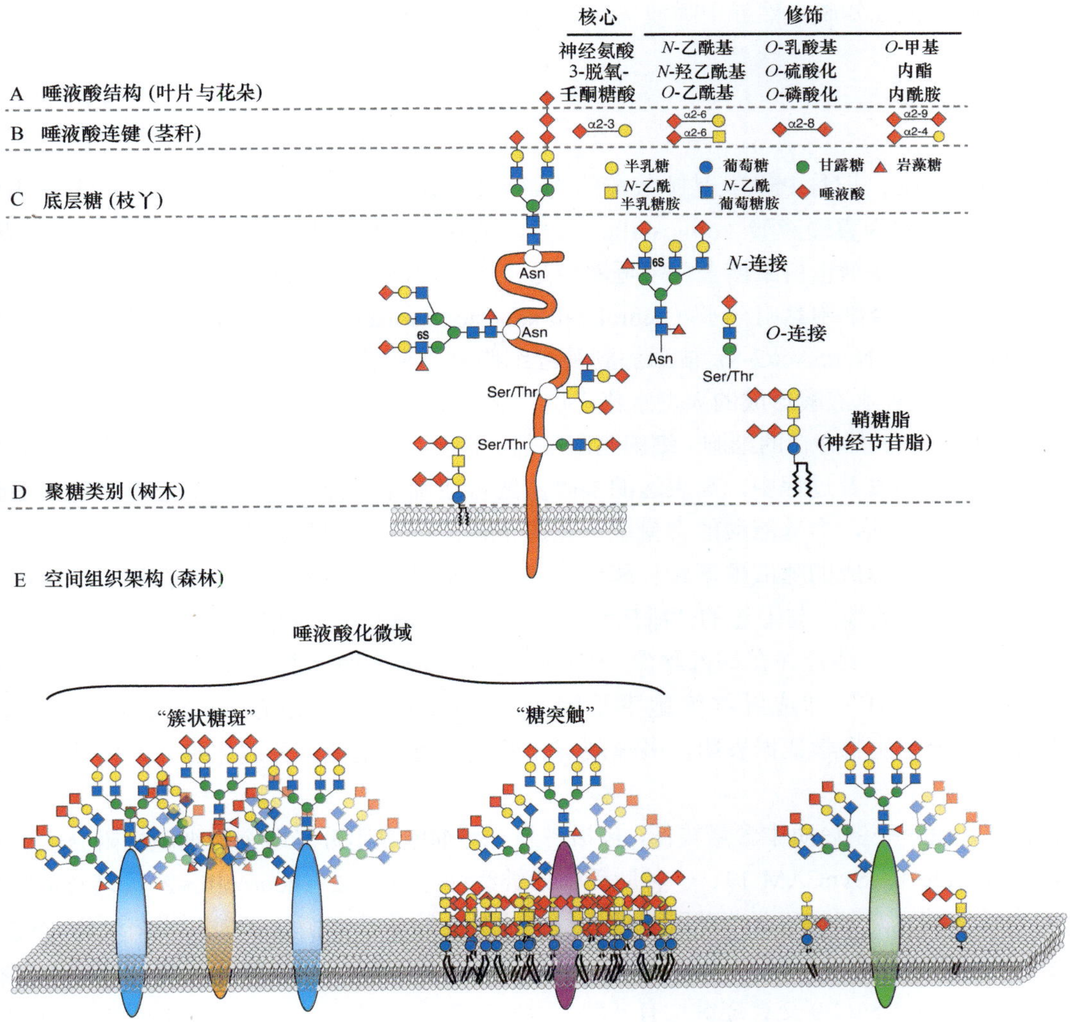

图 15.3 唾液酸组的复杂性具有不同的层级结构。唾液酸组的复杂程度存在着以下几个层级。A. 唾液酸核心及核心修饰：与各种基团的酯化、*O*- 甲基化、内酯化或内酰胺化，产生逾 80 种不同的结构；B. 与表层下的糖之间不同的连键类型，包括 4 种主要连键类型和许多次要连键类型；C. 表层下糖链的特性和排列，还可以通过岩藻糖基化或硫酸化获得进一步的修饰；D. 不同的聚糖类别（如 *N*- 连接或 *O*- 连接的糖蛋白，鞘糖脂）；E. 唾液酸在唾液酸化微域中的空间组织，即被称为"簇状糖斑"或"糖突触"的唾液酸化微域。缩写：天冬酰胺（Asn），丝氨酸（Ser），苏氨酸（Thr）（经许可重绘自 Cohen M，Varki A. 2010. *OMICS* 14：455-464）。

一样，每个物种中的每种细胞类型都表达自己独特的唾液酸组。例如，虽然哺乳动物肝脏中的唾液酸聚糖主要以糖蛋白的形式存在，但在大脑的唾液酸聚糖中，唾液酸糖脂的含量则更胜一筹（**第 11 章**），由于它们广泛分布在神经节（ganglia）上，因而得名“神经节苷脂”（ganglioside）。唾液酸组也会根据环境因素而发生显著变化。

唾液酸也可以作为糖链内部连接的结构，而不是出现在聚糖的末端。在脊椎动物中，除非以另一个唾液酸进行延长，一个聚糖链的末端唾液酸很少发生进一步的延伸（**图 15.3**）。唾液酸和相关的壬酮糖酸也可以在各种细胞结构中找到，包括荚膜多糖、脂多糖的 *O*- 抗原，或是作为鞭毛（flagella）、纤毛（pili）、细胞壁，或表面层（S-layer）等结构的一部分（**第 21 章**）。与脊椎动物宿主关系密切的细菌，通常会模拟脊椎动物的聚糖，在荚膜和 *O*- 抗原的末端位置模拟出唾液酸结构。然而，包括唾液酸在内的许多细菌中的壬酮糖酸，可以作为多糖重复单元中的内部聚糖成分出现，在一些无脊椎动物（如棘皮动物）中也有相关报道。其中，*N*- 乙酰神经氨酸的 C-4 羟基有时可被其他单糖，如岩藻糖、半乳糖和葡萄糖进行糖基化。总而言之，我们似乎尚未知晓自然界中唾液聚糖多样性的全部范围。

15.4 多唾液酸

多唾液酸（polySia，旧称 PSA）是唾液酸的直链均聚物，长度有时可达 100 多个残基。由两到三个残基组成的较短链则称为**寡唾液酸（oligosialic acid）**，是神经节苷脂中的常见成分（**图 15.3**，**第 11 章**），偶尔作为末端结构出现在糖蛋白聚糖上。多唾液酸是一类经过高度选择的、受体蛋白上重要的结构特征，其中研究得最多的是神经细胞黏附分子（neural cell adhesion molecule，NCAM）。从脊椎动物大脑发育早期开始，多唾液酸长链 $(Neu5Ac\alpha 2\text{-}8)_n$ 被添加到神经细胞黏附分子（当时通常称为 PSA-NCAM）的两个特定 *N*- 聚糖的末端。多唾液酸形成的大型水化壳层，显著增加了其蛋白质载体的流体动力学体积，并干扰了神经细胞黏附分子天然存在的细胞 - 细胞黏附功能。因此，多唾液酸能够将一种黏附蛋白转化为彼此排斥的蛋白质。在大脑发育过程中，高表达的多唾液酸可能确保了神经前体能够迁移到它们最终的解剖学部位。一旦抵达目的地，多唾液酸的含量就会相应下调，产生牢固的黏附，使细胞保持在原位。当在小鼠中对负责多唾液酸形成的唾液酰基转移酶进行基因切除时，一些神经祖细胞会过早地黏附，卡在原地，无法到达正确的目的地。与上述的**“排斥场”（repulsive field）**效应相反，多唾液酸还可以充当**“吸引场”（attractive field）**，结合并在局部聚集一些神经营养因子，如脑源性神经营养因子（brain-derived neurotrophic factor，BDNF）和成纤维细胞生长因子 2（fibroblast growth factor 2，FGF2）。值得注意的是，人类遗传学和分子生物学证据表明，多唾液酸化的变异可能是精神分裂症等人类精神疾病中的一个因素。

多唾液酸在其他一些蛋白质中含量较低，包括另外一种细胞黏附分子即突触细胞黏附分子 1（synaptic cell adhesion molecule 1，SynCAM 1）、一种肽受体即神经纤毛蛋白 -2（neuropilin-2），以及鱼卵糖蛋白的 *O*- 聚糖上。多唾液酸也是某些致病菌荚膜多糖的关键成分，这些致病菌包括大肠杆菌 K1、K92，以及**脑膜炎奈瑟球菌（*Neisseria meningitidis*）**B 和 C 血清群。多唾液酸链中唾液酸单元间的连键方式在细菌中有所不同，α2-8、α2-9、α2-8/α2-9 交替连键均有发现。**大肠杆菌（*Escherichia coli*）**K1 中的 α2-8- 多唾液酸，也被称为结肠氨酸（colominic acid）①，可在唾液酸 C-7 或 C-9 处发生 *O*- 乙酰化。脑膜炎奈瑟球菌 C 血清群中的 α2-9- 多唾液酸，也可以在唾液酸 C-7 或 C-8 处发生 *O*- 乙酰化。一种噬菌体攻击表达多唾液酸

① 多唾液酸最初由盖伊 · T. 巴里（Guy · T. Barry）和瓦尔特 · F. 戈贝尔 (Walther · F. Goebel) 于 1957 年在大肠杆菌 K-235 中发现，当时的命名为结肠氨酸（colominic acid），目前该词汇已不再使用。

的细菌，会产生一种高度特异性的唾液酸内切酶（endosialidase），该酶仅剪切≥ 8 个残基的唾液酸糖链。这种酶（Endo-N）及其灭活形式（可与多唾液酸结合）是研究聚唾液酸功能的强大工具。

15.5　人体中 *N*- 羟乙酰神经氨酸的缺失

N- 羟乙酰神经氨酸（Neu5Gc）在哺乳动物中很常见，包括在人类最近的进化亲属（倭黑猩猩和黑猩猩）中也是如此。然而，由于编码将胞苷一磷酸 -*N*- 乙酰神经氨酸（CMP-Neu5Ac）转化为胞苷一磷酸 -*N*- 羟乙酰神经氨酸（CMP-Neu5Gc）的羟化酶 *CMAH* 基因中存在固定的单外显子缺失突变，所以人类无法合成它。为何人类谱系会失去 *N*- 羟乙酰神经氨酸？许多病原体利用唾液酸来结合和感染脊椎动物（**第 42 章**），其中一些病原体专门针对 *N*- 羟乙酰神经氨酸。那些识别 *N*- 羟乙酰神经氨酸的有机体，可能是经自然选择，产生胞苷一磷酸 -*N*- 乙酰神经氨酸羟化酶（CMP-*N*-acetylneuraminic acid hydroxylase，CMAH）失活突变体的最初原因。随后，在 *CMAH* 无效突变体（*CMAH*-null）的雌性体内产生的抗 *N*- 羟乙酰神经氨酸抗体，可能通过杀死 CMAH 阳性的雄性精子而降低了这些雄性的生育能力，该过程可能有助于 *CMAH* 基因缺失种群的形成。*N*- 羟乙酰神经氨酸的表达在其他谱系中的特异性缺失，可能以类似的形式发生。以上讨论仅仅将唾液酸视为病原体靶标和生理调节剂这一更大范畴内的部分内容，靶标和调节剂的组合显然促进了唾液酸表达模式和唾液酸结合蛋白的快速进化，对于**唾液酸结合免疫球蛋白样凝集素（Siglec）**尤为明显（**第 35 章**）。

尽管 *CMAH* 在人体中失活，但在正常人的组织中，研究人员仍然发现了微量的 *N*- 羟乙酰神经氨酸。结合人类肿瘤细胞和组织中存在 *N*- 羟乙酰神经氨酸这一事实，我们可知，从食物中，尤其是“红肉”中摄取的 *N*- 羟乙酰神经氨酸，能够经代谢整合进入人体。大多数健康人体内都有体循环的抗 -*N*- 羟乙酰神经氨酸抗体，这增加了它们随后与代谢整合进入体内的 *N*- 羟乙酰神经氨酸之间的相互作用，导致由进食红肉所产生的相关炎症疾病（如动脉粥样硬化和上皮癌）的可能性，而这些疾病在 *N*- 羟乙酰神经氨酸阳性的灵长类动物中并不常见。人类 *N*- 羟乙酰神经氨酸丢失的其他可能后果包括产生对一些与 *N*- 羟乙酰神经氨酸结合的动物病原体（如大肠杆菌 K99）的抗性，以及出现以人类为唯一宿主、偏好 *N*- 乙酰神经氨酸的病原体，如产生疟疾的**恶性疟原虫（*Plasmodium falciparum*）**和**伤寒沙门氏菌（*Salmonella typhi*）**的毒素。

一个尚无法解释的观察结果表明，迄今为止研究的所有脊椎动物的大脑中都缺乏 *N*- 羟乙酰神经氨酸，包括那些在其他组织中具有较高 *N*- 羟乙酰神经氨酸水平的动物中也是如此。将 *N*- 羟乙酰神经氨酸排除在这一重要器官之外的进化优势尚不清楚，但可能与未知病原体的选择压力和（或）*N*- 乙酰神经氨酸在大脑发育及功能的最佳条件下所具有的选择性功能有关。

15.6　唾液酸与其他壬酮糖酸的代谢

15.6.1　唾液酸聚糖的合成

脊椎动物中 *N*- 乙酰神经氨酸（Neu5Ac）的代谢途径如**图 15.4** 所示。*N*- 乙酰神经氨酸由 *N*- 乙酰甘露糖胺 -6- 磷酸（ManNAc-6-P）与**磷酸烯醇式丙酮酸（phosphoenolpyruvate，PEP）**反应衍生形成。*N*- 乙酰甘露糖胺 -6- 磷酸由 *GNE* 基因编码的双功能酶尿苷二磷酸 -*N*- 乙酰葡萄糖胺 -2- 差向异构酶 /*N*- 乙酰甘露糖胺激酶（UDP-GlcNAc-2-epimerase/*N*-acetylmannosamine kinase，GNE）产生。*GNE* 中的基因错义、隐性突变导致人类**遗传性包涵体肌病**（**hereditary inclusion body myopathy，HIBM**）（**第 45 章**），而基因失活则会导致小鼠胚胎致死。*N*- 乙酰甘露糖胺 -6- 磷酸与磷酸烯醇式丙酮酸反应，产生了 5-*N*- 乙酰神经氨酸 -9- 磷酸（Neu5Ac-9-P），然后被特定的磷酸酶去磷酸化，在细胞质中释放出游离的 *N*- 乙酰神经氨酸。相同的生物合成途径可以使用甘露糖 -6- 磷酸（Man-6-P）而不是 *N*- 乙酰甘露糖胺 -6- 磷酸来生成 3- 脱氧 -D- 甘油 -D- 半乳 - 壬 -2- 酮糖酸（Kdn）。相比之下，原核生物中 *N*- 乙酰神经氨酸的生物合成，涉及 *N*- 乙酰甘露糖胺（ManNAc）与磷酸烯醇式丙酮酸的直接反应，该途径不需要 *N*- 乙酰神经氨酸 -9- 磷酸中间体即可进行。许多其他细菌使用与 *N*- 乙酰神经氨酸合成途径具有古老同源性的类似通路，合成 9- 脱氧形式的壬酮糖酸。值得注意的是，化学合成的非天然甘露糖胺衍生物可以进入细胞中的唾液酸生物合成途径，从而可以用修饰的唾液酸对细胞表面进行**代谢工程**（**metabolic engineering**）改造（**第 56 章**）。

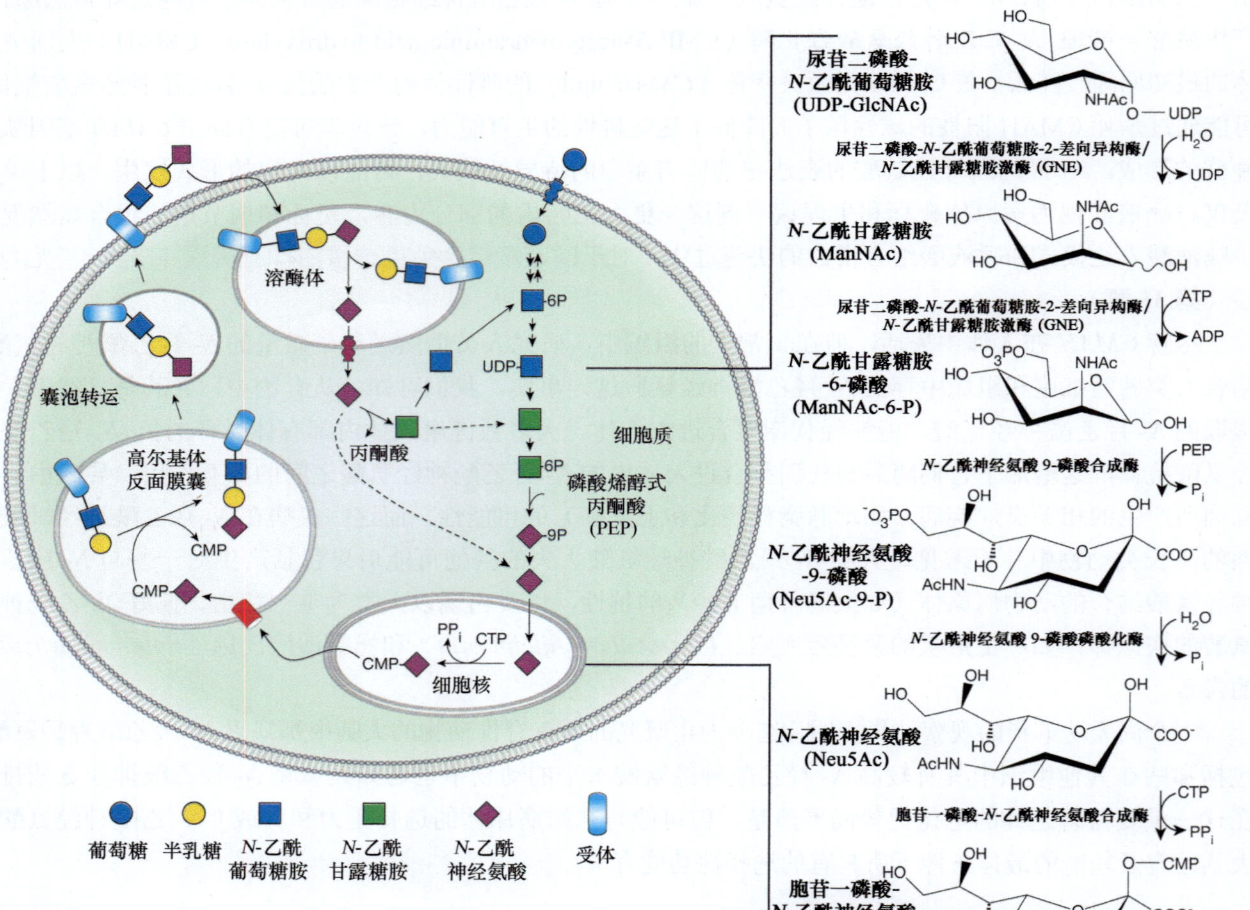

图 15.4 脊椎动物细胞中 *N*- 乙酰神经氨酸的代谢。示意图左侧表示脊椎动物中 *N*- 乙酰神经氨酸生物合成的途径和区室：*N*- 乙酰神经氨酸在细胞质中进行生物合成，在细胞核中被转化为活化的胞苷一磷酸 -*N*- 乙酰神经氨酸（CMP-Neu5Ac），在高尔基体中被转移到脂质和蛋白质聚糖上，随后运输到细胞表面，最终被分泌或被溶酶体吸收降解，重新作为代谢物实现再利用。参与脊椎动物中胞苷一磷酸 -*N*- 乙酰神经氨酸酶催化生物合成的步骤，见示意图右侧。图中未显示涉及唾液酸修饰的其他步骤，例如，发生在细胞质中胞苷一磷酸 -*N*- 乙酰神经氨酸的 *N*- 乙酰基羟化，产生胞苷一磷酸 -*N*- 羟乙酰神经氨酸（CMP-Neu5Gc）。唾液酸上添加的各种修饰（如 *O*- 乙酰基化）也未在图中显示。甲基化和硫酸化可能发生在高尔基体中。缩写：腺苷三磷酸（ATP），腺苷二磷酸（ADP），胞苷三磷酸（CTP），胞苷一磷酸（CMP），尿苷二磷酸（UDP），磷酸基团（P/P_i），焦磷酸（PP_i），磷酸烯醇式丙酮酸（PEP）［经 Bentham Science Publishers 许可修改自 Münster-Kühnel AK，Hinderlich S. 2013. *Sialobiology*：*Structure*，*Biosynthesis and Function*（ed，Tiralongo J，Martinez-Duncker I），pp. 76-114］。

游离唾液酸的β- 端基异构体通过与胞苷三磷酸（CTP）反应，转化为胞苷一磷酸 - 唾液酸（CMP-Sia），该反应发生在核区，原因不明。产物胞苷一磷酸 - 唾液酸随后返回细胞质，并通过胞苷一磷酸反向转运蛋白（CMP antiporter）转运到高尔基体，使其在高尔基体腔室内富集（**第 5 章**）。相比之下，原核生物的胞苷一磷酸 - 唾液酸在细胞质中合成，无需区室化即可被利用。在真核生物中，细胞质中的胞苷一磷酸 - 唾液酸能够反馈抑制制尿苷二磷酸 -*N*- 乙酰葡萄糖胺 -2- 差向异构酶 /*N*- 乙酰甘露糖胺激酶（GNE）。在一种称为**唾液酸尿症（sialuria）**的人类罕见病中，*GNE* 变构位点的显性突变导致了反馈调节的失效和唾液酸的过量产生。

前文提到，动物中具有糖苷键特异性的唾液酰基转移酶均为 II 型膜蛋白，包含了用于高尔基体定位的信号。动物的唾液酰基转移酶中含有共有的氨基酸序列基序，被称为**唾液酰基序（sialyl motif）**，其中包含了用于胞苷一磷酸 - 唾液酸（CMP-Sia）识别的共同位点（**第 6 章、第 8 章**）。相比之下，原核生物的唾液酰基转移酶通过**趋同进化（convergent evolution）**独立出现，不含有唾液酰基序，有些甚至没有同源性。除了形成唾液酸连键外，与糖蛋白和（或）末端糖和序列相比，一些真核生物的唾液酰基转移酶还表现出对糖脂的底物偏好性。修饰后的唾液酸，如 *N*- 羟乙酰神经氨酸、*O*- 乙酰化唾液酸和非天然合成的唾液酸，均可用于形成活化的胞苷一磷酸 - 唾液酸，作为唾液酰基转移酶的供体。一些哺乳动物的唾液酰基转移酶能够同时转移 *N*- 乙酰神经氨酸（Neu5Ac）和 3- 脱氧 -D- 甘油 -D- 半乳 - 壬 -2- 酮糖酸（Kdn），而另一些则只转移其中一种，但这些唾液酰基转移酶仅形成 α- 唾液酸糖苷键。此外，某些致病性锥虫和某些细菌中的"转唾液酸酶"（*trans*-sialidase），可以实现唾液酸从一种唾液酸糖苷到另一种唾液酸糖苷的转移（**第 43 章**）。尽管转唾液酸酶往往对它们生成的唾液酸糖苷键具有特异性，但它们对供体和受体聚糖的利用过程可能是混合在一起的。

15.6.2 唾液酸的修饰

一旦胞苷一磷酸 -*N*- 乙酰神经氨酸（CMP-Neu5Ac）在胞质溶胶中转化为胞苷一磷酸 -*N*- 羟乙酰神经氨酸（CMP-Neu5Gc），目前仍没有已知的方法可以逆转该反应，这或许解释了饮食来源的 *N*- 羟乙酰神经氨酸在人体组织中积累的原因。此外，唾液酸进一步的结构多样性，还可以由 *N*- 乙酰神经氨酸（Neu5Ac）、*N*- 羟乙酰神经氨酸（Neu5Gc）和 3- 脱氧 -D- 甘油 -D- 半乳 - 壬 -2- 酮糖酸（Kdn）的酶促修饰产生，这些反应可以发生在高尔基体和相关细胞器的腔室内、发生在成熟的唾液酸聚糖复合物上，也可发生在胞苷一磷酸 - 唾液酸（CMP-Sia）水平。不同的酶可以在最为常见的 C-7、C-9 位，以及不太常见的 C-4 位对唾液酸进行 *O*- 乙酰化。*O*- 乙酰转移酶（有些可能尚未被发现）似乎对不同糖苷键的唾液酸具有特异性，也可以将不同类别的成熟糖复合物或胞苷一磷酸 -*N*- 乙酰神经氨酸视为底物。例如，人类中的 *N*- 乙酰神经氨酸 9-*O*- 乙酰转移酶（*N*-acetylneuraminate 9-*O*-acetyltransferase, CASD1）使用乙酰辅酶 A（acetyl-CoA）作为乙酰供体，对胞苷一磷酸 -*N*- 乙酰神经氨酸进行乙酰化，生成的 *O*- 乙酰化 - 胞苷一磷酸 -*N*- 乙酰神经氨酸随后被利用，最终将 *O*- 乙酰化的 *N*- 乙酰神经氨酸转移到蛋白质上。在细菌中，*N*- 乙酰神经氨酸的 *O*- 乙酰化至少可以通过两条生物合成途径发生。在 B 族链球菌中，完成胞苷一磷酸的单糖活化前，可以在细胞内由 NeuD 酶进行催化，发生唾液酸的 *O*- 乙酰化。大肠杆菌 K1 也有一个 NeuD 酶的同源物，但它似乎在荚膜组装前完成去 *O*- 乙酰化，然后由 NeuO 酶对组装的多唾液酸进行 *O*- 乙酰化。唾液酸羟基上发生的其他取代反应也需要使用适当的供体，例如，*S*- 腺苷甲硫氨酸（*S*-adenosylmethionine，SAM）被用于唾液酸甲基化，3′- 磷酸腺苷 -5′- 磷酰硫酸（PAPS）被用于唾液酸硫酸化。除 *N*- 羟乙酰神经氨酸外，具有其他修饰的唾液酸经过核苷酸活化后，似乎并不是脊椎动物胞苷一磷酸 - 唾液酸合成酶（CMP-Sia synthetase）的高效催化底物。因此，这些具有其他修饰的唾液酸的分解代谢，也涉及唾液酸 *O*- 乙酰酯酶（*O*-acetylesterase）等酶。

15.6.3 唾液酸的酶促释放

唾液酸可以通过唾液酸酶（sialidase）从糖复合物中释放，唾液酸酶历史上也曾被称为“神经氨酸酶”（neuraminidase）。目前倾向于使用“唾液酸酶”一词，但流感病毒的唾液酸酶仍被称为“神经氨酸酶”，因为在其毒株名称中使用了“神经氨酸酶”的首字母缩写“N”。例如，H1N1 流感中的 N1，是指该毒株的神经氨酸酶 / 唾液酸酶类型。在真核生物中，唾液酸酶由 *NEU* 基因编码，人类基因组中有 4 个 *NEU* 基因。尽管 NEU1 和 NEU4 蛋白被认为主要在细胞内的内体 / 溶酶体区室中发挥作用，以回收唾液酸聚糖，但 NEU1 蛋白也可以被募集到细胞表面，在那里它可以调节唾液酸化，并调节受体介导的信号传递。相比之下，NEU3 蛋白主要出现在细胞表面，并倾向于切割神经节苷脂，而 NEU2 蛋白存在于细胞质中，可能用于回收在自噬或吞噬作用后进入该区室的唾液酸聚糖。哺乳动物的唾液酸酶也与结肠炎和败血症中出现的炎症紊乱有关。

许多微生物，包括多种病原体，都表达唾液酸酶。与唾液酰基转移酶的情况不同，细菌、真菌和无脊椎动物的唾液酸酶在进化上与脊椎动物一脉相承。相反，对其毒力至关重要的病毒唾液酸酶，则代表了不同的蛋白家族。病原体唾液酸酶的 3D 结构已被用于药物开发（**第 42 章**）。唾液酸酶的底物特异性各不相同，从以**肺炎链球菌**（***Streptococcus pneumoniae***）α2-3 特异性的唾液酸酶 SpNanB 和 SpNanC 为代表的高选择性唾液酸酶，到以**产脲节杆菌**（***Arthrobacter ureafaciens***）α2-3、α2-6、α2-8 唾液酸酶和肺炎链球菌 SpNanA 为代表的底物广泛性唾液酸酶，各种底物应有尽有。唾液酸酶的水解产物也不尽相同，例如，由 SpNanA 水解产生的游离唾液酸最为常见，而由 SpNanB 水解产生的 2,7- 脱水唾液酸（2,7-anhydro-Sia）和由 SpNanC 水解产生的 2,3- 脱羟 -2- 脱氧唾液酸（2,3-dehydro-2-deoxy-sialic acid，Sia2en）则不大常见。有趣的是，某些病原体的唾液酸酶具有额外的凝集素（糖结合）结构域，似乎可以将酶的催化作用引导至特定位点。

某些唾液酸糖苷键，即使在具有最广泛特异性的唾液酸酶的催化作用下，也无法发生水解过程。脑神经节苷脂 GM2 上的分支 α2-3 唾液酸，需要一种特殊的辅助蛋白（helper protein），也称 GM2 激活蛋白（GM2 activator protein）来促进断键过程，而 GM2 激活蛋白的突变会导致 GM2 在大脑中的累积（**第 44 章**）。唾液酸的 *O*- 甲基化和 *O*- 乙酰化也可以阻碍甚至停止唾液酸酶的水解，对 4-*O*- 乙酰基修饰即是如此。这些特性可能具有生物学意义，但尚未得到充分的研究。

微生物的唾液酸酶和转唾液酸酶（另见**第 43 章**）可以是强大的**毒力因子**（**virulence factor**），可促进细胞侵袭，揭开（unmask）潜在的结合位点，同时调节免疫系统。唾液酸酶在黏膜部位释放的唾液酸，也为某些细菌提供了营养，或使得它们能够接触到糖链底层的碳水化合物。病毒神经氨酸酶能够促进新形成病毒的释放和传播，特异性病毒神经氨酸酶抑制剂则被广泛用作抗病毒药物，如抗甲型流感病毒药物瑞乐砂（Relenza）和达菲（Tamiflu）（**第 42 章**）。

15.6.4 唾液酸的回收与降解

一旦游离的唾液酸分子从脊椎动物细胞的溶酶体中释放出来，它就会通过特定的输出蛋白［exporter protein)（SLC17A5，也称**唾液酸蛋白**（**sialin**）］返回到胞质溶胶中，并在其中被重复利用或降解。人体唾液酸蛋白的突变会导致**萨拉病**（**Salla disease**）①和**婴儿唾液酸贮积病**（**infantile sialic acid storage disease**），导致唾液酸在溶酶体中的贮积，并在尿液中排出过量的唾液酸。某些病原体从细胞外空间捡

---

① 又称游离唾液酸贮积病（free sialic acid storage disease），是唾液酸贮积病中最为轻微的类型。

拾（scavenge）唾液酸，通过高效的转运蛋白将它们从痕量水平浓缩富集。相反，没有证据表明真核细胞中存在细胞质膜上的唾液酸转运蛋白。然而，游离的唾液酸可以通过液相巨胞饮作用（macropinocytosis）被吸收到哺乳动物细胞中，最终到达溶酶体，然后经唾液酸蛋白，从溶酶体中输出至细胞质。完整的唾液酸聚糖也可以被摄取并转运至溶酶体，其中唾液酸酶释放唾液酸，以将其递送到细胞质并于随后输送到细胞核，被细胞的胞苷一磷酸 - 唾液酸合成酶重新利用。然而在全身水平，细胞来源或来自消化过程的、血液中的游离唾液酸会迅速从尿液中排出。因此，摄取唾液酸糖蛋白（sialoglycoprotein），随后被 NEU1 蛋白在溶酶体中水解，进而通过唾液酸蛋白输出，这一系列过程可以更好地解释膳食中的 *N*- 羟乙酰神经氨酸在人体组织中的整合过程。

在脊椎动物中，*O*- 乙酰化唾液酸被唾液酸特异性 *O*- 乙酰酯酶（*O*-acetylesterase）去 *O*- 乙酰化。例如，人体中由 *SIAE* 基因编码的酶，可通过调节**唾液酸结合免疫球蛋白样凝集素（Siglec）**的识别过程，来调节 B 细胞的发育和免疫耐受（**第 35 章**）。在一些细菌和病毒中，研究人员也发现了具有唾液酸 9-*O*- 乙酰酯酶活性的酶。丙型流感病毒和一些冠状病毒血凝素，可以与 9-*O*- 乙酰唾液酸特异性结合以感染宿主，它们的 *O*- 乙酰酯酶有助于新出芽的病毒粒子从宿主细胞中释放后的进一步传播。值得注意的是，所有已知的针对唾液酸 C-9 位的 *O*- 乙酰酯酶都无法从 C-7 位释放 *O*- 乙酰酯。然而在生理条件下，7-*O*- 乙酰基可以迁移到 C-9 位，从而成为这些酶的底物。该过程甚至可以导致 7/8/9- 三 -*O*- 乙酰唾液酸的逐步脱酯化（de-esterification），这一过程在自然界中真实存在。一些脊椎动物和病毒的酯酶对 4-*O*- 乙酰基具有特异性，但研究人员对其功能知之甚少。在细菌中，唾液酸特异性酯酶似乎参与了哺乳动物肠道中黏液周转的正常过程，但当它们过量时也与结直肠癌等疾病状态相关。

如果不被重复利用或分泌，唾液酸会被细胞溶质中唾液酸特异性的丙酮酸裂解酶（pyruvate lyase）（由 *NPL* 基因编码）降解，该酶将唾液酸分子裂解为 *N*- 酰基甘露糖胺和丙酮酸。在真核生物中，这些 *N*- 酰基甘露糖胺可能在被激酶磷酸化后，重新进入唾液酸生物合成途径，或者通过转化为 *N*- 酰基 - 葡萄糖胺及其相应的磷酸盐完成进一步代谢，最终脱除酰基（**图 15.4**）。值得注意的是，源自 *N*- 羟乙酰神经氨酸（Neu5Gc）的 *N*- 羟乙酰葡萄糖胺（GlcNGc）可被去酰基化，或转化为尿苷二磷酸 -*N*- 羟乙酰葡萄糖胺（UDP-GlcNGc），甚至转化为尿苷二磷酸 -*N*- 羟乙酰半乳糖胺（UDP-GalNGc），这些核苷糖可以作为糖基转移酶的供体，将单糖整合进入聚糖中，例如，使用 *N*- 羟乙酰半乳糖胺代替 *N*- 乙酰半乳糖胺（GalNAc）成为硫酸软骨素的组成部分。唾液酸特异性丙酮酸裂解酶也存在于各种微生物中，使它们利用宿主的唾液酸作为营养来源成为可能。在某些细菌中，唾液酸生物合成和分解的途径出现在相同的基因组中，这表明唾液酸的循环使用也可能发生在某些细菌中。在其他细菌分类群中，要么存在唾液酸合成代谢机制，要么存在唾液酸分解代谢机制。

15.7 研究唾液酸的方法

唾液酸可以作为分离出的聚糖的一部分或释放出的单糖进行分析，也可以在细胞表面进行原位分析。在动物单糖中，唾液酸具有独特的分子质量，使其易于通过质谱法进行识别，这是目前最灵敏的聚糖分析方法之一（**第 50 章、第 51 章**）。唾液酸的甘油样侧链在非常温和的条件下对高碘酸氧化特别敏感，这提供了一种仅在唾液酸聚糖上选择性生成醛基的方法（值得注意的是，在将该反应应用于某些完整细胞的表面时，仍可显示出这种特异性）。随后添加的带有标签的亲核试剂（如生物素酰肼），能够在最初被高碘酸盐氧化的唾液酸上共价添加标签（如生物素）。从完整细胞或分离出的唾液酸聚糖中选择性地释放大多数的唾液酸，可以通过微生物的唾液酸酶完成。使用 α2-3 或 α2-8 特异性的唾液酸酶，可以为唾液酸的连键信息提供一些深入见解。与大多数其他糖类相比，唾液酸糖苷也更容易被酸水解，使用 0.1mol/L

盐酸，或甚至在 80℃下使用 2mol/L 乙酸或丙酸等弱酸，就可以释放出唾液酸（尽管会伴随一些不稳定修饰的丢失或迁移）。这使得从复杂聚糖中选择性地释放唾液酸成为可能，以便通过色谱方法进行后续分析。游离的唾液酸与 1,2- 二氨基 -4,5- 亚甲二氧基苯（1,2-diamino-4,5-methylenedioxybenzene，DMB）反应，生成的荧光化合物适用于基于高效液相色谱法的定性和定量分析。可用于唾液酸的分析方法仍然存在一些主要局限。例如，某些质谱方法会导致唾液酸在质量检测前的选择性损失。一些唾液酸连键对唾液酸酶具有部分或完全耐受，其中一些甚至对酸消解过程具有相当程度的耐受性。在识别唾液酸修饰方面，最准确的分析方法需要在唾液酸上的修饰完好无损的情况下，完成唾液酸的完全释放和纯化。每种修饰的稳定性对分析条件的影响都应该考量在内，例如，*O*- 乙酰基对使用碱性条件的常见方法（全甲基化和 β 消除反应）是不稳定的。

与唾液酸结合的凝集素也可用于唾液酸聚糖的检测，以及对原位和分离出的唾液酸聚糖上的连键进行检测。**西洋接骨木**（***Sambucus nigra***）凝集素（SNA）选择性地结合 α2-6 连接的唾液酸，而**朝鲜槐**（***Maackia amurensis***）凝集素（MAL）选择性地结合 α2-3 连接的唾液酸。由于植物不表达唾液酸，这些凝集素或许会阻碍动物的摄食过程；或者这些凝集素的天然配体可能并不是唾液酸。许多微生物已经花费了数百万年的时间来优化它们与脊椎动物唾液酸组的结合过程（如各种毒素的 B 亚基）。利用这一事实，研究人员正在开发改良的唾液酸检测探针。检测特定唾液酸修饰的一个有趣的工具是丙型流感病毒或牛冠状病毒的血凝素，当它们的酯酶功能失活时，能够与分离出的唾液酸聚糖、细胞和组织上的 9-*O*- 乙酰基唾液酸特异性结合。

15.8 唾液酸的功能

单糖唾液酸被赋予了丰富多样的化学形态，而进化则利用这些形态来调节生物物理环境，掩蔽糖链底层的聚糖，并与互补的**唾液酸结合蛋白**（**Sia-binding protein**）进行特异性识别，从而介导生物学过程。这些功能之间并不相互排斥，例如，具有主要生物物理作用的高度唾液酸化的分子（如黏蛋白）也可能表达特定的唾液酸聚糖，作为识别过程中的配体。为简单起见，下文将分别讨论唾液酸的不同作用。

15.8.1 唾液酸的生物物理作用

黏蛋白（**mucin**）是高度糖基化的、*O*-GalNAc 修饰的唾液酸糖蛋白，以分泌型或膜结合型的状态存在于动物的呼吸道、胃肠道和泌尿生殖道的上皮表面（**第 10 章**）。黏蛋白可以非常大（其中几种的分子质量范围在 5 ～ 20MDa）。它们密集的阴离子电荷以及与水结合的倾向，使黏蛋白在与环境接触的组织表面构成了有效的水合和保护屏障。在黏蛋白及其他糖蛋白上紧密排列的、*O*-GalNAc 连接的唾液酸化聚糖，能够产生延伸的多肽构型；如果没有糖基化，该构型就会发生坍塌。沿多肽链成簇分布的唾液酸聚糖，也可以保护底层蛋白免受蛋白酶的侵害。糖蛋白和糖脂上的膜结合型唾液酸聚糖通常非常致密，可以为细胞表面提供负电荷，充当屏障并调节细胞表面功能。这些生物物理效应的一个极端实例是多唾液酸，它对生物学功能的影响已在上文中进行了详述。

15.8.2 病原体和毒素对唾液酸的识别

鉴于细胞表面的唾液酸丰度之高（**图 15.3**），许多动物病原体通过进化将这些分子作为靶标也就不足为奇了。事实上，高度特异性的唾液酸结合蛋白，正是在人类病原体及其毒素上首先发现的。在寻找流感病毒的宿主细胞受体时，研究人员发现分离出的病毒可以与红细胞交联，导致血凝。随着时间的推移，红细胞分散开来，不再被新鲜的病毒凝集，由此产生了病毒**“血凝素”（hemagglutinin）**的概念（这一术语仍在病毒分型中使用，如 H1N1 中的“H”）。血凝素可以与红细胞上的受体结合，而红细胞也容易受到来自病毒的“受体破坏酶”（receptor destroying enzyme）的影响。受体破坏酶释放出的成分，最终被研究人员鉴定为唾液酸。血凝素是一种唾液酸结合蛋白，而受体破坏酶则是唾液酸酶（sialidase）（病毒神经氨酸酶，H1N1 中的“N”）。有趣的是，血凝素中唾液酸连键的特异性限定了宿主的范围。禽流感病毒优先与 α2-3- 连接的唾液酸结合，人类流感病毒优先与 α2-6- 连接的唾液酸结合。监测流感病毒爆发的科学家们测试了 α2-3 与 α2-6 连键的特异性，以此检测潜在的、新出现的人类流感毒株。此外，旨在阻断病毒唾液酸酶的分子是有效的抗流感药物（**第 57 章**）。

唾液酸特异性结合蛋白在病原体中广泛存在，包括多种病毒血凝素、细菌黏附蛋白（adhesin）、细菌毒素和寄生虫结合蛋白（示例见**表 15.1**）。**幽门螺杆菌**（***Helicobacter pylori***）能够导致胃溃疡和癌症。它表达一种名为 SabA 的唾液酸特异性黏附蛋白，有助于其在胃黏膜上的长期定植。**恶性疟原虫**（***P. falciparum***）在裂殖子阶段（merozoite stage）可以与红细胞上的唾液酸聚糖结合，以启动进入宿主细胞的相关步骤。几种细菌毒素也以唾液酸聚糖为靶标。霍乱毒素及结构相关的大肠杆菌热不稳定肠毒素，均能与肠上皮的神经节苷脂 GM1 上的唾液酸结合，而破伤风及相关的肉毒杆菌毒素则与更复杂的神经节苷脂结合（**第 37 章**）。来自人类病原体伤寒沙门氏菌的毒素，专一性地与聚糖上的 *N*- 乙酰神经氨酸结合，而不与 *N*- 羟乙酰神经氨酸结合；丙型流感病毒表达的血凝素只与 9-*O*- 乙酰化的唾液酸结合。唾液酸错综复杂的结构多样性，被认为是动物和微生物病原体之间持续进行的、进化上的“军备竞赛”的结果（**第 20 章**）。在这一方面值得注意的是，唾液酸上的 *O*- 乙酰基和 *N*- 羟乙酰基可以限制细菌唾液酸酶的作用，并阻止某些病原体的结合。另外，相同的修饰可能有利于那些已经适应了这些修饰后结构的病原体与宿主之间的结合。环境表面的唾液酸聚糖（如黏蛋白）或游离在生物体液中的唾液酸聚糖，可以凭借对微生物的黏附和（或）唾液酸酶的“诱饵性”抑制，提供对宿主的保护。尽管唾液酸聚糖在致命性疾病中发挥着作用，但它们在进化中的持久性表明，唾液酸的生理作用与生物体休戚相关，其中一些将在下文中进行阐述。

表 15.1　自然界中唾液酸结合蛋白的几个经典示例

脊椎动物
C 型凝集素：E 选凝素，P 选凝素，L 选凝素
I 型凝集素：唾液酸结合免疫球蛋白样凝集素（Siglec）
未分类：补体因子 H
无脊椎动物[a]
蟹凝集素：鲎凝集素（limulin），源自**美洲鲎**（*Limulus polyphemus*）
龙虾凝集素：L 凝集素，源自**美洲螯龙虾**（*Homarus americanus*）
蝎子凝集素：源自**美洲巨鞭蝎**（*Mastigoproctus giganteus*）
昆虫凝集素：Allo A-II，源自**双叉犀金龟**（*Allomyrina dichotoma*）
蛞蝓凝集素：黄蛞蝓凝集素（LFA），源自**黄蛞蝓**（*Limax flavus*）
牡蛎凝集素：太平洋牡蛎凝集素，源自**太平洋牡蛎**（*Crassostrea gigas*）
蜗牛凝集素：Achatinin-H，源自**非洲大蜗牛**（*Achatina fulica*）
原生动物
寄生虫凝集素：裂殖子红细胞结合抗原（EBA），源自**恶性疟原虫**（*Plasmodium falciparum*）

续表

植物[a]
接骨木树皮凝集素，源自**西洋接骨木**（*Sambucus nigra*）
朝鲜槐凝集素，源自**朝鲜槐**（*Maackia amurensis*）
麦胚凝集素，源自**栽培小麦**（*Triticum vulgaris*）
细菌
细菌黏附蛋白：S- 黏附蛋白，源自**大肠杆菌**（*Escherichia coli*）K99；SabA 及 SabB，源自**幽门螺杆菌**（*Helicobacter pylori*）
细菌毒素：霍乱毒素，源自**霍乱弧菌**（*Vibrio cholerae*）；破伤风毒素，源自**破伤风梭菌**（*Clostridium tetani*）；肉毒杆菌毒素，源自**肉毒杆菌**（*Clostridium botulinum*）；百日咳毒素，源自**百日咳博德特氏杆菌**（*Bordetella pertussis*）
支原体凝集素：肺炎支原体血凝素，源自**肺炎支原体**（*Mycoplasma pneumoniae*）
病毒
流感血凝素
呼肠孤病毒 σ1
腺病毒纤维
轮状病毒 VP4
冠状病毒血凝素

[a] 其中一些凝集素的天然配体很可能是结构不同的壬酮糖酸。

15.8.3 脊椎动物中的唾液酸识别

脊椎动物中的唾液酸可以充当**"生物掩蔽物"（biological mask）**，阻止内源性和外源性聚糖结合蛋白对底层糖（尤其是 β- 连接的半乳糖残基）的识别。它们也是识别分子的重要组成部分，其作用因细胞类型、组织类型和物种而异。研究人员发现的第一个哺乳动物唾液酸结合蛋白是补体调节分子 H 因子（factor H），它是一种可溶性血清因子，能够结合细胞表面的唾液酸，并保护细胞免受自身免疫攻击，提供了一种名为**"自相关分子模式"（self-associated molecular patterns，SAMP）**的识别能力，而自相关分子模式也能够被 **CD33 相关的唾液酸结合免疫球蛋白样凝集素（CD33-related Siglec，CD33rSiglec）**识别（**第 35 章**）。人类中 H 因子唾液酸结合位点的突变，会导致人类**非典型溶血尿毒症综合征（atypical hemolytic uremic syndrome）**，这是一种由补体的过度激活所引起的疾病，原因在于 H 因子功能失效。H 因子聚阴离子结合区域（polyanion binding region）的其他变异，增加了**老年性黄斑变性（age-dependent macular degeneration）**的风险，这是由眼部视网膜炎症导致失明的常见原因。

唾液酸还参与了白细胞与血管内皮壁(endothelial lining)的相互作用。体循环的中性粒细胞(neutrophil)必须结合并穿过血管壁，以清除组织中的细菌感染。内皮细胞对附近的细菌感染作出反应，并迅速将能够与唾液酸结合的凝集素递送到细菌表面。E 选凝素（E-selectin）和 P 选凝素（P-selectin）（**第 34 章**）能够与在体循环中途经此处的中性粒细胞结合，这些中性粒细胞表面的脂质或蛋白质上具有互补的唾液酸聚糖。中性粒细胞由最初的滚动状态最终被选凝素钩连捕获，中性粒细胞随后对其他信号（包括由糖胺聚糖呈递的细胞因子；**第 17 章**）做出响应，进入组织对抗细菌。如果没有 E 选凝素和 P 选凝素对唾液酸的依赖性结合，炎症反应就会受到影响，进而导致持续性的组织感染。一种名为 L 选凝素（L-selectin）的相关凝集素，也参与了淋巴细胞从血液到淋巴的运输。

唾液酸结合免疫球蛋白样凝集素（Siglec）构成了 I 型凝集素中的唾液酸结合家族（**第 35 章**）。人类中有 14 种具有唾液酸依赖性生物功能的唾液酸结合免疫球蛋白样凝集素（人类缺失 Siglec-13 和

Siglec-17，而 Siglec-12 不与唾液酸结合）。除其中一种外，所有这些唾液酸结合免疫球蛋白样凝集素均存在于不同类型的血细胞表面。在某些情况下，唾液酸结合免疫球蛋白样凝集素与位于其他细胞，或位于自身细胞表面的唾液酸聚糖靶标的结合，能够调节正在进行的免疫反应，或通过抑制这些唾液酸聚糖以防止超免疫反应的发生，或进行免疫激活。在免疫系统中尚未发现的 Siglec-4，即**髓鞘相关糖蛋白（myelin-associated glycoprotein，MAG）**，存在于神经系统中，它有助于神经细胞和**髓鞘（myelin）**之间的细胞间相互作用，髓鞘是快速神经传导所必需的保护性和绝缘性膜鞘。

值得注意的是，上述所有脊椎动物唾液酸识别蛋白的例子，都是唾液酸酶对生物过程中的糖链进行预期之外的切割作用后偶然发现的。迄今为止，还没有研究人员系统性地寻找其他脊椎动物的**唾液酸结合凝集素（Sia-binding lectin）**，可能的候选包括：血小板内皮细胞黏附分子 1（platelet endothelial cell adhesion molecule-1，PECAM-1/CD31）；配对免疫球蛋白样受体（paired immunoglobulin-like receptor，PILR）；L1 细胞黏附分子（L1 cell adhesion molecule，L1-CAM）；高迁移率族蛋白 B1（high-mobility group box 1，HMGB-1）蛋白，以及一种有待鉴定的子宫凝集素。

唾液酸在脊椎动物中的诸多功能，使得对于那些与宿主共存的微生物而言，这些分子是极具吸引力的靶标，无论这种共存是和谐共处还是“兵戎相见”。正如在其他文献中所述，生物体的**唾液酸模拟（Sia mimicry）**存在几种独立的机制，它们促进了细菌与宿主 H 因子和唾液酸结合免疫球蛋白样凝集素之间的相互作用，从而使细菌在宿主体内存活。

15.8.4 不含唾液酸的生物体中的凝集素

研究人员在本身不表达唾液酸的生物体中，发现了某些结合唾液酸的凝集素（参见**表 15.1** 示例）。在这些情况下，与唾液酸的结合可以抵御唾液酸化的病原体，如鲎的血淋巴（hemolymph）（类似血液的液体）中的鲎凝集素（limulin）蛋白，它可以引发外来细胞的裂解。接骨木等植物中的唾液酸结合凝集素可能会抑制动物天敌的取食。诚然，其中一些唾液酸结合特性也可能是偶然出现的，真正的凝集素配体与原核生物的壬酮糖酸相关，如军团氨酸（legionaminic acid，Leg）、假单胞菌氨酸（pseudaminic acid，Pse）、2-酮 -3- 脱氧辛酮糖酸（2-keto-3-deoxy-octulosonic acid，Kdo）①，它们也存在于某些植物中。

15.9 发育生物学和恶性肿瘤中的唾液酸

尽管缺乏唾液酸的细胞系在体外培养条件下能够正常生长，但小鼠体内唾液酸合成的中断会导致胚胎发育第 8.5 天致死，其中神经细胞、心肌和骨骼肌细胞分化不良。相比之下，小鼠中某些唾液酰基转移酶基因则表现出相对较好的破坏耐受性，在某些情况下是因为相关的转移酶基因之间存在着互补性。例如，必须同时删除小鼠中的 *St8sia2* 和 *St8sia4* 基因，才能完全消除多唾液酸，最终导致大脑严重的发育缺陷。同样，必须删除 *St3sia2* 和 *St3sia3* 基因，才能完全阻断脑神经节苷脂的末端唾液酸化，最终导致早期运动和行为缺陷。同时删除 *St3gal4* 和 *St3gal6*，导致白细胞无法实现选凝素介导的滚动过程，但单独删除任何一个基因，则该过程不受影响。拥有多个基因和多种酶来形成唾液酸连键，其优势之一（见**图 15.2**）是可以缓和单基因突变所造成的影响。相比之下，仅对人体中 *ST3GAL5* 基因进行突变，会导致严重的早期癫痫发作，并严重影响出生后的认知和运动发育；*ST3GAL3* 基因的突变会引发智力障碍；人类 *ST8SIA2* 的基因突变与精神疾病相关。小鼠中其他唾液酰基转移酶的突变，会导致免疫系统发育与功能和（或）生

① 又称 3- 脱氧 -L- 甘油 -D- 甘露辛酮糖酸（3-deoxy-L-glycero-D-mannooctulosonic acid）。

育能力缺陷。在果蝇中，单个唾液酰基转移酶的突变将产生严重的表型。

唾液酸的精细结构在细胞和环境中的调控，暗示了唾液酸修饰所具有的生物学功能。某些类型的淋巴细胞具有 *O*- 乙酰化的唾液酸，而唾液酸酯酶的突变会导致免疫功能的改变。脑神经节苷脂的多唾液酸表达及 *O*- 乙酰化，随发育阶段和发育位置的变化而变化。据报道，冷血动物和温血动物之间、清醒动物和冬眠动物之间的脑神经节苷脂上的 *O*- 乙酰化存在差异。肠道黏膜中 *N*- 羟乙酰神经氨酸（Neu5Gc）和 *O*- 乙酰化表达的发育调控能够响应微生物的定植过程，因此研究人员认为，这种响应调控可以保护宿主免受微生物的侵害。同样，尽管成年牛颌下腺产生大量高度 *O*- 乙酰化的黏蛋白，但这种修饰在相应的胎牛组织中几乎不存在。内皮细胞、血浆蛋白和红细胞上唾液酸的类型及连键方式，可以随炎症刺激响应发生显著变化。研究人员发现，转入病毒 9-*O*- 乙酰酯酶基因的小鼠会产生 9-*O*- 乙酰唾液酸的耗竭，导致小鼠异常。这些唾液酸修饰的生理作用尚未得到确证，还有许多问题有待解析。

唾液酸中的某些变化也是癌症的特征。一般而言，癌症中唾液酸总量增加，并且连键的数量也有变化，其中 α2-6Gal/ α2-6GalNAc 连键变得尤为突出。结肠癌中唾液酸 C-9 处的 *O*- 乙酰化，可以随着粪便标本中 *O*- 乙酰化酶活性水平的增加而逐步消失。另外，9-*O*- 乙酰基 -GD3 在黑色素瘤和基底细胞癌中变得更加突出。多唾液酸的表达量增加，也可能促进某些癌症的细胞迁移。唾液酸的变化增强肿瘤发生和（或）侵袭行为的确切机制仍不确定，尽管研究人员提出肿瘤唾液酸聚糖可通过改变半乳凝集素的功能（**第 36 章**），以及通过增强肿瘤细胞与内皮细胞、白细胞和血小板选凝素的结合（**第 34 章**）等方式来增强远端转移传播。唾液酸化的增强也可能掩蔽了肿瘤细胞上的抗原位点，使肿瘤细胞变得更像“本体”，并通过 H 因子和（或）唾液酸结合免疫球蛋白样凝集素的参与，逃避免疫监视。无论涉及何种机制，某些唾液酸化的分子也是某些癌症的特异性标志物和靶向治疗的潜在配体（**第 47 章**）。

15.10 药理学中的唾液酸

唾液酸在生理学和病理学中的作用为医学研究提供了契机。最著名的例子是病毒唾液酸酶的竞争性抑制剂（瑞乐砂和达菲），它们阻碍了甲型和乙型流感病毒易感株的萌发及传播（**第 42 章**、**第 57 章**）。另一种阻断结合唾液酸的病原体的策略是设计治疗性的唾液酸酶，以去除人体组织中的病原体结合位点。尽管唾液酸化的乳寡糖已被宣称具有一定价值，但将唾液酸聚糖本身作为抗感染剂尚未取得成功。旨在结合并阻断选凝素的唾液酸模拟药物（Sia-mimetic）（如 Rivipansel），已在人体试验中显示出作为抗炎药物的前景。用唾液酸糖复合物诱导对癌细胞的免疫攻击，以及在 B 细胞上引入唾液酸结合免疫球蛋白样凝集素以抑制抗体反应的策略，目前正在研究之中。

许多唾液酸糖蛋白已被开发为药物，包括用于增强血细胞生成的促红细胞生成素（erythropoietin），以及针对包括癌症在内的各种疾病的治疗性单克隆抗体（**第 57 章**）。在这些情况下，适度的唾液酸化是一个理想目标，不仅可以优化血清半衰期、稳定性和受体结合效果，也是为了确保能够获得美国食品药品监督管理局（FDA）的批准。因此，化学修饰、重组蛋白和其他方法均被用于维持生物药物中适度的唾液酸化。研究人员正努力在酵母、昆虫或植物细胞（通常不表达唾液酸，但却是表达糖蛋白更为经济的来源）中设计“人源化”的糖基化过程（包括唾液酸化）（**第 56 章**）。值得注意的是，世界反兴奋剂机构使用内源性和外源性促红细胞生成素中唾液酸化的差异来检测兴奋剂的非法服用，致使多项奥运会和环法自行车赛奖牌因此取消。

N- 羟乙酰神经氨酸的存在，在生物治疗中具有潜在的重要性，因为人体有体循环的抗 -Neu5Gc 抗体，其表达水平和亚型（isotype）存在着显著差异。在生物制药开发中使用动物来源的蛋白质，可能会导致 *N*- 羟乙酰神经氨酸的掺入，从而产生不良结果。同样，正在开发的细胞疗法通常使用动物血清或支持细胞，

它们可以为细胞产品提供 *N*- 羟乙酰神经氨酸。最后，动物器官上的 *N*- 羟乙酰神经氨酸，可能导致异种移植（在人类中使用动物器官）的失败，这引发了对 *CMAH* 基因敲除猪的工程化研究。

15.11 唾液酸的进化分布

早期研究表明，特定唾液酸变体的出现具有物种特异性。随着分析方法的改进，唾液酸变体在不同物种之间的表达明显更为广泛，但发生在不同的层级。唾液酸在后口动物谱系中含量突出，其中包括脊椎动物和一些“高等”无脊椎动物（如棘皮动物）（**第 27 章**）。事实上，除个别情况外，通常不会在植物或无脊椎动物中发现唾液酸。随着分子技术的改进，这种情况可能会发生改变。例如，研究人员认为昆虫中不含唾液酸，直到在蝉的马氏管（Malpighian tubule）和果蝇的大脑中发现了唾液酸。随后的研究又鉴定出与哺乳动物的唾液酰基转移酶有序列相似性的果蝇基因 *SiaT*，当 *SiaT* 失活时，果蝇会出现运动异常和神经肌肉接头缺陷。尽管唾液酸的丰度很低，但它不仅确实存在，还对果蝇的生存至关重要。在章鱼和鱿鱼等行为复杂的原生动物的神经系统中，也有对唾液酸的报道。然而，在经过充分研究的**秀丽隐杆线虫**（***Caenorhabditis elegans***）中，没有发现唾液酸或唾液酰基转移酶基因（**第 25 章**）。

似乎唾液酸（除却可能更早出现的 Kdn 外）由原口动物和后口动物的共同祖先“塑造（invent）”而成，然后在后口动物中变得必不可少，而在某些原口动物的谱系中则被部分或完全丢弃。有趣的是，后口动物中唾液酸的表达和复杂程度存在很大差异，棘皮动物的唾液酸组似乎非常复杂，而人类的唾液酸组则在最简单之列。尽管 *N*- 羟乙酰神经氨酸和 9-*O*- 乙酰化唾液酸的表达在后口动物中很常见，但也有例外情况，例如，*N*- 羟乙酰神经氨酸生物合成的自主丧失发生在人类、新世界猴、蜥脚类动物（鸟类与爬行动物，恐龙的后代）、食肉动物中的鳍足类、鼬类及单孔目动物中。

荚膜多糖和脂多糖中的唾液酸，可以对宿主中的微生物产生有益影响，保护它们免受补体激活和（或）底层聚糖的抗体识别，有时还可以吸引唾液酸结合免疫球蛋白样凝集素家族受体，以抑制先天免疫细胞的反应（**第 35 章**）。参与合成和代谢唾液酸的细菌酶，似乎并非源自动物基因的横向转移，而是独立进化的结果，显然是从更古老的原核壬酮糖酸途径中被“重塑”（reinvent）了至少两次。事实上，由现今一些脊椎动物病原体合成的唾液酸与军团氨酸生物合成途径之间的系统发育关系，较之与脊椎动物唾液酸途径的系统发育关系而言更为密切。其他微生物使用各种机制从宿主“窃取”唾液酸，以实现**分子模拟**（**molecular mimicry**）。**淋病奈瑟菌**（***Neisseria gonorrheae***）甚至具有非常有效的表面唾液酰基转移酶，可以从其专属宿主——人类的体液中捡拾（scavenge）微量的胞苷一磷酸 -*N*- 乙酰神经氨酸（CMP-Neu5Ac）。

15.12 原核生物的壬酮糖酸

在细菌和古细菌中，研究人员已经报道了多种多样的、类似唾液酸的分子（见图 15.1），并且相关的生物合成途径预计存在于约 20% 的原核生物中，具有古老的进化根源。这些分子在以下几个方面与唾液酸不同。首先，它们在 C-9 处缺少羟基，而几乎所有这些被报道的分子结构都在 C-7 处具有氨基官能团，这些氨基往往会被取代基修饰。

二 -*N*- 乙酰基军团氨酸（di-*N*-acetyllegionaminic acid，Leg5,7Ac_2）是一种常见的、特征明确的微生物壬酮糖酸，最初在**嗜肺军团菌**（***Legionella pneumophila***）的脂多糖中发现。与 *N*- 乙酰神经氨酸一样，它在骨架中具有 D- 甘油 -D- 半乳的立体化学结构，但在 C-7 处具有氨基而非羟基，并且在 C-9 处没有羟基。二 -*N*- 乙酰假单胞菌氨酸（di-*N*-acetylpseudaminic acid，Pse5,7Ac_2）首次在**铜绿假单胞菌**（***Pseudomonas*** *aeruginosa*）中被报道，具有与二-*N*-乙酰基军团氨酸（$Leg5,7Ac_2$）相似的结构，但在C-5、C-7和C-8具有相反的立体化学构型（图15.1）。随后发现的壬酮糖酸包括4-差向-二-*N*-乙酰军团氨酸（4-*epi*-di-*N*-acetyllegionaminic acid，$4eLeg5,7Ac_2$）、8-差向-二-*N*-乙酰军团氨酸（8-*epi*-di-*N*-acetyllegionaminic acid，$8eLeg5,7Ac_2$）、二-*N*-乙酰不动杆菌氨酸（di-*N*-acetylacinetaminic acid，$Aci5,7Ac_2$）、8-差向-二-*N*-乙酰不动杆菌氨酸（8-*epi*-di-*N*-acetylacinetaminic acid）（图15.1）。遵循以首次报道它们的生物体命名壬酮糖酸类型的早期传统，不动杆菌氨酸首先在**鲍氏不动杆菌**（***Acinetobacter baumannii***）中被描述。最近，研究人员在**具核梭杆菌**（***Fusobacterium nucleatum***）中发现了另一种全新的壬酮糖酸。尽管该化合物的构型仅仅是初步确认，但梭杆菌氨酸（fusaminic acid）一词已被创造出来，以指代新的壬酮糖酸，即一种假单胞菌氨酸的C-4差向异构体，在C-7处具有羟基而非氨基。壬酮糖酸在单糖状态下被活化为胞苷一磷酸（CMP）连接的核苷酸糖的情况极其罕见。有趣的是，八碳骨架的α-酮酸单糖——2-酮-3-脱氧辛酮糖酸（Kdo）（参见**第21章**）也以胞苷一磷酸连接的核苷酸糖形式被活化，并且参与活化的酶是同源的。尽管2-酮-3-脱氧辛酮糖酸（Kdo）的分布仅限于革兰氏阴性菌和植物，但壬酮糖酸在细菌类群和古菌中的分布更为普遍。这些证据共同表明，壬酮糖酸的生物合成途径是所有生命形式的共同祖先的一项古老发明，但仅在某些分类群中持续存在。唾液酸很可能在地球生命的早期"塑造"（invent）而成。它们出现在来自环境的、生活方式各异的、不同类群的细菌中，也出现在动物体中，包括那些壬酮糖酸连接位置位于糖链内部的"低等"动物，这些连键不会模仿"高等"动物的已知糖链结构。当大约5.3亿年前的**寒武纪大爆发**（**the Cambrian Explosion**）[①]中出现了后口动物谱系时，唾液酸在动物中变得异常重要。序列同源性表明，古老的原核生物壬酮糖酸生物合成途径后来成为了一种进化模板，使一些微生物通过趋同进化重塑（reinvent）了"高等"动物的唾液酸。许多重要的共生体和病原体利用**唾液酸模拟**（**Sia mimicry**），通过一种或多种业已建立的机制来逃避脊椎动物的免疫系统。一些与唾液酸具有相同立体化学的原核生物壬酮糖酸，可以参与唾液酸模拟机制，有时在环境暴露或人畜共患病中，在非预期的宿主中传递致病特性。本章列举了一些含有细菌壬酮糖酸结构的示例（图15.5）。

15.13 壬酮糖酸的缩写名称

壬酮糖酸的完整化学名称，对于常规使用而言相当麻烦。例如，闭环结构的*N*-乙酰神经氨酸的名称为：5-乙酰氨基-3,5-二脱氧-D-甘油-D-半乳-壬-2-吡喃酮糖酸（5-acetamido-3,5-dideoxy-D-*glycero*-D-*galacto*-non-2-ulopyranosonic acid）。除了目前已知的核心单元外（图15.1），其他取代基可以用字母代码来进行指代（Ac-乙酰基；Gc-羟乙酰基；Me-甲基；Lt-乳酰基；S-硫酸盐），这些取代基与表明其相对于碳原子位置的数字一起列出，例如，9-*O*-乙酰基-8-*O*-甲基-*N*-乙酰基神经氨酸（9-*O*-acetyl-8-*O*-methyl-*N*-acetylneuraminic acid）可简写为$Neu5,9Ac_2 8Me$。若将壬酮糖酸视为一类整体，目前至少有138种已知的结构变体。如果不确定分子的确切类型，应使用通用缩写Sia或NulO进行表示。也可以在命名中包含部分结构信息，例如，一个在C-9位置有*O*-乙酰基取代的未知类型的唾液酸可以表示为Sia9Ac。关于细菌的壬酮糖酸，Leg、Pse、4eLeg、8eLeg和Aci等名称缩写，经常与5,7-二-*N*-乙酰化形式的这些分子作为同义使用（图15.1）。为了与唾液酸命名法（如Neu）保持一致并避免混淆，研究人员建议尽可能指明取代的具体形式（如$Leg5,7Ac_2$）。据笔者所知，研究人员尚未在自然界中发现原核生物中以游离氨基形式存在的壬酮糖酸。相反，研究人员已经报道了许多不同类型的C-5和C-7位的取代，这些取代仅在原核生物的

① 相对短时期的进化事件，开始于寒武纪时期，化石记录显示绝大多数的动物"门"都在这一时期出现，导致了大多数现代动物门的发散。因出现大量的较高等生物以及物种多样性，被形象地称为"生命大爆发"。

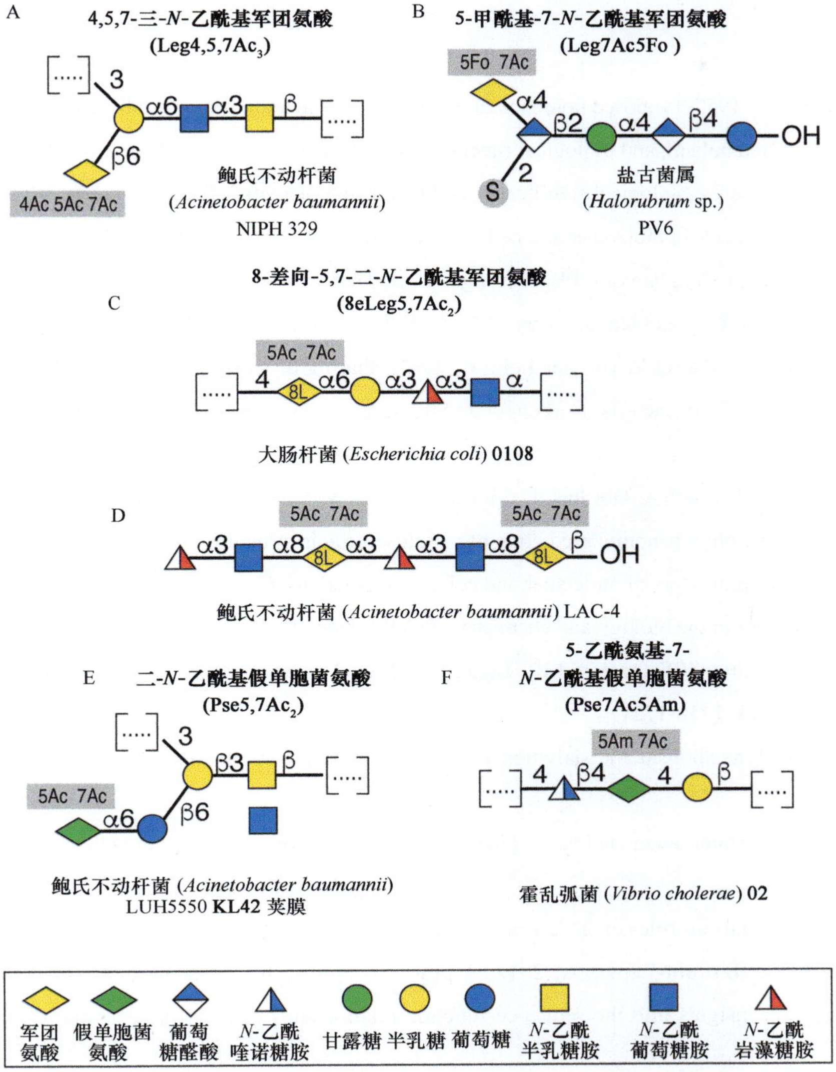

图 15.5 从细菌碳水化合物结构数据库（Bacterial Carbohydrate Structure Database，BCSDB）中选取的细菌和古菌中含有军团氨酸及假单胞菌氨酸的聚糖示例。唾液酸样单糖军团氨酸（Leg）（A，B）、8- 差向 - 军团氨酸（8eLeg）（C，D）和假单胞菌氨酸（Pse）（E，F）可连接在来自细菌和古菌的、多糖的糖链末端以及糖链内部。这些结构的 BCSDB 标识符分别为：1047，25389，30524，30859，115488。在军团氨酸（Leg）的单糖符号内，“8L”是指 8- 差向异构体。聚糖命名法的符号表示及缩写参见附录 2。

壬酮糖酸中出现，包括乙酰基（Ac）、甲酰基（Fo）、(*R*) - 羟基丁酰基（3_RHb）、(*S*) -3- 羟基丁酰基（3_SHb）、4- 羟基丁酰基（4Hb）、3,4- 二羟基丁酰基（3,4Hb）、乙酰氨基（Am）、*N*- 甲基 - 乙酰氨基（AmMe）、甲基（Me）、D- 丙氨酰基（Ala）、*N*- 乙酰基 -D- 丙氨酰基（AlaNAc）、*N*- 甲基 -5- 谷氨酰基（GluNMe）、L- 甘油基（Gr）和（或）2,3- 二 -*O*- 甲基 - 甘油基（Me_2Gr）等官能团。其他种类的衍生物包括 O-4 和 O-8 处的乙酰基取代、O-8 处的乙酰基、*N*- 乙酰谷氨酰基（GlnNAc）和甘氨酰基（Gly）取代。

致谢

感谢已故的罗兰·绍尔（Roland Schauer）对本章先前版本的贡献，并感谢哈米德·贾法尔 - 内贾德（Hamed Jafar-Nejad）的有益评论及建议。

延伸阅读

Blix FG, Gottschalk A, Klenk E. 1957. Proposed nomenclature in the field of neuraminic and sialic acids. *Nature* **179**: 1088.

Schauer R. 1982. Chemistry, metabolism, and biological functions of sialic acids. *Adv Carbohydr Chem Biochem* **40**: 131-234.

Taylor G. 1996. Sialidases: structures, biological significance and therapeutic potential. *Curr Opin Struct Biol* **6**: 830-837.

Kelm S, Schauer R. 1997. Sialic acids in molecular and cellular interactions. *Int Rev Cytol* **175**: 137-240.

Knirel YA, Shashkov AS, Tsvetkov YE, Jansson PE, Zãhringer U. 2003. 5, 7-Diamino-3, 5, 7, 9-tetradeoxynon-2-ulosonic acids in bacterial glycopolymers: chemistry and biochemistry. *Adv Carbohydr Chem Biochem* **58**: 371-417.

Toukach P, Joshi H, Ranzinger R, Knirel Y, von der Leith C. 2007. Sharing of worldwide distributed carbohydrate-related digital resources: online connection of the Bacterial Carbohydrate Structure Database and GLYCOSCIENCES.de. *Nucleic Acids Res* **35**: D280-D286.

Lewis AL, Desa N, Hansen EE, Knirel YA, Gordon JI, Gagneux P, Nizet V, Varki A. 2009. Innovations in host and microbial sialic acid biosynthesis revealed by phylogenomic prediction of nonulosonic acid structure. *Proc Natl Acad Sci* **106**: 13552-13557.

Schauer R. 2009. Sialic acids as regulators of molecular and cellular interactions. *Curr Opin Struct Biol* **19**: 507-514.

Chen X, Varki A. 2010. Advances in the biology and chemistry of sialic acids. *ACS Chem Biol* **5**: 163-176.

Xu G, Kiefel MJ, Wilson JC, Andrew PW, Oggioni MR, Taylor GL. 2011. Three Streptococcus pneumoniae sialidases: three different products. *J Am Chem Soc* **133**: 1718-1721.

Li Y, Chen X. 2012. Sialic acid metabolism and sialyltransferases, natural functions and applications. *Appl Microbiol Biotechnol* **94**: 887-905.

Miyagi T, Yamaguchi K. 2012. Mammalian sialidases: physiological and pathological roles in cellular functions. *Glycobiology* **22**: 880-896.

Varki A, Gagneux P. 2012. Multifarious roles of sialic acids in immunity. *Ann NY Acad Sci* **1253**: 16-36.

Petit D, Teppa RE, Petit JM, Harduin-Lepers A. 2013. A practical approach to reconstruct evolutionary history of animal sialyltransferases and gain insights into the sequence-function relationships of Golgi-glycosyltransferases. *Methods Mol Biol* **1022**: 73-97.

Tiralongo J, Martinez-Duncker I. 2013. *Sialobiology: structure, biosynthesis and function*. Bentham, Oak Park, IL.

Schnaar RL, Gerardy-Schahn R, Hildebrandt H. 2014. Sialic acids in the brain: gangliosides and polysialic acid in nervous system development, stability, disease, and regeneration. *Physiol Rev* **94**: 461-518.

Stencel-Baerenwald JE, Reiss K, Reiter DM, Stehle T, Dermody TS. 2014. The sweet spot: defining virus-sialic acid interactions. *Nat Rev Microbiol* **12**: 739-749.

Chen X. 2015. Human milk oligosaccharides (HMOS) : structure, function, and enzyme-catalyzed synthesis. *Adv Carbohydr Chem Biochem* **72**: 113-190.

Lundblad A. 2015. Gunnar Blix and his discovery of sialic acids. Fascinating molecules in glycobiology. *Ups J Med Sci* **120**: 104-112.

Toukach PV, Egoroca KS. 2016. Carbohydrate structure database merged from bacterial, archaeal, plant and fungal parts. *Nucleic Acids Res* **44**: D1229-D1236.

Pearce OM, Läubli H. 2017. Sialic acids in cancer biology and immunity. *Glycobiology* **26**: 111-128.

Wasik BR, Barnard KN, Parrish CR. 2017. Effects of sialic acid modifications on virus binding and infection. *Trends Microbiol* **24**: 991-1001.

Sato C, Kitajima K. 2020. Polysialylation and disease. *Mol Aspects Med* **27**: 100892.

第 16 章

透明质酸

梅兰妮 · A. 辛普森 (Melanie A. Simpson), 莉莉安娜 · 谢弗 (Liliana Schaefer), 文森特 · 哈斯考尔 (Vincent Hascall), 杰弗里 · D. 艾斯科 (Jeffrey D. Esko)

16.1 历史和进化视角 / 199
16.2 结构和生物物理特性 / 200
16.3 透明质酸的生物合成 / 200
16.4 透明质酸酶和透明质酸的周转 / 201
16.5 透明质酸在细胞外基质中的功能 / 202
16.6 具有连接模件的透明质酸结合蛋白 / 204
16.7 透明质酸和细胞信号传递 / 205
16.8 细菌中的透明质酸荚膜 / 207
16.9 透明质酸作为治疗剂 / 207
致谢 / 208
延伸阅读 / 208

动物细胞和一些细菌会产生**透明质酸（hyaluronan，HA）**，这是一种高分子质量的非硫酸化糖胺聚糖，在细胞表面合成，并被挤出进入细胞外环境。本章描述了透明质酸的结构和代谢、化学和物理属性及其多种多样的生物学功能。

16.1 历史和进化视角

研究人员在 19 世纪末首次分离出**硫酸化糖胺聚糖（sulfated glycosaminoglycans）**，随后在 20 世纪 30 年代初实现了玻璃酸（hyaluronic acid）（现在称为透明质酸）的分离。卡尔 · 迈耶（Karl Meyer）和约翰 · 帕尔默（John Palmer）在他们的经典论文中将从牛眼球玻璃体液中提纯出来的“高分子质量多糖酸”命名为“玻璃酸”（来自“hyaloid”，意为“玻璃状的”），并证明其中含有“糖醛酸”（uronic acid）（和）一种氨基糖。确定透明质酸重复二糖基序（GlcNAcβ4GlcAβ3）的实际结构，花费了研究人员近 20 年的时间（图 16.1）。与其他类别的**糖胺聚糖（glycoaminoglycan，GAG）**相比，透明质酸不会通过硫酸化或葡萄糖醛酸的部分差向异构化形成艾杜糖醛酸，从而产生进一步的修饰（**第 17 章**）。因此，图 16.1 中所示的化学结构可以被任何合成透明质酸的细胞忠实地再现，包括动物细胞和细菌。

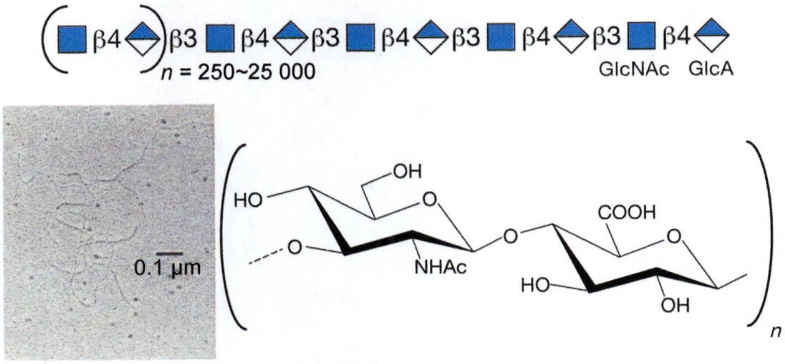

图 16.1 透明质酸由 *N*- 乙酰葡萄糖胺（GlcNAc）和葡萄糖醛酸（GlcA）形成的重复二糖组成。它是脊椎动物中发现的最大的多糖，可形成水合基质（电子显微照片由 University of Alabama at Birmingham 的 Richard Mayne 博士和 Randolph Brewton 博士提供）。

透明质酸结构的简洁性表明，相对于其他糖胺聚糖而言，其可能在进化过程中的早期出现。然而实际情况却并非如此，因为**黑腹果蝇**（*Drosophila melanogaster*）和**秀丽隐杆线虫**（*Caenorhabditis elegans*）中不含有组装透明质酸所必需的合成酶（**第 25 章**、**第 26 章**）。相反，透明质酸似乎在脊索（notochord）的进化过程中出现，在软骨和附肢骨骼出现前不久或与之同时出现，它们显然是那些更为古老的细胞表面酶的旁系同源物，可产生其他 β- 连接的聚合物，如纤维素和壳多糖（**第 24 章**、**第 26 章**），几乎所有来自脊椎动物物种的细胞都可以产生透明质酸，其表达与组织扩张（tissue expansion）和细胞运动有关。如下文所述，透明质酸在发育、组织结构（tissue architecture）、细胞增殖、跨质膜的信号反应、炎症和微生物毒力等方面具有重要作用。

16.2 结构和生物物理特性

透明质酸似乎可以无限聚合，聚合度非常之高，二糖单元的数量通常可达 10^4，聚合物两端之间的距离约为 10 μm，二糖重复单元两端之间的距离约为 1 nm。因此，一个透明质酸分子的长度相当于典型哺乳动物细胞大约一半的外周长度。葡萄糖醛酸残基（pK_a 为 4 ～ 5）上的羧基，在生理 pH 和离子强度下带负电荷，使透明质酸呈现出聚阴离子性（polyanionic）。在大多数生物环境中，透明质酸的阴离子性质，叠加糖苷键周围的空间限制，赋予了单个透明质酸分子相对刚性的**无规线团结构**（**random coil structure**）。透明质酸链占据了很大的流体动力学体积，因此在含有 3 ～ 5 mg/mL 透明质酸的溶液中，单个透明质酸分子基本上就能够占据所有的溶剂空间。这种排列方式创建了一个具有尺寸选择性的屏障，小分子可以在其中自由扩散，而较大的分子则被部分或完全排除在外。此外，该溶液显示出高黏度和黏弹性，在玻璃体液和关节滑液中也存在着同样的溶液性质。关节滑液中的透明质酸，对于在关节运动过程中负荷的分配，以及对软骨表面的保护至关重要。因此，在眼睛和关节组织中，透明质酸的物理特性与组织功能直接相关。

16.3 透明质酸的生物合成

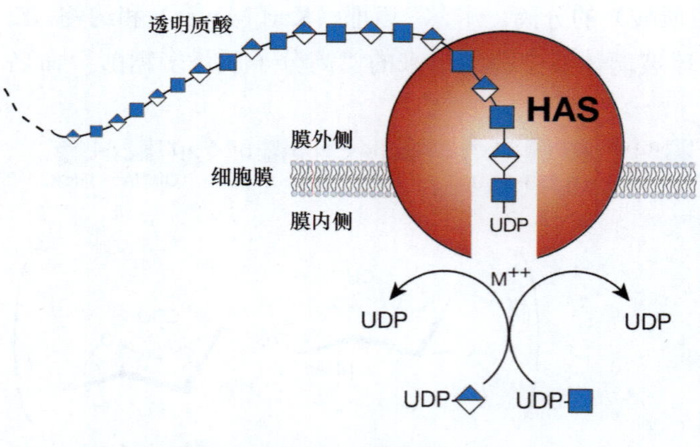

图 16.2 透明质酸的生物合成通过透明质酸合成酶（HAS）进行。该过程将尿苷二磷酸 - 糖，即尿苷二磷酸 -*N*- 乙酰葡萄糖胺（UDP-GlcNAc）和尿苷二磷酸 - 葡萄糖醛酸（UDP-GlcA）添加到聚合物的还原端，并释放锚定的尿苷二磷酸（UDP）。金属离子辅助因子用 M^{2+} 表示。

透明质酸的生物合成，由透明质酸合成酶（hyaluronan synthase，HAS）负责催化（**图 16.2**）。第一个真正的 HAS 基因（*spHAS*）从**链球菌属**（*Streptococcus*）中克隆获得，并且在**大肠杆菌**（*Escherichia coli*）中成功表达为蛋白质，被证明能够以尿苷二磷酸 - 糖为底物，合成高分子质量的透明质酸。该基因与**爪蟾属**（*Xenopus*）基因 *DG42*（现在称为 *xlHAS1*；**第 27 章**）具有同源性。这种同源性对随后鉴定哺乳动物 *HAS* 基因家族的三个成员 *HAS1*、*HAS2*、*HAS3* 起到了关键作用。这些基因编码的同源蛋白，预计包含 5 ～ 6 个跨膜片段，以及一个位于中央的细胞质结构域。

如**第 17 章**中所述，当**蛋白聚糖**（**proteoglycan**）在高尔基体中穿行时，细胞会在蛋白聚糖的核心蛋白上合成硫酸化的糖胺聚糖（硫酸乙酰肝素、硫酸软骨素和硫酸角质素），糖链的延伸发生在它们的非还原端。相反，透明质酸的合成通常发生在真核细胞的细胞质膜内表面，以及产生透明质酸荚膜的细菌细胞质膜上。合成酶利用胞质中的底物尿苷二磷酸 - 葡萄糖醛酸（UDP-GlcA）和尿苷二磷酸 -*N*-乙酰葡萄糖胺（UDP-GlcNAc），将不断生长延长的聚合物挤出细胞膜，形成细胞外基质（图 16.2）。根据该模型，生长中糖链的还原端会有一个尿苷二磷酸（UDP）分子，当添加下一个核苷酸糖时，该分子会被取代。根据其进化历史，透明质酸的合成似乎是由壳多糖寡糖（GlcNAcβ4GlcNAc）$_n$ 的产生而启动。

在体外培养的典型哺乳动物细胞中，高血糖（正常葡萄糖水平的 2 ～ 4 倍）条件下的细胞分裂会导致在内质网、高尔基体和转运囊泡中出现透明质酸的合成过程。在这些条件下，延长中的透明质酸链会被不恰当地嵌插到这些区室中，诱发细胞功能异常（如肾脏中的肾病和蛋白尿）。透明质酸合成酶的活性也可以通过磷酸化和添加 *O*-*N*- 乙酰葡萄糖胺（*O*-GlcNAc）来调控（**第 19 章**）。

细菌中透明质酸的生物合成涉及多种酶的表达，这些酶通常可作为**操纵子**（**operon**）。例如，在链球菌中，*hasC* 基因编码一种从尿苷三磷酸（UTP）和葡萄糖 -1- 磷酸（Glc-1-P）生成尿苷二磷酸 - 葡萄糖（UDP-Glc）的酶；*hasB* 基因编码将尿苷二磷酸 - 葡萄糖（UDP-Glc）转化为尿苷二磷酸 - 葡萄糖醛酸（UDP-GlcA）的脱氢酶；*hasD* 基因编码的酶负责从葡萄糖胺 -1- 磷酸（GlcN-1-P）、乙酰辅酶 A（acetyl-CoA）和尿苷三磷酸出发，生成尿苷二磷酸 -*N*- 乙酰葡萄糖胺（UDP-GlcNAc）；而 *hasA*（*spHas*）负责编码透明质酸合成酶。链球菌的 *hasA* 基因编码一种双功能的蛋白质，既包含转移酶活性，又能从还原端组装多糖。合成酶具有多次跨膜结构，据推测在荚膜形成过程中形成了用于挤出透明质酸的孔隙。相反，**巴氏杆菌属**（***Pasteurella***）通过一种与 *hasA* 和哺乳动物 *Has* 基因家族无关的酶合成透明质酸。在这种情况下，该酶有两个可分离的结构域，均具有独立的糖基转移酶活性，分别用于转移尿苷二磷酸 -*N*- 乙酰葡萄糖胺（UDP-GlcNAc）和尿苷二磷酸 - 葡萄糖醛酸（UDP-GlcA），并且糖链的延长过程发生在非还原端。

16.4　透明质酸酶和透明质酸的周转

动物细胞表达一组降解透明质酸的分解代谢酶。人类透明质酸酶（hyaluronidase）基因（*HYAL*）家族非常复杂，共有两组三个连续的基因位于两条染色体上，这种模式表明，存在两个古老的基因重复，并伴随着一个基因块（block）重复。在人类中，染色体 3p21.3 基因簇中的 *HYAL1,2,3* 基因似乎在体细胞中起主要作用。染色体 7q31.3 上基因簇中的 *HYAL4* 基因，编码一种似乎具有软骨素酶（chondroitinase）活性但没有透明质酸酶活性的蛋白质；*PHYAL1* 已被鉴定为假基因（pseudogene），而编码精子黏附分子 1（sperm adhesion molecule 1，SPAM1，PH-20）的 *SPAM1* 基因，仅存在于睾丸中。SPAM1 蛋白在受精中的作用将在下文讨论。随后，研究人员在多种组织中鉴定出另外两种中性 pH 条件下具有透明质酸解聚活性的酶，分别为跨膜蛋白 2（transmembrane protein 2，TMEM2）和细胞迁移诱导蛋白（cell migration-inducing protein，CEMIP，KIAA1199）。

透明质酸在大多数组织中的周转速度很快（如在表皮组织中的半衰期约为 1 天），但它在某些组织（如软骨）中的停留时间可能相当长，具体取决于所在组织的位置。据估计，一个成年人体内含有约 15 g 的透明质酸，每天大约有 1/3 的透明质酸会进行周转。透明质酸的周转，似乎是通过受体介导的内吞作用和溶酶体降解发生的，无论是在局部进行，还是通过淋巴转运到淋巴结，或是通过血液运输到肝脏之后发生。淋巴结和肝窦的内皮细胞，通过特定的受体对透明质酸进行清除，如分化抗原簇 44（cluster of differentiation 44，CD44）的同源蛋白淋巴管内皮透明质酸受体 1（lymphatic vessel endothelial hyaluronan receptor-1，LYVE-1）和透明质酸内吞受体（hyaluronan receptor for endocytosis，HARE）。透明质酸内吞受体（HARE）似乎是那些经淋巴和血液全身传递的透明质酸的主要清除受体。目前，研究人员对这种分解代谢过程的理解是，细胞表面和溶酶体中的透明质酸酶经协同作用，最终对透明质酸链进行降解。细胞外空间中的大型透明质酸聚合物，可以在与细胞表面受体相互作用后触发内吞作用以实现内化，该过程可能通过膜相关的透明质酸酶，如透明质酸酶 2（hyaluronidase2，HYAL2）和（或）跨膜蛋白 2（TMEM2）促进完成，或通过与透明质酸酶——细胞迁移诱导蛋白（CEMIP）结合促进完成。透明质酸的片段可通过核内体的再循环过程返回细胞外空间或进入溶酶体途径，完全降解为单糖。降解过程可能涉及透明质酸酶 1（HYAL1），以及两种糖苷外切酶 β- 葡萄糖醛酸酶（β-glucuronidase）和 β-*N*- 乙酰葡萄糖胺酶（β-*N*-acetylglucosaminidase）。各种动物模型中所展现出的胚胎致死表型，均印证了该周转过程对生长和存活的重要性。*Hyal2* 基因缺失的小鼠和 *Tmem2* 基因缺陷的斑马鱼，都会因心脏发育缺陷而产生胚胎致死。细胞迁移诱导蛋白（CEMIP）对于小鼠细菌感染期间所积累的透明质酸的清除过程十分重要。在人类中，研究人员发现了一种由 *HYAL1* 突变引起的**溶酶体贮积症（lysosomal storage disorder）**（**第 44 章**）。

研究人员认为，透明质酸片段充当了损伤过程的内源性信号，或在包含透明质酸荚膜的 **A 组链球菌（Group A *Streptococcus*）**的感染期间发挥了作用。透明质酸片段的信号传递活性，通过与细胞表面受体（如 CD44）的结合加以介导。CD44 进而通过 **Toll 样受体（Toll-like receptor，TLR）**来调节响应。透明质酸片段的大小，影响这些受体和其他受体的信号传递过程，而信号传递活性对于透明质酸片段大小依赖性的潜在机制，目前仍然是一个活跃的研究领域。

16.5 透明质酸在细胞外基质中的功能

透明质酸在早期发育、组织架构（tissue organization）和细胞增殖中具有多种作用。*Has2* 基因缺失的小鼠，在心脏形成时显示出胚胎致死表型，而 *Has1*、*Has3* 基因缺失和 *Has1/3* 复合突变的小鼠则没有表现出明显的发育缺陷表型。有趣的是，除非在培养基中加入少量的透明质酸，否则来自 *Has2* 基因缺失的、胚胎心脏的外植细胞（explanted cell），无法合成透明质酸，或发生**上皮 - 间质转化（epithelial-mesenchymal transformation，EMT）**和迁移。这一发现表明，在关键位置产生透明质酸，可能对许多组织的形态发生转化（morphogenetic transformation）至关重要，在本例中表现为心脏中三尖瓣和二尖瓣的形成。

透明质酸的许多活性依赖于细胞表面和（或）分泌到细胞外基质中的结合蛋白。研究人员在软骨中首次发现了一类选择性结合透明质酸的蛋白质，这类蛋白质现在被称为**透明质酸黏附蛋白（hyaladherin）**中的连接模件家族（link module family）蛋白（图 16.3）。使用变性溶剂能够有效地从软骨组织中提取蛋白聚糖，在恢复到复性条件时，蛋白聚糖则会重新聚集。一种被称为透明质酸和蛋白聚糖连接蛋白 1（hyaluronan and proteoglycan link protein 1，HAPLN-1）的必需蛋白质，被证明在稳定蛋白聚糖聚集体中不可或缺，研究人员随后确定了该聚集体的结构（图 16.4）。连接蛋白的序列基序（sequence motif）中含有两个同源重复序列，现在被称为**连接模件（link module）**。具有连接模件的蛋白质，包括连接蛋白（link protein）（人类中的 HAPLN-1 至 HAPLN-4）、几种蛋白聚糖和其他细胞外基质蛋白，这些蛋白质可以与透明质酸发生特异性相互作用。软骨中最主要的蛋白聚糖现在被命名为**聚集蛋白聚糖（aggrecan）**（**第 17 章**），其中也包含一个球状结构域，被称为 G1 结构域（G1 domain），具有两个与透明质酸相互作用的同源连接模件。HAPLN-1 蛋白中的一个附加结构域，能够与 G1 中的同源结构域协同作用，将蛋白聚糖锁定在透明质酸链上。在没有 HAPLN-1 的情况下，聚集蛋白聚糖无法锚定透明质酸。缺乏 HAPLN-1 的小鼠，表现出软骨发育缺陷和骨形成延迟（短四肢和颅面畸形）。大多数突变小鼠在出生后不久就会因呼吸衰竭而死亡，少数幸存者则会出现进行性骨骼畸形。

有趣的是，编码 4 种蛋白聚糖的基因中包含了与透明质酸相互作用的同源 G1 结构域，分别对应于**多能蛋白聚糖（versican）**、**神经蛋白聚糖（neurocan）**、**短蛋白聚糖（brevican）**和聚集蛋白聚糖（图 16.3）。

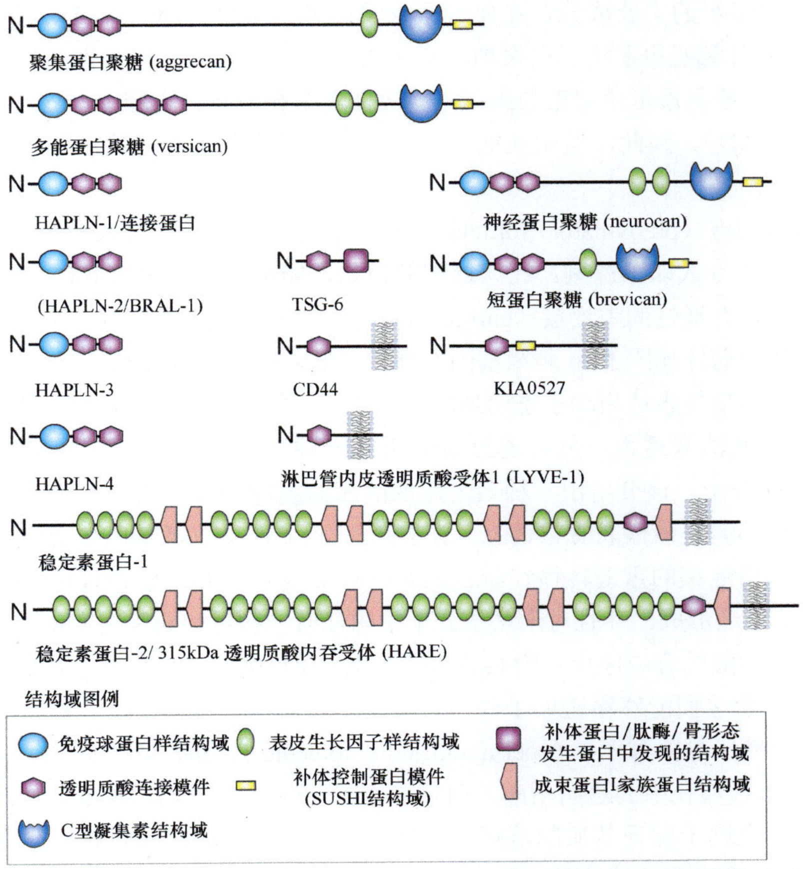

图 16.3 透明质酸结合蛋白连接模件超家族模块化的组织形式。这些蛋白质含有一个或两个与透明质酸结合的连接模件。与许多细胞外基质蛋白一样，连接模件超家族成员包含的各种亚结构域参见结构域图例。缩写：透明质酸和蛋白聚糖连接蛋白（HAPLN），脑连接蛋白 1（BRAL-1），肿瘤坏死因子 -α 刺激基因 6（TSG-6），分化抗原簇 44（CD44），连接蛋白 KIA0527（KIA0527）。有关这些结构域的更多信息，请参见欧洲分子生物学实验室（EMBL）的 SMART 数据库：http://smart.embl-heidelberg.de/［经许可重绘自 Blundell CD. 2004. In *Chemistry and biology of hyaluronan*（ed. Garg HG，Hales CA），pp. 189-204，©Elsevier 版权所有］。

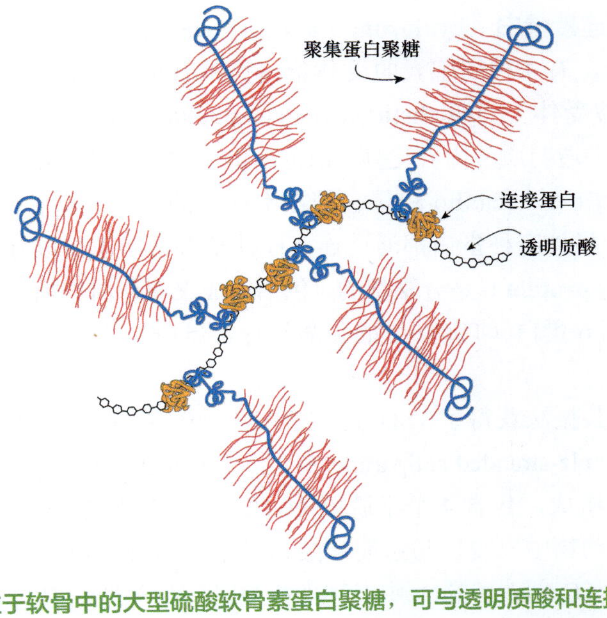

图 16.4 聚集蛋白聚糖是一种位于软骨中的大型硫酸软骨素蛋白聚糖，可与透明质酸和连接蛋白形成聚集体。

多能蛋白聚糖是许多软组织的主要成分，在血管生物学中尤为重要。神经蛋白聚糖和短蛋白聚糖主要在脑组织中表达。多能蛋白聚糖和聚集蛋白聚糖，通过类似的、连接蛋白依赖性的机制，锚定在组织中的透明质酸上；神经蛋白聚糖和短蛋白聚糖的组织架构可能非常相似。在大脑中，这些复合物形成外周神经网（perineuronal net，PNN）。因此，透明质酸可以充当支架，在其上构建适应不同组织功能的蛋白聚糖聚集体结构。

在哺乳动物排卵前卵泡（preovulatory follicle）的卵丘扩张过程中，研究人员发现基于透明质酸的基质是必不可少的，这一发现令人印象深刻。在该过程的伊始，卵母细胞被大约 1000 个卵丘细胞包围，这些细胞紧密地压实在一起，并通过间隙连接（gap-junction）与卵母细胞接触。作为对激素刺激的响应，卵丘细胞上调 HAS2 蛋白和肿瘤坏死因子 -α 刺激基因 6 蛋白（tumor necrosis factor-α-stimulated gene 6，TSG-6）（详见下一节）。这些蛋白质的表达启动了透明质酸的产生，并将其组织成围绕卵丘细胞的、逐渐扩张的基质。同时，卵泡获得了血清渗透性，从而通过血清引入一种称为**间 α- 胰蛋白酶抑制剂（inter-α-trypsin inhibitor，ITI）**的特殊分子。该分子由一种名为**双库尼茨抑制剂（bikunin）**的胰蛋白酶抑制剂和两条重链组成，三者全部共价结合到硫酸软骨素链上。在肿瘤坏死因子 -α 刺激基因 6 蛋白（TSG-6）的催化下，可以将与硫酸软骨素共价连接的重链转移到新合成的透明质酸上。在缺乏 TSG-6 或间 α- 胰蛋白酶抑制剂（ITI）的情况下，基质无法形成，并且对于这些分子中的任何一种进行缺失突变都会产生雌性小鼠的不育表型。在排卵时，透明质酸的合成停止，膨胀的卵丘细胞 - 卵母细胞复合体开始排卵。在受精之前，单个精子经历了获能过程，使它们能够穿透卵子外层并使之受精。在该过程中，一种糖基磷脂酰肌醇（GPI）锚定的透明质酸酶——精子黏附分子 1（sperm adhesion molecule 1，SPAM1）蛋白，在精子头部重新分布和积累。SPAM1 蛋白结合卵丘中的透明质酸，引发 Ca^{2+} 离子流和精子活力增加。当精子穿过由透明质酸所形成的外层时，它还有助于卵丘基质的溶解。在顶体反应（acrosome reaction）过程中，会分泌一种可溶形式的 SPAM1。顶体透明质酸酶（acrosomal hyaluronidase）和蛋白酶的释放使精子能够与卵子融合，并最终破坏整个基质，使受精的卵母细胞完成着床和发育。

16.6 具有连接模件的透明质酸结合蛋白

研究人员已发现了几种具有同源连接模件的透明质酸结合蛋白（图 16.3）。共有 4 种同源连接蛋白同属于**透明质酸和蛋白聚糖连接蛋白（hyaluronan and proteoglycan link protein，HAPLN）**亚家族，在许多组织中都有表达。此外，有 4 种细胞表面受体蛋白携带有单个连接模件的细胞外结构域，分别是：CD44；淋巴管内皮透明质酸受体 1（lymphatic vessel endothelial hyaluronic acid receptor 1，LYVE-1）；肝脏中的透明质酸清除受体——透明质酸内吞受体 / 稳定素蛋白 -2（hyaluronic acid receptor for endocytosis，HARE/Stabilin-2）；稳定素蛋白 -1（stabilin-1）。它们在不连续的内皮细胞和某些活化的巨噬细胞中表达。其中，除稳定素蛋白 -1 外，另外三种蛋白都通过连接模件结合透明质酸以行使其功能。其他**透明质酸结合蛋白（hyaluronan-binding protein）**是分泌型的，包括组成聚集蛋白聚糖超家族（aggrecan superfamily）和肿瘤坏死因子 -α 刺激基因 6 蛋白（TSG-6）的硫酸软骨素蛋白聚糖，其中 TSG-6 蛋白中仅具有一个连接模件。

研究人员已经通过核磁共振法获得了 TSG-6 蛋白中连接模件折叠的三维结构，发现了由两个 α 螺旋和两股三链反平行 β 片层（triple-stranded antiparallel β-sheet）形成的**共识折叠（consensus fold）**（图 16.5）。该折叠由大约 100 个氨基酸组成，包含 4 个半胱氨酸（Cys），以 Cys1-Cys4 和 Cys2-Cys3 模式结合形成二硫键。这种折叠仅在脊椎动物中发现，与透明质酸是进化上更晚出现的生物分子这一事实相一致。连接模件折叠与在 C 型凝集素（C-type lectin）中发现的折叠具有相关性，但它缺少 Ca^{2+} 结合基序（binding

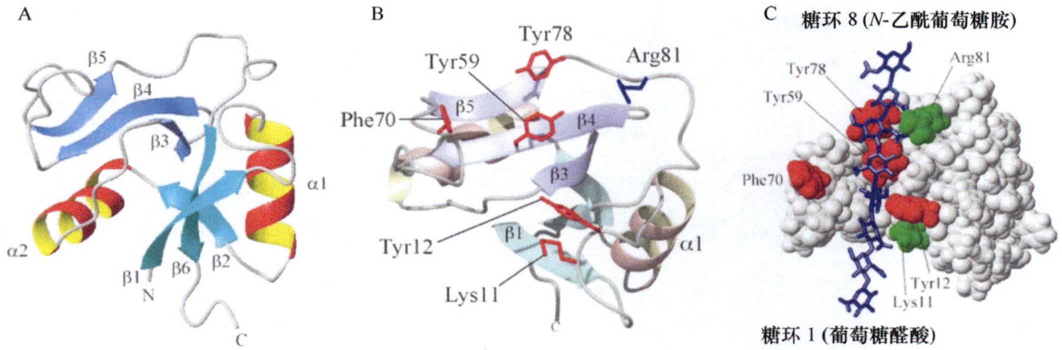

图 16.5 连接模件的结构。A. 肿瘤坏死因子 -α 刺激基因 6 蛋白（TSG-6）包含了一个原型连接模件，由两个 α 螺旋（α1 和 α2）和两个三股反平行的 β 片层（β1,2,6 和 β3-5）组成。B. 与透明质酸结合后的蛋白质构象，图中标识了关键的氨基酸。C. TSG-6 连接模件 / 透明质酸复合物模型。透明质酸与蛋白质的结合，通过两种共同作用得以实现，即带正电荷的氨基酸残基（绿色）和糖醛酸的羧基之间的离子相互作用，以及多糖与芳香族氨基酸（红色）之间的芳香环堆积和氢键相互作用。此外，疏水口袋（在 Tyr59 的任意一侧）可以容纳两个 *N*- 乙酰葡萄糖胺（GlcNAc）侧链的甲基，这可能是透明质酸连接模件特异性的主要决定因素。氨基酸缩写：精氨酸（Arg），赖氨酸（Lys），苯丙氨酸（Phe），酪氨酸（Tyr）（A 图经许可重绘自 Blundell CD，et al. 2003. *J Biol Chem* 278：49261-49270，©American Society for Biochemistry and Molecular Biology 版权所有。B 图经许可重绘自 Blundell CD. 2004. In *Chemistry and biology of hyaluronan* [ed. Garg HG，Hales CA]，pp. 189-204，©Elsevier 版权所有。C 图经许可重绘自 Blundell CD，et al. 2005. *J Biol Chem* 280：18189-18201，©American Society for Biochemistry and Molecular Biology 版权所有）。

motif）（**第 34 章**）。对 TSG-6 蛋白而言，透明质酸与蛋白质的相互作用涉及带正电荷的氨基酸残基与糖醛酸的羧基之间的离子相互作用，以及两个 *N*- 乙酰葡萄糖胺（GlcNAc）残基的乙酰氨基侧链与相邻酪氨酸任意一侧的疏水口袋之间的疏水相互作用（**图 16.5**）。在透明质酸结合蛋白的其他成员中，这些特征也有许多是保守的。然而，不同蛋白质亚组的差异性源于所结合透明质酸的大小和结合长度的倾向性（如从六糖到十糖）。

一些透明质酸结合蛋白不包含连接模件，如透明质酸介导运动性受体（receptor for hyaluronan mediated motility，RHAMM）、间 α- 胰蛋白酶抑制剂（ITI）、视锥视杆相关唾液酸蛋白（sialoprotein associated with cones and rods，SPACR）、视锥视杆蛋白聚糖相关唾液酸蛋白（sialoprotein associated with cones and rods proteoglycan，SPACRCAN）、CD38、细胞分裂控制蛋白 37（cell division control protein 37，CDC37）、透明质酸结合蛋白 1（hyaluronan-binding protein 1，HABP1/P-32）、唾液酸结合免疫球蛋白样凝集素 -9（Siglec-9）和细胞内透明质酸结合蛋白 4（intracellular hyaluronan-binding protein 4，IHABP4），并且这些蛋白质中大多数在一级序列上互不相关。在这些蛋白质中，其中一些包含了 9 个氨基酸的序列，称为 BX_7B 基序（其中 B 是赖氨酸或精氨酸，X 可以是除酸性氨基酸以外的任何氨基酸），但该基序与透明质酸链实际的对接位点（docking site）尚未确定。因此，BX_7B 基序的存在与否，不应视为蛋白质与透明质酸有相互作用的证据。

16.7 透明质酸和细胞信号传递

长期以来，透明质酸的产生与细胞黏附增加和细胞运动增强有关，因为它在**形态发生（morphogenesis）**及生理和病理侵袭等过程中大量存在。研究人员已经发现了 5 种不同类型的细胞信号蛋白，可以介导与透明质酸相关的复杂且广泛的功能（**图 16.6**）。

Toll 样受体 TLR2 和 TLR4 是先天免疫系统的组成部分，它们能够响应细菌促炎性刺激物，如**脂多糖（lipopolysaccharide，LPS）**。Toll 样受体已被证明可以响应透明质酸酶产生的不同透明质酸寡糖，进而产

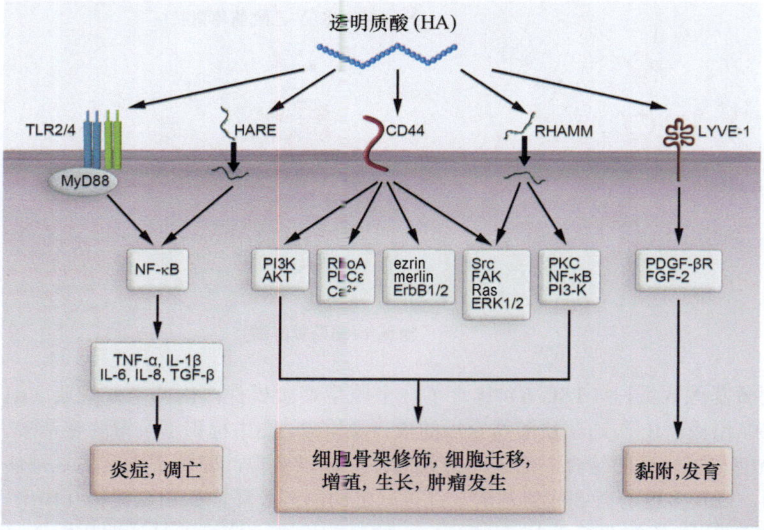

图 16.6 透明质酸在健康和疾病状态下的信号传递。 信号传递分子缩写：Toll 样受体 2/4（TLR2/4）；分化抗原簇 44（CD44），为 I 型跨膜受体；透明质酸内吞受体（HARE）；透明质酸介导运动性受体（RHAMM）；淋巴管内皮透明质酸受体 1（LYVE-1）；骨髓分化初级反应基因 88 蛋白（MyD88）；核因子 -κB（NF-κB）；肿瘤坏死因子 -α（TNF-α）；白细胞介素 -1β（IL-1β）；白细胞介素 -6（IL-6）；白细胞介素 -8（IL-8）；转化生长因子 -β（TGF-β）；磷酸肌醇 3- 激酶（PI3K）；蛋白激酶 B（AKT）；Ras 同源物家族成员 A（RhoA）；磷脂酶 C-ε（PLCε）；埃兹蛋白（ezrin）；膜突样蛋白（merlin）；ErbB1/ErbB2 蛋白（ErbB1/2）；Src 蛋白（Src）；黏着斑激酶（FAK）；Ras 蛋白（Ras）；细胞外有丝分裂原调节蛋白激酶 1/2（ERK1/2）；蛋白酪氨酸激酶 C（PKC）；血小板衍生生长因子 β 受体（PDGF-βR）；成纤维细胞生长因子 2（FGF-2）。

生不同的信号传递。根据细胞类型的不同，该过程可通过 TLR2/4 直接结合透明质酸寡糖发生；或者，由于对透明质酸的包封（encapsulation）会阻碍其他已知配体与 TLR2/4 的接触，由透明质酸酶介导的荚膜降解也可以促进 TLR2/4 的激活，因为降解后暴露出的 TLR2/4 能够与其他配体发生结合。

透明质酸内吞受体（HARE）在多种肝窦内皮细胞类型的细胞表面表达，它能够结合透明质酸和其他糖胺聚糖配体，随后触发受体介导的内吞作用，从而将这些成分从体循环中清除。当摄取的透明质酸的分子质量为 50 ～ 250 kDa 时，具有最佳的信号传递效果；较小或较大的透明质酸不会激活信号传递，并且能够阻断 50 ～ 250 kDa 透明质酸的信号传递。通过 TLR2/4 和 HARE 发出的信号能够激活 NF-κB，并促进促炎和促凋亡细胞因子的分泌。

CD44 是一种由多种细胞表达的跨膜受体，由于 mRNA 剪接的差异性，它在糖基化、寡聚化和蛋白质序列等方面表现出显著的差异。CD44 包含一个胞质结构域、一个跨膜区段和一个胞外结构域，具有可与透明质酸结合的单个连接模件。当透明质酸与 CD44 结合时，细胞质尾端片段可以与调节分子（regulatory molecule）和衔接分子（adaptor molecule）相互作用，如 SRC 激酶、RHO GTP 酶（RHO GTPase）（其中 RHO 为 Ras 蛋白的同源蛋白）、VAV2 蛋白（由人类原癌基因表达）、GAB1 蛋白［一种与生长因子受体结合蛋白 2（Grb2）相关的结合蛋白］、锚蛋白（ankyrin）和埃兹蛋白（ezrin）（用于调节细胞骨架组装 / 拆卸和细胞迁移）。透明质酸与 CD44H（造血细胞表达的同型蛋白）的结合，可以介导某些组织中的白细胞滚动和外渗。透明质酸与 CD44 的相互作用，还可以调控 ErbB 蛋白家族的信号传递。该家族包括上皮生长因子受体（epithelial growth factor receptor，EGFR）、人类表皮生长因子受体 2（human epidermal growth factor receptor 2，HER2）等，从而激活磷脂酰肌醇 3- 激酶 - 蛋白激酶 B/AKT（phosphatidylinositol 3-kinase-protein kinase B/AKT，PI3K-PKB）信号通路，以及黏着斑激酶（focal adhesion kinase，FAK）和 BCL2 细胞死亡拮抗因子（BCL2-antagonist of cell death，BAD）的磷酸化，以促进细胞的存活。CD44 表达的变化，尤其是 CD44 变体的表达变化，与多种肿瘤和癌症的转移扩散有关。淋巴管内皮透明质酸受体 1（LYVE-1）是一种淋巴管内皮透明质酸受体，是 CD44 的同源物。重要的是，LYVE-1 通过淋巴管系统和淋巴结中的生长因子刺激物释放出独特的信号，以促进循环白细胞的黏附并支持淋巴发育。

许多细胞还表达透明质酸介导运动性受体（RHAMM），该蛋白质也被称为稳态 - 有丝分裂 - 减数分裂调节物（homeostasis，mitosis，and meiosis regulator，HMMR），参与细胞运动和细胞分裂。研究人员认为，RHAMM 信号通路可以诱导黏着斑，从而为在肿瘤进展、侵袭和转移中所观察到的细胞运动性升高所需的细胞骨架的变化过程传递信号。RHAMM 蛋白也存在剪接变体，其中一些可能位于细胞内。RHAMM 具有 BX_7B 序列，它可以促进与透明质酸的静电相互作用，但该序列也是碱性亮氨酸拉链基序（leucine zipper motif）的一部分，能够与中心体和微管发生相互作用。因此，RHAMM 也是一个非运动性纺锤体组装因子。透明质酸与 RHAMM 的结合会激活 Src 蛋白、黏着斑激酶（FAK）、细胞外有丝分裂原调节蛋白激酶（extracellular mitogen-regulated protein kinase，ERK）和蛋白酪氨酸激酶 C（protein tyrosine kinase C，PKC）（**第 40 章**）。这些通路与肿瘤细胞的生存和侵袭有关；透明质酸寡聚体和可溶性透明质酸结合蛋白对它们的抑制作用为癌症治疗提供了全新的方法（**第 47 章**）。

16.8 细菌中的透明质酸荚膜

一些致病菌，如某些链球菌属和巴氏杆菌属的细菌，产生透明质酸作为细胞外荚膜（另见**第 21 章**）。与其他荚膜多糖一样，**荚膜透明质酸（capsular hyaluronan）**通过帮助微生物抵御宿主的防御来增加毒力。例如，荚膜可以阻断吞噬作用（phagocytosis），并保护细菌免受补体介导的杀伤。由于细菌透明质酸在结构上与宿主透明质酸无异，因此荚膜还可以防止保护性抗体的形成。因此，细菌形成透明质酸荚膜是**分子模拟（molecular mimicry）**的形式之一。荚膜还可以帮助细菌黏附到宿主的组织上，以促进其定植（**第 37 章**）。最后，入侵的细菌所产生的透明质酸，还可以通过与那些调节宿主生理机能（如产生细胞因子，**第 42 章**）的透明质酸结合蛋白的相互结合，诱导许多信号传递事件的发生。

除细菌外，一种感染**小球藻（*Chlorella*）**的藻类病毒也编码透明质酸合成酶。病毒产生的透明质酸在功能上的重要性尚不明晰，可能与预防继发性病毒感染、增加宿主产生病毒的能力或病毒暴发的规模有关。病毒透明质酸合成酶（HAS）的起源尚不清楚，但根据序列同源性，它很可能源自脊椎动物。

16.9 透明质酸作为治疗剂

透明质酸在治疗中已经使用多年。将高分子质量的透明质酸直接注射到骨关节炎患者受影响关节的滑膜间隙中，可以获得短期缓解。该过程的作用机制非常复杂，可能涉及糖聚合物的黏弹性，以及对关节囊中滑膜细胞生长的影响。透明质酸可以抑制软骨退化，充当润滑剂，从而保护关节软骨的表面，并能够减少疼痛感。

透明质酸在眼科中的应用十分广泛。在白内障晶状体置换手术过程中，脆弱的眼内组织极有可能受到损伤，尤其是角膜的内皮层。注射高分子质量透明质酸，可以维持手术空间和结构，保护内皮层免受物理损伤。透明质酸也被批准用于美容和外科手术，例如，透明质酸可以皮下注射，以填充皮肤下的皱纹或凹陷。作为局部敷料的组成成分，透明质酸能够促进皮肤伤口愈合。在手术切口闭合期间应用的抗黏连凝胶中，透明质酸可作为其中的生物可吸收成分，防止多个标准流程后可能出现的黏连。

有机小分子 4- 甲基伞形酮（4-methylumbelliferone，4-MU）可用于消耗尿苷二磷酸 - 葡萄糖醛酸（UDP-GlcA），因而被用于减少透明质酸的合成。一种低剂量的 4- 甲基伞形酮制剂，已经被临床批准用于治疗胆道运动障碍，可能是通过改变胆汁酸的葡萄糖醛酸化实现了治疗功效。然而，尿苷二磷酸 - 葡萄糖醛酸的消耗可能会影响许多其他生化途径，而这些高剂量的 4- 甲基伞形酮则很可能会产生其他影响。

低分子质量透明质酸寡糖（10^3 ～ 10^4 Da）能够改变选择性信号通路，因而也具有强大的生物活性（**第 40 章**）。在癌细胞中，透明质酸寡糖可以诱导细胞凋亡，并抑制体内肿瘤生长。因此，短的透明质酸链可能通过增强某些免疫应答或改变新血管的生长来预防癌症转移。重组形式的巴氏杆菌透明质酸合成酶（pmHas），已被设计用于生产确定大小的透明质酸寡糖。该策略用于探索透明质酸大小与功能的关系前景广阔，同时，这一研究可能会产生具有选择性活性的新型治疗剂。

致谢

感谢王岩（Yan Wang）、徐定（Ding Xu）和乌尔夫·林达尔（Ulf Lindahl）的有益评论及建议。

延伸阅读

Simoni RD, Hill RL, Vaughan M, Hascall V. 2002. The discovery of hyaluronan by Karl Meyer. *J Biol Chem* **277**: e27.

Toole BP. 2004. Hyaluronan: from extracellular glue to pericellular cue. *Nat Rev Cancer* **4**: 528-539.

Hascall VC, Wang A, Tammi M, Oikari S, Tammi R, Passi A, Vigetti D, Hanson RW, Hart GW. 2014. The dynamic metabolism of hyaluronan regulates the cytosolic concentration of UDP-GlcNAc. *Matrix Biol* **35**: 14-17.

McAtee CO, Barycki JJ, Simpson MA. 2014. Emerging roles for hyaluronidase in cancer metastasis and therapy. *Adv Cancer Res* **123**: 1-34.

Vigetti D, Karousou E, Viola M, Deleonibus S, De Luca G, Passi A. 2014. Hyaluronan: biosynthesis and signaling. *Biochim Biophys Acta* **1840**: 2452-2459.

Liang J, Jiang D, Noble PW. 2017. Hyaluronan as a therapeutic target in human diseases. *Adv Drug Deliv Rev* **97**: 186-203.

Weigel PH, Baggenstoss BA, Washburn JL. 2017. Hyaluronan synthase assembles hyaluronan on a $[GlcNAc\beta 1,4]_n$-GlcNAcα-UDP primer and hyaluronan retains this residual chitin oligomer as a cap at the nonreducing end. *Glycobiology* **27**: 536-554.

Jackson DG. 2019. Hyaluronan in the lymphatics: the key role of the hyaluronan receptor LYVE-1 in leucocyte trafficking. *Matrix Biol* **78-79**: 219-235.

Yamaguchi Y, Yamamoto H, Tobisawa Y, Irie F. 2019. TMEM2: a missing link in hyaluronan catabolism identified? *Matrix Biol* **78-79**: 139-146.

Dokoshi T, Zhang L-J, Li F, Nakatsuji T, Butcher A, Yoshida H, Shimoda M, Okada Y, Gallo RL. 2020. Hyaluronan degradation by Cemip regulates host defense against Staphylococcus aureus skin infection. *Cell Rep* **30**: 61-68.e4.

He Z, Mei L, Connell M, Maxwell CA. 2020. Hyaluronan mediated motility receptor (HMMR) encodes an evolutionarily conserved homeostasis, mitosis, and meiosis regulator rather than a hyaluronan receptor. *Cells* **9**: 819.

Roedig H, Damiescu R, Zeng-Brouwers J, Kutija I, Trebicka J, Wygrecka M, Schaefer L. 2020. Danger matrix molecules orchestrate CD14/CD44 signaling in cancer development. *Semin Cancer Biol* **62**: 31-47.

第 17 章

蛋白聚糖和硫酸化糖胺聚糖

凯瑟琳 · L.R. 梅里（Catherine L.R. Merry），乌尔夫 · 林达尔（Ulf Lindahl），约翰 · 库奇曼（John Couchman），杰弗里 · D. 艾斯科（Jeffrey D. Esko）

17.1 历史视角 / 209
17.2 蛋白聚糖和糖胺聚糖的组成 / 210
17.3 蛋白聚糖的结构和功能多种多样 / 211
17.4 糖胺聚糖与蛋白质的连键 / 215
17.5 糖胺聚糖的生物合成 / 216
17.6 肝素与硫酸乙酰肝素的比较 / 220
17.7 蛋白聚糖的加工和周转 / 221
致谢 / 221
延伸阅读 / 222

本章重点介绍**蛋白聚糖（proteoglycan）**的结构、生物合成和生物学概述，包括对蛋白聚糖主要家族的描述、它们的特征多糖链即**糖胺聚糖（glycosaminoglycan，GAG）**的生物合成途径，以及关于蛋白聚糖功能的一般性概念。与其他糖复合物一样，蛋白聚糖在生物学中具有许多重要作用。

17.1 历史视角

对蛋白聚糖的研究可以追溯到 20 世纪初，当时人们研究了来自软骨的软骨黏蛋白（chondromucoid）和来自肝脏的抗凝制剂——**肝素（heparin）**。20 世纪 30 ～ 60 年代，在分析这些制剂的多糖即黏多糖（mucopolysaccharide）的化学组成方面，研究人员取得了长足的进步，获得了透明质酸（hyaluronan）（**第 16 章**）、**硫酸皮肤素（dermatan sulfate，DS）**、**硫酸角质素（keratan sulfate，KS）**、不同异构形式的**硫酸软骨素（chondroitin sulfate，CS）**、肝素和**硫酸乙酰肝素（heparan sulfate，HS）**的结构。这些多糖一并被称为糖胺聚糖（GAG），以表明以聚合物的形式存在的氨基糖和其他糖。随后的研究提供了有关糖链与蛋白聚糖核心蛋白之间的连键信息。这些结构研究为它们的生物合成研究铺平了道路。

20 世纪 70 年代是该领域的一个转折点，当时研究人员开发了改进的分离方法和色谱程序，用于组织中蛋白聚糖和糖胺聚糖的纯化和分析。密度梯度超速离心（density-gradient ultracentrifugation）将较大的、聚集态的蛋白聚糖从软骨中分离出来，揭示了蛋白聚糖、透明质酸和**连接蛋白（link protein）**复合物的存在。在同一时期，人们意识到产生蛋白聚糖是动物细胞的普遍属性，并且蛋白聚糖和糖胺聚糖存在于细胞表面、细胞内部和**细胞外基质（extracellular matrix，ECM）**。这一观察结果引发了该领域的快速扩展，并最终使人们认识到蛋白聚糖在细胞黏附、信号传递和其他生物活动中的功能（**第 38 章**）。时至今日，对动物细胞突变体的研究（**第 49 章**），以及在各种模式生物中使用的基因敲除和基因沉默试验，旨在扩展我们对蛋白聚糖在发育和生理学（**第 25 章至第 27 章**）以及人类疾病（**第 41 章至第 47 章**）中作用的认识。各种新开发的分析工具的应用，包括质谱法（**第 50 章**）和聚糖阵列（**第 48 章**），有助于更好地了解蛋白聚糖的结构和功能。

17.2 蛋白聚糖和糖胺聚糖的组成

蛋白聚糖由一个核心蛋白质与一条或多条共价连接在其上的糖胺聚糖链组成（图 17.1）。糖胺聚糖是直链多糖，可以通过化学方法或酶促方法分解为二糖，每个二糖由氨基糖、糖醛酸或半乳糖（Gal）构成。其中，氨基糖包括 *N*- 乙酰化或 *N*- 硫酸化的葡萄糖胺（GlcN）即 *N*- 乙酰葡萄糖胺（GlcNAc）或 *N*- 硫酸化葡萄糖胺（*N*-sulfated glucosamine，GlcNS），亦或 *N*- 乙酰半乳糖胺（GalNAc）；糖醛酸包括葡萄糖醛酸（GlcA）或艾杜糖醛酸（IdoA）。图 17.2 描绘了糖胺聚糖短片段的示意图及其结构特征。透明质酸不与蛋白质核心共价连接，而是通过**透明质酸结合基序（hyaluronan-binding motif）**与一些蛋白聚糖发生非共价相互作用（**第 16 章**）。一般而言，无脊椎动物产生的糖胺聚糖与脊椎动物所产生的类型相同，但不存在透明质酸，并且软骨素链主要（但并不完全）是非硫酸化的。大多数蛋白聚糖上还含有通常存在于糖蛋白上的 *N*- 聚糖和 *O*- 聚糖（**第 9 章、第 10 章**）。糖胺聚糖链比这些其他类别的聚糖链大得多（例如，20 kDa 的糖胺聚糖链包含大约 80 个糖残基，而典型的二天线 *N*- 聚糖包含 10 ～ 12 个残基）。硫酸角质素

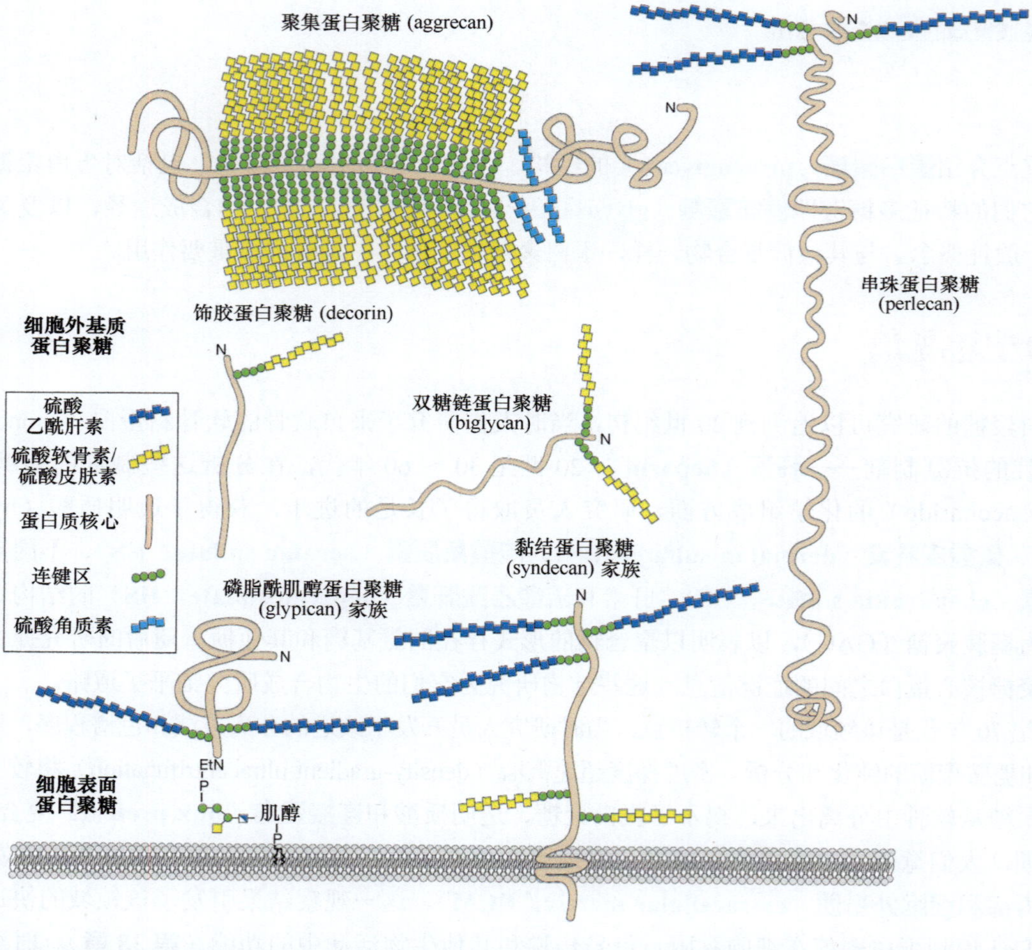

图 17.1 蛋白聚糖由一个核心蛋白质（棕色）与一条或多条共价连接的糖胺聚糖链组成。糖胺聚糖的表示见图例。膜蛋白聚糖或是跨越质膜（I 型膜蛋白），或通过糖基磷脂酰肌醇（GPI）进行锚定连接。细胞外基质中的蛋白聚糖通常是分泌型的，但一些蛋白聚糖可以被蛋白酶水解切割，并且从细胞表面脱落（图中未显示）。缩写：磷酸（P），乙醇胺（EtN），蛋白质氨基末端（N）。

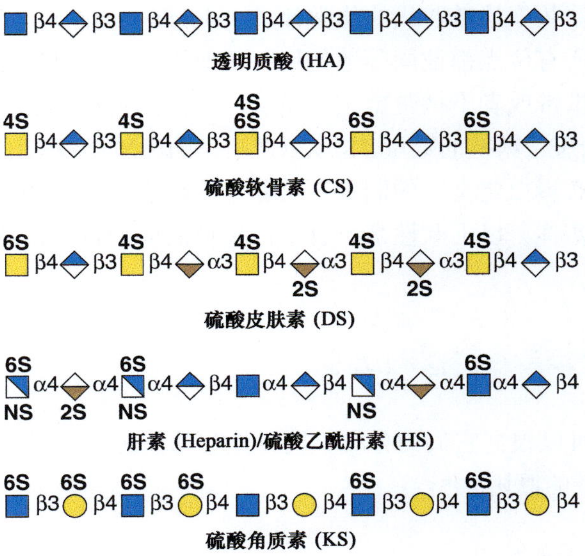

图 17.2　糖胺聚糖由 *N*- 乙酰化糖胺［即 *N*- 乙酰葡萄糖胺（GlcNAc）或 *N*- 乙酰半乳糖胺（GalNAc）］或 *N*- 硫酸化的葡萄糖胺（GlcNS），与糖醛酸［即葡萄糖醛酸（GlcA）或艾杜糖醛酸（IdoA）］或半乳糖（Gal）交替排列组成。透明质酸不含硫酸基团，但其余的糖胺聚糖在不同的位置含有硫酸基团。硫酸皮肤素与硫酸软骨素的区别在于艾杜糖醛酸的存在与否。硫酸乙酰肝素和肝素是仅有的含 *N*- 硫酸化葡萄糖胺的糖胺聚糖。硫酸角质素不含糖醛酸，而是由硫酸化的半乳糖和 *N*- 乙酰葡萄糖胺残基组成。在图示的所有序列中，还原末端都位于右侧。数字为相应单糖中的羟基位置，氨基糖上的氮用 N 表示，硫酸基团用 S 表示。

是一种硫酸化的**聚 -*N*- 乙酰乳糖胺（polyLacNAc）**链，以 *N*- 连接或 *O*- 连接的糖链形式存在于有限数量的蛋白质上。糖胺聚糖链的组成、蛋白核心的结构及蛋白聚糖的分布，共同决定了与蛋白聚糖相关的生物活性。

17.3　蛋白聚糖的结构和功能多种多样

几乎所有哺乳动物细胞都会产生蛋白聚糖，并将它们分泌到细胞外基质中、嵌插到质膜中，或储存在分泌颗粒中。细胞外基质是所有多细胞动物的重要组成部分，它决定了组织的物理特性，以及嵌在其中的细胞的诸多生物学特性。细胞外基质的主要成分包括：具有抗张强度和弹性的纤维蛋白（fibrillar protein），如各种胶原蛋白（collagen）和弹性蛋白（elastin）；黏附糖蛋白（adhesive glycoprotein），如纤连蛋白（fibronectin）、层粘连蛋白（laminin）和生腱蛋白（tenascin）；以及与其他细胞外基质成分相互作用以促进细胞外基质组装的蛋白聚糖。这些蛋白质决定了细胞外基质的物理特性，同时作为具有生物活性的小型蛋白质（如生长因子）的储存库。一种细胞类型可以表达多种蛋白聚糖，例如，血管内皮细胞会合成几种不同的**细胞表面蛋白聚糖（cell-surface proteoglycan）**、**分泌颗粒蛋白聚糖（secretory granule proteoglycan）**，以及几种**细胞外基质蛋白聚糖（ECM proteoglycan）**。

与携带 *N*- 连接和 *O*- 连接聚糖的数百乃至上千种糖蛋白相比，迄今为止，研究人员已经鉴定出的携带糖胺聚糖的蛋白质相对较少（不到 50 种），但新的糖蛋白质组学方法的应用，已经帮助发现了几种全新的蛋白聚糖类型。基于多种因素，蛋白聚糖存在着巨大的结构可变性。首先，许多蛋白聚糖可以被一种或多种类型的糖胺聚糖链取代，例如，磷脂酰肌醇蛋白聚糖（glypican）含有硫酸乙酰肝素，而黏结蛋白聚糖 -1（syndecan-1）同时含有硫酸乙酰肝素和硫酸软骨素链。一些蛋白聚糖仅包含一条糖胺聚糖链，如饰胶蛋白聚糖（decorin）；而其他蛋白聚糖则具有超过 100 条糖链，如聚集蛋白聚糖（aggrecan）。结构可变性的另一个来源，在于糖胺聚糖链取代的化学计量（stoichiometry）。例如，黏结蛋白聚糖 -1 有 5 个糖胺聚糖连接位点，但并非所有位点都被同等地使用。其他蛋白聚糖可以处于“非全时”（part-time）状态——也就是说，它们可能携带或者不携带糖胺聚糖链，或仅携带截短的寡糖链。存在于不同类型细胞中的特定蛋白聚糖，往往在糖胺聚糖链的数量、长度以及沿链的硫酸化残基排列等方面表现出差异。因此，任何一种蛋白聚糖（由其核心蛋白定义）的制剂，实际上均代表了不同的分子集合，其中的每个分子都可能代表了一个结构独特的实体。以上共性是所有蛋白聚糖的典型特征，从而产生了巨大的结构多样性和潜在的生物活性变化。

17.3.1 哺乳动物蛋白聚糖——形态和功能

蛋白聚糖的主要类别，可以根据它们的分布、同源性和功能进行分类。表 17.1 提供了对许多众所周知的、已详尽表征的蛋白聚糖的概述。

表 17.1 脊椎动物中已知的蛋白聚糖的多样性

蛋白聚糖	核心蛋白 / kDa	糖胺聚糖链的类型和数量	在组织中的分布	可能的生物学功能	与人类疾病的相关性
分泌型蛋白聚糖——聚集蛋白聚糖（aggrecan），也称凝集素蛋白聚糖（lectican）家族					
聚集蛋白聚糖（aggrecan）	208 ～ 220	硫酸软骨素：约 100，硫酸角质素 II：约 20（人类、牛）	软骨，脑	与透明质酸形成水合的细胞外基质，以抵抗压缩力	关节炎疾病中的过度退化 / 损失
多能蛋白聚糖（versican），也称 PG-M	265（50 ～ 450 kDa 剪接形式）	硫酸软骨素 / 硫酸皮肤素：0 ～ 15	细胞周围和细胞外基质间质；血管；脑；白细胞	多种细胞外基质的相互作用、炎症调控、细胞黏附和迁移	支持动脉粥样硬化的进展
神经蛋白聚糖（neurocan）	145	硫酸软骨素 / 硫酸皮肤素：1 ～ 2	脑	调控神经突增生	精神分裂症，双相情感障碍
短蛋白聚糖（brevican）	96	硫酸软骨素 / 硫酸皮肤素：0 ～ 4	脑 - 神经元周围网络	调控突触可塑性	促进胶质瘤的侵袭性
分泌型蛋白聚糖——富亮氨酸小蛋白聚糖（SLRP）					
饰胶蛋白聚糖（decorin）	36	硫酸软骨素 / 硫酸皮肤素：1	结缔组织细胞	调控间质胶原原纤维生成，抑制转化生长因子 -β（TGF-β）信号传递	在系统性硬化症中过表达，先天性基质角膜营养不良患者中存在突变
双糖链蛋白聚糖（biglycan）	38	硫酸软骨素 / 硫酸皮肤素：0 ～ 2	结缔组织细胞、巨噬细胞	胶原蛋白基质组装，可溶形式能够激活先天免疫系统	
光蛋白聚糖（lumican）	37	硫酸角质素 I：3 ～ 4	广泛分布	胶原基质组装	
角蛋白聚糖（keratocan）	37	硫酸角质素 I：3 ～ 4	广泛分布，但仅在角膜中硫酸化	胶原基质组装，在角膜透明度中发挥作用	突变与扁平角膜相关
纤调蛋白聚糖（fibromodulin）	59	硫酸角质素 I：2 ～ 4	广泛分布	胶原基质组装	内含子变异和单核苷酸多态性（SNP）与高度近视相关
骨甘蛋白聚糖（osteoglycin），也称侏儒蛋白聚糖（mimecan）[①]	25	硫酸角质素 I：2 ～ 3	广泛分布，但仅在角膜中硫酸化	胶原基质组装，在骨形成中发挥作用，角膜透明度	缺血性心力衰竭的潜在生物标志物
其他分泌型蛋白聚糖					
串珠蛋白聚糖（perlecan）	400	硫酸乙酰肝素：1 ～ 3，硫酸软骨素：0 ～ 2	基底膜、干细胞巢、其他细胞外基质、软骨	细胞外基质的组装，通过整联蛋白相互作用调控细胞迁移，隔离生长因子（如成纤维细胞生长因子 [FGF]）	罕见突变导致严重骨骼畸形

① 源自瓦格纳歌剧和北欧传说中的欺骗性侏儒 Mime，其头颅被切下后仍能继续存活，并被视为智慧的源泉。

续表

蛋白聚糖	核心蛋白 / kDa	糖胺聚糖链的类型和数量	在组织中的分布	可能的生物学功能	与人类疾病的相关性
其他分泌型蛋白聚糖					
突触蛋白聚糖（agrin）	200	硫酸乙酰肝素：1 ～ 3	基底膜、大脑和神经肌肉接头	神经肌肉接头成熟，整联蛋白和 α- 抗肌萎缩蛋白聚糖的配体	
IX 型胶原蛋白，α2 链	68	硫酸软骨素 / 硫酸皮肤素：1	软骨、玻璃体液	软骨胶原 II/XI 原纤维的稳定化	在某些形式的多发性骨骺发育不良中发生突变
XVIII 型胶原蛋白	147	硫酸乙酰肝素：2 ～ 3	基底膜，最长的同型蛋白分布更为普遍	基底膜稳定性；单体羧基末端结构域（内皮抑制蛋白）具有抗血管生成作用	突变导致 Knobloch 综合征，伴有多个眼和神经管闭合缺陷①
膜结合型蛋白聚糖					
黏结蛋白聚糖②（syndecan）1 ～ 4	31 ～ 45	硫酸乙酰肝素：1 ～ 3，硫酸软骨素：0 ～ 2	大多数有核细胞	细胞黏附、迁移和肌动蛋白细胞骨架组织的调控剂，控制细胞表面的配体清除，在蛋白质信号传递中作为共受体	在几种癌症（如骨髓瘤、乳腺癌）中失调
β- 蛋白聚糖（betaglycan）	110	硫酸乙酰肝素：0 ～ 1，硫酸软骨素：0 ～ 1	成纤维细胞	通过转化生长因子 -β（TGF-β）受体调控配体结合（例如抑制素）和信号传递	肿瘤抑制因子；通常在卵巢癌中丢失
磷脂酰肌醇蛋白聚糖（glypican）1 ～ 6	约 60	硫酸乙酰肝素：1 ～ 3	上皮和间充质细胞，脑	通过作为与其结合的受体（如酪氨酸激酶）的辅助受体调控信号传递	Simpson-Golabi-Behmel 过度生长综合征，肝细胞癌进展（GPC3）③
磷酸蛋白聚糖（phosphacan），也称 PTPζ	175	硫酸软骨素 / 硫酸皮肤素：2 ～ 5	脑	皮层神经元迁移	精神分裂症
凝血调节蛋白（thrombomodulin）	58	硫酸软骨素 / 硫酸皮肤素：1	内皮细胞及各种非血管细胞	通过蛋白 C 的激活发挥抗凝作用	突变可产生出血性疾病；可溶性重组形式的该蛋白质在弥散性血管内凝血中具有治疗潜力
CD44	37	硫酸软骨素 / 硫酸皮肤素 / 硫酸乙酰肝素：0 ～ 2	广泛分布，包括淋巴细胞，可作为间充质干细胞的标志物	透明质酸和生长因子受体	可作为乳腺癌干细胞的标志物
神经 - 胶质抗原 2（NG2），也称硫酸软骨素蛋白聚糖 4（CSPG4）	251	硫酸软骨素 / 硫酸皮肤素：2 ～ 3	某些干细胞、胶质祖细胞、血管壁细胞、黑色素细胞	细胞 - 细胞外基质黏附、生长因子相互作用、整联蛋白激活	支持黑色素瘤的侵袭和生存
恒定链（invariant chain），也称 CD74	31	硫酸软骨素：1	抗原加工细胞	主要组织相容性复合体 II（MHC II）的主要分子伴侣；携带硫酸软骨素的蛋白质可增强 T 细胞活化	人源化单克隆抗 CD74 抗体米拉珠单抗（milatuzumab）正被研究用于治疗某些淋巴瘤
SV2 蛋白	80	硫酸角质素 I：1 ～ 3	突触小泡	突触前递质胞吐作用的调控	某些癫痫综合征的靶标
细胞内颗粒蛋白聚糖					
丝甘蛋白聚糖（serglycin）	10 ～ 19	肝素 / 硫酸软骨素：10 ～ 15	肥大细胞、其他白细胞、内皮细胞	颗粒内容物的包装、蛋白酶活性的维持、凝血分泌后的调控、宿主防御和伤口修复	炎症，癌症进展

细胞外基质蛋白聚糖中的**聚集蛋白聚糖家族（aggrecan family）**也被称为凝集素蛋白聚糖（lectican），由**聚集蛋白聚糖（aggrecan）**、**多能蛋白聚糖（versican）**、**短蛋白聚糖（brevican）**和**神经蛋白聚糖（neurocan）**组成。在所有 4 个成员中，蛋白质部分都包含一个能够结合透明质酸的氨基末端结构域、一个共价结合了硫酸软骨素链的中心区域，以及一个包含 C 型凝集素结构域的羧基末端结构域（**第 34 章**）。

---

① 以枕骨闭合缺陷、高度近视及玻璃体视网膜变性为特性表现的三联征，是一种常染色体隐性遗传病。

② 又称多配体蛋白聚糖。

③ 一种由磷脂酰肌醇蛋白聚糖 -3（GPC3）基因突变导致的 X 连锁隐性遗传病。GPC3 是细胞生长和分化的负调控基因，其缺失或突变可导致过度生长，主要表现为产前、产后胎儿生长过度，伴有多脏器和骨骼系统发育异常，以及高发性胚胎性肿瘤。

聚集蛋白聚糖是该家族中研究得最为透彻的成员，因为它代表了软骨中的主要蛋白聚糖，在软骨中可形成稳定的基质，能够通过水分子的解吸和再吸收来承受压缩力。多能蛋白聚糖主要由结缔组织中的细胞产生，可通过**可变剪接（alternative splicing）**产生一个多能蛋白聚糖蛋白所对应的蛋白质家族。神经蛋白聚糖在胚胎晚期的中枢神经系统（central nervous system，CNS）中表达，可抑制神经突增生。短蛋白聚糖在终末分化的中枢神经系统中，特别是在神经周围网络中表达。

富亮氨酸小蛋白聚糖（small leucine-rich proteoglycan，SLRP）中包含了富含亮氨酸的重复序列（leucine-rich repeat），中心结构域的两侧为半胱氨酸。研究人员已经确定了该家族中的至少 9 个成员，其中有些成员携带硫酸软骨素、硫酸皮肤素或硫酸角质素链。这些蛋白聚糖有助于稳定和架构胶原纤维，但在先天免疫和生长因子信号传递的调控等方面也具有其他的作用。

富亮氨酸小蛋白聚糖和聚集蛋白聚糖家族似乎是脊椎动物独有的。**秀丽隐杆线虫（*Caenorhabditis elegans*）**和**黑腹果蝇（*Drosophila melanogaster*）**表达其他的蛋白聚糖，这表明核心蛋白在进化过程中经历了多样化的巨变，这可能是为了适应生命体的不同需求。相比之下，糖胺聚糖组装的生物合成机制在进化上一直是保守的，证明了糖胺聚糖链在功能上的保守性。

基底膜（basement membrane）是高度特化的细胞外基质薄层，与上皮细胞齐平，围绕着肌肉和脂肪细胞。其主要成分是层粘连蛋白、巢蛋白（nidogen）和胶原蛋白，以及三种互不相关的**基底膜蛋白聚糖（basement membrane proteoglycan）**——**串珠蛋白聚糖（perlecan）**、**突触蛋白聚糖（agrin）**和 XVIII 型胶原蛋白。这些蛋白聚糖与其他基底膜成分和细胞表面的黏附受体相互作用，但也可能作为那些与硫酸乙酰肝素结合的信号因子的重要储存库。

膜结合的蛋白聚糖（membrane-bound proteoglycan）多种多样。**黏结蛋白聚糖（syndecan）**家族由 4 个成员组成，每个成员都有一个跨膜的短疏水结构域，将含有糖胺聚糖连接位点的较大细胞外结构域与较小的细胞内的胞质结构域连接起来。黏结蛋白聚糖以组织特异性的方式表达，可以促进细胞与多种细胞外配体（如生长因子和基质分子）的相互作用。由于它们的跨膜特性，黏结蛋白聚糖可以通过其细胞质尾区，将信号从细胞外环境传递到细胞内的细胞骨架。黏结蛋白聚糖对基质金属蛋白酶的蛋白水解切割过程非常敏感，可导致携带有糖胺聚糖链的胞外域的脱落，这些糖胺聚糖在切割后仍然保留着有效的生物活性（**第 38 章**）。秀丽隐杆线虫和黑腹果蝇仅表达一种黏结蛋白聚糖（**第 25 章**、**第 26 章**）。

磷脂酰肌醇蛋白聚糖（glypican）仅携带硫酸乙酰肝素链，它可以与一系列对发育和形态发生至关重要的因子发生结合。哺乳动物中存在 6 个磷脂酰肌醇蛋白聚糖家族成员，只有两种在黑腹果蝇和秀丽隐杆线虫中表达。细胞表面蛋白聚糖的磷脂酰肌醇蛋白聚糖家族的每个成员，都有一个连接在羧基末端的**糖基磷脂酰肌醇锚（GPI anchor）**，将它们嵌插到质膜的脂外层中（**第 12 章**）。这些蛋白质的氨基末端具有多个半胱氨酸残基，并且呈现出球状结构，可将磷脂酰肌醇蛋白聚糖（glypican）与黏结蛋白聚糖（syndecan）的胞外结构域区分开来，因为后者往往会形成延伸结构（**图 17.1**）。

其他一些膜结合的蛋白聚糖也在许多不同类型的细胞表面表达，包括广泛存在的分化抗原簇 44（cluster of differentiation 44，CD44）、神经 - 胶质抗原 2（neuron-glial antigen 2，NG2）[又称硫酸软骨素蛋白聚糖 4（chondroitin sulfate proteoglycan 4，CSPG4）]、**磷酸蛋白聚糖（phosphacan，PTPζ）**、凝血调节蛋白（thrombomodulin）和主要组织相容性复合体（major histocompatibility complex，MHC）II 类系统的恒定链。**丝甘蛋白聚糖（serglycin）**是一种主要的细胞质分泌颗粒蛋白聚糖，存在于内皮细胞、内分泌细胞和造血细胞中。根据物种的不同，它具有可变数量的糖胺聚糖连接位点，可以在这些位点携带硫酸软骨素或肝素链。事实上，许多蛋白聚糖在糖胺聚糖链的取代程度上表现出很多不同，在某些情况下会产生所谓的“非全时”蛋白聚糖。

蛋白聚糖的生物学功能在很大程度上取决于糖胺聚糖链与不同蛋白质配体间的相互作用。然而，蛋白质核心决定了蛋白质表达所发生的时间和地点（时空信息），并且它本身可以与细胞外环境和细胞骨架的其他成分相互作用。表 38.1 列出了已知与糖胺聚糖相互作用的蛋白质示例。与硫酸化糖胺聚糖链结合的蛋白质，似乎由**趋同进化**（**convergent evolution**）过程进化而来（即与其他糖胺聚糖结合蛋白质组相比，它们不包含存在于所有糖胺聚糖结合蛋白中的特定折叠）。这些相互作用具有深远的生理学影响，将在**第 38 章**中进一步讨论。

17.4　糖胺聚糖与蛋白质的连键

不同亚型的硫酸化糖胺聚糖，通过独特的连键连接到其核心蛋白上。硫酸角质素有两种类型，可根据它们与蛋白质的连键性质加以区分（图 17.3）。**硫酸角质素 I 型**（**KS I**）最初在角膜中检测获得，存在于通过天冬酰胺（Asn）残基与蛋白质连接的 *N*- 聚糖上（**第 9 章**）。**硫酸角质素 II 型**（**KS II**），即骨骼型（skeletal-type）硫酸角质素，存在于 *O*- 聚糖核心 2 型（core 2）结构上，因而通过 *N*- 乙酰半乳糖胺（GalNAc）与丝氨酸（Ser）或苏氨酸（Thr）连接（**第 10 章**）。负责控制硫酸角质素取代的结构特征仍不清楚，因为糖链底层的聚 -*N*- 乙酰乳糖胺骨架，可以在许多其他糖蛋白上找到。值得注意的是，在人类和牛软骨中发现的大型硫酸软骨素蛋白聚糖，即聚集蛋白聚糖（aggrecan）中，包含了一段由 4 ～ 23 个六肽重复序列（谷氨酸 - 谷氨酸 / 亮氨酸 - 脯氨酸 - 苯丙氨酸 - 脯氨酸 - 丝氨酸，E-E/L-P-F-P-S）组成的片段，其中硫酸角质素链位于其中，而大鼠和其他啮齿动物中的聚集蛋白聚糖则缺乏该基序，并且不含有硫酸角质素。

有两类糖胺聚糖链通过木糖（Xyl）与蛋白质中的丝氨酸残基相连，分别为硫酸软骨素 / 硫酸皮肤素和硫酸乙酰肝素 / 肝素（图 17.4）。木糖基转移酶（xylosyltransferase）使用尿苷二磷酸 - 木糖（UDP-xylose）作为供体，启动这一糖基化过程。在脊椎动物中已经确认了该酶的两种同工酶：木糖基转移酶 1（xylosyltransferase 1，XYLT1）和木糖基转移酶 2（xylosyltransferase 2，XYLT2）。但在秀丽隐杆线虫和黑腹果蝇中，仅存在一种同工酶。甘氨酸残基总是位于丝氨酸连接位点的羧基末端一侧，但不存在一个极其准确的木糖基化共识序列。在糖基化位点附近通常存在至少两个酸性氨基酸残基，它们可以位于丝氨酸的一侧或两侧，距离通常在几个残基之内。几种蛋白聚糖中含有成簇的糖胺聚糖连接位点，这也许提高了木糖基转移酶以逐步进行的方式发挥作用的可能性。在某些蛋白聚糖中，木糖基化是一个不完整的过程，这可能解释了为什么具有多个潜在连接位点的蛋白聚糖，在不同的细胞中含有不同数量的聚糖链。

添加木糖后，在 β4 半乳糖基转移酶（β4 galactosyltransferase）、β3 半乳糖基转移酶（β3 galactosyltransferase）和 β3 葡萄糖醛酸转移酶（β3 glucuronosyltransferase）

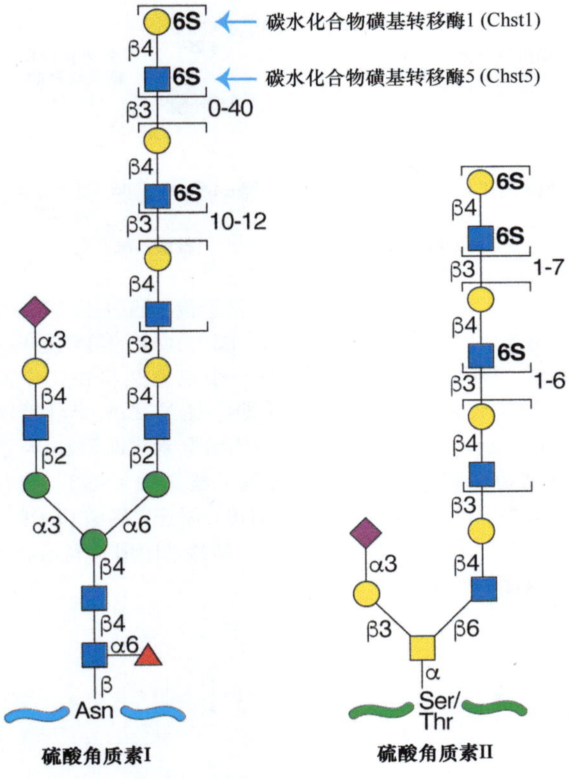

图 17.3　硫酸角质素（KS）含有一条硫酸化的聚 -*N*- 乙酰乳糖胺链，与天冬酰胺或丝氨酸 / 苏氨酸残基相连。碳水化合物磺基转移酶 1（carbohydrate sulfotransferase 1，Chst1）和碳水化合物磺基转移酶 5（carbohydrate sulfotransferase 5，Chst5）可以在图中标识的位置添加硫酸基团。各种硫酸化和非硫酸化二糖的实际顺序，沿糖链随机出现。数字为相应单糖中的羟基位置，缩写：天冬酰胺（Asn），丝氨酸（Ser），苏氨酸（Thr）。硫酸基团用 S 表示。

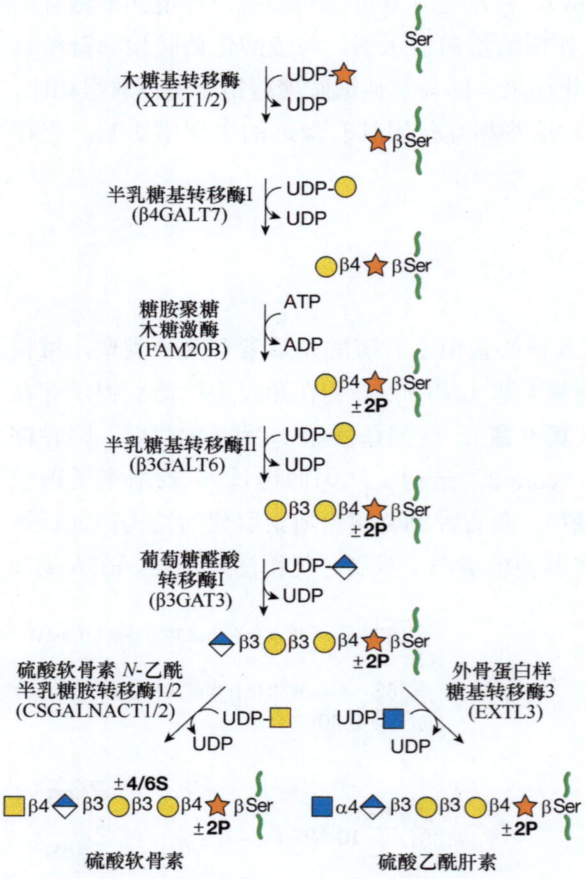

图 17.4 硫酸软骨素（左链）和硫酸乙酰肝素（右链）的生物合成，以连键区四糖（图 17.1 中的绿色圆圈）的形成作为起始。添加的第一个己糖胺将决定中间产物是转化为硫酸软骨素［即添加 *N*- 乙酰半乳糖胺（GalNAc）］，还是转化为硫酸乙酰肝素［即添加 *N*- 乙酰葡萄糖胺（GlcNAc）］。缩写：丝氨酸（Ser），腺苷三磷酸（ATP），腺苷二磷酸（ADP），尿苷二磷酸（UDP）。数字为相应单糖中的羟基位置，磷酸基团用 P 表示，硫酸基团用 S 表示。

家族中特定成员的催化下，通过转移两个半乳糖（Gal）残基，组装形成**连键区四糖（linkage tetrasaccharide）**（图 17.4）。该中间产物可以在木糖的 C-2 位进行磷酸化，对于硫酸软骨素而言，则可以对半乳糖残基进行硫酸化。一般而言，磷酸化和硫酸化以亚化学计量发生，但磷酸化的过程可能十分短暂。磷酸化发生在组装过程的早期，并为 β1-4 半乳糖基转移酶 7（β1-4 galactosyltransferase 7，B4GALT7）创造了首选的催化底物；磷酸酶在生物合成的后期阶段会去除磷酸基团。硫酸软骨素中半乳糖硫酸化的功能仍然未知。

连键区四糖位于生物合成途径的关键节点：添加 β4 连接的 *N*- 乙酰半乳糖胺（GalNAc），将启动硫酸软骨素的组装；而添加 α4 连接的 *N*- 乙酰葡萄糖胺（GlcNAc），将启动硫酸乙酰肝素的组装（图 17.4）。对秀丽隐杆线虫研究的遗传学证据表明，软骨素组装过程中 *N*- 乙酰半乳糖胺（GalNAc）的添加，由参与糖链聚合的同一个硫酸软骨素合成酶 Sqv5 介导，但生化证据表明，脊椎动物中可能存在不止一种酶参与了该过程。在肝素 / 硫酸乙酰肝素的形成中，第一个 *N*- 乙酰葡萄糖胺（GlcNAc）残基的添加由外骨蛋白样糖基转移酶 3（exostosin like glycosyltransferase 3，EXTL3）催化，该酶不同于参与硫酸乙酰肝素聚合的转移酶——外骨蛋白样糖基转移酶 1（exostosin like glycosyltransferase 1，EXTL1）和外骨蛋白样糖基转移酶 2（exostosin like glycosyltransferase 2，EXTL2）。EXTL1 ～ 3 是重要的控制节点，因为它们最终调控了即将组装形成的糖胺聚糖链的类型。对于 β4-*N*- 乙酰半乳糖胺或 α4-*N*- 乙酰葡萄糖胺添加的控制，似乎表现在酶对多肽底物的识别这一层面。

17.5 糖胺聚糖的生物合成

17.5.1 硫酸角质素

硫酸角质素（keratin sulfate，KS）是含有非硫酸化（Galβ4GlcNAcβ3）、单硫酸化（Galβ4GlcNAc6Sβ3）和二硫酸化（Gal6Sβ4GlcNAc6Sβ3）二糖单元的混合物（图 17.2）。**第 14 章**描述了聚 -*N*- 乙酰乳糖胺骨架的生物合成。至少两类磺基转移酶催化了相应的硫酸化反应：一类包括一种或多种 *N*- 乙酰葡萄糖胺 6-*O*- 磺基转移酶（*N*-acetylglucosaminyl 6-*O*-sulfotransferase），如碳水化合物磺基转移酶 4（carbohydrate sulfotransferase 4，CHST4）或碳水化合物磺基转移酶 6（carbohydrate sulfotransferase 6，CHST6）；另一类

则包括一种或两种半乳糖基 6-*O*- 磺基转移酶（galactosyl 6-*O*-sulfotransferase），即碳水化合物磺基转移酶 1（carbohydrate sulfotransferase 1，CHST1）和碳水化合物磺基转移酶 3（carbohydrate sulfotransferase 3，CHST3）。与其他磺基转移酶一样，这些酶使用活化的硫酸盐——**3′- 磷酸腺苷 -5′- 磷酰硫酸（3′-phosphoadenyl-5′-phosphosulfate，PAPS）**作为高能供体（**第 5 章**）。*N*- 乙酰葡萄糖胺的 6-*O*- 硫酸化发生在非还原端残基上，促进了糖链的进一步延长；而半乳糖残基的硫酸化则发生在非还原末端和内部的半乳糖残基上，该过程优先发生在与硫酸化 *N*- 乙酰葡萄糖胺残基相邻的半乳糖单元之上。非还原端半乳糖残基的硫酸化会阻止糖链的进一步延伸，从而为控制糖链的长度提供了一种潜在的机制。硫酸角质素 I 型的聚 -*N*- 乙酰乳糖胺链，通常比硫酸角质素 II 型中对应的糖链更长，可能包含了多达 50 个二糖单元（20 ～ 25 kDa）。这些链也可以被岩藻糖基化和唾液酸化（**第 14 章**）。

17.5.2　硫酸软骨素

脊椎动物的**硫酸软骨素（chondroitin sulfate，CS）**是由重复的、硫酸盐取代的 GalNAcβ4GlcAβ3 二糖聚合而成的长糖链（图 17.2）。相比之下，无脊椎动物，如秀丽隐杆线虫和黑腹果蝇，则产生非硫酸化或低硫酸化的糖链。由于所有催化硫酸软骨素组装的反应存在着同源基因，糖链骨架的组装过程似乎是高度保守的（**第 25 章、第 26 章**）。如上所述，糖链的组装过程在 GalNAcβ3 转移到连键区四糖后方才得以启动（图 17.4）。在脊椎动物和无脊椎动物中，糖链的聚合步骤由一种或多种双功能酶，即软骨素合成酶（chondroitin synthase）催化，这些酶同时具有 β3 葡萄糖醛酸转移酶（β3 glucuronosyltransferase）和 β4 *N*- 乙酰半乳糖胺转移酶（β4 *N*-acetylgalactosaminyltransferase）的活性。脊椎动物还表达它们的同源物，负责将单个单糖转移到聚糖链上。软骨素的聚合还需要软骨素聚合因子（chondroitin polymerizing factor，CHPF）的作用，这是一种缺乏独立活性的蛋白质，但能够与聚合酶协同作用，以增强聚合物的形成。脊椎动物中软骨素的硫酸化是一个复杂的过程，多种磺基转移酶参与了 *N*- 乙酰半乳糖胺残基上的 4-*O*- 硫酸化和 6-*O*- 硫酸化（图 17.5）。

还有一些其他类型的酶，可用于硫酸皮肤素中 D- 葡萄糖醛酸向 L- 艾杜糖醛酸的**差向异构化（epimerization）**，如硫酸皮肤素差向异构酶 1（dermatan sulfate epimerase 1，DSE1）、硫酸皮肤素差向异构酶 2（dermatan sulfate epimerase 2，DSE2）；其他酶则负责糖醛酸 C-2 位的硫酸化，或负责在不寻常物种的软骨素中发现的其他硫酸化模式（表 17.2）。使用将软骨素链裂解为二糖的细菌软骨素酶（bacterial chondroitinase）可以轻松地评估硫酸基团的位置，这些酶包括软骨素酶 ABC（chondroitinase ABC）、软骨素酶 B（chondroitinase B）和软骨素酶 ACII（chondroitinase ACII）。许多糖链具有混合结构，包含了一种以上类型的软骨素二糖单元。例如，硫酸皮肤素被定义为含有一个或多个艾杜糖醛酸的二糖单元［也被称为硫酸软骨素 B 型（chondroitin sulfate B）］，以及含有葡萄糖醛酸的二糖单元［也被称为硫酸软骨素 A 型和 C 型（chondroitin sulfate A and C）］的糖胺聚糖。动物细胞还能在溶酶体中利用一系列外切水解活性，降解硫酸软骨素（**第 44 章**）。

17.5.3　硫酸乙酰肝素

硫酸乙酰肝素（heparan sulfate，HS）可以被视为 GlcNAcα4GlcAβ4 组装形成的共聚物（图 17.5），随后在至少 4 个磺基转移酶家族（sulfotransferase）和 1 个差向异构酶（epimerase）的催化下进行广泛的修饰反应。*N*- 乙酰葡萄糖胺 *N*- 去乙酰酶 /*N*- 磺基转移酶 1 ～ 4（*N*-acetylglucosamine *N*-deacetylase/*N*-sulfotransferase 1 ～ 4，NDST1 ～ 4）可作用于糖链中的部分 *N*- 乙酰葡萄糖胺（GlcNAc）残基，生成 *N*- 硫酸化的葡萄糖胺

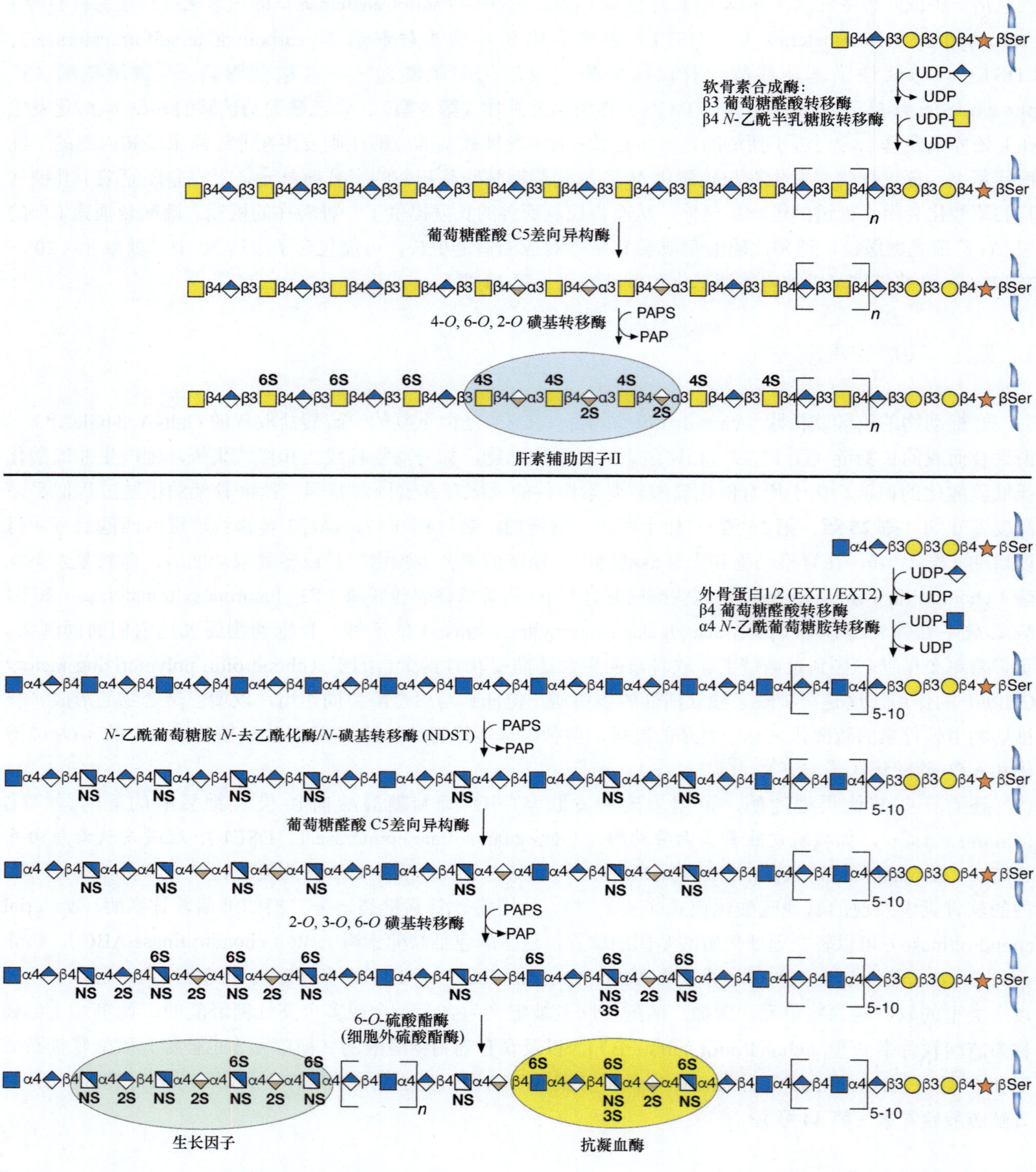

图 17.5 硫酸软骨素 / 硫酸皮肤素的生物合成，涉及 *N*- 乙酰半乳糖胺（GalNAc）和葡萄糖醛酸（GlcA）单元的聚合，以及一系列修饰反应，包括 *O*- 硫酸化和葡萄糖醛酸（GlcA）经差向异构化转化为艾杜糖醛酸（IdoA）。硫酸乙酰肝素的生物合成涉及 *N*- 乙酰葡萄糖胺（GlcNAc）和葡萄糖醛酸（GlcA）残基的共聚。包括糖醛酸的差向异构化、*N*- 硫酸化和 *O*- 硫酸化在内的额外修饰，在整个糖链中以不完全和相互依赖的方式发生，成簇分布的硫酸化可以形成硫酸化结构域，彼此间被低硫酸化区域或无硫酸化区域间隔开来。缩写：丝氨酸（Ser），尿苷二磷酸（UDP），3′- 磷酸腺苷 - 5′- 磷酰硫酸（PAPS），3′,5′- 二磷酸腺苷（PAP）。数字为相应单糖中的羟基位置，氨基糖上的氮用 N 表示，硫酸基团用 S 表示。

表 17.2　硫酸软骨素的类型

硫酸软骨素类型	二糖类型	来源
A	GlcAβ1-3GalNAc4S	软骨和其他组织
B	IdoAα1-3GalNAc4S	皮肤；肌腱
C	GlcAβ1-3GalNAc6S	软骨和其他组织
D	GlcA2Sβ1-3GalNAc6S	鲨鱼软骨；脑
E	GlcAβ1-3GalNAc4,6diS	鱿鱼；分泌颗粒

注：此列表不甚详尽，因为许多类型的软骨素都存在着不寻常的修饰。例如，硫酸皮肤素二糖也可以在艾杜糖醛酸的 C-2 位含有硫酸基团，或在 C-6 处而非 C-4 处含有硫酸基团；此外，研究人员已经在一些软骨内的硫酸软骨素中发现了 2-*O*- 硫酸化和 3-*O*- 硫酸化修饰的葡萄糖醛酸。

（$GlcNSO_3$）单元，其中许多单元沿糖胺聚糖链成簇状分布。一般而言，该酶会首先将 *N*- 乙酰葡萄糖胺去乙酰化，并迅速将硫酸基团添加到游离的氨基上，以形成 *N*- 硫酸化的葡萄糖胺，但糖链上仍会存在少数未被取代的葡萄糖胺残基，它们可能来自不完全的 *N*- 硫酸化过程。*D- 葡萄糖醛酸 C5- 差向异构酶*（D-glucuronyl C5-epimerase，GLCE）是一种不同于参与硫酸皮肤素合成的差向异构酶，可作用于某些葡萄糖醛酸残基，形成艾杜糖醛酸，随后由*硫酸乙酰肝素 2-O- 磺基转移酶* 1（heparan sulfate 2-*O*-sulfotransferase 1，HS2ST）催化，对这些艾杜糖醛酸单元进行 2-*O*- 硫酸化。一些葡萄糖醛酸单元也通过相同的酶直接进行 2-*O*- 硫酸化。将 2-*O*- 硫酸基团添加到葡萄糖醛酸或艾杜糖醛酸上，可以防止可逆的差向异构化反应的发生。接下来，*硫酸乙酰肝素 6-O- 磺基转移酶* 1 ～ 3（heparan sulfate 6-*O*-sulfotransferase 1 ～ 3，HS6ST1 ～ 3）将硫酸基团添加到选定的葡萄糖胺残基上。最后，*硫酸乙酰肝素 3-O- 磺基转移酶* 1 ～ 6（heparan sulfate 3-*O*-sulfotransferase 1 ～ 6，HS3ST1 ～ 6）会将硫酸乙酰肝素链某些子序列（subsequence）上的硫酸化糖残基和糖醛酸差向异构体视为催化底物，完成它们的 3-*O*- 硫酸化。

与其他糖胺聚糖不同，硫酸乙酰肝素一旦展示在质膜上，就会被进一步修饰。质膜*内切硫酸酯酶*（endosulfatase，SULF）家族中的酶，可以从硫酸乙酰肝素内部的 6-*O*- 硫酸化葡萄糖胺残基中去除硫酸基团，而*乙酰肝素酶*（heparanase）则可以在有限的位点切割糖链。细胞表面糖胺聚糖链的这种组装后处理，使得细胞对生长因子和形态发生素（morphogen）的响应发生了改变。耐人寻味的是，哺乳动物基因组中含有其他功能未知的硫酸酯酶，这增加了糖胺聚糖发生其他组装后加工反应的可能性。

与倾向于形成一长串完全修饰二糖的软骨素链相比，硫酸乙酰肝素生物合成中的修饰反应，沿糖链以集簇的形式发生，没有进行硫酸化修饰的区段，能够将修饰有硫酸化的区段分隔开来。一般而言，反应依照上文所示的顺序进行，有证据表明，生物合成酶家族内部和家族之间的功能彼此相互依赖，但它们往往无法完成全部的催化过程，因而使糖链呈现出极大的化学异质性。

17.5.4　糖胺聚糖组装过程的读取和调控

糖胺聚糖链的二糖组成很容易通过细菌裂解酶或化学降解的方法进行评估，其中化学降解方法对于区分葡萄糖醛酸和艾杜糖醛酸更为有用。由于糖链的异质性，直接对糖胺聚糖链进行测序已被证明困难重重，然而，参与糖胺聚糖降解的特定溶酶体胞外酶（lysosomal exoenzyme）和全新质谱方法的应用，正日益为糖胺聚糖的测序带来重大进展（**第 50 章**）。在肝素 / 硫酸乙酰肝素和硫酸皮肤素中，硫酸化残基和糖醛酸差向异构体的特定排列，产生了能够与蛋白质结合的序列。图 17.5 中的三个示例显示出可以与抗凝血酶（antithrombin）、肝素辅助因子 II（heparin cofactor II）和其他潜在蛋白质相互作用的糖胺聚糖序列。具有更多特定修饰的序列，也可以与蛋白质发生相互作用，许多配体的结合成功与否往往取决于糖胺聚糖中具有正确朝向（orientation）的带电集簇，而不是特定的单个硫酸化基团。**第 38 章**对糖胺聚糖与蛋白质的结合进行了更为详细的描述。关于如何调控酶和生物合成途径以实现蛋白质结合序列的组织特异性表达，仍然是该研究领域的一个主要问题。

在过去的十年中，大多数（即使并非全部）参与糖胺聚糖合成的酶，已经在哺乳动物和其他模式生物中实现了纯化与分子克隆。在这些研究中出现了几个重要的特征，可能有助于阐明不同的蛋白质结合序列究竟如何产生。

- 其中几种酶似乎具有双重催化活性。因此，在硫酸乙酰肝素的形成过程中，带有两个催化结构域的单个蛋白质，能够催化 *N*- 乙酰葡萄糖胺残基的 *N*- 去乙酰化及随后的 *N*- 硫酸化。这些酶被称为 *N*- 乙酰葡萄糖胺 *N*- 去乙酰酶 /*N*- 磺基转移酶（NDST）。共聚酶（copolymerase）也具有双重催化活性，它能将硫酸乙酰肝素中的 *N*- 乙酰葡萄糖胺和葡萄糖醛酸，以及硫酸软骨素中的 *N*- 乙酰半乳糖胺和葡萄糖醛酸从相应的尿苷二磷酸糖转移到正在延长的糖链中。相反，差向异构酶和 *O*- 磺基转移酶的活性似乎是单个酶的独特属性。
- 在一些情况下，存在多种同工酶（isozyme），它们可以催化单个或成对的反应。因此，在硫酸乙酰肝素的生物合成中，研究人员已经鉴定出 4 种 *N*- 去乙酰酶 /*N*- 磺基转移酶、3 种 6-*O*- 磺基转移酶、7 种 3-*O*- 磺基转移酶和 2 种内切硫酸酯酶。它们的组织分布各不相同，底物偏好存在差异，这可能导致了硫酸化模式的差异。然而，在酶的表达和对底物的利用方面，这些酶彼此间也存在着一些重叠。4-*O*- 磺基转移酶和 6-*O*- 磺基转移酶的多种同工酶，也可以参与硫酸软骨素的形成。
- 糖胺聚糖链的聚合反应及糖链修饰反应，可能共同定位在高尔基复合体相同的堆栈（stack）之中。因此，酶可以形成协调这些反应的超分子复合物（supramolecular complex）。这些复合物中的各个组分，可能在调控聚糖链的精细结构等方面发挥了作用。
- 一般而言，一个特定蛋白聚糖上的硫酸乙酰肝素组成（可能还包括硫酸软骨素和硫酸皮肤素的组成），在不同的细胞类型之间展现出的糖链之间的差异，比在同一细胞中表达的、位于不同核心蛋白上的糖链结构的差异更大。这一观察表明，每一种细胞类型都可以表达一系列独特的酶和潜在的调控因子。显然，通过糖链的修饰反应产生明显具有细胞特异性的糖胺聚糖链，其背后的机制目前尚未完全阐明，这些修饰反应历经了调控过程，但仍然具有部分随机性。然而，最近发现的对关键硫酸乙酰肝素生物合成酶的转录调控的结果表明，我们将很快阐明相关机制。
- 重组酶和全新的合成方案正越来越多地被用于产生具有确定结构的糖胺聚糖寡糖，它们可用于探测聚糖链与配体结合的亲和力和特异性。最近的创新性工作包括重新设计生物合成酶，以对糖胺聚糖链进行特异性定制。这使得创建自然界中不存在的糖基化模式并探索其生物学影响成为可能。

人工合成的糖胺聚糖阵列，现已获得了普遍使用，可用于探测聚糖链长度、硫酸化模式和糖链密度在生物功能中所具有的重要性，并且能够对糖胺聚糖 - 蛋白质之间的相互作用进行快速的筛选鉴定。如上文所述，从这些相互作用推断生物学效应时，需要谨慎求证。然而，最近开发的用于在细胞表面产生人工蛋白聚糖的化学策略，以及使用基因编辑改变细胞表面展示的糖胺聚糖的全新机遇，或是应用可溶性抑制剂 / 激活剂来影响糖胺聚糖生物合成途径中组分的方法，都提供了在细胞水平上测试糖胺聚糖 - 蛋白质相互作用的可控环境。

17.6 肝素与硫酸乙酰肝素的比较

关于肝素和硫酸乙酰肝素的定义，存在着相当大的混乱，甚至连英文表示也经常混淆。**肝素（heparin）**

仅由少数细胞产生，特别是结缔组织型肥大细胞（connective tissue-type mast cell）和双电位神经胶质祖细胞（bipotential glial progenitor cell），而硫酸乙酰肝素（heparan sulfate）几乎由所有类型的细胞产生。在生物合成过程中，肝素经历了更为广泛的硫酸化和糖醛酸差向异构化，使得＞ 80% 的 *N*- 乙酰葡萄糖胺残基被 *N*- 去乙酰化和 *N*- 硫酸化，并且＞ 70% 的葡萄糖醛酸经过差向异构化转变为艾杜糖醛酸。从猪内脏和牛肺中提取的肝素，可以通过选择性沉淀实现商业化制备，由于其与抗凝血酶的高结合能力，因而被制药公司作为抗凝血剂出售（**第 38 章**、**第 57 章**）。其活性序列是**图 17.5** 中所示的五糖，现在作为纯合成的抗凝剂进行出售，药品名“磺达肝癸钠”（fondaparinux sodium），商品名“安卓”（Arixtra）。**低分子质量肝素（low-molecular-weight heparin）**是通过化学裂解或酶促裂解，从商品化的**未裂解肝素（unfractionated heparin）**[①]中衍生获得，具体组成取决于品牌。选择性脱硫酸化形式的肝素和肝素寡糖，也可通过商购获得，其中一些缺乏抗凝血活性，但仍保留了其他潜在的用途。硫酸乙酰肝素也可以具有抗凝活性，但来自细胞或组织的典型制剂所表现出的抗凝血活性远低于肝素。在对使用肝素获得的数据进行合理外推时应保持谨慎，例如，在比较蛋白质与肝素 - 琼脂糖、蛋白质与硫酸乙酰肝素，以及蛋白质与硫酸乙酰肝素蛋白聚糖的结合时即是如此。由于多糖的电荷含量较高，可能会与肝素结合，而相同的物质与硫酸乙酰肝素的结合可能亲和力较低或是根本无法结合。另外，在硫酸乙酰肝素的一些亚型中表达的特定蛋白结合基序也可能出现在肝素中，尽管这些基序经常为额外的、冗余的硫酸酯残基所掩盖。

17.7　蛋白聚糖的加工和周转

细胞将基质蛋白聚糖（matrix proteoglycan）直接分泌到细胞外环境中，如聚集蛋白聚糖家族成员、串珠蛋白聚糖、富亮氨酸小蛋白聚糖和丝甘蛋白聚糖；而其他的蛋白聚糖则是通过基质金属蛋白酶对核心蛋白进行蛋白水解切割从细胞表面脱落，如黏结蛋白聚糖。

细胞外的*乙酰肝素酶*（heparanase）是一种内切 β- 葡萄糖醛酸酶（endo-β-glucuronidase），它能够在限定的位点切割硫酸乙酰肝素，从而释放出固定在细胞表面或细胞外基质的、硫酸乙酰肝素蛋白聚糖上的生长因子或趋化因子。脱落的细胞外结构域的活性，可以与完整的跨膜蛋白聚糖的活性形成反差，用乙酰肝素酶消化，同样可以产生具有不同活性和反差活性的糖胺聚糖片段。这是入侵中的细胞所具有的一个特殊特征，由它分泌出的乙酰肝素酶可以与基质金属蛋白酶协同作用，以重塑细胞外基质。由于乙酰肝素酶与多种癌症的进展相关，研究人员对开发该酶的抑制剂相当感兴趣，目前已经开展了单独使用抑制剂或与其他治剂联合使用的临床试验（**第 47 章**）。

细胞还能够通过内吞作用，将大部分细胞表面的硫酸乙酰肝素蛋白聚糖内化。这些内化的蛋白聚糖会首先遇到蛋白酶和乙酰肝素酶，而核心蛋白和硫酸乙酰肝素链被内切水解（endolytic cleavage）。由此产生较小的硫酸乙酰肝素片段，最终会出现在溶酶体中，并通过一系列糖苷外切酶（exoglycosidase）和硫酸酯酶（sulfatase）进行完全降解（**第 44 章**）。硫酸软骨素和硫酸皮肤素蛋白聚糖遵循类似的内吞途径。研究人员已经发现了一种人类透明质酸酶（hyaluronidase），即*透明质酸酶 4*（hyaluronidase 4，HYAL-4），它参与了硫酸软骨素的内切水解。

致谢

感谢芭芭拉 · 穆洛伊（Barbara Mulloy）的有益评论及建议。

---

① 也称普通肝素。

延伸阅读

Thacker BE, Xu D, Lawrence R, Esko JD. 2014. Heparan sulfate 3-O-sulfation: a rare modification in search of a function. *Matrix Biol* **35**: 60-72.

Gallagher J. 2015. Fell-Muir Lecture: heparan sulphate and the art of cell regulation: a polymer chain conducts the protein orchestra. *Int J Exp Pathol* **96**: 203-231.

Mizumoto S, Yamada S, Sugahara K. 2015. Molecular interactions between chondroitin-dermatan sulfate and growth factors/receptors/matrix proteins. *Curr Opin Struct Biol* **34**: 35-42.

Neill T, Schaefer L, Iozzo RV. 2015. Decoding the matrix: instructive roles of proteoglycan receptors. *Biochemistry* **54**: 4583-4598.

Mitsou I, Multhaupt HM, Couchman JR. 2017. Proteoglycans, ion channels and cell-matrix adhesion. *Biochem J* **474**: 1965-1979.

Caterson B, Melrose J. 2018. Keratan sulfate, a complex glycosaminoglycan with unique functional capability. *Glycobiology* **28**: 182-206.

Kjellén L, Lindahl U. 2018. Specificity of glycosaminoglycan-protein interactions. *Curr Opin Struc Biol* **50**: 101-108.

Vlodavsky I, Ilan N, Sanderson R. 2020. Forty years of basic and translational heparanase research. *Adv Exp Med Biol* **1221**: 3-59.

Annaval T, Wild R, Crétinon Y, Sadir R, Vivès RR, Lortat-Jacob H. 2020. Heparan sulfate proteoglycans biosynthesis and post synthesis mechanisms combine few enzymes and few core proteins to generate extensive structural and functional diversity. *Molecules* **25**: 4215.

Merry CLR. 2021. Exciting new developments and emerging themes in glycosaminoglycan research. *J Histochem Cytochem* **69**: 9-11.

第 18 章

核细胞质中的糖基化

克里斯托弗 · M. 韦斯特（Christopher M. West），查德 · 斯劳森（Chad Slawson），娜塔莎 · E. 扎查拉（Natasha E. Zachara），杰拉德 · W. 哈特（Gerald W. Hart）

18.1 核细胞质蛋白的单糖基化 / 223
18.2 核细胞质蛋白的复杂糖基化 / 228
18.3 核细胞质糖蛋白上出现“常规”分泌型聚糖的可能性 / 233
18.4 已验证的细胞质糖基转移酶，其靶标分子被输出到细胞外界 / 236
18.5 组装输出细胞的糖复合物或多糖时的中间产物 / 237
18.6 细胞核或细胞质中的凝集素与酶 / 237
18.7 结论 / 238
致谢 / 239
延伸阅读 / 239

大分子的糖基化是一个高度区室化（compartmentalization）的过程。大多数酶的供体前体在细胞质（cytoplasm）或核原生质（nucleoplasm）中合成，转移到分泌途径中，然后在那里被整合进入注定要输送到细胞外环境或细胞器（如溶酶体）的糖蛋白、糖脂或多糖结构中。在某些情况下，供体糖被转移到位于分泌途径膜结构细胞质侧的脂质中间体上，随后翻转进入分泌途径，最终整合进入糖复合物。在其他情况下，多糖在质膜的细胞质侧合成，同时转移到细胞表面。因此，尽管细胞质在聚糖的组装中起关键作用，但这些聚糖注定要在细胞质外发挥作用。此外，细胞质或细胞核中存在着截然不同的糖基转移酶，它们负责对位于细胞质或核质中仍然发挥着生物学功能的蛋白质和脂质进行糖基化。还有证据表明，细胞质糖复合物及细胞核糖复合物通过尚未解析的机制获得了分泌途径中的聚糖类型。这些**核细胞质（nucleocytoplasm）**中的糖复合物（主要是糖蛋白）的起源和作用是本章的重点。我们从**单糖基化（monoglycosylation）**的示例开始，对内源性过程，以及与寄生相关的糖基化过程进行介绍。其中一种 *O*-连接的 β-*N*- 乙酰葡萄糖胺（*O*-β-GlcNAc）形式，在核细胞质中非常普遍，因此后面用一整章专门另行讨论（**第 19 章**）。随后，我们继续探讨复杂聚糖，以及与线粒体和叶绿体相关的糖基化过程，最后评估了核细胞质中的碳水化合物结合蛋白。这些核细胞质中的碳水化合物结合蛋白是重要的聚糖阅读器（glycan reader）。

18.1 核细胞质蛋白的单糖基化

18.1.1 真核生物的单糖基化

单糖基化（monoglycosylation）即在氨基酸侧链的羟基或酰胺上添加单个单糖，最早以 *O*-β-*N*- 乙酰葡萄糖胺（*O*-β-GlcNAc）的形式被发现，现在已被视为在整个动植物界，以及一些原生动物、真菌和细菌中广泛存在的，位于数千种核线粒体和细胞质蛋白上的一种糖基化修饰（**第 19 章**）。*O-N-* 乙酰葡萄糖胺（*O*-GlcNAc）在高度保守的 *O-N-* 乙酰葡萄糖胺转移酶（*O*-GlcNAc transferase，OGT）谱系的介导下，与丝氨酸或苏氨酸的侧链相连。*O-N-* 乙酰葡萄糖胺转移酶是一种存在于细胞质和细胞核中的非膜结合酶。在动物线粒体中也发现了一种剪接变体，介导了呼吸酶上的 ***O-N-* 乙酰葡萄糖胺糖基化（*O*-GlcNAcylation）**。一种被称为 *O-* 岩藻糖基转移酶（*O*-fucosyltransferase，OFT）的高度相关的酶谱系，介导了将 *O-* 岩藻糖（*O*-Fuc）添加到植物、众多原生动物，以及可能在细菌中出现的数十种核细胞质蛋白上。*O-* 岩藻糖基转移酶最初以 Spy 蛋白的形式在植物的基因组层面发现，该酶在植物中控制着转录过程。在原生动物病原体**刚地弓形虫（*Toxoplasma gondii*）**中，*O-* 岩藻糖基转移酶修饰了许多参与转录、mRNA 生物发生（biogenesis）、核转运和细胞信号转导的蛋白质。最近，源自另一个酶谱系的 Greb1 蛋白，被证明可以对雌激素受体 -α，以及其他潜在的核蛋白进行 *O*-β-GlcNAc 糖基化，如果得以证实，这将是趋同进化的一个有趣示例。这些酶的旁系同源物（paralog）尚未在经过充分研究的**酿酒酵母（*Saccharomyces cerevisiae*）**中发现，但生化数据表明，这种酵母使用甘露糖（Man）甚至二甘露糖和三甘露糖修饰细胞内的蛋白质。此外，一些报道表明，哺乳动物细胞的某些细胞内蛋白质，可以被 *N-* 乙酰半乳糖胺（GalNAc）修饰。后面这些有趣示例所代表的生物学意义，有待对负责对应糖基化的糖基转移酶进行鉴定，并对它们在细胞中作用的科学证据加以确认。已知的相关糖基转移酶的示例参见**图 18.1A**，并在**表 18.1** 中进行了总结。

18.1.2 原核生物的单糖基化

研究人员已在许多细菌基因组中发现了高度保守的 *O-N-* 乙酰葡萄糖胺转移酶（OGT）和 *O-* 岩藻糖基转移酶（OFT）的同源物（homolog），但对其功能的研究仍然鲜见。一个与已知功能相关联的细菌单糖基化的示例来自延伸因子 P 蛋白（elongation fator P，EF-P），它是真核生物延伸起始因子 5a（elongation initiation factor 5a）的细菌同源物。在一些细菌中，延伸因子 P 蛋白通过一种涉及关键赖氨酸残基氧化的机制来抑制翻译停滞，而其真核生物中的直系同源物则受到名为 N^{ε}-（4- 氨基 -2- 羟基丁基）赖氨酸化［N^{ε}-(4-amino-2-hydroxybutyl)lysylation，hypusylation］的翻译后修饰的调控。研究人员近期对 EF-P 蛋白序列的系统发育分析，揭示了一个用精氨酸代替赖氨酸的酶子集（enzyme subset）以及一个共同进化的基因，随后通过生物化学和质谱方法将其鉴定为*精氨酰鼠李糖基转移酶*（argininyl rhamnosyltransferase）。鼠李糖与精氨酸之间的成键过程（Rha-Arg）激活了 EF-P 蛋白，该修饰是一种革兰氏阴性的人类机会致病菌——**假单胞菌属（*Pseudomonas*）**细菌和其他一些细菌发挥致病性所必需的。该连键的发现使用了系统发育研究中的相关方法，这表明在生物体中还有更多非典型的糖基化实例有待发现。

在麦胚凝集素（wheat germ agglutinin，WGA）的亲和富集过程中，由于潜在的糖肽结合产生了与实验预期较大的偏差，研究人员通过定向蛋白质组学（directed proteomics），在革兰氏阳性肠道细菌**植物乳杆菌（*Lactobacillus plantarum*）**中对糖蛋白进行搜索，鉴定出几种定位于细胞质并在其中发挥功能的糖蛋白：分子伴侣 DnaK；丙酮酸脱氢酶复合物（pyruvate dehydrogenase complex，PdhC）的 E2 亚基；DNA 易位酶 FtsK1；细胞分裂中的信号识别颗粒（signal recognition particle，SRP）受体 FtsY 和 FtsZ，以及其他一些功能未知的蛋白。来自这些蛋白质的肽链，被与丝氨酸（Ser）残基相连的单个 *N-* 乙酰己糖胺（HexNAc）残基修饰。其中某些位点的糖基化修饰程度可变，暗示了这可能是一种全新的调控过程，但对这种糖基化过程的机制，研究人员目前仍一无所知。

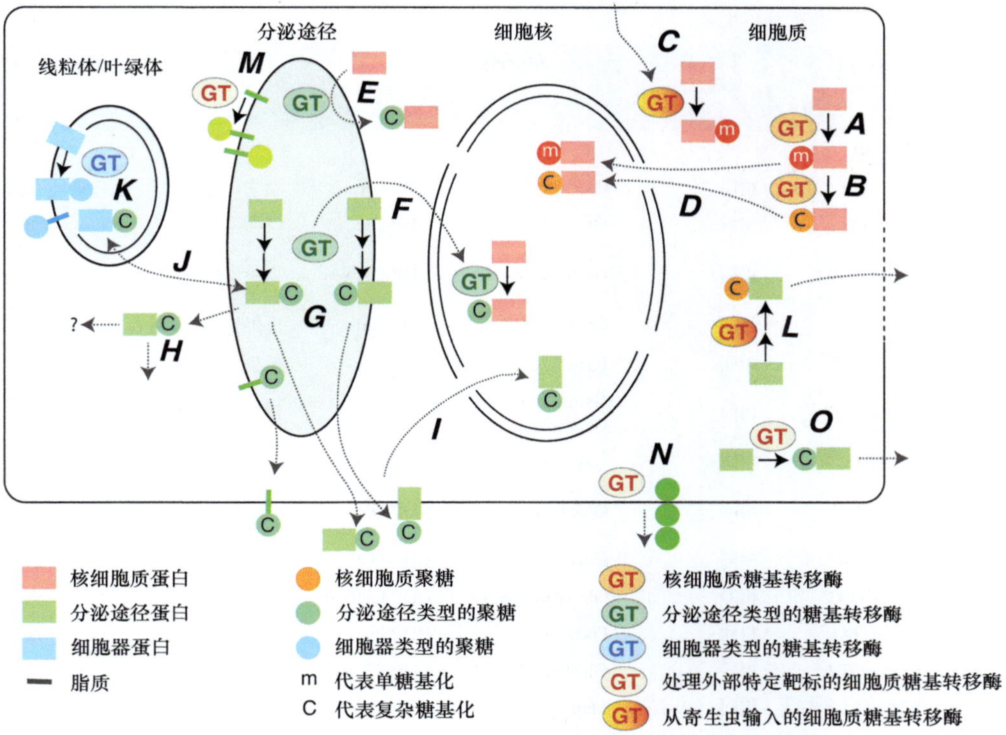

图 18.1　核细胞质糖基化在细胞中的拓扑学分布图。A. 细胞质中的单糖基化（m）（如 *O*-GlcNAc 和 *O*-Fuc 糖基化）。B. 细胞质中的复杂糖基化（C），通过糖基转移酶（GT）（如 *O*-*N*- 乙酰葡萄糖胺转移酶 [OGT]）的催化作用，对第一个糖进行延长得以持续进行。C. 由外部引入的细菌毒素介导的细胞质单糖基化。D. 负责糖基化的糖基转移酶和糖蛋白，可以通过核孔进入细胞核。E. 核细胞质蛋白获得分泌途径类型聚糖的潜在机制，包括这些蛋白质瞬时进入糙面内质网或高尔基体。F. 核细胞质蛋白获得分泌途径类型聚糖的潜在机制，包括通过未知的机理将糖基转移酶移出分泌途径，进入细胞核。G. 分泌途径中的可溶性蛋白和膜结合蛋白（包括 *N*- 糖蛋白或 *O*- 糖蛋白），以及脂质的常规糖基化过程。糖蛋白和糖脂通常注定被用于分泌，或被转运到细胞质膜或类细胞器的溶酶体中（图中未显示）。H. 分泌途径中产生的糖蛋白可能通过与内质网相关蛋白质降解（ERAD）有关的逆行转运进入核细胞质，但可能逃避了降解途径中随后的降解过程而被转移出来。I. 位于细胞外部或细胞表面的潜在糖蛋白，可能通过某种未知机制在细胞核中积累，该机制可能涉及内吞作用以及经由分泌途径的逆行转运。J. 线粒体或叶绿体蛋白，通过尚不明晰的糙面内质网运输，接受来自分泌途径类型的聚糖。K. 线粒体或叶绿体蛋白，通过内在的糖基转移酶进行糖基化（图中未指明这些糖基转移酶相对于膜的拓扑学结构）。L. 由病毒编码的蛋白质被病毒编码的细胞质糖基转移酶修饰的示例，在细胞裂解后，这些酶注定要进入外部环境。M. 某些分泌途径类型的聚糖（如用于 *N*- 糖基化的脂质连接寡糖）的合成，由细胞质糖基转移酶在特定的膜脂质上启动，然后被翻转到区室内部。N. 多糖（如纤维素、透明质酸）由朝向细胞质的、嵌插在膜上的糖基转移酶负责合成，但会被协同易位至细胞外。O. 在原核生物中，许多蛋白质在跨膜易位之前被糖基化，而不是像真核生物一样，通常在易位后发生糖基化。

18.1.3　细菌糖基转移酶毒素

病原菌已经形成了一系列的毒素（toxin）和效应物毒力因子（effector virulence factor），它们也能使宿主细胞蛋白发生单糖基化（图 18.1C）。凭借它们的糖基转移酶结构域，这些毒素和效应物毒力因子能够损害宿主的细胞质或细胞核机器，破坏了宿主细胞的免疫应答。例如，Rho 家族的鸟苷三磷酸结合蛋白（GTP-binding protein），即小细胞质 G 蛋白（small cytoplasmic G-protein），参与了细胞骨架的调控。来自厌氧菌的某些毒素，被发现具有构型保留型糖基转移酶（retaining GT）活性，通过将糖基部分连接到其鸟苷三磷酸（GTP）结合位点的苏氨酸残基（Thr-37）上来抑制 G 蛋白。这些分泌的毒素，在跨越表面膜进入哺乳动物靶细胞的细胞质时表现出卓越的能力。**艰难梭菌**（***Clostridium difficile***）的肠毒素

表 18.1 细胞核或细胞质糖基化事件示例

靶标	糖基转移酶 / CAZy 数据库所述家族[a]	糖基转移酶来源	形成的连键	糖基转移酶供体	生物体	功能（或区室）
受体靶标保留在核细胞质区室中						
自身	糖原蛋白 /GT8	相同[b]	Glcα-Tyr	UDP-Glc	动物，酵母	引发糖原合成
自身	糖原蛋白 /GT8	相同	Glcα1-4Glc	UDP-Glc	动物，酵母	引发糖原合成
S 期激酶相关蛋白（Skp1）	Gnt1/GT60	相同	GlcNAcα-Hyp	UDP-GlcNAc	原生生物	E3 泛素连接酶组装
S 期激酶相关蛋白	PgtA/GT2	相同	Galβ1-3GlcNAc	UDP-Gal	原生生物	E3 泛素连接酶组装
S 期激酶相关蛋白	PgtA/GT74	相同	Fucα1-2Gal	GDP-Fuc	原生生物	E3 泛素连接酶组装
S 期激酶相关蛋白	AgtA/GT77	相同	Galα1-3Fuc Galα1-3Gal	UDP-Gal	网柄菌（*Dictyostelium*）	E3 泛素连接酶组装
S 期激酶相关蛋白	AgtA/GT77	相同	Galα1-3Gal	UDP-Gal	网柄菌	E3 泛素连接酶组装
S 期激酶相关蛋白	Glt1/GT32	相同	Glcα1-3Fuc	UDP-Glc	弓形虫（*Toxoplasma*）/ 腐霉（*Pythium*）	E3 泛素连接酶组装
S 期激酶相关蛋白	Gat1/GT8	相同	Galα1-3Glc	UDP-Gal	弓形虫 / 腐霉	E3 泛素连接酶组装
多种蛋白质	OGT/GT41[c]	相同	GlcNAcβ-Ser/Thr	UDP-GlcNAc	众多	众多
多种蛋白质	OFT/GT41	相同	Fucα-Ser/Thr	GDP-Fuc	众多	众多
雌激素受体 α（ERα）	Greb1/GT2	相同	GlcNAcβ-Ser/Thr	UDP-GlcNAc	动物	稳定性
多种蛋白质	未知	相同	$Man\alpha_{(1-3)}$-Ser/Thr	未知	酵母	众多？
自身	MDR1/GT8	相同	Glcα-Glc	UDP-Glc	众多	线粒体，分裂生殖
未知	Fut1	相同	Fucα1-2Gal	GDP-Fuc	锥虫	线粒体相关
延伸因子 P 蛋白（EF-P）	EarP/GT104	相同	Rhaα-Arg	dTDP-Rha	细菌[d]	蛋白质翻译编辑
黏附蛋白 HMW1	HMW1C/NGT	相同	Hex 或 Hex-Hex (Gal/Glc)-Asn	UDP-Glc/ UDP-Gal	流感嗜血杆菌（*Haemophilus influenzae*）	黏着性
DnaK	未指定	相同	HexNAc-Ser	未知	乳酸杆菌（*Lactobacillus*）	分子伴侣
丙酮酸脱氢酶复合物 E2 亚基（PdhC E2）	未指定	相同	HexNAc-Ser	未知	乳酸杆菌	丙酮酸脱氢酶
FtsK1	未指定	相同	HexNAc-Ser	未知	乳酸杆菌	DNA 转位酶
FtsY	未指定	相同	HexNAc-Ser	未知	乳酸杆菌	信号识别颗粒（SRP）受体
FtsZ	未指定	相同	HexNAc-Ser	未知	乳酸杆菌	细胞分裂中的隔环
尿苷二磷酸 - 葡萄糖：蛋白质转葡萄糖基酶（UPTG）	UPTG/GT75	相同	Glc-Arg	UDP-Glc	土豆	多糖引物？
DNA	JGT/GT2	相同	Glcβ-OMeUra	UDP-Glc	锥虫	转录终止
GTP 酶	α- 毒素（TcdA）/GT44	梭状芽孢杆菌（*Clostridia*）	GlcNAcα-Thr	UDP-GlcNAc	动物	细胞骨架重塑
GTP 酶	α- 毒素 /GT44	梭状芽孢杆菌	Glcα-Thr	UDP-Glc	动物	细胞骨架重塑
延伸因子 1A（EF1A）	Lgt1/GT88	军团菌（*Legionella*）	Glcα-Ser	UDP-Glc	脊椎动物	蛋白质翻译
未知	SetA/GT44	军团菌	未知	未知	脊椎动物	囊泡运输
GTP 酶	Afp18/GT8	耶尔森菌（*Yersinia*）	GlcNAcα-Tyr	UDP-GlcNAc	脊椎动物	细胞骨架重塑
死亡结构域（death dom.）[e]	NleB	大肠杆菌（*E.coli*）	GlcNAcα-Arg	UDP-GlcNAc	动物	抑制死亡信号
DNA	αGlcT/GT72	噬菌体	Glcα-OMeCyt	UDP-Glc	细菌	限制位点
DNA	βGlcT/GT63	噬菌体	Glcβ-OMeCyt	UDP-Glc	细菌	限制位点
DNA	βGlcT	噬菌体	Glcβ-Glc	UDP-Glc	细菌	限制位点

续表

靶标	糖基转移酶 / CAZy 数据库所述家族[a]	糖基转移酶来源	形成的连键	糖基转移酶供体	生物体	功能（或区室）
从细胞中输出的受体蛋白						
黏附蛋白	NGT/?	相同	Glcβ-Asn	UDP-Glc	放线杆菌（*Actinobacillus*）	黏附性
黏附蛋白	α6GalT/GT4	相同	Glcα1-6Glc	UDP-Glc	放线杆菌	黏附性
自溶素	未指定	相同	GlcNAc-Ser	UDP-GlcNAc	乳酸杆菌	肽聚糖重塑
主要衣壳蛋白（MCP）/VP54	A075L/GT114	PBCV-1[f]	Xylβ1-4Fuc	NDP-Xyl	小球藻（*Chlorella*）	病毒衣壳
主要衣壳蛋白	A064R-D1	PBCV-1	Rhaβ1-4Xyl	UDP-β-L-Rha	小球藻	病毒衣壳
主要衣壳蛋白	A064R-D2	PBCV-1	Rhaα1-2Rha	UDP-β-L-Rha	小球藻	病毒衣壳
主要衣壳蛋白	A071R	PBCV-1	D-Rhaα1-3Fuc	NDP-D-Rha	小球藻	病毒衣壳
主要衣壳蛋白	未指定[g]	PBCV-1	约其他 6 种[g]	NDP- 单糖	小球藻	病毒衣壳
质体糖复合物						
碳酸酐酶 -1（CAH-1）			*N*- 聚糖	外源进入	拟南芥（*Arabidopsis*）	叶绿体
Glx、Syn、MutS 蛋白			*N*- 聚糖	外源进入	硅藻[h]	复合质体
α- 淀粉酶、磷酸二酯酶			*N*- 聚糖	外源进入	水稻	叶绿体
电子传输链蛋白及其他[c]			GlcNAcβ-Ser/Thr	UDP-GlcNAc	真核生物	线粒体
45kDa 内膜蛋白			*N*- 聚糖	外源进入	大鼠肝脏	线粒体
线粒体分裂环 -1（MDR1），质体分裂环 -1（PDR1）蛋白			α- 葡聚糖	NDP-Glc	藻类	线粒体，叶绿体
二酰基甘油			Galβ-，Galα1-6Galβ-	UDP-Gal	植物	叶绿体，其他膜（处于胁迫下）

注：列表突出了在细胞质或细胞核中发挥作用的糖蛋白，以及负责其糖基化的相应的糖基转移酶。DNA 糖基转移酶也包括在这一组中。列表还包括驻留在细胞质中的糖基转移酶，其产物糖蛋白会从细胞中输出，并在外部发挥作用。最后，表格罗列了质体（plastid）相关的蛋白质的糖基化，以及朝向细胞质面的脂质的糖基化示例。在膜的细胞质面修饰脂质或组装多糖，其催化产物进而被翻转或外化的糖基转移酶，在表中未列出。缩写：精氨酸（Arg），天冬酰胺（Asn），羟脯氨酸（Hyp），丝氨酸（Ser），苏氨酸（Thr），酪氨酸（Tyr），氧甲基胞嘧啶（OMeCyt），氧甲基尿嘧啶（OMeUra），脱氧胸苷二磷酸（dTDP），鸟苷二磷酸（GDP），核苷二磷酸（NDP），尿苷二磷酸（UDP）。单糖的缩写参见附录 2。

[a] 即碳水化合物活性酶（Carbohydrate-Active Enzymes，CAZy）数据库。

[b]"相同"是指糖基转移酶属于内源性酶，而非来自外部细菌或病毒中的酶。

[c] *O-N*- 乙酰葡萄糖胺（*O*-GlcNAc）修饰在**第 19 章**中描述。

[d] 如**希瓦氏菌**（***Shewanella***）。

[e] 在 TNFR1 相关死亡结构域蛋白（TRADD）、FAS 相关死亡结构域蛋白（FADD）、受体相互作用蛋白激酶 1（RIPK1）、肿瘤坏死因子受体 1 型（TNFR1）和甘油醛 -3- 磷酸脱氢酶（GAPDH）中均有发现。

[f] 即**绿草履虫**（***Paramecium bursaria***）小球藻病毒 -1。

[g] PBCV-1 基因组编码大于或等于 7 个预测的可溶性糖基转移酶基因，其中一些具有多个结构域，用于组装所述的十糖；有些则被指定为碳水化合物活性酶（CAZy）数据库的 GT2 家族。

[h] **褐指藻**（***Phaeodactylum***）。

ToxA 和**索氏梭菌**（***Clostridium sordellii***）的肠毒素，是来自**碳水化合物活性酶**（**Carbohydrate-Active Enzymes，CAZy**）序列数据库糖基转移酶家族 GT44 的 α- 葡萄糖基转移酶，使用尿苷二磷酸 - 葡萄糖（UDP-Glc）作为供体。相比之下，来自**诺维氏梭菌**（***Clostridium novyi***）的类似毒素则是一种 *O*-αGlcNAc 转移酶，使用尿苷二磷酸 -*N*- 乙酰葡萄糖胺（UDP-GlcNAc）作为供体。诺维氏梭菌的毒素与宿主的糖基转移酶没有一级序列相关性。来自**嗜肺军团菌**（***Legionella pneumophila***）的一种远缘相关的毒素，也由 IV 型分泌系统（type IV secretion system）进行递送，可在多种真核宿主细胞中的延伸因子 1A（elongation factor 1A）上安装一个 α- 葡萄糖（αGlc）残基。目标残基 Ser-53 位于 GTP 酶（GTPase）switch-1 区域附近的 G 结构域（G domain）上，葡萄糖基化会抑制其在体外和体内的活性。研究人员最近发现的一种新的效应物葡萄糖基转移酶（effector glycosyltransferase）LtpM 表明，细菌毒素是一个正在不断拓展的糖基转移酶的发现领域。有趣的是，一种来自**耶尔森菌属**（*Yersinia*）细菌的无亲缘性毒素，可以通过噬菌体尾部衍生的易位系统进入宿主细胞，最终被发现是一种修饰 RhoA 蛋白 Tyr-34 位点的 α-*N*- 乙酰葡萄糖胺转移酶。通常情况下，糖 - 氨基酸的连键无法被内源性糖苷酶识别，这使得病原体能够不可逆地改变靶标（通常是 GTP 酶的结构域）的功能。

其他一些革兰氏阴性菌使用 3 型分泌系统（type 3 secretion system）来注入毒力因子，该因子介导了一种不同形式的单糖基化——*N*- 乙酰葡萄糖胺 α- 精氨酸（GlcNAcα-Arg）。这种新反应由 NleB 蛋白相关的糖基转移酶催化，在感染期间提高宿主细胞的寿命。NleB 和 NleB 的直系同源物（ortholog），以死亡受体（death receptor）的死亡结构域（death domain），以及相关的一系列蛋白质［包括肿瘤坏死因子受体 1 相关死亡结构域蛋白（TNFR1-associated death domain protein，TRADD）、FAS 相关死亡结构域蛋白（FAS-associated death domain protein，FADD）、受体相互作用蛋白激酶 1（receptor-interacting protein kinase 1，RIPK1）和肿瘤坏死因子受体 1 型（tumor necrosis factor receptor type 1，TNFR1）等］的精氨酸侧链作为糖基化靶标。重要的是，这些因子都可以减弱 NF-κB 信号传递，从而抑制宿主细胞的抗菌和炎症反应。此外，葡萄糖代谢中的各种组分，如甘油醛 3- 磷酸脱氢酶（glyceraldehyde 3-phosphate dehydrogenase，GAPDH）和缺氧诱导因子 1α（HIF-1α），也是糖基化的靶标，以减弱 NF-κB 信号传递。尽管这些例子涉及由外源糖基转移酶介导的单糖基化（见**表 18.1**），但它们的存在强化了糖基化作为一种调控机制的潜在影响，以及可能仍然有待发现的糖基化事件的多样性。

18.1.4 DNA 的糖基化

尽管本章的重点是细胞核和细胞质中的糖蛋白，但应该注意的是，DNA 中的特定碱基，长期以来一直被认为是噬菌体编码的糖基转移酶的靶标。β 葡萄糖基转移酶（βGlcT）或 α 葡萄糖基转移酶（αGlcT）（**表 18.1**）对 T4 噬菌体 DNA 中羟甲基胞嘧啶残基的修饰，有助于区分天然 DNA 和外源 DNA，使其对宿主限制性酶的消化产生抗性，同时削弱成簇规律间隔短回文重复序列 / 关联蛋白（CRISPR/Cas）系统中的一个子集的基因编辑能力。使用葡萄糖二糖、阿拉伯糖和其他糖对碱基进行的修饰表明，多样的糖基化修饰所具有的全部形式仍然有待发现。一种 DNA 糖基化修饰发生在原生生物**布氏锥虫**（***Trypanosoma brucei***）中，以碱基 J（base J）[①]的形式出现。利用一种类似于 S 期激酶相关蛋白 1（S-phase kinase-associated protein 1，Skp1）糖基化的机制（见下文），DNA 中的胸苷残基最初被 O_2 依赖性的非血红素双加氧酶（nonheme dioxygenase）羟基化，产生羟甲基，该位点进一步被一种位于细胞核、隶属于 CAZy GT2 家族的新型糖基转移酶——碱基 J 相关葡萄糖基转移酶（J-associated glucosyltransferase，JGT）糖基化（**表 18.1**）。碱基 J 通过招募含有蛋白磷酸酶 1（protein phosphatase 1）的复合物，使 RNA 聚合酶 II（RNA polymerase II）去磷酸化，进而影响其终止过程。复合物形成中断会在一组更广泛的**动质体**（**kinetoplastid**）群中，对多顺反子转录终止（polycistronic transcription termination）产生影响。

18.2 核细胞质蛋白的复杂糖基化

研究人员也报道了在核细胞质区室中由一个以上单糖组成的复杂聚糖（**图 18.1B**）。本节介绍了几个

① 即 β-D- 吡喃葡萄糖基氧甲基尿嘧啶。

易于理解的示例，以及与细胞质中的线粒体和叶绿体相关的糖基化证据，本章随后将对其他研究较少的糖基化类型进行介绍。

18.2.1　羟脯氨酸连接的 Skp1 聚糖

S 期激酶相关蛋白 1（Skp1）是一种糖蛋白，携带有单一的直链五糖，该蛋白质是在一种在土壤中自生（free-living）的变形虫，即细胞黏菌**盘基网柄菌**（*Dictyostelium discoideum*）的细胞核和细胞质中发现的。Skp1 蛋白是 SCF（Skp1/Cullin1/F-box 蛋白）型 E3- 泛素连接酶复合物中的一个衔接蛋白（adaptor），在所有真核生物的细胞质和细胞核中发挥作用。它们在细胞质和细胞核中介导了数百种参与细胞周期调节、转录和信号转导的蛋白质的多聚泛素化，以及最终的蛋白酶体降解。Skp1 蛋白在 143 号脯氨酸残基处发生 O_2 依赖性的羟基化，产生供 5 种糖基转移酶进行反应的底物。基于质谱、连续糖苷外切酶处理和核磁共振（NMR）的研究表征（**第 50 章**），该聚糖由相当于 1 型血型 H 结构（type 1 blood group H structure）的核心三糖 Fucα1-2Galβ1-3GlcNAc1α 组成，但岩藻糖（Fuc）的 3 号位被 Galα1-3Galα- 二糖取代（**图 18.2B**）。在大多数其他具有 Skp1 糖基化修饰的原生动物，包括顶复门（Apicomplexa）寄生虫**刚地弓形虫**（*Toxoplasma gondii*）中，类似的核心三糖被 Galα1-3Glcα1- 二糖进行封端（**图 18.2A**）。这种聚糖与蛋白质的连键方式、糖蛋白在细胞质中的定位，以及糖蛋白结构本身，目前都是独一无二的。由于脯氨酸（Pro）残基在植物、无脊椎动物和单细胞真核生物的 *Skp1* 基因中是保守的，而且与已知的 Skp1 修饰酶相关的基因序列（见下文）存在于多种原生动物的基因组中，这种修饰似乎在需氧单细胞真核生物和致病性真菌中广泛存在。

参与 S 期激酶相关蛋白 1（Skp1）糖基化的糖基转移酶，都具有核苷二磷酸 - 糖（NDP-sugar）依赖性，并与 Skp1 蛋白在细胞质或细胞核内共定位（**图 18.2A ～ C**，**表 18.1**）。添加第一个糖的 Skp1 α-*N*-乙酰葡萄糖胺转移酶（Skp1 αGlcNAc-transferase），其**酶学委员会**（**Enzyme Commission，EC**）编号为 EC 2.4.1.229，与动物高尔基中启动黏蛋白型 *O*- 糖基化的丝氨酸 / 苏氨酸多肽 α-*N*- 乙酰半乳糖胺转移酶（Ser/Thr polypeptide αGalNAc-transferase）有关，因此形成了与前述的 OGT 具有相反端基差向异构的连键方式（**第 19 章**）。然而，与已知的多肽 α-*N*- 乙酰半乳糖胺转移酶（polypeptide αGalNAc-transferase，ppGalNAcT）不同（**第 6 章**、**第 10 章**），Skp1 α-*N*- 乙酰葡萄糖胺转移酶缺乏氨基末端的信号锚，这与它在生化分级分离（biochemical fractionation）过程中表现为可溶性细胞质蛋白的观察结果相符。因此，Skp1 糖基化的启动机制，类似于分泌蛋白中的黏蛋白型结构域，除了具有以下一些不同之处：该酶在不同的区室内（细胞质而非高尔基体腔室）将不同的 *N*- 乙酰己糖胺（*N*- 乙酰葡萄糖胺而非 *N*- 乙酰半乳糖胺），连接到不同的羟基氨基酸（羟脯氨酸而非丝氨酸或苏氨酸）上。第二个单糖（βGal）和第三个单糖（α-L-Fuc）的添加，由同一个可溶性蛋白 PgtA 的不同结构域负责催化。PgtA 蛋白中的 β3- 半乳糖基转移酶（β3-galactosyltransferase）催化结构域，与细菌的脂多糖和荚膜糖基转移酶（capsular glycosyltransferase）最为相似，也分布在细胞质中，这表明盘基网柄菌的细胞质糖基化在进化上起源于细菌糖脂的合成。PgtA 蛋白中的 β- 半乳糖基转移酶催化结构域属于 CAZy 中的 GT2 构型反转型糖基转移酶（inverting GT）家族，该家族包括了许多催化结构域暴露在细胞质中的糖基转移酶。在盘基网柄菌中，第 4 个和第 5 个单糖的添加由具有双结构域的糖基转移酶 AgtA 负责，其中的 α3- 半乳糖基转移酶（α3-galactosyltransferase）结构域与 β 螺旋桨样（β-propeller-like）结构域融合，后者还具有第二个功能，该功能涉及组成型 Skp1 的螯合活性（sequestration activity）的形成。糖基转移催化结构域与多种涉及果胶生物合成的植物高尔基体糖基转移酶有关，在这里负责催化两个连续单糖的添加。相反，大多数原生动物采用具有独立进化起源的、不同的糖基转移酶来催化形成完整的聚糖链（**图 18.2A**）。在弓形虫和**终极腐霉**（*Pythium ultimum*）

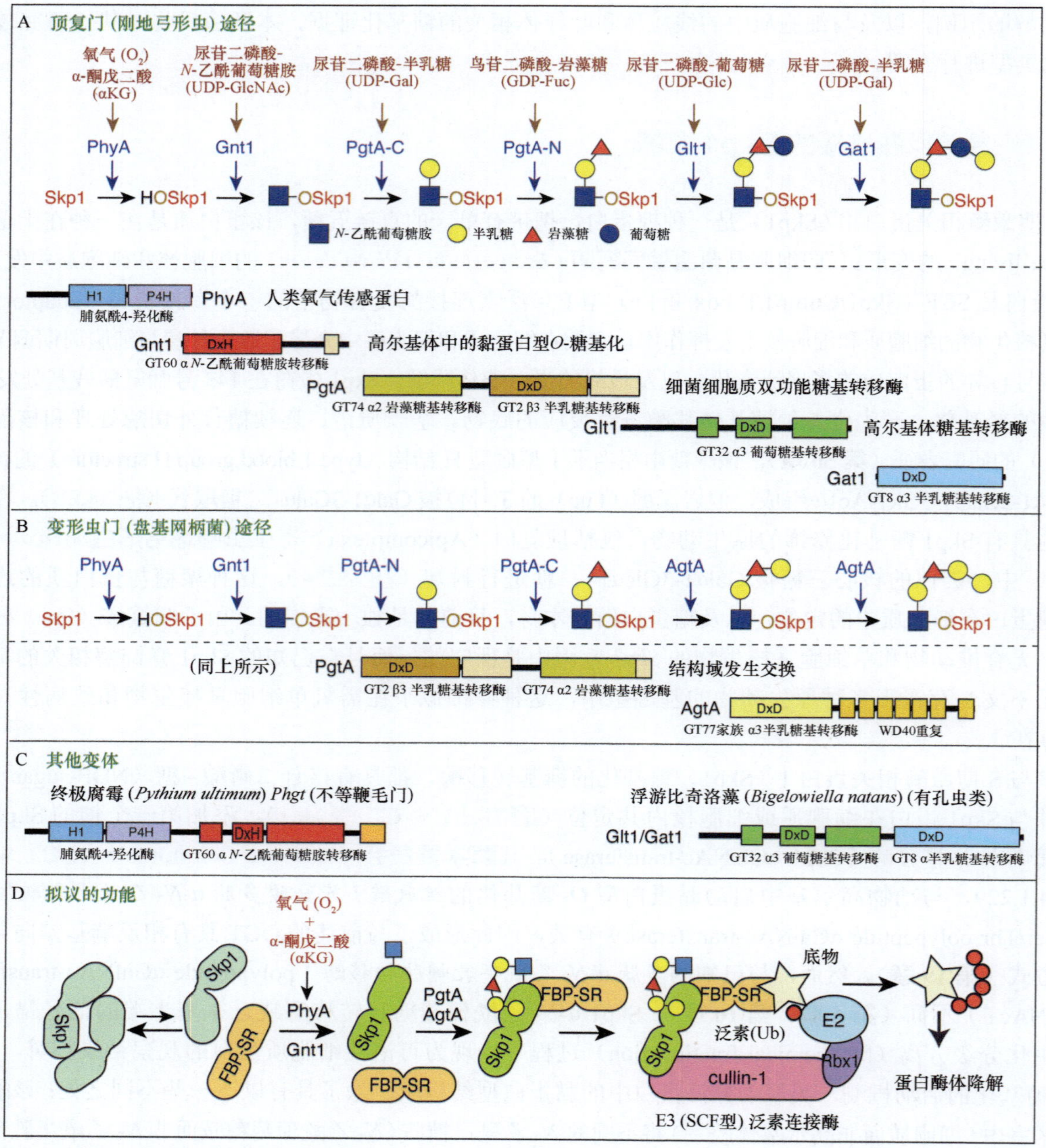

图 18.2 原生动物细胞质中 S 期激酶相关蛋白 1(Skp1)的糖基化机制。通过细胞质中依赖 O_2 的脯氨酰 4(反式)- 羟化酶[prolyl 4(*trans*)-hydroxylase]的作用，对单个脯氨酸进行预羟基化，糖基化过程得以实现。该羟化酶与动物中对缺氧的转录反应进行调控的缺氧诱导因子 1α 脯氨酰羟化酶(HIFα prolyl hydroxylase)同源。A. 在寄生虫**刚地弓形虫**(***Toxoplasma gondii***)中，Skp1 蛋白的羟脯氨酸(Hyp)154 号位点，被 4 种蛋白质所表达的一系列可溶的、具有核苷酸糖依赖性的糖基转移酶(共 5 种)依次修饰。图像下部是这些酶的结构域图，以及糖基转移酶的碳水化合物活性酶(CAZy)序列数据库家族名称。值得注意的是，它们都是缺乏糙面内质网序列或核靶向序列的细胞质蛋白。B. 在另一种原生动物**盘基网柄菌**(***Dictyostelium discoideum***)中，对应的脯氨酸残基也能够依照类似的过程进行修饰，但最后两个糖的添加由不同的双功能糖基转移酶介导进行，这表明趋同进化产生了类似的聚糖。C. 来自其他原生生物的同源酶示意图，图中描绘了它们作为融合蛋白的表达形式。相关的糖基转移酶基因存在于原生生物进化的所有主要分支和一些选定的、有代表性的病原真菌中，但不存在于高等植物或动物中。D. 羟基化和 α-*N*- 乙酰葡萄糖胺糖基化(αGlcNAcylation)在抑制 Skp1 二聚体形成和影响其构象中的作用模型、聚糖链的延伸在促进与 F-box 蛋白相互作用中的作用模型，以及糖基化对多聚泛素连接酶底物周转的预测影响。参与糖基化反应的供体用棕色表示，糖基转移酶用蓝色表示。缩写：尿苷二磷酸(UDP)，鸟苷二磷酸(GDP)。常见单糖缩写参见**附录 1**。

（一种农作物病原体和人类接合霉菌感染症的主要诱因）中，αGlc 残基的添加由 CAZy GT31 家族的酶负责催化，该酶与酵母中负责延长甘露糖链的高尔基体糖基转移酶最为相关，而末端的 αGal 残基则由糖基转移酶 Gat1 负责添加，它是 CAZy GT8 家族的酶，与下文中讨论的**糖原蛋白（glycogenin）**最为相关。最后，在其他原生动物中，基因融合过程可以将前两种或最后两种酶合并为同一蛋白质的独立结构域（图 18.2C），这可能有助于聚糖的高效延伸过程，直至其达到最终的糖链长度。

盘基网柄菌细胞在饥饿时聚集，由此产生的多细胞蛞蝓状聚集体（slug）可以分化形成具有耐压孢子的子实体。该过程对 O_2 含量十分敏感，这被认为有助于细胞确定它们在其原生土壤环境中是位于地下还是地上。大量生化、遗传和生理学证据支持 O_2 水平调控 Skp1 羟基化速率，而 Skp1 的羟基化又反过来控制糖基化速率的模型。糖基化调控了不同 F-box 蛋白底物受体在 Skp1 蛋白相互作用组中的相对表现（图 18.2D），很可能是通过一种控制 Skp1 蛋白构象特征的机制，而非被聚糖受体识别的机制。这可能会不同程度地调控蛋白质的寿命，而这些蛋白质在响应饥饿时精密地调控或行使了发育过程。

18.2.2 糖原蛋白

糖原（glycogen）是一种带有支链的大型**同多糖（homopolysaccharide）**，在细菌、酵母和动物中作为葡萄糖的短期储存形式。根据糖供体尿苷二磷酸 - 葡萄糖（UDP-Glc）的存量和细胞的营养需求，可将葡萄糖添加到糖原的非还原末端或将其移除。肝脏中的糖原储存，对于维持血液中的葡萄糖稳态非常重要。糖原最初由直链的寡葡萄糖苷（oligoglucoside）组装而成，它被糖原合成酶（glycogen synthase）延伸，并由所谓的分支酶（branching enzyme）重新排列。最初的寡聚葡萄糖由糖原蛋白（glycogenin）组装而成，该酶在人类糖原蛋白 -1（glycogenin-1）的酪氨酸 195 号位点处，以不常见的 Glcα1-Tyr 连键，将第一个糖连接到糖原蛋白上。因此，每个糖原分子最多可以包含多达 10^5 个葡萄糖残基以及多达 12 代的分支节点，而在其非还原端仅仅具有一个糖原蛋白分子。因此，糖原实际上是一种糖蛋白形式，其糖基化由糖原蛋白引发、由糖原合成酶延伸，并通过分支酶进行修饰。根据需要，游离的葡萄糖 -1- 磷酸（Glc-1-P）可以在脱支酶（debranching enzyme）和糖原磷酸化酶（glycogen phosphorylase）的作用下释放。

在细胞条件下，糖原蛋白天然组装形成一个同型二聚体。有证据表明，第一个葡萄糖被跨亚基转移到酪氨酸（Tyr）的受体羟基上，并且通过在亚基之间和亚基之内相互混合的方式，在底层葡萄糖残基的 4 号位上添加 αGlc 残基，最多可以将糖链延长至含有 10 个单糖。有趣的是，糖原表现出三相动力学，其中有一个引发步骤（priming step），通常由尿苷二磷酸 - 葡萄糖（UDP-Glc）参与进行，而尿苷二磷酸 - 半乳糖（UDP-Gal）也可以形成这个初始的化学键。引发后，有一个较短的糖链延长步骤（extension step），该步骤对糖底物具有一定的灵活性。最后是由相邻的糖原蛋白催化的完善步骤（refining step），该步骤对尿苷二磷酸 - 葡萄糖（UDP-Glc）显示出极强的底物特异性。尽管有体外证据支持，但在缺乏糖原蛋白 -1 及其旁系同源物糖原蛋白 -2（glycogenin-2）的小鼠中，仍会出现糖原水平的异常。糖原蛋白 -1 的突变导致酶功能的降低或蛋白质丢失，产生 **XV 型糖原贮积病（glycogen storage disease type XV）**，其特征是存在不能被淀粉酶消化的结构异常糖原——聚葡聚糖体（polyglucosan body）。有趣的是，这些聚葡聚糖体源自糖原合成酶催化形成的异常糖原。这些突变会导致呼吸窘迫、出现肢带型肌营养不良症样症状（limb-girdle muscular dystrophy-like symptom）和进行性肌无力。然而，与其他糖原贮积病一样，患者并不会出现低血糖、肝脏肿大或高脂血症。晶体学和突变证据表明，糖原蛋白和糖原合成酶之间形成的复合物影响了糖原合成酶在体外（*in vitro*）和体内（*in vivo*）的活性，为突变后产生的现象提供了一种可能的解释。因此，糖原蛋白的水平可能与目前已知的受激素控制的糖原形成机制共同发挥作用，这些机制涉及酶的磷酸化 / 去磷酸化和糖原延伸的调控。

糖原蛋白样蛋白（glycogenin-like protein）广泛存在于植物、动物和自生的（free-living）单细胞真核生物中。大肠杆菌中的同源物则不能进行**自葡萄糖基化（autoglucosylation）**。在缺乏糖原蛋白的囊泡虫（alveolate）和不等鞭毛生物（stramenopile）等原生生物中，最密切相关的序列同源物能够修饰 Skp1（见上文）。糖原蛋白是 CAZy 家族 GT8 的 GT-A 型超家族成员（**第 52 章**），更为远源相关的糖基转移酶包括细菌脂多糖（LPS）的葡萄糖基转移酶、半乳糖基转移酶和半乳糖醇合成酶（galactinol synthase），对于糖原蛋白而言，它们均为细胞质内的酶。此外，远源相关的糖基转移酶还包括了真核生物高尔基体中的其他糖基转移酶。**利什曼原虫属（*Leishmania*）**真核寄生虫可以组装甘露糖原（mannogen），它是一种 β2 连接的甘露糖链，而非由葡萄糖链组成的聚合物。但细胞质定位的甘露糖原合成酶（mannogen synthase）并不涉及蛋白质引物。有趣的是，在一种可能与淀粉合成相关的植物蛋白中，研究人员发现了一种全新的葡萄糖 - 精氨酸（Glc-Arg）连键，该蛋白质与糖原的形成具有相关性，但与糖原蛋白却没有明显的序列相似性。该蛋白质和糖原蛋白样蛋白的功能值得进一步研究，因为它们具有介导其他细胞质糖基化事件的潜力。

18.2.3 线粒体和叶绿体的糖基化

线粒体和叶绿体是位于细胞质区室中可以独立复制的细胞器。由于它们的进化起源于细菌，而目前已知细菌具有强大的糖基化能力，因此可以预期，这些细胞器具有糖基化机制。事实上有证据表明，某些藻类的叶绿体内膜和外膜之间存在类似于**肽聚糖（peptidoglycan）**的网络。在其他藻类中，名为线粒体分裂环 1 蛋白（mitochondrion dividing-ring 1，MDR1）的糖基转移酶，是一种具有 CAZy GT8 糖基转移酶结构域的膜整合蛋白质，它使用在两膜之间可见的、α- 连接的聚葡萄糖纳米丝，组装线粒体分裂环（dividing ring）。类似的过程也发生在叶绿体中，这些基因的保守性表明，这可能仅仅是迄今为止未被识别的、诸多真核生物细胞器糖基化中的一例。

最近的细胞生物学研究强调了线粒体和分泌途径中的糙面内质网（rER）元件之间存在着细胞内的联系。这可能解释了一个开创性的观察结果，即根据**脉冲 - 追踪实验（pulse-chase）**标记研究及糖蛋白对 *N*- 聚糖酶（*N*-glycanase）的敏感性，两种核编码的线粒体糖蛋白似乎能够在糙面内质网中进行常规的 *N*- 糖基化过程（**图 18.1J**）。事实上，凝集素结合实验表明，线粒体中含有复杂的糖复合物。在尤因氏肉瘤（Ewing's sarcoma）中，名为多药耐药性相关蛋白 1（multidrug resistance-associated protein 1，MRP-1）的质膜蛋白可以发生糖基化，并且定位于线粒体外膜，可能在耐药性中发挥了作用。几种植物叶绿体蛋白，包括高等植物中的碳酸酐酶 -1（carbonic anhydrase-1）、α- 淀粉酶（α-amylase）、焦磷酸酶 / 磷酸二酯酶（pyrophosphatase/phosphodiesterase），以及硅藻中的醛酮变位酶（glyoxalase，Glx）、Syn 蛋白和 MutS 蛋白，可能以 *N*- 糖基化蛋白的形式从糙面内质网中转运而出（**表 18.1**）。*N*- 聚糖的存在彰显了这些蛋白质在常规分泌途径中潜在的生物合成来源，而这些糖蛋白如何转运到这些细胞器中，值得进一步研究。

如上所述，哺乳动物线粒体能够导入 OGT，使其内部的一些蛋白质实现 *O*-GlcNAc 糖基化。此外，**单半乳糖基二酰甘油（monogalactosyldiacylglycerol，MGDG）**［即 1,2- 二酰基 -3-*O*-（β-D- 半乳糖）-*sn*- 甘油］和**二半乳糖基二酰甘油（digalactosyldiacylglycerol，DGDG）**［即 1,2- 二酰基 -3-*O*-（α-D- 半乳糖 1-6-*O*-β-D- 半乳糖）-*sn*- 甘油］是叶绿体类囊体（thylakoid）膜中的主要脂质，单半乳糖二酰甘油对光系统的功能至关重要（**第 24 章**）。这两类糖脂的合成，受到位于叶绿体内层和外层膜中具有尿苷二磷酸 - 半乳糖（UDP-Gal）依赖性的半乳糖基转移酶的控制（**图 18.1K**）。在磷酸盐匮乏的条件下，这些糖脂的合成急剧增加，摩尔量可占全部甘油脂的 70%。糖脂还取代了包括液泡、线粒体和质膜在内的各种其他细胞膜中的常规磷脂（如磷脂酰胆碱）（表 18.1）。二半乳糖基二酰甘油几乎完全位于这些膜的细胞质脂单层（leaflet）中，并且朝向细胞质，这与动物和酵母细胞中已知的糖脂的常规方向相反。此外，植物中还产生了含有磺基奎诺糖（sulfoquinovose）和葡萄糖醛酸的糖脂变体，这些单糖上保留了负电荷。人们对这些糖脂的运输过程知之甚少。基于遗传学的研究表明，二半乳糖基二酰甘油对细胞的功能十分重要，有鉴于此，了解不对称分布如何有助于细胞膜的细胞质功能，将会是饶有兴味的探索。

18.3　核细胞质糖蛋白上出现“常规”分泌型聚糖的可能性

18.3.1　分泌途径 *N*- 聚糖类型

上文描述了来自原核生物和真核生物中有据可查的真实糖蛋白的示例，这些糖蛋白在细胞核或细胞质中发挥作用，并由位于核细胞质的葡萄糖基转移酶进行糖基化。本节讨论核细胞质糖蛋白的其他潜在来源。正如下面的例子所示，这些蛋白质可能被通常与糙面内质网或高尔基体相关的糖基转移酶进行糖基化，糖基化过程或者是由于这些糖蛋白在分泌途径中短暂地出现，或者是分泌途径中的糖基转移酶发生了易位而进入到核细胞质区室中。

如图 18.1H 所示，相当大一部分的新生蛋白质未能通过糙面内质网中折叠和组装过程的质量控制（**第 39 章**），因而作为**内质网相关蛋白质降解（ER-associated protein degradation，ERAD）**的一部分逆向易位（retrotranslocate）至细胞质。这些蛋白质中的大多数具有 *N*- 糖基化修饰，它们通常经细胞质中的 *N*- 聚糖酶（*N*-glycanase）——肽 -*N*(4)-（*N*- 乙酰基 -β- 葡萄糖胺基）天冬酰胺酰胺酶［peptide-*N*(4)-(*N*-acetyl-β-glucosaminyl) asparagine amidase，PNGase，由 *NGLY1* 基因编码］的加工，或通过 β-*N*- 乙酰葡萄糖胺内切酶（endo-β-*N*-acetylglucosaminidase，ENGase）的加工，在被 26S- 蛋白酶体或自噬泡（autophagic vacuole）降解之前去除其上的 *N*- 聚糖。还有一些具有 *N*- 聚糖依赖性的 **E3 泛素连接酶（E3 ubiquitin ligase）**，它们能够组装多聚泛素链，以此作为蛋白酶体降解的信号。有趣的是，尽管有证据表明，*NGLY1* 并非通过线粒体蛋白的去糖基化发挥作用，但它在线粒体自噬（mitophagy）调节线粒体周转的过程中至关重要。如果这些过程对特定的蛋白质并不适用，由于 *N*- 聚糖的修饰方式使得该蛋白质无法被识别或被隔离在蛋白质复合物或细胞核中，那么该蛋白质可能会积聚在细胞质中，并可能执行一种依赖于聚糖的全新功能，而这些糖基化过程是在内质网中衍生形成的。此外有证据表明，霍乱毒素等内吞蛋白可以通过逆向运输（retrograde transport）进入糙面内质网，然后通过逆向易位或相关过程进入细胞质。

其他研究表明，通常分泌或转运到细胞质膜的糖蛋白，有可能随后移动到细胞核中（图 18.1I）。这些糖蛋白包括细胞因子、生长因子，有时还包括它们的跨膜受体。据报道，其中一些跨膜受体能够对转录产生直接影响。例如，由多唾液酸修饰的神经细胞黏附分子（neural cell adhesion molecule，NCAM）的片段似乎被内化到细胞中，在这些细胞中，它们可根据其多唾液酸含量不同，对转录程序产生不同的影响。关于这些发现仍然存在争议，因为这种易位机制仍然神秘莫测。

目前已有不同的表征方法支持核相关糖蛋白的存在。一种名为西洋接骨木凝集素（*Sambucus nigra* agglutinin，SNA）的唾液酸特异性凝集素，已被证明能与核膜细胞质侧的几种蛋白质结合，包括两种主要的核孔蛋白 p62 和 p180。唾液酸酶预处理能够阻断 SNA 与这些核孔蛋白的结合，基于蛋白质对肽 -*N*- 糖苷酶（peptide-*N*-glycosidase）具有敏感性，表明 p180 上的唾液酸似乎位于 *N*- 连接聚糖上。此外，SNA 阻断了神经母细胞瘤细胞中的核蛋白输入，这表明唾液酸可能对核孔蛋白具有重要的功能。其他值得注意的已被报道的细胞核糖蛋白包括具有 *N*- 乙酰葡萄糖胺（GlcNAc）结合活性的热休克样（heat-shock-like）核伴侣蛋白 CBP70，它被认为发生了 *N*- 糖基化。核朊病毒蛋白的一个亚群可能发生了 *N*- 糖基化，并且可能与结合 *N*- 乙酰葡萄糖胺的凝集素产生相互作用。

研究人员还提出了在细胞质蛋白或蛋白结构域中存在 *N*- 糖基化的观点。例如，据报道，狗肾脏钠离子泵（Na^+，K^+-ATP 酶）的 α- 亚基是一种跨膜蛋白，在其胞质结构域中含有末端为 *N*- 乙酰葡萄糖胺残基的传统 *N*- 连接聚糖。研究人员对通透化后的膜囊泡执行内面外翻（right-side-out）的操作后，再通过半乳糖基转移酶催化，发现放射性的半乳糖可以通过酶促反应连接到 *N*- 乙酰葡萄糖胺上，从而证明了这一结论。放射性标记产物对肽 -*N*- 糖苷酶的敏感性表明，糖基化反应的受体是一种 *N*- 连接聚糖（**第 9 章、第 50 章**）。然而，在描绘出推定聚糖的直接位点信息之前，这一观点和其他相关的观点都仅具有启发性。基于发生 *N*- 糖基化途径的区室理应与细胞质和细胞核蛋白的所在区室（不在核膜内，而是被视为糙面内质网的延伸）各自独立这一基本原则（**图 18.1**），同时，基于已知的蛋白质的跨膜易位途径，这些 *N*- 糖基化修饰究竟如何发生，目前尚无一种简单的解释。

最后，研究人员在病理组织中发现的细胞质糖基化，如神经变性过程中的 tau 蛋白的 *N*- 糖基化，提出了区室的破裂导致细胞质蛋白被暴露于正常情况下位于高尔基体的糖基转移酶环境中的可能性。

18.3.2 分泌途径 *O*- 聚糖类型

研究人员还发现了与分泌途径中的 *O*- 聚糖类型类似的核细胞质糖蛋白。在植物中，一种核孔相关蛋白能够被麦胚凝集素（wheat germ agglutinin，WGA）识别，并且可以使用氚化的尿苷二磷酸 - 半乳糖（UDP-Gal）和 β4 半乳糖基转移酶（β4 galactosyltransferase）进行标记，该酶对非还原端的 *N*- 乙酰葡萄糖胺（GlcNAc）具有特异性。该聚糖链大约有五糖大小，可以通过温和的碱处理进行降解释放，与丝氨酸 / 苏氨酸残基的 **β 消除反应（β elimination）**一致。负责该糖基化的糖基转移酶尚未获得鉴定。最近有证据表明，包括核纤层蛋白（lamin）、核糖核蛋白（ribonucleoprotein）和雌激素受体 -α（estrogen receptor-α）在内的动物核蛋白，能够通过 *O*- 糖基化过程添加 αGalNAc（Tn 抗原）或核心 1 型 *O*- 聚糖 Galβ1-3GalNAc- 结构。进一步的数据表明，包括 p53 蛋白在内的几种细胞内蛋白质，能够被长柔毛野豌豆凝集素（*Vicia villosa* agglutinin，VVA）富集，表明其上存在着 *O*-GalNAc 修饰。细胞质聚糖的另一个潜在例子，来自对纯化的哺乳动物的细胞角蛋白（cytokeratin）的研究，据报道它含有 *N*- 乙酰半乳糖胺，并能够结合一种凝集素，该凝集素以对 *N*- 乙酰半乳糖胺酶（*N*-acetylgalactosaminidase）敏感的方式识别 α1-3 连接的 *N*- 乙酰半乳糖胺。

研究人员还在融膜蛋白（parafusin）上发现了一种独特的糖基化类型。融膜蛋白在几种真核生物中存在，是来自磷酸葡萄糖变位酶（phosphoglucomutase）家族的细胞质蛋白。有证据表明，该蛋白质具有 Glcα1-PO_4-Man- 连键，研究人员还提供了证明细胞质提取物中葡萄糖磷酸转移酶（glucose phosphotransferase）和葡萄糖 -1- 磷酸磷酸二酯酶（glucose-1-phosphate phosphodiesterase）活性的数据。然而，对催化这些修饰的酶或者这些酶自身的特定结构，人们目前知之甚少。

18.3.3 分泌途径的糖基转移酶进入细胞核?

通常处于分泌途径中的酶进入了细胞核或细胞质，是细胞核中出现 *O*- 聚糖的一种可能的机制（**图 18.1F**）。例如，一些研究报告描述了在高度纯化的大鼠肝脏细胞核制剂中的糖基转移酶活性，通过标记物酶（marker enzyme）分析判断，其纯度＞ 99%。这些研究证明了 *N*- 乙酰葡萄糖胺整合进入糖链的过程，可以被低浓度的抗生素**衣霉素（tunicamycin）**抑制，它是一种 *N*- 聚糖前体形成的抑制剂。后来的研究显示，这些哺乳动物细胞核制剂，能够直接将壳二糖（chitobiose，GlcNAcβ1-4GlcNAc）从壳二糖基 - 多萜醇（chitobiosyl-dolichol）转移到内源性的核受体上，表明这是一种全新的 *N*- 糖基化途径。由于聚糖对肽 -*N*- 糖苷酶 F（peptide *N*-glycosidase F，PNGase F）和**肼解（hydrazinolysis）**敏感，但对碱性环境下诱导的 β 消除反应不敏感（**第 50 章**），这些体外反应的产物获得了确证。最近的数据表明，催化核心结构的多肽 *N*- 乙酰半乳糖胺转移酶 1（polypeptide *N*-acetylgalactosaminyltransferase 1，ppGalNAcT1）和多肽 *N*- 乙酰半乳糖胺转移酶 2（polypeptide *N*-acetylgalactosaminyltransferase 2，ppGalNAcT2）都可以定位到细胞核，为上述的可能机理提供了实验支撑。类似的研究也记录了细胞核甘露糖基转移酶的存在。胞苷一磷酸 - 唾液酸（CMP-Sia）在哺乳动物细胞核中合成，这一发现为核糖基转移酶（nuclear glycosyltransferase）的概念提供了进一步的支持。尽管这些研究颇具启发性，但也必须谨慎解读。糙面内质网是被广泛承认的 *N*- 糖基化的场所（**第 9 章**），在功能上与外核膜相邻，而外核膜也可以折叠到内部。即使是来自核膜的轻微污染，也可能导致对酶活性的测定产生错误阐释；另外，要纯化细胞核，使其他细胞成分在制备过程中不会非特异性地黏附在原本“纯粹”的细胞核上极其困难。鉴于这些潜在的问题，必须有待替代方法进行独立确认，方能广泛接受这些核糖基转移酶的存在。

18.3.4　糖胺聚糖

传统上认为，**糖胺聚糖（glycosaminoglycan，GAG）**是存在于细胞表面和细胞外基质的另一类聚糖（**第 17 章**）。早期的研究提供了纯化的细胞核中存在糖胺聚糖的证据，此后不久，对海胆胚胎的研究表明，发育阶段特异性的硫酸乙酰肝素（heparan sulfate，HS）对转录具有发育调控作用，而在硫酸软骨素或透明质酸中，则未观察到这些作用（**第 16 章**）。鉴于研究蛋白聚糖工具的最新进展，这些潜在的、令人振奋的观察结果需要进行严格的重新审视。多年后，研究人员用 $^{35}SO_4$ 放射性标记的大鼠肝细胞的亚细胞分离表明，经裂解的硫酸乙酰肝素特定片段，在其核组分中大量富集。鉴于这些结构的独特性，很难想象它们是如何通过细胞表面的硫酸乙酰肝素分子的污染而产生了这种观察结果，因为细胞表面的硫酸乙酰肝素分子缺乏这些特定的结构。随后的脉冲 - 追踪研究表明，外源的或细胞表面的硫酸乙酰肝素可以被带入细胞核，并被修饰为这些独特的核**分子种类（molecular species）**。相比之下，其他研究人员发现硫酸皮肤素而非硫酸乙酰肝素能够对另一种细胞类型中的细胞核进行修饰。鉴于硫酸乙酰肝素具有在体外条件下影响基因转录的能力，这些研究最终可能会被证明意义非凡。然而，所有已知参与糖胺聚糖生物合成的酶，其活性位点都位于区室内腔（**第 17 章**），并且细胞核摄取此类带负电荷的大分子的生物途径尚未见诸报道。

研究人员通过另一种被称为免疫细胞化学（immunocytochemistry）的研究方法，探测了一种糖基磷脂酰肌醇锚定的硫酸乙酰肝素蛋白聚糖——**磷脂酰肌醇蛋白聚糖（glypican）**，通过强有力的证据表明，该蛋白聚糖除了传统上公认的存在于细胞表面外，还表现出在细胞核处的积累。尽管细胞核区室化的机制尚不清楚，但磷脂酰肌醇蛋白聚糖多肽具有一个核定位序列，将该序列移植到在细胞质中表达的中性载体上时，该序列仍然保持了核定位的功能。在另一项研究中，将硫酸软骨素蛋白聚糖的核心蛋白在培养细胞中过表达，会导致核心多肽在除了分泌途径之外的细胞质和细胞核中积累，这表明正如其他蛋白质所表现的那样，该蛋白聚糖可能存在于两种不同的区室中。然而，尽管这些研究为蛋白聚糖核心蛋白怎样在细胞核中积累提供了解释，但很难想象它们是如何被位于高尔基体内腔中的糖胺聚糖合成酶修饰的。

对与透明质酸具有高亲和力结合的天然蛋白质进行细胞化学研究，已被用于记录体外培养细胞中透明质酸在细胞核中的积累。为了对炎症条件（如低血糖）做出响应，细胞似乎可以在细胞内区室中合成透明质酸。细胞分裂后，细胞内的透明质酸以缆索（cable）的形式被挤出细胞外，募集炎症细胞，引发应激反应。从机制上讲，这可能是由透明质酸合成酶从细胞质膜重新分配到细胞内膜所引起，而透明质酸的挤出过程通常在细胞质膜上进行（图 18.1N）。值得注意的是，透明质酸结合蛋白天然存在于细胞核内，这提高了核区的透明质酸通过与这些透明质酸结合蛋白相互作用而发挥其生理作用的可能性。

18.4 已验证的细胞质糖基转移酶，其靶标分子被输出到细胞外界

细胞质中复杂聚糖组装的一个显著示例，来自感染**草履虫属**（*Paramecium*）的**绿草履虫小球藻病毒**（*Paramecium bursaria* **chlorella virus**）PBCV-1。其主要衣壳蛋白（major capsid protein）——MCP/VP54 在合成后经历翻译后修饰，最终整合到宿主细胞质内的病毒结构中。**X 射线衍射（X-ray diffraction，XRD）**分析表明，该蛋白质具有 4 个非常规的天冬酰胺（Asn）连接的糖基化位点，与真核分泌途径中用于 *N*-糖基化的典型 *N*- 糖基化序列段不匹配，且连接的单糖为 βGlc。其主要糖型（glycoform）由支链的、部分甲基化的十糖组成，其中包含了 7 种不同的单糖类型，具体包括 D- 葡萄糖（D-Glc）、D- 半乳糖（D-Gal）、D- 甘露糖（D-Man）、D- 木糖（D-Xyl）、L- 岩藻糖（L-Fuc）、L- 阿拉伯糖（L-Ara）、D- 鼠李糖（D-Rha）、L- 鼠李糖（L-Rha）和二甲基化的 L- 鼠李糖。聚糖通过病毒编码的、核苷酸糖依赖性的细胞质糖基转移酶逐步组装而成（表 18.1）。主要衣壳蛋白的糖基化，至少有部分由病毒编码，事实上，绿草履虫小球藻病毒的基因组包含了 7 个序列，这些序列预测可编码细胞质定位的糖基转移酶，而这些糖基转移酶缺乏分泌途径中的靶向序列。正如在 Skp1 蛋白糖基化途径中所观察到的，其中一些酶中似乎包含了多个酶催化结构域。糖基转移酶的结构，在病毒谱系之间是多态的（polymorphic），并且由于所有聚糖的连键方式并非都已被分配给可预测的糖基转移酶序列，因此可能还有全新类别的糖基转移酶基因等待发现。由于 PBCV-1 最终会裂解其宿主，因此预计产物糖蛋白会在藻类之外发挥作用（图 18.1L）。**主要衣壳蛋白途径（MCP pathway）**完美地展示了细胞质区室介导复杂聚糖组装的潜力，然而，这种组装最终似乎并未产生细胞质或细胞核功能。

蛋白质糖基化正日益被视为细菌中的一种常见修饰，预计高达 50% 的细菌表面蛋白质携带了 *N*-、*O*-、*S*- 和 *C*- 连键的聚糖（**第 21 章**）。与真核生物相比，细菌蛋白质的聚糖在物种间的差异似乎更大。有相当比例的蛋白质糖基化在输出到细胞膜的胞质表面之前直接发生（图 18.1O）。在革兰氏阳性菌中，富丝氨酸重复蛋白（serine-rich repeat protein，SRRP）是一种细菌黏附蛋白，在 GftA/GftB 蛋白的联合作用下，可被 *N*- 乙酰葡萄糖胺残基修饰。根据菌株的不同，这种修饰可以延伸到包含 *N*- 乙酰葡萄糖胺或葡萄糖 / 半乳糖残基的更长的糖链结构中。这些糖蛋白由辅助分泌系统（SecA2/Y2）负责输出，聚糖修饰似乎在调节细菌的黏附特性过程中发挥了作用。**流感嗜血杆菌**（*Haemophilus influenzae*）在输出宿主细胞前，也会修饰高分子质量黏附蛋白 1（high molecular weight adhesion 1，HMW1）。HMW1 在大约 31 个天冬酰胺残基上被糖基化修饰，主要发生在天冬氨酸 -X- 丝氨酸 / 苏氨酸（N-X-S/T）氨基酸基序中，具有包含葡萄糖和半乳糖的单糖修饰或二己糖修饰。糖基化由 *N*- 糖基转移酶 HMW1C 负责启动和延长，该酶与 *O*-GlcNAc 转移酶（OGT）具有同源性。值得注意的是，HMW1C 使用尿苷二磷酸 - 葡萄糖（UDP-Glc）和尿苷二磷酸 - 半乳糖（UDP-Gal）逐步启动并延伸聚糖链。HMW1 蛋白的糖基化可防止该蛋白质过早地降解，并促进其与细菌细胞表面的栓系（tethering）。最近的研究表明，与 HMW1C 密切相关的蛋白质在**胸膜肺炎放线杆菌**（*Actinobacillus pleuropneumoniae*）、**金氏金杆菌**（*Kingella kingae*）和**嗜沫凝聚杆菌**（*Aggregatibacter aphrophilus*）中也是糖基转移酶。在其他几个已知的例子中，**新月柄杆菌**（*Caulobacter crescentus*）的鞭毛丝蛋白（flagellin filament protein），通过迄今仍然未知的 FlmG 糖基转移酶，在细胞内用假单胞菌氨酸（pseudaminic acid，Pse）进行糖基化。这种修饰对于在细胞表面成功实现鞭毛成型（flagellation）十分重要。

18.5　组装输出细胞的糖复合物或多糖时的中间产物

几种多糖以及分泌途径中聚糖前体的生物合成由膜相关的糖基转移酶介导，这些酶的催化结构域位于面向细胞质侧的细胞膜上。其中包括了葡萄糖神经酰胺、糖基磷脂酰肌醇锚和多萜醇基连接的 *N*- 糖基化前体合成过程的早期步骤（图 18.1M）。然而，这些前体最终会被“翻转”到膜的另一侧，它们在那里被继续延伸，并且对于糖基磷脂酰肌醇锚和 *N*- 聚糖前体而言，最终会在分泌途径中被转移到内质网腔内的蛋白质上（**第 9 章**）。朝向细胞质的糖基转移酶还包括参与透明质酸（**第 16 章**）、纤维素、壳多糖和脂多糖等糖链聚合反应的跨膜蛋白，这些聚合产物会被直接易位跨过质膜（图 18.1N）。这些膜相关糖基转移酶的聚糖产物通常会离开细胞质空间，或者可以作为细胞质中全新的、非蛋白质连接的糖复合物的来源。

18.6　细胞核或细胞质中的凝集素与酶

细胞质或细胞核中存在糖蛋白和糖脂（朝向细胞质一侧）是假定碳水化合物结合蛋白（carbohydrate-binding protein）①（或凝集素）在这些相同的区室内并行存在的前提。*O*-β-*N*- 乙酰葡萄糖胺（*O*-β-GlcNAc）是一种重要的核细胞质修饰，据报道，热休克伴侣蛋白 CBP70 可以识别经 *O*-β-GlcNAc 修饰的细胞核、细胞质和线粒体蛋白。此外，最近的证据表明，14-3-3 蛋白家族是 *O*-GlcNAc 凝集素。早期的实验表明，分别用 L- 鼠李糖、D-*N*- 乙酰葡萄糖胺（D-GlcNAc）、D- 葡萄糖、乳糖（Lac）、甘露糖 -6- 磷酸（Man-6-P）和 L- 岩藻糖对牛血清蛋白（bovine serum albumin，BSA）进行衍生化所得的**新糖蛋白（neoglycoprotein）**②，与未衍生化的牛血清蛋白相比，其与细胞核结合的亲和力提高了 3 倍（见下文）。该发现提高了细胞质和细胞核中存在凝集素的可能性。然而，对这些推定的碳水化合物结合蛋白的分子性质，研究人员知之甚少。

动物凝集素中的**半乳凝集素（galectin）**家族，以及位于变形虫盘基网柄菌细胞质中的网柄菌凝集素（discoidin）家族，均为高丰度的蛋白质，通常对 β- 连接的半乳糖和（或）*N*- 乙酰半乳糖胺（GalNAc）表现出碳水化合物结合特异性（**第 36 章**）。这些大量存在的蛋白质可溶于细胞质中，但细胞生物学研究表明，这些蛋白质也存在于细胞表面和细胞周围的基质中。这些蛋白质缺乏典型的氨基末端信号肽，并通过一种尚未完全表征的、翻译后的、非常规的分泌机制离开细胞质，该机制可以避免与分泌途径中的糖蛋白过早地结合。生物化学和遗传学研究揭示了这些凝集素在细胞外的主要功能（**第 36 章**）；引人注目的是，可溶性的半乳凝集素似乎充当了“细胞质哨兵”，能够调控细胞对内膜损伤的响应。在溶酶体损伤时，半乳凝集素 -3 和半乳凝集素 -8 能够识别暴露的细胞质糖复合物。这些半乳凝集素招募自噬蛋白和内体分选转运复合物（endosomal sorting complexes required for transport，ESCRT）蛋白来修复或清除受损的溶酶体。同时，半乳凝集素 -9 会激活具有腺苷一磷酸（AMP）依赖性的蛋白激酶，并且彼此发生相互作用，而半乳凝集素 -8 则会抑制 mTOR 活性。

半乳凝集素 -3（CBP35）可能也包括半乳凝集素 -1，作为核不均一核糖核蛋白（heterogeneous ribonucleoprotein，hnRNP）复合物的一部分存在于细胞核中，它们似乎是细胞核提取物中 mRNA 正常剪接所必需的成分。然而，目前仅有有限的证据表明，半乳凝集素 -3 的碳水化合物结合活性在 mRNA 剪接中发挥了功能。此外，尽管碳水化合物结合活性的作用尚未确定，但实验结果表明，调控细胞凋亡的细胞质功能与半乳凝集素 -1 相关。半乳凝集素 -3 是有丝分裂纺锤体的调节物（regulator），通过与 *O*-GlcNAc 糖基

---

① 一般称为聚糖结合蛋白（glycan-binding protein，GBP），此处保留原始翻译。

② 指人工合成的糖蛋白，其中糖链与蛋白质的连键采用合成的方式，与在天然条件下发现的不同。

化修饰的核有丝分裂器蛋白 1（nuclear mitotic apparatus protein 1，NuMA1）的相互作用，稳定微管组织中心。因此，这些发现表明，半乳凝集素有许多重要的细胞功能，而其他潜在的功能则有待发现。

几种丝状真菌表达具有聚糖结合特异性的细胞质凝集素，但这些结合特异性对于真菌本身似乎并不明显（**第 23 章**）。这些凝集素对蛔虫、蚊子和变形虫等捕食者有毒，可被视为先天免疫的一种形式。在一项可能相关的研究中，几种半乳凝集素对致病菌上的糖表位表现出选择性反应。我们可以饶有兴味地推测，细胞质代表了一个“安全港湾”，它可以储存碳水化合物反应蛋白，当损害导致这些凝集素从个体成员中释放出来时，这些蛋白质能够充当群落中其他细胞的防御物。因此，凝集素的出现并不一定意味着在同一区室中存在着同源聚糖。

许多其他可溶性的细胞质蛋白也被赋予了糖结合活性，这表明细胞质糖复合物具有潜在的、功能上的重要性。在许多情况下，这些结合活性必须根据生化或遗传学研究来确定，因为这些糖结合活性似乎早已通过多种途径实现了进化。在植物中，细胞质中结合甘露糖与 *N*- 乙酰葡萄糖胺的凝集素，由各种生物和非生物的效应物（effector）诱导产生。需要进一步的研究来评估这些有趣的蛋白质中聚糖结合活性的功能意义。

现有证据表明，糖类也可以作为核定位信号，这是细胞内存在凝集素的间接证据。大于 40 kDa 的分子无法通过核孔自由扩散，必须特异性地主动运入和运出细胞核。对牛血清蛋白（BSA，约 66 kDa）进行衍生化，获得的新糖蛋白 BSA-Glc、BSA-Fuc 和 BSA-Man 能够被迅速转运到通透化的或显微注射的 HeLa 活细胞的细胞核中，而牛血清白蛋白自身则不能。与经典的碱性肽介导的**核定位信号途径（nuclear localization signal pathway，NLS pathway）**一样，糖介导的核转运需要能量，并且可以被麦胚凝集素（WGA）阻断，因为凝集素能够在核孔处结合 *O*-GlcNAc。然而，与碱性肽系统不同，糖介导的途径不需要胞质因子，也不会被具有巯基反应活性的化学物质阻断。其他证据表明，BSA-GlcNAcβ1-4GlcNAc 可以通过一个不同于经典的核定位信号系统的途径，在体外实验中迅速定位到纯化的细胞核上。对这些引人入胜的结果的验证，有待于对所涉及的具体成分进行表征，以及对新糖蛋白的天然对应物（counterpart）的鉴定。

核细胞质聚糖的最后一条证据来自糖苷酶的共同定位。除了溶酶体己糖胺酶（lysosomal hexosaminidase）Hex A 和 Hex B 外，哺乳动物还拥有两种中性的已糖胺酶——Hex C 和 Hex D。Hex C 是 *O*-GlcNAc 水解酶（*O*-GlcNAcase，OGA），负责催化 *O*-β-GlcNAc 的去除。与 OGA 一样，HexD 具有中性的最适 pH，并且定位于细胞核和细胞质中。然而，HexD 对半乳糖胺底物具有偏好性。唾液酸酶（sialidase）Neu4 的同型蛋白（isoform）已被发现定位在线粒体的外膜上。如上所述，对内质网相关蛋白质降解（ERAD）所形成产物的加工过程，由驻留在细胞质中的 *N*- 聚糖酶——肽 -*N*（4）-（*N*- 乙酰基 -β- 葡萄糖胺基）天冬酰胺酰胺酶［peptide-*N*(4)-(*N*-acetyl-β-glucosaminyl) asparagine amidase，PNGase，由 *NGLY1* 基因编码］和 β-*N*- 乙酰葡萄糖胺内切酶（endo-β-*N*-acetylglucosaminidase，ENGase）负责；但如果易位后的蛋白质未被降解，β-*N*- 乙酰葡萄糖胺内切酶（ENGase）会提供一种在天冬酰胺残基上产生单 -β-*N*- 乙酰葡萄糖胺糖基化（mono-β-GlcNAcylation）的机制（**图 18.1H**），而细胞质定位的 α- 甘露糖苷酶（α-mannosidase）——甘露糖苷酶 α 类 2C 成员 1（mannosidase α class 2C member 1，MAN2C1），可能将高甘露糖型的 *N*- 聚糖加工成简化的核心结构。

18.7 结论

总体而言，除了无处不在的 *O*-β-GlcNAc（**第 19 章**）和在动物界以外，类似于 *O*-β-GlcNAc 的 *O*-Fuc 修饰之外，还有许多诱人的线索可以证明，在细胞核和细胞质内存在简单或复杂聚糖的糖复合物，并且十分重要。已获得充分研究的示例，包括通过动物和酵母糖原蛋白中的酪氨酸（Tyr）、原生生物 Skp1 蛋白中的羟脯氨酸（Hyp），以及细菌中的精氨酸（Arg），以全新的连键方式与蛋白质进行连接（表 18.1）。介导这些修饰的已知糖基转移酶是传统的细胞质定位蛋白，它们从与产生分泌途径的酶由相同的进化谱系进化而来。目前，这些修饰似乎指向了特定的蛋白质靶标。

细胞质糖基化也是病原体控制宿主细胞响应的一种策略，这些机制也经常涉及新的糖链连键，并靶向单一蛋白。这些例子清楚地确立了细胞质和细胞核糖基化在蛋白质特异性调控中的重要性，这与聚糖在细胞表面、细胞外基质和血液蛋白上相对广泛的分布和异质性形成了鲜明的对比。然而，要确定这一概念的普遍性，还有诸多方面有待探索。重要的是，有大量的间接证据表明，动物细胞中存在着更为广泛而复杂的细胞质糖基化，而细胞生物学家们仍在继续阐释蛋白质区室化的新机制，该机制可以使在一个地点发生糖基化的蛋白质转移到另一个位置，这在原核生物中更为常见。然而，需要详细的结构证据，以及生物合成、细胞生物学和功能研究的支持，方能证明这些为人们所熟悉或不熟悉的聚糖在生物体中具有普遍性。鉴于关于细胞质糖基化的大部分知识近期方才出现，该领域确实可能还有很多内容有待探索发现，并且这些糖基化途径在真核生物和原核生物中比目前所了解的情况具有更多的共性。细胞核与细胞质中的糖基化，未来有望成为一个令人振奋且十分重要的研究领域。

致谢

感谢普里亚·乌玛帕蒂（Priya Umapathi）的有益评论。

延伸阅读

Hart GW, Haltiwanger RS, Holt GD, Kelly WG. 1989. Glycosylation in the nucleus and cytoplasm. *Annu Rev Biochem* **58**: 841-874.

Chandra NC, Spiro MJ, Spiro RG. 1998. Identification of a glycoprotein from rat liver mitochondrial inner membrane and demonstration of its origin in the endoplasmic reticulum. *J Biol Chem* **273**: 19715-19721.

Hascall VC, Majors AK, De La Motte CA, Evanko SP, Wang A, Drazba JA, Strong SA, Wight TN. 2004. Intracellular hyaluronan: a new frontier for inflammation? *Biochim Biophys Acta* **1673**: 3-12.

Monsigny M, Rondanino C, Duverger E, Fajac I, Roche AC. 2004. Glyco-dependent nuclear import of glycoproteins, glycoplexes and glycosylated plasmids. *Biochim Biophys Acta* **1673**: 94-103.

Funakoshi Y, Suzuki T. 2009. Glycobiology in the cytosol: the bitter side of a sweet world. *Biochim Biophys Acta* **1790**: 81-94.

Haudek KC, Spronk KJ, Voss PG, Patterson RJ, Wang JL, Arnoys EJ. 2010. Dynamics of galectin-3 in the nucleus and cytoplasm. *Biochim Biophys Acta* **1800**: 181-189.

Lannoo N, Van Damme EJ. 2010. Nucleocytoplasmic plant lectins. *Biochim Biophys Acta* **1800**: 190-201.

Fredriksen L, Moen A, Adzhubei AA, Mathiesen G, Eijsink VG, Egge-Jacobsen W. 2013. Lactobacillus plantarum WCFS1 O-linked protein glycosylation: an extended spectrum of target proteins and modification sites detected by mass spectrometry. *Glycobiology* **23**: 1439-1451.

Peschke M, Hempel F. 2013. Glycoprotein import: a common feature of complex plastids? *Plant Signal Behav* **8**: e26050.

Boudière L, Michaud M, Petroutsos D, Rébeillé F, Falconet D, Bastien O, Roy S, Finazzi G, Rolland N, Jouhet J, et al. 2014. Glycerolipids in photosynthesis: composition, synthesis and trafficking. *Biochim Biophys Acta* **1837**: 470-480.

Bullard W, Lopes da Rosa-Spiegler J, Liu S, Wang Y, Sabatini R. 2014. Identification of the glucosyltransferase that converts hydroxymethyluracil to base J in the trypanosomatid genome. *J Biol Chem* **289**: 20273-20282.

Naegeli A, Michaud G, Schubert M, Lin CW, Lizak C, Darbre T, Reymond JL, Aebi M. 2014. Substrate specificity of cytoplasmic

N-glycosyltransferase. *J Biol Chem* **289**: 24521-24532.

Jank T, Belyi Y, Aktories K. 2015. Bacterial glycosyltransferase toxins. *Cell Microbiol* **17**: 1752-1765.

Lassak J, Keilhauer EC, Fürst M, Wuichet K, Gödeke J, Starosta AL, Chen JM, Søgaard-Andersen L, Rohr J, Wilson DN, et al. 2015. Arginine-rhamnosylation as new strategy to activate translation elongation factor P. *Nat Chem Biol* **11**: 266-270.

West CM, Blader IJ. 2015. Oxygen sensing by protozoans: how they catch their breath. *Curr Opin Microbiol* **26**: 41-47.

Westphal N, Theis T, Loers G, Schachner M, Kleene R. 2017. Nuclear fragments of the neural cell adhesion molecule NCAM with or without polysialic acid differentially regulate gene expression. *Sci Rep* **7**: 13631.

Yoshida Y, Kuroiwa H, Shimada T, Yoshida M, Ohnuma M, Fujiwara T, Imoto Y, Yagisawa F, Nishida K, Hirooka S, et al. 2017. Glycosyltransferase MDR1 assembles a dividing ring for mitochondrial proliferation comprising polyglucan nanofilaments. *Proc Natl Acad Sci* **114**: 13284-13289.

Johannes L, Jacob R, Leffler H. 2018. Galectins at a glance. *J Cell Sci* **131**: jcs208884.

Curtino JA, Aon MA. 2019. From the seminal discovery of proteoglycogen and glycogenin to emerging knowledge and research on glycogen biology. *Biochem J* **476**: 3109-3124.

Sernee MF, Ralton JE, Nero TL, Sobala LF, Kloehn J, Vieira-Lara MA, Cobbold SA, Stanton L, Pires DEV, Hanssen E, et al. 2019. A family of dual-activity glycosyltransferase-phosphorylases mediates mannogen turnover and virulence in Leishmania parasites. *Cell Host Microbe* **26**: 385-399.

Speciale I, Duncan GA, Unione L, Agarkova IV, Garozzo D, Jiménez-Barbero J, Lin S, Lowary TL, Molinaro A, Noel E, et al. 2019. The N-glycan structures of the antigenic variants of chlorovirus PBCV-1 major capsid protein help to identify the virus-encoded glycosyltransferases. *J Biol Chem* **294**: 5688-5699.

Yoshida Y, Mizushima T, Tanaka K. 2019. Sugar-recognizing ubiquitin ligases: action mechanisms and physiology. *Front Physiol* **10**: 104.

Jia J, Claude-Taupin A, Gu Y, Choi SW, Peters R, Bissa B, Mudd MH, Allers L, Pallikkuth S, Lidke KA, et al. 2020. Galectin-3 coordinates a cellular system for lysosomal repair and removal. *Dev Cell* **52**: 69-87.

Koh E, Cho HS. 2021. NleB/SseKs ortholog effectors as a general bacterial monoglycosyltransferase for eukaryotic proteins. *Curr Opin Struct Biol* **68**: 215-223.

Sun TP. 2021. Novel nucleocytoplasmic protein O-fucosylation by SPINDLY regulates diverse developmental processes in plants. *Curr Opin Struct Biol* **68**: 113-121.

West CM, Malzl D, Hykollari A, Wilson IBH. 2021. Glycomics, glycoproteomics, and glycogenomics: an inter-taxa evolutionary perspective. *Mol Cell Proteomics* **20**: 100024.

第 19 章
O-GlcNAc 修饰

娜塔莎·E. 扎查拉（Natasha E. Zachara），秋元义弘（Yoshihiro Akimoto），迈克尔·博伊斯（Michael Boyce），杰拉德·W. 哈特（Gerald W. Hart）

19.1 历史背景 / 241
19.2 为何 *O*-GlcNAc 糖基化长期以来一直未被发现？ / 243
19.3 控制 *O*-GlcNAc 糖基化循环的酶 / 244
19.4 *O*-GlcNAc 糖基化是一种高度动态的修饰方式 / 247
19.5 *O*-GlcNAc 糖基化在后生动物中无处不在且必不可少 / 248
19.6 *O*-GlcNAc 糖基化与 *O*- 磷酸化具有复杂的动态相互作用 / 249
19.7 *O*-GlcNAc 糖基化的生物学功能 / 249
19.8 展望 / 253
致谢 / 253
延伸阅读 / 253

本章概述了 *O*- 连接的 β-*N*- 乙酰葡萄糖胺（称为 *O*-β-GlcNAc，或简称为 *O*-GlcNAc）对细胞核、线粒体和细胞质蛋白上丝氨酸或苏氨酸羟基的动态修饰。这种看似简单的碳水化合物修饰，在细胞生理学和疾病进展中起到了关键作用。数以千计的 *O*-GlcNAc 修饰的蛋白质（*O*-GlcNAc 糖基化）支撑了这些观察结果，它们调控包括表观遗传学、基因表达、翻译、蛋白质降解、信号转导、线粒体生物能量、细胞周期和蛋白质定位在内的一系列细胞过程。

19.1 历史背景

O-GlcNAc 糖基化于 1983 年被意外发现，研究人员使用纯化的牛乳半乳糖基转移酶及其放射性标记的供体底物——尿苷二磷酸 -[^{3}H] 半乳糖（UDP-[^{3}H]galactose），来探测活体小鼠胸腺细胞、脾脏 B 淋巴细胞、T 淋巴细胞以及巨噬细胞表面末端 *N*- 乙酰葡萄糖胺（GlcNAc）的糖复合物。半乳糖基转移酶（galactosyltransferase）是一种高尔基体糖基转移酶，可以将半乳糖以 β1-4 连键连接到几乎所有末端 *N*- 乙酰葡萄糖胺（GlcNAc）残基上，该残基在细胞外的糖复合物中十分常见（**第 6 章**）。与预期相反，一系列产物分析试验表明，使用碱诱导的 **β 消除反应（β elimination）** 可以从蛋白质中释放聚糖，且聚糖可以耐受肽 -*N*- 糖苷酶 F（peptide-*N*-glycosidase F，PNGase F）的水解，从而确证了大多数标记的半乳糖基化聚糖，以单个 *O*- 连接的 *N*- 乙酰葡萄糖胺的形式存在（**图 19.1**）。对大鼠肝脏中 *O*-GlcNAc 的亚细胞定位研究表明，*O*-GlcNAc 在染色质中含量丰富，集中在核孔复合体上，并且存在于细胞质中（**图 19.2**，**表 19.1**）。最近建立的一些数据库（*O*-GlcNAcAtlas；The *O*-GlcNAc Database）显示，超过 5000 种蛋白质发生了 ***O*-GlcNAc 糖基化（*O*-GlcNAcylation）**，这些糖蛋白几乎涵盖了所有的蛋白质类别。

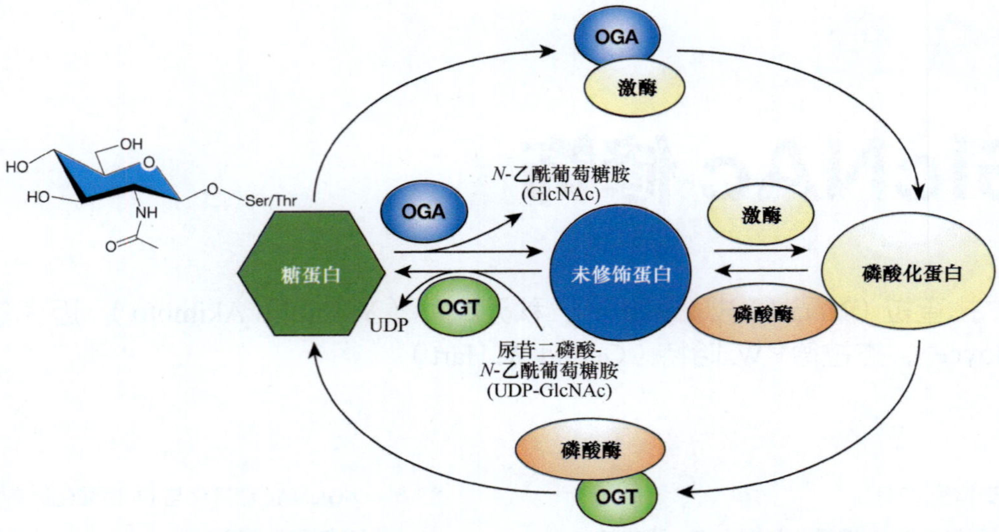

图 19.1 许多细胞核、线粒体和细胞质蛋白，被 *O*- 连接的 β-*N*- 乙酰葡萄糖胺（*O*-GlcNAc）单糖修饰。在哺乳动物中，*O*-GlcNAc 仅通过两种酶，即 *O*-*N*- 乙酰葡萄糖胺转移酶（OGT）和 *O*-*N*- 乙酰葡萄糖胺水解酶（OGA）的作用，从蛋白质上动态地添加和去除。在一部分蛋白质上，*O*-GlcNAc 会与磷酸化竞争丝氨酸 / 苏氨酸残基。有证据表明，某些蛋白质通过由 OGT 和蛋白磷酸酶 1β、蛋白磷酸酶 γ 组成的蛋白质复合物，或者由 OGA 和蛋白激酶组成的蛋白质复合物，在磷酸化和糖基化状态之间快速循环。缩写：丝氨酸（Ser），苏氨酸（Thr），尿苷二磷酸（UDP）。

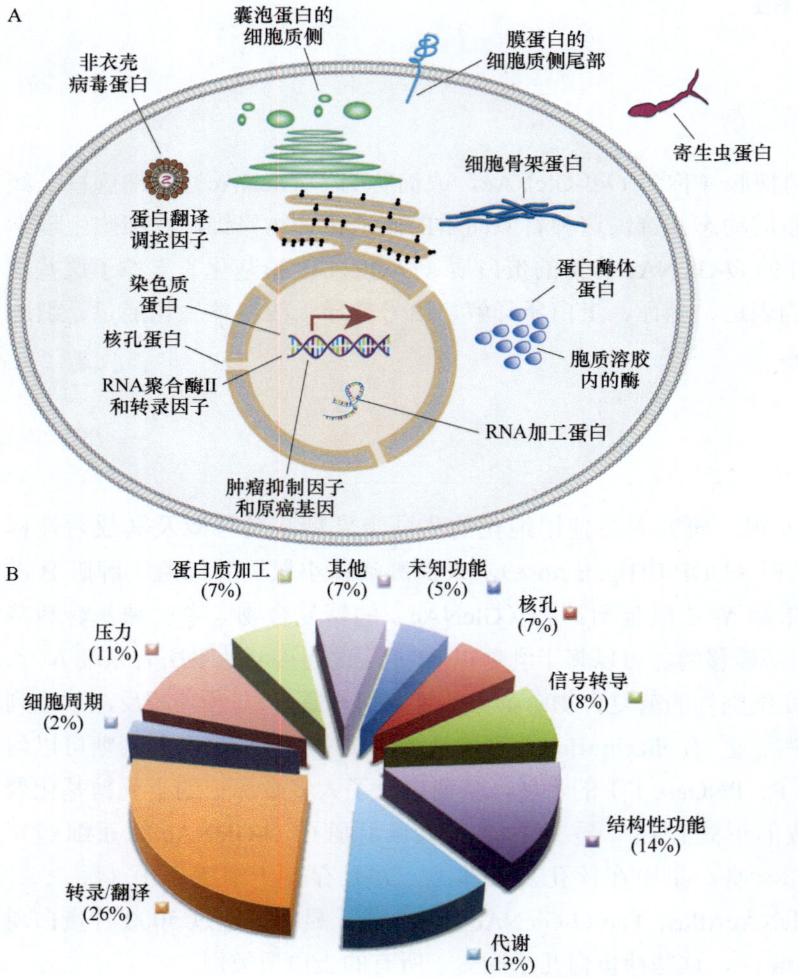

图 19.2 A. *O*-GlcNAc 糖基化蛋白出现在许多不同的细胞区室中。它们主要存在于细胞核内，但也存在于细胞质和线粒体中。*O*-GlcNAc 的亚细胞分布，与丝氨酸 / 苏氨酸 -*O*- 磷酸化的分布相似。B. *O*-GlcNAc 糖基化蛋白隶属于许多不同的功能类别。饼状图说明了迄今为止发现的 *O*-GlcNAc 糖基化蛋白的功能分布（A. 经许可重绘自 Comer FI，Hart GW. 2000. *J Biol Chem* 275：29179-29182. B. 重绘自 Love DC，Hanover JA. 2005. *Science STKE* 312：re13）。

表 19.1 经 *O*-GlcNAc 糖基化修饰的部分蛋白质

蛋白质类别	示例
核孔蛋白	p62 核孔蛋白，核孔蛋白 54（Nup54），核孔蛋白 155（Nup155），核孔蛋白 180（Nup180），核孔蛋白 153（Nup153），核孔蛋白 214（Nup214），核孔蛋白 358（Nup358）
表观遗传学和转录蛋白	转录因子 Sp1，c-fos 蛋白，转录因子 Jun（c-jun），CCAAT 盒结合转录因子（CTF），肝细胞核因子 -1（HNF1），v-ErbA 原癌基因，胰腺特异性转录因子（TF），血清应答因子，c-Myc 蛋白，p53 蛋白，雌激素受体，β- 联蛋白（β-catenin），核因子 -κB（NF-κB），E74 样因子 1（elf-1），pax-6 蛋白，增强子因子 D，人 C1 蛋白，转录因子 Oct1，斑珠蛋白（plakoglobin），Yin Yang 1 蛋白（YY1），胰腺和十二指肠同源框 1（PDX-1），环腺苷一磷酸（cAMP）反应元件结合蛋白（CREB），视网膜母细胞瘤（retinoblastoma，Rb），p107 蛋白，RNA 聚合酶 II，激活转录因子 2（ATF-2），宿主细胞因子 1（HCF-1），类固醇受体共激活因子 1（SRC-1），转导素样增强子 4（TLE-4），CCR4-NOT4 多聚体复合物，组蛋白 H2A，组蛋白 H2B，组蛋白 H3，组蛋白 H4，十 - 十一易位蛋白（TET）
RNA 结合蛋白	核不均一核糖核蛋白 G（hnRNP-G），尤因肉瘤（Ewing sarcoma）RNA 结合蛋白，EF4A1 蛋白，真核翻译延伸因子 1α（EF-1α），核糖体中的 RNA 结合基序蛋白 14，15（RBM14/RBM15）
磷酸酶、激酶、衔接蛋白	核酪氨酸磷酸酶 p65，酪蛋白激酶 II，胰岛素受体底物 1，胰岛素受体底物 2，糖原合成酶激酶 -3β（GSK3β），磷酸肌醇 3- 激酶（PI3K）的 p85 和 p110 亚基，蛋白激酶 C（PKC），蛋白激酶 B（AKT）和 Ca^{2+}/ 钙调蛋白依赖性蛋白激酶 γ（CamKIIγ）
细胞骨架蛋白	细胞角蛋白 8，细胞角蛋白 13，细胞角蛋白 18；神经纤维细丝 H 蛋白，神经纤维细丝 M 蛋白，神经纤维细丝 L 蛋白；band 4.1 蛋白，踝蛋白（talin），黏着斑蛋白（vinculin），锚蛋白（ankyrin），突触蛋白 1（synapsin 1），肌球蛋白（myosin），E- 钙黏蛋白（E-cadherin），丝切蛋白（cofilin），tau 蛋白，微管相关蛋白 1B（MAP1B），微管相关蛋白 2（MAP2），微管相关蛋白 4（MAP4）；动力蛋白（dynein），α- 微管蛋白（α-tubulin），衔接蛋白 3（AP3），衔接蛋白 180（AP180），β- 淀粉样蛋白前体蛋白，β- 突触核蛋白（β-synuclein），短笛蛋白（piccolo protein），血影蛋白（spectrin）β- 链，WNK-1 蛋白，含 PDZ 结构域的鸟嘌呤核苷酸交换因子（PDZ-GEF），突触足蛋白（synaptopodin），波形蛋白（vimentin），β- 肌动蛋白（β-actin）
分子伴侣	热激蛋白 27，α- 晶体蛋白（crystallin），热激同源 71 kDa 蛋白（HSC70），70 kDa 热激蛋白（HSP70），90 kDa 热激蛋白（HSP90），60 kDa 热激蛋白（HSP60）
代谢酶	内皮一氧化氮合成酶（eNOS），烯醇化酶，3- 磷酸甘油醛脱氢酶，磷酸甘油酸激酶，丙酮酸激酶，尿苷二磷酸 - 葡萄糖焦磷酸化酶，糖原合成酶，磷酸果糖激酶，葡萄糖 -6- 磷酸脱氢酶，糖酵解酶
其他调控蛋白	真核肽链起始因子 2，p67 蛋白，*O*-GlcNAc 转移酶（OGT），崩解反应介质蛋白 2（CRMP-2），泛素羧基水解酶（UCH），葡萄糖转运蛋白 1（GLUT1），膜联蛋白 1（annexin 1），核仁磷蛋白（nucleophosmin），多种蛋白酶体的亚基（包括 Rpt2 ATP 酶），Q04323 蛋白①，泛素羧基水解酶（UCH）同源物，Sec24、Sec23、Sec31 系列蛋白，Ran 蛋白，肽基脯氨酰异构酶，Rho 鸟苷二磷酸 - 解离抑制剂，γ- 氨基丁酸（GABA）受体相互作用蛋白，Milton 蛋白
病毒蛋白	腺病毒纤维蛋白，SV40 大 T 抗原，巨细胞病毒碱性磷酸蛋白，NS26 轮状病毒蛋白，杆状病毒外皮蛋白

O-GlcNAc 糖基化在以下几个方面不同于其他常见的蛋白质糖基化形式：① *O*-GlcNAc 主要发生在细胞核、线粒体和细胞质区室内；② *N*- 乙酰葡萄糖胺（GlcNAc）分子一般不会被延长或修饰，以形成更为复杂的结构；③ *O*-GlcNAc 糖基化在蛋白质的生命周期中被多次添加和移除，经常在底物上进行快速循环。值得注意的是，这种修饰在起源上不同于最近描述的、在含有**表皮生长因子重复序列（EGF repeat）**的蛋白质上发现的细胞外 *O*-GlcNAc 修饰（**第 13 章**）。催化 *O*-GlcNAc 连接到表皮生长因子重复序列的酶，即*表皮生长因子特异性 O- 连接 -N- 乙酰葡萄糖胺转移酶*（EGF-specific *O*-GlcNAc transferase，EOGT）位于内质网中，与催化黏蛋白样（mucin-like）糖基化的酶密切相关，但与催化 *O*-GlcNAc 糖基化添加过程的 *O-N- 乙酰葡萄糖胺转移酶*（*O*-GlcNAc transferase，OGT）无关。与发生在细胞内的 *O*-GlcNAc 糖基化不同，*O*-GlcNAc 对表皮生长因子重复序列的修饰是静态的，可以通过添加半乳糖（Gal）来延长糖链。

19.2 为何 *O*-GlcNAc 糖基化长期以来一直未被发现？

最近的研究表明，*O*-GlcNAc 修饰存在于数以千计的核蛋白、线粒体蛋白和细胞质蛋白上，包括许多经过深入研究的蛋白质，如 RNA 聚合酶 II、组蛋白和核糖体蛋白（图 19.2，表 19.1）。然而，尽管磷酸化早在 1954 年即被发现，但 *O*-GlcNAc 糖基化直到 1983 年才见诸报道。*O*-GlcNAc 糖基化一直未

① 即含 UBX 结构域蛋白 1（UBX domain-containing protein 1），因成书时尚未对该蛋白质进行命名，故使用联合蛋白数据库（Universal Protein Source，UniProt）蛋白数据库编号进行命名。

被发现的原因是什么？首先，传统观念认为，糖基化（除糖原储存外）不会发生在核细胞质区室中；其次，与带电修饰（如磷酸基团）不同，*O*-GlcNAc 的添加和去除通常不会影响多肽在**十二烷基硫酸钠聚丙烯酰胺凝胶电泳（sodium dodecyl sulfate polyacrylamide gel electrophoresis，SDS-PAGE）**上的迁移。如果 *O*-GlcNAc 残基高度聚集，或蛋白质在多个位点被广泛地 *O*-GlcNAc 糖基化（如在 p62 核孔蛋白中），则可能会出现蛋白质迁移的微小变化。再次，所有细胞都含有高水平的水解酶，包括丰富的溶酶体己糖胺酶（lysosomal hexosaminidase）和核细胞质 β-*N*-乙酰葡萄糖胺酶（nucleocytoplasmic β-*N*-acetylglucosaminidase），当细胞受损或被裂解时，它们会迅速从细胞内的蛋白质中清除 *O*-GlcNAc。因此，*O*-GlcNAc 经常在蛋白质的分离过程中丢失。最后，*O*-GlcNAc 极难通过物理技术（如质谱法）进行检测，因为它经常以亚化学计量含量（substoichiometric amount）出现在蛋白质上，并且在质谱仪的电离过程中极易丢失。在使用**电喷雾电离（electrospray ionization，ESI）**质谱法和**基质辅助激光解吸 / 电离飞行时间（matrix-assisted laser desorption/ionization time of flight，MALDI-TOF）**质谱法分析未修饰的多肽与 *O*-GlcNAc 修饰的多肽混合物时，不仅 *O*-GlcNAc 在电离过程中丢失，那些来自未丢失 *O*-GlcNAc 修饰多肽的信号，也会因未修饰肽的存在而被抑制。近年来，通过开发结合 *O*-GlcNAc 的单克隆抗体、凝集素和糖苷水解酶突变体，使用与**"点击化学"（click chemistry）**相适配的糖（**第 51 章、第 56 章**），利用更为复杂的质谱技术如**电子转移解离（electron transfer dissociation，ETD）**质谱法等研究手段，研究人员检测 *O*-GlcNAc 的能力得到了长足的进步。

19.3 控制 *O*-GlcNAc 糖基化循环的酶

哺乳动物中，*O*-GlcNAc 在蛋白质上的动态循环，由仅两个基因编码的酶的协同作用进行调控：*O*-*N*-乙酰葡萄糖胺转移酶（OGT）和中性的 β-己糖胺酶［即 *O*-*N*-乙酰葡萄糖胺水解酶（*O*-GlcNAcase，OGA）］（图 19.1）。转录起始位点和可变剪接的调控，实现了细胞中至少三种 OGT 亚型和两种 OGA 亚型的合成。尽管如此，问题仍然存在——如此少的酶，如何能特异性地糖基化和去糖基化如此多的底物？虽然 OGT 和 OGA 各自都仅有一个催化亚基，但它们实际上以多种不同的**全酶（holoenzyme）**形式存在于细胞中，其中的催化亚基能够与多种辅助蛋白非共价结合，而靶向性似乎受这些辅助蛋白的控制（图 19.3）。此外，OGT 和 OGA 都能够被酪氨酸和丝氨酸 / 苏氨酸磷酸化、亚硝基化、泛素化和 *O*-GlcNAc 糖基化修饰。其中一些翻译后修饰的功能已被确认，包括底物靶向、改变蛋白质的定位和比活性（specific activity）①。值得注意的是，细胞的 *O*-GlcNAc 水平控制了 OGT 和 OGA 的 mRNA 成熟，进而控制了每一种酶的丰度。因此，当 *O*-GlcNAc 糖基化水平升高时，OGT 的丰度被抑制，而 OGA 的丰度会增加；相反，为应对低水平的 *O*-GlcNAc 修饰，OGA 的丰度被抑制，而 OGT 的水平则会提高。

19.3.1 *O*-GlcNAc 转移酶

尿苷二磷酸-N-乙酰葡萄糖胺：多肽 β-N-乙酰葡萄糖胺转移酶（uridine diphospho-*N*-acetylglucosamine：polypeptide β-*N*-acetylglucosaminyltransferase，OGT）（EC 2.4.1.255）②，将来自尿苷二磷酸-*N*-乙酰葡萄糖胺（UDP-GlcNAc）中的 *N*-乙酰葡萄糖胺（GlcNAc）添加到特定的丝氨酸（Ser）或苏氨酸（Thr）残基，以形成 β-*O*-糖苷连键。该酶首先自大鼠肝脏中被鉴定和纯化，随后在大鼠、人类、**秀丽隐杆线虫**

① 每个质量单位所含活性单位的数目，如每毫克蛋白质所含酶单位数。

② 由国际生物化学与分子生物学联盟（IUBMB）酶学委员会（Enzyme Commission，EC）分配的一组编号。

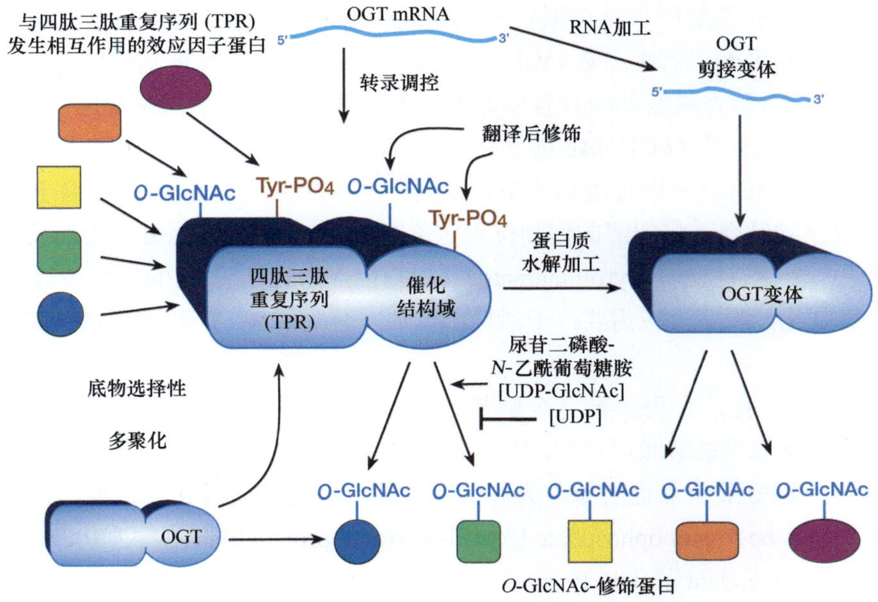

图 19.3　*O-N-* 乙酰葡萄糖胺转移酶（OGT）受到多种复杂机制的调控，包括该蛋白质表达的转录水平调控、mRNA 的差异剪接、蛋白水解加工、翻译后修饰，以及与自身和其他蛋白质的多聚化。 OGT 的靶标特异性受到能够与四肽三肽重复序列（TPR）结合的多种蛋白的调控。然而，*O*-GlcNAc 水平最重要的调控因素，是其供体底物尿苷二磷酸 -*N*- 乙酰葡萄糖胺（UDP-GlcNAc）的可供应量。缩写：酪氨酸（Tyr）；尿苷二磷酸（UDP）（经许可重绘自 Comer FI，Hart GW. 2000. *J Biol Chem* 275：29179-29182）。

（*Caenorhabditis elegans*）和其他生物体中实现了分子克隆。*OGT* 基因位于着丝粒附近的 X 染色体上（人类的 Xq13），是从蠕虫到人类保守程度最高的蛋白质之一。无论是在 OGT 的**四肽三肽重复序列（tetratricopeptide repeat，TPR）**还是在催化结构域（catalytic domain）发生突变，都会导致人类 X 染色体相关的智力障碍。迄今为止，OGT 的三种亚型已经得到了详尽的表征：①核细胞质 OGT 亚型（nucleocytoplasmic OGT，ncOGT），或称全长变体，分子质量为 110 kDa；②短 OGT 亚型（short OGT，sOGT），分子质量为 78 kDa；③靶向线粒体的 OGT 变体亚型（mitochondria OGT，mOGT），分子质量约 90 kDa。在细胞核和细胞质中，OGT 似乎形成了多聚体，由一个或多个 110 kDa 亚基和 78 kDa 亚基组成。研究人员已经开发出几种有效的 OGT 小分子抑制剂，包括 OSMI-4b、$Ac_4$5SGlcNAc 和 5SGlcNHex，其中最后一种在动物模型中依然有效。然而，这些抑制剂也存在着一些脱靶效应，可能是因为它们对其他使用尿苷二磷酸 -*N*- 乙酰葡萄糖胺（UDP-GlcNAc）的酶造成了一定的影响。

核细胞质 OGT 亚型（ncOGT）有两个不同的结构域，二者被一个推定的核定位序列分隔开来。每个 OGT 亚基的氨基末端都含有四肽三肽重复序列，其数量最多可达 13 个，并且具有物种依赖性。上述三种变体之间的主要差异在于四肽三肽重复序列的数量。人类核细胞质 OGT 亚型（ncOGT）四肽三肽重复序列结构域的晶体结构表明，这些重复序列以堆叠的 α 螺旋结构域（stacked α-helical domain）形式出现，形成管状结构，与一种名为输入蛋白 -α（importin-α）的核转运蛋白的犰狳重复结构域（armadillo repeat domain）有着显著的结构相似性。四肽三肽重复序列结构域介导了 OGT 亚基的多聚化，并充当了蛋白质 - 蛋白质相互作用的支架，其中也包括蛋白质与底物之间的相互作用（图 19.3）。

OGT 的糖基转移反应通过一个有序的双 - 双机理（bi-bi mechamism）[①]进行，OGT 首先与尿苷二磷酸 -*N*- 乙酰葡萄糖胺（UDP-GlcNAc）结合。四肽三肽重复序列结构域是底物结合、酶活性和稳定性所必需的。

① 一种由单一酶催化的、涉及两个底物和两个产物的反应。

最近的研究表明，四肽三肽重复序列结构域中的氨基酸残基，对于与底物的相互作用至关重要。该发现很可能能支持这样的观察结果：尽管缬氨酸（Val）和丙氨酸（Ala）分别在糖基化位点的 –3 位和 +2 位上是首选的氨基酸，且 –4 位对芳香族氨基酸具有偏好性，但是并没有严格的**共识基序（consensus motif）**来决定 OGT 的糖基化。除了催化 *O*-GlcNAc 糖基化外，OGT 还具有一项显著的能力，能够对宿主细胞因子 -1（host cell factor-1，HCF-1）进行蛋白水解，这是一种调节细胞周期的转录因子。宿主细胞因子 -1 可以与四肽三肽重复序列结合，将裂解的切割位点定位在 OGT 的活性位点处。裂解发生在半胱氨酸和谷氨酸残基之间，产生一个焦谷氨酸（pyroglutamate）。切割位点的谷氨酸（Glu）会被转化为丝氨酸（Ser），然后被 *O*-GlcNAc 糖基化。裂解反应需要位于活性部位的尿苷二磷酸 -*N*- 乙酰葡萄糖胺，它也参与了这一催化机制。

OGT 的调控过程相当复杂且仍未被完全解析。OGT 自身也会被 *O*-GlcNAc 糖基化和酪氨酸磷酸化（图 19.3）。酪氨酸磷酸化似乎能够激活该酶，但 *O*-GlcNAc 糖基化对 OGT 的作用尚不清楚。最近的研究表明，OGT 上的丝氨酸 / 苏氨酸位点也能够作为磷酸化的靶标，受到磷酸化的调控。据报道，腺苷一磷酸活化蛋白质激酶（adenosine 5′-monophosphate [AMP]-activated protein kinase，AMPK）、钙调蛋白依赖性蛋白激酶 IV（calmodulin-dependent protein kinase IV，CAMKIV）、钙调蛋白依赖性蛋白激酶 II（calmodulin-dependent protein kinase II，CAMKII）和糖原合成酶激酶 3β（glycogen synthase kinase 3β，GSK3β）均能够对 OGT 进行磷酸化修饰，从而改变 OGT 的定位或活性。纯化或重组的 OGT，能够对已知位点的、源自 *O*-GlcNAc 糖基化蛋白的合成短肽进行糖基化，但 OGT 似乎需要**辅助蛋白（accessory protein）**来有效地修饰诸多全长的蛋白底物。

OGT 使用的高能核苷酸糖是尿苷二磷酸 -*N*- 乙酰葡萄糖胺（UDP-GlcNAc），它由**己糖胺生物合成途径（hexosamine biosynthetic pathway，HBP）**合成。由于葡萄糖水平或某些上游的刺激［如**未折叠蛋白质应答（unfolded protein response，UPR）**］，己糖胺生物合成途径代谢分子流（flux）的增加已被证实能够调节 *O*-GlcNAc 水平（图 19.4）。当 *N*- 乙酰葡萄糖胺转移到蛋白质上时，尿苷二磷酸（UDP）获得释放，并有效地充当了 OGT 的反馈抑制剂。在迅速去除尿苷二磷酸的条件下（与细胞中所发生的情况一致），OGT 的活性取决于尿苷二磷酸 -*N*- 乙酰葡萄糖胺（UDP-GlcNAc）的水平，其浓度的覆盖范围很广（从几 nmol/L 到＞ 50 mmol/L）。值得注意的是，OGT 的底物特异性似乎会在不同的尿苷二磷酸 -*N*- 乙酰葡萄糖胺浓度下发生变化，这表明 OGT 以依赖于营养状态的方式调控着细胞过程。

19.3.2 *O*-GlcNAc 水解酶

核细胞质中的 *O*-*N*- 乙酰葡萄糖胺水解酶（*O*-GlcNAcase，OGA）（EC 3.2.1.169）最初被鉴定为中性的细胞质己糖胺酶，称为己糖胺酶 C（hexosaminidase C）。OGA 可以从大鼠肾脏和牛脑中纯化获得，研究人员已经利用多肽序列信息克隆了人类中的 *OGA* 基因。*OGA* 基因被发现与 *MGEA5* 基因相同，而 *MGEA5* 的表达产物是一种推定的透明质酸酶，与脑膜瘤有关。OGA 有两种详尽表征的亚型——短 OGA 亚型（short OGA）和全长 OGA 亚型（full-length OGA），它们似乎是通过**可变剪接（alternative splicing）**产生的。短 OGA 亚型与全长 OGA 亚型（916 个氨基酸）的前 662 个氨基酸相同，但它的羧基末端序列被长度为 15 个氨基酸的序列替代。序列和结构分析表明，OGA 包含了一个氨基末端己糖胺酶结构域（hexosaminidase domain）和一个位于羧基末端，与组蛋白乙酰基转移酶（histone acetyltransferase，HAT）GCN5 蛋白具有同源性的结构域，两个结构域由间插序列（intervening sequence）进行分隔。OGA 可形成一种不同寻常的臂挽臂型（arm-in-arm）同型二聚体，由间插序列内的螺旋结构介导二聚化的产生。二聚化对于酶的活性和底物结合裂隙（substrate binding cleft）的形成至关重要。值得注意的是，组蛋白乙酰基转移酶结构域

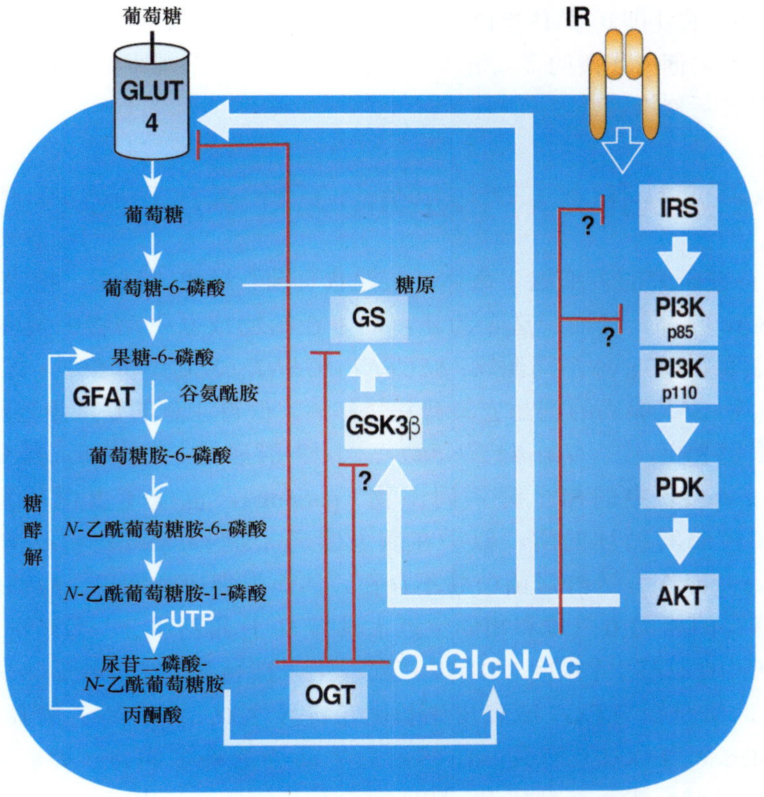

图 19.4 提高 *O*-GlcNAc 水平会导致在多个节点阻断胰岛素信号传递。经葡萄糖转运蛋白（GLUT）[如胰岛素敏感细胞中的葡萄糖转运蛋白 4（glucose transporter 4，GLUT4）] 摄入的葡萄糖，通过己糖胺生物合成途径（占葡萄糖总使用量的 2% ～ 5%），产生 *O*-GlcNAc 糖基化所需的供体尿苷二磷酸 -*N*- 乙酰葡萄糖胺（UDP-GlcNAc）。通过增加 *O*-GlcNAc 转移酶（OGT）的活性、增加进入己糖胺生物合成途径的代谢分子流（flux）、或降低 *O*-GlcNAc 水解酶（OGA）的活性来人为地提高 *O*-GlcNAc 糖基化，会导致多种 2 型糖尿病的症状。值得注意的是，在几个早期步骤中，*O*-GlcNAc 水平的升高阻断了胰岛素信号传递和胰岛素刺激的葡萄糖摄取，并阻止胰岛素激活糖原合成酶。缩写：谷氨酰胺：果糖氨基转移酶（GFAT），胰岛素受体（IR），胰岛素受体底物（IRS），磷脂酰肌醇 3- 激酶（PI3K），磷脂酰肌醇 3- 激酶 p85、p110 亚基（p85、p110），3- 磷酸肌醇依赖性蛋白激酶（PDK），蛋白激酶 B（AKT），糖原合成酶激酶 -3β（GSK3β），糖原合成酶（GS），尿苷三磷酸（UTP）（经 John Wiley and Sons 许可重绘自 Slawson C，Housley MP，Hart GW. 2006. *J Cell Biochem* 97：71-83）。

中缺乏结合乙酰辅酶 A（acetyl-CoA）所需的基序，表明它缺乏组蛋白乙酰基转移酶活性。与 OGT 一样，OGA 被认为受到其相互作用蛋白、翻译后修饰及细胞内定位的调控。一系列高效的抑制剂可以在体外和体内对 OGA 进行有效地抑制。尽管许多抑制剂对溶酶体己糖胺酶表现出一些交叉反应性，但化合物 ***N*- 乙酰葡萄糖胺抑素 B（GlcNAcstatin B）**和**硫杂蛋氨酰葡萄糖（Thiamet-G）**对 OGA 具有选择性抑制效果。

19.4 O-GlcNAc 糖基化是一种高度动态的修饰方式

与糖蛋白上成熟的 *N*- 聚糖和 *O*- 聚糖相对静态的属性不同，*O*-GlcNAc 在大多数底物上快速往复地循环。早期研究表明，淋巴细胞的有丝分裂原或抗原激活，会迅速降低许多细胞质蛋白的 *O*-GlcNAc 糖基化，但同时会增加许多核蛋白的 *O*-GlcNAc 糖基化。同样，中性粒细胞被证明在响应趋化剂的过程中，快速地调节了几种蛋白质的 *O*-GlcNAc 糖基化。最近，*O*-GlcNAc 循环的变化已被证明是对细胞应激、细胞周期、发育阶段、神经元去极化、营养感应和胰岛素信号转导做出的响应。**脉冲 - 追踪实验（pulse-chase）**分析表明，晶状体中的小热激蛋白［即α-晶体蛋白（α-crystallin）］和中间丝蛋白［即细胞角蛋白（cytokeratin）］上的 *O*-GlcNAc 残基，比它们所连接的多肽链本身周转得更快。这些观察结果表明，*O*-GlcNAc 是一种类似于磷酸化的调节性翻译后修饰。

19.5 *O*-GlcNAc 糖基化在后生动物中无处不在且必不可少

迄今为止，在所有被研究的多细胞生命体（从丝状真菌、蠕虫、昆虫、植物到人类）中，都发现了核细胞质 *O*-β-GlcNAc 修饰。然而，迄今为止，尚未在植物或原生动物中发现 OGA 的直系同源物（ortholog）。植物编码两个 OGT 旁系同源物：*SECRET AGENT*（*SEC*）和 *SPY*。奇怪的是，*SEC* 编码的是 *O*-GlcNAc 转移酶，而 *SPY* 编码的则是岩藻糖基转移酶。值得注意的是，**盘基网柄菌**（***Dictyostelium discoideum***）、**蓝氏贾第鞭毛虫**（***Giardia lamblia***）、**小隐孢子虫**（***Cryptosporidium parvum***）和**刚地弓形虫**（***Toxoplasma gondii***）中的 SPY 旁系同源物（paralog），也能使蛋白质发生岩藻糖基化。迄今为止，*O*-GlcNAc 和控制其循环的酶，似乎在**酿酒酵母**（***Saccharomyces cerevisiae***）或**粟酒裂殖酵母**（***Schizosaccharomyces pombe***）等酵母菌中并不存在。然而近期研究发现，酿酒酵母在与多细胞生物中发现的 *O*-GlcNAc 修饰的相同蛋白质和相同位点上具有 *O*- 甘露糖组分。最近的数据表明，*O*-GlcNAc 修饰也存在于部分种属的原核生物中，如**单核细胞增生李斯特氏菌**（***Listeria monocytogenes***）。目前尚不清楚负责这种修饰的酶是否与 OGT 或表皮生长因子特异性 *O*- 连接 -*N*- 乙酰葡萄糖胺转移酶（EGF-specific *O*-GlcNAc transferase，EOGT）有关。在感染后生动物的许多病毒（如腺病毒、SV40 病毒、巨细胞病毒、轮状病毒、杆状病毒、李痘病毒、HIV 病毒及其他病毒）中，也发现了 *O*-GlcNAc 修饰的蛋白质。在病毒中，*O*-GlcNAc 并非定位于发现了“经典”*N*- 聚糖或 *O*- 聚糖的病毒外层衣壳（caspid）上（**第 42 章**），而是在病毒深部、被膜（tegument）和其他接近核酸组分的调控蛋白上发现了 *O*-GlcNAc 糖基化修饰。

拟南芥的遗传学研究及随后的生物化学研究表明，*SEC* 基因调控生长激素（赤霉素）的信号传递；随后的研究确定了 *SEC* 编码一种 *O*-β-GlcNAc 转移酶。*SEC* 的突变导致严重的生长缺陷表型，但它们并不致死。有趣的是，*SEC* 和编码 OGT 相关岩藻糖转移酶的旁系同源 *SPY* 基因的同时突变是致死的。对水稻、马铃薯和其他植物的研究也表明，*O*-GlcNAc 糖基化对生长调节非常重要。

哺乳动物和昆虫似乎只有一个编码 *OGT* 催化亚基的基因。在小鼠中使用 Cre-*loxP* 系统进行的条件性基因阻断（conditional gene disruption），证明了 *OGT* 是胚胎干细胞生存所必需的基因。在小鼠中进行组织靶向阻断（tissue-targeted disruption），以及在细胞培养中对 *OGT* 表达进行阻断，确定了 *O*-GlcNAc 糖基化对许多哺乳动物细胞类型在单细胞水平的生存能力至关重要。阻断秀丽隐杆线虫中的 *OGT*，会导致碳水化合物代谢缺陷、线虫耐久型（dauer）形成异常以及线虫寿命缩短。在果蝇中，OGT 的直系同源物——超性别梳（super sex combs，sxc）蛋白中的纯合突变体，在晚期幼虫阶段（late larval stage）能够存活 5 天以上，但随后在蛹状态下死亡。在成年小鼠大脑中，对钙调蛋白依赖性蛋白激酶 II（αCAMKII）阳性（兴奋性）神经元中的 *OGT* 进行靶向诱导性缺失，会导致小鼠因饱腹感缺陷而产生病态肥胖，进一步支持了 *O*-GlcNAc 糖基化作为营养传感器（nutrient sensor）的作用。后生动物中 *OGT* 的高度同源性和保守性，使得编码人类 OGT 序列的转基因，可用来拯救 *OGT* 无效（*OGT* null）的**黑腹果蝇**（***Drosophila melanogaster***）。最近，研究人员在秀丽隐杆线虫和哺乳动物模型中，均成功实现了对 OGA 的阻断。与 OGT 无效基因一样，秀丽隐杆线虫的 OGA 无效基因具有碳水化合物代谢缺陷和线虫耐久型形成异常。与 OGT 无效基因相比，OGA 被阻断的秀丽隐杆线虫的寿命得到了延长。在小鼠模型中，OGA 的缺失会导致围产期致死、基因组不稳定以及严重的表观遗传和代谢表型。OGA 杂合小鼠在转录和代谢方面表现出广泛的变化，并且对葡萄糖代谢的依赖性增强。

19.5.1 O-GlcNAc 糖基化存在于多种蛋白质中

来自几乎所有细胞区室的 O-GlcNAc 糖基化蛋白，已经被诸多的实验室研究报道，这些蛋白质涵盖了几乎所有的功能类型（图 19.2，表 19.1）。事实上，在最新的一些数据库中，包含了逾 6000 种 O-GlcNAc 糖基化蛋白，其中有超过 7000 多个位点得以描绘和确证（O-GlcNAcAtlas；O-GlcNAc Database）。O-GlcNAc 糖基化在细胞核内特别丰富，并出现在转录调控机器（transcriptional regulatory machinery）上，包括 RNA 聚合酶 II 催化亚基中的羧基末端结构域（carboxy-terminal domain，CTD），以及基础转录因子、其他转录因子、组蛋白、染色质修饰蛋白、mRNA 生物发生蛋白和 DNA 甲基转移酶。O-GlcNAc 糖基化在参与信号转导、应激反应和能量代谢的蛋白质上似乎也特别丰富。线粒体内近 90 种蛋白质被 O-GlcNAc 糖基化动态修饰，在电子传递链中浓度最高。O-GlcNAc 修饰还出现在许多细胞骨架调控蛋白上，如包括黏着斑蛋白（vinculin）、踝蛋白（talin）、波形蛋白（vimentin）、锚蛋白（ankyrin）在内的那些调节肌动蛋白组装的功能蛋白，以及包括微管相关蛋白（microtubule-associated protein，MAP）、动力蛋白（dynein）和 tau 蛋白在内的那些调节微管蛋白组装的功能蛋白上；甚至 α- 微管蛋白（α-tubulin）自身也被 O-GlcNAc 动态修饰，但化学计量似乎很低。大脑中的细胞角蛋白（cytokeratin）和神经纤维细丝（neurofilament）等中间纤丝（intermediate filament）也被 O-GlcNAc 大量修饰。

19.6 O-GlcNAc 糖基化与 O- 磷酸化具有复杂的动态相互作用

对翻译后修饰位点的研究表明，蛋白激酶和 OGT 通常可以修饰同一个丝氨酸和苏氨酸残基，表明这两种翻译后修饰之间存在着复杂的相互作用，从而对信号转导网络进行微调。事实上，负责去除 O- 磷酸化的主要酶——蛋白磷酸酶 1β 和蛋白磷酸酶 γ，可以与 OGT 形成动态复合物。这表明在许多情况下，相同的酶复合物既可以去除 O- 磷酸化，又能够同时连接 O-GlcNAc 修饰（图 19.1）。蛋白质中的磷酸化和 O-GlcNAc 糖基化表现出竞争性的一个例子是 RNA 聚合酶 II 的羧基末端重复结构域（CTD，氨基酸序列：YSPTSPS），每个重复域可以包含多达三个 O-GlcNAc 残基。在转录周期的起始步骤后，CTD 上的 O-GlcNAc 被去除，并被替换为 O- 磷酸基团，从而启动转录的延伸阶段（elongation phase）。体外研究表明，具有多达 10 个 CTD 重复序列（包含 70 个氨基酸）的合成多肽，即使仅仅含有 1 个 O-GlcNAc 分子，都无法被 CTD 激酶磷酸化；相反，即使有 1 个 CTD 重复序列中含有单个 O- 磷酸残基，这些 CTD 肽也无法被 O-GlcNAc 糖基化。

在某些蛋白质（如酪蛋白激酶 II）上，O-GlcNAc 糖基化和 O- 磷酸化分别出现在不同但相邻的位点上，但它们似乎仍然存在着相互作用。然而在其他蛋白质上，O-GlcNAc 糖基化和 O- 磷酸化之间的动力学关系仍不清楚。例如，在细胞角蛋白（cytokeratin）上，O-GlcNAc 糖基化和 O- 磷酸化似乎是独立调控的，但可能在相同多肽的、完全不同的子集上彼此互斥地发生。最近的数据显示，许多激酶也存在 O-GlcNAc 糖基化修饰，并且糖基化可以改变激酶活性及其与底物的结合，这使得糖基化和磷酸化之间的关系进一步复杂化。

19.7 O-GlcNAc 糖基化的生物学功能

与其他翻译后修饰一样，O-GlcNAc 糖基化的具体功能取决于该分子所连接的蛋白质和位点。尽管如此，O-GlcNAc 修饰如同变阻器一样，调节了蛋白质的活性、定位和相互作用，以响应环境、营养和发育中的关键线索。该聚糖参与调控了几乎所有的细胞过程，包括转录、翻译和线粒体功能。

19.7.1 *O*-GlcNAc 糖基化调控表观遗传学和转录

全基因组研究表明，在秀丽隐杆线虫的数千个启动子上，发现了 OGT、OGA 和 *O*-GlcNAc 糖基化修饰。OGT 或 OGA 的缺失会对转录产生深远而复杂的影响。与 *O*-GlcNAc 修饰的关键作用一致，从秀丽隐杆线虫（L1 阶段）中删除 OGT，会导致 299 个转录物（transcript）的上调和 389 个转录物的抑制，而删除 OGA 会导致 218 个转录物的上调和 291 个转录物的抑制。这些复杂的影响可能源于在 RNA 聚合酶 II 和基础转录复合体上观察到的 *O*-GlcNAc 修饰。此外，*O*-GlcNAc 修饰直接调节多种转录因子的活性，包括转录因子 Sp1 蛋白、雌激素受体、信号转导和转录激活因子 5（signal transducer and activator of transcription 5，STAT5）、核因子 -κB（nuclear factor-κB，NF-κB）、p53 肿瘤蛋白、Yin Yang 1 蛋白（YY1）、E74 样因子 1（E74-like factor 1，elf-1）、c-Myc 蛋白、视网膜母细胞瘤（retinoblastoma，Rb）、胰腺和十二指肠同源框 1（pancreatic and duodenal homeobox 1，PDX-1）、环腺苷一磷酸反应元件结合蛋白（cAMP response element binding，CREB）、叉头蛋白（forkhead）及其他蛋白。

除直接调节转录外，*O*-GlcNAc 还与介导**表观遗传学（epigenetics）**的过程密切相关。例如，最近的研究表明，组蛋白（histone）H2A、H2B、H3 和 H4 均被 *O*-GlcNAc 糖基化修饰。此外，许多表观遗传调控因子本身也被 *O*-GlcNAc 修饰，或与 OGT/OGA 结合。OGT 能够与调节 DNA 甲基化的十 - 十一易位（ten-eleven translocation，TET）蛋白、小鼠成对两亲性螺旋蛋白 Sin3A/ 组蛋白去乙酰酶（mouse paired amphipathic helix protein Sin3a/histone deacetylase，mSin3A/HDAC）复合物，以及多梳家族（polycomb group，PcG）蛋白结合。在果蝇中，OGT 在多梳抑制中发挥作用。OGT 与多梳抑制性复合体 2（polycomb repressive complex 2，PRC2）的结合，对于维持 DNA 甲基化和抑制转录至关重要。

19.7.2 *O*-GlcNAc 糖基化调控蛋白质翻译、稳定性和蛋白周转

O-GlcNAc 糖基化似乎可以在各个阶段调节蛋白质的表达、稳定性和蛋白周转。第一，至少在 34 种充分表征的核糖体蛋白以及几种相关的翻译因子上存在着 *O*-GlcNAc 糖基化。第二，真核起始因子 2（eukaryotic initiation factor 2，eIF2）的活性，受其与 p67 蛋白结合的调控。p67 蛋白的 *O*-GlcNAc 糖基化可以阻止 eIF2 的磷酸化，从而促进翻译的进行。第三，真核翻译起始因子 4E 结合蛋白 1（eukaryotic translation initiation factor 4E-binding protein 1，4E-BP1）的 *O*-GlcNAc 糖基化，促进了其与真核翻译启动因子 4E（eukaryotic translation initiation factor 4E，eIF4E）的结合，从而促进不依赖于 7- 甲基鸟苷三磷酸帽（7-methyl-GTP-cap）的翻译。第四，据报道，*O*-GlcNAc 糖基化可以防止蛋白质聚集，这在神经系统变性疾病模型和损伤期间非常重要。第五，据报道，蛋白质的 *O*-GlcNAc 糖基化会增加其半衰期，实验结果表明，这是由于 *O*-GlcNAc 糖基化能够使刚完成翻译过程的蛋白质的稳定性增加、蛋白酶体活性受到抑制、蛋白质降解的靶向性减少。第六，26S 蛋白酶体（26S proteasome）自身似乎也被 *O*-GlcNAc 修饰。研究人员近期对 26S 蛋白酶体的蛋白质组学分析表明，催化核心的 19 种蛋白质中的 5 种及调控核心的 14 种蛋白质中的 9 种，均被 *O*-GlcNAc 修饰。Rpt2 腺苷三磷酸水解酶（Rpt2 ATPase）是蛋白酶体 19S 帽的组分之一，当它的 *O*-GlcNAc 糖基化修饰增加时，能够阻断其腺苷三磷酸水解酶（ATPase）活性，从而减少了蛋白酶体催化的降解过程。有研究人员认为，蛋白酶体的 *O*-GlcNAc 糖基化使得细胞能够通过控制氨基酸的可供应量（availability），以及改变关键调控蛋白的半衰期来响应代谢需求。

19.7.3 *O*-GlcNAc 糖基化与神经系统变性疾病相关

葡萄糖代谢受损与几种**神经系统变性疾病**（**neurodegenerative disease**）的发生有关，其中一个特征是关键蛋白的 *O*-GlcNAc 糖基化减少。OGT 和 OGA 与**帕金森氏肌张力障碍**（**Parkinson's dystonia**）和迟发性的**阿尔茨海默病**（**Alzheimer's disease，AD**）相关基因座相连，表明这些酶的表达和活性变化可能导致神经系统变性疾病的发生。与动物模型中观察到的 *O*-GlcNAc 糖基化减少会加剧阿尔茨海默病、**额颞叶痴呆症**（**frontotemporal dementia**）和**帕金森综合征**（**Parkinsonism**）的副作用相一致，若增加 *O*-GlcNAc 糖基化水平，可以人为地减少斑块的形成，改善模型小鼠的认知能力。

阿尔茨海默病的特征是淀粉样蛋白肽 β1-42（amyloid peptide β1-42）的产生和寡聚化，它由 β- 淀粉样蛋白前体蛋白（amyloid-β precursor protein）的蛋白水解加工而来。脑脊液中淀粉样肽（amyloid peptide）的出现，伴随着葡萄糖代谢的减少以及 tau 蛋白的过度磷酸化和寡聚化。过度磷酸化的 tau 蛋白最终会分泌到脑脊液中，在其中聚集形成有毒的神经原纤维缠结（neurofibrillary tangle），即双股螺旋细丝 -tau 蛋白（paired helical filament-tau，PHF-tau）。这些事件在神经变性和脑萎缩之前发生。在分子水平上，*O*-GlcNAc 糖基化被认为可以在以下几个方面抵消阿尔茨海默病的影响。首先，γ- 分泌酶（γ-secretase）的 *O*-GlcNAc 糖基化能够抑制其活性，减少淀粉样肽 β1-42 的产生。其次，在 tau 蛋白上，*O*-GlcNAc 糖基化和磷酸化似乎是相互影响的。最近对 tau 蛋白的研究已经确定，*O*-GlcNAc 糖基化在体外和体内均以位点特异性的方式对其 *O*- 磷酸化进行负调控。这些数据表明，*O*-GlcNAc 糖基化可以抑制 tau 蛋白的磷酸化，从而减少有毒的双股螺旋细丝 -tau 蛋白的形成。最后，与未修饰的 tau 蛋白相比，经历 *O*-GlcNAc 糖基化的 tau 蛋白似乎不大可能在体外聚集。这些数据表明，*O*-GlcNAc 修饰不仅可以防止 tau 蛋白过度磷酸化所引起的毒性，而且 *O*-GlcNAc 修饰的存在还可以稳定 tau 蛋白的结构。抑制 *O*-GlcNAc 水解酶以提高 *O*-GlcNAc 糖基化表达量的药物，已在小鼠阿尔茨海默病模型中显示出疗效，并且正在进行人体临床试验。

据报道，*O*-GlcNAc 糖基化可调控与神经系统变性疾病相关的其他蛋白质。与 tau 蛋白一样，使用表达蛋白连接法（expressed protein ligation）的研究表明，*O*-GlcNAc 糖基化减少了 α- 突触核蛋白（α-synuclein）的聚集，进而减少了导致帕金森病的分子病变。低 *O*-GlcNAc 糖基化的神经纤维细丝出现在**卢 · 贾里格病**（**Lou Gehrig's disease**）（渐冻症）[即**肌萎缩性脊髓侧索硬化症**（**amyotrophic lateral sclerosis，ALS**）] 和**运动神经元病**（**motor neuron disease，MND**）患者的神经元中。在**巨轴突神经病**（**giant axonal neuropathy**）患者中，神经纤维细丝蛋白的积累和聚集会损害神经元的功能与活力。最近，巨轴突蛋白（gigaxonin）的 *O*-GlcNAc 糖基化，已被证明可以促进神经纤维细丝的周转，这表明可能存在着葡萄糖代谢和 *O*-GlcNAc 糖基化缺陷影响蛋白质稳态，进而影响疾病进展的另一种机制。用于网格蛋白组装的蛋白质——衔接蛋白 3（AP3）和衔接蛋白 180（AP180）均被 *O*-GlcNAc 糖基化修饰，并且这些修饰在阿尔茨海默病中下降，这表明 *O*-GlcNAc 修饰的减少与突触小泡循环的丧失相关。总之，目前的数据表明，*O*-GlcNAc 修饰在正常神经元功能和神经系统变性疾病的病理分子机制中具有潜在的重要作用。

19.7.4 *O*-GlcNAc 糖基化升高是糖尿病和葡萄糖毒性的基础

也许研究人员了解最为透彻的 *O*-GlcNAc 糖基化功能，是它在调节胰岛素信号传递和作为葡萄糖毒性介质方面的作用（图 19.4）。己糖胺生物合成途径（HBP）在营养物质的感知中具有独特的地位，它可以协调细胞的代谢，以响应核苷酸水平、乙酰辅酶 A 水平、氮代谢水平（通过谷氨酰胺）和葡萄糖水平。己糖胺生物合成途径中的代谢分子流（flux）以及随后 *O*-GlcNAc 糖基化水平的变化，被认为介导了信号通路根据细胞的营养状态诱导适当的响应。例如，控制胰岛素转录的胰岛 β 细胞转录因子［胰腺和十二指肠同源框 1（PDX-1）］的 *O*-GlcNAc 糖基化增加，能够增加其对 DNA 的亲和力，导致胰岛素原（proinsulin）的转录增加。

第一项将葡萄糖胺代谢与葡萄糖在糖尿病中的毒性直接关联的研究表明，在体外培养的脂肪细胞中，葡萄糖胺比葡萄糖能够更有效地诱导胰岛素抵抗，这是**2 型糖尿病（type 2 diabetes）**（旧称为成人发病型糖尿病或非胰岛素依赖型糖尿病）的标志之一。这些研究还表明，葡萄糖诱导胰岛素抵抗的能力，可以被脱氧正亮氨酸（deoxynorleucine，DON）阻断，这是一种抑制谷氨酰胺：果糖氨基转移酶（glutamine：fructose amidotransferase，GFAT）的药物，该酶将果糖 -6- 磷酸（Fru-6-P）转化为葡萄糖胺 -6- 磷酸（GlcN-6-P），并且可以通过向培养基中添加葡萄糖胺来绕过该阻断过程（**第 5 章**）。2002 年，两项开创性的研究表明，尿苷二磷酸 -*N*- 乙酰葡萄糖胺（UDP-GlcNAc）水平升高所导致的 *O*-GlcNAc 糖基化异常，是葡萄糖和葡萄糖胺代谢导致胰岛素抵抗的一种分子机制。总之，这些研究表明，人为地增加脂肪细胞或肌肉中的 *O*-GlcNAc 糖基化，能够在数个节点阻断胰岛素信号传递，并且转基因小鼠肌肉或脂肪组织中 *OGT* 的过表达，会导致胰岛素抵抗和**高瘦素血症（hyperleptinemia）**。最近的数据表明，肝脏中 OGT 的过表达也会诱发胰岛素抵抗和**血脂紊乱（dyslipidemia）**。与这些数据一致，肝脏中 OGA 的过表达，可以挽救糖尿病小鼠的体循环葡萄糖水平。异常的 *O*-GlcNAc 糖基化也与 2 型糖尿病引起的诸多并发症有关，例如，不恰当的 *O*-GlcNAc 糖基化与糖尿病小鼠心脏的线粒体功能障碍和收缩缺陷相关。基于这些和其他研究，研究人员已经在几种糖尿病模型中证明了 *O*-GlcNAc 糖基化水平的升高，并且正在将其作为糖尿病前期（prediabetes）的标志物进行研究。

19.7.5 *O*-GlcNAc 糖基化与癌症

瓦尔堡效应（Warburg effect）描述了癌细胞的一种常见的代谢表型，其中细胞优先使用无氧糖酵解，而非使用氧化磷酸化。这种表型的一个后果是葡萄糖转运的增加，代谢物通过己糖胺生物合成途径的代谢流也随之增加。最近的研究表明，瓦尔堡效应的一个结果是前列腺、乳腺、肺、结肠和肝脏中 *O*-GlcNAc 糖基化的增加，这些糖基化的改变调节了信号通路、代谢和转录谱。总之，*O*-GlcNAc 糖基化的变化，被认为促进了对细胞死亡刺激的抵抗，并增强了血管生成、侵袭、转移和增殖，从而增强了癌细胞的表型。支持这些数据的事实是抑制 OGT 活性可以减少癌细胞的增殖和迁移。研究人员已经提出了多种机理，证明这些 *O*-GlcNAc 糖基化的改变指向转录、代谢和信号转导的改变。例如，磷酸果糖激酶 1（phosphofructokinase 1，PFK1）的 *O*-GlcNAc 糖基化将代谢物转移到**磷酸戊糖途径（pentose phosphate pathway）**，增强了谷胱甘肽（glutathione）的水平，从而提高了癌细胞抵抗氧化应激的能力。这些数据共同表明，检测关键 *O*-GlcNAc 糖基化蛋白和 OGT/OGA 的表达，可能为人类癌症的早期检测提供全新的生物标志物。鉴于癌细胞对 *O*-GlcNAc 糖基化的依赖性，靶向 OGT 和己糖胺生物合成途径的其他成分可能会降低癌细胞的侵袭性，同时使它们对化疗药物更为敏感。

19.7.6 *O*-GlcNAc 糖基化与细胞应激生存

在迄今为止核验过的每一种哺乳动物细胞类型中，细胞应激会都启动一个信号，导致多种蛋白质上的 *O*-GlcNAc 糖基化水平快速而全面地增加。在体外（热刺激、乙醇、紫外线、缺氧 / 复氧、还原性、氧化性和渗透压）和体内（缺血预处理和远程缺血预处理）模型中，*O*-GlcNAc 糖基化水平能够响应细胞损伤而迅速增加。*O*-GlcNAc 糖基化修饰的动态变化，似乎由 OGT 和 OGA 的活性、表达的变化，以及通过己糖胺生物合成途径的代谢分子流引起。多项证据表明，应激诱导的 *O*-GlcNAc 糖基化的升高，促进了细胞和组织中的生存信号转导程序：①通过药物和遗传学方法抑制 *O*-GlcNAc 水平，使细胞对氧化、渗透压和热应激更为敏感；②通过药物和遗传学方法提高 *O*-GlcNAc 水平，可以促进热应激、缺氧复氧、氧化应激、外伤出血和心脏缺血再灌注损伤模型的存活。与这些观察结果一致，对 *O*-GlcNAc 水平的人工调节，似乎指向已知的调节细胞生存的途径。例如，在热应激模型中，*O*-GlcNAc 糖基化的动态变化促进了热激蛋白的诱导，蛋白伴侣通过重新折叠蛋白质和抑制促凋亡途径促进了细胞的存活。在心肌梗塞（心脏病发）模型中，提高 *O*-GlcNAc 糖基化已被证明可以抑制缺血再灌注损伤的所有标志性特征，包括线粒体功能障碍、内质网应激、**活性氧类（reactive oxygen species，ROS）**增加、线粒体通透性转换孔的开放及钙超载。尽管这些数据引人注目，但我们对构成这些观察结果背后的分子事件，以及对 OGT/OGA 底物的理解都有待提升。阐明促进 *O*-GlcNAc 糖基化如何帮助细胞在应激条件下生存，将为开发治疗中风和心肌梗死等疾病的疗法提供全新的靶点。

19.8 展望

在过去的 30 年中，*O*-GlcNAc 糖基化已被证明是细胞状态（营养、压力、细胞周期阶段）的传感器，调节或调控了几乎所有的细胞过程，包括信号传递、转录、翻译、细胞骨架功能和细胞分裂。*O*-GlcNAc 修饰在包括糖尿病、癌症、神经系统变性疾病和心肌病在内的慢性衰老疾病中发挥着关键的作用。然而，大多数研究人员仍然尚未意识到 *O*-GlcNAc 的全局重要性。该修饰很难通过标准的生化方法检测，且在质谱仪中不甚稳定，此外还缺乏研究其生物功能的便捷工具。如果我们要了解这种必不可少且无处不在的蛋白质修饰的生物学意义，就需要改进 *O*-GlcNAc 糖基化位点的定量描绘方法、改善其在蛋白质单个位点的化学计量学方法，并为数百种关键蛋白质提供位点特异性抗体。阐明 *O*-GlcNAc 糖基化在糖尿病中的葡萄糖毒性、在肿瘤形成机制中的作用，及其在神经元中的功能，是未来研究的关键领域。历经近 40 年的研究，我们对 *O*-GlcNAc 糖基化在真核生物各种生物学意义中的作用，仍然只是管中窥豹。

致谢

感谢贾罗德 · W. 巴恩斯（Jarrod W. Barnes）、安娜贝尔 · 冈萨雷斯 - 吉尔（Anabel Gonzalez-Gil）、阿尔伯特 · 李（Albert Lee）和克里西卡 · 维迪亚纳坦（Krithika Vaidyanathan）的有益评论及建议。

延伸阅读

Torres C-R, Hart GW. 1984. Topography and polypeptide distribution of terminal N-acetylglucosamine residues on the surfaces of intact lymphocytes. Evidence for O-linked GlcNAc. *J Biol Chem* **259**: 3308-3317.

Hart GW. 1997. Dynamic O-linked glycosylation of nuclear and cytoskeletal proteins. *Annu Rev Biochem* **66**: 315-335.

Comer FI, Hart GW. 2000. O-Glycosylation of nuclear and cytosolic proteins. Dynamic interplay between O-GlcNAc and O-phosphate. *J Biol Chem* **275**: 29179-29182.

Wells L, Vosseller K, Hart GW. 2001. Glycosylation of nucleocytoplasmic proteins: signal transduction and O-GlcNAc. *Science* **291**: 2376-2378.

Vocadlo DJ, Hang HC, Kim EJ, Hanover JA, Bertozzi CR. 2003. A chemical approach for identifying O-GlcNAc-modified proteins in cells. *Proc Natl Acad Sci* **100**: 9116-9121.

Liu F, Iqbal K, Grundke-Iqbal I, Hart GW, Gong CX. 2004. O-GlcNAcylation regulates phosphorylation of tau: a mechanism involved in Alzheimer's disease. *Proc Natl Acad Sci* **101**: 10804-10809.

Love DC, Hanover JA. 2005. The hexosamine signaling pathway: deciphering the "O-GlcNAc code". *Science STKE* **312**: re13.

Slawson C, Housley MP, Hart GW. 2006. O-GlcNAc cycling: how a single sugar posttranslational modification is changing the way we think about signaling networks. *J Cell Biochem* **97**: 71-83.

Groves JA, Lee A, Yildirir G, Zachara NE. 2013. Dynamic O-GlcNAcylation and its roles in the cellular stress response and homeostasis. *Cell Stress Chaperones* **18**: 535-558.

Dassanayaka S, Jones SP. 2014. O-GlcNAc and the cardiovascular system. *Pharmaco Ther* **142**: 62-71.

Hardivillé S, Hart GW. 2014. Nutrient regulation of transcription, signaling, and cell physiology by O-GlcNAcylation. *Cell Metab* **20**: 208-213.

Lewis BA, Hanover JA. 2014. O-GlcNAc and the epigenetic regulation of gene expression. *J Biol Chem* **289**: 34440-34448.

Ma Z, Vosseller K. 2014. Cancer metabolism and elevated O-GlcNAc in oncogenic signaling. *J Biol Chem* **289**: 34457-34465.

Vaidyanathan K, Wells L. 2014. Multiple tissue-specific roles for the O-GlcNAc posttranslational modification in the induction of and complications arising from type II diabetes. *J Biol Chem* **289**: 34466-34471.

Zhu Y, Shan X, Yuzwa SA, Vocadlo DJ. 2014. The emerging link between O-GlcNAc and Alzheimer disease. *J Biol Chem* **289**: 34472-34481.

Halim A, Larsen IS, Neubert P, Joshi HJ, Petersen BL, Vakhrushev SY, Strahl S, Clausen H. 2015. Discovery of a nucleocytoplasmic O-mannose glycoproteome in yeast. *Proc Natl Acad Sci* **112**: 15648-15653.

Ma J, Liu T, Wei AC, Banerjee P, O'Rourke B, Hart GW. 2015. Protein O-GlcNAcylation regulates cardiac mitochondrial function. *J Biol Chem* **290**: 29141-29153.

Lagerlöf O, Blackshaw S, Hart GW, Huganir RL. 2017. The nutrient sensor OGT regulates feeding in αCaMKII-positive neurons of the PVN. *Science* **351**: 1293-1296.

Hart GW. 2019. Nutrient regulation of signaling and transcription. *J Biol Chem* **294**: 2211-2231.

Ma J, Li Y, Hou C, Wu C. 2021. O-GlcNAcAtlas: a database of experimentally identified O-GlcNAc sites and proteins. *Glycobiology* **31**: 719-723.

Wulff-Fuentes E, Berendt RR, Massman L, Danner L, Malard F, Vora J, Kahsay R, Olivier-Van Stichelen S. 2021. The human O-GlcNAcome database and meta-analysis. *Scientific Data* **8**: 25.

第三篇

进化与发育中的聚糖

第 20 章 聚糖多样性的进化
第 21 章 真细菌
第 22 章 古菌
第 23 章 真菌
第 24 章 绿色植物与藻类
第 25 章 线虫动物门
第 26 章 节肢动物门
第 27 章 后口动物

第 20 章

聚糖多样性的进化

帕斯卡·加纽克斯（Pascal Gagneux），弗拉迪斯拉夫·帕宁（Vladislav Panin），蒂埃里·亨内特（Thierry Hennet），马库斯·艾比（Markus Aebi），阿吉特·瓦尔基（Ajit Varki）

20.1 研究人员对自然界中的聚糖多样性认知有限 / 256
20.2 聚糖的进化变异 / 258
20.3 病毒劫持宿主的糖基化 / 263
20.4 细菌和古菌具有极其庞大的糖基化多样性 / 263
20.5 病原体对宿主聚糖的分子模拟 / 264
20.6 糖基化的物种间和物种内差异 / 264
20.7 使用模式生物研究聚糖的多样性 / 265
20.8 为什么广泛表达的糖基转移酶具有的内源性功能有时却很有限？ / 266
20.9 推动自然界中聚糖多样化的进化力量 / 266
致谢 / 267
延伸阅读 / 267

本章概述了跨**生物分类群（biological taxa）**的糖基化模式，并从进化的角度讨论了聚糖的复杂性和多样性。由于目前可用的大部分信息都与脊椎动物（vertebrate）有关，因此本章强调了脊椎动物聚糖与其他分类群聚糖之间的异同。其中简要考虑了可能决定聚糖多样性是如何产生的进化过程，包括内源性的宿主聚糖结合蛋白的功能，以及宿主与外源性病原体或共生体之间的相互作用。

20.1 研究人员对自然界中的聚糖多样性认知有限

遗传密码（genetic code）由所有已知的生物共享，基因转录和能量产生等核心功能在不同的分类群中都是保守的。复杂聚糖存在于自然界的所有生物体中，一些人认为，多糖是促成生命起源的原始大分子。无论聚糖的起源如何，它们在**进化谱系（evolutionary lineage）**内部与进化谱系之间的结构类型和表达模式（在细胞内、细胞表面、分泌物和细胞外基质中的丰度及分布模式）差异巨大。我们对于这种多样性的了解仍然有限，而且几乎没有全面的数据集。这一结果的部分原因在于阐明聚糖结构存在着固有的困难。对于许多分类群来说，研究人员尚未获得任何聚糖谱（glycan profile）的信息。有足够的数据表明，尽管所有活细胞都需要**糖萼（glycocalyx）**，即细胞表面密集而复杂排布的聚糖，但没有证据表明，存在类似于遗传密码的、通用的**"聚糖密码"（glycan code）**。

重要的是，聚糖结构并不由基因直接编码。它们由酶所构成的网络以不依赖于模板的方式进行合成和修饰，**糖表型（glycophenotype）**代表了共表达基因网络和营养物质的综合结果。大多数自生的（free-living）真细菌（Eubacteria）和古菌（Archaea）所表达的聚糖，与真核生物的聚糖几乎毫无共同之处。它们含有更多的单糖类型，并包括许多此类微生物所独有的聚糖。相比之下，动物细胞中的大多数主要聚糖类别，似乎在其他的真核生物中都以某种相关的形式出现，有时也可在古菌中存在。图 20.1 显示了地球上细胞生命**系统发育**（**phylogeny**）的环状描述。在研究最为充分的脊椎动物物种中，研究人员所观察到的丰富的聚糖多样性表明，在其他生物群体中也存在着相似的多样性，而现有的信息指向更为复杂的糖链排布模式（pattern）。一方面，聚糖的排布可以形成“进化趋势”（evolutionary trend），用于表征整个系统发育谱系，并且可以在某些亚谱系（sublineage）所独有的子集中观察到进一步的生物化学变异；另一方面，许多聚糖在各生物分类门（phyla）中表现出不连续的分布，并且远缘相关的生物可以利用共享而古老的途径或趋同而独立的进化机制，产生出结构惊人相似的聚糖。

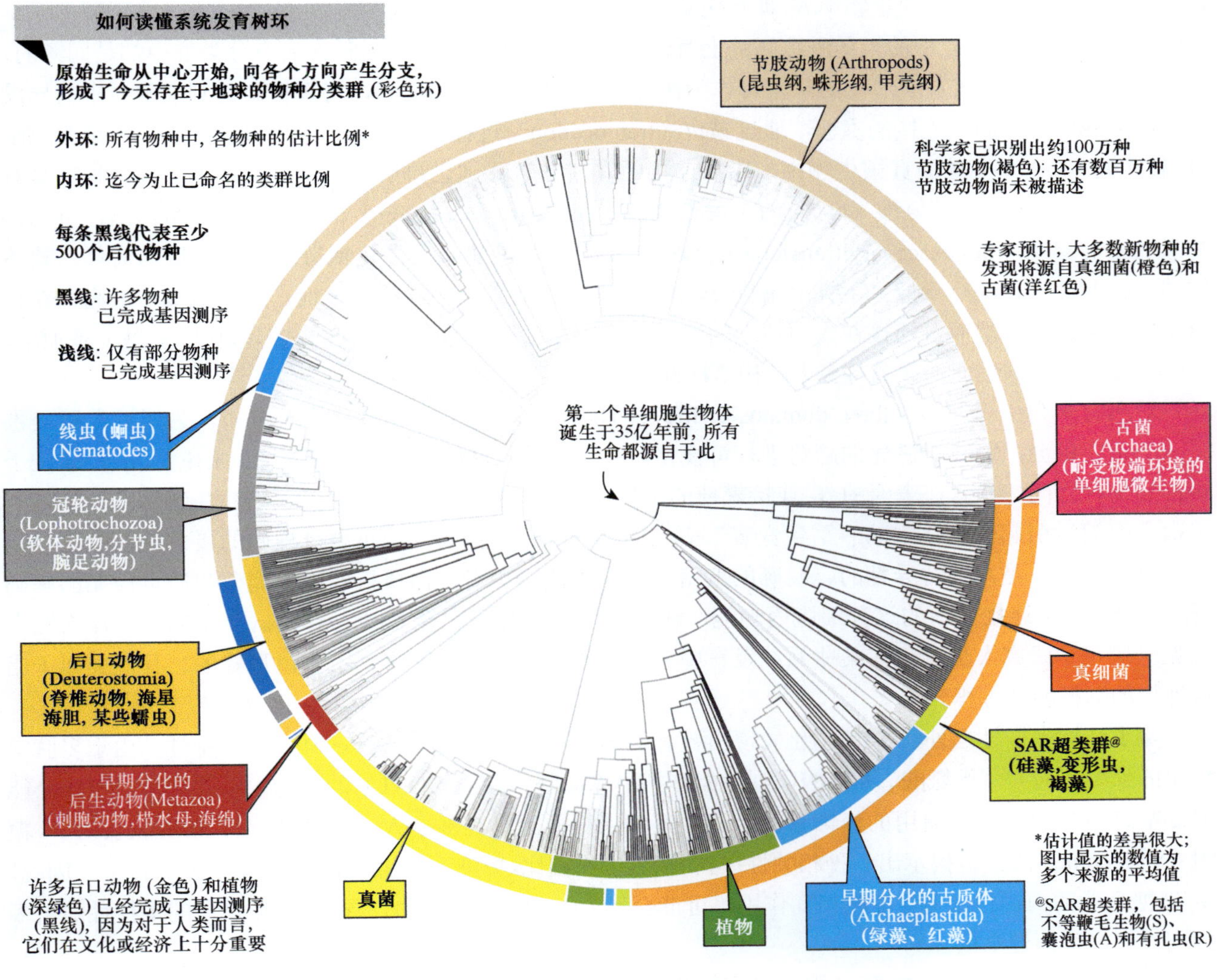

图 20.1 对地球上细胞形式生命的系统发育环状表示图。圆圈内的线代表了所有已被命名的 230 万个物种。然而，生物学家只掌握了其中约 5% 的基因组序列；随着更多序列的出现，物种内部和物种之间的关系可能会发生变化。（外环）在所有物种中，各物种的估计比例（估计值的差异很大；图中显示的数值为多个来源的平均值）。（内环）迄今为止已命名分类群（group）的实际比例。（黑线）每条线代表至少 500 个后代物种。（深色线）完成基因组测序的物种所占比例较大的分类门。（浅色线）完成基因组测序的物种所占比例较小的分类门［经许可重制自期刊 *Scientific American*，2016 年 3 月刊，第 76 页，画师：史蒂芬·史密斯（Stephen Smith）。图片来源：Hinchliff et al. 2015. *Proc Natl Acad Sci* 112：12764-12769］。

20.2 聚糖的进化变异

20.2.1 *N*-聚糖

天冬酰胺 -*N*- 连接聚糖具有最为广泛的进化信息基础，这是一种存在于所有**生命域（domains of life）**的、“通用”的糖基化系统（**第 9 章**）。在原核生物中，蛋白质 *N*- 糖基化发生在质膜的周质（periplasm）中；而在真核生物中，寡糖的共价连接发生在细胞内的内质网膜上，结合在蛋白质上的聚糖于内质网和高尔基体中被进一步加工。对模式生物中 *N*- 糖基化系统的详细研究表明，在天冬酰胺 -X- 丝氨酸 / 苏氨酸（N-X-S/T）序列段（sequon）中的天冬酰胺侧链上对蛋白质进行共价修饰，该过程在所有分类群中都是同源的，因而具有某些共性：核苷酸活化的单糖可作为**构建单元（building block）**，将寡糖组装到细胞质中的异戊二烯脂质载体上。脂质连接的寡糖，通过易位（tranlocation）过程穿过内质网膜（真核生物）或细胞质膜（原核生物）。在大多数的真核生物中，脂质连接的寡糖在转移到蛋白质之前，可以被进一步延长。具有天冬酰胺 -X- 丝氨酸 / 苏氨酸（N-X-S/T）**共识序列（consensus sequence）**的、易位后的蛋白质，可以作为寡糖基转移酶（oligosaccharyltransferase，OST）的受体，该酶负责催化糖链从脂质连接的前体，整体转移（en bloc transfer）到天冬酰胺的酰胺基团。最初转移的寡糖的结构多样性，在古菌域中最高，在真核生物域中最低。然而，连接在蛋白质上的聚糖，可以在真核生物的内质网和高尔基体中被进一步加工，产生了暴露在细胞表面的、具有更大结构多样性的聚糖。

对所有来自生命三域（three domains of life）的模式生物中的 *N*- 糖基化进行分析，为研究人员提供了一个重要机会，能够对进化的趋势进行可视化，并提出进化过程中的**选择压力（selective force）**。位于种群和物种之间、暴露在表面的 *N*- 连接聚糖的结构多样性屡见不鲜，这可能是由寄生生物和病原体，利用宿主聚糖所引起的进化中的“军备竞赛”驱动而形成的。寡糖与处于折叠过程中的蛋白质在细胞中建立连键的过程，是高度特异性的、明确的聚糖结构在内质网中对蛋白质折叠进行调节和质量控制的基础（**第 39 章**）。*N*- 连接聚糖的这种细胞内功能，在真核生物**内质网途径（ER pathway）**中的高度保守性上可见一斑——研究人员仅仅在某些系统发育中古老的原生动物体内观察到了截短形式的、其他类似于脂质连接的寡糖转移过程。

除了结构多样性之外，*N*- 糖基化表现出显著的**定量演化（quantitative evolution）**特性。由于多肽中较短的天冬酰胺 -X- 丝氨酸 / 苏氨酸序列段能够指引寡糖基转移酶（OST）的底物，因此演化出了一个能够影响许多蛋白质的、通用的修饰系统，其中某些蛋白质上具有多个 *N*- 糖基化位点。研究人员对 *N*- 糖组（*N*-glycome）的分析揭示出一种相关性：与多细胞生物相比，单细胞生物中的 *N*- 糖蛋白要少得多。因此，*N*- 聚糖介导的内源性细胞 - 细胞相互作用，可能会形成一种进化选择力，导致 *N*- 糖蛋白的多样性随着多细胞性的产生而逐渐增加。

全新的分析技术（**第 50 章**）揭示了真核生物中不断增加的 *N*- 聚糖结构多样性，这种多样性源于内质网和高尔基体通过对不同的聚糖构建单元进行修剪、延伸和分支等变化，最终实现糖链的重塑。此外，*N*- 聚糖还可以通过磷酸化、甲基化等方式进行修饰。真核生物对 *N*- 聚糖的加工也存在着进化趋势（**图 20.2**）。在真菌中，修剪仅限于糖蛋白折叠的质量控制过程，而用于延伸的构建单元（即单糖）的多样性相对有限。相反，修剪至形成 $Man_3GlcNAc_2$，则是植物和动物的特征。有趣的是，这种五糖中的每一个单元，都可以作为糖链分支和延伸的底物，但似乎只有动物才会从末端甘露糖（Man）残基产生分支，从而产生多天线复合型 *N*- 聚糖；相反，木糖（Xyl）对 β- 连接甘露糖的修饰是植物中的特征。

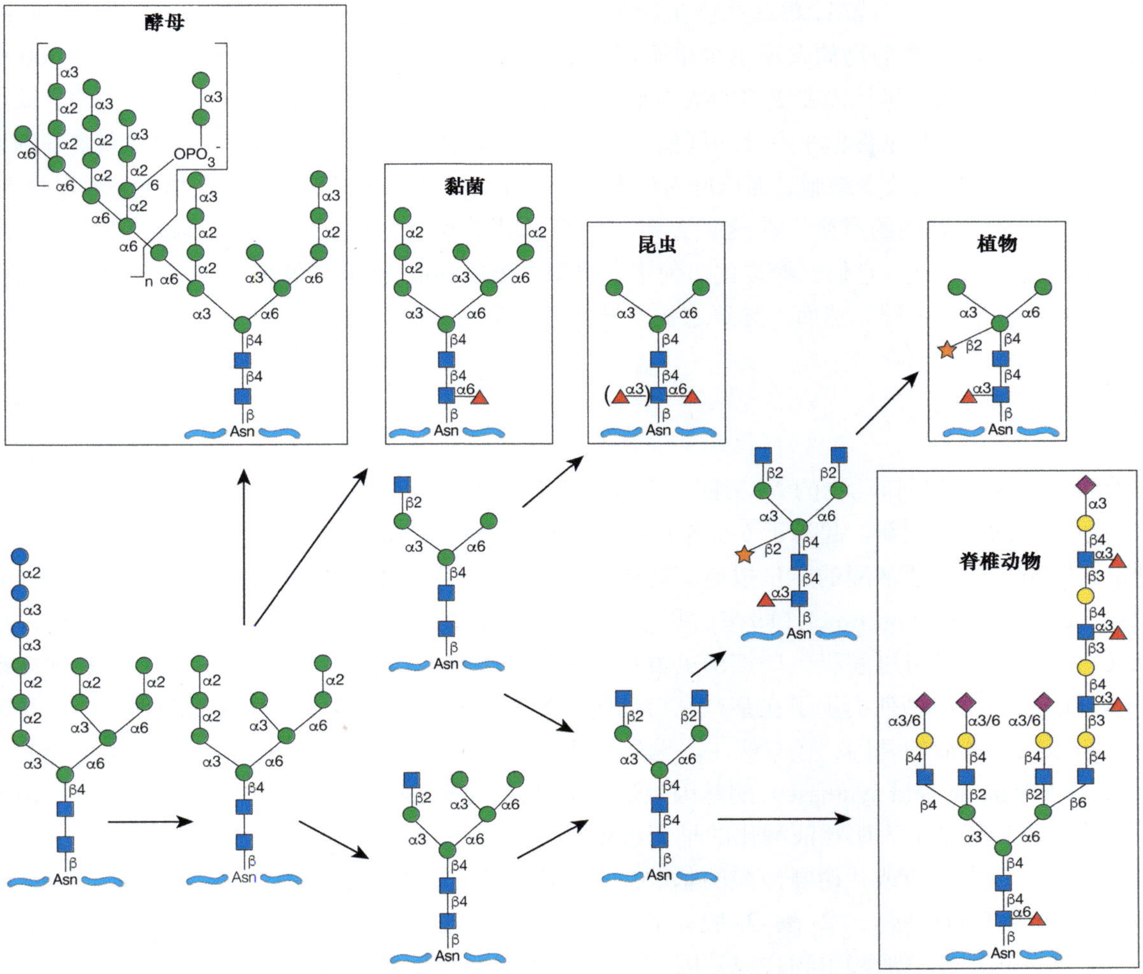

图 20.2　不同真核生物分类群中 *N*- 聚糖加工的特征途径。详细讨论见正文。缩写：天冬酰胺（Asn）。聚糖符号表示参见附录 2。

谱系特异性的 *N*- 糖基化途径，可以通过是否存在功能性糖基转移酶，从而形成特定的聚糖结构［如二 -*N*- 乙酰基乳糖胺（LacdiNAc）结构］和（或）特定的结构单元（如唾液酸）来加以判定。在生物体水平上，由于加工酶的差异表达，*N*- 聚糖结构可以具有器官、细胞类型或性别特异性。它们的结构也可以在不同的发育阶段和衰老过程，以及对疾病和病原体产生反应时发生变化。常见的外层糖链——*N*- 乙酰乳糖胺（Galβ1-4GlcNAcβ1，LacNAc），是糖基转移酶机制产生系统发育变异（phylogenetic variation）的一个主要例子。该结构在无脊椎动物中十分常见（**第 26 章**），在植物中也有发现。一些植物甚至将外层糖链的 Fucα1-3 残基添加到 *N*- 乙酰乳糖胺单元的 *N*- 乙酰葡萄糖胺（GlcNAc）残基上，从而产生与动物细胞中相同的、Lewis x 聚糖样（Le^x-like）的糖链结构（**第 24 章**）。在一些分类群（例如软体动物）中，外部的二 -*N*- 乙酰基乳糖胺结构（GalNAcβ1-4GlcNAcβ1，LacDiNAc，LDN）往往占据了主导地位，取代了脊椎动物中更常见的、典型的 *N*- 乙酰乳糖胺（LacNAc）结构。垂体糖蛋白激素的 SO_4-4-GalNAcβ1-4GlcNAcβ1 末端单元（**第 14 章**）在整个脊椎动物进化过程中都是保守的，这表明了特定糖链结构和修饰对于生物活性的重要性。

关于单糖的构建单元，有一些似乎仅限于某些进化谱系。阿拉伯糖（Ara）、鼠李糖（Rha）和木糖（Xyl）在植物中很常见，但在蠕虫中也共享了其中一些单糖。许多细菌产生的单糖上具有动物所没有的独特修饰，而动物又会分泌针对这些微生物聚糖的防御性凝集素，如肠道凝集素 -1（intelectin-1）或 RegIIIa。有趣的是，哺乳动物的聚糖由少量不同的单糖单元组装而成，而微生物的聚糖则由 700 多种不同的单糖构建单元组成。尽管需要更多的数据来进行确认，但在进化晚期的、具有多个内部器官系统的多细胞分类群中，单糖的复杂性似乎有普遍降低的趋势，在已经进化出适应性免疫系统的复杂多细胞生物中更是如此，这也许是因为改变细胞表面以应对病毒的进化压力有所降低。另外，微生物更为深厚的进化史，也可能有助于这种差异性的产生。在这一方面，*N*- 糖基化显然在巨型病毒，如**绿藻病毒**（**Chlorovirus**）中采取了不同的进化路线。它们已经进化出使用非典型序列段的能力，并能够依靠自身独特的糖基化机制，无需劫持宿主的糖基化过程。然而，导致这些差异的进化驱动力目前仍不清楚。

20.2.2 唾液酸

唾液酸主要存在于后口动物的 *N*- 聚糖、*O*- 聚糖和鞘糖脂的外末端（**第 15 章**）。它们曾被认为代表了这一谱系所独有的进化创新，起源于 5 亿年前的**寒武纪大爆发**（**the Cambrian Expansion**）①，在另外一些其他的分类群中关于唾液酸的零星报道，被认为反映了**基因横向转移**（**lateral gene transfer**）和（或）**趋同进化**（**convergent evolution**）（即在这些分类群中唾液酸的合成进行了独立的进化）。然而，尽管存在横向转移机制，并且可以解释一些细菌类群中唾液酸的存在，但有报道表明，一些真菌和软体动物中也存在唾液酸。基因组序列揭示了在某些原口动物（如在果蝇等昆虫或章鱼等软体动物）中，存在一套用于生产和添加唾液酸的基因。在果蝇中，编码唾液酰基转移酶（sialyltransferase）和胞苷一磷酸 - 唾液酸合成酶（CMP-sialic acid synthase）的基因表达出的功能性蛋白质，在结构和功能上与脊椎动物的对应物相似，这一结果清楚地表明唾液酸化的早期进化起源。另外，在自生的**秀丽隐杆线虫**（***Caenorhabditis elegans***）中并不包含合成或代谢唾液酸的基因。早期研究声称植物中含有唾液酸，可能是由于环境污染和（或）对化学相关的单糖——2- 酮 -3- 脱氧辛酮糖酸（2-keto-3-deoxy-octulosonic acid，Kdo）的错误鉴定。然而，一些细菌物种的唾液酸生物合成基因，与脊椎动物中唾液酸的生物合成基因具有同源性。如今已经显而易见，唾液酸是从更为古老的**壬酮糖酸**（**nonulosonic acid**，**NulO**）合成途径的基因衍生而来的（**第 15 章**）。在这种情况下，壬酮糖酸在进化过程中被差异化地利用，仅在后口动物谱系中以唾液酸作为主要的形式，而在其他动物和真菌类群中唾液酸则或是被放弃，或是大大降低了其复杂性和（或）生物学重要性。唾液酸似乎也有助于脊椎动物的**自相关分子模式**（**self-associated molecular pattern**，**SAMP**）。这些模式具有能够实现免疫调节的内源性唾液酸结合凝集素［如唾液酸结合免疫球蛋白样凝集素（Siglec）］和（或）募集血浆因子 H 的能力，从而抑制了补体激活。同时，多种细菌通过最原始的壬酮糖酸生物合成途径的趋同进化，合成了唾液酸样分子以实现免疫逃避（**第 15 章**）。产生唾液酸化聚糖的能力，受到了病原体微生物的**正向选择**（**positive selection**）②，这些微生物通常使用唾液酸装饰其表面，以逃避脊椎动物宿主的免疫应答。令人称奇的是，棘皮动物（海胆和海星）等无脊椎动物，在后口动物中具有最高的唾液酸多样性，而在人类中发现的唾液酸谱则具有最为简单的结构特征。因此，唾液酸似乎有许多可能的进化方向，或是完全消失，或是经历各自结构的多样化，或是进行了结构上的简化。尽管某些类型的唾液酸倾向于在某些哺乳动物物种中占据主导地位（例如，猪中的 *N*- 羟乙酰神经氨酸、马中的 4-*O*-乙酰化唾液酸），但仔细研究表明，在其他许多物种中，此类唾液酸的含量较低。值得注意的是，人类是

① 相对短时期的进化事件，开始于寒武纪时期，化石记录显示绝大多数的动物“门”都在这一时期出现，导致了大多数现代动物门的发散。因出现大量的较高等生物以及物种多样性，被形象地称为生命大爆发。

② 自然选择的一种形式，当群体中出现提高个体生存力或育性的突变时，具有该基因的个体将比其他个体留下更多子代，突变基因最终在整个群体中扩散。

胞苷一磷酸 -*N*- 乙酰神经氨酸羟化酶（CMP-Neu5Ac hydroxylase，CMAH）遭敲除的灵长类动物。*CMAH* 基因约 300 万年前在原始人类谱系中失活。因此，与具有密切亲缘性的类人猿不同，人类无法合成唾液酸——*N*- 羟乙酰神经氨酸（Neu5Gc），但它仍然可以从饮食来源掺入人类的聚糖中（**第 15 章**）。独立发生的 *CMAH* 基因的功能丧失，也发生在其他哺乳动物谱系中，包括新世界（New World）[①]灵长类动物、雪貂和其他鼬科动物、海豹和海狮（鳍足动物），以及两个微型蝙蝠谱系中。胞苷一磷酸 -*N*- 乙酰神经氨酸羟化酶（CMAH）的失活，在哺乳动物的进化过程中至少发生过 8 次，其中一些事件早在 200 万年前就已发生，如鸭嘴兽中 CMAH 蛋白的失活。蜥形纲（鸟类和爬行动物，恐龙的后代）似乎代表了另一个失去 *N*- 羟乙酰神经氨酸（Neu5Gc）的谱系。

20.2.3 *O*- 聚糖

O- 聚糖涵盖了一大类糖复合物，其中包括单糖核心结构 *O*-*N*- 乙酰半乳糖胺（*O*-GalNAc）、*O*- 甘露糖（*O*-Man）、*O*- 岩藻糖（*O*-Fuc）、*O*- 葡萄糖（*O*-Glc）、*O*- 半乳糖（*O*-Gal）和 *O*-*N*- 乙酰葡萄糖胺（*O*-GlcNAc）。尿苷二磷酸 -*N*- 乙酰半乳糖胺：多肽 *N*- 乙酰半乳糖胺转移酶（UDP-GalNAc: polypeptide *N*-acetylgalactosaminyltransferase，ppGalNAcT）的同源物，负责启动黏蛋白型 *O*-GalNAc 的合成，这是脊椎动物中最常见的 *O*- 聚糖类型，在整个动物界中均有发现（**第 10 章**）。具有不同多肽底物特异性的多种 ppGalNAcT，在后生动物中发挥作用。脊椎动物常见的核心 1 型 Galβ1-3GalNAcα1-*O*-Ser/Thr 结构存在于昆虫中，它也是昆虫肠道中黏蛋白样保护层的一部分。包含大量 *O*- 糖基化的成胶型黏蛋白（gel-forming mucin），已经在后生动物中被广泛利用和多样化，以介导与环境直接接触的水合上皮细胞的润滑和保护。黏蛋白样结构域的 *O*- 糖基化在原生生物中也很常见，其中聚糖通常由尿苷二磷酸 -*N*- 乙酰半乳糖胺：多肽 *N*- 乙酰半乳糖胺转移酶（ppGalNAcT）的进化前体，即尿苷二磷酸 -*N*- 乙酰葡萄糖胺：多肽 *N*- 乙酰葡萄糖胺转移酶（UDP-GlcNAc: polypeptide *N*-acetylglucosaminyltransferase，ppGlcNAcT）负责启动合成。*O*- 连接的甘露糖代表了另一个在原核生物和真核生物（从酵母到哺乳动物）中保守的丝氨酸 / 苏氨酸（Ser/Thr）糖基化的例子。*O*- 甘露糖基化发挥了多种功能，可以支持细胞的结构稳定性，促进蛋白质的折叠，影响细胞黏附。在脊椎动物中，*O*- 甘露糖基化由几个糖基转移酶家族介导，包括远缘相关的蛋白质 *O*- 甘露糖基转移酶（protein *O*-mannosyltransferase，POMT1 ～ 2），以及含有跨膜与四肽三肽重复序列的蛋白质（transmembrane and tetratricopeptide repeat containing protein，TMTC1 ～ 4）。通过进化，这些酶可以识别不同的底物，包括 POMT 对非结构化区域（unstructured region）的识别，以及 TMTC 对钙黏蛋白结构域的识别。在 **α- 抗肌萎缩蛋白聚糖（α-dystroglycan）**上，POMT 启动了**基质蛋白聚糖（matriglycan）**的生物合成，基质蛋白聚糖是连接肌肉与细胞外基质的最为精细且高度特化的脊椎动物聚糖之一（**第 17 章**、**第 27 章**、**第 45 章**）。相比之下，植物似乎没有 *O*-GalNAc 和 *O*-Man 修饰，它们表达与羟脯氨酸（Hyp）连接的阿拉伯糖（Ara），以及与丝氨酸和苏氨酸连接的半乳糖（Gal）（**第 24 章**）。尽管在细菌中发现了 *O*- 聚糖，如 *O*-Man 和新型的 Galβ1-*O*-Tyr 修饰，但研究人员对原核生物中的 *O*- 糖基化知之甚少（**第 21 章**）。

20.2.4 鞘糖脂

葡萄糖神经酰胺（GlcCer）存在于植物和动物中（**第 11 章**）。然而，脊椎动物鞘糖脂最常见的核心结构（Galβ1-4Glc-Cer），在其他生物体中有所不同，例如，某些无脊椎动物中存在 Manβ1-4Glc-Cer 和

---

① 生物学背景下，物种可分为旧世界物种（旧北极、非洲热带）和新世界物种（北极、新热带）。生物分类学家经常将仅在美洲发现的物种群标记为“新世界”物种，以将它们与“旧世界”（欧洲、非洲和亚洲）的同类区分开来。

GlcNAcβ1-4Glc-Cer 结构。另一种变化是肌醇 -1-*O*- 磷酸神经酰胺（inositol-1-*O*-phosphorylceramide），例如，酵母中最丰富的鞘脂甘露糖基二肌醇磷酸神经酰胺（mannosyldiinositolphosphorylceramide），以及在烟叶中发现的 *N*- 乙酰葡萄糖胺 -α1-4- 葡萄糖胺 -α1-2- 肌肉 - 肌醇 -1-*O*- 磷酸神经酰胺（GlcNAcα1-4GlcAα1-2-*myo*-inositol-1-*O*-phosphorylceramide）。半乳糖神经酰胺（GalCer）及其衍生物似乎仅限于动物界后口动物谱系的神经系统中。相比之下，原口动物的神经中主要含有葡萄糖神经酰胺。据此，研究人员提出了一种进化趋势：从葡萄糖神经酰胺到半乳糖神经酰胺的转变，与神经系统中的髓鞘结构由相对松散到高度结构化的过程交相呼应。关于后口动物神经系统中复杂的神经节苷脂（ganglioside），在将爬行动物和鱼类与哺乳动物进行比较时，可以观察到一些普遍趋势：唾液酸含量增加，复杂性降低，"碱不稳定性"神经节苷脂（即含有 *O*- 乙酰化唾液酸）减少。温度越低，脑神经节苷脂的成分极性越大；变温（冷血）动物倾向于在大脑中表达多种多唾液酸化的神经节苷脂。

20.2.5 糖胺聚糖

硫酸乙酰肝素（HS）和硫酸软骨素（CS）存在于许多动物分类群中，包括昆虫（**第 26 章**）和软体动物。在糖胺聚糖中，分布最广、起源最古老的一类似乎是软骨素糖链，它并非总是以硫酸化的形式存在，如在秀丽隐杆线虫中即是如此（**第 25 章**）。具有更高度硫酸化和差向异构形式的肝素（heparin）与硫酸皮肤素（DS），往往主要存在于后口动物谱系中新近进化的动物物种。透明质酸（HA）亦是如此，它是一种在细胞膜上合成、游离的分泌型糖胺聚糖，可能从其前体壳多糖进化而来，在发育和正常生理过程中促进了后生动物细胞的运动与器官的成形。海参等棘皮动物制造典型的软骨素糖链，但在一些葡萄糖醛酸上，则具有含有硫酸化岩藻糖的分支。海绵等更简单的多细胞动物，可能含有不同寻常的糖胺聚糖，其中包括糖醛酸，但没有典型的软骨素和硫酸乙酰肝素重复单元。植物中没有典型的动物糖胺聚糖，相反，它们分泌不与蛋白质核心结构相连的酸性**果胶多糖（pectin polysaccharide）**（在动物糖胺聚糖中，只有透明质酸不与蛋白质相连），其特征是具有半乳糖醛酸及其甲酯衍生物（**第 24 章**）。细菌大多具有完全不同的多糖链（**第 21 章**），尽管某些致病菌株可以模仿哺乳动物的糖胺聚糖链（见下文）。

20.2.6 细胞核与细胞质聚糖

在细胞质、线粒体和核蛋白上常见的 *O*-β-GlcNAc 修饰（**第 19 章**），在高等动物和植物中广泛表达，它出现在组蛋白尾部，暗示了该修饰在表观遗传调控机制中的作用。营养状态、尿苷二磷酸 -*N*- 乙酰葡萄糖胺（UDP-GlcNAc）水平和 *O*-GlcNAc 糖基化之间的联系，意味着基因调控也受到代谢层面的影响和制约。研究人员已经在许多真核生物分类群和多种细菌中发现了负责 *O*-*N*- 乙酰葡萄糖胺转移酶（OGT）功能的保守同源物。一个明显起源于细菌的、独立的酶进化枝，介导了植物和许多原生生物中的 *O*- 岩藻糖基化（*O*-Fuc）而非 *O*-GlcNAc 糖基化（**第 18 章**）。最有趣的是，在**巴斯德氏菌科（Pasteurellaceae）**和**肠杆菌科（Enterobacteriaceae）**的一些动物致病性成员中，*O*-GlcNAc 转移酶（OGT）的同源物能够催化黏附蛋白（adhesin）天冬酰胺 -X- 丝氨酸 / 苏氨酸（N-X-S/T）序列中的细胞质 *N*- 糖基化。对真核生物 *N*- 糖蛋白的**分子模拟（molecular mimicry）**，可能是 *N*- 糖基化系统趋同进化的驱动力。令人惊讶的是，酵母中显然不存在 *O*-GlcNAc 糖基化。然而，酵母的核细胞质蛋白可以在哺乳动物中发生 *O*-GlcNAc 糖基化修饰的相同保守区域携带 *O*- 甘露糖（*O*-Man），这表明酵母中的细胞质 *O*- 甘露糖基化通过趋同进化在酵母中进化出了与 *O*-GlcNAc 糖基化类似的功能。

20.2.7 结构性聚糖

分泌型多糖（**secreted polysaccharide**）是自然界中最为丰富的生物聚合物，如纤维素、半纤维素、壳多糖和糖胺聚糖。这些化学性质稳定的大分子，为无数生命体的荚膜、细胞壁、外骨骼和细胞外基质提供了关键的结构性支持。纤维素和壳多糖中重复的 β1-4 糖苷键，也代表了不断累积的聚糖链具有极强的化学耐受性，因为大多数生物体无法水解这些牢固的化学连键。与其他类型的聚糖相比，结构性多糖在进化过程中的变化相对较小，这可能表明对其功能所需的化学特性和机械特性的自然选择更为严苛。有趣的是，其中一些结构性聚糖（如糖胺聚糖）也可以在其他生物环境中发挥非结构的作用，包括细胞信号传递，这增加了驱动它们不断进化的额外选择力。

20.3 病毒劫持宿主的糖基化

病毒通常具有极简的基因组，并使用宿主细胞机器进行复制。因此，囊膜病毒（enveloped virus）的糖基化反映了宿主的糖基化情况，但也存在着例外。巨型病毒，例如，以藻类为靶标的**小球藻病毒**（**chlorella virus**）和以变形虫为靶标的**拟菌病毒科**（***Mimiviridae***）的成员，其基因组大到足以表达自有的糖基化机器。在更小的范围内，特定病毒将糖基转移酶表达为**毒力因子**（**virulence factor**）。例如，杆状病毒编码的葡萄糖基转移酶，能够糖基化昆虫宿主的蜕皮类固醇激素（ecdysteroid hormone），以阻止宿主蜕皮；而噬菌体衍生的葡萄糖基转移酶，修饰了噬菌体 DNA 中的 5- 羟甲基胞嘧啶碱基，以保护其免受细菌限制酶的侵害。在囊膜病毒中，源自宿主的糖基化通常非常广泛，由此产生的聚糖护盾（glycan shield），可以保护病毒免受针对其底层多肽的免疫反应。在这方面，有人提出人类**先天性糖基化障碍**（**congenital disorders of glycosylation，CDG**）（**第 44 章**）杂合子状态的高频出现，可能反映了对限制入侵病毒糖基化基因组的自然选择。宿主的凝集素也可能被病毒表面糖蛋白上的聚糖“劫持”。例如，高度唾液酸化的**猪繁殖与呼吸综合征病毒**（**porcine reproductive and respiratory syndrome virus，PRRSV**）利用唾液酸黏附蛋白（sialoadhesin，Siglec-1；**第 15 章**）进入巨噬细胞。病毒蛋白序列也能够以有利于病毒抗原性的方式，影响宿主的糖基化（例如，在与糖基转移酶或水解酶催化接触时，对这些酶与糖链的接触进行结构性限制）。人类免疫缺陷病毒 1 型（HIV-1）包膜 gp120 蛋白三聚体上的高甘露糖型 *N*- 聚糖，即是有利于病毒抗原性的一个典型实例。

20.4 细菌和古菌具有极其庞大的糖基化多样性

尽管糖链在结构多样性上展现出巨大的潜力，但在真核细胞中发现的、实际出现的糖链结构，在所有可能的单糖及所有可能的连键和糖链修饰中的占比其实相当有限。为什么自然界中所有可能聚糖结构仅存在如此有限的子集？该问题令人费解。在聚糖结构的多样性和细胞 / 有机体维持这种多样性所需的额外资源（例如能量和生物合成途径）之间，是否存在着某些权衡与取舍？或者由于其内源性功能，以及与共生体和病原体的相互作用，聚糖结构的多样性可能受到了正向选择（positive selection）和**负向选择**（**negative selection**）[①]二者的综合制约？无论如何，这个有限的子集可以更好地阐释真核生物的聚糖结构。相比之下，细菌和古菌业已经历了数十亿年的时间来应对病原体的选择压力，特别是噬菌体。这些生物

① 自然选择的一种形式，又称纯化选择。突变的等位基因有害，在选择中处于劣势，因而在群体中被淘汰。

体的世代时间（generation time）也很短暂，并且可以通过质粒介导的水平基因流动，长距离跨越系统发生树交换遗传物质。无论从所使用或所合成的单糖的范围而论，还是从连键和修饰的类型而言，细菌和古菌中的糖基化都是多种多样的（**第 21 章**、**第 22 章**）。此外，无论是在物种内还是物种间，原核生物的细胞 - 细胞间相互作用通常都由聚糖介导。然而迄今为止的大多数工作都集中在病原体的聚糖上，我们对原核生物聚糖多样性只是略知皮毛。

20.5 病原体对宿主聚糖的分子模拟

尽管产生聚糖结构的途径（pathway）在细菌和脊椎动物之间存在着巨大的差异，但有时也能观测到微生物的表面结构，与哺乳动物细胞的表面结构惊人地相似。有趣的是，大多数此类“分子模拟”的例子，都发生在病原体 / 共生微生物中，显然是通过避免、降低或操纵宿主免疫来获得更好的适应性，从而在宿主中更好地生存。一些例子包括：**大肠杆菌**（*Escherichia coli*）K1 和 B 组**脑膜炎球菌**（*Meningococcus*）对多唾液酸的分子模拟，大肠杆菌 K5 对**肝素原**（**heparosan**）和硫酸乙酰肝素骨架的分子模拟，A 组**链球菌**（*Streptococcus*）对透明质酸的分子模拟，B 组链球菌对唾液酸化 *N*- 乙酰乳糖胺的分子模拟，以及**空肠弯曲杆菌**（*Campylobacter jejuni*）模拟神经节苷脂样聚糖。最初，人们认为负责产生分子模拟的微生物基因是通过真核生物的横向基因转移产生的。然而，在所有遗传信息已经获取的前提下，所有证据都指向趋同进化而非基因转移。例如，在细菌中合成唾液酸的基因，似乎来源于预先存在的壬酮糖酸原核途径，这是一个结构与唾液酸相似的单糖的祖先家族。相比之下，细菌唾液酰基转移酶与真核生物的唾液酰基转移酶几乎可说是泾渭分明，并且不同细菌唾液酰基转移酶之间存在着巨大的序列差异，这表明它们甚至可以在几种不同的情境下被重新创造和使用。当然，横向基因转移在细菌和古菌中十分常见，该过程促进了这类酶促的“全新创造”在系统发育中的快速传播。

20.6 糖基化的物种间和物种内差异

为什么彼此密切相关的物种中某些聚糖的存在与否具有差异？相同的糖蛋白在不同但相关的物种中，是否具有相同的糖基化类型？关于这些问题的数据相对稀缺，但研究人员发现了极端保守性和极端多样化的例子。一个合理的解释是，聚糖结构的保守性反映了所讨论聚糖具有的特定功能限制。在其他情况下，只要糖链底层的基础蛋白质能够执行其主要功能（对生存或繁殖没有影响的变化，即那些中性的进化选择），聚糖结构细节对**进化漂变**（**evolutionary drift**）而言，具有相当庞大的容忍性。即使没有重要的内源性功能，聚糖也可以在介导与共生体和病原体的相互作用中发挥关键作用。糖基化的多样性和微不均一性（跨组织和跨细胞类型）的演化，可能对生物体很有价值，因为它为利用宿主聚糖进行附着和进入的病原体提供了额外的阻力。游离聚糖（如乳寡糖）在吸引和喂养内部功能所需的（如免疫成熟）共生微生物群落，以及将这些微生物群落容纳或限制在宿主的特定区域等方面，也具有重要的作用。

同一物种的不同成员之间，甚至可以存在显著的糖基化差异，特别是在末端聚糖序列中。典型的例子是 ABH（O）血型系统（**第 14 章**），这种**多态性**（**polymorphism**）在所有人类种群中均有发现，它也在灵长类动物数千万年的进化过程中持续存在，甚至在某些情况下独立地进行了糖链的重新衍生化。尽管这种多态性对输血具有重要的临床意义，但除了使以 ABO 聚糖为受体的病毒如**诺如病毒**（**norovirus**）产生不同的易感染性之外，这种多态性似乎不会对物种个体的内源性生物学功能造成重大差异（**第 14 章**）。像其他血型一样，伴随着 ABO 多态性而来的是针对个体中不存在的变异体所产生的天然抗体。这些抗体可能通过补体介导的裂解过程，对在其他个体中产生的表达了靶标结构的囊膜病毒进行裂解，从而起到保护作用。因此，在 B 血型个体中产生的囊膜病毒，在与具有循环抗 B 抗体的 A 血型或 O 血型个体接触时，更容易发生补体介导的裂解。负责合成 ABO 抗原的糖基转移酶基因 *ABO*，是人类基因组中少数被证明处于**平衡选择（balancing selection）**[①]（具有频率依赖性）下的少数基因座之一。

对于上述聚糖多样性产生不同天然抗体的机制，也可以从另外一种角度，即病原体将聚糖视为附着和进入细胞的靶标的过程中所施加的进化选择，来解释物种之间的聚糖多样性。这种机制很可能会使产生的唾液酸和连键类型异彩纷呈（**第 15 章**）。最近的分析试图将这两种机制结合起来：由抗体介导的保护作用，使得细胞免于受到位于细胞内的、有囊膜病毒的侵害；而频率依赖性保护，使得细胞免于受到那些利用聚糖的细胞外病原体，如诺如病毒、**轮状病毒（rotavirus）**及恶性疟疾的病原体**恶性疟原虫（*Plasmodium falciparum*）**的侵害。在整合这两种同时存在的选择压力后，研究人员通过建模方法成功地生成了所观察到的 ABO 频率。对于 ABO 系统的进化持久性，仍然有待进一步的阐释。

另一个无法解释的现象是在旧世界（Old World）灵长类动物中，合成原本十分常见的末端 Galα1-3Galβ1-4GlcNAc-R 结构的能力遭遇了遗传失活（**第 14 章**）。这种变异也与那些针对所缺失的聚糖决定簇自发出现并持续循环的抗体有关，从而形成了一种“种间血型”（interspecies blood group）。这种聚糖差异，也可能对失去 α- 半乳糖（αGal）末端结构，并且具有高滴度循环抗体的灵长类动物谱系具有保护作用，因为它现在能够更好地保护自己免受来自其他哺乳动物的囊膜病毒的感染。在人类和其他一些哺乳动物进化枝中，脊椎动物特异性的唾液酸——*N*- 羟乙酰神经氨酸（Neu5Gc）的独立缺失，是聚糖因功能丧失而发生进化的另一个实例（**第 15 章**）。在这一过程中，这些谱系失去了一个强有力的自我信号，从而保护了生物体免受合成这种聚糖的微生物的侵害。

无论维持这些多态性类型的机制究竟几何，这种物种内和物种间的聚糖多样性，也可能提供了**群体免疫（herd immunity）**，即一种抗聚糖的变异个体，可以通过限制病原体在群体中的传播来间接保护其他易感个体的现象。由此提出的聚糖多样性的保护功能，仅在种群水平上显而易见。这使得在模式生物中对聚糖进行研究变得更为复杂，因为在模式生物中，通常仅聚焦于个体水平。在这里必须指出，进化本身就是一个发生在种群水平上的过程。

准确地测试出有多少现存的物种间和物种内的聚糖变异由宿主 - 病原体相互作用直接驱动，这是未来的研究中所必须解决的问题。尽管聚糖变异是宿主易感性的重要决定因素，但在试图了解疾病，尤其是涉及不同宿主物种，以及疾病 - 宿主相互作用的流行病或人畜共患病（如甲型流感）时（**第 15 章**），必须将靶组织和防御性分泌物（黏蛋白）的变异也考量在内。最后，最近的证据表明，对于在现存物种的一部分雌性中不携带聚糖修饰的抗原所对应的抗体而言，它们可能通过杀死仍然携带着聚糖的种群中剩余雄性的精子来帮助实现物种形成（speciation）。

20.7 使用模式生物研究聚糖的多样性

出于显而易见的原因，研究人员已经获得了关于各种流行的模式生物，以及某些经过充分研究的病原体最为详细的聚糖结构信息，并且读者可以从本书后续相关章节中获得关于不同聚糖间相互比较的实用性相关知识。但是将长期保持在实验室最优条件下所获取的生物体的数据外推到它们所代表的整体分类群中时，我们必须小心谨慎。啮齿动物是灵长类动物最接近的进化表亲，这一认知为将它们用于了解人类疾病提供了额外的理由。然而，已故诺贝尔奖获得者悉尼 · 布伦纳（Sydney Brenner）曾表示，现在

① 自然选择的一种形式，突变等位基因的位点呈现多态性且一直保持着平衡，从而在种群中维持遗传学多样性，而不是仅选择一个最有利的基因型。

关于人类的信息已经十分充分，足以将我们自身视为“下一个模式生物”。事实上，将有关影响人类聚糖自然发生突变的病理生物学中那些容易驾驭的问题，与在合适的模式生物中进行的机理研究有机结合，往往会为聚糖功能的阐释提供更为深入的见解。

20.8 为什么广泛表达的糖基转移酶具有的内源性功能有时却很有限？

曾经流行的一种说法是，每种宿主细胞类型上的每一种聚糖都必须具有关键的、内源性的功能。对糖基转移酶缺失小鼠的数据分析表明，实际情况并非如此。例如，β- 半乳糖苷 α2-6 唾液酰基转移酶 1（β-galactoside α2-6 sialyltransferase 1，ST6Gal-I）是在脊椎动物聚糖上产生 Siaα2-6Galβ1-4GlcNAcβ1- 末端的主要酶。虽然这种聚糖可以作为 B 细胞调节分子 CD22（Siglec-2；**第 35 章**）的特异性配体，但它也存在于许多其他细胞类型，以及多种可溶性分泌型糖蛋白上。此外，ST6Gal-I 的 mRNA 表达在不同的细胞类型之间存在着显著差异，并且 *ST6Gal-I* 基因的转录受到几种细胞类型特异性启动子的调控，而这些启动子又受到激素和细胞因子的调节。尽管有这些数据在手，但迄今为止，对该酶在小鼠中的表达进行敲除的显著后果似乎仅限于免疫和造血系统，以及一些细胞黏附、细胞凋亡和致癌途径。如果 ST6Gal-I 的聚糖产物所具有的特定内源性功能实际上仅限于某些系统，为什么它会在这么多其他的位置进行表达？为什么在所谓的“急性期”（acute phase）炎症反应期间，它在肝脏和内皮细胞中的表达会显著上调？除了对免疫系统的反馈外，这种结构在其他位置的分散表达，是否会起到“烟幕弹”或临时“防火墙”的作用，以限制入侵病原体在生物体内的传播？是否也可能是像哺乳动物红细胞这样高度糖基化的无核细胞一样，充当了需要有核细胞才能进行复制的病毒病原体的“诱饵陷阱”？这些问题的答案，必须考量糖基转移酶产物的进化选择压力（兼有内源性和外源性识别现象，如宿主 - 病原体之间的相互作用，以及对先天免疫的贡献）。许多聚糖功能所产生的效果，对于生活在卫生条件优渥的生态箱中的近交系转基因小鼠可能并不明显，因而需要在天然的、病原体丰富的环境中进行研究。其他基因产物也可能掩盖了这些模型系统中的表型以补偿基因缺失。此外，很可能我们还尚未对这些转基因小鼠进行充分地研究，也没有施加相关的环境压力来引发表型。

20.9 推动自然界中聚糖多样化的进化力量

根据现有的数据，我们有理由认为复杂多细胞生物中聚糖的多样性进化，由相对于所研究生物体的内源性和外源性的选择压力驱动（**第 7 章**）。聚糖特别容易受到**“红皇后”效应（Red Queen effect）**[①]的影响，其中宿主聚糖必须不断变化，以保持领先于病原体，因为病原体由于世代时间短、突变率高以及水平基因转移频繁出现，具有更快的进化速度。聚糖的进化被认为受到了自然选择的约束，也就是说，相互对立的选择力影响着它们的进化过程。鉴于聚糖在定义细胞和生物体的分子边界中的重要作用，在细胞或生物体生命的不同时期，相同的聚糖可能会受到相反的选择压力。有利于细胞运动的聚糖（如多唾液酸）在发育过程中会受到青睐，但在被恶性细胞意外利用时则会变得有害。生殖道分泌物上有利于精子存活的聚糖，如糖基化脂质运载蛋白 S（glycodelin S），可能会在受益于不同聚糖形式的糖基化脂质运载蛋白 A（glycodelin A）的女性中被**反向选择（counter selection）**，作为女性质量控制过程的一部分，向男性配子提出挑战。如果被病原体通过分子模拟而加以利用，作为可靠的自相关分子模式（SAMP）而

---

① 在环境条件稳定时，一个物种的任何进化改进，可能构成对其他物种的进化压力，种间关系可能推动了种群进化。类似于《爱丽丝梦游仙境》中红皇后说：“Now, here, you see, it takes all the running you can do, to keep in the same place”（你必须用力奔跑，才能使自己停留在原地）。其实际意义与俗语“逆水行舟，不进则退”相同。

进化出的独特聚糖，可能反而会成为一种负担。鉴于外源性病原体的快速进化，以及它们频繁地使用聚糖作为宿主识别的靶标，脊椎动物细胞表面聚糖结构整体多样性中的很大一部分，似乎反映了由此种病原体介导的选择过程。同时，哪怕聚糖仅仅具有一个关键的内源性作用，也可能不允许将其消除，以作为逃避病原体的新机制。因此，聚糖表达模式可能代表了逃避病原体（或适应共生体）和保留内源性功能之间的一种权衡。

在完整动物中进行更多的基因破坏（gene disruption）研究，可能有助于区分内源性和外源性的聚糖功能。更加系统的**比较糖生物学（comparative glycobiology）**也可以作出贡献，对内源性的聚糖功能做出预测——也就是说，跨多个分类群的、相同细胞类型中相同结构的一致性（保守性）表达，意味该聚糖结构具有关键的内源性作用。这些工作也可能有助于确定进化过程中聚糖多样化的速率，更好地定义内源性和外源性选择力的相对贡献，并最终更好地理解和阐释进化过程中聚糖多样化的功能意义。病原体驱动的聚糖多样化，甚至可能有利于通过生殖隔离所产生的同域物种形成（sympatric speciation）[①]，这一可能性也需要进一步的探索。

致谢

感谢克里斯蒂娜·德·卡斯特罗（Cristina De Castro）和克里斯托弗·M. 韦斯特（Christopher M. West）的有益评论及建议。

延伸阅读

Warren L. 1963. The distribution of sialic acids in nature. *Comp Biochem Physiol* **10**: 153-171.

Kishimoto Y. 1986. Phylogenetic development of myelin glycosphingolipids. *Chem Phys Lipids* **42**: 117-128.

Galili U. 1993. Evolution and pathophysiology of the human natural anti-α-galactosyl IgG (anti-Gal) antibody. *Springer Semin Immunopathol* **15**: 155-171.

Kappel T, Hilbig R, Rahmann H. 1993. Variability in brain ganglioside content and composition of endothermic mammals, heterothermic hibernators and ectothermic fishes. *Neurochem Int* **22**: 555-566.

Martinko JM, Vincek V, Klein D, Klein J. 1993. Primate ABO glycosyltransferases: evidence for trans-species evolution. *Immunogenetics* **37**: 274-278.

Dairaku K, Spiro RG. 1997. Phylogenetic survey of endomannosidase indicates late evolutionary appearance of this N-linked oligosaccharide processing enzyme. *Glycobiology* **7**: 579-586.

Drickamer K, Taylor ME. 1998. Evolving views of protein glycosylation. *Trends Biochem Sci* **23**: 321-324.

Gagneux P, Varki A. 1999. Evolutionary considerations in relating oligosaccharide diversity to biological function. *Glycobiology* **9**: 747-755.

Freeze HH. 2001. The pathology of N-glycosylation—stay the middle, avoid the risks. *Glycobiology* **11**: 37G-38G.

Angata T, Varki A. 2002. Chemical diversity in the sialic acids and related α-keto acids: an evolutionary perspective. *Chem Rev* **102**: 439-469.

Varki A. 2006. Nothing in glycobiology makes sense, except in the light of evolution. *Cell* **126**: 841-845.

Stern R, Jedrzejas MJ. 2008. Carbohydrate polymers at the center of life's origins: the importance of molecular processivity. *Chem*

① 指新物种从同一地域祖先物种中演化而来，在没有地理隔离的情况下产生了生殖隔离的过程。

Rev **108**: 5061-5085.

van Die I, Cummings RD. 2010. Glycan gimmickry by parasitic helminths: a strategy for modulating the host immune response? *Glycobiology* **20**: 2-12.

Springer SA, Gagneux P. 2013. Glycan evolution in response to collaboration, conflict, and constraint. *J Biol Chem* **288**: 6904-6911.

Clark GF. 2014. The role of glycans in immune evasion: the human fetoembryonic defence system hypothesis revisited. *Mol Hum Reprod* **20**: 185-199.

Le Pendu J, Nyström K, Ruvoën-Clouet N. 2014. Host-pathogen co-evolution and glycan interactions. *Curr Opin Virol* **7**: 88-94.

Corfield AP, Berry M. 2015. Glycan variation and evolution in the eukaryotes. *Trends Biochem Sci* **40**: 351-359.

Hinchliff CE, Smith SA, Allman JF, Burleigh JG, Chaudhary R, Coghill LM, Crandall KA, Deng J, Drew BT, Gazis R, et al. 2015. Synthesis of phylogeny and taxonomy into a comprehensive tree of life. *Proc Natl Acad Sci* **112**: 12764-12769.

Springer SA, Gagneux P. 2017. Glycomics: revealing the dynamic ecology and evolution of sugar molecules. *J Proteom* **135**: 90-100.

Van Etten JL, Agarkova I, Dunigan DD, Tonetti M, De Castro C, Duncan GA. 2017. Chloroviruses have a sweet tooth. *Viruses* **9**: 88.

Varki A. 2017. Biological roles of glycans. *Glycobiology* **27**: 3-49.

Joshi HJ, Narimatsu Y, Schjoldager KT, Tytgat HLP, Aebi M, Clausen H, Halim A. 2018. SnapShot: O-glycosylation pathways across kingdoms. *Cell* **172**: 632.

Suzuki N. 2018. Glycan diversity in the course of vertebrate evolution. *Glycobiology* **29**: 625-644.

West CM, Malzl D, Hykollari A, Wilson IBH. 2021. Glycomics, glycoproteomics, and glycogenomics: an inter-taxa evolutionary perspective. *Mol Cell Proteomics* **20**: 100024.

第 21 章

真细菌

克里斯·怀特菲尔德（Chris Whitfield），克里斯汀·M. 西曼斯基（Christine M. Szymanski），阿曼达·L. 刘易斯（Amanda L. Lewis），马库斯·艾比（Markus Aebi）

21.1 细胞被膜结构概述 / 269
21.2 肽聚糖——一种动态应力承压层 / 271
21.3 革兰氏阳性菌产生额外的细胞壁糖聚合物 / 274
21.4 分枝杆菌拥有异常复杂的细胞被膜糖复合物 / 276
21.5 脂多糖（内毒素）——大多数革兰氏阴性菌的关键成分 / 277
21.6 蛋白质糖基化——细菌糖生物学的一个扩展方向 / 280
21.7 渗透调节周质葡聚糖 / 282
21.8 细胞外多糖 / 282
21.9 细菌糖生物学的其他方面 / 285
致谢 / 285
延伸阅读 / 286

糖复合物是细菌细胞表面的组成部分，通常与环境直接接触。细菌表面的糖复合物，有助于细胞被膜（cell envelope）的基本渗透屏障特性，影响细菌对抗生素和其他有害化合物的敏感性及抗性，参与生物膜（biofilm）的形成和分散，充当噬菌体的受体，并在致病性和共生性的宿主 - 微生物之间的相互作用中发挥关键作用。作为诸多功能的直接反映，细菌表面的糖复合物非常多样化，这得益于细菌基因重组和横向基因转移的倾向，并且通过与环境的相互作用而得以塑造。这些环境还赋予细菌**生境**（**niche**）[①]特异性的选择压力。细菌表面糖复合物驱动了与宿主先天性免疫和适应性免疫防御相关的各种重要相互作用。有些糖复合物被视为**病原体相关分子模式**（**pathogen-associated molecular patterns，PAMP**），如通过 Toll 样受体（Toll-like receptor，TLR）介导的途径。其他糖复合物是适应性免疫的天然靶标，已在成功的疫苗策略中得到了利用。由于它们在细胞生存中的重要性，表面糖复合物也是抗菌策略中的常见靶标。本章将概述细菌糖复合物的结构和生物合成，并提供一些功能上的示例。

21.1 细胞被膜结构概述

根据在革兰氏染色过程中的反应，细菌在历史上被分为两大类，即**革兰氏阳性菌**（**Gram-positive bacteria**）和**革兰氏阴性菌**（**Gram-negative bacteria**），反映出细胞壁组织结构上的差异。细胞壁中**肽聚糖**（**peptidoglycan**）的数量和位置，是影响革兰氏染色结果的重要因素。肽聚糖对大多数细菌的生存能力至关重要。它由通过短肽共价交联的多糖链组成，形成了赋予细胞形状和刚性的三维结构。在**大肠杆菌**（***Escherichia coli***）等革兰氏阴性菌中，细胞壁由两层膜组成，被称为**周质**（**periplasm**）的细胞区室

① 也称生态位，是一个物种所处的环境及其本身生活习性的总称。

隔开，其中存在着薄薄的肽聚糖层（**图 21.1**）。在革兰氏阳性菌中，更厚的肽聚糖层围绕着单层膜，为其他聚糖结构提供了附着位点。另一类属于**厚壁菌纲**（**Negativicutes**）的细菌，与革兰氏阳性菌中的**厚壁菌门**（**Firmicutes**）[①]有关，但仍然具有双膜结构，并被染色判定为革兰氏阴性菌。其他细菌在革兰氏染

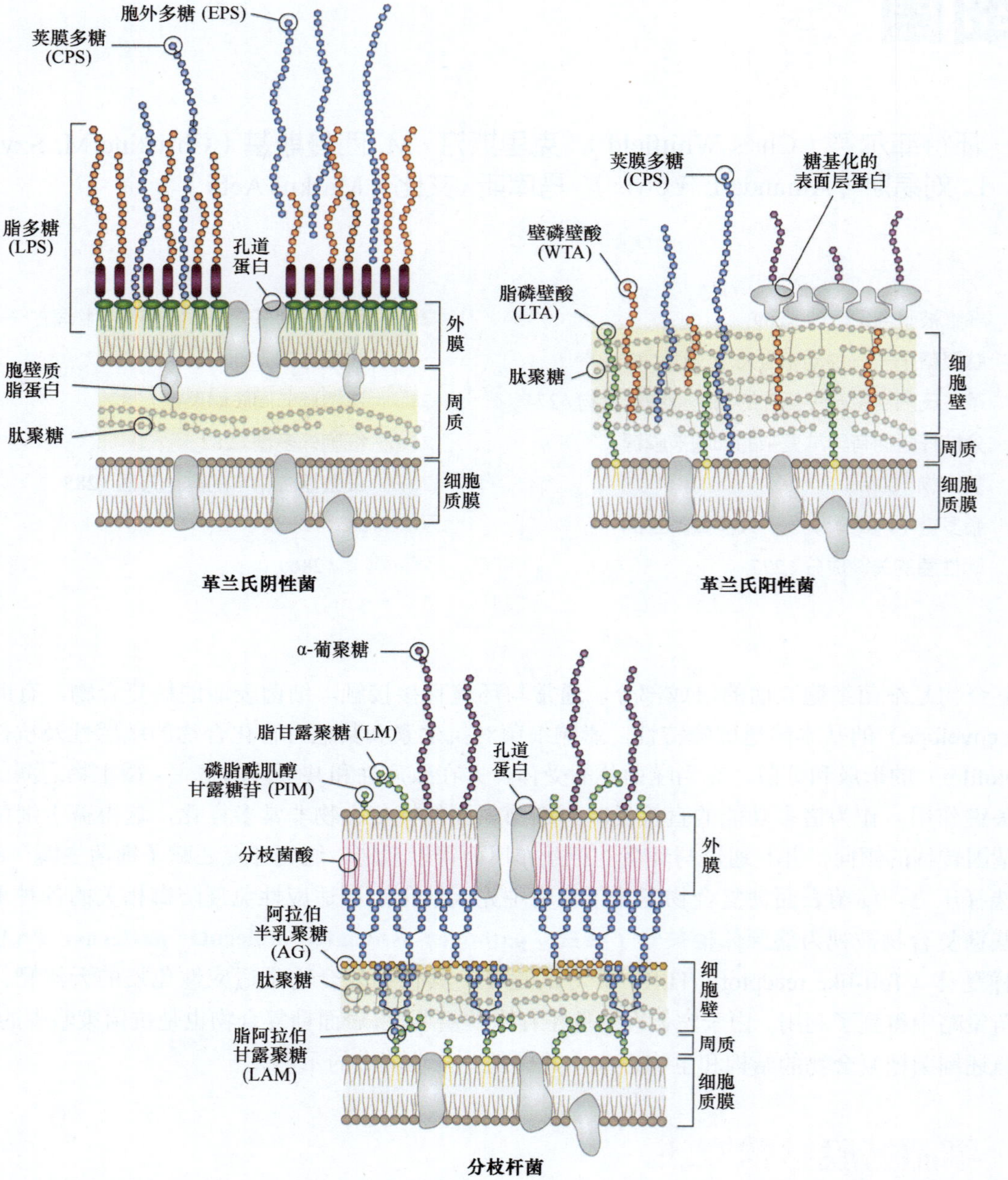

图 21.1 革兰氏阴性菌、革兰氏阳性菌和分枝杆菌细胞被膜的组织形式概念图。革兰氏阴性菌、革兰氏阳性菌和分枝杆菌的细胞壁（或细胞被膜）的示意图比较，说明了结构性糖复合物的主要类别及其位置。每种被膜类型中，都具有位于细胞质膜外侧的肽聚糖，作为赋予细胞壁形状和完整性的主要成分。在革兰氏阴性菌中，具有选择性渗透能力的不对称外膜中通常含有脂多糖。在革兰氏阳性菌中，共价连接的壁磷壁酸和嵌入细胞膜中的各种脂聚糖（其中包括脂磷壁酸）的存在，增加了肽聚糖层的厚度。分枝杆菌也具有“外膜”，但与革兰氏阴性菌的外膜区别很大。其中主要的脂质成分是长链分枝菌酸，通过支链阿拉伯半乳聚糖结构与肽聚糖相连。分枝杆菌细胞壁在细胞质和外膜中具有多种多样的脂聚糖。在所有三种细胞壁类型之外，都可能覆盖着荚膜多糖和胞外多糖。

① 在最新的生物分类学中被归类为**厚壁菌门**（**Bacillota**）。

色反应中会产生不同的染色结果，主要是因为存在其他聚糖和细胞壁脂质（见下文）。

革兰氏阴性菌的周质含有与细胞表面装配和营养吸收相关的蛋白质，但也可能含有保护细菌免受渗透压力的**游离寡糖**（**free oligosaccharide，fOS**）。**外膜**（**outer membrane，OM**）是不对称的脂质双分子层，脂外层（outer leaflet）主要由被称为**脂多糖**（**lipopolysaccharide，LPS**）的独特糖脂组成，这种糖脂对于维持施加在外膜渗透屏障的完整性至关重要。许多革兰氏阴性菌被与细菌表面结合的多糖层，即**荚膜**（**capsule**）覆盖。在某些情况下，这种**荚膜多糖**（**capsular polysaccharide，CPS**）以游离的**胞外多糖**（**exopolysaccharide，EPS**）的形式从细胞中大量释放。生产这些聚糖产物的细菌，通常很容易通过其高度黏液样的菌落（colony）进行识别。不同细菌物种的脂多糖和荚膜的结构变化多种多样，并影响了细菌与其环境和宿主生境之间多种类型的相互作用。

革兰氏阳性菌没有外膜（图 21.1），并且依赖于更厚的多层肽聚糖层来维持生存。革兰氏阳性菌的细胞壁通过与肽聚糖共价连接的、额外而特殊的细胞壁聚糖聚合物，如**壁磷壁酸**（**wall teichoic acid，WTA**）来获得进一步的修饰，而**脂磷壁酸**（**lipoteichoic acid，LTA**）等糖脂则锚定在细胞膜上。**分枝杆菌属**（***Mycobacteria***）和相关的**放线菌属**（***Actinobacteria***）不被视为革兰氏阳性或阴性细菌，而被归类为**抗酸性细菌**（**acid-fast bacteria**），因为它们拥有独特的细胞壁，会对经典的革兰氏染色程序产生异常反应。它们复杂的细胞壁中，具有大量而显著的聚糖和糖脂结构（图 21.1）。这些生物体具有独特的**阿拉伯半乳聚糖**（**arabinogalactan，AG**）成分，它们与肽聚糖共价连接，并为特征性长链（C_{60}-C_{90}）α- 烷基 -β- 羟基分枝菌酸（α-alkyl-β-hydroxymycolic acid）提供连接位点。由此产生的分枝酰基 - 阿拉伯半乳聚糖 - 肽聚糖复合物（mycolyl-AG-peptidoglycan complex），支撑形成了一个渗透性屏障，赋予这些细菌对抗生素和其他有害分子的抵抗能力。**分枝菌酸**（**mycolic acid**）有助于形成一个被称为“外膜”（outer membrane）的被膜层，尽管其结构与革兰氏阴性菌中的同名物质毫无相似之处。

21.2 肽聚糖——一种动态应力承压层

21.2.1 肽聚糖的结构、排布和功能

肽聚糖（peptidoglycan）也称为**胞壁质**（**murein**），能够形成包被细胞质膜的刚性球囊，赋予细胞以形状，并且提高了细菌抵抗内部渗透（膨胀）压力影响的能力。尽管大多数细菌都含有肽聚糖，但它在一些专性的细胞内病原体，如**支原体属**（***Mycoplasma* sp.**）中不存在，在某些形成 **L 型**（**L-form**）[①]的细菌中则会被条件性地消耗。由于肽聚糖分布在细菌外层，因而被宿主防御系统识别为感染标志物。细菌释放出的肽聚糖是一种被 Toll 样受体 2（Toll-like receptor 2，TLR2）和一些模式识别蛋白如核苷酸结合寡聚结构域样受体 /NOD 样受体（nucleotide-binding oligomerization domain [NOD]-like receptor，NLR）识别的病原体相关分子模式（PAMP），可作为先天免疫的一部分激活炎症反应。

肽聚糖约占革兰氏阴性菌细胞壁干重的 10%，结构厚度在 1 ～ 3 层。相比之下，革兰氏阳性菌的细胞壁较厚，含有 10 ～ 20 层肽聚糖，占细胞干重的 20% ～ 25%。不同的细菌种属中，肽聚糖的整体化学结构具有相似性（图 21.2），均由平行的多糖链组成，这些多糖链由 *N*- 乙酰葡萄糖胺（GlcNAc）和 *N*- 乙酰胞壁酸（MurNAc）以 β1-4 连键形成的二糖单元组成。在大肠杆菌中，聚糖链的平均长度为 25 ～

① 即突变后细胞壁缺损的细菌，L 型细菌必须生活在高渗透压环境中，其细胞膨大，对渗透压十分敏感。以李斯德研究所名称的首字母“L”命名。

35 个二糖单元，但在革兰氏阳性菌中可能会增加数倍。相邻的糖链之间，通过与 *N*- 乙酰胞壁酸（MurNAc）残基相连的短肽链之间的交联反应（cross-link）进行相互连接（图 21.2）。单个聚糖链被认为平行于细胞膜排列，并且聚糖链的螺旋构象使得交联能够在层内和层间的三维空间中发生，从而形成具有功能的高

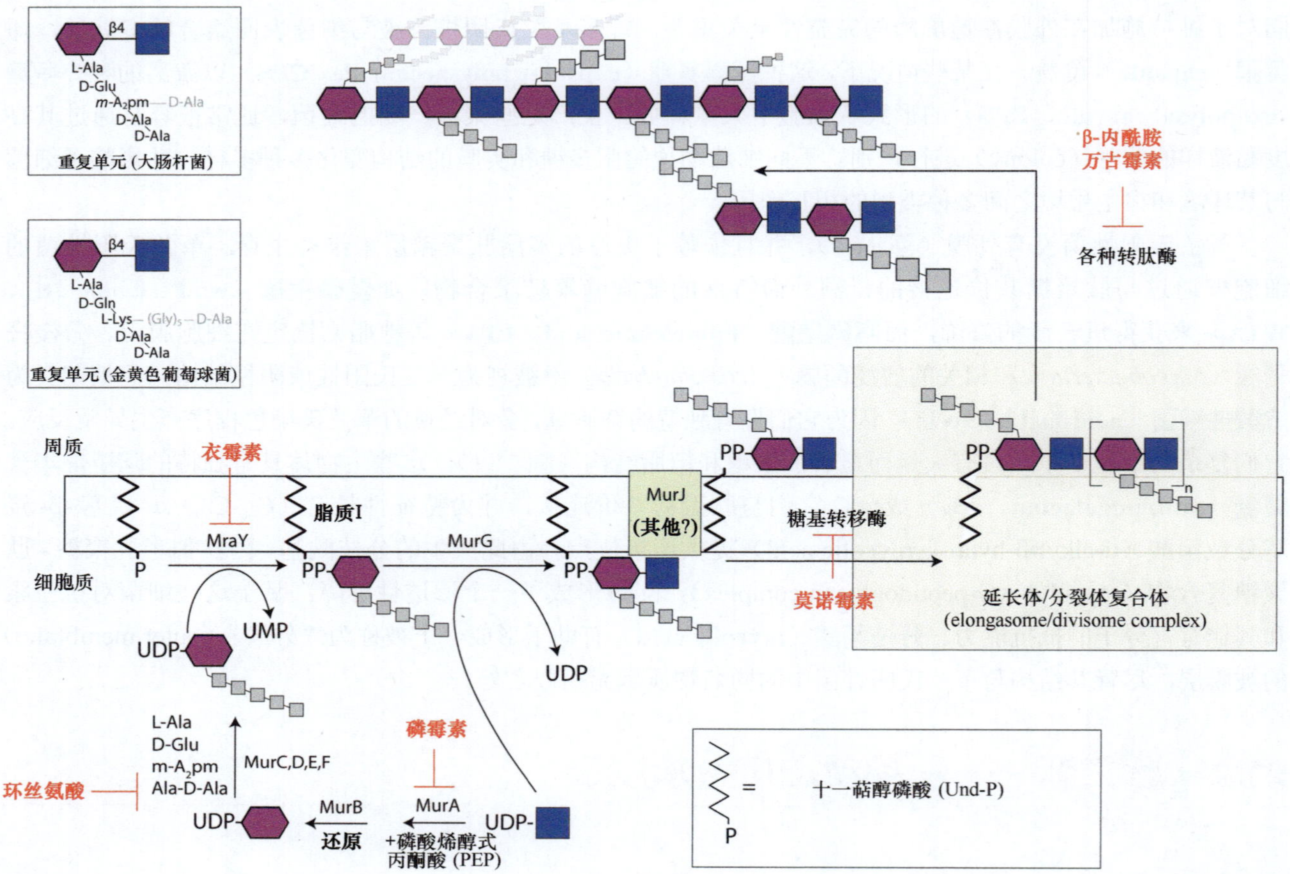

图 21.2　肽聚糖装配的结构、生物合成和抑制。肽聚糖形成了一个由聚糖链组成的网状结构，其中的二糖单元包含 β1-4 连接的 *N*- 乙酰葡萄糖胺（GlcNAc，蓝色）和 *N*- 乙酰胞壁酸（MurNAc，紫色）。这些聚糖链在合成时，携带了具有茎状结构的五肽，可用于在相邻的聚糖链之间产生三维周期性的交联。组成五肽的氨基酸残基可能不同，但总是在第 3 位含有二元残基，如内消旋 - 二氨基庚二酸（*m*-DAP）或 L- 赖氨酸（L-Lys），以促进交联，它们通常以 D- 丙氨酸 -D- 丙氨酸（D-Ala-D-Ala）作为结束。交联可以直接发生（如在大肠杆菌中），或者涉及一段短寡肽（如在金黄色葡萄球菌中）。肽聚糖的装配开始于细胞质和细胞质膜的界面，形成十一异戊二烯基二磷酸（undecaprenyl-PP）连接的胞壁肽（muropeptide）亚基，即脂质 II（lipid II）。在被翻转到膜的周质面后，这些亚基被整合进入更长的链中，然后通过名为转糖基作用（transglycosylation）的过程，插入到正在生长的细胞壁中。转肽作用（transpeptidation）使相邻的茎状肽发生交联，完成整个过程。这些生命活动的布局和协调是一项复杂的过程，装配酶复合物的精确构成则取决于环境（如是用于细胞伸长还是进行细胞分裂）。肽聚糖一直是抗生素丰富多样的靶点，突出的示例在图中用红色进行标识。磷霉素（fosfomycin）和环丝氨酸（cycloserine）分别是磷酸烯醇式丙酮酸（phosphoenolpyruvate，PEP）和 D- 丙氨酸（D-Ala）的结构类似物，可用于阻断脂质 I（lipid I）（即十一异戊二烯基二磷酸连接的 *N*- 乙酰胞壁酸 - 五肽）的完全合成。莫诺霉素（moenomycin）是磷酸糖脂，可与肽聚糖糖基转移酶的活性位点结合以抑制转糖基作用。最后，β- 内酰胺（β-lactam）和万古霉素（vancomycin）均通过不同的策略阻止转肽作用。β- 内酰胺模拟 D- 丙氨酸 -D- 丙氨酸，并与青霉素结合蛋白（PBP）结合，通过产生一种缓慢翻转的底物，以非有效（nonproductive）结合过程[①]占据了青霉素结合蛋白，进而影响了肽酶水解步骤。与之相对，万古霉素通过与末端 D- 丙氨酸 -D- 丙氨酸底物的结合，从空间上阻抑了转肽酶的活性。缩写：L- 丙氨酸（L-Ala），D- 丙氨酸（D-Ala），D- 谷氨酸（D-Glu），D- 谷氨酰胺（D-Gln），甘氨酸（Gly），内消旋 - 二氨基庚二酸（*m*-A_2pm），尿苷二磷酸（UDP），尿苷一磷酸（UMP）。

① 即底物与游离酶的结合，排除了底物与酶发生进一步有效结合。

阶结构。尽管不同细菌的氨基酸组成不同，但这些肽通常由 L- 丙氨酸（L-Ala）、不常见的 D- 氨基酸如 D- 谷氨酸（D-Glu）和 D- 丙氨酸（D-Ala），以及二元氨基酸（dibasic amino acid）如内消旋 - 二氨基庚二酸（*m*-A_2pm/*m*-DAP）或 L- 赖氨酸（L-Lys）组成，以促进交联的发生。交联可以是直接的肽键形式，或是（在某些革兰氏阳性菌中）包括几个氨基酸的形式，如甘氨酸五聚体（Gly_5）。交联的形式及频率，将对最终的网状结构产生空间上的影响。肽聚糖结构的变化，可能发生在同一生物体细胞周期的不同阶段、生物体的发育过程中，或发生在同一细胞的不同位点。

许多革兰氏阳性菌细胞壁的一个特征是构成**次生细胞壁（secondary cell wall）**的聚合物可以连接在聚糖骨架中的 *N*- 乙酰胞壁酸（MurNAc）残基上。此外，二元氨基酸也提供了蛋白质联结的潜在位点。分选酶家族（sortase-family）的酶负责将各种蛋白质连接到细胞壁上，其中包括菌毛（pili）、表面层蛋白亚基（surface-layer subunit，S-layer subunit）和代谢物结合蛋白。在革兰氏阴性菌中，外膜脂蛋白可以连接在肽聚糖的这一位点上。

尽管肽聚糖在保持细胞完整性中发挥了重要作用，但它是一种动态的结构，可以在细胞的快速生长和分裂期间嵌入全新的组成材料，并且能够容纳穿过细胞壁的大分子结构（如鞭毛和蛋白质分泌系统）装配于其中。因此，每一代细菌的肽聚糖都会经历约 50% 的周转，该过程由一系列肽聚糖水解酶（peptidoglycan hydrolase）催化，其中包括糖苷酶（glycosidase）、肽酶（peptidase）和酰胺酶（amidase）。肽聚糖代谢失衡可导致细胞壁完整性的迅速丧失，随后发生渗透性肿胀和细胞裂解。这些现象是具有细胞壁活性的抗生素（如下文所述）和溶菌酶（lysozyme）的作用基础；溶菌酶是白细胞分泌的一种酶，是先天免疫的一部分。

21.2.2 细胞壁的装配

肽聚糖的合成涉及一系列复杂且保守的酶促反应，这些酶反应定位于三种细胞区室（图 21.2）。在初始阶段，活化的核苷酸前体在细胞质中完成合成。尿苷二磷酸 -*N*- 乙酰胞壁酸（UDP-MurNAc）是磷酸烯醇式丙酮酸（phosphoenolpyruvate，PEP）与尿苷二磷酸 -*N*- 乙酰葡萄糖胺（UDP-GlcNAc）缩合，并随后对产物进行还原所产生的分子。在某些分枝杆菌中，尿苷二磷酸 -*N*- 乙酰胞壁酸因未知的原因被羟基化，形成尿苷二磷酸 -*N*- 羟乙酰胞壁酸（UDP-MurNGc），从而生成自然界中除后口动物中独有的 *N*- 羟乙酰神经氨酸（Neu5Gc）之外，唯一已知的另一种携带有 *N*- 羟乙酰基团的分子（**第 15 章**）。通过特定的、具有腺苷三磷酸（ATP）依赖性的氨基酸连接酶（amino acid ligase）连续添加氨基酸，形成了尿苷二磷酸 -*N*- 乙酰胞壁酸 - 五肽（UDP-MurNAc-pentapeptide）结构。二糖重复单元建立在细胞质膜中的 C_{55} 多萜醇载体，即十一萜醇磷酸（undecaprenol phosphate）或称**细菌萜醇磷酸（bactoprenol phosphate）**上，这一过程与真核生物 *N*- 连接聚糖形成的早期阶段类似（**第 9 章**）。由此产生的脂质连接的二糖亚基，即**脂质 II（lipid II）**，主要通过 MurJ 蛋白翻转跨膜，尽管在某些情况下，其他翻转酶也可能参与其中。脂质 II 在膜的周质面聚合，新生成的聚糖被嵌插进入生长中的细胞壁。这需要糖基转移酶（glycosyltransferase，GT）来延伸聚糖骨架，需要**转肽酶（transpeptidase，TP）**来负责催化交联。每种细菌都有多种具有活性的糖基转移酶和转肽酶，以单一功能酶或是双功能的糖基转移酶 - 转肽酶（GT-TP）的形式存在，关键酶的结构信息则提供了对其催化机理的深入解析。糖基转移酶以脂质 II 分子作为受体，介导了聚糖的逐步装配，并且在每次循环中释放一个十一异戊二烯基二磷酸（undecaprenyl-PP）。

转肽酶和糖基转移酶的反应具有环境依赖性；含有不同酶组合的活性复合物能够与肽聚糖重塑酶（remodeling enzyme）结合，在细胞骨架元件（肌动蛋白和微管蛋白同源物）的引导下实现细胞壁的伸长或细胞分裂。该过程是细胞形状决定（cell shape determination）过程中的一个重要驱动因素。细胞分裂过程极其复杂，会形成多蛋白的“分裂体”（divisome），其中包括专门用于确保分裂位点的时间与位置信息忠实性的调控蛋白。重塑酶中包含了裂解转糖基酶（lytic transglycosylase），它能够切割聚糖链，产生特征性末端 1,6- 脱水 -*N*- 乙酰胞壁酸（1,6-anhydroMurNAc）残基。该反应可能决定了聚糖链的大小（有效地标志了生物合成的结束），但也是插入跨细胞壁结构（*trans*-cell wall structure），调节某些 β- 内酰胺酶的信号传递，以及释放病原体相关分子模式（PAMP）等过程所必需的要素。

21.2.3 靶向肽聚糖装配的抗菌药物

肽聚糖的合成过程为抗生素提供了一个经典的靶标，并持续为药物发现提供全新的通途。青霉素和其他 β- 内酰胺（β-lactam）类抗生素，模拟 D- 丙氨酸 -D- 丙氨酸（D-Ala-D-Ala）基序，并与转肽酶形成缓慢周转的酰基 - 酶复合物。因此，具有转肽酶模件（TP module）的蛋白质也被称为**青霉素结合蛋白（penicillin-binding protein，PBP）**。这些药物需要活跃的细菌复制过程方能发挥作用。对这些化合物的耐药性包括：将它们排出细胞外、对靶标酶进行替换，或产生 β- 内酰胺酶（β-lactamase）以破坏 β- 内酰胺结构。万古霉素（vancomycin）和其他糖肽类药物，也通过与末端 D- 丙氨酸 -D- 丙氨酸的结合来影响交联步骤，阻止肽聚糖合成过程的正常周转。默诺霉素（moenomycin）化合物家族的成员是磷酸糖脂（phosphoglycolipid），它们被认为通过模拟生长中的聚糖链并结合酶中的供体底物位点，来抑制糖基转移酶中的特定类型——**转糖基酶（transglycosylase）**。这些抗生素与其他抗菌化合物的作用位点见图 21.2。

21.3 革兰氏阳性菌产生额外的细胞壁糖聚合物

革兰氏阳性菌细胞壁中含有大量额外的聚合物，可以为细胞壁提供更多的结构与功能。最著名的例子是壁磷壁酸（WTA），它通常由聚核糖醇（polyribitol）或聚甘油（polyglycerol）链组成，具有 40 ～ 60 个重复单元，可被类型可变的单糖和（或）D- 丙氨酸取代。这些糖链通过一个保守的连键区域（linkage region），以磷酸二酯键连接在 *N*- 乙酰胞壁酸的 C-6 位（图 21.3）。壁磷壁酸延伸穿过并超出肽聚糖层，暴露在细胞表面。壁磷壁酸对于实验室细菌生存力的影响可有可无，但对于致病性细菌，以及细菌在其他环境中的生长具有潜在的必需性。壁磷壁酸直接或间接地参与了细菌中的各种功能，包括调控肽聚糖的重塑、细胞壁的生长和形态、与二价阳离子结合、细菌的黏附、生物膜形成、对先天免疫（溶菌酶和抗菌肽）的抵抗，以及对抗生素和其他环境压力的抵抗。壁磷壁酸还提供了一种将某些蛋白质（如表面层蛋白质）拴系在细胞表面的方法。在磷酸盐匮乏的情况下，一些细菌会用**糖醛酸磷壁酸（teichuronic acid）**取代富含磷酸盐的壁磷壁酸，糖醛酸磷壁酸中的羧基则会产生阴离子特性（图 21.3）。

壁磷壁酸（WTA）由位于十一异戊二烯基载体上的、经核苷酸活化的前体合成。合成一旦完成，即通过 **ATP 结合盒转运蛋白（ATP-binding cassette transporter，ABC transporter）**（脂多糖中的 *O*- 抗原多糖转运亦是如此，见下文）进行跨细胞质膜外运，并最终连接到 *N*- 乙酰胞壁酸受体上。壁磷壁酸在肽聚糖装配嵌插过程中的时空信息尚未获得完全解析。

脂磷壁酸（LTA）也常见于革兰氏阳性菌的细胞被膜中。一些脂磷壁酸可能具有与壁磷壁酸相似的碳水化合物结构（图 21.3），而另一些则要复杂得多。它们附着在糖组成不同但通常含有末端二酰基甘油（diacylglycerol，DAG）的膜锚定糖脂上。壁磷壁酸和脂磷壁酸的**装配途径（assembly pathway）**大相径庭。例如，普遍存在的、基于聚甘油的脂磷壁酸，需要磷脂酰甘油（phosphatidylglycerol）作为甘油供体，而不是在壁磷壁酸的合成中常见的核苷酸活化前体，并且脂磷壁酸在含有二酰基甘油的糖脂上完成装配，

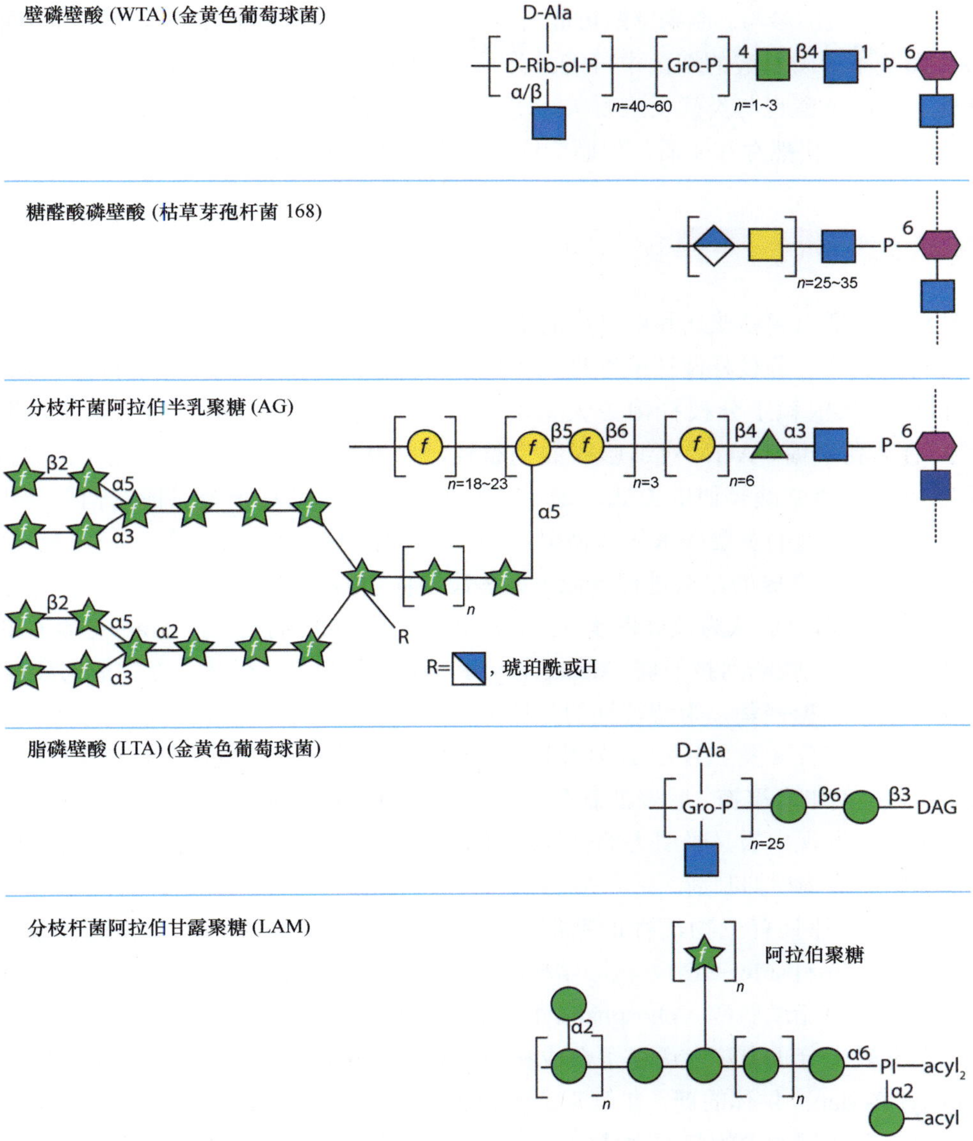

图 21.3 经典革兰氏阳性菌和分枝杆菌中额外的细胞壁聚合物的结构。一系列额外的（次生的）细胞壁聚合物，扩展了肽聚糖的结构与功能。壁磷壁酸（WTA）通常含有多元醇 - 磷酸骨架，如金黄色葡萄球菌中含有的聚核糖醇（Rib-ol）结构骨架。壁磷壁酸与肽聚糖中 9 个 *N*- 乙酰胞壁酸（MurNAc）残基中的一个 C6 羟基，以磷酸二酯键进行连接，构成一个连键单元（linkage unit）。这一保守的连键单元由一个二糖和 1 ～ 2 个甘油磷酸酯（Gro-P）残基组成。聚核糖醇链中的一些羟基，可能被 D- 丙氨酸（D-Ala）和 *N*- 乙酰葡萄糖胺（GlcNAc）残基以非化学计量的形式进行修饰。糖醛酸磷壁酸的生产受到环境调控；在磷酸盐受限的条件下，这些分子可以取代更普遍且富含磷酸盐的壁磷壁酸，因为壁磷壁酸基于多元醇 - 磷酸骨架构建而成。与壁磷壁酸一样，糖醛酸磷壁酸也通过磷酸二酯键连接到肽聚糖末端的 *N*- 乙酰葡萄糖胺上，尽管连键区域和聚合物的具体细节尚未得到解析。在分枝杆菌中，复杂的阿拉伯半乳聚糖结构以类似于壁磷壁酸的方式连接到肽聚糖上。阿拉伯半乳聚糖的主链由 30 ～ 35 个呋喃半乳糖（Gal*f*）残基以交替的 β1-5 和 β1-6 连键组成，可通过二糖连接子连接到 *N*- 乙酰胞壁酸上。三天线的阿拉伯聚糖取决于物种的不同，由 22 个或 31 个呋喃阿拉伯糖（Ara*f*）单体构成，连接在半乳聚糖的主链上。末端 β1-2 连接的呋喃阿拉伯糖残基，为分枝菌酸提供了连接位点。革兰氏阳性菌细胞壁还含有多种脂聚糖。一些脂聚糖通过二酰基甘油（DAG）结构连接在细胞膜上，而脂磷壁酸（LTA）的聚糖链可能与壁磷壁酸有一些相似之处。分枝杆菌中的主要脂聚糖类别之一是磷脂酰 - 肌肉 - 肌醇甘露糖苷（PIM），这些分子由携带 1 ～ 6 个甘露糖残基和最多 4 个酰基链的磷脂酰肌醇锚组成。通过对甘露聚糖链进行延长和分支，同时添加阿拉伯聚糖结构，该脂聚糖可以进一步拓展为脂阿拉伯甘露聚糖（LAM）。这些结构比阿拉伯半乳聚糖更加异质，图中显示了一个概念性的聚糖结构组合，其中包含了在变体中观察到的不同结构元素。缩写：乙酰（acyl），磷酸（P），磷脂酰肌醇（PI）。

没有十一异戊二烯基磷酸的参与。脂磷壁酸可能与壁磷壁酸共存，并且它们在某些推定的功能上也有重叠，尽管脂磷壁酸在那些不含磷壁酸的细菌中可能尤为重要。消除脂磷壁酸和壁磷壁酸合成的基因突变，显示出合成致死性。脂磷壁酸也与炎症反应有关，尽管关于它们作为 Toll 样受体 2（TLR2）识别病原体相关分子模式时的状态信息仍然存在矛盾，但脂磷壁酸被认为是一系列宿主受体的配体。

21.4 分枝杆菌拥有异常复杂的细胞被膜糖复合物

致病性分枝杆菌包括引起结核病和麻风病的生物体，是在巨噬细胞修饰的吞噬体（phagosome）内进行复制的细胞内寄生生物。分枝杆菌还能够进入休眠（代谢不活跃），有助于它们持留状态（persistence）的形成。这些特性极其依赖于分枝杆菌由大量不寻常的细胞壁成分所塑造的、非凡的细胞被膜结构（图 21.1）。阿拉伯半乳聚糖（AG）对细胞壁的完整性，以及生物体对许多抗生素的耐药性至关重要。阿拉伯半乳聚糖以与壁磷壁酸类似的方式，锚定在肽聚糖链中大约每十个二糖结构单元中的一个之上（图 21.3）。阿拉伯半乳聚糖的主要碳水化合物聚 - 呋喃半乳糖（poly-Gal*f*）主链，是在癸异戊二烯基 - 磷酸（decaprenyl-P）载体上合成的，该过程类似于某些脂多糖中 *O*- 抗原的形成过程（见下文），合成发生在主链被外运到周质之前，一般认为该过程涉及一种转运蛋白。呋喃阿拉伯糖（Ara*f*）的加工在周质中进行，使用癸异戊二烯基 - 磷酸 - 呋喃阿拉伯糖（decaprenyl-P-Ara*f*）作为直接供体。在完成与肽聚糖的连接后，还原性末端的呋喃阿拉伯糖残基，为特征性的分枝菌酸（mycolic acid）提供了连接位点。这些脂质构成了分枝杆菌外膜的主要组分（图 21.1）。这种非比寻常的外膜，为抵御抗生素和有害化合物提供了强大的屏障。分枝酰基 - 阿拉伯半乳聚糖 - 肽聚糖复合物（mycolyl-AG-peptidoglycan）在分枝杆菌生理学中的重要作用，使其成为药物发现中极具吸引力的靶标。事实上，一线药物乙胺丁醇（ethambutol）是一种阿拉伯糖基转移酶的结构类似物型抑制剂。

细胞被膜还含有多种具有生物活性的糖脂。研究人员已经发现了大量基于**磷脂酰肌醇甘露糖苷（phosphatidylinositol mannoside，PIM）**核心结构的糖脂实例，这些糖脂具有不同的酰化类型和聚糖长度。磷脂酰肌醇甘露糖苷与磷脂酰肌醇（phosphatidylinositol，PI）可占被膜磷脂总含量的 50% 以上，对细胞壁的完整性和细胞分裂十分重要。在历经了合成和外运后，这些脂质通过添加来自癸异戊二烯基 - 磷酸 - 甘露糖（decaprenyl-P-Man）供体的糖，扩展形成**脂甘露聚糖（lipomannan，LM）**。与阿拉伯半乳聚糖的情况一样，脂甘露聚糖在周质中的延伸由特定的 C 型糖基转移酶（GT-C）催化，转移酶使用癸异戊二烯基 - 磷酸 - 呋喃阿拉伯糖（decaprenyl-P-Ara*f*），进一步加工形成**脂阿拉伯甘露聚糖（lipoarabinomannan，LAM）**，在一个含有超过 100 个单糖的脂阿拉伯甘露聚糖分子中，形成一个与阿拉伯半乳聚糖结构类似的、共价连接的阿拉伯聚糖（arabinan）（图 21.3）。末端的呋喃阿拉伯糖（Ara*f*）残基可以进一步被甘露糖（Man）残基封端，形成**甘露糖封端脂阿拉伯甘露聚糖（mannose-capped lipoarabinomannan，ManLAM）**。这些化合物都有可能被各种过程和分子进行识别。这些过程和分子包括：适应性免疫应答、促进吞噬作用（phagocytosis）的巨噬细胞上的甘露糖受体（mannose receptor）、补体激活中的**凝集素途径（lectin pathway）**[①]，以及树突状细胞特异性细胞间黏附分子 -3- 捕获非整联蛋白（dendritic cell-specific intercellular adhesion molecule-3-grabbing nonintegrin，DC-SIGN）。甘露糖封端脂阿拉伯甘露聚糖（ManLAM）和脂甘露聚糖（LAM），尤其是后者，均为 Toll 样受体 2 的有效配体，但它们的免疫调节作用不同。事实上，它们在复杂的致病机制中的确切作用尚未得到解析。

① 为补体的三种经典激活途径之一。凝集素途径的激活通过甘露糖结合凝集素（MBL）、集合素 11（CL-K1）和纤胶凝蛋白（ficolin-1、ficolin-2 和 ficolin-3），以病原体相关分子模式（PAMP）结合启动。

21.5 脂多糖（内毒素）——大多数革兰氏阴性菌的关键成分

革兰氏阴性菌的外膜（图 21.1）是不对称的双层膜，其质外层（outer leaflet）主要由被称为脂多糖的独特糖脂组成（见图 21.5）。只有少数革兰氏阴性菌上没有脂多糖，如内共生体**疏螺旋体属**（***Borrelia***）和**沃尔巴克氏体属**（***Wolbachia***），以及**鞘氨醇单胞菌属**（***Sphingomonas***），它们的脂多糖在功能上被鞘磷脂取代。在**沙门氏菌属**（***Salmonella***）中，相对于 10^7 个总磷脂，每个细胞表面有约 10^6 个脂多糖，覆盖了细胞表面的 75%。脂多糖通常对于繁殖中生物体的外膜完整性至关重要。然而，包括**脑膜炎奈瑟菌**（***Neisseria meningitidis***）和**鲍氏不动杆菌**（***Acinetobacter baumannii***）在内的一些物种，在面临阻止脂多糖合成的突变时仍可存活下来，尽管会以细菌的适应性和毒力作为代价。我们对脂多糖的结构、合成和功能的大部分知识，来自对**大肠杆菌**（***E. coli***）和沙门氏菌的研究工作，但所获取的普遍原理是广泛适用的。脂多糖由三个结构域组成：**脂质 A**（**lipid A**）、**核心寡糖**（**core oligosaccharide**）和 ***O*- 抗原多糖**（***O*-antigen polysaccharide，*O*-PS**）（图 21.4）。一些黏膜病原体，如**奈瑟菌属**（***Neisseria***）和**弯曲杆菌属**（***Campylobacter***），能够产生一种可能会引起相转变的、截短的、非重复的聚糖。这些形式的脂多糖通常被称为**脂寡糖**（**lipooligosaccharide，LOS**）（图 21.4）。

21.5.1 脂多糖的结构和功能

脂质 A（**lipid A**）是一种糖脂，含有可变数量的脂肪酰基链，这些脂肪酰基链共价连接到二糖主链上，将脂多糖锚定在外膜中。最常见的脂质 A 结构，由 β1-6 连接的二葡萄糖胺（di-GlcN）主链组成。在大肠杆菌中，还原端糖在 C-1 处含有磷酸基团，在 C-3 和 C-2 处分别含有酯连接和酰胺连接的 β- 羟基肉豆蔻酸（β-hydroxymyristic acid）残基（图 21.4）。第二个葡萄糖胺残基还含有 C-4′ 处的磷酸基团和两个 β- 羟基肉豆蔻酸，它们在 C-3′ 处以酯键、在 C-2′ 处以酰胺键与葡萄糖胺（GlcN）残基连接，它们的 β- 羟基上还带有额外的月桂酰基（lauroyl group）。脂多糖作为一种与细菌相关的热稳定毒素，于 19 世纪末被首次发现，1985 年，大肠杆菌脂质 A 的化学合成证实了这一部分的分子结构，是脂多糖作为**内毒素**（**endotoxin**），在哺乳动物中引起生物学特性的原因，产生了发烧、感染性休克和其他有害的生理影响（**第 42 章**）。当从细胞表面释放时，脂质 A 是一种被 Toll 样受体 4（TLR4）/ 骨髓分化因子 2（myeloid differentiation factor 2，MD2）受体识别的病原体相关分子模式（PAMP），通过二聚化触发促炎介质的分泌。该过程产生导致适应性免疫应答的有效刺激，并已被用作疫苗佐剂——单磷酰脂质 A（monophosphoryl lipid A）。然而，脂多糖介导的炎症也会导致发病和死亡，并且一些细菌（如肠道微生物组中的共生菌）已经适应了脂多糖的化学成分，以最大限度地减少炎症反应。在一些革兰氏阴性菌中，这些不同的结果由脂质 A 结构中可变的磷酸化和酰化程度决定，这些修饰受到环境调控，并导致 Toll 样受体 4/ 骨髓分化因子 2（TLR/MD2）下游信号的改变。

游离的脂质 A 仅出现在少数罕见的例外情况中，如**新凶手弗朗西斯菌**（***Francisella novicida***）。因为在大多数细菌中，脂质 A 会被形成核心寡糖的糖类修饰。这种支化的寡糖链，从概念上被人为地定义为一个更为可变的**外核结构**（**outer core**），为 *O*- 抗原多糖提供了连接位点，而**内核结构**（**inner core**）则更为保守。所有的脂质 A 分子都含有 1 ～ 4 个不同寻常的八碳糖单元——2- 酮 -3- 脱氧辛酮糖酸（Kdo）或其衍生物，它位于脂质 A 和核心糖链之间的连接区域，许多内核结构中含有 L 型（或 D 型）- 甘油 - 甘露 - 庚糖（L/D-glycero-*manno*-heptose）残基。内核结构中带负电荷的成分（如磷酸基团和糖醛酸），为稳定外膜的二价阳离子提供了进一步的结合位点。外核结构则具有更大的结构可变性，例如，在大肠杆菌的

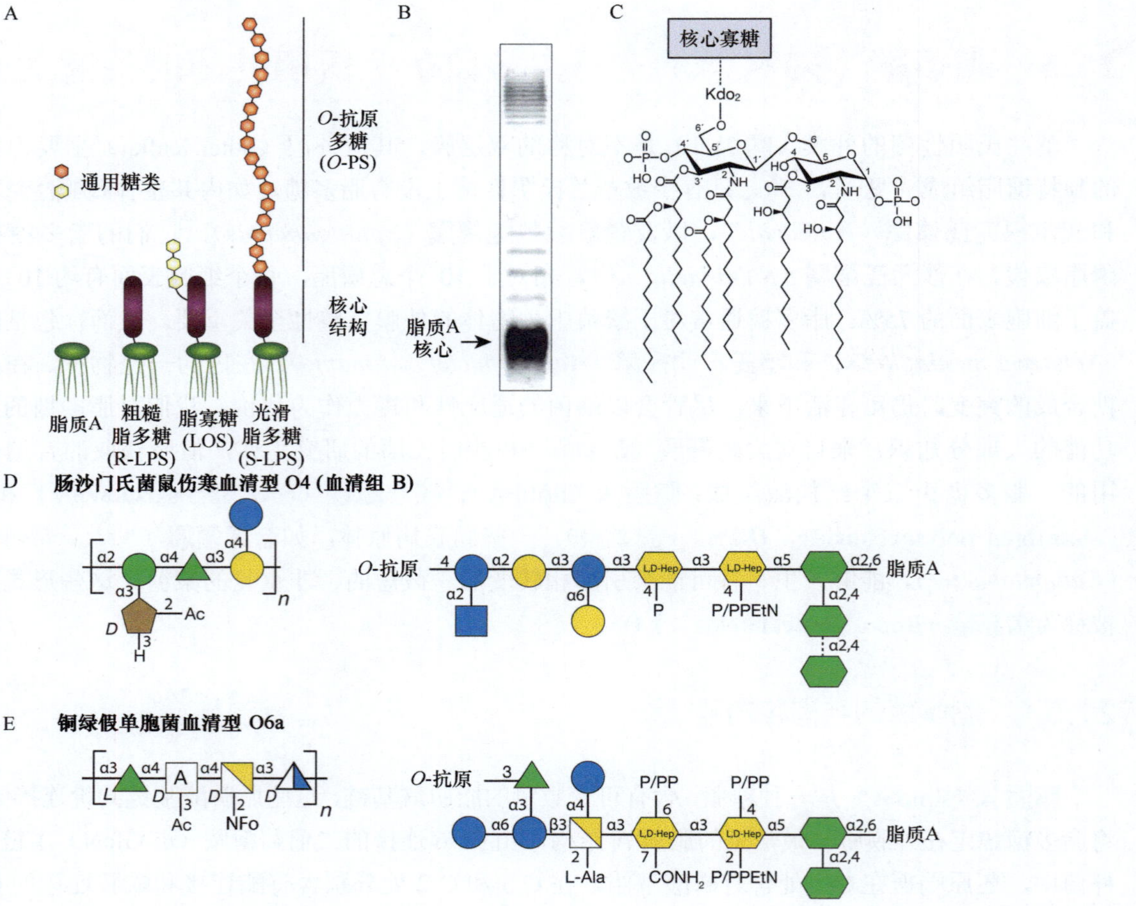

图 21.4　脂多糖的结构组织。脂多糖是革兰氏阴性菌外膜的特征成分，图 A 说明了脂多糖结构的不同形式。仅由脂质部分（脂质 A）组成的脂多糖在自然界中非常罕见，但可以在大肠杆菌脂多糖装配的突变体中出现，前提是存在额外的补偿性突变以适应这种缺陷。**粗糙脂多糖（rough LPS，R-LPS）**由脂质 A 和核心寡糖组成，而在**光滑脂多糖（smooth LPS，S-LPS）**中，该分子被一条名为 *O*- 抗原（*O*-antigen）的长多糖链封端。某些细菌采用较短的寡糖对核心结构进行延伸，通常称之为脂寡糖（LOS）。由特定的分离菌株产生的脂多糖的种类并不均一，正如在使用十二烷基硫酸钠聚丙烯酰胺凝胶电泳（SDS-PAGE）分离出含有光滑脂多糖的分离菌株中的待测分子时所见（B）。快速迁移的分子，由脂质 A 和不同长度的核心寡糖组成，而较大分子的特征性阶梯条带则反映出完整的脂质 A 核心被不同长度的 *O*- 抗原多糖取代。脂多糖结构的多样性在远离细胞表面的远端侧有所增加。脂质 A 的常见组成和特征具有高度的保守性；关键的生物合成中间体——六酰基脂质 A-（2- 酮 -3- 脱氧辛酮糖酸）$_2$（hexacyl lipid A-Kdo$_2$）如图 C 所示。在特定的物种中，研究人员在不同的分离菌株中发现了一种至几种核心结构，而 *O*- 抗原多糖的结构在大多数物种中高度可变（D，E）。缩写：L，D- 庚糖（L，D-Hep），磷酸（P），二磷酸（PP），乙醇胺（EtN），乙酰基（Ac），甲酰基（Fo），L- 丙氨酸（L-Ala）。棕色五边形表示阿比可糖（3,6- 二脱氧 -D- 木 - 吡喃己糖）（abequose；Abe；3,6-dideoxy-D-*xylo*-hexopyranose）；白色正方形 A 表示 3-*O*- 乙酰基 -2- 乙酰氨基 -2- 脱氧 -D- 半乳糖醛酸（3-*O*-acetyl-2-acetamido-2-deoxy-D-galacturonic acid，GalNAcA3Ac）。关于其他聚糖的符号表示请参见附录 2。

不同分离株中，研究人员发现了 5 种不同的外核结构。

脂多糖的最外层部分是高度可变的 *O*- 抗原多糖，它形成了用于对临床分离株进行**血清分型（serotype）**的 *O*- 抗原，如大肠杆菌 O157（*E. coli* O157）。仅在大肠杆菌中，就有超过 180 种结构和血清学上不同的 *O*- 抗原，它们源于基因重组、水平基因转移，以及选择压力，包括宿主免疫应答和 *O*- 抗原多糖特异性噬菌体。这种多样性表现为各式各样的糖残基类型，包括游离的和酰胺化的糖醛酸、氨基糖、甲基化和脱氧的糖衍生物、乙酰化糖和非糖取代基（如氨基酸和磷酸基团）。*O*- 抗原多糖是重复的多糖，每个重复单元有 1 ～ 8 个单糖（及非碳水化合物取代基）。每条糖链可以包含一个到数百个重复单元，尽管从单个

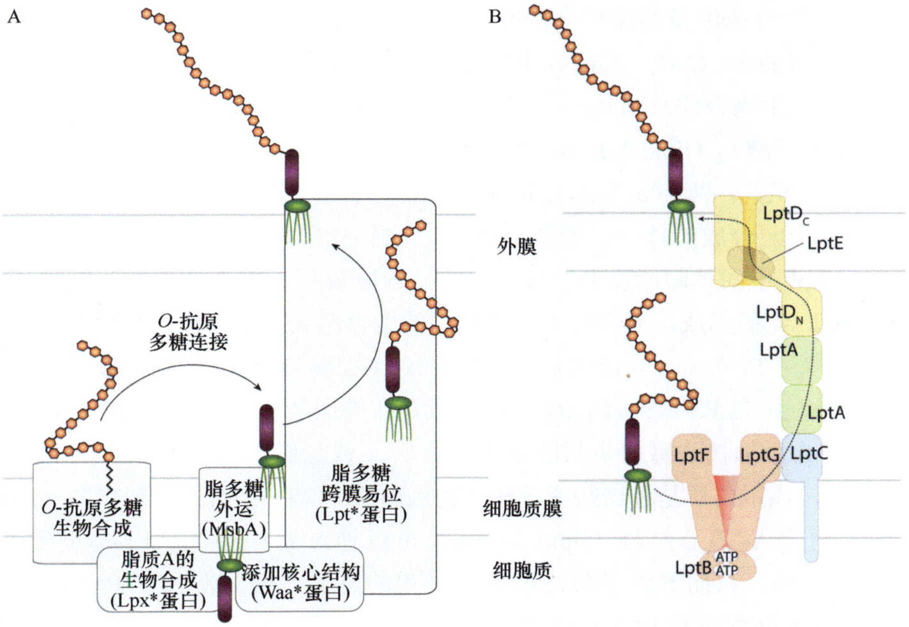

图 21.5　脂多糖的装配和外运。A. 装配途径反映了脂多糖结构的复杂性。脂质 A 由被称为 Lpx*（星号代表特定酶的不同字母）的指定蛋白质，在细胞质 - 细胞质膜的界面进行装配。Waa* 酶负责对脂质 A 的核心区域进行延伸，随后，完成合成的脂质核心结构被 ATP 结合盒转运蛋白 MsbA 翻转到周质。*O*- 抗原多糖（*O*-PS）由三种完全不同的装配机制中的一种负责合成。以上这些都是跨细胞质膜的过程，需要十一异戊二烯基二磷酸载体，并以形成聚戊烯醇（polyprenol）连接的中间产物作为结束，它们位于细胞质膜的周质面。连接酶在此将脂多糖分子的两个部分连接起来，形成的产物进入由 Lpt* 蛋白介导的外运途径（B）。Lpt 系统从细胞质膜中抽取出完整的脂多糖，将其转移到跨周质的蛋白支架上，并将其整合到外膜中。$LptD_C$ 代表 LptD 蛋白的羧基末端，$LptD_N$ 代表 LptD 蛋白的氨基末端（经许可重绘自 Whitfield C，Trent MS 2014. *Annu Rev Biochem* 83：99-128，©Annual Reviews 版权所有）。

菌株分离出的脂多糖中存在着一簇优选的糖链长度（即模式糖链长度）。这在**十二烷基硫酸钠聚丙烯酰胺凝胶电泳（sodium dodecylsulfate polyacrylamide gel electrophoresis，SDS-PAGE）**图谱中的特征条带簇上非常明显，其中每根较高分子质量区段的条带均代表了一个脂多糖分子，分子质量的差异则代表了 *O*-抗原多糖中一个额外的重复单元（图 21.4）。在哺乳动物的肠道中，脂多糖是多价的免疫球蛋白 A（IgA）的靶标，它能够聚集生长中的细菌，导致细菌生长阻滞，防止病原体的传播。反过来，脂多糖结构的高度可变性和相位变化（phase variation）[①]，亦或噬菌体介导的脂多糖重塑，可能都是细菌面对适应性免疫时进化选择的结果。在一些哺乳动物病原体中，*O*- 抗原多糖的糖链长度对于抵抗补体介导的杀伤至关重要，但它也能影响细菌与巨噬细胞之间的相互作用。其他合成非聚合态脂寡糖（LOS）的哺乳动物病原体中，包含了结构变化的 *O*- 抗原多糖链，它能够抵抗补体系统的一个或多个效应途径[②]。*O*- 抗原多糖链的暴露，使它们成为了噬菌体受体的主要靶标，这可能是其结构多样性进化的驱动力之一。

21.5.2　脂多糖装配和外运的复杂路径

研究人员在探究脂多糖的生物合成，以及开发各种方法以靶向参与脂多糖形成的酶等方面投入了大

① 一种无需随机突变即可应对快速变化环境的方法。它涉及细菌群体不同部分内蛋白质表达的变化，通常以开 / 关的方式进行表达相之间的可逆转换。

② 即补体的三种经典激活途径：经典途径（classical pathway）、凝集素途径（lectin pathway）和替代途径（alternative pathway）。

量的精力。脂质 A 的生物合成涉及高度保守的 9 步途径，即**雷兹途径（Raetz pathway）**，该途径以克里斯蒂安·雷兹（Christian Raetz）命名，其研究小组在该生物合成途径的发现和表征中起到了主要作用。在大肠杆菌的原型体系中，生物合成从前体——尿苷二磷酸 -*N*- 乙酰葡萄糖胺（UDP-GlcNAc）开始，以脂质 A-（2- 酮 -3- 脱氧辛酮糖酸）$_2$（lipid A-Kdo$_2$）作为最终产物。该途径的早期步骤发生在细胞质中，而涉及酰化的步骤则与细胞质膜相关。两个 β- 羟基连接的脂肪酸的添加，仅发生在 2- 酮 -3- 脱氧辛酮糖酸（Kdo）单元形成之后。因此，影响合成前体——胞苷一磷酸 -2- 酮 -3- 脱氧辛酮糖酸（CMP-Kdo）的突变（或抑制性化合物），会在四酰基中间体即脂质 IV$_A$（lipid IV$_A$）阶段阻断脂质 A 的合成。脂质 A-（2- 酮 -3- 脱氧辛酮糖酸）$_2$（lipid A-Kdo$_2$）的形成，通常对于大肠杆菌的生存至关重要，但在少数细菌（包括脑膜炎奈瑟菌和鲍氏不动杆菌）中并不成立。一旦合成完成，脂质 A-（2- 酮 -3- 脱氧辛酮糖酸）$_2$（lipid A-Kdo$_2$）分子可能会进入**脂多糖外运途径（LPS export pathway）**，或是在外运之前，在核苷酸糖依赖性的糖基转移酶和激酶的次第作用下，作为添加核心寡糖步骤的受体。脂质 A 或是脂质 A- 核心结构（lipid A-core）都可以作为 MsbA 蛋白的底物，该蛋白质是将这些分子翻转进入周质的 ATP 结合盒转运蛋白（ABC transporter）。

在周质面一侧，脂质 A- 核心结构（lipid A-core）可以通过添加 *O*- 抗原多糖进行修饰，或被直接易位到细胞表面（图 21.5），从而导致了最终脂多糖种类的不均一性，在 SDS-PAGE 图谱上亦可见一斑（图 21.4）。*O*- 抗原多糖的装配过程独立于脂质 A- 核心结构，大多数细菌物种使用两种主要合成策略中的一种。这两种策略都涉及在内膜的细胞质面形成十一异戊二烯基二磷酸连接的中间体，并使用核苷酸糖作为活化供体。在其中一条合成途径中，单个脂质连接的重复单元首先被合成，并通过转运蛋白 Wzx 翻转到膜的周质面一侧，Wzx 蛋白与参与肽聚糖装配的 MurJ 蛋白具有相关性（见上文）。在周质中，聚合酶 Wzy 将新生的 *O*- 抗原多糖链，从其十一异戊二烯载体转移到全新外运输出的、脂质连接的重复单元的非还原端，每次将糖链延伸一个重复单元的长度。另一种蛋白质 Wzz 是多糖共聚酶（polysaccharide copolymerase，PCP）家族的成员，它能够调控聚合反应，以在适合其功能的特定尺寸（即模式糖链长度）范围内产生 *O*- 抗原多糖链，从而产生 SDS-PAGE 图谱中所见的阶梯分布（图 21.4）。在另一条途径中，通过向脂质连接的聚糖的非还原端进行连续的糖转移反应，在细胞质中获得了全长的 *O*- 抗原多糖。最终的聚合产物则由专用的 ATP 结合盒转运蛋白负责外运，该转运蛋白与壁磷壁酸（WTA）的转运蛋白在结构和推测的功能上具有一定的相似性。根据细菌种类的不同，*O*- 抗原多糖的长度，由外运酶和糖链延长酶之间的竞争或由糖链封端酶（chain-capping enzyme）决定。无论使用哪种途径，在周质中都有完整的十一异戊二烯基二磷酸连接的 *O*- 抗原多糖，而 *O*- 抗原多糖连接酶 WaaL 则在周质中完成对脂质 A- 核心结构受体的糖基化过程（图 21.5）。WaaL 蛋白是一种膜整合的糖基转移酶，其催化位点位于周质中。

脂多糖分子最终易位到细胞表面的过程，由一个保守的**脂多糖易位途径（LPS translocation pathway）**介导，该途径包括 7 种主要的蛋白成分（图 21.5）。在不断生长的大肠杆菌中，这个由腺苷三磷酸（ATP）驱动的分子机器，估计每分钟外运 7 万个脂多糖。ATP 结合盒转运蛋白复合物 LptBFG，从内膜上提取脂多糖，并将其转移到该途径的周质侧。在大肠杆菌中，由 LptA 蛋白组成的支架蛋白的两侧分别是 LptC 蛋白和 LptD 蛋白的结构域，以桥接形式连通了细菌的两层膜。这些结构域与 LptA 蛋白具有相同的折叠，研究人员认为该结果创造出一个单向的沟槽（groove），该沟槽隔离了被运输的脂多糖分子中的酰基链。在革兰氏阴性菌的外膜，研究人员认为脂多糖分子进入了 LptD 蛋白的腔体，并通过侧向的开口逃逸进入外膜。持续不断的 ATP 水解过程，则驱动了单向外运的不断进行。

21.6 蛋白质糖基化——细菌糖生物学的一个扩展方向

蛋白质糖基化曾被认为是一种仅限于真核生物的特性。然而如今已知，*N*- 连接和 *O*- 连接的蛋白质糖基化系统也存在于古菌和许多细菌种属之中。

在理解细菌糖蛋白的生物合成方面，研究人员目前已经取得了广泛的研究进展，并且已经确定了 4 条通用途径。其中有类似于传统真核生物 *N*- 连接和 *O*- 连接糖基化途径的对应途径，也有细菌特有的非传统途径。研究人员仅在革兰氏阴性菌中描述过传统的 *N*- 糖基化系统，以**空肠弯曲杆菌**（***Campylobacter jejuni***）作为模型生物。细胞质中经核苷酸活化的糖被装配到十一异戊二烯基磷酸上，其步骤类似于依赖 Wzx/Wzy 蛋白的 *O*- 抗原多糖生物合成的早期阶段。完成该步骤后，寡糖随后整体（*en bloc*）跨越内膜，翻转进入周质，其中内膜和周质分别相当于真核生物中内质网膜和内质网腔体的等效拓扑学结构。随后，来自寡糖基转移酶（oligosaccharyltransferase，OTase）复合物的 STT3 蛋白的细菌直系同源物，通过识别细菌序列段——天冬氨酸/谷氨酸-X1-天冬酰胺-X2-丝氨酸/苏氨酸(D/E-X1-N-X2-S/T,其中X1和X2不能为脯氨酸)，将寡糖转移到至少 80 种不同的、翻译后蛋白质的天冬酰胺（Asn）残基上。唯一的寡糖转移酶 PglB，也同时负责从脂质上水解寡糖，并将这种聚糖以游离寡糖（fOS）的形式释放到周质中。在空肠弯曲杆菌中，游离寡糖的浓度可占细胞干重的 2.5%，并且受到渗透压的影响。在空肠弯曲杆菌中，10 个 *pgl* 基因簇负责编码七糖合成和转移的酶，该七糖的结构为：GalNAcα1-4GalNAcα1-4(Glcβ1-3)GalNAcα1-4GalNAcα1-4GalNAcα1-3-diNAcBac-β1，结构中含有 2,4- 二乙酰氨基 -2,4,6- 三脱氧吡喃葡萄糖（2,4-diacetamido-2,4,6-trideoxyglucopyranose），即 **2,4- 二乙酰氨基 - 芽孢杆菌胺（diNAcBac）**。此外，研究人员还检测了**白痢螺杆菌**（***Helicobacter pullorum***）、**汶翰螺杆菌**（***Helicobacter winghamensis***）、**产琥珀酸沃林氏菌**（***Wolinella succinogenes***）和**巨大脱硫弧菌**（***Desulfovibrio gigas***）的 *N*- 聚糖。来自**红嘴鸥弯曲杆菌**（***Campylobacter lari***）的、具有催化活性的全长 PglB 寡糖转移酶与受体肽的共结晶，提供了第一个寡糖基转移酶的结构生物学信息。空肠弯曲杆菌 ATP 结合盒转运蛋白（即翻转酶 PglK）的晶体结构也已解出，显示出七糖和焦磷酸酯连接子被屏蔽在内膜脂质双分子层之外，而十一异戊二烯基锚则与脂质双分子层相互作用，负责触发易位过程。

γ- 变形菌（γ-proteobacteria），如**流感嗜血杆菌**（***Haemophilus influenzae***）、**小肠结肠炎耶尔森菌**（***Yersinia enterocolitica***）和**胸膜肺炎放线杆菌**（***Actinobacillus pleuropneumoniae***），拥有一种非传统的细胞质 *N*- 糖基化途径，该途径不涉及寡糖在脂质连接的中间体上装配，而是将单个聚糖分子从核苷酸活化的前体转移到蛋白质上。这些生物体中 *N*- 糖基化所需的可溶性糖基转移酶——*N*- 糖基转移酶（*N*-glycosyltransferase，NGT），与传统的 STT3 直系同源寡糖基转移酶（OTase）完全无关，但却对真核序列段——天冬酰胺 -X- 丝氨酸 / 苏氨酸（N-X-S/T）偏爱有加。流感嗜血杆菌会对其自转运蛋白黏附蛋白（autotransporter adhesin）——高分子质量黏附蛋白 1（high molecular weight adhesion 1，HMW1）进行 *N*- 糖基化，添加单个葡萄糖和半乳糖残基。相比之下，**奥奈达湖希瓦氏菌**（***Shewanella oneidensis***）、**铜绿假单胞菌**（***Pseudomonas aeruginosa***）和**脑膜炎奈瑟菌**（***N. meningitidis***）则将鼠李糖（Rha）添加到其聚脯氨酸特异性延伸因子（polyproline specific elongation factor）32 号位的精氨酸（Arg）上，以挽救停滞的核糖体。

除了 *N*- 糖基化之外，细菌还具有 *O*- 糖基化的经典和非经典途径。对于比照真核生物过程的 *O*- 糖基化系统而言，革兰氏阳性菌和革兰氏阴性菌均使用细胞质中的核苷酸活化糖及可溶性糖基转移酶，修饰特定蛋白质上的丝氨酸（Ser）和苏氨酸（Thr）残基，特别是对表面结构如鞭毛（flagella）、菌毛（pili）和黏附蛋白（adhesin）进行修饰。假单胞菌氨酸（pseudaminic acid）、军团氨酸（legionaminic acid）和相关的壬酮糖酸，是空肠弯曲杆菌、**幽门螺杆菌**（***Helicobacter pylori***）和**豚鼠气单胞菌**（***Aeromonas caviae***）鞭毛上常见的单糖，这些修饰对于菌丝（filament）的装配和细菌运动必不可少。

革兰氏阴性菌中 *O*- 糖基化的非典型途径，涉及将核苷酸活化的糖通过糖基转移酶装配到十一异戊二烯基磷酸上，将完整寡糖整体（*en bloc*）翻转穿过内膜，进入周质，并通过通用的寡糖基转移酶（OTase）将聚糖添加到丝氨酸 / 苏氨酸残基上。这种替代途径已在奈瑟菌属物种中得到了彻底的表征，其中包括菌毛蛋白（pilin）在内的多种蛋白，在其还原端被含有 2,4- 二乙酰氨基 -2,4,6- 三脱氧吡喃葡萄糖（diNAcBac）

或其变体（如甘油酰胺基乙酰氨基三脱氧己糖，或二乙酰氨基二脱氧吡喃葡萄糖）的寡糖糖基化，相同的碳水化合物［即 2,4- 二乙酰氨基 - 芽孢杆菌胺（diNAcBac）］也通过空肠弯曲杆菌的 *N*- 糖基化途径连接到天冬酰胺残基上。革兰氏阳性菌表面不存在脂多糖，但许多细菌却拥有一系列规则的糖蛋白，称为**表面层蛋白**（**S-layer protein**）。这些表面层蛋白上的寡糖首先被装配到十一异戊二烯基磷酸载体上，随后添加至这些蛋白质的丝氨酸 / 苏氨酸残基；此外也可以与酪氨酸（Tyr）残基上的羟基偶联。

21.7 渗透调节周质葡聚糖

细菌在环境中会遭遇极端差异的渗透压（并且必须承受高达 6 个大气压的膨胀压力），因此，它们已经进化出物理和化学机制来抵抗这种破坏。如前所述，肽聚糖为渗透膨胀提供了结构性的屏障。在许多 α-、β- 和 γ- 变形菌中，还存在着保护内膜的化学机制。在这些革兰氏阴性生物中，**渗透调节周质葡聚糖**（**osmoregulated periplasmic glucan，OPG**）［以前被称为**膜源寡糖**（**membrane-derived oligosaccharide，MDO**）］的存在，有助于形成渗透缓冲。这些化合物可占大肠杆菌干重的 5%，它们的合成由低渗透条件诱导。这些特征与源自弯曲杆菌属物种的 *N*- 糖基化途径中游离寡糖的产生过程相似，弯曲杆菌属物种缺乏正常的渗透调节周质葡聚糖。

渗透调节周质葡聚糖（OPG）最早在分析**根癌农杆菌**（***Agrobacterium tumefaciens***）培养上清液时被发现，并在大肠杆菌的磷脂周转研究中被重新发现，该研究表明，磷脂酰甘油的极性头基可被转移到低分子质量的水溶性寡糖上，由此得名膜源寡糖（MDO）。包括**假单胞菌属**（***Pseudomonas***）、**根瘤菌属**（***Rhizobia***）、**布鲁氏菌属**（***Brucella***）和**沙门氏菌属**（***Salmonella***）在内的其他生物也制造这些化合物。然而，由于并非所有的寡糖都含有膜磷脂头基，因此将它们重新命名为渗透调节周质葡聚糖（OPG）。尽管渗透调节周质葡聚糖的精确结构各不相同，但它们都由 D- 葡萄糖单元和 β- 连接的主链组成。根据其结构，可将渗透调节周质葡聚糖划分为 4 个家族。家族 I 成员中包括大肠杆菌，以 β1-2 连键将 5 ～ 12 个直链结构的葡萄糖单元与 α1-6 葡萄糖分支相连。家族 II 成员中包括了**农杆菌属**（***Agrobacterium***），它们合成具有 17 ～ 25 个葡萄糖单元、彼此通过 β1-2 连键连接的环状葡聚糖（cyclic glucan）。家族 III/IV 成员中包括**慢生根瘤菌属**（***Bradyrhizobium***），也合成具有 10 ～ 28 个葡萄糖单元的环状葡聚糖，以 α- 和 β- 连键连接成环。此外，寡糖结构中可以含有磷酸乙醇胺、磷酸甘油和磷酸胆碱，以及乙酰基、琥珀酰基、甲基丙二酰基和磷酰基，它们可以为中性物质增加电荷。

在大肠杆菌中，一种内膜葡萄糖基转移酶 OpgH，需要尿苷二磷酸 - 葡萄糖（UDP-Glc）作为供体、酰基载体蛋白作为辅助因子，参与渗透调节周质葡聚糖的生物合成和跨内膜转运。另一种周质葡萄糖基转移酶 OpgG，参与渗透调节周质葡聚糖中葡萄糖分支的添加和分子质量大小的调节。有趣的是，最近的研究显示，OpgH 也作为大肠杆菌细胞大小的营养依赖性调节因子发挥生物学功能。因此，除了参与渗透压调节，渗透调节周质葡聚糖还影响了若干生物学过程。

21.8 细胞外多糖

21.8.1 荚膜多糖与胞外多糖的结构和功能

细菌产生的长链胞外多糖具有广泛的结构多样性（图 21.6）。这种多样性的极端示例是大肠杆菌和**肺炎链球菌**（***Streptococcus pneumoniae***），前者有＞ 80 种荚膜类型，后者有＞ 90 种荚膜类型。胞外多糖有两种类型：荚膜多糖（CPS）保持了与细胞表面的结合，将细菌封装在亲水的包衣之中；相比之下，分

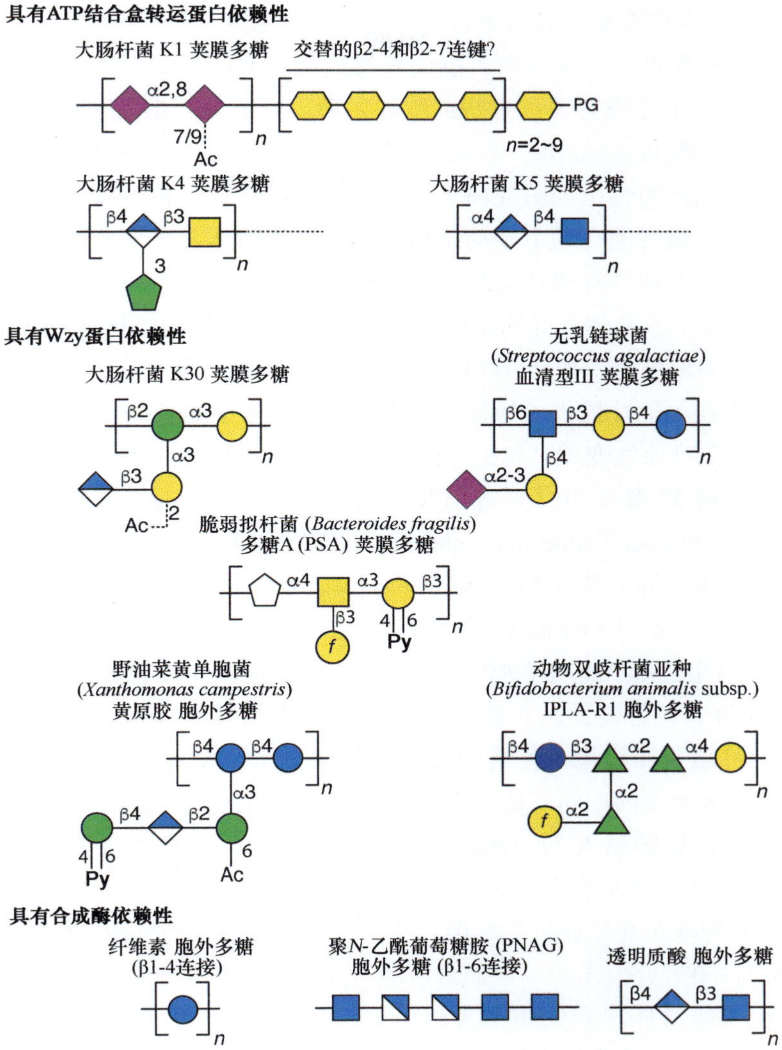

图 21.6 胞外多糖和荚膜多糖的结构。与 *O*- 抗原多糖一样，荚膜多糖和胞外多糖的结构也是高度多样化的，主要的结构特征已在示例中进行了归纳。这些结构可根据三种主要的装配机制进行划分。一组荚膜多糖由涉及 ATP 结合盒转运蛋白的途径形成，并且（到目前为止）仅限于革兰氏阴性菌。该系统的标志是存在一个保守的糖脂锚，其上含有以 β- 连键与 2- 酮 -3- 脱氧辛酮糖酸（Kdo）相连的寡糖。在革兰氏阴性菌和革兰氏阳性菌中，大多数具有复杂支链结构的荚膜多糖，使用一种保守的装配机制，需要一种名为 Wzy 的特征性聚合酶蛋白。参与生物膜形成的、相对简单的糖链结构，以及某些糖胺聚糖，使用一种被称为合成酶（synthase）的双重聚合酶 - 外运蛋白（dual polymerase-exporter）途径。这些简单的糖链结构包括纤维素和聚 -*N*- 乙酰葡萄糖胺（poly-*N*-acetylglucosamine，PNAG）。缩写：磷脂酰甘油（phosphatidylglycerol，PG），乙酰基（Ac），丙酮酸基（Py），呋喃糖（*f*）。白色五边形表示 2- 乙酰氨基 -4- 氨基 -2,4,6- 三脱氧半乳糖（D-AAT），即 D-*N*- 乙酰基岩藻糖胺（FucNAc）。关于其他聚糖的符号表示请参见附录 2。

泌出的胞外多糖（EPS）在外运之后，与细胞表面的关联程度有限。

荚膜多糖驻留（retention）在细胞表面的机制并非完全已知。在**链球菌属（*Streptococcus*）**细菌中，有时是通过与肽聚糖的共价连接来实现的，这与其他同细胞壁结合的聚合物如磷壁酸（见上文）类似。然而，链球菌的荚膜多糖也可以连接在未知的细胞膜脂上。一些大肠杆菌的荚膜多糖具有一种新型的末端糖脂，由连接到磷脂酰甘油（phosphatidylglycerol，PG）上的，含有若干个 β- 连接的 2- 酮 -3- 脱氧辛酮糖酸（Kdo）残基的寡糖组成（图 21.6），共同形成一个具有三个结构域的糖脂，在概念上与脂多糖相似。这种末端糖脂在其他一些革兰氏阴性黏膜病原体中也是保守的。在其他情况下，与细胞表面其他成分之间的、基于非共价电荷的相互作用，在荚膜多糖的驻留中可能更为重要。

胞外多糖的功能，与不断产生的细菌所占据的环境生境的多样程度不分伯仲。鉴于它们高度水合的性质，这些聚合物通常与防止干燥有关。有些细胞外多糖，如细菌纤维素（bacterial cellulose）和**聚-*N*-乙酰葡萄糖胺（poly-*N*-acetylglucosamine，PNAG）**（图 21.6），在生物膜的形成中起着关键作用。PNAG 的分布特别广泛，横跨革兰氏阳性菌和阴性菌。许多情况下，尽管荚膜多糖本身提供了额外的受体，但掩蔽了噬菌体的潜在受体，这可能有助于推动结构多样性。噬菌体要感染被包封的细菌，就必须穿透多糖层，为此，噬菌体提供了多种具有独特特异性的糖苷酶。荚膜多糖在病原体中普遍存在，它们能够阻止吞噬作用和（在某些情况下）补体介导的杀伤作用。针对荚膜多糖的抗体有效地克服了这些限制因素，而颇具功效的肺炎链球菌多糖疫苗，如沛儿 13（Prevnar 13）和纽莫法 23（Pneumovax 23）[①]，则为将荚膜多糖作为候选疫苗的潜在可能性提供了极佳的示例。然而，一些重要病原体中的荚膜多糖由于模仿了宿主细胞的成分，致使其免疫原性变差，包括：A 型链球菌产生的透明质酸（**第 16 章**），B 型链球菌产生的 α2-3 唾液酰基乳糖胺（**第 37 章**），由大肠杆菌 K1 和脑膜炎奈瑟菌（脑膜炎球菌）血清 B 型产生的、模拟胚胎神经元黏附分子（neural cell adhesion molecule，NCAM）的 α2-8 连接的多唾液酸（polysialic acid，PSA）（**第 37 章**），通过大肠杆菌和**多杀巴斯德菌（*Pasteurella multocida*）**分离物生产的糖胺聚糖（GAG）模拟物（**第 17 章**）——肝素原（heparosan）和软骨素（chondroitin）（图 21.6）。这些都是细菌趋同进化的显著示例，产生了真核生物**自相关分子模式（self-associated molecular pattern，SAMP）**的分子模拟物。

胞外多糖也可能有助于促进健康。荚膜多糖的产生对于**拟杆菌属（*Bacteroides*）**物种在肠道内定植的能力至关重要，拟杆菌是肠道微生物群中最丰富的成员。在**脆弱拟杆菌（*Bacteroides fragilis*）**中，一种相位变化机制控制着多个基因座的表达（进而产生出多种结构），但其中仅有一种是定植所需的。然而，某些荚膜多糖的结构，如多糖 A（polysaccharide A，PSA）显示出两亲性离子的特性，在免疫调节和免疫系统成熟过程中发挥了强大作用。这里需注意不要将其与多唾液酸（polysialic acid，PSA）混淆（图 21.6）。微生物群的其他成员和"益生"细菌，如革兰氏阳性的**双歧杆菌（Bifidobacteria）**，能够产生具有广泛理化特性的胞外多糖（图 21.6），该能力可能对人类健康产生额外的积极影响。

胞外多糖在多种植物病原体和共生体中非常重要。例如，革兰氏阴性植物病原体**野油菜黄单胞菌（*Xanthomonas campestris*）**产生的胞外多糖，在该菌对饲料作物芸薹属（*Brassica*）植物的破坏过程中至关重要。该细菌形成的胞外多糖聚合物黄原胶（xanthan gum）（图 21.6），会阻碍水在植物体中的流动，导致植物枯萎和进一步损坏。黄原胶不同寻常的物理特性产生了各种商业应用，如作为食品添加剂（增稠剂）等。生物膜特别依赖于胞外多糖。**生物膜（biofilm）**是动态的、结构复杂的细菌群落，被包封在由多糖、蛋白质和核酸组成的基质中。它们存在于组织表面和牙齿上（在此形成菌斑），也可以在包括管道、船体和医疗植入物（包括导管和假体）在内的非生物表面找到它的身影。在生物膜内，保护性的环境及细胞生理学的改变两相结合，可以帮助保护细菌免受某些抗菌化合物的侵害。一些细菌可能会产生多种有助于生物膜形成的胞外多糖，它们的精确结构，可能对于创造一个适当的生物膜结构至关重要，在**假单胞菌属（*Pseudomonas*）**中即是如此。某些聚糖结构似乎很好地适应了在生物膜群落中所扮演的角色，因此它们的分布更加广泛。许多形成生物膜的细菌会产生 PNAG，也被称为多糖细胞间黏附蛋白（polysaccharide intercellular adhesin），小分子抑制剂和疫苗等策略都以它作为靶标，以期根除生物膜细菌（图 21.6）。

21.8.2 荚膜多糖与胞外多糖的装配和外运

荚膜多糖和胞外多糖的装配系统可大致分为三种机制，这些机制（部分）根据构建它们的受体性质

① 均为肺炎链球菌结合疫苗，其效价以数字进行标识。

来加以区分（图 21.6）。大量的荚膜多糖和胞外多糖使用与十一异戊二烯基二磷酸连接的中间体，其合成途径与上述的 Wzx/Wzy 依赖性的、*O*- 抗原所使用的合成途径无异。事实上，一些细菌会产生具有相同结构的 *O*- 抗原和荚膜多糖 / 胞外多糖。荚膜多糖共享了合成途径中相同的早期步骤，但并非将产物与脂质 A- 核心结构进行连接，而是使用一个跨越周质和外膜的、荚膜多糖专用的外运蛋白机器。在此类装配过程中，用于区分荚膜多糖和胞外多糖的特征过程目前尚不清楚。在具有 Wzx/Wzy 依赖性过程的革兰氏阳性菌中，新生的多糖随后或是作为胞外多糖获得释放，或是从十一异戊二烯转移，连接到肽聚糖上，通常通过磷酸二酯键与 *N*- 乙酰胞壁酸（MurNAc）残基相连。在链球菌中，催化该过程的酶，可能与那些将壁磷壁酸连接到肽聚糖中相同位点的酶具有相关性。几种革兰氏阴性菌使用保守的磷脂酰甘油 -（2- 酮 -3- 脱氧辛酮糖酸）$_n$（phosphatidylglycerol-[Kdo]$_n$）作为受体，进行荚膜多糖的装配。尽管原型反应仅在大肠杆菌和脑膜炎奈瑟菌中被发现，但该系统在一系列黏膜病原体中是保守的。至此，脂质连接的聚糖在细胞质中完成聚合，然后通过 ATP 结合盒转运蛋白实现外运。转运蛋白与跨越周质和外膜的其他蛋白质相连，研究人员认为，其构象与细菌中的某些药物外排泵类似。最终的装配途径似乎独立于脂质载体运行，需要一种被称为合成酶（synthase）的持续性聚合酶。在革兰氏阳性菌和革兰氏阴性菌中均发现了典型示例，但该过程似乎仅限定于胞外多糖的合成。来自链球菌和革兰氏阴性菌的透明质酸及纤维素的原型合成酶显示出不同的结构，但两者都足以完成糖链合成和跨细胞质膜的外运。这些过程背后的分子细节，已经通过分析纤维素合成酶的晶体结构得到了解析。在革兰氏阴性菌中，周质支架（periplasmic scaffold）负责将合成酶与外膜蛋白通道进行连接。

21.9 细菌糖生物学的其他方面

尽管本章的重点是细菌被膜的糖生物学，但细菌糖生物学还有其他同等重要的几个方面。此处简要提及其中的三个方面。首先，除了合成表面结构外，细菌还产生细胞内聚糖以及细胞质中的糖基化蛋白和糖脂。例如，糖原（glycogen）和海藻糖（trehalose）在一些细菌内充当了储存型化合物。分枝杆菌所含有的不同寻常的糖基化分子，还在源源不断地被发现，这可能与它们抵御各种压力的能力相关。其次，细菌产生形态各异的**聚糖结合蛋白（glycan-binding protein，GBP）**，其中包括促进细菌定植的黏附蛋白、与宿主膜聚糖结合的**外毒素（exotoxin）**，以及参与代谢的单糖结合蛋白（**第 42 章**）。最后，细菌的生活方式，通常由它们消化和（或）代谢聚糖的能力来定义。研究人员已经报道了用于复杂碳水化合物结构降解的复杂纳米机器。将各种酶组装成条理有序的复合物，能够产生协同效应并提高效率。例如，糖基水解酶在生物质转化中的作用已经得到充分证明（**第 59 章**）。**拟梭菌属亚种**（***Clostridioides* sp.**）和其他生物中的纤维素降解机器内，包含了一整套糖苷酶及**碳水化合物结合模件（carbohydrate-binding module，CBM）**，它们都通过非催化的黏连蛋白（cohesin）和锚定蛋白（dockerin）结构模件，组装成一个单一的表面复合物——多纤维素酶体（cellulosome）。在肠道微生物组中，拟杆菌在负责多糖利用的基因座中编码了一系列的碳水化合物活性酶，使它们能够通过感知、结合和降解不同的复杂底物来适应饮食变化，然后摄入水解产物以进行分解代谢。事实上，人体许多生物群落中的细菌，都从觅食（foraging）中获益，这些食物不仅来自植物多糖，而且还有宿主来源的**黏膜聚糖（mucosal glycan）**。研究人员将继续进一步了解关于环境碳水化合物和宿主碳水化合物的消化、捕获、分解代谢的复杂途径。

致谢

感谢杰弗里 · D. 艾斯科（Jeffrey D. Esko）、塔玛拉 · L. 多林（Tamara L. Doering）和已故的克里斯蒂

安·雷兹（Christian Raetz）对本章先前版本的贡献，并感谢格雷厄姆·赫伯利格（Graham Heberlig）和杰里·艾希勒（Jerry Eichler）的有益评论及建议。

延伸阅读

Raetz CR, Whitfield C. 2002. Lipopolysaccharide endotoxins. *Annu Rev Biochem* **71**: 635-700.

Nothaft H, Szymanski CM. 2010. Protein glycosylation in bacteria: sweeter than ever. *Nat Rev Microbiol* **8**: 765-778.

Silhavy TJ, Kahne D, Walker S. 2010. The bacterial cell envelope. *Cold Spring Harb Perspect Biol* **2**: 1-16.

El Kaoutari A, Armougom F, Gordon JI, Raoult D, Henrissat B. 2013. The abundance and variety of carbohydrate-active enzymes in the human gut microbiota. *Nat Rev Microbiol* **11**: 497-504.

Nothaft H, Szymanski CM. 2013. Bacterial protein N-glycosylation: new perspectives and applications. *J Biol Chem* **288**: 6912-6920.

Angala SK, Belardinelli JM, Huc-Claustre E, Wheat WH, Jackson M. 2014. The cell envelope glycoconjugates of Mycobacterium tuberculosis. *Crit Rev Biochem Mol Biol* **49**: 361-399.

Percy MG, Gründling A. 2014. Lipoteichoic acid synthesis and function in Gram-positive bacteria. *Annu Rev Microbiol* **68**: 81-100.

Whitfield C, Trent MS. 2014. Biosynthesis and export of bacterial lipopolysaccharides. *Annu Rev Biochem* **83**: 99-128.

Artzi L, Bayer EA, Moraïs S. 2017. Cellulosomes: bacterial nanomachines for dismantling plant polysaccharides. *Nat Rev Microbiol* **15**: 83-95.

Bontemps-Gallo S, Bohin J-P, Lacroix J-M. 2017. Osmoregulated periplasmic glucans. *EcoSal Plus* 7: doi: 10.1128/ecosalplus.esp-0001-2017.

Okuda S, Sherman DJ, Silhavy TJ, Ruiz N, Kahne D. 2017. Lipopolysaccharide transport and assembly at the outer membrane: the PEZ model. *Nat Rev Microbiol* **14**: 337-345.

Low KE, Howell PL. 2018. Gram-negative synthase-dependent exopolysaccharide biosynthetic machines. *Curr Opin Struct Biol* **53**: 32-44.

Mostowy RJ, Holt KE. 2018. Diversity-generating machines: genetics of bacterial sugar-coating. *Trends Microbiol* **26**: 1008-1021.

Powers MJ, Trent MS. 2018. Expanding the paradigm for the outer membrane: Acinetobacter baumannii in the absence of endotoxin. *Molecular Microbiology* **107**: 47-56.

Simpson BW, Trent MS. 2019. Pushing the envelope: LPS modifications and their consequences. *Nat Rev Microbiol* **17**: 403-416.

Dulberger CL, Rubin EJ, Boutte CC. 2020. The mycobacterial cell envelope—a moving target. *Nat Microbiol* **18**: 47-59.

Whitfield C, Wear SS, Sande C. 2020. Assembly of bacterial capsular polysaccharides and exopolysaccharides. *Annu Rev Microbiol* **74**: 1-23.

Whitfield C, Williams DM, Kelly S. 2020. Lipopolysaccharide O-antigens—bacterial glycans made to measure. *J Biol Chem* **295**: 10593-10609.

第 22 章
古菌

本杰明 · H. 迈耶（Benjamin H. Meyer），索尼娅 · 维雷娜 · 阿尔伯斯（Sonja-Verena Albers），杰里 · 艾希勒（Jerry Eichler），马库斯 · 艾比（Markus Aebi）

22.1 背景 / 287
22.2 古菌细胞壁 / 288
22.3 古菌中的蛋白质糖基化 / 291
22.4 古菌糖基化的生理作用 / 295
致谢 / 296
延伸阅读 / 296

本章介绍了古菌糖生物学的最新知识。与细菌和真核生物一样，古菌细胞表面覆盖有聚糖，它们是细胞壁多糖的重要组成部分，可作为对脂质或表面蛋白质的修饰，也是细胞外基质的主要成分。最近的发现揭示了在这一生命域中，碳水化合物巨大的结构和功能多样性。特别是与真核生物 *N*- 糖基化机制同源的 *N*- 连接蛋白质的糖基化途径，在不同的古菌物种中产生了各种各样的 *N*- 连接聚糖。

22.1 背景

基于卡尔 · 乌斯（Carl Woese）对 16S 核糖体 RNA（rRNA）的开创性分析，古菌首次被认定为一个有别于细菌或真核生物的独立**生命域（domain of life）**[①]。由于第一个鉴定出的古菌是从地球上一些最具物理挑战性的环境（如那些具有极端盐度、pH 或温度的环境）中分离出来的，因此人们假定所有的古菌都是**嗜极微生物（extremophile）**。然而，研究人员在各种“正常”和“极端”的**生物生境（biological niche）**中均发现了古菌的身影，这表明古菌代表了微生物种群的主要组成部分，并且它们在我们美丽星球的地球化学循环中发挥着至关重要的作用。此外，过去十年中，主要基于宏基因组学（metagenomics）研究的新古菌谱系的发现，导致了古菌系统发育树的广泛扩展和重建。目前，培育这些新发现古菌的尝试鲜有成功案例。尽管如此，对人工培养的古菌的研究，已经带来了许多重要的发现。

自从阿尔伯特 · 纽伯格（Albert Neuberger）在 20 世纪 30 年代后期发现了**蛋白质糖基化（protein glycosylation）**，并描述了聚糖与蛋白质之间通过 *N*- 乙酰葡萄糖胺 -β- 天冬酰胺连键（GlcNAc-β-Asn）进行修饰后，人们普遍认为蛋白质的糖基化过程仅限于真核生物（**第 1 章**）。1976 年，当马修 · 梅舍尔（Matthew F. Mescher）和杰克 · L. 斯特罗明格（Jack L. Strominger）发现古菌**盐生盐杆菌（*Halobacterium salinarum*）**的**表面层糖蛋白（surface layer glycoprotein，S-layer glycpoprotein）**同时受到 *N*- 糖基化和 *O*- 糖基化修饰时，这种长期持有的观点受到了挑战，从而为非真核生物蛋白质的糖基化提供了首个实例。

① 卡尔 · 乌斯等人在 1977 年提出了细胞生命形式分类的三域系统（three-domain system），依据 16S 核糖体 RNA 序列上的差别，将原核生物分为真细菌（Eubacteria）和古菌（Archaea）两大类。

如今显而易见，蛋白质的糖基化几乎是古菌的一个普遍特征。

研究发现，**古菌（Archaea）**的细胞壁中不含**胞壁质（murein）**[①]，这是用于区分这一类原核生物与细菌（Bacteria）的主要论据之一。事实上，在当时，细胞壁的组成被认为是区分这两个原核生物领域“除直接的分子系统发育（molecular phylogenetic）测量方法外唯一有用的系统发育标准”。然而，一些产甲烷古菌被证明在其细胞壁中包含一种称为**假胞壁质（pseudomurein）**或称**假肽聚糖（pseudopeptidoglycan）**的独特聚合物，而其他古菌物种则被发现可以基于不同的糖基聚合物进行细胞壁的组装。今天，随着越来越多的古菌物种被培养，古菌细胞表面的组成呈现出诸多的变体，这一结论正变得愈发清晰。例如，尽管许多物种似乎主要依赖于细胞被膜（cell envelope），其中细胞被膜内的细胞质膜被称为表面层（S-layer）的二维结晶蛋白质层包围，但研究人员已鉴定确认古菌菌株实际上为两层膜所包围。图 22.1 总结了当前关于古菌细胞表面的知识。

22.2 古菌细胞壁

与细菌类似，并不存在所有古菌独有的细胞壁结构。然而，就如同在细菌中一样，在不同的古菌进化枝中都能找到相同的**构建单元（building block）**（图 22.1）。其中一些细胞壁成分在结构上与它们在细菌中的对应物非常相似，但似乎是趋同进化的产物。其他细胞壁的生成过程，则似乎与用于真核细胞外基质组装的途径同源。古菌细胞壁构建单元的生物物理特性，为许多古菌物种在极端栖息地上繁衍生息提供了基础。

22.2.1 古菌的细胞壁多糖

1. 假胞壁质（假肽聚糖）

虽然在古菌的研究早期，就已将假胞壁质确定为细胞壁的组成成分，但随后研究人员清楚地发现，就其分布而言，这种结构的出现相对有限。假胞壁质与细菌胞壁质具有结构相似性，但存在着显著差异（图 22.2）。它通常由 L-*N*- 乙酰氨基塔罗糖醛酸（*N*-acetyl-L-talosaminuronic acid）通过 β1-3 连键与 *N*- 乙酰 -D- 葡萄糖胺（GlcNAc）连接组成，而不是像胞壁质那样，由 *N*- 乙酰胞壁酸（MurNAc）通过 β1-4 连键连接到 *N*- 乙酰 -D- 葡萄糖胺（GlcNAc）上，构成彼此交替的糖链结构。此外，与胞壁质中使用的 D- 氨基酸不同，假胞壁质的聚糖链由 L- 氨基酸（谷氨酸、丙氨酸和赖氨酸）组成的多肽进行交联。假胞壁质包覆在属于**甲烷嗜高热菌属**（*Methanopyrus*）和**甲烷杆菌目**（Methanobacteriales）的所有物种的细胞外，如在**炽热甲烷嗜热菌**（*Methanothermus fervidus*）中所见，它们可以被外部的表面层环绕。研究人员已经在这些产甲烷菌中发现了细菌胞壁质生物合成蛋白（如 MurG 或 MraY）的同源物，但这些酶的功能还尚未被研究。

2. 谷氨酰胺酰聚糖（glutaminylglycan）

高度嗜盐和嗜碱（盐浓度 3.5 mol/L，pH 9.5 ～ 10）的**盐碱球菌属**（*Natronococcus*）的细胞壁由谷氨酰胺聚合物组成。与**芽孢杆菌属**（*Bacillus*）、**芽孢八叠球菌属**（*Sporosarcina*）或**动性球菌属**（*Planococcus*）中的聚 -γ-D- 谷氨酰基聚合物（poly-γ-D-glutamyl polymer）不同，古菌聚合物由 L- 谷氨酰胺（L-Gln）通

① 即肽聚糖（peptidoglycan）。

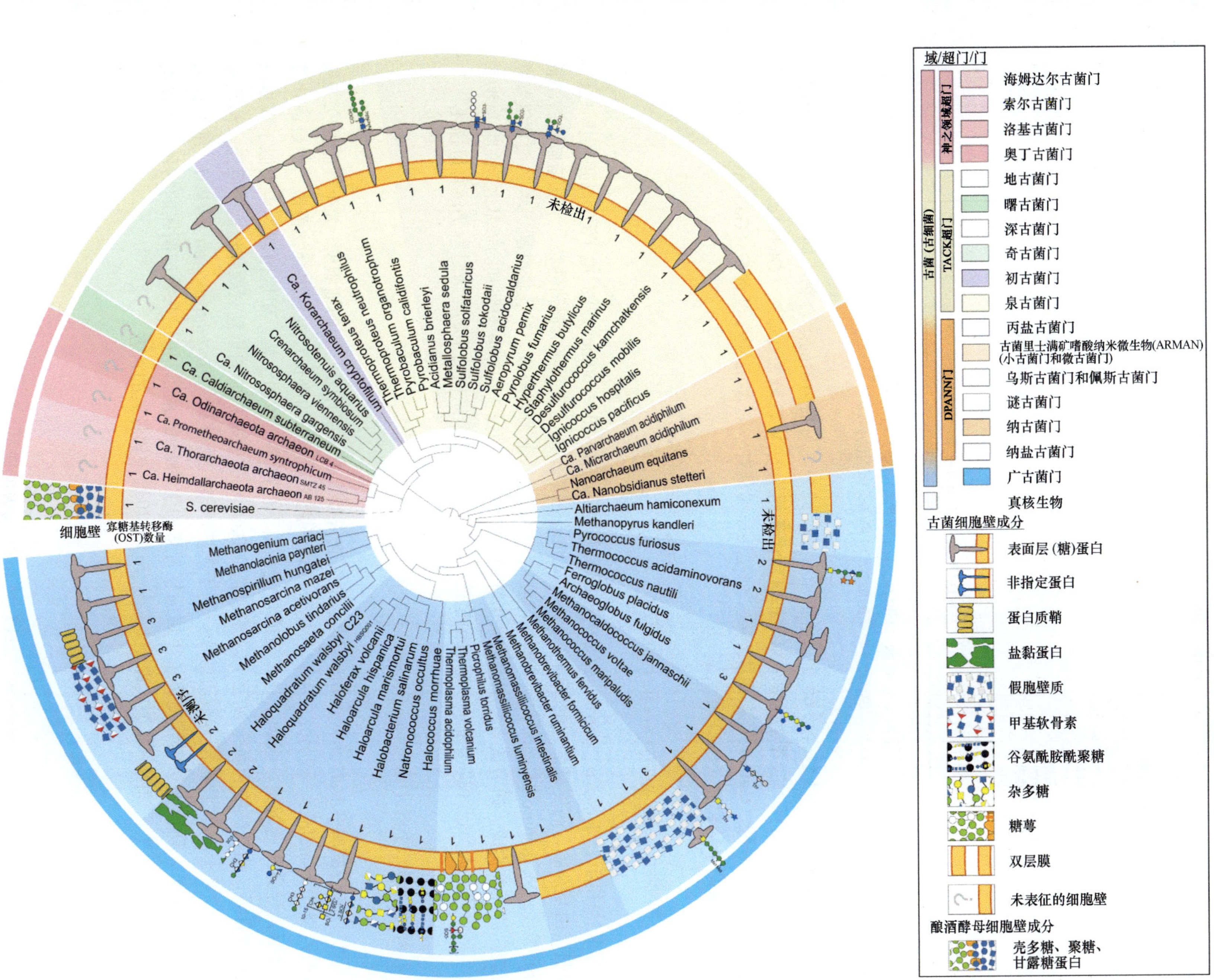

图 22.1　古菌细胞壁结构的多样性。不同的细胞壁成分显示在右侧的图例中。内环中显示了在各自基因组中编码推定的寡糖基转移酶的基因座数量。

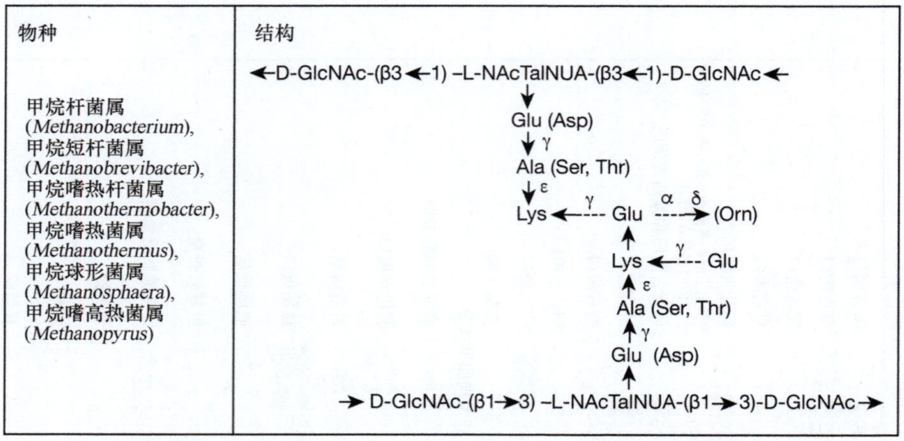

图 22.2 假胞壁质的化学结构。缩写：谷氨酸（Glu），天冬氨酸（Asp），丙氨酸（Ala），丝氨酸（Ser），苏氨酸（Thr），赖氨酸（Lys），鸟氨酸（Orn），L-*N*-乙酰氨基塔罗糖醛酸（L-NAc TalNUA）。

过γ-羧基连接形成，产生包含约60个单体的聚合链。此外，与细菌中的聚合物不同，聚-γ-L-谷氨酰胺链是糖基化的，含有两种类型的寡糖：第一种寡糖由还原端的*N*-乙酰葡萄糖胺（GlcNAc）五糖和非还原端的多个半乳糖醛酸（GalA）残基组成；第二种在还原端具有一个*N*-乙酰半乳糖胺（GalNAc）二糖，在非还原端则有两个葡萄糖（Glc）单元。

3. 杂多糖（heteropolysaccharide）

鳕嗜盐球菌（*Halococcus morrhuae*）是一种极端嗜盐菌，它由50～60 nm厚的、电子致密的细胞壁包围，该细胞壁由复杂的、高度硫酸化的**杂糖**（**heterosaccharide**）组成，该杂糖由葡萄糖胺、半乳糖胺、古洛糖胺糖醛酸（gulosaminuronic acid）、葡萄糖、半乳糖、甘露糖、葡萄糖醛酸、半乳糖醛酸、*N*-乙酰化氨基糖和硫酸化的亚基构成。研究认为，不同的杂多糖通过葡萄糖胺的氨基和糖醛酸残基的羧基之间的甘氨酸桥相连。尽管研究人员已经提出了杂多糖的构建单元，但这种细胞壁结构的生物合成过程仍然有待描述。

4. 甲烷菌软骨素（methanochondroitin）

甲烷八叠球菌属（*Methanosarcina*）的单个细胞依赖于表面层作为它们的细胞壁。8个细胞的立方聚集体即八叠体（sarcina），被另外一种称为甲烷菌软骨素的、额外的刚性纤维状聚合物覆盖。甲烷菌软骨素的降解会导致细胞解聚，强调了该基质的功能是用于保持聚集体的结构。甲烷菌软骨素类似于真核结缔组织软骨素，由糖醛酸和两个*N*-乙酰半乳糖胺（GalNAc）残基构成的重复三聚体组成。然而，与软骨素不同的是，甲烷菌软骨素没有被硫酸化。基于**巴氏甲烷八叠球菌**（***Methanosarcina barkeri***）细胞提取物中的活化前体，研究人员已经提出了甲烷菌软骨素的生物合成途径。甲烷八叠球菌属的物种，可以通过添加葡萄糖酸和半乳糖酸，在很大程度上进一步改变甲烷菌软骨素的状态。

5. 脂聚糖（lipoglycan）

古菌**嗜热菌目**（**Thermoplasmatales**）（pH 1～2，60 ℃）的成员，如**嗜酸铁原体**（***Ferroplasma acidiphilum***）和**嗜酸热原体**（***Thermoplasma acidophilum***）缺乏坚硬的细胞被膜。因此，这些生物体显示出多形性

(polymorphic)，类似于支原体。它们很可能是通过脂聚糖和膜相关糖蛋白中的寡糖部分得以维持细胞的稳定。朝向细胞外的聚糖链形成被称为**糖萼**（**glycocalyx**）的保护性黏液膜（slime coat）。最近对不同的嗜酸热原体细胞表面糖蛋白的研究确认了一种 *N*- 连接的支链八糖，如下文所述。

22.2.2 古菌的表面层糖蛋白

大多数已表征的古菌依赖于含有蛋白质的细胞壁，即**表面层**（**S-layer**）。表面层由基于单一蛋白种类（即表面层糖蛋白）或有限数量的蛋白质所形成的、结构规则的二维阵列构成（图 22.1）。在某些古菌物种中，多糖、第二个**表面层片**（**S-layer sheet**）或额外的表面糖蛋白，可以为表面层提供进一步的支持。例如，**亨氏甲烷螺菌**（***Methanospirillum hungatei***）的表面层，被管状的蛋白质鞘（proteinaceous sheath）进一步包裹。这些鞘层能够形成基于简单 p2 晶格的准晶结构，与表面层的结构迥异。根据物种的不同，蛋白质鞘还可以被糖基化。另一个例子是极度嗜盐的**窝氏盐方扁平古菌**（***Haloquadratum walsbyi***），它具有独特的方形细胞结构，厚度仅为 0.1 ～ 0.5 μm，被单层或双层的表面层片包围。一种被称为**盐黏蛋白**（**halomucin**）的巨型糖蛋白，与哺乳动物黏蛋白（mucin）高度相似，可松散地连接到表面层。盐黏蛋白的糖基化程度很高，含有超过 280 个潜在的 *N*- 糖基化位点（平均每 32 个残基一个位点）。其细胞被膜可被称为 Hmu2 和 Hmu3 的盐黏蛋白类似物进一步强化，并且聚 -γ- 谷氨酸荚膜很可能也参与了强化过程。

22.3 古菌中的蛋白质糖基化

22.3.1 古菌中 *N*- 连接聚糖的多样性

迄今为止，研究人员已经对从各种栖息地中分离得到的古菌糖蛋白进行了不同程度的研究。古菌的表面层糖蛋白和其他糖蛋白［如**古菌鞭毛蛋白**（**archaellin**）和菌毛蛋白（pilin）］上带有 *N*- 连接聚糖，在各个方面呈现出更为广泛的多样性，如聚糖的大小、糖链的分支程度、所连接糖的类型、氨基酸、硫酸基团和甲基对糖成分的修饰，以及那些比迄今为止在细菌或真核生物中已报道的更为独特的糖的出现。以上事实可能反映了这些古菌生物体所占据生境的多样性。目前鉴定出的古菌 *N*- 连接聚糖如图 22.3 所示。

22.3.2 对古菌 *N*- 糖基化途径的勾勒

盐沼盐杆菌（***Halobacterium salinarum***）的表面层糖蛋白是首例被报道的古菌 *N*- 糖基化蛋白，研究人员已证明该蛋白质可被两种不同的 *N*- 连接寡糖修饰：一种是重复的硫酸化五糖，通过氨基糖与 2 号位的天冬酰胺（Asn）连接；另一种是硫酸化聚糖，通过一个葡萄糖残基与其他 10 个天冬酰胺残基连接。后一种聚糖也可通过形成 *N*- 连键修饰到该盐古菌的古菌鞭毛蛋白上。由于当时既没有合适的遗传工具，也缺乏基因组序列，破译负责合成这些聚糖的途径完全依赖于生物化学方法。

尽管取得了这些生化方面的进展，但研究人员对于古菌 *N*- 糖基化途径的描绘，不得不静待基因组时代的到来以及各种物种中遗传操作工具的开发。通过随后对真核生物和（或）细菌 *N*- 糖基化途径组件同源物的鉴定、对额外组件的基因组扫描、产生基因缺失的菌株、对报告糖蛋白（reporter glycoprotein）的表征分析，研究人员已在一些包括嗜盐、产甲烷和嗜热物种在内的古菌中确定了包含古菌 *N*- 糖基化途径的古菌糖基化（archaeal glycosylation）基因 *agl*。

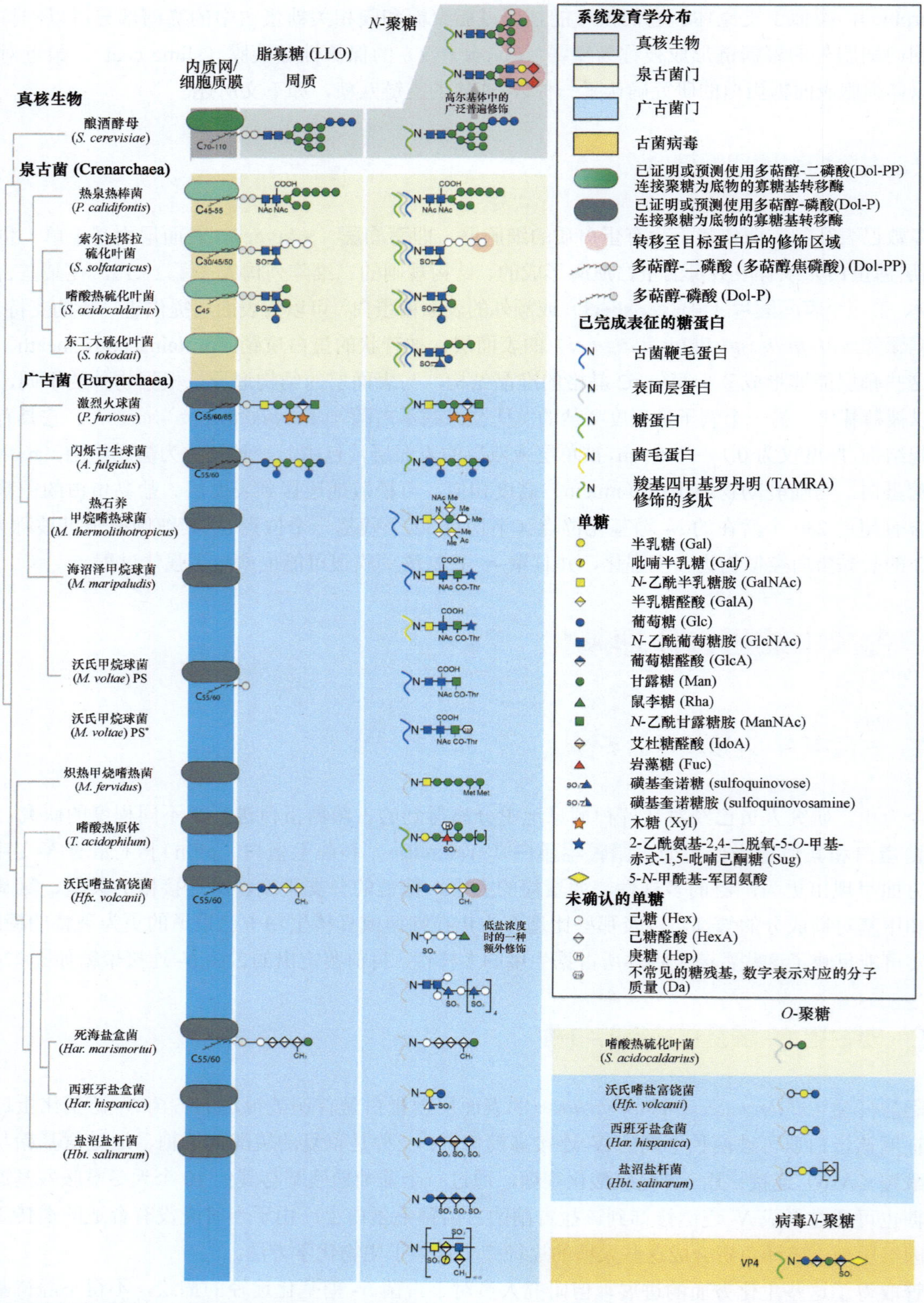

图 22.3 古菌中 N- 连接和 O- 连接聚糖的结构多样性。图中显示了在广古菌门（Euryarchaeota）和泉古菌门（Crenarchaeota）中发现的 N- 连接聚糖的结构。图中显示了内质网或细胞质膜内的寡糖基转移酶（STT3 或 AglB）（左图）、跨膜转运的脂质连接寡糖（LLO）（中图），以及与蛋白质相连的转移后 N- 聚糖（右图）。红色背景突出显示了 N- 聚糖被转移到目标蛋白后，N- 聚糖的延伸和修饰过程。为便于比较，真核生物的脂质连接寡糖和 N- 聚糖（顶部）也一并显示。图中还显示了古菌 O- 连接聚糖的结构，以及来自一种古菌病毒的 N- 聚糖（右下）。

1. 嗜盐广古菌

在过去的十年中，鉴定古菌 *N*- 糖基化途径的主要进展依赖于模式生物**沃氏嗜盐富饶菌**（***Haloferax volcanii***）。在该菌株中，一系列 Agl 蛋白介导了五聚糖在表面层糖蛋白和古菌鞭毛蛋白上的组装与连接，其结构为 Man1-2(Me-*O*-4)GlcAβ1-4GalAα1-4GlcAβ1-4Glc-Asn（图 22.4）。糖基转移酶 AglJ、AglG、AglI 和 AglE，在细胞质膜的胞质面一侧发挥作用，依次将五糖残基中的前四个添加到一个共同的多萜醇 - 磷酸（Dol-P）载体上，而 AglD 负责将五糖上最后的甘露糖残基添加到一个不同的多萜醇 - 磷酸载体上（图 22.3）。多萜醇 - 磷酸连接的四糖组装，还涉及葡萄糖 -1- 磷酸尿苷转移酶（glucose-1-phosphate uridyltransferase）AglF、尿苷二磷酸 - 葡萄糖脱氢酶（UDP-glucose dehydrogenase）AglM、甲基转移酶（methyltransferase）AglP，以及预测的异构酶（isomerase）AglQ。AglF 和 AglM 已被证明在体外以相互协调的方式次第发挥作用，将葡萄糖 -1- 磷酸（Glc-1-P）转化为尿苷二磷酸 - 葡萄糖醛酸（UDP-GlcA）。古菌寡糖基转移酶（oligosaccharyltransferase）AglB，将脂质连接的四糖转移到目标蛋白上选定的天冬酰胺残基上。随后，最后的甘露糖残基从其多萜醇 - 磷酸载体转移到与蛋白质结合的四糖上，该过程需要既充当了多萜醇 - 磷酸 - 甘露糖（Dol-P-Man）翻转酶（flippase），也被认为有助于反应活性的 AglR 蛋白，以及多萜醇 - 磷酸 - 甘露糖 - 甘露糖基转移酶（Dol-P-mannose mannosyltransferase）AglS 的共同参与。有趣的是，表面层蛋白的 *N*- 糖基化会随着环境条件的变化而改变。在低盐培养基中生长时，沃氏嗜盐富饶菌以位点特异性的方式改变其 *N*- 聚糖的结构。

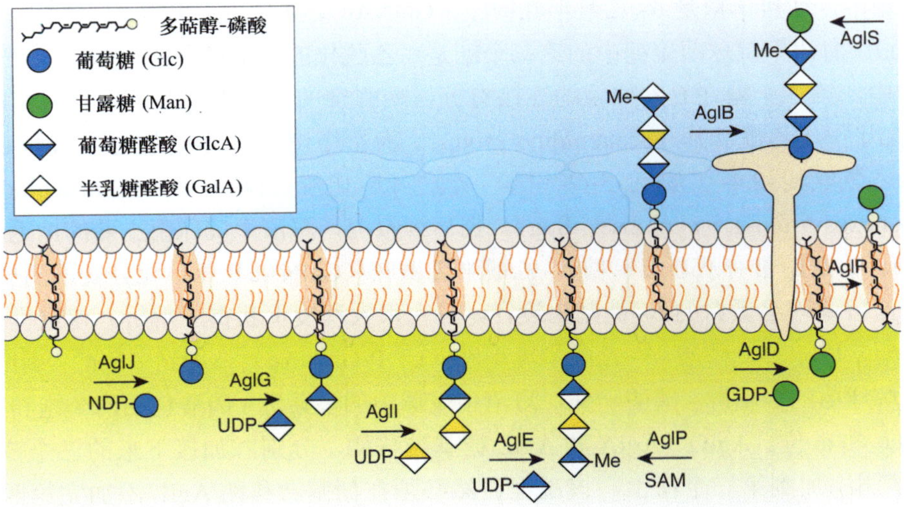

图 22.4 沃氏嗜盐富饶菌中的 *N*- 糖基化途径。寡糖被组装在多萜醇 - 磷酸（Dol-P）脂质载体上，易位跨越质膜，并通过寡糖基转移酶 AglB 转移到靶蛋白上。*N*- 连接的聚糖被来源于多萜醇 - 磷酸 - 甘露糖（Dol-P-Man）的甘露糖残基进一步修饰。图中标记了催化不同反应的 Agl 系列酶。缩写：甲基（Me），鸟苷二磷酸（GDP），尿苷二磷酸（UDP），核苷二磷酸（NDP），*S*- 腺苷甲硫氨酸（SAM）。

2. 产甲烷广古菌

质谱研究阐明了位于**沃氏甲烷球菌**（***Methanococcus voltae***）PS 菌株的古菌鞭毛蛋白上的 *N*- 连接聚糖。用于连接的单糖 *N*- 乙酰葡萄糖胺（GlcNAc），与二乙酰化的葡萄糖醛酸相连，进而与 C-6 位被苏氨酸修饰的乙酰化甘露糖醛酸相连，其结构为：β-*N*- 乙酰氨基甘露糖醛酸 -6- 苏氨酸 -(1-4)-β-3，*N*- 二乙酰氨基葡萄糖醛酸 -(1-3)-β-*N*- 乙酰葡萄糖胺［β-Man*p*NAcA6Thr-(1-4)-β-Glc*p*NAc3NAcA-(1-3)-β-Glc*p*NAc，其中 *p* 代表吡喃糖型］①。来自其他类型的沃氏甲烷球菌 PS 菌株的古菌鞭毛蛋白，在其非还原端还呈现出带有 220 Da 或 260 Da 额外质量的 *N*- 聚糖，这代表很可能还存在着额外的糖修饰。与沃氏嗜盐富饶菌一样，参与沃氏甲烷球菌 *N*- 糖基化途径的各组分的鉴定，最初依赖于基因缺失及随后对突变菌株中 *N*- 连接聚糖进行的实验分析。研究人员由此发现了负责转移聚糖链中第三个单糖的寡糖基转移酶 AglB 和糖基转移酶 AglA。相同的策略后来被用于鉴定 AglC 和 AglK，这两种糖基转移酶被认为参与了糖链中第二个单糖的生物合成或转移。遗传学方法还明确了 AglH 负责将作为**连接单糖**（**linking sugar**）的 *N*- 乙酰葡萄糖胺（GlcNAc）添加到参与组装 *N*- 连接聚糖的脂质载体上。虽然在沃氏甲烷球菌中，*aglH* 基因不能被删除，但它能够回补**酿酒酵母**（***Saccharomyces cerevisiae***）*alg7* 基因的条件性致死突变。Alg7 蛋白与沃氏甲烷球菌的 AglH 具有 25% 的同一性，在真核生物 *N*- 糖基化过程中，催化尿苷二磷酸 -*N*- 乙酰葡萄糖胺（UDP-GlcNAc）和多萜醇 - 磷酸（Dol-P）转化为尿苷一磷酸（UMP）和多萜醇 - 焦磷酸 -*N*- 乙酰葡萄糖胺(Dol-PP-GlcNAc)。对沃氏甲烷球菌 *N*- 糖基化的进一步了解来自体外研究。早期基于遗传学的研究显示，AglH 是该途径的第一个糖基转移酶，与之相悖，体外研究表明该酶在细菌中表达的版本，无法将 *N*- 乙酰葡萄糖胺（GlcNAc）添加到多萜醇 - 磷酸上。另外，纯化的 AglK 可催化多萜醇 - 磷酸和尿苷二磷酸 -*N*- 乙酰葡萄糖胺，形成多萜醇 - 磷酸 -*N*- 乙酰葡萄糖胺（Dol-P-GlcNAc）。关于 AglH 和 AglK 的功能在遗传学结果和生化结果之间不一致的问题，仍然有待阐明。

海沼甲烷球菌（***Methanococcus maripaludis***）已成为产甲烷菌 *N*- 糖基化的遗传和结构研究中的重要模型。在海沼甲烷球菌中，古菌鞭毛蛋白被 *N*- 连接的四糖修饰，与在沃氏甲烷球菌中的对应物类似。在海沼甲烷球菌聚糖中，连接单糖是 *N*- 乙酰半乳糖胺（GalNAc），而不是沃氏甲烷球菌中使用的 *N*- 乙酰葡萄糖胺（GlcNAc）。海沼甲烷球菌聚糖中的第二个糖是二乙酰化的葡萄糖醛酸，与沃氏甲烷球菌一致。尽管在这两种生物中，第三个糖在 C-6 位置均连接有苏氨酸修饰的甘露糖醛酸，但在海沼甲烷球菌聚糖的 C-3 位还额外添加了一个乙酰脒基（acetamidino group）。海沼甲烷球菌聚糖的第四个糖和末端糖是一种新型糖，即 (5S)-2- 乙酰氨基 -2,4- 二脱氧 -5-*O*- 甲基 - 赤式 -1,5- 吡喃己酮糖（[5S]-2-acetamido-2,4-dideoxy-5-*O*-methyl-*erythro*-hexos-5-ulo-1,5-pyranose，Sug）。据后续报道，海沼甲烷球菌主要的菌毛蛋白也被相同的 *N*- 连接四糖修饰，该四糖带有从连接单糖 *N*- 乙酰半乳糖胺（GalNAc）亚单元分支出的一个额外的己糖。用于海沼甲烷球菌古菌鞭毛蛋白的 *N*- 糖基化途径，已在很大程度上获得了解析。该过程似乎由一种尚未鉴定的糖基转移酶，以尿苷二磷酸 -*N*- 乙酰半乳糖胺（UDP-GalNAc）添加到多萜醇 - 磷酸（Dol-P）作为起始。与沃氏甲烷球菌的多萜醇 - 磷酸一样，海沼甲烷球菌的多萜醇 - 磷酸包括两个饱和的异戊二烯，可能位于结构中的 α 和 ω 位。AglO、AglA 和 AglL 糖基转移酶，分别添加接下来的三个核苷酸活化的糖。AglU 将苏氨酸基团添加到第三个糖上，该过程显然必须在糖基转移酶 AglL 添加完第四个糖之后发生。AglV 随后对第四个单糖进行甲基化。然后，与多萜醇 - 磷酸结合的四糖，被一种未知的翻转酶翻转过膜，其中 AglB 将脂质连接的聚糖转移到目标蛋白的天冬酰胺残基上。

3. 嗜热泉古菌

对泉古菌中 *N*- 糖基化过程的研究，主要集中在嗜热和嗜酸的古菌**嗜酸热硫化叶菌**（***Sulfolobus***

① 由于中文命名法中尚无针对己糖胺（hexosamine）这一称谓下其 C-6 位羟基氧化后形成的对应氧化物产物及其衍生物的标准命名规则，此处以己糖胺的别称“氨基己糖”作为单糖构建模块，对氧化产物（氨基己糖醛酸）及其衍生物进行表述。

acidocaldarius）上。在嗜酸热硫化叶菌中，表面层糖蛋白、古菌鞭毛蛋白和细胞色素 $b_{558/566}$（cytochrome $b_{558/566}$）均被 *N*- 连接的六糖修饰，其结构为：甘露糖 -α1-6- 甘露糖 -α1-4- 葡萄糖 -β1-4-6- 磺基奎诺糖 -β1-3-*N*- 乙酰葡萄糖胺 -β1-4-*N*- 乙酰葡萄糖胺 -β- 天冬酰胺（Manα1-6Manα1-4Glcβ1-4Qui6Sβ1-3GlcNAcβ1-4GlcNAc-β-Asn）。这种聚糖很不寻常，因为它含有典型的真核壳二糖（chitobiose）核心和**磺基奎诺糖（sulfoquinovose）**。磺基奎诺糖通常只存在于植物和光养细菌的光合膜中。*N*- 连接聚糖的生物合成，始于由核苷酸活化的前体产生的 *N*- 乙酰葡萄糖胺 - 磷酸（GlcNAc-P），通过尿苷二磷酸 -*N*- 乙酰葡萄糖胺 -1-磷酸：多萜醇 - 磷酸 -*N*- 乙酰葡萄糖胺 -1- 磷酸转移酶（UDP-GlcNAc-1-P: Dol-P-GlcNAc-1-P transferase）AglH 的作用，转移到一个异常短且高度饱和的多萜醇 - 焦磷酸（Dol-PP）脂质载体上。目前仍缺乏关于添加第二个和第三个糖的相关信息。然而，Agl3 可以将尿苷二磷酸 - 葡萄糖（UDP-Glc）和亚硫酸钠转化为尿苷二磷酸 - 磺基奎诺糖，随后通过未知的糖基转移酶将其添加到与多萜醇 - 焦磷酸结合的三糖中。在 *N*- 连接聚糖组装的最后步骤中，末端的甘露糖和葡萄糖分子被添加，可溶性糖基转移酶 Agl16 则负责添加最后的葡萄糖。一种迄今尚未确认的翻转酶，可以将与多萜醇 - 焦磷酸结合的六糖转移到膜上，其中，AglB 负责将该聚糖转移到目标蛋白的天冬酰胺残基上。与沃氏嗜盐富饶菌、沃氏甲烷球菌和海沼甲烷球菌相比，*aglB* 基因在嗜酸热硫化叶菌中是必需的。

22.3.3　古菌 *O*- 连接聚糖的多样性

与 *N*- 聚糖的生物合成相比，人们对古菌 *O*- 聚糖的组装方式知之甚少。研究人员已经对 4 种古菌的 *O*- 聚糖进行了一定程度上的表征（图 22.3）。唯一发表的关于古菌 *O*- 聚糖生物合成的工作显示，**西班牙盐盒菌（*Haloarcula hispanica*）**需要多萜醇 - 磷酸 - 葡萄糖（Dol-P-Glc）作为糖供体，来组装 *N*- 连接的三糖葡萄糖 -α1-2- 磺基奎诺糖胺 -β1-6- 半乳糖（Glcα1-2QuiN6Sβ1-6Gal）和 *O*- 连接的二糖葡萄糖 -α-1-4-半乳糖（Glcα1-4Gal）。

22.4　古菌糖基化的生理作用

N- 糖基化被认为有助于古菌应对来自它们经常处于的极端环境的挑战。例如，尽管两种古菌的表面层糖蛋白上都修饰了 *N*- 连接聚糖，但与沃氏嗜盐富饶菌相比，盐沼盐杆菌的 *N*- 聚糖具有更高的硫酸化糖含量，一种可能的解释是高盐条件下表面电荷的增强被用来增加溶解度，因为后者生存的地区盐度较高。在其他情况下，尚不清楚特定的 *N*- 糖基化谱（*N*-glycosylation profile）如何有助于这些在恶劣环境中生活的生命体。然而在沃氏嗜盐富饶菌中，*N*- 糖基化可能为细胞提供了对周遭盐度变化做出响应的能力。如上所述，在含有 3.4 mol/L 或 1.75 mol/L 氯化钠培养基中生长的细胞中，表面层糖蛋白具有不同的 *N*- 糖基化谱（图 22.3）。在亨氏甲烷螺菌中，研究人员也报道了响应环境条件的、重修饰的糖基化过程，其中古菌鞭毛蛋白仅在低磷酸盐含量的培养基中被修饰。此外，研究已经证明，完全组装的 *N*- 聚糖是广泛的生物学功能所必需的，包括古菌的运动性及物种特异性的细胞 - 细胞识别。

22.4.1　胞外多糖

古菌生物膜（archaeal biofilm）已在多种栖息地（如低温和高温），以及酸性、碱性和高盐条件下被发现。有人提出，古菌（尤其是那些需要与其他物种相互作用的古菌）会合成生物膜以支持这些细胞 - 细胞间的相互作用。对古菌生物膜的**胞外聚合物（extracellular polymeric substance，EPS）**的结构和组成的详细分析目前仍然有限。研究人员已经通过凝集素结合试验，测定并分析了一些胞外聚合物的糖成分。这些研究揭示出在**硫化叶菌属**（*Sulfolobus*）物种中，细胞外聚合物主要由葡萄糖、半乳糖、甘露糖和 *N*-乙酰 -D- 葡萄糖胺（GlcNAc）组成。

致谢

感谢杰弗里 · D. 艾斯科（Jeffrey D. Esko）、塔玛拉 · L. 多林（Tamara L. Doering）和已故的克里斯蒂安 · R.H. 雷兹（Christian R.H. Raetz）对本章先前版本的贡献，并感谢拉姆亚 · 查克拉瓦蒂（Ramya Chakravarthy）和黛布拉 · 莫南（Debra Mohnen）的有益评论及建议。

延伸阅读

Sumper M. 1987. Halobacterial glycoprotein biosynthesis. *Biochim Biophys Acta* **906**: 69-79.

Lechner J, Wieland F. 1989. Structure and biosynthesis of prokaryotic glycoproteins. *Annu Rev Biochem* **58**: 173-194.

Kandler O, Konig H. 1998. Cell wall polymers in Archaea (Archaebacteria). *Cell Mol Life Sci* **54**: 305-308.

Schäffer C, Messner P. 2001. Glycobiology of surface layer proteins. *Biochimie* **83**: 591-599.

Albers SV, Meyer BH. 2011. The archaeal cell envelope. *Nat Rev Microbiol* **9**: 414-426.

Visweswaran GR, Dijkstra BW, Kok J. 2011. Murein and pseudomurein cell wall binding domains of Bacteria and Archaea—a comparative view. *Appl Microbiol Biotechnol* **92**: 921-928.

Eichler J. 2013. Extreme sweetness: protein glycosylation in Archaea. *Nat Rev Microbiol* **11**: 151-156.

Larkin A, Chang MM, Whitworth GE, Imperiali B. 2013. Biochemical evidence for an alternate pathway in N-linked glycoprotein biosynthesis. *Nat Chem Biol* **9**: 367-373.

Jarrell KF, Ding Y, Meyer BH, Albers SV, Kaminski L, Eichler J. 2014. N-linked glycosylation in Archaea: a structural, functional, and genetic analysis. *Microbiol Mol Biol Rev* **78**: 304-341.

Klingl A. 2014. S-layer and cytoplasmic membrane—exceptions from the typical archaeal cell wall with a focus on double membranes. *Front Microbiol* **5**: 624.

van Wolferen M, Orell A, Albers SV. 2018. Archaeal biofilm formation. *Nat Rev Microbiol* **16**: 699-713.

第 23 章

真菌

弗朗索瓦丝 · H. 鲁蒂埃（Françoise H. Routier），塔玛拉 · L. 多林（Tamara L. Doering），理查德 · D. 卡明斯（Richard D. Cummings），马库斯 · 艾比（Markus Aebi）

23.1 真菌的多样性 / 297
23.2 真菌作为遗传学、生物化学和糖生物学的模型系统 / 298
23.3 模型真菌 / 303
23.4 利用酵母进行生产 / 303
23.5 担子菌的多样性 / 304
23.6 致病性真菌 / 305
致谢 / 307
延伸阅读 / 307

真菌是一个迷人的类群，以多细胞生物为主。真菌物种如**酿酒酵母**（*Saccharomyces cerevisiae*），在定义糖基化的基本过程中发挥了重要作用，但它们的糖生物学与动物或植物系统存在着显著的不同。本章描述了构成真菌细胞壁的聚糖结构，提供了一些通过研究真菌系统所揭示的、全新的糖生物学见解，介绍了真菌作为实验和合成系统的用途，并描述了几种重要的糖复合物与真菌生物学和致病机制的关系。

23.1 真菌的多样性

研究人员已经描述了超过 7 万种真菌，据估计，实际存在的真菌物种超过 500 万种。真菌界包括：**壶菌门**（**Chytridiomycota**），即游动孢子类真菌（zoosporic fungi）；**后孢菌门**（**Opisthosporidia**）；**新美鞭菌门**（**Neocallimastigomycota**）；**芽枝霉门**（**Blastocladiomycota**）；**捕虫霉亚门**（**Zoopagomycota**）；**毛霉亚门**（**Mucoromycota**）、**球囊菌门**（**Glomerulomycota**），即丛枝菌根菌（abuscular mycorrhizal fungi，AMF）；**子囊菌门**（**Ascomycota**），即子囊真菌，如酵母菌属（*Saccharomyces*）、念珠菌属（*Candida*）、曲霉菌属（*Aspergillus*）、脉孢菌属（*Neurospora*）、羊肚菌菇；**担子菌门**（**Basidiomycota**），如蕈类、腐朽菌和马勃菌。绝大多数物种属于子囊菌门，该门与担子菌门一起形成了**双核亚界**（**Dikarya**）①，该亚界包含了研究最多的物种；本章重点介绍位于这两个进化枝中的模式生物。大多数真菌主要由菌丝（hyphae）（分支细丝）组成，形成菌丝体（mycelium）和子实体（fruiting body）等多细胞结构，而另一种真菌的生命形式是生长为单细胞酵母。所有真菌的细胞外基质（即细胞壁）均由复杂的多糖组成，包括甘露聚糖（mannan）、半乳聚糖（galactan）、葡聚糖（glucan）和壳多糖（chitin），是杀真菌剂的主要靶标。

① 两个门一般都有双核体，可能为菌丝或单细胞生物，但均不具有鞭毛。双核亚界大部分都是所谓的“高等真菌”，但亦包含了许多在旧文献中被归类为霉菌的无性世代物种。

23.2 真菌作为遗传学、生物化学和糖生物学的模型系统

23.2.1 历史视角

100 多年前，路易斯·巴斯德（Louis Pasteur）发现发酵需要有活力的有机体的参与；从那时起，酵母就被用作研究细胞代谢的模型系统。事实上，巴斯德在研究酿酒酵母或面包酵母生产乙醇的过程中，创造了“发酵”（ferment）一词。这种生物体一直是生物学家和糖生物学家的巨大资源，尤其是因为**有氧代谢（aerobic metabolism）**和**无氧代谢（anaerobic metabolism）**（也均为巴斯德发明的术语）中的许多基本酶，在酵母和动物之间共享。1897 年，酶学研究发生了突破性进展，布赫纳兄弟（Buchner brothers）[①]发现，酵母提取物可以像完整细胞一样，从葡萄糖中制造乙醇和二氧化碳。甘露糖是酵母细胞壁的主要成分，它由埃米尔·费歇尔（Emil Fischer）于 1888 年发现，酵母中富含甘露糖的聚糖在历史上被称为酵母胶（yeast gum），自 19 世纪 90 年代以来就为人所知。发现酵母细胞壁由 D- 甘露糖组成，以及阐明其他碳水化合物（和维生素 C）化学结构的工作，使沃尔特·诺曼·哈沃斯（Sir Walter Norman Haworth）获得了 1937 年的诺贝尔化学奖。卢伊斯·莱洛伊尔（Luis Leloir）随后发现了碳水化合物合成所需的活化前体，从酵母提取物中鉴定出尿苷二磷酸 - 葡萄糖（UDP-Glc）、鸟苷二磷酸 - 甘露糖（GDP-Man）和其他核苷酸糖。他因这项工作获得了 1970 年的诺贝尔化学奖。异宗配合（heterothallic）[②]酵母菌株的发现和酵母遗传学领域的后续发展，产生了多项突破性的研究进展。例如，菲尔·罗宾斯（Phil Robbins）实验室发起的遗传学研究，从分子层面表征了内质网中保守的 *N*- 糖基化和 *O*- 糖基化途径，同时表征了糖基磷脂酰肌醇锚定蛋白的生物合成。酵母分泌（*sec*）突变体的出现，帮助阐明了**蛋白质分泌途径（protein secretory pathway）**，通过这一途径，多肽从内质网通过高尔基体到达细胞表面或周围环境，并在途中被糖基化。2013 年，兰迪·谢克曼（Randy Schekman）获得了诺贝尔生理学或医学奖，标志着他进行的细胞生物学基础性工作获得了认可。

23.2.2 真菌细胞壁

真菌细胞壁（fungal cell wall）与植物细胞壁一样，由高度交联的聚糖聚合物组成（图 23.1），它以动态而灵活的方式适应生长条件，并提供极高的机械稳定性。与植物细胞壁不同，真菌细胞壁直接与细胞质膜相连；真菌的特定细胞壁多糖也与植物中的不同，真菌细胞壁由糖蛋白和复杂多糖组成，如壳多糖、葡聚糖、甘露聚糖、半乳甘露聚糖（galactomannan）、葡甘露聚糖（glucomannan）、鼠李甘露聚糖（rhamnomannan）和磷酸甘露聚糖（phosphomannan）。细胞壁聚合物的性质和相对丰度，因真菌物种的不同而各异。

壳多糖（chitin）是由 β1-4 连接的 *N*- 乙酰葡萄糖胺（GlcNAc）组成的聚合物，一般而言，它出现在超过 1000 个残基的糖链中。这些链自缔合（self-associate）形成微纤维，主要沉积在酵母的芽颈（bud neck）或丝状真菌的隔板（septa）处。受到多种调控作用和协调作用的壳多糖合成酶（chitin synthase）负责壳多糖的产生，这些合成酶确保了壳多糖在正常细胞生长和分裂所需的特定部位及时沉积。壳多糖也

---

① 指爱德华·布赫纳（Eduard Buchner）和汉斯·布赫纳（Hans Buchner），其中爱德华·布赫纳因对发酵的研究获得 1907 年诺贝尔化学奖。

② 即单个菌株不能完成有性生殖，需要两个性亲和菌株共同生长在一起才能完成有性生殖。

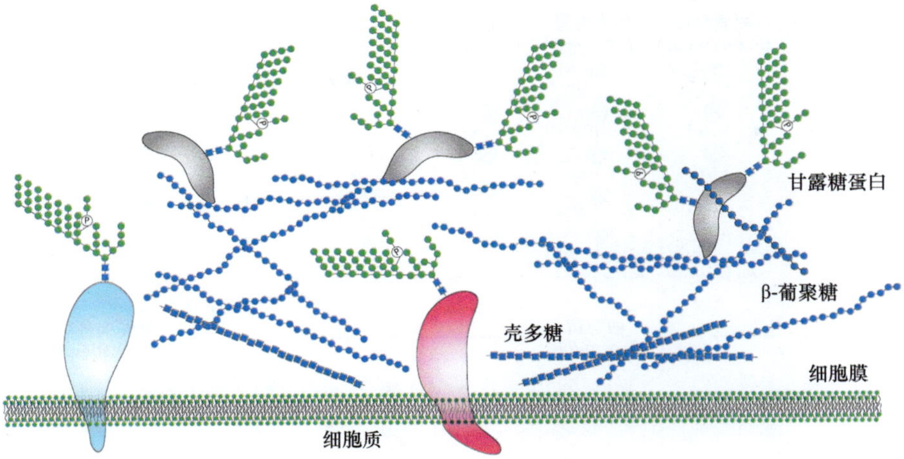

图 23.1　**酵母菌细胞壁图示。**图中显示了聚糖聚合物和甘露糖蛋白。在不同的真菌物种之间，不同的葡聚糖和壳多糖的存在与丰度亦不相同。

可以发生去乙酰化，形成阳离子聚合物**壳聚糖**（**chitosan**）。

β1-3 葡聚糖（β1-3 glucan）以尿苷二磷酸 - 葡萄糖（UDP-Glc）为底物，在细胞质膜上进行合成，是真菌细胞壁的主要多糖，在细胞壁中与壳多糖交联。多种具有其他连键的葡聚糖（包括 β1-6、混合的 β1-3/β1-4、α1-3 和 α1-4 等）也存在于真菌中。β1-6 葡聚糖是酿酒酵母、**白色念珠菌**（***Candida albicans***）和**新型隐球菌**（***Cryptococcus neoformans***）细胞壁的主要成分。相反，丝状真菌**烟曲霉菌**（***Aspergillus fumigatus***）和**粗糙脉孢菌**（***Neurospora crassa***）缺乏 β1-6 葡聚糖，但能够合成混合的 β1-3/β1-4- 葡聚糖。α1-3 葡聚糖也是子囊菌门和一些担子菌门真菌细胞壁的常见成分，尽管它在酿酒酵母中并不存在。

β- 葡聚糖链可以作为外部糖蛋白层的附着位点。这些细胞壁蛋白中的大多数都具有糖基磷脂酰肌醇（GPI）依赖性，并携带 *N*- 连接和 *O*- 连接的聚糖。在酵母细胞壁蛋白中，保守的 *N*- 聚糖核心结构通过不断重复的 α1-6 连接的甘露糖链得以进一步延长。该链通常从较短的 α1-2 和 α1-3 连接的甘露糖结构处进行分支，其中一些可能以磷酸二酯键的形式进行连键（图 23.2）。这些 *N*- 聚糖在长度和分支上高度不均一化。相比之下，丝状真菌和担子菌门合成短小的寡甘露糖型 *N*- 聚糖，糖链上可能带有取代基，如呋喃半乳糖（galactofuranose）、*N*- 乙酰葡萄糖胺、木糖或岩藻糖。此外，真菌细胞壁蛋白带有丝氨酸 / 苏氨酸连接的 *O*- 甘露糖（*O*-mannose）聚糖（图 23.3A）。在细胞壁的组装过程中，细胞壁蛋白通过残余的糖基磷脂酰肌醇和（或）通过它们的 *N*- 聚糖及 *O*- 聚糖与 β- 葡聚糖连接。细胞壁结构在细胞周期过程中受到时空调控，进而决定了细胞的形状（菌丝形态或酵母形态）和功能。

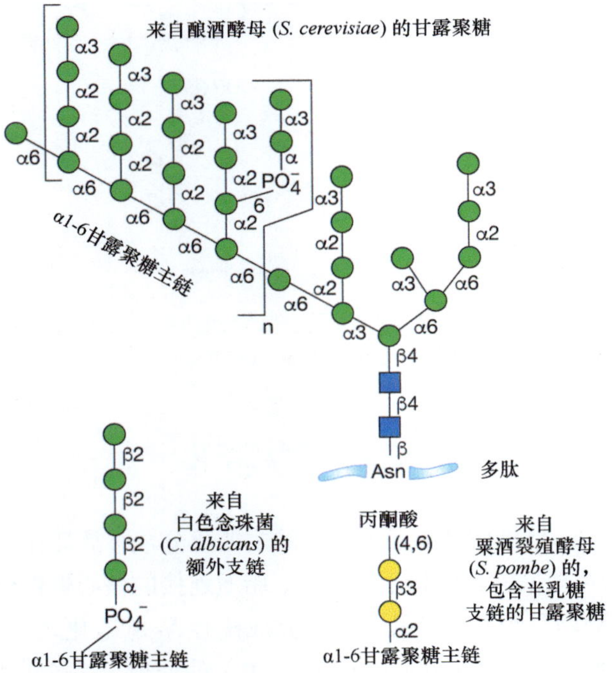

图 23.2　**选定的酵母甘露聚糖结构。**注意，单个丙酮酸以（R）4,6 乙酰基 -（缩酮）连键，与丙酮酸化结构中的末端半乳糖残基进行连接。缩写：天冬酰胺（Asn）。

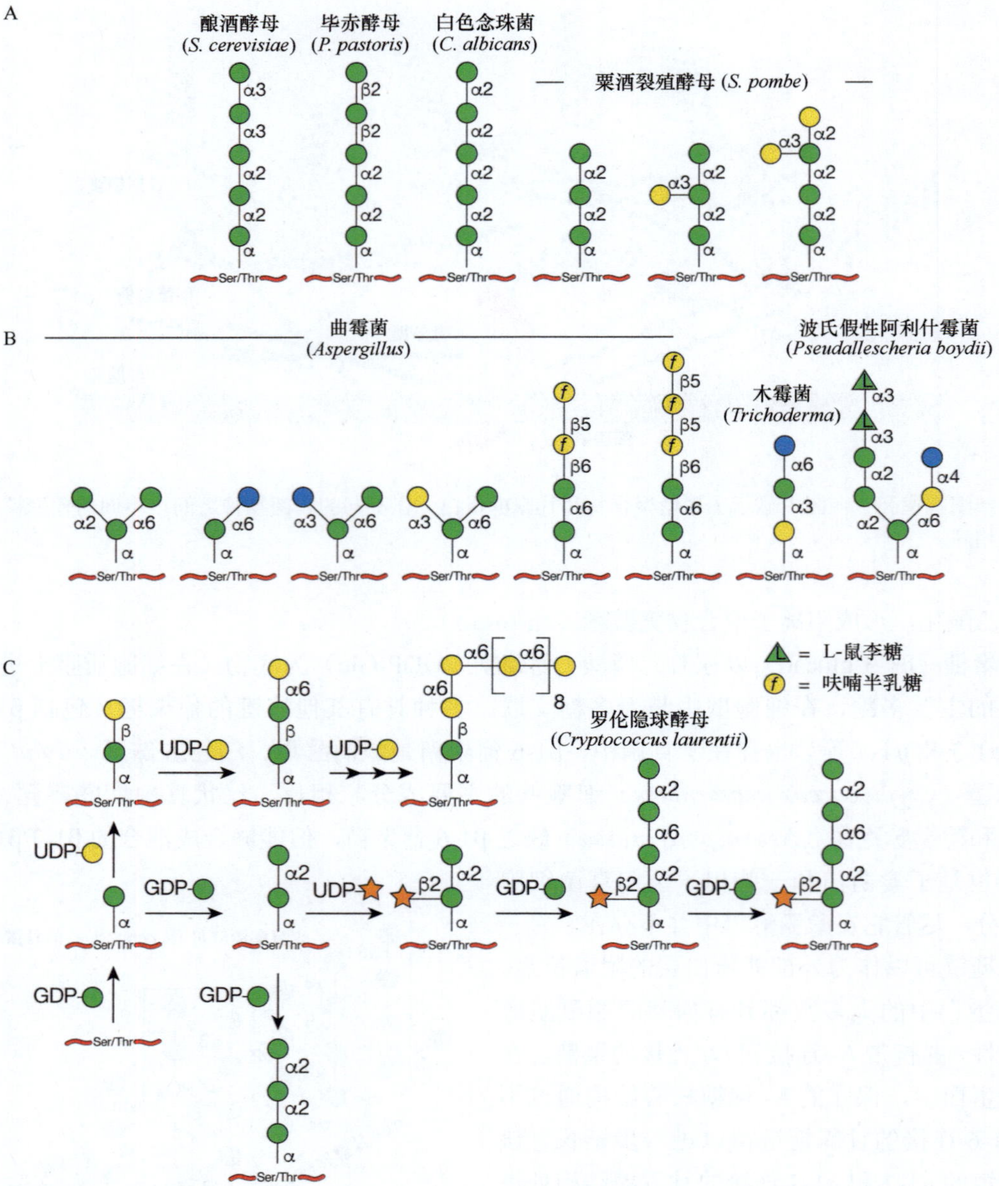

图 23.3　**真菌中选定的 O- 连接聚糖的结构**。A. 酵母；B. 丝状真菌；C. 隐球菌。缩写：丝氨酸（Ser），苏氨酸（Thr），尿苷二磷酸（UDP），鸟苷二磷酸（GDP）。

23.2.3　真菌的蛋白质糖基化

糖蛋白是真菌细胞壁的主要成分，通常带有 *N*- 聚糖、*O*- 聚糖以及糖基磷脂酰肌醇锚。如**第 9 章**所述，*N*- 聚糖的合成始于保守的、脂质连接的核心聚糖供体 $Glc_3Man_9GlcNAc_2$-PP-Dol 的合成，该供体在内质网中被转移至新生多肽上。在完成核心 *N*- 糖基化之后，$Glc_3Man_9GlcNAc_2$Asn-R 经过 α- 葡萄糖苷酶 I 和 α- 葡萄糖苷酶 II（α-glucosidases I，II）的处理，去除葡萄糖残基，生成 $Man_9GlcNAc_2$Asn-R。在哺乳动物和酿酒酵母中，$Man_9GlcNAc_2$Asn-R 被内质网 - 甘露糖苷酶（ER-mannosidase）进一步修剪为 $Man_8GlcNAc_2$Asn-R。然而，**粟酒裂殖酵母**（***Schizosaccharomyces pombe***）缺乏这种酶，因而在 $Man_9GlcNAc_2$Asn-R 处停止加工。哺乳动物中的 $Man_8GlcNAc_2$Asn-R 和粟酒裂殖酵母中的 $Man_9GlcNAc_2$Asn-R，随后成为尿苷二磷酸 - 葡萄糖：

糖蛋白葡萄糖基转移酶（UDP-Glc: glycoprotein glucosyltransferase，UGT）的底物，分别在哺乳动物和粟酒裂殖酵母中产生 $Glc_1Man_8GlcNAc_2Asn$ 和 $Glc_1Man_9GlcNAcAsn$。这种**再葡萄糖基化（reglucosylation）**是内质网中蛋白质折叠质量控制系统的一部分，但在酿酒酵母中并不存在（**第 39 章**）。单葡萄糖基化的结构是哺乳动物细胞中伴侣凝集素钙连蛋白（calnexin）和钙网蛋白（calreticulin）的配体。大多数真菌表达钙连蛋白，但缺乏钙网蛋白的同源物。*N*- 连接聚糖的特异性修剪，可以调控折叠不当的蛋白质或未组装的蛋白质复合物单元的**内质网相关蛋白质降解（ER-associated [protein] degradation，ERAD）**。在酿酒酵母中，甘露糖苷酶（mannosidase）Htm1p 将 *N*- 连接的聚糖修剪为 $Man_7GlcNAc_2$，由此产生一个信号，在被凝集素 Yos9p 识别后，引发糖蛋白输出到细胞质和随后的降解。值得注意的是，质量控制和内质网相关蛋白质降解过程因真菌物种的不同而各异；在某些情况下，完整聚糖合成途径中的某些组件并不存在。

酵母的 *N*- 聚糖在高尔基体中使用以鸟苷二磷酸 - 甘露糖（GDP-Man）作为供体的甘露糖基转移酶（mannosyltransferase）进行延伸，其中一种或多种特定的糖基转移酶在此过程中发挥作用，负责催化每个连键和分支的合成。

真菌的蛋白质富含 *O*- 连接的甘露糖。这种蛋白质修饰，由内质网蛋白质甘露糖基转移酶（protein mannosyltransferase，PMT）启动，它使用多萜醇 - 磷酸 - 甘露糖（Dol-P-Man）作为甘露糖供体。真菌中有几种异源或同源的蛋白质甘露糖基转移酶二聚体，每种蛋白质甘露糖基转移酶都可能具有不同的底物特异性和糖蛋白偏好性。用于真菌蛋白质甘露糖基转移酶的多萜醇 - 磷酸 - 甘露糖在胞质溶胶中合成，然后翻转到分泌途径的细胞器腔室内（**图 23.4**，右上），用于 *N*- 糖基化和 *O*- 糖基化过程。随后，生长链中

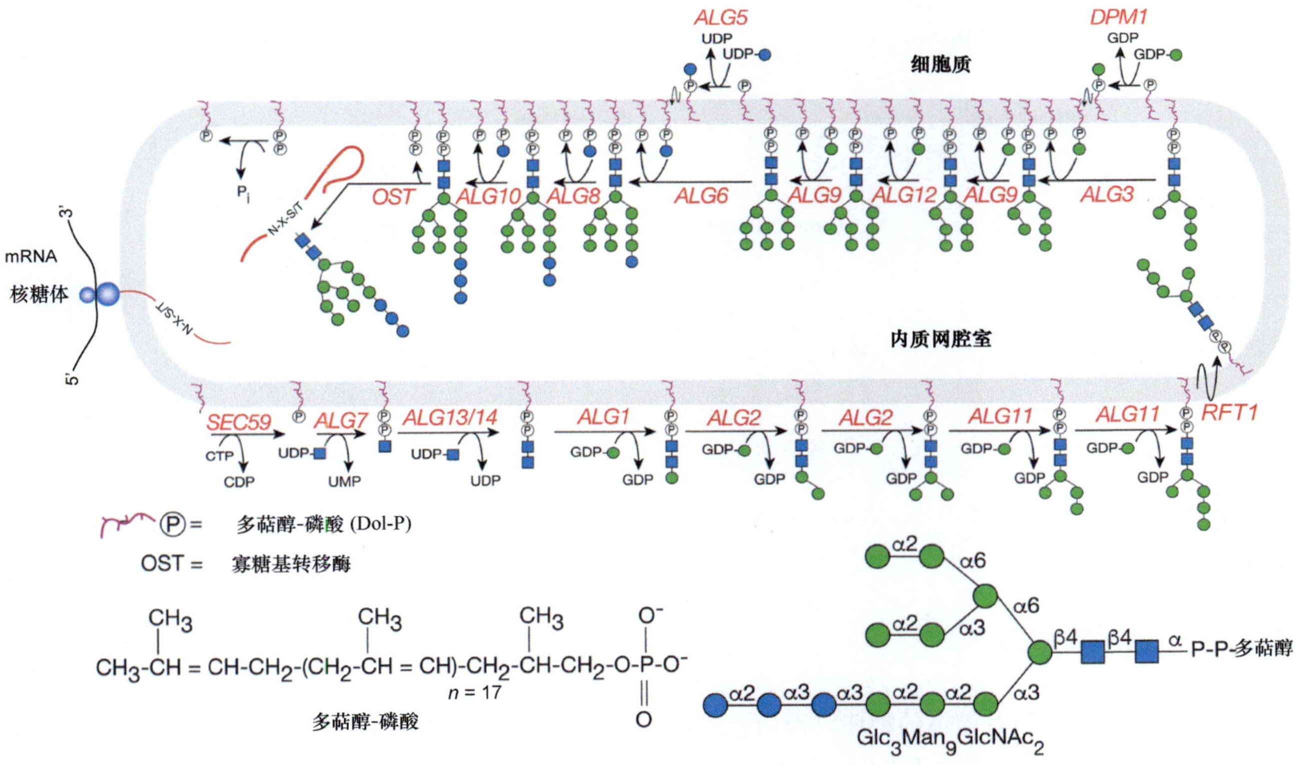

图 23.4 *N*- 聚糖的生物合成及其向真菌内质网中新合成的糖蛋白的天冬酰胺 -X- 丝氨酸 / 苏氨酸（N-X-S/T）序列段的转移。图中显示了自多萜醇磷酸（右上方最简单的结构）开始的生物合成途径中的各个步骤，以及多萜醇的分子式（左下方）。由酵母突变体鉴定出的生物合成步骤，以指定的 *ALG* 或 *SEC* 基因的形式进行表示。酵母和哺乳动物所共有的中间体 $Glc_3Man_9GlcNAc_2$-PP-Dol 的结构，如图所示（右下）。缩写：胞苷三磷酸（CTP），胞苷二磷酸（CDP），尿苷二磷酸（UDP），尿苷一磷酸（UMP），鸟苷二磷酸（GDP），磷酸（P/P_i）。

甘露糖残基的添加在高尔基体中发生，以鸟苷二磷酸 - 甘露糖（GDP-Man）作为 Mn^{2+} 依赖性的甘露糖基转移酶所催化反应的供体。

真菌表达大量的糖基磷脂酰肌醇锚定糖蛋白。与其他系统一样（**第 12 章**），在内质网中，糖基磷脂酰肌醇（GPI）锚定蛋白由糖基磷脂酰肌醇前体及具有羧基末端**糖基磷脂酰肌醇添加信号肽（GPI-addition signal peptide，GPIsp）**的蛋白质前体合成。*糖基磷脂酰肌醇 - 转酰胺酶*（GPI-transamidase）负责切割信号肽，并将其替换为糖基磷脂酰肌醇前体。在真菌中，Smp3 蛋白负责将 α1-2 甘露糖残基添加到保守的糖基磷脂酰肌醇核心——甘露糖 -α1-2- 甘露糖 -α1-6- 甘露糖 -α1-4-*N*- 乙酰葡萄糖胺 -α1-6- 肌醇磷脂（Manα1-2Manα1-6Manα1-4GlcNα1-6inositolphospholipid）之上，这是随后添加携带蛋白质的磷酸乙醇胺桥的先决条件，尽管此步骤在哺乳动物中并非必需。因此，真菌的糖基磷脂酰肌醇锚具有一个带有 4 个甘露糖残基的延伸的核心结构（图 23.5）。在与“高等”真核生物的差异比较中，饶有兴味的一点是酵母糖基磷脂酰肌醇锚可以作为细胞壁组装中**转糖基作用（transglycosylation）**反应的底物，确保糖蛋白与细胞壁的葡聚糖基质形成共价连接。在丝状子囊菌的细胞外基质中，研究人员也发现了与糖基磷脂酰肌醇锚相连的多糖。

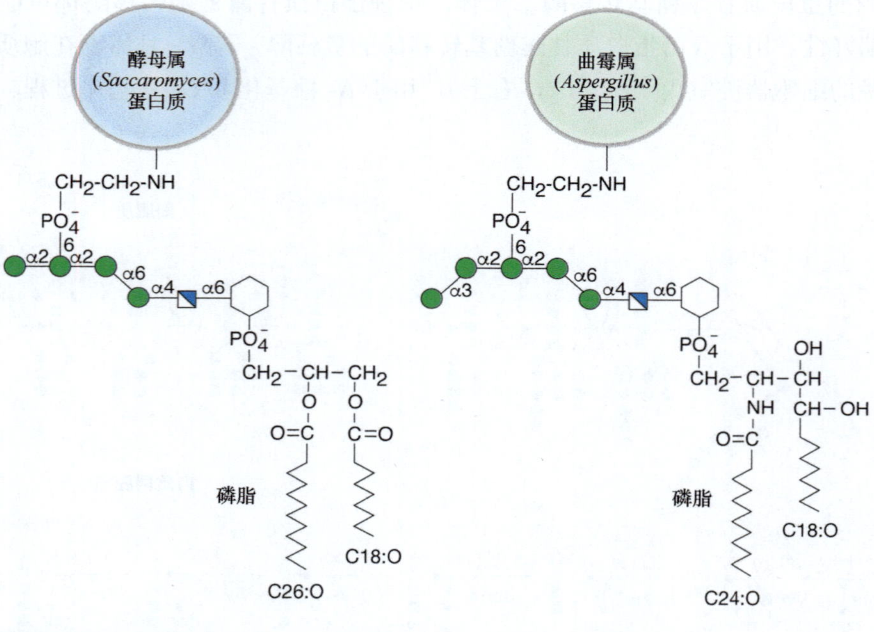

图 23.5 两种真菌糖基磷脂酰肌醇锚的结构。六边形表示肌肉 -D- 肌醇（*myo*-D-inositol）。

23.2.4 真菌的糖脂

酵母表达一系列相对简单的糖脂，而白色念珠菌以其巨大的、脂质连接的甘露聚糖而著称。许多真菌能够制造短链糖脂，通常含有与甘露糖相连的磷酸肌肉 - 肌醇（*myo*-inositol phosphate），它可以被**荚膜组织胞浆菌（*Histoplasma capsulatum*）**或烟曲霉菌中的呋喃半乳糖，或在其他酵母中额外的甘露糖残基修饰。酿酒酵母产生具有单个甘露糖残基的糖脂形式，而在曲霉中则发现了一些更长的、含有半乳糖和甘露糖的糖脂。葡萄糖神经酰胺（Glc-Cer）和半乳糖神经酰胺（Gal-Cer）等短链糖基神经酰胺，也存在于真菌**裂褶菌（*Schizophyllum commune*）**和烟曲霉菌中。

23.3 模型真菌

23.3.1 作为实验系统的酿酒酵母

数千年来，酵母菌一直被用于烘焙和酿造，但自 20 世纪以来，科学界的注意力聚焦于酿酒酵母，这是一种直径为 5 ～ 10 μm 的椭圆形出芽酵母。这种简单的真核生物能够快速地生长，加上其廉价的培养成本和遗传上的易操作性，使其成为一个强大且颇受欢迎的模型系统。除了对上述的基础代谢和酶学的影响之外，研究酿酒酵母还极大地影响了真核细胞生物学和遗传学领域。

酿酒酵母为确定糖基磷脂酰肌醇脂质前体生物合成的酶学研究做出了重要的贡献（**第 12 章**）。这一复杂的过程涉及 20 多个基因，给该领域的研究人员带来了重大的生化挑战。然而，由于从酵母到哺乳动物的许多步骤都是保守的，因此对酿酒酵母突变体的分析，实际上为剖析这些生物学过程提供了一种互补而有效的方法。突变体也可用于解析那些具有酵母特异性的过程，如甘露聚糖的合成。这一点通过鉴定获得的 *mnn* 突变体得到了阐明，该突变体显示出异常的抗体或染料结合特性。

尽管酿酒酵母作为研究模型具有巨大的价值，但它确实存在一定的局限性。这些细胞无法合成脊椎动物中发现的杂合型 *N*- 聚糖、黏蛋白或黏蛋白类型的 *O*- 聚糖、*O*- 连接的 *N*- 乙酰葡萄糖胺（*O*-GlcNAc）、唾液酸或糖胺聚糖（GAG）。然而，酿酒酵母细胞在其核细胞质蛋白上使用 *O*- 甘露糖，其方式类似于植物和动物中的 *O*-GlcNAc 糖基化。像大多数其他真菌一样，酿酒酵母也缺乏长链糖脂（参与糖基磷脂酰肌醇合成的糖脂除外），也不能像哺乳动物那样合成复杂的鞘糖脂或神经节苷脂，尽管酵母体系对研究鞘氨醇（sphingosine）和鞘脂（sphingolipid）的代谢研究仍具价值。与其他真菌相比，酿酒酵母表达的聚糖多样性也相对有限，其聚糖中没有半乳糖、木糖或葡萄糖醛酸的报道。在将此模型推广到其他生物体时，这一点必须谨记。

23.3.2 粟酒裂殖酵母是一种超微结构模型

粟酒裂殖酵母是一种杆状酵母，直径 3 ～ 4 μm，长 7 ～ 14 μm。这种生物并非采用出芽生殖，而是通过伸长和裂变产生同等大小的子细胞。与酿酒酵母一样，它的基因组相对较小，约有 1400 万个碱基对。粟酒裂殖酵母已被视为研究细胞周期的、遗传可操作的模式生物，因为与其他酵母相比，它具有明确的细胞器结构，所以是细胞内结构研究的热门选择。粟酒裂殖酵母还合成甘露糖蛋白（mannoprotein）和甘露聚糖（mannan），其中一些糖链结构中含有半乳糖（**图 23.3A**）；它以 α1-2 连接的封端形式存在，有时还会被丙酮酸化。半乳糖残基对于粟酒裂殖酵母无性絮凝（nonsexual flocculation）（结块）中的凝集素识别过程很重要，研究人员通过游离半乳糖对该过程的抑制作用印证了这一点。相比之下，酿酒酵母中的絮凝作用具有甘露糖依赖性，且能够被游离甘露糖抑制。粟酒裂殖酵母和更常见的酿酒酵母模型之间的另一个区别是，其新合成的 *N*- 聚糖（$Man_9GlcNAc_2Asn$；**图 23.4**）在内质网中没有被修剪为 $Man_8GlcNAc_2Asn$。

23.4 利用酵母进行生产

23.4.1 毕赤酵母及其表达优势

毕赤酵母（***Pichia pastoris***）是一种甲基营养型的非致病性生物，于 1969 年在筛选能够使用甲醇的酵母时被发现。在这种酵母中，甲醇被过氧化物酶体（peroxisome）中的醇氧化酶（alcohol oxidase，AOX）氧化成甲醛和过氧化氢。甲醛离开过氧化物酶体，在细胞质中被氧化成甲酸盐和二氧化碳以产生能量。在过氧化物酶体酶——二羟基丙酮合成酶（dihydroxyacetone synthase）催化的反应中，任何剩余的甲醛均可通过与木酮糖 -5- 单磷酸（xylulose-5-monophosphate）发生缩合反应而被吸收，生成甘油醛 -3- 磷酸（glyceraldehyde-3-phosphate）和二羟基丙酮（dihydroxyacetone）。毕赤酵母作为制造重组蛋白的模型系统已经非常流行，因为它易于进行遗传操作，并且可以生长到极高的密度。醇氧化酶的启动子是甲醇诱导型的，由该启动子驱动的转录物（transcript）在诱导细胞中总 poly(A)$^+$ RNA 的占比可高达 5%。

因为毕赤酵母不产生包涵体（inclusion body），并且能够促进真核蛋白质的正确折叠，其作为表达系统，与大肠杆菌和典型的模型酵母相比有几个优势。首先，虽然毕赤酵母基本的 *N*- 糖基化途径与酿酒酵母的相似，并产生具有寡甘露糖型 *N*- 聚糖的糖蛋白，但毕赤酵母中的这些结构仅有 5 ～ 15 个甘露糖残基（通常为 $Man_9GlcNAc_2Asn$ 和 $Man_8GlcNAc_2Asn$），而在酿酒酵母的糖蛋白中则有 50 ～ 150 个甘露糖残基（见图 23.2）。酿酒酵母中的**高糖基化（hyperglycosylation）**会干扰蛋白质的折叠，需要使用 *mnn* 突变体来规避高糖基化这一问题。此外，毕赤酵母不会在 *N*- 聚糖的外部添加 α1-3 连接的甘露糖残基。这些结构对人类具有高度的抗原性，使得在酿酒酵母中表达的蛋白质并不适合人体药物用途。毕赤酵母合成 *O*- 聚糖，其 *O*- 连接的甘露糖核心与丝氨酸 / 苏氨酸残基相连，其中大部分是短链的、α1-2 连接的甘露糖结构（见图 23.3A）。遗传学工具已被用于操纵酿酒酵母和毕赤酵母的糖蛋白组装机制。删除毕赤酵母中内质网和高尔基体特异性的功能，同时与异源水解酶和糖基转移酶的引入相结合，产生了用于生产治疗性糖蛋白的人源化酵母和丝状真菌（**第 56 章**）。毕赤酵母已被视为一种有效而直接的宿主，可用于生产外源多糖，如植物细胞壁中的多糖。

23.4.2 工业中的乳酸克鲁维酵母

乳酸克鲁维酵母（*Kluyveromyces lactis*）能够将乳糖代谢为乳酸，并与**黑曲霉（*Aspergillus niger*）**和**大肠杆菌（*Escherischia coli*）**一起，被用于生产制造奶酪和其他产品所需的皱胃酶（rennet）。乳酸克鲁维酵母也是 β- 半乳糖苷酶（β-galactosidase）的丰富来源，可水解乳糖。乳酸克鲁维酵母合成的甘露聚糖与酿酒酵母中的甘露聚糖相似，但它们缺乏甘露糖磷酸化修饰，并且一些侧链被 *N*- 乙酰葡萄糖胺（GlcNAc）残基封端。由于高尔基体尿苷二磷酸 -*N*- 乙酰葡萄糖胺（UDP-GlcNAc）核苷酸糖转运蛋白缺陷而产生的乳酸克鲁维酵母突变体，已在异源转运蛋白的研究中获得了有效利用。

23.5 担子菌的多样性

为了表述真菌的巨大多样性，我们以担子菌门作为讨论对象，该门包括了从称为担子（basidium）的基座状结构产生孢子的各种真菌。担子菌的范围从具有菌褶（gill）或孔洞（pore）的真菌如常见的蕈类和檐状菌（bracket fungi），到致命的人类病原体——出芽酵母。

23.5.1 真菌的生活方式与多糖

担子菌**平滑云片衣（*Dictyonema glabratum*）**展示出一种独特的真菌生活方式。它与**伪枝藻属（*Scytonema* sp.）**的蓝藻细菌（cyanbacteria）共生，形成地衣（lichen），以带有许多不寻常的聚糖而著称。例如，虽然大多数地衣的 β- 葡聚糖是直链的，但在平滑云片衣中，它们具有 β1-3 和 β1-6 连接的分支。平滑云片衣的甘露聚糖也具有α1-3连接的主链，而非是在其他地衣中发现的典型的α1-6连接，以及处于C-2和C-4位置的分支结构。最后，这种生物的**木聚糖（xylan）**是木糖的直链β1-4连接聚合物，该结构在高等植物和藻类中比在真菌中更为常见和典型。平滑云片衣还能合成几种不常见的短糖脂，包括糖基二酰甘油脂（glycosyldiacylglycerolipid），它们与植物糖脂相似，含有单糖、二糖，以及α1-6连接的吡喃半乳糖共同构成的直链三糖等糖脂修饰。因此，这种真菌突显了真菌界广泛的聚糖多样性。

23.5.2 真菌的 *O*- 聚糖

另一个聚糖多样性的例子由**罗伦隐球酵母（*Cryptococcus laurentii*）**提供，它有一项不同寻常的特性，即可以产生杀死致病性酵母白色念珠菌的毒素（见下文）。罗伦隐球酵母的*O*-聚糖不同寻常，因为它们含有甘露糖、木糖和半乳糖（图23.3C）；这些聚糖由一组独特的甘露糖基、木糖基和半乳糖基转移酶合成，这些转移酶与人类的糖基转移酶没有同源性。仅仅通过对模式酵母进行研究，这些多样性目前仍无法进行预测，这强调了在广泛的真菌物种中查验聚糖结构的重要性。

23.5.3 真菌 *N*- 聚糖的多样性

灰盖拟鬼伞（*Coprinopsis cinerea*）是一种蕈菇，作为各种研究主题（包括交配、性发育、减数分裂以及多细胞性的进化）的模型生物而备受瞩目。它的*N*-聚糖通常为高甘露糖型，具有5～9个甘露糖，但也可能在β-甘露糖处具有等分的α1-4-*N*-乙酰葡萄糖胺。

23.6 致病性真菌

致病性真菌是导致动植物疾病的重要原因，使得农作物遭到破坏，动物种群（如某些蝙蝠、两栖动物和蜜蜂物种）大量减少，同时造成严重的人类疾病，每年约100万人因此死亡。这些生物体表达多种聚糖，而这些聚糖通常不同于宿主的聚糖，并且与多种致病过程和宿主-病原体相互作用有关。例如，在植物感染期间，植物糖基水解酶可能会部分消化入侵真菌的细胞壁葡聚糖。一些释放出的寡糖被称为**寡糖素（oligosaccharin）**，可以继而作为信号，促进植物的抗真菌防御。

23.6.1 白色念珠菌聚糖是宿主相互作用的核心

白色念珠菌（一种子囊菌）是一种正常的共生生物，可引起从黏膜表面刺激到危及生命的全身感染等程度不一的疾病。白色念珠菌的细胞壁含有与酿酒酵母细胞壁相似的β1-3和β1-6连接的葡聚糖和壳多糖，以及被称为**磷酸肽甘露聚糖（phosphopeptidomannan）**的免疫原性甘露聚糖。它还能产生β1-2连接的、异常短小的甘露糖链（图23.2），这些糖链具有高度抗原性，并且也在**磷脂甘露聚糖（phospholipomannan，PLM）**抗原上表达。磷脂甘露聚糖抗原中含有携带磷酸肌肉肌醇的**植物神经酰胺（phytoceramide）**衍生物。β1-2甘露糖苷可以通过α-甘露糖基磷酸酯（α-mannosylphosphate）与常见的鞘糖脂——甘露糖-α1-2-肌醇磷酸神经酰胺（Man-α1-2-inositolphosphoceramide）相连。白色念珠菌丰富的糖基磷脂酰肌醇（GPI）锚定蛋白，与真菌对宿主组织的黏附有关。

白色念珠菌的*O*-聚糖由α1-2连接的甘露糖短链组成（图23.3A），它缺少在酿酒酵母中发现的、α1-3连接的封端甘露糖。与酿酒酵母一样，基因缺失产生的*O*-甘露糖添加缺陷对白色念珠菌具有致死性，这

表明 *O*- 甘露糖基化在这种酵母中必不可少。白色念珠菌甘露聚糖在与宿主细胞，包括巨噬细胞和树突状细胞的相互作用中也很重要。特别是这些结构可以被甘露糖受体（mannose receptor，MR）和树突状细胞相关性 C 型凝集素 -2（dectin-2）识别。它们是由免疫细胞表达的 **C 型凝集素（C-type lectin）**，在先天性免疫和适应性免疫应答中都很重要（**第 34 章**）。磷脂甘露聚糖抗原可以从白色念珠菌上脱落，通过与 Toll 样受体 2（TLR-2）的相互作用，诱导核因子 -κB（nuclear factor-κB，NF-κB）的激活和细胞因子反应［如肿瘤坏死因子 -α（tumor necrosis factor-α，TNF-α）的分泌］。半乳凝集素 -3（galectin-3）是一种普遍存在的凝集素家族成员，在巨噬细胞中高度表达，它似乎也能识别表达 β1-2 连接甘露糖残基的白色念珠菌，从而启动酵母的调理作用（opsonization）①。

23.6.2 烟曲霉菌

烟曲霉菌是一种环境霉菌，通过空气中的微粒传播。它会在免疫功能低下的人群中引起严重的侵袭性疾病，难以治疗，导致了较高的死亡率。与其他真菌病原体一样，烟曲霉菌的表面聚糖在与宿主的相互作用时至关重要。这种真菌在处于感染形式（infectious form）时，其细胞壁被特定的蛋白质和黑色素覆盖，可能是为了改变表面特性并掩蔽这些结构，使其不被宿主免疫受体识别。菌丝细胞壁（hyphal wall）有一个支链 β1-3- 葡聚糖核心，与其他葡聚糖成分、壳多糖和半乳甘露聚糖共价连接，半乳甘露聚糖则由甘露糖主链和短小的呋喃半乳糖侧链组成。有趣的是，半乳甘露聚糖也能通过糖基磷脂酰肌醇（GPI）锚定在质膜上。这种多糖在高尔基体中组装，并可能通过转糖苷酶（transglycosidase）转移到细胞壁上，与糖基磷脂酰肌醇锚定蛋白的方式相同。烟曲霉菌还产生一种**细胞外基质（extracellular matrix）**，由单糖、α1-3- 葡聚糖、半乳甘露聚糖，以及由与 *N*- 乙酰半乳糖胺（GalNAc）连接的、具有可变吡喃半乳糖重复序列组成的**半乳糖胺半乳聚糖（galactosaminogalactan）**共同构成，在这些 *N*- 乙酰半乳糖胺中，还有一部分会发生去乙酰化。这种结构与真菌的黏附能力和毒力有关。细胞外基质在向免疫系统隐藏免疫原性的 β1-3 葡聚糖层过程中也起着重要作用。

23.6.3 新型隐球菌及其荚膜

新型隐球菌是一种普遍存在的环境担子菌酵母，可以在免疫功能低下的个体中引发严重疾病，每年导致全球约 50 万人死亡。在致病性真菌中，新型隐球菌的独特之处在于决定其毒力的大型多糖荚膜（**图 23.6**）。该荚膜（capsule）是一种动态结构，其厚度和组成会根据环境及生长条件而变化。它在哺乳动物感染的情况下特别巨大，会阻碍宿主的免疫应答。荚膜由两种巨大的（数百万 Da）多糖组成，并根据其单糖成分命名为**葡糖醛木甘露聚糖（glucuronoxylomannan，GXM）**和**葡糖醛木甘露半乳聚糖（glucuronoxylomannogalactan，GXMGal/GXMG）**。葡糖醛木甘露聚糖是一种延长的 α1-3 甘露聚糖，被 β1-2- 木糖、β1-4- 木糖和 β1-2- 葡萄糖醛酸取代（**图 23.7**）；部分甘露糖残基具有 6-*O*- 乙酰化（未显示）。葡糖醛木甘露半乳聚糖的结构基于 α1-6 半乳聚糖主链，并具有半乳糖、葡萄糖醛酸、甘露糖和木糖修饰的侧链（**图 23.7**）；主链也被少量 β1-2 连接的呋喃半乳糖修饰（未显示）。荚膜与细胞表面的结合，依赖于细胞壁成分中的 α1-3 葡聚糖。尽管 α1-3 葡聚糖在酿酒酵母或白色念珠菌的细胞壁中并不存在，但它在其他真菌中很常见。新型隐球菌的 *N*- 聚糖通常为高甘露糖型，具有适度的外链延伸，并且可能包括与

---

① 指调理素（如抗体和补体成分）与病原体或其他颗粒抗原结合，通过与巨噬细胞表面 Fc 受体或补体受体结合，从而促进吞噬细胞对病原体的吞噬作用。

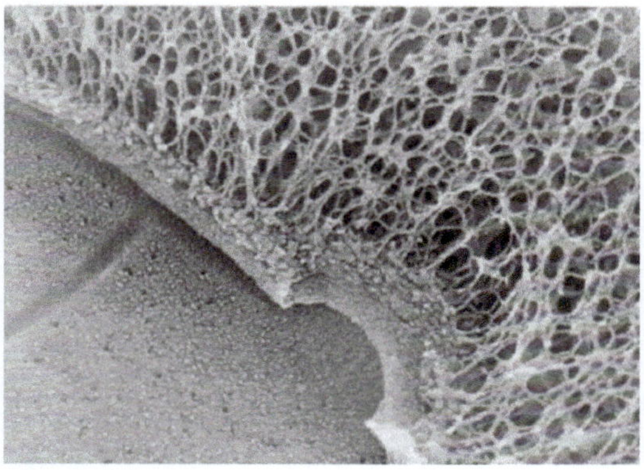

图 23.6 新型隐球菌细胞边缘的速冻深蚀图像。多糖荚膜（右侧的开放网状结构）通过 α1-3- 葡聚糖与细胞壁（从左上方到右下方划分图像的中心结构）相连。左下方区域为细胞膜，而细胞壁上的弧线代表了新芽的形成［图片由约翰·豪瑟（John Heuser）和塔玛拉·多林（Tamara Doering）拍摄。经 John Wiley and Sons 许可转载自 Reese AJ，et al. 2007. *Mol Microbiol* 63：1385-1398］。

三甘露糖核心结构相连的 β1-2- 木糖。*N*- 聚糖和 *O*- 聚糖也可以被木糖和磷酸木糖（xylose phosphate）修饰。

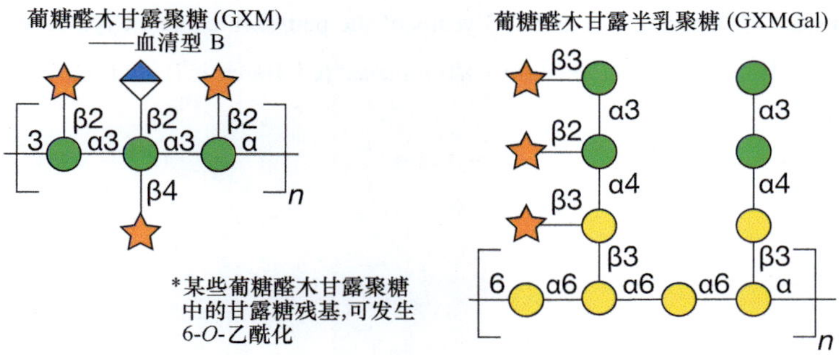

图 23.7 新型隐球菌荚膜多糖的结构。

23.6.4 真菌聚糖作为药物靶点

对真菌类疾病而言，真菌与其真核生物宿主的相似性反而成为了一种负担，因为开发不受毒性影响的抗真菌药物颇具挑战。真菌聚糖的独特特征可能会产生药物靶点，以帮助改善这种情况，并减少每年因真菌感染引起的大约 100 万人死亡。

使用此种方法的主要成功案例是棘白菌素（echinocandin）药物的开发。这些抗真菌脂肽（lipopeptide）抑制包括念珠菌和曲霉菌在内的真菌中的 β1-3- 葡聚糖的合成，导致真菌细胞壁受损，并且在临床上用于治疗侵袭性真菌感染，尽管它们并非对所有真菌病原体均能产生疗效。糖基磷脂酰肌醇合成抑制剂也有望用于治疗真菌病原体。选择性抑制酵母肌醇酰化的化合物，目前正在进行临床试验。针对真菌糖生物学新方向的持续努力，可能会推动对新疗法的持续探索。

致谢

感谢安妮·安伯蒂（Anne Imberty）和马库斯·保利（Markus Pauly）的有益评论及建议。

延伸阅读

Ballou CE, Lipke PN, Raschke WC. 1974. Structure and immunochemistry of the cell wall mannans from *Saccharomyces chevalieri*, *Saccharomyces italicus*, *Saccharomyces diastaticus*, and *Saccharomyces carlsbergensis*. *J Bacteriol* **117**: 461-467.

Huffaker TC, Robbins PW. 1983. Yeast mutants deficient in protein glycosylation. *Proc Natl Acad Sci* **80**: 7466-7470.

Dickson RC, Lester RL. 1999. Yeast sphingolipids. *Biochim Biophys Acta* **1426**: 347-357.

Poulain D, Jouault T. 2004. *Candida albicans* cell wall glycans, host receptors and responses: elements for a decisive crosstalk. *Curr Opin Microbiol* **7**: 342-349.

Daly R, Hearn MT. 2005. Expression of heterologous proteins in *Pichia pastoris*: a useful experimental tool in protein engineering and production. *J Mol Recognit* **18**: 119-138.

Klis FM, Ram AF, De Groot PW. 2007. A molecular and genomic view of the fungal cell wall. In *Biology of the fungal cell* (ed. Howard RJ, Gow NAR, editors.), 2nd ed, *The Mycota VIII*, pp. 97-120. Springer-Verlag, Berlin.

Deshpande N, Wilkins MR, Packer N, Nevalainen H. 2008. Protein glycosylation pathways in filamentous fungi. *Glycobiology* **18**: 626-637.

De Pourcq K, De Schutter K, Callewaert N. 2010. Engineering of glycosylation in yeast and other fungi: current state and perspectives. *Appl Microbiol Biotechnol* **87**: 1617-1631.

Everest-Dass AV, Jin D, Thaysen-Andersen M, Nevalainen H, Kolarich D, Packer NH. 2012. Comparative structural analysis of the glycosylation of salivary and buccal cell proteins: innate protection against infection by *Candida albicans*. *Glycobiology* **22**: 1465-1479.

Loza LC, Doering TL. 2021. Glycans of the pathogenic yeast Cryptococcus neoformans and related opportunities for therapeutic advances. In *Comprehensive glycoscience* (ed. Barch Jr J), 2nd ed., Vol. I, pp. 479-506. Elsevier, Amsterdam.

第 24 章 绿色植物与藻类

马尔科姆 · A. 奥尼尔（Malcolm A. O'Neill），艾伦 · G. 达维尔（Alan G. Darvill），玛丽莲 · E. 埃茨勒（Marilynn E. Etzler），黛布拉 · 莫南（Debra Mohnen），塞尔吉 · 佩雷斯（Serge Perez），珍妮 · C. 莫蒂默（Jenny C. Mortimer），马库斯 · 保利（Markus Pauly）

24.1 植物聚糖的多样性 / 309
24.2 核苷酸糖——构建单元 / 311
24.3 植物糖基转移酶和聚糖修饰酶 / 312
24.4 植物突变体为聚糖功能的发现提供了线索 / 312
24.5 植物代谢碳水化合物 / 313
24.6 植物细胞壁 / 313
24.7 植物初生细胞壁中的聚糖 / 313
24.8 植物次生细胞壁中的聚糖 / 317
24.9 半纤维素和果胶的生物合成 / 317
24.10 植物产生含有 *O*- 连接寡糖和 *O*- 连接多糖的蛋白聚糖 / 318
24.11 植物糖蛋白的 *N*- 连接聚糖具有独特的结构 / 319
24.12 藻类中的聚糖 / 320
24.13 植物糖脂 / 321
24.14 其他植物糖复合物 / 322
致谢 / 322
延伸阅读 / 322

绿色植物（Viridiplantae）是光合生物的一个进化枝，含有叶绿素 a 和叶绿素 b，在双层膜包围的叶绿体中生产和储存它们的光合产物，其细胞壁中通常含有纤维素。作为光自养生物，绿色植物能够将二氧化碳转化为碳水化合物，因此，碳水化合物并非植物中的稀缺分子。因此，它们在植物的整个生命周期中的利用，以及在功能多样性和结构多样性等方面均获得了极大的拓展。

绿色植物包含了两个进化枝：**绿藻植物门（Chlorophyta）**和**链型植物门（Streptophyta）**。绿藻植物门包含大多数通常被称为“绿藻”的生物，术语“藻类”（algae）也用于表示其他几组光合真核生物，如硅藻、红藻、褐藻、金藻和黄绿藻；链型植物门包括其他几个也被称为“绿藻”的谱系及陆生植物，后者包括苔类植物、藓类植物、角苔纲植物、石松纲植物、蕨类植物、裸子植物和开花植物。本章概述了目前我们对于绿色植物聚糖结构的认识，并重点介绍了陆地植物独特的聚糖特征。

24.1 植物聚糖的多样性

绿色植物合成多种多样的聚糖和糖复合物，其结构复杂程度与分子大小各不相同。植物中可溶性的低分子质量碳水化合物主要包括用于碳转运和能量运输的二糖——蔗糖。此外，植物中还含有以芳香族（如酚基糖苷）或脂肪族（如糖脂）作为糖苷配基的糖复合物。以上这些化合物中，有许多在植物保护或防御中发挥作用，如协助植物抵御食草动物。**植物多糖（plant polysaccharide）**是由相同或不同的单糖组成的直链或支链聚合物。其中，由相同单糖组成的植物聚糖的示例是储存型聚合物淀粉和结构性聚合物纤维素，它们是完全由葡萄糖组成的均聚物（图 24.1）；而结构复杂的多糖示例是植物细胞壁果胶多糖（pectic polysaccharide）中的鼠李半乳糖醛酸聚糖 -II（rhamnogalacturonan-II，RG-II），它包含了 12 种不同的单糖，由多达 21 种不同的糖苷键连接形成（图 24.2）。**植物蛋白聚糖（plant proteoglycan）**是结构多样的糖复合物，其中碳水化合物通常通过羟基氨基酸与蛋白质形成 *O*- 连接聚糖，可占整个分子的 90%（图 24.3）。**植物糖蛋白（plant glycoprotein）**通常含有 15% 或更少的碳水化合物，以 *N*- 连接的寡甘露糖型（oligomannose）、复合型（complex）、杂合型（hybrid）和乏甘露糖型（paucimannose）等形式存在（图 24.4）。此外，陆生植物还能形成 *O*-GlcNAc 糖基化修饰的核蛋白和胞质蛋白（**第 19 章**）。

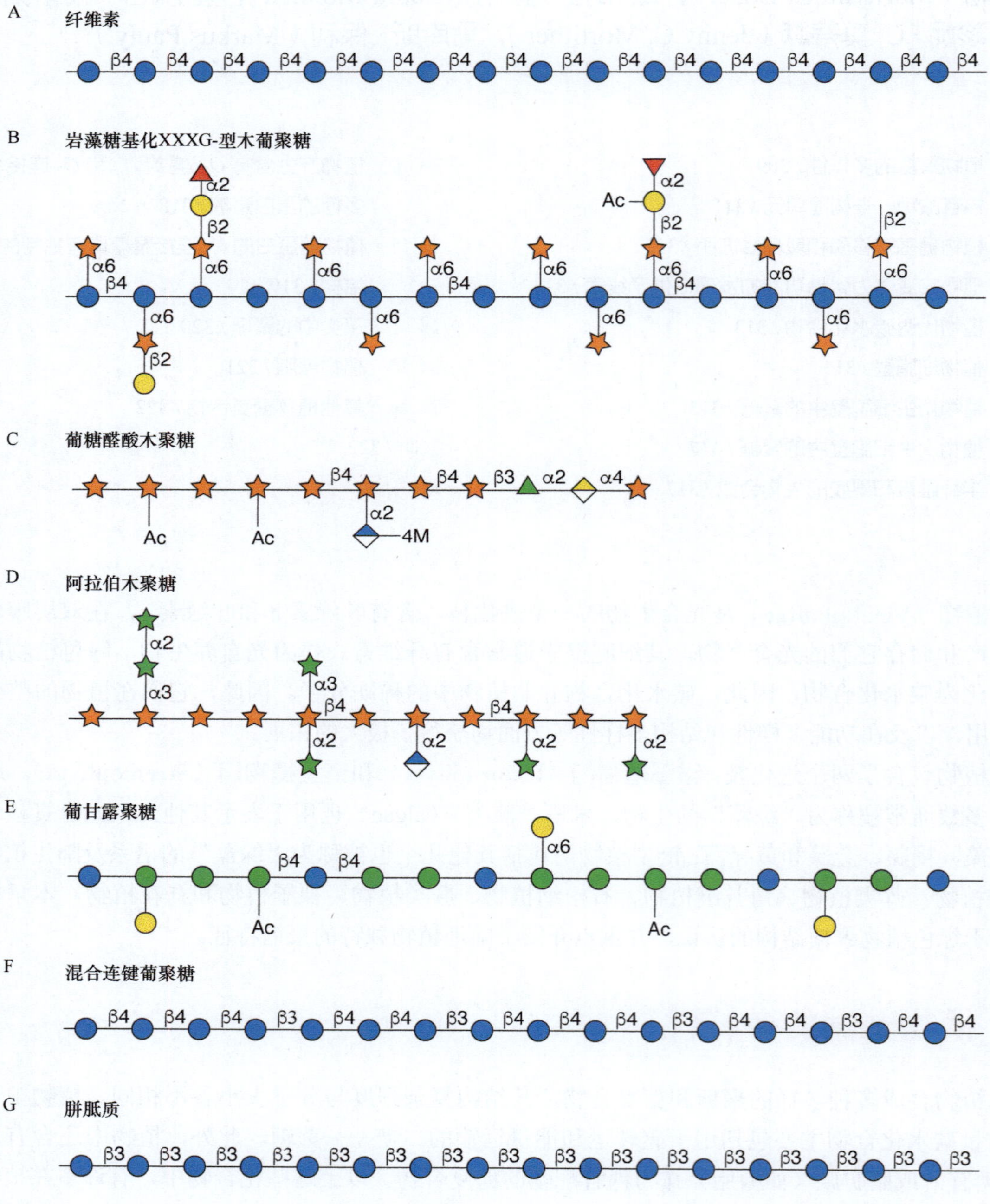

图 24.1 纤维素（A）、选定的半纤维素（B～E）、混合连键的葡聚糖（F）和胼胝质（G）的糖基序列。缩写：乙酰基（Ac），甲基（M）。关于聚糖的符号表示请参见附录 2。

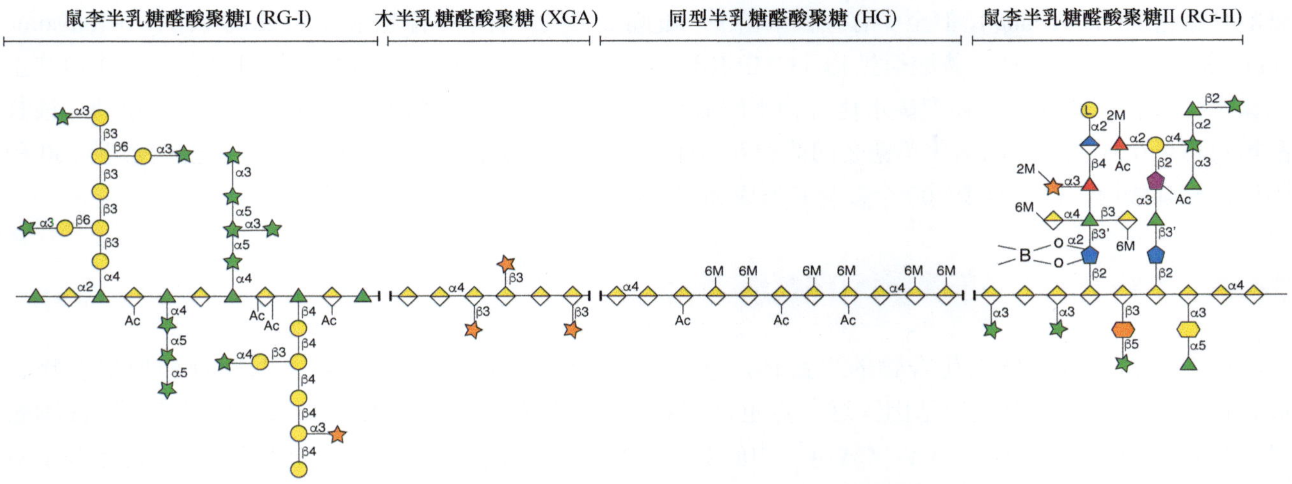

图 24.2 果胶的结构示意图。图中显示了三种主要的果胶多糖：鼠李半乳糖醛酸聚糖 -I（RG-I）；同型半乳糖醛酸聚糖（HG）；鼠李半乳糖醛酸聚糖 -II（RG-II）。硼酸酯（用 B 在图中表示）可以在每个鼠李半乳糖醛酸聚糖 -II 单体的侧链 A 中的芹菜糖（蓝色五边形）残基之间形成。图中还显示了一个被称为木半乳糖醛酸聚糖（XGA）的、被取代的半乳糖醛酸区域。木半乳糖醛酸聚糖在大多数细胞壁果胶中并不存在。每个果胶结构域（HG、RG-I 和 RG-II）的相对丰度取决于植物的种类。这些果胶多糖之间的关联程度仍在研究之中。缩写：乙酰基（Ac），甲基（M）。紫色五边形：3- 羧基 -5- 脱氧 - 木糖，即 L- 槭树酸（3-carboxyl-5-deoxy-xylose，L-aceric acid）。关于聚糖的符号表示请参见附录 2。

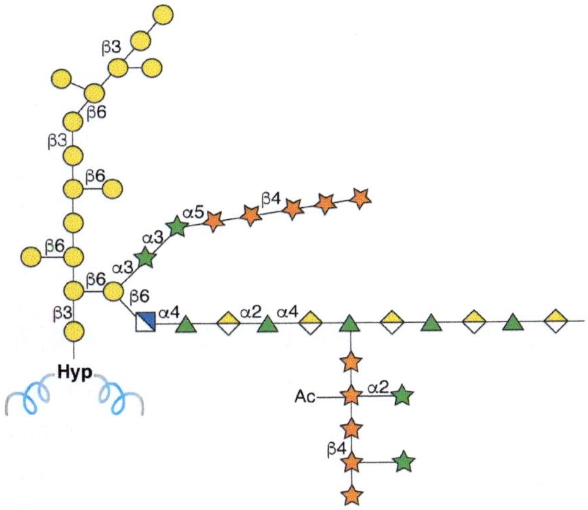

图 24.3 名为阿拉伯木聚糖 - 果胶 - 阿拉伯半乳聚糖蛋白 1（arabinoxylan pectin arabinogalactan protein 1，APAP1）的蛋白聚糖的结构示意图。缩写：羟脯氨酸（Hyp），乙酰基（Ac）。关于聚糖的符号表示请参见附录 2。

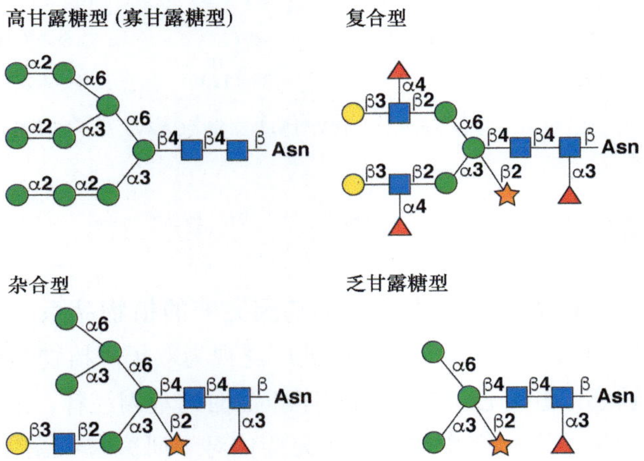

图 24.4 在植物中鉴定出的 *N*- 聚糖类型。缩写：天冬酰胺（Asn）。关于聚糖的符号表示请参见附录 2。

24.2 核苷酸糖——构建单元

核苷酸糖是用于合成聚糖、糖复合物和糖基化次级代谢物的供体（**第 5 章**）。在植物中，这些活化的单糖大多以其核苷二磷酸（NDP）的形式存在，如尿苷二磷酸 - 吡喃葡萄糖（UDP-Glc*p*）[①]或鸟苷二磷酸 -

① *p* 为吡喃糖结构，*f* 为呋喃糖结构；下同。

吡喃甘露糖（GDP-Man*p*），但至少有一种单糖——吡喃 2- 酮 -3- 脱氧辛酮糖酸（2-keto-3-deoxy-octulosonic acid，Kdo*p*），以其胞苷一磷酸衍生物（CMP-Kdo*p*）的形式存在。核苷酸糖的形成可源自光合作用产生的碳水化合物、蔗糖和储存型碳水化合物水解后释放的单糖，以及聚糖和细胞壁回收获得的单糖。核苷酸糖也可以由业已存在的活化单糖之间的相互转化形成。迄今为止，研究人员在植物中已经发现了 30 种不同的核苷酸糖，以及至少 100 个参与其形成和相互转化的蛋白质的基因。

24.3 植物糖基转移酶和聚糖修饰酶

由于植物是富含碳水化合物的生命体，它们的基因组中包含了大量编码参与聚糖和糖复合物合成、代谢及修饰的蛋白质的基因，这一点也许不足为奇。这些蛋白质分布在**碳水化合物活性酶数据库**（**Carbohydrate-Active Enzymes，CAZy**）中的多种糖酶类型中（表 24.1），其中很多蛋白质可能参与了富含多糖的细胞壁的形成与修饰。事实上，单细胞藻类**金牛驼球藻**（***Ostreococcus tauri***）是为数不多的不形成细胞壁的植物之一，而对它而言，所预测参与糖代谢的基因数量也较其他植物少得多。

表 24.1 植物和人类中参与聚糖合成和修饰的蛋白质编码基因的估计数量

生物体	糖基转移酶	水解酶	裂解酶	酯酶	碳水化合物结合模件	附属活性
拟南芥	564（42）	426（37）	34（2）	85（4）	124（10）	49（3）
水稻	699（35）	479（38）	16（2）	61（4）	162（22）	53（3）
人类	243（46）	94（28）	迄今未发现	1（1）	39（6）	
驼球藻	67（25）	29（12）	迄今未发现	2（1）	14（5）	

注：括号中的值为碳水化合物活性酶数据库（CAZy）中不同酶类别（class）的数量。

24.4 植物突变体为聚糖功能的发现提供了线索

目前获得的携带特定基因突变的植物品系，对于了解聚糖生物合成和功能具有重要意义。**拟南芥**（***Arabidopsis thaliana***）已被广泛视为双子叶植物的模式生物，因为它易于生长、生命周期短、基因组相对较小，并且已完成基因测序和全面的基因注释，从而能够通过化学诱导或 T-DNA 插入（T-DNA insertion）产生一系列突变体。这些突变体对于研究参与聚糖合成的各种蛋白质的功能和底物特异性，以及证明植物生命周期中聚糖和（或）聚糖取代物的功能或冗余性至关重要。随着低成本全基因组测序的出现，研究人员已经获得了包括水稻、玉米、大麦、杨树和马铃薯在内的近 100 种植物的基因组（PlantGDB，goblinp.luddy.indiana.edu）；涵盖了大多数绿色植物谱系的海量转录组数据也已经可以获得（https://sites.google.com/a/ualberta.ca/onekp/）。有了这些序列和基因注释信息，结合成簇规律间隔短回文重复序列 / 关联蛋白 9（clustered regularly interspaced short palindromic repeat/CRISPR associated protein 9，CRISPR/Cas9）等基因编辑技术，可以生成植物突变体，以测试与这些植物物种中独特存在的聚糖相关的基因的功能。

正向遗传学方法（**forward genetic approach**）对拟南芥种子进行随机化学诱变，根据聚糖结构的变化对植物进行筛选，该方法已经发现了多个参与核苷酸糖相互转化途径的基因（**第 5 章**）以及植物细胞壁相关的糖基转移酶（**第 6 章**）。**反向遗传学方法**（**reverse genetic approach**）则利用植物在已知基因中携带的功能缺失性突变，发现了参与初生细胞壁和次生细胞壁中杂木聚糖（heteroxylan）、果胶、*N*- 连接和 *O*- 连接蛋白聚糖、糖脂和糖基化代谢产物合成的糖基转移酶。此外，包括 *O*- 乙酰基和甲基转移酶在内的**聚糖修饰酶**（**glycan-modifying enzyme**），也已获得了鉴定和表征。

24.5　植物代谢碳水化合物

植物以多种方式利用光合作用的最初产物——磷酸丙糖（3- 磷酸 - 甘油醛）。磷酸丙糖可以转化为由葡萄糖和果糖构成的二糖——蔗糖（α-D-Glc*p*-1-2-β-D-Fru*f*），这是绿色植物中含量最为丰富的可溶性碳水化合物。蔗糖也是碳水化合物主要的运输形式，它可以将光合作用获得的能量分配到整个植株，特别是分配给根这类非光合作用器官。其他在植物界几乎无处不在的水溶性碳水化合物包括棉子寡糖［如棉子糖（raffinose）、水苏糖（stachyose）和毛蕊花糖（verbascose）等］。这些寡糖是蔗糖的衍生物，含有一个或多个 α-D- 吡喃半乳糖（α-D-Gal*p*）残基。

淀粉是一种含量丰富的支链多糖，是绿色植物中最主要的储能型碳水化合物。谷物、块茎和水果中的淀粉，提供了人类从食物及间接用于牲畜饲养的植物中所获得的大部分热量。淀粉完全由葡萄糖组成，以**支链淀粉（amylopectin）**和**直链淀粉（amylose）**的形式存在。支链淀粉是一种包含 α1-4 和 α1-4-6- 连接的 D- 吡喃葡萄糖（D-Glc*p*）的支化聚合物，而直链淀粉是一种仅由 α1-4 连接的吡喃葡萄糖组成的直链聚合物。淀粉聚合物在称为叶绿体［或称造粉体（amyloplast）］的特定质体（plastid）中，排列形成不溶性的半结晶颗粒。

植物也能产生含有果糖的多糖，被称为**果聚糖（fructan）**。最简单的果聚糖是菊糖（inulin），它是由蔗糖与 1-2 连接的 β-D- 呋喃果糖（β-D-Fru*f*）组成的直链聚糖。其他更复杂的菊糖，在蔗糖核心分子上具有两条果聚糖链。果聚糖中的一个特例是禾本植物中发现的**左聚糖型果聚糖（levan-type fructan）**，其中含有直链的 2-6-β-D- 呋喃果糖（2-6-β-D-Fru*f*）聚合物。果聚糖通常被绿色植物用作替代的或额外的储存型聚糖，储存在细胞的液泡中。一般认为，果聚糖也参与了对植物体的保护作用，尤其是在干旱、盐分或低温等非生物胁迫条件下。

24.6　植物细胞壁

大部分由光合作用形成的碳水化合物，被用于产生环绕植物细胞而富含多糖的细胞壁。**初生细胞壁（primary cell wall）**与**次生细胞壁（secondary cell wall）**的区别在于它们的组成、结构和功能。初生细胞壁围绕着生长和分裂的植物细胞，以及果实和叶片软组织中的非生长细胞。这些细胞壁能够发生可控伸展，使细胞得以生长和增大，但又兼具一定的机械强度，足以抵抗细胞内部的膨胀压力。一旦细胞停止生长，通常会形成更厚、更坚固的次生细胞壁。次生细胞壁沉积在细胞质膜和初生细胞壁之间，由不同的层组成，层与层之间的差异在于纤维素微纤维的方向、半纤维素的类型、果胶的含量及**木质素（lignin）**（一种频繁整合进入细胞壁的、疏水性的非碳水化合物多酚类聚合物）的不同。例如，参与植物体内水分和养分运输的维管束组织的次生细胞壁，因木质素的掺入而得到了进一步的加强。陆生维管植物获得了形成木质化和刚性次生细胞壁的维管组织的能力，是它们进化过程中不可或缺的事件，因为它促进了水和养分的运输，赋予植株直立生长的能力，从而使陆生维管植物在阳光照射与阳光捕获等方面获得了竞争性优势。次生细胞壁是构成植物生物质（plant biomass）中碳水化合物的主要组成部分，如用于动物饲料中的稻草和用于纸张生产及建筑行业中的木材。由于其含量丰富，植物生物质也被视为一种可再生的碳中和原料，可用于生产生物燃料、生物材料和其他增值大宗化学品（**第 59 章**）。

24.7　植物初生细胞壁中的聚糖

初生细胞壁是一种类似于纤维增强多孔水凝胶的复合材料。这些细胞壁的复杂结构和功能，在经过数量有限、结构明确的多糖和蛋白聚糖的组装与相互作用后，得以顺利地产生。然而，在不同植物物种之间，或是在同一植物的不同组织和细胞类型中，细胞壁的结构和组织架构（organization）是不同的。此外，在细胞分裂和分化过程中，以及在应对生物和非生物的生存压力时，细胞经常通过非纤维素成分的差异合成和修饰，或通过添加全新的成分来作出响应。

陆生植物的初生细胞壁含有不同比例的**纤维素（cellulose）**、**半纤维素（hemicellulose）**和**果胶（pectin）**，还含有结构性蛋白 / 蛋白聚糖、酶、低分子质量酚类和矿物质。果胶和半纤维素在裸子植物、双子叶植物、非禾本科单子叶植物的 **I 型初生细胞壁（type I primary wall）**中的含量大致相等；而在禾本植物的 **II 型初生细胞壁（type II primary wall）**中，半纤维素的含量则远远高于果胶。最近，对来自不同陆生植物的细胞壁，以及对细胞类型特异性的细胞壁聚糖的表征结果表明，细胞壁的组成与结构呈现出极其显著的多样性，因此应将细胞壁视为结构上的连续体，而不应视为某种特定的类型。

24.7.1 纤维素

纤维素是自然界中含量最丰富的生物聚合物，它是由 1-4 连接的 β-D- 吡喃葡萄糖（β-D-Glc*p*）残基组成的直链聚糖（**图 24.1A**）。纤维素中的一些链彼此通过氢键结合，形成准结晶微纤维，据估测，每个微纤维中包含 18 ～ 24 条葡聚糖链（glucan）。葡聚糖链由细胞质膜上的纤维素合成酶复合物（cellulose synthase complex）合成。一般认为，由三种不同基因编码的三种纤维素合成酶，通过相互作用形成三聚体复合物，然后在质膜上组装形成六聚体莲座结构（rosette）。每个纤维素合成酶的催化位点都位于胞质中，并将来自尿苷二磷酸 - 吡喃葡萄糖（UDP-Glc*p*）的葡萄糖转移到不断延长的葡聚糖链上。尽管其中有可能涉及一个由特定蛋白质促进的组装过程，但单个葡聚糖链形成微纤维所涉及的机制目前尚不明晰。新形成的微纤维沉积在不断生长中的细胞壁上，其方向与糖链延长方向相交。这种取向可能部分受到纤维素合成酶蛋白和周质微管（cortical microtubule）间蛋白质介导的相互作用的引导。

天然纤维素的许多特性，取决于发生在微纤维表面的相互作用。位于表面的糖链易于接近且具有反应性，而晶体内部糖链中的羟基广泛地参与了分子内和分子间氢键的形成。由于葡聚糖链高度堆积排列的结构性质，纤维素不溶于水，并且对葡聚糖内切酶（endoglucanase）和葡聚糖外切酶（exoglucanase）的水解具有一定的抵抗力。

包括真菌和细菌在内的许多生物体专门解聚纤维素。该过程涉及包括葡聚糖内切酶、纤维二糖水解酶（cellobiohydrolase）和 β- 葡萄糖苷酶（β-glucosidase）在内的几种不同类型的酶。这些酶中的大多数都有一个与纤维素结合模件（cellulose-binding module）相连的催化结构域。该模件可以促进酶与不溶性底物的结合。一些微生物还能产生铜依赖性的氧化酶，使结晶纤维素更易被水解。参与纤维素水解的纤维素酶（cellulase）和其他酶，通常以大分子复合物的形式存在，被称为**多纤维素酶体（cellulosome）**。如何提高多纤维素酶体的效能是一个热门的研究领域，该领域的研究致力于增加植物生物质向可发酵糖的转化（**第 59 章**）。

24.7.2 半纤维素

半纤维素是支链多糖，其主链由 1-4 连接的 β-D- 吡喃糖基残基组成，其中吡喃葡萄糖（Glc*p*）、吡喃甘露糖（Man*p*）、吡喃木糖（Xyl*p*）的 *O*-4 为平伏键（equatorial）。半纤维素这一定义，包含了木葡聚糖（xyloglucan）、葡糖醛酸木聚糖 / 阿拉伯木聚糖（glucuronoxylan/arabinoxylan）和**葡甘露聚糖（glucomannan）**（**图 24.1B ～ E**）。半纤维素与纤维素具有结构和构象上的相似性，使它们能够在细胞壁中发生相互作用，彼此形成强力的非共价结合，尽管这些相互作用的生物学意义仍然颇具争议。

木葡聚糖（xyloglucan）和纤维素都具有由 1-4 连接的 β-D- 吡喃葡萄糖（β-D-Glc*p*）残基组成的主链，但与纤维素不同，木葡聚糖含有侧链取代基。木葡聚糖主链在 *O*-6 处被 α- 吡喃木糖（α-Xyl*p*）高度取代，在某些情况下还被 *O*- 乙酰化取代（图 24.1B）。每个吡喃木糖残基本身可以通过添加一种或多种单糖进行延伸，这些可被添加的基团包括 β-D- 吡喃半乳糖（β-D-Gal*p*）、α-L- 吡喃岩藻糖（α-L-Fuc*p*）、α-L- 呋喃阿拉伯糖（α-L-Ara*f*）、α-L- 吡喃阿拉伯糖（α-L-Ara*p*）、β-D- 吡喃木糖（β-D-Xyl*p*）、β-D- 吡喃半乳糖醛酸（β-D-Gal*p*A）和 *O*- 乙酰化的取代基。迄今为止，研究人员已经鉴定出 23 种结构独特的侧链，其中只有部分由单一植物物种合成。

基于对双子叶植物初生细胞壁早期模型的预测，木葡聚糖充当了栓系（tether）纤维素和微纤维的聚合物，并通过蛋白质控制木葡聚糖的酶促切割或重组，以促进细胞壁的扩张，进而促进植物细胞的生长。然而，这一观点受到了对拟南芥植物中木葡聚糖结构进行基因工程后实验结果的挑战：从拟南芥初生细胞壁中完全去除木葡聚糖，对植物整体生长发育的影响微乎其微。相比之下，只去除木葡聚糖中选定的侧链取代基，对植物的生长有害，而用各种糖基分子替换侧链则可以恢复植物的生长，且这种恢复作用与所添加的糖基分子无关。以上这些结果表明，木葡聚糖作为一种间隔分子，使纤维素微纤维保持分离，而果胶在控制细胞壁膨胀中的作用则比先前认为的更加重要。

阿拉伯木聚糖（arabinoxylan）（图 24.1D）是禾本植物 II 型细胞壁中最主要的非纤维素多糖，阿拉伯木聚糖仅少量存在于双子叶植物的初生细胞壁中。它的主链由 1-4 连接的 β-D- 吡喃木糖（β-D-Xyl*p*）残基组成，其中的许多残基在 *O*-3 处被 α-L- 呋喃阿拉伯糖（α-L-Ara*f*）残基取代。这些呋喃阿拉伯糖残基可以在 *O*-2 处被 α-L- 呋喃阿拉伯糖或 β-D- 吡喃木糖进一步取代。少量的主链残基在 *O*-2 处被 β-D- 吡喃半乳糖醛酸（α-D-Glc*p*A）及其 4-*O*- 甲基化产物（MeGlc*p*A）取代。

位于禾本植物细胞壁中的 1-3/1-4 连接的 β- 葡聚糖，也被称为**混合连键葡聚糖（mixed-linkage glucans）**（图 24.1F），曾被认为是这些植物的独特特征。然而，在**卷柏属（*Selaginella*）**的石松和**木贼属（*Equisetum*）**的木贼草的植物细胞壁上，也发现了结构相关的混合连键 β- 葡聚糖，尽管这些 β- 葡聚糖之间的进化关系目前尚不清晰。在禾本植物中，混合连键葡聚糖主要存在于幼嫩组织中，这暗示了它是一种储存型碳水化合物分子，而混合连键葡聚糖参与了植物发育过程中的新陈代谢也进一步表明了这一点。

胼胝质（callose）是一种由 1-3 连接的 β- 葡萄糖残基组成的多糖，是另一种由植物产生的 β- 葡聚糖（图 24.1G）。在细胞分裂过程中，它被用于在细胞板（cell plate）上形成临时细胞壁，并参与调节胞间连丝（plasmodesmata）的通透性。胼胝质通常在应对非生物和生物胁迫或损伤时形成。

24.7.3 果胶

果胶（pectin）是含有 1-4 连接的 α-D- 吡喃半乳糖醛酸（α-D-Gal*p*A）的结构复杂的多糖。在植物细胞壁中，研究人员已鉴定出三种结构不同的果胶：同型半乳糖醛酸聚糖（homogalacturonan）；取代半乳糖醛酸聚糖（substituted galacturonan）；鼠李半乳糖醛酸聚糖（rhamnogalacturonan）（图 24.2）。**同型半乳糖醛酸聚糖（homogalacturonan）**可能占初生细胞壁中果胶的 65%，由 1-4 连接的 α-D- 吡喃半乳糖醛酸（α-D-Gal*p*A）组成。其中，糖醛酸上的羧基可以被甲酯化，从而中和该糖基分子上的部分负电荷，而且糖醛酸自身可以在 *O*-2 或 *O*-3 处发生乙酰化。同型半乳糖醛酸聚糖的甲酯化程度，由细胞壁中存在的果胶甲酯酶（pectin methylesterase）和果胶甲酯酶抑制剂控制，甲酯化的程度会影响含有同型半乳糖醛酸聚糖的糖链与自身以及与其他果胶聚合物形成钙离子交联的能力，这种相互作用改变了细胞壁的机械性能，并可能影响了植物的生长发育。

鼠李半乳糖醛酸聚糖 -I（rhamnogalacturonan-I，RG-I）是一个多糖家族，其主链由重复二糖——4-α-D- 吡喃半乳糖醛酸 -1-2-α-L- 吡喃鼠李糖 -1（4-α-D-Gal*p*A-1-2-α-L-Rha*p*-1）组成。许多吡喃半乳糖醛酸在 *O*-2 和（或）*O*-3 处被乙酰化。根据植物物种的不同，20% ～ 80% 的吡喃鼠李糖残基可能在 *O*-4 处被主要由呋喃阿拉伯糖（Ara*f*）和吡喃半乳糖（Gal*p*），以及少量吡喃岩藻糖（Fuc*p*）和吡喃葡萄糖醛酸（Glc*p*A）组成的直链侧链或支链侧链所取代（图 24.2）。关于这些侧链的功能以及它们对初生细胞壁特性的贡献，目前我们知之甚少。

取代半乳糖醛酸聚糖（substituted galacturonan）具有一条由 1-4 连接的 α-D- 吡喃半乳糖醛酸残基组成的主链，这些残基被单糖、二糖或寡糖以不同程度取代。例如，**木半乳糖醛酸聚糖（xylogalacturonan）**含有与主链残基中部分 *O*-3 相连的单个 β-D- 吡喃木糖（β-D-Xyl*p*）残基（图 24.2），而**芹半乳糖醛酸聚糖（apiogalacturonan）**则含有与主链残基中的部分 *O*-2 相连的 β-D- 呋喃芹菜糖（Api*f*）和芹菜二糖（apiobiose）。芹半乳糖醛酸聚糖仅在浮萍和海草的细胞壁中被发现。

被称为**鼠李半乳糖醛酸聚糖 -II（rhamnogalacturonan-II，RG-II）**的取代半乳糖醛酸聚糖，占初生细胞壁的 2% ～ 5%，是自然界中迄今为止发现的结构最为复杂的多糖，它由 12 种不同的单糖经过多达 21 种不同的糖苷键连接在一起形成（图 24.2）。四种结构不同的侧链，以及一或两个呋喃阿拉伯糖（Ara*f*）取代基，被连接到半乳糖醛酸聚糖主链上。两个结构保守的二糖（侧链 C、侧链 D）与主链的 *O*-3 相连。侧链 A 和侧链 B 含有 7 ～ 9 个单糖，与主链的 *O*-2 相连。鼠李半乳糖醛酸聚糖 -II 中的一些单糖，还可以发生 *O*- 甲基化和（或）*O*- 乙酰化。

几乎所有的鼠李半乳糖醛酸聚糖 -II，都以通过硼酸酯交联的二聚体形式存在于初生细胞壁中，该硼酸酯在每个鼠李半乳糖醛酸聚糖 -II 单体中侧链 A 上的呋喃芹菜糖（Api*f*）残基之间形成（图 24.2）。当鼠李半乳糖醛酸聚糖 -II 单体与硼酸和二价阳离子反应时，二聚体可以在体外迅速形成，虽然植物中该二聚体形成的机制和位点尚未确定。硼酸酯交联的鼠李半乳糖醛酸聚糖 -II，很可能对果胶和初生细胞壁的性质产生了重大影响，因为鼠李半乳糖醛酸聚糖 -II 本身与同型半乳糖醛酸聚糖相连（图 24.2）。实际上，影响鼠李半乳糖醛酸聚糖 -II 结构和交联的突变，会导致植物细胞壁的异常和严重的生长缺陷。初生壁膨胀、植物异常生长，以及鼠李半乳糖醛酸聚糖 -II 交联的减少，也是硼缺乏植物的特征。鼠李半乳糖醛酸聚糖 -II 被认为在抵抗微生物酶对糖链的裂解时扮演了重要的角色，然而，最近的研究表明，人类肠道细菌产生的聚糖酶（glycanase），能够水解鼠李半乳糖醛酸聚糖 -II 中除一个糖苷键之外的所有糖苷键。

果胶被视为一种大分子的复合物，存在于细胞壁中，该复合物由同型半乳糖醛酸聚糖（HG）、鼠李半乳糖醛酸聚糖（RG）和取代半乳糖醛酸聚糖（substituted GA）等结构域，通过共价和非共价相互连接组合而成。然而，人们对这些结构域的组织方式了解有限（图 24.2）。尽管如此，目前对含有同型半乳糖醛酸聚糖（聚合度～ 100）和鼠李半乳糖醛酸聚糖（带有阿拉伯半乳糖醛酸聚糖侧链）的果胶（～ 50 kDa）所进行的分子模拟，以及对鼠李半乳糖醛酸聚糖 -II 的构象建模，已经使研究人员对每个果胶结构域的构象和相对尺寸有了深入的了解。

同型半乳糖醛酸聚糖（HG）区域的相关长度（persistence length）①大约为 20 个吡喃半乳糖醛酸（Gal*p*A）残基，该长度可能足以稳定与 Ca^{2+} 形成的连接区（junction zone）。体外研究表明，由大约 15 个非酯化的吡喃半乳糖醛酸（Gal*p*A）残基构成的低聚物，可以赋予连接区最大的稳定性。因此，控制甲酯基团沿着同型半乳糖醛酸聚糖主链的分布，实际上提供了一种机制来调控果胶的物理特性，包括其形成凝胶的能力。为了使凝胶形成而不至变脆，其他改变同型半乳糖醛酸聚糖结构的方法可能也很重要，如中断果胶大分子中**链间结合（interchain association）**的序列。例如，在鼠李半乳糖醛酸聚糖（RG）结构

---

① 指聚合物链长固定时，末端矢量在一端对聚合物链轮廓切线上投影的平均值。

域中，寡糖侧链的结构多样性和构象灵活性将限制或阻止**链间配对**（**interchain pairing**）。1-2 连接的吡喃鼠李糖（Rha*p*）残基的存在，不会将扭折结构（kink）引入鼠李半乳糖醛酸聚糖主链的几何结构中，进而限制链间结合。更准确地说，与这些残基相连的侧链才是防止或限制聚糖链间结合的原因。

与同型半乳糖醛酸聚糖主链相连的 4 个侧链的构象，可能导致鼠李半乳糖醛酸聚糖 -II（RG-II）呈现出“圆盘样”（disk-like）形状。研究人员已预测获得了鼠李半乳糖醛酸聚糖 -II 的单体和二聚体明确的三级结构：在二聚体中，硼酸酯的交联和 Ca^{2+} 协助形成的聚糖链间配对，进一步稳定了两个圆盘。鼠李半乳糖醛酸聚糖 -II 对细胞壁修饰酶的表观抗性，以及阳离子稳定的鼠李半乳糖醛酸聚糖 -II 二聚体的形成，很可能使植物中的鼠李半乳糖醛酸聚糖 -II 结构能够抵抗时间变化。相反，同型半乳糖醛酸聚糖（HG）在细胞壁酶的作用下不断地发生改变，因此它对细胞壁结构的贡献是随时间变化的。

研究人员需要增加对初生细胞壁多糖和蛋白聚糖物理特性的认知，以期了解改变或调整少数常见多糖和聚糖区域的数量及结构特征，将如何形成具有不同特性和功能的初生细胞壁。研究人员还需要进一步确定细胞壁的结构与功能究竟是由多糖和蛋白聚糖的非共价相互作用产生，还是由具有特定结构和功能的、含有聚糖结构单元的形成所引起。其中，后一种情况类似于动物细胞细胞外基质中蛋白聚糖和 *O*-连接黏蛋白的组织形式（**第 10 章、第 16 章、第 17 章**）。

24.8 植物次生细胞壁中的聚糖

木质组织和**禾本科**（**Poaceae/Gramineae**）植物的次生细胞壁，主要由纤维素、半纤维素和**多酚木质素**（**polyphenol lignin**）组成。木质素的引入产生了一种疏水复合物，该复合物是次生细胞壁结构特征的主要贡献者。

杂木聚糖（**heteroxlycan**）是位于种子植物的次生（木质化）细胞壁中的主要半纤维素多糖。这些杂木聚糖可以根据多糖主链 1-4- 连接的 β-D- 吡喃木糖（β-D-Xyl*p*）残基上取代基的类型和丰度进行分类。**葡糖醛酸木聚糖**（**glucuronoxylan**）是木本和草本真双子叶植物次生细胞壁中的主要成分，在 *O*-2 处具有 α-D- 吡喃葡萄糖醛酸（α-D-Glc*p*A）或甲基吡喃葡萄糖醛酸（MeGlc*p*A）取代基（图 24.1C）。裸子植物的次生细胞壁则含有**阿拉伯葡糖醛酸木聚糖**（**arabinoglucuronoxylan，AGX**），除了甲基吡喃葡萄糖醛酸取代基之外，它还具有与一些与主链残基中 *O*-3 相连的呋喃阿拉伯糖（Ara*f*）残基。禾本科植物次生细胞壁中的**葡糖醛酸阿拉伯木聚糖**（**glucuronoarabinoxylan，GAX**），通常比其初生细胞壁中的该聚糖含有更少的呋喃阿拉伯糖（Ara*f*）残基（图 24.1D）。阿魏酸（ferulic acid）或香豆酸（coumaric acid）通常与禾本植物初生和次生细胞壁中木聚糖（xylan）上的呋喃阿拉伯糖（Ara*f*）残基发生酯化反应。一些证据表明，木质素聚合物与次生细胞壁中的半纤维素可发生共价连接。

双子叶植物和裸子植物次生细胞壁的木聚糖，在其还原端具有明确的糖基序列——1-4-β-D- 吡喃木糖 -1-3-α-L- 吡喃鼠李糖 -1-2-α-D- 吡喃半乳糖醛酸 -1-4-D- 吡喃木糖（1-4-β-D-Xyl*p*-1-3-α-L-Rha*p*-1-2-α-D-Gal*p*A-1-4-D-Xyl*p*）（图 24.1C）。该序列是次生细胞壁形成过程中正常木聚糖的合成所必需的，并且可能对聚合物链长度起到一定的调控作用。该序列存在于除禾本科植物以外的所有单子叶植物杂木聚糖的还原端。

24.9 半纤维素和果胶的生物合成

研究人员已经鉴定出编码多糖生物合成酶的基因，这些基因编码合成多种木葡聚糖、葡糖醛酸木聚糖、阿拉伯木聚糖和纤维素所需的酶，以及合成一些果胶所需的酶。这些基因信息，连同重组植物糖基转移酶的体外酶活性检测，以及在相应的植物突变体中细胞壁结构分析方法的改进，为加深对植物细胞壁多糖合成方式的理解提供了基本框架。大多数果胶和半纤维素在高尔基体中合成，然后通过囊泡分泌到质外体（apoplast）中；这与纤维素大相径庭，因为纤维素在细胞质膜上进行合成，细胞质膜上的葡聚糖链被挤出进入质外体中，以形成纤维素微纤维；木质素在质外体中，通过非酶促的自由基反应进行聚合。尽管在鉴定和理解参与多糖合成的糖基转移酶方面，研究人员已经取得了一些进展，但我们仍然不了解究竟有多少细胞壁聚合物是通过定位于高尔基体的多酶复合物合成，还是由定位于高尔基体不同区域的糖基转移酶组装合成。另外，新合成的聚合物如何在质外体中组装形成功能性细胞壁，目前也不得而知。

24.10 植物产生含有 *O*- 连接寡糖和 *O*- 连接多糖的蛋白聚糖

植物产生的糖蛋白和蛋白聚糖，含有与羟脯氨酸（Hyp）和丝氨酸（Ser）相连的寡糖或多糖。这些蛋白质成分在细胞壁中的含量相对较低。羟脯氨酸由内质网定位的脯氨酰羟化酶（prolyl hydroxylase）经翻译后修饰过程形成，在内质网和高尔基体中发生 *O*- 糖基化。羟脯氨酸糖基化的程度和类型，主要由蛋白质的一级序列和羟脯氨酸残基的排列决定。羟脯氨酸糖基化过程由添加呋喃阿拉伯糖（Ara*f*）残基或吡喃半乳糖（Gal*p*）残基起始。连续出现的羟脯氨酸残基可被阿拉伯糖基化，成簇但不连续的羟脯氨酸残基则会发生半乳糖基化。在这些蛋白质中，丝氨酸残基和偶尔出现的苏氨酸残基也可能被 *O*- 糖基化。

研究人员已经鉴定出含有糖基化羟脯氨酸和丝氨酸的、结构不同的三类植物蛋白聚糖——伸展蛋白（extensin）、富脯氨酸 / 羟脯氨酸蛋白聚糖（proline/hydroproline-rich proteoglycan）和阿拉伯半乳聚糖蛋白（arabinogalactan protein，AGP）。**伸展蛋白（extensin）**是富含羟脯氨酸的蛋白聚糖，具有 $Ser(Hyp)_4$ 重复序列，碳水化合物占该蛋白聚糖总质量的 50% ～ 60%。大多数碳水化合物以寡糖形式存在，含有 1 ～ 4 个与羟脯氨酸相连的呋喃阿拉伯糖残基，以及少量与丝氨酸相连的单个吡喃半乳糖残基。对伸展蛋白的糖基化水平进行遗传学改造，导致了根毛中极化细胞的生长阻滞，从而强化了伸展蛋白糖基化在植物生长发育中的重要性。**富脯氨酸 / 羟脯氨酸蛋白聚糖（proline/hydroproline-rich proteoglycan）**中的碳水化合物，占该蛋白聚糖总质量的 3% ～ 70%，此类蛋白聚糖可通过其氨基酸序列与伸展蛋白进行区分。这两个**富羟脯氨酸糖蛋白（hydroxyproline-rich glycoprotein，HRGP）**家族，在植物细胞壁中可能均具有结构性作用。参与富脯氨酸 / 羟脯氨酸蛋白聚糖合成的基因表达受到发育调控，并且通常由植物组织的损伤和真菌侵袭等事件诱导。包括 CLAVATA 蛋白在内的各种植物糖肽信号分子，都含有阿拉伯糖基化的羟脯氨酸，在植物生长和发育中具有多种作用。

阿拉伯半乳聚糖蛋白（arabinogalactan protein，AGP）中聚糖组分的含量可高达总质量的 90%，含有 30 ～ 150 个单糖的侧链，通过吡喃半乳糖 -*O*- 丝氨酸（Gal*p*-*O*-Ser）和吡喃半乳糖 -*O*- 羟脯氨酸（Gal*p*-*O*-Hyp）连接到蛋白质上。这些侧链共享一条由 1-3 连接的 β- 半乳糖（β-Gal）形成的主链，主链的 *O*-6 处被 1-6 连接的 β- 吡喃半乳糖（β-Gal*p*）侧链大量取代，这些侧链以呋喃阿拉伯糖、吡喃葡萄糖醛酸和吡喃岩藻糖残基进行终止。一些阿拉伯半乳聚糖蛋白，可能含有与阿拉伯半乳聚糖共价连接的同型半乳糖醛酸聚糖（HG）、鼠李半乳糖醛酸聚糖 -I（RG-I）和木聚糖（xylan）（图 24.3），从而形成被称为**阿拉伯木聚糖 - 果胶 - 阿拉伯半乳聚糖蛋白 1（arabinoxylan pectin arabinogalactan protein 1，APAP1）**的蛋白质 - 半纤维素 - 果胶复合物。该复合物在植物中的定位及其生物功能仍然有待确定。

某些阿拉伯半乳聚糖蛋白可被分泌到细胞壁中，而其他阿拉伯半乳聚糖蛋白则通过糖基磷脂酰肌醇锚与质膜相连。植物的糖基磷脂酰肌醇锚，包含一个磷酸神经酰胺核心。梨细胞内阿拉伯半乳聚糖蛋白的糖基磷脂酰肌醇锚中的聚糖部分，具有序列 α-D- 吡喃甘露糖 -1-2α-D- 吡喃甘露糖 -1-6-α-D- 吡喃甘露糖 -1-4- 吡喃葡萄糖胺 - 肌醇（α-D-Man*p*-1-2α-D-Man*p*-1-6-α-D-Man*p*-1-4-Glc*p*N-inositol）。在所有连接到吡喃葡萄糖胺（**第 12 章**）上的吡喃甘露糖（Man*p*）中，至少有 50% 的吡喃甘露糖的 *O*-4 处存在着 β- 吡喃半乳糖取代，这可能是植物所独有的特征。研究人员提出，阿拉伯半乳聚糖蛋白具有诸多功能，包括参与信号传递、发育、细胞扩增、细胞增殖及体细胞的胚胎形成。

24.11　植物糖蛋白的 *N*- 连接聚糖具有独特的结构

许多植物分泌系统合成的蛋白质都含有 *N*- 连接的寡甘露糖型、复合型、杂合型或乏甘露糖型聚糖（**图 24.4**）。在这些 *N*- 聚糖合成的初始阶段，包括寡糖前体从其多萜醇衍生物的转移，以及在内质网中对蛋白质折叠的质量控制等过程，在植物和动物中都是类似的（**第 9 章**）。然而，*N*- 聚糖在穿过高尔基体过程中的两种修饰为植物体所独有。

寡甘露糖型 *N*- 聚糖通常在高尔基体顺面膜囊（*cis*-Golgi）被修剪，然后在高尔基体中间膜囊（*medial*-Golgi）中，通过 *N*- 乙酰葡萄糖胺转移酶 I（*N*-GlcNAc transferase I，GnT-I）催化，将 *N*- 乙酰葡萄糖胺（GlcNAc）添加到核心结构远端的甘露糖（Man）上。在植物体的典型反应中，β- 吡喃木糖通常被添加到核心吡喃甘露糖的 *O*-2 上。在高尔基体反面膜囊（*trans*-Golgi）中，α- 呋喃岩藻糖可被添加到与天冬酰胺相连的吡喃 *N*- 乙酰葡萄糖胺（Glc*p*NAc）残基的 *O*-3 上（**图 24.5**）。催化这些反应的木糖基转移酶（XylT）和岩藻糖基转移酶（FucT）彼此相互独立，但确实需要至少一个末端的吡喃 *N*- 乙酰葡萄糖胺残基，才能够发挥出催化活性。该岩藻糖基转移酶与 Lewis 岩藻糖基转移酶家族有关，而木糖基转移酶与其他已知的糖基转移酶无关。

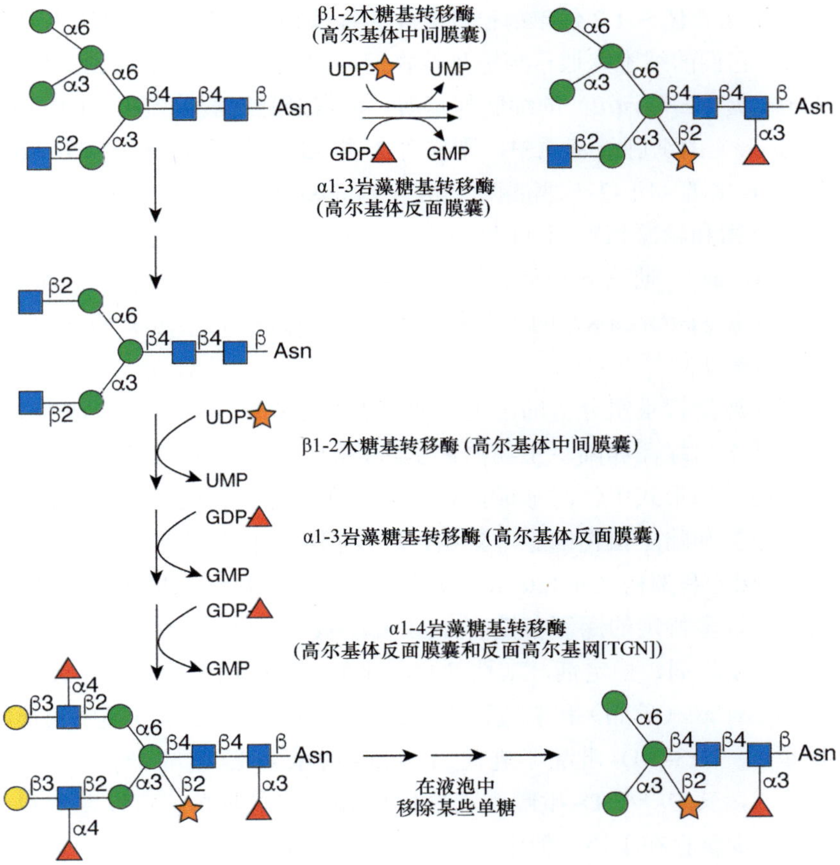

图 24.5　植物分泌系统中 *N*- 聚糖的加工。图中仅详细显示了植物体中特有的事件。缩写：尿苷二磷酸（UDP），尿苷一磷酸（UMP），鸟苷二磷酸（GDP），鸟苷一磷酸（GMP），天冬酰胺（Asn）。关于聚糖的符号表示请参见**附录 2**。

木糖基化和岩藻糖基化的 *N*- 聚糖，通常被 α- 甘露糖苷酶 II（α-mannosidase II）修剪；然后由 *N*- 乙酰葡萄糖胺转移酶 II（*N*-GlcNAc transferase II，GnT-II）添加第二个 *N*- 乙酰葡萄糖胺（GlcNAc）。其中一些植物 *N*- 聚糖不经过进一步的甘露糖修剪，而是以杂合型 *N*- 聚糖的形式通过高尔基体。在高尔基体反面膜囊中，通过添加吡喃半乳糖和吡喃岩藻糖，可以实现进一步修饰，产生复合型和杂合型的 *N*- 聚糖。植物糖蛋白要么从细胞中分泌出来，要么被运输到**液泡（vacuole）**中。许多存在于液泡中的糖蛋白含有**乏甘露糖型（paucimannose type）**聚糖，表明它们经过了液泡中糖苷酶的修剪（图 24.5）。

研究人员声称植物糖蛋白的 *N*- 聚糖中存在唾液酸，但这很可能源于环境污染。植物确实具有编码含有与唾液酰基转移酶基序（SiaT motif）相似序列的蛋白质基因，但这些蛋白质的功能目前尚未确定。

植物特异性的 *N*- 聚糖修饰所产生的糖蛋白通常具有高度的免疫原性，能够引起人体的过敏反应。复杂的 *N*- 聚糖被证明对植物生长是非必需的，由此引发了对植物 *N*- 糖基化途径进行工程化改造，以产出不会激活哺乳动物免疫系统的糖蛋白。缺乏将吡喃木糖和吡喃岩藻糖通过相应的糖基转移酶添加到 *N*- 连接聚糖的植物，会产生缺乏免疫性糖表位的糖蛋白。如果要将植物用于生产重组治疗性糖蛋白，则必须引入添加唾液酸和吡喃半乳糖相关的其他糖基化途径，以实现糖蛋白的完全“人源化”。

24.12 藻类中的聚糖

研究人员仅仅对绿藻植物门和链型植物门进化枝中的少数绿藻聚糖进行了详细研究。然而，了解它们多样化的多糖结构，可能对陆生植物中存在的更为复杂的聚糖结构的进化具有重要意义。

一般认为，绿色植物在 0.8 亿～ 1.2 亿年前已经分化为绿藻植物门和链型植物门。绿藻植物门包括各种海洋、淡水和陆生绿藻，它们的细胞壁通常与链型植物门的细胞壁有很大的区别。例如，绿藻植物门生物**莱氏衣藻（*Chlamydomonas reinhardtii*）**的细胞外基质，由富羟脯氨酸糖蛋白（HRGP）形成的晶格构成，而在**青绿藻（prasinophyte）**的细胞外基质中，则富含 2- 酮 -3- 脱氧辛酮糖酸（2-keto-3-deoxy-octulosonic acid，Kdo）和 3- 脱氧 -D- 来苏 - 庚 -2- 吡喃酮糖二酸（3-deoxy-D-*lyxo*-hept-2-ulopyranosaric acid，Dha）。

链型植物门由陆生植物和轮藻植物门（Charophyte algae）构成，而轮藻植物门中包含了晚期分化的双星藻纲（Zygnematophyceae），研究人员认为这些植物体中包含了陆生植物的近亲。事实上，一种名为**珍珠柱形鼓藻（*Penium margaritaceum*）**的单细胞双星藻（zygnematophyte）的细胞壁中，含有类似于纤维素、果胶和半纤维素的聚糖。

随着全基因组测序和海量转录组分析的出现，研究人员正在建立与聚糖合成相关的糖基转移酶的详细系统发育树，其中包括来自绿藻和陆生生物的糖基转移酶。研究人员需要这些数据来建立假说，以预测不同细胞壁多糖的不同结构形式于何时形成，以及如何在绿藻植物门和链型植物门中实现进化。与此同时，研究人员需要对藻类和陆生植物细胞壁聚糖，以及相应的糖基转移酶的底物与受体之间的特异性进行详细的结构（structural）和架构（architectural）分析，以期解决绿色植物中诸多的演化变迁问题。

人类已经开发利用了许多特定的**海藻多糖（algal polysaccharide）**。例如，红藻和褐藻产生的几种多糖，在食品工业中被用作胶凝剂、稳定剂、增稠剂和乳化剂，还被用于油漆、化妆品、纸张及科研试剂。这些多糖包括**琼脂糖（agarose）**（琼脂）和**卡拉胶（carrageenan）**，它们是从红藻中获得的硫酸化半乳聚糖。这些多糖由重复二糖单元——3-β-D- 吡喃半乳糖 -1-4-3,6- 脱水 -α-L- 吡喃半乳糖 -1（3-β-D-Gal*p*-1-4-3,6-anhydro-α-L-Gal*p*-1）组成，其中一些 D- 吡喃半乳糖和 L- 吡喃半乳糖单元可以发生 *O*- 甲基化。此外，丙酮酸酯和硫酸酯基也可能少量存在于该聚糖中。**海藻酸（alginate）**是一种由 1-4 连接的 β-D- 吡喃甘露糖醛酸（β-D-Man*p*A）及 1-4 连接的 α-L- 吡喃古洛糖醛酸（α-L-Gul*p*A）（为 β-D- 吡喃甘露糖醛酸的 C-5 差向异构体）组成的直链多糖，由多种褐藻产生，是具有重要商业价值的多糖的另一示例。这些单糖通常形成吡喃甘露糖醛酸（Man*p*A）或吡喃古洛糖醛酸（Gul*p*A）嵌段（block），不同嵌段由 4- 吡喃甘露糖醛酸 -1-4- 吡喃古洛糖醛酸 -1（4-Man*p*A-1-4-Gul*p*A-1）序列组成的区段分隔开来。褐藻产生的多糖具有治疗疾病的潜力。**昆布多糖（laminaran）**是一种由 1-3 和 1-6 连接的 β-D- 吡喃葡萄糖（β-D-Glc*p*）残基组成的直链储存型多糖。有报道称，昆布多糖具有抗细胞凋亡和抗肿瘤活性。**岩藻多糖（fucoidan）**是一类从几种褐藻中分离出来的硫酸化多糖，据报道，其具有抗凝血、抗肿瘤、抗血栓形成、抗炎和抗病毒特性。岩藻多糖的主链是 1-3 连接的 α- 吡喃岩藻糖（α-Fuc*p*），在 *O*-2 处被岩藻糖取代，在 *O*-4 处被硫酸基团或岩藻糖取代。其他岩藻多糖的主链，具有交替存在的 1-3 和 1-4 连接的 α- 吡喃岩藻糖残基。

24.13 植物糖脂

糖基甘油脂（glycoglycerol lipid）是植物中最丰富的糖脂。研究人员在所有植物中都发现了**单半乳糖基二酰甘油（monogalactosyldiacylglycerol，MGDG）**和**二半乳糖基二酰甘油（digalactosyldiacylglycerol，DGDG）**，而三半乳糖基和四半乳糖基二酰甘油在生物分类学中的分布比较有限（图 24.6）。这些半乳糖脂的合成，从内质网膜和叶绿体膜中二酰甘油的形成开始：在内质网膜上形成的半乳糖脂主要包含 *sn*-2 位的 C16 脂肪酸和 *sn*-3 位的 C18 脂肪酸；叶绿体途径中形成的半乳糖脂，则在上述两个位置都产生 C18 脂肪酸，然后，这些脂肪酸中的每一个都被去饱和化（desaturation），成为 16∶3 或 18∶3 的脂酰基。单半乳糖基二酰甘油的合成通过单半乳糖基二酰甘油合成酶（MGDG synthase），将吡喃半乳糖从尿苷二磷酸 - 吡喃半乳糖（UDP-Gal*p*）转移到二酰甘油上得以实现；二半乳糖基二酰甘油则是单半乳糖基二脂酰甘油通过二半乳糖基二酰甘油合成酶（DGDG synthase），将吡喃半乳糖从尿苷二磷酸 - 吡喃半乳糖（UDP-Gal*p*）转移到单半乳糖基二脂酰甘油上获得。这些反应主要发生在叶绿体外膜，产物随后被转运到叶绿体内膜和叶绿体的**类囊体（thylakoid）**膜上。叶绿体类囊体膜中单半乳糖基二酰甘油的存在及其丰度，对于正常光合作用的发生非常重要。由二酰基甘油形成的磺基喹诺糖基二酰基甘油（sulfoquinovosyldiacylglycerol），在类囊体膜中也很丰富，因而可能在光合作用中也起到了某种作用。

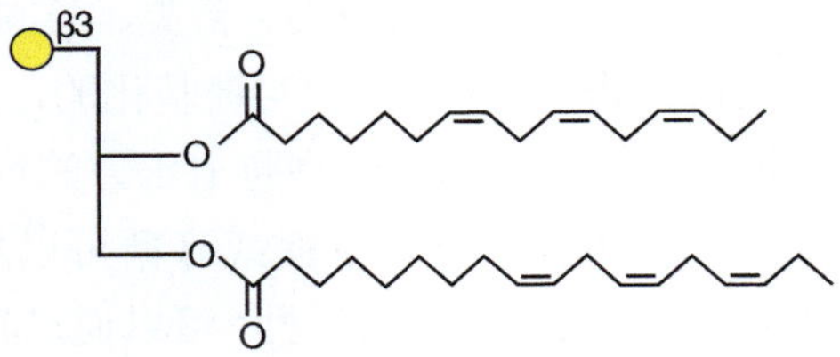

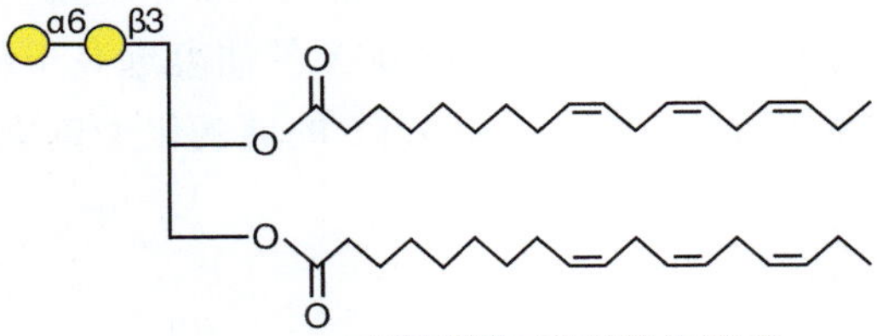

图 24.6 植物中最丰富的半乳糖脂。

少量的单半乳糖基二酰甘油和二半乳糖基二酰甘油存在于细胞膜的胞质侧脂单层［即脂内层（inner leaflet）］中，尽管膜与膜之间半乳糖脂交换的机制尚不清楚。相反，细胞膜外脂单层［即脂外层（outer leaflet）］的糖脂主要由**糖基肌醇磷酸神经酰胺（glycosylinositolphosphorylceramide，GIPC）**组成，这些脂质在动物体内并不存在。糖基肌醇磷酸神经酰胺于 20 世纪 50 年代被首次描述，但关于糖基肌醇磷酸神经酰胺的相关表征至今依然不甚系统，部分原因在于糖基肌醇磷酸神经酰胺在使用标准的膜提取方案时无法被溶解。据估计，糖基肌醇磷酸神经酰胺可占植物细胞膜的 40%，并且已在 200 多个物种中确认发现。神经酰胺在内质网中合成后被转运至高尔基体，在高尔基体中，神经酰胺会被添加磷酸肌醇和几个糖基残基。在开花植物中所添加的第一个糖是吡喃葡萄糖醛酸，但在此之后，糖的类型和数量，以及糖链的支化程度，则取决于不同的植物组织与物种。糖基肌醇磷酸神经酰胺含有 2 个（A 系列）至 7 个（F 系列）单糖，其中吡喃甘露糖、吡喃葡萄糖、吡喃葡萄糖胺、吡喃 *N*- 乙酰葡萄糖胺、吡喃半乳糖和呋喃阿拉伯糖总是能够被反复确证，但也有报道称糖基肌醇磷酸神经酰胺含有多达 20 种糖。目前需要进一步改进分离和表征方法，以便描述完整的聚糖结构阵列。研究人员在植物中没有发现神经节苷脂。有报道称，植物细胞器膜中存在与细菌脂质 A（lipid A）同源的、含有吡喃 2- 酮 -3- 脱氧辛酮糖酸（Kdo*p*）的脂质，这一观点仍有待证实。

糖基肌醇磷酸神经酰胺的糖基化突变体，可以形成严重发育障碍表型或致死。改变聚糖结构可以诱发严重的植物组成型防御反应（constitutive defense），从而改变植物与微生物（包括病原体和有益微生物）之间的相互作用，减少细胞壁中的纤维素含量。研究人员目前只发现了有限数量的糖基肌醇磷酸神经酰胺糖基转移酶，要全面描述这些酶的功能，仍然需要大量的工作。

24.14 其他植物糖复合物

植物产生大量的酚类、萜类、类固醇和生物碱，它们被统称为**次生代谢产物**（**secondary metabolite**）。这些化合物中有许多是 *O*- 糖基化的，或含有与 N、S 或 C 原子连接的糖。糖基化的次生代谢产物，通常在植物应对生物和非生物胁迫压力的过程中发挥重要作用，兼具药用价值。

一般而言，添加单糖或寡糖可以增加化合物的水溶性，提高化学稳定性，或改变化学和生物活性。例如，几种植物激素的活性，可以通过将它们转化为其葡萄糖酯或葡萄糖苷来加以调节。地高辛（digoxin）和欧夹竹桃苷（oleandrin）分别是从毛地黄和夹竹桃中分离出来的强效强心苷。当芥末和辣根受损时，由黑芥子酶（myrosinase）催化的、*S*- 连接的吡喃葡萄糖从硫代葡萄糖苷中裂解，形成刺激性的芥子油。甜菊糖苷（steviol glycoside）的甜度远高于蔗糖，可被用作天然糖的替代品。柑橘类水果的苦味，则源于一种名为柚皮苷（naringin）的糖基化类黄酮。

致谢

感谢托德 · 洛瓦里（Todd Lowary）、凯瑟琳娜 · 帕辛格（Katharina Paschinger）和伊恩 · B.H. 威尔逊（Iain B.H. Wilson）的有益评论及建议，感谢伯纳德 · 亨利萨特（Bernard Henrissat）对**表 24.1** 中碳水化合物活性酶数据库（CAZy）数据收集的帮助。

延伸阅读

Painter T. 1983. Algal polysaccharides. In *The polysaccharides* (ed. Aspinall G.), pp. 195-285. Academic, New York.

Pérez S, Mazeau K, du Penhoat CH. 2000. The three-dimensional structures of the pectic polysaccharides. *Plant Physiol Biochem* **38**: 37-55.

Gachon CM, Langlois-Meurinne M, Saindrenan P. 2005. Plant secondary metabolism glycosyltransferases: the emerging functional analysis. *Trends Plant Sci* **10**: 542-549.

Hölzl G, Dörmann P. 2007. Structure and function of glycoglycerolipids in plants and bacteria. *Prog Lipid Res* **46**: 225-243.

Albersheim P, Darvill A, Roberts K, Sederoff R, Staehelin A. 2010. *Plant cell walls. From chemistry to biology*. Garland Science, New York.

Gomord V, Fitchette A-C, Menu-Bouaouiche L, Saint-Jore Dupas C, Plasson C, Michaud D, Faye L. 2010. Plant-specific glycosylation patterns in the context of therapeutic protein production. *Plant Biotechnol J* **8**: 564-587.

Bar-Peled M, O'Neill MA. 2011. Plant nucleotide sugar formation, interconversion, and salvage by sugar recycling. *Annu Rev Plant Biol* **62**: 127-155.

Kieliszewski MJ, Lamport D, Tan L, Cannon M. 2011. Hydroxyproline-rich glycoproteins: form and function. *Annu Plant Rev* **41**:

321-342.

Popper ZA, Michel G, Hervé C, Domozych DS, Willats WGT, Tuohy MG, Kloareg B, Stengel DB. 2011. Evolution and diversity of plant cell walls: from algae to flowering plants. *Annu Rev Plant Biol* **62**: 567-590.

Atmodjo MA, Hao Z, Mohnen D. 2013. Evolving views of pectin biosynthesis. *Annu Rev Plant Biol* **64**: 747-779.

Pauly M, Gille S, Liu L, Mansoori N, de Souza A, Schultink A, Xiong G. 2013. Hemicellulose biosynthesis. *Planta* **238**: 627-642.

Cosgrove DJ. 2014. Re-constructing our models of cellulose and primary cell wall assembly. *Curr Opin Plant Biol* **22**: 122-131.

Knoch E, Dilokpimol A, Geshi N. 2014. Arabinogalactan proteins: focus on carbohydrate active enzymes. *Frontiers Plant Sci* **5**: 198.

Lombard V, Golaconda Ramulu H, Drula E, Coutinho PM, Henrissat B. 2014. The Carbohydrate-Active enZYmes database (CAZy) in 2013. *Nucleic Acids Res* **42**: D490-D495.

Matsubayashi Y. 2014. Posttranslationally modified small-peptide signals in plants. *Annu Rev Plant Biol* **65**: 385-413.

McNamara JT, Morgan JL, Zimmer J. 2015. A molecular description of cellulose biosynthesis. *Annu Rev Biochem* **84**: 895-921.

Höfte H, Voxeur A. 2017. Plant cell walls. *Curr Biol* **27**: R865-R870.

Ndeh D, Rogowski A, Cartmell A, Luis AS, Baslé A, Gray J, Venditto I, Briggs J, Zhang X, Labourel A, et al. 2017. Complex pectin metabolism by gut bacteria reveals novel catalytic functions. *Nature* **544**: 65-70.

Jiao C, Sørensen I, Sun X, Sun H, Behar H, Alseekh S, Philippe G, Palacio Lopez K, Sun L, Reed R, et al. 2020. The Penium margaritaceum genome: hallmarks of the origins of land plants. *Cell* **181**: 1097-1111.

Mortimer JC, Scheller HV. 2020. Synthesis and function of complex sphingolipid glycosylation. *Trends Plant Sci* **25**: 522-524.

第25章 线虫动物门

伊恩·B.H. 威尔逊（Iain B.H. Wilson），凯瑟琳娜·帕辛格（Katharina Paschinger），理查德·D. 卡明斯（Richard D. Cummings），马库斯·艾比（Markus Aebi）

25.1 秀丽隐杆线虫的发育生物学 / 324
25.2 秀丽隐杆线虫中的聚糖 / 325
25.3 秀丽隐杆线虫中的糖基转移酶基因 / 328
25.4 糖复合物的功能分析 / 330
25.5 秀丽隐杆线虫中的聚糖结合蛋白 / 334
25.6 其他线虫的糖生物学 / 335
致谢 / 336
延伸阅读 / 336

本章重点关注线虫，以**秀丽隐杆线虫**（*Caenorhabditis elegans*）作为**线虫门**（**Nematoda**）的示例。秀丽隐杆线虫为研究胚胎发育和原始器官系统中的聚糖提供了强大的遗传学系统。

25.1 秀丽隐杆线虫的发育生物学

秀丽隐杆线虫是透明的，在该生物体中所有的发育阶段都可以很容易地观察到单个细胞。线虫基本上具有“双套管”（a tube within a tube）结构（图 25.1）。这些蠕虫周围有一层由胶原蛋白、多层保护性外骨骼组成的角质层（cuticle）。前端的口与管状肠系统相连，该系统由肌肉发达的咽部（pharynx）和肠组成，而性腺（gonad）占据了体腔的大部分。在雌雄同体的情况下，性腺是双裂叶（bilobed）的，每个叶（lobe）通过输卵管和受精囊连接到共用的中腹外阴和子宫。线虫能够以雌雄同体（hermaphrodite）或雄性两种性别存在。卵子在途经受精囊时，由在受精囊中储存的精子进行受精，随后卵子开始在子宫内发育。在有性生殖过程中，雄性线虫可使雌雄同体线虫受精。雄性线虫的精子也储存在受精囊中，在受精过程中被优先使用。

原肠胚形成（gastrulation）在产卵前开始；在这一阶段，胚胎共包含了大约 30 个细胞（图 25.2）。增殖的结果是产生了含有 558 个相对未分化细胞的胚胎。随后开始进行器官发生（organogenesis）或形态发生（morphogenesis），并且开始终末分化和胚胎孵化。线虫动物体通常会经历 4 个幼虫阶段（larval stage），称为 L1、L2、L3 和 L4（图 25.2）。每个幼虫阶段的结束都以蜕皮为标志，此时发生角质层的脱落。在 L1 幼虫中，神经系统、生殖系统和消化道开始发育，至 L4 阶段完成。成熟的成虫在 45 ～ 50 h 后孵化，雌雄同体线虫具有 959 个体细胞，其中包括 302 个神经元和 95 个体壁（body-wall）肌肉细胞。此时，雌雄同体线虫可以产下第一颗卵，从而完成 3.5 天的生命周期；卵母细胞的产生约持续 4 天，产生约 300 个后代。之后，该动物又存活了 10 ～ 15 天。过度拥挤或饥饿导致**耐久型**（**dauer**）幼虫的形成，这是一种休眠阶段，很容易通过其形态和行为与其他的发育阶段进行区分。

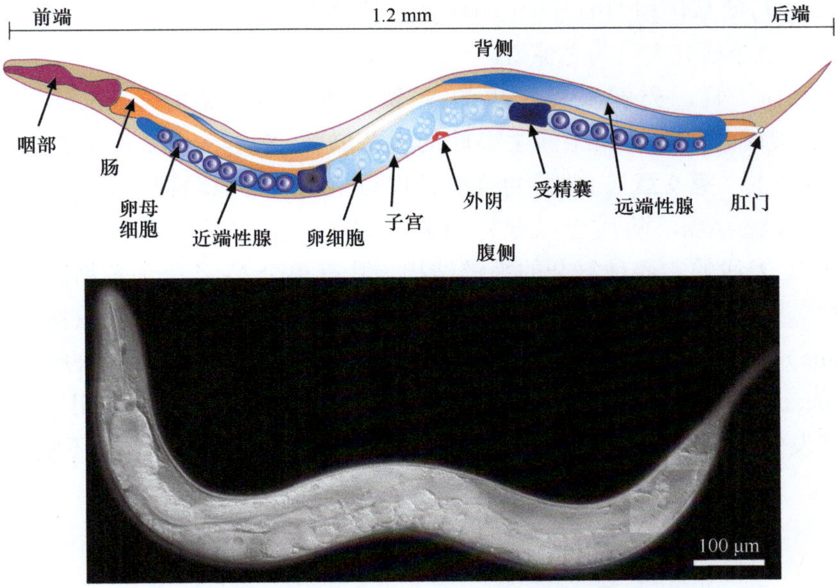

图 25.1 秀丽隐杆线虫（***Caenorhabditis elegans***）。标明身体各部位的成年雌雄同体线虫的合成图（上图）和照片（下图）。有关秀丽隐杆线虫生物学的更多详细信息，请参阅 WormAtlas（照片由 Queen's University，Kingston，Ontario 的 Ian D. Chin-Sang 博士惠赠）。

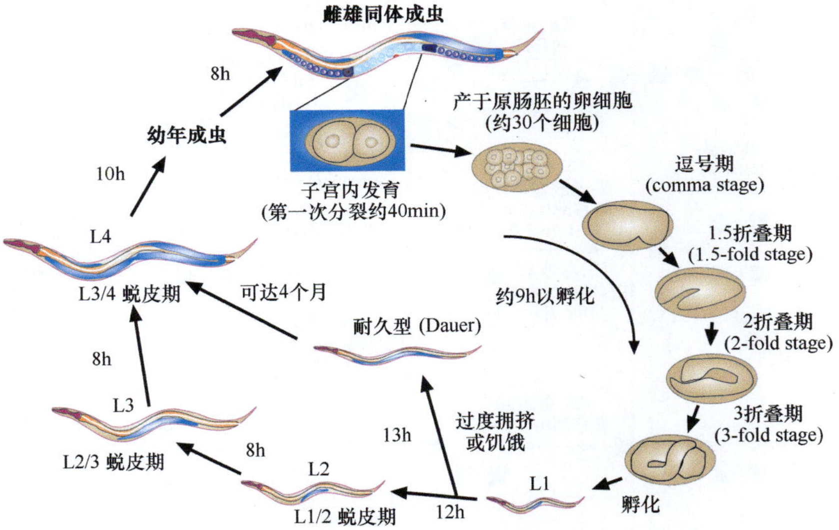

图 25.2 秀丽隐杆线虫的生命周期。有关秀丽隐杆线虫生物学的更多详细信息，请参阅 WormAtlas。

25.2 秀丽隐杆线虫中的聚糖

鉴于自 2001 年以来对秀丽隐杆线虫进行的大量糖组学研究，也许可以毫不夸张地说，这种解剖学上简单的蠕虫，拥有迄今为止研究过的所有无脊椎动物中最为多样化和最不寻常的**糖组**（**glycome**）。尽管它的聚糖中有许多保守的元素，但秀丽隐杆线虫产生的聚糖类型与高等动物中的聚糖类型之间存在许多显著差异。例如，其 *N*- 聚糖上没有唾液酸或其他阴离子分子，但在已发现截短的**“乏甘露糖苷”**（**paucimannosidic**）聚糖链上，存在着多种岩藻糖修饰。此外，线虫的 *O*- 聚糖和糖脂同样缺乏唾液酸，具有不同的核心结构。

尽管可以根据基因组中与糖基化相关的基因范围对线虫中的寡糖类别进行一些预测，但聚糖分析所获得的糖组多样性仍然不断地令研究人员为之惊讶。

与大多数真核生物一样，秀丽隐杆线虫的 *N*- 聚糖衍生自多萜醇（dolicol）连接的十四糖前体 $Glc_3Man_9GlcNAc_2$，它被转移到内质网中新生多肽的天冬酰胺 -X- 丝氨酸 / 苏氨酸（-Asn-X-Ser/Thr-）序列段内的天冬酰胺残基上（**第 9 章**）。随后的修剪过程与植物和其他动物中的类似，但在高尔基体中产生的 $GlcNAc_1Man_5GlcNAc_2$-Asn，随后会以独特的方式被进一步加工（**图 25.3**）。一方面，秀丽隐杆线虫可以产生具有多达三天线的、各种复杂的糖链结构，具有单个 *N*- 乙酰葡萄糖胺（GlcNAc）残基或是产生 *N*- 乙酰己糖胺 $_{2\text{-}3}$ 基序（$HexNAc_{2\text{-}3}$ motif），其中一些聚糖像许多其他线虫糖蛋白一样，被磷酰胆碱（phosphorylcholine）修饰；另一方面，核心区域的高度修饰也是这种生物体的一个特征。各种高尔基体 β- 己糖胺酶（β-hexosaminidase）和 α- 甘露糖苷酶（α-mannosidase）共同作用，产生截短的乏甘露糖苷的结构；除了能够发生如高等动物中的核心 α1-6 岩藻糖基化之外，研究人员还发现了两种对核心壳二

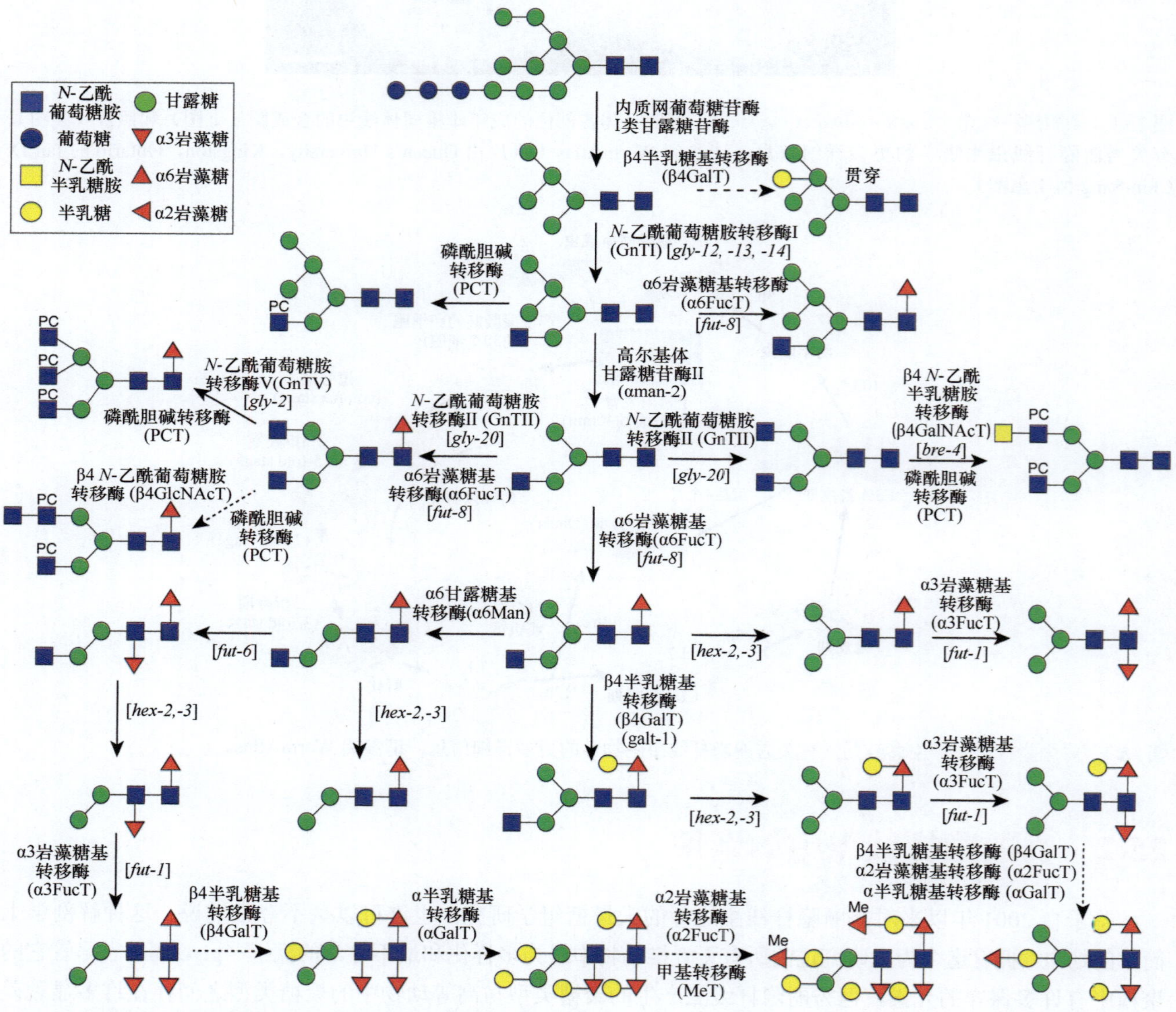

图 25.3　秀丽隐杆线虫中乏甘露糖苷和核心岩藻糖基化 *N*- 聚糖的生物合成。实线和虚线分别指代已被证实和拟议的生物合成步骤。方括号内为秀丽隐杆线虫中编码相应糖基转移酶的基因。缩写：磷酰胆碱（PC），甲基（Me）。关于聚糖的符号表示请参见**附录 2**。

糖（chitobiose）进行 α1-3 岩藻糖取代的核心修饰，而所有这些核心岩藻糖均可以被半乳糖基化。尤为令人称奇的是，在大量 *N*- 聚糖的核心 β- 甘露糖中，添加了一个二等分的（bisecting）半乳糖，该半乳糖也可以进行 α1-2 岩藻糖基化（图 25.3）；核心区域最多可以存在 5 个岩藻糖残基，同时可能有多个半乳糖和甲基取代。

许多与哺乳动物和昆虫中类似的 *O*- 聚糖形式，在秀丽隐杆线虫中已完成了结构测定，或已实现了基因预测，其中包括黏蛋白型（mucin-type）*O*- 聚糖。黏蛋白型 *O*- 聚糖中，有许多具有脊椎动物共有的**核心 1 型（core 1）***O*- 聚糖结构（**第 10 章**），但可以通过 β- 葡萄糖、葡萄糖醛酸和 α1-2 岩藻糖等残基进行糖链延伸（图 25.4）。就**糖胺聚糖（glycosaminoglycan，GAG）**而言，在秀丽隐杆线虫中，研究人员已经检测到硫酸软骨素（CS）和硫酸乙酰肝素（HS），但并未检测到硫酸角质素（KS）、硫酸皮肤素（DS）和透明质酸（HA）（**第 16 章**）；尽管硫酸软骨素链含有少量的硫酸基团，但秀丽隐杆线虫中硫酸乙酰肝素的整体结构与脊椎动物中的聚糖链相似（见图 25.5）。酶学和基因组学数据表明，在秀丽隐杆线虫中存在着多种结构域特异性的糖基化形式，包括在**表皮生长因子样结构域（EGF-like domain）**和**血小板应答蛋白 1 型重复序列（thrombospondin type-1 repeat，TSR）**精确的共识序列上的 *O*- 岩藻糖基化（Fucα1-Ser/Thr）（**第 13 章**）、血小板应答蛋白 1 型重复序列上的 *C*- 甘露糖基化，以及钙黏蛋白（cadherin）上含有的**跨膜和四肽三肽重复序列（transmembrane and tetratricopeptide repeat containing，TMTC）**依赖性 *O*- 甘露糖基化。然而，由*蛋白质 O- 甘露糖基转移酶*（protein *O*-mannosyltransferase，POMT）介导的抗肌萎缩蛋白聚糖（dystroglycan）上的 *O*- 甘露糖基化，在秀丽隐杆线虫中却不存在。与其他动物一样，秀丽隐杆线虫中的胞质蛋白和核蛋白，可以进行 *O*-GlcNAc 糖基化修饰。

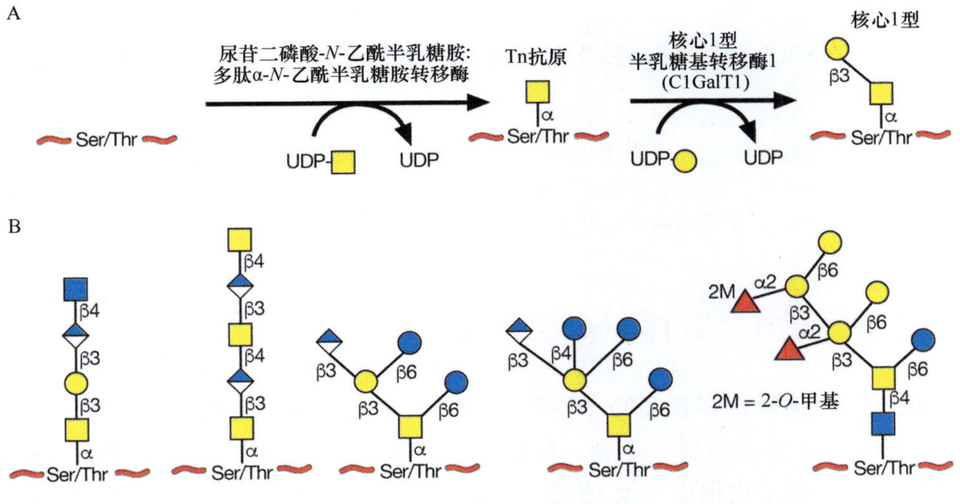

图 25.4　A. 秀丽隐杆线虫中核心 1 型 *O*- 聚糖的生物合成。B. 一些拟议在成虫中出现的 *O*- 聚糖。缩写：丝氨酸（Ser），苏氨酸（Thr），尿苷二磷酸（UDP）。关于聚糖的符号表示请参见附录 2。

秀丽隐杆线虫中的**鞘糖脂（glycosphingolipid，GSL）**（**第 11 章**），具有由 *N*- 乙酰葡萄糖胺 -β1-3- 甘露糖 -β1-4- 葡萄糖 -β1- 神经酰胺（GlcNAcβ1-3Manβ1-4Glcβ1-Cer）组成的核心结构，与昆虫一样，该糖脂结构基于节肢动物系列（arthro-series）的甘露糖 -β1-4- 葡萄糖 -β1- 神经酰胺（Manβ1-4Glcβ1-Cer）核心，而不是脊椎动物中常见的半乳糖 -β1-4- 葡萄糖 -β1- 神经酰胺（Galβ1-4Glcβ1-Cer）核心；一些糖脂还携带有岩藻糖或磷酰胆碱残基（见图 25.7）。此外，秀丽隐杆线虫具有编码**糖基磷脂酰肌醇（GPI）**锚定糖蛋白合成酶的基因，但糖基磷脂酰肌醇锚的结构尚未被确定（**第 12 章**）。

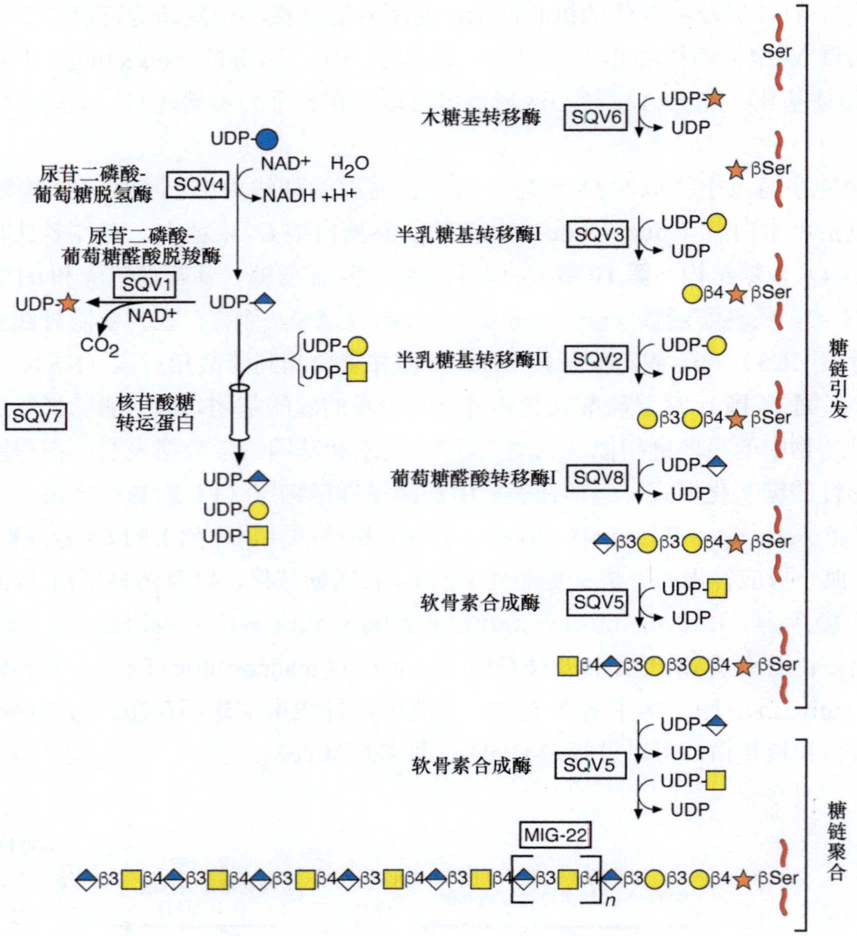

图 25.5 秀丽隐杆线虫中软骨素的生物合成。单个步骤中的突变被确定为压扁外阴（SQV）突变体，如正文中所述。缩写：丝氨酸（Ser），尿苷二磷酸（UDP），烟酰胺腺嘌呤二核苷酸（NAD^+），还原型烟酰胺腺嘌呤二核苷酸（NADH），硫酸软骨素聚合因子合成酶（MIG-22）。关于聚糖的符号表示请参见附录 2。

25.3 秀丽隐杆线虫中的糖基转移酶基因

秀丽隐杆线虫基因组编码许多在高等动物和人类中发现的、用于糖复合物生物合成的酶的同源物，包括用于合成 *O*-GalNAc（黏蛋白型）聚糖、糖胺聚糖、*O*-GlcNAc 糖基化、*N*- 聚糖、鞘糖脂和糖基磷脂酰肌醇锚的糖酶。与脊椎动物相比（**第 15 章**），线虫缺乏唾液酸以及任何与唾液酸生物合成或利用相关的酶。此外，根据糖复合物的结构，预计秀丽隐杆线虫会表达多种参与其新陈代谢的酶。事实上，秀丽隐杆线虫的基因组中似乎编码了大约 300 种碳水化合物活性酶，具体可参见**碳水化合物活性酶数据库（Carbohydrate-Active Enzymes，CAZy）**（http://www.cazy.org/），包括糖基转移酶（glycosyltransferase，GT）、糖苷酶（glycosidase）、差向异构酶（epimerase）、多糖裂解酶（polysaccharide lyase）和碳水化合物酯酶（carbohydrate esterase）（**第 52 章**）。迄今为止，这些推定的酶中的大多数都尚未被表征，并且关于它们在秀丽隐杆线虫中的表达或功能的总体认知极其有限。一些已知信息来自诱变产生的表型，如下文所述。总之，这些研究确定了秀丽隐杆线虫和脊椎动物之间一些有趣的差异及相似之处。

据推测，秀丽隐杆线虫基因组编码了约 240 种糖基转移酶，一些糖基转移酶家族具有高度代表性，包括：11 种推定的多肽 *N*- 乙酰半乳糖胺转移酶（polypeptide *N*-acetylgalactosaminyltransferase，ppGalNAcT）；

32 种 α- 岩藻糖基转移酶（α-fucosyltransferase）同源物，其中包括 5 个 α1-3 岩藻糖基转移酶（α1-3FucT）、26 个 α1-2 岩藻糖基转移酶（α1-2FucT）和 1 个 α1-6 岩藻糖基转移酶（α1-6FucT）；20 多种 β-*N*- 乙酰葡糖胺转移酶（β-*N*-acetylglucosaminyltransferase）的同源物。来自秀丽隐杆线虫的聚糖修饰酶（glycan-modifying enzyme）相对较少，但已被证明具有对应的功能。研究人员仅在少数情况下对其受体的特异性进行了表征。事实上，我们的知识仍然存在许多空白，因为许多糖苷键所需的糖基转移酶仍然有待鉴定，或者存在糖基转移酶的同源物而其相应的活性尚不知晓。

就 *N*- 聚糖在高尔基体中的修饰而言，秀丽隐杆线虫与人类和大多数其他脊椎动物的不同之处在于，它具有三个基因（*gly-12*、*gly-13*、*gly-14*），而不仅仅是一个，用于编码 β1-2 *N*- 乙酰葡萄糖胺转移酶 1（β1-2 *N*-acetylglucosaminyltransferase 1，GlcNAcT-I），以催化形成 GlcNAcβ1-2$Man_5GlcNAc_2$-Asn（见图 25.3）。*gly-12*、*gly-13* 和 *gly-14* 缺陷的三重敲除线虫，能够产生非常少量的乏甘露糖苷（$Man_{2\text{-}3}GlcNAc_2$）*N*- 聚糖（可能具有或不具有核心 α1-6 岩藻糖修饰），而 $Man_5GlcNAc_2$-Asn 则是主要的 *N*- 聚糖结构。另外，核心 α1-3 岩藻糖基化并未在该突变体中被消除。

随后，生物合成的中间产物 GlcNAcβ1-2$Man_5GlcNAc_2$-Asn，被单一的 α- 甘露糖苷酶 II（α-mannosidase II）作用，产生 GlcNAcβ1-2$Man_3GlcNAc_2$-Asn。秀丽隐杆线虫包含三种具有 α- 甘露糖苷酶活性的酶：位于溶酶体的 α- 甘露糖苷酶 1（AMAN-1）、参与 *N*- 聚糖加工的 α- 甘露糖苷酶 II/IIx 样 α- 甘露糖苷酶 2（AMAN-2），以及 Co^{2+} 依赖性的 α- 甘露糖苷酶 3（AMAN-3）。在 *aman-2*（*F58H1.1*）基因中存在大量缺失的突变体，主要产生 $Man_5GlcNAc_2$-Asn 和 $GlcNAc_1Man_5GlcNAc_2$-Asn，以及这些结构经岩藻糖基化和磷酰胆碱修饰的变体，但缺少乏甘露糖苷结构。此外，该突变体的核心 α1-3 岩藻糖抗原水平降低，而该修饰与辣根过氧化物酶抗体的反应性有关。

与许多无脊椎动物一样，最终的聚糖产物中通常不存在 *N*- 乙酰葡萄糖胺（GlcNAc）天线结构，实际上，秀丽隐杆线虫具有两种相关的 β- 己糖胺酶（β-hexosaminidase 2，3，HEX-2、HEX-3），它们可以切割 GlcNAcβ1-2$Man_3GlcNAc_2$-Asn，产生具有乏甘露糖（paucimannose）结构的 $Man_3GlcNAc_2$-Asn，在脊椎动物中未发现该反应。此外，没有证据表明，*N*- 乙酰葡萄糖胺天线结构上可以发生半乳糖基化，并且与人类 β1-4 半乳糖基转移酶（human β1-4 galactosyltransferase）最接近的秀丽隐杆线虫中的同源物实际上是 β1-4 *N*- 乙酰半乳糖胺转移酶（β1-4 *N*-acetylgalactosaminyltransferase），该酶负责在 *N*- 聚糖和糖脂的天线结构中产生二 -*N*- 乙酰基乳糖胺（LacdiNAc）序列（GalNAcβ1-4GlcNAc-R）。研究人员已经对三种核心岩藻糖基转移酶进行了表征，并分析了相应突变体的糖组。尽管 *fut-8* 基因编码一种与哺乳动物 *FUT8* 基因具有相同特异性的 α1-6 岩藻糖基转移酶（α1-6 fucosyltransferase），但两种具有不寻常底物偏好的 α1-3 岩藻糖基转移酶（α1-3 fucosyltransferase 1，6，FUT-1，FUT-6）（分别由 *fut-1* 和 *fut-6* 编码），负责将岩藻糖转移到近端和远端的核心 *N*- 乙酰葡萄糖胺（GlcNAc）残基上；而与植物和昆虫的核心 α1-3 岩藻糖基转移酶（core α1-3 fucosyltransferase）不同，FUT-1 无法将岩藻糖转移到 α1-3- 甘露糖上带有 β1-2GlcNAc 的聚糖上，FUT-6 的作用会因 α1-6- 甘露糖的存在而被阻断。研究人员还报道了两种 α1-2 岩藻糖基转移酶（α1-2 fucosyltransferase）和一种岩藻糖修饰的 β1-4 半乳糖基转移酶（β1-4 galactosyltransferase，GALT-1）在重组形式下的催化活性。

对多肽修饰糖基转移酶（peptide-modifying glycosyltransferase）而言，11 种线虫的尿苷二磷酸 -*N*- 乙酰半乳糖胺多肽 α-*N*- 乙酰半乳糖胺转移酶（UDP-GalNAc polypeptide α-*N*-acetylgalactosaminyltransferase，ppGalNAcT），可修饰黏蛋白核心多肽的丝氨酸 / 苏氨酸（Ser/Thr）残基，并且均已被制备为重组蛋白，但其中只有 5 种对哺乳动物的多肽受体具有转移酶活性。此外，秀丽隐杆线虫 β1-3 半乳糖基转移酶（β1-3 galactosyltransferase）即 T- 合成酶（T-synthase）已被完整表征，它能够产生脊椎动物共有的核心 1 型（core 1）*O*- 聚糖结构（**第 10 章**）。秀丽隐杆线虫中唯一的细胞质或细胞核的 *O*-*N*- 乙酰葡萄糖胺转移酶

（*O*-GlcNAc transferase，OGT）、糖胺聚糖起始的 *O*- 木糖基转移酶（*O*-xylosyltransferase）的同源物、蛋白质 *O*- 岩藻糖基转移酶 1（protein *O*-fucosyltransferase 1, POFUT1）和蛋白质 *O*- 岩藻糖基转移酶 2（protein *O*-fucosyltransferase 2，POFUT2），均在生化和遗传水平上进行了表征。秀丽隐杆线虫还可以合成糖胺聚糖的经典核心四糖——葡萄糖醛酸 -β1-3- 半乳糖 -β1-3- 半乳糖 -β1-4- 木糖 -β1- 丝氨酸（GlcAβ1-3Galβ1-3Galβ1-4Xylβ1-Ser），并能将其延长，以生成硫酸软骨素（CS）和硫酸乙酰肝素（HS）。在秀丽隐杆线虫硫酸乙酰肝素的生物合成中，存在许多磺基转移酶（sulfotransferase）和一种硫酸乙酰肝素差向异构酶（epimerase），但软骨素修饰酶（chondroitin-modifying enzyme）较少。启动不寻常的节肢动物系列（arthro-series）糖脂核心结构——甘露糖 -β1-4- 葡萄糖 β1- 神经酰胺（Manβ1-4Glcβ1-Cer）所需的基因也是已知的，但秀丽隐杆线虫缺乏 β1-4 半乳糖基转移酶（β1-4 galactosyltransferase），而该酶可用于合成更为熟悉的糖脂核心结构——半乳糖 -β1-4- 葡萄糖 β1- 神经酰胺（Galβ1-4Glcβ1-Cer）。

在发育过程中或在成虫时，已知的糖基转移酶在秀丽隐杆线虫中的表达，尚未在细胞水平上获得系统性描绘。许多相关的研究基于使用绿色荧光蛋白（green fluorescent protein，GFP）作为报告蛋白的启动子进行分析。因此，目的基因的启动子区域（通常在基因上游的 0.5 ～ 1.5kb，有时包括基因的上游元件和前几个外显子）会与编码绿色荧光蛋白的 cDNA 连接，然后将 DNA 直接注射到雌雄同体的线虫的性腺中，以产生转基因动物。新发育的动物会吸收这种 DNA，成为转基因动物。因此，研究人员可以在发育的不同阶段观察启动子的利用情况（见图 25.2）。利用这种方法，研究人员发现一些糖基转移酶基因被广泛表达，包括产生核心 1 型 *O*- 聚糖的 T- 合成酶（图 25.4）、参与糖胺聚糖生物合成的 SQV-2 蛋白（图 25.5），以及两个蛋白质 *O*- 岩藻糖基转移酶——蛋白质 *O*- 岩藻糖基转移酶 1（POFUT1）和蛋白质 *O*- 岩藻糖基转移酶 2（POFUT2）。相比之下，脊椎动物中与核心 2 型 *N*- 乙酰葡萄糖胺转移酶（core-2 *N*-acetylglucosaminyltransferase）相关的 6 种单独的糖基转移酶的表达，则具有组织特异性（**第 10 章**）；其中一个基因 *gly-15* 仅在两个腺细胞中表达。与 *N*- 聚糖生物合成相关的启动子分析表明，胚胎发育伊始，*gly-12* 和 *gly-13* 在所有细胞中表达，而 *gly-14* 基因仅在 L1 期到成虫期的肠细胞中表达；*aman-2* 基因则在线虫的大多数细胞中表达。在秀丽隐杆线虫中预测的 26 种 α1-2 岩藻糖基转移酶中，有一种（FUT-2，由 *CE2FT-1* 基因编码）在胚胎的单个细胞中表达，并且仅在幼虫阶段 L1 ～ L4 期和成虫的 20 个肠细胞中表达。因此，在大型基因家族中，单个基因很可能以局部方式进行表达，并且对某些底物具有独特的活性，而单个基因家族则似乎在所有细胞中均有表达。

25.4 糖复合物的功能分析

可以用不同的方法对秀丽隐杆线虫进行遗传学操作，其中许多方法已经产生了关于糖基转移酶、这些糖酶生成的聚糖产物和凝集素结合蛋白功能的重要信息。参与糖基化途径的数十个基因，已被证明在秀丽隐杆线虫的发育中具有重要作用，或是在线虫的先天免疫中对病原体的抵抗力或易感性意义深远。

25.4.1 糖蛋白上的 *N*- 聚糖和 *O*- 聚糖

如上所述，秀丽隐杆线虫的糖蛋白同时具有 *N*- 聚糖和 *O*- 聚糖。在脊椎动物中，干扰 *N*- 糖基化或 *O*- 糖基化的早期步骤会导致胚胎致死或产生严重的发育表型（**第 45 章**）。与脊椎动物一样，干扰秀丽隐杆线虫中 *N*- 聚糖和 *O*- 聚糖生物合成的后期步骤不会导致发育问题，但对糖组的影响可能非常深远。例如，在秀丽隐杆线虫中，消除编码三种 *N*- 乙酰葡萄糖胺转移酶 -I（*N*-acetylglucosaminyltransferase I,

GlcNAcT-I）同型蛋白的三个基因（*gly-12*、*gly-13* 和 *gly-14*），或消融唯一的甘露糖苷酶 II（mannosidase II）基因（*aman-2*），会导致 *N*- 糖组的显著改变，但不影响实验室条件下线虫的发育，这与这些基因改变对哺乳动物的影响形成了鲜明的对比；然而，研究人员已经报道了具有 *N*- 乙酰葡萄糖胺转移酶 -I 突变的线虫对细菌感染的易感性发生了改变。此外，细胞质和细胞核 *O*-GlcNAc 糖基化蛋白修饰所需的 *O*-*N*- 乙酰葡萄糖胺转移酶（*O*-GlcNAc transferase，OGT）的缺失，虽然对脊椎动物细胞而言是致命的（**第 19 章**），但对秀丽隐杆线虫却并不致命，只是会伴随着一种类似于人类胰岛素抵抗的表型。删除用于“拮抗”的 *O*-*N*- 乙酰葡萄糖胺水解酶（*O*-GlcNAcase，OGA）也会产生相关的表型。

就 *O*- 聚糖而言，多肽 α-*N*- 乙酰半乳糖胺转移酶（ppGalNAcT）、α1-2 和 α1-3 岩藻糖基转移酶同源物的**冗余性（redundancy）**，可能是尚未发现与这些家族任何成员的缺失相关的发育表型的肇因。然而，对线虫的蛋白质 *O*- 岩藻糖基转移酶（POFUT2，由 *pad-2* 基因编码）的 RNA 干扰（RNA interference，RNAi）研究表明，血小板应答蛋白 1 型重复序列（TSR）上的 *O*- 岩藻糖修饰是蠕虫正常的形态发生所必需的（**第 13 章**）。所有岩藻糖基化配体的生物合成都需要前体鸟苷二磷酸 - 岩藻糖（GDP-Fuc），并且需要核苷酸糖转运蛋白将其转运到高尔基体（**第 5 章**）。一种名为 **II 型白细胞黏附缺陷症（leukocyte adhesion deficiency type II，LADII）**的人类疾病，由鸟苷二磷酸 - 岩藻糖的运输缺陷引起（**第 34 章**）。通过对秀丽隐杆线虫候选核苷酸糖转运蛋白基因的筛选，研究人员鉴定出一个确实能够有效回补 II 型白细胞黏附缺陷症患者成纤维细胞中的转运和岩藻糖基化缺陷的基因，从而精确地查明了这些患者的遗传缺陷。由 *bre-1* 基因突变引起的鸟苷二磷酸 - 岩藻糖（GDP-Fuc）生物合成缺陷，导致了对某些真菌毒性凝集素的抗性；此外，编码 FUT-1、FUT-6 和 FUT-8 的核心岩藻糖基转移酶（core fucosyltransferase）、编码 GALT-1 的半乳糖基转移酶（galactosyltransferase）、编码 HEX-2 和 HEX-3 的己糖胺酶（hexosaminidase），或编码负责聚糖甲基化的 *S*- 腺苷甲硫氨酸转运蛋白 1（*S*-adenosylmethionine transporter 1，SAMT-1）的基因突变，均与线虫应对那些由线虫毒性真菌（nematoxic fungi）所表达的蛋白质时敏感性的改变有关。

秀丽隐杆线虫也是研究感染和先天免疫的一个有趣的模型系统。该生物体可能被不同的细菌病原体定植，包括**铜绿假单胞菌（*Pseudomonas aeruginosa*）**、**鼠疫耶尔森菌（*Yersinia pestis*）**和**假结核耶尔森菌（*Yersinia pseudotuberculosis*）**。这两种耶尔森菌会在线虫头部外产生一层黏性生物膜（biofilm）（即一种包裹细菌群落的胞外多糖基质），从而损害其生存能力。相比之下，铜绿假单胞菌则在线虫肠道组织中定植。另一种细菌——**嗜线虫微杆菌（*Microbacterium nematophilum*）**，则黏附在线虫的肛门上，并在下层的皮下组织中引发刺激。**苏云金芽孢杆菌（*Bacillus thuringiensis*，Bt）**感染会导致肠道破坏，这一点将在下文关于糖脂的叙述中详细讨论。研究人员已经发现，线虫中的突变会影响这些细菌的定植，其中一些会影响糖基化过程。这类突变体的例子包括那些编码推定糖基转移酶的 *bus* 基因缺陷的突变体。

一组特别有趣的突变是 *srf* 突变体（表面抗原性改变的突变体）。通过抗体或凝集素与角质层结合时发生的异变，研究人员获得并鉴定了一些 *srf* 突变体，这表明角质层成分的损失暴露出全新的抗原。*srf-3* 突变体对嗜线虫微杆菌的感染具有抗性，并且缺乏一些含有葡萄糖醛酸和半乳糖的 *O*- 连接糖复合物，同时某些 *N*- 聚糖的表达水平降低。*srf-3* 基因编码一种核苷酸糖转运蛋白，该转运蛋白可以转运尿苷二磷酸 - 半乳糖（UDP-Gal）和尿苷二磷酸 -*N*- 乙酰葡萄糖胺（UDP-GlcNAc），这表明该转运蛋白的突变会导致角质层的聚糖成分改变，从而赋予了突变体对嗜线虫微杆菌的抗性。有趣的是，在秀丽隐杆线虫的基因组中，有 18 个推定的核苷酸糖转运蛋白（**第 5 章**），这比已知的核苷酸糖类型，即尿苷二磷酸 - 半乳糖（UDP-Gal）、尿苷二磷酸 - 葡萄糖（UDP-Glc）、尿苷二磷酸 -*N*- 乙酰葡萄糖胺（UDP-GlcNAc）、尿苷二磷酸 -*N*- 乙酰半乳糖胺（UDP-GalNAc）、尿苷二磷酸 - 木糖（UDP-Xyl）、鸟苷二磷酸 - 甘露糖（GDP-Man）和鸟苷二磷酸 - 岩藻糖（GDP-Fuc）要多得多，表明这些转运蛋白可能存在着功能上的重叠。

25.4.2 蛋白聚糖和糖胺聚糖

在线虫产卵期间，受精卵必须通过外阴（vulva），这是一个连接性腺与外部角质层的简单管状结构。在胚胎后发育（postembryonic development）过程中，外阴的形态发生（morphogenesis）通过单层上皮细胞的内陷（invagination）产生。研究人员使用诱变技术，确定了几种干扰外阴内陷的突变，称为压扁外阴突变（squashed vulva，*sqv*）。在最初的筛选中，在 *sqv-1* 到 *sqv-8* 的 8 个基因中，共鉴定出 25 个突变。所有突变都产生了相似的表型：外阴内陷的部分塌陷、中央外阴细胞伸长、与母体效应（maternal-effect）[①]致死相关的雌雄同体不育，以及早期胚胎的胞质分裂缺陷。所有 8 个 *sqv* 基因都与参与脊椎动物糖胺聚糖生物合成的酶具有同源性（图 25.5）。*sqv-1*、*sqv-4* 和 *sqv-7* 负责编码在核苷酸糖代谢和运输中起作用的蛋白质。SQV-7 核苷酸糖转运蛋白，是第一例可以将多种核苷酸糖导入高尔基体的载体（**第 5 章**）。SQV-4 和 SQV-1 蛋白分别代表了依次参与形成尿苷二磷酸 - 葡萄糖醛酸（UDP-GlcA）和尿苷二磷酸 - 木糖（UDP-Xyl）的酶，这些结果表明，*sqv* 突变最有可能影响糖胺聚糖的合成。*sqv-6*、*sqv-3*、*sqv-2* 和 *sqv-8* 的生化分析表明，它们编码了组装硫酸乙酰肝素和软骨素共有的**连键区四糖（linkage tetrasaccharide）**所需的脊椎动物转移酶在线虫中对应的直系同源物。最后，对 *sqv-5* 的表征表明，它编码软骨素合成酶（chondroitin synthase），该酶与 *mig-22* 基因编码的软骨素聚合因子（chondroitin polymerizing factor）协同作用。因此，形成外阴的上皮层内陷失败、母体效应致死和细胞分裂缺陷等各种表型，实际上由软骨素形成缺陷引起。

在看似不同的系统中，对软骨素组装的需求可能由外阴腔内或卵壳与胚胎之间的生物物理变化所致。一种观点认为，软骨素中的葡萄糖醛酸所带来的高负电荷会吸引平衡离子（counterion），从而提高局部渗透压，造成膨胀压力。另一种可能性是，软骨素充当了与细胞膜或卵壳结合的物理支架。有趣的是，在 *sqv* 基因筛选的过程中，并没有检测到影响编码蛋白聚糖核心蛋白的相关基因突变，而软骨素链恰恰组装在这些核心蛋白之上。蛋白质组学分析共鉴定了 9 种用软骨素链修饰的、全新的**硫酸软骨素蛋白聚糖（chondroitin sulfate proteoglycan，CPG）**核心蛋白（图 25.6），其中两种硫酸软骨素蛋白聚糖 CPG-1 和 CPG-2，含有壳多糖结合结构域（chitin-binding domain），可能允许蛋白聚糖与卵壳中的壳多糖发生相互作用，从而将蛋白聚糖定位在卵壳和胚胎质膜之间，它们可以在其中作为间隔物（spacer）或渗透压调节剂。通过 RNA 干扰沉默 *cpg-1* 和 *cpg-2* 的表达，重现了在 *sqv* 突变体中所观察到的细胞分裂缺陷，这表明 CPG-1 和 CPG-2 都是相关的蛋白聚糖。参与上皮细胞内陷的蛋白聚糖目前还未被确定。

秀丽隐杆线虫中硫酸乙酰肝素（HS）的生物合成，与在脊椎动物系统中所观察到的生物合成模式一致（**第 17 章**）。硫酸乙酰肝素生物合成途径中的突变在秀丽隐杆线虫中是致死的。参与这一途径的两个关键基因是 *rib-1* 和 *rib-2*，它们分别是脊椎动物基因 *Ext2* 和 *Ext1* 的同源物，能够催化硫酸乙酰肝素链主链（GlcAβ1-4GlcNAcα1-4）的聚合（**第 17 章**）。对 *Ext1* 的线虫同源物 *rib-2* 进行突变，产生的突变体在发育和产卵方面存在缺陷。线虫基因组还包含 1 个葡萄糖醛酸 C-5 差向异构酶（glucuronic acid C-5 epimerase）基因（*hse-5*），以及 5 个磺基转移酶活性基因：由 *hst-1* 基因编码的 *N*- 乙酰葡萄糖胺 *N*- 去乙酰酶 /*N*- 磺基转移酶（GlcNAc *N*-deacetylase/*N*-sulfotransferase，Ndst），由 *hst-2* 基因编码的糖醛酸 2-*O*- 磺基转移酶（uronyl 2-*O*-sulfotransferase），由 *hst-3.1* 和 *hst-3.2* 基因编码的两种 3-*O*- 磺基转移酶（3-*O*-sulfotransferase），由 *hst-6* 基因编码的 6-*O*- 磺基转移酶（6-*O*-sulfotransferase）。所有这些酶都是参与硫酸乙酰肝素合成的脊椎动物基因的同源物。相比之下，脊椎动物含有 4 种 *N*- 乙酰葡萄糖胺 *N*- 去乙酰酶 /*N*- 磺基转移酶（Ndst）、3 种 6-*O*- 磺基转移酶和 7 种 3-*O*- 磺基转移酶。尽管差向异构酶（*hse-5*）和磺基转移酶（*hst-6*、*hst-2*）的突变不会影响线虫的生存能力，但它们会导致特定细胞迁移、轴突生长和（或）神经突分支的缺陷。与

① 由于雌雄同体亲本中核基因的某些产物积累在卵细胞质中，使子代表型不由自身基因型决定，从而出现与亲本表型相同的现象。

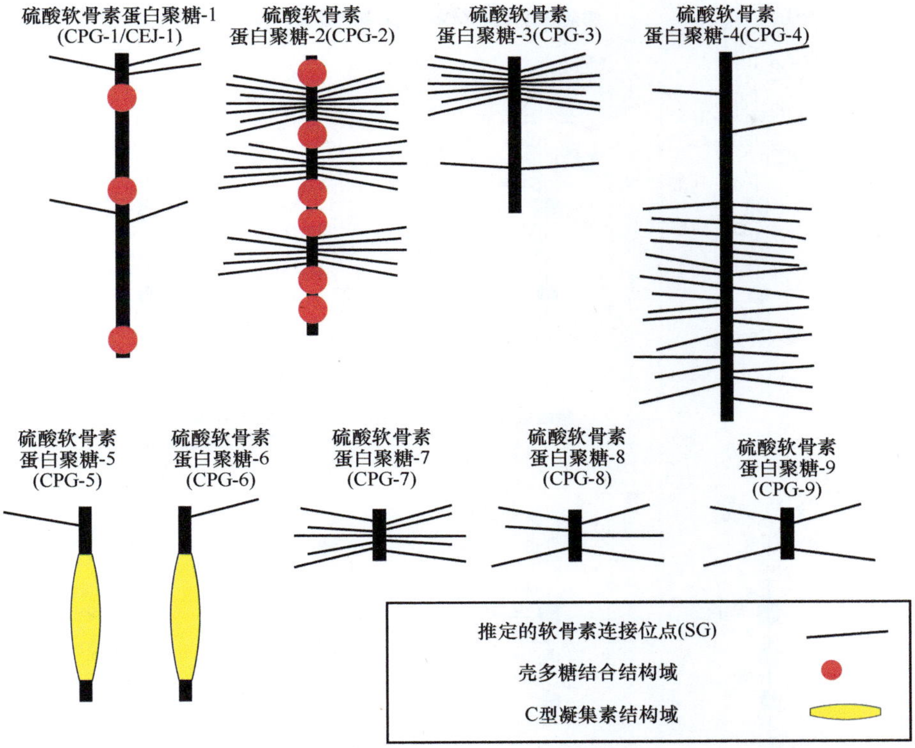

图 25.6 秀丽隐杆线虫的硫酸软骨素蛋白聚糖（CPG）。

该发现一致，细胞表面硫酸乙酰肝素蛋白聚糖——黏结蛋白聚糖（syndecan，由 *sdn-1* 基因编码）的失活，会影响神经迁移和轴突导向。秀丽隐杆线虫还产生两种糖基磷脂酰肌醇（GPI）锚定的硫酸乙酰肝素蛋白聚糖。LON-2 蛋白是磷脂酰肌醇蛋白聚糖（glypican）家族的成员，能够负向调控**骨形态发生蛋白样信号通路（bone morphogenetic protein-like signaling pathway）**，进而控制秀丽隐杆线虫的身体长度。线虫还含有脊椎动物基底膜蛋白聚糖——串珠蛋白聚糖（perlecan）的同源物（由 *unc-52* 编码）。通过可变剪接，能够产生至少三种主要类别的 UNC-52 蛋白的异构体，并且在整个发育过程中会出现不同的时空表达模式，恰如其基因缩写中所描述的“不协同”（uncoordinated，*unc*）表型。*unc-52* 突变体在胚胎发育期间影响了体壁肌肉中的肌丝组装。因此，与脊椎动物一样，硫酸乙酰肝素蛋白聚糖在发育期间和成年动物中介导了许多基本过程。

25.4.3 糖脂

秀丽隐杆线虫中的节肢动物系列（arthro-series）糖脂包括了用磷酰胆碱或岩藻糖残基修饰的结构（图 25.7A）。最近，关于秀丽隐杆线虫对细菌毒素的抗性研究（**第 37 章**），产生了对糖脂的结构和功能的有趣认识。**苏云金芽孢杆菌（*Bacillus thuringiensis*，Bt）**晶体毒素因其能够杀死害虫而被用于转基因和有机农业。苏云金芽孢杆菌对秀丽隐杆线虫具有毒性，但在诱变后，研究人员鉴定出对晶体毒素 Cry5B 具有抗性的几个基因，并将其依次归类为 *bre-1* 至 *bre-5*，它们或编码鸟苷二磷酸 - 岩藻糖（GDP-Fuc）生物合成所需的酶，或编码糖脂特异性的糖基转移酶。这些品系均未表现出发育上的异变，但它们对苏云金芽孢杆菌具有高度抗性，而具有 Cry5B 抗性的突变体含有缺乏末端岩藻糖的截短的糖脂。因此，线虫肠道上皮中的 Cry5B 配体，被推定为秀丽隐杆线虫中最大的糖脂（有关 *bre* 突变体中相关酶促反应步骤的缺陷可参见图 25.7）。

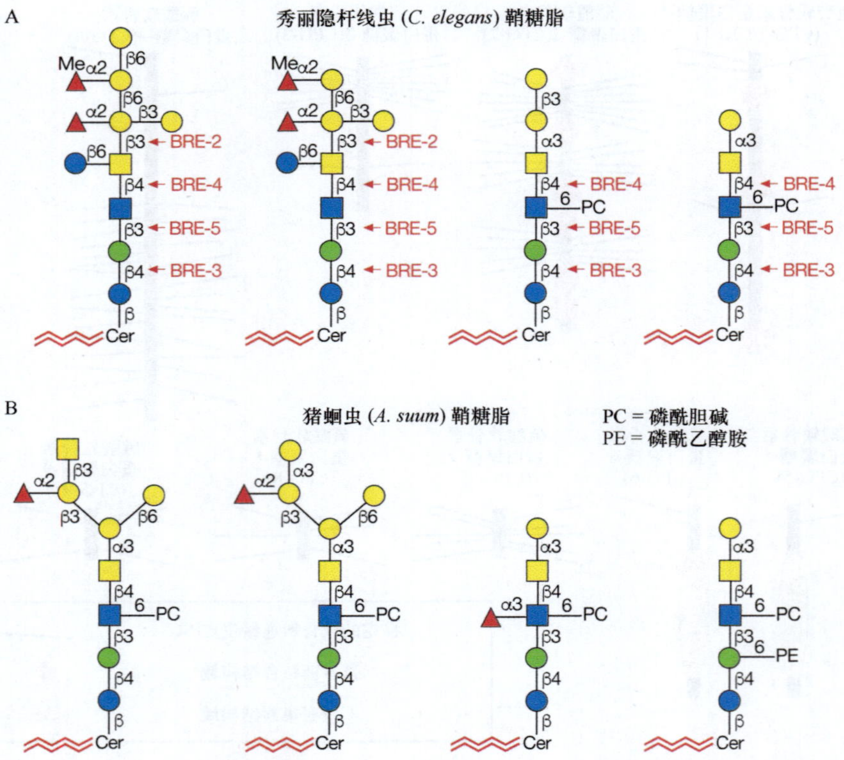

图 25.7 线虫糖脂示例。 A. 秀丽隐杆线虫的糖脂结构。导致截短糖脂的突变已被鉴定为 *bre* 突变体，如正文中所述；这些突变体中缺少的步骤，在野生型蠕虫中由指定的 BRE 蛋白进行催化。B. 猪蛔虫的糖脂结构。缩写：甲基（Me），神经酰胺（Cer）。关于聚糖的符号表示请参见附录 2。

25.5 秀丽隐杆线虫中的聚糖结合蛋白

尽管秀丽隐杆线虫基因组编码了许多预测的**聚糖结合蛋白（glycan-binding protein，GBP）**，但其中已经进行生化表征，或通过基因操作进行探索的屈指可数。在秀丽隐杆线虫中发现的第一个聚糖结合蛋白是**半乳凝集素（galectin）**（**第 36 章**），它通过亲和色谱法实现了分离，并于 1992 年进行了测序。这一结果令研究人员瞠目结舌，因为在此之前，普遍认为半乳凝集素仅在脊椎动物中表达。令人惊奇的是，秀丽隐杆线虫基因组编码了 28 种推定的半乳凝集素，几乎是人类的两倍。目前研究人员仅对其中两种蛋白质进行了详细研究：分子质量为 32 kDa 的串联重复型（tandem-repeat）半乳凝集素 LEC-6；分子质量为 16 kDa 的原型（prototype）半乳凝集素 LEC-1。这两种半乳凝集素都可以与含有半乳糖的配体结合。

研究人员已经在秀丽隐杆线虫基因组中鉴定了约 283 个 *clec* 基因，这些基因负责编码具有 **C 型凝集素结构域（C-type lectin domain，CTLD）**的蛋白质（**第 34 章**），其中一些蛋白质具有多个 C 型凝集素结构域。在这些 C 型凝集素结构域中，只有 19 个具有预测的碳水化合物识别序列特征。与脊椎动物中含有 C 型凝集素结构域的蛋白质相比，秀丽隐杆线虫中的大多数具有 C 型凝集素结构域的蛋白质具有信号序列而没有跨膜结构域，表明它们是分泌蛋白，但它们在该生物体中的功能作用尚未得到详细研究。然而，当这些动物受到可杀灭它们的苏云金芽孢杆菌菌株及其他病原菌的挑战时，其中几种 C 型凝集素结构域的表达会发生上调；这些凝集素很可能在秀丽隐杆线虫的先天免疫系统中发挥作用。

25.6 其他线虫的糖生物学

由于易于基因操作和培养，对非寄生线虫——秀丽隐杆线虫的研究，取得了令人难以置信的回报。人们对寄生线虫知之甚少，它们在世界各地的动物和人类中造成海量的死亡和巨大的苦痛。可以预期，秀丽隐杆线虫及其他线虫在糖复合物结构和生物合成方面有很多共性，但与秀丽隐杆线虫相比，每种线虫的聚糖都存在着差异，这些可能与它们的毒力和寄生要求有关。

研究人员已经对一些主要的寄生线虫的糖复合物进行了研究，包括**魏氏棘唇线虫**（*Acanthocheilonema viteae*）、**猪蛔虫**（*Ascaris suum*）、**牛肺线虫**（*Dictyocaulus viviparus*）、**犬心丝虫**（*Dirofilaria immitis*）、**捻转血矛线虫**（*Haemonchus contortus*）、**有齿食道口线虫**（*Oesphagostomum dentatum*）、**盘尾丝虫**（*Onchocerca volvulus*）、**猪毛首线虫**（*Trichuris suis*）、**猪旋毛虫**（*Trichinella spiralis*）、**犬弓首蛔虫**（*Toxocara canis*）、**猫弓首蛔虫**（*Toxocara cati*）（**第 43 章**）。猪蛔虫是一种寄生于猪肠道的线虫。与秀丽隐杆线虫一样，猪蛔虫的 *N-* 聚糖以乏甘露糖型为主，并含有磷酰胆碱和核心岩藻糖残基。相比之下，在鹿体内寄生的**薄副鹿圆线虫**（*Parelaphostrongylus tenuis*）的 *N-* 聚糖末端被半乳糖广泛修饰，并带有末端结构——半乳糖 -1-3- 半乳糖 -β1-4-*N-* 乙酰葡萄糖胺 -R（Galα1-3Galβ1-4GlcNAc-R）。牛体内的寄生虫牛肺线虫，具有带有 Lewis 抗原的 *N-* 聚糖（**第 14 章**），其中包括 Lewis x 聚糖结构。绵羊寄生虫捻转血矛线虫合成含有岩藻糖基化二 -*N-* 乙酰基乳糖胺（LacdiNAc）抗原的、具有 GalNAcβ1-4(Fucα1-3)GlcNAc-R 结构的 *N-* 聚糖（**第 43 章**），而犬心丝虫则具有携带了延伸的壳糖基序（chito-motif）和（或）末端葡萄糖醛酸的 *N-* 聚糖。迄今为止报道的大多数线虫的 *N-* 糖组中都含有磷酰胆碱修饰的结构。除了**弓首蛔虫属**（*Toxocara*）中的短 *O-* 聚糖和有齿食道口线虫中磷酰胆碱修饰的糖胺聚糖样结构外，关于寄生线虫的 *O-* 聚糖数据寥寥无几（**图 25.8**）。

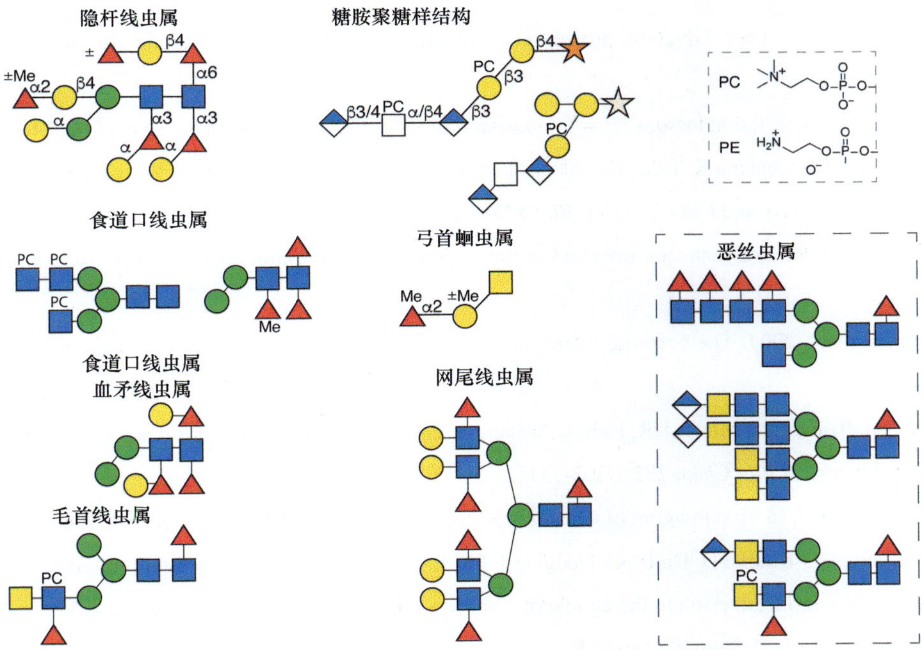

图 25.8 线虫聚糖示例。隐杆线虫属（*Caenorhabditis*）中核心修饰的 *N-* 聚糖；食道口线虫属（*Oesophagostomum*）和血矛线虫属（*Haemonchus*）中的 *N-* 聚糖；在二 -*N-* 乙酰基乳糖胺（LacdiNAc）上带有岩藻糖或磷酰胆碱修饰的毛首线虫属（*Trichuris*）*N-* 聚糖；食道口线虫属（*Oesophagostomum*）磷酰胆碱修饰的糖胺聚糖；弓首蛔虫属（*Toxocara*）中的 *O-* 聚糖；网尾线虫属（*Dictyocaulus*）中 Lewis x 修饰的 *N-* 聚糖；选定的岩藻糖基化和葡萄糖醛酸化的恶丝虫属（*Dirofilaria*）*N-* 聚糖。缩写：磷酰胆碱（PC），磷酰乙醇胺（PE）。有关单糖的符号表示请参见**附录 2**。

线虫也会制造不同寻常的糖脂，而且很可能每种类型的线虫，都会合成不同的糖脂结构。就糖脂而言，**猪蛔虫**（*A. suum*）是研究得最好的线虫之一。除了磷酰胆碱和磷酸乙醇胺外，它的许多糖脂也包含了节肢动物系列核心，此外还具有半乳糖和岩藻糖修饰（**图 25.7B**）。由于大多数研究都集中在聚糖结构的分析上，研究者对于这些寄生性线虫中调控糖基化的遗传学几乎一无所知；另一方面，**聚糖微阵列**（**glycan microarray**）技术的应用，开始揭示出那些与哺乳动物先天免疫系统蛋白质所对应的、线虫中的聚糖配体。

致谢

感谢杰弗里·D. 艾斯科（Jeffrey D. Esko）对本章前一版本的贡献，以及托德·洛瓦里（Todd Lowary）和中藤弘（Hiroshi Nakato）的有益评论及建议。

延伸阅读

Brenner S. 1974. The genetics of *Caenorhabditis elegans*. *Genetics* **77**: 71-94.

Drickamer K, Dodd RB. 1999. C-Type lectin-like domains in *Caenorhabditis elegans*: predictions from the complete genome sequence. *Glycobiology* **9**: 1357-1369.

Oriol R, Mollicone R, Cailleau A, Balanzino L, Breton C. 1999. Divergent evolution of fucosyl-transferase genes from vertebrates, invertebrates, and bacteria. *Glycobiology* **9**: 323-334.

Dodd RB, Drickamer K. 2001. Lectin-like proteins in model organisms: implications for evolution of carbohydrate-binding activity. *Glycobiology* **11**: 71R-79R.

Hirabayashi J, Arata Y, Kasai K. 2001. Glycome project: concept, strategy and preliminary application to Caenorhabditis elegans. *Proteomics* **1**: 295-303.

Schachter H. 2004. Protein glycosylation lessons from *Caenorhabditis elegans*. *Curr Opin Struct Biol* **14**: 607-616.

Olson SK, Bishop JR, Yates JR, Oegema K, Esko JD. 2006. Identification of novel chondroitin proteoglycans in *C. elegans*: embryonic cell division depends on CPG-1 and CPG-2. *J Cell Biol* **173**: 985-994.

Shi H, Tan J, Schachter H. 2006. N-glycans are involved in the response of *Caenorhabditis elegans* to bacterial pathogens. *Methods Enzymol* **417**: 359-389.

Antoshechkin I, Sternberg PW. 2007. The versatile worm: genetic and genomic resources for *Caenorhabditis elegans* research. *Nat Rev Genet* **8**: 518-532.

Barrows BD, Haslam SM, Bischof LJ, Morris HR, Dell A, Aroian RV. 2007. Resistance to Bacillus thuringiensis toxin in *Caenorhabditis elegans* from loss of fucose. *J Biol Chem* **282**: 3302-3311.

Laughlin ST, Bertozzi CR. 2009. In vivo imaging of *Caenorhabditis elegans* glycans. *ACS Chem Biol* **4**: 1068-1072.

Gravato-Nobre MJ, Stroud D, O'Rourke D, Darby C, Hodgkin J. 2011. Glycosylation genes expressed in seam cells determine complex surface properties and bacterial adhesion to the cuticle of *Caenorhabditis elegans*. *Genetics* **187**: 141-155.

Wohlschlager T, Butschi A, Grassi P, Sutov G, Gauss R, Hauck D, Schmieder SS, Knobel M, Titz A, Dell A, et al. 2014. Methylated glycans as conserved targets of animal and fungal innate defense. *Proc Natl Acad Sci* **111**: E2787-E2796.

Yan S, Brecker L, Jin C, Titz A, Dragosits M, Karlsson NG, Jantsch V, Wilson IB, Paschinger K. 2015. Bisecting galactose as a feature of N-glycans of wild-type and mutant *Caenorhabditis elegans*. *Mol Cell Proteomics* **14**: 2111-2125.

Jiménez-Castells C, Vanbeselaere J, Kohlhuber S, Ruttkowski B, Joachim A, Paschinger K. 2017. Gender and developmental specific N-glycomes of the porcine parasite *Oesophagostomum dentatum*. *Biochim Biophys Acta* **1861**: 418-430.

Martini F, Eckmair B, Štefanić S, Jin C, Garg M, Yan S, Jiménez-Castells C, Hykollari A, Neupert C, Venco L, et al. 2019. Highly modified and immunoactive N-glycans of the canine heartworm. *Nat Commun.* **10**: 75.

第 26 章

节肢动物门

凯利 · G. 滕哈根（Kelly G. Ten Hagen），中藤弘（Hiroshi Nakato），迈克尔 · 蒂迈尔（Michael Tiemeyer），杰弗里 · D. 艾斯科（Jeffrey D. Esko）

26.1 历史视角 / 338

26.2 昆虫糖蛋白 / 339

26.3 昆虫的蛋白聚糖和糖胺聚糖 / 348

26.4 壳多糖 / 350

26.5 昆虫鞘糖脂 / 351

26.6 昆虫凝集素 / 352

26.7 昆虫核苷酸糖转运蛋白 / 353

致谢 / 353

延伸阅读 / 354

本章介绍了节肢动物的糖基化，主要关注**黑腹果蝇**（*Drosophila melanogaster*）。黑腹果蝇主要的聚糖类别与脊椎动物中描述的聚糖类别相似，但也存在着有趣的差异。研究黑腹果蝇基因功能的强大遗传学系统，已被证明是了解早期发育中聚糖功能的有效手段，并提供了一些聚糖如何影响体内生长因子信号、形态发生素梯度、蛋白质分泌和神经功能的第一手实例。

26.1 历史视角

节肢动物是地球上最成功的物种之一，在所有类型的环境中都能找到。它们的特征之一，是由**壳多糖（chitin）**组成的外骨骼可以提供支撑和物理保护。其中研究得最透彻的是黑腹果蝇（*Drosophila melanogaster*）。1910 年，T.H. 摩尔根（T.H. Morgan）发表了第一篇关于黑腹果蝇遗传学的论文，表明白色眼睛是一种性别连锁的性状。从那时起，这种生物一直是动物遗传分析的主要模式生物体。它的优势包括：易于研究的发育过程；已经完成测序并被研究人员积极注释的基因组；相对复杂的神经系统；能够在形态、发育和行为方面辨别出数千种不同表型的能力。

为了寻找调控发育的基因，许多果蝇遗传学家与聚糖不期而遇。全新的分析技术扩大了对生物体聚糖合成能力的认识，并帮助建立了发生异变的聚糖表达与有趣的表型之间的相关性。其中一些相关性已被证明具有跨物种的共性，而另一些则是黑腹果蝇独有的。鉴于果蝇中糖基化的复杂性，本章不可能涵盖该生物体中聚糖和聚糖结合蛋白的方方面面。相反，我们概述了节肢动物聚糖的主要类别，并举例说明研究果蝇中的聚糖如何产生了影响脊椎动物和无脊椎动物生物学的新发现。

26.2　昆虫糖蛋白

26.2.1　*N*- 连接聚糖的组装和多样性

尽管研究人员一度认为，节肢动物糖蛋白仅存在**高甘露糖型**（**high-mannose**）或**乏甘露糖型**（**paucimannose**）（**第 9 章**），但对黑腹果蝇基因组的功能注释预测表明，其中存在生成杂合型（hybrid）和复合型（complex）聚糖所需的酶促机制。此外，改进的分析技术，使得检测极少量的聚糖成为了可能。对真核表达系统的商业需求和实验需求，催生了对来自蛾类**草地贪夜蛾**（***Spodoptera frugiperda***）的 Sf9 细胞和黑腹果蝇 S2 细胞的细胞糖基化途径的表征。现已明晰，在果蝇和其他昆虫的整个生命周期中，高甘露糖型和乏甘露糖型聚糖可占 *N*- 连接聚糖多样性的 90% 以上。然而，尽管杂合型和复合型聚糖是聚糖中的次要组成结构，也仍然存在，此外，*N*- 聚糖中还包含了唾液酸化、硫酸化、葡萄糖醛酸化和其他两性离子结构（**图 26.1**）。

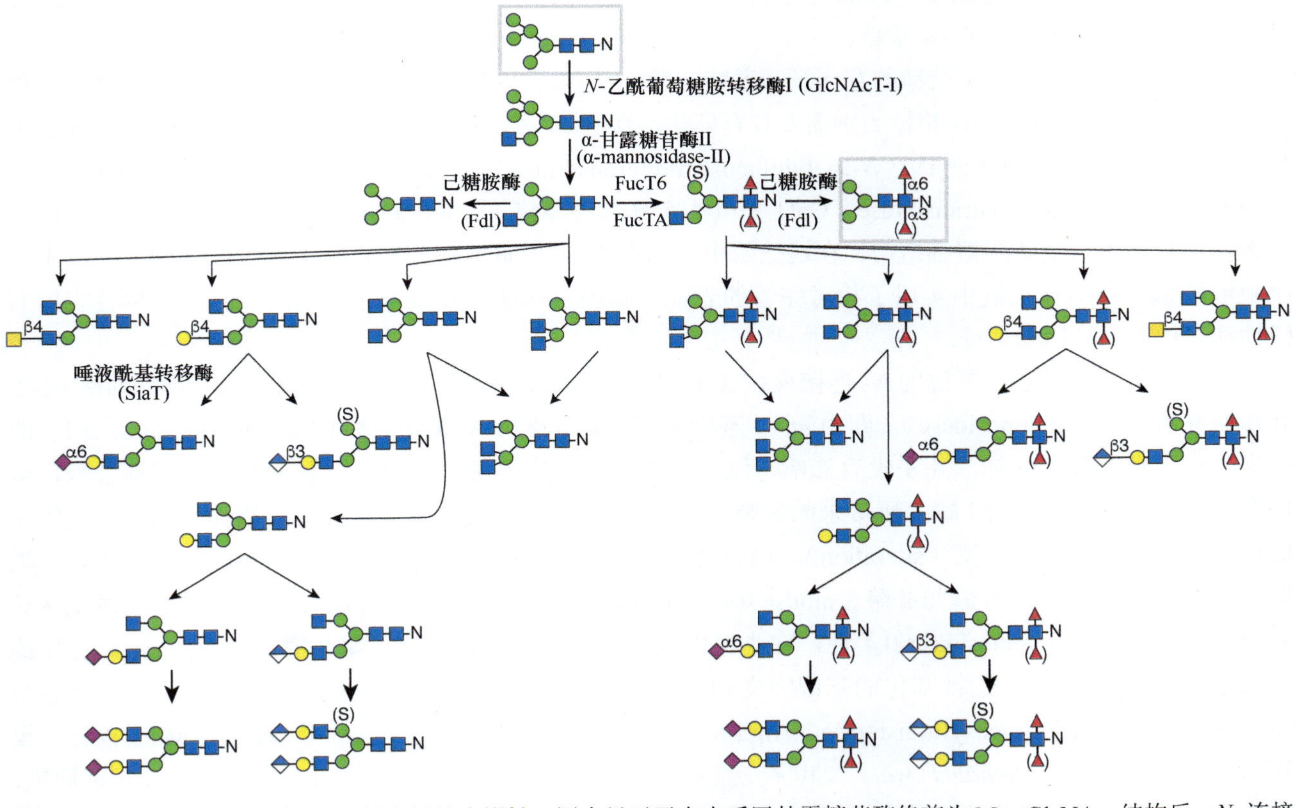

图 26.1　果蝇和其他昆虫中 *N*- 连接聚糖的多样性。图中显示了在内质网甘露糖苷酶修剪为 $Man_5GlcNAc_2$ 结构后，*N*- 连接聚糖的加工过程。（灰色框）主要的 *N*- 连接聚糖 $Man_5GlcNAc_2$ 和 $Man_3GlcNAc_2Fuc$，存在于果蝇的所有阶段。*N*- 连接聚糖的复杂性受己糖胺酶 Fdl 的限制，并通过表达具有特定糖基转移酶活性的糖酶来进行糖链的延伸。这些糖酶包括分支 *N*- 乙酰葡萄糖胺转移酶（尚未表征）、半乳糖基转移酶、*N*- 乙酰半乳糖胺转移酶、葡萄糖醛酸转移酶（尚未确认）及唾液酰基转移酶（已确定其中的一种）。核心岩藻糖基化发生在还原性末端 *N*- 乙酰葡萄糖胺残基的 C-6 和（或）C-3 处，分别由糖蛋白 6-α-L- 岩藻糖基转移酶（glycoprotein 6-α-L-fucosyltransferase，FucT6）或 α1-3 岩藻糖基转移酶 A（α1-3 fucosyltransferase A，FucTA）催化。C-3 处的岩藻糖基化，产生了具有神经特异性的辣根过氧化物酶（HRP）表位。除唾液酸化聚糖外，研究人员已在果蝇和其他昆虫中所有 *N*- 连接聚糖类别上，检测到 α1-6 连接核心甘露糖残基的硫酸化（S）。关于聚糖的符号表示请参见**附录 2**。

果蝇以 α1-3 和 α1-6 连键将岩藻糖（Fuc）添加到还原端的 *N*- 乙酰葡萄糖胺（GlcNAc）上，而脊椎动物中仅存在 α1-6 连键的岩藻糖。Fucα1-3GlcNAc 在人类和兔子中具有免疫原性，导致针对**辣根过氧化物酶表位**（**horseradish peroxidase epitope，HRP epitope**）的抗体的产生。抗辣根过氧化物酶（anti-HRP）抗体显示，Fucα1-3GlcNAc 表位主要局限于各种节肢动物的神经组织中。果蝇不会使用额外的封端单糖对核心岩藻糖残基进行延伸，也不会通过 *O*- 甲基化修饰 *N*- 连接聚糖，这两种情况均广泛存在于秀丽隐杆线虫中（**第 25 章**）。在黑腹果蝇生命周期的所有阶段，都显示出岩藻糖基化、唾液酸化、硫酸化、杂合型、二天线复合型和三天线复合型聚糖，这使得节肢动物 *N*- 聚糖的多样性通常与哺乳动物的大致相当（**第 27 章**），但唾液酸的使用非常有限这一点除外。

果蝇中复合型 *N*- 连接聚糖的相对缺乏，至少部分归因于分泌途径中一种己糖胺酶（hexosaminidase）的存在。该酶由 *fdl*（*fused lobes*）（融合脑叶）基因编码，能够有效去除位于糖链特定位置的 *N*- 乙酰葡萄糖胺残基（GlcNAc），该残基由 *Mgat1* 基因编码的 *N*- 乙酰葡萄糖胺转移酶 I（*N*-acetylglucosaminyltransferase I，GlcNAcT-I）负责催化添加到 $Man_5GlcNAc_2$ 核心聚糖非还原末端处的 Manα1-3 支链上。*N*- 乙酰葡萄糖胺转移酶 I（GlcNAcT-I）负责催化产生杂合型或复合型聚糖的第一步（**第 9 章**）。因此，去除这种 *N*- 乙酰葡萄糖胺残基可以有效地阻断后续的延伸反应，从而在糖蛋白上产生了所观察到的、以高甘露糖型或乏甘露糖型聚糖为主导类型的 *N*- 聚糖。

果蝇中杂合型和复合型聚糖的存在预示着特定酶的存在，这些酶可以作用于逃脱了 Fdl 蛋白修剪过程的受体底物。例如，这些 *N*- 聚糖类别需要具有催化活性的 α1-6 岩藻糖基转移酶（α1-6 fucosyltransferase）、*N*- 乙酰葡萄糖胺转移酶 I ～ IV（*N*-acetylglucosaminyltransferase I ～ IV，GlcNAcT-I ～ GlcNAcT-IV）、半乳糖基转移酶（galactosyltransferase，GalT）和唾液酰基转移酶（sialyltransferase，SiaT），从而生成比乏甘露糖型聚糖更为复杂的糖链结构。在这些酶中，只有 *N*- 乙酰葡萄糖胺转移酶 I（GlcNAcT-I）和其中一个唾液酰基转移酶在果蝇中实现了相对完善的表征。基因组功能注释预测了其他酶的存在，尽管它们的活性和表达尚未被明确表征。

研究人员已经描述了关键的 *N*- 连接聚糖加工和合成酶的突变表型（**表 26.1**）。高尔基体修剪酶 α1-2-甘露糖苷酶（α1-2-mannosidase），即由 *mas1* 基因编码的高尔基体甘露糖苷酶 I（Golgi mannosidase I）的缺失，对高甘露糖型的加工几乎没有影响，这一结果使得研究人员鉴定出了一种替代的甘露糖苷酶，可以有效地规避甘露糖苷酶 I 缺失所带来的影响。然而在果蝇 *mas1* 突变体中，胚胎外周神经系统、翅膀和成虫眼部表现出轻微的异变（alteration），这表明聚糖加工合成的旁路并非在所有组织中都是完整的，类似于靶向破坏小鼠的 α- 甘露糖苷酶（mouse α-mannosidase，mGMII，由 *mGMII* 基因编码）即高尔基体甘露糖苷酶 II（Golgi mannosidase II）后，在小鼠中发现的组织特异性旁路（**第 9 章**）。迄今为止，在果蝇中报道的影响核心 *N*- 连接糖基化的基因突变相对较少。一个例外是多萜醇基 - 磷酸 -β- 葡萄糖基转移酶（dolichyl-phosphate β-glucosyltransferase，Alg5），它将葡萄糖（Glc）添加到 Dol-P-$GlcNAc_2Man_9$ 前体。果蝇 *Alg5* 基因被称为 *wollknäuel*（*wol*）①，其突变显示出蛋白质分泌不足、细胞外基质沉积和角质层形成缺陷，这些表型反映了蛋白质糖基化效率的低下和内质网功能的异变。

负责后续加工步骤的基因突变，已经开始揭示出聚糖的复杂性在果蝇中所扮演的重要角色。Fdl 己糖胺酶活性的降低，导致了脑结构的改变。通常在野生型成虫中分离的脑叶（brain lobe），在 *fdl* 突变体中，通过中线处的连续茎（continuous stalk）融合在一起，因此该突变的原始名称为融合脑叶（fused lobe，*fdl*）（**图 26.2**）。在野生型成虫中，分离的脑叶形成蕈状体（mushroom body）的一部分，蕈状体是一种大脑结构，其功能与果蝇的学习和记忆有关。在一个有趣的趋同进化中，*Mgat1* 中的无义突变（null mutation）

① 即德语“毛线团”，因胚胎染色表型具有类似的结构而得名。

表 26.1　影响果蝇聚糖合成或功能的基因[①]

基因	蛋白质	功能	突变表型
***N*- 连接或 *O*- 连接合成途径**			
PMM2	磷酸甘露糖变位酶 2	产生用于鸟苷二磷酸 - 甘露糖（GDP-Man）生物合成的甘露糖 -6- 磷酸（Man-6-P）	存活率下降，运动能力下降，神经肌肉接头（NMJ）缺陷
wol（*wollknäuel*）（毛线团）	果蝇 *alg-5*，葡萄糖基转移酶	多萜醇 - 磷酸（Dol-P）的葡萄糖基化，生成多萜醇 - 磷酸 - 葡萄糖（Dol-P-Glc）	蛋白质分泌减少，细胞外基质沉积发生异变
tid（*tumorous imaginal discs*）（肿瘤成虫盘）	果蝇 *alg-3*，甘露糖基转移酶	向 $Man_5GlcNAc_2$-P-P-Dol 前体添加 α1-3Man	肿瘤性成虫盘过度生长
xiantuan（线团）	果蝇 *alg-8*，葡萄糖基转移酶	向 $Glc_1Man_9GlcNAc_2$-P-P-Dol 前体添加 α1-3Glc	原肠胚形成（gastrulation）缺陷
mas1	α1-2- 甘露糖苷酶 I	去除甘露糖，以生成 $Man_5GlcNAc_2$-Asn	周围神经系统、翅膀和眼睛形态
fdl（*fused lobe*）（融合脑叶）	用于糖蛋白聚糖加工的 β-己糖胺酶	去除 *N*- 乙酰葡萄糖胺（GlcNAc），以生成 $Man_3GlcNAc_2$-Asn	幼虫和成虫的脑叶形态
Mgat1	*N*- 乙酰葡萄糖胺转移酶 I（GlcNAcT-I）	生成 $GlcNAc_1Man_5GlcNAc_2$-Asn	生存和运动能力下降
Tollo/toll-8	Toll 样受体 8（TLR8）	降低 α1-3 核心岩藻糖基化（辣根过氧化物酶［HRP］表位）	胚胎期中枢神经系统糖基化异变
nac/GFR（*neurally altered carbohydrate/GFR*）（神经异变糖）	高尔基体中的鸟苷二磷酸 - 岩藻糖（GDP-Fuc）转运蛋白	参与岩藻糖基化聚糖（HRP 表位）的形成	幼虫、蛹和成虫中枢神经系统的糖基化异变
FucTA	α3- 岩藻糖基转移酶	降低 α1-3 核心岩藻糖基化（HRP 表位）	幼虫、蛹和成虫中枢神经系统的糖基化异变
sff（*sugar-free frosting*）	Sff/SAD 丝氨酸 / 苏氨酸蛋白激酶	降低 α1-3 核心岩藻糖基化（HRP 表位），增加聚糖结构的复杂性	胚胎期神经系统糖基化异变、成虫运动缺陷和高尔基体组织架构缺陷
SiaT	α6- 唾液酰基转移酶	*N*- 连接聚糖的唾液酸化	成虫运动缺陷、温度敏感性癫痫发作、神经元膜兴奋性发生异变
Csas	胞苷一磷酸 - 唾液酸合成酶（CMP-Sia synthase）	生成胞苷一磷酸 - 唾液酸（CMP-Sia）	成虫运动缺陷、温度敏感性癫痫发作、神经肌肉接头缺陷
pgant3	多肽 *N*- 乙酰半乳糖胺转移酶（ppGalNAcT）	与丝氨酸 / 苏氨酸（Ser/Thr）连接的 *N*-乙酰半乳糖胺（GalNAc）的形成	细胞外基质分泌和细胞黏附缺陷
pgant4	多肽 *N*- 乙酰半乳糖胺转移酶	与丝氨酸 / 苏氨酸连接的 *N*- 乙酰半乳糖胺的形成	致死；分泌颗粒的形成、高尔基的结构和分泌过程中断
pgant5	多肽 *N*- 乙酰半乳糖胺转移酶	与丝氨酸 / 苏氨酸连接的 *N*- 乙酰半乳糖胺的形成	致死；消化系统缺陷
pgant7	多肽 *N*- 乙酰半乳糖胺转移酶	与丝氨酸 / 苏氨酸连接的 *N*- 乙酰半乳糖胺的形成	致死
pgant9	多肽 *N*- 乙酰半乳糖胺转移酶	与丝氨酸 / 苏氨酸连接的 *N*- 乙酰半乳糖胺的形成	分泌颗粒形态异变
pgant35A	多肽 *N*- 乙酰半乳糖胺转移酶	与丝氨酸 / 苏氨酸连接的 *N*- 乙酰半乳糖胺的形成	致死；气管形成发生异变
C1GalTA	半乳糖基转移酶	将半乳糖（Gal）添加到 GalNAc-Ser/Thr	神经系统 / 神经肌肉接头缺陷
GlcCAT-P	葡萄糖醛酸转移酶	形成与半乳糖（Gal）连接的葡萄糖醛酸（GlcA）	神经系统 / 神经肌肉接头缺陷
rt（*rotated abdomen*）（腹部旋转）	蛋白质 *O*- 甘露糖基转移酶 I	形成与丝氨酸 / 苏氨酸连接的甘露糖（Man）	腹部形态异常
tw（*twisted*）（扭曲）	蛋白质 *O*- 甘露糖基转移酶 II	形成与丝氨酸 / 苏氨酸连接的甘露糖	腹部形态异常
O-fut1	*O*- 岩藻糖基转移酶 I	形成与丝氨酸 / 苏氨酸连接的岩藻糖（Fuc）	细胞分化中的 *Notch* 样缺陷

① 表格中部分基因的含义和表型在括号中进行了中文描述。

续表

基因	蛋白质	功能	突变表型
N-连接或 O-连接合成途径			
Efr	内质网中的鸟苷二磷酸-岩藻糖（GDP-Fuc）转运蛋白、也有报道可以转运尿苷二磷酸-木糖（UDP-Xyl）和尿苷二磷酸-*N*-乙酰葡萄糖胺（UDP-GlcNAc）	蛋白质 *O*-岩藻糖基化过程所需蛋白	细胞分化中的 *Notch* 样缺陷
fng（*fringe*）（边缘翅）	岩藻糖特异性 β3-*N*-乙酰葡萄糖胺转移酶	将 *N*-乙酰葡萄糖胺（GlcNAc）添加到 *O*-连接的岩藻糖（*O*-Fuc）	由异变的 Notch 信号激活引起的发育模式形成缺陷
rumi	蛋白质 *O*-葡萄糖基和 *O*-木糖基转移酶	将 *O*-连接的葡萄糖（*O*-Glc）和 *O*-连接的木糖（*O*-Xyl）添加到 Notch 蛋白的表皮生长因子（EGF）重复序列	细胞分化中的 *Notch* 样缺陷
shams	葡萄糖苷木糖基转移酶	将木糖（Xyl）添加到 Glc-*O* 糖链	在某些情境下增加 Notch 信号
xxylt	木糖苷木糖基转移酶	将木糖添加到 Xyl-Glc-*O* 糖链	在敏化遗传背景中增加 Notch 信号
super sex combs（*sxc*）（超级性梳）	*O*-*N*-乙酰葡萄糖胺转移酶（OGT）	将 *O*-GlcNAc 添加到核和细胞质蛋白中	基因沉默缺陷
Eogt	*O*-*N*-乙酰葡萄糖胺转移酶	将 *O*-GlcNAc 添加到细胞外蛋白中	幼虫致死
Cog7	编码保守寡聚高尔基体（COG）逆行运输复合物中的成员 Cog7	*N*-聚糖加工过程	幼虫和成虫的运动缺陷，神经肌肉接头形态异常
糖胺聚糖 / 蛋白聚糖途径			
sugarless（无糖）	尿苷二磷酸葡萄糖脱氢酶	参与硫酸软骨素和硫酸乙酰肝素的合成	Wg（Wingless）、Hh（Hedgehog）、Dpp（Decapentaplegic）信号传递缺陷
slalom	3′-磷酸腺苷-5′-磷酰硫酸（PAPS）转运蛋白	参与所有硫酸化聚糖的合成	Wg，Hh 信号传递缺陷
frc（*fringe connection*）（边缘翅连接）	尿苷二磷酸-糖（UDP-sugar）转运蛋白	参与糖胺聚糖和 *O*-连接聚糖的合成	Wg、Hh、成纤维细胞生长因子（FGF）、Notch 信号传递缺陷
sauron（也称为 *rotini*）	果蝇高尔基体磷蛋白 3（GOLPH3）	参与硫酸乙酰肝素，也许还有其他聚糖的合成	Ttv、Botv、Sotv 蛋白的错误定位，导致硫酸乙酰肝素合成和 Hh 信号传递的异变
ttv（*tout-velu*）（全毛）	硫酸乙酰肝素聚合酶（Ext1）	硫酸乙酰肝素的合成	Wg、Hh、Dpp 信号传递缺陷
botv（*brother of tout-velu*）	*N*-乙酰葡萄糖胺转移酶	启动硫酸乙酰肝素的合成	Wg、Hh、Dpp 信号传递缺陷
sotv（*sister of tout-velu*）	硫酸乙酰肝素聚合酶（Ext2）	硫酸乙酰肝素的合成	Wg、Hh、Dpp 信号传递缺陷
sfl（*sulfateless*）（无硫酸化）	*N*-去乙酰酶-*N*-磺基转移酶	硫酸乙酰肝素的硫酸化	Wg、Hh、Dpp、FGF 信号传递缺陷
Hs2st	硫酸乙酰肝素 2-*O*-磺基转移酶	硫酸乙酰肝素的合成	FGF 信号传递缺陷
Hs6st	硫酸乙酰肝素 6-*O*-磺基转移酶	硫酸乙酰肝素的合成	FGF 信号传递缺陷
Hs3st-A	硫酸乙酰肝素 3-*O*-磺基转移酶	硫酸乙酰肝素的合成	成虫的中肠稳态（midgut homeostasis）受损
Hs3st-B	硫酸乙酰肝素 3-*O*-磺基转移酶	硫酸乙酰肝素的合成	成虫的中肠稳态受损
Sulf1/*Sulfated*	硫酸乙酰肝素 6-*O*-硫酸酯酶	硫酸乙酰肝素的合成	Wg、Hh、EGFR 信号传递缺陷
dally（分裂异常延迟）	磷脂酰肌醇蛋白聚糖（glypican）相关的蛋白聚糖	参与信号传递的糖胺聚糖核心蛋白	Dpp、Wg、Unpaired(Upd) 信号传递缺陷
dlp（*dally-like protein*）	磷脂酰肌醇蛋白聚糖相关的蛋白聚糖	参与信号传递的糖胺聚糖核心蛋白	Wg、Hh、D-LAR、Upd 信号传递缺陷
Syndecan	黏结蛋白聚糖（syndecan）的直系同源物	参与信号传递的糖胺聚糖核心蛋白	Slit-Robo、D-LAR 信号传递缺陷

续表

基因	蛋白质	功能	突变表型
糖胺聚糖 / 蛋白聚糖途径			
trol（*terribly reduced optic lobes*）（视神经叶严重萎缩）	串珠蛋白聚糖（perlecan）的直系同源物	参与信号传递的糖胺聚糖核心蛋白	Hh，FGF 信号传递缺陷
Cow（*carrier of wingless*）	睾丸蛋白聚糖（testican）的直系同源物	参与信号传递的糖胺聚糖核心蛋白	Wg 信号传递缺陷
kon/perd（*kon-tiki/perdido*）	神经 - 胶质抗原 2，硫酸软骨素蛋白聚糖 4（CSPG4）的直系同源物	参与细胞外基质组织架构的糖胺聚糖核心蛋白	细胞外基质的组织架构和神经胶质细胞增殖缺陷
Mp（*multiplexin*）	XV/XVIII 胶原蛋白的直系同源物	参与信号传递的糖胺聚糖核心蛋白	心脏形态发生，运动轴突导向和 Slit-Robo，Wg 信号传递中的缺陷
wdp（*windpipe*）	具有富亮氨酸重复（LRR）基序的跨膜蛋白	参与信号传递的糖胺聚糖核心蛋白	Hh，Upd 信号传递缺陷
壳多糖途径			
cyst/mmy（*cystic/mummy*）	尿苷二磷酸 -*N*- 乙酰葡萄糖胺二磷酸化酶	参与壳多糖的合成	气管形态和轴突导向缺陷
kkv（*krotzkopf verkehrt*）	壳多糖合成酶	壳多糖的合成	气管形态缺陷
serp（*serpentine*）与 *verm*（*vermiform*）	具有壳多糖 *N*- 去乙酰酶结构域的多结构域蛋白	壳多糖的合成	气管形态缺陷
鞘糖脂途径			
egh（*egghead*）	葡萄糖神经酰胺特异性 β4 甘露糖基转移酶	形成 Manβ1-4Glcβ1-Cer	细胞分化中的 *Notch* 样缺陷
brn（*brainiac*）	甘葡二糖神经酰胺（mactosylceramide）特异性 β3 *N*- 乙酰葡萄糖胺转移酶	形成 GlcNAcβ3Manβ4Glcβ-Cer	细胞分化中的 *Notch* 样缺陷
β4GalNAcTA	β4 *N*- 乙酰半乳糖胺转移酶，与脊椎动物中的 β4 半乳糖基转移酶（β4GalT）同源	将 *N*- 乙酰半乳糖胺（GalNAc）添加到节肢动物系列（arthro-series）的三糖基（triaosyl）鞘糖脂上	运动行为障碍
α4GT1	α4 *N*- 乙酰半乳糖胺转移酶 1	将 *N*- 乙酰半乳糖胺添加到节肢动物系列的四糖基（tetraosyl）鞘糖脂上	通过与 Serrate 蛋白相互作用，调控 Notch 信号传递
凝集素			
Hml（*hemolectin*）（血凝素）	壳多糖结合结构域	结合壳多糖	血淋巴凝固
fw（*furrowed*）	编码一种 C 型凝集素 furrowed	结合偏好未知	刚毛和眼形态缺陷，平面极性缺陷
glec（*gliolectin*）	编码一种未分类的碳水化合物结合蛋白——神经胶质凝集素（gliolectin）	对以 *N*- 乙酰葡萄糖胺（GlcNAc）为末端的鞘糖脂具有结合偏好	轴突导向异常，翅膀出现 *Notch* 样表型
Idgf1-5（*imaginal disc growth factor 1-5*）（成虫盘生长因子）	缺乏关键催化残基的壳多糖酶的同源物	结合偏好未知	成虫组织（tissue）中的细胞增殖和迁移缺陷，伤口愈合受损
mtg（*mind the gap*）	编码一种未分类的碳水化合物结合蛋白：MTG	对 *N*- 乙酰葡萄糖胺（GlcNAc）有结合偏好	神经肌肉接头处幼虫突触基质（synaptomatrix）的解体

产生了表观上看来完全一致的融合脑叶表型，尽管聚糖表达谱已经从 *fdl* 突变体中的复合型聚糖，转变为 *Mgat1* 突变体中所观察到的高甘露糖型和乏甘露糖型聚糖。目前尚不清楚一种情况下复合型聚糖的丢失（*Mgat1*），或是在另一种情况下复合型聚糖的富集（*fdl*），究竟如何产生了相同的神经表型。*Mgat1* 突变体还表现出运动能力的下降和果蝇寿命的缩短。仅仅通过在神经组织中重新表达一个酶，就可以挽救缩短的寿命，这表明复杂的糖基化在影响整个生物体生理的神经功能中具有重要作用。

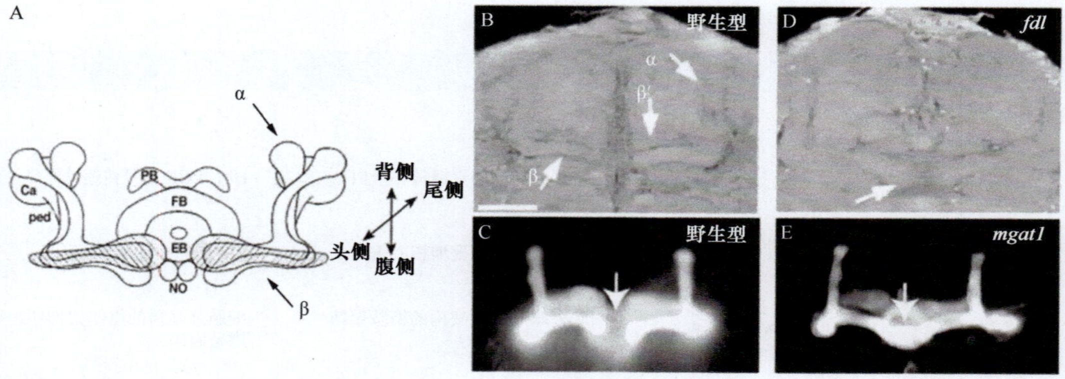

图 26.2 处理复合型 *N*- 连接聚糖的酶的突变，改变了黑腹果蝇成虫的脑形态。A. 成虫大脑的主要脑叶，以横截面显示；阴影区为 γ- 脑叶；α 和 β 分别为 α- 脑叶和 β- 脑叶；ped，梗状体；Ca，萼状体；EB，椭球体；FB，扇形体；NO，小结；PB，原脑桥。B，C. 在野生型成虫中，对称的 α- 脑叶和 β- 脑叶（B）在中线（C，箭头）处明显分离。D. 融合脑叶（*fused lobe*，*fdl*）基因突变，该基因编码一种己糖胺酶，可去除由 *N*- 乙酰葡萄糖胺转移酶 I（GlcNAcT-I）添加的 *N*- 乙酰葡萄糖胺（GlcNAc），导致复合型聚糖的表达增加和 β- 脑叶的中线融合（箭头）。E. *N*- 乙酰葡萄糖胺转移酶 I（由 *Mgat1* 基因编码）的功能缺失突变，降低了复合型 *N*- 连接聚糖的表达，但它也会融合 β- 脑叶（箭头）。尽管两种突变以互逆的方向驱动糖基化过程，但产生了趋同的大脑表型（A、B、D 经 Wiley-Liss，Inc. 许可转自 Boquet I，et al. 2000. *J Neurobiol* 42：33-48；C、E 经 the American Society for Biochemistry and Molecular Biology 许可转自 Sarkar M，et al. 2006. *J Biol Chem* 281：12776-12785）。关于聚糖的符号表示请参见**附录 2**。

在哺乳动物中，产生 *N*- 连接聚糖的最终合成步骤是添加唾液酸残基。基因组功能注释和生化研究表明，果蝇拥有生产胞苷一磷酸 -*N*- 乙酰神经氨酸（CMP-NeuAc）所必需的部分生物合成机器。在果蝇中鉴定出的单个唾液酰基转移酶，将唾液酸转移到**二 -*N*- 乙酰基乳糖胺（LacdiNAc，GalNAcβ1-4GlcNAc）**受体的偏好，比转移到 **2 型 *N*- 乙酰乳糖胺（Type 2 LacNAc，Galβ1-4GlcNAc）**受体的偏好高出了一倍。然而，尽管果蝇中存在以二 -*N*- 乙酰基乳糖胺为终止的 *N*- 连接聚糖，但果蝇中唯一鉴定出的唾液酸化 *N*- 连接聚糖所具有的糖链亚末端实际上是 *N*- 乙酰乳糖胺（LacNAc）结构，而不是二 -*N*- 乙酰基乳糖胺（LacdiNAc）结构。唾液酰基转移酶自胚胎晚期开始，能够在极少数神经元中被检测到，但在幼虫和成虫阶段，可以扩展到**中枢神经系统（central nervous system，CNS）**中的大量神经元上。唾液酰基转移酶相对受限的表达，强化了以下观点，即次要的聚糖类型可能仅限于特定发育阶段或成年阶段的小细胞亚群中（**第 7 章**）。事实上，糖蛋白唾液酸化的缺失会导致成虫出现明显的神经系统缺陷，包括行为异常和温度诱导的癫痫发作，这表明了复杂聚糖的这种微小修饰对正常神经生理功能的重要性。

26.2.2 *O*- 连接聚糖的组装和多样性

昆虫将 *O*- 连接的聚糖添加到分泌蛋白、细胞表面蛋白和细胞内蛋白的丝氨酸及苏氨酸残基上。其结构具有复杂性，从单一单糖（*N*- 乙酰半乳糖胺、*N*- 乙酰葡萄糖胺、甘露糖、葡萄糖或岩藻糖），到广泛修饰的糖胺聚糖链均有涵盖（见下文）。核心 1 型结构（core 1 structure）（Galβ1-3GalNAcα-Thr/Ser）广泛存在于脊椎动物的黏蛋白样（mucin-like）蛋白上（**第 10 章**），在昆虫中也已发现（**图 26.3**）。在这些蛋白质的总质量中，聚糖的贡献可多达 40%。在果蝇组织中，花生凝集素（peanut agglutinin，PNA）和黏蛋白特异性抗体，揭示出修饰了 Galβ1-3GalNAcα-*O*- 的糖蛋白所具有的发育调控性和空间限制性表达。

由 *pgant* 基因编码的多肽 *N*- 乙酰半乳糖胺转移酶（polypeptide *N*-acetylglucosaminyltransferase，ppGalNAcT/PGANT）家族，在果蝇中有 10 个成员（**第 10 章**）。对单个 *pgant* 基因的系统突变和由 RNA

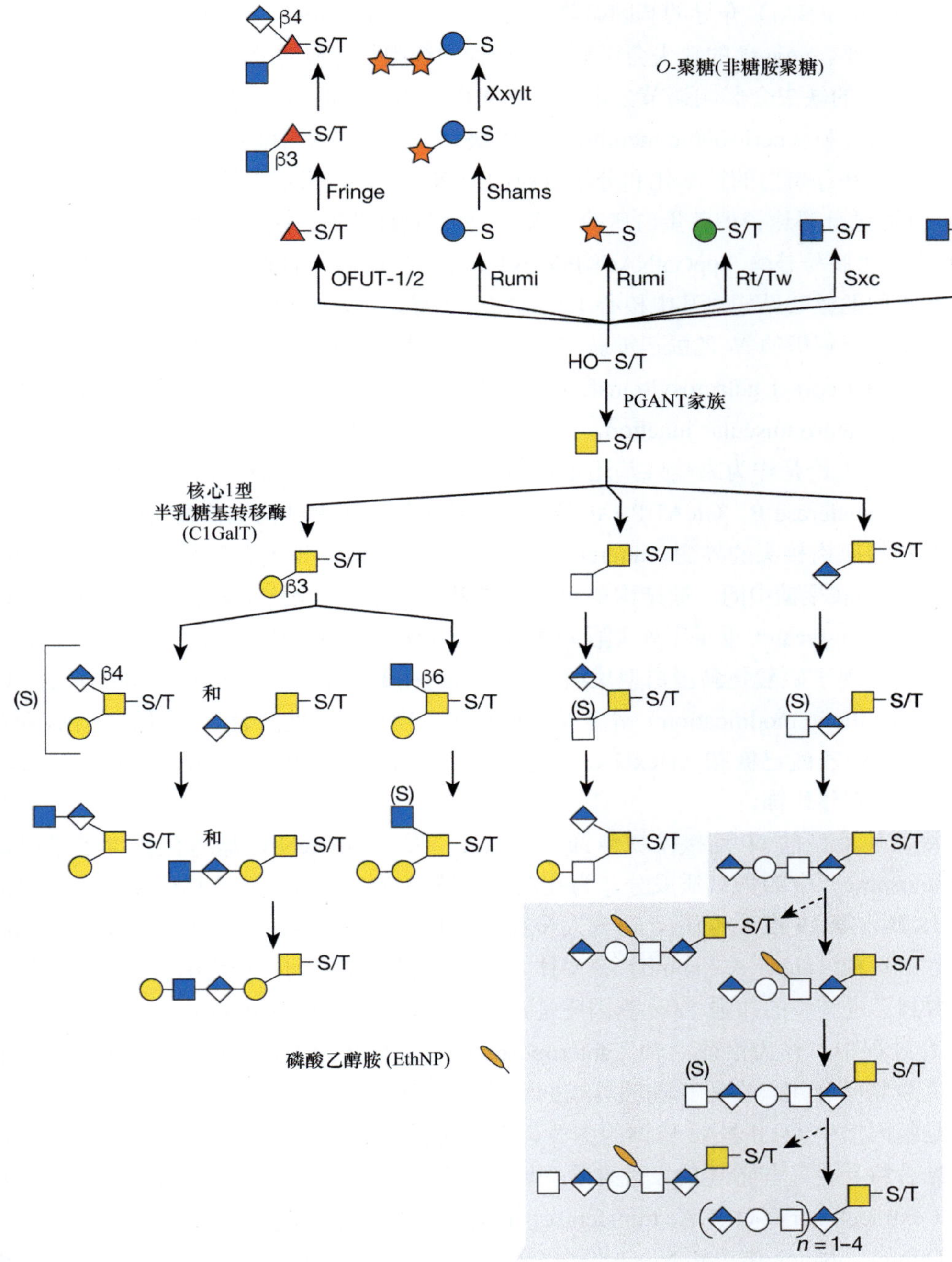

图 26.3　果蝇和其他昆虫中 *O*- 连接聚糖的多样性。果蝇突变体的遗传和生化分析，有助于确定结构域特异性的丝氨酸 / 苏氨酸残基上简单的单糖、双糖或三糖修饰在果蝇发育中的作用，包括 *O*- 岩藻糖、*O*- 葡萄糖、*O*- 木糖、*O*- 甘露糖和 *O*-*N*- 乙酰葡萄糖胺。果蝇中一个大型的多肽 *N*- 乙酰半乳糖胺转移酶（ppGalNAcT，由 *pgant* 编码）家族表明，节肢动物和脊椎动物一样，通过尚未确定的、具有精细特异性的、部分冗余的一组酶的协同活性来表达黏蛋白样聚糖。核心 1 型黏蛋白型 *O*- 聚糖在果蝇中占主导地位，但核心 2 型结构的 *O*- 聚糖也存在于果蝇中。另外两种核心结构的存在，确证了节肢动物已知黏蛋白型 *O*- 聚糖的复杂性，分别为 HexNAc-GalNAc-*O*-Ser/Thr 和 GlcA-GalNAc-*O*-Ser/Thr。所有鉴定出的、黏蛋白型 *O*- 聚糖核心结构的特点，是其中整合了葡萄糖醛酸（GlcA），可作为封端、分支或糖链内的糖残基。灰框表示蚊 *O*- 连接聚糖中的 GlcA-GalNAc-*O*-Ser/Thr 核心类型，可通过 GlcA-Hex-HexNAc 重复序列进行延伸，磷酸乙醇胺（EthNP；橙色椭圆）可对第一个 *N*- 乙酰己糖胺残基进行修饰。在果蝇和其他节肢动物物种的多种 *O*- 聚糖核心类型中，研究人员已经检测到 *N*- 乙酰己糖胺残基的硫酸化，尽管在果蝇葡萄糖醛酸化核心 1 型二糖上，硫酸基团的位置尚未被确定。编码糖基转移酶的基因和蛋白质功能详见正文和表 26.1。缩写：硫酸基团（S），丝氨酸 / 苏氨酸（S/T）。关于聚糖的符号表示请参见附录 2。

干扰（RNA interference，RNAi）介导的基因敲降分析表明，基因 *pgant4*、*pgant5*、*pgant7* 和 *pgant35A* 对果蝇的生存能力至关重要。*pgant3* 的缺失会影响发育过程中细胞外基质的分泌和整联蛋白（integrin）介导的细胞黏附，而 *pgant4* 的缺失会影响调节分泌颗粒形成所必需底物的蛋白质水解切割。*pgant4* 的缺失还会导致消化道分泌的围食膜（peritrophic membrane）的缺失，从而导致祖细胞巢（progenitor cell niche）①的破坏。*pgant9* 影响某些黏蛋白的糖基化和分泌颗粒的形态。因此，果蝇中的黏蛋白型 *O*- 糖基化调控了基本的发育过程，并通过分泌途径调节蛋白质的运输，为研究脊椎动物系统中的类似功能提供了一份蓝图。

多肽 *N*- 乙酰半乳糖胺转移酶（ppGalNAcT/PGANT）家族的酶甫一启动，果蝇中黏蛋白型聚糖的延伸就会相应产生三种不同的核心结构。其中核心 1 型结构占主导地位，但也存在核心 2 型（core 2 structure）聚糖，以及一个尚未完全解析的 *N*- 乙酰己糖胺 -*N*- 乙酰己糖胺（HexNAc-HexNAc）核心。果蝇中存在核心 1 型半乳糖基转移酶（core 1 galactosyltransferase，C1GalT）家族，家族中某些成员的缺失会破坏神经系统和神经肌肉接头（neuromuscular junction，NMJ）②。以上每种核心类型，都可以通过添加葡萄糖醛酸（GlcA）进行修饰，无论是作为末端残基还是作为分支残基。一种葡萄糖醛酸转移酶——葡萄糖醛酸转移酶 P（glucuronyltransferase P，GlcAT-P）的缺失，导致了核心 1 型结构上葡萄糖醛酸的缺失，进而导致神经系统缺陷和神经肌肉接头的异变（alteration）。研究人员检测发现葡萄糖醛酸还可以作为延伸的糖链中的内部残基，这与糖胺聚糖中的二糖结构单元（**第 17 章**）或哺乳动物抗肌萎缩蛋白聚糖（dystroglycan）上的基质蛋白聚糖（matriglycan）重复序列（**第 13 章**）中葡萄糖醛酸所扮演的角色相映成趣。在果蝇和蚊中，研究人员还检测发现了硫酸化黏蛋白型聚糖。节肢动物在聚糖不同核心结构的相对丰度，以及特定的合成后修饰（postsynthetic modification）等方面，也存在着物种特异性的表达。例如，在蚊和黄蜂等物种中，*O*- 聚糖可以在 *N*- 乙酰己糖胺（HexNAc）残基上进行磷酸乙醇胺（phosphoethanolamine，EthNP）修饰，但在果蝇中却没有该修饰。

昆虫中也存在其他类型的 *O*- 连接聚糖修饰。研究人员发现 *O*-GlcNAc 糖基化修饰了果蝇多线染色体（polytene chromosome）中的蛋白质成分，为在动物细胞中存在核细胞质糖基化的初步证明提供了进一步的佐证（**第 18 章**、**第 19 章**）。随后，研究人员观察到编码 *O*-GlcNAc 转移酶（*O*-GlcNAc transferase，OGT）的基因在超级性梳（super sex comb）突变体（*sxc*）中受到了影响，动物细胞中存在核细胞质糖基化这一发现因而得到了进一步的加强。*sxc* 基因座是几个多梳家族（polycomb group，PcG）基因之一，这些基因在果蝇发育过程中，作为沿前后轴（anteroposterior）进行基因表达的同源异型调节物（homeotic regulator），发挥其生物学作用。在另一项颇具戏剧性的独立研究中，果蝇基因组中多梳家族结合的主要位点，也被证明是基因组中 *O*-GlcNAc 修饰的主要位点，这表明，向 DNA 结合蛋白上添加 *O*-GlcNAc 可以调控其基因组结合特异性，与前述的发现殊途同归。此外，*O*-GlcNAc 修饰还可以通过胞外 *O*-*N*- 乙酰葡萄糖胺转移酶（extracellular *O*-GlcNAc transferase，EOGT）添加到分泌蛋白和膜蛋白中。研究人员已在细胞外基质蛋白 Dumpy、Notch 蛋白和 Notch 蛋白配体上，发现了 *O*-GlcNAc 糖基化。*Eogt* 的缺失会导致果蝇幼虫死亡。

O- 连接的甘露糖是一种造成某些人类**肌营养不良（muscular dystrophy）**的病理生理学修饰（**第 13 章**，**第 45 章**），它也存在于果蝇中，并通过两个转移酶基因，即腹部旋转基因（*rotated abdomen*，*rt*）或扭曲基因（*twisted*，*tw*）添加到蛋白质中。这两个基因中的任何一个发生突变，将导致成年果蝇腹部形态发生顺时针螺旋旋转。这两个基因的相互作用，使得在复合亚等位基因突变体（compound hypomorphic mutant）中观察到的腹部旋转，比任何一个单一突变体中的腹部旋转的表型更为严重。然而它们的等位基

① 也称干细胞龛、干细胞生境或干细胞微环境，指一系列干细胞与细胞外所有物质共同构成的一个细胞生长的微环境。

② 指运动神经元轴突末梢在骨骼肌肌纤维上的接触点。

因也显示出基因座上位相互作用（epistatic interaction），并且对它们的等位基因进行强效的功能丧失（loss-of-function）后，产生出无法区分的表型，这表明 Rt 蛋白和 Tw 蛋白以复合物的形式发挥作用。二者必须在同一细胞中共同表达，才能将甘露糖转移到抗肌萎缩蛋白聚糖上，它是 *O*- 甘露糖基化的生理环境受体。

O- 连接的岩藻糖这一简单聚糖的添加过程，能够调节复杂的发育信号。在果蝇中，*Notch* 基因首先被鉴定并表征为编码一种参与决定细胞命运的、大型多模块的受体蛋白。Notch 蛋白的一个特征是存在表皮生长因子样（EGF-like）模件。人类 Notch 同源物中的表皮生长因子样结构域模件，已被证明含有三种类型，具有结构域特异性的 *O*- 连接糖基化结构，即 *O*- 葡萄糖（*O*-Glc）、*O*- 岩藻糖（*O*-Fuc）和 *O*-*N*- 乙酰葡萄糖胺（*O*-GlcNAc），它们与 Notch 信号传递的各个步骤有关，包括 Notch 蛋白的折叠、切割，以及与其配体 Delta 蛋白和 Serrate/Jagged 蛋白之间的相互作用（**第 13 章**）。与小鼠和人类一样，果蝇拥有一种名为 Rumi 的蛋白质 *O*- 葡萄糖基转移酶（protein *O*-glucosyltransferase，Rumi）和两个蛋白质 *O*- 岩藻糖基转移酶（protein *O*-fucosyltransferase）O-fut1 和 O-fut2。与脊椎动物一样，果蝇的 O-fut1 蛋白负责将岩藻糖转移到表皮生长因子样结构域，O-fut2 则负责将岩藻糖转移到不同蛋白质组上的血小板应答蛋白（thrombospondin）型重复序列上。果蝇中 O-fut1 的缺失，会产生 *Notch* 突变体表型，表明 Notch 蛋白的岩藻糖基化对配体诱导的激活至关重要（**图 26.4A ～ C**）。Rumi 蛋白的缺失也会产生 Notch 样表型，但对温度敏感，因而，研究人员产生出这样的假设——*O*- 葡萄糖基化对于 Notch 蛋白被适当的加工酶进行切割非常重要。在果蝇和脊椎动物中，*O*- 连接的葡萄糖残基通过木糖基转移酶（xylosyltransferase）Shams 蛋白和 Xxylt 蛋白，添加木糖（Xyl）残基来进行糖链的延伸（**图 26.3**）。此外，Rumi 蛋白具有核苷酸糖供体双重特异性，使得它在特定的序列环境下，可以将葡萄糖或木糖转移到丝氨酸（而非苏氨酸）残基上。

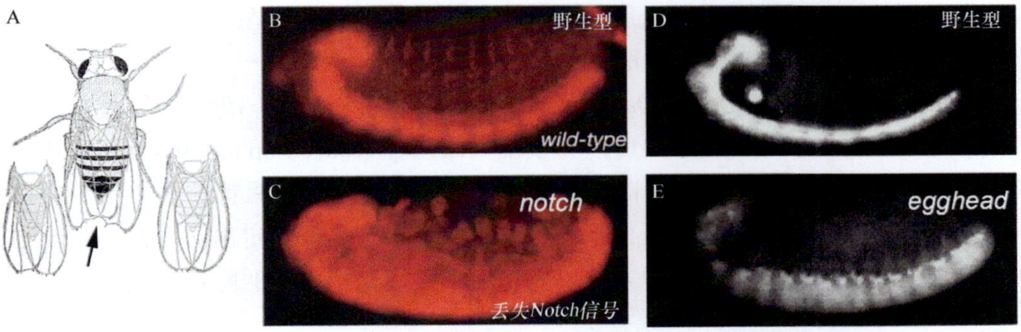

图 26.4 依赖于 Notch 蛋白的细胞命运选择，需要恰当的聚糖表达。 A. *notch* 基因突变，最初根据翅膀形态的异常来确定。细胞命运的改变使翅膀边缘出现缺口（英文 Notch 指凹型缺口）（箭头）。翅膀上的缺口由发育过程中翅膀内非神经细胞数量不足所致。在胚胎中，Notch 信号的丧失，会以牺牲非神经外胚层细胞为代价来扩展神经组织。B、C. 神经元特异性抗体染色表明，与野生型（B）相比，*notch* 突变体（C）中神经细胞数量有所增加。与野生型（D）相比，对鞘糖脂合成至关重要的 *egghead* 或 *brainiac* 基因（E）的缺失，会导致类似于 Notch 信号缺失的神经元表型（经 the Company of Biologists 许可，B、C 转自 Lai EC. 2004. *Development* 131：965-973；D、E 转自 Goode S，et al. 1992. *Development* 116：177-192）。

岩藻糖基化的 Notch 蛋白，可作为 *fringe* 基因编码的 *N*- 乙酰葡萄糖胺转移酶（*N*-acetylglucosaminyltransferase）的底物。Notch 蛋白上 *O*- 连接的岩藻糖，经 *N*- 乙酰葡萄糖胺（GlcNAc）延长后，Delta 蛋白能够比 Serrate/Jagged 蛋白以更高的效率激活 Notch 蛋白（**第 13 章**）。因此，*O*- 连接的糖基化可以被视为激活 Notch 蛋白受体、改变其配体偏好的一个开关。在果蝇的胚胎、幼虫和蛹中，通过 O-fut1 蛋白和 Fringe 蛋白细胞特异性表达所产生的差异性 Notch 信号激活，对细胞命运产生了不同的选择。果蝇 O-fut1 和 Fringe 蛋白拯救或修饰 Notch 蛋白或 *Notch* 基因突变体表型的能力，已在果蝇体系的体外培养细胞和完整胚胎中得到了充分地证明，尽管从果蝇组织中提取的 Notch 蛋白上的 *O*- 岩藻糖结构或 *N*- 乙酰葡萄糖胺（GlcNAc）延伸的二糖结构目前还尚未被证实。在小鼠和人类中，该二糖可以通过添加半乳糖（Gal）来延长，然后用唾液酸进行封端（**第 13 章**），但在果蝇中显然没有这些过程。果蝇的胚胎、幼虫和成虫组织也含有 GlcNAcβ-3Fuc 核心结构，通过在岩藻糖上添加葡萄糖醛酸而产生糖链分支（图 26.3）。果蝇中葡萄糖醛酸分支在功能上的重要性尚不清楚。

26.3 昆虫的蛋白聚糖和糖胺聚糖

26.3.1 糖胺聚糖的结构

果蝇拥有在哺乳动物物种中发现的、完整的**硫酸乙酰肝素（heparan sulfate，HS）**的生物合成和修饰酶，产生了复杂的硫酸乙酰肝素结构，但在这些酶中，每一类都仅有一个负责编码的基因。来自果蝇糖胺聚糖的二糖分析表明，硫酸乙酰肝素和**硫酸软骨素（chondroitin sulfate，CS）**与脊椎动物中发现的糖胺聚糖在结构上非常相似（**第 17 章**）。硫酸乙酰肝素二糖单元上的衍生化种类主要包括 *N*-、2-*O*- 和 6-*O*- 硫酸化形式，以及单、二和三硫酸化的二糖。从完整胚胎或幼虫中检测到的硫酸软骨素，主要是未硫酸化的或 4-*O*- 硫酸化的二糖，但也检测到了 6-*O*- 硫酸化的二糖。糖胺聚糖链通过经典的**四糖连接子（tetrasaccharide linker）**，即葡萄糖醛酸 - 半乳糖 - 半乳糖 - 木糖（GlcA-Gal-Gal-Xyl），与蛋白质进行共价连接，在果蝇中也已获得了证实。硫酸软骨素和硫酸乙酰肝素在许多其他节肢动物物种中均有记载，从而在整个节肢动物门中确立了这些大分子的保守性。相比之下，果蝇和其他节肢动物可能不会产生透明质酸（**第 16 章**）。脊椎动物系统中已知的许多带有硫酸乙酰肝素的蛋白聚糖核心蛋白也存在于果蝇中。果蝇有一个黏结蛋白聚糖（syndecan，*Sdc* 基因编码）、两种磷脂酰肌醇蛋白聚糖（glypican）——分裂异常延迟蛋白（division abnormally delayed，*dally* 基因编码）和 Dally 样蛋白（Dally-like protein，*dlp* 基因编码）、睾丸蛋白聚糖（testican，*Cow* 基因编码），以及由视神经叶严重萎缩（terribly reduced optic lobe，*trol*）基因编码的串珠蛋白聚糖（perlecan）。与硫酸乙酰肝素蛋白聚糖相比，硫酸软骨素蛋白聚糖的核心蛋白在物种之间的保守性较差。因此，鉴定新的硫酸软骨素蛋白聚糖，无法依赖于与先前鉴定出的脊椎动物硫酸软骨素蛋白聚糖的序列同源性。最近，糖蛋白质组学方法已成功用于鉴定果蝇和秀丽隐杆线虫中全新的硫酸软骨素蛋白聚糖。

影响糖胺聚糖生物合成和修饰的突变，为果蝇中蛋白聚糖的生物合成和发育提供了重要的见解。例如，果蝇中单个 *N*- 去乙酰酶 -*N*- 磺基转移酶（*N*-deacetylase-*N*-sulfotransferase）基因 *sfl* 的缺失，会导致产生一种基本未被硫酸化的聚合物，名为 ***N*- 乙酰基肝素原（*N*-acetylheparosan）**，进而导致由多个生长因子协调进行的发育过程中的模式决定（patterning decision）产生缺陷。*Ext1* 和 *Ext2* 的相关基因 *ttv* 和 *sotv*，都是果蝇中硫酸乙酰肝素聚合所必需的基因。影响单个 *Hs2st* 或 *Hs6st* 基因的突变，产生了特别有趣的效果。正如预期一般，*Hs2st* 的缺失消除了 2-*O*- 硫酸基团，但导致了 6-*O*- 硫酸化的补偿性增加；反之亦然，*Hs6st* 的缺失产生了缺乏 6-*O*- 硫酸基团的糖胺聚糖链，但 2-*O*- 硫酸化和 *N*- 硫酸化均有所增加，从而保持了聚合物的整体硫酸化状态。在中国仓鼠卵巢（CHO）细胞突变体，以及源自 *Hs2st* 突变体的小鼠胚胎成纤维细胞中，也观察到了 2-*O*- 和 6-*O*- 硫酸化修饰之间的补偿作用。硫酸乙酰肝素和硫酸软骨素的生物合成，也以补偿性的方式联系在一起；减少（而非消除）硫酸乙酰肝素聚合所需的 Ext 蛋白活性的突变，增加了软骨素聚合物的净形成量，这与脊椎动物系统中的观察结果相似。这些数据提示，在生物体内保留蛋白聚糖的活性，是一个重要的保守机制。

26.3.2 形态发生素信号传递和器官大小控制

果蝇的遗传学研究表明，糖胺聚糖对于发育过程中由多种生长因子介导的信号传递至关重要。硫酸乙酰肝素蛋白聚糖可作为多种生长因子的辅助受体，包括生长因子 Wingless（Wg；Wnt 蛋白的直系同源物）、果蝇皮肤生长因子［decapentaplegic，Dpp；骨形态发生蛋白 4（bone morphogenetic protein 4，BMP4）的直系同源物］、成纤维细胞生长因子（fibroblast growth factor，FGF）、Hedgehog（Hh）和生长因子 Unpaired（Upd；果蝇中 Jak-Stat 信号通路①的配体），并影响它们的分布和信号传递（表 26.1）。例如，高表达 Dally 蛋白的细胞团(cell patch)，以细胞自主的方式显示出 Dpp 信号传递水平的显著升高。Dally 蛋白的过度表达，可能通过破坏受体介导的内化和降解来增加细胞表面的 Dpp 蛋白水平。

硫酸乙酰肝素蛋白聚糖改变基质中生长因子分布和水平的能力，具有重要的生物学意义，因为这些分泌蛋白中有许多是**形态发生素（morphogen）**，这些分泌的蛋白因子在组织（tissue）中呈现出分级分布，并且在组织的组装过程中提供了产生细胞多样性的重要机制。研究人员已在果蝇体内证明了 Wg、Dpp、Hh 和 Upd 等生长因子的形态发生素活性。硫酸乙酰肝素蛋白聚糖不仅影响了它们在组织中的水平，而且还被整合进入形态发生素系统的调节回路中。例如，Dpp 的受体 Thickveins 蛋白及 Dpp 的辅助受体（coreceptor）Dally 蛋白的表达，都受到 Dpp 信号传递的负调控。这种反馈系统提供了一种机制，可以在由于遗传或环境扰动引起 Dpp 信号不当减少时，对细胞响应进行调整。

最近的研究强调了在进化发育生物学背景下，磷脂酰肌醇蛋白聚糖（glypican）在器官大小控制中的作用。平衡棒（halteres）在飞行过程中有助于身体平衡，是双翅目物种（如果蝇）的特征，由四翅祖先物种的后翅进化而来。这一旋钮状结构比它进化而来的祖先的翅膀小得多。两个附肢之间的大小差异由一种 *Hox* 基因——*Ubx*（*Ultrabithorax*）控制，该基因调控了平衡棒的特性。在平衡棒盘（halteres disc）中，Ubx 蛋白直接抑制了 *dally* 基因的表达，限制骨形态生成蛋白（bone morphogenetic protein，BMP）的信号传递，从而限制了该器官的大小。Hox 蛋白通过硫酸乙酰肝素蛋白聚糖的基因表达，对形态发生素信号传递加以控制，是动物进化中用于改变同源器官结构的通用机制之一。

26.3.3 干细胞巢中的蛋白聚糖

硫酸乙酰肝素蛋白聚糖是干细胞巢（stem cell niche）中进化上保守而普遍的组成成分。在卵巢生殖系干细胞（germline stem cell，GSC）巢中，Dally 蛋白通过充当巢大小的决定簇来调控干细胞的数量。构成巢的细胞产生 Dpp 蛋白，它作用于与巢细胞直接接触的生殖系干细胞（GSC）。生殖系干细胞分裂产生的一个子细胞将保留这种接触，同时保持其干性。失去这种接触的另一个子细胞则会分化。在巢细胞（niche cell）中表达的 Dally 蛋白，充当了“反式”辅助受体（coreceptor），以稳定 Dpp 蛋白，并将 Dpp 蛋白呈递给与巢细胞直接接触的生殖系干细胞（图 26.5）。在 *dally* 突变体中，生殖系干细胞中的 Dpp 信号传递受损，并且生殖系干细胞失去了分化的能力。相反，*dally* 在巢外的体细胞群中的过度表达，会导致该区域生殖细胞中 Dpp 信号传递的异位激活（ectopic activation），产生生殖系干细胞样（GSC-like）细胞的扩增。因此，硫酸乙酰肝素蛋白聚糖的接触依赖性信号，实际上提供了一种机制来定义巢的物理空间并控制其中干细胞的数量。

---

① Jak-Stat 系统是除了第二信使系统外最重要的信号通路，主要由受体、JAK 激酶与信号传递及转录激活蛋白（STAT）三个部分组成。

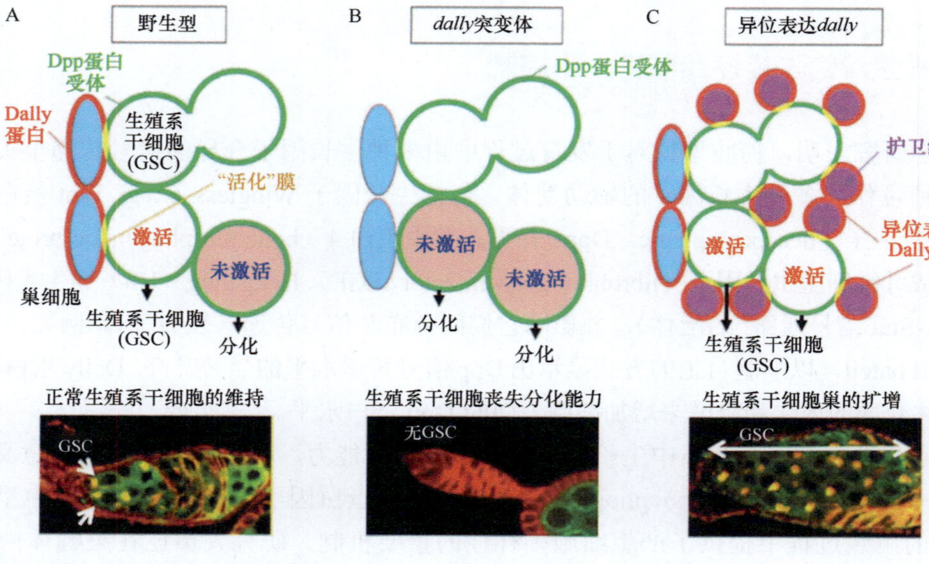

图 26.5　糖胺聚糖调控生殖系干细胞的接触依赖性。 A. 巢细胞（蓝色）在细胞表面表达 Dally 蛋白（红色），生殖细胞表达 Dpp 蛋白受体（绿色）。一个分裂中的生殖系干细胞（GSC）显示在顶部，两个子细胞显示在底部。Dpp 信号传递的激活发生在这些分子相遇的位置（黄色）。在不与巢细胞直接接触的生殖系干细胞中，Dpp 蛋白的信号未被激活，从而导致分化。B. 在 *dally* 突变体中，Dpp 信号传递减少，生殖系干细胞失去了分化能力，导致生殖器中生殖细胞的丧失。C. 当 *dally* 基因在生殖细胞相邻的巢外体细胞群（品红色）发生异位表达时，Dpp 信号在异位位点（黄色）被激活，导致生殖系一细胞巢的扩大和分化细胞的丧失（修改自 Hayashi Y，et al. 2009. *J Cell Biol* 187：473-480）。

26.3.4　神经发育中的蛋白聚糖

果蝇的遗传分析也阐明了神经发育中蛋白聚糖的必需性。黏结蛋白聚糖（Syndecan，Sdc）通过调节胚胎期中枢神经系统中的 Slit-Robo 信号传递来调节轴突导向（axon guidance/axon pathfinding）①。Dally 样蛋白（Dlp）也影响神经系统发育，但具有与黏结蛋白聚糖不同的功能。黏结蛋白聚糖影响神经系统中线（midline）附近的轴突导向决策，而 Dally 样蛋白（Dlp）是距离中线一定距离的分束形成（fascicle formation）所必需的。Trol 蛋白（*terribly reduced optic lobes*，*trol*，视神经叶严重萎缩）通过促进由脑的信号蛋白 - 丛状蛋白（Semaphorin-Plexin）相互作用介导的跨膜信号传递，调控胚胎的运动轴突导向。硫酸乙酰肝素蛋白聚糖还调控神经肌肉接头处的突触发生（synaptogenesis）。黏结蛋白聚糖和 Dally 样蛋白（Dlp）都与**白细胞共同抗原相关蛋白质（leukocyte common antigen-related protein，LAR）**结合，白细胞共同抗原相关蛋白是一种受体酪氨酸磷酸酶（receptor tyrosine phosphatase），可控制神经肌肉接头生长和活性区的形态发生。与轴突导向过程一样，这两种蛋白聚糖具有不同的功能：黏结蛋白聚糖促进突触前末梢的生长，而 Dally 样蛋白（Dlp）调控活性区的形成。Trol 蛋白则是通过定位生长因子 Wg 来调控突触前和突触后结构的形成。

26.4　壳多糖

壳多糖（chitin）是结构为（GlcNAcβ4）$_n$ 的聚合物，是地球上最丰富的生物聚合物之一，仅次于纤维素（cellulose）。有趣的是，纤维素是一种结构为（Glcβ4）$_n$ 的聚合物，在细胞表面以类似的方式挤出合成。

① 又称轴突引导，指神经元发出轴突，在正确的位置形成突触的过程，是神经发育学的一个分野。

壳多糖是所有节肢动物坚硬的表皮外骨骼的主要组成部分，因此，这些动物在组装壳多糖的过程中消耗了大量的资源。壳多糖原纤维（chitin fibril）还在肠上皮细胞（围食膜）的顶端表面和正在形成的气管系统管腔中形成更为细微的保护层。精巧的基因筛选结果表明，壳多糖聚合、修饰和分解所必需的基因突变会影响气管形态（tracheal morphology）（表 26.1）。壳多糖或基于壳多糖的短链寡糖调节细胞信号传递和形态发生的潜力在果蝇中仍未得到探索。

26.5　昆虫鞘糖脂

昆虫曾被归类为“没有神经节苷脂的动物”，这是因为唾液酸化的**鞘糖脂（glycosphingolipid，GSL）**广泛分布于节肢动物以外的动物家族中（**第 11 章**）。然而，节肢动物也拥有自己的鞘糖脂家族，被称为节肢动物系列（arthro-series）。在果蝇中未发现唾液酸化的鞘糖脂，即**神经节苷脂（ganglioside）**，但节肢动物系列糖脂含有葡萄糖醛酸而非唾液酸，并且与许多神经节苷脂中的唾液酸一样，葡萄糖醛酸与末端半乳糖残基相连（**图 26.6**）。

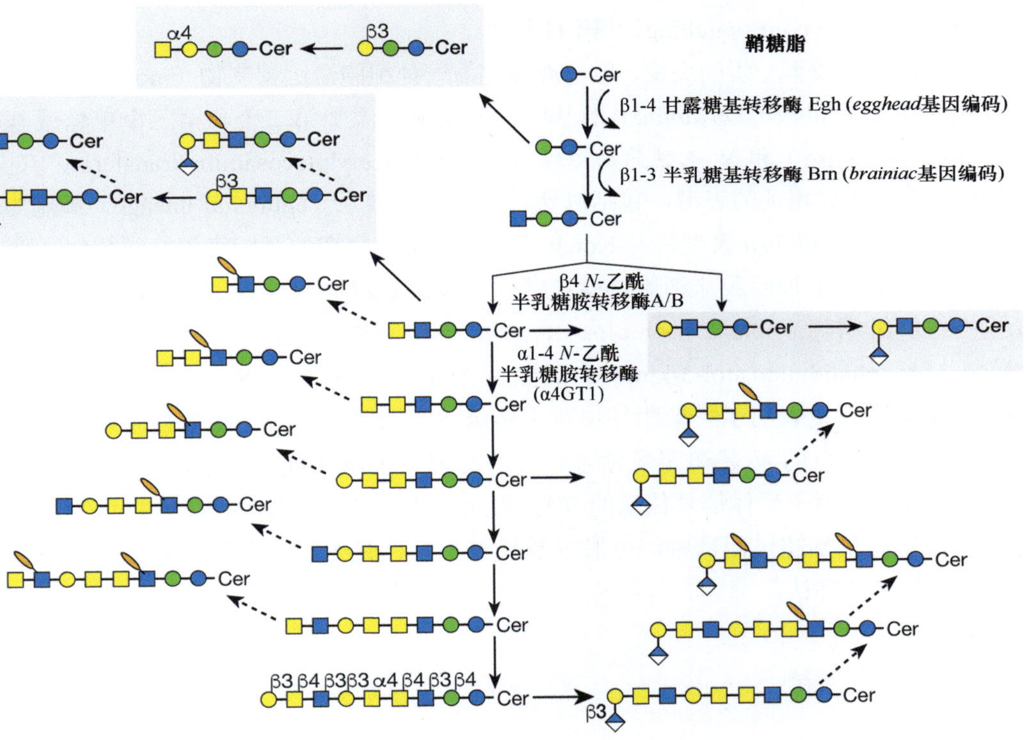

图 26.6　鞘糖脂聚糖的多样性。节肢动物系列（arthro-series）鞘糖脂，由甘葡二糖神经酰胺（mactosylceramide）核心结构（Manβ1-4Glcβ-Cer）延伸而成。中性节肢动物系列聚糖中，经常可见对 *N*- 乙酰葡萄糖胺残基进行磷酸乙醇胺（EthNP；橙色椭圆形）修饰，形成两亲性离子结构。向中性或两亲性离子核心上的非还原端半乳糖残基添加葡萄糖醛酸，则可以获得酸性电荷。浅灰色方框表示在果蝇中，节肢动物系列三糖基神经酰胺（triaosylceramide）中糖链的交替延伸，由半乳糖而非 *N*- 乙酰半乳糖胺负责形成，这印证了物种特异性鞘糖脂核心结构的多样性。深灰色方框表示其他节肢动物通过独特的修饰，丰富了它们的节肢动物系列鞘糖脂。飞蛾细胞 Sf9 依次采用半乳糖和 *N*- 乙酰半乳糖胺来延伸甘葡二糖神经酰胺核心。在两种双翅目昆虫**叉叶绿蝇（*Lucilia caesar*）**的幼虫和**红头丽蝇（*Calliphora vicina*）**的蛹中，节肢系列四糖基神经酰胺（tetraosylceramide）采用半乳糖进行延伸、采用葡萄糖醛酸进行封端，并采用磷酸乙醇胺修饰，但在果蝇的胚胎中不存在这些结构。缩写：神经酰胺（Cer）。关于聚糖的符号表示请参见**附录 2**。

脊椎动物通常在乳糖神经酰胺核心（Galβ1-4Glcβ-Cer）上构建鞘糖脂。相比之下，节肢动物在葡萄糖神经酰胺（Glcβ-Cer）上添加一个甘露糖残基，生成的核心结构（Manβ1-4Glcβ-Cer）被称为**甘葡二糖神经酰胺（mactosylceramide）**[①]。接下来两个单糖的添加过程中，*N*- 乙酰葡萄糖胺（GlcNAc）首先与底层的甘露糖形成 β1-3 连键，*N*- 乙酰半乳糖胺（GalNAc）则以 β1-4 连键进行延伸，产生可用于将磷酸乙醇胺（ethanolamine-phosphate，EthNP）添加在 *N*- 乙酰葡萄糖胺的 C-6 位的四糖底物，最终形成 GalNAcβ1-4EthNP-6GlcNAcβ1-3Manβ1-4Glcβ-Cer 结构。因此，对大多数节肢动物系列糖脂的中性核心而言，更为准确的描述应该是具有两亲性的（zwitterionic）而不是中性的。研究人员发现，具有一个以上 *N*- 乙酰葡萄糖胺残基的节肢动物系列核心，具有零个、一个或两个磷酸乙醇胺基团。磷酸乙醇胺修饰的生物学功能目前尚不清楚。

研究人员还发现了多种其他具有物种特异性的鞘糖脂核心结构。例如，果蝇中的节肢动物系列三糖基神经酰胺（triaosylceramide），可以用半乳糖替代 *N*- 乙酰半乳糖胺进行糖链延长，然后再添加葡萄糖醛酸（图 26.6）。其他节肢动物物种，则是将半乳糖添加到甘葡二糖神经酰胺（mactosylceramide）或节肢动物系列的四糖神经酰胺（tetraosylceramide）上，随后再进行封端和磷酸乙醇胺修饰（图 26.6）。在节肢动物中检测到的其他类型核心结构延伸多样性的不断增大，为节肢动物提供了一个更为巨大的结构变体库，这些生物可以从中选取特定类型鞘糖脂的表达，以实现特定的发育或组织限定性功能，类似于脊椎动物物种中核心结构的转换（core switching）（**第 11 章**）。

影响果蝇鞘糖脂合成第一步的突变，最初被确定为一种细胞命运调制物（modulator）。生化分析表明，被称为 *egh*（*egghead*）和 *brn*（*brainiac*）的基因，分别编码添加第二个和第三个单糖残基的*甘露糖基转移酶*（mannosyltransferase）和 *N- 乙酰葡萄糖胺转移酶*（*N*-acetylglucosaminyltransferase）（图 26.6）。与母体和合子 *egh* 和 *brn* 缺失相关的表型，包括以牺牲上皮细胞谱系（epithelial lineage）细胞为代价的、神经细胞的过度增殖。这些 *egh*/*brn* 表型，与 Notch 蛋白发生基因突变的胚胎表型非常相似（图 26.4）。*egh* 突变体的另一个表型是由于神经胶质细胞过度增殖和免疫细胞浸润而形成了外周神经的扩大，这让人联想到名为 **1 型神经纤维瘤病（neurofibromatosis type 1，NF1）**的人类疾病。该疾病中，过度增殖由磷脂酰肌醇 -3- 激酶（phosphatidylinositol-3-kinase）活性的增强引起，可能由 Ras 信号传递的减弱所致。果蝇中的这一神经纤维瘤样表型表明了膜糖脂环境对于传播恰当的跨膜信号的重要性。影响产生节肢系列四糖神经酰胺的两种部分冗余的 *N*- 乙酰半乳糖基转移酶的突变，导致幼虫出现不易察觉的行为表型，以及卵巢卵泡细胞中表皮生长因子受体信号传递的改变；除此之外，突变后仍然能够产生可存活、可生育的成虫。节肢动物系列聚糖延长到超过四糖神经酰胺的糖链结构后，是否还具有赋予果蝇鞘糖脂特定功能的结构信息，这一点仍然有待确认。

26.6 昆虫凝集素

对果蝇基因组的功能注释表明，果蝇中存在着每一种已知动物凝集素类别所对应的典型代表（**第 28 章**）。在脊椎动物中，与内质网中的蛋白质折叠和质量控制，或是与通过分泌途径的早期区室的运输有关的细胞内的**碳水化合物结合蛋白（carbohydrate-binding protein）**，[如钙连蛋白（calnexin）、钙网蛋白（calreticulin）、VIP 蛋白、ERGIC-53 等蛋白]，在果蝇中也已发现（**第 39 章**）。在果蝇细胞内更下游处，溶酶体靶向的过程由溶酶体酶受体蛋白（lysosomal enzyme receptor protein，LERP）介导，它是一种功能类似于脊椎动物**甘露糖 -6- 磷酸受体（mannose-6-phosphate receptor，M6PR）**的分选蛋白（**第 33 章**）。

① 甘葡二糖（mactose）是结构为 Manβ1-4Glc 的二糖。

尽管溶酶体酶受体蛋白具有与甘露糖 -6- 磷酸受体的 P 型凝集素（P-type lectin）相似的结构域和序列相似性，但它的结合似乎并不依赖于聚糖，这表明，控制溶酶体生物发生的机制存在着进化上的差异。昆虫家族成员中，半乳凝集素（galectin）（**第 36 章**）、C 型凝集素（C-type lectin）（**第 34 章**）和 I 型凝集素家族（I-type lectin family）（**第 35 章**）的结合特异性及功能尚未得到详尽的表征。例如，由 *furrowed* 基因编码的蛋白质是一种推定的 C 型凝集素，与脊椎动物的**选凝素（selectin）**具有显著的同源性，它被认为在果蝇眼发育过程中与平面细胞极性（planar cell polarity，PCP）的动力学有关，但这种生物活性与其**碳水化合物识别域（carbohydrate recognition domain，CRD）**无关。

目前动物凝集素的分类方案反映出研究脊椎动物聚糖结合蛋白（GBP）的悠久历史（**第 28 章**）。然而，首先在果蝇中发现的少数凝集素，向目前动物凝集素名称的全面性提出了挑战。其中一种动物凝集素是在寻找刺激成虫盘细胞（imaginal disc cell）增殖和运动的分泌蛋白时发现的。成虫盘生长因子（imaginal disc growth factor，IDGF）家族成员在结构上与壳多糖酶（chitinase）相关，但缺乏催化活性所必需的氨基酸残基。有研究人员提出，成虫盘生长因子家族已经在进化上远离了其水解功能，同时保持了促进有丝分裂和营养支持的聚糖结合活性。另一种目前未分类的凝集素，被称为**神经胶质凝集素（gliolectin）**，在基于果蝇 cDNA 筛选中被鉴定为介导细胞黏附到固定化聚糖的蛋白质。神经胶质凝集素在发育中的中枢神经系统中线处的胚胎神经胶质细胞亚群，以及在果蝇翅成虫盘（wing imaginal disc）的背侧 / 腹侧边界的细胞中表达。缺乏神经胶质凝集素的突变体，显示出轴突导向（axonal pathfinding）缺陷，这与聚糖介导的细胞黏附在促进细胞之间信号传递中所发挥的作用一致。这些突变体还在昆虫翅膀发育中显示出类似 *Notch* 的表型，表明神经胶质凝集素在建立组织边界过程中具有更为广泛的作用。最后，*mind-the-gap* 基因编码一种蛋白质（mind-the-gap，MTG），该蛋白质具有 *N*- 乙酰葡萄糖胺结合结构域折叠，与 MTG 蛋白和 *N*- 乙酰葡萄糖胺（GlcNAc）能够进行结合的能力相符，尽管研究人员尚未在定义明确的凝集素家族中鉴定出 MTG 蛋白明确的结构或功能同源物。在果蝇幼虫中，MTG 蛋白参与了幼虫神经肌肉接头的糖蛋白基质的组织架构。

26.7 昆虫核苷酸糖转运蛋白

利用遗传学和生物化学方法，研究人员已经确定了果蝇中具有多种核苷酸糖转运活性的基因和蛋白质。这些基因中的一些已经确定了与基因敲降或功能丧失（loss-of-function）相关的表型后果及其糖组学（**表 26.1**）。其他基因还需要进一步分析，以确定它们的特异性和功能。在果蝇中鉴定出的第一个核苷酸糖转运蛋白，是作为突变体从基因筛选中回补获得的，这些基因筛选主要针对与形态发生素或生长因子信号传递异变相关的表型，因此影响了糖胺聚糖的表达。Fringe 连接蛋白（fringe connection，由 *frc* 基因编码）和 Slalom 蛋白（由 *sll* 基因编码），负责尿苷二磷酸 - 葡萄糖醛酸（UDP-GlcA）、尿苷二磷酸 - *N*- 乙酰葡萄糖胺（UDP-GlcNAc）、尿苷二磷酸 - 木糖（UDP-Xyl）和硫酸化供体 3′- 磷酸腺苷 -5′- 磷酰硫酸（phosphoadenosine-5′-phosphosulfate，PAPS）的运输，每一种都是糖胺聚糖生物合成的必需分子。在重要发育途径中发挥作用的其他具有转运活性的蛋白质包括 GFR/Nac 蛋白和 Efr 蛋白，它们分别负责将鸟苷二磷酸 - 岩藻糖（GDP-Fuc）运输至高尔基体和内质网。这些转运活性的缺失，会影响 Notch 信号转导和神经特异性聚糖的表达。其他转运蛋白基因也与发育表型相关，但它们的转运特异性仍有待进一步的分析（**表 26.1**）。

致谢

感谢哈米德·贾法尔 - 内贾德（Hamed Jafar-Najad）和伊恩·B.H. 威尔逊（Iain B.H. Wilson）的有益贡献。

延伸阅读

Wiegandt H. 1992. Insect glycolipids. *Biochim Biophys Acta* **1123**: 117-126.

Aoki K, Perlman M, Lim JM, Cantu R, Wells L, Tiemeyer M. 2007. Dynamic developmental elaboration of N-linked glycan complexity in the Drosophila melanogaster embryo. *J Biol Chem* **282**: 9127-9142.

Aoki K, Porterfield M, Lee SS, Dong B, Nguyen K, McGlamry KH, Tiemeyer M. 2008. The diversity of O-linked glycans expressed during Drosophila melanogaster development reflects stage-and tissue-specific requirements for cell signaling. *J Biol Chem* **283**: 30385-30400.

Ten Hagen KG, Zhang L, Tian E, Zhang Y. 2009. Glycobiology on the fly: developmental and mechanistic insights from Drosophila. *Glycobiology* **19**: 102-111.

Yan D, Lin X. 2009. Shaping morphogen gradients by proteoglycans. *Cold Spring Harb Perspect Biol* **1**: a002493.

Crickmore M, Mann RS. 2010. A new chisel for sculpting Darwin's endless forms. *Nat Cell Biol* **12**: 528-529.

Tran DT, Zhang L, Zhang Y, Tian E, Earl LA, Ten Hagen KG. 2012. Multiple members of the UDP-GalNAc: polypeptide N-acetylgal actosaminyltransferase family are essential for viability in Drosophila. *J Biol Chem* **287**: 5243-5252.

Nakato H. 2015. Heparan sulfate proteoglycans in the Drosophila ovarian germline stem cell niche. In *Glycoscience: biology and medicine* (ed. Taniguchi M, et al., editors.), pp. 825-832. Springer, Tokyo.

Zhang L, Ten Hagen KG. 2019. O-Linked glycosylation in Drosophila melanogaster. *Curr Opin Struct Biol* **56**: 139-145.

Nishihara S. 2020. Functional analysis of glycosylation using Drosophila melanogaster. *Glycoconj J* **37**: 1-14.

第 27 章
后口动物

迈克尔·皮尔斯（Michael Pierce），伊恩·B.H. 威尔逊（Iain B.H. Wilson），凯瑟琳娜·帕辛格（Katharina Paschinger），帕梅拉·斯坦利（Pamela Stanley）

27.1　进化背景 / 355
27.2　海胆 / 356
27.3　蛙类 / 358
27.4　斑马鱼 / 359
27.5　小鼠 / 360
27.6　人类和其他灵长类动物 / 363
致谢 / 363
延伸阅读 / 363

本章讨论了属于后口动物谱系的几个物种中，糖基化和聚糖结合相互作用的某些一般特征，特别强调了海胆、蛙类、斑马鱼和小鼠。这些生物体为研究聚糖在发育和生理学中的功能提供了极佳的模型。

27.1　进化背景

在大约 5 亿～6 亿年前，动物的进化分为两个主要谱系：**后口动物（deuterostome）**和**原口动物（protostome）**（**第 20 章**）。后口动物超门（superphylum Deterostomia）包含棘皮动物门（Echinodermata）（海胆和海星）、半索动物门（Hemichordata）（囊舌虫）、尾索动物亚门（Urochordata）（海鞘）、头索动物亚门（Cephalochordata）（文昌鱼）和脊椎动物门（Vertebrata）（鱼类、两栖动物、爬行动物、鸟类和哺乳动物）等主要门及亚门。在后口动物中，受精卵的细胞分裂是通过辐射卵裂发生的，并且细胞命运并未被精确地确定。后口动物的另一个特征是囊胚中形成的第一个开口成为了肛门，第二个开口则成为了口。原口动物超门（Protostomia）包含多孔动物门（Porifera）（珊瑚和海绵）、刺胞动物门（Cnidara）（海葵和水螅）、环节动物门（Annelida）（分节蠕虫）、软体动物门（Mollusca）（蛤蜊、牡蛎、蜗牛和蛞蝓）和节肢动物门（Arthropoda）（昆虫、蜘蛛和甲壳类动物）等主要门。与后口动物不同，在原口动物中，早期发育过程中的细胞分裂以高度有组织的方式发生，并且细胞命运被精确地确定。经过充分研究的原口动物模式生物的例子包括**秀丽隐杆线虫（*Caenorhabditis elegans*）**（**第 25 章**）和节肢动物**黑腹果蝇（*Drosophila melanogaster*）**（**第 26 章**）。

由于后口动物与人类有亲缘关系，而且它们为了解脊椎动物的生物学提供了极好的模型系统，因而得到了广泛地研究。海胆、蛙类、斑马鱼和小鼠受到了最多的关注，各自为研究聚糖在繁殖、早期发育或成体生理学中的功能提供了一定的优势。在许多情况下，这些模型揭示了糖生物学的某些方面，这些方面后来在进化距离更为遥远的生物体中得到了证实，而且它们经常作为理解人类疾病的优秀模型。然而，在描述更古老的后口动物糖组时存在着一定的挑战，主要因为基因组注释的不完善、对单个糖基转移酶底物的不了解，以及具有不寻常结构的聚糖的存在。下面将对这些模型逐一进行简要介绍，并提及本书的其他章节，以便读者获取更多详细信息。

27.2 海胆

参与受精过程的海胆聚糖，已被研究人员广泛研究。事实上，我们对受精过程的大部分生物化学知识，都是在这种生物体中首次发现（图 27.1），这些信息随后被应用于哺乳动物的精 - 卵相互作用。研究海胆受精的优势之一是卵子和精子很容易大量获得。由于受精发生在成体之外，因此也很容易通过实验对精子和卵子进行操纵。

27.2.1 海胆卵子聚糖与受精

海胆的卵子被水合的凝胶状外层覆盖。卵胶（egg jelly）重量的约 80% 是高分子质量（$> 10^6$ Da）的直链的**硫酸化岩藻糖聚合物（fucose sulfate polymer，FSP）**。精子上的受体蛋白与硫酸化岩藻糖聚合物结合，触发两个药理学上不同的钙通道打开，从而诱发精子顶体囊泡的胞吐作用，发生“顶体反应”(acrosome reaction)。触发顶体反应的离子机制在哺乳动物中是保守的，但精子表面受体的性质却各不相同。硫酸化岩藻糖聚合物是海胆精子顶体反应的物种选择性诱导剂。大多数的硫酸化岩藻糖聚合物是由三糖或四糖重复序列组成的硫酸化 α1-3 岩藻糖线性聚合物。每个重复单元中的岩藻糖数量、连键形式和硫酸化模式，都有助于确保诱导顶体反应的物种选择性。卵胶质量的约 20% 是一种含有独特的唾液酸聚合物的大型糖蛋白，可通过温和的碱处理（β 消除反应）从海胆卵胶粗产物中释放出来。该唾液酸聚糖具有全新的结构——（*N*- 羟乙酰神经氨酸 -α2-5-*O*- 羟乙酰 -*N*- 羟乙酰神经氨酸）$_n$（[Neu5Gcα2-5-*O*-glycolylNeu5Gc]$_n$）。然而，它在精子膜上的受体是未知的。当海胆精子发生顶体反应时，一种名为结合蛋白（bindin）的蛋白质会从顶体囊泡中释放出来。结合蛋白将精子黏附在一种名为卵子结合蛋白受体 1（egg bindin receptor 1，EBR1）的大型卵子表面糖蛋白上。结合蛋白可以像植物凝集素一样，凝集哺乳动物的红细胞（**第 32 章**），未受精卵的糖肽片段可以阻断结合蛋白诱导的红细胞凝集。结合蛋白被认为可以识别卵结合蛋白受体 1（EBR1）上的聚糖。卵结合蛋白受体 1 本身具有凝集素样结构域，但其聚糖配体未知。

大多数对海胆糖基化的研究已经确定了糖基转移酶的活性和它们所合成的聚糖，如带有天线结构的 β1-3 连接的半乳糖、β1-4-*N*- 乙酰半乳糖胺、*N*- 羟乙酰神经氨酸和带有硫酸残基的 *N*- 聚糖，以及极少量具有“无脊椎动物”特征的核心 α1-3/α1-6- 二岩藻糖基化（图 27.2）。聚糖和**聚糖结合蛋白（glycan-binding protein，GBP）**的功能，可以使用海胆中的遗传学策略进行研究，通过反义吗啉环寡核苷酸（antisense morpholino）或短发夹 RNA（short hairpin RNA，shRNA）进行基因表达敲降一直以来都是首选的方法，但这些方法可能会被更为精确的基因编辑技术所取代，如**成簇规律间隔短回文重复序列 / 关联蛋白 9（clustered regularly interspaced short palindromic repeat/CRISPR associated protein 9，CRISPR/Cas9）**或**转录激活因子样效应物核酸酶（transcription activator-like effector nuclease，TALEN）**。一些棘皮动物的基因组已经完成了测序，可在如棘皮动物模式生物数据库（Echinobase）等数据库中获得，但与大多数生物体一样，将糖基化活动与基因联系起来绝非易事（**第 8 章**）。

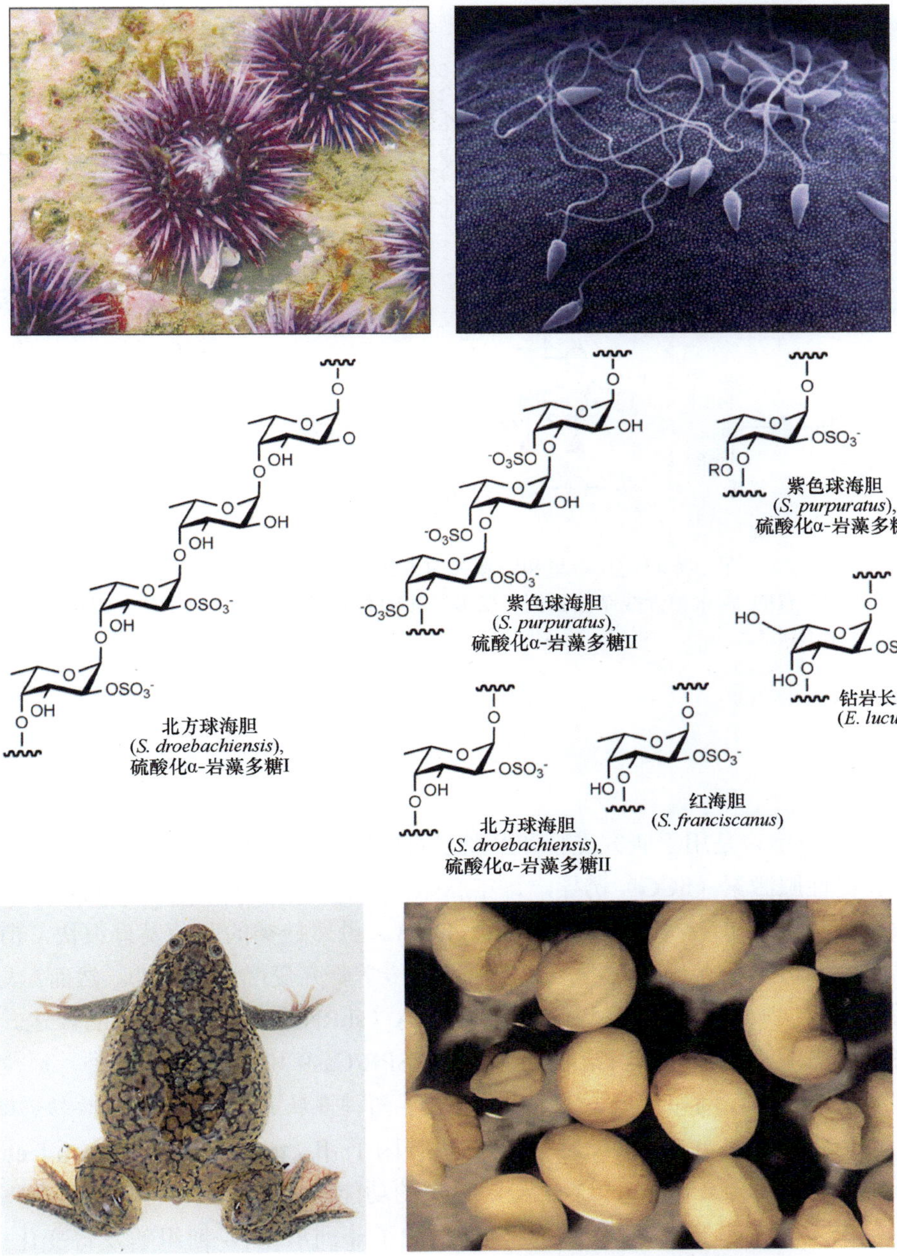

图 27.1[①]　（左上）**紫色球海胆（*Strongylocentrotus purpuratus*）**。（右上）海胆精子与卵子的结合。许多关于聚糖在决定物种特异性的精卵结合以及阻断多精子形成方面的关键发现，均来自海胆。（中）来自海胆卵胶的硫酸化 α- 岩藻多糖（sulfated α-fucan）[②]和**钻岩长海胆（*Echinometra lucunter*）**中硫酸化 α- 半乳聚糖的结构式。具体的硫酸化模式、糖苷键的位置和单糖组成，在来自不同物种的硫酸化多糖之间各不相同。图中结构由核磁共振（NMR）分析推导而来。（左下）**非洲爪蟾（*Xenopus laevis*）**。图示为非洲爪蟾的成体标本。（右下）受精后约 24h，非洲爪蟾自神经胚阶段到孵化前的胚胎发育［（左上）经许可重印，由 Santa Barbara Marine Biologicals 的 Charles Hollahan 惠赠。（右上）经许可重印，由 M. Tegner 和 D. Epel 惠赠。（中）经许可重印，引自 Vilela-Silva AC，et al. 2002. *J Biol Chem* 277：379-387，©American Society for Biochemistry and Molecular Biology 版权所有。原图由 R.D. Cummings 改编并重新绘制。（左下）图片由 UC Irvine 的 Bruce Blumberg 提供。（右下）重印，由 Exploratorium 博物馆的 Thierry Brassac 提供，网址：www.exploratorium.edu］。

---

① 根据最新的种属二名法，红海胆（*Strongylocentrotus franciscanus*）更名为红棘球海胆（*Mesocentrotus franciscanus*）。

② 根据国际纯粹与应用化学联合会（IUPAC）规则，岩藻多糖（fucan）、岩藻聚糖（fucosan）、硫酸化岩藻多糖（sulfated fucan）等俗名的正式命名为岩藻多糖（fucoidan）。

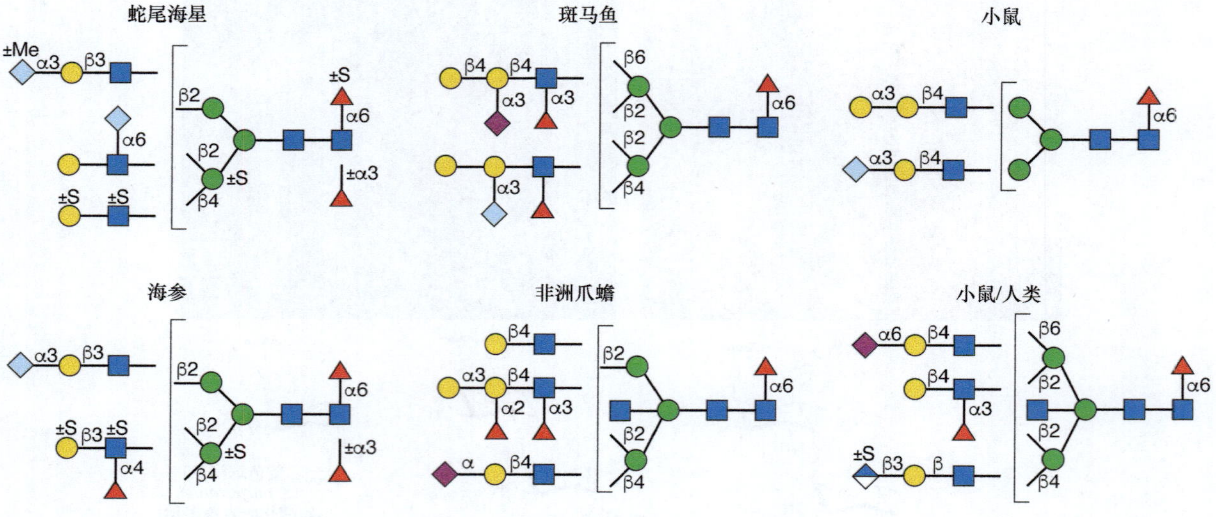

图 27.2 后口动物中的 *N*- 聚糖多样性。来自蛇尾海星和海参（均为棘皮动物）、斑马鱼、非洲爪蟾和小鼠的 *N*- 聚糖天线结构，以及在小鼠和人类之间共有的 *N*- 聚糖天线结构示例。硫酸基团的有无以 ±S 表示，甲基（CH_3）的有无以 ±Me 表示。关于聚糖的符号表示请参见**附录 2**。

27.3 蛙类

非洲爪蟾（*Xenopus laevis*）是用于研究受精和胚胎发育的成熟模式生物（**图 27.1**）。爪蟾成体易于饲养，可通过注射人绒毛膜促性腺激素（hCG）诱导，每年产卵多达 3 次。非常大的卵子可以轻松地进行显微注射实验，以表达编码感兴趣的 RNA 和蛋白质的外源 cDNA。虽然蛙类的胚胎发育很快，但成体的生存时间很长（1 ～ 2 年），而且蛙类的基因组是四倍体，使得遗传学研究变得日益困难。然而，与海胆一样，可以通过向早期胚胎注射反义吗啉环寡核苷酸或短发夹 RNA（shRNA）来抑制基因的表达。这些技术存在脱靶效应，未来将转向更前沿的基因编辑策略，包括 CRISPR/Cas9 和 TALEN。此外，原位杂交和过表达技术也已被用于非洲爪蟾胚胎。例如，研究人员已经区分了两种多肽 *N*- 乙酰半乳糖胺转移酶（polypeptide *N*-acetylgalactosaminyltransferase，ppGalNAcT）在转化生长因子 -β（transforming growth factor-β，TGF-β）/ 骨形态发生蛋白（bone morphogenic protein）信号转导中的功能，表明该生物体可用于聚糖生物合成步骤和聚糖调控发育机制的发现。事实上，研究人员已经报道了非洲爪蟾 *N*- 糖组的发育变化（**图 27.2**），而蛙卵子黏蛋白（mucin）的 *O*- 聚糖因其以物种依赖性的方式存在而变得极其复杂。

27.3.1 首次在非洲爪蟾中发现的凝集素家族

非洲爪蟾卵母细胞皮质颗粒中含有一种被称为 XL35 的凝集素，它在受精时释放，并与卵子周围胶状物中表达黏蛋白型 *O*- 聚糖（Galα1-3GalNAc）的糖蛋白结合。XL35 蛋白是由单体组成的寡聚体，每个单体的分子质量为 35 kDa。光散射实验表明，寡聚体主要以 12 聚体的形式存在，使其能够在卵胶中与其糖蛋白配体进行交联，从而在受精膜上形成一个相对刚性的层状结构。这种分子复合物的作用是阻止多精入卵，也可以作为抵抗微生物感染的屏障。被称为**“X- 凝集素”（X-lectin）**的 XL35 蛋白的同源物，存在于一些最原始的后口动物中（如海鞘），但也存在于更为复杂的脊椎动物中（如斑马鱼、小鼠和人类）。小鼠和人类有两种该凝集素的直系同源物，称为肠道凝集素 -1（intelectin-1）和肠道凝集素 -2（intelectin-2）

（**第 30 章**），因为它们最初是在肠道中发现的。有趣的是，海鞘的同源物种**真海鞘**（***Halocynthia roretzi***）的 X- 凝集素显示出与人类肠道凝集素 -1（human intelectin 1，Hint-1）相似的单体分子质量，并且在氨基酸水平上具有 34% 的一致性。当从肠和呼吸道上皮细胞中的杯状细胞（goblet cell）中分泌时，Hint-1 以三聚体的形式存在。白细胞介素 -13（Interleukin-13，IL-13）是一种参与 II 型先天免疫应答的细胞因子，可诱导 Hint-1 转录物的显著增加。在心脏和肺组织中，研究人员也发现了 Hint-1 的组成型表达转录物。相比之下，人类肠道凝集素 -2（human intelectin 2，Hint-2）仅在小肠隐窝中发挥免疫监视功能的帕内特细胞（Paneth cell）[①]内表达。聚糖微阵列结果表明，两种人类肠道凝集素都能与一组独特的人类致病细菌的聚糖结合，这些细菌的共同点是其外表面多糖上存在着特定的顺式二醇，并且涵盖了革兰氏阳性菌和革兰氏阴性菌。Hint-1 和非洲爪蟾胚胎表皮凝集素（*Xenopus* embryonic epidermal lectin）的晶体结构，显示出保守的聚糖识别机制。但显而易见，所研究的每种肠道凝集素的碳水化合物结合决定簇都是独一无二的。X- 凝集素家族在后口动物针对病原体的先天免疫应答中起关键作用，这一点正在变得愈加清晰。

27.4 斑马鱼

斑马鱼（***Danio rerio***）是了解基因在早期脊椎动物发育中功能的一种极佳的模式生物（**图 27.3**）。雌鱼每周可产下数百颗卵，这些卵会在体外进行受精。胚胎发育过程非常迅速（以小时为单位），它们的半透明性则使得早期发育的可视化成为可能。与其他脊椎动物物种相比，斑马鱼相对容易饲养。此外，可以对斑马鱼进行诱变和远交，以产生突变株，或使用吗啉环寡核苷酸、shRNA 或 CRISPR/Cas9 和 TALEN 等方法进行操作，在早期发育过程中永久或暂时地沉默或删除基因（**图 27.3**）。

斑马鱼生活在非陆地环境中，在硬骨鱼（teleost）的进化过程中发生了广泛的基因复制和基因多样化。哺乳动物中存在的所有主要聚糖类别都已在斑马鱼中进行了描述，其中许多聚糖已经可以通过基因进行操纵，从而对聚糖的功能产生了全新的见解。事实上，斑马鱼器官的 *N*- 连接、*O*- 连接和脂质连接的糖组，具有一系列典型的脊椎动物特征，如 β1-4- 半乳糖基化和唾液酸化，但也有独特的 β1-4- 半乳糖延伸的“唾液酸化 Lewis x”（sialyl Lewis x）聚糖表位（**图 27.2**）。

27.4.1 对斑马鱼中糖基化相关表型的调研

用于鉴定影响特定生理系统的新型突变体的复杂筛选方法，也可应用于斑马鱼体系。例如，高通量筛选已经确定了鱼鳍发育和再生所需的基因组，这些基因可以作为哺乳动物软骨和骨骼发育的模型。在血管发育和止血方面发生异变（alteration）的突变体，也已在斑马鱼中得到了鉴定。此外，识别该系统中全新的基因，通过基因沉默或基因突变操纵聚糖表达的能力，使斑马鱼这种模式生物成为了脊椎动物糖生物学研究的焦点。研究人员已发现特定蛋白质上的聚糖链和脂质上的聚糖链的生物学功能，例如，包含影响鸟苷二磷酸 - 岩藻糖（GDP-Fuc）生物合成错义突变的 *slytherin* 突变体，会产生几种影响神经元分化的表型。对调控多唾液酸化的基因的敲降，则显示出多唾液酸对神经元迁移和可塑性的关键功能，包括那些可能涉及体节（somite）形成和分化的运动神经元。在理解糖胺聚糖（GAG）的生物合成过程（**第 17 章**）和此类聚糖在发育过程中的功能等方面，斑马鱼也做出了重大贡献。此外，在斑马鱼中建立的几种人类**先天性糖基化障碍（congenital disorder of glycosylation，CDG）**模型，提供了对于这些糖基化障碍相关表型的深度见解，包括 *O*- 甘露糖（*O*-Man）聚糖合成缺陷（**第 13 章**），这些缺陷会引起不同

① 也称潘氏细胞。

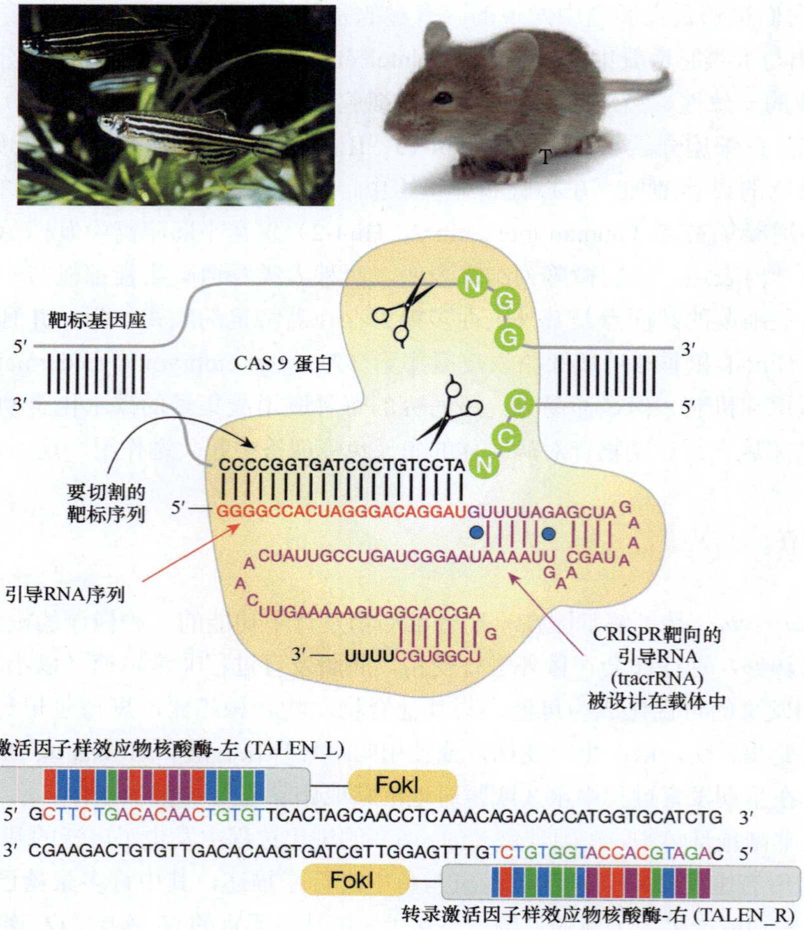

图 27.3 （左上）**斑马鱼**（***Danio rerio***）。（右上）**成年小鼠**（***Mus musculus***）。（中）使用 CRISPR/Cas9 技术进行基因编辑。基因特异性的引导 RNA（guide RNA），与反式激活 CRISPR RNA（tracrRNA）招募 Cas9 核酸酶，对基因组 DNA 进行序列特异性切割。NGG 是一个原型间隔区相邻基序（protospacer adjacent motif，PAM），必须位于基因组 DNA 靶序列的 3′ 端。（底部）使用转录激活因子样效应物核酸酶（TALEN）进行基因编辑。TALEN 载体编码的蛋白质，被设计为特异性结合位于所需切割位点侧翼的基因组 DNA，该切割位点与 FokI 核酸酶相连，该酶能够催化位点特异性的切割［（左上）照片来自 the Zebrafish Information Network，ZFIN，©University of Oregon 版权所有；另见 Sprague J，et al. 2006. *Nucl Acids Res* 34：D581-D585.（右上）转载自 System Biosciences Inc.；网址：https://www.systembio.com/crispr-cas9-plasmids.（下）转载自 Ramalingam S. 2013. *Genome Biol* 14：107-110］。

类型的**肌营养不良**（**muscular dystrophy**）（**第 45 章**）。

27.5 小鼠

实验室**小鼠**（***Mus musculus***）是研究最广泛的后口动物，因为它们是与灵长类动物关系最为密切的哺乳动物，繁殖速度快，而且很容易进行基因操纵。近交系小鼠品系广泛存在，并且自发突变的发生具有特定形态学或病理生理学表型。病理生理学的示例中包括了短形小鼠（brachymorphic mice），这些小鼠在通用的硫酸根供体，即 3′- 磷酸腺苷 -5′- 磷酰硫酸（3′-phosphoadenyl-5′-phosphosulfate，PAPS）的合成方面存在部分缺陷（**第 5 章**），由于软骨内骨化过程中硫酸软骨素（CS）的合成缺陷，导致了四肢缩短（**第 17 章**）。另一个例子是导致肌营养不良的突变，它可以追溯到 $Large^{myd}$ 基因，它编码的糖基转移酶在人类中出现缺陷时，也会导致肌营养不良症（**第 13 章**、**第 45 章**）。许多关于小鼠糖生物学的信息，来自对同源重组方法的应用，在特定组织或在选定的发育时间系统地敲除特定基因（附录 5）。在许多情况下，人类中的病理突变已在保守的鼠类同源基因中进行了工程化，以产生相应的疾病模型（**第 41 章**）。值得注意的是，人类缺乏在小鼠中发现的两种聚糖生物合成酶：合成 Galα1-3Gal 抗原的半乳糖基转移酶（α3Gal transferase，Galα1-3Gal epitope synthase），它可以作为 *N*- 聚糖或 *O*- 聚糖的糖链终止结构（图 27.2，**第 14 章**）；从胞苷一磷酸 -*N*- 乙酰神经氨酸（CMP-Neu5Ac）合成胞苷一磷酸 -*N*- 羟乙酰神经氨酸（Neu5Gc）的胞苷一磷酸 -*N*- 乙酰神经氨酸羟化酶（CMP-Neu5Ac hydroxylase）（**第 15 章**）。小鼠缺乏人类的 ABH（O）血型聚糖（**第 14 章**）。

27.5.1 影响整体聚糖合成途径的突变

由于基因删除已被广泛用于对诸多参与糖基化的基因进行失活，这里仅提及几个突变体。研究人员已经建立了参与组装脊椎动物聚糖所有主要亚类别的早期基因的突变系（mutant line）。在大多数情况下，这些突变阻止了生物合成途径的启动，并显示出胚胎致死性。其中包括 *O*-*N*- 乙酰葡萄糖胺转移酶（OGT）（**第 19 章**），其缺失即使在单细胞阶段也是致死的。磷酸甘露糖变位酶 2（phosphomannomutase 2）的基因消融，会引起整个 *N*- 聚糖途径的缺失，该酶负责产生甘露糖 -1- 磷酸（Man-1-P）和所有含有甘露糖的聚糖，而负责启动脂质连接的寡糖前体的 *N*- 乙酰葡萄糖胺 -1- 磷酸转移酶（GlcNAc-1-P transferase）（**第 9 章**）的缺失，在受精后几天就会引起胚胎致死。*Ext1* 或 *Ext2* 基因缺失导致的硫酸乙酰肝素（HS）生物合成的缺失，在胚胎发育 E6-7 阶段，也会因为无法进行中胚层的分化而致死。*N*- 乙酰葡萄糖胺转移酶 I（*N*-acetylglucosaminyltransferase I，GlcNAc-TI，MGAT1）的系统性缺失，在小鼠妊娠中期（E9-10）是致命的（**第 9 章**），这表明原肠胚形成（gastrulation）的早期发育可以在完全没有杂合型和复合型 *N*- 聚糖的情况下进行。硫酸软骨素和透明质酸的合成对于胚胎发育也是必不可少的，并且会在肢体生成和器官发生过程中出现发育停滞。由于小鼠体内存在超过 20 种部分冗余的多肽 *N*- 乙酰半乳糖胺转移酶（polypeptide *N*-acetylgalactosaminyltransferase，ppGalNAcT），因此完全敲除 *O*-GalNAc 聚糖途径尚无法实现（**第 10 章**）。然而，由于血管生成异常，产生 Galβ1-3GalNAcα-*O*-Ser/Thr 的单拷贝核心 1 型半乳糖基转移酶（core-1 galactosyltransferase，C1GALT1）的缺失，在 E14 阶段是致命的。敲除 Notch 蛋白中修饰表皮生长因子（EGF）模件的蛋白质 *O*- 岩藻糖基转移酶 1（protein *O*-fucosyltransferase，POFUT1）可引起小鼠致死，并导致类似于在 Notch 信号通路全局敲除小鼠中所见的发育缺陷。缺乏糖基磷脂酰肌醇锚（GPI anchor）（**第 12 章**）或 *O*- 甘露糖聚糖（**第 13 章**）也会引起胚胎致死。

27.5.2 影响特定聚糖延伸或修饰的突变

编码用于延伸各种类型聚糖核心部分的糖基转移酶的突变，与那些删除了整个途径的基因突变相比，通常具有的表型其严重程度更加轻微。例如，一些糖基转移酶基因的敲除会影响免疫系统，包括白细胞滚动、淋巴细胞归巢和 T 细胞稳态。敲除连续的生物合成步骤的基因或敲除多个看似冗余的基因，经常会揭示出另一层具有聚糖依赖性的生物学功能、全新的糖链结构，以及尚未被认识的生物合成途径。许多小鼠的突变体可作为人类遗传疾病的模型（**第 41 章**）。

27.5.3 具有细胞类型特异性的突变

为了研究聚糖在特定组织中的功能，可以通过将带有条件无效等位基因（condtional null allele）的细胞株，与仅在感兴趣的组织中选择性删除该基因的细胞株进行杂交来创建基因的组织特异性损伤（lesion）。最常见的方法是在部分基因的侧翼添加 *loxP* 重组位点，然后将这些小鼠与在组织特异性启动子或诱导型启动子控制下产生噬菌体 Cre 重组酶（Cre-recombinase）的品系杂交（图 27.4）。激活表达后，Cre 重组酶能够识别 *loxP* 位点，切除它们之间的 DNA 片段。这些技术可以与环境胁迫、饮食改变或炎症挑战相结合，以细胞类型特异性和时间调控的方式实现基因删除。

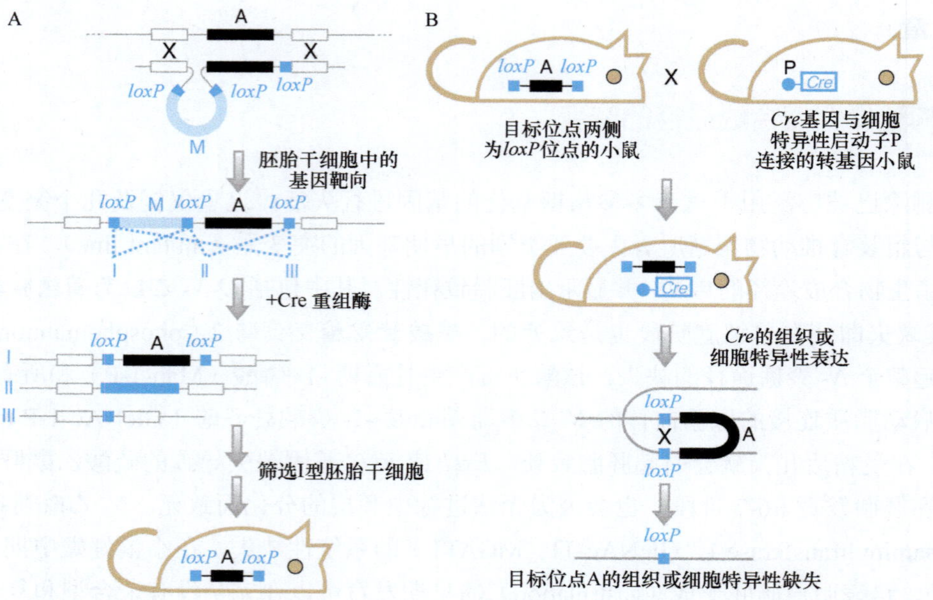

图 27.4 Cre-*loxP* 靶向技术。可用于小鼠中的条件性基因敲除。

有时，由于相关同工酶（isozyme）的存在与否不可预见，改变一个基因可以对给定组织产生高度特异性的影响，而不会影响其他组织。例如，高尔基体 α- 甘露糖苷酶 II（α-mannosidase II，MAN2A1）被认为在 *N*- 聚糖加工中起主导作用（**第 9 章**），但缺乏 MAN2A1 蛋白的小鼠能够存活，并患有红细胞生成障碍性贫血。这些小鼠从异常高水平表达的不完整前体中，产生出许多非比寻常的聚糖，这些不完全前体积累并驱动了非典型产物的合成。突变小鼠最终发展为进行性自身免疫性肾病，在肾小管中积累免疫复合物，这可能是对异常聚糖抗原的应答。它们的红细胞缺乏复合型 *N*- 聚糖，但其他组织使用与之不同的，被称为 α- 甘露糖苷酶 IIx（α-mannosidase IIx，MAN2A2）的同工酶继续产生这些 *N*- 聚糖。缺乏 MAN2A2 的小鼠大多不受影响，但雄性突变小鼠不育，因为精母细胞无法制造与睾丸中的支持细胞结合所需的聚糖，从而阻止了精子发生（spermatogenesis）。删除这两种 α- 甘露糖苷酶会阻止所有复合型 *N*- 聚糖的合成（**第 9 章**），并且大多数胚胎在 E15 ～ E18 之间死亡，或者在出生后不久死于呼吸衰竭。

27.5.4 品系差异和修饰基因

研究人员通常在高度近交的品系中确定突变基因的影响，这些品系除了所研究的基因外，其他基因在遗传上是相同的。有时，突变的表型会根据表达该突变的遗传背景（小鼠品系）而发生变化。例如，缺乏复合型 *N*- 聚糖合成所需的酶即 *N*- 乙酰葡萄糖胺转移酶 II（*N*-acetylglucosaminyltransferase II，MGAT2）的小鼠，在一种遗传背景下出生后即死亡（**第 9 章**），但在另一种背景下则会出现罕见的幸存者，患有严重的胃肠道疾病及血液学和成骨异常。有趣的是，这些突变体表现出人类疾病**先天性糖基化障碍 -IIa** （congenital disorder of glycosylation-IIa，CDG-IIa）的表型，而人类患者中也缺乏相同的酶（**第 45 章**）。另一个例子是将鸟苷二磷酸 - 甘露糖（GDP-Man）转化为鸟苷二磷酸 - 岩藻糖（GDP-Fuc）的酶（**第 5 章**）发生突变后，导致全局岩藻糖基化缺陷的品系在胚胎期死亡，但是在不同的背景中培育时，它们会存活到出生，然后可以继续通过补充含有岩藻糖的饮食得以维持生存。第三个例子是软骨内层的生长板上骨赘疣（外生骨疣）的形成。在一种背景下，参与硫酸乙酰肝素（HS）生物合成的 Ext-1 共聚酶的杂合突变导致罕见的外生骨疣，而在另一种背景下，肿瘤的发病率增加了数倍。这些实验表明，存在改变酶表达水平或底物组装，从饮食中回收糖或改变聚糖周转的修饰基因（modifier gene）。

27.5.5 环境驱动的表型

在一些突变体中，表型只有在出现环境挑战时才会显现出来。例如，缺失负责多唾液酸合成的两种酶，会产生“无畏”（no-fear）小鼠，这些小鼠往往更具攻击性，并且对通常产生压力或焦虑的情况视而不见。删除一种主要的硫酸乙酰肝素核心蛋白——黏结蛋白聚糖 -1（syndecan-1）（**第 17 章**），在正常的实验室条件下没有明显的变化，但小鼠对细菌性肺部感染具有了更强的抵抗力。显然，细菌利用肺部脱落的黏结蛋白聚糖（syndecan）来增强其毒力，并调节宿主的防御。

神经节苷脂 GM3 合成缺陷的小鼠，除了胰岛素敏感性增强，以及因内耳毛细胞缺陷而出现耳聋外，似乎一切正常。这些小鼠会将鞘糖脂的合成分流到更为复杂的神经节苷脂合成中，以替代 GM3 的损失（**第 11 章**）。另外，只合成神经节苷脂 GM3 的双突变小鼠，出现强直型肌阵挛（癫痫）发作，90% 的小鼠因尖锐声音引起的癫痫发作而死亡。这些例子显示出正确平衡聚糖的重要性。以上研究还显示了表型是如何在很大程度上取决于其他遗传因素、饮食和来自环境的影响。现在认为，影响表型的另一个主要因素是微生物组，该因素在肠道中尤甚。因此，在可控的实验室环境中表现为沉默的突变，有可能在更接近自然的环境中引起强烈的表型。

27.6 人类和其他灵长类动物

对人类和其他灵长类动物的研究一直受到成本、伦理争议和（就人类而言）遗传上的远亲繁殖群的限制。然而，越来越多的例子表明，在小鼠身上的研究（尤其是治疗性研究）并不能转化为人类中的情况。即使是我们的近亲黑猩猩，似乎也具有明显不同的疾病特征，其中一些可以通过唾液酸生物学的改变来解释。尽管应该继续对其他灵长类动物进行伦理和实践上可行的研究，但已故诺贝尔奖获得者悉尼 · 布伦纳（Sydney Brenner）认为（**第 7 章**），我们如今已经获取了关于人类的足量信息，可以将我们自身视为可行的“模式生物”进行深入研究。

致谢

感谢维克多 · 瓦奎尔（Victor Vacquier）对本章先前版本的贡献，并感谢阿吉特 · 瓦尔基（Ajit Varki）和弗拉迪斯拉夫 · 帕宁（Vladislav Panin）的有益评论及建议。

延伸阅读

Lee JK, Baum LG, Moremen K, Pierce M. 2004. The X-lectins: a new family with homology to the Xenopus laevis oocyte lectin XL-

35. *Glycoconj J* **21**: 443-450.

Ohtsubo K, Marth JD. 2006. Glycosylation in cellular mechanisms of health and disease. *Cell* **126**: 855-867.

Bishop JR, Schuksz M, Esko JD. 2007. Heparan sulphate proteoglycans fine-tune mammalian physiology. *Nature* **446**: 1030-1037.

Freeze HH, Sharma V. 2010. Metabolic manipulation of glycosylation disorders in humans and animal models. *Semin Cell Dev Biol* **21**: 655-662.

Varki NM, Strobert E, Dick EJ Jr, Benirschke K, Varki A. 2011. Biomedical differences between human and nonhuman hominids: potential roles for uniquely human aspects of sialic acid biology. *Annu Rev Pathol* **6**: 365-393.

Vacquier VD. 2012. The quest for the sea urchin egg receptor for sperm. *Biochem Biophys Res Commun* **425**: 583-587.

Flanagan-Steet HR, Steet R. 2013. "Casting" light on the role of glycosylation during embryonic development: insights from zebrafish. *Glycoconj J* **30**: 33-40.

Bammens R, Mehta N, Race V, Foulquier F, Jaeken J, Tiemeyer M, Steet R, Matthijs G, Flanagan-Steet H. 2015. Abnormal cartilage development and altered N-glycosylation in Tmem165-deficient zebrafish mirrors the phenotypes associated with TMEM165-CDG. *Glycobiology* **25**: 669-682.

Voglmeir J, Laurent N, Flitsch SL, Oelgeschlager M, Wilson IB. 2015. Biological and biochemical properties of two Xenopus laevis N-acetylgalactosaminyltransferases with contrasting roles in embryogenesis. *Comp Biochem Physiol B Biochem Mol Biol* **180**: 40-47.

Wesener DA, Wangkanont K, McBride R, Song X, Kraft MB, Hodges HL, Zarling LC, Splain RA, Smith DF, Cummings RD, et al. 2015. Recognition of microbial glycans by human intelectin-1. *Nat Struct Mol Biol* **22**: 603-610.

Wangkanont K, Wesener DA, Vidani JA, Kiessling LL, Forest KT. 2016. Structures of Xenopus embryonic epidermal lectin reveal of conserved mechanism of microbial glycan recognition. *J Biol Chem* **291**: 5596-5610.

Stanley P. 2017. What have we learned from glycosyltransferase knockouts in mice? *J Mol Biol* **428**: 3166-3182.

Yamakawa N, Vanbeselaere J, Chang LY, Yu SY, Ducrocq L, Harduin-Lepers A, Kurata J, Aoki-Kinoshita KF, Sato C, Khoo KH, et al. 2018. Systems glycomics of adult zebrafish identifies organ-specific sialylation and glycosylation patterns. *Nat Commun* **9**: 4647.

Sigal M, Del Mar Reinés M, Müllerké S, Fischer C, Kapalczynska M, Berger H, Bakker ERM, Mollenkopf H-J, Rothenberg ME, Wiedenmann B, et al. 2019. R-spondin-3 induces secretory, antimicrobial Lgr5+ cells in the stomach. *Nat Cell Biol* **21**: 812-823.

Eckmair B, Jin C, Karlsson NG, Abed-Navandi D, Wilson IBH, Paschinger K. 2020. Glycosylation at an evolutionary nexus: the brittle star Ophiactis savignyi expresses both vertebrate and invertebrate N-glycomic features. *J Biol Chem* **295**: 3173-3188.

第四篇

聚糖结合蛋白

第 28 章 聚糖结合蛋白的发现与分类
第 29 章 聚糖识别的基本原则
第 30 章 聚糖识别的结构生物学
第 31 章 R 型凝集素
第 32 章 L 型凝集素
第 33 章 P 型凝集素
第 34 章 C 型凝集素
第 35 章 I 型凝集素
第 36 章 半乳凝集素
第 37 章 微生物凝集素：血凝素、黏附蛋白和毒素
第 38 章 结合硫酸化糖胺聚糖的蛋白质

第 28 章

聚糖结合蛋白的发现与分类

莫林 · E. 泰勒（Maureen E. Taylor），库尔特 · 德里卡默（Kurt Drickamer），安妮 · 安伯蒂（Anne Imberty），伊薇特 · 范 · 科伊克（Yvette van Kooyk），罗纳德 · L. 施纳尔（Ronald L. Schnaar），玛丽莲 · E. 埃茨勒（Marilynn E. Etzler），阿吉特 · 瓦尔基（Ajit Varki）

28.1 两类不同的聚糖结合蛋白 / 366
28.2 凝集素的发现和历史 / 367
28.3 硫酸化糖胺聚糖结合蛋白的发现 / 368
28.4 聚糖结合蛋白的主要生物学功能 / 368
28.5 凝集素的组织架构 / 370
28.6 基于结构相似性的凝集素分类 / 371
28.7 通过生物功能、生化功能及结构相似性鉴定聚糖结合蛋白 / 374
28.8 凝集素的聚糖配体 / 374
28.9 特定聚糖结合蛋白配体的术语 / 376
致谢 / 376
延伸阅读 / 376

本章概述了天然存在的**聚糖结合蛋白**（**glycan-binding protein，GBP**）及其发现史、它们的一些生物学功能、鉴定聚糖结合蛋白的方法，以及定义聚糖结合蛋白生物学相关配体所需面临的挑战。接下来的章节中，我们将描述对聚糖 - 蛋白质相互作用的分析（**第 29 章**）、所涉及的物理原理（**第 30 章**），以及聚糖结合蛋白重要亚类的结构和生物学功能（**第 31 章至第 38 章**）。

28.1 两类不同的聚糖结合蛋白

聚糖结合蛋白（不包括聚糖特异性抗体）存在于所有的生物体中，可分为两个大类——**凝集素**（**lectin**）和**硫酸化糖胺聚糖结合蛋白**（**sulfated glycosaminoglycan-binding protein**）（二者的比较见**附录 6**）。基于一级和（或）三维结构的相似性，凝集素可被进一步分为由**碳水化合物识别域**（**carbohydrate-recognition domain，CRD**）定义的、进化上相关的**家族**（**family**）（图 28.1）。碳水化合物识别域可以作为独立的蛋白质存在，也可以作为更大的多结构域蛋白质中的结构域存在。它们通常识别聚糖上的末端基团，这些末端基团可恰好置于浅而明确的结合口袋中（**第 29 章、第 30 章**）。相比之下，与硫酸化糖胺聚糖（硫酸乙酰肝素、硫酸软骨素、硫酸皮肤素和硫酸角质素；**第 17 章**）发生结合的蛋白质，是通过带正电荷的氨基酸簇来实现的，这些氨基酸簇可以沿着糖胺聚糖链与其上特定排列的羧酸和硫酸基团结合。这些蛋白质中的大多数在进化上互不相关。与非硫酸化的糖胺聚糖——透明质酸发生结合作用的聚糖结合蛋白，即**透明质酸黏附蛋白**（**hyaladherin**），共享一个进化上保守的折叠，有助于识别序列不变的透明质酸重复二糖的短片段（**第 16 章**），因此最好将它们归类为一种凝集素，而不是划归硫酸化的糖胺聚糖结合蛋白。本章的其余部分重点介绍凝集素，**第 31 章至第 37 章**将介绍凝集素的不同家族。关于硫酸化的糖胺聚糖结合蛋白的讨论，在**第 38 章**中将进一步详述。

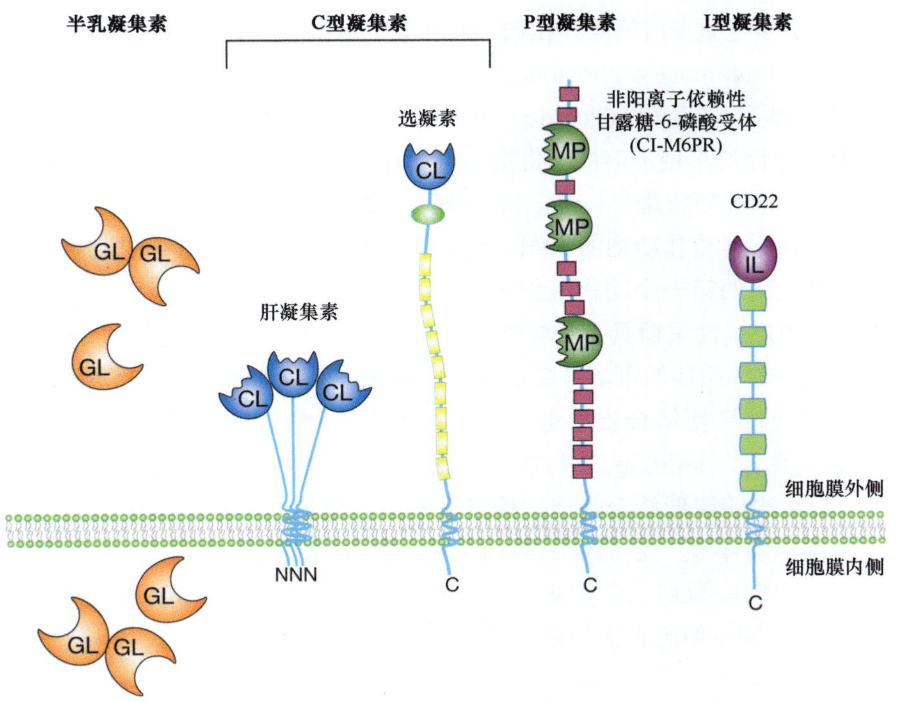

图 28.1　来自四种常见动物凝集素家族的代表性结构。图中强调了胞外结构域的结构和拓扑学，并列出了所定义的碳水化合物识别域（CRD）：C 型凝集素（CL）；半乳凝集素（GL）；P 型凝集素（MP）；I 型凝集素（IL）。其他结构域可能包括表皮生长因子样（EGF-like）结构域、免疫球蛋白 C2 型（C2-set）结构域、跨膜结构域，以及补体调控重复序列（complement regulatory repeat），取决于凝集素家族和具体的家族成员。碳水化合物结合域附带结构域的具体数量，因家族成员而各异。

28.2　凝集素的发现和历史

凝集素于 1888 年在植物中被发现，研究人员观察到蓖麻籽提取物可以凝集动物的红细胞。后来发现在许多植物的种子中都含有这种“凝集素”（agglutinin）。随后，当研究人员发现它们可以区分人类的 ABO 血型时（**第 14 章**），由于对输血十分重要，因此将其更名为凝集素（lectin）（拉丁语的“选择”）。凝集素在豆科植物的种子中尤为常见，这些 L 型凝集素（L-type lectin）[①]，包括伴刀豆球蛋白（concanavalin A）和植物凝集素（phytohemagglutinin）均已被广泛地研究。尽管它们特定的聚糖结合活性使得这些植物凝集素成为了极其有用的科学工具，但研究人员对它们在植物中的生物学功能仍然所知有限。

第一个发现的动物凝集素是**无唾液酸糖蛋白受体（asialoglycoprotein receptor，ASGPR）**，由阿纳托·莫雷尔（Anatol Morell）和吉尔伯特·阿什韦尔（Gilbert Ashwell）在 20 世纪 60 年代后期研究一种名为铜蓝蛋白（ceruloplasmin）的血清糖蛋白的体内周转过程时发现。与血液中循环的大多数糖蛋白一样，铜蓝蛋白具有复杂的 *N*- 聚糖和唾液酸末端。为了制备放射性标记的铜蓝蛋白，研究人员去除了末端的唾液酸，使半乳糖暴露在外。令人惊讶的是，无唾液酸铜蓝蛋白（asialoceruloplasmin）的循环半衰期，在兔子体内仅为数分钟；而完整的铜蓝蛋白，则可在血液中保留数小时。具有暴露的半乳糖残基的糖蛋白，通过一种与末端 β- 连接的半乳糖（Gal）或 *N*- 乙酰半乳糖胺（GalNAc）特异性结合的内吞细胞表面受体的相互作用，迅速被清除到肝细胞中，无唾液酸糖蛋白受体可以使用固定化的无唾液酸糖蛋白（asialoglycoprotein）柱，通过亲和色谱法进行纯化。

---

① 源自豆类植物（leguminous plant）的首字母。

研究人员随后发现了参与糖蛋白清除和靶向的其他聚糖特异性受体，包括用于将溶酶体酶靶向至溶酶体的**甘露糖-6-磷酸受体**（**mannose 6-phosphate receptor，M6PR/MPR**）（**第33章**），以及从血液中清除具有末端甘露糖或*N*-乙酰葡萄糖胺（GlcNAc）残基的糖蛋白的**甘露糖受体**（**mannose receptor，MR**）。对β-连接半乳糖具有特异性的小型可溶性凝集素，可通过亲和色谱分离从多种生物来源的提取物中获得，此类凝集素现在被称为**"半乳凝集素"**（**galectin**）（**第36章**），而生物来源的范围则覆盖了从**盘基网柄菌**（***Dictyostelium discoideum***）到哺乳动物的组织。至20世纪80年代，识别特定聚糖的脊椎动物凝集素的概念已经确立。尽管鉴定出的第一个动物凝集素对**内源性聚糖**（**endogenous glycan**）表现出特异性，但后来发现了许多对微生物外源性聚糖具有特异性的凝集素。识别**外源性聚糖**（**exogenous glycan**）的凝集素，包括在许多物种的血液中循环的可溶性蛋白质，以及免疫系统细胞上的膜结合受体。

凝集素和硫酸化的糖胺聚糖结合蛋白也广泛存在于微生物中，尽管它们往往另有其名，如**血凝素**（**hemagglutinin**）和**黏附蛋白**（**adhesin**）。与宿主细胞上的唾液酸结合的流感病毒血凝素（**第15章**），是第一个从微生物中分离出来的聚糖结合蛋白。像许多植物凝集素一样，病毒血凝素可以凝集红细胞。研究人员还描述了许多细菌凝集素。它们可分为两大类：细菌表面的黏附蛋白（adhesin），它识别宿主细胞表面的糖脂、糖蛋白或糖胺聚糖上的聚糖结构，以促进细菌黏附和定植；**分泌型细菌毒素**（**secreted bacterial toxin**），它能够与宿主细胞表面的糖脂或糖蛋白结合（**第37章**）。

28.3 硫酸化糖胺聚糖结合蛋白的发现

研究人员陆续发现了一大群无法根据序列或结构进行分类的聚糖结合蛋白，它们可以识别硫酸化的糖胺聚糖（**第38章**）。研究得最好的例子是**肝素**（**heparin**）与抗凝血酶（antithrombin）之间的相互作用。肝素于1916年由当时还是医学生身份的杰伊·麦克莱恩（Jay McLean）发现，但直到1939年，肝素才被证明在存在"肝素辅因子"（heparin cofactor）的情况下是一种抗凝剂；随后在20世纪50年代，这种"肝素辅因子"被鉴定为抗凝血酶。研究人员后来使用固定化的肝素柱，通过亲和色谱法发现了许多其他硫酸化糖胺聚糖结合蛋白。生长因子和细胞因子沿着这些蛋白质的表面携带了具有正电荷的氨基酸簇，与硫酸化糖胺聚糖的相互作用比较松散，也就是说，它们并不总是表现出抗凝血酶中所见的高度特异性。然而在某些情况下，特定的糖胺聚糖序列会介导高阶复合物的形成，充当了成纤维细胞生长因子（fibroblast growth factor，FGF）及其细胞表面受体等蛋白质发生寡聚化或定位的模板。

28.4 聚糖结合蛋白的主要生物学功能

聚糖结合蛋白在多细胞生物体的细胞间通讯，以及微生物和宿主之间的相互作用中发挥作用，还可以参与结合生长因子、趋化因子和细胞因子。这些相互作用形式多样，促进了分子、细胞和信息的交流传递。

28.4.1 蛋白质的运输、靶向和清除

指导糖蛋白在细胞内和细胞间的移动，是许多生物体中凝集素的共同功能。在真核细胞中，包括在酵母和高等真核生物中，有几组凝集素在糖蛋白生物合成和细胞内的移动中非常重要（**第39章**）。在内质网中，两种凝集素**钙连蛋白**（**calnexin**）和**钙网蛋白**（**calreticulin**），与新合成的糖蛋白上存在的、单葡萄糖基化的高甘露糖型聚糖结合，构成了蛋白质折叠质量控制系统的一部分。这种结合作用将蛋白质保留在内质网中，直到它们被正确地折叠。内质网中其他组别的凝集素，包括**M型凝集素**（**M-type lectin**）和

含有甘露糖 -6- 磷酸（Man-6-P）受体同源结构域的蛋白质，参与了**内质网相关糖蛋白降解（ER-associated glycoprotein degradation，ERAD）**的过程，它们能够与最终错误折叠的糖蛋白上部分加工的高甘露型聚糖结合，使它们被逆向转运到细胞质中进行去糖基化（deglycosylation），然后在蛋白酶体中完成降解。聚糖结合蛋白最突出的功能之一，是将新合成的溶酶体酶从高尔基体反面膜囊（*trans*-Golgi）传递到溶酶体中。**P 型凝集素（P-type lectin）**（**第 33 章**）能够识别已经添加到高尔基体溶酶体酶上的、*N*- 聚糖上的甘露糖 -6- 磷酸残基，将它们靶向到内体（endosome）中，以完成与溶酶体的融合。

一旦从细胞中释放出来，糖蛋白也可以在溶酶体中被吸收降解。如上所述，哺乳动物肝细胞上的无唾液酸糖蛋白受体，通过识别末端半乳糖（Gal）或 *N*- 乙酰半乳糖胺（GalNAc）残基来控制许多血清糖蛋白的周转。类似地，巨噬细胞和肝窦细胞上的甘露糖受体（MR），能够结合并清除在炎症和组织损伤期间从细胞中释放出的、带有寡甘露糖型 *N*- 聚糖的糖蛋白。

并非所有凝集素介导的靶向过程都会导致降解。分泌型的细菌和植物毒素中的聚糖结合亚基，通常将它们靶向至细胞表面的糖脂，并促进毒素进入细胞（**第 37 章**）。许多酶包含了**聚糖结合结构域（glycan-binding domain）**，这些结构域使得另一个具有酶活性的结构域，能够与其底物更为紧密地接触。一个值得注意的蛋白质组别是*细菌纤维素酶*（bacterial cellulase），其中的纤维素结合模件（cellulose-binding module）负责对酶催化反应结构域进行定位，以达到纤维素纤维降解的最佳状态。遵循类似的原理，在动物中启动 *O*- 连接糖基化的*多肽 N- 乙酰半乳糖胺转移酶*（polypeptide *N*-acetylgalactosaminyltransferase，ppGalNAcT）中的 *N*- 乙酰半乳糖胺结合结构域，负责将这些酶进行定位，使这些酶在已经带有 *O*- 聚糖的多肽区域中进一步添加 *N*- 乙酰半乳糖胺（GalNAc）残基（**第 10 章**）。

28.4.2　细胞黏附

不同真核细胞和原核细胞表面的独特聚糖，使它们成为了聚糖结合蛋白的靶标。与某一细胞相邻的细胞上的聚糖结合蛋白，与该细胞表面上的聚糖结合，可以诱导识别和黏附过程，而通过多价可溶性凝集素在不同细胞上进行聚糖的交联，则提供了另外一种黏附机制。这种相互作用可以在特殊情况下被利用，如移动的细胞之间的瞬时接触。**选凝素家族（selectin family）**具有在白细胞、血小板和内皮细胞三者相互作用中发挥功能的三种受体，为细胞 - 细胞黏附过程提供了一些最为典型的凝集素 - 聚糖相互作用的实例（**第 34 章**）。例如，淋巴细胞上的 **L 选凝素（L-selectin）**与淋巴结特化的内皮细胞上的聚糖结合，可以诱导淋巴细胞归巢（lymphocyte homing），其中体循环的淋巴细胞离开血流并进入淋巴结。其他哺乳动物的聚糖结合蛋白能够介导细胞之间的结合，或识别同一细胞表面的配体，包括**唾液酸结合免疫球蛋白样凝集素（Siglec）**（**第 35 章**）和**半乳凝集素（galectin）**（**第 36 章**）。多细胞生物中的凝集素还介导了细胞和细胞外基质之间的相互作用，并支持基质成分的组织架构（organization）。例如，含有**连接模件（link module）**的蛋白质，在软骨（和其他组织）中与透明质酸（HA）特异性结合，对细胞外基质的构建至关重要（**第 38 章**），而其他细胞外蛋白质可以与硫酸化糖胺聚糖结合，以规划细胞 - 细胞和细胞 - 基质间的相互作用（**第 38 章**）。

许多细菌还利用凝集素黏附在宿主细胞的聚糖上，通常可以防止它们被冲走。这些黏附蛋白通常存在于从细菌表面突出的、被称为菌毛（pili）或伞毛（fimbriae）的长结构末端（**第 37 章**）。黏附可以是感染过程的一部分。例如，引起泌尿系统感染的**大肠杆菌（*Escherichia coli*）**致病菌株上的甘露糖特异性黏附蛋白，能够与尿路上皮细胞结合。宿主细胞和细菌之间的其他聚糖 - 蛋白质相互作用，实际上提供了一种共存机制。几种正常肠道菌群的细菌物种，包括非致病性大肠杆菌，使用黏附蛋白与大肠内壁细胞上的糖脂结合。

28.4.3 免疫和感染

许多凝集素参与了无脊椎动物、低等脊椎动物和哺乳动物的免疫应答。宿主和微生物细胞表面聚糖之间的差异，通常是先天免疫应答的基础。吞噬作用（phagocytosis）是巨噬细胞凝集素与细菌、寄生虫和真菌上的非宿主聚糖结合的常见结果，但这些巨噬细胞上的许多凝集素，如**树突状细胞特异性细胞间黏附分子-3-捕获非整联蛋白（dendritic cell-specific intercellular adhesion molecule-3-grabbing nonintegrin，DC-SIGN）**，也识别病毒上的宿主聚糖以进行吞噬作用（**第42章、第43章**）。血液中循环的其他凝集素，如血清中的甘露糖结合蛋白和纤胶凝蛋白（ficolin），能够与病原体细胞表面结合，激活补体级联反应，导致补体介导的杀伤。

聚糖与免疫细胞上凝集素的结合，也可以触发激活或抑制细胞应答的细胞内信号传递。识别自身聚糖（如唾液酸）的受体，以及一些对微生物特有的聚糖具有特异性的受体，可以启动这类信号传递过程。例如，α2-6连接的唾液酸与B淋巴细胞上发现的、脊椎动物凝集素中的唾液酸结合免疫球蛋白样凝集素家族成员CD22之间的结合，能够启动信号通路，对激活进行抑制，以防止自身反应（self-reactivity）（**第35章**）。相反，**巨噬细胞诱导的C型凝集素（macrophage-inducible C-type lectin，MINCLE）**[①]，与**结核分枝杆菌（*Mycobacterium tuberculosis*）**细胞壁上发现的一种名为海藻糖二分枝菌酸酯（trehalose dimycolate）的糖脂结合，诱导了巨噬细胞分泌促炎细胞因子的信号通路。

最后，病毒在感染过程中经常使用自身的聚糖结合蛋白，以附着在宿主细胞上（**第37章**）。病毒表面的蛋白质，包括**流感病毒（influenza virus）**、**呼肠孤病毒（reovirus）**、**仙台病毒（Sendai virus）**和**多瘤病毒（polyomavirus）**上的蛋白质，都能够与唾液酸结合。除了使病毒与其细胞靶标接触外，这些血凝素通常会诱导膜融合，促进病毒进入细胞质，并将核酸递送到细胞质中。病毒上的聚糖结合受体，通常对特定的连键具有高度特异性。人类流感病毒优先结合与半乳糖相连的α2-6唾液酸，而禽流感病毒则偏好与α2-3连接的唾液酸发生结合。其他病毒，如**单纯疱疹病毒（herpes simplex virus）**，具有与细胞表面的硫酸乙酰肝素蛋白聚糖结合的黏附蛋白。

28.5 凝集素的组织架构

识别、定义和分类凝集素的一个重要概念是聚糖的结合活性，体现在离散的蛋白质模件（protein module）或结构域（domain）之中，它们可以统称为碳水化合物识别域（CRD）。碳水化合物识别域通常是独立折叠的蛋白质片段；一般可以通过单独表达其碳水化合物识别域，将聚糖结合活性与蛋白质的其他活性区分开来。在某些情况下，碳水化合物识别域构成了整个聚糖结合蛋白（图28.2）。

当一种凝集素完全由碳水化合物识别域（CRD）构成时，它的功能通常取决于**多价性（multivalency）**，这赋予了凝集素与包含聚糖的结构之间进行交联（cross-link）的能力。这种布置解释了许多植物凝集素凝集细胞和在细胞表面聚集糖蛋白的能力，这些过程可以诱导有丝分裂及其他信号通路。以这种方式发挥作用的其他聚糖结合蛋白包括半乳凝集素（galectin），它可以桥接一个细胞表面或细胞之间的聚糖。有时，其他的蛋白质催化活性被编码在与聚糖结合的同一结构域的结构之中；一些由单个折叠结构域组成的细胞因子，可能具有不同的结合位点，用于结合聚糖和其他目标受体。更常见的是，凝集素的其他催化活性存在于多结构域蛋白质的单独模件中（图28.2）。这种结构域的排布方式非常普遍。与碳水化合物识别域相关的结构域执行了许多不同的功能，包括结合其他类型的配体、执行酶促反应、将蛋白质锚定

① 也称巨噬细胞诱导型 Ca^{2+} 依赖性凝集素（macrophage inducible Ca^{2+}-dependent lectin，CLEC4E）。

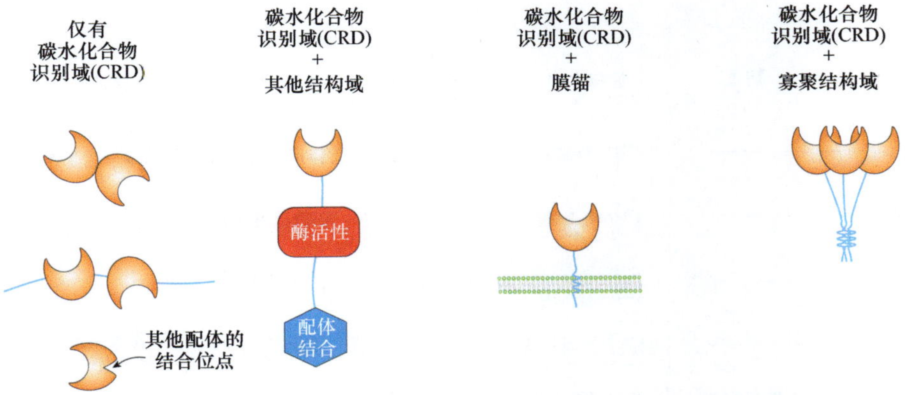

图 28.2　凝集素中碳水化合物识别域的排列。 图中描绘了仅含有碳水化合物识别域（CRD）的蛋白质，或同时携带碳水化合物识别域与其他类型（带有膜锚或带有寡聚结合域）功能性结构域的蛋白质。单个凝集素中可以包含所有这些额外的结构域。

到膜上，以及指导寡聚物的形成。聚糖结合蛋白通常包含多个模件，将多种功能组合在同一个蛋白质中。

凝集素中的膜锚（membrane anchor）具有多种形式，但它们通常采用跨膜的形式，将细胞外的碳水化合物识别域与细胞质结构域连接起来。这种排布方式促进了细胞外表面上的聚糖结合位点与细胞质之间的信息流动。跨膜凝集素胞质结构域中的简单**序列基序（sequence motif）**，通常负责控制受体及其结合的聚糖配体的运输。这种细胞内运动的常见功能是细胞表面受体的内化，将结合的配体引导到内体和溶酶体，并通过细胞内区室（如内质网和高尔基体）最终移动至细胞表面。相反方向的信息流动，可导致位于膜细胞质侧的信号复合物的激发，从而对细胞表面的聚糖结合进行响应。

聚糖结合位点的聚集（多价性）对识别过程和生物学功能都至关重要，并且可以通过不同的方式加以实现：对于在单个受体多肽中存在多个碳水化合物识别域的蛋白质，可形成简单的碳水化合物识别域寡聚体，或通过独立的寡聚结构域（oligomerization domain），与含有碳水化合物识别域的多肽进行结合。某些寡聚体是稳定的，而其他寡聚体，如由某些半乳凝集素形成的寡聚体，则与单体维持一种动态平衡。这样的排布方式有助于多价结合，以增加**亲合力（avidity）**，并指引结合位点的几何排布。多个碳水化合物识别域可以面向同一方向以进行表面识别，也可以面向相反的方向以促进交联。多价碳水化合物识别域的间距可以是固定的，亦可以保持灵活，以适应不同的目标聚糖。在某些情况下，寡聚结构域还可以具有结构性特征，充当从细胞表面投射碳水化合物识别域的茎杆结构（stalk）。寡聚结构域还可以体现出其他的功能，例如，甘露糖结合蛋白的**胶原蛋白样结构域（collagen-like domain）**中具有蛋白酶结合位点。

28.6　基于结构相似性的凝集素分类

根据凝集素所含碳水化合物识别域的结构对凝集素进行分类，是一种简便易行的分类方法（图 28.3）。碳水化合物识别域存在于大量不同的结构类别中，这表明许多不同的蛋白质折叠可以适配与聚糖的结合（第 30 章）。基于这一观察，聚糖识别过程必定进行了多轮独立的进化，而碳水化合物识别域结构的多样性一定是为了解决功能的多样性而出现的。

聚糖结合蛋白出现在所有的**生命域（domain of life）**中，但在每个生物界（kingdom）中，凝集素的类型千差万别。有几个家族同时出现在原核生物和真核生物中，但它们的分布表明了不同的进化历史。**膜锚定凝集素（malectin）**结构域虽然在结构上具有保守性，广泛分布于原核生物、植物和动物中，但研究人员在这三类生物中发现了具有不同结构域组织架构和不同功能的蛋白质。动物的膜锚定凝集素是内

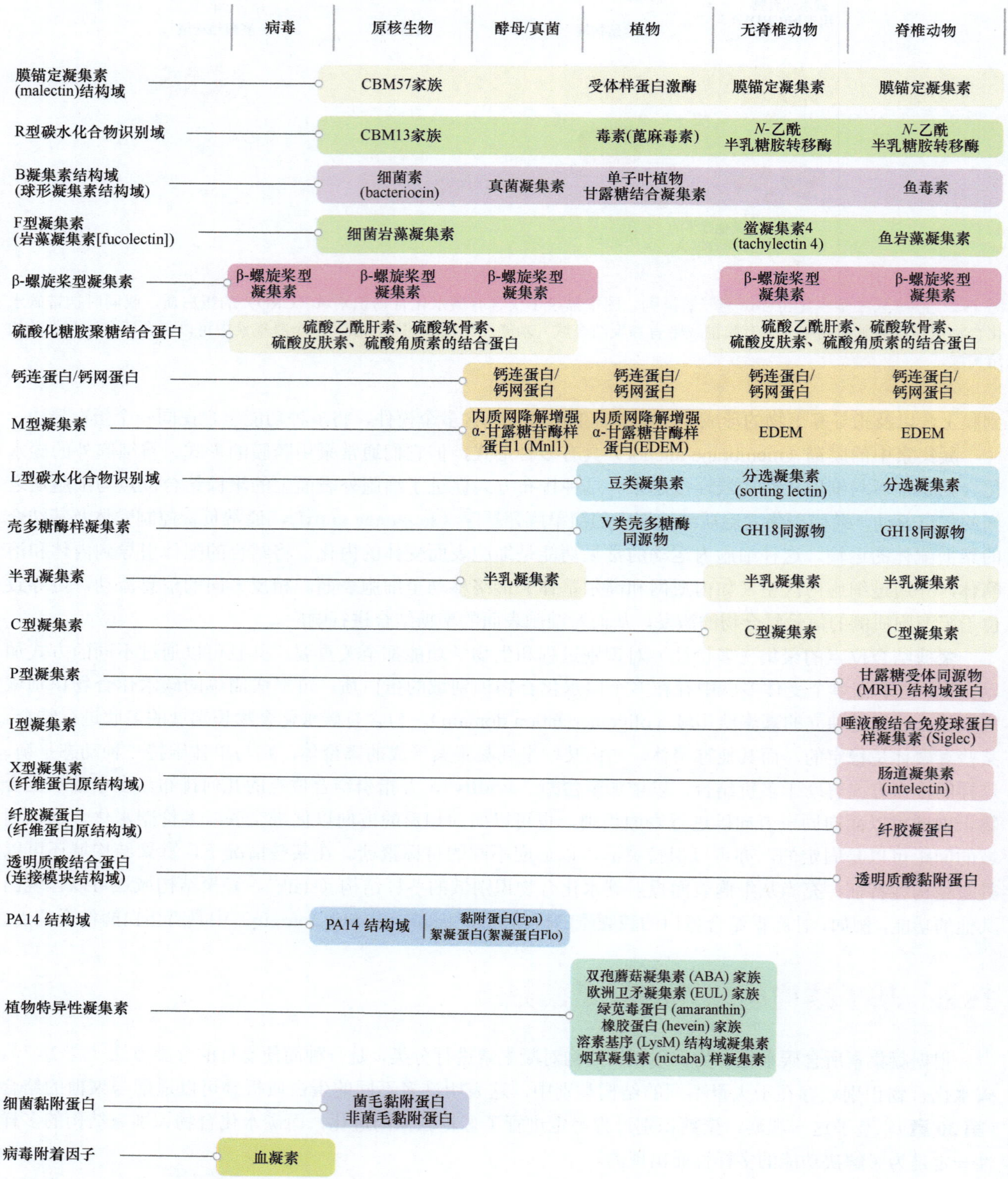
病毒
原核生物
酵母/真菌
植物
无脊椎动物
脊椎动物
膜锚定凝集素
(malectin)结构域
CBM57家族
受体样蛋白激酶
膜锚定凝集素
膜锚定凝集素
R型碳水化合物识别域
CBM13家族
毒素(蓖麻毒素)
N-乙酰
半乳糖胺转移酶
N-乙酰
半乳糖胺转移酶
B凝集素结构域
(球形凝集素结构域)
细菌素
(bacteriocin)
真菌凝集素
单子叶植物
甘露糖结合凝集素
鱼毒素
F型凝集素
(岩藻凝集素[fucolectin])
细菌岩藻凝集素
鲎凝集素4
(tachylectin 4)
鱼岩藻凝集素
β-螺旋桨型凝集素
β-螺旋桨型
凝集素
β-螺旋桨型
凝集素
β-螺旋桨型
凝集素
β-螺旋桨型
凝集素
β-螺旋桨型
凝集素
硫酸化糖胺聚糖结合蛋白
硫酸乙酰肝素、硫酸软骨素、
硫酸皮肤素、硫酸角质素的结合蛋白
硫酸乙酰肝素、硫酸软骨素、
硫酸皮肤素、硫酸角质素的结合蛋白
钙连蛋白/钙网蛋白
钙连蛋白/
钙网蛋白
钙连蛋白/
钙网蛋白
钙连蛋白/
钙网蛋白
钙连蛋白/
钙网蛋白
M型凝集素
内质网降解增强
α-甘露糖苷酶样
蛋白1 (Mnl1)
内质网降解增强
α-甘露糖苷酶样
蛋白(EDEM)
EDEM
EDEM
L型碳水化合物识别域
豆类凝集素
分选凝集素
(sorting lectin)
分选凝集素
壳多糖酶样凝集素
V类壳多糖酶
同源物
GH18同源物
GH18同源物
半乳凝集素
半乳凝集素
半乳凝集素
半乳凝集素
C型凝集素
C型凝集素
C型凝集素
P型凝集素
甘露糖受体同源物
(MRH) 结构域蛋白
I型凝集素
唾液酸结合免疫球蛋白
样凝集素 (Siglec)
X型凝集素
(纤维蛋白原结构域)
肠道凝集素
(intelectin)
纤胶凝蛋白
(纤维蛋白原结构域)
纤胶凝蛋白
透明质酸结合蛋白
(连接模块结构域)
透明质酸黏附蛋白
PA14 结构域
PA14 结构域
黏附蛋白(Epa)
絮凝蛋白(絮凝蛋白Flo)
植物特异性凝集素
双孢蘑菇凝集素 (ABA) 家族
欧洲卫矛凝集素 (EUL) 家族
绿苋毒蛋白 (amaranthin)
橡胶蛋白 (hevein) 家族
溶素基序 (LysM) 结构域凝集素
烟草凝集素 (nictaba) 样凝集素
细菌黏附蛋白
菌毛黏附蛋白
非菌毛黏附蛋白
病毒附着因子
血凝素

图 28.3　聚糖结合蛋白（GBP）的几个主要结构家族及其生物学分布。缩写：碳水化合物结合模件（CBM）；内质网降解增强 α- 甘露糖苷酶样蛋白（EDEM）；糖基水解酶（GH）。

质网的膜锚定碳水化合物识别域，在糖蛋白生物合成过程中，能够与 *N*- 连接聚糖结合。在植物中，膜锚定凝集素碳水化合物识别域在细胞表面表达，并与细胞质激酶结构域相连。细菌的膜锚定凝集素由与糖水解酶（glycohydrolase，GH）结构域相关的碳水化合物识别域组成。类似地，植物中的**R 型碳水化合物识别域（R-type CRD）**（**第 31 章**）形成用于结合细胞表面的毒素成分（如蓖麻毒素），并与细菌中的糖水解酶基因相关联，但在动物中，它们出现在两种截然不同的情境中：可以出现在启动 *O*-GalNAc 聚糖的多肽 *N*- 乙酰半乳糖胺转移酶（ppGalNAcT）中（**第 10 章**），也可以出现在甘露糖受体家族中。尽管这些碳水化合物识别域已能够适配不同的生物界，发挥出迥异的功能，但与聚糖发生结合的功能似乎在很早就已经完成了进化，并在随后的谱系中得以保留。

与具有广泛进化分布的碳水化合物识别域（CRD）相比，另外两组凝集素的分布较为零星。**B 凝集素（B-lectin）**结构域与水解酶结构域一起，广泛分布在细菌中，研究人员在单子叶植物中发现了孤立的碳水化合物识别域或串联的碳水化合物识别域这两种存在形式，但在其他植物中不存在该碳水化合物识别域。硬骨鱼中存在该识别域，但在其他动物中不存在，在某些真菌中，研究人员也发现了这一识别域。最近发现的**F 型凝集素（F-type lectin）**，出现在一些细菌物种和几种低等脊椎动物中，但尚未在哺乳动物中发现。在这些情况下，进化上距离遥远的物种中存在着相关的结构域，可能反映出基因的横向转移，而不是在它们共有的、遥远的共同祖先中存在着某种前体凝集素（precursor lectin）。研究人员在 PA14 结构域中观察到不同的进化模式，这是在细菌和真核生物中发现的另一种碳水化合物识别域。尽管 PA14 折叠相对普遍，表明它起源较早，实现了跨物种的保留，但只有其中一个子集被证明具有聚糖结合活性，即与细菌糖水解酶和酵母表面上的黏附蛋白及絮凝因子相关的碳水化合物识别域。类似地，**β- 螺旋桨型凝集素（β-propeller lectin）**由于对存在于细胞表面的聚糖具有高亲合力，已经在多种环境中实现了进化，并且存在于细菌、真菌和动物中。

前文提到的细胞内**分选凝集素（sorting lectin）**，如钙连蛋白、钙网蛋白和**M 型凝集素（M-type lectin）**，是从一个共同的真核生物祖先进化而来且分布最广的凝集素。它们的分布及功能上的保守性，可能反映了真核生物糖蛋白在细胞内运输中悠久而保守的作用。另外两组碳水化合物识别域似乎存在于后口动物，但在更简单的真核生物中却不存在。**L 型碳水化合物识别域（L-type CRD）**在动植物之间的功能存在差异。在动物中，它们在细胞内糖蛋白的分选和运输中发挥作用，在植物中则起到保护作用（**第 32 章**）。一系列物种中的**壳多糖酶样聚糖结合结构域（chitinase-like glycan-binding domain）**，保留了结合 *N*- 乙酰葡萄糖胺（GlcNAc）聚合物（即壳多糖）的能力，但它们的生物学功能尚不清楚，因此，尚不知晓它们在植物和动物中是否具有共同作用。

除了广泛分布的家族外，某些碳水化合物识别家族在进化上也受到了限制。除了动物特异性和脊椎动物特异性的凝集素家族之外，还有一些家族如**I 型凝集素（I-type lectin）**仅在哺乳动物中发现（**第 35 章**）。动物特异性凝集素的进化模式各不相同。**半乳凝集素（galectin）**似乎在脊椎动物和无脊椎动物中具有相似的组织架构，并且有可能在相当不同的物种中鉴定出直系同源物（ortholog）（**第 36 章**）。相比之下，**C 型碳水化合物识别域（C-type CRD）**在脊椎动物和无脊椎动物中经历了独立而发散的进化，在某些情况下，即使在小鼠和人类蛋白质之间，识别直系同源物也非常困难（**第 34 章**）。在**植物凝集素（plant lectin）**中发现的 12 种不同的蛋白质折叠中，有 6 种似乎是植物独有的。同样值得注意的是，病毒似乎已经开发出独到的方法来结合聚糖，而不是从宿主那里借用已有的方法（**第 37 章**）。

除了共享进化上相关的碳水化合物识别域的蛋白质家族外，还有个别蛋白质通过与其他蛋白质上碳水化合物识别域不相关的结构域之间的相互作用，实现与聚糖的结合。具体示例包括具有专属聚糖结合结构域的蛋白质，如识别 α- 抗肌萎缩蛋白聚糖（α-dystroglycan）上聚糖结构的一些**层粘连蛋白 G 结构域（laminin G domain）**（**第 45 章**）、结合经修饰和磷酸化后聚糖的正五聚蛋白（pentraxin），以及能结合真菌葡聚糖和糖蛋白上暴露的 *N*- 乙酰葡萄糖胺（GlcNAc）残基的巨噬细胞 $\alpha_M\beta_2$ 整联蛋白（$\alpha_M\beta_2$ integrin）。还有其他一些蛋白质，通过那些还具有其他配体的结构域与聚糖进行结合，如膜联蛋白 V（annexin V）与二等分的 *N*- 乙酰葡萄糖胺（GlcNAc）残基及磷脂的结合。几种细胞因子也已被报道可以与聚糖和非聚糖受体相结合。硫酸化糖胺聚糖结合蛋白也主要通过趋同进化过程进化而来。

28.7 通过生物功能、生化功能及结构相似性鉴定聚糖结合蛋白

聚糖识别（glycan recognition）可以通过多种方式参与特定的生物学过程。一种常见的方法是简单单糖或小型聚糖在一个生物学过程中的竞争性实验。通常也可以通过使用添加或去除聚糖的酶对细胞和糖蛋白上的聚糖进行修饰、通过基因操作，以及通过聚糖代谢的化学抑制剂等方法来获取相关的信息。这些策略提供了所研究聚糖的相关信息，例如，有哪些聚糖是病毒或毒素结合所需，又有哪些聚糖是糖蛋白内吞所需。根据这些信息，就可以寻找针对这些特定聚糖的聚糖结合蛋白，然后将其与生物学过程联系起来。

在各种生化测定中评估出的结合特定聚糖的能力，往往是直接鉴定新型聚糖结合蛋白的基础，而无需参考特定的生物学功能。例如，大多数半乳凝集素（**第 36 章**）对 β- 半乳糖苷（β-galactoside）具有结合偏好，而 F 型凝集素则对岩藻糖基残基具有结合偏好。除了结合分析与竞争实验的基础研究外，结合活性通常被用作分离这些蛋白质的手段，使用基于适当的固定化糖配体的亲和色谱法，研究人员实现了对这些蛋白质的分离纯化。目前已经开发出多种用于偶联单糖和复杂聚糖以制备亲和树脂的方法。如上所述，研究人员已通过使用固定化糖胺聚糖链的亲和色谱法，发现了许多硫酸化糖胺聚糖结合蛋白。这些方法的一个局限性是，结合活性并不直接代表其生物学功能，而且许多特征明确的聚糖结合蛋白的作用尚未完全敲定。

许多凝集素属于结构不同的家族，这一观察结果提供了一种替代性方案，即通过蛋白质序列分析，对新型聚糖结合蛋白进行鉴定。碳水化合物识别域的序列基序特征，通常被用于从全基因组测序中筛选序列。由于它们与生物学功能相关，这些基序也可用于筛选特定的 cDNA 和感兴趣的基因序列。检测到合适的基序表明了碳水化合物识别域的存在，而了解聚糖结合位点的结构学知识，则可以提示新型蛋白质是否有可能保留了与聚糖结合的活性；在某些情况下，甚至可以提示出蛋白质的潜在配体。这样的预测常常促使研究人员对糖结合活性进行测试，具体而言，要么通过专门检验与预测配体之间的结合过程，要么使用聚糖阵列进行更为广泛的筛选。

尽管基于结构的预测并不直接产生有关生物学功能的信息，但碳水化合物识别域的组织架构及其与其他结构域的关联性，通常提供了有关潜在功能的信息。这种"自上而下"的分析，仅限于发现含有与已知碳水化合物识别域相似结构域的聚糖结合蛋白。随着聚糖阵列筛选的日益普及，可以设想更广泛的筛选过程指日可待。

28.8 凝集素的聚糖配体

分离出的单糖或小型寡糖，往往是聚糖结合蛋白的低亲和力配体，其解离常数通常在毫摩尔（mmol/L）范围内。这些固有的**亲和力（affinity）**能够以多种方式获得增强（图 28.4）。在单个聚糖水平上，可以通过将聚糖连接到其他类型的结构上来增强亲和力。聚糖与蛋白质和脂质的偶联，导致了碳水化合物识别域结合的增强。例如，巨噬细胞的受体，即巨噬细胞诱导的 C 型凝集素（MINCLE）等一些聚糖结合蛋白，与糖脂的亲和力远高于与游离寡糖结合的亲和力。在这种情况下增强的亲和力，可能是由于在与聚

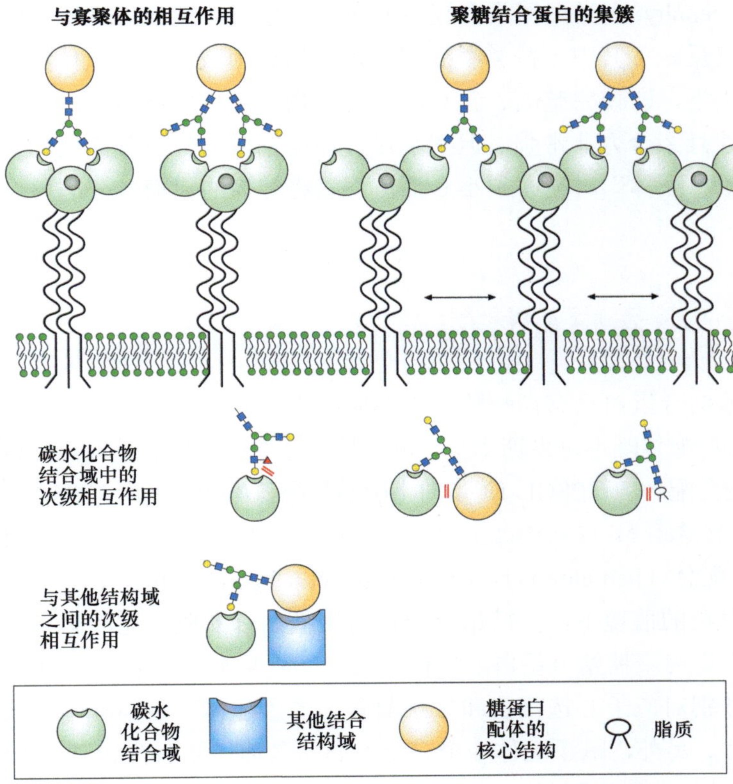

图 28.4 增强天然配体与凝集素结合的机制。 在单个碳水化合物结合域（CRD）内，主要结合位点之外的次级相互作用，可以在糖复合物配体中的聚糖、蛋白质或脂质部分发生。多价相互作用可以反映为与单个支链寡糖的相互作用，或反映为附着在糖蛋白上的多个寡糖，与受体寡聚体上聚集在一起的多个碳水化合物识别域之间的相互作用，亦或反映为细胞表面聚糖结合蛋白（GBP）集簇的相互作用。

糖结合位点相邻的碳水化合物识别域中存在着一个扩展的或辅助的结合位点，该位点能够容纳脂质的疏水尾巴。其他聚糖结合蛋白，可以选择性地结合与特定多肽基序复合的特定聚糖。**P 选凝素（P-selectin）**与其配体 **P 选凝素糖蛋白配体 -1（P-selectin glycoprotein ligand-1，PSGL-1）**的最优结合，需要在多肽上携带具有唾液酸化 Lewis x 聚糖（sialyl Lewis x）结构的 *O*- 连接聚糖，以及相邻的酸性残基和硫酸化的酪氨酸（**第 34 章**）。而在其他情况下，聚糖识别过程能够与蛋白质上的其他结合域的结合过程相互促进。甘露糖受体含有结合高甘露糖型寡糖的 C 型碳水化合物识别域，以及结合三螺旋多肽（triple helical polypeptide）的纤连蛋白 II 型重复序列（fibronectin type II repeat）。这两个结构共同促进了甘露糖受体与炎症部位释放的胶原蛋白片段之间的结合。

与天然凝集素配体结合的一个主要决定因素，通常是多价聚糖与成簇的碳水化合物识别域之间的相互作用，从而产生高亲合力的结合。**配体集簇（ligand clustering）**可能源自单个寡糖或多糖中的多个结合表位、源自连接到单个蛋白质支架上的多个聚糖，或源自细胞膜中存在的、相邻的糖蛋白或糖脂。类似地，**碳水化合物识别域集簇（CRD clustering）**可以反映为单个多肽中具有多个碳水化合物识别域，或反映为每条包含碳水化合物识别域的多肽寡聚体的形成，亦或反映为来自细胞膜中含有碳水化合物识别域的蛋白质的集簇。这些碳水化合物识别域组织架构层级中的每一个层级，都有可能对配体的最佳排布施加几何约束，具体取决于碳水化合物识别域与配体间固定排列或灵活连接的程度。连接在单个多肽上的聚糖集簇，特别是在重度 *O*- 糖基化的蛋白质（如黏蛋白）中，也会影响它们呈现出不同构象的能力。由于凝集素通常与处于单一构象的配体发生相互作用，因此存在着与不同构象中的任何一种进行结合时所带来的相关熵损失（entropic penalty），当聚糖具有较少的潜在构象时，熵损失可能会降低。包括聚糖阵列在内的体外生化试验，仅仅反映了其中一些类型的碳水化合物识别域集簇和配体集簇，因此必须对其进行谨慎的解释。在某些情况下，即使完整的、含有碳水化合物识别域的蛋白质，与其内源性糖复合物的结合也可能具有高度选择性且亲合力非常强，但碳水化合物识别域与体外分离出的聚糖的结合，有可能根本无法检测。在使用术语“配体”时也必须小心谨慎，以将配体的聚糖部分与整个天然糖复合物，乃至细胞表面区分开来。

28.9 特定聚糖结合蛋白配体的术语

基于上述考虑，聚糖结合蛋白只有在与特定蛋白质或脂质复合时，才可能与聚糖发生最佳结合。在这种情况下，聚糖结合蛋白配体既不是聚糖本身，也不是载体本身。以 P 选凝素（P-selectin，PSL）为例，它与白细胞 P 选凝素糖蛋白配体 -1（PSGL-1）蛋白上硫酸化酪氨酸相邻的唾液酸化 Lewis x（sialyl Lewis x）结构结合（见上文）；对 E 选凝素（E-selectin，ESL）而言，它与造血干细胞上变体形式的 CD44 蛋白，即造血细胞 E/L 选凝素配体（hematopoietic cell E/L-selectin ligand，HCELL）上的唾液酸化 Lewis x 结构结合。尽管在其载体存在的情境下，聚糖结合蛋白与聚糖结合的概念已经确立，但目前尚无标准的术语，将一种特定的糖型指定为聚糖结合蛋白的配体，例如，将某个蛋白质（例如 PSGL-1 或 CD44）描述为某种聚糖结合蛋白（分别对应于 P 选凝素和 E 选凝素）的“配体”是不准确的，因为没有特定聚糖的蛋白质实际上并不是配体。另外，赋予配体一个完全不同的名称（如 HCELL），并不能确认其多肽载体。一个建议的方案是使用上标“L”，即配体（ligand），将这些分子分别指定为 PSGL-1^{PSL} 和 $CD44^{ESL}$。这一建议性术语还具有一个优点，即能够区分出相同多肽的不同糖型，作为不同聚糖结合蛋白的配体。例如，被 P 选凝素和唾液酸结合免疫球蛋白样凝集素 -10（Siglec-10，S10L）识别的糖蛋白 CD24 亚群，可以分别被指定为 $CD24^{PSL}$ 和 $CD24^{S10L}$。无论使用何种命名法，都需要体内功能相互作用的直接证明，才能明确地将特定的糖蛋白或糖脂指定为生理状态下的聚糖结合蛋白配体。

致谢

感谢理查德 · 卡明斯（Richard Cummings）和杰弗里 · 艾斯科（Jeffrey Esko）对本章先前版本的贡献，并感谢 T.N.C. 拉姆亚（T.N.C. Ramya）和加布里埃尔 · 拉宾诺维奇（Gabriel Rabinovich）的有益评论及建议。

延伸阅读

Stillmark H. 1888. “Ueber Ricin, ein giftiges Ferment aus den Samen von Ricinus comm. L. und einigen anderen Euphoribiaceen.” Inaugural dissertation. University of Dorpat, Dorpat (now Tartu), Estonia.

Goldstein IJ, Hughes RC, Monsigny M, Osawa T, Sharon N. 1980. What should be called a lectin. *Nature* **285**: 66.

Ashwell G, Harford J. 1982. Carbohydrate-specific receptors of the liver. *Annu Rev Biochem* **51**: 531-554.

Drickamer K. 1988. Two distinct classes of carbohydrate-recognition domains in animal lectins. *J Biol Chem* **263**: 9557-9560.

Powell LD, Varki A. 1995. I-type lectins. *J Biol Chem* **270**: 14243-14246.

Lee RT, Lee YC. 2000. Affinity enhancement by multivalent lectin-carbohydrate interaction. *Glycoconj J* **17**: 543-551.

Casu B, Lindahl U. 2001. Structure and biological interactions of heparin and heparan sulfate. *Adv Carbohydr Chem Biochem* **57**:

159-206.

Esko JD, Selleck SB. 2002. Order out of chaos: assembly of ligand binding sites in heparan sulfate. *Annu Rev Biochem* **71**: 435-471.

Drickamer K, Taylor ME. 2003. Identification of lectins from genomic sequence data. *Methods Enzymol* **362**: 560-567.

Lee JK, Baum LG, Moremen K, Pierce M. 2004. The X-lectins: a new family with homology to the Xenopus laevis oocyte lectin XL-35. *Glycoconj J* **21**: 443-450.

Sharon N, Lis H. 2004. History of lectins: from hemagglutinins to biological recognition molecules. *Glycobiology* **14**: 53R-62R.

Blundell CD, Almond A, Mahoney DJ, DeAngelis PL, Campbell ID, Day AJ. 2005. Towards a structure for a TSG-6. hyaluronan complex by modeling and NMR spectroscopy: insights into other members of the link module superfamily. *J Biol Chem* **280**: 18189-18201.

Varki A, Angata T. 2006. Siglecs—the major subfamily of I-type lectins. *Glycobiology* **16**: 1R-27R.

Van Damme EJM, Lannoo N, Peumans WJ. 2008. Plant lectins. *Adv Bot Res* **48**: 107-209.

Dam TK, Gerken TA, Brewer CF. 2009. Thermodynamics of multivalent carbohydrate-lectin cross-linking interactions: importance of entropy in the bind and jump mechanism. *Biochemistry* **48**: 3822-3827.

Taylor ME, Drickamer K. 2009. Structural insights into what glycan arrays tell us about how glycan-binding proteins interact with their ligands. *Glycobiology* **19**: 1155-1162.

Adrangi S, Faramarzi MA. 2013. From bacteria to human: a journey into the world of chitinases. *Biotechnol Adv* **31**: 1786-1795.

Gilbert HJ, Knox JP, Boraston AB. 2013. Advances in understanding the molecular basis of plant cell wall polysaccharide recognition by carbohydrate-binding modules. *Curr Opin Struct Biol* **23**: 669-677.

Cohen M, Varki A. 2014. Modulation of glycan recognition by clustered saccharide patches. *Int Rev Cell Mol Biol* **308**: 75-125.

Nagae M, Yamaguchi Y. 2014. Three-dimensional structural aspects of protein-polysaccharide interactions. *Int J Mol Sci* **15**: 3768-3783.

Taylor ME, Drickamer K. 2014. Convergent and divergent mechanisms of sugar recognition across kingdoms. *Curr Opin Struct Biol* **28C**: 14-22.

Bishnoi R, Khatri I, Subramanian S, Ramya TN. 2015. Prevalence of the F-type lectin domain. *Glycobiology* **25**: 888-901.

Drickamer K, Taylor ME. 2015. Recent insights into structures and functions of C-type lectins in the immune system. *Curr Opin Struct Biol* **34**: 26-34.

Pees B, Yang W, Zárate-Potes A, Schulenburg H, Dierking K. 2017. High innate immune specificity through diversified C-type lectin-like domain proteins in invertebrates. *J Innate Immun* **8**: 129-142.

Bonnardel F, Mariethoz J, Salentin S, Robin X, Schroeder M, Pérez S, Lisacek F, Imberty A. 2019. UniLectin3D, a database of carbohydrate binding proteins with curated information on 3D structures and interacting ligands. *Nucleic Acid Res* **47**: D1236-D1244.

第 29 章
聚糖识别的基本原则

理查德 · D. 卡明斯（Richard D. Cummings），罗纳德 · L. 施纳尔（Ronald L. Schnaar），杰弗里 · D. 艾斯科（Jeffrey D. Esko），罗伯特 · J. 伍兹（Robert J. Woods），库尔特 · 德里卡默（Kurt Drickamer），莫林 · E. 泰勒（Maureen E. Taylor）

29.1 蛋白质 - 聚糖的识别 / 378
29.2 历史背景 / 378
29.3 结合的热力学 / 380
29.4 研究蛋白质 - 聚糖相互作用的技术 / 381
延伸阅读 / 390

聚糖可以与许多类型的蛋白质相互作用，包括酶、抗体和凝集素。蛋白质识别及其与聚糖的相互作用，是破译聚糖结构中包含的信息、促进生命活动的主要方式。本章介绍了研究聚糖和聚糖结合蛋白（GBP）之间相互作用的动力学和热力学方法。

29.1 蛋白质 - 聚糖的识别

已知的聚糖结合蛋白种类繁多，其中许多类型在本书**第 28 章**和许多其他章节中进行了讨论。聚糖结合蛋白在它们识别的聚糖类型，以及它们的结合亲和力和动力学等方面有所不同。**第 30 章**讨论了聚糖结合蛋白以特异性和高亲和力，与细胞产生的数以千计的聚糖中数量有限的聚糖类型（甚至是单个聚糖）发生结合的潜在结构基础。各种各样的物理技术被用于识别和量化蛋白质 - 聚糖的相互作用。这些方法揭示了聚糖对不同聚糖结合蛋白亲和力的差异，使人们深入了解了聚糖及其同源的聚糖结合蛋白的生物学作用。使用这些技术对蛋白质 - 聚糖的识别过程进行表征，结合核磁共振（nuclear magnetic resonance，NMR）和晶体学的结构研究，有助于确定新型聚糖结合蛋白的拮抗剂或抑制剂。例如，这些方法正被用于开发治疗流感病毒感染的神经氨酸酶（neuraminidase）抑制剂（**第 42 章**），以及筛选用于治疗炎症性疾病的高亲和力选凝素（selectin）的抑制剂（**第 34 章**）。

29.2 历史背景

了解蛋白质 - 聚糖相互作用的许多初步工作，源于对植物凝集素和针对特定血型抗原的抗体结合位点的研究。这些研究推进了定量检测的发展。使用聚糖来抑制进行细胞凝集或靶标沉淀试验时所检测到的结合作用，为特定糖结构在生物识别事件中的重要性提供了早期的证据。对蛋白质 - 聚糖相互作用的研究，有助于平衡透析（equilibrium dialysis）和等温滴定量热法（isothermal titration calorimetry，ITC）等技术的发展，这些技术现在被广泛用于分析蛋白质与各种类型配体的结合。另外，往往需要对研究其他类型

的蛋白质 - 配体相互作用的方法进行调整，以适配聚糖和与之相互作用的蛋白质的特定属性。

29.2.1 聚糖结合蛋白相互作用的价态

由于许多聚糖结合蛋白是寡聚体，每个亚基通常具有单个**碳水化合物结合域（carbohydrate-binding domain）**，也称为**碳水化合物识别域（carbohydrate-recognition domain，CRD）**，许多聚糖结合蛋白因而表现出与聚糖配体的多价相互作用。因此，尽管聚糖结合蛋白内的碳水化合物识别域可能对它的配体具有特定的亲和力，但多价特征通过增加亲合力来增强结合，并且允许配体发生交联。在平衡状态下术语**"亲和力"（affinity）**以解离常数（dissociation constant）或称亲和力解离常数（affinity K_d）进行测量，指的是单个碳水化合物识别域与单价配体之间的直接相互作用，但术语**"亲合力"（avidity）**或称亲合力解离常数（avidity K_d），指的是多价相互作用的整体强度（图 29.1）。一些研究人员使用术语**"表观解离常数"（apparent K_d）**来表示测量的非平衡性质。寡聚和多价聚糖结合蛋白的例子，包括植物凝集素和半乳凝集素，它们是可溶性的聚糖结合蛋白，通常结合成二聚体和更高的寡聚体，以及可溶性的 C 型凝集素（C-type lectin），如血清胶原凝集素（collectin），它们通常是寡聚体。事实上，一些聚糖结合蛋白，如甘露糖受体、甘露糖 -6- 磷酸受体和一些半乳凝集素（**第 33 章、第 34 章、第 36 章**），在单条多肽中具有多个碳水化合物识别域，可以结合多个配体。在这种情况下，单个蛋白质 - 聚糖之间的相互作用可能很弱（mmol/L ～ μmol/L K_d），以甘露糖受体为例，它以低毫摩尔（mmol/L）范围内的亲和力结合 α- 连接的甘露糖，但能够以很高的亲合力结合到富含有甘露糖配体的真菌或微生物的表面。

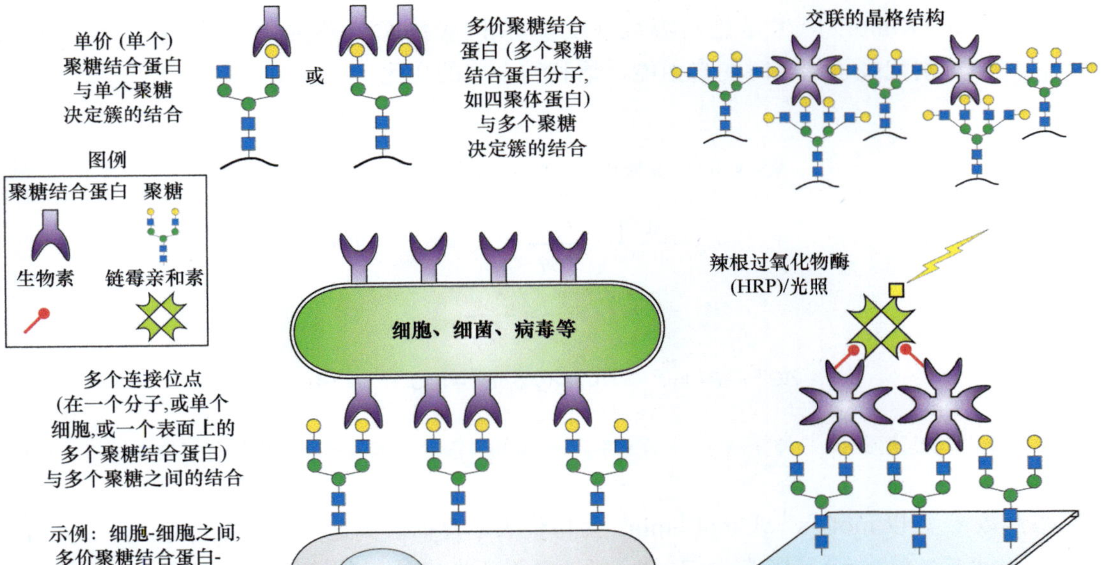

图 29.1 聚糖结合蛋白与单价或多价聚糖配体间的单价和多价相互作用。二者间可能存在多种相互作用，这些作用会影响平衡常数、亲和力 K_d 和亲合力 K_d，如文中所述。图像下部的示例中，显示了微生物以多价方式与动物细胞之间的相互作用，以及聚糖结合蛋白以多价方式与打印在载玻片或微阵列上的聚糖所进行的结合。

膜受体也可以作为寡聚复合物发挥作用。例如，二聚体的 C 型凝集素——P 选凝素（P-selectin）和膜唾液酸结合免疫球蛋白样凝集素（Siglec），均可在其对侧细胞（opposing cell）上存在聚糖受体的情况下，簇集在细胞表面。类似地，流感病毒血凝素（hemagglutinin）是三聚体，在病毒粒子上存在着多个拷贝；而霍乱毒素（cholera toxin）是一种可溶性蛋白质，也是一种 AB_5 复合物，由与催化和毒性相关的 A 亚基和与聚糖结合的 B 亚基的五聚体复合形成。神经节苷脂 GM1 的聚糖以高亲和力与霍乱毒素的每个 B 亚基紧密结合（亲和力 K_d 约为 40 nmol/L），因为每个 B 亚基碳水化合物识别域内存在着特异性和多重相互作用。而作为 AB_5 形式的五聚体，霍乱毒素对表达 GM1 的细胞具有极高的亲合力（亲合力 K_d 约为 40 pmol/L），这些神经节苷脂可以在细胞表面成簇出现。

大多数植物凝集素是二聚体或四聚体，因此也具有**多价性（multivalency）**。当然，糖蛋白上聚糖的密度也会影响结合的亲和力，因为一些糖蛋白携带多个多天线的 *N*- 连接糖链，每条糖链都可能与聚糖结合蛋白的碳水化合物识别域发生相互作用（图 29.1）。此外，一些多价凝集素聚糖结合蛋白（如在半乳凝集素中所观察的一样）可能在分子内从一个聚糖结合并跳跃（bind and jump）到另一个聚糖，这种类型的内部扩散可以改变相互作用的熵并促成更高的亲合力。

29.3 结合的热力学

聚糖与聚糖结合蛋白的相互作用，可以用热力学和动力学来进行描述。以下考虑最简单的情况，其中凝集素（lectin，L）在单价相互作用中以单个位点，与具有单个结合决定簇的聚糖（glycan，G）结合。此时的相互作用由等式 29-1（图 29.2）决定。在平衡时，亲和常数 *K*（affinity constant *K*）被定义为结合常数 K_a（等式 29-2），等于 k_{on}/k_{off}，K_a 的倒数对应于解离常数 K_d（等式 29-3）。与任何平衡常数一样，*K* 值与 pH 7 时结合反应的标准自由能变化（ΔG^o）相关，单位为 kcal/mol（等式 29-4），其中 R 是气体常数［0.00 198 kcal/（K·mol）］，T 是绝对温度（K）。亲和常数 *K* 与热力学参数 ΔG^o、ΔH^o 和 ΔS^o 有关（等式 29-4），它们分别代表了结合时的自由能、焓和结合熵的变化。

$$\text{凝集素 (L)} + \text{聚糖 (G)} \underset{k_{off}}{\overset{k_{on}}{\rightleftharpoons}} \text{结合复合物 (LG)} \quad (29\text{-}1)$$

$$K_a = \frac{[LG]}{[L][G]} = \frac{k_{on}}{k_{off}} \quad (29\text{-}2)$$

$$K_d = \frac{[L][G]}{[LG]} = \frac{1}{K_a} = \frac{k_{off}}{k_{on}} \quad (29\text{-}3)$$

$$\Delta G^o = -RT \ln K_a = RT \ln K_d = \Delta H^o - T\Delta S^o \quad (29\text{-}4)$$

图 29.2 聚糖结合蛋白或凝集素（L）与聚糖（G）配体相互作用的方程式。术语已在文中进行了定义。

结合速率常数 k_{on}，以 $mol^{-1}\cdot s^{-1}$ 或 $mol^{-1}\cdot min^{-1}$ 为单位表示，而解离速率常数 k_{off} 则以 s^{-1} 或 min^{-1} 为单位表示。尽管定义出 K_a，k_{on}，k_{off}，ΔG^o，ΔH^o 和 ΔS^o，对于所考虑的每种结合现象都很重要，但研究人员经常根据 K_d 来讨论数据，因为其单位是浓度（nmol/L、μmol/L、mmol/L 等）。同样重要的是，要注意“平衡常数”这一概念本身意味着测量它的实验装置包括了对于实际平衡过程的证明。此外，平衡常数受温度（升高温度会降低平衡常数）、缓冲液条件和潜在辅因子（如金属）的影响。

虽然单价聚糖结合蛋白与单价配体的结合，很容易由上述平衡动力学进行定义，但多价配体或聚糖结合蛋白之间的结合，涉及了多种亲和力，其结合平衡更为复杂，可以通过一组平衡常数进行更准确地描述。对于多价配体和聚糖结合蛋白，文献报道的亲和力值是表观亲和力常数，通常测量的则是其亲合力。

29.4 研究蛋白质 - 聚糖相互作用的技术

研究聚糖与蛋白质的结合有许多不同的方法，每种方法在热力学严谨性、所需蛋白质和聚糖的量，以及分析速度方面都有其优缺点和局限性。下文讨论了研究聚糖和蛋白质之间结合的一些主要方法。许多关于蛋白质 - 聚糖相互作用的现有信息来自对相对较小的聚糖配体与蛋白质相互作用的研究。在研究这些相互作用时，应用了两大类技术：①**动力学和近平衡方法**（**kinetics and near-equilibrium method**），如平衡透析法和滴定量热法；②**非平衡方法**（**non-equilibrium method**），如聚糖微阵列筛选、半抗原（hapten）抑制、基于酶联免疫吸附分析（enzyme-linked immunoabsorbent assay，ELISA）的方法，以及凝集试验（agglutination）。在所有这些方法中，必须考虑亲和力与亲合力的概念，并且由于许多聚糖结合蛋白及其配体的多价性，很难精确定义出动力学参数，尽管表观亲和力和表观亲合力仍然是非常有用的测量值。

29.4.1 动力学和近平衡方法

1. 用于测量 K_d 值和相互作用效价的平衡透析

平衡透析（**equilibrium dialysis**）是研究聚糖结合蛋白与聚糖结合的最早和最简单的方法之一。尽管该技术目前并不经常使用，但了解平衡透析的原理，有助于阐明测量平衡常数的基本概念。将聚糖结合蛋白溶液（如凝集素或抗体）置于规定体积的透析室中；透析室必须能透过聚糖或其他小分子，但不能透过聚糖结合蛋白。然后将内部带有聚糖结合蛋白的透析室放置在更大的、已知体积的缓冲液中，该缓冲液中含有预期 K_d 浓度范围内的聚糖。在达到平衡后，即透析室内或透析室外的聚糖浓度没有进一步变化之时，测量透析室内聚糖的总浓度 [In]。[In] 值是结合的聚糖（与聚糖结合蛋白相关）加上游离聚糖的组合，而透析室外聚糖浓度 [Out] 仅为游离聚糖的浓度。聚糖 [In] 和 [Out] 的这种浓度差异，取决于聚糖结合蛋白的数量和亲和力。根据该信息，K_a 和结合价（valence）n，都可以由以下关系确定

$$r/c=K_a n-K_a r \tag{29-5}$$

其中，r 是与聚糖结合蛋白结合的聚糖的摩尔比；c 是未结合聚糖的浓度 [Out]。通过从 [In] 中减去 [Out] 来确定结合的聚糖的浓度。

不同半抗原浓度的 r/c 与 r 的关系图，近似于一条斜率为 $-K_a$ 的直线。结合价（每摩尔的结合位点数）可定义为无限大的半抗原浓度下的截距 r。例如，如果对霍乱毒素进行这样的分析，将得出每个 AB_5 复合物含有 5 个结合位点，或每摩尔 B 亚基具有 1mol 的结合位点。非线性曲线拟合也被用于确定平衡常数，因为使用线性转换的旧方法存在着固有缺陷，可能会对实验误差产生扭曲。

与任何确定结合常数的技术一样，该方法需要做出许多重要假设，并且必须考虑它们的有效性。这些假设包括：证明蛋白质和聚糖在实验过程中是稳定且有活性的；聚糖可以自由地扩散；复合物确实处于平衡状态，并且那些预计不会发生结合的、结构上不相关的小分子，在实验装置中没有表现出明显的结合属性。倘若观察到这种结合，可以认为是非特异性的，并且可以从特异性结合中扣除。

平衡透析有几个优点：①方法相对简单，不需要高精尖设备；②如果亲和力高，则仅需要相对少量的蛋白质（通常为几毫克）；③如果亲和力高，可能仅需要少量的聚糖；④如果蛋白质和聚糖非常稳定，可以回收并重复使用；⑤可以使用放射性或荧光标记的聚糖；⑥可以进行可靠的平衡测量。该方法的一些缺点是：①能够提供 K_a，但无法提供速率常数（k_{on} 或 k_{off}）；②如果聚糖结合蛋白对聚糖的亲和力低，则可能需要相对大量的聚糖结合蛋白和聚糖；③该技术不太适用于多样品的高通量分析，只使用不同配体进行多

次单独测量，步骤较为烦琐；④如果亲和力范围未知，则必须进行多次不同的测量，这可能需要数天或数周方能完成。

胡梅尔（Hummel）和德雷尔（Dreyer）开发的**平衡凝胶过滤法**（**equilibrium gel-filtration method**）是该技术的一种变体。在胡梅尔 - 德雷尔（Hummel-Dreyer）方法中，聚糖结合蛋白被上样至凝胶过滤柱上，该柱已经用易于检测（如通过放射性或荧光标记）的目标聚糖进行了预平衡。当蛋白质与配体结合时会形成复合物，从色谱柱中出现一个高于单独配体基线的信号峰，随后是一个信号谷（配体浓度降至基线以下），延伸至柱子的内含体积（included volume）或盐体积（salt volume）①。形成的复合物的量，很容易通过已知的配体比活性（specific activity）加以确定。因为形成的复合物的量与所上样的蛋白质（或配体）的量成正比，所以很容易在不同浓度的蛋白质或配体下，从几个不同的胡梅尔 - 德雷尔色谱柱曲线中计算出结合曲线，进而计算出相互作用的平衡常数。这种技术的优缺点通常与平衡透析相同，只是胡梅尔 - 德雷尔分析通常执行得更快，并且能够与许多不同大小的配体同时使用。该方法在确定选凝素与配体的平衡结合方面的价值不可估量。

2. 亲和色谱法评估聚糖结合蛋白的结合特异性

亲和色谱法（**affinity chromatography**）②是一种通常用于识别分子相互作用的技术，但在某些变体方法中，可用于测量亲和力和特异性。在此类亲和色谱中，聚糖结合蛋白被固定在亲和载体，如 Affi-Gel、溴化氰活化的琼脂糖（CNBr-activated Sepharose）、Ultralink 树脂或其他一些活化的载体之上。如果聚糖或糖基化大分子与固定的聚糖结合蛋白紧密结合，通过添加含有已知聚糖配体的缓冲液，可以迫使复合物强制解离。例如，寡甘露糖型和杂合型 *N*- 聚糖会与含有植物凝集素——伴刀豆球蛋白（concanavalin A，Con A）的琼脂糖柱（ConA-agarose）紧密结合，需要 10 ～ 100 mmol/L α- 甲基甘露糖苷（α-methyl mannoside）才能对结合物进行高效地洗脱。相反，许多高度支化的复合型 *N*- 聚糖不会与琼脂糖柱结合。二天线复合型 *N*- 聚糖能够与伴刀豆球蛋白琼脂糖柱结合，但该结合不如高甘露糖型 *N*- 聚糖的结合那般紧密，使用 10 mmol/L α- 甲基葡萄糖苷（α-methyl glucoside）即可实现洗脱。研究人员可以通过这种方式评估聚糖结合蛋白的结合特异性。在实践中，这种方法相对粗糙，虽然它提供了宝贵而实用的、关于固定化的凝集素对特定聚糖结合能力的信息，但无法提供亲和力的定量测定结果。该方法的一个变体是通过共价键来固定聚糖配体，或通过在链霉亲和素（streptavidin）连接的表面捕获生物素化的聚糖（biotinylated glycan）来固定聚糖配体，然后再测量对聚糖结合蛋白的结合。

该方法的一个更复杂的版本称为**前沿亲和色谱法**（**frontal affinity chromatography**），可以提供平衡结合常数的定量测试结果。在该技术中，含有已知浓度聚糖的溶液，被持续上样至固定了聚糖结合蛋白的色谱柱上，并监测色谱柱中聚糖的洗脱前沿（elute front），最终通过连续添加足够的配体，使其在洗脱液中的浓度与在起始材料中的浓度相等。如果聚糖和聚糖结合蛋白之间没有亲和力，它将在空隙体积（void volume）V_0 中洗脱③；然而如果聚糖与聚糖结合蛋白之间存在相互作用，它将在 V_0 之后洗脱，体积为 V_f（图 29.3）。

前沿亲和色谱法的优点与平衡透析中所讨论的的优点相似：①该方法简单经济；②如果亲和力高，则需要的蛋白量相对较少（一般为几毫克），且仅需要一根色谱柱；③相应地，如果 K_d 在 10 nmol/L 至 10 mmol/L 范围内，则可以使用少量聚糖；④如果聚糖稳定，则可以回收重复利用；⑤可以使用放射性聚

① 内含体积指临界分子质量的待测物完全包含在凝胶过滤珠的孔内时的样品体积，盐体积指完全不保留的缓冲液的体积。

② 不同的色谱技术也译为“层析”，本书中通译为色谱。

③ 也称为死体积（dead volume）。

糖；⑥可以进行可靠的平衡测量。该方法有一些局限性，包括：①只能得出 K_d，而不是 k_{on} 或 k_{off}；②聚糖结合蛋白与基质的偶联必须是稳定的，蛋白质必须在色谱柱多次不同的洗脱中保持适度的活性；③必须对聚糖结合蛋白在色谱柱上偶联的量和活性进行确认；④必须使用单一聚糖进行多次不同的柱洗脱；⑤如果 K_d 很高（> 1 mmol/L），这种方法通常不可行。总而言之，前沿亲和色谱法非常有用，并且是自动化的。

另一种变体通常被称为**蛋白质体外结合牵拉实验（pull-down assay）**，类似于一种免疫沉淀法。在该方法中，含有潜在配体的溶液与可以固定在表面（如微球）上的聚糖结合蛋白共孵育。之后，微球 - 聚糖结合蛋白经过几个步骤（如磁分离或离心）以去除未结合的物质，然后可以对与微球 - 聚糖结合蛋白结合的物质进行洗脱，以进行测量和进一步分析。使用这种蛋白质体外结合牵拉实验的装置，研究人员可以进行浓度依赖性的结合测定，以获得固定化的聚糖结合蛋白配体的表观结合常数（apparent K_a）。

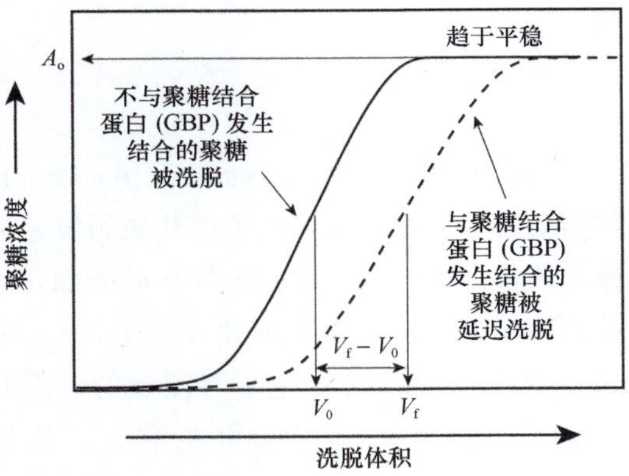

图 29.3 前沿亲和色谱法示例。其中不同浓度的聚糖被置于固定化的聚糖结合蛋白色谱柱中。图中描绘了一种与聚糖结合蛋白发生结合的聚糖，以及另一种不与聚糖结合蛋白发生结合的聚糖的洗脱过程。V_0（空隙体积）和 V_f 可根据洗脱体积确定。V_f 值越高表明亲和力越高。

3. 等温滴定量热法测量 K_d 和结合焓

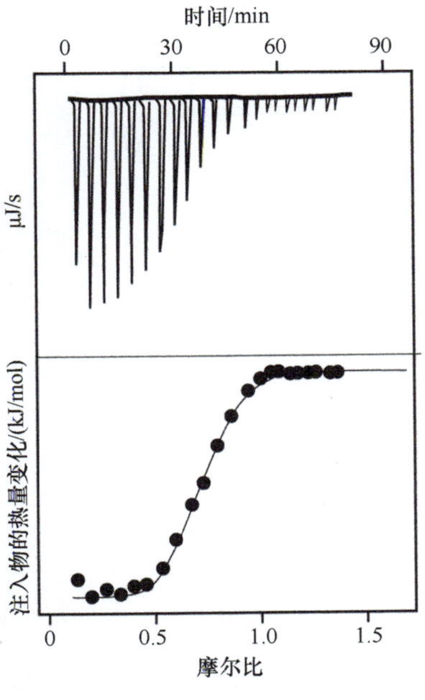

图 29.4 等温滴定量热法示例。（顶部）向反应池中固定量的聚糖结合蛋白（GBP）中注入越来越多的聚糖，结合时产生的热量以 μJ/s 为单位进行测量。（底部）图中描绘了聚糖 / 聚糖结合蛋白摩尔比 - 注入聚糖总热量（kJ/mol）的关系曲线。这些数据可用于直接确定结合的热力学参数，并计算出聚糖与聚糖结合蛋白之间相互作用的 K_d。

等温滴定量热法（isothermal titration calorimetry，ITC）是定义聚糖与聚糖结合蛋白，或是任何蛋白质与其配体之间平衡结合常数的、最为严格的方法之一。聚糖与聚糖结合蛋白的结合过程，通过使用商品化的微量热计测量焓值的变化来实现。在该技术中，将含有目标聚糖的溶液逐步添加到含有固定浓度的聚糖结合蛋白的溶液中。聚糖以多次间隔的方式进行添加，并测量结合过程相对于参比池（reference cell）而言所产生的热量。在实验过程中，混合池（mixing cell）中的聚糖浓度随着聚糖与聚糖结合蛋白摩尔比的增加（范围为 0 ～ 10）而增加。测定结合过程中吸收或释放的热量后，可将数据依照注入聚糖的 kJ/mol 与摩尔比的关系进行重新绘制（图 29.4），然后通过重新绘制曲线进行数据分析，可以获得 K_d。热量变化与反应焓 ΔH° 直接相关。根据对 K_d 和 ΔH° 的认识，并使用等式（29-4），即可确定结合熵 ΔS°。

该方法的主要优点是可以提供有关聚糖与聚糖结合蛋白结合的热力学信息，因此优于平衡透析和亲和色谱法。这种方法的局限性在于：①可能需要相对大量的蛋白质来进行多次实验（> 10 mg）；②可能需要相对大量的聚糖；③由于上述问题，使用各种不同的聚糖在此类分析中并不常见。尽管如此，方法本身是严格的，如果未来可以减小滴定池（titration cell）的尺寸，那么所需的材料量就会减少。

4. 表面等离子体共振法测量结合动力学和 K_d

表面等离子体共振（surface plasmon resonance，SPR）也被用于测量配体（分析物）与受体的结合和解离动力学。在表面等离子体共振测量分析物和受体的结合过程中，分析物或受体被固定在传感器芯片上，该芯片整合了一个关键的金属传感表面，结合过程能够诱导总表面等离子体波的变化，从而导致与金膜接触的薄层的折射率发生变化（图 29.5）。这种变化被记录为表面等离子体共振信号或共振单位（resonance unit，RU）。结合过程是实时测量的，因此可以获得有关结合和解离的动力学信息，进而可以从（等式 29-2）和（等式 29-3）中获得 K_a 和 K_d。基于表面等离子体共振的基本原理，不同公司均有多种仪器可供选择。

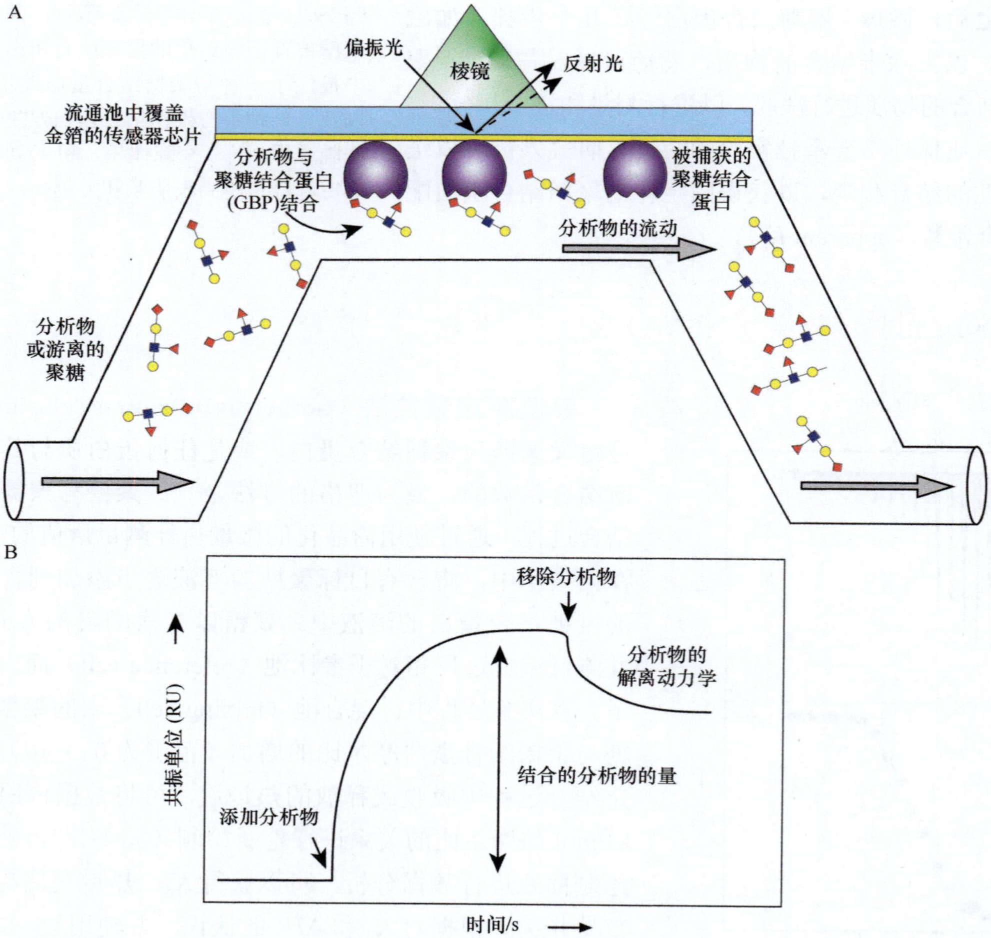

图 29.5 表面等离子体共振法示例。A. 在表面等离子体共振法中，反射光随流动池中的分析物与固定化的聚糖结合蛋白间结合的改变而发生改变，并被测量记录。B. 显示分析物与配体结合，以及结合和解离动力学的传感图示例。共振单位用 RU 表示。

有多种化学方法可用于将配体或受体偶联到芯片表面，包括与胺、硫醇或醛的反应，以及非共价的生物素捕获。在一些方法中，聚糖结合蛋白的糖蛋白配体被固定，并且被用于直接测量聚糖结合蛋白的结合过程。也可以通过含有糖苷外切酶（exoglycosidase）的溶液，在芯片上依次降解固定化的糖蛋白配体，并在每一步重新测试与不同的聚糖结合蛋白之间结合的过程，从而获得配体的结构信息。固定化的配体通常非常稳定，可以在几个月内重复使用数百次。

该方法的优点是：①可以测量从毫摩尔级到皮摩尔级范围内的亲和力；②可以对 k_{on} 和 k_{off} 进行常规化的完整测量（见等式 29-2 和等式 29-3），使 K_d 的计算简单明了；③当使用胺偶联反应来固定分子时，通常只需 1 ～ 5 μg 样品就已足够；④分析物的典型浓度范围为 0.1 ～ 100×K_d，所需的典型体积为 50 ～ 150 μL；⑤测量速度极快，几天内即可获得完整的实验结果。这种方法的缺点是：①分析物必须具有足够的量，才能在结合时引起表面等离子体共振的显著变化（因此通常固定聚糖而非蛋白质）；②游离聚糖与芯片表面的偶联可能效率不高，因此可能需要**新糖蛋白（neoglycoprotein）**[①]或其他类型的大型复合物；③由于传质效应（mass transport effect），表面等离子体共振仪器的条件可能存在不均匀性，这可能会影响解离速率，从而无法提供准确的 K_d 测量值。

生物膜干涉测量法（biolayer interferometry，BLI）是表面等离子体共振的一项相关技术，其中光学生物传感器被用于分析从两个表面反射的白光的干涉图样（interference pattern）。一个表面携带有固定在生物传感器探针（tip）上的聚糖结合蛋白，另一个表面则作为参比。分子与生物传感器探针的结合，会实时改变干涉图样，从而可以测量结合和解离的动力学参数。这种技术的一个明显优势是不需要标记（如用于检测的荧光标签），是一种免标记（label-free）的方法。此外，生物膜干涉测量法通常以 96 孔板或 384 孔板的形式进行，使其具有高通量。然而，它不像表面等离子体共振那样敏感，因此较小的配体（如小寡糖）可能无法提供可靠的信号。与表面等离子体共振一样，其中一个相互作用中的组分（例如聚糖结合蛋白）必须被固定化；使用多个探针时，很难确保等量的固定化水平。然而，与表面等离子体共振相比，该技术易于使用且成本更低，当与程 - 普鲁索夫模型（Cheng-Prusoff model）一起[②]用于测定寡糖的抑制作用时，生物膜干涉测量法已被证明能产生与核磁共振测定结果一致的溶液 K_d 值。

5. 用于测量 K_d 的荧光偏振法

荧光偏振法（fluorescence polarization）是一项成熟的技术，但直到最近才被用于测量聚糖与聚糖结合蛋白之间的结合常数。该方法基于以下原理：相对较小的聚糖与相对较大的蛋白质结合时，与溶液中游离聚糖的旋转运动（rotational motion）相比，结合后的旋转运动减少。被荧光团吸收的光能够以荧光形式发射出来，但是发射光相对于入射光的发射角度，因分子在溶液中的旋转而产生了**消偏振（depolarization）**，可通过一个滤光片来选择测量靠近入射偏振光平面的分子。在实际操作中，将荧光标记的聚糖与浓度递增的聚糖结合蛋白一起孵育，并测量荧光消偏振作用。在没有聚糖结合蛋白的情况下，荧光标记的聚糖会随机翻滚，偏振的程度很低。然而，如果荧光标记的聚糖与聚糖结合蛋白结合，则其旋转速率会降低，而偏振程度仍然很高。通过该方法，研究人员可以直接测量相互作用的 K_d 与聚糖结合蛋白浓度的函数关系曲线。该技术的优势在于：①它是一种均相检测方法，可直接测量溶液中的 K_d，而无需对聚糖结合蛋白进行衍生化处理；②它相对简单，可以使用基于微孔板的方法对多种化合物进行快速测量；③它使用相对少量的聚糖；④所有分子的浓度都是已知的；⑤由于聚糖是单价的，并且在溶液中游离存在，它避免了多价相互作用所带来的复杂性；⑥它适配于竞争性药物的抑制作用，可用于确定化合物作为聚糖结合蛋白抑制剂的相对效力。在该方法中，将单一荧光标记的聚糖与聚糖结合蛋白混合，然后向体系中添加未被荧光标记的、浓度递增的聚糖抑制剂，并测量结合的抑制作用。由于相互作用是简单的单一位点竞争，所以可以用产生 50% 抑制效果的浓度（IC_{50}）（半数抑制浓度）来推导出抑制剂的近似 K_d。该方法的缺点

---

① 指人工合成的糖蛋白，其中糖链与蛋白质的连键采用合成的方式，与在天然条件下发现的不同。

② 即 $K_i=IC_{50}/(1+[S]/K_m)$，其中，抑制常数（K_i）定义为如果不存在竞争性底物，50% 的受体位点被占据时抑制性配体的平衡浓度；抑制性配体取代 50% 的底物时的浓度为 IC_{50}；结合力测试中使用的底物浓度为 [S]；底物的亲和常数（K_m）定义为在没有竞争的情况下，底物占据 50% 受体位点时的平衡浓度。

是：①该技术仅限于小分子质量（≤ 2000 Da）的聚糖；②需要对聚糖进行荧光衍生化，而荧光团可能改变聚糖的性质；③聚糖的制备和化学衍生化过程可能很繁琐，并且需要大量的聚糖。然而，一旦获得了这些荧光标记的聚糖，通常即有足够的量用于多种试验。

29.4.2 确定蛋白质 - 聚糖相互作用的其他方法

测量蛋白质和聚糖配体之间形成非共价复合物的更复杂的方法包括**质谱法**（**mass spectrometry，MS**）和**核磁共振**（**nuclear magnetic resonance，NMR**）。在**电喷雾离子化**（**electrospray ionization，ESI**）质谱和**基质辅助激光解吸 / 电离飞行时间**（**matrix-assisted laser desorption/ionization time-of-flight，MALDI-TOF**）质谱中，软电离方法被用于检测蛋白质 - 聚糖复合物。虽然这些方法有若干优点，包括灵敏度，以及在单次实验中测量与多个配体结合的能力，但获得的实验数据也可能难以解释，因为非共价复合物可能在测量过程中发生解离，检测还可能是非定量的，而且复合物与游离蛋白质或配体的离子化效率可能不同。另一种质谱方法是**氢氘交换**（**hydrogen deuterium exchange，HDX**）质谱，其中配体的结合过程改变了配体结合位点蛋白质对氘的吸收动力学。因此，配体结合的增加会减少对氘的摄取，可以对发生氢氘交换后的蛋白质进行蛋白质水解，在所获得的合适的肽段上进行相应的测量，这一过程可以被绘制成图，以获得结合等温线。该方法具有灵敏度高和易于使用的优点；但也有缺点，包括费用较高、仪器机时较长、相对较小的聚糖对氘交换的影响可能有限，以及构象变化可能影响碳水化合物识别域以外区域的交换速率等问题。

几种类型的核磁共振谱学测定方法可用于测量蛋白质 - 聚糖的相互作用。可以在溶液中实时测量相互作用，无需将蛋白质 - 聚糖复合物与未结合的聚糖结合蛋白或聚糖进行分离。当弱结合的配体与游离的配体发生快速交换时，可以采用谱线展宽和化学位移变化来进行测量；然而蛋白质 - 聚糖复合物必须具有不同于未结合物质，但清晰且可检测的化学位移。也可以使用**饱和转移差异**（**saturation transfer difference，STD**）技术进行测量。在该方法中，^{1}H-NMR 被用来检测远过量于聚糖结合蛋白的聚糖。通常这些技术在测定亲和力相对较低的相互作用时效果最好。

另一种测量聚糖与蛋白质结合的谱学方法，依赖于与聚糖相互作用时内源性荧光的变化。最后，**原子力显微镜**（**atomic force microscope，AFM**）也可以用来确定蛋白质 - 聚糖或聚糖 - 聚糖相互作用。在该方法中，可以用高度定量的方法测量被聚糖包裹的微球与固定化的聚糖结合蛋白实现分离所需的力。值得注意的是，单分子力的测量可以通过原子力显微镜进行。该方法不仅提供了有关结合强度的信息，而且还能深入了解蛋白质及其配体间非共价键形成的分子性质。

29.4.3 非平衡方法

1. 用酶联免疫吸附分析测量配体的特异性和相对结合亲和力

传统的**酶联免疫吸附分析**（**enzyme-linked immunosorbent assay，ELISA**）已经被改造为适配研究多种形式的聚糖和聚糖结合蛋白的研究方法。当然，许多聚糖是抗原，它们的抗体可以用常规的酶联免疫吸附分析形式进行分析。一些最早的酶联免疫吸附分析类型的方法，使用具有涂布了链霉亲和素的微孔板，对生物素化的细菌多糖进行捕获，以测量抗体与多糖之间的相互作用。在糖生物学中使用的大多数类型的酶联免疫吸附分析中，要么固定一个抗体或感兴趣的聚糖结合蛋白，然后测量可溶性聚糖与蛋白质的结合；要么将试剂反转，改为固定聚糖或糖复合物。在任何一种方法中，聚糖都以某种方式被修饰，如添加生物素或荧光基团以确保它们能够被检测，或者它们可以与另一种带有报告基团（荧光基团或酶，如过氧化物酶）的蛋白质偶联。

酶联免疫吸附分析类型中的**竞争性分析法（competition assay）**也被用来探测聚糖结合蛋白的结合位点。在该方法中，聚糖被偶联到载体蛋白（靶标蛋白）上，并直接检测它与固定化聚糖结合蛋白之间的结合过程。竞争性聚糖被添加到微孔中，并测定一定浓度变化下它们对聚糖结合蛋白的竞争函数，以获得半数抑制浓度（IC_{50}）。在适当的条件和配体浓度下，抑制常数（K_i）的值与 K_d 值相似。该方法的主要优点是：①相对容易；②具有高通量，可以通过机器人处理，以自动化的方式进行操作；③如果聚糖结合蛋白的浓度在很大范围内适当变化，并且结合过程最终可实现饱和，它可以提供相对 K_d 值；④能够确定出一组糖复合物的相对结合活性。这种方法的主要局限性是：①无法提供关于亲和力常数或其他热力学参数的直接信息；②如果用作常规筛选阵列，该方法可能需要相对大量的聚糖结合蛋白和聚糖；③通常需要对聚糖或聚糖结合蛋白进行化学衍生化。

2. 用于评估特异性的聚糖微阵列

聚糖微阵列（glycan microarray）是酶联免疫吸附类型的测定模式与现代 DNA 和蛋白质微阵列技术的结合。在聚糖微阵列中，聚糖通过与载玻片上的 *N*- 羟基琥珀酰亚胺（*N*-hydroxysuccinimide，NHS）成酯，或与含有环氧化物的载体发生反应，以共价的方式连接到固体表面。聚糖被制备为在其还原末端含有具反应活性的伯胺，但也可以使用其他的化学偶联方法。此外，还可以使用非共价的固定方法，将脂质衍生的聚糖或糖脂沉积在涂布了硝酸纤维素的载玻片上。另外，可以生成**新糖复合物（neoglycoconjugate）**（如在新糖蛋白中所见，共价连接到蛋白质载体上的聚糖），然后偶联到表面以展示聚糖，用于探究聚糖与聚糖结合蛋白的相互作用。可使用打印机（接触式）或压电式打印法（非接触式），将聚糖或含有聚糖的材料打印出来，与在 DNA 微阵列中的 DNA 打印过程类似（图 29.6）。通常使用机器人打印机，将几纳升浓度为 1 ～ 100 μmol/L 的聚糖溶液沉积在玻璃表面直径约 100 μm 的点上。载玻片随后被孵育几个小时，确保化学反应将样品共价固定在载玻片上。然后对载玻片进行封闭，以防止试剂的非特异性结合，随后在这些微阵列上覆盖含有聚糖结合蛋白的缓冲液并孵育数小时，以确保结合过程达到平衡。洗涤载玻片去除未结合的聚糖结合蛋白后即可进行分析。分析过程涉及荧光检测，这意味着要么必须对聚糖结合蛋白进行直接的荧光标记，要么必须使用针对聚糖结合蛋白的荧光标记抗体。

成功的微阵列分析的主要特征是它们包含了各式各样的聚糖类别。然而，那些成簇的、相对较多的、能够与可检出浓度的聚糖结合蛋白进行结合的聚糖，甚至也会促进那些相对而言亲和力较低的多价聚糖结合蛋白的结合。因此，在解释实验结果时，应考虑到配体的密度、所用连接子（linker）的类型，以及还原端的单糖状态（即单糖是否开环、单糖与连接子相连时为开环亦或是闭环形式），它们均会影响结合。

结合过程最终被可视化或成像为深色背景下的强荧光点。数据可以在扫描仪上进行可视化成像，然后以图形方式表示。在典型的成功分析中，一个聚糖结合蛋白可能会与多个具有共同结构特征的聚糖结合，这些特征通常被称为**聚糖结合决定簇（glycan-binding determinant）**或**聚糖结合基序（glycan-binding motif）**。如有需要，随后可以通过其他方法（如滴定微量热法或荧光偏振法）测试聚糖结合蛋白与已识别出的候选物的结合，以确证上述的 K_d。使用微阵列来表征聚糖结合蛋白，是**功能糖组学（functional glycomics）**的核心组成部分之一（**第 51 章**）。公开的、可获取的聚糖微阵列结合数据库，在该领域的应用也随之日益增多。

聚糖微阵列的一种变体，是**基于微球的 Luminex 型分析（bead-based Luminex-type assay）**[①]。在

① Luminex 技术核心是将聚丙乙烯微球或者磁性微球用荧光染料的方法进行编码，通过调节两种荧光染料的不同配比，可获得最多 100 种具有不同荧光光谱的微球。

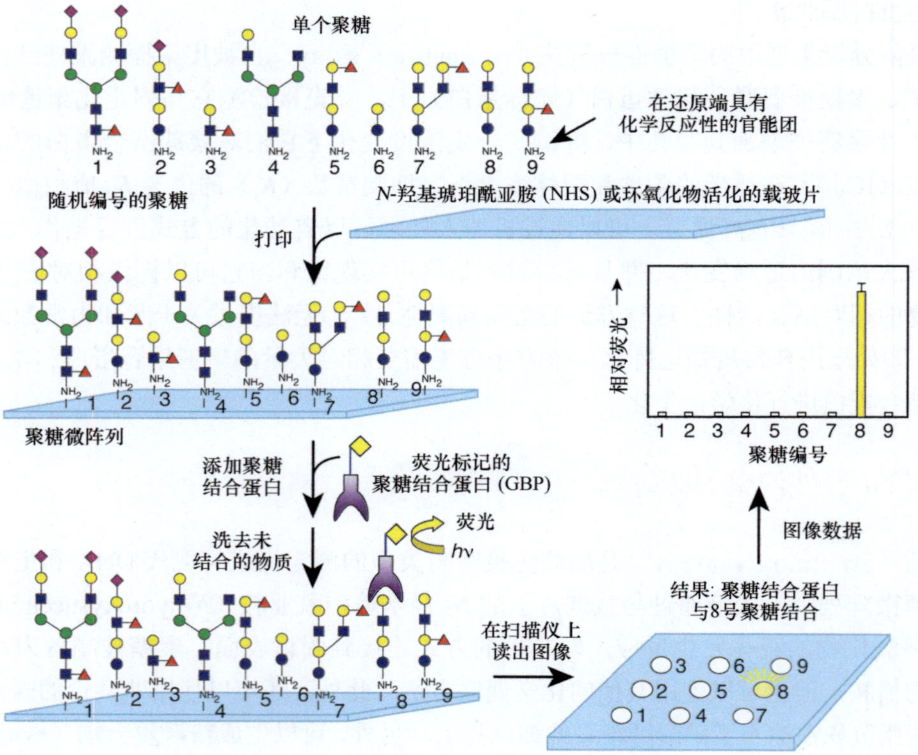

图 29.6 打印在 *N*- 羟基琥珀酰亚胺或环氧化物活化的载玻片上的共价聚糖微阵列的制备。在此示例中，聚糖在还原端具有游离胺并与载玻片进行了偶联。清洗去除未连接的材料并且封闭了周边的副反应分子后，用聚糖结合蛋白（GBP）对玻片进行“鉴识”。在洗去未结合的聚糖结合蛋白后，用荧光检测结合情况。聚糖结合蛋白可以直接被荧光标记，或使用荧光标记的二级试剂进行检测。可在荧光扫描仪中读取载玻片中的荧光信号。另一种方法是使用基于硝酸纤维素的微阵列，从而可以采用非共价的形式打印糖脂、新糖脂（neoglycolipid）、糖蛋白和其他分子，并通过适当的封闭处理减少非特异性结合。除此之外，其检测形式与共价聚糖微阵列中的检测形式相似。

这种高通量的方法中，聚糖被共价固定在具有不同荧光团特性的 Luminex 微球上，因此可采用多路复用（multiplex）的方法。其中，聚糖结合蛋白与一组聚糖修饰的微球混合，每个微球都可以通过其荧光特性来进行识别。聚糖结合蛋白可以是生物素化的，可以通过荧光标记的链霉亲和素进行检测；如果聚糖结合蛋白上存在表位标记（epitope-tagged），则可以通过与特异性抗体或另一种试剂的结合来检测聚糖结合蛋白。聚糖结合蛋白的结合程度是衡量其对特定聚糖的亲和力和特异性的一个标准。该方法的优点是具有高通量、可以自动进行数以千计的检测，同时使用的聚糖和聚糖结合蛋白的量较少。数据的收集和分析也是自动化的。该方法的局限之一是每个要衍生化的聚糖上必须首先引入伯胺，或是通过其他化学修饰进行活化以实现共价固定，并且每种聚糖的偶联过程都需要独立验证。

3. 凝集试验

与细胞上表达的多价配体相互作用的多价聚糖结合蛋白，可以导致细胞的**凝集**（**agglutination**），可以利用这一现象测量可溶性聚糖阻断聚糖结合蛋白凝集活性的能力。将产生 50% 凝集抑制的可溶性聚糖所对应的浓度，定义为半数抑制浓度（IC_{50}）。这些方法多年来一直被用于研究凝集素诱导的细胞凝集，对于阐明人类血型物质的性质大有裨益。如果使用足够大库容的可溶性聚糖，则可以测量每种聚糖的相对抑制效果，以帮助确定聚糖结合蛋白的特异性。该技术的一个主要优点是不需要对聚糖进行标记。此外，可以将被游离的聚糖修饰的聚苯乙烯或葡聚糖微球视为细胞的替代物而使用。在这种情况下，凝集颗粒上聚糖的性质能够被更好地确定。通常情况下，IC_{50} 与结合亲和力没有直接关系，因为实际测量的是抑制作用。真实的结合亲和力必须由本章前述的其他技术加以确定。

4. 沉淀试验

多价聚糖结合蛋白或抗体与多价配体的相互作用，在溶液中形成了交联复合物。在许多情况下，这些复合物变得不溶，产生**沉淀（precipitation）**。沉淀可能是高度特异性的，并且反映了配体对受体的亲和力常数。为了量化这种相互作用，将固定量的聚糖结合蛋白或抗体，针对与其结合的糖蛋白或聚糖进行滴定，该操作会以精确的配体 / 受体比例形成沉淀。沉淀物中蛋白质或配体的量，可以利用那些针对聚糖或蛋白质的检测方法，通过化学手段进行直接测量。沉淀技术对于研究潜在的多价配体非常有用，最近已被用于证明以下发现：末端半乳糖基化的、复合型二、三和四天线 *N*- 聚糖的每个分支，都能够被半乳糖结合凝集素（galactose-binding lectin）独立识别。另一种沉淀方法利用了这样一个事实，即聚糖结合蛋白和聚糖之间的复合物可以发生**盐析（salting out，salt-induced precipitation）**，或被硫酸铵沉淀。这种方法的一种变体，被用于肝细胞无唾液酸糖蛋白受体（asialoglycoprotein receptor，Ashwell-Morell receptor，AMR）表征的早期研究，其中配体 ^{125}I 标记的糖蛋白——无唾液酸血清类黏蛋白（asialoorosomucoid）与受体制剂一同孵育。用足量的硫酸铵处理样品，可以仅沉淀出复合物而不会沉淀出未结合的配体。沉淀的复合物在滤膜上被捕获，并通过 γ- 计数法（γ-counting）确定了复合物中的配体含量。

5. 电泳法

在该方法中，糖蛋白（或配体）与聚糖结合蛋白或抗体混合，混合物在聚丙烯酰胺中进行**电泳分离（electrophoresis）**。对糖胺聚糖而言，该技术被称为**亲和共电泳（affinity co-electrophoresis，ACE）**。该方法在确定相互作用的表观 K_d 时特别有用，并且能够识别与聚糖结合蛋白存在相互作用差异的糖胺聚糖亚群。在另一种被称为**交叉亲和免疫电泳（crossed affinity immunoelectrophoresis）**的方法中，电泳的第二步在琼脂糖凝胶的第二维度，即垂直方向上进行，该琼脂糖凝胶含有针对糖蛋白或配体的、可沉淀的单特异性抗体。然后将凝胶用考马斯亮蓝染色，获得免疫电泳图。不与聚糖结合蛋白或抗体相互作用的糖蛋白，与复合物相比具有更快的迁移率。糖蛋白或配体的量，由在二维分析中获得的曲线下的面积确定。这种方法对研究蛋白质的糖型十分有用，并且在分析血清中的一种急性期糖蛋白——α1- 酸性糖蛋白（α1-acid glycoprotein）的糖型，及其 α1-3 岩藻糖基化的变化等方面极具价值。

6. 对配体和受体的拷贝 DNA 进行表达

研究蛋白质 - 聚糖相互作用的一种间接方法，是在动物或细菌细胞中表达编码糖基转移酶的**拷贝 DNA（copy DNA，cDNA）**（**第 56 章**）；然后测量被修饰的细胞（瞬时转染或稳定转染）与聚糖结合蛋白或抗体的黏附性，并以此反映聚糖结合蛋白或抗体与细胞表面上的全新的聚糖，即**新聚糖（neoglycan）**的结合。反之，编码聚糖结合蛋白的 cDNA 也可在细胞中表达，并测试它们结合聚糖配体的能力。选凝素、唾液酸结合免疫球蛋白样凝集素（Siglec）以及其他聚糖结合蛋白在转染细胞表面的表达，有助于评估生理流动条件下聚糖结合蛋白在细胞黏附中的作用。

延伸阅读

Cheng Y and Prusoff WH. 1973. Relationship between the inhibition constant (K_I) and the concentration of inhibitor which causes 50 per cent inhibition (I_{50}) of an enzymatic reaction. *Biochem Pharmacol* **22**: 3099-3108.

Wu X, Linhardt RJ. 1998. Capillary affinity chromatography and affinity capillary electrophoresis of heparin binding proteins. *Electrophoresis* **19**: 2650-2653.

Fukui S, Feizi T, Galustian C, Lawson AM, Chai W. 2002. Oligosaccharide microarrays for high-throughput detection and specificity assignments of carbohydrate-protein interactions. *Nat Biotechnol* **20**: 1011-1017.

Leppänen A, Penttilä L, Renkonen O, McEver RP, Cummings RD. 2002. Glycosulfopeptides with O-glycans containing sialylated and polyfucosylated polylactosamine bind with low affinity to P-selectin. *J Biol Chem* **277**: 39749-39759.

Berger G, Girault G. 2003. Macromolecule-ligand binding studied by the Hummel and Dryer method: current state of the methodology. *J Chromatog* **797**: 51-61.

Duverger E, Frison N, Roche AC, Monsigny M. 2003. Carbohydrate-lectin interactions assessed by surface plasmon resonance. *Biochimie* **85**: 167-179.

Hirabayashi J. Oligosaccharide microarrays for glycomics. 2003. *Trends Biotechnol* **21**: 141-143.

Sorme P, Kahl-Knutson B, Wellmar U, Nilsson UJ, Leffler H. 2003. Fluorescence polarization to study galectin-ligand interactions. *Methods Enzymol* **362**: 504-512.

Bucior I, Burger MM. 2004. Carbohydrate-carbohydrate interactions in cell recognition. *Curr Opin Struct Biol* **14**: 631-637.

Homans SW. 2005. Probing the binding entropy of ligand-protein interactions by NMR. *Chembiochem* **6**: 1585-1591.

Nakamura-Tsuruta S, Uchiyama N, Hirabayashi J. 2006. High-throughput analysis of lectin-oligosaccharide interactions by automated frontal affinity chromatography. *Methods Enzymol* **415**: 311-325.

Paulson JC, Blixt O, Collins BE. 2006. Sweet spots in functional glycomics. *Nat Chem Biol* **2**: 238-248.

Dam TK, Gerken TA, Brewer CF. 2009. Thermodynamics of multivalent carbohydrate-lectin cross-linking interactions: importance of entropy in the bind and jump mechanism. *Biochemistry* **48**: 3822-3827.

Rillahan CD, Paulson JC. 2011. Glycan microarrays for decoding the glycome. *Annu Rev Biochem* **80**: 797-823.

de Paz JL, Seeberger PH. 2012. Recent advances and future challenges in glycan microarray technology. *Methods Mol Biol* **808**: 1-12.

Smith DF, Cummings RD. 2013. Application of microarrays for deciphering the structure and function of the human glycome. *Mol Cell Proteomics* **12**: 902-914.

Hatakeyama T. 2014. Equilibrium dialysis using chromophoric sugar derivatives. *Methods Mol Biol* **1200**: 165-171.

Dam TK, Brewer CF. 2015. Probing lectin−mucin interactions by isothermal titration microcalorimetry. *Methods Mol Biol* **1207**: 75-90.

Palma AS, Feizi T, Childs RA, Chai W, Liu Y. 2015. The neoglycolipid (NGL)-based oligosaccharide microarray system poised to decipher the meta-glycome. *Curr Opin Chem Biol* **18**: 87-94.

Xia L, Gildersleeve JC. 2015. The glycan array platform as a tool to identify carbohydrate antigens. *Methods Mol Biol* **1331**: 27-40.

Cockburn D, Wilkens C, Dilokpimol A, Nakai H, Lewinska A, Abou Hachem M, Svensson B. 2016. Using carbohydrate interaction assays to reveal novel binding sites in carbohydrate active enzymes. *PLoS ONE* **11**: e0160112.

Dupin L, Noël M, Sonnet S, Meyer A, Géhin T, Bastide L, Randriantsoa M, Souteyrand E, Cottin C, Vergoten G, et al. 2018. Screening of a library of oligosaccharides targeting lectin LecB of Pseudomonas aeruginosa and synthesis of high affinity oligoglycoclusters.

Molecules **23**: 3073.

Ji Y, Woods RJ. 2018. Quantifying weak glycan-protein interactions using a biolayer interferometry competition assay: applications to ECL lectin and X-31 influenza hemagglutinin. *Adv Exp Med Biol* **1104**: 2590273.

Purohit S, Li T, Guan W, Song X, Song J, Tian Y, Li L, Sharma A, Dun B, Mysona D, et al. 2018. Multiplex glycan bead array for high throughput and high content analyses of glycan binding proteins. *Nat Commun* **9**: 258.

Sood A, Gerlits OO, Ji Y, Bovin NV, Coates L, Woods RJ. 2018. Defining the specificity of carbohydrate-protein interactions by quantifying functional group contributions. *J Chem Inf Model* **58**: 1889-1901.

第 30 章

聚糖识别的结构生物学

赫苏斯 · 安古洛（Jesús Angulo），约亨 · 齐默（Jochen Zimmer），安妮 · 安伯蒂（Anne Imberty），
詹姆斯 · H. 普利斯特加德（James H. Prestegard）

30.1 研究背景 / 392
30.2 晶体学 / 393
30.3 核磁共振 / 396
30.4 冷冻电子显微术 / 399
30.5 计算机建模 / 400
30.6 未来展望 / 403
致谢 / 403
延伸阅读 / 404

聚糖引起的生物学效应通常取决于与其相互作用的蛋白质对特定聚糖特征的识别。本章讨论了聚糖 - 蛋白质相互作用的一些关键结构特征，以及理解这些特征的主要实验方法，特别是 X 射线晶体学（X-ray crystallography）、核磁共振（nuclear magnetic resonance，NMR）、冷冻电子显微术（cryo-electron microscopy，cryo-EM）和计算机建模（computational modeling）。

30.1 研究背景

正如在前几章中所强调的，各种生物体产生的不同聚糖数量巨大，但与此同时，聚糖缺乏其他分子所显示出的官能团多样性。为了实现聚糖识别的特异性，蛋白质不仅依赖于聚糖羟基在手性中心的立体特异性置放（placement）、不同连键位点的使用，以及多样的糖链分支结构，也依赖于通过硫酸化、磷酸化和酯化等过程对羟基进行的特定修饰。这使得各种残基和官能团，在三维空间的置放变得非常重要。因此，如果我们要了解聚糖在它们控制的诸多生理和病理过程中是如何被合成与识别的，构建蛋白质如何识别聚糖的三维图像必不可少。如果我们要利用聚糖识别的相关知识作为生产治疗药物的基础，以便在疾病发生时控制这些过程，构建三维图像同样至关重要。构建一个描述聚糖识别的结构并非毫无挑战。大多数聚糖在溶液中是高度动态的，实验过程中可采集到多种构象。通常情况下，当形成复杂的结合形式时，会选择单一构象或所有构象中的一小部分。这些事实不利于用于结构研究的稳定复合物的形成，也不利于直接使用溶液构象数据来确定结合态后的聚糖构象。

寻找蛋白质识别聚糖的结构基础并非什么新鲜概念。聚糖结构与蛋白质表面口袋相互吻合的概念，可以追溯到埃米尔 · 费歇尔（Emil Fischer），他使用“锁钥”（lock and key）一词来指代识别特定聚糖底物的酶。溶菌酶（lysozyme）是第一个被结晶并确定其三维结构的**碳水化合物结合蛋白（carbohydrate-binding protein）**。20 世纪 60 年代末和 70 年代初的后续工作发现了一个与四糖复合的溶菌酶结构，证实了糖和蛋白质之间存在着特定的相互作用，以及蛋白质从诸多可能性中选择合适“钥匙”的能力。

时至今日，蛋白质晶体学已经达到了极为复杂的程度，并且保存在**蛋白质数据库（Protein Data**

Bank，PDB）中的蛋白质结构逾 17 万种，绝大多数源于蛋白质晶体学实验的结果。然而，获得一个与适当配体结合的蛋白质结构仍然具有挑战性。现有的结构中，往往含有的配体相对较小，并以极高的结合常数发生相互作用。为实现特异性，聚糖识别经常涉及与多个残基的接触。因此，天然聚糖配体通常比其他类型的配体大。高**亲合力（avidity）**通常可通过多价相互作用实现，在这种情况下，对单独的配体 - 蛋白质相互作用的**亲和力（affinity）**却很小。尽管如此，研究人员仍然获得了大量聚糖 - 蛋白质复合物的晶体结构，这些结构极大地促进了我们对这些相互作用类型的理解，使聚糖的识别成为可能。

核磁共振法越来越多地提供了结合状态下聚糖配体的结构信息，这些信息是对 X 射线晶体学的补充，且极具价值，因为它适用于具有更广泛亲和力的配体，包括许多在多价相互作用过程中被放大的低亲和力配体。该方法也适用于接近生理条件下的溶液中，因为不必担忧溶液对晶格接触（crystal lattice contact）的影响，以及对某些相互作用位点的遮蔽。研究人员甚至可以在模拟膜表面环境的组装体（assembly）上进行一些试验，所模拟的环境正是许多蛋白质 - 聚糖相互作用的发生场所。

值得注意的是，结构研究的方法学正在不断发展，更多的结构信息来自**小角 X 射线散射（small-angle X-ray scattering，SAXS）**和冷冻电子显微术等技术。冷冻电子显微术的最新进展，为研究蛋白质 - 聚糖的相互作用提供了许多令人振奋的契机，本章也将对此进行讨论。

各种类型的实验研究丰富了人们对聚糖 - 蛋白质相互作用的基本理解，这些内容现已被编码在强大的分子模拟程序中，这些程序提供了一种计算方法来生成聚糖 - 蛋白质复合物的三维图像。该方法十分重要，因为很难以大多数实验方法所需的数量和纯度生产复杂的聚糖配体。尽管这些方法仍朝着增加结果可信度的方向发展，但为在实验中无法获取的体系提供了模型，可以用各种非结构的方法对这些体系进行测试。它们还可以与无法单独提供详细结构信息的、零星的结构数据一起使用。

30.2 晶体学

X 射线晶体学（X-ray crystallography）是获得蛋白质 - 配体相互作用细节的一种行之有效的方法。它在可研究的分子大小范围（从小型化合物到大型多蛋白复合物）方面表现优异，在使用同步辐射源的高能 X 射线束时的数据采集效率方面同样十分出色。该方法的局限之一仍然是结晶步骤。蛋白质 - 碳水化合物复合物的晶体可以通过将两个组分共结晶，或将碳水化合物配体浸泡在现有的蛋白质晶体中获得。由于晶体的结晶质量决定了衍射图样的极限，进而决定了结构的分辨率，柔性的寡糖配体可能会产生结构上的不均一性（structural heterogeneity），从而限制了所获得晶体的质量。高质量的凝集素晶体通常携带从单糖到三糖的聚糖配体；糖胺聚糖结合蛋白（glycosaminoglycan-binding protein）或抗体则可以与大得多的配体结合，它们与碳水化合物配体形成的复合物结晶较为罕见。

目前通常在极低的温度下收集衍射数据，以保护分子免受高能同步射线的辐射损伤。由于低温可能会因结冰而损坏晶体，所以经常使用甘油作为低温保护剂。因此，甘油及其类似碳水化合物的羟基碳，经常在聚糖结合位点被观察到，这一结合提供了参与结合的相关氨基酸的信息，但这些甘油有时也会与碳水化合物配体竞争。与合成碳水化合物的化学家进行合作通常是必要的，例如，设计不可水解的碳水化合物衍生物以获得底物和衍生物结合状态下酶的结构。这些尝试可以与在配体中加入重原子（heavy atom）的方法相结合，反过来又可以根据重原子特定的散射特性对配体进行定位。

30.2.1 晶体结构数据库

蛋白质 - 碳水化合物复合物的晶体结构可以从不同的来源中检索，包括蛋白质数据库（PDB），也可以在更为专业的数据库中搜寻。**碳水化合物活性酶数据库**（Carbohydrate-Active Enzymes，CAZy）为所有糖基水解酶、糖基转移酶，以及与这些糖酶相关的碳水化合物结合模件的晶体结构提供了 PDB 的页面链接。UniLectin3D 是一个涵盖凝集素三维特征的数据库，包括 2200 多个凝集素的三维结构，其中超过 60% 是与碳水化合物配体的复合结构。UniLectin3D 数据库对 500 多种不同的凝集素进行了分类，形成了 35 个凝集素结构域折叠、109 个类别及 350 个家族，共享 20% ～ 70% 的序列相似性。对于每个晶体结构，都提供了配位信息、参考文献和分类学的链接，以及**功能糖组学联盟**（Consortium for Functional Glycomics，CFG）提供的聚糖阵列数据。因此，可以对结构数据进行挖掘，并且可以在不同层次上对结构进行分析，不仅揭示了结合位点的原子细节，还揭示出蛋白质的折叠和寡聚状态。下面的示例说明了趋同进化如何构建出强大的系统，以通过凝集素有效地识别聚糖。

30.2.2 碳水化合物结合位点的相互作用

碳水化合物和氨基酸之间的相互作用，包括氢键、范德瓦耳斯（van der Waals）力接触、离子键和多种更为特殊的相互作用。例如，CH-π 相互作用，与碳水化合物结合位点中频繁出现的芳香族氨基酸有关。研究人员经常观察到水分子在碳水化合物羟基和氨基酸之间形成的桥状（bridge）结构。有趣的是，大量的酶和凝集素使用直接与碳水化合物的羟基和氨基酸侧链配位的二价离子。在迄今为止结晶的 350 个不同的凝集素家族中，超过 40 个在其结合位点涉及钙离子。它们中的大多数属于 C 型凝集素（C-type lectin）家族，包括选凝素（selectin）和树突状细胞特异性细胞间黏附分子 -3- 捕获非整联蛋白（dendritic cell-specific intercellular adhesion molecule-3-grabbing integrin，DC-SIGN），但研究人员也在不同来源的其他类型凝集素中，发现其结合位点具有一个钙离子（图 30.1）。来自**铜绿假单胞菌**（*Pseudomonas aeruginosa*）的 LecB 蛋白，需要两个位置很近的钙离子。钙离子通过选定羟基的精确立体化学来促进凝集素的特异性，例如，LecB 蛋白的两个钙离子仅配位以特定序列分布的、含有两个平伏羟基和一个直立羟基的单糖，这些羟基类型可在“岩藻”（*fuco*）和“甘露”（*manno*）构型中找到。通过量子化学计算评估的电荷离域，以及通过释放强配位的水分子来补偿结合熵的损失，这些离子也在增强亲和力等方面发挥了一定的作用。

30.2.3 折叠和寡聚化促进了与细胞表面的结合

凝集素结构仅采用有限数量的**折叠**（fold）类型（图 30.2）。其中，包含 β- 片层（β-sheet）的结构域占据了主导地位，如 β- 三明治（β-sandwich）、β- 棱柱（β-prism）、β- 三叶（β-trefoil）或 β- 螺旋桨（β-propeller）等结构。β- 三明治折叠为两个 β- 片层的组装体，是一个具有不同结构的大型家族的特征，这些结构的大小和结合位点所处的位置各不相同。例如，伞毛黏附蛋白（fimbrial adhesin）与半乳凝集素（galectin）的结构差异很大，因为伞毛黏附蛋白使用靠近 β- 片层边缘的位点，而不是如半乳凝集素一般，在片层的凹面发生相互作用。尽管如此，研究人员还是观察到了一些结构上的趋同性。参与糖蛋白合成质量控制的细胞内动物凝集素，与豆科植物凝集素具有相同的蛋白质折叠。

在 β- 螺旋桨折叠中，也可以观察到结构趋同性，它由被称为**桨叶**（blade）的小 β- 三明治结构圆形排列而成。研究人员在凝集素中已经观察到具有 5 个、6 个或 7 个桨叶的结构。除了与进化相关的、细菌和真菌的岩藻糖结合 6 桨叶 β- 螺旋桨之外，这些结构在序列上并不存在相似性。然而，这些 β- 螺旋桨折叠具有相同的整体形状，所有的结合位点均呈现在“甜甜圈”（donut）的同一侧，从而提供了与细胞表面糖复合物之间非常高效的多价结合。这种多价效应导致了高亲合力——来自真菌**毡毛小脆柄菇**（*Psathyrella velutina*）的凝集素 PVL（*Psathyrella velutina* lectin，PVL），在每个结合位点对 *N*- 乙酰葡萄糖胺（GlcNAc）的

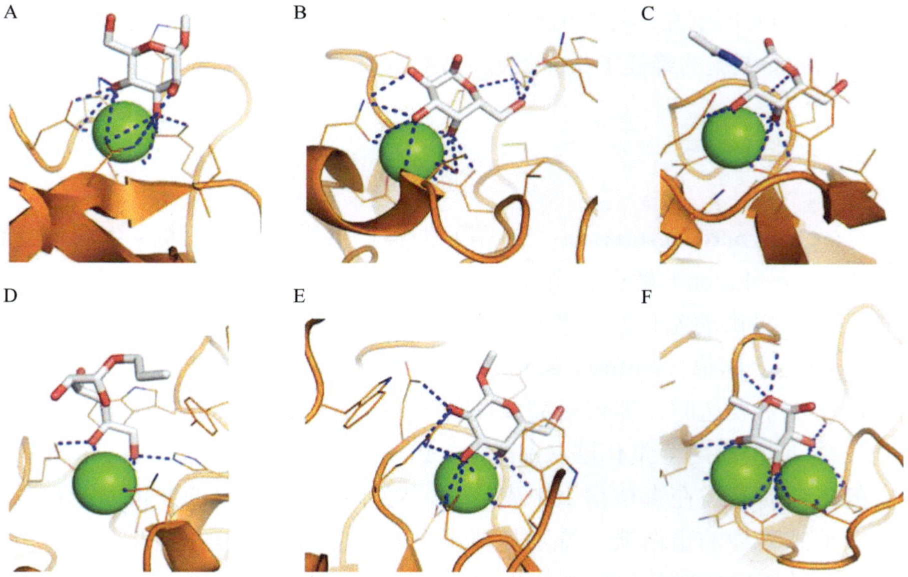

图 30.1 在凝集素的晶体结构中发现的 6 种不同的钙依赖性碳水化合物结合位点的图形表示。 A. 人类甘露糖结合蛋白 -A（mannose-binding protein A，MBP-A）与甘露糖苷的复合物结构（1KWU）。B. 铜绿假单胞菌 LecA 蛋白与半乳糖的复合物结构（1OKO）。C. 海参半乳糖 /*N*- 乙酰半乳糖胺结合凝集素（galactose/*N*-acetylgalactosamine-binding lectin，CEL-III）与 *N*- 乙酰半乳糖胺的复合物结构（2Z48）。D. 人类肠道凝集素 -1（intelectin-1）与呋喃半乳糖苷的复合物结构（4WMY）。E. **光滑念珠菌**（***Candida glabrata***）黏附蛋白与半乳糖苷的复合物结构（4A3X）。F. 铜绿假单胞菌 LecB 蛋白与岩藻糖的复合物结构（1GZT）。括号内为蛋白质数据库（PDB）中的条目编号。

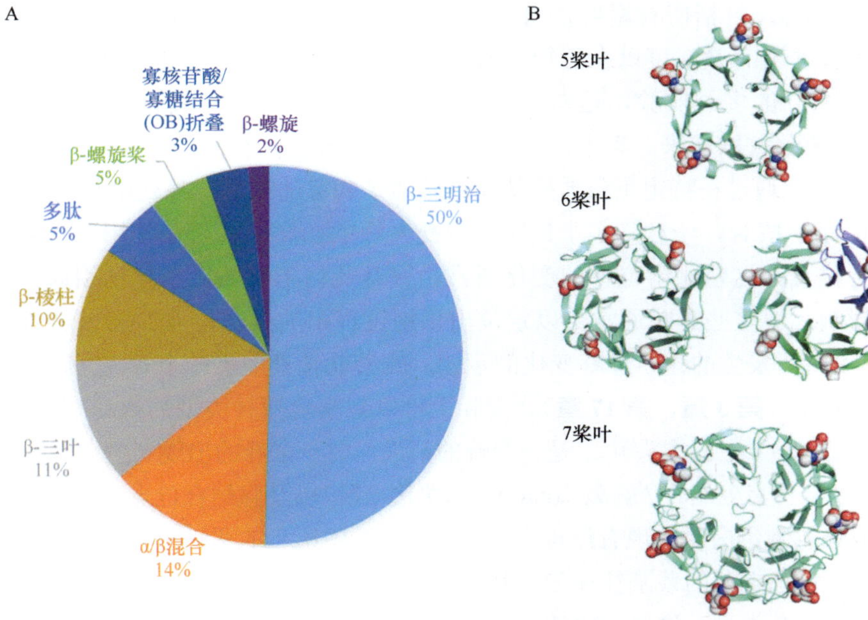

图 30.2 A. Unilectin3D 数据库中可获取结构的凝集素分布与折叠家族的关系图。B. 凝集素中一些趋同的 β- 螺旋桨折叠的图形表示。多肽链以飘带图表示，碳水化合物原子以球体表示。来自**中华鲎**（***Tachypleus tridentatus***）的鲎凝集素 -2（tachylectin-2）蛋白的 5 桨叶 β- 螺旋桨折叠与 *N*- 乙酰葡萄糖胺的复合物结构（1TL2）；来自**橙黄网孢盘菌**（***Aleuria aurantia***）凝集素（中左）和**茄青枯雷尔氏菌**（***Ralstonia solanacearum***）凝集素（中右）的 6 桨叶 β- 螺旋桨折叠与岩藻糖的复合物结构（1OFZ，2BT9），以及**毡毛小脆柄菇**（***Psathyrella velutina***）凝集素的 7 桨叶 β- 螺旋桨折叠与 *N*- 乙酰葡萄糖胺的复合物结构（2C4D）。括号内为蛋白质数据库（PDB）中的条目编号。

亲和力仅为 100 μmol/L，但对展示在芯片表面的 *N*- 乙酰葡萄糖胺的表观亲合力为 10 nmol/L。这种高亲合力使凝集素 PVL 成为识别肿瘤细胞的绝佳工具，此类肿瘤细胞中含有暴露出末端 *N*- 乙酰葡萄糖胺的截短聚糖。

30.3 核磁共振

核磁共振（nuclear magnetic resonance，NMR）能够提供蛋白质和聚糖 - 蛋白质复合物结构的源头高分辨率（*de novo* high-resolution）解析。当部分结合态的聚糖仍然保留了在溶液中所显示出的一些信号迁移时，核磁共振还可以提供动态信息。然而，基于核磁共振的结构测定，通常需要使用 ^{13}C 和 ^{15}N 等磁性原子核进行统一同位素标记（uniform isotopic labeling），以便对来自高丰度核 ^{1}H 的数据进行补充。当蛋白质可以在细菌宿主中表达时，即可以完成同位素标记，但即便如此，核磁共振的应用也主要限于＜ 20 kDa 的蛋白质中，或在使用全氘化法（perdeuteration）提高分辨率后，限于＜ 40 kDa 的蛋白质中。当证明了所需测定的蛋白质必需在真核宿主中表达时，对体系进行完整的同位素标记高昂的成本往往排除了该方法在许多其他感兴趣的蛋白质（特别是糖蛋白）上应用的可能。因此，只有少数具有天然糖基化的糖蛋白的完整结构是通过核磁共振方法产生的。然而，当核磁共振建立在可从 X 射线晶体学或计算建模所获得的蛋白质结构之上时，该方法受到的限制较少，并且能够聚焦于涉及实际聚糖 - 蛋白质相互作用位点的数据处理。我们在下面的内容中说明了这种潜力。

30.3.1 聚糖在蛋白质结合位点的化学位移图谱

通过核磁共振方法产生蛋白质三维结构的第一步，通常是确定主链共振（backbone resonance）的**核磁峰归属（assignment）**，包括所有酰胺的 ^{1}H-^{15}N 配对（^{1}H-^{15}N pair）的质子 - 氮元素共振。与完整的结构测定相比，该步骤非常有效，可以在更短的时间内完成，而且可以在更大的目标分析物上进行。这些核磁峰归属基于一系列的多维实验，这些实验将一系列直接成键的、具有核磁共振活性的原子核对（nuclear pairs）的化学位移关联起来。其中，二维 ^{1}H-^{15}N **异核单量子相干（heteronuclear single quantum coherence，HSQC）**实验，通过在特定蛋白质残基的酰胺质子和氮的化学位移处出现的交叉峰（crosspeak）来关联酰胺的 ^{1}H-^{15}N 原子核对。一旦确定了该实验中交叉峰的归属，就可以使用添加聚糖配体时化学位移的变化鉴定出结合位点。这些化学位移的变化通常由残基几何形状的微小扰动引起，而并非源于配体对化学位移的直接影响，但这些影响通常足以定位出识别过程中的结合位点。图 30.3 显示了硫酸软骨素（CS）六聚体相互作用时所发生的化学位移变化的示例，硫酸软骨素上每一个 *N*- 乙酰半乳糖胺（GalNAc）残基的 *O*-4 位均被硫酸化（**第 3 章、第 17 章**）。实际上可以观察到两种类型的扰动：一是添加配体时，化学位移的逐渐变化（图 30.3A 中的箭头）；二是一个峰的消失，另一个峰的出现（图 30.3A 中的椭圆形）。这些扰动分别对应于弱结合位点处结合 / 解离（on/off）的快速交换，以及强结合位点处结合 / 解离的慢速交换。受扰动的残基可以被映射到蛋白质的现有结构上，如图 30.3B 中所示的强结合位点。与许多涉及硫酸化糖胺聚糖的复合物一样，带正电荷的残基往往参与其中。在这种情况下，组氨酸残基和赖氨酸残基属于能够显示出化学位移变化的残基类型。这些实验的优点是可以检查一系列的配体，甚至是那些可能无法产生有序晶体以进行晶体学分析的配体。该方法的限制之一是需要首先对蛋白质的主链共振进行核磁峰归属。

30.3.2 结合态配体的几何形状及配体相互作用表面的鉴定

核磁共振还提供了表征配体在与蛋白质表面结合时所采用的几何结构，以及表征与蛋白质接触的配

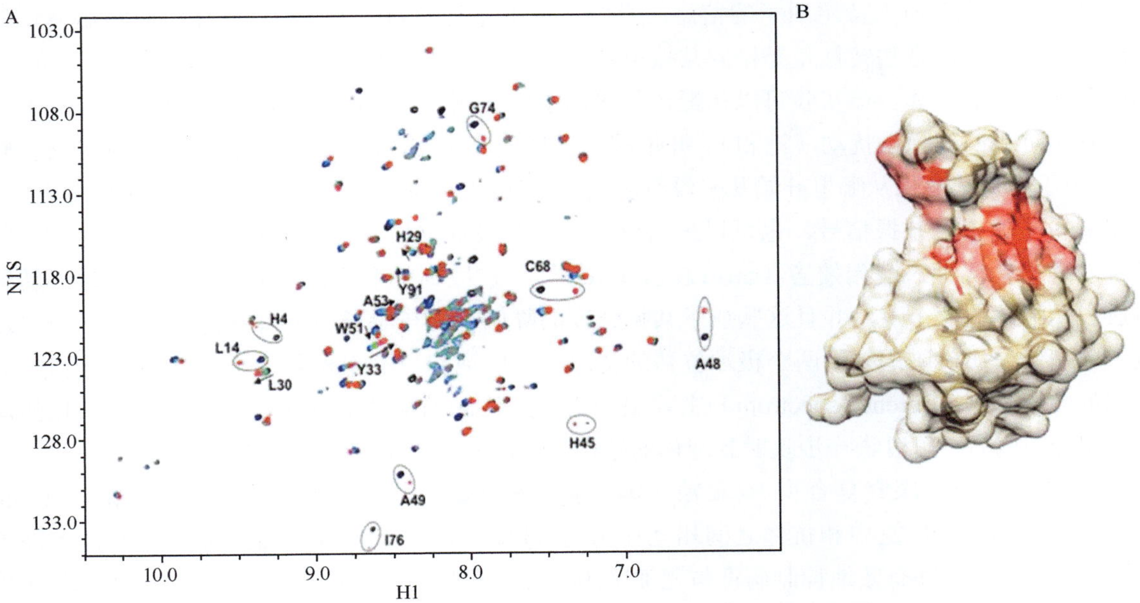

图 30.3 肿瘤坏死因子刺激基因 -6（tumor necrosis factor-stimulated gene-6，TSG6）连接模件（link module）上 4- 硫酸化硫酸软骨素六聚体的慢速和快速交换结合位点的化学位移图谱。A. 随着六聚体数量的增加，谱图中的交叉峰被叠加。经历快速交换的残基显示出渐进式的位移变化，在图中用箭头标记；经历慢速交换的残基，则显示出成对的峰，一个峰的出现会伴随着另一个峰的消失，在图中用椭圆形标记。B. 显示出慢速交换的残基，在晶体结构（2PF5）中以红色进行标识。括号内为蛋白质数据库（PDB）中的条目编号。

体部位的潜力。两种情况均以距离相关的方式，从一个核磁共振活性自旋到另一个核磁共振活性自旋（通常是质子）的**磁化转移（transfer of magnetization）**作为表征指标。在结合态配体的几何结构测定中，该实验依赖于**转移核奥弗豪泽效应（transferred nuclear Overhauser effect，trNOE）**。其基本过程与通过核磁共振确定蛋白质结构时所使用的**核奥弗豪泽效应（nuclear Overhauser effect，NOE）**相同；然而，由于实验中使用了远比蛋白质过量的配体（> 10∶1），因此只能观察到配体的谱学信息。实验通常对交叉峰进行测量，与上述的异核单量子相干（HSQC）的二维实验类似，但以下几点略有不同：两个坐标轴都是质子的化学位移，交叉峰的强度取决于质子对之间距离六次方的倒数（$1/r^6$），而非异核单量子相干（HQSC）中的直接结合。实验中观察到的结果是结合态配体和游离配体的平均值，但由于信号与分子质量大小成比例，因此配体 - 蛋白质复合物中的配体所提供的信号在所有信号中的贡献占据了很大的权重。这使得在配体过量而蛋白质极少的条件下，进行转移核奥弗豪泽效应（trNOE）实验成为了可能。此外，不需要对配体或蛋白质进行同位素标记，且形成的配体 - 蛋白质复合物具有较高的分子质量，是该方法的一个优势。通过测量位于糖苷键相对侧（opposite side）的质子之间的距离，可以确定结合态配体的几何结构。因为糖苷与结构模型足够接近时所处的糖苷扭转角的阈值，受限于这一距离。尽管在许多情况下，结合态的几何构象与在溶液中发现的主要构象异构体（conformer）是相似的，但也存在着几何结构不同的情况。因此，转移核奥弗豪泽效应（trNOE）实验提供了独特的见解，用于指导竞争性抑制剂的合成。

以类似于分子间核奥弗豪泽效应（NOE）的方式，实现从蛋白质上的质子到配体上质子的磁化转移，还可以提供与蛋白质结合口袋（即配体的相互作用表面或结合表位）中氨基酸所接触部位的配体结构信息。在某些情况下，可以观察到配体质子和特定氨基酸质子之间的核奥弗豪泽效应，但需要使用接近等摩尔浓度的配体和蛋白质，以及配体和蛋白质的完全共振核磁峰归属（full resonance assignment）。在一种应用更为广泛的、名为**饱和转移差异核磁共振（saturation transfer difference NMR，STD NMR）**的实验中，通过牺牲关于蛋白质上特定质子的信息，换取了解析非常大的、未标记的和未进行核磁峰归属的蛋白质的能力。事实上，饱和转移差异核磁共振也被应用于某些非常大而复杂的系统，包括嵌插在膜片段、整体细胞和病毒上的受体。该实验可以在配体与蛋白质的比例接近 100：1 的情况下进行，涉及对一组蛋白质质子磁化过程的选择性扰动（饱和），并依赖于这样一个事实，即大型蛋白质中质子间的磁化转移非常高效，以至于磁化的变化从哪里开始几乎没有区别；它可以来自位于核磁谱图的一个极端位移处（高场）、饱和的甲基质子的核磁共振信号，也可以来自位于另一个极端位移处（低场）饱和的芳香族质子的核磁共振信号。理想情况下，**饱和效应（saturation effect）**会扩散到整个蛋白质的质子上，并最终转移到靠近蛋白质表面配体的质子上，并且这些质子共振强度的降低方式与质子和蛋白质表面之间的距离成反比。一维质子谱在蛋白质核磁谱处于两个极端位移的情况下，以饱和与不饱和之间差异的形式进行谱图收集，由此产生的差异谱（difference spectrum）主要由与蛋白质接触的配体的共振决定。对这些共振的质子位置进行核磁峰归属后，可以进一步映射到配体的结构上，以此描绘出配体的结合表位。

图 30.4 显示了一个探究复合型 *N*- 聚糖（**第 3 章**、**第 9 章**）与人类免疫缺陷病毒（human immunodeficiency virus，HIV）广泛中和抗体之间相互作用的示例。这些抗体与人类免疫缺陷病毒的表面聚糖发生特异性相互作用，能够有效地抑制病毒与靶细胞的结合。因此，研究人员对究竟是哪些聚糖被识别兴致盎然。抗体是大型的糖基化蛋白质，通常不适合采用依赖于同位素的方法进行核磁共振研究，但对饱和转移差异核磁共振方法是适用的。本例使用了 20 μmol/L 的蛋白质（Fab 片段）和 2 mmol/L 浓度的聚糖样品。通过叠加正常（参比）谱图和饱和转移差异核磁共振谱图，以显示出饱和配体共振，其中一些共振信号特异性来源于糖分支末端的 *N*-乙酰神经氨酸（Neu5Ac，Sia）残基。

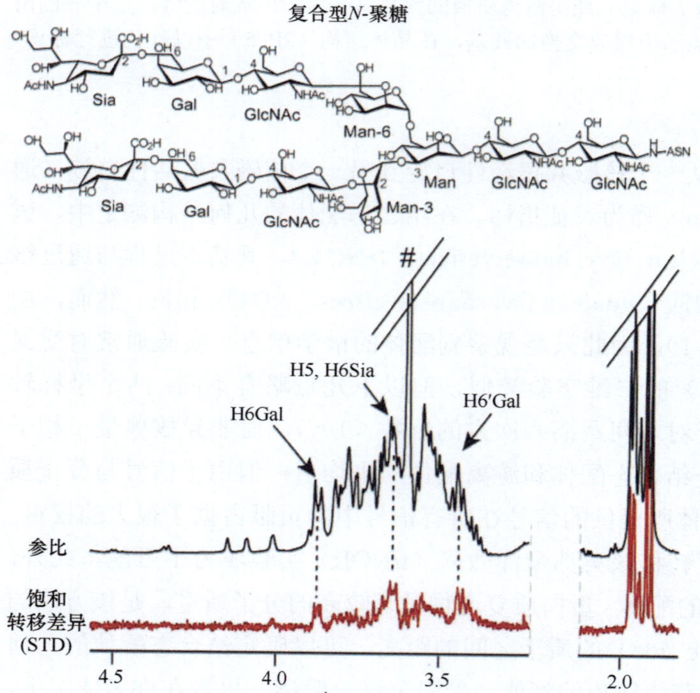

图 30.4 使用饱和转移差异核磁共振（STD NMR）信息，确定与 HIV-1 中和抗体 PG16 结合的复合型 *N*- 聚糖中的识别结合表位。 缩写：天冬酰胺（ASN）（经 John Wiley and Sons 许可重绘自 Bewley CA，Shahzad-ul-Hussan S. 2013. *Biopolymers* 99：796-806）。

如上所示，涉及长链多天线 *N*- 聚糖的饱和转移差异核磁共振的应用，往往受到位点的近化学等效性（near-chemical equivalence），以及天线结构各个分支的共振简并性（degeneracy of resonance）的阻碍。在这些情况下，将镧系元素结合标签共价连接到聚糖的还原端，已被证明切实可行。由**伪接触位移（pseudo-contact shift）**①产生的聚糖信号分散，可以让我们明白无误地确定结合表位（参见**延伸阅读**）。

尽管在标准的饱和转移差异核磁共振实验中，蛋白质中饱和度的迅速分散会抑制关于哪些蛋白质中的残基参与了结合过程的信息，但有一些方法可以寻回其中的部分信息。在**多频饱和转移差异核磁共振（multifrequency STD NMR）**图谱中，与**差异表位绘图饱和转移差异核磁共振（differential-epitope-mapping STD NMR，DEEP-STD NMR）**的情况一致，在没有聚糖

① 含有未配对电子的外加顺磁中心对原子核产生的化学位移，依赖于分子在磁场中的主要取向。通常在核磁共振中用于测定生物大分子间的相对位置以及补充核奥弗豪泽效应数据，以获得更准确的结构信息。

信号的谱图区域中使用两个非常不同的饱和频率，可以获得两张饱和转移差异核磁共振谱图，例如，一张在蛋白质质子谱图的芳香区，而另一张在谱图的脂肪区。在每张饱和转移差异核磁共振谱图中，与远离饱和蛋白质质子的那些质子相比，接近直接饱和（directly saturated）的蛋白质质子（如芳香族的质子）的配体上的质子，显示出饱和转移差异强度略微增加。沿着配体的结构分析和绘制这些差异，即所谓的**差异表位绘图（differential-epitope-mapping，DEEP）**，可以找回聚糖的哪些区域与结合口袋中不同类型的氨基酸之间发生相互作用的信息。如果口袋的几何形状已知，则可以阐明结合口袋中聚糖的朝向（orientation）或极性。

以上提供了用于蛋白质 - 聚糖相互作用研究的核磁共振实验的概述。还有许多其他的实验则是利用了额外的特性，如平动扩散常数（translational diffusion constant）的差异，以及与水分子之间的特定相互作用。其中许多实验已经作为筛选方法，应用于基于片段的药物发现程序之中。这些相关信息可在**延伸阅读**中获取。

30.4 冷冻电子显微术

随着直接电子检测器的发展，**冷冻电子显微术（cryo-electron microscopy）**已经成为获取生物大分子高分辨率结构信息的最强大技术之一。报告的分辨率可超过 2Å，许多分子细节在类似于天然的条件下得以揭示。该方法消除了对有序的三维晶体生长的需要，并且能够在相当低的样品浓度下运行。冷冻电子显微术可以为许多生物样品提供原子级别的洞察力，这些生物样品从可溶性蛋白质和膜整合蛋白质复合物到丝状聚合物乃至整体病毒一应俱全。

冷冻电子显微术可以大致分为两个主要方向：一个方向是处理单个（通常是纯化的）颗粒，即**单颗粒分析（single-particle analysis，SPA）**；另一个方向使用**断层扫描（tompgraphy）**方法来分析较大组装体中的物种，如体外组装的支架蛋白，甚至天然的细胞和组织。

对于单颗粒分析而言，样品通常在薄薄的、玻璃态的冰层中进行分析，其中颗粒的空间朝向完全随机。数据以影片的形式收集，以便校正光束所引起的漂移，然后评估出每张显微照片的**衬度传递函数（contrast transfer function）**；两者都是获得近原子分辨率所必需的。随后，通过计算从显微照片中提取单个颗粒进行分类，并最终在空间中的三个维度上进行对齐以重建分子结构。

例如，对于玻璃化细胞（vitrified cell）或病毒颗粒的低温电子断层扫描，需要获取一系列倾斜的图像，以获得三维重构所需的不同"标本视图"。这项技术仍面临着技术挑战，部分原因是可实现的倾斜角（tilt angle）受限。然而，它是成像各种组织、植物和真菌细胞壁，或微生物细胞包膜和荚膜上**糖萼（glycocalyx）**的强大工具。

冷冻电子显微术的一个主要优点是样品的微不均一性和（或）构象的灵活性并不妨碍分析工作。例如，为了获得糖基化蛋白质的良好衍射晶体，通常通过酶法去除构象上微不均一的聚糖以促进结晶。但对于冷冻电镜而言，这些预处理通常是不必要的，从而在翻译后修饰的情境下提供了蛋白质的分子细节。对完全糖基化的病毒包膜蛋白所进行的分析是令人叹为观止的实例，证明了低温电镜在研究蛋白质 - 碳水化合物相互作用方面的潜力（图 30.5）。其他例子包括与其聚合产物结合的多糖合成酶（polysaccharide-synthesizing enzyme），以及与脂

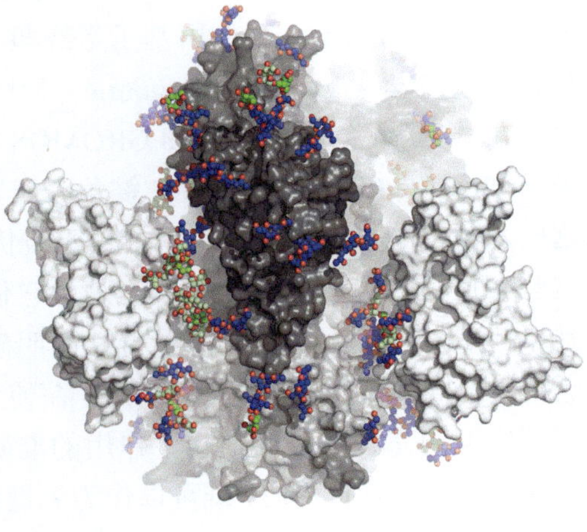

图 30.5 天然状态下完全糖基化的 HIV-1 包膜蛋白三聚体的冷冻电子显微术结构。蛋白质亚基以灰色表面表示，聚糖以球棍式表示（5FUU）。碳水化合物中，β- 吡喃甘露糖以绿色表示，α- 吡喃甘露糖以淡绿色表示，*N*- 乙酰葡萄糖胺以红色表示，α-L- 吡喃岩藻糖以品红色表示。括号内为蛋白质数据库（PDB）中的条目编号。

多糖底物相关的膜整合转运蛋白（integral membrane transporter）。

因此，我们可以期待，在未来几年，对于蛋白质糖基化和复杂碳水化合物相互作用的前所未有的结构学见解，将与生化、功能、光谱学和计算机模拟方法有机结合。

30.5 计算机建模

通过晶体学、核磁共振和冷冻电子显微术等实验方法获得的结构信息，对于了解蛋白质识别聚糖的分子相互作用的重要价值显而易见。然而，以研究相互作用为目标的体系，远远多于可以应用这些方法的实例。大多数的晶体结构要么包含小型配体，要么只对较大型配体的部分区域产生了有用的电子云密度。冷冻电子显微术所提供的结构在一定程度上也是如此。核磁共振方法虽然提供了有关结合配体几何结构的详细信息，但通常仅给出有关配体或蛋白质彼此密切接触部分的定性信息。这三种方法都需要投入更多的精力，特别是在制备用于研究的样品方面。对于目标聚糖进行结构分析的一个特殊问题是它们通常是复杂的分子，很难以高纯度形式，或以满足实验研究所需的数量进行制备。还有一些功能上重要的动态过程（例如，聚糖底物到产物的酶促转化和聚糖的运输），这些过程无法很好地以静态的、热力学稳定的结构进行表示。**计算方法（computational method）**可以将分析扩展到这些不易获得的结构研究区域。

30.5.1 计算方法

计算对我们理解聚糖特性的贡献由来已久，首先从影响差向异构体构型及糖苷扭转角等因素的基本认识开始。这些聚糖特异性的因素，如**端基差向异构效应（anomeric effect）**和**外端基差向异构效应（exo-anomeric effect）**，将在**第 2 章**、**第 3 章**和**第 50 章**中更为详尽地描述。在研究蛋白质与聚糖的相互作用时，情况将变得更加复杂，氢键、范德瓦耳斯力，以及聚糖和各种氨基酸之间的静电相互作用变得非常重要。对于非常有限的原子集，可使用高等**量子力学（quantum mechanic，QM）**方法来理解相互作用；但对于更大的系统，则使用基于半经验“力场”的其他方法，如**分子力学（molecular mechanic，MM）**和**分子动力学（molecular dynamic，MD）**模拟。

在 Amber、CHARMM 和 GROMOS 等软件包的分子力学和分子动力学模块中，所使用的经验**“力场”（force field）**，通常以键、键角、扭转角、范德瓦耳斯力和静电对分子能量的贡献来表示。所有代表这些术语中的每一项函数中的参数已被优化，以重现量子力学以及一些选定的热力学和谱学数据。最初，这些力场仅针对蛋白质而开发，因此它们不包括聚糖中发现的端基差向异构和外端基差向异构效应等贡献。随后，为代表聚糖的能量特性而明确设计的力场得以开发，以配合这些软件包一起使用（例如，广泛用于 Amber 的 GLYCAM 力场）。在使用这些软件包模拟分子相互作用时仍然存在着挑战，其中包括对溶剂模型的完善与对静电相互作用的准确表示。这些问题对富含丰富羟基的聚糖而言非常重要，因为这些羟基与水相互作用时，既可以作为氢键供体，也可以作为受体。一些聚糖（如糖胺聚糖）是高度带电的，同时具有与蛋白质中带正电荷的氨基酸及水有强烈相互作用的羧酸基团和硫酸基团。尽管早期的计算机模拟过程采用基于介电行为的**隐性溶剂模型（implicit solvent model）**进行，但最近计算能力的提高使得人们可以使用**显性溶剂模型（explicit solvent model）**进行模拟，如 TIP3P 和 TIP5P。

分子动力学模拟（MD）直接使用牛顿第二运动定律中的力场，它模拟所有原子的运动，此外还生成一组构象（conformation）和朝向（orientation），这些构象和朝向可以随着时间的推移达成模拟结果（用时范围在纳秒到毫秒，具体取决于系统的大小和计算平台的效率）。分子动力学的一个优点是可以模拟某些重要的运动特性，例如，通过蛋白质通道（channel）扩散的时间，或构象转变所需的时间。然而必须谨记，力场是用来表示构象表面接近能量最小值的分子，可能无法准确表示分隔不同构象状态的、较大能垒的高度，当然也不能表示化学反应中所发生的成键变化。

配体（在我们的例子中是聚糖）如何与蛋白质相互作用的实际表征，不仅涉及游离聚糖的构象能量特性（conformational energetics），还涉及参与结合位点氨基酸残基的构象能量特性，以及聚糖 - 蛋白质相互作用的能量特性。在某些情况下，关于蛋白质上结合位点的信息可能相对较少，因此表征实际上包括了对最佳结合位点的定位、对结合状态下配体最佳构象的搜寻，以及对蛋白质上参与结合的各部分最佳构象的确定。整个过程被称为将配体 **"对接"（docking）** 到蛋白质表面。大多数对接程序（如 AutoDock、AutoDock Vina 和 Glide），旨在使位点的初始搜索非常有效。为此，他们将该过程分为几个阶段，以 **刚体（rigid-body）** 对接步骤为起始，该步骤旨在确定配体的最佳对接位点和最佳的初始"姿态"。力场通常会被简化，或在网格上预先计算相互作用能量，以加快这一过程。刚体对接通常对许多类似药物的小分子很有效。另外，在许多情况下，蛋白质的晶体结构在结合位点具有天然配体，从而减轻了寻找结合口袋和优化侧链构象等问题。对于聚糖而言，情况更为复杂；配体通常是柔性的，并且通常缺乏在结合位点具有天然聚糖的蛋白质结构。

在分子对接中，目标不是在第一阶段生成唯一的结合态结构，而是生成数百个可以评分和排序的"姿态"，以便为后续步骤选择其中的子集。评分函数是可变的，但通常包括某种相互作用能量作为评分的一部分。随后的阶段通常会增加侧链的灵活性，并最终对"姿态"进行分子动力学模拟细化，该过程通常在显性水溶剂中进行。通过能量对"姿态"进行最终的评分或排序，即使以在分子动力学模拟程序中使用的力场进行计算，也很少会产生单一明确的结合结构，而且使用额外的实验信息对姿态进行筛选已经变得非常普遍，例如，这些实验信息可以来自饱和转移差异核磁共振实验所确定出的结合表位，或是那些在突变研究中已被确定为重要残基的相互作用信息。

目前，一些对接程序（如 HADDOCK）利用早期阶段的实验数据来指导初始姿态的选择，并保持对聚糖构象或特定配体 - 蛋白质接触的已知偏好性。下文将详细介绍对接过程，以及将量子力学模拟与分子动力学相结合的更高阶应用对了解聚糖 - 蛋白质相互作用的贡献。

30.5.2　硫酸乙酰肝素寡聚物的对接

硫酸乙酰肝素（HS）链最初作为葡萄糖醛酸（GlcA）和 *N*- 乙酰葡萄糖胺（GlcNAc）的重复二糖进行合成，随后通过硫酸化和一些葡萄糖醛酸残基差向异构化为艾杜糖醛酸（IdoA）进行修饰。硫酸乙酰肝素与许多生长因子、受体和趋化因子相互作用（**第 17 章、第 38 章**）。尽管人们对这些相互作用在细胞迁移和分化中的功能很感兴趣，但描述与大型硫酸乙酰肝素片段相互作用的实验结构相对较少。在硫酸乙酰肝素寡聚体存在的情况下，合适的晶体不易形成，这也是缺乏复合物结构的原因。另外，由于不同的硫酸化模式和不同的葡萄糖醛酸到艾杜糖醛酸的转化，很难获得大型寡聚物的均质试剂。

计算机建模（computational modeling） 为诸多复合物的结构解析提供了另一种途径。具有硫酸化和艾杜糖醛酸取代的、特定的糖链结构很容易生成。然而，在硫酸乙酰肝素链的灵活性与支配其能量特性的相互作用的离子特性等方面存在着一些挑战。硫酸乙酰肝素链中的糖苷角（glycosidic angle）是可变的，艾杜糖醛酸环已被确定包含了几种构象，包括椅式 $^{1}C_{4}$、斜船式（skew-boat）构象异构体和 $^{2}S_{0}$。此外，硫酸基团的方向是可变的，倾向于与硫酸基团发生相互作用的赖氨酸和精氨酸残基的侧链也是可变的。增强版的对接方法与分子动力学模拟两相结合，克服了其中的一些挑战。

白细胞共同抗原相关蛋白质（leukocyte common antigen-related protein，LAR）是一种 IIa 型受体蛋白酪氨酸磷酸酶（receptor protein tyrosine phosphatase，RPTP），对包括轴突生长和再生在内的生物过程中的信

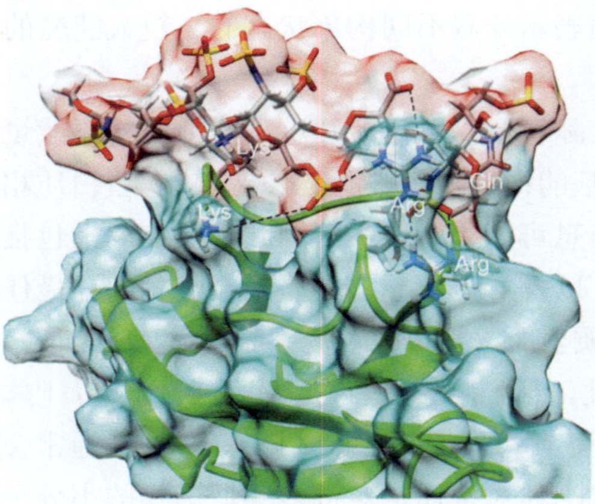

图 30.6 硫酸乙酰肝素（HS）五聚体与受体蛋白酪氨酸磷酸酶 LAR 的分子对接（2YD5）。括号内为蛋白质数据库（PDB）中的条目编号。氨基酸缩写：赖氨酸（Lys），精氨酸（Arg），谷氨酰胺（Gln）（对接结构参见 Gao N，et al. 2018. *Biochemistry* 57：2189-2199）。

号转导非常重要。包括硫酸乙酰肝素在内的糖胺聚糖链可作为配体，调控 LAR 信号转导。了解硫酸乙酰肝素的结合位点在哪里，以及哪些分子的相互作用驱动了结合的发生，是设计可以促进神经再生药物的重要步骤。图 30.6 显示了一个与 LAR 结合的、硫酸乙酰肝素五聚体的快照。该结构使用对接程序 HADDOCK 生成。它采用了几种类型的核磁共振数据（化学位移扰动、饱和转移差异和转移核奥弗豪泽效应）来指导用于对接的 20 个初始结构的选择。得分最高的结构，在显性水溶剂中使用 GLYCAM06 力场参数，对硫酸乙酰肝素片段进行了短时间（50 ns）的分子动力学模拟运行。该快照来自一个更长的模拟运行（1 μs），可在附录影片中观察模拟过程（见**附录 7**）。

研究所示的相互作用是许多糖胺聚糖 - 蛋白质相互作用的典型特征，因为硫酸乙酰肝素片段中的带电硫酸基团和羧酸基团能够与蛋白质结合位点的赖氨酸和精氨酸残基发生相互作用。这些相互作用通过与相邻基团的疏水相互作用和氢键相互作用（如与图 30.6 中的谷氨酰胺残基）而进一步得到稳定。与精氨酸的相互作用特别重要，除了静电相互作用的贡献外，通常还包括精氨酸侧链末端的 N-H 基团与硫酸基团的氧原子之间的双齿氢键（bidentate hydrogen bond）。在图中右下角可以看到一例，其中蛋白质 77 号位的精氨酸与硫酸乙酰肝素片段末端葡萄糖胺（GlcN）上的 *N-* 硫酸基团也发生了相互作用。

30.5.3 酶底物的对接

海量的酶参与了聚糖的合成和降解（人类中该数目逾 300 种）。它们的相对活性以及它们在细胞中的定位，对于这些过程的平衡状态至关重要，任何异变（alternation），包括基因突变，都可能导致人类疾病。病原体也依赖于类似的过程，了解这些机制有助于设计病原体酶的选择性抑制剂，这是分子对接可以发挥作用的另一个领域。聚糖 - 蛋白质复合物的结构研究，通常需要一个稳定的体系，而不是一个能够不断将底物转化为产物的体系。分子对接可以为这些反应体系提供实用的描述。

一个很好的例子涉及糖基转移酶——β- 半乳糖苷 α2-6 唾液酰基转移酶 1（β-galactoside α2-6 sialyltransferase 1，ST6Gal1）。该酶将 *N-* 乙酰神经氨酸（Neu5Ac）从其核苷酸糖供体——胞苷一磷酸 -*N-* 乙酰神经氨酸（CMP-Neu5Ac）转移到以半乳糖 -β1-4-*N-* 乙酰葡萄糖胺（Galβ1-4GlcNAc）为末端的受体上，实现唾液酸（通常是 Neu5Ac）向 *N-* 聚糖半乳糖末端分支的添加（**第 6 章**）。对人类和大鼠的 ST6Gal1 的晶体结构的解析，为构建一个至少同时具有供体和受体的前过渡态复合物（pretransition complex）的模型提供了可能。这里所讨论的研究，以既不包含供体也不包含受体（PDB 条目 4MPS）的大鼠酶的晶体结构为起点。基于 CstII 蛋白（PDB 条目 1RO7）晶体结构中的非活性供体类似物，胞苷一磷酸 -*N-* 乙酰神经氨酸（CMP-Neu5Ac）被模拟到活性位点上，CstII 蛋白与大鼠中该酶的整体序列同一性小于 20%，但在包含供体的活性位点部分的一致性则要高得多。研究人员使用 GLYCAM WebTool 生成了最小受体 Galβ1-4GlcNAc 的初始结构，但在对接过程中允许糖苷键和羟基的旋转。对接使用 AutoDock Vina 程序进行。与前述例子一致，在显性水中额外的分子动力学模拟步骤，被用于细化排名靠前的对接结构，其中包含了蛋白质、供体和受体。然后将来自 Amber12 的 MM/GBSA 程序应用于 100 纳秒的分子动力学模拟运行，产生出相互作用的能量。

尽管供体和靠近供体的氨基酸残基，在建模中的位置与在其他转移酶中所见的位置非常相似，但对接 / 分子动力学程序却为可能的受体位置及其相互作用提供了独特的视角。将受体固定在适当位置的大部分相互作用的能量，来自与半乳糖环的相互作用。半乳糖环所处的位置极佳，可以对核苷酸活化的 *N*- 乙酰神经氨酸的异头碳进行亲核攻击。这种能量来自 366 号位的酪氨酸（Tyr-366）与吡喃糖环非极性面的疏水堆积，以及蛋白质 271 号位的天冬氨酸（Asp-271）、230 号位的天冬酰胺（Asn-230）、367 号位的组氨酸（His-367）和 232 号位的谷氨酰胺（Gln-232）与半乳糖的 O2、O3、O4 和 O6 羟基之间的氢键网络。*N*- 乙酰葡萄糖胺（GlcNAc）的位置变化更大，但确实对结合能有所贡献。图 30.7 中描述了蛋白质、供体和受体之间的位置及相互作用。

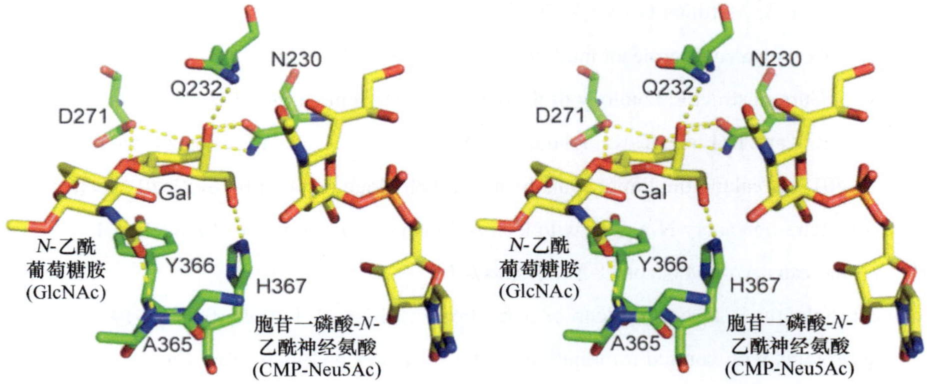

图 30.7 β- 半乳糖苷 α2-6 唾液酰基转移酶 1（ST6Gal1）活性位点中供体胞苷一磷酸 -*N*- 乙酰神经氨酸（CMP-Neu5Ac）、受体糖链（GlcNAcβ1-4Gal）和蛋白质残基间相互作用的立体视图（经许可重绘自 Meng L，et al. 2013. *J Biol Chem* 288：34680-34698）。

30.6 未来展望

就方法学和有待解答的问题而言，结构生物学是一个不断发展的科学领域。这里讨论的主要方法都在不断发展之中：使用新的 X 射线源（如 X 射线激光器）的晶体学方法，实现了在室温和飞秒时间尺度下分析微晶体，从而消除了温度和光束引起的假象。冷冻电子显微术的单颗粒方法的分辨率，正在向曾经仅限于 X 射线晶体学的分辨率接近。单颗粒和断层扫描电子显微镜方法，在电子显微镜基础设施、样品制备和数据采集等方面继续快速发展。研究人员开发了多种用户友好的管线数据处理包（pipeline data processing package），使这项技术对越来越多的科学受众产生了吸引力。**超极化（hyperpolarization）**方法正在减少核磁共振的灵敏度限制，而固态核磁共振方法则能够应用于无定形材料，包括纤丝（fibril）、细胞壁结构和膜碎片。计算机技术的进步使得对更大的系统和时间尺度进行模拟成为可能。与此同时，结构目标正在从单个蛋白质和蛋白质 - 聚糖复合物的详细表征，转变为协同引发功能反应的大规模组装体。这一研究对于提高对生物系统中聚糖功能的认识而言极具前景，充满希望。

致谢

感谢芭芭拉·穆洛伊（Barbara Mulloy）、狄龙·陈（Dillon Chen）和肖恩·斯托威尔（Sean Stowell）的有益评论及建议。

延伸阅读

Bewley CA, Shahzad-ul-Hussan S. 2013. Characterizing carbohydrate-protein interactions by nuclear magnetic resonance spectroscopy. *Biopolymers* **99**: 796-806.

Grant OC, Woods RJ. 2014. Recent advances in employing molecular modelling to determine the specificity of glycan-binding proteins. *Curr Opin Struct Biol* **28**: 47-55.

Pérez S, Tvaroska I. 2014. Carbohydrate-protein interactions: molecular modeling insights. In *Advances in carbohydrate chemistry and biochemistry* (ed. Baker DA, Horton D, editors.), Vol. 71, pp. 9-136. Elsevier, Amsterdam.

Bartesaghi A, Merk A, Banerjee S, Matthies D, Wu X, Milne JLS, Subramaniam S. 2015. 2.2 Å resolution cryo-EM structure of β-galactosidase in complex with a cell-permeant inhibitor. *Science* **348**: 1147-1151.

Pomin VH, Mulloy B. 2015. Current structural biology of the heparin interactome. *Curr Opin Struct Biol* **34**: 17-25.

Canales A, Boos I, Perkams L, Karst L, Luber T, Karagiannis T, Domínguez G, Cañada FJ, Pérez-Castells J, Häusinger D, Unverzagt C, Jiménez-Barbero J. 2017. Breaking the limits in analyzing carbohydrate recognition by NMR spectroscopy: resolving branch-selective interaction of a tetra-antennary N-glycan with lectins. *Angew Chem Int Ed* **56**: 14987-14991.

Glaeser RM. 2017. How good can cryo-EM become? *Nat Methods* **13**: 28-32.

Bonnardel F, Mariethoz J, Salentin S, Robin X, Schroeder M, Pérez S, Lisacek F, Imberty A. 2019. UniLectin3D, a database of carbohydrate binding proteins with curated information on 3D structures and interacting ligands. *Nucleic Acid Res* **47**: D1236-D1244.

第 31 章

R 型凝集素

理查德 · D. 卡明斯（Richard D. Cummings），罗纳德 · L. 施纳尔（Ronald L. Schnaar），大关泰裕（Yasuhiro Ozeki）

31.1 历史背景 / 405
31.2 植物中的 R 型凝集素 / 406
31.3 真菌、原生动物和动物中的 R 型凝集素 / 411
31.4 微生物的 R 型凝集素 / 414
31.5 展望 / 415
致谢 / 415
延伸阅读 / 416

R 型凝集素超家族的特征，是具有最初在植物毒素蓖麻毒素（ricin）的多肽中报道的**碳水化合物识别域（carbohydrate-recognition domain，CRD）**。蓖麻毒素是第一种被发现的凝集素，R 型凝集素因此而得名。通过进化，R 型凝集素结构域产生了多种形式的蛋白质，一些蛋白质仅包含该结构域，而另一些则包含了额外的功能结构域（如酶或毒素）。我们将根据结构 - 功能的关系，从分子修补和拼贴（bricolage）的角度讨论这个超家族的多样性。

31.1 历史背景

1888 年，多尔帕特大学（University of Dorpat），[现爱沙尼亚塔尔图大学（University of Tartu）] 的彼得 · 赫尔曼 · 斯蒂尔马克（Peter Hermann Stillmark）从**蓖麻（*Ricinus communis*）**种子中提取的蛋白质中含有一种能够凝集红细胞的因子，这些种子被称为蓖麻豆（castor bean），而该因子则被斯蒂尔马克称为蓖麻毒素。蓖麻毒素（ricin）作为一种毒素已经广为人知，但直到 20 世纪中叶，研究人员才对它的碳水化合物结合特异性进行了详细的分析，当时它被归类为一种凝集素。在发现蓖麻毒素大约一个世纪后，结构分析表明，蓖麻毒素的碳水化合物识别域具有 **β- 三叶（β-trefoil）**折叠，每个子结构域（subdomain）都有一个共同的谷氨酰胺 -x- 色氨酸（Q-x-W，x 为任意氨基酸）基序。该结构域取蓖麻毒素英文名的首字母，被定义为 **R 型凝集素（R-type lectin）**；在**碳水化合物活性酶数据库（Carbohydrate-Active Enzymes，CAZy）**中，该类型也被归类为**碳水化合物结合模件（carbohydrate-binding module，CBM）**13 超家族（CBM13 superfamily）（**第 6 章**）。这些凝集素作为聚糖结合蛋白（GBP），广泛存在于所有三个生物域（及感染它们的病毒）之中，包括了各种酶和毒素（**图 31.1**）。

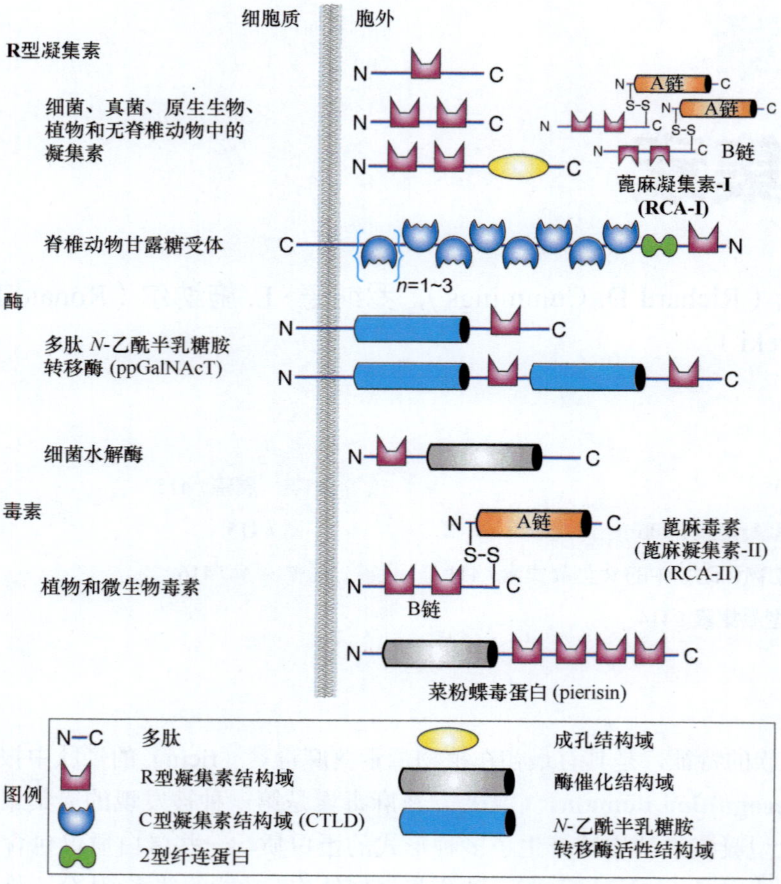

图 31.1　R 型凝集素超家族。超家族中的不同组别，以所示结构域的特殊结构为特征。

31.2　植物中的 R 型凝集素

31.2.1　蓖麻毒素的一般性质

蓖麻原产于非洲和印度，几千年来一直被许多文化群体用于各种医疗和工业用途。可以从蓖麻种子中纯化出两种凝集素，最初称为**蓖麻凝集素 -I（RCA-I）**和**蓖麻凝集素 -II（RCA-II）**。RCA-I（约 120 kDa）是一种血凝素（hemagglutinin），其毒性非常弱。RCA-II（约 60 kDa）更为人所知的名称是蓖麻毒素，是一种凝集素（agglutinin）和强效毒素。蓖麻毒素很容易从蓖麻豆中提取，并且对于人体的致死量极低。

植物蓖麻将 RCA-II（蓖麻毒素；图 31.2）合成为一个包含了 576 个氨基酸（amino acid，aa）残基的前多肽原（prepropolypeptide），其中包括分泌信号肽（残基 1 ～ 35）、A 链（残基 36 ～ 302）、12 个氨基酸的连接区（残基 303 ～ 314）和 B 链（残基 315 ～ 576）。A 链毒素是一种 *N*- 糖苷水解酶（*N*-glycoside hydrolase）（EC 3.2.2.22）[①]，可使 60S 核糖体失活。B 链凝集素结构域能够与半乳糖（Gal）和 β- 半

① 国际生物化学与分子生物学联盟（IUBMB）指定酶学委员会（Enzyme Commission，EC）为酶所制作的一套编号分类法，以每种酶所催化的化学反应为分类基础，亦称为酶学委员会命名法，下文中蛋白质（PDB）数据库（4 位数字字母组合）或 UniProt 数据库的条目编号不作另行说明，在括号中进行表示。

乳糖苷结合。氨基末端的信号序列，将多肽原（propolypeptide）带到内质网，完成信号肽的切除和多肽的糖基化。A 链通过半胱氨酸残基 294 和 318（游离 B 链中的 Cys4）之间的二硫键与 B 链相连，形成 4 个链内二硫键。在糖基化后，蓖麻毒素被运输到蓖麻中的蛋白质储存体，通过内肽酶（endopeptidase）去除连接肽，生成成熟的蓖麻毒蛋白。

蓖麻凝集素 -I（RCA-I）是由两个非共价结合的、蓖麻毒素样（ricin-like）异源二聚体组成的四聚体。每个异源二聚体都包含一条 A 链，通过二硫键连接到一条能够与半乳糖结合的 B 链上。蓖麻凝集素 -I 和蓖麻凝集素 -II 的 A 链序列中有 18 个残基不同，相似度为 93%；而 B 链序列的 262 个残基中有 41 个不同，相似度为 84%。这些亚基都是 *N*- 糖基化的，通常表现为寡甘露糖型（oligomannose）*N*- 聚糖。与蓖麻毒素具有高度同源性的其他几种凝集素也由蓖麻的基因组编码，其中一些被称为蓖麻毒素 -A、蓖麻毒素 -B、蓖麻毒素 -C、蓖麻毒素 -D（即蓖麻凝集素 -II）和蓖麻毒素 -E。

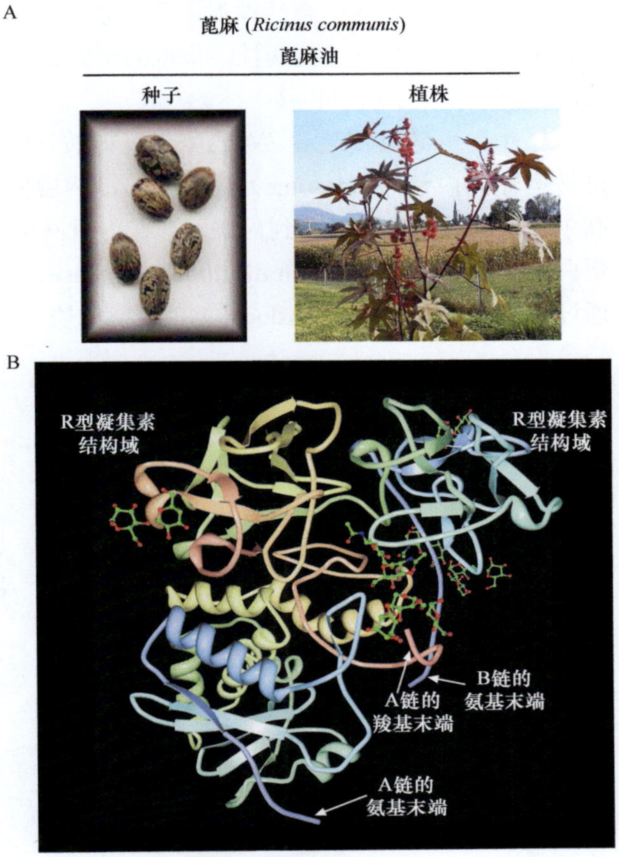

图 31.2 蓖麻毒素的结构。A. 蓖麻（*Ricinus communis*）（种子和植株）。B. 蓖麻毒素，即蓖麻凝集素 -II（RCA-II）的晶体结构；分辨率为 2.5Å。[B. Rutenber E，et al. 1991. *Proteins* 10：240-250. 图像引自蛋白质数据库（PDB）2AAI]。

31.2.2 蓖麻毒素的碳水化合物结合特异性

RCA-I（凝集素）和 RCA-II（蓖麻毒素）的 B 链在多肽中包含两个碳水化合物识别域。RCA-I 优先结合末端 β- 连接的半乳糖（Gal），而 RCA-II 优先结合末端 β- 连接的半乳糖或 *N*- 乙酰半乳糖胺（GalNAc）。通常可以对基于半乳糖的亲和树脂进行差异性洗脱，从而纯化和分离这些凝集素；可以用 *N*- 乙酰半乳糖胺首先洗脱 RCA-II，随后用半乳糖对 RCA-I 进行洗脱。这些凝集素对单糖的结合亲和力非常低（K_d 为 10^{-3} ～ 10^{-4} mol/L），但对细胞的亲和力却非常高（10^{-7} ～ 10^{-8} mol/L）。这种亲和力的差别是因为这些凝集素具有**多价性（multivalency）**，以及它们会对具有非还原端 Galβ1-4GlcNAc-R，即 **2 型 *N*- 乙酰乳糖胺（Type-2 LacNAc）**序列的多种表面聚糖产生增强的结合力。这两种凝集素还可以与具有 GalNAcβ1-4GlcNAc-R 即**二 -*N*- 乙酰基乳糖胺（LacdiNAc）**结构的糖强烈结合，而与异构体 Galβ1-3GlcNAc-R 即 **1 型 *N*- 乙酰乳糖胺（Type-1 LacNAc）**的结合却很弱。两种凝集素均无法与具有非还原端 α- 连接的半乳糖残基的糖复合物发生明显的结合。

31.2.3 蓖麻毒素的毒性

蓖麻毒素有剧毒，摄入后影响非常严重，会在 2 ～ 24 h 的潜伏期后出现症状，半致死量（LD_{50}）极低（3 ～ 5 μg/kg 体重）。蓖麻毒素被归类为 II 型核糖体失活蛋白（type II ribosome-inactivating protein，RIP-II）。RCA-I（凝集素）的毒性低于蓖麻毒素，因为其 A 链的酶活性较弱。I 型核糖体失活蛋白（type I ribosome-inactivating protein，RIP-I）缺乏带有 R 型凝集素结构域的 B 链，其毒性远低于蓖麻毒素，因为 B 链的碳水化合物结合活性促进了毒素进入靶标细胞。在各类植物组织中表达的 I 型核糖体失活蛋白（RIP-I），会影响植株的抗病性。最近的研究证明了 RIP-I 基因在以此类植物为食的粉虱（昆虫纲半翅目）的基因组中发生了横向转移。

与含有 β- 连接半乳糖 /*N*- 乙酰半乳糖胺（Gal/GalNAc）的细胞表面上的聚糖发生结合的蓖麻毒素，可被运输到内体（endosome）（**图 31.3**），然后依次通过**反面高尔基网（*trans*-Golgi network，TGN）**和高尔基体，逆向运输迁移到内质网。在内质网中，A 链和 B 链在二硫键还原后发生分离，该过程可能在蛋白质二硫异构酶（protein disulfide isomerase）的催化下进行。游离 A 链的一部分可能在内质网中变性，通过 Sec61 易位蛋白（translocon）的**逆向易位（retrotranslocation）**而逃逸进入细胞质。

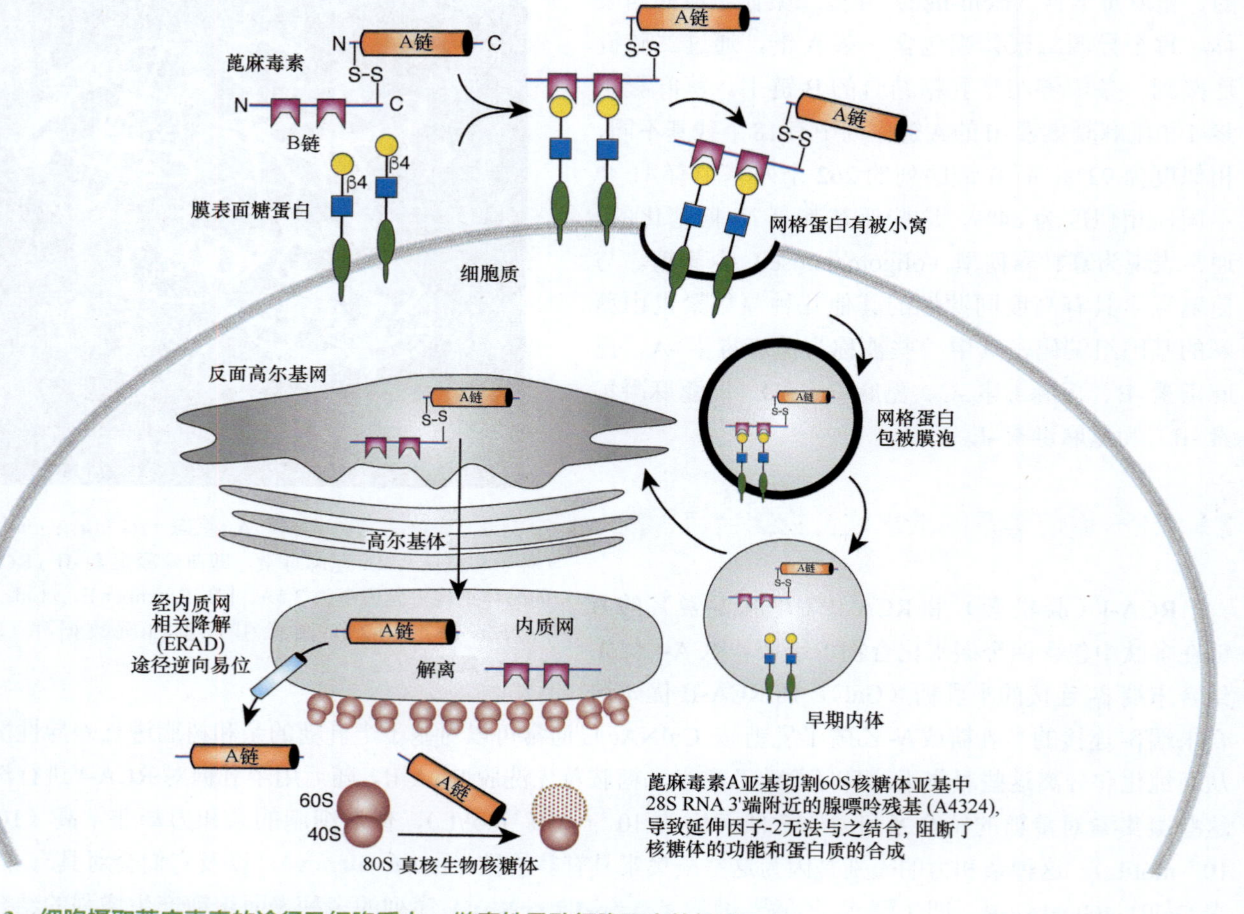

图 31.3 细胞摄取蓖麻毒素的途径及细胞质中 A 链毒性导致细胞死亡的机理。

细胞质中只要有几个分子的蓖麻毒素 A 链，就足以杀死细胞。A 链的催化亚基是一种核糖体 RNA *N*-糖基化酶（rRNA *N*-glycosylase），具有 8 个 α 螺旋（α-helix）和 8 个 β 折叠链（β-strand），它能在真核生物 60S 核糖体亚基上的 28S RNA 暴露出的 GAGA 四环肽链（tetraloop）中，切割一个嘌呤碱基（腺嘌呤 4324）。碱基的缺失导致该亚基丧失了与延伸因子 -2（elongation factor-2）结合的能力，核糖体因此无法进行蛋白质合成，从而导致细胞的死亡。

31.2.4 R 型凝集素结构域的序列

RCA-I 和 RCA-II 的序列分析表明，它们的 B 链在多肽中包含了两个相似的特征区域，属于**串联重复型**

R 型凝集素（tandem-repeat R-type lectin）。每个结构域的长度约为 120 个氨基酸，由 40 个残基的子结构域（subdomain）进行三次串联重复。每个子结构域包含一个谷氨酰胺 -x- 色氨酸基序（Q-x-W，x 代表任何氨基酸）。这种串联重复也存在于来自不同门类植物的其他毒素中，显然是植物凝集素的共同特征。20 世纪 90 年代后期，研究人员在来自非植物生物的凝集素中也发现了类似的序列，这表明类似蓖麻毒素 B 的模式（pattern）是普遍存在的。21 世纪初，这些凝集素被归类为 R 型凝集素超家族，而该超家族现在可分类为单结构域（single domain）（Pfam：PF14200）或串联重复结构域（tandem-repeat domain）（Pfam：PF00652）[①]。

31.2.5　β- 三叶折叠

对蓖麻毒素的晶体结构分析（**图 31.2**）表明，B 链（PDB 2AAI）呈杠铃状，两个串联的 R 型碳水化合物识别域位于两端，相距约 35Å。R 型凝集素有一个被称为 **β- 三叶折叠（β-trefoil fold）** 的结构（来自拉丁文“trifolium”，意为“三片叶子”，如在三叶草中所见）（**图 31.4**）。β- 三叶折叠可能由编码具有 40

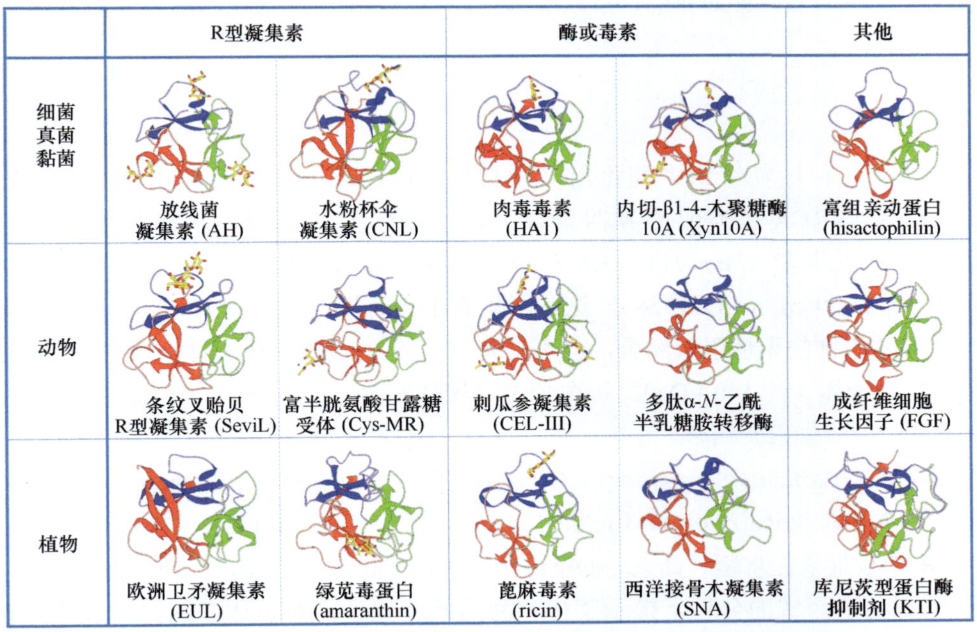

图 31.4　各种蛋白质中 R 型凝集素结构域的 β- 三叶折叠结构。（顶部）来自细菌、真菌和黏菌的结构：放线菌中的放线菌凝集素（actinohivin，AH）（4DEN）、针叶林蘑菇**水粉杯伞（*Clitocybe nebularis*）**中具有杀线虫作用的水粉杯伞凝集素（CNL）（3NBE）、**肉毒杆菌（*Clostridium botulinum*）**中的肉毒毒素（HA1）（3AH2）、**变铅青链霉菌（*Streptomyces lividans*）**中的内切 -β1-4- 木聚糖酶 10A（endo-β1-4-xylanase 10A，Xyn10A）（1ISX）和一种能够与肌动蛋白结合的富组亲动蛋白（hisactophilin）（1HCE）。（中部）来自动物的结构：能够与神经节苷脂结合的**条纹叉贻贝（*Mytilisepta virgata*）** R 型凝集素（SeviL）（6LF2）、小鼠中的富含半胱氨酸的甘露糖受体（Cys-MR）（1DQO）、海参中的刺瓜参凝集素（*Cucumaria echinata* lectin，CEL-III）（2Z48）、淡水蜗牛**光滑双脐螺（*Biomphalaria glabrata*）**中的多肽 α-*N*- 乙酰半乳糖胺转移酶（ppGalNAcT；S5S833）和人类中的成纤维细胞生长因子（FGF）（2AXM）。（底部）来自植物的结构：**欧洲卫矛（*Euonymus europaeus*）**中的欧洲卫矛凝集素（EUL）（B3SV73）、苋菜种子中的 TF 抗原（Thomsen-Friedenreich antigen，TF antigen）结合凝集素——绿苋毒蛋白（amaranthin）（1JLX）、蓖麻毒素 B 链结构域 1（2AAI）、与 2-6 连接的唾液酸聚糖结合的**西洋接骨木（*Sambucus nigra*）**凝集素（SNA）（Q41358）和库尼茨型蛋白酶抑制剂（KTI）（4IHZ）。蓝色、绿色和红色丝带分别表示多肽中的 α（氨基末端侧）、β 和 γ（羧基末端侧）子结构域。括号内为蛋白质数据库（PDB）（4 位数字字母组合）或 UniProt 数据库（6 位数字字母组合）中的条目编号。

---

① 蛋白质家族（Protein family，Pfam）数据库。该数据库会利用隐马尔可夫模型（HMM）进行多重序列比对以及添加蛋白注释，已经于 2023 年 1 月失效并重定向至 InterPro 数据库（https://ebi.ac.uk/interpro/）。

个残基的子结构域的祖先基因的三倍体所产生。三个子结构域分别被称为α、β和γ，每个子结构域由12个β-折叠链和围绕中心轴排列的**环肽链（loop）**组成，使得蛋白质具有内部的假旋转对称性（pseudorotation symmetry）。β-三叶折叠结构由蓖麻毒素B链和普通R型凝集素的每个子结构域中的特征谷氨酰胺-x-色氨酸基序（Q-x-W）加以维持。超过10%的凝集素使用这种折叠对聚糖进行识别（**第30章**）。

考虑到由可变环肽链（variable loop）和短β-桶（β-barrel）组成的结构具有保守性，加之由环肽链连接的β-折叠链具有较低的序列同源性，β-三叶蛋白具有能够与多种碳水化合物灵活结合的能力就不足为奇了。根据生物学功能，研究人员将β-三叶蛋白分为几组，包括凝集素、碱性成纤维细胞生长因子（fibroblast growth factor，FGF）（PDB 2AXM）（**第38章**）、白细胞介素-1（interleukin-1）（PDB 1ILT）、库尼茨（Kunitz）型蛋白酶抑制剂（PDB 4IHZ）①和负责交联肌动蛋白（actin）的富组亲动蛋白（hisactophilin）（PDB 1HCE），尽管它们没有谷氨酰胺-x-色氨酸（Q-x-W）基序。

每个子结构域上都可以有一个碳水化合物结合位点。然而，在大多数R型凝集素中，只有一个或两个子结构域与碳水化合物配体结合。RCA-I和RCA-II的碳水化合物结合能力源自芳香族氨基酸与半乳糖/*N*-乙酰半乳糖胺残基的堆积（stacking），以及碳水化合物配体的羟基与氨基酸之间的氢键结合。

31.2.6 植物中多样化的R型凝集素

研究人员已经从各种植物组织中纯化出多种具有不同构型的R型凝集素，包括II型核糖体失活蛋白（RIP-II），以及与RCA-II类似的异四聚体。从**接骨木属（*Sambucus*）**树皮中分离的无毒凝集素，包括无梗接骨木凝集素（*Sambucus sieboldiana* agglutinin，SSA）和西洋接骨木凝集素（*Sambucus nigra* agglutinin，SNA）（UniProt Q41358）。这些凝集素十分有用，因为它们是罕见的R型凝集素，能够与α2-6连接的唾液酸修饰的聚糖强效结合，但不与α2-3连接的唾液酸化配体结合。两者都是由两个异源二聚体组成的异源四聚体（约140 kDa），每个异源二聚体都含有一条A链（类似于蓖麻毒素A链），通过二硫键与B链（R型凝集素）结合。

基于在**欧洲卫矛（*Euonymus europaeus*）**中发现的能够与甘露糖和半乳糖结合的β-三叶折叠组——水稻中的卫矛相关凝集素（rice *Euonymus*-related lectin，EUL）（UniProt B3SV73）的基因组生物信息学，研究人员发现，R型凝集素在**水稻（*Oryza sativa*）**根部和芽部的表达会随着环境条件的变化而发生上调。对水稻EUL基因启动子区域的分析，揭示了多种胁迫响应元件。对表达谱的分析表明，该基因受到各种类型胁迫（干旱、渗透、激素）的调控。因此，β-三叶折叠凝集素被证明参与了植物的胁迫信号传递和防御。

具有R型凝集素或β-三叶折叠结构域的植物蛋白，其分子结构千差万别。**尾穗苋（*Amaranthus caudatus*）**是一种古老的南美农作物，具有很高的营养价值。绿苋毒蛋白（amaranthin，*Amaranthus caudatus* agglutinin，ACA）（PDB 1JLX）从苋菜种子中纯化而来，是一种同源二聚体凝集素（分子质量66 000 Da），由两个相同的串联重复β-三叶折叠结构域组成。该凝集素的一级结构，与蓖麻毒素B链的一级结构有20%的相似性。绿苋毒蛋白特异性识别**TF抗原/T抗原（Thomsen-Fredenreich antigen，TF/T antigen）**（Galβ1-3GalNAcα1-）和**唾液酸化T抗原（sialyl-T antigen）**（Siaα2-3Galβ1-3GalNAcα1-）。T抗原二糖的一个*N*-乙酰半乳糖胺（GalNAc）残基，能够被β子结构域和γ子结构域捕获，因此，绿苋毒蛋白与寡糖结合的机制不同于蓖麻毒素B链和碱性成纤维细胞生长因子（PDB 2AXM）的结合机制，后二者的二糖仅能够被单个子结构域捕获。

---

① 为丝氨酸蛋白酶抑制剂（serine protease inhibitor，SPI）家族的一个亚类。

对植物基因组的系统发育调查显示，许多家族的多肽中都有类似绿苋毒蛋白的 R 型凝集素结构域序列。这些序列或者仅由单独的凝集素结构域组成，即**原型 R 型凝集素（prototype R-type lectin）**，并且包括**串联重复型 R 型凝集素（tandem repeat R-type lectin）**；或者由凝集素与各种功能结构域组合而成，即**嵌合体型 R 型凝集素（chimera-type R-type lectin）**。植物通过将 R 型凝集素结构域与功能性结构域进行结合来使用 R 型凝集素结合域，例如，可形成孔隙的细菌毒素——气单胞菌溶素（aerolysin），就是一种功能性结构域。编码类似于绿苋毒蛋白的 R 型凝集素结构域的串联重复型和嵌合型基因，在许多组织以及不同的发育阶段表达，这表明 R 型凝集素能够对各种外部环境刺激作出响应。

31.3 真菌、原生动物和动物中的 R 型凝集素

31.3.1 一般属性

R 型凝集素存在于真菌、原生生物、无脊椎动物和脊椎动物中。几乎所有的 R 型凝集素中都具有相同的谷氨酰胺 -x- 色氨酸（Q-x-W）序列，并与半乳糖、*N*- 乙酰半乳糖胺和甘露糖结合。有些 R 型凝集素是简单的 β- 三叶亚基的二聚体或寡聚体形式（原型 R 型凝集素）；其他的则是串联重复 R 型凝集素，在多肽链中具有两个碳水化合物识别域。嵌合体型 R 型凝集素具有与 R 型凝集素相关的功能域（酶、毒素），类似于植物和细菌中的功能域。

31.3.2 真菌的 R 型凝集素

研究人员在真菌中已经发现了多种形式的 R 型凝集素（**第 23 章**）。有些仅由 β- 三叶亚基组成。来自针叶林地的蘑菇**水粉杯伞（*Clitocybe nebularis*）**的原型 R 型凝集素二聚体——水粉杯伞凝集素（*Clitocybe nebularis* lectin，CNL）（PDB 3NBE），通过与线虫中表达的 GalNAcβ1-4GlcNAc 聚糖相结合而发挥杀线虫活性。CNL 和另一种来自**美味牛肝菌（*Boletus edulis*）**的原型 R 型凝集素——美味牛肝菌凝集素（*Boletus edulis* lectin，BEL）（PDB 4I4X），能够与 T 抗原结合，抑制体外培养的哺乳动物肿瘤细胞的生长。

真菌中的嵌合体型 R 型凝集素包括：多酚氧化酶 3（polyphenol oxidase 3，PPO3）（PDB 2Y9W）中与酪氨酸酶结构域（tyrosinase-domain）相连的 R 型凝集素结构域；来自真菌**硬柄小皮伞（*Marasmius oreades*）**的硬柄小皮伞凝集素（*Marasmius oreades* agglutinin，MOA）（PDB 2IHO）中与多肽 *N*- 聚糖酶样结构域（peptide *N*-glycanase-like domain）相连的 R 型凝集素结构域；来自多孔菌**朱红硫磺菌（*Laetiporus sulphureus*）**的朱红硫磺菌凝集素（*Laetiporus sulphureus* lectin，LSL）（PDB 1W3A）中与气单胞菌溶素样结构域（aerolysin-like domain）相连的 R 型凝集素结构域。朱红硫磺菌凝集素（LSL）具有 β- 三叶折叠，但没有谷氨酰胺 -x- 色氨酸（Q-x-W）基序。

31.3.3 原生生物的 R 型凝集素

对原生生物中 R 型凝集素的研究仍处于早期阶段。最近在厌氧寄生虫**痢疾阿米巴（*Entamoeba histolytica*）**（**第 43 章**）中，发现了一种与半乳糖 /*N*- 乙酰半乳糖胺（Gal/GalNAc）结合的原型 R 型凝集素（PDB 6IFB），由两个 β- 三叶亚基组成。在每个亚基中，α 子结构域和 β 子结构域分别用于捕获通过二硫键连接的碳水化合物和亚基。

31.3.4 无脊椎动物的 R 型凝集素

原型 R 型凝集素和串联重复 R 型凝集素仅由 β- 三叶结构域组成，已在各种无脊椎动物群中被鉴定出来，包括海绵（海绵动物门 Porifera）、蚯蚓（环节动物门 Annelida），[如蚯蚓 29 kDa 凝集素（earthworm 29 kDa lectin，EW29）(PDB 2ZQN)]、双壳类（软体动物门 Mollusca）(UniProt A0A646QVV9）和腕足类动物（腕足动物门 Brachiopoda）(UniProt A0A646QV64）。在贻贝中，**条纹叉贻贝**（*Mytilisepta virgata*）R 型凝集素（SeviL）(PDB 6LF2）与三糖 Galβ1-3GalNAcβ1-4Gal 结合，该聚糖结构是神经节苷脂 GM1b（Siaα2-3Galβ1-3GalNAcβ1-4Galβ1-4Glcβ1-1Cer）和 GA1（Galβ1-3GalNAcβ1-4Galβ1-4Glcβ1-1Cer）的组成部分。GM1b 是**吉兰 - 巴雷综合征（Guillain-Barré syndrome，急性炎症性脱髓鞘性多发性神经病）**的靶标抗原（**第 11 章**），由**弯曲杆菌**（*Campylobacter*）感染引起，因为一些细菌脂多糖的结构模拟了神经节苷脂的结构（**第 20 章**）。原型 R 型凝集素和神经节苷脂的相互作用，通过激活促分裂原活化的蛋白质激酶（MAPK），诱导对哺乳动物肿瘤细胞的细胞毒性。另一个贻贝凝集素（mussel lectin）家族也具有 β- 三叶折叠，但没有谷氨酰胺 -x- 色氨酸（Q-x-W）基序。典型蛋白包括地中海贻贝凝集素（*Mytilus galloprovincialis* lectin，MytiLec）(PDB 3WMV）和重贻贝凝集素（*Crenomytilus grayanus* lectin，CGL）(PDB 5F90）。与志贺毒素（Shiga toxin）类似（**第 37 章**），这些凝集素在 β- 三叶折叠内的三个碳水化合物结合口袋中捕获了三个 Gb3 上的聚糖（Galα1-4Galβ1-4Glc），从而诱导了信号转导。

嵌合体型 R 型凝集素，与无脊椎动物中的各种功能域相连。来自**东方菜粉蝶**（*Pieris canidia*）（节肢动物门，鳞翅目）幼虫中的菜粉蝶毒蛋白（pierisin），在腺苷二磷酸 - 核糖基转移酶结构域（ADP-ribosyltransferase domain）(UniProt Q9U8Q4）的羧基末端表达 R 型凝集素结构域，可诱导癌细胞的凋亡。研究人员发现，该凝集素结构域能够与癌细胞上的 Gb3 和 Gb4（GalNAcβ1-3Galα1-4Galβ1-4Glc）鞘糖脂中的聚糖配体结合，分别被称为 **P^k 抗原（P^k antigen）**和 **P 抗原（P antigen）**（**第 14 章**）。鲎（节肢动物门，甲壳纲）血液中的凝血因子 G（clotting factor G）的 α- 亚基（UniProt Q27082），在一个位于中央的 R 型凝集素结构域的两侧各含有一个糖苷水解酶结构域。海参（后口动物门，棘皮动物纲）（**第 27 章**）中的另一种 R 型凝集素——刺瓜参凝集素（*Cucumaria echinata* lectin，CEL-III）(PDB 2Z48），同时具有成孔结构域（pore-forming domain）和串联重复 R 型凝集素结构域，对哺乳动物红细胞显示出溶血作用。

几乎所有在无脊椎动物 R 型凝集素中观察到的构型，也能够在细菌的 R 型凝集素中找到。β- 三叶折叠是一种生物功能非常有效的蛋白质支架。通过对 R 型凝集素结构域本身的进化修补，或通过将其与其他功能结构域联系起来，生命系统显著改善了它们的生存策略。

31.3.5 尿苷二磷酸 -*N*- 乙酰半乳糖胺：多肽 α-*N*- 乙酰半乳糖胺转移酶

尿苷二磷酸 -*N*- 乙酰半乳糖胺：多肽 α-*N*- 乙酰半乳糖胺转移酶（UDP-GalNAc: polypeptide α-*N*-acetylgalactosaminyltransferase，ppGalNAcT）(EC 2.4.1.41）具有嵌合体形式 R 型凝集素结构，由具有催化功能的子结构域（氨基末端）和 R 型凝集素结构域（羧基末端）组成（PDB 1HXB）。黏蛋白型（mucin-type）*O*- 聚糖具有共同的核心结构 GalNAcα1-Ser/Thr（图 31.5），可以通过添加半乳糖或 *N*- 乙酰半乳糖胺残基进行修饰（**第 10 章**）。大多数通过分泌细胞器（secretory apparatus）的蛋白质（约 80%），至少有一个丝氨酸或苏氨酸残基被 α- 连接的 *N*- 乙酰半乳糖胺修饰。多肽 α-*N*- 乙酰半乳糖胺转移酶家族也在高尔基体中发挥作用，负责修饰丝氨酸 / 苏氨酸残基。

这些酶广泛分布于脊椎动物、无脊椎动物和原生生物中，但迄今为止尚未在细菌、植物或真菌中发现（**第 26 章**）。在人类中，已经对 20 个编码了多肽 α-*N*- 乙酰半乳糖胺转移酶的同型基因（isoform gene）进行了结构、底物特异性和功能方面的研究（**第 6 章**）。研究人员在蜗牛中发现了一种多肽 α-*N*- 乙酰半乳糖胺转移酶（UniProt S5S833），这种蜗牛是感染人类的主要吸虫（trematode）——**血吸虫（schistosoma）**的中间宿主。与脊椎动物中的多肽 α-*N*- 乙酰半乳糖胺转移酶相比，蜗牛的多肽 α-*N*- 乙酰半乳糖胺转移酶对更为广泛的底物具有亲和力，而且只有一种同型异构体。

多肽 α-*N*- 乙酰半乳糖胺转移酶家族中的酶具有多域结构（multidomain structure），是 II 型跨膜蛋白，其氨基末端位于胞质溶胶中，而羧基末端位于膜的另一侧。该酶与它们的多肽底物之间发生动态相互作用。在多肽 α-*N*- 乙酰半乳糖胺转移酶 2（ppGalNAcT2）中，R 型凝集素结构域主要与糖基化修饰残基上的 *N*- 乙酰半乳糖胺（GalNAc）相互作用，而多肽底物的其他区域位于催化结构域活性位点旁边的沟槽（groove）中。这两种彼此接近的相互作用，使该酶能够与特殊的受体多肽结合。寄生性原生动物**刚地弓形虫（*Toxoplasma gondii*）**（SAR 超类群，囊泡虫门）（**第 20 章**）在中枢神经系统中利用这种酶对囊壁（cyst wall）进行糖基化，赋予其结构刚性，从而使寄生虫能够在宿主的一生中得以存活。

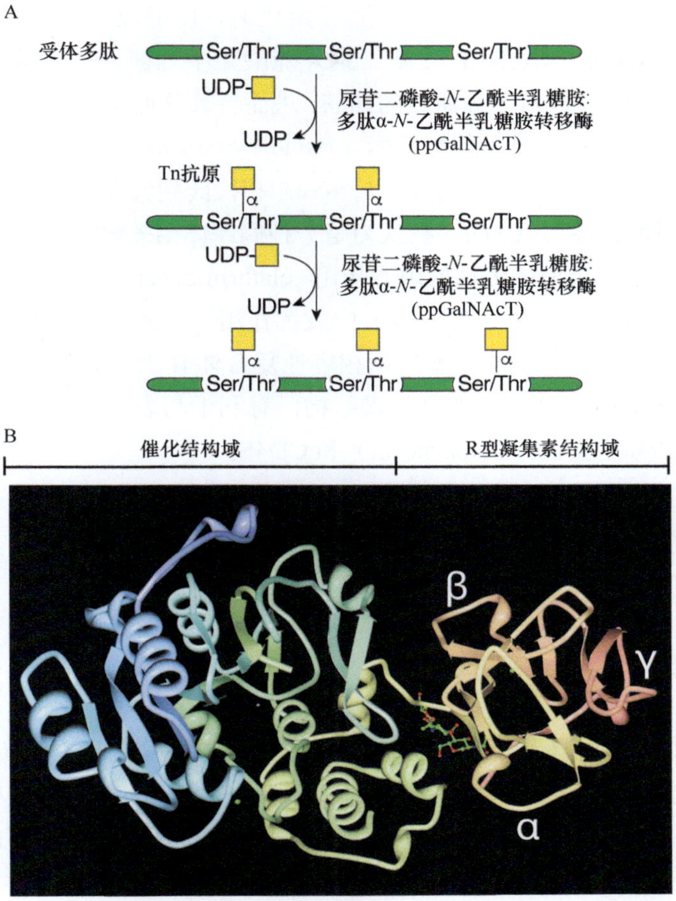

图 31.5　尿苷二磷酸 -*N*- 乙酰半乳糖胺：多肽 α-*N*- 乙酰半乳糖胺转移酶（ppGalNAcT）的结构和功能。 A. 多肽 α-*N*- 乙酰半乳糖胺转移酶以含有丝氨酸 / 苏氨酸的多肽作为受体、尿苷二磷酸 -*N*- 乙酰半乳糖胺（UDP-GalNAc）作为供体。一些多肽 α-*N*- 乙酰半乳糖胺转移酶优先作用于该反应的产物，使用带有 *N*- 乙酰半乳糖胺的多肽作为受体。B. 小鼠尿苷二磷酸 -*N*- 乙酰半乳糖胺：多肽 α-*N*- 乙酰半乳糖胺转移酶 1（ppGalNAcT1）的晶体结构。（左侧）催化结构域。（右侧）R 型凝集素结构域。图中显示了 β- 三叶结构和具有三叶（three-lobe）重复的 α、β 和 γ 环肽链。连接到 R 型结构域的碳水化合物链在图中部分可见。缩写：丝氨酸（Ser），苏氨酸（Thr），尿苷二磷酸（UDP）（经许可重绘自 Fritz TA，et al. 2004. *Proc Natl Acad Sci* 101：15307-15312.（PDB 1XHB），©National Academy of Sciences 版权所有）。

31.3.6　脊椎动物甘露糖受体

相较植物或无脊椎动物而言，脊椎动物的 R 型凝集素结构域的多样性尚未获得充分认识。**甘露糖受体（mannose receptor，MR）**是 I 型跨膜糖蛋白和独特的多功能嵌合体型凝集素，由氨基末端富含半胱氨酸的 R 型凝集素结构域（PDB 1DQO）、单个 II 型纤连蛋白结构域（fibronectin type II domain），以及多个 **C 型凝集素结构域（C-type lectin domains，CTLD）**组成（**第 34 章**）。甘露糖受体 CD206（UniProt Q9UBG0）在肝内皮细胞、库普弗细胞（Kupffer cell）、其他上皮细胞、巨噬细胞和树突状细胞上表达，在先天性免疫和适应性免疫系统中发挥作用。磷脂酶 A2 受体、DEC-205（CD205）蛋白[①]和 Endo180 蛋白的结构域构象与 CD206 相同（**图 31.1**），但它们的配体却不是聚糖。

① 也称淋巴细胞抗原 75（lymphocyte antigen 75，ly75）。

当 CD206 在细胞膜上二聚化时，R 型凝集素结构域能够与硫酸化的聚糖结合，通过该结构域与 4-SO_4-GalNAcβ1-R 残基、3-*O*- 硫酸化半乳糖、3-*O*- 硫酸化 Lewis x 或 3-*O*- 硫酸化 Lewis a 等糖链结构的结合，完成对垂体激素的捕获，进而将其从血流中清除。C 型凝集素结构域可以识别**白色念珠菌**（***Candida albicans***）、**卡氏肺孢子菌**（***Pneumocystis carinii***）、**结核分枝杆菌**（***Mycobacterium tuberculosis***）、**肺炎克雷伯菌**（***Klebsiella pneumoniae***）和**杜氏利什曼原虫**（***Leishmania donovani***）表面富含甘露糖的糖复合物（**第 43 章**）。CD206 被认为是一种**病原体相关分子模式**（**pathogen-associated molecular pattern，PAMP**），在网格蛋白依赖性的内吞作用（clathrin-dependent endocytosis）和对非调理微生物的吞噬作用（phagocytosis of nonopsonized microbe）中发挥作用。甘露糖受体在适应性免疫中也发挥了重要的功能，因为它们有能力将抗原递送到主要组织相容性复合体 II 类（major histocompatibility class II，MHC II）所在的区室。这些蛋白质中的 R 型凝集素结构，有利于与表达了硫酸化聚糖配体的树突状细胞结合，这些配体包括唾液酸黏附蛋白（sialoadhesin）和 CD45。

31.4 微生物的 R 型凝集素

31.4.1 一般属性

大多数已知的 R 型凝集素结构域存在于细菌凝集素、酶和毒素中。研究人员已在古菌和病毒中观察到编码 R 型凝集素的基因，这显然反映了 R 型凝集素从细菌到真核生物的进化。原始的 R 型凝集素的微生物基因可能已经传递给了真核生物，或者该凝集素可能通过两类生物的趋同进化而产生。

31.4.2 细菌 R 型凝集素

放线菌凝集素（actinohivin，AH）（PDB 4DEN）是细菌中的一种原型 R 型凝集素，由从放线菌［**放线菌属**（***Actinomyces***）］分离的、含有 114 个氨基酸的多肽组成。它能够与人类免疫缺陷病毒 1（human immunodeficiency virus 1，HIV-1）病毒包膜上 GP120 蛋白中常见的高甘露糖型（high mannose）寡糖结合。放线菌凝集素对临床分离的病毒株表现出很强的抗 HIV 活性（**第 42 章**）。

R 型凝集素结构域也存在于许多细菌酶和毒素中。**链霉菌属**（***Streptomyces***）中的一个例子是内切 -β1-4- 木聚糖酶 10A（endo-β1-4-xylanase，Xyn10A）（EC 3.2.1.8；PDB 1ISX），其作为糖苷水解酶催化 β1-4 木糖的裂解，可与木聚糖（xylan）和多种可溶性糖结合，包括半乳糖、乳糖、木寡糖（xylo-oligosaccharide）和阿拉伯寡糖（arabino-oligosaccharide）。

研究人员在由致病菌产生的、溶化血红细胞的外毒素中发现了成孔结构域。由 β- 片层（β-sheet）组成的单体溶菌素结构域（lysin domain）可以形成具有针织物卷筒（fabric tube）结构的寡聚体，在细胞壁上形成孔隙。气单胞菌溶素（**第 12 章**）和溶血素（hemolysin）是具有 R 型凝集素结构域的细菌毒素。许多真核生物（植物、真菌、无脊椎动物）均具有类似气单胞菌溶素的结构域。**霍乱弧菌**（***Vibrio cholerae***）的溶血素（UniProt P09545）有一个 β- 棱柱（β-prism）结构域，该结构域中含有木菠萝素（jacalin）结构，也被称为木菠萝凝集素（jackfruit lectin）结构。此外，该溶血素还带有 R 型凝集素结构域。

来自**肉毒杆菌**（***Clostridium botulinum***）的肉毒毒素（botulinum neurotoxin，BoNT）具有极高的毒性（LD_{50} 为 0.001 μg/kg）（**第 37 章**）。血凝素（hemagglutinin，HA）是肉毒毒素的组成部分之一，其中，HA1（PDB 3AH2）是串联重复型的 R 型凝集素亚基二聚体，可在羧基末端的子结构域与半乳糖结合。HA2 是一个具

有 β- 三叶折叠的亚基，与两个 HA1 的氨基末端子结构域，以及具有果冻卷状（jelly-roll-like）β- 三明治折叠的 HA3 亚基（PDB 2ZOE）相连（**第 32 章**）。HA1 通过与神经节苷脂（如 GT1b）（**第 11 章**）或细胞表面聚糖中的半乳糖或唾液酸结合，帮助肉毒毒素靶向到目标肠道细胞。

杀蚊毒素（mosquitocidal toxin，MTX）（UniProt Q03988）是一种在**球形芽孢杆菌**（***Bacillus sphaericus***）中发现的灭蚊毒素，包含 1 个腺苷二磷酸 - 核糖基转移酶结构域和 4 个 R 型凝集素结构域，其结构排布类似于菜粉蝶幼虫中的菜粉蝶毒蛋白(pierisin)。MTX 的亚基形式与霍乱毒素和蓖麻毒素的亚基形式相同，即它们由 A 亚基（毒性酶）和 B 亚基（凝集素）组成。

31.4.3　古菌和病毒的 R 型凝集素

R 型 β- 三叶凝集素已在**盐杆菌科**（**Halobacteriaceae**）和嗜盐古菌纲（Haloarchaea）下属的**无色嗜盐菌科**（**Natrialbaceae**）的许多物种中被鉴定出来，这些物种的细胞壁中，具有含有黏蛋白的糖蛋白（**第 22 章**）。基于对古菌菌株的成功实验培养，2020 年，研究人员提出了古菌的真核发生（eukaryogenesis）模型。研究人员还指出一种有趣的可能，即古菌域（Archaea）是联结真细菌域（Bacteria）和真核生物域（Eukarya）R 型凝集素的纽带。

C 型和 D 型肉毒毒素（type-C/type-D BoNT）已由梭状芽孢杆菌（*Clostridium*）噬菌体的基因组中制备获得。R 型凝集素基因是否由病毒以某种方式产生？宏基因组分析表明，**拟菌病毒科**（**Mimiviridae**）（**第 8 章、第 20 章**）和**核质病毒门**（**Nucleocytoviricota**）中存在 R 型凝集素基因（UniProt Q5UPX2）。最近的研究显示，**拟菌病毒**（***Mimivirus***）分布在世界各地的海洋和陆地上。未来，随着针对病毒 R 型凝集素基因表达水平的对比分析研究不断深入，将有助于澄清聚糖代码（glycan-code）与世界生态系统中特定环境之间的关系。

31.5　展望

术语“拼贴”（bricolage）一词①，是指在材料供应有限的原始社会中创造新的工具，这种工具的创造可能是基于对整体框架（framework）的修补，而框架中囊括了先前用于其他目的的有限产品和技术的集合。类比而言，在不同的生物类群中，对基因的修饰和（或）组合可能会产生在新的环境响应下有用的分子。R 型凝集素超家族特有的 β- 三叶折叠结构，显然是生物系统中的一个核心框架，它通过拼贴过程产生，逐渐在包括碳水化合物结合等各种生化过程中发挥了关键作用。

全新的 R 型凝集素仍在不断被发现。这个超家族的祖先尚不清楚，但它在所有生物域的成员中均有发现。因此，这些凝集素的起源和进化是许多领域的科学家共同的兴趣。蛋白质中 β- 三叶折叠的存在，可能反映了趋同进化或趋异进化。阐明各种 R 型凝集素的生理功能，需要确定它们的内源性配体，以及触发它们表达的特定环境刺激。增加对 R 型凝集素结构和功能的了解，将增强我们对生物系统中凝集素 - 聚糖相互作用的理解，并促进这些凝集素的生物技术应用。

致谢

感谢玛丽莲·E. 埃茨勒（Marilynn E. Etzler）对本章先前版本的贡献，感谢斯内哈·S. 科马特（Sneha S.

① 最初由社会人类学家克劳德 • 李维史陀（Claude Lévi-Strauss）在 1962 年提出。

Komath）的有益评论及建议，感谢蒲田健一（Kenichi Kamata）对图 31.4 绘图的支持，以及斯蒂芬·安德森（Stephen Anderson）对手稿的英文编辑。

延伸阅读

Bewley CA, Shahzad-ul-Hussan S. 2013. Characterizing carbohydrate-protein interactions by nuclear magnetic resonance spectroscopy. *Biopolymers* **99**: 796-806.

Grant OC, Woods RJ. 2014. Recent advances in employing molecular modelling to determine the specificity of glycan-binding proteins. *Curr Opin Struct Biol* **28**: 47-55.

Pérez S, Tvaroska I. 2014. Carbohydrate-protein interactions: molecular modeling insights. In *Advances in carbohydrate chemistry and biochemistry* (ed. Baker DA, Horton D, editors.), Vol. 71, pp. 9-136. Elsevier, Amsterdam.

Bartesaghi A, Merk A, Banerjee S, Matthies D, Wu X, Milne JLS, Subramaniam S. 2015. 2.2 Å resolution cryo-EM structure of β-galactosidase in complex with a cell-permeant inhibitor. *Science* **348**: 1147-1151.

Pomin VH, Mulloy B. 2015. Current structural biology of the heparin interactome. *Curr Opin Struct Biol* **34**: 17-25.

Canales A, Boos I, Perkams L, Karst L, Luber T, Karagiannis T, Domínguez G, Cañada FJ, Pérez-Castells J, Häusinger D, Unverzagt C, Jiménez-Barbero J. 2017. Breaking the limits in analyzing carbohydrate recognition by NMR spectroscopy: resolving branch-selective interaction of a tetra-antennary N-glycan with lectins. *Angew Chem Int Ed* **56**: 14987-14991.

Glaeser RM. 2017. How good can cryo-EM become? *Nat Methods* **13**: 28-32.

Bonnardel F, Mariethoz J, Salentin S, Robin X, Schroeder M, Pérez S, Lisacek F, Imberty A. 2019. UniLectin3D, a database of carbohydrate binding proteins with curated information on 3D structures and interacting ligands. *Nucleic Acid Res* **47**: D1236D1244.

第 32 章
L 型凝集素

理查德·D. 卡明斯（Richard D. Cummings），玛丽莲·E. 埃茨勒（Marilynn E. Etzler），T.N.C. 拉姆亚（T.N.C. Ramya），加藤耕一（Koichi Kato），加布里埃尔·A. 拉宾诺维奇（Gabriel A. Rabinovich），阿瓦德莎·苏罗利亚（Avadhesha Surolia）

32.1 历史背景 / 417
32.2 L 型凝集素的共同特征 / 418
32.3 植物的 L 型凝集素 / 419
32.4 蛋白质质量控制和分选中的 L 型凝集素 / 422
32.5 其他 L 型凝集素 / 424
32.6 其他具有果冻卷基序和 L 型凝集素结构域的蛋白质 / 425
致谢 / 425
延伸阅读 / 426

L 型凝集素（L-type lectin）存在于豆科植物的种子中，其结构基序（structural motif）存在于其他真核生物的多种糖结合蛋白（GBP）中。研究人员已经实现了对许多此类凝集素的结构表征，L 型凝集素也被广泛用于生物医学方法和分析方法，并涉及一些生物医学过程。本章讨论了这些凝集素的结构 - 功能关系，以及它们在不同生物体中的各种生物学作用。

32.1 历史背景

L 型凝集素（L-type lectin）丰富而悠久的历史可以追溯到 19 世纪末，当时人们发现**豆科植物（Fabaceae/Leguminosae）**种子的提取物可以凝集红细胞，这些“凝聚素”（agglutinin）后来被称为凝集素（lectin）①，被发现是豆科植物种子中含量丰富的可溶性蛋白质。随后发现，不同种类的豆科植物在血凝（hemagglutination）特异性上也存在着差异。20 世纪早期，研究人员对这些蛋白质进行了大量研究，包括对来自刀豆（jack bean）的血凝素即伴刀豆球蛋白（concanavalin A，ConA）的结晶，该蛋白质由詹姆斯·萨姆纳（James Sumner）于 1919 年首次分离，并于 1936 年结晶，是第一个商品化的凝集素。豆科植物凝集素还被证明其血凝特性源于与细胞表面的聚糖结合。

这些蛋白质在豆科植物种子的可溶性提取物中含量丰富（高达总蛋白的 5% ～ 10%），这使得许多凝集素得以分离和表征。这些种子凝集素具有相当比例的氨基酸序列同源性，并且在这些凝集素中发现的多种碳水化合物结合特异性，使它们成为各种分析方法和生物医学方法中的实用工具。

随着研究人员获得的各种豆科植物种子凝集素晶体结构数量的增加，碳水化合物结合位点的鉴定也随之成为了可能。这些凝集素和其他几种凝集素，包括**半乳凝集素（galectin）**（**第 36 章**），在三级结构上

① 因中文译名一致，这里选用 agglutinin 的一个早期译名“凝聚素”以保持语义通顺，目前 agglutinin 和 lectin 中文混称为“凝集素”。

有相似之处，本章将对此进行讨论。由于这一原因，L- 型凝集素（L-type lectin）最近被指定为所有此类具有这种豆科植物种子凝集素样蛋白结构的蛋白质。

32.2 L 型凝集素的共同特征

L 型凝集素与其他凝集素的区别主要基于三级结构而非一级结构。一般而言，无论是整个凝集素单体还是更为复杂的凝集素的**碳水化合物识别域（carbohydrate-recognition domain，CRD）**，都由通过短环肽链（loop）和 β- 转角（β-bend）连接的、反平行的 β- 片层（β-sheet）组成，并且它们通常不含任何 α- 螺旋（α-helix）。这些片层结构形成与果冻卷折叠（jelly-roll fold）相关的穹顶状（dome-like）结构，通常被称为**凝集素折叠（lectin fold）**。碳水化合物结合位点通常位于穹顶的顶端。图 32.1 显示了豆科植物**矮刀豆（*Canavalia ensiformis*）**种子中的凝集素——**伴刀豆球蛋白（concanavalin A，ConA）**单体的三级结构。至少 20 种其他豆科植物 L 型凝集素单体的晶体结构已通过高分辨率 X 射线晶体学确定，并且几乎可以叠加在该结构之上。因此，豆科植物凝集素的氨基酸序列彼此之间，以及与其他许多已完成测序但尚未结晶的豆科植物种子凝集素的序列之间显示出显著的同源性，这一点并不令人称奇。与一些亲缘关系较远的 L 型凝集素，如脊椎动物中的**内质网 - 高尔基体中间区室 53kDa 蛋白（ER-Golgi intermediate compartment 53 kDa protein，ERGIC-53）**和**囊泡膜整合蛋白 36（vesicular integral-membrane protein 36，VIP-36）**相比，豆类 L 型凝集素的一级结构同源性较少，但其意义十分重大。然而在其他 L 型凝集素中，并未发现与豆科种子凝集素的同源性，尽管它们含有相似的凝集素折叠。例如，豆科植物大豆凝集素（soybean lectin）的三级结构与人半乳凝集素 -3（galectin-3）的结构比较表明，两种蛋白质都含有典型的 L 型凝集素折叠，但两种凝集素之间不存在氨基酸序列同源性（图 32.2）。

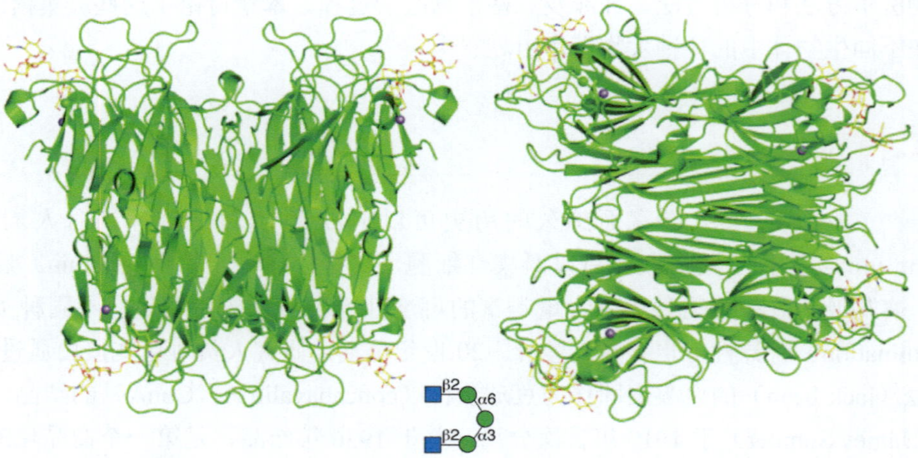

图 32.1 豆科植物种子凝集素伴刀豆球蛋白（ConA）与支链五糖 GlcNAcβ1-2Manα1-3(GlcNAcαβ1-2Manα1-6)Man 的复合物结构。分辨率为 2.7Å。五糖结构位于中心位置。伴刀豆球蛋白四聚体（单体分子质量 26.5 kDa，235 个氨基酸）复合物结构见左侧，每个单体都与五糖结合，逆时针旋转 90° 后的复合物结构见右侧。参与结合的金属离子分别以紫色和绿色小球（Mn^{2+} 和 Ca^{2+}）表示。单体被形象地描述为“果冻卷折叠”(jelly-roll fold)，由一个扁平的 6 股反平行“背侧”β- 片层、一个弯曲的 7 股“前侧”β- 片层，以及 5 股由不同长度的环肽链连接的“顶部”片层组成。伴刀豆球蛋白二聚体涉及扁平的 6 股“背侧”片层的反平行并排排列，从而产生一个连续的 12 股片层。伴刀豆球蛋白的四聚体化通过两个二聚体的背靠背结合产生［摘自蛋白质数据库（Protein Data Bank，PDB）；引自 Moothoo DN，Naismith JH. 1998. *Glycobiology* 8：173-181］。

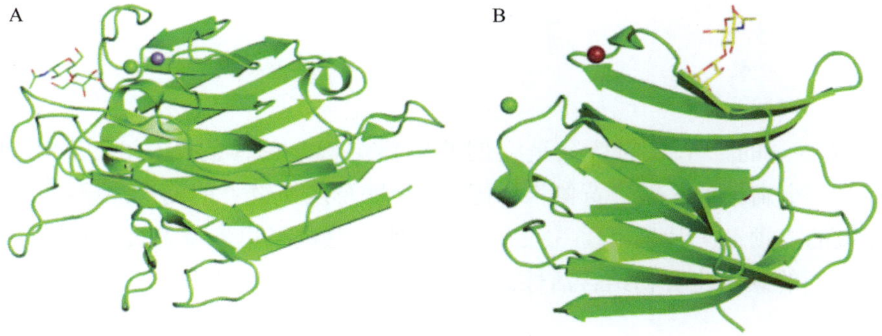

图 32.2 A. 大豆凝集素与含有 Galβ1-4GlcNAc-R 的五糖复合物的亚基结构；B. 分辨率为 1.4Å 的人类半乳凝集素 -3 与 Galβ1-4GlcNAc 的复合物结构的比较。两种凝集素都显示出相关的 β- 桶状构型［大豆凝集素结构 (1sbd) 获取自蛋白数据库（Protein Data Bank，PDB），基于 Olsen LR，Dessen A，Gupta D，Sebesan S，Sacchettini JC，Brewer CF. 1997. *Biochemistry* 36：15073-15080. 人类半乳糖凝集素 -3 结构 (1kjl) 获取自蛋白数据库（PDB），基于 Sorme P，Arnoux P，Kahl-Knutsson B，Leffler H，Rini JM，Nilsson UJ. 2005. *J Am Chem Soc* 127：1737-1743］。

豆科植物的 L 型凝集素序列与豆科植物中各物种的系统发育之间的关系表明，这些凝集素很可能由**趋异进化**（**divergent evolution**）产生。“L 型凝集素家族”其他一些成员的三级结构也可能通过**趋同进化**（**convergent evolution**）产生。还必须指出的是，要使蛋白质被确认无误地归入 L 型凝集素的类别中，它必须具有凝集素折叠和聚糖结合活性。

迄今为止发现的所有**可溶性 L 型凝集素**（**soluble L-type lectin**）都是多聚体蛋白，尽管它们具有不同的四级结构。因此，这些凝集素是多价的，每个凝集素分子都具有一个以上的聚糖结合位点。同样，多价原则也适用于**膜结合的 L 型凝集素**（**membrane bound L-type lectin**），因为膜表面上通常存在两个或多个分子，因此势必呈现出多价的情况。除了增加凝集素对支链和（或）细胞表面聚糖的**亲合力**（**avidity**）外，这种多价性还具有重要的生物学意义。凝集素与细胞表面的结合，可以导致特定聚糖受体的聚集，促进多种生物反应（如有丝分裂和各种信号转导过程）。

32.3 植物的 L 型凝集素

32.3.1 分布与定位

植物的 L 型凝集素主要存在于豆科植物的种子中，在开花后数周的种子发育过程中合成；它们被运送到液泡，在那里被浓缩成称为**蛋白质体**（**protein body**）的特殊囊泡。它们在种子干燥过程中是稳定的，并且可以无限期地保持这种状态，直至种子发芽。这些凝集素代表了种子中高浓度储藏的几类蛋白质之一，通常被称为**储藏蛋白质**（**storage protein**）。在种子萌发的过程中，储藏体成为子叶的液泡，而子叶作为植物的第一个叶状附属物出现。在发育的第一周，这些子叶为植物提供养料，最终枯萎消失。在一些豆科树状植物的树皮中也发现了 L 型凝集素，而且在豆科植物的其他营养组织中，研究人员也发现了非常少量的此类凝集素。在某些情况下，后一种情形中的凝集素，由彼此不同但非常相似的基因编码。超过 100 种种子豆科植物的 L 型凝集素已被表征，是该类别中研究最广泛的蛋白质。还应注意的是，研究人员在非碳水化合物结合蛋白中也观察到了 L 型蛋白折叠，例如，在植物中对发育和应激反应很重要的凝集素样受体激酶（lectin-like receptor kinase）即是如此。

32.3.2 结构

豆科植物L型凝集素的一个共同特征是它们的单体结构。单体的结构由三个反平行的**β-三明治（β-sandwich）**组成：一个扁平的6链“背侧”片层；一个凹形的7链“前侧”片层；一个将两个主要片层保持在一起的、较短的“顶部”片层（**图 32.2A，B**）。所有这些凝集素都需要 Ca^{2+} 和过渡金属离子（通常是 Mn^{2+}）来实现它们的碳水化合物结合活性。聚糖结合位点和金属结合位点位于“前侧”片层的顶部，彼此非常接近。

聚糖结合位点由A、B、C、D四个环肽链（loop）组成（**图 32.3，顶部**）。这些环肽链包含4个不变的氨基酸，对碳水化合物的结合不可或缺（**图 32.3，底部**）。环肽链A（loop A）包含一个不变的天冬氨酸（Asp），其侧链和聚糖配体之间形成氢键。该氨基酸通过一个罕见的顺式肽键（*cis*-peptide bond），与其前一位点的氨基酸（通常是丙氨酸）相连，该肽键可以被金属离子稳定，并且对于天冬氨酸在结合位点的正确朝向（orientation）是必需的。环肽链B（loop B）包含了一个不变的甘氨酸（Gly），它也与配体形成氢键。在两种凝集素，即伴刀豆球蛋白和与之密切相关的**牛眼藤（*Dioclea grandiflora*）**凝集素（DGL）

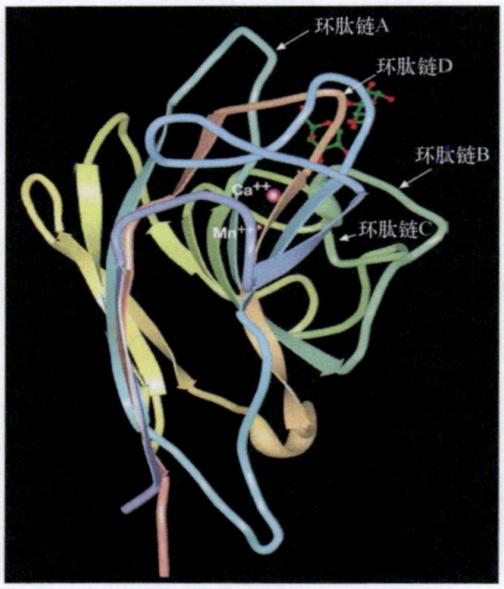

凝集素	环肽链A	环肽链B	环肽链C	环肽链D	特异性/抑制剂
龙牙花凝集素 (EcorL)	GPPYT—RPLPADGLVF	AQ-GYGYLG	VEFDTFSN----PWDP	GLSGATG----AQRDAAETHDVYSW	*N*-乙酰半乳糖胺
双花扁豆凝集素 (DBL)	APSK---ASFADGIAP	RR-NGGYLG	VEFDTLSNS---GWDP	GFSATTGLSDG----YIETHDVLSW	*N*-乙酰半乳糖胺
菜豆红细胞植物血凝素 (E-PHA)	VPNN---EGPADGLAF	KD-KGGLLG	VEFDTLYNV---HWDP	GFTATTGITKG----NVETNDILSW	复合型
菜豆白细胞植物血凝素 (L-PHA)	VPNN---AGPADGLAF	KD-KGGFLC	VEFDTLYNK---DWDP	GFSATTGINKG----NVETNDVLSW	复合型
大豆凝集素 (SBA)	APDT---KRLADGLAF	QT-HAGYLG	VEFDTFRN----SWDP	GFSAATGLDIP-----GESHDVLSW	*N*-乙酰半乳糖胺
花生凝集素 (PNA)	KD--IKDYDPADGIIF	GSIGGGTLG	VEFDTYSNS—EYNDP	GFSASGSL-------GGRQIHLIRSW	半乳糖
翅荚百脉根凝集素 (LTA)	IR--ELKYTPTDGLVF	GS-TGGFLG	VEFDSYHN----IWDP	GFSATTGN------PEREKHDIYSW	岩藻糖
荆豆凝集素-I (UEA-I)	SANP---KAATDGLTF	RRA-GGYFG	VEFDTI-GSPVNFDDP	GFSGGTYI------GRQATHEVLNW	岩藻糖
荆豆凝集素-II (UEA-II)	EPDE--KIDGVDGLAF	GS-SAGMFG	VEFDSYPGKTYNPWDP	GFSGGVGN------AAKFDHDVLSW	*N*-乙酰葡萄糖胺
高山金莲花凝集素-I (LAA-I)	PPIQSRKADGVDGLAF	GS-SAGMFG	VEFDTYFGKAYNPWDP	GFSAGVGN------AAKFNHDILSW	*N*-乙酰葡萄糖胺
薄荚豆凝集素 (LSL)	RPNSDS-QVVADGFTF	RG-DGGLLG	VEFDTFHNQ---PWDP	GLSASTATYY--------SAHEVYSW	甘露糖/葡萄糖
伴刀豆球蛋白 (ConA)	SPDS----HPADGIAF	GS-TGRLLG	VELDTYPNT--DIGDP	GLSASTGL--------YKETNTILSW	甘露糖/葡萄糖
小扁豆凝集素 (LenL)	SPNG---YNVADGFTF	QT-GGGYLG	VEFDTFYNA---AWDP	GFSATTGAEF--------AAQEVHSW	甘露糖/葡萄糖
豌豆凝集素 (PSL)	APNS---YNVADGFTF	QT-GGGYLG	VEFDTFYNA---AWDP	GPSATTGAEY--------AAHEVLSW	甘露糖/葡萄糖
蚕豆凝集素 (Favin)	APNG---YNVADGFTF	QT-GGGYLG	VEFDTFYNA---AWDP	GFSATTGAEY--------ATHEVLSW	甘露糖/葡萄糖
	** *	*	** **	* *	

图 32.3 （顶部）花生凝集素（peanut agglutinin，PNA）单体的三维结构，显示出参与糖结合的4个环肽链，即环肽链A～D。结合的糖（乳糖）以球棍模型显示。配体结合需要钙离子和锰离子的参与。（底部）其他豆科植物凝集素中，环肽链A～D的序列比对。结合位点环肽链D的大小与单糖特异性显示出明确的相关性。单糖的特异性见右侧。关键残基以蓝色高亮显示，高度保守的残基用星号表示［经 Elsevier 许可修改自 Vijayan M，Chandra N. 1999. *Curr Opin Struct Biol* 9：707-714.，以及蛋白数据库（PDB）中的结构（1V6I）］。

中，研究人员发现了例外，其中甘氨酸被精氨酸（Arg）取代。甘氨酸和精氨酸都通过它们主链的酰胺与配体形成氢键。环肽链 C（loop C）包含一个不变的天冬酰胺（Asn），它通过其侧链与配体形成氢键，还包含一个不变的疏水性氨基酸。除了这些不变的氨基酸外，环肽链 D（loop D）残基的主链原子也有助于单糖的识别。

通常根据豆科植物 L 型凝集素的碳水化合物特异性进行分类，这些特异性通常由单糖抑制其凝集活性的能力加以确定。这些特异性的差异由环肽链 D 的构象和大小的可变性引起，在某种程度上也与环肽链 C 相关。尽管豆科植物凝集素的主要特异性区域由它们的环肽链决定，但除此之外，还有一些位点为凝集素的特异性做出了贡献。此外，还有几种额外的模式可以完善这些凝集素的特异性，如与水的相互作用、翻译后修饰和寡聚体的状态。

豆科植物 L 型凝集素是寡聚体，本质上主要是二聚体或四聚体，并采用多种四级结构。单体单元中的背侧 β- 片层参与了寡聚物的形成。不同豆科植物凝集素单体结构的细微差异，导致了寡聚化过程中 β- 片层的缔合模式（association mode）不同。例如，虽然伴刀豆球蛋白和花生凝集素（peanut agglutinin，PNA）都是四聚体（二聚体的二聚体），但伴刀豆球蛋白中四级结构的缔合模式，涉及两个具有 6 条肽链的背侧 β- 片层间的缔合，最终在每个二聚体中形成拓展的、12 条多肽链的 β- 折叠，而花生凝集素中的四级结构缔合模式涉及背侧 β- 片层背对背的排列。伴刀豆球蛋白的四聚体结构如图 32.1C，D 所示。尽管其他一些凝集素也以二聚体和四聚体的结构出现，但 β- 片层的其他几种不同的朝向解释了该类别中其他凝集素的二聚体和四聚体结构的可变性。有趣的是，一些豆科植物凝集素中有一个疏水结合位点，能以微摩尔亲和力结合腺嘌呤和腺嘌呤衍生的植物激素。这比它们对单糖的亲和力高出了两到三个数量级。研究人员已经对此类型中的三种凝集素，即大豆凝集素、植物血凝素 L（phytohemagglutinin L，PHAL）和双花扁豆凝集素（*Dolicos biflorus* lectin，DBL）完成了结晶，发现它们具有独特的四聚体结构，即在二聚体 - 二聚体界面，形成了一个贯穿四聚体中心的通道。在该通道的两端，研究人员发现了两个相同的腺嘌呤结合位点。

豆科植物凝集素的另一个共同特征是它们均为分泌蛋白，并且伴随它们进入分泌系统，会经历共翻译信号肽的去除。除花生凝集素外，其他所有豆科植物凝集素都是 *N*- 糖基化的前体；*N*- 聚糖在通过高尔基体时，会经历正常的翻译后修饰。凝集素彼此之间的不同，表现为成熟蛋白是否含有寡甘露糖型（oligosaccharide-type）、复合型（complex-type），或是两种 *N*- 聚糖类型的混合物。凝集素在通过分泌系统时，也可能经历多种蛋白质水解修饰。一些凝集素被切割，以产生对应于氨基末端的 β- 链（β-chain）和对应于羧基末端的 α- 链（α-chain）。例如，豌豆凝集素（pea lectin）和蚕豆凝集素（*Vicia faba* lectin，favin）是四聚体糖蛋白，包含两种亚基（α 和 β），分别为约 5 kDa 和约 21 kDa。这两种凝集素各自合成为单一多肽前体，包含两条多肽链序列，其朝向为：β- 链 -α- 链。两条链彼此缔合形成二聚体，然后在蛋白质体中进行蛋白水解加工，形成含有两条独立的 α- 链和 β- 链的四聚体。其他凝集素可能只对其部分亚基进行羧基末端修饰。例如，大豆凝集素、植物凝集素 E（phytohemagglutinin E，E-PHA）和双花扁豆凝集素均是由等摩尔量的完整亚基和修剪亚基的混合物所组成的四聚体。

最有趣的蛋白水解修饰发生在伴刀豆球蛋白中。一小段多肽从蛋白质的内部被水解移除，原始的氨基末端得以与原来的羧基末端连接，形成了所谓**环状重排（circularly permutation）**[①]的蛋白质。在这一转肽过程中，蛋白质的 *N*- 糖基化肽片段（segment）被去除，因此，成熟的伴刀豆球蛋白并不是糖蛋白，这与大多数豆科植物的种子凝集素不同，后者具有 *N*- 聚糖修饰。单独的伴刀豆球蛋白的蛋

① 由于蛋白质三维折叠结构具有高度保守性而产生的特殊现象，主要指改变肽链中的氨基酸排列顺序，将原来的 N 端和 C 端连接在一起，在其他地方产生新的 N 端和 C 端，以获得连接方式不同但三维结构相近的分子。

白质序列与其他种子凝集素一致，而编码该蛋白质的 DNA 与其他凝集素基因的比对表明该基因是环状重排的。

32.3.3 聚糖结合活性、功能和应用

尽管历经多年研究，但人们对 L 型凝集素的内源性生物学作用知之甚少。这些凝集素的聚糖结合特异性可以有显著的不同；伴刀豆球蛋白结合含有甘露糖（Man）和葡萄糖（Glc）的聚糖，而来自树木**朝鲜槐**（*Maackia amurensis*）和**西洋接骨木**（*Sambucus nigra*）的凝集素则与唾液酸化的聚糖结合（参见**第 15 章、第 29 章、第 31 章**）。来自诸多方法的证据表明，豆科植物凝集素具有杀虫、抗真菌和抗菌作用，并且对生食种子的动物有毒性。因此，种子凝集素可能在植物免疫中作为一种**模式识别受体**（**pattern-recognition receptor，PRR**）发挥作用，以保护植物的子代。作为种子中高度丰富的成分，凝集素也可以作为植物发育的储藏蛋白。L 型凝集素参与了植物与固氮细菌的共生（如根瘤菌 - 豆科植物的共生），但凝集素在这方面的确切功能尚不清楚。最近的一项研究表明，双花扁豆种子凝集素也是一种脂氧合酶（lipoxygenase）。了解还有多少其他的 L 型凝集素具有这种活性必将引起研究人员的兴趣，因为这对启动植物中伤口诱导的防御途径而言是必需的。

无论它们的生理功能如何，豆科植物 L 型凝集素可以在需要具有抗肿瘤、抗病毒、抗菌、抗真菌或抗伤害特性的药物中获得应用。此外，由于其公认的聚糖识别偏好，这些植物凝集素还可以用于在生理和病理环境中，通过免疫荧光或免疫组化分析对不同细胞类型进行聚糖表型的分析分型。

32.4 蛋白质质量控制和分选中的 L 型凝集素

32.4.1 钙连蛋白 / 钙网蛋白

钙连蛋白（**calnexin，CNX**）和**钙网蛋白**（**calreticulin，CRT**）是介导内质网中蛋白质质量控制的同源分子伴侣（**第 39 章**）。尽管钙网蛋白是一种可溶性的内质网腔内成分，但钙连蛋白却是膜结合的，与将新生蛋白质输入内质网的蛋白质转运通道密切相关。钙连蛋白和钙网蛋白都能够与单葡萄糖基化的高甘露糖型聚糖结合，阻止它们从内质网中逃逸，直到它们被正确地折叠，组装形成正确的四级结构（**第 39 章**）。例如，具有生物学功能的主要组织相容性复合体 I 类（major histocompatibility complex class I，MHC I）的产生，取决于它与钙网蛋白或钙连蛋白的结合，最终作为肽负载复合物（peptide-loading complex，PLC）和抗原呈递机制的组成部分。在与钙网蛋白或钙连蛋白结合和解离的过程中，如果糖蛋白被正确地折叠，那么葡萄糖苷酶 -II（glucosidase-II）对葡萄糖的去除将使得蛋白质顺利地离开内质网。如果糖蛋白被错误折叠或聚集，它会被包含 4 个串联硫氧还蛋白样结构域（tandem thioredoxin-like domain）的尿苷二磷酸 - 葡萄糖：糖蛋白葡萄糖基转移酶（UDP-Glc: glycoprotein glucosyltransferase，UGGT）执行**再葡萄糖基化**（**reglucosylation**），这种酶只识别错误折叠或聚集的糖蛋白。再葡萄糖基化后，单葡萄糖基化的蛋白质会再次与钙网蛋白或钙连蛋白结合。因此，通过葡萄糖苷酶 -II 和 UGGT 的交替作用，以及与钙连蛋白 / 钙网蛋白的相互作用，构成了一个葡萄糖去除与添加的循环。

钙网蛋白和钙连蛋白都是 Ca^{2+} 结合蛋白，它们的碳水化合物结合活性对 Ca^{2+} 浓度的变化很敏感。钙连蛋白是一种 I 型膜蛋白，其羧基末端位于细胞质内。蛋白质的内腔部分可细分为三个结构域：Ca^{2+} 结合结构域（与跨膜结构域相邻）；富含脯氨酸的长发夹环肽链（hairpin loop），称为 P 结构域（P domain）；氨

基末端的 L 型凝集素结构域。钙网蛋白具有相似的结构，但缺少细胞质和跨膜区域，它通过羧基末端的赖氨酸 - 天冬氨酸 - 谷氨酸 - 亮氨酸回收信号（KDEL-retrieval signal）保留在内质网中（图 32.4）。

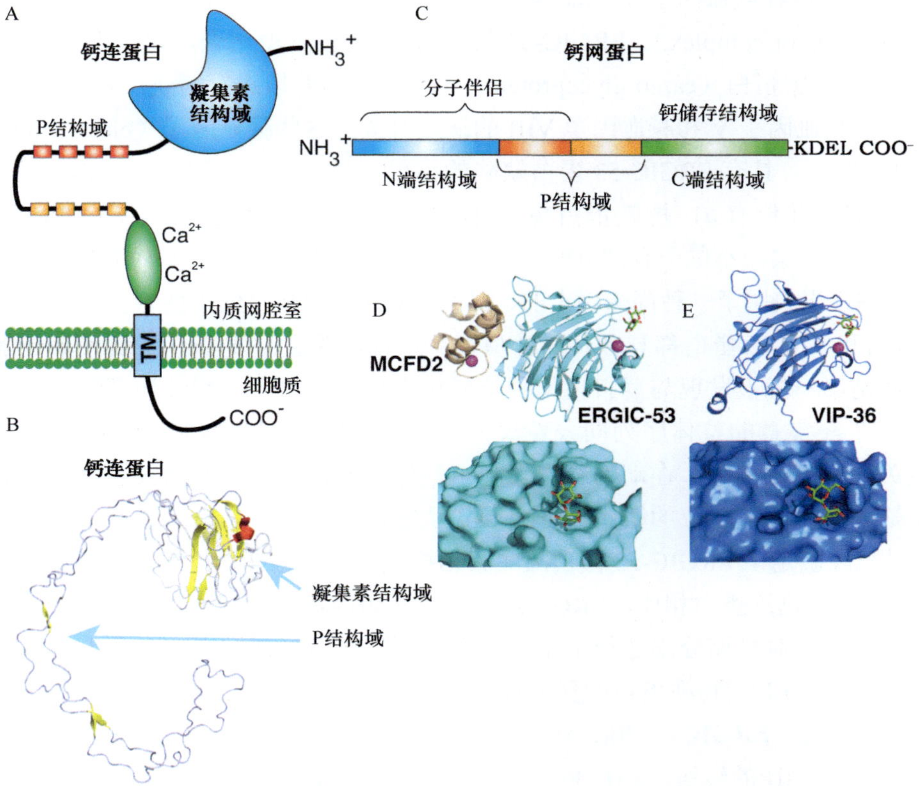

图 32.4 A，B. 钙网蛋白（CRT）和钙连蛋白（CNX）示意图。图中显示了凝集素结构域、P 结构域（包含脯氨酸重复序列）和钙结合结构域。C. 基于晶体学数据的钙网蛋白结构。D，E. 基于晶体学数据的内质网 - 高尔基体中间区室 53kDa 蛋白（ERGIC-53）和囊泡膜整合蛋白 36（VIP-36）的凝集素结构域的飘带模型表示及表面图示，其中配体以球棍模型进行表示。缩写：跨膜结构域（TM），赖氨酸 - 天冬氨酸 - 谷氨酸 - 亮氨酸回收信号（KDEL），多凝血因子缺乏蛋白 2（MCFD2）［（A ～ C）经 Elsevier 许可修改自 Schrag JD，et al. 2001. *Mol. Cell* 8：633-644］。

32.4.2 ERGIC-53 蛋白及其相关蛋白 ERGL、VIP-36 和 VIPL

内质网 - 高尔基体中间区室 53kDa 蛋白（ERGIC-53，由人类基因 *LMAN1* 编码）及其序列相关蛋白——ERGIC-53 样蛋白（ERGIC-53-like protein，ERGL）和囊泡膜整合蛋白 36（VIP-36）蛋白，都是 I 型膜蛋白，参与了分泌系统中的囊泡蛋白转运（见**第 39 章**）。这些蛋白质都有一个 L 型凝集素折叠基序。ERGIC-53 蛋白的直系同源物存在于植物和所有动物中，并且已被独立鉴定出在传染性病毒［如**冠状病毒**（**coronavirus**）和**丝状病毒**（**filovirus**）］自宿主的生产（production）过程中扮演了重要的作用。ERGIC-53 蛋白存在于**内质网 - 高尔基中间区室**（**ER-Golgi intermediate compartment，ERGIC**）之中。ERGIC-53 蛋白的羧基末端包含了二赖氨酸 / 二苯丙氨酸保留 / 回收基序（dilysine/diphenylalanine KKFF retention/retrieval motif）。二赖氨酸能够被包被蛋白 I- 包被体复合物（COPI-coatomer complex）识别；这种结合使包被的囊泡能够从内质网 - 高尔基中间区室（ERGIC）循环回收至内质网（ER）。二苯丙氨酸通过与包被蛋白 II- 包被体（COPII coatomer）的结合，帮助将**包被蛋白 II 有被小泡**（**coat protein II-coated vesicle**）引导至内质网的输出位点。VIP-36 蛋白在细胞中的定位尚未确定，但研究人员在内质网、

内质网 - 高尔基中间区室和高尔基体顺面膜囊（*cis*-Golgi）都发现了该蛋白质的过表达。ERGIC-53 蛋白可以与可溶性内质网伴侣——多凝血因子缺乏蛋白 2（multiple coagulation factor deficiency protein 2，MCFD2）结合，后者形成在凝血因子 V（factor V）和凝血因子 VIII（factor VIII）生物合成中重要的货物受体复合物（cargo receptor complex）。ERGIC-53 蛋白与 *N*- 连接聚糖结合，通过别构效应（allostery）激活 MCFD2，从而对货物糖蛋白（cargo glycoprotein）的特定多肽片段进行捕获。人类中 ERGIC-53 蛋白的突变，与体循环中的凝血因子 V 和凝血因子 VIII 的缺陷有关，这些凝血因子（blood clotting factor）是具有多个 *N*- 聚糖的糖蛋白。具有 ERGIC-53 蛋白缺陷的小鼠，显示出凝血因子 V 和凝血因子 VIII 的缺陷、肝脏中内质网的膨胀，并伴有 α1- 抗胰蛋白酶（α1-antitrypsin）和葡萄糖调控蛋白 78（glucose-regulated protein 78，GRP78）的积累。小鼠中有部分产生基因外显，导致围产期的死亡时有发生，主要取决于近交系的遗传背景。这些结果表明了一种尚未确定的、具有 ERGIC-53 蛋白依赖性的货物蛋白的潜在作用。

ERGIC-53 蛋白和 VIP-36 蛋白都与寡甘露糖型聚糖结合，并且需要 Ca^{2+} 来实现其碳水化合物结合活性。这两种蛋白质是第一批被发现与豆科植物种子凝集素具有某些序列和结构同源性的动物凝集素。尽管这些蛋白质与种子凝集素的整体序列同一性仅为 19% ～ 24%，但那些对种子凝集素的金属结合和碳水化合物结合至关重要的氨基酸，在动物凝集素中也是保守的，包括不变的天冬氨酸、甘氨酸和天冬酰胺。不变的天冬氨酸也与其前一位的氨基酸形成顺式肽键，与上一节讨论的豆科植物种子凝集素中的情况类似。研究人员已经确定了 ERGIC-53 蛋白凝集素结构域的晶体结构，证实了这些凝集素的结构相似性（图 32.4）。与钙网蛋白 / 钙连蛋白相比，ERGIC-53 蛋白和 VIP-36 蛋白可以结合高甘露糖型聚糖的去葡萄糖基化分支，从而有助于对早期分泌途径中正确折叠的糖蛋白的囊泡转运。在从内质网到高尔基体的运输过程中，ERGIC-53 蛋白对货物糖蛋白的释放过程由环境的酸化和 Ca^{2+} 的减少引起。与 ERGIC-53 蛋白一样，**ERGIC-53 样蛋白（ERGIC-53-like protein，ERGL）**也可以与 MCFD2 蛋白结合，并可能参与了凝血因子 V 和凝血因子 VIII 的转运。**VIP-36 样蛋白（VIP-36-like protein，VIPL）**是一种内质网驻留蛋白，在功能上能够结合去葡萄糖基化的高甘露糖型聚糖，并与 ERGIC-53 蛋白结合，这可能对调控 ERGIC-53 蛋白的定位很重要。

32.5 其他 L 型凝集素

研究人员已经描述了多种其他蛋白质，它们具有碳水化合物结合结构域（carbohydrate-binding domain），其三级结构类似于 L 型凝集素折叠，可以被视为该家族的成员。半乳凝集素（galectin）家族的成员也属于这一类别，在本书中将作为单独章节进行讨论（**第 36 章**）。下面简要讨论可能属于这一类别的其他聚糖结合蛋白。

32.5.1 正五聚蛋白和相关蛋白质

正五聚蛋白（pentraxin，PTX）是血浆蛋白的一个超家族，参与无脊椎动物和脊椎动物的先天免疫，被称为模式识别受体（PRR）。它们包含 L 型凝集素折叠，并且需要 Ca^{2+} 与配体结合。它们的名称源于其亚基的五聚体排列。较短的正五聚蛋白——C 反应蛋白（C-reactive protein，CRP），能够与多糖和磷脂上的磷酸胆碱残基结合，而血清淀粉样蛋白 P（serum amyloid P，SAP）能够与细菌多糖上的碳水化合物衍生物和淀粉样蛋白原纤维（amyloid fibril）结合，二者分别是人和小鼠中的急性期蛋白（acute-phase protein）。该家族还包含了较长的正五聚蛋白，它有一个不相关的长氨基末端结构域与正五聚蛋白（PTX）结构域偶联，包括神经元 PTX1、神经元 PTX2、神经元 PTX 受体、PTX3 和 PTX4。作为该家族的典型成员，PTX3 是一种参与先天免疫的可溶性模式识别分子，并与自身免疫性疾病、心血管炎症和癌症的发病机制有关。此外，PTX3 还可能有助于富含透明质酸的细胞外基质（extracellular matrix，ECM）的组装，这可能涉及与透明质酸 - 重链 -1 复合物（the hyaluronan-heavy chain-1 complex），即间 α- 胰蛋白酶抑制剂（inter-α-trypsin inhibitor，IαI，ITI）的结合，同时涉及肿瘤坏死因子刺激基因 6（TNF-stimulated gene-6，TSG-6）的调控。**层粘连蛋白 G 结构域样模件（laminin G domain-like module，LG module）**由 180 ～ 200 个氨基酸残基组成，最早在层粘连蛋白（laminin）中被发现。层粘连蛋白 α 链的羧基末端有 5 个串联的层粘连蛋白 G 结构域（laminin G domain），这些结构域对于肝素和硫苷脂的结合，以及细胞 / 基底膜黏附等过程［如 α- 抗肌萎缩蛋白聚糖（α-dystroglycan，α-DG）中新型聚糖的黏附过程］非常重要（**第 13 章**）。一些层粘连蛋白 G 结构域样模件（LG module）共享与细胞受体和碳水化合物配体的结合特性，表明层粘连蛋白 G 结构域样折叠可能从参与相关功能的 L 型凝集素折叠进化而来。

32.5.2 轮状病毒中的 VP4 和 VP8 蛋白

VP4 蛋白是**轮状病毒（rotavirus）**的表面**刺突蛋白（spike protein）**，经蛋白质水解生成聚糖结合蛋白 VP8，以及进入细胞膜所需的疏水区的 VP5 蛋白。VP8 蛋白具有与半乳凝集素相同的 L 型凝集素折叠和结构特征。该结构域是大多数动物轮状病毒保持感染性所必需的。在一些轮状病毒株中，VP8 蛋白可以与唾液酸化的聚糖结合，而大多数轮状病毒的 VP8 蛋白识别缺乏唾液酸的 1 型和（或）2 型 *N*- 聚糖或 *O*- 聚糖，尤其能够与具有适当序列的人乳寡糖结合。

32.6 其他具有果冻卷基序和 L 型凝集素结构域的蛋白质

已知许多蛋白质含有在 L 型凝集素中发现的**果冻卷基序（jelly-roll motif）**。它们包括**梭菌属（*Clostridium*）**神经毒素的结合域，可以结合神经节苷脂（例如 GT1b 和 GD1b，**第 11 章**）；**铜绿假单胞菌（*Pseudomonas aeruginosa*）**外毒素 A 三个结构域之一的氨基末端结构域 Ia，显示出 L 型凝集素结构；**霍乱弧菌（*Vibrio cholerae*）**唾液酸酶（sialidase）是一种三结构域蛋白，具有一个六叶片 β- 螺旋桨（β-propeller）神经氨酸酶（neuraminidase）结构域，两侧是两个 L 型凝集素结构域；水蛭的分子内转唾液酸酶（*trans*-sialidase，TS）具有多结构域的架构，包括凝集素样结构域 II 和一个不规则的 β- 折叠链（β-strand）结构域 III，围绕一个典型的催化结构域 C（catalytic domain C）构建形成。正如在许多凝集素中所观察到的那样，结构域 II 可能通过糖环和芳香侧链的相互作用，参与碳水化合物的识别。

尽管 L 型凝集素结构域出现在许多蛋白质中，但在许多情况下缺乏证据证明这些凝集素的碳水化合物结合活性和（或）特异性。例如，植物中的 **L 型凝集素受体激酶（L-type lectin receptor kinase，LecRK）**是一个由数千个成员组成的大型家族，包括对植物发育、免疫和刺激适应性反应至关重要的膜受体；哺乳动物血小板应答蛋白（thrombospondin）是一个与血管生成和炎症有关的基质细胞蛋白质家族，包括血小板应答蛋白 -1（thrombospondin-1，TSP-1），它有一个羧基末端结构域，显示出典型的 β- 三明治结构，即两个弯曲的反平行的 β- 片层，这是果冻卷拓扑结构的特征，其中 L 型凝集素结构域与三个具有钙结合活性的 3 型重复（type 3 repeat，T3 repeat）结构域紧密组装在一起。

致谢

感谢大关泰裕（Yasuhiro Ozeki）的有益评论及建议。

延伸阅读

Lis H, Sharon N. 1998. Lectins: carbohydrate-specific proteins that mediate cellular recognition. *Chem Rev* **98**: 637-674.

Moothoo DN, Naismith JH. 1998. Concanavalin A distorts the β-GlcNAc-(1→2)-Man linkage of β-GlcNAc-(1→2)-α-Man-(1→3)-[β-GlcNAc-)-(1→2)-α-Man-(1→6)]-Man upon binding. *Glycobiology* **8**: 173-181.

Hamelryck TW, Loris R, Bouckaert J, Dao-Thi M-H, Strecker G, Imberty A, Fernandez E, Wyns L, Etzler ME. 1999. Carbohydrate binding, quaternary structure and a novel hydrophobic binding site in two legume lectin oligomers from Dolichos biflorus. *J Mol Biol* **286**: 1161-1177.

Loris R, Bouckaert J, Hamelryck T, Wynn L. 1999. Legume lectin structure. *Biochim Biophys Acta* **1383**: 9-36.

Vijayan M, Chandra N. 1999. Lectins. *Curr Opin Struct Biol* **9**: 707-714.

Schrag JD, Vergeron JJ, Li Y, Borisova S, Hahn M, Thomas DY, Cygler M. 2001. The structure of calnexin, and ER chaperone involved in quality control of protein folding. *Mol Cell* **8**: 633-644.

Srinivas VR, Reddy GB, Ahmad N, Swaminathan CP, Mitra N, Surolia A. 2001. Legume lectin family, the ‘natural mutants of the quaternary state’, provide insights into the relationship between protein stability and oligomerization. *Biochim Biophys Acta* **1527**: 102-111.

Sörme P, Arnoux P, Kahl-Knutsson B, Leffler H, Rini JM, Nilsson UJ. 2005. Structural and thermodynamic studies on cation-Π interactions in lectin-ligand complexes: high-affinity galectin-3 inhibitors through fine-tuning of an arginine-arene interaction. *J Am Chem Soc* **127**: 1737-1743.

Gouget A, Senchou V, Govers F, Sanson A, Barre A, Rouge P, Pont-Lezica R, Canut H. 2006. Lectin receptor kinases participate in protein-protein interactions to mediate plasma membrane-cell wall adhesions in Arabidopsis. *Plant Physiol* **140**: 81-90.

Bouwmeester K, Govers F. 2009. Arabidopsis L-type lectin receptor kinases: phylogeny, classification, and expression profiles. *J Exp Bot* **60**: 4383-4396.

Kouno T, Watanabe N, Sakai N, Nakamura T, Nabeshima Y, Morita M, Mizuguchi M, Aizawa T, Demura M, Imanaka T, et al. 2011. The structure of Physarum polycephalum hemagglutinin I suggests a minimal carbohydrate recognition domain of legume lectin fold. *J Mol Biol* **405**: 560-569.

Zhang B, Zheng C, Zhu M, Tao J, Vasievich MP, Baines A, Kim J, Schekman R, Kaufman RJ, Ginsburg D. 2011. Mice deficient in LMAN1 exhibit FV and FVIII deficiencies and liver accumulation of α1-antitryhpson. *Blood* **118**: 3384-3391.

Klaus JP, Eisenhauer P, Russo J, Mason AB, Do D, King B, Taatjes D, Cornillez-Ty C, Boyson JE, Thali M, et al. 2013. The intracellular cargo receptor ERGIC-53 is required for the production of infectious arenavirus, coronavirus, and filovirus particles. *Cell Host Microbe* **14**: 522-534.

Croci DO, Cerliani JP, Dalotto-Moreno T, Méndez-Huergo SP, Mascanfroni ID, Dergan-Dylon S, Toscano MA, Carmelo JJ, García-Vallejo JJ, Ouyang J, et al. 2014. Glycosylation-dependent lectin-receptor interactions preserve angiogenesis in anti-VEGF refractory tumors. *Cell* **156**: 744-758.

Satoh T, Suzuki K, Yamaguchi T, Kato K. 2014. Structural basis for disparate sugar-binding specificities in the homologous cargo receptors ERGIC-53 and VIP36. *PLoS ONE* **9**: e87963.

Grandhi NJ, Mamidi AS, Surolia A. 2015. Pattern recognition in legume lectins to extrapolate amino acid variability to sugar specificity. *Adv Exp Med Biol* **842**: 199-215.

Kim DJ, Christofidou ED, Keene DR, Hassan Milde M, Adams JC. 2015. Intermolecular interactions of thrombospondins drive their accumulation in extracellular matrix. *Mol Biol Cell* **26**: 2640-2654.

Wang Y, Weide R, Govers F, Bouwmeester K. 2015. L-type lectin receptor kinases in Nicotiana benthamiana and tomato and their role in Phytophthora resistance. *J Exp Bot* **66**: 6731-6743.

Lamriben L, Graham JB, Adams BM, Hebert DN. 2016. N-glycan-based ER molecular chaperone and protein quality control system: the calnexin binding cycle. *Traffic* **17**: 308-326.

Magrini E, Mantovani A, Garlanda C. 2016. The dual complexity of PTX3 in health and disease: a balancing act? *Trends Mol Med* **22**: 497-510.

Doni A, D'Amico G, Morone D, Mantovani A, Garlanda C. 2017. Humoral innate immunity at the crossroad between microbe and matrix recognition: the role of PTX3 in tissue damage. *Semin Cell Dev Biol* **61**: 31-40.

Satoh T, Kato K. 2020. Recombinant expression and purification of animal intracellular L-type lectins. *Methods Mol Biol* **2132**: 21-28.

第 33 章
P 型凝集素

南希 · 达姆斯（Nancy Dahms），托马斯 · 布劳克（Thomas Braulke），阿吉特 · 瓦尔基（Ajit Varki）

33.1 历史背景 / 428
33.2 P 型凝集素（甘露糖 -6- 磷酸受体）的共同特征 / 432
33.3 甘露糖 -6- 磷酸受体中的诱导遗传缺陷 / 434
33.4 甘露糖 -6- 磷酸受体的亚细胞运输 / 434
33.5 甘露糖 -6- 磷酸识别系统的进化起源 / 436
33.6 非阳离子依赖性的甘露糖 -6- 磷酸受体与多种其他配体结合 / 436
33.7 甘露糖 -6- 磷酸对非溶酶体蛋白的重要性 / 437
33.8 运输溶酶体酶的其他途径 / 437
致谢 / 438
延伸阅读 / 438

溶酶体是细胞内与膜结合的细胞器，可以通过**溶酶体酶**（**lysosomal enzyme**）周转和降解许多类型的大分子物质。由于溶酶体的低 pH 特性，溶酶体酶也被称为酸性水解酶（acid hydrolase）。这些酶在内质网的膜结合核糖体上合成，并与其他新合成的蛋白质一起，穿越内质网 - 高尔基体途径；在高尔基体终末区室，它们与其他糖蛋白分离，并且被选择性地递送到溶酶体。在大多数高等动物细胞中，这种专门的运输主要是通过 **P 型凝集素**（**P-type lectin**）识别含有**甘露糖 -6- 磷酸**（**mannose-6-phosphate，M6P**）的 *N*- 聚糖而实现。作为聚糖对哺乳动物糖蛋白生物学作用的第一个明确示例，以及糖蛋白生物合成和人类疾病之间的第一个显著联系，下面对其发现的有趣历史进行一些详细描述。本章还将提及关于其他具有 P 型凝集素结构域的蛋白质的最新数据。

33.1 历史背景

33.1.1 I- 细胞疾病和溶酶体酶的共同识别标志物

伊丽莎白 · 纽菲尔德（Elizabeth Neufeld）对人类遗传**贮积症**（**storage disorder**）的早期研究表明，细胞成分若未能降解，会在溶酶体中积累（**第 44 章**）；当来自正常细胞的可溶性修正因子（corrective factor）被添加到培养基中时，可以逆转这些缺陷。这些因子后来被鉴定为**溶酶体酶**（**lysosomal enzyme**），研究发现，这些酶在贮积症患者中存在缺陷。它们由体外培养的正常细胞，或来自具有不同互补缺陷的患者细胞少量分泌（**图 33.1**），以两种形式存在：一种是“高摄取”形式，可以通过饱和的、高亲和力的受体进行识别，最终纠正缺陷细胞中的缺陷；另一种是无法纠正缺陷的、无活性的“低摄取”形式。

来自罕见遗传疾病患者的成纤维细胞，在体外培养的细胞中显示出大量的包涵体（inclusion body），因此该疾病被称为**I 细胞疾病（I-cell disease）**[①]，并且被发现几乎缺乏所有的溶酶体酶。有趣的是，所有这些酶实际上都是由 I 细胞合成的，但大部分被分泌到了培养基内，而不是保留在溶酶体中。纽菲尔德（Neufeld）证明，尽管 I 细胞吸收了正常细胞分泌的高摄取酶，但 I 细胞分泌的酶却无法被其他细胞吸收（图 33.1）。因此她提出，I 细胞疾病是由于未能向溶酶体酶添加一个共同的**识别标志物（recognition marker）**所导致的，该标志物被认为负责将新合成的酶正确地运输到正常细胞中的溶酶体中。这种“高摄取”特性，可以被强效的高碘酸盐处理破坏，该处理步骤氧化了聚糖中的邻位羟基，暗示了这种识别标志物是一种聚糖。

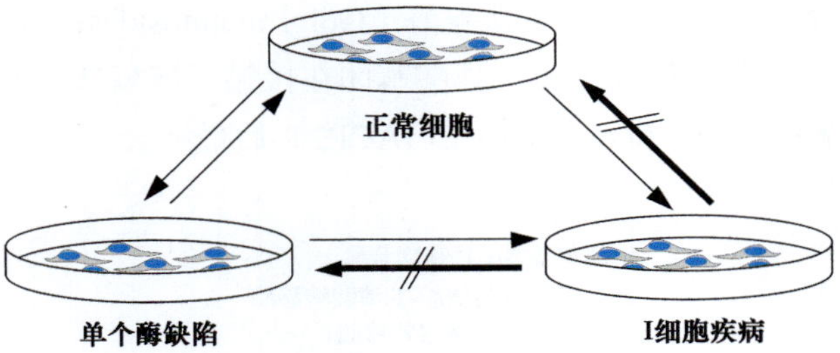

图 33.1 体外培养细胞中溶酶体酶缺陷的交叉校正。由正常成纤维细胞（细箭头）分泌的少量高摄取率的溶酶体酶，被遗传上缺乏单一溶酶体酶患者的成纤维细胞摄入，从而纠正了这种缺陷。相比之下，I 细胞疾病患者的成纤维细胞分泌出大量低摄取率的多种溶酶体酶（粗箭头）。后一种形式无法纠正其他细胞中的溶酶体酶缺陷。然而，I 细胞保留了接受其他细胞分泌的高摄取酶的能力（细箭头）。通过向培养基中加入甘露糖 -6- 磷酸（M6P），可以阻断摄取过程。

33.1.2 甘露糖 -6- 磷酸识别标志物的发现

威廉 · 斯莱（William Sly）随后发现，溶酶体酶的高摄取活性可被甘露糖 -6- 磷酸（M6P）及其立体异构体果糖 -1- 磷酸（fructose-1-phosphate）阻断，但不会被其他糖磷酸酯阻断。用碱性磷酸酶（alkaline phosphatase）处理溶酶体酶，也消除了高摄取活性。彼时，*N*- 聚糖加工的一般途径已经获得了确定（**第 9 章**）。因为寡甘露糖基 *N*- 聚糖富含甘露糖残基，所以预计这些残基会在溶酶体酶上被磷酸化。事实上，在寡甘露糖基 *N*- 聚糖上检测到的甘露糖 -6- 磷酸分子，可由来自高摄取活性的溶酶体酶中的*内切 -β-N- 乙酰葡萄糖胺苷酶* H（endo-β-*N*-acetylglucosaminidase H，endo H）进行释放，证实了这一假设。斯图尔特 · 科恩菲尔德（Stuart Kornfeld）和库尔特 · 冯 · 菲古拉（Kurt von Figura）的研究小组随后发现，一些甘露糖 -6- 磷酸分子甚至可以被连接在磷酸残基上的、α- 连接的 *N*- 乙酰葡萄糖胺（GlcNAc）残基阻断，该过程实际上形成了磷酸二酯。

33.1.3 形成甘露糖 -6- 磷酸识别标志物的酶促机制

对磷酸二酯形式的聚糖与单磷酸酯形式的聚糖进行比较，研究人员预测出甘露糖 -6- 磷酸决定簇的代谢前体是一个磷酸二酯，并且磷酸化并非由依赖于腺苷三磷酸（ATP）的激酶介导，而是由具有尿苷二磷酸 -*N*- 乙酰葡萄糖胺（UDP-GlcNAc）依赖性的 *N- 乙酰葡萄糖胺 -1- 磷酸转移酶*（GlcNAc-1-phosphotransferase）介导。研究人员通过双重标记的供体和高尔基体提取物，对该发现进行了证明：

反应物：U-P-^{32}P-［6-^{3}H］GlcNAc + Manα1-（*N*- 聚糖）- 溶酶体酶

产物：U-P +［6-^{3}H］GlcNAcα1-^{32}P-6-Manα1-（*N*- 聚糖）- 溶酶体酶

其中，U 代表尿苷。

另一种高尔基体酶——*磷酸二酯糖苷酶*（phosphodiester glycosidase），已被证明可以去除非还原端的 *N*- 乙酰葡萄糖胺（GlcNAc）残基，并暴露出甘露糖 -6- 磷酸分子。**脉冲 - 追踪实验（pulse-chase）**证实了事件的发生顺序，证明了一个给定的溶酶体酶上有多个聚糖，可以获得一个或两个磷酸残基，并且还

① 也称细胞内含物病，为黏脂贮积症 II 型。

需要高尔基体甘露糖苷酶（Golgi mannosidase）的加工，以去除 *N*- 聚糖上的一些甘露糖残基（图 33.2）。大多数细胞类型中，磷酸基团在接触了溶酶体中的酸性磷酸酶 5（acid phosphatase 5，ACP5）和酸性磷酸酶 2（acid phosphatase 2，ACP2）后最终会丢失。以上过程完整的生化途径，如图 33.2 所示。

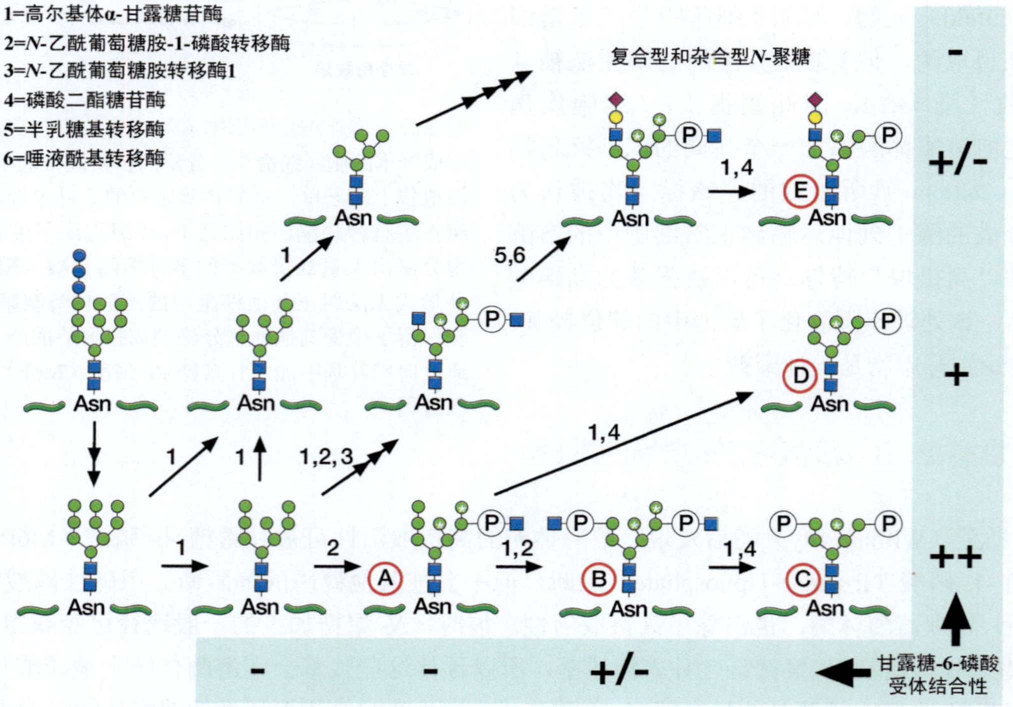

图 33.2　带有甘露糖 -6- 磷酸识别标志物的 *N*- 聚糖的生物合成途径。在早期的 *N*- 聚糖加工（**第 9 章**）之后，单个 *N*- 乙酰葡萄糖胺磷酸二酯（GlcNAc-PP）被添加到位于溶酶体酶的 *N*- 聚糖链上的、以 α1-6 连键甘露糖（α1-6Man）与核心甘露糖相连的那一条糖支链上的三个甘露糖（Man）残基中的一个之上（结构 A）；然后可以将第二个磷酸二酯添加到 *N*- 聚糖的另一侧（结构 B），或添加到其他甘露糖残基上（磷酸化的替代位点，用星号表示）。去除外部 *N*- 乙酰葡萄糖胺残基，并且经过甘露糖残基进一步加工后，形成了结构 C 和结构 D。甘露糖的进一步去除会受到单磷酸酯的限制。因此，结构 C 和结构 D 仅仅代表带有 1～2 个单磷酸酯的几种可能结构中的两种。未被磷酸化的聚糖成为典型的复合型或杂合型 *N*- 聚糖。研究人员还发现了一些具有甘露糖 -6- 磷酸（M6P）的杂合型 *N*- 聚糖（结构 E）。对这些 *N*- 聚糖与纯化的甘露糖 -6- 磷酸受体（MPR）的结合进行研究，显示出如图中所示的相对亲和力：++，强；+，中等；+/-，弱；-，无结合。缩写：天冬酰胺（Asn）。关于聚糖的符号表示请参见附录 2。

研究人员随后对介导这些反应的前两种酶进行了纯化和表征，并克隆了编码它们的基因。*尿苷二磷酸 -N- 乙酰葡萄糖胺：溶酶体酶 N- 乙酰葡萄糖胺 -1- 磷酸转移酶*（UDP-GlcNAc: lysosomal enzyme GlcNAc-1-phosphotransferase，GlcNAc-P-T）是一个由两个基因编码的 $\alpha_2\beta_2\gamma_2$ 复合物。α 亚基和 β 亚基均由 *GNPTAB* 基因编码，产生包含有 1256 个氨基酸的 III 型跨膜产物，在高尔基体中经过位点 -1- 蛋白酶（site-1-protease，S1P）的蛋白水解过程产生了两个亚基，而包含 305 个氨基酸的 γ 亚基则由 *GNPTG* 基因编码（图 33.3）。α/β 亚基含有酶催化功能，亚基中的催化结构域也称为隐形结构域（stealth domain）①；同时，亚基中也包含了介导与溶酶体酶上存在的蛋白质决定簇相结合的元件，这些元件包括 Notch1 蛋白、Notch2 蛋白和 DNA 甲基化酶相关蛋白（DNA-methylase-associated protein，DMAP）。γ 亚基促进了一部分溶酶体酶的磷

① 隐形蛋白（stealth protein）为一类蛋白质家族，具有 D- 己糖 -1- 磷酰基转移酶（D-hexose-1-phosphoryl transferase）活性。

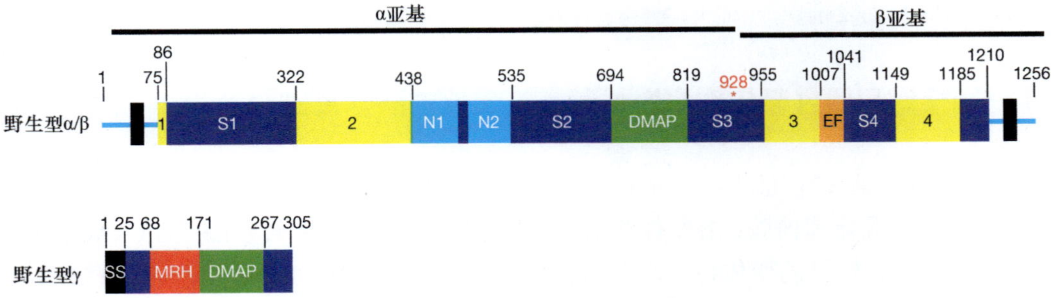

图 33.3　尿苷二磷酸 -*N*- 乙酰葡萄糖胺：溶酶体酶 *N*- 乙酰葡萄糖胺 -1- 磷酸转移酶（GlcNAc-P-T）是由两个基因编码的 $\alpha_2\beta_2\gamma_2$ 六聚体。*GNPTAB* 基因编码一种催化失活的 3 型跨膜前体，在高尔基体中，该前体 928 号位的赖氨酸（Lys-928）和 929 号位的天冬氨酸（Asp-929）之间，通过位点 -1- 蛋白酶（S1P）进行蛋白水解切割，产生具有催化活性的 α 亚基和 β 亚基。这些亚基通过隐形结构域（stealth domain）（黄色，编号 1 ～ 4）介导催化功能。这些结构域类似于在细胞壁多糖的生物合成中充当糖 - 磷酸转移酶（sugar-phosphate transferase）的细菌基因。Notch 模块（N1，N2）和 DNA 甲基化酶相关蛋白（DMAP）结构域均参与了溶酶体酶的识别。*GNPTG* 基因编码了包含 DMAP 溶酶体酶结合结构域和 M6P 受体同源（MRH）结构域的 γ 亚基，据推测，MRH 结构域可与溶酶体酶上的寡甘露糖基 *N*- 聚糖结合，并将它们呈递到转移酶的催化位点。缩写：信号序列（SS）；EF- 手[①]钙结合基序（EF-hand calcium-binding motif）（EF）；间隔区 1 ～间隔区 4（spacer 1 ～ spacer 4，S1 ～ S4）。间隔区 S2 中，包含了与 γ 亚基结合的结构域。

酸化。它包含一个甘露糖 -6- 磷酸受体同源（M6P receptor homology，MRH）结构域，该结构域（MRH domain）被认为可以与溶酶体酶上的寡甘露糖基 *N*- 聚糖结合，并将其同时呈递到用于磷酸化的催化位点；此外，γ 亚基还包含一个 DNA 甲基化酶相关蛋白（DMAP）识别结构域。第二种酶是由 *NAGPA* 基因编码的 *α-N- 乙酰葡萄糖胺 -1- 磷酸二酯糖苷酶*（α-*N*-acetylglucosamine-1-phosphodiester glycosidase），它是由 4 个相同的 68 kDa 亚基组成的复合物，排列成两个二硫键连接的同型二聚体。与其他高尔基体酶不同，这是一种 I 型跨膜糖蛋白，其氨基末端位于高尔基体腔室内。

溶酶体酶的寡甘露糖基 *N*- 聚糖，与许多其他通过内质网 - 高尔基体途径的糖蛋白相同。因此，*尿苷二磷酸 -N- 乙酰葡萄糖胺：溶酶体酶 N- 乙酰葡萄糖胺 -1- 磷酸转移酶*（GlcNAc-P-T）的特异性识别，对于实现选择性运输至关重要。这种识别的特异性无法通过溶酶体酶的一级多肽序列中的任何相似性来解释。事实上，变性的溶酶体酶失去了其特殊的 GlcNAc-P-T 受体活性，表明二级或三级结构的特征对于识别过程至关重要。研究人员使用了两种互补的方法来确定该识别标志物的识别要素。在**功能丧失（loss-of-function）**研究中，溶酶体酶的各种氨基酸被替换为丙氨酸，以确定这一操作对磷酸化的影响。在**功能获得（gain-of-function）**实验中，一种名为组织蛋白酶 D（cathepsin D）的溶酶体蛋白酶残基，被替换为一种名为糖胃蛋白酶原（glycopepsinogen）的同源分泌蛋白酶。这些研究表明，特定的赖氨酸残基在与 GlcNAc-P-T 的相互作用中具有关键作用。事实上，最少只需要两个赖氨酸彼此之间，以及与 *N*- 聚糖之间保持正确的朝向（orientation），就可以作为识别结构域中的最小元素。然而，额外的氨基酸残基会增强与 GlcNAc-P-T 的相互作用。在某些情况下（如组织蛋白酶 D），酶中可能包含了一个非常长的决定簇，或者可能包含一个以上的识别域。

催化甘露糖 -6- 磷酸识别标志物暴露过程的 *N- 乙酰葡萄糖胺磷酸二酯糖苷酶*（GlcNAc phosphodiester glycosidase），主要存在于**反面高尔基网（*trans*-Golgi network，TGN）**中，它在该区室和质膜之间循环。因此，对识别标志物进行除盖（uncovering），是高尔基体中的晚期事件，发生在将酶加载到甘露糖 -6- 磷酸受体

---

① EF- 手（EF hand）是一种在钙结合蛋白中发现的螺旋 - 环 - 螺旋结构域或结构基序，如同人类手上的拇指和食指，而 Ca^{2+} 与其配体位于环内。

（M6P receptor，MPR）上之前。

33.1.4 I 细胞疾病和假性赫尔勒多发性营养不良症的酶学基础

I 细胞疾病也称为**黏脂贮积症 II 型（mucolipidosis-II，ML-II）**。来自此疾病患者的成纤维细胞，表现出尿苷二磷酸 -*N*- 乙酰葡萄糖胺：溶酶体酶 *N*- 乙酰葡萄糖胺 -1- 磷酸转移酶（GlcNAc-P-T）酶活性的完全缺失。该疾病的一种较轻的变体称为**假性赫尔勒多发性营养不良症（pseudo-Hurler polydystrophy）**，也称为**黏脂贮积症 III 型（mucolipidosis-III，ML-III）**，通过测序可细分为**黏脂贮积症 IIIα/β 型（mucolipidosis-IIIα/β，MLIIIα/β）**或**黏脂贮积症 IIIγ 型（mucolipidosis-IIIγ，MLIIIγ）**，该疾病显示出不太严重的酶活性缺失。成纤维细胞的代谢放射性标记，证实了这些疾病中的甘露糖残基无法被磷酸化，无症状的肯定杂合子（obligate heterozygote）①表现出部分缺陷，而血清溶酶体酶水平略有升高。此后，在几乎所有检查过的 I 细胞疾病及黏脂贮积症 II 型和 III 型患者中，研究人员在编码 GlcNAc-P-T 的两种基因中均检测到各种类型的突变，表明这种酶的缺陷是该疾病的主要遗传学原因。

33.2 P 型凝集素（甘露糖 -6- 磷酸受体）的共同特征

第一个候选的（约 275kDa）甘露糖 -6- 磷酸识别标志物的受体，已经由研究人员通过亲和色谱法分离获得，并且发现在没有阳离子的情况下，该受体能够结合甘露糖 -6- 磷酸（M6P），即**非阳离子依赖性的甘露糖 -6- 磷酸受体（cation-independent MPR，CI-MPR）**。在某些缺乏这一受体的细胞中，仍然表现出甘露糖 -6- 磷酸对溶酶体酶的抑制性结合，从而发现了第二种约 45kDa 的甘露糖 -6- 磷酸受体，它需要二价阳离子才能达到最佳结合，即**阳离子依赖性的甘露糖 -6- 磷酸受体（cation-dependent MPR，CD-MPR）**。两种受体都能够以最高的亲和力，与携带两个甘露糖 -6- 磷酸残基的聚糖结合（图 33.2，结构 C），而仅有非阳离子依赖性的甘露糖 -6- 磷酸受体，能够与携带 *N*- 乙酰葡萄糖胺 - 磷酸 - 甘露糖 - 磷酸二酯（GlcNAc-P-Man-phosphodiester）的分子发生相互作用（图 33.2，结构 A 和 B）。与携带一个甘露糖 -6- 磷酸的糖链之间的结合（图 33.2，结构 D），在结合亲和力上处于居中位置。通过高尔基甘露糖苷酶的加工，去除糖链外侧的甘露糖残基，能够使结合增强。

研究人员已经对编码这两种甘露糖 -6- 磷酸受体的基因进行了克隆和全面的表征。两者都是 I 型跨膜糖蛋白，具有胞质外结构域、跨膜结构域和羧基末端胞质结构域。非阳离子依赖性的甘露糖 -6- 磷酸受体（CI-MPR），具有 15 个连续的重复性单元（repetitive unit），共包含约 145 个氨基酸，彼此之间有部分序列相同。阳离子依赖性的甘露糖 -6- 磷酸受体（CD-MPR）具有单一的细胞外结构域，与非阳离子依赖性的甘露糖 -6- 磷酸受体的重复结构域显示出同源性（图 33.4A）。连同某些内含子 - 外显子边界的保守性，这种同源性表明，这两个基因从一个共同的祖先进化而来。基于它们的序列关系和对甘露糖 -6- 磷酸独特的结合特性，这两种甘露糖 -6- 磷酸受体已被正式归类为 P 型凝集素。甘露糖 -6- 磷酸受体的结构同源物也存在于酵母和果蝇中，但这些蛋白质缺乏与甘露糖 -6- 磷酸结合的能力。

阳离子依赖性的甘露糖 -6- 磷酸受体（CD-MPR）主要以二聚体形式存在，每个单体结合一个甘露糖 -6- 磷酸（M6P）残基。非阳离子依赖性的甘露糖 -6- 磷酸受体（CI-MPR）在膜上似乎也是二聚体，尽管在溶解时它很容易解离。它的其中两个重复单元（重复单元 3 和 9）以高亲和力结合甘露糖 -6- 磷酸（单磷酸酯），第三个重复单元（重复单元 5）结合甘露糖 -6- 磷酸二酯，第四个重复单元（重复单元

① 指根据家族史，其变异必须是杂合的个体，适用于以常染色体隐性或 X 连锁方式遗传的疾病。

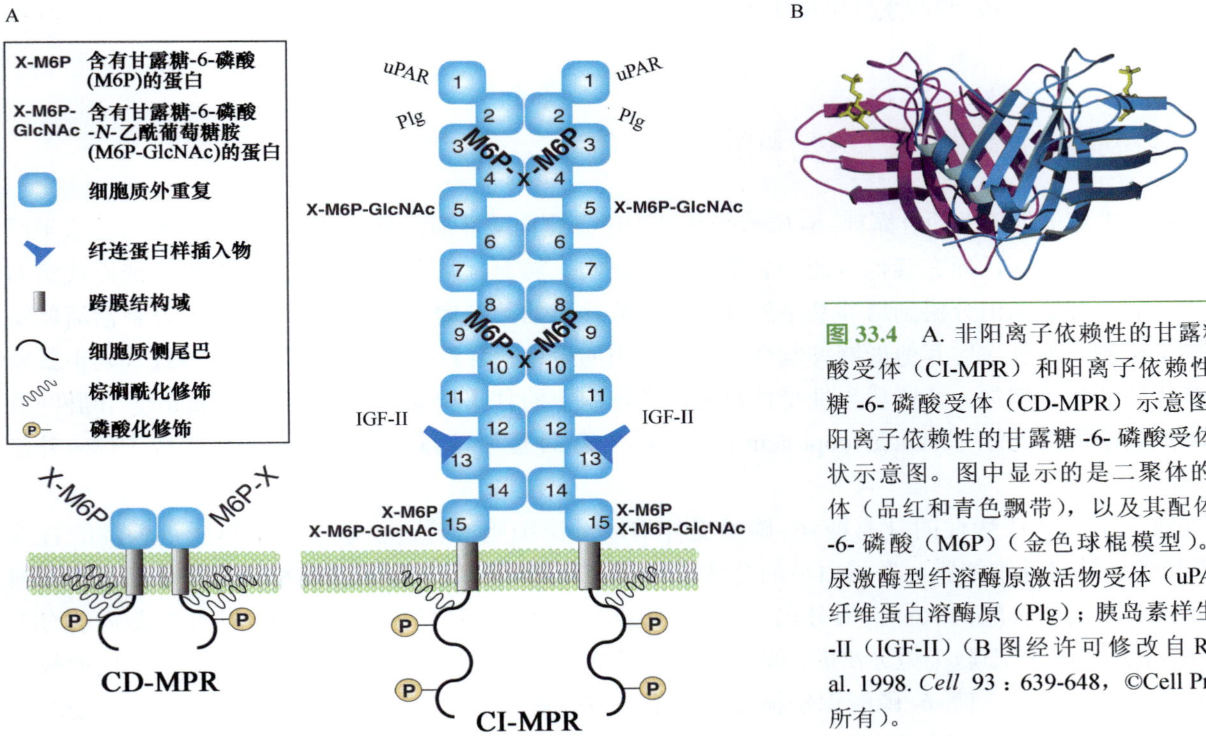

图 33.4 A. 非阳离子依赖性的甘露糖 -6- 磷酸受体（CI-MPR）和阳离子依赖性的甘露糖 -6- 磷酸受体（CD-MPR）示意图。B. 牛阳离子依赖性的甘露糖 -6- 磷酸受体的飘带状示意图。图中显示的是二聚体的两个单体（品红和青色飘带），以及其配体甘露糖 -6- 磷酸（M6P）（金色球棍模型）。缩写：尿激酶型纤溶酶原激活物受体（uPAR）；血纤维蛋白溶酶原（Plg）；胰岛素样生长因子 -II（IGF-II）（B 图经许可修改自 Roberts et al. 1998. *Cell* 93：639-648，©Cell Press 版权所有）。

15）以相等的亲和力结合甘露糖 -6- 磷酸单磷酸酯和甘露糖 -6- 磷酸二酯。突变研究已经确定了这些受体中参与甘露糖 -6- 磷酸结合的特定残基，并且已经获得了甘露糖 -6- 磷酸 / 甘露糖 -6- 磷酸结合结构域的复合物晶体结构。对比结合口袋，研究人员发现有 4 个残基（谷氨酰胺、精氨酸、谷氨酸、酪氨酸）展现出位置上的保守性，并且与甘露糖环形成相同的接触。阳离子依赖性的甘露糖 -6- 磷酸受体已获得了二聚体的晶体结构，每个单体都折叠成一个九股扁平的 β- 桶（β-barrel），与亲和素（avidin）中所见的蛋白质折叠惊人地相似（图 33.4B）。二聚体的两个配体结合位点之间的距离，很好地解释了阳离子依赖性的甘露糖 -6- 磷酸受体对各种溶酶体酶所展示出的结合亲和力差异。重组形式的非阳离子依赖性的甘露糖 -6- 磷酸受体的晶体结构也已解出，该晶体结构包括了其胞外区 15 个连续结构域中的 13 个结构域（即结构域 1 ～ 5、结构域 7 ～ 11 和结构域 11 ～ 14）。每个结构域都显示出与阳离子依赖性的甘露糖 -6- 磷酸受体相似的拓扑学结构。从牛肝脏中分离出来的非阳离子依赖性的甘露糖 -6- 磷酸受体的**冷冻电子显微术（cryo-electron microscopy，cryo-EM）**表征，已在以下条件下进行：①不利于配体结合（pH 4.5)；②在细胞表面发现（pH 7.4），并通过非阳离子依赖性的甘露糖 -6- 磷酸受体的结构域 11，与非糖基化的配体——胰岛素样生长因子 II（insulin-like growth factor II，IGF-II）结合。尽管 pH 7.4 的冷冻电镜结构无法以足够的分辨率观察到蛋白质的 N 端（结构域 1 ～ 3）和 C 端（结构域 15），但它确实提供了对非阳离子依赖性的甘露糖 -6- 磷酸受体在整个细胞外区域排列的深入理解。研究人员提出的冷冻电镜模型，未能将两个甘露糖 -6- 磷酸结合域（结构域 3 和结构域 9）定位在足够近的空间距离，以结合单个二磷酸化的 *N*- 聚糖。这表明这种 *N*- 聚糖的高亲和力结合是由位于非阳离子依赖性的甘露糖 -6- 磷酸受体上不同单体上的结合位点的跨越（spanning）作用所致。另一种可能性是该受体是动态的，两个甘露糖 -6- 磷酸结合位点之间的间距能够保持灵活，以增强与蛋白质主链上不同位置的、含有磷酸化聚糖的溶酶体酶之间的相互作用。受体的动态特性，得到了结构生物学和生物物理研究的支持，这些研究表明，非阳离子依赖性的甘露糖 -6- 磷酸受体的构象受到 pH 的影响。在酸性条件下，非阳离子依赖性的甘露糖 -6- 磷酸受体采用更为紧凑的结构，这可能有利于溶酶体酶在内体区室的酸性环境中卸载。

33.3 甘露糖 -6- 磷酸受体中的诱导遗传缺陷

对小鼠中阳离子依赖性的甘露糖 -6- 磷酸受体基因进行靶向破坏后，体循环中的溶酶体酶表达水平维持正常或仅仅略微升高，而在其他方面的表型也大致正常。然而，来自此类小鼠的胸腺细胞或原代培养的成纤维细胞，却显示出分泌到培养基中的磷酸化溶酶体酶的数量增加。这表明存在着可以补偿活体缺陷的生物学机制。静脉注射其他能够抑制介导内吞作用的聚糖特异性受体的抑制剂，会导致缺陷小鼠血清中溶酶体酶的显著增加，这些特异性受体包括巨噬细胞中的甘露糖受体（mannose receptor）和肝细胞中的无唾液酸糖蛋白受体（asialoglycoprotein receptor）（**第 34 章**）。因此，这些受体可能构成了体内补偿机制的一部分。

与仅缺乏阳离子依赖性的甘露糖 -6- 磷酸受体的成纤维细胞一样，仅缺乏非阳离子依赖性的甘露糖 -6- 磷酸受体的成纤维细胞，在蛋白质的分选中也存在着部分损伤。缺乏这两种受体的胚胎成纤维细胞，显示出多种溶酶体酶的大量错误分选（missorting）。因此，两种受体都是溶酶体酶在细胞内的有效定向所必需的。对不同细胞类型分泌的溶酶体酶进行比较，结果表明这两种受体可能优先与不同的酶亚群相互作用。因此，甘露糖 -6- 磷酸识别标志物在单一溶酶体酶内和不同酶之间的结构异质性，是对具有互补结合特性的两种甘露糖 -6- 磷酸受体在进化上作出的一种解释，即在不同的细胞类型或组织中，为溶酶体蛋白提供了一种有效但多样的蛋白质派送模式。标志物 - 受体的相互作用，最初看似是一种精确的锁钥（lock-and-key）机制，结果却被证明是一个更为复杂和灵活的系统，提供了功能上实用的生物学灵活性。

33.4 甘露糖 -6- 磷酸受体的亚细胞运输

在稳定状态下，甘露糖 -6- 磷酸受体集中在反面高尔基网（TGN）和晚期内体（late endosome）中，但它们在这些细胞器、用于蛋白质分选的早期内体（early endosome）、再循环的内体（recycling endosome）和质膜之间进行基本的循环（图 33.5）。甘露糖 -6- 磷酸受体理应避免被递送至溶酶体，因为它们会在溶酶体中被降解。这种运输由受体细胞质尾部的许多短氨基酸分选信号决定。反面高尔基网（TGN）是新合成的溶酶体酶与甘露糖 -6- 磷酸受体结合的场所，甘露糖 -6- 磷酸受体随后被收集到**网格蛋白包被小窝**（**clathrin-coated pit**）中，并包封在**网格蛋白有被小泡**（**clathrin-coated vesicle**）中，以运送至早期内体。该过程涉及甘露糖 -6- 磷酸受体与两种**包被蛋白**（**coat protein**）的相互作用：高尔基体定位 - 含 γ 耳 - 腺苷二磷酸核糖基化因子结合蛋白（Golgi-localized，γ-ear-containing，ADP-ribosylation factor binding Protein，GGA Protein）和衔接蛋白 1（adapter protein 1，AP1）。除了结合甘露糖 -6- 磷酸受体外，包被蛋白还可以招募网格蛋白（clathrin），以组装网格蛋白有被小泡。在递送至早期内体后，随着内体成熟为晚期内体和 pH 的降低，溶酶体酶从甘露糖 -6- 磷酸受体中释放出来。晚期内体随后与溶酶体发生动态融合 / 裂变（fusion/fission），使得溶酶体酶被选择性地转移到溶酶体中，并将甘露糖 -6- 磷酸受体留在晚期内体的亚结构域中。随后，这些甘露糖 -6- 磷酸受体可能通过多蛋白逆转运复合体（multiprotein retromer complex）介导，返回到反面高尔基网（TGN），或者移动到质膜，在名为衔接蛋白 2（adaptor protein 2，AP2）的包被蛋白的介导下，通过网格蛋白包被小窝发生内化。甘露糖 -6- 磷酸受体从不同的内体区室返回到反面高尔基网存在着几种途径，尽管不同途径的相对重要性尚不清楚。

33.4.1 非阳离子依赖性的甘露糖 -6- 磷酸受体介导磷酸化溶酶体酶的摄取在酶替代疗法中的意义

纽菲尔德（Neufeld）的原始实验表明，一部分新合成的溶酶体酶被分泌到培养基中，但可能被同一细胞或是表达了细胞表面非阳离子依赖性的甘露糖 -6- 磷酸受体（CI-MPR）的相邻细胞重新捕获（图 33.1）。与此类细胞表面甘露糖 -6- 磷酸受体结合的酶，通过网格蛋白包被小窝和网格蛋白有被小泡被内吞，最终到达晚期内体区室，而这也是新合成的分子从高尔基体出发后的目的地。这种**分泌 - 再捕获途径（secretion-recapture pathway）**在大多数细胞中是次要的，但在**酶替代疗法（enzyme replacement therapy）**中起着关键作用。

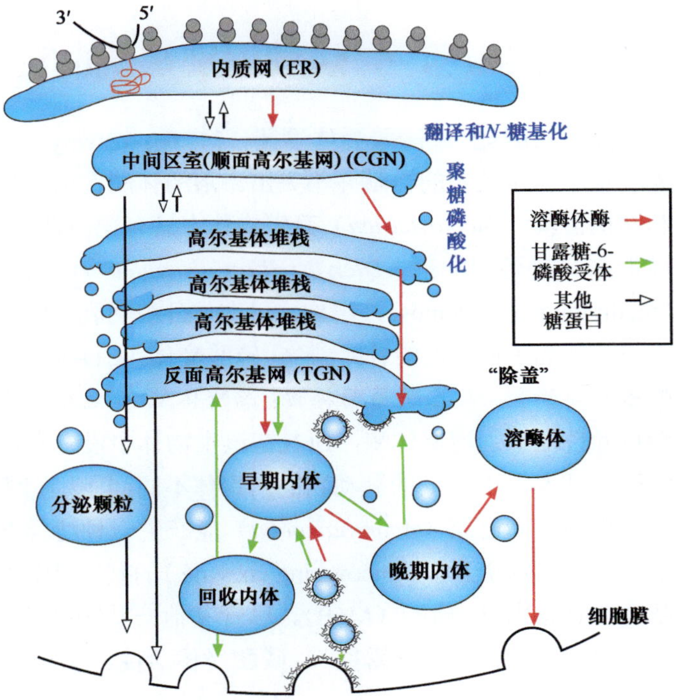

图 33.5 糖蛋白、溶酶体酶和甘露糖 -6- 磷酸受体（MPR）的亚细胞运输途径。来自糙面内质网的新合成糖蛋白，通过高尔基体堆栈，然后被蛋白分选到各自的目的地。沿着这条路线，溶酶体酶被尿苷二磷酸 -N- 乙酰葡萄糖胺：溶酶体酶 N- 乙酰葡萄糖胺 -1- 磷酸转移酶（GlcNAc-P-T）识别，并在中间区室（即顺面高尔基网）中被磷酸化，然后由反面高尔基网（TGN）中的磷酸二酯糖苷酶进行除盖(uncovering)。在反面高尔基网之外，溶酶体酶的运输主要由甘露糖 -6- 磷酸受体（MPR）介导，通过早期内体到晚期内体，运输的溶酶体酶货物在晚期内体中得到释放。少量的溶酶体酶可以逃脱甘露糖 -6- 磷酸受体的捕获，并分泌进入细胞外液。溶酶体酶也可以通过与细胞表面的甘露糖 -6- 磷酸受体结合以及随后的内吞作用重新进入细胞。如图所示，一旦进入内吞途径，内化的溶酶体酶就可以与遵循生物合成途径的酶相互混合。许多非溶酶体糖蛋白的一般途径以空心箭头表示；溶酶体酶的具体行程以红色箭头表示；甘露糖 -6- 磷酸受体的途径以绿色箭头表示。甘露糖 -6- 磷酸受体的其他途径包括从早期内体回收到细胞表面，再返回到反面高尔基网，在释放溶酶体酶货物后，自回收内体（recycling endosome）和晚期内体中进行回收。

如**第 44 章**所述，在聚糖降解过程中存在着多种遗传性疾病，这些疾病由特定溶酶体酶的活性降低所致。其中一些通过**甘露糖 -6- 磷酸途径（M6P pathway）**靶向溶酶体的酶，已被大量制备成重组的可溶性蛋白并应用于酶替代疗法。迄今为止，这些蛋白质的疗效不一，但仍未达到最佳。有很多潜在的原因造成了这一结果。首先，一些制剂可能不包含磷酸甘露糖基识别标志物的生理补体。有理由认为，更高含量的甘露糖 -6- 磷酸，可能会提高这些患者的酶替代疗效。在小鼠和犬的模型体系中已被证明确实如此。然而即使使用完全磷酸化的酶，也可能存在难以克服的障碍。例如，体内的某些细胞类型可能无法在其表面表达足够水平的非阳离子依赖性的甘露糖 -6- 磷酸受体（CI-MPR），以至于无法内吞足够量的酶，以恢复正常的溶酶体功能。此外，对于许多这些疾病中受影响最严重的器官（大脑），由于血脑屏障的存在，酶无法顺利进入。尽管对缺乏溶酶体三肽基肽酶 1（tripeptidyl peptidase 1）的儿童所进行的首个脑室内甘露糖 -6- 磷酸依赖性酶替代疗法颇具前景，但仍需要进一步的研究。

33.5 甘露糖 -6- 磷酸识别系统的进化起源

尽管**甘露糖 -6- 磷酸受体途径**（**MPR pathway**）在脊椎动物溶酶体酶的运输中起主要作用，但它在无脊椎动物系统中的贡献并不突出。溶酶体酶在诸如酵母菌属（*Saccharomyces*）、锥虫属（*Trypanosoma*）和网柄菌属（*Dictyostelium*）等生物体中具有靶向性，不需要那些已被确定的甘露糖 -6- 磷酸受体的帮助。黏液霉菌**盘基网柄菌**（***Dictyostelium discoideum***）在其某些溶酶体酶上产生一种新型的甲基磷酸甘露糖（methylphosphomannose）结构，可在体外被哺乳动物的非阳离子依赖性的甘露糖 -6- 磷酸受体（CI-MPR）而不是阳离子依赖性的甘露糖 -6- 磷酸受体（CD-MPR）识别。然而，尽管存在能够识别 α1-2 甘露糖残基的尿苷二磷酸 -*N*- 乙酰葡萄糖胺：溶酶体酶 *N*- 乙酰葡萄糖胺 -1- 磷酸转移酶（GlcNAc-P-T），但该酶并不能特异性地识别溶酶体酶，而且在该生物体中没有发现甘露糖 -6- 磷酸的受体。此外，网柄菌的 GlcNAc-P-T，似乎与其对应的哺乳动物的六聚体不同，因为在网柄菌的基因组中未能发现与 γ 亚基有关的序列。原生动物棘阿米巴属（*Acanthamoeba*）能产生一种特异性地识别溶酶体酶的 GlcNAc-P-T。然而，这种生物缺乏可以编码除盖酶（uncovering enzyme）的基因，因此预计不会形成可用于与甘露糖 -6- 磷酸受体（MPR）结合的甘露糖 -6- 磷酸（M6P）。尽管其他一些额外的低等生物体中确实显示出存在除盖酶的证据，但尚未发现这些生物具有甘露糖 -6- 磷酸受体活性。完整的甘露糖 -6- 磷酸受体系统建立进化分歧点的时间仍然有待确定。

33.6 非阳离子依赖性的甘露糖 -6- 磷酸受体与多种其他配体结合

虽然非阳离子依赖性的甘露糖 -6- 磷酸受体（CI-MPR）最初是作为溶酶体酶运输的受体被发现的，但事实证明，它是一个非常多功能的分子（**图 33.4A**）。尽管胰岛素样生长因子 II（insulin-like growth factor II，IGF-II）这一多肽缺乏甘露糖 -6- 磷酸残基，但它仍能以高亲和力与非阳离子依赖性的甘露糖 -6- 磷酸受体进行结合。许多研究探索了这两种不同配体之间的潜在相互作用。尽管这两种配体与非阳离子依赖性的甘露糖 -6- 磷酸受体上的不同位点结合，但关于这两种活性之间的协同作用或拮抗作用的报道相互矛盾。无论如何，非阳离子依赖性的甘露糖 -6- 磷酸受体似乎主要充当了细胞外液中过量的胰岛素样生长因子 II 的接收池（sink），将其运送到溶酶体中进行降解，并减少可与胰岛素样生长因子 I 受体（insulin-like growth factor-I receptor，IGF-I receptor）结合的胰岛素样生长因子 II 的数量。一些研究表明，胰岛素样生长因子 II 与非阳离子依赖性的甘露糖 -6- 磷酸受体的结合，调控了某些细胞类型的运动和生长。研究人员还发现，非阳离子依赖性的甘露糖 -6- 磷酸受体，以高亲和力结合视黄酸（retinoic acid），其结合位点不同于结合甘露糖 -6- 磷酸和胰岛素样生长因子 II 时的结合位点。与视黄酸的这种结合似乎增强了非阳离子依赖性的甘露糖 -6- 磷酸受体的主要功能，其生物学后果似乎是抑制了细胞增殖和（或）诱导细胞凋亡。这一意外发现的意义仍在探索之中。其他配体包括尿激酶型纤溶酶原激活物受体（urokinase-type plasminogen activator receptor，uPAR）和血纤维蛋白溶酶原（plasminogen，Plg），它们的功能目前仍然未知。

与恶性肿瘤相关的非阳离子依赖性的甘露糖 -6- 磷酸受体的表达，也存在着一些无法解释的变化。非阳离子依赖性甘露糖 -6- 磷酸受体基因座的杂合性缺失，发生在肝脏发育不良病变，以及与肝炎病毒感染和肝硬化等高危因素相关的肝细胞癌中。在约 50% 的这些肿瘤中检测到剩余等位基因的突变，这些肿瘤似乎也经常由在非阳离子依赖性的甘露糖 -6- 磷酸受体中发生了突变，但生物学表型上正常的肝细胞的克隆扩增发展而来。因此，非阳离子依赖性的甘露糖 -6- 磷酸受体符合多种经典标准，可被归类为肝脏中的肿瘤抑制基因。

33.7　甘露糖 -6- 磷酸对非溶酶体蛋白的重要性

有趣的是，研究人员已经在多种非溶酶体蛋白（nonlysosomal protein）上发现了含有甘露糖 -6- 磷酸的 *N*- 聚糖。一些水解酶似乎也采用了主要的分泌途径，如子宫铁蛋白（uteroferrin）和 DNA 水解酶 I（DNase I）。在第一种情况下，未能去除阻断甘露糖 -6- 磷酸识别的 *N*- 乙酰葡萄糖胺残基，可能是导致其分泌的肇因。对于 DNA 水解酶 I 而言，其天然的磷酸化水平似乎很低。研究人员在转化生长因子 β（transforming growth factor β，TGF-β）前体上也发现了甘露糖 -6- 磷酸修饰，并且磷酸基团从成熟形式的蛋白质中消失。似乎甘露糖 -6- 磷酸可用于靶向非阳离子依赖性的甘露糖 -6- 磷酸受体的前体，以启动激活。然而与 DNA 水解酶 I 一样，转化生长因子 β（TGF-β）的天然磷酸化水平似乎很低。其他被报道携带甘露糖 -6- 磷酸的非溶酶体蛋白包括增殖蛋白（proliferin）、白血病抑制因子（leukemia inhibitory factor，LIF）和甲状腺球蛋白（thyroglobulin）。在最后一种情况下，含有甘露糖 -6- 磷酸的 *N*- 聚糖被视为是一种靶向蛋白质降解和释放甲状腺激素的机制。但不应该理所当然地认为，所有这些蛋白质上含有甘露糖 -6- 磷酸的 *N*- 聚糖都参与了细胞内的运输。正如丝氨酸残基的磷酸化具有多种生物学作用一样，在一个复杂的多细胞生物体中。甘露糖 -6- 磷酸可能被用于多种目的。

单纯疱疹病毒（herpes simplex virus，HSV）和**水痘 - 带状疱疹病毒（varicella zoster virus，VZV）**的糖蛋白已被证明携带有甘露糖 -6- 磷酸修饰的 *N*- 聚糖。在这些情况下，甘露糖 -6- 磷酸位于复杂的 *N*- 聚糖上，表明它起源自不同的生物合成途径。无论其合成方式如何，病毒进入内体都需要无细胞的水痘 - 带状疱疹病毒与细胞表面的非阳离子依赖性的甘露糖 -6- 磷酸受体发生相互作用。有趣的是，细胞内非阳离子依赖性的甘露糖 -6- 磷酸受体，还可以将新合成的、位于囊膜（envelope）中的水痘 - 带状疱疹病毒转移到晚期内体，使病毒粒子在胞吐过程之前就已经在晚期内体中失活。这被认为是这种成功的病原体限制立即过度传播以避免杀死宿主的机制，或可能是一种宿主防御形式的具象化体现。感染水痘 - 带状疱疹病毒的人体皮肤活检表明，非阳离子依赖性的甘露糖 -6- 磷酸受体的表达，在成熟的浅表皮细胞中消失，从而阻止了水痘 - 带状疱疹病毒转移到内体，产生感染性水痘 - 带状疱疹病毒的组成型分泌。这些数据表明，非阳离子依赖性的甘露糖 -6- 磷酸受体，与水痘 - 带状疱疹病毒感染的复杂生物学有关。

33.8　运输溶酶体酶的其他途径

尽管甘露糖 -6- 磷酸识别标志物在将新合成的溶酶体酶运输到脊椎动物溶酶体的过程中发挥了重要作用，但在某些细胞类型中也存在着替代机制。在 I 细胞疾病患者中，一些细胞和组织如肝脏及循环粒细胞（granulocyte）中酶的水平基本正常。源自这些患者的 B 淋巴母细胞系，也不会显示出在成纤维细胞中所见的酶缺乏的全部表型。一种可能的解释是，用于运输溶酶体酶的甘露糖 -6- 磷酸途径是一种专门的蛋白质派送形式，叠加在更原始的生物所使用的一些其他基本机制上，这些基本机制仍有部分尚未确定。在这方面，两种溶酶体酶——酸性磷酸酶 2（acid phosphatase 2，ACP2）和 β- 葡萄糖脑苷脂酶（β-glucocerebrosidase），在 I 细胞疾病成纤维细胞中的分布完全不受影响。对于酸性磷酸酶 2，该酶最初以膜结合蛋白的形式合成，一旦进入溶酶体，它就会被蛋白酶水解切割，以产生成熟的可溶形式。葡萄糖脑苷脂酶则是通过与 2 型溶酶体膜整合蛋白质（lysosomal integral membrane protein type-2，LIMP-2）形成复合物而独立于甘露糖 -6- 磷酸受体途径，被派送至溶酶体中。2 型溶酶体膜整合蛋白质，是一种溶酶体膜蛋白质，在其细胞质尾部包含了靶向信号。同样，溶酶体的其他膜整合蛋白质（integral membrane protein)，在其细胞质尾部使用类似的靶向基序以运输到溶酶体。此外，研究人员已经鉴定出几种不依赖于甘露糖-6-磷酸的、用于运输溶酶体酶货物的受体，如低密度脂肪酸受体相关蛋白1（LDL receptor-related protein 1，LRP1）、低密度脂肪酸受体相关蛋白2（也被称为巨蛋白）（LDL receptor-related protein 2，LRP2，megalin）、神经降压素受体3（sortilin）和甘露糖受体（MR）。

33.8.1 包含甘露糖-6-磷酸受体同源结构域的蛋白质在分泌途径中的功能

由于甘露糖-6-磷酸受体同源（MRH）结构域的存在，研究人员现已鉴定出少量与P型凝集素相关的蛋白质。这些甘露糖-6-磷酸受体同源结构域中，包含了与甘露糖结合的残基，但缺少与磷酸基团结合的残基。在一些情况下，这些蛋白质已被证明能够与寡甘露糖结构结合。这些蛋白质大多驻留在内质网中，它们在内质网质量控制途径中作为凝集素（如OS-9和XTP3-B）或糖苷酶（如葡萄糖苷酶II）发挥作用。有趣的是，*尿苷二磷酸-N-乙酰葡萄糖胺:溶酶体酶N-乙酰葡萄糖胺-1-磷酸转移酶*（GlcNAc-P-T）的γ亚基，具有甘露糖-6-磷酸受体同源结构域，该结构域在一个溶酶体酶亚群的磷酸化中起关键作用。与GlcNAc-P-T类似，有研究人员提出，*葡萄糖苷酶II*（glucosidase II）β亚基中的甘露糖-6-磷酸受体同源结构域的作用，是将聚糖以最优状态呈递给这种异二聚酶的催化α亚基，以便有效地去除葡萄糖残基。这些甘露糖-6-磷酸受体同源结构域的确切生物学作用仍有待阐明。

致谢

感谢斯图尔特·科恩菲尔德（Stuart Kornfeld）对早期版本的贡献，以及斯内哈·科马特（Sneha Komath）和安妮·安伯蒂（Anne Imberty）的有益评论及建议。

延伸阅读

Fratantoni JC, Hall CW, Neufeld EF. 1968. Hurler and Hunter syndromes: mutual correction of the defect in cultured fibroblasts. *Science* **162**: 570-572.

Hickman S, Neufeld EF. 1972. A hypothesis for I-cell disease: defective hydrolases that do not enter lysosomes. *Biochem Biophys Res Commun* **49**: 992-999.

Kaplan A, Achord DT, Sly WS. 1977. Phosphohexosyl components of a lysosomal enzyme are recognized by pinocytosis receptors on human fibroblasts. *Proc Natl Acad Sci* **74**: 2026-2030.

Hasilik A, Klein U, Waheed A, Strecker G, von Figura K. 1980. Phosphorylated oligosaccharides in lysosomal enzymes: identification of α-N-acetylglucosamine (1) phospho (6) mannose diester groups. *Proc Natl Acad Sci* **77**: 7074-7078.

Tabas I, Kornfeld S. 1980. Biosynthetic intermediates of β-glucuronidase contain high mannose oligosaccharides with blocked phosphate residues. *J Biol Chem* **255**: 6633-6639.

Reitman ML, Varki A, Kornfeld S. 1981. Fibroblasts from patients with I-cell disease and pseudo-Hurler polydystrophy are deficient in uridine 5′-diphosphate-N-acetylglucosamine: glycoprotein N-acetylglucosaminylphosphotransferase activity. *J Clin Invest* **67**: 1574-1579.

Varki A, Kornfeld S. 1983. The spectrum of anionic oligosaccharides released by endo-β-N-acetylglucosaminidase H from glycoproteins. Structural studies and interactions with the phosphomannosyl receptor. *J Biol Chem* **258**: 2808-2818.

Kornfeld S. 1986. Trafficking of lysosomal enzymes in normal and disease states. *J Clin Invest* **77**: 1-6.

von Figura K, Hasilik A. 1986. Lysosomal enzymes and their receptors. *Annu Rev Biochem* **55**: 167-193.

Kornfeld S, Mellman I. 1989. The biogenesis of lysosomes. *Annu Rev Cell Biol* **5**: 483-525.

Munier-Lehmann H, Mauxion F, Hoflack B. 1996. Function of the two mannose 6-phosphate receptors in lysosomal enzyme transport. *Biochem Soc Trans* **24**: 133-136.

Bonifacino JS, Traub LM. 2003. Signals for sorting of transmembrane proteins to endosomes and lysosomes. *Annu Rev Biochem* **72**: 395-447.

Ghosh P, Dahms NM, Kornfeld S. 2003. Mannose 6-phosphate receptors: new twists in the tale. *Nat Rev Mol Cell Biol* **4**: 202-212.

Dahms NM, Olson LJ, Kim JJ. 2008. Strategies for carbohydrate recognition by the mannose 6-phosphate receptors. *Glycobiology* **18**: 664-678.

Vogel P, Payne BJ, Read R, Lee WS, Gelfman CM, Kornfeld S. 2009. Comparative pathology of murine mucolipidosis types II and IIIC. *Vet Pathol* **46**: 313-324.

Castonguay AC, Olson LJ, Dahms NM. 2011. Mannose 6-phosphate receptor homology (MRH) domain-containing lectins in the secretory pathway. *Biochim Biophys Acta* **1810**: 815-826.

Kollmann K, Pestka JM, Schöne E, Schweizer M, Karkmann K, Kühn SC, Catala-Lehnen P, Failla AV, Marshall RP, Krause M, et al. 2013. Decreased bone formation and increased osteaclastogenesis cause bone loss in mucolipidosis II. *EMBO Mol Med* **5**: 1871-1886.

Otomo T, Schweizer M, Kollmann K, Schumacher V, Muschol N, Tolosa E, Mittrücker H-W, Braulke T. 2015. Mannose 6 phosphorylation of lysosomal enzymes controls B cell functions. *J Cell Biol* **208**: 171-180.

van Meel E, Lee WS, Liu L, Qian Y, Doray B, Kornfeld S. 2017. Multiple domains of GlcNAc-1-phosphotransferase mediate recognition of lysosomal enzymes. *J Biol Chem* **291**: 8295-8307.

Bochel AJ, Williams C, McCoy AJ, Hoppe HJ, Winter AJ, Nicholls RD, Harlos K, Jones EY, Berger I, Hassan AB, Crump MP. 2020. Structure of the human cation-independent mannose 6-phosphate/IGF2 receptor domains 7-11 uncovers the mannose 6-phosphate binding site of domain 9. *Structure* **28**: 1300-1312.e5.

Khan SA, Tomatsu SC. 2020. Mucolipidoses overview: past, present, and future. *Int J Mol Sci* **21**: 6812.

Olson LJ, Misra SK, Ishihara M, Battaile KP, Grant OC, Sood A, Woods RJ, Kim JP, Tiemeyer M, Ren G, Sharp JS, Dahms NM. 2020. Allosteric regulation of lysosomal recognition by the cation-independent mannose 6-phosphate receptor. *Commun Biol* **3**: 498.

Wang R, Qi X, Schmiege P, Coutavas E, Li X. 2020. Marked structural rearrangement of mannose 6-phosphate/IGF2 receptor at different pH environments. *Sci Adv* **6**: eaaz1466.

第 34 章
C 型凝集素

理查德 · D. 卡明斯（Richard D. Cummings），埃莉斯 · 奇福罗（Elise Chiffoleau），伊薇特 · 范 · 科伊克（Yvette van Kooyk），罗杰 · P. 麦克埃弗（Rodger P. McEver）

34.1 C 型凝集素及其共同结构基序的发现 / 440
34.2 C 型凝集素的不同亚家族 / 442
34.3 阿什韦尔 - 莫雷尔受体 / 444
34.4 其他内吞的 C 型凝集素 / 445
34.5 胶原凝集素 / 446
34.6 髓系 C 型凝集素 / 447
34.7 选凝素 / 451
34.8 具有 C 型凝集素结构域的蛋白聚糖 / 458
34.9 具有 C 型凝集素结构域的其他蛋白质 / 458
致谢 / 459
延伸阅读 / 459

C 型凝集素（C-type lectin，CTL）是 Ca^{2+} 依赖性的聚糖结合蛋白（glycan-binding protein，GBP），在其碳水化合物识别域（carbohydrate-recognition domain，CRD）中具有一级和二级结构同源性。C 型凝集素的碳水化合物识别域一般被定义为 **C 型凝集素结构域（CTL domain，CTLD）**因为并非所有具有该结构域的蛋白质都能结合聚糖或 Ca^{2+}。C 型凝集素包括胶原凝集素（collectin）、选凝素（selectin）、内吞受体和蛋白聚糖，其中一些是分泌型的，而另一些则是跨膜蛋白。它们经常会发生寡聚化，从而增加了它们对多价配体的**亲合力（avidity）**，同时增强了对模式识别受体（pattern recognition receptor，PRR）的识别过程。C 型凝集素在它们以高**亲和力（affinity）**识别的配体类型（如聚糖、蛋白质、脂质和无机化合物）上存在着显著差异。这些识别病原体或自身表达配体的蛋白质，在诸多途径中充当黏附、吞噬和信号传递受体的作用，包括内稳态、先天性免疫和适应性免疫，并且在炎症反应、白细胞和血小板运输。以及组织重塑中至关重要。

34.1 C 型凝集素及其共同结构基序的发现

C 型凝集素家族非常多样化，是已知的聚糖结合蛋白中最大的家族。在动物中发现的第一个 C 型凝集素是肝脏**无唾液酸糖蛋白受体（asialoglycoprotein receptor，ASGPR）**，也称为肝脏半乳糖 /*N*- 乙酰半乳糖胺（Gal/GalNAc）受体或**阿什韦尔 - 莫雷尔受体（Ashwell-Morell receptor，AMR）**。AMR 和其他 C 型凝集素的序列，揭示了该蛋白质家族独有的碳水化合物识别域。C 型凝集素的聚糖结合通常具有 Ca^{2+} 依赖性，因为特定的氨基酸残基能够与 Ca^{2+} 进行配位，并且结合糖上的羟基，但一些 C 型凝集素结构域能够结合聚糖而不与 Ca^{2+} 配位。C 型凝集素结构域，由氨基酸序列、半胱氨酸的位置，以及折叠结构共同定义。有趣的是，将 C 型凝集素结构域的折叠结构与其他蛋白质中的折叠结构进行比较后，研究人员揭示出一种共同的折叠结构，称为 **C 型凝集素折叠（C-type lectin fold，CTLF）**，它是一种刚性的支架结构，包含了大量的序列变异，甚至可能与 C 型凝集素毫无共同的序列，例如，主要向性决定簇（major tropism determinant，Mtd）即是如此，它是**博德特氏菌属**（***Bordetella***）噬菌体的受体结合蛋白。进化上更为古老的 C 型凝集素折叠，可能出现在至少 10^{13} 个不同的序列中，这种多样性在使用数百万个不同的一级氨基酸序列的结构保守性方面，可与免疫球蛋白折叠（immunoglobulin fold）相媲美。

C 型凝集素的碳水化合物识别域是一个由 110 ～ 130 个氨基酸残基组成的紧凑区域，由氨基末端和羧基末端残基形成的具有双环肽链（double-loop）、双链反平行的 β- 片层（β-sheet），通过两个 α- 螺旋（α-helix）和三链反平行 β- 片层进行连接构成（**图 34.1**）。碳水化合物识别域具有 2 个保守的二

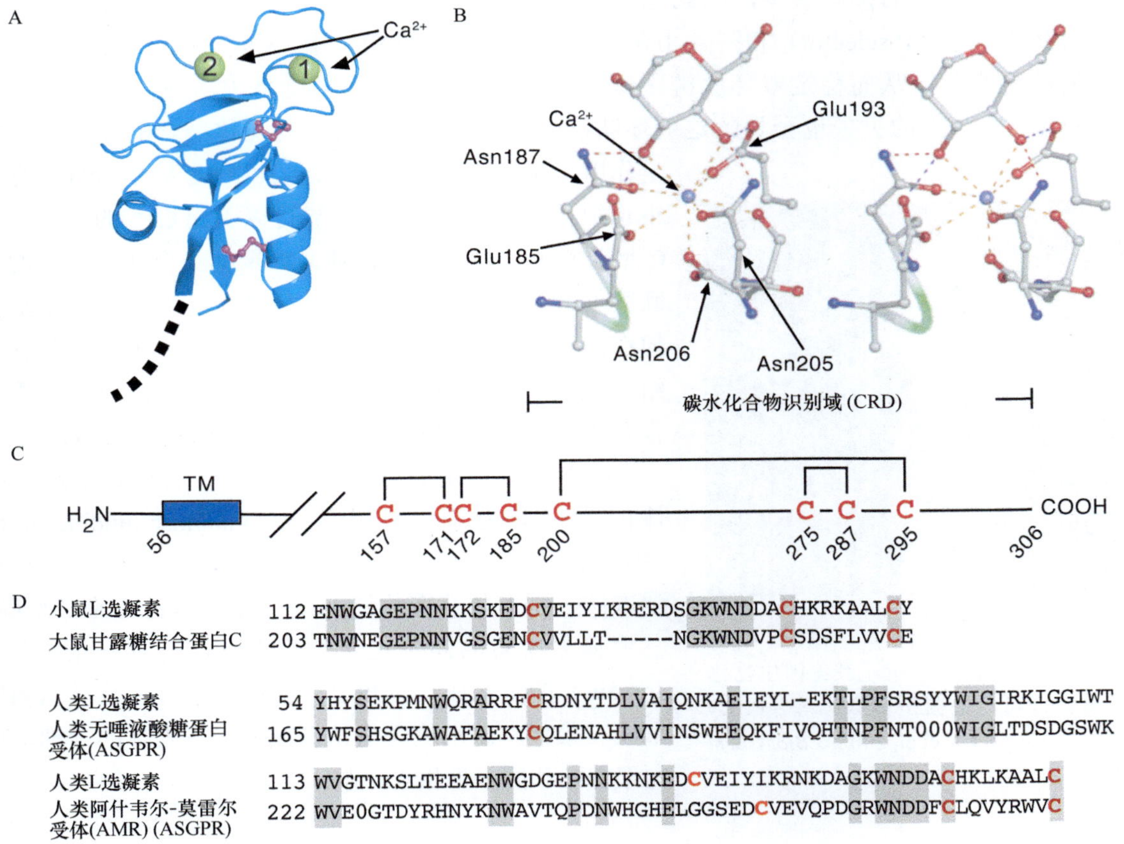

图 34.1　C 型凝集素（CTL）的结构。A. 大鼠甘露糖结合蛋白 A（MBP-A）碳水化合物识别域（CRD）的飘带图示。Ca^{2+} 结合位点以浅绿色球体表示，其中位点 1（site 1）是辅助结合位点，位点 2（site 2）是主要结合位点；二硫键以紫色表示。结合 Ca^{2+} 的长环肽链区域（long-loop region）显示在碳水化合物识别域的顶部。单个二硫键有助于该环肽链的形成，而碳水化合物识别域底部的第二个二硫键有助于整个环肽链结构域的形成。B. 大鼠甘露糖结合蛋白 A 与 *N*- 聚糖 Man_6-$GlcNAc_2$-Asn 中末端甘露糖残基之间复合物的立体视图。配位键以橙色表示。糖上羟基作为受体的氢键为红色，而它们作为供体的氢键为蓝色。该相互作用通过聚糖的末端甘露糖、结合位点 2 中的 Ca^{2+} 和蛋白质形成的三元复合物得以实现。该复合物通过配位作用和氢键网络得以稳定，该网络涉及甘露糖中的 3- 羟基和 4- 羟基中的 O 原子与 Ca^{2+} 形成的 2 个配位键，以及参与形成 Ca^{2+} 结合位点的羰基侧链的 4 个氢键。C. 阿什韦尔 - 莫雷尔受体（AMR）的碳水化合物识别域中的二硫键。图中显示了细胞外结构域中的 8 个半胱氨酸（Cys，C）残基，共形成 4 个二硫键，在碳水化合物识别域中具有其中 2 个二硫键。跨膜结构域以 TM 表示。D. 不同 C 型凝集素之间的一级序列比较。氨基酸残基从氨基末端开始编号。半胱氨酸残基以红色粗体标识，同源残基以灰色框标识。氨基酸缩写：天冬酰胺（Asn），谷氨酸（Glu）[A. 经美国生物化学和分子生物学学会（the American Society for Biochemistry and Molecular Biology）许可，重绘自 Feinberg H，et al. 2000. *J Biol Chem* 275：21539-21548. B. 经 Macmillan Publishers Ltd. 许可，根据蛋白数据库（PDB）(2msb)，重绘自 Weis WI，Drickamer K，and Hendrickson WA. 1992 *Nature* 360：127-134. C. 经美国生物化学和分子生物学学会许可，修改并重绘自 Yuk MH and Lodish HF. 1995. *J Biol Chem* 270：20169-20176]。

硫键和最多 4 个结合 Ca^{2+} 的位点，位点的占用情况取决于凝集素的类型。带有羰基侧链的氨基酸残基，通常与碳水化合物识别域中的 Ca^{2+} 配位，当 Ca^{2+} 在位点 2（site 2）结合时，这些残基可以直接与糖结合。糖、位点 2 中的 Ca^{2+} 和碳水化合物识别域中的氨基酸可以形成三元复合物，而碳水化合物识别域中的特定残基决定了糖的特异性。与糖结合的关键保守残基包括：**谷氨酸 - 脯氨酸 - 天冬酰胺（EPN）基序**，可促进与甘露糖、*N*- 乙酰葡萄糖胺、岩藻糖和葡萄糖的结合；**色氨酸 - 天冬酰胺 - 天冬氨酸（WND）基序**，可促进与半乳糖和 *N*- 乙酰半乳糖胺的结合，如在小鼠的 L 选凝素（L-selectin）和大鼠的甘露糖结合蛋白 C（mannose-binding protein C）中所见（图 34.1）。然而，由于 C 型凝集素结构域相对较浅，与糖的接触较少，因此无法预测与特定 C 型凝集素结合的聚糖结构。在几种 C 型凝集素，如 P 选凝素（P-selectin）和阿什韦尔 - 莫雷尔受体（AMR）中，Ca^{2+} 的结合会诱导碳水化合物识别域的结构变化，从而稳定双环肽链区域。如在巨噬细胞甘露糖受体中所见，即使 Ca^{2+} 不直接参与配体的配位，Ca^{2+} 的丢失也会导致这些环肽链的不稳定，同时丧失与配体结合的能力。这种不稳定作用，在那些导致配体结合亲和力丧失的、pH 诱导的变化中也很重要，因为 pH 的诱导可以引起 Ca^{2+} 的丢失。在含有 C 型凝集素结构域的蛋白质，如聚糖结合能力未知的人类四联凝集素（tetranectin）中，C 型凝集素结构域可以结合 Ca^{2+}，但在没有 Ca^{2+} 的情况下，C 型凝集素结构域对于与含有三环结构域（kringle domain）[①]蛋白质的相互作用非常重要，如含有该结构域的血纤维蛋白溶酶原（plasminogen）。

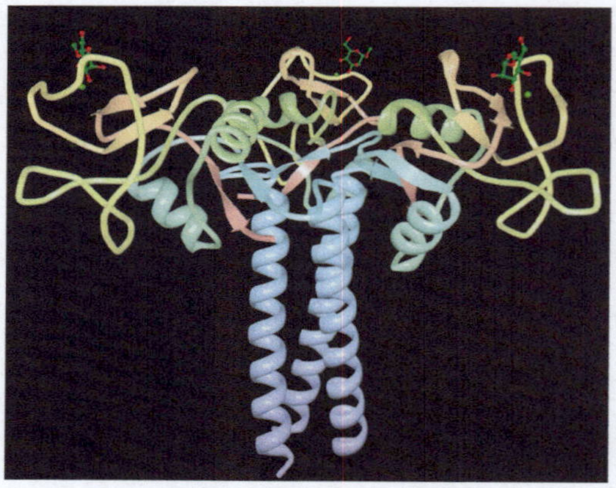

图 34.2　大鼠甘露糖结合蛋白 A 三聚体与 α- 甲基甘露糖苷复合物的晶体结构［经美国生物化学和生物学会许可，根据蛋白数据库（PDB）(1kwu)，重绘自 Ng KK，et al. 2002. *J Biol Chem* 277：16088-16095］。

C 型凝集素能够以单体和寡聚体的形式出现，如三聚体的大鼠甘露糖结合蛋白 A（mannose-binding protein-A，MBP-A）（图 34.2）。大鼠甘露糖结合蛋白是第一个通过晶体学方法，在配体存在的情况下进行结构表征的 C 型凝集素。三聚体凝集素的碳水化合物识别域，与茎秆结构域（stalk domain）的一侧成一定角度，蛋白质通过该茎秆结构域结合形成三聚体。碳水化合物识别域位于三聚体的顶部，增强了与聚糖配体的多价相互作用。

34.2　C 型凝集素的不同亚家族

根据其结构域架构（domain architecture）的不同，C 型凝集素结构域可被分为 16 个组。有 86 种人类基因组中编码的蛋白质含有 C 型凝集素结构域（小鼠中有 123 种）（图 34.3）。这些组中的大多数具有单个 C 型凝集素结构域，但巨噬细胞甘露糖受体（第 6 组）是多 C 型凝集素结构域蛋白（multi-CTLD protein）的一个示例，具有 8 个这样的结构域。一些组的 C 型凝集素结构域中缺乏关键的 Ca^{2+} 残基，但可以结合聚糖，例如，第 5 组中的树突状细胞相关性 C 型凝集素 1（dendritic-cell-associated C-type lectin-1，dectin-1）和排卵蛋白（layilin）；第 7 组中的再生胰岛衍生蛋白（regenerating islet-derived protein，REG）蛋白家族不能与 Ca^{2+} 结合，但尚不清楚它们是否与聚糖结合；第 9 组中的四联凝集素（tetranectin）能够与 Ca^{2+} 结合，同样不清楚它是否与聚糖结合。从功能的角度来看，研究人员对胶原凝集素、内吞受体、

---

① 一种蛋白质结构域，具有 3 个环，含 3 对二硫键，以及若干反平行 β 折叠短片段，呈组结环状构象，因类似于一种名为“Kringle”的丹麦糕点而得名。

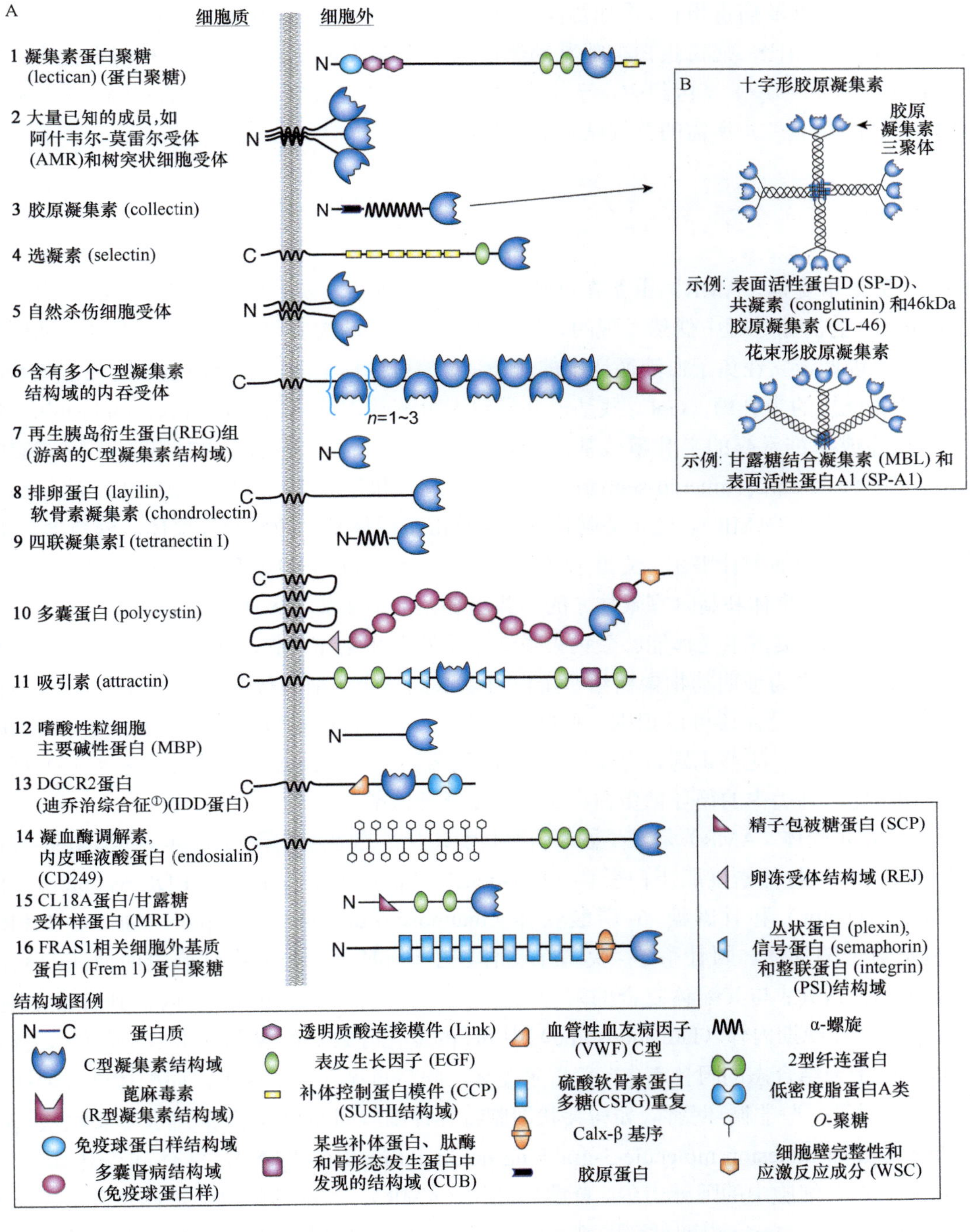

图 34.3 C 型凝集素的不同组别及其结构域的结构。[1] A. 图中显示了 16 个组，根据它们的系统发育关系和结构域进行了分类。其中一些组是可溶性蛋白质，另一些则是跨膜蛋白。B. 第 3 组胶原凝集素（collectin）形成寡聚结构，在方框中显示为十字形和花束结构。每个结构域的名称如图例中所示，对应的缩写参见正文。

髓系凝集素和选凝素的了解最多，将在下文中进行讨论。

在所有后生动物和许多非后生动物中，研究人员都发现了含有 C 型凝集素折叠的蛋白质。非后生动物中包括细菌毒素（如百日咳毒素）、外膜黏附蛋白［如来自**假结核耶尔森菌**（***Yersinia pseudotuberculosis***）

① **迪乔治综合征（DiGeorge syndrome）**是一种由基因 22q11.2 的微小缺失引起的遗传性疾病。患者可出现多种症状，包括胸腺和甲状旁腺发育不良，或发育不良所致的免疫缺陷或先天性心血管异常；患者还会出现特殊的面部特征，如耳廓低位和中线唇腭裂。

的侵袭素（invasin）]，以及病毒蛋白，[如**爱泼斯坦 - 巴尔病毒**（**Epstein-Barr virus**）[①]中的包膜蛋白]。有趣的是，与细菌蛋白相比，病毒蛋白与哺乳动物中含 C 型凝集素结构域蛋白的相似性更高。**秀丽隐杆线虫**（***Caenorhabditis elegans***）基因组中，至少有 278 个编码 C 型凝集素结构域的基因，但只有少数具有形成一级结构中 Ca^{2+} 结合位点所需的关键氨基酸残基。

34.3 阿什韦尔 - 莫雷尔受体

阿什韦尔 - 莫雷尔受体（AMR）主要在肝细胞的血窦面表达，是在研究一种血清糖蛋白——铜蓝蛋白（ceruloplasmin）的清除过程中偶然发现的。铜蓝蛋白是哺乳动物血浆中主要的铜载体。研究发现，铜蓝蛋白的糖基化可以调节它在兔子血液循环中的寿命；对放射性标记的铜蓝蛋白进行酶促去唾液酸化，暴露了倒数第二个 β 连接的半乳糖（Gal）残基，并导致无唾液酸铜蓝蛋白（asialoceruloplasmin）快速积聚到肝细胞中。移除或修饰暴露的半乳糖残基，会降低清除率。研究人员于 1974 年在无唾液酸血清类黏蛋白 - 琼脂糖树脂（asialoorosomucoid-sepharose）上，通过亲和色谱法，从兔肝中纯化了具有 Ca^{2+} 依赖性的阿什韦尔 - 莫雷尔受体（AMR）。兔子的阿什韦尔 - 莫雷尔受体是一种异源寡聚体，分别含有 48 kDa 和 40 kDa 两个亚基；而人类的阿什韦尔 - 莫雷尔受体分别含有 50 kDa（H1）和 46 kDa（H2）的亚基，以异寡聚体 I 型跨膜蛋白（三聚体和高阶寡聚体）的形式出现，由小亚基和大亚基组成。

纯化的兔阿什韦尔 - 莫雷尔受体能够凝集去唾液酸化的人和兔红细胞，并诱导去唾液酸化外周淋巴细胞的有丝分裂，这一结果为证明动物聚糖结合蛋白可以深刻地影响细胞代谢提供了首个证据。有趣的是，肝中的阿什韦尔 - 莫雷尔受体还可以识别一些唾液酸化配体（Siaα2-6Galβ1-4GlcNAc-R）。在鸡肝细胞中发现的同源聚糖结合蛋白，能够识别含有末端 *N*- 乙酰葡萄糖胺（GlcNAc）而非半乳糖残基的糖蛋白。与对应的哺乳动物相比，鸟类中的循环糖蛋白在组成上缺乏唾液酸。

阿什韦尔 - 莫雷尔受体（AMR）是最早被证明参与**受体介导的胞吞作用**（**receptor-mediated endocytosis，RME**）的蛋白质之一，与低密度脂蛋白受体（low-density lipoprotein receptor，LDL receptor）、转铁蛋白受体（transferrin receptor）和甘露糖 -6- 磷酸受体（mannose 6-phosphate receptor，M6PR，MPR）一起，代表了一系列最典型的受体。阿什韦尔 - 莫雷尔受体在生理 pH 下，将其在细胞表面捕获的配体通过包被小窝（coated pit）内化；与其配体复合的阿什韦尔 - 莫雷尔受体（AMR），被内化到有被小泡（coated vesicle）中（图 34.4），晚期内体（late endosome）中 pH 的变化导致 Ca^{2+} 从阿什韦尔 - 莫雷尔受体上解离，完成配体释放。处于未结合态的阿什韦尔 - 莫雷尔受体，随后再循环到质膜上，而配体则被输送到溶酶体并在那里被降解。对于一些非循环受体，如树突状细胞特异性细胞间黏附分子 -3- 捕获非整联蛋白（dendritic cell-specific intercellular adhesion molecule-3-grabbing nonintegrin，DC-SIGN），配体和受体均被靶向递送至溶酶体并降解。在肝细胞中的阿什韦尔 - 莫雷尔受体（AMR），对配体的内化过程非常迅速，可在 2～3min 内发生，受体在 4～5min 内即循环回到表面。阿什韦尔 - 莫雷尔受体内吞作用的高效性，使其成为基因治疗和将分子递送至肝细胞的靶点。

在阿什韦尔 - 莫雷尔受体（AMR）中，三聚体的精确朝向（orientation）可以决定它与表现出多价结合特性的特定聚糖的亲和力。阿什韦尔 - 莫雷尔受体能够与具有末端 β- 连接的半乳糖或 *N*- 乙酰半乳糖胺残基的聚糖结合；然而，具有适当的支链结构且非还原末端呈现出半乳糖 /*N*- 乙酰半乳糖胺的三天线和四天线 *N*- 聚糖，与具有单末端半乳糖 /*N*- 乙酰半乳糖胺的配体相比，能够以＞100 000 倍的结合亲和力（nmol/L 级），与大鼠的阿什韦尔 - 莫雷尔受体进行结合。

---

① 即人类疱疹病毒第 4 型（Human herpesvirus 4，HHV-4）。

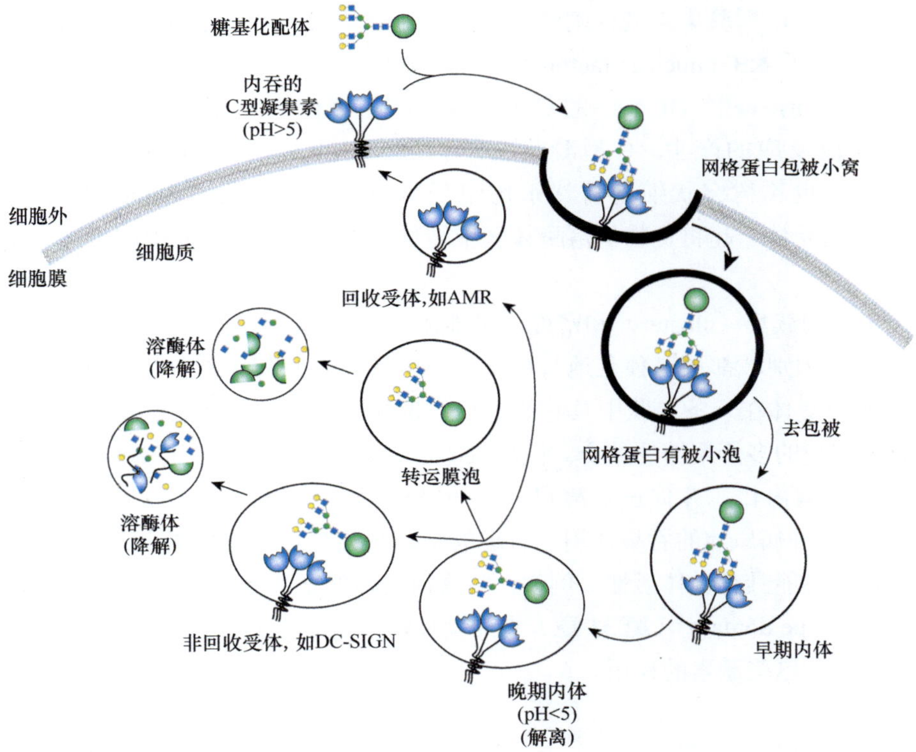

图 34.4 一些 C 型凝集素是内吞受体。配体通过网格蛋白依赖性的途径被内化并递送至早期内体和晚期内体。受体可能被回收或降解，取决于受体及其内吞的配体类型。在 pH ＜ 5 时，C 型凝集素通常会失去 Ca^{2+}，这会改变平衡，促进配体的解离。这些受体的细胞质结构域决定了它们在内吞途径中的命运。对于阿什韦尔 - 莫雷尔受体和甘露糖受体，其胞质结构域中基于酪氨酸的基序，促进了配体向早期内体的递送，以及受体再循环到细胞表面。DEC-205 蛋白（CD205）细胞质结构域中的三酸性基序——三谷氨酸（EEE）或三天冬氨酸（DDD），将其转移到晚期内体 / 溶酶体。树突状细胞特异性细胞间黏附分子 -3- 捕获非整联蛋白（DC-SIGN），具有与巨噬细胞甘露糖受体相似的、基于酪氨酸的包被小窝序列摄取基序（coated pit sequence-uptake motif），以及内化所需的二亮氨酸基序（dileucine motif）和三酸性集簇（triacidic cluster），这是靶向内体 / 溶酶体的关键。缩写：阿什韦尔 - 莫雷尔受体（AMR）。

令人惊讶的是，研究人员发现，阿什韦尔 - 莫雷尔受体（AMR）的无效突变体（null）小鼠，在没有生存挑战的情况下表现出正常表型。然而现在已知，在与**肺炎链球菌**（*Streptococcus pneumoniae*）相关的败血症期间，需要阿什韦尔 - 莫雷尔受体对血小板（凝血细胞）进行清除，这伴随着微生物依赖性的血小板去唾液酸化，以及随之而来的**血小板减少症**（**thrombocytopenia**）。血小板的清除有助于限制由感染引起的弥散性血管内凝血（disseminated intravascular coagulation，DIC）。这种败血症期间的血小板清除，或由于血小板老化所导致的血小板清除，也均与调控血小板生成的血小板生成素（thrombopoietin）的产生相关。

34.4 其他内吞的 C 型凝集素

许多其他的 C 型凝集素，包括 I 型和 II 型跨膜蛋白，也根据其细胞质基序，通过受体介导的内吞作用，将结合的配体递送至溶酶体中（图 34.4）。树突状细胞和巨噬细胞中的 C 型凝集素对配体的内吞作用，可导致受体在吞噬溶酶体（phagolysosome）中的积累和降解，或导致受体回收到细胞表面。所采用的具体途径取决于所结合的配体类型。树突状细胞相关性 C 型凝集素 1（dectin-1），在完成内化酵母聚糖（zymosan）的过程后会被降解，但在内吞可溶性配体时则会被回收。对骨髓细胞中的树突状细胞相关性 C

型凝集素 1（dectin-1）等 C 型凝集素进行刺激，可激活促分裂原活化蛋白激酶（mitogen-activated protein kinase，MAPK）和核因子 -κB（nuclear factor-κB，NF-κB），并增强在先天免疫反应中重要基因的转录。通过**树突状细胞（dendritic cell，DC）**中的 C 型凝集素将抗原内化，可诱导**活性氧类（reactive oxygen species，ROS）**和其他反应的产生。C 型凝集素结构域家族 9 成员 A（C-type lectin domain containing 9A，CLEC9A）蛋白，也称树突状细胞自然杀伤组受体 -1（dendritic cell natural killer group receptor-1，DNGR-1），它和甘露糖受体一起将货物从溶酶体区室转移出来，以完成抗原提取并进行交叉呈递（cross-presentation）。

C 型凝集素结构域的簇集（cluster）和密度，可能决定了它们的特异性及它们对配体的亲和力，因为每个单独的碳水化合物识别域都可以独立地与糖结合。尽管肝中的凝集素亚基只有一个 C 型凝集素结构域，但巨噬细胞甘露糖受体在一条多肽中具有 8 个 C 型凝集素结构域。相邻的 C 型凝集素结构域可以促进与特定的、含有甘露糖的多价聚糖的结合。巨噬细胞甘露糖受体能够将含有寡甘露糖型（oligomannose-type）*N*- 聚糖的溶酶体酶内化，并促进对酵母、**卡氏肺孢子菌（*Pneumocystis carinii*）**和**利什曼原虫属（*Leishmania* spp.）**等多种病原体的吞噬作用。有趣的是，在某些 C 型凝集素中，位于 C 型凝集素结构域之外的某些结构域，也可能具有受体活性。例如，甘露糖受体的富半胱氨酸结构域（cysteine-rich domain）是一个 R 型结构域（R-type domain）（**第 31 章**），它与垂体糖蛋白激素上含有 R-GalNAc-4-SO_4 的聚糖结合，从而起到从体循环中清除这些激素的作用。

34.5 胶原凝集素

胶原凝集素（collectin）是一类兼有可溶性和膜结合型的 C 型凝集素家族，在 C 型凝集素结构域的氨基末端含有胶原蛋白样结构域（collagen-like domain），通常组装成含有 9 ～ 27 个亚基的大型寡聚复合物（图 34.3）。早在 20 世纪 90 年代，博尔代特（Bordet）和施特伦（Streng）将牛的胶固素（conglutinin）[①] 鉴定为一种血浆蛋白，它在与抗体和补体反应后可以凝集红细胞，现在已知凝集过程是通过它与 C3b 蛋白水解转化而成的 iC3b 蛋白上暴露的聚糖，在依赖 Ca^{2+} 的相互作用下得以实现。牛胶固素和人胶固素可以结合酵母聚糖，而 *N*- 乙酰葡萄糖胺可以抑制这一相互作用。术语“胶固素”一词于 1993 年提出，因其具有类似胶原蛋白的序列并表现出凝集素活性而命名。迄今为止，研究人员已经鉴定出 9 种不同的胶原凝集素，包括胶固素、甘露糖结合凝集素（mannose-binding lectin，MBL）、表面活性蛋白 A（surfactant protein A，SP-A）和表面活性蛋白 D（surfactant protein D，SP-D）（二者最初在肺中发现，但也在肠道中表达），以及胶原凝集素（CL）系列中的 CL-43、CL-46、CL-P1、CL-L1 和 CL-K1。其中，甘露糖结合凝集素、胶固素、CL-43、CL-46、CL-K1、表面活性蛋白 A 和表面活性蛋白 D 是可溶的，而 CL-L1 和 CL-P1 是膜蛋白。

胶原凝集素是在先天免疫中发挥作用的**模式识别受体（pattern-recognition receptor，PRR）**，它与表达聚糖配体的微生物或真菌表面结合，该过程称为**病原体相关分子模式（pathogen-associated molecular pattern，PAMP）**。因此，如上所述，髓系细胞中的胶原凝集素和许多其他 C 型凝集素，可以作为模式识别受体发挥作用，并与 Toll 样受体（Toll-like receptor，TLR）协同识别细胞对病原体的免疫应答。病原体相关分子模式的例子包括脂多糖（lipopolysaccharide，LPS）、β- 葡聚糖（β-glucan）、脂磷壁酸（lipoteichoic acid，LTA）和寄生虫的糖蛋白。胶原凝集素通过识别病原体相关分子模式刺激体外吞噬作用，结合过程促进了白细胞的趋化性，并刺激免疫细胞产生细胞因子和活性氧。肺表面活性脂质（surfactant lipid）具

① 也称共凝素。

有抑制多种免疫细胞功能（例如增殖）的能力，并且这种对免疫应答的抑制，可以被表面活性剂蛋白 A 进一步增强。

甘露糖结合凝集素（MBL）与其他凝集素结合后，启动了补体激活的**凝集素途径（lectin pathway）**。此类胶原聚集素与甘露糖结合凝集素相关丝氨酸蛋白酶 1 和 2（MBL-associated serine proteases-1/-2，MASP-1，MASP-2）的酶原（proenzyme）形式相关，其中，碳水化合物识别域与配体的结合，能够激活甘露糖结合凝集素相关丝氨酸蛋白酶 1（MASP-1），以切割甘露糖结合凝集素相关丝氨酸蛋白酶 2（MASP-2），然后甘露糖结合凝集素相关丝氨酸蛋白酶 2（MASP-2）通过**经典途径（classical pathway）**激活补体产生调理性 C3b 片段。这些片段会包裹病原体并导致其破坏和吞噬作用（phagocytosis）。一些患有**甘露糖结合凝集素缺陷综合征（MBL deficiency syndrome）**的个体，在甘露糖结合凝集素基因（*MBL2*）的外显子 -1（exon-1）编码的甘氨酸 -X-Y（Gly-X-Y，其中 X 和 Y 通常为脯氨酸或羟脯氨酸）重复序列上发生了突变。外显子 -1 中的突变在人群中高度可变，突变抑制了甘露糖结合凝集素亚基的组装，导致微生物感染风险的增加。此外，甘露糖结合凝集素 2（MBL2）启动子区域内的几种多态性，与甘露糖结合凝集素的缺陷和对感染的易感性增强有关。*MBL2* 遗传变异也与**克罗恩病（Crohn's disease）**①有关。此外，*MASP1* 和 *MASP2* 基因中的多态性，与血清中蛋白水平的改变和胶原凝集素活性的受损有关。这些蛋白酶的激活也会导致凝血酶原（prothrombin）的裂解，并促进凝块的形成。

34.6 髓系 C 型凝集素

髓系细胞（myeloid cell）包括单核细胞、巨噬细胞、中性粒细胞和树突状细胞，含有大量具有 C 型凝集素结构域的蛋白质，主要属于第 2、5 和 6 组（图 34.3）。髓系细胞也表达凝集素中的**半乳凝集素（galectin）**和**唾液酸结合免疫球蛋白样凝集素（sialic acid-binding Ig-like lectin，Siglec）**家族的许多成员。所有白细胞都表达 L 选凝素（第 4 组），将在以下关于选凝素的部分进行单独讨论。第 2 组 C 型凝集素，包括树突状细胞特异性细胞间黏附分子 -3- 捕获非整联蛋白（DC-SIGN）（在人类中存在，但没有鼠的同源物）、CD209a [在小鼠中也称为特异性细胞内黏附分子 - 捕获非整联蛋白 R1（specific intracellular adhesion molecule-grabbing nonintegrin R1，SIGN-R1），但没有人类的同源物]、巨噬细胞 C 型凝集素（macrophage C-type lectin，MCL）、树突状细胞相关性 C 型凝集素 -2（dendritic cell-associated C-type lectin-2，dectin-2）、朗格汉斯蛋白（langerin）、巨噬细胞半乳糖结合凝集素（macrophage galactose-binding lectin，MGL）、树突状细胞免疫受体（dendritic cell immunoreceptor，DCIR）和巨噬细胞诱导型 Ca^{2+} 依赖性凝集素（macrophage inducible Ca^{2+}-dependent lectin，MINCLE，CLEC4E）。第 5 组 C 型凝集素包括不依赖于 Ca^{2+} 的树突状细胞相关性 C 型凝集素 1（dectin-1）、凝集素样氧化低密度脂蛋白受体 1（lectin-like oxidized low density lipoprotein receptor-1，LOX-1）、C 型凝集素结构域家族 12 成员 B（C-type lectin domain family 12 member B，CLEC12B）、C 型凝集素结构域家族 9 成员 A（C-type lectin domain family 9 member A，CLEC9A）[也称树突状细胞自然杀伤凝集素组受体 -1（dendritic cell NK lectin group receptor 1，DNGR-1）]、骨髓 -DAP12 相关凝集素 [myeloid-DNAX-activation protein 12（DAP-12）-associating lectin，MDL-1]、C 型凝集素结构域家族 1（CLEC-1）、C 型凝集素结构域家族 2（CLEC-2）和树突状细胞相关凝集素 -1（dendritic cell-associated lectin-1，DCAL-1）；第 6 组 C 型凝集素包括 Ca^{2+} 依赖性巨噬细胞甘露糖受体（CD206）和 DEC-205 蛋白（CD205）。

① 又称局限性肠炎、局限性回肠炎、节段性肠炎和肉芽肿性肠炎，是一种原因不明的肠道炎症性疾病，临床表现为腹痛、腹泻、肠梗阻，伴有发热、营养障碍等肠外表现。

在人类自然杀伤（natural killer，NK）细胞受体第5组中，约有20个成员是包含C型凝集素结构域的蛋白质，而在小鼠中还有其他成员。许多编码NK细胞受体第5组的基因，存在于人类12号染色体和小鼠6号染色体上。作为C型凝集素结构域（小鼠6号染色体和人类12号染色体）的NK基因复合物组成部分的**树突状细胞相关性C型凝集素1集簇（dectin-1 cluster）**，包括：树突状细胞相关性C型凝集素1（dectin-1），也称C型凝集素结构域家族7成员A（CLEC7A）；C型凝集素结构域家族1（CLEC-1），也称C型凝集素结构域家族1成员A（CLEC1A）；C型凝集素结构域家族2（又称C型凝集素样受体2，CLEC-2），也称C型凝集素结构域家族1成员B（CLEC1B）；凝集素样氧化低密度脂蛋白受体1（LOX-1），也称氧化低密度脂蛋白受体（oxidized low-density lipoprotein receptor，OLR）；C型凝集素结构域家族12成员b（CLEC12b）；C型凝集素结构域家族9成员A（C-type lectin domain family 9 member A，CLEC9A）。这些含有C型凝集素结构域的受体与各种配体（如聚糖）结合，但也结合蛋白质、脂质、无机化合物，甚至与冰结合。C型凝集素结构域的**树突状细胞相关性C型凝集素2集簇（dectin-2 cluster）**的基因，聚集在NK基因簇的着丝粒区域，并代表了C型凝集素第2组，包括：树突状细胞相关性C型凝集素2（dectin-2），也称C型凝集素结构域家族6成员A（CLEC6A）；血液树突状细胞抗原2（blood DC antigen 2，BDCA-2），也称C型凝集素结构域家族4成员C（CLEC4C）；树突状细胞免疫激活受体（DC immunoactivating receptor，DCAR），即小鼠中的C型凝集素结构域家族4成员b（Clec4b），在人类中不存在；树突状细胞免疫受体（DC immunoreceptor，DCIR），也称C型凝集素结构域家族4成员A（CLEC4A）；C型凝集素超家族8（CTL superfamily 8，CLECSF8），也称C型凝集素结构域家族4成员D（CLEC4D）；巨噬细胞诱导型Ca^{2+}依赖性凝集素（MINCLE），也称C型凝集素结构域家族4成员E（CLEC4E）。小鼠中有包含C型凝集素结构域的Ly49受体家族，位于小鼠6号染色体上。但Ly49中的成员，也被称为Ly49自然杀伤细胞受体（Ly49 NK cell receptor），可能无法结合糖，主要结合主要组织相容性复合体（major histocompatibility complex，MHC）I类配体和病毒表达的主要组织相容性复合体I类样（MHC class I-like）分子，它们在功能上与人类自然杀伤细胞和一些T细胞中的杀伤细胞免疫球蛋白样受体（killer-cell immunoglobulin-like receptor，KIR）最为相关。

许多带有C型凝集素结构域的髓系蛋白（myeloid protein），不仅能够识别用于宿主防御的病原体分子，还可以识别经过修饰的自身抗原，如从死细胞释放出的**损伤相关分子模式（damage-associated molecular pattern，DAMP）**。髓系C型凝集素的聚糖和非聚糖配体多种多样。巨噬细胞诱导型Ca^{2+}依赖性凝集素（MINCLE），可以识别特征性的病原体相关分子模式，如含有α-甘露糖的聚糖和海藻糖-6,6-二分枝菌酸酯（trehalose-6,6-dimycolate），该化合物是一种来自**结核分枝杆菌（*Mycobacterium tuberculosis*）**和**牛分枝杆菌（*Mycobacterium bovis*）**的关键糖脂毒力因子，从而诱发抗感染免疫应答。巨噬细胞诱导型Ca^{2+}依赖性凝集素（MINCLE）还通过识别剪接体相关蛋白130（spliceosome-associated protein 130，SAP130）来维持自我稳态并监测内部环境。SAP130是核内小核糖核蛋白质的一种成分，与细胞内代谢物β-葡萄糖神经酰胺（β-GlcCer）一样，二者都可在垂死的细胞中暴露出来。血液树突状细胞抗原2（BDCA-2）能够结合人类免疫缺陷病毒-1的gp120蛋白（HIV-1 gp120）和含有半乳糖的聚糖。树突状细胞相关性C型凝集素1（dectin-1）在没有Ca^{2+}的情况下即可结合配体，它是β-葡聚糖（β-glucan）的功能性受体，而β-葡聚糖是β1-3连接的葡萄糖主链和β1-6连接的葡萄糖侧链组成的聚合物。树突状细胞相关性C型凝集素2（dectin-2）以Ca^{2+}依赖的方式与α-甘露聚糖（α-mannan）结合，α-甘露聚糖是α1-6连接的甘露糖与α1-2连接的甘露糖侧链组成的聚合物。树突状细胞相关性C型凝集素1和2在真菌防御中都很重要，缺失其中任何一种凝集素的小鼠，都更容易受到特定的酵母菌和真菌的感染。有趣的是，这些受体在无菌性炎症中也发挥着重要作用，它们的失调会导致多种疾病的发展，如自身免疫性疾病或癌症。例如，树突状细胞相关性C型凝集素1（dectin-1），通过结合半乳凝集素-9（galectin-9），抑制巨噬细胞的激活并促进肿瘤发生。C 型凝集素结构域家族 12 成员 A（CLEC12A），通过识别与细胞外钠离子接触后可溶性尿酸结晶所形成的尿酸钠（monosodium urate）晶体来缓解炎症。C 型凝集素结构域家族 9 成员 A（CLEC9A），即树突状细胞自然杀伤凝集素组受体 -1（DNGR-1），能够结合垂死的细胞暴露出的 F- 肌动蛋白（F-actin），并通过缓和与组织损伤相关的免疫病理学来调控先天性和适应性免疫；它还通过促进吞噬体破裂，将内化的死细胞相关抗原向 $CD8^+$ T 细胞交叉呈递，从而调控急性组织损伤期间的适应性免疫。目前尚不清楚内源性和外源性配体的识别是否涉及了 C 型凝集素结构域中类似的结合位点。病毒感染后释放的病原体相关分子模式，以及来自连带损伤细胞（collateral injured cell）的损伤相关分子模式 C 型凝集素受体（C-type lectin receptor，CLR）信号，可以确保对微生物的防治，同时保持受感染器官的完整性。

图 34.5 说明了多种髓系 C 型凝集素结构域发挥作用的各种信号通路。这些蛋白质中的大多数，在其细胞质结构域中表达**免疫受体酪氨酸活化基序（immunoreceptor tyrosine-based activation motif，ITAM）**。一个例子是树突状细胞相关性 C 型凝集素 1（dectin-1），它含有一个激活的免疫受体酪氨酸活化

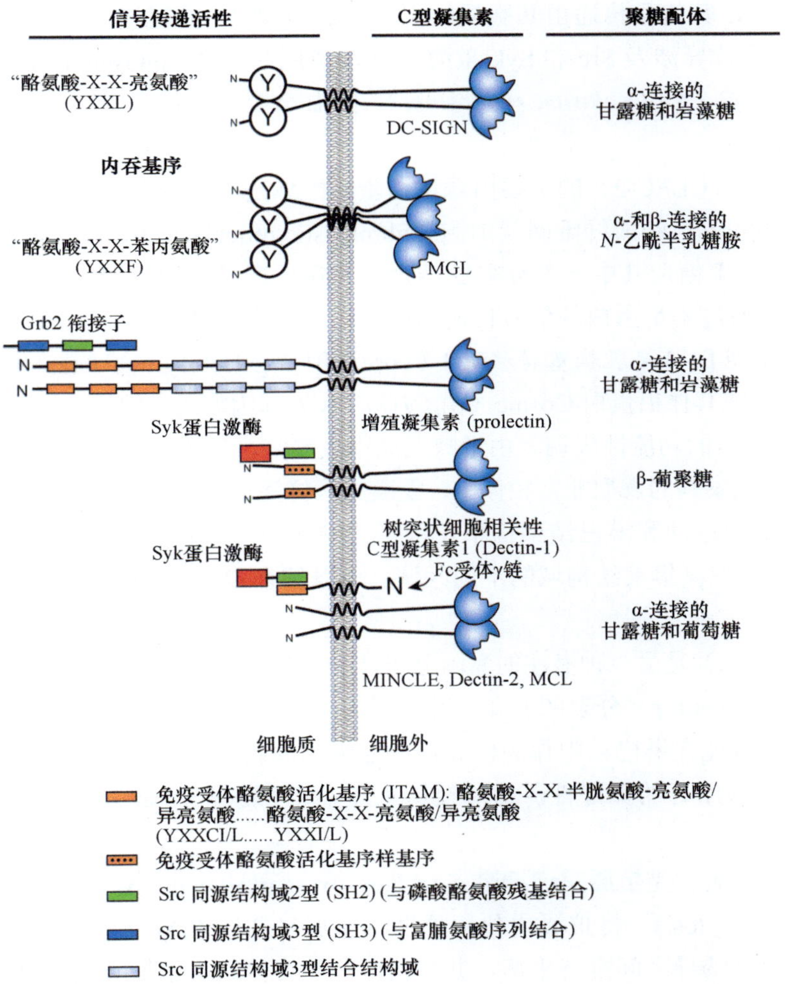

图 34.5　C 型凝集素在先天性免疫反应中的信号传递活性。在树突状细胞和巨噬细胞上表达的 C 型凝集素与不同的聚糖相互作用，这些聚糖结构通常在源自病原体的糖复合物上表达。C 型凝集素的激活通过与聚糖结合发生，并且对于每个 C 型凝集素而言，都有通过细胞质结构域诱导的独特信号通路。缩写：树突状细胞特异性细胞间黏附分子 -3- 捕获非整联蛋白（DC-SIGN）；巨噬细胞半乳糖结合凝集素（MGL）；树突状细胞相关性 C 型凝集素 1（Dectin-1）；树突状细胞相关性 C 型凝集素 2（Dectin-2）；巨噬细胞诱导型 Ca^{2+} 依赖性凝集素（MINCLE）；巨噬细胞 C 型凝集素（MCL）。

基序样基序（ITAM-like motif），并且与其他激活的免疫受体酪氨酸活化基序C型凝集素一样，也含有一个促进下游信号传递的三酸性基序（tri-acidic motif）。骨髓细胞中的一些C型凝集素，如髓系抑制性C型凝集素样受体（myeloid inhibitory C-type lectin-like receptor，MICL，CLEC12A）和巨噬细胞抗原h（macrophage antigen h，MAH，CLEC12B），含有一个**免疫受体酪氨酸抑制基序（immunoreceptor tyrosine-based inhibitory motif，ITIM）**。这种基序一旦发生磷酸化，会招募酪氨酸磷酸化酶来负调控信号传递。一些C型凝集素受体，如树突状细胞特异性细胞间黏附分子-3-捕获非整联蛋白（DC-SIGN），利用**替代途径（alternative pathway）**（如丝氨酸/苏氨酸激酶RAF-1）来完成信号传递。事实上，同一个C型凝集素受体，可以根据配体（物理性质、亲和力、亲合力）而改变其功能，从而整合不同的正负信号，如巨噬细胞诱导型Ca^{2+}依赖性凝集素（MINCLE）和C型凝集素结构域家族9成员A（CLEC9A），从而通过酪氨酸蛋白激酶Syk或蛋白酪氨酸磷酸化酶SHP-1触发相反的信号。

在髓系C型凝集素结构域中，C型凝集素样受体2（C-type lectin-like receptor 2，CLEC-2）由自然杀伤（NK）细胞、树突状细胞（DC）、巨核细胞和血小板表达，但它也在一些肿瘤细胞上表达。CLEC-2是一种II型跨膜糖蛋白，其信号传递由其胞质结构域**酪氨酸-X-X-亮氨酸（YXXL）基序**中的单个酪氨酸的磷酸化启动。信号转导涉及Src和Syk激酶，以及磷脂酶Cγ2（phospholipase Cγ2）。CLEC-2也是来自马来亚毒蛇**红口蝮蛇（*Calloselasma rhodostoma*）**的血小板活化蛇毒素——红口蝮蛇血小板凝集素（rhodocytin）①的受体。

C型凝集素样受体2（CLEC-2）的主要内源性糖蛋白配体是平足蛋白（podoplanin），也称Aggrus蛋白，由淋巴管内皮细胞和淋巴结成纤维网状细胞（fibroblastic reticular cell，FRC）表达。CLEC-2能够与平足蛋白的唾液酸化*O*-聚糖及其中一部分多肽结合。这在生理学上很重要，既可以作为体内血小板激活的替代途径，也可以通过平足蛋白的信号传递功能从根本上驱动淋巴管的生成。在缺失编码T-合成酶（T-synthase），即核心1型β1-3半乳糖基转移酶1（core 1 β1-3 galactosyltransferase 1）的*C1GalT1*基因的小鼠中，由于T-合成酶或其伴侣蛋白Cosmc（由*C1GalT1C1*基因编码）的缺失，平足蛋白上没有延伸出的*O*-聚糖，导致平足蛋白的功能性失调。由于缺乏血小板参与，导致了淋巴管生成缺陷，这种表型与在平足蛋白缺陷小鼠中所观察到的表型非常相似。**C型凝集素样受体2-平足蛋白途径（CLEC-2-podoplanin pathway）**，在树突状细胞运动和淋巴结架构中发挥了关键作用，并且在败血症期间显著调控炎症反应。有趣的是，CLEC-2中C型凝集素结构域的不同区域，可以结合*O*-糖基化的平足蛋白和非糖基化的红口蝮蛇血小板凝集素。

增殖凝集素（prolectin）是另一种潜在的黏附分子，即C型凝集素结构域家族17成员A（CLEC17A），它在**生发中心（germinal center）**分裂的B细胞中表达，并与含有末端α-连接的甘露糖残基或岩藻糖残基的聚糖相互作用。它可能在淋巴结中作为侵袭性肿瘤细胞的黏附或定植因子发挥作用，并显示出与上皮细胞，而非间充质细胞结合的偏好性，这与经历**上皮-间质转化（epithelial-mesenchymal transition，EMT）**的肿瘤细胞有关。

巨噬细胞和树突状细胞都是**抗原呈递细胞（antigen-presenting cell，APC）**，它们通过特异性内吞受体或液相胞饮作用（pinocytosis）将抗原内化，处理抗原后呈递给$CD8^+$细胞毒性T细胞。树突状细胞还有助于在耐受性和免疫诱导之间维持平衡，并帮助区分无害的自身抗原和病原体。Toll样受体和C型凝集素的作用是帮助树突状细胞区分病原体和自身抗原。对于髓系细胞而言，C型凝集素也被称为**C型凝集素受体（CLR）**。Toll样受体是与病原体相关分子模式（PAMP）相互作用的模式识别受体（PRR），但与C型凝集素受体不同的是，Toll样受体不能直接促进结合态配体的吞噬作用。C型凝集素受体可

① 也称血小板凝集素（aggretin）。

以自行发出信号，但也可以干扰由各种其他髓系模式识别受体（如 Toll 样受体）诱导的信号通路，因此可以提供多样化的免疫应答结果。例如，分枝杆菌通过 Toll 样受体 -2（TLR-2）和 Toll 样受体 -4（TLR-4）与树突状细胞相互作用，导致活化的树突状细胞产生强烈的辅助 T 细胞 -1（T-helper 1，Th1）应答。然而，一些分枝杆菌毒性菌株分泌的糖基化因子，如**甘露糖基化脂阿拉伯甘露聚糖（mannosylated lipoarabinomannan）**或**甘露糖封端脂阿拉伯甘露聚糖（mannose-capped lipoarabinomannan，ManLAM）**，能够与 C 型凝集素受体结合，但显然不与 Toll 样受体结合，这导致 Toll 样受体激活下调，树突状细胞的成熟受到限制。树突状细胞特异性细胞间黏附分子 -3- 捕获非整联蛋白（DC-SIGN）可以依据与其他模式识别受体的信号传递相互作用，针对特定的自身结构和外来结构，对免疫应答进行定制。在对结核分枝杆菌和 HIV-1 表达的、携带甘露糖的病原体相关分子模式进行识别时，识别过程能够激活激酶 Raf-1，以调节 Toll 样受体诱导的 NF-κB 的激活，增强促炎细胞因子的产生。这些促炎细胞因子包括白细胞介素 -6（IL-6）和白细胞介素 -12（IL-12）。相反，在识别了由**曼氏血吸虫（*Schistosoma mansoni*）**和**幽门螺杆菌（*Helicobacter pylori*）**表达的、携带岩藻糖的病原体相关分子模式后，树突状细胞特异性细胞间黏附分子 -3- 捕获非整联蛋白（DC-SIGN）的信号传递，引起了对 Toll 样受体 -4 诱导的促炎反应的抑制，消除了辅助 T 细胞 -1（Th1）和辅助 T 细胞 17（Th17）的应答，并有利于产生辅助 T 细胞 2（Th2）应答作为最终结果。通过病原体的聚糖对病原体进行识别，对于保护性免疫分外重要。目前，聚糖在特定条件下被细胞异常表达，越来越多地被认为是癌症、自身免疫和过敏等疾病的驱动因素。因此，髓系 C 型凝集素受体可被视为疾病和内稳态平衡之间重要的调控因子。

髓系 C 型凝集素可以与病毒进行重要的先天免疫相互作用，该过程通过与病毒糖蛋白上的聚糖结合得以实现。树突状细胞特异性细胞间黏附分子 -3- 捕获非整联蛋白（DC-SIGN）最初是通过其与 HIV 包膜上 gp120 蛋白的互作而被确认的。目前已知与树突状细胞和巨噬细胞中的 C 型凝集素结合的病毒包括**丙型肝炎病毒（hepatitis C virus）**、**埃博拉病毒（Ebola virus）**、**西尼罗河病毒（West Nile virus）**、**尼帕病毒（Nipah virus）**、**新城疫病毒（Newcastle virus）**和**严重急性呼吸综合征冠状病毒（severe acute respiratory syndrome coronavirus，SARS coronavirus）**。但几乎所有的髓系 C 型凝集素都被发现可以识别病毒糖蛋白。值得一提的是，SARS-CoV-2 刺突糖蛋白与树突状细胞特异性细胞间黏附分子 -3- 捕获非整联蛋白（DC-SIGN）、肝窦内皮细胞凝集素（liver sinusoidal endothelial cell lectin，LSECtin）、C 型凝集素结构域家族 10 成员 A（CLEC10A）等蛋白质的相互作用，可能导致免疫的过度激活。

34.7 选凝素

盖斯纳（Gesner）和金斯伯格（Ginsburg）在 20 世纪 60 年代中期进行的一项开创性实验表明，将 ^{32}P 标记的大鼠淋巴细胞注射回大鼠体内后，会归巢到脾脏和淋巴结，但当这些淋巴细胞首先用粗制的糖苷酶进行处理时，归巢现象明显减少。他们假设“糖通过充当细胞相互作用的位点来发挥生理功能”，这一非凡的见解最终引入了“聚糖结合蛋白可能参与淋巴细胞归巢”的概念，并导致了 L 选凝素（L-selectin）的发现。有趣的是，我们现在已知，通过这种处理改变淋巴细胞上的聚糖，是通过减少淋巴细胞归巢所需的趋化因子受体的功能和外渗等事件，最终阻止了它们的归巢。

选凝素家族有三个成员分别为 **P 选凝素（P-selectin）**、**E 选凝素（E-selectin）**和 **L 选凝素（L-selectin）**，是表征最为完善的 C 型凝集素家族之一，因为它们作为细胞黏附分子的作用已经得到广泛的证实，介导白细胞运输的最早阶段、淋巴细胞向外周淋巴结和皮肤的组成型迁移，以及造血干细胞向骨髓的运输。这三种哺乳动物选凝素是 1 型跨膜糖蛋白，分别在血小板（platelet）、内皮细胞（endothelial cell）和白细胞（leukocyte）上表达，这也是它们名称的由来（图 34.6A）。选凝素和细胞表面糖复合物配体之间的相互作

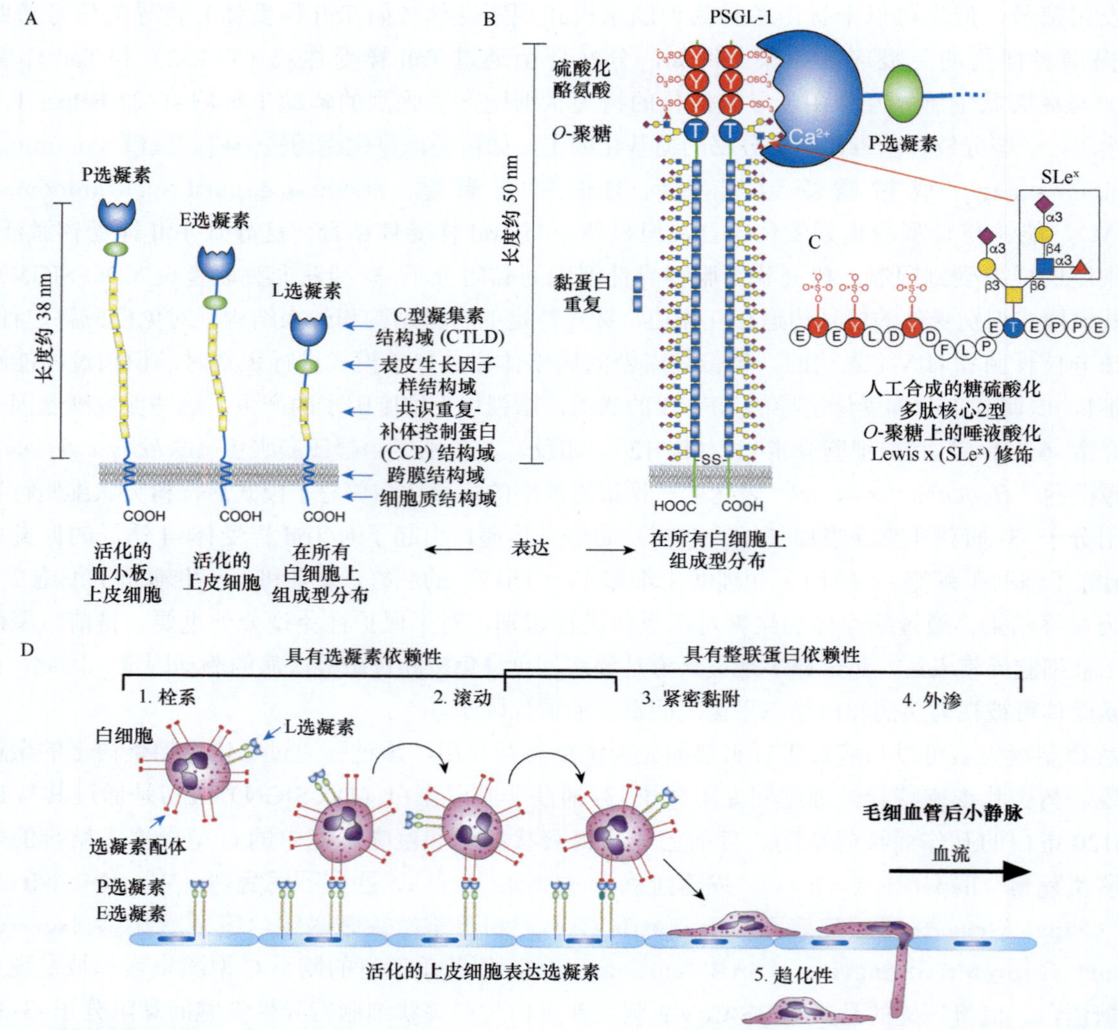

图 34.6 选凝素的结构和功能。 A. P 选凝素、E 选凝素和 L 选凝素的总体结构域结构及其表达模式。P 选凝素还可在膜上形成同源二聚体（结构域结构图例，参见图 34.3）。B. 图中显示了白细胞上预测的、二硫键二聚体形式的 P 选凝素糖蛋白配体 -1（PSGL-1）。P 选凝素糖蛋白配体 -1 有三个潜在的 *N*- 糖基化位点，并且具有多个 *O*- 糖基化位点（如图所示）。图中标出了氨基末端的硫酸化酪氨酸残基。P 选凝素与 P 选凝素糖蛋白配体 -1 之间，通过其氨基末端结构域发生 Ca^{2+} 依赖性的相互作用。尽管具有不同的动力学和亲和力，L 选凝素也可以与 P 选凝素糖蛋白配体 -1 的同一区域结合。C. 在 P 选凝素糖蛋白配体 -1 中发现的、主要含岩藻糖的核心 2 型 *O*- 聚糖是结合选凝素所必需的，图中显示在基于人类 P 选凝素糖蛋白配体 -1 氨基末端序列生成的、人工合成的糖硫酸化多肽（glycosulfopeptide，GSP）上。核心 2 型 *O*- 聚糖上的唾液酸化 Lewis x（SLe^x）决定簇，用方框进行了标识。E 选凝素可以与表达了 SLe^x 决定簇的，位于更远端的聚糖结合。D. 通过选凝素及其配体之间的相互作用，将循环中的白细胞栓系到被激活的内皮细胞上。在正常的小静脉中，白细胞在流动时不会与内皮发生黏附相互作用，但在发炎的血管中，选凝素和整联蛋白配体在内皮表面表达，导致循环中白细胞的栓系、滚动和停滞，并最终从循环外渗到周围组织。选凝素依赖的相互作用，也通过 E 选凝素与白细胞 CD44，即造血细胞 E/L 选凝素配体（hematopoietic cell E/L-selectin ligand，HCELL）上的聚糖结合而发生。当贴壁细胞被局部呈递的趋化因子或脂质内分泌物（autacoid）激活时，被激活的白细胞会表达整联蛋白，这些整联蛋白包括淋巴细胞功能相关抗原 1（lymphocyte function-associated antigen 1，LFA-1）、CD11a/CD18、巨噬细胞 -1 抗原（macrophage-1 antigen，Mac-1）及 CD11b/CD18 与内皮细胞上的免疫球蛋白样反受体（counter receptor），如细胞间黏附分子 -1，-2（intercellular adhesion molecule-1/-2，ICAM-1/ICAM-2）之间的相互作用，以加强黏附，并促进细胞从循环系统迁移到下层组织。P 选凝素通常在内皮细胞的怀布尔 - 帕拉德小体（Weibel-Palade body，WPB）中表达，但内皮细胞被凝血酶、组胺、缺氧或损伤激活后的几分钟内，这些小体就会与质膜融合，促进 P 选凝素在内皮细胞表面的表达。类似地，储存在血小板 α- 颗粒（α-granule）中的 P 选凝素，在血小板活化后数分钟内即可表达于血小板表面。E 选凝素由活化的内皮细胞通过转录依赖性途径表达，并可由肿瘤坏死因子 -α（TNF-α）、白细胞介素 1β（IL1β）和脂多糖（LPS）诱导，也可部分通过 NF-κB 依赖性的事件介导。E 选凝素与 P 选凝素和 L 选凝素通力合作，将白细胞募集到炎症部位。

用，促进了毛细血管后小静脉中白细胞和血小板的拴系（tethering）与滚动（rolling），并且对于将白细胞募集到炎症和损伤部位十分重要。滚动是黏附形式的一种，需要选凝素与其配体之间的纽带能够快速地形成和解离。滚动黏附使得白细胞能够与内皮结合的趋化因子相遇。通过趋化因子受体的信号传递与通过选凝素配体的信号传递协同作用，得以激活白细胞整联蛋白（integrin），它可以与内皮细胞上的免疫球蛋白超家族配体结合，以减慢滚动速度，使得白细胞驻留在血管表面。被捕获的白细胞随后爬过内皮细胞，或自内皮细胞之间进入下层组织，完成血细胞渗出（diapedesis）或外渗（extravasation）（图 34.6D）。

每个选凝素在氨基末端都有一个 C 型碳水化合物识别域，紧随其后是一个共识的表皮生长因子样结构域（EGF-like domain）和许多由寿司结构域（sushi domain）组成的短共识重复序列（short consensus repeat），该结构域也称为补体控制蛋白（complement control protein，CCP）模件（图 34.6A）。这些蛋白质具有单个跨膜结构域（transmembrane domain，TM）和细胞质结构域，并且是相对刚性、充分伸展的分子。每种选凝素的碳水化合物识别域，对具有唾液酸化和岩藻糖基化的聚糖结构，即**唾液酸化 Lewis x 抗原（sialyl Lewis x antigen，SLe^x）**及其异构体**唾液酸化 Lewis a 抗原（sialyl Lewis a，SLe^a）**具有适度的亲和力（**第 14 章**），对这些聚糖结构的某些硫酸化形式则具有更高的结合力。每种选凝素都以更高的亲和力与特定的大分子配体结合，这些配体大多数都含有唾液酸化的岩藻糖基化聚糖。P 选凝素的主要配体被称为 **P 选凝素糖蛋白配体 -1（P-selectin glycoprotein ligand-1，PSGL-1）**，具有与基于核心 2 型（core 2）的 *O-* 聚糖上表达的唾液酸化 Lewis x 相邻的、硫酸化的酪氨酸残基。PSGL-1 的这种糖型也是 L 选凝素的高亲和力配体，此外，其他 PSGL-1 相关聚糖也与 E 选凝素结合。尽管 PSGL-1 是 L 选凝素和 P 选凝素的主要配体，但 E 选凝素也可以结合其他糖复合物。重要的是，E 选凝素的主要配体是 CD44 的一种糖型，被称为**造血细胞 E/L 选凝素配体（hematopoietic cell E/L-selectin ligand，HCELL）**，它在人类造血干细胞上**组成型表达（constitutive expression）**①。该配体在其 *N-* 聚糖上携带了唾液酸化 Lewis x。鼠白细胞需要 CD44 和从其他糖蛋白上的核心 1 型(core 1)衍生而来的 *O-* 聚糖，从而与 E 选凝素进行结合。除了糖蛋白外，P 选凝素和 L 选凝素（而非 E 选凝素）也以非二价阳离子依赖性的方式与某些形式的肝素 / 硫酸乙酰肝素（HS）结合。据报道，E 选凝素还可以结合人骨髓细胞上唾液酸岩藻糖基化的糖脂，但不会与鼠骨髓细胞发生结合。尽管上述糖复合物参与了炎症部位的骨髓白细胞募集，但调控淋巴细胞归巢至次级淋巴器官的 L 选凝素的配体是不同的。淋巴结高内皮小静脉（high endothelial venule，HEV）内皮细胞上的这些 L 选凝素配体，含有 **6- 磺基 - 唾液酸化 Lewis x 决定簇（6-sulfo-SLe^x determinant）**，在黏蛋白型 *O-* 聚糖和 *N-* 聚糖上表达 MECA-79 抗原。

34.7.1　P 选凝素

研究人员发现，P 选凝素（CD62P）是一种在活化的血小板表面表达的抗原。它在巨核细胞（megakaryocyte）中组成型表达，并在巨核细胞中被包装到循环血小板的 α- 颗粒（α-granule）膜上。它也在血管内皮细胞的**怀布尔 - 帕拉德小体（Weibel-Palade body）**②中表达。在血小板或内皮细胞被组胺、凝血酶或补体成分等促炎症分泌物（proinflammatory secretagogue）激活后的几分钟内，由于细胞内储存膜（storage membrane）与质膜的融合，P 选凝素在细胞表面表达。P 选凝素细胞质结构域内的序列，介导它被分选进入分泌颗粒（secretory granule）及从质膜上的快速内吞，随后从内体移动到溶酶体的过程。P 选凝素在溶酶体中被降解。人类 P 选凝素转录本的剪接变体，产生缺乏跨膜结构域形式的 P 选凝素，

① 指表达方式不受生长时期、形态分化、环境变化等因素的影响，不具有时空特异性；与诱导型表达相对应。

② 血管内膜中内皮细胞特有的细胞器。是一种有膜包被的长杆状小体，有止血、凝血功能。

从而使得体循环中具有低水平的、可溶形式的 P 选凝素。白细胞黏附过程还刺激了 P 选凝素的胞外结构域在细胞质膜上完成蛋白质的水解切割，将 P 选凝素释放到血液循环中。一些炎症介质（inflammatory mediator），包括肿瘤坏死因子 -α（tumor necrosis factor-α，TNF-α）、白细胞介素 1β（interleukin 1β，IL1β）和脂多糖（lipopolysaccharide，LPS），增强了小鼠和非灵长类哺乳动物内皮细胞中 P 选凝素的 mRNA 转录，但在人类中却没有这一现象。

P 选凝素有助于急性和慢性炎症中白细胞的招募。缺乏 P 选凝素的小鼠表现出白细胞在毛细血管后小静脉（postcapillary venule）内皮细胞上滚动的缺陷，注射炎症介质后，中性粒细胞或单核细胞向组织的募集减少，在遭受特定抗原攻击后，T 细胞向皮肤或其他组织的募集受损。将 P 选凝素调动至活化的内皮细胞表面，对于所有这些反应都很重要。此外，在活化的血小板表面表达的 P 选凝素，有助于炎症过程以及止血和血栓形成。活化的血小板，通过 P 选凝素与中性粒细胞、单核细胞、自然杀伤细胞和一些 T 淋巴细胞亚群发生黏附，这种黏附增加了白细胞和血小板向血管损伤部位的募集。P 选凝素在血小板和内皮细胞上的表达，在实验状态下有助于促进小鼠的动脉粥样硬化。血小板表达的 P 选凝素还刺激单核细胞合成组织因子（tissue factor），它是凝血的关键辅助因子，在血块形成过程中促进纤维蛋白的沉积。

如下文所述，虽然 P 选凝素的主要白细胞**反受体（counter receptor）**是 PSGL-1，但 P 选凝素（和 L 选凝素）也与某些形式的肝素 / 硫酸乙酰肝素，以及其他一些表达唾液酸化 Lewis x 的糖蛋白，以较不活跃的亲和活性发生结合。尽管 P 选凝素的这种非 PSGL-1 依赖性结合的生理学意义尚不清楚，但临床上规定的肝素水平，可以阻断 P 选凝素的功能。此外，P 选凝素可以与含有高度集簇的 *O*- 聚糖的黏蛋白发生相互作用，这些黏蛋白上带有 SLe^x 抗原和硫酸化的 SLe^x，这在带有此类配体的肿瘤转移中极其重要（**第 47 章**）。因此，肝素在阻断癌症转移中的治疗作用，可能至少有一部分是通过阻断 P 选凝素和（或）L 选凝素依赖性的白细胞和血小板与表达富含 SLe^x/SLe^a 的富硫酸化黏蛋白的肿瘤细胞之间的黏附作用来介导的。临床 2 期试验结果表明，化学选凝素抑制剂（GMI-1070）可能会降低**镰状细胞病（sickle cell disease，SCD）**患者血管闭塞性危象的严重程度。另一种靶向 P 选凝素的治疗方法是基于抑制性人源化抗体对人类 P 选凝素的阻断。这种方法已在镰状细胞病的预防性治疗中显示出疗效。该抗体［克利珠单抗（crizanlizumab）］作为药物（商品名：Adakveo）上市销售，并在美国被批准作为治疗镰状细胞病患者疼痛危象的月度用药。

34.7.2 P 选凝素糖蛋白配体 -1

P 选凝素糖蛋白配体 -1（PSGL-1/CD162）是一种同型二聚、通过二硫键结合的黏蛋白，亚基约为 120 kDa。它是白细胞上 P 选凝素和 L 选凝素的主要生理配体，也是 E 选凝素的配体（**图 34.6B**）。PSGL-1 包含 16 个十肽重复单元［即黏蛋白重复（mucin repeat）］，其**共识序列（consensus sequence）**横跨长链形式（long form）蛋白质胞外结构域中的残基 118 ～ 277，这是人类中 PSGL-1 的主要表达形式。鼠类的 PSGL-1 与人类序列有一定的序列相似性，但小鼠中的蛋白质只有 10 个十聚体重复序列，其共识序列为 - 谷氨酸 - 苏氨酸 - 丝氨酸 - 谷氨酰胺 / 赖氨酸 - 脯氨酸 - 丙氨酸 - 脯氨酸 - 苏氨酸 / 甲硫氨酸 - 谷氨酸 - 丙氨酸 -（-E-T-S-Q/K-P-A-P-T/M-E-A-），与人类的 PSGL-1 不同。出乎意料的是，人和鼠的 PSGL-1 之间最高的同源性出现在跨膜结构域和细胞质结构域，而没有出现在 P 选凝素结合结构域中。

PSGL-1 多肽在大多数白细胞（包括中性粒细胞、单核细胞、嗜酸性粒细胞、嗜碱性粒细胞和 T 细胞亚群）以及小鼠和人类的造血干细胞上表达。此外，PSGL-1 在一些活化的内皮细胞中表达，其中最显著的是在小鼠慢性回肠炎自发模型中发炎的鼠回肠微血管中的表达。在白细胞中，PSGL-1 富集在微绒毛中，并与脂筏相关。

在中性粒细胞、单核细胞和活化的 T 细胞中，PSGL-1 经过适当的翻译后修饰，在核心 2 型 *O*- 聚糖上表达 SLe^x 结构（图 34.6C）。PSGL-1 的这种糖型，与三种选凝素中的每一种相互作用，以支持白细胞在血液流动下进行的滚动过程。在滚动过程中，PSGL-1 的参与也会将信号转入白细胞中，从而激活白细胞整联蛋白以减慢滚动速度。PSGL-1 的信号传递与通过趋化因子受体的信号传递的协同作用，在白细胞中引发其他效应因子的响应。

PSGL-1 除了作为选凝素配体外还具有多种功能。PSGL-1 是 T 细胞中的检查点调节物（check-point regulator），可以促进 T 细胞衰竭，并部分调控程序性细胞死亡蛋白 1（programmed cell death protein 1，PD-1）的表达。PSGL-1 可以通过其硫酸化的酪氨酸残基与某些趋化因子发生相互作用，包括 C-C 基序趋化因子 21（C-C motif chemokine 21，CCL21）和 C-C 基序趋化因子 19（C-C motif chemokine 19，CCL19），这可能会促进 T 细胞进入次级淋巴器官。PSGL-1 还是许多病原体的黏附分子，包括肠道病毒 71、**肺炎链球菌**（***S. pneumonia***）和**嗜吞噬细胞无形体**（***Anaplasma phagocytophilum***），该无形体是一种蜱传播的专性细胞内细菌，可导致人类**粒细胞无形体病**（**anaplasmosis**）。在某些情况下，例如，对于嗜吞噬细胞无形体而言，PSGL-1 上含有 SLe^x 的 *O*- 聚糖是一个识别因子，而对于其他病原体而言，识别过程则发生在硫酸化的酪氨酸上。

结合 P 选凝素的关键决定簇位于 PSGL-1 的最末端氨基。靶向该区域的抗体阻断了 PSGL-1 与 P 选凝素和 L 选凝素的结合（但不会阻断与 E 选凝素结合，E 选凝素可能与 PSGL-1 上其他的岩藻糖基化位点相互作用，但不与硫酸化酪氨酸相互作用）。用选择性蛋白酶处理中性粒细胞，去除 PSGL-1 氨基末端的前 10 个氨基酸，可废除它与 P 选凝素和 L 选凝素的结合。对特定的 *O*- 糖基化的氨基末端苏氨酸和（或）PSGL-1 氨基末端的三个酪氨酸残基进行定点诱变，可以阻止 PSGL-1 与 P 选凝素和 L 选凝素的结合。最后，具有图 34.6C 所示结构的合成**糖硫肽**（**glycosulfopeptide，GSP**），其与 P 选凝素的结合亲和力可以媲美于天然 PSGL-1 结合的高亲和力。

以上数据支持图 34.6B 中的模型，其中 PSGL-1 上的硫酸化酪氨酸残基与聚糖的组合，在与 P 选凝素进行高亲和力结合时是必需的。PSGL-1 衍生的糖硫肽与 P 选凝素的共晶结构证实了这一模型。糖硫肽和 P 选凝素之间的相互作用，由疏水作用和静电接触两相结合而产生。这些相互作用包括三个硫酸化酪氨酸残基中的至少两个，以及其他 PSGL-1 中的氨基酸与 P 选凝素碳水化合物识别域（CRD）中的多个残基之间的接触。此外，SLe^x 的岩藻糖残基中的羟基，与凝集素结构域上结合的 Ca^{2+} 也有相互作用，并且与半乳糖的羟基和唾液酸的羧基之间存在着额外的结合互作。

介导人类 PSGL-1 上选凝素配体形成的关键酶，包括：促进初始 *O*- 聚糖生物合成的核心 1 型合成酶（T-合成酶）即核心 1 型 β1-3 半乳糖基转移酶 1（core 1 β1-3 galactosyltransferase 1，C1GalT1），以及其伴侣蛋白 Cosmc 即核心 1 型 β1-3 半乳糖基转移酶 1 特定伴侣 1（C1GalT1 specific chaperone 1，C1GalT1C1）；促进核心 2 型 *O*- 聚糖结构形成的 β1-6 *N*-乙酰葡萄糖胺转移酶 -I（β1-6 *N*-acetylglucosaminyltransferase-I，C2GnT-I）；用于糖链封端的 α2-3 唾液酰基转移酶——β- 半乳糖苷 α2-3 唾液酰基转移酶 4（β-galactoside α2-3 sialyltransferase 4，ST3Gal4）；帮助形成功能性 SLe^x 表位的 α1-3 岩藻糖基转移酶——α1-3 岩藻糖基转移酶 VII（α1-3 fucosyltransferase VII，FUT-VII）。在髓系细胞上介导 PSGL-1 多肽骨架硫酸化的酶，可能是 3′- 磷酸腺苷 5′- 磷酰硫酸合成酶 1（3′-phosphoadenosine 5′-phosphosulfate synthase 1，PAPSS1）和酪蛋白磺基转移酶 2（tyrosylprotein sulfotransferase 2，TPST2）。

34.7.3 E 选凝素

研究人员发现，E 选凝素（CD62E）是一种由活化的血管内皮细胞表达的白细胞黏附分子。在大多数组织中（骨髓和皮肤除外），内皮细胞并不组成型表达 E 选凝素。细胞因子依赖性的转录过程，会导致 E 选凝素在内皮细胞表面的**诱导型表达（inducible expression）**。肿瘤坏死因子 -α（TNF-α）、白细胞介素 1β（IL1β）和脂多糖（LPS）对 E 选凝素基因座的诱导转录，至少部分由依赖于 NF-κB 的事件所介导。在体外，经细胞因子处理 2h 后，E 选凝素的表达增加，至 4h 可达最大表达量。体外实验中，E 选凝素的表达随后在 12 ～ 24h 内降至基础水平，但在体内炎症部位可能长期表达。E 选凝素表达的下降，与 E 选凝素基因座的转录减少、E 选凝素转录本的降解，以及 E 选凝素蛋白的内化和周转有关。与 E 选凝素表达相关的急性和慢性炎症，包括创伤、败血症、类风湿性关节炎（rheumatoid arthritis，RA）和器官移植。

E 选凝素与 P 选凝素和 L 选凝素协同作用，将白细胞募集到炎症部位。E 选凝素的生理配体含有 SLe^x 抗原，存在于白细胞（中性粒细胞、单核细胞、嗜酸性粒细胞、记忆 / 效应 T 细胞和自然杀伤细胞）和人类造血干细胞上。在与 E 选凝素表达相关的急性和慢性炎症部位，能够找到上述的每一种白细胞亚群。PSGL-1 是 E 选凝素的生理配体之一，但 E 选凝素也可以与其他几种位于 *N*- 聚糖或 *O*- 聚糖上、表达 SLe^x 抗原的糖蛋白相互作用，包括造血细胞 E/L 选凝素配体（HCELL）（一种人类 CD44 糖型）、E 选凝素配体 -1（E-selectin ligand-1）（在小鼠中），以及可能表达了 SLe^x 抗原的长链鞘糖脂。在这方面，虽然糖蛋白 *O*- 聚糖和 *N*- 聚糖促进了白细胞黏附级联反应中的初始募集与快速滚动阶段，但唾液酸岩藻糖基化的糖脂可以促进缓慢滚动和向炎症性白细胞停滞的转变。在人类造血干细胞（hematopoietic stem cell，HSC）中，通过在组成型表达 E 选凝素的骨髓微血管上的黏附相互作用，造血细胞 E/L 选凝素配体（HCELL）可以指导造血干细胞进入骨髓。除了影响白细胞和造血干细胞迁移外，E 选凝素受体 / 配体相互作用可能在癌症转移、促进骨髓中恶性细胞的存活，以及骨髓微环境中的**间质 - 上皮转化（mesenchymal-epithelial transition，MET）**中具有潜在作用（**第 47 章**）。

34.7.4 L 选凝素

L 选凝素（CD62L）在大多数白细胞的微绒毛上表达，包括所有的髓系细胞、初始 T 细胞（naïve T cell）和初始 B 细胞（naïve B cell），以及一些记忆 / 效应 T 细胞。L 选凝素是第一个通过阐明促进淋巴样细胞从血管内隔室再循环到次级淋巴器官的分子而被发现的选凝素。次级淋巴器官包括淋巴结和**派亚氏淋巴丛（Peyer's patch）**①，正如上文在盖斯纳（Gesner）和金斯伯格（Ginsburg）的工作中所讨论的那样，淋巴样细胞随后通过淋巴系统返回循环。这种再循环过程为淋巴细胞提供了机会，在次级淋巴器官内与由抗原呈递细胞（APC）展示的外来抗原相遇。早期研究表明，血液淋巴细胞通过专化的毛细血管后高内皮小静脉（postcapillary HEV）进入淋巴结。高内皮小静脉中的内皮细胞呈立方体形状。它们的表面装饰有不同类型的小尺寸黏蛋白，这些黏蛋白介导 L 选凝素依赖性的淋巴细胞黏附。这些黏蛋白被称为外周淋巴结地址素（peripheral node addressin，PNAd），包括 CD34、200-kDa 硫酸化糖蛋白（200-kDa sulfated glycoprotein，Sgp200）、糖基化依赖性细胞黏附分子 1（glycosylation-dependent cell adhesion molecule 1，GlyCAM-1）、黏膜地址素细胞黏附分子 1（mucosal addressin cell adhesion molecule 1，MAdCAM-1）、内聚糖（endoglycan）、内黏蛋白（endomucin）和足萼糖蛋白样蛋白（podocalyxin-like protein，PCLP）。在细胞活化和迁移时，L 选凝素通过一种金属蛋白酶——肿瘤坏死因子 -α 转换酶（TNF-α-converting enzyme）（TACE/ADAM-17），从活化的白细胞表面经蛋白水解脱落。

由 L 选凝素介导的白细胞滚动，表现出一种违反直觉的剪切力阈值（shear threshold）要求。例如，

---

① 又称集合淋巴小结，是有组织聚集在肠壁的数个或数十个淋巴小结，以 17 世纪的瑞士解剖学家约翰•康拉德•派亚（Johann Conrad Peyer）命名。

使得白细胞产生滚动需要一个最低流速，当流速下降到该阈值以下时，白细胞滚动的更快更不稳定，然后会发生脱离。流动增强滚动（flow-enhanced rolling）通过依赖力的机制得以运行。随着流速的增加，施加在 L 选凝素及其配体之间的黏附结合上的力也随之增加。在阈值水平时，该力实际上加强了键合作用，从而延长了黏附结合的寿命，这些相互作用被称为捕捉性结合（catch bond）。随着流速的进一步增加，所施加的力开始削弱结合，从而缩短了它们的结合寿命，此时的相互作用被称为滑动性结合（slip bond）。捕捉性结合可由 L 选凝素的凝集素结构域和表皮生长因子结构域成角之间的力依赖性拉直（straightening）进行调控，这会影响配体如何从凝集素结构域的结合界面上解离。对于 P 选凝素和 E 选凝素与其配体的相互作用，也可以看到捕捉性结合和滑动性结合之间的转换。然而，这些转换是在较低力的作用下发生的，对循环的影响不大。

高内皮小静脉上 L 选凝素配体的一个独特特征是需要硫酸化的聚糖，如位于核心 2 型 *O*- 聚糖和延长的核心 1 型 *O*- 聚糖上的 **6- 磺基 - 唾液酸化 Lewis x 决定簇（6-sulfo-SLe^x determinant）**。6- 磺基 - 唾液酸化 Lewis x 决定簇与 *O*- 聚糖上的 MECA-79 表位相关（图 34.6），这是一种能够与延长的核心 1 型 *O*- 聚糖上的 6- 磺基 -*N*- 乙酰乳糖胺结合的抗体。6- 磺基 - 唾液酸化 Lewis x 决定簇的生物合成取决于两个关键的 α1-3 岩藻糖基转移酶（α1-3 fucosyltransferase），即*岩藻糖基转移酶* VII（fucosyltransferase VII，FucT-VII）和*岩藻糖基转移酶* IV（fucosyltransferase IV，FucT-IV），以及至少 4 种可能形成 6- 磺基 - 唾液酸化 Lewis x 决定簇的不同的磺基转移酶（sulfotransferase）。这些磺基转移酶中的两种——*N- 乙酰葡萄糖胺 6-O- 磺基转移酶* 1（*N*-acetylglucosamine 6-*O*-sulfotransferase 1，GlcNAc6ST-1）和 *N- 乙酰葡萄糖胺 6-O- 磺基转移酶* 2（*N*-acetylglucosamine 6-*O*-sulfotransferase 2，GlcNAc6ST-2），在高内皮小静脉中表达，并且似乎最为重要。缺乏 FucT-VII，或同时缺乏 FucT-VII 和 FucT-IV 的小鼠淋巴细胞，向淋巴结的归巢量急剧下降。缺乏 GlcNAc6ST-1 和 GlcNAc6ST-2 的小鼠，不表达 6- 磺基 - 唾液酸化 Lewis x 或 MECA-79 表位，并表现出淋巴细胞向淋巴结归巢的明显减少。一种独特的糖基转移酶——β1-3 *N- 乙酰葡萄糖胺转移酶*（β1-3 *N*-acetylglucosaminyltransferase，β1-3GlcNAcT）能够产生延长的核心 1 型 *O*- 聚糖；缺乏这种 β1-3GlcNAcT，以及缺乏用于核心 2 型 *O*- 聚糖生物合成的分支酶（branching enzyme）——β1-6 *N- 乙酰葡萄糖胺转移酶*（β1-6 *N*-acetylglucosaminyltransferase，β1-6GlcNAcT）的小鼠无法表达 MECA-79 抗原，但它们在高内皮小静脉上有残留的淋巴细胞滚动，在外周和肠系膜淋巴结中的淋巴细胞数量仅略有下降。残留的 L 选凝素依赖性的淋巴细胞归巢，似乎由 *N*- 聚糖上的 6- 磺基 - 唾液酸化 Lewis x 引起，这表明高内皮小静脉糖蛋白上的 *N*- 聚糖和 *O*- 聚糖，都有助于 L 选凝素依赖性的淋巴细胞通过淋巴结实现再循环。就淋巴细胞自身而言，表面糖蛋白（包括趋化因子受体）上唾液酸化的、核心 1 型结构衍生的 *O*- 聚糖，对于淋巴细胞迁移到淋巴结至关重要。*Cosmc* 基因缺陷型小鼠的 B 细胞或去唾液酸化的细胞无法归巢至淋巴结，因此为盖斯纳（Gesner）和金斯伯格（Ginsburg）在实验中所观察到的淋巴细胞的酶促去糖基化阻断淋巴细胞的归巢提供了生理学机制解释。

L 选凝素还在中性粒细胞、嗜酸性粒细胞和单核细胞与非淋巴血管内皮的黏附中发挥作用（图 34.6）。在这些炎症环境中，L 选凝素的主要配体是 PSGL-1，它在黏附的白细胞上表达，也可以作为先前滚动的白细胞留下的碎片沉积在发炎的内皮细胞上。内皮细胞上的另一种配体是硫酸乙酰肝素（HS）。与 P 选凝素一样，临床相关剂量的药用肝素可以阻断 L 选凝素，并可能有助于抑制肿瘤转移和黏液性肿瘤相关的高凝状态（hypercoagulability），如在**特鲁索综合征（Trousseau's syndrome）**①中观察到的一样（第 47 章）。在人类造血干细胞上，造血细胞 E/L 选凝素配体（HCELL）也是一种有效的 L 选凝素配体，但与所有其

① 一种副肿瘤综合征，主要表现为恶性肿瘤相关的神经系统病变。恶性肿瘤会激活患者体内的凝血系统，从而造成系统性血栓和脑梗死。产生黏蛋白的腺瘤更容易引发特鲁索综合征。

他天然表达的L选凝素配体不同，它与L选凝素的结合不依赖于硫酸基团。缺乏L选凝素的小鼠，在炎症情况下对中性粒细胞的招募存在缺陷，并且在将初始淋巴细胞（naïve lymphocyte）归巢到次级淋巴器官的过程中存在缺陷。

34.8 具有C型凝集素结构域的蛋白聚糖

C型凝集素结构域也出现在几种缺乏跨膜结构域，并且位于**细胞外基质（extracellular matrix，ECM）**的蛋白聚糖中，如凝集素蛋白聚糖（lectican）或透明质酸凝集素（hyalectin）中（第I组；**图34.3**），具体包括聚集蛋白聚糖（aggrecan）、短蛋白聚糖（brevican）、多能蛋白聚糖（versican）和神经蛋白聚糖（neurocan）。与选凝素一样，这些核心蛋白中的每一个都包含一个C型凝集素结构域、一个表皮生长因子样结构域和一个补体控制蛋白（CCP）结构域，但它们的结构域顺序不同，而且位于蛋白质的羧基末端。在靠近凝集素结构域的一个大型区域中，含有硫酸软骨素（CS）和硫酸角质素（KS）的结合位点。**第17章**对蛋白聚糖进行了更为完整的讨论。C型凝集素结构域在这些蛋白质中的确切功能仍然未知。大鼠聚集蛋白聚糖（aggrecan）的C型凝集素结构域，对于它以Ca^{2+}依赖性的过程结合至大鼠生腱蛋白-R（tenascin-R）的II型纤连蛋白重复序列3～5很重要。其他凝集素蛋白聚糖中的C型凝集素结构域，可能也负责蛋白质与其他受体之间的相互作用，包括生腱蛋白-R、生腱蛋白-C（tenascin-C）和其他生腱蛋白，它们是在神经系统中高度表达的细胞外基质糖蛋白。有趣的是，大鼠纤连蛋白和大鼠聚集蛋白聚糖的C型凝集素结构域之间的蛋白质-蛋白质相互作用，与P选凝素和PSGL-1结合中观察到的蛋白质-蛋白质相互作用存在一些相似之处。肌腱蛋白-R是异常聚糖抗原表位HNK-1的主要载体之一，因在人类自然杀伤细胞（human NK cell）上首先被鉴定而得名。短蛋白聚糖（brevican）是一种在神经系统中发现的凝集素蛋白聚糖，能够与含有HNK-1聚糖抗原的鞘糖脂结合。因此，凝集素蛋白聚糖中的C型凝集素结构域，可能代表了一种多功能的结构特征，可用于蛋白质-蛋白质和蛋白质-聚糖之间的相互作用。有趣的是，几种**聚集蛋白聚糖病（aggrecanopathy）**（聚集蛋白聚糖生产/功能上的遗传缺陷），与编码聚集蛋白聚糖C型凝集素结构域的外显子突变有关。

34.9 具有C型凝集素结构域的其他蛋白质

研究人员已在胰腺和肾脏中鉴定出许多具有C型凝集素结构域（CTLD）的蛋白质，但这些蛋白质是否与聚糖结合目前尚不清楚。多囊肾病1蛋白（polycystic kidney disease 1，PKD1）是与**常染色体显性多囊肾病（autosomal-dominant polycystic kidney disease，ADPKD）**相关的两种*ADPKD*基因产物之一，与细胞-细胞和细胞-基质相互作用有关。*PKD1*基因编码多囊蛋白-1（polycystin-1，PC1），这是一种非常大的蛋白质（4293个氨基酸），在其氨基末端附近有一个C型凝集素结构域。PC1的羧基末端在其分泌过程中，通过蛋白水解释放出一个细胞质部分，该部分可进入细胞核并调控细胞信号通路。有趣的是，PC1的C型凝集素结构域似乎以一种Ca^{2+}依赖性的方式与胶原蛋白结合，该过程可以被包括**右旋糖酐（dextran）**在内的糖类抑制，但相互作用的确切性质仍不清楚。

一些具有C型凝集素结构域的小蛋白，包括再生胰岛衍生3α蛋白（regenerating islet-derived 3α，Reg3α）和胰腺结石蛋白（pancreatic stone protein，PSP），属于C型凝集素第7组的再生胰岛衍生（REG）蛋白家族，并且基本上是孤立的C型凝集素结构域，在其前面有一个信号序列。Reg3α（也被称为HIP/PAP）是分泌型C型凝集素，具有氨基末端信号序列和16 kDa的C型凝集素结构域。Reg3α是一种抗炎蛋白，具有清除活性氧类（ROS）活性的能力，可以结合肽聚糖并直接杀死革兰氏阳性菌，但无法杀死革兰氏阴性菌。Reg3α 蛋白首先与肽聚糖结合，然后与膜磷脂结合，形成六聚体膜透化寡聚孔以杀死细菌。

低等脊椎动物、无脊椎动物和一些病毒也含有 C 型凝集素结构域。来自**西部菱背响尾蛇**（***Crotalus atrox***）的半乳糖特异性凝集素，以 Ca^{2+} 依赖的方式结合多种含半乳糖的糖脂。许多相关的毒液蛋白会抑制血小板功能和（或）凝血级联反应。来自**白唇竹叶青**（***Trimeresurus albolabris***）的白唇聚生蛋白 A（alboaggregin A），能够与血小板糖蛋白 Ib-IX-V 复合物（GPIb-IX-V complex）结合，刺激血小板凝集，但聚糖识别在此过程中的潜在作用尚不清楚。相比之下，**爱泼斯坦 - 巴尔病毒**（**Epstein-Barr virus，EBV**）中编码的 gp42 蛋白，具有类似于 NK 受体的 C 型凝集素结构域，而**痘病毒科**（**Poxviridae**）A33 蛋白的胞外结构域是亚单位疫苗（subunit vaccine）①开发的靶标，该蛋白质具有两个二聚体形式的 C 型凝集素结构域，并且与 NK 凝集素（NK lectin）的 C 型凝集素结构域相似。但是，这些病毒蛋白中的结构域都不与 Ca^{2+} 或聚糖结合，很可能通过趋同进化过程进化而来。

致谢

感谢罗伯特 · 萨克斯坦（Robert Sackstein）的有益评论。

延伸阅读

Gesner BM, Ginsburg V. 1964. Effect of glycosidases on the fate of transfused lymphocytes. *Proc Natl Acad Sci* **52**: 750-755.

Ashwell G, Morell AG. 1974. The role of surface carbohydrates in the hepatic recognition and transport of circulating glycoproteins. *Adv Enzymol Relat Areas Mol Biol* **41**: 99-128.

Rosen SD, Singer MS, Yednock TA, Stoolman LM. 1985. Involvement of sialic acid on endothelial cells in organ-specific lymphocyte recirculation. *Science* **228**: 1005-1007.

Moore KL, Stults NL, Diaz S, Smith DF, Cummings RD, Varki A, McEver RP. 1992. Identification of a specific glycoprotein ligand for P-selectin (CD62) on myeloid cells. *J Cell Biol* **118**: 445-456.

Norgard-Sumnicht KE, Varki NM, Varki A. 1993. Calcium-dependent heparin-like ligands for L-selectin in nonlymphoid endothelial cells. *Science* **261**: 480-483.

McMahon SA, Miller JL, Lawton JA, Kerkow DE, Hodes A, Marti-Renom MA, Doulatov S, Narayanan E, Sali A, Miller JF, Ghosh P. 2005. The C-type lectin fold as an evolutionary solution for massive sequence variation. *Nat Struct Mol Biol* **12**: 886-892.

Brown GD. 2006. Dectin-1: a signalling non-TLR pattern-recognition receptor. *Nat Rev Immunol* **6**: 33-43.

Kishore U, Greenhough TJ, Waters P, Shrive AK, Ghai R, Kamran MF, Bernal AL, Reid KB, Madan T, Chakraborty T. 2006. Surfactant proteins SP-A and SP-D: structure, function and receptors. *Mol Immunol* **43**: 1293-1315.

Ludwig IS, Geijtenbeek TBH, van Kooyk Y. 2006. Two way communication between neutrophils and dendritic cells. *Curr Opin Pharmacol* **6**: 408-413.

Sperandio M. 2006. Selectins and glycosyltransferases in leukocyte rolling in vivo. *FEBS J* **273**: 4377-4389.

Uchimura K, Rosen SD. 2006. Sulfated L-selectin ligands as a therapeutic target in chronic inflammation. *Trends Immunol* **27**: 559-565.

Zhou T, Chen Y, Hao L, Zhang Y. 2006. DC-SIGN and immunoregulation. *Cell Mol Immunol* **3**: 279-283.

① 也称次单元 / 次单位疫苗，此类疫苗只含有病原体中具有抗原性的部分，也就是可以诱发免疫反应的抗原，因此不会有导致疾病的风险，较含有完整病原体的疫苗安全且可靠。

Gupta G, Surolia A. 2007. Collectins: sentinels of innate immunity. *BioEssays* **29**: 452-464.

Trinchieri G, Sher A. 2007. Cooperation of Toll-like receptor signals in innate immune defence. *Nat Rev Immunol* **7**: 179-190.

Gurr W. 2011. The role of Reg proteins, a family of secreted C-type lectins, in islet regeneration and as autoantigens in type 1 diabetes. In *Type 1 diabetes—pathogenesis, genetics and immunotherapy* (ed. Wagner D.) , pp. 161-182. InTech, Rijeka, Croatia.

Zarbock A, Ley K, McEver RP, Hidalgo A. 2011. Leukocyte ligands for endothelial selectins: specialized glycoconjugates that mediate rolling and signaling under flow. *Blood* **118**: 6743-6751.

Grewal PK, Aziz PV, Uchiyama S, Rubio GR, Lardone RD, Le D, Varki NM, Nizet V, Marth JD. 2013. Inducing host protection in pneumococcal sepsis by preactivation of the Ashwell-Morell receptor. *Proc Natl Acad Sci* **110**: 20218-20223.

Mukherjee S, Zheng H, Derebe MG, Callenberg KM, Partch CL, Rollins D, Propheter DC, Rizo J, Grabe M, Jiang QX, Hooper LV. 2014. Antibacterial membrane attack by a pore-forming intestinal C-type lectin. *Nature* **505**: 103-107.

Richardson MB, Williams SJ. 2014. MCL and Mincle: C-type lectin receptors that sense damaged self and pathogen-associated molecular patterns. *Front Immunol* **5**: 288.

Dambuza IM, Brown GD. 2015. C-type lectins in immunity: recent developments. *Curr Opin Immunol* **32**: 21-27.

Drickamer K, Taylor ME. 2015. Recent insights into structures and functions of C-type lectins in the immune system. *Curr Opin Struct Biol* **34**: 26-34.

D'Souza AA, Devarajan PV. 2015. Asialoglycoprotein receptor mediated hepatocyte targeting—strategies and applications. *J Controlled Release* **203**: 126-139.

Geijtenbeek TBH, Gringhuis SI. 2015. C-type lectin receptors in the control of T helper cell differentiation. *Nat Rev Immunol* **16**: 433-448.

McEver RP. 2015. Selectins: initiators of leucocyte adhesion and signaling at the vascular wall. *Cardiovasc Res* **107**: 331-339.

Telen MJ, Wun T, McCavit TL, De Castro LM, Krishnamurti L, Lanzkron S, Hsu LL, Smith WR, Rhee S, Magnani JL, Thackray H. 2015. Randomized phase 2 study of GMI-1070 in SCD: reduction in time to resolution of vaso-occlusive events and decreased opiod use. *Blood* **125**: 1656-1664.

Hansen SWK, Ohtani K, Roy N, Wakamiya N. 2016. The collectins CL-L1, CL-K1 and CL-P1, and their roles in complement and innate immunity. *Immunobiology* **221**: 1058-1067.

Kedmi R, Peer D. 2016. Zooming in on selectins in cancer. *Sci Transl Med* **8**: p345fs11.

Sackstein R. 2016. Fulfilling Koch's postulates in glycoscience: HCELL, GPS and translational glycobiology. *Glycobiology* **26**: 560-570.

Barbier V, Erbani J, Fiveash C, Davies JM, Tay J, Tallack MR, Lowe J, Magnani JL, Pattabiraman DR, Perkins AC, et al. 2020. Endothelial E-selectin inhibition improves acute myeloid leukaemia therapy by disrupting vascular niche-mediated chemoresistance. *Nat Commun* **11**: 2042.

Busold S, Nagy NA, Tas SW, van Ree R, de Jong EC, Geijtenbeek TBH. 2020. Various tastes of sugar: the potential of glycosylation in targeting and modulating human immunity via C-type lectin receptors. *Front Immunol* **11**: 134.

Zeng J, Eljalby M, Aryal RP, Lehoux S, Stavenhagen K, Kudelka MR, Wang Y, Wang J, Ju T, von Andrian UH, Cummings RD. 2020. Cosmc controls B cell homing. *Nat Commun* **11**: 3990.

Lu Q, Liu J, Zhao S, Gomez Castro MF, Laurent-Rolle M, Dong J, Ran X, Damani-Yokota P, Tang H, Karakousi T, et al. 2021. SARS-CoV-2 exacerbates proinflammatory responses in myeloid cells through C-type lectin receptors and Tweety family member 2. *Immunity* **54**: 1304-1319.

Zhu Y, Groth T, Kelkar A, Zhou Y, Neelamegham S. 2021. A glycogene CRISPR-Cas9 lentiviral library to study lectin binding and human glycan biosynthesis pathways. *Glycobiology* **31**: 173-180.

第 35 章

I 型凝集素

安形高志（Takashi Angata），史蒂芬 · 冯 · 冈顿（Stephan von Gunten），罗纳德 · L. 施纳尔（Ronald L. Schnaar），阿吉特 · 瓦尔基（Ajit Varki）

35.1 历史背景和概述 / 461
35.2 唾液酸结合免疫球蛋白样凝集素以外的 I 型凝集素 / 463
35.3 唾液酸结合免疫球蛋白样凝集素的共同特点 / 464
35.4 保守的唾液酸结合免疫球蛋白样凝集素的表达模式和功能 / 466
35.5 CD33 相关的唾液酸结合免疫球蛋白样凝集素（CD33rSiglec）的基因架构、表达模式和功能 / 470
35.6 人类在唾液酸结合免疫球蛋白样凝集素生物学中的特定变化 / 475
35.7 CD33 相关的唾液酸结合免疫球蛋白样凝集素的非唾液酸化配体 / 475
致谢 / 476
延伸阅读 / 476

I 型凝集素（I-type lectin）被定义为一类聚糖结合蛋白（不包括抗体和 T 细胞受体），其中的结合结构域与庞大而多样的免疫球蛋白超家族（immunoglobulin superfamily，IgSF）的蛋白质同源。在 I 型凝集素中，识别唾液酸的凝集素——**唾液酸结合免疫球蛋白样凝集素（sialic-acid-binding immunoglobulin-like lectin，Siglec）**家族，是结构和功能上表征最为完备的亚组，因此是本章的重点。本章详细介绍了它们的发现、表征、结合特性和生物学详细信息，同时讨论了它们在脊椎动物生物学中的功能作用，目前可用的信息大多数在哺乳动物中。本章还讨论了该凝集素在人类进化过程中多种不寻常的变化。

35.1 历史背景和概述

免疫球蛋白折叠（Ig fold）由反平行的 β- 折叠链（β-strand）组成，该折叠链组织形成包含 100 ～ 120 个氨基酸的 β- 三明治（β-sandwich）结构，通常通过片层间的二硫键稳定。基于抗体结构域的序列和结构同源性，研究人员确定了三种类型（type），或称“三型”免疫球蛋白结构域（three sets of Ig domains）：V 型可变样结构域（V-set variable-like domain）、C1 和 C2 型恒定样结构域（C1/C2-set constant-like domain）；结合了 V 型和 C 型结构域特征的 I 型结构域（I-set domain）。

在 20 世纪 90 年代之前，人们认为抗体是唯一能够识别聚糖的免疫球蛋白超家族成员。非抗体免疫球蛋白超家族聚糖结合蛋白的第一个直接证据，来自对**唾液酸黏附蛋白（sialoadhesin，Sn）**的独立研究，它是小鼠巨噬细胞亚群上具有唾液酸（Sia）依赖性结合的受体，该证据也来自对 CD22 的研究，该分子先前被克隆为 B 细胞的标志物。各种技术表明，唾液酸黏附蛋白可行使凝集素的功能，包括在唾液酸酶（sialidase）处理配体后失去其结合能力、用唾液酸化的化合物进行抑制实验测试，以及纯化的受体能够与经过衍生化后在不同的糖链连键中携带有唾液酸的糖蛋白和红细胞发生唾液酸依赖性的结合。对于重组的 CD22，通过唾液酸酶处理，消除了细胞的黏附相互作用，从而发现它是一种与唾液酸结合的凝集素，对 α2-6 连接的唾液酸具有高度特异性。对唾液酸黏附蛋白的克隆随后表明，它是一个免疫球蛋白超家族成员，与 CD22 和其他两种先前克隆的蛋白质——CD33 和髓鞘相关糖蛋白（myelin-associated glycoprotein，MAG）具有同源性。CD33 和 MAG 对唾液酸展示出识别能力，因而产生了一个全新的唾液酸结合分子家族，最初被称为唾液酸黏附蛋白（sialoadhesin）。与此同时，出现了其他免疫球蛋白超家族成员与聚糖结合的初步证据，因而有研究人员建议，将所有这些分子归类为 **I 型凝集素（I-type lectin）**。然而，很明显这四种唾液酸结合分子属于一个独特的亚群，具有序列同源性和免疫球蛋白结构域的组织架构，并且它们并非全部参与了黏附过程。“唾液酸结合免疫球蛋白样凝集素”（Siglec）一词于 1998 年提出，随后由于基因组和转录组测序项目的开展，研究人员发现了大多数 **CD33 相关的唾液酸结合免疫球蛋白样凝集素（CD33-related Siglec，CD33rSiglec）**，使得在计算机上即可识别新的 Siglec 相关基因和 cDNA。

根据序列的相似性和哺乳动物物种之间的保守性，唾液酸结合免疫球蛋白样凝集素可被分为两个主要的亚组。第一组包括唾液酸黏附蛋白（Siglec-1）、CD22（Siglec-2）、MAG（Siglec-4）和 Siglec-15，它

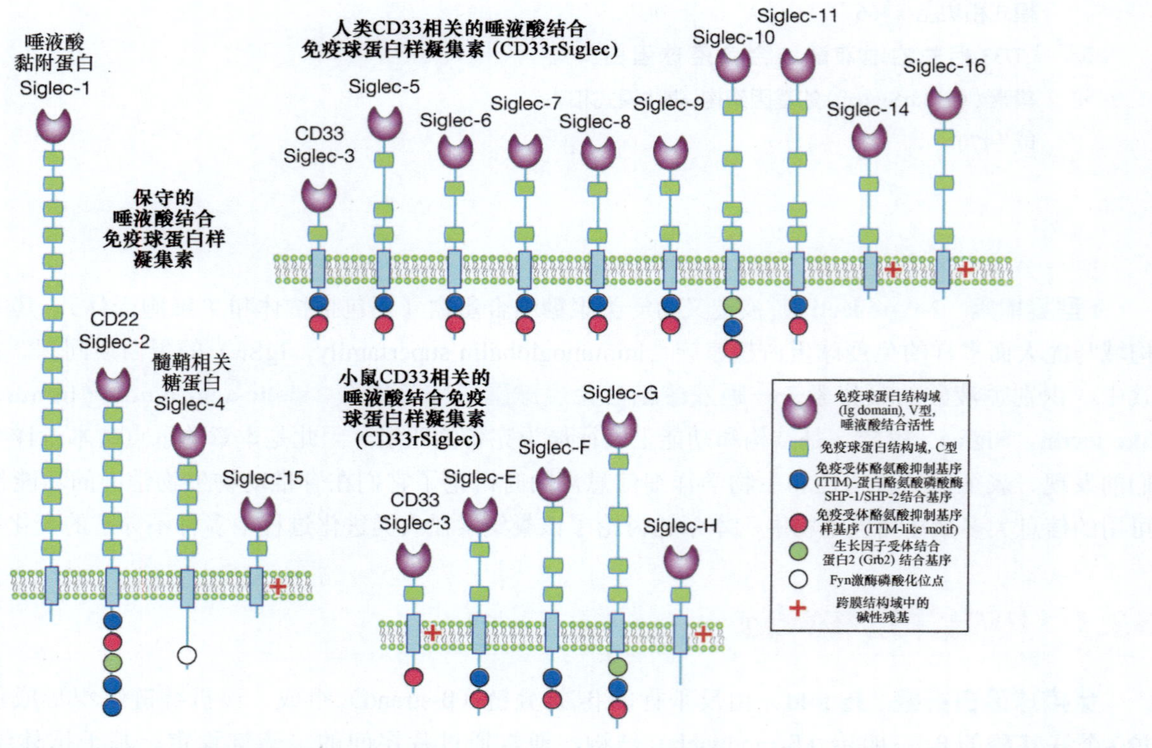

图 35.1 人类和小鼠中已知的唾液酸结合免疫球蛋白样凝集素（Siglec）结构域。Siglec 有两个亚组：一组包含唾液酸黏附蛋白（sialoadhesin，Siglec-1）、CD22（Siglec-2）、髓鞘相关糖蛋白（MAG，Siglec-4）和 Siglec-15；另一组包含 CD33 相关的唾液酸结合免疫球蛋白样凝集素（CD33rSiglec）。在人类中，Siglec-12 失去了唾液酸结合所需的精氨酸残基，Siglec-13 缺失，Siglec-17 已失活。红色加号表示跨膜结构域中存在一个带正电荷的残基，该残基已被证明可与 DNAX 激活蛋白 -12（DNAX activation protein-12，DAP12）相互作用，该蛋白质含有一个免疫受体酪氨酸活化基序（ITAM）。

们在所有被研究过的哺乳动物物种中都有明确的直系同源物，彼此之间的序列同一性仅有 25% ～ 30%。第二组包括 CD33rSiglec，它们具有 50% ～ 80% 的序列相似性，但似乎正在迅速进化，并经历了外显子改组（exon shuffling）和免疫球蛋白结构域编码外显子的基因转换，因此很难对其直系同源物进行定义，即使在啮齿动物和灵长类动物之间也是如此（见下文）。出于这一原因，**唾液酸结合免疫球蛋白样凝集素命名法（Siglec nomenclature）**使用数字和字母来区分一些非同源的人类与小鼠的唾液酸结合免疫球蛋白样凝集素。回顾该研究领域，事实证明，许多远缘的哺乳动物具有更明确的直系同源物，而恰恰是啮齿动物的谱系“丢弃”了这些基因。

35.2　唾液酸结合免疫球蛋白样凝集素以外的 I 型凝集素

除唾液酸结合免疫球蛋白样凝集素（Siglec）外，还有几种免疫球蛋白超家族成员被认为能够与聚糖或糖复合物结合。最好的例证是配对免疫球蛋白样 2 型受体（paired immunoglobulin-like type 2 receptor）PILR-α 和 PILR-β，这两种受体都有与 Siglec 相似的单个 V 型结构域，存在结构明确的唾液酸结合位点及蛋白质相互作用位点。PILR 蛋白可以与黏蛋白样 *O*- 糖基化膜蛋白的一个子集结合，涉及对多肽主链和唾液酸的同时识别，以介导高亲和力的相互作用。有证据表明，PILR 在控制先天免疫和宿主对微生物病原体的防御中发挥作用。PILR 在髓系的免疫细胞上表达，研究人员也在自然杀伤（natural killer，NK）细胞上发现了 PILR-β。PILR-α 包含两个**免疫受体酪氨酸抑制基序（immunoreceptor tyrosine-based inhibitory motif，ITIM）**，通过招募抑制性磷酸酶来传递抑制信号。相反，PILR-β 可以与 DNAX 激活蛋白 -12（DNAX activation protein-12，DAP12）相结合，这是一种具有**免疫受体酪氨酸活化基序（immunoreceptor tyrosine-based activation motif，ITAM）**的衔接蛋白，能促进先天免疫细胞的激活。血小板内皮细胞黏附分子 -1（platelet endothelial cell adhesion molecule-1，PECAM-1）由 6 个细胞外的免疫球蛋白样结构域组成，可选择性地识别 α2-6 连接的唾液酸。PECAM-1 在内皮细胞和白细胞上广泛表达，并发挥与白细胞跨内皮迁移、炎症和血管生物学相关的多重作用。据报道，神经细胞黏附分子（neural cell adhesion molecule，NCAM）和基础免疫球蛋白（basigin，CD147）可以识别并结合神经系统中相邻糖蛋白上的寡甘露糖型 *N*- 聚糖。NCAM 包含 5 个免疫球蛋白样结构域，2 个 III 型纤连蛋白样结构域紧随其后，在神经系统的发育、可塑性和再生中发挥着重要功能。基础免疫球蛋白的不同亚型包含数量可变的免疫球蛋白样结构域，并且在不同组织中广泛表达，在生殖、神经系统功能和免疫中发挥作用。细胞间黏附分子 -1（intercellular adhesion molecule-1，ICAM-1）包含 5 个免疫球蛋白样结构域并能够结合许多配体，这些配体包括两种整联蛋白——淋巴细胞功能相关抗原 1（lymphocyte function-associated antigen 1，LFA-1）和巨噬细胞 -1 抗原（macrophage-1 antigen，Mac-1），还包括透明质酸，以及某些可能的黏蛋白型糖蛋白；细胞间黏附分子 -1 在白细胞和内皮细胞上的表达在细胞活化时得到增强，并且在细胞间相互作用、外渗、炎症和宿主防御中起关键作用。抑血细胞聚集素（hemolin）是一种来自鳞翅目昆虫的免疫球蛋白超家族血浆蛋白，可结合来自革兰氏阴性菌的脂多糖（LPS）和来自革兰氏阳性菌的脂磷壁酸（LTA）。抑血细胞聚集素似乎有两个脂多糖结合位点：一个与脂质 A（lipid A）的磷酸基团相互作用，另一个与脂多糖的 *O*- 特异性聚糖抗原和脂多糖的外核结构聚糖（outer-core glycan）相互作用。目前存在间接且置信度不高的证据表明其他一些免疫球蛋白超家族分子也与聚糖存在相互作用，如外周髓鞘蛋白 P0 与聚糖抗原 HNK-1、CD83 与唾液酸、CD2 与 Lewis x（Le^x）。总体而言，除了 Siglec 和 PILR 之外，目前尚无法将免疫球蛋白超家族折叠直接认定为聚糖的实际结合口袋。本章的其余部分将专门介绍唾液酸结合免疫球蛋白样凝集素，即表征最为完善的 I 型凝集素。

35.3 唾液酸结合免疫球蛋白样凝集素的共同特点

35.3.1 氨基末端的 V 型唾液酸结合结构域

所有的唾液酸结合免疫球蛋白样凝集素都是 1 型膜蛋白，有一个与唾液酸结合的氨基末端 **V 型结构域（V-set domain）**，以及作为间隔的、不同数量的 **C 型免疫球蛋白结构域（C-set Ig domain）**，将唾液酸结合位点从质膜上伸展开来。V 型结构域和相邻的 C 型结构域中包含了少量恒定的氨基酸残基，包括与唾液酸结合所需的 F β 链上必需的精氨酸（Arg），以及具有不寻常架构的半胱氨酸（Cys）残基。与典型的 B 和 F β 链之间的片层间（intersheet）二硫键不同，唾液酸结合免疫球蛋白样凝集素的 V 型结构域，在 B 和 E β 链之间显示出片层内（intrasheet）二硫键，从而增加了 β- 片层之间的分离程度。由此产生的疏水残基的暴露，使得与唾液酸配体中的分子发生特定的相互作用成为可能。迄今为止研究的所有唾液酸结合免疫球蛋白样凝集素，似乎在 V 型结构域和相邻的 C 型结构域之间还包含一个额外的、不寻常的二硫键，预计其能够促进前两个免疫球蛋白结构域之间界面处的紧密堆叠。虽然这个化学键对配体识别的意义尚不清楚，但许多唾液酸结合免疫球蛋白样凝集素的最佳唾液酸结合活性需要相邻的 C 型结构域的参与，可能是为了确保折叠的正确性和稳定性。

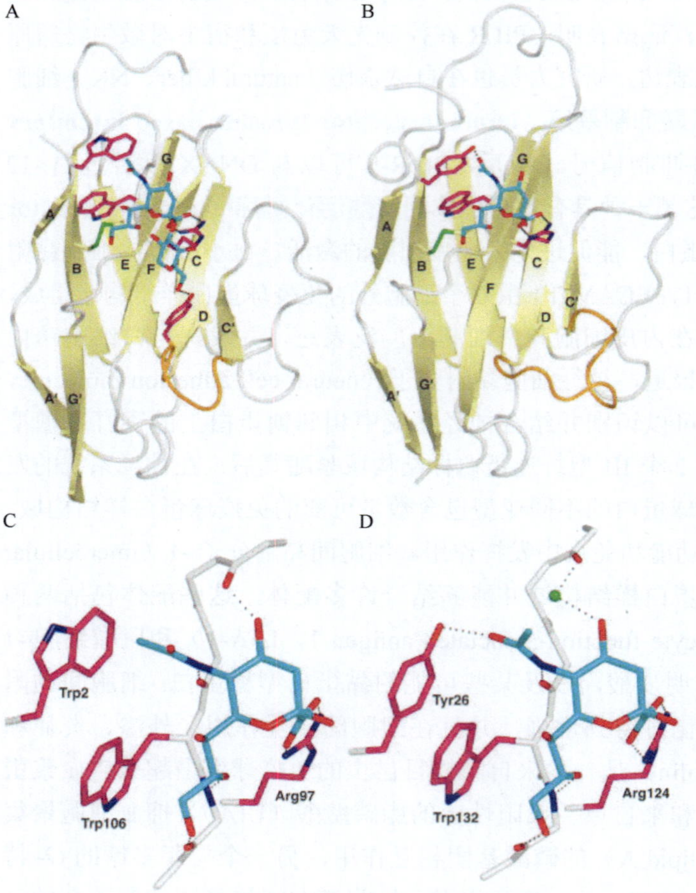

图 35.2 唾液酸结合免疫球蛋白样凝集素与配体结合的结构基础。唾液酸黏附蛋白（sialoadhesin，Sn）（A）和 Siglec-7（B）的 V 型结构域与唾液酸复合物的 X 射线晶体结构。（C，D）唾液酸与唾液酸黏附蛋白和 Siglec-7 相互作用的分子细节。氨基酸缩写：色氨酸（Trp），精氨酸（Arg），酪氨酸（Tyr）[图片由海伦 · 阿特里尔（Helen Attrill）博士绘制]。

小鼠唾液酸黏附蛋白（Sn）、人 Siglec-7 和人 CD33 的 V 型结构域、Siglec-5 的 V 型和相邻的 C 型结构域、人 CD22 的前三个**免疫球蛋白样结构域（Ig-like domain）**，以及小鼠 MAG 的所有 5 个免疫球蛋白样结构域的三维结构，在无论唾液酸配体存在与否的情况下，均已通过 X 射线晶体学确定了蛋白质结构（图 35.2）。除了 Siglec-8 的核磁共振（nuclear magnetic resonance，NMR）结构之外，唾液酸结合免疫球蛋白样凝集素用以识别唾液酸的结构模板，似乎在不同的唾液酸结合免疫球蛋白样凝集素之间是共享的。在所有情况下，必需精氨酸残基位于 F β 链的中间，与唾液酸上的羧酸基团形成双齿盐桥（bidentate salt bridge）。唾液酸结合免疫球蛋白样凝集素，还在 A 和 G β 链上含有保守的疏水氨基酸，它们分别与唾液酸的 *N*- 乙酰基和甘油样侧链相互作用。尽管所有的唾液酸结合免疫球蛋白样凝集素似乎都使用通用模板来识别唾液酸，但它们对延伸的聚糖链的结合偏好却有很大的差异。C 和 C' β- 链之间的环肽链（loop），在唾液酸结合免疫球蛋白样凝集素中高度可变，并且在确定其精细的糖识别特异性方面具有关键作用。例如，Siglec-7 和 Siglec-9 之间 C-C' 环的分子接枝（molecular grafting），导致了糖结合特异性的改变。结构研究表明，该环肽链似乎具有高度柔性，能够与长聚糖链进行特定且多样的相互作用。此外，V 型结构域序列是这些分子中进化最为迅速的区域，这可能解释了结合特异性的物种差异。

35.3.2 掩蔽和去掩蔽

大多数脊椎动物细胞的细胞表面糖萼，都修饰了包含唾液酸的丰富糖复合物（**第 15 章**）。唾液酸的局部浓度之高，可能大大超过了每种唾液酸结合免疫球蛋白样凝集素的 K_d 值，致使这些唾液酸结合免疫球蛋白样凝集素，可以与同一膜上的唾液酸聚糖发生自身结合，即顺式（*cis*）结合，直接发挥生物功能；或可以掩蔽（mask）唾液酸结合位点与其他细胞上的唾液酸聚糖间的相互作用，即反式（*trans*）相互作用。因此，在用唾液酸酶处理细胞，消除了顺式相互作用的唾液酸化聚糖后，大多数天然表达的唾液酸结合免疫球蛋白样凝集素的唾液酸依赖性结合活性会得到大幅增强。一个值得注意的例外是唾液酸黏附蛋白，它是通过其作为巨噬细胞上具有唾液酸依赖性的细胞黏附分子的天然特性而被发现的。大多数唾液酸结合免疫球蛋白样凝集素的掩蔽状态，是与多个顺式配体之间的动态平衡。因此，带有高亲和力的配体，或带有非常高密度唾液酸残基的外部探针、细胞表面或病原体，均可以有效地竞争结合被掩蔽的唾液酸结合免疫球蛋白样凝集素。此外，内源性或外源性糖基转移酶或唾液酸酶表达的变化，可能会影响唾液酸结合免疫球蛋白样凝集素在细胞表面的**掩蔽（masking）**和**去掩蔽（unmasking）**，尤其是在免疫和炎症反应期间。

35.3.3 基于细胞类型的限制性表达

唾液酸结合免疫球蛋白样凝集素，在单一类型的或类型相关的细胞中显示出受限的表达模式（见下文），这在保守的唾液酸结合免疫球蛋白样凝集素——Sn（巨噬细胞）、CD22（B 淋巴细胞）、MAG（髓鞘形成细胞）和 Siglec-15（破骨细胞）中最为显著。这一观察还延伸到了某些 CD33 相关的唾液酸结合免疫球蛋白样凝集素（CD33rSiglec），尤其对人类而言，包括胎盘滋养细胞上的 Siglec-6、NK 细胞上的 Siglec-7，以及组织巨噬细胞（tissue macrophage）和人类脑小胶质细胞上的 Siglec-11、Siglec-16。在小鼠中，Siglec-H 和 CD33 分别是浆细胞样（plasmacytoid）树突状细胞（dendritic cell，DC）和血液中性粒细胞的绝佳标志物，而 Siglec-F 是嗜酸性粒细胞和肺泡巨噬细胞的有效标志物。这些受细胞类型限定的表达模式，被认为反映了由这些 Siglec 中的每一种所介导的功能，是离散而具有细胞特异性的。然而，人类免疫系统的某些关键细胞，如单核细胞和常规树突状细胞，表达多种 CD33 相关的唾液酸结合免疫球蛋白样凝集素。

35.3.4 基于酪氨酸的信号基序

大多数唾液酸结合免疫球蛋白样凝集素，在其细胞质尾部具有一个或多个基于酪氨酸的信号基序（signaling motif），或与含有细胞质酪氨酸基序的膜衔接蛋白（membrane adaptor protein）结合。最普遍的基序是免疫受体酪氨酸抑制基序（ITIM），其具有共识序列：**- 缬氨酸 / 异亮氨酸 / 亮氨酸 -X- 酪氨酸 -X-X-亮氨酸 / 缬氨酸 -（-V/I/L-X-Y-X-X-L/V-，其中 X 是任何氨基酸）**。研究人员在人类基因组中鉴定出多达 300 种含有免疫受体酪氨酸抑制基序的膜蛋白，其中许多是造血系统和免疫系统中既定的抑制性受体。在 Src 家族激酶的酪氨酸磷酸化后，它们通过招募和激活含有 Src 同源结构域 2 型结构域（SH2 domain）的效应物（effector）发挥作用，尤其是蛋白酪氨酸磷酸酶（protein tyrosine phosphatase）SHP-1 和 SHP-2。这些效应物抵消了由含有免疫受体酪氨酸活化基序（ITAM）的受体引发的激活信号。一些唾液酸结合免疫球蛋白样凝集素，特别是 Siglec-14、Siglec-15、Siglec-16、Siglec-H 和小鼠 CD33，在跨膜区具有带正电荷的残基，它可以与名为 DNAX 激活蛋白 -12（DAP12）的衔接蛋白中的免疫受体酪氨酸活化基序（ITAM）结合，从而介导功能的激活。

35.4 保守的唾液酸结合免疫球蛋白样凝集素的表达模式和功能

35.4.1 唾液酸黏附蛋白（Sn/Siglec-1/CD169）

唾液酸黏附蛋白（Sn/Siglec-1/CD169）被研究人员鉴定为由小鼠基质巨噬细胞表达的、具有唾液酸依赖性的绵羊红细胞受体。唾液酸黏附蛋白具有异常多的免疫球蛋白结构域（17 个），这些结构域在哺乳动物和爬行动物中是保守的。这些结构域对于将唾液酸结合位点从质膜延展并远离质膜，以促进细胞之间的相互作用可能非常重要。与 α2-6 和 α2-8 连接的唾液酸相比，唾液酸黏附蛋白更倾向于与 α2-3 连接的唾液酸发生相互作用，并且不结合经羟基化，即 *N*- 羟乙酰神经氨酸（Neu5Gc）或侧链 *O*- 乙酰化修饰的唾液酸，如 5,9- 二乙酰化 -*N*- 乙酰神经氨酸（Neu5,9Ac_2）。值得注意的是，这种偏好与唾液酸在共生 / 致病微生物上的表达模式非常相似（Neu5Ac >> Neu5Gc；α2-3 > α2-8 >>> α2-6）。

在人类和小鼠中，唾液酸黏附蛋白的表达似乎对巨噬细胞亚群具有特异性，特别是那些驻留在淋巴组织中的巨噬细胞亚群。这些细胞在向 B 细胞和自然杀伤 T 细胞（natural killer T cell，NKT cell）呈递抗原、对自身反应性 T 细胞的耐受，以及作为病毒感染的特洛伊木马，使得保护性免疫应答得以实现等诸多过程中发挥了重要的作用。一系列试剂，包括 I 型干扰素（type I interferon）或能够诱导干扰素产生的病毒和 Toll 样受体（TLR）的配体等，也可以在体外强烈地诱导单核细胞、巨噬细胞和单核细胞衍生的树突状细胞（monocyte-derived DC）产生唾液酸黏附蛋白。因此，唾液酸黏附蛋白在人类免疫缺陷病毒（human immunodeficiency virus，HIV）感染者的循环单核细胞，以及**类风湿性关节炎（rheumatoid arthritis）**、**原发性胆汁性肝硬化（primary biliary cirrhosis）**和**系统性红斑狼疮（systemic lupus erythematosus，SLE）**患者的巨噬细胞中表现出上调。唾液酸黏附蛋白在炎症性巨噬细胞上的表达与结直肠癌的良好预后相关，而与**增生性肾小球肾炎（proliferative glomerulonephritis）**更为严重的预后有关。与上述多种疾病的关联性，可能仅仅反映了巨噬细胞被暴露于干扰素环境中，而并非存在着因果关系。事实上，在自发性系统性红斑狼疮的 BWF1 小鼠模型中，唾液酸黏附蛋白的缺乏对疾病的严重程度毫无影响。然而，在**遗传性神经病变（inherited neuropathy）**、**自身免疫性葡萄膜视网膜炎（autoimmune uveoretinitis）**和**实验性过敏性脑脊髓炎（experimental allergic encephalomyelitis，EAE）**①的小鼠模型中，唾液酸黏附蛋白缺乏的小鼠表现出炎症减轻，并伴随着 T 细胞和巨噬细胞活化水平的降低。这些结果表明，唾液酸黏附蛋白可以抑制调节性 T 细胞（regulatory T-cell，Treg）的扩增，从而促进炎症。唾液酸黏附蛋白还能有效地介导对 B 淋巴细胞凋亡后释放出的外泌体的捕获和摄取，因此在抗原呈递中发挥作用。

唾液酸黏附蛋白在巨噬细胞对各种唾液酸化的细菌和原生动物病原体的吞噬过程中的作用已经得到了证实，研究对象包括**脑膜炎奈瑟菌（*Neisseria meningitidis*）**、**空肠弯曲杆菌（*Campylobacter jejuni*）**

① 也称实验性自身免疫性脑脊髓炎（experimental autoimmune encephalomyelitis，EAE）。

和**克氏锥虫**（*Trypanosoma cruzi*）。研究人员使用 B 组链球菌（Group B streptococcus，GBS）的感染模型，观察了唾液酸黏附蛋白在宿主保护中的作用，其中唾液酸黏附蛋白缺陷的小鼠表现出细菌传播的增加。相反，巨噬细胞和单核细胞衍生的树突状细胞上的唾液酸黏附蛋白表达，可以被囊膜病毒（enveloped virus）利用，这些病毒表面展示了源于宿主的唾液酸，导致它们被宿主捕获、摄取和传播。这种机制首先出现在**猪繁殖与呼吸综合征病毒**（**porcine reproductive and respiratory syndrome virus**）上，它以猪的肺泡巨噬细胞为目标，最近又出现在人类免疫缺陷病毒（HIV）和其他逆转录病毒上。在 HIV 上，唾液酸黏附蛋白可以识别唾液酸化的糖蛋白 gp120 和以 Neu5Acα2-3Gal 为末端的单唾液酸化神经节苷脂 GM3。GM3 在病毒从被感染细胞出芽期间被包装到 HIV 中，出芽过程在被感染细胞表面的脂筏中发生。在单核细胞衍生的树突状细胞上，唾液酸黏附蛋白与 HIV 上的 GM3 相互作用，导致含有病毒颗粒的膜内陷，在一个被称为“反式感染”（*trans* infection）的过程中，将病毒颗粒非常有效地转移到 T 细胞中。

35.4.2 唾液酸结合免疫球蛋白样凝集素 -2（CD22）

CD22 是 B 细胞上一种受发育调控的细胞表面糖蛋白，大约在免疫球蛋白（Ig）基因重排时表达，在成熟的 B 细胞分化为浆细胞后消失。CD22 有 7 个免疫球蛋白样结构域，胞内区域有 6 个基于酪氨酸的信号基序，其中 3 个可以作为免疫受体酪氨酸抑制基序（ITIM）发挥作用。CD22 是一个公认的 B 细胞激活负调控因子，对通过 **B 细胞受体**（**B-cell receptor，BCR**）复合物进行信号传递的阈值控制做出了重要贡献。在 B 细胞受体交联后，CD22 在其免疫受体酪氨酸抑制基序上被蛋白酪氨酸激酶 Lyn 快速酪氨酸磷酸化。这导致了蛋白酪氨酸磷酸酶 SHP-1 的募集和激活，以及对随后通过 B 细胞受体介导的下游信号传递的抑制。虽然一些激活分子也被招募到 CD22 中的酪氨酸磷酸化基序上，但 CD22 缺陷小鼠的净表型（net phenotype）与 CD22 在负调控信号传递中的主要作用一致，表现为 B 细胞受体诱导的钙信号转导增强、B 细胞周转率增加、骨髓中循环 B 细胞数量的减少，以及边缘区 B 细胞数量的减少。

在所有唾液酸结合免疫球蛋白样凝集素中，CD22 对唾液酸化配体具有最为保守的特异性，主要与 Neu5Acα2-6Galβ1-4GlcNAc 或 Neu5Gcα2-6Galβ1-4GlcNAc 糖链中 α2-6 连接的唾液酸结合，这是许多复杂 *N*- 聚糖中常见的封端结构。唾液酸分子的性质及其底层聚糖的硫酸化，可以赋予结合过程额外的特异性。人类和小鼠的 CD22 均不与 9-*O*- 乙酰化的唾液酸结合；小鼠 CD22 对 *N*- 羟乙酰神经氨酸（Neu5Gc）的偏好超过 *N*- 乙酰神经氨酸（Neu5Ac），而人类 CD22 则能够与这两种形式的糖结合。重组的可溶性 CD22 可以从 B 细胞裂解物中沉淀出一部分糖蛋白，其中包括 CD45，它是 T 细胞和 B 细胞的主要唾液酸化蛋白。然而，在 B 细胞上，CD22 似乎主要是以聚糖依赖性的方式与其他 CD22 分子发生**顺式结合**（***cis*-association**），或与 B 细胞受体相互作用，该过程以不依赖于聚糖的方式抑制了 B 细胞受体的活性。这些相互作用与缺乏 CD22 聚糖配体，或表达突变形式的 CD22（无法结合聚糖）的小鼠突变体中的研究结果一致。来自缺乏 CD22 配体的、β- 半乳糖苷 α2-6 唾液酰基转移酶 1（ST6Gal-I）缺陷小鼠的 B 细胞，显示出免疫无能表型（anergic phenotype），这与在 CD22 缺陷小鼠中观察到的表型基本相反。表达具有结合位点精氨酸突变的、凝集素失活形式的 CD22 小鼠，也表现出 B 细胞受体信号传递的降低（免疫无能），并且与 ST6Gal-I 缺陷小鼠表现相似，它们表现出 CD22 与 B 细胞受体的结合增加，CD22 的磷酸化更强（图 35.3）。同样，缺乏 *N*- 羟乙酰神经氨酸（Neu5GC）的 *Cmah* 缺失小鼠（编码胞苷一磷酸 -*N*- 乙酰神经氨酸羟化酶），其所具有的鼠源 CD22 和 Siglec-G 的配体相应地减少（见下文），并且表现出 B 细胞的过度活跃。

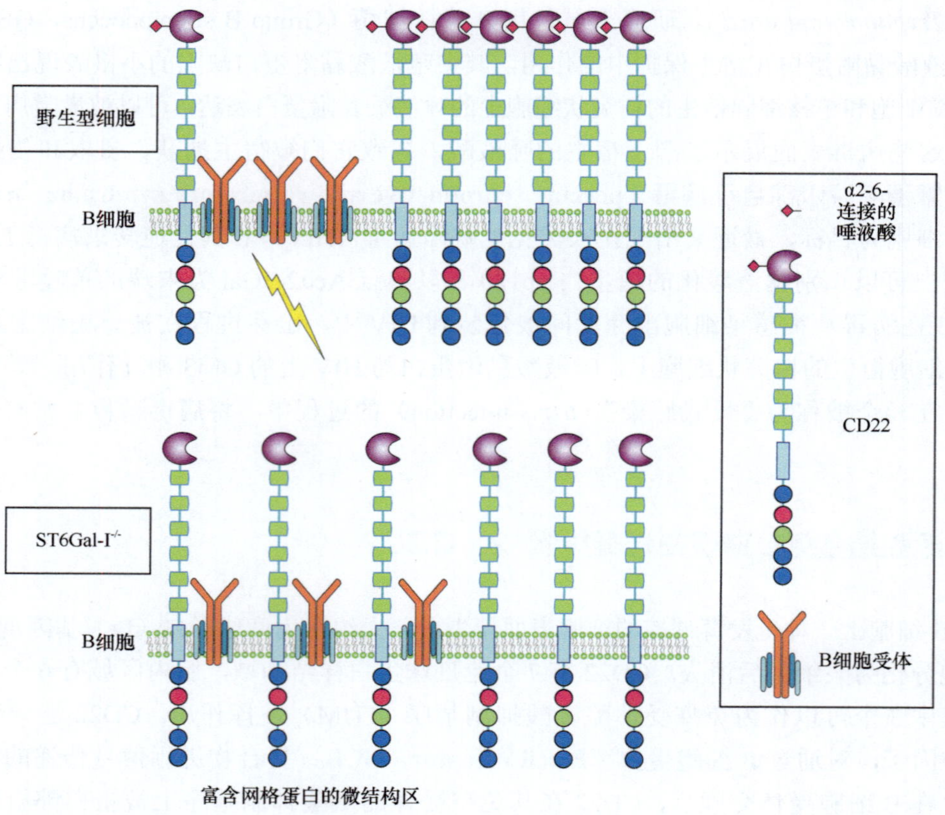

图 35.3 由 CD22 介导的拟议生物学功能。CD22 聚糖依赖性的同型相互作用，与 CD22-B 细胞受体之间的相互作用达成平衡。CD22 通过唾液酸依赖性的同型相互作用聚集在一起，并远离野生型 B 细胞上的 B 细胞受体（BCR），从而使 B 细胞受体介导的细胞活化。另外，CD22 之间的同型相互作用，在 β- 半乳糖苷 α2-6 唾液酰基转移酶 1（ST6Gal-I）缺陷的 B 细胞上丢失，使平衡倾向于 CD22 和 B 细胞受体之间的非唾液酸依赖性的相互作用，从而抑制了 B 细胞受体介导的细胞活化。实际情形似乎因不同的细胞类型和分析条件而异。

除了通过顺式相互作用调控 B 细胞的功能外，CD22 还可以介导与其他细胞上的唾液酸化配体的**反式相互作用**（***trans*-interaction**），从而将 CD22 与 B 细胞受体隔离开来。这可能对提高 B 细胞对自身抗原的激活阈值很重要，并可能有助于确保通过 B 细胞受体的信号传递只能发生在 CD22 的 α2-6- 唾液酸化配体丰富的淋巴组织中。尽管单独的 CD22 缺陷不会导致广泛的自身免疫反应，但同时缺乏 CD22 和 Siglec-G（另一个主要的 B 细胞 Siglec）的小鼠会出现系统性红斑狼疮样（SLE-like）症状，包括产生免疫球蛋白 G（IgG）自身抗体和肾小球肾炎。

CD22 的限制性表达和特性，使它成为了颇具吸引力的治疗靶点。基于抗体的 CD22 靶向药物，如抗体偶联药物（antibody-drug conjugate，ADC）奥加伊妥珠单抗（inotuzumab ozogamicin）和重组的抗体 - 毒素融合蛋白帕西妥莫单抗（moxetumomab pasudotox），已被批准用于临床（分别用于急性 B 细胞白血病和毛细胞白血病）。

35.4.3 髓鞘相关糖蛋白（Siglec-4）

髓鞘相关糖蛋白（MAG）是**中枢神经系统**（**central nervous system，CNS**）和**周围神经系统**（**peripheral nervous system，PNS**）中髓鞘（myelin）的一个次要成分，具有 5 个免疫球蛋白样结构

域，在脊椎动物中非常保守。它由可形成髓鞘的细胞（myelin-forming cell）表达，即中枢神经系统中的少突胶质细胞（oligodendrocyte）和周围神经系统中的施万细胞（Schwann cell）。在成熟的有髓鞘轴突（myelinated axon）中，髓鞘相关糖蛋白主要存在于轴突正对面的、最内层（轴突周）（periaxonal）的髓磷脂包层上，但不存在于致密而多层的髓鞘中。髓鞘相关糖蛋白缺陷小鼠的髓鞘发育正常，但髓鞘和轴突的缺陷随着动物年龄的增长而增加，这表明髓鞘相关糖蛋白在维持有髓鞘轴突，而不是在髓鞘形成（myelination）过程中发挥作用。髓鞘相关糖蛋白缺失小鼠表现出迟发性轴突退化，导致进行性运动功能丧失。髓鞘相关糖蛋白缺失小鼠并未表现出特征性的髓鞘诱导的神经丝磷酸化（neurofilament phosphorylation）的增加及因此引起的轴突直径减小，这表明**髓鞘相关糖蛋白信号传递（MAG signaling）**是理想情况下髓鞘 - 轴突相互作用所必需的。研究人员已经报道了由 *MAG* 基因纯合突变（包括其与唾液酸结合的精氨酸的点突变）所引起的孟德尔疾病（Mendelian disorders），即**常染色体隐性痉挛性截瘫 75（autosomal recessive spastic paraplegia 75）**，该疾病的临床特征与对 *Mag* 基因缺陷小鼠的研究所揭示出的髓鞘相关糖蛋白的作用相一致。髓鞘相关糖蛋白还可以在体外直接抑制多种类型的神经细胞的神经突生长（neurite outgrowth）。这有助于神经系统损伤后髓鞘对轴突生长的抑制，从而阻碍了功能恢复。

遗传和生化证据表明，唾液化的糖脂**神经节苷脂（ganglioside）**是髓鞘相关糖蛋白的重要生理配体，既能够介导髓鞘 - 轴突的稳定性，又能够抑制轴突的生长。重组形式的髓鞘相关糖蛋白，可以选择性地与含量丰富的轴突神经节苷脂 GD1a 和 GT1b 结合（**第 11 章**）。髓鞘相关糖蛋白缺陷小鼠的表型，与缺乏合成 GD1a 和 GT1b 所需的 *N*- 乙酰半乳糖胺转移酶——β1-4 *N*- 乙酰半乳糖胺转移酶 1（β1-4 *N*-acetylgalactosaminyltransferase 1，B4GALNT1）（由 *B4galnt1* 基因编码）的小鼠具有相似的表型，可导致进行性运动功能障碍。值得注意的是，人类中同一基因（*B4GALNT1*）的突变会导致**遗传性痉挛性截瘫（hereditary spastic paraplegia）**，这是一种进行性运动神经病变，与 *B4galnt1* 缺失小鼠的情况暗合。可溶性的髓鞘相关糖蛋白与某些类型的神经元的结合，以及随之而来的由髓鞘相关糖蛋白介导的对神经突生长的抑制，具有唾液酸和神经节苷脂依赖性。髓鞘相关糖蛋白介导的神经突生长的抑制作用，在 *B4galnt1* 缺失小鼠的神经元处有所减弱，而髓鞘相关糖蛋白对缺乏 b 系列（b-series）神经节苷脂（由 GD3 合成酶缺失引起；**第 11 章**）的小鼠神经元的神经突生长仍然有抑制作用，这些小鼠缺乏 GT1b，但表达 GD1a。这些发现表明，神经节苷脂 GD1a 或 GT1b 充当了髓鞘相关糖蛋白在神经细胞上的功能性对接位点。髓鞘相关糖蛋白也能够与其他轴突受体结合，包括糖基磷脂酰肌醇（GPI）锚定蛋白家族中的 Nogo 受体 -1/2 蛋白（Nogo receptor 1/2，NgR1，NgR2），以及配对免疫球蛋白样受体 B（paired immunoglobulin-like receptor B，PirB）。神经节苷脂、NgR 蛋白和 PirB 蛋白可以作为髓鞘相关糖蛋白的受体，发生独立结合或相互作用，将髓鞘相关糖蛋白的结合过程与不同神经细胞类型中的轴突信号联系起来。

35.4.4 唾液酸结合免疫球蛋白样凝集素 -15

唾液酸结合免疫球蛋白样凝集素 -15（siglec-15）最初被视为脊椎动物中高度保守的古老的唾液酸结合免疫球蛋白样凝集素。它缺乏在其他唾液酸结合免疫球蛋白样凝集素的 V 型免疫球蛋白结构域（V-set Ig domain）中所观察到的典型半胱氨酸排列，并且具有不同寻常的内含子 - 外显子排列。然而，它能够结合唾液酸化 Tn 结构（Neu5Acα2-6GalNAcα）和其他含有 Neu5Acα2-6HexNAc 决定簇的结构；它还能够与 DNAX 激活蛋白 -12（DAP12 蛋白）结合，但在其细胞质尾部也有一个类似于免疫受体酪氨酸抑制基序（ITIM）的基序。尽管 Siglec-15 最早在人类淋巴组织中的巨噬细胞和树突状细胞中发现，但 Siglec-15

在破骨细胞及其前体中的表达最为强烈，它与 NF-κB 的受体激活物蛋白（receptor activator of NF-κB，RANK）一起，在触发破骨细胞分化中发挥了重要作用。破骨细胞（osteoclast）是参与骨降解的关键细胞，与巨噬细胞共享一个共同的造血祖细胞。缺乏 Siglec-15 的小鼠表现出轻度的**骨硬化症（osteopetrosis）**和破骨细胞分化受损。针对 Siglec-15 的特异性抗体也表现出这种状态，因为抗体诱导了 Siglec-15 的内化和降解。此外，Siglec-15 在一些肿瘤组织（肿瘤相关巨噬细胞和癌细胞）中表达，而且一种针对 Siglec-15 的抗体已被证明可以抑制小鼠体内黑色素瘤的生长。因此，Siglec-15 为多种疾病提供了一个全新靶点，如与更年期有关的骨质疏松症和癌症。

35.5 CD33 相关的唾液酸结合免疫球蛋白样凝集素（CD33rSiglec）的基因架构、表达模式和功能

编码大部分 CD33 相关的唾液酸结合免疫球蛋白样凝集素（CD33rSiglec）亚家族的基因，集中在人类染色体 19q13.3-13.4 或小鼠 7 号染色体的同线区域（syntenic region），包括人类的 CD33（Siglec-3）、Siglec-5 至 Siglec-12、Siglec-14、Siglec-16，以及小鼠中的 CD33、Siglec-E、Siglec-F、Siglec-G 和 Siglec-H。在其他哺乳动物中，研究人员也发现了类似的集簇。由于很难在灵长类动物和啮齿动物之间标识所有确定的直系同源物，导致了唾液酸结合免疫球蛋白样凝集素命名法的不同。一个原因是大多数的免疫球蛋白超家族结构域，由具有阶段 1 剪接点（phase-1 splice junction）的外显子编码，使得外显子重排（exon shuffling）可以在不破坏可读框（open reading frame）的情况下进行，导致了杂合基因的形成，从而难以与其他物种中类似架构的基因区分开来。第二个原因是 CD33rSiglec 的唾液酸结合 V 型结构域处于快速进化的过程之中，可能是为了调整其结合特异性，以适应内源性宿主**唾液酸组（sialome）**的快速进化，以及通过**分子模拟（molecular mimicry）**（**第 15 章**）或特定蛋白质介导的相互作用来逃避与病原体的结合（见下文）。该集簇内的相邻基因和假基因（pseudogene）之间也存在着多种基因转换事件。有趣的是，与我们最接近的进化表亲黑猩猩相比，人类表现出许多 CD33rSiglec 的差异，其差异性比小鼠和大鼠之间的还要大，而鼠类却具有更为久远的共同祖先（见下文）。

如前所述，所有已知的唾液酸结合免疫球蛋白样凝集素，都需要的一个必需的精氨酸残基以结合含有唾液酸的配体。该残基在自然界中经常发生突变，导致了结合能力的丧失，例如，人类中的 Siglec-12，黑猩猩、大猩猩和红毛猩猩中的 Siglec-5 和 Siglec-14，狒狒中的 Siglec-6，以及大鼠中的 Siglec-H。常见的精氨酸密码子（CGN，其中 N 是任何核苷酸）由于二核苷酸胞嘧啶 - 磷酸 - 鸟嘌呤（CpG）序列的存在，往往是高度易变的，容易通过胞嘧啶甲基化 - 脱氨基作用发生胸腺嘧啶 - 磷酸 - 鸟嘌呤（TpG）或胞嘧啶 - 磷酸 - 腺嘌呤（CpA）的转变。然而，这类事件发生的频率表明，当一个特定的唾液酸结合免疫球蛋白样凝集素的活性，在不断变化的进化压力下变得不再合适时，消除特定唾液酸结合免疫球蛋白样凝集素对唾液酸结合的能力可能是一种天然机制，而不会导致唾液酸结合免疫球蛋白样凝集素结构的完全丧失。总体而言，这类 *SIGLEC* 基因在进化中似乎受到多重“红皇后”效应（Red Queen effect）①的影响，其中为了应对与唾液酸结合的病原体的出现而产生的唾液酰基转移酶在进化上的变化，可能导致了唾液酸结合免疫球蛋白样凝集素在后续进化中所出现的特异性变化（**图 35.4**）。

下面我们简要总结了人类 CD33rSiglec 的主要特征，并介绍了它们在鼠类中的对应物。

---

① 在环境条件稳定时，一个物种的任何进化改进，可能构成对其他物种的进化压力，种间关系可能推动了种群进化。类似于《爱丽丝梦游仙境》中红皇后说：“你必须用力奔跑，才能使自己停留在原地。”其实际意义与俗语“逆水行舟，不进则退”相同。

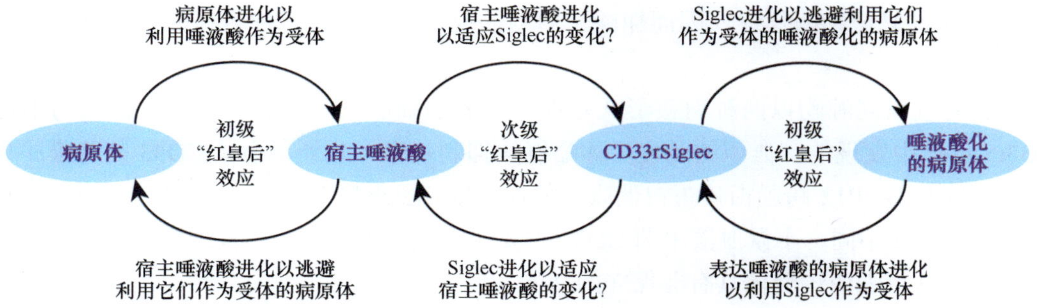

图 35.4 涉及唾液酸和 CD33rSiglec 的"红皇后"效应的可能进化链。讨论见正文。为了限制进一步的复杂性，另外两个推动快速进化的"红皇后"力量未在图中显示。第一，遇到配对的 CD33rSiglec 的病原体需要不断进化，直至不再与此类唾液酸结合免疫球蛋白样凝集素发生结合。第二，一些 CD33rSiglec 和病原体通过 V 型结构域与蛋白质配体结合，随后需要进化以适应此种配体类型。唾液酸结合免疫球蛋白样凝集素（Siglec）（经许可重绘自 Padler-Karavani V，et al. 2014. *FASEB J* 28：1280-1293）。

35.5.1 唾液酸结合免疫球蛋白样凝集素 -3（CD33）

CD33 是人类早期髓系祖细胞和白血病细胞的标志物，也在单核细胞和组织巨噬细胞（包括脑小胶质细胞）上表达。它有两个免疫球蛋白结构域，是第一个被表征为抑制性受体的 CD33rSiglec，可抑制 Fcγ 受体 1（Fc gamma receptor Ⅰ，FcγRI）的激活，招募蛋白酪氨酸磷酸酶 SHP-1 和 SHP-2（图 35.5）。CD33 对 α2-6- 唾液酸化聚糖而非 α2-3- 唾液酸化聚糖有一定的结合偏好，并与髓系白血病细胞系上的唾液酸化配体强烈结合。CD33 的限制性表达，已被用于急性骨髓性白血病的治疗。吉妥珠单抗奥佐米星（gemtuzumab ozogamicin）是一种与毒性抗生素卡利奇霉素（calicheamicin）偶联的人源化抗 CD33 单克隆抗体。抗 CD33 的单克隆抗体与 CD33 的结合，触发了对所结合抗体的内吞，这取决于免疫受体酪氨酸抑制基序（ITIM）的磷酸化、E3 连接酶 Cbl 的招募，以及 CD33 细胞质尾部的泛素化。CD33 在白血病祖细胞上的选择性表达，也使其成为颇具吸引力的靶标，应用于在细胞毒性 T 细胞（cytotoxic T cell）上表达的嵌合抗原受体（chimeric antigen receptor）所进行的治疗（CAR-T）。

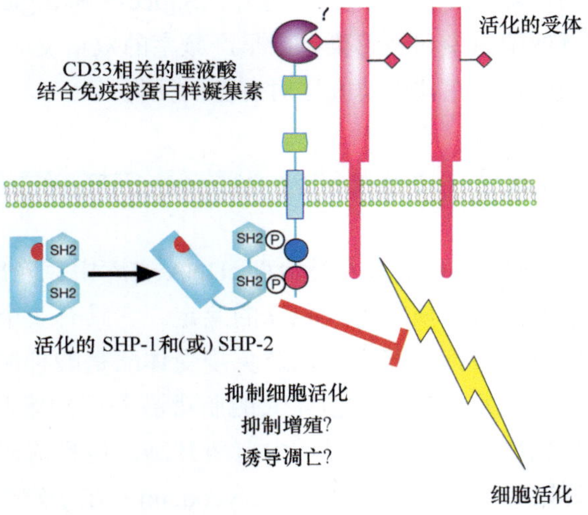

图 35.5 由 CD33rSiglec 介导的拟议生物功能。图中展示了通用的 CD33rSiglec，显示出免疫受体酪氨酸抑制基序（ITIM）的位置和抑制性信号传递的潜力。

最近，两个共同遗传的**单核苷酸多态性（singlenucleotide polymorphism，SNP）**被发现与保护人类免受迟发性阿尔茨海默病有关。这些单核苷酸多态性导致第 2 外显子跳转的增加，使得缺乏 V 型结构域的 CD33 的表达水平升高，而全长的 CD33 水平降低。由于全长的 CD33 能够以唾液酸依赖性的方式抑制小胶质细胞对 β- 淀粉样蛋白（amyloid-β，Aβ）的摄取，因此研究人员认为，缺乏保护性单核苷酸多态性的个体，可能会积累更多有毒的 Aβ 蛋白，从而推动阿尔茨海默病的病理发展。使用具有抑制功能或促进内化和降解的抗体来靶向 CD33，可能是治疗阿尔茨海默病的一种有效方法。由于截短形式的 CD33 似乎在细胞内被保留在过氧化物酶体中，因而加深了问题的复杂性，并且这种转移的生物学后果目前尚无法确定。

鼠类CD33的直系同源物以两种剪接形式存在，二者的细胞质区域有所不同，他们均不包含在大多数其他CD33rSiglec中发现的、典型的免疫受体酪氨酸抑制基序。此外，小鼠CD33的跨膜序列中有一个赖氨酸残基，能够与DAP12跨膜衔接蛋白偶联，如在小鼠Siglec-H和人Siglec-14、Siglec-15和Siglec-16中所示。与人类CD33不同，小鼠血液中的CD33主要在中性粒细胞而非单核细胞上表达，在小胶质细胞中表达水平较低，这也表明该受体具有非保守的功能。

35.5.2 唾液酸结合免疫球蛋白样凝集素-5（CD170）和唾液酸结合免疫球蛋白样凝集素-14

*SIGLEC5*和*SIGLEC14*基因在19号染色体上彼此相邻，分别编码含有4个和3个免疫球蛋白样结构域的蛋白质。由于大多数分类群内不断进行的基因转换，Siglec-5和Siglec-14的前2个免疫球蛋白结构域具有＞99%的序列同一性，但随后出现分歧：Siglec-5是具有典型免疫受体酪氨酸抑制基序的抑制性受体，而Siglec-14可以与DAP12蛋白形成复合物并激活信号。Siglec-5和Siglec-14都能结合相似的配体，对唾液酸化Tn结构（Neu5Acα2-6GalNAcα）和α2-8连接的唾液酸有一定的结合偏好。尽管许多针对Siglec-5的抗体与Siglec-14发生了交叉反应，但特异性抗体显示，Siglec-5在中性粒细胞和B细胞上表达，而Siglec-14却在中性粒细胞和单核细胞上被发现。*SIGLEC14*无效等位基因经常出现在亚洲人群中，但在欧洲人中不太常见。该无效等位基因源于*SIGLEC14*基因的5′区域与*SIGLEC5*基因附近的3′区域之间的重组事件，导致融合蛋白与Siglec-5几乎相同，但以类似Siglec-14的方式表达。与表达Siglec-14的个体相比，同时具有无效的*SIGLEC14*和**慢性阻塞性肺疾病**（**chronic obstructive pulmonary disease，COPD**）的个体，表现出恶性发作（症状突然恶化）的减少。Siglec-5和Siglec-14都能与涉及慢性阻塞性肺疾病恶化的**流感嗜血杆菌**（***Haemophilus influenzae***）菌株结合，分别触发抑制反应和激活反应。因此，中性粒细胞上Siglec-14的缺失将导致*SIGLEC14*缺失个体的炎症反应减少，同时抑制性的Siglec-5对单核细胞的影响增加。除了在白细胞上表达外，Siglec-5和Siglec-14都存在于人类羊膜上皮细胞上，并可能介导了对B组链球菌感染和被感染母亲早产频率的双重反应。在小鼠中，没有发现明显的Siglec-5或Siglec-14的对应物，因此很难在体内研究这对有趣的受体。

35.5.3 唾液酸结合免疫球蛋白样凝集素-6

Siglec-6是从人类胎盘cDNA文库中克隆出来的，并且在筛选结合瘦素（leptin）（一种调节体重的激素）的蛋白质时得到独立的鉴定。它具有3个免疫球蛋白样结构域，在其细胞质尾部具有典型的免疫受体酪氨酸抑制基序，以及免疫受体酪氨酸抑制基序样基序（ITIM-like motif）排列。Siglec-6在B细胞上的表达水平较低，但在人的胎盘滋养层细胞和合胞体滋养层细胞中却观察到高表达。Siglec-6的水平在与先兆子痫相关的早产中有所升高，但目前尚不清楚是否存在着因果关系。高度唾液酸化的蛋白质——妊娠相关子宫内膜蛋白（glycodelin）在子宫中产生，似乎与细胞滋养层上的Siglec-6结合，并通过抑制细胞外有丝分裂原调节蛋白激酶（extracellular mitogen-regulated protein kinase，ERK）和c-Jun信号传递来抑制它们向蜕膜的迁移。*SIGLEC6*中的单核苷酸多态性，与亚洲人的**系统性红斑狼疮**（**systemic lupus erythematosus，SLE**）相关。Siglec-6在小鼠中没有明显的直系同源物，但在黑猩猩和狒狒中存在。然而，胎盘中的表达似乎是人类独有的。

35.5.4　唾液酸结合免疫球蛋白样凝集素 -7、-9 和 -E

Siglec-7 和 Siglec-9 具有高度的序列相似性，似乎是从编码 3- 免疫球蛋白 - 结构域（3-Ig-domain）抑制性唾液酸结合免疫球蛋白样凝集素（Siglec）的祖先基因，并通过基因复制进化而来，在小鼠中以 Siglec-E 为代表。Siglec-7 是人类 NK 细胞上的主要唾液酸结合免疫球蛋白样凝集素，在单核细胞、巨噬细胞、树突状细胞和 CD8 T 细胞的次级亚群上也有较低水平的表达。研究人员已经报道了这些唾液酸结合免疫球蛋白样凝集素的表达模式和水平表现出与疾病相关的变化。在血小板、嗜碱性粒细胞和肥大细胞（mast cell）中也能检测到 Siglec-7，它可以调节这些细胞的生存和激活。Siglec-9 在中性粒细胞、单核细胞、巨噬细胞、树突状细胞、约 30% 的自然杀伤细胞，以及 CD4 和 CD8 T 细胞的次级亚群中显著表达。根据聚糖阵列结合实验（**第 29 章**），Siglec-7 能够与存在于 b 系列神经节苷脂（**第 11 章**）和一些糖蛋白中的、α2-8 连接的唾液酸强效结合，而 Siglec-9 则更倾向于与 α2-3 连接的唾液酸结合。**唾液酸化 Lewis x（Sialyl Lewis x，SLe^x）**结构的硫酸化，可以强烈影响这两种唾液酸结合免疫球蛋白样凝集素的识别，其中 Siglec-9 更倾向于与 **6- 磺基 - 唾液酸化 Lewis x（6-sulfo-SLe^x）**结合，而 Siglec-7 与 6- 磺基 - 唾液酸化 Lewis x 和 6′- 磺基 - 唾液酸化 Lewis x（6′-sulfo-SLe^x）都有良好的结合。Siglec-7 在人胰岛细胞中也有表达。

小鼠的 Siglec-E 结合了 Siglec-7 和 Siglec-9 的一些特征，主要在中性粒细胞、单核细胞和巨噬细胞上表达，其唾液酸的结合偏好涵盖了 Siglec-7 和 Siglec-9 的结合偏好。与 T 细胞相似，小鼠的自然杀伤细胞似乎缺乏抑制性唾液酸结合免疫球蛋白样凝集素的表达。Siglec-E 是中性粒细胞的一个重要抑制性受体，正如在脂多糖诱导的肺部炎症等多种模型中所示，Siglec-E 缺陷的小鼠显示出极其夸张的、CD11b 依赖性的中性粒细胞的涌入（influx）。

肿瘤细胞经常上调细胞表面的唾液酸化聚糖，而唾液酸化聚糖似乎在具有唾液酸结合免疫球蛋白样凝集素依赖性的抗肿瘤免疫削弱（dampening）中十分重要。Siglec-7 和 Siglec-9 都能抑制 NK 细胞对表达相关聚糖配体的肿瘤细胞的细胞毒性，而肿瘤相关聚糖与巨噬细胞上的 Siglec-9 或 Siglec-E 进行连接，似乎可以抑制促肿瘤 M2 巨噬细胞的形成。与稳定状态相反，癌症患者中的 T 细胞表达 Siglec-9，癌症相关配体与 Siglec-9 的结合可能对肿瘤免疫产生负面影响，在经典的免疫检查点受体 - 配体相互作用中也是如此。总体而言，唾液酸结合免疫球蛋白样凝集素对肿瘤细胞生物学的总体影响可能是双重的，取决于肿瘤细胞的生长阶段。

对 B 组链球菌的研究还表明，唾液酸化的细菌可以通过靶向中性粒细胞和巨噬细胞上的 Siglec-9 或 Siglec-E 来破坏先天免疫应答，从而导致吞噬作用、杀伤细胞和促炎细胞因子产生的减弱。还有研究表明，髓系唾液酸结合免疫球蛋白样凝集素（如 Siglec-9 和 Siglec-E）可以调节 Toll 样受体（TLR）信号以响应病原体配体，从而导致促炎介质如肿瘤坏死因子（tumor necrosis factor，TNF）的分泌减少和抗炎细胞因子白细胞介素 -10（interleukin-10，IL-10）的产生增加。

35.5.5　唾液酸结合免疫球蛋白样凝集素 -8 和 -F

Siglec-8 具有 3 个免疫球蛋白结构域，在嗜酸性粒细胞和肥大细胞上表达，在嗜碱性粒细胞上表达较弱。它能够与 6′- 磺基 - 唾液酸化 Lewis x 和从人类呼吸道分离的高分子质量糖蛋白发生强烈结合。在肥大细胞中，Siglec-8 与抗体的偶联抑制了免疫球蛋白 E Fc 区受体（receptor for Fc region of immunoglobulin E，FcεRI）触发的脱颗粒响应，符合其作为抑制性受体的功能。在嗜酸性粒细胞中，Siglec-8 会触发细胞凋亡，该过程可在与抗 Siglec-8 抗体或与唾液酸聚糖聚合物交联后发生。细胞凋亡取决于活性氧类（ROS）的产生和胱天蛋白酶（caspase）的激活，并且在以白细胞介素 -5（interleukin-5，IL-5）等为代表的细胞因子“存活”因子（cytokine“survival”factor）的存在下异常增强。Siglec-8 在涉及过敏的免疫细胞上限制性表达，以及在抗体介导的交联中诱导细胞死亡，使其成为过敏性疾病中颇具吸引力的治疗靶点，抗 Siglec-8 抗体在这些疾病中的临床试验目前正在进行之中。

尽管小鼠中没有 Siglec-8 的直系同源物，但具有 4 个免疫球蛋白结构域的小鼠 Siglec-F 在嗜酸性粒细胞上的表达方式与 Siglec-8 相似，并且对 6’- 磺基 - 唾液酸化 Lewis x 具有相似的聚糖结合偏好。它似乎通过趋同进化获得了类似的功能，然而依然存在一些重要的区别。Siglec-F 可以识别更广泛的、α2-3 连接的唾液酸，也在肺泡巨噬细胞上表达，并且通过不同的信号传递途径触发较弱的细胞凋亡。

Siglec-F 的缺失小鼠在肺部过敏模型中表现出嗜酸性粒细胞的过度反应，表明其正常作用是抑制该反应。有趣的是，在过敏性炎症期间，气道和肺实质中的 Siglec-F 配体也发生了上调。

35.5.6 唾液酸结合免疫球蛋白样凝集素 -10 和 -G

Siglec-10 有 5 个免疫球蛋白样结构域，除了免疫受体酪氨酸抑制基序（ITIM）和免疫受体酪氨酸抑制基序样（ITIM-like）基序外，在其细胞质尾部还有一个额外的、基于酪氨酸的基序，据预测可与生长因子受体结合蛋白 2（growth factor receptor-bound protein 2，Grb2）相互作用。它在免疫系统的几种细胞上以相对较低的水平表达，包括 B 细胞、单核细胞、巨噬细胞和嗜酸性粒细胞。它还可以在肝细胞癌中的肿瘤浸润自然杀伤细胞中强烈上调，其表达与患者的生存率呈负相关。它是唯一在小鼠中有明确的直系同源物的 CD33 相关的人类唾液酸结合免疫球蛋白样凝集素，在小鼠中被命名为 Siglec-G。Siglec-10 和 Siglec-G 在 α2-3 和 α2-6 连键中，均倾向于结合 *N*- 羟乙酰神经氨酸（Neu5Gc）而不是 *N*- 乙酰神经氨酸（Neu5Ac）。与 Siglec-10 类似，Siglec-G 主要在 B 细胞亚群和树突状细胞上表达，在嗜酸性粒细胞上表达较弱。缺乏 Siglec-G 的小鼠显示出一个特化的 B 淋巴细胞亚群，该亚群的数量在缺陷鼠中增加了 10 倍，经鉴定为制造天然抗体的 B1a 细胞。这些 Siglec-G 缺陷的 B1a 细胞，在 B 细胞受体交联后也显示出钙离子流的增加。使用在 Siglec-G 的唾液酸结合位点携带了失活突变的敲入（knock-in）小鼠进行的研究显示出类似的表型。这似乎是由于 Siglec-G 和 B 细胞受体之间需要唾液酸依赖性的顺式相互作用。在树突状细胞上，Siglec-G 已被认为可以调控细胞因子对无菌炎症中坏死细胞释放的**损伤相关分子模式（damage-associated molecular pattern，DAMP）**的应答。这归因于 Siglec-G 和高度唾液酸化的损伤相关分子模式受体 CD24 之间的顺式相互作用所带来的削弱效应。包括**肺炎链球菌（*Streptococcus pneumoniae*）**在内的细菌释放出的唾液酸酶可以破坏这种相互作用，可能对引发败血症的炎症反应很重要。CD24 在某些癌症中过表达，并与巨噬细胞上的 Siglec-10 结合以抑制吞噬作用，这与经典的“don’t-eat-me”配体 - 受体对——CD47 和信号调节蛋白 α（signal regulatory protein α，SIRPα）的作用大致相同。

35.5.7 唾液酸结合免疫球蛋白样凝集素 -11 和 -16

Siglec-11 和 Siglec-16 是成对的抑制性和激活性受体，分别具有 5 个和 4 个免疫球蛋白结构域。在大多数人类中，*SIGLEC16* 基因有一个 4 碱基对缺失，只有约 35% 的人表达 1 或 2 个功能性等位基因。由于基因转换事件，这些蛋白质的细胞外区域的一致性＞ 99%。Siglec-11 和 Siglec-16 与 α2-8 连接的唾液酸在体外结合较弱。这些唾液酸结合免疫球蛋白样凝集素，似乎在循环白细胞中不存在，但在组织中的巨噬细胞群中广泛表达，包括大脑中常驻的小胶质细胞，而脑部的神经节苷脂上存在着高水平的 α2-8 连接的唾液酸。Siglec-11 在小胶质细胞上的表达，可以削弱它们对凋亡细胞的吞噬作用，但却能通过抑制神经炎症来减轻神经毒性。有趣的是，Siglec-11 在小胶质细胞上的表达，似乎是人类独有的。Siglec-16 也存在于小胶质细胞上。这些成对的受体对表达以多唾液酸为配体的**大肠杆菌**（*Escherichia coli*）K1 菌株表现出双重响应。

35.6 人类在唾液酸结合免疫球蛋白样凝集素生物学中的特定变化

一些原始人的唾液酸结合免疫球蛋白样凝集素（如 Siglec-1），在原始状况下似乎优先与 *N*- 羟乙酰神经氨酸（Neu5Gc）结合，这是一种 200 万～ 300 万年前在人类的进化中特异性丢失的唾液酸（**第 15 章**）。这种聚糖的丢失可能导致一些唾液酸结合免疫球蛋白样凝集素的去掩蔽（unmasking），可能进而导致了先天免疫反应性的增强。据此，一些人类唾液酸结合免疫球蛋白样凝集素进行了调整，以增加与 *N*- 乙酰神经氨酸（Neu5Ac）的结合，由此产生了这一调整过程是否业已完成的疑问。与我们的进化表亲类人猿相比，由于 Neu5Gc 的丢失，几种唾液酸结合免疫球蛋白样凝集素似乎经历了人类所特有的变化。例如，唾液酸黏附蛋白在大多数人类巨噬细胞上表达，而只有黑猩猩的巨噬细胞亚群上存在着唾液酸黏附蛋白的阳性表达。这可能与唾液酸黏附蛋白对 Neu5Ac 而非 Neu5Gc 具有强烈的结合偏好有关，其原因在于 Neu5Gc 无法由人类合成。人类 Siglec-5 和 Siglec-14 似乎经历了识别唾液酸所需的必需精氨酸残基的恢复过程，该残基在黑猩猩、大猩猩和红毛猩猩中发生了突变。Siglec-7 在人胰岛中选择性表达。编码 Siglec-11 的基因经历了人类特异性的基因转换，导致在脑小胶质细胞及其配对受体 Siglec-16 中出现了新的蛋白质表达。Siglec-12 依次经历了人类特异性和人类普遍性的必需精氨酸残基的失活，随后在一些人类中，因移码而完成了永久假基因化（pseudogenization）。Siglec-13 经历了人类特异性的基因缺失，而 Siglec-17 则发生了移码突变，这些事件可能发生在接近现代人类共同祖先的时代。一些唾液酸结合免疫球蛋白样凝集素的表达模式也发生了变化，Siglec-6 的胎盘表达和 Siglec-5/Siglec-14 的羊膜上皮表达具有人类特异性；与黑猩猩相比，人类 T 细胞上的所有 CD33rSiglec 受到普遍抑制。研究人员正在探索唾液酸结合免疫球蛋白样凝集素生物学中这些人类特异性变化对生理和疾病所产生的功能影响，可能与人类对某些疾病的倾向性有关（**第 15 章**）。

35.7 CD33 相关的唾液酸结合免疫球蛋白样凝集素的非唾液酸化配体

尽管 CD33rSiglec 可以通过将内源性唾液酸聚糖识别为**自相关分子模式**（**self-associated molecular pattern，SAMP**）来调节先天性免疫细胞应答，但许多病原体利用这一特征，通过使用多种生化机制，在其表面产生唾液酸化分子模拟物。上文提到的天然发生的“必需”精氨酸突变，似乎是宿主逃避这种破坏作用的一种方式。然而，病原体反过来也进化出通过蛋白质 - 蛋白质相互作用，直接与 CD33rSiglec 结合的机制。例如，Ia 型 B 组链球菌的 β- 蛋白与人类的 Siglec-5 和 Siglec-14 的结合并不依赖于唾液酸。早期证据表明存在很多这样的例子；此外，宿主内存在着其他内源性非唾液酸化的配体，如热激蛋白 HSP70、心磷脂（cardiolipin）和另一种自身聚糖——透明质酸（hyaluronan）。与许多其他类别的受体一样，Siglec 最初的发现是基于一种典型的功能，进化的力量很可能为唾液酸结合免疫球蛋白样凝集素赋予了许多其他的功能，而这些功能与它们识别唾液酸化聚糖的能力无关。

致谢

感谢保罗·克罗克（Paul Crocker）对早期版本的贡献，以及帕梅拉·斯坦利（Pamela Stanley）和苏珊·L. 贝利斯（Susan L. Bellis）的有益评论及建议。

延伸阅读

Powell LD, Varki A. 1995. I-type lectins. *J Biol Chem* **270**: 14243-14246.

van de Stolpe A, van der Saag PT. 1996. Intercellular adhesion molecule-1. *J Mol Med (Berl)* **74**: 13-33.

Crocker PR, Clark EA, Filbin M, Gordon S, Jones Y, Kehrl JH, Kelm S, Le Douarin N, Powell L, Roder J, et al. 1998. Siglecs: a family of sialic-acid binding lectins. *Glycobiology* **8**: v-vi.

Crocker PR, Varki A. 2001. Siglecs, sialic acids and innate immunity. *Trends Immunol* **22**: 337-342.

Angata T, Brinkman-Van der Linden E. 2002. I-type lectins. *Biochim Biophys Acta* **1572**: 294-316.

Kleene R, Schachner M. 2004. Glycans and neural cell interactions. *Nat Rev Neurosci* **5**: 195-208.

Varki A, Angata T. 2006. Siglecs—the major subfamily of I-type lectins. *Glycobiology* **16**: p1R-27R.

Crocker PR, Paulson JC, Varki A. 2007. Siglecs and their roles in the immune system. *Nat Rev Immunol* **7**: 255-266.

Jandus C, Simon HU, von Gunten S. 2011. Targeting siglecs—a novel pharmacological strategy for immuno-and glycotherapy. *Biochem Pharmacol* **82**: 323-332.

Varki A. 2011. Since there are PAMPs and DAMPs, there must be SAMPs? Glycan “self-associated molecular patterns” dampen innate immunity, but pathogens can mimic them. *Glycobiology* **21**: 1121-1124.

Pillai S, Netravali IA, Cariappa A, Mattoo H. 2012. Siglecs and immune regulation. *Annu Rev Immunol* **30**: 357-392.

Kitazume S, Imamaki R, Ogawa K, Taniguchi N. 2014. Sweet role of platelet endothelial cell adhesion molecule in understanding angiogenesis. *Glycobiology* **24**: 1260-1264.

Lu Q, Lu G, Qi J, Wang H, Xuan Y, Wang Q, Li Y, Zhang Y, Zheng C, Fan Z, Yan J, Gao GF. 2014. PILRα and PILRβ have a Siglec fold and provide the basis of binding to sialic acid. *Proc Natl Acad Sci* **111**: 8221-8226.

Macauley MS, Crocker PR, Paulson JC. 2014. Siglec-mediated regulation of immune cell function in disease. *Nat Rev Immunol* **14**: 653-666.

Müller J, Nitschke L. 2014. The role of CD22 and Siglec-G in B-cell tolerance and autoimmune disease. *Nat Rev Rheumatol* **10**: 422-428.

Angata T, Nycholat CM, Macauley MS. 2015. Therapeutic targeting of Siglecs using antibody-and glycan-based approaches. *Trends Pharmacol Sci* **36**: 645-660.

Bochner BS, Zimmermann N. 2015. Role of siglecs and related glycan-binding proteins in immune responses and immunoregulation. *J Allergy Clin Immunol* **135**: 598-608.

Bochner BS. 2016.“Siglec” ting the allergic response for therapeutic targeting. *Glycobiology* **26**: 546-552.

Bull C., Heise T, Adema GJ, Boltje TJ. 2016. Sialic acid mimetics to target the sialic acid-Siglec axis. *Trends Biochem Sci* **41**: 519-531.

Fraschilla I, Pillai S. 2017. Viewing Siglecs through the lens of tumor immunology. *Immunol Rev* **276**: 178-191.

Siddiqui S, Schwarz F, Springer S, Khedri Z, Yu H, Deng L, Verhagen A, Naito-Matsui Y, Jiang W, Kim D, et al. 2017. Studies on the detection, expression, glycosylation, dimerization, and ligand binding properties of mouse Siglec-E. *J Biol Chem* **292**: 1029-1037.

第 36 章

半乳凝集素

理查德·D. 卡明斯（Richard D. Cummings），刘扶东（Fu-Tong Liu），加布里埃尔·A. 拉宾诺维奇（Gabriel A. Rabinovich），肖恩·R. 斯托威尔（Sean R. Stowell），赫拉尔多·R. 瓦斯塔（Gerardo R. Vasta）

36.1 半乳凝集素发现的历史背景 / 477
36.2 半乳凝集素家族 / 478
36.3 半乳凝集素的分类学分布和进化 / 479
36.4 半乳凝集素的结构 / 480
36.5 半乳凝集素的聚糖配体 / 483
36.6 半乳凝集素的生物合成和输出 / 483
36.7 半乳凝集素的生物学作用 / 484
致谢 / 487
延伸阅读 / 487

半乳凝集素（galectin）是所有生物体中表达最广泛的一类凝集素。它们通常与含有 β- 半乳糖的糖复合物结合，并在其**碳水化合物识别域（carbohydrate-recognition domain，CRD）**中共享一级结构同源性。半乳凝集素具有多种生物学功能，包括在发育、免疫细胞活性调控和作为先天免疫系统一部分的微生物识别中起作用。本章描述了半乳凝集素家族的多样性，并概述了关于其生物合成、分泌和生物学功能的已知信息。

36.1 半乳凝集素发现的历史背景

在肝脏中发现**阿什韦尔 - 莫雷尔无唾液酸糖蛋白受体（Ashwell-Morell receptor，AMR）**后，许多研究人员通过使用固定化的无唾液酸糖蛋白（asialoglycoprotein）的亲和色谱法来寻找其他此类受体。1975 年，研究人员从电鳗的电器官中分离出一种约 15 kDa 的新型凝集素，命名为电凝集素（electrolectin）。这种非共价连接的同型二聚体，对胰蛋白酶处理后的兔红细胞显示出血凝活性，这种活性可被 β- 半乳糖苷抑制；研究人员需要在分离出的缓冲液中加入 β- 巯基乙醇来维持结合活性。此后不久，研究人员于 1976 年从鸡肌肉和小牛心脏和肺的提取物中分离出类似的、结合 β- 半乳糖苷的凝集素（约 15 kDa），现在被称为半乳凝集素 -1（galectin-1）。这些蛋白质最初被称为 **S 型凝集素（S-type lectin）**，以表示它们对巯基的依赖性、游离半胱氨酸残基的存在和可溶性，以及共同的一级序列[①]。20 世纪 80 年代初期，研究人员在小鼠成纤维细胞中发现了一种名为 CBP35 的 35 kDa 蛋白，它也与 β- 半乳糖苷结合。其他课题组以 IgE 结合蛋白、L-29 和 L-31 等名称研究了相同的蛋白质，该蛋白质目前被称为半乳凝集素 -3（galectin-3）。

① 这里描述的特点中均含有以英文字母 S 开头的单词。

半乳凝集素的命名法于 1994 年系统化，第一个被发现的半乳凝集素类型（约 15 kDa，如上所述）保留了半乳凝集素 -1 的名称。该家族的所有其他成员均按发现顺序连续编号。在一个物种中通常表达多种不同的半乳凝集素（在小鼠中多达 15 种）。图 36.1A 罗列了脊椎动物中的半乳凝集素。

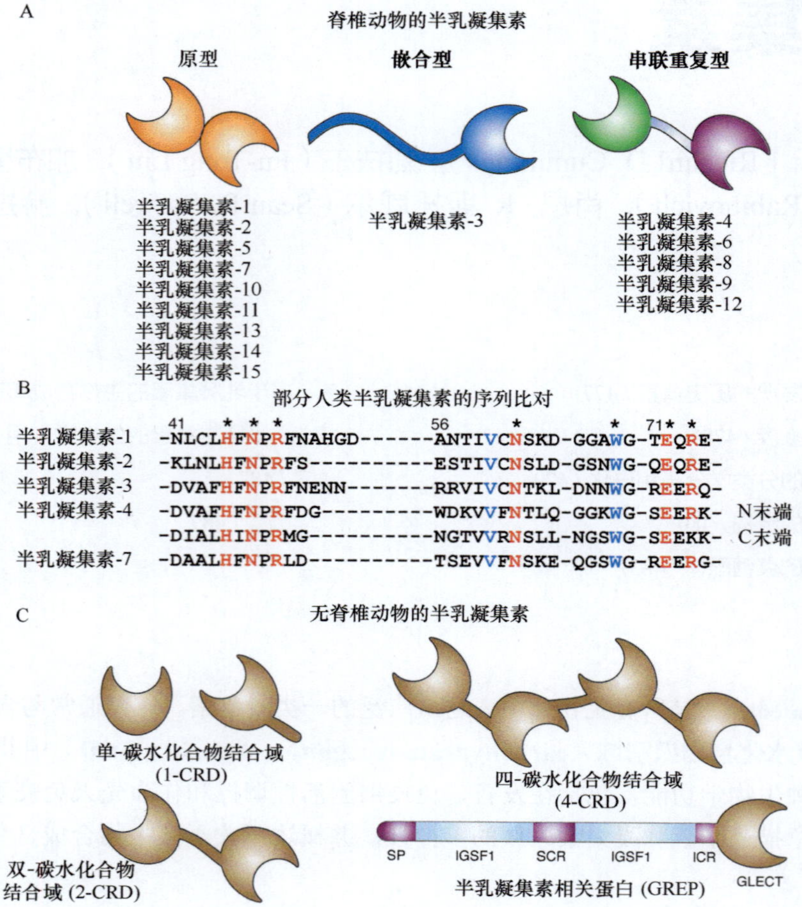

图 36.1 脊椎动物和无脊椎动物中不同类型的半乳凝集素及其组织架构及序列。A. 已知的 15 种脊椎动物半乳凝集素。B. 一些具有代表性的人类半乳凝集素的序列比对。图中显示了半乳凝集素 -1 的氨基酸编号，它共有 135 个氨基酸；其他半乳凝集素仅列出，未显示其编号。半乳凝集素中那些已知与碳水化合物配体接触的、高度保守的残基，在图中进行了标识。C. 无脊椎动物半乳凝集素示例。缩写：半乳凝集素相关蛋白（galectin-related protein，GREP），信号肽（SP），免疫球蛋白超家族结构域（IGSF），短连接区（SCR），中介区（ICR），半乳凝集素结构域（GLECT）。

36.2 半乳凝集素家族

半乳凝集素是根据其碳水化合物识别域中的共同氨基酸序列基序来确定的。半乳凝集素的碳水化合物识别域有约 130 个氨基酸，尽管在碳水化合物识别域内，只有少数残基直接接触聚糖配体。对许多不同来源的 100 多种半乳凝集素序列进行比较后发现，有 8 个残基经 X 射线晶体学分析确认，证明参与了聚糖的结合，这些残基大部分是不变的。此外，另外十几个残基似乎是高度保守的。图 36.1B 显示了部分保守的半乳凝集素的序列基序，以及与几种人类半乳凝集素之间的比较。许多半乳凝集素含有可变数量的游离半胱氨酸残基，其氧化还原状态与它们结合活性的稳定性有关。有趣的是，与大多数半乳凝集素不同，电凝集素中不含有游离的半胱氨酸残基，但其碳水化合物识别域结合位点中的关键色氨酸可以被氧化，从而导致活性的丧失。

根据半乳凝集素的碳水化合物识别域编号和组织架构，可将其分为三个主要类别：**原型半乳凝集素（proto-type galectin）**（半乳凝集素 -1、-2、-7、-10、-11、-13、-14 和 -15），其中仅包含单个碳水化合物识别域，并且可以结合形成同型二聚体；**嵌合型半乳凝集素（chimera-type galectin）**（半乳凝集素 -3），其特征是具有单个碳水化合物识别域，以及一个富含脯氨酸、甘氨酸和酪氨酸残基的氨基端多肽尾巴，可通过它形成寡聚体；**串联重复型半乳凝集素（tandem-repeat galectin）**（半乳凝集素 -4、-8、-9 和 -12），其中包含两个蛋白质结构域，每个结构域都有一个碳水化合物识别域，由一个长度范围为 5 ～ 50 个氨基酸的多肽连接子（peptide linker）连接。半乳凝集素的转录物，可以通过差异剪接来形成多种同型蛋白（isoform）。无脊椎动物的半乳凝集素，具有 1 个、2 个或 4 个串联排列的碳水化合物识别域（CRD）。

一些半乳凝集素似乎具有物种特异性，例如，在啮齿动物而非人类中发现的半乳凝集素 -5（原型）和半乳凝集素 -6（串联重复型）、仅在绵羊中报道的半乳凝集素 -11（ovagal11；原型），以及仅在绵羊和山羊中发现的半乳凝集素 -15。半乳凝集素 -12 的氨基末端结构域与其他半乳凝集素具有显著的同源性，而羧基末端结构域则与其他半乳凝集素表现出较大的差异。

研究人员报道了几种与半乳凝集素具有序列同源性的蛋白质，它们不结合典型的 β- 半乳糖苷，被称为**半乳凝集素相关蛋白（galectin-related protein，GRP）**。例如，半乳凝集素 -10 即**夏科 - 莱登结晶蛋白（Charcot-Leyden crystal protein）**，在嗜酸性粒细胞颗粒中含量丰富，并优先与 β- 甘露糖苷结合。据此回溯，实际上半乳凝集素 -10 才是最早被发现的半乳凝集素。一些半乳凝集素相关蛋白，包括缺乏聚糖结合活性的半乳凝集素相关纤维间蛋白（galectin-related interfiber protein，GRIFIN）、胎盘蛋白 -13（placental protein-13，PP-13）和胎盘蛋白 -13 样蛋白（placental protein 13-like protein，PPL-13），均与半乳凝集素 -10 相关。值得注意的是，**斑马鱼（*Danio rerio*）**中的斑马鱼半乳凝集素相关纤维间蛋白（DrGRIFIN）同源物，是一种功能性的 β- 半乳糖苷结合蛋白，并且与其哺乳动物中的对应物一样，也在眼球晶状体中高度表达。

36.3 半乳凝集素的分类学分布和进化

半乳凝集素家族的标志是其成员在分类学上的广泛分布，以及它们的主要结构、基因组架构和碳水化合物识别域结构中的进化保守性。在真核生物进化的早期出现、具有结构保守性的半乳凝集素家族，在真菌**灰盖拟鬼伞（*Coprinopsis cinerea*）**、**赛东尼亚钵海绵（*Geodia cydonium*）**及原生动物寄生虫**刚地弓形虫（*Toxoplasma gondii*）**中显示出半乳凝集素折叠的一种蛋白质上逐一得到了揭示。在植物**拟南芥（*Arabidopsis thaliana*）**，以及一些感染猪和鱼的病毒如**猪腺病毒（porcine adenovirus）**和**淋巴囊肿病毒（lymphocystis disease virus）**中，研究人员也发现了半乳凝集素样序列。然而，对病毒中的半乳凝集素样蛋白或序列基序应谨慎解释，因为它们可能是水平基因转移的结果。

半乳凝集素家族的进化是从对包括真菌、无脊椎动物和脊椎动物在内的多种生物体中鉴定的家族成员的一级结构、基因组构（gene organization）和分类学分布（taxonomic distribution）的严格分析中推断而来的。在节肢动物和线虫中，半乳凝集素似乎在**黑腹果蝇（*Drosophila melanogaster*）**和**秀丽隐杆线虫（*Caenorhabditis elegans*）**中含量丰富（分别有 6 个和 26 个候选基因）。一般而言，来自无脊椎动物的半乳凝集素的一级结构和结构域的组织架构，不符合上述脊椎动物半乳凝集素的典型特征（图 36.1C）。

半乳凝集素在脊椎动物中普遍存在。在鱼类中，研究人员已在许多物种中鉴定和表征了半乳凝集素。斑马鱼基因组具有哺乳动物中鉴定的所有三种半乳凝集素类型（原型、嵌合体型和串联重复型）的直系同源基因。在两栖动物中，已在蝾螈［**墨西哥钝口螈（*Ambystoma mexicanum*）**］、蟾蜍［**南美蟾蜍（*Rhinella arenarum*）**］及蛙类［**美国牛蛙（*Lithobates catesbeianus*）**和**非洲爪蟾（*Xenopus laevis*）**］的各种组织、黏液和卵中发现了几种半乳凝集素亚型。

半乳凝集素沿着脊椎动物分类群向哺乳动物的进化，已被合理地解释为早期单碳水化合物识别域（single-CRD）半乳凝集素基因的复制，最终产生双碳水化合物识别域（bi-CRD）半乳凝集素基因。氨基末端和羧基末端的碳水化合物识别域随后分化为两种不同的亚型，分别为 F4- 碳水化合物识别域（F4-CRD）和 F3- 碳水化合物识别域（F3-CRD），由其外显子 - 内含子的结构定义。在该命名法中，F 指的是下文讨论的 β- 三明治链（β-sandwich strand）结构。所有脊椎动物单碳水化合物识别域的半乳凝集素，都属于 F3- 亚型（如半乳凝集素 -1、-2、-3、-5）或 F4- 亚型（如半乳凝集素 -7、-10、-13、-14）；而哺乳动物串联重复型的半乳凝集素，（如半乳凝集素 -4、-6、-8、-9 和 -12），则同时包含 F4 和 F3 亚型。然而，来自无脊椎动物的多碳水化合物识别域（multiple CRD）半乳凝集素与脊椎动物串联重复型半乳凝集素之间的关系仍有待充分了解。对牡蛎半乳凝集素——弗吉尼亚巨牡蛎半乳凝集素 -1（*Crassostrea virginica* galectin- 1，CvGal1）的初步系统发育分析表明，单个的碳水化合物识别域（indivudual CRD）可以与哺乳动物单碳水化合物识别域（single-CRD）半乳凝集素形成集簇，而不与串联重复型半乳凝集素形成集簇，表明 *CvGal1* 基因是单碳水化合物识别域半乳凝集素基因的两次连续基因重复（gene duplication）的产物，该基因起源于早期无脊椎动物分类群，沿脊索动物谱系保守。

36.4 半乳凝集素的结构

与聚糖配体形成复合物的几种半乳凝集素的晶体结构是已知的，包括：半乳凝集素 -1、-2 和 -7；半乳凝集素 -3 的羧基末端结构域；半乳凝集素 -4、-8 和 -9 中单独的结构域。在所有情况下，半乳凝集素的碳水化合物识别域均由 5 股和 6 股反平行 β- 片层（β-sheet）组成，这些 β- 片层以 β- 三明治或 β- 果冻卷（jelly-roll）结构排列，而不含有 α- 螺旋（**图 36.2A**）。在二聚体蛋白质，如半乳凝集素 -1、-2 和 -7 中，

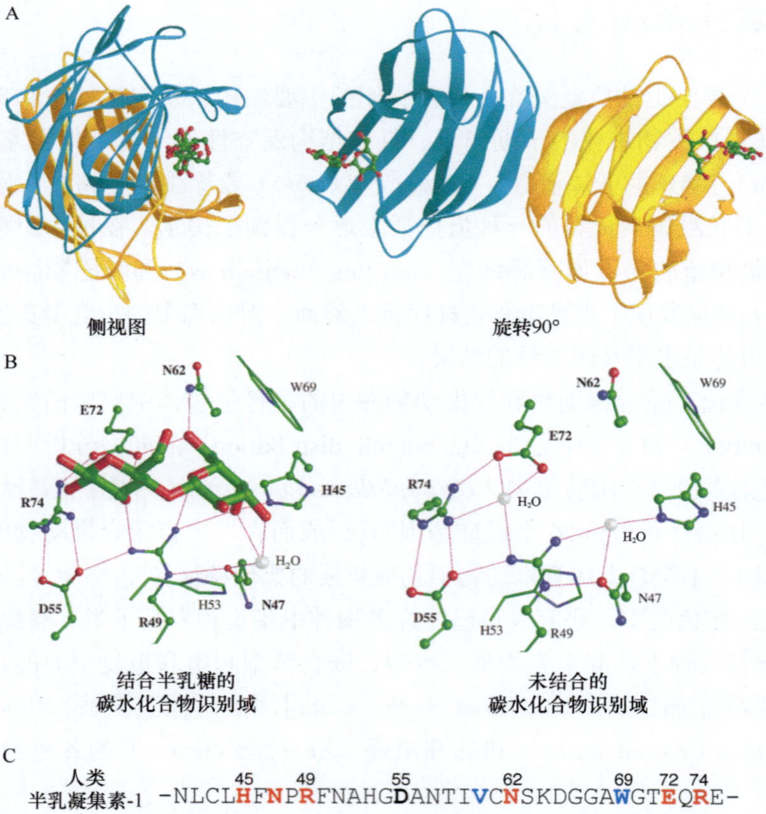

图 36.2 A. 人类半乳凝集素 -1 与乳糖复合物的晶体结构飘带图。图中显示的同源二聚体中，每个单体用不同的颜色表示，并呈现了逆时针旋转 90° 后的视图。亚基界面的形成，基于每个亚基的羧基末端和氨基末端结构域之间的相互作用。B. 碳水化合物识别域内的关键氨基酸残基与所结合乳糖之间的相互作用，以及人类半乳凝集素 -1 中碳水化合物识别域的部分序列。C. 人类半乳凝集素 -1 的一级序列，残基编号与晶体结构中的残基相互对应。图片采用氨基酸缩写 - 位点编号（氨基端至羧基端方向）进行表示（插图由 Sean R. Stowell 博士惠赠）。

亚基通过垂直于 β- 片层平面的双重旋转轴相互关联。碳水化合物识别域中的聚糖结合位点位于二聚体的两端，仅有半乳凝集素 -7 二聚体中亚基的朝向（orientation）与其他典型的半乳凝集素二聚体不同。紧凑排列的碳水化合物识别域结构，部分解释了半乳凝集素碳水化合物识别域的蛋白酶抗性，以及对碳水化合物识别域中 130 个氨基酸的高度保守性和结构需求。

半乳凝集素 -1 碳水化合物识别域，与典型聚糖中的半乳糖（Gal）和 *N*- 乙酰葡萄糖胺（GlcNAc）残基表现出高度特异性的相互作用。半乳凝集素与聚糖的相互作用，通常通过氢键、静电相互作用，以及与半乳糖和高度保守的酪氨酸残基的环状堆叠（ring stacking）所产生的范德瓦耳斯（van der Waals）力相互作用（**图 36.2B，C**）。一般而言，聚糖结合位点的开放式结构，预示着与延伸的、含有半乳糖的聚糖链之间发生相互作用的可能，如与聚 *N*- 乙酰乳糖胺（poly-*N*-acetyllactosamine）和血型相关的结构（**第 14 章**）。

无脊椎动物的半乳凝集素对血型聚糖的结合偏好，可以通过秀丽隐杆线虫和牡蛎半乳凝集素结合位点的独特结构特征来说明。它们显示了一个明显更短的环肽链 4（loop 4），可容纳 2'- 岩藻糖基，这是 A 血型和 B 血型的共同特征（**图 36.3A，B**）。分别对应着 A 血型和 B 血型四糖中 α1-3- 连接的 *N*- 乙酰半乳糖胺（GalNAc）或半乳糖，可被保守的色氨酸 5 号位的 -NH 识别，β3- 折叠链（β3-strand）外侧的疏水口袋（氨基酸 30 ～ 38）则能够识别 A1/2 型糖抗原的 α1-3GalNAc 中 *N*- 乙酰基团中的甲基。

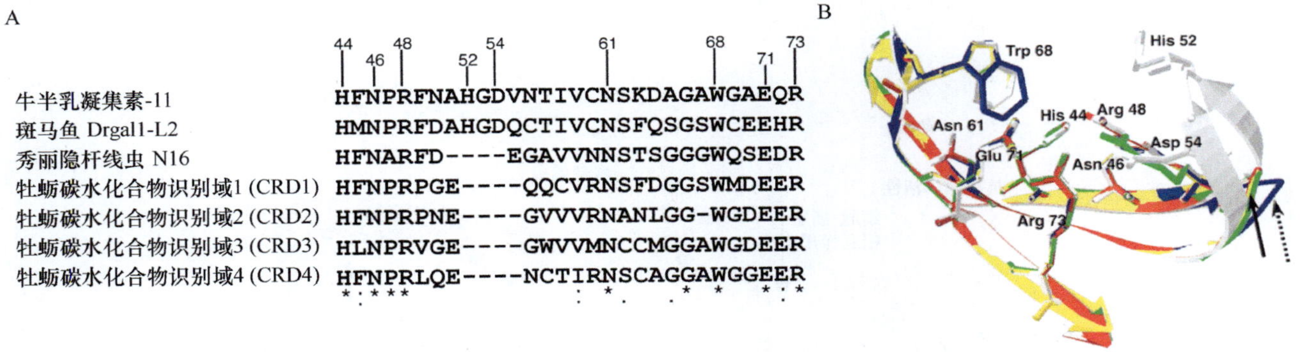

图 36.3 哺乳动物和无脊椎动物的半乳凝集素的结构。A. 碳水化合物识别域的序列比对。分别来自牛半乳凝集素 -11（galectin-11）、斑马鱼 Drgal1-L2、秀丽隐杆线虫 N16，以及**弗吉尼亚巨牡蛎**（*Crassotrea virginica*）CvGal1 的 4 个碳水化合物识别域（CRD1 ～ 4）。B. 来自 CvGal1 的碳水化合物识别域的同源建模：牛半乳凝集素 -1，以及 CRD1 ～ 4，分别以白色、蓝色、黄色、红色和绿色显示。氨基酸残基编号基于牛半乳凝集素 -1。白色飘带表示牛半乳凝集素 -1 中的环肽链 4；实线箭头表示 CvGal1 的 CRD2、CRD3、CRD4 中的环肽链 4（loop 4）；虚线箭头表示 CRD1 的环肽链 4。氨基酸缩写：酪氨酸（Trp），组氨酸（His），精氨酸（Arg），天冬酰胺（Asn），天冬氨酸（Asp），谷氨酸（Glu）。

在碳水化合物结合位点附近的半乳凝集素上，有几个已知的和预测的亚位点（subsite），可用于增强对具有更长延长结构的聚糖链的亲和力。其中一些亚位点，已通过对半乳凝集素与聚糖结合的结构分析，以及对聚糖结合的研究而得到了鉴定。牛半乳凝集素 -1 的晶体结构，是在与含有两个末端 β- 半乳糖残基的二天线 *N*- 聚糖复合物晶体结构解析中衍生获得的。*N*- 聚糖被桥接在两个半乳凝集素 -1 的二聚体之间，从而有效地形成晶格结构（crystal latticework）。这种类型的晶格在脊椎动物半乳凝集素中可能是独一无二的，并且可能对其信号传递和黏附功能至关重要（**图 36.4**，**图 36.5**）。

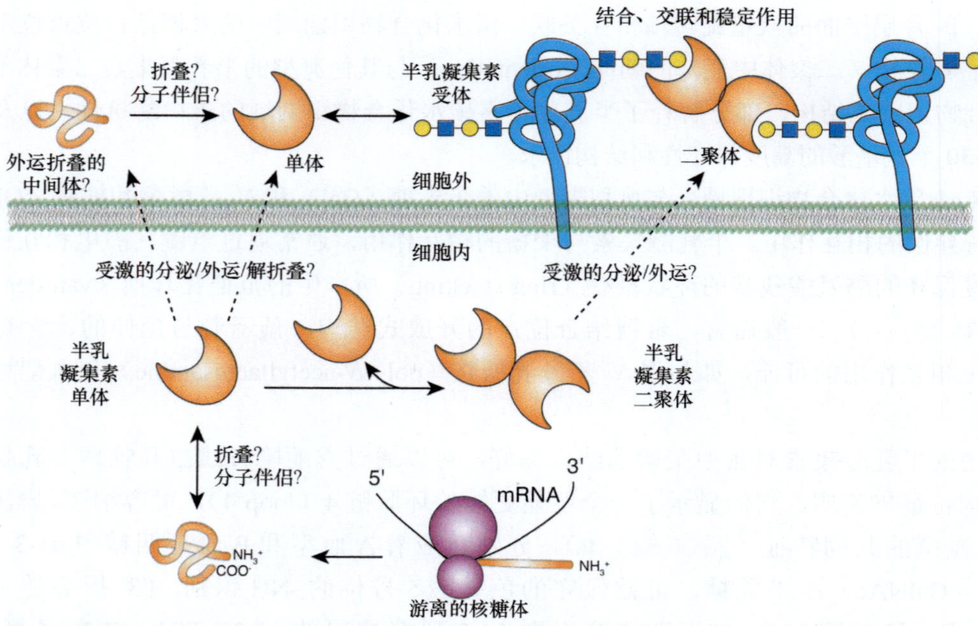

图 36.4　半乳凝集素在动物细胞中可能的生物合成途径，以半乳凝集素 -1 为例。半乳凝集素的 mRNA，在细胞质中的游离多核糖体上进行翻译，新合成的蛋白质能够结合聚糖配体，或与细胞内的其他蛋白质相互作用。在通过一种称为非经典输出的、尚未确定的机制从细胞质中分泌或输出后，半乳凝集素似乎与可能稳定其结构的碳水化合物配体相结合。稳定的单体蛋白可以形成同源二聚体和其他寡聚体，并与细胞表面和细胞外基质中的配体相互作用，或直接与其他细胞上的配体相互作用。

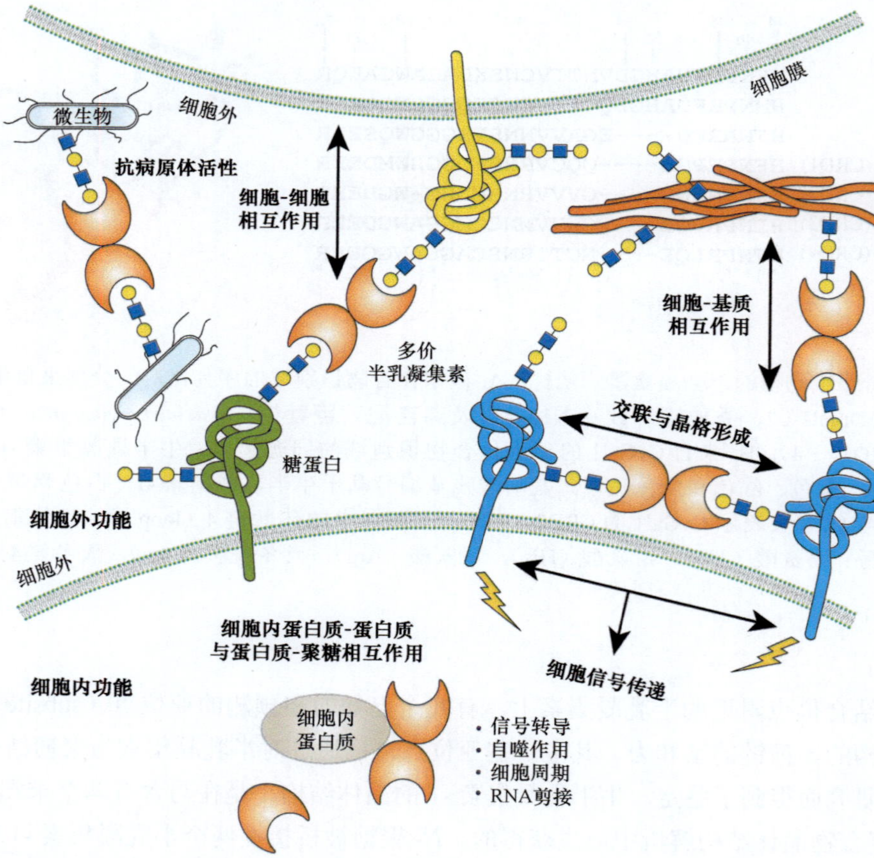

图 36.5　半乳凝集素与细胞表面糖复合物和细胞外糖复合物的功能性相互作用，引起了细胞黏附和细胞信号传递。半乳凝集素与细胞内蛋白质的相互作用可能有助于调控细胞内的途径。

36.5 半乳凝集素的聚糖配体

半乳凝集素与聚糖的相互作用十分复杂，有几个因素有助于高亲和力的结合，包括它们的天然**多价性（multivalency）**和寡聚状态，以及它们天然配体的多价性。尽管大多数半乳凝集素与简单的β-半乳糖苷（如二糖或三糖）的结合较弱（K_d 在高微摩尔级至低毫摩尔级范围内），但它们通常与天然糖复合物配体的结合更强（表观 K_d 在亚微摩尔级范围内）。利用大型聚糖库的研究表明，每个半乳凝集素的碳水化合物识别域都能识别不同的聚糖配体，并对不同的结构显示出最高的结合亲和力。例如，半乳凝集素-3与具有重复的(-3Galβ1-4GlcNAcβ-)$_n$ 结构，或含有 3～4 个重复单元的聚-*N*-乙酰乳糖胺序列的聚糖紧密结合，无论末端β-Gal残基是否存在；如果倒数第二个β-Gal残基被Galα1-3、GalNAcα1-3或Fucα1-2残基取代，结合将进一步增强。相比之下，人半乳凝集素-1仅与具有末端β-Gal残基的聚糖结合良好，而不与血型抗原结合。半乳凝集素-8在其单一多肽链中有两个碳水化合物识别域，这两个碳水化合物识别域结合不同的聚糖。因此，人类半乳凝集素-8的氨基末端碳水化合物识别域，以高亲和力结合α2-3-唾液酸化的聚糖（K_d 约为 50 nmol/L），而羧基末端碳水化合物识别域与*N*-乙酰乳糖胺（LacNAc）核心上的血型A决定簇结合，而不与唾液酸化聚糖结合。

半乳凝集素与简单的、含有β-Gal的二糖共结晶，结果表明许多半乳凝集素与半乳糖的C-4和C-6羟基、*N*-乙酰葡萄糖胺（GlcNAc）的C-3羟基建立了氢键（图 36.3）。半乳凝集素的结合位点可以被视为包含了多个亚位点：一个用于半乳糖，另一个用于*N*-乙酰葡萄糖胺，还有可能被其他糖和糖苷配基（aglycone）（如蛋白质或脂质）填充的其他亚位点。因此，与二糖Gal-GlcNAc连接的其他糖单元，可以增强或降低结合亲和力，具体取决于半乳凝集素的类型。如上文所述，一些来自真菌、无脊椎动物和哺乳动物的半乳凝集素（如半乳凝集素-4和-8）优先结合选定的ABO（H）血型糖。

在低凝集素浓度下，半乳凝集素仅选择性地结合一些细胞表面和细胞外基质上的配体；在较高浓度下，它们通常显示出与许多不同糖蛋白之间更为广泛的结合。然而，每种半乳凝集素的精确生理配体，以及半乳凝集素在相互作用位点的生理浓度尚不清楚。

半乳凝集素还可以与外源配体（如病毒、细菌、真菌和寄生虫表面暴露的聚糖）结合，显示出显著的识别多样性。例如，半乳凝集素-1可以与人类免疫缺陷病毒1（HIV-1）gp120包膜糖蛋白上的复杂*N*-聚糖和**阴道毛滴虫**（***Trichomonas vaginalis***）的**脂磷酸聚糖（lipophosphoglycan，LPG）**结合；半乳凝集素-3可以识别来自**脑膜炎奈瑟菌**（***Neisseria meningitidis***）脂多糖中的末端和内部*N*-乙酰乳糖胺单元、来自**曼氏血吸虫**（***Schistosoma mansoni***）的二-*N*-乙酰基乳糖胺（LacdiNAc），以及来自**白色念珠菌**（***Candida albicans***）中的寡甘露聚糖（oligomannan）。来自**硕大利什曼原虫**（***Leishmania major***）的脂磷酸聚糖能够被半乳凝集素-3和-9识别，而半乳凝集素-4能够识别展示出B型血型糖的**大肠杆菌**（***Escherichia coli***）菌株。

36.6 半乳凝集素的生物合成和输出

半乳凝集素家族的所有成员都缺乏经典的信号序列或膜锚定结构域，并于分泌前在细胞质中的游离多核糖体（polysome）上合成。半乳凝集素在所有类型的动物凝集素中均不同寻常，因为它们可以存在于细胞核、细胞质、外质膜和细胞外基质中。半乳凝集素在动物细胞中的一种相当常见的修饰是氨基末端的阻断，尽管已经证明半乳凝集素-3在其独特的氨基末端区域也有两个丝氨酸残基，可以被磷酸化。直接从细胞的胞质溶胶中分离的、新合成的半乳凝集素，具有结合β-半乳糖苷的功能。

有趣的是，有令人信服的证据表明，半乳凝集素在胞质溶胶中具有非聚糖的结合伴侣。半乳凝集素的生物合成，在所有类型的聚糖结合蛋白中是不寻常的，因为半乳凝集素是在细胞质中合成的。半乳凝集素到达细胞外部的机制尚不清楚。图36.4示意性地说明了这种复杂性的模型，如在半乳凝集素-1中所见。奇怪的是，半乳凝集素从细胞中的输出并不涉及直接经过分泌途径的运动过程。在产生半乳凝集素的细胞中，聚糖配体的分泌和可供应量（availability），似乎可以调控半乳凝集素的输出、活性和稳定性。

36.7 半乳凝集素的生物学作用

半乳凝集素家族的成员表现出惊人的功能多样性，从早期发育、组织再生和癌症中的关键作用，到免疫稳态和针对潜在病原体的识别/效应因子功能。通过与内源性聚糖结合，半乳凝集素可以促进细胞-细胞和细胞-基质之间的相互作用、细胞表面的半乳凝集素信号传递，也可以调节细胞功能。此外，与半乳凝集素-3一样，细胞内的半乳凝集素可以调控细胞活动，并可能有助于一些基本过程，如前体mRNA的剪接（图36.5）。过去几年中发现的、由半乳糖介导的、对潜在病原体和寄生虫表面聚糖的识别，揭示了它们在先天免疫功能中作为模式识别受体和效应因子的作用。关于半乳凝集素的生物学功能的许多信息，在很大程度上通过使用半乳凝集素缺陷小鼠模型而得以揭示。此类研究主要在缺乏半乳凝集素-1、-3、-7和-9的小鼠中进行，揭示了半乳凝集素在多种生理途径中的作用（**第41章**）。

36.7.1 半乳凝集素在发育和组织再生中的作用

对小鼠和斑马鱼模型的研究表明，在早期胚胎阶段，半乳凝集素-1和-3在脊索中表达，并在脊索发育、体细胞发生、肌肉组织和中枢神经系统的发育中发挥着微妙但关键的作用。缺乏半乳凝集素-3的基因敲除小鼠，与几种微妙且明显无关的表型变化有关，而缺乏半乳凝集素-1的小鼠则与一组不同的表型变化有关，包括对有害热刺激的敏感性降低、初级传入神经解剖结构的改变，以及嗅觉轴突的局部解剖异常。此外，在软骨化开始时半乳凝集素-3的表达表明，它在骨骼发育中发挥了作用。最近的研究揭示了半乳凝集素-1在血管生成中的关键作用，这是某些肿瘤对其他有效的抗血管内皮生长因子靶向治疗产生耐药性的基础。还应注意的是，一些半乳凝集素参与了受伤组织的再生。例如，在斑马鱼的光诱导视网膜损伤中，半乳凝集素-1是米勒胶质细胞（Müller glia）①中干细胞分泌的首批蛋白质之一，负责视杆细胞的再生。半乳凝集素-7在维持表皮稳态和皮肤修复方面非常重要。

36.7.2 半乳凝集素在细胞凋亡和诱导细胞表面磷脂酰丝氨酸暴露中的作用

几种半乳凝集素在某些类型的血细胞中诱导细胞凋亡。对于半乳凝集素-1，这种活性主要在人类的T细胞中进行了研究，特别是辅助T细胞1（Th1）和辅助T细胞17（Th17），其中凋亡途径可能涉及细胞表面的糖蛋白，包括CD7、CD29、CD45和CD43。相比之下，半乳凝集素-3对T细胞凋亡的诱导涉及CD71和CD45。在一些细胞中，凋亡信号可能通过下调Bcl-2蛋白和激活胱天蛋白酶（caspase）发挥作用。半乳凝集素-9与Tim-3蛋白在Th1细胞中的相互作用，可能诱导其凋亡。此外，一些半乳凝集素，如半乳凝集素-1、-2和-4，也可以独立于细胞凋亡事件，诱导细胞表面磷脂酰丝氨酸（phosphatidylserine，PS）的暴露。此外，细胞内半乳凝集素-3的过表达显示出抗细胞凋亡活性，而半乳凝集素-7和-12的过

① 也称放射状胶质细胞（radial neuroglia cell），为视网膜中的一种大型神经胶质细胞，具有营养、支持、保护和绝缘等作用。

表达可能促进细胞凋亡。半乳凝集素的一些潜在细胞内结合伴侣（特别是半乳凝集素 -3），包括几种参与调节细胞凋亡的蛋白质，如 Bcl-2 蛋白、Fas 受体（CD95）、膜联蛋白（synexin）（一种 Ca^{2+} 和磷脂结合蛋白）和凋亡相关基因 2/ 凋亡相关基因 2 相关蛋白 X（ALG2/Alix）。

36.7.3　半乳凝集素在癌症中的作用

许多肿瘤过表达各种半乳凝集素，它们的高表达通常与肿瘤的临床侵袭性以及向转移表型的进展相关。半乳凝集素 -1 的免疫抑制作用可以促进肿瘤存活，正如在敲降（knockdown）研究中所揭示的那样，由于产生 γ- 干扰素（interferon-γ，IFN-γ）的 Th1 细胞的存活率增加和 T 细胞介导的肿瘤排斥作用的增强，半乳凝集素 -1 表达的降低，与肿瘤存活率的降低有关。使用半乳凝集素 -1 敲除细胞系和敲除小鼠的研究表明，基于半乳凝集素 -1 与血管内皮生长因子受体 2（vascular endothelial growth factor receptor 2，VEGFR2）上的复杂 *N*- 聚糖的结合，以及半乳凝集素 -1 对血管内皮生长因子受体样（VEGF-like）信号传递的激活，半乳凝集素 -1 在肿瘤细胞内皮中的表达对于肿瘤血管生成至关重要。因此，半乳凝集素通过间接调控肿瘤免疫应答和直接影响肿瘤血管生成，在肿瘤进展和转移中发挥重要作用。尽管通过其启动子的甲基化来沉默半乳凝集素 -3 的表达与前列腺癌的早期阶段有关，但半乳凝集素 -3 的过表达与肿瘤的转化及肿瘤转移的发生发展密切相关。

36.7.4　半乳凝集素作为免疫应答、炎症和脂肪生成调节因子

半乳凝集素是免疫和炎症反应的重要调节因子。半乳凝集素由许多不同的免疫和炎症细胞表达。此外，半乳凝集素可以促进促炎或抗炎反应，这取决于炎症刺激、微环境和靶细胞。免疫细胞对半乳凝集素的应答，也取决于表面糖蛋白的特异性糖基化，以产生半乳凝集素所需的配体。然而，这些功能有许多是通过使用添加到培养细胞中的重组半乳凝集素来加以显示的。这些实验结果是否反映了内源性半乳凝集素的功能尚不清楚。

半乳凝集素 -3 通过其多价相互作用，可以与细胞表面的糖蛋白形成晶格，例如，与 T 细胞受体（T cell receptor，TCR）和免疫突触（immune synapse）（如抗原呈递细胞与 T/B 细胞或自然杀伤细胞之间的界面）均可形成晶格结构。此类 *N*- 聚糖的表达，部分通过 *N*- 乙酰葡萄糖胺转移酶 V（*N*-acetylglucosaminyltransferase V，MGAT5）的 *N*- 聚糖支链（branching）进行调控。*Mgat5* 缺失的 T 细胞，显示出 T 细胞受体集簇的增强，这表明与半乳凝集素 -3 相互作用的分支 *N*- 聚糖可能会限制 T 细胞受体的聚集，阻碍了 T 细胞应答的后续发展。聚糖分支的自身性质、它们与半乳凝集素和（或）其他多价凝集素之间的相互作用，以及生物体的代谢调节过程，这些因素彼此相互交织。有趣的是，皮下注射重组人半乳凝集素 -1 和 -9，可以降低各种动物模型中几种自身免疫性疾病的严重程度，但这些体内免疫抑制活性的潜在机制尚不清楚。

对缺乏某种半乳凝集素的小鼠进行研究，结果表明半乳凝集素在免疫应答和炎症中发挥作用。大多数研究表明，内源性的半乳凝集素 -1 可以作为一种稳态机制，以平衡旺盛的 T 细胞和树突状细胞的应答过程。此外，内源性半乳凝集素 -3 在巨噬细胞的吞噬作用、介质释放，以及在肥大细胞的细胞因子产生中发挥作用。这些发现都已与这种半乳凝集素关联起来。半乳凝集素 -3 或是通过与糖基化受体结合在细胞外发挥作用，或是以独立于聚糖结合的方式在细胞内发挥作用。

目前的研究表明，半乳凝集素 -3 在调控炎症反应和作为促炎介质的作用方面具有一整套复杂的功能。尽管该体系的复杂性显而易见，但已经有一些令人兴奋的进展，将半乳凝集素与人类的炎症性疾病联系

起来。血清中半乳凝集素-3水平的升高与心力衰竭患者的预后恶化有关，而血浆中半乳凝集素-3的水平则是**急性冠状动脉综合征**（**acute coronary syndrome**）颇具希望的生物标志物。对半乳凝集素-3敲除小鼠的研究表明，半乳凝集素-3在心肌病和心脏纤维化中发挥作用。在其他小鼠疾病模型中，内源性半乳凝集素-3导致了各种器官和组织的纤维化。

最近的研究揭示了半乳凝集素-3和半乳凝集素-12在脂肪生成中关键而相反的作用，以及它们与肥胖、炎症和2型糖尿病之间的关系。半乳凝集素-12在脂肪细胞中表达并与脂滴关联，可作为脂肪分解和胰岛素敏感性的负向调控物发挥作用。半乳凝集素-12敲除小鼠显示出脂肪分解增加和脂肪含量的减少。相比之下，半乳凝集素-3基因敲除小鼠表现出与年龄相关的脂肪增加、葡萄糖代谢失调和全身性炎症。此外，这些小鼠表现出加速的糖尿病相关肾损伤和饮食诱导的动脉粥样硬化形成，内脏脂肪组织和胰腺也发生了促炎变化。

36.7.5 半乳凝集素作为感染过程的识别因子和效应因子

半乳凝集素还可以识别微生物病原体和寄生虫表面的外源聚糖及相关的分子结构，不仅可以作为**模式识别受体**（**pattern recognition receptor**），还可以作为**效应因子**（**effector factor**），通过直接抑制黏附和（或）进入宿主细胞，或通过直接杀死或促进潜在病原体的吞噬作用而发挥作用。例如，来自**日本囊对虾**（***Marsupenaeus japonicus***）的半乳凝集素MjGal，可以识别细菌病原体并促进对它们的吞噬作用。半乳凝集素-1直接与**登革病毒**（**dengue virus**）结合，抑制病毒黏附和内化到宿主细胞中。同样，斑马鱼的半乳凝集素Drgal1-L2和Drgal3-L1，直接与**传染性造血组织坏死病毒**（**infectious hematopoietic necrosis virus**）的糖基化包膜和上皮细胞表面的聚糖相互作用，显著降低病毒黏附。在哺乳动物中，串联重复的半乳凝集素-4和-8可以识别并杀死显示B血型寡糖（B-blood group oligosaccharide）的大肠杆菌菌株（BGB+大肠杆菌）。对任一碳水化合物识别域中的关键残基进行突变后表明，C-碳水化合物识别域（C-CRD）介导了对BGB+大肠杆菌的识别，并且促进了对细菌的活性。综上所述，这些研究结果表明半乳凝集素不仅可以在免疫识别中发挥作用，而且还可以作为针对病原体的先天免疫应答中的效应物因子。

由于凝集素存在的细胞质中没有常见的聚糖配体，因此半乳凝集素具有独特的优势，可以在细胞损伤过程中检测聚糖在细胞质中的异常暴露。许多细胞内细菌在被宿主细胞吞噬后，能够诱导吞噬体裂解（phagosomal lysis）并逃逸到细胞质中。这种空泡裂解（vacuolar lysis）过程，将最初存在于吞噬体管腔中的宿主聚糖暴露于细胞溶质环境中。研究已显示半乳凝集素-3和-8能够与这些暴露的聚糖结合，而半乳凝集素-8已被证明随后会导致自噬激活，使细菌自噬体降解。

相反，一些病原体和寄生虫可以“颠覆”宿主半乳凝集素在免疫防御中的作用，从而附着或进入宿主细胞。例如，半乳凝集素-1通过促进病毒与CD4受体的附着，促进HIV-1的感染，提高感染效率。由白蛉（sandfly）传播的利什曼原虫，通过与利什曼原虫脂磷酸聚糖（LPG）上的Gal β1-3侧链结合的巴蒲白蛉半乳凝集素（*Phlebotomus papatasi* galectin，PpGalec）附着在昆虫中肠（midgut）上皮细胞上，以防止它们与消化的血食（bloodmeal）一起排出体外，允许它们分化为自由游动的传染性后循环体（metacycic）。同样，原生动物寄生虫**海水派金虫**（***Perkinsus marinus***）是美国东部的**弗吉尼亚巨牡蛎**（***Crassostrea virginica***）的一种兼性细胞内寄生虫，可通过巨牡蛎吞噬血细胞（phagocytic hemocyte）表达的半乳凝集素CvGal1和CvGal2对宿主进行识别。寄生虫被牡蛎血细胞吞噬后进行增殖，最终导致牡蛎宿主的全身感染和死亡。半乳凝集素-1已被确定为原生动物寄生虫**阴道毛滴虫**（***Trichomonas vaginalis***）和细菌**沙眼衣原体**（***Chlamydia tracheomatis***）的受体，它们分别是人类女性和男性中最普遍的非病毒性传播感染的病原体。与利什曼原虫一样，阴道毛滴虫具有富含半乳糖和*N*-乙酰葡萄糖胺的表面脂磷酸聚糖（LPG），它以聚糖依赖性的方式，被寄生虫定植的宫颈内膜（以及胎盘、前列腺、子宫内膜和蜕膜组织）上皮细胞表达的半乳凝集素 -1 识别。相关类型的研究还显示出半乳凝集素 -1 和 -3 在支气管肺泡腔的流感 / 肺炎球菌感染中的作用，半乳凝集素可能参与了病毒和细菌的结合。动物组织中半乳凝集素的表达受到严格的调控，但可以通过多种刺激进行调节，包括感染所带来的挑战，这在先天免疫应答中可能尤为重要。

致谢

感谢大关泰裕（Yasuhiro Ozeki）的有益评论及建议。

延伸阅读

Drickamer K. 1988. Two distinct classes of carbohydrate-recognition domains in animal lectins. *J Biol Chem* **263**: 9557-9560.

Barondes SH, Castronovo V, Cooper DN, Cummings RD, Drickamer K, Feizi T, Gitt MA, Hirabayashi J, Hughes C, Kasai K, et al. 1994. Galectins: a family of animal β-galactoside-binding lectins. *Cell* **76**: 597-598.

Houzelstein D, Goncalves IR, Fadden AJ, Sidhu SS, Cooper DNW, Drickamer K, Leffler H, Poirier F. 2004. Phylogenetic analysis of the vertebrate galectin family. *Mol Biol Evol* **21**: 1177-1187.

Liu FT, Rabinovich GA. 2005. Galectins as modulators of tumour progression. *Nat Rev Cancer* **5**: 29-41.

van Die I, Cummings RD. 2006. Glycans modulate immune responses in helminth infections and allergy. *Chem Immunol Allergy* **90**: 91-112.

Elola MT, Wolfenstein-Todel C, Troncosco MF, Vasta GR, Rabinovich GA. 2007. Galectins: matricellular glycan-binding proteins linking cell adhesion, migration, and survival. *Cell Mol Life Sci* **64**: 1679-1700.

Lau KS, Partridge EA, Grigorian A, Silvescu CI, Reinhold VN, Demetriou M, Dennis JW. 2007. Complex N-glycan number and degree of branching cooperate to regulate cell proliferation and differentiation. *Cell* **129**: 123-134.

Mercier S, St-Pierre C, Pelletier I, Ouellet M, Tremblay MJ, Sato S. 2008. Galectin-1 promotes HIV-1 infectivity in macrophages through stabilization of viral adsorption. *Virology* **371**: 121-129.

Stowell SR, Cummings RD. 2008. Interactions of galectins with leukocytes. In *Animal lectins: a functional view* (eds. Vasta GR, Ahmed H, editors.). CRC Press, Boca Raton, FL.

Vasta GR. 2009. Roles of galectins in infection. *Nat Rev Microbiol* **7**: 424-438.

Dam TK, Brewer CF. 2010. Maintenance of cell surface glycan density by lectin-glycan interactions: a homeostatic and innate immune regulatory mechanism. *Glycobiology* **20**: 1061-1064.

Stowell SR, Arthur CM, Dias-Baruffi M, Rodrigues LC, Gourdine JP, Heimburg-Molinaro J, Ju T, Molinaro RJ, Rivera-Marrero C, Xia B, et al. 2010. Innate immune lectins kill bacteria expressing blood group antigen. *Nat Med* **16**: 295-301.

Di Lella S, Sundblad V, Cerliani JP, Guardia CM, Estrin DA, Vasta GR, Rabinovich GA. 2011. When galectins recognize glycans: from biochemistry to physiology and back again. *Biochemistry* **50**: 7842-7857.

Liu FT, Yang RY, Hsu DK. 2012. Galectins in acute and chronic inflammation. *Ann NY Acad Sci* **1253**: 80-91.

Rabinovich GA, van Kooyk Y, Cobb BA. 2012. Glycobiology of immune responses. *Ann NY Acad Sci* **1253**: 1-15.

Thurston TLM, Wandel MP, von Muhlinen N, Foeglein A, Randow F. 2012. Galectin 8 targets damaged vesicles for autophagy to defend cells against bacterial invasion. *Nature* **482**: 414-418.

Vasta GR, Ahmed H, Nita-Lazar M, Banerjee A, Pasek M, Shridhar S, Guha P, Fernández-Robledo JA. 2012. Galectins as self/non-self recognition receptors in innate and adaptive immunity: an unresolved paradox. *Front Immunol* **3**: 199.

Yang RY, Havel PJ, Liu FT. 2012. Galectin-12: a protein associated with lipid droplets that regulates lipid metabolism and energy balance. *Adipocyte* **1**: 96-100.

Chen HY, Weng IC, Hong MH, Liu FT. 2014. Galectins as bacterial sensors in the host innate response. *Curr Opin Microbiol* **17**: 75-81.

Croci DO, Cerliani JP, Dalotto-Moreno T, Méndez-Huergo SP, Mascanfroni ID, Dergan-Dylon S, Toscano MA, Caramelo JJ, García-Vallejo JJ, Ouyang J, et al. 2014. Glycosylation-dependent lectin-receptor interactions preserve angiogenesis in anti-VEGF refractory tumors. *Cell* **156**: 744-758.

Toledo KA, Fermino ML, Andrade CDC, Riul TB, Alves RT, Muller VDM, Russo RR, Stowell SR, Cummings RD, Aquino VH, Dias-Baruffi M. 2014. Galectin-1 exerts inhibitory effects during DENV-1 infection. *PLoS ONE* **9**: e112474.

Vladoiu MC, Labrie M, St-Pierre Y. 2014. Intracellular galectins in cancer cells: potential new targets for therapy. *Int J Oncol* **44**: 1001-1014.

Arthur CM, Baruffi MD, Cummings RD, Stowell SR. 2015. Evolving mechanistic insights into galectin functions. *Methods Mol Biol* **1207**: 1-35.

Blidner AG, Méndez-Huergo SP, Cagnoni AJ, Rabinovich GA. 2015. Re-wiring regulatory cell networks in immunity by galectin-glycan interactions. *FEBS Lett* **589**: 3407-3418.

Than NG, Romero R, Balogh A, Karpati E, Mastrolia SA, Staretz-Chacham O, Hahn S, Erez O, Papp Z, Kim CJ. 2015. Galectins: double-edged swords in the cross-roads of pregnancy complications and female reproductive tract inflammation and neoplasia. *J Pathol Transl Med* **49**: 181-208.

Rabinovich GA, Conejo-García JR. 2016. Shaping the immune landscape in cancer by galectin-driven regulatory pathways. *J Mol Biol* **428**: 3266-3281.

Salvagno GL, Pavan C. 2016. Prognostic biomarkers in acute coronary syndrome. *Ann Transl Med* **4**: 258.

Johannes L, Jacob R, Leffler H. 2018. Galectins at a glance. *J Cell Sci* **31**: jcs208884.

Popa SJ, Stewart SE, Moreau K. 2018. Unconventional secretion of annexins and galectins. *Sem Cell Dev Biol* **83**: 42-50.

Mortales CL, Lee SU, Demetriou M. 2020. N-glycan branching is required for development of mature B cells. *J Immunol* **205**: 630-636.

Vasta GR. 2020. Galectins in host-pathogen interactions: structural, functional and evolutionary aspects. *Adv Exp Med Biol* **1204**: 169-196.

Hong MH, Weng IC, Li FY, Lin WH, Liu FT. 2021. Intracellular galectins sense cytosolically exposed glycans as danger and mediate cellular responses. *J Biomed Sci* **28**: 16.

第 37 章

微生物凝集素：血凝素、黏附蛋白和毒素

阿曼达·L. 刘易斯（Amanda L. Lewis），詹妮弗·J. 科勒（Jennifer J. Kohler），马库斯·艾比（Markus Aebi）

37.1 背景 / 489
37.2 病毒的聚糖结合蛋白 / 490
37.3 细菌对聚糖的黏附 / 493
37.4 与聚糖结合的分泌毒素 / 495
37.5 寄生虫凝集素 / 496
37.6 治疗意义 / 497
致谢 / 497
延伸阅读 / 497

共生（symbiotic）微生物、偏利共生（commensal）微生物和病原微生物，利用细胞表面的聚糖作为与宿主相互作用的靶标。表面蛋白，如黏附蛋白（adhesin）或凝集素（agglutinin），介导了与这些聚糖“受体”的结合。许多微生物依赖这些相互作用，在宿主体内成功生存。此外，拮抗的相互作用由分泌的毒素介导，这些毒素使用表面聚糖靶点，通过各种机制进行内化。本章重点介绍了微生物凝集素的示例及其在致病性中的作用，此外还讨论了聚糖依赖性毒素的作用方式。

37.1 背景

在过去的 70 年中，研究人员已经发现并鉴定了海量的病毒、细菌、真菌和原生动物的聚糖结合蛋白（凝集素）。许多微生物凝集素最初基于它们聚集或诱导红细胞产生凝血而被检测出来。流感病毒**血凝素（hemagglutinin）**是第一个被鉴定出的病原体聚糖结合蛋白，阿尔弗雷德·戈特沙尔克（Alfred Gottschalk）在 20 世纪 50 年代初期证明，血凝素通过宿主细胞表面糖复合物的唾液酸成分，结合红细胞和其他细胞。唐·威利（Don Wiley）及其同事在 1981 年结晶了流感病毒血凝素并确定了它的结构。后来，他们解析了与唾液酸化乳糖（sialyllactose）结合的血凝素共晶体结构，为受体 - 配体结合位点的亲和力和特异性提供了分子水平的深度理解。

20 世纪 70 年代。内森·沙龙（Nathan Sharon）及其同事首次描述了细菌表面凝集素，认为它们的主要功能是促进细菌附着或黏附到宿主细胞上，这是细菌定植和感染的先决条件（**第 42 章**）。因此，细菌凝集素通常被称为**黏附蛋白（adhesin）**，它们通过**碳水化合物识别域（carbohydrate-recognition domain，CRD）**与宿主细胞表面相应的聚糖受体结合（在这种情况下，受体相当于动物细胞凝集素的配体）。微生物黏附蛋白可以结合末端糖残基，或与存在于直链或支链寡糖链中的内部序列结合。这些相互作用，通常是宿主和组织趋向性（tissue tropism）的重要决定因素。对此类微生物凝集素特异性的详细研究，已被

用于鉴定和合成强大的黏附抑制剂，这些抑制剂构成了抗击传染病的新型治疗剂的基础（**第 42 章**）。事实上，哺乳动物通常会产生自身的聚糖诱饵，例如，分泌的**黏蛋白（mucin）**和乳寡糖有助于防止病原体黏附蛋白与其宿主细胞靶标结合。

聚糖依赖性的相互作用，对于宿主和微生物之间的拮抗性（antagonistic）相互作用和互惠性（mutualistic）相互作用都很重要。例如，细菌产生多聚体可溶性毒素，其聚糖结合亚基以细胞为靶标，并将有毒货物运送到细胞之中。相比之下，下消化道的正常菌群，由参与结合并消化宿主聚糖和膳食聚糖的有益细菌在最适条件下的定植所决定。同样，**根瘤菌属（*Rhizobium*）**细菌在豆科植物根尖中最初形成的固氮根瘤，涉及根尖上的凝集素与细菌产生的、含聚糖的结瘤因子（Nod factor）之间的结合（**第 24 章**）。

37.2 病毒的聚糖结合蛋白

最早发现且研究得最充分的病毒聚糖结合蛋白是流感病毒血凝素。与大多数其他凝集素 - 聚糖相互作用类似，这种结合唾液酸的凝集素**亲和力（affinity）**很低。血凝素的三聚化和宿主细胞表面高密度的聚糖受体增加了**亲合力（avidity）**。二者的结合是病毒内吞，以及随后病毒包膜与内体膜发生 pH 依赖性融合所必需的，并最终触发病毒 RNA 在细胞质中的释放。对于不同的流感亚型，宿主聚糖 - 血凝素相互作用的特异性差异很大。例如，人类甲型和乙型流感病毒株，主要与含有 *N*- 乙酰神经氨酸（Neu5Ac）的 Neu5Acα2-6Gal 受体的细胞结合；禽流感病毒优先与表达 Neu5Acα2-3Gal 的受体结合；猪流感病毒株与含有 Neu5Acα2-6Gal 和 Neu5Acα2-3Gal 的受体结合（表 37.1）。这种糖链连键上的偏好，是血凝素结构差异的结果（图 37.1）。病毒的黏附还取决于受体的丰度，例如，人类气管上皮细胞表达的聚糖以 Neu5Acα2-

表 37.1 病毒凝集素和血凝素示例

病毒	凝集素	聚糖受体偏好	感染部位
黏液病毒			
甲型和乙型流感（人类、雪貂、猪）病毒	血凝素	Neu5Acα2-6Gal-	上呼吸道黏膜（气管上皮细胞）
甲型和乙型流感（禽类、猪）病毒	血凝素	Neu5Acα2-3Gal-	肠黏膜
丙型流感病毒	血凝素 - 酯酶	9-*O*-Ac-Siaα-	未知
新城疫病毒	血凝素 - 神经氨酸酶	Neu5Acα2-3Gal-	未知
仙台病毒	血凝素 - 神经氨酸酶	Neu5Acα2-8Neu5Ac-	上呼吸道黏膜
多瘤病毒			
多瘤病毒	衣壳蛋白 VP1	GM1 和 GT1b/GD1a 等神经节苷脂上的 Neu5Acα2-3Gal-，Neu5Acα2-3Galβ1-3 (Neu5Acα2-6) GalNAc-	肾和脑胶质细胞
疱疹病毒			
单纯疱疹病毒	糖蛋白 gB，gC，gD	3-*O*- 硫酸化硫酸乙酰肝素	口腔、眼睛、生殖器和呼吸道的黏膜表面
小核糖核酸病毒			
口蹄疫（肠道病毒）	衣壳蛋白	硫酸乙酰肝素	胃肠道和上呼吸道
逆转录病毒			
艾滋病病毒	gp120 V3 环肽链	硫酸乙酰肝素	CD4 淋巴细胞
黄病毒			
登革病毒	包膜蛋白	硫酸乙酰肝素	巨噬细胞？
杯状病毒			
诺如病毒	衣壳蛋白	A 型和 B 型血型抗原上的岩藻糖、*N*- 乙酰半乳糖胺或半乳糖	肠上皮分泌细胞

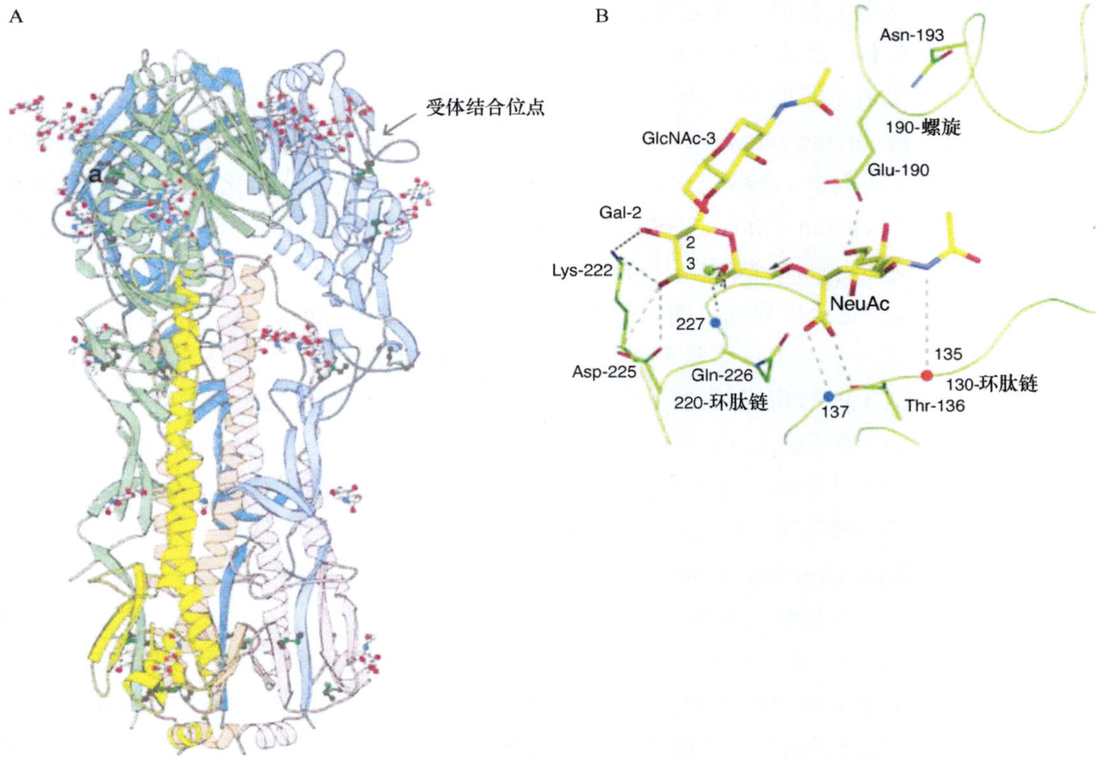

图 37.1　流感病毒血凝素（HA）胞外域的结构。A. 来自 A/duck/Ukr/63 的 H3 禽类血凝素（HA）的三聚体胞外结构域示意图①，图中显示了 HA1 9 ～ 326 号，以及 HA2 1 ～ 172 号氨基酸残基。模拟的碳水化合物侧链以灰色、红色、蓝色表示；二硫键以黑色、绿色表示。6 条多肽链以浅蓝色（HA1）、品红色（HA2）、深蓝色（HA1′）、浅红色（HA2′）、绿色（HA1″）和黄色（HA2″）显示。B. 人类流感病毒血凝素的受体结合位点与人类三糖受体 NeuAcα2-6Galβ1-4GlcNAc 形成的复合物。氢键以虚线表示；氨基酸残基通过主链羰基（红球）或氮（蓝球）发生相互作用；三糖的碳原子以黄色表示、氮原子以蓝色表示、氧原子以红色表示；水分子以绿色球体表示。氨基酸缩写：天冬酰胺（Asn），谷氨酸（Glu），赖氨酸（Lys），天冬氨酸（Asp），谷氨酰胺（Gln），苏氨酸（Thr）（A. 经 Elsevier 许可重绘自 Ha Y，et al. 2003. *Virology* 309：209-218；B. 经 AAAS 许可重绘自 Gamblin SJ，et al. 2004. *Science* 303：1838-1842）。

6Gal 连键为主，而其他更深的气道表面包含了更多的 Neu5Acα2-3Gal 末端聚糖。因此，血凝素的特异性决定了病毒对物种和靶细胞的趋向性。由于在肺深处的 Neu5Acα2-3Gal 连键具有更高的丰度，因此，禽类来源的毒株比普通人类毒株更容易产生下呼吸道感染（肺炎）；相反，由于上呼吸道中缺乏 Neu5Acα2-3Gal，与人类毒株相比，禽源毒株在人与人之间传播的可能性因此降低。血凝素是产生中和抗体的主要抗原，流感病毒株会不断获得影响聚糖结合和抗原性的遗传变化。这种变化在一定程度上是造成最新病毒暴发的原因，并在制定年度流感疫苗配方中作为因素之一被加以考虑。

除了血凝素 H（hemagglutinin）之外，甲型流感和乙型流感病毒粒子还表达一种**唾液酸酶（sialidase）**，传统上称为**神经氨酸酶 N（neuraminidase）**（**第 15 章**），可将唾液酸从糖复合物上切割下来。其功能可能包括：①从病毒粒子囊膜糖蛋白中去除唾液酸残基，防止病毒聚集；②将新合成的病毒粒子在细胞内或从细胞表面出芽时解离下来；③在感染部位对可溶性黏蛋白进行去唾液酸化，以改善对细胞表面唾液酸的获取。研究人员已经根据甲型流感病毒唾液酸酶的晶体结构设计了抑制剂，其中一些（如奥司他韦）（oseltamivir）在纳摩尔级浓度下就能抑制酶的活性，并在临床上用作抗病毒药物（**第 57 章**）。丙型流感

① 甲型流感病毒命名法可用下列公式表示：型别 / 宿主 / 分离地点 / 分离年代（血凝素和神经氨酸酶亚型），即甲型流感病毒、鸭源宿主、乌克兰、1963 年、血凝素 H3 型。

病毒粒子（和许多冠状病毒）含有一种**血凝素 - 酯酶**（**hemagglutinin-esterase**），它同时具有血凝素和受体破坏活性，在这种情况下，它是一种酯酶，可从目标 *O*- 乙酰化唾液酸上切割 9-*O*- 乙酰基团（表 37.1）。一些冠状病毒已经进化出适合靶向 *O*- 乙酰化唾液酸受体的刺突蛋白 S。严重急性呼吸综合征冠状病毒 2（severe acute respiratory syndrome coronavirus 2，SARS-CoV-2）是新型冠状病毒感染（COVID-19）大流行的病原体，它完全丢失了血凝素 - 酯酶蛋白，但编码的刺突蛋白已经进一步进化，可以更牢固地结合蛋白聚糖——硫酸乙酰肝素（heparan sulfate，HS），而且硫酸乙酰肝素也可以作为辅因子（cofactor），促进刺突蛋白与高亲和力蛋白受体——血管紧张素转化酶 2（ACE2）的结合。

轮状病毒（**rotavirus**）是全世界儿童的头号杀手，它也可以与唾液酸残基结合。这些病毒只在一个特定时期与新生儿的肠上皮结合，该时期似乎与特定类型的唾液酸在糖蛋白上的表达和排列相关。关于轮状病毒“不依赖唾液酸”的说法，可用其内部的唾液酸具有对细菌唾液酸酶的抗性来解释。许多其他病毒，如**腺病毒**（**adenovirus**）、**呼肠孤病毒**（**reovirus**）、**仙台病毒**（**Sendai virus**）和**多瘤病毒**（**polyomavirus**），也使用唾液酸进行感染，研究人员已经获得了这些病毒的几个唾液酸结合结构域的晶体结构。

许多病毒，包括**单纯疱疹病毒**（**herpes simplex virus，HSV**）、**口蹄疫病毒**（**foot-and-mouth disease virus**）、**人类免疫缺陷病毒**（**human immunodeficiency virus，HIV**）和**登革病毒**（**dengue virus**），都使用硫酸乙酰肝素（HS）蛋白聚糖作为黏附受体（表 37.1）。在许多情况下，蛋白聚糖可能是辅助受体系统（coreceptor system）的一部分，在该系统中，病毒首先与细胞表面的蛋白聚糖接触，然后与另一种受体接触。例如，单纯疱疹病毒感染最初被认为涉及病毒糖蛋白 gB 和（或）gC 与细胞表面硫酸乙酰肝素蛋白聚糖的结合。糖蛋白 gB 促进了病毒 - 细胞的融合、合胞体（syncytium）[①]的形成（细胞 - 细胞融合）和黏附，而 gC 蛋白与补体的 C3b 成分结合，阻断了补体介导的病毒抑制。在这些事件之后，单纯疱疹病毒糖蛋白 gD 与几种细胞表面受体之一结合，这些受体包括蛋白质受体和硫酸乙酰肝素，最终导致病毒囊膜与宿主细胞质膜的融合。有趣的是，gD 蛋白与硫酸乙酰肝素的相互作用显示出对硫酸乙酰肝素中特定亚结构的特异性，该亚结构含有 3-*O*- 硫酸化的葡萄糖胺残基，其形成由*葡萄糖胺基 3-O- 磺基转移酶*（glucosaminyl 3-*O*-sulfotransferase）基因家族的特定同工酶催化。因此，与硫酸乙酰肝素结合的黏附蛋白，似乎可以识别多糖链内的碳水化合物单元，而不是与末端糖结合。

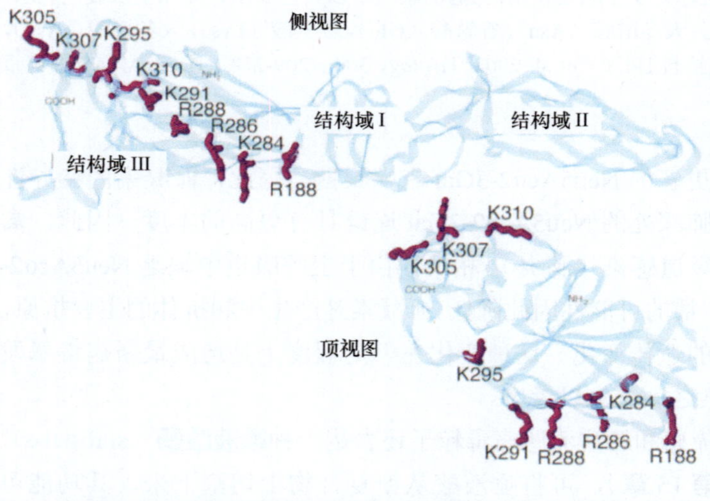

图 37.2 登革病毒囊膜蛋白上推定的硫酸肝素结合位点的两个视图。囊膜蛋白单体以飘带形式显示，图中分别为沿纵轴显示（顶视图）和自外部侧视（侧视图）。注意，带正电荷的氨基酸沿着蛋白质的一个开放面排列（上图）（经许可，重绘自 Chen YP，et al. 1997. *Nat Med* 3：866-871，©Macmillan Publishers Ltd. 版权所有）。

登革出血热的病原体登革病毒，也与硫酸乙酰肝素结合。研究人员通过计算建模，比较了登革病毒囊膜蛋白的一级序列和相关病毒囊膜蛋白的晶体结构，实验结果表明，硫酸乙酰肝素的结合位点可能位于一个带正电荷的氨基酸沟槽（groove）中（图 37.2）。最近出现的**寨卡病毒**（**Zika virus**）也属于同一家族。此外，HIV 可以通过其 gp120 糖蛋白的 V3 环肽链（V3 loop），结合硫酸乙酰肝素和其他硫酸化多糖。

① 多细胞组织中的细胞膜不明显或不存在而使组织中呈现多个细胞核的现象，如吸虫、线虫、轮虫的上皮层等。

37.3　细菌对聚糖的黏附

细菌凝集素通常以细长的多亚基蛋白附属物的形式出现，称为**伞毛（fimbriae）**（毛发状）或**菌毛（pili）**（线状）①，它们与宿主细胞上的糖蛋白和糖脂受体相互作用。与病毒的聚糖结合蛋白类似，黏附蛋白与受体的结合通常亲和力较低。因为黏附蛋白和受体通常集簇在膜平面上，由此产生的**组合亲合力（combinational avidity）**可能很大。黏附蛋白 - 受体的结合可以类比为魔术贴两个面之间的相互作用。表征最为充分的细菌凝集素，包括甘露糖特异性 1 型伞毛（mannose-specific type-1 fimbriae）、半乳二糖（galabiose）特异性 P 伞毛，以及与 *N*- 乙酰葡萄糖胺结合的 F-17 伞毛，均由不同的**大肠杆菌（*Escherichia coli*）**菌株产生。具有伞毛的细菌，可表达 100 ～ 400 个这样的附属物，直径通常为 5 ～ 7 nm，长度可达数百纳米（图 37.3）。因此，菌毛的延伸远远超出了由脂多糖和荚膜多糖组成的细菌糖萼（**第 21 章**）。

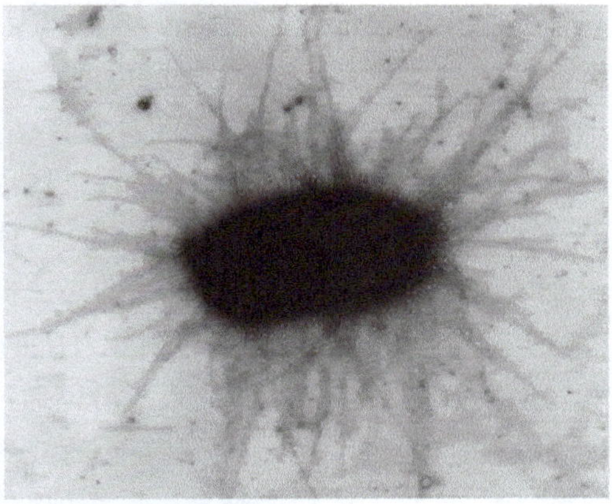

图 37.3　大肠杆菌表达数以百计的菌毛，见图中自细菌延伸出的纤丝。（经 Elsevier 许可重印自 Sharon N. 2006. *Biochim Biophys Acta* 1760：527-537，图片由 University of Tennessee 的 David L. Hasty 提供）。

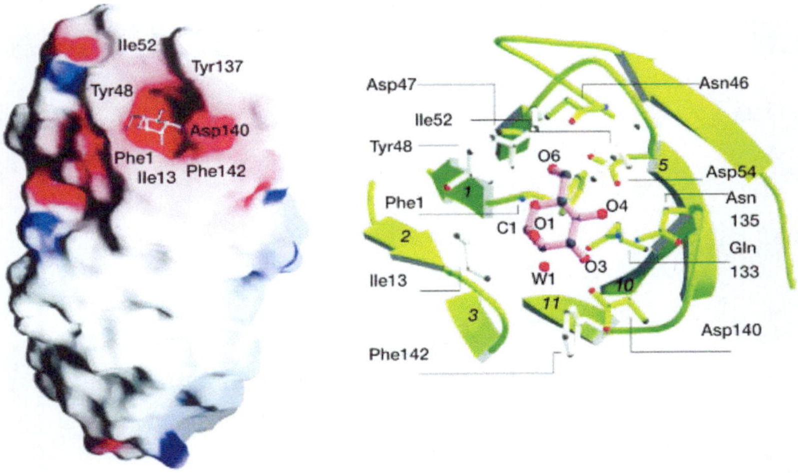

图 37.4　FimH 结合位点中的甘露糖 α 端基差向异构体。甘露糖残基埋藏在碳水化合物识别域（左）尖端的一个独特位点中，位于带负电荷的深口袋（右）中。FimH 蛋白倾向于以 α 端基差向异构构型结合 D- 甘露糖。D- 甘露糖的羟基通过氢键和疏水相互作用，与 1 号位苯丙氨酸（Phe1）、46 号位天冬酰胺（Asn46）、47 号位天冬氨酸（Asp47）、54 号位天冬氨酸（Asp54）、133 号位谷氨酰胺（Gln133）、135 号位天冬酰胺（Asn135）、140 号位天冬氨酸（Asp140）和 142 号位苯丙氨酸（Phe142）相互作用。直接接触的残基以球棍模型显示。水用 W1 进行表示。氨基酸缩写：异亮氨酸（Ile），酪氨酸（Tyr）（经许可重绘自 Hung CS，et al. 2002. *Mol Microbiol* 44：903-915，©John Wiley and Sons. 版权所有）。

与甘露糖结合的 FimH 蛋白的高分辨率三维结构表明，尽管甘露糖在溶液中以 α 和 β 端基差向异构体的混合物形式存在，但在该复合物中仅发现了前者。甘露糖与 FimH 蛋白的一个带负电的、较深的位点进行结合（图 37.4）。FimH 具有“捕捉性结合”（catch bond）特性，因此单个 FimH 黏附蛋白的结合强度可通过增加表面结合的大肠杆菌细胞上的剪切力而得到增强。该结合过程与尿路感染有关，其中 1 型伞毛介导了细菌与膀胱上皮细胞表面的糖蛋白——尿溶蛋白 Ia（uroplakin Ia）的结合。尿溶蛋白 Ia 表面有高水平的、末端暴露的甘露糖残基，这些残基能够与 FimH 发生特异性相互作用。另外，1 型伞毛可以与可溶性泌尿塔姆 - 霍斯福尔糖蛋白 / 尿调节素（urinary Tamm-Horsfall glycoprotein/uromodulin）上的高甘露

① 伞毛是出现在细菌表面的刚毛状短纤维，而菌毛是出现在细菌表面的长毛状管状微纤维。伞毛和菌毛之间的主要区别在于伞毛负责将细胞附着到其基质上，而菌毛负责细菌结合过程中的附着和水平基因转移。

糖聚糖结合，形成长纤维，由此产生的细菌聚集体可被冲出尿道。缺乏编码塔姆 - 霍斯福尔糖蛋白基因的小鼠，比正常小鼠更容易被 1 型伞毛大肠杆菌定植在膀胱上。

大多数细菌（可能还有其他微生物）有多种具有不同碳水化合物结合特异性的黏附蛋白，其中许多已被文献报道（示例见表 37.2），这些黏附蛋白结合的特异性，可以帮助确定宿主中易感组织的范围（即微生物的生态位）。排布在大肠内的柱状上皮细胞表达带有 Galα1-4Gal-Cer 残基的受体，而排布在小肠内的细胞则不表达该受体。因此，**拟杆菌属（*Bacterioides*）**、**梭菌属（*Clostridium*）**、大肠杆菌和**乳杆菌属（*Lactobacillus*）**在正常条件下仅在大肠内定植。P 型 - 具菌毛大肠杆菌（P-fimbriated *E. coli*）和一些毒素，与半乳二糖（Galα1-4Gal）和含半乳二糖的寡糖特异性结合，这些寡糖最常见的形式是作为糖脂的组分。结合过程可以发生在糖链内部（即当二糖被其他糖封端时），也可以发生在非还原末端的半乳二糖单元上。P 型 - 具菌毛大肠杆菌主要黏附在肾脏的上部，那里有丰富的半乳二糖。细菌表面凝集素的精细特异性及其与细菌的动物趋向性的关系，可以通过大肠杆菌 K99 进一步说明。K99 菌株与含有 *N*- 羟乙酰神经氨酸（Neu5Gc）的糖脂结合，糖脂上的糖链形式为 Neu5Gcα2-3Galβ1-4Glc，但 K99 菌株不与含有 *N*- 乙酰神经氨酸（Neu5Ac）的糖脂结合。这两种糖的区别之处，仅为存在于 *N*- 羟乙酰神经氨酸上的单个羟基。有趣的是，含有 *N*- 羟乙酰神经氨酸的受体，在新生仔猪的肠道细胞上表达，但随着动物的生长和发育而消失。由于 *N*- 羟乙酰神经氨酸通常不由人类生物合成，这可能解释了为什么大肠杆菌 K99 可以导致猪仔经常出现致死性腹泻，而在成年猪或人类中却不会。

表 37.2　细菌黏附蛋白与聚糖相互作用的示例

微生物	黏附蛋白	聚糖受体特异性	感染部位
内氏放线菌（*Actinomyces naeslundii*）	伞毛	Galβ1-3GalNAcβ-	口腔
百日咳博德特氏杆菌（*Bordetella pertussis*）	丝状血凝素（FHA）	硫酸化糖脂，肝素	呼吸道纤毛上皮
伯氏疏螺旋体（*Borrelia burgdorferi*）	ErpG 蛋白	硫酸乙酰肝素	内皮、上皮和细胞外基质
空肠弯曲杆菌（*Campylobacter jejuni*）	鞭毛、脂多糖	Fucα1-2Galβ1-4GlcNAcβ-(H-抗原)	肠细胞
大肠杆菌（*Escherichia coli*）	P 伞毛	Galα1-4Galβ-	泌尿道
	S 伞毛	神经节苷脂 GM3、GM2	神经
	1 型伞毛	Manα1-3(Manα6Manα1-6)Man	泌尿道
	K99 伞毛	神经节苷脂 GM3，Neu5Gcα2-3Galβ1-4Glc	肠细胞
流感嗜血杆菌（*Haemophilus influenzae*）	HMW1 黏附蛋白	Neu5Acα2-3Galβ1-4GlcNAcβ-，硫酸乙酰肝素	呼吸道上皮
幽门螺杆菌（*Helicobacter pylori*）	BabA 蛋白	唾液酸化 Lewis x	胃
幽门螺杆菌（*Helicobacter pylori*）	SabA 蛋白	Lewis b	胃和胃十二指肠
结核分枝杆菌（*Mycobacterium tuberculosis*）	肝素结合性血凝素黏附蛋白（HBHA）	硫酸乙酰肝素	呼吸道上皮
淋病奈瑟菌（*Neisseria gonorrhoeae*）	Opa 蛋白	乳糖神经酰胺（LacCer），Neu5Acα2-3Galβ1-4GlcNAcβ-，黏结蛋白聚糖，硫酸乙酰肝素	生殖道
铜绿假单胞菌（*Pseudomonas aeruginosa*）	IV 型伞毛	无唾液酸 GM1 和 GM2	呼吸道
金黄色葡萄球菌（*Staphylococcus aureus*）	潘顿 - 瓦伦丁杀白细胞素（Panton-Valentine leukocidin）信号肽	硫酸乙酰肝素	结缔组织和内皮细胞
无乳链球菌（*Streptococcus agalactiae*）	αC 蛋白	硫酸乙酰肝素	脑内皮细胞
肺炎链球菌（*Streptococcus pneumoniae*）	β- 半乳糖苷酶 BgaA 的碳水化合物结合模块	乳糖或 *N*- 乙酰乳糖胺	呼吸道

37.4 与聚糖结合的分泌毒素

许多分泌的细菌毒素也与聚糖结合（**表 37.3**）。来自**霍乱弧菌**（*Vibrio cholerae*）的毒素——霍乱毒素（cholera toxin）由 A 亚基和 B 亚基组成 AB_5 复合物，已被广泛研究。霍乱毒素的晶体结构表明，碳水化合物识别域位于 B 亚基的底部，能够与 GM1 神经节苷脂（**第 11 章**）受体的 Galβ1-3GalNAc 部分结合（**图 37.5**）。B 亚基与膜糖脂结合后，AB_5 复合物被内吞至高尔基体，然后逆行易位至内质网。A1 和 A2 链在毒素分泌时被蛋白酶水解切割，但在到达内质网之前，保持了稳定的结合。在内质网中，酶反应促进 A1 链的展开，与 A2-B_5 复合物解离，并逆向易位到细胞质中，在那里迅速重新折叠，从而避免被蛋白酶体降解。具有催化活性的 A1，随后对调控性同源三聚体 G 蛋白进行腺苷二磷酸 - 核糖基化（ADP-ribosylation），以激活腺苷酸环化酶（adenylyl cyclase），严重改变受感染细胞的离子稳态。

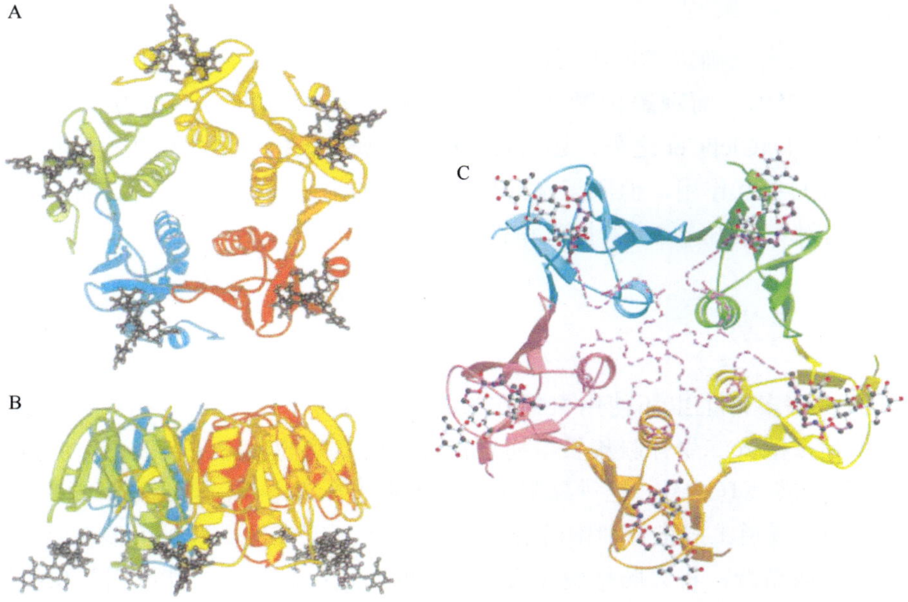

图 37.5 与 GM1 五糖结合的霍乱毒素 B 亚基五聚体的晶体结构的底部（A）和侧面（B）视图。C 图为与人工五价配体结合的志贺毒素五聚体的晶体结构，该配体是该毒素的强效抑制剂。碳水化合物配体以球棍形式表示。连接子的可能构象以洋红色虚线表示（A、B 图经许可重绘自 Merritt EA，et al. 1994. *Protein Sci* 3：166-175. C 图经许可，重绘自 Kitov PI，et al. 2000. *Nature* 403：669-672，©Macmillan Publisher Ltd. 版权所有）。

表 37.3 细菌毒素聚糖受体示例

微生物	毒素	聚糖受体特异性	感染部位
苏云金芽孢杆菌（*Bacillus thuringiensis*）	结晶毒素	Galβ1-3/6Galα/β1-3 (±Glcβ1-6) GalNAcβGlcNAcβ1-3Manβ1-4 GlcβCer	昆虫 / 线虫的肠上皮
肉毒杆菌（*Clostridium botulinum*）	肉毒杆菌毒素（A-E）	神经节苷脂 GT1b 和 GQ1b	神经膜
艰难梭菌（*Clostridium difficile*）	毒素 A	GalNAcβ1-3Galβ1-4GlcNAcβ1-3Galβ1-4GlcβCer	大肠
破伤风梭菌（*Clostridium tetani*）	破伤风毒素	神经节苷脂 GT1b	神经膜
大肠杆菌（*Escherichia coli*）	热不稳定毒素	GM1	肠
痢疾志贺氏菌（*Shigella dysenteriae*）	志贺毒素	Galα1-4GalβCer，Galα1-4Galβ1-4GlcβCer	大肠
霍乱弧菌（*Vibrio cholerae*）	霍乱毒素	GM1	小肠

注：采用斯文纳霍尔姆（Svennerholm）命名法对神经节苷脂进行命名（参见**第 11 章**）。缩写：神经酰胺（Cer）。

由**痢疾志贺氏菌**（*Shigella dysenteriae*）产生的志贺毒素（Shiga toxin），会与糖脂和糖蛋白上的Galα1-4Gal决定簇结合。然而，只有毒素与鞘糖脂受体Gb3结合时，才会导致细胞死亡。与霍乱毒素类似，AB_5复合物被内吞并转运到靶细胞的内质网，然后A1亚基被逆向易位到细胞质中。志贺毒素的催化A1链使核糖体失活，从而通过令28S rRNA脱嘌呤的*N*-糖苷切割事件，抑制细胞质中蛋白质合成的基本过程。

最常见的一类细菌毒素的特征是它们的成孔（pore-forming）能力，这些毒素中有许多可与聚糖结合。例如，在土壤中栖息的细菌**苏云金芽孢杆菌**（***Bacillus thuringiensis*，Bt**）产生的毒素，通过与排列在昆虫肠道内的糖脂结合，并在膜上成孔来发挥作用。因此可通过喷洒植物，或通过基因工程使作物表达毒素来保护作物。更具体而言，Bt毒素糖脂受体的结构可以有效结合一些特定聚糖，包括典型的神经酰胺连接的、含甘露糖的核心四糖GalNAcβ1-4GlcNAcβ1-3Manβ1-4GlcβCer。该结构在线虫和昆虫之间是保守的（**第25章**），但在包括人类在内的脊椎动物中却不存在。这解释了为何Bt可以在昆虫幼虫阶段实现杀灭过程，但对人类无害。

研究人员已在某些毒素上确定了次级聚糖结合位点。例如，霍乱毒素可以在不同于GM1结合口袋的位点结合岩藻糖基化聚糖，而**艰难梭菌**（***Clostridium difficile***）毒素A（TcdA）除了结合GalNAcβ1-3Galβ1-4GlcNAcβ1-3Galβ1-4GlcβCer之外，还结合硫酸化的糖胺聚糖。虽然这些次级相互作用的亲和力低于那些与经典受体结合的相互作用，但所识别的聚糖在宿主细胞表面却很丰富。因此，聚糖与次级位点的结合可能作为初始的附着事件，将毒素捕获和集中在细胞表面。

37.5 寄生虫凝集素

除病毒和细菌外，许多寄生虫还使用聚糖作为黏附受体（**表37.4**）。**溶组织内阿米巴**（***Entamoeba histolytica***）表达260 kDa的异二聚体凝集素，通过富含半胱氨酸的聚糖结合域，与糖蛋白和糖脂上的末端半乳糖/*N*-乙酰半乳糖胺残基结合。这种黏附蛋白对于毒力至关重要，因此黏附蛋白-聚糖之间的结合是寄生虫附着、入侵和对肠道上皮进行细胞溶解（cytolysis）所必需的。此外，该黏附蛋白还可能介导溶组织内阿米巴与大肠杆菌结合，将大肠杆菌作为食物来源。这种黏附蛋白能够引起保护性免疫，是控制溶组织内阿米巴感染的潜在靶点。

表37.4 寄生虫聚糖受体示例

寄生虫	黏附蛋白	聚糖受体特异性	感染部位
溶组织内阿米巴（*Entamoeba histolytica*）	滋养体上的260kDa表面锚定凝集素	末端半乳糖/*N*-乙酰半乳糖胺	人类结肠黏膜
恶性疟原虫（*Plasmodium falciparum*）	红细胞结合抗原175（EBA-175），环子孢子（CS）蛋白	血型糖蛋白上含唾液酸的*O*-聚糖（Neu5Acα2-3Galβ-），硫酸乙酰肝素蛋白聚糖	红细胞（受感染的细胞与胎盘血管系统结合）和肝细胞
克氏锥虫（*Trypanosoma cruzi*）	表面黏蛋白	含唾液酸的聚糖和硫酸乙酰肝素	多种细胞类型
亚马逊利什曼原虫（*Leishmania amazonensis*）	未知	硫酸乙酰肝素	巨噬细胞、成纤维细胞和上皮细胞
微小隐孢子虫（*Cryptosporidium parum*）	凝集素p30	末端Gal-GalNAc	肠上皮
蓝氏贾第鞭毛虫（*Giardia lamblia*）	未知	甘露糖封端的寡糖	十二指肠和小肠
刚地弓形虫（*Toxoplasma gondii*）	微线体蛋白1（TgMIC1）	α2-3-连接的唾液酸-*N*-乙酰乳糖胺序列	肠上皮

恶性疟原虫（***Plasmodium falciparum***）（引发疟疾）的裂殖子（merozoite）与红细胞间最初的相互作用，取决于位于宿主细胞上的唾液酸残基，特别是在主要的红细胞膜蛋白——血型糖蛋白（glycophorin）上。寄生虫 - 宿主的附着过程，由裂殖子上的唾液酸结合黏附蛋白家族介导，其中最突出的成员称为红细胞结合抗原 -175（erythrocyte-binding antigen-175，EBA-175）。这种黏附蛋白优先结合 *N*- 乙酰神经酰胺（Neu5Ac），而不是 9-*O*- 乙酰基 -*N*- 乙酰神经酰胺或 *N*- 羟乙酰神经酰胺（Neu5Gc），并且对唾液酸与糖链底层的半乳糖连键敏感。事实证明，含有 Neu5Acα2-3Gal 的寡糖能够有效抑制 EBA-175 与红细胞的结合，而含有可溶性的 *N*- 乙酰神经酰胺和 Neu5Acα2-6Gal 的寡糖则不然。黏附蛋白 - 聚糖的结合触发了裂殖子侵入红细胞，在那里它们发育为成熟的裂殖体（schizont），破裂并将新形成的裂殖子释放到血液中。许多临床常用的抗疟药物，如氯喹（chloroquine），都靶向红细胞无性繁殖阶段的寄生虫。

37.6 治疗意义

多种聚糖结合蛋白介导了微生物与宿主细胞或组织的黏附。这些相互作用往往是感染或共生的先决条件，在结合过程中具有缺陷的突变体无法启动或维持这些相互作用。有趣的是，那些被微生物表面凝集素识别的聚糖，已被证明可以在体外和体内阻止细菌与动物细胞的黏附，因此可以保护动物免受此类微生物的感染。例如，将甲基 α- 甘露糖苷与 1 型具伞毛大肠杆菌共同给药到小鼠膀胱中，可以减少尿路感染小鼠模型中的微生物负荷，而不与 FimH 蛋白结合的甲基 α- 葡萄糖苷则没有效果。此外，乳 -*N*- 新四糖（lacto-*N*-neotetraose，LNnT）及其 α2-3- 和 α2-6- 唾液酸化衍生物，可在体外阻断**肺炎链球菌**（***Streptococcus pneumoniae***）对呼吸道上皮细胞的黏附，另外，在肺炎球菌感染的啮齿动物模型中，这些聚糖可以防止鼻咽部的定植并减轻肺炎的病程。天然存在的宿主聚糖，也可以起到保护作用，例如，分泌出的黏蛋白和**人乳寡糖**（**human milk oligosaccharide，HMO**）可以作为天然受体诱饵，保护宿主免受病原体侵害，并塑造微生物群的组成。

众所周知，外源性肝素和结构相关的多糖可以抑制病毒的复制，这为开发基于多糖的抗病毒药物提供了潜在方法。例如，具有肝素八糖结构的诱饵脂质体，最近被证明可以抑制许多病毒的复制，包括单纯疱疹病毒和**呼吸道合胞病毒**（**respiratory syncytial virus**）。随着更多的晶体结构被阐明，设计适合黏附蛋白碳水化合物识别域的小分子抑制剂的能力理应得到提高。目前，基于流感血凝素和唾液酸酶的结构，已经提出了许多对唾液酸进行修饰的方法，以期更好地适应活性位点。其中一些化合物目前已在临床使用，以限制流感的传播。

致谢

感谢杰弗里 · D. 艾斯科（Jeffrey D. Esko）、维克多 · 尼泽（Victor Nizet）和已故的内森 · 沙龙（Nathan Sharon）对本章前一版本的贡献，以及弗雷德里克·利萨切克（Frederique Lisacek）和阿吉特·瓦尔基（Ajit Varki）的有益评论及建议。

延伸阅读

Rostand KS, Esko JD. 1997. Microbial adherence to and invasion through proteoglycans. *Infect Immun* **65**: 1-8.

Kitov PI, Sadowska JM, Mulvey G, Armstrong GD, Ling H, Pannu NS, Read RJ, Bundle DR. 2000. Shiga-like toxins are neutralized by tailored multivalent carbohydrate ligands. *Nature* **403**: 669-672.

Griffitts JS, Aroian RV. 2005. Many roads to resistance: how invertebrates adapt to Bt toxins. *BioEssays* **27**: 614-624.

Olofsson S, Bergstrom T. 2005. Glycoconjugate glycans as viral receptors. *Ann Med* **37**: 154-172.

Mazmanian SK, Kasper DL. 2006. The love-hate relationship between bacterial polysaccharides and the host immune system. *Nat Rev Immunol* **6**: 849-858.

Sinnis P, Coppi A. 2007. A long and winding road: the Plasmodium sporozoite's journey in the mammalian host. *Parasitol Int* **56**: 171-178.

Patsos G, Corfield A. 2009. Management of the human mucosal defensive barrier: evidence for glycan legislation. *Biol Chem* **390**: 581-590.

Krachler AM, Orth K. 2013. Targeting the bacteria-host interface: strategies in anti-adhesion therapy. *Virulence* **4**: 284-294.

Edinger TO, Pohl MO, Stertz S. 2014. Entry of influenza A virus: host factors and antiviral targets. *J Gen Virol* **95**: 263-277.

Stencel-Baerenwald JE, Reiss K, Reiter DM, Stehle T, Dermody TS. 2014. The sweet spot: defining virus-sialic acid interactions. *Nat Rev Microbiol* **12**: 739-749.

Bode L. 2015. The functional biology of human milk oligosaccharides. *Early Hum Dev* **91**: 619-622.

Zajonc DM, Girardi E. 2015. Recognition of microbial glycolipids by natural killer T cells. *Front Immunol* **6**: 400.

Juge N, Tailford L, Owen CD. 2017. Sialidases from gut bacteria: a mini-review. *Biochem Soc Trans* **44**: 166-175.

Moonens K, Remaut H. 2017. Evolution and structural dynamics of bacterial glycan binding adhesins. *Curr Opin Struct Biol* **44**: 48-58.

Raman R, Tharakaraman K, Sasisekharan V, Sasisekharan R. 2017. Glycan-protein interactions in viral pathogenesis. *Curr Opin Struct Biol* **40**: 153-162.

Ramani S, Hu L, Venkataram Prasad BV, Estes MK. 2017. Diversity in rotavirus-host glycan interactions: a "sweet" spectrum. *Cell Mol Gastroenterol Hepatol* **2**: 263-273.

Thomas GH. 2017. Sialic acid acquisition in bacteria—one substrate, many transporters. *Biochem Soc Trans* **44**: 760-765.

Tytgat HL, de Vos WM. 2017. Sugar coating the envelope: glycoconjugates for microbe-host crosstalk. *Trends Microbiol* **24**: 853-861.

Valguarnera E, Kinsella RL, Feldman MF. 2017. Sugar and spice make bacteria not nice: protein glycosylation and its influence in pathogenesis. *J Mol Biol* **428**: 3206-3220.

Wasik BR, Barnard KN, Parrish CR. 2017. Effects of sialic acid modifications on virus binding and infection. *Trends Microbiol* **24**: 991-1001.

Poole J, Day CJ, von Itzstein M, Paton JC, Jennings MP. 2018. Glycointeractions in bacterial pathogenesis. *Nat Rev Microbiol* **16**: 440-452.

Thompson AJ, de Vries RP, Paulson JC. 2019. Virus recognition of glycan receptors. *Curr Opin Virol* **34**: 117-129.

第 38 章

结合硫酸化糖胺聚糖的蛋白质

徐定（Ding Xu），詹姆斯·H. 普利斯特加德（James H. Prestegard），罗伯特·J. 林哈特（Robert J. Linhardt），杰弗里 · D. 艾斯科（Jeffrey D. Esko）

38.1 糖胺聚糖结合蛋白很常见 / 499
38.2 测量糖胺聚糖 - 蛋白质结合的方法 / 500
38.3 对构象和序列的考量 / 501
38.4 糖胺聚糖 - 蛋白质间相互作用的特异性 / 502
38.5 抗凝血酶 - 肝素——研究糖胺聚糖结合蛋白的经典范式 / 503
38.6 成纤维细胞生长因子 - 肝素的相互作用增强对成纤维细胞生长因子受体信号转导的刺激 / 504
38.7 C-C 基序趋化因子配体 5 与硫酸软骨素的相互作用——对趋化梯度的稳定 / 506
38.8 糖胺聚糖 - 蛋白质相互作用的其他属性 / 507
致谢 / 508
延伸阅读 / 508

糖胺聚糖主要通过带负电的硫酸基团和糖醛酸，与蛋白质中带正电的氨基酸之间的静电相互作用，实现与许多不同类别的蛋白质结合。本章重点介绍**糖胺聚糖结合蛋白（glycosaminoglycan-binding protein，GAG-binding protein）**的示例、测量糖胺聚糖 - 蛋白质相互作用的方法，以及有关复合物的三维结构信息。

38.1 糖胺聚糖结合蛋白很常见

与倾向于形成进化上保守家族的凝集素相反（**第 28 章至第 37 章**），糖胺聚糖结合蛋白没有共同的折叠，而且似乎是通过趋同进化过程进化而来的。研究人员已经发现了数百种糖胺聚糖结合蛋白，它们组成了糖胺聚糖相互作用组（GAG-interactome），并隶属于表 38.1 中列出的大类。对糖胺聚糖互作组的研究，很大程度上集中在蛋白质与肝素的相互作用方面。**肝素（heparin）**是一种高度硫酸化、富含艾杜糖醛酸（IdoA）形式的**硫酸乙酰肝素（heparan sulfate，HS）**（**第 17 章**）。这种研究上的倾向性，部分反映在肝素和肝素 - 琼脂糖已经实现了商业化，如它们经常被用于**分级分离（fractionation）**①研究；也反映在部分错误的假设上，即认为糖胺聚糖结合蛋白与肝素的结合，模拟了它们与细胞表面和细胞外基质中硫酸乙酰肝素的结合。还有大量已知的蛋白质与**硫酸软骨素（chondroitin sulfate，CS）**和**硫酸皮肤素（dermatan sulfate，DS）**相互作用，其亲合力（avidity）与亲和力（affinity）相当；与**硫酸角质素（keratan sulfate，KS）**发生特定相互作用的例子较少，但这可能仅仅反映了对硫酸角质素的研究相对匮乏。在某些情况下，硫酸软骨素是生理相关的配体，因为硫酸软骨素在许多组织中占主导地位。确定这些相互作用的生理相关性，也是一个主要的研究领域。

① 根据混合物中各组分理化性质的差异而将其逐段分开的方法，如蛋白质的分段盐析、凝胶色谱中对分子质量比较接近的分子的分段分离等。

表 38.1　各类糖胺聚糖结合蛋白示例

类别	示例
酶	凝血酶、组织蛋白酶 K、基质金属蛋白酶 -7（MMP-7）、含有去整联蛋白和金属蛋白酶结构域的蛋白 12（ADAM12）、细胞外超氧化物歧化酶
酶抑制剂	抗凝血酶 III、肝素辅助因子 II、胱抑素 C、金属蛋白酶组织抑制剂
细胞黏附蛋白	P 选凝素、L 选凝素、一些整联蛋白
细胞外基质蛋白	层粘连蛋白、纤连蛋白、胶原蛋白、血小板应答蛋白、玻连蛋白、生腱蛋白
趋化因子 / 细胞因子	C-X-C 基序趋化因子配体（CXCL）、C-C 基序趋化因子配体（CCL）、γ- 干扰素和 β- 干扰素、中期因子（MK）
生长因子	成纤维细胞生长因子（FGF）、血管内皮生长因子（VEGF）、血小板衍生生长因子（PDGF）、肝素结合表皮生长因子（HB-EGF）、肝细胞生长因子（HGF）、胰岛素样生长因子（IGF）结合蛋白
形态发生素	Hedgehog 家族成员、Wnt 家族成员、骨形态发生蛋白（BMP）家族成员、转化生长因子 -β（TGF-β）家族成员
导向因子	各种 Slit 蛋白、迂回受体（Robo）、信号蛋白（semaphorin）、神经纤毛蛋白（neuropilin）
跨膜受体	成纤维细胞生长因子（FGF）受体、血管内皮生长因子（VEGF）受体、糖化终产物受体（RAGE）、受体蛋白酪氨酸磷酸酶（RPTP）、Tie1 蛋白
脂质结合蛋白	载脂蛋白 B、E 和载脂蛋白 A-V、脂蛋白脂肪酶、肝脂肪酶、各种膜联蛋白
斑块蛋白	朊蛋白、淀粉样蛋白、Tau 蛋白
核蛋白	组蛋白、高迁移率族蛋白 B1（HMGB1）
病原体表面蛋白	疟疾环子孢子蛋白
病毒包膜蛋白	单纯疱疹病毒、登革病毒、严重急性呼吸综合征冠状病毒 2（SARS-CoV-2）、寨卡病毒、人类免疫缺陷病毒、丙型肝炎病毒

糖胺聚糖和蛋白质之间的相互作用，可以对止血、脂质转运和吸收、细胞生长和迁移、发育等过程产生深远的生理影响。与糖胺聚糖的结合，使蛋白质固定在其产生的场所或细胞外基质中，以便未来进行移动、调控酶活性、使蛋白质与其受体结合、使蛋白质寡聚化，以及保护蛋白质免于降解。一些病毒和细菌也利用在细胞外基质和细胞表面表达的糖胺聚糖作为附着因子，例如，新型冠状病毒感染（COVID-19）大流行的病原体**严重急性呼吸综合征冠状病毒 2（severe acute respiratory syndrome coronavirus 2，SARS-CoV-2）**，通过病毒刺突蛋白与硫酸乙酰肝素的相互作用，由呼吸道进入并感染气道内壁上皮细胞。病毒颗粒附着于细胞表面硫酸乙酰肝素的能力，有助于病毒的捕获并转移到蛋白质受体，以及随后的病毒糖蛋白加工和感染。典型的蛋白质受体，如 SARS-CoV-2 中的宿主细胞受体血管紧张素转化酶 2（angiotensin converting enzyme 2，ACE2）。糖胺聚糖结合蛋白的相互作用，通常由常见的电荷互补性驱动（如凝血酶 - 肝素的相互作用）。在某些情况下，这种相互作用已被证明取决于糖胺聚糖链中罕见但特定的修饰糖序列（如与抗凝血酶的结合）。

38.2　测量糖胺聚糖 - 蛋白质结合的方法

有许多方法可用于分析糖胺聚糖 - 蛋白质的相互作用，其中一些方法可以直接测量 K_d 值。一种常见的方法是在含有共价连接的糖胺聚糖链（通常是肝素）的琼脂糖柱上，对蛋白质进行**亲和分级分离（affinity fractionation）**。结合的蛋白质用不同浓度的氯化钠洗脱，洗脱所需的浓度一般与 K_d 成正比。高亲和力的相互作用，需要 0.5 ～ 2 mol/L 氯化钠来置换结合的配体，通常可换算为 10^{-9} ～ 10^{-7} mol/L 的 K_d 值（通过平衡结合在生理盐浓度下确定）；亲和力较低的蛋白质（10^{-7} ～ 10^{-5} mol/L）通常只需要 0.2 ～ 0.5 mol/L 氯化钠即可洗脱。该方法假设糖胺聚糖 - 蛋白质的相互作用完全是离子相互作用，这一点并不完全正确。然而，当比较不同的糖胺聚糖结合蛋白时，它可以提供对于相对亲和力的评估。

研究人员目前正在使用许多更复杂的方法来提供详细的热力学数据（ΔH［焓变］、ΔS［熵变］、ΔCp［摩尔热容变化］等）、动力学数据（结合和解离速率），以及糖胺聚糖 - 蛋白质相互作用中原子接触的高分辨率数据（**表 38.2**）。无论使用哪种技术都必须牢记，体外结合的测量结果，不太可能和蛋白质与细胞表面或蛋白质与细胞外基质中的蛋白聚糖结合时的测量结果相符，其中糖胺聚糖结合蛋白、蛋白聚糖和其他相互作用因子的密度及种类大相径庭。为了确定相互作用的生理相关性，研究人员应考虑在可能导致生物响应的条件下，对结合过程进行测量。例如，可以测量糖胺聚糖的组成发生异变后与细胞的结合（**第 49 章**），或用特定裂解酶处理，从细胞表面去除糖胺聚糖链（**第 17 章**），然后确定是否能够观察到与存在糖胺聚糖链的情况下相同的响应过程，进而可以使用上述的体外试验对这些相互作用进行更为深入的研究。

表 38.2　测量糖胺聚糖 - 蛋白质相互作用的方法

亲和力评估	亲和力 / 动力学测定	化学计量测定	结构测定
糖胺聚糖亲和色谱	竞争性酶联免疫吸附分析（ELISA）	体积排阻色谱（SEC）	X 射线晶体学
基于流式细胞术的细胞表面糖胺聚糖的结合	表面等离子体共振法	表面等离子体共振法	核磁共振（NMR）
糖胺聚糖寡糖微阵列	等温滴定量热法	等温滴定量热法	糖胺聚糖寡糖微阵列
	亲和电泳	离子淌度质谱法	计算机对接模拟
		分析用超速离心	荧光光谱

38.3　对构象和序列的考量

如上所述，大多数糖胺聚糖结合蛋白都可以与硫酸乙酰肝素和（或）肝素相互作用。与其他糖胺聚糖相比，这种偏好性的基础可能是更大的序列异质性，以及更为广泛和可变的硫酸化修饰。在肝素、硫酸乙酰肝素和硫酸皮肤素中发现的艾杜糖醛酸，具有非比寻常的构象灵活性，这对它们结合蛋白质的能力也有影响。糖胺聚糖具有直链螺旋结构，由 *N*- 乙酰葡萄糖胺（GlcNAc）或 *N*- 乙酰半乳糖胺（GalNAc）与葡萄糖醛酸（GlcA）或艾杜糖醛酸（IdoA）的残基交替组成（硫酸角质素除外，它由 *N*- 乙酰葡萄糖胺和半乳糖残基交替组成；**第 17 章**）。对含有高度修饰结构域 $(\text{GlcNS6S-IdoA2S})_n$ 的肝素寡糖的检测表明，每个二糖重复序列的 *N*- 磺基和 2-*O*- 磺基位于螺旋的一侧，与 6-*O*- 磺基和羧基相对（**图 38.1**）。对单个糖的构象分析表明，*N*- 乙酰葡萄糖胺和葡萄糖醛酸残基在溶液中呈现出一种优选的构象，称为 $^4C_1$（表明 C-4 在由 C-2、C-3、C-5 以及环中氧原子定义的平面之上，并且 C-1 在该平面下方；**第 2 章**）。相反，2- 硫酸化艾杜糖醛酸（IdoA2S）采用 $^1C_4$ 或 $^2S_0$ 构象（**图 38.1**），这些构象对磺基取代基的位置进行了重定向（reorientation），从而产生了不同朝向的带电基团。在许多情况下，当蛋白质与硫酸乙酰肝素链结合时，它会诱导 IdoA2S 残基的构象变化，从而导致二者更好地适配和结合的增强。IdoA2S 残基始终存在于富含 *N*- 磺基和 *O*- 磺基的结构域中（基于生物合成原因；**第 17 章**），这也是蛋白质通常发生结合的位置。因此，这些修饰区域具有的构象灵活性程度更高，可能解释了为什么与其他糖胺聚糖相比，与肝素、硫酸乙酰肝素和硫酸皮肤素以高亲和力结合的蛋白质是如此多样。*N*- 乙酰葡萄糖胺残基中 *N*- 乙酰基团的存在，改变了相邻的艾杜糖醛酸残基的优选构象，这表明即使是微小的修饰也可能会影响构象和糖链的柔性。与硫酸化程度较低的糖胺聚糖之间的结合，可能需要蛋白质中更大的结构域，才能与更长的寡糖链发生相互作用。随着计算机性能的提高，即使在蛋白质存在的情况下，也可以对

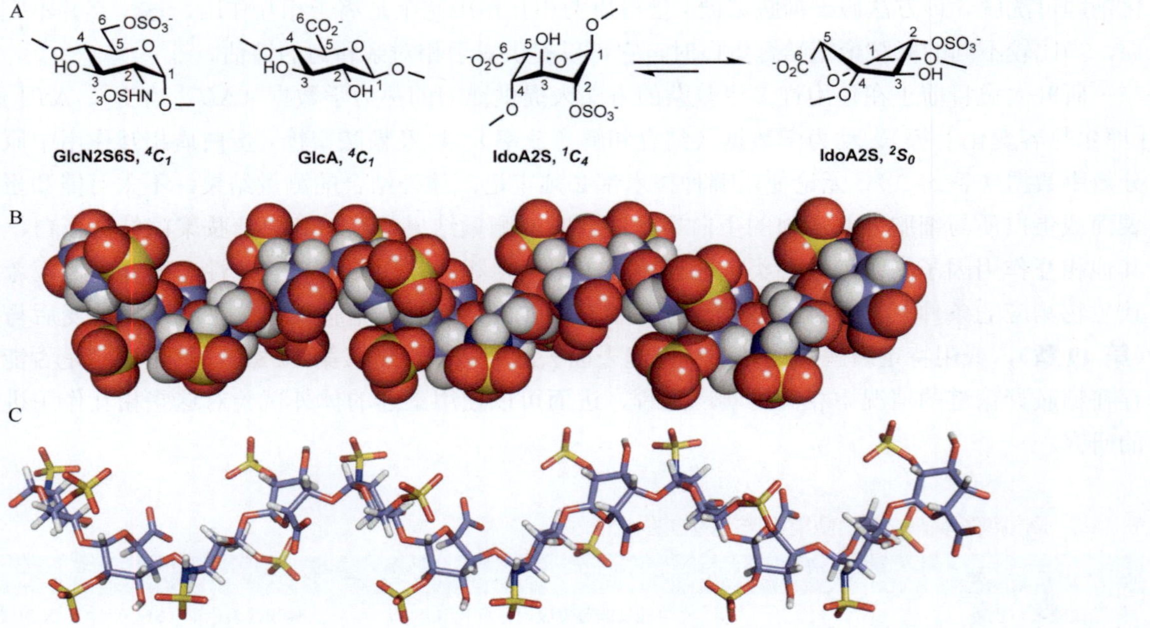

图 38.1 肝素寡糖的构象。A. 葡萄糖胺（GlcN）和葡萄糖醛酸（GlcA）以 $^4C_1$ 构象存在，而艾杜糖醛酸（IdoA）以具有同等能量的 $^1C_4$ 和 $^2S_0$ 构象存在。B. 根据核磁共振谱推导的肝素寡糖（14 聚体）的空间填充模型。C. 同一结构的棒状图［B 图和 C 图由 RASMOL 软件制作，所使用数据来自 the National Center for Biotechnology Information（NCBI）的 the Molecular Modeling Database（MMDB Id：3448）］。

大型肝素寡糖进行分子动力学模拟（附录 7）。此类模拟可用于预测糖链内不同结构域的构象灵活性，并且当与蛋白质 - 糖胺聚糖分子对接的最新研究进展相结合时，可以为糖胺聚糖 - 蛋白质的相互作用提供更多的见解。

38.4 糖胺聚糖 - 蛋白质间相互作用的特异性

多种糖胺聚糖结合蛋白的发现，使得许多研究人员开始查验是否存在一个与糖胺聚糖结合的共识氨基酸序列。回溯往事，这种查验策略操之过急，简化失当，因为它假设所有糖胺聚糖结合蛋白都具有共同的进化起源，并且可以识别肝素中相同的寡糖序列，或者至少识别具有许多共同特征的序列。现在研究人员已经知晓，趋同进化的糖胺聚糖结合蛋白，可以与不同的寡糖序列相互作用。蛋白质中的结合位点总是包含碱性氨基酸（赖氨酸和精氨酸），其正电荷可能与糖胺聚糖链中带负电荷的硫酸基团和羧酸基团相互作用。然而，这些碱性氨基酸的排列可能非常多变，与其所对应的糖胺聚糖中磺基定位的可变性是一致的。选择性也是影响氨基酸残基与寡糖的氢键和范德瓦耳斯（van der Waals）力相互作用的一个因素。

大多数蛋白质由 α- 螺旋（α-helix）、β- 折叠链（β-strand）和环肽链（loop）构成。因此，要以静电相互作用的方式结合直链的糖胺聚糖链，带正电的氨基酸残基必须沿蛋白质片段的同一侧对齐。α- 螺旋具有每圈 3.4 个残基的周期性，这就要求碱性残基沿着螺旋每隔 3 个或 4 个位置出现一次，以便与寡糖对齐。在 β- 折叠链中，氨基酸侧链每隔一个残基交替出现。因此，为了结合糖胺聚糖链，β- 链中带正电荷的残基的位置与 α- 螺旋中的位置完全不同。

根据 1991 年获得的几种肝素结合蛋白的结构，艾伦·卡丹（Alan Cardin）和赫歇尔·温特劳布（Herschel Weintraub）提出，典型的肝素结合位点具有 XBBXBX 或 XBBBXXBX 序列，其中 B 是赖氨酸或精氨酸，

X 是任何其他氨基酸。从上文提供的基于结构的讨论来看，很显然，在这些序列中只有一些碱性残基可以参与结合糖胺聚糖，实际数量由多肽序列是否以 α- 螺旋或 β- 片层（β-sheet）的形式存在所决定。现在已知，蛋白质中这些序列的存在仅仅表明该蛋白质可能与肝素（或另一个糖胺聚糖链）发生相互作用，但并不能证明这一相互作用发生在生理条件下。事实上，甫一确定了成纤维细胞生长因子 2（fibroblast growth factor 2，FGF2）的晶体结构，研究人员即发现，预测的肝素结合位点被证明并不正确。结合过程很可能涉及多个蛋白质片段，这些片段将带正电的残基并列形成一个三维结构上富含转角（turn-rich）的识别位点。在许多情况下，结合涉及环肽链，这使得结合的位点更加可变。这种现象的一个实例是在趋化因子——C-C 基序趋化因子配体 5（C-C motif chemokine ligand 5，CCL5）中观察到的，它在一个环肽链中含有 XBBXBX 基序。残基的具体排列应能够根据那些参与结合的寡糖类型及其精细结构的变化而发生变化。

在凝集素和识别聚糖的抗体中，聚糖识别域通常是与寡糖链中的末端糖结合的浅口袋（**第 29 章、第 30 章、第 37 章**）。在糖胺聚糖结合蛋白中，该蛋白质通常与位于聚糖链内或聚糖链末端附近的糖残基结合。因此，糖胺聚糖结合蛋白中的结合位点，由裂隙（cleft）或一组并列的表面残基组成，而不是以结合口袋的形式出现。蛋白质表面的这些糖胺聚糖结合位点，产生了比通常观察到的蛋白质 - 蛋白质相互作用更为快速的糖胺聚糖 - 蛋白质结合动力学。由于糖胺聚糖链通常以螺旋构象存在，只有那些朝向蛋白质表面的残基能够与氨基酸残基发生相互作用；螺旋另一面的那些残基，有可能自由地与第二个配体发生相互作用（如在成纤维细胞生长因子二聚体中所观察到的结果）。或者，结合裂隙中的残基可以与螺旋的两侧相互作用（如在登革病毒包膜蛋白中）。最后应该记住，结合只发生在糖胺聚糖链的一个小片段中。因此，单个糖胺聚糖链有可能与多个蛋白质配体结合，促进结合过程中的协同作用，从而导致蛋白质的寡聚化（如某些趋化因子）。

38.5　抗凝血酶 - 肝素——研究糖胺聚糖结合蛋白的经典范式

也许在糖胺聚糖 - 蛋白质相互作用研究中，最为深入的例子是抗凝血酶（antithrombin）与肝素和硫酸乙酰肝素的结合（**图 38.2**）。这种相互作用具有重要的药理学意义，因为肝素在临床上被广泛用作抗凝剂。抗凝血酶与肝素的结合具有双重作用：首先，它引起蛋白质的构象变化和蛋白酶抑制作用的激活，导致它使凝血酶（thrombin）和凝血因子 Xa（factor Xa）失活的速率提高了 1000 倍；其次，肝素链可以作为模板，增强凝血酶和抗凝血酶之间的物理贴合。因此，蛋白酶（凝血酶）和抑制剂都具有糖胺聚糖结合位点。肝素在这些反应中充当了催化剂，通过促进底物的贴合和构象变化，提高了反应速率。在凝血酶（thrombin）或凝血因子 Xa 被抗凝血酶失活后，复合物失去了对肝素的亲和力并解离。然后，肝素可以参与另一个激活 / 失活的循环。抗凝血酶是丝氨酸蛋白酶抑制剂家族（serpin family）的成员，其中有许多可以与肝素结合。

早期使用亲和分级分离方法进行的研究表明，在肝素制剂中实际上只有大约 1/3 的聚糖链以高亲和力与抗凝血酶结合。将结合链的序列与未结合链的序列进行比较，在组成上未能发现任何实质性的差异，这与后来发现结合位点仅由 5 个糖残基组成这一事实相一致（**图 38.2**）（肝素链平均含有约有 50 个糖残基）。然而，在这个五糖序列中，一个位于中心位置的、3-*O*- 硫酸化的 GlcNS6S 单元，在介导抗凝血酶 - 肝素的相互作用中具有重要作用。一般而言，糖胺聚糖链中的结合位点只占该链的一小部分。

研究人员制备了抗凝血酶的晶体，并通过 X 射线衍射进行了结构分析，分辨率可达 2.6Å。肝素五糖的对接位点（docking site）由两个螺旋并置形成，这两个螺旋在界面处都含有关键的精氨酸和赖氨酸残基

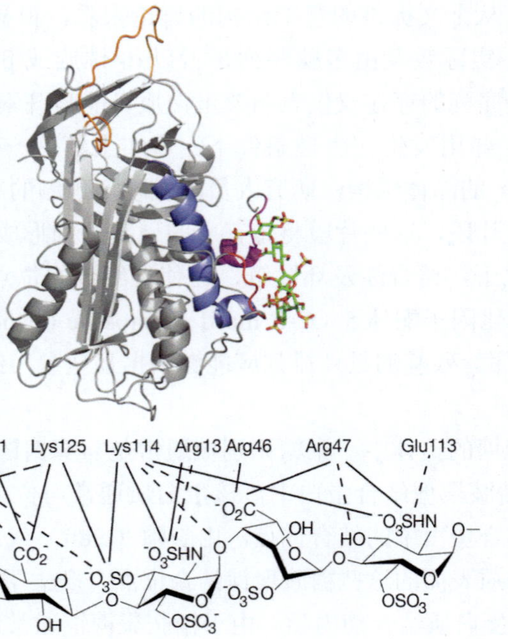

图 38.2 来自蛋白质数据库（Protein Data Bank，PDB）的抗凝血酶 - 五糖复合物的晶体结构。上图显示了与肝素接触的三个结构元素，包括一个环肽链（红色）和两个 α- 螺旋（蓝色和品红色）。五糖以棒状图表示。与凝血酶相互作用的环肽链显示为橙色。下图显示了关键氨基酸残基和五糖中单个元素之间的相互作用。实线表示带正电的残基与羧酸基团和硫酸基团之间的静电相互作用；短虚线表示氢键；长虚线表示由水介导的氢键。氨基酸缩写：精氨酸（Arg），天冬酰胺（Asn），赖氨酸（Lys），谷氨酸（Glu）（经 Springer Nature 许可修改自 Li et al. 2004. *Nat Struct Mol Biol* 11：857-862）。

（图 38.2）。五糖足以激活抗凝血酶与凝血因子 Xa 的结合，但不会促进凝血酶的失活，失活需要至少 18 个残基的、较大的寡糖。如上所述，凝血酶还含有一个肝素结合位点，而较大的肝素寡糖被认为是与凝血酶和抗凝血酶形成三元复合物的模板。与抗凝血酶相反，凝血酶几乎没有显示出寡糖特异性。与预期一致，添加高浓度的肝素实际上会抑制反应，因为肝素和凝血酶，或是肝素和抗凝血酶的二元复合物的形成，在这一过程中占据了主导地位。这种“低浓度激活，高浓度抑制”的重要原理，也出现在其他形成三元复合物的体系之中。

38.6 成纤维细胞生长因子 - 肝素的相互作用增强对成纤维细胞生长因子受体信号转导的刺激

可以根据对肝素亲和力的不同，对大量的生长因子进行纯化。与肝素结合的成纤维细胞生长因子（FGF）家族，已经发展到 22 个以上的成员，包括原型成纤维细胞生长因子 2（FGF2），也称碱性成纤维细胞生长因子（basic fibroblast growth factor）。FGF2 对肝素有非常高的亲和力（K_d 约 10^{-9} mol/L），需要 1.5 ～ 2 mol/L 氯化钠才能从肝素 - 琼脂糖凝胶上洗脱。FGF2 在表达一种成纤维细胞生长因子信号受体（FGF-signaling receptor，FGFR）的细胞中，具有强大的促有丝分裂活性。已知存在 4 个编码成纤维细胞生长因子的基因，并且存在多种剪接变体。细胞表面的硫酸乙酰肝素与 FGF2 和 FGFR 结合，促进了三元复合物的形成。肝素或硫酸乙酰肝素极大地刺激了结合，促进有丝分裂反应，从而促进了配体 - 受体复合物的二聚化。

硫酸乙酰肝素（和肝素）在该系统中的共刺激作用，让人追忆起肝素 / 抗凝血酶 / 凝血酶的故事。事实上，FGF2 的最小结合序列也由一个五糖组成，然而这种五糖不足以触发生物学响应（有丝分裂）。为了实现这一功能，需要一个包含最小序列和额外 6-*O*- 磺基的、较长的十聚体寡糖（癸糖）来结合 FGFR。能够与 FGF2 和 FGFR 结合的序列在肝素中普遍存在，但在硫酸乙酰肝素中却很罕见。对这种稀有结合序列的要求，降低了在天然存在的硫酸乙酰肝素链中寻获这一特殊排列的可能性。因此，一些硫酸乙酰肝素制剂在有丝分裂中是无活性的，而那些仅含有二分体结合序列（bipartite binding sequence）一半序列的制剂，实际上有抑制作用。

此后，研究人员获得了与肝素六糖共结晶的 FGF2 结构（图 38.3）。肝素片段 (GlcNS6Sα1-4IdoA2Sα1-4)$_3$ 呈螺旋状，并与 FGF2 表面富含转角的肝素结合位点结合。只有一个 *N*- 磺基和来自相邻艾杜糖醛酸的 2-*O*- 磺基，与富含转角结合域中的生长因子结合，下一个硫酸化葡萄糖胺（GlcNS）残基与第二个位点结合，实验结果与用寡糖片段确定出的最小结合序列一致。与抗凝血酶 - 肝素的相互作用不同，FGF2 在肝素结合时没有发生显著的构象变化。酸性成纤维细胞生长因子——成纤维细胞生长因子 1（FGF1）的

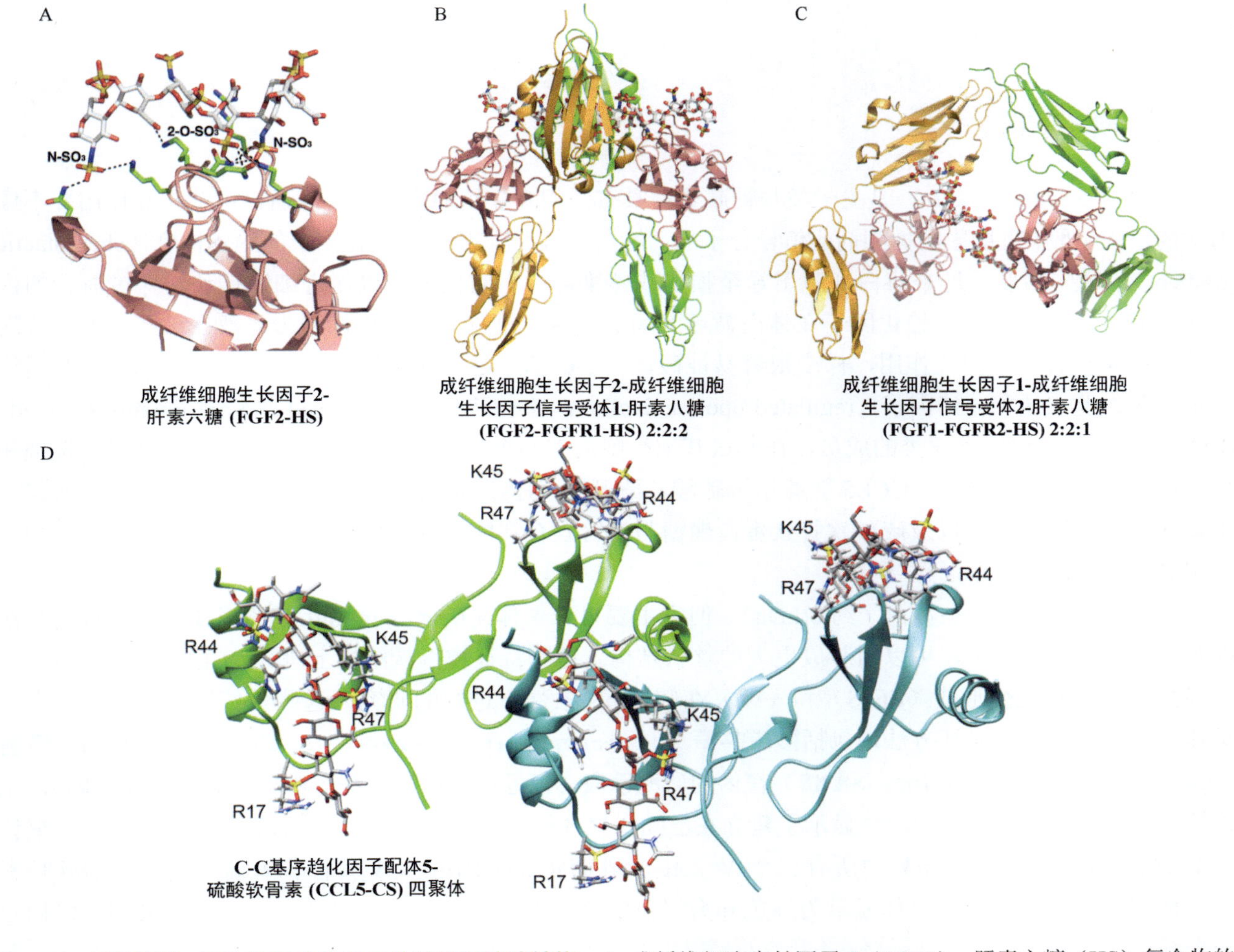

图 38.3　糖胺聚糖 - 蛋白质复合物的晶体结构和溶液结构。A. 成纤维细胞生长因子 2（FGF2）- 肝素六糖（HS）复合物的晶体结构（PDB 1BFC）。六糖和 FGF2 之间的关键相互作用以黑色虚线表示。六糖以棒状图表示。B. 2 ∶ 2 ∶ 2 成纤维细胞生长因子 2（FGF2）- 成纤维细胞生长因子信号受体 1（FGFR1）- 肝素（HS）复合物的晶体结构（PDB 1FQ9）。FGF2 以浅橙色显示，FGFR1 的二聚体单体分别以绿色和金色显示，肝素八糖以棒状图表示。C. 2 ∶ 2 ∶ 1 成纤维细胞生长因子 1（FGF1）- 成纤维细胞生长因子信号受体 2（FGFR2）- 肝素复合物的晶体结构（PDB 1E0O）。FGF1 二聚体以浅橙色显示，FGFR2 二聚体单体分别以绿色和金色显示，肝素十糖（HS）以棒状图表示。D. 使用溶液核磁共振（NMR）和小角 X 射线散射（SAXS）数据，自二聚体晶体结构组装形成的 C-C 基序趋化因子配体 5（CCL5）- 硫酸软骨素（CS）四聚体复合物模型。硫酸软骨素六聚体和相互作用的蛋白质残基以棒状图表示。括号内为蛋白质数据库（PDB）对应条目（4 位数字字母）。

晶体结构也已被解出，在其表面也显示出类似的序列。然而，与 FGF1 高亲和力结合的寡糖序列中含有 6-*O*- 磺基。

研究人员首先在没有肝素 / 硫酸乙酰肝素配体的情况下解析了 $(FGF2\text{-}FGFR)_2$ 复合物的共晶结构，结构显示出带正电荷的氨基酸残基呈峡谷状（canyon）排列，暗示了存在一个未被占据的肝素结合位点。随后，在引入肝素寡糖后，包含肝素寡糖的三元复合物结构也获得了解析，显示出一个成纤维细胞生长因子 2 ：成纤维细胞生长因子信号受体 1 ：硫酸乙酰肝素（FGF2 ： FGFR1 ： HS）=2 ： 2 ： 2 的复合物（图 38.3）。该复合物的另一个重要特征是硫酸乙酰肝素链的非还原末端的朝向，该糖链终止于 *N*- 磺基葡萄糖胺残基，由乙酰肝素酶（heparanase）对聚糖链的内切水解（endolytic cleavage）产生（**第 17 章**）。而对于成纤维细胞生长因子 1/ 成纤维细胞生长因子信号受体 2/ 硫酸乙酰肝素（FGF1-FGFR2-HS）复合物的结构，也并非毫无争议。对在溶液中形成并通过凝胶过滤纯化的复合物的结构分析表明，其结构非常不同，是一个 2：2：1 的复合物（图 38.3）。

38.7 C-C 基序趋化因子配体 5 与硫酸软骨素的相互作用——对趋化梯度的稳定

趋化因子（**chemokine**）是另一类与糖胺聚糖具有强相互作用的蛋白质。然而，这些相互作用并不像前文的示例一般，直接影响抑制剂或信号分子的活性；相反，它们稳定了趋化因子的趋化梯度（chemotactic gradient），这些梯度反过来将白细胞引导至损伤或感染部位。它们还可以促进细胞迁移，穿过血管的内皮层，而血管内皮层正是趋化因子在体内循环的场所。这一过程并非易事，因为血液在这些血管中快速流动，如果没有这些相互作用，梯度很容易被破坏。C-C 基序趋化因子配体 5（CCL5）也称为受激活调节正常 T 细胞表达和分泌因子（regulated upon activation，normal T cell expressed and presumably secreted，RANTES），是趋化因子亚类的成员，在其氨基末端附近有两个相邻的半胱氨酸（C-C）。它是最早发现和研究最多的趋化因子之一。CCL5 能够结合硫酸乙酰肝素（HS）和硫酸软骨素（CS）；但鉴于正常血浆中丰富的硫酸软骨素链，以及硫酸软骨素蛋白聚糖与血管发育和疾病的关联性，对 CCL5- 硫酸软骨素相互作用进行具体讨论似乎更为恰当。

尽管 CCL5 是一种小蛋白（约 8 kDa），但它主要以二聚体（$K_d < 1$ μmol/L）的形式存在，特别是在糖胺聚糖存在的情况下，可以组装成更大的丝状结构。这些特征使得从结构上研究 CCL5 变得困难重重。大多数研究涉及突变形式（E66S）和（或）在较低 pH 条件下进行的研究，这些条件将寡聚物限定为二聚体。然而，互补的表征方法，包括**核磁共振**（**nuclear magnetic resonance，NMR**）和**小角 X 射线散射**（**small angle X-ray scattering，SAXS**）在内的研究手段，已经成功构建了纤丝模型（filament model），无论糖胺聚糖存在与否。图 38.3D 显示了建立在已知二聚体结构（PDB 1U4L）上的四聚体模型，该四聚体与 GlcAβ1-3GalNAc 重复序列中所有三个 *N*- 乙酰半乳糖胺（GalNAc）残基上 4-*O*- 硫酸化的硫酸软骨素六聚体复合。二聚体中的单体显示为绿色和海绿色飘带。额外的二聚体可以被添加到每个末端，以构建一个纤丝状结构。

蛋白质残基与硫酸软骨素上带电基团之间的相互作用，涉及一个经典的 BBXB 基序（R44、K45、N46、R47）和一个更远的精氨酸（R17）。每个带正电荷的精氨酸可以被精确地定位，与带负电的葡萄糖醛酸残基的羧酸基团及糖链中下一个 *N*- 乙酰半乳糖胺残基的 4-*O*- 磺基发生强静电相互作用和氢键相互作用。这些精氨酸残基的定位可能是硫酸软骨素独有的，其他糖胺聚糖片段的结合方式可能与此大相径庭。图 38.3D 中的纤丝模型也并非唯一，二聚体亚基的定位以及硫酸软骨素结合过程中的几何结构柔性都可能使更长的糖胺聚糖链交联相邻的二聚体，促进寡聚化。最后值得注意的一点是，负责与白细胞上的 C-C 趋化因子受体 5 型（C-C chemokine receptor type 5，CCR5）相互作用的基团位于氨基末端附近，这是一个深埋在二聚体界面中的片段。这些基团可能在纤丝解离时暂时暴露，以便释放单体；或者它们可能更持久地暴露在纤丝的末端。要充分了解 CCL5 的功能，尚需进行更多的结构研究。

38.8　糖胺聚糖 - 蛋白质相互作用的其他属性

在某些情况下，糖胺聚糖链与蛋白质的相互作用可能取决于金属辅因子。例如，L 选凝素和 P 选凝素已被证明以二价阳离子依赖的方式，与硫酸乙酰肝素链和肝素的一个亚结构组分结合。这一观察为存在与糖胺聚糖链发生阳离子依赖性相互作用的其他例子提供了可能。实际上，膜联蛋白 A2（annexin A2）和膜联蛋白 V（annexin V）已被证明以钙依赖的方式结合硫酸乙酰肝素。膜联蛋白 A2 和膜联蛋白 V 与肝素寡糖的共晶体结构表明，钙离子可以直接或间接（通过间隔的水分子）地参与同硫酸乙酰肝素之间的相互作用。另一个例子是细胞因子 S100A12 和硫酸乙酰肝素之间的、具有钙依赖性的相互作用。在这一情况下，功能性硫酸乙酰肝素结合位点的形成，需要钙诱导的 S100A12 蛋白的构象变化。

尽管绝大多数糖胺聚糖 - 蛋白质的相互作用是在中性 pH 下鉴定和研究的，但仍有相当多的糖胺聚糖结合蛋白已被证明仅在酸性 pH 下与糖胺聚糖发生相互作用，这些蛋白质包括富组氨酸糖蛋白（histidine-rich glycoprotein，HRG）、胱抑素 -C（cystatin-C）、硒蛋白 P（selenoprotein P）和血清淀粉样蛋白 A（serum amyloid A）。有充分的理由相信，这些蛋白质和糖胺聚糖之间的相互作用具有生理相关性，因为在许多生理和病理条件下存在酸性 pH 的细胞外环境。事实上，对于这些蛋白质而言，pH 的变化本质上充当了它们与糖胺聚糖相互作用的开关，其中可能具有生理意义。组氨酸经常出现在这些蛋白质的糖胺聚糖结合位点，这一结果不足为奇，因为咪唑环的质子化依赖于 pH。

了解糖胺聚糖 - 蛋白质相互作用的一个主要技术挑战，是剖析糖胺聚糖中有助于结合的基本结构元素。与研究 DNA 结合蛋白的研究人员能够获得所有可能的 DNA 序列不同，研究糖胺聚糖结合蛋白的研究人员，传统上无法获得具有明确结构的糖胺聚糖寡糖。幸运的是，这种情况在最近 5 年已经开始发生变化。随着硫酸乙酰肝素 / 硫酸软骨素寡糖的化学酶法合成和化学合成（亦或两者的结合）的快速发展，研究人员已经获得了越来越多结构确定的寡糖，其聚合度（degree of polymerization，dp）为 4 ～ 20。许多寡糖已被用于生成微阵列，以快速确定糖胺聚糖结合蛋白的结构偏好。尽管我们还没有达到可以自由设计任何我们所需的糖胺聚糖结构的阶段，但目前的技术已经可以为糖胺聚糖结合蛋白的结构 - 功能研究提供数量惊人的结构。

随着 500 多种糖胺聚糖结合蛋白被鉴定出来（还在不断增加），我们不禁要思考，这个巨大的糖胺聚糖相互作用组，如何在系统水平上真正地发挥作用。显然，在任何细胞环境中，如果发现某种糖胺聚糖结合蛋白，很可能还存在着更多的糖胺聚糖结合蛋白。这些糖胺聚糖结合蛋白是和谐相处，还是通过竞争与糖胺聚糖的结合而不断地发生冲突？当一种糖胺聚糖结合蛋白被下调时，其他糖胺聚糖结合蛋白将如何应对这种突然出现的、有待结合的糖胺聚糖结合位点？解决这些问题需要一种系统生物学方法，随着最近关于单个糖胺聚糖 - 蛋白相互作用信息的增加，这种方法已经成为可能。鉴于糖胺聚糖结构的时空变化对与糖胺聚糖结合蛋白相关的生理过程有着深远的影响，使用系统生物学方法研究这一问题可谓再自然不过。

致谢

感谢瑞安·波雷尔（Ryan Porell）、乌尔夫·林达尔（Ulf Lindahl）和金素英（So-Young Kim）的有益评论及建议。

延伸阅读

Li W, Johnson DJ, Esmon CT, Huntington JA. 2004. Structure of the antithrombin-thrombin-heparin ternary complex reveals the antithrombotic mechanism of heparin. *Nat Struct Mol Biol* **11**: 857-862.

Mohammadi M, Olsen SK, Goetz R. 2005. A protein canyon in the FGF-FGF receptor dimer selects from an a la carte menu of heparan sulfate motifs. *Curr Opin Struct Biol* **15**: 506-516.

Thacker BE, Xu D, Lawrence R, Esko JD. 2014. Heparan sulfate 3-O-sulfation: a rare modification in search of a function. *Matrix Biol* **35**: 60-72.

Xu D, Esko JD. 2014. Demystifying heparan sulfate-protein interactions. *Annu Rev Biochem* **83**: 129-157.

Deshauer C, Morgan AM, Ryan EO, Handel TM, Prestegard JH, Wang X. 2015. Interactions of the chemokine CCL5/RANTES with medium-sized chondroitin sulfate ligands. *Structure* **23**: 1066-1077.

Mizumoto S, Yamada S, Sugahara K. 2015. Molecular interactions between chondroitin-dermatan sulfate and growth factors/receptors/matrix proteins. *Curr Opin Struct Biol* **34**: 35-42.

Pomin VH, Mulloy B. 2015. Current structural biology of the heparin interactome. *Curr Opin Struct Biol* **34**: 17-25.

Xu D, Arnold K, Liu J. 2018. Using structurally defined oligosaccharides to understand the interactions between proteins and heparan sulfate. *Curr Opin Struct Biol* **50**: 155-161.

Chen YC, Chen SP, Li JY, Chen PC, Lee YZ, Li KM, Zarivach R, Sun Y-J, Sue SC. 2020. Integrative model to coordinate the oligomerization and aggregation mechanisms of CCL5. *J Mol Biol* **432**: 1143-1157.

Toledo AG, Sorrentino JT, Sandoval DR, Malmstrom J, Lewis NE, Esko JD. 2021. A systems view of the heparan sulfate interactome. *J Histochem Cytochem* **69**: 105-119.

第五篇

生理学和疾病中的聚糖

第 39 章　糖蛋白质量控制中的聚糖
第 40 章　作为生物活性分子的游离聚糖
第 41 章　系统生理学中的聚糖
第 42 章　细菌和病毒感染
第 43 章　寄生虫感染
第 44 章　聚糖降解的遗传性疾病
第 45 章　先天性糖基化障碍
第 46 章　人类后天疾病中的聚糖
第 47 章　癌症中的糖基化变化

第 39 章

糖蛋白质量控制中的聚糖

铃木匡（Tadashi Suzuki），理查德·D. 卡明斯（Richard D. Cummings），马库斯·艾比（Markus Aebi），阿曼多·帕罗迪（Armando Parodi）

39.1 分子伴侣促进蛋白质的折叠 / 510
39.2 钙连蛋白 / 钙网蛋白（CNX/CRT）和尿苷二磷酸 - 葡萄糖糖蛋白葡萄糖基转移酶（UGGT）决定了糖蛋白何时被正确地折叠 / 511
39.3 从钙连蛋白 / 钙网蛋白 / 尿苷二磷酸 - 葡萄糖糖蛋白葡萄糖基转移酶循环中去除错误折叠的糖蛋白 / 514
39.4 错误折叠的糖蛋白向细胞质的逆向易位 / 515
39.5 内质网质量控制中的 O- 糖基化反应 / 516
39.6 内质网质量控制机制与生存活性 / 517
致谢 / 518
延伸阅读 / 518

N- 聚糖由于其亲水的特性，影响了糖蛋白的折叠。在内质网中，*N*- 聚糖的加工过程产生了一系列截短的 *N*- 聚糖，它们可以作为检查点，决定了许多新合成的膜蛋白和分泌蛋白的归宿。其他聚糖修饰也可能影响糖蛋白在内质网中的折叠。本章描述了在内质网和高尔基体中由聚糖介导的质量控制过程，以及那些未能通过“最终折叠检查”的糖蛋白何去何从。

39.1 分子伴侣促进蛋白质的折叠

在蛋白质合成过程中，新生的多肽通过折叠中间体开始形成其最终的三维构象，这在很大程度上由蛋白质的一级序列决定。正确的折叠涉及二级结构 α- 螺旋（α-helix）和 β 折叠链（β-strand）的形成、蛋白质内部疏水残基的的埋藏、二硫键的形成，以及通过寡聚化或多聚化形成四级结构。这些过程共同防止了会干扰蛋白质功能的、不必要的蛋白质聚集。为了使折叠更加有效，细胞使用各种**分子伴侣（chaperone）**。两个主要的细胞质分子伴侣家族，包括 *hsp60* 和 *hsp70* 基因家族中的热激蛋白（heat-shock protein，hsp），与错误折叠的蛋白质上暴露的疏水结构域结合，并在它们获得最终构象时保持其溶解度。这些分子伴侣还参与修复受损的蛋白质和未能正确多聚化的蛋白质。无法成熟的、不正确折叠的蛋白质，最终被泛素化标记，然后被蛋白酶体降解。

膜蛋白和那些注定要经历分泌过程的蛋白质，在折叠过程中也经历了质量控制。膜蛋白和分泌蛋白起源于与膜结合的核糖体；在大多数情况下，翻译和易位（translocation）到内质网腔室内是同时发生的。然而，某些蛋白质在细胞质中完整地合成，并在翻译后易位进入内质网腔室内。后一过程在酵母中比在哺乳动物细胞中更为重要。内质网腔室是高度特化的，是用于蛋白质折叠的场所，它的氧化环境促进了二硫键的形成，而且它是细胞中 Ca^{2+} 的主要储存库。为了帮助蛋白质正确地折叠，存在一系列分子伴侣，包括 BiP/Grp78（一种葡萄糖调控蛋白，是 hsp70 分子伴侣家族的成员）、Grp94 和 Grp170 等蛋白质。此外，内质网含有促进脯氨酸顺反异构化和蛋白质二硫键形成的酶，如蛋白质二硫异构酶（protein disulfide isomerase，PDI），以及 ERp57、ERp59、ERp72 等酶。许多此类蛋白质的表达，在应激反应期间也会相应地增加。

与细胞质蛋白不同，大多数膜蛋白和分泌蛋白在进入内质网腔室时，都要经过 *N*- 聚糖的修饰（图 39.1）。寡糖基转移酶需要多肽的柔性结构域方可进行糖基化，因此，*N*- 糖基化过程在真核生物中被进化为在蛋白质折叠之前发生。相应地，*N*- 连接聚糖通过改变蛋白质的生物物理特性，直接地影响了糖蛋白的折叠。它们可以作为定位折叠机器（folding machinery）和指示多肽折叠状态的信号分子。为了实现聚糖介导的折叠，*N*- 聚糖被内质网中的两种凝集素样分子伴侣识别，即**钙连蛋白（calnexin，CNX）**和**钙网蛋白（calreticulin，CRT）**。这些特化的分子伴侣需要 Ca^{2+} 方能发挥活性，并与单葡萄糖基化形式的 *N*- 聚糖结合，从而将蛋白质保留在内质网中，直到发生正确的折叠。内质网还包含了三种对该过程至关重要的酶：α- 葡萄糖苷酶 I 和 II（α-glucosidase I/II，GI/GII），它们从最初转移到蛋白质上的 $Glc_3Man_9GlcNAc_2$ 中修剪去除葡萄糖，并从钙连蛋白 / 钙网蛋白处释放糖蛋白；如果没有发生正确折叠，尿苷二磷酸 - 葡萄糖糖蛋白葡萄糖基转移酶（UDP-glucose glycoprotein glucosyltransferase，UGGT）会将 *N*- 聚糖重新葡萄糖基化；未能正确折叠或无法正确寡聚化的糖蛋白，会被标记上特定的、截短的 *N*- 聚糖，并最终逆向易位到细胞质中，在其中被 *N*- 去糖基化和蛋白酶体降解，这一过程称为**内质网相关蛋白质降解［ER-associated（protein）degradation，ERAD］**。下文中将描述几种内质网相关蛋白质降解途径。

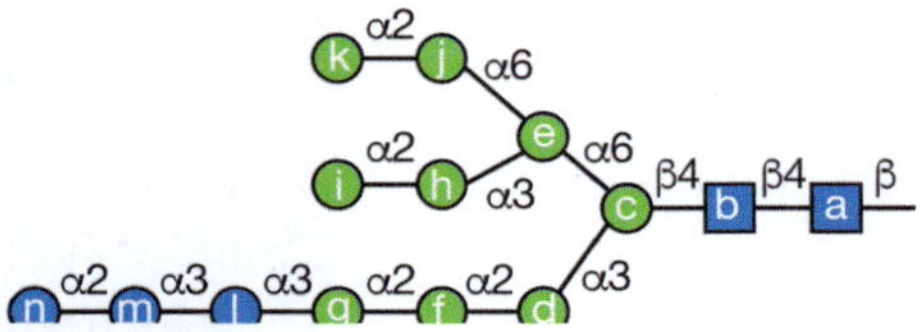

图 39.1　成熟的 *N*- 聚糖。字母（a ～ n）遵循 $Glc_3Man_9GlcNAc_2$-PP-Dol 合成中单糖的添加顺序（第 9 章）。α- 葡萄糖苷酶 I（GI）负责去除残基 n，而 α- 葡萄糖苷酶 II（GII）负责去除残基 m 和 l。尿苷二磷酸 - 葡萄糖糖蛋白葡萄糖基转移酶（UGGT）负责将残基 l 添加到残基 g 上。$Man_8GlcNAc_2$ 异构体 A（M8A）缺少残基 l ～ n 和 g。$Man_8GlcNAc_2$ 异构体 B（M8B）缺少残基 l ～ n 和 i，而 $Man_8GlcNAc_2$ 异构体 C（M8C）缺少残基 l ～ n 和 k。参与驱动错误折叠糖蛋白降解的 $Man_7GlcNAc_2$ 异构体（M7BC）缺少残基 l ～ n、i 和 k。

39.2　钙连蛋白 / 钙网蛋白（CNX/CRT）和尿苷二磷酸 - 葡萄糖糖蛋白葡萄糖基转移酶（UGGT）决定了糖蛋白何时被正确地折叠

内质网中的 *N*- 糖基化，与其他类型的糖基化有很大的不同。它起始于多肽离开易位蛋白复合物（translocon complex）时，将含有 14 个单糖的聚糖整体（*en bloc*）转移到多肽上（**第 9 章**）。在脊椎动物中，*N*- 聚糖的添加发生在不完全折叠的多肽上。在细菌中，*N*- 糖基化既可以发生在新生成的多肽上，也可以发生在完全成熟的蛋白质上（**第 21 章**）。*N*- 聚糖通过提供不带电的、庞大的、亲水的基团来改变糖蛋白的物理特性，这些糖链中的基团使蛋白质在折叠过程中保持在溶液状态。它们还通过迫使 *N*- 聚糖附近的氨基酸进入亲水环境来调节蛋白质的构象。

N- 聚糖的加工，在前体糖链转移到内质网腔室内的蛋白质后立即开始。α- 葡萄糖苷酶 I 去除末端的 α1-2Glc，而 α- 葡萄糖苷酶 II 随后去除两个 α1-3Glc 单元（图 39.1）。尽管 α- 葡萄糖苷酶 II 可以从具有单个 *N*- 聚糖的糖蛋白中去除第二个葡萄糖（Glc）（图 39.1 中指定为 m），但当同一个蛋白质上存在第二条 *N*- 聚糖链时，第二个葡萄糖的剪切会更为有效地进行。根据细胞类型的不同，当糖蛋白保留在内质网中时，不同数量的甘露糖（Man）残基也可能被去除。α- 葡萄糖苷酶 II 是一种内质网中可溶的异二聚体蛋白。它的 100 ～ 110 kDa 的 α- 亚基具有催化活性，而 50 ～ 60 kDa 的 β- 亚基则显示出典型的**内质网保留 / 检索序列（ER retention/retrieval sequence）——X- 天冬氨酸 - 谷氨酸 - 亮氨酸（XDEL，其中 X 为任意氨基酸）**，它部分负责整个酶的亚细胞定位。β- 亚基的羧基末端部分含有一个甘露糖受体同源

（mannose receptor homologous，MRH）结构域，该结构域与高尔基体中甘露糖 -6- 磷酸受体（mannose 6-phosphate receptor，M6PR）中负责识别溶酶体酶，并将其递送到溶酶体的结构域相同（**第 9 章、第 33 章**）。α- 葡萄糖苷酶 II 的甘露糖受体同源（MRH）结构域，对 $Man_9GlcNAc_2$（M9）*N*- 聚糖的亲和力更高，而对截短的 *N*- 聚糖的亲和力降低。因此，对于那些由内质网甘露糖苷酶产生的、截短的 *N*- 聚糖而言，α- 葡萄糖苷酶 II 会降低对 *N*- 聚糖的切割活性。

钙连蛋白和钙网蛋白能够与含有单个 α1-3Glc 残基的糖蛋白结合（**图 39.2**）。钙连蛋白是一种 I 型跨膜蛋白，钙网蛋白是可溶性蛋白，但两者在其羧基末端都具有内质网保留 / 检索信号，将其保留在内质网

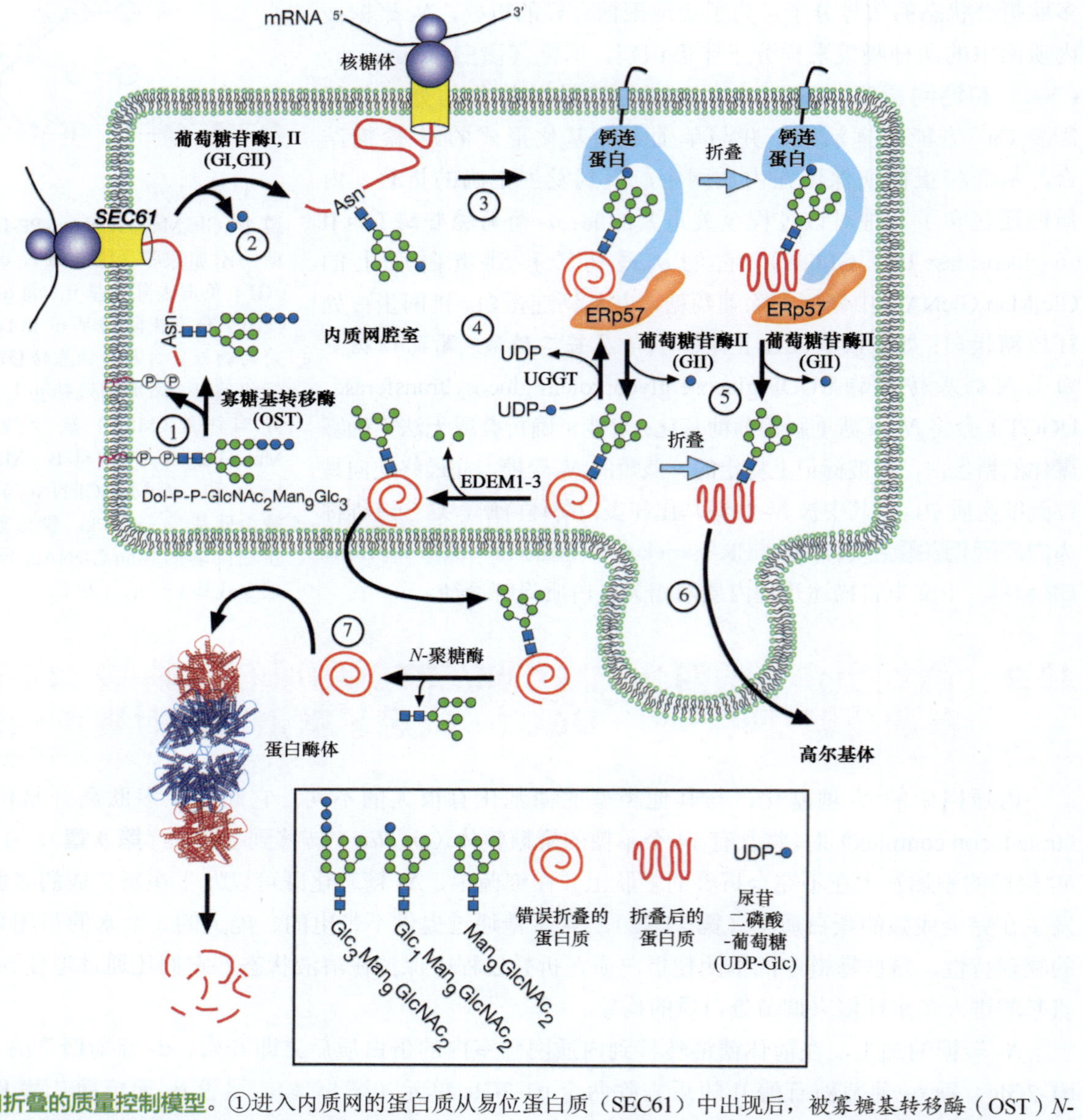

图 39.2 糖蛋白折叠的质量控制模型。①进入内质网的蛋白质从易位蛋白质（SEC61）中出现后，被寡糖基转移酶（OST）*N*-糖基化。②在 α- 葡萄糖苷酶 I 和 II（GI/GII）的连续作用下，两个葡萄糖（Glc）残基被去除，产生单葡萄糖基化的 *N*- 聚糖。③产生的 *N*- 聚糖可被与 ERp57 蛋白相关的钙连蛋白（CNX）和（或）钙网蛋白（CRT）（图中仅描绘了钙连蛋白）识别。④凝集素和折叠中间体之间的复合物，在 α- 葡萄糖苷酶 II 去除最后一个葡萄糖后发生解离，并被尿苷二磷酸 - 葡萄糖糖蛋白葡萄糖基转移酶（UGGT）重组。⑤一旦糖蛋白获得了它们的天然构象，无论其处于游离态还是与凝集素的结合态，α- 葡萄糖苷酶 II 都会水解剩余的葡萄糖，并从凝集素锚上释放糖蛋白。⑥具有天然结构的糖蛋白，不会被尿苷二磷酸 - 葡萄糖糖蛋白葡萄糖基转移酶识别并转运至高尔基体。⑦保留在错误折叠构象中的糖蛋白，被逆向易位到细胞质，在那里它们被蛋白酶体去糖基化和降解。在整个折叠过程中，一个或多个甘露糖残基可能被移除。缩写：天冬酰胺（Asn），多萜醇（Dol），磷酸基团（P）。

中。它们具有结构相似的凝集素结构域，并构成了一个大型的、弱结合的异质蛋白网络的一部分，该网络包括 BiP/Grp78、ERp57、Grp94 和其他协助蛋白质折叠的内质网驻留蛋白。因此，它们作为 *N*- 聚糖代码的解码器，将折叠机器定位到糖蛋白底物上。钙连蛋白和钙网蛋白对于单葡萄糖基化的、寡聚甘露糖基的 *N*- 聚糖而言，都是单价、低亲和力的凝集素，但它们在内质网腔室内的膜结合状态或可溶状态的不同，导致它们在体内的特异性也不尽相同。钙连蛋白主要与靠近内质网膜的 *N*- 聚糖相互作用，而钙网蛋白则优先与内质网腔室内的糖蛋白，或那些具有大型管腔结构域（luminal domain）的糖蛋白结合。未完全折叠的糖蛋白与钙连蛋白 / 钙网蛋白复合物的结合，可以防止它们离开内质网，并通过防止聚集和过早的寡聚 / 降解，以及促进天然二硫键的形成等方式提高折叠效率。其中，后一项任务由 ERp57 蛋白执行，ERp57 蛋白是一种与钙连蛋白 / 钙网蛋白相关的氧化还原酶（oxidoreductase）。因此，钙连蛋白和钙网蛋白是非常规的分子伴侣，它们不像传统分子伴侣那样直接识别折叠中间体的蛋白质部分，而是识别折叠中间体中的特定 *N*- 聚糖。

通过α- 葡萄糖苷酶 II 从 *N*- 聚糖中去除最终的葡萄糖残基，可以防止蛋白质与钙连蛋白 / 钙网蛋白结合。如果折叠得当，这些糖蛋白会被包装在包被蛋白 II 有被小泡（COPII-coated vesicle）中，并被转移到高尔基体（图 39.2）。然而，如果它们保持未折叠的状态，尿苷二磷酸 - 葡萄糖糖蛋白葡萄糖基转移酶（UGGT）就会向聚糖上增加单个 α1-3Glc，从而重新形成与钙连蛋白 / 钙网蛋白首次识别时相一致的 *N*- 聚糖。因此，UGGT 具有一个显著特性，即只对显示出非天然构象的糖蛋白进行葡萄糖基化。UGGT 能够对不同的、非天然状态的（nonnative）**构象异构体（conformer）**进行区分，并在糖蛋白折叠的最后阶段显示出暴露的、疏水性的氨基酸片区（patch），即熔融球（molten globule）构象[①]时，优先对糖蛋白进行葡萄糖基化。在体外，该酶也能够识别与相对较短的疏水多肽或疏水性糖苷配基（aglycone）相连的 *N*- 聚糖，尽管识别的效率相对较低。与优先结合延长的、疏水的多肽序列的 BiP/Grp78 蛋白复合物相反，UGGT 能够识别疏水的表面。这种差异决定了糖蛋白首先被 BiP/Grp78 这样的分子伴侣识别，而由 UGGT 所创建产生的表位，只有在折叠的最后阶段才会被钙连蛋白 / 钙网蛋白成功识别。UGGT 修饰位于氨基酸附近的 *N*- 聚糖，可防止糖蛋白的快速折叠。

UGGT 还能对单体完全成熟但尚未完全组装的多聚体复合物（multimeric complex）进行葡萄糖基化，因为它能够识别在没有适当亚基的情况下暴露出的疏水表面。UGGT 是一种相对较大的可溶性内质网蛋白（150 ～ 170 kDa），它使用尿苷二磷酸 - 葡萄糖（UDP-Glc）作为糖供体，需要毫摩尔级的 Ca^{2+} 浓度，通常存在于内质网腔室内。UGGT 至少有两个结构域。①氨基末端的结构域占分子总数的约 80%，可识别异常的蛋白质构象异构体。该结构域包含三个串联重复的、类硫氧还蛋白样（thioredoxin-like）结构域，这些结构域经常出现在参与蛋白质折叠和质量控制过程的内质网蛋白中，其中第三个结构域的晶体结构显示，它包含一个大的疏水片区（patch），隐藏在一个柔性的羧基末端螺旋中。②羧基末端结构域与其他糖基转移酶具有同源性，负责提供催化活性。

UGGT 和钙连蛋白 / 钙网蛋白复合物一起，确保只有正确折叠和多聚化的糖蛋白才能从内质网移动到高尔基体。与 α- 葡萄糖苷酶 II 不同，UGGT 的活性不会因 *N*- 聚糖中甘露糖含量的减少而降低。因此，**内质网 α- 甘露糖苷酶**（ER α-mannosidase）负责催化从 *N*- 聚糖中去除甘露糖，导致 UGGT 的反应产物具有更长的半衰期，而产物可被钙连蛋白 / 钙网蛋白识别。UGGT 和 α- 葡萄糖苷酶 II 对于甘露糖含量降低的 *N*- 聚糖表现出不同的活性，可能为糖蛋白提供了在蛋白酶体降解之前实现正确折叠的最后机会。然而，内质网的折叠和质量控制过程并非万无一失，一些错误折叠的蛋白质会从内质网逃逸，而另一些则可能

① 蛋白质从线形的肽链折叠为特定立体三维结构过程中的过渡态。其特征是已具有天然蛋白质立体结构中应有的许多二级结构，即已形成了蛋白质的框架，经进一步局部调整，折叠成有活性的天然构象。

在离开内质网后发生错误折叠。因此，还有额外的检查点来纠正随后在分泌途径中发生的错误。

内质网 - 高尔基体中间区室 53kDa 蛋白（ER-Golgi intermediate compartment 53kDa protein，ERGIC-53）是一种 I 型膜蛋白，以 Ca^{2+} 依赖性的方式与寡甘露糖基的 *N*- 聚糖结合。它的腔室内碳水化合物结合结构域，类似于豆科植物的可溶性凝集素（L 型凝集素）。ERGIC-53 蛋白在内质网和内质网 - 高尔基体中间区室（ER-Golgi intermediate）之间往复循环。哺乳动物中该蛋白质的羧基末端同时包含内质网靶向（二赖氨酸）和内质网逃逸（二苯丙氨酸）两种决定簇，它们分别与参与了内质网和高尔基体之间运输的包被蛋白 I 包被体（COPI coatomer）和包被蛋白 II 包被体（COPII coatomer）结合。ERGIC-53 蛋白将一部分糖蛋白，即凝血因子 V、VIII（coagulation factor V and VIII）和组织蛋白酶 C、Z（cathepsin C and Z）装入包被蛋白 II 有被小泡（COPII-coated vesicle）中，离开内质网进入高尔基体。ERGIC-53 的突变导致凝血因子 V 和凝血因子 VIII 的缺乏，表明 ERGIC-53 蛋白在这些糖蛋白或其他糖蛋白的分泌中起重要作用。**囊泡膜整合蛋白 36（vesicular integral-membrane protein 36，VIP-36）**是另一种高尔基体凝集素，它也与含有寡甘露糖基 *N*- 聚糖的糖蛋白结合。VIP-36 蛋白可能促进了糖蛋白从内质网 - 高尔基体中间区室转运至高尔基体顺面膜囊潴泡（*cis*-Golgi cisternae），或回收了带有 *N*- 聚糖的糖蛋白，这些糖蛋白未通过高尔基体顺面膜囊 α- 甘露糖苷酶 IA、IB 和（或）高尔基体顺面膜囊 α- 甘露糖苷酶 IC（*cis*-Golgi α-mannosidases IA, IB, and/or IC）的催化剪切，将其携带的 *N*- 聚糖链结构转化为 $Man_5GlcNAc_2$。可以想象，这将为新一轮的修剪，乃至最终形成复杂的 *N*- 聚糖提供机会。作为**未折叠蛋白质应答（unfolded protein response）**的一部分，ERGIC-53 和 VIP-36 蛋白都会相应地上调。其他识别特定聚糖的凝集素是否参与了内质网后的质量控制，仍然是一个悬而未决的问题。

39.3 从钙连蛋白 / 钙网蛋白 / 尿苷二磷酸 - 葡萄糖糖蛋白葡萄糖基转移酶循环中去除错误折叠的糖蛋白

尽管内质网中存在一系列经典分子伴侣和钙连蛋白 / 钙网蛋白 / 尿苷二磷酸 - 葡萄糖糖蛋白葡萄糖基转移酶（UGGT）循环，但糖蛋白的折叠效率相对较低，一些新制造的蛋白质中有多达 80% 未成熟。如果两个实体具有几乎相同的结构特征（如暴露的疏水片区），那么细胞将如何区分错误折叠的糖蛋白和折叠中间体？如果这些糖蛋白确实被 UGGT 非常有效地葡萄糖基化，那么细胞如何将注定要被降解的糖蛋白从无用的再葡萄糖基化 - 去葡萄糖基化的循环中拯救出来？最终错误折叠的糖蛋白是如何被驱动到蛋白酶体上进行降解的？关键的区分因素似乎是截短的 *N*- 聚糖结构，这是由错误折叠的糖蛋白在内质网腔室内中停留相对较长时间所产生的。

除内质网甘露糖基 - 寡糖 α1-2 甘露糖苷酶（ER mannosyl-oligosaccharide α1-2mannosidase，Man1B1）外，哺乳动物细胞还具有三种额外的同源物，称为内质网降解增强 α- 甘露糖苷酶样蛋白（ER degradation-enhancing α-mannosidase-like protein，EDEM），最初被认为没有活性。然而，当 Man1B1 或 EDEM 在人类或鸡细胞中被单独敲除时，$Man_9GlcNAc_2$（M9）向 $Man_8GlcNAc_2$ 异构体 B（M8B）的转换（图 39.2）主要由内质网降解增强 α- 甘露糖苷酶样蛋白 2（ER degradation-enhancing α-mannosidase-like protein 2，EDEM2）完成，而 Man1B1 对特定去甘露糖基化步骤的贡献则微乎其微。另外，内质网降解增强 α- 甘露糖苷酶样蛋白 1（EDEM 1）和内质网降解增强 α- 甘露糖苷酶样蛋白 3（EDEM3）将 M8B 转化为缺少残基 i 和 k 的 M7（M7BC；图 39.1）。最近的证据表明，最初被认为是内质网甘露糖苷酶 I（ER mannosidase I）的 Man1B1，实际上定位在高尔基体，并且似乎作为一种备用酶来切割高尔基体中的残基 i，因为该残基对高尔基体 α- 甘露糖苷酶 I 的作用具有相当强的抵抗力。$Man_7GlcNAc_2$（M7BC）异构体暴露出一个 α1-6Man（残基 j；图 39.1），它能够被一种内质网凝集素特异性识别，即哺乳动物中的 OS9 蛋白和**酿酒酵**

母（*Saccharomyces cerevisiae*）中的 Yos9p 蛋白。与 α- 葡萄糖苷酶 II 一样，这种凝集素也包含一个甘露糖受体同源（MRH）结构域，可结合小于 M9 的 *N*- 聚糖，包括 M7BC。OS9/Yos9p 构成了复合物的一部分，该复合物能够将错误折叠的糖蛋白从内质网管腔［经内质网相关蛋白降解 - 腔内结构域（ERAD-L）作用］转运到胞质溶胶（见下文）。在哺乳动物细胞中，与去葡萄糖基化反应相比，M9 向 M8B 的转化过程、M8B 向 M7BC 的转化过程都很缓慢。这提供了两个检查点，确保只有错误折叠的糖蛋白而不是折叠的中间体，在相对较长的内质网停留后被驱动至蛋白酶体降解。在酵母中，仅存在一种内质网 α- 甘露糖苷酶，以及一种被称为 Htm1p 的内质网降解增强 α- 甘露糖苷酶样蛋白（EDEM-like protein）。前者在几乎所有糖蛋白中都能非常迅速地将 M9 转化为 M8B，而后者将 M8B 缓慢地转化为 M7BC，因此仅提供了一个检查点来专门降解最终错误折叠的糖蛋白。Htm1p 蛋白能够与蛋白质二硫异构酶（PDI）形成复合物。最近的证据进一步表明，哺乳动物的 EDEM 作为活性 α- 甘露糖苷酶，能够与不同的氧化还原酶形成复合物。对酵母而言，氧化还原酶与 Htm1p 蛋白的结合，增强了后者的 α- 甘露糖苷酶活性，并且该复合物参与了对内质网相关蛋白质降解（ERAD）底物的识别。然而，并非所有具有以 α1-6Man 为终末端的 *N*- 聚糖的糖蛋白都会被降解，例如，3- 羟基 -3- 甲基戊二酰乙酰辅酶 A 还原酶（3-hydroxy-3-methylglutaryl acetyl-coenzyme-A reductase）是甾醇生物合成中的关键内质网酶，它携带了 $Man_5GlcNAc_2$ 和 $Man_6GlcNAc_2$ *N*- 聚糖，但这些 *N*- 聚糖链并非降解这些蛋白质的靶标（见下文）。

39.4　错误折叠的糖蛋白向细胞质的逆向易位

错误折叠的糖蛋白从内质网腔室逆向易位到胞质溶胶以进行蛋白酶体的降解，该过程最终取决于各种蛋白质复合物，其中一些含有内质网膜整合蛋白质（integral ER membrane protein）。在内质网相关蛋白质降解 - 胞质结构域（ERAD-C）中具有折叠缺陷的内质网膜蛋白，通过与 Doa10 复合物的相互作用从内质网膜中提取出来，而内质网相关蛋白质降解 - 腔内结构域（ERAD-L）或内质网相关蛋白质降解 - 膜结构域（ERAD-M）中具有折叠缺陷的内质网膜蛋白，则通过与 Hrd1 复合物的相互作用完成内质网膜的提取过程。其中 Doa10p 和 Hrd1p 蛋白都是膜整合蛋白质，在其胞质部分具有 E3 连接酶（E3 ligase）活性。这些复合物中的其他蛋白质包括分子伴侣、具有 E2 泛素结合活性的蛋白质，或是识别错误折叠蛋白的蛋白质。例如，具有末端 α1-6Man 的 *N*- 聚糖的糖蛋白可以与 Yos9p 蛋白结合，并且仅当 *N*- 聚糖处于未形成结构的蛋白质（unstructured protein）时才会进行内质网相关蛋白质降解，这是 Hrd1 复合物中 Hrd3p 蛋白所表现出的特征。最后，两种复合物 Doa10 和 Hrd1 共有的蛋白质，如酵母中的 Cdc48 蛋白（哺乳动物中的 p97 蛋白），负责以腺苷三磷酸（ATP）依赖性的方式，从膜上提取错误折叠的蛋白质。虽然实际负责将 ERAD-L 的底物转运至胞质溶胶的孔道尚未确定，但已知底物必须在内质网腔室中解折叠。尽管对内质网相关蛋白质降解复合物的研究主要在酿酒酵母中进行，但在哺乳动物细胞中几乎具有酵母复合物中描述的所有蛋白质的同源物。

在蛋白酶体降解过程中，未折叠的糖蛋白上的 *N*- 聚糖得以移除。一种细胞质中的肽：*N*- 聚糖酶（peptide: *N*-glycanase，PNGase，*N*-glycanase）——肽 -*N*(4)-(*N*- 乙酰基 -β- 葡萄糖胺基) 天冬酰胺酰胺酶［peptide-*N*(4)-(*N*-acetyl-β-glucosaminyl)asparagine amidase，NGLY1］，在去除聚糖和构建有效的预降解复合物等方面都发挥了重要作用（图 39.3）。NGLY1 仅识别错误折叠的或变性的糖蛋白。该酶通过亚基 S4 和 HR23B，与内质网相关蛋白质降解复合物的一个组成部分（Cdc48）形成复合物，实现与蛋白酶体的结合。释放出的 *N*- 聚糖的降解过程分为两个阶段进行。首先，在 *N*- 聚糖核心的两个 *N*- 乙酰葡萄糖胺（GlcNAc）即壳二糖（chitobiose）之间，通过细胞质内切 β-*N*- 乙酰葡萄糖胺酶（endo-β-*N*-acetylglucosaminidase）发生裂解。一种细胞质中的 α- 甘露糖苷酶（α-mannosidase）最多可以水解 4 个甘露糖残基，生成 $Man_5GlcNAc$

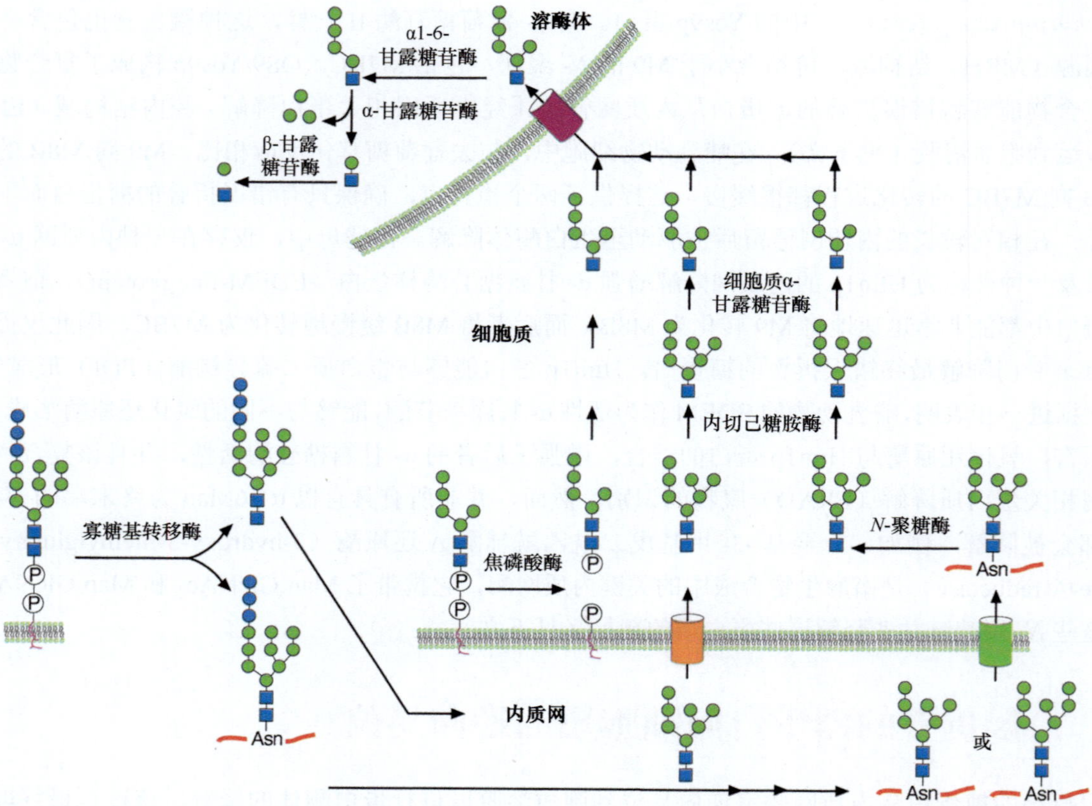

图 39.3 内质网、细胞质和溶酶体中寡甘露糖型 *N*- 聚糖的降解。从错误折叠的糖蛋白中释放出来的游离聚糖，以及在内质网中产生的糖肽的降解，都存在着特定的途径。朝向内质网细胞质侧的、多萜醇连接的寡糖，也可以通过焦磷酸酶释放，并在溶酶体中进一步降解。缩写：天冬酰胺（Asn），磷酸基团（P）。

（**图 39.1** 中的 Man c、d、e、f、g）。其次，该聚糖通过腺苷三磷酸（ATP）依赖性的溶酶体膜转运蛋白进入溶酶体，最终降解为单糖。这些游离的聚糖在被降解之前是否在细胞质 / 核区室中有任何功能，尚未进行相关的研究。

39.5 内质网质量控制中的 *O*- 糖基化反应

蛋白质 *O*- 岩藻糖基转移酶（protein *O*-fucosyltransferase）是对丝氨酸 / 苏氨酸（Ser/Thr）残基进行 *O*- 岩藻糖基化的可溶性内质网酶，在果蝇中为鸟苷二磷酸 - 岩藻糖蛋白质 *O*- 岩藻糖基转移酶 1（GDP-fucose protein *O*-fucosyltransferase 1，Ofut1），哺乳动物中为蛋白质 *O*- 岩藻糖基转移酶 1（protein *O*-fucosyltransferase 1，POFUT1）和蛋白质 *O*- 岩藻糖基转移酶 2（protein *O*-fucosyltransferase 2，POFUT2）。Ofut1 和 POFUT1 负责将岩藻糖添加到表皮生长因子样重复序列（EGF-like repeat）中，而 POFUT2 负责将岩藻糖添加到血小板应答蛋白 1 型样重复序列（TSR type 1-like repeat）中（**第 13 章**）。表皮生长因子和血小板应答蛋白结构域在多细胞生物的许多蛋白质中以串联重复形式存在。Ofut1/POFUT1 和 POFUT2 仅选择性地对正确折叠的蛋白质结构域进行岩藻糖基化，表明了这种糖基化在折叠质量控制中的作用。事实上，POFUT2 的靶标包括：具有血小板应答蛋白基序的去整联蛋白和金属蛋白酶样蛋白 1［a disintegrin and metalloproteinase with thrombospondin motif（ADAMTS）-like protein 1，ADAMTSL1］、具有血小板应答蛋白基序的去整联蛋白和金属蛋白酶样蛋白 2（ADAMTS-like protein 2，ADAMTSL2）（一种细胞外基质中的支架蛋白）、具有血小板应答蛋白基序的去整联蛋白和金属蛋白酶 9（ADAMTS9）（一种基质重塑蛋白酶)，以及具有血小板应答蛋白基序的去整联蛋白和金属蛋白酶 13（ADAMTS13）[即血管性血友病因子（von Willebrand factor）切割蛋白酶]，均严格需要 *O*- 岩藻糖基化方能实现高效的分泌。事实上，*O*- 岩藻糖基化似乎可以稳定折叠的血小板应答蛋白（TSR）。Ofut1/POFUT1 的情况则有些模棱两可。在果蝇中对 Ofut1 底物 Notch 蛋白的细胞表面表达效率进行的研究表明，Ofut1 是 Notch 蛋白折叠和细胞表面表达所需的分子伴侣，并且分子伴侣活性在很大程度上独立于 *O*- 岩藻糖基转移酶的活性。相比之下，POFUT1 似乎并不是所有哺乳动物细胞中 Notch 受体在细胞表面表达所必需的，这表明在某些情况下，细胞特异性分子伴侣也许能够补偿 POFUT1 的缺失。最近有报道称，酿酒酵母内质网中的 *O*- 甘露糖基化，可能是负责终止那些无法达到其天然构象的蛋白质与 Kar2p 蛋白（哺乳动物 BiP/Grp78 分子伴侣在出芽酵母中的同源物）之间结合 - 解离无效循环的最终原因。

39.6　内质网质量控制机制与生存活性

在大多数多细胞生物中，钙连蛋白和钙网蛋白的缺失会导致严重的表型。缺少钙连蛋白的小鼠可以足月生产，但有一半在出生后 2 天内死亡，极少数小鼠能存活超过 3 个月。存活下来的小鼠有明显的运动障碍，伴有大量有髓鞘神经纤维（myelinated nerve fiber）的损失。钙网蛋白缺陷小鼠和 ERp57 蛋白缺失小鼠也显示出胚胎致死性。相反，钙连蛋白和钙网蛋白缺失的**秀丽隐杆线虫**（***Caenorhabditis elegans***）突变体可以存活。酵母有钙连蛋白或钙连蛋白样凝集素（但没有钙网蛋白），而锥虫类的原生动物只有钙网蛋白。另一个重要的、保守的哺乳动物内质网凝集素类型是钙联结蛋白（calmegin），只在精子发生（spermatogenesis）期间于睾丸中表达。在小鼠中，钙联结蛋白与钙连蛋白有约 60% 的同源性。缺少钙联结蛋白的小鼠，尽管产生的精子外观正常，但几乎不育。这些精子在迁移到输卵管时存在缺陷，而且它们无法黏附在透明带上。酿酒酵母中没有 UGGT，但**粟酒裂殖酵母**（***Schizosaccharomyces pombe***）细胞中却存在 UGGT。在正常条件下生长的裂殖酵母或单个哺乳动物细胞，不需要该酶以确保生存活性。该酶对于一些多细胞生物（如植物）的生长也是可有可无的。然而，UGGT 的缺失对小鼠而言是胚胎致死的。这一事实，以及仅在严重的内质网应激条件下生长的粟酒裂殖酵母细胞（其存活能力对 UGGT 具有严格地要求），都指明存在着一类数量有限但绝对需要 UGGT 方能正确折叠的糖蛋白。

除了由 ERGIC-53 蛋白突变引起的凝血因子 V 和凝血因子 VIII 的合并缺乏外（见上文），其他先天性疾病也能导致有缺陷的蛋白质滞留在内质网中，以及最终的蛋白酶体降解。例如，**囊性纤维化（cystic fibrosis）**患者中最常见的囊性纤维化跨膜传导调节蛋白（cystic fibrosis transmembrane conductance regulator，CFTR）的 ΔF508 突变（CFTR-ΔF508），会导致这种氯离子通道的不正确折叠及其在内质网中的滞留。重要的是，该突变影响了 CFTR 向质膜的转运，但不影响其转运活性。类似地，UGGT 对油菜素类固醇受体（brassinosteroid receptor）突变体的识别，可触发它在**拟南芥**（***Arabidopsis thaliana***）细胞内质网中的滞留。因此，某些由有缺陷的糖蛋白在内质网中的滞留所引起的疾病，可能会通过使用 UGGT 的活性抑制剂而得到改善。UGGT 的精细敏感性如何调节基本生理过程的一个很好的范例，是它在主要组织相容性复合体 I（major histocompatibility complex I，MHC I）的抗原呈递过程中的作用。在这一情境下，载有次优多肽（suboptimal peptide）的 MHC I 复合体可以被 UGGT 识别，从而触发它们在内质网中的保留。相反，与高亲和力多肽形成的复合体是较差的 UGGT 底物，能够呈递在细胞表面。许多先天性疾病，如**溶酶体贮积病（lysosomal storage disease）**，也会导致错误折叠的糖蛋白在内质网中积累，从而使折叠机制超负荷。据估计，20% ～ 30% 的正常蛋白质会发生错误折叠，因此，由于缺乏足够的分

① 指蛋白质成熟过程中结构发生变化的过程，是蛋白质实现其全部功能的过程。

子伴侣和其他促进折叠的因素，对于构象成熟（conformational maturation）[①]和降解等过程而言，其动力学上的微小差异，即可能使“天平”向内质网相关蛋白质降解的方向倾斜，这一点并不令人惊讶。

尽管大多数糖蛋白在体内的内质网成熟过程中会与钙连蛋白 / 钙网蛋白短暂地结合，但在体外培养的细胞中，其他内质网折叠和质量控制机制相当有效地完成了这项工作。然而，病毒糖蛋白，如**水疱性口炎病毒（vesicular stomatitis virus）**G 蛋白、人类获得性免疫缺陷病毒（HIV）糖蛋白 gp120 和乙型肝炎病毒的 M 蛋白，需要钙连蛋白 / 钙网蛋白的绝对参与才能正确折叠并从内质网中释放。一些病毒利用内质网相关蛋白质降解机制的组件来逃避宿主的免疫监视。例如，**巨细胞病毒（cytomegalovirus）**蛋白与 MHC I 复合体结合，并将 MHC I 复合体递送给 E3 连接酶复合物，导致其最终的蛋白酶体降解。同样，HIV 内质网蛋白 Vpu 的表达，导致了 CD4 的蛋白酶体降解。SV40 和霍乱毒素等蛋白质，通过分泌途径逆向易位到内质网，在那里，它们利用一些内质网相关蛋白质降解组分到达细胞质并产生危害。

致谢

感谢杰弗里·D. 艾斯科（Jeffrey D. Esko）和哈德森·H. 弗里兹（Hudson H. Freeze）对本章前一版本的贡献，以及来自木下太郎（Taroh Kinoshita）和凯利 · 莫尔曼（Kelley Moremen）的有益评论及建议。

延伸阅读

Helenius A, Aebi M. 2004. Roles of N-linked glycans in the endoplasmic reticulum. *Annu Rev Biochem* **73**: 1019-1049.

Lehrman MA. 2006. Stimulation of N-linked glycosylation and lipid-linked oligosaccharide synthesis by stress responses in metazoan cells. *Crit Rev Biochem Mol Biol* **41**: 51-75.

Ruggiano A, Foresti O, Carvalho P. 2014. Quality control: ER-associated degradation: protein quality control and beyond. *J Cell Biol* **204**: 869-879.

Vasudevan D, Haltiwanger RS. 2014. Novel roles for O-linked glycans in protein folding. *Glycoconj J* **31**: 417-426.

Benyair R, Ogen-Shtern N, Lederkremer GZ. 2015. Glycan regulation of ER-associated degradation through compartmentalization. *Semin Cell Dev Biol* **41**: 99-109.

Caramelo JJ, Parodi AJ. 2015. A sweet code for glycoprotein folding. *FEBS Lett* **589**: 3379-3387.

Harada Y, Hirayama H, Suzuki T. 2015. Generation and degradation of free asparagine-linked glycans. *Cell Mol Life Sci* **72**: 2509-2533.

Lamriben L, Graham JB, Adams BM, Hebert DN. 2015. N-glycan based ER molecular chaperone and protein quality control system: the calnexin binding cycle. *Traffic* **17**: 308-326.

Satoh T, Yamaguchi T, Kato K. 2015. Emerging structural insights into glycoprotein quality control coupled with N-glycan processing in the endoplasmic reticulum. *Molecules* **20**: 2475-2491.

Tannous A, Pisoni GB, Hebert DN, Molinari M. 2015. N-linked sugar-regulated protein folding and quality control in the ER. *Semin Cell Dev Biol* **41**: 79-89.

第 40 章

作为生物活性分子的游离聚糖

安东尼奥·莫利纳（Antonio Molina），马尔科姆·A. 奥尼尔（Malcolm A. O'Neill），艾伦·G. 达维尔（Alan G. Darvill），玛丽莲·E. 埃茨勒（Marilynn E. Etzler），黛布拉·莫南（Debra Mohnen），迈克尔·G. 哈恩（Michael G. Hahn），杰弗里·D. 艾斯科（Jeffrey D. Esko）

40.1 聚糖信号系统的性质和范围 / 519
40.2 聚糖信号触发植物防御反应的启动 / 520
40.3 结瘤因子是启动固氮根瘤菌 - 豆科植物共生的信号 / 522
40.4 植物发育和动物发育中的寡糖信号 / 523
40.5 糖胺聚糖和细胞信号传递 / 524
40.6 聚糖作为先天免疫的调节剂 / 525
致谢 / 526
延伸阅读 / 526

人们越来越认识到，游离聚糖可被用作启动各种生物过程的信号。这些信号事件存在于植物和动物的发育与防御反应，以及生物体之间的相互作用中。本章涵盖了有关该研究领域的最新信息。

40.1 聚糖信号系统的性质和范围

聚糖信号系统多种多样。糖（葡萄糖、果糖和蔗糖）可以作为传感系统使用，这些系统通常与糖的代谢相关，并形成与激素相关的复杂信号网络。聚糖信号系统还涉及各种糖复合物。向细胞质和核蛋白中添加 *O*- 连接的 *N*- 乙酰葡萄糖胺（GlcNAc），会导致细胞骨架、基因转录和酶激活发生变化（**第 19 章**）。鞘糖脂可以形成脂筏，作为隔离信号受体的平台，或者可以与受体酪氨酸激酶结合，并调节它们的活性（**第 11 章**）。含有硫酸化糖胺聚糖的膜蛋白聚糖，包括黏结蛋白聚糖（syndecan）、磷脂酰肌醇蛋白聚糖（glypican）和磷酸蛋白聚糖（phosphacan），可通过与激酶或磷脂酰肌醇 -4,5- 二磷酸相互作用，充当信号分子（**第 17 章**、**第 38 章**）。大多数质膜信号受体，包括受体酪氨酸激酶和 G 蛋白偶联受体（G-protein-coupled receptor，GPCR），都含有调节其稳定性和活性的 *N*- 聚糖和 *O*- 聚糖（**第 9 章**、**第 10 章**）。半乳凝集素与这些聚糖的结合（**第 36 章**），或通过细胞表面唾液酸酶去除唾液酸（**第 15 章**），也被认为可以调节信号传递。以上这些过程和其他的信号传递过程，已在本书的其他部分进行了描述，这里不再赘述。

越来越多的证据表明，低浓度的特定游离聚糖是启动许多生物过程的信号。这种信号的第一个证据是在研究植物的防御反应期间获得的。随后，聚糖感知及信号传递被证明在植物和动物的发育、先天免疫，以及固氮的**根瘤菌属**（***Rhizobium***）细菌与豆科植物共生关系的启动中非常重要。在这些过程中，许多充当信号的聚糖已经得到了确认，并被赋予了**“寡糖素”**（**oligosaccharin**）这一通用名称，而不考虑它们来源的物种或参与的生物过程究竟如何。相比之下，只有少数受体和信号转导机制获得了明确的鉴定与表征。

40.2 聚糖信号触发植物防御反应的启动

植物有若干监控和防御系统来控制病原体的感染。其中一个系统显示出与哺乳动物先天免疫系统的相似之处，由细胞质膜定位的**模式识别受体（pattern-recognition receptor，PRR）**组成，当它们的细胞外结构域（extracellular ectodomain，ECD）感知到特定分子后，触发防御反应。这些细胞外结构域可以结合来自病原体的非自身分子，即**病原体相关分子模式（pathogen-associated molecular pattern，PAMP）**，或结合从植物细胞中释放出的、被病原体感染时合成的自身化合物，一般称为**损伤相关分子模式（damage-associated molecular pattern，DAMP）**（图 40.1）。在模式识别受体感知的分子中，包括了源自植物或病原体的水解酶，以及从微生物和植物细胞壁多糖中释放出的聚糖（寡糖）。当一个配体与其特定的模式识别受体结合时，通常会募集模式识别受体辅助受体（PRR coreceptor），以形成蛋白质复合物，从而导致

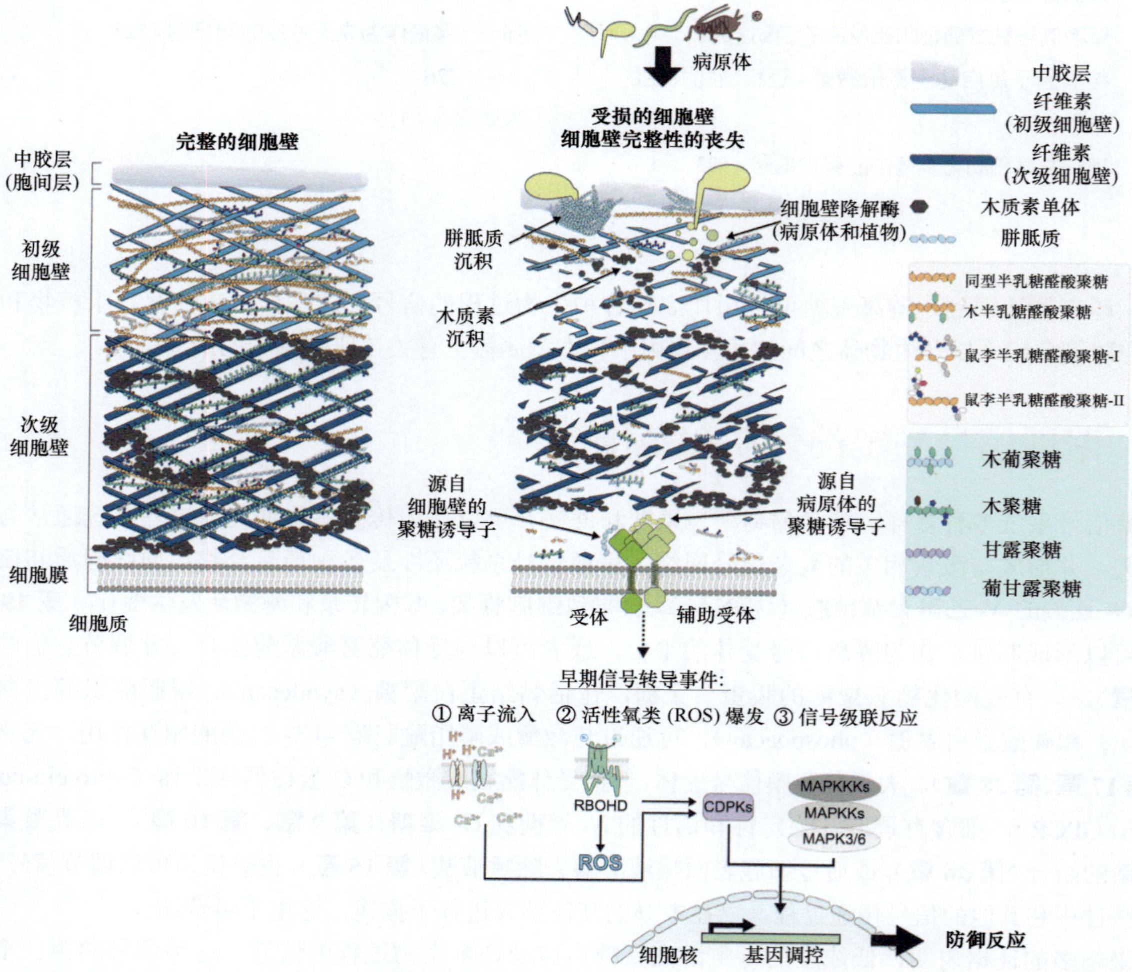

图 40.1 通过模式识别受体（PRR）对聚糖感知后的植物防御反应。这些反应由聚糖酶产生的聚糖启动，聚糖酶会破坏病原体细胞壁或植物细胞壁。聚糖通过其细胞外结构域（ECD）与特定的模式识别受体（PRR）相互作用，然后与模式识别受体辅助受体（PRR coreceptor）形成复合物，以启动磷酸化级联反应和（或）许多细胞反应，最终导致防御相关基因的表达，杀灭病原体或限制其传播。植物细胞壁的主要成分在侧栏进行了标识。缩写：呼吸爆发氧化酶同源蛋白 D（RBOHD），钙依赖蛋白激酶（CDPK），丝裂原活化蛋白激酶激酶激酶（MAPKKK），丝裂原活化蛋白激酶激酶（MAPKK），丝裂原活化蛋白激酶 3/6（MAPK 3/6）。

受体细胞质激酶结构域的激活及防御反应的启动。防御反应的信号可能涉及跨质膜离子的通量变化（包括细胞质 Ca^{2+} 爆发）、由还原型烟酰胺腺嘌呤二核苷酸磷酸（NADPH）氧化酶——呼吸爆发氧化酶同源蛋白（respiratory burst oxidase homolog，RBOH）形成的活性氧类（reactive oxygen species，ROS）、丝裂原活化蛋白激酶（mitogen-activated protein kinase，MPK）和钙依赖蛋白激酶（calcium-dependent protein kinase，CDPK）的磷酸化和激活，以及防御相关基因的上调（图 40.1）。这些防御反应可导致植物细胞壁的变化，产生使病原体细胞壁破碎的聚糖酶（glycanase），并合成抑制病原体生长的代谢物——**植物保卫素（phytoalexin）**和抗菌蛋白 / 多肽。这些防御反应往往导致植物组织中的局部细胞死亡，在感染部位出现可见的坏死斑点，限制了病原体的传播。在细胞外结构域 - 模式识别受体（ECD-PPR）可以感知的大量配体中，由碳水化合物分子组成的配体研究得相对较少。研究人员仅鉴定出数量有限的模式识别受体 / 聚糖配对，并表征了它们所触发的防御反应。有证据表明，植物防御反应和动物先天免疫系统之间有一些相似之处，最明显的是发生特定模式识别的场所存在着相似性（**第 42 章**）。

早期的研究表明，自植物或病原体的细胞壁聚糖中提取的寡糖，在纳摩尔 / 微摩尔浓度下会引发多种植物防御反应。由 1-4 连接的 α- 半乳糖醛酸（α-GalA）残基组成的寡聚半乳糖醛酸苷（oligogalacturonide），是从植物细胞壁多糖中释放出的寡糖素的一个例子，在这种特定情况下，由病原体分泌的多聚半乳糖醛酸内切酶（endopolygalacturonase，EPG）会从同型半乳糖醛酸聚糖（homogalacturonan）中释放寡聚半乳糖醛酸苷。这种由病原体分泌的多聚半乳糖醛酸内切酶活性，经常被植物产生的多聚半乳糖醛酸酶抑制蛋白（polygalacturonase-inhibiting protein，PGIP）所抑制或调节。类似地，由植物葡聚糖内切酶（endo-glucanase）从大豆病原体**大豆疫霉菌（*Phytophthora sojae*）**的菌丝体壁中释放的、由 1-6- 和 1-3- 连接的 β-葡萄糖（β-Glc）残基组成的寡聚葡萄糖苷（oligoglycoside），是从病原体的细胞壁中产生寡糖素的早期示例。

其他源自病原体的寡糖素，是衍生自真菌 / 卵菌细胞壁直链同源寡聚体的病原体相关分子模式，包括壳多糖 $(β1\text{-}4\text{-D-GlcNAc})_n$ 及其去乙酰化形式的壳聚糖（chitosan），以及 β1-3- 葡聚糖寡糖（β1-3-glucan oligosaccharide）（图 40.2）。最近，其他植物细胞壁衍生的寡糖素已被证明可以触发防御反应，包括由纤维素衍生的寡聚体（β1-4- 葡聚糖）、混合连键的葡聚糖（mixed-linkage glucan，MLG）即 β1-3/β1-4- 葡聚糖，以及衍生自木葡聚糖（xyloglucan）、甘露聚糖（mannan）、木聚糖（xylan）或胼胝质（callose）的寡糖，它们在拟南芥属植物和其他植物物种（包括农作物）中可以触发信号级联反应（图 40.2）。最近的研究表明，至少有一些自身免疫活性的植物聚糖，可作为正常植物发育途径的一部分，以受控的方式进行释放，并且不一定与细胞壁损伤途径相关（见下文）。同样值得注意的是，一些具有免疫活性的寡聚糖，可以从病原体和植物细胞壁中存在的聚合物中释放出来，例如，β1-3- 葡聚糖寡糖可以从植物产生的胼胝质中释

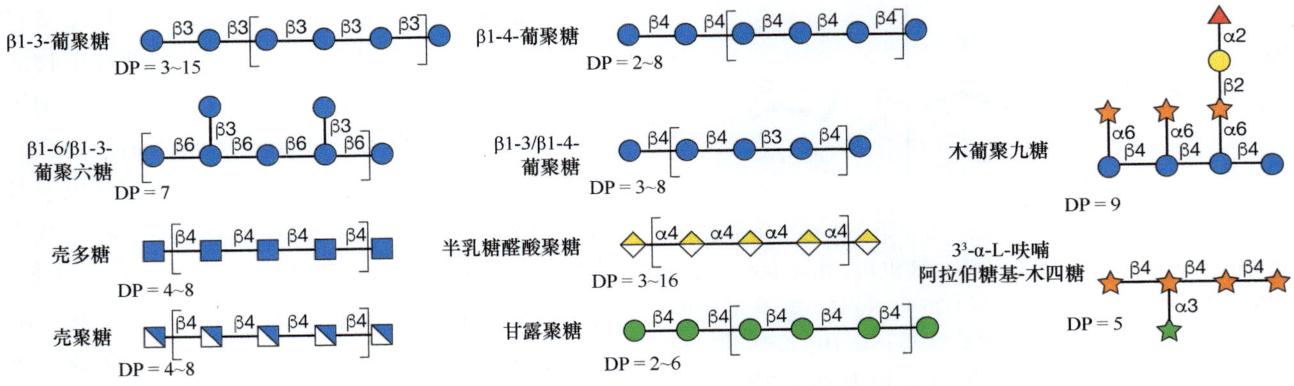

图 40.2　在植物中具有活性的寡糖素。图中显示了源自真菌、卵菌和植物细胞壁的寡糖示例。DP 表示在植物中触发某些反应所需的最小活性寡糖结构的聚合度（degree of polymerization）。

放出来，它也是许多真菌和卵菌细胞壁的组成部分。类似地，β1-4- 葡聚糖寡糖可以从存在于植物和一些卵菌细胞壁的纤维素释放出来。

寡糖素的组成（单糖单元）、聚合度（degree of polymerization，DP）和分支，决定了它们在触发植物防御时的生物活性。例如，具有生物活性的寡聚半乳糖醛酸苷，通常需要 10 ～ 14 的聚合度才能发挥活性，而聚合度＞ 7 和＞ 4，分别是寡聚壳聚糖（oligochitosan）和寡聚壳多糖（oligochitin）发挥生物活性的必要条件（图 40.2）。研究人员从大约 300 种非活性结构异构体的混合物中分离出一种来自卵菌细胞壁的、具有单一活性的七葡萄糖苷（hepta-glucoside），发现它能够触发大豆的防御反应。该寡糖中 β-1-3 分支的位置和聚合度，对其生物活性都很重要（图 40.2）。在还原端延长寡糖对生物活性没有明显影响，而从还原端去除单个葡萄糖也仍然很大程度地保留了活性。然而，六葡萄糖苷（hexa-glucoside）是这种寡糖的最小结构，在诱导大豆防御反应方面具有明显的活性。

引起防御反应的聚糖信号分子数量较少、类型不同，表明这些聚糖能够被特定的、细胞质膜定位的受体识别。在水稻细胞质膜上，研究人员发现了一种对壳多糖激发子（chitin elicitor）具有高结合亲和力的 75kDa 质膜蛋白，该蛋白质被认为参与了寡糖感知和信号转导。这种水稻**壳多糖寡糖激发子结合蛋白（chitin oligosaccharide elicitor-binding protein，CEBiP）**，在其细胞外结构域上含有一个溶菌酶基序（lysozyme motif，LysM），在膜的细胞质侧却没有明显的蛋白组分。同样，在拟南芥中，壳多糖诱导的信号传递需要具有溶菌酶基序 - 胞外结构域的质膜定位受体样激酶：壳多糖激发子受体激酶 1（chitin elicitor receptor kinase 1，CERK1）。在水稻和拟南芥中，对壳寡糖素（chito-oligosaccharin）的感知分别涉及额外的、含有溶菌酶基序的受体，即 CERK1 和溶菌酶基序结构域受体样激酶 5（LysM domain receptor-like kinase 5，LYK5）（图 40.2）。豆科植物**苜蓿属（*Medicago*）**植物中也存在着类似的情况，它需要溶菌酶基序结构域受体样激酶 9（LYK9）［即拟南芥壳多糖激发子受体激酶 1（AtCERK1）同源物］和溶菌酶基序结构域受体样激酶 4（LYK4）［即拟南芥溶菌酶基序结构域受体样激酶 5（AtLYK5）的同源物］来激活壳寡糖（chito-oligosaccharide）（聚合度为 8）的防御信号。拟南芥的溶菌酶基序（LysM）家族成员，也可能作为辅助受体参与对 β1-3- 葡聚糖和 β1-3/β1-4- 葡聚糖寡糖的感知。在拟南芥中，对果胶衍生的寡聚半乳糖醛酸苷的识别，涉及一种细胞壁相关受体样激酶（wall-associated receptor-like kinase，WAK）——细胞壁相关受体样激酶 1（WAK1），其胞外结构域与哺乳动物的表皮生长因子结构域相似。通过 RNA 干扰（RNA interference，RNAi）或突变，减少或削弱植物中编码这些受体的基因的表达，可以抑制防御反应。

40.3 结瘤因子是启动固氮根瘤菌 - 豆科植物共生的信号

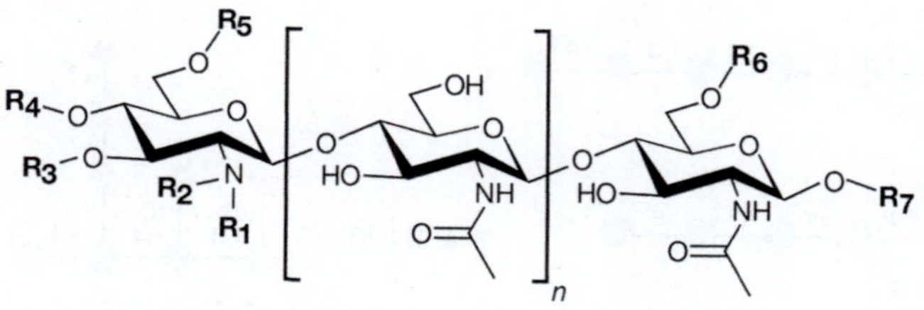

图 40.3 结瘤因子的通用结构。分子上可以发生物种特异性修饰的位点用 R_1 ～ R_7 表示。R_1=H 或甲基；R_2=C16:2、C16:3、C18:1、C18:3、C18:4、C20:3 或 C20:4；R_3=H，氨基甲酸酯；R_4=H 或氨基甲酸酯；R_5=H 或乙酰基；R_6=H、乙酰基、SO_3、岩藻糖、乙酰基岩藻糖或甲基岩藻糖；R_7=H 或甘油基。n=1 ～ 4（经许可重绘自 Dénaré J，et al. 1996. *Annu Rev Biochem* 65：503–535，©Annual Reviews 版权所有）。

根瘤菌与豆科植物根部之间的相互作用是农业和经济上重要的共生关系，因为它使得植物能够固定大气中的氮。该过程的早期步骤是植物识别由细菌产生的脂寡糖（lipooligosaccharide）信号，即**结瘤因子（Nod factor）**（图 40.3）。结瘤因子具有一个壳多糖寡糖（chitin oligosaccharide）主链，含有 3 ～ 5 个 *N*- 乙酰葡萄糖胺（GlcNAc）残基。然而，该主链结构的修饰类型，包括甲基化、酰基化（通常使用 C_{16} 或 C_{18} 脂肪酸）、乙酰化、氨甲酰化、硫酸化、糖基化和甘油的添加，在不同的根瘤菌菌株之间有所不同。

结瘤因子在亚纳摩尔浓度下有效，具有宿主特异性，并刺激植物根毛和根部发生许多变化，使细菌进入根部皮层，诱导发生固氮的根瘤（nodule）的形成。启动根瘤的形成和根瘤菌进入根部均具有宿主菌株特异性，这种特异性取决于特定根瘤菌菌株产生的结瘤因子的结构，以及豆科植物识别该信号的能力。

遗传和生化方法已被用于鉴定潜在的植物根部的结瘤因子受体和参与信号传递事件的蛋白质。推定的受体是跨膜蛋白，在膜的细胞质侧具有丝氨酸 / 苏氨酸受体激酶基序，而溶菌酶基序（LysM）结构域可能在膜外部负责结瘤因子的识别。据报道，两种受体，即结瘤因子受体 5（Nod-factor receptor 5，NFR5）和结瘤因子受体 1（NFR1），可以在具有高亲和力的结合位点直接与结瘤因子结合，虽然目前仅对有限的碳水化合物结合进行了研究。研究人员已在豆科植物的根部鉴定出一种**凝集素核苷酸磷酸水解酶（lectin nucleotide phosphohydrolase，LNP）**，据报道，该酶可与来自植物物种根瘤菌共生体的结瘤因子结合。LNP 是一种外周膜蛋白，可与一种或多种溶菌酶基序型（LysM-type）蛋白组成受体复合物来发挥作用，或在结瘤因子受体的下游发挥作用。

根瘤菌的胞外多糖（exopolysaccharide，EPS）在固氮根瘤的发育中也具有重要作用。一种根部受体样激酶——胞外多糖受体 3（exopolysaccharide receptor 3，EPR3）已被鉴定出来，并显示出在识别细菌的胞外多糖中发挥的作用。因此，受体介导的结瘤因子和胞外多糖信号的识别，可能与植物 - 细菌的相容性和细菌进入豆科植物根部有关。

40.4　植物发育和动物发育中的寡糖信号

研究表明，几种聚糖可以影响植物生长和植物的器官发生（organogenesis）。聚合度为 12 ～ 14 的、纳摩尔浓度的**寡聚半乳糖醛酸苷（oligogalacturonide）**（图 40.2）能够诱导花的形成，但会抑制根的形成。寡聚半乳糖醛酸苷还能增强细胞扩增，从而影响植物的生长和发育。这些影响中，有许多可能是由于寡聚半乳糖醛酸苷能够改变植物对于激素——生长素的响应能力。据报道，寡聚半乳糖醛酸苷受体蛋白，即细胞壁相关受体激酶（WAK），能够与细胞壁中的果胶（pectin）结合，从而影响植物细胞的扩增。生长素诱导的豌豆茎段的伸长，受到纳摩尔浓度的、具有富九糖（nonasaccharide-rich）片段的木葡聚糖的抑制（图 40.2）。植物也可以使用内源性结瘤因子样（Nod-factor-like）信号来调节它们的生长和发育。最近，对**木质素（lignin）**结构 / 组成改变的植物的研究表明，植物有能力监测其细胞壁结构的变化，并触发与植物防御不同的反应。在这种情况下，释放的活性寡糖似乎是**鼠李半乳糖醛酸聚糖（rhamnogalacturonan，RG）**的片段，与参与植物防御的寡聚半乳糖醛酸苷不同。这些结果表明，植物能够利用其细胞壁聚糖所包含的大量信息，为不同的细胞途径和响应释放信号。

壳多糖寡糖（chitin oligosaccharide）可能在动物胚胎发生（embryogenesis）中发挥作用。**非洲爪蟾属（*Xenopus*）**的 *DG42* 基因编码一种具有壳多糖合成酶（chitin synthase）活性的蛋白质，并在原肠胚形成的中晚期在内胚层细胞中短暂表达（**第 27 章**）。研究人员在斑马鱼和小鼠中也发现了 *DG42* 的同源物。DG42 蛋白与根瘤菌的壳多糖合成酶——结瘤蛋白 C（nodulation protein C，NodC）具有序列同源性。*DG42* 的转基因表达可形成特定聚糖，这些聚糖能够被壳多糖酶（chitinase）切割为片段。*DG42* 也与编码透明质酸合成酶（hyaluronan synthase）的基因具有同源性，研究表明，DG42 蛋白合成壳多糖和透明质酸，而前者可能作为起始引物（**第 16 章**）。在动物细胞中注射壳多糖酶或表达结瘤蛋白 Z（nodulation protein Z，NodZ），对发育具有深远的影响。该蛋白质是由 *NodZ* 基因编码的、可以修饰壳多糖的岩藻糖基转移酶。因此，壳多糖寡糖作为游离聚糖的一例，似乎在动物中发挥了细胞内信号分子的作用。

人乳中含有多种影响新生儿健康的化合物，包括乳糖、脂质和第三丰富的成分——**人乳寡糖（human milk oligosaccharide，HMO）**。人乳寡糖是一组 150 多种独特的寡糖，由乳糖在乳腺中合成，这些寡糖基本上不会被消化，并且作为益生元（prebiotic）发挥作用，选择性地促进肠道共生微生物的生长。人乳寡糖在其还原端含有乳糖，可以在半乳糖（Gal）的 O-2（2'- 岩藻糖基乳糖）和 O-3（3'- 岩藻糖基乳糖）处发生岩藻糖基化，或者可以在半乳糖的 O-6 或 O-3 处被唾液酸化。它们也可以被 β1-3- 或 β1-6- 连接的乳二糖（lacto-*N*-biose）或 *N*- 乙酰乳糖胺（LacNAc）延长。人乳寡糖可以是直链的，或携带有 α1-2、α1-3 或 α1-4 岩藻糖基化和（或）α2-3 或 α2-6 唾液酸化的支链，并且可能包含 30 多个糖单元。人乳寡糖的数量和组成由基因决定，因不同个体而异，并反映了血型特征。越来越多的证据表明，人乳寡糖通过细胞信号传递和细胞 - 细胞的识别事件，保护母乳喂养的婴儿免受微生物感染，从而丰富保护性肠道微生物群，抑制病原微生物的生长、黏附和侵入肠黏膜。例如，2'- 岩藻糖基乳糖（占人乳中人乳寡糖总含量的约 30%）已被证明可以抑制不同肠道病原体的结合和感染（**第 42 章**），它能够竞争性抑制微生物与黏膜表面以 α1-2 连接的岩藻糖为末端的人类聚糖受体间的结合，从而抑制发病机制的第一步。尽管需要更多的研究来了解人乳寡糖的作用机制，但目前的数据表明，人乳寡糖会刺激新生儿肠道表面的免疫调节活性，并调节细胞因子的产生。

异常聚糖的存在或聚糖在错误位置的积累，可能会对动物细胞中的信号传递途径产生负面影响。三素修复核酸外切酶 1（three prime repair exonuclease 1，TREX1）是一种与内质网相关的先天免疫负向调节因子。影响 TREX1 功能的突变，与许多自身免疫和自体炎症疾病有关（**第 45 章**）。有研究人员提出，TREX1 上内质网定位的羧基末端，可以与内质网*寡糖基转移酶*（oligosaccharyltransferase，OST）复合物发生相互作用，并稳定其催化活性，从而抑制了免疫激活。对羧基末端截短的 TREX1 而言，寡糖基转移酶复合物变得功能失调。这导致了游离聚糖从与多萜醇（dolichol）连接的寡糖中释放出来，据推测，这会导致具有免疫系统相关功能的基因激活和自身抗体的产生。因此，TREX1 可能保护了细胞免于内质网中游离聚糖的堆积影响，从而防止可能导致免疫疾病的聚糖缺陷和糖基化缺陷。

N- 连接聚糖在内质网中对糖蛋白的正确折叠发挥作用。错误折叠的糖蛋白，通过**内质网相关蛋白质降解［ER-associated(protein)degradation，ERAD］**过程靶向降解，在该过程中，它们被逆向转运到细胞质中（**第 39 章**）；然后，聚糖通过 *N*- 聚糖酶（*N*-glycanase）——*肽 -N(4)-(N- 乙酰基 -β- 葡萄糖胺基）天冬酰胺酰胺酶*［peptide-*N*(4)-(*N*-acetyl-β-glucosaminyl)asparagine amidase，NGLY1］从糖蛋白中释放出来。蛋白质被蛋白酶体降解，而释放的聚糖可能在胞质溶胶中部分去甘露糖基化，然后通过尚未鉴定的寡糖转运蛋白转运到溶酶体。目前尚不清楚这些游离聚糖是否在细胞质 / 核区室中具有任何信号传递功能。在溶酶体中，糖苷酶将聚糖水解成糖单体，然后被细胞重新利用。破坏 NGLY1 蛋白功能的突变，可能会导致人类出现严重的健康问题。对 *Ngly1* 基因突变小鼠细胞的研究表明，在没有 NGLY1 蛋白的情况下，内质网相关蛋白质降解变得功能失调，因为细胞质中的*内切 -β-N- 乙酰葡萄糖胺酶*（endo-β-*N*-acetylglucosaminidase）产生仅含有单个 *N*- 乙酰葡萄糖胺（GlcNAc）修饰的、天冬酰胺（Asn）连接的蛋白质，而不是完全去糖基化的蛋白质。这些 *N*-GlcNAc 修饰蛋白的积累，可能导致对细胞有害的聚集体的形成，或者它们可能会干扰细胞内的信号传递过程。

40.5 糖胺聚糖和细胞信号传递

糖胺聚糖（glycosaminoglycan，GAG）是信号聚糖，因为它们与受体酪氨酸激酶和（或）其配体相互作用，促进了细胞行为的改变（**第 16 章**、**第 17 章**、**第 38 章**）。**透明质酸寡糖（hyaluronan oligosaccharide）**能够与包括 CD44 在内的、特定的膜蛋白结合。在一些细胞中，这种结合导致了 CD44 的聚集，从而激活激酶，如激酶 c-Src 和黏着斑激酶（focal adhesion kinase，FAK）。磷酸化改变了 CD44 的细胞质尾部与调控分子（regulatory molecule）和衔接分子（adaptor molecule）之间的相互作用，从而调节细胞骨架的组装 /

分解、细胞存活和增殖（图 16.6）。透明质酸寡糖的信号传递取决于聚糖的聚合度。低分子质量的聚糖通过与 Toll 样受体（Toll-like receptor，TLR）的结合，在触发危机响应方面更为活跃。

与具有透明质酸依赖性的信号转导不同，硫酸乙酰肝素（HS）和硫酸软骨素 / 硫酸皮肤素（CS/DS）等硫酸化的糖胺聚糖执行的信号转导，通过间接的机制进行。事实上，鲜有膜受体与硫酸化的糖胺聚糖的结合引发特定下游反应（如受体的磷酸化或激酶激活）的相关报道。相反，硫酸化的糖胺聚糖与许多配体 / 受体对结合，降低了与受体结合所需配体的有效浓度，或是增加了反应的持续时间。这方面的一个例子是外源性肝素（heparin）或内源性硫酸乙酰肝素（HS）蛋白聚糖，通过成纤维细胞生长因子（fibroblast growth factor，FGF）激活成纤维细胞生长因子受体（fibroblast growth factor receptor，FGFR）（**第 38 章**）。在与硫酸化的糖胺聚糖结合时，配体没有发生实质性的构象变化，这与聚糖主要用于协助信号转导途径中各个成分的合理排布（juxtaposition）的观点一致。游离的硫酸乙酰肝素寡糖，可在细胞分泌的*乙酰肝素酶*（heparanase）的作用下获得释放。这些聚糖可以通过上述机制，或通过从细胞外基质中的储存库释放生长因子来促进信号传递。硫酸化的糖胺聚糖还有助于在早期发育过程中，在组织中形成形态发生素梯度（morphogen gradient）。由于梯度决定了发育过程中的细胞特化（specification），所以聚糖间接地影响了接受细胞中的信号响应。这些例子并未排除硫酸化的糖胺聚糖作为配体直接诱导信号传递的可能性，如通过连接受体（ligating recpetor）诱导信号传递。

40.6　聚糖作为先天免疫的调节剂

除了黏蛋白（mucin）外（**第 10 章**），真核生物进化早期形成的先天免疫系统是抵御微生物感染的第一道防线。该系统的一个关键特征是它能够区分“自我”和具有感染性的“非我”。在更高级的真核生物中，这是通过识别病原体特有的保守分子模式的受体来实现的。这些病原体相关分子模式（PAMP）中有许多是位于微生物表面的聚糖。这些聚糖包括革兰氏阴性菌的脂多糖（lipopolysaccharide，LPS）、革兰氏阳性菌的肽聚糖（peptidoglycan）和磷壁酸（teichoic acid）（**第 21 章、第 22 章**），以及真菌的甘露聚糖和葡聚糖，它们可被模式识别受体（PRR）感知。正如在植物中一样（如上所述），在哺乳动物中也存在着大量的模式识别受体，它们识别不同的病原体相关分子模式，并诱导宿主防御途径，包括 Toll 样受体（TLR），以及与甘露聚糖结合的凝集素（**第 42 章**）。病原体相关分子模式与 Toll 样受体的结合，激活了各种信号通路，从而诱发炎症和抗菌效应因子的响应。一些 Toll 样受体存在于抗原呈递细胞（APC）上，有助于激活适应性免疫应答。Toll 样受体还通过与作为损伤相关分子模式所释放出的透明质酸片段进行结合，对组织损伤作出反应（图 16.6）。

哺乳动物先天性免疫研究中，研究最为深入的模型之一涉及革兰氏阴性菌的脂多糖，它能够引起败血症休克（**第 42 章**）。**脂质 A（lipid A）**也被称为**内毒素（endotoxin）**，是脂多糖中基于葡萄糖胺的磷脂锚结构，负责激活先天免疫系统。脂质 A 是一种极好的病原体相关分子模式，因为它的结构在革兰氏阴性菌中高度保守。皮摩尔浓度的脂质 A 即可被 Toll 样受体 4（TLR-4）检测到。脂多糖首先受到调理素的作用，并与另一种宿主细胞表面蛋白 CD14 复合。脂多糖的结合导致衔接蛋白——骨髓分化初级反应蛋白（myeloid differentiation primary response protein 88，MyD88）和白细胞介素 -1 受体相关激酶（interleukin-1 receptor-associated kinase，IRAK）的招募。该复合物启动了一个磷酸化事件的信号级联反应，最终导致了促炎基因的转录。

与病原体相关分子模式（PAMP）和损伤相关分子模式（DAMP）相比，哺乳动物先天免疫细胞上的抑制性唾液酸结合免疫球蛋白样凝集素受体（Siglec receptor）（**第 35 章**），可以识别内源性的唾液酸化糖复合物，将其视为**自相关分子模式（self-associated molecular pattern，SAMP）**，并抑制针对宿主的、不必要的免疫应答。所涉及的唾液聚糖特异性的细节需要进一步研究，但病原体可以通过**分子模拟**（**molecular mimicry**）对该系统加以利用（**第 7 章、第 42 章**）。

植物还表现出一种先天免疫，激活后可以赋予整个植株对病原体攻击的抵抗力。β1-3- 葡聚糖、混合连键的葡聚糖（MLG）和木葡聚糖寡糖（xyloglucan oligosaccharide）的制剂（图 40.2），能够在植物中引发防御反应，当外源施用于作物时，能够提供针对不同病原体的保护。木葡聚糖寡糖有效地保护了葡萄藤和拟南芥免受真菌 / 卵菌病原体的侵害，而 β1-3- 葡聚糖改善了烟草和葡萄藤对细菌、真菌、卵菌病原体等的抵抗作用。鉴于褐海藻中富含 β1-3- 葡聚糖，基于昆布多糖（laminarin）的产品已成功开发用于农业，作为植物对病原体天然防御的激活剂。类似地，纤维二糖（cellobiose）的预处理减少了一些病原体在拟南芥幼苗上的生长，尽管需要较高的剂量才能观察到这种效果。在所有这些情况下，参与感知这些在植物中产生抗性反应的寡糖结构的模式识别受体，还尚未被详细地描述。

本章中所列举的示例，展示了可以作为信号分子发挥作用的游离聚糖的结构多样性。植物和动物细胞中的聚糖信号以及它们与微生物的相互作用中聚糖信号的更多例子，将在未来变得愈发清晰。

致谢

感谢陈希（Xi Chen）、加布里埃尔 · A. 拉宾诺维奇（Gabriel A. Rabinovich）和劳拉 · 巴塞特（Laura Bacete）的有益评论、建议及贡献。

延伸阅读

Darvill A, Augur C, Bergmann C, Carlson RW, Cheong J-J, Eberhard S, Hahn M, Ló V-M, Marfa V, Meyer B. 1992. Oligosaccharins—oligosaccharides that regulate growth, development and defence responses in plants. *Glycobiology* **2**: 181-198.

Cullimore JV, Ranjeva R, Bono J-J. 2001. Perception of lipo-chitooligosaccharidic Nod factors in legumes. *Trends Plant Sci* **6**: 24-30.

Ronald PC, Beutler B. 2010. Plant and animal sensors of conserved microbial signatures. *Science* **330**: 1061-1064.

Smeekens S, Ma J, Hanson J, Rolland F. 2010. Sugar signals and molecular networks controlling plant growth. *Curr Opin Plant Biol* **13**: 273-278.

Gough C, Cullimore J. 2011. Lipo-chitooligosaccharide signaling in endosymbiotic plant-microbe interactions. *Mol Plant Microbe Interact* **24**: 867-878.

Broghammer A, Krusell L, Blaise M, Sauer J, Sullivan J, Maolanon N, Vinther M, Lorentzen A, Madsen EB, Jensen KJ. 2012. Legume receptors perceive the rhizobial lipochitin oligosaccharide signal molecules by direct binding. *Proc Nat Acad Sci* **109**: 13859-13864.

Ferrari S, Savatin D, Sicilia F, Gramegna G, Cervone F, Lorenzo GD. 2013. Oligogalacturonides: plant damage-associated molecular patterns and regulators of growth and development. *Front Plant Sci* **4**: 10.3389.

Liang Y, Cao Y, Tanaka K, Thibivilliers S, Wan J, Choi J, ho Kang C, Qiu J, Stacey G. 2013. Nonlegumes respond to rhizobial Nod factors by suppressing the innate immune response. *Science* **341**: 1384-1387.

Roberts NJ, Morieri G, Kalsi G, Rose A, Stiller J, Edwards A, Xie F, Gresshoff P, Oldroyd GE, Downie JA. 2013. Rhizobial and mycorrhizal symbioses in Lotus japonicus require lectin nucleotide phosphohydrolase, which acts upstream of calcium signaling. *Plant Physiol* **161**: 556-567.

Kawaharada Y, Kelly S, Nielsen MW, Hjuler CT, Gysel K, Muszyński A, Carlson R, Thygesen MB, Sandal N, Asmussen M. 2015. Receptor-mediated exopolysaccharide perception controls bacterial infection. *Nature* **523**: 308-312.

He YY, Lawlor NT, Newburg DS. 2016. Human milk components modulate Toll-like receptor-mediated inflammation. *Adv Nutr* **7**: 102-111.

Kohorn BD. 2017. Cell wall-associated kinases and pectin perception. *J Exp Bot* **67**: 489-494.

Bacete L, Mélida H, Miedes E, Molina A. 2018. Plant cell wall-mediated immunity: cell wall changes trigger disease resistance responses. *Plant J* **93**: 614-636.

Buhian WP, Bensmihen S. 2018. Mini-Review: Nod factor regulation of phytohormone signaling and homeostasis during Rhizobia-legume symbiosis. *Front Plant Sci* **9**: 1247.

Plaza-Díaz J, Fontana L, Gil A. 2018. Human milk oligosaccharides and immune system development. *Nutrients* **10**: 1038.

Plows JF, Berger PK, Jones RB, Alderete TL, Yonemitsu C, Najera JA, Khwajazada S, Bode L, Goran MI. 2021. Longitudinal changes in human milk oligosaccharides (HMOs) over the course of 24 months of lactation. *J Nutrition* **151**: 876-882.

第 41 章

系统生理学中的聚糖

罗伯特 · 萨克斯坦（Robert Sackstein），肖恩 · R. 斯托威尔（Sean R. Stowell），卡琳 · M. 霍夫迈斯特（Karin M. Hoffmeister），哈德森 · H. 弗里兹（Hudson H. Freeze），阿吉特 · 瓦尔基（Ajit Varki）

41.1 生殖生物学 / 528
41.2 胚胎学和发育 / 528
41.3 血液学 / 529
41.4 免疫学 / 530
41.5 心血管生理学 / 530
41.6 气道和肺生理学 / 530
41.7 内分泌学 / 530
41.8 口腔生物学 / 531
41.9 胃肠病学 / 531
41.10 肝病学 / 531
41.11 肾脏病学 / 532
41.12 皮肤生物学 / 532
41.13 肌肉骨骼生物学 / 532
41.14 神经生物学 / 532
致谢 / 533
延伸阅读 / 533

聚糖介导或调节许多生理功能。本章侧重于脊椎动物生理学（主要是人类），为生理学家和医生提供聚糖对器官系统功能影响的概述。聚糖生物合成和降解的病理学方面的内容，将在其他章节中讨论。鉴于聚糖生理功能的广泛性，下文中的各部分仅突出了几个具有代表性的示例，并且列举的内容仍然有待完善。

41.1 生殖生物学

聚糖和聚糖结合蛋白对雄性及雌性的繁殖都很重要。对鱼类、蛙类和哺乳动物的研究表明，聚糖参与了受精过程的多个步骤（**第 27 章**）。在体内受精的动物中，聚糖依赖性的识别事件发生在精子与生殖道黏蛋白的相互作用、精子 - 输卵管的相互作用、输卵管内的精卵结合，以及早期胚胎的植入过程中。糖基化缺陷的雄性小鼠，有时不育或生育力低下。出生后哺乳动物产生的乳汁是含有一系列糖蛋白和物种特异性乳寡糖的复杂混合物（**第 14 章**）。

41.2 胚胎学和发育

那些消除了主要聚糖合成途径和一些单糖生物合成途径中初始步骤的遗传修饰，通常会导致胚胎致死，一个例外是删除启动黏蛋白 *O-N-* 乙酰半乳糖胺（*O*-GalNAc）途径所需的单个基因，这可能是因为 20 种不同的多肽 *O-N-* 乙酰半乳糖胺转移酶（polypeptide *O*-GalNAc transferase，ppGalNAcT）

之间存在着功能上的冗余（**第 10 章**）。这些致命性结果的肇因，通常无法与特定的糖复合物联系起来，但有时可以归因于某种单一机制，如蛋白质 *O-* 岩藻糖基化的破坏，这会整体影响 Notch 蛋白的受体信号传递（**第 13 章**）。相反，末端聚糖修饰的丢失通常不会产生胚胎致死，而是在生物体某些细胞类型中具有特定的缺陷。消除糖胺聚糖也会导致发育异常，很可能归因于它们在调节生长因子功能和建立形态发生素梯度中的作用（**第 17 章**）。尽管消除糖胺聚糖会导致全身发育异常，但消除一些蛋白聚糖中的核心蛋白部分（即糖链结构的载体），可能会产生组织特异性的后果（**第 17 章、第 25 章、第 26 章**）。

鉴于聚糖在发育中的重要作用，许多最初由单克隆抗体（monoclonal antibody，mAb）鉴定获得的哺乳动物胚胎干细胞（embryonic stem cell，ESC）的经典生物标志物，最终毫不意外地被证明是聚糖。这些标记物中有许多具有物种特异性。例如，阶段特异性胚胎抗原 1（stage-specific embryonic antigen-1，SSEA-1），也称为 Lewis x（Le^x）或 CD15，是小鼠胚胎干细胞的主要标志物，但在人类胚胎干细胞上不存在。相反，人类胚胎干细胞（ESC）和诱导多能干细胞（iPSC）表达红细胞糖苷酯（globoside）阶段特异性胚胎抗原 3（SSEA-3）和阶段特异性胚胎抗原 4（SSEA-4），并且单克隆抗体还与唾液酸化硫酸角质素蛋白聚糖上的 TRA-1-60 表位和足萼糖蛋白样蛋白 -1（podocalyxin-like protein 1，PCLP1）（即 TRA-1-81 表位）反应，从而分别用于检测硫酸角质素相关抗原及四糖基序 Galβ1-3GlcNAcβ1-3Galβ1-4GlcNAc。

41.3 血液学

聚糖影响所有类型的血细胞功能。人类红细胞上的 ABO 血型抗原是聚糖，成功的输血过程需要满足供体和受体间这些抗原的兼容性（**第 14 章**）。体循环中血小板表面的糖蛋白上的聚糖，在止血中起关键作用，这些蛋白质包括整联蛋白 GPIIb/GPIIIa（CD41/CD61）。血小板计数（即血液中的血小板数量）受到严格控制：低计数［**即血小板减少症（thrombocytopenia）**］会导致出血，而高计数［**即血小板增多症（thrombocytosis）**］会导致病理性凝血（血栓形成）。通过增加血小板破坏或抑制血小板的生成，负责合成唾液酸的酶［如尿苷二磷酸 -*N-* 乙酰葡萄糖胺 2- 差向异构酶 /*N-* 乙酰甘露糖胺激酶（UDP-*N*-acetylglucosamine 2-epimerase/*N*-acetylmannosamine kinase，GNE）］，或是负责合成乳糖胺单元的酶，［如 β1-4 半乳糖基转移酶 1（β1-4 galactosyltransferase 1，B4GALT1）］的遗传学改变，会影响血小板计数。血小板老化与血小板表面唾液酸的损失，与通过肝脏受体或阿什韦尔 - 莫雷尔受体（Ashwell-Morell receptor，AMR）的清除率增加有关（**第 34 章**）。感染和炎症也可能导致血小板减少症，因为人类或微生物的神经氨酸酶（neuraminidase）使得血小板可被阿什韦尔 - 莫雷尔受体清除。**选凝素（selectin）**及其糖基化配体（**第 34 章**）在介导造血干细胞转运到骨髓（造血干细胞移植成功的关键过程），以及白细胞从血流中外渗进入组织等过程中起关键作用。在每种情况下，循环中的细胞与靶组织血管内皮床（endothelial bed）结合的能力均取决于它们的四糖，即唾液酸化 Lewis x（SLe^x）（或称 CD15s）的表达情况，这是选凝素经典的最小结合决定簇，在 *N-* 聚糖、*O-* 聚糖和糖脂上均有发现。白细胞 SLe^x 的表达缺陷会导致外渗减少，同时使感染风险增加。另外，通过对干细胞表面或白细胞亚群进行糖工程改造，强制表达 SLe^x，可以促进它们向炎症部位的递送，从而分别增强组织再生或免疫功能。关于选凝素受体 / 配体相互作用在血液病中影响的更多信息，详见**第 46 章**。

血浆中几乎所有的蛋白质都需经过 *N-* 糖基化，以确保其在循环中的稳定性，保持最佳的功能。由于糖链的不稳定和（或）加速清除，*N-* 糖基化缺陷患者的凝血因子水平通常不足，这些凝血因子包括抗凝血酶 III（antithrombin III）、蛋白 C（protein C）、蛋白 S（protein S）（**第 45 章**）。Notch 受体上的 *O-* 岩藻聚糖可调节造血功能和造血干细胞的微环境（**第 13 章**）。

41.4 免疫学

除 SLe^x 外，某些糖蛋白的 *N*- 聚糖和 *O*- 聚糖上的其他聚糖组分，也会影响白细胞的分化、黏附和存活（**第 36 章**、**第 45 章**）。白细胞中的信号传递也受到唾液酸结合免疫球蛋白样凝集素（Siglec）的调节，唾液酸结合免疫球蛋白样凝集素，可将含有唾液酸的配体识别为**自相关分子模式（self-associated molecular pattern，SAMP）**（**第 35 章**），Notch 蛋白受体上的 *O*- 岩藻糖聚糖调控了多种细胞分化过程，包括胸腺中 T 细胞的发育（**第 13 章**）。**半乳凝集素（galectin）**（**第 36 章**）在免疫细胞的活化和功能中起关键作用，C 型凝集素也是如此，如抗原呈递细胞上的树突状细胞特异性细胞间黏附分子 -3- 捕获非整联蛋白（dendritic cell-specific intercellular adhesion molecule-3-grabbing nonintegrin，DC-SIGN）（**第 34 章**）。聚糖是许多抗原的关键成分，可以决定表位的呈递方式，例如，CD1a 阳性淋巴细胞和其他抗原呈递细胞对糖脂抗原的呈递。免疫球蛋白 G（IgG）Fc 结构域中的唾液酸化 *N*- 聚糖，在抗体效应因子功能中发挥了关键作用，并且调节人 IgG Asn297 位点的岩藻糖基化和（或）*N*- 聚糖，能够调控**抗体依赖性细胞介导的细胞毒作用（antibody-dependent cell-mediated cytotoxicity，ADCC）**和补体激活。

41.5 心血管生理学

透明质酸在心脏发育中起关键作用（**第 16 章**），而糖胺聚糖调节血管生成，部分原因在于它们可以与血管内皮生长因子和成纤维细胞生长因子等生长因子结合（**第 17 章**）。血管壁的结构完整性被认为取决于聚糖，包括内皮细胞管腔表面高密度的唾液酸，以及内皮细胞下基底膜内的糖胺聚糖。心肌的完整性和心血管功能的最佳状态取决于各种聚糖。

41.6 气道和肺生理学

上呼吸道和下呼吸道上皮细胞的管腔表面，被杯状细胞和黏膜下腺体分泌的、密集而复杂的、大多为 *O*- 糖基化的黏蛋白（mucin）（**第 10 章**）所覆盖。结构性糖蛋白、糖脂和分泌的黏蛋白分子形成屏障，维持上皮表面的水合作用，防止物理入侵和微生物入侵。缺乏复杂 *N*- 聚糖的胚胎干细胞，无法正确组织支气管上皮细胞。*N*- 聚糖对健康的肺功能也很重要，因为缺乏 *N*- 聚糖核心 α1-6 连接岩藻糖的小鼠会出现类似肺气肿的症状，由降解肺组织的基质金属蛋白酶（matrix metalloproteinase）的过度表达而引起；这可能是由于转化生长因子 -β1（transforming growth factor-β1，TGF-β1）通过其错误糖基化受体产生的信号传递异常所致。单个黏蛋白的基因敲除，显示出功能上的重叠性。肺部缺乏 *O*- 岩藻糖的小鼠，无法产生气道完整性所必需的分泌细胞。

41.7 内分泌学

细胞核和细胞质蛋白上的 *O*-GlcNAc 糖基化，可以调节胰岛素的作用，异常的 *O*-GlcNAc 糖基化与**高血糖症（hyperglycemia）**有关（**第 19 章**）。*N*- 聚糖也在 2 型糖尿病中发挥作用，例如，无法合成三天线结构 *N*- 聚糖的小鼠，在喂食高脂饮食时会罹患糖尿病。这种缺陷改变了胰岛细胞上葡萄糖转运蛋白 2（GLUT2）上的单个 *N*- 聚糖，加速了转运蛋白的内吞作用，导致其从细胞表面的消失和对胰岛素的响应变差。*N*- 聚糖可能对功能性甲状腺激素的产生也很重要。例如，将内吞的甲状腺球蛋白靶向至溶酶体，以便在甲状腺中转化为三碘甲腺原氨酸（T3）和四碘甲腺原氨酸（T4）（**第 33 章**）。几种垂体糖蛋白激素的血浆半衰期同样受到 *N*- 聚糖的调控，其中 *N*- 聚糖上含有不寻常的、硫酸化的 *N*- 乙酰半乳糖胺（**第 14 章、第 31 章**）控制着肝脏中的激素清除。*O*-GalNAc 糖基化可通过影响蛋白水解切割来调节多肽类激素，如磷酸盐调节激素——成纤维细胞生长因子 23（fibroblast growth factor 23，FGF23）中的 *O*- 聚糖丢失，导致缺乏多肽 *N*- 乙酰半乳糖胺转移酶 3（polypeptide *N*-acetylgalactosaminyltransferase 3，GalNAc-T3，GALNT3）的患者出现**家族性肿瘤性钙质沉着症（familial tumoral calcinosis）**（**第 10 章**）。

41.8　口腔生物学

糖胺聚糖（**第 16 章、第 17 章**）是牙龈和牙齿正常发育、组织架构和结构形成所必需的。口腔共生生物通过聚糖识别彼此，或通过聚糖与宿主上皮细胞进行相互作用。唾液腺产生的黏蛋白，通过防止在牙齿上形成细菌**生物膜（biofilm）**来帮助保护口腔（**第 10 章、第 42 章**）。然而，黏蛋白上的唾液酸化聚糖（sialoglycan），也为助长龋齿生成的细菌提供了结合位点。

41.9　胃肠病学

聚糖通过架构有助于阻挡病原体的黏蛋白屏障，实现肠腔内容物与细胞的物理分离。然而，胃肠道的微生物组也包含了维持复杂生理平衡的微生物共生体。一些生物体对宿主进行**聚糖觅食（glycan foraging）**（**第 37 章**），有助于防止病原体的入侵，如胃中的**螺杆菌属（*Helicobacter*）**和结肠中的厌氧菌（**第 37 章、第 42 章**）。**幽门螺杆菌（*Helicobacter pylori*）**感染很少发生在十二指肠，因为十二指肠中表达不寻常的、GlcNAc α1-4- 末端的 *O*- 连接黏蛋白。这种抗菌聚糖可以抑制胆固醇基 - 葡萄糖苷（cholesteryl-glucoside）的合成，这是幽门螺杆菌细胞壁的主要成分。肠基底膜中的硫酸乙酰肝素可作为渗透屏障，防止蛋白质从血浆流失到肠道中。小肠中的 *O*- 岩藻糖聚糖则可以调控肠道发育所必需的分泌细胞和杯状细胞的平衡。

41.10　肝病学

肝脏合成大部分的血浆蛋白，几乎所有这些蛋白质都被高度 *N*- 糖基化，使得肝细胞成为研究高尔基体组织和功能的传统细胞类型。值得注意的是，急性期反应物（acute phase reactant，APR）是糖蛋白，糖基化模式的变化可能反映了生理反应。肝脏中的肝细胞和库普弗细胞（Kupffer cell）都具有特定的、基于聚糖的识别系统（如阿什韦尔 - 莫雷尔受体）来清除不需要的循环分子（有关肝脏受体的更多信息，参见**第 28 章、第 31 章、第 32 章**和**第 34 章**）。在窗孔内皮（fenestrated endothelium）和肝细胞之间的窦周间隙（space of Disse）[①]中，硫酸乙酰肝素蛋白聚糖与脂蛋白结合，并有助于脂蛋白的清除。用葡萄糖醛酸对胆红素、激素和药物进行肝脏修饰，即葡萄糖醛酸化（glucuronidation），可增加它们的水溶性，改善这些物质在胆汁和（或）尿液中的清除率（**第 5 章**）。

---

① 也称迪赛间隙，为血窦内皮细胞与肝细胞之间的微小裂隙。肝细胞的微绒毛浸入其中，与血液间进行物质交换。以德国解剖学家和组织学家约瑟夫 · 雨果 · 文森兹 · 迪赛（Joseph Hugo Vincenz Disse）命名。

41.11 肾脏病学

足萼糖蛋白（podocalyxin）上的硫酸乙酰肝素糖胺聚糖（**第 17 章**）和唾液酸残基（**第 15 章**）是肾小球基底膜的过滤功能所必需的。此外，复杂 *N*- 聚糖的分支减少会导致肾脏病变，可能由自身免疫应答引起。与肺部和胃肠道一样，含有 *O*-GalNAc 聚糖的黏蛋白（**第 10 章**）和含有糖胺聚糖的蛋白聚糖，在输尿管和膀胱的内腔表面提供屏障功能。

41.12 皮肤生物学

葡萄糖神经酰胺（glucosylceramide）和相关的鞘糖脂，有助于维持皮肤的屏障功能。透明质酸和硫酸皮肤素均有助于维持真皮层的结构，并参与伤口修复。内皮细胞选凝素——E 选凝素（E-electin，CD62E）（**第 34 章**），可由肿瘤坏死因子（tumor necrosis factor，TNF）、白细胞介素 -1（interleukin-1，IL-1）、脂多糖（lipopolysaccharide，LPS）或毛细血管后小静脉外伤诱导。然而，它在皮肤的微血管上组成型表达，在此募集携带 SLe^x 的白细胞，并确保对皮肤的免疫监视（**第 46 章**）。

41.13 肌肉骨骼生物学

骨骼肌与细胞外基质层粘连蛋白（laminin）的正确黏附，需要肌膜糖蛋白——α- 抗肌萎缩蛋白聚糖（α-dystroglycan）上独特的 *O*- 甘露糖聚糖修饰（**第 27 章**）。该合成途径中的各种缺陷，会导致人类和小鼠出现轻度至重度**肌营养不良（muscular dystrophy）**（**第 45 章**）。与聚糖相关的相互作用，可以促进乙酰胆碱受体在神经肌肉接头处的聚集。离子转运蛋白上的唾液酸化聚糖十分重要，它们的丢失会影响对进入骨骼肌细胞的钙通量的控制。软骨的正常形成和成骨过程需要多种糖胺聚糖，包括透明质酸、硫酸乙酰肝素、硫酸软骨素和硫酸角质素（**第 16 章**、**第 17 章**），所有这些糖胺聚糖均需要保持适量浓度。

41.14 神经生物学

中枢神经系统（CNS）拥有最高数量和浓度的、含唾液酸的糖脂（神经节苷脂）（**第 11 章**），这些聚糖的改变会影响神经系统的功能。大脑特定细胞中的 *O*-GlcNAc 糖基化，可以感知营养物质并调节饱腹感。神经细胞黏附分子（neural cell adhesion molecule，NCAM）上不寻常的多唾液酸链，在胚胎发育过程中不同程度地调节着神经系统的可塑性（**第 15 章**）。除了肌肉功能障碍外（**第 45 章**），上文提到的肌营养不良症，通常还具有认知和（或）神经系统缺陷。在其他情况下，特定的聚糖似乎抑制了损伤后的神经再生。髓鞘相关糖蛋白（myelin-associated glycoprotein，MAG）对某些唾液酸化糖脂的识别，抑制了损伤后的神经元萌芽（neuronal sprouting）（**第 35 章**）类似的抑制作用也可能由糖胺聚糖硫酸软骨素介导（**第 17 章**）。在这两种情况下，聚糖在体内的靶向降解可以分别通过局部注射唾液酸酶或软骨素酶来刺激神经元的生长和修复，这意味着它们通常会阻止神经元的再生。缺乏一些复杂 *N*- 聚糖和糖胺聚糖的突变小鼠，揭示了这些分子在神经系统发育和组织架构中的重要性（**第 9 章**、**第 17 章**）。岩藻糖基化的 *N*- 聚糖似乎在调节神经发育和功能的各个方面发挥着作用。绝大多数遗传性糖基化障碍的患者也有认知和（或）神经系统的异常，但具体机制大多未知（**第 45 章**）。

致谢

感谢琳达·鲍姆（Linda Baum）和维克多·瓦奎尔（Victor Vacquier）对本章先前版本的贡献，并感谢鲁斯·肖（Ruth Siew）和汉斯·旺德尔（Hans Wandall）的有益评论及建议。

延伸阅读

Varki A. 2008. Sialic acids in human health and disease. *Trends Mol Med* **14**: 351-360.

Sackstein R. 2009. Glycosyltransferase-programmed stereosubstitution (GPS) to create HCELL: engineering a roadmap for cell migration. *Immunol Rev* **230**: 51-74.

Stanley P, Okajima T. 2010. Roles of glycosylation in Notch signaling. *Curr Top Dev Biol* **92**: 131-164.

Natunen S, Satomaa T, Pitka ¨ nen V, Salo H, Mikkola M, Natunen J, Otonkoski T, Valmu L. 2011. The binding specificity of the marker antibodies Tra-1-60 and Tra-1-81 reveals a novel pluripotency-associated type 1 lactosamine epitope. *Glycobiology* **21**: 1125-1130.

Hansson GC. 2012. Role of mucus layers in gut infection and inflammation. *Curr Opin Microbiol* **15**: 57-62.

Marcobal A, Southwick AM, Earle KA, Sonnenburg JL. 2013. A refined palate: bacterial consumption of host glycans in the gut. *Glycobiology* **23**: 1038-1046.

Stanley P. 2017. What have we learned from glycosyltransferase knockouts in mice? *J Mol Biol* **428**: 3166-3182.

Lee-Sundlov MM, Stowell SR, Hoffmeister KM. 2020. Multifaceted role of glycosylation in transfusion medicine, platelets, and red blood cells. *J Thromb Haemost* **18**: 1535-1547.

Smith BAH, Bertozzi CR. 2021. The clinical impact of glycobiology: targeting selectins, Siglecs and mammalian glycans. *Nat Rev Drug Discov* **20**: 217-243.

第 42 章

细菌和病毒感染

阿曼达 · L. 刘易斯（Amanda L. Lewis），克里斯汀 · M. 西曼斯基（Christine M. Szymanski），罗纳德 · L. 施纳尔（Ronald L. Schnaar），马库斯 · 艾比（Markus Aebi）

42.1 背景 / 534
42.2 作为毒力因子的细菌表面聚糖 / 534
42.3 定植和入侵的机制 / 538
42.4 病毒感染 / 540
42.5 宿主和肠道微生物群之间基于聚糖的相互作用：共栖物和病原体 / 544
致谢 / 545
延伸阅读 / 545

本章说明并讨论了聚糖影响细菌与病毒感染的发病机制及疾病进展时的一些关键机制，并举例描述了一些有望进行治疗性干预的机遇。

42.1 背景

传染病仍然是全世界数百万人死亡、残疾，以及社会和经济混乱的主要肇因。贫困、医疗服务缺乏、人口迁移、新出现的疾病病原体及抗生素的耐药性，都加剧了这些疾病的影响。传染病的预防和治疗策略源于对特定病毒或细菌病原体与人类（或动物）宿主之间复杂相互作用的透彻理解。

正如聚糖是所有动植物细胞最外层的主要成分一样，在真核生物的所有细菌和病毒的表面，研究人员也发现了寡糖和多糖。因此，微生物病原体与其宿主的大多数（不是全部）相互作用，在很大程度上受到各自表达的聚糖和聚糖结合受体模式的影响。这适用于感染的所有阶段，从宿主细胞表面的初始定植到组织扩散，再到诱导炎症或宿主细胞损伤，从而导致临床症状的出现。那些对疾病的临床表现负有最终责任的微生物分子，被称为**毒力因子（virulence factor）**。

42.2 作为毒力因子的细菌表面聚糖

42.2.1 多糖荚膜

一个健康人在皮肤和黏膜表面，特别是在胃肠道中，寄居着多达 10^{13} 个细菌，这个数字与我们自身体内的细胞数量类似。尽管存在所有这些直接而连续的接触，但细菌侵入组织产生严重感染的情况相对罕见。尽管不限于致病物种 / 菌株，但许多这些致病因子的一个共有特征是存在着多种多样的、包含多糖的**荚膜（capsule）**结构将细菌包裹起来（**第 21 章**）。这些结构可以具有许多生物学特性，可在不同的场景下刺激和阻挠免疫检测。荚膜对多种细菌病原体的毒力做出了关键贡献，减少了先天性免疫和适应性免疫系统的识别过程。然而，**荚膜多糖（capsular polysaccharide）**通常也是适应性免疫系统的天然靶标。事实上，针对不同荚膜结构的抗体，通常定义了用于区分特定细菌物种亚型的血清学（serology）。**肺炎链球菌（*Streptococcus pneumoniae*）**编码了可能是生物学和医学中最具历史意义的荚膜。弗雷德里克·格里菲斯（Frederick Griffith）于 1928 年进行的开创性实验表明，毒力在体内可以从死亡的、包在荚膜内的（平滑）致病菌株，转移到无毒、无荚膜的（粗糙）菌株。关于肺炎球菌多糖免疫原性的研究（图 42.1）为奥斯瓦尔德·艾弗里（Oswald Avery）、科林·麦克劳德（Colin MacLeod）和麦克林·麦卡蒂（Maclyn McCarty）的发现提供了框架，这些发现表明，DNA 是遗传信息的载体。

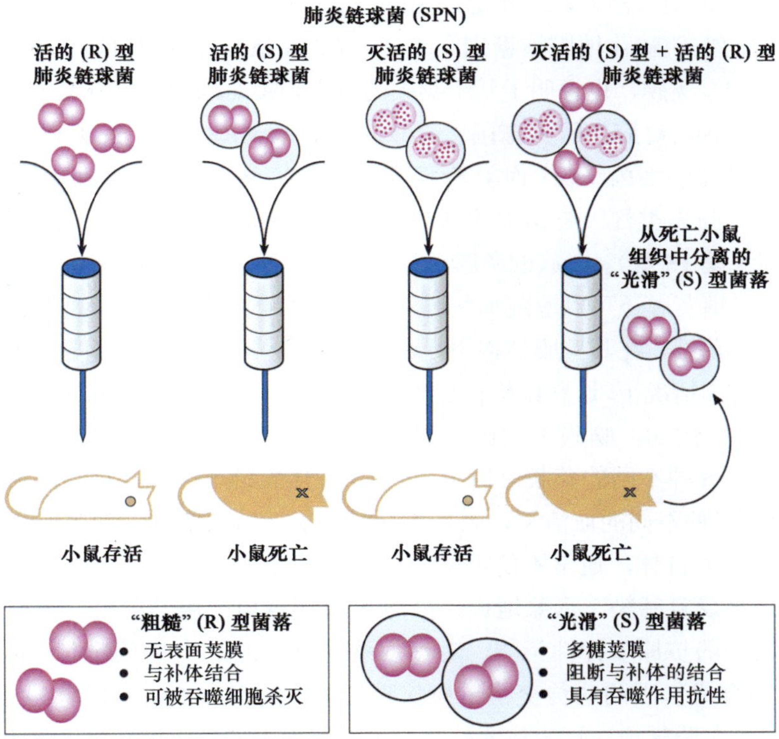

图 42.1　肺炎链球菌多糖荚膜毒力作用的经典实验。肺炎链球菌（*Streptococcus pneumoniae*，SPN）菌株，可以用“粗糙”（R）或“光滑”（S）表型来进行区分，后者是由于在其表面表达了致密的多糖荚膜所致。1928 年，弗雷德里克·格里菲斯（Frederick Griffith）发现，R 型肺炎链球菌菌株对小鼠无毒，而 S 型菌株则具有高度致死性。加热灭活的 S 型菌株不致病，但当与活的 R 型菌株混合时小鼠就会死亡，而感染后回收的细菌会表现出 S 表型，表明活的 R 型菌株已通过 S 型肺炎链球菌已加热灭活的制剂中存在的某种因子转化为 S 型菌株。该因子后来被证明是携带荚膜多糖生物合成途径的 DNA，该实验提供了 DNA 是遗传信息载体的第一个证据。

先天性免疫系统的吞噬细胞（如中性粒细胞或巨噬细胞）对细菌的杀伤是通过**调理作用（opsonization）**来实现的，调理作用是用补体蛋白或特异性抗体标记细菌表面的过程。吞噬细胞表达激活补体的受体及抗体 Fc 结构域的受体，使它们能够结合、吞噬和杀死细菌，这些过程被统称为**调理吞噬作用（opsonophagocytosis）**。荚膜生物合成基因的遗传诱变及小动物模型中的感染挑战，已经说明了细菌荚膜在抵抗调理吞噬作用中的功能。与野生型（wild-type）亲本菌株相比，**A 族链球菌（group A *Streptococcus*，GAS）**、**B 族链球菌（group B *Streptococcus*，GBS）**、**肺炎球菌（pneumococcus）**、**流感嗜血杆菌（*Haemophilus influenzae*）**、引发脑膜炎的**脑膜炎奈瑟菌（*Neisseria meningitidis*）**、引发伤寒的**伤寒沙门氏菌（*Salmonella typhimurium*）**、引发炭疽病的**炭疽杆菌（*Bacillus anthracis*）**以及其他几种重要的人类病原体，都能通过调理吞噬作用迅速从血液中清除，无法建立全身性感染。一些细菌在其荚膜中模仿携带负电荷的宿主分子唾液酸，包括新生儿病原体 B 族链球菌（GBS）和**大肠杆菌 K1**（***Escherichia coli* K1**）。这些唾液酸化的荚膜，与补体调节蛋白——H 因子（H factor）结合，减弱了补体的沉积。B 族链球菌的唾液酸，还通过直接接触唾液酸结合受体——唾液酸结合免疫球蛋白样凝集素 -9（Siglec-9），来减少中性粒细胞的杀菌活性，该过程独立于补体系统存在。

细菌还利用**分子模拟**（**molecular mimicry**）来逃避适应性免疫系统产生的抗体。一般而言，人类可以产生针对细菌多糖荚膜的有效抗体，但这种能力在生命的早期和晚期都会减弱。婴儿和老人特别容易受到被荚膜包封的病原体的侵袭性感染。对常见宿主聚糖结构的分子模拟，使得细菌可以伪装成“自我”，以避免被适应性免疫系统识别。例如，A 族链球菌病原体表达一种非免疫原性的透明质酸荚膜，与宿主皮肤和软骨中高度丰富的非硫酸化糖胺聚糖别无二致（**第 16 章**）。大肠杆菌和脑膜炎球菌的均聚唾液酸（homopolymeric sialic acid）荚膜，也说明了基于荚膜的宿主模拟对细菌免疫逃避的贡献，这也是导致败血症和脑膜炎的一个重要原因。**C 族脑膜炎球菌**（**group C meningococcus**）的荚膜，由 α2-9 连接的唾液酸聚合物组成，这是一种独特的细菌结构；而 **B 族脑膜炎球菌**（**group B meningococcus**）的荚膜由 α2-8 连接的唾液酸聚合物组成，与人类神经组织中的神经细胞黏附分子（neural cell adhesion molecule，NCAM）上存在的聚糖基序相同（**第 15 章**）。C 族的荚膜已被证明是人群中成功的疫苗抗原，而 B 族的荚膜则基本上没有免疫原性。细菌多糖荚膜还可以遮蔽那些可能会被抗体靶向的、具有免疫原性的表面蛋白。

同一细菌物种的不同菌株，在其荚膜结构中显示出不同的糖组成和不同的糖重复单元连键，是对宿主提出的诸多挑战之一。通常情况下，这些结构在免疫学上彼此各异，从而可以对不同的**荚膜血清型**（**capsule serotype**）菌株进行分类。例如，脑膜炎球菌有 5 种主要的荚膜血清型（A、B、C、Y 和 W-135）；呼吸道病原体流感嗜血杆菌有 6 种不同的荚膜血清型（a ～ f）；B 族链球菌有 9 种荚膜血清型（Ia、Ib 和 II ～ VIII）；而肺炎球菌有 90 多种不同的血清型，它是细菌性肺炎、败血症和脑膜炎的主要原因。宿主针对一种血清型菌株的荚膜产生的抗体，通常不能提供交叉保护性免疫。因此，个体在其一生中可能会被同一细菌病原体的不同血清型反复感染。形象地说，虽然 A 族链球菌使用的荚膜分子模拟策略使病原体无法被免疫监测，但荚膜类型的抗原多样性策略，对免疫系统而言正如一个不断移动的靶标。单个物种的血清型菌株之间荚膜生物合成基因的遗传交换，如脑膜炎球菌的多唾液酰基转移酶（polysialyltransferase）基因，可以导致活体中的荚膜转换，这为病原体从保护性免疫中逃逸提供了另一种手段。

42.2.2 脂多糖

除了多糖荚膜外，革兰氏阴性菌的外膜富含**脂多糖**（**lipopolysaccharide，LPS**）（**第 21 章**），也被称为**内毒素**（**endotoxin**）。顾名思义，脂多糖由两部分组成，包括脂质 A（lipid A）分子和聚糖成分。脂质 A 由嵌入外膜的两个葡萄糖胺、酰基链和磷酸基团组成。聚糖成分向外延伸到细菌所在的微环境中。其中，**核心寡糖**（**core oligosaccharide**）包含一些在脊椎动物中没有的糖，如 2- 酮 -3- 脱氧辛酮糖酸（2-keto-3-deoxy-octulosonic acid，Kdo）和庚糖（heptose）。而其他聚糖成分由被称为 ***O*- 抗原**（***O*-antigen**）的重复多糖组成，在单个物种内的不同菌株之间可能有很大的差异。许多黏膜病原体，如流感嗜血杆菌、**空肠弯曲杆菌**（***Campylobacter jejuni***）和**淋病奈瑟菌**（***Neisseria gonorrhoeae***）均缺乏 *O*- 抗原；相反，它们产生的**脂寡糖**（**lipooligosaccharide，LOS**）只包含脂质 A 和一个延伸的核心结构。

脂多糖是一种**病原体相关分子模式**（**pathogen-associated molecular pattern，PAMP**），可被先天免疫系统识别并刺激炎症过程，包括典型的发热反应。突破皮肤或黏膜屏障防御的细菌会释放可溶性脂多糖，它被膜受体 CD14 和 Toll 样受体 4（Toll-like receptor 4，TLR4）识别，启动下游的免疫信号传递过程

（图 42.2）。TLR4 属于进化上保守的受体家族——Toll 样受体家族（Toll-like receptor，TLR），可以检测出多种衍生自微生物的配体。例如，Toll 样受体 2（TLR2）可以识别源自通常缺乏脂多糖的、革兰氏阳性菌细胞壁的**肽聚糖（peptidoglycan）**或**脂磷壁酸（lipoteichoic acid，LTA）**。信号级联反应最终导致转录因子——核因子 -κB（nuclear factor-κB，NF-κB）的激活。NF-κB 易位进入细胞核，导致对一系列细胞过程的调控，包括免疫细胞分化、炎症小体的激活，以及包括肿瘤坏死因子 -α（tumor necrosis factor-α，TNF-α）和白细胞介素 -1（interleukin-1，IL-1）在内的促炎趋化因子与细胞因子的上调。

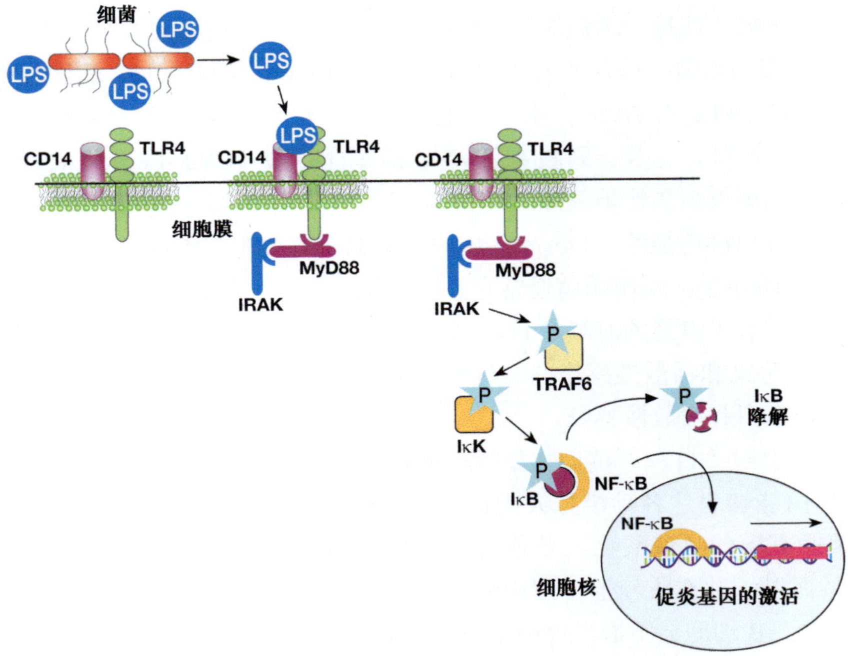

图 42.2 细菌脂多糖对免疫信号的激活。来自革兰氏阴性菌细胞壁的脂多糖（LPS），与模式识别分子——Toll 样受体 4（TLR4）和细胞表面受体 CD14 结合。脂多糖的结合导致衔接蛋白骨髓分化初级反应蛋白 88（myeloid differentiation primary response protein 88，MyD88）和白细胞介素 1 受体相关激酶（interleukin-1 receptor-associated kinase，IRAK）被招募到 Toll 样受体 4 的细胞质结构域。该复合物通过肿瘤坏死因子受体相关因子 6（TNF receptor-associated factor 6，TRAF6）和 IκB 激酶（IκB kinase，IκK），启动磷酸化事件的信号级联。最后，IκK 磷酸化 IκB 蛋白，这是一种与转录因子——核因子 -κB（NF-κB）结合的抑制剂。磷酸化的 IκB 蛋白被降解，释放核因子 -κB，后者迁移到细胞核，在那里激活促炎基因的转录。类似的信号转导途径被革兰氏阳性细胞壁成分（如肽聚糖和脂磷壁酸）通过 Toll 样受体 2（TLR2）或 Toll 样受体 6（TLR6）激活。

尽管 Toll 样受体介导的对脂多糖和其他微生物分子的检测，对于触发宿主的先天免疫至关重要，但在导致全身免疫反应失调的、压倒性的细菌感染的情况下，会出现一种被称为**败血症（sepsis）**的危险状况。具体症状包括发烧、低血压、心率加快、白细胞计数异常和多个器官系统的功能障碍，可能导致肺或肾衰竭和死亡。

进化选择（selection）过程产生了许多革兰氏阴性菌的实例，它们改变或修改脂多糖的结构，以干扰抗生素的作用和宿主防御。例如，某些对脂多糖的修饰降低了脂多糖的整体负电荷，如在脂多糖结构中添加磷酸乙醇胺或 4- 氨基 -4- 脱氧 -L- 阿拉伯糖（4-amino-4-deoxy-L-arabinose，L-Ara4N），这样做可以排斥宿主和微生物来源的阳离子抗菌肽，如宿主防御肽（defensin）或细菌多黏菌素（polymyxin）。**鼠疫耶尔森菌（*Yersinia pestis*）**可根据温度变化，改变其脂多糖脂质 A 上的酰基数量和类型。在环境温度下（约 21℃），缺乏 *O*- 抗原的鼠疫耶尔森菌主要表达一种免疫刺激性更强的六酰化脂质 A；而在哺乳动物体温下（37℃），病原体表达免疫刺激性较低的四酰化脂质 A。这些数据表明，在病原体进入哺乳动物宿主时产生一种免疫刺激性较低的脂多糖形式，可能使其逃避免疫检测。

唾液酸和相关的**壬酮糖酸（nonulosonic acid）**也可以从头合成（*de novo* synthesis），或从宿主那里觅得（scavenge），以整合进入几种革兰氏阴性病原体的脂寡糖中，这些病原体包括嗜血杆菌属、奈瑟菌属、弯曲杆菌属和弧菌属（*Vibrio*）的致病菌株。该过程可以通过几种不同的机制来实现，并且通常赋予它们免疫逃逸和毒力增强的特性。例如，人类特异性病原体淋病奈瑟菌使用一种表面唾液酰基转移酶，从宿主那里觅得活化形式的唾液酸——胞苷一磷酸 -*N*- 乙酰神经氨酸（CMP-Neu5Ac）。这一整合过程挫败了宿主补体系统的多个活化途径（arm/pathway）①，并使其对阳离子抗菌肽（cationic antimicrobial peptide，CAMP）产生抗性。这种耐药性越来越强的病原体的一个致命弱点可能源自其唾液酰基转移酶对壬酮糖酸底物的混杂使用。在淋病奈瑟菌中掺入非天然的军团氨酸（legionaminic acid）活化前体——胞苷一磷酸 - 二 -*N*- 乙酰军团氨酸（CMP-Leg5, $7Ac_2$），阻遏了通常情况下整合 *N*- 乙酰神经氨酸（Neu5Ac）时所提供的免疫逃避的便利条件；此外，胞苷一磷酸 - 二 -*N*- 乙酰军团氨酸（CMP-Leg5, $7Ac_2$）的阴道给药，会导致小鼠生殖器感染的细菌能够被更快地清除。

对另一种革兰氏阴性菌**创伤弧菌（*Vibrio vulnificus*）**的研究表明，脂寡糖中的军团氨酸，可能并不总是作为威慑毒力的因素而存在。创伤弧菌通常存在于环境（水生）生态系统中，只有在与易感者意外接触时（通常是在食用生的或未煮熟的海鲜之后），才对人类产生致病性。尽管它是一种罕见的人类病原体，但该细菌可以引起血液感染和播散性感染，一旦发作通常是致命的。军团氨酸有助于创伤弧菌在血液中的存活，并在静脉给药后引起播散性感染。

少数情况下，宿主会对“自身”抗原（如唾液酸化的脂寡糖）产生（自身）免疫反应。例如，食源性病原体空肠弯曲杆菌能够表达各种模拟人类神经节苷脂的、唾液酸化的脂寡糖结构（**第 11 章**、**第 46 章**）。空肠弯曲杆菌脂寡糖的唾液酸化，导致具有 CD14 依赖性的黏膜树突状细胞（dendritic cell，DC）应答过程的放大，从而以一种不依赖于 T 细胞的方式促进了 B 细胞的增殖。这些事件可能有助于解释为什么在一小部分感染中，B 细胞会不恰当地产生自我反应（自身免疫）抗体，导致表达相关神经节苷脂的神经纤维受到攻击。这些事件可导致一种危及生命的瘫痪性疾病，即**吉兰 - 巴雷综合征（Guillain-Barré syndrome，GBS）**。对于大多数患者而言，必须通过清除交叉反应的抗体（即血浆置换），或通过免疫调节疗法［如静脉注射免疫球蛋白（IVIg）］来控制该综合征。

42.3 定植和入侵的机制

42.3.1 黏附蛋白和受体

对皮肤或黏膜表面的黏附，是正常人类微生物组的一个基本特征，也是许多重要的传染病发病机制中必不可少的第一步(**第 34 章**)。大多数微生物表达一种以上的黏附因子或**黏附蛋白（adhesin）**(**第 37 章**)。大部分微生物黏附蛋白是直接与细胞表面糖蛋白、鞘糖脂或糖胺聚糖结合的凝集素。黏附可以通过末端糖或内部的碳水化合物基序介导。在其他情况下，细菌表达的黏附蛋白可以与基质糖蛋白（如纤连蛋白、胶原蛋白或层粘连蛋白）或黏蛋白结合，介导细菌对黏膜表面的附着。细菌用于附着在动物细胞上的特定碳水化合物配体通常被称为**黏附蛋白受体（adhesin receptor）**，它们的性质相当多样。单个细菌对特定宿主组织（如皮肤、呼吸道与胃肠道）的趋向性（tropism），由黏附蛋白 - 受体对的特定组合决定。

① 补体系统的三种活化途径为：经典途径（抗原 - 抗体复合物）、凝集素途径和替代途径（抗体独立）。

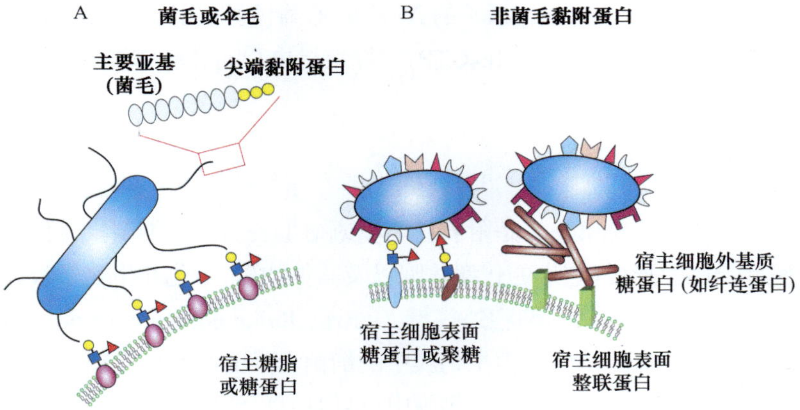

图 42.3 细菌黏附到宿主细胞表面的机制示例。 A. 菌毛或伞毛是从细菌表面突出的细胞器。它们由重复的结构亚基和尖端的蛋白质组成，介导对特定宿主细胞聚糖基序的识别。B. 非菌毛黏附蛋白是细菌细胞壁整合蛋白或糖蛋白，可直接与宿主细胞受体结合以促进定植。

菌毛（**pili**）或**伞毛**（**fimbriae**）是蛋白质亚基的集合体，它们以毛发状丝线的形式从细菌表面伸出，其尖端通常黏附在宿主的聚糖上（**图 42.3A**）。这些菌毛（pili）通常由提供延伸的重复结构亚基和负责结合的不同尖端黏附蛋白（tip adhesin）组成。用于组装菌毛的结构蛋白，通常编码在细菌的操纵子（operon）中。细菌膜上菌毛结构的横向移动，为上皮表面提供了类似“魔术贴搭扣”的结合效果。某些大肠杆菌菌株表达的菌毛，与膀胱上皮中与 P 血型相关的鞘糖脂紧密结合，从而导致尿路感染。沙门氏菌的致病菌株产生的菌毛，有助于其黏附在人类肠道细胞黏膜上，从而引起食物中毒和感染性腹泻。在其他情况下，细菌表达的表面锚定蛋白即**非菌毛黏附蛋白**（**afimbrial adhesin**），代表了一种关键的定植因子（**图 42.3B**）。例如，**百日咳博德特氏杆菌**（***Bordetella pertussis***）的丝状血凝素（filamentous hemagglutinin，FHA），能够促使细菌牢固地附着在支气管和气管的纤毛上皮细胞上，引发局部炎症和组织损伤，导致**百日咳病**（**whooping cough disease**）。丝状血凝素是现代百日咳疫苗中的一个组成部分，在婴儿期和儿童早期接种，以阻断感染。

黏附蛋白也可以是糖蛋白。在**巴氏杆菌科**（**Pasteurellaceae**）和一些流感嗜血杆菌菌株中，黏附蛋白通过细胞质 *N*- 葡萄糖基化系统进行 *N*- 葡萄糖基化，该系统与真核生物的细胞质 *O*-*N*- 乙酰葡萄糖胺转移酶（*O*-GlcNAc transferase，OGT）同源。同样，由十二聚的细菌自转运蛋白庚糖基转移酶（autotransporter heptosyltransferase，BAHT）家族，将庚糖残基转移到几种不同的革兰氏阴性病原体中的自转运蛋白黏附蛋白（autotransporter adhesin）上，对黏附过程至关重要。

42.3.2 入侵因子

聚糖 - 凝集素的相互作用，在使某些病原体穿透或侵入上皮屏障的过程中发挥着关键作用，因此它们可能传播到血液中，并通过血液传播以产生深部感染。伤寒沙门氏菌在人类中引起伤寒，这一过程始于病菌在肠上皮细胞的细胞内侵袭。脂多糖的外层核心寡糖结构是内化进入上皮细胞所必需的。去除外层核心结构上的一个关键末端糖残基，会显著降低细菌被摄取的效率。一旦发生入侵，分泌的 A2B5 伤寒毒素首先通过优先结合 *N*- 乙酰神经氨酸（Neu5Ac）以介导疾病的发生，而 *N*- 乙酰神经氨酸在人体中含量丰富。**化脓性链球菌**（***Streptococcus pyogenes***）是一种 A 组链球菌，是链球菌性咽喉炎以及严重侵袭性感染的肇因，它通过其透明质酸荚膜多糖与宿主上透明质酸结合蛋白 CD44 的相互作用，附着在人咽部和皮肤上皮细胞上（**第 16 章**）。这种结合显著诱导了细胞骨架的重排，表现为膜褶皱和细胞间连接的打开，从而允许 A 组链球菌通过细胞旁途径渗透组织。

细菌糖基转移酶也参与了对宿主反应的细胞内操纵。例如，**肠致病性大肠杆菌**（**enteropathogenic *E. coli*, EPEC**）将糖基转移酶 NleB 注入宿主细胞，导致宿主蛋白的精氨酸残基被 *N*-*N*- 乙酰葡萄糖胺（*N*-GlcNAc）修饰，从而抑制核因子 -κB 驱动的反应。另一种具有细胞内靶标的细菌糖基转移酶，是**非共生光杆菌**

(*Photorhabdus asymbiotica*)的 *N*- 乙酰葡萄糖胺转移酶毒素 PaTox。PaTox 在酪氨酸残基处修饰宿主的 Rho 家族鸟苷三磷酸激酶(Rho GTP),导致昆虫和哺乳动物细胞中的吞噬作用减少和肌动蛋白细胞骨架的解体。

42.3.3 生物膜

生物膜(**biofilm**)是附着在环境或宿主表面上的细菌集合体。在体内,生物膜在导管、植入设备和其他医疗产品上形成,它们的代谢休眠以及其他物理、生化和生物学特性,有助于抵抗宿主的防御和抗菌剂的作用。生物膜的各层通常由**细胞外多糖**(**extracellular polysaccharide,EPS**)连接在一起,这些细胞外多糖具有构筑、黏合和保护功能。由生物膜中的细菌合成的细胞外多糖,在组成成分以及化学和物理性质等方面差异很大。同样,细胞外多糖在生物膜中可以具有广泛的功能,这取决于它们的确切成分和它们所处的多样的微环境。多糖还可以通过清除活性氧类(ROS)、捕获阳离子抗菌肽和抗生素及防止干燥来促进生物膜的持久性。

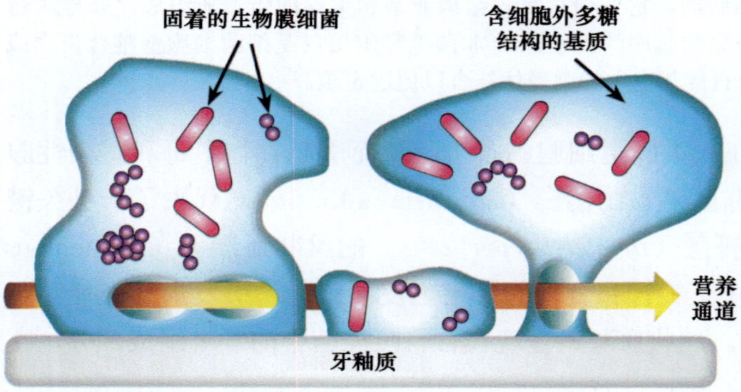

图 42.4 多菌种生物膜的结构。牙菌斑是多微生物生物膜的一个示例,其中链球菌属和其他细菌分泌致密的细胞外多糖基质,并在该基质中以低代谢活性的休眠或固着状态存在。生物膜细菌对宿主免疫清除和抗生素药物的抵抗力有所增强。

在人类口腔中,**多微生物生物膜**(**polymicrobial biofilm,PMBF**)导致牙菌斑、龋齿和牙周(牙龈)疾病。牙菌斑是由数百种微生物物种组成的多微生物生物膜,其中密集的蘑菇状细菌团块从牙釉质表面冒出。生物膜细菌与充满核酸、蛋白质、脂质和细胞外多糖的无菌扩散通道交织在一起(图 42.4)。链球菌通常是牙釉质的最初定植菌,占牙菌斑的 60% ~ 90%。在牙周(牙龈)疾病中,生物膜的"早期定植者"和"晚期定植者"通过涉及"中间定植者"**具核梭杆菌**(***Fusobacterium nucleatum***)的各种凝集素 - 聚糖相互作用而产生桥接。这种细菌在人类口腔中无处不在,但在牙周炎的情况下过度生长,能够与成熟生物膜的最外层物质发生结合。

由于糖醛酸(D- 葡萄糖醛酸、D- 半乳糖醛酸或 D- 甘露糖醛酸)或缩酮连接的丙酮酸的存在,许多细胞外多糖表现为多阴离子型。无机残基,如磷酸或硫酸基团,也提供了一部分负电荷和修饰,而 *O*- 乙酰化或糖差向异构化等修饰则进一步促进了细胞外多糖的复杂性。

在某些情况下,细胞外多糖是由 β1-6- 连接的 *N*- 乙酰葡萄糖胺残基组成的均聚物,被称为**聚 -*N*- 乙酰葡萄糖胺**(**poly-*N*-acetylglucosamine,PNAG**),例如,从**表皮葡萄球菌**(***Staphylococcus epidermidis***)菌株中获得的黏附性聚合物,能够在导尿管上产生生物膜。聚 *N*- 乙酰葡萄糖胺在许多口腔病原体和多药耐药菌中很常见,使得这种聚合物成为研究聚焦的重点,特别是因为针对去乙酰化形式的聚 *N*- 乙酰葡萄糖胺所产生的抗体,可以介导调理作用杀伤。有趣的是,牙周病的病原体**放线共生放线杆菌**(***Aggregatibacter actinomycetemcomitans***)分泌的聚 *N*- 乙酰葡萄糖胺水解酶(PNAG hydrolase),被称为分散蛋白 B(dispersin B,DspB),已被证明能有效地分散由产生聚 *N*- 乙酰葡萄糖胺的细菌所形成的生物膜,因此也被开发为抗生素治疗的佐剂。

42.4 病毒感染

病毒与宿主细胞的结合,是其进入宿主、完成细胞内复制的先决条件。细胞表面富含的聚糖,对于病毒的附着和进入而言是颇具吸引力的靶标。病毒 - 聚糖的相互作用往往是物种趋向性和组织趋向性（tropism）的原因（表 37.1），这里用三种人类病原体为例进行说明，即**流感病毒**（**influenza virus**）、**单纯疱疹病毒 1 型**（**herpes simplex virus 1，HSV-1**）和**人类免疫缺陷病毒**（**human immunodeficiency virus，HIV**），它们分别显示出聚糖介导的病毒相互作用的不同模式（图 42.5）。流感病毒使用一种唾液酸识别蛋白——**血凝素**（**hemagglutinin**）进行结合和进入（图 42.5A）。HSV-1 有多种囊膜蛋白，可与硫酸乙酰肝素结合，作为招募多蛋白病毒进入复合物的第一步（图 42.5B）。HIV 表达的表面聚糖与宿主凝集素共同作用以加强细胞传播，但也已进化出在该过程中使用的、特定的蛋白质受体（图 42.5C）。与这三个例子相反，就首选配体而言，冠状病毒似乎正在经历更为快速的进化。这类病毒中有许多含有一种*血凝素酯酶*（hemagglutinin-esterase，HE），它能与特定的 *O*- 乙酰化的唾液酸结合，并且它们具有水解 *O*- 乙酰基团的酯酶活性。一些冠状病毒已经完全摈弃了血凝素酯酶蛋白，转而通过刺突蛋白（spike protein）与唾液酸结合。少数病毒似乎已经进一步进化为优先与非常特殊的宿主糖蛋白如血管紧张素转换酶 2（angiotensin-converting enzyme 2，ACE2）结合，在**严重急性呼吸综合征病毒**（**severe acute respiratory syndrome virus，SARS virus**）中发生相互作用。2019 新型冠状病毒感染（coronavirus disease 2019，COVID-19）大流行的罪魁祸首，是**严重急性呼吸系统综合征冠状病毒 2**（**severe acute respiratory syndrome coronavirus 2，SARS-CoV-2**），它也被证明可以结合硫酸乙酰肝素，稳定了刺突受体结合结构域的向上构象（up

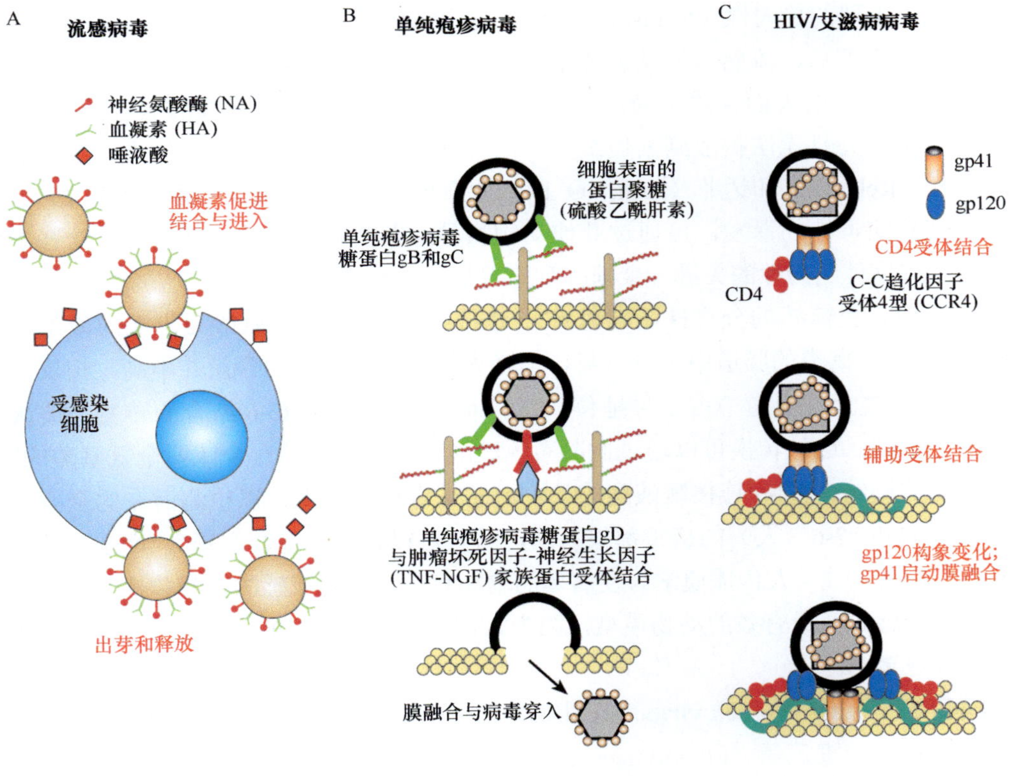

图 42.5　病毒进入宿主细胞的机制。A. 流感病毒通过其表面糖蛋白血凝素与细胞表面的唾液酸受体结合，启动与宿主细胞的接触和进入过程。病毒在细胞内复制后，细胞表面的神经氨酸酶从细胞膜上切割唾液酸，使病毒逃逸。B. 单纯疱疹病毒（HSV）首先通过其表面糖蛋白 gB 和 gC，与宿主细胞硫酸乙酰肝素蛋白聚糖进行低亲和力结合，以结合宿主细胞。随后，病毒蛋白 gD 与肿瘤坏死因子 - 神经生长因子（TNF/NGF）受体家族中的成员进行高亲和力结合，促进了膜融合。C. 人类免疫缺陷病毒（HIV）表面糖蛋白 gp120，依次与 T 细胞上的 CD4 受体结合，然后与 C-C 趋化因子受体 4 型（C-C chemokine receptor type 4，CCR4）等辅助受体结合。后一种相互作用引发了 gp120 的构象变化，从而暴露出启动膜融合的 HIV 因子 gp41 蛋白。

conformation），这种相互作用似乎是感染 ACE2 阳性细胞所必需的。关于 SARS-CoV-2 蛋白的糖基化、参与病毒相互作用的宿主糖蛋白，以及糖基化在 SARS-CoV-2 感染性和免疫逃避中的相关性，已经发表了许多研究报道和综述。

42.4.1 流感

流感病毒是人类常见的上呼吸道病原体。季节性的流行病每年导致数十万人死亡，偶尔还会出现更致命的大流行病。流感病毒通过与以 α2-6 连接的唾液酸为末端的聚糖结合，进入人体上呼吸道细胞（**第 15 章**）。流感病毒优先结合人类中最丰富的唾液酸——*N*- 乙酰神经氨酸（Neu5Ac）。病毒进入过程由流感血凝素介导，以其发现时所使用的检测方法命名。研究人员在 20 世纪 30 年代首次对病毒株进行分离时，发现流感病毒会在体外引起人类红细胞的聚集（凝集）。继续培养后，红细胞会发生解聚，并且无法被新鲜病毒重新凝集。当时推测是一种“受体破坏酶”发挥了这一作用。对病毒释放的受体进行分离后，研究人员发现唾液酸已被唾液酸酶（sialidase）释放，该术语与神经氨酸酶（neuraminidase）同义。广为人知的流感编号系统 H1N1 中的字母，分别代表了血凝素（H）和神经氨酸酶（N）。

流感的生命周期始于病毒血凝素与细胞表面唾液酸的结合，然后是血凝素介导的、与宿主细胞膜的融合，病毒颗粒（virion）在细胞内的释放与复制，随后新组装的病毒颗粒从宿主细胞表面出芽。血凝素引导了物种和组织中出现的趋向性（tropism），而神经氨酸酶对于将感染传播到邻近的细胞至关重要。当完成在细胞中的复制周期后，流感病毒从被感染细胞表面的释放依赖于病毒的神经氨酸酶，它能从宿主细胞表面和病毒颗粒囊膜的表面去除唾液酸。如果没有神经氨酸酶，新形成的病毒粒子会黏连在一起，形成较大的筏状结构，并且无法扩散到其他细胞。两种理性设计的、基于流感病毒神经氨酸酶抑制剂的抗流感药物瑞乐砂（Relenza）和达菲（Tamiflu）即依此原理发挥作用（**第 55 章、第 57 章**）。

全新的人类流感病毒株的暴发，可通过其他动物物种，尤其是家禽的传播发生。这些不同系统中的唾液酸连键，是理解物种趋向性的关键。聚糖阵列筛选显示，禽流感与以 α2-3 连接的 *N*- 乙酰神经氨酸为末端的聚糖结合，而人类流感的分离株则与以 α2-6 连接的 *N*- 乙酰神经氨酸为末端的聚糖结合。α2-3 连键的 *N*- 乙酰神经氨酸在禽类的肠道中十分常见，但在人类上呼吸道中的含量并不高。相反，α2-6 连接的 *N*- 乙酰神经氨酸在人类上呼吸道中占主导地位。从与 α2-3 结合到与 α2-6 结合的转变，被认为是全新人类流感毒株出现的基础。这种转换可以通过血凝素唾液酸结合口袋中的一个或两个氨基酸的突变而发生。研究人员如今密切监测结合 α2-6 连接唾液酸的动物流感病毒株的出现，以检测潜在的全新人类流感病原体。猪对 α2-3（禽）和 α2-6（人）的病毒都很易感，并且可以充当“混合容器”，产生能够从禽类传播给人类的重组病毒。直接的禽 - 人传播通常与发病率的增加有关，但禽流感的人际传播并不常见。值得注意的是，雪貂是人类流感研究最有效的动物模型，因为它们具有与人相似的、以 α2-6 连接的 *N*- 乙酰神经氨酸为末端的上呼吸道聚糖。

一些**无囊膜病毒**（**nonenveloped virus**）在其二十面体的衣壳（capsid）上也有唾液酸结合蛋白，包括**呼肠孤病毒**（**reovirus**）、**腺病毒**（**adenovirus**）、**细小病毒**（**parvovirus**）和**轮状病毒**（**rotavirus**），每种病毒都各自与不同类型的唾液化聚糖结合。

42.4.2 单纯疱疹病毒

硫酸乙酰肝素蛋白聚糖广泛分布于脊椎动物细胞中（**第 17 章**），与许多致病病毒的感染过程相关，包括腺相关病毒、登革病毒、丙型肝炎病毒、牛痘病毒、艾滋病毒、乳头瘤病毒和几乎所有的疱疹病毒。

在许多情况下，硫酸乙酰肝素是一种辅助受体，在招募其他那些支持病毒进入的宿主受体蛋白之前启动附着过程。一个突出的例子是单纯疱疹病毒 1 型，也称为人类疱疹病毒 1 型（human herpesvirus 1，HHV-1），是目前已知的、会引起广泛疾病的 8 种人类疱疹病毒之一。

单纯疱疹病毒 1 型引起黏膜的潜伏性、复发性感染，特别是口腔和嘴唇的病变（唇疱疹、发热性水疱），但也包括生殖道和角膜的感染，后者可能导致失明。通常情况下，病毒与宿主细胞的结合和进入，由一种或两种病毒蛋白介导，然而与大多数其他病毒不同，疱疹病毒的进入过程需要几种**病毒进入糖蛋白（viral entry glycoprotein）**，其中一些在所有疱疹病毒家族成员之间共有。一种共享的病毒糖蛋白 gB，通过与细胞表面硫酸乙酰肝素的结合来启动病毒的附着，单纯疱疹病毒 1 型中的 gC 蛋白也是如此。一旦发生结合，病毒就会在细胞表面漫游（surf），直到它遇到其他受体，这些受体中包括了一种特定的硫酸乙酰肝素结构，即 3-*O*- 硫酸化的 *N*- 乙酰葡萄糖胺。这种相对罕见的硫酸乙酰肝素修饰能够诱导与 gD 蛋白的结合，它是疱疹病毒家族中共有的另一种糖蛋白。一旦与 gD 蛋白完成结合，它就会招募融合和进入宿主细胞所需的额外蛋白质。

通过酶法或通过选择具有硫酸乙酰肝素表达缺陷的突变体细胞将硫酸乙酰肝素从细胞表面去除，可以减少病毒的附着，使细胞对单纯疱疹病毒 1 型的感染产生抵抗力。可溶性肝素和硫酸乙酰肝素模拟物，通过掩蔽病毒囊膜上的硫酸乙酰肝素结合域来抑制病毒的感染。固定化的硫酸乙酰肝素柱，可以与单纯疱疹病毒 1 型的病毒进入蛋白 gB 和 gC 结合，而缺乏 gB 和 gC 蛋白的单纯疱疹病毒 1 型缺失突变体，表现出病毒结合障碍。通过改变细胞和活体生物中 *3-O- 硫酸化酶*（3-*O*-sulfotransferase）的表达，研究人员获得了硫酸乙酰肝素 *N*- 乙酰葡萄糖胺的 3-*O*- 硫酸化在单纯疱疹病毒 1 型感染中发挥作用的遗传学证据。最近的证据表明，宿主自身*乙酰肝素酶*（heparanase）的上调，有助于新出芽的单纯疱疹病毒 1 型向邻近细胞的传播，类似于流感中神经氨酸酶的作用。尽管疱疹病毒已经进化出更复杂的宿主细胞结合和进入系统，其中一些系统仍有待确认，但很明显，硫酸乙酰肝素在病毒的发病机制中扮演着重要作用。

42.4.3 人类免疫缺陷病毒

人类免疫缺陷病毒（HIV）是一种逆转录病毒，是**获得性免疫缺陷综合征 / 艾滋病（acquired immunodeficiency syndrome，AIDS）**的病原体，这是影响全世界数千万人的大流行病。HIV 是一种**囊膜病毒（enveloped virus）**，其表面以 gp120 和 gp41 两种蛋白质组成的刺突为主要成分，其中 gp120 蛋白通过与宿主细胞表面受体 CD4 和趋化因子受体辅助受体［如 C-C 趋化因子受体 5 型（C-C chemokine receptor type 5，CCR5）或 C-X-C 趋化因子受体 4 型（C-X-C chemokine receptor type 4，CXCR4）］结合，介导病毒附着于宿主细胞（主要是 $CD4^+$ T 细胞）。HIV 的 gp120 蛋白高度糖基化，*N*- 连接的聚糖可占刺突质量的一半，并密集地覆盖了刺突蛋白的大部分表面。密集的糖基化被认为是通过掩蔽潜在的多肽来帮助免疫逃逸。然而，gp120 蛋白上的聚糖也通过与宿主凝集素共同作用（包括树突状细胞上的 C 型凝集素），以积极支持感染（**第 34 章**）。

树突状细胞（dendritic cell，DC）是先天免疫细胞，可捕获抗原并将其呈递给 T 细胞，以启动适应性免疫。树突状细胞部分利用 **C 型凝集素（C-type lectin）**来捕获抗原，这些凝集素能够与病原体中常见但在宿主细胞中不常见的聚糖决定簇结合。尽管树突状细胞数量不多，但它们在识别病原体抗原并将其呈递给适应性免疫系统方面非常重要。位于阴道黏膜下组织和直肠黏膜下组织的树突状细胞，是 HIV 的早期靶标。即使在病毒暴露水平低的情况下，树突状细胞上的 C 型凝集素也能捕获并浓缩 HIV，以便随后呈递给 T 细胞，而 T 细胞是 HIV 复制的主要场所。树突状细胞特异性细胞间黏附分子 -3- 捕获非整联蛋白（dendritic cell-specific intercellular adhesion molecule-3-grabbing nonintegrin，DC-SIGN）、甘露糖受体（MR）和朗格汉斯蛋白（langerin）是对该过程很重要的一些C型凝集素。这些凝集素能够识别病原体上密集排列的甘露糖阵列，包括：①某些病毒，如HIV、巨细胞病毒（cytomegalovirus，CMV）、丙型肝炎病毒、登革病毒；②细菌，如**螺杆菌属**（*Helicobacter*）、**克雷伯菌属**（*Klebsiella*）、**分枝杆菌属**（*Mycobacteria*）；③真菌，如**念珠菌属**（*Candida*）；④寄生虫，如**利什曼原虫属**（*Leishmania*）、**血吸虫属**（*Schistosoma*）。尽管T细胞的功能通常是破坏病原体，处理其抗原以进行呈递，但与凝集素结合后的HIV可长时间逃避破坏作用。树突状细胞在呈递给T细胞的过程中发挥出的天然作用，使其成为将HIV传播到$CD4^+$T细胞的理想渠道，其中CD4和细胞因子受体一同支持病毒的结合、融合和复制。该过程被称为反式感染（*trans*-infection），促进了早期HIV感染的建立。树突状细胞不是唯一被HIV利用的细胞。巨噬细胞表达相同的凝集素，也可能促进反式感染。树突状细胞和巨噬细胞上的其他宿主凝集素，如唾液酸结合免疫球蛋白样凝集素-1（Siglec-1）（**第35章**），在促进具有高度唾液酸化囊膜的病毒摄取等方面发挥着类似的作用。

42.5 宿主和肠道微生物群之间基于聚糖的相互作用：共栖物和病原体

微生物和人类宿主之间关系的性质，涵盖了从互惠互利即共生（symbiotic），到有益于微生物而不损害宿主即偏利共生（commensal），再到以牺牲宿主为代价使微生物受益，即致病（pathogenic）。聚糖是发生在这一连续过程中的微生物-宿主相互作用中的关键因素。

多形拟杆菌（*Bacteroides thetaiotaomicron*）是一种厌氧细菌，是小鼠和人类正常结肠微生物群的常见成员。这种微生物已经进化出与哺乳动物宿主保持互利关系的机制。这种共生关系的一个线索来自对无菌条件下饲养的小鼠肠道上皮细胞的检查。在没有细菌暴露的情况下，肠道上皮细胞缺乏岩藻糖基化糖复合物的表达；当存在正常的结肠细菌时，这些宿主细胞表面会大量表达Fucα1-2Gal聚糖。多形拟杆菌优先使用岩藻糖作为能量来源，并将其整合到其自身的表面荚膜和糖蛋白中，这些表型是成功定植和宿主适当的免疫发育所必需的。当膳食中的岩藻糖含量较低时，细菌会诱导宿主α1-2*岩藻糖基转移酶*（α1-2 fucosyltransferase）的表达，从而导致上皮细胞上的岩藻糖基化（Fucα1-2Gal）糖复合物的表达。多形拟杆菌还表达多种*岩藻糖苷酶*（fucosidase）以切割这些末端岩藻糖残基，以及表达一种*岩藻糖渗透酶*（fucose permease）以摄取释放的糖。因此，肠道共栖体已经进化出一种系统，可以通过工程改造，从宿主处产生自己的营养源。该系统仅在需要时（在宿主禁食期间）被调控使用。多形拟杆菌已经进化出精细的系统来调控多糖结合蛋白（polysaccharide-binding protein）和糖苷酶的表达，以便从宿主的饮食中觅食和消耗糖，或者当饮食中缺少足够的多糖时，转而使用宿主黏液层中的聚糖。

幽门螺杆菌（*Helicobacter pylori*）在世界上近一半的人口中定植，但它会在其中一部分人中引发慢性胃炎和胃溃疡（已知会增加患胃癌风险的疾病）。宿主和微生物的聚糖界定了幽门螺杆菌是作为良性共生体持续存在，还是会引发疾病病理学。幽门螺杆菌表达一种黏附蛋白（BabA），它可以与胃上皮细胞中含有末端Lewis b血型抗原的聚糖相互作用。Lewis b在人类肠道中的表达，仅限于胃上皮细胞中产生黏液的隐窝细胞（pit cell）。经工程改造以表达Lewis b的转基因小鼠，表现出幽门螺杆菌与其胃上皮细胞的结合增强，从而引发增强的细胞免疫应答和更严重的胃炎。这种免疫激活的微环境，似乎为基于聚糖的分子模拟过程创造了条件，该过程可以促进宿主细胞的进一步受损。幽门螺杆菌还在其脂多糖的*O*-抗原中表达含有Lewis x的结构，与胃内壁的壁细胞（parietal cell）表面上Lewis x修饰的聚糖结构类似。这种Lewis抗原模拟，可以通过表达两种可变的α1-3*岩藻糖基转移酶*（α1-3 fucosyltransferase）FutA和FutB而改变。与多形拟杆菌类似，幽门螺杆菌也开发了从其宿主获取岩藻糖的机制。幽门螺杆菌的存在会刺激宿主分泌α-L-*岩藻糖苷酶*2（α-L-fucosidase 2，FUCA2），这反过来又增加了幽门螺杆菌中含有Lewis x的脂多糖*O*-抗原的表达。生物体和宿主在Lewis x聚糖结构和（或）黏附蛋白的表达方面的差异，可能有助于解释幽门螺杆菌定植后潜在临床结果的多样性。

本章仅就聚糖在单个病毒和细菌与其宿主的相互作用中所扮演的不同角色进行了略述。随着科学家们对不同环境及其相关的微生物群落（其中也包括寄生虫、真菌和噬菌体）的探索，聚糖对这些相互作用方方面面的影响将变得日渐明朗，而且还有更多未知领域有待发现。

致谢

感谢维克多·尼泽（Victor Nizet）和杰弗里·D. 艾斯科（Jeffrey D. Esko）对本章前一版本的贡献，以及弗雷德里克·利萨切克（Frederique Lisacek）的有益评论及建议。

延伸阅读

Hooper LV, Gordon JI. 2001. Glycans as legislators of host-microbial interactions: spanning the spectrum from symbiosis to pathogenicity. *Glycobiology* **11**: 1R-10R.

Spear PG. 2004. Herpes simplex virus: receptors and ligands for cell entry. *Cell Microbiol* **6**: 401-410.

Olofsson S, Bergström T. 2005. Glycoconjugate glycans as viral receptors. *Ann Med* **37**: 154-172.

Comstock LE, Kasper DL. 2006. Bacterial glycans: key mediators of diverse host immune responses. *Cell* **126**: 847-850.

Ji X, Chen Y, Faro J, Gewurz H, Bremer J, Spear GT. 2006. Interaction of human immunodeficiency virus (HIV) glycans with lectins of the human immune system. *Curr Protein Pept Sci* **7**: 317-324.

Munford RS, Varley AW. 2006. Shield as signal: lipopolysaccharides and the evolution of immunity to Gram-negative bacteria. *PLoS Pathog* **2**: e67.

Wu L, KewalRamani VN. 2006. Dendritic-cell interactions with HIV: infection and viral dissemination. *Nat Rev Immunol* **6**: 859-868.

Akhtar J, Shukla D. 2009. Viral entry mechanisms: cellular and viral mediators of herpes simplex virus entry. *FEBS J* **276**: 7228-7236.

Schwarz F, Fan YY, Schubert M, Aebi M. 2011. Cytoplasmic N-glycosyltransferase of Actinobacillus pleuropneumoniae is an inverting enzyme and recognizes the NX (S/T) consensus sequence. *J Biol Chem* **286**: 35267-35274.

Koropatkin NM, Cameron EA, Martens EC. 2012. How glycan metabolism shapes the human gut microbiota. *Nat Rev Microbiol* **10**: 323-335.

Needham BD, Trent MS. 2013. Fortifying the barrier: the impact of lipid A remodelling on bacterial pathogenesis. *Nat Rev Microbiol* **11**: 467-481.

Stencel-Baerenwald JE, Reiss K, Reiter DM, Stehle T, Dermody TS. 2014. The sweet spot: defining virus-sialic acid interactions. *Nat Rev Microbiol* **12**: 739-749.

Lu Q, Li S, Shao F. 2015. Sweet talk: protein glycosylation in bacterial interaction with the host. *Trends Microbiol* **23**: 630-641.

Peng W, de Vries RP, Grant OC, Thompson AJ, McBride R, Tsogtbaatar B, Lee PS, Razi N, Wilson IA, Woods RJ, Paulson JC. 2017. Recent H3N2 viruses have evolved specificity for extended, branched human-type receptors, conferring potential for increased avidity. *Cell Host Microbe* **21**: 23-34.

第 43 章
寄生虫感染

理查德 · D. 卡明斯（Richard D. Cummings），科内利斯 · H. 霍克（Cornelis H. Hokke），斯图尔特 · M. 哈斯拉姆（Stuart M. Haslam）

43.1 寄生虫感染的背景 / 546
43.2 疟原虫 / 549
43.3 锥虫 / 550
43.4 利什曼原虫 / 553
43.5 内阿米巴 / 554
43.6 血吸虫 / 555
43.7 其他寄生虫的糖生物学 / 557
致谢 / 558
延伸阅读 / 558

寄生性原生动物和寄生性蠕虫（helminth）[①]合成的聚糖结构，通常与脊椎动物中常见的结构不同，因此往往具有抗原性。寄生虫还表达参与宿主入侵和寄生的**聚糖结合蛋白**（**glycan-binding protein，GBP**）。作为疾病过程的一部分，寄生虫聚糖可以触发宿主的先天免疫系统，从而诱导适应性免疫应答。本章讨论了糖复合物在寄生虫感染中的主要作用。

43.1 寄生虫感染的背景

寄生关系（**parasitism**）是指一种生物体（寄生虫）通过某种方式，以牺牲宿主为代价得以生存。寄生虫在全世界感染了数百万人，并造成诸多痛苦与死亡，在发展中国家中尤其如此（**表 43.1**）。与其他类型的感染（如细菌或病毒）（**第 42 章**）一样，寄生虫的聚糖结合蛋白与宿主的**糖组**（**glycome**）相互作用，

表 43.1 一些主要人类寄生虫病的全球分布

疾病类型	估计感染人数（需要治疗）	年死亡人数
寄生性蠕虫		
土壤传播的蠕虫	8.8 亿	约 15 万
蛔虫：似蚓蛔线虫（*Ascaris lumbricoides*）		
鞭虫：毛首鞭形线虫（*Trichuris trichiura*）		
钩虫：美洲板口线虫（*Necator americanus*），十二指肠钩口线虫（*Ancylostoma duodenale*）		
类圆线虫病：粪小杆线虫（*Strongyloides stercoralis*）		
血吸虫病：血吸虫属（*Schistosoma* sp.）	2.58 亿	不确定，2 ～ 20 万

① 指动物界环节动物门、扁形动物门、棘头动物门和线形动物门所属的各种自生和寄生的动物。

续表

疾病类型	估计感染人数（需要治疗）	年死亡人数
淋巴管丝虫病：班氏吴策线虫（*Wuchereria bancrofti*），马来丝虫（*Brugia malayi*），帝汶丝虫（*Brugia timori*）	1.2 亿	2 万～5 万（此外数百万人毁容或丧失行为能力）
盘尾丝虫病（河盲症）：盘尾丝虫（*Onchocerca volvulus*）	2500 万	死亡人数有限，但 30 万人失明
蛲虫病（蛲虫或线虫）：蛲虫（*Enterobius vermicularis*）	2 亿	罕见
寄生性原生动物		
疟疾：间日疟原虫（*Plasmodium vivax*）和卵形疟原虫（*Plasmodium ovale*）	2.14 亿	43.8 万
利什曼病：利什曼原虫属（*Leishmania* sp.）	每年 90 ～ 140 万新病例	2 万～3 万
非洲锥虫病（昏睡病）：布氏罗得西亚锥虫（*Trypanosoma brucei rhodesiense*）和布氏冈比亚锥虫（*Trypanosoma brucei gambiense*）	6000 万人面临风险，每年约有 30 万新病例	5 万
美洲锥虫病（查加斯病）：克氏锥虫（*Trypanosoma cruzi*）	800 万	1.2 万

注：信息节选自世界卫生组织（World Health Organization）（www.who.int/en/）和美国疾病控制与预防中心（Centers for Disease Control and Prevention）（www.cdc.gov）。

该表显示了全世界感染或需要治疗的总人数，以及每年与感染相关的大致死亡人数。注意，有些人可能存在多种感染。

而寄生虫上的聚糖也与宿主的聚糖结合蛋白和抗体相互作用。因此，对寄生虫糖生物学和生物化学的研究，可以为降低疾病发病率和死亡率提供治疗方法。此外，对生物体分子病理学的研究，如对那些进化出欺骗和危害宿主免疫系统的寄生虫的研究，为人类先天性和适应性免疫应答的调控提供了全新的见解。

大多数寄生虫病可分为两类：由**原生动物（protist）**引起的疾病（单细胞生物；表 43.2）；由**蠕虫（helminth）**引起的疾病（蠕虫 / 后生动物；表 43.3）。原生动物寄生虫的主要类别包括：引起疟疾的**疟原虫属（*Plasmodium*）**、引起变形虫病的**溶组织内阿米巴（*Entamoeba histolytica*）**、引起利什曼病的**利什曼原虫属（*Leishmania*）**，以及引起昏睡病（sleeping sickness）和查加斯病（Chagas disease）的**锥虫属（*Trypanosoma*）**。寄生性蠕虫包括：吸虫，如能够引起血吸虫病的**曼氏血吸虫（*Schistosoma mansoni*）**；线虫，如**似蚓蛔线虫（*Ascaris lumbricoides*）**；绦虫或带虫，如引起绦虫病的**猪肉绦虫（*Taenia solium*）**。蠕虫相对于宿主细胞而言非常大，因此，大多数蠕虫生活在宿主的细胞外空间，并已进化出多种感染和保护策略。糖复合物在大多数主要寄生虫的生命周期和病理学中都很重要。例如，许多寄生的原生动物和蠕虫，已经精心设计出一些妙趣横生的机制，通过靶向聚糖结合蛋白（**第 29 章**）或宿主体内的聚糖促进寄生，逃避宿主的免疫应答。

表 43.2 人类的一些主要寄生性原生动物

寄生生物	影响
感染人类的变形虫	
溶组织内阿米巴（*Entamoeba histolytica*）	引起阿米巴痢疾；导致肝脓肿
肠道和生殖系统鞭毛虫	
蓝氏贾第鞭毛虫（*Giardia lamblia*）	引起腹泻；北美最常见的寄生虫之一
阴道毛滴虫（*Trichomonas vaginalis*）	导致生殖器官发炎；十分常见
血鞭毛虫	
杜氏利什曼原虫（*Leishmania donovani*）	导致内脏利什曼病（黑热病）；肝脾肿大
墨西哥利什曼原虫（*Leishmania mexicana*）	引起暴发性皮肤溃疡
硕大利什曼原虫（*Leishmania major*）	导致皮肤溃疡
布氏锥虫属（*Trypanosoma brucei* sp.）	导致人类昏睡病和牛那加那病（非洲锥虫病）

续表

寄生生物	影响
克氏锥虫（*Trypanosoma cruzi*）	引起查加斯病（南美锥虫病）
簇虫、球虫和相关生物体	
恶性疟原虫（*Plasmodium falciparum*）	人类疟疾的主要原因
间日疟原虫（*Plasmodium vivax*）、卵形疟原虫（*Plasmodium ovale*）、三日疟原虫（*Plasmodium malariae*）	也会引起人类疟疾
免疫缺陷条件下产生机会性感染	
刚地弓形虫（*Toxoplasma gondii*）	引起流感样症状；潜伏的囊肿可以重新激活，导致脑炎或失明
卡氏肺孢子菌（*Pneumocystis carinii*）①	引起间质性细胞性肺炎
小隐孢子虫（*Cryptosporidium parvum*）	引起腹泻的肠细胞内寄生虫

表 43.3　一些主要的哺乳动物寄生性蠕虫

寄生虫	影响
吸虫	
血吸虫	
曼氏血吸虫（*Schistosoma mansoni*）	引起人类血吸虫病（影响引流大肠的肠系膜静脉）
埃及血吸虫（*Schistosoma haematobium*）	引起人类血吸虫病（影响膀胱神经丛）
日本血吸虫（*Schistosoma japonicum*）	导致人类血吸虫病（影响小肠的肠系膜静脉）
肝吸虫	
牛羊肝吸虫（*Fasciola hepatica*）	主要感染反刍动物，偶尔感染人类（蠕虫生活在胆道中）
中华肝吸虫（*Clonorchis sinensis*）	人类最常见的肝吸虫（可通过食用生鱼获得）
绦虫	
猪带绦虫（*Taenia solium*）	食用未煮熟的猪肉获得的人类长绦虫
细粒棘球绦虫（*Echinococcus granulosus*）	食用未煮熟的羊肉获得的较短的人类绦虫（寄生囊肿［棘球蚴］发生在肝脏及其他位置）
牛带绦虫（*Taeniarhynchus saginatus*）	食用未煮熟的牛肉获得的人类长绦虫
线虫	
似蚓蛔线虫（*Ascaris lumbricoides*）	人类最常见的肠道蛔虫
毛首鞭形线虫（*Trichuris trichiura*）	人类肠道鞭虫
蠕形住肠线虫（*Enterobius vermicularis*）	小肠蛔虫（导致儿童肛周夜痒）
美洲板口线虫（*Necator americanus*）	人类肠钩虫（导致贫血）
十二指肠钩口线虫（*Ancylostoma duodenale*）	人类肠钩虫（导致贫血）
粪小杆线虫（*Strongyloides stercoralis*）	肠道寄生虫（导致自身感染）
捻转血矛线虫（*Haemonchus contortus*）	绵羊和山羊肠道寄生虫
猪旋毛虫（*Trichinella spiralis*）	寄生在肌肉纤维中的人类最小的线虫寄生虫（旋毛虫病）（食用未煮熟的猪肉获得）
盘尾丝虫（*Onchocerca volvulus*）	丝虫寄生虫（导致河盲症）
班氏吴策线虫（*Wuchereria bancrofti*）	丝虫生活在淋巴结中，引起象皮病
马来丝虫（*Brugia malayi*）	丝虫生活在淋巴结中，引起象皮病
犬心丝虫（*Dirofilaria immitis*）	犬心丝虫病

① 肺孢子菌为单细胞生物，长期以来被划归为原生动物，称为卡氏肺孢子虫。1988 年通过对其核糖体小亚基 rRNA 的序列分析证实该菌属于真菌，更名为肺孢子菌。另外，感染人类的肺孢子菌种命名已由**卡氏肺孢子菌**（***Pneumocystis carinii***）改为**耶氏肺孢子菌**（***Pneumocystis jirovecii***），以与感染大鼠的肺孢子菌种相区分。

43.2　疟原虫

疟疾（**malaria**）由疟原虫引起，在人类中主要是**恶性疟原虫**（***Plasmodium falciparum***）。疟原虫有一个复杂的生命周期，在雌性**按蚊属**（***Anopheles***）为媒介的有性繁殖阶段与哺乳动物组织（肝细胞和红细胞）及血液中的无性繁殖阶段之间交替进行（图 43.1）。寄生虫和宿主之间的细胞 - 细胞相互作用是成功完成每个阶段的关键。

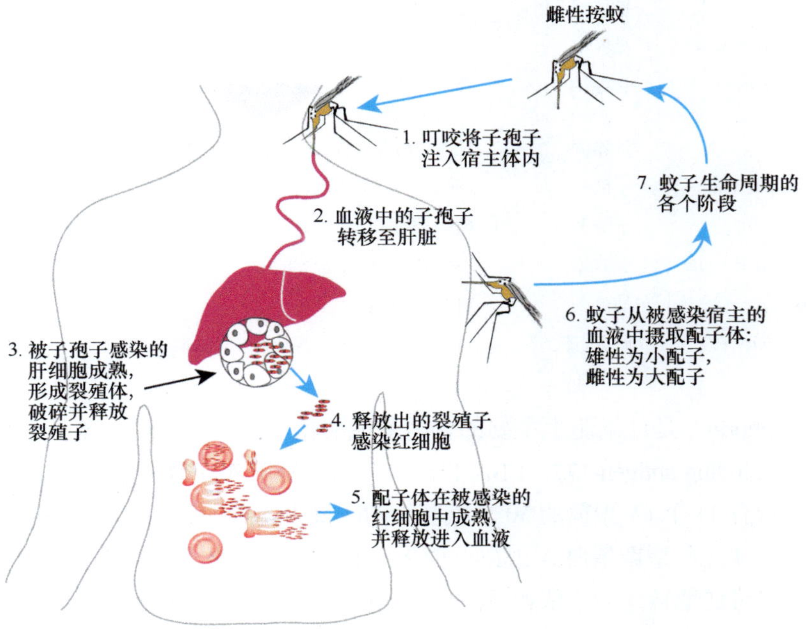

图 43.1　恶性疟原虫（*Plasmodium falciparum*）的生命周期。这是一种导致人类罹患最严重疟疾的寄生性原生动物。雌性按蚊属（*Anopheles*）的叮咬，将子孢子（sporozoite）引入人类宿主体内，子孢子在进入肝脏并最终在进入血液时成熟。在吸食受感染者的血液后，疟疾配子体（gametophyte）进入蚊子的中肠，它们在这里被转化为雄性小配子（microgamete）和雌性大配子（macrogamete）。二者的结合产生合子（zygote），随后转变为动合子（ookinete），穿透蚊子的肠壁并转变为圆形的卵囊（oocyst）。在卵囊内，子孢子从被称为孢子母细胞（sporoblast）的生发细胞（germinal cell）发育而来。子孢子从卵囊中出现并迁移到唾液腺，在蚊子吸血期间进入人类宿主。

在接种到血液中后，子孢子（sporozoite）上大多数的环子孢子蛋白（circumsporozoite protein，CSP）能够与肝细胞表面的**硫酸乙酰肝素**（**heparan sulfate，HS**）相互作用，从而使其侵入哺乳动物宿主中进行首次复制。与来自其他器官的、类似的糖胺聚糖相比，肝脏中的硫酸乙酰肝素的硫酸化程度异常之高，这可能暗示了疟原虫选择性靶向肝细胞的生物学基础。在酵母中制备的重组形式的红细胞前期（pre-erythrocytic）环子孢子蛋白，是目前在世界范围内实施的 RTS，S 疟疾疫苗（RTS，S vaccine）[①]的组成部分。有趣的是，环子孢子蛋白的 T 细胞表位是 *O*- 岩藻糖基化的，但重组的酵母来源的该蛋白质却并非 *O*- 岩藻糖基化的。

从肝脏排出后，疟原虫裂殖子（merozoite）利用多种配体 - 受体相互作用来侵入宿主的红细胞。各种裂殖子蛋白，如红细胞结合样蛋白（erythrocyte binding-like protein，EBL protein）（表 43.4），对红细胞表面唾液酸残基的依赖性各不相同，并且在红细胞侵袭中起重要作用。

① 全称为 RTS, S/AS01 疟疾疫苗，商品名为 Mosquirix。

表 43.4 一些主要寄生虫及其聚糖结合蛋白

寄生虫	阶段	蛋白质	特异性
恶性疟原虫（*Plasmodium falciparum*）	裂殖子	红细胞结合抗原 -175（EBA-175）	Neu5Acα2-3Gal/ 血型糖蛋白 A
	裂殖子	红细胞结合抗原 -140（EBA-140）	唾液酸 / 血型糖蛋白 B？
	裂殖子	红细胞结合抗原 -180（EBA-180）	唾液酸
	子孢子	环子孢子蛋白	硫酸乙酰肝素
	寄生的红细胞	锚定蛋白 VAR2CSA	硫酸软骨素 A
克氏锥虫（*Trypanosoma cruzi*）	锥体鞭毛体	转唾液酸酶	Neu5Acα2-3Gal
	锥体鞭毛体	穿透素	硫酸乙酰肝素
溶组织内阿米巴（*Entamoeba histolytica*）	滋养体	Gal/GalNAc 凝集素	半乳糖 /*N*- 乙酰半乳糖胺
侵入内阿米巴（*Entamoeba invadens*）（一种爬行动物病原体）	囊肿	囊壁蛋白（雅各布凝集素）	壳多糖
贾第鞭毛虫（*Giardia lamblia*）	滋养体	胰蛋白酶激活贾第凝集素（α-1 贾第素）	Man-6-PO_4^-，硫酸乙酰肝素
小隐孢子虫（*Cryptosporidium parvum*）	子孢子	Gal/GalNAc 凝集素	半乳糖 / *N*- 乙酰半乳糖胺
	子孢子	Cpa135 蛋白	?
角膜炎棘阿米巴（*Acanthamoeba keratitis*）	滋养体	136 kDa 甘露糖结合蛋白	甘露糖
犬弓首蛔虫（*Toxocara canis*）	幼虫	TES-32 蛋白	?
捻转血矛线虫（*Haemonchus contortus*）	肠道定位	捻转血矛线虫半乳糖凝集素（Hco-gal）	β- 半乳糖苷

血型糖蛋白（glycophorin）是红细胞上主要的含唾液酸的糖蛋白。一种红细胞结合样蛋白——红细胞结合抗原 -175（erythrocyte-binding antigen-175，EBA-175），可以识别附着在血型糖蛋白 A 上的、唾液酸化的 *O*-聚糖簇，特别是在一段带有 11 个 *O*- 聚糖的 30 个氨基酸的区域内。红细胞的去唾液酸化排除了某些恶性疟原虫品系的相互作用，并且缺乏血型糖蛋白 A 或血型糖蛋白 B 的宿主个体难以被入侵。某些恶性疟原虫品系可以从唾液酸依赖性的入侵可逆地转变为不依赖唾液酸的入侵，这对针对疟疾寄生虫的疫苗设计具有重要意义。

妊娠相关疟疾（pregnancy-associated malaria）是造成孕妇苦痛的主要原因，当受恶性疟原虫感染的红细胞被隔离在孕妇的胎盘中时就会出现这种情况。寄生虫表达 VAR2CSA 蛋白，该蛋白质介导受感染的红细胞与胎盘的硫酸软骨素 A（chondroitin sulfate A，CSA）的黏附，具有极高的特异性和亲和力（K_d 约 15 nmol/L），促进了寄生虫的感染和侵袭。

被感染红细胞中的裂殖子会释放出游离的**糖基磷脂酰肌醇（glycosylphosphatidylinositol，GPI）**，这是导致疟疾发病机制中的重要毒力因子（**第 12 章**）。恶性疟原虫的糖基磷脂酰肌醇能够模仿宿主的糖基磷脂酰肌醇，并激活宿主的糖基磷脂酰肌醇相关信号通路。糖基磷脂酰肌醇可以激活宿主的巨噬细胞，主要通过 Toll 样受体 2（Toll-like receptor 2，TLR2）信号传递，导致炎症细胞因子的产生和细胞黏附分子［如内皮细胞上的 E 选凝素（E-selectin）］的上调。针对这些糖基磷脂酰肌醇的抗体可以中和它们的作用，并且在不受直接感染过程的影响下减轻疾病的病理特征。

此外，恶性疟原虫基因组编码了多种参与 *N*- 糖基化、*O*- 糖基化（*O*- 岩藻糖基化）和 *C*- 甘露糖基化的酶。尽管 *N*- 聚糖被截短，并且通常只包含壳二糖核心 GlcNAcβ1-4GlcNAcβ-Asn，但甘露糖却大量存在于糖基磷脂酰肌醇锚中。还有证据表明，疟原虫可能表达多种不寻常的糖复合物，如含半乳糖和葡萄糖的糖蛋白及含葡萄糖的糖脂。

43.3 锥虫

由吸血**采采蝇（tsetse fly）**传播的、产自非洲的**布氏锥虫（*Trypanosoma brucei*）**，是牛**那加那病（nagana** disease）和人类**昏睡病**（**sleeping sickness**）的病原体。这些生物体的一个显著特征是它们能够在宿主血液中的细胞外生存，在这里它们会不断地暴露于免疫系统。逃避宿主的免疫应答取决于**抗原变异**（**antigenic variation**），这是一种高度进化的生存策略，依赖于锥虫表面糖基磷脂酰肌醇锚定的糖蛋白——可变特异性表面糖蛋白（variant-specific surface glycoprotein，VSG）①的结构变异（图 43.2）。VSG 是二聚体蛋白质，由两个 55 kDa 的单体组成，每个单体都带有 *N*- 连接的寡甘露糖型（oligomannose-type）聚糖，这些聚糖构成了致密糖萼（glycocalyx）的重要组成部分。当寄生虫在宿主血液中繁殖时，宿主会产生免疫应答，该应答仅对表达特定 VSG 的锥虫群体有效。使用另一种替代性 VSG 外壳的锥虫（编码在 1000 个不同的 VSG 基因中），则可以逃脱免疫破坏。

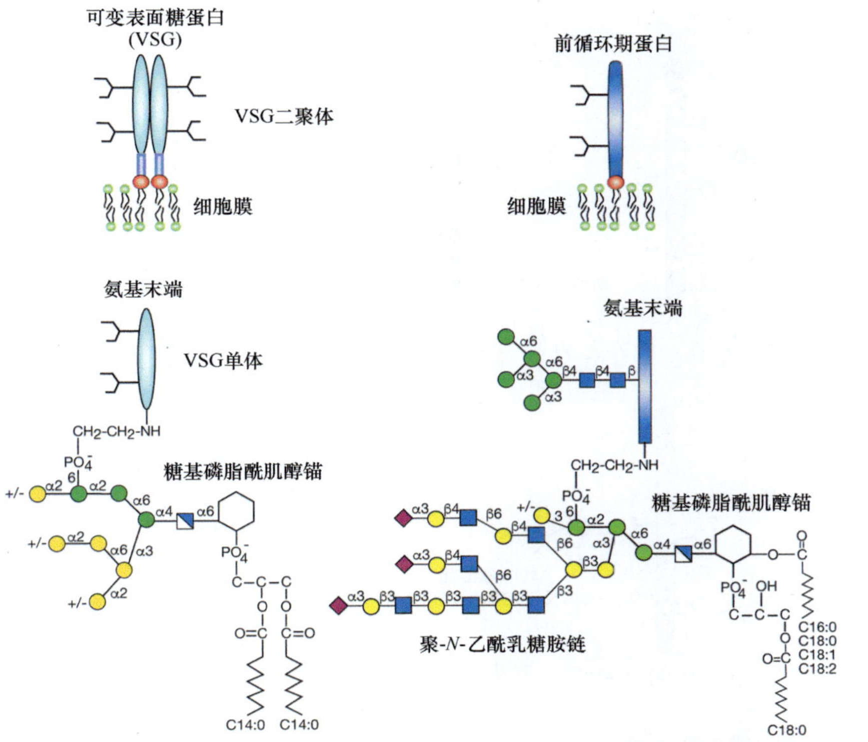

图 43.2 前循环型和后循环型布氏锥虫主要表面糖复合物示意图。可变特异性表面糖蛋白（VSG）是后循环型（metacyclic）锥虫表面的主要成分，每个分子由两个糖基磷脂酰肌醇锚定的 *N*- 糖基化单体组成（蛋白质成分以椭圆阴影表示）。前循环型（procyclic）锥虫的表面密集覆盖了前循环期蛋白（procyclin），它是具有聚阴离子重复结构域的糖基磷脂酰肌醇锚定多肽（蛋白质成分以矩形阴影表示）。锚结构在示意图的下方进行了详述。

在采采蝇的肠道内，锥虫用名为前循环期蛋白（procyclin）的酸性糖蛋白取代了整个可变特异性表面糖蛋白（VSG）外壳（图 43.2）。这些糖基磷脂酰肌醇锚定蛋白形成了致密的糖萼，由从膜上突出的聚阴离子多肽重复结构域组成。其不寻常的特征在于存在单一类型的 *N*- 聚糖（$Man_5GlcNAc_2$），以及支链被聚 -*N*- 乙酰乳糖胺 $(Gal\beta1\text{-}4GlcNAc)_n$ 聚糖修饰的糖基磷脂酰肌醇锚。寄生虫的转唾液酸酶（*trans*-sialidase）将唾液酸从宿主糖复合物转移到寄生虫表面，将末端的 β- 半乳糖取代为 α2-3 连接的唾液酸。这种唾液酸化可以保护昆虫肠道中的寄生虫，并可能损害人类的免疫系统。在寄生虫中，研究人员仅在原生动物锥虫属中发现了编码转唾液酸酶的基因，并且在布氏锥虫和**克氏锥虫**（***Trypanosoma cruzi***）

① 也称可变表面糖蛋白（variant surface glycoprotein, VSG）。

中都存在。有趣的是，也有证据表明，在一些细菌和人类血清中也存在转唾液酸酶活性，但这些研究还遑论充分。

克氏锥虫由**猎蝽科**（**Reduviidae**）传播，是查加斯病或南美锥虫病的病原体。克氏锥虫具有致密的**糖基肌醇磷脂**（**glycosylinositolphospholipid，GIPL**）层（**第 12 章**），还有一层黏蛋白凸出在糖基肌醇磷脂层之上（**第 10 章**）（**图 43.3**）。糖基肌醇磷脂包含与其他糖基磷脂酰肌醇锚相同的基本结构，只是它们被半乳糖（Gal）、*N*- 乙酰葡萄糖胺（GlcNAc）和源自宿主的唾液酸大量取代。**黏蛋白**（**mucin**）含有大量由丝氨酸或苏氨酸连接的 α-*N*- 乙酰葡萄糖胺（α-GlcNAc）组成的 *O*- 聚糖，可延伸出 1 ～ 5 个半乳糖残基，其中包括呋喃半乳糖（Gal*f*），这些残基可以通过转唾液酸酶被唾液酸取代。对于克氏锥虫而言，唾液酸化被认为降低了寄生虫对哺乳动物血流中通常存在的抗 α- 半乳糖（α-Gal）抗体的敏感性。

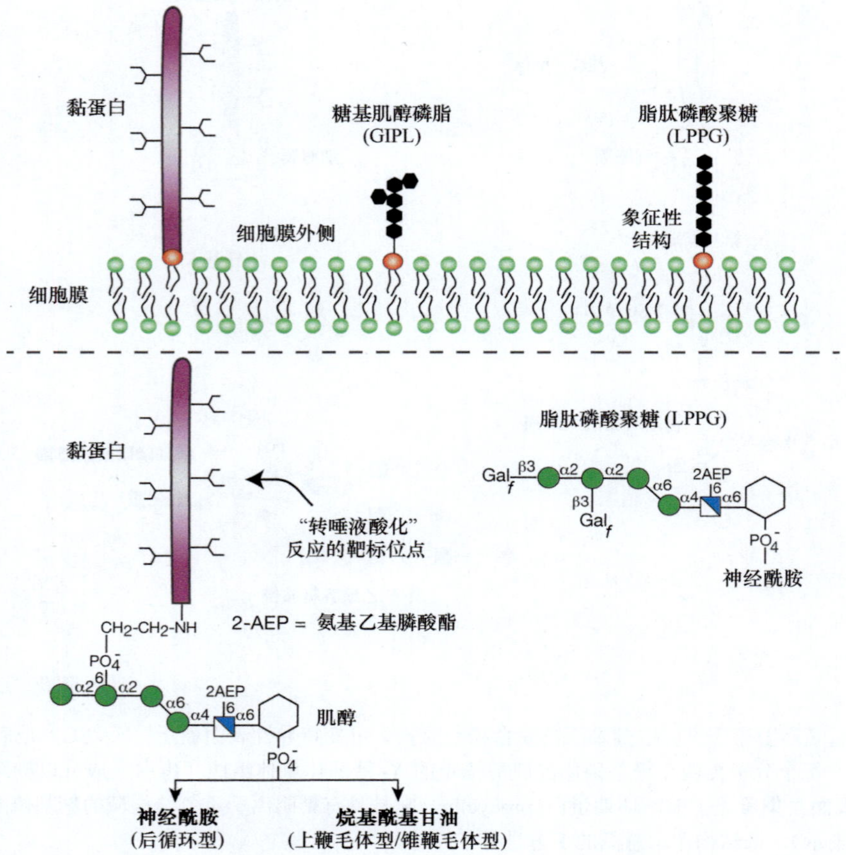

图 43.3　克氏锥虫主要表面糖复合物示意图。克氏锥虫（*Trypanosoma cruzi*）的细胞表面覆盖着一层致密的黏蛋白，具有广泛的 *O*- 糖基化、糖基肌醇磷脂（GIPL）和脂肽磷酸聚糖（LPPG）。图中概述了黏蛋白锚和主要类型脂肽磷酸聚糖分子的结构。氨基乙基膦酸酯残基用 2-AEP 表示。关于单糖的符号表示参见**附录 2**。

克氏锥虫还表达**脂肽磷酸聚糖**（**lipopeptidophosphoglycan，LPPG**），这是寄生虫在昆虫阶段的主要表面聚糖（**图 43.3**）。根据生命周期阶段的不同，脂肽磷酸聚糖由**肌醇磷酸神经酰胺锚定聚糖**（**inositolphosphoceramide-anchored glycan**）或**烷基酰基磷脂酰肌醇锚定聚糖**（**alkylacylphosphatidylinositol-anchored glycan**）组成，其中包括非乙酰化的葡萄糖胺、甘露糖、呋喃半乳糖和 2- 氨基乙基膦酸酯（2-aminoethylphosphonate，2-AEP）。哺乳动物细胞中缺少的神经酰胺锚和呋喃半乳糖，提示了它们可以作为化学治疗药物开发的潜在靶标。

43.4 利什曼原虫

利什曼原虫引起不同形式的**利什曼病**（leishmaniasis），其临床表现为三种形式：皮肤利什曼原虫病、皮肤黏膜利什曼原虫病和内脏利什曼原虫病，如不治疗，内脏利什曼原虫病对人体是致命的。寄生虫利什曼原虫具有非凡的能力，可以避免在其生命周期中所遭遇的险恶环境中被破坏，并且它们交替在人类巨噬细胞内寄生，或是在其传播媒介**白蛉**（*Phlebotomus papatasi*）的肠道中进行细胞外生存（图 43.4）。

具有阶段特异性的黏附过程，由利什曼原虫细胞表面丰富的糖复合物**脂磷酸聚糖**（lipophosphoglycan，LPG）的结构变化所介导，这有助于寄生虫在具有水解作用的宿主中肠（midgut）中存活（图 43.5）。所有利什曼原虫脂磷酸聚糖的基础结构包括 1-*O*- 烷基 -2- 溶血 - 磷脂酰 - 肌肉 - 肌醇脂质锚（1-*O*-alkyl-2-*lyso*-phosphatidyl-*myo*-inositol lipid anchor）、一个七糖核心、一个由（-6Galβ1-4Manα1-PO_4^-）重复单元组成的长链**磷酸聚糖**（phosphoglycan，PG）聚合物，以及一个小的寡糖帽。在许多物种中，磷酸聚糖重复单元含有额外的取代基，它们在阶段特异性黏附中介导了关键作用。例如，在**硕大利什曼原虫**（*Leishmania major*）

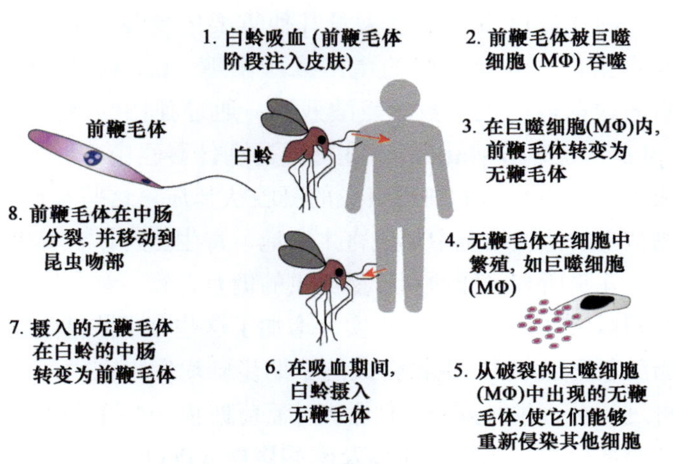

图 43.4 利什曼原虫的生命周期。该寄生性原生动物会导致人类罹患利什曼病。

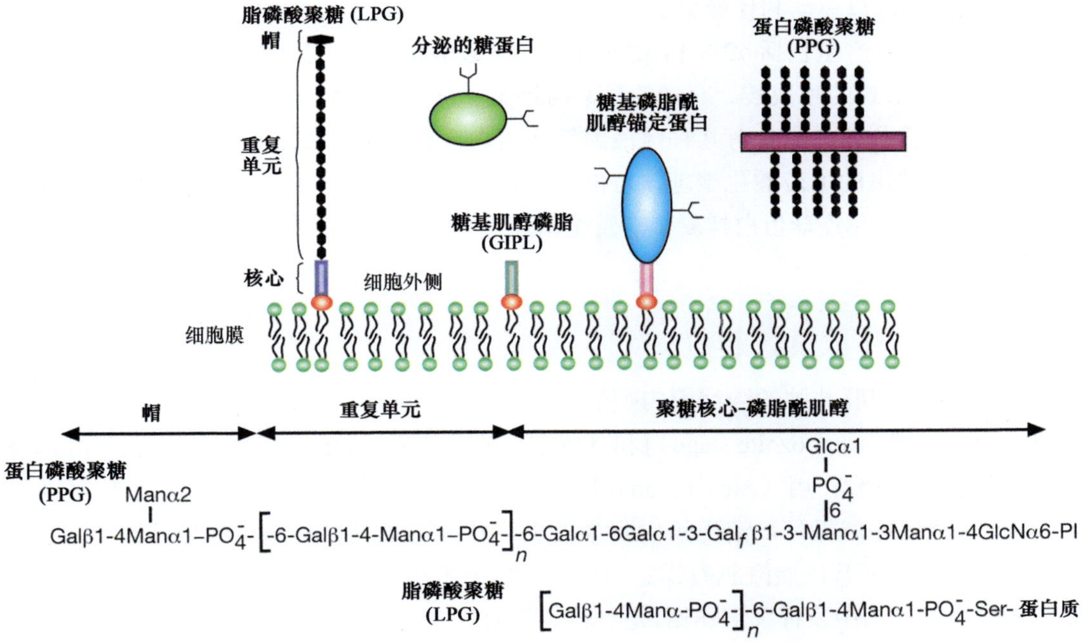

图 43.5 利什曼原虫主要细胞表面糖复合物示意图。脂磷酸聚糖（LPG）由 Gal-Man-PO_4^- 重复单元骨架组成，该骨架通过聚糖核心连接到脂质锚上。被称为蛋白磷酸聚糖（PPG）的分泌糖蛋白和黏蛋白样分子，由富含丝氨酸 / 苏氨酸的多肽组成，这些多肽在丝氨酸上被磷酸聚糖链高度糖基化，与在脂磷酸聚糖上发现的多肽链相似。图中显示了**杜氏利什曼原虫**（*Leishmania donovani*）的脂磷酸聚糖和蛋白磷酸聚糖的结构。缩写：磷脂酰肌醇（PI），丝氨酸（Ser）。

中，脂磷酸聚糖重复单元带有 β1-3- 半乳糖基侧链修饰，这为白蛉中肠的白蛉半乳糖凝集素（*Phlebotomus papatasi* galectin，PpGalec）提供了结合位点。随着寄生虫在白蛉中从无鞭毛体（amastigote）分化为前循环前鞭毛体（procyclic promastigote）并最终进入感染性的后循环（metacyclic）阶段，β1-3 半乳糖修饰的磷酸聚糖可被 α1-2 阿拉伯糖残基封端，产生无法与白蛉半乳糖凝集素（PpGalec）结合的结构，从而促进寄生虫脱离白蛉中肠。脂磷酸聚糖在寄生虫表面含量丰富，表明了这种糖复合物在寄生虫感染周期中的核心作用，并使得寄生虫能够在哺乳动物宿主中建立成功的感染过程。此外，脊椎动物宿主中的半乳凝集素 -3（galectin-3），可能将一些硕大利什曼原虫的聚糖识别为**病原体相关分子模式（pathogen-associated molecular pattern，PAMP）**，从而促进白细胞对感染的反应。

利什曼原虫还表达大量其他重要的糖复合物，如糖基肌醇磷脂（GIPL）、糖基磷脂酰肌醇（GPI）锚定蛋白，以及分泌的**蛋白磷酸聚糖（proteophosphoglycan，PPG）**（图 43.5）（另见**第 12 章**）。蛋白磷酸聚糖内的大多数丝氨酸残基，通过独特的磷酸二酯键，被 Gal-Man-PO_4^- 重复结构执行**磷酸糖基化（phosphoglycosylation）**。在**墨西哥利什曼原虫（*Leishmania mexicana*）**中，这些高度阴离子化的多糖形成了一个由互锁的细丝组成的凝胶状基质。这些基质促进了寄生虫在白蛉中的发育，并有助于在哺乳动物宿主的巨噬细胞中形成寄生空泡，寄生虫可以在其中进行复制。

几乎所有已知的利什曼原虫的糖复合物，都与脂磷酸聚糖（LPG）的生物合成途径存在一些交集。具有相似修饰分子的这一事实，增加了这些分子共享生物合成步骤的可能性。脂磷酸聚糖（LPG）和糖基磷脂酰肌醇（GPI）生物合成的早期步骤均发生在内质网中，其中糖基磷脂酰肌醇在内质网中的生物合成，可进行至产生甘露糖 - 甘露糖 - 葡萄糖胺 - 磷脂酰肌醇（Man-Man-GlcN-PI）。脂磷酸聚糖（LPG）中聚糖核心部分的半乳糖基化以及磷酸聚糖（PG）重复序列的组装，发生在高尔基体中（**第 12 章**）。脂磷酸聚糖（LPG）和蛋白磷酸聚糖（PPG）的磷酸聚糖部分，通过依次交替添加 Man-PO_4^- 和半乳糖来进行组装，形成特征性的 -Galβ1-4Manα1-PO_4^- 重复序列。根据利什曼原虫种类的不同，额外的支链糖可以随后被添加，形成一系列独特的侧链，以驱动利什曼原虫 - 白蛉媒介传播疾病的能力。

利什曼原虫属也能够产生包括 α2-3 和 α2-6 连键的唾液酸化聚糖，其中后者最为普遍。此外，该寄生虫可以产生 *O*- 乙酰化形式的唾液酸。有趣的是，与锥虫一样，利什曼原虫并不从头合成唾液酸，而是从宿主那里获得它。尽管利什曼原虫有几种唾液酸转运蛋白，但目前尚不清楚它是如何获得和产生唾液酸化聚糖的。它们所呈现出的唾液酸化聚糖，可能与多种唾液酸结合免疫球蛋白样凝集素（Siglec），尤其是巨噬细胞的唾液酸结合免疫球蛋白样凝集素发生相互作用，从而促进感染和细胞信号传递。

43.5 内阿米巴

可引起阿米巴痢疾和肝脓肿的**溶组织内阿米巴（*Entamoeba histolytica*）**的生命周期，包括致病的阿米巴阶段[或称滋养体期（trophozoite stage）]和具感染性的囊体期（cyst stage）。成熟的囊体被动物摄取后，一旦进入宿主肠道，经脱囊作用（excystation）后，就会产生引起病变的滋养体。滋养体可以复制或形成囊体，通过粪便传播以完成循环。溶组织内阿米巴表达几种凝集素，其中一种半乳糖 /*N*- 乙酰半乳糖胺（Gal/GalNAc）凝集素是糖基磷脂酰肌醇锚定的异二聚体糖蛋白。这种凝集素介导寄生虫与结肠黏蛋白的结合，在寄生虫的生存能力中发挥关键作用，是一种颇具前景的抗病候选疫苗。溶组织内阿米巴囊体壁（cyst wall）主要由壳多糖组成，与壳多糖结合的凝集素包括雅各布凝集素（Jacob lectin）和杰西凝集素（Jessie lectin），结合壳多糖酶（chitinase）的重塑作用，共同帮助形成包囊壁。

溶组织内阿米巴滋养体会合成细胞表面的脂磷酸聚糖（LPG）和脂肽磷酸聚糖（LPPG）（图 43.6）。脂磷酸聚糖由一个脂质锚和一个与利什曼原虫的脂磷酸聚糖（LPG）类似的磷酸聚糖成分组成。脂肽磷酸

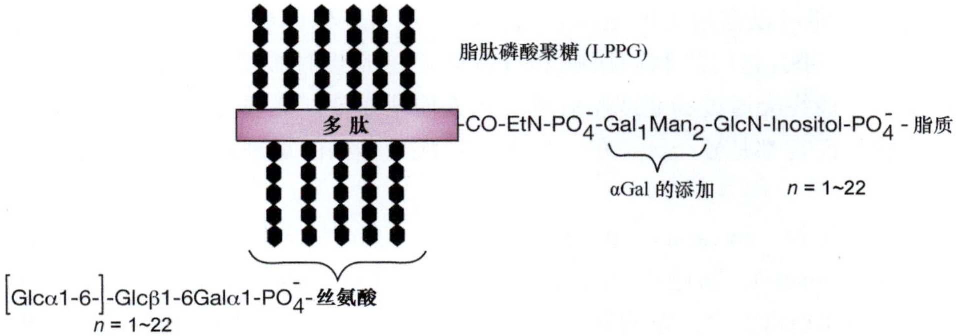

图 43.6　溶组织内阿米巴（*Entamoeba histolytica*）脂肽磷酸聚糖（LPPG）的结构。缩写：乙醇胺（EtN），肌醇（Inositol）。

聚糖（LPPG）的糖基磷脂酰肌醇锚的独特之处在于，它们具有包含序列半乳糖 - 甘露糖 - 甘露糖 - 葡萄糖胺 - 肌肉 - 肌醇（Gal_1Man_2GlcN-*myo*- inositol）的聚糖主链，其中 α- 半乳糖（α-Gal）取代了典型蛋白质锚中发现的末端 α1-2 甘露糖（α1-2Man）残基。利什曼原虫脂磷酸聚糖和脂肽磷酸聚糖都是重要的毒力因子，因为针对这些分子产生的抗体会抑制寄生虫杀死靶细胞的能力。因此，此类聚糖可能是疫苗开发的靶标。

43.6　血吸虫

血吸虫病（**schistosomiasis**）是一种主要的寄生虫病，在世界范围内发病率很高，由寄生性吸虫引起。感染人类的三种主要的血吸虫为**日本血吸虫**（***Schistosoma japonicum***）、**曼氏血吸虫**（***Schistosoma mansoni***）和**埃及血吸虫**（***Schistosoma haematobium***）（图 43.7）。血吸虫在蠕虫中独一无二的特点，是雄虫和雌虫在宿主的血管中配对生活。雌虫在感染后 4 ～ 6 周产卵，虫卵黏附在血管内皮上，并通过

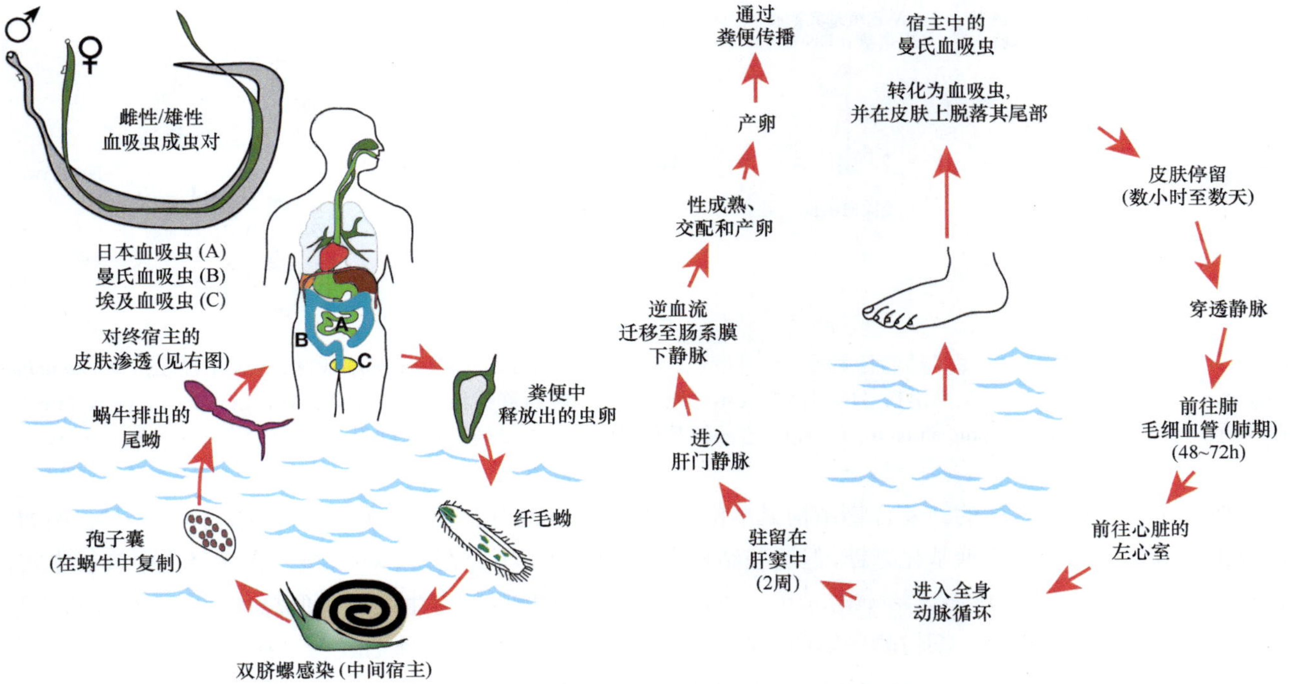

图 43.7　血吸虫的生命周期。这是一种导致人类血吸虫病的寄生性蠕虫。左图为血吸虫在无脊椎动物蜗牛宿主和人类最终宿主之间的交替循环；右图为血吸虫在人类宿主体内的传代，及其成熟为可交配的成年雄性 / 雌性对。

血管迁移到组织中。虫卵可以在宿主的组织中滞留，在那里它们固着并诱发肉芽肿性炎症反应。滞留在外周循环中的虫卵，可引起门静脉高压症和纤维化，这是慢性血吸虫病的特征，会导致发病乃至死亡。然而，许多虫卵最终会通过肠道或膀胱壁进入粪便或尿液，并通过中间的蜗牛宿主继续循环，该过程对每个血吸虫物种而言都是独一无二的。因此，该疾病传播的地理限制，其实是中间宿主蜗牛的生活范围。

血吸虫，尤其是囊尾蚴（cercaria）①的糖萼和虫卵上，会产生大量的膜结合糖蛋白和鞘糖脂。许多来源于寄生虫皮层（tegument）、肠道和卵的糖蛋白均具有高度抗原性，并存在于被感染哺乳动物宿主的循环系统中。这些蛋白质通常富含复杂的聚糖结构，并包含了一系列令人印象深刻的 *O*- 聚糖和 *N*- 聚糖。岩藻糖基化抗原是大多数血吸虫糖复合物的共同特征，包括 Lewis x（Le^x）、二 -*N*- 乙酰基乳糖胺（LacdiNAc，LDN）和**岩藻糖基化的二 -*N*- 乙酰基乳糖胺（fucosylated LacdiNAc，LDNF）**结构，以及多聚岩藻糖（polyfucose）分支结构（图 43.8）。像所有蠕虫一样，来自血吸虫的糖复合物缺乏唾液酸，但在血吸虫和其他几种蠕虫中，葡萄糖醛酸以带负电荷的单糖形式存在。

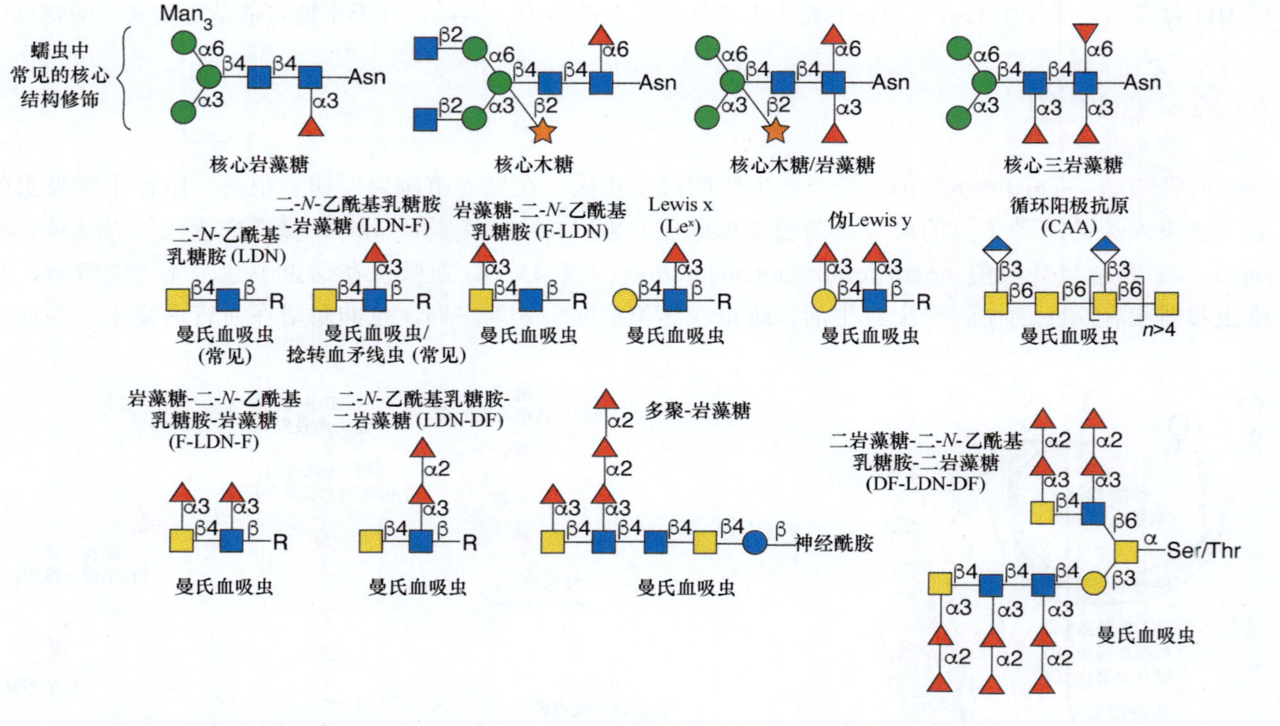

图 43.8　在寄生性蠕虫中发现的聚糖结构示例。以曼氏血吸虫（*Schistosoma mansoni*）和捻转血矛线虫（*Haemonchus contortus*）中的结构为代表。抗原由括号内的结构表示。缩写：二 -*N*- 乙酰基乳糖胺（LacdiNAc，LDN）；Lewis x（Le^x）；循环阳性抗原（circulating anodic antigen，CAA）；岩藻糖基化（F）；二岩藻糖基化（DF）；丝氨酸 / 苏氨酸（Ser/Thr）。

血吸虫物种之间表达的糖复合物结构显示出一些差异，但远小于血吸虫和其他蠕虫之间的差异。例如，血吸虫具有延伸的二岩藻糖基化寡糖，但这些结构在其他蠕虫中不存在。Lewis x 抗原在血吸虫中含量丰富，也存在于**牛肺线虫**（***Dictyocaulus viviparus***）中，这是一种牛体内的寄生线虫，但总体而言，只在极少数蠕虫中发现。除血吸虫外，**细粒棘球绦虫**（***Echinococcus granulosus***）、**犬心丝虫**（***Dirofilaria immitis***）和**捻转血矛线虫**（***Haemonchus contortus***）合成含有二 -*N*- 乙酰基乳糖胺（LDN）和岩藻糖基化的二 -*N*- 乙

① 即寄生虫幼虫囊体。

酰基乳糖胺（LDNF）的糖蛋白，此外还合成其他岩藻糖基化和木糖基化的聚糖（图 43.8）。许多这些聚糖结构的表达，受发育调控并具有阶段特异性，但它们在寄生虫发育和宿主致病机制中的基本作用，多数尚不清楚。除了血吸虫聚糖在与哺乳动物宿主相互作用中的功能外，血吸虫与中间蜗牛宿主之间的基本相互作用也具有聚糖依赖性。

越来越多的证据表明，血吸虫所表达的聚糖抗原可以调节先天性和适应性免疫应答。感染血吸虫的个体会产生各种针对聚糖抗原的抗体，这些抗体可能为后续的感染提供了部分保护。包括慢性血吸虫感染在内的蠕虫感染的一个普遍特征，是辅助 T 细胞 2 型（T-helper 2，Th2）免疫应答（促进体液免疫）优于辅助 T 细胞 1 型（T-helper 1，Th1）免疫应答（促进细胞免疫）。这种 Th2 驱动的应答过程，也有助于产生具有伤口愈合和抗炎特性的、交替激活的巨噬细胞。诱导抗炎免疫反应有利于寄生虫在宿主体内的存活，但同时也通过减少不相关的炎症反应（如在自身免疫性疾病中的炎症反应），使宿主受益。来自血吸虫和其他蠕虫的虫源性（worm-derived）分子，包括糖复合物，在宿主免疫应答的这种调节中发挥作用。研究人员目前正在评估蠕虫及其分泌物作为治疗慢性炎症性疾病，如**克罗恩病（Crohn's disease）**和**多发性硬化症（multiple sclerosis）**的新疗法。

血吸虫聚糖可被抗原呈递细胞（如树突状细胞和巨噬细胞）通过聚糖识别蛋白，特别是 C 型凝集素进行识别（**第 34 章**），包括作为树突状细胞特异性细胞间黏附分子 -3- 捕获非整联蛋白（DC-SIGN）和甘露糖受体等模式识别受体。对于许多蠕虫的免疫应答，胶原聚集素（collectin）和表面活性蛋白 D（surfactant protein D）有助于限制感染的病理变化。树突状细胞对寄生虫糖复合物的内化和加工，可导致适应性免疫应答和细胞激活的极化（**第 34 章**）。从血吸虫中鉴定出的多种抗原性糖复合物结构，有助于血吸虫病全新诊断方法的设计。由于对血吸虫的抗体反应主要针对抗原性聚糖基序，而针对此类聚糖的抗体可以杀死和抑制寄生虫的生长和虫卵的沉积，因此，此类聚糖可能成为疫苗开发的靶标。对负责抗原聚糖生物合成的血吸虫糖基转移酶的表征，以及对来自中间蜗牛宿主的酶的表征，也可能有助于识别全新的药物靶点，开发基于聚糖的疫苗和疗法。

43.7 其他寄生虫的糖生物学

如上所述，糖复合物和聚糖结合蛋白在许多不同寄生虫的宿主感染中发挥的作用令人印象深刻。表 43.4 中显示了另外几个示例。许多原生动物寄生虫似乎使用聚糖结合蛋白作为宿主细胞附着和入侵的主要机制。例如，引起角膜上皮严重眼部感染的**角膜炎棘阿米巴（*Acanthamoeba keratitis*）**，通过凝集素 - 聚糖的相互作用黏附在宿主细胞上，阻止阿米巴诱导的、靶细胞的细胞溶解。黏附过程由一种甘露糖结合蛋白介导，该蛋白质可以被 Manα1-3Man 二糖强烈抑制。此外，甘露糖和甘露糖 -6- 磷酸（Man-6-P）可以抑制**蓝氏贾第鞭毛虫（*Giardia lamblia*）**滋养体的黏附，这些聚糖可能被一种寄生虫的抗原蛋白——胰蛋白酶激活贾第凝集素（trypsin-activated Giardia lectin，taglin）识别。其他抗原蛋白，包括几种半乳凝集素，已从包括**环束背带线虫（*Teladorsagia circcincta*）**在内的寄生线虫中克隆出来。**小隐孢子虫（*Cryptosporidium parvum*）**是一种机会致病性原生动物，可感染免疫受损的个体，其子孢子具有血凝活性，该寄生虫表面的凝集素可能在宿主细胞的附着中发挥关键作用。最近，在**刚地弓形虫（*Toxoplasma gondii*）**中发现了一种唾液酸结合蛋白——唾液酸结合蛋白 -1（sialic acid binding protein-1，SABP1），该蛋白质对于这种原生动物的感染很重要。

此外，许多寄生虫的聚糖抗原正在被研究人员不断表征，以努力开发疫苗和新的诊断方法，从而治疗它们引起的疾病。例如，研究人员基于恶性疟原虫的糖基磷脂酰肌醇聚糖结构中的成分，设计获得了人工合成的糖复合物，以期创造一种疟疾疫苗；此外，研究人员正在利用克氏锥虫细胞表面的黏蛋白开发血清学检测方法，以改善查加斯病的诊断；再次，通过侧向流体免疫分析法（lateral flow assay）检测尿液或血液中血吸虫的分泌性聚糖抗原，可以在现场对活性感染（active infection）[①]进行敏感诊断。

致谢

感谢萨尔瓦多·图尔科（Salvatore Turco）和伊尔玛·范·迪伊（Irma van Die）对本章先前版本的贡献。

延伸阅读

Camus D, Hadley TJ. 1985. A Plasmodium falciparum antigen that binds to host erythrocytes and merozoites. *Science* **230**: 553-556.

Farthing MJ, Pereira ME, Keusch GT. 1986. Description and characterization of a surface lectin from Giardia lamblia. *Infect Immun* **51**: 661-667.

Parodi AJ. 1993. N-glycosylation in trypanosomatid protozoa. *Glycobiology* **3**: 193-199.

Schenkman S, Eichinger D, Pereira ME, Nussenzweig V. 1994. Structural and functional properties of Trypanosoma trans-sialidase. *Annu Rev Microbiol* **48**: 499-523.

Hoessli DC, Davidson EA, Schwarz RT, Nasir-ud-Din. 1996. Glycobiology of Plasmodium falciparum: an emerging area of research. *Glycoconj J* **13**: 1-3.

Mengeling BJ, Beverley SM, Turco SJ. 1997. Designing glycoconjugate biosynthesis for an insidious intent: phosphoglycan assembly in Leishmania parasites. *Glycobiology* **7**: 873-880.

Cummings RD, Nyame AK. 1999. Schistosome glycoconjugates. *Biochim Biophys Acta* **1455**: 363-374.

Dell A, Haslam SM, Morris HR, Khoo KH. 1999. Immunogenic glycoconjugates implicated in parasitic nematode diseases. *Biochim Biophys Acta* **1455**: 353-362.

Ferguson MA. 1999. The structure, biosynthesis and functions of glycosylphosphatidylinositol anchors, and the contributions of trypanosome research. *J Cell Sci* **112**: 2799-2809.

Loukas A, Maizels RM. 2000. Helminth C-type lectins and host-parasite interactions. *Parasitol Today* **16**: 333-339.

McConville MJ, Menon AK. 2000. Recent developments in the cell biology and biochemistry of glycosylphosphatidylinositol lipids. *Mol Membr Biol* **17**: 1-16.

Guha-Niyogi A, Sullivan DR, Turco SJ. 2001. Glycoconjugate structures of parasitic protozoa. *Glycobiology* **11**: 45R-59R.

Petri WA Jr, Haque R, Mann BJ. 2002. The bittersweet interface of parasite and host: lectin-carbohydrate interactions during human invasion by the parasite Entamoeba histolytica. *Annu Rev Microbiol* **56**: 39-64.

Nyame AK, Lewis FA, Doughty BL, Correa-Oliveira R, Cummings RD. 2003. Immunity to schistosomiasis: glycans are potential antigenic targets for immune intervention. *Exp Parasitol* **104**: 1-13.

Naderer T, Vince JE, McConville MJ. 2004. Surface determinants of Leishmania parasites and their role in infectivity in the mammalian host. *Curr Mol Med* **4**: 649-665.

Nyame AK, Kawar ZS, Cummings RD. 2004. Antigenic glycans in parasitic infections: implications for vaccines and diagnostics. *Arch Biochem Biophys* **426**: 182-200.

Previato JO, Wait R, Jones C, DosReis GA, Todeschini AR, Heise N, Previato LM. 2004. Glycoinositolphospholipid from Trypanosoma cruzi: structure, biosynthesis and immunobiology. *Adv Parasitol* **56**: 1-41.

① 指目前正在产生症状，或疾病的致病微生物正在快速繁殖的感染。

Tolia NH, Enemark EJ, Sim BK, Joshua-Tor L. 2005. Structural basis for the EBA-175 erythrocyte invasion pathway of the malaria parasite Plasmodium falciparum. *Cell* **122**: 183-193.

Petri WA Jr, Chaudhry O, Haque R, Houpt E. 2006. Adherence-blocking vaccine for amebiasis. *Arch Med Res* **37**: 288-291.

Jang-Lee J, Curwen RS, Ashton PD, Tissot B, Mathieson W, Panico M, Dell A, Wilson RA, Haslam SM. 2007. Glycomics analysis of Schistosoma mansoni egg and cercarial secretions. *Mol Cell Proteomics* **6**: 1485-1499.

Debierre-Grockiego F, Schwarz RT. 2010. Immunological reactions in response to apicomplexan glycosylphosphatidylinositols. *Glycobiology* **20**: 801-811.

van Die I, Cummings RD. 2010. Glycan gimmickry by parasitic helminths: a strategy for modulating the host immune response? *Glycobiology* **20**: 2-12.

Schauer R, Kamerling JP. 2011. The chemistry and biology of trypanosomal trans-sialidases: virulence factors in Chagas disease and sleeping sickness. *Chembiochem* **12**: 2246-2264.

Frank S, van Die I, Geyer R. 2012. Structural characterization of Schistosoma mansoni adult worm glycosphingolipids reveals pronounced differences with those of cercariae. *Glycobiology* **22**: 676-695.

Tundup S, Srivastava L, Harn DA Jr. 2012. Polarization of host immune responses by helminth-expressed glycans. *Ann NY Acad Sci* **1253**: E1-E13.

Van Diepen A, Van der Velden NS, Smit CH, Meevissen MH, Hokke CH. 2012. Parasite glycans and antibody-mediated immune responses in Schistosoma infection. *Parasitol* **139**: 1219-1230.

Prasanphanich NS, Mickum ML, Heimburg-Molinaro J, Cummings RD. 2013. Glycoconjugates in host-helminth interactions. *Front Immunol* **4**: 24061.

Vázquez-Mendoza A, Carrero JC, Rodriguez-Sosa M. 2013. Parasitic infections: a role for C-type lectin receptors. *Biomed Res Intl* **2013**: 456352.

Mickum ML, Prasanphanich NS, Heimburg-Molinaro J, Leon KE, Cummings RD. 2014. Deciphering the glycogenome of schistosomes. *Front Genet* **5**: 262.

Sato S, Bhaumik P, St-Pierre G, Pelletier I. 2014. Role of galectin-3 in the initial control of Leishmania infection. *Crit Rev Immunol* **34**: 147-175.

Cabezas Y, Legentil L, Robert-Gangneux F, Daligault F, Belaz S, Nugier-Chauvin C, Tranchimand S, Tellier C, Gangneux J-P, Ferrières V. 2015. Leishmania cell wall as a potent target for antiparasitic drugs. A focus on the glycoconjugates. *Org Biomol Chem* **13**: 8393-8404.

Cova M, Rodrigues JA, Smith TK, Izquierdo L. 2015. Sugar activation and glycosylation in Plasmodium. *Malaria J* **14**: 427.

Fleming JO, Weinstock JV. 2015. Clinical trials of helminth therapy in autoimmune diseases: rationale and findings. *Parasite Immunol* **37**: 277-292.

Fried M, Duffy PE. 2015. Designing a VAR2CSA-based vaccine to prevent placental malaria. *Vaccine* **33**: 7483-7488.

Singh RS, Walia AK, Kanwar JR. 2016. Protozoa lectins and their role in host-pathogen interactions. *Biotech Adv* **34**: 1018-1029.

Jaurigue JA, Seeberger PH. 2017. Parasite carbohydrate vaccines. *Front Cell Infect Microbiol* **7**: 248.

Kuipers ME, Nolte-'t Hoen ENM, van der Ham AJ, Ozir-Fazalalikhan A, Nguyen DL, de Korne CM, Konig RI, Tomes JJ, Hoffmann KF, Smits HH, Hokke CH. 2020. DC-SIGN mediated internalisation of glycosylated extracellular vesicles from Schistosoma mansoni increases activation of monocyte-derived dendritic cells. *J Extracell Vesicles* **9**: 1753420.

Malik A, Steinbeis F, Carillo MA, Seeberger PH, Lepenies B, Varón Silva D. 2020. Immunological evaluation of synthetic glycosylphosphatidylinositol glycoconjugates as vaccine candidates against malaria. *ACS Chem Biol* **15**: 171-178.

Murphy N, Rooney B, Bhattacharyya T, Triana-Chavez O, Krueger A, Haslam SM, O'Rourke V, Pańczuk M, Tsang J, Bickford-

Smith J, et al. 2020. Glycosylation of Trypanosoma cruzi TcI antigen reveals recognition by chagasic sera. *Sci Rep* **10**: 16395.

Ryan SM, Eichenberger RM, Ruscher R, Giacomin PR, Loukas A. 2020. Harnessing helminth-driven immunoregulation in the search for novel therapeutic modalities. *PLoS Pathog* **16**: e1008508.

Xing M, Yang N, Jiang N, Wang D, Sang X, Feng Y, Chen R, Wang X, Chen Q. 2020. A sialic acid-binding protein SABP1 of Toxoplasma gondii mediates host cell attachment and invasion. *J Infect Dis* **222**: 126-135.

Cavalcante T, Medeiros MM, Mule SN, Palmisano G, Stolf BS. 2021. The role of sialic acids in the establishment of infections by pathogens, with special focus on Leishmania. *Front Cell Infect Microbiol* **11**: 671913.

West CM, Malzl D, Hykollari A, Wilson IBH. 2021. Glycomics, glycoproteomics, and glycogenomics: an inter-taxa evolutionary perspective. *Mol Cell Proteom* **20**: 100024.

第 44 章

聚糖降解的遗传性疾病

哈德森 · H. 弗里兹（Hudson H. Freeze），理查德 · 斯蒂特（Richard Steet），铃木匡（Tadashi Suzuki），木下太郎（Taroh Kinoshita），罗纳德 · L. 施纳尔（Ronald L. Schnaar）

44.1 溶酶体酶 / 561
44.2 聚糖溶酶体降解中的遗传缺陷 / 562
44.3 糖蛋白的降解 / 565
44.4 糖胺聚糖的降解 / 566
44.5 鞘糖脂的降解 / 570
44.6 降解和重新合成 / 572
44.7 单糖的补救 / 572
44.8 降解的阻断 / 573
44.9 溶酶体酶缺乏症的治疗 / 573
致谢 / 575
延伸阅读 / 575

本章探讨了聚糖在溶酶体中的降解和周转，特别关注人类遗传疾病相关的溶酶体中聚糖的降解和周转，描述了该过程中具有代表性的聚糖，并说明了不同途径的独特特征。**第 39 章**和**第 45 章**介绍了从错误折叠的、新合成的糖蛋白中移除的寡甘露糖基 *N*- 聚糖的降解过程。

44.1 溶酶体酶

大多数聚糖在溶酶体中使用**糖苷内切酶（endoglycosidase）**和**糖苷外切酶（exoglycosidase）**，以高度有序的途径实现糖链的降解，有时还需要一些非催化蛋白质的帮助。对名为**溶酶体贮积病（lysosomal storage disease）**的罕见人类遗传疾病的研究，为揭示这些复杂途径提供了相关见解。在每一种溶酶体贮积病中，未分解的分子都会在溶酶体中积累。将酶学与聚糖结构分析相结合的巧妙实验，揭示了这些途径的步骤，同时解开了溶酶体酶的靶向机制（**第 33 章**）。

溶酶体含有 50 ～ 60 种可以降解各种大分子的可溶性水解酶。大多数聚糖降解酶（糖苷内切酶和糖苷外切酶，以及硫酸酯酶）的最适 pH 为 4 ～ 5.5，但少数酶具有更高的最适 pH（接近中性）。糖苷外切酶将末端糖的糖苷键从聚糖的非还原端（图 44.1 中聚糖的最左端）进行切割。糖苷外切酶仅识别特定端基差向异构（anomeric）连键中的一个单糖（在很少的情况下可识别两个），并且对糖苷连键之外的分子结构不太敏感。这种特异性的缺乏，使得这些酶可以作用于广泛的底物。然而，除非末端糖的所有羟基都未经修饰，否则糖苷外切酶通常不起作用。乙酸基团、硫酸基团或磷酸基团通常必须在糖苷酶作用之前被去除。**酯酶（esterase）**可以切割乙酰基，特异性的**硫酸酯酶（sulfatase）**负责去除糖胺聚糖（glycosaminoglycan，GAG）和 *N*- 连接或 *O*- 连接聚糖上的硫酸基团。糖苷内切酶能够切割较大型糖链内部的糖苷键。这些酶通常对聚糖修饰的耐受性更好；在某些情况下，它们需要经过修饰的糖才能实现最佳的切割效果。

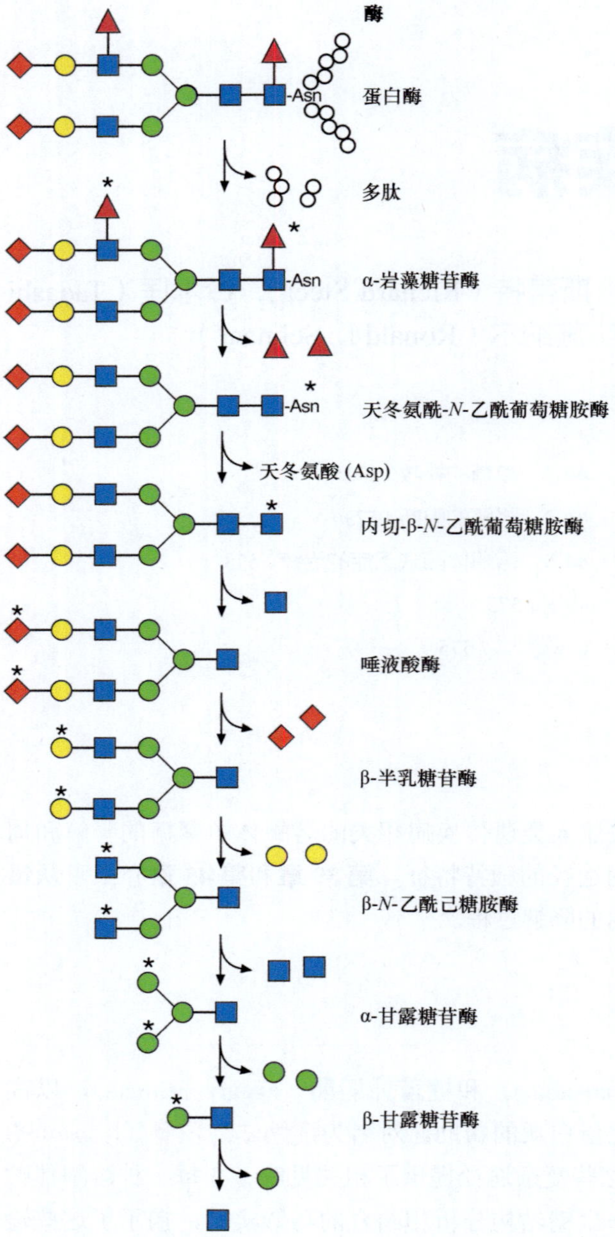

图 44.1 复合型 *N*- 聚糖的降解。 携带复合型聚糖的糖蛋白的溶酶体降解途径，在蛋白质部分和聚糖部分同时进行。*N*- 聚糖按照文中所述的特定顺序，被指定的糖苷外切酶依次降解。缩写：天冬酰胺（Asn）。

尽管**溶酶体糖苷酶**（**lysosomal glycosidase**）可以进行类似的反应，但它们的氨基酸序列彼此之间只有 15% ～ 20% 相同。因此，不存在高度保守的糖苷酶催化结构域。溶酶体酶都是 *N*- 糖基化的，大多数通过甘露糖 -6- 磷酸（Man-6-P）途径（**第 33 章**）靶向溶酶体，它们在各个方面共享甘露糖 -6- 磷酸在 *N*- 连接聚糖上组装的识别标志物（recognition marker），并且对甘露糖 -6- 磷酸受体（M6PR）具有亲和力。溶酶体内酶的浓度很难确定。组织蛋白酶（cathepsin）等蛋白酶（proteinase）据估计约为 1 mmol/L；糖苷酶则可能以低得多的浓度存在。

44.2 聚糖溶酶体降解中的遗传缺陷

大约有 50 种已知的遗传性疾病会妨害大分子在溶酶体中的降解。虽然每种疾病都很罕见，但它们的发生率叠加后，约为每 5000 ～ 10 000 名新生儿中存在 1 例。单个溶酶体水解酶的丢失，导致其底物在组织中以未降解片段的形式积累，并在尿液中出现相关片段。许多人类疾病都有动物模型。**表 44.1 ～表 44.3** 显示了与三种聚糖类别的降解相关疾病的一些主要临床症状。许多疾病都表现出症状上的重叠，但每种疾病都有独特的临床特征用以确诊。许多疾病还具有一系列不同的严重程度。通常，婴儿期的发病最为严重，而青少年或成人的发病症状较轻。疾病的迟发型（late-onset form）所影响的器官系统，甚至可能与受早发型（early-onset form）影响的器官系统大相径庭。研究人员已经在不同的疾病中描绘了数百种突变，其严重程度通常取决于突变等位基因的组合。根据特定的突变来预测疾病的严重程度（预后）往往较为困难。溶酶体水解酶的完全缺失后果非常严重。亚效等位基因（hypomorphic allele）[①]则具有可变的、残留的糖苷酶活性，使其预后变得困难。如果甘露糖 -6- 磷酸介导的溶酶体水解酶的靶向过程存在缺陷，也会导致溶酶体贮积病，如 **I 细胞疾病**（**I-cell disease**），也被称为**黏脂贮积症 II 型**（**mucolipidosis II**）；或导致**假性赫尔勒多发性营养不良症**（**pseudo-Hurler polydystrophy**），也被称为**黏脂贮积症 III 型**（**mucolipidosis III**）（**第 33 章**）。

① 表型效应在程度上次于野生型的突变基因。

表 44.1 糖蛋白降解缺陷——糖蛋白贮积症

疾病	缺陷	对降解的影响		临床症状
		糖蛋白	糖脂	
α- 甘露糖苷贮积症（α-mannosidosis）（I 型和 II 型）	α- 甘露糖苷酶	重大影响	无影响	I 型：婴儿发病，进行性智力障碍，肝肿大，3 ～ 12 岁死亡 II 型：青少年 / 成人发病，较轻，进展缓慢
β- 甘露糖苷贮积症（β-mannosidosis）	β- 甘露糖苷酶	重大影响	无影响	最严重病例在 15 个月内死亡；轻症有智力障碍、血管角质瘤、面部畸形
天冬氨酰葡萄糖胺尿（aspartylglucosaminuria）	天冬氨酰 - 葡萄糖胺酶	重大影响	无影响	进行性、面部粗糙、智力障碍
唾液酸贮积症（sialidosis）（黏脂贮积症 I）	唾液酸酶	重大影响	次要影响	进行性，严重的黏多糖贮积症样特征，智力障碍
申德勒病（I 型和 II 型）	α-*N*- 乙酰半乳糖胺酶	有影响	?	I 型：婴儿发病，神经轴索营养不良，严重的精神运动迟缓和智力障碍，皮质盲，神经变性 II 型：轻度智力障碍，弥散性躯体性血管角质瘤
半乳糖唾液酸贮积症（galactosialidosis）	保护蛋白 / 组织蛋白酶 A	重大影响	次要影响	面部粗糙、骨骼发育不良、早逝
岩藻糖贮积症（fucosidosis）	α- 岩藻糖苷酶	重大影响	次要影响	严重程度包括精神运动迟缓、面部粗糙、生长迟缓
GM1 神经节苷脂贮积症（gangliosidosis）	β- 半乳糖苷酶	次要影响	重大影响	婴儿形式严重的进行性神经系统疾病和骨骼发育不良
GM2 神经节苷脂贮积症	β- 己糖胺酶	次要影响	重大影响	重症形式：神经变性并在 4 岁前死亡 非重症形式：症状发作较慢且症状多变，均与中枢神经系统的各个部分有关
MAN2B2 缺陷	α1, 6- 甘露糖苷酶	重大影响	无影响	精神运动发育迟缓、小头畸形、生长迟缓

表 44.2 糖胺聚糖降解缺陷——黏多糖贮积症（MPS）

数字	常用名	酶（基因）缺乏	受影响的糖胺聚糖	临床症状
MPS I H	赫尔勒综合征（Hurler），赫尔勒 - 沙伊综合征（Hurler-Scheie），沙伊综合征（Scheie）	α-L- 艾杜糖苷酶（*IDUA*）	硫酸皮肤素，硫酸乙酰肝素	赫尔勒综合征：角膜混浊、器官肿大、心脏病、智力障碍、童年死亡 赫尔勒 - 沙伊综合征及沙伊综合征：严重程度轻，个体存活时间更长
MPS II	亨特氏综合征（Hunter）	艾杜糖醛酸 -2- 硫酸酯酶（*IDS*）	硫酸皮肤素，硫酸乙酰肝素	重度：器官肿大，无角膜混浊，智力障碍，15 岁前死亡 非重度：智力正常，身材矮小，生存年龄 20 ～ 60 岁
MPS IIIA	圣菲利波综合征 A 型（Sanfilippo A）	硫酸乙酰肝素 *N*- 硫酸酯酶（*SGSH*）	硫酸乙酰肝素	严重的智力衰退，多动，相对轻微的躯体症状
MPS IIIB	圣菲利波综合征 B 型（Sanfilippo B）	α-*N*- 乙酰葡萄糖胺酶（*NAGLU*）	硫酸乙酰肝素	类似于 MPS IIIA
MPS IIIC	圣菲利波综合征 C 型（Sanfilippo C）	乙酰辅酶 A：α- 葡萄糖胺 *N*- 乙酰转移酶（*HGSNAT*）	硫酸乙酰肝素	类似于 MPS IIIA
MPS IIID	圣菲利波综合征 D 型（Sanfilippo D）	*N*- 乙酰葡萄糖胺 6- 硫酸酯酶（*GNS*）	硫酸乙酰肝素	类似于 MPS IIIA
MPS IVA	莫基奥综合征 A 型（Morquio A）	*N*- 乙酰半乳糖胺 6- 硫酸酯酶（*GALNS*）	硫酸角质素，硫酸软骨素	独特的骨骼异常，角膜混浊，齿状突发育不全，目前已知该疾病存在较轻形式
MPS IVB	莫基奥综合征 B 型（Morquio B）	β- 半乳糖苷酶（*GLB1*）	硫酸角质素	同 MPS IVA
MPS VI	马罗托 - 拉米综合征（Maroteaux-Lamy）	*N*- 乙酰半乳糖胺 4- 硫酸酯酶（*ARSB*）	硫酸皮肤素	角膜混浊，智力正常，重症形式可存活至青少年；目前已知该疾病存在较轻形式

续表

数字	常用名	酶（基因）缺乏	受影响的糖胺聚糖	临床症状
MPS VII	斯莱综合征（Sly）	β- 葡萄糖醛酸酶（*GUSB*）	硫酸皮肤素，硫酸乙酰肝素，硫酸软骨素	严重程度广泛，包括胎儿水肿型和新生儿型
MPS IX	纳托维奇综合征（Natowicz）	透明质酸酶（*HYAL-1*）	透明质酸	关节周围软组织肿块，身材矮小，面部轻度变化
	多发性硫酸酯酶缺乏症（MSD）	甲酰甘氨酸生成酶（FGE）将半胱氨酸转换为甲酰甘氨酸（*SUMF1*）	所有硫酸化聚糖	肌张力减退、发育迟缓、神经退行性病变

注：黏多糖贮积症的分类基于 Neufeld E，Muenzer J. 2001. The mucopolysaccharidoses. In *The metabolic and molecular basis of inherited disease*（ed. Scriver CR，et al.），8th ed，pp. 3421-3452. McGraw-Hill，New York.

表 44.3　糖脂降解缺陷

疾病名称	酶或蛋白质缺乏	临床症状
泰 - 萨克斯（Tay-Sachs）病	β- 己糖胺酶 A	重症：神经变性，4 岁前死亡 非重症：症状发作较慢，症状多变，都与神经系统的某些部分有关
桑德霍夫（Sandhoff）病	β- 己糖胺酶 A 和 B	与泰 - 萨克斯病相同
GM1 神经节苷脂贮积症	β- 半乳糖苷酶	见表 44.1
唾液酸贮积症	唾液酸酶	见表 44.1
法布里病（Fabry）	α- 半乳糖苷酶	剧烈疼痛、血管角质瘤、角膜混浊、肾或脑血管疾病导致的死亡
戈谢病（Gaucher）	β- 葡萄糖基神经酰胺酶	严重：儿童或婴儿期发病，肝脾肿大，神经变性 轻度：儿童 / 成人发病，无神经变性病程
克拉伯病（Krabbe）	β- 半乳糖基神经酰胺酶	早发，进展为严重的精神和运动恶化
异染性脑白质营养不良	芳基硫酸酯酶 A（脑苷脂硫酸酯酶）	婴儿、少年和成人形式，可包括精神退化、周围神经病变、癫痫发作、痴呆
鞘脂激活蛋白（saposin）缺乏症	鞘脂激活蛋白前体	类似于泰 - 萨克斯病和桑德霍夫病

目前尚不清楚不同类型的未降解聚糖的积累，是否会导致每种疾病不同的特征症状。没有证据表明贮积的物质会导致溶酶体破裂，并将其内容物外溢进入细胞质。然而对于某些疾病，研究人员已经注意到溶酶体胞吐的增加或溶酶体与质膜的融合。许多溶酶体疾病在自噬方面存在缺陷。这可能导致清除受损细胞器（如线粒体）的过程受到影响。病理过程可能取决于细胞类型，同时取决于细胞中聚糖合成和周转的平衡。例如，硫酸皮肤素（dermatan sulfate，DS）是一种在结缔组织中占主导地位的糖胺聚糖（**第 17 章**），这可能解释了**I、II、VI 和 VII 型黏多糖贮积症（mucopolysaccharidosis，MPS）**中出现的骨骼、关节和皮肤问题。另一种糖胺聚糖硫酸角质素（keratin sulfate，KS）存在于软骨中，因此，**IV 型黏多糖贮积症**在很大程度上是一种骨骼疾病。神经节苷脂（**第 11 章**）在神经元中含量最高，因此，**神经节苷脂贮积症（gangliosidose）**主要表现为脑部疾病。糖原对肌肉的重要性解释了**蓬佩病（Pompe disease）**[①]对心脏和横膈膜的影响，导致该疾病的快速致死性。这是一种由编码对糖原降解很重要的 α- 葡萄糖苷酶（α-glucosidase）的 *GAA* 基因突变所引起的溶酶体疾病。研究人员在许多这类疾病中共同发现了聚糖的次级贮积（secondary storage），突出表现为**胆固醇贮积病（cholesterol storage disease）**、**C 型尼曼 - 皮克病（Niemann-Pick disease type C）**和几种**糖胺聚糖贮积紊乱（GAG storage disorder）**中糖脂的积累。鉴于多种聚糖的合成和降解之间存在着平衡，使用抑制剂在一定程度上减少聚糖的合成，可能有助于延缓初级或次级贮积，并减少某些疾病的病理变化。

① 即糖原贮积症 II 型，也称酸性麦芽糖酶缺乏症，糖原的过度积聚导致肌无力，并影响心脏、骨骼肌、肝脏、神经系统等诸多器官和组织。

44.3 糖蛋白的降解

绝大多数到达溶酶体的 *N*- 聚糖和 *O*- 聚糖只含有 6 种单糖，以一种或两种端基差向异构体的方式连接，即 β-*N*- 乙酰葡萄糖胺（βGlcNAc）、α/β-*N*- 乙酰半乳糖胺（α/βGalNAc）、α/β- 半乳糖（α/βGal）、α/β- 甘露糖（α/βMan）、α- 岩藻糖（αFuc）和 α- 唾液酸（αSia）。忽略底层的聚糖结构不谈，每种糖苷键理论上应该只需要一个具有端基差向异构体特异性的糖苷酶。这个数字接近于大多数**聚糖降解途径（glycan degradation pathway）**中已知的酶的数量。然而，某些连键需要这一组糖苷酶以外的特定酶，例如，β-*N*- 乙酰己糖胺酶（β-*N*-acetylhexosaminidase）可以同时裂解 β-*N*- 乙酰葡萄糖胺和 β-*N*- 乙酰半乳糖胺残基。*N*- 乙酰葡萄糖胺 -β- 天冬酰胺（GlcNAcβAsn）和 *N*- 乙酰半乳糖胺 -α- 丝氨酸 / 苏氨酸（GalNAcαSer/Thr）连键的降解也需要特定的酶。

44.3.1 复合型 *N*- 聚糖的溶酶体降解

研究人员对这一降解途径的了解，大部分来自对由于缺乏某种降解酶而积聚在患者组织或尿液中的产物分析（表 44.1）。在灌注的大鼠肝脏中，对单糖标记的糖蛋白所发生的降解过程进行结构分析，有助于该途径的阐明。在不同溶酶体酶的抑制剂存在的情况下进行糖蛋白降解分析研究，表明蛋白质和碳水化合物链的降解同时发生、各自独立、双向进行（图 44.1）。相对降解速率取决于蛋白质和糖链的结构因素（structural factor）与位阻因素（steric factor）。GlcNAcβ1-4GlcNAcβAsn 在无法切割 GlcNAcβAsn 连键的细胞中积累，这一结果清楚地表明，糖链的降解不需要以天冬酰胺的水解作为前提条件。大部分蛋白质可能在 *N*- 聚糖分解代谢开始之前就已经被降解。去除核心岩藻糖（Fucα1-6GlcNAc）以及可能与糖链外部分支相连的任何外周岩藻糖残基（例如，Fucα1-3GlcNAc），似乎是降解的第一步，因为缺乏 α- 岩藻糖苷酶（α-fucosidase）的患者仍然具有与天冬酰胺结合的、完整的 *N*- 聚糖。随后，糖基天冬酰胺酶（glycosylasparaginase）即天冬氨酰 -*N*- 乙酰 -β-D- 葡萄糖胺酶（aspartyl-*N*-acetyl-β-D-glucosaminidase）水解 GlcNAcβAsn 键，产生糖基胺（glycosylamine）和天冬氨酸（Asp），而非天冬酰胺（Asn）。在啮齿动物和灵长类动物中，一种内切 -β-*N*- 乙酰葡萄糖胺酶（endo-β-*N*-acetylglucosaminidase）：壳二糖酶（chitobiase）负责去除还原端的 *N*- 乙酰葡萄糖胺，留下只有一个末端 *N*- 乙酰葡萄糖胺（GlcNAc）的寡糖链。在许多其他物种中，几丁二糖（chitobiose）连键（GlcNAcβ1-4GlcNAc）的断裂，使用下文提到的 β-*N*- 乙酰己糖胺酶（β-*N*-acetylhexosaminidase）作为降解的最后一步。以上两种降解途径中的任何一种似乎都是有效的，导致在某些物种中存在壳二糖酶的原因无法得到合理解释。然后，寡糖链依次被唾液酸酶（sialidase）和（或）α- 半乳糖苷酶（α-galactosidase）降解，然后是 β- 半乳糖苷酶（β-galactosidase）、β-*N*- 乙酰己糖胺酶（β-*N*-acetylhexosaminidase）和 α- 甘露糖苷酶（α-mannosidase）。剩余的 Manβ1-4GlcNAc 被 β- 甘露糖苷酶水解为甘露糖和 *N*- 乙酰葡萄糖胺；或在缺乏壳二糖酶的物种中，Manβ1-4GlcNAcβ1-4GlcNAc 被 β- 甘露糖苷酶水解为壳二糖，然后被 β-*N*- 乙酰己糖胺酶水解为 *N*- 乙酰葡萄糖胺。

溶酶体唾液酸酶［即神经氨酸酶（neuraminidase）］、β- 半乳糖苷酶和一种称为保护蛋白 / 组织蛋白酶 A（protective protein/cathepsin A）的丝氨酸羧肽酶（serine carboxypeptidase），可以在溶酶体中形成复合物，它对于有效降解唾液酸化糖复合物必不可少。组织蛋白酶 A 保护 β- 半乳糖苷酶免于快速降解，同时激活唾液酸酶前体，但这种保护不依赖于组织蛋白酶 A 的催化活性。这种保护性蛋白的突变会导致**半乳糖唾液酸贮积症（galactosialidosis）**，其中 β- 半乳糖苷酶和唾液酸酶的同时缺乏也是由组织蛋白酶 A 缺陷所产生的次级影响（secondary effect）。

在糖链外部分支上，具有 GalNAcβ1-4GlcNAc、GlcAβ1-3Gal 或 Galα1-3Gal 结构的聚糖，必须首先分别通过 β-*N*- 乙酰己糖胺酶、β- 葡萄糖醛酸酶（β-glucuronidase）和 α- 半乳糖苷酶去除这些残基，然后再对底层的寡糖链进行进一步水解。

44.3.2 寡甘露糖基 *N*- 聚糖的溶酶体降解

进入溶酶体的寡甘露糖基 *N*- 聚糖被一种 α- 甘露糖苷酶水解，产生 Manα1-6Manβ1-4GlcNAc，这是杂合型和复合型 *N*- 聚糖中常见的中间产物。第二种 α1-6 特异性甘露糖苷酶（α1-6-specific mannosidase），可以在人和大鼠中水解这种连键，但仅适用于核心区域具有单个 *N*- 乙酰葡萄糖胺的分子，即由壳二糖酶切割后产生的分子，最后由 β- 甘露糖苷酶完成降解全过程。多萜醇连接（dolichol-linked）的前体上的寡甘露糖基 *N*- 聚糖，或是错误折叠的糖蛋白上产生的寡甘露糖基 *N*- 聚糖，则具有不同的处理方式（**第 39 章**）。

44.3.3 *O*- 聚糖的降解

研究人员尚未对典型的 α-*N*- 乙酰半乳糖胺（αGalNAc）引发的 *O*- 聚糖的降解进行系统地研究。许多 *N*- 聚糖的外部结构也存在于 *O*- 聚糖上（**第 14 章**），因此，这些聚糖的降解可能使用了与上述相同的糖苷外切酶组。一个例外是 *N*- 乙酰半乳糖胺 -α-*O*- 丝氨酸 / 苏氨酸（GalNAcα-*O*-Ser/Thr）连键区域。患有**申德勒病（Schindler disease）**的患者，缺乏对 α-*N*- 乙酰半乳糖胺（αGalNAc）特异的 α-*N*- 乙酰半乳糖胺酶（α-*N*-acetylgalactosaminidase），并且不会水解 α-*N*- 乙酰葡萄糖胺（αGlcNAc）。同样是这种酶，可能会从含有血型 A 的聚糖结构（GalNAcα1-3Gal）和一些糖脂［如福斯曼抗原（Forssman antigen，GalNAcα1-3GalNAcβ1-3Galα1-4Galβ1-4GlcβCer）］中去除末端的 αGalNAc。缺乏 α-*N*- 乙酰半乳糖胺酶的患者，会在尿液中累积含有 *N*- 乙酰半乳糖胺的糖肽，但奇怪的是，他们还会累积含有 *N*- 乙酰葡萄糖胺、半乳糖和唾液酸的更为复杂而延长的糖肽。这些结构与在一些天然糖复合物上发现的结构相同。它们的产生可能因为寡糖降解过程的普遍减缓，也可能因为聚糖在积累的 *N*- 乙酰半乳糖胺 -α-*O*- 丝氨酸 / 苏氨酸（GalNAcα-*O*-Ser/Thr）糖肽上的重新组装而产生。

44.4 糖胺聚糖的降解

糖胺聚糖包括硫酸乙酰肝素（heparan sulfate，HS）、硫酸软骨素（chondroitin sulfate，CS）、硫酸皮肤素、硫酸角质素和透明质酸（hyaluronan），能够以高度有序的方式进行降解。前三者通过 *O*- 木糖与核心蛋白连接（**第 17 章**），硫酸角质素是 *N*- 连接或 *O*- 连接的糖胺聚糖，而透明质酸则是游离的聚糖（**第 16 章**）。一些蛋白聚糖从细胞表面内化，其中蛋白质的部分被降解。然后，糖胺聚糖链被酶部分水解，如内切 -β- 葡萄糖醛酸酶（endo-β-glucuronidase）或己糖胺内切酶（endohexosaminidase）。这些酶会在几个特定位点进行剪切。糖苷内切酶的切割产生了多个末端残基，这些残基可以被独特的或重叠的硫酸酯酶和糖苷外切酶组降解。研究人员对黏多糖贮积症患者细胞溶酶体中部分降解片段的结构分析，揭示了降解途径和相关的基因缺陷（**表 44.2**）。即使是同一基因发生突变，其临床严重程度和表现也不尽相同。例如，**黏多糖贮积症 I 型（MPS I）**在临床上分为**赫尔勒综合征（Hurler** syndrome）（病情最严重）、**赫尔勒 - 沙伊综合征（Hurler-Scheie syndrome）**和**沙伊综合征（Scheie syndrome）**，尽管这三种疾病代表了同一疾病的连续统一体（**表 44.2**）。赫尔勒 - 沙伊综合征患者的病情进展较慢，在成年早期死亡，而沙伊综合征患者可以生存到中年或老年。这种疾病的较轻形式并不引起智力障碍。

44.4.1　透明质酸

透明质酸是分子质量最大和含量最丰富的糖胺聚糖（**第 16 章**）：一个体重为 70 kg 的人，每天要降解 5 g 透明质酸（分子质量为 10^7 Da）。透明质酸的降解涉及一系列酶，包括两种被称为透明质酸酶（hyaluronidase）的内切 -β-*N*- 乙酰己糖胺酶——透明质酸酶 -1（hyaluronidase 1，Hyal-1）和透明质酸酶 -2（hyaluronidase 2，Hyal-2），还包括 β- 葡萄糖醛酸酶，最后是 β-*N*- 乙酰己糖胺酶。Hyal-2 在低 pH 下具有活性，并通过糖基磷脂酰肌醇锚定在细胞表面（**第 12 章**）。这种酶既与脂筏中的透明质酸结合，又与 Na^+/H^+ 交换蛋白（Na^+/H^+ exchanger）结合，以创建酸性微环境。酶催化切割产生约 20 kDa 的片段（约 50 个二糖），这些片段被内化后递送到内体（endosome），最后进入溶酶体，在其中被 Hyal-1 降解为四糖和二糖（**图 44.2**）。糖苷外切酶被认为参与了较大糖链片段以及二糖和四糖单元的降解。*HYAL-1* 基因的突变导致

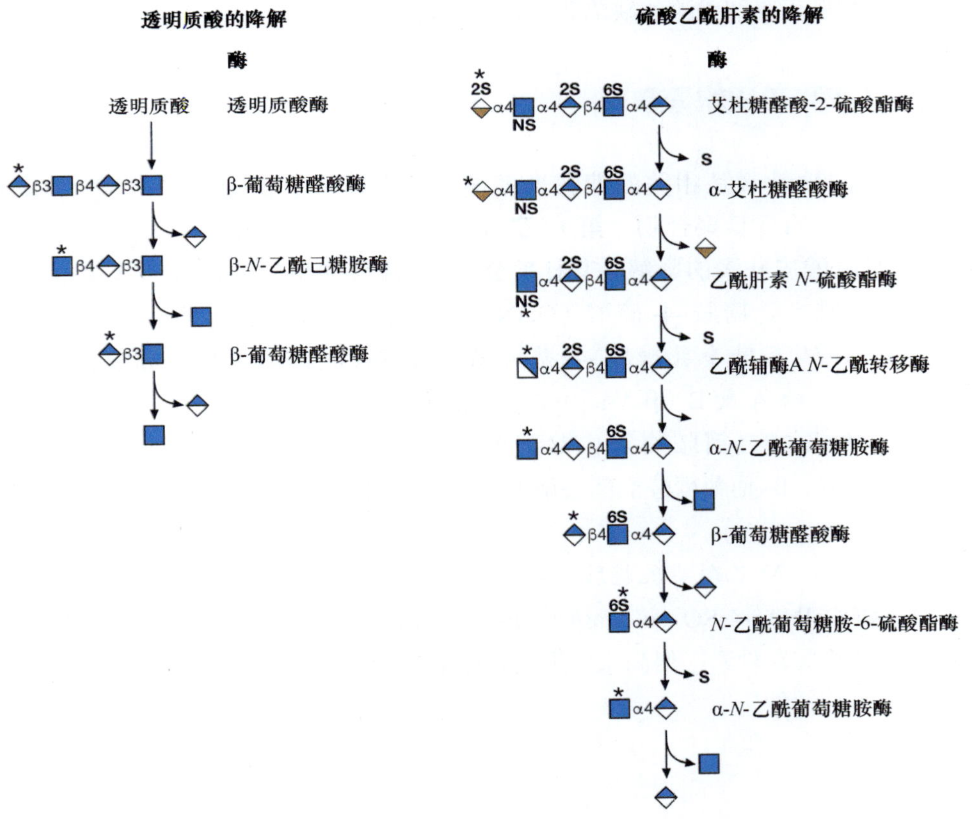

图 44.2　透明质酸和硫酸乙酰肝素的降解。左图表示透明质酸酶（一种糖苷内切酶）将大型透明质酸链切割成较小的片段，然后每个片段从非还原端开始依次降解。右图表示硫酸乙酰肝素的降解。内切 -β- 葡萄糖醛酸酶首先将大型硫酸乙酰肝素链切割成较小的片段，然后每个单糖从非还原端去除，如文中所述。在糖苷外切酶发挥作用之前，必须首先去除 *N*- 硫酸基团和 *O*- 硫酸基团。硫酸乙酰肝素降解的一个不寻常的特征，是该过程还涉及合成步骤。去除 $GlcNSO_4$ 上的 *N*- 硫酸基团后，非乙酰化的葡萄糖胺必须首先使用乙酰辅酶 A 进行 *N*- 乙酰化，然后 α-*N*- 乙酰葡萄糖胺酶才能切割该残基。

黏多糖贮积症 IX 型（MPS IX）。

44.4.2 硫酸乙酰肝素

硫酸乙酰肝素（**第 17 章**）首先被一种葡萄糖醛酸内切酶（endoglucuronidase）即乙酰肝素酶（heparanase）降解，然后进行有序的连续降解。其中一例如图 44.2 中所示。末端的艾杜糖醛酸 -2- 硫酸酯必须被艾杜糖醛酸 -2- 硫酸酯酶（iduronic acid-2-sulfatase）去硫酸化，使修饰过后的糖成为 α- 艾杜糖醛酸酶（α-iduronidase）的底物。如果葡萄糖醛酸 -2- 硫酸酯位于糖链中此单糖的位置，则葡萄糖醛酸 -2- 硫酸酯酶（GlcA-2-sulfatase）会在 β- 葡萄糖醛酸酶水解之前去除硫酸基团。新的末端葡萄糖胺硫酸盐（$GlcNSO_4$）是下一个需要水解的糖，需要三个步骤方能完成。硫酸基团首先被 *N*- 硫酸酯酶（*N*-sulfatase）去除，形成葡萄糖胺，它无法被 α-*N*- 乙酰葡萄糖胺酶（α-*N*-acetylglucosaminidase）切割。游离的氨基会被嵌在溶酶体膜上的 *N*- 乙酰转移酶（*N*-acetyltransferase）执行 *N*- 乙酰化，将葡萄糖胺（GlcN）转化为 *N*- 乙酰葡萄糖胺（GlcNAc），后者才是 α-*N*- 乙酰葡萄糖胺酶的底物。在第二步中，乙酰辅酶 A（acetyl CoA）将乙酰基提供给 *N*- 乙酰转移酶细胞质结构域中的组氨酸残基；然后乙酰基可在溶酶体膜的腔室内侧待用，并在低 pH 下转移到葡萄糖胺的氨基上。如果切割葡萄糖醛酸后暴露出 6-*O*- 硫酸化的 α-*N*- 乙酰葡萄糖胺（αGlcNAc），则硫酸基团会在 *N*- 乙酰葡萄糖胺去除之前被特定的 *N*- 乙酰葡萄糖胺 -6- 硫酸酯酶（GlcNAc-6-sulfatase）去除。表 44.2 列出了硫酸乙酰肝素降解中酶的缺陷和导致的疾病。

44.4.3 硫酸皮肤素和硫酸软骨素

硫酸皮肤素和硫酸软骨素是相关的糖胺聚糖链，它们是基于 β- 葡萄糖醛酸（βGlcA）和 β-*N*- 乙酰半乳糖胺（βGalNAc）的重复聚合物（**第 17 章**）。图 44.3 显示了溶酶体中糖苷内切酶、硫酸酯酶和糖苷外切酶的组合对硫酸皮肤素的降解。艾杜糖醛酸 -2- 硫酸酯酶的催化水解紧随 α- 艾杜糖醛酸酶之后进行。末端的 *N*- 乙酰半乳糖胺 -4- 硫酸（$GalNAc\text{-}4\text{-}SO_4$）可以通过两种途径中的任何一种加以去除。在第一条途径中，*N*- 乙酰半乳糖胺 -4- 硫酸硫酸酯酶（$GalNAc\text{-}4\text{-}SO_4$ sulfatase）执行去硫酸化，随后在 β-*N*- 乙酰己糖胺酶 A 或 B（β-*N*-acetylhexosaminidase A/B）的作用下去除 *N*- 乙酰半乳糖胺。在第二条途径中，β-*N*- 乙酰己糖胺酶 A 去除整个 *N*- 乙酰半乳糖胺 -4- 硫酸单元，然后由硫酸酯酶（sulfatase）负责后续裂解。β- 葡萄糖醛酸酶裂解 β- 葡萄糖醛酸残基，并且在分子的其余部分重复进行该过程。

为了降解硫酸软骨素，*N*- 乙酰半乳糖胺 -6- 硫酸硫酸酯酶（$GalNAc\text{-}6\text{-}SO_4$ sulfatase）和 *N*- 乙酰半乳糖胺 -4- 硫酸硫酸酯酶（$GalNAc\text{-}4\text{-}SO_4$ sulfatase）与 β-*N*- 乙酰己糖胺酶 A 或 B 和 β- 葡萄糖醛酸酶联合作用。透明质酸酶也可以降解硫酸软骨素，但尚未发现具有硫酸软骨素特异性的糖苷内切酶。

44.4.4 硫酸角质素

硫酸角质素是一种 *N*- 聚糖或 *O*- 聚糖，具有高度硫酸化的聚 *N*- 乙酰乳糖胺链。哺乳动物细胞没有分解硫酸角质素的糖苷内切酶（图 44.3）。硫酸角质素的降解，需要硫酸酯酶和糖苷外切酶的次第作用。半乳糖 -6- 硫酸硫酸酯酶（galactose-6-SO_4 sulfatase）与在硫酸软骨素降解中对 *N*- 乙酰半乳糖胺 -6- 硫酸（$GalNAc\text{-}6\text{-}SO_4$）进行去硫酸化的酶相同。该水解过程之后，糖链被 β- 半乳糖苷酶消化，留下末端的 *N*- 乙酰葡萄糖胺 -6- 硫酸。由硫酸酯酶进行**去硫酸化（desulfation）**，然后用 β-*N*- 乙酰己糖胺酶 A 或 B 进行

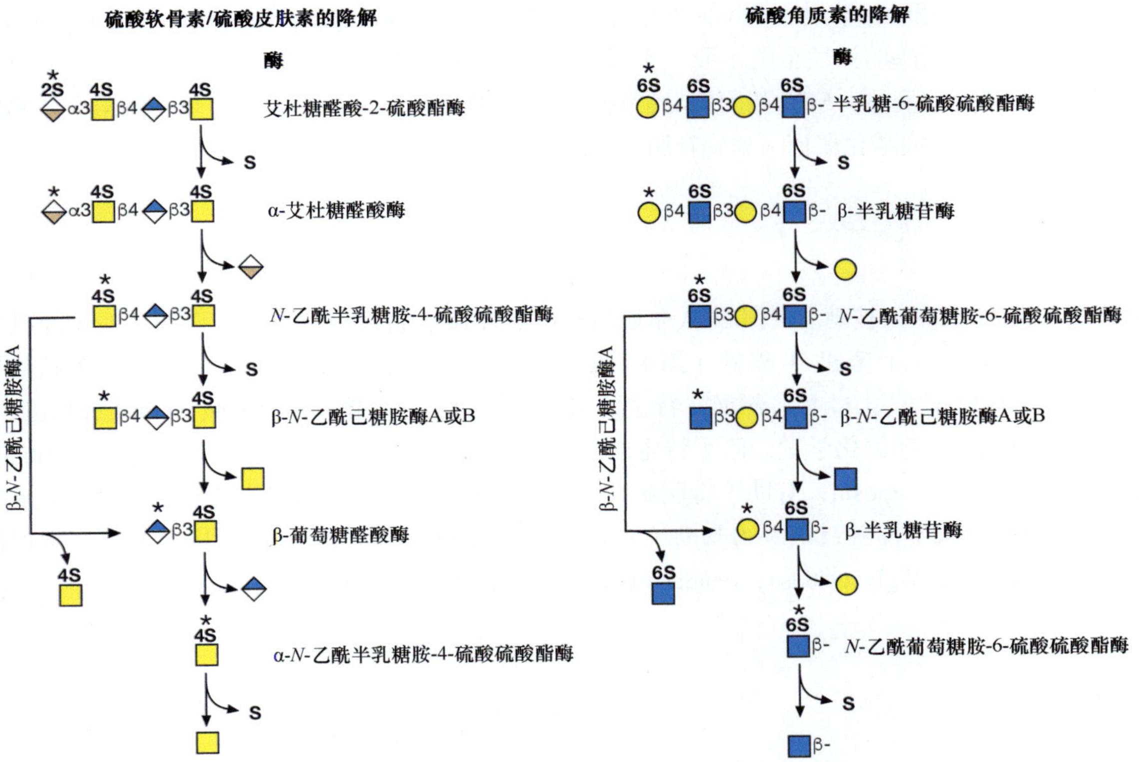

图 44.3　硫酸软骨素 / 硫酸皮肤素和硫酸角质素的降解。左图中仅显示了硫酸皮肤素的降解。在分两步去除硫酸化的艾杜糖醛酸后，可以通过两种不同的途径实现进一步的连续降解。一条路线（直线向下）使用 *N*- 乙酰半乳糖胺 -4- 硫酸硫酸酯酶，然后用 β-*N*- 乙酰己糖胺酶 A 或 B 进行切割。另一条路线仅使用 β-*N*- 乙酰己糖胺酶 A，它是少数能在低 pH 下裂解硫酸化氨基糖的糖苷外切酶之一。这两条连续降解途径也适用于硫酸软骨素的降解。右图表示硫酸角质素的降解。硫酸角质素的降解顺序与硫酸皮肤素和硫酸软骨素的降解一致，从非还原端开始。末端的 *N*- 乙酰葡萄糖胺 -4- 硫酸可以依次被硫酸酯酶切割，然后被 β-*N*- 乙酰己糖胺酶 A 或 B 切割；或者，β-*N*- 乙酰己糖胺酶 A 可以在低 pH 下直接切割 *N*- 乙酰半乳糖胺 -4- 硫酸。

水解，可去除 *N*- 乙酰葡萄糖胺 -6- 硫酸；或者，β-*N*- 乙酰己糖胺酶 A 可以直接释放 *N*- 乙酰葡萄糖胺 -6- 硫酸，然后再进行单糖的去硫酸化过程。

44.4.5　连接区

O- 连接的骨骼型（skeletal type）硫酸角质素（II 型）核心区域的降解，可能通过与其他 *O*- 聚糖相同的降解途径发生。*N*- 聚糖角膜型（corneal-type）硫酸角质素（I 型）可能被用于 *N*- 聚糖降解的同一组酶降解。*O*- 木糖连接的糖胺聚糖链（硫酸皮肤素、硫酸软骨素和硫酸乙酰肝素）都共享同一个**核心四糖（core tetrasaccharide）**——GlcAβ1-3Galβ1-3Galβ1-4Xylβ-*O*-Ser。研究人员已经在兔肝脏中检测到内切 -β- 木糖苷酶（endo-β-xylosidase）。连接区具体如何被降解，目前尚未确定。

44.4.6　多发性硫酸酯酶缺乏症

多发性硫酸酯酶缺乏症（multiple sulatase deficiency，MSD）是一种非常罕见的人类疾病。所有硫酸酯酶都是这种缺陷的牺牲品，因为它们都经历了活性位点的半胱氨酸残基，经翻译后转化成 $C_α$- 甲酰甘氨酸（2- 氨基 -3- 氧代丙酸），该过程由 C_α- 甲酰甘氨酸生成酶（C_α-formylglycine-generating enzyme，FGE）催化完成，对于硫酸酯酶的活性至关重要。实质上，半胱氨酸的巯基被双键氧原子取代，该氧原子可以作为水解的硫酸基团的受体。*FGE* 基因的功能缺失突变导致了硫酸酯酶的失活。这种缺陷会影响糖胺聚糖的降解和任何其他的硫酸化聚糖（如硫苷脂）的降解。

44.5 鞘糖脂的降解

鞘糖脂（**第 11 章**）可被糖苷外切酶从非还原端降解，而它们仍然携带着脂质部分的神经酰胺。由于鞘糖脂共享一些在 *N*- 聚糖和 *O*- 聚糖（**第 14 章**）中发现的相同的外部糖序列，因此许多相同的糖苷酶可应用于它们的降解（图 44.4）。然而，特定的水解酶会切割葡萄糖 - 神经酰胺（Glc-Cer）和半乳糖 - 神经酰胺（Gal-Cer）之间的化学键。除了特定的酶之外，不具有催化活性的鞘脂激活蛋白（sphingolipid activator protein，SAP，saposin）有助于将脂质底物呈递给酶进行裂解。来自水蛭和蚯蚓的神经酰胺聚糖酶（ceramide glycanase）即神经酰胺内切酶（endoglycoceramidase），可以从脂质中释放整个聚糖链，与肽 -*N*- 糖苷酶（peptide-*N*-glycosidase，PNGase）从蛋白质中释放 *N*- 聚糖别无二致。

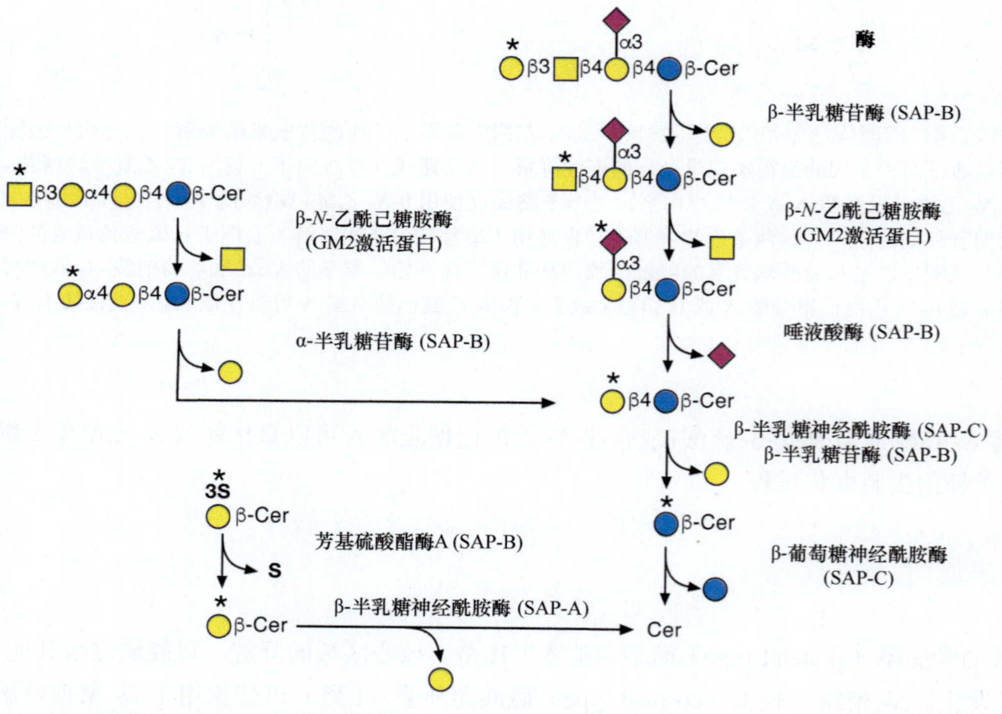

图 44.4 鞘糖脂的降解。所需的激活蛋白显示在括号中，单个酶如本章前文图中所示。缩写：鞘脂激活蛋白（SAP），神经酰胺（Cer）。

44.5.1 糖脂降解中的特定问题

一些糖苷外切酶是糖脂降解过程所特有的，它们的缺失会导致**糖脂贮积病（glycolipid storage disease）**（表 44.3）。葡萄糖脑苷脂酶（glucocerebrosidase）也称为 β- 葡萄糖神经酰胺酶（β-glucoceramidase），是特异性降解葡萄糖 -β- 神经酰胺（GlcβCer）键的酶，这种酶的丢失会导致**戈谢病（Gaucher disease）**。

此外，这种酶的杂合突变，已被证明是帕金森病最普遍和最主要的遗传风险因素之一，突出了糖脂降解在更常见的神经系统疾病中的作用。一种特殊的β-半乳糖苷酶——β-半乳糖神经酰胺酶（β-galactoceramidase）水解半乳糖和神经酰胺之间的化学键，还可以从乳糖神经酰胺（lactosylceramide）中切割末端的半乳糖。这种酶的缺失会产生**克拉伯病（Krabbe disease）**。半乳糖神经酰胺（galactosylceramide）通常带有 3-硫酸酯（硫苷脂），并且需要特定的硫酸酯酶——芳基硫酸酯酶 A（arylsulfatase A），在β-半乳糖神经酰胺酶发挥作用之前将其去除。这种硫酸酯酶的缺失，会导致**异染性脑白质营养不良（metachromatic leukodystrophy）**和硫苷脂的积累。以α-半乳糖残基为末端的糖脂，即球蛋白系列（globo-series）糖脂（**第 11 章**），能够被特定的α-半乳糖苷酶降解，这种酶的丢失会导致**法布里病（Fabry disease）**。

44.5.2　激活蛋白

如果糖类过于靠近脂质双分子层，显然限制了它们与可溶性溶酶体酶的接触，因而需要被称为**鞘脂激活蛋白（saposin）**的额外蛋白质将底物呈递给酶。鞘脂激活蛋白也称为**提升酶（liftase）**，可以与多种降解酶形成复合物，以更有效地水解靠近膜的短糖脂。鞘脂激活蛋白源自一种 524 个氨基酸的前体，称为鞘脂激活蛋白原（prosaposin），它被加工成 4 种同源的激活蛋白，每种都包含约 80 个氨基酸，即鞘脂激活蛋白 A、B、C 和 D（SAP-A，B，C，D）。尽管它们具有同源性，但每种鞘脂激活蛋白具有不同的特性。SAP-A 和 SAP-C 分别协助β-半乳糖神经酰胺酶和β-葡萄糖神经酰胺酶的降解。SAP-B 则辅助芳基硫酸酯酶 A、α-半乳糖苷酶、唾液酸酶和β-半乳糖苷酶。鞘脂激活蛋白的激活机制被认为与下文描述的 GM2 激活蛋白（GM2 activator protein）的激活机制相似。SAP-D 和 SAP-B 还有助于鞘磷脂酶（sphingomyelinase）对鞘磷脂（sphingomyelin）的降解。鞘脂激活蛋白原的完全缺失对人类是致命的，SAP-B 和 SAP-C 的缺陷导致了临床上类似于芳基硫酸酯酶 A 缺乏症（异染性脑白质营养不良）和戈谢病的缺陷表型。对应的症状可以根据这些鞘脂激活蛋白所辅助的酶来进行预测。

GM2 激活蛋白与 GM2 或 GA2 形成复合物，并将它们呈递给β-*N*-乙酰己糖胺酶 A，以切割β-*N*-乙酰半乳糖胺（β-GalNAc）。激活蛋白与一分子的糖脂结合，形成可溶性复合物，该复合物可被己糖胺酶裂解。然后，所得产物被重新插回膜中，激活蛋白呈递下一个 GM2 分子，如此反复。这种激活蛋白的遗传缺失会导致 GM2 和 GA2 的积累，产生了 **GM2 神经节苷脂贮积症（GM2 gangliosidosis）**的 AB 变体。

44.5.3　降解的拓扑学结构和脂质的作用

内吞囊泡将膜成分递送到溶酶体进行降解，通常以溶酶体内的**多囊泡体（multivesicular body，MVB）**形式存在。它们看起来像是溶酶体内的囊泡，在糖脂贮积症患者中尤为突出。囊泡内的囊泡是如何形成的？它们的功能是什么？溶酶体膜的内表面有一层厚厚的、抗降解的糖萼，由聚-*N*-乙酰乳糖胺修饰的膜整合蛋白质和外周膜蛋白质组成，可保护溶酶体膜免受破坏。然而，如果仅仅发生囊泡融合，这些蛋白质也会保护进入溶酶体的膜结构免于降解。通过在典型的多囊泡体中创建多个内膜，目标分子会暴露给可溶性溶酶体酶，并且降解过程能够在这些内部囊泡的膜表面上有效地进行。

多囊泡体的形成始于限界内体膜（limiting endosomal membrane）的内凹出芽（inward budding）。脂质和蛋白质被分选到内部膜（internal membrane）或限界膜（limiting membrane）。货物蛋白的泛素化将它们靶向定位至多囊泡体的内部囊泡，但也存在不依赖于泛素的途径。内体内膜（intra-endosomal membrane）和限界内体膜具有不同的脂质及蛋白质组成。膜分离和脂质分选过程，为溶酶体降解预备了内部膜（internal membrane）。在内部膜的成熟期间，胆固醇被不断地剥离（至＜1%），带负电荷的双（单酰基甘油）磷酸酯［bis(monoacylglycero)phosphate，BMP］最高可增加至45%。该分子对磷脂酶（phospholipase）具有很强的抵抗力。双（单酰基甘油）磷酸酯还能刺激酸性区室内膜上鞘磷脂的降解。由于双（单酰基甘油）磷酸酯不存在于溶酶体外膜中，因此独特的脂质类型谱确保了在不破坏溶酶体外膜的情况下，发生由水解酶（hydrolase）和具有膜破坏性的鞘脂激活蛋白所介导的降解过程。

44.6 降解和重新合成

聚糖的降解并不总是彻底的。糖蛋白、糖肽和鞘糖脂上部分降解的或不完整的聚糖，可以被内化进入含有核苷酸糖和糖基转移酶的功能性高尔基体区室，然后进行糖链的延长。就鞘糖脂而言，该途径对细胞中的鞘糖脂的总体合成做出了重大贡献，但在糖蛋白中，它的贡献可能相对较小。这些过程可以是补救（salvage）机制和修复机制，也可能在未知的生理途径中发挥了不可或缺的作用。

44.6.1 糖蛋白的再糖基化和回收

某些膜蛋白的半衰期长于其糖链的半衰期。末端的单糖比靠近聚糖还原端附近的单糖具有更快的周转速度，这表明末端的糖可被糖苷外切酶去除。切割过程可能发生在细胞表面，或发生在蛋白质在正常的膜回收过程中被内吞之时。由于弱酸性的晚期内体中含有相当宽 pH 范围的溶酶体酶，因此末端糖（如唾液酸）可以从糖链上切割下来。如果内吞的蛋白质在溶酶体中没有被降解，那么这些蛋白质可能会在高尔基体中重新遇到唾液酰基转移酶，发生**再唾液酸化（resialylation）**，并再次出现在细胞表面。如果蛋白质从其聚糖中同时失去了唾液酸和半乳糖残基，也会发生类似的情况。一些在寡糖加工抑制剂存在的条件下合成的膜蛋白，仍然能够以未加工的形式抵达细胞表面。随后，在没有抑制剂的情况下进行细胞孵育过程，会随着时间的推移继续进行正常的糖链加工。加工的程度和动力学取决于蛋白质及细胞类型。由于高尔基体酶在所有细胞中的分布不尽相同，因此再加工的程度也是各有千秋。大多数研究都对 *N*- 聚糖进行了监测，但带有 *O*- 聚糖的膜蛋白可能具有相似的表现。

44.6.2 鞘糖脂的回收

大多数新合成的葡萄糖神经酰胺，通过不依赖于高尔基体的细胞质途径到达细胞表面。其中的一些组分，以及由复杂的鞘糖脂部分降解所产生的葡萄糖神经酰胺，可以再循环到高尔基体中。与糖蛋白一致，简单的鞘糖脂可以在高尔基体中作为更长糖链合成时的受体。在溶酶体中，鞘氨醇（sphingosine）通过鞘糖脂的完全降解产生并被重复利用。总之，这些途径，尤其是再循环利用，可能占据了许多细胞中复杂糖脂生物合成时的主要组成部分。根据细胞的生理状态和合成需求，从丝氨酸和棕榈酰辅酶 A（palmitoyl CoA）开始的**从头合成途径（*de novo* pathway）**，可能仅占总合成量的 20% ～ 30%。在各种细胞器之间穿梭循环的成分，似乎涉及波形蛋白中间丝（vimentin intermediate filament）。目前尚缺乏这一过程的机制和细节研究。

44.7 单糖的补救

第 5 章讨论了单糖的补救过程。从聚糖降解中得到的单糖会被转运回细胞质，这些转运蛋白对中性糖、*N*- 乙酰己糖胺、阴离子糖、唾液酸和葡萄糖醛酸具有特异性。聚糖的周转率很高，在糖的补救过程中回收的数量也相当可观。很少有研究比较外源性单糖、从聚糖周转中补救的单糖，以及从头合成产生的单糖的实际贡献。细胞对每种单糖来源的偏好性可能不同。这些差异可能解释了为什么用于治疗某些糖基化障碍的单糖疗法，对某些细胞有效，而对其他细胞无效。

44.8　降解的阻断

聚糖的溶酶体降解可以通过提高溶酶体内的 pH、使特定的糖苷酶失活、通过突变，或通过蛋白质特异性抑制剂来进行阻断。

溶酶体酶通常在酸性 pH 时表现最佳，添加氯化铵或氯喹会通过增加溶酶体内的 pH 来减缓降解。然而，一些溶酶体酶具有相对较宽的最适 pH，数值上高于溶酶体的内环境。一些高活性的溶酶体酶，可以在早期内体和晚期内体中找到，这些内体的 pH 比溶酶体中的 pH 高。

第 55 章介绍了糖基化抑制剂，但其中一些药物也抑制特定的溶酶体酶。例如，**苦马豆碱**（**swainsonine**）阻断溶酶体 α- 甘露糖苷酶（lysosomal α-mannosidase），以及参与糖蛋白加工的 α- 甘露糖苷酶 II（α-mannosidase II）。绵羊和牛食用富含苦马豆碱的植物后会出现神经错乱，这些食物也被称为疯草（locoweed）。这些暂时性的症状，可能因溶酶体 α- 甘露糖苷酶被抑制而诱发产生。未降解的寡糖可能在受影响的动物体内积累。尽管许多抑制剂在体外可以阻断各种酶，但它们在细胞或整体动物中可能无效，因为它们可能无法以足够的浓度进入溶酶体。

44.9　溶酶体酶缺乏症的治疗

对溶酶体酶缺陷的研究，为**分解代谢途径**（**catabolic pathway**）提供了重要的见解，并显示出它们对人类健康的重要性。通过对来自患有不同贮积病患者成纤维细胞的共培养，导致了两种类型的细胞中存储物质的消失，最终发现了溶酶体酶的甘露糖 -6- 磷酸靶向。通过细胞表面的甘露糖 -6- 磷酸受体输送分泌的酶，每种细胞都提供了另一种细胞所缺乏的纠正因素（即溶酶体酶）（**第 33 章**）。**交叉校正**（**cross-correction**）的发现，为一种重要的治疗模式提供了机制基础，并强调了这样一个事实，即防止贮藏产物的积累和由此产生的病变可能仅仅需要相对少量的酶。一些评估表明，< 5% 的正常的 β-*N*- 乙酰己糖胺酶活性，足以预防**泰 - 萨克斯病**（**Tay-Sachs disease**）的病理症状。事实上，α-L- 艾杜糖醛酸酶缺乏的**沙伊综合征**（**Scheie syndrome**）的指示病例①，该酶在成纤维细胞中的活性为正常活性的< 1%，但患者仍旧存活了 77 年。

目前的治疗方法包括**酶替代疗法**（**enzyme replacement therapy，ERT**）、**底物减少疗法**（**substrate reduction therapy，SRT**）、**酶增强疗法**（**enzyme enhancement therapy，EET**）和**造血干细胞移植**（**hematopoietic stem cell transplantation，HSCT**）。**基因替代疗法**（**gene replacement therapy**）是一种未来颇具前景的方法，因为它可以避免酶替代疗法所需的持续性递送。由于在稳定状态下，聚糖的合成速率大于其降解速率，因此会出现储存的、未降解物质的积累。底物减少疗法降低了聚糖的合成速率，以对抗较低的糖苷酶活性。研究人员在**桑德霍夫病**（**Sandhoff disease**）的小鼠模型中测试了这一假设，具体方法中使用了 *N*- 丁基脱氧野尻霉素（*N*-butyldeoxynojirimycin），这是一种葡萄糖神经酰胺合成酶（glucosylceramide synthase）的抑制剂，该酶催化鞘糖脂生物合成的第一步。当使用该化合物处理野生型小鼠时，所有组织中鞘糖脂的含量下降了 50% ～ 70%，并未出现明显的病理效应。当使用该化合物对桑德霍夫病小鼠给药时，GM2 在大脑中的积累被阻断，神经节苷脂的储存数量减少。因此，减少主要前体

① 指感染人口、地区或家庭中第一个已知的传染病或遗传传播病症或突变的个体。

的合成，能够使 GM2 的负荷降低到糖苷酶缺乏的小鼠足以降解的水平。由于这种化合物抑制了生物合成步骤中的第一步，理论上这种药物可以减少任何糖脂贮积症中贮藏产物的积累。

在临床试验中，*N*- 丁基脱氧野尻霉素［药物名：美格鲁特（miglustat）；商品名：泽维可（Zavesca）］对许多轻度至中度戈谢病患者有效，尽管改善程度和副作用均有所不同。在婴儿泰 - 萨克斯病患者中进行的小型试验未能阻止神经功能的恶化，但预防了巨头畸形。进一步的临床研究可能会揭示底物减少疗法的潜力和局限性。

酶增强疗法或**药理学分子伴侣疗法（pharmacological chaperone therapy，PCT）**基于以下概念，即酶的抑制剂可以充当分子伴侣以稳定内质网中突变的酶。当酶到达溶酶体时，抑制剂在低 pH 下解离，大量储存的物质被逐渐消化。该方法对酶活性的总体增效不大，但它可以产生显著的临床收益。治疗法布里病、戈谢病 I 型和蓬佩病的临床试验正在进行之中，而 GM1 和 GM2 神经节苷脂贮积症的临床前试验也正在逐步开展。一个潜在的问题是一些抑制剂可能无法穿过血脑屏障，从而限制了它们在中枢神经系统（central nervous system，CNS）中的有效性。高通量筛选方法和大型化学文库的出现，增加了这种方法的潜力。此外，可以选择与酶保持结合的别构位点结合剂（allosteric site binder)，并且任何成功的化合物都可以与酶增强疗法结合使用，以进一步提高酶的活性。

酶替代疗法在戈谢病治疗中大获成功。注射携带以甘露糖为 *N*- 聚糖末端的葡萄糖脑苷脂酶（glucocerebrosidase），可以将酶靶向至巨噬细胞 / 单核细胞，这是底物贮积的主要场所。历经多年的实际使用，添加的酶始终如一地改善了患者的临床特征，并且副作用很小。然而该疗法的治疗成本惊人，而且高剂量的酶在改善内脏和血液病变等方面并不比低剂量下更为有效。由于有效性已获证明，施用葡萄糖脑苷脂酶是这些患者最为认可的疗法，但末端甘露糖残基不能用于将该酶靶向至其他细胞或器官，或用于其他溶酶体贮积病的治疗。输注的酶不足时，该酶可以穿过血脑屏障，因此，该酶［药物名：伊米苷酶（imiglucerase）；商品名：思而赞（Cerezyme）］对没有神经系统受累（neurological involvement）[①]的 I 型疾病非常有效，但对于较为罕见的、有神经系统受累的戈谢病则没有效果。此外，患者有时会产生针对注射的人类蛋白质的抗体。

用其他重组溶酶体酶进行的酶替代疗法试验已经取得了进展。酶替代疗法可用于法布里病、蓬佩病，以及黏多糖贮积症 I 型、II 型、IVA 型和 VI 型，并正在开发用于其他疾病。目前，研究人员正在考虑使用酶替代疗法和药理学分子伴侣的联合疗法，来稳定血流中的治疗酶。重组的 α- 半乳糖苷酶治疗法布里病效果很好；而用重组的 α-L- 艾杜糖醛酸酶治疗中度严重型黏多糖贮积症 I 型（即赫尔勒 - 沙伊综合征）时效果很好，但对更常见的神经系统型（即赫尔勒综合征）的患者效果尚不清楚。造血干细胞移植应可以从供体来源的小胶质细胞中提供 α-L- 艾杜糖苷酸酶给中枢神经系统，对黏多糖贮积症 I 型的治疗有效。重组 *N*- 乙酰半乳糖胺 -4- 硫酸酯酶（*N*-acetylgalactosamine-4-sulfatase）即芳基硫酸酯酶 B（arylsulfatase B）［药物名：加硫酶（galsulfase）；商品名：那加硫酶（Naglazyme）］被批准用于黏多糖贮积症 VI 患者的治疗，α- 葡萄糖苷酶［药品名：阿糖苷酶 α（alglucosidase alfa）；商品名：美而赞（Myozyme）］被批准用于蓬佩病患者的治疗。艾杜糖醛酸 -2- 硫酸酯酶［药品名：艾杜硫酶（idursulfase）；商品名：移黏宝酶（elaprase）］被批准用于**亨特综合征（Hunter syndrome）**患者的治疗。这些结果清楚地验证了这种方法的有效性。这些酶的疗效，大多依赖于对含有甘露糖 -6- 磷酸（Man-6-P）聚糖的工程化改造。这是一例最为重要的实例，见证了对疾病（I 细胞疾病）的临床探索如何导致发现了基于甘露糖 -6- 磷酸的溶酶体酶靶向（**第 33 章**），并发展了针对多种疾病进行靶向治疗的医疗行业。缺乏特定溶酶体酶的动物的不断产生，提供了一个合适的体系来测试矫正基因、化合物和酶的功效。

---

① 医学用语，指由一种疾病导致的其他器官、组织的功能或器质性的改变。

致谢

感谢松田淳子（Junko Matsuda）和内森·刘易斯（Nathan Lewis）的有益评论及建议。

延伸阅读

Neufeld EF, Lim TW, Shapiro LJ. 1975. Inherited disorders of lysosomal metabolism. *Annu Rev Biochem* **44**: 357-376.

Winchester B. 2005. Lysosomal metabolism of glycoproteins. *Glycobiology* **15**: 1R-15R.

Winchester B. 2014. Lysosomal diseases: diagnostic update. *J Inherit Metab Dis* **37**: 599-608.

Clarke LA, Hollak CE. 2015. The clinical spectrum and pathophysiology of skeletal complications in lysosomal storage disorders. *Best Pract Res Clin Endocrinol Metab* **29**: 219-235.

Coutinho MF, Matos L, Alves S. 2015. From bedside to cell biology: a century of history on lysosomal dysfunction. *Gene* **555**: 50-58.

Deng H, Xiu X, Jankovic J. 2015. Genetic convergence of Parkinson's disease and lysosomal storage disorders. *Mol Neurobiol* **51**: 1554-1568.

Espejo-Mojica ÁJ, Alméciga-Díaz CJ, Rodríguez A, Mosquera Á, Díaz D, Beltrán L, Díaz S, Pimentel N, Moreno J, Sánchez J, et al. 2015. Human recombinant lysosomal enzymes produced in microorganisms. *Mol Genet Metab* **116**: 13-23.

Oh DB. 2015. Glyco-engineering strategies for development of therapeutic enzymes with improved efficacy for the treatment of lysosomal storage diseases. *BMB Rep* **48**: 438-444.

Parenti G, Andria G, Valenzano KJ. 2015. Pharmacological chaperone therapy: preclinical development, clinical translation, and prospects for the treatment of lysosomal storage disorders. *Mol Ther* **23**: 1138-1148.

Rastall DP, Amalfitano A. 2015. Recent advances in gene therapy for lysosomal storage disorders. *Appl Clin Genet* **8**: 157-169.

Breiden B, Sandhoff K. 2019. Lysosomal glycosphingolipid storage diseases. *Annu Rev Biochem* **88**: 461-485.

Ryan E, Seehra G, Sharma P, Sidransky E. 2019. GBA1-associated parkinsonism: new insights and therapeutic opportunities. *Curr Opin Neurol* **32**: 589-596.

Tancini B, Buratta S, Delo F, Sagini K, Chiaradia E, Pellegrino RM, Emiliani C, Urbanelli L. 2020. Lysosomal exocytosis: the extracellular role of an intracellular organelle. *Membranes (Basel)* **10**: 406.

第 45 章

先天性糖基化障碍

德克 · J. 勒费伯（Dirk J. Lefeber），哈德森 · H. 弗里兹（Hudson H. Freeze），理查德 · 斯蒂特（Richard Steet），木下太郎（Taroh Kinoshita）

45.1 背景和发现 / 576
45.2 遗传性病理突变发生在所有主要聚糖家族中 / 576
45.3 *N*- 聚糖生物合成中的缺陷 / 578
45.4 *O*- 聚糖生物合成中的缺陷 / 582
45.5 脂质和糖基磷脂酰肌醇锚生物合成中的缺陷 / 586
45.6 多种糖基化途径中的缺陷 / 587
45.7 未来展望——病理生理学及治疗 / 591
致谢 / 591
延伸阅读 / 591

本章讨论了由聚糖生物合成和代谢缺陷引起的遗传性人类疾病——**先天性糖基化障碍（congenital disorders of glycosylation，CDG）**，描述了主要聚糖家族中遗传缺陷的代表性示例，以及我们可以从中获得的与糖生物学相关的经验教训。在糖基化遗传疾病中，由体细胞突变引起的疾病在**第 46 章**进行描述，影响聚糖溶酶体降解的疾病在**第 44 章**进行描述，尽管根据定义，术语"先天障碍"（congenital disorder）包括了由非遗传性的、不利的子宫条件所引起的疾病，但术语"先天性糖基化障碍"现在被广泛用于等同于遗传性糖基化障碍的的疾病。

45.1 背景和发现

继 1980 年发现人类 **I 细胞疾病（I-cell disease）**的遗传缺陷后（**第 33 章**），研究人员预计会发现更多人类聚糖生物合成中的缺陷，但直到十余年后方才发现下一个实例。回顾往事，主要困难源于临床表现的多效性和多系统性。与此同时，比利时儿科医生雅克 · 贾肯（Jaak Jaeken）注意到一些患有多系统疾病的儿童具有血清蛋白异常，并决定应用先前建立的测试来分离转铁蛋白的同型蛋白（isoform）。这些儿童的检测结果呈阳性，从而首次表明蛋白质 *N*- 糖基化存在普遍性缺陷。由于缺乏有关聚糖结构和潜在遗传变异的更多细节，贾肯决定将这些病例称为**碳水化合物缺乏糖蛋白综合征（carbohydrate-deficient glycoprotein syndrome，CDGS）**。几年后，许多人在诸多此类病例中确定了糖基化途径中的原发性遗传性遗传缺陷。为了保留首字母缩写词"CDG"，相关人员仍然决定将其称为"先天性糖基化障碍"（CDG），而不是遗传性糖基化基因缺陷。

45.2 遗传性病理突变发生在所有主要聚糖家族中

几乎所有的聚糖生物合成中的遗传性疾病，都是在过去 20 年中发现的。它们非常罕见，在生物化学和临床上具有异质性，并且通常影响多个器官系统。先天性糖基化障碍之所以罕见，主要是因为在糖基化步骤中存在完全缺陷的胚胎，通常无法存活至出生，这证明了聚糖在人类中关键的生物学作用。幸存下来的先天性糖基化障碍患者通常具有亚效（hypomorphic）等位基因突变，至少保留了相关途径的一些活性。虽然罕见，但对由这一系列基因定义的遗传性糖基化疾病的研究，揭示了人们对糖基化过程生物学重要的新见解。

一些缺陷仅影响单个糖基化途径，而其他缺陷则影响多个途径。缺陷发生在以下几个方面：①糖前体的活化、呈递和运输；②糖苷酶和糖基转移酶；③运输糖基化机器（glycosylation machinery）的蛋白质，或维持高尔基体稳态的蛋白质。一些疾病可以通过补充单糖来治疗。如图 45.1 所示，随着已发现疾病数量的快速增长，疾病命名法也进行了相应的演变。自 1999 年起，先天性糖基化障碍被定义为 *N*- 糖基化的遗传缺陷，但该术语现在适用于任何糖基化缺陷。目前，先天性糖基化障碍可分为 4 类，包括 *N*- 糖基化、*O*- 糖基化、脂质和糖基磷脂酰肌醇锚的糖基化缺陷，以及影响多种糖基化途径的缺陷。先天性糖基化障碍由突变基因命名，后跟“-CDG”后缀（例如，PMM2-CDG）。表 45.1 中列出了部分选定的先天性糖基化障碍，附录 8 中列出了所有已知的先天性糖基化障碍。

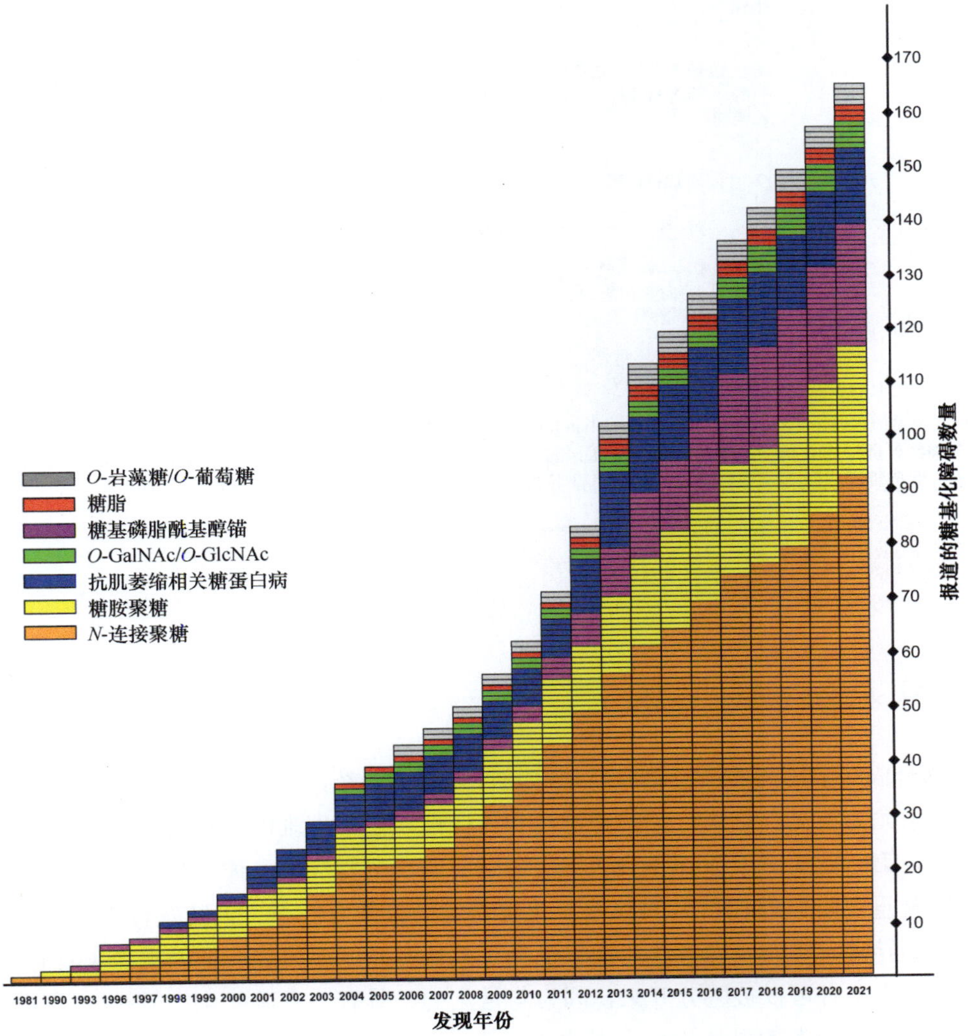

图 45.1 糖基化相关疾病。该图显示了各种生物合成途径中人类糖基化障碍的累积数量和它们被确定的年份（为简单起见，影响多个途径的疾病包括在 *N*- 连接聚糖的疾病中）。在大多数情况下，年份是指提出基因特异性突变最终证据的时间。早年的相关发现通常基于令人信服的生物化学证据。自 2010 年以来，全外显子组测序等新一代测序技术的引入，促进了对新型遗传缺陷的鉴定。

表 45.1 选定的人类先天性糖基化障碍

疾病	基因	功能	疾病 OMIM[①]	基因 OMIM	主要临床特征	影响的糖基化途径
ALG1-CDG	*ALG1*	β1-4 甘露糖基转移酶	608540	605907	智力障碍，肌张力减退，癫痫发作，小头畸形，感染，早逝	*N*- 连接聚糖途径
NGLY1-CDG	*NGLY1*	*N*- 聚糖酶 -1	615273	610661	智力障碍，发育迟缓，癫痫发作，肝功能异常，泪液减少或无泪症	*N*- 连接聚糖途径
PMM2-CDG	*PMM2*	将甘露糖 -6- 磷酸（Man-6-P）转换为甘露糖 -1- 磷酸（Man-1-P）	212065	601785	智力障碍，肌张力减退，癫痫发作，斜视，小脑发育不全，发育停滞，心肌病，前 5 年致死率达 20%	可能影响多种途径
MPI-CDG	*MPI*	果糖 -6- 磷酸（Fru-6-P）和甘露糖 -6- 磷酸（Man-6-P）的相互转化	602579	154550	肝纤维化，凝血障碍，低血糖，蛋白丢失性肠病，呕吐，无神经系统症状	可能影响多种途径
SRD5A3-CDG	*SRD5A3*	聚戊烯醇还原酶	612379	611715	智力障碍，肌张力减退，眼和脑畸形，眼球震颤，肝功能障碍，凝血障碍，鱼鳞病	可能影响多种途径
COG7-CDG	*COG7*	高尔基体到内质网的逆行运输	608779	606978	肌张力减退，小头畸形，发育停滞，拇指内收，生长迟缓，心脏异常，皮肤起皱，早逝	可能影响多种途径
CHIME 综合征[②]，高磷酸酶症伴智力落后综合征	*PIGL*	*N*- 乙酰葡萄糖胺 - 磷脂酰肌醇（GlcNAc-PI）去 -*N*- 乙酰酶	280000 239300	605947 605947	智力障碍，视网膜缺损，心脏缺陷，早发性鱼鳞状皮肤病，耳部异常（传导性听力损失），高磷酸酯酶症伴智力落后综合征	糖基磷脂酰肌醇锚途径
沃克 - 瓦尔堡综合征（Walker-Warburg）（MDDGA1、B1、C1）	*POMT1*	*O*- 甘露糖基转移酶	236670 613155 609308	607423	沃克 - 瓦尔堡综合征、脑部畸形、各种眼部畸形、血清肌酸激酶升高	*O*- 甘露糖途径
GNE 肌病［遗传性包涵体肌病（HIBM）］	*GNE*	尿苷二磷酸 -*N*- 乙酰葡萄糖胺 -2- 差向异构酶 /*N*- 乙酰甘露糖胺激酶	605820 269921	603824	近端和远端肌肉无力，上肢和下肢消瘦，股四头肌不受影响	可能影响多种途径
遗传性多发性外生骨疣	*EXT1*	葡萄糖醛酸转移酶 /*N*- 乙酰葡萄糖胺转移酶	133700	608177	多发性外生骨疣	糖胺聚糖

① 数字为在线人类孟德尔遗传病数据库（Online Mendelian Inheritance in Man, OMIM）中的疾病编号。

②又名苏尼奇神经外胚层综合征（Zunich neuroectodermal syndrome）/ 苏尼奇 - 凯耶综合征（Zunich-Kaye syndrome），是视网膜缺损、先天性心脏病，游走性鱼鳞样皮肤病、智力发育落后和耳朵异常这 5 个主要临床表现首字母的缩略语命名。

45.3 *N*- 聚糖生物合成中的缺陷

45.3.1 临床和实验室特征及诊断

N- 聚糖生物合成缺陷障碍的广泛临床特征涉及许多器官系统，但在中枢和周围神经系统，以及肝脏、视觉和免疫系统中尤为常见。临床特征的普遍性和可变性，使医生难以识别具有 *N*- 糖基化缺陷的先天性糖基化障碍患者。第一批病例于 20 世纪 80 年代初期发现，主要基于多种血浆糖蛋白的缺陷而得以确诊。患者达到生长发育重要阶段存在着时间延迟，并且表现出肌张力低下、大脑发育不全、视力问题、凝血功能缺陷和内分泌异常。然而，许多这些症状也见于其他多系统遗传综合征的患者。具有 *N*- 糖基化缺陷的先天性糖基化障碍患者可以被区分开来，因为与常见的、具有二唾液酸化二天线 *N*- 聚糖的、肝脏来源的血清蛋白相比，这些患者的血清蛋白上发生了异常的糖基化。对血清转铁蛋白的鉴定尤其方便，因为它有两个 *N*- 糖基化位点，每个位点通常都含有二唾液酸化的二天线 *N*- 聚糖。不同的糖型（glycoform）可以通过**等电聚焦（isoelectric focusing，IEF）**或**离子交换色谱法（ion-exchange chromatography）**进行分离，但对纯化的转铁蛋白进行**质谱（mass spectrometry，MS）**分析，可以实现更好的准确性和灵敏度。

这种简单的测试会提醒医生在了解该疾病的遗传或分子基础的情况下，注意可能的先天性糖基化障碍患者。

N- 糖基化缺陷可根据转铁蛋白的糖型分为两种类型。**先天性糖基化障碍 I 型（CDG type-I，CDG-I）**患者缺乏一种或两种 *N*- 聚糖，因为脂质连接寡糖（lipid-linked oligosaccharide，LLO）的生物合成或其向蛋白质的转移过程存在缺陷。**先天性糖基化障碍 II 型（CDG type-II，CDG-II）**患者，由于聚糖加工异常，具有不完整的、结合在蛋白质上的聚糖。*N*- 聚糖缺陷的生物合成途径和位置如图 45.2 所示。

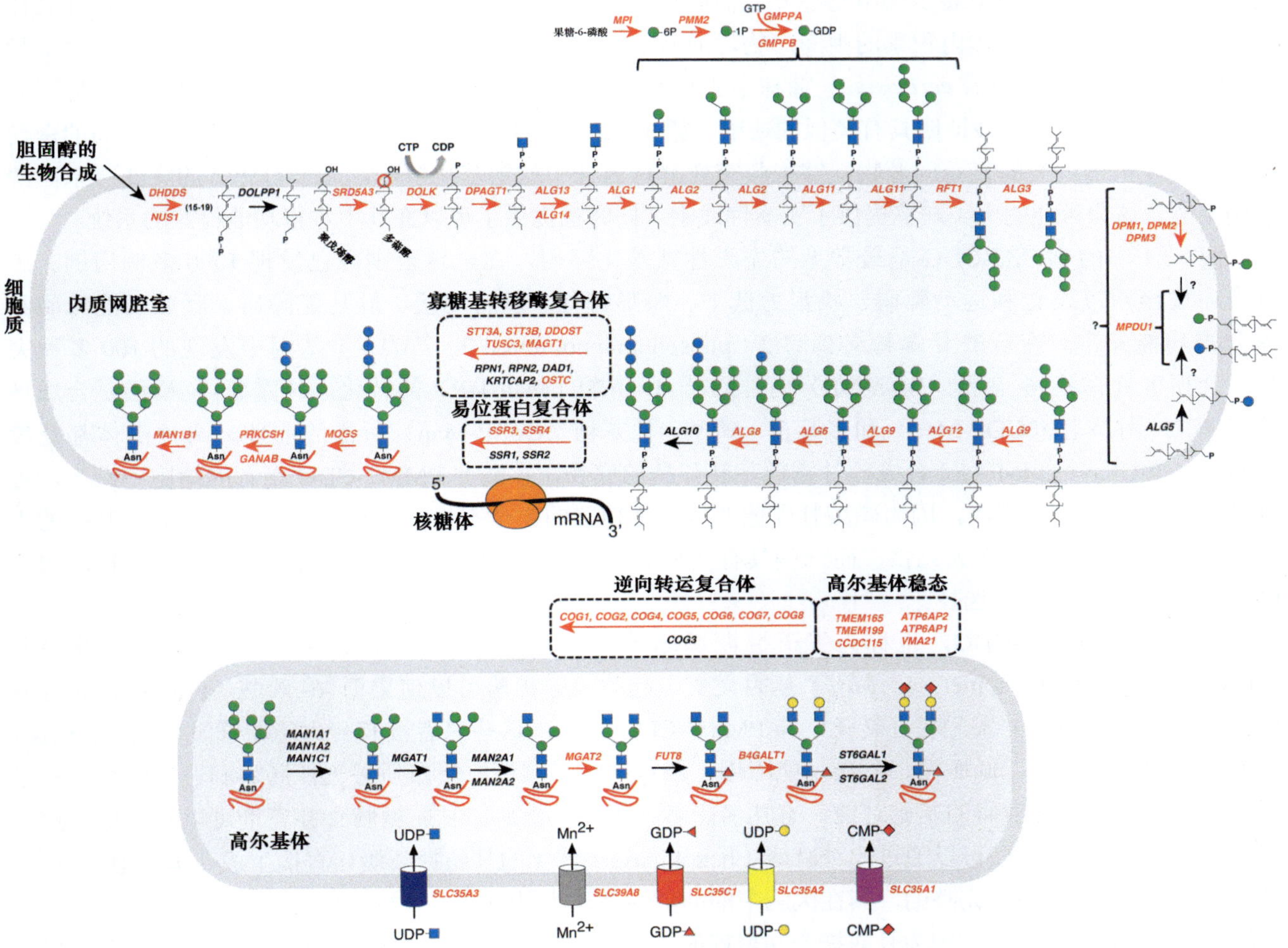

图 45.2 *N*- 糖基化途径中的先天性糖基化障碍。该图显示了与图 9.3 和图 9.4 相似的脂质连接寡糖（LLO）的生物合成、聚糖向蛋白质的转运，以及 *N*- 聚糖加工中的各个步骤。糖基化机器在内质网和高尔基体之间，以及在高尔基体内部的穿梭，由细胞质复合物负责组织和调控，包括保守寡聚高尔基体（COG）复合物（高尔基体的平衡缺陷，见图 45.4）。先天性糖基化障碍的基因名称以红色表示。现在已知内质网中的甘露糖基 - 寡糖 α1-2- 甘露糖苷酶（mannosyl-oligosaccharide α1-2-mannosidase，Man1B1）也在高尔基体中发挥作用。缩写：磷酸（P），尿苷二磷酸（UDP），胞苷一磷酸（CMP），胞苷二磷酸（CDP），胞苷三磷酸（CTP），鸟苷二磷酸（GDP），鸟苷三磷酸（GTP），天冬酰胺（Asn）。参与 *N*- 聚糖合成的相关酶参见附录 3。

45.3.2 内质网 *N*- 糖基化中的缺陷

完全没有 *N*- 聚糖对生物体而言是致命的。因此，已知的突变大多产生亚等位基因，编码活性降低的蛋白质。在内质网中组装脂质连接寡糖所需的任何步骤中的缺陷（例如，核苷酸糖的合成，或是糖基转移酶催化的糖的添加）（**第 9 章**），会产生结构不完整的脂质连接寡糖。由于寡糖基转移酶

（oligosaccharyltransferase，OST）更喜欢完整尺寸的脂质连接寡糖，因而会导致多种糖蛋白的**低糖基化**（**hypoglycosylation**）。这意味着一些 *N*- 聚糖位点没有被修饰。近年来的研究已经表明，一些中间长度的脂质连接寡糖结构也可以转移到蛋白质上，尽管效率要低得多。例如，在 ALG1-CDG 中鉴定出少量的、延伸的壳二糖（chitobiose）聚糖，它缺乏将甘露糖添加到壳二糖核心的甘露糖基转移酶（mannosyltransferase）。重要的是，脂质连接寡糖合成中的许多缺陷会产生不完整的脂质连接寡糖中间产物。大多数脂质连接寡糖的组装步骤不易检测，但脂质连接寡糖的组装，从酵母到人类都是保守的，并且在先天性糖基化障碍患者体内积累的中间产物，通常能够与在脂质连接寡糖组装中具有已知缺陷的突变型**酿酒酵母**（***Saccharomyces cerevisiae***）菌株中所观察到的中间体形成对应。一些突变的哺乳动物细胞（如中国仓鼠卵巢细胞）已被证明具有类似的缺陷（**第 49 章**）。酵母和人类内质网 *N*- 糖基化基因之间的密切同源性，使正常人类的直系同源物能够挽救突变酵母菌株中的糖基化缺陷，而来自患者的突变直系同源物则不能。这为可能的人类缺陷提供了实质性线索，同时也提供了可以在其中进行功能检测的系统。

表 45.1 中的 PMM2-CDG 是最常见的先天性糖基化障碍，在全球范围内已发现 1000 多例病例。患者有中度至重度发育和运动障碍、肌张力低下、畸形特征、发育迟缓、肝功能障碍、凝血功能障碍和内分泌功能异常。在磷酸甘露糖变位酶 2（phosphomannomutase 2，*PMM2*）基因中发现的 100 多种突变，会损害甘露糖 -6- 磷酸（Man-6-P）向甘露糖 -1- 磷酸（Man-1-P）的转化，甘露糖 -1- 磷酸是合成鸟苷二磷酸 - 甘露糖（GDP-Man）和多萜醇 - 磷酸 - 甘露糖（Dol-P-Man）所需的前体。两种供体都是参与 $Glc_3Man_9GlcNAc_2$-P-P-Dol 合成的甘露糖基转移酶的底物，该酶在 PMM2-CDG 患者的细胞中减少。患者具有 *PMM2* 亚等位基因，因为磷酸甘露糖变位酶 2 功能的完全丧失具有致死性。缺乏 *Pmm2* 基因的小鼠胚胎，在受精后 2 ～ 4 天死亡，而一些具有亚型等位基因的小鼠胚胎则能够存活。目前尚无批准用于 PMM2-CDG 患者的治疗选择。

表 45.1 中的 MPI-CDG，也称为**先天性糖基化障碍 Ib 型**（**CDG-Ib**），是由甘露糖 -6- 磷酸异构酶（mannose-6-phosphate isomerase，*MPI*）基因突变引起的。这种酶可以使果糖 -6- 磷酸（Fru-6-P）和甘露糖 -6- 磷酸（Man-6-P）发生相互转化。与 PMM2-CDG 相比，这些患者没有智力障碍或发育异常；相反，他们会出现生长受损、低血糖、凝血功能障碍、严重呕吐和腹泻、蛋白质丢失性肠病和肝纤维化。在了解这种先天性糖基化障碍的基础之前，有几名患者死于严重出血。甘露糖膳食补充剂可以有效地治疗这些患者。甘露糖 -6- 磷酸可以通过己糖激酶（hexokinase）催化的甘露糖磷酸化直接生成（**第 5 章**）。该途径在 MPI-CDG 患者中是完整的，其在大脑中的高活性被认为是没有出现神经症状的原因。人类血浆中含有约 50 μmol/L 的甘露糖，因为甘露糖会在聚糖的降解和加工后进行外输（export）。甘露糖补充剂可以纠正凝血障碍、低血糖、蛋白质丢失性肠病和间歇性胃肠道问题，并使血浆转铁蛋白和其他血清糖蛋白的糖基化过程正常化。尽管不能治愈长期症状，由于口服甘露糖具有良好的耐受性，因此该法对于这种危及生命的疾病而言，显然提供了一种令人满意的有效疗法。

研究人员在几乎所有涉及脂质连接寡糖的其余的生物生成步骤中，均已发现了突变的患者（**表 45.1**，**附录 8**，**图 45.1**）。患者具有广泛的临床表型，包括低密度脂蛋白（low-density lipoprotein，LDL）和免疫球蛋白 G（immunoglobulin G，IgG）指标低、肾衰竭、生殖器和小脑发育不全。这些症状背后的病理生理学仍然未知。多萜醇（dolichol）生物合成中的缺陷会出现更为具体症状，如下文“**45.6 多种糖基化途径中的缺陷**”部分所述。6 个寡糖基转移酶（OST）亚基的突变，也会导致先天性糖基化障碍。寡糖基转移酶是多亚基组成的复合物，其中 STT3 是具有寡糖基转移酶活性的催化亚基。两个不同的基因编码 STT3，即 *STT3A* 和 *STT3B*。它们是两种不同的寡糖基转移酶复合物的一部分：一种与 STT3A 蛋白一起，用于共翻译糖基化；另一种与 STT3B 蛋白一起，用于对逃避了 STT3A 复合物糖基化过程的蛋白质进行糖基化。任何一个亚基有缺陷的患者，都会出现典型的多系统表型。有趣的是，转铁蛋白的糖基化依赖于含有 STT3A 的寡糖基转移酶复合物，因此在 STT3A-CDG 中，转铁蛋白的糖基化出现异常，但在 STT3B-CDG 中正常。具有 STT3B 依赖性的蛋白底物，如与性激素结合的球蛋白，在 STT3B-CDG 中特异性地表现出糖基化的降低。MAGT1-CDG 的表型非常不同，表现为以**爱泼斯坦 - 巴尔病毒（Epstein-Barr virus，EBV）**慢性感染为特征的原发性免疫缺陷。MAGT1-CDG 中的转铁蛋白糖基化也出现异常。镁转运蛋白 1（magnesium transporter protein 1，MAGT1）是一种氧化还原酶，主要与 STT3B- 寡糖基转移酶复合物结合。它是含有半胱氨酸残基的蛋白质序列进行糖基化所必需的。需要 MAGT1 蛋白进行糖基化的 NKG2D 蛋白，在自然杀伤细胞上的表达减少，被认为是面对爱泼斯坦 - 巴尔病毒感染时产生免疫缺陷的原因。

45.3.3 高尔基体 *N*- 糖基化中的缺陷

高尔基体糖基化障碍（图 45.2）影响 *N*- 聚糖的加工，可产生缺陷的蛋白质类型囊括了在糖基转移酶、核苷酸糖转运蛋白、液泡 pH 调节物（pH regulator）以及在细胞内运输糖基化机器，维持高尔基体稳态的多种细胞质蛋白。这些过程大多是多种糖基化途径所必需的，将在下文中讨论（参见 **45.6 多种糖基化途径中的缺陷**部分）。

在 B4GALT1-CDG 中，由于 β1-4 半乳糖基转移酶 1（β1-4 galactosyltransferase 1，B4GALT1）活性不足，转铁蛋白上的聚糖显示出半乳糖（Gal）和唾液酸（Sia）的显著减少。患者的临床表现相对温和，没有神经系统症状，这可以用相关基因在不同组织中表达这一事实加以解释，如大脑中可表达蛋白 β1-4 半乳糖基转移酶 2（β1-4 galactosyltransferase 2，B4GALT2）。在 X 染色体连锁的 SLC35A2-CDG 中，也出现类似的聚糖模式，其肇因是尿苷二磷酸 - 半乳糖（UDP-Gal）转运蛋白活性的丧失。令人惊讶的是，在出生后的几年内，异常的糖基化可逐步恢复正常。这可能是由携带突变 *SLC35A2* 基因的细胞与未受影响的细胞进行了体细胞镶嵌（somatic mosaicism）[①]，以及针对受影响的细胞所进行的自然选择（selection）所引起。患者主要患有神经系统表型。糖基转移酶 α1-6 甘露糖基 - 糖蛋白 2-β-*N*- 乙酰葡萄糖胺转移酶（α1-6 mannosyl-glycoprotein 2-β-*N*-acetylglucosaminyltransferase，MGAT2）和糖苷酶内质网甘露糖基寡糖 α1-2- 甘露糖苷酶（ER mannosyl-oligosaccharide α1-2-mannosidase，MAN1B1）的缺陷，也会导致转铁蛋白以及其他蛋白质上的特征性聚糖异常，这些蛋白质现在被用于诊断患者。而 FUT8-CDG 表现出正常的转铁蛋白糖基化，但总血清蛋白存在严重的岩藻糖基化缺陷。这些先天性糖基化障碍中会出现神经系统症状和其他多系统特征，MAN1B1-CDG 还会引发肥胖症。

45.3.4 *N*- 糖蛋白的去糖基化障碍

在研究早期，研究人员认为糖基化障碍主要由聚糖生物合成酶的缺陷引起，但这种观点已经改变。研究人员在高尔基体组织架构和稳态平衡、内质网分子伴侣如核心 1 型 β1-3 半乳糖基转移酶 1 特异性伴侣（core 1 β1-3 galactosyltransferase 1-specific chaperone 1，C1GalT1C1，Cosmc）或内质网降解增强 α- 甘露糖苷酶 I 样蛋白（ER degradation-enhancing α-mannosidase I-like protein，EDEM），以及内质网质量控制（如 EDEM3-CDG）等过程中发现的糖基化障碍，已经拓宽了研究人员的视野。**内质网相关蛋白质降解（ER-associated degradation，ERAD）**连续体（**第 39 章**）中的一个新缺陷，由 *NGLY1* 的基因突变引起，肽 -*N*（4）-（*N*- 乙酰 -β- 葡萄糖胺基）天冬酰胺酰胺酶［peptide-*N*(4)-(*N*-acetyl-β-glucosaminyl)asparagine

① 同一个体内存在两种或两种以上核型。镶嵌形式包括染色体数目异常之间的镶嵌、染色体结构异常之间的镶嵌、染色体数目和结构异常之间的镶嵌。

amidase，PNGase/NGLY1］是一种从错误折叠的糖蛋白中切割 *N*- 聚糖的酶，这些糖蛋白在蛋白酶体降解前被转运到细胞质中（**表 45.1**）。NGLY1 蛋白的缺陷似乎不会诱发内质网相关蛋白质降解途径，也不会在囊泡中积累未降解的糖蛋白或触发自噬。目前尚不清楚这些缺陷如何导致发育迟缓、运动障碍、癫痫发作和奇怪的泪液分泌不足等症状，但它们与其他先天性糖基化障碍的临床相似性强调了糖基化缺陷不能被简单地划分为“合成缺陷”或是“降解缺陷”。

45.4 *O*- 聚糖生物合成中的缺陷

45.4.1 *O*- 甘露糖合成缺陷（先天性肌营养不良症）

改变 *O*- 甘露糖（*O*-Man）聚糖的突变（**第 13 章**）主要发生在 **α- 抗肌萎缩蛋白聚糖（α-dystroglycan，α-DG）**上，会导致一系列**先天性肌营养不良症（congenital muscular dystrophy，CMD）**，称为**抗肌萎缩相关糖蛋白病（dystroglycanopathy）**（**图 45.3**）。肌纤维膜上的 α- 抗肌萎缩蛋白聚糖，将骨骼肌细胞与细胞外基质中的层粘连蛋白（laminin）连接起来，这种连接的破坏会导致肌营养不良。类似地，α- 抗肌萎缩蛋白聚糖与眼睛和大脑中其他蛋白质配体的相互作用缺陷，可导致广泛的抗肌萎缩相关糖蛋白病临床表现谱，范围从非常严重且通常致命的**肌内 - 眼部 - 脑部病变（musculo-oculo-encephalopathy）**，如**沃克 - 瓦尔堡综合征（Walker-Warburg syndrome，WWS）**、**肌 - 眼 - 脑病（muscle-eye-brain disease，MEB）**和**福山型先天性肌营养不良症（Fukuyama congenital muscular dystrophy，FCMD）**，到较温和的、成人中单独出现的**肢带型肌营养不良症（limb-girdle muscular dystrophy）**。对这些疾病的遗传分析，对于发现 α- 抗肌萎缩蛋白聚糖的功能性聚糖链及其生物合成是不可或缺的。**图 45.3** 和**第 13 章**介绍了这一复杂的途径。该途径通过蛋白质 *O*- 甘露糖基转移酶复合物（protein *O*-mannosyltransferase complex）——蛋白质 *O*- 甘露糖基转移酶 1/2（protein *O*-mannaosyltransferase 1/2，POMT1/POMT2）（**表 45.1**），将甘露糖转移至 α- 抗肌萎缩蛋白聚糖的丝氨酸 / 苏氨酸，从而在内质网中启动该途径。在高尔基体中产生了一种名为基质蛋白聚糖（matriglycan）的聚合物糖链，它可以被几种诊断性的单克隆抗体识别，是层粘连蛋白和其他分子与 α- 抗肌萎缩蛋白聚糖结合所必需的。*O*- 甘露糖（*O*-Man）聚糖的一个子集类型具有非同寻常的特征，即糖链上存在由蛋白质 *O*- 甘露糖激酶（protein *O*-mannose kinase，POMK）产生的甘露糖 -6- 磷酸（Man-6-P）。含有甘露糖 -6- 磷酸的核心 M3 型聚糖（core M3 glycan），由甘露糖 -6- 磷酸、*N*- 乙酰葡萄糖胺（GlcNAc）和 *N*- 乙酰半乳糖胺（GalNAc）组成。其中，*N*- 乙酰葡萄糖胺由蛋白质 *O*- 连接甘露糖 *N*- 乙酰葡萄糖胺转移酶 2（protein *O*-linked mannose *N*-acetylglucosaminyltransferase 2，POMGNT2）负责转移，*N*- 乙酰半乳糖胺则由 β1-3 *N*- 乙酰半乳糖胺转移酶 2（β1-3 *N*-acetylgalactosaminyltransferase 2，B3GALNT2）负责转移。经福山蛋白（fukutin，FKTN）和福山蛋白相关蛋白（fukutin-related protein，FKRP）的连续作用，将由 D- 核糖醇 -5- 磷酸胞苷酰转移酶（D-ribitol-5-phosphate cytidylyltransferase，CRPPA）产生的两个核糖醇 -5- 磷酸（ribitol-5-phosphate）单元，依次添加到三糖核心上。这种“核心”聚糖随后被交替的二糖（β1-3Xylα1-3GlcA）延长，形成基质蛋白聚糖。

O- 甘露糖聚糖也可以化身为“内奸”，因为它们是**拉沙病毒（Lassa virus）**进入细胞的受体分子。这个特性被巧妙地用于文库筛选，并识别病毒进入所需的基因。该方法正确识别了所有先前已知的沃克 - 瓦尔堡综合征的致病基因，并预测了新的罪魁祸首。抗肌萎缩相关糖蛋白病可分为一至三级：一级由 *DAG1* 基因突变引起，它编码了 α- 抗肌萎缩蛋白聚糖的核心蛋白；二级由 11 种糖基转移酶（*POMT1*、*POMT2*、*POMGNT1*、*POMGNT2*、*FKTN*、*FKRP*、*LARGE1*、*RXYLT1*、*B3GALNT2*、*POMK*、*B4GAT1*）之一的

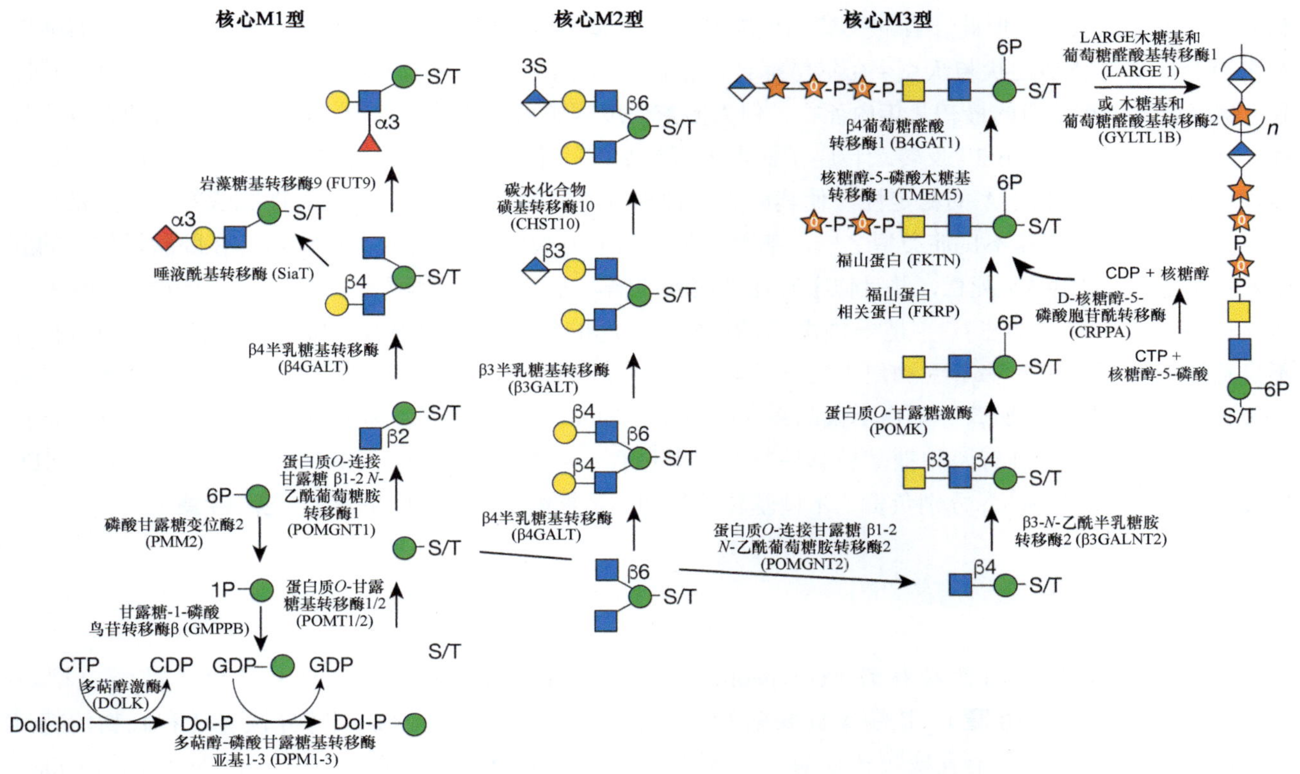

图 45.3 *O-* 甘露糖聚糖的生物合成途径。图中显示了代表性的 *O-* 甘露糖聚糖的生物合成途径。缺陷导致糖基化障碍的酶用红色表示。研究人员已经鉴定出三个主要组别：核心 M1 ～ M3 型。所有的 *O-* 甘露糖聚糖都在受体蛋白中的丝氨酸或苏氨酸上启动。使用两种名为蛋白质 *O-* 甘露糖基转移酶 1 和 2（POMT1/2）的酶，以及多萜醇 - 磷酸 - 甘露糖（Dol-P-Man）作为供体。多萜醇 - 磷酸 - 甘露糖生物合成中的几个基因（*GMPPB*，*DPM1* ～ *3*）在一些患有肌营养不良症的患者中存在缺陷，而另一些基因（*DOLK*，*DPM1*，*PMM2*）的缺陷会导致更广泛的先天性糖基化障碍。甘露糖接受 β1-2-*N-* 乙酰葡萄糖胺（β1-2GlcNAc）形成核心 M1 型，或接受 β1-4-*N-* 乙酰葡萄糖胺（β1-4GlcNAc）形成核心 M3 型。这两个基因（*POMGNT1* 和 *POMGNT2*）的突变，均可引起抗肌萎缩相关糖蛋白病。如果添加分支的 β1-6-*N-* 乙酰葡萄糖胺（β1-6GlcNAc），则可以形成核心 M2 型。核心 M1 型和 M2 型可被半乳糖延长，并能够以岩藻糖、唾液酸和葡萄糖醛酸作为糖链终止，此外还可以进行选择性硫酸化。负责添加末端糖的基因，无一与抗肌萎缩相关糖蛋白病相关。在添加 β1-4GlcNAc 后，核心 M3 型可被 *N-* 乙酰半乳糖胺延长，然后甘露糖通过一个特定的激酶——蛋白质 *O-* 甘露糖激酶（POMK，也被称为 SGK196），进行 6-*O-* 磷酸化。在蛋白质 *O-* 连接甘露糖 *N-* 乙酰葡萄糖胺转移酶 1（POMGNT1）的帮助下，福山蛋白（FKTN）和福山蛋白相关蛋白（FKRP）可以发挥作用，向 *N-* 乙酰半乳糖胺残基添加两个核糖醇 -5- 磷酸（ribitol-5-phosphate）单元，然后分别通过核糖醇 -5- 磷酸木糖基转移酶 1（TMEM5/RXYLT1）和 β1-4 葡萄糖醛酸转移酶 1（B4GAT1），用单个木糖（Xyl）和葡萄糖醛酸（GlcA）进行糖链延伸。福山蛋白和福山蛋白相关蛋白使用的核糖醇 -5- 磷酸，由 D- 核糖醇 -5- 磷酸胞苷酰转移酶（CRPAA，也被称为 ISPD）从胞苷二磷酸 - 核糖醇（CDP-ribitol）获得。这些基因（*B3GALNT2*、*POMK*、*FKTN*、*FKRP*、*CRPPA*、*TMEM5*、*B4GAT1*）的突变，可引起抗肌萎缩相关糖蛋白病。核心 M3 型生物合成最后一个确定的步骤，是使用该木糖 - 葡萄糖醛酸（Xyl-GlcA）作为引物，逐步添加木糖和葡萄糖醛酸，形成一个糖胺聚糖样的重复二糖，被称为基质蛋白聚糖（matriglycan）。它由具有双重糖基转移酶活性的 *LARGE1*（或其同源物 *GYLTL1B*）编码的酶催化。基质蛋白聚糖将层粘连蛋白与 α- 抗肌萎缩蛋白聚糖结合，它的减少或丧失被认为是大多数抗肌萎缩相关糖蛋白病的原因（*POMGNT1* 的突变是一个例外）。缩写：丝氨酸 / 苏氨酸（S/T），磷酸基团（P），硫酸基团（S），胞苷二磷酸（CDP），胞苷三磷酸（CTP），鸟苷二磷酸（GDP）。

突变引起；三级由糖构建单元（building block）的合成缺陷引起，包括用于胞苷二磷酸 - 核糖醇合成的 *CRPPA*，以及用于多萜醇 - 磷酸 - 甘露糖合成的 *GMPPB*、*DOLK*、*DPM1*、*DPM2* 和 *DPM3*。

沃克 - 瓦尔堡综合征（WWS）是最严重的先天性肌营养不良症。患者寿命约为一年，有多种脑部异常和严重的肌肉萎缩症。大约 20% 的患者有 *POMT1* 突变，少数患者有 *POMT2* 突变。其他患者在 *FKTN*

和 *FKRP* 中存在缺陷，但此二者的突变也可能导致较轻微的肌营养不良症。*POMGNT1* 在肌 - 眼 - 脑病中发生突变，其特征是症状与沃克 - 瓦尔堡综合征相似，但较沃克 - 瓦尔堡综合征轻。受影响最严重的肌 - 眼 - 脑病患者，在生命的最初几年内死亡，但大多数轻度病患可以存活到成年。福山型先天性肌营养不良症（FCMD）由单个 3kb 3′- 反转录转座子插入 *FKTN* 基因的事件引起，该过程在 2000 ～ 2500 年前发生。该过程部分降低了 mRNA 的稳定性，使其成为一种相对温和的突变。福山型先天性肌营养不良症是日本最常见的先天性肌营养不良症类型之一，基因携带者频率为 1/188。*Fktn* 缺失的小鼠，在胚胎发生中的胚胎发育第 9.5 天（E9.5）死亡，并且似乎存在基底膜缺陷。**先天性肌营养不良 1C 型（congenital muscular dystrophy type 1C，MDC1C）**是一种由 *FKRP* 突变引起的相对轻微的糖基化障碍。一种肢带型肌营养不良症——**先天性肌营养不良 1D 型（congenital muscular dystrophy type 1D，MDC1D）**的患者，含有 *LARGE1* 突变，最初在肌营养不良小鼠品系（myodystrophic，*myd*；现在称为 $Large^{myd}$）中被报道。该蛋白质在不同的结构域中具有两种糖基转移酶特征氨基酸序列：天冬氨酸 -X- 天冬氨酸（Asp-X-Asp，DXD，X 代表任何氨基酸残基），分别负责了木糖基转移酶和葡萄糖醛酸基转移酶的活性（**第 13 章**）。

45.4.2 *O*-GalNAc 合成中的缺陷

多肽 *N*- 乙酰半乳糖胺转移酶（polypeptide GalNAc-transferase，ppGalNAcT）是启动黏蛋白型 *O*- 糖基化所必需的（**第 10 章**）。该酶家族缺陷的临床表型，取决于它们的组织特异性表达和底物的特异性。特定的多肽 *N*- 乙酰半乳糖胺转移酶——多肽 *N*- 乙酰半乳糖胺转移酶 3（polypeptide *N*-acetylgalactosaminyltransferase 3，GALNT3）引起的 *O*-GalNAc 合成缺陷，会导致**家族性肿瘤性钙沉着症（familial tumoral calcinosis）**。这种严重的常染色体隐性代谢疾病会导致**磷酸血症（phosphatemia）**，并且皮肤和皮下组织出现大量钙沉积。*O*- 糖基化的成纤维细胞生长因子 23（fibroblast growth factor 23，FGF23）的突变也会导致磷酸血症，进一步的研究表明，多肽 *N*- 乙酰半乳糖胺转移酶 3（ppGALNT3）能够糖基化 FGF23。*GALNT2* 编码一种普遍存在的多肽 *N*- 乙酰半乳糖胺转移酶——多肽 *N*- 乙酰半乳糖胺转移酶 2（polypeptide *N*-acetylgalactosaminyltransferase 2，GALNT2），该基因的突变会导致多系统神经疾病，其高密度脂蛋白胆固醇（high density lipopritein cholesterol，HDL-cholesterol，HDL-C）显著降低。进一步的研究发现，血管生成素相关蛋白 3（angiopoietin-related protein 3，ANGPTL3）和载脂蛋白 C-III（apolipoprotein C-III，APOCIII）是 GALNT2 的底物，而 APOCIII 蛋白可用于基于等电聚焦（IEF）的简易诊断筛查。**Tn 综合征（Tn syndrome）**是一种罕见的自身免疫性疾病，由 X 连锁基因 *C1GALT1C1* 的体细胞突变引起，该基因编码一种高度特异的分子伴侣 Cosmc，是核心 1 型 β1-3 半乳糖基转移酶 1（core 1 β1-3 galactosyltransferase 1，C1GALT1）的正确折叠和正常活动所必需的，也是合成核心 1 型和核心 2 型 *O*- 聚糖所需要的（**第 10 章**、**第 46 章**）。

45.4.3 其他 *O*- 糖基化家族中的缺陷

研究人员对其他类型 *O*- 糖基化（*O*- 葡萄糖、*O*- 岩藻糖和 *O*-*N*- 乙酰葡萄糖胺）缺陷患者的鉴定，突出了这类聚糖的生理重要性（**第 13 章**）。这些 *O*- 聚糖中的每一种，都存在于 Notch 蛋白受体细胞外结构域的某些表皮生长因子样重复序列（EGF-like repeat）上，并且已经在不同的疾病中发现了修饰 NOTCH1 蛋白的糖基转移酶突变，这些疾病包括：①**道林 - 德戈斯病（Dowling-Degos disease）**，该疾病由编码蛋白质 *O*- 岩藻糖基转移酶 1（protein *O*-fucosyltransferase 1，POFUT1）的 *POFUT1* 基因，或编码蛋白质 *O*- 葡萄糖基转移酶 1（protein *O*-glucosyltransferase 1，POGLUT1）的 *POGLUT1* 基因单倍剂量不足

（haploinsufficiency）[①]引起；②一种肢带型肌营养不良症，由 *POGLUT1* 的常染色体隐性突变引起；③**亚当斯 - 奥利弗综合征（Adams-Oliver syndrome）**，由编码表皮生长因子结构域特异性 *O*- 连接 *N*- 乙酰葡萄糖胺转移酶（EGF domain-specific *O*-linked *N*-acetylglucosamine transferase，EOGT）的 *EOGT* 基因的常染色体隐性突变引起；④一些癌症，如 *POFUT1*、*POGLUT1*、编码 β1-4 甘露糖基 - 糖蛋白 4-β-*N*- 乙酰葡萄糖胺转移酶（β1-4 mannosyl-glycoprotein 4-β-*N*-acetylglucosaminyltransferase，MGAT3）的 *MGAT3*，以及编码 Fringe *N*- 乙酰甘露糖胺转移酶（Fringe GlcNAc-transferase）的相关基因的扩增、功能获得（gain-of-function）或功能丧失（loss-of-function）。编码作用于细胞质和核蛋白的 *O*-*N*- 乙酰葡萄糖胺转移酶（*O*-GlcNAc transferase，OGT）的 *OGT* 基因的突变（**第 18 章**）会导致智力障碍。这些突变集中在编码 OGT 酶的四肽三肽重复序列（tetratricopeptide repeat，TPR-repeat）区域，表明底物识别的改变及特定细胞质和核蛋白的 *O*-GlcNAc 糖基化修饰，可以作为致病的媒介。

45.4.4 糖胺聚糖合成中的缺陷

蛋白聚糖及其糖胺聚糖链是细胞外基质中的关键成分。有关它们的生物合成、核心蛋白和功能的讨论，请参见**第 17 章**。可被划分为**四糖连接子（linker tetrasaccharide）**的合成缺陷，即所谓的**连接子病（linkeropathy）**，源于多糖的合成缺陷和糖胺聚糖修饰缺陷（主要是硫酸化），以及糖胺聚糖合成中的遗传缺陷。

研究人员已经报道了所有参与连接四糖生物合成的酶的遗传缺陷，这些酶包括木糖基转移酶 1（xylosyltransferase 1，XYLT1）、木糖基转移酶 2（xylosyltransferase 2，XYLT2）、β1-4 半乳糖基转移酶 7（β1-4 galactosyltransferase 7，B4GALT7）、β1-3 半乳糖基转移酶 6（β1-3 galactosyltransferase 6，B3GALT6）、β1-3 葡萄糖醛酸转移酶 3（β1-3 glucuronyltransferase 3，B3GAT3）。连接四糖负责将核心蛋白与糖胺聚糖连接在一起。骨骼、骨缺陷、关节松弛与身材矮小是这组疾病的特征性症状。**双库尼茨抑制剂（bikunin）**[②]已被用作血浆蛋白聚糖的标记物，用于通过生化方法确认这组糖胺聚糖生物合成缺陷过程中的具体缺陷类型。**埃勒斯 - 当洛综合征（Ehlers-Danlos syndrome）**（早衰型）是一种结缔组织疾病，其特征是发育迟缓、皮肤松弛、骨骼异常、肌张力减退和关节过度松弛，同时伴有运动发育迟缓和语言迟缓。该疾病的分子基础是经木糖引发的糖胺聚糖核心区域的合成减少。半乳糖基转移酶 I（galactosyltransferase I，即 B4GALT7）是将半乳糖添加到木糖 - 丝氨酸（Xyl-Ser）上的酶，在该疾病中发生了突变。FAM20B 蛋白的基因突变（由 *FAM20B* 基因编码）导致核心木糖磷酸化缺陷，产生**德比夸发育不良（Desbuquois dysplasia）**，这种疾病的特征是侏儒症、关节松弛和骨骼异常。这也凸显了木糖磷酸化在调控糖胺聚糖生物合成中的重要性。

连接四糖的进一步延长产生了不同的多糖，如硫酸乙酰肝素、硫酸皮肤素、硫酸软骨素和硫酸角质素。硫酸乙酰肝素（HS）的形成缺陷，会导致**遗传性多发性外生骨疣（hereditary multiple exostosis，HME）**，这是一种常染色体显性遗传疾病，新生儿发病率约为 1 ∶ 50 000（**表 45.1**）。它由 *EXT1* 或 *EXT2* 两个基因之一的突变引起，这两个基因都参与了硫酸乙酰肝素的合成。遗传性多发性外生骨疣患者，通常在长骨（long bone）的生长板上有骨质增生。正常情况下，生长板包含了处于不同发育阶段的软骨细胞，它们被包裹在一个由胶原蛋白和硫酸软骨素组成的有序基质中。然而，在遗传性多发性外生骨疣患者中，

---

① 指一个等位基因突变后，另一个等位基因能正常表达，但只有正常水平 50% 的蛋白质，不足以维持细胞正常的生理功能。

② 又称间 α- 胰蛋白酶抑制剂（inter-α-trypsin inhibitor，ITI），分子中含有两个库尼茨（Kunitz）型胰蛋白酶抑制剂结构域，即一个抑制剂分子可以结合二分子的胰蛋白酶，是一种含有硫酸软骨素糖链的蛋白聚糖。

增生物通常被杂乱无章的软骨团块和处于不同发育阶段的软骨细胞所覆盖。此外，1% ～ 2% 的患者还会产生骨肉瘤。遗传性多发性外生骨疣的突变，发生在 *EXT1*（60% ～ 70%）或 *EXT2*（30% ～ 40%）中。这两个基因所编码的蛋白质可能在高尔基体中形成复合物，因为二者都是将 GlcNAcα1-4 和 GlcAβ1-3 聚合形成硫酸乙酰肝素所必需的。然而，此二者中任意的一个等位基因部分缺失，似乎便足以引起遗传性多发性外生骨疣。这意味着单倍剂量不足会减少硫酸乙酰肝素的数量，并且 EXT 蛋白的催化活性是硫酸乙酰肝素生物合成的限速因素。这一点很不寻常，因为大多数聚糖生物合成酶都是超量的。糖胺聚糖生物合成中的缺陷，也可能由缺乏可用的核苷酸糖引起。尿苷二磷酸 - 葡萄糖醛酸 / 尿苷二磷酸 -*N*- 乙酰半乳糖胺（UDP-GlcA/UDP-GalNAc）高尔基体转运蛋白 SLC35D1 的缺陷，导致**蜗牛状骨盆软骨发育不良（Schneckenbecken dysplasia，SHNKND）**[①]。患者的骨骼异常与其他软骨发育不良类似，并且该糖基化障碍的小鼠模型显示出相似的特征。

糖胺聚糖的硫酸化修饰，对于多种功能非常重要。三种常染色体隐性遗传疾病，即**骨畸形性发育不良（diastrophic dystrophy，DTD）**、**骨发育不全症 II 型（atelosteogenesis type II，AOII）**和**软骨发育不全症 IB 型（achondrogenesis type IB，ACG-IB）**，均由软骨蛋白聚糖硫酸化缺陷引起。这些形式的**骨软骨发育不良（osteochondrodysplasia）**有不同的结果。骨发育不全症 II 型和软骨发育不全症 IB 型，由于呼吸功能不全，导致围产期死亡，而骨畸形性发育不良患者仅在软骨和骨骼中出现症状，包括腭裂、马蹄内翻足和其他骨骼异常。那些从婴儿期幸存下来的骨畸形性发育不良患者，往往得以度过接近于正常生活的一生。所有这些疾病都由骨畸形性发育不良基因（*SLC26A2*）的不同突变引起，该基因编码一个质膜硫酸盐转运蛋白。与单糖不同，从溶酶体中降解的大分子上释放出的硫酸盐不能被很好地回收。骨骼和软骨蛋白聚糖合成中对硫酸盐的大量需求，可能解释了为什么症状在这些部位最为明显。

45.5 脂质和糖基磷脂酰肌醇锚生物合成中的缺陷

45.5.1 糖基磷脂酰肌醇锚定蛋白中的缺陷

小鼠中**糖基磷脂酰肌醇途径（GPI pathway）**的完全缺失，会引起胚胎致死。这并不奇怪，因为有超过 150 种膜蛋白需要通过糖基磷脂酰肌醇锚定表达在细胞表面（**第 12 章**）。该途径中多个基因的亚效突变（hypomorphic mutation），会导致糖基磷脂酰肌醇（GPI）锚定蛋白的部分减少。这些基因包括编码糖基磷脂酰肌醇锚组装中的 *PIGA*、*PIGH*、*PIGQ*、*PIGY*、*PIGC*、*PIGP*、*PIGL*、*PIGW*、*PIGM*、*PIGV*、*PIGB*、*PIGF*、*PIGO*（**表 45.1**），以及编码将糖基磷脂酰肌醇锚转移至蛋白上的 *PIGK*、*GPAA1*、*PIGS*、*PIGT*、*PIGU*。负责侧链修饰（*PIGN*、*PIGG*）的基因缺陷，以及负责与蛋白质连接后糖基磷脂酰肌醇聚糖链的成熟过程（*PGAP1*、*PGAP2*、*PGAP3*）的相关基因缺陷，也会导致遗传性糖基磷脂酰肌醇的缺乏，但不会导致胚胎死亡。糖基磷脂酰肌醇的缺乏会产生巨大而多变的后果，包括神经系统症状，特别是发育迟缓 / 智力障碍和癫痫发作、癫痫性脑病、进行性大脑和（或）小脑萎缩、肌张力减退、皮质视觉障碍、感音神经性耳聋和先天性无神经节性巨结肠，也称**希尔施普龙病（Hirschsprung disease，HD）**。非神经系统表型，包括短指骨畸形、肛门直肠异常、肾脏异常、腭裂、心脏缺陷和特征性的面部特征（如眼距过宽、鼻梁宽和帐篷式嘴）。少数受影响的病例中报道了其他症状，如鱼鳞病、铁质沉积、肝脾肿大、膈疝、肝脏和（或）门静脉血栓形成。除了少数情况外，很难在特定症状与特定糖基磷脂酰肌醇锚定蛋白

① 也称施内肯贝肯氏软骨发育不良（Schneckenbecken dysplasia）。

的缺乏之间构建因果联系。一些患者因组织非特异性碱性磷酸酶（tissue-nonspecific alkaline phosphatase，TNALP）的缺乏而导致癫痫发作。在患有糖基磷脂酰肌醇缺乏的严重病患中，由于误吸或癫痫持续状态而在出生后一年内死亡的情况并不鲜见，而轻度患者则可以在糖基磷脂酰肌醇缺乏的情况下存活。

45.5.2 鞘糖脂合成中的缺陷

在人类中，目前仅已知三种鞘糖脂合成（**第 11 章**）相关的糖基化障碍。*ST3GAL5* 的基因突变，导致常染色体隐性遗传的**阿米什婴儿癫痫综合征（Amish infantile epilepsy syndrome）**，以及所谓的**"椒盐综合征"（salt-and-pepper syndrome）**。该基因编码从乳糖神经酰胺（Galβ1-4Glc-Cer）合成神经节苷脂GM3（Siaα2-3Galβ1-4Glc-Cer）所需的唾液酰基转移酶。GM3 也是一些更为复杂的神经节苷脂的前体。患者血浆中的鞘糖脂是非唾液酸化的。与人类的疾病形式相比，缺乏 GM3 的小鼠不会产生癫痫发作或寿命缩短。然而，对于唾液酰基转移酶和制造其他复杂神经节苷脂所需的 *N*- 乙酰半乳糖胺转移酶（*N*-acetylgalactosaminyltransferase）缺失的小鼠品系，的确会出现癫痫发作，表明这些更为复杂的神经节苷脂，可能确实是潜在问题的罪魁祸首（**第 11 章**）。*B4GALNT1* 编码 β1-4 *N*- 乙酰半乳糖胺转移酶 1（β1-4 *N*-acetyl galactosaminyltransferase 1，B4GALNT1），又称 GM2/GD2 合成酶（GM2/GD2 synthase）。该基因的突变，导致**遗传性痉挛性截瘫亚型 26（spastic paraplegia subtype 26，SPG26）**。由于轴突变性，这些患者发育迟缓，有不同程度的认知障碍，并伴有早发性进行性痉挛。小脑共济失调、周围神经病变、皮质萎缩和白质高信号，在整个疾病过程中也保持一致。*B4galnt1*$^{-/-}$ 基因敲除小鼠，再现了痉挛性截瘫亚型 26 中出现的一些神经学特征，最突出的是进行性步态障碍。

胞苷一磷酸 -*N*- 乙酰神经氨酸 -β1-4 半乳糖苷 α2-3 唾液酰基转移酶（CMP-*N*-acetylneuraminate-β1-4 galactoside α2-3 sialyltransferase，ST3GAL3），负责制造更复杂的神经节苷脂、*N*- 聚糖和 *O*- 聚糖。它是发展高级认知功能所必需的，并且在一些患有**韦斯特综合征（West syndrome）**的个体中发生了突变。*St3gal3*$^{-/-}$ 基因敲除小鼠模型也已经建立，但这些小鼠似乎没有明显的神经系统表型。由于尚未开发出方便的生物标志物检测方法，鞘糖脂的糖基化障碍难以通过生化方式进行鉴定。因此，新的基因缺陷很可能有待下一代测序技术的支持才能发现。

45.6 多种糖基化途径中的缺陷

45.6.1 糖前体合成中的缺陷

糖代谢对于产生核苷酸糖和多萜醇连接的糖，以便在内质网和高尔基体中进行糖基化反应至关重要。由于活化的糖是合成多种聚糖类别所必需的，因此，遗传性疾病会影响多种途径。下面将讨论半乳糖、唾液酸和岩藻糖活化途径中的一些缺陷。

1. 半乳糖途径

半乳糖血症（galactosemia）是指参与半乳糖代谢的三个基因发生了突变。在经典的半乳糖血症中，患者缺乏半乳糖 -1- 磷酸尿苷酰转移酶（Gal-1-P uridyltransferase，GALT）（图 45.4）。这导致了过量的半乳糖 -1- 磷酸（Gal-1-P）的产生和尿苷二磷酸 - 半乳糖（UDP-Gal）的合成和利用率的降低。尿苷二

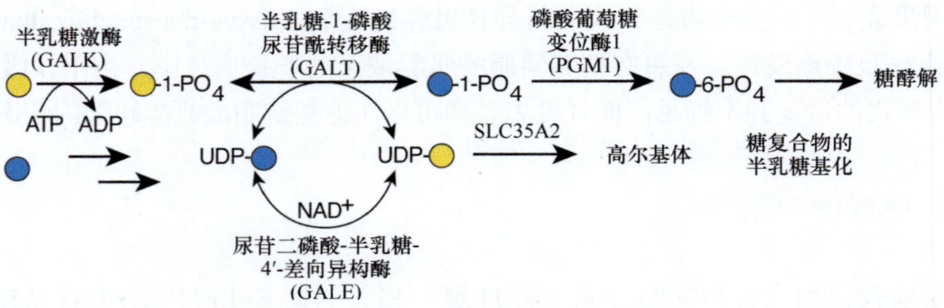

图 45.4 与尿苷二磷酸 - 半乳糖（UDP-Gal）代谢相关的先天性糖基化障碍。最常见的半乳糖血症由*半乳糖 -1- 磷酸尿苷酰转移酶*（GALT）的缺乏引起。这种酶使用来自饮食中的半乳糖，将其转换形成半乳糖 -1- 磷酸（Gal-1-P）。在缺乏 GALT 的情况下，半乳糖 -1- 磷酸会与过量的半乳糖及其还原性和氧化性的产物——半乳糖醇和半乳糖酸盐(图中未显示)一起积累。在没有 GALT 的情况下，尿苷二磷酸 - 半乳糖的合成也可能受损，但受损并不完全，因为*尿苷二磷酸 - 半乳糖 -4′- 差向异构酶*（GALE），可以从尿苷二磷酸 - 葡萄糖（UDP-Glc）形成尿苷二磷酸 - 半乳糖（UDP-Gal），并可以为糖复合物生物合成所需的半乳糖基转移酶提供供体。*磷酸葡萄糖变位酶* 1（PGM1）可以实现葡萄糖 -1- 磷酸（Glc-1-P）和葡萄糖 -6- 磷酸（Glc-6-P）的相互转化，形成的磷酸葡萄糖可用于糖酵解，或是被代谢形成鸟苷二磷酸 - 甘露糖（GDP-Man）合成途径或代谢己糖胺生物合成途径中所需的底物。缩写：腺苷三磷酸（ATP），腺苷二磷酸（ADP），尿苷二磷酸（UDP），烟酰胺腺嘌呤二核苷酸（NAD^+）。

磷酸 - 半乳糖 -4’- 差向异构酶（UDP-Gal-4′-epimerase，GALE）（**图 45.4**）或*半乳糖激酶*（galactokinase，GALK）（**图 45.4**）的缺陷也会导致该疾病，但更为罕见。

缺乏半乳糖 -1- 磷酸尿苷酰转移酶（GALT）的婴儿无法茁壮成长，并出现肝脏肿大、黄疸和白内障。无乳糖饮食通过减少进入途径中的半乳糖数量，以及半乳糖和半乳糖 -1- 磷酸（Gal-1-P）的积累，改善了大部分的急性症状。降低半乳糖的含量也会降低半乳糖醇（galactitol）和半乳糖酸（galactonate）的含量，它们分别通过半乳糖的还原代谢或氧化代谢产生。半乳糖醇无法被进一步代谢，并且具有渗透性，导致了白内障的形成。令人遗憾的是，不含半乳糖的饮食显然未能防止认知障碍、共济失调、生长迟缓和卵巢功能障碍的出现，这些都是该疾病的特征。在一些 GALT 缺陷的个体中，研究人员已经观察到糖蛋白和糖脂的异常糖基化；然而，这与缺乏半乳糖并无直接关系。例如，一些误服半乳糖的患者或尚未开始进行无半乳糖饮食的患者，其合成的转铁蛋白上缺少两种 *N*- 聚糖。在 GALT 缺乏时，无半乳糖的饮食可使糖基化过程正常化。然而，在另一种名为 PGM1-CDG 的先天性糖基化障碍中，研究人员发现添加半乳糖的膳食补充剂可以有效治疗某些症状。在 PGM1-CDG 中，*磷酸葡萄糖变位酶*（phosphoglucomutase）活性导致尿苷二磷酸 - 半乳糖（UDP-Gal）和尿苷二磷酸 - 葡萄糖（UDP-Glc）的减少，从而导致半乳糖基化不足和 *N*- 聚糖的缺失。这些生化异常可以通过进食半乳糖而得到恢复。临床上，低血糖、肝脏和凝血功能异常及性腺激素在治疗后均得到了改善。尽管如此，与*磷酸葡萄糖变位酶* 1（phosphoglucomutase 1，PGM1）的其他功能相关的运动不耐受和扩张型心肌病却并未得到改善。

2. 唾液酸途径

已知有 4 种唾液酸生物合成酶（**第 15 章**）会出现糖基化障碍，并导致迥然各异的表型。*GNE* 基因编码*尿苷二磷酸 -N- 乙酰葡萄糖胺 2- 差向异构酶 /N- 乙酰甘露糖胺激酶*（UDP-*N*-acetylglucosamine 2-epimerase/*N*-acetylmannosamine kinase，GNE），其隐性突变可导致成人期发病的 **GNE 肌病（GNE myopathy）**，以前称为**遗传性包涵体肌病 2 型（hereditary inclusion body myopathy type 2，HIBM2）**或**野中肌病（Nonaka myopathy）**（**表 45.1**）。它在世界各地发生，但有一种突变（p.Met745Thr）在波斯犹太人中尤为常见（1 ∶ 1500），并且发生在激酶结构域（**第 5 章**）。GNE 突变以各种不同的组合出现在两个 GNE 酶催化结构域中，并对酶的活性产生了不同程度的影响。这些突变会适度降低酶的活性，减少了小鼠模型中的唾液酸化。研究人员正在测试口服唾液酸合成的前体——*N*- 乙酰甘露糖胺（ManNAc），以此作为 GNE 肌病患者以及**原发性肾小球疾病（primary glomerular disease）**（局灶性节段性肾小球硬化症、微小病变肾病和膜性肾病）患者的治疗方案。其他基因的隐性突变，包括 *NANS*［编码 *N*- 乙酰神经氨酸合成酶（*N*-acetylneuraminate synthase，NANS）］、*CMAS*［编码胞苷一磷酸 -*N*- 乙酰神经氨酸合成酶（CMP-*N*-acetylneuraminic acid synthase，CMAS）］、*SLC35A1*［编码胞苷一磷酸 - 唾液酸转运蛋白（CMP-sialic acid transporter）］，均会导致具有智力障碍和癫痫的神经学表型。此外，还可能出现不同程度的**血小板减少症（thrombocytopenia）**。有趣的是，*GNE* 基因的特定突变也会导致血小板减少症，但不会出现神经系统症状。这些差异背后的生物学机制尚不清楚。唾液酸的分解代谢，由神经氨酸丙酮酸裂解酶（neuraminate pyruvate lyase，NPL）执行，直至研究人员发现了相关的人类遗传疾病，该酶在人类中的作用一直未知。*NPL* 的隐性突变导致肌病和心肌病的表型，这可能表明除了糖基化之外，唾液酸在（心脏）肌肉中也有其他作用。

3. 岩藻糖途径

鸟苷二磷酸 - 岩藻糖（GDP-Fuc）可以从鸟苷二磷酸 - 甘露糖（GDP-Man）合成，或通过回收岩藻糖获得。在**补救途径（salvage pathway）**中，岩藻糖通过岩藻糖激酶（fucose kinase）转化为岩藻糖 -1- 磷酸（Fuc-1-P），然后通过鸟苷二磷酸 - 岩藻糖焦磷酸化酶（GDP-fucose pyrophosphorylase）转化为鸟苷二磷酸 - 岩藻糖（**第 5 章**）。内源性途径与补救途径在不同细胞和组织中的贡献尚不清楚。由于编码岩藻糖激酶的 *FCSK* 基因的突变，导致补救途径中出现的一种疾病已被报道，该疾病导致严重的神经系统综合征，伴有脑病、顽固性癫痫发作和智力障碍。**白细胞黏附缺陷 II 型（leukocyte adhesion deficiency type II，LAD-II 或 SLC35C1-CDG）**患者的 *SLC35C1* 基因发生了突变，该基因编码高尔基体中的鸟苷二磷酸 - 岩藻糖转运蛋白。在这一情境下，转铁蛋白的唾液酸化是正常的，所以通常的测试并不能检测到这种缺陷，但是一些血清蛋白和白细胞表面蛋白上的 *O*- 连接聚糖缺乏岩藻糖。白细胞蛋白上携带了选凝素的配体——**唾液酸化 Lewis x（sialyl Lewis x）**，它在白细胞从毛细血管外渗到组织之前，介导了白细胞的滚动（**第 34 章**）。这种缺陷使得血液循环中的白细胞量大大增加、白细胞外渗减少，因此患者经常发生感染。少数患者对膳食补充岩藻糖的疗法有响应。唾液酸化 Lewis x 聚糖会重新出现在这些患者的白细胞上，循环的中性粒细胞也迅速恢复到正常水平。岩藻糖补充剂必须增加鸟苷二磷酸 - 岩藻糖的数量，直至足以纠正这种缺陷。在一个岩藻糖缺乏的小鼠模型中，缺少源于鸟苷二磷酸 - 甘露糖的、鸟苷二磷酸 - 岩藻糖的从头生物合成（*de novo* biosynthesis）途径（**第 5 章**）。小鼠在没有岩藻糖补充剂的情况下死亡，但在饮用水中提供岩藻糖，会迅速使它们升高的中性粒细胞水平恢复正常。该治疗还纠正了由 *O*- 岩藻糖依赖的 Notch 信号中断所引起的造血功能异常。

45.6.2　多萜醇 - 单糖生物合成中的缺陷

研究人员目前已经发现了多种多萜醇的生物合成缺陷，多萜醇（dolichol）是糖基化中单糖和寡糖的主要脂质载体。这些疾病具有其他先天性糖基化障碍中的许多特征，尽管一些突变与更具体的表型相关。例如，研究人员已经在色素性视网膜炎患者中发现了 *DHDDS* 的突变体，该基因编码脱氢多萜醇基二磷酸合成酶复合物亚基 DHDDS（dehydrodolichyl diphosphate synthase complex subunit DHDDS），在具有各种神经表型的患者中发现了 *NUS1* 的杂合突变体，该基因编码脱氢多萜醇基二磷酸合成酶复合物亚基

NUS1（dehydrodolichyl diphosphate synthase complex subunit NUS1）。*NUS1* 和 *DHDDS* 的基因产物参与了多萜醇合成的初始步骤。这两种蛋白质形成一个具有顺式 - 异戊二烯基转移酶（*cis*-prenyltransferase）活性的复合物，催化聚戊烯醇焦磷酸（polyprenolpyrophosphate）的形成。SRD5A3 充当了聚戊烯醇还原酶（polyprenol reductase），以形成多萜醇（**第 9 章**）；然后，多萜醇被多萜醇激酶（DOLK）磷酸化，形成活化的脂质——多萜醇 - 磷酸（dolichol-phosphate），单糖和寡糖的前体均在该化合物的基础上建立形成。尽管多萜醇连接的糖主要在 *N*- 糖基化途径中发挥功能，但多萜醇 - 磷酸 - 葡萄糖（Dol-P-Glc）和多萜醇 - 磷酸 - 甘露糖（Dol-P-Man）在不同的 *O*- 糖基化途径中都是不可或缺的，而多萜醇 - 磷酸 - 甘露糖是糖基磷脂酰肌醇的生物合成所必需的。其中一些缺陷的临床症状，包括 DPM1 ～ 3 和 DOLK 蛋白缺陷患者的肌营养不良及扩张型心肌病，都与抗肌萎缩蛋白聚糖的 *O*- 甘露糖基化异常有关。

45.6.3 高尔基体稳态中的缺陷

在运输蛋白（trafficking protein）相关的先天性糖基化障碍中所发现的缺陷表明，与这些疾病相关的异常糖基化，可能源于高尔基体稳态的改变，而不仅仅是糖基化所需的酶和转运蛋白的受损（图 45.5）。在这些运输蛋白中，最早被发现的是保守的**寡聚高尔基体复合物亚基（conserved oligomeric Golgi complex subunit，COG complex subunit）**。该复合物在高尔基体内的运输中具有多种作用，包括拴系（tethering）包被蛋白 I 有被小泡（COPI-coated vesicle），以及对高尔基体定位的糖基转移酶的循环利用。

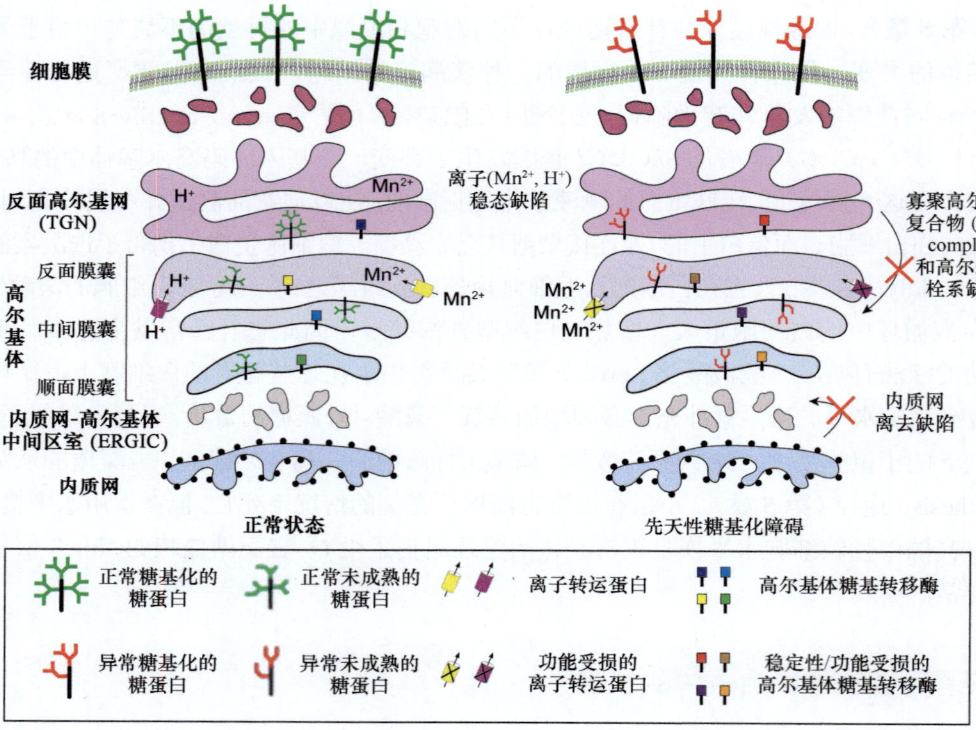

图 45.5 高尔基体稳态中的缺陷。先天性糖基化障碍（CDG）也可以由控制高尔基体稳态的蛋白质和转运蛋白缺陷引起。这些 CDG 包括囊泡栓系过程中保守的寡聚高尔基体复合物（COG complex）的成员，它们介导了高尔基体内含有糖基转移酶的囊泡的逆向转运。COG 缺陷使得糖基化酶和转运蛋白产生定位错误，导致聚糖的加工过程发生改变。参与货物离开内质网的蛋白质，也能够引起先天性糖基化障碍，并且已获得了确认。离子转运蛋白的缺陷，也代表了一类不断增长的先天性糖基化障碍类别。氢离子和锰等金属离子的运输缺陷会改变高尔基体的腔内环境，并会耗尽金属依赖性糖基转移酶所必需的辅助因子。

研究人员首先发现了 COG7-CDG（表 45.1），COG7-CDG 中多种糖基转移酶和核苷酸糖转运蛋白的运输受到破坏。该突变影响了 *N*- 聚糖、*O*- 聚糖及糖胺聚糖链的合成。现在，研究人员在除了 COG3 之外的所有 COG 亚基上均发现了突变。缺乏不同 COG 亚基的哺乳动物细胞，也表现出不同程度的糖基化改变。

一种被称为**遗传性多核幼红细胞增多症伴酸化血清试验阳性（hereditary erythroblastic multinuclearity with positive acidified-serum test，HEMPAS）**的异常疾病，导致红细胞形状异常和不稳定（溶血），该疾病由 *SEC23B* 基因突变引起，它是另一种细胞内运输蛋白，可在多种途径中产生异常的红细胞聚糖。

除了运输蛋白外，高尔基体相关的离子转运蛋白以及 V 型氢离子腺苷三磷酸酶亚基（vacuolar-H^+ ATPase subunit）的多种突变，也被证明会破坏各种糖基化途径，这可能是由于高尔基体 pH 的升高、金属离子依赖性糖基转移酶活性的降低，或是高尔基体循环过程受到更为普遍的破坏所致。两种高尔基体锰转运蛋白——跨膜蛋白 165（transmembrane protein 165，TMEM165，由 *TMEM165* 编码）和金属阳离子同向转运蛋白 ZIP8（metal cation symporter ZIP8，由 *SLC39A8* 编码）的突变，均可以导致先天性糖基化障碍，突出了锰离子稳态在糖基化中的作用。

45.7　未来展望——病理生理学及治疗

相同的先天性糖基化障碍突变的表达，可能会产生的影响却高度可变，即使在患者的兄弟姐妹中亦是如此。将这一结果解释为“简单孟德尔遗传疾病的亚型等位基因具有残余活性”，这样的解释不仅复杂，通常也无法令人满意。这种可变性通常归因于遗传背景。对一个基因进行敲除的突变，在一种高度近交的小鼠品系中可能是致命的，但在另一种小鼠品系中则不然，因为在后者中存在着补偿途径。正如在接受口服甘露糖治疗的 MPI-CDG 患者中所见的那样，饮食和环境的影响可以是巨大的。多种同时发生或相继发生的环境损伤，可能会造成边缘性基因的表达不足，从而产生明显的疾病。未来研究的一个主要问题是先天性糖基化障碍缺陷究竟如何引起病理变化。应对这一挑战，需要实施糖组学和糖蛋白质组学等分析方法，同时需要能够识别病变组织中敏感的生物学途径和糖蛋白的模型系统。

饶有兴味的一点在于，“过度”糖基化也有可能引起疾病。例如，**马方综合征（Marfan syndrome）**由编码原纤蛋白 1（fibrillin 1，FBN1）的 *fibrillin1* 基因突变引起，其中一种突变会产生一个 *N*- 糖基化位点，从而破坏了 FBN1 蛋白的多聚体组装。该实例可能并非个案。对近 600 种已知通过内质网 - 高尔基体途径的蛋白质的病理突变调查显示，其中 13% 的蛋白质上产生了新的糖基化位点。这远远大于随机错义突变的预测，并且可能意味着高糖基化会导致一类全新的先天性糖基化障碍。

致谢

感谢哈里 · 沙赫特（Harry Schachter）和鲍比 · G. 阮（Bobby G. Ng）对本章先前版本的贡献，并感谢帕梅拉 · 斯坦利（Pamela Stanley）、王岩（Yan Wang）、詹妮弗 · 科勒（Jennifer Kohler）和阿吉特 · 瓦尔基（Ajit Varki）的有益评论及建议。

延伸阅读

Dobson CM, Hempel SJ, Stalnaker SH, Stuart R, Wells L. 2013. O-Mannosylation and human disease. *Cell Mol Life Sci* **70**: 2849-2857.

Huegel J, Sgariglia F, Enomoto-Iwamoto M, Koyama E, Dormans JP, Pacifici M. 2013. Heparan sulfate in skeletal development, growth, and pathology: the case of hereditary multiple exostoses. *Dev Dyn* **242**: 1021-1032.

Jaeken J. 2013. Congenital disorders of glycosylation. *Handb Clin Neurol* **113**: 1737-1743.

Rosnoblet C, Peanne R, Legrand D, Foulquier F. 2013. Glycosylation disorders of membrane trafficking. *Glycoconj J* **30**: 23-31.

Freeze HH, Eklund EA, Ng BG, Patterson MC. 2015. Neurological aspects of human glycosylation disorders. *Annu Rev Neurosci* **38**: 105-125.

Hennet T, Cabalzar J. 2015. Congenital disorders of glycosylation: a concise chart of glycocalyx dysfunction. *Trends Biochem Sci* **40**: 377-384.

Maeda N. 2015. Proteoglycans and neuronal migration in the cerebral cortex during development and disease. *Front Neurosci* **9**: 98.

Nishino I, Carrillo-Carrasco N, Argov Z. 2015. GNE myopathy: current update and future therapy. *J Neurol Neurosurg Psychiatry* **86**: 385-392.

Paganini C, Costantini R, Superti-Furga A, Rossi A. 2019. Bone and connective tissue disorders caused by defects in glycosaminoglycan biosynthesis: a panoramic view. *FEBS J* **286**: 3008-3032.

van Tol W, Wessels H, Lefeber DJ. 2019. O-glycosylation disorders pave the road for understanding the complex human O-glycosylation machinery. *Curr Opin Struct Biol* **56**: 107-118.

Kinoshita T. 2020. Biosynthesis and biology of mammalian GPI-anchored proteins. *Open Biol* **10**: 190290.

第 46 章

人类后天疾病中的聚糖

罗伯特·萨克斯坦（Robert Sackstein），卡琳·M. 霍夫迈斯特（Karin M. Hoffmeister），肖恩·R. 斯托威尔（Sean R. Stowell），木下太郎（Taroh Kinoshita），阿吉特·瓦尔基（Ajit Varki），哈德森·H. 弗里兹（Hudson H. Freeze）

46.1 心血管病学 / 593
46.2 牙科疾病 / 594
46.3 皮肤病学 / 595
46.4 内分泌学和新陈代谢 / 595
46.5 胃肠病学 / 596
46.6 血液病学 / 597
46.7 免疫学和风湿病学 / 600
46.8 传染病 / 601
46.9 肾脏病学 / 602
46.10 神经病学和精神病学 / 603
46.11 肿瘤学：癌症中的糖基化改变 / 604
46.12 肺部医学 / 605
致谢 / 606
延伸阅读 / 606

聚糖的合成、周转 / 降解或识别过程的多种后天变化都与人类疾病有关。了解这些变化，可以改善疾病诊断和（或）治疗。本章列举了一些例子，提出了相关的机制，并建议了全新的疗法。癌症中的糖基化变化，以及人类遗传性糖基化疾病中的糖基化变化，将分别在**第 47 章**和**第 45 章**中进行更为深入的讨论。

46.1 心血管病学

46.1.1 选凝素在再灌注损伤中的作用

血管血栓形成事件［例如，中风、心肌梗死，以及其他急性缺血性损伤（如外伤、低血容量性休克）］，会导致血流的暂时中断，必须迅速修复。恢复血流的天然措施或医学干预措施，会突然将白细胞重新引入受创伤的组织，可能导致称为再灌注损伤（reperfusion injury）的组织损伤。**选凝素（selectin）**是一种归为 C 型凝集素（C-type lectin）的细胞黏附分子（**第 34 章**），在该过程中起主要作用。白细胞上的 L 选凝素（L-seletcin，CD62L）和位于再灌注区活化内皮上的 P 选凝素（P-selectin，CD62P）启动了这一级联反应，E 选凝素（E-selectin，CD62E）随后参与其中。然而在选凝素中，基于 E 选凝素的白细胞的募集，在人类（和一般的灵长类动物）中比在其他哺乳动物中更为突出和持续，因为在人类 E 选凝素基因的启动子区域（而非 P 选凝素的启动子区域），含有对炎症介质肿瘤坏死因子 -α（tumor necrosis factor-α，TNF-α）和白细胞介素 -1（interleukin-1，IL-1），以及包括脂多糖（LPS）在内的各种细菌产物具有响应的元件。这些元件增加了E选凝素的转录和表达（**第34章**），而人类中的P选凝素启动子实际上抑制了对这一类炎症介质（mediator）[①]的基因转录响应。然而在小鼠中，P选凝素和E选凝素基因的启动子都保留了肿瘤坏死因子/白细胞介素-1/脂多糖反应元件，因此小鼠表现出炎症驱动的P选凝素和E选凝素的诱导性内皮表达。这种调控性的差异，对于考量P选凝素生物学的啮齿动物模型能否反映出人类的病理生理学至关重要。尽管如此，动物模型表明，阻断基于选凝素的初始相互作用可以改善随后的组织损伤。制药和生物技术公司已经制造出小分子抑制剂和生物制剂（如单克隆抗体）来阻断患者体内的这些相互作用，这些方法已经显示出疗效，并已获得美国食品药品监督管理局（FDA）的批准，用于镰状细胞血管闭塞性危象等临床指征[②]（下文中进一步描述；**第55章**和**第57章**也讨论了选凝素的抑制剂）。此外，许多已经获批的药用肝素制剂，可以阻断P选凝素和L选凝素的相互作用，但其对再灌注损伤的抑制作用仍有待确定。

46.1.2 选凝素、糖胺聚糖和唾液酸在动脉粥样硬化中的作用

心脏病发作、中风和其他严重的血管疾病，与低密度脂蛋白胆固醇（low density lipoprotein cholesterol，LDL cholesterol，LDL-C）的指标过高以及高密度脂蛋白胆固醇（high density lipoprotein cholesterol，HDL cholesterol，HDL-C）的含量降低相关。这些分子会增加大动脉发生动脉粥样硬化病变的风险。动脉粥样硬化病变始于脂纹（fatty streak）的产生，其中单核细胞进入血管的内皮下区域。该过程涉及内皮细胞上P选凝素和（或）E选凝素的表达，它能够识别表达在循环单核细胞的特定糖蛋白和糖脂上的、糖基化和硫酸化的P选凝素糖蛋白配体-1（P-selectin glycoprotein ligand-1，PSGL-1）或唾液酸化Lewis x聚糖（sialyl Lewis x，SLe^x，CD15）。事实上，小鼠中的P选凝素缺乏会延缓动脉粥样硬化病变的进展，在P选凝素和E选凝素均缺乏的小鼠中，病变进展则更加缓慢。低密度脂蛋白颗粒中的氧化脂质（oxidized lipid）或炎症过程，可能在早期动脉粥样硬化斑块（plaque）中诱导内皮E选凝素的表达。因为这些病变在生命的早期发展缓慢，且病变的出现相对较早，因而存在着早期干预的可能。低密度脂蛋白在早期斑块中的滞留，可能涉及与蛋白聚糖的结合，也涉及在随后的氧化过程后被巨噬细胞和平滑肌细胞的摄取吸收。载脂蛋白B（apolipoprotein B）（低密度脂蛋白的蛋白质部分）中的碱性氨基酸残基簇（cluster），可以与糖胺聚糖结合。这种结合还具有生理功能。在肝窦中发现的硫酸乙酰肝素（heparan sulfate，HS），可以调控脂蛋白颗粒的周转。患者体内低密度脂蛋白唾液酸化的降低，也与冠状动脉疾病相关。虽然机制仍不清晰，但去唾液酸化的低密度脂蛋白，可能更容易被摄取吸收，并整合到动脉粥样硬化斑块中。非人类唾液酸——*N*-羟乙酰神经氨酸（Neu5Gc）（富含在红肉中；见**第15章**）可以代谢整合到斑块中，循环抗体对*N*-羟乙酰神经氨酸聚糖的识别过程可能通过慢性炎症加速疾病的进展。

46.2 牙科疾病

口腔中含有大量宿主和微生物聚糖，以及聚糖结合蛋白（**第21章**）。龋齿和牙龈炎涉及**草绿色链球菌**（*Viridans streptococci*），这些链球菌具有富含丝氨酸的细菌蛋白，需要*O*-糖基化以确保这些细菌蛋白的稳定性。它们还具有识别*O*-连接唾液酸化聚糖或识别口腔黏蛋白（mucin）的碳水化合物

① 在致炎因子的作用下，由局部组织细胞释放或由体液中产生、参与或引起炎症反应的生物活性物质。

② 用于评估某种治疗方法或药物是否适用于特定病患的医学证据。

识别域，以便附着在黏膜中的细胞上。如果这些细菌进入血液，特别是在牙科手术期间，相同的结合蛋白会识别血小板特异性糖蛋白（如 GPIbα），将细菌运送到受损的心脏瓣膜，并导致细菌性心内膜炎这一严重疾病。

46.3 皮肤病学

46.3.1 选凝素在炎症性皮肤病中的作用

在人类中，E 选凝素在皮肤的微血管上组成型表达，以招募适应性和先天性免疫效应细胞。E 选凝素在所有炎症性皮肤病中上调，进一步促进含有唾液酸化 Lewis x（SLe^x）聚糖的循环白细胞的外渗。真皮淋巴细胞能够被结合 SLe^x 的单克隆抗体 HECA452 识别。这种皮肤淋巴细胞抗原展示在 PSGL-1、CD43 和 CD44 分子的糖型上。其中，SLe^x 修饰的 CD44 被称为造血细胞 E/L 选凝素配体（hematopoietic cell E/L-selectin ligand，HCELL）（**第 34 章**）。在小鼠中，E 选凝素和 P 选凝素均在真皮微血管上组成型表达。在人类中，T 辅助细胞 1 型（T helper 1，Th1）淋巴细胞通过与 E 选凝素结合进入皮肤，这表明阻断这种相互作用可以治疗皮肤炎症性疾病。

46.4 内分泌学和新陈代谢

46.4.1 糖尿病的发病机制和并发症

糖尿病（diabetes mellitus）会导致长期的血管并发症，部分原因是增加了非酶的**糖化（glycation）**。注意不要与糖基转移酶介导的**糖基化（glycosylation）**过程混淆，在糖化过程中，开链（醛）形式的葡萄糖与赖氨酸残基反应，产生可逆的席夫碱（Schiff base），席夫碱进而重排产生褐变（browning）反应，即美拉德反应（Maillard reaction），并且产生永久交联的**晚期糖化终末产物（advanced glycation end product，AGE）**。这些加合物会损害蛋白质和细胞功能，破坏细胞外基质蛋白（如胶原蛋白）的功能，导致神经退行性疾病（如阿尔茨海默病），并与受体结合，这些受体包括**晚期糖化终末产物受体（receptor for advanced glycation end product，RAGE）**和参与动脉粥样硬化形成的巨噬细胞清道夫受体（scavenger receptor）。值得注意的是，血红蛋白的糖化会产生血红蛋白 A1c，这是衡量糖尿病患者长期血糖控制的生物标志物。

过量的葡萄糖通过**葡萄糖胺：果糖氨基转移酶途径（GFAT pathway）**增加了尿苷二磷酸 -*N*- 乙酰葡萄糖胺（UDP-GlcNAc）的生成，从而增强了透明质酸的产生（**第 16 章**）和多种蛋白质的 *O*-*N*- 乙酰葡糖胺（*O*-GlcNAc）糖基化，这些结果进而改变了它们的磷酸化和生物学功能（**第 19 章**）。在动物模型中，*O*-GlcNAc 糖基化的改变与并发症相关，如糖尿病性心肌病（各种核蛋白 *O*-GlcNAc 糖基化的增加）和勃起功能障碍［内皮型一氧化氮合成酶（endothelial nitric oxide synthase）的 *O*-GlcNAc 糖基化］。参与胰岛素受体信号传递以及由此产生的核转录变化的几种细胞质蛋白，其自身就是 *O*-GlcNAc 糖基化修饰的蛋白质，并且在糖尿病中发生了功能改变。

肾功能障碍（kidney dysfunction）是一种非常严重的、可能致命的糖尿病并发症。进行性的白蛋白外排，最终导致肾病综合征和终末期肾病。这种蛋白尿与肾小球基底膜中硫酸乙酰肝素蛋白聚糖的减少有关。肾小球上皮细胞合成的硫酸乙酰肝素的减少，可能是由于暴露于高葡萄糖或肾小球基底膜的孔隙度增加所致。高葡萄糖还通过 *O*-GlcNAc 糖基化介导的 Sp1 转录活性的改变来增加肾小球系膜细胞中纤溶酶原激活物抑制剂 -1（plasminogen activator inhibitor-1，PAI-1）的基因表达。

46.5 胃肠病学

46.5.1 肠道上皮聚糖在胃肠道感染中的作用

许多胃肠道病原体或它们分泌的产物能够识别并结合肠道黏膜聚糖(**第 37 章**)。例如,**霍乱弧菌**(***Vibrio cholerae***）分泌的霍乱毒素（cholera toxin，CT)，可以与神经节苷脂 GM1 结合，而导致消化性溃疡和胃炎的**幽门螺杆菌**（***Helicobacter pylori***）可以与胃黏膜中的 Lewis 型聚糖结合。可溶性聚糖抑制剂可以阻止这些肠道病原体的结合。这可以解释在鉴定出幽门螺杆菌之前，一种历史悠久的消化性溃疡治疗方法中使用了抗酸剂和牛奶（含有大量游离的唾液酸寡糖）的组合。霍乱感染的结果与 ABO（H）血型表达相关。O（H）血型个体的感染频率并不高,但经历的病程更为严重。尽管 GM1 是霍乱毒素的主要功能配体,但最近的研究表明,霍乱毒素也具有一个与 H 抗原结合的位点,这可能解释了这种血型 - 感染之间的关联。

46.5.2 硫酸乙酰肝素蛋白聚糖在蛋白质丢失性肠病中的作用

蛋白质丢失性肠病（protein-losing enteropathy，PLE）是指血浆蛋白的肠道流失，然而其机制尚不为人所知。一些患有**先天性糖基化障碍 Ib 型（CDG-Ib，MPI-CDG）**和**先天性糖基化障碍 Ic 型（CDG-Ic，ALG6-CDG）**（**第 45 章**）的患者会发展为蛋白质丢失性肠病，这表明 *N*- 糖基化过程参与了病程。但其他 *N*- 糖基化正常的患者，也在接受纠正先天性心脏畸形的方谭氏手术（Fontan surgery）[①]多年之后，发展为蛋白质丢失性肠病。是什么导致了此种类型的蛋白质丢失性肠病？一种观念认为，包括感染在内的环境压力会增加炎性细胞因子、肿瘤坏死因子 -α（TNF-α）和干扰素 -γ（interferon-γ，IFN-γ），它们与手术引起的静脉压增加叠合，导致了蛋白质丢失性肠病。在 *N*- 糖基化障碍和方谭氏手术后的患者中，硫酸乙酰肝素从肠上皮细胞的基底外侧表面丢失，并在蛋白质丢失性肠病消退后恢复。硫酸乙酰肝素能够与细胞因子结合，它的丢失可能会增加细胞表面炎症的影响并促进渗漏。将静脉压的增加、细胞因子的增加与局部硫酸乙酰肝素的耗竭相结合，会导致疾病螺旋式急转直下。蛋白质丢失性肠病的传统疗法包括输注白蛋白、类固醇激素或其他抗炎药物，但有趣的是，肝素注射也可以减少蛋白质丢失性肠病，这可能是通过结合并减少循环中的细胞因子而发挥了疗效（**第 38 章**）。

46.5.3 溃疡性结肠炎和癌症中唾液酸 *O*- 乙酰化的变化

溃疡性结肠炎（ulcerative colitis）是一种炎症性疾病，通常影响直肠和远端结肠的浅表上皮层。该疾病的主要原因尚不清楚，但遗传和环境因素（如微生物组的变化）都参与其中，而且病情的缓解和恶化都很常见。正常情况下，结肠黏膜蛋白上表现出高度 *O*- 乙酰化的唾液酸，但这些乙酰基在溃疡性结肠炎中减少。这是否导致病理进展目前尚不清楚,但 *O*- 乙酰化唾液酸对细菌唾液酸酶具有更强的抵抗力（**第 15 章**）。唾液酸 *O*- 乙酰化的降低，也是结肠癌的一个特征。

---

① 全称为方谭 - 克鲁采手术（Fontan-Kreutzer procedure），用于治疗先天性单心室心脏病童。手术目标是将体循环、肺循环与仍具功能的单一心室以串联方式连接起来。

46.6 血液病学

46.6.1 肝素作为抗凝剂的临床应用

肝素（heparin）（硫酸乙酰肝素的高度硫酸化形式；**第 17 章**）是一种从猪肠或牛肺中提取的治疗剂。它是一种快速起效的强效抗凝剂，通常用于包括透析和体外循环心脏手术（open-heart surgery）[①]在内的过程中，以避免血栓的形成。它的有效性依赖于一种特定的硫酸化肝素五糖与血液循环中的抗凝血酶 III（antithrombin III）结合，能够显著地增强其对两种凝血酶（thrombin）——凝血因子 Xa（factor Xa）和凝血因子 IIa（factor IIa）的活性抑制（**第 17 章**）。动物来源的普通肝素（unfractionated heparin）[②]，现在经常被低分子质量肝素所取代，因为它们的并发症较少。一种解释是普通肝素对凝血酶的作用，需要一条既与抗凝血酶又与凝血酶本身相互作用的长链肝素，以形成一个三元复合物。相反，在低分子质量肝素中发现的较短链的肝素，仅仅促进了对凝血因子 Xa 的抗凝血酶失活。因此，低分子质量肝素影响凝血因子 Xa，但不影响凝血酶活性。一种合成的五聚糖——**磺达肝癸钠 / 磺达肝素（fondaparinux sodium）**，能够结合并促进凝血因子 Xa 对抗凝血酶的失活过程，可作为肝素的替代品。尽管这些改进颇具价值，但除了抗凝之外，普通肝素还有其他各种生物学效应。因此，肝素的其他有益作用，如阻断 P 选凝素和 L 选凝素，会因改为使用低分子质量肝素和磺达肝素而降低甚至消失。

肝素治疗中一种不大常见但令人担忧的并发症是**肝素诱导的血小板减少症（heparin-induced thrombocytopenia，HIT）**。在患病期间，肝素和血小板因子 4（platelet factor-4）之间形成复合物，并且针对这些复合物从头（*de novo*）形成的致病性抗体，会沉积在血小板上，导致复合物的聚集及其从血液循环中丢失。矛盾的是，该过程会导致血栓形成的加剧而非导致出血。这种并发症的发生率在使用低分子质量肝素时较低，并且在使用纯肝素五糖后显著地减少。

46.6.2 抑制选凝素以避免镰状细胞危象

镰状细胞性贫血（sickle cell anemia）是一种遗传性血红蛋白疾病，可导致各种急性和慢性的疼痛性并发症。该疾病的症状，被认为由形状异常和（或）膜修饰的缺氧红细胞引发的血管闭塞引起。研究人员现已知悉，多种细胞类型的异常黏附是疾病的罪魁祸首，而黏附过程由选凝素介导。用天然配体的类似物（如 SLe^x 或肝素）阻断选凝素的作用，可以恢复镰状细胞病小鼠模型中正常的血液流动。一种泛选凝素抑制剂（GMI-1070，rivipansel）已经通过了临床试验，以降低镰状细胞危象的严重程度和持续时间。值得注意的是，PSGL-1 的糖肽模拟物，以及阻断 PSGL-1 与 P 选凝素之间相互作用的抗体 [如 FDA 批准的克利珠单抗（crizanlizumab）]，均可以缓解镰状细胞血管闭塞性危象。

46.6.3 溶血性输血反应

输血医学首先确定了 ABO 血型系统，该系统由不同人群的 α-*N*- 乙酰半乳糖胺（α-GalNAc）和 α- 半

---

① 也称心脏直视手术。

② 也称未裂解肝素。

乳糖（α-Gal）转移酶的差异性表达来定义（**第 14 章**）。这些聚糖抗原和其他不太突出的聚糖抗原一起，能够引起溶血性输血和排斥反应，主要是由于血液配型错误。尽管抗 A 和抗 B 的滴度可能会影响输血和移植的结果，但简单评估抗体水平并不能完全解释 ABO（H）不相容输血的临床影响。研究人员目前正在努力通过使用细菌酶，将血型 A 和血型 B 抗原通过酶催化反应转化为 O 型，以产生通用供体型红细胞。

46.6.4 血液循环中的硫酸乙酰肝素导致的获得性抗凝血

肝硬化和肝细胞癌等疾病的患者，有时会自发地分泌一种血液循环的抗凝血剂，并且凝血测试的结果会出现异常，使患者看起来像是接受了肝素治疗。这种活性抗凝血剂可以从血浆中纯化出来，并已被确定为一种硫酸乙酰肝素糖胺聚糖。它的来源不明，如果无法纠正潜在的疾病或实现肝脏移植，治疗将变得十分困难。

46.6.5 肝脏疾病中血浆纤维蛋白原的异常糖基化

血浆纤维蛋白原（plasma fibrinogen）具有高度的唾液酸化，该蛋白质上的唾液酸参与了与钙的结合。某些纤维蛋白原的遗传疾病与其 *N*- 聚糖的唾液酸化改变有关，这会导致凝血功能的改变。肝癌和其他肝脏疾病的患者，有时也会表现出纤维蛋白原上 *N*- 聚糖的分支和（或）数量的增加，从而导致唾液酸含量的总体增加。这种纤维蛋白原唾液酸化的改变，在临床上可表现为与凝血酶时间延长相关的出血性疾病。患有影响 *N*- 聚糖生物合成的先天性糖基化障碍的患者（**第 45 章**），也可能患有血栓或出血性疾病，部分原因是血浆蛋白和（或）参与凝血的血小板发生了糖基化的改变。

46.6.6 阵发性睡眠性血红蛋白尿症

阵发性睡眠性血红蛋白尿症（paroxysmal nocturnal hemoglobinuria，PNH）是一种罕见的获得性溶血性贫血（红细胞的过度破坏），通常出现在成人中，骨髓干细胞的体细胞突变产生一个或多个异常克隆。该缺陷是 *PIGA* 基因的单活性拷贝的失活，*PIGA* 基因是一个 X 连锁基因座，参与糖基磷脂酰肌醇锚生物合成的第一阶段（有关糖基磷脂酰肌醇锚生物合成的详细信息，见**第 12 章**）。尽管有多种血细胞类型显示出异常，但红细胞的缺陷最为突出，其特征是对补体作用变得异常敏感。现在已知这是由于某些糖基磷脂酰肌醇（GPI）锚定蛋白，如衰变加速因子（decay accelerating factor）和 CD59 的表达不足所致，这些蛋白质通常会下调自身表面的补体激活。然而血凝过快也可能发生，这可能是由其他细胞（如单核细胞和血小板）上 GPI 锚定蛋白的丢失所致。有趣的是，这些患者中的许多人在确诊之前或之后发展为骨髓衰竭（再生障碍性贫血），后者中的一些病患还会发展为急性白血病。在大多数正常人中已经有一小部分的循环细胞携带 *PIGA* 突变，即阵发性睡眠性血红蛋白尿症缺陷。它们可能代表了一种或多种骨髓干细胞的产物，由于对活性 X 染色体上的**单次基因改变（single hit）**而出现这种后天缺陷，但随后并没有成为循环红细胞总库中的主要贡献者。在这种情况下，独立发生的、破坏了其他（未突变的）干细胞增殖的过程，使得阵发性睡眠性血红蛋白尿症缺陷“死灰复燃”（unmasking）。

46.6.7 阵发性冷性血红蛋白尿症

患有**阵发性冷性血红蛋白尿症（paroxysmal cold hemoglobinuria）**这一罕见病的患者，会出现由寒冷引起的血管内红细胞破坏（溶血）。这种溶血似乎由针对红细胞 P 血型抗原的补体对循环 IgG 抗体的固定作用所引起，该抗体在低于核心体温 37℃的温度下（如在阑尾内）具有更高的结合效率（**第 14 章**）。P 血型抗原的生物合成，依赖于编码 β1-3 *N*- 乙酰半乳糖胺转移酶 1（β1-3 *N*-acetylgalactosaminyltransferase 1，B3GALNT1）和编码 α1-4 半乳糖基转移酶（α1-4 galactosyltransferase，A4GALT）的 *B3GALNT1* 和 *A4GALT* 基因。这种疾病的发病机制尚不清楚，但它往往发生在某些病毒感染和梅毒的情况下。IgG 抗体的存在，可通过所谓的多纳特 - 兰德施泰纳测试（Donath-Landsteiner test）进行检测，即将患者的血清与患者自身的红细胞，或与来自正常人的红细胞混合并冷却至 4℃。补体介导的溶血作用会在升温至 37℃后发生。

46.6.8 冷凝集素病

冷凝集素病（cold agglutinin disease）是由针对红细胞上聚糖表位的自身免疫球蛋白 M（immunoglobulin M，IgM）抗体引起的疾病。血清中存在高滴度的 IgM 凝集素，并且在 4℃时具有最大活性。据推测，IgM 与在身体外围区域冷却血液中循环的红细胞发生了结合。该抗体可以固定补体，然后当其到达身体较温暖的部位时，补体会破坏细胞。该疾病有多种变体，其中一种影响青年人，在感染**肺炎支原体（*Mycoplasma pneumoniae*）**或**爱泼斯坦 - 巴尔病毒（Epstein-Barr virus）**（导致传染性单核细胞增多症）后产生。这种抗体具有多克隆抗体的特征，并且通常寿命短暂，当感染消退时就会消失。冷凝集素病的一种特发性变体影响老年人，涉及单克隆 IgM，并且可能是淋巴组织增生性疾病的前兆或伴随疾病，这些淋巴组织增生性疾病包括**华氏巨球蛋白血症（Waldenström's macroglobulinemia）**、**慢性淋巴细胞白血病（chronic lymphocytic leukemia）**或其他淋巴瘤。这些抗体通常针对存在于红细胞糖脂和糖蛋白上的 I 抗原（β1-6- 支链聚 -*N*- 乙酰乳糖胺）（**第 14 章**）。少数不太常见的冷凝集素病的变体，涉及针对唾液酸修饰的 *N*- 乙酰乳糖胺的抗体。在一些接受长期血液透析的患者中，由于形成了针对唾液酸化的血型抗原 N（blood group antigen N）的抗体，导致了该疾病的发生。

46.6.9 Tn 聚凝性综合征

在 **Tn 聚凝性综合征（Tn polyagglutinability syndrome）**的情况下，一部分骨髓来源的血细胞会表达 Tn 抗原（*O*- 连接的 *N*- 乙酰半乳糖胺，GalNAcα-*O*-Ser/Thr）和唾液酸化 Tn 抗原（NeuAcα2-6GalNAcα-*O*-Ser/Thr），使它们更容易被大多数正常人体内天然存在的抗 Tn 抗体识别，发生血凝作用。该疾病潜在的缺陷是基于成体干细胞的 *O*- 聚糖核心 1 型 β1-3 半乳糖基转移酶（core-1 β1-3 galactosyltransferase），即 T 合成酶（T synthase）活性的表达缺失（**第 10 章**），而这又可以通过核心 1 型 β1-3 半乳糖基转移酶 1 特异性伴侣（core 1 β1-3 galactosyltransferase 1-specific chaperone 1，C1GalT1C1，Cosmc）的获得性失活加以解释，因为 Cosmc 是 T 合成酶生物合成所需的分子伴侣。与阵发性睡眠性血红蛋白尿症一样，编码 Cosmc 蛋白的 *C1GALT1C1* 基因存在于 X 染色体上，这使得对活性 X 染色体的单次基因改变就能导致单个骨髓干细胞的糖基化缺陷。一些患者之所以被接诊，仅仅是因为在为可能的输血过程进行血型鉴定时，检测到他们的红细胞具有聚凝性（polyagglutinability）。其他患者则有不同程度的溶血性贫血和（或）其他血细胞类型的减少。一些患者随后直接发展为明显的白血病。目前尚不清楚原发性综合征如何导致了恶性肿瘤的发展。与阵发性睡眠性血红蛋白尿症一样，存在这样一种可能：潜在的骨髓疾病可能会导致先前存在的、次要的干细胞克隆，连同基因缺陷一起“死灰复燃”。根据这一观点，随后出现的白血病克隆中，可能不具有相同的缺陷。

46.6.10 糖基化的改变影响血小板计数和寿命

血小板的唾液酸化调控了它们的数量和产生（血小板生成）。老化的血小板失去了唾液酸分子，因此被多种识别半乳糖（Gal）和 *N*- 乙酰半乳糖胺（GalNAc）的凝集素清除，包括阿什韦尔 - 莫雷尔无唾液酸糖蛋白受体（Ashwell-Morell receptor，AMR）（**第 34 章**）和巨噬细胞半乳糖凝集素（macrophage galactose lectin，MGL）。一些患有**免疫性血小板减少症（immune thrombocytopenia，ITP）**的患者，在其血小板表面表达唾液酸酶 NEU1。包括扎那米韦（zanamivir）[商品名：瑞乐沙（Relenza）]、奥司他韦（oseltamivir）[商品名：达菲（Tamiflu）] 和帕拉米韦（peramivir）[商品名：Rapivab] 在内的流感抗病毒药物，通过模拟过渡态以阻断病毒的神经氨酸酶（**第 55 章**）。在一组免疫性血小板减少症患者和健康人类受试者中，服用奥司他韦可增加血小板计数，这表明血小板的唾液酸可以调控血小板的数量。唾液酸化基因突变的患者，可能会出现血小板唾液酸丢失和血小板减少症，例如，尿苷二磷酸 -*N*- 乙酰葡萄糖胺 -2- 差向异构酶 /*N*- 乙酰甘露糖胺激酶（UDP-GlcNAc-2-epimerase/*N*-acetylmannosamine kinase，GNE）由 *GNE* 编码，它能制造唾液酸的前体。由于清除率的增加，胞苷一磷酸 - 唾液酸（CMP-Sia）转运蛋白基因 *SLC35A1* 的突变，导致**巨血小板减少症（macrothrombocytopenia）**。包括唾液酰基转移酶β- 半乳糖苷 α2-3 唾液酰基转移酶 IV（β-galactoside α2-3 sialyltransferase 4，ST3GalIV）基因敲除小鼠模型在内的小鼠模型，均具有严重的血小板减少症。将 ST3GalIV 缺陷小鼠与阿什韦尔 - 莫雷尔无唾液酸糖蛋白受体缺失的小鼠杂交后，血小板计数得以恢复，这意味着暴露的半乳糖结构导致了阿什韦尔 - 莫雷尔受体介导的清除。*O*- 聚糖的多种变化也可导致严重的血小板减少症，包括 β- 半乳糖苷 α2-3 唾液酰基转移酶 1（β-galactoside α2-3 sialyltransferase 1，ST3Gal1）、多肽 *N*- 乙酰半乳糖胺转移酶 3（polypeptide GalNAc-transferase 3，ppGalNAcT3，GALNT3）、核心 1 型 β1-3 半乳糖基转移酶 1（core 1 β1-3 galactosyltransferase 1，C1GalT1）或其分子伴侣（Cosmc）的缺陷。

46.7 免疫学和风湿病学

46.7.1 类风湿关节炎中 IgG 糖基化的变化

免疫球蛋白 G（immunoglobulin G，IgG）具有 *N*- 糖基化，其中位于人类 IgG 恒定区（CH2 或 Fc）的 *N*- 糖基化，具有几个不同寻常的特性。首先，它们被埋在两个恒定区的折叠之间。其次，蛋白质的晶体结构表明，它们通过聚糖 - 蛋白质相互作用固定。再次，IgG 的复合型（complex-type）二天线 *N*- 聚糖很少被完全唾液酸化，而是具有一个或两个末端 β- 连接的半乳糖残基（分别称为 G1 和 G2）。来自**类风湿性关节炎（rheumatoid arthritis，RA）**患者的 IgG，含有更少的半乳糖或根本不含半乳糖（称为 G0）。这种炎性疾病的严重程度往往与半乳糖基化水平呈负相关。自发的临床症状在怀孕期间会发生改善，并且与半乳糖基化的恢复相关。类风湿性关节炎中半乳糖基化降低的基础尚不清楚。一些证据表明，患者淋巴细胞中的 β- 半乳糖基转移酶（β-galactosyltransferase）活性较低，但 IgG 的糖基化改变是否在类风湿性关节炎中具有特定的致病作用，这一点有待商榷，因为 G0 分子也可见于其他疾病，包括**肉芽肿性疾病（granulomatous disease）**（如结核病）和**克罗恩病（Crohn's disease）**。在**骨关节炎（osteoarthritis）**中，也能看到较小程度的聚糖变化，这是一种具有不同发病机制的慢性退行性关节炎。Fc 结构域上 *N*-

聚糖的一项功能是维持 Fc 结构域及铰链区的构象。其他结构特征也是效应物（effector）功能上所必需的，例如，补体和 Fc 受体的结合，以及 Fc 依赖性的细胞毒性。核磁共振（NMR）研究表明，由于聚糖和 Fc 蛋白表面之间相互作用的丧失，G0 型 IgG 上 *N*- 聚糖的流动性有所增加。因此研究人员通常认为，被聚糖覆盖的蛋白质表面区域可在类风湿性关节炎中被暴露出来。一些研究表明，循环中的甘露糖结合蛋白，能够识别流动性更强的 G0 型 IgG 上的 *N*- 聚糖并直接激活补体。类风湿性关节炎患者的循环免疫复合物也有所增加，该复合物由识别其他 IgG 分子 Fc 区的抗体分子（称为类风湿因子）组成。然而，所涉及的表位似乎与聚糖无关。另一种可能性是糖基化的改变可能引起了与 Fc 受体间相互作用的改变。

46.8　传染病

聚糖及其结合蛋白是几乎所有传染病致病性的关键，**第 37 章**、**第 42 章**和**第 43 章**更为详细地介绍了该主题。此处简要介绍聚糖 – 宿主相互作用的一些关键生理效应。

46.8.1　尿路感染

许多**尿路感染（urinary tract infection，UTI）**由**大肠杆菌（*Escherichia coli*）**引起，大肠杆菌通过位于细菌 F 菌毛(F-pilus)上的甘露糖结合凝集素 FimH 黏附在膀胱上皮细胞上。对于这种十分常见的感染，一种简单而有效的、不依赖抗生素的治疗和预防方法是饮用 D- 甘露糖，因为当它从尿液中排出时，会与尿道结合的细菌聚糖产生竞争。另一种方案是采用合成的、优化后的 α- 甘露糖苷化合物，它可以治疗和预防尿路感染。

46.8.2　细菌黏附蛋白、毒素和病毒蛋白对宿主聚糖的识别

许多病原体通过与宿主细胞表面的聚糖结合来启动感染（**第 37 章**）。这些聚糖的可变表达，可以解释个体对感染的易感性差异。例如，一些大肠杆菌的致病菌株，使用与 P 血型抗原结合的凝集素感染尿路（**第 14 章**），而 P 抗原阴性个体则具有免疫性。大肠杆菌 P 伞毛凝集素（P fimbriae lectin）也参与了细菌感染从肾脏向血液的扩散。

导致 2019 新型冠状病毒感染（Coronavirus disease 2019，COVID-19）的严重急性呼吸系统综合征冠状病毒 2（severe acute respiratory syndrome coronavirus 2，SARS-CoV-2）的刺突糖蛋白，与其宿主上皮细胞上的血管紧张素转换酶 2（angiotensin-converting enzyme 2，ACE2）受体的结合，首先涉及刺突糖蛋白与邻近的硫酸乙酰肝素（HS）糖胺聚糖链的初始结合，这会诱导构象变化，以增强与 ACE2 的结合。重要的是，改变刺突蛋白糖基化位点的突变，如变体 B.1.1.7（N501Y），会影响病毒的传染性。

46.8.3　感染期间体循环中的微生物唾液酸酶对血细胞的去唾液酸化

一些病原微生物分泌唾液酸酶(sialidase)，亦即神经氨酸酶(neuraminidase)，该酶通常停留在感染部位。然而在一些严重病例，如**产气荚膜梭菌（*Clostridium perfringens*）**介导的气性坏疽中，唾液酸酶会到达血浆，使红细胞去唾液酸化，导致红细胞的清除和贫血。测量血浆中的唾液酸酶，可能有助于诊断和预后。类似地，

病毒（如流感和登革出血热）或细菌（如肺炎链球菌）唾液酸酶的作用，会导致血小板上唾液酸的损失，并有助于增加血小板的清除。生产唾液酸酶的**肺炎链球菌**（***Streptococcus pneumoniae***），也可引起**溶血性尿毒症综合征**（**hemolytic uremic syndrome**），而选择性抑制唾液酸酶可能具有治疗价值。矛盾的是，由血小板去唾液酸化导致的血小板减少症容易导致出血，但可能会起到保护作用，防止败血症引起的**弥散性血管内凝血**（**disseminated intravascular coagulation，DIC**）。

46.9 肾脏病学

46.9.1 肾病综合征中肾小球唾液酸的丢失

当肾小球未能在血浆的初始过滤过程中保留血清蛋白，从而使这些蛋白质渗漏到尿液中时，就会发生**肾病综合征**（**nephrotic syndrome**）。肾小球足细胞（podocyte）的足突［foot process，也称为足蒂（pedicle）］上的上皮 / 内皮黏蛋白分子称为**足萼糖蛋白**（**podocalyxin**），有助于维持孔隙的完整性，并从肾小球滤液中排除蛋白质。足萼糖蛋白上的唾液酸对此功能至关重要。唾液酸的丢失常见于儿童自发性**微小病变性肾病**（**minimal-change renal disease**）和一些细菌感染后的肾病综合征。动物模型中似乎模拟了这种情况，在单次注射**霍乱弧菌**（***V. cholerae***）唾液酸酶后，蛋白尿和肾功能衰竭以剂量依赖性的方式发展，这与肾小球中唾液酸的损失有关。该过程伴随着足突的消失和足细胞之间紧密连接（tight junction）的改变。阴离子电荷可在两天内返回到内皮和上皮部位，但足突的缺失仍然存在。另一种模型是通过注射嘌呤霉素，在大鼠中诱发**氨基核苷肾病**（**aminonucleoside nephrosis**）。在该模型中，同样可以看到足萼糖蛋白和肾小球鞘糖脂的唾液酸化缺陷。唾液酸合成受损的遗传小鼠模型，由于肾功能障碍和足萼糖蛋白的唾液酸化不足，在出生后不久死亡。该模型小鼠缺失尿苷二磷酸-*N*-乙酰葡萄糖胺-2-差向异构酶/*N*-乙酰甘露糖胺激酶（UDP-GlcNAc-2-epimerase/*N*-acetylmannosamine kinase，GNE）。

46.9.2 IgA 肾病和慢性肾病中 *O*- 聚糖的变化

在人类中，所有免疫球蛋白类别的 Fc 结构域都含有 *N*- 聚糖，但只有免疫球蛋白 A1（immunoglobulin A1，IgA1）和免疫球蛋白 D（immunoglobulin D，IgD）包含 *O*- 聚糖（位于铰链区内）。IgA1 上的 *O*- 聚糖链被认为可以稳定分子的三维结构。**IgA 肾病**（**IgA nephropathy**）是肾小球肾炎的一种形式，由聚集的 IgA1 分子在肾小球内沉积引起，在患有这种疾病的患者体内，循环的 IgA1 上存在着 *O*- 聚糖的截短。糖基化不足的 IgA1 具有自我聚集和触发免疫应答的倾向，导致形成 IgG-IgA 复合物，以上两个过程都会导致肾小球 IgA1 的沉积。糖基化不足的主要机制仍然未知。一种可能的情况是编码 Cosmc 蛋白的 *C1GALT1C1* 基因存在缺陷，与在 Tn 聚凝性综合征中发现的缺陷类似（见上文）。该缺陷可能不会影响骨髓干细胞，而是涉及一类 B 细胞的克隆，可以特异性表达糖基化不足的 IgA1。

全基因组关联分析（**genome-wide association study，GWAS**）表明，多肽 *N*-乙酰半乳糖胺转移酶 11（polypeptide GalNAc-transferase 11，GALNT11）的缺乏可能是慢性肾病的病因。GALNT11 将 *O*-GalNAc 添加到低密度脂肪酸受体相关蛋白 2（巨蛋白）（LDL receptor-related protein 2，LRP2/megalin）中，LRP2

是肾近端小管内的主要内吞受体。对 *GALNT11* 敲除小鼠的研究表明，LRP2 上的 *O*- 聚糖在介导其蛋白质再吸收功能，以及防止其随着年龄增长而流失等方面发挥了关键作用。

46.9.3　系统性红斑狼疮中硫酸乙酰肝素的变化

系统性红斑狼疮（systemic lupus erythematosus，SLE）是一种自身免疫性疾病，其中抗原 - 抗体复合物在各种器官中积累，尤其是皮肤和肾脏。系统性红斑狼疮如何开始尚不清楚，但其病理可能涉及细胞因子和硫酸乙酰肝素。硫酸乙酰肝素在肾小球基底膜上的减少被认为是由于核小体和抗核抗体（antinuclear antibody）的复合物遮蔽了硫酸乙酰肝素所致，但实际机制可能更为复杂。尽管抗双链 DNA 抗体是系统性红斑狼疮的标志物，但体循环中的硫酸乙酰肝素抗体与疾病的活跃性密切相关。在一些研究中，向犬注射硫酸乙酰肝素，会在数周内诱发系统性红斑狼疮症状，并且在系统性红斑狼疮患者的尿液中会发现硫酸乙酰肝素的升高，严重的病例中尤甚。一些系统性红斑狼疮患者还会出现蛋白质丢失性肠病（PLE），这可能是由于硫酸乙酰肝素的错置（misplace）或降解，以及细胞因子升高的结果，从而为蛋白质丢失性肠病创造了适当的环境（见上文）。

46.10　神经病学和精神病学

46.10.1　针对神经元聚糖的致病性自身免疫抗体

多种疾病均与循环抗体有关，这些抗体往往针对神经系统中富集的特定聚糖分子，从而导致自身免疫性神经损伤。此类抗体可以通过不同的致病机制产生。在第一种情况下，患有良性或恶性 B 细胞肿瘤的患者会分泌单克隆 IgM 或 IgA 抗体。这些 B 细胞肿瘤，包括良性的**意义未明单克隆丙种球蛋白血症（monoclonal gammopathy of unknown significance，MGUS）**，以及恶性的华氏巨球蛋白血症或**浆细胞骨髓瘤（plasma cell myeloma）**。这些患者分泌出的单克隆 IgM 或 IgA 抗体，对神经节苷脂或更常见的硫酸化葡萄糖醛酸聚糖（sulfated glucuronosyl glycan），即所谓的 HNK-1 表位具有特异性。这些抗体能够与带有 3′ 硫酸葡萄糖醛酸基副红细胞糖苷（3-*O*-SO_3-GlcAβ1-4Galβ1-4GlcNAcβ1-3Galβ1-4Glc-Cer，3′ sulfoglucuronosyl paragloboside）表位的糖脂发生反应，还能够与具有相同末端序列的多种中枢神经系统（central nervous system，CNS）糖蛋白上的 *N*- 聚糖发生反应。这些糖蛋白包括髓鞘相关糖蛋白（myelin-associated glycoprotein，MAG）、髓鞘蛋白 P0（myelin protein P0）、神经细胞黏附分子 L1（neural cell adhesion molecule L1，L1CAM）和神经细胞黏附分子（neuronal cell adehsion molecule，NCAM）。由此产生的**周围脱髓鞘性神经病（peripheral demyelinating neuropathy）**，有时比原发疾病本身更具破坏性。治疗方法包括尝试使用化疗治疗原发疾病，或是通过血浆置换去除免疫球蛋白。这两种方法通常都无法成功地将免疫球蛋白降低到足以减轻症状的水平。第二种情况是**空肠弯曲杆菌（*Campylobacter jejuni*）**等细菌的脂寡糖（lipo-oligosaccharide）分子对神经节苷脂结构的分子模拟所产生的免疫反应。在肠道感染此类微生物后，血浆中会出现针对神经节苷脂（如 GM1 和 GQ1b）的循环交叉反应抗体，它们与涉及外周神经或颅神经的周围脱髓鞘性神经病病变症状的发作有关。以上两种症状分别对应于为**吉兰 - 巴雷综合征（Guillain-Barré syndrome）**和**米勒费希尔综合征（Miller Fisher syndrome）**。第三种情况是人为引起的疾病，这是由于试图使用静脉注射牛脑的神经节苷脂混合物以治疗中风患者所引起的疾病。尽管看到了一些证据证明该方法确实有效，但据报道，几例吉兰 - 巴雷综合征很可能被报道为注射后产生的一种副作用。一种解释是少量神经节苷脂含有的非人类唾液酸——*N*- 羟乙酰神经氨酸（Neu5Gc）促进了抗体的形成，而该抗体会与含有人类唾液酸 *N*- 乙酰神经氨酸（Neu5Ac）的神经节苷脂产生交叉反应。

46.10.2 聚糖在阿尔茨海默病的组织病理学中的作用

阿尔茨海默病（Alzheimer's disease）是人类常见的原发性退行性痴呆，起病隐匿，病程渐进加重。最终诊断是通过对脑组织的尸检组织学检查做出的，显示出特征性的淀粉样蛋白斑块和与神经元死亡相关的神经原纤维缠结。有几种类型的聚糖被认为与病变的组织病理学有关，主要有 *O*-GlcNAc 和硫酸乙酰肝素糖胺聚糖。**双股螺旋细丝（paired helical filament）**是神经原纤维缠结的主要组成成分，主要由微管相关蛋白 Tau 蛋白组成，该蛋白质以异常的、过度磷酸化的状态存在。这种过度磷酸化的 Tau 蛋白不再与微管结合，并自组装形成可能导致神经元死亡的双股螺旋细丝。已知正常大脑的 Tau 蛋白会被丝氨酸（苏氨酸）连接的 *O*-GlcNAc 重度修饰，这种动态且丰富的翻译后修饰，通常与丝氨酸（苏氨酸）的磷酸化互为映照（**第 19 章**）。目前正在研究的假说认为，*O*-GlcNAc 糖基化添加的位点特异性或化学计量（stoichiometric）的变化，可能调节了 Tau 蛋白的功能，也可能通过过度磷酸化在双股螺旋细丝的形成中发挥作用。可穿越血脑屏障的 *O*-GlcNAc 水解酶抑制剂目前正在进行临床试验。

硫酸乙酰肝素蛋白聚糖也可能在淀粉样蛋白斑块沉积中起重要作用，因为研究人员已经证明，硫酸乙酰肝素蛋白聚糖与淀粉样蛋白前体，以及与前体衍生出的 A4 肽之间可以发生高亲和力的结合。此外，在老年斑块中发现的一种特定的血管硫酸乙酰肝素蛋白聚糖，能够以高亲和力结合两种淀粉样蛋白前体。目前仍需要进一步研究，以确定硫酸乙酰肝素蛋白聚糖在阿尔茨海默病中的病理作用。最近的全基因组关联分析（GWAS）研究显示，阿尔茨海默病与截短形式的 CD33 即唾液酸结合免疫球蛋白样凝集素 3（Siglec-3）的高表达之间存在强相关性，该截短形式的蛋白质在脑小胶质细胞中表达，可能抑制了淀粉样蛋白的清除。

46.11 肿瘤学：癌症中的糖基化改变

糖基化的异变是癌细胞的普遍特征，但通常只有某些特定的聚糖变化与肿瘤相关（详见**第 47 章**）。研究结果包括：① *N*- 聚糖的 β1-6GlcNAc 分支增加；②唾液酸的数量、连键和乙酰化的变化；③ *O*- 聚糖截短导致 Tn 抗原（Tn antigen）和唾液酸化 Tn 抗原（STn antigen）的表达，以及 *N*- 聚糖截短产生乏甘露糖苷聚糖（paucimannosidic glycan）；④非人类唾液酸 *N*- 羟乙酰神经氨酸（Neu5Gc）的表达，该唾液酸从膳食来源中掺入；⑤唾液酸化 Lewis 结构和选凝素配体的表达；⑥鞘糖脂的表达改变和脱落的增加；⑦半乳凝集素（galectin）和聚 -*N*- 乙酰乳糖胺的表达增加；⑧ ABH（O）血型相关结构的表达改变；⑨糖胺聚糖硫酸化的改变；⑩透明质酸的表达增加；⑪ 将糖基磷脂酰肌醇锚与蛋白质结合的酶的表达增加；⑫ 许多蛋白质上 *O*-GlcNAc 糖基化的增加。其中一些变化已被证明在模型肿瘤系统中具有病理生理学意义，有些则是癌症诊断和治疗方法的靶标。例如，胰腺和胃肠道腺癌的主要血清诊断 / 预后指标是被称为 CA19-9 的生物标志物，它是四糖唾液酸化 Lewis a（SLe^a），是 E 选凝素的结合决定簇；其异构体 SLe^x 表达在骨髓祖细胞上，并通过与骨髓微血管 E 选凝素的结合介导血细胞发生和白血病发生。

46.12　肺部医学

46.12.1　选凝素、唾液酸结合免疫球蛋白样凝集素和黏蛋白在支气管哮喘中的作用

哮喘的特征是气管支气管树对各种刺激偶发反复出现的高反应性，导致气道普遍性变窄。两个主要的病理特征为气道壁炎症和炎症渗出物对气道的管腔阻塞，渗出物主要由黏蛋白（mucin）组成。大多数病例由抗原特异性的免疫球蛋白 E（immunoglobulin E，IgE）抗体引起，该抗体与肥大细胞、嗜碱性粒细胞和某些其他类型的细胞结合。抗原可以交联相邻的 IgE 分子，引发血管活性剂、支气管活性剂和趋化剂从肥大细胞颗粒中爆炸性地释放到细胞外环境中。嗜酸性粒细胞还能够以多种方式促进哮喘的发病机制，包括合成白三烯（leukotriene）、刺激肥大细胞和嗜碱性粒细胞释放组胺（histamine）、提供正反馈回路，以及释放主要碱性蛋白。主要碱性蛋白（major basic protein）是一种对呼吸道上皮细胞有毒性作用的颗粒衍生蛋白（granule-derived protein）。在这一切的基础上，似乎 $CD4^+$ 的 T 辅助细胞 2 型（T helper 2，Th2）细胞负责协调其他细胞类型的反应。最近的证据表明，选凝素密切参与了嗜酸性粒细胞和嗜碱性粒细胞（可能还有 T 淋巴细胞）向肺部的募集，这提高了抑制选凝素功能的小分子抑制剂和（或）肝素可用于治疗早期哮喘发作的可能性。同样地，趋化因子与硫酸乙酰肝素的相互作用在白细胞运输中也很重要。来自唾液酸结合免疫球蛋白样凝集素 -F（Siglec-F）基因敲除小鼠的证据也表明，功能等效的人类旁系同源物——唾液酸结合免疫球蛋白样凝集素 -8（Siglec-8），是减少嗜酸性粒细胞对病理学贡献的良好靶点（**第 35 章**）。最后，在刺激气道上皮杯状细胞的各种细胞因子的影响下，大量增加的黏液分泌至少部分是由黏蛋白多肽的合成上调引起的。

46.12.2　选凝素在急性呼吸窘迫综合征中的作用

休克、创伤或败血症都可能引起**急性呼吸窘迫综合征（acute respiratory distress syndrome，ARDS）**。由于毛细血管通透性的增加，弥漫性肺内皮损伤导致了肺水肿。选凝素和整联蛋白有助于将中性粒细胞束缚在受伤的内皮上，它们在那里释放有害的氧化剂、蛋白水解酶和花生四烯酸代谢产物，导致内皮细胞功能障碍和破坏。支气管肺泡灌洗液富含中性粒细胞，以及那些记录了炎症响应的中性粒细胞的分泌产物。同样，在严重的肺损伤和呼吸衰竭之前给予小分子选凝素抑制剂和（或）肝素，是一种可能的治疗方法。

46.12.3　囊性纤维化中上皮糖蛋白的糖基化改变

囊性纤维化（cystic fibrosis）是一种常见的遗传性疾病，由编码囊性纤维化跨膜传导调节蛋白（cystic fibrosis transmembrane conductance regulator，CFTR）的基因 *CFTR* 突变引起，这会导致穿过受影响的上皮细胞顶膜的氯离子传导出现缺陷。囊性纤维化与胰腺、肠道和肺中具有黏性的黏蛋白的积累增加有关，这会导致该疾病的许多症状。众所周知，黏蛋白中糖蛋白上的唾液酸化、硫酸化和岩藻糖基化普遍增加。一种可能的解释是，原发性囊性纤维化跨膜转导调节因子的缺陷，产生了更高的高尔基体 pH，导致糖基化异常，然而这一结论仍存在争议。奇怪的是，囊性纤维化跨膜转导调节因子主要在管状腺体的无纤毛上皮细胞、导管细胞和浆液细胞中表达，但在杯状细胞和腺泡细胞的黏液腺中表达并不高，其中腺泡细胞负责合成呼吸道黏蛋白。因此，*CFTR* 突变，可能通过产生炎症反应和（或）pH 或氯离子分泌的变化，间接地影响了黏蛋白的糖基化。该疾病发病的另一个主要原因是产生海藻酸盐的**铜绿假单胞菌**

（*Pseudomonas aeruginosa*）在呼吸道上皮细胞上的定植。某些糖脂和黏蛋白聚糖被认为是假单胞菌的受体，有助于维持其定植。糖脂和黏蛋白糖基化的变化，可以促进特定聚糖决定簇的产生，而它们正是细菌对器官定植的潜在结合靶标。细菌产物的存在也是一种促炎状态，因为细菌荚膜多糖可能激活了Toll样受体，并最终导致中性粒细胞的积聚和器官损伤。

46.12.4 肺血管疾病中的糖基化改变

肺血管疾病包括**肺栓塞（pulmonary embolism）**、**肺动脉高压（pulmonary arterial hypertension，PAH）**和**动静脉畸形（arteriovenous malformation）**。这些疾病会增加肺血管阻力和肺动脉压，最终导致右心室肥大和心力衰竭。肺动脉高压是研究得最好的一种进行性疾病，表现为一氧化氮缺乏、血管收缩、血栓形成和血管重塑增强。在其他因素中，葡萄糖代谢的失调可能会导致流入己糖胺生物合成途径的通量（flux）增加。这导致肺动脉高压患者的肺组织、血浆和肺动脉平滑肌细胞中透明质酸的增加。葡萄糖代谢失调还增加了*O*-GlcNAc糖基化修饰的蛋白质，该过程被证明可以调控与肺动脉高压进展相关的肺动脉平滑肌细胞的增殖，表明它是一个潜在的治疗靶点。

致谢

感谢莫滕·塞森-安德森（Morten Thaysen-Andersen）和普里亚·乌玛帕蒂（Priya Umapathi）的有益评论及建议。

延伸阅读

由于本章涵盖的主题范围极其广泛，为所有主题提供文献引用并不现实。在延伸阅读中仅提供了部分示例，读者亦可查阅其他引用章节末尾的参考资料。

Varki NM, Varki A. 2007. Diversity in cell surface sialic acid presentations: implications for biology and disease. *Lab Invest* **87**: 851-857.

Janssen MJ, Waanders E, Woudenberg J, Lefeber DJ, Drenth JP. 2010. Congenital disorders of glycosylation in hepatology: the example of polycystic liver disease. *J Hepatol* **52**: 432-440.

Yuki N, Hartung H-P. 2012. Guillain-Barré syndrome. *N Engl J Med* **366**: 2294-2304.

Grewal PK, Aziz PV, Uchiyama S, Rubio GR, Lardone RD, Le D, Varki NM, Nizet V, Marth JD. 2013. Inducing host protection in pneumococcal sepsis by preactivation of the Ashwell-Morell receptor. *Proc Natl Acad Sci* **110**: 20218-20223.

Ju T, Wang Y, Aryal RP, Lehoux SD, Ding X, Kudelka MR, Cutler C, Zeng J, Wang J, Sun X, et al. 2013. Tn and sialyl-Tn antigens, aberrant O-glycomics as human disease markers. *Proteomics Clin Appl* **7**: 618-631.

Lillehoj EP, Kato K, Lu W, Kim KC. 2013. Cellular and molecular biology of airway mucins. *Int Rev Cell Mol Biol* **303**: 139-202.

Suh JH, Miner JH. 2013. The glomerular basement membrane as a barrier to albumin. *Nat Rev Nephrol* **9**: 470-477.

Swiecicki PL, Hegerova LT, Gertz MA. 2013. Cold agglutinin disease. *Blood* **122**: 1114-1121.

Ehre C, Ridley C, Thornton DJ. 2014. Cystic fibrosis: an inherited disease affecting mucin-producing organs. *Int J Biochem Cell Biol* **52**: 136-145.

Hayes JM, Cosgrave EF, Struwe WB, Wormald M, Davey GP, Jefferis R, Rudd PM. 2014. Glycosylation and Fc receptors. *Curr Top*

Microbiol Immunol **382**: 165-199.

Morawski M, Filippov M, Tzinia A, Tsilibary E, Vargova L. 2014. ECM in brain aging and dementia. *Prog Brain Res* **214**: 207-227.

Reily C, Ueda H, Huang ZQ, Mestecky J, Julian BA, Willey CD, Novak J. 2014. Cellular signaling and production of galactose-deficient IgA1 in IgA nephropathy, an autoimmune disease. *J Immunol Res* **2014**: 197548.

Zhang GL, Zhang X, Wang XM, Li JP. 2014. Towards understanding the roles of heparan sulfate proteoglycans in Alzheimer's disease. *Biomed Res Int* **2014**: 516028.

Ghosh S, Hoselton SA, Dorsam GP, Schuh JM. 2015. Hyaluronan fragments as mediators of inflammation in allergic pulmonary disease. *Immunobiology* **220**: 575-588.

Lauer ME, Dweik RA, Garantziotis S, Aronica MA. 2015. The rise and fall of hyaluronan in respiratory diseases. *Int J Cell Biol* **2015**: 712507.

McEver RP. 2015. Selectins: initiators of leucocyte adhesion and signalling at the vascular wall. *Cardiovasc Res* **107**: 331-339.

Packman CH. 2015. The clinical pictures of autoimmune hemolytic anemia. *Transfus Med Hemother* **42**: 317-324.

Pilzweger C, Holdenrieder S. 2015. Circulating HMGB1 and RAGE as clinical biomarkers in malignant and autoimmune diseases. *Diagnostics* **5**: 219-253.

Taniguchi N, Takahashi M, Kizuka Y, Kitazume S, Shuvaev VV, Ookawara T, Furuta A. 2016. Glycation vs. glycosylation: a tale of two different chemistries and biology in Alzheimer's disease. *Glycoconj J* **33**: 487-497.

Bakchoul T. 2017. An update on heparin-induced thrombocytopenia: diagnosis and management. *Expert Opin Drug Saf* **7**: 1-11.

Luzzatto L. 2016. Recent advances in the pathogenesis and treatment of paroxysmal nocturnal hemoglobinuria. *F1000Res* **5** (F1000 Faculty Rev): 209.

Pandolfi F, Altamura S, Frosali S, Conti P. 2017. Key role of DAMP in inflammation, cancer, and tissue repair. *Clin Ther* **38**: 1017-1028.

Schulz C, Schütte K, Malfertheiner P. 2017. Helicobacter pylori and other gastric microbiota in gastroduodenal pathologies. *Dig Dis* **34**: 210-216.

Silva M, Videira PA, Sackstein R. 2018. E-Selectin ligands in the human mononuclear phagocyte system: implications for infection, inflammation, and immunotherapy. *Front Immunol* **8**: 1878.

Esposito M, Mondal N, Greco TM, Wei Y, Spadazzi C, Lin SC, Zheng H, Cheung C, Magnani JL, Lin SH, et al. 2019. Bone vascular niche E-selectin induces mesenchymal-epithelial transition and Wnt activation in cancer cells to promote bone metastasis. *Nat Chem Biol* **21**: 627-639.

Stowell SR, Stowell CP. 2019. Biologic roles of the ABH and Lewis histo-blood group antigens part II: thrombosis, cardiovascular disease and metabolism. *Vox Sang* **114**: 535-552.

Barbier V, Erbani J, Fiveash C, Davies JM, Tay J, Tallack MR, Lowe J, Magnani JL, Pattabiraman DR, Perkins AC, et al. 2020. Endothelial E-selectin inhibition improves acute myeloid leukaemia therapy by disrupting vascular niche-mediated chemoresistance. *Nat Commun* **11**: 2042.

Clausen TM, Sandoval DR, Spliid CB, Pihl J, Perrett HR, Painter CD, Narayanan A, Majowicz SA, Kwong EM, McVicar RN, et al. 2020. SARS-CoV-2 infection depends on cellular heparan sulfate and ACE2. *Cell* **183**: 1043-1057.

Lee-Sundlov MM, Stowell SR, Hoffmeister KM. 2020. Multifaceted role of glycosylation in transfusion medicine, platelets, and red blood cells. *J Thromb Haemost* **18**: 1535-1547.

Smith BAH, Bertozzi CR. 2021. The clinical impact of glycobiology: targeting selectins, Siglecs and mammalian glycans. *Nat Rev Drug Discov* **20**: 217-243.

第 47 章

癌症中的糖基化变化

苏珊 · L. 贝利斯（Susan L. Bellis），塞尔索 · A. 雷斯（Celso A. Reis），阿吉特 · 瓦尔基（Ajit Varki），神奈木玲儿（Reiji Kannagi），帕梅拉 · 斯坦利（Pamela Stanley）

47.1 历史背景 / 608
47.2 癌症中的糖基化变化是非随机的 / 608
47.3 *N*- 聚糖的分支和岩藻糖基化的异变 / 609
47.4 黏蛋白表达的异变与截短的 *O*- 聚糖 / 610
47.5 唾液酸表达的异变 / 611
47.6 选凝素配体表达的增加 / 612
47.7 血型表达的异变 / 613
47.8 鞘糖脂表达的异变 / 614
47.9 糖基磷脂酰肌醇锚表达的丢失 / 614
47.10 透明质酸的变化 / 614
47.11 硫酸化糖胺聚糖的变化 / 616
47.12 细胞质与核 *O*-GlcNAc 的变化 / 617
47.13 聚糖表达异变的机制 / 617
47.14 癌症干细胞和上皮 - 间质转化期间的聚糖变化 / 618
47.15 临床意义 / 618
致谢 / 619
延伸阅读 / 619

糖基化的**异变**（**alteration**）是癌细胞的一个普遍特征，某些聚糖是众所周知的肿瘤进展标志物。本章讨论了以下内容：在癌细胞中发生异变的聚糖生物合成途径；糖基化异变、诊断和临床预后之间的相关性；其中一些变化的遗传学基础；聚糖在癌症生物学和发病机制中的功能作用。

47.1 历史背景

糖基化异变作为癌症标志的最早证据，是一些植物凝集素显示出对肿瘤细胞的结合和凝集作用的增强。人们随后发现，体外培养细胞的转化通常伴随着细胞表面糖蛋白中糖肽大小的普遍增加。随着单克隆抗体技术的出现，许多针对聚糖表位的肿瘤特异性抗体被研究人员发现。在许多情况下，这些表位代表癌胚抗原（oncofetal antigen），即在肿瘤细胞和胚胎组织上表达的聚糖表位。与胚胎发生过程中的正常细胞一样，肿瘤细胞也经历了快速生长并能够侵入组织。某些类型的糖基化异变与荷瘤动物或患者预后之间的相关性，增加了研究人员对聚糖变化的兴趣。体外细胞测定和体内动物研究现已支持如下结论：聚糖变化在肿瘤细胞行为的若干方面均至关重要。

47.2 癌症中的糖基化变化是非随机的

恶性肿瘤细胞中的聚糖变化有多种形式：某些聚糖的表达缺失或过度表达；不完整或截短聚糖的表达增加；不太常见的新聚糖的出现。然而，这不仅仅是肿瘤细胞生物合成紊乱的随机结果。令人惊讶的是，聚糖中一个非常有限的变化子集，与恶性转化和肿瘤进展相关，突出了聚糖在肿瘤生物学中的潜在功能。鉴于癌症是一个“微进化”过程，其中只有最适合的细胞才能存活，并且肿瘤处于免疫监视的压力之下，因此很可能是在肿瘤进展过程中选择了这些特定的聚糖变化。

47.3　*N*- 聚糖的分支和岩藻糖基化的异变

关于肿瘤细胞中糖肽尺寸增加的经典报道，现在已被部分解释为 *N*- 聚糖 β1-6 分支的增加（图 47.1），这是由 *N*- 乙酰葡萄糖胺转移酶 V（*N*-acetylglucosaminyltransferase V，GnT-V，MGAT5）的表达增强所致（**第 9 章**）。*MGAT5* 基因的转录增加由各种致癌转录因子诱导，以及由病毒和化学诱导的致癌作用所产生。在小鼠体内，MGAT5 上调的细胞表现出转移频率增加，而缺乏 MGAT5 的自发回复突变体（spontaneous revertant）则失去了转移表型。在体外培养细胞中过量表达 MGAT5 会导致表型转变，而 *Mgat5* 缺陷的小

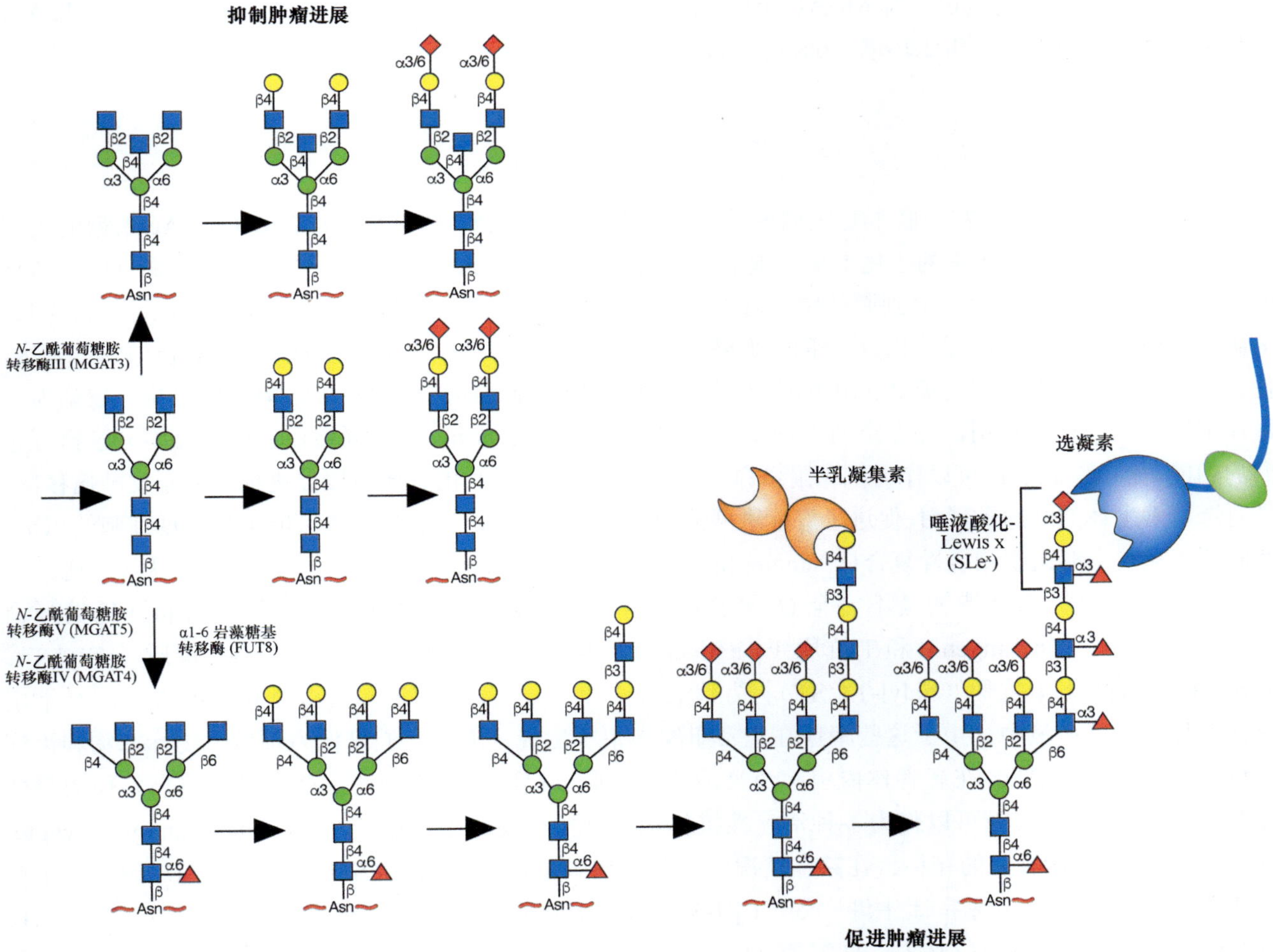

图 47.1　*N*- 聚糖在细胞的肿瘤性转化中大小增加，部分原因在于 *N*- 乙酰葡萄糖胺转移酶 IV（MGAT4）和 *N*- 乙酰葡萄糖胺转移酶 V（MGAT5）的活性增加，它们催化了 *N*- 聚糖的 *N*- 乙酰葡萄糖胺（GlcNAc）分支过程。这可能导致 *N*- 乙酰乳糖胺（LacNAc）单元的数量增加，这些单元也可以被唾液酸化和岩藻糖基化。由此产生的聚糖，可以被半乳凝集素和选凝素识别。将核心 α1-6 岩藻糖（α1-6Fuc）转移到 *N*- 聚糖上的 α1-6 岩藻糖基转移酶（FUT8）的表达量增加，也促进了肿瘤的进展。相反，催化二等分 *N*- 乙酰葡萄糖胺向 *N*- 聚糖转移的 *N*- 乙酰葡萄糖胺转移酶 III（MGAT3）的增加，可能会抑制肿瘤进展，部分通过抑制与半乳凝集素的结合实现。缩写：天冬酰胺（Asn）。

鼠在病毒性致癌基因诱导的乳腺肿瘤生长和转移等方面表现出显著的减少。增加 *N*- 乙酰葡萄糖胺转移酶 IV（*N*-acetylglucosaminyltransferase IV，GnT-IV，MGAT4）的表达以形成 β1-4 支链的四天线 *N*- 聚糖，也会促进肿瘤的进展。*N*- 聚糖分支和延伸增加以增强肿瘤进展的可能机制包括：通过半乳凝集素（galectin）与聚 *N*- 乙酰乳糖胺（poly-LacNAc）的结合形成晶格，导致生长因子信号传递的延长；由于外链唾液酸化和岩藻糖基化的增加，产生被选凝素（selectin）识别的唾液酸化 Lewis x（sialyl Lewis x，SLe^x）四糖（图 47.1）。研究人员也在实体瘤中观察到将核心岩藻糖转移到 *N*- 聚糖的 α1-6 岩藻糖基转移酶（α1-6 fucosyltransferase，FUT8）的表达增加（图 47.1），并且促进了肺癌和黑色素瘤的肿瘤进展。在大鼠肝癌和小鼠乳腺癌中，*N*- 乙酰葡萄糖胺转移酶 III（*N*-acetylglucosaminyltransferase III，GnT-III，MGAT3）的表达发生上调，该酶负责催化 β1-4-*N*- 乙酰葡萄糖胺（β1-4GlcNAc）转移到 *N*- 聚糖的甘露糖（Man）上，以形成二等分（bisecting）的 *N*- 乙酰葡萄糖胺（GlcNAc）（图 47.1）。然而在这种情况下，具有二等分 *N*-乙酰葡萄糖胺的 *N*- 聚糖的存在可以抑制肿瘤的进展。缺乏 MGAT3 的小鼠显示出乳腺癌和肺转移的增加，而 MGAT3 的高表达与人类乳腺癌更好的无复发生存期（relapse-free survival）有关。然而在缺乏 MGAT3 的小鼠中，肝脏肿瘤会减少，且 MGAT3 的活性赋予了卵巢癌细胞以癌症干细胞的特征。因此，MGAT3 对癌症进展的影响取决于组织环境（tissue context）。

47.4 黏蛋白表达的异变与截短的 *O*- 聚糖

黏蛋白（mucin）是在串联重复区域的丝氨酸（Ser）或苏氨酸（Thr）上富含 *O*-GalNAc 聚糖的大型糖蛋白（**第 10 章**）。在正常的极化上皮细胞中，黏蛋白在顶膜（apical membrane）中表达，面向中空器官的腔体，可溶性黏蛋白仅分泌到腔体中。恶性上皮细胞中黏附连接（adhesion junction）和拓扑结构的丧失破坏了极化，使黏蛋白进入细胞外空间和血液中。极化的丧失以及显示出异常糖基化的黏蛋白的过表达，使得这些糖蛋白成为了具有临床应用的生物标志物的主要来源。黏蛋白的棒状结构和负电荷，被认为会排斥细胞之间的相互作用，并在空间上抑制包括钙黏蛋白（cadherin）和整联蛋白在内的黏附分子执行它们的功能。因此，黏蛋白可以作为抗黏附蛋白（antiadhesin），在转移的开始阶段促进细胞从原发肿瘤移位。带有选凝素配体的肿瘤黏蛋白，促进了癌症进展的若干方面（见下文）。黏蛋白还可能干扰免疫细胞的识别，并阻断或掩盖主要组织相容性复合体（major histocompatibility complex，MHC）分子对抗原肽的呈递。

癌症的一个标志性特征是不完全 *O*- 聚糖的异常合成，这些 *O*- 聚糖存在于黏蛋白和其他糖蛋白中，以 Tn 抗原（Tn antigen）和 T 抗原（T antigen）及其唾液酸化糖型［唾液酸化 Tn 抗原（sialyl-Tn，STn）和唾液酸化 T 抗原（sialyl-T，ST）］为代表（图 47.2）。表达 STn 抗原的分泌型糖蛋白，经常出现在癌症患者的血液中。由于这些聚糖在正常组织中很少出现，因此它们可作为预后生物标志物和治疗靶点。截短的 *O*- 聚糖会在患者体内引起免疫应答，因此，已经开发出针对这些聚糖的疫苗。作为替代方案，不完全的 *O*- 聚糖可以作为各种治疗性抗体和嵌合抗原受体 T 细胞疗法（chimeric antigen receptor T-cell therapy，CAR-T）的靶标。在某些情况下，肿瘤细胞上过量的 Tn 和 STn 的出现，与编码核心 1 型 β1-3 半乳糖基转移酶 1 特异性伴侣（core 1 β1-3 galactosyltransferase 1-specific chaperone 1，C1GalT1C1，Cosmc）的基因（*C1GALT1C1*）的沉默有关。合成 Galβ1-3GalNAcα1-Ser/Thr 的核心 1 型 β1-3 半乳糖基转移酶 1（core 1 β1-3 galactosyltransferase 1，C1GALT1），需要分子伴侣蛋白 C1GALT1C1 才能发挥活性。*C1GALT1C1* 基因位于 X 染色体上，因此单个突变可能足以消除表达。在其他情况下，STn 的积累由唾液酰基转移酶 α-*N*- 乙酰半乳糖胺苷 α2-6 唾液酰基转移酶 1（α-*N*-acetylgalactosaminide α2-6-sialyltransferase 1，ST6GALNAC1）的过表达引起（图 47.2）。Tn 和 STn 的表达可以增强致瘤性和侵袭性，并促进免疫抑制。

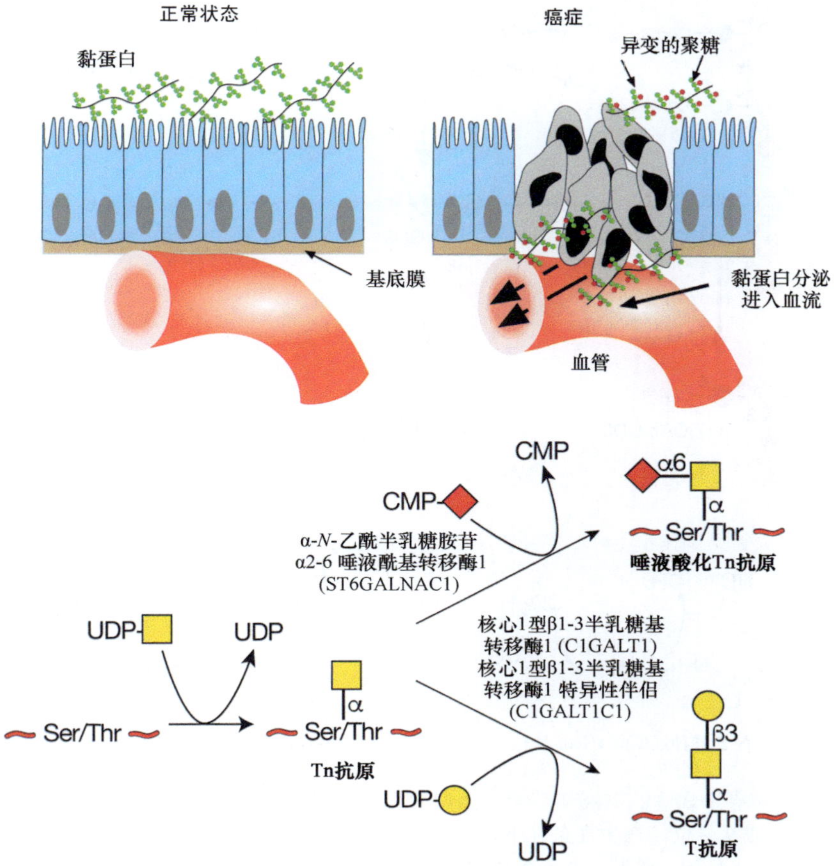

图 47.2　癌症中上皮细胞正常的拓扑学结构和极化的丧失，导致具有截短的 *O*-GalNAc 聚糖的黏蛋白分泌到血液中，截短的聚糖包括唾液酸化 Tn 抗原（STn）和 Tn 抗原（Tn）。侵入组织和血液的肿瘤细胞也在其细胞表面呈现黏蛋白。缩写：丝氨酸（Ser），苏氨酸（Thr），尿苷二磷酸（UDP），胞苷一磷酸（CMP）。

47.5　唾液酸表达的异变

N- 聚糖和 *O*- 聚糖上的唾液酸化在肿瘤细胞中普遍增加。*N*- 聚糖的唾液酸化可作为多种受体酪氨酸激酶（receptor tyrosine kinase）的调控机制，通过 α2-3 唾液酸激活 MET 受体［也被称为肝细胞生长因子受体（hepatocyte growth factor receptor，HGFR）和巨噬细胞刺激蛋白受体（Ron receptor）］加以说明。由于癌细胞中编码 β- 半乳糖苷 α2-6 唾液酰基转移酶 1（β-galactoside α2-6 sialyltransferase 1，ST6GAL1）的 *ST6GAL1* 上调，*N*- 聚糖上的 α2-6 唾液酸相应地增加，增强了整联蛋白介导的细胞运动，并保护细胞免受半乳凝集素、死亡受体配体（death receptor ligand）和化疗药物诱导的细胞凋亡。此外，由于在 *N*- 聚糖或 *O*- 聚糖上添加 SLe^x 和唾液酸化 Lewis a（sialy Lewis a，SLe^a）结构，一些受体糖蛋白及其下游信号传递途径因而失调。肿瘤细胞唾液酸的其他功能，包括与 H 因子（factor H）结合以限制补体激活和调节肿瘤细胞对基质的附着，从而促进肿瘤细胞的侵袭和转移。同样，唾液酸结合免疫球蛋白样凝集素（Siglec）是主要在免疫细胞上表达的唾液酸识别受体，肿瘤细胞唾液酸通过参与抑制 Siglec（**第 35 章**），在抑制抗肿瘤免疫中发挥重要作用。肿瘤细胞中的唾液酸的修饰也可能发生变化。唾液酸的 9-*O*- 乙酰化可以增加，如黑色素瘤细胞中的 9-*O*- 乙酰化 GD3（图 47.3）；也可以减少，如结肠癌的 *O*- 聚糖上的唾液酸。一些肿瘤细胞表达少量的去 -*N*- 乙酰（de-*N*-acetyl，deNAc）神经节苷脂（图 47.3）。神经节苷脂的 *O*- 乙酰化则

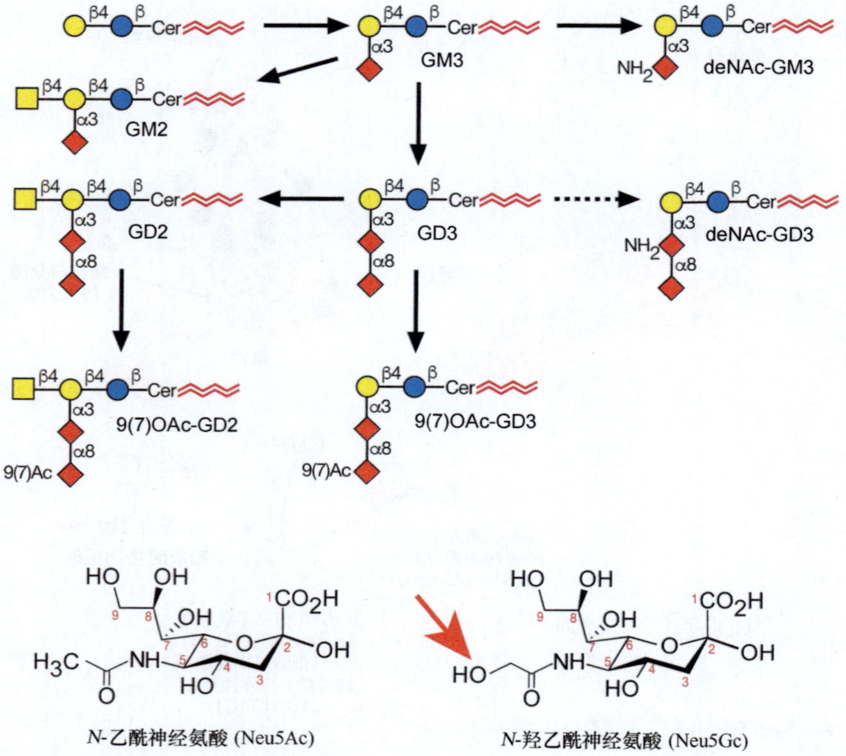

图 47.3 在人类神经外胚层肿瘤中表达的神经节苷脂。上调的反应用粗箭头表示；潜在的反应用虚线箭头表示。唾液酸的 *O*- 乙酰化可以发生在 7 号位或 9 号位。在生理条件下，7 号位的 *O*- 乙酰基会迁移到 9 号位。*N*- 乙酰神经氨酸和 *N*- 羟乙酰神经氨酸之间的区别用红色箭头标识。缩写：神经酰胺（Cer），乙酰基（Ac），去 *N*- 乙酰化（deNAc）。

似乎可以保护肿瘤细胞免于凋亡，而去 -*N*- 乙酰神经节苷脂可以激活表皮生长因子受体（epidermal growth factor receptor，EGFR）。

许多年前，有报道称癌症患者会表达汉加努齐乌 - 戴歇尔（Hanganutziu-Deicher）抗体，该抗体后来被证明能够识别携带非人类唾液酸——*N*- 羟乙酰神经氨酸（*N*-glycolylneuraminic acid，Neu5Gc）的神经节苷脂，该物质也存在于人类肿瘤中。这一不寻常的现象，现在已经可以通过饮食来源的 *N*- 羟乙酰神经氨酸在代谢过程中整合进入人类聚糖中来解释（**第 15 章**）。这种唾液酸与人类常见的唾液酸——*N*- 乙酰神经氨酸（Neu5Ac）的不同之处在于添加了一个氧原子（图 47.3）。人类对含有 *N*- 羟乙酰神经氨酸的表位，可以显示出不同水平的循环抗体。由此产生的弱免疫反应被称为**异种唾液酸炎（xenosialitis）**，可以通过增强慢性炎症和血管生成来促进肿瘤生长。鉴于这种选择性优势，肿瘤在面对增强的免疫应答时，更善于积累 *N*- 羟乙酰神经氨酸也就不足为奇了。由于 *N*- 羟乙酰神经氨酸的主要饮食来源是红肉，这可能有助于解释与食用红肉相关的癌症风险增加。

47.6 选凝素配体表达的增加

SLe^x 和 SLe^a 表位首先被鉴定为鞘糖脂上的肿瘤抗原（**第 14 章**）。上皮癌表达的这些抗原，与小鼠中肿瘤的转移潜能相关，同时与人类的肿瘤进展、转移扩散和不良预后相关。糖蛋白配体上的 SLe^x 和 SLe^a 表位，是选凝素的关键识别决定簇（**第 34 章**）。事实上，选凝素配体在癌细胞上表达，并且在癌症患者的血液中发现了携带 SLe^x 和 SLe^a 的黏蛋白样（mucin-like）肿瘤抗原（图 47.4）。E 选凝素在小鼠肝脏中的转基因过表达，导致通常会转移到肺部的癌细胞被重定向到肝脏定植，这支持了唾液酸化 Lewis 聚

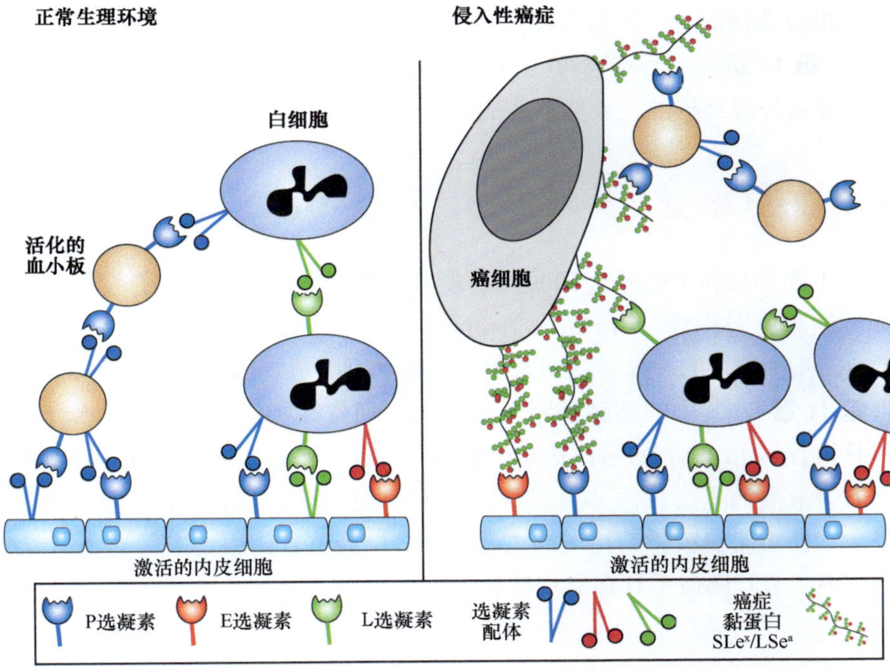

图 47.4　在正常的生理环境中，血小板、白细胞和内皮细胞通过选凝素及选凝素配体发生相互作用。在浸润性癌症中，表达选凝素配体的肿瘤细胞，与内皮细胞和血小板上的选凝素之间发生相互作用，以促进肿瘤浸润（修改自 Stevenson JL，et al. 2005. *Clin Cancer Res* 11：7003-7011）。

糖 / 选凝素之间的相互作用是转移的重要媒介这一观点。此外，在缺乏 P 选凝素或 L 选凝素的小鼠中，肿瘤转移会相应地减弱，也可以通过注射肝素阻断这些选凝素的结合，减弱肿瘤的转移。选凝素的相互作用，也有助于解释一个经典的观察结果，即进入血流的癌细胞与血小板和白细胞形成血栓性栓塞，这有助于肿瘤在血管系统中停滞，帮助肿瘤通过内皮细胞外渗，并助力肿瘤逃避免疫系统。涉及可溶性癌症黏蛋白的类似相互作用，可能导致了血凝过快，即**特鲁索综合征（Trousseau syndrome）**，而该疾病对肝素治疗具有明确的响应性。由于选凝素在癌症进展中的突出作用，这些受体是主要的治疗靶点（见下文）。某些唾液酸化 Lewis 相关结构，也可能通过与通常具有免疫抑制功能的唾液酸结合免疫球蛋白样凝集素（Siglec）的相互作用来影响癌症进展。例如，二唾液酸化的 Lewis a（disialyl-Le^a）和唾液酸 -6- 磺基 Lewis x（sialyl-6-sulfo-Le^x）结构，可以通过与巨噬细胞上的唾液酸结合免疫球蛋白样凝集素 -7（Siglec-7）结合，防止早期致癌事件的发生。这种相互作用抑制了巨噬细胞产生促癌炎症介质环氧合酶 2（cyclooxygenase 2，Cox2），从而发挥了抗癌功能。然而在癌症的发展过程中，唾液酸结合免疫球蛋白样凝集素（Siglec）的许多其他唾液酸化聚糖配体会不断增加，这些配体与各种免疫细胞群上的抑制性的唾液酸结合免疫球蛋白样凝集素结合，诱导免疫抑制，促进了肿瘤进展。

47.7　血型表达的异变

在癌症背景下，AB 血型表达的缺失伴随糖链底层 H 表位和 Lewis y（Le^y）表位的暴露（**第 14 章**），与不良预后相关。Sd^a（或 Cad）抗原是一种在结肠中大量表达的血型聚糖，在结肠癌中发生丢失。末端半乳糖（Gal）残基 C-3 位的硫酸化，在癌症中也会减少。在结肠上皮细胞上表达的唾液酸 -6- 磺基 Lewis x 和二唾液酸化的 Lewis a，在结肠癌细胞中减少。这些变化可能反映了癌症中 SLe^x 和 SLe^a 生成量的增加。DNA 甲基化和组蛋白去乙酰化是癌症中常见的抑制基因转录的表观遗传机制，被认为是这些聚糖异变的基础。在极少数情况下，肿瘤可能呈现出“禁忌的”（forbidden）血型结构（即 A 型阳性患者中表达 B 血型抗原）（**第 14 章**）。无论其潜在机制如何，在少数此类病例中，研究人员已经观察到肿瘤的消退，该过程可能由针对外源结构的、天然存在的内源性抗体介导。

47.8 鞘糖脂表达的异变

许多针对癌细胞产生的肿瘤特异性单克隆抗体，能够识别鞘糖脂中的聚糖部分。一些糖脂在特定癌症中高度富集，例如，**伯基特淋巴瘤（Burkitt's lymphoma）**中的 Gb3/CD77，以及黑色素瘤中的 GM3、GD2 和 GD3（图 47.3）。几种类型的肿瘤，特别是黑色素瘤和神经母细胞瘤的特征在于，它们合成了极高水平的神经节苷脂（**第 11 章**）。其中一些鞘糖脂（如 GD2）通常在神经外组织中含量不高，因此是被动免疫疗法（单克隆抗体输注）和主动免疫疗法（用纯化的糖脂进行免疫）的靶标。在某些情况下，神经节苷脂也是经过修饰的唾液酸的主要载体（图 47.3）。细胞体外培养研究表明，一些神经节苷脂可以促进肿瘤细胞的生长和侵袭。作为脂筏膜微结构域的主要成分，神经节苷脂通过多种受体调节细胞信号传递。此外，一些肿瘤脱落的神经节苷脂似乎具有免疫抑制作用。

47.9 糖基磷脂酰肌醇锚表达的丢失

在一些涉及造血系统的恶性肿瘤和癌前状态的病例中，可以看到糖基磷脂酰肌醇（GPI）锚定蛋白的完全丢失。这是由造血干细胞中 *PIGA* 基因的获得性突变引起的。*PIGA* 基因是 GPI 锚生物合成的早期步骤所必需的（**第 12 章**）。相反，一些 GPI 锚定蛋白，如包括癌胚抗原相关细胞黏附分子 5（carcinoembryonic antigen-related cell adhesion molecule 5，CEACAM5）在内的癌胚抗原（carcinoembryonic antigen，CEA）家族成员，在胃肠道癌、肺癌、乳腺癌和女性生殖系统癌等癌症中过表达。癌胚抗原相关细胞黏附分子（CEACAM）家族的成员，因干扰整联蛋白信号通路，与肿瘤生物学产生了关联。

47.10 透明质酸的变化

许多类型的恶性肿瘤具有极高的透明质酸表达水平。透明质酸是一种携带负电荷的大型多糖，由重复的二糖单元 $(GlcA\beta1\text{-}3GlcNAc\beta1\text{-}4)_n$ 组成（**第 16 章**）。在恶性肿瘤中，透明质酸位于肿瘤细胞表面附近，并且在肿瘤相关的基质中富集。在正常组织中，透明质酸至少具有三种功能，它们可能有助于肿瘤进展。首先，它增加了组织的水合作用，促进细胞在组织中的移动。其次，它是通过与其他大分子的特定相互作用组装细胞外基质的内源性物质，因此参与了肿瘤细胞 - 基质之间的相互作用，促进或抑制了肿瘤细胞的生存和侵袭。最后，透明质酸与多种类型的细胞表面受体相互作用，尤其是 CD44，它介导或改变了细胞信号传递途径。这些相互作用，特别是与在大多数癌细胞中升高的 CD44 的可变剪接同型蛋白（isoform）之间的相互作用，往往对肿瘤恶性程度至关重要，并且是当前新疗法的一个靶标。

在正常成人组织中，透明质酸似乎对细胞信号传递和细胞行为相对不敏感。然而，在胚胎发育、组织再生和各种病理过程中，可能由于透明质酸酶（hyaluronidase）对透明质酸的切割作用有限，透明质酸 -CD44 信号传递被激活。这种信号传递的后果十分显著，因为它们促进了细胞增殖、存活、上皮 - 间质转化（epithelial-mesenchymal transition，EMT）和侵袭，这些都是恶性表型的关键要素（图 47.5）。透明质酸 -CD44 的相互作用，对于一些致癌基因的组成型激活是必需的，尤其是受体酪氨酸激酶，如 *ERBB2*（编码受体酪氨酸蛋白激酶 erbB-2），它在许多癌症中被扩增或发生了突变。因此，透明质酸 -CD44 相互作

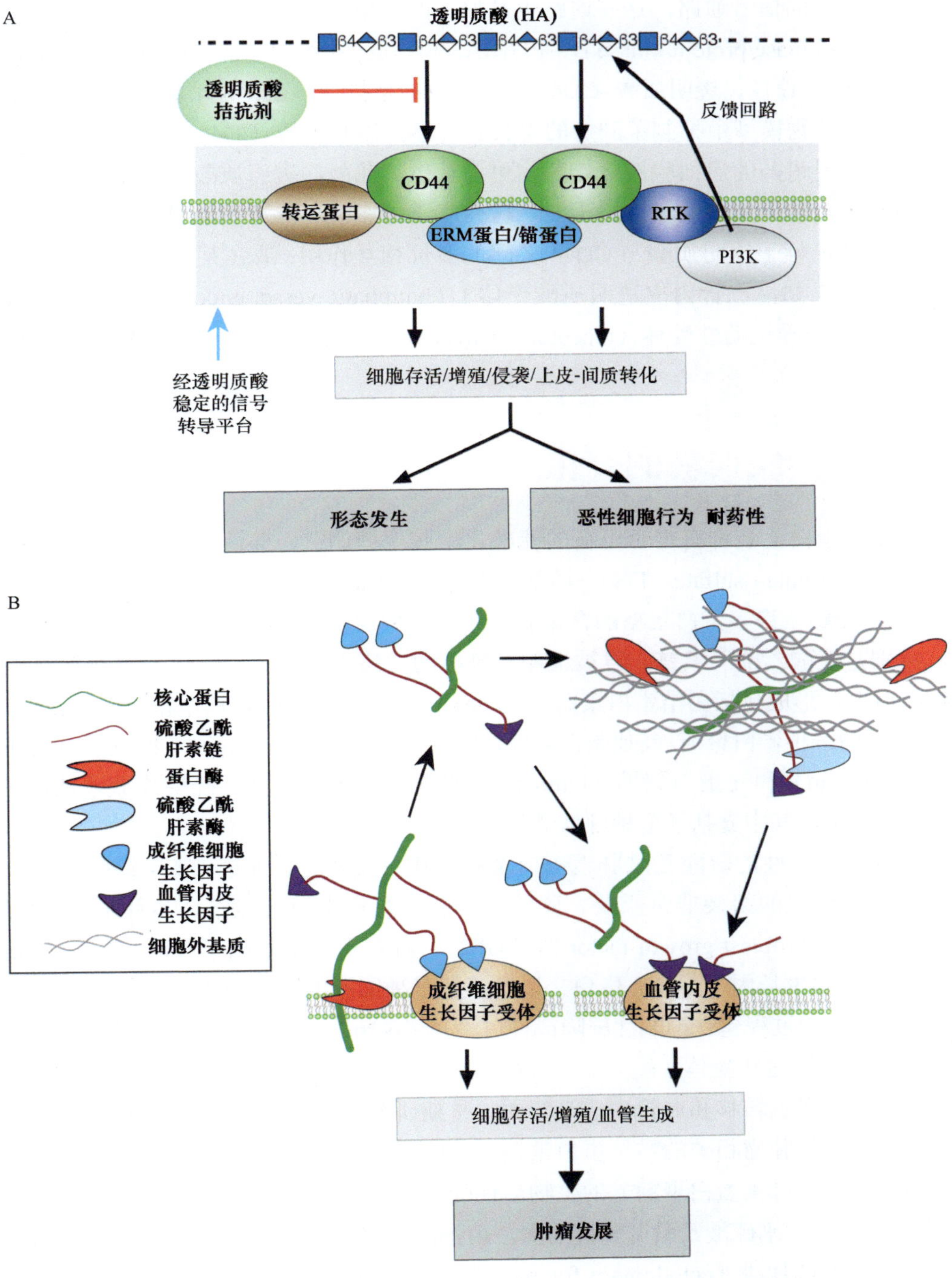

图 47.5　癌症中的糖胺聚糖。 A. 透明质酸与 CD44 存在多价相互作用，CD44 与质膜脂筏中的几种信号分子相互作用，从而促进发育过程、再生过程和恶性细胞中的细胞存活、增殖、侵袭及上皮 - 间质转化（EMT）。在癌症中，基于透明质酸的相互作用可以发生在肿瘤细胞表面，或是通过基质细胞产生的透明质酸自主发挥作用。B. 存在于细胞表面的硫酸乙酰肝素（HS）蛋白聚糖［如黏结蛋白聚糖（syndecan）和磷脂酰肌醇蛋白聚糖（glypican）］或隔离在细胞外基质和基底膜中的蛋白聚糖［如串珠蛋白聚糖（perlecan）］上的硫酸乙酰肝素，可被微环境中的蛋白酶释放。具有生物活性的硫酸乙酰肝素片段，也可通过乙酰肝素酶裂解释放。硫酸乙酰肝素链与几种生长因子相互作用，并放大它们与各种细胞类型上各自受体之间的相互作用，从而导致血管生成或肿瘤细胞增殖和侵袭的增加。然而，硫酸乙酰肝素蛋白聚糖对肿瘤的发展可能有抑制作用（如隔离作用），也可能有刺激作用（如从细胞外基质中释放含有硫酸乙酰肝素的生长因子）。ERM 蛋白家族包括埃兹蛋白（ezrin，也称细胞绒毛蛋白）/ 根蛋白（radixin）/ 膜突蛋白（moesin）等，与锚蛋白（ankyrin）一起，用于调节细胞骨架组装 / 拆卸和细胞迁移。缩写：受体酪氨酸激酶（RTK），磷酸肌醇 3- 激酶（PI3K）。

用，促进了下游细胞内的信号通路，这些通路也是癌症的典型标志，如磷脂酰肌醇 3- 激酶 / 蛋白激酶 B（phosphatidylinositol 3-kinase/protein kinase B，PI3K/AKT）途径和丝裂原活化蛋白激酶（mitogen-activated protein kinase，MAPK）途径。透明质酸 -CD44 相互作用的拮抗剂，在体外培养的恶性细胞中导致了这些通路的失活，并且在动物模型中抑制了肿瘤的生长和转移。透明质酸 -CD44 的相互作用还刺激了多药耐药性，而拮抗剂则使得耐药的癌细胞对化疗药物更为敏感。此外，透明质酸与其受体的相互作用，对于几种类型的代谢和多药转运蛋白的活性很重要。这些广泛的影响可能源于质膜中信号平台（如脂筏）的稳定性，而这些平台依赖于透明质酸与 CD44 之间的多价相互作用；或在某些情况下依赖于透明质酸与另一种透明质酸受体，如淋巴管内皮透明质酸受体 1（lymphatic vessel endothelial hyaluronan receptor-1，LYVE-1）或透明质酸介导运动性受体（receptor for hyaluronan mediated motility，RHAMM/CD168）之间的多价相互作用（图 47.5）。

47.11 硫酸化糖胺聚糖的变化

蛋白聚糖的核心蛋白上装饰有带负电荷的硫酸化糖胺聚糖侧链，即硫酸软骨素（chondroitin sulfate，CS）、硫酸皮肤素（dermatan sulfate，DS）、硫酸角质素（keratan sulfate，KS）和硫酸乙酰肝素（heparan sulfate，HS）（**第 17 章**）。许多蛋白聚糖的含量和分布，在肿瘤发生过程中发生异变，结构和功能多样的糖胺聚糖链，特别是硫酸乙酰肝素链，已被证明与肿瘤的发病机制相关。硫酸乙酰肝素链共价连接到蛋白聚糖的核心蛋白上，形成包括黏结蛋白聚糖（syndecan）、磷脂酰肌醇蛋白聚糖（glypican）和串珠蛋白聚糖（perlecan）在内的多种蛋白聚糖。其他蛋白聚糖，如饰胶蛋白聚糖（decorin）、双糖链蛋白聚糖（biglycan）、多能蛋白聚糖（versican）和光蛋白聚糖（lumican），携带了硫酸软骨素、硫酸皮肤素或硫酸角质素链，也存在于大多数组织中，其中囊括了多种肿瘤类型。

与肿瘤形成具有相关性的硫酸乙酰肝素蛋白聚糖，其主要功能是促进细胞 - 细胞和细胞 - 基质之间的相互作用，这对于组织的组装非常重要。硫酸乙酰肝素蛋白聚糖还能结合多种生物活性因子，如成纤维细胞生长因子 2（fibroblast growth factor 2，FGF2）、血管内皮生长因子（vascular endothelial growth factor，VEGF）、肝细胞生长因子、Wnt 蛋白，以及其他多种细胞因子和趋化因子。因此，硫酸乙酰肝素蛋白聚糖可以为细胞侵袭过程建立抑制性屏障或许可途径（permissive pathway），从而将因子与受体隔离，或是将它们有效地呈递给这些受体（图 47.5）。黏结蛋白聚糖 -1（syndecan-1）说明了硫酸乙酰肝素的多种重要作用，尤其是在促进转移和血管生成等方面。早期研究表明，黏结蛋白聚糖 -1 有助于维持上皮细胞的正常分化状态，并且肿瘤相关的黏结蛋白聚糖 -1 的低水平表达与肿瘤恶性程度呈正相关。黏结蛋白聚糖 -1（和其他硫酸乙酰肝素蛋白聚糖）的生物活性受蛋白酶和乙酰肝素酶（heparanase）的酶促加工影响，这是一种在特定位点切割硫酸乙酰肝素链的酶。由蛋白水解酶释放出的、富含硫酸乙酰肝素（HS-rich）的黏结蛋白聚糖的胞外域片段（ectodomain fragment），以极高的表达水平存在于骨髓瘤和某些类型的癌症患者的血清中，预示着预后不良。黏结蛋白聚糖 -1 的胞外域还在肿瘤微环境中积累，它们在肿瘤微环境中趋化因子和生长因子信号传递的激活，以及随后出现的肿瘤细胞行为中发挥着重要作用。尤为重要的是，研究人员发现胞外域促进了骨组织转移，这是骨髓瘤和某些癌症（如乳腺癌或前列腺癌）在人类患者中的特征。

几种硫酸乙酰肝素蛋白聚糖的硫酸乙酰肝素侧链，被乙酰肝素酶和内切 -β- 葡萄糖醛酸酶（endo-β-glucuronidase）裂解为含有 10 ～ 20 个糖分子的片段。乙酰肝素酶的表达量在许多类型的癌症中升高，增加的乙酰肝素酶活性可引发血管生成并诱导转移，这些过程与预后不良有关。硫酸乙酰肝素的裂解，促进了血管生成所需的血管重塑，释放出与硫酸乙酰肝素结合的血管生成因子、生长因子和趋化因子。此外，与完整的硫酸乙酰肝素蛋白聚糖相比，乙酰肝素酶的水解产物更具生物活性。在骨髓瘤细胞中，乙酰肝素酶对黏结蛋白聚糖 -1 上的硫酸乙酰肝素链的剪切，以及对基质金属蛋白酶 9（matrix metalloproteinase-9，MMP-9）的上调，可导致黏结蛋白聚糖 -1 的脱落增加，从而激活促进细胞迁移和血管生成的信号传递途径。值得注意的是，除了它们在调节肿瘤血管生成和转移中的作用之外，乙酰肝素酶和黏结蛋白聚糖还协同调控了肿瘤细胞的细胞外囊泡分泌。针对乙酰肝素酶靶点的治疗，不仅有可能阻断肿瘤生长，还可以干扰肿瘤微环境。

除硫酸乙酰肝素的水解切割外，硫酸乙酰肝素和其他糖胺聚糖链硫酸化模式的改变，也是肿瘤生物学的重要因素。糖胺聚糖的硫酸化模式往往决定了它们的生物学功能，并作为各种生长因子、细胞因子和趋化因子的特异性识别基序。许多参与糖胺聚糖硫酸化的酶，在恶性细胞中发生了异变。研究人员在卵巢癌和乳腺癌中，均观测到硫酸软骨素 4-*O*- 磺基转移酶（4-*O*-sulfotransferase）的表达发生了变化，而与非恶性组织相比，癌化的肺组织显示出硫酸软骨素链中 6-*O*- 硫酸化水平的升高。此外，据报道，在卵巢癌和结直肠癌中 6-*O*- 磺基转移酶（6-*O*-sulfotransferase）的表达增加，在乳腺癌和胰腺癌中 3-*O*- 磺基转移酶（3-*O*-sulfotransferase）的表达也增加。

47.12 细胞质与核 *O*-GlcNAc 的变化

由 *O*-*N*- 乙酰葡萄糖胺转移酶（*O*-GlcNAc transferase，OGT）和己糖胺酶 *O*-*N*- 乙酰葡萄糖胺水解酶（*O*-GlcNAcase，OGA）调控的 *O*-GlcNAc 糖基化水平，在许多癌症中发生了异变。*O*-GlcNAc 糖基化发生在分泌途径之外，普遍存在于许多细胞溶质、细胞核和线粒体蛋白上，同时存在于一些跨膜表面蛋白的细胞内结构域上。*O*-GlcNAc 循环可作为营养传感器（nutrient sensor），调控信号传递、转录、线粒体活性和细胞骨架功能。*O*-GlcNAc 糖基化和磷酸化之间经常存在交叉效应（cross-talk），两种修饰不仅发生在多肽的相同或邻近位点，而且可以通过控制负责 *O*-GlcNAc 糖基化修饰 / 磷酸化修饰循环的酶进行调控。由于转录因子和激酶的稳定性或活性的异变，*O*-GlcNAc 糖基化可以影响癌细胞的代谢。*O*-GlcNAc 糖基化会影响磷酸果糖激酶 1（phosphofructokinase 1，PFK1）的活性，并通过**磷酸戊糖途径（pentose phosphate pathway）**重定向葡萄糖的代谢通量（glucose flux）。这种代谢开关可以赋予癌细胞以生长优势。此外，*O*-GlcNAc 糖基化通过缺氧诱导因子 -1α（hypoxia-inducible factor-1α，HIF-1α）转录因子调控癌细胞中的糖酵解。许多致癌基因和肿瘤抑制基因产物，包括 c-Myc 蛋白、细胞周期素 D1（cyclin D1）、核因子 -κB（NF-κB）/p65 蛋白、PFK1、SNAIL 蛋白、Rb 蛋白和 p53 蛋白，都发生了 *O*-GlcNAc 糖基化。

47.13 聚糖表达异变的机制

癌症基因组图谱（the Cancer Genome Atlas，TCGA）已经确定了多种与癌症相关的糖基化基因表达的异变。在某些情况下，其基本机制是已知的。例如，*MGAT5*（图 47.1）的转录是由 v-*src*、H-*ras* 和 v-*fps* 以及转录因子 *ets-1* 诱导的。*ST6GAL1* 同样可以被致癌的 ras 同型异构体上调，以及通过基因的扩增得以上调。在白细胞中产生 SLe^x 的 *FUT7*，编码 α1-3 岩藻糖基转移酶 7（α1-3 fucosyltransferase 7，FUT7），该基因的表达由 HTLV-1 的转录激活蛋白——Tax 蛋白诱导，它会导致白血病的出现。随之而来的 SLe^x 的表达增加，可能是成人 T 细胞白血病细胞强大的组织浸润能力的基础，该过程可能通过选凝素进行介导。在晚期肿瘤中常见的缺氧条件下，耐缺氧的癌细胞通过上调缺氧诱导因子 -1α（HIF-1α）实现存活。HIF-1α 诱导几种糖基化基因的转录，导致肿瘤聚糖的异变，包括 SLe^x 和 SLe^a 表达的增强。肿瘤缺氧还可能通过上调溶酶体唾液酸转运蛋白（sialin）的转录，影响饮食来源的、非人类的 *N*- 羟乙酰神经氨酸（Neu5Gc）在人类肿瘤细胞中的代谢整合。通过 DNA 甲基化或组蛋白去乙酰化 / 组蛋白三甲基化对糖基化基因进行下调，可能会使在某些类型的癌症中似乎抑制了肿瘤进展的糖基化基因沉默（如 *MGAT3* 或 *ST6GAL1*）。通过微小核糖核酸（microRNA）对糖基化途径的转录后调控，也参与了肿瘤的进展过程。

47.14 癌症干细胞和上皮 - 间质转化期间的聚糖变化

癌症干细胞（cancer stem cell）又称肿瘤起始细胞（tumor-initiating cell），构成了一小部分具有肿瘤启动能力的癌细胞亚群。几种作为胚胎干细胞特异性标志物的聚糖，也在癌症干细胞上表达，如阶段特异性胚胎抗原 -3（stage-specific embryonic antigen-3，SSEA-3，Gb5）、岩藻糖基化的 SSEA-3（Globo H）和阶段特异性胚胎抗原 -4（SSEA-4）。阶段特异性胚胎抗原 -1（SSEA-1）是小鼠胚胎干细胞的标志物，在人类神经胶质瘤的癌症干细胞中也有发现。因此，这些聚糖的表达似乎与细胞的干性（stemness）有关。其他癌症干细胞标志物，包括糖蛋白、CD133［即膜突蛋白 1（prominin-1）］、CD24 和 CD44，均受到它们自身糖基化状态的调控。在这些受体中，CD44 通过其配体透明质酸的激活，对于维持癌症干细胞的特征尤为重要。

癌症干细胞经常在上皮 - 间质转化（EMT）的情境下进行研究。经历过上皮 - 间质转化的细胞与癌症干细胞高度相似。上皮 - 间质转化是肿瘤进展中的一个关键事件，它使得癌细胞为转移做好了准备。上皮 - 间质转化由几个定义明确的转录因子控制，如转录因子锌指蛋白 SNAI 1（zinc finger protein SNAI1，SNAIL）和锌指 E 盒结合同源盒蛋白（zinc finger E-box biding homobox，ZEB）。上皮 - 间质转化可以诱导一部分糖基转移酶的差异性表达。具有间充质表型的癌细胞会上调糖基转移酶 ST6GAL1 和 MGAT5，同时下调 MGAT3。*N*- 聚糖分支和唾液酸化的相应变化，会影响许多对上皮 - 间质转化过程至关重要的目标分子的稳定性和（或）活性，如钙黏蛋白和整联蛋白。其他与上皮 - 间质转化相关的聚糖修饰包括神经节苷脂 GD1、Gg4 和 GM2 糖脂的表达降低，以及 SLe^x 和 SLe^a 的增加。上皮 - 间质转化的典型特征是细胞黏附和侵袭性的异变；然而，细胞代谢也会发生显著变化，其中的许多变化由 *O*-GlcNAc 糖基化指导进行。在钙黏蛋白、SNAIL 和其他上皮 - 间质转化相关蛋白上添加 *O*-GlcNAc 修饰，可以调节蛋白质的稳定性或运输过程，最终导致代谢基因的表达失调。

47.15 临床意义

已有几种聚糖抗原被用于检测和监测肿瘤的生长状态。经典的 CA19-9 血清学测试可以检测 SLe^a，用于监测胃癌、结肠直肠癌和胰腺癌患者的肿瘤负荷，以及对治疗的临床反应和疾病复发。其他血清学生物标志物包括：**癌胚抗原（carcinoembryonic antigen，CEA）**，这是一种高度糖基化的糖蛋白，用于复发性或转移性结直肠癌的早期检测；CA125，它能够识别黏蛋白 16（MUC16），并用于监测卵巢癌。此外，核心岩藻糖基化甲胎蛋白（core-fucosylated α-fetoprotein，AFP-L3）可以作为早期诊断肝细胞癌（hepatocellular carcinoma，HCC）的敏感且特异的循环生物标志物。

截短的 *O*-GalNAc 聚糖 Tn 抗原、STn 抗原和 T 抗原（图 47.2）是在肿瘤切片中检测癌症的良好标志物。此外，检测带有这些截短 *O*- 聚糖的特异性糖蛋白，例如，癌症特异性的黏蛋白 16（MUC16）的糖型，可以提高癌症诊断和监测的特异性。此外，用截短聚糖修饰的特定糖蛋白，包括 Tn 和 STn，已被用作生成糖肽特异性抗体的靶标，这些抗体已在临床试验中显示出潜在的效用。其他重要的生物标志物包括 SLe^x 相关的聚糖，它们被用于肺癌和乳腺癌中，以监测手术后的残留病灶。近年来，除了细胞外囊泡中的糖蛋白外，人们还对血清和其他体液糖蛋白的糖组学鉴定产生了浓厚的兴趣。与癌症相关的经典聚糖特异性抗体的发现，如针对非人类唾液酸——*N*- 羟乙酰神经氨酸的抗体，也正在被重新研究。另一个潜在的进展是通过定义由癌细胞独特表达的糖蛋白糖型来提高已知癌症生物标志物的特异性，如前列腺特异性抗原（prostate-specific antigen，PSA）。

在发挥生物标志物作用的同时，聚糖也是癌症治疗的重要靶标。一种针对 GD2 的单克隆抗体，已被美国食品药品监督管理局（Federal Drug Administration，FDA）批准用于治疗小儿神经母细胞瘤，其他针对 GD2 的抗体及嵌合抗原受体 T 细胞疗法（CAR-T）正在进行临床试验，用于治疗神经母细胞瘤、神经胶质瘤、黑色素瘤和其他癌症。针对 GD2 的疫苗也在探索之中。携带 Tn 抗原的黏蛋白 1（MUC1）蛋白是另一个有希望的靶点，针对 Tn-MUC1 的治疗性抗体和 CAR-T 细胞都在积极研究之中。此外，几种选凝素抑制剂在临床试验中显示出疗效，包括用于治疗多发性骨髓瘤和急性骨髓性白血病的、靶向 E 选凝素的**拟糖药物（glycomimetic agent）**。众所周知，肝素具有强大的抗肿瘤作用，部分原因是它能够阻断 P 选凝素和 L 选凝素与肿瘤和（或）宿主配体的结合（**第 34 章**）。然而，用于癌症治疗的肝素疗法可能受到其抗凝血特性的限制，因此可能需要缺乏这种活性的低分子质量肝素或类肝素（heparinoid）。低分子质量肝素还可以通过阻断乙酰肝素酶的活性，或通过干扰组成型硫酸乙酰肝素的活性来抑制肿瘤的进展。其他乙酰肝素酶抑制剂，如抑制血管生成和转移的硫酸化磷酸甘露五糖（sulfated phosphomannopentaose）PI-88，可通过阻断选凝素，或是竞争性地抑制硫酸乙酰肝素的结合和功能而发挥作用。低分子质量的透明质酸寡糖也可用于治疗，因为它们可以抑制聚合的组成型透明质酸的促癌作用，尤其是抑制了由透明质酸 -CD44 相互作用所诱导的耐药性和信号传递事件。能够进入细胞并作为诱饵转移糖基化途径的二糖，也展现出了一定的应用前景（**第 55 章**）。

最近，人们对靶向聚糖依赖性分子相互作用以增强免疫检查点的抑制作用的兴趣愈发浓厚。*N*- 糖基化对于稳定细胞程序性死亡蛋白 - 配体 1（programmed death-ligand 1，PD-L1）检查点分子，以及被细胞程序性死亡蛋白 -1（programmed cell death protein 1，PD-1）识别非常重要。因此，对 PD-L1 糖基化的治疗性干预，可以提供一种阻碍 PD-1 在免疫细胞上激活的机制。唾液酸化聚糖（sialoglycan）与唾液酸结合免疫球蛋白样凝集素（Siglec）之间的相互作用，代表了另一个关键的免疫检查点，针对特定 Siglec 的功能阻断抗体已经进入了临床试验。此外，研究人员正在开发通过施用唾液酸模拟物，或是将唾液酸酶定向递送到肿瘤细胞表面，来阻断或消减肿瘤细胞上那些可以和 Siglec 相互作用的唾液酸配体。另外，由造血癌细胞表达的 Siglec，如唾液酸结合免疫球蛋白样凝集素 -2（Siglec-2），可以作为 CAR-T 细胞免疫疗法或细胞毒性药物递送的识别分子。总体而言，鉴于这些分子在调控整体免疫应答中众所周知的作用，利用聚糖和聚糖结合蛋白来调节抗肿瘤免疫具有极大的潜力。

致谢

感谢布莱恩·图尔（Bryan Toole）对先前版本的贡献，以及布丽安娜·乌尔班诺维奇（Breeanna Urbanowicz）、梅兰妮·辛普森（Melanie Simpson）和古川浩一（Koichi Furukawa）对本次更新的有益评论及建议。

延伸阅读

Feizi T. 1985. Demonstration by monoclonal antibodies that carbohydrate structures of glycoproteins and glycolipids are onco-developmental antigens. *Nature* **314**: 53-57.

Borsig L, Stevenson JL, Varki A. 2007. Heparin in cancer: role of selectin interactions. In *Cancer-associated thrombosis* (ed. Khorana

AA, Francis CW, editors.), pp. 95-111. Taylor-Francis, Boca Raton, FL.

Kannagi R, Sakuma K, Miyazaki K, Lim KT, Yusa A, Yin J, Izawa M. 2010. Altered expression of glycan genes in cancers induced by epigenetic silencing and tumor hypoxia: clues in the ongoing search for new tumor markers. *Cancer Sci* **101**: 586-593.

Schultz MJ, Swindall AF, Bellis SL. 2012. Regulation of the metastatic cell phenotype by sialylated glycans. *Cancer Metastasis Rev* **31**: 501-518.

Miwa HE, Koba WR, Fine EJ, Giricz O, Kenny PA, Stanley P. 2013. Bisected, complex N-glycans and galectins in mouse mammary tumor progression and human breast cancer. *Glycobiology* **23**: 1477-1490.

Knelson EH, Nee JC, Blobe GC. 2014. Heparan sulfate signaling in cancer. *Trends Biochem Sci* **39**: 277-288.

Ma Z, Vosseller K. 2014. Cancer metabolism and elevated O-GlcNAc in oncogenic signaling. *J Biol Chem* **289**: 34457-34465.

Nabi IR, Shankar J, Dennis JW. 2015. The galectin lattice at a glance. *J Cell Sci* **128**: 2213-2219.

Pinho SS, Reis CA. 2015. Glycosylation in cancer: mechanisms and clinical implications. *Nat Rev Cancer* **15**: 540-555.

Taniguchi N, Kizuka Y. 2015. Glycans and cancer: role of N-glycans in cancer biomarker, progression and metastasis, and therapeutics. *Adv Cancer Res* **126**: 11-51.

Alisson-Silva F, Kawanishi K, Varki A. 2017. Human risk of diseases associated with red meat intake: analysis of current theories and proposed role for metabolic incorporation of a non-human sialic acid. *Mol Aspects Med* **51**: 16-30.

Groux-Degroote S, Guérardel Y, Delannoy P. 2017. Gangliosides: structures, biosynthesis, analysis, and roles in cancer. *ChemBioChem* **18**: 1146-1154.

Pearce OM, Laübli H. 2017. Sialic acids in cancer biology and immunity. *Glycobiology* **26**: 111-128.

Steentoft C, Migliorini D, King TR, Mandel U, June CH, Posey AD Jr. 2018. Glycan-directed CAR-T cells. *Glycobiology* **28**: 656-669.

Furukawa K, Ohmi Y, Ohkawa Y, Bhuiyan RH, Zhang P, Tajima O, Hashimoto N, Hamamura K, Furukawa K. 2019. New era of research on cancer-associated glycosphingolipids. *Cancer Sci* **110**: 1544-1551.

Mereiter S, Balmaña M, Campos D, Gomes J, Reis CA. 2019. Glycosylation in the era of cancer-targeted therapy: where are we heading? *Cancer Cell* **36**: 6-16.

第六篇

方法与应用

第 48 章 作为工具的聚糖识别探针
第 49 章 体外培养哺乳动物细胞的糖基化突变体
第 50 章 聚糖的结构分析
第 51 章 糖组学和糖蛋白质组学
第 52 章 糖生物信息学
第 53 章 聚糖和糖复合物的化学合成
第 54 章 聚糖和糖复合物的化学酶法合成
第 55 章 抑制糖基化的化学工具
第 56 章 糖基化工程
第 57 章 生物技术和制药工业中的聚糖
第 58 章 纳米技术中的聚糖
第 59 章 生物能源和材料科学中的聚糖
第 60 章 糖科学的未来方向

第 48 章

作为工具的聚糖识别探针

理查德 · D. 卡明斯（Richard D. Cummings），玛丽莲 · E. 埃茨勒（Marilyn E. Etzler），迈克尔 · G. 哈恩（Michael G. Hahn），艾伦 · G. 达维尔（Alan G.Darvill），卡米尔 · 戈杜拉（Kamil Godula），罗伯特 · J. 伍兹（Robert J. Woods），拉腊 · K. 玛哈尔（Lara K. Mahal）

48.1 背景 / 622
48.2 聚糖分析中最常用的凝集素 / 623
48.3 针对聚糖抗原的单克隆抗体的产生 / 626
48.4 识别聚糖的重组凝集素、工程化凝集素及非活性酶的产生 / 628
48.5 聚糖识别探针在聚糖鉴定中的应用 / 629
48.6 抗体和凝集素在聚糖和糖蛋白纯化中的应用 / 630
48.7 聚糖识别蛋白在表征细胞表面糖复合物中的应用 / 633
48.8 抗体和凝集素在产生动物细胞糖基化突变体中的应用 / 634
48.9 抗体和凝集素在表达克隆糖基转移酶基因中的应用 / 634
48.10 抗体和凝集素在糖基转移酶及糖苷酶检测中的应用 / 635
延伸阅读 / 636

抗体、凝集素、微生物黏附蛋白、病毒凝集素和其他具有**碳水化合物结合模件**（**carbohydrate-binding module，CBM**）的蛋白质，统称为**聚糖识别探针**（**glycan-recognizing probe，GRP**），由于它们的特异性，因而能够区分多种聚糖结构，已被广泛应用于聚糖分析。许多这些分子的天然多价性，促进了它们与聚糖和含有这些聚糖的细胞表面的高亲合力结合。本章介绍了各种常用的聚糖识别探针、它们可能适用的分析类型，以及影响其最佳使用的警示性原则。

48.1 背景

聚糖具有抗原性的第一个证据来自人类血型 ABO 抗原的发现（**第 14 章**）。这些研究中的一个关键工具是植物凝集素，至 20 世纪 40 年代中期，植物凝集素已被广泛用于血液分型。这些凝集素对血型具有相对特异性，它们易于纯化，也很稳定（**第 31 章**）。血型以及与之结合的抗体和凝集素的发现表明，这类蛋白质也普遍适用于特定聚糖序列的鉴定。

研究人员现已对数百种不同的植物和动物凝集素，以及其他具有碳水化合物结合模件的蛋白质进行了表征。因此，尽管单克隆抗体（monoclonal antibody，mAb）通常对聚糖决定簇更具特异性，并且以更高的亲和力结合，但许多植物凝集素、动物凝集素和碳水化合物结合模件也对单糖以外的决定簇表现出具有实用价值的特异性，它们具有明确的克隆序列，通常成本较低，可商购获得，并且它们的结合特异性早已通过详尽的验证。在许多其他生物体中，研究人员也发现了**聚糖结合蛋白**（**glycan-binding protein，**

GBP）（第 31 章、第 36 章、第 37 章），来自这些生物体的试剂目前也在本领域中使用。聚糖结合蛋白和单克隆抗体的出现，有助于将糖生物学领域推向现代。

48.2　聚糖分析中最常用的凝集素

目前用作糖生物学工具的凝集素有许多来自植物，但有些也来自动物（如蜗牛）或蕈类。大多数凝集素最初通过**半抗原抑制试验（hapten inhibition assay）**进行表征。在该试验中，单糖、单糖衍生物或短链寡糖能够阻断与细胞或其他聚糖包被的靶标之间的结合。这种凝集素或抗体与较大配体间竞争性结合的小尺寸分子，被称为**半抗原（hapten）**。凝集素通常根据其特异性进行分组，具体取决于可以在毫摩尔浓度下抑制结合的单糖类型，以及凝集素对糖的 α- 或 β- 端基差向异构体的明显偏好。然而，特定特异性分组内的凝集素，对不同聚糖的亲和力也可能不同。凝集素对复杂聚糖的结合亲和力（K_d）通常为 1 ～ 10 μmol/L，但对单糖的亲和力可能在毫摩尔级范围内。对于具有多个决定簇或多价态的复杂糖复合物，凝集素的结合亲和力可能接近纳摩尔级。例如，伴刀豆球蛋白（concanavalin A，ConA）是一种 α- 甘露糖 /α- 葡萄糖结合凝集素，可识别 *N*- 聚糖，但与动物细胞糖蛋白上常见的 *O*- 聚糖是否发生结合目前未知。然而，它与寡甘露糖型（oligomannose）*N*- 聚糖的结合亲和力，远高于与复合型（complex）二天线 *N*- 聚糖的结合亲和力，而且它不能识别支化程度更高的复合型 *N*- 聚糖（图 48.1）。其他凝集素，如来自**菜豆（*Phaseolus vulgaris*）**的 L- 植物血凝集素（L-phytohemagglutinin，L-PHA）和 E- 植物血凝集素（E-phytohemagglutinin，E-PHA），以及来自**小扁豆（*Lens culinaris*）**的小扁豆凝集素（lentil lectin，LCA），也能识别 *N*- 聚糖的特定决定簇。来自无脊椎动物的某些动物凝集素也被广泛使用，如来自**罗马蜗牛（*Helix pomatia*）**的罗马蜗牛凝集素（*Helix pomatia* agglutinin，HPA）。事实上，这些凝集素和其他凝集素一起，经常用于探索糖蛋白、糖脂和细胞上聚糖的结构特征（图 48.2 ～图 48.4，以及**第 31 章、第 32 章**）。由于重组凝集素的产生，包括下文讨论的工程化凝集素以及聚糖微阵列和其他技术对凝集素特异性这一定义的深化，我们提高了对凝集素的认识，对于将它们作为试剂的理解也在不断增强（**第 29 章**）。

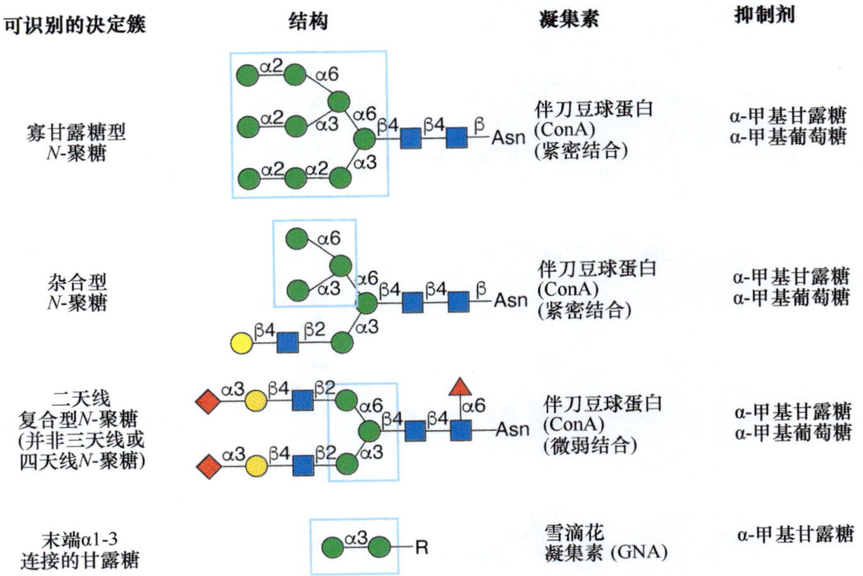

图 48.1　来自刀豆（*Canavalia ensiformis*）的伴刀豆球蛋白（ConA）及雪滴花（*Galanthus nivalis*）凝集素（GNA）所识别的 *N*- 聚糖示例。结合所需的决定簇在方框内表示。可以竞争性地抑制凝集素与所述聚糖间结合的半抗原糖显示在右侧。缩写：天冬酰胺（Asn），*N*- 聚糖、*O*- 聚糖或糖脂（R）。

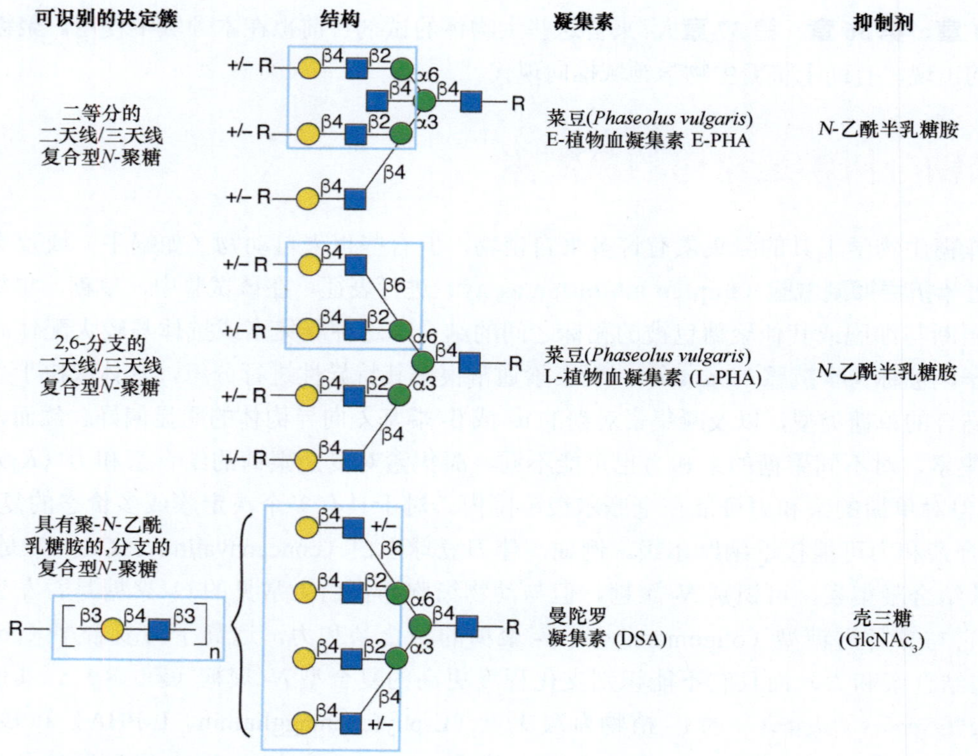

图 48.2 L- 植物血凝集素（L-PHA）、E- 植物血凝集素（E-PHA）和曼陀罗凝集素（*Datura stramonium* agglutinin，DSA）识别的 *N*- 聚糖示例。结合所需的决定簇在方框内表示。可以竞争性地抑制凝集素与所述聚糖间结合的半抗原糖显示在右侧。缩写：*N*- 聚糖或其他糖链结构（R）。

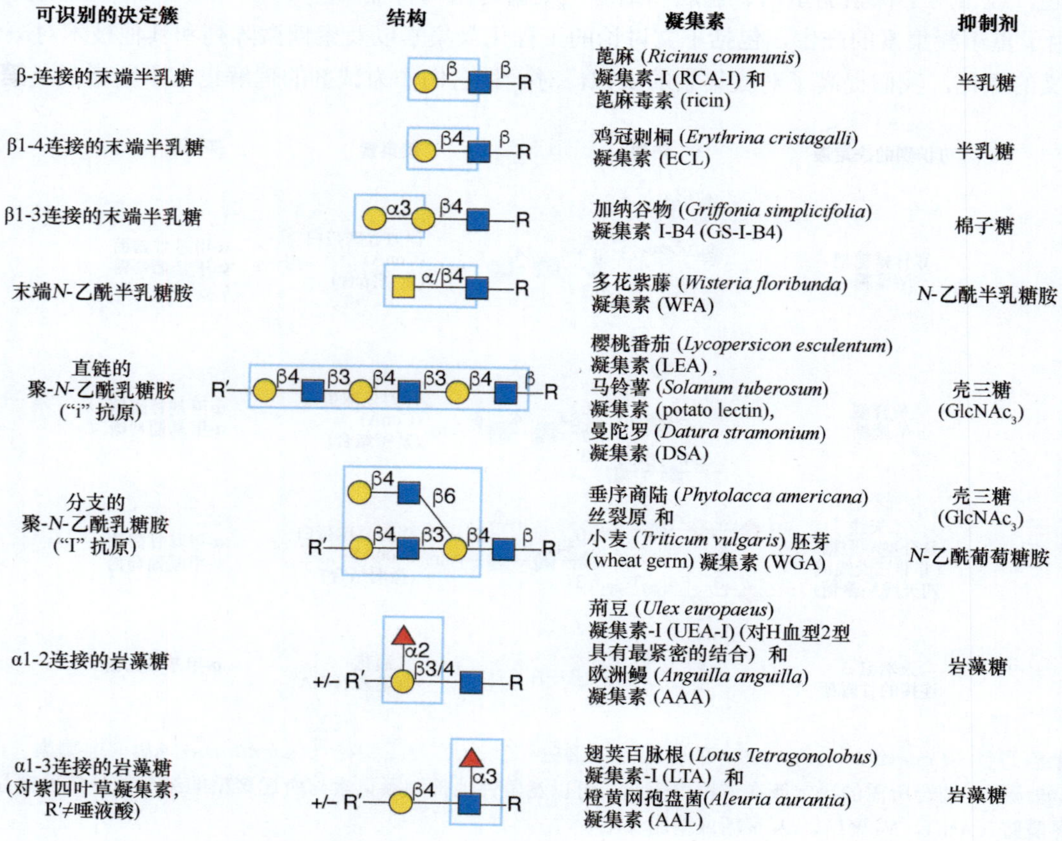

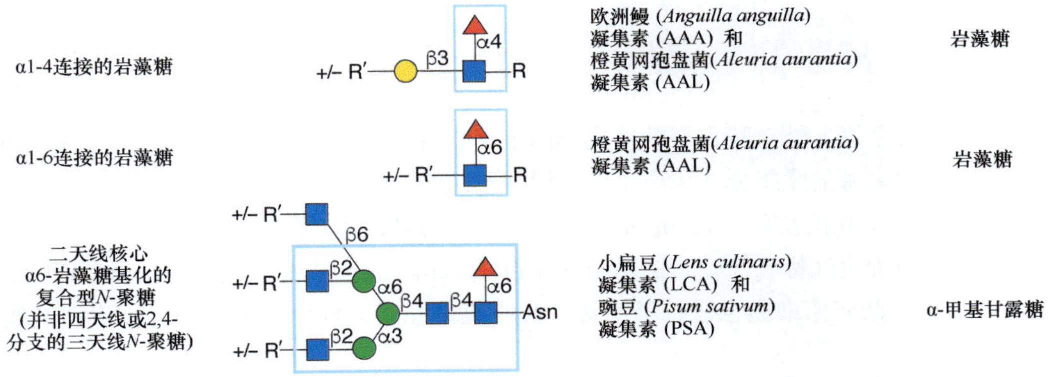

图 48.3 不同动植物凝集素和动物凝集素中以高亲和力结合的聚糖决定簇类型示例。 结合所需的决定簇在方框内表示。可以竞争性地抑制凝集素与所述聚糖间结合的半抗原糖显示在右侧。缩写：天冬酰胺（Asn），*N*- 聚糖、*O*- 聚糖或糖脂（R），其他糖链结构（R′）。

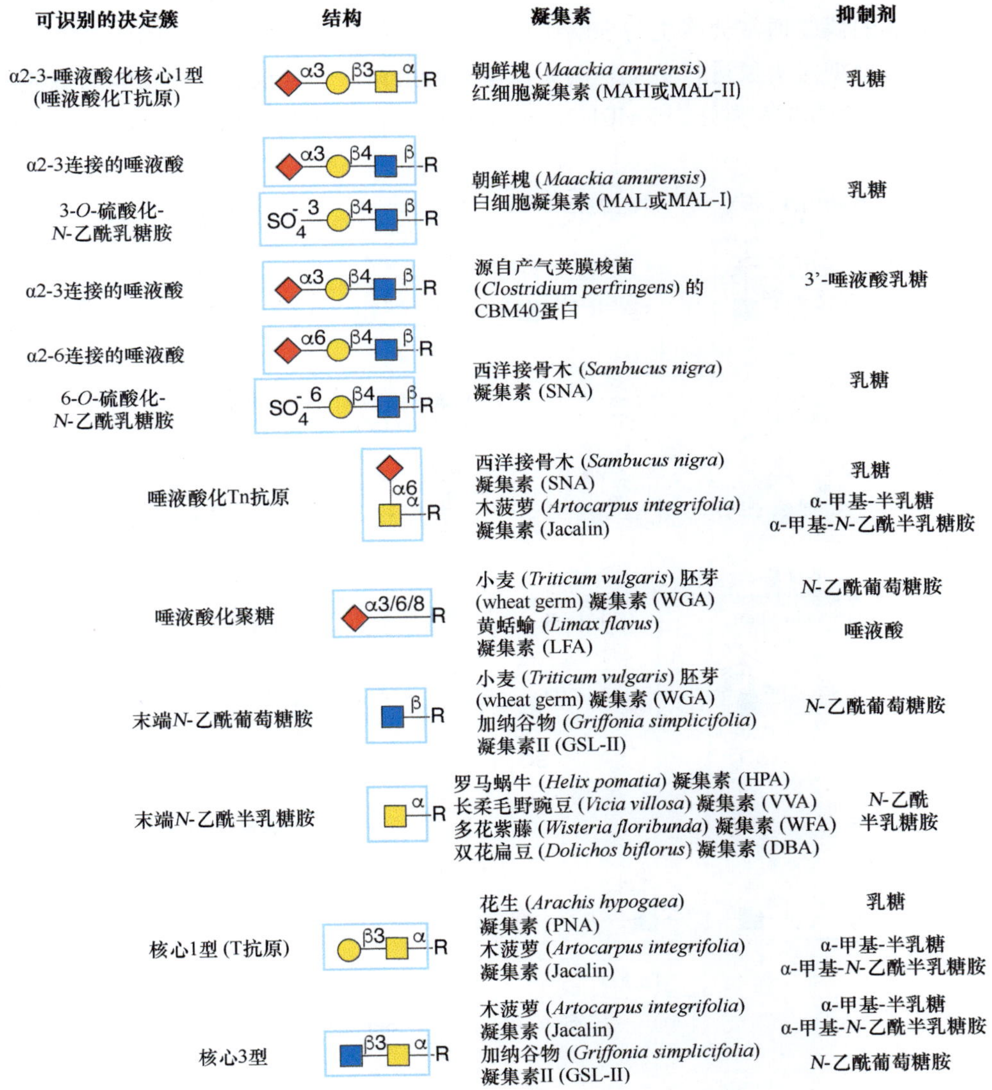

图 48.4 不同植物凝集素中以高亲和力结合的聚糖决定簇类型示例。 结合所需的决定簇在方框内表示。可以竞争性地抑制凝集素与所述聚糖间结合的半抗原糖显示在右侧。缩写：碳水化合物结合模件（CBM），*N*- 聚糖、*O*- 聚糖或糖脂（R）。

48.3　针对聚糖抗原的单克隆抗体的产生

研究人员已经开发了许多针对特定聚糖决定簇的单克隆抗体。获得这些抗体的几种方法如下所述。

（1）全细胞和细胞来源的膜组分（历史上曾使用肿瘤细胞）已被用于免疫小鼠，以产生针对各种糖蛋白和糖脂抗原的特异性单克隆抗体，Tn 抗原（GalNAcα1-Ser/Thr）和称为 Lewis x（Le^x）抗原（图 48.5）的单克隆抗体［旧称为阶段性特异性胚胎抗原 -1（stage-specific embryonic antigen-1，SSEA-1）］均根据这一方法获得。该方法对杂交瘤细胞也进行了筛选，最终获得能够识别免疫细胞，但不识别其他类型细胞的单克隆抗体。

（2）聚糖 - 蛋白质缀合物（glycan-protein conjugate）已用来产生针对特定结构的多克隆抗体和单克隆抗体。这些缀合物包括与牛血清白蛋白（bovine serum albumin，BSA）或匙孔血蓝蛋白（keyhole limpet hemocyanin，KLH）偶联的聚糖。尽管牛血清白蛋白没有被糖基化，但匙孔血蓝蛋白上不寻常的聚糖可以作为佐剂（adjuvant）来增强免疫反应。多糖与蛋白质载体的偶联，通常会产生识别内部结构特征的抗体，而与短小聚糖链的偶联通常会产生与末端结构特征结合的抗体。这种方法的一个常见变体是直接用糖蛋白、糖脂或糖胺聚糖对小鼠进行免疫。例如，植物糖蛋白——辣根过氧化物酶的抗体，被用于检测复合型 *N*- 聚糖中不寻常的非人类修饰 Xylβ1-2Man-R 和核心岩藻糖变体 Fucα1-3GlcNAc-R 的存在。用聚

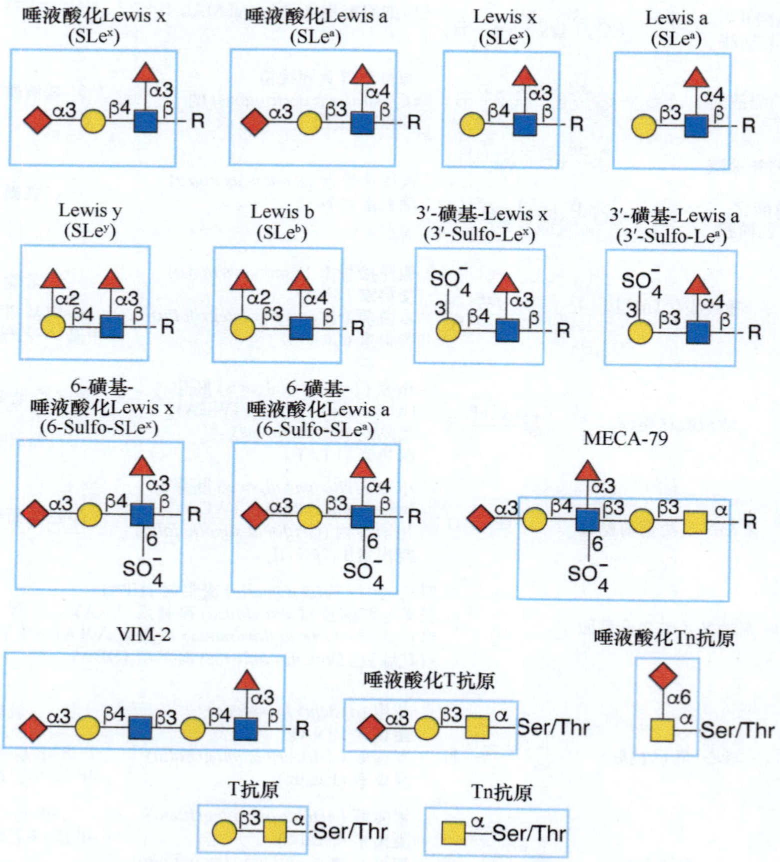

图 48.5　特定单克隆抗体识别的不同哺乳动物聚糖抗原示例。抗原结构在方框内表示，其命名如图所示。方框中显示的抗原通常可以连接到几乎任何聚糖之上，而抗体仍然会识别该抗原。缩写：丝氨酸 / 苏氨酸（Ser/Thr），*N*- 聚糖、*O*- 聚糖或糖脂（R）。

糖缀合物引起免疫，也已被用于在兔和鸡中，产生多克隆抗血清。通过在固定化的聚糖上进行亲和色谱，可以从此类抗血清中纯化出针对特定聚糖决定簇的抗体。缺乏特异性糖复合物的基因敲除小鼠，也可用于产生针对常见的自体抗原结构（self-antigenic structure）的抗体。例如，常见的糖脂硫苷脂 3-*O*- 硫酸 - 半乳糖 -β1- 神经酰胺（3-*O*-sulfate-Galβ1-ceramide）的抗体，是从对缺乏脑苷脂磺基转移酶（cerebroside sulfotransferase）的小鼠使用硫苷脂进行免疫后获得的。如有需要，还可以在对来自特定杂交瘤细胞抗体的 V_H 和 V_L 结构域进行克隆后，产生针对聚糖决定簇的重组单链抗体。

（3）使用全细胞作为免疫原获得抗聚糖的单克隆抗体的一种全新变体，是使用被特定寄生虫或细菌感染的小鼠，然后从被感染动物的脾细胞中制备杂交瘤。该方法已被用来产生多种针对病原体特异性聚糖抗原的单克隆抗体。

（4）一种最近开发的、产生聚糖特异性抗体的方法，是对**海七鳃鳗**（***Petromyzon marinus***）进行免疫。当通过体腔内注射，将免疫原性物质引入海七鳃鳗的幼体时，该动物会产生基于可变淋巴细胞受体（variable lymphocyte receptor，VLR）的抗体。海七鳃鳗用于抗聚糖试剂生产的一个优势是海七鳃鳗和哺乳动物之间的聚糖抗原之间存在着巨大的抗原差异性，使得这些抗体的产生更加便捷。此类可变淋巴细胞受体在包含抗原结合结构域的单个多肽中，含有富亮氨酸重复序列（leucine-rich repeat，LRR），而不含有免疫球蛋白结构域。可以从总淋巴细胞的 cDNA 制备酵母表达文库，并用适当的固定化抗原（如聚糖微阵列或基于微球的分选）筛选此类文库，富集获得展示了特定可变淋巴细胞受体的酵母。将这些可变淋巴细胞受体插入适当的免疫球蛋白框架中，会产生嵌合的哺乳动物样抗体。这些抗体与哺乳动物抗体具有相似的特异性和亲和力。

此外，还有一种新兴技术，使用**噬菌体展示**（**phage display**）来识别抗体的单链可变区段（single-chain variable fragment，scFv），这些片段也可以与聚糖抗原结合。然而在许多情况下，很难定义这些被抗体识别的特定表位，因为分离出的聚糖链通常具有**微不均一性**（**microheterogeneity**），并且通常用于比较的相关聚糖抗原实际上无处寻获。最新开发的方法（如聚糖微阵列及相关技术），结合聚糖化学合成的进步，将有助于更好地确定单克隆抗体的特异性（**第 29 章**）。

抗聚糖（antiglycan）的抗体已被广泛应用

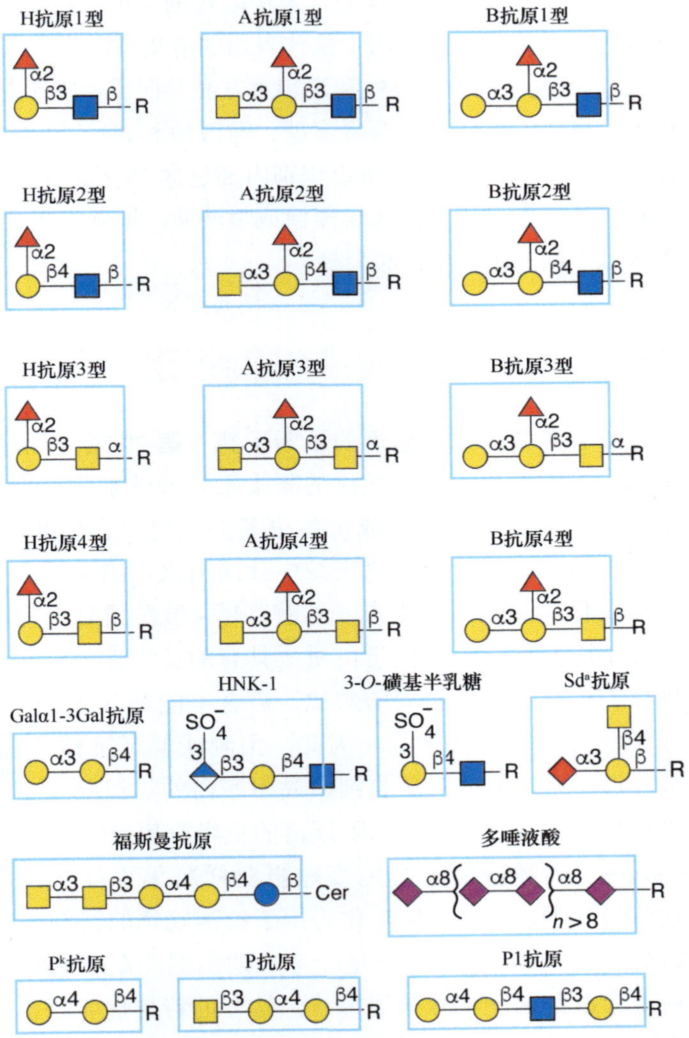

图 48.6 特定单克隆抗体识别的不同哺乳动物聚糖抗原的其他示例。抗原结构在方框内表示，其命名如图所示。在某些情况下，还原端对抗原功能的重要性尚不清楚，方框右侧的结构（R）可能并不明确。方框中显示的抗原通常可以连接到几乎任何聚糖之上，而抗体仍然会识别该抗原。也有针对糖胺聚糖和多种糖脂抗原的抗体，包括红细胞糖苷酯（globoside）、GD3、GD2、GM2、GM1、无唾液酸 -GM1（asialo-GM1）、GD1a、GD1b、GD3 和 GQ1b。缩写：神经酰胺（Cer）。

于糖生物学，它们识别的一些常见哺乳动物抗原如图 48.5 和图 48.6 所示。许多针对聚糖抗原的鼠单克隆抗体，属于免疫球蛋白 M 同型（immunoglobulin M isotype，IgM isotype）。然而，如果动物免疫良好且血清滴度高，则经常会产生免疫球蛋白 G（immunoglobulin G，IgG）（例如，约 35% 的以植物聚糖为抗原所产生的单克隆抗体是 IgG）。形成五聚体或六聚体的 IgM 抗体的效价较高，会影响结合的特异性。一些聚糖抗原抗体是市售的，而其他抗体只能从个别实验室或库存中心获得。图 48.5 和图 48.6 显示了一些针对哺乳动物抗原的抗体，它们能够识别末端聚糖决定簇，尽管结合也可能需要亚末端序列和（或）在某些情况下可能会降低结合效率。迄今为止产生的多种针对植物聚糖的抗体，都能够识别这些多糖的内部结构特征。几种针对植物细胞壁同型半乳糖醛酸聚糖（homogalacturonan，HG）或木聚糖（xylan）的抗体，能够与内部主链残基结合，通常当主链被聚糖或非聚糖取代的程度不同时，抗体具有不同的敏感性。在某些情况下，被抗体识别的、未被取代的主链长度是不同的，从而使得用抗体来识别主链取代密度的变化成为了可能。此外，用于抗体表达的情境（游离聚糖，或糖蛋白，或糖脂）或聚糖类别（*N*- 连接或 *O*- 连接），可能在确定特异性和亲和力方面发挥了重要作用。例如，针对 6- 磺基 - 唾液酸化 Lewis x（6-sulfo-SLe^{x}）抗原的抗体，需要岩藻糖、唾液酸和 *N*- 乙酰葡萄糖胺 -6-*O*- 硫酸（GlcNAc-6-*O*-sulfate）残基。相比之下，MECA-79 抗体可以识别内部包含 *N*- 乙酰葡萄糖胺 -6-*O*- 硫酸残基的、延伸的核心 1 型 *O*- 聚糖；该抗体的识别过程不需要岩藻糖或唾液酸，但确实需要核心 1 型 *O*- 聚糖的存在。还有许多单克隆抗体可以识别不同的糖脂和糖胺聚糖。

48.4 识别聚糖的重组凝集素、工程化凝集素及非活性酶的产生

随着对聚糖识别原理的不断了解（**第 29 章**），研究人员已经报道了几种新型聚糖检测试剂，它们是基于内源凝集素（工程化的凝集素）或碳水化合物加工酶的工程化突变体。重组蛋白和工程化蛋白质，可以提供比凝集素或抗体更多的优势。它们通常可以在**大肠杆菌**（***Escherichia coli***）中表达，而不是从植物、真菌或动物来源中分离出来。蛋白质表达减少了可能因分离而导致的批次差异，并且能够放大化以满足试剂需求。随着寡糖 - 蛋白质复合物晶体结构数量的不断增加，以此为基础的蛋白质工程不断发展，工程化蛋白质所具有的特异性的结构生物学起源也因而得到了更为充分的解析。这与抗体的情况形成了鲜明的对比，后者可能具有特异性，但很少对其进行晶体学分析，因此其特异性的分子起源往往仍然未知。因此，预测或解释抗体的特异性，或抗体与聚糖之间的交叉反应性颇具挑战。近年来，人们对源自细菌黏附蛋白的重组凝集素及聚糖结合特异性发生了改变的工程化凝集素的兴趣日益增加。在细菌黏附蛋白的重组凝集素中，比较典型的案例包括源自**变异链球菌**（***Streptococcus mutans***）的唾液酸结合免疫球蛋白样凝集素样结合区（Siglec-like binding region，SLBR）。获得新试剂的另一条途径是将酶转化为用于检测底物的试剂。这个概念早在 40 余年前就得到了证明，脱水胰蛋白酶（anhydrotrypsin）就是一个早期示例。众所周知，在从失活的糖基水解酶或其他酶中衍生形成聚糖结合试剂这一特殊的情境下，结合的特异性完全由内源酶自身赋予。失活过程（如对催化亲核体的点突变）通常使蛋白质保留了所需的特异性，并且可能仍然保留了足够的亲和力，以作为检测试剂使用。例如，一种失活的噬菌体来源的唾液酸内切酶，已被证明具有凝集素样特性，可用作特异性检测其底物多唾液酸的探针。然而，更常见的情况是，需要对失活的酶进行额外的工程改造，以增强其亲和力和（或）提高其对目标聚糖底物的选择性 / 特异性。因此，基于结构的蛋白质工程的不断发展，有望提供一条全新途径，以产生与传统凝集素和抗体具有互补性，乃至优于传统凝集素和抗体特性的聚糖检测试剂。

48.5　聚糖识别探针在聚糖鉴定中的应用

图 48.7 说明了凝集素、碳水化合物结合模件（CBM）和抗体的一些重要用途。抗体、凝集素和碳水化合物结合模件的优势各有不同。凝集素通常比抗体便宜，而且通常可以从天然存在的种子和植物材料中获得。研究人员已经实现了对编码许多碳水化合物结合模件的基因克隆，可以方便地进行异源表达，以获得所需数量的蛋白质。然而，通常抗体、凝集素和碳水化合物结合模件三者均需要用来与各种各样的聚糖决定簇进行结合。例如，目前尚未发现针对唾液酸化 Lewis a（SLe^a）或 Lewis x（Le^x）抗原的特异性植物凝集素，而针对这些抗原的单克隆抗体则可以获得。相反，尚未发现结合常见聚糖决定簇的单克隆抗体，如 α2-6 连接的唾液酸和核心岩藻糖，而凝集素却具有这种区分能力。例如，西洋接骨木凝集素（*Sambucus nigra* agglutinin，SNA）和小扁豆凝集素（*Lens culinaris* hemagglutinin，LcH）可以分别与 α2-6 连接的唾液酸和核心岩藻糖特异性结合。当然，许多聚糖识别探针识别的决定簇与它们的呈现形式无关，也就是说，相同的表位可能呈现在多种类型的糖上（如 *O*- 聚糖、*N*- 聚糖或糖脂）。迄今为止，现有的抗体仍无法区分常见的 *N*- 聚糖结构基序，但这些特征能够被一些植物凝集素很好地识别出来。例如，植物凝集素伴刀豆球蛋白（ConA）不会与动物细胞中的黏蛋白型 *O*- 聚糖结合，而仅与某些特定类别的 *N*- 聚糖结合（图 48.1）。此外，E- 植物血凝集素（EPH-A）结合“二等分”复合型 *N*- 聚糖（图 48.2），而不与已知的糖

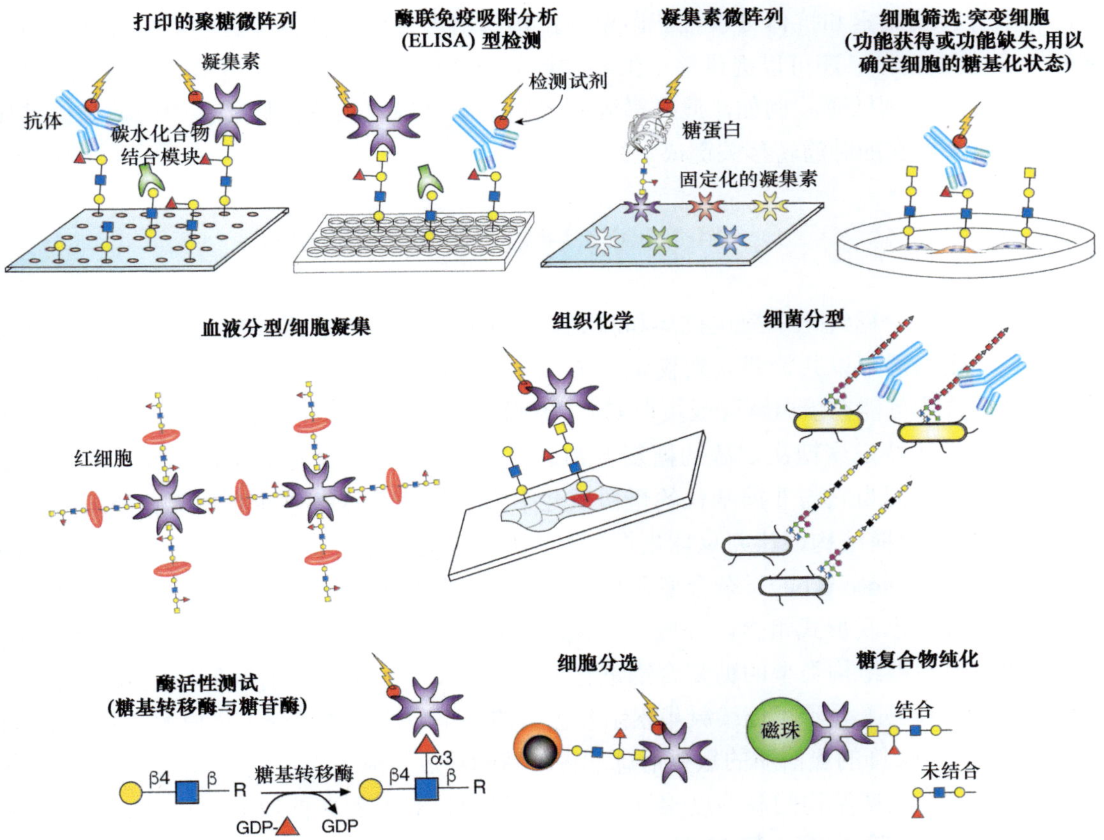

图 48.7　植物和动物凝集素、碳水化合物结合模件及抗体在糖生物学中的不同用途示例。如图所示，许多植物和动物凝集素以多价形式存在，抗体始终以多价形式存在，而碳水化合物结合模件则是单价的。它们可用于检测所有图中所示形式的聚糖结构。缩写：鸟苷二磷酸（GDP），*N*- 聚糖、*O*- 聚糖或糖脂（R）。

脂或 *O*- 聚糖结合。然而，应非常小心地选择适当浓度的凝集素和抗体，以正确使用它们的特异性。

研究人员已经通过多种方法确定了以上每种探针以最高亲和力结合的聚糖决定簇，这些方法包括亲和色谱法、聚糖合成，以及与特定糖复合物、细胞和聚糖微阵列的结合。一个很好的例子是 L- 植物血凝集素（L-PHA），它经常被免疫学家用作刺激静止 T 细胞分裂的有丝分裂剂（mitogen）。L-PHA 起源于**菜豆**（***Phaseolus vulgaris***），该植物还含有 L-PHA 的同工凝集素（isolectin），尤其是 E- 植物血凝集素（E-PHA）。L- 植物血凝集素与某些含有五糖序列 Galβ1-4GlcNAcβ1-2(Galβ1-4GlcNAcβ1-6)Manα1-R（即所谓的“2-6 分支”）的支链复合型 *N*- 聚糖结合，如图 48.2 中聚糖的方框部分所示。奇怪的是，唯一有效抑制 L-PHA 或 E-PHA 的单糖却被发现是 *N*- 乙酰半乳糖胺（GalNAc），尽管这种单糖并非这些凝集素识别的 *N*- 聚糖决定簇的一部分（图 48.2）。L-PHA 的结合被用于识别细胞中特定类型的支链 *N*- 聚糖。在分支 β1-6 *N*- 乙酰葡萄胺转移酶基因（*MGAT5* 和 *MGAT-5B*）缺失的小鼠中，L-PHA 的结合显著降低。其中 *MGAT5* 编码 α1-6 甘露糖基 - 糖蛋白 6-β-*N*- 乙酰葡萄糖胺转移酶 A（α1-6 mannosyl-glycoprotein 6-β-*N*-acetylglucosaminyltransferase A，MGAT5），*MGAT5B* 编码 α1-6 甘露糖基 - 糖蛋白 6-β-*N*- 乙酰葡萄糖胺转移酶 B（α1-6 mannosyl-glycoprotein 6-β-*N*-acetylglucosaminyltransferase B，MGAT-5B）（**第 9 章**）。在许多肿瘤细胞中，能够与 L-PHA 或 E-PHA 结合的糖蛋白的表达量有所增加（**第 47 章**）。类似的研究表明，E-PHA 结合核心部分含有 GlcNAcβ1-4Man-R 的二天线复合型 *N*- 聚糖，该结构由 *N*- 乙酰葡萄糖胺转移酶 III（*N*-acetylglucosaminyltransferase III，MGAT3）产生，并且与 E-PHA 结合的聚糖在一些肿瘤细胞中也会升高。

因此，使用各种凝集素和抗体可以推断出聚糖结构的诸多方面。将各种凝集素和抗体打印在载玻片上的**微阵列**（**microarray**），还可以提供关于细胞和糖复合物糖基化状态的宝贵信息。该方法在确定生物样本的糖基化差异时特别敏感。例如，此类微阵列已经被用来确定黑色素瘤转移中的糖基化差异，最终将核心岩藻糖鉴定为潜在的肿瘤转移关键决定簇。

48.6 抗体和凝集素在聚糖和糖蛋白纯化中的应用

有多种方法可以在聚糖纯化中应用抗体和凝集素，包括亲和色谱法或亲和结合、免疫沉淀或凝集素诱导的沉淀反应。蛋白质可以共价偶联到载体上（如琼脂糖），或者经生物素化在链霉亲和素 - 琼脂糖上实现捕获。此外，抗体可能在蛋白 A（或蛋白 G）- 琼脂糖上实现非共价捕获。然后可以使用这些结合的抗体和凝集素，对表达特定聚糖决定簇的糖复合物进行分离。伴刀豆球蛋白 - 琼脂糖（ConA-sepharose）通常用于分离糖蛋白，因为它与非糖基化的蛋白质几乎没有结合。然而它并非与所有糖蛋白结合，因为它仅能识别特定的 *N*- 聚糖结构。伴刀豆球蛋白 - 琼脂糖也已被用来分离游离的寡糖，以及寡甘露糖型、**多聚甘露糖型**（**polymannose-type**）、杂合型和复合型的二天线 *N*- 聚糖。

可将多种凝集素以串联形式组合，并应用于**亲和色谱**（**affinity chromatography**），以便对动物细胞中包含了大多数主要聚糖结构类型的糖复合物进行分离，糖复合物根据具有共同决定簇的类型可被进一步分离为若干类别。图 48.8 显示了连续凝集素亲和色谱的一个实例。通过分析释放的糖肽来鉴定糖蛋白，可以获得关于携带特定修饰的蛋白质的重要信息。将聚糖的释放与离子交换色谱和高效液相色谱（HPLC）相结合，可以产生具有预期结构的高纯度聚糖，然后可以通过对天然聚糖和全甲基化衍生的聚糖进行质谱分析来进行最终确认（**第 50 章、第 51 章**）。

混合床凝集素色谱法（**mixed-bed lectin chromatography**）使用不同的、固定化的凝集素组合，可用于同时分离所有类型的糖复合物和非糖基化物质（如自多肽中分离糖肽）。亲和色谱和其他色谱技术的结合，对识别和分离糖肽非常有用。因此，依赖于聚糖中特定的结构特征，凝集素对聚糖的识别能力是鉴定和分离聚糖的有力工具。在一些方法中，聚糖在还原端被荧光团和放射性同位素标记，或者可以通过在放射性糖前体（如［2-^{3}H］甘露糖或［6-^{3}H］葡萄糖胺）存在的条件下，对生长的细胞或组织进行

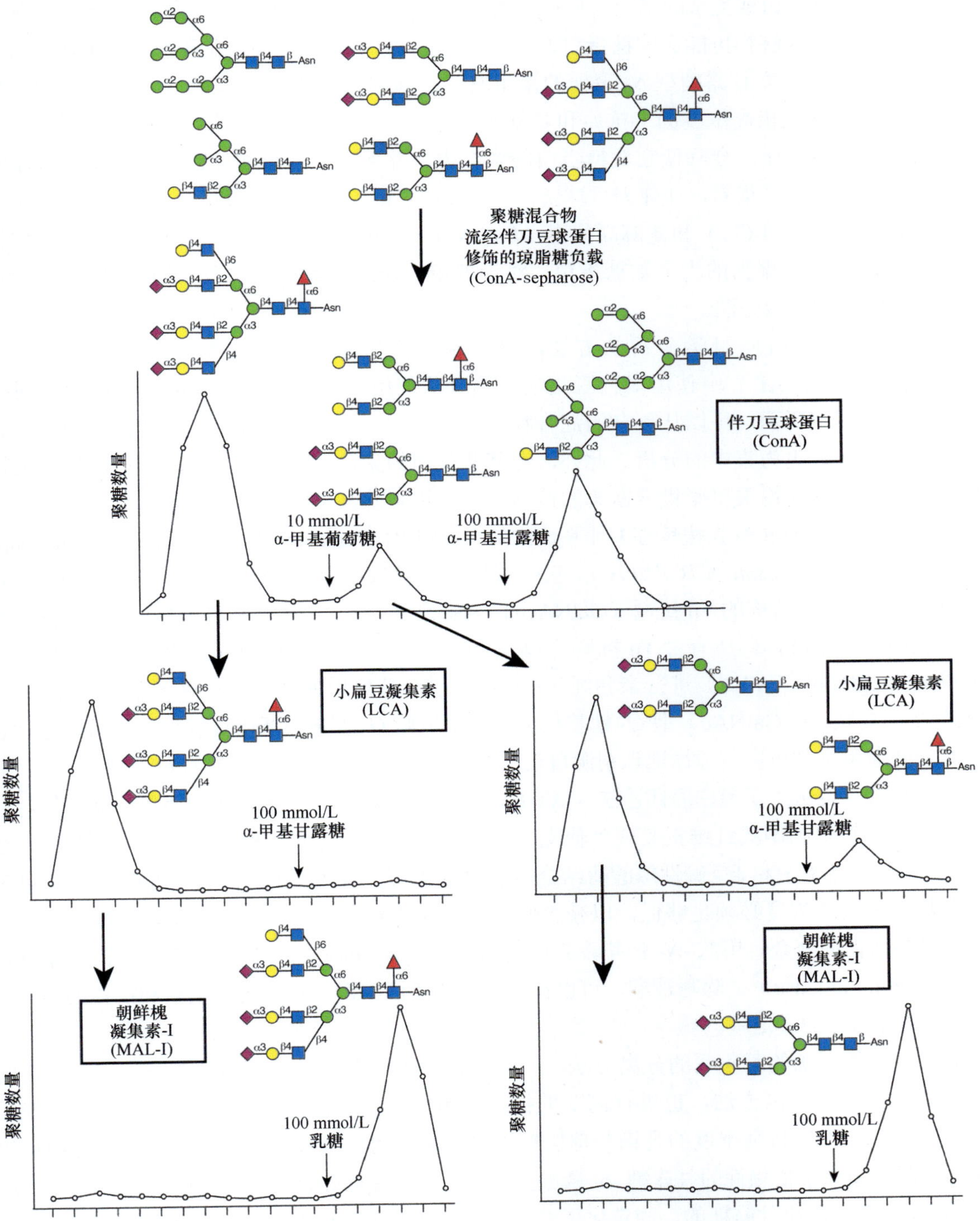

图 48.8 使用不同的、固定化的植物凝集素，对复杂的糖肽混合物进行连续凝集素亲和色谱分析的示例。在本例中，糖肽混合物被上样至已经固定化了伴刀豆球蛋白（ConA）的色谱柱上，结合的聚糖随着半抗原糖（α- 甲基葡萄糖，随后是 α-甲基甘露糖）浓度的增加而被洗脱（箭头）。然后将回收的聚糖上样至已经固定化了小扁豆凝集素（LCA）的第二组色谱柱上，并用半抗原 α- 甲基甘露糖进行洗脱。该过程可在其他固定化的凝集素上进行重复，如朝鲜槐（*Maackia amurensis*）凝集素（MAL），结合的聚糖用半抗原乳糖进行洗脱。每个步骤中所结合的聚糖标识在色谱峰上方。

代谢放射标记（metabolic radiolabeling），获得同位素标记的聚糖。图 48.8 中固定化凝集素上所示的聚糖分级分离（fractionation）过程，目前尚无法用抗体实现，因为目前还没有已知的抗体可以区分聚糖的这种核心结构特征。

当分析完整的糖蛋白或复杂的多糖（如在植物细胞壁中发现的多糖［第 24 章］）与植物凝集素或抗体的相互作用时，数据的解释可能会因糖蛋白 / 多糖的多价性，以及因固定化的凝集素 / 抗体的密度而变得复杂。例如，含有多个高甘露糖型 *N*- 聚糖的糖蛋白，与固定化的伴刀豆球蛋白（ConA）的结合变得异常紧密，以至于即使在极高浓度的半抗原和苛刻的条件下，也很难将结合的糖蛋白洗脱下来。以较低的密度对 ConA 进行固定化，会降低它对糖蛋白的亲合力，并促进了结合配体在较低的糖半抗原浓度下的解离。当联合使用多种凝集素，如伴刀豆球蛋白（ConA）、橙黄网胞盘菌凝集素（*Aleuria aurantia* lectin，AAL）、小扁豆凝集素（LCA）和蓖麻凝集素（*Ricinus communis* agglutinin，RCA）时，可从动物细胞中分离含有 *N*- 聚糖和 *O*- 聚糖的大多数糖蛋白。对于糖蛋白质组学或糖蛋白及其糖基化状态的鉴定而言，这可能是一种潜在的强效方法。

另一种增强糖蛋白质组学分析的方法，是在混合床或**多凝集素亲和色谱（multi-lectin affinity chromatography，M-LAC）**中使用多种凝集素。该方法使用了许多不同的凝集素来识别不同的聚糖特征，如本章前文图中所示。可以从复杂的混合物中分离和富集具有这些选定特征的糖蛋白或糖肽，从而对目标糖复合物进行更为集中的分析。此外，在某些类型的聚糖分析中，基因敲除可能导致聚糖类别坍缩为单一结构，从而使得采用凝集素富集的策略，对于识别感兴趣的糖组特征特别有效。例如，细胞系中编码核心 1 型 β1-3 半乳糖基转移酶 1 特异性伴侣（core 1 β1-3 galactosyltransferase 1-specific chaperone 1，C1GalT1C1，Cosmc）的 *Cosmc*（*C1GALT1C1*）基因的缺失，会导致结构差异很大的 *N*- 乙酰半乳糖胺（GalNAc）型 *O*- 聚糖坍缩为单一结构的 Tn 抗原（GalNAcα1-*O*-Ser/Thr）。这些衍生细胞系被称为 SimpleCell。如果从这些细胞中制备糖肽，则所有含 Tn 抗原的 *O*- 聚糖的糖肽，都可以使用固定化的长柔毛野豌豆凝集素（*Vicia villosa* agglutinin，VVA）进行亲和纯化；然后可以对分离出的糖肽进行序列鉴定。在此种方法中，*O*-*N*- 乙酰半乳糖胺（*O*-GalNAc）型 *O*- 糖基化位点的全细胞 *O*- 糖蛋白质组可以更加容易地进行表征，因为尚没有一套通用试剂可以普适性地识别源自正常细胞糖蛋白上所有不同类型的 *O*- 聚糖。

凝集素和抗体也可用于**蛋白质印迹法（Western blotting）**，以表征蛋白质和脂质的糖基化。样品经电泳或柱色谱后被转移到硝酸纤维素膜或其他支持物上，与生物素化的凝集素或抗体探针结合。结合的凝集素 / 抗体通过与链霉亲和素 - 碱性磷酸酶结合，对发光底物进行转化，实现样品的可视化。在这些方法中，使用的凝集素和抗体浓度必须足够低，以减少假阳性和非特异性的结合，并且需要通过适当的半抗原进行抑制，以确认糖的结合。用肽 -*N*- 糖苷酶 F（peptide *N*-glycosidase F，PNGase F）去除 *N*- 聚糖，或用神经氨酸酶（neuraminidase）去除唾液酸，可以在蛋白质印迹法中消除与特定凝集素和抗体的结合，从而表明凝集素 / 抗体结合的决定簇。

在此，对天然来源的凝集素的分离方法，乃至以在重组蛋白或者某种类型的聚糖识别蛋白的形式所制备的新型凝集素的分离方法，也进行简要的提及。历史上，这种分离方法依托于亲和色谱法。例如，以亲和柱的形式，可以将高密度的乳糖与琼脂糖连接起来，用于分离半乳糖凝集素，而乳糖可以作为半抗原进行洗脱。阳离子依赖性的甘露糖 -6- 磷酸受体（cation-dependent mannose 6-phosphate receptor，CD-MPR），是在含有磷酸化甘露糖的、固定化了酵母甘露聚糖的色谱柱上，通过亲和色谱法分离获得的。凝集素的分离也存在着其他的形式，包括盐析、离子交换色谱、凝胶过滤，以及通过捕获标签如组氨酸标签（His tag）来捕获具有特定标签的重组嵌合体凝集素（recombinant chimeric-lectin）。最近的一种方法利用了“捕获和释放”（capture and release）策略，其中能够被凝集素识别的多价配体被组装起来，由此它们可以捕获目标凝集素，然后可以用过滤或离心等方法分离出与配体形成复合物的凝集素。最后将凝集素从复合物上解离并应用于研究。这些方法中的任何一种与蛋白质组学分析相结合，也可用于鉴定与聚糖结合的新型凝集素和蛋白质复合物。

48.7 聚糖识别蛋白在表征细胞表面糖复合物中的应用

使用抗体、碳水化合物结合模件和凝集素来表征细胞表面糖复合物的经典方法包括组织化学（凝集素）和免疫组化（抗体）、细胞分选流式细胞仪和细胞凝集。在**组织化学（histochemistry）**和**免疫组化（immunohistochemistry）**中，组织像往常一样进行制备和固定，以进行组织学染色，然后与适当的生物素化或过氧化物酶标记的凝集素或抗体一同孵育（糖脂会在标准石蜡包埋过程中损失，需要冷冻切片以进行灵敏检测）。结合的凝集素、碳水化合物结合模件或抗体，随后通过二级试剂（如链霉亲和素 - 过氧化物酶或标记的二级抗体）进行可视化。通常这些方法会产生难以通过其他任何方法获得的信息，例如，它们可以揭示不同聚糖的空间朝向、相对丰度，以及它们理应存在的位置［细胞内和（或）细胞外］。此类研究中的三个重要对照实验是：①使用限定浓度的凝集素、碳水化合物结合模件或抗体，以避免非特异性结合；②通过半抗原的适当抑制，或用糖苷酶破坏预测的目标聚糖，以确认结合的特异性；③使用多种凝集素、碳水化合物结合模件或抗体进一步证实结论。

聚糖凝集素和抗体也已广泛用于**流式细胞术（flow cytometry）**和**细胞分选（cell sorting）**。在此类研究中，细胞与低水平、无凝集性的凝集素或抗体一起孵育，这些凝集素或抗体被生物素化，并与荧光标记的链霉亲和素结合，或直接被荧光标记。然后可以通过流式细胞仪中的荧光来识别结合了凝集素或抗体的细胞，荧光程度可以与结合位点的数量相关联。流式细胞术需要考量的一个关键因素是避免高浓度的凝集素或抗体导致的细胞凝集。使用**共聚焦显微镜（confocal microscopy）**和**电子显微镜（electron microscopy）**时，凝集素和抗体也可用于识别不同聚糖特定的膜定位。

当可用的细胞数量有限时，凝集素和抗体可用于表征细胞表面聚糖。通过使用一组特定的凝集素组，可鉴定独特的聚糖决定簇及其在细胞分化过程中的表达变化，极大地促进了胚胎干细胞中糖基化的研究。该方法最近的一个变体，使用了固定化的凝集素微阵列，在细胞提取物中对荧光标记的糖蛋白进行探测。此类测试可以揭示不同样品之间蛋白质糖基化的微小差异，并深入地了解细胞中存在的聚糖结构。

凝集素最古老的用途之一是用于糖复合物、细胞和膜囊泡制剂的凝集与沉淀。对许多多价可溶性凝集素而言，最简单的试验方法是其对靶细胞的**凝集（agglutination）**（即凝集试验），如红细胞、白细胞，甚至细菌或真菌。凝集试验通常可以很容易地在没有显微镜的情况下进行观察，但也可以在凝集计（aggregometer）等仪器中进行测量。在这些试验中，凝集素溶液被连续稀释，并采用可测量到细胞凝集的最终稀释度的倒数来定义凝集活性。植物和动物凝集素的细菌凝集，通常用于探索表面糖萼和体外培养条件下糖萼的变化，并确定不同菌株或血清型的表型。凝集素沉淀和聚集可用于确定聚糖组成和多糖的整体结构，在细菌、藻类、植物和动物多糖中已经进行了相关测量。

将许多不同的聚糖识别蛋白（包括凝集素和抗体）组合成**凝集素微阵列（lectin microarray）**，是探索细胞糖组的另一种方法。此类阵列含有数十种以微阵列形式固定的特定蛋白质，可以提供有关细胞和糖复合物糖基化状态的宝贵信息。某些来源（如细胞或组织提取物）的荧光标记糖蛋白可以应用于这些阵列，与对照样品相比，其结合模式可以揭示实验材料的糖组特征，例如，揭示唾液酸化、岩藻糖基化的模式，甚至在使用连键特异性试剂时揭示糖残基之间的连键类型。这种方法的优点是可以在微尺度进行操作、技术相对高通量，以及对于两个样品之间不同糖基化的区分精度高。随着全新试剂的不断产生（如全新的凝集素或工程化蛋白），该系统对于全新试剂的包容性也非常出众。

48.8 抗体和凝集素在产生动物细胞糖基化突变体中的应用

凝集素和抗体的一个重要用途是筛选细胞表面聚糖表达发生改变的细胞系，如中国仓鼠卵巢细胞（Chinese hamster ovary，CHO）。常用的凝集素有伴刀豆球蛋白（ConA）、麦胚凝集素（wheat germ agglutinin，WGA）、L- 植物血凝集素（L-PHA）、扁豆凝集素（LCA）、豌豆凝集素（*Pisum sativum* agglutinin，PSA）、E- 植物血凝集素（E-PHA）、蓖麻毒蛋白（ricin）、蒴莲根毒蛋白（modeccin）和相思豆毒蛋白（abrin）。后三种凝集素是通过二硫键结合的异源二聚体蛋白，被归类为 II 型核糖体失活蛋白质。它们包含：一个 A 亚基，构成一种称为*核糖核酸 -N- 糖苷酶*（RNA-*N*-glycosidase）的酶，可使 28S 核糖体失活；一个 B 亚基，是一种可与半乳糖结合的凝集素（**第 31 章**）。其他植物凝集素，如伴刀豆球蛋白、麦胚凝集素或小扁豆凝集素，缺乏具有酶促活性或有毒性的 A 亚基，但仍然通过目前知之甚少的机制对动物细胞产生毒性。其他的凝集素，如大豆凝集素（soybean agglutinin，SBA）和花生凝集素（peanut agglutinin，PNA），对体外培养的动物细胞毒性不高。植物凝集素的一种毒性机制是诱导细胞凋亡，可能是通过阻断细胞中的受体或营养转运功能，或是通过交联细胞凋亡受体诱导了细胞的凋亡。针对特定聚糖的、无细胞毒性的凝集素和抗体，可与蓖麻毒素 A 亚基或其他有毒蛋白结合而产生毒性。使用此类试剂，研究人员已获得了功能丧失（loss-of-function）（如糖基转移酶或糖苷酶的缺失）和功能获得（gain-of-function）（如潜在转移酶基因的激活）的突变体。**第 49 章**介绍了有关体外培养细胞的糖基化突变体的更多详细信息。

48.9 抗体和凝集素在表达克隆糖基转移酶基因中的应用

凝集素和抗体对特定聚糖的特异性，使其特别适用于克隆编码糖基转移酶的基因，或克隆适当的糖基化所需的其他蛋白质（如核苷酸糖转运蛋白）的基因。例如，CHO 细胞和非洲绿猴肾细胞系 COS，缺乏具有末端 α- 半乳糖（α-Gal）残基的聚糖。因此，这些细胞无法结合植物凝集素——加纳谷物同工凝集素 B4（*Griffonia simplicifolia* isolectin B4，GSI-B4）（**图 48.3**）。当用从表达末端 α- 半乳糖残基的细胞（如鼠畸胎癌细胞 F9）中制备的 cDNA 文库进行转染时，摄取了编码同源的 *α1-3 半乳糖转移酶*（α1-3 galactosyltransferase）的质粒并表达末端 α- 半乳糖残基聚糖的细胞，能够与 GSI-B4 进行结合，并且能够被涂有凝集素的孔板鉴定。从结合的细胞中分离质粒，并通过这种技术（被称为表达克隆）不断重复再克隆和再表达的相关过程，鉴定出了编码鼠 α1-3 半乳糖基转移酶（Ggta1）的特定基因。类似的方法使用针对 Lewis x 抗原（SSEA-1）的抗体，实现了对 Lewis 血型糖中编码 α1-3/α1-4 *岩藻糖基转移酶*（α1-3/α1-4FucT，FUT3，FucT-III）的 *FucT-III* 基因的克隆。

在一种相关的方法中，研究人员使用了针对其他聚糖结构的抗体和凝集素及野生型 CHO 细胞和 CHO 突变体，成功鉴定出了编码多种其他糖基转移酶的基因，包括一些参与鞘糖脂延长和核苷酸糖转运蛋白的基因，如胞苷一磷酸 -*N*- 乙酰神经氨酸（CMP-Neu5Ac）转运蛋白。这种基于凝集素筛选的方法也适用于酵母。例如，通过对 *N- 乙酰葡萄糖胺转移酶*（*N*-acetylglucosaminyltransferase，GlcNAcT）缺陷的酵母进行表达克隆，研究人员确定了编码酵母中 *N*- 乙酰葡萄糖胺转移酶的基因。**乳酸克鲁维酵母**（*Kluyveromyces lactis*）的甘露聚糖（mannan）链通常含有一些末端 *N*- 乙酰葡萄糖胺（GlcNAc）残基，可以被识别末端 *N*- 乙酰葡糖胺残基的植物凝集素——加纳谷物凝集素 II（*Griffonia simplicifolia* lectin II，GSL-II）结合（**图 48.4**）。缺乏 *N*- 乙酰葡萄糖胺转移酶和末端 *N*- 乙酰葡萄糖胺残基的甘露糖蛋白（mannoprotein）的突变体由此获得了确认。用含有编码 *N*- 乙酰葡萄糖胺转移酶（GlcNAcT）基因的 DNA 对酵母进行转化（transformation），产生了能够与荧光标记的 GSL-II 发生结合的酵母克隆株。该策略被用于鉴定编码 GlcNAcT 的基因。通过在 Lec8 CHO 细胞中进行表达克隆，研究人员还鉴定了**利什曼原虫属**（***Leishmania***）和**拟南芥属**（***Arabidopsis***）中尿苷二磷酸 - 半乳糖（UDP-Gal）的转运蛋白。这些细胞的内源性尿苷二磷酸 - 半乳糖转运蛋白发生了突变，因此其细胞表面缺乏含有半乳糖的聚糖。对于来自拟南芥的尿苷二磷酸 - 半乳糖转运蛋白，研究人员向 Lec8 细胞共转染了编码了拟南芥尿苷二磷酸 - 半乳糖转运蛋白推定基因的 cDNA 文库，以及可导致合成的 HNK 表位（该表位能够与特定抗体结合）上不具有硫酸化修饰，即 GlcAβ1-3Galβ-R（图 48.6）结构的葡萄糖醛酸转移酶基因。通过这一鉴定策略，研究人员成功获得了来自拟南芥的几种尿苷二磷酸 - 半乳糖转运蛋白的表达克隆。

CHO 和 COS 细胞系也可用于表征通过其他方法鉴定出的新型糖基转移酶基因的活性。例如，编码 α1-2/α1-3 岩藻糖基转移酶（α1-2/α1-3 fucosyltransferase）的候选岩藻糖基转移酶基因，已在缺乏这些酶的 CHO 和 COS 细胞中进行了表达。这些酶的表达，随之引起了能够被特定抗体和凝集素识别的抗原在这些细胞表面的表达。对于 α1-2 岩藻糖基转移酶而言，这些抗原包括 H 抗原（H antigen）；对于 α1-3 岩藻糖基转移酶而言，这些抗原包括 Lewis x（Le^x）和唾液酸化 Lewis x（SLe^x）。

48.10 抗体和凝集素在糖基转移酶及糖苷酶检测中的应用

凝集素和针对聚糖抗原的抗体可用于检测特定的糖基转移酶和糖苷酶（图 48.7）。固定化的凝集素已被用于分离糖基转移酶测试后的终产物，如麦胚凝集素（WGA）上的壳多糖（chitin polysaccharide）或混合床凝集素色谱柱上的糖基化多肽。对合成 Le^x 和 SLe^x 抗原的 α1-3 岩藻糖基转移酶的检测，可基于针对这些抗原的固定化抗体所捕获的产物，或在**酶联免疫吸附分析**（**enzyme-linked immunosorbent assay，ELISA**）类型的检测中基于抗体与已经被固定的岩藻糖基化产物的结合，或在流式细胞仪中基于对经过酶修饰后形成的、能够被抗体或凝集素识别的全新聚糖结构的微球所进行的检测。同样地，可以在酶联免疫吸附分析和 BIAcore（一种表面等离子体共振体系）（**第 29 章**）体系中，使用固定化的受体对 α2-3 唾液酰基转移酶（α2-3 sialyltransferase）和 α2-6 唾液酰基转移酶（α2-6 sialyltransferase）进行检测，酶催化产物则可以用与 α2-3 唾液酸化产物结合的朝鲜槐凝集素（*Maackia amurensis* Lectin，MAL）或与 α2-6 唾液酸化产物结合的西洋接骨木凝集素（SNA）进行检测。类似地，对于 α1-3 半乳糖基转移酶（α1-3 galactosyltransferase），研究人员已经使用固定化的受体，以酶联免疫吸附分析的形式完成了测试，与 α1-3 半乳糖基化产物结合的加纳谷物同型凝集素 B4（GSI-B4）或白果槲寄生凝集素（*Viscum album* agglutinin，VAA）可在该体系下用于产物的检测。糖蛋白特异性的 β1-4 *N*- 乙酰半乳糖胺转移酶（β1-4 *N*-acetylgalactosaminyltransferase），已经使用溶液中的糖蛋白受体进行了测定，通过微孔板中的特异性单克隆抗体对溶液中的糖蛋白受体进行捕获后，用多花紫藤凝集素（*Wisteria floribunda* agglutinin，WFA）进行酶联免疫吸附分析类型的检测，该凝集素与该酶催化产生的、末端 β1-4 连接的 *N*- 乙酰半乳糖胺（GalNAc）残基能够发生特异性结合。相反，可以通过测量凝集素或抗体结合过程的增减来进行糖苷酶的检测。例如，花生凝集素（PNA）与 *O*- 聚糖中非唾液酸化的 Galβ1-3GalNAcα1-Ser/Thr 结合，可通过测量红细胞的凝集试验来测量细菌的唾液酸酶。许多微生物水解酶已经进化出在结构复杂的情况下［如植物细胞壁（**第 24 章**）］攻击它们底物的能力。多种多样的**聚糖定向探针**（**glycan-directed probe**）使得对这些作用于生物学相关结构的酶进行详细表征成为了可能，进而可以对其催化活性产生全新的认识。考虑到这里描述的聚糖定向探针的特异性，很容易设想出其他表征方法，使用凝集素、碳水化合物结合模件和抗体，对特定糖苷酶和糖基转移酶的催化产物进行检测。

延伸阅读

Hakomori S. 1984. Tumor-associated carbohydrate antigens. *Annu Rev Immunol* **2**: 103-126.

Merkle RK, Cummings RD. 1987. Lectin affinity chromatography of glycopeptides. *Methods Enzymol* **138**: 232-259.

Osawa T, Tsuji T. 1987. Fractionation and structural assessment of oligosaccharides and glycopeptides by use of immobilized lectins. *Annu Rev Biochem* **56**: 21-42.

Osawa T. 1988. The separation of immunocyte subpopulations by use of various lectins. *Adv Exp Med Biol* **228**: 83-104.

Esko JD. 1992. Animal cell mutants defective in heparan sulfate polymerization. *Adv Exp Med Biol* **313**: 97-106.

Kobata A, Endo T. 1992. Immobilized lectin columns: useful tools for the fractionation and structural analysis of oligosaccharides. *J Chromatogr* **597**: 111-122.

Cummings RD. 1994. Use of lectins in analysis of glycoconjugates. *Methods Enzymol* **230**: 66-86.

Knox JP. 1997. The use of antibodies to study the architecture and developmental regulation of plant cell walls. *Int Rev Cytol* **171**: 79-120.

Lis H, Sharon N. 1998. Lectins: carbohydrate-specific proteins that mediate cellular recognition. *Chem Rev* **98**: 637-674.

Bush CA, Martin-Pastor M, Imberty A. 1999. Structure and conformation of complex carbohydrates of glycoproteins, glycolipids, and bacterial polysaccharides. *Annu Rev Biophys Biomol Struct* **28**: 269-293.

Morgan WT, Watkins WM. 2000. Unravelling the biochemical basis of blood group ABO and Lewis antigenic specificity. *Glycoconj J* **17**: 501-530.

Rüdiger H, Gabius HJ. 2001. Plant lectins: occurrence, biochemistry, functions and applications. *Glycoconj J* **18**: 589-613.

Goldstein IJ. 2002. Lectin structure-activity: the story is never over. *J Agric Food Chem* **50**: 6583-6585.

Madera M, Mechref Y, Novotny MV. 2005. Combining lectin microcolumns with high-resolution separation techniques for enrichment of glycoproteins and glycopeptides. *Anal Chem* **77**: 4081-4090.

Paschinger K, Fabini G, Schuster D, Rendic D, Wilson IB. 2005. Definition of immunogenic carbohydrate epitopes. *Acta Biochim Pol* **52**: 629-632.

Akama TO, Fukuda MN. 2006. N-Glycan structure analysis using lectins and an α-mannosidase activity assay. *Methods Enzymol* **416**: 304-314.

Lehmann F, Tiralongo E, Tiralongo J. 2006. Sialic acid-specific lectins: occurrence, specificity and function. *Cell Mol Life Sci* **63**: 1331-1354.

Maeda Y, Ashida H, Kinoshita T. 2006. CHO glycosylation mutants: GPI anchor. *Methods Enzymol* **416**: 82-205.

Patnaik SK, Stanley P. 2006. Lectin-resistant CHO glycosylation mutants. *Methods Enzymol* **416**: 159-182.

Jokilammi A, Korja M, Jakobsson, Finne J. 2007. Generation of lectins from enzymes: use of inactive endosialidase for polysialic acid detection. In *Lectins: analytical technologies* (ed. Nilsson CL.). Elsevier Science, Amsterdam.

Varki NM, Varki A. 2007. Diversity in cell surface sialic acid presentations: implications for biology and disease. *Lab Invest* **87**: 851-857.

Cummings RD. 2009. The repertoire of glycan determinants in the human glycome. *Mol Biosyst* **5**: 2-12.

von Schantz L, Gullfot F, Scheer S, Filonova L, Gunnarsson LC, Flint JE, Daniel G, Nordberg-Karlsson E, Brumer H, Ohlin M. 2009. Affinity maturation generates greatly improved xyloglucan-specific carbohydrate binding modules. *BMC Biotechnology* **9**: 92.

Pattathil S, Avci U, Baldwin D, Swennes AG, McGill JA, Popper Z, Bootten T, Albert A, Davis RH, Chennareddy C, et al. 2010. A comprehensive toolkit of plant cell wall glycan-directed monoclonal antibodies. *Plant Physiol* **153**: 514-525.

Lam SK, Ng TB. 2011. Lectins: production and practical applications. *Appl Microbiol Biotechnol* **89**: 45-55.

Steentoft C, Vakhrushev SY, Vester-Christensen MB, Schjoldager KT, Kong Y, Bennett EP, Mandel U, Wandall H, Levery SB, Clausen H. 2011. Mining the O-glycoproteome using zinc-finger nuclease-glycoengineeered SimpleCell lines. *Nat Methods* **8**: 977-982.

Pedersen HL, Fangel JU, McCleary B, Ruzanski C, Rydahl MG, Ralet M-C, Farkas V, von Schantz L, Marcus SE, Andersen MCF, et al. 2012. Versatile high resolution oligosaccharide microarrays for plant glycobiology and cell wall research. *J Biol Chem* **287**: 39429-39438.

Gilbert HJ, Knox JP, Boraston AB. 2013. Advances in understanding the molecular basis of plant cell wall polysaccharide recognition by carbohydrate-binding modules. *Curr Opin Struct Biol* **23**: 669-677.

Hong X, Ma MZ, Gildersleeve JC, Chowdhury S, Barchi JJ Jr, Mariuzza RA, Murphy MB, Mao L, Pancer Z. 2013. Sugar-binding proteins from fish: selection of high affinity "lambodies" that recognize biomedically relevant glycans. *ACS Chem Biol* **8**: 152-160.

Ribeiro JP, Mahal LK. 2013. Dot by dot: analyzing the glycome using lectin microarrays. *Curr Opin Chem Biol* **17**: 827-831.

Smith DF, Cummings RD. 2013. Application of microarrays for deciphering the structure and function of the human glycome. *Mol Cell Proteomics* **12**: 902-912.

Akkouh O, Ng TB, Singh SS, Yin C, Dan X, Chan YS, Pan W, Cheung RC. 2015. Lectins with anti-HIV activity: a review. *Molecules* **20**: 648-668.

Broecker F, Anish C, Seeberger PH. 2015. Generation of monoclonal antibodies against defined oligosaccharide antigens. *Methods Mol Biol* **1331**: 57-80.

Oliveira C, Varvalho V, Domingues L, Gama FM. 2015. Recombinant CBM-fusion technology—applications overview. *Biotech Adv* **22**: 358-369.

Pattathil S, Avci U, Zhang T, Cardenas CL, Hahn MG. 2015. Immunological approaches to biomass characterization and utilization. *Front Bioeng Biotechnol* **3**: 173.

Blackler RJ, Evans DW, Smith DF, Cummings RD, Brooks CL, Baulked T, Liu X, Evans SV, Müller-Lennies S. 2016. Single-chain antibody-fragment M6P-1 possesses a mannose 6-phosphate monosaccharide-specific binding pocket that distinguishes N-glycan phosphorylation in a branch-specific manner. *Glycobiology* **26**: 181-192.

Ribeiro JP, Pau W, Pifferi C, Renaudet O, Varrot A, Mahal LK, Inberty A. 2016. Characterization of a high-affinity sialic acid-specific CBM40 from Clostridium perfringens and engineering of a divalent form. *Biochem J* **473**: 2109-2118.

Ruprecht C, Bartetzko MP, Senf D, Dallabernardina P, Boos I, Andersen MCF, Kotake T, Knox JP, Hahn MG, Clausen MH, Pfrengle F. 2017. A synthetic glycan microarray enables epitope mapping of plant cell wall glycan-directed antibodies. *Plant Physiol* **175**: 1094-1104.

Walker JA, Pattathil S, Bergeman LF, Beebe E, Deng K, Mirzai M, Northen TR, Hahn MG, Fox BG. 2017. Glycome profiling of enzyme specificity during hydrolysis of plant cell walls. *Biotechnol Biofuels* **10**: 31.

Mahajan S, Ramya TNC. 2018. Nature-inspired engineering of an F-type lectin for increased binding strength. *Glycobiology* **28**: 933-948.

Hirabayashi J, Arai R. 2019. Lectin engineering: the possible and the actual. *Interface Focus* **9**: 20180068.

Narimatsu Y, Joshi HJ, Schjoldager KT, Hintze J, Halim A, Steentoft C, Nason R, Mandel U, Bennett EP, Clausen H, Vakhrushev SY. 2019. Exploring regulation of protein O-glycosylation in isogenic human HEK293 cells by differential O-glycoproteomics. *Mol Cell Proteomics* **18**: 1396-1409.

McKitrick TR, Eris D, Mondal N, Aryal RP, McCurley N, Heimburg-Molinaro J, Cummings RD. 2020. Antibodies from lampreys as smart anti-glycan reagents (SAGRs): perspectives on their specificity, structure, and glyco-genomics. *Biochemistry* **59**: 3111-3122.

Riley NM, Bertozzi CR, Pitteri SJ. 2020. A pragmatic guide to enrichment strategies for mass spectrometry-based glycoproteomics. *Mol Cell Proteomics* **20**: 100029.

Welch CJ, Talaga ML, Kadav PD, Edwards JL, Bandyopadhyay P, Dam TK. 2020. A capture and release method based on noncovalent ligand cross-linking and facile filtration for purification of lectins and glycoproteins. *J Biol Chem* **295**: 223-236.

Chen S, Qin R, Mahal LK. 2021. Sweet systems: technologies for glycomic analysis and their integration into systems biology. *Crit Rev Biochem Mol Biol* **56**: 301-320.

第 49 章

体外培养哺乳动物细胞的糖基化突变体

杰弗里·D. 艾斯科（Jeffrey D. Esko），汉斯·H. 旺德尔（Hans H. Wandall），帕梅拉·斯坦利（Pamela Stanley）

49.1 历史 / 639
49.2 糖基化突变体的分离 / 640
49.3 具有糖基化突变的小鼠或人类细胞系 / 642
49.4 隐性糖基化突变体 / 643
49.5 显性糖基化突变体 / 644
49.6 糖基磷脂酰肌醇锚生物合成中的突变体 / 645
49.7 蛋白聚糖组装中的突变体 / 645
49.8 糖脂或 *O*- 聚糖合成中存在缺陷的突变体 / 646
49.9 哺乳动物糖基化突变体的用途 / 647
致谢 / 648
延伸阅读 / 648

伴随着遗传策略的应用，研究人员分离出具有聚糖合成异变（alteration）的哺乳动物细胞和酵母的突变体，对真核生物糖基化途径的理解也进入了“快车道”。本章回顾了用于分离哺乳动物细胞糖基化突变体的方法，以及可以从选择（selection）和筛选（screen）等过程中获得的突变体的多样性，同时简要讨论了糖基化突变体在解析聚糖的功能和糖基化工程中的应用。本章中描述的多种细胞系都可以通过美国标准生物品收藏中心（American Type Culture Collection，ATCC）获得。

49.1 历史

研究人员利用细菌和酵母的遗传学成功分离了它们的突变体，并且成功确立了生化途径，引领了 20 世纪 60 年代后期研究人员使用哺乳动物细胞进行体细胞遗传学的工作进展。两个独立的研究小组选择了中国仓鼠卵巢细胞（Chinese hamster ovary，CHO），用于分离稳定突变体的初始实验。体细胞的遗传学策略很早就被应用于糖生物学，在糖蛋白生物合成中产生了大量的突变体，后来在蛋白聚糖、糖基磷脂酰肌醇（GPI）锚和糖脂的生物合成中也产生了诸多的突变体。在哺乳动物细胞中分离获得的糖基化突变体，使得阐明聚糖合成和降解的途径，以及识别、分离和描绘结构基因及调控基因成为可能。因此，CHO 细胞成为破译糖基化途径的实验所关注的焦点，重要的是，CHO 细胞可以作为突变体宿主细胞，用于生产具有修饰后聚糖链的病毒和糖蛋白。这一点已被证明对生物技术行业极为有利，因为大多数重组疗法的药物都是糖蛋白。目前，CHO 细胞和 CHO 细胞糖基化突变体已经是生物技术行业的主力军。它们极其有用，因为这些细胞系和突变体仅产生少量（如果有的话）的、会引起不良抗体产生的非人类聚糖或聚糖修饰，因此变得十分有用。酵母中保守的糖基化途径，也经由类似的方法进行了描述（**第 23 章**）。

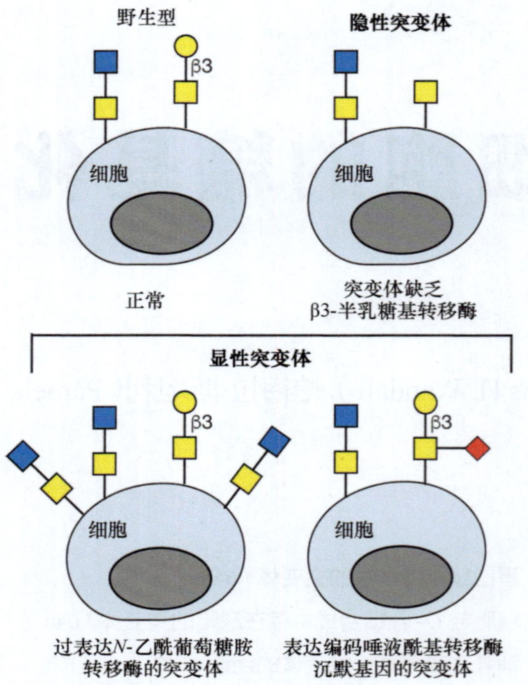

图 49.1 通过隐性和显性糖基化突变，产生细胞表面的聚糖异变。

任何细胞类型的突变体，通常会在紧靠生物途径阻滞点的上游累积前体，从而揭示出其底物的结构。对突变体等位基因的测序，揭示了可能导致糖基化表型的特定突变。在大多数情况下，突变引起**功能缺失**（loss-of-function），它们会降低或消除途径中的酶的活性；但也有**功能获得**（gain-of-function）的突变，能够激活沉默的糖基化基因，提高现有活性的表达，亦或使负调控因子失活（图 49.1）。在几乎所有情况下，糖基化突变都会导致细胞表面糖复合物上出现异变的聚糖链，并导致将聚糖结构与功能联系起来的细胞特性发生改变。虽然使用**成簇规律间隔短回文重复序列 / 关联蛋白 9**（CRISPR/Cas9）或**转录激活因子样效应物核酸酶**（transcription activator-like effector nuclease，TALEN）的基因编辑技术，是目前引入削弱或消除糖基化基因突变的首选方法（**第 27 章**、**第 56 章**），但最初这些方法并未考虑到那些在遗传筛选中出现的、偶发的突变体。随后，研究人员使用逆转录病毒基因捕获（retroviral gene trap）诱变的 HAP1（单倍体）人类细胞进行了基因筛选。这种无偏见的筛选，最终鉴定出多个以前未知的糖基化基因。然而，近年来 CRISPR 工具的发展和全基因组文库的产生，使得在非单倍体细胞系中进行功能缺失性和功能获得性筛选成为了可能，为发现影响细胞糖基化的全新基因提供了一个无偏差的策略（图 49.2）。

49.2 糖基化突变体的分离

体外培养的细胞突变速率很低（每代每个基因座的突变个数＜ 10^{-6}）。在 CHO 细胞中，一些基因座是功能性单倍体（单拷贝），而在 HAP1 人类细胞中，基本上所有的基因座都是单倍体，这意味着**单次基因改变**（single hit）就可产生隐性突变体。然而，典型的哺乳动物细胞是二倍体，而永生化细胞往往是超倍体，因此发现隐性突变体的频率很低。为了大大增加找到所需突变体的概率，可以通过化学（如烷基化试剂）、物理（如电离辐射）或生物（如病毒）诱变剂处理细胞来诱发突变，或者更为实际的方法是使用 CRIPSR/Cas9 全基因组文库或重点文库进行慢病毒转导。无论用什么方法诱导突变，通常都需要选择或富集过程，以找到带有所需糖基化表型的罕见隐性或显性突变体（图 49.1）。例如，针对与细胞表面聚糖结合的细胞毒性植物凝集素（**第 31 章**、**第 32 章**）的抗性进行直接选择，可以获得一系列的糖基化突变体。重要的是，由于特定糖的丢失，许多对一种或多种凝集素产生抗性的突变体，转而对另一组识别突变后所暴露出的糖残基的凝集素变得超级敏感（图 49.2）。后一种方法可用于在原始突变体群中选择出回复突变体。对于无毒的凝集素，也可以通过包括流式细胞术在内的各种方法，富集与凝集素结合的突变体。使用凝集素作为选择试剂，研究人员已经鉴定出影响糖基化反应所有阶段（包括核苷酸糖的生成和运输）的突变。

原则上，任何聚糖结合蛋白（glycan-binding protein，GBP）、抗体或其他能识别细胞表面聚糖或糖蛋白的试剂，都可以用于分离具有糖基化缺陷的突变体（图 49.2）。当细胞毒性凝集素无法获得时，可以将聚糖结合蛋白或蛋白质结构域与不能独立进入细胞，但可以在进入后杀死细胞的毒素进行偶合，从而

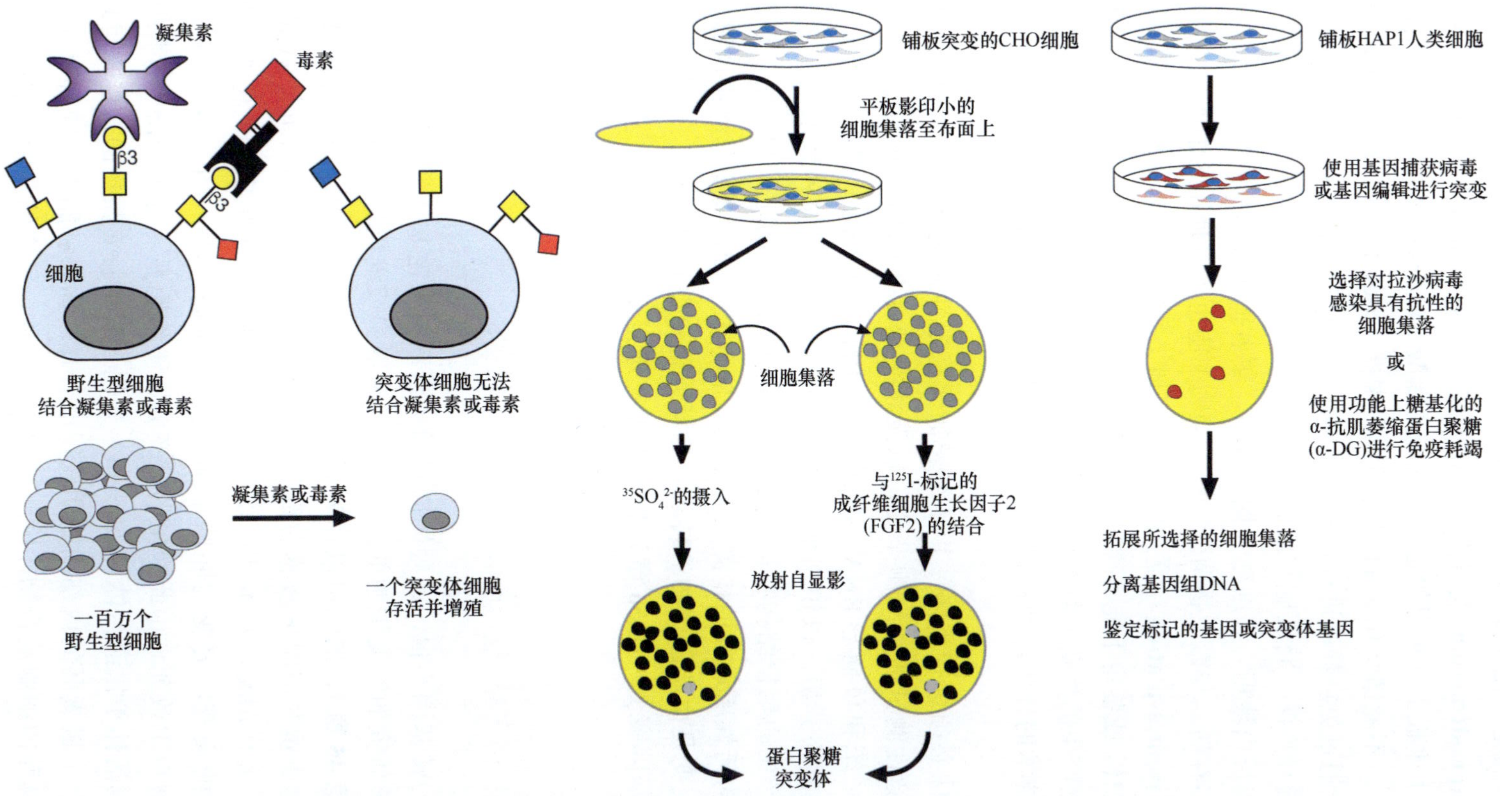

图 49.2　糖基化突变体的选择过程。与特定糖残基结合的细胞毒性凝集素或试剂可用于筛选抗性细胞（左）。使用平板影印法筛选突变体。塑料培养瓶中的细胞被转移到培养皿上，并筛选出那些整合了放射性前体、与凝集素和抗体结合，或在直接酶学测试中出现缺陷的细胞。突变体应为缺乏强信号的细胞群落（中）。可通过感染基因捕获逆转录病毒，对 HAP1 人类单倍体细胞进行诱变，并筛选出对拉沙假病毒（它需要糖基化的 α- 抗肌萎缩蛋白聚糖来感染细胞）具有抗性的细胞，或对糖基化的 α- 抗肌萎缩蛋白聚糖进行免疫耗竭（右）。

应用于突变体的筛选。例如，碱性成纤维细胞生长因子 - 皂草毒蛋白复合物（FGF2-saporin complex）已被用于选择缺乏硫酸乙酰肝素（HS）的突变体。荧光标记的凝集素、抗体或配体，可用于因富集结合能力不足，或因细胞表面抗原的糖基化异变，或因表达量减少而获得了全新结合能力的突变体。**平移淘选（panning）**或**免疫耗竭（immunodepletion）**是筛选中的相关技术。例如，将成纤维细胞生长因子 2（fibroblast growth factor 2，FGF2）置于平板上，可以筛选出不能产生硫酸乙酰肝素蛋白聚糖的突变细胞，它们不能黏附在 FGF2 涂布的平板上。不能糖基化 α- 抗肌萎缩蛋白聚糖（α-dystroglycan）的 HAP1 细胞，无法结合特定的单克隆抗体，可以通过免疫耗竭进行富集（图 49.2）。**辐射自杀法（radiation suicide）**是获得糖基化突变体的另一种直接选择方法。将细胞与放射性糖、硫酸盐或其他高放射性的前体进行共孵育，会产生标记的糖蛋白、糖脂或蛋白聚糖。在细胞长期存放后，辐射损伤会杀死野生型细胞，而放射性标签掺入率减少的突变体则能够存活。与微生物菌落一样，动物细胞也可以使用聚酯或尼龙制成的多孔布作为副本进行**平板影印培养（replica-plating）**（图 49.2）。培养皿上的细胞集落（colony）可用于鉴定那些放射性前体掺入量减少的突变体，或鉴定不能与凝集素、抗体或生长因子结合的突变体。该技术的改进版本，可以通过直接测定培养皿上产生的集落裂解物中的活性来检测影响特定酶的突变体。虽然该技术具有很强的特异性，但受限于该技术的体量，使得稀有突变体的检测非常困难，并且通常需要在筛选前进行诱变。

由该方法产生的细胞株必须进行克隆，并仔细表征其稳定性及突变的生化和分子基础。其他的遗传分析包括用于显性 / 隐性测试的体细胞杂交，以及将突变体分配到不同的遗传互补组。具体而言，当使用 CRISPR/Cas9 系统和单向导 RNA（single-guide RNA，sgRNA）引入突变时，可以通过对富集的 sgRNA 群进行深度测序分析，以识别受影响的基因。无论使用何种技术来分离突变体，生化分析都涉及突变体细胞所产生的聚糖结构特征（**第 50 章**）、中间产物的定量和分析，以及根据突变体的特性对认为缺失或获得的活性所进行的检测。鉴定突变的分子基础，需要分离出能够恢复突变体表型的互补 cDNA，并确定突变是由基因产物的转录、翻译或稳定性缺陷引起，还是由基因编码区的错义或无义突变引起。靶向基因突变（**第 56 章**）也可用于在选定突变体中鉴定出基因后，对表型进行验证。

49.3 具有糖基化突变的小鼠或人类细胞系

过度表达糖基化基因的转基因小鼠，或因靶向基因失活而缺乏糖基化活性的突变小鼠（**第 27 章**、**第 56 章**），是进行糖生物学研究的突变细胞的来源。成纤维细胞或淋巴母细胞可以很容易地从患有糖基化障碍的人体中获得（**第 45 章**）。细胞可以作为原代培养物生长，或通过病毒转化进行永生化。通过将突变小鼠与在每个细胞中携带对温度敏感的猿猴空泡病毒 40（Simian virus 40，SV40）T 抗原的永生化小鼠（Immortomouse）进行杂交，基本上可以从任何细胞类型中衍生出永生化的突变细胞系。对于导致胚胎在妊娠期死亡的突变，突变的胚胎干细胞（embryonic stem cell，ES cell）可以来源于囊胚，只要突变不会导致细胞自主致死。由此产生的突变胚胎干细胞系，可用于研究胚胎样细胞在体外培养时特定聚糖的功能，或活体小鼠**嵌合体（chimera）**分化过程中特定聚糖的功能。可通过将野生型或突变型胚胎干细胞注射到小鼠囊胚的内部细胞团获得嵌合体。如果胚胎干细胞得以存活，则产生的小鼠是源自胚胎干细胞和囊胚的细胞混合物，因此被称为嵌合体。突变的胚胎干细胞对所有组织的贡献可能有所不同。例如，缺乏编码 α1-3 甘露糖基 - 糖蛋白 2-β-*N*- 乙酰葡萄糖胺转移酶（α1-3 mannosyl-glycoprotein 2-β-*N*-acetylglucosaminyltransferase，MGAT1）基因的胚胎干细胞，无法制造复合型或杂合型 *N*- 聚糖（**第 9 章**），但它们能够在体外培养的类胚体（embryoid body）中正常分化成多种细胞类型。然而在导入囊胚后，缺乏 MGAT1 的胚胎干细胞无法对嵌合体胚胎中支气管上皮的组织层产生贡献。

来自糖基化缺陷患者的永生化成纤维细胞，可用于研究潜在的聚糖缺陷（**第 45 章**）。从糖基化障碍患者的成纤维细胞中提取的诱导多能干细胞，为获得各种分化的细胞系以供进一步研究提供了另一种方法。使用精确的基因工程工具可以纠正患者来源的成纤维细胞中的基因突变，从而创造出成对的等基因细胞系（isogenic cell line），用于比较研究。另外，也可以通过在所选的细胞或细胞系中引入患者特异性的突变来产生此类等基因对（**第 56 章**）。

49.4 隐性糖基化突变体

研究人员将对细胞毒性植物凝集素具有抗性的罕见突变体进行分离，基于这一选择方案已经产生了大量的糖基化突变体，这些突变体在聚糖合成的不同方面受到影响（**表 49.1**）。有些突变会影响几种类型的聚糖，如核苷酸糖的形成减少或进入高尔基体的核苷酸糖运输减少的突变体。例如，Lec8 突变体细胞中的尿苷二磷酸 - 半乳糖（UDP-Gal）转运蛋白缺陷，影响了半乳糖向糖蛋白上的 *O*- 聚糖、*N*- 聚糖、糖胺聚糖（GAG）和糖脂的转移。LdlD 突变体在这一点上特别有趣，因为它缺乏负责将尿苷二磷酸 - 葡萄糖（UDP-Glc）转化为尿苷二磷酸 - 半乳糖（UDP-Gal），以及将尿苷二磷酸 -*N*- 乙酰葡萄糖胺（UDP-GlcNAc）转化为尿苷二磷酸 -*N*- 乙酰半乳糖胺（UDP-GalNAc）的差向异构酶（**图 49.3**）。由于存在将半乳糖和 *N*- 乙酰半乳糖胺导入细胞的补救途径（**第 5 章**），因此可以通过营养补充这两种糖中的任何一种来控制 ldlD 细胞中不同类别聚糖的组成。糖基转移酶基因的突变可能会降低酶的活性，或是影响其动力学特性（如 Lec1A 细胞系；**表 49.1**），或影响其亚细胞定位（如 Lec4A；**表 49.1**）。对突变体等位基因进行测序，为基因的进一步定点诱变提供了线索，以便确定出催化或区室化所需蛋白质的重要功能域。

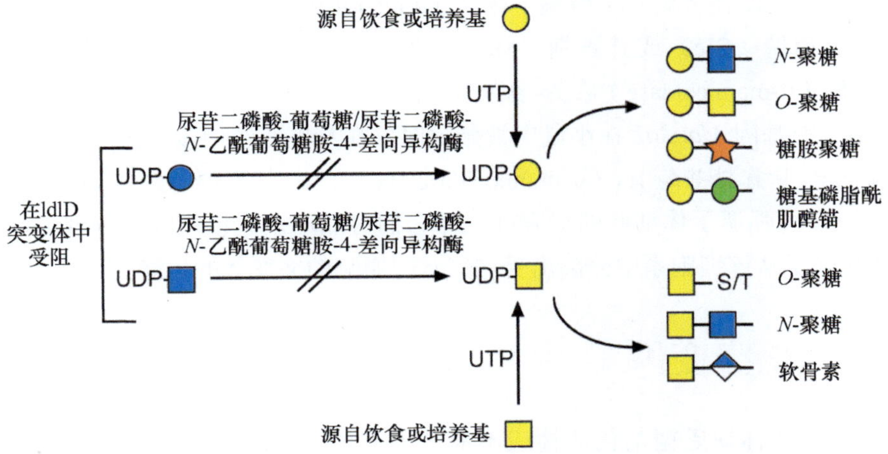

图 49.3 在 ldlD 突变体中国仓鼠卵巢细胞（CHO）中，尿苷二磷酸 - 葡萄糖 / 尿苷二磷酸 -*N*- 乙酰葡萄糖胺 -4- 差向异构酶（UDP-Glc/UDP-GlcNAc-4-epimerase）也称尿苷二磷酸 - 半乳糖 -4- 差向异构酶（UDP-Gal-4-epimerase）或 GALE，其突变阻止了尿苷二磷酸 - 半乳糖（UDP-Gal）和尿苷二磷酸 -*N*- 乙酰半乳糖胺（UDP-GalNAc）的生成，使得半乳糖和 *N*- 乙酰半乳糖胺无法添加到任何聚糖上。通过替代途径产生尿苷二磷酸 - 半乳糖或尿苷二磷酸 -*N*- 乙酰半乳糖胺的补救反应，可以不同程度地挽救尿苷二磷酸 - 半乳糖或尿苷二磷酸 -*N*- 乙酰半乳糖胺的生成。缩写：丝氨酸 / 苏氨酸（S/T），尿苷二磷酸（UDP），尿苷三磷酸（UTP）。

表 49.1 隐性糖基化突变体示例

突变体	生化缺陷	突变基因	糖基化表型
Lec32（CHO）	胞苷一磷酸 -*N*- 乙酰神经氨酸（CMP-NeuAc）合成酶	*Cmah*	减少胞苷一磷酸 -*N*- 乙酰神经氨酸的合成；聚糖缺乏末端唾液酸；糖链以半乳糖终止
Lec2（CHO）	胞苷一磷酸 -*N*- 乙酰神经氨酸（CMP-NeuAc）转运蛋白	*Slc35a1*	减少胞苷一磷酸 -*N*- 乙酰神经氨酸向高尔基体的转运；聚糖缺乏末端唾液酸；糖链以半乳糖终止
Lec8（CHO）	尿苷二磷酸 - 半乳糖（UDP-Gal）转运蛋白	*Slc35a2*	减少尿苷二磷酸 - 半乳糖传输到高尔基体；*N*- 聚糖以 *N*- 乙酰葡萄糖胺终止；*O*- 聚糖以 *N*- 乙酰半乳糖胺终止
Lec13（CHO）	鸟苷二磷酸 - 甘露糖 -4,6- 脱水酶	*Gmds*	减少鸟苷二磷酸 - 岩藻糖（GDP-Fuc）的合成；聚糖缺乏岩藻糖
ldlD（CHO）	尿苷二磷酸 - 半乳糖 -4- 差向异构酶	*Gale*	减少尿苷二磷酸 - 半乳糖和尿苷二磷酸 -*N*- 乙酰半乳糖胺的合成；*N*- 聚糖缺乏半乳糖；*O*-GalNAc 聚糖和硫酸软骨素未合成
Lec1（CHO）	*N*- 乙酰葡萄糖胺转移酶 I（GlcNAcT-I，MGAT1）失活	*Mgat1*	没有复合型或杂合型的 *N*- 聚糖；二者被 $Man_5GlcNAc_2Asn$ 取代
Lec1A（CHO）	*N*- 乙酰葡萄糖胺转移酶 I（GlcNAcT-I，MGAT1）缺陷	*Mgat1*	MGAT1 动力学突变体；复合型和杂合型 *N*- 聚糖合成部分缺陷
Lec4A（CHO）	*N*- 乙酰葡萄糖胺转移酶 IV（GlcNAcT-IV）定位错误	*Mgat5*	缺乏 β1-6GlcNAc 分支的复合型 *N*- 聚糖
Lec4（CHO）	*N*- 乙酰葡萄糖胺转移酶 V	*Mgat5*	MGAT5 失活；缺陷同上
Lec20（CHO）	β1-4 半乳糖基转移酶 1（β1-4GalT-I）	*B4galt1*	许多聚糖含有的 β1-4Gal 含量很低
2A10（CHO）	α-*N*- 乙酰神经氨酸苷 α2-8 唾液酰基转移酶 4（ST8SiaIV）	*St8sia4*	减少 *N*- 聚糖上的多唾液酸

命名法注意事项：首字母大写、其余字母小写的组合用于表示功能丧失的隐性突变体（如 Lec32）。缩写：中国仓鼠卵巢细胞（CHO）。

某些抗凝集素的突变体在多萜醇 - 磷酸 - 寡糖（dolichol-P-oligosaccharide）的形成，或在聚糖链转移到糖蛋白后去除葡萄糖（Glc）或甘露糖（Man）的加工反应中存在缺陷（**第 9 章**）。后一种突变体揭示了 α- 甘露糖苷酶（α-mannosidase）在 *N*- 聚糖形成中的特性和重要性。然而，当编码 α- 甘露糖苷酶 II（α-mannosidase II）的基因 *Man2a1* 在小鼠中被敲除时，在某些组织中没有观察到任何影响，因为另一个之前未知的、编码 α- 甘露糖苷酶 IIx（α-mannosidase IIx）的 α- 甘露糖苷酶基因（*Man2a2*）允许 *N*- 聚糖的正常合成。这一发现强调了体细胞的局限性，即它们可能不表达以组织特异性方式进行发育调控的糖基化基因，从而排除了从该细胞系中分离出受这些基因影响的突变体的可能。

49.5 显性糖基化突变体

表 49.1 中的隐性突变体缺乏糖基化活性或不能产生前体。激活沉默基因的显性突变揭示了通常仅在体内少数非常特化的细胞中表达形成的催化活性。因此，显性突变体对于发现糖基化基因、鉴定糖基化基因的调控机制，以及确定聚糖生物合成途径等方面都很重要。表 49.2 中的突变体显示了功能获得性、显性、凝集素抗性的表型，该表型由通常沉默或是表达水平极低的糖基转移酶的表达量增加所引起。糖基转移酶基因的激活，可能反映了该基因的调控区或反式作用因子（*trans*-acting factor）的突变。表 49.2 中突变体的遗传基础尚不清楚，但对它们进行表征可能会揭示出以前不知晓是否存在的新基因或

调控因子。

表 49.2　表达全新活性的显性糖基化突变体示例

突变体	生化变化	受影响的基因	糖基化表型
LEC10(CHO)	*N*- 乙酰葡萄糖胺转移酶 III（GlcNAcT-III）表达	*Mgat3*	具有二等分的 *N*- 乙酰葡萄糖胺残基的复合型 *N*- 聚糖
LEC11(CHO)	α1-3 岩藻糖基转移酶 VI（α3Fuc-TVI）表达	*Fut6A*，*Fut6B*	聚 -*N*- 乙酰乳糖胺（poly-LacNAc）上的岩藻糖，产生 Lewis x（Le^x），唾液酸化 Lewis x（SLe^x）和 VIM-2 决定簇[①]
LEC12(CHO)	α1-3 岩藻糖基转移酶 IX（α3Fuc-TIX）表达	*Fut9*	聚 -*N*- 乙酰乳糖胺上的岩藻糖，产生 Le^x 和 VIM-2 决定簇
LEC29(CHO)	α1-3 岩藻糖基转移酶 IX（α3Fuc-TIX）表达	*Fut9*	聚 -*N*- 乙酰乳糖胺上的岩藻糖，产生 Le^x，但不生成 VIM-2 决定簇
LEC30(CHO)	α1-3 岩藻糖基转移酶 IX（α3Fuc-TIX）表达	*Fut4*，*Fut9*	聚 -*N*- 乙酰乳糖胺上的岩藻糖，产生 Le^x 和 VIM-2 决定簇

命名注意事项：全部字母大写用于表示功能获得的显性突变体（如 LEC10）。缩写：中国仓鼠卵巢细胞（CHO）。

49.6　糖基磷脂酰肌醇锚生物合成中的突变体

糖基磷脂酰肌醇锚（GPI anchor）生物合成中的糖基化缺陷，会降低糖基磷脂酰肌醇锚定蛋白在细胞表面的表达(**第 12 章**)。最初，许多糖基磷脂酰肌醇锚定突变体是通过使用它们的抗体为策略分离的。例如，将表面表达 Thy-1 蛋白的淋巴瘤细胞，与 Thy-1 抗体和含血清的补体共孵育，该操作可以裂解表达 Thy-1 抗原的细胞。糖基磷脂酰肌醇锚生物合成的丧失，降低了细胞表面 Thy-1 蛋白的表达，从而赋予细胞对细胞溶解（cytolysis）作用的抗性。通过分选出不与荧光抗体或那些能够结合糖基磷脂酰肌醇聚糖细菌毒素的细胞，研究人员获得了其他突变体。迄今为止，已获得的糖基磷脂酰肌醇锚定突变体隶属于多个遗传互补组，每个组在糖基磷脂酰肌醇锚的生物合成中具有不同的损伤（**第 12 章**）。这些突变体揭示了糖基磷脂酰肌醇锚生物合成的复杂性，即多个基因产物参与形成 *N*- 乙酰葡萄糖胺（GlcNAc）与磷脂酰肌醇(phosphatidylinositol)的连键。这是该途径中的第一个特定的中间体;多萜醇 - 磷酸 - 甘露糖(dolichol-P-Man)被用作甘露糖的供体；至少有 3 种酶参与了磷酸乙醇胺（EtNP）残基的连接过程，而将糖基磷脂酰肌醇锚与蛋白质相连则需要 5 个基因。获得这些已经可用的细胞株，显示出遗传方法对于基因鉴定的重要性，这些基因在体外测量生物合成反应时可能并不明显。

49.7　蛋白聚糖组装中的突变体

研究人员已经分离出大量在糖胺聚糖 / 蛋白聚糖生物合成中存在缺陷的突变体（**表 49.3**）。这些突变体中许多是通过平板影印培养法获得的，该方法通过掺入硫酸盐来检测细胞集落中糖胺聚糖的产生（**图 49.2**）。糖胺聚糖生物合成早期步骤中的突变体（基因互补组 A、B、G）缺乏硫酸软骨素和硫酸乙酰肝素链，酶学分析表明它们缺乏负责组装这两种糖胺聚糖共有的、核心蛋白**连键区四糖（linkage tetrasaccharide）**的酶（**第 17 章**）。另一类突变体（D 组）仅在硫酸乙酰肝素的生物合成中存在缺陷。该

① 也称 CD65S，即 NeuAcα2-3Galβ1-4GlcNAcβ1-3Galβ1-4-(Fucα1-3)GlcNAc-R，见**图 48.5**。

突变确定了一种双功能酶——外骨蛋白糖基转移酶 1（EXT1）[①]，它催化 *N*- 乙酰葡萄糖胺（GlcNAc）和葡萄糖醛酸（GlcA）残基次第添加到生长中的硫酸乙酰肝素链中。一些突变等位基因抑制了这两种催化活性，而其他突变体只影响葡萄糖醛酸的转移活性。因此，这些突变体确定了该蛋白质的不同功能域，研究人员已通过对各种突变体的等位基因进行测序，完成了对这些功能域的描绘。另一种双功能酶 *N*- 乙酰葡萄糖胺 *N*- 去乙酰酶 /*N*- 磺基转移酶 1（*N*-acetylglucosamine *N*-deacetylase/*N*-sulfotransferase，NDST1）的突变体，仅仅使得硫酸乙酰肝素链上的部分 *N*- 硫酸化存在缺陷。对突变体的进一步分析表明，CHO 细胞中存在不止一种同工酶，并且该缺陷仅影响了一个基因座。因此，这些突变体很早就揭示出了硫酸乙酰肝素的组装过程，比研究人员基于已知结构、细胞提取物中测量的酶反应，或脉冲标记（pulse-labeling）实验中观察到的中间产物所获得的认知要复杂得多。近期，研究人员通过几个经过基因编辑的细胞文库，对诸多 CHO 突变体进行了补充，这些细胞文库产生并展示出具有广泛修饰的、功能不同的糖胺聚糖。

表 49.3　蛋白聚糖组装缺陷突变体示例

细胞株	生化缺陷	突变基因	糖基化表型
pgsA（CHO）	木糖基转移酶 2	*Xylt2*	缺乏硫酸乙酰肝素（HS）和硫酸软骨素（CS）
pgsI（CHO）	尿苷二磷酸 - 木糖合成酶	*Uxs1*	缺乏硫酸乙酰肝素和硫酸软骨素
pgsB（CHO）	半乳糖基转移酶 I	*B4galt7*	缺乏硫酸乙酰肝素和硫酸软骨素
pgsG（CHO）	葡萄糖醛酸转移酶 I	*B3gat1*	缺乏硫酸乙酰肝素和硫酸软骨素
pgsD（CHO）	葡萄糖醛酸和 *N*- 乙酰葡萄糖胺转移酶	*Ext1*	硫酸乙酰肝素缺乏和硫酸软骨素的积累
ldlD（CHO）	尿苷二磷酸 - 半乳糖 / 尿苷二磷酸 -*N*- 乙酰半乳糖胺 -4- 差向异构酶	*Gale*	进行 *N*- 乙酰半乳糖胺饥饿处理并提供半乳糖时，缺乏硫酸软骨素；进行半乳糖饥饿处理时，缺乏所有的糖胺聚糖链
Lec8（CHO）	尿苷二磷酸 - 半乳糖转运蛋白	*Slc35a2*	硫酸角质素（KS）减少
pgsC（CHO）	硫酸盐转运蛋白	*Slc26a2*	由于从含硫氨基酸的氧化中回收了硫酸盐，可以进行正常的糖胺聚糖生物合成
pgsE（CHO）	*N*- 乙酰葡萄糖胺 *N*- 去乙酰酶 /*N*- 磺基转移酶	*Ndst1*	硫酸乙酰肝素的硫酸化程度不足
pgsF（CHO）	硫酸乙酰肝素糖醛酸 2-*O*- 磺基转移酶	*Hs2st*	硫酸乙酰肝素中糖醛酸的 2-*O*- 硫酸化缺陷；与成纤维细胞生长因子 2（FGF2）的结合存在缺陷
小鼠 LTA 细胞	*N*- 磺基葡萄糖胺 3-*O*- 磺基转移酶	*Hs3st1*	*N*- 磺基葡萄糖胺单元中 3-*O*- 硫酸化缺陷；与抗凝血酶的结合存在缺陷

缩写：中国仓鼠卵巢细胞（CHO）。

49.8　糖脂或 *O*- 聚糖合成中存在缺陷的突变体

糖脂和由 *O*-*N*- 乙酰半乳糖胺（*O*-GalNAc）连接的聚糖，在体外培养细胞中的糖链结构往往相对简单。例如，CHO 细胞主要合成神经节苷脂 GM3、乳糖神经酰胺，以及少量的葡萄糖神经酰胺。在 CHO 细胞的糖蛋白中，*O*-GalNAc 聚糖最多只包含 4 种糖链结构。*O*- 岩藻糖（*O*-Fuc）、*O*- 葡萄糖（*O*-Glc）和 *O*- 甘露糖（*O*-Man）聚糖只在一小部分糖蛋白上表达，通常无法通过糖组学分析方法进行检测（**第 50 章**）。在**表 49.1** 描述的突变体中，所有这些聚糖都会受到影响，其中胞苷一磷酸 -*N*- 乙酰神经氨酸（CMP-Neu5Ac）、胞苷二磷酸 - 半乳糖（UDP-Gal）、胞苷二磷酸 -*N*- 乙酰半乳糖胺（UDP-GalNAc）或鸟苷二磷酸 - 岩藻糖（GDP-Fuc）在高尔基体中减少。同样，有缺陷的唾液酰基转移酶或半乳糖基转

① 即葡萄糖醛酸基 -*N*- 乙酰葡萄糖胺蛋白聚糖 /*N*- 乙酰葡萄糖胺蛋白聚糖 4-α-*N*- 乙酰葡萄糖胺转移酶（glucuronosyl-*N*-acetylglucosaminyl-proteoglycan/*N*-acetylglucosaminyl-proteoglycan 4-α-*N*-acetylglucosaminyltransferase），又称外骨蛋白 1（exostosin-1），由 *EXT1* 基因编码。

移酶，可能导致这些聚糖被截短。B16 黑色素瘤细胞的突变体，在神经酰胺葡萄糖基转移酶（ceramide glucosyltransferase）方面存在缺陷，该酶也称为葡萄糖神经酰胺合成酶（glucosylceramide synthase）。缺陷引起了所有糖脂的缺失，因为该酶催化合成途径的第一步（**第 11 章**）。然而，目前尚未分离出具有多肽 *O-N-* 乙酰半乳糖胺转移酶（polypeptide *O*-GalNAc transferase，GALNT）或蛋白质 *O-* 岩藻糖转移酶 1（protein *O*-fucosyltransferase 1，POFUT1）缺陷的体外培养细胞突变体。这可能反映出与 *O-* 聚糖和糖脂结合的细胞毒性凝集素或毒素的稀缺，亦或是在某些情况下反映出糖基转移酶的冗余（**第 10 章、第 11 章**）。然而通过精确的基因工程，研究人员现已获得存在不同缺陷的细胞突变体，这些突变体包括大多数的多肽 *O-N-* 乙酰半乳糖胺转移酶（GALNT）、蛋白质 *O-* 岩藻糖转移酶 1（POFUT1）、蛋白质 *O-* 葡萄糖基转移酶 1（protein *O*-glucosyltransferase 1，POGLUT1）和各种 *O-* 甘露糖基转移酶（*O*-mannosyltransferase），其中含有蛋白质 *O-* 甘露糖基转移酶 1/2（protein *O*-mannosyltransferase 1/2，POMT1/2）和蛋白质 *O-* 甘露糖基转移酶 TMTC1 ～ 3（protein *O*-mannosyltransferase TMTC 1 ～ 3，TMTC1 ～ 3）。鞘糖脂生物合成中突变体的情况亦是如此。此外，研究人员已经获得了缺乏将 *N-* 乙酰葡萄糖胺（GlcNAc）或岩藻糖（Fuc）转移到蛋白质上的、特定的糖脂生物合成酶和糖基转移酶缺陷小鼠，并且它们为可在体外培养中研究的突变体细胞提供了来源。有趣的是，尚未获得缺乏 *O-N-* 乙酰葡萄糖胺转移酶（*O*-GlcNAc transferase，OGT）的细胞，该酶在细胞质中起作用，将 *N-* 乙酰葡萄糖胺（GlcNAc）转移到蛋白质上，该转移酶缺陷的小鼠突变体在二细胞阶段（two-cell-stage）的胚胎发育过程中停滞，表明这种添加 *O*-GlcNAc 糖基化的过程对细胞存活至关重要。

49.9　哺乳动物糖基化突变体的用途

幸运的是，在理想的培养条件下，绝大多数的糖基化突变不影响单细胞在体外的存活。因此，哺乳动物细胞的糖基化突变体已被用于解决糖生物学及重组糖蛋白的糖基化工程中出现的诸多问题（**第 56 章**）。因为突变体的选择过程范围很广，而且通常不存在主观偏向性，所以它们会产生在已知反应和全新反应中都有缺陷的突变体。因此，糖基化突变体在确定哺乳动物糖基化途径和调控的研究中发挥着重要作用。在这一方面，它们是比突变小鼠更为有用的工具，因为体外培养的细胞在没有糖脂、糖基磷脂酰肌醇锚、蛋白聚糖、*O-N-* 乙酰半乳糖胺、*O-* 岩藻糖、*O-* 葡萄糖、*O-* 甘露糖，以及复合型或杂合型 *N-* 聚糖的情况下仍然可以存活。糖基化突变体产生截短或异变的聚糖链，从而为研究细胞表面聚糖在活细胞环境中的功能提供了契机。对于病毒、细菌或寄生虫黏附和感染，以及白细胞黏附和运动所需的特定糖类，研究人员已经获得了重要的见解。此外，研究人员已经利用糖基化突变体，鉴定了聚糖在糖蛋白的细胞内分选和分泌、与生长因子的结合和激活，以及在受体功能中的功能性作用。例如，一组 CHO 糖基化突变体被用于共培养试验，表明当鸟苷二磷酸 - 岩藻糖（GDP-Fuc）水平较低时，配体诱导的 Notch 信号传递减少，但不受唾液酸减少的影响。类似地，在证明硫酸乙酰肝素辅助受体功能的首批实验之中，其中之一使用了突变的 CHO 细胞，该细胞在硫酸乙酰肝素的合成中存在缺陷，并且经由工程改造以表达成纤维细胞生长因子（FGF）受体。最近，全基因组基因编辑与对发生异变的表型筛选相结合，以鉴定促成该特定表型的基因。例如，在全基因组基因筛选中，研究人员发现了促进严重急性呼吸系统综合征冠状病毒 2（severe acute respiratory syndrome coronavirus 2，SARS-CoV-2）感染的基因。

虽然在许多情况下，糖基化对于在培养瓶中分离培养细胞的存活可有可无，但它在体内往往至关重要。在小鼠中进行的基因切除研究已经确定了许多案例，证明完整的糖基化途径对胚胎发育不可或缺。具体实例包括缺乏复杂型和杂合型 *N-* 聚糖的突变体，以及硫酸乙酰肝素存在缺陷的蛋白聚糖突变体，这些突变体影响小鼠的胚胎发育过程，而 CHO 细胞中的相应突变体并不引起明显的生长表型。为了解析聚糖在更复杂功能中的作用，研究人员在干细胞中引入了与创建类器官（organoid）甚至器官型三维组织培养（organotypic 3D tissue culture）相兼容的突变。例如，研究人员使用人类三维器官型的皮肤模型来研究靶向核心结构延伸过程的相关步骤，以解析各种聚糖对不同类型的糖复合物（糖脂、*N*- 聚糖、*O*-*N*- 乙酰半乳糖胺、*O*- 岩藻糖、*O*- 葡萄糖）的贡献。这些研究表明，在三维培养中生长的每个突变细胞系都有不同的组织表型（tissue phenotype），而在传统的二维培养中，并未观察到明显的生长表型。因此，糖基化在多细胞生物体的情境下往往十分关键，但在分离培养的细胞中却无足轻重。在小鼠中进行的基因切除研究已经使这一观点深入人心，而人类遗传疾病的发现也进一步证实了这一结论，这些遗传疾病是由参与糖基化的基因突变引起的（**第 45 章**）。

CHO 细胞业已成为生物技术行业中生产重组治疗性糖蛋白和糖基化工程的首选细胞（**第 56 章**）。例如，缺乏 α1-6 *岩藻糖基转移酶*（α1-6 fucosyltransferase，FUT8）（将岩藻糖添加到复杂 *N*- 聚糖的核心 *N*- 乙酰葡萄糖胺上的岩藻糖基转移酶）的 CHO 细胞，已被用于生产细胞毒性治疗性抗体，该抗体杀伤靶细胞的能力获得了极大的增强。在另一个例子中，具有简化的 *N*- 聚糖和 *O*- 聚糖的多重突变的 CHO 细胞，正被 X 射线晶体学家利用，以生产具有高度截短的 *N*- 聚糖和 *O*- 聚糖的细胞膜均质糖蛋白，极大地促进了这些糖蛋白的结晶分析。

体细胞遗传学起源于对体外培养细胞的基因组进行操纵的愿景。今天，来自多种生物体的基因组序列信息，已经将遗传学的重点转移到使用各种技术来产生突变生物体上。这些技术包括转基因技术、用于基因替换的同源重组技术、条件性基因失活技术，以及精确的基因编辑技术。然而，体细胞突变体的研究在糖生物学的研究中仍然占有重要地位，因为它提供了一种成本更低、速度更快的方法，以研究在细胞中删除或表达特定糖基化基因产物所造成的影响。功能获得性突变体可以通过转染编码糖基化基因的 cDNA 来产生，并且可以通过使用 RNA 干扰（RNA interference，RNAi）、反义 cDNA 策略或全基因组基因编辑筛选，以降低任何基因的表达。全基因组筛选与用于筛选聚糖变化的特异性试剂相结合，使得利用筛选与糖基化变化直接相关的表型变化来发现新基因成为可能。此外，具有充分表征的糖基化途径的细胞和突变体，是研究基因组序列数据库中鉴定出的、具有推定糖基化基因所编码蛋白活性的理想母体。这些突变体细胞还提供了一个平台，可以在互补试验中测试人类突变的严重程度。在转染到突变细胞中时，正常人类基因可以挽救有缺陷的糖基化，但具有病理性突变的同一基因则无法挽救糖基化缺陷。因此，体细胞突变体提供了获取参与糖基化的新基因的契机，这反过来又指导了在动物中进行复杂的基因操纵实验的具体策略。通过结合这两种方法，可以确定特定糖基转移酶、糖残基或凝集素的生物学功能。结合强大的质谱技术，可以从少量组织或细胞样本中确定聚糖的结构（**第 50 章**），细胞和动物的糖基化突变体为聚糖结构 / 功能分析以及鉴定哺乳动物中聚糖功能的机制基础提供了助益。

致谢

感谢卡罗琳 · R. 贝尔托齐（Carolyn R. Bertozzi）对本章先前版本的贡献，并感谢木下太郎（Taroh Kinoshita）和内森 · E. 刘易斯（Nathan E. Lewis）的有益评论及建议。

延伸阅读

Stanley P. 1984. Glycosylation mutants of animal cells. *Annu Rev Genet* **18**: 525-552.

Esko JD. 1989. Replica plating of animal cells. *Methods Cell Biol* **32**: 387-422.

Esko JD. 1991. Genetic analysis of proteoglycan structure, function and metabolism. *Curr Opin Cell Biol* **3**: 805-816.

Stanley P. 1992. Glycosylation engineering. *Glycobiology* **2**: 99-107.

Stanley P, Raju TS, Bhaumik M. 1996. CHO cells provide access to novel N-glycans and developmentally regulated glycosyltransferases. *Glycobiology* **6**: 695-699.

Esko JD, Selleck SB. 2002. Order out of chaos: assembly of ligand binding sites in heparan sulfate. *Annu Rev Biochem* **71**: 435-471.

Maeda Y, Ashida H, Kinoshita T. 2006. CHO glycosylation mutants: GPI anchor. *Methods Enzymol* **416**: 182-205.

Patnaik SK, Stanley P. 2006. Lectin-resistant CHO glycosylation mutants. *Methods Enzymol* **416**: 159-182.

Zhang L, Lawrence R, Frazier BA, Esko JD. 2006. CHO glycosylation mutants: proteoglycans. *Methods Enzymol* **416**: 205-221.

North SJ, Huang HH, Sundaram S, JangLee J, Etienne AT, Trollope A, Chalabi S, Dell A, Stanley P, Haslam SM. 2010. Glycomics profiling of Chinese hamster ovary cell glycosylation mutants reveals N-glycans of a novel size and complexity. *J Biol Chem* **285**: 5759-5775.

Jae LT, Raaben M, Riemersma M, van Beusekom E, Blomen VA, Velds A, Kerkhoven RM, Carette JE, Topaloglu H, Meinecke P, et al. 2013. Deciphering the glycosylome of dystroglycanopathies using haploid screens for Lassa virus entry. *Science* **340**: 479-483.

Steentoft C, Bennett EP, Schjoldager KT, Vakhrushev SY, Wandall HH, Clausen H. 2014. Precision genome editing: a small revolution for glycobiology. *Glycobiology* **24**: 663-680.

Narimatsu Y, Büll C, Chen YH, Wandall HH, Yang Z, Clausen H. 2021. Genetic glycoengineering in mammalian cells. *J Biol Chem* **296**: 100448.

Zhu Y, Feng F, Hu G, Wang Y, Yu Y, Zhu Y, Segoe UI, Xu W, Cai X, Sun Z, Han W, Segoe UI, et al. 2021. A genome-wide CRISPR screen identifies host factors that regulate SARS-CoV-2 entry. *Nat Commun* **12**: 961.

第 50 章
聚糖的结构分析

斯图尔特·M. 哈斯拉姆（Stuart M. Haslam），达龙·I. 弗里德伯格（Darón I. Freedberg），芭芭拉·穆洛伊（Barbara Mulloy），安妮·戴尔（Anne Dell），帕梅拉·斯坦利（Pamela Stanley），詹姆斯·H. 普利斯特加德（James H. Prestegard）

50.1 背景 / 650
50.2 聚糖的检测 / 651
50.3 聚糖的释放和分离 / 654
50.4 单糖成分分析 / 655
50.5 连键分析 / 656
50.6 聚糖的三维结构 / 661
致谢 / 662
延伸阅读 / 662

本章概述了聚糖结构表征的技术，包括聚糖组成、连键，以及与糖苷配基的连接。本章涵盖了糖蛋白和细胞表面上特定聚糖序列的检测，以及在三维空间表征结构的方法；所描述的技术范围从对分离出的聚糖产物的经典化学检测和表征，到与聚糖结合蛋白结合，以及在细胞和组织上的显微镜检测中所使用的灵敏荧光方法。此外，本章还讨论了**核磁共振（nuclear magnetic resonance，NMR）**和**质谱（mass spectrometry，MS）**方法，这些方法可以进行更为详细的结构表征。

50.1 背景

聚糖的一级结构由单糖残基的类型和顺序、糖苷键的构型和位置，以及与其连接的非聚糖实体——**糖苷配基（aglycone）**的性质和位置共同决定（**第 2 章**、**第 3 章**）。对于糖蛋白而言，不同的聚糖可以连接到蛋白质的不同位点，当该糖蛋白在不同的细胞类型或不同的发育阶段产生时，这些聚糖可能会有所不同。此外，聚糖结合蛋白识别的通常是三维（three-dimensional，3D）的结构特征或聚糖的特定表面分布。这些不同结构特征的表征需要一系列不同的方法，而方法的选择在很大程度上视具体问题而定。

对于典型的哺乳动物糖蛋白，目标往往是从一系列已知或可预测的候选结构中识别出正确的聚糖结构，而有限数量的结构数据可能足以胜任这一要求（**第 51 章**）。对于来自细菌或并未充分研究的生物体中的聚糖很难进行预测，因此可能需要更为完整的数据集。方法的选择还取决于可用材料的数量和纯度，以及收集数据时必需的特定环境（例如，是来自组织亦或是分离的糖蛋白）。如果样品数量不受限制，则可以确定完整的一级结构甚至三级结构。为了解聚糖结构复杂性、应对不同情况下的需要，开发了下文中描述的诸多方法。在解决所研究的特定生物学问题时，对所需的聚糖结构表征水平的要求，也可用于指导实验方法的选择。

50.2 聚糖的检测

对糖复合物中的聚糖进行检测的方法包括：与组成聚糖的单糖之间直接的化学反应；用放射性或化学反应性单糖进行代谢标记；用特异性聚糖识别蛋白（包括凝集素和抗体）进行检测（**第 48 章**）。检测蛋白质上聚糖存在的一般方法包括对其羟基进行高碘酸氧化，然后用胺基或酰肼基探针形成席夫碱（Schiff base）（**第 2 章**）。这种化学修饰也被称为**高碘酸 - 席夫碱反应（periodic acid-Schiff，PAS）**，可以识别凝胶中的糖蛋白。在使用高碘酸盐反应后，通过生物素 - 酰肼 / 链霉亲和素 - 碱性磷酸酶（biotin-hydrazide/streptavidin-alkaline phosphatase）或基于荧光的检测进行信号放大，市售的检测试剂盒可以对 5 ～ 10 ng 的糖蛋白进行检测。在**十二烷基硫酸钠聚丙烯酰胺凝胶电泳（sodium dodecyl sulfate polyacrylamide gel electrophoresis，SDS-PAGE）**凝胶上进行**凝集素印迹（lectin blot）**，能够以很高的灵敏度和更高的特异性检测特定聚糖的存在。例如，来自**西洋接骨木（*Sambucus nigra*）**的西洋接骨木凝集素（*Sambucus nigra* agglutinin，SNA），可以与以 α2-6 唾液酸（Sia）为末端的聚糖进行结合。识别末端岩藻糖（Fuc）、半乳糖（Gal）、*N*- 乙酰半乳糖胺（GalNAc）和 *N*- 乙酰葡萄糖胺（GlcNAc）的凝集素（**第 31 章至第 36 章**）也可以商购获得。

用放射性糖类对糖复合物进行**代谢标记（metabolic labeling）**，是确定聚糖组成的另一种有力工具。在含有 ^{3}H- 标记或 ^{14}C- 标记的单糖的培养基中培养细胞，会将核素标签整合入糖复合物的聚糖中。可以在十二烷基硫酸钠聚丙烯酰胺凝胶电泳（SDS-PAGE）或**薄层色谱（thin-layer chromatography，TLC）**后，通过放射自显影或荧光成像，对放射性标记的聚糖进行检测。这些聚糖链也可以通过各种方法从糖复合物上释放，并进行详细的研究。荧光探针和核素标签的使用，使得在以检测和定量测定聚糖为目标而非以获取**糖基化途径（glycosylation pathway）**信息为主要目标的应用中，减少了放射性同位素的使用。用于在**液相色谱法（liquid chromatography，LC）**后灵敏检测聚糖的荧光标签，包括易获得的 2- 氨基苯甲酸（2-amino benzoic acid，2-AA）和 2- 氨基苯甲酰胺（2-aminobenzamide，2-AB），可以通过还原胺化作用连接到在糖苷配基上释放后所暴露出的聚糖链的还原端上。

也可以使用化学反应基团修饰的、合成的单糖进行代谢标记。例如，叠氮基单糖（azido monosaccharide）*N*- 叠氮乙酰甘露糖胺（*N*-azidoacetylmannosamine，ManNAz）被细胞转化为 *N*- 叠氮乙酰唾液酸（*N*-azidoacetyl Sia，SiaNAz），然后被整合进入唾液酸化聚糖中，以替换部分的天然唾液酸。随后，叠氮基团可以选择性地与能够引入荧光染料或亲和探针（如生物素）的膦或炔试剂进行反应，从而检测细胞中的唾液酸（**第 53 章**）。*N*- 乙酰半乳糖胺（GalNAc）和 *N*- 乙酰葡萄糖胺（GlcNAc）的叠氮基类似物，可分别用于标记 *O*-GalNAc（**第 10 章**）或 *O*-GlcNAc 聚糖（**第 13 章、第 19 章**）。荧光标签的使用也可以与共聚焦显微镜相结合，以深入了解聚糖在细胞和组织中的位置。然而，这种化学修饰可能会改变聚糖的生物合成和（或）生物学，从而使观察到的结果产生一些不确定性，并且没有任何方法可以完全取代放射性代谢标记，用于天然聚糖的**脉冲 - 追踪实验（pulse-chase）**研究。

50.2.1 糖蛋白

糖基化的蛋白质通常在凝胶电泳过程中呈现出一个或多个弥散条带（diffuse band），由糖蛋白上连接的聚糖链的**不均一性（heterogeneity）**造成。即使通过蛋白质染色试剂进行观察，这一现象往往也是聚糖存在的第一个迹象。一些高分子质量的糖复合物（如黏蛋白和蛋白聚糖）无法进入普通凝胶；或者即使进入，它们会以不均一涂渍（heterogeneous smear）的形式进行条带迁移。琼脂糖凝胶或聚丙烯酰胺 - 琼脂糖凝胶的组合，在这种情况下可能更利于表征。还有其他几种分析方法，可用于进一步验证聚糖的存在（如上述的高碘酸 - 席夫碱染色）。用**糖苷内切酶（endoglycosidase）**处理糖蛋白是另一种选择，如肽 -*N*- 糖苷酶 F（peptide-*N*-glycosidase F，PNGase F）、糖苷内切酶 F2（endoglycosidase F2，Endo F2）、糖苷内切酶 H（endoglycosidase H，Endo H）（**表 50.1**，**图 50.1**）。如果该操作导致凝胶上一条或多条条带的迁移发生了变化，则表明了 *N*- 聚糖的存在。*O*- 聚糖酶（*O*-glycanase），如内切 -α-*N*- 乙酰半乳糖胺酶（endo-α-*N*-acetylgalactosaminidase）（**表 50.1**），可用于 *O*- 聚糖的特异性鉴定。然而根据 *O*- 聚糖的结构，有时需要用其他酶进行预处理，以暴露二糖核心。如果去除了足够数量的糖残基，通过**糖苷外切酶（exoglycosidase）**，

表 50.1 用于糖链分析的酶

	EC 编号	特异性（切割位点）	分析用途
糖苷内切酶			
糖苷内切酶 H（Endo H）	3.2.1.96	在寡甘露糖型或杂合型 *N*- 聚糖核心中的两个 *N*- 乙酰葡萄糖胺（GlcNAc）残基之间	*N*- 糖基化检测；聚糖的释放
糖苷内切酶 F2（Endo F2）	3.2.1.96	在寡甘露糖型或二天线 *N*- 聚糖核心中的两个 *N*- 乙酰葡萄糖胺残基之间	*N*- 糖基化检测；聚糖的释放
肽 -*N*- 糖苷酶 F（PNGase F）、或 *N*- 聚糖酶（*N*-glycanase）	3.5.1.52	在寡甘露糖型、复合型或杂合型 *N*- 聚糖核心中的天冬酰胺和 *N*- 乙酰葡萄糖胺之间；在天冬酰胺的氨基端和羧基端至少各需要一个氨基酸	如果核心被 α1-3- 岩藻糖基化，则可能无效
肽 -*N*- 糖苷酶 A（PNGase A）、或糖肽酶 A（glycopeptidase A）	3.5.1.52	在寡甘露糖型、复合型或杂合型 *N*- 聚糖核心中的 *N*- 乙酰葡萄糖胺和 *N*- 乙酰葡萄糖胺之间；在天冬酰胺的氨基端和羧基端至少各需要一个氨基酸	核心被 α1-3- 岩藻糖基化依然有效；用于哺乳动物糖蛋白的功效尚不明确
内切 -β- 半乳糖苷酶	3.2.1.102	聚 -*N*- 乙酰乳糖胺单元中的半乳糖和 *N*- 乙酰葡萄糖胺之间	聚 -*N*- 乙酰乳糖胺和某些硫酸角质素的检测
神经氨酸内切酶（内切 -α- 唾液酸酶）	3.2.1.129	多唾液酸的唾液酸单元之间	多唾液酸的检测
内切 -α-*N*- 乙酰半乳糖胺酶（*O*- 聚糖酶）	3.2.1.97	*O*-GalNAc 聚糖核心结构的丝氨酸或苏氨酸（Ser/Thr）与 Galβ-GalNAcα- 之间	*O*- 糖基化的检测，可能需要事先用其他酶处理以暴露二糖核心
糖苷外切酶			
唾液酸酶、神经氨酸酶	3.2.1.18	移除末端 α- 唾液酸	
岩藻糖苷酶	3.2.1.51	移除末端 α- 岩藻糖	某些类型和连键可能具有酶抵抗力
α1-2 岩藻糖苷酶	3.2.1.63	移除末端 α1-2 连接的岩藻糖	
β- 半乳糖苷酶	3.2.1.23	移除末端 β- 半乳糖	
α- 甘露糖苷酶	3.2.1.24	移除末端 α- 甘露糖	
糖胺聚糖裂解酶			
软骨素酶 ABC	4.2.2.4	将硫酸软骨素 A 和 C 以及硫酸皮肤素还原为二糖	软骨素的检测与表征，其他糖胺聚糖的纯化
软骨素酶 AC	4.2.2.5	将硫酸软骨素 A 和 C 还原为二糖	软骨素 A 和 C 的检测与表征
软骨素酶 B	4.2.2.19	将硫酸皮肤素（硫酸软骨素 B）还原为二糖	硫酸皮肤素的检测与表征
肝素酶、肝素裂解酶、肝素酶 I	4.2.2.7	*N*- 硫酸化葡萄糖胺和 2-*O*- 硫酸化艾杜糖醛酸残基之间	肝素和硫酸乙酰肝素的检测与表征
硫酸乙酰肝素裂解酶、肝素酶 III（也称硫酸乙酰肝素酶 I）、肝素酶 II	4.2.2.8	*N*- 乙酰葡萄糖胺和葡萄糖醛酸残基之间；肝素酶 I、II 和 III 经常联合使用	肝素和硫酸乙酰肝素的检测与表征
角质素酶	3.2.1.103	半乳糖和葡萄糖醛酸之间	硫酸角质素的检测与表征
角质素酶 II	3.2.1.103	6-*O*- 硫酸化 *N*- 乙酰葡萄糖胺和半乳糖（±6-*O*- 硫酸化）之间	硫酸角质素的检测与表征

注：国际生物化学与分子生物学联盟（IUBMB）指定酶学委员会（Enzyme Commission，EC）编号。

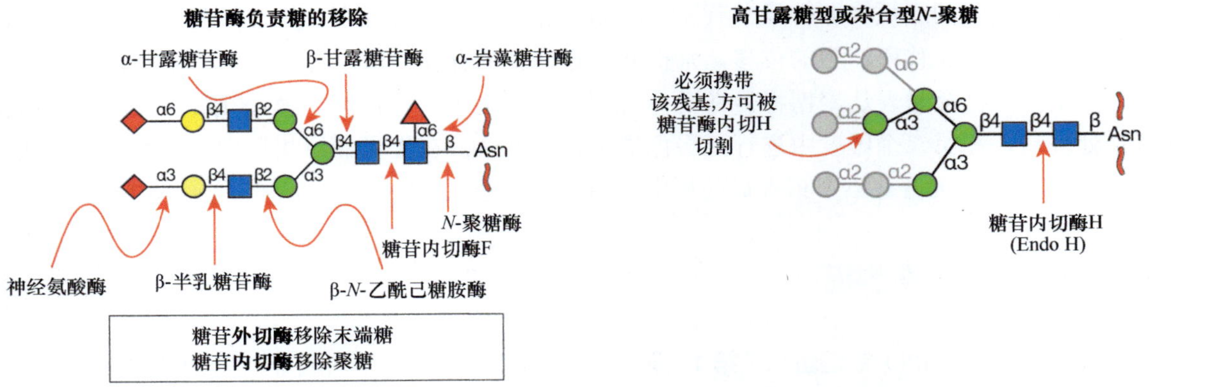

图 50.1 用于结构分析的糖苷酶。左图中显示了二天线 *N*- 聚糖在糖苷外切酶的作用下相继去除每个单糖的过程。糖苷外切酶仅作用于末端糖。图中还显示了在 *N*- 聚糖的核心区域进行切割的糖苷内切酶。*N*- 聚糖酶可以裂解 *N*- 乙酰葡萄糖胺 - 天冬酰胺（GlcNAc-Asn）连键、释放 *N*- 聚糖，并将天冬酰胺（Asn）转化为天冬氨酸（Asp），这是确定 *N*- 聚糖位点的诊断性方法。糖苷内切酶 F（Endo F）在核心 *N*- 乙酰葡萄糖胺残基之间进行切割，因此留下一个与蛋白质连接的 *N*- 乙酰葡萄糖胺，*N*- 乙酰葡萄糖胺上可能携带或不携带岩藻糖。右图表示糖苷内切酶 H（Endo H）在寡甘露糖型或杂合型 *N*- 聚糖的核心 *N*- 乙酰葡萄糖胺残基之间进行切割，这些 *N*- 聚糖中至少含有 4 个甘露糖残基。如图所示。糖苷内切酶 H 对复合型 *N*- 聚糖无效。

如唾液酸酶（sialidase）或 β- 半乳糖苷酶（β-galactosidase）去除单个糖，也可能导致条带迁移的变化（图 50.1）。某些聚糖结构无法被这些处理改变，因为它们对所使用的酶具有抗性。该抗性可能源于对聚糖羟基的修饰（如硫酸化、乙酰化或磷酸化；**第 2 章**）、酶无法识别的糖苷键，或聚糖因空间位阻产生的不可及性（inaccessibility）。*N*- 聚糖和 *O*- 聚糖的完全去除，可以通过化学处理（如肼解或 β- 消除反应）来实现，但由此形成的多肽损伤通常会妨碍通过凝胶电泳进行进一步地分析。聚糖链结构中的部分降解也可能发生，如 *O*- 乙酰化修饰的丢失。

50.2.2 蛋白聚糖

蛋白聚糖（**第 17 章**）可以通过**琼脂糖凝胶电泳（agarose gel electrophoresis）**和**离子交换色谱法（ion-exchange chromatography）**进行分离，离子交换色谱法根据硫酸基团所带的电荷进行分离。用糖胺聚糖裂解酶（GAG lyase）处理蛋白聚糖（表 50.1），会在凝胶上产生迁移变化，将蛋白聚糖的涂渍分布重新浓缩为不连续的条带。在去除大部分聚糖部分后，识别剩余残段（stub）聚糖的抗体，可用于**蛋白质印迹法（Western blotting）**。

50.2.3 糖脂

通常情况下，在通过核磁共振法或质谱法分析糖脂聚糖前，需要先对其进行色谱纯化。糖脂的混合物可以通过薄层色谱或在薄层色谱板进行分级分离（fractionation），再使用聚糖反应试剂进行染色，从而对多种单一的糖脂进行检测。使用不同的试剂，可以对薄层色谱条带中的神经节苷脂（如间苯二酚 - 盐酸检测唾液酸）或中性单糖（如苔黑素 - 硫酸检测所有单糖）进行识别检测。其他试剂可用于检测糖脂上的硫酸基团和磷酸基团。通常需要对粗提物（crude extract）进行一些预纯化，如**福奇萃取法（Folch partitioning）**和离子交换色谱法。这些方法将非极性或非离子脂质，与极性脂质（如鞘糖脂；**第 11 章**）

和那些含有带电基团的脂质（即神经节苷脂、磷脂和硫苷脂）分离开来。另一种常见的方法是通过评估化学或酶处理后条带迁移所产生的位移，来推断特定糖类的存在。薄层色谱板上的糖脂也可以通过单克隆抗体、凝集素，甚至是表达聚糖特异性受体的完整微生物来进行检测（**第 48 章**）。详细的结构特征可以在特定处理后，在第二个维度中进行薄层色谱来进行确认。在更大的检测规模下，糖脂可以使用**柱色谱法（column chromatography）**，或在硅胶板上使用**高效薄层色谱法（high-performance TLC）**进行分离。

50.2.4 糖基磷脂酰肌醇锚

糖基磷脂酰肌醇（GPI）锚定蛋白（**第 12 章**）及其脂质、蛋白质和聚糖成分，具有独特的物理化学特性，可以利用这些特性对糖基磷脂酰肌醇锚进行检测。非离子去垢剂（detergent）Triton X-114，在低温（4℃）下可以萃取可溶性膜蛋白质、膜整合蛋白质和糖基磷脂酰基醇锚定蛋白；当溶液升温时发生两相分离，糖基磷脂酰肌醇锚定蛋白和其他两亲性蛋白仍然位于富含去垢剂的相（phase）之中。糖基磷脂酰肌醇特异性磷脂酶（GPI-specific phospholipase）可用于切割糖基磷脂酰基醇锚，以便进行下一步表征。可以使用十二烷基硫酸钠聚丙烯酰胺凝胶电泳（SDS-PAGE）对糖基磷脂酰肌醇特异性磷脂酶切割的成功与否进行评估，因为去除糖基磷脂酰肌醇锚会导致分子质量的变化。这是一种常见的诊断方法，用于识别目标蛋白质上是否存在糖基磷脂酰基醇锚。另一种方法是用亚硝酸处理 GPI 锚定蛋白，亚硝酸会切割将聚糖连接到磷脂酰肌醇上的、未被取代的葡萄糖胺（GlcN）残基。

50.2.5 植物多糖和细菌多糖

此类聚糖包含诸多结构，包括**同多糖（homopolysaccharide）**和**杂多糖（heteropolysaccharide）**、中性多糖和离子多糖，以及直链和支链结构，分子大小从几个单糖单元到数千个不等（**第 3 章**、**第 21 章**、**第 22 章**）。这些聚合物大多数不溶于水，以复杂且有时结晶的聚集体形式存在，但许多可以用水、盐、离散剂（chaotropic agent）[①]或去垢剂提取，并通过醇沉淀分离。检测通常基于折光率（refractive index，RI）或比色反应（colorimetric reaction），因为样品量通常不是限制因素。

50.3 聚糖的释放和分离

一旦确定了聚糖的存在和一般类型，下一个挑战是释放特定类型的聚糖，并分离出足够数量的、不同类别的聚糖以进行结构表征。

50.3.1 从糖复合物中释放聚糖

若需要在结构分析之前释放聚糖，最好使用既不会破坏也不会改变聚糖的定量释放方法。理想情况下，应保留有关聚糖与其释放的蛋白质或脂质之间连键类型的信息，尽管不一定能够实现。糖脂通常可以在分离后，通过质谱法和（或）核磁共振法进行表征，无需聚糖的释放过程；如有必要，可以使用酶促方法，将脂质与聚糖分离，对于鞘糖脂而言，**臭氧分解法（ozonolysis）**也适用于脂质与聚糖的分离。复合型、杂合型和寡聚甘露糖型 *N*- 聚糖，可以用 *N*- 糖苷酶（*N*-glycosidase）如肽 -*N*- 糖苷酶 F（PNGase F）

① 能减弱疏水相互作用，提高非极性分子从非水溶液中进入水相的物质。此类物质通常都是离子，具有较大半径、仅有单个负电荷，电荷密度较低，用于促进与膜结合的蛋白质溶解、改变蛋白质和核酸的二级和三级结构、增加疏水小分子的溶解性等。

或肽 -*N*- 糖苷酶 A（PNGase A）自糖蛋白中释放（表 50.1）。糖苷内切酶 H（Endo H）可用于选择性地释放高甘露糖型和杂合型的 *N*- 聚糖，但复合型的 *N*- 聚糖对该酶具有抗性（表 50.1，图 50.1）。

肼解（hydrazinolysis）是一种适用于从蛋白质中释放聚糖的化学方法，它可以根据实验条件释放 *N*- 聚糖和（或）*O*- 聚糖。在严格控制的条件下，强碱处理可以在被称为 **β 消除反应（β elimination）**的过程中，仅从糖蛋白上释放出 *O*- 聚糖；它通常伴随着经硼氢化物还原获得的糖醇（alditol）的生成。最近，研究人员还开发了一些方法，在碱处理的同时使用吡唑啉酮（pyrazolone）进行衍生化，吡唑啉酮在色谱分离过程中可以充当紫外吸收标签。然而，所有上述化学方法都可能导致聚糖上不稳定的修饰部分或完全丧失（如 *O*- 乙酰化或硫酸化），还可能导致蛋白质的降解。

50.3.2 聚糖的分离

从糖复合物中释放出的聚糖通常形成复杂的混合物。即使蛋白质中只有一个位点被糖基化修饰，单个分子也可以携带不同的聚糖种类，产生多种**糖型（glycoform）**。**第 51 章**介绍了使用**糖组学（glycomics）**技术，对这些聚糖混合物进行高通量分析。

用于结构分析的聚糖样品的制备，势必依赖于分离技术。通常用于分离纯品聚糖（pure glycan），或至少降低聚糖混合物复杂性的色谱分离方法包括**尺寸排阻色谱法（size exclusion chromatography，SEC）**、**强 / 弱阴离子交换色谱法（strong/weak anion exchange chromatography，SAX/WAX）**，以及某些形式的反相**高压液相色谱法（high-pressure liquid chromatography，HPLC）**。电泳方法包括**毛细管电泳法（capillary electrophoresis，CE）**和**荧光团辅助碳水化合物电泳法（fluorophore-assisted carbohydrate electrophoresis，FACE）**。

如果混合物中的聚糖种类少于 50 种，则基于高压液相色谱法（HPLC）的分离是可行的，即使对于大量样品（$>$ 10 mg）亦是如此。可以通过质谱法或核磁共振法，对回收的单个馏分进行进一步的结构分析。一旦从糖复合物中释放出来，带有自由还原末端的聚糖（**第 2 章**）就可以用荧光标签进行化学标记，如 2- 氨基苯甲酸（2-AA）、2- 氨基苯甲酰胺（2-AB）或 8- 氨基萘 -1,3,6- 三磺酸（8-aminonaphthalene-1,3,6-trisulfonic acid，ANTS），标记提供的检测灵敏度可与放射性标记所达到的灵敏度相媲美。这种方法的优点包括标记聚糖的纯化更加容易、色谱分离和结构分析技术的选择范围更广。未标记的聚糖可以通过（相对不敏感的）折光率法或更灵敏的**脉冲安培检测法（pulsed amperometric detection，PAD）**进行分析。

如果在还原端引入标签，则可以使用连续的糖苷外切酶处理（表 50.1，图 50.1），并在色谱系统（如纸色谱、高效液相色谱、薄层色谱）中寻找寡糖的变化，作为检测该酶敏感性的指标。与以相同方式处理的已知标准品进行比较，可以对聚糖进行初步鉴定。然而，已知结构的、充分表征的标准品，很难以纯品的形式获得，而且色谱图中几乎总是存在不易被鉴定的“污染”峰。非常重要的是，要注意分离分析不应与实际的结构分析相混淆，因为各种不同的聚糖结构组分均可能与标准品共洗脱（coelution）。

50.4 单糖成分分析

关于聚糖中单糖组成的一些定性信息，可以从上述方法中获得。然而，在未事先释放聚糖的情况下，确定单糖的组成通常较为方便，且所获得的信息更为丰富。在将聚糖完全水解成其单糖成分后，比色反应可用于确定样品中己糖、己糖醛酸或己糖胺的总量。这些方法只需要常见的试剂和分光光度计，但是由于不同的连键对水解的敏感性、单个糖降解的程度不同，或者检测方法缺乏特异性和（或）敏感性，总糖含量的测定可能并不总是准确的。

单糖定量分析（quantitative monosaccharide analysis）提供了对聚糖中单个单糖成分摩尔比的估算，并可能提示了特定寡糖类别的存在（如 *N*- 聚糖与 *O*- 聚糖）。该分析包括以下步骤：所有糖苷键的裂解（通常通过酸水解）；所得单糖的分级分离、检测和定量。自 20 世纪 60 年代初以来，研究人员已经开发出多种**气相色谱（gas chromatography，GC）**方法来量化单糖。最有效的方法是气相色谱法和质谱法的联用，以获取连键和单糖组成信息。气相色谱法需要挥发性样品，因此首先需要对单糖的羟基、酰胺、羧基和醛基进行化学改性。将游离单糖的醛基还原，然后对其羟基进行乙酰化处理，得到称为糖醇乙酸酯（alditol acetate）的衍生物。这些改性的单糖可以很容易地通过**气相色谱 - 质谱法（GC-MS）**进行分析，并与真实标准品进行比较。聚糖水解产生的游离单糖上的羟基和氨基，也可以转化为三甲基硅烷基醚。这些全 -*O*- 三甲基硅烷基（per-*O*-trimethylsilyl）衍生物，被广泛用于通过气相色谱 - 质谱法进行的单糖组成分析。将光学纯的手性糖苷配基（如［–］-2- 丁醇）与三甲基硅烷基化相结合，可以对 D 型和 L 型异构体进行气相色谱分离，从而确定每种单糖的绝对构型。

气相色谱 - 质谱的一种替代方法是**脉冲安培检测的高 pH 阴离子交换色谱法（high-pH anion-exchange chromatography with pulsed amperometric detection，HPAEC-PAD）**，这是一种不需要单糖衍生化的、特殊类型的离子交换色谱。该技术特别适用于对气相色谱 - 质谱不敏感的酸性糖，如唾液酸。一种无需昂贵设备即可定量唾液酸的简便方法，包括使用 1,2- 二氨基 -4,5- 亚甲基二氧苯进行标记并测量荧光。该方法的检测灵敏度在飞摩尔（femtomole，fM）范围内，并且还可以检测出这种不同类别的单糖上的许多天然修饰（**第 15 章**）。确定单糖组成的其他流行技术包括高压液相色谱（HPLC）和**高效毛细管电泳（high-performance capillary electrophoresis，HPCE）**。单糖通常用荧光衍生物标记，以进行高灵敏度检测。用 8- 氨基 -1,3,6- 萘三磺酸进行标记产生阴离子衍生物，可以方便地通过凝胶电泳进行分析，该方法称为**荧光团辅助碳水化合物电泳（FACE）**。

50.5 连键分析

50.5.1 连键位置的确定

连键分析（linkage analysis）是确定聚糖中单糖彼此连接位置的行之有效的巧妙方法。该方法的原理是在天然聚糖的每个游离羟基上引入一个稳定的取代基（醚键连接的甲基）。然后通过酸水解裂解糖苷键，产生部分甲基化的单糖，其游离的羟基会位于先前参与连键的位置。部分甲基化的单糖可以用还原剂（通常是硼氘化物）开环以引入新的羟基，更重要的是可以在 C-1 处引入氘原子，这有助于识别每个单糖的还原端。随后，所有游离的羟基均被乙酰化，产生**部分甲基化的糖醇乙酸酯（partially methylated alditol acetate，PMAA）**，可以通过气相色谱保留时间和**电子轰击 - 质谱法（electron impact-mass spctrometry，EI-MS）**的联用来进行鉴定（**图 50.2**）。在某些情况下，由高能电子撞击部分甲基化的糖醇乙酸酯，所产生的碎片质量可用于确定取代位点，但具有类似取代的异构单糖（如葡萄糖和半乳糖）的**碎片离子模式（fragmentation pattern）**几乎相同。因此，单糖的最终鉴定除了分析质谱的碎片离子模式外，还需要将气相色谱的保留时间与已知标准品的保留时间进行比较。例如，所有全乙酰化的 2,3,4- 三 -*O*- 甲基己糖产生相同的电子轰击 - 质谱谱图，但全乙酰化的 2,3,4- 三 -*O*- 甲基 - 半乳糖醇比全乙酰化的 2,3,4- 三 -*O*- 甲基 - 葡萄糖醇洗脱得更晚。此类型的分析可以识别末端残基（除了 C-1 上的羟基和环上的氧外，所有位置的羟基都被甲基化），指明每个单糖如何被取代，包括连键和糖链的分支点，并可以确定每个单糖环的大小（吡喃糖［*p*］亦或是呋喃糖［*f*］）。然而，连键分析无法提供关于取代基的性质或糖链序列的信息，也

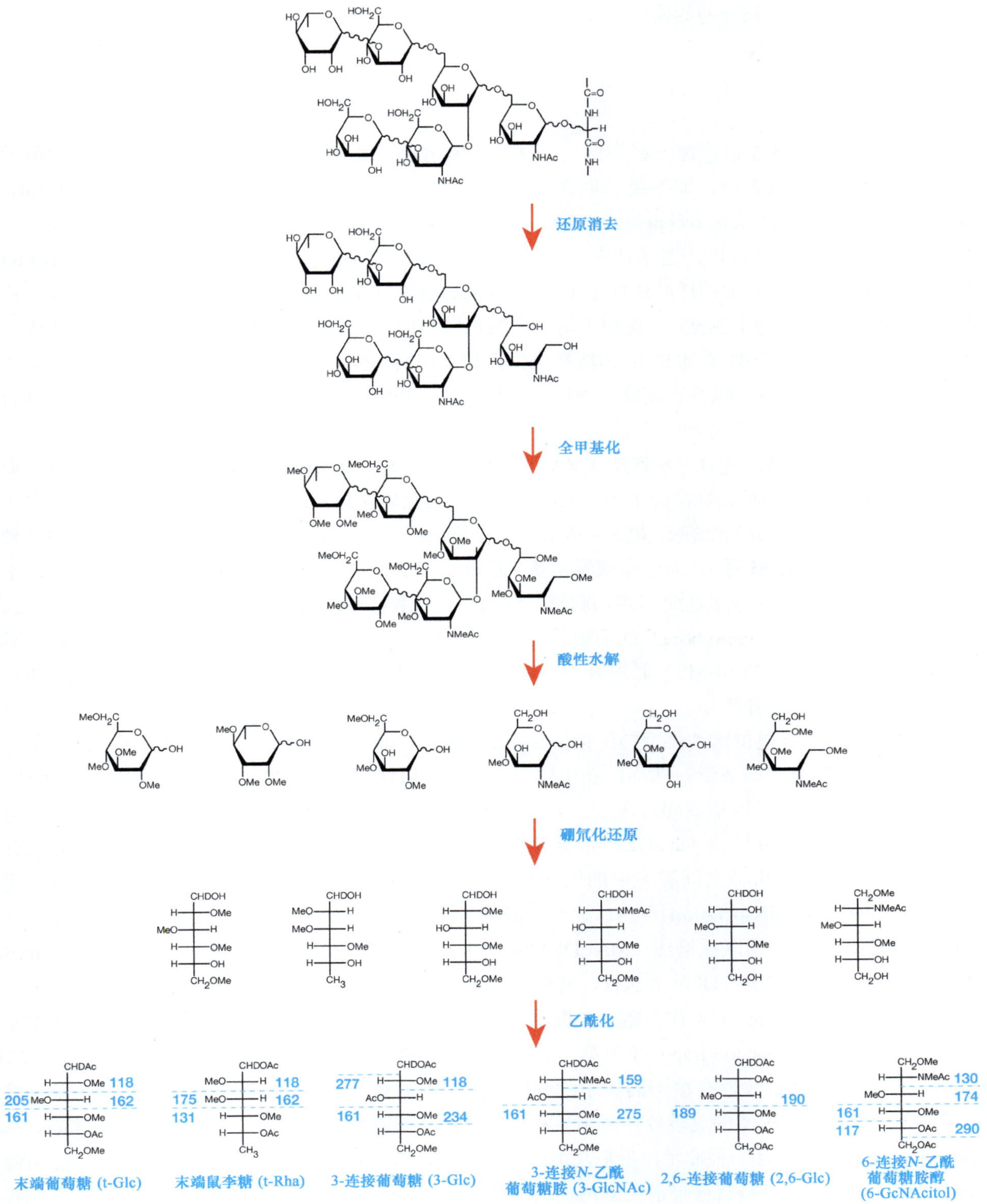

图 50.2　细菌 *O*- 连接的支链六糖的连键分析示例。糖链序列为 Rha1-3Glc1-(Glc1-3GlcNAc1-)2,6Glc1-6GlcNAc。首先从蛋白质上还原消去 *O*- 聚糖，在全甲基化、酸性水解、硼氘化还原和乙酰化的连续步骤后，产生一组化合物，其中连键位置可以根据其乙酰化羟基确定（选择性离子显示在部分甲基化的糖醇乙酸酯结构上）。对于图示的序列，末端的葡萄糖和鼠李糖产生了仅在 C-1 和 C-5 处乙酰化的糖醇；分支点两侧 3- 连接的葡萄糖和 3- 连接的 *N*- 乙酰葡萄糖胺单元，在 C-1、C-5 和 C-3 处被乙酰化，并且在内部聚糖的 C-1 处被氘化；分支点的葡萄糖，在 C-1、C-5、C-2 和 C-6 处被乙酰化；而 6-*N*- 乙酰葡萄糖胺醇（位于聚糖的还原端，因此在连键分析之前的还原消去反应中被还原，并且它不携带氘），仅在 C-6 处被乙酰化。

不能揭示 α- 或 β- 端基差向异构的构型。

50.5.2 质谱法

前文介绍了单糖组成和连键分析中的电子轰击 - 质谱法（EI-MS）。在本节中，将介绍用于糖链质谱分析的其他主要电离类型，即**基质辅助激光解吸 / 电离（matrix-assisted laser desorption/ionization，MALDI）**和**电喷雾电离（electrospray ionization，ESI）**。这些技术允许非挥发性物质的直接电离，适用于完整的糖复合物及其片段。这些技术沿袭了那些最初为早期**快原子轰击（fast atom bombardment，FAB）**质谱（FAB-MS）开发的样品处理策略和聚糖**碎裂规律（fragmentation pathway）**中的知识。可以通过质谱法确定的结构特征包括：①聚糖不均一性的程度和糖基化的类型（例如，*N*- 聚糖或 *O*- 聚糖；寡甘露糖型、杂合型或复合型 *N*- 聚糖）；②糖基化位点和蛋白质 / 脂质载体的特性；③聚糖的分支；④天线结构的数量、长度、组成，以及岩藻糖、唾液酸或其他封端基团（如硫酸酯、磷酸酯或乙酰酯）的取代；⑤单个聚糖的完整序列。

在基质辅助激光解吸 / 电离 - 质谱法（MALDI-MS）实验中，样品在存在吸光基质的情况下在金属靶上干燥，直到形成含有被捕获样品分子的基质晶体。样品的电离受到来自吸收激光脉冲能量的基质分子能量转移的影响。基质辅助激光解吸 / 电离 - 质谱法是在复杂混合物中筛选分子离子的卓越技术，也是糖组学分析的强大工具（**第 51 章**）。对于电喷雾电离 - 质谱法（ESI-MS）而言，含有样品的液体流通过毛细管接口进入离子源，样品分子在此与溶剂剥离，成为多电荷物（multiply charged species）。电喷雾电离 - 质谱法可以与纳米孔径（nano-bore）或毛细管（capillary-bore）孔径液相色谱联用，实现在线液相色谱 / 电喷雾电离 - 质谱法（LC/ESI-MS）联用分析。当分析多肽和糖肽的复杂混合物时（如在糖蛋白经蛋白酶水解消化后），该方法特别有用。

原则上，质谱法可提供两种类型的结构信息：**分子离子（molecular ion）**［即完整分子的质量］和**碎片离子（fragment ion）**的质量。然而，在电喷雾电离 - 质谱法和基质辅助激光解吸 / 电离 - 质谱法中，电离过程的能量通常不足以形成碎片离子。为了克服这个问题，电喷雾电离和基质辅助激光解吸 / 电离仪器通常有两个串联的分析器（analyzer），这使得第二个分析器可以检测出由第一个分析器选择的分子离子，与放置在两个分析器之间腔室中的惰性气体发生碰撞后产生的碎片离子，这被称为**碰撞活化解离（collision-activated dissociation，CAD）**或**碰撞诱导解离（collision-induced dissociation，CID）**。基质辅助激光解吸 / 电离 - 串联质谱法（MALDI-MS/MS）通常在具有两个串联的**飞行时间（time-of-flight，TOF）**分析器的仪器（TOF-TOF）上执行，而最流行的电喷雾电离 - 串联质谱法（ESI-MS/MS）仪器，使用一个四极杆（quadrupole，Q）作为第一分析器、一个正交的飞行时间分析器作为第二分析器（QTOF）；或使用线性离子阱（linear ion trap）作为第一分析器，而轨道离子阱（orbitrap）作为第二分析器（LTQ-orbitrap）。一些串联质谱仪器有单一的离子阱分析器，用于捕获离子兼作为碰撞室使用。离子阱相对便宜，但缺乏大多数串联仪器的灵敏度、通用性和质量范围。**傅里叶变换质谱仪（Fourier transform mass spectrometer，FTMS）**是一种非常昂贵但功能强大的仪器，具有极高的质量精度。研究人员已经为傅里叶变换质谱仪开发了一种替代碰撞活化解离的离子碎片产生方法，该方法被称为**电子捕获解离（electron capture dissociation，ECD）**，涉及通过多电荷分子离子对电子进行捕获。一种被称为**电子转移解离（electron transfer dissociation，ETD）**的相关技术，随后被开发用于串联仪器。电子捕获解离和电子转移解离都会产生自由基阳离子，其产生的碎裂途径与碰撞活化解离产生的离子不同。电子捕获解离和电子转移解离特别适用于确定糖肽中的糖基化位点。

尽管可以通过基质辅助激光解吸 / 电离 - 串联质谱法或电喷雾电离 - 串联质谱法对未衍生化的聚糖进行分析，但如果在质谱分析之前对聚糖进行衍生化，则可以获得更好的数据。衍生化方法大致可分为两类：①还原末端的标记（tagging）；②对所有官能团的保护。常用的标记试剂包括对氨基苯甲酸乙酯、2- 氨基吡啶（2-aminopyridine，2-AP）和 2- 氨基苯甲酰胺（2-AB）。这种类型的衍生化有助于色谱纯化，并增强了有用的质谱碎片化。迄今为止，通过全甲基化保护羟基是聚糖质谱中使用得最为重要的全衍生化类型，尽管在衍生化过程中伴随着对乙酰酯和其他碱不稳定官能团的破坏。在串联质谱法实验中，全甲基化衍生物形成了丰富的碎片离子，这些碎片离子在易断的糖苷键处裂解产生，特别是在每个 *N*- 乙酰己糖胺（HexNAc）残基的还原端侧。在 *N*- 聚糖和 *O*- 聚糖中，这种优先出现的碎片可以清晰地确证糖链天线结构中的糖序列。基质辅助激光解吸 / 电离 - 质谱法和电喷雾电离 - 质谱法同样可以应用于表征自糖脂和糖胺聚糖衍生的聚糖。然而在后一种情况下，由于糖胺聚糖的尺寸和硫酸化程度较高，质谱分析通常在聚合物链水解后进行。

如上所述，质谱法在分析过程中测量聚糖的**质荷比**（*m*/*z*）。然而，由于构成聚糖的多种单糖可以具有相同的质量（如甘露糖、半乳糖和葡萄糖），并且单糖能够以不同的方式连接在一起，因此聚糖质谱中的单个峰实际上可以由多个结构异构体组成。**离子淌度质谱法**（**ion mobility mass spectrometry**）还能够根据大小和形状对离子进行分离，这可以解析具有相同质荷比的聚糖结构异构体（参见**延伸阅读**）。

广义而言，质谱的独特优势可以在糖生物学中以两种通用的方式加以利用。第一种方式是获得纯化的单个聚糖或聚糖混合物的详细表征信息。在这类研究中，必须获得足够严格的数据，方可明确鉴定聚糖的结构；需要进行多次基于质谱的不同实验，通常辅以核磁共振、连键分析和酶消化产物分析。第二种方式是在可能不需要完全确定聚糖结构的情况下，进行糖组学研究，并且可以与特定糖基水解酶结合，进行高通量糖组学分析或质量图谱检索（mass mapping profiling）（**第 51 章**）。

50.5.3　核磁共振谱学

核磁共振波谱是一种强大的工具，能够对分离出的聚糖和简单的聚糖混合物进行全面的从头（*de novo*）结构表征。它的几个优点包括：广泛的适用性（聚糖含有丰富的氢 [^{1}H]，是最容易检测到的磁核）、非破坏性、共振强度和聚糖残基浓度之间的定量关系、各种实验设置的多样性，以及返回聚糖一级、二级和三级结构信息的能力。方法的主要限制是灵敏度，即使是最简单的结构测定，通常也需要几个纳摩尔浓度（nmol/L）的聚糖。结构和代谢应用中的其他限制，源自核磁共振谱仪相对较高的成本，以及获取和解释核磁共振波谱所需的专业知识水平。然而，使用**动态核极化**（**dynamic nuclear polarization**）和**环状投影波谱**（**looped，projected spectroscopy，L-PROSY**）等方法的一系列新兴实验，在监测葡萄糖和果糖等代谢物在活体中快速转化的应用时，灵敏度提升了几个数量级。基于扩散的方法还可以产生各组分混合物的波谱，波谱的拆分可利用其扩散常数（有效分子大小）的不同来进行。

当仅有少量样品可用，且样品来源已知时，进行一维（1D）^{1}H 核磁共振谱采集，结合简单的二维（2D）**总相关谱**（**total correlation spectroscopy，TOCSY**），经常用于实现聚糖的结构识别。在最先进的核磁共振谱仪上（900 MHz，带有低温探针），可以在 20 min 内收集到约 30 μg 十糖（decasaccharide）的一维 ^{1}H 核磁共振谱。端基差向异构的 ^{1}H 共振，通常可在相对不拥挤的波谱区域中得到很好的解析，并显示出特征性的标量耦合（scalar coupling）。对于大多数 α- 端基差向异构体（α anomer）来说，耦合常数很小；而对于大多数 β- 端基差向异构体（β anomer）而言，耦合常数明显更大。因此，仅通过 ^{1}H 核磁共振谱可以很好地估计出给定的寡糖中有多少残基，因为每个残基有一个端基差向异构 ^{1}H（但唾液酸和 2- 酮 -3- 脱氧辛酮糖酸［Kdo］除外），同时可以估计出它们中有多少属于哪一种端基差向异构类型。核磁共振法还可以很好地估计多糖的每个重复单元中有多少残基。从端基差向异构体（H1）共振到 H2，以及随后的标量耦合自旋系统中其他共振之间的联系，通常可以在二维总相关谱（2D TOCSY）数据中获得，该数据显示了所有耦合的 ^{1}H 的化学位移（共振位置），表现为端基差向异构体共振产生的列或行上的交叉峰（crosspeak）（对 30μg 样品进行约 12 h 的数据采集）。两个或多个相关联的 ^{1}H 的化学位移，通常足以识别残基。例如，研究观察到位于底场（高 ppm）位置的三个 α- 端基差向异构共振与三个 H2 共振之间的耦合常数较小，可以将它们判定为属于 *N*- 聚糖的核心甘露糖残基。从历史上看，一系列通常来自一维核磁谱、对单糖类型和连键类型都很灵敏且容易分辨的共振，被称为**报告基团共振（reporter group resonance）**。这些报告基团共振通常被证明足以识别一个聚糖，尤其是对所研究体系中聚糖的生物合成途径的知识有限、别无他法之时。

如今，通过将测量 ^{13}C 与和其直接成键的 ^{1}H 之间的化学位移相关联，**异核单量子相干（heteronuclear single quantum coherence，HSQC）**核磁共振波谱极大地拓展了聚糖的检测范围（图 50.3）。^{13}C 具有磁活性，但 ^{13}C 波谱的灵敏度低于 ^{1}H 波谱。为了提高灵敏度，^{13}C 的化学位移是通过各个 ^{1}H 的化学位移间接检测的。即使对检测进行了改进，^{13}C 的天然丰度也仅为 1%，除非样品经过同位素富集，否则收集这些数据需要将样品数量提高两个数量级。核磁共振仪硬件的改进可以减少所需的样品数量或检测时间，并允许进行混合实验，如二维异核单量子相干 - 总相关谱（2D HSQC-TOCSY），如图 50.3 所示。此外，最近的二维核磁共振实验通过在 ^{13}C 上使用直接检测并结合优化后的数据处理，可以克服核磁谱中出现的显著重叠问题。现在已有基于网络的计算工具，这些工具依靠经验规则或数据库，将化学位移与结构特征联系起来，这些工具可以从一维核磁共振和二维核磁共振数据中轻松预测出可能的结构，如**计算机辅助的常规多糖核磁谱评估（Computer-Assisted Spectrum Evaluation of Regular Polysaccharides，CASPER）**。

当出现前所未有的聚糖结构时，也可以仅使用核磁共振数据进行从头结构确定。这通常从使用**耦合关联性磁振频谱（coupling correlated spectroscopy，COSY）**、总相关谱（TOCSY）、异核单量子相干（HSQC）和异核单量子相干 - 总相关谱（HSQC-TOCSY）等光谱的组合，对聚糖每个残基的 ^{1}H 和 ^{13}C 共振进行核磁峰归属开始。此外，二维**异核多键相关（heteronuclear multiple-bond correlation，HMBC）**或**长程异核单量子多键相关（long-range heteronuclear single quantum multiple bond correlation，LR-HSQMBC）**实验，可用于检测端基差向异构 ^{1}H 与糖苷键对侧的碳原子之间的**键耦合（through-bond coupling）**。然而，这是更不敏感且更为耗时的实验。

通过替换为二维**核奥弗豪泽效应（nuclear Overhauser effect，NOE）**波谱，可以避免基于 ^{13}C 的异核单量子相干（HSQC）和异核多键相关（HMBC）实验。在中等大小的聚糖（1 kDa）中，由于相干转移途径的竞争，核奥弗豪泽效应的交叉峰可能无法被观察到。可以使用**旋转坐标系奥弗豪泽效应（rotating-frame Overhauser effect，ROE）**波谱以观察到这种交叉峰。这两个实验均基于 ^{1}H 之间的距离（而非基于键耦合）来关联 ^{1}H 之间的共振；它们通常显示出成对的 ^{1}H 交叉峰，彼此之间的距离约在 4Å 以内。大多数关联（connection）出现在同一残基中的 ^{1}H 之间，但通常额外的关联将出现在端基差向异构的 ^{1}H 和另一个残基中的 ^{1}H 之间。该 ^{1}H 经常跨越连接位点的糖苷键，提供了一种将残基组装成完整糖链结构的解析方法。然而，解析过程必须慎之又慎，连接位点的确定并非像基于 ^{13}C 的实验那样确凿无误，因为反式糖苷对（*trans*-glycosidic pair）的距离取决于糖苷扭转角，并且这些核奥弗豪泽效应的交叉峰可能很弱。此外，其他非连接位点的质子也可能会出现在核奥弗豪泽效应的距离内，引起核磁峰归属的错误。

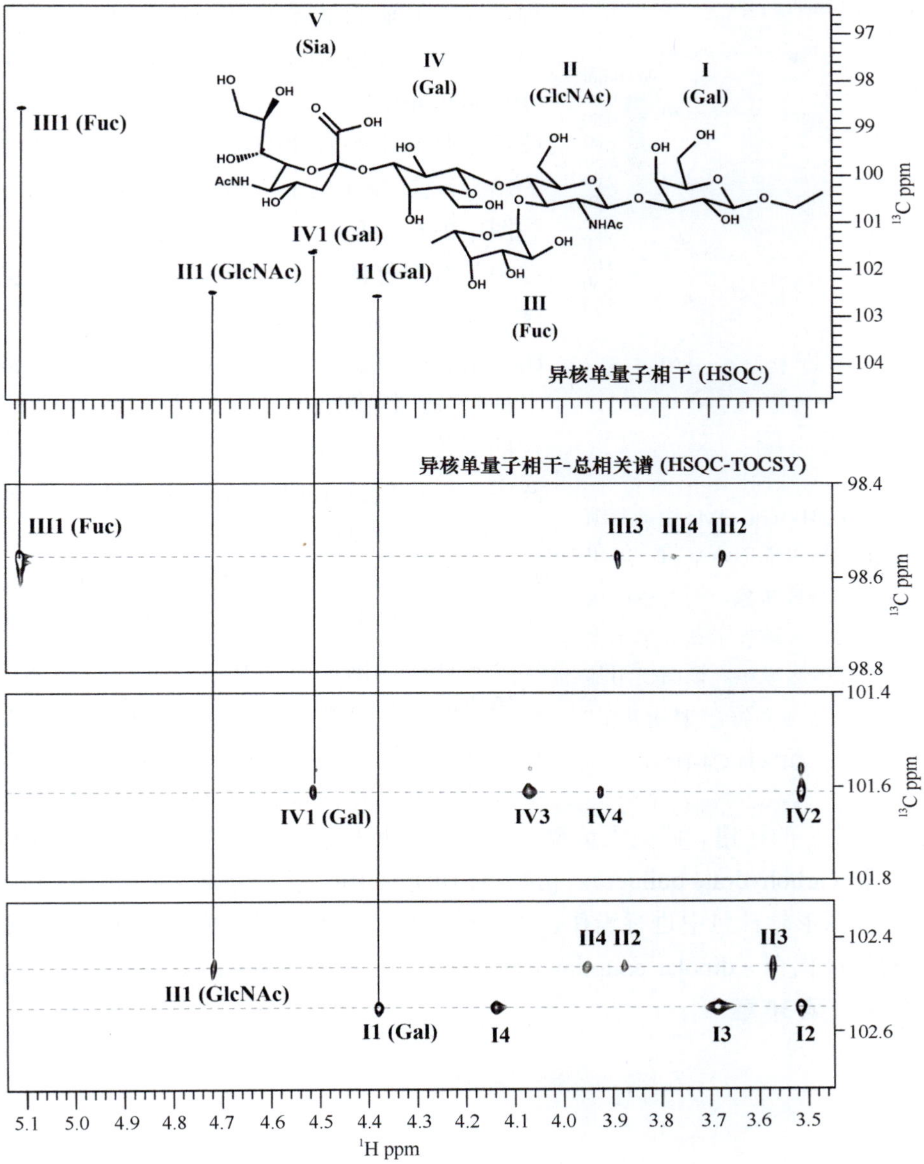

图 50.3 D_2O 中唾液酸化 Lewis x 封端聚糖的二维 ^1H-^{13}C 700 MHz 核磁共振谱图。 在此例中，异核单量子相干（HSQC）和异核单量子相干 - 总相关谱（TOCSY）的组合，用于将每个峰的化学位移分配给结构中的原子（即核磁峰归属）。结构中的每个残基均用罗马数字表示，每个残基中的原子编号用阿拉伯数字表示。^1H-^{13}C 交叉峰的分配，通过关联异核单量子相干（HSQC）（上部配图）和异核单量子相干 - 总相关谱（HSQC-TOCSY）（底部三图）中的数据来完成。每个与 ^{13}C 原子共价键合的 ^1H 原子，都会在异核单量子相干上显示出一个峰。HSQC-TOCSY 显示出与某个特定 ^1H-^{13}C 交叉峰相连的环（也被称为自旋系统）中，所有 ^1H 的交叉峰。例如，图像底部显示了 I- 半乳糖（4.38 ^1H ppm，102.6 ^{13}C ppm）和 II-*N*- 乙酰葡萄糖胺（4.72 ^1H ppm，102.51 ^{13}C ppm）的端基差向异构对的关联。沿着每条水平虚线的是环中 ^1H 的化学位移，对于 I- 半乳糖，标注为 I4、I3 和 I2；对于 II-*N*- 乙酰葡萄糖胺，标注为 II4、II2 和 II3。这些化学位移的位置是残基类型和连键的特征。一旦残基被确定，就可以分配 HSQC 中的峰，所得的分配结果可用于后续的三维结构确定。

50.6 聚糖的三维结构

原则上，有助于识别残基之间连接的、相同的核奥弗豪泽效应交叉峰，也可用于确定聚糖的三级（3D）结构。然而，内部分子运动的存在，导致溶液中存在多种不同的构象，因而解释会变得复杂。这

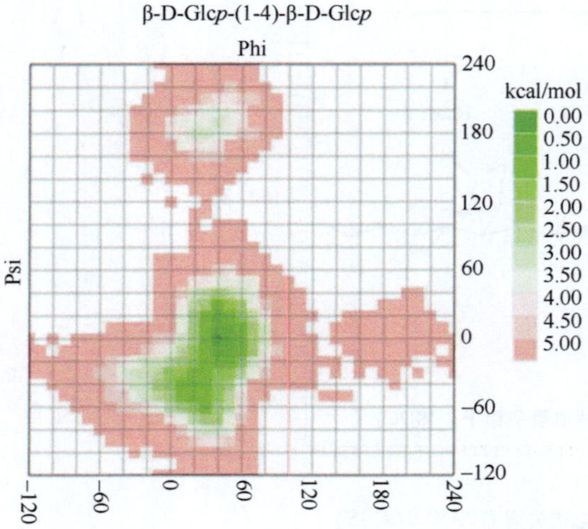

图 50.4 能量图显示了 Glcβ1-4Glc-OMe 中葡萄糖（Glc）残基之间糖苷扭转角可能的 ϕ-ψ 值。绿色区域表示 ϕ 和 ψ 可能的组合或构象，而红色区域表示不太可能的构象。白色区域表示该分子不太可能出现在 ϕ-ψ 空间的这些区域中。该图使用基于网络的工具 CARP 获得。ϕ, ψ 角符合"核磁共振"惯例（ϕ=H1'-C1'-O4-C4，ψ=C1'-O4-C4-H4）。

种运动在 ϕ-ψ 能量图（ϕ-ψ energy plot）中得到了很好的说明，与用于描述蛋白质多肽骨架中扭转角能量学的**拉氏图**（**Ramachandran plot**）[①]非常类似。对于聚糖而言，这些图通常是基于参数化的函数，代表了量子力学和实验数据的结合。**图 50.4** 显示了 Glcβ1-4Glc 连键的 ϕ-ψ 能量图。这些图中的最小值，与存储在数据库中的聚糖结构中发现的键角具有很好的相关性，这些数据库包括**剑桥结构数据库**（**Cambridge Structural Database**）或**蛋白质数据库**（**Protein Data Bank，PDB**）。多个最小值表明在溶液中可能存在着多种构象，因此暗示了该二糖存在构象运动。在拉氏图包含的温度下，分子可获得的热能约为 0.6 kcal，因此在溶液中，最小值约 1.4 kcal 范围内的状态具有相当高的比例（＞ 10%），代表了**扭转角**（**torsion angle**）相对于 Glcβ1-4Glc 连键中最稳定形式的扭转角 ±20° 变化。在核磁共振实验中，核奥弗豪泽效应交叉峰的强度，大致与在这些状态下采样距离的倒数的 6 次方的平均值成正比，并且这种大幅度的距离依赖性，会导致距离向更小的数字倾斜。尽管如此，核奥弗豪泽效应，特别是那些代表了与较大聚糖中远端部分近距离接触的核所产生的核奥弗豪泽效应，可以指导聚糖三维结构模型的构建。研究人员现在可以使用便捷的工具来构建结构，如 GLYCAM 软件包中的碳水化合物生成器（carbohydrate builder）。初始结构可以使用分子力学或分子动力学软件包进一步完善，也可以在常见的分子图形软件包中进行操作，以匹配来自核奥弗豪泽效应和其他核磁共振中测量的溶液数据，包括残基的偶极耦合（dipolar coupling）和顺磁效应（paramagnetic effect），它们分别提供了对角度和长程距离的约束（**第 30 章**）。

致谢

感谢卡罗琳·R. 贝尔托齐（Carolyn R. Bertozzi）对本章先前版本的贡献，并感谢马库斯·保利（Markus Pauly）和玛蒂娜·德尔比安科（Martina Delbianco）提供的有益评论及建议。

延伸阅读

Jiménez-Barbero J, Peters T. 2003. *NMR spectroscopy of glycoconjugates*. Wiley-VCH, Weinheim, Germany.

Lamari FN, Kuhn R, Karamanos NK. 2003. Derivatization of carbohydrates for chromatographic, electrophoretic and mass spectrometric structural analysis. *J Chromatogr B Analyt Technol Biomed Life Sci* **793**: 15-36.

Haslam SM, North SJ, Dell A. 2006. Mass spectrometric analysis of N-and O-glycosylation of tissues and cells. *Curr Opin Struct Biol* **16**: 584-591.

① 肽链中的肽单元之间通过 Cα 原子相连接，为了描述二级结构肽链骨架折叠状态和构象允许范围，印度学者拉马钱德兰（G. N. Ramachandran）用 ϕ 角和 ψ 角分别表示单键 N—Cα 和单键 Cα—C 旋转的角度，并分别以之为横坐标和纵坐标所做的二维图。

Wuhrer M. 2013. Glycomics using mass spectrometry. *Glycoconj J* **30**: 11-22.

Zaia J. 2013. Glycosaminoglycan glycomics using mass spectrometry. *Mol Cell Proteomics* **12**: 885-892.

Battistel MD, Azurmendi HF, Yu B, Freedberg DI. 2014. NMR of glycans: shedding new light on old problems. *Prog Nucl Magn Reson Spectrosc* **79**: 48-68.

Balagurunathan K, Nakato H, Desai UR. eds. 2015. Glycosaminoglycans: chemistry and biology. In *Methods in molecular biology*, Vol. 1229. Springer, New York.

Yan H, Yalagala RS, Yan F. 2015. Fluorescently labelled glycans and their applications. *Glycoconj J* **32**: 559-574.

Woods RJ. 2018. Predicting the structures of glycans, glycoproteins and their complexes. *Chem Rev* **118**: 8005-8024.

Mucha E, Stuckmann A, Marianski M, Struwe WB, Meijer G, Pagel K. 2019. In-depth structural analysis of glycans in the gas phase. *Chem Sci* **10**: 1272-1284.

Gimeno A, Valverde P, Ardá A, Jiménez-Barbero J. 2020. Glycan structures and their interactions with proteins. A NMR view. *Curr Opin Struct Biol* **62**: 22-30.

第 51 章

糖组学和糖蛋白质组学

宝琳·M. 拉德（Pauline M. Rudd），尼古拉斯·G. 卡尔森（Niclas G. Karlsson），邱继辉（Kay-Hooi Khoo），莫滕·塞森 - 安德森（Morten Thaysen-Andersen），兰斯·威尔斯（Lance Wells），妮可·H. 帕克（Nicolle H. Packer）

51.1　糖组 / 664
51.2　糖组与基因组和蛋白质组的关系 / 665
51.3　比较糖组学 / 665
51.4　用于表征糖组的工具 / 666
51.5　糖组学和糖蛋白质组学 / 666
51.6　糖组学分析 / 668
51.7　糖组学分析的未来 / 673
51.8　从糖组学分析到糖蛋白质组学分析 / 673
51.9　糖基化位点的描绘 / 673
51.10　糖蛋白质组学：确定位点上不均一的糖基化 / 674
51.11　糖蛋白质组学的局限与前景 / 676
致谢 / 677
延伸阅读 / 677

基因组学（genomics）一词源于研究人员已经获取的完整基因组序列数据，以及对其进行分析的计算方法。然而，人类基因组中＜ 2% 的基因编码蛋白质。这些基因被转录成信使 RNA（mRNA），构成**转录组（transcriptome）**，其中约 30% 被分配用于编码蛋白质。细胞所表达的全部蛋白质统称为**蛋白质组（proteome）**。大多数真核生物的蛋白质，都经过了翻译后修饰（如磷酸化、硫酸化、氧化、泛素化、乙酰化、甲基化、脂化或糖基化）。这些修饰与真核生物中的 RNA 可变剪接相结合，使得蛋白质组较转录组复杂得多。据估计，人类细胞表达了大约 120 000 种不同的蛋白质剪接形式，但经过修饰的蛋白质形式的总数可能至少要高出一个数量级。对细胞、组织或生物体表达的所有蛋白质的系统水平分析称为**蛋白质组学（proteomics）**。蛋白质组与转录组一样，从根本上来说是动态的，这一点与基因组的 DNA 序列不同。一个细胞所表达的蛋白质库高度依赖于组织类型、微环境和生命周期中的阶段。当细胞以生长因子、激素、代谢物或细胞 - 细胞相互作用等形式接收外部和内部信号时，各种基因的表达受到调节，并且可以在从基因沉默到每个细胞超过 10^4 个 mRNA 拷贝和超过 10^7 个蛋白质分子的跨度内进行转录。因此，在细胞分化、激活、运输和恶性转化过程中，蛋白质组及其修饰都会发生变化。

然而，在不检视**糖组（glycome）**的情况下，对任何生物过程的系统层级分析都遑论完整，糖组可定义为除基因组、转录组、蛋白质组、**脂质组（lipidome）**和**代谢组（metabolome）**之外，由细胞产生的完整聚糖结构（无论是与蛋白质 / 脂质结合的形式，还是游离的形式）。

51.1　糖组

脊椎动物合成 *N*- 连接和 *O*- 连接的糖蛋白、糖脂（**第 11 章、第 12 章**）、蛋白聚糖、糖胺聚糖和共价连接到蛋白质上的糖基磷脂酰肌醇锚（GPI anchor），以及游离的寡糖（**第 3 章**）。与蛋白质组一样，每种细胞类型都有自身独特的糖组，由局部环境和细胞的代谢状态共同控制。其他生物体也有不同的糖组，植物（**第 24 章**）和原核生物（**第 21 章**）的糖组与脊椎动物和无脊椎动物的糖组（**第 25 章至第 27 章**）明显不同。

任何特定细胞糖组的大小尚未被确定，但在多种糖复合物上，可能出现多种聚糖结构的组合，这一可能性意味着确定一个"完整"糖组并非易事。当人们发现聚糖在细胞上形成的模式，会在发育（**第 41 章**）、癌症进展（**第 47 章**）、感染（**第 42 章**、**第 43 章**）和许多其他疾病（**第 44 章至第 46 章**）过程中发生变化时，就产生了在一次只研究一种聚糖或糖复合物的同时，还应将其视为一个整体（糖组学）来进行研究的概念。许多聚糖结合蛋白（如凝集素）在细胞表面呈寡聚状态，并且与同一个细胞或对侧细胞上的多价聚糖阵列相互作用（**第 28 章至第 38 章**）。有时，多种离散的聚糖及与其匹配的聚糖结合蛋白进行协同作用，以衔接两个细胞或是在细胞之间传递信号，因此，创造了**"糖组学"（glycomics）**一词来描述糖生物学中那些只能通过糖组的系统层级分析来进行理解的诸多方面。

51.2　糖组与基因组和蛋白质组的关系

在细胞的基因组、转录组和蛋白质组中，可以找到关于糖组的组成与复杂性的线索。因此，如果一个编码糖基转移酶的基因没有表达（在转录组中不存在），该细胞中的聚糖就无法携带在这一特定的时间由该糖基转移酶所转移的糖。许多糖基转移酶和糖苷水解酶在生物合成途径中竞争相同的底物，使得采用目前的工具和知识无法对完整糖组进行预测。例如，单种糖基转移酶的表达减少，可以扰乱数十种聚糖的生物合成。此外，与基因组不同，糖组对外源营养水平和代谢流（metabolic flux）（包括补救途径）很敏感。因此，膳食中单糖的变化，如葡萄糖、半乳糖、葡萄糖胺、岩藻糖、甘露糖和 *N*-羟乙酰神经氨酸（**第 15 章**），可能会改变糖组的组成。影响糖组的众多因素（转录组、蛋白质组、环境营养物质、分泌机制、pH 和许多其他决定因素），创造了一个高度多样化、随机应变且动态的糖组。因此，一个细胞的糖组可以随着时间的推移发生显著的变化。正是这种响应细胞和环境状态的巨大结构可塑性，构成了聚糖在发育、细胞通讯和疾病过程中具有重要作用的基础。

51.3　比较糖组学

由于糖组同时受到遗传和环境因素的影响，因此其中包含的信息揭示了物种内和物种间的变异，进而包括了提供可用于诊断和监测药物疗效的疾病指标的功能。**比较糖组学（comparative glycomics）**即对从两个或多个个体、组织或所关注的条件中获得的糖组图谱的比较，是生物学和医学中令人兴奋的前沿领域。

正如**第 47 章**中所讨论的，糖组的诸多变化与恶性肿瘤和转移有关，包括 *N*-连接和 *O*-连接的蛋白质糖基化的改变、聚糖上连接的唾液酸化和岩藻糖基化的上调，以及糖胺聚糖的改变。无论功能性的结果如何，与恶性肿瘤（或任何疾病）高度相关的糖组的变化都可以作为候选的诊断标志物。值得注意的是，疾病中发生改变的聚糖，可能反映了疾病对远端器官的下游后果、患者免疫系统的变化或疾病的其他影响。

有一点需要注意，即人类个体糖组间自然变异的程度目前仍属未知。众所周知，糖组会对饮食和环境变化做出响应，并随着年龄、性别和后天疾病易感性的变化而发生难以捉摸的变化（**第46章**）。进化生物学的研究也可以从比较糖组学中获益良多，例如，脊椎动物免疫系统的进化，伴随着一类全新的聚糖结合蛋白的获得，包括唾液酸结合免疫球蛋白样凝集素（Siglec）（**第35章**）和选凝素（selectin）（**第34章**）。同样，微生物及它们的脊椎动物宿主的糖组和聚糖结合蛋白，在某些情况下似乎是共同进化的（**第42章**）。

51.4 用于表征糖组的工具

糖组可以在不同的数据粒度级别（level of granularity）[①]上进行确定。首先，糖组学构建了一份从感兴趣的细胞、器官或生物体的蛋白质或脂质支架中挑选出来的聚糖清单。这是任何综合性聚糖分析的一个重要起点。第二层级的分析确定了与单个蛋白质或脂质相关的特定聚糖，例如，对细胞糖复合物的完整组成部分的分析，包括了存在于单个聚糖连接位点的聚糖的**微不均一性（microheterogeneity）**，位于糖组学和蛋白质组学即**糖蛋白质组学（glycoproteomics）**，以及糖组学和脂质组学即**糖脂组学（glycolipidomics）**的交叉点。第三层级的复杂性涉及确定哪些聚糖和（或）糖复合物在特定时间或条件下，在特定细胞、组织或分泌物中表达。如果目标是揭示细胞间通讯的新功能，或将特定糖组与特定疾病相关联，那么这种层级的分析是必不可少的。当然，这些方法均不能再现存在于细胞表面或细胞外基质中复杂的“聚糖森林”的实际排列。细胞表面糖组的空间分布，目前仅适用于使用各种聚糖识别探针（凝集素 / 聚糖识别蛋白；**第48章**）的显微镜、阵列和流式细胞术成像。组织切片中聚糖的空间分布，也可以通过最近出现的基质辅助激光解吸 / 电离（matrix-assisted laser desorption/ionization，MALDI）质谱成像的手段进行探索。

51.5 糖组学和糖蛋白质组学

“糖组学”这一术语旨在定义对一个细胞、组织或生物体，在特定时间、地点和环境条件下产生的完整聚糖库的研究。“糖蛋白质组学”描述的是出现在细胞蛋白质组上的这种糖组。糖蛋白质组学确定了一个细胞的每个糖蛋白上的哪些位点发生了糖基化，理想情况下，包括对每个位点的、不均一的聚糖结构进行鉴定和定量。糖蛋白质组的分子复杂性，使得糖组学和糖蛋白质组学既令人兴奋莫名，又令人心生畏惧。基因组、转录组和蛋白质组均不能准确预测动态表达的蛋白质上所连接的聚糖，因此必须直接对糖组和糖蛋白质组进行分析。本章介绍了用来表征分离后的单一糖蛋白（**图51.1**）或复杂糖蛋白混合物（糖蛋白组）（**图51.2**）的技术。

如下所述，研究人员已经开发了许多技术来研究糖组和糖蛋白质组。由于目前没有任何一种技术可以对糖组或糖蛋白质组的所有信息进行全面获取，因此通常会同时使用几种方法，例如，从组装单个细胞类型的聚糖库，到确定组织中的全局性表达。需要不同的方法和技术对糖蛋白与糖脂的结构、*N*-聚糖与*O*-聚糖的结构，以及硫酸化糖胺聚糖与中性聚糖的结构进行表征（**第50章**）。相比之下，RNA测序（RNA-seq）等单一技术可用于一次性识别和定量所有的mRNA转录物，更容易操作。

① 也称颗粒度，指数据仓库中数据的细化和综合程度。

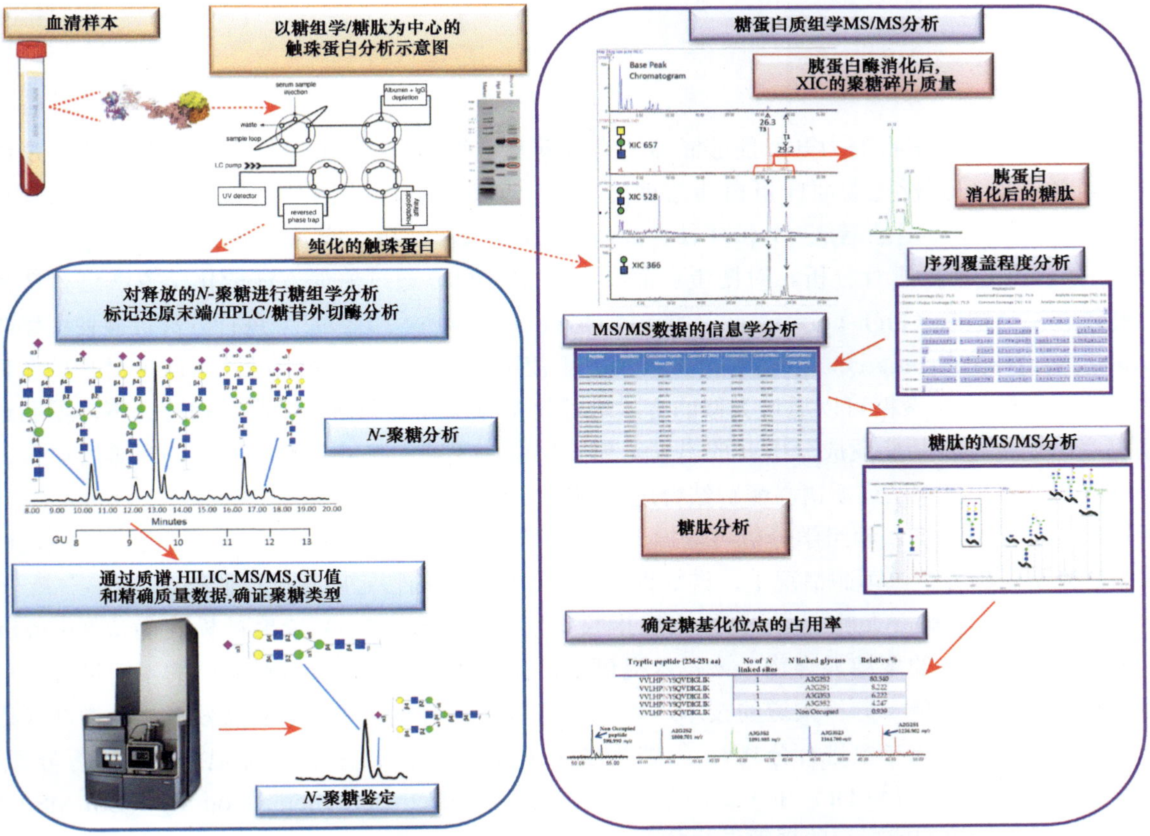

图 51.1　纯化的单一糖蛋白的分析。 以亲和纯化的血清糖蛋白——触珠蛋白（haptoglobin）的表征为例，左图表示从蛋白质中释放的 *N*- 聚糖的总糖组学分析，用 2- 氨基苯甲酰胺（2-AB）荧光衍生，并通过液相色谱法（LC）进行分离。通过与保留时间标准值（GU 值）的比较确定结构，并通过质谱法（MS）或串联质谱法（MS/MS）进行验证。右图表示通过反相液相色谱 - 串联质谱法（LC-MS/MS）分析胰蛋白酶消化后的糖肽，可以获取聚糖组成以及结构和位点信息，同时很好地涵盖了氨基酸序列信息。缩写：亲水相互作用液相色谱法（HILIC），提取离子色谱图（XIC）（图片由 The National Institute of Bioprocessing Research and Training，NIBRT 的 Mark Hilliard 惠赠）。

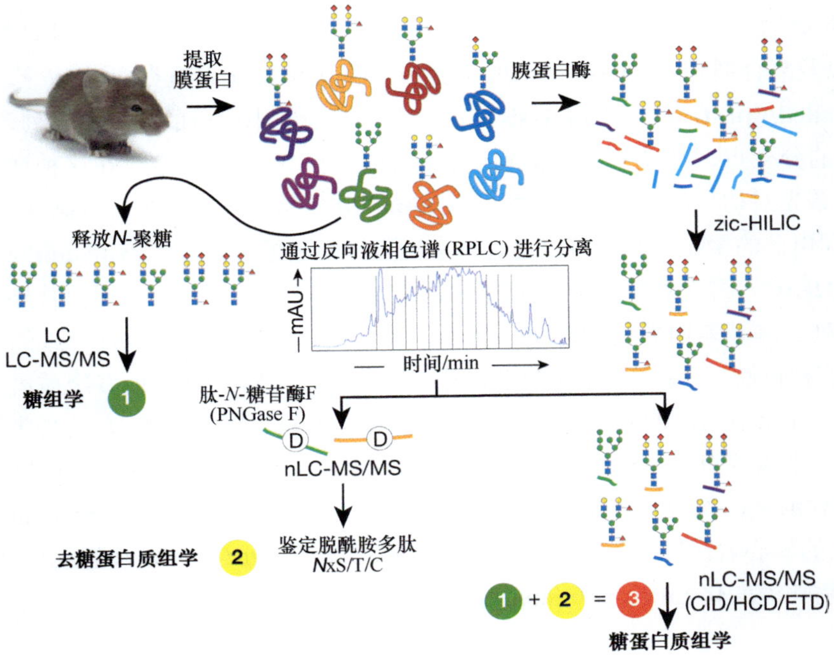

图 51.2　糖组学辅助的复杂糖蛋白混合物的糖蛋白质组学。 在该工作流程中，首先对大鼠脑膜蛋白总提取物进行肽 -*N*- 糖苷酶 F（PNGase F）处理，随后对释放的 *N*- 聚糖结构进行详细分析（1），然后通过识别所产生的带有天冬酰胺 -X- 丝氨酸 / 苏氨酸（N-X-S/T）基序的脱酰胺多肽来确定糖基化位点（2）。该信息有助于对分离的、经胰蛋白酶处理的糖肽上不均一的糖链结构进行匹配（3）。缩写：两性离子亲水相互作用液相色谱（zic-HILIC），串联液相色谱 - 多级质谱（nLC-MS/MS），反向液相色谱（RPLC），碰撞诱导解离（CID），高能碰撞解离（HCD），电子转移解离（ETD）（图片由 University of Melbourne 的 Benjamin L. Parker 惠赠）。

51.6 糖组学分析

尽管研究人员目前正在努力开发能够涵盖所有聚糖复合物的方法，但由于目前学界对蛋白质组学的关注，糖组学方法和分析主要面向蛋白质的糖基化。一个典型实验示例是从细胞裂解物中制备富含糖蛋白的样品，并通过**液相色谱法（liquid chromatography，LC）**和（或）**质谱法（mass spectrometry，MS）**对其释放出的聚糖进行分析。对糖蛋白而言，*N*- 聚糖可以通过酶促方法或化学方法进行选择性释放，用**高效液相色谱法（high-performance liquid chromatography，HPLC）**进行分离，并使用**串联质谱法（tandem mass spectrometry，MS/MS）**在使用或不使用糖苷外切酶（exoglycosidase）处理的条件下进行在线测序。另外，*O*- 聚糖可以通过类似的方式进行化学方法释放和糖链测序。相比之下，糖脂通常可以直接测序，无论是否从脂质成分中释放出来。糖胺聚糖由于其大尺寸和负电荷，处理难度更大，但二糖片段可以通过液相色谱法或质谱与酶解结合进行测序（**第 17 章**）。

根据所需的详细程度，糖组学分析可以拆分为一些基本技术：糖谱分析；聚糖类别表征；从蛋白质中释放聚糖的完整结构分析。理想情况下，详细程度应根据所研究的特定问题进行调整。

（1）**糖谱分析（glycoprofiling）**，也称聚糖指纹识别（fingerprinting）或聚糖模式确认（patterning），通过一种技术分离复杂的聚糖混合物，该技术提供了特征模式或指纹，以对样品中的聚糖进行简单概览或状态捕获。提供不同单一分析渠道的技术，包括可与质谱联用或单独使用的高效液相色谱法（通过亲水性、大小或电荷等理化参数进行分离）、毛细管电泳（通过质量或电荷，对标记的聚糖进行分离）、基质辅助激光解吸 / 电离（MALDI）和（或）电喷雾电离质谱（electrospray ionization MS，ESI-MS）（通过质量或电荷，对未标记的或标记的聚糖进行分离）。

（2）**聚糖类别表征（glycan class characterization）**，采用基于结构特征的技术，将聚糖混合物分离成不同的聚糖类型。具体示例包括：使用质谱法对二半乳糖基化、单半乳糖基化和非半乳糖基化的免疫球蛋白 G（immunoglobulin G，IgG）聚糖进行分离，或在弱阴离子交换（weak anion-exchange，WAX）液相色谱中，基于电荷的不同，将聚糖分离为中性聚糖、单唾液酸化、二唾液酸化、三唾液酸化和四唾液酸化聚糖结构类型。这是一种可以突出确定的关键特征，并对不同聚糖类别提供相对定量信息的便捷方法。液相色谱 - 质谱分析还可用于将释放的 *N*- 聚糖结构分离为乏甘露糖型（paucimannose）、寡甘露糖型（oligomannose）、杂合型（hybrid），以及复合型（complex）中的唾液酸化和非唾液酸化聚糖类型。

（3）**详细（完整）结构分析（detailed/full structural analysis）**，需要对一个糖组中所有的聚糖链序列，以及糖组中单糖的任何修饰、聚糖链的分支点、端基差向异构和糖苷键的连接方式进行确定。在这种详细分析中，通常需要采用正交的技术，首先对初步的结构进行**匹配（assignment）**，然后再对匹配进行确认。例如，经阴离子交换分离成携带有不同电荷的聚糖类别，可以通过**亲水相互作用液相色谱法（hydrophilic interaction liquid chromatography，HILIC）**再次对每个类别进行分离并加以补充；然后可以使用糖苷外切酶消化，以帮助确定不同聚糖的序列、端基差向异构和连键。另外，质谱被用于对与质量数据一致的成分进行匹配，并且可以通过包括（液相色谱）- 电喷雾电离串联质谱（[LC] -ESI-MS/MS）或多级质谱（MS^n）碎片在内的方法解析结构细节。如果质谱法的制备过程可能会破坏具有不稳定修饰（如 *O*- 乙酰化或多唾液酸化）的唾液酸残基的聚糖，则需要对这些聚糖进行单独的释放和分析。完整结构分析还可以包括对指定聚糖结构的绝对定量或相对定量，如设计用于引发抗体依赖性细胞毒性（antibody-dependent cellular cytotoxicity，ADCC）的抗体上的核心岩藻糖水平、具有抗原性的 α- 半乳糖（α-Gal）残基的水平、可能在炎症和转移中发挥作用的标志物唾液酸化 Lewis x（sialyl Lewis x）表位的水平，或与细菌蛋白结合的特定结构的表达水平。

聚糖的完整结构分析颇具挑战性，因为不同的结构可能具有相同的质量，通常在分离系统上共洗脱，并且可能需要对串联质谱的结果进行详细的人工注释（manual annotation）。通常，聚糖从一种技术中获得了初步的结构匹配，然后通过至少一种正交技术进行确认。研究人员目前正在开发生物信息学工具，试图突破这一瓶颈（**第 52 章**）。

51.6.1　从蛋白质中释放聚糖

糖组学分析中样品的起始状态，可以是嵌入凝胶中的糖蛋白、全细胞裂解液中的蛋白质提取物、匀浆后的组织、富集的膜组分、血清和其他体液。对于糖组的高通量分析，最常使用酰胺酶肽 *N*- 糖苷酶 F（peptide *N*-glycosidase F，PNGase F），从糖蛋白中释放完整的 *N*- 聚糖。肽 *N*- 糖苷酶 F 可以裂解所有类型 *N*- 聚糖的核心 *N*- 乙酰葡萄糖胺（GlcNAc）和天冬酰胺 -X- 丝氨酸 / 苏氨酸（N-X-S/T，其中 X 是除脯氨酸外的任何氨基酸）序列中天冬酰胺残基之间的连键，但对在植物和无脊椎动物糖蛋白中发现的、在蛋白质核心 *N*- 乙酰葡萄糖胺残基上连接有 α1-3 岩藻糖的特定 *N*- 聚糖除外。肽 *N*- 糖苷酶 A（peptide *N*-glycosidase A，PNGase A）是一种从杏仁乳液中提取的酶，可用于那些从蛋白酶水解生成的糖肽，以释放所有核心岩藻糖基化的 *N*- 聚糖；也可以用其他负责在壳二糖核心（chitobiose core）内两个 *N*- 乙酰葡萄糖胺残基之间进行裂解的糖苷内切酶（endoglycosidase）进行处理。例如，糖苷内切酶 D（endoglycosidase D）可以释放乏甘露糖基化的 *N*- 连接聚糖；糖苷内切酶 H（endoglycosidase H）可以选择性地裂解寡甘露糖型和杂合型的 *N*- 聚糖结构；此外还有各种类型的糖苷内切酶 F（endoglycosidase F）。在处理之前，可以选择使用或不使用胰蛋白酶消化对蛋白质进行变性，使蛋白质的三维结构松弛，以提高酶的可及性。*N*- 聚糖也可以方便地从经十二烷基硫酸钠聚丙烯酰胺凝胶电泳（SDS-PAGE）凝胶条带纯化的糖蛋白中释放出来。在 *N*- 聚糖被释放后，残留在凝胶中的蛋白质可以通过传统的蛋白质组学进行鉴定。

对于从丝氨酸（Ser）和苏氨酸（Thr）上释放 *O*- 连接聚糖，优选方法是进行化学还原性 **β 消除反应（β elimination）**。该方法的缺点是所产生的 *O*- 连接的糖醇（alditol）不能在还原端被进一步标记，并且在释放过程中不稳定的修饰可能被破坏。迄今为止，还没有一种酶可以释放所有类别的 *O*- 连接聚糖。与多肽 *N*- 糖苷酶系列的酶相反，*O*- 聚糖酶（*O*-glycanase）仅限于释放简单的核心 1 型（Galβ1-3GalNAc-αSer/Thr）*O*- 聚糖。

51.6.2　对释放聚糖链的分析

1. 用于液相色谱法、毛细管电泳法和质谱法的 *N*- 连接和 *O*- 连接聚糖的衍生化

对释放的聚糖进行标记，可以对高效液相色谱法和**毛细管电泳法（capillary electrophoresis，CE）**的检测性及分离性提供进一步的优化，改善它们的质谱特性。在这些标记方法中，有许多是在还原端对聚糖进行还原性胺化；或在肽 *N*- 糖苷酶 F（PNGase F）释放后，与还原端暴露出的游离胺进行反应。荧光标签通过降低定量限和检测限来提高灵敏度。当聚糖中所有的可移动质子（存在于羟基、羧基和酰胺上）被烷基（如甲基）或酯化（如乙酰基）取代时，全甲基化和全乙酰化可以将聚糖从亲水性转化为疏水性，使聚糖更容易纯化，并大大改善了基于质谱法分析的灵敏度和糖苷键的测定。

N- 聚糖和 *O*- 聚糖也可以作为糖醇（alditol）进行分析，其中还原端的单糖环可通过还原剂（如硼氢化钠）转化为还原的直链糖醇。这种还原作用消除了碳水化合物端基差向异构体的差异性，否则还原端糖的 α- 和 β- 端基差向异构体可能会在色谱上分离成两个峰。

标记释放的聚糖链的还原端，通常适用于对这些聚糖进行亲水相互作用液相色谱法和反相液相色谱法分离（图 51.1）。标记方法包括使用 2- 氨基苯甲酰胺（2-aminobenzamide，2-AB）、2- 氨基苯甲酸（aminobenzoic acid，2-AA）或 2- 氨基吡啶（2-aminopyridine，2-PA）。被标记的右旋糖酐寡聚体可作为标准物质阶梯（dextran oligomer ladder），在液相色谱中通常作为外标使用。比较不同组分的保留时间，可帮助确定聚糖链的组成和尺寸，对于结构中存在的每一种单糖，可以据此计算出一个增量值（incremental value）（图 51.1）。

使用带有**激光诱导荧光（laser-induced fluorescence，LIF）**的毛细管电泳法，还可以对衍生化的聚糖进行高效、快速和定量的分离。聚糖大多是中性结构，因此需要耦合一个带电的荧光标签［如 1- 氨基芘 -3,6,8- 三磺酸（1-aminopyrene-3,6,8-trisulfonic acid，APTS）］以提高电泳迁移率，使灵敏的荧光检测成为可能。在用一种或多种特异性的糖苷外切酶，将单个单糖单元的糖苷键从末端残基上切割下来，完成聚糖混合物的消化后，可以匹配出更多的细节，从而在消化物的高效液相色谱（HPLC）、毛细管电泳（CE）或质谱（MS）中产生所预期的信号迁移。

研究人员还开发了特殊的衍生化方法，以提高唾液酸化聚糖的质谱碎片谱的质量，特别是针对唾液酸残基上的带电羧基。酸性质子会使得基质辅助激光解吸 / 电离 - 质谱法（MALDI-MS）中获得的唾液酸信号变得不稳定，并且会促进串联质谱法（MS/MS）中不希望的离子源内（in-source）或离子源后（post-source）碎裂。这些衍生化方法可以将唾液酸的带电羧基转化为酯或酰胺，以去除羧酸上的酸性质子。唾液酸残基的特异性衍生化，也有助于通过质谱确定它们是以 2,3- 连接还是 2,6- 连接的方式，与聚糖主体结构进行连接。

2. *N*- 连接和 *O*- 连接聚糖的质谱分析

质谱分析聚糖的一个优点是不同的聚糖可以通过它们的质量和**诊断碎片离子（diagnostic fragmentation ion）**进行即时鉴定，从而提高了糖组学分析的通量。然而，聚糖的质谱分析可能会遗漏潜在而重要的不稳定修饰，如硫酸化和 *O*- 乙酰化，具体取决于所采用的样品制备方法和质谱技术。由于构成具有相同分子质量的多种聚糖异构体中的单糖单元存在着同分异构性，以及在某些情况下存在的同重元素性（isobaric nature）①，因此质谱法存在着一些固有挑战。

使用基质辅助激光解吸 / 电离 - 质谱法（MALDI-MS）或电喷雾电离质谱法（ESI-MS）测定聚糖的分子质量，可以给出聚糖的分子分布，并允许对样品之间的糖基化情况进行定量比较（**第 50 章**）。单糖单元有限的质量数（表 51.1），使得将分子离子质量转换为单糖组成的组合翻译（combinational translation）成为可能，尽管通常还存在一些不确定性。有一些搜索引擎（如 GlycoMod）可以根据实验确定的质量，提供建议的聚糖组成列表（**第 52 章**）。然而，单凭质谱无法区分异构单糖，因此研究人员采用了通用单糖组成物命名法，例如，所有含有 6 个碳的单糖的异构体，如葡萄糖、甘露糖和半乳糖，都被赋予统一的名称“己糖”（hexose，Hex）（表 51.1）。

对可变的糖苷键的构型和聚糖链分支点的解析，是聚糖分析上的另一个重大挑战。

上述所有衍生化方法的通用糖组学工作流程，已被开发用于质谱分析。样品中的中性聚糖和唾液酸化聚糖，都可以在全甲基化和基质辅助激光解吸 / 电离 - 质谱法（MALDI-MS）后进行分析，其中在正离子模式下，聚糖的质量以其单电荷碱离子加合物的形式被检测，如以［M+Na］$^{+}$ 或［M+K］$^{+}$ 的形式出现。负离子电喷雾电离质谱法（ESI-MS）也被广泛用于糖醇形式的完整聚糖分析，其中，中性和唾液酸化聚糖均被检测为去质子化的［M-*n*H］$^{n-}$。电荷数（*n*）会随着聚糖的大小而增加，同时还取决于聚糖中存在的

① 也称同量异位素，指质量相同、元素种类不同的同位素。

酸性分子（如唾液酸、硫酸基团和磷酸基团）的数量。没有全甲基化的正离子基质辅助激光解吸 / 电离 - 质谱法（MALDI-MS），通常需要对唾液酸残基进行如上所述的衍生化处理，以防止它们在离子源中丢失。

表 51.1 在哺乳动物 *N*- 连接聚糖和 *O*- 连接聚糖中发现的常见单糖家族

名称	缩写	符号	示例	单同位素质量 /Da
己糖	Hex	○	葡萄糖（Glc）● 甘露糖（Man）● 半乳糖（Gal）●	162.0528
N- 乙酰己糖胺	HexNAc	□	*N*- 乙酰葡萄糖胺（GlcNAc）■ *N*- 乙酰半乳糖胺（GalNAc）■	203.0794
脱氧己糖	dHex	△	岩藻糖（Fuc）▲	146.0579
唾液酸	Sia	◇	*N*- 乙酰神经氨酸（Neu5Ac）◆ *N*- 羟乙酰神经氨酸（Neu5Gc）◇	291.0954 307.0903

注：符号表示根据聚糖符号命名法（SNFG）进行。

为了在质量分析之前获得正交分离，通常将电喷雾电离质谱（ESI-MS）与高压液相色谱（HPLC）相连。亲水相互作用液相色谱法（HILIC）可用于分离还原端衍生化的聚糖，并提供基于亲水性（与聚糖大小相关）的分离，对异构结构具有一定程度的分离度（图 51.1，图 51.2）。聚糖在此类色谱柱上的保留，主要基于与亲水相互作用液相色谱固定相周围水的氢键结合（即分配过程）。另一种替代的固定相——多孔石墨化碳（porous graphitized carbon，PGC），已显示出独特的能力，能够根据更为复杂的保留机制，清晰地分离出释放的聚糖中不同的糖醇异构体。如果聚糖是全甲基化的，增加的疏水性使得这些聚糖可以使用传统的 C18 反相色谱进行分离。**离子淌度（ion mobility）**[①]也被用于解析进入质谱仪的聚糖异构体。来自两种或多种方法的数据，可用于增强对结构匹配正确性的信心，并且可以通过自动数据分析软件进一步促进可信度（**第 52 章**）。

3. *N*- 连接和 *O*- 连接聚糖的质谱碎裂

质谱碎裂 / 碎片离子（mass fragmentation）已经成为聚糖链结构表征的金标准。其目标是产生信息丰富的碎片谱，以便明确地匹配聚糖结构。然而在目前的技术水平下，由碰撞产生的聚糖分子离子碎片，即**碰撞诱导解离（collision-induced dissociation，CID）**，可分为离子束型（beam-type）或离子阱型（ion trap-type），均只能部分确定感兴趣的糖链结构。我们可以根据它们所携带的信息类型和数量来区分三种类型的聚糖碎片离子（图 51.3）。

（1）根据定义，B 型（B-type）和 C 型（C-type）碎片离子分别代表由单个糖苷键断裂产生的、不包含或包含糖苷氧的、非还原末端的碎片。还原端碎片被指定为 Y 型（Y-type）（带有糖苷氧）和 Z 型（Z-type）（不带糖苷氧）碎片离子。

（2）交叉环碎片（cross-ring fragement）可被归类为非还原端片段（A 型）（A-type）和还原端片段（X 型）（X-type），需要进一步的注释来说明碳环中的哪些键被解离，以形成交叉环碎片离子。

（3）由糖苷碎片和（或）交叉环碎片的组合形成的多个碎裂事件所产生的内部碎片（internal fragment）。

理想情况下，包含了所有可能的糖苷片段的碎片谱图，可以对聚糖结构的一级序列和分支进行匹配。然而在实践中，大多数碰撞诱导解离（CID）方法能够提供糖苷片段，但通常需要使用几种方法或方法的

① 也称为离子迁移率，已有将离子淌度分离与质谱分析相结合的新型分析技术问世，即离子淌度质谱法（IM-MS）。

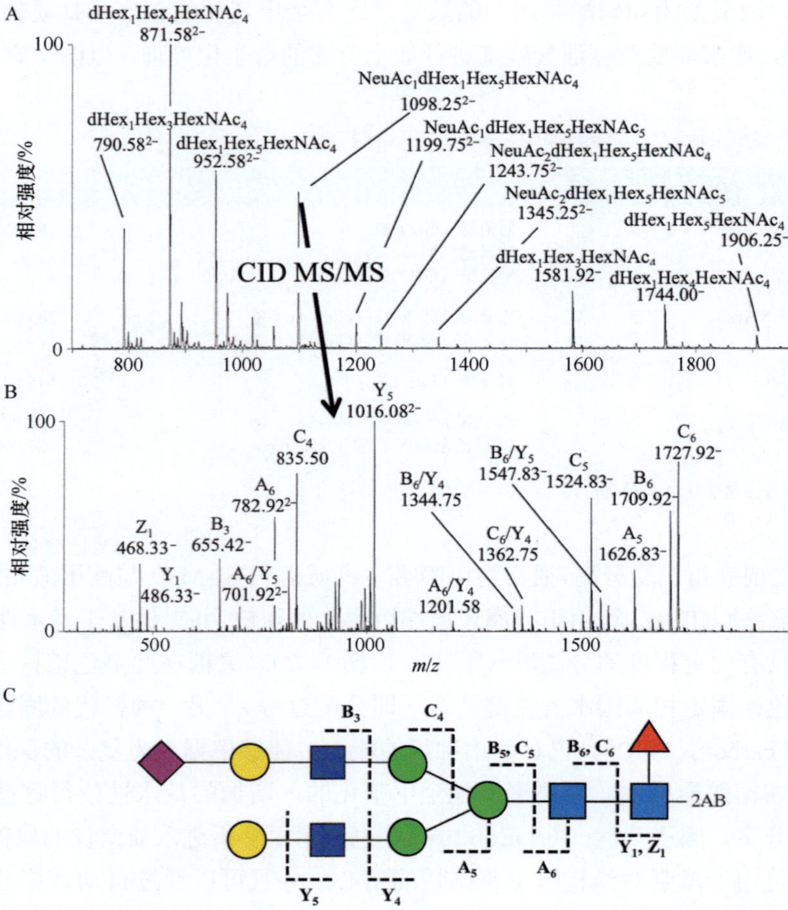

图 51.3 碰撞诱导解离 - 串联质谱法（CID-MS/MS）分析释放的 *N*- 聚糖。 A. 释放的 *N*- 聚糖的质谱结果。质量被显示为具有相应单糖成分的双电荷离子。B. 碰撞诱导解离 - 串联质谱法所获得的质荷比（*m/z*）[1098.25]$^{2-}$，提供了所获得碎片的质量。C. 采用多蒙（Domon）和科斯特罗（Costello）命名法①的聚糖结构断键情况示意图，图中产生了在 B 图中观察到的碎片。缩写：2- 氨基苯甲酰胺（2AB）。

组合来完全确定感兴趣的特定聚糖结构。这些方法包括液相色谱保留时间、糖苷外切酶消化、不同的离子化模式、衍生化、多碎片化步骤［即多级质谱（MS^n）］。聚糖生物合成的规则可以且经常被应用于对聚糖结构的表征分析。

4. 聚糖修饰

聚糖链质谱分析的另一个挑战是对于当前的分析方法而言，许多关键的聚糖修饰（如 *O*- 乙酰化、丙酮酰化等）是不稳定的和（或）已被遗漏的。该问题可能导致数据库中出现误导性或存在偏见的信息，在此仅举一例。尽管很多数据库都假定脊椎动物聚糖链末端的唾液酸是 *N*- 乙酰神经氨酸，但实际上，自然界中有几十种修饰的唾液酸，它们的差异可能对生物学功能产生深远的影响（**第 15 章**）。*N*- 乙酰己糖胺（HexNAc）和己糖胺（hexosamine）残基上的 *N*- 硫酸酯及 *O*- 硫酸酯也是如此（**第 14 章**、**第 17 章**）。

---

① 参见 Domon，B.，& Costello，C. E. 1988. A systematic nomenclature for carbohydrate fragmentations in FAB-MS/MS spectra of glycoconjugates. *Glycoconj J*，5，397-409.

研究人员仍然在努力应对这些分析中出现的挑战。与此同时，在许多情况下，不对聚糖链上的修饰进行明确的位置匹配也是合理的。

51.7　糖组学分析的未来

目前，从蛋白质中释放聚糖是糖组学研究的先决条件。然而，上述技术是对仍然连接在多肽上的聚糖结构进行匹配的补充，这些技术发展得不尽完善，而且面临着更大的挑战（见下文）。*N*- 连接和 *O*- 连接的糖组学，仍然是唯一可以详细描述细胞表面整体聚糖结构图景（structural landscape）的技术（如果与质膜富集结合应用），因此，在可以预见的未来，它们将继续成为定义细胞 - 细胞相互作用、发现疾病生物标志物和全新治疗靶标的有效方法。

然而，未来可能不需要对每一个聚糖进行从头分析。使用包含许多更普遍表达的聚糖（**第 52 章**）的碎片库进行碎片谱匹配，正在成为对所有的或部分的主要聚糖结构进行快速匹配的手段，从而利于研究人员专注于验证对解决生物学问题十分重要的那些聚糖的结构。与蛋白质组学类似，理想情况下，自动化的聚糖鉴定应在严格的置信阈值范围内进行，例如，需要对已报道的聚糖结构鉴定中的**假发现率（false discovery rate，FDR）**进行确认。新型碎裂技术、**离子淌度质谱法（ion mobility mass spectroscopy）**的引入，以及重同位素（heavy isotopic）单糖或标签在生物体内、体外的掺入与整合，正在开始为异构体聚糖结构表征、聚糖链的定量和可视化提供其他契机。这些都是目前糖组质谱技术中所缺乏的信息。

51.8　从糖组学分析到糖蛋白质组学分析

在完成糖组学对重要糖基化特征的鉴定后，经常出现的关键问题是：哪些蛋白质携带了相关的聚糖结构？糖基化修饰在哪些位点发生？鉴于蛋白质糖基化依赖于多种糖基转移酶和糖苷水解酶的协同作用，研究人员可能预期在所有通过分泌途径运输的糖蛋白上，同样容易发现类似的修饰。然而，蛋白质特异性和位点特异性糖基化是蛋白质糖基化的公认特征。尽管尚未完全了解蛋白质特异性和位点特异性糖基化的潜在分子基础，但影响因素可能包括共同的序列基序、蛋白质结构构象、糖基化位点周围独特的物理化学微环境（physicochemical patch），或一些尚且不为人知的特征。以上因素共同决定了单个蛋白质可以从成百上千个其他的蛋白质中被搜寻出来，并由糖基化机制介导，以特定的方式发生作用，进行该蛋白质的糖基化。

51.9　糖基化位点的描绘

使用传统的蛋白质组学方法，对复杂蛋白质样品中曾经被糖基化的多肽（即经过了去 *N*- 糖基化处理后的多肽）进行 *N*- 糖基化位点描绘（site mapping），而今已是一类常规操作。值得注意的是，这种方法无法提供关于这些确定的糖基化位点上存在哪些聚糖结构的信息，因此并不适用于糖蛋白质组学。凭借 PNGase F 或 Endo F/Endo H 的作用，通过在共识序列中将天冬酰胺（Asn）转化为天冬氨酸（Asp）（肽质量发生 +1 Da 变化），或通过在天冬酰胺位点保留的 *N*- 乙酰葡萄糖胺（GlcNAc）[单糖上可能含有或不含有岩藻糖（Fuc）]，可以分别对去 *N*- 糖基化的多肽进行质量标记（mass-tag）（**图 51.2**）；然后可以对这些曾经被糖基化的蛋白质进行标准的胰蛋白酶消化和液相色谱 - 串联质谱（LC-MS/MS）分析；随后，从蛋白质组数据库中搜索串联质谱（MS/MS）数据，以快速识别胰蛋白酶处理后多肽上的 *N*- 糖基化位点。这种方法可以与糖蛋白质组亚群的初始亲和力或化学捕获等方法相结合，或是在糖蛋白和（或）被消化的糖肽水平上使用凝集素，或是通过肼捕获糖肽上氧化的聚糖，然后用 PNGase F 释放出被捕获的、含有脱酰胺后经天冬酰胺转化成天冬氨酸的多肽。通过这种方式，现在可以在单次实验中常规鉴定数以千计的 *N*- 糖基化位点，并对其相对占有率进行量化。Endo H 仅作用于寡甘露糖苷类聚糖，而 PNGase F 不能去除连接在天冬酰胺上的、剩余的单个 *N*- 乙酰葡萄糖胺（GlcNAc），因此，连续使用 Endo H 和 PNGase F，可以提供关于单个位点 *N*- 聚糖类别的额外信息。除了无法提供位点特异性的糖型结构外，该方法最常被诟病的方面是天冬酰胺自发脱酰胺化形成的天冬氨酸可能会引入假阳性，而该过程与 PNGase F 的处理与否无关。在重水中进行酶促去糖基化和（或）使用 Endo F/Endo H，是减少由这种因自发脱酰胺作用而产生假阳性鉴定数量的有效方法。

使用锌指核酸酶（zinc finger nuclease）基因靶向技术，或使用 CRISPR/Cas9 敲除编码核心 1 型 β1-3 半乳糖基转移酶 1 特异性伴侣（core 1 β1-3 galactosyltransferase 1-specific chaperone 1，C1GalT1C1，Cosmc）的 *C1GalT1* 基因的创新方法，通过阻止 *O*-*N*- 乙酰半乳糖胺（*O*-GalNAc）核心结构的糖链延伸来破坏 *O*-糖基化途径，导致了所谓 SimpleCell 的产生，这些细胞合成的所有的黏蛋白型（mucin-type）*O*- 糖蛋白，均仅携带一个 *N*- 乙酰半乳糖胺（GalNAc）或唾液酸化的 *N*- 乙酰半乳糖胺（**第 56 章**）。同样的方法也被研究人员应用于以 *O*- 甘露糖作为起始的聚糖，解决了长期以来关于脑组织中 *O*- 甘露糖表观丰度的难题，尽管当时只有少数相对低丰度的蛋白质被确定具有这种修饰。SimpleCell 技术极大地方便了成百上千个 *O*- 糖基化位点的实验鉴定，尽管在更天然和特定的生理状态下的实际位点及其上所连接的 *O*- 聚糖结构仍然未知。

51.10 糖蛋白质组学：确定位点上不均一的糖基化

并非每个共识序列（N-X-S/T）上都会携带 *N*- 聚糖，在极少数情况下，被用于糖基化的序列中的丝氨酸 / 苏氨酸位点可以用半胱氨酸（Cys，C）取代。实际的糖基化位点，通常是携带了各种不均一聚糖结构的集合。理想情况下，糖蛋白质组学需要能够识别样品中的所有糖蛋白，包括糖基化位点被占据的比例信息［即**宏观不均一性（macroheterogeneity）**］，以及能够在这些位点对它们各自的糖型进行量化和表征［即**微不均一性（microheterogeneity）**］。终极目标是实时拍摄细胞中每个糖蛋白上不同聚糖的分布快照，以推断位点特异性糖基化如何促进或干扰细胞的相互作用或信号传导事件。最终，想要了解蛋白质糖型的特定生物学作用，研究人员需要确定由多个位点的位点特异性聚糖的多样性组合所产生出的每个分子种类（molecular species）的集合。

尽管近年来已经开发出颇具前景的糖蛋白质组学方法，但使用液相色谱 - 串联质谱（LC-MS/MS）对复杂混合物中的完整糖肽进行明确鉴定仍然具有挑战性。与用于分析未修饰多肽或带有简单修饰的多肽的、相应的蛋白质组学方法相比，LC-MS/MS 工作流程（workflow）相对不成熟。基于假发现率（FDR）的、恰当的糖肽鉴定策略正在出现，但仍未充分集成到方法的工作流程中，因此，鉴定的可靠性仍然依赖于经验丰富的用户对数据的手动确认。大多数（如果不是全部）糖蛋白质组学方法都依赖于对单同位素糖肽前体离子（monoisotopic glycopeptide precursor ion）（低 ppm）的精确质量分析，以准确鉴定出完整糖肽的分子质量。碎片离子也受益于高分辨率的检测，以帮助对质谱结果进行匹配（assignment）。

对于 *N*- 糖肽，碰撞诱导解离（CID）可在离子阱或四极杆飞行时间（quadrupole time-of-flight，QTOF）平台上进行离子化，或越来越多地使用**高能碰撞解离（higher-energy collision dissociation，HCD）**模式进行离子化，这些方法可使用一系列轨道阱（orbitrap）质量分析仪，能够诱导糖苷的裂解，在低质量区产生丰富的**聚糖氧鎓离子（glycan oxonium ion）**，辅以糖肽前体上中性糖基残基的连续丢失，直至糖肽的天冬酰胺上仅剩单个 *N*- 乙酰葡萄糖胺（GlcNAc）（**图 51.4A**）。丰富的特征性氧鎓离子，能够快速而准确地对所有含糖肽的质谱结果进行广泛分类，并提供单糖组成和拓扑学结构的详细信息，通常足以进行可

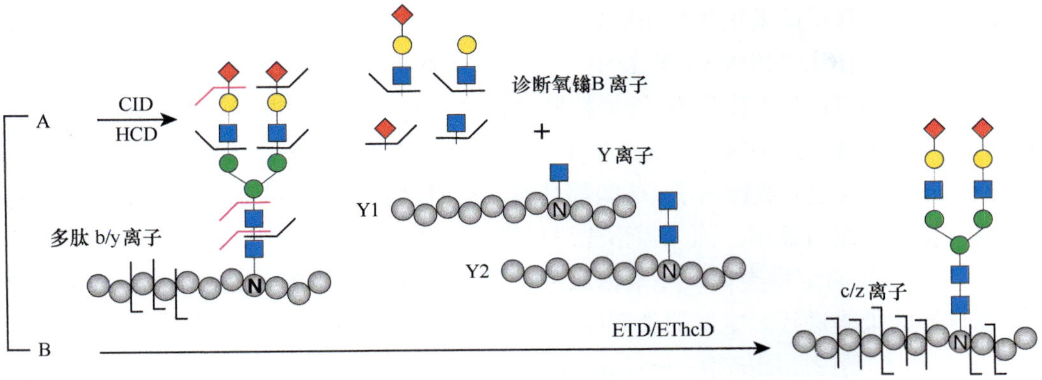

图 51.4 *N*- 糖肽的互补串联质谱（MS/MS）碎裂。A. 对糖肽进行碰撞诱导解离 - 串联质谱（CID-MS/MS）和高能碰撞解离 - 串联质谱（HCD-MS/MS），均能引起聚糖裂解，产生特征性氧鎓离子，往往伴随着一系列糖残基的中性丢失，通常导致肽上残留单个 *N*- 乙酰葡萄糖胺（GlcNAc）（Y1 离子）。HCD 还可以产生足够的肽片段（b 离子或 y 离子），从而能够识别出多肽骨架，进而识别源蛋白质，但通常无法提供糖链连接位点的直接证据。如果是单位点，通常会被指定为序列中的天冬酰胺（Asn）。B. 电子转移解离 - 串联质谱（ETD-MS/MS）导致多肽主链的断裂，而聚糖在位点上保持完整。它可以辅以 HCD，通过电子转移 / 高能碰撞解离（EThcD），产生两者的混合谱。

靠的糖肽鉴定。在理想的情况下，可以对 Y1 离子（多肽主链 +*N*- 乙酰葡萄糖胺）进行匹配，其 *m*/*z* 可用于确定携带聚糖的多肽的分子质量。此后，在减去多肽质量后，前体离子质量给出了所连接的聚糖组成。最近，使用逐步高能碰撞解离法（step-HCD），即以不同的碰撞能量产生同一分子种类的多个碎片谱，已被证明可以产生丰富的质谱数据，用于对聚糖和多肽进行匹配。

当对更不稳定的 *O*- 糖肽进行碰撞诱导 / 高能碰撞解离（CID/HCD）碎裂时，糖基残基通常会与多肽载体分离，因此会产生不含有缀合聚糖（conjugated glycan）的 b 离子和 y 离子。其局限性还在于无法确定修饰位点。

在具有或没有额外的、基于碰撞诱导解离（CID）或高能碰撞解离（HCD）的情况下，所执行的**电子转移解离（electron transfer dissociation，ETD）**过程分别称为**电子转移 / 碰撞诱导解离（electron-transfer/collision-induced dissociation，ETciD）和电子转移 / 高能碰撞解离（electron-transfer/higher-energy collision dissociation，EThcD）**，二者均代表了一种替代性的碎裂策略，以获得更为丰富的糖肽谱图信息。原则上，电子转移解离（ETD）会产生沿着多肽主链的肽键碎裂形成的 c 离子（c-ion）和 z 离子（z-ion），而不会引起糖苷键的断裂（图 51.4B）。因此，产生的 c 离子和 z 离子仍然带有完整的聚糖链，可用于识别多肽载体和修饰位点，这一特征对于无法根据多肽序列对预测的位点进行可靠匹配的 *O*- 糖肽特别有用，实际操作中，电子转移解离（ETD）的效率取决于糖肽的电荷密度。带有双电荷和三电荷的 *N*- 糖肽，通常观察到的解离效率相对较低，而它们构成了所有胰蛋白酶消化后产生的多肽中的很大一部分。解决该问题的方法之一，是通过化学衍生化［如使用**串联质量标签（tandem mass tag，TMT）**］，或是在液相色谱溶剂中使用增压剂（supercharging agent）和（或）使用不同的蛋白水解酶而非胰蛋白酶来增加糖肽的电荷状态，进而产生更大的糖肽。这些蛋白水解酶包括溶菌酶 C（lysozyme C，LysC）或蛋白内切酶 GluC（endoproteinase GluC）。使用电子转移 / 高能碰撞解离（EThcD）进行补充激活和（或）采用更长时间的电子转移解离（ETD）进行激活，均可以通过促进那些电荷已经减少的、未解离前体进一步地解离，来产生更多信息丰富的谱图。电子转移解离（ETD）对 *O*- 糖肽的分析效果引人注目，特别是那些仅修饰有一个或两个糖基残基的 *O*- 糖肽，包括 *O*-GlcNAc、*O*-GalNAc（Tn 抗原）、*O*-GalNAc-Gal（T 抗原）、*O*-Fuc 和 *O*-Man。通过保留这些糖基取代基，理想情况下，电子转移解离（ETD）能够识别它们在几个紧密相邻的丝氨酸 / 苏氨酸残基上具体的分布，而这对于碰撞诱导解离（CID）或高能碰撞解离（HCD）是不可能的。

创新的液相色谱 - 串联质谱采集策略正被越来越多地用于提高糖蛋白质组学实验的性能。例如，高能碰撞解离 - 串联质谱法（HCD-MS/MS）碎裂中产生的、含量丰富的 *N*- 乙酰己糖胺（HexNAc）氧鎓离子（*m/z* 204），对于任何类型的 *N*- 连接和 *O*- 连接糖肽而言都是有用的**诊断性离子（diagnostic ion）**。采用产物离子依赖性的电子转移解离（ETD），或是采用电子转移 / 高能碰撞解离（EThcD）触发前体糖肽，都会产生此类 HexNAc（或其他）氧鎓离子，这些都是调谐仪器以获取更多糖肽特异性信息数据的巧妙策略，从而实现了更高的糖蛋白组覆盖率，而无需事先进行糖肽富集。

与蛋白质组学中多肽的定量类似，完整糖肽的定量可以使用无标签（label-free）或标签辅助（label-assisted）（如 TMT）的策略进行。定量的类型取决于所研究的科学问题，但可能涉及每个糖基化位点的所有聚糖的相对定量［即**糖蛋白质组描绘（glycoproteome mapping）**］、不同条件之间各个位点的糖谱比较［即**比较糖蛋白质组学（comparative glycoproteomics）**］，或者在更简单的情形下，确定两个或多个条件之间单一糖肽形式的相对丰度［即**生物标志物发现（biomarker discovery）**］。通常需要多种定量方法以及蛋白质水平和位点占用程度的信息，以便从糖蛋白质组学数据中提取生物学相关信息。

51.11 糖蛋白质组学的局限与前景

当前糖蛋白质组学数据的一个局限性是糖肽碎片数据无法提供所连接聚糖的详细拓扑学结构、连键方式和立体化学信息。有时可以发现诊断性碎片离子，以确认糖链末端表位，如岩藻糖基化的 Hex-HexNAc 或唾液酸化岩藻糖基化的 Hex-HexNAc，二者分别对应于 Lewis x（Le^x）和唾液酸化 Lewis x（sialyl Lewis x，SLe^x），但这些结构无法与 Lewis a（Le^a）和唾液酸化 Lewis a（sialyl Lewis a，SLe^a）区分开来。通过位点分辨率实现聚糖的详细分析，即**结构聚焦的糖蛋白质组学（structure-focused glycoproteomics）**，是一个重要的前沿领域，理应成为下一代糖蛋白质组学的目标。至此，需要继续开发特定方法，以期实现对糖肽亚群的选择性富集和（或）预分离，因为没有任何一种液相色谱 - 多级质谱（$LC-MS^n$）方法或仪器，足以涵盖源自完整糖蛋白质组的、全部糖肽库的完整动态范围。

为了限制搜索空间，增强对给定糖蛋白质组中所遇到聚糖详细结构的认知，可以对糖组进行平行分析（parallel profiling）。这种**糖组学辅助的糖蛋白质组学（glycomics-assisted glycoproteomics）**方法（**图 51.2**），也可以与定量蛋白质组学和**去糖蛋白质组（de-glycoproteome）**分析（即对糖基化位点的描绘）相辅相成，从而进一步减少搜索空间，并提供支持性证据来确定那些驱动所观察到的糖蛋白质组改变的机制。

尽管糖蛋白质组学正在迅速成熟并不断吸引着更多的科学家，但重大的分析挑战仍然存在，而且由于需要专业的手动确认和数据解释，该技术最好仍然在专业实验室中进行。当前的糖蛋白质组学方法无法识别糖蛋白混合物中每个位点上的完整聚糖，并且无法轻松处理多重糖基化的多肽，尤其是同时具有 *N*- 连接和 *O*- 连接聚糖结构的多肽。确定不同的完整糖型群体的相对比例，对于理解聚糖的生物学功能非常重要，目前仅在少数情况下得以实现，例如，对完整的免疫球蛋白 G（IgG）糖蛋白进行的质谱分析。

近年来出现了一些颇具前景的信息学倡议，旨在使糖肽识别过程自动化、辅助定量过程并支持对数据输出进行一定的阐释。人类蛋白质组组织（Human Proteome Organization，HUPO）下属的人类糖蛋白质组学计划（Human Glycoproteomics Initiative）最近进行的一项跨实验室合作研究，强调了不同的软件搜索参数对于成功识别和表征糖肽的重要性，以期应对假阳性并处理数千种未经验证的误报糖肽。在这一阶段，对于大多数可用的糖肽鉴定软件工具，笔者强烈建议仍然对糖肽的匹配进行手动验证，以便对报道的鉴定结果具有足够的信心。因此，显而易见的是，质谱的计算解决方案（computational solution）需要进一步改进，以推动糖蛋白质组学领域的发展，并最终实现与糖科学内其他学科之间的全面整合（**第 52 章**）。

致谢

感谢卡罗琳·R. 贝尔托齐（Carolyn R. Bertozzi）和拉姆·萨西塞卡兰（Ram Sasisekharan）对本章先前版本的贡献，并感谢达龙·弗里德伯格（Daron Freedberg）和查德·斯劳森（Chad Slawson）的有益评论及建议。

延伸阅读

Berger EG, Buddecke E, Kamerling JP, Kobata A, Paulson JC, Vliegenthart JF. 1982. Structure, biosynthesis and functions of glycoprotein glycans. *Experientia* **38**: 1129-1162.

Domann PJ, Pardos AC, Fernandes DL, Spencer DI, Radcliffe CM, Royle L, Dwek RA, Rudd PM. 2007. Separation-based glycoprofiling approaches using fluorescent labels. *Proteomics* **1**: 70-76.

Tissot B, North SJ, Ceroni A, Pang PC, Panico M, Rosati F, Capone A, Haslam SM, Dell A, Morris H. 2009. Glycoproteomics: past, present and future. *FEBS Letters* **583**: 1728-1735.

Zaia J. 2010. Mass spectrometry and glycomics. *OMICS* **14**: 401-418.

Jensen PH, Karlsson NG, Kolarich D, Packer NH. 2012. Structural analysis of N-and O-glycans released from glycoproteins. *Nat Protocols* **7**: 1299-1310.

Kolarich D, Jensen PH, Altmann F, Packer NH. 2012. Determination of site-specific glycan heterogeneity on glycoproteins. *Nat Protocols* **7**: 1285-1298.

Harvey DJ. 2015. Analysis of carbohydrates and glycoconjugates by matrix-assisted laser desorption/ionization mass spectrometry: an update for 2011-2012. *Mass Spectrom Rev* **34**: 268-422.

Shajahan A, Heiss C, Ishihara M, Azadi P. 2017. Glycomic and glycoproteomic analysis of glycoproteins—a tutorial. *Anal Bioanal Chem* **409**: 4483-4505.

Chernykh A, Kawahara R, Thaysen-Andersen M. 2021. Towards structure-focused glycoproteomics. *Biochem Soc Trans* **49**: 161-186.

Ross AB, Langer JD, Jovanovic MD. 2021. Proteome turnover in the spotlight: approaches, applications, and perspectives. *Mol Cell Proteomics* **20**: 100016

Thaysen-Andersen M, Kolarich D, Packer NH. 2021. Glycomics & glycoproteomics: from analytics to function. *Mol Omics* **17**: 8-10.

第 52 章

糖生物信息学

木下圣子（Kiyoko F. Aoki-Kinoshita），马修 · P. 坎贝尔（Matthew P. Campbell），弗雷德里克 · 利萨切克（Frederique Lisacek），斯里拉姆 · 尼拉梅格姆（Sriram Neelamegham），威廉 · S. 约克（William S. York），妮可 · H. 帕克（Nicolle H. Packer）

52.1 糖生物学中对信息学的需求 / 678
52.2 聚糖结构图 / 680
52.3 对糖生物信息学数据库需求的认识 / 680
52.4 当代糖生物信息学研究 / 681
52.5 数据标准化和本体论 / 683
52.6 用于阐释实验数据的软件工具 / 684
52.7 糖生物信息学发展的未来展望 / 688
致谢 / 689
延伸阅读 / 689

聚糖是支链的、生物合成的代谢产物，通常由多个基因编码。独特的基因可能参与特定聚糖类别（糖蛋白、糖脂、糖胺聚糖等）的生物合成，同时，许多**糖基因（glycogene）**参与了一种以上聚糖类别的生物合成。这些与基因表达、酶的特异性、内质网 - 高尔基体区室特异性酶的定位、聚糖产生支链结构的天然属性、单糖组成的物种特异性变化相关的各种复杂性，使得对糖基化过程的分析变得千头万绪、错综复杂。为了助力聚糖的解析，研究人员已经开发了多种分析方法来识别和量化生物样品中的聚糖及其复合物的结构。**糖生物信息学（glycoinformatics）**工具和软件，以我们对聚糖生物合成途径的认知作为基础，旨在利用计算机来整合这些实验数据。理想情况下，糖生物信息学数据库可以对实验数据进行管理，使聚糖结构得到严格的确定、归档、组织、搜索和注释。当与其他相关数据库进行关联时，糖科学数据可以与相关的基因组、转录组、蛋白质组、脂质组和代谢组信息相互整合。本章介绍了糖生物信息学数据库和软件开发的现状，重点介绍了研究人员在弥合聚糖结构和功能之间的差距时所作出的努力。

52.1 糖生物学中对信息学的需求

信息学（informatics）几乎在现代生物学的每个方面都发挥着关键的作用。我们编译不同生物基因组的能力，使得预测蛋白质的序列成为了可能，这些序列作为预测蛋白质功能和进行蛋白质组学分析的基础，得到了广泛的应用。反过来，蛋白质组学研究通过提供支持特定蛋白质，特别是在组织或细胞类型中表达的蛋白质的实验证据，来推进生物学研究（图 52.1）。支持这些努力的信息学资源得益于以下事实，即基因和翻译后的多肽（即蛋白质）通常是直链分子，其序列很容易被指定为一系列字符。这些字符易于进行数字化和存储，并且研究人员已经开发了许多用于比较和分类多肽的强大的信息学工具。相比之下，由于多种原因，为糖生物学开发信息学工具实际上更加困难。值得注意的是，聚糖并不由基因直接编码；相反，它们是多种酶促反应中的代谢产物，这些酶包括糖基转移酶和糖苷酶（**第 6 章**）。这些反应受到包含糖基转移酶的细胞区室中供体和受体底物的可利用性，以及对酶活性和酶表达水平所进行的调控等因素的严格控制。此外，内质网 - 高尔基体生物合成途径的组织架构（organization）和功能，对许多因素都很敏感，如细胞的代谢、细胞不同的发育阶段，或是其营养水平（**第 4 章**），这导致了聚糖的结构可能变得异常复杂（**第 3 章**）。此外，聚糖通常是高度支化的，它们的结构不能用简单的线性序列加以描述（**第 3 章**）。

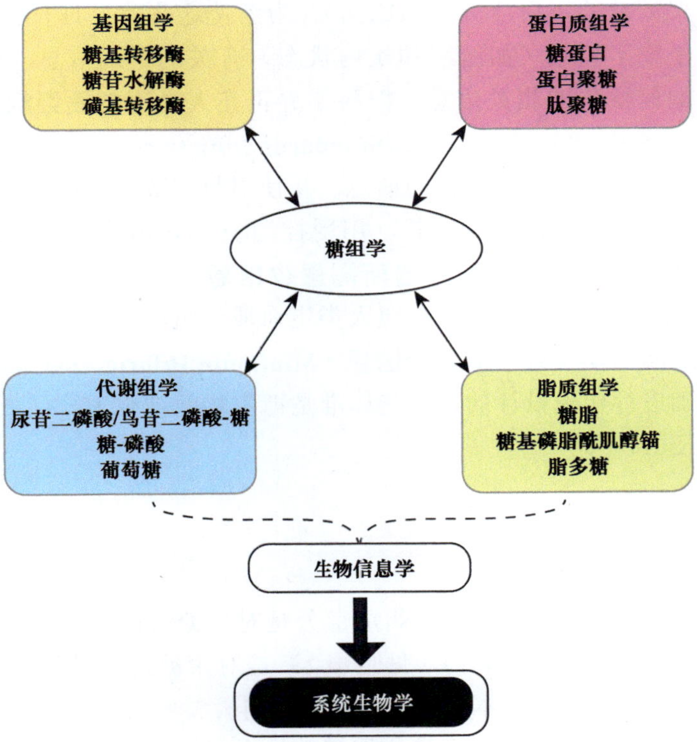

图 52.1　糖组学在系统生物学中的关键作用。 聚糖结构没有可预测的模板，受细胞代谢和糖酶表达的调控，并能够修饰蛋白质和脂质。因此，糖组学需要基因组学、转录组学、蛋白质组学、脂质组学和代谢组学等工具，通过生物信息学进行整合。

由于这种生物合成和结构上的复杂性，目前仅凭基因组或蛋白质组的知识，不可能准确预测生物体在不同环境下可以产生的聚糖结构，也不可能预测这些聚糖是如何与其他分子形成复合物的。相反，生物样本中每个聚糖的“身份”，必须通过足够成熟的分析方法加以识别（**第 50 章**、**第 51 章**），以检测和辨别聚糖的不同结构特征。因此，旨在了解聚糖结构的生物作用和生物学价值的研究，取决于能否获取和使用集成了聚糖生物信息学的数据库。近年来，GlySpace 联盟（GlySpace Alliance）下的国际科学家联盟，在该领域取得了相当大的进展，简化了对聚糖和相关表达模式的注释，使其可以跨越不同的数据库进行链接。因此，从聚糖结构到生物合成途径的更为清晰的路径，开始随着人们不懈的努力逐步出现。

在不同类型的生物和化学信息背景下对聚糖的结构信息进行阐释，不啻为一项挑战。例如，动物体内的大多数聚糖，都与蛋白质或脂质共价连接。糖蛋白的聚糖部分（糖基）与特定的氨基酸（通常是天冬酰胺、丝氨酸或苏氨酸）相连（**第 9 章**、**第 10 章**）。哪些位点被糖基化，以及哪些结构存在于哪个特定的位点，往往有所不同，具体取决于诸多因素，包括细胞或组织的类型、发育阶段和疾病状态。对每一种蛋白质糖基化描述的收集、存储和检索，取决于时间、组织、生物体、相互作用和疾病状态，由此对从事糖科学工作的生物信息学家（糖生物信息学家）提出了重大挑战，因为它需要整合概念多样的信息。此外，许多不同类型的数字化工具是必需的，从基本的可视化软件，到协助解释和结构注释糖分析数据（glycoanalytical data）（如质谱）的软件，再到识别糖基化和其他生物现象（如基因表达、细胞分化、疾病）之间相关性的算法。糖生物信息学家面临的一个主要挑战，是如何将这些软件工具所处理和产生的信息以一种对于没有深厚糖生物学背景的科学家而言（在概念上）可以理解的方式呈现出来。

糖生物信息学支持简化的数据报告和共享标准的开发。对于糖蛋白而言，聚糖和蛋白质的结构必须与这两个实体之间的关系一起表示出来（例如，糖基化位点的鉴定，以及在每种生理状态下携带有聚糖链的蛋白质分子的比例)。为了使这些信息具有相关性,科学家往往需要与特定糖基化相对应的生物学背景(如组织和疾病状态)有关的明确信息,或者需要描述当组织或细胞受到干扰时糖基化如何变化的相关信息。糖科学界正在**人类蛋白质组组织 - 蛋白质组学标准化倡议(Human Proteome Organization-Proteomics Standards Initiative,HUPO-PSI)**的基础上开发类似的资源,以描述在报告实验数据时所应包含的信息,并使用数字数据交换格式(digital data exchange format)来促进结构信息和生物信息的连通交换,用受控词表(controlled vocabulary)确保所交换的数据能够被明确无误地解释。例如,**糖组学实验所需最少信息(Minimum Information Required for A Glycomics Experiment,MIRAGE)**计划,是按照人类蛋白质组组织 - 蛋白质组学标准化倡议(HUPO-PSI)中成熟而完善的**蛋白质组学实验所需最少信息(Minimum Information for A Proteomics Experiment,MIAPE)**计划为基础进行建模设计的。这些标准是糖生物学被视为一门成熟的学科的必需条件,并且可以供整个科学界使用。

52.2 聚糖结构图

数据库的一个主要组成部分是对聚糖结构的标准化描述。**聚糖符号命名法(Symbol Nomenclature for Glycans,SNFG)**(见附录 2)是对聚糖进行结构图形表示的通用符号命名法,为促进此类标准化过程而开发,在本书中通篇使用。附录 2.9 列出了迄今为止已经接受或强烈推荐使用此命名法的数据库和期刊出版商。为了简化聚糖符号命名法的使用,研究人员已经开发了多种绘图软件(附录 2.3)。其中,GlycanBuilder 是一个能够独立使用的工具,可以嵌入到网页中,也可以整合到其他可以绘制聚糖结构的程序中。最近,该工具的更新版本已经嵌入了 GlyGen 和 GlyTouCan 数据库中,为搜索结构内容提供了一种更为直观的方法。内置功能支持对各种聚糖的显示和格式进行转换,允许用户在聚糖符号命名法(SNFG)、牛津(Oxford)命名法、混合(hybrid)命名法和国际纯粹与应用化学联合会(International Union of Pure and Applied Chemistry,IUPAC)的符号格式之间有效切换,同时支持不同的文本格式,包括 LinearCode、KCF(KEGG Chemical Function)、GlycoCT、GLYDE-II、Oxford、LINUCS、WURCS。

52.3 对糖生物信息学数据库需求的认识

复杂碳水化合物结构数据库(Complex Carbohydrate Structure Database,CCSD)(通常称为 CarbBank)成立于 20 世纪 80 年代中期,由美国佐治亚大学(University of Georgia)复杂碳水化合物研究中心(Complex Carbohydrate Research Center,CCRC)开发和维护。该数据库的主要设计目标是让研究人员能够锁定报道了特定碳水化合物结构的出版物。研究人员清楚地认识到将 CarbBank 发展为一项国际性工作的必要性,因此在全球范围内成立了负责特定聚糖的管理团队,从而使数据库中的条目累计超过了 30 000 条。在 20 世纪 90 年代,一个由汉斯 · 威京哈特(Hans Vliegenthart)领导的荷兰课题组,将核磁共振(nuclear magnetic resonance,NMR)波谱提交至复杂碳水化合物结构数据库(CCSD)下的 SugaBase 条目。这是创建碳水化合物核磁共振谱数据库的首次尝试,使得 CCSD 数据库的条目中增加了质子和碳化学位移值的补充信息。

1997 年,复杂碳水化合物结构数据库(CCSD)开发结束后,其他大型项目也接踵而至。其中,EUROCarbDB 计划(于 2011 年终止)通过开发数据库、生物信息学标准、分析方法和基于网络的软件组件,为简化欧洲糖组学研究提供了集成工具。澳大利亚公司 Proteome Systems 在 GlycoSuiteDB 数据库中提供了对哺乳动物 *N*- 聚糖和 *O*- 聚糖结构，以及从文献中整理获得的糖蛋白数据的商业访问权限。GlycoSuiteDB 的最终版本包含了 3000 多个由糖蛋白衍生的聚糖结构条目，以及相关的元数据描述符（metadata descriptor），包括分类学、疾病和测定方法等信息。如今，GlyGen 和 GlyConnect 计划仍在继续努力提供糖蛋白水平的精选信息。**功能糖组学联盟（Consortium for Functional Glycomics，CFG）**于 2001 年在美国成立。该项目旨在加深对在细胞表面和细胞 - 细胞交流中碳水化合物 - 蛋白质相互作用功能的理解。功能糖组学联盟产生了不同的数据集，包括：①来自基因微阵列实验的糖基转移酶和聚糖结合蛋白（GBP）的基因表达；②转基因小鼠的表型分析；③对从选定细胞和组织中分离的聚糖结构进行的质谱分析；④使用聚糖阵列检测的蛋白质的聚糖亲和力。

52.4 当代糖生物信息学研究

近年来，一系列组织机构，以及整合了各种聚糖相关信息和资源的大规模举措业已启动。其中，GlyGen、GlyCosmos 和 Glycomics@Expasy 等组织提供了综合门户，以查询与糖组学、基因组学和蛋白质组学有关的各种数据库。在这方面，GlyGen 从多个国际数据源中检索与碳水化合物和糖复合物有关的数据，并对它们进行整合与协调。用户友好的网络门户允许查询、浏览、显示和下载这些信息，其中也包括了不同数据类型的关键性关联。GlyCosmos 包含了先前由**日本糖生物学和糖技术联合会数据库（Japan Consortium for Glycobiology and Glycotechnology Database，JCGGDB）**收集的数据。这些数据包括经实验验证的质谱数据、凝集素亲和力数据、糖蛋白数据和糖基因信息。例如，来自 GlycoGene 数据库（GlycoGene Database，GGDB）的、包括糖基转移酶和糖核苷酸转运蛋白在内的糖基因的活性数据，已经与**京都基因与基因组百科全书同源分析（Kyoto Encyclopedia of Genes and Genomes Orthologs，KEGG Orthologs）**集成，并进一步与聚糖结构数据库（GlyTouCan）和疾病信息（OMIM）[①]进行了关联。糖蛋白参与的途径（pathway）也被整合进来，并且可以使用 GlyCosmos 的主体搜索形式进行交叉检索。Glycomics@Expasy 旨在托管和互连可用的资源，以期反映细胞表面与糖相关的各种相互作用。该数据集围绕 GlyConnect（糖蛋白）和 UniLectin（糖结合蛋白）这两个数据库构建而成；它还提供了工具，以支持对数据进行阐释，例如，将任何层级（位点、蛋白质、细胞、组织）的糖组结果绘制成交互式图表的工具 Compozitor。

上述资源是查询其他数据资源的门户，以下数据库则提供了更多信息独特、广泛有用的数据集和网络工具，包括 Glycomics@Expasy、GLYCOSCIENCES.de、**亚洲糖科学和糖技术协会数据库（Asian Community of Glycoscience and Glycotechnology database，ACGG-DB）**及功能糖组学联盟（CFG）网站。其他资源包括：非哺乳动物的聚糖信息，如碳水化合物结构数据库（Carbohydrate Structure Database，CSDB）；凝集素结合数据库，如 UniLectin、SugarBind 数据库；酶数据库，如碳水化合物活性酶数据库（Carbohydrate-Active Enzymes，CAZy）、京都基因和基因组百科全书聚糖数据库（KEGG GLYCAN）。关于细胞核 / 细胞质蛋白的丝氨酸 / 苏氨酸上的单个 *O*-GlcNAc 添加位点的数据，现在正被整合到通用糖蛋白数据库中。

表 52.1 提供了对当前（2021 年）活跃的单个数据库资源更为详细的描述。请注意，随着时间的推移，无法确保本章中所有引用的数据库和工具都会持续保持活跃状态。数据库和软件的维护及质量依赖于安全投入、资金支持和精心布局，而从已有数据库的维护来看，以上需求往往缺乏足够的持续性。

---

①即在线人类孟德尔遗传病数据库（Online Mendelian Inheritance in Man，OMIM）。

表 52.1 糖科学数据库、存储库和门户网站

	描述	网址
糖组学集成门户		
GlyGen	允许使用基于聚糖和蛋白质的查询条目（query），搜索多个数据库	https://www.glygen.org/
GlyCosmos	集成了聚糖相关的多组学数据，以及支持跨数据库的集成查询	https://glycosmos.org/
Glycomics@Expasy	用于关联携带或结合糖链的聚糖和蛋白质的网络工具和数据库	https://www.expasy.org/
专业数据库		
GLYCOSCIENCES.de	聚糖结构、三维结构、核磁数据、软件工具	https://doi.org/10.1093/glycob/cwj049
亚洲糖科学和糖技术协会数据库（ACGG-DB），包括以前的日本糖生物学和糖技术联合会数据库（JCGGDB）的资源	聚糖结构、糖基因信息、糖组学相关实验方法、文献交叉查询	https://acgg.asia/db/
功能糖组学联盟（CFG）	聚糖结构、质谱图谱、聚糖阵列数据、糖基因表达数据	http://www.functionalglycomics.org
碳水化合物结构数据库（CSDB）	细菌、真菌和植物聚糖结构，核磁数据	http://csdb.glycoscience.ru/
UniCarbKB	基于文献精选的聚糖结构、糖蛋白位点 / 全局信息	http://www.unicarbkb.org
GlyConnect	基于文献精选的聚糖结构、糖蛋白、糖基化位点和糖组表达	https://glyconnect.expasy.org
聚糖库		
GlyTouCan	聚糖结构登记信息	http://glytoucan.org
UniCarb-DR	糖组学注释后的质谱谱图库	https://unicarb-dr.glycosmos.org/
GlycoPOST	糖组学和糖蛋白质组学数据的质谱数据存储库	https://glycopost.glycosmos.org/
聚糖相关酶和途径数据库		
碳水化合物活性酶数据库（CAZy）	碳水化合物活性酶	http://www.cazy.org
京都基因与基因组百科全书聚糖数据库（KEGG GLYCAN）	聚糖结构、对反应和途径的参考文献、糖基因信息	http://www.genome.jp/kegg/glycan
GlycoEnzDB	聚糖酶的定义以及它们在构建生物途径中的应用	https://virtualglycome.org/GlycoEnzDB
CSDB_GT	选定酵母、细菌和植物物种的糖基转移酶数据	http://csdb.glycoscience.ru/gt.html
凝集素和聚糖结合数据和相关工具		
UniLectin	凝集素的分类管理和预测	https://unilectin.unige.ch
SugarBind	关于病原体 - 聚糖结合的精选信息	http://sugarbind.expasy.org/
MatrixDB	细胞外基质相互作用数据库	http://matrixdb.univ-lyon1.fr/
GLAD	用于分析聚糖微阵列数据的网站主页	https://glycotoolkit.com/Tools/GLAD/
本体和指南		
GlycO ontology	用于功能推断的聚糖化学结构的规范性描述	http://bioportal.bioontology.org/ontologies/3169
GlycoRDF	聚糖结构本体论和相关的实验数据、生物来源和出版信息	http://www.glycoinfo.org/GlycoRDF
GlycoCoO	糖复合物本体论，整合了 GlycoRDF 与蛋白质和脂质的信息	https://github.com/glycoinfo/GlycoCoO
GNOme	聚糖命名和归纳本体论	https://gnome.glyomics.org/
糖组学实验所需最少信息（MIRAGE）	实验报告指南	http://www.beilstein-institut.de/en/projects/mirage

52.5 数据标准化和本体论

糖生物信息学的一个关键组成部分是提供标准化的方法来分享数据和工具。为了解决这个问题，许多国际组织正在努力建立糖组学数据的呈现标准，以促进数据之间的比较、交换和验证。**糖组学本体论（glycomics ontology，GlycO）**是首个被开发出来的**本体（ontology）**①，旨在提供标准术语，用于将经过实验验证的聚糖结构表示为化学和实验情境下所确定成分的集合，促进这些结构元素与生物合成和功能过程的关联。另一项名为 GlycoRDF 的成果，是一种研究人员提议的聚糖和相关元数据的**标准本体（standard ontolog）**，使用**资源描述框架（resource description framework，RDF）**提供标准化的术语，以在语义网上表示聚糖序列、相关生物来源、出版物和实验数据。GlycoRDF 现在被多家糖组学数据库供应商使用，以实现糖科学中不同数据集的大规模集成。例如，GlyTouCan 使用 GlycoRDF 本体来表示已登记过的数据，以便其他同样使用该本体的数据资源可以通过聚糖结构进行集成和查询。不同的信息资源（如数据库和出版物）可以引用这些标识符，从而有助于识别和解释包含特定聚糖结构信息的、彼此不同但互补的数据集。

语义网（semantic web）是一项全新技术，它提供了一个框架，可以直接在互联网（Internet）上提供数据和语义（semantics），以便于根据数据进行自动推理。例如，研究人员经常参考各种出版物来得出要检验的新假设。使用语义网时，出版物中的数据将被格式化，该过程使用那些预先定义的词汇或本体，从而使得数据背后的含义以可计算的形式保存在网络上。由于共同的词汇或本体将在不同网站（期刊）的不同出版物中使用，用于封装某个语义的术语因而被保留下来。因此，语义网实际上成为了一个虚拟的在线数据库，其中所有的链接数据都可以直接进行查询，而不需要大量数据传输。此外，借助语义网上的此类数据，机器学习技术使得计算机能够根据现有的可用数据进行推理，与研究人员对全新假设进行思考的过程如出一辙。

为了对在聚糖结构测定过程中所获得的糖分析数据（glycoanalytical data）进行基本准确的阐释，需要内容完善且记录详细的**元数据（meadata）**，包括用于获取和处理原始数据的参数，以及所分析样品的生物来源等辅助信息。糖组学实验所需最少信息（MIRAGE）计划，旨在为研究人员制订指南，以报告由不同类型的糖组学分析所获得的定性和定量结果，这些分析方法包括色谱法、质谱法和聚糖阵列 / 凝集素阵列。

为了让聚糖数据在聚糖资源库之间无障碍共享，GlyTouCan 已经被建立为一个在化学上完成了聚糖结构验证的、稳定的储存库和注册登记表。对于每一种聚糖，它提供了唯一的登录号，现在已经被不同的糖生物学数据系统使用，以便可以跨数据库链接有关聚糖的信息。因此，这些独特的 GlyTouCan 标识符（identifier），为将聚糖相关的知识与语义网进行关联提供了基础。GlyTouCan 结构的初始数据集来自 GlycomeDB，该项目整合了包括 CarbBank 在内的许多成熟聚糖结构数据库中的结构，并提供了原始来源的链接。注册用户可以提交任何聚糖结构，无论它们是完整鉴定后的还是包含了不明确的连键，或者仅仅是不依赖于实验证据的单糖组分。在 GlyTouCan 中登记注册的所有结构，仅被验证了其代表性和化学一致性，而不涉及对生物学相关性的验证。因此，利用 GlyTouCan 结构表示的数据库仍然需要改进方法来建立和验证这些结构所对应的生物学情境。该注册登记表单有助于结合其他来源获得的结构和生物信息学情形，从而对结果进行解释。尽管如此，在序列、连键和端基差异构性等方面，对未完全解析的聚糖结构进行有意义的比较，仍然是糖生物信息学家持续面临的挑战。应该注意的是，由于对结构分析确证的依赖性，大多数数据库的受限因素是那些完整表征的条目数量（即单糖之间确定的连键和端基差

① 在计算机和信息科学中，本体是指对概念、数据和实体之间的类别、属性和关系的表示、命名和定义，这些概念、数据和实体构成了一个、大量或所有的论域。本体提供的是特定领域之中那些存在着的对象类型或概念及其属性和相互关系。有时也将本体称为本体论。

向异构构型），例如，合并的 GlycomeDB 数据库中有 40 000 个结构，其中只有不到 15 000 个进行了完整的表征。

尽管如此，这些唯一标识符为个人或数据库提供了所需的语义基础，以便记录它们所表征的结构标识符，从而进行有效地交流。

52.6 用于阐释实验数据的软件工具

聚糖相关数据库和信息学工具开发的诸多进展，都集中在对分析数据的阐释和存储上，分析方法包括液相色谱法（liquid chromatography，LC）、毛细管电泳法（capillary electrophoresis，CE）、相互作用阵列、质谱法（mass spectrometry，MS）和三维 / 建模 / 核磁共振（nuclear magnetic resonance，NMR）（表 52.2）。

表 52.2 糖生物信息学数据分析软件工具

	描述	网址
用于糖组学和糖蛋白质组学的网络工具和可下载程序		
GlycoMod	聚糖的组成	http://web.expasy.org/glycomod
GlycoWorkBench	来自 EuroCarb 公司的聚糖串联质谱数据分析产品	http://code.google.com/archive/p/glycoworkbench/
GRITS Toolbox	集成的糖分析工具	http://www.grits-toolbox.org/
SimGlycan	商业化工具，提供大规模、快速的 LC/MS/MS 分析	http://premierbiosoft.com/glycan/index.html
Glycoforest	从 MS/MS 数据中对聚糖结构进行部分从头测序	https://bitbucket.org/sib-pig/glycoforest-public/src/master/
UniCarb-DB	糖组学 MS/MS 谱图、LC/MS-MS、HPLC 等相关数据	https://www.expasy.org/resources/unicarb-db
Byonic	商业化工具，支持使用数据库搜索进行高通量 LC-MS/MS 分析	https://www.proteinmetrics.com/products/byonic/
pGlyco	作为 pFind Studio 套件的一部分进行完整糖肽分析	https://github.com/pFindStudio/pGlyco3/
GlycoPAT	使用评分、假发现率（FDR）和诱饵计算进行 LC-MS/MS 分析	https://www.virtualglycome.org/glycopat
MSFragger-Glyco	在 MSFragger 搜索引擎中实现“开放聚糖搜索”，以超快速地识别 *N*- 糖肽和 *O*- 糖肽	https://msfragger.nesvilab.org/
GlycReSoft	基于糖组成和 MS/MS 谱图进行打分，适用于糖组学和糖蛋白质组学	http://www.bumc.bu.edu/msr/glycresoft/
GlycoProteomeAnalyzer（I-GPA）	基于数据库的 *N*- 糖基化和 *O*- 糖基化搜索，具有评分、假发现率估计和相对丰度定量等功能	https://nature.com/articles/srep21175
GPQuest	用于在 HCD LC-MS/MS 研究中鉴定完整 *N*- 糖肽和 *O*- 糖肽的软件工具	https://www.biomarkercenter.org/gpquest
O-Pair	在 MetaMorpheus 平台上识别 *O*- 糖肽并定位 *O*- 糖位点	https://github.com/smith-chem-wisc/MetaMorpheus
GlycopeptideGraphMS	MS1 的完整糖肽鉴定	https://bitbucket.org/glycoaddict/glycopeptidegraphms/
glyXtoolMS	用于靶向完整糖肽鉴定的工具箱	https://github.com/glyXera/glyXtoolMS
SugarQb	从 HCD-MS/MS 数据中自动鉴定出完整糖肽	https://ms.imp.ac.at/?action=sugarqb
MAGIC	MS/MS 完整糖肽鉴定	https://doi.org/10.1021/ac5044829
SugarPy	从离子源内（in-source）CID-MS 数据中独立识别完整糖肽	https://github.com/SugarPy/SugarPy
三维模型 / 建模 / 核磁共振波谱		
GlyCAM	用于碳水化合物结构三维建模和模拟的工具包	http://www.glycam.org
Sweet-II	三维建模	https://doi.org/10.1007/S008940050068
Glyco3D	三维结构数据库	http://glyco3d.cermav.cnrs.fr/home.php

续表

	描述	网址
PDB-Care	蛋白质数据库（PDB）的碳水化合物验证	https://doi.org/10.1186/1471-2105-5-69
GlyVicinity	统计学分析	https://doi.org/10.1007/978-1-4939-2343-4_16
CASPER	寡糖和多糖结构的测定	http://www.casper.organ.su.se/casper
GAG-DB	糖胺聚糖结合蛋白的三维结构	https://gagdb.glycopedia.eu/
糖基化位点分析		
NetNGlyc & NetOGlc	*N*- 糖基化和 *O*- 糖基化位点的预测	https://services.healthtech.dtu.dk/
GlycoMinesStruct	*N*- 糖基化和 *O*- 糖基化位点预测软件	https://doi.org/10.1038/srep34595
SPRINT-Gly	人类和小鼠的 *N*-/*O*- 糖基化位点预测软件	https://sparks-lab.org/server/sprint-gly/
GlycoDomain	根据聚糖的特性对糖基周围的氨基酸序列进行排布分析	https://glycodomain.glycomics.ku.dk/
ISOGlyP	异构体特异性 *O*- 糖基化预测软件，用于功能推断的聚糖化学结构的规范性描述	https://isoglyp.utep.edu/
GlycoSiteAlign	糖基化位点预测软件	https://glycoproteome.expasy.org/glycositealign/
其他糖分析工具		
GlycoPedia	糖生物学相关信息	http://www.glycopedia.eu/
NIST Glycan Reference	聚糖 MS/MS 标准物质参考库	https://chemdata.nist.gov/glycan/about
GlycoEpitope	聚糖表位	http://www.glycoepitope.jp
GlycoMob	离子淌度碰撞截面	https://doi.org/10.1007/s10719-015-9613-7
GuCal	计算具有结构匹配的电泳图中所分离出的 *N*- 聚糖的 GU 值	https://doi.org/10.1016/j.jprot.2017.08.017
HappyTools	用于 UPLC/HPLC 数据的、高通量靶向定量的独立应用程序	https://github.com/Tarskin/HappyTools
GlycanAnalzyer	对使用糖苷外切酶处理后的 *N*- 聚糖的 UPLC 谱图进行解释	http://glycananalyzer.neb.com
GlycoDigest	糖苷外切酶消化结果预测	http://glycoproteome.expasy.org/glycodigest/
创价大学糖类信息学资源（RINGS）	用于糖链结构分析的在线数据挖掘和算法工具	https://rings.glycoinfo.org/

缩写：质谱（MS）；液相色谱（LC）；葡萄糖单位（glucose unit，GU 即校正后的保留时间标准值）；超高效液相色谱（UPLC）；高效液相色谱（HPLC），碰撞诱导解离（CID），高能碰撞解离（HCD）。

52.6.1 质谱法

迄今为止，大多数工作都集中于开放工具协助阐释质谱数据，现在已经有许多商业和公共软件可供使用。于 1999 年推出、获得广泛使用的 GlycoMod，即是在此背景下发布的第一个基于糖生物信息学的网络工具，其功能是根据游离的或衍生的聚糖或糖肽的实验质量值（mass value），建议可能的聚糖组成。门户网站 Glycosciences.de，启动了一个用于分析和解释实验数据的工具集；10 年后，EUROCarbDB 倡议推出了 GlycoWorkbench，作为一款可以免费下载的软件工具，通过将理论上的碎片离子质量（fragment mass）列表与从质谱中得出的实验峰列表进行匹配，从而帮助解释串联质谱（MS/MS）所获得的数据。该工具已被整合到多个糖组学资源中，因为它提供了易于使用的交互界面、全面的质谱碎片类型集合，以及注释选项列表。UniCarb-DB 采用的方法是存储注释获得和整理获得的聚糖串联质谱实验数据，对这些数据使用质谱匹配，可用于识别未知的聚糖结构。**创价大学糖类信息学资源（Resource for Informatics of Glycomes at Soka，RINGS）**提供了基于网络的软件（Glycan Miner Tool、ProfilePSTMM），用于从基于质谱的聚糖谱数据中分析可辨别的聚糖片段，而 GlycomeAtlas 工具是用于小鼠和人类聚糖谱数据分析的可视化工具，其中聚糖在各种组织中的分布是可视化的。GRITS 工具箱也免费提供了用于处理糖分析数据的集成环境，采用插件的方式来促进数据处理模块的重复使用和整合。GRITS 包括一个名为 GELATO 的模块，用于收集、注释和比较质谱数据，处理相应的元数据并生成报告；它也使用了来自 GlycoWorkBench 的数据库。

随着高精度、高通量质谱仪（**第 51 章**）的最新进展，糖生物信息学工具已经出现，并将继续出现和改进那些用于分析糖组学和糖蛋白质组学的数据（**表 52.2**）。尽管这些糖生物信息学工具的处理速度很快，但分析结果可能只揭示了部分聚糖链结构信息，因为仅使用串联质谱数据来确定糖苷键连接类型和位置颇具挑战性，在没有标准品的情况下尤甚。为了缓解糖组学分析中的这些问题，包括美国国家标准技术研究院（National Institute of Standards and Technology，NIST）和 UniCarb-DR 在内的各种资源，已经建立了聚糖谱库数据集（glycan spectral library data repository），并有待将它们整合到计算机程序之中。然而，从生物学的角度来看，即使是部分信息也很有帮助，因为它可以对不同的健康和疾病组织进行比较糖组学分析。

在糖蛋白质组学领域，研究人员也采取了类似的方法，即使用质谱技术对连接了聚糖链的天然形式的糖蛋白和糖肽进行分析（**图 52.1**，**第 51 章**）。糖蛋白质组学不仅可以鉴定糖蛋白和聚糖链的连接位点，还可以提供关于聚糖组成的一些特定的微不均一性信息。不同的碎裂方法分别提供了关于糖蛋白某些不同结构特征的独特信息，具体方法包括电子转移解离（electron transfer dissociation，ETD）、碰撞诱导解离（collision-induced dissociation，CID）和高能碰撞解离（higher-energy collision dissociation，HCD）。最近，阶梯能量 - 高能碰撞解离（stepped-energy HCD）和电子转移 / 高能碰撞解离（EThcD）已经成为揭示所连接聚糖链的组成和糖基化位点的强大策略。对单个候选糖肽应用多种碎裂模式，为开发糖生物信息学工具奠定了基础，这些工具可能会揭示特定位点上连接的、除了聚糖组成之外的一些额外的聚糖结构信息。这些程序中使用的质谱匹配算法差异很大（如数据库搜索、从头测序 / 开放式聚糖搜索或质谱库匹配），以识别特定的质谱碎片质量，从而对聚糖 / 糖肽结构特征进行匹配（assignment）。

研究人员现在已能够获得由复杂的糖蛋白混合物所生成糖肽的大型数据集（**第 51 章**），严重制约糖蛋白质组学领域发展的一个瓶颈是随之而来的、下游的糖肽结构鉴定。直到最近，鉴定过程仍然主要由专业人士对所得到的串联质谱进行手动注释驱动。然而，许多糖生物信息学计划正在持续开发之中，以使用各种策略实现糖肽的识别过程自动化，通过使用特征性的碎裂离子来识别完整糖肽。一些软件工具可以免费获得，以解决糖蛋白组学数据分析中的挑战，如 pGlyco、GlycoPAT、MSFragger-Glyco、GlycReSoft、GP Finder、IQ-GPA、O-Pair、GPQuest。需授权使用的 Byonic 以及开源的 Protein Prospector 和 MASCOT 软件，最初为蛋白质组学研究设计，可以从高分辨率的串联质谱数据中半自动地识别 *N*- 糖肽和 *O*- 糖肽。最近，基于**人类蛋白质组组织 - 人类糖蛋白质组学倡议（Human Proteome Organization-Human Glycoproteomics Initiative，HUPO-HGI）**的跨实验室糖蛋白质组学分析，对其中一些程序进行了并列比较，重点强调了不同分析方法中的最适条件。定量分析可以使用通用的 SkyLine 平台，或使用 Happy-Tools 系列软件中的专用工具进行。

52.6.2 液相色谱法

与质谱相比，很少有软件工具可用于支持（超）高效液相色谱（[ultra] high-performance liquid chromatography，UPLC/HPLC）的数据分析和存储。GlycoStore 是一个精选的色谱和毛细管电泳组成数据库，囊括了 *N*- 聚糖、*O*- 聚糖、鞘糖脂和游离寡糖在内的聚糖标记衍生物。衍生试剂包括 2- 氨基苯甲酰胺（2-AB）、

RapiFluor-MS（RFMS）[①]、2- 氨基苯甲酸（2-AA）等。该数据库建立在 GlycoBase 公开提供的液相色谱实验数据集上，现在已经商业化。为了帮助分析，GlycanAnalyzer 可用于在糖苷外切酶消化后，对 *N*- 聚糖的液相色谱峰位移进行模式匹配，从而为每个峰进行聚糖链结构匹配；还可使用 GlycoStore 对一组有限的聚糖结构的毛细管电泳迁移数据进行访问。

52.6.3 核磁共振谱

20 世纪 80 ～ 90 年代，研究人员获得了碳水化合物结构的核磁共振数据，这仍然是获得纯化寡糖完整结构信息的最佳分析技术，但由于难以从生物来源中获得足够的材料，现在已经较少使用。**计算机辅助的常规多糖核磁谱评估（computer-assisted spectrum evaluation of regular polysaccharides，CASPER）**程序，可以预测聚糖的 ^{1}H-NMR 和 ^{13}C-NMR 化学位移，因此被用于根据核磁共振的实验数据确定聚糖结构。

52.6.4 聚糖结合数据及阐释

实验数据软件分析的另一个领域是挖掘聚糖阵列数据集，以确定各种聚糖结合蛋白（如植物和动物凝集素、病毒和细菌病原体蛋白，以及抗体）识别的聚糖序列基序。最近出现了几种用于聚糖阵列实验的数据分析工具，包括 MotifFinder、GLYMMR、CCARL、Glycan Miner、Glycan Microarray Database（GlyMDB）和 GLAD。这些数据分析确定了聚糖结合蛋白与阵列上的聚糖基序或决定簇的相对结合强度 / 特异性。RINGS 还拥有从聚糖阵列数据中预测聚糖结合模式的分析工具。

一些数据库收集了有关聚糖结合蛋白的信息。凝集素前沿数据库（Lectin Frontier DataBase，LfDB）提供了数百种凝集素的亲和力数据。UniLectin 中包括了 UniLectin3D 收集的数千种凝集素的三维结构，UniLectin 建议基于蛋白质折叠对这些预测结果进行分类和存储。这些分类使得研究人员能够确定可用于筛选序列的数据库，以及确定预测聚糖结合域的基本情况。SugarBind 是一个由文献衍生的病原体 - 聚糖结合知识的精选数据库。MatrixDB 数据库中则收录了与糖胺聚糖结合的蛋白质。

52.6.5 三维聚糖结构建模

由于糖分子固有的柔性（flexibility），寡糖通常在溶液中或在蛋白质上以一系列构象存在，这使得描述其三维结构成为一项挑战（关于聚糖三维结构的描述，见**第 30 章、第 50 章**）。计算化学是分析聚糖实验数据、做出可以通过实验检测的预测，以及在原子水平上揭示和阐明化学过程的重要工具。

基于网络的工具可用于生成碳水化合物三维结构的理论模型。**GLYCAM-Web** 是一个有用的资源，它除了提供可用于分子建模的可下载结构文件外，还提供了用于寡糖和糖蛋白建模的工具。**SWEET-II** 也是一个碳水化合物三维结构生成器，可以在 GLYCOSCIENCES.de 的网站上获取。

用于存储经实验验证后的三维碳水化合物结构的两个主要数据库分别为**蛋白质数据库（Protein Data Bank，PDB）**和**剑桥结构数据库（Cambridge Structural Database）**。Glyco3D 则提供了寡糖的晶体结构，其最新扩展是 GAG-DB，主要聚焦于对糖胺聚糖结合蛋白的三维描述。PDB 中的大多数碳水化合物，要么与糖蛋白共价连接，要么与凝集素、酶或抗体形成复合物。最近，PDB 进行了一次碳水化合物修复，确保碳水化合物得到了准确的注释。因此，PDB 条目现在已经包含了聚糖注释，这些注释以 LINUCS、

① 由沃特斯（Waters）公司开发的 *N*- 聚糖荧光检测试剂。

GLYCAM（类似 IUPAC）和 WURCS 等格式提供。

52.6.6 蛋白质上的聚糖连接位点

尽管已知 *N*- 连接糖基化的基序——天冬酰胺 -X- 丝氨酸 / 苏氨酸（N-X-S/T，X 不为脯氨酸），但许多潜在的位点在生物体内并没有被糖基化，并且尚无用于预测 *O*- 连接糖基化的明确基序。因此，了解蛋白质糖基化的连接位点特异性规则，对糖生物信息学家而言是一个持续的挑战。在过去的 20 年里，神经网络、隐马尔可夫模型（hidden Markov model，HMM）和支持向量机（support vector machine，SVM）已经被用来预测 *N*- 糖基化、*O*- 糖基化和 *C*- 甘露糖基化。最初的工具在丹麦 CBS 预测服务器（CBS Prediction Server）上托管，而过去几年里出现了更多的资源。

GlyGen、GlyCosmos 和 Glycomics@Expasy 的糖蛋白信息资源，现在以一种彼此互补的方式，提供了与蛋白质相连接的聚糖结构的信息。其覆盖范围和内容取决于自动化及人工的努力，以挖掘或整理包含特征聚糖结构及它们与蛋白质连接位点的前沿文献，以及来自实验条件和生物来源的支持数据（supporting data）。这种来自所有类型的糖分析技术、相互作用的复杂分子数据的协作性，以及国际生物信息学整合过程的不断发展，对于糖生物学研究的持续进步至关重要。

52.7 糖生物信息学发展的未来展望

52.7.1 糖生物学是系统生物学的一部分

系统生物学（systems biology）涉及在分子和细胞水平上对生物系统（包括全身和环境系统）的开发、模拟和分析。随着聚糖生物合成途径模拟研究的进展，其与基因组学、转录组学、蛋白质组学、脂质组学和代谢组学数据的整合代表了下一步的发展方向。这将带来对生物过程整体而全面的理解（图 52.1），从而可以在互为补充的数据背景下审视糖组学数据。这种认知上的综合，将更好地阐明糖基化过程，揭示聚糖与聚糖结合蛋白的全新相互作用，增强我们对相关功能结果的理解。

目前，基于资源描述框架（RDF）的数据集成中反映出的协调趋势，已经并且继续塑造着糖科学数据库的未来发展方向。它将有助于弥合糖组学与其他已经采用 RDF 本体但仍然以 DNA 序列为中心的组学之间的差距。事实上，在测序技术出现的 50 年后，DNA 序列以及它们与其他数据类型（如基因表达、蛋白质结构等）的联系，仍然是分子生物学数据库和资料库中最为重要的组成实体。科学家们在阐明细胞过程或病理行为的过程中，收集了以序列为中心的信息，这仅仅是因为基因 / 蛋白质序列通常是跨组学领域共享的共同元素。此处所面临的问题是，聚糖仅通过其生物合成酶和底物与基因产生关联。作为一门学科，糖科学的进步取决于对描述糖蛋白、糖脂、糖胺聚糖、脂多糖，以及产生或分解这些聚糖的基因组编码的酶机制数据的扩大与整合，还有不断增加的、关于这些糖复合物与细胞其他成分相互作用信息的获得与拓展。

52.7.2 将聚糖结构与功能联系起来

能够将聚糖结构与其功能联系起来，是糖科学研究的最终目标。尽管目前还很难以高通量的方式在糖复合物上完全确定聚糖链的结构，但研究人员已经提出了关于聚糖的特定结构与其生物功能之间关系的各种假说。一种假说认为，生物功能需要的是一组聚糖的结构特征，而不是单一结构的特征。该假设是可能的，但不大可能在所有的情况下都成立，因为已知许多离散的聚糖具有相当特定的功能，并且改变单个单糖或糖苷构象会极大地影响它们实现其功能的能力。因此，需要开展额外的工作，将尽可能多的糖组学实验数据积累形成标准化格式，这样就可以利用生物信息学技术进行全面、综合的分析。

52.7.3 糖生物信息学的合作

目前，聚糖相关的生物信息学研究的未来在于国际联盟的整合。糖科学界的规模较小，促使各大洲开展了多项合作举措，以呈现和收集糖组学数据（如上所述）。为了促进这些互补计划之间的互动，国际**糖组信息学联盟（Glycome Informatics Consortium，GLIC）**于 2015 年成立，旨在为开发者提供并维护一个集中的软件资源，从而实现数据库协作和工具合作开发。同样，在 2015 年，瑞士生物信息学研究所（Swiss Institute of Bioinformatics，SIB）的 Expasy 蛋白质组学资源门户网站上添加了糖组学部分，UniProtKB 中的糖蛋白条目也与 GlyGen 和 GlyConnect 中已知的聚糖结构信息进行了关联。此外，美国国家卫生研究院（U.S. National Institutes of Health，NIH）作为共同基金糖科学项目（Common Fund Glycoscience Program）的一部分，目前正致力于创建新的方法和资源来研究聚糖，其中包括开发数据集成工具和分析工具。

2018 年，**GlySpace 联盟**（the Glyspace Alliance，https://doi.org/10.1093/glycob/cwz078）得以成立，以进一步实现聚糖数据库门户之间的标准化和合作。该联盟由美国国立卫生研究院共同基金（U.S. NIH Common Fund）资助的 GlyGen、日本科学技术振兴机构 - 国家生物科学数据库中心（Japan Science and Technology Agency-National Bioscience Database Center）资助的 GlyCosmos，以及瑞士生物信息学研究所（the Swiss Institute of Bioinformatics）的 Glycomics@Expasy 组成。确保所有数据在完全开放的许可下能够获得，同时提供所有数据的出处，在资源之间共享所有数据，并且对所有数据进行质量检查，是该联盟的主要目标。

这些国际化的通力合作是生物信息学资源对糖科学的重要性终获认可的充分肯定，至此，更为广泛的科学界可以更容易地理解和获悉聚糖的作用。然而，显而易见，想让整个科学界能够常规访问那些核酸和蛋白质生物学学者们目前认为理所当然的知识（即拥有确实可靠、精心策划、用户友好、交叉引用的数据库，永久且安全地存放在由政府长期资助的主要中央服务器中）之前，仍然前路漫漫。这一目标的实现，对于将聚糖的研究纳入进化、分子和细胞生物学的主流，以及它们在医学、材料科学和其他造福人类领域的应用至关重要。

致谢

感谢拉姆·萨西塞卡兰（Ram Sasisekharan）对本章先前版本的贡献，并感谢曼弗雷德·沃格尔（Manfred Wuhrer）的有益评论及建议。

延伸阅读

Doubet S, Bock K, Smith D, Darvill A, Albersheim P. 1989. The complex carbohydrate structure database. *Trends Biochem Sci* **14**: 475-477.

Cooper CA, Gasteiger E, Packer NH. 2001. GlycoMod—a software tool for determining glycosylation compositions from mass spectrometric data. *Proteomics* **1**: 340-349.

Hashimoto K, Goto S, Kawano S, Aoki-Kinoshita KF, Ueda N, Hamajima M, Kawasaki T, Kanehisa M. 2006. KEGG as a glycome informatics resource. *Glycobiology* **16**: 63-70.

Mariethoz J, Alocci D, Gastaldello A, Horlacher O, Gasteiger E, Rojas-Macias M, Karlsson NG, Packer NH, Lisacek F. 2018. Glycomics@ExPASy: bridging the gap. *Mol Cell Proteomics* **17**: 2164-2176.

Aoki-Kinoshita KF, Lisacek F, Mazumder R, York WS, Packer NH. 2020. The GlySpace Alliance: toward a collaborative global glycoinformatics community. *Glycobiology* **30**: 70-71.

Neelamegham S, Aoki-Kinoshita K, Bolton E, Frank M, Lisacek F, Lütteke T, O'Boyle N, Packer NH, Stanley P, Toukach P, et al. 2020. SNFG discussion group updates to the symbol nomenclature for glycans guidelines *Glycobiology* **30**: 72-73.

Rojas-Macias MA, Mariethoz J, Andersson P, Jin C, Venkatakrishnan V, Aoki NP, Shinmachi D, Ashwood C, Madunic K, Zhang T, et al. 2020. Towards a standardized bioinformatics infrastructure for N-and O-glycomics. *Nat Commun* **10**: 3275.

Yamada I, Shiota M, Shinmachi D, Ono T, Tsuchiya S, Hosoda M, Fujita A, Aoki NP, Watanabe Y, Fujita N, et al. 2020. The GlyCosmos portal: a unified and comprehensive Web resource for the glycosciences. *Nat Methods* **17**: 649-650.

York WS, Mazumder R, Ranzinger R, Edwards N, Kahsay R, Aoki-Kinoshita KF, Campbell MP, Cummings RD, Feizi T, Martin M, et al. 2020. GlyGen: computational and informatics resources for glycoscience. *Glycobiology* **30**: 72-73.

Fujita A, Aoki NP, Shinmachi D, Matsubara M, Tsuchiya S, Shiota M, Ono T, Yamada I, Aoki-Kinoshita KF. 2021. The international glycan repository GlyTouCan version 3.0. *Nucleic Acids Res* **49**: D1529-D1533.

Kawahara R, Alagesan K, Bern M, Cao W, Chalkley RJ, Cheng K, Choo MS, Edward N, Goldman R, Hoffmann M, et al. 2021. Community evaluation of glycoproteomics informatics solutions reveals high-performance search strategies of glycopeptide data. *bioRxiv*

第 53 章

聚糖和糖复合物的化学合成

彼得 · H. 西伯格（Peter H. Seeberger），赫尔曼 · S. 奥弗克利夫特（Hermen S. Overkleeft）

53.1 控制区域选择性化学 / 691
53.2 控制立体化学 / 691
53.3 对保护基的操控 / 692
53.4 代表性的溶液相化学聚糖合成 / 693
53.5 代表性的自动化聚糖组装 / 693
53.6 计算机辅助聚糖组装 / 697
53.7 前景展望 / 698
致谢 / 698
延伸阅读 / 698

具有确定结构的聚糖纯品，是糖生物学中必不可少的研究工具。与分别通过重组表达和聚合酶链反应（polymerase chain reaction，PCR）以均一的形式获得的蛋白质和核酸不同，生物系统中产生的聚糖是不均一的。此外，能够从生物系统中获得的聚糖数量通常很少。与大多数细胞生产系统相比，化学合成可用于获得更大量的均质聚糖。研究人员还可以进一步采用化学合成将聚糖链整合到均一的糖蛋白上。本章总结了目前化学方法生产聚糖的技术现状。酶法可以和化学方法一起使用，以制备不同的聚糖（**第 54 章**）。

53.1 控制区域选择性化学

相较于寡核苷酸和寡肽等其他主要类别的生物分子，寡糖的结构使其合成过程更为复杂。聚糖合成的基础挑战是要求在许多其他羟基存在的情况下，修饰一个特定的羟基，并控制创建**糖苷键（glycosidic linkage）**过程中的立体化学结果。通常，聚糖合成的特点是操纵各种**保护基团（protecting group）**，即掩蔽羟基，防止它们与其他化学试剂发生反应的化学基团。羟基保护基团被选择性地从聚糖结构中添加和去除，从而使得对暴露的羟基进行化学反应成为可能。随后，在典型的聚糖合成方案中，暴露的羟基作为进一步化学操作的位点。选择性暴露一个羟基后，可以区域选择性地添加另一个糖单元。这种类型的合成方案，通常用于生成 *O*- 连接和 *N*- 连接的聚糖（**第 9 章**、**第 10 章**），以及蛋白聚糖（**第 17 章**）和鞘糖脂（**第 11 章**）。

保护基的选择和添加顺序，对于合成路线的成功与否至关重要。最常见的保护基，包括可以在许多合成步骤中保持不变的苄基醚，它属于**永久保护基（permanent protecting group）**，或在合成的中间步骤中去除的碳酸酯和有机酯，它们属于**临时保护基（temporary protecting group）**。关于聚糖的化学生成和聚糖合成中使用的各种保护基团操作，研究人员已经积累了海量信息。

53.2 控制立体化学

通常通过活化糖基化试剂（糖基供体），以产生与亲核体（例如糖基受体上的羟基）反应的亲电物

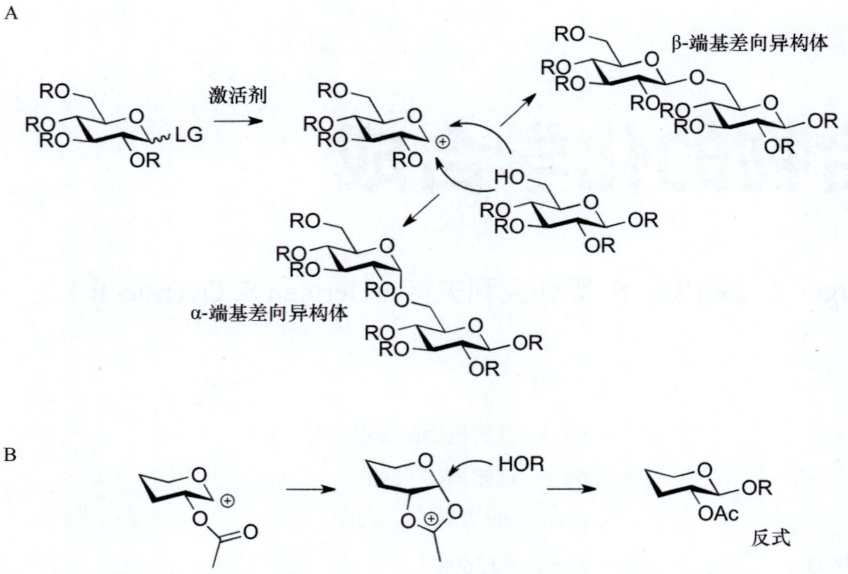

图 53.1 A. 糖苷键的立体特异性，形成了 α- 连键或 β- 连键。B. 环状氧鎓离子中间体的形成促进了 β- 糖苷键的形成。缩写：离去基团（LG），保护基团（R），乙酰基（Ac）。

质，最终形成糖苷键。其他可能的受体，包括糖肽中的丝氨酸 / 苏氨酸或鞘糖脂中的鞘氨醇基（sphingoid）。糖基化反应的结果是形成 α- 糖苷键或 β- 糖苷键（**第 2 章**）。聚糖合成的一个主要挑战，是糖苷键的**立体选择性**（**stereochemistry**）的形成（**图 53.1A**，**第 2 章**）。有多种方法可用于立体选择性地生成糖苷键。这些反应的产率和立体化学结果，取决于糖基化试剂（糖基供体）的空间性质（steric nature）、电子性质、亲核体的性质和反应条件。控制端基差向异构中心立体化学的一种常用方法，是在 C2- 羟基或 C2- 氨基上使用某些保护基，如酯或酰胺 / 氨基甲酸酯（**图 53.1B**）。这些**邻基参与**（**neighboring group participation**）的保护基团，可以在糖基化反应过程中形成环状**氧鎓离子**（**oxonium ion**）中间体，遮挡了分子的一个面，导致仅形成反式（*trans*）- 糖苷键，即异头位取代基和 C2 基团位于环的相对两侧，如 β- 葡萄糖苷。与其相反的端基差向异构体，被称为顺式（*cis*）- 糖苷键，更难以高选择性进行构建。尽管不像保护基团参与反式 - 糖苷键的合成那样普遍，但研究人员也已开发了多种不同的合成策略，用于立体选择性地构建顺式 - 糖苷键和涉及 C2- 脱氧糖的连键。使用特定的溶剂 / 添加剂、远程保护基的参与、对糖苷供体 - 糖苷受体的预组织（preorganization），以及其他方法的应用，使得形成越来越多立体控制的顺式 - 糖苷键成为可能。

53.3 对保护基的操控

碳水化合物具有丰富的官能团，这使得聚糖的合成更为复杂，因而需要花费大量时间精力开发合适的保护基方案，以便对单个官能团进行任意的保护和脱保护。碳水化合物的官能团包括羟基、胺和羧酸，区分这些官能团相对容易。羟基是碳水化合物中最丰富的官能团，对于它的选择性处理稍显复杂。伯羟基和端基差向异构（异头）的羟基相对容易操纵，具体而言，前者是出于空间位阻的原因，而后者是因为它们是半缩醛或半缩酮的一部分。对仲羟基的特定修饰，需要根据它们的构型（如顺式羟基或反式羟基、平伏键或直立键）及其相对反应性，即利用空间和（或）电子差异来定制化学方法。**图 53.2** 描述了从对甲苯基 β-D-1- 硫代吡喃葡萄糖苷开始的代表性保护基方案（对甲苯硫基既用作异头位羟基的掩蔽基团，又用作糖基化方案中的离去基团）。在第一步中，所有羟基都被转化为相应的三甲基甲硅烷基醚，使极性的碳水化合物可溶于有机溶剂。接下来，在一系列互补的官能团操纵中，*O*-2(A)、*O*-4(B) 或 *O*-6(C) 可以被选择性脱保护。在所有情况下，第一步都是创建 4,6-*O*- 亚苄基物种。*O*-3 的还原苄基化、*O*-2 的苯甲酰化，以及亚苄基向 *O*-4- 苄基的还原开环，最终形成葡萄糖砌块 C。亚苄基向 *O*-6- 苄基的另一种还原开环则产生了砌块 B，而完整保留亚苄基并去除其他所有剩余的甲硅烷基保护基团可获得葡萄糖苷 A。

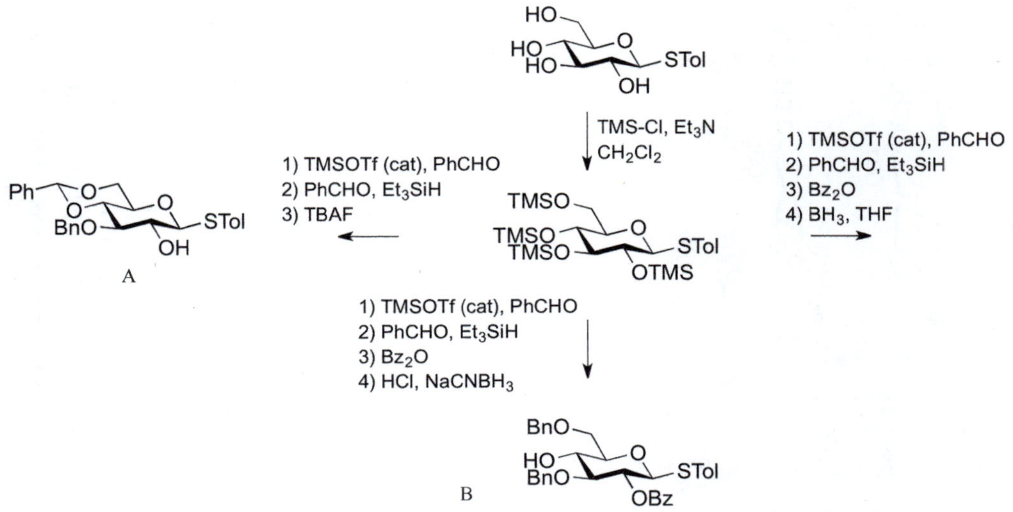

图 53.2 可通过一釜法添加保护基团，对一系列吡喃葡萄糖衍生的结构单元进行聚糖组装。缩写：三氟甲磺酸三甲基硅酯（TMSOTf），苯甲醛（PhCHO），三乙基硅氢（Et_3SiH），四丁基氟化铵（TBAF），三甲基氯硅烷（TMS-Cl），三乙胺（Et_3N），二氯甲烷（CH_2Cl_2），苯甲酸酐（Bz_2O），氰基硼氢化钠（$NaCNBH_3$），硼烷四氢呋喃络合物（$BH_3 \cdot THF$）；催化量（cat）；苯基（Ph），苄基（Bn），对甲苯硫基（STol），三甲基硅基（TMS），苯甲酰基（Bz）。

53.4 代表性的溶液相化学聚糖合成

在**铜绿假单胞菌**（*Pseudomonas aeruginosa*）胞外多糖（exopolysaccharide）的推定重复单元片段的合成中（图 53.3），保护基模式和糖基化策略之间的相互作用变得显而易见。4,6-*O*- 亚苄基保护的硫代甘露糖苷 **1** 与正交保护的岩藻糖苷 **2**，在 1-(苯基亚硫酰基)哌啶(benzenesulfinylpiperidine，BSP)和三氟乙酸酐(triflic anhydride，Tf_2O）的促进下进行糖基化，得到二糖 **3**。β- 甘露糖苷键的立体选择性，由亚苄基稳定后的、异头位为 α 构型的三氟甲磺酸酯诱导获得，它随后被受体进攻发生 S_N2 取代，形成所需的立体选择性。

氧化去除 2- 萘甲基（naphthyl，Nap）保护基，并与甘露糖苷供体 **4** 进行糖基化后，可得到三糖 **5**。还原端的岩藻糖异头位烯丙基（allyl，All）被移除并转化为糖基三氯乙酰亚胺酯供体，它与正交保护的葡萄糖苷 **6** 的 3- 羟基，通过糖苷化得到四糖 **7**。岩藻糖**砌块**（**building block**）中的一个 2-*O*- 苯甲酰基(benzoyl，Bz）的邻基参与作用，确保了 1,2- 反式糖苷键的形成。四糖 **7** 经逐步反应，形成了完全保护的十糖 **10**，该过程说明了两种不同保护的砌块 **1** 和 **4** 的必要性。**1** 中的苄基（benzyl，Bn）保护基是一个永久保护基，在合成的最后阶段进行去除。相比之下，**4** 中的叔丁基二甲基硅基（tertbutyldimethylsilyl，TBS）可以在合成过程中被选择性地去除。甘露糖残基中的 2- 羟基被释放出来，并用砌块 **8** 进行 1,2- 反式（α）甘露糖基化。**9** 的整体脱保护可分为两步进行：碱处理以去除酰基保护基，然后催化氢化以同时去除苄基、2- 萘甲基和亚苄基。还原端间隔区（spacer）的叠氮化物被转化为胺，用于合成**新糖蛋白**（**neoglycoprotein**）以进行免疫学研究，或用于生产聚糖阵列。

53.5 代表性的自动化聚糖组装

自动化固相合成（**automated solid-phase synthesis**）对多肽 / 蛋白质和核酸的化学与生物学产生了巨大影响。合成化学的这一发展使得生物学家能够获得多肽和寡核苷酸，并促进了对生物聚合物结构和功能的研究。同样，通用的自动化（固相）聚糖合成方法，极大地加速了生物研究中均质材料的获取。由于寡糖合成比寡肽和核苷酸的组装要复杂得多，因此聚糖组装的自动化方法发展较慢，但如今自动化合

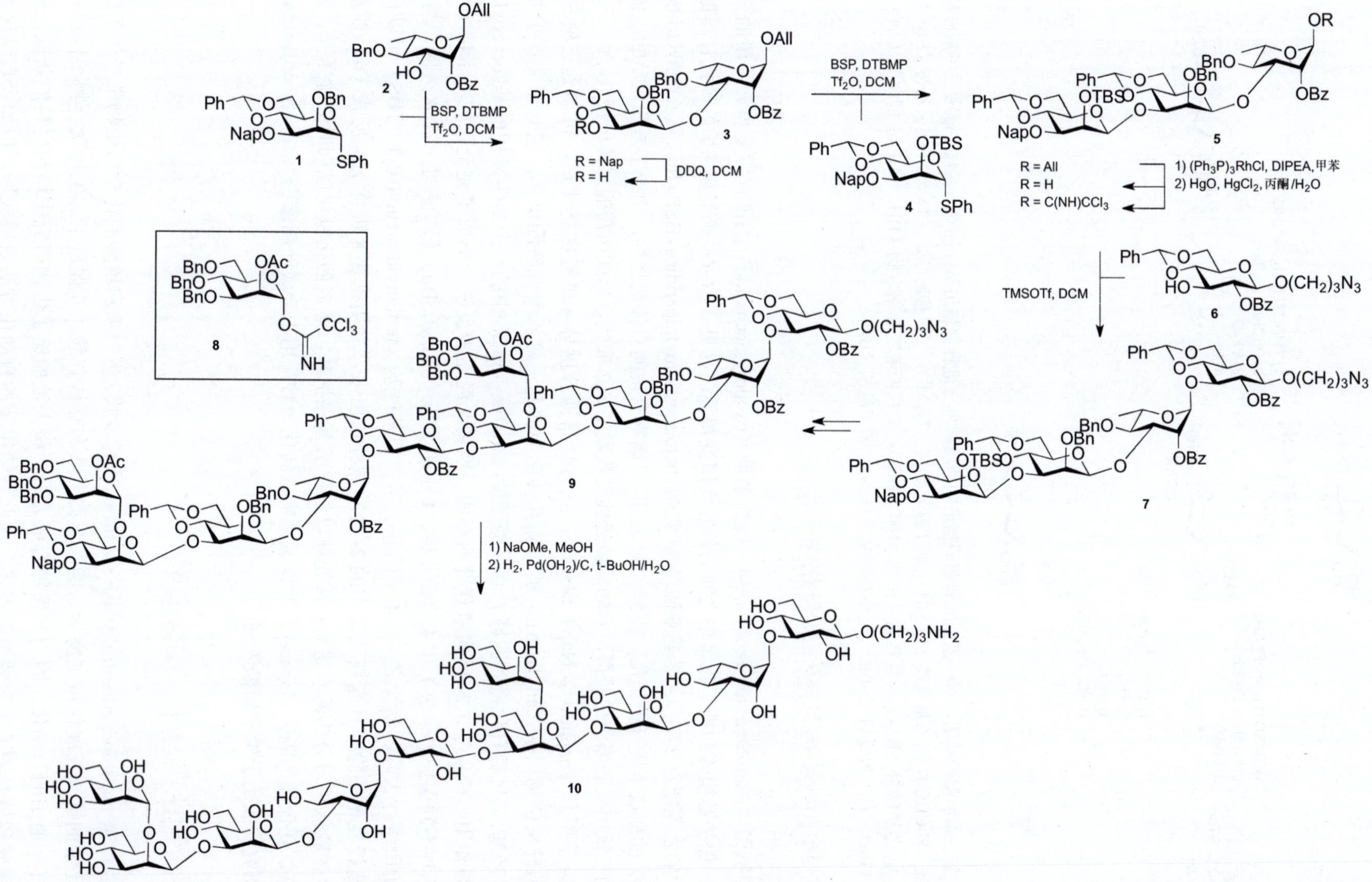

图 53.3 铜绿假单胞菌(*Pseudomonas aeruginosa*)衍生十糖 **10** 的溶液相合成。缩写：1-(苯基亚硫酰基)哌啶(BSP)，2,6- 二叔丁基 -4- 甲基吡啶(DTBMP)，三氟乙酸酐(Tf_2O)，2,3- 二氯 -5,6- 二氰基苯醌(DDQ)，三(三苯基膦)合氯化铑 [$(Ph_3P)_3RhCl$]，*N,N*- 二异丙基乙胺(DIPEA)，氧化汞(HgO)，氯化汞($HgCl_2$)，三氟甲磺酸三甲基硅酯(TMSOTf)，二氯甲烷（DCM），甲醇钠（NaOMe），甲醇（MeOH），氢气（H_2），氢氧化钯碳 [$Pd(OH)_2/C$]，叔丁醇（*t*-BuOH）；苄基（Bn），2- 萘甲基（Nap），苯硫基（PhS），苯甲酰基（Bz），烯丙基（All），叔丁基二甲基硅基（TBS），叠氮基（N_3），三氯乙酰亚胺基 [$C(NH)CCl_3$]，乙酰基（Ac）。

成仪也已经实现了商业化。**自动化聚糖组装（automated glycan assembly，AGA）**的一个先决条件，是对新形成的糖苷键的立体化学实现完全的控制。自动化聚糖组装的基础是带有正交保护基的单糖砌块和一个连接子（linker）。自动化聚糖组装的重要附加价值是能够快速生成相关但不同的聚糖文库，以及制备其他方法不易获得的大型多糖的能力。

100- 聚体（100-mer）的聚甘露糖苷（polymannoside）的合成，开始于将带有光裂解连接子（photo-cleavable linker）**11** 的聚苯乙烯梅里菲尔德树脂（polystyrene Merrifield resin）放入自动合成仪的反应容器中。甘露糖硫苷砌块 **12** 可用于自动化聚糖组装，使用四步循环的方式进行（图 53.4A）。每个单体整合嵌入糖链时都依赖于一个酸洗涤的步骤，以防止被任何反应过程中剩余的碱淬灭，然后使用 5 ～ 6.5 当量的

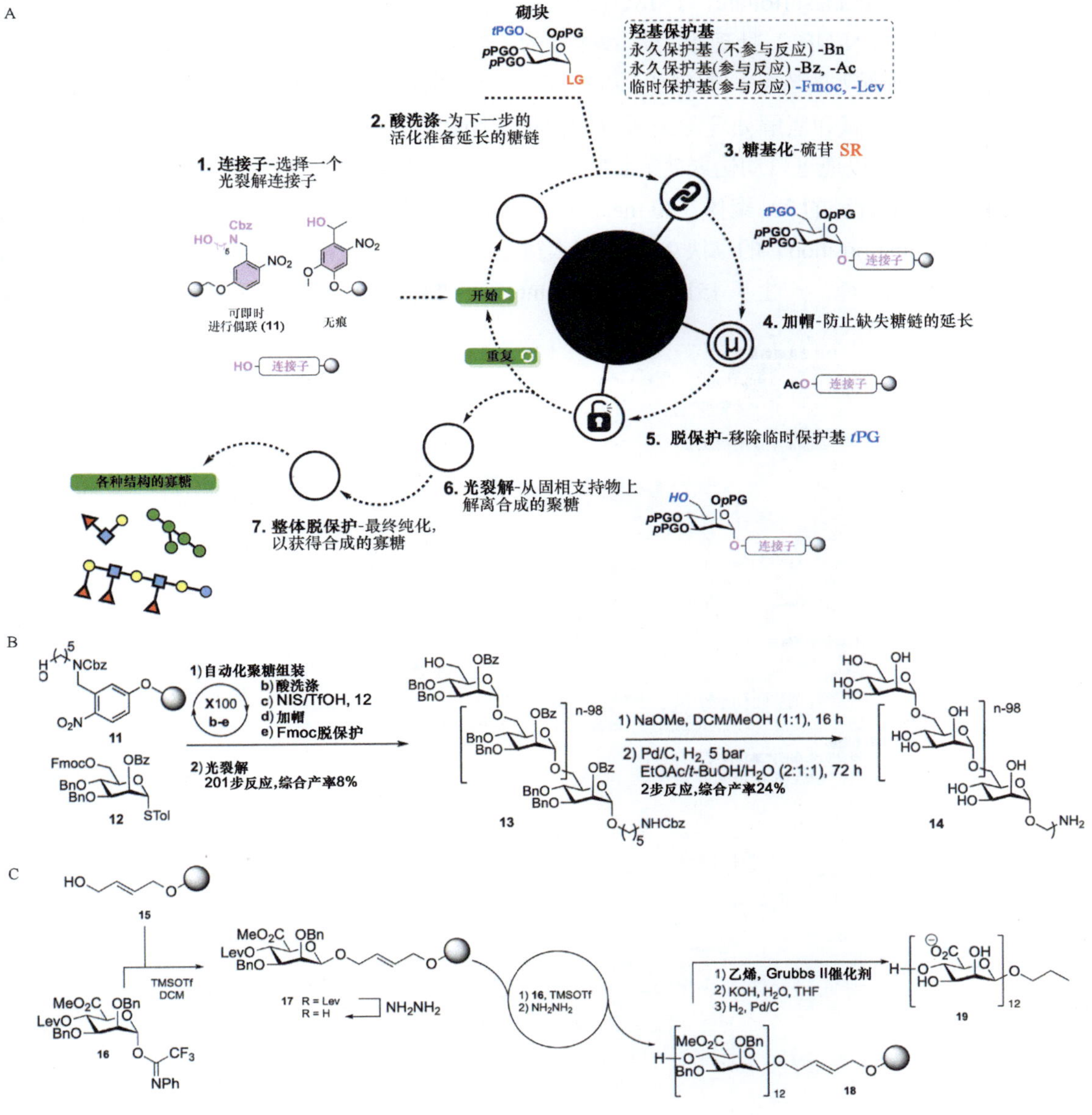

图 53.4　A. 自动化聚糖组装示意图；B. 100- 聚甘露糖苷 **14** 的自动化聚糖组装；C. 海藻酸十二糖的自动化聚糖组装。缩写：离去基团（LG），临时保护基（*t*PG），永久保护基（*p*PG），硫苷（SR）。*N*- 碘代丁二酰亚胺（NIS），三氟甲磺酸（TfOH），甲醇钠（NaOMe），甲醇（MeOH），氢气（H_2），钯碳（Pd/C），乙酸乙酯（EtOAc），叔丁醇（*t*-BuOH），三氟甲磺酸三甲基硅酯（TMSOTf），二氯甲烷（DCM），肼（NH_2NH_2），氢氧化钾（KOH），四氢呋喃（THF）；苄氧羰基（Cbz），硝基（NO_2），9- 芴基甲氧基羰基（Fmoc），苄基（Bn），苯甲酰基（Bz），对甲苯硫基（STol），甲基（Me），乙酰丙酰基（Lev），*N*- 苯基三氟乙酰亚氨基 [C(NPh)CF_3]。

砌块 **12** 进行偶联。接下来，一个封端（capping）步骤用于防止任何未反应的亲核试剂参与后续的偶联，产生难以与所需产物分离的（*n*-1）- 多糖。去除临时的 9- 芴基甲氧基羰基（9-fluorenylmethyloxycarbonyl，Fmoc）保护基后，亲核体会暴露并参与随后的偶联步骤。100 次的偶联循环可在 188h 内自动执行，并且经过从树脂上光裂解和正相高压液相色谱法（HPLC）纯化后，获得了 100- 聚体的 α1-6 聚甘露糖 **13**（总产率 8%）。用甲醇钠处理裂解所有的酯基保护基，然后在钯催化下加压氢解，对所有的苄基醚进行脱保护，在经过制备级反相高压液相色谱法后产生了 100- 聚体的聚甘露糖苷 **14**。

由 β1-4 甘露糖醛酸分子组成的海藻酸十二聚体（alginate dodecamer）的合成引人侧目，因为它需要重复添加顺式 - 糖苷键。该合成方法利用了固定化的烯丙基醇 **15**。在催化量的三氟甲磺酸三甲基硅酯（trimethylsilyl trifluoromethanesulfonate，TMSOTf）的作用下，与供体甘露糖醛酸酯 **16** 反应，产生固定化的单糖 **17**；通过用肼（H_2N-NH_2）处理来去除 *O*-4 处的乙酰丙酰基（levulinoyl，Lev），然后重复偶联 - 脱保护的步骤，直至达到所需的次数。聚糖组装完成后，通过烯烃复分解反应将完全保护的寡糖从固体支持物上切除，随后通过强碱和氢解处理除去所有的保护基团。

更为复杂的多糖，可以通过自动化聚糖组装制备的多糖片段偶联获得。使用自动化聚糖组装，研究人员从甘露糖砌块 **12** 制备了直链的 30- 聚体（30-mer）——α1-6 聚甘露糖苷 **21**；使用砌块 **12** 和不同的保护基构建了支化位点（branching position）的砌块 **22**，研究人员还构建了带有支链的 31- 聚体（31-mer）**23**，最终通过 31+30+30+30+30 偶联反应，产生了 151- 聚体（151-mer）的 **24**，脱保护后，最终形成 **25**（图 53.5）。

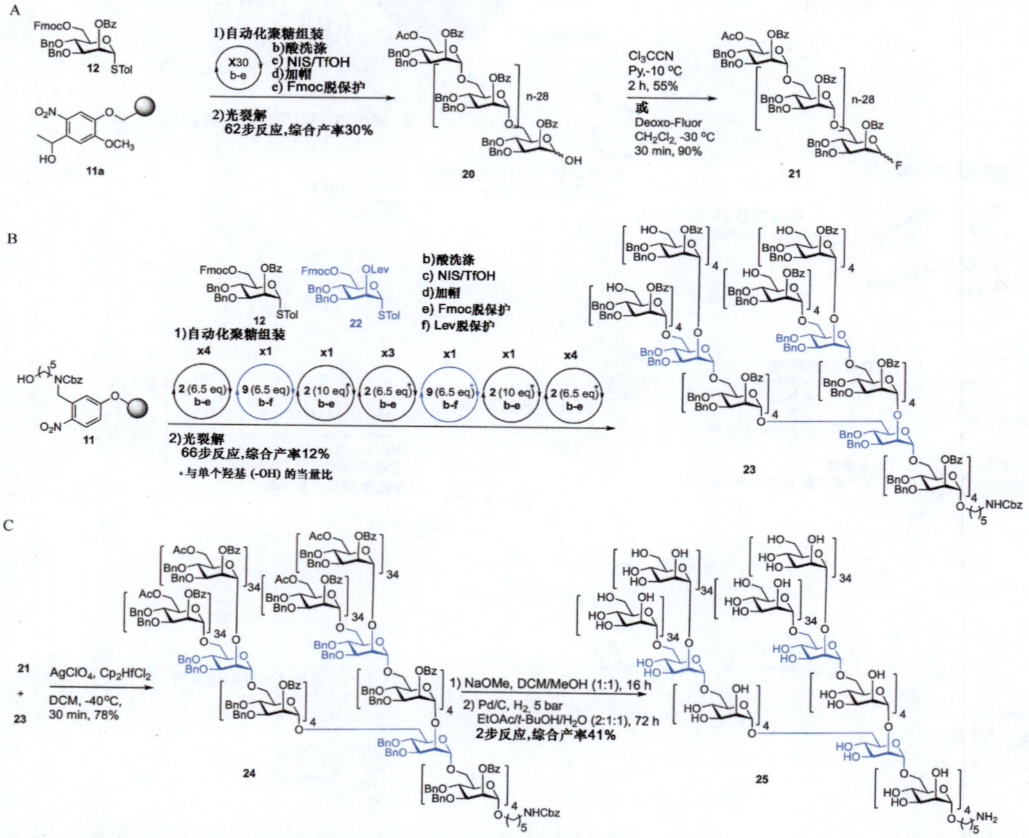

图 53.5　通过自动化聚糖组装（AGA）制备的多聚甘露糖苷嵌段偶联物，最终合成了一个 151- 聚体的聚甘露糖苷。缩写：*N*- 碘代丁二酰亚胺（NIS），三氟甲磺酸（TfOH），三氯乙腈（Cl_3CCN），吡啶（Py），双（2- 甲氧基乙基）氨基三氟化硫（Deoxo-Fluor），二氯甲烷（DCM），高氯酸银（$AgClO_4$），双（环戊二烯基）二氯化铪（Cp_2HfCl_2），甲醇钠（NaOMe），甲醇（MeOH），氢气（H_2），钯碳（Pd/C），乙酸乙酯（EtOAc），叔丁醇（*t*-BuOH）；9- 芴基甲氧基羰基（Fmoc），苄基（Bn），苯甲酰基（Bz），对甲苯硫基（STol），乙酰基（Ac），苄氧羰基（Cbz）。

53.6 计算机辅助聚糖组装

硫代糖苷供体的**相对反应性值（relative reactivity value，RRV）**，是用于表示糖基供体反应性的数字。基于该相对反应性值的数据库，已被用于设计**一釜法（one-pot）**中的糖基化序列。几种硫代糖苷可以组合在一起使用，并实现对其中一种砌块的选择性激活。Optimer 计算机程序有助于选定砌块的组合，并能够配备适当的保护基团以调整反应活性。图 53.6 显示了使用 Optimer 方法，对肿瘤相关的 N3 抗原八糖（N3 antigen octasaccharide）进行一釜法组装。共设计并合成了三个砌块：岩藻糖基供体 **26**（RRV=7.2×10^4）；乳糖胺供体 **27**（RRV=41）；乳糖砌块 **28**（RRV=0）。其中，最后的二糖利用了相对反应性值，通过化学选择性糖基化制备而成。在 1-（苯基亚硫酰基）哌啶 / 三氟乙酸酐（BSP/Tf_2O）介导的缩合中，将前两个砌块组合，可获得硫代糖苷三糖。在反应容器中，加入乳糖 **28** 和 *N*- 碘代丁二酰亚胺 / 三氟甲磺酸（NIS/TfOH），以促进随后的双糖基化反应，可得到八糖 **29**。经脱保护后，以 11% 的产率获得了在间隔基团（spacer）上官能化的八糖 **30**。

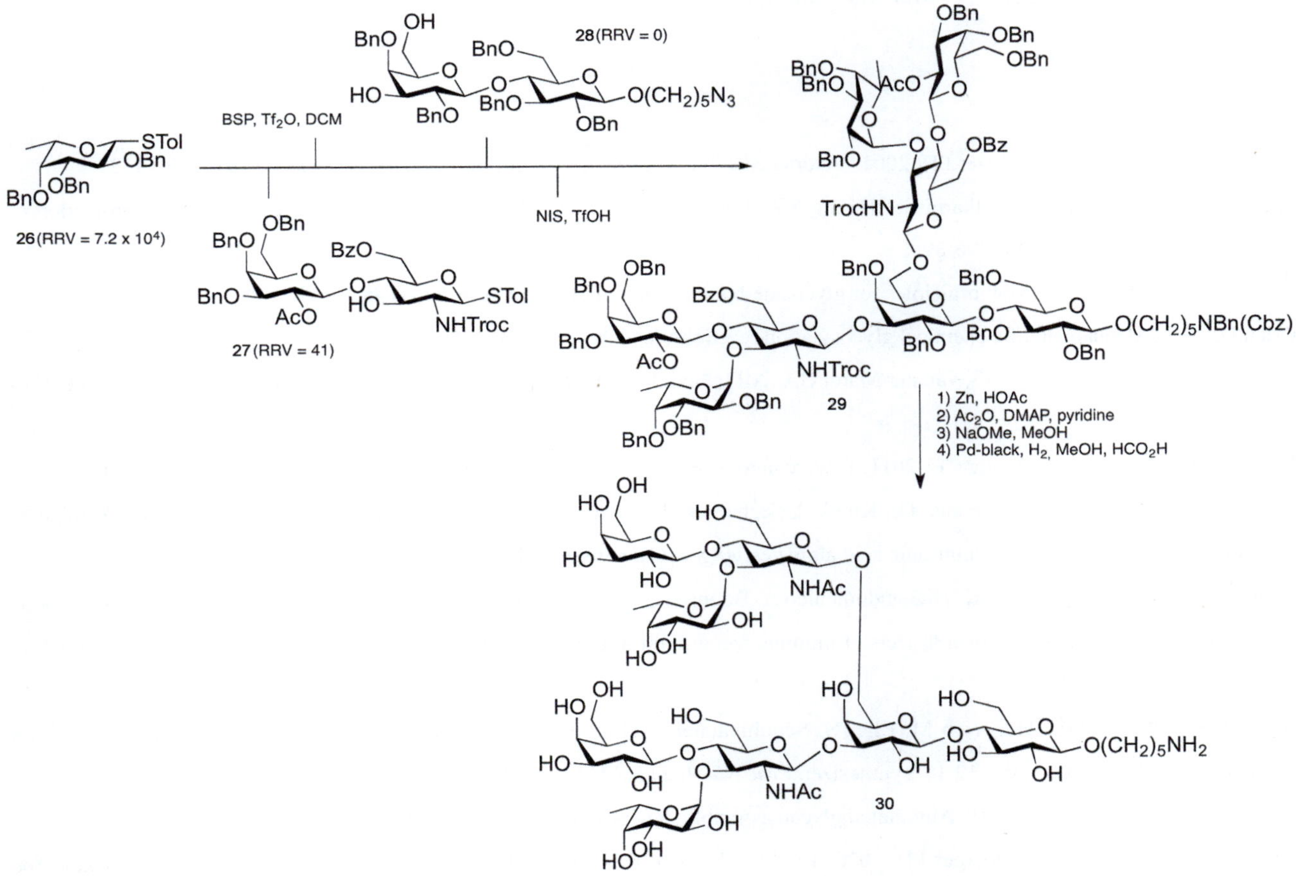

图 53.6 八糖抗原 **32** 的一釜法合成。缩写：1-(苯基亚硫酰基)哌啶(BSP)，三氟乙酸酐(Tf_2O)，二氯甲烷(DCM)，锌粉(Zn)，乙酸(HOAc)，乙酸酐(Ac_2O)，4- 二甲氨基吡啶(DMAP)，吡啶(pyridine)，甲醇钠(NaOMe)，甲醇(MeOH)，钯黑(Pd-black)，甲酸(HCO_2H)；苄基(Bn)，对甲苯硫基(STol)，叠氮基(N_3)，乙酰基(Ac)，苯甲酰基(Bz)，三氯乙氧羰基(Troc)，苄氧羰基(Cbz)。

53.7 前景展望

在过去的 25 年里，聚糖的化学合成已经从合成化学家从事的、英雄般的全合成技艺，发展成针对包含了常见单体成分和反式糖苷键的聚糖的常规任务。随着自动化聚糖组装的商业化，可以在固相树脂上结合一整套常见的砌块，从而使合成过程大大加快。自动化聚糖组装已经成为碳水化合物合成的重要组成部分，因为如今能够以数毫克的量级，快速地获得长度达 100- 聚体的多糖和糖胺聚糖。合成具有高度支化结构的聚糖，将在未来几年内成为常规操作。尽管如此，对于含有罕见单糖、2- 脱氧，以及 1,2- 顺式糖苷键的挑战性合成目标，必须开发改进的溶液相合成方法。这些方法将极大地受益于糖基化反应基础知识的进步，并将获得数据库中所收集到的知识的助力。此外，酶法合成以及化学合成与酶法合成的组合，都是获得大量聚糖的重要手段。

致谢

感谢纳撒尼尔·芬尼（Nathaniel Finney）和大卫·拉布卡（David Rabuka）对本章先前版本的贡献，并感谢玛蒂娜·德尔比安科（Martina Delbianco）的有益评论及建议。

延伸阅读

Plante OJ, Palmacci ER, Seeberger PH. 2001. Automated solid-phase synthesis of oligosaccharides. *Science* **291**: 1523-1527.

Wang CC, Lee JC, Luo SY, Kulkarni SS, Huang YW, Lee YW, Chang KL, Hung SC. 2007. Regioselective one-pot protection of carbohydrates. *Nature* **446**: 896-899.

Zhu X, Schmidt RR. 2009. New principles for glycoside-bond formation. *Angew Chem Int Ed* **48**: 1900-1934.

Crich D. 2010. Mechanism of a chemical glycosylation reaction. *Acc Chem Res* **43**: 1144-1153.

Codée JDC, Ali A, Overkleeft HS, van der Marel GA. 2011. Novel protecting groups in carbohydrate chemistry. *C R Chimie* **14**: 178-193.

Hsu CH, Hung SC, Wu CY, Wong CH. 2011. Toward automated oligosaccharide synthesis. *Angew Chem Int Ed* **50**: 11872-11923.

Walvoort MTC, van den Elst H, Plante OJ, Kröck L, Seeberger PH, Overkleeft HS, van der Marel GA, Codée JDC. 2012. Automated solid-phase synthesis of β-mannuronic acid alginates. *Angew Chem Int Ed* **51**: 4393-4396.

Li H, Mo KF, Wang Q, Stover CK, DiGiandomenico A, Boons GJ. 2013. Epitope mapping of monoclonal antibodies using synthetic oligosaccharides uncovers novel aspects of immune recognition of the Psl exopolysaccharide of Pseudomonas aeruginosa. *Chem Eur J* **19**: 17425-17431.

Hahm HS, Schlegel MK, Hurevich M, Eller S, Schuhmacher F, Hofmann J, Pagel K, Seeberger PH. 2017. Automated glycan assembly using the Glyconeer 2.1® synthesizer. *Proc Nat Acad Sci* **114**: E3385-E3389.

Guberman M, Seeberger PH. 2019. Automated glycan assembly: a perspective. *J Am Chem Soc* **141**: 5581-5592.

Joseph A, Pardo-Vargas A, Seeberger PH. 2020. Total synthesis of polysaccharides by automated glycan assembly. *J Am Chem Soc* **142**: 8561-8564.

第 54 章

聚糖和糖复合物的化学酶法合成

赫尔曼 · S. 奥弗克利夫特（Hermen S. Overkleeft），彼得 · H. 西伯格（Peter H. Seeberger）

54.1 糖基转移酶和糖苷酶的催化机理 / 699
54.2 糖基转移酶介导的聚糖合成 / 700
54.3 从转糖基化到糖合成酶 / 702
54.4 前景展望 / 706
致谢 / 706
延伸阅读 / 706

糖基转移酶（glycosyltransferase）是负责构建糖苷间连键（interglycosidic linkage）的生物合成酶；**糖苷酶（glycosidase）**负责催化相反的反应，即糖苷间连键的水解。天然聚糖的多样性在自然界中所见的众多糖基转移酶和糖苷酶中可见一斑，每种糖酶都表现出确定的底物特异性。天然聚糖通常以不均一的形式出现，并且通常产量甚微，使得从天然来源中分离和表征它们十分麻烦。因此，糖生物学在很大程度上依赖于合成聚糖，而生产聚糖的合成方法也已经取得了巨大的进步（**第 53 章**）。糖基转移酶和糖苷酶在聚糖的构建中具有优势，因为这些生物催化剂在受控的条件下非常有效。本章总结了使用（突变的）糖苷酶和糖基转移酶合成定制聚糖的最新进展，包括这两类酶的组合以及与化学合成中间体的结合。

54.1 糖基转移酶和糖苷酶的催化机理

糖基转移酶的作用机制，与通过化学合成安装糖苷间连键的方式类似（**第 53 章**）。以尿苷二磷酸 - 葡萄糖（UDP-Glc）为代表的活化供体糖（**图 54.1**）与受体分子（此处为神经酰胺）缩合，在离去基团［此处为尿苷二磷酸（UDP）］离开后，得到糖复合物（葡萄糖神经酰胺）。与化学合成不同的是，区域选择性由酶的活性位点调控，而活性位点也对供体和受体具有选择性要求。葡萄糖神经酰胺合成酶（glucosylceramide synthase，GCS）催化的葡萄糖神经酰胺的合成（**图 54.1**），以端基差向异构的“反转”方式进行，将尿苷二磷酸 - 葡萄糖中的 α- 葡萄糖苷键转化为葡萄糖神经酰胺中的 β- 葡萄糖苷键。自然界采用了一组有限的供体糖苷——最突出的是用于**莱洛伊尔型糖基转移酶（Leloir-type glycosyltransferase）**[①] 的核苷酸糖；除了尿苷二磷酸 - 葡萄糖外，还有胞苷一磷酸 - 唾液酸（CMP-Sia）、鸟苷二磷酸 - 甘露糖（GDP-Man）等。糖基转移酶的性质决定了糖基化在端基差向异构中心进行**构型“保留”（retention）**还是**构型“反转”（inversion）**。大多数莱洛伊尔型糖基转移酶所采用的催化机理，现在已经明晰。

葡萄糖神经酰胺（GlcCer）可被溶酶体外切葡萄糖苷酶（lysosomal exo-glucosidase）、酸性葡萄糖神经酰胺酶（acid glucosylceramidase，GBA）水解。水解过程以构型保留的方式进行，是两次取代反应机理

① 莱洛伊尔型糖基转移酶的底物是通过 α- 连接糖苷键与核苷二磷酸（NDP）连接的碳水化合物，而非莱洛伊尔型糖基转移酶的底物是磷酸化糖供体。

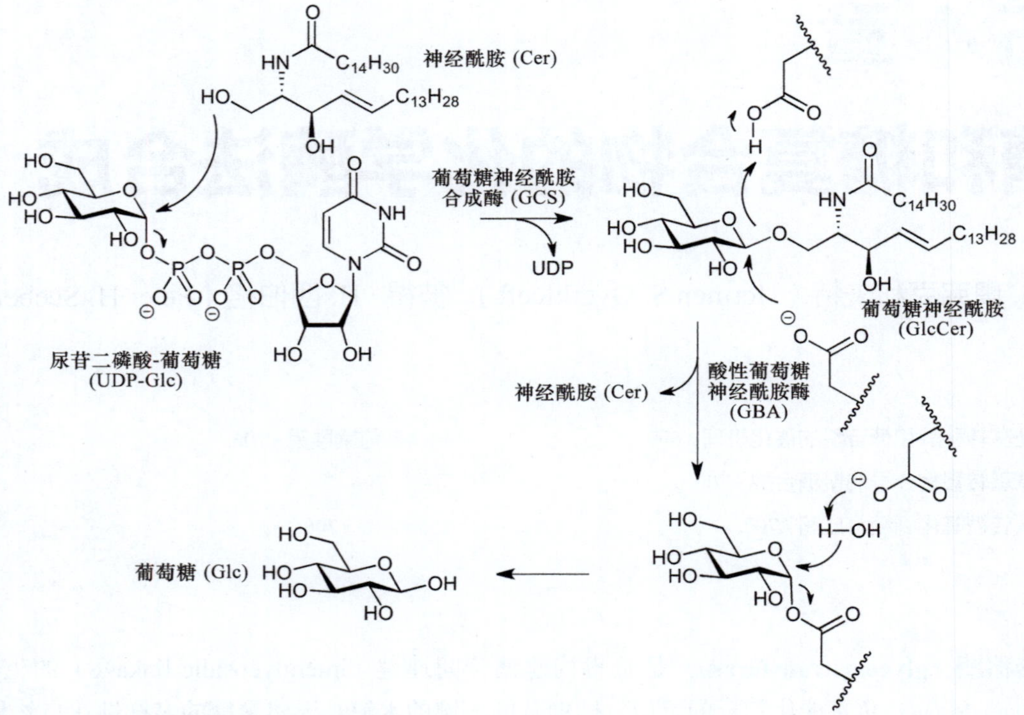

图 54.1 鞘糖脂、葡萄糖神经酰胺的形成和水解。

叠加的结果。糖苷配基质子化后，神经酰胺在一个类似于 S_N2 取代的过程中被取代，产生共价的酶 - 糖苷加合物（adduct）。在水进入酶活性位点后，形成的糖基连键在另一个类似于 S_N2 的过程中被水解，从而在酶活性位点释放出葡萄糖。除了构型保留的方式外，糖苷间连键的水解也可以通过构型反转的方式发生，结果通常是质子化的糖苷配基直接与水进行类似于 S_N2 取代反应。虽然不一定与自然界中的产物形成过程相关（在生理 pH 下，糖的半缩醛容易发生变旋现象），但**构型保留型糖苷酶（retaining glycosidase）**（涉及共价中间体）和**构型反转型糖苷酶（inverting glycosidase）**（不涉及共价中间体）所采用的不同催化机理，对它们在糖合成中的使用产生了不同的影响。

54.2 糖基转移酶介导的聚糖合成

在聚糖合成中使用莱洛伊尔型糖基转移酶，需要首先获得天然的糖苷供体，即**核苷酸糖（nucleotide sugar）**。因此，由糖基转移酶介导的合成所展现出的内在优势，即出色的区域选择性和立体选择性，可能因为受限于无法获取所需的糖苷供体而被抵消。然而，这一挑战可以通过对反应中消耗的核苷酸糖进行原位生物合成 / 再生加以克服。1992 年，唾液酸化 Lewis x（sialyl Lewis x）衍生物 **5** 的合成，证明了糖基转移酶介导的聚糖合成的威力（图 54.2）。通过化学合成获得的、衍生化的烯丙基乳糖苷 **2**（**第 53 章**），使用重组的 α2-3 唾液酰基转移酶（α2-3 sialyltransferase，α2-3 SiaT）作为催化剂，与胞苷一磷酸 - 唾液酸（CMP-Sia）**1** 进行反应。所得的三糖 **3**，以鸟苷二磷酸 - 岩藻糖（GDP-Fuc）**4** 作为供体、以重组的岩藻糖基转移酶（fucosyltransferase，FucT）作为催化剂，得以进一步延长，最终获得了烯丙基唾液酸化 Lewis x。

在装配过程的第一步，昂贵的核苷酸糖——胞苷一磷酸 - 唾液酸（CMP-Sia）被消耗，在唾液酸转移时，产生胞苷一磷酸（CMP）。在两个连续的激酶——核苷一磷酸激酶（neucleoside monophosphate kinase）和丙酮酸激酶（pyruvate kinase）的帮助下，胞苷一磷酸可以原位转化为相应的胞苷三磷酸（CTP），然后经胞苷一磷酸 - 唾液酸合成酶（CMP-sialic acid synthetase）与唾液酸缩合，重新生成胞苷一磷酸 - 唾液酸（CMP-Sia）**2**。

在还原端配备生物素（以取代天然产物中存在的鞘脂）的GalNAc-GD1a 七糖 **7** 的合成，通过将合成获得的乳糖苷 **6** 置于 4 种糖基转移酶的连续作用下得以完成，其中一种糖基转移酶——α2-3 唾液酰基转移酶（α2-3 SiaT）被使用了两次（图 54.3）。通过将该方法与各种供体核苷酸糖和糖基转移酶一起使用，研究人员获得了一系列各种类型的鞘糖脂聚糖及其类似物。与神经节苷脂的化学合成相比，该方法在酶法引入唾液酸方面，尤其具有竞争力。

复杂的、不对称分支的哺乳动物 *N*- 聚糖的合成，通过化学合成与糖基转移酶介导的酶法合成两相结合得以完成。例如，通过现代化的溶液相化学寡糖合成法，研究人员制备了十糖 **8**（第 53 章）。该不对称支化的十糖，具有两个非还原端的吡喃半乳糖分子，其中一个以四乙酸酯的形式引入（在图中加粗标注），另一个则没有添加保

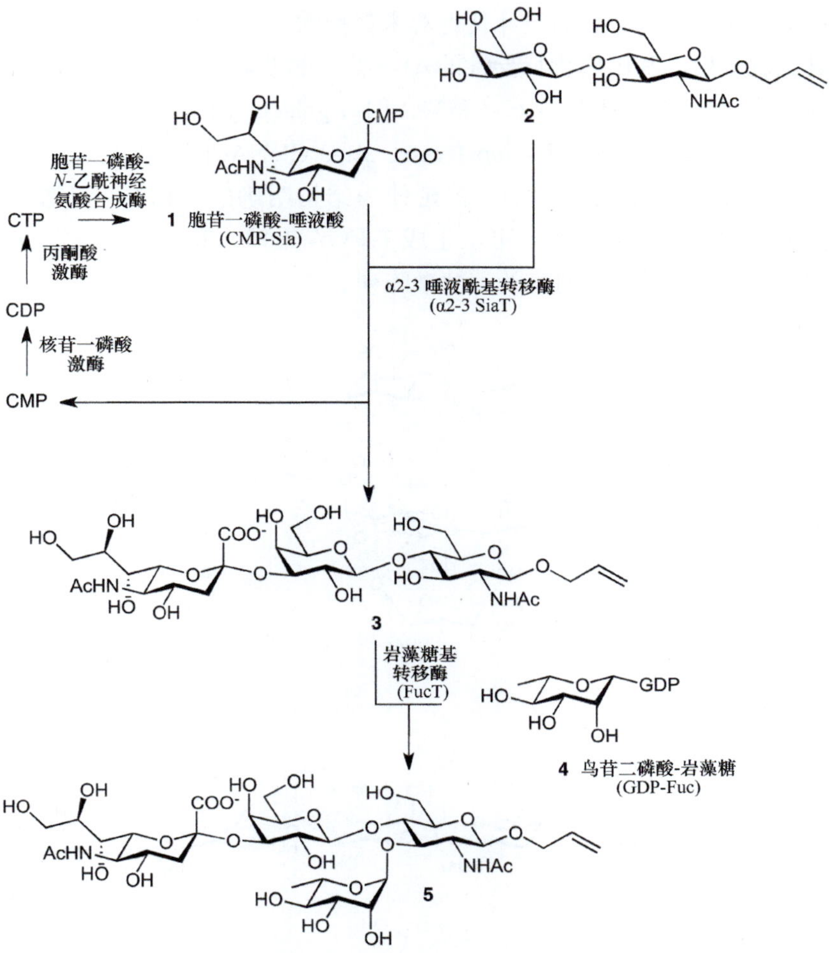

图 54.2 糖基转移酶介导的唾液酸化 Lewis x 的合成。缩写：胞苷一磷酸（CMP），胞苷二磷酸（CDP），胞苷三磷酸（CTP）。

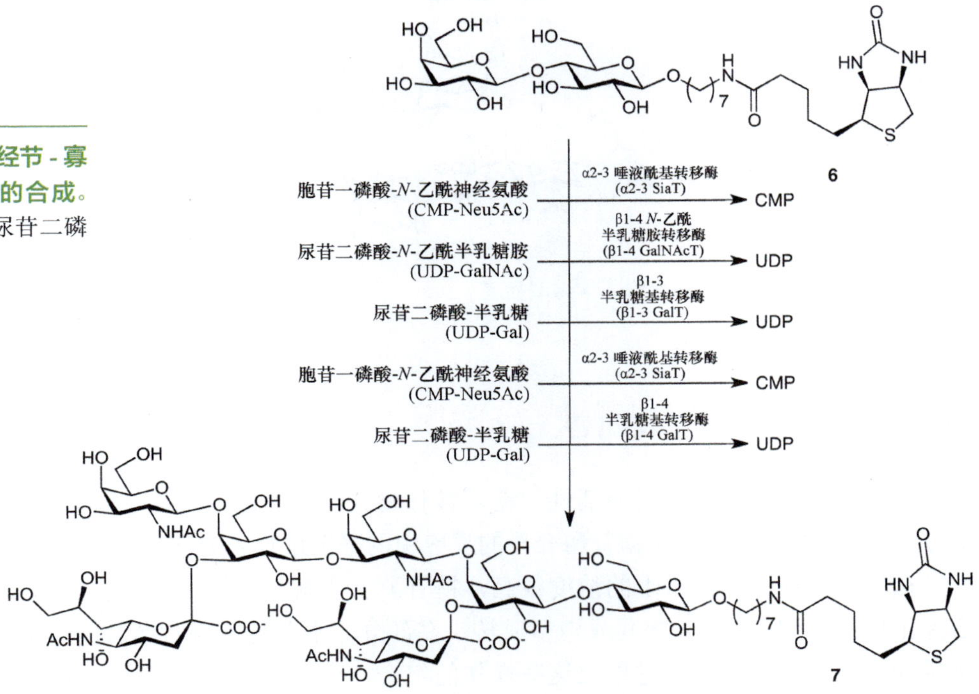

图 54.3 糖基转移酶介导的神经节 - 寡糖（ganglio-oligosaccharide）的合成。缩写：胞苷一磷酸（CMP），尿苷二磷酸（UDP）。

护基。因此，十糖 **8** 的设计使得对未保护的半乳糖残基进行特定的酶促唾液酸化成为可能（图 54.4）。在皂化反应后，利用底物特异性的 α1-3 岩藻糖基转移酶（α1-3 fucosyltransferase，α1-3 FucT）（引入两个吡喃岩藻糖）、β1-4 半乳糖基转移酶（β1-4 galactosyltransferase）（两次使用）、β1-3 *N*- 乙酰葡萄糖胺转移酶（β1-3 *N*-acetylglucosaminetransferase，β1-3 GlcNAcT），以及最终使用 β- 半乳糖苷 α2-6 唾液酰基转移酶 I（ST6GalI），将中间产物十一糖延伸为结构明确的寡糖 **9**。该**化学酶法策略（chemoenzymatic strategy）**已被证明是灵活多样的，可以生成多种 *N*- 聚糖，其中，还原端可用于生物偶联（bioconjugation），以及制备用于蛋白质结合研究的聚糖微阵列。

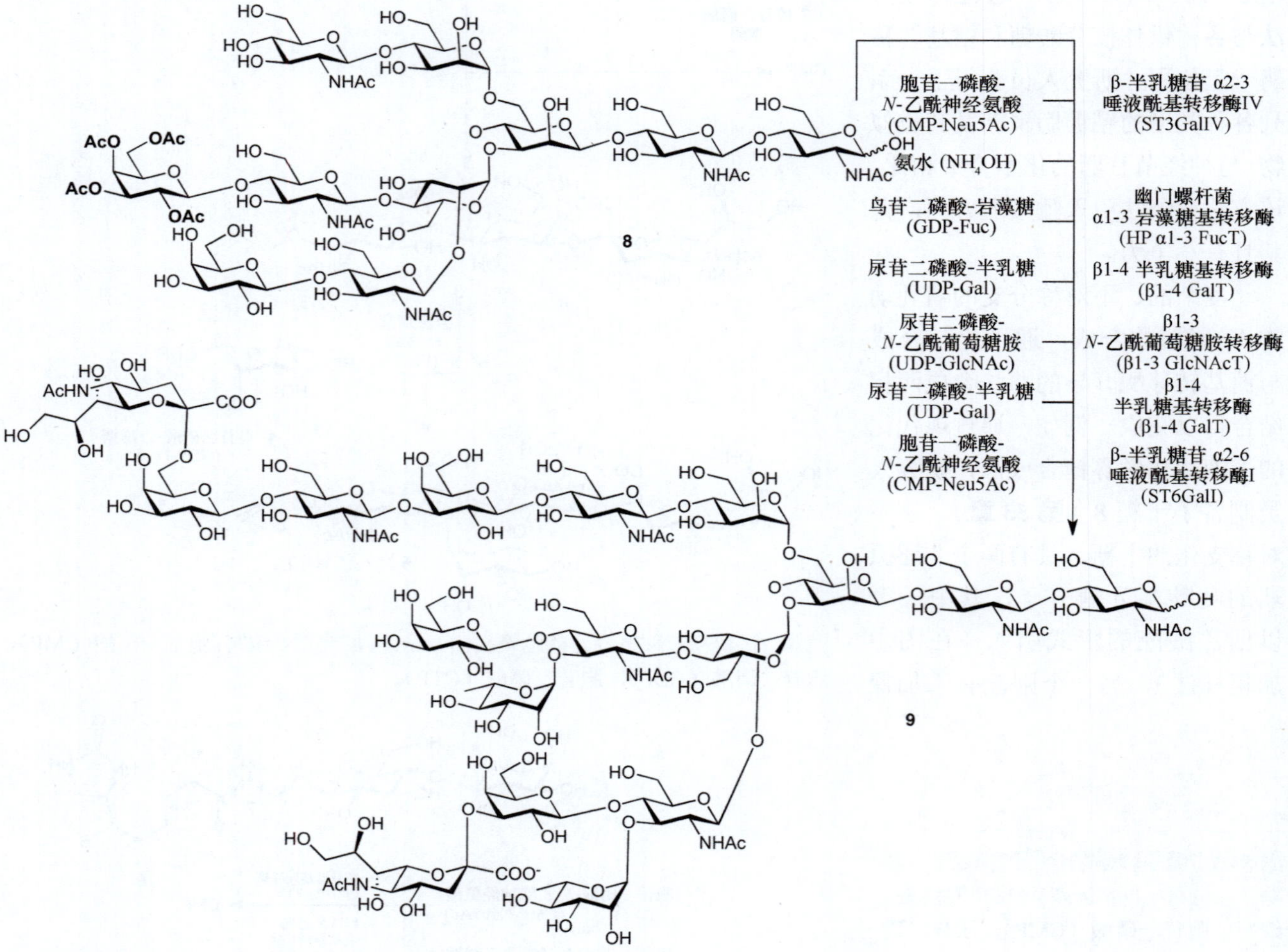

图 54.4　哺乳动物 *N*- 聚糖文库的化学酶法合成。

54.3　从转糖基化到糖合成酶

由于供体糖苷的内源反应活性，糖基转移酶介导的反应，其化学平衡主要倾向于（天然）产物形成的方向；与之相反，可以对糖苷酶介导的反应中的平衡进行人为干预，使得反应以相反的方向进行。

在生理条件下，由于水的浓度很高，糖苷酶会水解糖苷键，产生相应的半缩醛，在端基差向异构中心发生构型保留（图 54.5A）或构型反转。在部分非水条件下进行糖苷酶反应、添加大过量的糖苷配基、诱导动力学条件，或是通过以上这些操作的组合，可以使反应平衡部分逆转。通过这种方式，在**转糖基**

化（transglycosylation）过程中，可以构建聚糖链。该方法的缺点是反应条件可能不利于酶的反应性和（或）稳定性，此外，形成的产物本质上是糖苷酶催化水解的底物。这一问题可以通过使用突变的糖苷酶来规避（图 54.5B），对构型保留型糖苷酶而言，催化的亲核体被突变为不参与反应的旁邻氨基酸（bystander）（此处描绘的是天冬氨酸突变为丙氨酸的过程）。这种糖合成酶（glycosynthase），可应用在合成获得的供体糖苷与适当的亲核体发生的反应之中，以构建所需的糖苷键。其中的供体糖苷具有与酶 - 糖基共价加合物（图 54.1）相对应的端基差向异构构型。该策略的主要优点是，突变的糖苷酶原则上已经基本丧失了水解形成产物的能力，因为结构中缺乏催化亲核体。许多构型保留型糖苷酶，以及近年来发现的构型反转型糖苷酶，均已被突变为糖合成酶，这些酶已被用于生产多种聚糖。

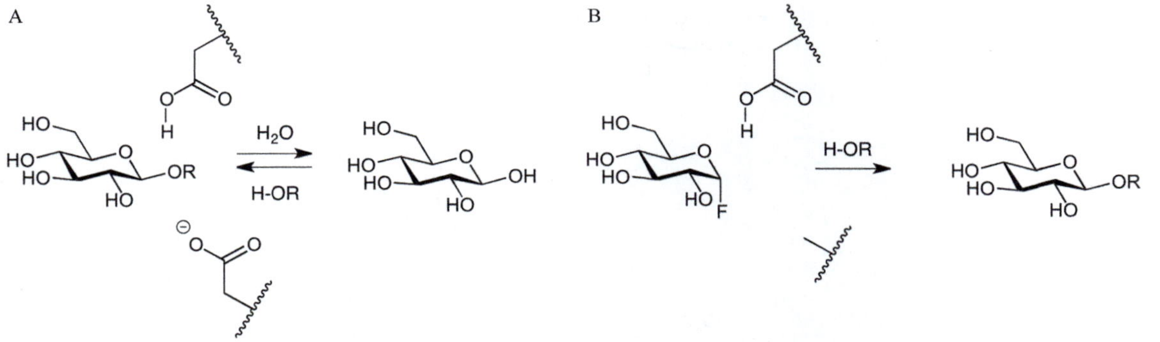

图 54.5 A. 构型保留型 β- 葡萄糖苷酶的平衡。B. 构型保留型 β- 葡萄糖苷酶的突变体，其中催化亲核体被替换为不参与反应的氨基酸，使得构建 β- 葡萄糖苷成为可能。

下面以类黄酮葡萄糖苷 **13** 的合成为例，对该策略进行说明（图 54.6）。在特异腐质霉（*Humicola insolens*）内切葡萄糖苷酶 Cel7B 的突变体（E197S）存在的条件下，合成获得的 α- 氟代乳糖苷 **10** 可与苯酚 **11** 进行反应。这种糖合成酶被证明对受体苯酚具有高度的灵活性，从而可以构建一个以酚类二糖 **12** 为代表的小型类黄酮糖苷的化合物库。随后通过酶法去除非还原端的吡喃半乳糖苷，最终获得类黄酮葡萄糖苷 **13**。

通过结合糖基转移酶、糖合成酶和化学合成的优势，研究人员完成了神经源性海星（neurogenic starfish）的神经节苷脂 LLG-3 的全合成（图 54.7）。首先，对甘露糖胺衍生物 **14** 和丙酮酸 **15** 进行 *N*- 乙酰

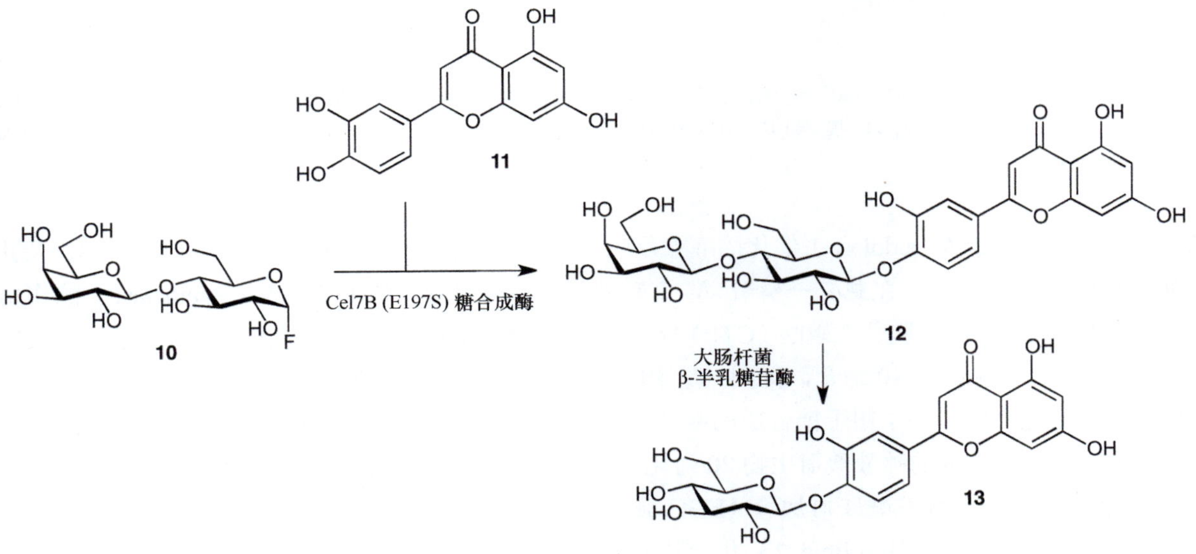

图 54.6 糖合成酶介导的类黄酮糖苷化合物的合成。

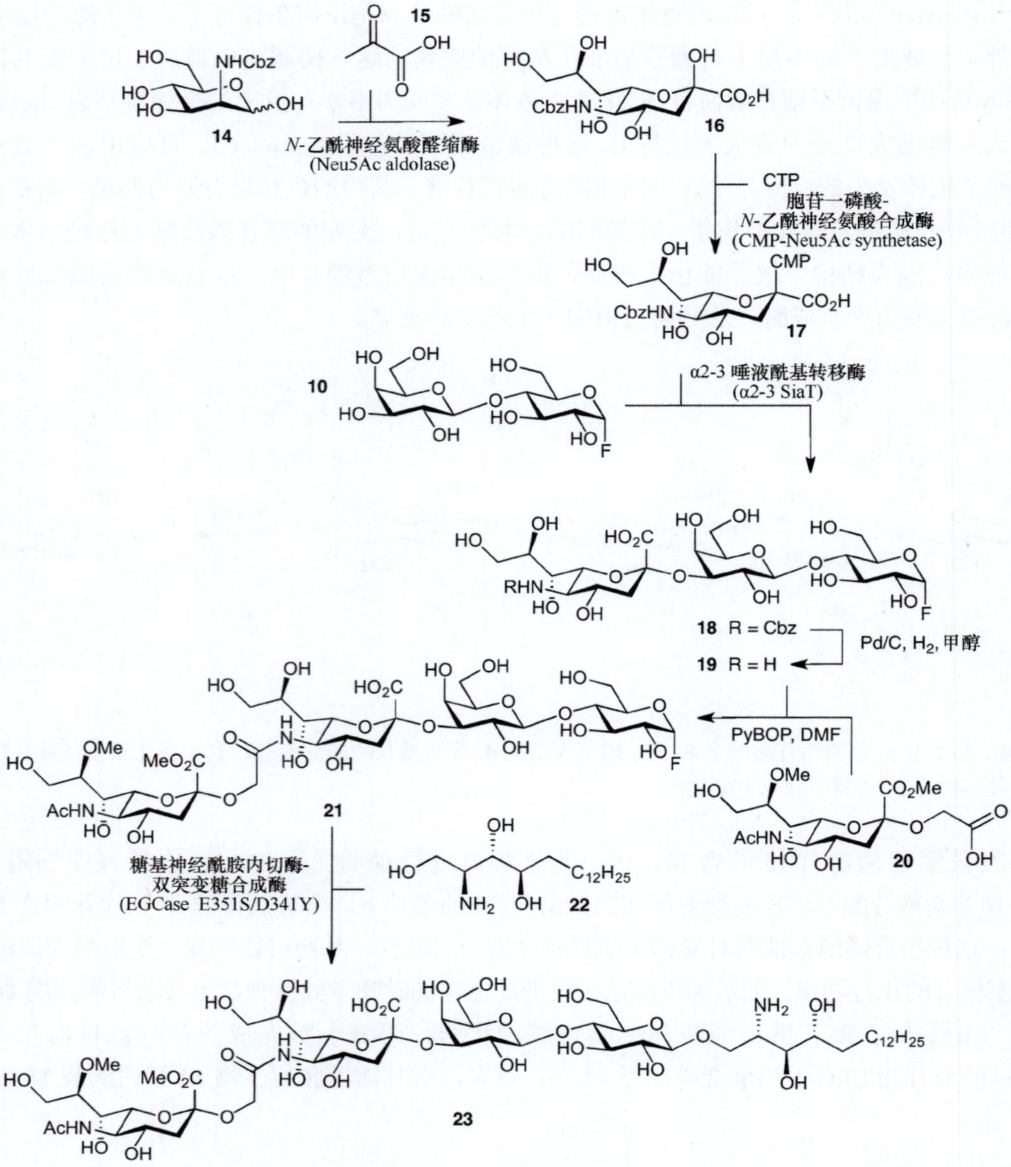

图 54.7 溶血类鞘脂（lysosphingolipid）的糖基转移酶 / 糖合成酶 / 化学组合合成。缩写：苄氧羰基（Cbz），甲基（Me），乙酰基（Ac），六氟磷酸苯并三唑 -1- 基 - 氧基三吡咯烷基磷（PyBOP），*N*,*N*- 二甲基甲酰胺（DMF），胞苷一磷酸（CMP），胞苷三磷酸（CTP）。

神经氨酸醛缩酶（Neu5Ac aldolase）催化的醛缩反应，获得了苄氧羰基（carboxybenzyl，Cbz）保护的胞苷一磷酸 - 唾液酸衍生物 **17**。在胞苷一磷酸 -*N*- 乙酰神经氨酸合成酶（CMP-Neu5Ac synthetase）的作用下，所得的唾液酸衍生物 **16**，与胞苷三磷酸（CTP）反应，得到供体唾液酸 **17**。在唾液酰基转移酶催化的反应中，化合物 **17** 与 α- 氟代乳糖苷 **10** 缩合，得到三糖 **18**，三糖 **18** 中的胺通过钯催化的还原氢化作用去除保护基而形成，从而使化合物配备了用于糖合成的端基差向异构的氟原子以及用于化学形成酰胺键的氨基。在酰胺键形成的条件下，合成的唾液酸衍生物 **20** 与化合物 **19** 中的游离胺缩合，形成所需的糖链骨架 **21**。四糖基氟化物 **21** 在细菌糖基神经酰胺内切酶（EGCase II）双突变体（E351S/D341Y）的作用下进行缩合反应，以较高的产率获得了溶血脂（lysolipid）**23**。化合物 **23** 中的游离氨基，可以与脂肪酸或荧光报告基团进行缩合。

衍生自糖苷内切酶的糖合成酶，已被用于构建结构明确的 *N*- 糖蛋白（**图 54.8**）。外切型和内切型的

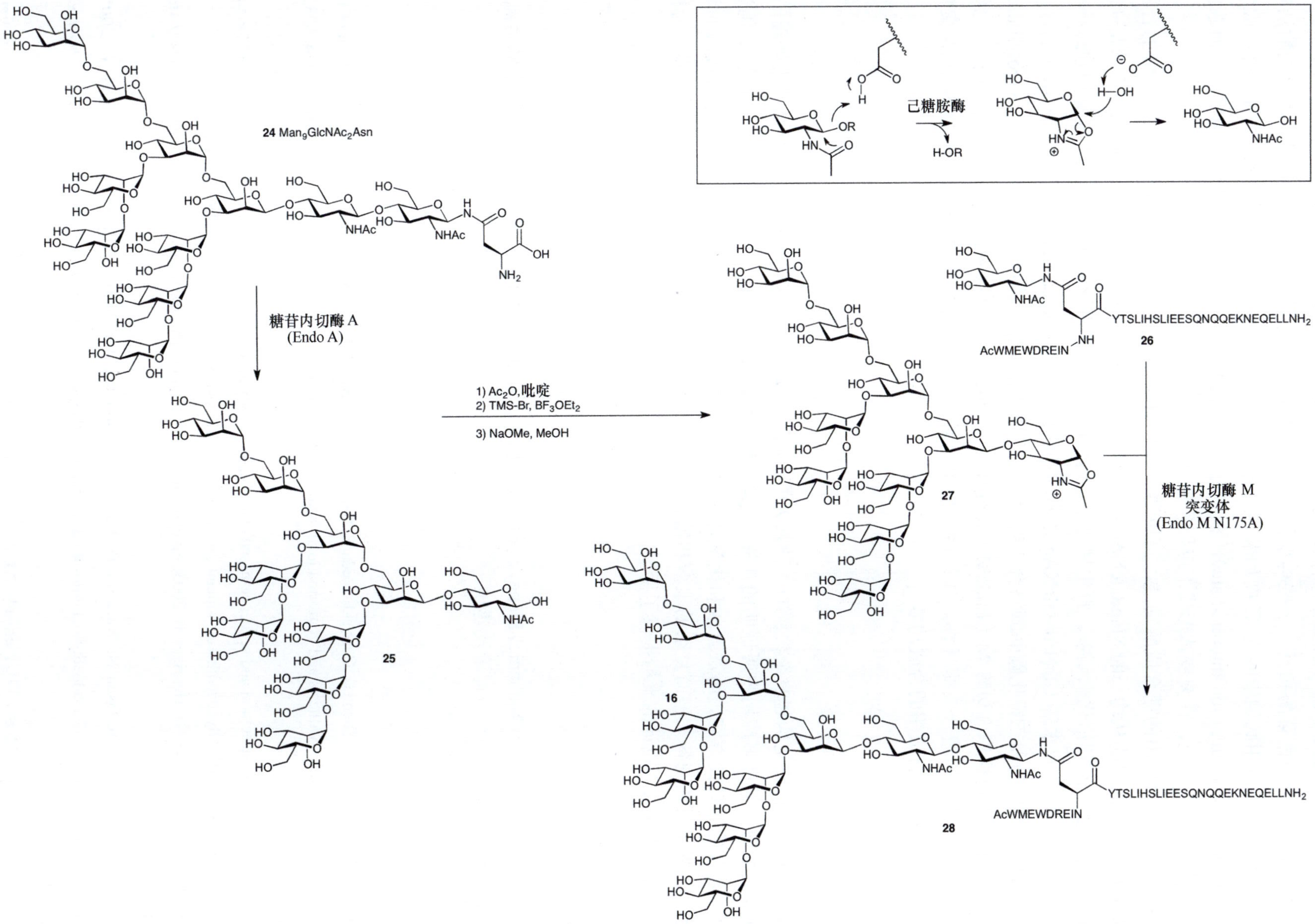

图 54.8　糖合成酶介导的、均一的多肽 *N*- 聚糖的合成。缩写：天冬酰胺（Asn），乙酰基（Ac），三甲基甲硅烷 - 溴（TMS-Br），三氟化硼乙醚络合物（BF_3OEt_2）。

己糖胺酶（hexosaminidase）都可以水解含有 *N*- 乙酰葡萄糖胺的糖苷键，并保留端基差向异构的构型。与大多数其他构型保留型糖苷酶相反，一些构型保留型的己糖胺酶在亲核取代糖苷配基时，不使用酶活性位点的亲核体，而是利用底物中的 *N*- 乙酰基来达到这一目的（图 54.8，内嵌图），因此产生了一个噁唑啉鎓离子中间体（oxazolinium ion intermediate），在水分子亲核进攻后，产生构型保留的半缩醛。己糖胺内切酶可用于转糖基化反应，在突变体形式下可用作糖合成酶。

己糖胺内切酶衍生出的糖合成酶功能，可以通过源自 HIV-1 糖蛋白的 $Man_9GlcNAc_2$- 糖肽 **28** 的合成来加以说明。该合成路线从均一的 $Man_9GlcNAc_2$-Asn **24** 开始，然后通过链霉蛋白酶（pronase）对大豆糖蛋白进行彻底的蛋白水解消化来制备。野生型己糖胺内切酶——糖苷内切酶 A（EndoA）能够识别这种高甘露糖型的 *N*- 聚糖，并水解 GlcNAc-GlcNAc 之间的糖苷键，产生 $Man_9GlcNAc$ **25**。在全乙酰化后，用三甲基甲硅烷基溴化物和三氟化硼的醚络合物处理，进行整体脱保护，获得噁唑烷鎓离子（oxazolidinium ion）**27**。该化合物是糖苷内切酶 M（EndoM）突变体（N175A）的良好底物，通过定点突变过程，已经证实了该酶具有推定的糖合成酶活性。在最后一步中，通过从化合物 **26** 和 **27** 构建高甘露糖型 *N*- 聚糖 **28**，证明了 EndoM 糖合成酶的合成功效。

54.4 前景展望

酶法合成已被证明是构建复杂聚糖的一种强大的方法。正如唾液酸基转移酶在构建复杂或难处理的、含有唾液酸聚糖中的许多应用中所证明的那样，**化学酶法合成（chemoenzymatic synthesis）**可以是化学合成中一个合适的替代方案。酶法合成和化学合成的结合颇具前景。糖基转移酶和（或）糖合成酶的精细配合，已被证明是制备大型而复杂的聚糖和糖复合物的高效策略。化学合成和酶法合成的进展，为构建大多数天然的或人工设计的聚糖提供了手段。

致谢

感谢纳撒尼尔·芬尼（Nathaniel Finney）和大卫·拉布卡（David Rabuka）对本章先前版本的贡献，并感谢陈希（Xi Chen）的有益评论及建议。

延伸阅读

Ichikawa Y, Lin YC, Dumas DP, Shen GJ, Garcia-Junceda E, Williams MA, Bayer R, Ketcgam C, Walker LE, Paulson JC, Wong CH. 1992. Chemical-enzymatic synthesis and conformational analysis of sialyl Lewis X and derivatives. *J Am Chem Soc* **114**: 9283-9298.

Henrissat B, Davies G. 1997. Structural and sequence-based classification of glycoside hydrolases. *Curr Opin Struct Biol* **7**: 637-644.

Williams SJ, Withers SG. 2002. Glycosynthases: mutant glycosidases for glycoside synthesis. *Aust J Chem* **55**: 3-12.

Coutinho PM, Deleury E, Davies GJ, Henrissat B. 2003. An evolving hierarchical family classification for glycosyltransferases. *J Mol Biol* **328**: 307-317.

Blixt O, Vasiliu D, Allin K, Jacobsen N, Warnock D, Razi N, Paulson JC, Bernatchez, Gilbert M, Wakarchuk W. 2005. Chemoenzymatic synthesis of 2-azidoethyl-ganglio-oligosaccharides GD3, GT3, GM2, GD2, GT2, GM1, and GD1a. *Carbohydr Res* **340**: 1963-1972.

Rising TWDF, Claridge TDW, Moir JWB, Fairbanks AJ. 2006. Endohexosaminidase M: exploring and exploiting enzyme substrate specificity. *ChemBioChem* **7**: 1177-1180.

Bennet CS, Wong CH. 2007. Chemoenzymatic approaches to glycoprotein synthesis. *Chem Soc Rev* **36**: 1227-1238.

Yang M, Davies GJ, Davis BG. 2007. A glycosynthase catalyst for the synthesis of flavonoid glycosides. *Angew Chem Int Ed* **46**: 3885-3888.

Umekawa M, Huang W, Li B, Fujita K, Ashida H, Wang LX, Yamamoto K. 2008. Mutants of Mucor hiemalis endo-β-N-acetylglucosaminidase show enhanced transglycosylation and glycosynthase-like activities. *J Biol Chem* **283**: 4469-4479.

Pukin AV, Florack DEA, Brochu D, van Lagen B, Visser GM, Wennekes T, Gilbert M, Zuilhof H. 2011. Chemoenzymatic synthesis of biotin-appended analogues of gangliosides GM2, GM1, GD1a and GalNAc-GD1a for solid-phase applications and improved ELISA tests. *Org Biomol Chem* **9**: 5809-5815.

Schmaltz RM, Hanson SR, Wong CH. 2011. Enzymes in the synthesis of glycoconjugates. *Chem Rev* **111**: 4259-4307.

Rich JR, Withers SG. 2012. A chemoenzymatic total synthesis of the neurogenic starfish ganglioside LLG-3 using an engineered and evolved synthase. *Angew Chem Int Ed* **51**: 8640-8643.

Armstrong A, Withers SG. 2013. Synthesis of glycans and glycopolymers through engineered enzymes. *Biopolymers* **99**: 666-674.

Wang Z, Chinoy ZS, Ambre SG, Peng W, McBride R, de Vries RP, Glushka J, Paulson JC, Boons GJ. 2013. A general strategy for the chemoenzymatic synthesis of asymmetrically branched N-glycans. *Science* **341**: 379-383.

Zhang J, Chen C, Gadi MR, Gibbons C, Guo Y, Cao X, Edmunds G, Wang S, Liu D, Yu J, Wen L, Wang PG. 2018. Machine-driven enzymatic oligosaccharide synthesis by using a peptide synthesizer. *Angew Chem Int Ed Engl* **57**: 16638-16642.

Moremen KW, Haltiwanger RS. 2019. Emerging structural insights into glycosyltransferase-mediated synthesis of glycans. *Nat Chem Biol* **15**: 853-864.

第 55 章
抑制糖基化的化学工具

大卫 · J. 沃卡德罗（David J. Vocadlo），托德 · L. 洛瓦里（Todd L. Lowary），卡罗琳 · R. 贝尔托齐（Carolyn R. Bertozzi），罗纳德·L. 施纳尔（Ronald L. Schnaar），杰弗里·D. 艾斯科（Jeffrey D. Esko）

55.1 抑制剂的优点 / 708
55.2 生物合成前体的抑制剂 / 708
55.3 抑制糖苷形成或断裂的抑制剂 / 711
55.4 糖苷引发剂和糖链终止剂 / 715
55.5 基于结构的理性设计 / 718
致谢 / 719
延伸阅读 / 719

使用化学工具抑制糖基化，是研究聚糖功能的一个强有力的方法，可以作为药物发现的起点。本章讨论了各种类型的抑制剂，其中包括了自然界中存在的抑制剂、通过合理设计后合成的抑制剂，以及通过化学文库筛选发现的抑制剂。

55.1 抑制剂的优点

第 44 章、**第 45 章**和**第 49 章**描述了具有糖基化缺陷的天然突变体和诱导突变体。这些突变体有助于确定编码各种转移酶和糖苷酶的基因，并且在某些情况下，研究人员还发现了替代的生物合成途径。突变体还提供了对细胞和组织中糖基化功能的深入了解，以及人类代谢和疾病中先天性缺陷的模型。然而，研究突变体的一个限制是，分析通常仅限于分离突变株的细胞或生物体，并且必需基因的突变需要在条件等位基因（conditional allele）上进行。

碳水化合物加工酶的抑制剂，特别是针对**糖基转移酶（glycosyltransferase）**和**糖苷酶（glycosidase）**的抑制剂，为研究细胞、组织和整个生物体的糖基化提供了另一种方法，避免了与遗传模型相关的一些问题。这些化合物中有许多是容易被细胞摄取的小分子，其效果可以被逆转，从而实现了采用遗传方法难以实现的实验设计。一些化合物还可以通过肠道吸收，为设计与糖基化改变相关的人类疾病的治疗药物提供了机会（**第 57 章**）。由于该领域很广泛，这里只选择性地讨论一些作用于特定酶或代谢途径的抑制剂，以说明某些基本概念（**图 55.1**）。

55.2 生物合成前体的抑制剂

研究人员已经描述了许多抑制剂，它们通过干扰常见前体的代谢或细胞内的转运活性来阻断糖基化。其中一些化合物通过阻碍蛋白质在内质网、高尔基体和反面高尔基网（*trans*-Golgi network，TGN）之间的转运而间接发挥作用。例如，布雷菲德菌素 A（brefeldin A）（**图 55.1**）导致位于反面高尔基网近端的

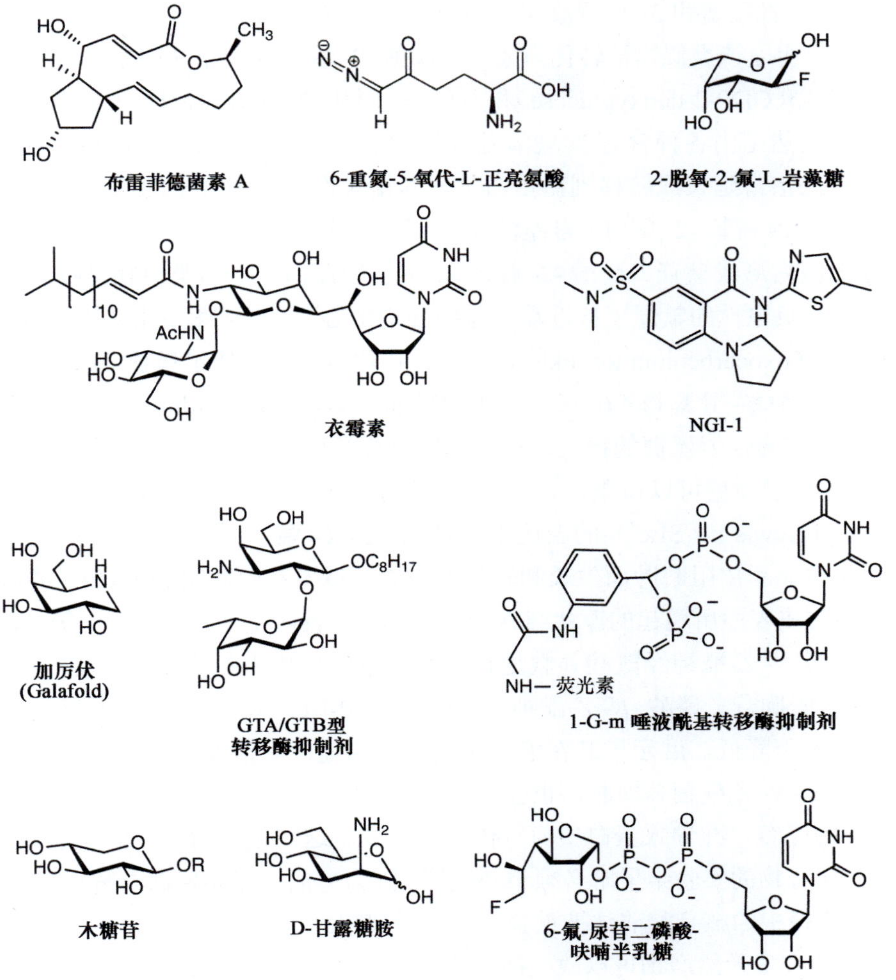

图 55.1　用于抑制糖基化的不同类别的化合物。包括阻止生物合成前体形成的化合物、直接作用于糖苷酶和糖基转移酶的化合物，以及充当引物 / 诱饵和链终止剂的化合物。

高尔基体成分逆行运输到内质网。因此，用布雷菲德菌素 A 处理细胞，可以将位于反面高尔基网的酶，与在内质网和高尔基体中发现的酶分离开来，并将某些聚糖核心结构的组装，与后来的反应过程（如唾液酸化或硫酸化）进行分离。该药物可用于检查两条生物合成途径是否位于同一区室，或是否共享酶。由于酶的定位和排列在不同的细胞类型中有很大的差异，因此，将布雷菲德菌素 A 的作用从一个系统外推到另一个系统通常很困难。

一些抑制剂在形成糖基化前体的关键中间代谢步骤中发挥作用。例如，谷氨酰胺类似物 6- 重氮 -5- 氧代 -L- 正亮氨酸（6-diazo-5-oxo-L-norleucine，DON；图 55.1）可阻断许多谷氨酰胺依赖性的酰胺转移酶（amidotransferase），包括谷氨酰胺：果糖 6- 磷酸转氨酶（glutamine：fructose-6-phosphate amidotransferase），该酶参与**己糖胺生物合成途径（HBP）**，可利用果糖和谷氨酰胺形成葡萄糖胺（**第 5 章**）。以这种方式抑制葡萄糖胺的产生，对聚糖组装具有多重影响，因为所有主要聚糖家族都含有 *N*- 乙酰葡萄糖胺或 *N*- 乙酰半乳糖胺。鉴于 DON 的非特异性活性，应注意了解和限制其非特异性的副作用。

研究人员已经制备了一系列糖类似物，希望它们能够显示出对糖基化的选择性抑制。一些例子包括 2- 脱氧 -D- 葡萄糖（2-deoxy-D-glucose）和氟糖（fluorosugar）类似物（3- 脱氧 -3- 氟 -D- 葡萄糖胺、4- 脱氧 -4- 氟 -D- 葡萄糖胺、6- 脱氧 -6- 氟 -D-*N*- 乙酰葡萄糖胺、2- 脱氧 -2- 氟 -D- 葡萄糖、2- 脱氧 -2- 氟 -D- 甘露糖、2- 脱氧 -2- 氟 -L- 岩藻糖和 3- 氟唾液酸），它们都能够抑制糖蛋白的生物合成（图 55.1）。对 2- 脱氧葡萄糖的早期研究表明，该类似物被转化为尿苷二磷酸 -2- 脱氧葡萄糖（UDP-2-deoxyglucose），以及鸟苷二磷酸 -2- 脱氧葡萄糖（GDP-2-deoxyglucose）和多萜醇 - 磷酸 -2- 脱氧葡萄糖（dolichol-P-2-deoxyglucose）。糖蛋白形成的抑制，显然是由各种含有 2- 脱氧葡萄糖的多萜醇寡糖（dolichol oligosaccharide）的积累而产生的，这些寡糖无法正常延长或转移到糖蛋白上。尽管对许多此类分子的作用机制仍然知之甚少，但研究较好的一个例子是 2- 脱氧 -2- 氟 -L- 岩藻糖（图 55.1）。该化合物作为岩藻糖补救途径（**第 5 章**）的生物合成前体，在细胞内形成鸟苷二磷酸 -2- 脱氧 -2- 氟 - 岩藻糖，但该类似物是哺乳动物岩藻糖基转移酶的不良底物，因为高负电性的氟原子接近端基差向异构中心，会诱导稳定糖基转移酶超家族（**第 6 章**）所使用的类氧碳鎓离子（oxocarbenium ion-like）过渡态。该化合物还导致了鸟苷二磷酸 - 岩藻糖（GDP-Fuc）生物合成酶——*鸟苷二磷酸 - 甘露糖 4,6- 脱水酶*（GDP-mannose 4,6-dehydratase，GMD）的反馈抑制，引起细胞内天然的鸟苷二磷酸 - 岩藻糖的损失，从而降低所有类型糖复合物中的岩藻糖基化水平。值得注意的是，2- 脱氧 -2- 氟 -L- 岩藻糖可以口服，并且在体外细胞和活体中都具有活性，导致碳水化合物表位唾液酸化 Lewis x（sialyl Lewis x，SLe^x）的表达水平降低（**第 14 章**）。与这些作用一致，2- 脱氧 -2- 氟 -L- 岩藻糖在临床前模型中显示出阻断肿瘤生长和转移的潜力，以及在阻断由 SLe^x 介导的血细胞黏附到表达选凝素（selectin）的内皮表面所引起的镰状细胞转基因小鼠血管闭塞危机的潜力（**第 34 章**）。同样地，3- 氟唾液酸在细胞内通过 *N*- 乙酰神经氨酸补救途径（**第 5 章**）转化为胞苷一磷酸 -3- 氟 -*N*- 乙酰神经氨酸（CMP-3F-NeuAc），阻断胞苷一磷酸 -*N*- 乙酰神经氨酸（CMP-NeuAc）的形成，导致细胞内和活体中糖复合物的唾液酸化程度显著降低，展示了其在癌症中的潜在用途。其他糖类似物，包括 5- 硫代 -*N*- 乙酰葡萄糖胺和 4- 脱氧 -4- 氟 -*N*- 乙酰葡萄糖胺，也会导致在细胞内形成非天然供体糖，从而减少天然核苷酸糖在代谢池（pool）中的库容，并导致蛋白质糖基化随之减少。这些化合物均被证明是有用的研究工具；然而，在解释使用这些化合物的实验结果时必须小心谨慎，因为它们可能对聚糖组装具有多效性（pleiotropic effect），这是由不同途径中的核苷酸前体被重叠使用所引起的。

研究人员已经发现许多天然产物可以改变糖基化。衣霉素（tunicamycin）属于一类核苷类抗生素，由尿苷、一种被称为衣霉糖胺（tunicamine）的 11 碳二糖［即 2- 氨基 -2,6- 二脱氧十一二醛糖（2-amino-2,6-dideoxyundecodialdose）］，以及一种长度可变、有分支链的不饱和脂肪酸（13 ～ 17 个碳）组成（图 55.1）。衣霉素因其抗病毒活性而得名，通过抑制病毒衣壳或衣膜（tunica）①的形成而发挥作用。衣霉素的生物合成已经被确定，可能会据此产生对不同物种具有选择性的衣霉素类似物。

衣霉素通过阻断 *N*- 乙酰葡萄糖胺 -1- 磷酸（GlcNAc-1-P）从尿苷二磷酸 -*N*- 乙酰葡萄糖胺（UDP-GlcNAc）转移到多萜醇 - 磷酸（dolichol-phosphate）来抑制真核生物中的 *N*- 糖基化，该过程由 *N- 乙酰葡萄糖胺磷酸转移酶*（GlcNAc phosphotransferase，GPT）催化，从而减少了多萜醇 - 焦磷酸 -*N*- 乙酰葡萄糖胺（dolichol-PP-GlcNAc）的形成（**第 9 章**）。其他 *N*- 乙酰葡萄糖胺转移酶，如 *N- 乙酰葡萄糖胺转移酶* I ～ V（*N*-acetylglucosaminyltransfersase I ～ V，GlcNAcT-I ～ V），它们的反应都不会被抑制，但 *N*- 乙酰葡萄糖胺 -1- 磷酸（GlcNAc-1-P）向十一异戊二烯基磷酸（undecaprenyl-P）的转移，以及参与细菌肽聚糖生物合成的十一异戊二烯基 - 二磷酸 -*N*- 乙酰胞壁酸五肽（undecaprenyl-PP-MurNAc pentapeptide）的形成，均对衣霉素敏感（**第 21 章**）。该化合物是一种紧密结合的竞争性抑制剂，可能是因为它与供体核苷酸糖结构类似。衣霉素的**抑制常数**（**inhibition constant，K_i**）约为 5×10^{-8} mol/L，而尿苷二磷酸 -*N*- 乙酰葡萄糖胺（UDP-GlcNAc）的**米氏常数**（**Michaelis constant，K_m**）②约为 3×10^{-6} mol/L。鉴于 *N*- 糖基化在内质网中蛋白质折叠和质量控

① 通译为“被膜”或“被囊”，此处为与衣霉素名称统一，译为“衣膜”。

② 即填充了一半酶活性位点时所需的底物浓度。

制中的关键作用（**第 39 章**），衣霉素对细胞具有细胞毒性，并且耐药突变体会过度产生 *N*- 乙酰葡萄糖胺磷酸转移酶（GPT）。类似地，用克隆的 *N*- 乙酰葡萄糖胺磷酸转移酶对细胞进行转染也会产生抗性，这表明不同细胞所需抑制剂的剂量不同，可能反映了酶水平的变化。最近发现的一种化合物 NGI-1，提供了一种阻断 *N*- 糖基化的方法，可与衣霉素的使用相辅相成。该化合物可作为寡糖基转移酶（oligosaccharyltransferase，OST）的直接抑制剂，该酶负责将多萜醇 - 二磷酸（dolichol-PP）上载有的聚糖转移至天冬酰胺。

衣霉素已被广泛用于研究 *N*- 聚糖在糖蛋白的成熟、分泌和功能中的作用。该药物优先诱导癌细胞的凋亡，可能是由于癌细胞中各种细胞表面受体和信号分子的糖基化异变，同时，衣霉素还可以诱导内质网应激（**第 39 章**）。因此，抑制 *N*- 聚糖的形成可能可以应用于癌症患者的治疗。其他潜在的应用，包括用于治疗溶酶体贮积病的**底物减少疗法（substrate reduction therapy，SRT）**（**第 44 章**）、治疗**先天性糖基化障碍（CDG）**（**第 45 章**），或是治疗在细胞表面受体中产生 *N*- 糖基化位点的自然发生的突变［即获得性糖基化突变体（gain-of-glycosylation mutant）］（**第 45 章**）。与此相关，安福霉素（amphomycin）是一种脂肽，通过与载体脂质——多萜醇 - 磷酸（dolichol-P）形成复合物来显著抑制多萜醇 - 磷酸 - 甘露糖（dolichol-P-Man）的合成。研究人员还对在细菌细胞壁合成中结合脂质中间体的其他亲脂性化合物进行了研究（**第 21 章**）。

55.3 抑制糖苷形成或断裂的抑制剂

研究人员已经描述了涉及糖苷形成或断裂的许多不同的酶抑制剂，涵盖的化合物类别非常广泛。其中包括天然产物和合成衍生物，以及通过化学合成获得的受体和供体的类似物。对化合物库的高通量筛选，随后使用药物化学方法对命中的化合物进行优化，也产生了一些既是有用的化学工具，又是药物的化合物。在本节中，我们将重点介绍几个示例。

55.3.1 糖苷酶的天然产物抑制剂

植物生物碱通过抑制参与修剪新生糖链的加工糖苷酶来阻断 *N*- 连接糖基化（图 55.2），这些加工糖苷酶包括 α- 葡萄糖苷酶（α-glucosidase）和 α- 甘露糖苷酶（α-mannosidase）。与完全阻断糖蛋白糖基化的衣霉素不同，这些生物碱可以抑制 $Glc_3Man_9GlcNAc_2$ 寡糖连接到糖蛋白后发生的修剪反应（trimming reaction）（**第 9 章**）。用生物碱处理细胞，会导致细胞表面出现的糖蛋白缺乏成熟 *N*- 聚糖上的特征末端结构（**第 14 章**）。参与 *N*- 聚糖初始加工和蛋白质折叠质量控制的 α- 葡萄糖苷酶抑制剂（**第 39 章**）包括：来自**澳洲栗树（*Castanosperum australe*）**种子的**卡斯塔碱（castanospermine）**，它抑制 α- 葡萄糖苷酶 I 和 II（α-mannosidase I，II）；同样来自澳洲栗树的**澳洲栗树碱（australine）**优先抑制 α- 葡萄糖苷酶 I；而来自链霉菌属（*Streptomyces*）的**脱氧野尻霉素（deoxynojirimycin）**则优先抑制 α- 葡萄糖苷酶 II（图 55.2）。卡斯塔碱和澳洲栗树碱可导致完全葡萄糖基化的聚糖链的积累，而脱氧野尻霉素则导致含有 1～2 个葡萄糖残基的聚糖链的产生。出乎意料的是，用这些抑制剂处理细胞，揭示了甘露糖残基的一些修剪过程与葡萄糖残基的去除过程无关，而是通过机理上耐人寻味的 GH99 内切甘露糖苷酶（*endo*-mannosidase）的作用实现部分修剪过程（**第 9 章**）。

苦马豆碱（swainsonine）最初在美国西部的黄芪属植物（*Astragalus*）疯草（locoweed）[①]和澳大利亚**灰苦马豆（*Swainsona canescens*）**中发现。动物食用这些植物后，会产生名为疯草病（locoism）的严重

① 在我国，小花棘豆（*Oxytropis glabra*）、黄花棘豆（*Oxytropis ochrocephala*）、甘肃棘豆（*Oxytropis kansuensis*）、茎直黄芪（*Astragalus strictus*）和变异黄芪等 40 余植物中也存在苦马豆碱。

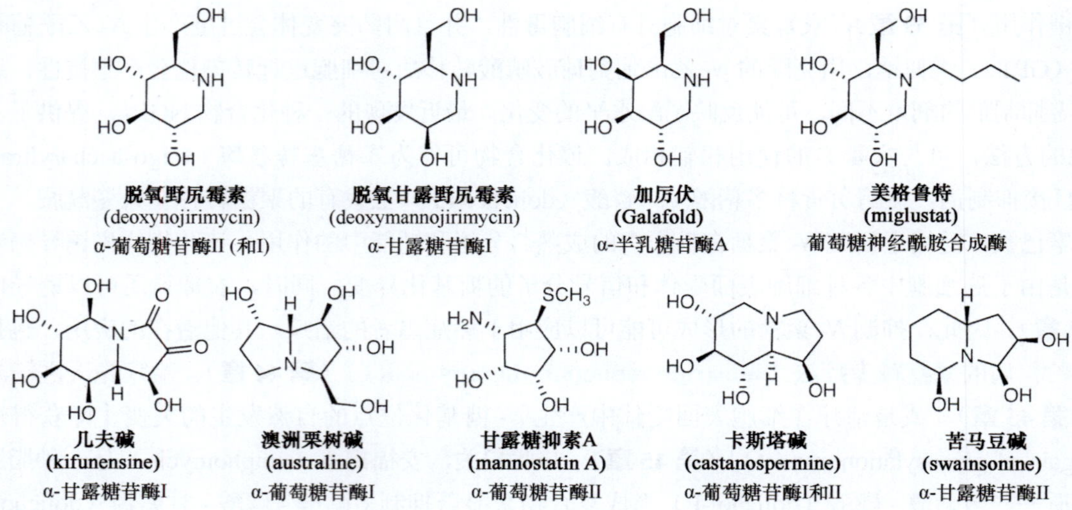

图 55.2 抑制参与 *N*- 连接聚糖生物合成的糖苷酶的生物碱示例。

机体异常，并且在淋巴结中积累糖蛋白。苦马豆碱抑制 α- 甘露糖苷酶 II，导致乏甘露糖型（paucimannose）寡糖（$Man_4GlcNAc_2$ 和 $Man_5GlcNAc_2$）和杂合型（hybrid）聚糖链的积累，但以复合型（complex-type）寡糖的缺失为代价。此外，苦马豆碱还能抑制溶酶体 α- 甘露糖苷酶（lysosomal α-mannosidase）。**甘露糖抑素 A（mannostatin A）**以类似的方式发挥作用，但在结构上与苦马豆碱显著不同（图 55.2）。其他甘露糖苷酶抑制剂，包括**脱氧甘露野尻霉素（deoxymannojirimycin）**和**几夫碱（kifunensine）**，它们选择性地抑制 α- 甘露糖苷酶 I。这些试剂会导致 $Man_{7\text{-}9}GlcNAc_2$ 寡糖在糖蛋白上的积累。

以上列出的所有抑制剂具都有共同的多羟基环状体系（polyhydroxylated ring system），可模拟天然底物中羟基的方向，但在立体化学和酶靶标（α- 葡萄糖苷酶亦或是 α- 甘露糖苷酶）之间不存在严格的相关性。这些化合物含有氮，通常可以代替环中的氧。为了解释它们的活性，研究人员提出在生理 pH 下质子化的氮模拟了水解反应过程中的过渡态，而水解反应具有大量的正电特征。α- 甘露糖苷酶与一系列不同抑制剂结合的共晶体结构已经被报道。

这些生物碱的非对映异构体（diastereomer）以及烷基化和酰基化类似物，具有有趣且有用的特性。值得注意的是，半乳糖构型的**脱氧野尻霉素（deoxynojirimycin）**［商品名：加厉伏（Galafold），药物名：米加司他（Migalastat）；图 55.1］，已被批准作为溶酶体 α- 半乳糖苷酶的药理学分子伴侣，用于治疗被称为**法布里病（Fabry disease）**的溶酶体贮积病（lysosomal storage disease）（**第 44 章**）。编码该酶的基因突变通常会损害酶的折叠，同时损害酶从内质网运输到溶酶体的能力。加厉伏可以与内质网中突变的 α- 半乳糖苷酶结合，帮助其折叠并避免降解，从而改善酶在溶酶体内的运输和活性。脱氧野尻霉素的 *N*- 丁基化（*N*-butylation）使这种葡萄糖苷酶抑制剂成为糖脂生物合成的抑制剂，下文将进一步详细讨论。在其他情况下，氨基的烷基化或羟基的酰基化可以提高化合物的效力，可能是促进了跨越质膜和高尔基膜的摄取。其中一些化合物已显示出对治疗糖尿病、癌症、HIV 感染和溶酶体贮积病有积极作用（**第 57 章**），但有些也可诱发雄性不育。所有这些酶的一个主要挑战是它们的特异性有限。因此，虽然此法方便且被广泛使用，但在解释观察到的结果时需要小心谨慎。

55.3.2 *O*-GlcNAc 加工酶的抑制剂

O-GlcNAc 糖基化在许多细胞质和核蛋白中的重要性（**第 19 章**），激发了人们对抑制剂的研发兴趣，

以期通过抑制 *O-N-* 乙酰葡萄糖胺转移酶（*O*-GlcNAc transferase，OGT）抑制 *O*-GlcNAc 的添加，或通过抑制 *O-N-* 乙酰葡萄糖胺特异性 β- 葡萄糖胺酶（*O*-GlcNAc β-glucosaminidase，*O*-GlcNAcase，OGA）抑制 *O*-GlcNAc 的去除。这些酶为致力于开发**糖苷水解酶（glycoside hydrolase，GH）**和**糖基转移酶（glycosyltransferase，GT）**抑制剂时的理性设计（rational design），以及开发过程中在药物化学中所做出的努力提供了极佳的范例。四氧嘧啶（alloxan）和链脲佐菌素（streptozotocin）影响 *O*-GlcNAc 的添加，但这些化合物缺乏特异性。第一个可能有用的 OGT 抑制剂（**OSMI-1**）（图 55.3）通过筛选化学文库中能够取代供体糖——尿苷二磷酸 -*N*- 乙酰葡萄糖胺（UDP-GlcNAc）的荧光衍生化化合物而获得。结构指导的药物化学，促进了含喹啉的酯 OGT 抑制剂 **OSMI-4** 的发现，它是一种对细胞有效的、高质量的 OGT 抑制剂。该活性化合物不会阻断其他 *N*- 乙酰葡萄糖胺加成反应，如参与细菌肽聚糖（peptidoglycan）骨架形成的加成反应（**第 21 章**）。此外，**5- 硫 -*N*- 乙酰葡萄糖胺（5SGlcNAc）**是另一种 OGT 抑制剂，可作为代谢前体，形成尿苷二磷酸 -5- 硫 -*N*- 乙酰葡萄糖胺（UDP-5SGlcNAc）。它的全乙酰化形式（Ac-5SGlcNAc）能够穿过细胞膜，经过非特异性酯酶的去乙酰化作用，生成具有细胞活性的抑制剂。对 *N*- 乙酰基进行修饰，形成的化合物 **5- 硫 -*N*- 己酰葡萄糖胺（5SGlcNHex）**消除了 *O*- 乙酰化过程的必要性，并提供了一种可在活体内使用的化合物。尽管与其他代谢前体抑制剂一样使用它们需要小心谨慎，因为可能对其他酶，如 *N*- 乙酰葡萄糖胺转移酶（GlcNAc transferase）（**第 9 章**）产生脱靶效应。

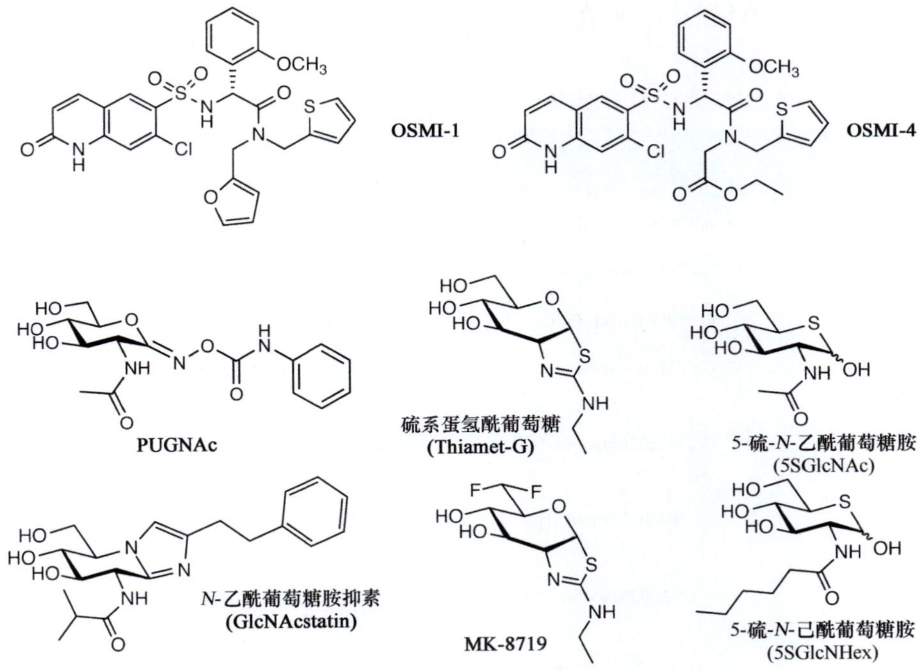

图 55.3 *O-N-* 乙酰葡萄糖胺特异性 β- 葡萄糖胺酶（OGA）和 *O-N-* 乙酰葡萄糖胺转移酶（OGT）的抑制剂。

几种 *O-N-* 乙酰葡萄糖胺 β- 葡萄糖胺酶（OGA）的抑制剂，均基于 *N*- 乙酰葡萄糖胺设计产生。第一个被报道的抑制剂 **PUGNAc**，即 *O*-(2- 乙酰胺基 -2- 脱氧 -D- 葡萄吡喃亚甲基) 氨基 -*N*- 苯基氨基甲酸酯［*O*-(2-acetamido-2-deoxy-D-glucopyranosylidene)amino-*N*-phenylcarbamate)］（图 55.3），可以在纳摩尔浓度下抑制 OGA，但也抑制溶酶体 β- 己糖胺酶亚基 α/β(lysosomal β-hexosaminidase subunit α/β，HexA/HexB)(**第 44 章**)。1,2- 二脱氧 -2′- 丙基 -α-D- 吡喃葡萄糖 -［2,1-d］-Δ2′- 噻唑啉（NButGT）和更有效的氨基噻唑啉硫杂蛋氨酰葡萄糖（**Thiamet-G**），在细胞中比 PUGNAc 更为特异和有效（图 55.3）。经过理性设计的葡

萄糖咪唑（glucoimidazole）*N*- 乙酰葡萄糖胺抑素（**GlcNAcstatin**），也能有效抑制 *O*-GlcNAc 水解酶，对 HexA 和 HexB 具有良好的选择性。这些化合物可以在细胞和组织中抑制该酶，特别是硫杂蛋氨酰葡萄糖（Thiamet-G），已被用于动物模型，为研究 *O*-GlcNAc 的功能提供了全新的工具。对这些化合物的使用，揭示了 *O*-GlcNAc 水解酶抑制剂在各种神经退行性疾病中的潜力，这激发了工业制药领域的兴趣，从而催生出新型 OGA 抑制剂，如硫杂蛋氨酰葡萄糖（Thiamet-G）的类似物 **MK-8719** 的出现（图 55.3），该药物已经进入 I 期临床试验。非碳水化合物的 *O*-GlcNAc 水解酶抑制剂也已被研究人员发现，并且高效的、高脑渗透性的抑制剂类似物，已被用作正电子发射体层成像（positron emission tomography，PET）中的造影剂，以检查 *O*-GlcNAc 水解酶在人脑中的抑制和分布。

55.3.3 供体和受体类似物的理性设计

基于供体和受体底物类似物可能作为抑制剂这一概念，研究人员已经开发了许多特异性的糖基转移酶抑制剂。对于受体底物类似物，一般策略是对在糖苷键形成过程中充当亲核体的羟基或其附近的基团进行修饰（表 55.1）。许多设计出的化合物缺乏抑制活性，因为对目标羟基的修饰，通过干扰定位底物的氢键网络，阻止了类似物与酶的结合；也就是说，这些基团充当了关键极性基团。在少数情况下，类似物显示出的 K_i 值与未修饰底物的 K_m 值相近。正如人们所料，类似物通常会与未修饰的底物进行竞争，但在少数情况下，抑制模式更为复杂，表明在活性位点之外可能存在结合过程。

表 55.1　人工合成的、基于底物的糖基转移酶抑制剂

酶	底物	抑制剂	底物 K_m /（μmol/L）	抑制剂 K_i /（μmol/L）
α2 岩藻糖基转移酶（α2FucT）	β3GlcNAcβ-O-R	（2- 脱氧）Galβ3GlcNAcβ-O-R	200	800
β4 半乳糖基转移酶（β4GalT）	GlcNAcβ3Galβ-O-R	（6- 硫代）GlcNAcβ3Galβ-O-Me	1000	1000
α3 半乳糖基转移酶（α3GalT）	Galβ4GlcNAcβ-O-R	（3- 氨基）Galβ4GlcNAcβ-O-R	190	104[a]
β6 *N*- 乙酰葡萄糖胺转移酶（β6GlcNAcT）	Galβ3GalNAcα-O-R	Galβ3（6- 脱氧）GalNAcα-O-R	80	560
β6 *N*- 乙酰葡萄糖胺转移酶 V（β6GlcNAcT-V）	GlcNAcβ2Manα6Glcβ-O-R	GlcNAcβ2（6- 脱氧）Manα6Glc β-O-R	23	30
β6 *N*- 乙酰葡萄糖胺转移酶 V（β6GlcNAcT-V）	GlcNAcβ2Manα6Glcβ-O-R	GlcNAcβ2（4-*O*- 甲基）Manα6Glcβ-*O*-R	23	14
β6 *N*- 乙酰葡萄糖胺转移酶 V（β6GlcNAcT-V）	GlcNAcβ2Manα6Glcβ-O-R	GlcNAcβ2（6- 脱氧，4-*O*- 甲基）Manα6Glcβ-O-R	23	3
α6 唾液酰基转移酶（α6SialylT）	Galβ4GlcNAcβ-O-R	（6- 脱氧）Galβ2GlcNAcβ-*O*-R	900	760[a]
α3 *N*- 乙酰半乳糖胺转移酶 A（α3GalNAcT-A）	Fucα2Galβ-O-R	Fucα2（3- 脱氧）Galβ-O-R	2	68
α3 *N*- 乙酰半乳糖胺转移酶 A（α3GalNAcT-A）	Fucα2Galβ-O-R	Fucα2（3- 氨基）Galβ-O-R	2	0.2[a]

注：糖苷配基（R）在不同的化合物中有所不同。
a. 混合抑制或非竞争性抑制。

核苷酸糖类似物为阻断那些使用共同供体的同类型酶提供了可能。例如，所有岩藻糖转移酶都使用鸟苷二磷酸 - 岩藻糖（GDP-Fuc）。许多核苷酸糖衍生物也已被合成，如尿苷二磷酸 -*N*- 乙酰半乳糖胺（UDP-GalNAc）

的 N 取代和 O 取代类似物，并且有几种在体外环境下可以抑制酶的活性。这些抑制剂由于摄取效果较差，已被证明在活细胞中用处有限；但也有一些值得注意的例外，如荧光标记的胞苷一磷酸 -*N*- 乙酰神经氨酸（CMP-NeuAc）类似物，其中碳水化合物被一个芳基取代（**1-G-m**）（**图 55.1**），它对一系列唾液酰基转移酶具有纳摩尔级的 K_i 值。据报道，该化合物也可以阻断细胞内的唾液酰基转移酶，尽管该化合物尚未被糖科学界更广泛地采用。双底物（bisubstrate）过渡态类似物，由通过桥接基团与受体底物共价连接的核苷酸糖供体组成。原理上这种方法可以产生具有高亲和力的抑制剂，从而解释了其复杂的合成路线所具有的合理性。然而，迄今为止报道的此类抑制剂的抑制效果一般，其 K_i 值的最佳表现也仍然在供体的 K_m 值范围内。尽管这种过渡态模拟仍然是有吸引力的目标，但迄今为止的结果表明，需要在其设计中加入全新的特征。

55.3.4　糖脂和糖基磷脂酰肌醇锚的抑制剂

研究人员已经报道了许多能够改变细胞中糖脂组装的试剂。木糖苷（xyloside）（**图 55.1**）对糖脂的形成有轻微的影响，这可能是因为木糖和葡萄糖之间的相似性，以及在**糖苷引物（glycoside primer）**上进行了 GM3 样化合物（Neu5Acα2-3Galβ1-4Xylβ-*O*-R）的组装。由于细胞在糖脂生物合成中摄取了中间产物，所以它们的行为类似于那些合成产生的糖苷引物。例如，葡萄糖神经酰胺在细胞给药后会产生复杂的糖脂。研究人员已经研发出针对葡萄糖神经酰胺合成酶（glucosylceramide synthase，GCS）的、更为直接的竞争性抑制剂，以期对**戈谢病（Gaucher disease）**的治疗产生潜在裨益（**第 44 章**）。戈谢病源于由 β- 葡萄糖脑苷脂酶（β-glucocerebrosidase，GCase）功能缺失突变引起的葡萄糖神经酰胺贮积。D- 苏式 -1- 苯基 -2- 癸酰胺基 -3- 吗啉基 -1- 丙醇（D-threo-1-phenyl-2-decanoylamino-3-morpholino-1-propanol，D-PDMP；**图 55.4**）是一种广泛使用的化合物，然而它也抑制了纯化的乳糖神经酰胺合成酶（lactosylceramide synthase）的活性。经过药物化学家的不懈努力，产生了一种结构接近的类似物——依利格鲁司特［药名：依利格鲁司特（eliglustat）；商品名：高雪嘉（Cerdelga）］，尽管它不能进入中枢神经系统（central nervous system，CNS），但已被批准用于治疗 I 型戈谢病，这是一种葡萄糖脑苷脂酶缺失的溶酶体贮积病（**第 44 章**）。依利格鲁司特的活性通过底物剥夺（substrate deprivation）产生，该过程阻断了鞘糖脂的合成，从而剥夺了溶酶体的底物。研究人员随后研发了具有中枢神经系统渗透性的葡萄糖脑苷脂合成酶抑制剂，包括文格鲁司特（venglustat）在内，该抑制剂正在进行后期临床试验。名为美格鲁特［药品名：美格鲁特（miglustat）；商品名：泽维可（Zavesca）］的 ***N*- 丁基脱氧野尻霉素（*N*-butyldeoxynojirimycin）**是 α- 葡萄糖苷酶抑制剂（α-glucosidase inhibitor），也可以抑制葡萄糖脑苷脂合成酶，并被批准用于治疗 **C 型尼曼 - 皮克病（Niemann-Pick disease type C）**和戈谢病。

寻找活性化合物往往得益于偶然发现，合成具有适当修饰的二糖（或更大的）受体类似物则需要密集而繁重的劳动，制备复杂的核苷酸糖类似物亦是如此。尽管如此，研究人员已经利用该方法深入了解了聚糖加工酶的结合和反应性，并且以这种方式开发了对特定酶具有选择性的底物类似物。重组表达系统的改进，使得 X 射线晶体结构的数量日益增加，这为在未来衍生出基于催化机理的抑制剂提供了一定的线索（**第 6 章**）。

55.4　糖苷引发剂和糖链终止剂

55.4.1　糖苷引发剂

任何糖基转移酶抑制剂的效用，最终取决于其穿越质膜进入糖基转移酶所在的高尔基体的能力。不

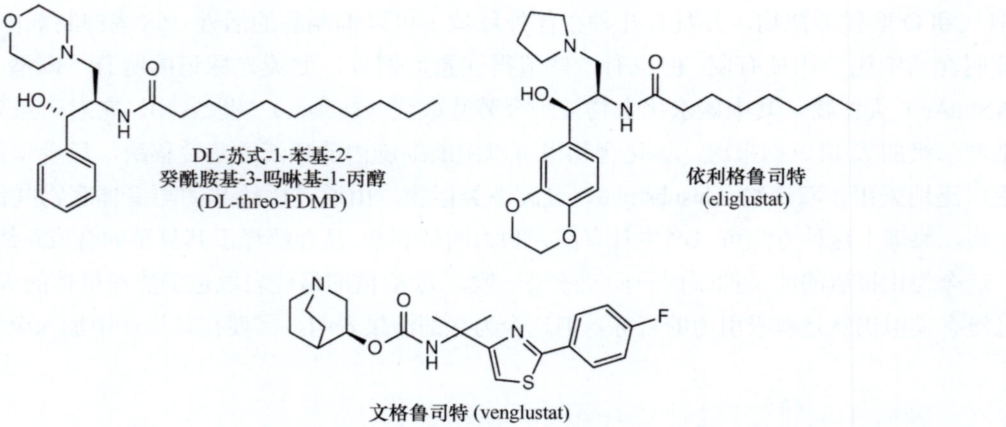

图 55.4 鞘糖脂代谢抑制剂。

幸的是，上面描述的许多化合物在细胞中缺乏活性，可能是因为它们的极性和电荷阻碍了它们的摄取。40 多年前，冈山（Okayama）和他的同事发现，与疏水性糖苷配基（糖苷的非碳水化合物部分）呈β- 连键的 D- 木糖可以被有效吸收，并抑制糖胺聚糖在蛋白聚糖上的组装。木糖苷模仿了天然底物，即蛋白聚糖核心蛋白中的木糖基化丝氨酸残基，因此充当了糖基转移酶的底物。糖链的**引发（priming）**发生在外源添加的木糖苷上，它转移了内源性核心蛋白的组装过程，从而导致蛋白聚糖的形成受到抑制。一般而言，与木糖苷一同孵育的细胞，会分泌大量的、单独的糖胺聚糖链，并积累含有截短链的蛋白聚糖。β-D-木糖苷成功改变蛋白聚糖生物合成这一点表明，其他糖苷可能具有类似的功能（图 55.5）。随后的研究发现，β-*N*- 乙酰半乳糖胺苷（β-*N*-acetylgalactosaminide）可以作为黏蛋白上寡糖的竞争性引发剂，并且能抑制糖蛋白的 *O*- 糖基化。其他活性糖苷包括β- 葡萄糖苷（β-glucoside）、β- 半乳糖苷（β-galactoside）、β-*N*-乙酰葡萄糖胺苷（β-*N*-acetylglucosaminide），甚至二糖和三糖。后面提及的这些化合物，需要与适当的糖苷配基偶联，并通过乙酰化来掩盖极性的碳水化合物羟基。细胞中含有的几种羧基酯酶（carboxyesterase）可以去除乙酰基，使高尔基中的转移酶有效地利用这些化合物。

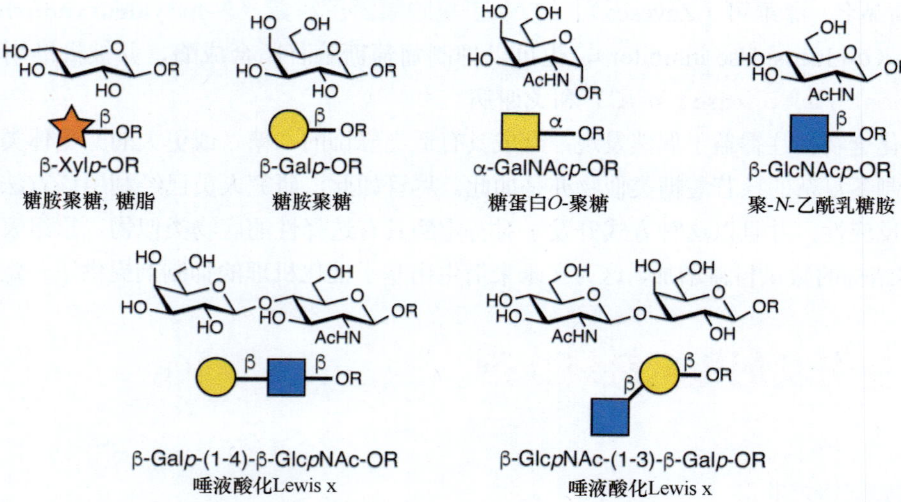

图 55.5 糖苷引物示例。图中显示的是细胞给药时采用的化合物结构；二糖的图示中没有标注它们的乙酰化修饰。化合物名称下方是受影响的聚糖类别。

糖苷的引发以浓度依赖性的方式发生，但不同化合物和细胞类型之间的引发效率差异很大。这些变化可能与内源性底物的相对丰度、酶浓度和组成、不同糖苷的溶解度、糖苷对水解的敏感性、糖苷穿过质膜和进入高尔基体的摄取，以及糖苷对糖基转移酶的相对亲和力有关。在给定引物上形成的糖链类型，还取决于糖苷浓度和糖苷配基的结构，这可能反映了引物被选择性地分配到不同的细胞内区室，或是被分配至生物合成途径的不同分支中。与引发过程一样，对糖蛋白、糖脂或蛋白聚糖形成的抑制，以剂量依赖性的方式发生，但很少能够实现完全阻断，这可能是因为糖苷并不能模拟所有的内源性底物。

竞争性引发剂代表了具有上述特性的、紧密结合的抑制剂的研发起点。图 55.5 中描述的化合物可被转化为可渗透进入细胞的酰化糖苷，并在活细胞中测试其抑制活性。活性化合物有可能成为治疗糖基化依赖性疾病药物的先导化合物。寡糖的竞争性引发过程也可能产生益处。例如，木糖苷可以通过肠道吸收，当食用足够浓度的木糖苷时，显示出抗血栓活性。许多糖苷是天然存在的，因为各种生物体（尤其是植物）会产生疏水化合物作为化学防御的一部分，并将它们与糖偶联以使其可溶。因此，人类饮食中可能含有各种类型的、具有有趣（和未知）生物活性的糖苷。

在解释使用糖苷引物的实验结果时，必须小心谨慎，例如，β-D- 木糖苷也竞争性地引发与鞘糖脂和 HNK-1 抗原表位结构相关的聚糖。在某些情况下，引发剂本身并不含有抑制糖基化的机制，而是由于引发剂与目标酶之间的竞争性结合而发生了抑制。最后，引物可以耗尽细胞中的核苷酸糖，并且对糖基化产生多重影响。例如，4- 甲基伞形酮（4-methylumbelliferone）可用于阻断透明质酸的生物合成，确切的作用机制尚不清楚，但被认为是由于糖苷引物的葡萄糖醛酸化而导致了尿苷二磷酸 - 葡萄糖醛酸（UDP-GlcA）的耗竭。细胞尿苷二磷酸 - 葡萄糖醛酸水平的降低，反过来影响了硫酸化糖胺聚糖和其他含有葡萄糖醛酸的聚糖的形成，改变了其他核苷酸糖的代谢池，如由尿苷二磷酸 - 葡萄糖醛酸一步产生的尿苷二磷酸 - 木糖（UDP-Xyl）（**第 5 章**）。

55.4.2　糖链终止剂

糖链终止剂（chain terminator）是通过糖基转移酶引入到生长的聚糖中的化合物，但这样做会阻止糖链的进一步延伸。甘露糖胺（mannosamine）作为一种代谢抑制剂，通过形成甘露糖胺 - 甘露糖 - 葡萄糖胺 - 磷脂酰肌醇（$ManNH_2$-Man-$GlcNH_2$-PI）来抑制**布氏锥虫（*Trypanosoma brucei*）**和哺乳动物细胞中糖基磷脂酰肌醇锚的形成。显然，活化形式的甘露糖胺——鸟苷二磷酸 - 甘露糖胺（GDP-$ManNH_2$），被用作第二个甘露糖基转移酶（mannosyltransferase）反应的底物，但中间体 $ManNH_2$-Man-$GlcNH_2$-PI，不会作为下一个 α2- 甘露糖基转移酶（α2-mannosyltransferase）的底物（**第 12 章**）。具有不同取代基（R）的葡萄糖胺 - 磷脂酰肌醇（GlcNR-PI），可作为底物类似物，有些在体外可作为**自杀型抑制剂（suicide inhibitor）**[①]。另一类抑制剂是基于脂肪酸的类似物，只有锥虫才能将其整合到糖基磷脂酰肌醇锚（GPI anchor）中。与其哺乳动物宿主不同，锥虫通过将肉豆蔻酸（myristic acid）与磷脂酰肌醇部分中的其他脂肪酸进行交换，将肉豆蔻酸整合进入糖基磷脂酰肌醇锚结构中。通过制备一系列类似物，研究人员发现了一种对培养中的锥虫具有高毒性，而对哺乳动物细胞无毒的抑制剂——10-（丙氧基）癸酸。该试剂是治疗非洲撒哈拉以南地区流行的**锥虫病（trypanosomiasis）**的候选药物。糖链终止剂的其他例子也已经被报道。例如，氟化核苷酸糖（图 55.1）通过碳水化合物聚合酶（carbohydrate polymerase）整合到生长中的寡糖中，但所得产物缺乏羟基，因而无法进一步聚合。

---

① 指底物类似物经酶催化生成的产物变成了该酶的抑制剂。

55.5 基于结构的理性设计

对碳水化合物加工酶的 X 射线晶体学和冷冻电镜研究数量与日俱增，提供了有助于理性设计新抑制剂的结构信息，所产生的抑制效果通常也非常好。这些化合物已被用作研究工具，有些也已被发展为临床使用的药物。

对流感神经氨酸酶（neuraminidase）的研究，展现了理性设计药物的力量，这些化合物已经作为药物成功上市。流感神经氨酸酶的晶体结构于 1983 年获得，此后，许多其他的酶也从其他来源得到了表征。甚至在获得晶体结构之前，通过假设水解反应涉及类碳氧鎓离子（oxocarbenium ion-like）过渡态，并且在端基差向异构中心具有显著的正电荷积累，研究人员就已经设计出了一种神经氨酸酶抑制剂。这将使得 C-2 和 C-3 采用平面构型，因此，模拟这种几何形状的化合物有望具有抑制活性。事实上，*N*- 乙酰神经氨酸 -2- 烯（Neu5Ac-2-ene，DANA）（图 55.6）具有微摩尔的 K_i 值。有趣的是，该化合物可抑制大多数的唾液酸酶（sialidase），但对锥虫的转唾液酸酶（*trans*-sialidase）却没有抑制作用，而对细菌的唾液酸酶的抑制作用微乎其微。

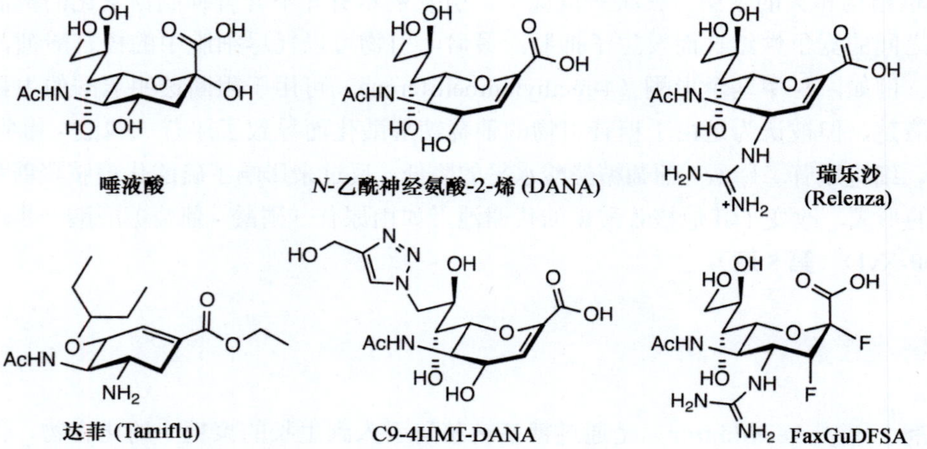

图 55.6 神经氨酸酶抑制剂的结构。唾液酸（2- 脱氧 -2,3- 脱氢 -*N*- 乙酰神经氨酸）（Neu5Ac）；*N*- 乙酰神经氨酸 -2- 烯（Neu5Ac-2-ene，DANA），即 2- 脱氧 -2,3- 脱氢 -*N*- 乙酰神经氨酸（2-deoxy-2,3-dehydro-*N*-acetyl neuraminic acid）；4- 氨基 -*N*- 乙酰神经氨酸 -2- 烯（4-amino-DANA）；扎那米韦（zanamivir），商品名“瑞乐沙”（Relenza），即 4- 胍基 -*N*- 乙酰神经氨酸 -2- 烯（4-guanidino-DANA）；奥司他韦（oseltamivir），商品名“达菲”（Tamiflu），即（*3R*，*4R*，*5S*）-4- 乙酰氨基 -5- 氨基 -3-(1- 乙基丙氧基)-1- 环己烷 -1- 羧酸乙基酯；C9-(4- 羟甲基三唑基)-2,3- 二脱氢 -*N*- 乙酰神经氨酸(C9-4HMT-DANA)；4- 胍基 -3［直立］-2,3- 二氟唾液酸（4-guandino-3-*axial*-2,3-difluorosialic acid，FaxGuDFSA）。DANA 被认为类似于水解过程中的过渡态，在扎那米韦中添加胍基团，可提供与活性位点更高的结合亲和力。奥司他韦中的乙酯增强了口服的利用率，这些酯基在体内被非特异性酯酶迅速清除。C9-4HMT-DANA 是人神经氨酸酶 4（human neuraminidase 4）的选择性抑制剂，FaxGuDFSA 是抑制病毒神经氨酸酶的、非 DANA 样骨架结构的一个例子。

研究人员观察了与 DANA 结合的流感神经氨酸酶的 X 射线晶体结构，结果表明，两个谷氨酸残基排列在唾液酸类似物 C-4 附近的口袋中。该口袋相对开放，表明该位置可能可以容忍更大的取代基。含有带正电荷的胍基而非 C-4 羟基的底物类似物 4- 胍基 -*N*- 乙酰神经氨酸 -2- 烯（4-guanidino-DANA）（图 55.6），是一种非常有效的流感神经氨酸酶抑制剂（K_i=10^{-11} mol/L）。较高的亲和力可能是由于在带电的胍基团和排布在口袋内的羧酸盐之间形成了盐桥所致。该类似物对人类唾液酸酶（human sialidase）的抑制效果提高了近 100 万倍，因而被批准用作抗流感药物，即**瑞乐沙（Relenza）**（**第 57 章**）。然而，它对细菌唾液酸酶无效，因为在细菌唾液酸酶等效的口袋中遍布精氨酸基团，且瑞乐沙只能适度抑制（低微摩尔级）人类神经氨酸酶的活性。研究人员还开发了瑞乐沙的下一代类似物，包括相差无几的衍生物拉尼米韦（laninamivir）以及含胍基的帕拉米韦（peramivir）。

由于胍基的存在，这些药物需要被吸入或注射进入人体。随后的研究侧重于免除这一给药局限。用环己烯取代吡喃糖环，以模拟水解过程中所形成的中间体的平面环，将羧酸盐官能团保护为摄入后可以水解的酯，并用胺基取代胍基，最终得到了口服的、广泛使用的类似物，即抗流感药物**达菲（Tamiflu）**（**图 55.6**）（**第 57 章**）。其他唾液酸酶的晶体结构的获得，使得研究人员能够设计出物种特异性的抑制剂类似物。这种理性的抑制剂设计方法具有巨大的潜力，不仅适用于神经氨酸酶抑制剂，而且如上所述，也适用于 *O*-GlcNAc 水解酶（OGA）和 *O*-GlcNAc 转移酶（OGT）抑制剂的设计。这些例子说明了结构如何指导基于碳水化合物的抑制剂，以及作为药物中更为常见的杂环类抑制剂的设计。

以上进展激发了人们对流感神经氨酸酶，以及 4 种人类神经氨酸酶的更大兴趣，研究人员对这些神经氨酸酶的生理作用目前还知之甚少。与病毒神经氨酸酶抑制剂（最引人注目的是“达菲”）相关的一个主要挑战是流感病毒突变的快速产生和随之而来的耐药性。规避这一问题的一种方法是开发出能够共价抑制酶的抑制剂。其中一个例子是 4- 胍基 -3［直立］-2,3- 二氟唾液酸（4-guandino-3-*axial*-2,3 difluorosialic acid，**FaxGuDFSA**），它具有氟化物离去基团，被神经氨酸酶取代后，可形成糖基 - 酶（glyosyl-enzyme）加合物中间体。该中间体的半衰期相当可观，因为负电性的氟会破坏类碳氧鎓离子的过渡态稳定性，从而导致其分崩离析。因此，该化合物可以保护小鼠免受感染。此外，耐药性流感病毒株的出现速度往往比进行达菲给药实施治疗的速度要慢。

除了大力推动针对流感神经氨酸酶的努力之外，创造人类神经氨酸酶抑制剂的努力也基于一个事实，即 DANA 和瑞乐沙是对这些人体中的酶抑制效果一般，且不具有选择性的抑制剂。以 DANA 为起点的药物化学研究，通过利用这些酶活性位点的结构差异，产生了针对这些酶的有效的抑制剂。其中一个例子是 C9-（4- 羟甲基三唑基）-2,3- 二脱氢 -*N*- 乙酰神经氨酸（**C9-4HMT-DANA**）（**图 55.6**），它是这些酶中最有效且最具选择性的抑制剂，其 K_i 值约 100 nmol/L，并且选择性比任何其他家族成员高 500 倍。毫无疑问，这些人类酶的结构，可能会加速新的选择性抑制剂的开发。

致谢

感谢曼弗雷德·沃格尔（Manfred Wulhrer）的有益评论及建议。

延伸阅读

Brown JR, Crawford BE, Esko JD. 2007. Glycan antagonists and inhibitors: a fount for drug discovery. *Crit Rev Biochem Mol Biol* **42**: 481-515.

Gloster TM, Vocadlo DJ. 2012. Developing glycan processing enzyme inhibitors as enabling tools for glycobiology. *Nat Chem Biol* **8**: 683-694.

Tu Z, Lin YN, Lin CH. 2013. Development of fucosyltransferase and fucosidase inhibitors. *Chem Soc Rev* **42**: 4459-4475.

Galley NF, O'Reilly AM, Roper DI. 2014. Prospects for novel inhibitors of peptidoglycan transglycosylases. *Bioorg Chem* **55**: 16-26.

Kallemeijn WW, Witte MD, Wennekes T, Aerts JM. 2014. Mechanism-based inhibitors of glycosidases: design and applications. *Adv Carbohydr Chem Biochem* **71**: 297-338.

Shayman JA, Larsen SD. 2014. The development and use of small molecule inhibitors of glycosphingolipid metabolism for lysosomal storage diseases. *J Lipid Res* **55**: 1215-1225.

Selnick HG, Hess JF, Tang C, Liu K, Schachter JB, Ballard JE, Marcus J, Klein DJ, Wang X, Pearson M, , et al. 2019. Discovery of MK-8719, a potent O-GlcNAcase inhibitor as a potential treatment for tauopathies. *J Med Chem* **62**: 10062-10097.

Howlader MA, Guo T, Chakraberty R, Cairo CW. 2020. Isoenzyme-selective inhibitors of human neuraminidases reveal distinct effects on cell migration. *ACS Chem Biol* **15**: 1328-1339.

第 56 章

糖基化工程

亨利克·克劳森（Henrik Clausen），汉斯·H. 旺德尔（Hans H. Wandall），马修·P. 德利萨（Matthew P. DeLisa），帕梅拉·斯坦利（Pamela Stanley），罗纳德·L. 施纳尔（Ronald L. Schnaar）

56.1 细胞糖工程的目标 / 721
56.2 对糖基化途径的认知，使糖工程成为可能 / 724
56.3 真核生物中糖工程的基因敲入 / 敲除策略 / 724
56.4 细菌中的糖工程 / 725
56.5 酵母中的糖工程 / 728
56.6 植物细胞中的糖工程 / 729
56.7 昆虫细胞中的糖工程 / 730
56.8 哺乳动物细胞中的糖工程 / 731
56.9 糖科学中的糖工程 / 734
56.10 未来展望 / 735
致谢 / 735
延伸阅读 / 735

对跨系统发育树的、糖基化的细胞途径（cellular pathway）的了解，为通过基因工程在各种细胞类型（包括细菌、真菌、植物细胞和哺乳动物细胞）中设计聚糖提供了契机。**糖基化工程（glycosylation engineering）**[①]的商业需求非常广泛，包括生产具有明确糖基化的生物治疗剂（**第 57 章**）。本章描述了关于聚糖结构及其代谢的知识（**第 2 章至第 27 章**），以及不同类型细胞中糖基化工程的现状究竟如何产生。本章还介绍了精准的基因编辑技术在该领域快速进展的前景。

56.1 细胞糖工程的目标

使用遗传策略，在哺乳动物细胞、植物、真菌（酵母）和细菌中进行糖基化工程的历史由来已久，并且已经获得了许多特征明确的糖基化突变体可供使用（**第 20 章至第 27 章、第 49 章**）。本章重点介绍细胞内糖基化的设计方法，而其他活跃的、以生产结构性生物产品、食品和燃料为目的的聚糖工程领域则并未涉及。如今，**细胞糖工程（cellular glycoengineering）**经常被用来生产重组治疗性糖蛋白，这些糖蛋白需要糖基化才能发挥其功效；同时，具有的糖基化必须与人类兼容，以避免对非人类聚糖产生免疫应答。糖基化可以改变治疗性糖蛋白的大小、电荷和溶解度，以避免这些糖蛋白在循环中被快速清除。此外，糖工程已被用于改进或开发全新的治疗方法（**第 57 章**）。聚糖也可以作为凝集素受体（lectin receptor）的配体，将治疗药物靶向递送到某些细胞中。值得一提的是，*N*- 糖基化可作为 IgG 抗体的效应物（effector），旨在改善其具有细胞毒性的、*N*- 糖基化修饰的治疗性 IgG 抗体，现已投入临床使用。在过去的十年中，出现了通过基因编辑精准设计糖基化的新方法，随着知识的增加，该领域的发展似乎仅仅受到想象力的制约。

① 本书中“糖工程”和“糖基化工程”均指通过人为的操作（包括增加、删除或调整）蛋白质上的寡聚链，使之产生合适的糖型，从而有目的地改变糖蛋白的生物学功能。注意不要与“糖技术工程”（glycotechnology）一词混淆以产生歧义。

各种细胞系被广泛用作细胞工厂，从引入的基因构建体（gene construct）片段中生产重组糖蛋白。最常见的糖蛋白工厂包括酵母、植物、昆虫细胞、非人类的哺乳动物细胞，以及更为罕见的人类细胞。最近，细菌也被设计改造以适应糖蛋白的生产。不同物种的糖基化能力，在聚糖连接位点和所连接的聚糖类型这两个方面存在着很大的差异（图 56.1，**第 9 章至第 27 章**）。因此，糖工程策略的第一步是考虑使用哪种细胞类型。这一决定需要对糖基化的途径和基因有详细的了解。从历史上看，哺乳动物中国仓鼠卵巢（Chinese hamster ovary，CHO）细胞系一直发挥着主导作用，如今大多数生物制剂都是在 CHO 细胞中生产的（**第 49 章**）。CHO 细胞系被选择用于人类治疗药物的生产，因为它的糖基化能力相对简单且与人类相似。CHO 细胞系产生的聚糖类型相对较窄，这些聚糖在人体中不具有免疫原性；糖工程可以扩展其天然的糖基化能力，并且提供对糖型（glycoform）的优化。也可以选择一些替代的宿主物种，其天然的糖基化（或缺乏的糖基化），为糖工程改造提供了一个更为简单的起点。例如，用于酶替代疗法的糖蛋白已能够在酵母中生产，而聚糖疫苗已在细菌中实现了生产。

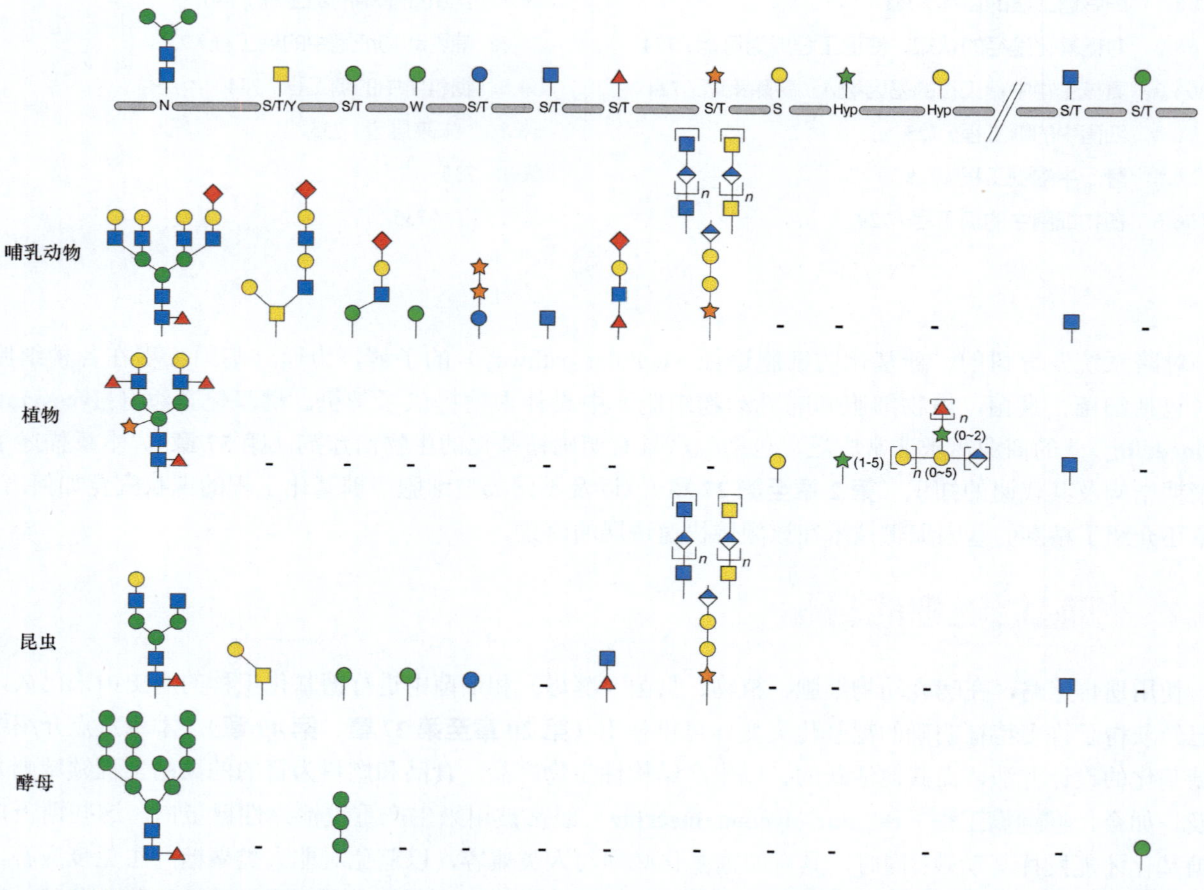

图 56.1 物种特异性糖基化特征概述。该图显示了存在于哺乳动物、植物、昆虫和酵母细胞中的、不同类别的糖复合物，以及来自每一类别的代表性聚糖。分隔符右侧的结构，存在于所述生物体的细胞质和细胞核中。细菌和古菌（未显示）的聚糖类别更为多样化，并且通常含有非人类单糖（**第 20 章、第 21 章**）。缩写：天冬酰胺（N），丝氨酸（S），苏氨酸（T），酪氨酸（Y），色氨酸（W），羟脯氨酸（Hyp）。

对于从细菌到酵母和高等真核生物的细胞糖工程，研究人员已经取得了重大成就（表 56.1，**第 49 章**）。下文描述的全新精准基因编辑技术，使得糖工程能够在多种物种中进行，并为根据生产的最佳效率，以及与人类中的聚糖的类似程度对宿主细胞进行筛选提供了契机。下文描述了通过基因编辑进行糖工程的基本原理，随后更为详细地描述了在不同物种细胞中的研究进展。

表 56.1　细胞糖工程的主要成就实例

细胞	基因修饰	影响	目的	结构
哺乳动物				
中国仓鼠卵巢细胞（CHO）	*Fut8* 基因敲除	消除核心岩藻糖	生产与 FcγRIIIa 和抗体依赖性细胞毒性（ADCC）结合亲和力增加的 IgG1	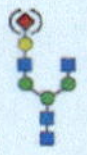
中国仓鼠卵巢细胞	*MGAT3* 的过表达	通过添加二等分 *N*- 乙酰葡萄糖胺，减少核心岩藻糖	生产与 FcγRIIIa 和抗体依赖性细胞毒性（ADCC）结合亲和力增加的 IgG1	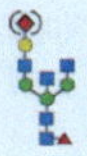
中国仓鼠卵巢细胞	19 种糖基转移酶基因的组合敲除和 *ST6GAL1* 的基因敲入	对 *N*- 聚糖的解构和构建，以控制糖链分支、聚 -*N*- 乙酰乳糖胺和唾液酸化	设计矩阵，以创建所需的均一 *N*- 聚糖	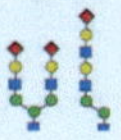
中国仓鼠卵巢细胞	源于铜绿假单胞菌（*Pseudomonas aeruginosa*）*rmd* 基因所编码的鸟苷二磷酸 -6- 脱氧 -D- 来苏 -4- 己酮糖还原酶的过表达	消耗内源性鸟苷二磷酸 - 岩藻糖，并通过外源添加岩藻糖来控制岩藻糖基化	生产与 FcγRIIIa 和抗体依赖性细胞毒性（ADCC）结合亲和力增加的 IgG1	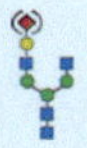
中国仓鼠卵巢细胞	*Fut8* 和 *B4galt1* 基因敲除，在组成型或诱导型启动子下，敲入表达合成糖基转移酶基因的集成基因通路	抗体岩藻糖基化和半乳糖基化水平的小分子控制	生产与 FcγRIIIa 和抗体依赖性细胞毒性（ADCC）结合亲和力增加的 IgG1	
HEK293 细胞	*MGAT1* 基因敲除，与内切 β-*N*- 乙酰葡萄糖胺酶的高尔基体靶向表达相结合	可以被半乳糖基转移酶和唾液酸基转移酶识别并修饰的单个 *N*- 乙酰葡萄糖胺 *N*- 聚糖"残枝"	实现简单且均一的 *N*- 糖基化	
昆虫				
黑腹果蝇（*Drosophila melanogaster*）S2 细胞	唾液酸合成酶、胞苷一磷酸 - 唾液酸合成酶、胞苷一磷酸 - 唾液酸转运蛋白和 *N*- 乙酰葡萄糖胺 -6- 磷酸 -2'- 差向异构酶的基因敲入	具有半乳糖基化和唾液酸的二天线 *N*- 聚糖	在昆虫细胞中形成类人 *N*- 聚糖	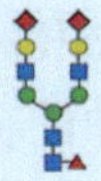
酵母				
解脂耶氏酵母（*Yarrowia lipolytica*）	*och1* 基因敲除，*mnn4* 的基因敲入	具有甘露糖 -6- 磷酸的 *N*- 连接聚糖；可以在体外用糖苷酶和 α- 甘露糖苷酶去除封端（脱帽）	对用于溶酶体贮积病酶替代疗法的酶进行溶酶体靶向	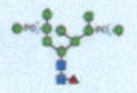
毕赤酵母（*Pichia pastorius*）	*och1*、*pnol*、*mnn4B*、*bmt2* 基因敲除；14 种基因的敲入：多种尿苷二磷酸 -*N*- 乙酰葡萄糖胺转运蛋白、*MnsI*、*MGAT1*、*MGAT2*、*MnsII*、半乳糖差向异构酶、尿苷二磷酸 - 半乳糖转运蛋白、*B4GALT1*，以及唾液酸生物合成途径和唾液酸转运蛋白	具有唾液酸化的二天线 *N*- 连接聚糖	在酵母中形成类人 *N*- 聚糖	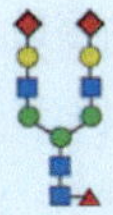
毕赤酵母	*och1* 基因敲除；*MGAT1*、靶向高尔基体的 *B4GALT1*，以及保留在内质网中的 α2- 甘露糖苷酶的过表达	二天线 *N*- 连接聚糖	在酵母中形成类人 *N*- 聚糖核心结构	
酿酒酵母（*Saccharomyces cerevisiae*）	*ALG3* 和 *ALG11* 基因敲除，以及人工翻转酶和原生动物寡糖基转移酶（OST）的过表达	脂质连接的 $Man_3GlcNAc_2$，在内质网的细胞质侧组装，翻转并转移到蛋白质上	形成哺乳动物核心 $Man_3GlcNAc_2$	
细菌				
大肠杆菌（*Escherichia coli*）	来自空肠弯曲杆菌（*Campylobacter jejuni*）的寡糖基转移酶 *pglB*，以及由 *ALG1*、*ALG2*、*ALG13* 和 *ALG14* 编码的酿酒酵母中 4 种糖基转移酶的基因敲入	将 *N*- 糖基化引入主要用于生产的原核生物	形成哺乳动物核心 $Man_3GlcNAc_2$	
大肠杆菌	来自空肠弯曲菌的寡糖基转移酶 *pglB* 和 NeuBCA、来自流感嗜血杆菌（*Haemophilus influenza*）的 LsgCDEF 糖基转移酶，以及来自鲾发光杆菌（*Photobacterium leiognathi*）的 α2-6 唾液酰基转移酶的过表达 / 基因敲入	将 Neu5Acα2-6Galβ1-4GlcNAc 末端引入 *N*- 连接聚糖	形成简化的唾液酸化 *N*- 连接聚糖	

续表

细胞	基因修饰	影响	目的	结构
细菌				
大肠杆菌	寡糖基转移酶 *pglB*，以及来自空肠弯曲杆菌中选定的 *pgl* 簇基因的过表达 / 基因敲入	引入独特的 *N*- 连接聚糖，可被修剪为 GlcNAc-Asn 以进行化学酶法延伸	形成类人 *N*- 聚糖的支架	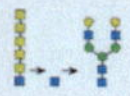
大肠杆菌	来自淋病奈瑟菌（*Neisseria gonorrhoeae*）的寡糖基转移酶 *PglO*，或来自脑膜炎奈瑟菌（*Neisseria meningitidis*）的 *PglL* 的过表达 / 基因敲入	将 GalNAc *O*- 糖基化引入主要用于生产的原核生物	形成哺乳动物类型的 Tn、T、唾液酸化 Tn 和唾液酸化 T 聚糖	
植物				
烟草（*Nicotiana tabacum*）	β- 己糖胺酶、α3- 岩藻糖基转移酶和 β2- 木糖基转移酶的基因敲除；*B4GALT1*、*ST6GAL1*，胞苷一磷酸 - 唾液酸合成酶和转运蛋白的基因敲入	生产带有 α2-6 连键唾液酸和无核心岩藻糖修饰的二天线 *N*- 聚糖	在植物中形成类人 *N*- 聚糖	
烟草	β- 己糖胺酶、α3- 岩藻糖基转移酶和 β2- 木糖基转移酶的基因敲除；*GALNT2*、*C1GALT1*、*ST3GAL1*、*SLC35A1*、*e1/2*、*ST6GALNAC3/4* 的过表达	将 *N*- 糖基化引入主要用于生产的原核生物	形成哺乳动物类型的 Tn、T、唾液酸化 Tn 和唾液酸化 T 聚糖	

56.2 对糖基化途径的认知，使糖工程成为可能

尽管不同物种的糖组具有不同的特征（**图 56.1**），但基本的生物合成机制和途径在真核生物中非常保守，甚至与某些细菌和古菌中的糖基化途径有相似之处。大多数参与真核生物糖基化的酶，在真菌、植物和动物中高度保守，有助于在这些生物中设计和执行糖工程策略。然而，目前的了解还很有限，跨物种的糖工程仍处于起步阶段。虽然在异源宿主中表达特定蛋白质，可能仅需要引入该蛋白质的单个基因，但该蛋白质的精准糖基化工程则可能需要引入一系列的基因，包括那些在生物合成和运输过程中适当的活化的核苷酸糖供体所需的基因，以及多种糖基转移酶的基因。

糖工程的成功实施，需要了解指导特定聚糖合成所需的糖基转移酶基因和底物。可能需要去除某些基因和插入其他基因，以创建生物合成途径，产生感兴趣的聚糖。40 余年的糖基因发现史，已经鉴定出许多编码糖基转移酶、水解酶、参与真核细胞聚糖合成和代谢的酶，以及所涉及的生物合成途径的酶的基因（**第 8 章至第 19 章**）。不同的糖基化途径，可以使用一组不同的酶独立发挥作用，或者可能在某些情况下共享一组酶。依照顺序连续次第工作以组装成熟聚糖的酶，通常独立发挥催化作用，尽管这些酶也可能存在着协同效应。原则上，我们已经有足够的知识来预测单个酶的作用，并将它们分配至特定的途径中，从而可以预测在特定糖复合物上生成特定聚糖所需要的酶库（enzyme repertoire）。该领域中极其重要的资源是**碳水化合物活性酶数据库（Carbohydrate-Active Enzymes，CAZy）**，该数据库提供了对来自不同物种的同源基因家族的分类（**第 8 章**）。

在选定的宿主中，对所需聚糖进行糖工程改造的先决条件之一是存在适当的活化糖供体及其转运蛋白（**第 5 章**）。当在原核生物或非哺乳动物真核生物中进行糖基化工程改造时，这一点尤其重要。在这些生物中，合成具有人类糖基化类型的治疗药物所需的核苷酸糖供体可能并不存在，例如，酵母不产生尿苷二磷酸 -*N*- 乙酰半乳糖胺（UDP-GalNAc），许多生物体不产生胞苷一磷酸 - 唾液酸（CMP-Neu5Ac）。

56.3 真核生物中糖工程的基因敲入 / 敲除策略

不同的遗传学策略，均可用于改变细胞的糖基化能力。真核生物中的基因敲降（knockdown）和非靶向过表达已被使用多年，而精准靶向的基因编辑策略现在也已非常成熟。

56.3.1 基因敲降

通过**基因沉默**（**gene silencing**）策略，研究人员已经实现了对细胞中不需要的糖基转移酶活性的降低。尽管该策略在植物和果蝇中特别成功，但基因沉默在哺乳动物细胞系的糖工程中并未获得广泛应用，因为基因敲降的效率较低，往往导致不希望存在的目标糖基转移酶仍然残留了一定的活性。

56.3.2 过表达

将所需的糖基转移酶添加到真核细胞中，可以通过转染任何生物体的糖基因、随机整合质粒 DNA，以及使用抗生素筛选稳定克隆等方法实现。虽然该策略获得了成功，但它无法控制基因组整合的位点（除非使用特定的策略），也无法控制基因拷贝数或基因表达水平。酶的过表达可能会导致正常糖基化模式的破坏和不可预测的糖基化。对于长期使用这种工程细胞来生产治疗性糖蛋白而言，引入的糖基化基因的不稳定性及使用抗生素进行筛选，也存在着一定的问题。

56.3.3 通过精准的基因组编辑进行基因敲除和基因敲入

敲除糖基化基因以消除不需要的聚糖，在细菌和酵母中早已是一项简单任务。尽管功能强大，但**基因敲除**（**knockout**）或**基因敲入**（**knockin**）策略非常耗时，且难以在高等真核细胞中使用（见“**56.8.1 *N*- 糖基化工程**”中关于 *Fut8* 敲除的描述）。然而，随着基于核酸酶的精准基因编辑工具的引入，这些困难大大减少。这些工具包括锌指核酸酶（zinc-finger nuclease）、转录激活因子样效应物核酸酶（transcription activator-like effector nuclease，TALEN）和成簇规律间隔短回文重复序列 / 关联蛋白 9（clustered regularly interspaced short palindromic repeat/CRISPR associated protein 9，CRISPR/Cas9），这些工具可以在所有细胞类型中进行高度特异性的基因操作（**图 56.2**，**第 27 章**、**第 49 章**），还可用于激活内源性沉默基因、编辑基因序列以模拟亚等位基因疾病突变，以及在特定基因组位点插入外源基因。

精准的基因编辑可以在基因组的安全港（safe harbor）基因座插入外源基因，以确保稳定表达，同时避免干扰内源基因的表达。人类细胞中的一个这样的安全港，是位于 19 号染色体上的 AAVS1 位点，已知该位点可以使转基因稳定表达，而不会产生不良影响。然而，精准的基因工程可以在基因组的任何位置插入一个或多个外源基因。例如，通过插入外源基因代替不需要的内源基因，可以将糖基因的精准敲入与敲除两相结合。精准的敲入策略还可以控制插入的拷贝数，并可将能够连续插入多个基因的整个着陆平台（landing platform）插入至目标基因。

用于糖工程的酶或转运蛋白的成功表达，要求所表达的蛋白质位于正确的亚细胞区室中。例如，2 型高尔基体跨膜糖基转移酶的异源表达，往往需要测试不同的高尔基体保留序列。尽管已有一些设计指导，但该过程通常是一个试错（trail and error）操作，并且在某些情况下，需要进行组合筛选以确定最佳的基因构建片段。

56.4 细菌中的糖工程

用于异源蛋白质生产的最常见的细菌是**大肠杆菌**（***Escherichia coli***），它不具有糖基化蛋白质的天然能力。然而，过去 20 年的研究在致病性变形杆菌**空肠弯曲杆菌**（***Campylobacter jejuni***）和其他细菌物

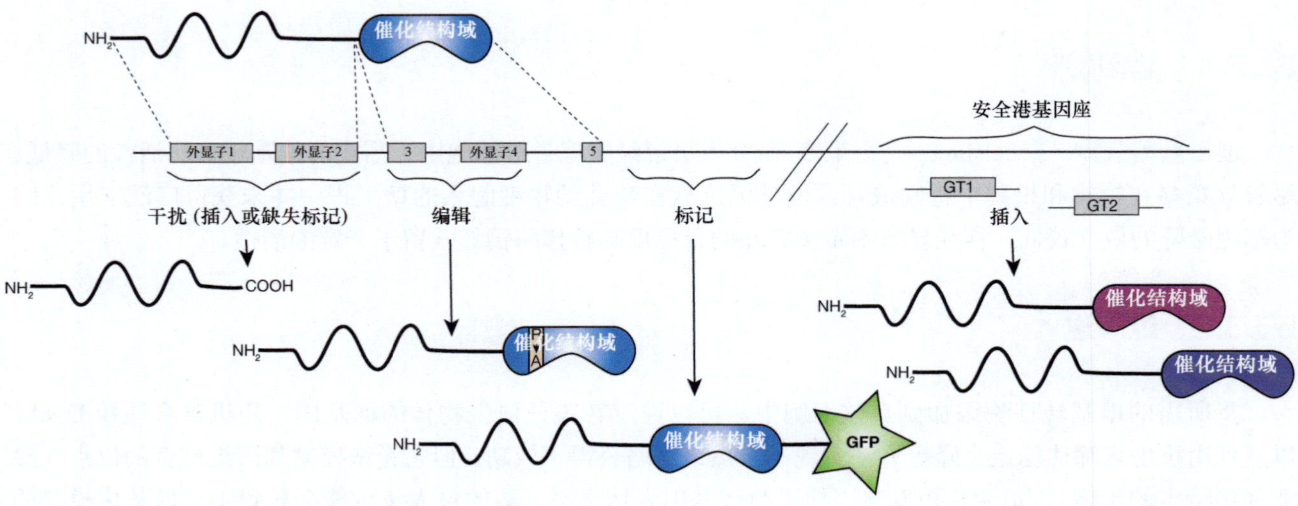

图56.2 精准的基因编辑方法。糖基转移酶以其催化结构域和氨基末端的跨膜结构域表示。图中显示了用于基因破坏(敲除)、突变、标记和在安全港基因座插入异源糖基转移酶等基因编辑操作的示例。精准的基因编辑使用靶向核酸酶，在特定位置引入双链 DNA 断裂。在哺乳动物细胞中，这些断裂通过非同源末端连接（nonhomologous end joining，NHEJ）或同源重组（homologous recombination，HR）进行修复。NHEJ 是一种易错机制，通常会引入小的插入或缺失标记（indel），从而导致移码突变。对糖基转移酶基因的编辑(以引入目标突变)或插入，主要依赖于共转染适当的供体 DNA 构建片段后的同源重组。为了有效敲除 2 型跨膜糖基转移酶，通常仅需要靶向第一个编码外显子的其中之一即可，这将导致 mRNA 的无义介导衰变，或导致通常会产生无功能蛋白质的可变剪接，但更普遍而言，建议对编码功能域的外显子进行靶向。缩写：糖基转移酶（GT），绿色荧光蛋白（GFP）。

种中发现了 *N-* 糖蛋白和 *O-* 糖蛋白，以及负责其生物合成的糖基化途径。此外，一些细菌毒素具有糖基转移酶结构域，通过对关键宿主蛋白中高度特异性的氨基酸进行糖基化，可以干扰基本的细胞功能，从而发挥其致病性。**第 21 章**讨论了**真细菌（Eubacteria）**中的糖基化。细菌的另一个独特特征是核苷酸糖供体被合成并保留在细胞质中，因此在脂质载体上的，或是直接位于蛋白质上的工程聚糖的组装，必须在细胞质中进行，除非核苷酸糖转运蛋白也被引入周质膜。脂质载体对应基于**整体糖基化（*en bloc* glycosylation）**的系统，而蛋白质则对应基于**进行性糖基化（processive glycosylation）**的系统。

56.4.1 游离寡糖以及与脂质连接寡糖的工程化

细菌高效地产生游离的和与脂质连接的寡糖和多糖，包括**荚膜多糖（capsular polysaccharide，CPS）**和**脂多糖（lipopolysaccharide，LPS）**（**第 21 章**），这些途径已被设计用于产生各种复杂的类人聚糖（human-like glycan）。值得一提的是，脂多糖途径已被用于在大肠杆菌中设计和展示聚糖。脂多糖由与核心寡糖连接的基础脂质**脂质 A（lipid A）**组成，然后是高度多样化的 *O-* 多糖——***O-* 抗原（*O*-antigen）**。在基因层面中断脂质 A 核心寡糖的生物合成，可以阻止 *O-* 抗原与核心结构的偶联，从而允许在脂质 A 上设计新型聚糖，以展示在细胞表面上。该策略已被用于设计合成多种人类聚糖表位，包括血型抗原（**第 14 章**）和癌症相关糖脂聚糖（**第 11 章**）。

在大肠杆菌中进行的、过程庞杂的大型游离复杂聚糖工程的示例中，通过删除果糖基转移酶（fructosyltransferase，*kfoE*），引入细菌尿苷二磷酸 - 葡萄糖 / 尿苷二磷酸 -*N-* 乙酰葡萄糖胺 4- 差向异构酶（UDP-Glc/UDP-GlcNAc 4-epimerase）和软骨素合成酶（chondroitin synthase）基因，并引入突变的人类软骨素 -4-*O-* 磺化转移酶（chondroitin-4-*O*-sulfotransferase）基因，研究人员实现了硫酸化的糖胺聚糖——4-*O-* 硫酸软骨素的糖工程化（**第 17 章**），为在细菌中生产糖胺聚糖开辟了道路。

56.4.2 *N*- 糖基化工程

在一些细菌中存在着两种类型的天然蛋白质 *N*- 糖基化，但在大肠杆菌中没有。一种类型类似于真核细胞的 *N*- 糖基化，在胞质溶胶中产生脂质连接的寡糖，然后通过周质中的寡糖基转移酶（oligosaccharyltransferase，OST），将其整体（*en bloc*）转移到天冬酰胺（Asn）上。空肠弯曲杆菌的寡糖基转移酶 PglB，是与真核生物多蛋白寡糖基转移酶复合物（multiprotein OST complex）的 STT3 催化亚基相关的单一多肽（**第 9 章**）。PglB 蛋白显示出比真核天冬酰胺 -X- 丝氨酸 / 苏氨酸（N-X-S/T）更为受限的受体**序列基序（sequence motif）**，需要酸性残基天冬氨酸 / 谷氨酸 -X- 天冬酰胺 -X- 丝氨酸 / 苏氨酸（D/E-X-N-X-S/T，其中 X 不能是脯氨酸）的参与（**第 21 章**）。这对于工程化类人 *N*- 聚糖（human-like *N*-glycan）的实用性施加了一些限制，因为哺乳动物蛋白质中的大多数 *N*- 聚糖位点不符合这种扩展的共识序列。来自其他物种的 PglB，或通过适应性进化获得的进化突变体已经获得了鉴定，可用于解决这一问题，但仍需进一步改进。重要的是，PglB 蛋白具有相当宽松的供体底物特异性。尽管细菌的脂连接寡糖与真核生物中的脂连接寡糖不同，但 PglB 可以使用哺乳动物类型的脂连接寡糖作为供体。

利用原核生物进行糖工程的一个重要特征是将整个**糖基化机器（glycosylation machinery）**排布在多基因操纵子中，这使得 10 ～ 20 kb 的大型遗传元件可以在物种之间转移。整个 *N*- 糖基化操纵子被从空肠弯曲杆菌成功地转移到了大肠杆菌，在大肠杆菌中产生 *N*- 连接的糖蛋白，是领域中的一项重大成就。通过引入真核酶，研究人员已经实现了携带 $Man_3GlcNAc_2$ 核心 *N*- 聚糖的糖蛋白的生产（**表 56.1**）。细菌的 *N*- 连接糖基化，正在被用作生产糖复合物疫苗的替代方法，并且研究人员已经开发了针对革兰氏阴性和革兰氏阳性菌的疫苗。

在 γ- 变形菌（γ-proteobacteria）中发现的另一种类型的 *N*- 糖基化，涉及细胞溶质中的 *N*- 糖基转移酶（*N*-glycosyltransferase，NGT），它可以靶向识别能够被哺乳动物寡糖基转移酶所识别的天冬酰胺 -X- 丝氨酸 / 苏氨酸（N-X-S/T）受体序列基序（**第 9 章**）。*N*- 糖基转移酶从活化的核苷酸糖供体转移单个单糖（如葡萄糖），具有松散的供体底物特异性，包括尿苷二磷酸（UDP）和鸟苷二磷酸（GDP）的核苷酸糖，这为实现一种替代类型的 *N*- 糖基化工程提供了全新的方法。在细菌中对该途径进行工程化，可观察到聚糖基序的组装，包括 α1-3- 半乳糖表位，以及由糖蛋白上的葡萄糖（Glc）残基引发的、具有岩藻糖基化和唾液酸化的乳糖，或具有岩藻糖基化和唾液酸化的聚 -*N*- 乙酰乳糖胺（LacNAc）单元（**表 56.1**）。

尽管大多数细菌不具备唾液酸化的能力，但也有例外（**第 15 章、第 21 章**）。细菌的胞苷一磷酸 - 唾液酸（CMP-Sia）合成基因，以及唾液酰基转移酶的基因，因为具有与哺乳动物相似的特异性，已经通过质粒引入或整合到宿主细菌细胞的基因组中，从而能够生产唾液酸化的 *N*- 糖蛋白和 *O*- 糖蛋白。

56.4.3 *O*- 糖基化工程

一些细菌具有使用活化糖供体的、由糖基转移酶控制的、进行性的 *O*- 糖基化途径。这些途径启发了在大肠杆菌中进行人类 *O*- 糖基化反应的工程化设计。通过引入哺乳动物多肽 *N*- 乙酰半乳糖胺转移酶（polypeptide GalNAc transferase，ppGalNAcT）基因和尿苷二磷酸 - 葡萄糖 / 尿苷二磷酸 -*N*- 乙酰葡萄糖胺 4- 差向异构酶（UDP-Glc/UDP-GlcNAc 4-epimerase），*O*-GalNAc 蛋白质的糖基化已经实现（**第 10 章**）。β1-3 半乳糖基转移酶（β1-3 galactosyltransferase）的进一步引入，使得在细胞质受体蛋白上生物合成核心 1 型（core 1）*O*- 聚糖（即 T 抗原）成为可能。*N*- 乙酰半乳糖胺（GalNAc）残基的引入，已被用于使用酶促方法在表达后（postexpression）添加聚乙二醇（PEG）衍生化的唾液酸，以增强蛋白质药物的治疗特性。

其他细菌拥有一种特殊的蛋白质 *O*- 糖基化机制，与真核生物中 *O*- 聚糖的逐步生物合成不同（**第 10 章**），其中预组装的十一萜醇 - 焦磷酸 - 连接的寡糖（undecaprenol-PP-linked oligosaccharide）被几种寡糖转移酶整体（*en bloc*）转移到蛋白质上，它们具有较为宽松的供体底物特异性，目前对受体底物的特异性则知之甚少。这种内源性糖基化机制的工程化，已被用于将人类的 *O*-GalNAc 聚糖整体转移到受体蛋白上（**表 56.1**），这些聚糖包括 Tn 抗原、T 抗原、唾液酸化 Tn 抗原和唾液酸化 T 抗原。

56.5 酵母中的糖工程

酵母在不同的糖蛋白上天然产生 *N*- 聚糖和 *O*- 甘露糖基聚糖。其中，初始聚糖转移的生物合成途径，在从酵母到人类的真核生物中具有共同的一般特征，所涉及的酶也是高度同源的。然而，酵母中后续的聚糖加工，通常会产生多甘露糖基化的聚糖，而不是在高等真核生物中发现的复杂 *N*- 聚糖和 *O*- 聚糖（**图 56.1**）。与细菌相比，酵母在蛋白质折叠、质量控制和翻译后修饰等过程中，与其他真核细胞具有相似的系统。由于酵母中的基因工程长期以来一直快速而简单，因此与其他大多数生物相比，研究人员对该生物体具有更为丰富的糖工程经验。有几个商业项目是基于酵母中人源化的 *N*- 糖基化工程；Pichia GlycoSwitch 平台则使用工程酵母，将简单的人类 *N*- 聚糖添加到表达的蛋白质中。

56.5.1 *N*- 糖基化工程

酵母糖蛋白上的 *N*- 聚糖，不同于脊椎动物中的 *N*- 聚糖（**第 9 章**），在 (Manα1-6)$_n$ 的主链上还包含了大型的聚甘露糖基聚糖（polymannosyl glycan），它们在哺乳动物中具有高度的免疫原性（**第 23 章**）。Och1p 蛋白是一种关键的 α1-6 甘露糖基转移酶（α1-6 mannosyltransferase），主要负责启动**多聚甘露糖基化（polymannosylation）**。然而，敲除 *och1* 基因并不能完全消除多聚甘露糖基化，需要根据酵母菌株的不同，额外敲除甘露糖基转移酶（mannosyltransferase）和磷酸甘露糖基转移酶（phosphomannosyltransferase），以获得适合进一步工程改造所需的、均一的 $Man_8GlcNAc_2$ *N*- 聚糖。可以通过在内质网中表达 α1-2 甘露糖苷酶（α1-2 mannosidase），将 $Man_8GlcNAc_2$ 还原为 $Man_5GlcNAc_2$，从而为生成复杂 *N*- 聚糖创造了一个便捷的平台。在高尔基体中引入 α1-3 甘露糖基 - 糖蛋白 2-β-*N*- 乙酰葡萄糖胺转移酶（α1-3 mannosyl-glycoprotein 2-β-*N*-acetylglucosaminyltransferase，GlcNAcT-I）（由 *MGAT1* 编码），会启动复合型 *N*- 聚糖的合成，进一步添加 α3/6- 甘露糖苷酶 II（α3/6-mannosidase II）（由 *Man2a1* 基因编码）和 α1-6 甘露糖基 - 糖蛋白 2-β-*N*- 乙酰葡萄糖胺转移酶（α1-6 mannosyl-glycoprotein 2-β-*N*-acetylglucosaminyltransferase，GlcNAcT-II）（由 *MGAT2* 编码），会产生二天线的 $GlcNAc_2Man_3GlcNAc_2$ *N*- 聚糖，该 *N*- 聚糖可通过进一步的工程化添加半乳糖和唾液酸。一些酵母物种，包括**毕赤酵母（*Pichia pastoris*）**在内，不包含尿苷二磷酸 - 半乳糖（UDP-Gal），并且所有酵母都天然缺乏合成胞苷一磷酸 - 唾液酸（CMP-Neu5Ac）的能力，因此需要引入多个基因、进行大规模的工程化，才能获得成熟的复杂 *N*- 聚糖。尽管该工程化在计算机模拟（*in silico*）上看起来很简单，但在催化效率和内质网 / 高尔基体靶向方面，研究人员已经付出了相当大的努力来确定最佳的嵌合基因构建片段（chimeric gene construct）。

56.5.2 *O*- 糖基化工程

酵母菌利用几种多肽甘露糖基转移酶（polypeptide mannosyltransferase，PMT）进行广泛的共翻译（co-translational）和翻译后（post-translational）的内质网蛋白 *O*- 甘露糖基化（**第 23 章**）。**酿酒酵母**

（*Saccharomyces cerevisiae*）有 6 种多肽甘露糖基转移酶，仅有其中的一部分可以被敲除而不降低生存活力。蛋白质的 *O*- 甘露糖（*O*-Man）残基，在高尔基体中发生多聚甘露糖基化。多细胞真核生物也进行 *O*- 甘露糖基化，并表达两种多肽甘露糖基转移酶的直系同源物——蛋白质 *O*- 甘露糖基转移酶 1（protein *O*-mannosyltransferase 1）（由 *POMT1* 编码）和蛋白质 *O*- 甘露糖基转移酶 2（protein *O*-mannosyltransferase 2）（由 *POMT2* 编码）（**第 13 章**），但它们的受体底物特异性较窄。然而，多细胞真核生物还能够进行其他几种类型的 *O*- 糖基化（图 56.1）（**第 10 章、第 13 章、第 14 章**），它们的 *O*-*N*- 乙酰半乳糖胺（*O*-GalNAc）聚糖往往与酵母的 *O*-Man 聚糖位于相似的区域和蛋白质位点。这意味着人类的 *O*- 糖蛋白在酵母中的表达，可能导致在哺乳动物中携带 *O*-GalNAc 的位点上发生了 *O*- 甘露糖基化。这方面的例子包括 IgA 的铰链区和黏蛋白序列。由于预测 *O*- 糖基化的类型仍然十分困难，因此必须测试在酵母中表达的人类蛋白质，以确定它们是否发生了 *O*- 甘露糖基化。

通过引入人类多肽 *N*- 乙酰半乳糖胺转移酶（ppGalNAcT）（**第 10 章**）、尿苷二磷酸 - 葡萄糖 / 尿苷二磷酸 -*N*- 乙酰葡萄糖胺 4- 差向异构酶（UDP-Glc/UDP-GlcNAc 4-epimerase）和尿苷二磷酸 - 半乳糖 / 尿苷二磷酸 -*N*- 乙酰半乳糖胺（UDP-Gal/GalNAc）的高尔基体转运蛋白，人类 *O*-GalNAc 聚糖已被成功地工程化到酵母中。用于胞苷一磷酸 - 唾液酸（CMP-Neu5Ac）合成和运输的整个生物合成机制，也与人类唾液酰基转移酶一起被引入，并且唾液酸化的 *O*- 聚糖已在酵母中成功产生。竞争性的内源性 *O*- 甘露糖基化问题，可通过加入甘露糖基转移酶抑制剂——罗丹宁 -3- 乙酸（rhodanine-3-acetic acid）得以部分消除。研究人员需要对酵母 *O*-Man 和人类 *O*-GalNAc 糖基化途径有更深入的了解，以提供新的策略来规避这两个系统之间的竞争，并增强酵母中的 *O*- 聚糖工程。

56.6 植物细胞中的糖工程

植物为 *N*- 聚糖的人源化提供了比酵母更为简单的起点，因为植物中天然存在的主要 *N*- 聚糖类型是乏甘露糖型（paucimannose）（$Man_3GlcNAc_2$）和以 *N*- 乙酰葡萄糖胺（GlcNAc）为末端糖的二天线型（$GlcNAc_2Man_3GlcNAc_2$）。乏甘露糖型 *N*- 聚糖之所以含量丰富，似乎是由于 β- 己糖胺酶（β-hexosaminidase）在与 *N*- 乙酰葡萄糖胺转移酶（GlcNAc-transferase）的竞争中去除了连接的 *N*- 乙酰葡萄糖胺残基，这一特征在昆虫细胞中也有发现。两种植物特异性的 *N*- 聚糖修饰，包括核心 α1-3- 岩藻糖基化（而不是哺乳动物的核心 α1-6- 岩藻糖基化），以及与 *N*- 聚糖核心中的 β- 甘露糖连接的 β1-2- 木糖基化。这两种修饰在人体中都具有潜在的免疫原性。植物还产生在其他物种中没有的、独特的 *O*- 糖基化类型，这为生产治疗性糖蛋白带来了潜在的问题。

56.6.1 *N*- 糖基化工程

对植物进行类人 *N*- 糖基化工程，已经取得了巨大进展。抑制复杂 *N*- 聚糖形成的 β- 己糖胺酶（β-hexosaminidase）、α1-3 岩藻糖基转移酶（α1-3 fucosyltransferase）和 β1-2 木糖基转移酶（β1-2 xylosyltransferase），已经在不同的植物中实现了敲除或敲降，包括**拟南芥**（*Arabidopsis thaliana*）和**本氏烟草**（*Nicotiana benthamiana*），由此产生了几乎均一的二天线 $GlcNAc_2Man_3GlcNAc_2$ *N*- 聚糖。在使用多达 6 个基因构建体的工程设计中引入半乳糖和唾液酸，可对这些糖链进行进一步的工程化。其中，半乳糖通过引入 β1-4 半乳糖基转移酶 1（β1-4 galactosyltransferase 1）（由 *B4GALT1* 编码）得以实现，而唾液酸则通过使用 β- 半乳糖苷 α2-6- 唾液酰基转移酶 1（β-galactoside α2-6 sialyltransferase 1）（由 *ST6GAL1* 编码），以及合成和运输胞苷一磷酸 - 唾液酸（CMP-Neu5Ac）所需的酶得以实现。这种人源化植物在多种重组糖蛋白上产生了由α2-6-唾液酸封端的二天线*N*-聚糖，而没有核心岩藻糖修饰。这些成就依赖于组合筛选策略，以确定适当的外源酶嵌合基因构建片段，从而驱动工程糖基化获得的聚糖实现结构均一化。

在植物中生产的、携带天然乏甘露糖*N*-糖基化的糖蛋白，已作为批准的药物进行使用。对于酶替代疗法，尽管有α1-3-岩藻糖和β1-2-木糖的修饰，但在胡萝卜中生产的葡萄糖脑苷脂酶（glucocerebrosidase）［药物名：阿尔法他利苷酶（taliglucerase alfa），商品名：安来舒（Elelyso）］的末端为携带有甘露糖的*N*-聚糖链，有利于靶向内源性人类甘露糖受体，并已进入临床使用。此外，不含α1-3-岩藻糖和β1-2-木糖的糖工程化本氏烟草细胞，已被用于生产治疗埃博拉病毒感染的三联抗体鸡尾酒。

56.6.2 *O*-糖基化工程

植物不具有在其他真核生物中发现的*O*-糖基化类型，但会产生具有两种独特*O*-聚糖结构的伸展蛋白（extensin）和阿拉伯半乳聚糖蛋白（arabinogalactan protein）。脯氨酰-4-羟化酶（prolyl-4-hydroxylase，P4H）家族的酶将选定的脯氨酸（Pro）残基转化为羟脯氨酸（hydroxyproline，Hyp），该位点可以被一系列酶进行阿拉伯糖基化。此外，丝氨酸（Ser）残基可以通过添加半乳糖残基进行*O*-糖基化。尽管许多脯氨酰-4-羟化酶和糖基转移酶已在不同的植物中被敲除，但尚不清楚这些修饰是否可以被完全消除而不影响植物的生存。尽管如此，通过引入必需的多肽*N*-乙酰半乳糖胺转移酶和糖链延长的酶，研究人员已将用于*O*-GalNAc糖基化的人类聚糖合成机器工程化改造到植物中，而且可能不需要尿苷二磷酸-葡萄糖/尿苷二磷酸-*N*-乙酰葡萄糖胺4-差向异构酶（UDP-Glc/UDP-GlcNAc 4-epimerase）以及尿苷二磷酸-*N*-乙酰半乳糖胺（UDP-Gal/GalNAc）转运蛋白。包括β-半乳糖苷α2-3唾液酰基转移酶1（β-galactoside α2-3 sialyltransferase 1，ST3Gal1）在内的人类核心1型*O*-聚糖生物合成和唾液酸化机器，也已被研究人员成功引入植物之中。如果与羟脯氨酸相关的问题能够得到解决，植物将提供一个颇具价值的系统，可在其中设计和利用不同类型的哺乳动物*O*-糖基化。植物中进行糖工程的一个明显亮点是在烟草细胞中联合引入14个基因，用于生产人类主要的治疗性糖蛋白——促红细胞生成素（erythropoietin，EPO），其上带有人类的唾液酸化二天线*N*-聚糖和核心1型*O*-聚糖（表56.1）。

56.7 昆虫细胞中的糖工程

昆虫细胞中的工程化涉及多种策略。两种不同的平台通常被用于蛋白质的重组表达：在杆状病毒-昆虫细胞系统（baculovirus-insect cell system）中的瞬时表达；在**草地贪夜蛾**（***Spodoptera frugiperda***）Sf9细胞或**黑腹果蝇**（***Drosophila melanogaster***）S2细胞中的组成型表达。杆状病毒-昆虫细胞平台可以通过在重组杆状病毒载体基因组或昆虫细胞系宿主基因组中加入糖基化基因而进行糖工程化。对宿主昆虫细胞系进行工程化是更为常见的策略，但通过杆状病毒载体整合多达9个糖基因，已经取得了巨大的成功（表56.1）。研究人员已经建立了Sf9昆虫细胞的CRISPR/Cas基因靶向体系，将其用于糖工程化杆状病毒蛋白表达是可行的。

56.7.1 *N*-糖基化工程

尽管昆虫细胞具有产生复杂的唾液酸化*N*-聚糖的遗传能力，但它主要产生高甘露糖型（high-mannose）

和乏甘露糖型的 N- 聚糖（图 56.1）。部分原因是用于加工糖链的 β- 己糖胺酶 FDL（β-hexosaminidase，FDL）（由 *fdl* 编码）的作用，它负责从 α1-3- 甘露糖分支上去除连接的 N- 乙酰葡萄糖胺（GlcNAc）残基；还有部分原因是 α1-6 甘露糖基 - 糖蛋白 2-β-N- 乙酰葡萄糖胺转移酶 II（α1-6 mannosyl-glycoprotein 2-β-N-acetylglucosaminyltransferase II，GlcNAcT-II，MGAT2）的活性水平较低。与植物一样，一些昆虫细胞可能会添加潜在的免疫原性核心 α1-3- 岩藻糖，并且通常不会添加末端唾液酸。然而，可通过将编码胞苷一磷酸 - 唾液酸合成酶（CMP-sialic acid synthase）和 N- 乙酰葡萄糖胺 -6- 磷酸 2′- 差向异构酶（N-acetylglucosamine-6-phosphate 2′-epimerase）的基因引入到昆虫细胞中，对糖链的唾液酸化过程进行工程化改造。为了有效地实现唾液酸化，似乎还需要一个专用的胞苷一磷酸 - 唾液酸转运蛋白。通过使用不同的策略，研究人员已经能够生产带有半乳糖基化和唾液酸封端的、二天线 N- 聚糖的糖蛋白。精准的基因编辑已被用来敲除 Sf9 和 S2 细胞中的 *fdl* 基因，以大大改善复杂 N- 聚糖的形成。

56.7.2 *O*- 糖基化工程

昆虫细胞进行的 *O*- 糖基化反应与哺乳动物细胞中的范畴基本一致（图 56.1），尽管研究人员尚未对 *O*-GalNAc 聚糖在哺乳动物中相同位点的连接程度进行探索。此外，*O*- 聚糖的加工主要限定于截短的核心 1 型结构（Tn 抗原和 T 抗原）。尽管昆虫细胞为生产带有人类 *O*- 聚糖的糖蛋白提供了一个直接的细胞工厂，但却鲜见这方面的相关研究。

56.8 哺乳动物细胞中的糖工程

尽管存在末端聚糖差异（**第 14 章**），但所有类型的糖蛋白聚糖的核心结构（图 56.1）在哺乳动物中都是高度保守的。在哺乳动物细胞中，至少已划定出 16 种不同的糖基化途径；研究人员已经生成了超过 170 种不同糖基转移酶的生物合成步骤的预测遗传调控图谱。用于糖工程的、最为流行的哺乳动物细胞系，是 60 多年前建立的中国仓鼠卵巢（CHO）细胞系。该细胞系的成功部分归功于可以轻松地分离出糖基化突变体（**第 49 章**），它也是第一种用于制造重组治疗剂的细胞，这些治疗剂具有相对简单的人类类型的末端聚糖，且不表达抗原性的非人类类型聚糖，同时不存在对聚糖的异常修饰。如**第 49 章**所述，CHO 细胞系在糖工程历史中占有重要地位，通过凝集素选择产生的 Lec 突变系（mutant line）即是最好的例证。这些具有不同糖基化基因突变的细胞系，三十余年来为科学界提供了重要的工具，并且说明了获得具有特定糖型的重组蛋白对于发现聚糖的生物学功能的重要性。

CHO 细胞可被视为糖生物学赋予生物制药领域的一份“厚礼”，在工程化 CHO 和其他哺乳动物细胞系以生产人类治疗药物等方面已经取得了重大成功（表 56.1，**第 49 章**、**第 57 章**）。然而，该领域正在经历一场革命，采用简便、有针对性且精准的基因编辑新方法，通过结合敲除和敲入事件，可以在任何哺乳动物细胞中设计几乎任何可以想象的糖基化过程。

56.8.1 *N*- 糖基化工程

哺乳动物细胞基因编辑的第一个主要成就是消除了核心 α1-6- 岩藻糖，以产生重组的免疫球蛋白 G（IgG）抗体，从而增强了与 Fcγ-IIIa 受体的结合（表 56.1）。形成二等分（bisecting）的 N- 乙酰葡萄糖胺（GlcNAc）的 β1-4 甘露糖基 - 糖蛋白 4-β-N- 乙酰葡萄糖胺转移酶（β1-4 mannosyl-glycoprotein 4-β-N-acetylglucosaminyltransferase，GlcNAcT-III）（由 *MGAT3* 编码）的过表达，导致稳定的 CHO 细胞中核心岩藻糖基化的能力高度受限，该酶已由罗氏（Roche）公司实现了商业化。第二种策略利用同源重组（homologous recombination，HR），敲除了 CHO 细胞中的两个 α1-6 岩藻糖基转移酶（α1-6 fucosyltransferase）（由 *Fut8* 编码）的等位基因。研究人员筛选了超过 10 000 个 CHO 克隆株，以鉴定出最终的敲除细胞。尽管该成就令人印象深刻，但这种费力的随机选择，限制了筛选出保留最佳生物加工过程所需属性的细胞克隆株的可能性。使用精准的基因编辑，相同的工程化过程可以被迅速地复制，为选择那些具有最佳特性的克隆株提供了充足的备选。针对抗体生产进行优化的糖工程 CHO 细胞系现已上市（Potelligent CHOK1SV，Lonza/Kyowa Kirin BioWa）。在另一个策略中，研究人员引入了鸟苷二磷酸 -6- 脱氧 -D- 来苏 -4- 己酮糖还原酶（GDP-6-deoxy-D-lyxo-4-hexulose reductase），以调控内源性产生的鸟苷二磷酸 - 岩藻糖（GDP-Fuc）的含量，并通过外源添加岩藻糖来实现岩藻糖基化的微调。

N- 聚糖的唾液酸化糖工程，一直是该领域的另一个焦点。CHO 细胞仅在 *N*- 聚糖上产生 α2-3 连接的唾液酸，而人 HEK293T 细胞（此处作为示例）则产生 α2-3 和 α2-6 连接的唾液酸混合物。人类血液中的大多数可溶性糖蛋白（包括 IgG），在 *N*- 聚糖上具有 α2-6 连接的唾液酸，并且有报道表明，唾液酸的连键可能影响免疫调节功能及循环半衰期。因此，在细胞中设计更为均一的 α2-6- 唾液酸化，一直以来都意义深远。这些努力主要局限于过表达 α 2-6 唾液酰基转移酶（α2-6 sialyltransferase），以期覆盖内源性 α2-3- 唾液酸化，但实验结果不一，说明了在具有竞争性途径的细胞中进行糖基化工程的复杂性。

一种名为 GlycoDelete 的创新糖工程策略，降低了哺乳动物 *N*- 聚糖结构固有的不均一性。缺乏 α1-3 甘露糖基 - 糖蛋白 2-β-*N*- 乙酰葡萄糖胺转移酶（GlcNAcT-I）（由 *MGAT1* 编码）的人类 HEK293T 细胞被稳定地转染，以表达一种真菌内切 -*N*- 乙酰葡萄糖胺酶（endo-*N*-acetylglucosaminidase，EndoT），该酶能有效地将 *N*- 聚糖截短至仅含有单个的 *N*- 乙酰葡萄糖胺（GlcNAc），这样的 *N*- 聚糖链是半乳糖基化和唾液酸化的受体。带有截短 *N*- 聚糖的重组抗体，对 Fcγ 受体的亲和力较低，表明这种糖工程策略可能适合与中和抗体联合使用。

研究人员通过精准的基因编辑，对 CHO 细胞中的 *N*- 糖基化途径进行了解构，以敲除 19 种糖基转移酶，包括在 *N*- 聚糖上起作用的所有 4 种 α2-3 唾液酰基转移酶（α2-3 sialyltransferase）（**图 56.3**）。将 β- 半乳糖苷 α2-3 唾液酰基转移酶 4（β-galactoside α2-3 sialyltransferase 4，ST3Gal4）（由 *St3gal4* 编码）和 β- 半乳糖苷 α2-3 唾液酰基转移酶 6（β-galactoside α2-3 sialyltransferase 6，ST3Gal6）（由 *St3gal6* 编码）的基因敲除，与 β- 半乳糖苷 α2-6 唾液酰基转移酶 1（β-galactoside α2-6 sialyltransferase 1，ST6Gal1）（由 *St6gal1* 编码）的位点特异性基因敲入相结合，产生了均一的 α2-6- 唾液酸化。对参与 *N*- 聚糖唾液酸化、半乳糖基化 /*N*- 乙酰乳糖胺形成、分支和核心岩藻糖基化的所有同工酶进行组合敲除，为改善 CHO 细胞中 *N*- 聚糖的均一性提供了设计矩阵（design matrix）。结合 5 个基因的敲除和 *St6gal1* 基因的敲入，创造了具有均一的二天线 *N*- 聚糖修饰，在其糖链末端为 α2-6- 唾液酸的糖蛋白治疗剂——促红细胞生成素（EPO）。对涉及 CHO 细胞中 *N*- 糖基化的几乎所有基因进行的更为广泛的工程化结果表明，糖基化工程几乎没有任何限制。例如，敲除用于标记选定的寡甘露糖型 *N*- 聚糖，以实现这些糖蛋白溶酶体靶向的 *N*- 乙酰葡萄糖胺 -1- 磷酸转移酶（GlcNAc-1-phosphate transferase）（由 *Gnptab* 编码），可以产生具有复合型唾液酸化聚糖的溶酶体酶，这些溶酶体酶的血液循环时间得以延长，其生物分布也有所改善。

治疗性糖蛋白的生产仍然受到糖链不均一性的影响，包括天冬酰胺（Asn）残基被糖基化后产生的变化（所占据的位点、宏观不均一性）和（或）任何一个位点成熟的聚糖结构的多样性（微不均一性）。目前通过使用高度标准化的生物加工方案确保批次间生产的可重复性来解决这一问题，但这一策略远非最佳方案。例如，不完全唾液酸化的治疗性糖蛋白，可能被肝脏无唾液酸糖蛋白受体——阿什韦尔 - 莫雷尔受体（Ashwell-Morell receptor）清除，导致治疗性糖蛋白的循环半衰期不一致（**第 34 章**）。通过过表达相

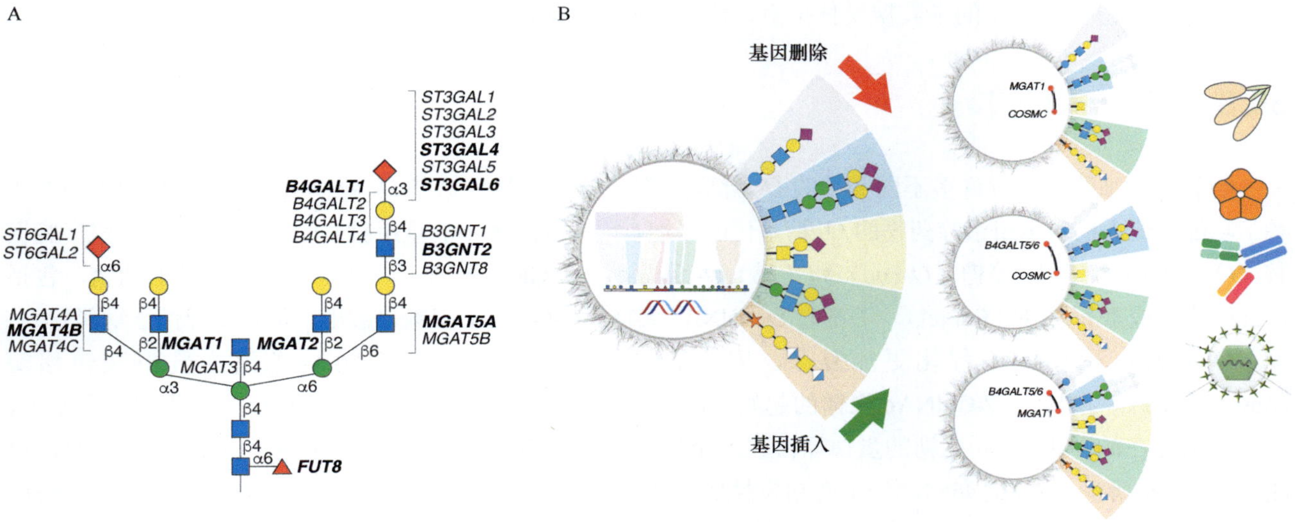

图 56.3 A. 复合型 *N*- 聚糖与负责每步反应的糖基转移酶。在中国仓鼠卵巢（CHO）细胞中，对图中所示的糖基转移酶同工酶基因的组合敲除，使得对控制 *N*- 聚糖分支（*Mgat*）、延伸（*B3gnt*，*B4galt*）和唾液酸化（*St3gal*）的主要基因（黑体字突出显示）得以鉴定。所讨论的方法同样适用于负责其他类型糖基化的糖基转移酶。B. 用遗传学方法改变细胞上不同类别聚糖表达的通用方案。糖基转移酶的基因删除、插入或激活，可用于产生等基因细胞系（isogenic cell line），这些细胞系可以在内源的表面糖复合物上显示出不同的聚糖特征。这种工程化的等基因细胞库，可用于确定凝集素、毒素、抗体或病毒的结合特异性。图中显示了选择性丢失不同类型聚糖的等基因细胞：复杂 *N*- 聚糖（基因敲除 *MGAT1*）、*O*- 聚糖（基因敲除 *C1GALT1*）和鞘糖脂（基因敲除 *B4GALT5/6*）。

关的唾液酰基转移酶，以及抑制或敲除宿主细胞中的内源性唾液酸酶，研究人员在改善唾液酸化方面已经做出了巨大的努力。蛋白质特异性的糖基化模式和不均一性则更加难以控制。

非人哺乳动物细胞系可以产生两种免疫原性非人类聚糖：添加到 *N*- 乙酰乳糖胺上的 α1-3- 半乳糖（α1-3Gal）；添加到半乳糖或 *N*- 乙酰半乳糖胺上的 *N*- 羟乙酰神经氨酸（Neu5Gc）（**第 14 章**、**第 15 章**）。负责该催化过程的 α1-3 半乳糖基转移酶（α1-3 galactosyltransferase）和胞苷一磷酸 -*N*- 乙酰神经氨酸水解酶（CMP-*N*-acetylneuraminic acid hydrolase）基因，在人类中没有活性。尽管 CHO 细胞中不产生 α1-3- 半乳糖和 *N*- 羟乙酰神经氨酸，但作为预防措施，这两个基因都已被敲除。即便如此，从细胞培养中使用的动物糖蛋白中捡拾（scavenge）获得的 *N*- 羟乙酰神经氨酸，也可能会出现在表达的糖蛋白中，因此，使用缺乏非人类糖蛋白的特定培养基也很有必要。在对哺乳动物细胞系进行工程化时必须考虑到一点，即糖基化能力是通过可使用的酶基因子集的表达来驱动的，但未表达的基因也可能会被激活。因此，细胞特异性糖基化特征通常受到转录调控，而非受到突变或基因畸变所控制。对源自原始 CHO-K1 细胞系的 5 种不同的 CHO 生产细胞系中所有已知的糖基化基因进行分析发现，尽管存在严重的染色体改变，但没有发现明显的有害突变或基因的丢失。这表明必须考虑哺乳动物细胞系中所有已知的糖基因，以制定恰当的糖工程策略。

对 CHO 细胞的糖基化能力进行工程化，也使得治疗药物的生物偶联（bioconjugation）更加均一。例如，治疗药物可以与聚乙二醇（polyetheylene glyol，PEG）链进行化学偶联，以延长循环半衰期，但难以直接在糖蛋白中的特定位点上进行化学偶联。研究人员已经开发出一种生产后（postproduction）的酶促聚糖修饰策略，该策略涉及重组糖蛋白的去唾液酸化，然后通过唾液酰基转移酶，在体外将修饰的（聚乙二醇化的）*N*- 乙酰神经氨酸（以其胞苷一磷酸类似物的形式）转移到暴露的半乳糖 /*N*- 乙酰半乳糖胺（Gal/GalNAc）残基上。尽管当催化底物为多天线的 *N*- 聚糖时会发生不均一修饰，但该过程仍在已批准的药物上获得了使用授权。CHO 细胞现已经过工程化改造，可产生单天线未唾液酸化的 *N*- 聚糖，从而规避不均一性，同时保留多个暴露的半乳糖受体位点，用于唾液酸 - 聚乙二醇化（sialo-PEGylation）。

56.8.2 *O*- 糖基化工程

哺乳动物细胞可进行许多不同类型的 *O*- 糖基化（**图 56.1**），尽管这些 *O*- 糖基化发挥了多样而重要的生物学功能，但人们对重组治疗药物的 *O*- 糖基化的兴趣有限。临床使用的重组凝血因子带有 *O*-*N*- 乙酰半乳糖胺（*O*-GalNAc）、*O*- 岩藻糖（*O*-Fuc）和（或）*O*- 葡萄糖（*O*-Glc）聚糖，而许多其他已批准的药物，包括促红细胞生成素和恩利（Enbrel）[①]等都有 *O*-GalNAc 聚糖。*O*-GalNAc 聚糖也被用于位点特异性生物偶联。

O-GalNAc 聚糖的工程化更加复杂，因为有多达 20 种同工酶［多肽 *N*- 乙酰半乳糖胺转移酶（ppGalNAcT）］指导了 *O*-GalNAc 聚糖的起始。因此，综合考量细胞系中这些酶库可能十分重要。理论上，一个天然存在的、带有 *O*- 聚糖的蛋白质，在一个特定的**生产细胞系（production cell line）**中表达时，可能不会被 *O*- 糖基化；反之亦然。一个有启发性的例子是重要的高磷酸盐因子（phosphaturic factor）——成纤维细胞生长因子 23（fibroblast growth factor 23，FGF23），它是用于治疗与**高磷血症（hyperphosphatemia）**相关的先天性缺陷患者的潜在药物，需要 *O*-GalNAc 聚糖才能发挥活性。CHO 和 HEK293 细胞中的多肽 *N*- 乙酰半乳糖胺转移酶库，已经通过 *GALNT* 基因的敲除和敲入进行了广泛的工程化改造，揭示了哺乳动物细胞对 *O*- 糖基化能力丧失所表现出的适应性。

56.9 糖科学中的糖工程

细胞系的糖工程具有巨大潜力，有望解决糖科学中许多尚未满足难题。如前所述，CHO Lec、Ldl、Pgs 和 Pig 等突变细胞系（**第 12 章、第 49 章**）通过提供明确的糖基化异变，使得研究聚糖的功能作用成为可能，被研究人员使用了数十年。例如，具有 MGAT1 缺陷的 CHO 和 HEK293T 突变细胞，已被广泛用于生产适合于结晶研究的、具有均一 *N*- 聚糖的重组蛋白。

此外，在整个生物体内，以糖基化基因为靶标，提供了对糖基化的重要性的深度见解，并揭示了特定糖基化基因的生物学功能（**第 41 章**）。然而，由于糖基化的细胞类型调控和生物组织（tissue）中出现的细胞异质性，发现特定聚糖的不同生物学功能和涉及多细胞生物的分子机制变得非常复杂。以上细胞系有助于回答某些特定问题，并为面向整个生物体的研究提供补充。

精准的基因编辑为获得糖工程细胞系和设计探测聚糖功能的新策略提供了广阔的机会。*O*- 聚糖延伸的截短被用于产生均一的简单 *O*- 糖蛋白质组（SimpleCell 策略），这使得人类细胞系的 *O*-GalNAc 和 *O*- 甘露糖（*O*-Man）糖蛋白质组的富集与精准描绘成为可能。开发仅在一个糖基转移酶基因上有差异的同源细胞系，可以进行比较研究以探索特定聚糖或糖基化途径的功能。例如，通过靶向 Cosmc 分子伴侣（**第 10 章**），对 *O*-GalNAc 聚糖进行截短操作，可诱导人类非转化（nontransformed）角质形成细胞（keratinocyte）的致癌特征（增殖、生长和侵袭行为）。鉴于截短 *O*- 聚糖（如 Tn 抗原，唾液酸化 Tn 抗原）在癌症中经常过表达，这是一个有趣的发现。具有全面糖基化工程的大型等基因细胞文库（isogenic cell library）可用于基于细胞的聚糖阵列，对于研究细胞表面天然环境中的聚糖结合非常有用。该策略已扩展到器官型组织模型（organotypic tissue model），用于解析不同类型的糖复合物（糖脂、*N*- 聚糖、*O*-GalNAc、*O*-Fuc、*O*-Glc 聚糖）在人体组织形成中更为复杂的功能。

---

① 即注射用依那西普（Etanercept），为用于类风湿关节炎和强直性脊柱炎的生物药。

一种相关的方法是利用糖工程来发现微生物和病毒感染所需的宿主聚糖。在一项使用**拉沙病毒**（**Lassa virus**）与单倍体细胞系结合的、令人印象深刻的研究中，使用病毒抗性选择和转录激活因子样效应物核酸酶（TALEN）介导的基因敲除相结合的方法，研究人员鉴定并验证了可以与拉沙病毒结合的、延长基质蛋白聚糖（matriglycan）上的 *O*- 甘露糖聚糖合成所需要的大量糖基因。

56.10 未来展望

由于精准基因编辑的高效率，细胞的糖工程已经进入了一个可以被描述为“乐高玩具”的阶段。整个糖基化机制，可以在各种细胞类型中被解构和重建。细胞对糖基化途径的工程化表现出显著的可塑性，仅有少数糖基化酶对体外细胞的生长至关重要。哺乳动物细胞生存所需的基本功能是 *N*- 糖基化的初始步骤（**第 9 章**）和细胞核 / 细胞质的 *O*-GlcNAc 修饰（**第 19 章**）。除此以外，细胞中基本上所有的糖基化途径都可以通过基因手段进行解构。通过引入完全外来的酶，以创造性的方式组合糖基化途径的工程设计，可以用来生产新的聚糖用于研究。

开发大规模的糖基化筛选和发现策略并非毫无可能。CRISPR/Cas9 编辑工具特别适用于多重筛选策略，并且基于慢病毒的全基因组敲除文库，已被用于筛选导致生物学功能改变的突变。尽管敲降策略已成功筛选出多种生物体（蠕虫、果蝇、青蛙和斑马鱼）中糖基因的生物学功能，但由于敲降效率低，这些策略在哺乳动物细胞中通常效果不明显。现在可以在细胞系中应用**全糖基因组**（**whole-glycogenome**）筛选策略，来探测和剖析糖基化的作用。这些工具极大地丰富了在该领域中剖析结构与功能关系时的可选手段。

糖工程细胞系和经过验证的靶向构建体（敲除、敲入和突变），包括用于筛选的文库，将成为重要的研究资源，推动糖科学领域的发展，有助于在生物学中更为广泛地传播和整合糖科学。具有所有类型糖基化细微差异的、工程化的大型等基因细胞库，可用于不同的检测方法（不限于结合）来解析聚糖的功能。将该领域扩展到器官型组织模型，可以提供更为深入的见解。生产具有多种聚糖的糖蛋白的能力，为不同糖型的无偏见测试开辟了道路，也为确定治疗用途的最佳设计提供了机会。聚糖可以被定制设计，例如，提高均一性、体循环时间、靶向至选定的器官或刺激免疫。

然而需要注意，虽然通过基因敲除进行糖工程相当直接，但如果需要在细胞中实现插入多个基因的强大的复杂糖基化能力，仍然需要进行大量的工作。就这一点而言，哺乳动物细胞中内源基因的激活可能提供了一种解决方案。基因编辑技术引发了糖科学领域的一场革命，我们才刚刚开始看到在细胞和生物体中操纵糖基化，以及在治疗性糖蛋白和生物制剂中利用糖工程的全新可能性。

最后，利用细菌作为蛋白质生产的反应器，其成熟的能力与成本效益，现在正被用于产生订制的糖蛋白。在这个快速发展的领域中，还有很多东西需要探索，发展潜力巨大。

致谢

感谢凯瑟琳娜·斯汀霍夫特（Catherina Steenhoft）对本章先前版本的贡献，并感谢珍妮·莫蒂默（Jenny Mortimer）的有益评论及建议。

延伸阅读

Wacker M, Linton D, Hitchen PG, Nita Lazar M, Haslam SM, North SJ, Panico M, Morris HR, Dell A, Wren BW, et al. 2002. N-linked glycosylation in Campylobacter jejuni and its functional transfer into E. coli. *Science* **298**: 1790-1793.

Hamilton SR, Gerngross TU. 2007. Glycosylation engineering in yeast: the advent of fully humanized yeast. *Curr Opin Biotechnol* **18**: 387-392.

Malphettes L, Freyvert Y, Chang J, Liu PQ, Chan E, Miller JC, Zhou Z, Nguyen T, Tsai C, Snowden AW, et al. 2010. Highly efficient deletion of FUT8 in CHO cell lines using zinc-finger nucleases yields cells that produce completely nonfucosylated antibodies. *Biotechnol Bioeng* **106**: 774-783.

North SJ, Huang HH, Sundaram S, Jang-Lee J, Etienne AT, Trollope A, Chalabi S, Dell A, Stanley P, Haslam SM. 2010. Glycomics profiling of Chinese hamster ovary cell glycosylation mutants reveals N-glycans of a novel size and complexity. *J Biol Chem* **285**: 5759-5775.

Baker JL, Celik E, DeLisa MP. 2013. Expanding the glycoengineering toolbox: the rise of bacterial N-linked protein glycosylation. *Trends Biotechnol* **31**: 313-323.

Bosch D, Castilho A, Loos A, Schots A, Steinkellner H. 2013. N-glycosylation of plant-produced recombinant proteins. *Curr Pharm Des* **19**: 5503-5512.

Merritt JH, Ollis AA, Fisher AC, DeLisa MP. 2013. Glycans-by-design: engineering bacteria for the biosynthesis of complex glycans and glycoconjugates. *Biotechnol Bioeng* **110**: 1550-1564.

Strasser R, Altmann F, Steinkellner H. 2014. Controlled glycosylation of plant-produced recombinant proteins. *Curr Opin Biotechnol* **30**: 95-100.

Castilho A. 2015. Glyco-engineering. Preface. *Methods Mol Biol* **1321**: v-vii.

Laukens B, De Visscher C, Callewaert N. 2015. Engineering yeast for producing human glycoproteins: where are we now? *Future Microbiol* **10**: 21-34.

Laukens B, De Wachter C, Callewaert N. 2015. Engineering the Pichia pastoris N-glycosylation pathway using the GlycoSwitch technology. *Methods Mol Biol* **1321**: 103-122.

Yang Z, Wang S, Halim A, Schulz MA, Frodin M, Rahman SH, Vester-Christensen MB, Behrens C, Kristensen C, Vakhrushev SY, et al. 2015. Engineered CHO cells for production of diverse, homogeneous glycoproteins. *Nat Biotechnol* **33**: 842-844.

Dabelsteen S, Pallesen EMH, Marinova IN, Nielsen MI, Adamopoulou M, Rømer TB, Levann A, Andersen MM, Ye Z, Thein D, et al. 2020. Essential functions of glycans in human epithelia dissected by a CRISPR-Cas9-engineered human organotypic skin model. *Dev Cell* **54**: 669–684.

Schjoldager KT, Narimatsu Y, Joshi HJ, Clausen H. 2020. Global view of human protein glycosylation pathways and functions. *Nat Rev Mol Cell Biol* **21**: 729–749.

Narimatsu Y, Büll C, Chen YH, Wandall HH, Yang Z, Clausen H. 2021. Genetic glycoengineering in mammalian cells. *J Biol Chem* **296**: 100448.

第 57 章

生物技术和制药工业中的聚糖

彼得 · H. 西伯格（Peter H. Seeberger），达龙 · I. 弗里德伯格（Darón I. Freedberg），理查德 · D. 卡明斯（Richard D. Cummings）

57.1 聚糖作为小分子药物的成分 / 737
57.2 治疗性糖蛋白 / 738
57.3 糖基化工程 / 740
57.4 代谢疾病的聚糖治疗方法 / 741
57.5 糖胺聚糖的治疗应用 / 743
57.6 糖质营养素 / 743
57.7 聚糖作为疫苗成分 / 744
57.8 阻断疾病中的聚糖识别 / 745
57.9 抗聚糖抗体对输血和移植的排斥作用 / 746
致谢 / 747
延伸阅读 / 747

基于分离或合成的聚糖，或改变其表达和识别所获得的药剂，已经产生了几类成功的商业产品。本章总结了聚糖作为疫苗和治疗剂的用途，还讨论了聚糖模拟物作为药物的应用。

57.1 聚糖作为小分子药物的成分

许多众所周知的小分子药物，如抗生素和抗癌治疗剂，都是以聚糖作为其核心结构的一部分和（或）作为糖侧链（即糖苷）的天然产物。图 57.1 显示了一些带有聚糖侧链的现代天然产物的示例。尽管许多天然产物，[如众所周知的洋地黄（digitalis）] 是糖基化的，但天然产物化学这个成熟的领域，在此不作详细回顾。经过修饰的聚糖产生了合成药物，如流感病毒神经氨酸酶（influenza virus neuraminidase）的小分子抑制剂（**第 55 章**）。最近在对碳水化合物 - 蛋白质相互作用的功能理解方面所取得的进展，促进了**拟糖体（glycomimetics）**的开发，这是一类全新的小分子药物，将在下文进行简要介绍。

57.1.1 理性药物设计——流感病毒神经氨酸酶的小分子抑制剂

流感病毒有两种主要的表面蛋白，即**血凝素（hemagglutinin）**和**神经氨酸酶（neuraminidase）**（见**第 34 章**）。血凝素通过与细胞表面唾液酸的结合来启动感染过程。神经氨酸酶通过切割唾液酸来协助病毒的释放，以防止新合成的病毒在细胞表面不必要的滞留。在入侵阶段，神经氨酸酶也可以通过去除可溶性黏蛋白上的唾液酸来发挥作用，否则会抑制细胞表面结合。由于神经氨酸酶对病毒的生命周期至关重要，因此，基于该酶的晶体结构，设计产生了扎那米韦（zanamivir）[商品名瑞乐沙（Relenza）]。在先前已知的神经氨酸酶抑制剂——2- 脱氧 -2,3- 脱氢 -*N*- 乙酰神经氨酸（2-deoxy-2,3-dehydro-*N*-acetylneuraminic acid）的 C-4 处添加较大的胍基侧链，显著增加了对流感神经氨酸酶的亲和力，而不影响宿主细胞的神经氨酸

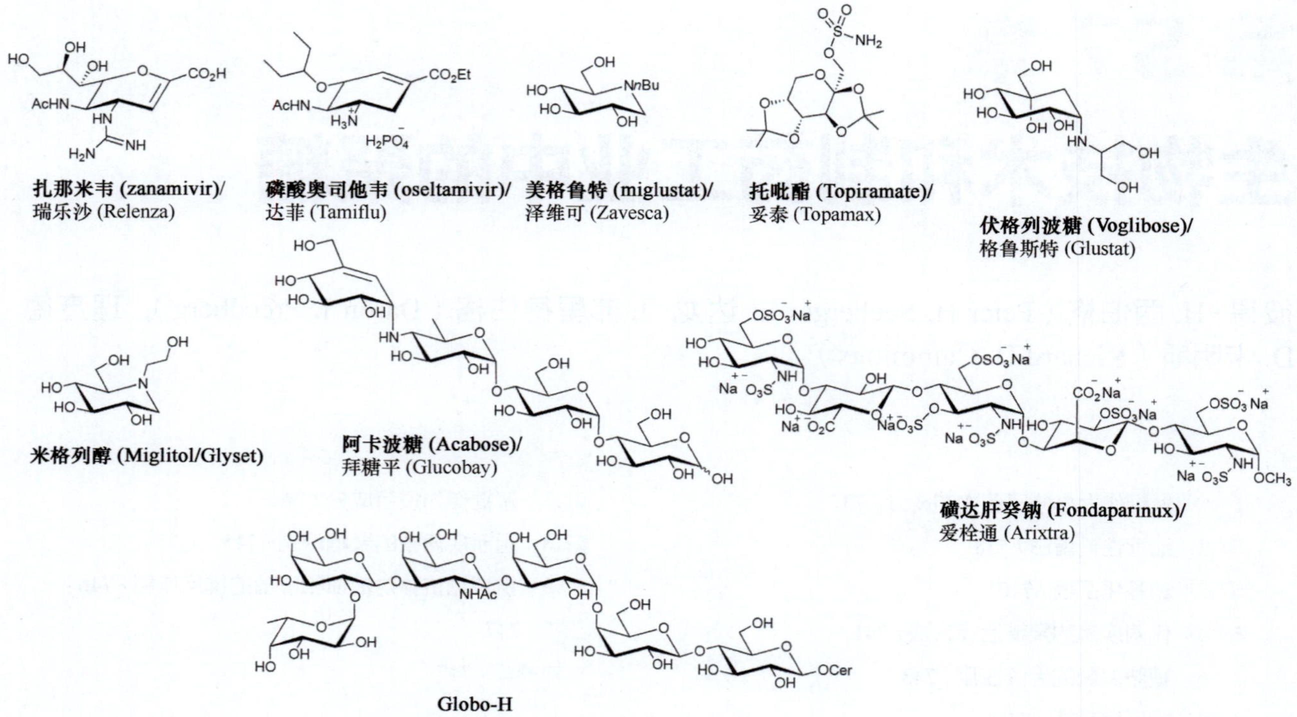

图 57.1　碳水化合物类药物示例。扎那米韦和磷酸奥司他韦是神经氨酸酶抑制剂，用于预防流感感染。美格鲁特用于治疗I型戈谢病。托吡酯是一种抗癫痫药物，已被批准用于减肥治疗。伏格列波糖是一种α-葡萄糖苷酶抑制剂，用于降低糖尿病患者的血糖水平。米格列醇和阿卡波糖是用于控制2型糖尿病的口服药物。磺达肝癸钠是一种合成肝素，用作抗凝剂。Globo-H最近作为乳腺癌疫苗，未能通过III期临床试验。缩写：神经酰胺（Cer）。

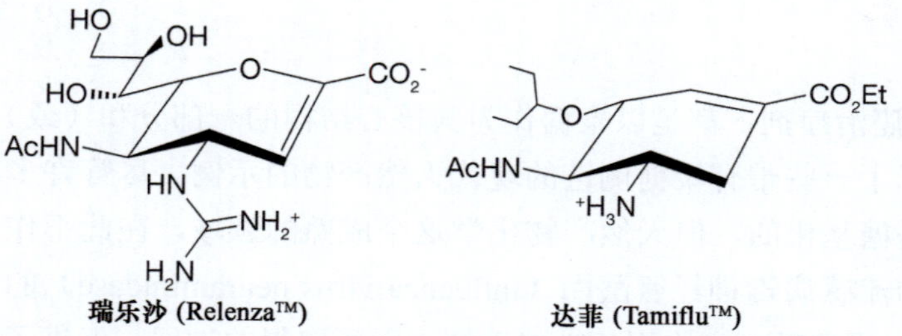

图 57.2　合成的流感神经氨酸酶抑制剂瑞乐沙和达菲。

酶（**图 57.2**，**第 55 章**）。瑞乐沙通过在感染的早期阶段阻断病毒的传播并随后预防感染，从而阻断流感病毒的生命周期。由于口服效果不佳，必须吸入瑞乐沙才能在上呼吸道黏膜感染的部位发挥作用。由于使用方便，口服药物奥司他韦（oseltamivir）[商品名达菲（Tamiflu）]也能达到相同的效果，并因此占据了大部分市场。

对**禽流感病毒**（**avian influenza virus**）扩散到人群中的恐惧，一度促使人们囤积达菲。幸运的是，迄今为止还没有必要对该药物进行广泛使用。达菲的开发是基于聚糖的理性药物设计的一个教科书式的范例，它产生了一种对抗极具破坏力的疾病的强大药物。

57.2　治疗性糖蛋白

大多数生物治疗产品是糖蛋白，包括促红细胞生成素（erythropoietin，EPO）、各种其他细胞因子、抗体、糖基转移酶和糖苷酶。这类分子每年在全球范围内的销售额可达数百亿美元。治疗性糖蛋白或聚糖加工 / 识别蛋白，通常在细胞培养体系中重组产生，或是在转基因动物的乳汁中产生，后一种情况比较罕见。

在这些药物的开发过程中，对糖基化的控制非常重要，因为它们的聚糖链对完整生物体的稳定性、活性、抗原性和药效学具有显著影响。通常必须对糖基化进行优化，以确保延长血液中的循环半衰期。操纵聚糖以促进靶向特定组织和细胞类型，也是药物设计中的一个有用元素。

57.2.1 优化治疗性糖蛋白的聚糖以延长血清半衰期

促红细胞生成素是迄今为止最成功的生物技术产品。它是一种循环细胞因子，可与促红细胞生成素受体（erythropoietin receptor）结合，诱导骨髓中红系祖细胞（erythroid progenitor）的增殖和分化。促红细胞生成素被用于治疗化疗后的骨髓抑制，或治疗缺乏促红细胞生成素（如肾功能衰竭）所引起的贫血。天然和重组形式的促红细胞生成素上携带了三个唾液酸化复合型 *N*- 聚糖和一个唾液酸化 *O*- 聚糖。尽管去糖基化的促红细胞生成素的活性与完全糖基化分子的体外活性相当，但它在体内的活性却降低了约 90%，因为糖基化不良的促红细胞生成素，在肾脏中可以被迅速地过滤清除。唾液酸不足的促红细胞生成素，也可以被肝细胞和巨噬细胞中的半乳糖受体快速清除（**第 31 章**）。完全唾液酸化的糖链合并增加的四天线聚糖链分支减少了这些问题，并使得促红细胞生成素在体内的活性提高了近 10 倍。*N*- 糖基化位点的添加也可以增加体内的半衰期和活性。将聚乙二醇与蛋白质共价连接，亦会降低肾脏的清除率。

促红细胞生成素并不寻常，因为它小到足以在糖基化不足时被肾脏清除。对于大多数糖蛋白治疗药物而言，更重要的考量是通过确保聚糖的完全唾液酸化来最大限度地减少可结合半乳糖的肝脏受体所带来的清除效应。聚糖极大地影响了这些药物的疗效，因此，考虑到监管部门对批次间产品一致性的要求，在生产过程中控制糖基化至关重要。培养液 pH 的变化、前体和营养物质的可供应量，以及各种生长因子和激素的存在与否，都会影响糖基化程度、分支程度和唾液酸化的完整性。由死亡细胞分泌或释放的唾液酸酶和其他糖苷酶，也可以降解培养基中先前完整的产物。随着生物仿制药（biosimilar）或糖蛋白仿制药的出现，这些问题引起了激烈的争论。聚糖分析和测序的努力，部分源自对于成分证明的客观需要。

57.2.2 糖基化对生物治疗药物许可和专利性的影响

为新疗法申请专利，通常是基于要求保护的分子中的物质组成。具有确定结构的小分子和非糖基化蛋白质，很容易通过这种方式获得专利。然而糖蛋白，尤其是那些具有多个糖基化位点的糖蛋白，导致几乎不可能获得仅包含单一糖型（glycoform）的制剂。关于糖基化治疗药物的示例，参见**表 57.1**。因此，大多数生物治疗性糖蛋白，实际上由各种糖型的混合物组成。认证机构允许糖型和混合物的复杂性存在一定范围内的变化。然而，制造商和机构必须就特定药物配方这一变化的可接受程度达成一致。因此，一旦获得许可机构的批准，生物制药公司会花费大量精力来确保他们的产品落在这些规定范围内。重新生产复杂糖型混合物的固有困难，也使得制造非专利形式的重组糖蛋白药物变得更为复杂。鉴于在哺乳动物细胞中生产糖治疗剂的复杂性，许可机构将糖型组成的一致性作为控制生产过程质量的间接衡量标准。糖基化的差异，可能会对多肽部分保持恒定不变的药剂的专利性产生影响。显著的糖基化差异，已经被用于定义药物的独特性。然而通常有必要表明，所要求的糖基化差异在改变有关药物的功能方面，需要具有相应的显著影响。相关的药品许可和法律问题正在迅速发展，以紧跟该领域发展的步伐。

表 57.1 基于聚糖的药物、这些药物的目标疾病和作用方式示例

药物	来源	目标疾病	作用方式
靶向唾液酸			
扎那米韦（瑞乐沙）	Biota/ 葛兰素史克（GlaxoSmithKline）	A 型和 B 型流感	抑制神经氨酸酶
奥司他韦（GS4104，达菲）	吉利德（Gilead）/ 罗氏（Roche）	化学预防	抑制神经氨酸酶
靶向糖胺聚糖			
肝素	多个品牌	抗凝剂；可能具有预防癌症转移的作用	激活抗凝血酶；抑制乙酰肝素酶和选凝素，阻断生长因子和硫酸乙酰肝素之间的相互作用
透明质酸（HA）	多个品牌	眼科手术；骨关节炎；整形外科	组织间隙填充物；抗炎剂
拉罗尼酶（laronidase）/ 艾而赞（Aldurazyme）	健赞（Genzyme）	黏多糖贮积症 I 型（MPS I）；α- 艾杜糖苷酶缺乏症	酶替代疗法
半乳硫酶（galsulfase）/ 那加硫酶（Naglazyme）	拜玛林（Biomarin）	黏多糖贮积症 VI 型（MPS IV）；芳基硫酸酯酶 B 缺乏症	酶替代疗法
透明质酸酶 /Cumulase	奥洛兹美（Halozyme）	体外受精；正在开发作为癌症化疗的佐剂	降解卵母细胞周围的透明质酸，改善受精；降解肿瘤中的透明质酸，以降低瘤内压力
ALZ-801	III 期试验（Alzheon, Inc.）	淀粉样蛋白病、阿尔茨海默病和可能的其他淀粉样蛋白病	与淀粉样斑块结合，阻止其形成
靶向鞘糖脂			
N- 丁基脱氧野尻霉素（DNJ）/ 美格鲁特 / 泽维可	Acetelion①	戈谢病 1 型；C 型尼曼 - 皮克病；迟发性泰 - 萨克斯病；戈谢病 3 型	底物减少疗法；抑制葡萄糖神经酰胺合成酶
伊米苷酶（imiglucerase）/ 思而赞（Cerezyme）	健赞	戈谢病 1 型	酶替代疗法
β- 阿加糖酶（β-agalsidase）/ 法布瑞酶（Fabrazyme）	健赞	法布里病；α- 半乳糖苷酶 A 缺乏症	酶替代疗法
其他			
阿卡波糖 / 拜糖平	拜耳（Bayer）	2 型糖尿病	阻断参与膳食聚糖消化的肠道 α- 葡萄糖苷酶
阿糖苷酶 α（alglucosidase alfa）/ 美而赞（Myozyme）	健赞	蓬佩病（糖原贮积症）；α- 葡萄糖苷酶 A 缺乏症	酶替代疗法
阿洛氨菌素（allosamidin）	工业研究	杀虫剂	壳多糖酶抑制剂

注：表中未包括针对微生物聚糖的化合物，如氨基糖苷类抗生素或其他细胞壁组装抑制剂。

文献来源：修改并更新自 Brown JR，Crawford BE，Esko JD. 2007. *Crit Rev Biochem Mol Biol* 24：481-515.

57.3 糖基化工程

一个动物细胞系可以产出的生物治疗性糖蛋白是有限的。当需要非常大量的特定糖蛋白时，产能将成为一个问题。在植物或酵母中进行糖蛋白生产颇具吸引力，但有必要消除由植物和真菌细胞的非人类（nonhuman）聚糖所引发的风险，这些聚糖可能引起过快的清除和（或）抗原反应。许多植物和酵母聚糖

① 该公司已经于 2017 年并入强生（Johnson & Johnson）旗下的杨森制药公司（Janssen Pharmaceutical Company）。

具有免疫原性，若不经肠道给药，在人体中会引发聚糖特异性免疫球蛋白 E（immunoglobulin E，IgE）和免疫球蛋白 G（immunoglobulin G，IgG）抗体的产生。研究人员已经将多种哺乳动物基因引入酵母和（或）对产生非人类糖基化的基因进行消除。广泛工程化的酵母菌株，能够利用人类唾液酸 *N*- 乙酰神经氨酸（Neu5Ac）产生二天线的 *N*- 连接聚糖，但此类酵母菌株的生产能力通常较低。研究人员目前正在努力对酵母进行工程化，以制造类似于人类的 *O*- 聚糖。

植物、藻类及昆虫细胞系也已被用于重组糖蛋白的工程化。与酵母一样，植物产生的聚糖与脊椎动物中发现的聚糖不同。如果用于局部或口服给药，在植物中产生的重组糖蛋白中出现的抗原差异，不会产生非常严重的后果，因为人类通常会在饮食中接触植物聚糖。植物细胞的生产成本远低于动物细胞培养体系，并且不需要动物血清。在糖基化方面，对植物进行人源化处理，可能会产出非免疫原性的糖蛋白。研究人员已经开发了从头合成整个糖蛋白的化学方法，并且通过全合成制备了单一糖型的促红细胞生成素。鉴于糖蛋白合成的复杂性，这些工艺的放大具有挑战性，也是一个活跃而密集的研究领域（**第 49 章**）。

57.4 代谢疾病的聚糖治疗方法

57.4.1 补救途径与从头合成

细胞聚糖合成所需的所有单糖，都可以通过代谢过程中的相互转化，从葡萄糖中获得（**第 4 章**）。此外，单糖可以来自饮食或从降解的聚糖中回收补救（salvage），不同来源的相对贡献可能因细胞类型而异。例如，尽管所有哺乳动物细胞都使用唾液酸，但只有一些细胞含有大量的尿苷二磷酸 -*N*- 乙酰葡萄糖胺差向异构酶 /*N*- 乙酰甘露糖胺激酶（UDP-GlcNAc epimerase/*N*-acetylmannosamine kinase，GNE），这是从头（*de novo*）合成鸟苷一磷酸 - 唾液酸（CMP-Sia）所必需的。但从降解的聚糖中回收唾液酸非常高效，减少了对从头合成途径的需求。类似地，半乳糖、岩藻糖、甘露糖、*N*- 乙酰葡萄糖胺和 *N*- 乙酰半乳糖胺都可以来自饮食，或被回收用于聚糖合成，而葡萄糖醛酸、艾杜糖醛酸和木糖则不能。所有来源于饮食的单糖或降解的聚糖，都可以分解代谢为能量，而且细胞对不同途径的依赖程度也有所不同。

这些途径的不同贡献，对某些疾病的治疗很重要。**先天性糖基化障碍 Ib 型（congenital disorder of glycosylation type Ib，CDG-Ib）**患者，由于缺乏磷酸甘露糖异构酶（phosphomannose isomerase），从口服甘露糖补充剂中获益匪浅，从而规避了葡萄糖衍生的甘露糖 -6- 磷酸（mannose 6-phosphate）供应不足的问题。少数**先天性糖基化障碍 IIc 型（congenital disorder of glycosylation type IIc，CDG-IIc）**患者中存在岩藻糖转运蛋白缺陷，并已接受了岩藻糖治疗，以恢复白细胞上的唾液酸化 Lewis x（sialyl Lewis x）的合成（**第 42 章**）。一些**克罗恩病（Crohn's disease）**患者在口服 *N*- 乙酰葡萄糖胺补充剂后，临床症状有所改善，但其机制尚不清楚。缺少 GNE 活性的小鼠会出现肾衰竭，但在饮食中提供 *N*- 乙酰葡萄糖胺可以防止这种结果。使用 *N*- 乙酰葡萄糖胺治疗 GNE 缺陷的**遗传性包涵体肌病 II 型（hereditary inclusion body myopathy type II，HIBM-II）**患者的临床试验已经进行，但尚未取得结论性成果。

57.4.2 特殊饮食

一些单糖和二糖可能对缺乏特定分解代谢酶的人产生毒性。例如，缺乏果糖醛缩酶（fructoaldolase）即醛缩酶 B（aldolase B）的人，会积累果糖 -1- 磷酸（fructose-1-phosphate），最终导致 ATP 耗竭并破坏糖原代谢。这些人长期接触果糖可能是致命的，限制含有果糖的饮食对此类患者至关重要。半乳糖代谢能力不足（**第 4 章**）主要是由于半乳糖 -1- 磷酸尿苷基转移酶（galactose-1-phosphate uridyl transferase）活性严重降低，导致**半乳糖血症（galactosemia）**。虽然这些患者在出生时没有症状，但摄入牛奶会导致呕吐和腹泻、白内障、肝脏肿大，甚至新生儿死亡。低半乳糖或不含半乳糖的饮食可以预防这些危及生命的症状，但不能预防不明原因的长期并发症，包括语言和学习障碍，以及女性半乳糖血症患者的卵巢衰竭。

婴儿可以很好地水解吸收乳糖（Galβ1-4Glc），但由于儿童期后乳糖酶（lactase）基因表达的下调，催化分解乳糖的肠道乳糖酶水平在成人中可能低得多或完全消失。大约 2/3 的人类有乳糖酶不耐受（lactase nonpersistence），使奶制品成为饮食中的烦恼。未被吸收的乳糖提供了渗透负荷，并被结肠细菌代谢，引起腹泻、腹胀、胀气和恶心。乳糖酶的续存性（persistence）在欧洲西北部、印度和非洲的某些牧民群体中已经进化，因此可以在成年后饮用牛奶。然而，许多成年人仍需避免食用含有乳糖的食物，或者使用乳糖酶片来改善乳糖的消化。

57.4.3 底物减少疗法

由过多的糖苷水解酶驱动的溶酶体降解如果无法成功转化聚糖，将给溶酶体贮积病患者带来严重的问题。单个溶酶体酶或其运输的缺陷，将导致这些酶的底物在细胞内的包涵体中形成病理性积累（**第 41 章**）。治疗此类疾病的方法之一是抑制初始聚糖的合成，这是一种称为**底物减少疗法（substrate reduction therpy，SRT）**的策略。减少初始化合物的合成，会降低受损酶的负荷，使一些患者表现出显著的临床改善。用于底物减少疗法的小分子药物是 *N*- 丁基脱氧野尻霉素（*N*-butyldeoxynojirimycin，*N*-butyl-DNJ）[药品名：美格鲁特（miglustat），商品名：泽维可（Zavesca）]，它于 2002 年被批准用于治疗**戈谢病（Gaucher disease）**，即葡萄糖脑苷脂酶缺乏症。

57.4.4 溶酶体酶替代疗法

另一种治疗溶酶体贮积病的方法是**酶替代疗法（enzyme replacement therapy，ERT）**。与大多数同细胞表面的靶标受体相互作用的治疗性糖蛋白不同，为替代疗法开发的溶酶体酶，必须在细胞内被递送至溶酶体，即它们的作用位点。在溶酶体酶的正常生物合成过程中，它们的 *N*- 聚糖被甘露糖 -6- 磷酸（Man-6-P）残基修饰，利用甘露糖 -6- 磷酸受体将它们靶向至溶酶体（**第 30 章**）。酶替代疗法的挑战是使酶正确地靶向溶酶体，在那里它们可以降解积累的底物。戈谢病的酶替代疗法，通过细胞表面甘露糖受体靶向巨噬细胞的溶酶体（**第 31 章**）。四种重组酶产品，即伊米苷酶（imiglucerase）（1995 年获批）、维拉苷酶（velaglucerase）（2010 年获批）、阿尔法他利苷酶（taliglucerase alfa）[商品名：安来舒（Elelyso），2012 年获批] 和依利格鲁司特（eliglustat）[商品名：高雪嘉（Cerdelga），2014 年获批] 均已上市，用于治疗戈谢病。

葡萄糖脑苷脂酶治疗策略的成功，刺激了溶酶体酶的发展，以治疗其他溶酶体贮积病，如**法布里病（Fabry disease）**、**I 型、II 型和 VI 型黏多糖贮积症（mucopolysaccharidose type I，II，VI）**和**蓬佩病（Pompe disease）**。替代疗法显然具有有益效果并能延长寿命，但价格极其昂贵。

57.4.5 分子伴侣疗法

第三种治疗溶酶体贮积病的方法利用了这样一个事实，即一些遗传缺陷导致了所编码的酶在内质网中形成了错误折叠。其中一些酶的低分子质量竞争性抑制剂可以充当**分子伴侣（chaperone）**，稳定内质网中折叠的酶，从而有效地挽救突变，增加溶酶体中活性酶的稳态浓度。抑制剂的剂量必须仔细调整，以确保对酶功能的抑制作用不会掩盖对折叠的增益作用。仅仅需要较低水平的酶功能恢复，就可以显著减少未被水解的聚糖底物的积累，这表明溶酶体水解酶通常具有远超其含量的催化活性。

57.5　糖胺聚糖的治疗应用

与开发基于糖蛋白的治疗方法相比，使用纯化的聚糖作为治疗剂，所受到的关注相对较少。由于存在大量的立体中心和官能团，现有制剂的药代动力学不甚理想，化合物的口服吸收不佳，与药物靶点的亲和力相互作用较低，并且在建立结构 - 活性关系方面存在困难，以上因素都限制了使用纯化的聚糖作为治疗剂的开发。一些成功的聚糖药物，如抗凝血剂**肝素（heparin）**，是通过注射给药的，研究人员正在努力通过将肝素与带正电荷的分子复合，从而将肝素转化为口服可吸收的形式。也许有可能以这种方式递送其他亲水性和（或）带负电荷的聚糖药物，从而穿透肠道屏障。聚糖有时也被偶联在疏水性药物上，以提高药物的溶解度和穿越生物膜进入细胞的能力，并改变其药代动力学。

如**第 16 章**、**第 43 章**和**第 46 章**所述，抗凝血剂肝素是当今最广泛使用的处方药之一。肝素结合并激活抗凝血酶（antithrombin），这是一种凝血级联（coagulation cascade）的蛋白酶抑制剂。抗凝血酶的激活导致凝血酶和凝血因子 Xa（factor Xa）的快速抑制，从而停止纤维蛋白凝块的产生。通过对猪小肠进行自消化（autodigestion）可以生产出数十亿剂量（数吨）的肝素，再对产品进行分级分馏（graded fractionation）。未分级的肝素（即普通肝素）会产生不同的抗凝反应，因为它也与多种血浆、血小板和内皮蛋白结合。低分子质量（low-molecular-weight，LMW）肝素是通过化学或酶法裂解肝素，形成更小的片段而获得的。各种低分子质量肝素的药理特性和相对疗效，都优于普通肝素，而且有报道称继发性并发症也较少。低分子质量肝素已经取代了普通肝素，成为几乎所有发达国家首选的治疗药物。在对价格敏感的市场中，未分级产品仍然被大量使用。基于肝素生物合成酶的重组肝素的制备仍处于开发阶段。爱栓通（Arixtra）是一种合成的肝素五糖，它与抗凝血酶的结合方式同所分离出的肝素完全一样，可用于预防深静脉血栓的形成和肺栓塞，尽管它的成本较高，但近年来已经赢得了市场份额。

为了防止过度出血，需要快速中和肝素。用与肝素结合的碱性蛋白质鱼精蛋白（protamine）进行给药，中和其活性，最终可导致肾脏和肝脏清除该复合物。肝素还被用于治疗**蛋白质丢失性肠病（protein-losing enteropathy，PLE）**，可能是通过对促炎的、能够与肝素结合的细胞因子进行竞争性结合而发挥其作用，这些细胞因子在易感患者中引发了蛋白质丢失性肠病（**第 43 章**）。

透明质酸（hyaluronan）是一种天然存在的糖胺聚糖（**第 15 章**），被广泛用于外科手术中。由于具有黏弹性，透明质酸具有润滑和缓冲的特性，可用于在眼部手术期间保护角膜内皮。透明质酸在手术后的伤口愈合中也很有用，其作用机制尚不清楚，但可能涉及介导细胞黏附的透明质酸结合蛋白（hyaluronan-binding protein）（**第 15 章**）。关节内注射透明质酸，可用于治疗膝关节和髋关节骨关节炎。用透明质酸治疗的患者症状适度改善，可能是源自其机械效应（作为黏性补充剂）和（或）生物效应（通过信号转导途径）的综合结果。透明质酸还被大量用作美容医学中的组织填充物。

57.6　糖质营养素

糖质营养素（glyconutrient）是营养补充剂行业中使用的一个术语，用于描述他们的一些产品，对其潜在的益处广而告之。在大多数情况下，这些说法并未明确通过结果可量化的安慰剂对照和双盲试验来证实。该领域需要投入大量工作来深入了解膳食聚糖对人类健康的潜在作用，并帮助消费者就其使用与否做出明智的决定。

植物多糖的混合物，如落叶松树皮阿拉伯半乳聚糖（arabinogalactan）和葡甘露聚糖（glucomannan）

等，通常也被称为糖质营养素，声称含有“细胞通讯所需的必需单糖”。由于所有的单糖都可以在体内由葡萄糖生成（罕见遗传性缺陷的患者除外；**第 42 章**），因此其他的单糖实际上没有一种是“必需的”。此外，阿拉伯半乳聚糖和葡甘露聚糖在胃或小肠中不会被降解为可用的单糖。相反，结肠中的厌氧细菌会将它们代谢，产生短链脂肪酸。没有经过同行评议的临床研究支持这种糖质营养素对任何疾病或病症的疗效。尽管如此，以下示例展示了膳食聚糖如何产生了有益的效果。

57.6.1　葡萄糖胺和硫酸软骨素

葡萄糖胺（通常与硫酸软骨素混合）已被推广用于缓解骨关节炎的症状，其中涉及年龄依赖性的关节软骨侵蚀。软骨在骨骼之间提供缓冲，以最大限度地减少机械损伤，当软骨的降解速率超过合成速率时，会出现软骨的净损失。葡萄糖胺可以改善骨关节炎症状并部分恢复膝关节中被侵蚀的软骨结构的说法仍存在争议。从表面上看，这似乎颇有见地，因为软骨的主要聚糖包括透明质酸（**第 15 章**）和硫酸软骨素，二者的结构中都含有己糖胺（**第 16 章**）。然而，兽医们在使用葡萄糖胺治疗动物多达二十年后，方才报告获得积极的研究结果。

硫酸软骨素对骨关节炎的积极作用尚未得到充分证明，目前仍不清楚酸性硫酸软骨素聚合物如何被吸收并输送到其预期的作用部位。

57.6.2　口香糖中的木糖醇和山梨糖醇

一些研究表明，含有糖醛醇（sugar alditol），［如木糖醇（xylitol）和山梨糖醇（sorbitol）］的口香糖，可以帮助控制龋齿的发展。这些还原糖的益处似乎源于对唾液流量的刺激，以及通过抑制葡萄糖基转移酶（glucosyltransferase）产生了抗菌作用，其机理是**变异链球菌**（***Streptococcus mutans***）采用该糖基转移酶阻断了葡萄糖的利用。木糖醇还能抑制巨噬细胞促炎性细胞因子（proinflammatory cytokine）的表达和分泌，并抑制**牙龈卟啉单胞菌**（***Porphyromonas gingivalis***）的生长，该菌是牙周病的可疑肇因之一。

57.6.3　人乳寡糖

人乳含有约 70 g/L 的乳糖和 5 ～ 10 g/L 的游离寡糖。研究人员已鉴定出 130 多种不同的聚糖种类，在其还原端具有乳糖结构，包括聚 -*N*- 乙酰乳糖胺（poly-LacNAc）单元。一些聚糖被 α2-3- 和（或）α2-6- 唾液酸化，并且（或者）以 α1-2、α1-3 和（或）α1-4 连键进行岩藻糖基化。相比之下，作为人类婴儿配方奶粉的典型组分，牛奶中岩藻糖寡糖（fucose oligosaccharide）的含量要少得多。这些差异可能解释了母乳喂养婴儿与配方奶喂养婴儿相比所具有的一些生理优势。聚糖也可以有利于非致病性双歧杆菌（nonpathogenic bifidogenic microflora）的生长和（或）阻止导致感染和腹泻的病原体的黏附。令人惊讶的是，大量人乳寡糖在婴儿的肠道中几乎未被消化，而是完整地排泄到尿液中。在婴儿配方奶粉中补充特定的、具有生物活性的游离聚糖是否能够增强婴儿健康，目前尚无定论。

57.7　聚糖作为疫苗成分

57.7.1　微生物疫苗

仅由聚糖成分组成的多糖疫苗，通常会引起较差的免疫响应，尤其是在婴儿中。由于聚糖是不依赖于 T 细胞的抗原，因此它们不能有效地刺激辅助 T 细胞（T helper cell）依赖性的 B 细胞激活及其介导的免疫类别转换。事实证明，由聚糖与载体蛋白偶联而成的**结合疫苗（conjugate vaccine）**非常有效。目前市场上有三种主要的结合疫苗。① **B 型流感嗜血杆菌（*Haemophilus influenzae* type b，Hib）**在幼儿中引起急性下呼吸道感染，而幼儿则是 B 型流感嗜血杆菌感染的高危人群。随后，1985 年推出的 Hib 多糖疫苗于 1988 年退出市场，取而代之的是荚膜多糖（capsular polysaccharide，CPS）- 蛋白结合疫苗制剂。Hib 衍生寡糖与蛋白质载体偶联后的复合形式，成为了常规疫苗接种计划的一个成功的组成部分，以至于在接种疫苗的人群中几乎根除了由这种细菌引起的传染病。②在古巴上市的第一个半合成糖结合疫苗 QuimiHib，含有平均长度为 16 个单糖残基的聚糖链。研究人员已经开发出肺炎球菌结合疫苗，以覆盖越来越多的血清型，目前的配方是 10 价（Synflorix，葛兰素史克）和 13 价（Prevnar 13，辉瑞）。Prevnar 13 提供了对多种血清型的保护，这些血清型占全球侵袭性肺炎球菌疾病病例的 70% 以上，因而是最为畅销的疫苗，2019 年收入为 60 亿美元。③预防**脑膜炎奈瑟菌（*Neisseria meningitidis*）**的结合疫苗在市场上也非常成功。由于脑膜炎球菌感染发病快速，进展迅速，因此需要接种疫苗来预防这种疾病。几种荚膜多糖结合疫苗已在世界不同地区获得许可，如四价血清群（serogroup）A、C、W 和 Y（Menactra、Menveo 和 Nimenrix）和一些基于血清群 C 荚膜多糖的单价疫苗（Meningitec、Menjugate、NeisVac-C）。目前有两种针对脑膜炎奈瑟菌和 B 型流感嗜血杆菌（Hib）的联合疫苗，分别针对脑膜炎球菌血清群 C/Y（MenHibrix）和脑膜炎球菌血清群 C（Menitorix）。一种单价血清群 A 疫苗（MenAfriVac）则在非洲撒哈拉以南的脑膜炎地带被广泛地使用。

目前，研究人员正在开发几种基于合成寡糖抗原的新疫苗，以保护儿童和老年人免受各种细菌感染。用于预防越来越多的、由具有抗生素耐药性的**艰难梭菌（*Clostridium difficile*）**和**肺炎克雷伯菌（*Klebsiella pneumoniae*）**所引起的医院获得性感染的疫苗，正在进行临床前评估。

57.7.2 癌症疫苗

几种基于碳水化合物的癌症疫苗，正处于治疗癌症的不同开发阶段。目前研究人员正在探索存在于某些类型癌细胞上的神经节苷脂免疫原，如黑色素瘤中的神经节苷脂 GM2 和 GD2，以及乳腺癌中的 Globo H。近二十年来，针对癌症黏蛋白上发现的较短的聚糖序列，如唾液酸化 Tn（Nou5Acα2-6GalNAcα-）的治疗策略几乎没有取得任何进展（**第 44 章**）。与乳腺癌和前列腺癌抗原结构类似的、通过合成获得的 Globo H 六糖（**图 57.1**）已进入Ⅲ期临床试验，但未能获得上市批准。进一步的人体临床试验正在进行中。目前在临床前评估中，并未对免疫功能受损的患者进行主动免疫，而是探索使用人源化抗聚糖抗体（被动免疫）进行免疫过程。

57.8 阻断疾病中的聚糖识别

57.8.1 阻断感染

正如**第 34 章**所述，许多微生物和毒素，通过识别特定的聚糖配体与哺乳动物组织结合。因此，小型可溶性聚糖或拟糖体，可用于阻断微生物和毒素在细胞表面的初始附着（或是阻断它们的释放），从而预防或抑制感染。由于许多生物体都是通过呼吸道或肠道自然进入，因此，基于聚糖的药物可以直接递送，无需全身分布。乳寡糖是婴儿肠道感染的天然拮抗剂（见上文）；糖基化聚合物能够阻断病毒（如流感）

的结合。尽管有强有力的科学依据和强大的体外研究支持，但这种“抗黏附”或“分子模拟”疗法还没有得到太多实际应用。

57.8.2 抑制选凝素介导的白细胞迁移

当特定的聚糖 - 蛋白质相互作用导致了选择性的细胞 - 细胞相互作用，并由此产生疾病时，使用天然配体的小分子拟糖体进行给药，是一种有效的干预手段。选凝素（selectin）介导的中性粒细胞和其他白细胞被招募到炎症或缺血 / 再灌注损伤的部位，涉及血管系统中特定的选凝素 - 聚糖相互作用（**第 31 章**、**第 46 章**）。由于口服利用率差、血清半衰期短，所以唾液酸化 Lewis x（sialyl Lewis x）四糖衍生物的应用并不成功。而拟糖体药物保留了母体四糖的基本功能，但消除了不需要的极性官能团及合成上较为烦琐的聚糖成分，因此获得了成功。图 57.3 显示了从唾液酸化 Lewis x 开始的单糖拟糖体的设计。首先，唾液酸残基被带电荷的乙醇酸基团取代；然后，*N*- 乙酰葡萄糖胺残基被乙二醇连接子（linker）取代；最后，半乳糖残基被一段连接子取代。所得拟糖体具有与唾液酸化 Lewis x 相当的 E 选凝素结合亲和力。

以 E 选凝素、P 选凝素和 L 选凝素为靶标的 GMI-1070，作为镰状细胞危象的治疗方法，在Ⅲ期临床试验中产生了令人信服的结果，目前正在进一步研究之中。

57.9 抗聚糖抗体对输血和移植的排斥作用

多种聚糖，包括经典的 A 血型和 B 血型决定簇，都可能成为输血和器官移植的障碍(**第 13 章**、**第 46 章**)。之所以会发生对不匹配的血液或器官的排斥，是因为宿主具有预先存在的、针对聚糖表位的高滴度抗体，

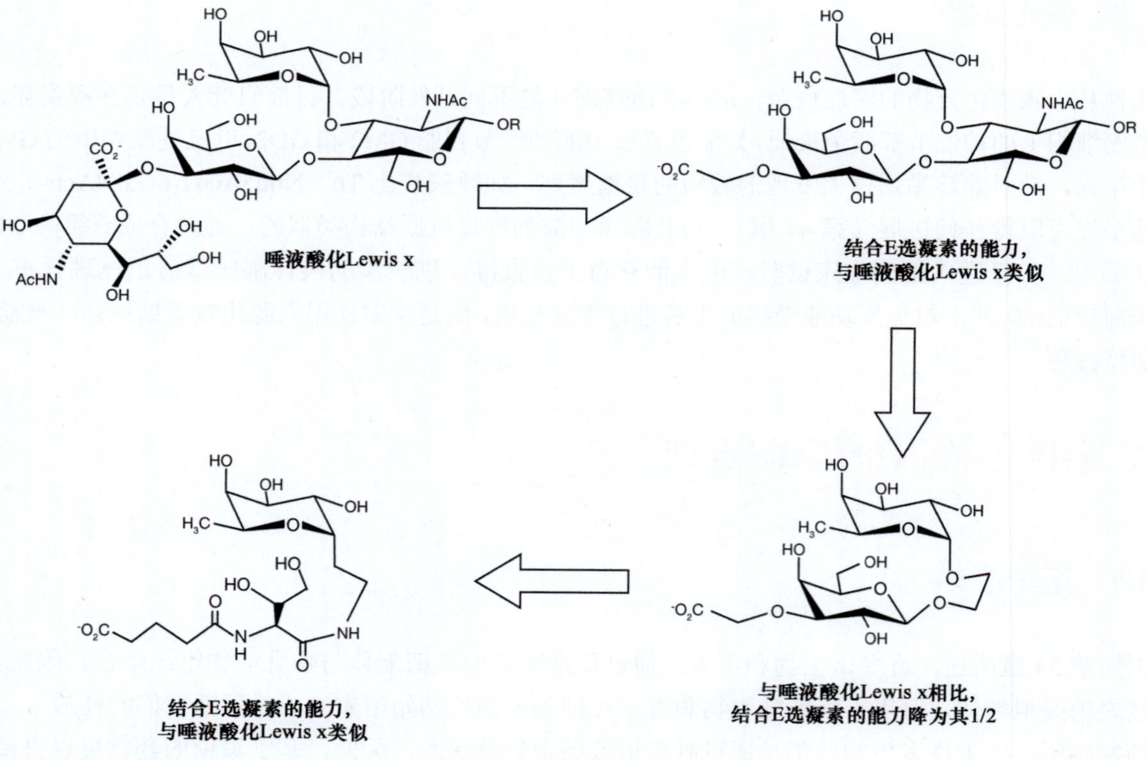

图 57.3 基于唾液酸化 Lewis x 的拟糖体 E 选凝素抑制剂。

这可能是先前对细菌或其他微生物上发现的相关结构的免疫反应。就 ABO 血型情况而言，不相容通常通过血液和组织配型，以及为受血者寻找合适的捐献者来处理。细菌酶可以在体外去除 A 型和 B 型红细胞中的 A 血型和 B 血型决定簇，将它们转化为通用供体，即 O 型红细胞。

在**异种移植**（**xenotransplantation**）即物种之间的器官移植中，也存在着相关的问题，研究人员正在积极寻求将异种移植作为解决人体器官短缺的解决方案。首选的动物供体是猪，因为猪的许多器官在大小、生理学和解剖学上都与人类的器官类似。然而，与人类和某些其他灵长类动物不同，猪和大多数其他哺乳动物在糖蛋白和糖脂上产生末端 α- 半乳糖（α-Gal）表位。由于人类血液中天然存在着针对该表位的高滴度抗体，因此通过抗体与血管内皮细胞的反应，将导致猪器官移植的超急性排斥反应。阻止这种反应的尝试包括：通过聚糖亲和柱过滤血液以去除异种反应性抗体；通过注入可溶性竞争性寡糖来阻断相互作用。研究人员还生产了缺乏反应性表位的转基因猪，并且生产了在细胞表面上具有过量补体控制蛋白的动物。猪的器官也含有高水平的非人类唾液酸——*N*- 羟乙酰神经氨酸（Neu5Gc），大多数人类都有针对该唾液酸的抗体。即使这个问题得到解决，人类和猪之间还存在着其他聚糖和蛋白质结构的差异，会导致后期的移植排斥，因此必须进行免疫抑制。

致谢

感谢莫滕 · 塞森 - 安德森（Morten Thaysen-Andersen）的有益评论及建议。

延伸阅读

Kunz C, Rudloff S, Baier W, Klein N, Strobel S. 2000. Oligosaccharides in human milk: structural, functional, and metabolic aspects. *Annu Rev Nutr* **20**: 699-722.

Gomord V, Chamberlain P, Jefferis R, Faye L. 2005. Biopharmaceutical production in plants: problems, solutions and opportunities. *Trends Biotechnol* **23**: 559-565.

Joshi L, Lopez LC. 2005. Bioprospecting in plants for engineered proteins. *Curr Opin Plant Biol* **8**: 223-226.

Pastores GM, Barnett NL. 2005. Current and emerging therapies for the lysosomal storage disorders. *Expert Opin Emerg Drugs* **10**: 891-902.

Beck M. 2007. New therapeutic options for lysosomal storage disorders: enzyme replacement, small molecules and gene therapy. *Hum Genet* **121**: 1-22.

Brown JR, Crawford BE, Esko JD. 2007. Glycan antagonists and inhibitors: a fount for drug discovery. *Crit Rev Biochem Mol Biol* **42**: 481-515.

Eklund EA, Bode L, Freeze HH. 2007. Diseases associated with carbohydrates/glycoconjugates. In *Comprehensive glycoscience* (ed. Kamerling JP, et al., editors.), Vol. 4, pp. 339-372. Elsevier, New York.

Hamilton SR, Gerngross TU. 2007. Glycosylation engineering in yeast: the advent of fully humanized yeast. *Curr Opin Biotechnol* **18**: 387-392.

Schultz BL, Laroy W, Callewaert N. 2007. Clinical laboratory testing in human medicine based on the detection of glycoconjugates. *Curr Mol Med* **7**: 397-416.

von Itzstein M. 2007. The war against influenza: discovery and development of sialidase inhibitors. *Nat Rev Drug Discov* **6**: 967-974.

Schnaar RL, Freeze HH. 2008. A“glyconutrient sham”. *Glycobiology* **18**: 652-657.

Ernst B, Magnani JL. 2009. From carbohydrate leads to glycomimetic drugs. *Nat Rev Drug Discov* **8**: 661-677.

Wilson RM, Dong S, Wang P, Danishefsky SJ. 2013. The winding pathway to erythropoietin along the chemistry-biology frontier: a success at last. *Angew Chem Int Ed Engl* **52**: 7646-7665.

Bonam SR, Wang F, Muller S. 2019. Lysosomes as a therapeutic target. *Nat Rev Drug Discov* **18**: 923-948.

Seeberger PH. 2021. Discovery of semi-and fully-synthetic carbohydrate vaccines against bacterial infections using a medicinal chemistry approach. *Chem Rev* **121**: 3598-3626.

Smith BAH, Bertozzi CR. 2021.The clinical impact of glycobiology: targeting selectins, Siglecs and mammalian glycans. *Nat Rev Drug Discov* **20**: 217-243；244.

第 58 章

纳米技术中的聚糖

玛蒂娜·德尔比安科（Martina Delbianco），本杰明·G. 戴维斯（Benjamin G. Davis），彼得·H. 西伯格（Peter H. Seeberger）

58.1 简介 / 749
58.2 糖纳米材料的类型和应用 / 750
58.3 无机纳米颗粒 / 750
58.4 碳基糖纳米材料 / 753
58.5 糖树枝状聚合物 / 754
58.6 基于多糖的纳米材料 / 755
58.7 诊断和治疗中的糖纳米材料 / 756
58.8 结论 / 757
致谢 / 757
延伸阅读 / 757

纳米材料提供了可调节的化学和物理特性，如电子特性、光子特性和磁性。用聚糖修饰纳米材料，可以提高溶解度和生物相容性并降低细胞毒性，同时允许多价聚糖呈现在纳米材料的表面。鉴于**多价性（multivalency）**在糖生物学中的核心作用，糖基化的纳米材料是研究细胞、组织和生物体相互作用的有趣探针。纯粹由聚糖组成的纳米材料，如多糖纳米颗粒或纳米晶体，是有趣的显像剂、药物递送系统和组织支架（tissue scaffold），说明了聚糖在纳米技术中的潜力。

58.1 简介

糖蛋白和糖脂是天然的糖复合物，它们利用碳水化合物 - 蛋白质或碳水化合物 - 碳水化合物的相互作用，参与细胞通讯、炎症和免疫应答。某些聚糖序列是癌症、哮喘和糖尿病等疾病的特征性标志物。其分子机制的阐明，需要能够模拟聚糖呈现在细胞表面的工具。

单个蛋白质与碳水化合物的相互作用，通常具有低**亲和力（affinity）**和广泛的特异性，使得对于聚糖功能的描述变得复杂。自然界利用多价相互作用来增强特异性。生物分子上碳水化合物残基的数量和呈现形式，是配体与细胞表面受体结合**亲合力（avidity）**的主要决定因素。从单价到多价的转变，通常与亲和力 / 亲合力的较大变化有关，这表明存在阈值效应，在某些情况下还存在着协同性。

为了阐明这些机制，聚糖必须在更接近细胞尺度的场景中进行展示，纳米技术从埃（angstrom，Å）移动到纳米范围，即 $10^{-10}\sim10^{-7}$ m，提供了在这些尺度上创建、操作和表征结构的工具。

在各种支架（scaffold）上携带多个碳水化合物拷贝的大型糖复合物，如**糖树枝状聚合物（glycodendrimer）**或**糖聚合物（glycopolymer）**，已被用于探究碳水化合物 - 蛋白质的相互作用。研究人员已经开发出一些具有固有的高表面 / 体积比的**聚糖纳米材料（glyconanomaterial）**，以获取更大的接触表面积并探索多价效应。纳米材料在糖科学中的集成，已经实现了生物医学应用，如药物输送系统、显像剂、诊断平台，或通过生物模拟进行操作的精确传感工具。糖科学和纳米技术之间的进一步合作，将提高我们对糖生物学的理解。

58.2 糖纳米材料的类型和应用

基于金属颗粒、半导体或碳基支架的糖纳米材料，利用了纳米尺度下独特的物理特性，例如，在大尺寸中看不到的催化特性、光子特性、电子特性或磁特性。纳米材料中的聚糖部分确保了水溶性、在水和生物缓冲液中出色的稳定性、生物相容性、结构多样性，以及被动和主动靶向等特性，因此产生了可以展示出多价聚糖的生物相容性纳米材料，用于传感和药物输送应用。

研究人员还开发了完全基于多糖的纳米制剂。诸如壳聚糖（chitosan）、右旋糖酐（dextran）、透明质酸和肝素等多糖，已经产生了用于制药的、基于多糖的**纳米颗粒（nanoparticle，NP）**，具有卓越的生物相容性和生物降解性。与合成聚合物相比，基于多糖的纳米颗粒的额外优势是低毒性、低成本和易于化学修饰。这些糖纳米材料目前被用于药物输送和组织工程，在电子器件方面的应用也正在兴起之中。

58.3 无机纳米颗粒

基于无机纳米结构和生物分子的混合材料，是纳米技术研究的主要焦点。氧化铁、贵金属和半导体纳米颗粒可作为合成支架，使聚糖多聚化并增强对受体的亲和力（图 58.1）。这些混合材料的物理特性，如磁性或荧光特性，已经在传感、递送和成像等方面产生了应用。

58.3.1 金纳米颗粒

独特的光电特性和简便的化学修饰，使**金纳米颗粒（gold nanoparticle，AuNP）**成为监测生物结合事件的重要工具。对金纳米颗粒进行聚糖功能化处理，产生了具有高水溶性 / 分散性和生物相容性的材料。金纳米颗粒中电子的集体振荡（等离子体）与入射电磁辐射之间的共振，产生**局域表面等离子体共振（localized surface plasmon resonance，LSPR）**。金表面等离子体带（plasmon band）的共振频率位于可见光区域（400 ～ 750 nm），从而产生颜色效应。较高的表面积 / 体积比，导致更高的局域表面等离子体共振灵敏度和颜色变化，使金纳米颗粒成为极具价值的分析报告分子。

通过柠檬酸钠还原金盐，并用封端剂进行表面改性，可产生金纳米颗粒。通过调整反应条件，可以调整金纳米颗粒的尺寸、形状和形态，从而使颗粒获得近红外（near-infrared，NIR）光谱响应。利用金纳米颗粒局域表面等离子体共振进行的碳水化合物 - 凝集素比色分析，通常使用 10 nm 的颗粒，这些颗粒用被简单单糖或二糖修饰的硫醇 - 聚（乙二醇）［thiol-poly(ethylene glycol)，thiol-PEG］进行封端。金纳米颗粒 - 蓖麻凝集素（*Ricinus communis* agglutinin，RCA_{120}）或金纳米颗粒 - 霍乱毒素，能够诱导产生可逆的颜色变化。

直接可视化是生物学中一个极具吸引力的特征。稳定的胶体金（colloidal gold）最早由法拉第（Faraday）在 1857 年报道，但直至 20 世纪 70 年代才被应用于生物学，当时使用免疫金染色（immunogold staining）方法，通过**透射电子显微镜（transmission electron microscope，TEM）**观察微生物。用甘露糖基化的金纳米颗粒进行免疫金染色，使研究人员能够探测巨噬细胞介导的内吞作用中的补体激活和调理作用等过程。由于甘露糖基化的金纳米颗粒能够靶向**大肠杆菌（*Escherichia coli*）** 1 型菌毛（pili）甘露糖特异性受体，因此通过透射电子显微镜可以对碳水化合物 - 蛋白质相互作用进行可视化。

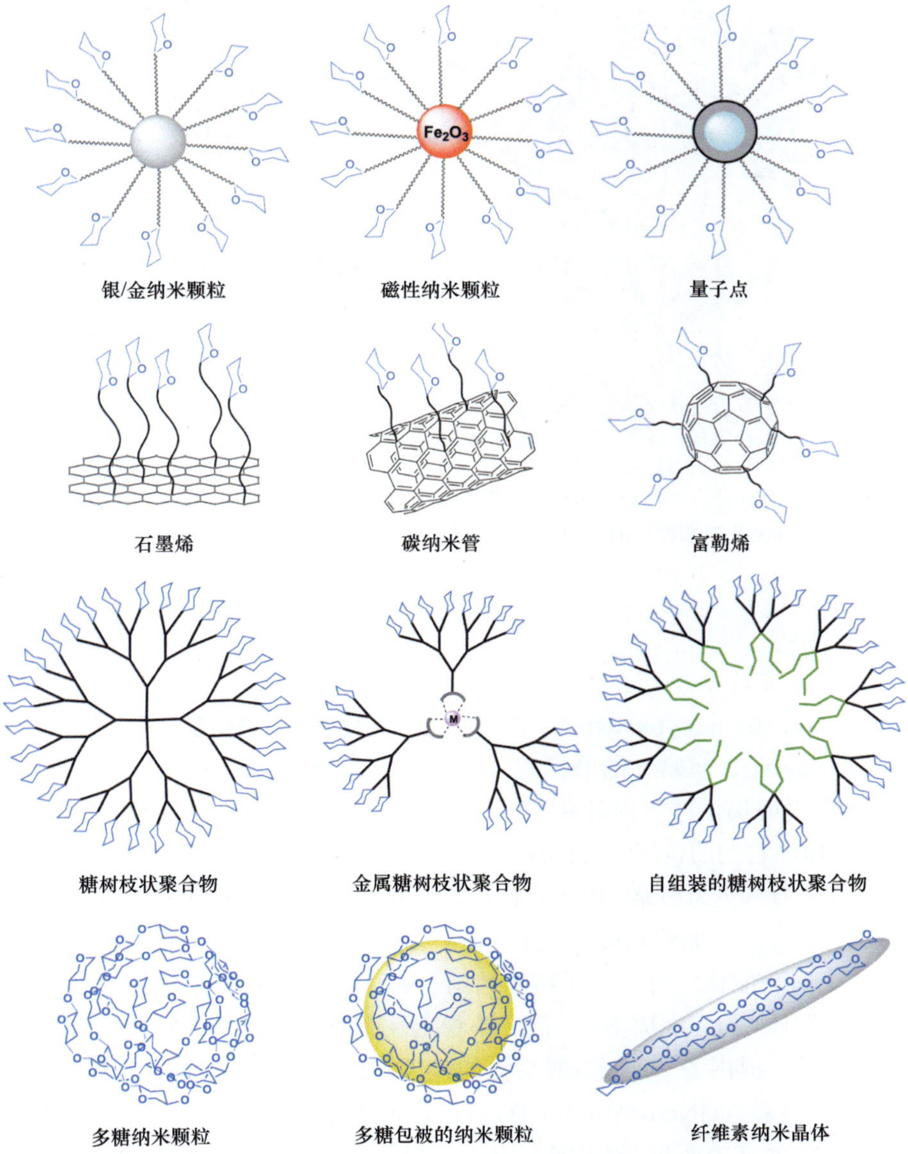

图 58.1 通过将聚糖偶联到不同的纳米材料表面而产生的不同类型的聚糖纳米材料。

在糖基化硫醇配体的存在下还原金盐，可以制备非常小的金糖纳米颗粒（gold glyconanoparticle）（图 58.2）。配体密度和组成可以被精确地调整。这些糖纳米颗粒保留了配体的化学特性，并且可以通过紫外 - 可见（ultraviolet-visible，UV-Vis）光谱、红外（infrared，IR）光谱、元素分析、核磁共振（nuclear magnetic resonance，NMR）、透射电子显微镜和 X 射线光电子能谱（X-ray photoelectron spectroscopy）进行方便的表征。

较小的糖簇缺少局域表面等离子体共振带，但可以通过透射电子显微镜进行观察。金纳米颗粒的可视化有助于直观地证明一些先前具有争议的微弱效应。例如，Lewis x（Le^x）聚糖修饰的金纳米颗粒，为 Ca^{2+} 介导的糖 - 糖相互作用的存在提供了可视化的证据，并被用于探索糖介导的海绵细胞自组装的潜在机制。

小型金糖纳米颗粒有助于阐明多价碳水化合物识别的机理，已被用作预防黑色素瘤转移的抗黏附剂、候选疫苗，以及用于细胞和分子成像。

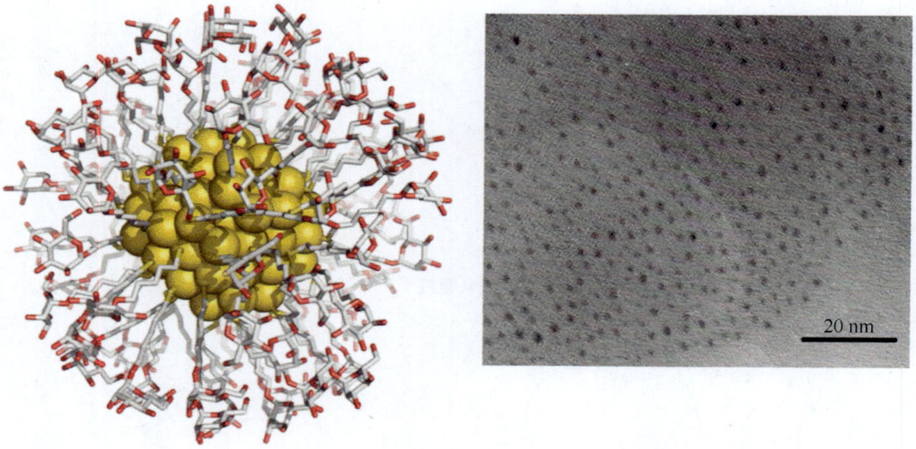

图 58.2 左图是由 102 个金原子形成的、直径 2 nm 的金糖纳米颗粒的计算机模型表示，其上包覆了 44 分子的 5- 巯基戊基 -α-D- 吡喃甘露糖苷；右图是该金糖纳米颗粒的透射电子显微镜图像。

58.3.2 磁性纳米颗粒

磁性纳米颗粒（magnetic nanoparticle，MNP）包括氧化铁和氧化锰纳米颗粒，是用于**磁共振成像（magnetic resonance imaging，MRI）**的**造影剂（contrast agent）**。磁共振成像可以通过使用射频（radio frequency，RF）诱导的电磁场，产生内部断层组织图像；磁性纳米颗粒对该场信号的调制，即所谓的造影（contrast），有助于检测它们的位置。在临床实践中，钆配合物通常用作磁共振成像的造影剂。磁性纳米颗粒 - 生物分子杂合体通常更为敏感，因为它们可以装载相同配体的多个拷贝，以实现更好的受体靶向。多模态成像可以通过附加标签（如荧光染料）来实现，这些标签提供了额外的检测模式。

磁性纳米颗粒的表面功能化，对于分子特异性结合和分子磁共振成像至关重要。抗体因其卓越的特异性而被广泛用作靶向配体，但存在成本高、因热不稳定性而寿命较短等问题，且存在着潜在的免疫原性。结构明确的配体（如聚糖）提供了一种颇具吸引力的替代方案。

糖修饰的磁性纳米颗粒（Glyco-MNP），通过成功模拟炎症过程中白细胞的募集来检测早期疾病（图 58.2）。通过利用它们的高表面积 / 体积比的优势，糖修饰的磁性纳米颗粒可以展示多个寡糖的拷贝，从而提高结合相互作用的多价性。经唾液酸化 Lewis x（sialyl Lewis x，SLe^x）四糖功能化的磁性纳米颗粒，可以成功地靶向 E 选凝素 /P 选凝素。值得注意的是，唾液酸化 Lewis x- 磁性纳米颗粒（SLe^x-MNP）在体外和体内都能检测到炎症的发生，且没有任何明显与之相关的细胞毒性。与活化的血管内皮的特异性结合，使得在临床相关的脑卒中小鼠模型中检测病变成为了可能（图 58.3）。与抗体作为配体相比，使用糖类更容易实现跨物种治疗。因此，糖修饰的磁性纳米颗粒的应用可以更容易地从哺乳动物模型转化到临床。

58.3.3 量子点

量子点（quantum dot，QD）是发光的半导体纳米材料，通常由二价镉或锌的硒化物或硫化物制成。量子点可以在整个光谱范围内发光，并且它们的光学特性可以根据其尺寸大小进行调节。与有机染料相比，量子点还具有更宽的激发光谱和更窄的发射波段，允许使用单一激发源进行多组分分析。用羧甲基右旋糖酐和聚赖氨酸功能化的糖修饰量子点（glyco-QD），已被用于研究碳水化合物 - 蛋白质的相互作用。添加麦芽糖修饰的树枝状聚合物，使量子点具有水溶性和生物相容性，同时增强了稳定性。

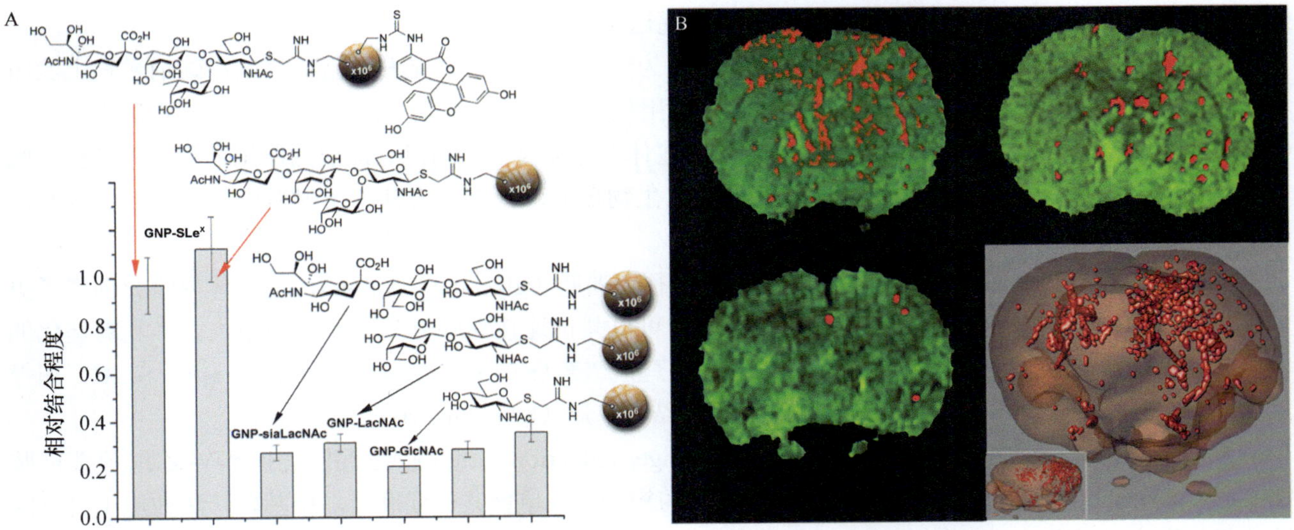

图 58.3　A. 使用唾液酸化 Lewis x- 磁性纳米颗粒，对大鼠 E 选凝素进行体外结合研究；B. 磁共振成像（MRI）及 SLe^x 磁性纳米颗粒的三维重构。缩写：糖纳米颗粒（GNP）（修改自 van Kasteren SI，et al. 2009. *Proc Natl Acad Sci* 106：18-23）。

使用主客体（host-guest）相互作用策略，研究人员制备了 β- 环糊精 - 量子点（β-cyclodextrin-quantum dot，β-CD-QD）。合成获得的 β- 环糊精 - 量子点的行为，很像聚乙二醇（PEG）化的量子点，并能够使一些凝集素发生凝集反应，如伴刀豆球蛋白（concanavalin A，ConA）、雪滴花凝集素（*Galanthus nivalis* agglutinin，GNA）和花生凝集素（peanut agglutinin，PNA）。

58.4　碳基糖纳米材料

碳元素具有多种同素异形体，包括四价金刚石和三价石墨结构，它们为聚糖的表面展示提供了潜在的支架。**石墨烯（graphene）**是一种二维碳同素异形体，是重要的碳基材料的基本结构。**巴克敏斯特富勒烯（buckminsterfullerene，C_{60}）**具有离散的球形结构，虽然比许多小分子大，但可以使用小分子常用的技术进行操作。**碳纳米管（carbon nanotube，CNT）**可被视为是圆柱形的、拉长的富勒烯。由于它们的曲率、杂化和边界 / 内部原子比的不同，**富勒烯（fullerene）**和碳纳米管均具有与其他碳同素异形体不同的反应活性。

58.4.1　富勒烯

糖基化富勒烯（如 α-D- 甘露糖基富勒烯）和富勒烯醇（fullerenol）可以抑制红细胞的聚集。这些“糖球”是通过引入反应性基团（如末端炔烃），然后偶联叠氮基糖而产生的。因此，近乎球形的聚糖展示是可行的。直径为 0.7 nm 的糖基化 C_{60}，可以被视为糖纳米技术中最小的纳米颗粒。

58.4.2　碳纳米管

碳纳米管可根据构成圆柱体侧壁的类石墨烯片的数量进行分类。典型的**单壁碳纳米管（single-walled CNT，SWCNT）**直径为 1 ～ 2 nm，**多壁碳纳米管（multiwalled CNT，MWCNT）**的直径为 2 ～ 25 nm。碳纳米管的长度可以从几十纳米到几十微米甚至更长。其内部的中空空间和外表面都可以用来创建**功能化碳纳米管（functionalized CNT，f-CNT），作为递送系统使用。

碳纳米管的细胞毒性和溶解性差，阻碍了它更为广泛的应用。研究人员已经尝试在碳纳米管上涂布糖聚合物。一个 C_{18}- 脂质尾巴，可通过疏水相互作用包裹碳纳米管的表面，以暴露出 α-*N*- 乙酰半乳糖胺（α-GalNAc）残基。具有糖聚合物涂层的碳纳米管在体外是无毒的，而没有涂层的碳纳米管会在某些细胞中诱导死亡。非共价功能化的碳纳米管一旦被引入生物环境，就有失去其涂层材料的风险，而且这些产品的最终去向尚不清楚。

碳纳米管的共价表面糖基化，或对碳纳米管进行糖偶联（glycoconjugation），均为体内研究创造了更加稳定的探针。碳纳米管表面的氧化引入了羧酸，可以共价连接偶联氨基官能化的糖类。半乳糖基化的单壁碳纳米管，可以捕获致病性大肠杆菌。扫描电子显微镜（scanning electron microscope，SEM）图像显示，细胞与糖基化碳纳米管结合，形成了坚实的结合基质（bound matrix）。

通过一釜法（one-pot）施陶丁格还原（Staudinger reduction）和酰胺化直接连接 β-*N*- 乙酰葡萄糖胺（β-GlcNAc）残基，可以很好地控制端基差向异构的构型。在单糖共价偶联后，糖基转移酶被用于进行区域选择性和立体选择性的聚糖加工。糖上的羟基被用作携带有重元素标签的标记位点，以通过透射电子显微镜（transmission electron microscope，TEM）对聚糖进行可视化。

α- 氨基酸原位产生的反应性甲亚胺叶立德（azomethine ylide）通过 1,3- 偶极环加成反应，产生了富勒烯和碳纳米管的吡咯烷衍生物。这种共价方法避免了氧化切割，并为体内应用提供了填充并功能化（filled-and functionalized）的糖基化碳纳米管。

碳纳米管可以被视为具有相应毛细管作用的一维中空孔。通过毛细管作用，熔融盐或其溶液可以被封装在碳纳米管内。糖修饰碳纳米管（glyco-CNT）被用于封装放射性发射剂 $Na^{125}I$，用于在体内对这种高放射性含量的核素进行定位。多拷贝数的 *N*- 乙酰葡萄糖胺（GlcNAc）提高了碳纳米管在水中的分散性和生物相容性。由于此类碳纳米管的长径比和表面积 / 体积比均很高，糖类可以有效地以多价形式展示在其上（图 58.4）。这些糖修饰碳纳米管是用于体内成像或放射剂递送系统的另一类放射性示踪剂，具有高放射性同位素负载能力和高灵敏度。哺乳动物甲状腺对碘化物的快速吸收，可用于测试包封的放射性碘化物“货物”出现任何潜在的泄漏。尽管游离的放射性碘化物 ^{125}I 能够迅速进入甲状腺，但包裹在糖修饰碳纳米管中的碘化物，即使在 1 个月后仍保留在其靶标部位。

58.4.3 石墨烯

石墨烯基材料的化学柔韧性，使得它可以形成动态超分子结构。通过用多价糖配体装饰热还原的石墨烯片，研究人员制备了经碳水化合物功能化的二维表面。主客体包结作用（host-guest inclusion）提供了一种在碳表面上呈现生物功能配体的通用策略。多价糖功能化的石墨烯片层，能够使细菌凝集，抑制它们的运动性。利用超分子设计的优势，可以通过添加竞争性的客体部分释放捕获的细菌。利用石墨烯独特的热红外吸收特性，可以通过红外激光照射捕获的石墨烯 - 糖 - 大肠杆菌复合物来杀死被捕获的细菌。

58.5 糖树枝状聚合物

树枝状聚合物（dendrimer）是纳米级的支链化合物，可以用配体进行修饰，从而可以控制它们的数量和朝向（orientation）。几种基于有机分子、金属配合物和超分子组装体的支架，已被用于形成多价糖树枝状聚合物（glycodendrimer），以研究凝集素的结合特性。点击化学（click chemistry）和酰胺键的形成，已被用于将糖分子栓系（tether）在树枝状支架上。甘露糖复合的糖树枝状聚合物，可与伴刀豆球蛋白（ConA）

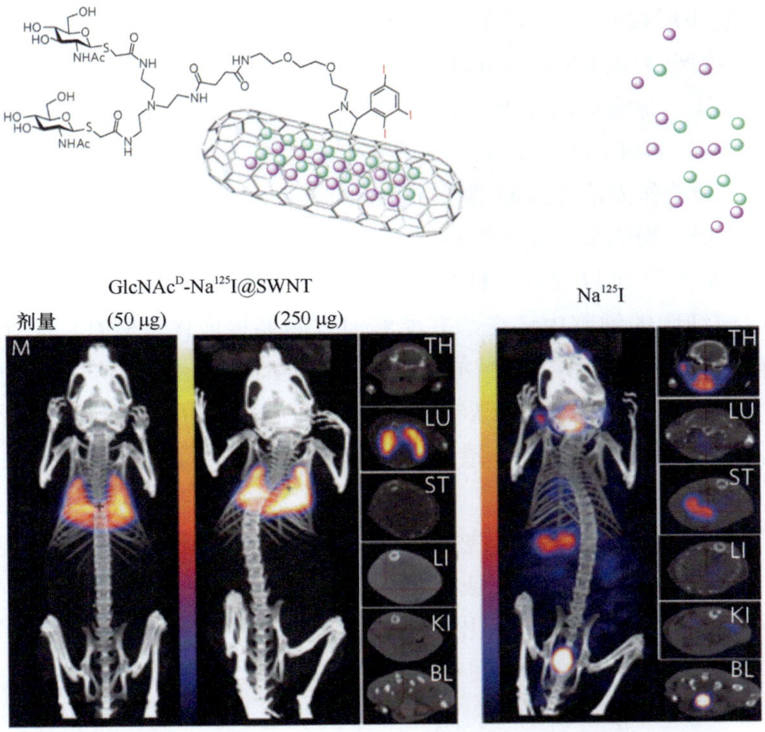

图 58.4 填充并功能化的糖基单壁碳纳米管（SWNT）的体内定位。缩写：甲状腺（TH），肺（LU），胃（ST），肝（LI），肾（KI），膀胱（BL）（修改自 Hong SY，et al. 2010. *Nat Mater* 9：485-490）。

特异性结合。半乳糖功能化的树状聚合物臂，已经被偶联在 β- 环糊精（βCD）上。可以向 βCD 掺入药物（如多柔比星）或荧光染料，以监测树枝状结构的细胞摄取。在靶向半乳糖单元的帮助下，研究人员实现了多柔比星向肝细胞的特异性递送。

包括三（双吡啶）合钌（II）[Ru（bpy）$_3$] 在内的金属配合物，也被用作组装三维超分子糖树枝状聚合物的支架。装饰有 7 个甘露糖官能团的 βCD 通过疏水相互作用，与附加了金刚烷基团的钌核结合，由此产生的超分子组装体，能够与在细菌菌毛中表达甘露糖受体的大肠杆菌结合。

超分子糖树枝状聚合物也已被制备出来，以通过确定的方式展示碳水化合物，并提供可控的多价性。超分子颗粒、囊泡或纤维也已被创造出来，以动态表示这些生物系统。模拟糖脂的合成分子，可以自组装形成纳米囊泡，在其外表面上展示寡甘露糖苷，类似于真核细胞、细菌和病毒的糖萼涂层。超分子方法可以在合成的囊泡上形成筏状纳米形态（nanomorphology），这可以揭示重要的结合机制。

糖树枝状聚合物也可以与颗粒结合，以产生多层次的多价性。在一个示例中，展示在蛋白质衍生的颗粒（病毒样颗粒）上的糖树枝状大分子，能够以皮摩尔级浓度抑制埃博拉病毒相关的黏附事件。

58.6 基于多糖的纳米材料

天然多糖对制备纳米载体非常有用。多糖的低毒性、生物相容性、稳定性、低成本、亲水性和可用于化学修饰的反应位点，使得其在制药应用中成为极具吸引力的**构建单元（building block）**。多糖可以作为纳米颗粒的骨架或涂层。基于多糖的纳米颗粒，是通过共价或离子交联、聚电解质络合，或是通过疏水改性多糖的自组装来制备的。

基于壳聚糖的纳米颗粒是常见的药物递送系统。带正电荷的壳聚糖和聚阴离子形成离子交联颗粒，以传递蛋白质、寡核苷酸和质粒 DNA。将多功能壳聚糖纳米颗粒与用于荧光成像的近红外荧光团结合，可以包封抗癌药物或复杂的小干扰 RNA（small interfering RNA，siRNA），以进行连续的药物递送。透明质酸和基于肝素的纳米颗粒，是癌症治疗中很有前景的平台；与壳聚糖纳米颗粒不同，它们显示出内源的靶向特性。透明质酸能够与 CD44 结合，这是一种在多种癌症中过度表达的跨膜糖蛋白。这种靶向特性促进了基于透明质酸的纳米颗粒作为治疗诊断剂（theranostic agent）的应用。

多糖也已被用于涂覆聚合物或金属纳米颗粒，以改善它们的水溶性、稳定性和长期循环。壳聚糖 - 聚乙二醇包覆的氧化铁纳米颗粒，可以改善一种名为 O^6- 苄基鸟嘌呤（O^6-benzylguanine）的 DNA 修复抑制剂向多形性胶质母细胞瘤细胞的细胞内递送，并能够通过磁共振成像（MRI）进行治疗监测。**右旋糖酐（dextran）**也被用来增加氧化铁磁性纳米颗粒的水溶性和稳定性。硫酸化的右旋糖酐，能够与带正电的聚阳离子发生静电相互作用。用唾液酸化 Lewis x（SLe^x）四糖，对右旋糖酐包被的氧化铁纳米颗粒进行功能化，有助于在体内监测小鼠大脑中的炎症事件。透明质酸包裹的超顺磁性氧化铁纳米颗粒，已被用于成像和向癌细胞输送药物。

基于肝素和肝素衍生物的纳米载体，已被应用于通过靶向、磁性、光动力和基因治疗来对抗癌症。金纳米颗粒和磁性纳米颗粒已经被肝素包覆或修饰，以提高它们在肝素介导的事件中的生物相容性。基于多糖功能化的金纳米颗粒，已经逐步产生出具有广泛应用的多功能纳米颗粒，包括成像、光动力治疗和诱导转移细胞凋亡。

由于天然含量丰富，基于纤维素的纳米材料也非常受欢迎，它具有生物相容性、易于表面功能化和出色的机械性能。**纤维素纳米晶体（cellulose nanocrystal，CNC）**是通过酸水解纤维素纤维获得的棒状颗粒。由于其硬度、扭曲度和纵横比，纤维素纳米晶体可以组装成手征向列相（chiral nematic phase）[①]，从而产生彩虹色。其应用包括功能性纸张、光电子学、工程组织、药物输送和生物传感器。

58.7 诊断和治疗中的糖纳米材料

聚糖是适用于医学诊断的生物标志物。**糖纳米技术（glyconanotechnology）**有助于开发用于检测聚糖、凝集素或癌细胞和病原体的生物传感器和方法。纳米工程化（nanoengineer）的聚糖传感器，可以助力糖蛋白分析，避免了标记或聚糖释放等步骤。研究人员正在探索使用各种纳米材料作为无标记凝集素或聚糖检测的特异性探针。金纳米颗粒和碳纳米管是应用最广泛的纳米材料。纳米工程化的材料，可以通过**石英晶体微天平（quartz crystal microbalance，QCM）**和悬臂梁传感器的质量变化进行检测，也可以通过基于碳纳米管的**场效应晶体管（field-effect transistor，FET）**传感器进行检测，或通过基于**表面等离子体共振（surface plasmon resonance，SPR）**的光学传感器与聚糖或凝集素的**自组装单分子膜（self-assembled monolayer，SAM）**相结合进行检测。

癌细胞和病原体可以用糖纳米材料进行检测。聚糖功能化的纳米金刚石，可以作为细菌的交联剂，所产生的聚集体可以通过 10 μm 的膜过滤来进行污水净化。在能够与甘露糖结合的凝集素伴刀豆球蛋白（ConA）的存在下，与人类胃细胞系一起孵育的、具有甘露聚糖（mannan）涂层的金糖纳米颗粒，可以检测和量化细胞表面的甘露糖聚糖（mannose glycan），此外还可兼容银信号放大。癌细胞的特异性检测需要进一步完善该系统，例如，用一组识别癌症特异性异常糖基化的凝集素来替代伴刀豆球蛋白（ConA）。

使用纳米尺寸的各种甘露糖苷的悬臂梁阵列，可以将生物分子结合事件转化为纳米力学（nanomechanics），

① 也称胆甾相液晶，手征向列相液晶的形成有两种方式，是液晶分子本身含有手性碳原子或是胆固醇等不对称结构，二是在向列相液晶中掺入手性化合物。

用于检测和区分大肠杆菌的不同菌株。利用纳米颗粒固有的光学特性，可以探索用于生物医学的非标记成像。量子点和金纳米颗粒可以进行光谱调谐，而单壁碳纳米管则显示出特征拉曼峰以及近红外范围内的光致发光。这些材料所表现出的内在特性尚未在生物体内获得系统性的探索，但具有巨大的潜力。

58.8 结论

研究人员已经创造了基于不同聚糖涂层支架的聚糖纳米材料。鉴于内源性糖复合物的特定作用，在与聚糖尺度相似的纳米材料上进行聚糖展示，可以提供化学平台，以促进我们对碳水化合物介导的生物事件的理解。

研究人员正在开发与自然系统更为接近的定制糖材料，以揭示隐藏的生物学机制。当下的挑战是在适当支架的基础上创建功能结构，并将其与适当的聚糖进行结合。对聚糖呈现（即间距和构象）具有增强控制的系统，是研究人员的下一个目标。同时，需要将更为复杂的聚糖整合至糖纳米材料中。鉴于自然界中碳水化合物的功能多样性，糖纳米技术领域应该从涉及原型甘露糖 - 伴刀豆球蛋白相互作用的简单结合研究，逐步发展至探索全新和更为相关的领域。

通过利用纳米颗粒的物理特性和尺寸可诱导性，将基础研究转化为生物医学的糖纳米技术似乎迫在眉睫。未来可期的例子包括将糖材料用于病原体检测和作为诊断工具。使用多模态成像技术的生物医学成像，如**正电子发射断层扫描（positron emission tompgraphy，PET）**/ 磁共振成像（MRI）或荧光 / 磁共振成像，是使用基于糖纳米颗粒的一个有发展前景的领域。尽管如此，要想提高生物样品中的聚糖稳定性，仍需付出诸多努力。**拟糖体（glycomimetics）**提供了一种饶有兴味的方法，来避免聚糖链的酶促降解。

基于多糖的材料是石油基化学品的一种绿色替代品。在分子水平对这些材料进行更好地了解，将推动它们在生物技术中的应用，如作为药物递送过程中的组织支架或纳米制剂。多糖是细胞外基质的主要组成部分，在细胞通讯和进化中发挥着重要的作用。重现这些复杂的自然环境，将改变组织工程的游戏规则。

致谢

感谢索莱达 · 佩纳德斯（Soledad Penades）对本章先前版本的贡献，并感谢斯里拉姆 · 尼拉梅格姆（Sriram Neelamegham）的有益评论及建议。

延伸阅读

Bertozzi CR, Bednarski MD. 1992. Antibody targeting to bacterial cells using receptor-specific ligands. *J Am Chem Soc* **114**: 2242-2245.

Mammen M, Choi SK, Whitesides GM. 1998. Polyvalent interactions in biological systems: implications for design and use of multivalent ligands and inhibitors. *Angew Chem Int Ed* **37**: 2755-2794.

de la Fuente JM, Barrientos AG, Rojas TC, Rojo J, Cañada J, Fernández A, Penadés S. 2001. Gold glyconanoparticles as water-soluble polyvalent models to study carbohydrate interactions. *Angew Chem Int Ed* **113**: 2317-2321.

Chen X, Lee GS, Zettl A, Bertozzi CR. 2004. Biomimetic engineering of carbon nanotubes by using cell surface mucin mimics. *Angew Chem Int Ed* **43**: 6111-6116.

Gu L, Elkin T, Jiang X, Li H, Lin Y, Qu L, Tzeng T-RJ, Joseph R, Sun Y-P. 2005. Single-walled carbon nanotubes displaying multivalent ligands for capturing pathogens. *Chem Commun* **2005**: 874-876.

Chen X, Tam UC, Czlapinski JL, Lee GS, Rabuka D, Zettl A, Bertozzi CR. 2006. Interfacing carbon nanotubes with living cells. *J Am Chem Soc* **128**: 6292-6293.

Kiessling LL, Gestwicki JE, Strong LE. 2006. Synthetic multivalent ligands as probes of signal transduction. *Angew Chem Int Ed* **45**: 2348-2368.

Hong SY, Tobias G, Ballesteros B, El Oualid F, Errey JC, Doores KJ, Kirkland AI, Nellist PD, Green MLH, Davis BG. 2007. Atomic-scale detection of organic molecules coupled to single-walled carbon nanotubes. *J Am Chem Soc* **129**: 10966-10967.

Wu P, Chen X, Hu N, Tam UC, Blixt O, Zettle A, Bertozzi CR. 2008. Biocompatible carbon nanotubes generated by functionalization with glycodendrimers. *Angew Chem Int Ed* **47**: 5022-5025.

Chen X, Wu P, Rousseas M, Okawa D, Gartner Z, Zettl A, Bertozzi CR. 2009. Boron nitride nanotubes are noncytotoxic and can be functionalized for interaction with proteins and cells. *J Am Chem Soc* **131**: 890-891.

Csaba N, Köping-Höggård M, Alonso MJ. 2009. Ionically crosslinked chitosan/tripolyphosphate nanoparticles for oligonucleotide and plasmid DNA delivery. *Int J Pharm* **382**: 205-214.

van Kasteren SI, Campbell SJ, Serres S, Anthony DC, Sibson NR, Davis BG. 2009. Glyconanoparticles allow pre-symptomatic in vivo imaging of brain disease. *Proc Natl Acad Sci* **106**: 18-23.

Hong SY, Tobias G, Al-Jamal KT, Ballesteros B, Ali-Boucetta H, Lozano-Perez S, Nellist PD, Sim RB, Finucane C, Mather SJ, et al. 2010. Filled and glycosylated carbon nanotubes for in vivo radioemitter localization and imaging. *Nat Mater* **9**: 485-490.

Kikkeri R, Grünstein D, Seeberger PH. 2010. Lectin biosensing using digital analysis of Ru (II)-glycodendrimers. *J Am Chem Soc* **132**: 10230-10232.

Grünstein D, Maglinao M, Kikkeri R, Collot M, Barylyuk K, Lepenies B, Kamena F, Zenobi R, Seeberger PH. 2011. Hexameric supramolecular scaffold orients carbohydrates to sense bacteria. *J Am Chem Soc* **133**: 13957-13966.

El-Dakdouki MH, Zhu DC, El-Boubbou K, Kamat M, Chen J, Li W, Huang X. 2012. Development of multifunctional hyaluronan-coated nanoparticles for imaging and drug delivery to cancer cells. *Biomacromolecules* **13**: 1144-1151.

Mizrahy S, Peer D. 2012. Polysaccharides as building blocks for nanotherapeutics. *Chem Soc Rev* **41**: 2623-2640.

Reuel NF, Mu B, Zhang J, Hinckley A, Strano MS. 2012. Nanoengineered glycan sensors enabling native glycoprofiling for medicinal applications: towards profiling glycoproteins without labeling or liberation steps. *Chem Soc Rev* **41**: 5744-5779.

Ribeiro-Viana R, Sánchez-Navarro M, Luczkowiak J, Koeppe JR, Delgado R, Rojo J, Davis BG. 2012. Virus-like glycodendrinanoparticles displaying quasi-equivalent nested polyvalency upon glycoprotein platforms potently block viral infection. *Nat Commun* **3**: 1303.

Marradi M, Chiodo F, García I, Penadés S. 2013. Glyconanoparticles as multifunctional and multimodal carbohydrate systems. *Chem Soc Rev* **42**: 4728-4745.

Delbianco M, Bharate P, Varela-Aramburu S, Seeberger PH. 2016. Carbohydrates in supramolecular chemistry. *Chem Rev* **116**: 1693-1752.

第 59 章

生物能源和材料科学中的聚糖

马尔科姆 · A. 奥尼尔（Malcolm A. O'Neill），罗伯特 · J. 穆恩（Robert J. Moon），威廉 · S. 约克（William S. York），艾伦 · G. 达维尔（Alan G. Darvill），卡米尔 · 戈杜拉（Kamil Godula），布丽安娜 · 乌尔班诺维奇（Breeanna Urbanowicz），黛布拉 · 莫南（Debra Mohnen）

59.1 简介 / 759
59.2 聚糖和生物能源 / 759
59.3 精细化学品和原料 / 761
59.4 聚合物材料 / 761
59.5 纳米材料 / 762
59.6 前景展望和未来挑战 / 763
致谢 / 763
延伸阅读 / 763

植物提供了大量的聚糖，被人类用于多种用途。木材主要由木质化的次生细胞壁组成，可用作能源、建筑材料和造纸材料。从水果的初生细胞壁中分离出的果胶和从种子中分离出的多糖，在许多食品和饮料中被用作增稠剂、稳定剂和胶凝剂。植物细胞壁是动物饲料中草料的主要成分，这些细胞壁作为膳食纤维也有助于人类的健康。最近，对化石燃料开采和消耗过程中环境成本的担忧，引起了人们使用植物聚糖作为能源的原料，用于生产具有改进或全新功能的聚合物，以及生产高价值化学前体的兴趣。在本章中，我们简要描述四个大类：生物能源、精细化学品和化学原料、聚合物材料及纳米材料。其中，植物聚糖具有取代石油基产品，或提供其替代品的潜力。

59.1 简介

植物聚糖被人类用作能源、建筑材料，以及制造包括纸张在内的众多生物产品。多种植物来源的纤维素是许多有价值材料的主要成分，包括纺织品和塑料。果胶在许多食品和饮料中被用作增稠剂、稳定剂和胶凝剂。植物细胞壁被用作动物饲料，作为膳食纤维也有助于人类健康。化石燃料的开采和使用对地球气候造成了众所周知的不利影响，促使全世界都在努力开发植物衍生的聚糖作为可再生原料，以取代或补充用于生产能源、生产具有改进或全新功能的聚合物，以及生产高价值化学前体。

59.2 聚糖和生物能源

据估计，陆地植物的光合作用过程每年至少吸收了 1000 亿吨二氧化碳。以这种方式产生的化学能，主要以碳水化合物的形式储存。其中一些碳水化合物直接用于植物的生长和发育，而另一些则转化为包括淀粉和果聚糖（fructan）在内的**储存型多糖（storage polysaccharide）**，为植物提供了一种容易获得的能量形式。通过光合作用形成的碳水化合物中，有相当一部分用于产生环绕植物细胞的、富含多糖的细胞壁（**第24章**）。因此，植物细胞壁封存了大量的生物碳，并且是一种潜在的、可持续且经济的非石油能源和高价值化学品来源。

通过发酵玉米粒中的淀粉生产的第一代生物乙醇，目前几乎涵盖了美国由植物材料产生的所有液体运输燃料。淀粉首先用酶处理，将其转化为葡萄糖；然后通过添加酵母，将其发酵为乙醇和二氧化碳。酵母可以将1 kg的葡萄糖转化为1.25 L的乙醇和等量的二氧化碳。美国和巴西合计占世界乙醇产量的84%（https://afdc.energy.gov/）。根据美国能源信息署（Energy Information Administration）（www.eia.gov）的数据，2019年，美国生产了640亿升乙醇。巴西通过发酵从甘蔗中提取的蔗糖，每年生产约320亿升乙醇（https://afdc.energy.gov/）。玉米和甘蔗生物乙醇随后以不同数量与汽油混合，或直接用作运输燃料。

大规模生产以玉米为原料的乙醇可能对粮食生产和环境造成负面影响，因此人们对利用可在贫瘠土地上种植的、可持续的**植物木质纤维素生物质（plant lignocellulosic biomass）**生产乙醇和其他液体运输燃料重新产生了兴趣。这种生物质主要由木质化次生细胞壁组成（**第24章**），次生细胞壁由纤维素（cellulose）（40%～50%）、半纤维素（hemicellulose）（25%～30%）和木质素（lignin）（15%～25%）（*m*/*m*），以及较少量的果胶和蛋白质组成。几种不同的植物，包括白杨树、柳枝稷（switchgrass）、高粱、芒草、桉树和甘蔗，正在被考虑用作生物能源作物。

来自能源作物的生物质，可以通过发酵或气化转化为液体燃料。在气化过程中，生物质在低氧环境中被加热，以产生**合成气（syngas）**（氢气、一氧化碳和二氧化碳）和热量。然后，合成气可以通过费托合成反应（Fischer-Tropsch synthesis），产生包括醇类或烷烃在内的多种化学物质，这些化学物质可以进一步转化为燃料（主要是柴油和航空燃油）。商业化生物质气化过程中的大部分技术挑战都已被破解。然而，由于所涉及的资金成本高昂，该工艺尚未被广泛采用。

目前，通过发酵从木质纤维素产生液体燃料，涉及使用多种酶的混合物（enzyme cocktail）将生物质转化为糖，然后将其发酵获得所需的产品。这种方法可能会被**联合生物加工（consolidated bioprocessing，CBP）**技术的发展所取代，在该技术中，将植物生物质分解为糖的微生物，也将这些糖转化为燃料和化学品等产品。发酵方法在概念上很简单，但在商业化之前必须解决许多技术挑战。一个主要障碍是，木质纤维素生物质中的纤维素和半纤维素不易与水解酶发生接触催化，因此难以有效地转化为可发酵的糖类。必须用稀酸、氨或蒸汽对生物质进行预处理。如果要通过发酵进行生物产品的商业化生产，就需要开发性价比高和环境友好预处理技术。用于将纤维素和半纤维素转化为糖的相关酶的效率也必须相应地提高。为此，研究人员正在进行广泛研究，从而设计改造嗜热微生物，从而更有效地分解生物质，并将释放的糖转化为所需的产品，避免在发酵前使用多种酶的混合物从生物质中释放糖的必要性。

增加对细胞壁结构，以及对多糖和木质素生物合成的了解，有望促进植物的工程化，以生产更适合生物加工的生物质，并为生物燃料、增值化学品和生物产品提供更好的资源。然而，这些转基因改良植物在田间对生物和非生物胁迫的敏感性问题亟待解决。通过鉴定产生具有所需生物特性的木质纤维素生物质的天然植物变体，可以解决部分问题。这些生物特性包括减少对糖化作用（saccharification）的抗降解屏障（recalcitrance）。同时，这些植物变体也减轻了人们关于将转基因植物引入环境的担忧。

木质素有望成为商业生物精炼厂的主要副产品，因为它在发酵过程中不会被转化为液体燃料。生物精炼厂早期的概念设想通过燃烧木质素来发电。然而，现在更加强调回收木质素的增值效益，以生产用于化学工业生产的增值化合物。大量资源正在全球范围内分配至相关领域的研发工作，以创建可行且可持续的木质纤维素先进生物燃料和生物制品产业。然而，该行业想要发展并为生物基经济作出贡献，同时减少对化石燃料的需求，则必须应对许多技术、环境和社会挑战。

59.3　精细化学品和原料

从木质纤维素生物质中释放出的几种糖（包括葡萄糖和木糖），正被研究用于生产功能性化学前体，可用于制造包括塑料在内的、与工业相关的化合物和聚合物。功能性化学前体包括醇类（乙醇、丙醇和丁醇）、糖醇（木糖醇和山梨醇）、呋喃（糠醛、羟甲基糠醛）、生物基碳氢化合物（异戊二烯和长链烃）、有机酸（乳酸、琥珀酸和乙酰丙酸）和生物基聚氨酯等。目前的研究集中在通过鉴定并设计改进的发酵微生物和发酵过程，以及开发增强的化学催化剂，来优化多糖的生物转化（产量、速率、分离、滴度和产品特异性）。

59.4　聚合物材料

植物来源的细胞壁多糖（**第 24 章**）包括纤维素、木葡聚糖（xyloglucan）、甘露聚糖（mannan）和木聚糖（xylan）（图 24.1），已被用于生产工业上使用的各种聚合物材料。它们同时具有生物可再生性和生物相容性，使其比石油基的同类产品更具优势。纤维素已被广泛地改性，以开发基于合成纤维素的聚合物。纤维素薄膜（玻璃纸）和纤维（人造丝）使用再生纤维素进行生产，再生纤维素本身是通过将天然纤维素（主要来自木浆）溶解在碱和二硫化碳中，然后在已经沿用了至少 125 年的工艺中沉淀出的聚合物（黏胶工艺）。

随着社会对具有新特性和新功能的聚合物的持续需求，人们加大力度开发化学或生物催化反应途径，以修饰多糖主链或侧链的结构，从而生产出具有增强或全新特性的多糖衍生物。纤维素是植物多糖中的一例，它已被广泛改性，以开发全新的生物来源聚合物。研究人员已经开发了反应途径，使用其他化学基团取代可反应的羟基，产生特定的纤维素衍生物。这类衍生物包括醋酸纤维素、醋酸纤维素丙酸酯、醋酸纤维素丁酸酯、羧甲基纤维素和丁酸纤维素琥珀酸酯。这些产品在许多工业应用中用作涂料、油墨、黏合剂和增稠剂 / 胶凝剂；它们还被用于制药行业，生产可控释放的药物片剂，并在化妆品和食品行业中用作增稠剂和胶凝剂。

壳多糖（chitin）是仅次于纤维素的第二丰富的天然多糖。它存在于甲壳类动物的外壳和昆虫的角质层中，也可能由真菌和藻类产生（**第 23 章**）。壳多糖由 1-4 连接的 β-D-*N*- 乙酰葡萄糖胺（β-D-GlcNAc）残基组成。它可以通过酶法或化学方法去乙酰化产生**壳聚糖（chitosan）**，即壳多糖的阳离子和更易溶于水的形式。海产品加工业会产生大量甲壳素的废物（约 500 万吨 / 年），因此，人们对开发生物基工艺，将这种废物转化为增值产品具有相当大的兴趣。壳聚糖具有反应性的氨基和羟基，可以对其进行改性，以生成具有多种特性和应用价值的材料。

包括木聚糖和甘露聚糖在内的半纤维素多糖（hemicellulosic polysaccharide），具有类似于纤维素的主链结构，并且在农业和林业副产品中含量丰富，包括制浆和黏胶工艺。由于多糖结构的复杂性和可变性，开发具有新功能或增强功能的、独特的合成多糖颇具潜力。非纤维素基质多糖，为酶促合成和功能化提供了一个有吸引力的靶标。它们很容易从生物质中提取，并且（与纤维素不同）通常可溶于水溶液；经常被糖基和非糖基取代基取代，这些取代基可以被修饰，以影响材料的特性。为此，目前的研究旨在进一步了解和使用新的反应途径，以化学或酶促修饰为目标，功能化和（或）改变多糖上的特定位置，从而产生区域选择性的功能化。

合成的或由天然衍生的寡糖，也可以被共价连接到由基于石油的单体构建的聚合物链上，由此产生了具有类似于糖蛋白或蛋白聚糖结构的糖聚合物。这种材料已经越来越多地被用作研究聚糖生物功能的工具，目前，研究人员正在探索将其作为药物输送的生物材料，或作为防污剂和防冻剂。

59.5 纳米材料

来自植物和甲壳类动物壳的纳米材料（nanomaterial），为开发生物可再生和生物相容性产品提供了新材料。这些由成束的聚合物链组成的纳米尺寸颗粒，具有不同于制造它们的、孤立的聚合物链所具有的特性和功能。这种纳米材料可以由纤维素、半纤维素、果胶、壳多糖和壳聚糖制成，下文将对来自纤维素的纳米材料进行更为集中的描述。

主链几乎没有分支，或主链完全没有分支的多糖，可以自组装形成有序结构，其中各个聚合物链沿链轴堆叠，从而形成结晶结构。纤维素是具有这种晶体结构的植物多糖中的一例。在纤维素的生物合成过程中，各个葡聚糖链组装形成包含结晶态和无序排列的微纤维结构（图 59.1A）。沿着纤维素微纤维长度方向的高机械刚性和拉伸强度，为植物组织和器官提供了高机械强度、高强度 - 重量比和韧性。

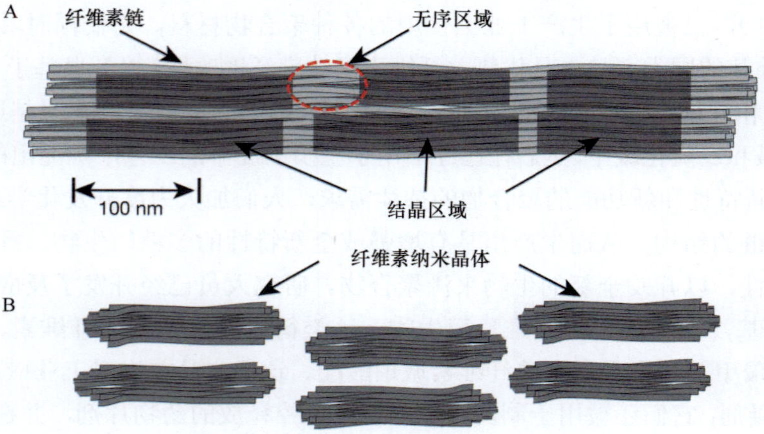

图 59.1　A. 纤维素链的堆叠表明，存在有序区域和无序区域。B. 在一种使用酸水解的纤维素纳米材料的提取过程中，无序区域被优先溶解，只留下结晶区域。

可以使用专门的化学 - 机械提取方法，分离纤维素原纤维结构和结晶区域。由此产生的纳米尺寸颗粒通常被称为**纤维素纳米材料**（**cellulose nanomaterial，CN**），具有与单个**纤维素链**（**cellulose chain，CN**）大不相同的特性和功能（**第 58 章**）。纤维素纳米材料的形态、性质和表面化学性质，因植物来源和用于提取纤维素条件的不同而各异。植物纤维素纳米材料通常可分为**纤维素纳米晶体**（**cellulose nanocrystal**）或**纤维素纳米原纤维**（**cellulose nanofibril**）。纤维素纳米晶体是棒状颗粒，宽度为 3 ～ 20 nm 之间，长度为 50 ～ 500 nm（图 59.2A）。纤维素纳米原纤维是纤丝状的颗粒，其宽度为 5 ～ 100 nm，长度介于 500 nm 至几微米之间（图 59.2B）。两种类型的纤维素纳米材料，都具有高刚性和抗拉强度、高表面积 / 体积比，以及易于进行化学改性以改变其物理化学和材料特性的表面。纤维素纳米材料具有生物可再生性和生物相容性，并且具有最小的环境、健康和安全风险。因此，纤维素纳米材料正被用于开发新产品，包括阻隔薄膜、分离薄膜、抗菌薄膜、食品涂层、水泥 / 混凝土改性剂、流变改性剂、生物医学应用、催化载体、电池、超级电容器等诸多其他产品的模板支架。纤维素纳米材料的研究、开发和商业化正在加速进行，涵盖的范围越来越广泛，所有这些都将受益于糖科学的进步，以及正在开发的、全新的表征和合成工具。

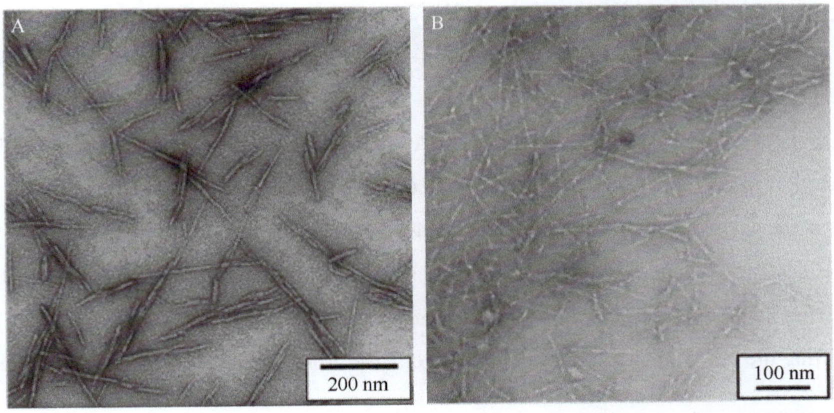

图 59.2 透射电子显微镜图像显示出两种类型的纤维素纳米材料。A. 由酸水解产生的纤维素纳米晶体。B. 通过木浆的机械解纤产生的纤维素纳米原纤维。

59.6 前景展望和未来挑战

大量资源目前正在被分配用于研究和开发，以创造出以植物聚糖为原料的、经济可行且可持续的生物燃料和生物制品产业。未来可能会更加强调利用植物生物质中的聚糖和木质素成分，来生产液体运输燃料和增值化学品。除了需要对用于生产具有更好的加工属性和价值特征的生物质的植物进行工程化外，还需要开发新的化学催化剂和强大的酶。如果这些行业要发展，并且为生物基经济作出贡献，减少对化石燃料的需求，就必须应对许多技术、经济、环境和社会挑战。尽管基于天然纤维素的材料，在商业和技术上已经取得了成功，但聚糖作为新材料的构建单元，仍有待系统地探索。为了充分挖掘聚糖生产具有新特性和新功能材料的潜力，需要开发与那些从石油基构建模块生产聚合物的方法相匹配的可控聚合方法，以制造结构明确的聚糖。

致谢

感谢玛蒂娜·德尔比安科（Martina Delbianco）和马库斯·保利（Markus Pauly）的有益评论及建议。

延伸阅读

Klemm D, Heublein B, Fink H-P, Bohn A. 2005. Cellulose: fascinating biopolymer and sustainable raw material. *Agnew Chem Int Ed* **44**: 3358-3393.

Ragauskas AJ, Williams CK, Davison BH, Britovsek G, Cairney J, Eckert CA, Frederick WJ, Hallett JP, Leak DJ, Liotta CL, , et al. 2006. The path forward for biofuels and biomaterials. *Science* **311**: 484-489.

Hansen N, Plackett D. 2008. Sustainable films and coatings from hemicelluloses: a review. *Biomacromolecules* **9**: 1493-1505.

Carroll A, Somerville C. 2009. Cellulosic biofuels. *Ann Rev Plant Biol* **60**: 165-182.

Mishra A, Malhotra AV. 2009. Tamarind xyloglucan: a polysaccharide with versatile application potential. *J Mater Chem* **19**: 8528-8536.

Tilman D, Socolow R, Foley JA, Hill J, Larson E, Lynd L, Pacala S, Reilly J, Searchinger T, Somerville C, , et al. 2009. Beneficial biofuels—the food, energy, and environment trilemma. *Science* **325**: 270.

Chung D, Cha M, Guss AM, Westpheling J. 2014. Direct conversion of plant biomass to ethanol by engineered Caldicellulosiruptor bescii. *Proc Natl Acad Sci* **111**: 8931-8936.

Doblin MS, Johnson KL, Humphries J, Newbigin EJ, Bacic A. 2014. Are designer plant cell walls a realistic aspiration or will the plasticity of the plant's metabolism win out? *Curr Opin Biotechnol* **26**: 108-114.

Habibi Y. 2014. Key advances in the chemical modification of nanocelluloses. *Chem Soc Rev* **43**: 1519-1542.

Ragauskas AJ, Beckham GT, Biddy MJ, Chandra R, Chen F, Davis MF, Davison BH, Dixon RA, Gilna P, Keller M, Langan P. 2014. Lignin valorization: improving lignin processing in the biorefinery. *Science* **344**: 1246843.

Zhao Q, Dixon RA. 2014. Altering the cell wall and its impact on plant disease: from forage to bioenergy. *Annu Rev Phytopathol* **52**: 69-91.

Liao C, Seo S-O, Celik V, Liu H, Kong W, Wang Y, Blaschek H, Jin Y-S, Lu T. 2015. Integrated, systems metabolic picture of acetone-butanol-ethanol fermentation by Clostridium acetobutylicum. *Proc Natl Acad Sci* **112**: 8505-8510.

Smith PJ, Wang HT, York WS, Peña MJ, Urbanowicz BR. 2017. Designer biomass for next-generation biorefineries: leveraging recent insights into xylan structure and biosynthesis. *Biotechnol Biofuels* **10**: 1-14.

Chen C, Kuang Y, Zhu S, Burgert I, Keplinger T, Gong A, Li T, Berglund L, Eichhorn SJ, Hu L. 2020. Structure-property-function relationships of natural and engineered wood. *Nat Rev Mater* **5**: 642-666.

Smith PJ, Ortiz-Soto ME, Roth C, Barnes WJ, Seibel J, Urbanowicz BR, Pfrengle F. 2020. Enzymatic synthesis of artificial polysaccharides. *ACS Sustainable Chem Eng* **8**: 11853-11871.

第 60 章

糖科学的未来方向

杰拉德 · W. 哈特（Gerald W. Hart），阿吉特 · 瓦尔基（Ajit Varki）

60.1 糖科学对科学和社会的普遍影响将在未来持续增加 / 765

60.2 阐明聚糖结构 / 功能的技术进步 / 767

60.3 未来的一些重大基本问题 / 769

延伸阅读 / 773

终章讨论了糖科学在影响基础研究和应用研究、人类健康、材料科学和可再生能源方面的未来潜力。本章提及了预计在未来几年内出现的技术进步。最后，本章节选了一些未来仍有待解决的糖科学相关问题。

60.1 糖科学对科学和社会的普遍影响将在未来持续增加

60.1.1 基础研究与应用研究

自然界中的每个活细胞，都会产生一系列复杂多样的聚糖，这些聚糖对所有自然生物系统的进化、发育、功能和生存都至关重要（**第 1 章**）。关于这些无处不在、种类繁多的分子的基因组学、化学、生物化学、生物合成和生物学作用，现已完整建立了一个强大的基础知识库（**第 2 章至第 19 章**）。它们的自然发生和进化（**第 20 章至第 27 章**），以及聚糖结合蛋白对它们的识别（**第 28 章至第 38 章**）的基本机制正在逐步清晰，它们在正常和异常的生理条件和疾病中的重要作用也已经日益明朗（**第 39 章至第 47 章**）。用于聚糖分析、操作和合成的简便方法业已建立（**第 48 章至第 56 章**），它们在生物技术和制药工业、纳米技术、生物能源和材料科学中的重要性也显而易见（**第 57 章至第 59 章**）。鉴于聚糖基础研究和应用研究中的所有这些重大进展，没有理由让这一类主要的生物分子继续被称为"生物宇宙中的暗物质"。然而，自 20 世纪 80 年代以来，整整一代科学家在很大程度上都没有接触过聚糖相关的训练，也不了解该领域的相关知识。因此，这些分子在传统分子生物学、细胞生物学及医学的主流思想中回归其应有的地位尚需时日。聚糖的基础研究和应用研究将继续不断地取得进展，但这需要与新一代科学家、工程师和医生的培训相结合，对他们而言，这些分子将成为他们理解生命系统健康和疾病的一个显著方面。美国国立卫生研究院（National Institutes of Health，NIH）的美国国家心肺和血液研究所（National Heart，Lung，and Blood Institute，NHLBI）已经认识到在糖科学方向培训科学家和临床医生的重要性，因而建立了美国国家糖科学卓越人才职业发展联盟（National Career Development Consortium for Excellence in Glycosciences，K12），该联盟专注于对糖科学各个方面的医学和专业研究人员进行沉浸式培训。此外，美国国立综合医学研究所（the National Institute of General Medical Sciences，NIGMS）还资助了糖科学领域的第一笔研究生培训基金（T32）。显然，如果我们要继续在几乎所有的领域取得医学进步，那么在针对研究生和医学专业人员的所有培训计划中，糖科学将不可或缺。

60.1.2 健康与发育

美国国家科学院国立研究委员会（the National Research Council of the National Academy of Scinences）的一份报告中强调，几乎所有影响人类和其他动物的疾病过程都涉及聚糖（**第 39 章至第 47 章**）。在过去的几十年中，人们已经意识到复杂聚糖的大多数功能，都需要在多细胞（有机体）水平上实现。相比之下，循环的单糖，如细胞核和细胞质中的 *O-N-* 乙酰葡萄糖胺（*O*-GlcNAc），在单细胞水平上发挥了调控作用。细胞核 *O-* 糖基化的意义，因发现 *O-N- 乙酰葡萄糖胺转移酶*（*O*-GlcNAc transferase，OGT）的一个进化分支实际上是 *O- 岩藻糖基转移酶*（*O*-fucosyltransferase，OFT）而得以扩大，它可以修饰植物、原生生物，以及包括**弓形虫**（*Toxoplasma*）和**隐孢子虫**（*Cryptosporidium*）在内的原生生物病原体中的许多蛋白质（**第 18 章、第 19 章**）。

复杂聚糖在完整生物体生物学中的关键作用，已经通过体外培养中糖基转移酶突变细胞系（**第 49 章**）与活体生物中相同的酶之间的对比得到了充分的说明。前者得以存活，后者因为失活而引起致命的结果（**第 41 章**）转基因小鼠研究和人类先天性糖基化障碍（**第 45 章**）的严重表型，显著揭示了聚糖在发育、生理学和疾病中的重要性。

大多数重大疾病还涉及炎症和免疫的紊乱，其中结合聚糖的选凝素（selectin）、唾液酸结合免疫球蛋白样凝集素（Siglec）、半乳凝集素（galectin）和其他聚糖结合蛋白（**第 34 章至第 36 章**）发挥了关键的作用。大多数病原体、病毒、细菌和寄生虫，通过与细胞表面的聚糖结合进入细胞（**第 42 章、第 43 章**）。最近许多研究表明，复杂聚糖在严重急性呼吸综合征冠状病毒 2（SARS-CoV-2）感染中有着至关重要的作用，而 *O*-GlcNAc 糖基化在病毒诱导的细胞因子风暴中也发挥了关键的作用（**第 19 章**）。此外，许多针对传染性病原体的疫苗都是针对微生物聚糖的。蛋白聚糖在发育、组织形态发生、心血管疾病，以及调控细胞因子和生长因子等方面发挥着关键作用。糖胺聚糖肝素（heparin）是临床上最古老和最常用的“药物”之一。在控制发育中的形态生成和细胞命运决定等过程中起主要作用的 Notch 信号转导，也受到聚糖的控制（**第 13 章**），而肿瘤细胞表面的聚糖，在肿瘤进展和转移中起关键作用（**第 47 章**）。许多当前使用或正在开发的治疗药物都是糖蛋白，如单克隆抗体，它们通常需要特定类型的 *N-* 聚糖以发挥功能。抗肌萎缩蛋白聚糖（dystroglycan）上的聚糖链合成缺陷，是许多类型的先天性肌营养不良的基础（**第 45 章**）。失调的 *O*-GlcNAc 糖基化，是糖尿病、神经退行性病变、心血管疾病和癌症的肇因（**第 19 章**）。尽管少数在糖生物学方面受过良好教育的科学家和医生敏锐地意识到聚糖在疾病中的重要性，但其他大多数人对这一大类分子的认知有限。然而现在很清楚的是，对聚糖的研究，对于了解大多数疾病的病理生理学和开发有效的治疗方法至关重要。为了实现糖生物学的巨大潜力，需要加大对所有本科生、研究生和博士后、临床医生和基础科学家的教育力度，并致力于推动技术的发展，使聚糖的实验更加简单易行。

60.1.3 可再生能源

毋庸置疑，有朝一日我们将耗尽化石燃料，而它们并非可再生资源。植物是迄今为止最有效的可再生能源，因为它们有效地利用了光合作用，并以聚糖为主要形式存储所捕获的太阳能。使用植物作为燃料来源的主要挑战，是难以将植物细胞壁降解为较小的聚糖，从而以较低的成本转化为可用的燃料（**第 59 章**）。未来，在从一个以燃烧化石燃料为基础发展的社会演变为以使用可持续能源为基础的社会中，糖科学将发挥出关键作用，而可持续能源部分来自于快速生长的植物和藻类。

60.1.4 工业和材料

通过光合作用固碳以产生聚糖，是防止二氧化碳积累并导致严重温室效应，进而引发全球变暖的主要过程。这一累积现象已造成不可预测的气候紊乱，以及极端天气事件频发等严重后果。木材主要由复杂的聚糖组成，已经是一种主要的建筑材料。纸张、纺织品、玻璃纸和人造纤维，都是由聚糖制成的日常材料。随着石油供应的耗尽，聚糖将越来越多地被用于提供制造塑料和多种聚合物的材料（**第 59 章**）。例如，各种形式的改性纤维素，将是制造特殊材料和各种化学品关键的碳源。

60.2 阐明聚糖结构 / 功能的技术进步

60.2.1 分析方法

近年来，质谱仪器和方法取得了长足的进展（**第 50 章**、**第 51 章**）。由于仪器技术的进步（包括电子捕获和电子转移解离碎裂方法），以及具有非常高的质量精度和灵敏度的离子阱的开发，使得通过质谱法描绘聚糖的偶联位点、分析聚糖的结构变化，以及确定聚糖的精细结构的能力均已取得了长足的进步。在未来，气相中的离子淌度分离，将能够帮助研究人员识别在混合物中具有相同分子质量的聚糖异构体。此外，复杂聚糖的色谱分离及其他分离方法也取得了重大进展。新型超高压泵和能够承受高压的极小颗粒**高压液相色谱（high-pressure liquid chromatography，HPLC）**树脂，也将大大提高色谱的分辨能力。离子淌度和高分辨率质谱方法的进步，首次使我们开始尝试解码糖胺聚糖所蕴含的信息（**第 17 章**）。**诱导超极化方法（induced hyperpolarization method）**的开发，在大大提高聚糖的核磁共振（nuclear magnetic resonance，NMR）分析灵敏度方面展现出巨大的应用前景（**第 50 章**），这一直是生物样品分析中的一项主要制约因素。溶液核磁共振光谱学的最新进展，允许测量羟基基团之间的核奥弗豪泽效应（nuclear Overhauser effect，NOE），增加了距离约束（distance restraint）的数量，提高了聚糖三维结构的质量（**第 50 章**）。**生物正交标记方法（bioorthogonal labeling method）**的继续开发，将允许实时研究活细胞中的聚糖变化。目前，对于糖蛋白的原子结构分析（如 X 射线晶体学），通常需要去除聚糖以便进行结晶。随着电子成像方法，如**冷冻电子显微术（cryo-electron microscopy，cryo-EM）**不断接近晶体分析所需达到的更高分辨率，我们将能够以原子分辨率获得糖复合物的图像，而无需去除聚糖。事实上，最近寡糖基转移酶的冷冻电镜结构，显著地影响了我们对 *N*- 连接糖基化的分子理解。随着核磁共振变得更加灵敏，并且能够处理更大的分子，人们将能够在生理相关的溶剂中以及适当的温度下，实现糖复合物的可视化。这些发展将使人们能够更准确地查看糖复合物的三维结构。最终，人们将需要在生物体和细胞水平上定义**分子种类（molecular species）**的集群（糖蛋白和糖脂上的糖型），以充分了解糖复合物响应细胞外刺激的结构 / 功能关系。显示出巨大前景的现有技术，包括“自上而下”的糖蛋白质组学，以及高通量、高分辨率的成像方法。在过去的几年里，糖蛋白质组学也取得了重大进展。与糖组学不同的是，糖蛋白质组学方法不会失去多肽上聚糖连接位置的相关生物背景（**第 51 章**）。这些方法如果如理论一般有效，那么有朝一日能够确定出群体中糖复合物的全部分子种类，从而阐明它们如何共同促进了基因产物诸多的单一功能。然而，所有这些方法仍然会丢失关于聚糖中不稳定修饰的信息，而且在分析前还需要将完整的糖蛋白分解成碎片。最终，人们需要了解生命系统中原位完整糖组的实际结构。

在这些复杂方法取得进展的同时，通过开发可供普通生物学家使用、能够在没有复杂仪器的实验室进行的简单方法来普及糖生物学的实用技术也很重要。美国国立卫生研究院共同基金最近支持了一些研究，旨在使非该领域的生物学家和生物化学家更容易获得糖科学的研究结果。在这方面，人们应该能够认识到这样一个事实，即数百万年来，病原体和共生体与宿主间的相互作用，已经产生了大量高度特异性的聚糖结合蛋白，可以利用这些蛋白质，以各种层次的不同分辨率对糖基化进行审视。

国际糖科学界最近制定了一项名为**糖组学实验所需最少信息（Minimum Information Required for A Glycomics Experiment，MIRAGE）**的指南，以帮助非专业人士确保出版物的可理解性和可重复性。这些指南涉及样品制备、质谱分析、聚糖阵列和液相色谱方法（**第 50 章至第 52 章**）。

60.2.2 化学合成和酶法合成

由于它们的立体化学特点和水溶性，聚糖的有机合成已被证明是有机合成化学中最具挑战性的领域之一（**第 53 章**）。事实证明，将纯化的糖基转移酶与化学合成的聚糖前体结合使用，在立体选择性地合成复杂聚糖的过程中具有不可估量的价值（**第 54 章**）。聚糖的自动化合成正在迅速成为现实，甚至最复杂的聚糖（例如糖胺聚糖）的合成也已经成为了可能。过去 5 年，在复杂聚糖的自动化化学合成和自动化化学 - 酶法合成方面取得了重大的进展。在未来，聚糖的合成似乎有可能变得与核酸和蛋白质的合成一样容易且广泛使用。生物学家应该可以轻松地获得具有均一聚糖的糖复合物，以进一步探索聚糖的结构和功能。几乎所有主要的糖基转移酶和糖苷酶，都能够以重组蛋白的形式获得，这必将大大提高我们修饰糖复合物以研究结构 / 功能关系的能力。美国国立卫生研究院的美国国立综合医学研究所（NIGMS）建立了一个整合糖技术资源库（Resource for Integrated Glycotechnology），该资源库提供了几乎所有主要哺乳动物糖酶的 cDNA 和蛋白质，包括糖基转移酶、糖苷酶，以及其他参与聚糖合成和降解的酶（**第 5 章**、**第 6 章**）。该资源极大地促进了生物学各领域的非专业人士对聚糖的研究（http://glycoenzymes.ccrc.uga.edu）。此外，蛋白质和脂质的糖工程，将使得产生具有新特性的分子成为可能，以满足各种应用需求。

60.2.3 聚糖的基因组学和酶学

多个基因组的完整图谱的获得，将继续对糖科学的进步产生巨大影响。对糖科学十分重要的基因的鉴定、测序和分类，已经使我们能够以前所未有的速度，了解影响糖基化的基因（即糖基因）的进化和功能（**第 8 章**、**第 52 章**）。这些数据库中丰富的信息才刚刚开始被挖掘，这些研究将导致新的糖基化酶的鉴定，并阐明各种物种是如何进化以产生其糖型（glycoform）和糖表型（glycotype）的。目前的项目旨在为更广泛的学界提供大多数常见糖酶的 cDNA、mRNA 和蛋白质，这将极大地促进所有研究人员对糖复合物的研究。

由美国国立卫生研究院支持的国际糖科学计算和信息学资源（Computational and Informatics Resource for Glycosciences，GlyGen）已经建立，是推动该领域发展的强大工具。研究人员已经建立了两个带有注释并可搜索的 *O*-GlcNAc 糖基化蛋白数据库，目前罗列了人类细胞中近 8000 种 *O*-GlcNAc 糖基化蛋白。碳水化合物活性酶数据库（Carbohydrate-Active Enzymes，CAZy）（www.cazy.org），在推动该领域的发展中也发挥了重要作用。未来的总体目标是将所有这些努力整合为生物信息学数据库，使非专业人员能够以类似于目前 DNA、RNA 和蛋白质资源的方式进行探索。

有机合成和化学酶法合成的结合，将能够制备结构明确的聚糖阵列，其中包含聚糖结合蛋白的各种结合表位。重组的糖基转移酶，将成为在糖蛋白和活细胞上产生特定聚糖的常用工具，这些酶将极大地促进现在需要依赖凝集素所进行的诸多研究（**第 48 章**），因为凝集素的特异性通常不甚明确。最后，迅速拓展的分析工具箱，将有助于破译在细胞水平上介导糖复合物稳态的调控机制。与分析方法一样，通过为在实验室工作的普通生物学家开发简单的方法来普及聚糖的合成也很重要。

60.2.4 高通量分析

近年来，来自细胞、组织或生物体中聚糖的糖组学分析取得了很大进展。基质辅助激光解吸 / 电离 - 质谱法（MALDI-MS）可以快速分析样品中的大多数 *N*- 聚糖和 *O*- 聚糖（**第 51 章**）。由于基质辅助激光解吸 / 电离飞行时间（MALDI-TOF）仪器也获得了进行串联质谱分析的能力，研究人员因此对剖析聚糖结构的信心持续提高。然而，单个聚糖的详细结构分析仍然是一种低通量方法，需要相当多的专业知识和昂贵的仪器。开发可以展示并呈现具有明确结构的、含有数百种不同聚糖的聚糖阵列的方法，可能是糖生物学近期最具影响力的进展之一（**第 56 章**）。这些阵列允许快速、高通量地分析许多生物学上重要的糖结合蛋白（包括凝集素、抗体、病毒和细菌）的结合特性。据估计，这些阵列将需要包含 1 万至 2 万种不同的聚糖，以涵盖大多数可能的糖表位（glycotope）（这一高度保守的估计，并未考虑到聚糖的各种常见而不稳定的修饰）。此外，研究由原核生物制造的聚糖结合蛋白，或研究与糖胺聚糖结合的蛋白质，将需要更为特定的阵列。幸运的是，制造如此庞大和多样化的聚糖阵列的能力即将出现，剩余的挑战将是更好地了解除了聚糖本身之外，影响结合的聚糖阵列中的参数，如固体支持物上的连接子、间距和聚糖的密度。接下来需要研究聚糖的混合物，以模拟更接近自然状态的簇状糖斑片区（clustered saccharide patches）。

通过更好地将糖组学与基因组学、转录组学和蛋白质组学进行整合，**系统糖生物学（systems glycobiology）**也取得了重大进展。在过去几年中，我们对 miRNA 和转录因子如何调控聚糖表达的理解也有所提高（**第 51 章**、**第 52 章**）。

60.2.5 需要更简便的方法来探索糖生物学

目前对聚糖结构 / 功能关系的研究，需要高度专业的合成和分析化学的专业知识。研究聚糖的固有困难，仍然是阻止糖生物学（对聚糖功能的研究）进入生物学主流概念框架的主要挑战。为了应对这一挑战，最近研究人员大力开发简便的技术，使没有专业分析化学技能的非糖生物学家能够以有意义的方式研究聚糖。事实上，使用糖基转移酶和糖苷酶探针来操纵聚糖，并不比使用限制性内切酶和核酸内切酶分析 DNA 更为困难。使用针对聚糖的特异性抗体和凝集素也是很好的实例，说明这些方法可以被缺乏昂贵分析设备，或缺乏广泛的糖生物学专业知识的生物学家们轻松地应用（**第 49 章**）。事实上，随着各公司认识到糖生物学未来的市场潜力，已经出现了几种用于研究聚糖的试剂盒。此外，公司还提供了高度纯化的酶、抗体和化学试剂，使研究聚糖变得更加容易。相比之下，很少有聚糖可用于实验目的，并且大多数作用于聚糖的酶都无法从市场购得。同样重要的是，大多数研究人员都没有接受过培训，不知道应该就连接在他们最感兴趣的糖复合物上的聚糖的作用提出哪些科学问题。除了研究聚糖的新方法和简便方法外，对下一代细胞生物学家和生物化学家进行有关聚糖重要性的教育，将是将糖科学推向新水平的关键。

60.3 未来的一些重大基本问题

从本书的各章节中可以清晰地看到，聚糖影响着地球上生命的方方面面。然而，关于聚糖在生物学中的功能，仍有很多亟需了解。以下是糖生物学中一些“重大”问题的节录，这些问题在未来仍然有待解答。

1. 哺乳动物细胞表面的“糖 RNA”的出现有多普遍？其功能是什么？

最近，利用化学和生物化学方法，研究人员报道了小型非编码 RNA（small noncoding RNA）带有 *N*-聚糖类型（**第 9 章**）、唾液酸化（**第 15 章**）的聚糖。这些所谓的 **“糖 RNA”（glycoRNA）** 被发现存在于多种细胞类型和哺乳动物物种的表面、体外培养细胞和体内。如果被其他研究人员证实，这一引人注目的发现可能会成为 RNA 生物学和糖生物学的桥梁，并扩大 RNA 在细胞表面的作用。

2. 聚糖在质膜、糖萼和细胞外基质成分的组织中起什么作用？

聚糖影响细胞表面驻留分子的稳定性和周转，并且许多聚糖可以在膜平面内自缔合（self-association）。它们是否在细胞表面分子的组织架构（organization）和区域性集中等过程中发挥了作用？细胞表面的各种糖复合物之间，以及与糖结合蛋白之间如何协作，以组织特定细胞或其细胞外基质的糖萼？毕竟，多细胞生物体中的大多数活细胞都存在于富含聚糖的凝胶中，而不是存在于组织培养皿的人工流体培养基中。

3. 聚糖如何调控从细胞表面到细胞核的细胞信号传递？

复杂的聚糖显然调控着细胞表面受体的功能、稳定性和停留时间，并且将 *O*-GlcNAc 修饰添加到细胞核和细胞质蛋白中，可以调控这些受体下游的许多信号传递途径。然而，人们对聚糖在这些途径中的机制作用仍然知之甚少。

4. 糖蛋白上特定位点的聚糖多样性是否具有生物学意义？

糖蛋白通常在多肽的各个位点，包含一系列具有不同结构的聚糖。有证据表明，这些聚糖类型具有位点特异性和细胞类型特异性，而并非随机分布。特定位点的多样性如何产生，又是如何控制的？每种糖型是否具有不同的生物学功能或不同的强度，和（或）位点特异性的多样性是否控制了分子间的相互作用？亦或是说，复杂性是否是宿主与那些以各种方式利用聚糖的病原体之间进化军备竞赛的自然结果？

5. 糖蛋白的特定糖型能否被用作改善疾病的生物标志物？

许多研究人员正试图发现生物标志物，来帮助诊断癌症等疾病。有人提出，识别一种糖蛋白的特定糖型，可能会提高这些生物标志物的特异性和敏感性。

6. 如何考量生物系统中聚糖的显著迁移性？

与大多数其他生物分子不同，聚糖在水溶液中具有相当程度的流动性，这进一步增加了这些分子的潜在信息含量，同时也对它们的分析和生物学探索提出了进一步的挑战。

7. 细胞表面聚糖和基质聚糖如何促进癌症的进展与转移?

来自聚糖分析、动物模型和临床相关性的数据强烈表明，细胞表面聚糖对肿瘤的进展和转移至关重要。然而从机制上讲，关于聚糖在这些过程中所起的作用，人们知之甚少。

8. 糖科学理应对抗病毒、抗菌和抗真菌的诊断及治疗产生巨大影响，如何实现这一目标？

众所周知，聚糖对传染病至关重要，并且是生产多种疫苗的关键抗原。随着传统抗生素疗效变得愈来愈差，人们如何利用聚糖来对抗传染病？

9. 能否改进聚糖分析方法以避免不稳定修饰的丢失?

目前大多数的聚糖分析方法都会导致不稳定修饰的显著丢失，特别是各种酯基团。鉴于它们的位置和潜在的生物学重要性，糖生物学中可能存在一个很大的未开发领域，只能通过新技术来解决。

10. 壬酮糖酸的多样性程度究竟几何? 这种多样性的功能是什么？

高度多样化的唾液酸，只是众所周知的壬酮糖酸（nonulosonic acid）祖先家族的冰山一角，这一发现引申出许多全新的问题。对于这种巨大多样性及潜在的生物学意义，研究人员似乎仅仅是略知皮毛。

11. 如何在分子水平上解码糖胺聚糖和蛋白聚糖中的信息内容?

糖胺聚糖和蛋白聚糖的潜在信息量是巨大的。然而，研究人员才刚刚开始了解硫酸酯和糖醛酸的排列如何影响糖胺聚糖的亲和力和蛋白质结合的选择性。阐明如何在时间和空间上调控这种多样性，也是未来研究的一个重大挑战。

12. *O*-GlcNAc 糖基化调控转录和信号传递以响应营养物质的分子机制是什么?

目前的数据表明，*O*-GlcNAc 糖基化作为一种营养传感器，可以调控信号传递和转录。然而，从机制上讲，对于这种糖在蛋白质上的偶联 - 解离循环，如何在分子水平上调控这一过程几乎一无所知。大脑中超过 40% 的蛋白质存在 *O*-GlcNAc 糖基化，*O*-GlcNAc 循环在突触、大脑发育、学习和记忆中的作用是什么？

13. 大自然是否只利用了所有可能单糖中的一小部分?

自然界中有数百种已知的单糖，而且许多单糖能够以不同的环状和（或）修饰的形式存在。到目前为止，自然系统似乎只采用了这种多样性的一小部分。这是因为基因组和酶的进化速度限制了在糖链中整合全新单糖的机会，还是由于这是仅对地球上一小部分物种进行了采样而导致的确证偏倚（ascertainment bias）？是否每一种可能的单糖都在自然界的某个地方被使用过？

14. 人类或任何动物或植物糖组中，所有聚糖的完整结构是什么？

每天都有全新的聚糖结构被发现，其中有以前未知的、全新的糖苷键，以及独特的和始料未及的修饰，（如乙酰化、甲基化、磷酸二酯和硫酸化）。在一个糖组中存在多少这样的聚糖结构？它们与哪些糖蛋白或脂质相连？它们的连接位点在哪里？我们对人类糖组的知识，大多来自对血清糖蛋白和几种细胞系的研究，但关于人类糖组在聚糖水平或糖蛋白水平的整体复杂性的信息却寥寥无几。

15. 微生物组中聚糖、聚糖结合蛋白和聚糖降解酶多样性的真实程度如何？

很明显，研究人员对在自然界中占据不同生态位的、复杂多样的微生物组中生物多样性的认识只是太仓一粟。每次对给定微生物组中的新物种进行测序时，都会发现基因组可以预测出数百种“碳水化合物活性”酶。了解所有这些分子的机制和功能，是未来研究的一项重大挑战，破译它们产生、结合或降解的复杂聚糖结构亦是如此。

16. 更复杂的生物系统是否具有更简单的糖基化？

在自然界已知的数百种单糖中，脊椎动物发现的单糖不到十几种，而更多的单糖往往存在于更简单、更早期进化的系统中。这是一种确证偏倚，还是生物复杂性的日益增加限制了可用于控制糖基化的那部分基因组？

17. 进化过程中，谱系特异性特定聚糖的获得与缺失有什么意义？

目前的数据表明，聚糖是生命形式中分化最迅速的成分，不同物种的聚糖随进化过程展现出明显的获得和损失，有时在不同谱系和进化枝中展现出（或保持了）多态性。这似乎是聚糖密切参与生物系统中最快速的演变过程（即宿主 - 病原体相互作用、免疫和繁殖）的结果。需要进一步的研究来确定聚糖是否确实参与了物种形成的过程。

18. 糖科学何时能够融入生物信息学主流？

目前，对几乎所有生物学家使用的主要基因组和蛋白质数据库的搜索，几乎没有产生任何关于糖蛋白糖基化状态的信息。事实上，目前还没有一个全面的聚糖结构中央综合数据库，研究人员可以通过它来确定感兴趣的特定聚糖的出现、来源或系统发育情况。一项由几乎所有参与糖科学的主要国家领导的国际性研究，已经就计算机数据库中描述聚糖的统一标准达成一致，并开发了管理和维护聚糖结构数据的方法，再加上统一符号命名法的广泛使用（**第 1 章**），这是将糖组学数据整合到主流蛋白质数据库的第一步（**第 52 章**）。

19. 糖生物学何时能完全融入生物学的整体方法？

与蛋白质科学等其他领域一样，总会有一小部分研究人员将聚糖的结构、化学、生物化学和生物学视为主要兴趣。但是，方法学的进步和认知的提升，将最终使糖科学融入生物学家的普遍意识中，而这些生物学家目前还没有接受过理解聚糖重要性的培训。随着我们对聚糖功能的理解加深，生物化学家和生物学家终将认识到，聚糖修饰的重要性并不亚于构成多肽骨架的氨基酸，或构成 DNA 和 RNA 的核苷酸和核苷酸衍生物。从长远来看，糖生物学将与生物系统的整体方法水乳交融。当这种智力上的奇幻之旅最终完成之时，可能将不再需要为本书撰写续作了。

延伸阅读

National Research Council Committee (US) on Assessing the Importance and Impact of Glycomics and Glycosciences. 2012. *Transforming glycoscience: a roadmap for the future*. National Academies Press, Washington, D.C.

Agre P, Bertozzi C, Bissell M, Campbell KP, Cummings RD, Desai UR, Estes M, Flotte T, Fogleman G, Gage F. 2017. Training the next generation of biomedical investigators in glycosciences. *J Clin Invest* **126**: 405-408.

缩略词对照表

英文缩写	英文全称	中文全称
2-AA	2-aminobenzoic acid	2- 氨基苯甲酸
AA	amino acid	氨基酸
AAL	*Aleuria aurantia* lectin	橙黄网孢盘菌凝集素
2-AB	2-aminobenzamide	2- 氨基苯甲酰胺
ABC	ATP-binding cassette	ATP 结合盒
ACE	affinity co-electrophoresis OR angiotensin-converting enzyme	亲和共电泳 或血管紧张素转换酶
ACG-IB	achondrogenesis type IB	软骨发育不全症 IB 型
AchE	acetylcholinesterase	乙酰胆碱酯酶
AD	Alzheimer's disease	阿尔茨海默病
ADAMTS	a disintegrin and metalloproteinase with thrombospondin motifs	具有血小板应答蛋白基序的解整联蛋白和金属蛋白酶
ADCC	antibody-dependent cellular cytotoxicity	依赖抗体的细胞毒性
ADPKD	autosomal-dominant polycystic kidney disease	常染色体显性多囊肾病
AEP	aminoethylphosphonate	氨基乙基膦酸酯
AFM	atomic force microscope	原子力显微镜
AG	arabinogalactan	阿拉伯半乳聚糖
AGA	automated glycan assembly	自动化聚糖组装
AGE	advanced glycation end product	晚期糖化终末产物
AGP	arabinogalactan protein	阿拉伯半乳聚糖蛋白
AGX	arabinoglucuronoxylan	阿拉伯葡糖醛酸木聚糖
AH	actinohivin	放线菌凝集素
AHM	anhydromannitol	脱水甘露醇
ALG	Asn-linked glycosylation	天冬酰胺连接的糖基化
α-DG	α-dystroglycan	α- 抗肌萎缩蛋白聚糖
ALS	amyotrophic lateral sclerosis	肌萎缩性脊髓侧索硬化症
AMR	Ashwell-Morell receptor	阿什韦尔 - 莫雷尔受体
ANTS	8-aminonaphthalene-1,3,6-trisulfonic acid	8- 氨基萘 -1,3,6- 三磺酸
AOII	atelosteogenesis type II	骨发育不全症 II 型
AOX	alcohol oxidase	醇氧化酶
APAP	arabinoxylan pectin arabinogalactan protein	阿拉伯木聚糖 - 果胶 - 阿拉伯半乳聚糖蛋白
APC	antigen-presenting cell	抗原呈递细胞
Api	apiose	芹菜糖
API	application programming interface	应用程序接口

续表

英文缩写	英文全称	中文全称
APLP	amyloid precursor-like protein	淀粉样前体样蛋白
APTS	1-aminopyrene-3,6,8-trisulfonic acid	1- 氨基芘 -3,6,8- 三磺酸
ASGPR	asialoglycoprotein receptor	无唾液酸糖蛋白受体
AST	arylsulfotransferase	芳基磺基转移酶
AuNP	gold nanoparticle	金纳米颗粒
AVM	arteriovenous malformation	动静脉畸形
BCR	B-cell receptor	B 细胞受体
BCSDB	Bacterial Carbohydrate Structure Database	细菌碳水化合物结构数据库
βCD	β-cyclodextrin	β- 环糊精
BMP	bone morphogenetic protein OR bis (monoacylglycero) phosphate	骨形态发生蛋白 或双（单酰基甘油）磷酸酯
BoNT	botulinum neurotoxin	肉毒毒素
BSA	bovine serum albumin	牛血清白蛋白
CAD	collision-activated dissociation	碰撞激活解离
CASPER	Computer-Assisted Spectrum Evaluation of Regular Polysaccharides [program]	计算机辅助的常规多糖核磁谱评估［程序］
CAZy	Carbohydrate-Active Enzymes [database]	碳水化合物活性酶［数据库］
CBM	carbohydrate-binding module	碳水化合物结合模件
CCP	complement control protein	补体调节蛋白
CCSD	Complex Carbohydrate Structure Database [aka CarbBank database]	复杂碳水化合物结构数据库 ［又名 CarbBank 数据库］
CD	cluster of differentiation	分化群 / 白细胞分化抗原
CDG	congenital disorder of glycosylation	先天性糖基化障碍
CDG-II	congenital disorder of glycosylation type II	先天性糖基化障碍 II 型
CD-MPR	cation-dependent mannose 6-phosphate receptor	阳离子依赖性甘露糖 -6- 磷酸受体
CE	capillary electrophoresis	毛细管电泳
CEBiP	chitin oligosaccharide elicitor-binding protein	壳多糖寡糖激发子结合蛋白
CER	ceramide	神经酰胺
CESA	cellulose synthase	纤维素合成酶
CFG	Consortium for Functional Glycomics	功能糖组学联盟
CFTR	cystic fibrosis transmembrane conductance regulator	囊性纤维化跨膜传导调节蛋白
CHIME	coloboma, heart defects, ichthyosiform dermatitis, mental retardation, and ear anomalies with hearing loss [syndrome]	CHIME［综合征］（临床表现为视网膜缺损、先天性心脏病，游走性鱼鳞样皮肤病、智力发育落后、耳部伴听力损失）
CHO	Chinese hamster ovary	中国仓鼠卵巢［细胞］
CID	collision-induced dissociation	碰撞诱导解离
CI-MPR	cation-independent mannose 6-phosphate receptor	非阳离子依赖性甘露糖 -6- 磷酸受体
CK	creatine kinase	肌酸激酶
CM	cytoplasmic membrane	细胞质膜
CMAH	CMP-Neu5Ac hydroxylase	胞苷一磷酸 -*N*- 乙酰神经氨酸羟化酶
CMD	congenital muscular dystrophy	先天性肌营养不良症
CMP	cytidine monophosphate	胞苷一磷酸

续表

英文缩写	英文全称	中文全称
CMS	congenital myasthenic syndrome	先天性肌无力综合征
CMV	cytomegalovirus	巨细胞病毒
CN	cellulose nanomaterial	纤维素纳米材料
CNS	central nervous system	中枢神经系统
CNT	carbon nanotube	碳纳米管
CNTFR	ciliary neurotrophic factor receptor	睫状神经营养因子受体
CNX	calnexin	钙连蛋白
COG	conserved oligomeric Golgi	保守寡聚高尔基体
ConA	concanavalin A	伴刀豆球蛋白
COPD	chronic obstructive pulmonary disease	慢性阻塞性肺疾病
COPI	coat protein I	包被蛋白 I
COSY	coupling correlated spectroscopy	耦合关联性磁振频谱
COVID-19	coronavirus disease 2019	新型冠状病毒感染
CPS	capsular polysaccharide	荚膜多糖
CRD	carbohydrate-recognition domain OR cross-reacting determinant	碳水化合物识别域 或交叉反应决定簇
CREB	cAMP response element binding	环腺苷一磷酸应答元件结合
CREG	cellular repressor of E1A-stimulated gene	E1A 激活基因阻遏子
CRISPR	clustered regularly interspaced short palindromic repeat	成簇规律间隔短回文重复
CRP	C-reactive protein	C 反应蛋白
crRNA	CRISPR-targeting guide RNA	CRISPR 靶向向导 RNA
CRT	calreticulin	钙网蛋白
cryo-EM	cryo-electron microscopy	冷冻电子显微术
CS	chondroitin sulfate OR circumsporozoite	硫酸软骨素 或环子孢子
CsA	contact site A	接触位点 A
CSDB	Carbohydrate Structure Database	碳水化合物结构数据库
CSL	CBF1/Su (H) /Lag-1	CSL 家族蛋白
CT	cholera toxin	霍乱毒素
CTD	carboxy-terminal domain	羧基末端结构域
CTL	C-type lectin	C 型凝集素
CTLD	C-type lectin domain	C 型凝集素结构域
CTLF	C-type lectin fold	C 型凝集素折叠
DAF	decay accelerating factor	衰变加速因子
DAG	diacylglycerol	二酰基甘油
DAMP	damage-associated molecular pattern	损伤相关分子模式
DANA	2-deoxy-2,3-di-dehydro-*N*-acetylneuraminic acid	2- 脱氧 -2,3- 二脱氢 -*N*- 乙酰神经氨酸
DAP	DNAX activation protein	DNAX 激活蛋白
DBL	*Dolichos biflorus* lectin	双花扁豆凝集素
DC	dendritic cell	树突状细胞

续表

英文缩写	英文全称	中文全称
DCAL	dendritic cell-associated lectin	树突状细胞相关凝集素
DC-SIGN	dendritic cell-specific intercellular adhesion molecule-3-grabbing nonintegrin	树突状细胞特异性细胞间黏附分子 -3- 捕获非整联蛋白
DDD2	Dowling-Degos disease type 2	道林 - 德戈斯病 2 型
DEEP-STD	differential epitope mapping saturation transfer difference	差异表位绘图饱和转移差异
DFT	density functional theory	密度泛函理论
DGDG	1,2-diacyl-3-*O*-(α-D-Gal-(1,6)-*O*-β-Gal)-*sn*-glycerol OR digalactosyldiacylglycerol	1,2- 二酰基 -3-*O*-(α-D- 半乳糖 -(1,6)-*O*-β- 半乳糖)-*sn*- 甘油 或二半乳糖基二酰甘油
DIC	disseminated intravascular coagulation	弥散性血管内凝血
DLL	Delta-like ligand	Delta 样配体
DMAP	DNA methylase-associated protein	DNA 甲基化酶相关蛋白
DMB	1,2-diamino-4,5-methylenedioxybenzene	1,2- 二氨基 -4,5- 亚甲二氧基苯
Dol-P	dolichol phosphate	多萜醇磷酸
Dol-PP	dolichol pyrophosphate	多萜醇焦磷酸
DON	deoxynorleucine OR 6-diazo-5-oxo-L-norleucine	脱氧正亮氨酸 或 6- 重氮 -5- 氧代 -L- 正亮氨酸
dp	degree of polymerization	聚合度
D-PDMP	D-threo-1-phenyl-2-decanoylamino-3-morpholino-1-propanol	D- 苏式 -1- 苯基 -2- 癸酰胺基 -3- 吗啉基 -1- 丙醇
Dpp	decapentaplegic	果蝇形态发生素
DS	dermatan sulfate	硫酸皮肤素
DSA	*Datura stramonium* agglutinin	曼陀罗凝集素
DspB	dispersin B	分散素 B
DTD	diastrophic dysplasia	骨畸形性发育不良
eAChE	erythrocyte acetylcholinesterase	红细胞乙酰胆碱酯酶
EAE	experimental allergic encephalomyelitis	实验性变态反应性脑脊髓炎
EBA	erythrocyte-binding antigen	红细胞结合抗原
EBI	European Bioinformatics Institute	欧洲生物信息研究所
EBL	erythrocyte-binding-like	红细胞结合样
EBR1	egg bindin receptor 1	卵子结合素受体 1
EBV	Epstein-Barr virus	爱泼斯坦 - 巴尔病毒
EC	Enzyme Commission	酶学委员会
ECD	electron capture dissociation	电子捕获解离
ECM	extracellular matrix	细胞外基质
EcorL	*Erythrina corallodendron* lectin	龙牙花凝集素
EDEM	ER degradation-enhancing α-mannosidase I-like protein	内质网降解增强 α- 甘露糖苷酶 I 样蛋白
EET	enzyme enhancement therapy	酶增强疗法
EGF	epidermal growth factor	表皮生长因子
EGT	ecdysteroid glucosyltransferase	蜕皮类固醇激素葡萄糖基转移酶
EI	electron impact	电子轰击
eIF2	eukaryotic initiation factor 2	真核起始因子 2

续表

英文缩写	英文全称	中文全称
EIS	electrochemical impedance spectroscopy	电化学阻抗谱
Elf-1	E74-like factor 1	E74 样因子 1
ELISA	enzyme-linked immunoabsorbent assay	酶联免疫吸附分析
EMT	epithelial-mesenchymal transition	上皮间质转化
ENDO F2	endoglycosidase F2	糖苷内切酶 F2
ENDO H	endoglycosidase H	糖苷内切酶 H
eNOS	endothelial nitric oxide synthase	内皮型一氧化氮合成酶
EOGT	EGF-specific *O*-GlcNAc transferase	表皮生长因子特异性 *O*- 连接 -*N*- 乙酰葡萄糖胺转移酶
EPEC	enteropathogenic *E. coli*	肠致病性大肠杆菌
EPG	endopolygalacturonase	多聚半乳糖醛酸内切酶
E-PHA	erythroagglutining phytohemagglutinin from *Phaseolus vulgaris*	菜豆红细胞植物凝集素
EPO	erythropoietin	促红细胞生成素
EPS	exopolysaccharide OR extracellular polysaccharide	胞外多糖 或细胞外多糖
ER	endoplasmic reticulum	内质网
ERAD	endoplasmic reticulum-associated (protein) degradation	内质网相关蛋白质降解
ERGIC	ER-Golgi intermediate compartment	内质网 - 高尔基体中间区室
ERK	extracellular mitogen-regulated protein kinase	胞外促分裂原调节蛋白激酶
ERT	enzyme replacement therapy	酶替代疗法
ESI	electrospray ionization	电喷雾电离
ETD	electron transfer dissociation	电子转移解离
EtNP	ethanolamine phosphate	磷酸乙醇胺
EUL	rice *Euonymus*-related lectin OR *Euonymus europae*us lectin	水稻中的卫矛相关凝集素 或欧洲卫矛凝集素
FAB	fast atom bombardment	快速原子轰击
FACE	fluorophore-assisted carbohydrate electrophoresis	荧光团辅助碳水化合物电泳
FAK	focal adhesion kinase	黏着斑激酶
FCMD	Fukuyama congenital muscular dystrophy	福山型先天性肌营养不良症
f-CNT	functionalized carbon nanotube	功能化碳纳米管
FDA	Food and Drug Administration	美国食品药品监督管理局
FET	field-effect transistor	场效应［晶体］管
FGE	formylglycine-generating enzyme	甲酰甘氨酸生成酶
FGF	fibroblast growth factor	成纤维细胞生长因子
FGFR	fibroblast growth factor receptor	成纤维细胞生长因子受体
FHA	filamentous hemagglutinin	纤丝状血凝素
FKRP	Fukutin-related protein	福山蛋白相关蛋白
FKTN	Fukutin	福山蛋白
FRC	fibroblastic reticular cell	成纤维网状细胞
FSH	follicle-stimulating hormone	促卵泡激素

续表

英文缩写	英文全称	中文全称
FSP	fucose sulfate polymer	硫酸化岩藻糖聚合物
FT	Fourier transform OR fucosyltransferase	傅里叶变换 或岩藻糖基转移酶
GABA	γ-aminobutyric acid	γ- 氨基丁酸
GAG	glycosaminoglycan	糖胺聚糖
Gal	galactose	半乳糖
GALE	uridine diphosphate galactose-4-epimerase	尿苷二磷酸 - 半乳糖 -4- 差向异构酶
GALK	galactokinase	半乳糖激酶
GALNT	polypeptide GalNAc-transferase	多肽 *N*- 乙酰半乳糖胺转移酶
GALT	galactose-1-phosphate uridyltransferase	半乳糖 -1- 磷酸尿苷酰转移酶
GalT	galactosyltransferase	半乳糖基转移酶
GARP	glutamic acid/alanine-rich protein	富谷氨酸 / 丙氨酸蛋白质
GAS	Group A streptococcus	A 组链球菌
GBP	glycan-binding protein	聚糖结合蛋白
GBS	Group B streptococcus OR Guillain-Barré syndrome	B 组链球菌 或吉兰 - 巴雷综合征（又名急性炎症性脱髓鞘性多发性神经病）
GC	gas chromatography	气相色谱法
GCS	glucosylceramide synthase	葡萄糖神经酰胺合成酶
GDNFR-α	glial-cell-[line-]derived neurotrophic factor receptor-α	胶质细胞 -（系 -）源性神经营养因子受体 -α
GFAT	glucosamine：fructose aminotransferase	葡萄糖胺：果糖氨基转移酶
GFP	green fluorescent protein	绿色荧光蛋白
GH	glycoside hydrolase [aka glycosidase]	糖苷水解酶（又名糖苷酶）
GIPL	glycosylinositolphospholipid	糖基肌醇磷脂
Glc	glucose	葡萄糖
GlcA	glucuronic acid	葡萄糖醛酸
GlcNAc	*N*-acetylglucosamine	*N*- 乙酰葡萄糖胺
GLIC	Glycome Informatics Consortium	糖组信息学联盟
GlycO	glycomics ontology	糖组学本体论
GNA	*Galanthus nivalis* agglutinin	雪滴花凝集素
GNE	*N*-acetylglucosamine-2-epimerase/*N*-acetylmannosamine kinase	*N*- 乙酰葡萄糖胺 -2- 差向异构酶 /*N*- 乙酰甘露糖胺激酶
GPCR	G protein-coupled receptor	G 蛋白偶联受体
GPI	glycosylphosphatidylinositol	糖基磷脂酰肌醇
GPI-AP	GPI-anchored protein	糖基磷脂酰肌醇锚定蛋白质
GPP	glycan pathway predictor	聚糖途径预测器
GRIFIN	galectin-related interfiber protein	半乳凝集素相关纤维间蛋白
GRP	glycan-recognizing probe OR galectin-related protein OR glycan-recognizing protein	聚糖识别探针 或半乳凝集素相关蛋白 或聚糖识别蛋白
GS	glycogen synthase	糖原合成酶

续表

英文缩写	英文全称	中文全称
GSC	germline stem cell	生殖干细胞
GSK3β	glycogen synthase kinase-3β	糖原合成酶激酶 -3β
GSL	glycosphingolipid	鞘糖脂
GT	glycosyltransferase	糖基转移酶
GWAS	genome-wide association study	全基因组关联分析
GXM	glucuronoxylomannan	葡糖醛木甘露聚糖
GXMG	glucuronoxylomannogalactan	葡糖醛木甘露半乳聚糖
HA	hyaluronan OR hemagglutinin	透明质酸 或血凝素
HAPLN	hyaluronan and proteoglycan link protein	透明质酸和蛋白聚糖连接蛋白
HAS	hyaluronan synthase	透明质酸合成酶
HAT	histone acetyltransferase	组蛋白乙酰转移酶
HBHA	heparin-binding hemagglutinin adhesin	肝素结合性血凝素黏附蛋白
HBP	hexosamine biosynthetic pathway	己糖胺生物合成途径
HCD	high-energy collision dissociation	高能碰撞解离
HCELL	hematopoietic cell E-/L-selectin ligand	造血细胞 E 选凝素 /L 选凝素配体
HDL	high-density lipoprotein	高密度脂蛋白
HDX	hydrogen deuterium exchange	氢氘交换
HEMPAS	hereditary erythroblastic multinuclearity with positive acidified-serum test	遗传性多核幼红细胞增多症伴酸化血清试验阳性
HEV	high endothelial venule	高内皮细胞小静脉
HF	hydrogen fluoride	氟化氢（氢氟酸）
HG	homogalacturonan	同型半乳糖醛酸聚糖
HGF	hepatocyte growth factor	肝细胞生长因子
Hh	Hedgehog signaling	Hedgehog 信号传递
HIBM-II	hereditary inclusion body myopathy type II	遗传性包涵体肌病 II 型
HIF	hypoxia-inducible factor	低氧诱导因子
HILIC	hydrophilic interaction liquid chromatography	亲水相互作用液相色谱法
Hint-1	human intelectin 1	人类肠道凝集素 1
HIT	heparin-induced thrombocytopenia	肝素诱导的血小板减少症
HIV	human immunodeficiency virus	人类免疫缺陷病毒
HMBC	heteronuclear multiple-bond correlation	异核多键相关
HME	hereditary multiple exostosis	遗传性多发性骨外生骨疣
HMG	high mobility group	高迁移率族蛋白
HMM	hidden Markov model	隐马尔可夫模型
HMO	human milk oligosaccharide	人乳寡糖
HPA	*Helix pomatia* agglutinin	罗马蜗牛凝集素
HPAEC	high-pH anion-exchange chromatography	高 pH 阴离子交换色谱法
HPCE	high-performance capillary electrophoresis	高效毛细管电泳
HPLC	high-performance liquid chromatography	高效液相色谱法

续表

英文缩写	英文全称	中文全称
HPMRS	hyperphosphatasia with mental retardation syndrome	遗传性高磷酸酶症伴精神发育迟钝综合征
HRGP	hydroxyproline-rich glycoprotein	富羟脯氨酸糖蛋白
HRP	horseradish peroxidase	辣根过氧化物酶
HS	heparan sulfate	硫酸乙酰肝素
HSCT	hematopoietic stem cell transplantation	造血干细胞移植
HSQC	heteronuclear single quantum coherence	异核单量子相干
HSV	herpes simplex virus	单纯疱疹病毒
HUPO-PSI	Human Proteome Organization-Proteomics Standards Initiative	人类蛋白质组组织 - 蛋白质组学标准化倡议
Hyp	hydroxyproline	羟脯氨酸
IC	intermediate compartment	中间区室
ICAM	intercellular adhesion molecule	细胞间黏附分子
ID	intellectual disability	智力残疾
IDGF	imaginal disc growth factor	成虫盘生长因子
IdoA	iduronic acid	艾杜糖醛酸
IEF	isoelectric focusing	等电聚焦
IFN-γ	interferon-γ	γ 干扰素
IGD	inherited GPI deficiency	遗传性糖基磷脂酰肌醇缺乏症
IGSF	immunoglobulin superfamily	免疫球蛋白超家族
IL-1	interleukin-1	白 (细胞) 介素 -1
IR	insulin receptor OR infrared	胰岛素受体 或红外
IRS	insulin receptor substrate	胰岛素受体底物
ITAM	immunoreceptor tyrosine-based activation motif	免疫受体酪氨酸激活模体
ITC	isothermal titration calorimetry	等温滴定量热法
ITI	inter-α-trypsin inhibitor	间 α- 胰蛋白酶抑制剂
ITIM	immunoreceptor tyrosine-based inhibitory motif	免疫受体酪氨酸抑制模体
ITP	immune thrombocytopenia	免疫性血小板减少症
IUBMB	International Union of Biochemistry and Molecular Biology	国际生物化学与分子生物学联盟
IUPAC	International Union of Pure and Applied Chemistry	国际纯粹与应用化学联合会
JAG	Jagged	果蝇 Jagged 蛋白
JCGGDB	Japan Consortium for Glycobiology and Glycotechnology Database	日本糖生物学和糖技术联合会数据库
KCF	KEGG Chemical Function [database]	京都基因与基因组百科全书化学功能 (数据库)
KDN	3-deoxy-D-glycero-D-galacto-non-2-ulosonic acid	3- 脱氧 -D- 甘油 -D- 半乳 - 壬 -2- 酮糖酸
KEGG	Kyoto Encyclopedia of Genes and Genomics	京都基因与基因组百科全书
KIR	killer cell immunoglobulin-like receptor	杀伤细胞免疫球蛋白样受体
KLH	keyhole limpet hemocyanin	钥孔血蓝蛋白
KO	KEGG Orthology [database]	京都基因与基因组百科全书直系同源 (数据库)
KS	keratan sulfate	硫酸角质素
LAA	*Laburnum alpinum* agglutinin	高山金链花凝集素

续表

英文缩写	英文全称	中文全称
LAD	leukocyte adhesion deficiency	白细胞黏附缺陷症
LAM	lipoarabinomannan	脂阿拉伯甘露聚糖
LAR	leukocyte common antigen-related protein	白细胞共同抗原相关蛋白质
LC	liquid chromatography	液相色谱法
LCA	*Lens culinaris* agglutinin	小扁豆凝集素
LDL	low-density lipoprotein	低密度脂蛋白
LDN	LacdiNAc	二 -*N*- 乙酰乳糖胺
LDNF	fucosylated LacdiNAc	岩藻糖基化的二 -*N*- 乙酰乳糖胺
LecRK	L-type lectin receptor kinase	L 型凝集素受体激酶
LERP	lysosomal enzyme receptor protein	溶酶体酶受体蛋白
Le^x	Lewis x	Lewis x 聚糖
Lev	levulinoyl	乙酰丙酰基
LFNG	Lunatic fringe	果蝇 Lunatic fringe 蛋白
LIF	leukemia inhibitory factor OR laser-induced fluorescence	白血病抑制因子 或激光诱导荧光
LLO	lipid-linked oligosaccharide	脂质连接寡糖
LM	lipomannan	脂甘露聚糖
LMW	low-molecular-weight	低分子量
LNP	lectin nucleotide phosphohydrolase	凝集素核苷酸磷酸水解酶
LOS	lipooligosaccharide	脂寡糖
LPG	lipophosphoglycan	脂磷酸聚糖
L-PHA	L-phytohemagglutinin	L- 植物凝集素
LPPG	lipopeptidophosphoglycan	脂肽磷酸聚糖
L-PROSY	looped-projected spectroscopy	循环投影波谱
LPS	lipopolysaccharide	脂多糖
LSC	leukemic stem cell	白血病干细胞
LSL	*Lonchocarpus sericeus* agglutinin	薄荚豆凝集素
LSPR	localized surface plasmon resonance	局域表面等离子体共振
LTA	lipoteichoic acid OR *Lotus tetragonolobus* agglutinin	脂磷壁酸 或翅荚百脉根凝集素
LysM	lysozyme motif	溶菌酶基序
mAb	monoclonal antibody	单克隆抗体
MAG	myelin-associated glycoprotein	髓鞘相关糖蛋白
MAH	*Maackia amurensis* hemagglutinin	朝鲜槐血凝素
MAL	*Maackia amurensis* lectin	朝鲜槐凝集素
MALDI-MS	matrix-assisted laser desorption/ionization mass spectrometry	基质辅助激光解吸 / 电离 - 质谱法
MALDI-TOF	matrix-assisted laser desorption/ionization time of flight	基质辅助激光解吸 / 电离飞行时间
Man	mannose	甘露糖
MAP	mitogen-activated protein	丝裂原活化蛋白
MAPK	MAP kinase	丝裂原活化蛋白激酶

续表

英文缩写	英文全称	中文全称
MASP	MBL-associated serine protease	甘露糖结合凝集素相关丝氨酸蛋白酶
MBL	mannose-binding lectin	甘露糖结合凝集素
MBP	mannose-binding protein OR major basic protein	甘露糖结合蛋白 或主要碱性蛋白
MCD	macular corneal dystrophy	斑状角膜营养不良
MD	molecular dynamics	分子动力学
m-DAP	*meso*-diaminopimelic acid	内消旋二氨基庚二酸
MDCK	Madin-Darby canine kidney	Madin-Darby 犬肾（细胞）
MDL	myeloid DAP12-associating lectin	髓系 DAP12 相关凝集素
MDO	membrane-derived oligosaccharide	膜源寡糖
MDP	metallodipeptidase	金属二肽酶
MEB	muscle-eye-brain disease	肌 - 眼 - 脑病
MFNG	Manic fringe	果蝇 Manic fringe 蛋白
MGDG	1,2-diacyl-3-*O*- (β-D-Gal) -*sn*-glycerol OR monogalactosyldiacylglycerol	1,2- 二酰基 -3-*O*-(β-D- 半乳糖)-*sn*- 甘油 或单半乳糖基二酰甘油
MGL	macrophage galactose-binding lectin	巨噬细胞半乳糖结合凝集素
MGUS	monoclonal gammopathy of unknown significance	意义未明的单克隆丙种球蛋白症
MHC	major histocompatibility complex	主要组织相容性复合体
MIAPE	Minimum Information about A Proteomics Experiment [initiative]	蛋白质组学实验所需最少信息（倡议）
MICL	myeloid inhibitory CTL-like receptor	髓系抑制性 C 型凝集素样受体
MINCLE	macrophage inducible Ca^{2+}-dependent lectin	巨噬细胞诱导型 Ca^{2+} 依赖性凝集素
MIP-1β	macrophage inflammatory protein-1β	巨噬细胞炎症蛋白 -1β
MIRAGE	Minimum Information Required for A Glycomics Experiment [initiative]	糖组学实验所需最少信息（倡议）
MM	molecular mechanics	分子力学
MMDB	Molecular Modeling Database	分子建模数据库
MN	membranous neuropathy	膜性神经病
MND	motor neuron disease	运动神经元病
MNP	magnetic nanoparticle	磁性纳米颗粒
mOGT	mitochondrial OGT	线粒体 *O*- 连接 -*N*- 乙酰葡萄糖胺转移酶
MPL	monophosphoryl lipid A	单磷酰脂质 A
MPR	M6P receptor	甘露糖 -6- 磷酸受体
MPS	mucopolysaccharidosis	黏多糖贮积症
MR	mannose receptor	甘露糖受体
MRH	M6P receptor homology OR mannose receptor homologous	甘露糖 -6- 磷酸受体同源 或甘露糖受体同源
MRI	magnetic resonance imaging	磁共振成像
mRNA	messenger RNA	信使核糖核酸
MS	mass spectrometry	质谱
MSD	multiple sulfatase deficiency	多发性硫酸酯酶缺乏症

续表

英文缩写	英文全称	中文全称
MSP	merozoite surface protein	裂殖子表面蛋白
MTD	major tropism determinant	主要向性决定簇
MTG	mind-the-gap [protein]	MTG 蛋白
MTX	mosquitocidal toxin	灭蚊毒素
4-MU	4-methylumbelliferone	4- 甲基伞形酮
MVB	multivesicular body	多囊泡体
MWCNT	multiwalled carbon nanotube	多壁碳纳米管
MytiLec	*Mytilus galloprovincialis* β-trefoil lectin	地中海贻贝 β- 三叶凝集素
NAD	nicotinamide adenine dinucleotide	烟酰胺腺嘌呤二核苷酸
NADPH	nicotinamide adenine dinucleotide phosphate	还原型烟酰胺腺嘌呤二核苷酸磷酸
NCAM	neural cell adhesion molecule	神经细胞黏附分子
NCBI	National Center for Biotechnology Information	美国国家生物技术信息中心
ncOGT	nucleocytoplasmic OGT	核细胞质 *O*- 连接 -*N*- 乙酰葡萄糖胺转移酶
Neu	neuraminic acid	神经氨酸
NF-κB	nuclear factor-κB	核因子 -κB
NHS	*N*-hydroxysuccinimide	*N*- 羟基琥珀酰亚胺
NIR	near-infrared	近红外
NK	natural killer	自然杀伤 (细胞)
NKT	natural killer T	自然杀伤 T(细胞)
NLR	NOD-like receptor	NOD 样受体
NLS	nuclear localization sequence	核定位序列
NMJ	neuromuscular junction	神经肌肉接头
NMR	nuclear magnetic resonance	核磁共振
NOD	nucleotide-binding oligomerization domain	核苷酸结合寡聚结构域
NOE	nuclear Overhauser effect	核奥弗豪泽效应
NP	nanoparticle	纳米颗粒
NSID	nonsyndromic intellectual disability	非综合征型智力残疾
NulO	nonulosonic acid	壬酮糖酸
ODR-2	odorant response abnormal 2	嗅觉反应异常 2(蛋白质)
OGA	*O*-GlcNAcase	*O*- 连接 -*N*- 乙酰葡萄糖胺水解酶
OGT	*O*-GlcNAc transferase	*O*- 连接 -*N*- 乙酰葡萄糖胺转移酶
OMIM	Online Mendelian Inheritance in Man	在线人类孟德尔遗传病 (数据库)
OPG	osmoregulated periplasmic glucan	渗透调节周质葡聚糖
O-PS	*O*-antigen polysaccharide	*O*- 抗原多糖
ORF	open reading frame	可读框
OST	oligosaccharyltransferase	寡糖基转移酶
OTase	oligosaccharyltransferase	寡糖基转移酶
PAD	pulsed amperometric detection	脉冲电流检测
PAH	pulmonary arterial hypertension	肺动脉高压

续表

英文缩写	英文全称	中文全称
PAI-1	plasminogen activator inhibitor-1	纤溶酶原激活物抑制物 -1
PAM	protospacer adjacent motif	前间区序列邻近基序
PAMP	pathogen-associated molecular pattern	病原体相关分子模式
PAP	pulmonary arterial pressure	肺动脉压
PAPS	3′-phosphoadenosine-5′-phosphosulfate	3′- 磷酸腺苷 -5′- 磷酰硫酸
PAS	periodic acid-Schiff	高碘酸席夫碱反应
PBP	penicillin-binding protein	青霉素结合蛋白
PC	phosphorylcholine OR polycystin	磷酰胆碱 或多囊蛋白
PcG	polycomb group	多梳家族
PCLP	podocalyxin-like protein	足萼糖蛋白样蛋白
PCP	polysaccharide copolymerase	多糖共聚酶
PCR	polymerase chain reaction	聚合酶链反应
PCT	pharmacological chaperone therapy	药理学分子伴侣疗法
PDB	Protein Data Bank	蛋白质数据库
PDI	protein disulfide isomerase	蛋白质二硫键异构酶
PDK	phosphatidylinositol-dependent kinase	磷脂酰肌醇依赖性激酶
PDX1	pancreatic and duodenal homeobox 1	胰腺和十二指肠同源异形框 1
PE	phosphoethanolamine	磷酸乙醇胺
PECAM	platelet endothelial cell adhesion molecule	血小板内皮细胞黏附分子
PEP	phosphoenolpyruvate	磷酸烯醇式丙酮酸
PG	phosphoglycan	磷酸聚糖
PGC	porous graphitized carbon	多孔石墨化碳
PGIP	polygalacturonase-inhibiting protein	多半乳糖醛酸酶抑制蛋白
PGM	phosphoglucomutase	磷酸葡萄糖变位酶
PHAL	phytohemagglutinin L	植物凝集素 L
PHF	paired helical filament	双股螺旋细丝
PI	phosphatidylinositol	磷脂酰肌醇
PI3K	phosphatidylinositol 3-kinase	磷脂酰肌醇 3- 激酶
PILR	paired immunoglobulin-like receptor	配对免疫球蛋白样受体
PIM	phosphatidylinositol mannoside	磷脂酰肌醇甘露糖苷
PKC	protein kinase C	蛋白激酶 C
PLAP	placental alkaline phosphatase	胎盘碱性磷酸酶
PLC	phospholipase C	磷脂酶 C
PLE	protein-losing enteropathy	蛋白丢失性肠病
PLM	phospholipomannan	磷脂甘露聚糖
PMAA	partially methylated alditol acetate	部分甲基化的糖醇乙酸酯
PMT	protein mannosyltransferase	蛋白质甘露糖基转移酶
PNA	peanut agglutinin	花生凝集素

续表

英文缩写	英文全称	中文全称
PNAG	poly-*N*-acetylglucosamine	聚 -*N*- 乙酰葡萄糖胺
PNGase F	peptide-*N*-glycosidase F	肽 -*N*- 糖苷酶 F
PNH	paroxysmal nocturnal hemoglobinuria	阵发性睡眠性血红蛋白尿症
PNS	peripheral nervous system	周围神经系统
POFUT	protein *O*-fucosyltransferase	蛋白质 *O*- 岩藻糖基转移酶
POGLUT	protein *O*-glucosyltransferase	蛋白质 *O*- 葡萄糖基转移酶
PPG	proteophosphoglycan	蛋白磷酸聚糖
PrP	prion protein	朊病毒蛋白
PRR	pattern-recognition receptor	模式识别受体
PS	phosphatidylserine	磷脂酰丝氨酸
PsA	prespore antigen	前孢子抗原
PSA	*Pisum sativum* agglutinin OR polysialic acid	豌豆血凝素 或多唾液酸
PSGL	P-selectin glycoprotein ligand	P 选凝素糖蛋白配体
PSL	*Pisum sativum* lectin （pea lectin）	豌豆凝集素
PSP	promastigote surface protease	前鞭毛体表面蛋白酶
PVD	pulmonary vascular resistance	肺血管阻力
QCM	quartz crystal microbalance	石英晶体微天平
QD	quantum dot	量子点
QM	quantum mechanics	量子力学
QTOF	quadrupole time of flight	四极杆飞行时间
RA	rheumatoid arthritis	类风湿 (性) 关节炎
RAGE	receptor for advanced glycation end product	晚期糖化终末产物受体
RANKL	receptor activator of nuclear factor (NF) -κB ligand	核因子 -κB 受体激活物蛋白
Rb	retinoblastoma	视网膜母细胞瘤
RCA	*Ricinus communis* agglutinin	蓖麻凝集素
RCL	reactive center loop	反应中心环肽链
RDF	Resource Description Framework	资源描述框架
rER	rough endoplasmic reticulum	糙面内质网
RF	radio frequency	无线电频率
RFNG	Radical fringe	果蝇 Radical fringe 蛋白
RG	rhamnogalacturonan	鼠李半乳糖醛酸聚糖
RHO	ras homolog	ras 蛋白同源物
RI	refractive index	折射率
RINGS	Resource for Informatics of Glycomes at Soka	创价大学糖组生物信息学资源库
RIP	ribosome-inactivating protein	核糖体失活蛋白
RME	receptor-mediated endocytosis	受体介导的胞吞作用
RNAi	RNA interference	RNA 干扰
RNA-seq	RNA sequencing	RNA 测序

续表

英文缩写	英文全称	中文全称
ROE	rotating-frame Overhauser effect	旋转坐标系奥弗豪泽效应
ROS	reactive oxygen species	活性氧类
RPTP	receptor protein tyrosine phosphatase	受体蛋白酪氨酸磷酸酶
rRNA	ribosomal RNA	核糖体 RNA
RRV	relative reactivity value	相对反应性值
RU	repeating unit OR resonance unit	重复单元 或共振单位
SAG	surface antigen	表面抗原
SAM	self-assembled monolayer	自组装单层
SAMP	self-associated molecular pattern	自相关分子模式
SAP	sphingolipid activator protein OR serum amyloid P	鞘脂激活蛋白 或血清淀粉样蛋白 P
SAX	strong anion exchange chromatography	强阴离子交换色谱法
SAXS	small-angle X-ray scattering	小角 X 射线散射
SBA	soybean agglutinin	大豆凝集素
SCD	sickle cell disease	镰状细胞病
scFv	single-chain variable fragment	单链可变片段
SDF-1	stromal cell-derived factor-1	基质细胞衍生因子 -1
SDS-PAGE	sodium dodecyl sulfate polyacrylamide gel electrophoresis	十二烷基硫酸钠聚丙烯酰胺凝胶电泳
SEC	size exclusion chromatography	尺寸排阻色谱法
SED	spondyloepimetaphyseal dysplasia	先天性脊椎骨骺发育不良
SeviL	*Mytilisepta virgata* R-type lectin	条纹叉贻贝 R 型凝集素
SHP-1	Src homology region 2 domain-containing phosphatase-1	含有 Src 同源区 2 结构域的磷酸酶 1
shRNA	short hairpin RNA	短发夹 RNA
Sia	sialic acid	唾液酸
SiaT	sialyltransferase	唾液酰基转移酶
SIB	Swiss Institute of Bioinformatics	瑞士生物信息学研究所
Siglec	Sia-binding immunoglobulin-like lectin	唾液酸结合免疫球蛋白样凝集素
siRNA	small interfering RNA	干扰小 RNA
SLE	systemic lupus erythematosus	系统性红斑狼疮
SLe^x	Sialyl Lewis x	唾液酸化 Lewis x
SLRP	small leucine-rich proteoglycan	富亮氨酸小蛋白聚糖
Sn	sialoadhesin	唾液酸黏附蛋白
SNA	*Sambucus nigra* agglutinin	西洋接骨木凝集素
SNFG	Symbol Nomenclature for Glycans	聚糖符号命名法
SNP	single-nucleotide polymorphism	单核苷酸多态性
sOGT	short OGT	短 *O*- 连接 -*N*- 乙酰葡萄糖胺转移酶
SPA	single-particle analysis	单颗粒分析
SPR	surface plasmon resonance	表面等离子体共振
SRT	substrate reduction therapy	底物减少疗法

续表

英文缩写	英文全称	中文全称
SSA	*Sambucus sieboldiana* lectin	无梗接骨木凝集素
SSEA	stage-specific embryonic antigen	阶段特异性胚胎抗原
ST	sialyltransferase	唾液酰基转移酶
STAT5	signal transducer and activator of transcription 5	信号转导及转录激活蛋白 5
STD	saturation transfer difference	饱和转移差异
SVM	support vector machine	支持向量机
SWCNT	single-walled carbon nanotube	单壁碳纳米管
tACE	testis angiotensin-converting enzyme	睾丸血管紧张素转换酶
TACE	TNF-α-converting enzyme	TNF-α 转换酶
TAIR	The *Arabidopsis* Information Service	拟南芥信息服务（数据库）
TALE	transcription activator-like effector	转录激活因子样效应物
TALEN	transcription activator-like effector nuclease	转录激活因子样效应物核酸酶
TBS	tert-butyldimethylsilyl	叔丁基二甲基硅基
TCGA	The Cancer Genome Atlas	癌症基因组图谱
TCR	T-cell receptor	T 细胞受体
T-DNA	transfer DNA	转移 DNA
TEM	transmission electron microscopy	透射电子显微镜
TET	ten-eleven translocation	10-11 易位蛋白
TF	transcription factor	转录因子
TGF-β	transforming growth factor β	转化生长因子 β
TGN	*trans*-Golgi network	反面高尔基网
Th1	T helper 1	辅助性 T 细胞 1 型
TLC	thin-layer chromatography	薄层色谱法
TLR	Toll-like receptor	Toll 样受体
TM	transmembrane domain	跨膜结构域
TMT	tandem mass tag	串联质谱标签
TNALP	tissue-nonspecific alkaline phosphatase	组织非特异性碱性磷酸酶
TNF-α	tumor necrosis factor-α	肿瘤坏死因子 -α
TOCSY	total correlation spectroscopy	总相关谱
TP	transpeptidase	转肽酶
TPA	tissue plasminogen activator	组织型纤溶酶原激活物
TPR	tetratricopeptide repeat	四肽三肽重复序列
Treg	regulatory T cell	调节性 T 细胞
trNOE	transferred nuclear Overhauser effect	转移核奥弗豪泽效应
TS	*trans*-sialidase	转唾液酸酶
TSG	TNF-α-stimulated gene	肿瘤坏死因子 -α 刺激基因
TSP	thrombospondin	血小板应答蛋白
TSR	thrombospondin type-1 repeat	血小板应答蛋白 1 型重复
TS-TEM	ultrathin section transmission electron microscopy	超薄切片透射电子显微镜

续表

英文缩写	英文全称	中文全称
UCH	ubiquitin carboxyhydrolase	泛素羧基水解酶
UEA	*Ulex europaeus* agglutinin	荆豆凝集素
UGT/UGGT	UDP-glucose glycoprotein glucosyltransferase	尿苷二磷酸 - 葡萄糖糖蛋白葡萄糖基转移酶
UniLectin3D	a database covering the three-dimensional features of lectins	UniLectin3D 数据库
uPA(R)	urokinase-type plasminogen activator (receptor)	尿激酶型纤溶酶原激活物（受体）
UTI	urinary tract infection	尿路感染
UV-Vis	ultraviolet-visible	紫外 - 可见光
VEGF	vascular endothelial growth factor	血管内皮生长因子
VIPL	VIP-36-like	囊泡膜整合蛋白 36（VIP-36）样蛋白
VNTR	variable number tandem repeat	可变数目串联重复序列
VSA	variant surface antigen	可变表面抗原
VSG	variant surface glycoprotein	可变表面糖蛋白
VWF	von Willebrand factor	血管性血友病因子（冯·维勒布兰德因子）
VZV	varicella zoster virus	水痘 - 带状疱疹病毒
WAX	weak anion exchange	弱阴离子交换
WFA	*Wisteria floribunda* agglutinin	多花紫藤凝集素
WGA	wheat germ agglutinin	麦胚凝集素
WTA	wall teichoic acid	壁磷壁酸
WWS	Walker-Warburg syndrome	沃克 - 瓦尔堡综合征
XGA	xylogalacturonan	木半乳糖醛酸聚糖
XLNSID	X-linked nonsyndromic intellectual disability	非综合征型 X 连锁智力残疾
XPS	X-ray photoelectron spectroscopy	X 射线光电子能谱法
YY1	Yin Yang 1	YY1 蛋白

词汇表

ABO
由三个主要的等位基因糖基转移酶组成的基因座，产生 A、B 和 O 血型。

缩醛（acetal）
由半缩醛与醇反应衍生获得的有机化合物。如果半缩醛是糖，则缩醛形成糖苷。

黏附蛋白（adhesin）
细菌、病毒或寄生虫表面的一种蛋白质，可与宿主细胞表面的配体结合。

亲和力（affinity）
受体与其配体之间相互作用强度的量度。

凝集［反应］（agglutination）
蛋白质（如抗体或凝集素）存在的情况下产生的细胞聚集。相关术语**血凝**特指细胞为红细胞时的情况。

糖苷配基（aglycone）
糖复合物或糖苷中的非碳水化合物部分。糖苷配基通过其还原末端的糖，与聚糖以糖苷键进行连接。

醛糖（aldose）
具有醛基或潜在醛羰基的单糖。根据定义，醛基 / 潜在的醛羰基位于 C-1 位。

氨基糖（amino sugar）
单糖分子中一个羟基被氨基取代所形成的糖衍生物。

异头碳（anomeric carbon）
单糖中具有半缩醛官能团的碳原子，为大多数糖的 C-1；唾液酸的 C-2。

端基差向异构体 / 异头物（anomer）
单糖的立体异构体，仅在环结构的异头碳上具有不同的构型。

天线（antenna）
源自“核心”结构的寡糖分支。

安卓（Arixtra™）
参见**磺达肝癸钠**。

天冬酰胺连接寡糖（asparagine-linked oligosaccharide）
参见 ***N*- 聚糖**。

自动化聚糖组装（automated glycan assembly）
在固体载体上化学合成寡糖和多糖的快速方法。

亲合力（avidity）
对来自多价复合物的、多重亲和力的相互作用综合强度的量度。

叠氮化物（azide）
由三个氮原子以线性排列所形成的官能团（N_3）。

叠氮糖（azido sugar）
通过合成引入叠氮基团的单糖。

细菌萜醇（bactoprenol）
参见**十一萜醇**。

β 消除反应（β elimination）
相对于羰基而言，位于 β 碳上的 C—O 键或 C—N 键的断裂。用于从丝氨酸或苏氨酸残基上切割 *O*- 聚糖。

生物膜（biofilm）
附着在潮湿表面（如池塘或牙齿表面）的细菌群落。

C 型凝集素（C-type lectin）
一类具有 Ca^{2+} 依赖性的凝集素，可通过包含其碳水化合物识别域的特征序列对其进行识别。

钙连蛋白（calnexin）
一种膜结合蛋白分子伴侣，介导内质网中蛋白质折叠的质量控制过程。

钙网蛋白（calreticulin）
一种可溶性蛋白分子伴侣，可识别 *N*- 聚糖并介导内质网中糖蛋白折叠的质量控制过程。

毛细管电泳（capillary electrophoresis，CE）
一种在小直径毛细管上施加高电压以实现分离的分析技术。它适用于少量碳水化合物并且可与质谱仪联用。

荚膜（capsule）
围绕某些细菌的保护性细胞外多糖外壳。荚膜多糖的存在通常与细菌毒力相关。

碳水化合物 / 糖类 / 糖（carbohydrate）
在本书中作为可与糖（sugar）、糖类（saccharide）或聚糖（glycan）互换使用的通用术语，包括单糖、寡糖和多糖及这些化合物的衍生物。

碳水化合物识别域（carbohydrate-recognition domain，CRD）
多肽中专门与碳水化合物结合的结构域；在凝集素中，通常是多肽中进化高度保守的区域。

碳水化合物活性酶数据库（CAZy）
意指“碳水化合物活性酶”（Carbohydrate Active Enzymes），该数据库描述了结构相关的、具有催化活性和碳水化合物结合模块（或功能结构域）的酶家族。它们能够降解、修饰或产生糖苷键。

纤维素（cellulose）
由β1-4 糖苷键连接的葡萄糖残基形成的重复均聚物，是绿色植物及多种形式的藻类与卵菌的植物细胞壁的主要成分，也可由某些细菌产生。

神经酰胺（ceramide）
鞘糖脂中的常见脂质组分，由长链氨基醇（鞘氨醇）与脂肪酸通过酰胺键缩合形成。

脑苷脂（cerebroside）
神经酰胺与半乳糖（半乳糖神经酰胺）或葡萄糖（葡萄糖神经酰胺）偶联组成的糖脂。

化学位移（chemical shift）
指代核磁共振谱图中共振位置的术语。

化学酶法合成（chemoenzymatic synthesis）
使用化学反应和酶促反应来获得所需产物的聚糖合成。

壳多糖（chitin）
由β1-4 糖苷键连接的 *N*- 乙酰葡萄糖胺残基形成的重复均聚物；是真菌细胞壁和节肢动物外骨骼的主要成分，此外还具有其他功能。

硫酸软骨素（chondroitin sulfate）
可表示为具有 (GalNAcβ1-4GlcAβ1-3)$_n$ 二糖单元的糖胺聚糖，在某些位置具有以酯键连接的硫酸化修饰。硫酸软骨素通常与蛋白聚糖的核心蛋白共价连接。

先天性糖基化障碍（congenital disorder of glycosylation）
一种可遗传的，因基因突变导致聚糖异常组装的遗传性疾病。

结合疫苗（conjugate vaccine）
由抗原（通常是聚糖）与载体蛋白偶联后组成的疫苗。

耦合关联性磁振频谱（coupling correlated spectroscopy，COSY）
一种核磁共振技术，通常在相邻质子之间产生二维关联图。可用于谱学分配和碳水化合物残基的鉴定。

冷冻电子显微术（cryo-electron microscopy，cryo-EM）
一种成像技术，能够为冷冻非结晶样品中蛋白质和糖蛋白的三维结构，提供近原子级的分辨率。

脱氧糖（deoxy sugar）
某个羟基被氢原子取代的单糖。

硫酸皮肤素（dermatan sulfate）
一种基于硫酸软骨素的、修饰后的蛋白聚糖形式，其中部分 D- 葡萄糖醛酸残基差向异构化为 L- 艾杜糖醛酸。

多萜醇（dolichol）
一种末端饱和的聚异戊二烯类脂质载体，用于在内质网中组装 *N*- 聚糖和糖基磷脂酰肌醇锚，以及蛋白质的 *O*- 甘露糖基化与 *C*- 甘露糖基化。

电子转移解离（electron transfer dissociation，ETD）
一种质谱碎裂和离子化技术，可用于确定多肽和蛋白质上的糖基化位点。

电喷雾电离（electrospray ionization，ESI）
一种用于产生带电物质的常用方法，常用于质谱分析。

糖苷内切酶（endoglycosidase）
催化寡糖或多糖中内部糖苷键断裂的酶。

内毒素（endotoxin）
参见**脂质 A**。

表皮生长因子样重复序列（epidermal growth factor-like repeat，EGF-like repeat）
一种小蛋白质基序（约 40 个氨基酸），具有 6 个保守的半胱氨酸残基，形成 3 组二硫键。某些表皮生长因子重复序列中可能包含聚糖修饰位点。

差向异构酶（epimerase）
一种催化糖类中手性中心外消旋化的酶。

差向异构体（epimer）
两种同分异构的单糖，仅在单个手性碳的构型上有所不同。例如，甘露糖是葡萄糖的 C-2 差向异构体。

表位（epitope）
一个分子中被特定抗体或受体识别的部分。

促红细胞生成素（erythropoietin，EPO）
一种生物体循环的、用于治疗贫血的糖基化细胞因子。

糖苷外切酶（exoglycosidase）

从寡糖、多糖或糖复合物的外端（非还原端）切割单糖的酶。

外毒素（exotoxin）

由细菌分泌的热不稳定的蛋白质类毒素，可引起疾病。

表达蛋白连接（expressed protein ligation，EPL）

一种通过合成肽和重组蛋白的缩合，产生半合成蛋白的方法。可以通过合成的糖肽与重组蛋白进行缩合产生糖蛋白。

细胞外基质（extracellular matrix）

包含一系列复杂的分泌分子，如糖蛋白、蛋白聚糖和（或）多糖与结构性蛋白。在植物中，细胞外基质也被称为细胞壁。

外源性聚糖结合蛋白（extrinsic glycan-binding protein）

识别来自不同生物体的聚糖的受体，主要由致病性微生物黏附蛋白、凝集素或毒素组成。

伞毛（fimbriae）

在多种革兰氏阴性菌中发现的蛋白质纤维状附属物。

费歇尔投影式（Fischer projection）

一种对三维有机分子的二维表示方法，由赫尔曼·埃米尔·费歇尔（Hermann Emil Fischer）设计。

荧光团辅助碳水化合物电泳（fluorophore-assisted carbohydrate electrophoresis，FACE）

一种结合聚糖衍生化与凝胶电泳的技术，用于少量碳水化合物的分析。

磺达肝癸钠（fondaparinux sodium）

一种用作抗凝剂的合成肝素（商品名：安卓）。

Fringe 蛋白（Fringe）

负责将来自尿苷二磷酸-*N*-乙酰葡萄糖胺（UDP-GlcNAc）的 *N*-乙酰葡萄糖胺（GlcNAc），催化转移到表皮生长因子样重复序列的岩藻糖上，从而改变 Notch 蛋白活性的蛋白质家族。

呋喃糖（furanose）

五元环状（四个碳与一个氧，即氧杂环）形式的单糖，以结构上相似的化合物呋喃命名。

半乳凝集素（galectin）

即与 β-半乳糖苷特异性结合的 S 型（巯基依赖性的）凝集素，通常以可溶形式存在，在多种动物细胞类型中表达，可通过其碳水化合物识别域的氨基酸序列加以区分。

神经节苷脂（ganglioside）
含有一个或多个唾液酸残基的阴离子鞘糖脂。

基因组（genome）
一组染色体的完整基因序列。

聚糖（glycan）
描述任何糖类或糖复合物的通用术语，以游离形式或连接在其他分子上的形式存在，在本书中，可与糖类（saccharide）或碳水化合物（carbohydrate）互换使用。

聚糖阵列（glycan array）
以确定的空间排布形式附着在表面上的聚糖集合。

聚糖结合蛋白（glycan-binding protein）
识别并结合特定聚糖的蛋白质。参见**凝集素**和**糖胺聚糖结合蛋白**。

糖化（glycation）
通过添加碳水化合物对蛋白质进行非酶化学修饰。通常经过与赖氨酸侧链的氨基发生席夫碱（Schiff-base）反应，以及随后进行的阿马道里重排（Amadori rearrangement）来产生稳定的产物。不应与（酶促）**糖基化**过程相混淆。

糖生物学（glycobiology）
研究聚糖及其衍生物的结构、化学、生物合成及生物学功能的学科。

糖工程（glycoengineering）
改变给定细胞中糖基化的生物合成机制，以在糖复合物上产生确定结构的聚糖，与糖基化工程（glycosylation engineering）同义。

糖萼（glycocalyx）
动物细胞周围由聚糖和糖复合物组成的细胞外被，在电子显微镜下可见电子致密的层状结构。

糖复合物（glycoconjugate）
含有一个或多个聚糖单元，与非碳水化合物实体共价连接的分子。

糖型（glycoform）
糖蛋白的不同分子形式，由一个或多个糖基化位点处聚糖结构的可变性和（或）其所占据的糖基化位点的差异引起。

糖原（glycogen）
一种包含 α1-4- 连接和 α1-6- 连接葡萄糖残基的多糖，在动物体内用于短期能量储存；有时也被称为动物淀粉。

糖原蛋白（glycogenin）
一种作为糖原合成引物的蛋白质。

糖脂（glycolipid）
通用术语，表示糖类与脂质糖苷配基连接形成的分子。在“高等”生物体中，大多数糖脂是鞘糖脂，但也存在糖甘油脂和其他类型。

糖组（glycome）
由细胞、组织或生命体在特定的时间、空间和环境条件下合成的聚糖的总集合。

糖组学（glycomics）
对糖组进行系统分析的学科。

拟糖体（glycomimetics）
模拟糖类特性，但并非碳水化合物类的化合物。

糖基（glycone）
糖复合物中的碳水化合物部分。

糖肽（glycopeptide）
具有一个或多个共价连接聚糖的多肽。

糖蛋白（glycoprotein）
具有一个或多个共价结合聚糖的蛋白质。

糖蛋白质组学（glycoproteomics）
对糖蛋白的系统层级分析，包括它们的蛋白质特性、糖基化位点和聚糖结构。

糖胺聚糖（glycosaminoglycans）
指蛋白聚糖中的多糖侧链或指由直链的二糖重复单元组成的游离的复合多糖，每个重复单元由己糖胺和己糖或己糖醛酸组成（参见**肝素**、**硫酸乙酰肝素**、**硫酸软骨素**、**硫酸皮肤素**、**硫酸角质素**和**透明质酸**）。

糖胺聚糖结合蛋白（glycosaminoglycan-binding protein）
识别并结合特定糖胺聚糖的蛋白质。

糖苷酶（glycosidase）
催化聚糖中糖苷键水解的酶。参见**糖苷外切酶**和**糖苷内切酶**。

糖苷（glycoside）
一种聚糖形式，含有至少一个与另一聚糖或糖苷配基所形成的糖苷键。

糖苷键（glycosidic linkage）
单糖与另一个残基之间的化学键，通常由半缩醛与醇（例如，另一个单糖或氨基酸上的羟基）反应形成缩醛而产生。两个单糖之间的糖苷键具有确切的区域化学和立体化学。

鞘糖脂（glycosphingolipid）
聚糖与神经酰胺的伯羟基以糖苷形式连接而形成的糖脂。

糖基受体（glycosyl acceptor）
糖基化反应中的亲核试剂 / 亲核体，通常含有一个游离的羟基。

糖基供体（glycosyl donor）
糖基化反应中的亲电试剂 / 亲电体。酶促糖基化反应中的核苷酸糖即为糖基供体。

糖基化（glycosylation）
碳水化合物与多肽、脂质、多核苷酸、碳水化合物或其他有机化合物经酶催化形成共价连接，通常由糖基转移酶利用特定的核苷酸糖供体进行催化。

糖基磷脂酰肌醇锚（glycosylphosphatidylinositol anchor，GPI anchor）
一种由磷脂酰肌醇和磷酸乙醇胺之间的聚糖桥组成的膜锚结构，该聚糖桥以酰胺键连接到蛋白质的羧基末端。

糖基转移酶（glycosyltransferase）
催化糖从核苷酸糖或糖 - 磷酸脂质供体转移到底物上的酶。

半抗原（hapten）
任何被受体或抗体识别的小分子，包括聚糖。

哈沃斯投影式（Haworth projection）
一种单糖表示方法，其中环状结构被描绘为平面环结构，羟基位于环平面的上方或下方。

血细胞凝集（hemagglutination）
存在蛋白质（例如抗体或凝集素）时红细胞的聚集。

血凝素（hemagglutinin）
一种可识别红细胞表面的碳水化合物并引起血细胞凝集的凝集素。

半缩醛（hemiacetal）
醛基与醇反应形成的化合物，如醛糖的环合反应。

半缩酮（hemiketal）

酮与醇反应形成的化合物，如酮糖的环合反应。

硫酸乙酰肝素（heparan sulfate）

可表示为具有 (GlcNAcα1-4GlcAβ1-4/IdoAα1-4)$_n$ 二糖单元的糖胺聚糖，在不同位置含有 *N*- 和 *O*- 硫酸酯，硫酸乙酰肝素通常与蛋白聚糖的核心蛋白共价连接。

肝素（heparin）

由肥大细胞产生的一种硫酸乙酰肝素，具有最高含量的艾杜糖醛酸和 *N*- 和 *O*- 硫酸化残基。肝素结合并激活抗凝血酶。

异核单量子相干（heteronuclear single quantum coherence，HSQC）

一种核磁共振技术，产生将异核（通常为碳水化合物的 ^{13}C）的化学位移和直接成键的质子间的化学位移相关联的二维图。

杂多糖（heteropolysaccharide）

含有一种以上单糖的多糖。

己糖胺（hexosamine）

用氨基取代己糖 C-2 位上羟基后的产物。在脊椎动物聚糖中的常见例子是 *N*- 乙酰化糖：*N*- 乙酰葡萄糖胺和 *N*- 乙酰半乳糖胺。

己糖（hexose）

六碳单糖，通常在 C-1 位具有醛基或潜在醛基（己醛糖），在所有其他位置具有羟基。脊椎动物聚糖中的常见例子是甘露糖、葡萄糖和半乳糖。

高效液相色谱法（high-performance liquid chromatography，HPLC）

也称高压液相色谱法（high pressure liquid chromatography），一种经常用于分离聚糖以进行分析或后续研究的分离技术。

同多糖（homopolysaccharide）

仅由一种单糖组成的多糖。

透明质酸（hyaluronan）

可表示为具有 (GlcNAcβ1-4GlcAβ1-3)$_n$ 二糖单元的糖胺聚糖，透明质酸既不硫酸化也不与蛋白质共价连接，在较早的文献中被称为玻璃酸（hyaluronic acid）。

肼解（hydrazinolysis）

一种使用肼切断特定酰胺键的化学方法，如糖残基和天冬酰胺之间的糖基胺（glycosylamine）键，或 *N*- 乙酰己糖胺中的乙酰胺（acetamide）键。

I 型凝集素（I-type lectin）

一类属于免疫球蛋白超家族的凝集素。

内源性聚糖结合蛋白（intrinsic glycan-binding protein）

识别来自同一生物体的聚糖的受体。它们通常介导了细胞间相互作用或识别细胞外分子，但也可以识别同一细胞上的聚糖。

果冻卷折叠（jelly-roll fold）

对 L 型凝集素共有的三级结构的描述。

硫酸角质素（keratan sulfate）

一种具有 $(Gal\beta1\text{-}4GlcNAc\beta1\text{-}3)_n$ 结构的聚 *N*- 乙酰乳糖胺，在 *N*- 乙酰葡萄糖胺和半乳糖残基的 C-6 处具有硫酸酯，常见于硫酸角质素蛋白聚糖中。

缩酮（ketal）

半缩酮与醇反应衍生获得的有机化合物。如果半缩酮是糖，则缩酮是糖苷。

酮糖（ketose）

具有酮基或潜在醛羰基的单糖。根据定义，酮基 / 潜在的酮羰基位于天然化合物的 C-2 位。

L 型凝集素（L-type lectin）

聚糖结合蛋白超家族，其共同特征是具有称为“果冻卷”折叠的三级结构。

乳糖（lactose）

二糖 Galβ1-4Glc；在乳品中含量丰富。

凝集素（lectin）

指抗碳水化合物抗体之外的蛋白质，可特异性识别并结合聚糖而不催化对聚糖的修饰。

Lewis 血型抗原（如 Le^x、Le^y 和 Le^a）

一组相关的聚糖，带有与半乳糖或 *N*- 乙酰葡萄糖胺共价连接的 α1-3/1-4 岩藻糖残基。

配体（ligand）

可被特定受体识别的分子。就凝集素而言，其配体部分或完全基于聚糖。

连接模件（link module）

与透明质酸特异性相互作用的蛋白质折叠。

连键分析（linkage analysis）

一种结合使用羟基衍生化、气相色谱法分离和质谱法来识别聚糖中单糖类型的技术。

脂质 A（lipid A）
也被称为**内毒素**。含有与葡萄糖胺相连的脂肪酸的脂质。脂质 A 具有可变数量的磷酸基团和 1 ～ 4 个 2- 酮 -3- 脱氧辛酮糖酸（Kdo）单元。参见**脂多糖**。

脂质连接寡糖（lipid-linked oligosaccharide，LLO）
与多萜醇或脂质相连的寡糖。

脂筏（lipid raft）
自缔合（self-associate）膜分子形成的小横向微区。

脂寡糖（lipooligosaccharide，LOS）
与脂多糖具有类似结构，但缺少 *O*- 抗原多糖侧链重复单元。

脂多糖（lipopolysaccharide，LPS）
一种细菌糖脂，包含多糖（*O*- 抗原）并通过核心寡糖与脂质 A 连接，脂质 A 是革兰氏阴性菌外膜质外层（outer leaflet）的主要组分。它是抗原特异性的主要决定簇，也被称为热稳定毒素或**内毒素**。

溶酶体贮积病（lysosomal storage disease）
由溶酶体酶的缺陷导致未降解的糖复合物在溶酶体中积累的人类遗传疾病，如泰 - 萨克斯病。

溶菌酶（lysozyme）
一种内切 -β-*N*- 乙酰己糖胺酶，可裂解细菌肽聚糖的多糖主链。

甘露聚糖（mannan）
在某些细菌、真菌和植物中发现的富含甘露糖的多糖。

甘露糖 -6- 磷酸受体（mannose 6-phosphate receptor）
参见 **P 型凝集素**。

质谱法（mass spectrometry，MS）
一种分析技术，可提供气相中可电离聚糖及其碎片的质量信息。该法所需的样品量少，特别适用于聚糖分析。

基质辅助激光解吸 / 电离（matrix-assisted laser desorption/ionization，MALDI）
一种通常用于产生带电物质的方法，以用于质谱分析。

膜源寡糖（membrane-derived oligosaccharide，MDO）
携带大量电荷的 β- 葡聚糖，在革兰氏阴性菌的周质空间中形成渗透缓冲。

代谢标记（metabolic labeling）
一种依赖于细胞代谢过程，将同位素单糖或衍生化的单糖（或其他部分）整合进入聚糖中，以进行后续分析的方法。

甲基化分析（methylation analysis）
一种碳水化合物结构分析方法，基于甲基醚的酸稳定性和糖苷键的酸不稳定性，可用于确定寡糖链中单糖残基的连键位置。

迈克尔加成（Michael addition）
亲核试剂攻击 α,β- 不饱和羰基化合物中 β 碳的化学反应。在 *O*- 聚糖 β 消除反应后使用该反应，可用于将探针偶联到这些位点。

微阵列（microarray）
在微米尺寸表面上空间排列的分子（如 DNA、蛋白质或聚糖）集合。

微不均一性（microheterogeneity）
蛋白质上任何给定糖基化位点的聚糖结构变化。微不均一性产生不同的糖型。

分子模拟（molecular mimicry）
一些微生物病原体通过用与其宿主相似的聚糖装饰自身，来逃避免疫反应的策略。

分子动力学（molecular dynamics，MD）
一种基于牛顿运动定律的计算技术，可用于模拟聚糖或聚糖 - 蛋白质复合物的运动和结构。

分子对接（molecular docking）
一种计算技术，可用于预测聚糖 - 蛋白质复合物的结合位点和几何结构。

单糖（monosaccharide）
不能水解成更简单碳水化合物的碳水化合物，是寡糖和多糖的基本组分。简单单糖（simple monosacc haride）是具有三个或更多个碳原子的多羟基醛或多羟基酮。

黏蛋白（mucin）
具有高含量丝氨酸、苏氨酸和脯氨酸残基，以及大量 *O*-GalNAc 聚糖的大型糖蛋白，这些聚糖通常在多肽上成簇出现。

黏多糖（mucopolysaccharide）
过时术语，已被术语**糖胺聚糖**取代，但仍用作人类疾病“黏多糖贮积症”（mucopolysaccharidose）中的分组名称。该疾病涉及由于某些溶酶体酶的遗传缺陷而导致的糖胺聚糖积累。

变旋作用（mutarotation）
单糖的立体异构体在异头中心位置的相互转化。

多价性（multivalency）

具有多个相互作用位点。常见于寡聚凝集素中，其中低亲和力的单个相互作用的结合提供了高亲合力。

***N*- 乙酰乳糖胺（*N*-acetyllactosamine）**

具有序列 Galβ1-4GlcNAc 结构的二糖。

***N*- 聚糖 /*N*- 连接寡糖 /*N*- 连接聚糖（*N*-glycan，*N*-linked oligosaccharide，*N*-linked glycan）**

与多肽链上天冬酰胺残基的侧链酰胺共价连接形成的聚糖，其共识序列为：天冬酰胺 -X- 丝氨酸 / 苏氨酸（-Asn-X-Ser/Thr-，其中 X 为除脯氨酸外的任意氨基酸）。除非另行说明，本书一般使用术语 *N*- 聚糖来表示最常见的连键区域：Manβ1-4GlcNAcβ1-4GlcNAcβ1-*N*-Asn。

天然化学连接法（native chemical ligation，NCL）

一种通过缩合较小的多肽片段来产生大型多肽的技术。

神经氨酸酶（neuraminidase）

参见**唾液酸酶**。

结瘤因子（Nod factor）

由根瘤菌产生的脂寡糖，可刺激根瘤形成并启动豆科植物的固氮作用。

非还原末端 / 非还原端（nonreducing terminus，nonreducing end）

寡糖或多糖链的最外端，与还原端 / 还原末端相反。

Notch 蛋白（Notch）

在表皮生长因子样重复序列上发生糖基化的细胞表面受体家族。其配体包括果蝇 Delta 蛋白和 Serrate/Jagged 蛋白。

核磁共振（nuclear magnetic resonance，NMR）

一种基于检测强磁场中磁活性核进动的谱学技术。可用于溶液中聚糖和蛋白质 - 聚糖复合物的结构测定。

核奥弗豪泽效应（nuclear Overhauser effect，NOE）

一种对核磁共振谱中共振强度的影响，在质子 - 质子实验中，通常与核间距离有关。

核苷酸糖（nucleotide sugar）

单糖的活化形式，如尿苷二磷酸 - 半乳糖（UDP-Gal）、鸟苷二磷酸 - 岩藻糖（GDP-Fuc）和胞苷一磷酸 - 唾液酸（CMP-Sia），通常作为糖基转移酶的供体底物。

核苷酸糖转运蛋白（nucleotide sugar transporter）

特异性地将核苷酸糖从胞质溶胶转运到细胞内细胞器（如高尔基体）内腔中的膜结合蛋白。

***O*-GalNAc 聚糖（*O*-GalNAc glycan）**

参见 ***O*- 聚糖**。

O-GlcNAc 糖基化（O-GlcNAcylation）

通过 β- 连键的 *N*- 乙酰葡萄糖胺对蛋白质进行的动态修饰。*O*-GlcNAc 糖基化是一种通常与蛋白质磷酸化相互作用的翻译后修饰。

O- 聚糖 /O- 连接寡糖 /O- 连接聚糖（O-glycan，O-linked oligosaccharide，O-linked glycan）

以糖苷键连接到丝氨酸、苏氨酸、酪氨酸或羟赖氨酸等氨基酸的羟基上的聚糖。除非另行说明，本书一般使用术语 *O*- 聚糖来表示常见的连键：GalNAcα1-*O*-Ser/Thr。

寡糖（oligosaccharide）

单糖通过糖苷键相互连接形成的直链或支链结构。寡糖中单糖单元的数量可以变化；术语**多糖**通常指具有重复单元的大型聚糖。

肽聚糖（peptidoglycan）

一种由 MurNAcβ1-4GlcNAcβ1-4 重复单元组成的细菌多糖，可与短肽共价交联。肽聚糖也称为胞壁质（murein），是周质的主要结构成分。

高碘酸氧化（periodate oxidation）

使用高碘酸盐对具有邻位羟基的 C-C 键（如在碳水化合物中）进行裂解，形成两个相应的醛的反应。

菌毛（pili）

一些细菌表面的毛发状附属物，通常含有黏附蛋白。

聚异戊二烯（polyisoprenoid）

以不饱和的异戊二烯（五碳）单元为重复单元所组成的脂质聚合物。参见**多萜醇**和**十一萜醇**。

聚 -N- 乙酰乳糖胺（poly-N-acetyllactosamine，polyLacNAc）

可表示为具有 *N*- 乙酰乳糖胺 (Galβ1-4GlcNAcβ1-3)$_n$ 二糖重复单元的聚合物，长度可变。

聚合酶链式反应（polymerase chain reaction，PCR）

从模板 DNA 链和互补的寡核苷酸引物开始，用于扩增 DNA 的过程。

多糖（polysaccharide）

由重复单糖组成的聚糖，长度通常大于 10 个单糖单元。

多唾液酸（polysialic acid）

一种唾液酸的均聚物，在大脑和鱼卵中含量丰富，在某些病原菌中也有发现。

保护基（protecting group）

聚糖合成中常用的化学成分，可掩蔽羟基，以防止它们与其它化学试剂反应。

蛋白质数据库（Protein Data Bank，PDB）

该资源库主要包含蛋白质的原子坐标，也包含核酸和蛋白质 - 碳水化合物复合物的原子坐标。每个条目对应一个四位字母数字组成的代码。

蛋白聚糖（proteoglycan）

具有一条或多条共价连接的糖胺聚糖链的任何蛋白质。

蛋白质组（proteome）

细胞、组织或生命体在特定的时间、空间和环境条件下蛋白质的总集合。

P 型凝集素（P-type lectin）

识别甘露糖 -6- 磷酸的一类凝集素，也称**甘露糖 -6- 磷酸受体**。

脉冲电流检测（pulsed amperometric detection）

一种基于高 pH 下导电性的检测方法，常用于单糖成分的高效液相色谱法分析。

吡喃糖（pyranose）

六元环状（五个碳与一个氧，即氧杂环）形式的单糖，己糖和戊糖是最为常见的形式，以结构上相似的化合物吡喃命名。

R 型凝集素（R-type lectin）

聚糖结合蛋白超家族，含有与蓖麻毒素相似的碳水化合物识别域。

受体（receptor）

与配体结合并启动信号传递或其他细胞活动的蛋白质。在本书中，大多数受体是凝集素，即这些受体识别聚糖。在微生物学中，微生物上的黏附蛋白或凝集素与宿主细胞上的聚糖受体结合。

还原末端 / 还原端（reducing terminus，reducing end）

具有还原能力的聚糖末端，因为它不与糖苷配基相连，因此是半缩醛。在糖复合物中，还原末端也被视为与“潜在的还原末端”同义，指通过糖苷键与糖苷配基共价连接的聚糖末端（一旦糖链被释放，它将具有还原能力）。

区域化学（regiochemistry）

在一个分子诸多可能的区域中参与化学反应的区域。就糖苷键而言，区域化学标注了与一个单糖的异头位置结合的另一个单糖的羟基位置（如 1-3/1-4 连键）。

表面层（S-layer，surface-layer）

一种蛋白质单层包膜，通常含有共价连接的聚糖，存在于许多细菌和古菌的细胞包膜中。

糖类（saccharide）

任何碳水化合物或碳水化合物组装体的通用术语，无论以游离形式还是与其他分子连接的形式存在，在本书中可与碳水化合物和聚糖互换使用。

饱和转移差异（saturation transfer difference，STD）
一种核磁共振技术，可用于检测蛋白质 - 聚糖的结合，并识别与蛋白质受体结合位点中的质子接近的聚糖部分。

选凝素（selectin）
一种由血管和血液中的细胞表达的 C 型（Ca^{2+} 依赖性）凝集素。三种已知的选凝素为：L 选凝素 /CD62L（由大多数白细胞表达）、E 选凝素 /CD62E（由细胞因子激活的内皮细胞表达）和 P 选凝素 /CD62P（由激活的内皮细胞和血小板表达）。

丝氨酸 / 苏氨酸 - 连接寡糖（Ser/Thr-linked oligosaccharide）
参见 ***O*- 聚糖**。

唾液酸（sialic acid）
具有九碳骨架的酸性糖家族，其中最常见的是脊椎动物中的 *N*- 乙酰神经氨酸。

唾液酸酶（sialidase）
从糖复合物中释放唾液酸残基的酶。旧称神经氨酸酶，现在仅用于指代流感唾液酸酶。

唾液酸组（sialome）
由细胞、组织或生命体在特定的时间、空间和环境条件下表达的唾液酸类型和连键的总集合。

唾液酸结合免疫球蛋白样凝集素（Siglec）
与唾液酸结合的蛋白，是 I 型凝集素家族的成员，氨基末端的 V 型（V-set）结构域具有典型的保守残基。

单颗粒分析（single-particle analysis，SPA）
某些冷冻电镜显微术研究中使用的分析技术，可从随机朝向物体的二维图像中提取三维结构。

小角 X 射线散射（small-angle x-ray scattering，SAXS）
一种 X 射线散射技术，可用于确定溶液中存在的大分子复合物的形状。

鞘脂（sphingolipid）
以神经酰胺为核心结构的脂质。

鞘氨醇（sphingosine）
长链氨基醇。鞘氨醇与脂肪酸以酰胺键连接时，形成神经酰胺。

糖（sugar）

用于指代任何碳水化合物的通用术语，但最常用于指代甜味的低分子质量碳水化合物。用于调味的蔗糖是一种非还原性二糖（Glcα1-2Fru）。寡糖有时被称为“糖链”（sugar chain），糖链中的单个单糖有时被称为“糖残基”（sugar residue）。

表面等离子体共振（surface plasmon resonance，SPR）

一种用于测量材料在表面吸附情况的光学技术。常用于评估蛋白质与芯片涂层上聚糖之间的亲和力。

磷壁酸（teichoic acid）

一种复杂的聚合物，由携带磷酸甘油或携带磷酸核糖醇的碳水化合物或氨基酸组成，位于革兰氏阳性菌表面。

飞行时间（time of flight，TOF）

质谱分析中使用的一种分析技术，根据动能相同粒子间的速度差异来分离不同质量的物质。

转移核奥弗豪泽效应（transfer nuclear Overhauser effect，trNOE）

一种核磁共振技术，特别适用于确定与蛋白质非共价结合的聚糖的构象。

血小板应答蛋白重复序列（thrombospondin repeat，TSR）

一种小蛋白质基序（50～60 个氨基酸），具有 6 个保守的半胱氨酸残基，形成 3 组二硫键。可作为聚糖修饰位点。

转录组（transcriptome）

由细胞、组织或生命体在特定的时间、空间和环境条件下 RNA 转录物的总集合。

十一萜醇 / 细菌萜醇 /C55 异戊二烯（undecaprenol，bactoprenol，C55 isoprenoid）

一种聚异戊二烯脂质载体，用于细菌中膜结合聚糖的合成。

X 射线晶体学（X-ray crystallography）

一种结构测定技术，依赖于晶体中有序分子的 X 射线散射。可用于确定蛋白质 - 聚糖复合物的三维结构。

学习指南

第 1 章　历史背景及概论

1. 哪些因素阻碍了将聚糖生物学（“糖生物学”）研究纳入传统的分子和细胞生物学？
2. 为什么进化一再选择聚糖作为所有细胞表面的主要分子？
3. 解释细胞外聚糖和细胞核 / 细胞质聚糖之间的区别。
4. 哪些因素会影响细胞表面和分泌分子上的聚糖组成和结构？
5. 讨论糖类参与细胞内关键功能的各种方式。

第 2 章　单糖的多样性

1. 脊椎动物聚糖中最常见的九种单糖是什么？
2. 解释以下术语：D- 和 L- 立体化学、差向异构体和端基差向异构体、直立键和平伏键、还原端和非还原端，以及 α- 和 β- 键。
3. 葡萄糖的 α- 糖苷键，将糖苷配基定位在直立键方向，而唾液酸的 α- 糖苷键，将糖苷配基定位在平伏键方向。通过 α- 和 β- 端基差向立体化学的定义，解释这两种单糖中出现的明显差异。
4. 在自然界中，只需两个酶促步骤，即可将 D- 半乳糖转化为 L- 半乳糖。使用费歇尔投影式来表示完成这一互变过程中的化学转化。
5. 根据单糖中的原子和官能团，描述它们与蛋白质相互作用的可能方式（如静电相互作用、氢键、范德瓦耳斯力和疏水相互作用）。

第 3 章　寡糖与多糖

1. 真核生物中有 21 种氨基酸，而只有 10 种主要单糖，为什么六糖中单糖的可能组合方式，却比六肽中氨基酸的组合方式多得多？
2. *N*- 连接寡糖的糖苷配基是哪种氨基酸？
3. 硫酸软骨素的重复单元是什么？
4. 是哪种独特的结构特征，有助于硫酸乙酰肝素，而非硫酸软骨素的柔韧性？
5. 列出三种作为抗原的细菌多糖。

第 4 章　糖基化在细胞中的组织形式

1. 从拓扑学角度出发，说明将糖基化限制在内质网 / 高尔基体区室的优缺点。
2. 聚糖修饰酶的物理定位和功能定位之间有什么区别？
3. 描述决定转移酶在高尔基体中定位的机制。

4. 解释转移酶的定位，如何影响了细胞表面和分泌分子的聚糖组成。
5. 试着提出由膜结合酶所产生的，分泌的可溶性糖基转移酶或磺基转移酶的功能。

第 5 章 糖基化前体

1. “必需”单糖，被定义为生物体不能从头合成的单糖。哺乳动物中是否存在必需单糖？
2. 为什么动物的饮食中通常不需要甘露糖、岩藻糖或半乳糖？生物个体在何种情况下，需要在膳食中补充这些糖类中的任何一种？
3. 为什么内质网和高尔基体膜上需要核苷酸糖转运蛋白？核苷酸糖转运蛋白的先天性突变，可能导致什么结果？
4. 为什么人类不能将纤维素作为一种能量来源进行代谢？奶牛和其他反刍动物是如何代谢纤维素的？
5. 高尔基体中可能存在多糖基转移酶复合物。这种多酶复合物将如何影响聚糖的合成？

第 6 章 糖基转移酶与聚糖加工酶

1. 解释糖基转移酶如何实现严格的供体底物特异性。
2. 糖基转移酶和糖苷酶已被分配到碳水化合物活性酶数据库（CAZy）不同的家族中。分配到某一特定家族的依据是什么？
3. 请举一例能够识别具有特定多肽序列基序或蛋白质结构域的受体底物的糖基转移酶。解释为什么这种糖基转移酶已经进化到具有这种受体的特异性。
4. 当用来描述一个糖苷酶或糖基转移酶时，术语“反转”和“保留”是什么意思？我们对构型反转型糖基转移酶如何催化其反应的机理，有哪些认识？
5. 为什么一个糖基转移酶对其供体和受体底物的 K_m，是确定细胞产生何种聚糖结构的一个重要参数？

第 7 章 聚糖的生物学功能

1. 聚糖介导或调节生物功能的不同方式有哪些？
2. 解释聚糖的内源性功能和外源性功能之间的区别。
3. 为什么在培养的细胞和完整动物中，改变糖基化的生物学后果如此多变？
4. 考虑到糖基化的种内和种间差异，如何缩小关键功能的范围？
5. 为什么有些聚糖的组装是由基因决定的，但似乎它们却没有特定的功能？

第 8 章 基因组学视角下的糖生物学

1. 什么是基于序列的糖基转移酶分类方法？
2. 描述通过基因序列、预测（或无法预测）转移酶、水解酶和聚糖结合蛋白功能的几种方式。
3. 举出参与糖基化的双功能酶的例子。试着提出双功能转移酶在进化上的驱动力。
4. 根据生物体基因组中糖苷酶和糖基转移酶基因的相对数量，你可以从中了解生物体的哪些生活方式（“生态学认识”）？
5. 有机体如何有效地增加可供使用的糖苷酶和糖基转移酶的数量？

第 9 章 *N*- 聚糖

1. 糖蛋白具有大量 *N*- 糖基化位点，具有哪些优势？
2. 基于 *N*- 糖基化的拓扑学结构，为生物体将 $Man_5GlcNAc_2$-Dol 与 $Glc_3Man_9GlcNAc_2$-Dol 这两种分子的形成过程进行分隔，提供可能的解释。
3. 酵母、无脊椎动物、植物和哺乳动物的 *N*- 聚糖生物合成有哪些不同？
4. 什么是 *N*- 聚糖的微不均一性？*N*- 聚糖具有微不均一性，可能有哪些优点？
5. 描述 *N*- 聚糖的分支结构如何调节了生长因子信号。

第 10 章 *O*-GalNAc 聚糖

1. 决定细胞 *O*-GalNAc 聚糖组成的因素有哪些？
2. 哪些特征使得多肽成为了 *O*-GalNAc 糖基化的良好受体？你能根据这些特征预测 *O*-GalNAc 糖基化的位点吗？
3. *O*-GalNAc 聚糖的组装与 *N*- 聚糖的组装有哪些不同？
4. 解释典型分泌型黏蛋白最重要的功能特征。
5. 拥有多种多肽 -*N*- 乙酰半乳糖胺转移酶，对生物体有什么好处？

第 11 章 鞘糖脂

1. 鞘糖脂的脂质部分——神经酰胺，赋予了它们在膜平面内的自缔合特性，请解释原因。
2. 鞘糖脂通过顺式调控和反式识别发挥作用。解释这些术语，并各提供一个示例。
3. 导致葡萄糖神经酰胺分解的酶发生突变的一些人和实验动物，会出现脱水现象。请解释原因。
4. 几种人类溶酶体贮积病是由负责分解鞘糖脂的酶的突变引起的，导致了未切割底物的毒性积累。即使存在充足的酶，有时也会发生类似的鞘糖脂积累。请解释原因。
5. 与其他聚糖类别相比，动物大脑中富含鞘糖脂。描述两种不同结构类别的脑鞘糖脂，列举两个说明它们生理功能的例子。

第 12 章 糖基磷脂酰肌醇锚

1. 鞘糖脂和糖基磷脂酰肌醇锚有哪些共同点？有哪些不同点？
2. 描述具有跨膜结构域的蛋白质，与具有糖基磷脂酰肌醇锚的蛋白质的行为差异。
3. 解释糖基磷脂酰肌醇锚定蛋白如何促进了跨质膜的信号转导。
4. 设计一种测定方法，测量糖基磷脂酰肌醇锚定中间产物在内质网膜上的分布，以及中间产物翻转进入内质网的机制。
5. 为什么糖基磷脂酰肌醇生物合成缺陷引起的疾病，其临床症状如此多变？
6. 布氏锥虫或酵母中的糖基磷脂酰肌醇生物合成途径，与人类中的有何不同？阐明这些差异，对我们理解和操纵糖基磷脂酰肌醇通路有哪些影响？

第 13 章 其他类别的真核聚糖

1. 提出一种机制，来解释改变 Notch 蛋白的糖基化如何影响了不同 Notch 配体的结合。
2. 以具有血小板应答蛋白基序的去整联蛋白和金属蛋白酶 13（ADAMTS13）为例，该蛋白具有 8 个串联的血小板应答蛋白 1 型重复序列（TSR）。请你说明，为何该蛋白需要蛋白质 *O*- 岩藻糖基转移酶 2（POFUT2）才能正确地折叠？
3. 与更简单的 *O*- 甘露糖聚糖相比，α- 抗肌萎缩蛋白聚糖上的 *O*- 甘露糖基质蛋白聚糖（matriglycan）有哪些优势？
4. 胶原蛋白的 *O*- 糖基化，对其折叠和（或）结构产生了哪些影响？
5. 研究者最初在人尿中检测出了 *C*- 甘露糖基色氨酸。解释为什么这种氨基酸糖苷会被排泄到尿液中，而不是转化为游离形式的色氨酸和甘露糖。

第 14 章 不同聚糖的共同结构

1. 请你为 ABO 血型系统中观察到的等位基因变异提出一种生物学功能。非灵长类动物不表达 ABO 基因座，这对你的答案会有何影响？
2. 超急性（移植物）排斥反应，发生在将非人类供体的器官移植到人体内后，这是循环中的抗 -Galα1-3Gal 抗体与移植组织之间迅速发生反应的结果。对如何改变供体或受体，以防止超急性（移植物）排斥反应，提出你的建议。
3. 比较和对比 *N*- 乙酰乳糖胺（LacNAc）和二 -*N*- 乙酰基乳糖胺（LacdiNAc）单元。这些末端二糖的存在，如何影响了唾液酸和岩藻糖的添加？
4. 根据你对卵泡刺激素和促黄体素末端糖链结构的了解，提出几个基于聚糖机制的人类不孕症的可能解释。
5. 某些大肠杆菌菌株与 P 血型抗原结合，导致尿路感染。生物体保留了这些制造对生物体有害的聚糖的转移酶，可能存在着哪些进化上的优势？

第 15 章 唾液酸与其他壬酮糖酸

1. 比较和对比唾液酸与其他单糖的结构。
2. 唾液酸的多样性，为脊椎动物系统提供了哪些优势？
3. 与其他单糖相比，唾液酸生物合成途径有哪些独到之处？
4. 如何确定一个以前未研究过的有机体中是否含有唾液酸？
5. 对比将 α2-6 连接的唾液酸添加到 *O*-GalNAc 聚糖和 *N*- 聚糖的过程，并对比与唾液酸发生结合的凝集素对它们的识别情况的异同。

第 16 章 透明质酸

1. 为什么小分子容易在高分子量透明质酸溶液（如眼睛的玻璃体）中扩散，而较大的大分子（如某些蛋白质）则不能？
2. 影响透明质酸溶液扩散速率的主要物理因素和分子因素是什么？在纯透明质酸基质或仅由部分透明质

酸组成的、异质的细胞外基质中，扩散速率有何不同？

3. 透明质酸溶液具有不寻常的黏弹性；例如，透明质酸的作用类似于凝胶，但它可以发挥润滑剂的作用。如何根据糖链的分子结构来解释这些性质？
4. 为什么透明质酸结合蛋白被认为是凝集素，而与硫酸化糖胺聚糖结合的蛋白却不是？这两类聚糖结合蛋白有何不同？
5. 与高分子量透明质酸相比，细胞表面透明质酸受体（例如 CD44）对 6 ～ 10 个糖单位的透明质酸寡糖的反应有何不同？为什么生物体需要通过相同的受体引发不同的反应？
6. 如何证明透明质酸链是从还原端还是非还原端组装？
7. 如何在体内或细胞环境中，证明一个全新推定的透明质酸酶家族成员的透明质酸酶活性？具体而言，如果透明质酸的降解发生在细胞内，你如何区分透明质酸的降解过程和透明质酸的清除过程？
8. 高分子量透明质酸已被证明在肺部病变中具有组织保护作用，但高分子量透明质酸的存在，也会阻碍肺功能。如何对这些观察结果进行调谐？是否有办法克服透明质酸的这些互为对立的影响，使其作为有效的治疗剂？

第 17 章　蛋白聚糖和硫酸化糖胺聚糖

1. 哪些因素会影响细胞内硫酸化糖胺聚糖的精细结构？
2. Ext2 蛋白（硫酸乙酰肝素共聚酶复合物的一部分）的过表达，增加了糖链的硫酸化程度。解释这一发现。
3. 比较和对比糖基磷脂酰肌醇锚定蛋白聚糖，与包含跨膜结构域的蛋白聚糖的生物学功能。
4. 举例说明改变细胞和动物中糖胺聚糖代谢的方法。
5. 基于糖胺聚糖 - 蛋白质的相互作用生成药物，有哪些可能的选择？

第 18 章　核细胞质中的糖基化

1. 需要哪些生化标准，来证明聚糖与特定细胞核或细胞质蛋白之间存在连键？
2. 在哪些传统的糖基化途径中，具有发生在膜的细胞质侧的步骤，并且这些步骤可能是核细胞质聚糖的来源？
3. 比较和对比黏蛋白、蛋白聚糖、Notch 蛋白、糖原蛋白和 Skp1 蛋白上的起始糖基化反应。
4. 你将如何证明细胞核中存在着糖胺聚糖？
5. 举例说明最初在细胞质中形成，但后来转移到细胞表面或细胞外空间发挥作用的糖复合物。

第 19 章　*O*-GlcNAc 修饰

1. *O*-GlcNAc 糖基化，目前已被视为细胞中最常见的糖基化形式。为何需要花费如此长的时间，研究者才意识到这一事实？它的发现过程存在着哪些偶然性？
2. *O*-GlcNAc 糖基化被认为与磷酸化过程竞争细胞核或细胞质糖蛋白上相同或相似的位点。*O*-GlcNAc 糖基化和磷酸化之间，有哪些相似和不同？
3. *O*-GlcNAc 糖基化和细胞表面糖基化，在机制上有哪些差异？
4. *O*-GlcNAc 糖基化如何充当了“代谢传感器”？
5. 推测 *O*-GlcNAc 糖基化如何导致了糖尿病中的“葡萄糖毒性”？

第 20 章　聚糖多样性的进化

1. 什么过程可以维持种群内的糖基因多态性（即结构异质性）？
2. 在人类的进化过程中，唾液酸的生物学发生了哪些变化？
3. 是否有可能通过考察种系发生过程中的聚糖组成来预测聚糖的功能？
4. 使用“比较糖生物学”来确定进化关系（种系发生），存在着哪些问题？
5. 哪些糖基化途径，支持了真核生物具有共同的起源这一说法？

第 21 章　真细菌

1. 植物、细菌和酵母都有可用于抵抗渗透压的细胞壁。比较这些屏障的组成和结构。
2. 细菌和动物细胞都利用聚异戊二烯来组装聚糖。比较和对比这些脂质中间产物。
3. 比较脂多糖与甘油脂和神经节苷脂的结构。
4. 革兰氏阴性菌的细胞壁生物合成，需要肽聚糖和脂多糖的协调合成。提出确保稳态所需要的潜在的调节机制。
5. 比较分枝杆菌和革兰氏阴性菌细胞壁的结构。

第 22 章　古菌

1. 比较和对比古菌、细菌和真核生物中糖蛋白 *N*- 糖基化的途径。
2. 所有细胞都产生酸性聚糖，但负电荷的来源却各不相同。大肠杆菌、古菌、酵母和动物细胞中存在的聚糖上的酸性基团分别是什么？
3. 将古细菌的表面层与真核细胞的表面糖蛋白进行比较。
4. 在真核生物的细胞外基质和古菌细胞壁中，寻找分子相似性。
5. 比较细菌的胞壁质和古菌的假胞壁质。

第 23 章　真菌

1. 比较酵母细胞壁和革兰氏阴性菌被膜的组成和结构。
2. 产生较少 β- 葡聚糖的突变体，可能会使酵母细胞壁发生哪些变化？异常的细胞壁会对这种突变体的形状、生长或生存能力产生哪些影响？
3. 比较和对比酵母和哺乳动物的 *N*- 聚糖合成。这些差异具有哪些功能上的意义？
4. 描述真菌中糖基磷脂酰肌醇连接蛋白的独特特征。这一过程如何改变了这些生物体中蛋白质的定位？
5. 一家制药公司聘请你评估聚糖的合成，并将其作为药物开发的靶标，以对抗一种最新发现的高毒力致病性真菌。描述一组合理的靶标，以及你需要考虑的一些重要问题。

第 24 章　绿色植物与藻类

1. 为什么不表达动物细胞中存在的糖（如唾液酸）的植物，具有与含有这些糖的聚糖结合的凝集素？
2. 植物中的果胶有时被比作动物中的糖胺聚糖。它们有何不同？有何相似之处？

3. 为什么植物中产生的重组哺乳动物糖蛋白具有免疫原性？
4. 比较植物中的甘油糖脂、细菌中的脂质 A 和动物中的鞘糖脂的结构。
5. 激发子（elicitor）和结瘤因子（Nod factor），在非常低的浓度下即具有活性，由此可以预测，它们对其信号转导受体的亲和力非常高（在 pmol/L 范围内）。根据你对其他聚糖结合蛋白的了解，这种高亲和力是如何实现的？

第 25 章　线虫动物门

1. 提出与其他糖基转移酶（如甘露糖基转移酶）相比，驱动秀丽隐杆线虫中某些糖基转移酶家族（如岩藻糖基转移酶）发生了大规模扩展的一些进化上的驱动力。
2. 比较和对比秀丽隐杆线虫和脊椎动物中，软骨素蛋白聚糖的合成。
3. 你将如何设计筛选具有 *N*- 聚糖形成缺陷的秀丽隐杆线虫突变体？
4. 与脊椎动物系统相比，*O*-GlcNAc 添加到核和细胞质蛋白中，对于秀丽隐杆线虫来说是可有可无的。你如何解释这一发现？
5. 鉴于秀丽隐杆线虫中不存在唾液酸，你对秀丽隐杆线虫中聚糖结合蛋白的类型和特异性有何预测？

第 26 章　节肢动物门

1. 比较和对比在果蝇、秀丽隐杆线虫和脊椎动物中，连接到 *N*- 聚糖甘露糖核心的第一个 *N*- 乙酰葡萄糖胺残基的情况。
2. 比较果蝇 Notch 蛋白与脊椎动物 Notch 蛋白的表皮生长因子重复序列（EGF repeat）上 *O*- 聚糖修饰的结构差异。为什么果蝇的 Notch 蛋白糖基化不如脊椎动物中的复杂？
3. 比较果蝇、秀丽隐杆线虫和脊椎动物中鞘糖脂的核心结构。它们的外部糖链有何不同？
4. β1-4 半乳糖基转移酶的转基因表达，可以替代甘露糖基转移酶 Egghead（*egh*）。这一结果告诉你果蝇鞘糖脂中的聚糖存在着哪些功能？
5. 解释 *dally*（编码一种磷脂酰肌醇聚糖同源物）的过表达或缺失，如何减少了形态发生素，例如，果蝇皮肤生长因子（dpp）的扩散？

第 27 章　后口动物

1. 在研究受精过程中介导精子 - 卵子相互作用的糖蛋白时，为什么使用若干种模型动物十分重要？
2. 如果你是酶学家，你会如何研究硫酸化岩藻糖聚合物（FSP）的合成？
3. 硫酸化的岩藻多糖（fucan）也是哺乳动物系统中极强的凝血和炎症抑制剂。根据其结构与其他生物活性聚糖的相似性，提出该作用的可能机制。
4. 为什么实验室小鼠的一些聚糖相关基因的敲除，并未表现出明显的表型？
5. 如果你要在人类中发现一种新的聚糖，会选择哪种模式生物进行进一步的研究？你将如何对其进行基因操作？

第 28 章　聚糖结合蛋白的发现与分类

1. 如何区分硫酸化糖胺聚糖结合蛋白与凝集素？

2. 假设你发现了一种新的聚糖结合蛋白。你将如何确定它的分类？
3. 比较和对比可溶性凝集素和膜结合凝集素的功能。
4. 对比识别自身聚糖和非自身聚糖的动物凝集素的功能。
5. 在具有良好功能注释的全基因组的生物体中与无法获得全基因组序列的生物体中，比较表征聚糖结合蛋白的方法。

第 29 章　聚糖识别的基本原则

1. 什么决定了聚糖对聚糖结合蛋白的亲和力？
2. 许多类型的蛋白质 - 聚糖相互作用是低亲和力的，在某些情况下，较高的亲合力是通过受体和配体的集簇来实现的。通过多价性实现高亲和力相互作用的优缺点有哪些？
3. 聚糖配体的密度如何影响了聚糖结合蛋白的结合？ 这一点在活体状态下也是如此吗？
4. 列举与高丰度聚糖以较低亲和力结合的聚糖结合蛋白，以及与稀缺的聚糖以较高亲和力结合的其他聚糖结合蛋白的示例。
5. 目前有若干种技术，用于测量聚糖结合蛋白与聚糖的结合动力学和（或）亲和力，包括等温滴定量热法和表面等离子体共振。选择这些技术或其他技术中的一种，设计一个实验来测量结合的 K_a，假定如有必要，对聚糖还原末端进行衍生化是简单易行的。

第 30 章　聚糖识别的结构生物学

1. 相对于许多其他聚糖结合蛋白与其配体的结合（K_d 值在 0.1 μmol/L ～ 0.1 mmol/L 范围内），霍乱毒素以高亲和力（K_d 约 0.1 nmol/L）与神经节苷脂 GM1 结合。你如何解释这一观察结果？
2. 说出对碳水化合物识别很重要的四种分子相互作用。
3. 哪些氨基酸残基，可能在结合高度硫酸化的糖胺聚糖中起到了重要作用？
4. 什么类型的核磁共振实验，可以返回以蛋白质结合状态存在时聚糖的几何结构信息？
5. 说出你可以在其中找到聚糖结合蛋白结构的数据库。

第 31 章　R 型凝集素

1. 描述蓖麻凝集素 RCA-I 和蓖麻毒素（ricin）的异同。
2. 要使蓖麻毒素和其他核糖体失活毒素杀死细胞，它们必须首先进入细胞质。该过程是怎么发生的？你将如何利用这种机制，将货物运送到细胞中的不同位置？
3. 解释对一种有毒凝集素产生了抗性的细胞，如何对另一种有毒凝集素产生了敏感性。
4. 在糖基转移酶和糖苷酶等酶中发现的 R 型凝集素结构域的功能是什么？
5. 举出以顺式和反式拓扑结构与聚糖配体结合的、细胞中的动物凝集素的示例。

第 32 章　L 型凝集素

1. 描述存在于豆科植物种子中的 L 型植物凝集素可能的功能。
2. 如果 L 型凝集素参与了防御，为什么每种植物只产生非常有限的凝集素？

3. 为什么涉及蛋白质质量控制的植物种子凝集素和聚糖结合蛋白，都被归类为 L 型凝集素？
4. 比较和对比 L 型凝集素中的“果冻卷”折叠、C 型凝集素折叠和连接模件（link module）。
5. 植物凝集素通常是糖蛋白，因此通过内质网 / 高尔基体分泌途径成熟。提出一种防止它们在组装和分泌过程中与其他高尔基糖蛋白相互作用的机制。

第 33 章 P 型凝集素

1. 为什么在甘露糖 -6- 磷酸识别标志物生物合成研究中，使用双标记底物供体：[β-^{32}P]UDP[^{3}H]GlcNAc 很重要？
2. 比较和对比在溶酶体酶上组装甘露糖 -6- 磷酸识别标志物的两种过程：①通过形成 *N*- 乙酰葡萄糖胺 - 磷酸 - 甘露糖（GlcNAc-P-Man），随后去除 *N*- 乙酰葡萄糖胺分子；②通过甘露糖特异的 ATP 依赖性的激酶。
3. 甘露糖 -6- 磷酸识别标志物，主要通过 *N*- 乙酰葡萄糖胺 - 磷酸 - 转移酶（GlcNAc-P-transferase）选择性地识别底物蛋白中的多肽决定簇，以组装在溶酶体酶上。描述在糖蛋白亚群上选择性修饰聚糖的其他例子。在这些不同的例子中，识别决定簇有何不同？
4. 溶酶体酶上 *N*- 聚糖的数量，如何影响溶酶体酶对甘露糖 -6- 磷酸两种受体之一的亲和力？
5. 比较和对比甘露糖 -6- 磷酸受体，被包装形成网格蛋白包被的囊泡载体的两种情况：①在反面高尔基网中；②在细胞表面。

第 34 章 C 型凝集素

1. 许多含有 C 型凝集素结构域的蛋白质不结合聚糖，而那些结合聚糖的蛋白质，却被称为 C 型凝集素。这两类蛋白质的结构上存在着哪些不同，从而将它们区分开来？
2. 为什么 C 型凝集素可以结合的聚糖类型难以预测？
3. 一些 C 型凝集素可以形成寡聚体，大大增加了与聚糖配体相互作用的亲合力。解释寡聚化如何影响了相互作用的特异性。
4. 一些 C 型凝集素，尤其是选凝素，与同一细胞上的某些糖蛋白的结合亲和力，高于与其他糖蛋白的结合亲和力，尽管几种糖蛋白可能显示出相似的聚糖结构。请提出赋予这种优先结合的相关机制。
5. 比较 P 选凝素与 P 选凝素糖蛋白配体 -1（PSGL-1）的相互作用，和植物凝集素与 P 选凝素糖蛋白配体 -1（PSGL-1）的结合。

第 35 章 I 型凝集素

1. 现在已知的人类唾液酸结合免疫球蛋白样凝集素（Siglec）有十几种。为什么直到最近才发现这些唾液酸结合免疫球蛋白样凝集素，以及其他唾液酸结合蛋白？
2. 将胞质尾部具有抑制基序的唾液酸结合免疫球蛋白样凝集素（Siglec）的潜在功能，与可以募集激活基序的 Siglec 的潜在功能进行比较。
3. 为什么唾液酸结合免疫球蛋白样凝集素的同源物，主要存在于“高等”动物中？
4. 解释一些唾液酸结合免疫球蛋白样凝集素快速进化的可能机制和驱动力。
5. 为什么不表达唾液酸的植物和无脊椎动物中会含有唾液酸结合蛋白？

第 36 章 半乳凝集素

1. 你如何解释在体液中并不经常大量发现半乳凝集素，尽管它们大部分是可溶性蛋白质，并且经常在细胞外被发现？
2. 为什么聚糖分支途径和唾液酸化的变化，有可能影响半乳凝集素的功能？
3. 半乳凝集素如何实现与细胞表面聚糖的高亲和力结合？半乳凝集素如何与细胞表面聚糖形成晶格？
4. 解释作为先天免疫效应器的半乳凝集素，如何作为受体来对抗微生物感染。
5. 半乳凝集素与多种细胞结合，并且在不同细胞类型中引发各种反应。半乳凝集素如何通过细胞表面的受体发送信号？

第 37 章 微生物凝集素：血凝素、黏附蛋白和毒素

1. 哪些细胞质的糖基化事件与感染和病理相关？
2. 将细菌和病毒黏附蛋白的碳水化合物识别域，与动物和植物凝集素的碳水化合物识别域进行比较。
3. 除单糖外，还有哪些药剂可用于微生物疾病的抗黏附治疗？
4. 限制抗生素使用的一个严重问题是耐药菌的迅速出现。这在多大程度上也会成为抗黏附治疗的问题？
5. 多价的糖是微生物凝集素的强效抑制剂，比简单的单体糖更为有效。解释这种现象的原因并讨论其应用。

第 38 章 结合硫酸化糖胺聚糖的蛋白质

1. 为什么结合硫酸化糖胺聚糖的蛋白质并不被视为凝集素？
2. 肝素的修饰程度远大于硫酸乙酰肝素。这将如何影响糖胺聚糖结合蛋白的构象和相互作用？
3. 促成糖胺聚糖 - 蛋白质相互作用的主要结合力类型是什么？
4. 蛋白质和硫酸化糖胺聚糖之间的相互作用，在各种生理及病理生理环境中都很重要。这种相互作用存在特异性吗？
5. 解释硫酸乙酰肝素如何在促进抗凝血酶 - 凝血酶相互作用，以及成纤维细胞生长因子 - 成纤维细胞生长因子受体（FGF-FGFR）相互作用中发挥出相似的作用？

第 39 章 糖蛋白质量控制中的聚糖

1. 蛋白质上结合的聚糖，在蛋白质折叠和质量控制中充当信号分子的先决条件是什么？
2. 描述内质网中存在的分子伴侣类型。
3. 葡萄糖残基的添加和去除，构成了用于监测蛋白质折叠的质量控制系统的一部分。甘露糖修剪过程的作用是什么？
4. 内质网压力应激（内质网相关蛋白质降解），如何与 *N*- 聚糖的合成协调一致？
5. 比较内质网和高尔基体中 *N*- 聚糖的加工途径，与溶酶体和细胞质中 *N*- 聚糖的降解途径。

第 40 章 作为生物活性分子的游离聚糖

1. 使用源自寄主生物的聚糖作为危险信号，有哪些优势？

2. 聚糖如何介导非聚糖信号及其受体之间的相互作用？
3. 你能想到使用聚糖作为病原体相关分子模式的缺点吗？
4. 壳多糖寡糖结瘤因子中的哪些结构修饰，在细菌 - 植物相互作用中提供了宿主特异性，从而导致了豆类植物中根瘤的形成和氮固定？
5. 不同的 β- 葡聚糖，通过不同的模式识别受体触发了植物的免疫系统，如何解释这一观察结果？

第 41 章 系统生理学中的聚糖

1. 如果聚糖几乎在全身生理的各个方面都有作用，为什么在某些情况下，糖基转移酶的缺失和随后的聚糖结构异变，对发育或生理却没有明显的影响？
2. 解释支持聚糖和聚糖结合蛋白参与免疫反应这一观点的证据。
3. 不同的糖基化如何调控糖蛋白的血浆半衰期，这些糖蛋白在哪里被清除？
4. 不同上皮表面黏蛋白上的聚糖，具有哪些不同的功能？
5. 聚糖如何调控神经元的生长和修复？

第 42 章 细菌和病毒感染

1. 细菌如何通过在其表面覆盖多糖荚膜而获益？
2. 病原菌最初是如何在组织中定植的？
3. 缺乏 Toll 样受体 4（TLR4）的小鼠是否更容易受到细菌感染？ 脂多糖诱导的脓毒症，其易感性如何？
4. 流感和单纯疱疹病毒如何与宿主细胞表面接触，以引发感染过程？
5. 可以通过操纵聚糖来预防或治疗微生物感染吗？

第 43 章 寄生虫感染

1. 解释糖复合物在通常与疟疾发病机制相关的高烧中所扮演的角色。
2. 在被采采蝇叮咬完成接种后，非洲锥虫如何避免被人体的免疫系统清除？
3. 原生动物寄生虫利什曼原虫，在传播过程中附着并最终脱离白蛉载体的中肠，具体的机制是什么？
4. 许多由曼氏血吸虫产生的聚糖，在受感染的宿主中具有高度的抗原性。这些聚糖的哪些特性，使它们具有如此的抗原性，这是否为制造疫苗提供了可能？
5. 哪些糖基转移酶和糖转运蛋白 / 核苷糖转运蛋白，可能是寄生虫所特有的，因此是化学治疗干预的潜在靶标？

第 44 章 聚糖降解的遗传性疾病

1. 预测如果改变 β- 半乳糖苷酶，哪些聚糖和组织 / 器官会受到最大的影响。
2. 在溶酶体贮积病中，未降解或部分降解的聚糖和糖肽通常随尿液排出。请你提出这些部分降解产物如何从溶酶体和细胞中外溢的机制。
3. 为缺乏 α-*N*- 乙酰半乳糖胺酶的患者尿液中糖肽与 *O*- 聚糖的积累，提供可能的解释。
4. 多泡体是如何产生的，它们的作用是什么？

5. 使用酶抑制剂作为分子伴侣来恢复溶酶体贮积病中的酶活性，似乎违反直觉。解释这种治疗方法背后的基本原理。

第 45 章 先天性糖基化障碍

1. 你如何定义“糖基化”障碍？描述现在用于识别糖基化障碍的方法。
2. 血清转铁蛋白有两个 *N*- 糖基化位点，每条聚糖链由带有唾液酸的二天线糖链组成。在先天性糖基化障碍患者中，你预测会存在哪些聚糖模式？
3. 哪些类型的细胞，可能特别容易受到导致糖基化障碍的杂合性丢失或自发突变的影响？
4. 解释“功能获得”（gain-of-function）突变，如何导致了糖基化障碍。
5. 你会如何评估遗传和环境对糖基化障碍的影响？

第 46 章 人类后天疾病中的聚糖

1. 选凝素在各种疾病中的作用，有哪些共同的潜在机制？
2. 虽然肝素主要用作抗凝剂，但研究者已经提出它与其他几种疾病也存在着相关性。一种药物如何与这么多不同的机制产生关联？
3. 举两个例子，其中糖基化的异变导致了涉及造血干细胞的获得性血细胞疾病。为什么体细胞的突变也有可能产生表型？
4. 描述导致血细胞疾病、IgA 肾病和癌症糖基化异变中 *O*- 聚糖变化的常见潜在分子机制。
5. 描述病原体如何利用宿主聚糖，建立胃肠道和尿路感染。

第 47 章 癌症中的糖基化变化

1. 解释为什么单克隆抗体检测到的许多癌症特异性标志物，最终被证明是针对聚糖表位的。
2. 在许多癌细胞类型中，表现出 *N*- 聚糖分支改变、黏蛋白的过表达、透明质酸的产生和周转发生变化，以及硫酸乙酰肝素的表达和硫酸化的降低。讨论这些变化是如何发生的，以及它们将如何影响癌症的生长和转移。
3. 唾液酸化 Tn 抗原（sialyl-Tn，STn）的表达，是许多癌症的一个突出特征。如何解释尽管负责该抗原合成的酶并不总是上调，但这种表达的频率却非常高？
4. 描述选凝素和选凝素配体在癌症进展和转移中的潜在作用。
5. 糖链结构的异变，可以通过哪些潜在的方式，在癌症的诊断或治疗中加以利用？

第 48 章 作为工具的聚糖识别探针

1. 使用单克隆抗体与植物凝集素来确定样品中是否存在聚糖，有哪些优势和劣势？
2. 使用凝集素或抗聚糖抗体来确定组织中、细胞上或聚糖混合物中是否存在聚糖时，有哪些重要的对照实验？
3. 从大量可用的凝集素中选择一个子集，使你能够确定制剂中寡聚甘露型、杂合型和复合型 *N*- 聚糖的相对数量。

4. 提出使用糖类决定簇的单克隆抗体来分离出缺乏该聚糖表达的突变细胞系的方法。
5. 通过观察基因同源性，你怀疑昆虫会产生一种新型的β-葡萄糖醛酸酶，该酶作用于昆虫聚糖的末端葡萄糖醛酸残基。提出一种非放射性的方法来测量细胞提取物中这种酶的活性。

第 49 章 体外培养哺乳动物细胞的糖基化突变体

1. 与从突变动物或患有糖基化障碍的人类中所提取细胞系相比，在体外培养细胞系中分离突变体的优缺点是什么？
2. 讨论用于分离突变体的不同方案的优缺点（即用凝集素或毒素进行选择，使用基因编辑策略，通过补体介导的裂解进行选择，通过平板影印培养筛选和通过流式细胞术进行分选）。
3. 在存在和不存在半乳糖和 *N*- 乙酰半乳糖胺的情况下，你将如何使用 ldlD 细胞，来测试聚糖在生物过程中的作用？
4. 描述各种类型的功能获得性糖基化突变。考虑产生蛋白质糖基化位点的突变，以及那些改变糖基化基因表达的突变。
5. 提出一种鉴定在 *O*- 甘露糖聚糖合成中受阻的动物细胞突变体的方法。

第 50 章 聚糖的结构分析

1. 描述从糖蛋白中选择性去除 *N*- 聚糖的方法，以及从糖蛋白中选择性去除 *O*- 聚糖的方法。
2. 一种寡糖的分子质量为 972，但其核磁共振波谱却与 α- 葡萄糖单糖的波谱一致。甲基化分析可以产生单一的产物，在 C-2、C-3 和 C-6 位置发生甲基化。该聚糖的结构是什么？
3. 核磁共振波谱中的哪些特征，可以区分连键中的端基差向异构构型？
4. 描述可以在高效液相色谱法（HPLC）和薄层液相色谱法（TLC）应用中，灵敏检测聚糖的非放射性标记方法。
5. 说出质谱仪中使用的两种电离方法和两种质量分离方法。

第 51 章 糖组学和糖蛋白质组学

1. 什么是生物体的“糖组”？ 在该生物体中，单个细胞的糖组是否有所不同？
2. 来自基因组和蛋白质组的哪些信息，可能有助于细胞糖组的预测？
3. 糖组学和糖蛋白质组学有什么区别？
4. 提出一种实验策略，来表征组成糖组的不同聚糖亚型的序列和连键方式。例如，如何对蛋白质相关的 *N*- 聚糖和 *O*- 聚糖进行结构表征？
5. 质谱法如何帮助表征蛋白质上的糖基化位点？

第 52 章 糖生物信息学

1. 获取完整的糖链结构数据库，目前仍然有哪些限制？
2. 为什么糖生物信息学资源，需要“糖组学实验所需最少信息”（MIRAGE）等标准倡议？
3. 相同的单糖成分，是否可以有不同的唯一标识符？

4. 基因组学和蛋白质组学数据库的哪些方面，可以与糖组学数据库产生关联？
5. 糖组学实验数据分析，需要哪些类型的软件工具？

第 53 章 聚糖和糖复合物的化学合成

1. β- 葡萄糖苷很容易利用在 C-2 上能够产生邻基参与效应的保护基团而实现合成。如果没有这种保护基团，大多数化学葡萄糖基化反应中的优选产物都是 α- 葡萄糖苷。解释这一发现。
2. 为什么 β- 甘露糖苷很难化学生成？
3. 在聚糖的固相合成中，糖苷键通常由与固相支持物结合的糖基受体，以及溶液中的活化糖基供体构成。为什么此种情况要优于将糖基供体直接与固相支持物相连的替代方法？
4. 苄基通常可用作保护基团，以掩盖在最终合成的寡糖 / 糖复合物中未被修饰的醇官能团。解释其中的原因。
5. 使用固相聚糖合成，可以合成尺寸超过溶液中可获得的最大尺寸的重复寡糖。解释其中的原因，同时考虑固相多肽合成与液相多肽合成相比的内在优势。

第 54 章 聚糖和糖复合物的化学酶法合成

1. 一般认为，糖苷酶是切割而不是合成糖苷键的酶。如何操纵糖苷酶的底物和反应条件，以将它们从降解酶转化为合成酶？
2. 聚糖的酶法合成，可能比相同结构的化学合成更有效，但是大量聚糖的生产，需要大量所需的糖基转移酶或糖苷酶。选择一种酶的来源，并解释为什么你认为它在大量生产特定聚糖产品方面更有希望。
3. 在转糖基化过程中，平衡需要从水解转变为糖苷键的形成。在兼顾反应条件（底物、溶剂）的条件下，解释应如何做到这一点？
4. 转糖基化也发生在自然界中。两类糖苷酶（构型反转型糖苷酶或构型保留型糖苷酶）中的哪一种，更容易发生转糖基化？
5. 溶液相聚糖合成可以与酶法合成合并，以获得复杂的聚糖结构。将固相聚糖合成与酶法聚糖合成相结合，有哪些要求？

第 55 章 抑制糖基化的化学工具

1. 解释谷氨酰胺：果糖氨基转移酶（GFAT）的抑制剂如何影响了糖基化。
2. 从催化机理的角度来看，抑制糖苷酶的生物碱为何也能阻断糖基转移酶？
3. 基于在 Notch 蛋白中的表皮生长因子重复序列（EGF repeat）中添加 *O*- 岩藻糖过程，你将如何获得聚糖的竞争性引发抑制剂？
4. 提出对半乳糖进行化学修饰，以产生唾液酰基转移酶抑制剂的方案。
5. 酶抑制剂如何同时充当了化学上的分子伴侣？

第 56 章 糖基化工程

1. 为什么中国仓鼠卵巢细胞（CHO），是工业界用于生产人用重组糖蛋白药物的首选细胞系？

2. 列出对细胞糖基化过程进行工程化所需的重要设计元素。
3. 描述对糖基化工程很重要的细菌、酵母、昆虫和哺乳动物细胞中，*N*- 糖基化之间的差异。
4. 描述在酵母和植物细胞中，通过糖基化工程增强溶酶体酶替代物递送的示例。
5. 举出对目前临床使用的重组抗体进行糖工程，进而影响了这些抗体功能的实例。
6. 描述精确基因编辑技术的主要原理。

第 57 章　生物技术和制药工业中的聚糖

1. 解释流感神经氨酸酶抑制剂的作用机制。
2. 设计一种基于聚糖的治疗剂，通过阻断天然存在的聚糖与完整微生物或活微生物上的聚糖结合蛋白的相互作用而发挥作用。
3. 中国仓鼠卵巢细胞（CHO）产生的部分促红细胞生成素（EPO）未完全唾液酸化，即一些糖型的 *N*-聚糖上暴露了半乳糖残基。可以在细胞培养基中添加哪些糖，以提高促红细胞生成素唾液酸化的总体水平？
4. 解释增加重组糖蛋白的糖基化程度会如何增加其体内半衰期。
5. 描述在非人类来源的体外培养动物细胞中，产生重组治疗性蛋白质的潜在有害影响。

第 58 章　纳米技术中的聚糖

1. 亲合力（avidity）和亲和力（affinity）有什么区别？为什么这一点和糖复合物尤其相关？
2. 画出你可以设想的蛋白质与聚糖或糖复合物之间的所有多价模式的示意图。使用这些示意图来显示糖树枝状聚合物、糖聚合物和糖纳米颗粒与蛋白质之间可能发生的不同相互作用模式。
3. 解释下面每种糖复合物类型的含义，然后按典型性尺寸的顺序进行排列：糖修饰量子点（glycoQD），糖修饰金纳米颗粒（glycoAuNP），糖修饰磁性纳米颗粒（glycoMNP），糖修饰富勒烯（glyco-fullerene），糖修饰碳纳米管（glycoCNT），糖修饰树枝状聚合物（glycodendrimer）。尺寸如何影响了这些物质在生物体内或体外的应用？
4. 分别举一个例子（包括关键的连接子结构或成键模式），说明糖纳米技术中的平台如何以共价或非共价的形式被聚糖修饰。
5. 列举一些糖纳米技术在临床问题上的潜在应用。

第 59 章　生物能源和材料科学中的聚糖

1. 植物聚糖对人类的主要用途有哪些？
2. 讨论将玉米粒中的淀粉发酵成生物乙醇的积极影响和负面影响。
3. 将生物质分解成糖，可能需要哪些酶？
4. 纤维素的哪些化学改性，会导致多糖衍生物具有增强的或全新的性能？
5. 描述纤维素纳米材料的一些用途。

第 60 章　糖科学的未来方向

1. 向一位非专家解释，为什么了解糖科学，对于了解和治疗几乎所有影响人类的疾病至关重要。
2. 概括先天性糖基化疾病如何向我们揭示了聚糖在人类发育和生物学中的作用。
3. 描述大规模聚糖阵列在传染病诊断和其他疾病研究中可能存在的未来价值。
4. 描述基因组学和蛋白质组学的进步，如何加速了糖生物学的进步。
5. 本章末尾列出了糖生物学未来的一些重大基本问题。你能想出至少一个未列出的其他问题吗？

附录 1

糖生物学史上的一些重要里程碑

阿吉特·瓦尔基（Ajit varki），斯图尔特·科恩菲尔德（Stuart Komfeld）

年份[1]	主要科学家	里程碑发现	相关章节[2]
1876	J.L.W. 图迪休姆（J.L.W. Thudichum）	鞘糖脂（脑苷脂）、鞘磷脂和鞘氨醇的发现	第 11 章
1888	H. 斯蒂尔马克（H. Stillmark）	凝集素可使血液发生凝集	第 28 章，第 30 章，第 31 章
1891	H.E. 费歇尔（H.E. Fischer）	葡萄糖和其他单糖的立体异构体结构	第 2 章
1897	E. 比希纳（E. Buchner）	无细胞提取物进行碳水化合物发酵	第 5 章
1900	K. 兰德施泰纳（K. Landsteiner）	作为输血屏障的人类 ABO 血型	第 6 章，第 13 章
1901	W. 柯尼希斯（W. Koenigs），E. 克诺尔（E. Knorr）	糖基化的化学	第 53 章
1909	P.A. 莱文（P.A. Levene）	RNA 中核糖的结构	第 2 章
1916	J. 麦克莱恩（J. MacLean）	分离出肝素作为抗凝剂	第 17 章，第 38 章
1920	O. 迈尔霍夫（O. Meyerhof）	肌肉中的糖原转化为乳酸	第 5 章，第 18 章
1925	P.A. 莱文（P.A. Levene）	硫酸软骨素和“硫酸黏液素”（mucoitin sulfate）（即后来的透明质酸）的表征	第 16 章，第 17 章
1929	P.A. 莱文（P.A. Levene）	DNA 中 2- 脱氧核糖的结构	第 2 章
1929	W.N. 哈沃斯（W.N. Haworth）	单糖的吡喃糖环和呋喃糖环结构	第 2 章
1934	K. 迈耶（K. Meyer）	透明质酸和透明质酸酶	第 16 章
1934—1938	G. 布利克斯（G. Blix），E. 克伦克（E. Klenk）	唾液酸的发现	第 15 章
1936	C.F. 科里（C.F. Cori），G.T. 科里（G.T. Cori）	葡萄糖 -1- 磷酸作为糖原生物合成的中间体	第 18 章
1942—1946	G.K. 赫斯特（G.K. Hirst），F.M. 伯奈特（F.M. Burnet）	流感病毒的血凝作用和“受体破坏酶”	第 15 章，第 37 章
1942	G. 布利克斯（G. Blix），E. 克伦克（E. Klenk）	脑中的神经节苷脂	第 11 章，第 15 章
1946	Z. 迪斯切（Z. Dische）	比色法测定脱氧戊糖和其他碳水化合物	第 2 章
1948—1950	E. 乔普斯（E. Jorpes），S. 加德尔（S. Gardell）	肝素中存在 *N*- 硫酸盐及硫酸乙酰肝素的鉴定	第 17 章
1949	L.F. 莱洛伊尔（L.F. Leloir）	核苷酸糖及其在聚糖生物合成中的作用	第 5 章
1950	卡尔 . 施米德（Karl Schmid）	一种主要的血清糖蛋白：α1- 酸性糖蛋白（血清类黏蛋白）的分离	第 9 章
1952	W.T. 摩尔根（W.T. Morgan），W.M. 沃特金斯（W.M. Watkins）	ABO 血型的碳水化合物决定簇	第 13 章
1952	E.A. 卡巴特（E.A. Kabat）	ABO 血型与 Lewis 血型的关系，以及分泌者与非分泌者状态间的关系	第 13 章
1952	A. 戈特沙尔克（A. Gottschalk）	唾液酸作为流感病毒的受体	第 15 章
1952	山川民夫（T. Yamakawa）	红细胞膜上主要的鞘糖脂：红细胞糖苷脂	第 11 章

续表

年份[1]	主要科学家	里程碑发现	相关章节[2]
1953	R. 勒米厄（R. Lemieux）	蔗糖的合成	第 53 章
1956—1963	M.R.J. 萨尔顿（M.R.J. Salton），J.M. 吉桑（J.M. Ghuysen），R.W. 让罗斯（R.W. Jeanloz），N. 沙龙（N. Sharon），H.M. 弗劳尔斯（H.M. Flowers）	细菌肽聚糖的主链结构；自然界中的主要结构性多糖（壳多糖，纤维素和肽聚糖）中，β1-4 糖苷键贯穿始终	第 21 章至第 23 章
1957	P.W. 罗宾斯（P.W. Robbins），F. 李普曼恩（F. Lipmann）	聚糖硫酸化的供体 3′- 磷酸腺苷 -5′- 磷酰硫酸（PAPS）的生物合成和表征	第 5 章，第 17 章
1957	H. 法拉德（H. Faillard），E. 克伦克（E. Klenk）	作为流感病毒受体破坏酶（“神经氨酸酶”）产物的 *N*- 乙酰神经氨酸的结晶	第 15 章
1957—1963	J. 斯特罗明格（J.Strominger），J.T. 帕克（J.T. Park），H.R. 帕金斯（H.R. Perkins），H.J. 罗格斯（H.J. Rogers）	肽聚糖的生物合成机制及青霉素的作用位点	第 21 章
1958	H. 缪尔（H. Muir）	“黏多糖”（mucopolysaccharide）通过丝氨酸与蛋白质共价连接	第 17 章
1958	J. 巴迪利（J. Baddiley）	细胞壁中磷壁酸的发现	第 21 章
1960	D.C. 康布（D.C. Comb），S. 罗斯曼（S. Roseman）	胞苷一磷酸 -*N*- 乙酰神经氨酸的结构及酶法合成	第 5 章，第 15 章
1960—1965	O. 韦斯特法尔（O. Westphal），O. 吕德里茨（O. Lüderitz），二阶堂浩（H. Nikaido），P.W. 罗宾斯（P.W. Robbins）	脂多糖和内毒素聚糖的分离	第 21 章
1960—1970	R.W. 让罗斯（R.W. Jeanloz），K. 迈耶（K. Meyer），A. 道弗曼（A. Dorfman）	糖胺聚糖的结构研究	第 16 章，第 17 章
1961	S. 罗斯曼（S. Roseman），L. 沃伦（L. Warren）	唾液酸的生物合成	第 5 章，第 15 章
1961—1965	G.E. 帕拉德（G.E. Palade）	用于糖蛋白生物合成和分泌的内质网 - 高尔基体途径	第 4 章
1962	A. 纽伯格（A. Neuberger），R. 马歇尔（R. Marshall），山科郁夫（I. Yamashina），L.W. 康宁汉姆（L.W. Cunningham）	第一个确定的碳水化合物 - 多肽连键：*N*- 乙酰葡萄糖胺 - 天冬酰胺（GlcNAc-Asn）	第 9 章
1962	W.M. 沃特金斯（W.M. Watkins），W.Z. 哈西德（W.Z. Hassid）	用尿苷二磷酸 - 半乳糖和葡萄糖酶法合成乳糖	第 5 章
1962	J.A. 希佛内里（J.A. Cifonelli），J. 卢多维格（J. Ludowieg），A. 道弗曼（A. Dorfman）	作为肝素成分的艾杜糖醛酸（IdoA）的发现	第 17 章
1962—1966	L. 罗登（L. Roden），U. 林达尔（U. Lindahl）	连接糖胺聚糖与蛋白聚糖的蛋白核心四糖的鉴定	第 17 章
1962	E.H. 伊拉（E.H. Eylar），R.W. 让罗斯（R.W. Jeanloz）	证实在 α1- 酸性糖蛋白中存在 *N*- 乙酰乳糖胺	第 14 章
1963	L. 斯文纳霍尔姆（L. Svennerholm）	神经节苷脂的分析和命名法	第 11 章
1963	D. 哈莫曼（D. Hamerman），J. 桑德森（J. Sandson）	透明质酸与间 α- 胰蛋白酶抑制剂之间存在共价交联	第 16 章
1963—1964	B. 安德森（B. Anderson），K. 迈耶（K. Meyer），V.P. 巴瓦南丹（V.P. Bhavanandan），A. 戈特沙尔克（A. Gottschalk）	丝氨酸 / 苏氨酸（Ser/Thr）-*O*- 连接聚糖的 β 消除反应	第 10 章
1963—1965	R. 库恩（R. Kuhn），H. 维根特（H. Wiegandt）	GM1 和其他脑神经节苷脂的结构	第 11 章
1963—1966	M.J. 奥斯本（M.J. Osborn），E.C. 希思（E.C. Heath）	脂多糖中 2- 酮 -3- 脱氧辛酮糖酸（Kdo）的发现	第 21 章
1963—1967	B.L. 霍雷克（B.L. Horecker），P.W. 罗宾斯（P.W. Robbins），二阶堂浩（H. Nikaido），M.J. 奥斯本（M.J. Osborn）	细菌脂多糖和肽聚糖生物合成中的脂质连接中间体	第 21 章
1964	V. 金斯伯格（V. Ginsburg）	鸟苷二磷酸 - 岩藻糖，及其从鸟苷二磷酸 - 甘露糖的生物合成	第 5 章
1964	B. 盖斯纳（B. Gesner），V. 金斯伯格（V. Ginsburg）	聚糖控制白细胞向靶器官的迁移	第 34 章

续表

年份[1]	主要科学家	里程碑发现	相关章节[2]
1965	L.W. 康宁汉姆（L.W. Cunningham）	糖蛋白中聚糖链的微不均一性	第 1 章，第 9 章，第 10 章
1965—1966	R.O. 布雷迪（R.O. Brady）	葡萄糖脑苷脂酶是戈谢病中缺乏的酶	第 44 章
1965—1967	M.J. 奥斯本（M.J. Osborn），A. 赖特（A. Wright），P.W. 罗宾斯（P.W. Robbins），L. 罗斯菲尔德（L. Rothfield），二阶堂浩（H. Nikaido），B.L. 霍雷克（B.L. Horecker）	脂多糖 *O*- 抗原生物合成中与十一萜醇连接的中间体	第 21 章
1965—1975	J.E. 西尔伯特（J.E. Silbert），U. 林达尔（U. Lindahl）	肝素和硫酸软骨素的无细胞生物合成	第 17 章
1965—1975	W. 皮格曼（W. Pigman）	黏蛋白中以丝氨酸或苏氨酸作为 *O*- 糖基化位点的串联重复氨基酸序列	第 10 章
1966	M • 纽特拉（M. Neutra），C. 勒布隆（C. Leblond）	高尔基体在蛋白质糖基化中的作用	第 4 章
1966—1969	B. 林德伯格（B. Lindberg），箱森千二郎（S. Hakomori）	完善甲基化分析以确定聚糖之间的连键	第 50 章
1966—1976	R. 绍尔（R. Schauer）	唾液酸在自然界中的多重修饰，以及它们的生物合成与降解	第 15 章
1967	L. 罗登（L. Rodén），L.-Å. 弗兰森（L. -Å.Fransson）	硫酸皮肤素具有共聚结构	第 17 章
1967	R.D. 马歇尔（R.D. Marshall）	*N*- 糖基化仅发生在基序天冬酰胺 -X- 丝氨酸 / 苏氨酸（Asn-X-Ser/Thr）中的天冬酰胺残基处	第 9 章
1968	J.A. 希佛内里（J.A. Cifonelli）	对硫酸乙酰肝素结构域的描述	第 17 章
1968	R.L. 希尔（R.L. Hill），K. 布鲁（K. Brew）	α- 乳清蛋白作为半乳糖基转移酶特异性的调节剂	第 6 章
1969	L. 沃伦（L. Warren），M.C. 格里克（M.C. Glick），P.W. 罗宾斯（P.W. Robbins）	恶性转化细胞中 *N*- 聚糖链的尺寸增加	第 9 章，第 47 章
1969	R.J. 文策勒（R.J. Winzler），R. 斯皮罗（R. Spiro）	红细胞膜和胎球蛋白中的 *O*- 聚糖结构	第 10 章
1969—1974	V.C. 哈斯考尔（V.C. Hascall），S.W. 赛德拉（S.W. Sajdera），H. 缪尔（H. Muir），D. 海涅加德（D. Heinegård），T. 哈丁汉姆（T. Hardingham）	软骨中透明质酸 - 蛋白聚糖的相互作用	第 16 章，第 17 章
1969	H. 图皮（H. Tuppy），P. 梅因德尔（P. Meindl）	作为病毒唾液酸酶抑制剂的 2- 脱氧 -2，3- 二脱氧 -*N*- 乙酰神经氨酸的合成	第 15 章
1968—1970	E. 纽菲尔德（E. Neufeld）	黏多糖贮积症中溶酶体酶缺陷的鉴定	第 44 章
1969	G. 阿什韦尔（G. Ashwell），A. 莫雷尔（A. Morell）	聚糖可以控制血液循环中糖蛋白的寿命	第 28 章
1970	K.O. 劳埃德（K.O. Lloyd），J. 波拉斯（J. Porath），I.J. 戈德斯坦（I.J. Goldstein）	凝集素在糖蛋白亲和纯化中的应用	第 48 章
1971—1973	L.F. 莱洛伊尔（L.F. Leloir）	多萜醇磷酸糖是蛋白质 *N*- 糖基化的中间体	第 5 章，第 9 章
1971—1975	P. 克雷默（P. Kraemer），J.E. 西尔伯特（J.E. Silbert）	硫酸乙酰肝素是脊椎动物细胞表面的常见成分	第 17 章
1971—1980	B. 图尔（B. Toole）	透明质酸在分化、形态发生和发育中的作用	第 16 章
1972—1982	箱森千二郎（S. Hakomori）	乳糖系列和红细胞系列鞘糖脂作为发育调控和肿瘤相关抗原	第 11 章，第 47 章
1972	J.F.G. 威京哈特（J.F.G. Vliegenthart）	用于聚糖结构分析的高场质子核磁共振谱	第 2 章，第 50 章
1973	W.E. 范海宁根（W.E. van Heyningen）	鞘糖脂是细菌毒素的受体	第 37 章，第 42 章
1973	J. 蒙特勒伊（J. Montreuil），R.G. 斯皮罗（R.G. Spiro），R. 科恩菲尔德（R. Kornfeld）	所有 *N*- 聚糖共同的五糖核心结构	第 9 章

续表

年份[1]	主要科学家	里程碑发现	相关章节[2]
1974	C.E. 巴卢（C.E. Ballou）	酵母甘露聚糖的结构和酵母甘露聚糖突变体的产生	第 23 章，第 49 章
1974	A.L. 塔伦蒂诺（A.L. Tarentino），T.H. 普卢默（T.H. Plummer），F. 马利（F. Maley），小出典男（N. Koide），村松隆（T. Muramatsu）	内切 β-*N*- 乙酰葡萄糖胺糖苷酶 H 和内切 β-*N*- 乙酰葡萄糖胺糖苷酶 D 的纯化与表征	第 50 章
1975	V.I. 泰希贝格（V.I. Teichberg）	第一种半乳凝集素的鉴定	第 36 章
1975	V.T. 马尔凯西（V.T. Marchesi）	血型糖蛋白的一级结构，第一种已知的跨膜糖蛋白	第 4 章，第 9 章，第 10 章
1975—1976	U.B. 斯莱特（U.B. Sleytr），J.L. 斯特罗明格（J.L.Strominger）	嗜热革兰氏阳性菌和古菌中的蛋白质糖基化	第 21 章，第 22 章
1975—1980	小畑晃（A. Kobata）	汇聚多种技术进行 *N*- 聚糖和 *O*- 聚糖的结构解析	第 2 章，第 9 章，第 10 章
1975—1980	P. 斯坦利（P. Stanley），S. 科恩菲尔德（S. Kornfeld），R.C. 休斯（R.C. Hughes）	具有糖基化缺陷的凝集素抗性细胞系	第 49 章
1977	W.J. 莱纳兹（W.J. Lennarz）	天冬酰胺 -X- 丝氨酸 / 苏氨酸（Asn-X-Ser/Thr）是脂质介导的 *N*- 糖基化的充分必要条件	第 9 章
1977	I. 奥菲克（I. Ofek），D. 米雷尔曼（D. Mirelman），N. 沙龙（N. Sharon）	细胞表面聚糖是传染性细菌的附着位点	第 37 章，第 42 章
1977—1978	S. 科恩菲尔德（S. Kornfeld），P.W. 罗宾斯（P.W. Robbins）	蛋白质糖基化中 *N*- 聚糖中间体的生物合成与加工	第 9 章
1977	R.L.Hill（R.L. 希尔），R. 巴克（R. Barker）	对参与蛋白质糖基化的糖基转移酶的首次纯化	第 6 章，第 9 章
1977	小出典男（N. Koide），村松隆（T. Muramatsu）	免疫球蛋白 IgG Fc 上的聚糖在免疫相互作用中发挥作用	第 7 章
1978	C. 斯万博格（C. Svanborg）	鞘糖脂可作为细菌黏附的受体	第 11 章，第 37 章，第 42 章
1978	D. 索尔特（D. Solter），B.B. 诺尔斯（B.B. Knowles）	阶段特异性胚胎抗原的发现，如 SSEA-1（Lewis x 聚糖）	第 41 章
1979	R.R. 施密特（R.R. Schmidt）	三氯乙酰亚胺酯糖基化法	第 53 章
1979—1982	E. 纽菲尔德（E. Neufeld），S. 科恩菲尔德（S. Kornfeld），K. 冯 · 菲古拉（K. von Figura），W. 斯莱（W. Sly）	用于溶酶体酶运输的甘露糖 -6- 磷酸途径	第 33 章
1980—1981	J. 罗斯曼（J. Rothman），R. 谢克曼（R. Schekman）	糖复合物内质网 - 高尔基体转运途径的无细胞分析	第 4 章
1980—1983	F.A. 特洛伊（F.A. Troy），J. 芬恩（J. Finne），井上贞子（S. Inoue），井上康夫（Y. Inoue）	细菌和脊椎动物中多唾液酸的结构	第 15 章
1980	H. 沙赫特（H. Schachter）	糖基转移酶在 *N*- 聚糖和 *O*- 聚糖分支中的作用	第 6 章，第 9 章，第 10 章
1980—1982	V.N. 莱因霍尔德（V.N. Reinhold），A. 戴尔（A. Dell），A.L. 伯林格姆（A.L. Burlingame）	用于聚糖结构分析的质谱法	第 50 章，第 51 章
1980—1985	箱森千二郎（S. Hakomori），永井芳孝（Y. Nagai）	鞘糖脂作为跨膜信号传递的调制物	第 11 章
1981	R.P. 西尔弗（R.P. Silver），W.F. 范恩（W.F. Vann）	来自克隆基因的细菌多糖在异源宿主中的表达	第 21 章
1981—1985	M.J. 弗格森（M.J. Ferguson），I. 西尔曼（I. Silman），M. 洛（M. Low）	糖基磷脂酰肌醇锚的结构确认	第 12 章
1982	J. 保尔森（J. Paulson），R. 希尔（R. Hill）	流感病毒与 α2-6 连键和 α2-3 连键唾液酸的结合差异性	第 42 章
1982	U. 林达尔（U. Lindahl），R.D. 罗森伯格（R.D. Rosenberg）	抗凝血酶识别的特定硫酸化肝素五糖序列	第 17 章，第 38 章
1982	C. 赫希伯格（C. Hirschberg），R. 弗莱舍（R. Fleischer）	核苷酸糖向高尔基体的转运	第 4 章，第 9 章，第 10 章

续表

年份[1]	主要科学家	里程碑发现	相关章节[2]
1983	C.R.H. 雷兹（C.R.H. Raetz）	脂质 X（2,3- 二酰基 - 葡萄糖胺 -1- 磷酸）的发现，脂质 A 的结构确认	第 21 章
1984	G. 哈特（G. Hart）	*O*- 连接 -*N*- 乙酰葡萄糖胺（*O*-GlcNAc）的细胞内蛋白质糖基化	第 19 章
1984	J. 贾肯（J. Jaeken）	对“碳水化合物缺乏糖蛋白综合征”的描述	第 45 章
1984	P. 阿尔伯斯海姆（P. Albersheim），A. 达维尔（A. Darvill）	游离聚糖作为植物中的特定信号分子	第 40 章
1984	Y.A. 奈雷尔（Y.A. Knirel）	发现第一个原核壬酮糖酸：假单胞菌氨酸（pseudaminic acid）	第 15 章
1984—1990	J. 艾斯科（J. Esko）	平板影印培养筛选具有糖胺聚糖生物合成异变的突变体	第 17 章
1984	I. 弗洛达夫斯基（I. Vlodavsky）	乙酰肝素酶的分离	第 17 章
1985	R.B. 帕雷克（R.B. Parekh），R.A. 德威克（R.A. Dwek），T.W. 拉德马赫（T.W. Rademacher），小畑晃（A. Kobata）	与 IgG 糖基化变化相关的类风湿关节炎	第 7 章，第 46 章
1985	楠本昭一（S. Kusumoto），芝哲夫（T. Shiba），C. 加拉诺斯（C. Galanos），O. 吕德里茨（O. Luderitz），E.T. 瑞切尔（E.T. Rietschel），O. 韦斯特法尔（O. Westphal），H. 布雷德（H. Brade）	脂质 A 的合成及内毒素特性的确认	第 21 章
1985	M. 克拉格斯布伦（M. Klagsbrun），D. 戈斯帕达罗维奇（D. Gospodarowicz）	肝素 - 成纤维细胞生长因子相互作用的发现	第 38 章
1986	W.J. 惠兰（W.J. Whelan）	糖原是在糖原蛋白引物上合成的糖蛋白	第 18 章
1986	J.U. 班齐格（J.U. Baenziger）	垂体激素中硫酸化 *N*- 聚糖的结构	第 14 章，第 31 章
1986	井上贞子（S. Inoue），井上康夫（Y. Inoue）	在虹鳟鱼卵中发现 3- 脱氧 -D- 甘油 -D- 半乳 - 壬 -2- 酮糖酸（Kdn）	第 15 章
1986	P.K. 卡斯帕（P.K. Qasba），J. 沙佩尔（J. Shaper），N. 沙佩尔（N. Shaper）	动物糖基转移酶的首次克隆	第 6 章
1987	A. 安伯蒂（A. Imberty），S. 佩雷斯（S.Perez）	淀粉的双螺旋结构	第 24 章
1987	李远川（Y-C. Lee）	低聚糖的高效阴离子交换色谱 - 脉冲电流检测（HPAEC-PAD）	第 50 章
1988	K. 德里卡默（K. Drickamer）	从一级结构预测碳水化合物识别域（CRD）	第 28 章，第 34 章
1989	G.W. 哈特（G.W. Hart），P. 恩格伦（P. Englund）	锥虫中糖基磷脂酰肌醇锚的生物合成途径	第 43 章
1989	M. 贝维拉夸（M. Bevilacqua），E. 布彻（E. Butcher），B. 福瑞（B. Furie），L. 拉斯基（L. Lasky），R. 麦克埃弗（R. McEver），S. 卢森（S. Rosen），B. 锡德（B. Seed），M. 西格曼（M. Siegelman），L. 斯托曼（L. Stoolman），I. 韦斯曼（I. Weissman），J. 马格纳尼（J. Magnani），箱森千二郎（S. Hakomori），J. 保尔森（J. Paulson），M. 蒂迈尔（M. Tiemeyer），福田稔（M. Fukuda），A. 瓦尔基（A. Varki），R. 卡明斯（R. Cummings），M.A. 金布隆（M.A. Gimbrone），R.S. 科特兰（R.S. Cotran），J.J. 伍德拉夫（J.J.Woodruff）	选凝素和选凝素配体的发现	第 34 章
1990	山本文一郎（F. Yamamoto），H. 克劳森（H. Clausen），箱森千二郎（S. Hakomori）	ABO 血型的分子遗传学基础：A/B 糖基转移酶的克隆	第 14 章
1990—2005	刘扶东（Fu-Tong Liu），G. 拉宾诺维奇（G. Rabinovich），R. 卡明斯（R. Cummings），G. 瓦斯塔（G. Vasta），L. 鲍姆（L. Baum）	发现半乳凝集素在先天性免疫和适应性免疫中的作用	第 36 章
1990—2006	P. 奥尔良（P. Orlean），D.E. 莱文（D.E. Levin），A. 康泽尔曼（A. Conzelmann），H. 里兹曼（H. Riezman），Y. 吉上（Y. Jigami）	酿酒酵母中参与糖基磷脂酰肌醇锚生物合成和转运的基因鉴定	第 12 章

续表

年份[1]	主要科学家	里程碑发现	相关章节[2]
1991	B. 亨利萨特（B. Henrissat）	糖苷水解酶的分类	第 8 章
1991	R. 布雷迪（R. Brady）	通过甘露糖受体酶替代疗法治疗戈谢病	第 31 章，第 44 章
1991	A. 瓦尔基（A. Varki），S. 亨德里克（S. Hedrick）	通过表达降解酶对小鼠进行糖基化修饰	第 6 章
1992—1997	R. 吉尔莫（R. Gilmore），M. 艾比（M. Aebi），L. 莱勒（L. Lehle），N. 迪恩（N. Dean），W 莱纳兹（W. Lennarz）	寡糖基转移酶的分子鉴定	第 6 章，第 9 章
1992—1997	W. 鲁特尔（W. Reutter），C. 贝尔托齐（C. Bertozzi）	非天然单糖前体的代谢掺入，生命系统中的生物正交聚糖标记	第 56 章
1993	木下太郎（T. Kinoshita），武田顺二（J. Takeda）	*PIGA* 基因的体细胞突变导致阵发性睡眠性血红蛋白尿症	第 45 章，第 46 章
1993	S. 范伯克尔（S. van Boeckel），M. 佩蒂图（M. Petitou）	肝素抗凝血五糖的合成	第 17 章，第 53 章
1993—1999	木下太郎（T. Kinoshita）	哺乳动物中糖基磷脂酰肌醇锚的生物合成基因	第 12 章
1993—1998	P. 克罗克（P. Crocker），A. 瓦尔基（A. Varki）	唾液酸结合免疫球蛋白样凝集素（Siglec）的发现和分类	第 35 章
1993—2004	F.K. 哈根（F.K. Hagen），L.A. 塔巴克（L.A. Tabak），K.G. 滕哈根（K. G. Ten Hagen），T.A. 弗里茨（T. A. Fritz）	多肽 *N*- 乙酰半乳糖胺转移酶（ppGalNAcT）的首次克隆、晶体结构解析及功能亚类的确定	第 10 章
1994	P. 斯坦利（P. Stanley），J. 玛斯（J. Marth），J. 罗威（J. Lowe）	小鼠体内糖基转移酶基因的失活	第 9 章，第 41 章
1994	A. 帕罗迪（A. Parodi），A. 赫勒纽斯（A. Helenius），J. 伯杰龙（J. Bergeron），D.Y. 托马斯（D.Y. Thomas），D.B. 威廉姆斯（D.B. Williams）	钙连蛋白 / 钙网蛋白促进内质网中的糖蛋白折叠	第 7 章，第 39 章
1995—2001	谷口直之（N. Taniguchi），J.W. 丹尼斯（J.W. Dennis），M. 德米特里乌（M. Demetriou）	*N*- 聚糖修饰影响受体信号传递、免疫、生长、癌变和转移	第 9 章，第 47 章
1995	L. 鲍威尔（L. Powell），A. 瓦尔基（A. Varki）	对 I 型凝集素进行定义	第 35 章
1996	H. 弗里兹（H. Freeze），T. 马夸特（T. Marquardt）	甘露糖能够纠正一种先天性糖基化障碍中的 *N*- 糖基化	第 45 章
1996—1998	A. 波利西（A. Polissi），C. 乔治普洛斯（C. Georgopoulos），C.R.H. 雷兹（C.R.H. Raetz）	发现脂质 A 的转运蛋白 MsbA	第 21 章
1997	P.M. 拉德（P.M. Rudd），R.A. 德威克（R.A. Dwek）	基于高效液相色谱法的聚糖分析	第 9 章，第 10 章
1997	J. 埃格里（J. Egrie）	通过糖工程增强促红细胞生成素的活性	第 57 章
1997—2000	F.M. 普拉特（F.M. Platt），T.D. 巴特斯（T.D. Butters），A. 齐姆拉姆（A. Zimram），R.A. 德威克（R.A. Dwek），J. 谢依曼（J. Shayman）	用于治疗糖脂贮积病的鞘糖脂合成酶抑制剂	第 44 章，第 55 章
1998	C.M. 韦斯特（C.M. West）	发现网柄菌属（*Dictyostelium*）中复杂的细胞质糖基化	第 18 章
1998	B. 亨利萨特（B. Henrissat）	碳水化合物活性酶（CAZy）数据库提供在线使用	第 31 章，第 52 章
1998	M. 艾比（M. Aebi），山口芳树（Y. Yamaguchi），加藤浩一（K. Kato），J. 韦斯曼（J. Weissman）	聚糖调控内质网相关蛋白质降解（ERAD）	第 39 章
1998	铃木明美（A. Suzuki），A. 瓦尔基（A. Varki）	人类胞苷一磷酸 -*N*- 乙酰神经氨酸（CMP-Neu5Ac）羟化酶的失活突变	第 15 章，第 20 章
1999	P. 盖里（P. Guerry），M. 艾比（M. Aebi），C. 西曼斯基（C. Szymanski），M. 杨（M. Young）	原核生物合成 *N*- 连接聚糖	第 21 章，第 22 章
1999	P. 加纽克斯（P. Gagneux），A. 瓦尔基（A. Varki）	将聚糖多样性与内源性和外源性功能联系起来的进化合成	第 20 章

续表

年份[1]	主要科学家	里程碑发现	相关章节[2]
1999	C.W. 范德利斯（C.W. von der Lieth）	糖生物信息学平台的开发	第 52 章
2000	R. 哈蒂旺格（R. Haltiwanger），K. 厄文（K. Irvine），P. 斯坦利（P. Stanley），F. 沃格特（F. Vogt），H. 克劳森（H. Clausen），S. 科恩（S. Cohen）	糖基转移酶是 Notch 信号通路的重要组成部分	第 13 章，第 14 章，第 26 章
2001	P. 西伯格（P. Seeberger），翁启惠（C.-H. Wong）	自动化聚糖合成	第 53 章
2001	P.K. 卡斯帕（P.K. Qasba）	β1-4 半乳糖基转移酶 -I（β1-4GalT-I）与 α- 乳清蛋白复合物的晶体结构	第 6 章
2001	J. 霍夫斯廷格（J. Hofsteenge）	C- 甘露糖基化的发现	第 2 章
2001	K. 坎贝尔（K. Campbell），远藤玉雄（T. Endo）	肌营养不良症抗肌萎缩蛋白聚糖上 *O*- 甘露糖聚糖的合成缺陷造成	第 45 章
2001	巨同忠（Tongzhong. Ju），R. 卡明斯（R. Cummings）	核心 1 型 β- 半乳糖基转移酶的稳定性需要独特的分子伴侣 Cosmc 蛋白	第 10 章
2001—2005	L. 博尔西格（L. Borsig），N.M. 瓦尔基（N.M. Varki），A. 瓦尔基（A. Varki）	P 选凝素和 L 选凝素促进肿瘤转移，可被肝素抑制	第 34 章，第 47 章
2001—2006	安形高志（T. Angata），N.M. 瓦尔基（N.M. Varki），A. 瓦尔基（A. Varki）	与 CD33 相关的唾液酸结合免疫球蛋白样凝集素在人类中的特异性变化	第 35 章
2002	K.G. 滕哈根（K. G. Ten Hagen），D.T. 特兰（D.T. Tran），H. 克劳森（H. Clausen）	发现多肽 *N*- 乙酰半乳糖胺转移酶（ppGalNAcT）对生物存活能力至关重要	第 10 章，第 26 章
2002	T. 菲兹（T. Feizi），王德农（D. Wang），P.H. 西伯格（P.H. Seeberger），翁启惠（C-H. Wong），R. 卡明斯（R. Cummings），J. 保尔森（J. Paulson），O. 布利克斯特（O. Blixt）	发明天然的与合成的聚糖微阵列	第 52 章
2002	C. 科斯特罗（C. Costello），A 戴尔（A. Dell）	基质辅助激光解吸 / 电离 - 质谱法检测聚糖	第 50 章，第 51 章
2005	L.K. 玛哈尔（L.K. Mahal），平林淳（J. Hirabayashi）	用于糖组学分析的凝集素微阵列	第 48 章
2006	A.M. 阿尔梅达（A.M. Almeida），村上芳子（Y. Murakami），木下太郎（T. Kinoshita），A. 卡拉迪米特里斯（A. Karadimitris）	遗传性糖基磷脂酰肌醇缺陷的发现	第 12 章，第 45 章，第 46 章
2006	安形高志（T. Angata），早川敏之（T. Hayakawa），中村满（M. Nakamura）	成对的唾液酸结合免疫球蛋白样凝集素（Siglec）受体的发现	第 35 章

注：①本时间线仅追溯到约 2006 年，并基于以下假设人为地终止，即可能需要很长的时间，才能确定某一特定发现或里程碑对该领域产生了重大影响。

②本书的主要章节中涵盖了相关主题。

附录 2

聚糖符号命名法

研究人员于 2015 年提出了一个用于聚糖结构图形表示的通用符号命名法，以促进聚糖可视化描述的标准化，并在本书中使用（**附录 2.1**）。**聚糖符号命名法（Symbol Nomenclature for Glycans，SNFG）**（**附录 2.4，附录 2.5**）由本书编辑和一个外延的学术咨询小组合作开发。该命名法目前在美国国家生物技术信息中心（National Center of Biotechnology Information，NCBI）一个单独的网页上进行定期更新。更新内容由斯里拉姆·尼拉梅格姆（Sriram Neelamegham）（neel@buffalo.edu）和**聚糖符号命名法讨论组（SNFG Discussion Group）**（**附录 2.2**）进行共同管理。聚糖符号命名法的最新版本及相关信息如下。

绘制聚糖结构的标准化过程，对于有效沟通至关重要。这里展示的工具和方法已被科学界广泛接受，强烈建议在所有正式出版物中使用这些符号来表示聚糖。

文献来源：

Symbol Nomenclature for Graphical Representation of Glycans，*Glycobiology* **25**：1323-1324，2015.

Updates to the Symbol Nomenclature for Glycans guidelines，*Glycobiology* **29**：620-624，2019.

Cataloging natural sialic acids and other nonulosonic acids（NulOs），and their representation using the Symbol Nomenclature for Glycans，*Glycobiology* **33**：99-103，2023.

附录 2.1　聚糖符号命名法的历史

关于命名的问题，往往比科学问题更具争议性，因为从来都不会有一个“标准答案”，而且某些方面事关不同的观点和学术品味。1978 年，斯图尔特·科恩菲尔德（Stuart Kornfeld）提出了一种脊椎动物聚糖的符号表示系统，该系统很受欢迎，并最终被第一版《糖生物学基础》教科书（1999 年）采用和标准化。虽然采纳这一符号表示系统能够有效地增加它的使用率，但该系统存在局限，并且没有使用颜色。编辑们为此在当时即将出版的《糖生物学基础》第二版中更新了命名法，并在 2004 年第二版付梓前将其提供给糖科学界使用。该版本命名法被广泛地采纳和传播，特别是在美国国立综合医学研究所（National Institute of General Medical Sciences，NIGMS）资助的功能糖组学联盟（Consortium for Functional Glycomics）的倡导之下，因此有时该命名法也被称为“CFG 命名法”。在 2009 年第二版最终付梓后，学界的接受度仍然不够高，并且在使用上出现的个体差异也时有发生。至第三版时，在美国国家心肺和血液研究所（National Heart, Lung and Blood Institute, NHLBI）资助的糖科学卓越计划（Programs of Excellence in Glycoscience）支持下，本书重组后的编辑小组进一步完善和更新了符号命名法，这一次更新的范围超出了脊椎动物的聚糖范畴，并考量了使用相关命名系统的其他有关人士的反馈意见。编辑们还与国际纯粹与应用化学联合会（International Union of Pure and Applied Chemistry，IUPAC）碳水化合物命名委员会进行协调，将每个单糖符号与美国国家生物技术信息中心 / 美国国家医学图书馆（National Center of Biotechnology Information/National Library Of Medicine，NCBI/NLM）的有机小分子生物活性数据库（PubChem）中的相应条目进行了关联，自此开始与其他长期在线资源进行统筹配合。该系统成为了第三版《糖生物学基础》的高级在线附录。我们在其中添加了全新的符号，但为了确保与前面两版《糖生物学基础》的兼容性，没有对第二版中的符号进行任何更改。由于这一历史原因，与形状和颜色相关的化学特征和构型，仅对某些单糖具有内部一致性。例如，许多壬酮糖酸盐（nonulosonate）的立体化学特征，与其所在聚糖符号所表示的、指定表格的表列中的其他单糖的立体化学特征并不一致。符号颜色在四分色表示法（CMYK）和红绿蓝颜色表示法（RGB）设置中进行了指定。糖链中的连键（linkage）可以与第二版符号系统中一样，使用国际纯粹与应用化学联合会（IUPAC）聚糖链表示法进行表示，该表示法起始于碳原子，可使用连字符（而非逗号）进行表示；也可以使用牛津命名系统（the Oxford system）对聚糖链进行表示，即表示为具有呈一定角度的单糖连键，其中含有连键特异性和端基差向异构等信息。

当意识到需要一个标准化的首字母缩写词来代表聚糖符号命名法时，《糖生物学基础》的编辑们建议使用 SNFG，即**聚糖符号命名法（Symbol Nomenclature For Glycans）**的首字母缩写。虽然命名法的更新起源于编辑们需要对以前教科书中的命名系统进行标准化，但许多其他相关人员的参与，也为该命名法的最终创建做出了诸多贡献。因此，该命名法理应属于整个糖科学界。于是乎，一个具有广泛代表性的**聚糖符号命名法讨论组（SNFG Discussion Group）**现正与美国国家生物技术信息中心（NCBI）合作，对命名法进行定期更新。该命名系统在文献中已被广泛接受，并被许多主流期刊采用。SNFG 的努力，代表了将聚糖生物信息学主流化所迈出的又一跬步。这也是完成对所有生命系统的分子和细胞特征描述的关键一步。

在 2015 年首次发布之后，聚糖符号命名法讨论组与美国国家生物技术信息中心（NCBI）和有机小分子生物活性数据库（PubChem）通力合作，对命名法进行了一系列更新。

附录 2.2 聚糖符号命名法讨论组（至 2022.06.27）

组长：

斯里拉姆·尼拉梅格姆（Sriram Neelamegham），美国纽约州立大学布法罗分校

讨论组成员：

- 阿吉特·瓦尔基（Ajit Varki），加州大学圣迭戈分校，美国
- 艾伦·达维尔（Alan Darvill），佐治亚大学，美国
- 阿曼达·刘易斯（Amanda Lewis），加州大学圣迭戈分校，美国
- 安妮·戴尔（Anne Dell），伦敦帝国理工学院，英国
- 伯纳德·亨利萨特（Bernard Henrissat），丹麦技术大学，丹麦
- 卡罗琳·贝尔托齐（Carolyn Bertozzi），斯坦福大学，美国
- 伊万·博尔顿（Evan Bolton），美国国家医学图书馆（NLM），美国
- 弗雷德里克·利萨切克（Frederique Lisacek），瑞士生物信息学研究所（SIB），瑞士
- 杰拉德·哈特（Gerald Hart），约翰霍普金斯大学医学院，美国
- 成松久（Hisashi Narimatsu），医学糖科学研究中心，日本
- 哈德逊·弗里兹（Hudson Freeze），桑福德·伯纳姆·普雷比斯研究所，美国
- 山田一作（Issaku Yamada），野口医学研究所，日本
- 詹姆斯·保尔森（James Paulson），斯克里普斯研究所，美国
- 杰米·玛斯（Jamey Marth），加州大学圣塔芭芭拉分校，美国

- J. F. G. 威京哈特（J.F.G. Vliegenthart），比杰沃特生物分子研究中心，荷兰
- 约翰内斯 · P. 卡默林（Johannis P. Kamerling），乌特勒支大学，荷兰
- 木下圣子（Kiyoko F. Aoki-Kinoshita），创价大学，日本
- 玛丽莲 · 埃茨勒（Marilynn Etzler），加州大学戴维斯分校，美国
- 马库斯 · 艾比（Markus Aebi），苏黎世联邦理工学院，瑞士
- 马丁 · 弗兰克（Martin Frank），哥德堡 Biognos AB 公司，瑞典
- 马修 · 坎贝尔（Matthew Campbell），格里菲斯大学糖组学研究所，澳大利亚
- 迈克尔 · 蒂迈尔（Michael Tiemeyer），佐治亚大学复杂碳水化合物研究中心，美国
- 金久稔（Minoru Kanehisa），京都大学，日本
- 谷口直之（Naoyuki Taniguchi），大阪国际癌症研究所，日本
- 娜塔莎 · 扎查拉（Natasha Zachara），约翰霍普金斯大学医学院，美国
- 内森 · 爱德华兹（Nathan Edwards），乔治敦大学，美国
- 妮可 · 帕克（Nicolle Packer），麦考瑞大学，澳大利亚
- 帕梅拉 · 斯坦利（Pamela Stanley），阿尔伯特爱因斯坦医学院，美国
- 宝琳 · 拉德（Pauline Rudd），英国国家生物加工研究与培训研究所，英国
- 彼得 · 西伯格（Peter Seeberger），马克斯普朗克胶体与界面研究所，德国
- 菲利普 · 图卡奇（Philip Toukach），捷林斯基有机化学研究所，俄罗斯
- 拉贾 · 马宗达（Raja Mazumder），乔治华盛顿大学，美国
- 雷内 · 兰辛格（Rene Ranzinger），佐治亚大学，美国
- 理查德 · 卡明斯（Richard Cummings），哈佛医学院，美国
- 罗伯 · 伍兹（Rob Woods），佐治亚大学，美国
- 罗杰 · 赛尔（Roger Sayle），NextMove Software 公司，美国（PubChem 合作者）
- 罗纳德 · 施纳尔（Ronald Schnaar），约翰霍普金斯大学医学院，美国
- 塞尔吉 · 佩雷斯（Serge Perez），法国国家科学研究中心，法国
- 斯图尔特 · 科恩菲尔德（Stuart Kornfeld），圣路易斯华盛顿大学，美国
- 木下太郎（Taroh Kinoshita），大阪大学，日本
- 托马斯 · 卢特克（Thomas Luetteke），吉森尤斯图斯 - 李比希大学，德国
- 威廉 · 约克（William York），佐治亚大学，美国
- 尤里 · 奈雷尔（Yuriy Knirel），俄罗斯科学院，俄罗斯

附录 2.3　聚糖符号命名法渲染程序

支持聚糖符号命名法的软件工具主要有以下几种。

1. 3D-Symbol Nomenclature for Glycans (3D-SNFG)

该软件用于创建聚糖的三维原子模型。

描述： 3D-SNFG 是一种卡通表示碳水化合物原子模型的方法。聚糖可以用形状块，或以糖环为中心的图标来进行描绘。

网址链接： https://glycam.org/

文献来源：

Thieker, D. F., Hadden, J. A., Schulten, K., & Woods, R. J., "3D implementation of the symbol nomenclature for graphical representation of glycans", *Glycobiology* 2016. https://doi.org/10.1093/glycob/cww076

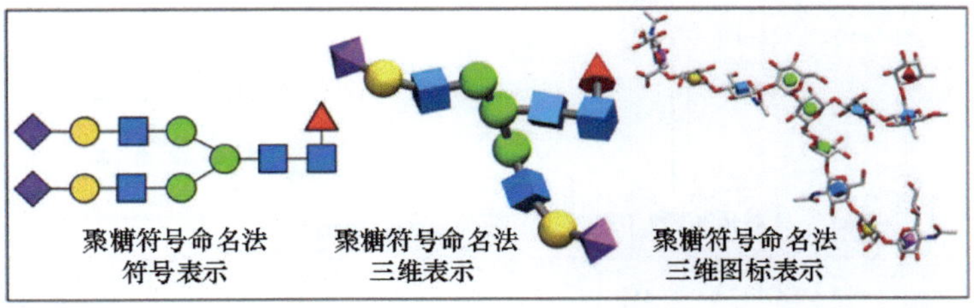

2. DrawGlycan SNFG

该软件用于将国际纯粹与应用化学联合会（IUPAC）输入字符串转换为聚糖和糖肽的缩略图

描述：DrawGlycan-SNFG 使用国际纯粹与应用化学联合会（IUPAC）压缩字符串的输入来生成聚糖和糖肽的图像，可以包括键的碎裂和其他聚糖的描述符号。

网址链接：http://www.virtualglycome.org/DrawGlycan/

应用下载：https://sourceforge.net/projects/drawglycan/

文献来源：

Cheng, K., Zhou， Y., Neelamegham, S., "DrawGlycan-SNFG: a robust tool to render glycans and glycopeptides with fragmentation information", *Glycobiology*, 2016. https://doi.org/10.1093/glycob/cww115

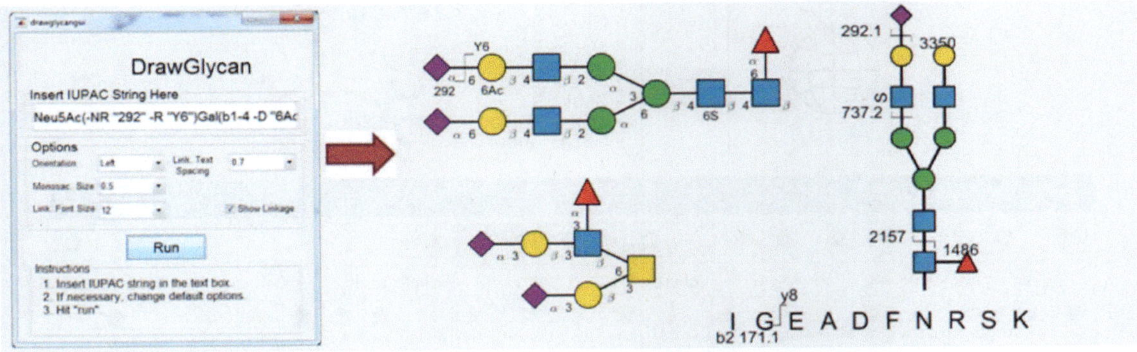

3. GlycanBuilder2-SNFG

该软件为更新后的 GlycanBuilder，以适配聚糖符号命名法

描述：GlycanBuilder2 是 GlycanBuilder 的更新版本，支持构建形成 WURCS2.0 格式，或导入源自 WURCS2.0 格式的结构，可以绘制环状聚糖并指定具有交联取代基的聚糖，此外还支持聚糖符号命名法（SNFG）的符号。

网址链接：https://github.com/glycoinfo/GlycanBuilder2

文献来源：

S. Tsuchiya, N.P. Aoki, D. Shinmachi, M. Matsubara, I. Yamada, K.F. Aoki-Kinoshita, H. Narimatsu, Implementation of GlycanBuilder to draw a wide variety of ambiguous glycans, *Carbohydrate Research*, 2017. https://doi.org/10.1016/j.carres.2017.04.015

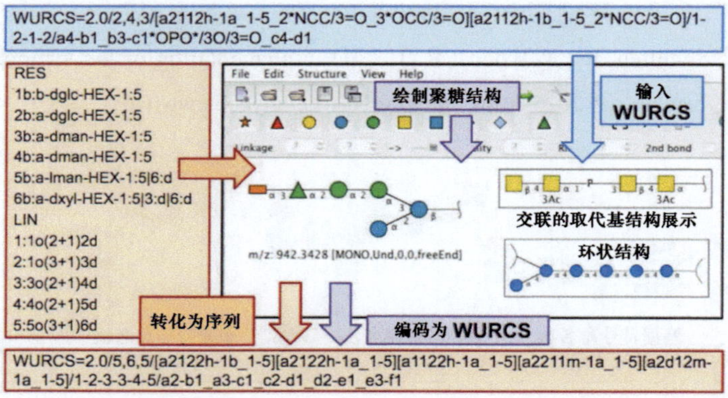

4. CSDB glycan editor

该软件用于创建聚糖及其衍生物的符号命名法（SNFG）表示和 3D 模型，并将其转换为各种表示形式。网址链接：http://csdb.glycoscience.ru/snfgedit/snfgedit.html

文献来源：

Bochkov, Andrei Y., & Philip V. Toukach. “CSDB/SNFG structure editor: An online glycan builder with 2D and 3D structure visualization.”, *Journal of Chemical Information and Modeling* 2021. https://doi.org/10.1021/acs.jcim.1c00917

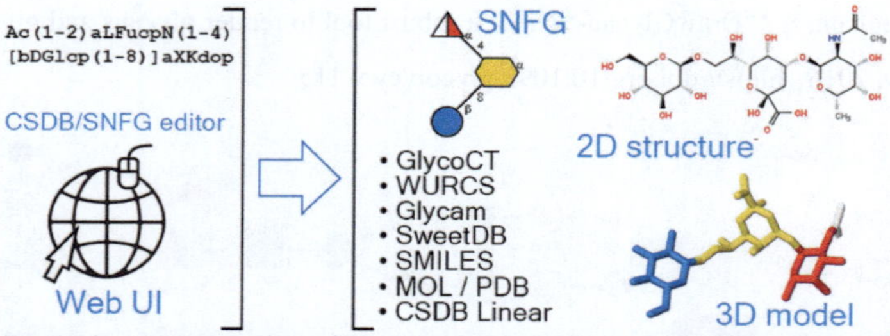

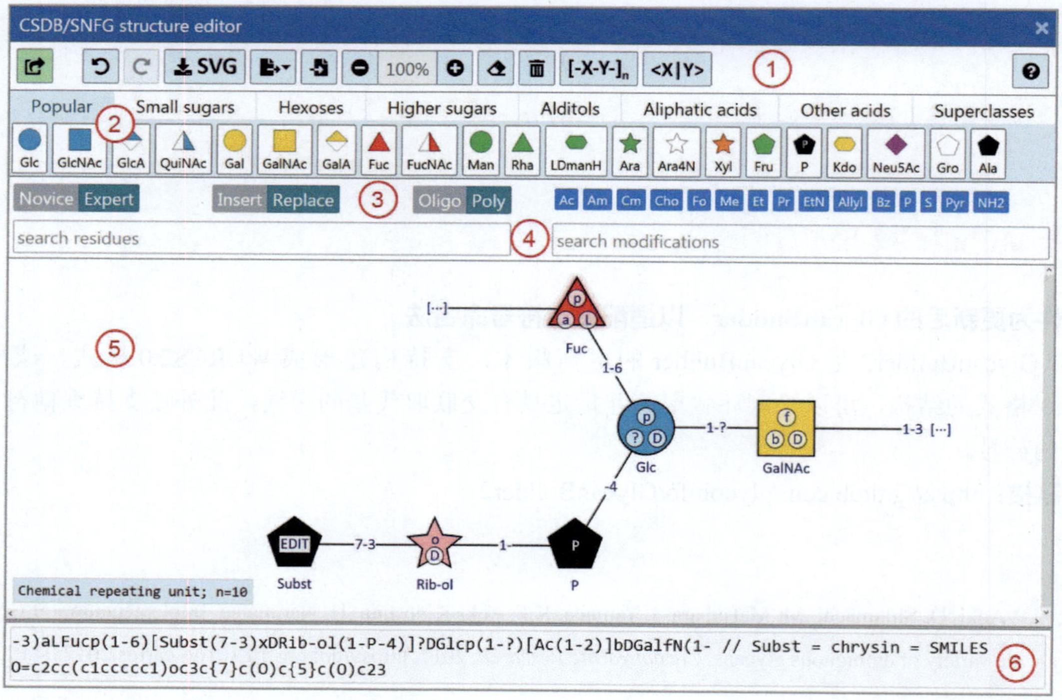

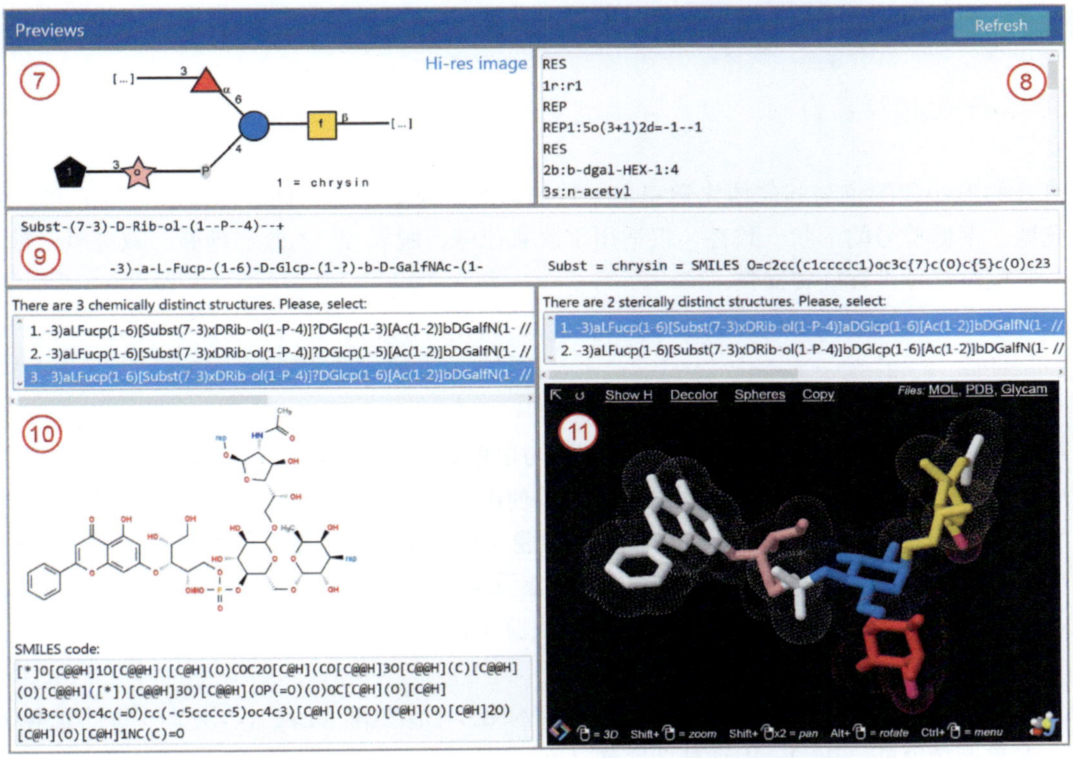

附录 2.4　聚糖符号命名法（最后更新：2022.10.19）

总则

每个符号代表自然界中发现的特定单糖或单糖类别。完整单糖名称的中英文版详见附表 2.4.1、附表 2.4.2。

注释

1. 概述

此处提供的单糖符号来自《糖生物学基础》第四版，是在第二版的符号基础上扩展而来，涵盖了自然界中发现的、更为广泛的单糖。虽然以前的版本允许将单糖符号转换为黑白表示，但如今已经不再使用。附表 2.4.2 中罗列了所有指定单糖的缩写、简称和系统命名。下文描述了聚糖符号命名法使用时的一些选定示例（附录 2.5），涉及在各种生物体中的聚糖表示。

2. 绘图建议

所有符号都遵循附录 2.7 中所示的四分色表示法(CMYK)，这些颜色可在 Adobe Illustrator 软件中生成。附录 2.7 还提供了推荐的四分色表示法向红绿蓝颜色表示法（RGB）的转换。虽然没有硬性规定，但图像表示聚糖链时，通常将其非还原端置于图像的左侧或上方。

3. 形状、颜色和符号方向

聚糖符号的形状和颜色与其立体化学完全一致的情况，仅适用于己糖、己糖胺、*N*-乙酰己糖胺、己糖醛酸和戊糖。聚糖符号的形状一致性，仅适用于脱氧己糖、脱氧-*N*-乙酰己糖胺、双脱氧己糖和壬酮糖酸。注意应避免对符号进行旋转操作。

4. 糖环构型

彩色符号代表了确定的单糖（包括D型或L型），与单糖是否进行旋转或镜像操作无关。除芹菜糖（Api）外，所有单糖都默认采用了吡喃糖的形式。在还原端使用的符号若没有指定说明α/β，则代表了单糖由于变旋现象所采用的所有可能形式。一些单糖在名称中隐含指定了它们的绝对构型：

D型：阿比可糖（Abe），芽孢杆菌胺（Bac），3-脱氧-D-来苏-庚酮糖二酸（Dha），3-脱氧-D-甘露-辛酮糖酸（Kdo），胞壁酸（Mur），泊雷糖（Par），泰威糖（Tyv）；

L型：可立糖（Col）；

DD型：2-酮-3-脱氧-壬糖酸（Kdn），神经氨酸（Neu），军团氨酸（Leg），4-差向-军团氨酸（4eLeg）；

LL型：假单胞菌氨酸（Pse），不动杆菌氨酸（Aci）；

LD型：8-差向-军团氨酸（8eLeg）；

DL型：8-差向-不动杆菌氨酸（8eAci）。

对于所有其他残基，则默认该单糖采用以下绝对构型：

L型：阿拉伯糖（Ara），岩藻糖（Fuc），艾杜糖（Ido），艾杜糖醛酸（IdoA），鼠李糖（Rha），阿卓糖（Alt），阿卓糖醛酸（AltA），山梨糖（Sor），芹菜糖（Api）。

D型：其他单糖。

不太常见的构型需要在图例中进行说明，或在符号内添加字母来进行说明。例如，在符号中添加D或L。壬酮糖酸C-8位的差向异构体，可以通过在符号内添加“8D”或“8L”来表示，其中，8L代表8-差向-军团氨酸（8eLeg），8D代表8-差向-不动杆菌氨酸（8eAci）。呋喃糖环可以通过添加斜体的“f”表示（*f*），醛糖醇则可以用斜体的“o”表示（*o*），还原端的开环结构，可以在符号内添加“a”进行表示。基础单糖立体化学的其他修饰，可以用单糖符号内的两个字母来指定。“en”表示二脱氢，“an”表示脱水，“on”表示内酯，“am”表示内酰胺。在唾液酸中，这些修饰的默认碳原子位置是：二脱氢（en）为C2-C3，脱水（an）为C2-C7，内酯（on）为C1-C7，内酰胺（am）为C1-C5。如与该默认值存在偏差，应在图脚注/图例中进行说明。

5. 连键的表述

端基差向异构体符号和连键的位置，可使用国际纯粹与应用化学联合会（IUPAC）格式在图中进行表示，可以选择使用或不使用破折号，也可以标注或不标注起始碳原子的编号，但不得出现逗号或空格。例如，Neu5Acα2-3Galβ1-4GlcNAc、Neu5Acα3Galβ4GlcNAc，或是该聚糖链结构的符号代表了相同的糖链结构信息。

除了2-酮糖的单糖糖苷键被认为从C-2开始外，所有的单糖糖苷键均默认为从C-1开始。示意图中的连键应按顺时针顺序排列，碳数最低的连键出现在左侧。也可以选择按照牛津命名系统（the Oxford system）（https://pubmed.ncbi.nlm.nih.gov/19670245/），将单糖连键的特异性和端基差向异构性等信息都嵌入其中。双重连键（如来自开环形式醛糖的向外连键）可以用双线表示。涉及碳 - 碳键的连键（如在 C- 糖苷中）可以用不同的颜色进行表示。糖链内部的磷酸二酯，可以在连键的单糖符号之间用 -P- 表示，并注明连键的位置。

6. 壬酮糖酸（包括唾液酸）

基本骨架为 3- 脱氧 - 壬 -2- 酮糖酸（3-deoxy-non-2-ulosonic acid）或 3- 脱氧壬酮糖酸（3-deoxy-nonulosonic acid）的四种核心唾液酸，分别为：①神经氨酸（Neu）；② *N*- 乙酰神经氨酸（Neu5Ac）；③ *N*- 羟乙酰神经氨酸（Neu5Gc）；④ 2- 酮 -3- 脱氧 - 壬糖酸（Kdn），它们具有特定的表示符号。

基本骨架为 3,9- 二脱氧 - 壬 -2- 酮糖酸（3,9-dideoxy-non-2-ulosonic acid）或 3,9- 二脱氧 - 壬酮糖酸（3,9-dideoxy-nonulosonic acid）的四种壬酮糖酸，与核心唾液酸结构类似，包括：①假单胞菌氨酸（Pse）；②军团氨酸（Leg）；③不动杆菌氨酸（Aci）；④ 4- 差向 - 军团氨酸（4eLeg），它们也具有特定的表示符号。

对这些单糖的修饰，可以在图中标明（如 9Ac 表示 9-*O*- 乙酰化）。红色菱形可代表任何唾液酸，即类型未知的唾液酸类物质，无论是 *N*- 乙酰神经氨酸（Neu5Ac），还是 *N*- 羟乙酰神经氨酸（Neu5Gc），或是迄今为止已知的任何其他＞ 90 种形式的唾液酸类物质。关于当前已知的壬酮糖酸（NulO）的详细目录、主要引文和相关数据库，详见附录 2.6。

7. 碳水化合物的修饰

用化学取代基对任何基础单糖进行修饰，可使用表示连键位置的数字和表示取代基类型的文字组合来进行描述，例如，3S 表示 3-*O*- 硫酸基，6P 表示 6-*O*- 磷酸基，4,6Pyr 表示 4,6- 丙酮酸基，即 4,6-*O*-（1- 羧基亚乙基）。附录 2.8 中列出了用于描述常见取代基的缩写（附表 2.8.1）和化学结构式（附图 2.8.1），以下为描述单糖取代基的基本规则。

（1）取代基的名称和缩写以 IUPAC 命名公约为指导原则，但也允许使用通用名称，以与本领域中的用法保持一致并提高可阅读性。

（2）理想的取代基缩写最好为 2 ～ 3 字母长度；为节省空间，可以删除下标。例如，Kdn4,7Ac_2 的符号表示为带有 4,7Ac 的绿色菱形，而不是带有 4,7Ac_2 的绿色菱形。

（3）在描述取代基时，应尽可能避免使用数字，以免与描述连键位置的数字相互混淆；如果必须使用数字，则应将取代基写在括号内。

（4）取代基应根据附录 2.8，按英文字母顺序排列。如果相同的修饰出现在多个碳原子位置，则应以数字顺序进行排列。如果修饰的位置未知，则可以使用“？”来表示，例如，如果甲基取代基的位置未知，则表示为“? Me”。

（5）取代基与基础单糖上羟基的偶联，将形成 *O*- 连接的取代基；对于糖胺的类似修饰，则产生 *N*- 连接的取代基偶联。因此，Neu4，5$Ac_2$8Me 表示神经氨酸（Neu）在 C-4 处有 *O*- 乙酰基，C-5 处有 *N*- 乙酰基，C-8 处则有 *O*- 甲基取代。

（6）取代基可以串联使用，以表示多个修饰，需要标明第一个取代基的位置。例如，Neu5(Gc2Ac) 表示神经氨酸（Neu）的 C-5 被羟乙酰基（Gc）修饰，而该羟乙酰基的 C-2 处，则被 *O*- 乙酰基进一步修饰。如果给定的字符串连接会导致在化学描述上产生歧义，则应使用 IUPAC 命名规则，提供出准确的化学结构。

（7）可使用 +/– 符号，或在数据已知的情况下，用百分比来表示存在的取代基数量可变，例如，60% 3Ac 表示在 60% 的残基或重复单元上，存在 C-3 处的乙酰基（3Ac）。

（8）附录 2.8 中未列出的取代基，可使用上述基本规则，并添加描述化学实体类型的脚注进行表示。当描述取代基的文字较为冗长时，也可以在聚糖符号命名法的单糖上方使用符号（如 *，†，‡），并添加脚注进行说明。

8. 氨基取代

基础单糖符号的 *N*- 取代位置，默认出现在最常见的位点，例如，葡萄糖醛酸（GlcN）的 C-2 位、神经氨酸（Neu）的 C-5 位，以及假单胞菌氨酸（Pse）的 C-5 位和 C-7 位。默认情况下，假定修饰发生在这些 *N*- 取代基团之上，例如，葡萄糖醛酸（GlcN）上的 *N*- 硫酸基团（NS）默认位于 2 号位。对于结构中不含氮的单糖，则需要在 N 上添加一个数字，例如，Rha4N 的符号可表示为连接有 4N 的绿色三角形。此外，非典型的乙酰氨基基团，可以使用 NAc 进行表示，例如，Fuc4NAc 的符号可表示为连接有 4NAc 的红色三角形。

9. 不确定的连键位置及聚糖混合物

括号（方括号或圆括号皆可）可用于表示某个化学结构（包括特定单塘）与聚糖内的任意残基之间的连接。可通过在括号外提供连键的相关数据，来指定对连键属性的基本限制。对连接位点的限制性约束，使用星号加数字（*#）进行表示，并且标注在连键及其连接位点之上。该方法可用于表示特定聚糖结构的不确定性。推而广之，聚糖混合物可以采用沿化学键方向添加 [数字范围] 来进行描述，如附录 2.5 中所示。

10. 不确定的单糖

使用基于标准形状的白色符号来表示具有未知 / 未定义立体化学的单糖。例如，白色圆圈表示未定义具体类型的己糖，白色菱形则表示任何脱氧壬酮糖酸。其他未知或部分确定的单糖，则可以用白色扁平六边形进行表示。

11. 表中未出现的结构和非聚糖的指名

不包括在附表 2.4.1 中的单糖，或无法使用上述规则进行表示的聚糖修饰，可以在聚糖符号命名法中的白色符号内，添加单个非斜体大写字母（A ～ Z）来进行表示，并在图脚注或图例中提供其他详细信息。所选用的白色符号，应尽可能符合通用表示类型，例如，圆形代表己糖，三角形代表脱氧己糖等；否则，应使用白色五边形。任何黑色形状都可用于描述非单糖的结构，并且应在图例中提供详细的定义。不鼓励对聚糖符号命名法进行更为复杂的改动；如果进行了这些修改，则不应将其视为遵循了聚糖符号命名法的聚糖表示。

附表 2.4.1　单糖符号命名法

形状	白色	蓝色	绿色	黄色	橙色	粉色	紫色	浅蓝色	棕色	红色
实心圆	己糖	葡萄糖	甘露糖	半乳糖	古洛糖	阿卓糖	阿洛糖	塔洛糖	艾杜糖	
实心正方形	*N*-乙酰己糖胺	*N*-乙酰葡萄糖胺	*N*-乙酰甘露糖胺	*N*-乙酰半乳糖胺	*N*-乙酰古洛糖胺	*N*-乙酰阿卓糖胺	*N*-乙酰阿洛糖胺	*N*-乙酰塔洛糖胺	*N*-乙酰艾杜糖胺	
划线正方形	己糖胺	葡萄糖胺	甘露糖胺	半乳糖胺	古洛糖胺	阿卓糖胺	阿洛糖胺	塔洛糖胺	艾杜糖胺	
划线菱形	己糖醛酸	葡萄糖醛酸	甘露糖醛酸	半乳糖醛酸	古洛糖醛酸	阿卓糖醛酸	阿洛糖醛酸	塔洛糖醛酸	艾杜糖醛酸	
实心三角形	脱氧己糖	奎诺糖	鼠李糖		6-脱氧-古洛糖	6-脱氧-阿卓糖		6-脱氧-塔洛糖		岩藻糖
划线三角形	脱氧*N*-乙酰己糖胺	*N*-乙酰喹诺糖胺	*N*-乙酰鼠李糖胺			6-脱氧-*N*-乙酰阿卓糖胺		6-脱氧-*N*-乙酰塔洛糖胺		*N*-乙酰岩藻糖胺
扁平矩形	二-脱氧己糖	橄榄糖	泰威糖		阿比可糖	泊雷糖	毛地黄毒素糖	可立糖		
实心星形	戊糖		阿拉伯糖	来苏糖	木糖	核糖				
实心菱形	脱氧壬酮糖酸		2-酮-3-脱氧-壬糖酸				*N*-乙酰神经氨酸	*N*-羟乙酰神经氨酸	神经氨酸	唾液酸(泛称)
扁平菱形	二-脱氧壬酮糖酸		假单胞菌氨酸	军团氨酸		不动杆菌氨酸		4-差向-军团氨酸		
扁平六边形	未确认	芽孢杆菌胺	L-甘油-D-甘露-庚糖	3-脱氧-D-甘露-辛酮糖酸	3-脱氧-D-来苏-庚酮糖二酸	D-甘油-D-甘露-庚糖	*N*-乙酰胞壁酸	*N*-羟乙酰胞壁酸	胞壁酸	
五边形	指定单糖	芹菜糖	果糖	塔格糖	山梨糖	阿洛酮糖				

附表 2.4.2 单糖缩写及名称

缩写	简称	系统命名
4eLeg	4- 差向 - 军团氨酸（4-*epi*-Legionaminic acid）	5,7- 二氨基 -3,5,7,9- 四脱氧 -D- 甘油 -D- 塔洛 - 壬 -2- 吡喃酮糖酸（5,7-diamino-3,5,7,9-tetradeoxy-D-*glycero*-D-*talo*-non-2-ulopyranosonic acid）
6dAlt	6- 脱氧 -L- 阿卓糖（6-deoxy-L-altrose）	6- 脱氧 -L- 吡喃阿卓糖（6-deoxy-L-altropyranose）
6dAltNAc	*N*- 乙酰 -6- 脱氧 -L- 阿卓糖胺（*N*-acetyl-6-deoxy-L-altrosamine）	2- 乙酰氨基 -2,6- 二脱氧 -L- 吡喃阿卓糖（2-acetamido-2,6-dideoxy-L-altropyranose）
6dGul	6- 脱氧 -D- 古洛糖（6-deoxy-D-gulose）	6- 脱氧 -D- 吡喃古洛糖（6-deoxy-D-gulopyranose）
6dTal	6- 脱氧 -D- 塔洛糖（6-deoxy-D-talose）	6- 脱氧 -D- 吡喃塔洛糖（6-deoxy-D-talopyranose）
6dTalNAc	*N*- 乙酰 -6- 脱氧 -D- 塔洛糖胺（*N*-acetyl-6-deoxy-D-talosamine）	2- 乙酰氨基 -2,6- 二脱氧 -D- 吡喃塔洛糖（2-acetamido-2,6-dideoxy-D-talopyranose）
8eAci	8- 差向 - 不动杆菌氨酸（8-*epi*-Acinetaminic acid）	5,7- 二氨基 -3,5,7,9- 四脱氧 -D- 甘油 -L- 阿卓 - 壬 -2- 吡喃酮糖酸（5,7-diamino-3,5,7,9-tetradeoxy-D-*glycero*-L-*altro*-non-2-ulopyranosonic acid）
8eLeg	8- 差向 - 军团氨酸（8-*epi*-Legionaminic acid）	5,7- 二氨基 -3,5,7,9- 四脱氧 -L- 甘油 -D- 半乳 - 壬 -2- 吡喃酮糖酸（5,7-diamino-3,5,7,9-tetradeoxy-L-*glycero*-D-*galacto*-non-2-ulopyranosonic acid）
Abe	阿比可糖（abequose）	3,6- 二脱氧 -D- 木 - 吡喃己糖（3,6-dideoxy-D-*xylo*-hexopyranose）
Aci	不动杆菌氨酸（acinetaminic acid）	5,7- 二氨基 -3,5,7,9- 四脱氧 -L- 甘油 -L- 阿卓 - 壬 -2- 吡喃酮糖酸（5,7-diamino-3,5,7,9-tetradeoxy-L-*glycero*-L-*altro*-non-2-ulopyranosonic acid）
All	D- 阿洛糖（D-allose）	D- 吡喃阿洛糖（D-allopyranose）
AllA	D- 阿洛糖醛酸（D-alluronic acid）	D- 吡喃阿洛糖醛酸（D-allopyranuronic acid）
AllN	D- 阿洛糖胺（D-allosamine）	2- 氨基 -2- 脱氧 -D- 吡喃阿洛糖（2-amino-2-deoxy-D-allopyranose）
AllNAc	*N*- 乙酰 -D- 阿洛糖胺（*N*-acetyl-D-allosamine）	2- 乙酰氨基 -2- 脱氧 -D- 吡喃阿洛糖（2-acetamido-2-deoxy-D-allopyranose）
Alt	L- 阿卓糖（L-altrose）	L- 吡喃阿卓糖（L-altropyranose）
AltA	L- 阿卓糖醛酸 L-altruronic acid	L- 吡喃阿卓糖醛酸（L-altropyranuronic acid）
AltN	L- 阿卓糖胺（L-altrosamine）	2- 氨基 -2- 脱氧 -L- 吡喃阿卓糖（2-amino-2-deoxy-L-altropyranose）
AltNAc	*N*- 乙酰 -L- 阿卓糖胺（*N*-acetyl-L-altrosamine）	2- 乙酰氨基 -2- 脱氧 -L- 吡喃阿卓糖（2-acetamido-2-deoxy-L-altropyranose）
Api	L- 芹菜糖（L-apiose）	3-*C*-（羟甲基）-L- 赤式 - 四呋喃糖 [3-*C*-(hydroxymethyl)-L-*erythro*-tetrofuranose]
Ara	L- 阿拉伯糖 L-arabinose	L- 吡喃阿拉伯糖（L-arabinopyranose）
Bac	芽孢杆菌胺（bacillosamine）	2,4- 二氨基 -2,4,6- 三脱氧 -D- 吡喃葡萄糖（2,4-diamino-2,4,6-trideoxy-D-glucopyranose）
Col	可立糖（colitose）	3,6- 二脱氧 -L- 木 - 吡喃己糖（3,6-dideoxy-L-*xylo*-hexopyranose）
DDmanHep	D- 甘油 -D- 甘露 - 庚糖（D-*glycero*-D-*manno*-heptose）	D- 甘油 -D- 甘露 - 吡喃庚糖（D-*glycero*-D-*manno*-heptopyranose）
Dha	3- 脱氧 -D- 来苏 - 庚酮糖二酸（3-deoxy-D-*lyxo*-heptulosaric acid）	3- 脱氧 -D- 来苏 - 庚 -2- 吡喃酮糖二酸（3-deoxy-D-*lyxo*-hept-2-ulopyranosaric acid）
Dig	D- 毛地黄毒素糖（D-digitoxose）	2,6- 二脱氧 -D- 核 - 吡喃己糖（2,6-dideoxy-D-*ribo*-hexopyranose）

续表

缩写	简称	系统命名
Fru	D-果糖 （D-fructose）	D-阿拉伯-己-2-吡喃酮糖 （D-*arabino*-hex-2-ulopyranose）
Fuc	L-岩藻糖 （L-fucose）	6-脱氧-L-吡喃半乳糖 （6-deoxy-L-galactopyranose）
FucNAc	*N*-乙酰-L-岩藻糖胺 （*N*-acetyl-L-fucosamine）	2-乙酰氨基-2,6-二脱氧-L-吡喃半乳糖 （2-acetamido-2,6-dideoxy-L-galactopyranose）
Gal	D-半乳糖 （D-galactose）	D-吡喃半乳糖 （D-galactopyranose）
GalA	D-半乳糖醛酸 （D-galacturonic acid）	D-吡喃半乳糖醛酸 （D-galactopyranuronic acid）
GalN	D-半乳糖胺 （D-galactosamine）	2-氨基-2-脱氧-D-吡喃半乳糖 （2-amino-2-deoxy-D-galactopyranose）
GalNAc	*N*-乙酰-D-半乳糖胺 （*N*-acetyl-D-galactosamine）	2-乙酰氨基-2-脱氧-D-吡喃半乳糖 （2-acetamido-2-deoxy-D-galactopyranose）
Glc	D-葡萄糖 （D-glucose）	D-吡喃葡萄糖 （D-glucopyranose）
GlcA	D-葡萄糖醛酸 （D-glucuronic acid）	D-吡喃葡萄糖醛酸 （D-glucopyranuronic acid）
GlcN	D-葡萄糖胺 （D-glucosamine）	2-氨基-2-脱氧-D-吡喃葡萄糖 （2-amino-2-deoxy-D-glucopyranose）
GlcNAc	*N*-乙酰-D-葡萄糖胺 （*N*-acetyl-D-glucosamine）	2-乙酰氨基-2-脱氧-D-吡喃葡萄糖 （2-acetamido-2-deoxy-D-glucopyranose）
Gul	D-古洛糖 （D-gulose）	D-吡喃古洛糖 （D-gulopyranose）
GulA	D-古洛糖醛酸 （D-guluronic acid）	D-吡喃古洛糖醛酸 （D-gulopyranuronic acid）
GulN	D-古洛糖胺 （D-gulosamine）	2-氨基-2-脱氧-D-吡喃古洛糖 （2-amino-2-deoxy-D-gulopyranose）
GulNAc	*N*-乙酰-D-古洛糖胺 （*N*-acetyl-D-gulosamine）	2-乙酰氨基-2-脱氧-D-吡喃古洛糖 （2-acetamido-2-deoxy-D-gulopyranose）
Ido	L-艾杜糖 （L-idose）	L-吡喃艾杜糖 （L-idopyranose）
IdoA	L-艾杜糖醛酸 （L-iduronic acid）	L-吡喃艾杜糖醛酸 （L-idopyranuronic acid）
IdoN	L-艾杜糖胺 （L-idosamine）	2-氨基-2-脱氧-L-吡喃艾杜糖 （2-amino-2-deoxy-L-idopyranose）
IdoNAc	*N*-乙酰-L-艾杜糖胺 （*N*-acetyl-L-idosamine）	2-乙酰氨基-2-脱氧-L-吡喃艾杜糖 （2-acetamido-2-deoxy-L-idopyranose）
Kdn	2-酮-3-脱氧-壬糖酸 （2-keto-3-deoxy-nononic acid）	3-脱氧-D-甘油-D-半乳-壬-2-吡喃酮糖酸 （3-deoxy-D-*glycero*-D-*galacto*-non-2-ulopyranosonic acid）
Kdo	3-脱氧-D-甘露-辛酮糖酸 （3-deoxy-D-*manno*-octulosonic acid）	3-脱氧-D-甘露-辛-2-吡喃酮糖酸 （3-deoxy-D-*manno*-oct-2-ulopyranosonic acid）
Leg	军团氨酸 （legionaminic acid）	5,7-二氨基-3,5,7,9-四脱氧-D-甘油-D-半乳-壬-2-吡喃酮糖酸 （5,7-diamino-3,5,7,9-tetradeoxy-D-*glycero*-D-*galacto*-non-2-ulopyranosonic acid）
LDmanHep	L-甘油-D-甘露-庚糖 （L-*glycero*-D-*manno*-heptose）	L-甘油-D-甘露-吡喃庚糖 （L-*glycero*-D-*manno*-heptopyranose）
Lyx	D-来苏糖 （D-lyxose）	D-吡喃来苏糖 （D-lyxopyranose）
Man	D-甘露糖 （D-mannose）	D-吡喃甘露糖 （D-mannopyranose）
ManA	D-甘露糖醛酸 （D-mannuronic acid）	D-吡喃甘露糖醛酸 （D-mannopyranuronic acid）

续表

缩写	简称	系统命名
ManN	D- 甘露糖胺 （D-mannosamine）	2- 氨基 -2- 脱氧 -D- 吡喃甘露糖 （2-amino-2-deoxy-D-mannopyranose）
ManNAc	*N*- 乙酰 -D- 甘露糖胺 （*N*-acetyl-D-mannosamine）	2- 乙酰氨基 -2- 脱氧 -D- 吡喃甘露糖 （2-acetamido-2-deoxy-D-mannopyranose）
Mur	胞壁酸 （muramic acid）	2- 氨基 -3-*O*-[(*R*)-1- 羧乙基]-2- 脱氧 -D- 吡喃葡萄糖 [2-amino-3-*O*-[(*R*)-1-carboxyethyl]-2-deoxy-D-glucopyranose]
MurNAc	*N*- 乙酰胞壁酸 （*N*-acetylmuramic acid）	2- 乙酰氨基 -3-*O*-[(*R*)-1- 羧乙基]-2- 脱氧 -D- 吡喃葡萄糖 [2-acetamido-3-*O*-[(*R*)-1-carboxyethyl]-2-deoxy-D-glucopyranose]
MurNGc	*N*- 羟乙酰胞壁酸 （*N*-glycolylmuramic acid）	3-*O*-[(*R*)-1- 羧乙基]-2- 脱氧 -2- 羟乙酰基 -D- 吡喃葡萄糖 [3-*O*-[(*R*)-1-carboxyethyl]-2-deoxy-2-hydroxyacetamido-D-glucopyranose]
Neu	神经氨酸 （neuraminic acid）	5- 氨基 -3,5- 二脱氧 -D- 甘油 -D- 半乳 - 壬 -2- 吡喃酮糖酸 （5-amino-3,5-dideoxy-D-*glycero*-D-*galacto*-non-2-ulopyranosonic acid）
Neu5Ac	*N*- 乙酰神经氨酸 （*N*-acetylneuraminic acid）	5- 乙酰氨基 -3,5- 二脱氧 -D- 甘油 -D- 半乳 - 壬 -2- 吡喃酮糖酸 （5-acetamido-3,5-dideoxy-D-*glycero*-D-*galacto*-non-2-ulopyranosonic acid）
Neu5Gc	*N*- 羟乙酰神经氨酸 （*N*-glycolylneuraminic acid）	3,5- 二脱氧 -5- 羟乙酰氨基 -D- 甘油 -D- 半乳 - 壬 -2- 吡喃酮糖酸 （3,5-dideoxy-5-hydroxyacetamido-D-*glycero*-D-*galacto*-non-2-ulopyranosonic acid）
Oli	橄榄糖 （olivose）	2,6- 二脱氧 -D- 阿拉伯 - 吡喃己糖 （2,6-dideoxy-D-*arabino*-hexopyranose）
Par	泊雷糖 （paratose）	3,6- 二脱氧 -D- 核 - 吡喃己糖 （3,6-dideoxy-D-*ribo*-hexopyranose）
Pse	假单胞菌氨酸 （pseudaminic acid）	5,7- 二氨基 -3,5,7,9- 四脱氧 -L- 甘油 -L- 甘露 - 壬 -2- 吡喃酮糖酸 （5,7-diamino-3,5,7,9-tetradeoxy-L-*glycero*-L-*manno*-non-2-ulopyranosonic acid）
Psi	D- 阿洛酮糖 （D-psicose）	D- 核 - 己 -2- 吡喃酮糖 （D-*ribo*-hex-2-ulopyranose）
Qui	D- 奎诺糖 （D-quinovose）	6- 脱氧 -D- 吡喃葡萄糖 （6-deoxy-D-glucopyranose）
QuiNAc	*N*- 乙酰 -D- 奎诺糖胺 （*N*-acetyl-D-quinovosamine）	2- 乙酰氨基 -2,6- 二脱氧 -D- 吡喃葡萄糖 （2-acetamido-2,6-dideoxy-D-glucopyranose）
Rha	L- 鼠李糖 （L-rhamnose）	6- 脱氧 -L- 吡喃甘露糖 （6-deoxy-L-mannopyranose）
RhaNAc	*N*- 乙酰 -L- 鼠李糖胺 （*N*-acetyl-L-rhamnosamine）	2- 乙酰氨基 -2,6- 二脱氧 -L- 吡喃甘露糖 （2-acetamido-2,6-dideoxy-L-mannopyranose）
Rib	D- 核糖 （D-ribose）	D- 吡喃核糖 （D-ribopyranose）
Sia	唾液酸 （sialic acid）	未指定类型的唾液酸残基
Sor	L- 山梨糖 （L-sorbose）	L- 木 - 己 -2- 吡喃酮糖 （L-*xylo*-hex-2-ulopyranose）
Tag	D- 塔格糖 （D-tagatose）	D- 来苏 - 己 -2- 吡喃酮糖 （D-*lyxo*-hex-2-ulopyranose）
Tal	D- 塔洛糖 （D-talose）	D- 吡喃塔洛糖 （D-talopyranose）
TalA	D- 塔洛糖醛酸 （D-taluronic acid）	D- 吡喃塔洛糖醛酸 （D-talopyranuronic acid）
TalN	D- 塔洛糖胺 （D-talosamine）	2- 氨基 -2- 脱氧 -D- 吡喃塔洛糖 （2-amino-2-deoxy-D-talopyranose）
TalNAc	*N*- 乙酰 -D- 塔洛糖胺 （*N*-acetyl-D-talosamine）	2- 乙酰氨基 -2- 脱氧 -D- 吡喃塔洛糖 （2-acetamido-2-deoxy-D-talopyranose）
Tyv	泰威糖 （tyvelose）	3,6- 二脱氧 -D- 阿拉伯 - 吡喃己糖 （3,6-dideoxy-D-*arabino*-hexopyranose）
Xyl	D- 木糖 （D-xylose）	D- 吡喃木糖 （D-xylopyranose）

附录 2.5 聚糖符号命名法示例

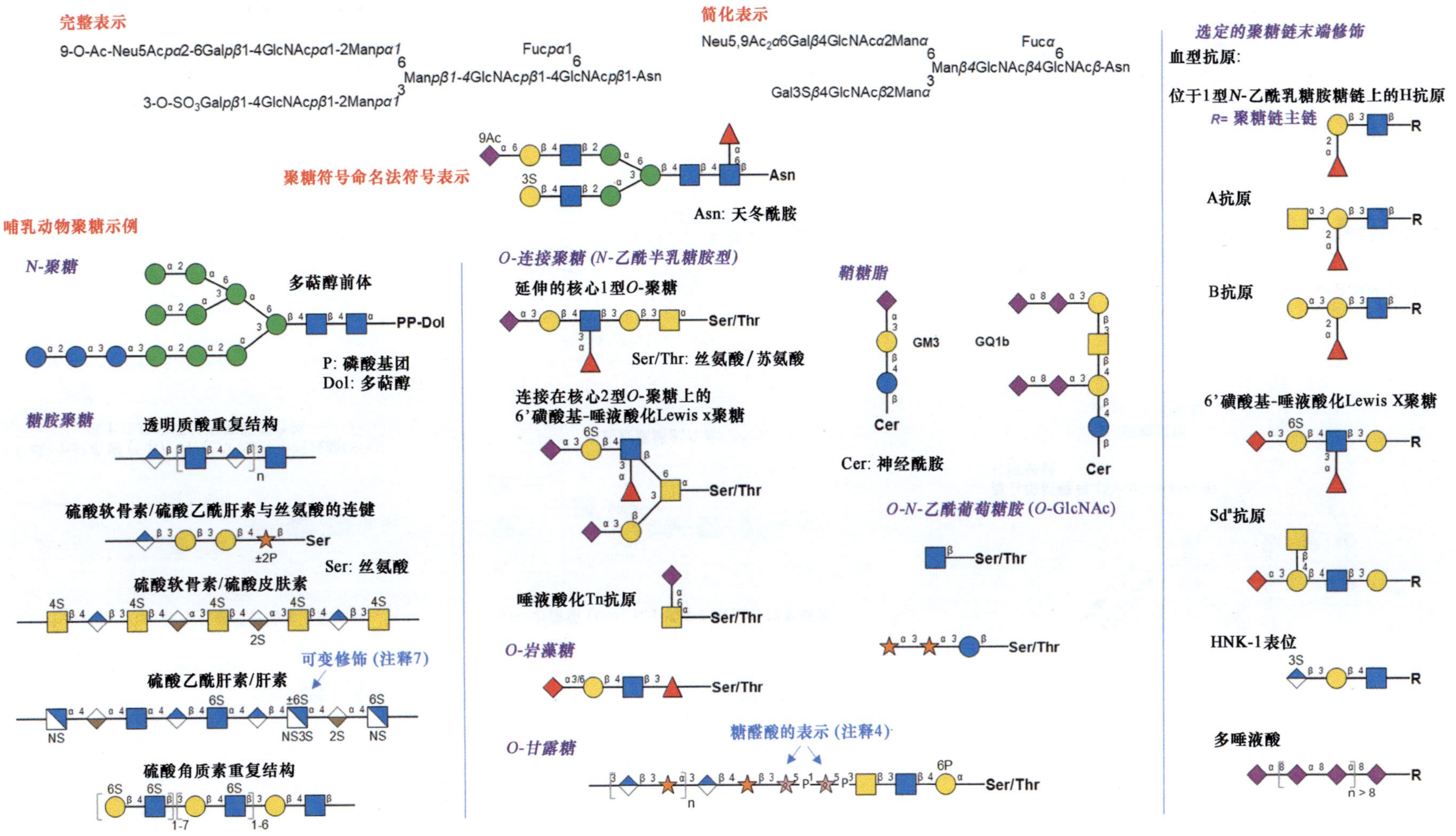

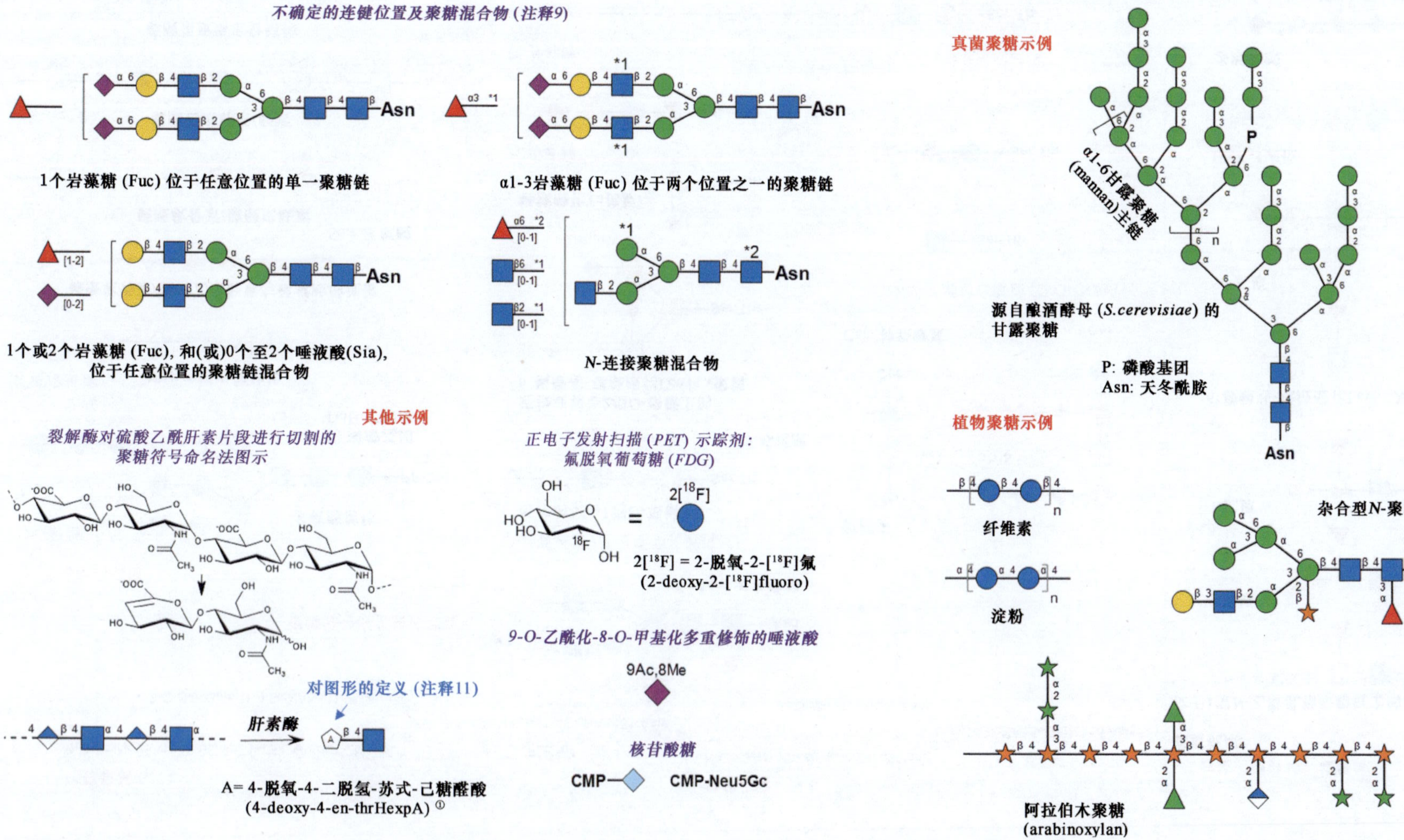

①图像左下方的表示中，HexpA 为碳水化合物序列独特描述的线性表示法（LINUCS）中对己糖醛酸的缩写表示，国际纯粹与应用化学联合会（IUPAC）的标准表示应为HexA。

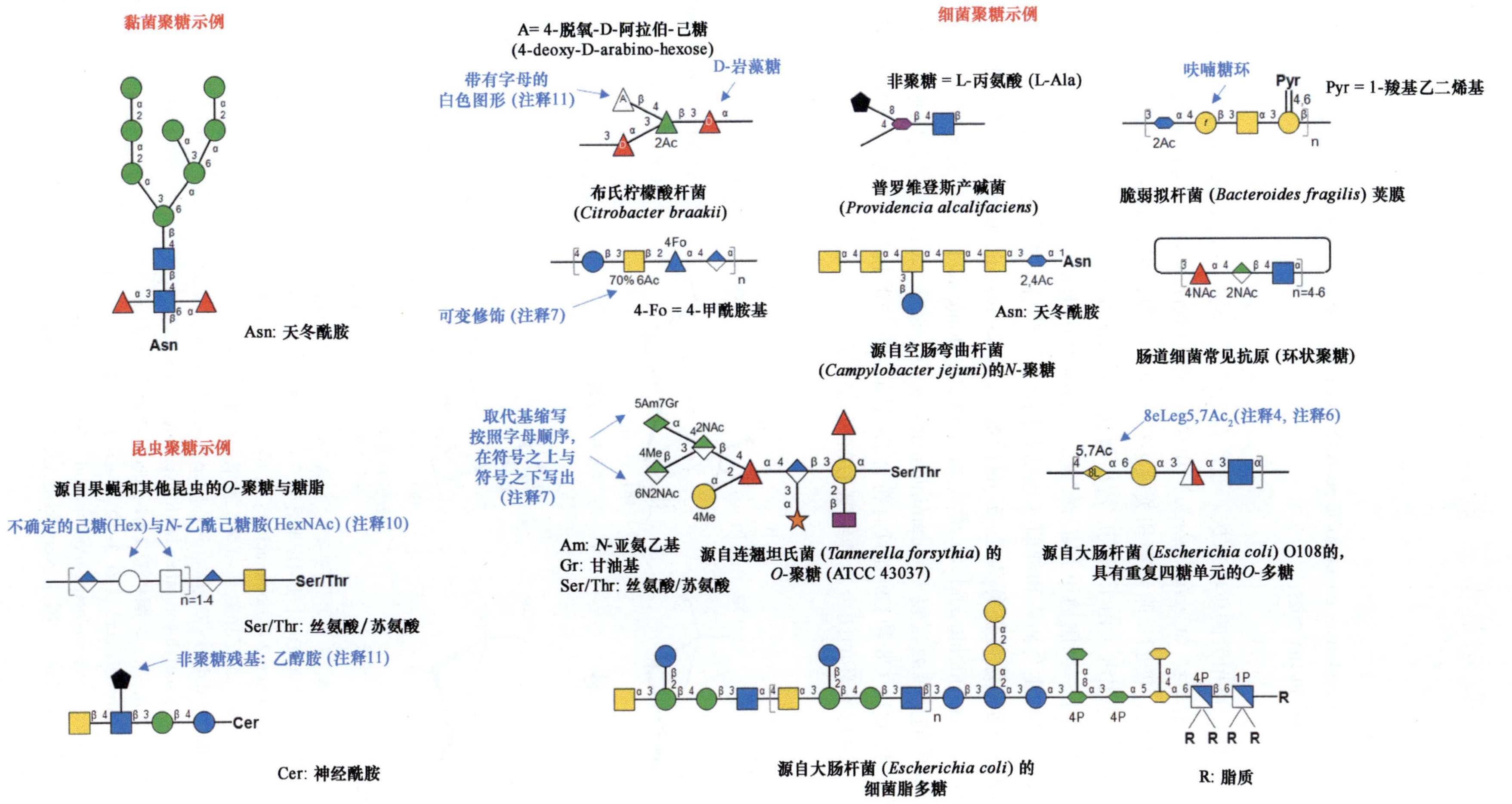

黏菌聚糖示例
Asn
Asn: 天冬酰胺
昆虫聚糖示例
源自果蝇和其他昆虫的O-聚糖与糖脂
不确定的己糖(Hex)与N-乙酰己糖胺(HexNAc) (注释10)
n=1-4
Ser/Thr
Ser/Thr: 丝氨酸/苏氨酸
非聚糖残基: 乙醇胺 (注释11)
Cer
Cer: 神经酰胺
细菌聚糖示例
A= 4-脱氧-D-阿拉伯-己糖
(4-deoxy-D-arabino-hexose)
带有字母的白色图形 (注释11)
D-岩藻糖
2Ac
布氏柠檬酸杆菌
(Citrobacter braakii)
4Fo
70% 6Ac
可变修饰 (注释7)
4-Fo = 4-甲酰胺基
非聚糖 = L-丙氨酸 (L-Ala)
普罗维登斯产碱菌
(Providencia alcalifaciens)
Asn
2,4Ac
Asn: 天冬酰胺
源自空肠弯曲杆菌
(Campylobacter jejuni)的N-聚糖
呋喃糖环
Pyr
Pyr = 1-羧基乙二烯基
2Ac
脆弱拟杆菌 (Bacteroides fragilis) 荚膜
4NAc 2NAc n=4-6
肠道细菌常见抗原 (环状聚糖)
取代基缩写按照字母顺序,在符号之上与符号之下写出 (注释7)
5Am7Gr
2NAc
4Me
6N2NAc
4Me
Ser/Thr
Am: N-亚氨乙基
Gr: 甘油基
Ser/Thr: 丝氨酸/苏氨酸
源自连翘坦氏菌 (Tannerella forsythia) 的
O-聚糖 (ATCC 43037)
8eLeg5,7Ac2(注释4, 注释6)
5,7Ac
源自大肠杆菌 (Escherichia coli) O108的,
具有重复四糖单元的O-多糖
4P 1P
R
R R R R
源自大肠杆菌 (Escherichia coli) 的
细菌脂多糖
R: 脂质

附录 2.6 唾液酸和其他壬酮糖酸

文献来源：

Cataloging natural sialic acids and other nonulosonic acids (NulOs), and their representation using the Symbol Nomenclature for Glycans, *Glycobiology* **33**: 99-103, 2023.

唾液酸（Sia）是一类相关的单糖家族，通常存在于高等动物中，如棘皮动物（*Echinoderm*）、半索动物（*Hemichorda*）、头索动物（*Cephalocorda*）和脊椎动物（*Vertebrata*）。唾液酸通常作为糖复合物和其他碳水化合物（如糖蛋白、糖脂、脂寡糖和荚膜多糖、组织多唾液酸、寡糖和胞外多糖）中的末端残基存在，有时也作为内部残基出现。由于它们广泛出现在细胞表面聚糖的末端，促进了许多关键的生物学功能，涉及细胞识别、细胞黏附、细胞通讯/信号传递、控制循环中糖复合物的半衰期、肿瘤生长和转移、发育编程、免疫调控，以及宿主与病毒和细菌（包括共栖体、共生体和机会性病原体）的相互作用。

唾液酸（sialic acid）是可被称为壬-2-酮糖酸（non-2-ulosonic acid）、壬酮糖酸（nonulosonic acid，NulO）、2-酮糖酸（2-ketoaldonic acid）、α-酮糖酸（α-ketoaldonic acid）的一类化合物超家族中的一个亚类。此类化合物中最简单的是神经氨酸（neuraminic acid，Neu）（附图 2.6.1），它是九碳基的壬酮糖酸的 3-脱氧、5-氨基形式，在 C4、C7、C8 和 C9 处具有符合 D-甘油-D-半乳构型的羟基。该分子含有一个 2-酮基羧酸基团，有利于 C2-O-C6 环的闭合。神经氨酸常见的分子内（环状）半缩酮形式，是具有 $^{2}C_{5}$ 椅式构象的吡喃糖环，在 C6 处有一个平伏取向的甘油链。在 C5 处添加 *N*-乙酰基取代基，产生了 *N*-乙酰神经氨酸（*N*-acetylneuraminic acid，Neu5Ac）。*N*-乙酰基经氨酸中 *N*-乙酰基的羟基化，产生了 *N*-羟乙酰神经氨酸（*N*-glycolylneuraminic acid，Neu5Gc）。用羟基取代 C5 的胺，可形成 3-脱氧-D-甘油-D-半乳-壬-2-酮糖酸（Kdn）。Neu5Ac、Neu5Gc 和 Kdn 是 Neu 最常见的结构类似物。这些脱氧-壬酮糖酸（在所有情况下都在 C3 处脱氧）可以通过各种取代基的进一步修饰，从而产生唾液酸家族中超过 90 种额外的天然成员（见附表 2.6.1）。

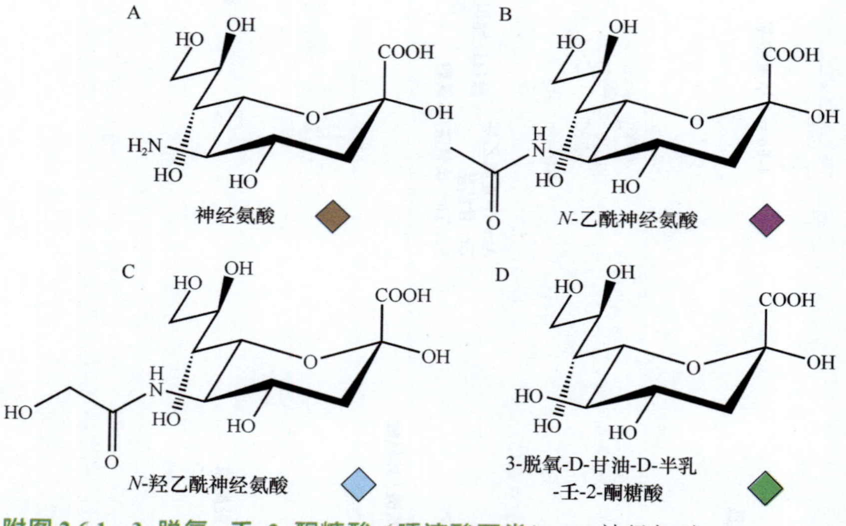

附图 2.6.1 3-脱氧-壬-2-酮糖酸（唾液酸亚类）：A. 神经氨酸（neuraminic acid，Neu）：5-氨基-3,5-二脱氧-D-甘油-D-半乳-壬-2-酮糖酸（5-amino-3,5-dideoxy-D-*glycero*-D-*galacto*-non-2-ulosonic acid）；B. *N*-乙酰神经氨酸（*N*-acetylneuraminic acid，Neu5Ac）：5-乙酰氨基-3,5-二脱氧-D-甘油-D-半乳-壬-2-酮糖酸（5-acetamino-3,5-dideoxy-D-*glycero*-D-*galacto*-non-2-ulosonic acid）；C. *N*-羟乙酰神经氨酸（*N*-glycolylneuraminic acid，Neu5Gc）：3,5-二脱氧-5-羟乙酰氨基-D-甘油-D-半乳-壬-2-酮糖酸（3,5-dideoxy-5-hydroxyacetamido-D-*glycero*-D-*galacto* -non-2-ulosonic acid）；D. 3-脱氧-D-甘油-D-半乳-壬-2-酮糖酸（3-deoxy-D-*glycero*-D-*galacto*-non-2-ulosonic acid，2-keto-3-deoxy-nononic acid，ketodeoxynononic acid，Kdn）。图中 Neu, Neu5Ac、Neu5Gc、Kdn 的 $^{2}C_{5}$ 椅式构象均以 α 构型 (C2) 呈现。

除上述情况外，壬酮糖酸超家族的另一个"类唾液酸"亚类，以基于二脱氧-壬酮糖酸（dideoxy-nonulosonic acid）的修饰形式存在。在所有情况下，脱氧都在 C3

和 C9 发生。这些物质最初在细菌脂多糖、荚膜多糖和荚膜糖蛋白中被发现。这一类的母体化合物为 5,7- 二氨基 -3,5,7,9- 四脱氧 - 壬 -2- 酮糖酸（5,7-diamino-3,5,7,9-tetradeoxy-non-2-ulosonic acid），该化合物含有一个末端甲基作为 C9，在 C5 和 C7 处有氨基脱氧官能团。现在已经定义了壬酮糖酸的另外 6 个亚类，包括假单胞菌氨酸（Pse）、军团氨酸（Leg）、4- 差向 - 军团氨酸（4eLeg）、8- 差向 - 军团氨酸（8eLeg）、不动杆菌氨酸（Aci）和 8- 差向 - 不动杆菌氨酸（8eAci）（**附图 2.6.2**）。**附表 2.6.2** 列出了 50 多种已知的、天然存在的 5,7- 二氨基 -3,5,7,9- 四脱氧 - 壬 -2- 酮糖酸（5,7-diamino-3,5,7,9-tetradeoxy-non-2-ulosonic acid）衍生物的结构，以及一些相关的 9- 脱氧 - 壬 -2- 酮糖酸（9-deoxy-non-2-ulosonic acid）衍生物。

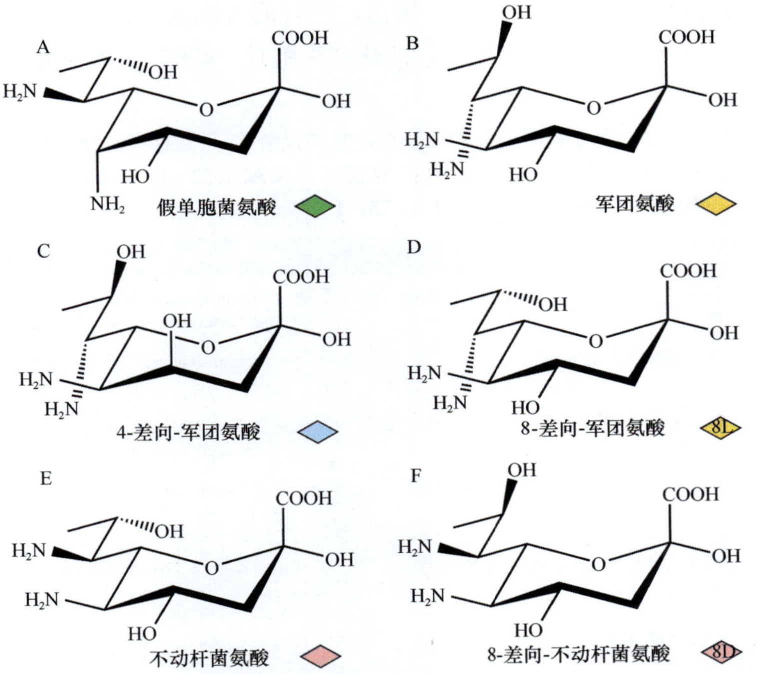

附图 2.6.2 3,9- 二脱氧 - 壬 -2- 酮糖酸（唾液酸样亚类）：A. 假单胞菌氨酸（pseudaminic acid，Pse）：5,7- 二氨基 -3,5,7,9- 四脱氧 -L- 甘油 -L- 甘露 - 壬 -2- 酮糖酸（5,7-Diamino-3,5,7,9-tetradeoxy-L-*glycero*-L-*manno*-non-2-ulosonic acid）；B. 军团氨酸（legionaminic acid，Leg）：5,7- 二氨基 -3,5,7,9- 四脱氧 -D- 甘油 -D- 半乳 - 壬 -2- 酮糖酸（5,7-Diamino-3,5,7,9-tetradeoxy-D-*glycero*-D-*galacto*-non-2-ulosonic acid）；C. 4- 差向 - 军团氨酸（4-*epi*-legionaminic acid，4eLeg）：5,7- 二氨基 -3,5,7,9- 四脱氧 -D- 甘油 -D- 塔洛 - 壬 -2- 酮糖酸（5,7-diamino-3,5，7，9-tetradeoxy-D-*glycero*-D-*talo*-non-2-ulosonic acid）；D. 8- 差向 - 军团氨酸（8-*epi*-legionaminic acid，8eLeg）：5,7- 二氨基 -3,5,7,9- 四脱氧 -L- 甘油 -D- 半乳 - 壬 -2- 酮糖酸（5,7-Diamino-3,5,7,9-tetradeoxy-L-*glycero*-D-*galacto*-non-2-ulosonic acid）；E. 不动杆菌氨酸（acinetaminic acid，Aci）：5,7- 二氨基 -3,5,7,9- 四脱氧 -L- 甘油 -L- 阿卓 - 壬 -2- 酮糖酸（5,7-diamino-3,5,7,9-tetradeoxy-L-*glycero*-L-*altro*-non-2-ulosonic acid）；F. 8- 差向 - 不动杆菌氨酸（8-*epi*-acinetaminic acid，8eAci）：5,7- 二氨基 -3,5,7,9- 四脱氧 -D- 甘油 -L- 阿卓 - 壬 -2- 酮糖酸（5,7-diamino-3,5,7,9-tetradeoxy-D-*glycero*-L-*altro*-non-2-ulosonic acid）；图中 Pse、Aci、8eAci 的 $^{2}C_5$ 椅式构象均以 β 构型（C2）呈现，Leg、4eLeg、8eLeg 的 $^{2}C_5$ 椅式构象均以 α 构型（C2）呈现。注意在所有情况下，C2 上的羧基官能团都具有直立键的朝向。

在壬酮糖酸生物合成途径中，将丙酮酸与己糖（如 D- 甘露糖）、与 *N*- 乙酰己糖胺［即 2- 乙酰氨基 -2- 脱氧 - 己糖（2-acetamido-2-deoxy-hexose）（如 *N*- 乙酰 -D- 甘露糖胺）］，或与 2,4- 二乙酰氨基 -2,4,6- 三脱氧己糖（2,4-diacetamido-2,4,6-trideoxy-hexose）进行偶联。己糖和（或）及其变体的 C1 ～ C6 链在壬酮糖酸中成为 C4 ～ C9，而壬酮糖酸中的 C1 ～ C3 则由丙酮酸贡献。根据国际纯粹与应用化学联合会 / 国际生物化学与分子生物学联盟（International Union of Pure and Applied Chemistry/International Union of Biochemistry and Molecular Biology，IUPAC/IUBMB）的规则，己糖构型的命名原则根据前四个手性原子确定。壬酮糖酸的生物合成，在 C4 位产生一个新的手性原子，使得这些生物分子在自然界中发生结合后，产生了基于命名法的规则差异。例如，*N*- 乙酰神经氨酸（5- 乙酰氨基 -3,5- 二脱氧 -D- 甘油 -D- 半乳 - 壬 -2- 酮糖酸）（Neu5Ac，5-acetamido-3,5- dideoxy-D-*glycero*-D-*galacto*-non-2-ulosonic acid）由 *N*- 乙酰 -D- 甘露糖胺形成，其中的甘露（manno）骨架在不改变构型的情况下，成为 C5 ～ C8。然而，在 C4 处创建的新的手性原子，根据命名法的规则，指代原 C5 ～ C8 的位置变为了 C4 ～ C7，因而采用了 D- 半乳（D-*galacto*）构型。国际纯粹与应用化学联合会（IUPAC）名称的 D- 甘油（D-*glycero*）部分，指的是 C8 处的构型，其改变不会影响糖环的构型。壬酮糖酸生物合成的某些方面，在原核生物和真核生物之间是不同的。然而，所有的壬酮糖酸在各种单糖形式中都具有一个独特的特征，即使用胞苷三磷酸（CTP）作为能源，活化产生胞苷一磷酸 - 壬酮糖酸（CMP-NulO）供体。

附表 2.6.1 基于核磁共振和(或)质谱数据报道的、天然存在的唾液酸家族成员结构。根据参考文献和后期研究工作进行更新，并添加了聚糖符号命名法的符号表示。文献来源：R. Schauer & J.P. Kamerling，Exploration of the Sialic Acid World，*Adv. Carbohydr. Chem. Biochem.* 2018，**75**，1-213.

单糖名称	英文名称	缩写	聚糖符号表示
5- 氨基 -3,5- 二脱氧 D- 甘油 -D- 半乳 - 壬 -2- 酮糖酸 / 神经氨酸	5-amino-3,5-dideoxy-D-*glycero*-D-*galacto*-non-2-ulosonic acid / neuraminic acid[a]	Neu	◆
神经氨酸 1,5- 内酰胺	neuraminic acid 1,5-lactam[b,i]	Neu1,5lactam	◆ am
5-*N*- 乙酰基神经氨酸（*N*- 乙酰基神经氨酸）	5-*N*-acetyl-neuraminic acid (*N*-acetylneuraminic acid)	Neu5Ac	◆
5-*N*- 乙酰基 -4-*O*- 乙酰基 - 神经氨酸	5-*N*-acetyl-4-*O*-acetyl-neuraminic acid	Neu4,5Ac_2	4Ac ◆
5-*N*- 乙酰基 -7-*O*- 乙酰基 - 神经氨酸	5-*N*-acetyl-7-*O*-acetyl-neuraminic acid	Neu5,7Ac_2	7Ac ◆
5-*N*- 乙酰基 -8-*O*- 乙酰基 - 神经氨酸	5-*N*-acetyl-8-*O*-acetyl-neuraminic acid	Neu5,8Ac_2	8Ac ◆
5-*N*- 乙酰基 -9-*O*- 乙酰基 - 神经氨酸	5-*N*-acetyl-9-*O*-acetyl-neuraminic acid	Neu5,9Ac_2	9Ac ◆
5-*N*- 乙酰基 -4,9- 二 -*O*- 乙酰基 - 神经氨酸	5-*N*-acetyl-4,9-di-*O*-acetyl-neuraminic acid	Neu4,5,9Ac_3	4,9Ac ◆
5-*N*- 乙酰基 -7,8- 二 -*O*- 乙酰基 - 神经氨酸	5-*N*-acetyl-7,8-di-*O*-acetyl-neuraminic acid	Neu5,7,8Ac_3	7,8Ac ◆
5-*N*- 乙酰基 -7,9- 二 -*O*- 乙酰基 - 神经氨酸	5-*N*-acetyl-7,9-di-*O*-acetyl-neuraminic acid	Neu5,7,9Ac_3	7,9Ac ◆
5-*N*- 乙酰基 -8,9- 二 -*O*- 乙酰基 - 神经氨酸	5-*N*-acetyl-8,9-di-*O*-acetyl-neuraminic acid	Neu5,8,9Ac_3	8,9Ac ◆
5-*N*- 乙酰基 -4,7,9- 三 -*O*- 乙酰基 - 神经氨酸	5-*N*-acetyl-4,7,9-tri-*O*-acetyl-neuraminic acid	Neu4,5,7,9Ac_4	4,7,9Ac ◆
5-*N*- 乙酰基 -7,8,9- 三 -*O*- 乙酰基 - 神经氨酸	5-*N*-acetyl-7,8,9-tri-*O*-acetyl-neuraminic acid	Neu5,7,8,9Ac_4	7,8,9Ac ◆
5-*N*- 乙酰基 -4,7,8,9- 四 -*O*- 乙酰基 - 神经氨酸	5-*N*-acetyl-4,7,8,9-tetra-*O*-acetyl-neuraminic acid	Neu4,5,7,8,9Ac_5	4,7,8,9Ac ◆
5-*N*- 乙酰基 -4-*O*- 羟乙酰基 - 神经氨酸	5-*N*-acetyl-4-*O*-glycolyl-neuraminic acid	Neu5Ac4Gc	4Gc ◆
5-*N*- 乙酰基 -7-*O*- 羟乙酰基 - 神经氨酸	5-*N*-acetyl-7-*O*-glycolyl-neuraminic acid	Neu5Ac7Gc	7Gc ◆
5-*N*- 乙酰基 -9-*O*- 乳酸基 - 神经氨酸	5-*N*-acetyl-9-*O*-lactyl-neuraminic acid[c]	Neu5Ac9Lt	9Lt ◆
5-*N*- 乙酰基 -4-*O*- 乙酰基 -9-*O*- 乳酸基 - 神经氨酸	5-*N*-acetyl-4-*O*-acetyl-9-*O*-lactyl-neuraminic acid	Neu4,5$Ac_2$9Lt	4Ac9Lt ◆
5-*N*- 乙酰基 -7-*O*- 乙酰基 -9-*O*- 乳酸基 - 神经氨酸	5-*N*-acetyl-7-*O*-acetyl-9-*O*-lactyl-neuraminic acid	Neu5,7$Ac_2$9Lt	7Ac9Lt ◆

续表

单糖名称	英文名称	缩写	聚糖符号表示
5-*N*- 乙酰基 -8-*O*- 乙酰基 -9-*O*- 乳酸基 - 神经氨酸	5-*N*-acetyl-8-*O*-acetyl-9-*O*-lactyl-neuraminic acid	Neu5,8$Ac_2$9Lt	8Ac9Lt
5-*N*- 乙酰基 -8-*O*- 甲基 - 神经氨酸	5-*N*-acetyl-8-*O*-methyl-neuraminic acid	Neu5Ac8Me	8Me
5-*N*- 乙酰基 -4-*O*- 乙酰基 -8-*O*- 甲基 - 神经氨酸	5-*N*-acetyl-4-*O*-acetyl-8-*O*-methyl-neuraminic acid	Neu4,5$Ac_2$8Me	4Ac8Me
5-*N*- 乙酰基 -9-*O*- 乙酰基 -8-*O*- 甲基 - 神经氨酸	5-*N*-acetyl-9-*O*-acetyl-8-*O*-methyl-neuraminic acid	Neu5,9$Ac_2$8Me	9Ac8Me
5-*N*- 乙酰基 -9-*O*- 甲基 - 神经氨酸	5-*N*-acetyl-9-*O*-methyl-neuraminic acid	Neu5Ac9Me	9Me
5-*N*- 乙酰基 -4-*O*- 磺基 - 神经氨酸	5-*N*-acetyl-4-*O*-sulpho-neuraminic acid	Neu5Ac4S	4S
5-*N*- 乙酰基 -8-*O*- 磺基 - 神经氨酸	5-*N*-acetyl-8-*O*-sulpho-neuraminic acid	Neu5Ac8S	8S
5-*N*- 乙酰基 -4-*O*- 乙酰基 -8-*O*- 磺基 - 神经氨酸	5-*N*-acetyl-4-*O*-acetyl-8-*O*-sulpho-neuraminic acid	Neu4,5$Ac_2$8S	4Ac8S
5-*N*- 乙酰基 -9-*O*- 磷酸基 - 神经氨酸	5-*N*-acetyl-9-*O*-phospho-neuraminic acid[d]	Neu5Ac9P	9P
5-*N*- 乙酰基 -2- 脱氧 -2,3- 二脱氢 - 神经氨酸	5-*N*-acetyl-2-deoxy-2,3-didehydro-neuraminic acid[d,i]	Neu2en5Ac	en
5-*N*- 乙酰基 -9-*O*- 乙酰基 -2- 脱氧 -2,3- 二脱氢 - 神经氨酸	5-*N*-acetyl-9-*O*-acetyl-2-deoxy-2,3-didehydro-neuraminic acid[d,i]	Neu2en5,9Ac_2	9Ac en
5-*N*- 乙酰基 -2- 脱氧 -2,3- 二脱氢 -9-*O*- 乳酸基神经氨酸	5-*N*-acetyl-2-deoxy-2,3-didehydro-9-*O*-lactyl-neuraminic acid[d,i]	Neu2en5Ac9Lt	9Lt en
5-*N*- 乙酰基 -2,7- 脱水 - 神经氨酸	5-*N*-acetyl-2,7-anhydro-neuraminic acid[d,i]	Neu2,7an5Ac	an
5-*N*- 乙酰基 -4,8- 脱水 - 神经氨酸	5-*N*-acetyl-4,8-anhydro-neuraminic acid[e,i]	Neu4,8an5Ac	an an=4-8
5-*N*- 乙酰基 - 神经氨酸 1,7- 内酯	5-*N*-acetyl-neuraminic acid 1,7-lactone[i]	Neu1,7lactone5Ac	on
5-*N*- 乙酰基 -9-*O*- 乙酰基 - 神经氨酸 1,7- 内酯	5-*N*-acetyl-9-*O*-acetyl-neuraminic acid 1,7-lactone[i]	Neu1,7lactone5,9Ac_2	9Ac on
5-*N*- 乙酰基 -4,9- 二 -*O*- 乙酰基 - 神经氨酸 1,7- 内酯	5-*N*-acetyl-4,9-di-*O*-acetyl-neuraminic acid 1,7-lactone[i]	Neu1,7lactone4,5,9Ac_3	4,9Ac on
1- 牛黄酰基 5-*N*- 乙酰基 - 神经酰胺	1-tauryl 5-*N*-acetyl-neuraminic amide	Neu5Ac1Tau	1Tau
5-*N*- 羟乙酰基 - 神经氨酸（*N*- 羟乙酰神经氨酸）	5-*N*-glycolyl-neuraminic acid (*N*-glycolylneuraminic acid)	Neu5Gc	
4-*O*- 乙酰基 -5-*N*- 羟乙酰基 - 神经氨酸	4-*O*-acetyl-5-*N*-glycolyl-neuraminic acid	Neu4Ac5Gc	4Ac
7-*O*- 乙酰基 -5-*N*- 羟乙酰基 - 神经氨酸	7-*O*-acetyl-5-*N*-glycolyl-neuraminic acid	Neu7Ac5Gc	7Ac

续表

单糖名称	英文名称	缩写	聚糖符号表示
8-*O*- 乙酰基 -5-*N*- 羟乙酰基 - 神经氨酸	8-*O*-acetyl-5-*N*-glycolyl-neuraminic acid	Neu8Ac5Gc	8Ac ◇
9-*O*- 乙酰基 -5-*N*- 羟乙酰基 - 神经氨酸	9-*O*-acetyl-5-*N*-glycolyl-neuraminic acid	Neu9Ac5Gc	9Ac ◇
4,7- 二 -*O*- 乙酰基 -5-*N*- 羟乙酰基 - 神经氨酸	4,7-di-*O*-acetyl-5-*N*-glycolyl-neuraminic acid	Neu4,7$Ac_2$5Gc	4,7Ac ◇
4,9- 二 -*O*- 乙酰基 -5-*N*- 羟乙酰基 - 神经氨酸	4,9-di-*O*-acetyl-5-*N*-glycolyl-neuraminic acid	Neu4,9$Ac_2$5Gc	4,9Ac ◇
7,9- 二 -*O*- 乙酰基 -5-*N*- 羟乙酰基 - 神经氨酸	7,9-di-*O*-acetyl-5-*N*-glycolyl-neuraminic acid	Neu7,9$Ac_2$5Gc	7,9Ac ◇
8,9- 二 -*O*- 乙酰基 -5-*N*- 羟乙酰基 - 神经氨酸	8,9-di-*O*-acetyl-5-*N*-glycolyl-neuraminic acid	Neu8,9$Ac_2$5Gc	8,9Ac ◇
4,7,9- 三 -*O*- 乙酰基 -5-*N*- 羟乙酰基 - 神经氨酸	4,7,9-tri-*O*-acetyl-5-*N*-glycolyl-neuraminic acid	Neu4,7,9$Ac_3$5Gc	4,7,9Ac ◇
7,8,9- 三 -*O*- 乙酰基 -5-*N*- 羟乙酰基 - 神经氨酸	7,8,9-tri-*O*-acetyl-5-*N*-glycolyl-neuraminic acid	Neu7,8,9$Ac_3$5Gc	7,8,9Ac ◇
4,7,8,9- 四 -*O*- 乙酰基 -5-*N*- 羟乙酰基 - 神经氨酸	4,7,8,9-tetra-*O*-acetyl-5-*N*-glycolyl-neuraminic acid	Neu4,7,8,9$Ac_4$5Gc	4,7,8,9Ac ◇
5-*N*- 羟乙酰基 -9-*O*- 乳酸基 - 神经氨酸	5-*N*-glycolyl-9-*O*-lactyl-neuraminic acid	Neu5Gc9Lt	9Lt ◇
4-*O*- 乙酰基 -5-*N*- 羟乙酰基 -9-*O*- 乳酸基 - 神经氨酸	4-*O*-acetyl-5-*N*-glycolyl-9-*O*-lactyl-neuraminic acid	Neu4Ac5Gc9Lt	4Ac9Lt ◇
7-*O*- 乙酰基 -5-*N*- 羟乙酰基 -9-*O*- 乳酸基 - 神经氨酸	7-*O*-acetyl-5-*N*-glycolyl-9-*O*-lactyl-neuraminic acid	Neu7Ac5Gc9Lt	7Ac9Lt ◇
8-*O*- 乙酰基 -5-*N*- 羟乙酰基 -9-*O*- 乳酸基 - 神经氨酸	8-*O*-acetyl-5-*N*-glycolyl-9-*O*-lactyl-neuraminic acid	Neu8Ac5Gc9Lt	8Ac9Lt ◇
4,7- 二 -*O*- 乙酰基 -5-*N*- 羟乙酰基 -9-*O*- 乳酸基 - 神经氨酸	4,7-di-*O*-acetyl-5-*N*-glycolyl-9-*O*-lactyl-neuraminic acid	Neu4,7$Ac_2$5Gc9Lt	4,7Ac9Lt ◇
7,8- 二 -*O*- 乙酰基 -5-*N*- 羟乙酰基 -9-*O*- 乳酸基 - 神经氨酸	7,8-di-*O*-acetyl-5-*N*-glycolyl-9-*O*-lactyl-neuraminic acid	Neu7,8$Ac_2$5Gc9Lt	7,8Ac9Lt ◇
5-*N*- 羟乙酰基 -8-*O*- 甲基 - 神经氨酸	5-*N*-glycolyl-8-*O*-methyl-neuraminic acid	Neu5Gc8Me	8Me ◇
4-*O*- 乙酰基 -5-*N*- 羟乙酰基 -8-*O*- 甲基 - 神经氨酸	4-*O*-acetyl-5-*N*-glycolyl-8-*O*-methyl-neuraminic acid	Neu4Ac5Gc8Me	4Ac8Me ◇
7-*O*- 乙酰基 -5-*N*- 羟乙酰基 -8-*O*- 甲基 - 神经氨酸	7-*O*-acetyl-5-*N*-glycolyl-8-*O*-methyl-neuraminic acid	Neu7Ac5Gc8Me	7Ac8Me ◇
9-*O*- 乙酰基 -5-*N*- 羟乙酰基 -8-*O*- 甲基 - 神经氨酸	9-*O*-acetyl-5-*N*-glycolyl-8-*O*-methyl-neuraminic acid	Neu9Ac5Gc8Me	9Ac8Me ◇
4,7- 二 -*O*- 乙酰基 -5-*N*- 羟乙酰基 -8-*O*- 甲基 - 神经氨酸	4,7-di-*O*-acetyl-5-*N*-glycolyl-8-*O*-methyl-neuraminic acid	Neu4,7$Ac_2$5Gc8Me	4,7Ac8Me ◇

续表

单糖名称	英文名称	缩写	聚糖符号表示
7,9-二-*O*-乙酰基-5-*N*-羟乙酰基-8-*O*-甲基-神经氨酸	7,9-di-*O*-acetyl-5-*N*-glycolyl-8-*O*-methyl-neuraminic acid	Neu7,9Ac$_2$5Gc8Me	7,9Ac8Me 
5-*N*-羟乙酰基-9-*O*-甲基-神经氨酸	5-*N*-glycolyl-9-*O*-methyl-neuraminic acid	Neu5Gc9Me	9Me 
5-*N*-羟乙酰基-8-*O*-磺基-神经氨酸	5-*N*-glycolyl-8-*O*-sulpho-neuraminic acid	Neu5Gc8S	8S 
5-*N*-羟乙酰基-9-*O*-磺基-神经氨酸	5-*N*-glycolyl-9-*O*-sulpho-neuraminic acid	Neu5Gc9S	9S 
5-*N*-（*O*-乙酰基）羟乙酰基-神经氨酸	5-*N*-(*O*-acetyl) glycolyl-neuraminic acid	Neu5(Gc2Ac)	5(Gc2Ac) 
5-*N*-（*O*-甲基）羟乙酰基-神经氨酸	5-*N*-(*O*-methyl) glycolyl-neuraminic acid	Neu5(Gc2Me)	5(Gc2Me) 
2-脱氧-2,3-二脱氢-5-*N*-羟乙酰基-神经氨酸	2-deoxy-2,3-didehydro-5-*N*-glycolyl-neuraminic acid[d,i]	Neu2en5Gc	 en
9-*O*-乙酰基-2-脱氧-2,3-二脱氢-5-*N*-羟乙酰基-神经氨酸	9-*O*-acetyl-2-deoxy-2,3-didehydro-5-*N*-glycolyl-neuraminic acid[d,i]	Neu2en9Ac5Gc	9Ac  en
2-脱氧-2,3-二脱氢-5-*N*-羟乙酰基-9-*O*-乳酸基-神经氨酸	2-deoxy-2,3-didehydro-5-*N*-glycolyl-9-*O*-lactyl-neuraminic acid[d,i]	Neu2en5Gc9Lt	9Lt  en
2-脱氧-2,3-二脱氢-5-*N*-羟乙酰基-8-*O*-甲基-神经氨酸	2-deoxy-2,3-didehydro-5-*N*-glycolyl-8-*O*-methyl-neuraminic acid[d,i]	Neu2en5Gc8Me	8Me  en
5-*N*-羟乙酰基-2,7-脱水-神经氨酸	2,7-anhydro-5-*N*-glycolyl-neuraminic acid[d,i]	Neu2,7an5Gc	 an
5-*N*-羟乙酰基-8-*O*-甲基-2,7-脱水-神经氨酸	2,7-anhydro-5-*N*-glycolyl-8-*O*-methyl-neuraminic acid[d,i]	Neu2,7an5Gc8Me	8Me  an
5-*N*-羟乙酰基-4,8-脱水-神经氨酸	4,8-anhydro-5-*N*-glycolyl-neuraminic acid[e,i]	Neu4,8an5Gc	 an an=4-8
5-*N*-羟乙酰基-1,7-神经氨酸内酯	5-*N*-glycolyl-neuraminic acid 1,7-lactone[i]	Neu1,7lactone5Gc	 on
9-*O*-乙酰基-5-*N*-羟乙酰基-1,7-神经氨酸内酯	9-*O*-acetyl-5-*N*-glycolyl-neuraminic acid 1,7-lactone[i]	Neu1,7lactone9Ac5Gc	9Ac  on
7-乙酰胺基-9-*O*-乙酰基-7-脱氧-5-*N*-羟乙酰基-神经氨酸	7-acetamido-9-*O*-acetyl-7-deoxy-5-*N*-glycolyl-neuraminic acid[f,g]	Neu9Ac5Gc7NAc	9Ac7NAc 
7-乙酰胺基-8,9-二-*O*-乙酰基-7-脱氧-5-*N*-羟乙酰基-神经氨酸	7-acetamido-8,9-di-*O*-acetyl-7-deoxy-5-*N*-glycolyl-neuraminic acid[f～h]	Neu8,9Ac$_2$5Gc7NAc	8,9Ac7NAc 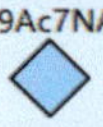
3-脱氧-D-甘油-D-半乳-壬-2-酮糖酸	3-deoxy-D-*glycero*-D-*galacto*-non-2-ulosonic acid	Kdn	
5-*O*-乙酰-3-脱氧-D-甘油-D-半乳-壬-2-酮糖酸	5-*O*-acetyl-2-keto-3-deoxy-nononic acid	Kdn5Ac	5Ac 
7-*O*-乙酰-3-脱氧-D-甘油-D-半乳-壬-2-酮糖酸	7-*O*-acetyl-2-keto-3-deoxy-nononic acid	Kdn7Ac	7Ac 
8-*O*-乙酰-3-脱氧-D-甘油-D-半乳-壬-2-酮糖酸	8-*O*-acetyl-2-keto-3-deoxy-nononic acid	Kdn8Ac	8Ac 

续表

单糖名称	英文名称	缩写	聚糖符号表示
9-*O*- 乙酰 -3- 脱氧 -D- 甘油 -D- 半乳 - 壬 -2- 酮糖酸	9-*O*-acetyl-2-keto-3-deoxy-nononic acid	Kdn9Ac	
4,5- 二 -*O*- 乙酰 -3- 脱氧 -D- 甘油 -D- 半乳 - 壬 -2- 酮糖酸	4,5-di-*O*-acetyl-2-keto-3-deoxy-nononic acid	Kdn4,5Ac_2	
4,7- 二 -*O*- 乙酰 -3- 脱氧 -D- 甘油 -D- 半乳 - 壬 -2- 酮糖酸	4,7-di-*O*-acetyl-2-keto-3-deoxy-nononic acid	Kdn4,7Ac_2	
5,9- 二 -*O*- 乙酰 -3- 脱氧 -D- 甘油 -D- 半乳 - 壬 -2- 酮糖酸	5,9-di-*O*-acetyl-2-keto-3-deoxy-nononic acid	Kdn5,9Ac_2	
7,9- 二 -*O*- 乙酰 -3- 脱氧 -D- 甘油 -D- 半乳 - 壬 -2- 酮糖酸	7,9-di-*O*-acetyl-2-keto-3-deoxy-nononic acid	Kdn7,9Ac_2	
8,9- 二 -*O*- 乙酰 -3- 脱氧 -D- 甘油 -D- 半乳 - 壬 -2- 酮糖酸	8,9-di-*O*-acetyl-2-keto-3-deoxy-nononic acid	Kdn8,9Ac_2	
3- 脱氧 -4-*O*- 甲基 -D- 甘油 -D- 半乳 - 壬 -2- 酮糖酸	2-keto-3-deoxy-4-*O*-methyl-nononic acid	Kdn4Me	
3- 脱氧 -5-*O*- 甲基 -D- 甘油 -D- 半乳 - 壬 -2- 酮糖酸	2-keto-3-deoxy-5-*O*-methyl-nononic acid	Kdn5Me	
3- 脱氧 -9-*O*- 甲基 -D- 甘油 -D- 半乳 - 壬 -2- 酮糖酸	2-keto-3-deoxy-9-*O*-methyl-nononic acid	Kdn9Me	
（*R*）-7,9-*O*-[1- 羧亚乙基]-3- 脱氧 -D- 甘油 -D- 半乳 - 壬 -2- 酮糖酸	(*R*)-7,9-*O*-[1-carboxyethylidene]-2-keto-3-deoxy-nononic acid	Kdn7,9Pyr_R	
3- 脱氧 -9-*O*- 磷酸基 -D- 甘油 -D- 半乳 - 壬 -2- 酮糖酸	2-keto-3-deoxy-9-*O*-phospho-nononic acid[d]	Kdn9P	

[a] 仅以结合在糖苷配基上的形式存在，并被认为是结合在糖苷配基上的 *N*- 乙酰神经氨酸（NeuAc）通过酶促的脱 -*N*- 乙酰化 / 再 -*N*- 乙酰化循环过程衍生获得。

[b] 仅以结合在糖苷配基上的形式存在，并被认为是结合在糖苷配基上的神经氨酸（Neu），通过所谓的唾液酸环化酶（sialic acid cylase）催化的酶促脱水反应衍生获得。神经氨酸 1,5- 内酰胺（Neu1, 5lactam）最初被称为“环状唾液酸“（cyclic sialic acid）。

[c] 乳酸基为 L 构型。

[d] 仅以游离的形式存在。

[e] 5-*N*- 乙酰基 -4,8- 神经氨酸酐（Neu4,8an5Ac）在自然界中不以该形式存在，推定该结构是在水解条件下，由结合在糖苷配基上的 5-*N*- 乙酰基 -4-*O*- 乙酰基 - 神经氨酸（Neu4,5Ac_2）形成。

[f] 研究人员尚未验证其 D- 甘油 -D- 半乳糖构型。

[g] 通过与其他参考文献比较，5,7-*N*- 亚氨乙基（5,7Am）已更改为 7-*N*- 乙酰基（7NAc）。

[h] 原始文献中表示为Neu4,9$Ac_2$7Am5Gc，疑似为对 Neu8,9$Ac_2$7Am5Gc 的书写勘误。

[i] 如非特别指明，聚糖符号表示中的‘*en*’（二脱氢）位于 2-3 位，‘*an*’（酸酐）位于 2-7 位，‘*on*’（内酯）位于 1-7 位，‘*am*’（内酰胺）位于 1-5 位；其余情况会在符号下方进行标注，如 4-8。

附表 2.6.2　基于核磁共振和（或）质谱数据报道的、天然存在的 5,7- 二氨基 -3,5,7,9- 四脱氧 - 壬 -2- 酮糖酸衍生物以及相关成员的结构。根据参考文献和后期研究工作进行更新，并添加了聚糖符号命名法的符号表示。文献来源：R. Schauer & J.P. Kamerling，Exploration of the Sialic Acid World，*Adv. Carbohydr. Chem. Biochem.* 2018，75，1-213.

单糖名称	英文名称	缩写	聚糖符号表示
5,7- 二氨基 -3,5,7,9- 四脱氧 -L- 甘油 -L- 甘露 - 壬 -2- 酮糖酸 / 假单胞菌氨酸	5,7-diamino-3,5,7,9-tetradeoxy-L-*glycero*-L-*manno*-non-2-ulosonic acid / pseudaminic acid	Pse	
5,7- 二 -*N*- 乙酰基 - 假单胞菌氨酸	5,7-di-*N*-acetyl-pseudaminic acid	Pse5,7Ac_2	5,7Ac
5,7- 二 -*N*- 乙酰基 -4-*O*- 乙酰基 - 假单胞菌氨酸	5,7-di-*N*-acetyl-4-*O*-acetyl-pseudaminic acid	Pse4,5,7Ac_3	4,5,7Ac
5,7- 二 -*N*- 乙酰基 -8-*O*- 乙酰基 - 假单胞菌氨酸	5,7-di-*N*-acetyl-8-*O*-acetyl-pseudaminic acid	Pse5,7,8Ac_3	5,7,8Ac
5,7- 二 -*N*- 乙酰基 -8-*O*- 甘氨酰基 - 假单胞菌氨酸	5,7-di-*N*-acetyl-8-*O*-glycyl-pseudaminic acid	Pse5,7$Ac_2$8Gly	5,7Ac8Gly
5,7- 二 -*N*- 甘油基 - 假单胞菌氨酸	5,7-di-*N*-glyceryl-pseudaminic acid	Pse5,7Gr_2	5,7Gr
5-*N*- 亚氨乙基 -7-*N*- 乙酰基 - 假单胞菌氨酸	5-*N*-acetimidoyl-7-*N*-acetyl-pseudaminic acid	Pse7Ac5Am	7Ac5Am
5-*N*- 亚氨乙基 -7-*N*- 乙酰基 -8-*O*- 乙酰基 - 假单胞菌氨酸	5-*N*-acetimidoyl-7-*N*-acetyl-8-*O*-acetyl-pseudaminic acid	Pse7,8$Ac_2$5Am	7,8Ac5Am
5-*N*- 亚氨乙基 -7-*N*- 乙酰基 -8-*O*-(*N*- 乙酰 - 谷氨酰胺酰基)- 假单胞菌氨酸	5-*N*-acetimidoyl-7-*N*-acetyl-8-*O*-(*N*-acetyl-glutaminyl)-pseudaminic acid	Pse7Ac5Am8(Gln2Ac)	7Ac5Am8(Gln2Ac)
5-*N*- 乙酰基 -7- 甲酰基 - 假单胞菌氨酸	5-*N*-acetyl-7-*N*-formyl-pseudaminic acid	Pse5Ac7Fo	5Ac7Fo
5-*N*- 乙酰基 -7-*N*-L- 甘油基 - 假单胞菌氨酸	5-*N*-acetyl-7-*N*-L-glyceryl-pseudaminic acid	Pse5Ac7Gr	5Ac7Gr
5-*N*- 乙酰基 -7-*N*-[(*R*)-3- 羟基丁酰基]- 假单胞菌氨酸	5-*N*-acetyl-7-*N*-[(*R*)-3-hydroxybutyryl]-pseudaminic acid	Pse5Ac7(3_RHb)	5Ac7(3_RHb)
5-*N*- 乙酰基 -7-*N*-[(*R*)-3- 羟基丁酰基]-4-*O*- 乙酰基 - 假单胞菌氨酸	5-*N*-acetyl-7-*N*-[(*R*)-3-hydroxybutyryl]-4-*O*-acetyl-pseudaminic acid	Pse4,5$Ac_2$7(3_RHb)	4,5Ac7(3_RHb)
5-*N*- 乙酰基 -7-*N*-[(*S*)-3- 羟基丁酰基]- 假单胞菌氨酸	5-*N*-acetyl-7-*N*-[(*S*)-3-hydroxybutyryl]-pseudaminic acid	Pse5Ac7(3_SHb)	5Ac7(3_SHb)
5-*N*- 乙酰基 -7-*N*-(4- 羟基丁酰基)- 假单胞菌氨酸	5-*N*-acetyl-7-*N*-(4-hydroxybutyryl)-pseudaminic acid	Pse5Ac7(4Hb)	5Ac7(4Hb)
5-*N*- 乙酰基 -7-*N*-(3,4- 二羟基丁酰基)- 假单胞菌氨酸	5-*N*-acetyl-7-*N*-(3,4-dihydroxybutyryl)-pseudaminic acid	Pse5Ac7(3,4Hb)	5Ac7(3,4Hb)
7-*N*- 亚氨乙基 -5-*N*- 乙酰基 - 假单胞菌氨酸	7-*N*-acetimidoyl-5-*N*-acetyl-pseudaminic acid	Pse5Ac7Am	5Ac7Am
5-*N*- 亚氨乙基 -7-*N*- 甘油基 - 假单胞菌氨酸	5-*N*-acetimidoyl-7-*N*-glyceryl-pseudaminic acid[a]	Pse5Am7Gr	5Am7Gr
7-*N*- 亚氨乙基 -5-*N*-(2,3- 二 -*O*- 甲基 - 甘油基)- 假单胞菌氨酸	7-*N*-acetimidoyl-5-*N*-(2,3-di-*O*-methyl-glyceryl)-pseudaminic acid	Pse7Am5(Gr2,3Me_2)	7Am5(Gr2,3Me)
7-*N*- 乙酰基 -5-*N*-(3- 羟基丁酰基)- 假单胞菌氨酸	7-*N*-acetyl-5-*N*-(3-hydroxybutyryl)-pseudaminic acid	Pse7Ac5(3Hb)	7Ac5(3Hb)
7-*N*- 乙酰基 -5-*N*-(2,3- 二 -*O*- 甲基 - 甘油基)- 假单胞菌氨酸	7-*N*-acetyl-5-*N*-(2,3-di-*O*-methyl-glyceryl)-pseudaminic acid	Pse7Ac5(Gr2,3Me_2)	7Ac5(Gr2,3Me)
7-*N*- 甲酰基 -5-*N*-[(*R*)-3- 羟基丁酰基]- 假单胞菌氨酸	7-*N*-formyl-5-*N*-[(*R*)-3-hydroxybutyryl]-pseudaminic acid	Pse7Fo5(3_RHb)	7Fo5(3_RHb)

续表

单糖名称	英文名称	缩写	聚糖符号表示
5,7- 二氨基 -3,5,7,9- 四脱氧 -D- 甘油 -D- 半乳 - 壬 -2- 酮糖酸 / 军团氨酸	5,7-diamino-3,5,7,9-tetradeoxy-D-*glycero*-D-*galacto*-non-2-ulosonic acid /legionaminic acid	Leg	
5,7- 二 -*N*- 乙酰基 - 军团氨酸	5,7-di-*N*-acetyl-legionaminic acid[b]	Leg5,7Ac$_2$	5,7Ac
5,7- 二 -*N*- 乙酰基 -4-*O*- 乙酰基 - 军团氨酸	5,7-di-*N*-acetyl-4-*O*-acetyl-legionaminic acid	Leg4,5,7Ac$_3$	4,5,7Ac
5,7- 二 -*N*- 乙酰基 -8- 脱氧 - 军团氨酸	5,7-di-*N*-acetyl-8-amino-8-deoxy-legionaminic acid	Leg5,7Ac$_2$8N	5,7Ac8N
5-*N*- 亚氨乙基 -7-*N*- 乙酰基 - 军团氨酸	5-*N*-acetimidoyl-7-*N*-acetyl-legionaminic acid[b]	Leg7Ac5Am	7Ac5Am
5-*N*- 亚氨乙基 -7-*N*- 乙酰基 -8-*O*- 乙酰基 - 军团氨酸	5-*N*-acetimidoyl-7-*N*-acetyl-8-*O*-acetyl-legionaminic acid[c]	Leg7,8Ac$_2$5Am	7,8Ac5Am
5-*N*- 亚氨乙基 -7-*N*- 乙酰基 -5-*N*- 甲基 - 军团氨酸	5-*N*-acetimidoyl-7-*N*-acetyl-5-*N*-methyl-legionaminic acid	Leg7Ac5Am5Me	7Ac5Am5Me
5-*N*-(*N*- 甲基 - 亚氨乙基)-7-*N*- 乙酰基 - 军团氨酸	5-*N*-(*N*-methyl-acetimidoyl)-7-*N*-acetyl-legionaminic acid	Leg7Ac5AmMe	7Ac5AmMe
5-*N*-(*N*, *N*- 二甲基 - 亚氨乙基)-7-*N*- 乙酰基 - 军团氨酸	5-*N*-(*N*, *N*-dimethyl-acetimidoyl)-7-*N*-acetyl-legionaminic acid	Leg7Ac5AmMe$_2$	7Ac5AmMe$_2$
5-*N*- 亚氨乙基 -7-*N*- 乙酰基 -8-*O*- 乙酰基 -5-*N*- 甲基 - 军团氨酸	5-*N*-acetimidoyl-7-*N*-acetyl-8-*O*-acetyl-5-*N*-methyl-legionaminic acid	Leg7,8Ac$_2$5Am5Me	7,8Ac5AmMe
5-*N*-(*N*, *N*- 二甲基 - 亚氨乙基)-7-*N*- 乙酰基 -8-*O*- 乙酰基 - 军团氨酸	5-*N*-(*N*, *N*-dimethyl-acetimidoyl)-7-*N*-acetyl-8-*O*-acetyl-legionaminic acid	Leg7,8Ac$_2$5AmMe$_2$	7,8Ac5AmMe$_2$
5-*N*- 乙酰基 -7-*N*-(*N*- 乙酰基 -D- 丙氨酰基)- 军团氨酸	5-*N*-acetyl-7-*N*-(*N*-acetyl-D-alanyl)-legionaminic acid	Leg5Ac7(Ala2Ac)	5Ac7(Ala2Ac)
5-*N*- 乙酰基 -7-*N*-(D- 丙氨酰基)- 军团氨酸	5-*N*-acetyl-7-*N*-(D-alanyl)-legionaminic acid	Leg5Ac7Ala	5Ac7Ala
7-*N*- 乙酰基 -5-*N*- 甲酰基 - 军团氨酸	7-*N*-acetyl-5-*N*-formyl-legionaminic acid	Leg7Ac5Fo	7Ac5Fo
7-*N*- 乙酰基 -5-*N*-[(*S*)-3- 羟基丁酰基]- 军团氨酸	7-*N*-acetyl-5-*N*-[(*S*)-3-hydroxybutyryl]-legionaminic acid[d]	Leg7Ac5(3$_S$Hb)	7Ac5(3$_S$Hb)
7-*N*- 乙酰基 -5-*N*-(*N*- 甲基 -5-5- 谷氨酰基)- 军团氨酸	7-*N*-acetyl-5-*N*-(*N*-methyl-5-glutamyl)-legionaminic acid	Leg7Ac5(5Glu2Me)	7Ac5(5Glu2Me)
5,7- 二氨基 -3,5,7,9- 四脱氧 -D- 甘油 -D- 塔罗 - 壬 -2- 酮糖酸 /4- 差向 - 军团氨酸	5,7-diamino-3,5,7,9-tetradeoxy-D-*glycero*-D-*talo*-non-2-ulosonic acid / 4-*epi*-legionaminic acid	4eLeg	
5,7- 二 -*N*- 乙酰基 -4- 差向 - 军团氨酸	5,7-di-*N*-acetyl-4-*epi*-legionaminic acid	4eLeg5,7Ac$_2$	5,7Ac
5,7- 二 -*N*- 乙酰基 -8-*O*- 乙酰基 -4- 差向 - 军团氨酸	5,7-di-*N*-acetyl-8-*O*-acetyl-4-*epi*-legionaminic acid[e]	4eLeg5,7,8Ac$_3$	5,7,8Ac
5-*N*- 亚氨乙基 -7-*N*- 乙酰基 -4- 差向 - 军团氨酸	5-*N*-acetimidoyl-7-*N*-acetyl-4-*epi*-legionaminic acid	4eLeg7Ac5Am	7Ac5Am
5-*N*- 亚氨乙基 -7-*N*- 乙酰基 -8-*O*- 乙酰基 -4- 差向 - 军团氨酸	5-*N*-acetimidoyl-7-*N*-acetyl-8-*O*-acetyl-4-*epi*-legionaminic acid	4eLeg7,8Ac$_2$5Am	7,8Ac5Am
5,7- 二氨基 -3,5,7,9- 四脱氧 -L- 甘油 -D- 半乳 - 壬 -2- 酮糖酸 /8- 差向 - 军团氨酸	5,7-diamino-3,5,7,9-tetradeoxy-L-*glycero*-D-*galacto*-non-2-ulosonic acid / 8-*epi*-legionaminic acid	8eLeg	8L

续表

单糖名称	英文名称	缩写	聚糖符号表示
5,7- 二 -*N*- 乙酰基 -8- 差向 - 军团氨酸	5,7-di-*N*-acetyl-8-*epi*-legionaminic acid[f]	8eLeg5,7Ac$_2$	5,7Ac  8L
5,7- 二 -*N*- 乙酰基 -8-*O*- 乙酰基 -8- 差向 - 军团氨酸	5,7-di-*N*-acetyl-8-*O*-acetyl-8-*epi*-legionaminic acid	8eLeg5,7,8Ac$_3$	5,7,8Ac  8L
5-*N*- 亚氨乙基 -7-*N*- 乙酰基 -8- 差向 - 军团氨酸	5-*N*-acetimidoyl-7-*N*-acetyl-8-*epi*-legionaminic acid	8eLeg7Ac5Am	7Ac5Am  8L
7-*N*- 亚氨乙基 -5-*N*- 乙酰基 -8- 差向 - 军团氨酸	7-*N*-acetimidoyl-5-*N*-acetyl-8-*epi*-legionaminic acid	8eLeg5Ac7Am	5Ac7Am  8L
7-*N*- 亚氨乙基 -5-*N*- 乙酰基 -8-*O*- 乙酰基 -8- 差向 - 军团氨酸	7-*N*-acetimidoyl-5-*N*-acetyl-8-*O*-acetyl-8-*epi*-legionaminic acid	8eLeg5,8Ac$_2$7Am	5,8Ac7Am  8L
7-*N*- 乙酰基 -5-*N*-[(*R*)-3- 羟基丁酰基]-8- 差向 - 军团氨酸	7-*N*-acetyl-5-*N*-[(*R*)-3-hydroxybutyryl]-8-*epi*-legionaminic acid[f]	8eLeg7Ac5(3$_R$Hb)	7Ac5(3$_R$Hb)  8L
7-*N*- 乙酰基 -5-*N*-(4- 羟基丁酰基)-8- 差向 - 军团氨酸	7-*N*-acetyl-5-*N*-(4-hydroxybutyryl)-8-*epi*-legionaminic acid[e]	8eLeg7Ac5(4Hb)	7Ac5(4Hb)  8L
5,7- 二氨基 -3,5,7,9- 四脱氧 -L- 甘油 -L- 阿卓 - 壬 -2- 酮糖酸 / 不动杆菌氨酸	5,7-diamino-3,5,7,9-tetradeoxy-L-*glycero*-L-*altro*-non-2-ulosonic acid / acinetaminic acid	Aci	
5,7- 二 -*N*- 乙酰基 - 不动杆菌氨酸	5,7-di-*N*-acetyl-acinetaminic acid	Aci5,7Ac$_2$	5,7Ac 
5,7- 二氨基 -3,5,7,9- 四脱氧 -D- 甘油 -L- 阿卓 - 壬 -2- 酮糖酸 /8- 差向 - 不动杆菌氨酸	5,7-diamino-3,5,7,9-tetradeoxy-D-*glycero*-L-*altro*-non-2-ulosonic acid / 8-*epi*-acinetaminic acid	8eAci	 8D
5,7- 二 -*N*- 乙酰基 -8- 差向 - 不动杆菌氨酸	5,7-di-*N*-acetyl-8-*epi*-acinetaminic acid	8eAci5,7Ac$_2$	5,7Ac  8D
其他相关的 9- 脱氧 - 壬 -2- 酮糖酸			
5-[或 7-] 乙酰氨基 -,7-[或 5-](3- 羟基丁酰胺基)-5,7,9- 三脱氧 - 壬 -2- 酮糖酸	5- or 7-acetamido-,7- or 5-(3-hydroxybutyramido)-5,7,9-trideoxy-non-2-ulosonic acid		
5- 乙酰氨基 -7-[(*S*)-3- 羟基丁酰胺基]-8- 氨基 -3,5,7,8,9- 五脱氧 -L- 甘油 -L- 甘露 -[或 D- 甘油 -L- 甘露]- 壬 -2- 酮糖酸	5-acetamido-7-[(*S*)-3-hydroxybutyramido]-8-amino-3,5,7,8,9-pentadeoxy-L-*glycero*-L-*manno*- or D-*glycero*-L-*manno*-non-2-ulosonic acid		
5- 乙酰氨基 -3,5,9- 三脱氧 -L- 甘油 -L- 葡萄 - 壬 -2- 酮糖酸（暂定手性） 暂用名：梭杆菌氨酸	5-acetamidino-3,5,9-trideoxy-L-*glycero*-L-*gluco*-non-2-ulosonic acid (tentatively assigned chirality)	fusaminic acid	 A
5- 乙酰氨基 -4-*O*- 乙酰基 -3,5,9- 三脱氧 -L- 甘油 -L- 葡萄 - 壬 -2- 酮糖酸（暂定手性）	5-acetamidino-4-*O*-acetyl-3,5,9-trideoxy-L-*glycero*-L-*gluco*-non-2-ulosonic acid (tentatively assigned chirality)		 A
5- 乙酰氨基 -7- 乙酰氨基 -3,5,7,9- 四脱氧 -D- 甘油 -L- 葡萄 - 壬 -2- 酮糖酸（暂定手性）	5-acetamidino-7-acetamido-3,5,7,9-tetradeoxy-D-*glycero*-L-*gluco*-non-2-ulosonic acid (tentatively assigned chirality)		 A

[a] 5-*N*- 亚氨乙基 -7-*N*- 甘油基 - 假单胞菌氨酸（Pse5Am7Gr）最早被报道为 5-*N*- 亚氨乙基 -7-*N*- 羟乙酰基 - 假单胞菌氨酸（Pse5Am7Gc）。
[b] 最初被指定为 D- 甘油 -L- 半乳构型，后来被指定为 L- 甘油 -D- 半乳构型。
[c] 最初被指定为 D- 甘油 -L- 半乳构型，后来被指定为 L- 甘油 -D- 半乳构型。
[d] 最初被指定为 L- 甘油 -D- 半乳构型。
[e] 最初被指定为 L- 甘油 -D- 塔洛构型。
[f] 最初被指定为 D- 甘油 -D- 半乳构型。

附录 2.7 聚糖符号命名法中四分色表示法（CMYK）和红绿蓝颜色表示法（RGB）的颜色设定

颜色	四分色表示法参数 /%	红绿蓝颜色表示法参数
白色	0/0/0/0	255/255/255
蓝色	100/50/0/0	0/114/188
绿色	100/0/100/0	0/166/81
黄色	0/15/100/0	255/212/0
浅蓝色	41/5/3/0	143/204/233
粉色	0/47/24/0	246/158/161
紫色	38/88/0/0	165/67/153
棕色	32/48/76/13	161/122/77
橙色	0/65/100/0	244/121/32
红色	0/100/100/0	237/28/36

附录 2.8 单糖取代基列表及其化学结构

附表 2.8.1 单糖取代基及缩写 *

缩写	取代基
Ac	乙酰基（acetyl）
Ala	D- 丙氨酰基（D-alanyl）
Ala2Ac	*N*- 乙酰 -D- 丙氨酰基（*N*-acetyl-D-alanyl）
Am	*N*- 亚氨乙基（*N*-acetimidoyl）
AmMe	*N*-（*N*- 甲基 - 亚氨乙基）[*N*-(*N*-methyl-acetimidoyl)]
$AmMe_2$	*N*-（*N*, *N*- 二甲基 - 亚氨乙基）[*N*-(*N*, *N*-dimethyl-acetimidoyl)]
Fo	甲酰基（formyl）
Gc	羟乙酰基（glycolyl）
Gln2Ac	*N*- 乙酰 - 谷氨酰胺酰基（*N*-acetyl-glutaminyl）
5Glu2Me	*N*- 甲基 -5- 谷氨酰基（*N*-methyl-5-glutamyl）
Gly	甘氨酰基（glycyl）
Gr	甘油基（glyceryl）
$Gr2,3Me_2$	2,3- 二 -*O*- 甲基 - 甘油基（2,3-di-*O*-methyl-glyceryl）
4Hb	4- 羟基丁酰基（4-hydroxybutyryl）
3,4Hb	3,4- 二羟基丁酰基（3,4-dihydroxybutyryl）
3_RHb	(*R*)-3- 羟基丁酰基 [(*R*)-3-hydroxybutyryl]
3_SHb	(*S*)-3- 羟基丁酰基 [(*S*)-3-hydroxybutyryl]
Lt	乳酸基（lactyl）
Me	甲基（methyl）
N	氨基（amino）
NAc	*N*- 乙酰基（*N*-acetyl）
P	磷酸基（phosphate）
Py	丙酮酸基（pyruvyl）
Pyr	1- 羧基亚乙基（1-carboxyethylidene）
S	硫酸基（sulfate）
Tau	牛磺酰基（tauryl）

* 如果多个取代基连接到单个单糖上，在聚糖符号命名法表示中，取代基缩写按照字母顺序写出。

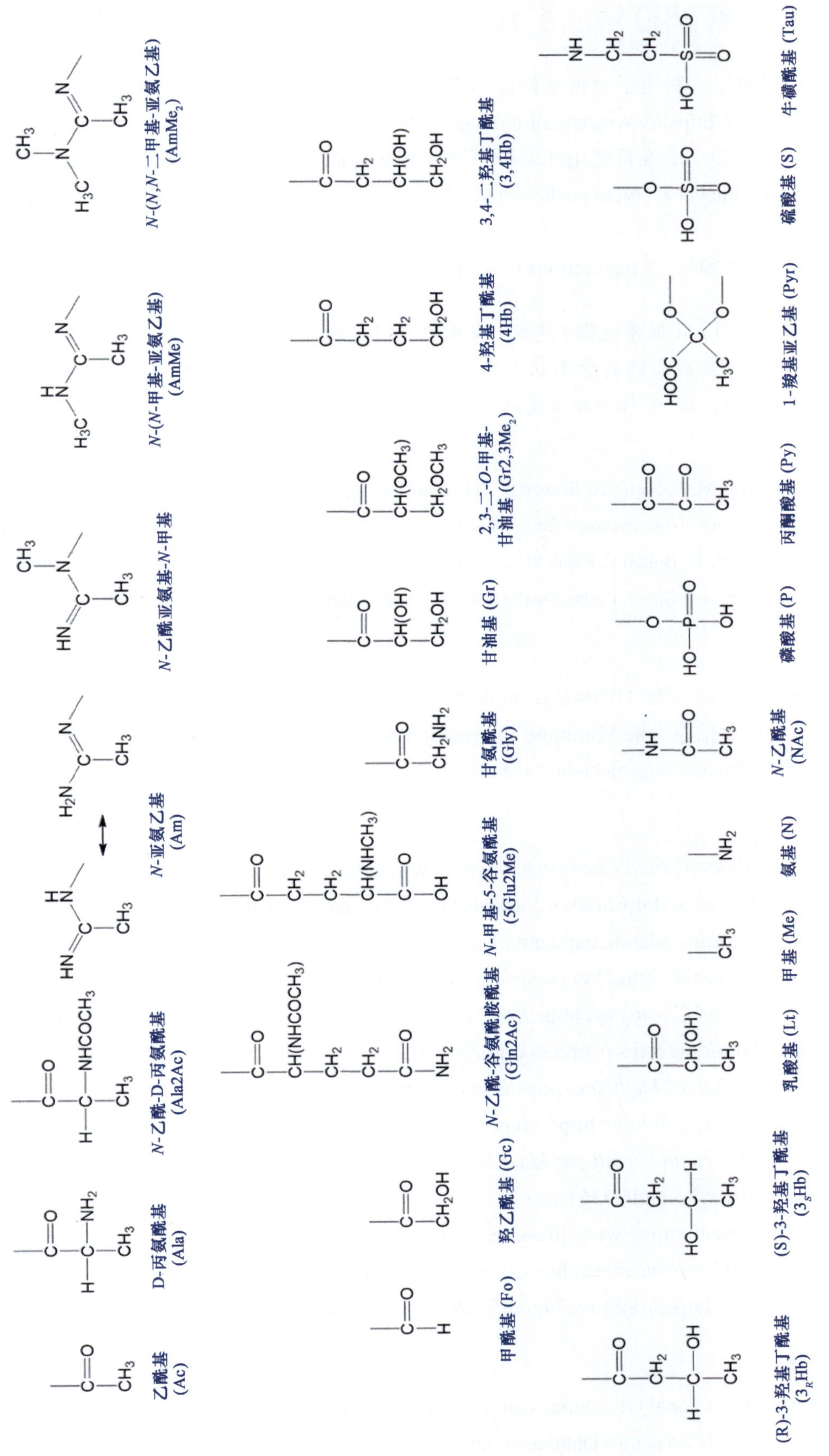

附图 2.8.1 取代基的化学结构

附录 2.9 采用聚糖符号命名法的组织和出版物

研究人员已经提出了一种用于聚糖结构图形表示的通用聚糖符号命名法（SNFG），以促进聚糖的可视化描述方式的标准化（https://www.ncbi.nlm.nih.gov/glycans）。

本节列出了当前已接受或推荐使用此聚糖符号命名法的倡议、数据库、期刊、协会或出版商。可以向妮可·帕克（Nicolle Packer）（nicki.packer@mq.edu.au）报告其他采纳此命名法的情况，以便未来在此列表中进行更新。

以下是对期刊“作者须知”（Instructions to Authors）中聚糖表示的建议文本：

“出版社 / 学会 / 期刊 / 数据库鼓励 / 建议 / 要求所有用单糖符号描绘聚糖时，遵循当前版本的聚糖符号命名法（SNFG）中所呈现出的符号形状和颜色。请引用：*Glycobiology* **25**：1323-1324，2015. 和（或）*Glycobiology* **29**：620-624，2019. 作为参考文献。”

文献来源：

Varki A, Cummings RD, Aebi M, Packer NH, Seeberger PH, Esko JD, Stanley P, Hart G, Darvill A, Kinoshita T, Prestegard JJ, Schnaar RL, et al. 2015. Symbol nomenclature for graphical representations of glycans. *Glycobiology* **25**: 1323-1324.

Neelamegham S, Aoki-Kinoshita K, Bolton E, Frank M, Lisacek F, Lütteke T, O'Boyle N, Packer NH, Stanley P, Toukach P, Varki A, Woods RJ and SNFG Discussion Group. Updates to the Symbol Nomenclature for Glycans guidelines. *Glycobiology* **29**: 620-624.

标准化倡议

国际纯粹与应用化学联合会（IUPAC）：https://iupac.org/

糖组学实验所需最少信息（the Minimum Information Required for A Glycomics Experiment，MIRAGE）：http://www.beilstein-institut.de/en/projects/mirage/aims

期刊

- *Analytical and Bioanalytical Chemistry*: https://www.springer.com/journal/216
- *Carbohydrate Research*: https://www.journals.elsevier.com/carbohydrate-research
- *Glycobiology*: https://academic.oup.com/glycob
- *Glycoconjugate Journal*: https://www.springer.com/journal/10719
- *Journal of Biological Chemistry*: https://www.jbc.org/
- *Journal of Cell Biology*: https://rupress.org/jcb
- *Journal of Experimental Medicine*: https://rupress.org/jem
- *Journal of General Physiology*: https://rupress.org/jgp
- *Journal of The American Society for Mass Spectrometry*: https://www.springer.com/chemistry/analytical+chemistry/journal/13361
- *Life Science Alliance*: https://www.life-science-alliance.org/
- *Molecular & Cellular Proteomics*: https://www.mcponline.org/
- *Molecular OMICS*: https://pubs.rsc.org/en/journals/journalissues/mo

数据库与知识库

- Consortium for Functional Glycomics Gateway: http://www.functionalglycomics.org/
- CSDB (Carbohydrate Structure Database): http://csdb.glycoscience.ru/database/

- GlyConnect: https://beta.glyconnect.expasy.org/
- GLYCAM-Web: http://glycam.org/
- GLYCOSCIENCES.de: http://glycosciences.de/
- Glycosmos: https://glycosmos.org/
- GlycoStore: http://glycostore.org/search
- Glyco3D: http://glyco3d.cermav.cnrs.fr/home.php
- GlycoPedia: http://www.glycopedia.eu/e-chapters/the-plant-cell-walls/article/polysaccharide-diversity
- Glycomics@ExPASy: https://www.expasy.org/glycomics
- GlyGen: https://www.glygen.org/
- GlySpace Alliance: http://www.glyspace.org
- GlyTouCan: https://glytoucan.org/
- JCGGDB (Japanese Consortium for Glycobiology and Glycotechnology DataBase): http://jcggdb.jp/
- MonosaccharideDB: http://monosaccharidedb.org/
- SugarBindDB (Pathogen Sugar-Binding Database): http://sugarbind.expasy.org/
- UniCarb-DB: https://unicarb-db.expasy.org/
- UniCarb-DR: https://unicarb-dr.glycosmos.org/
- UnicarbKB-Glygen: http://unicarbkb.org/

附录 2.10　聚糖符号命名法版本的更新

2024.02.06（版本：2.0.4）

1. 添加单糖描述和相应的标识符、CID 和 SID。

2. 添加 TSV 格式的表格数据下载。

2023.08.20（版本：2.0.3）

1. 对取代基表中的化学结构进行了少量的编辑修改。

2. 在 NCBI-pubchem(https://pubchem.ncbi.nlm.nih.gov/source/11743) 上启动了聚糖符号命名法（SNFG）的参考文献集。

2022.10.19（版本：2.0.2）

1. 聚糖符号命名法（SNFG）采用知识共享 CC0 许可证。这一点正式体现了这种由学术界驱动的倡议所具有的开源性。

2022.09.01（版本：2.0.1）

1. 进行少量编辑以进一步阐释附录 2.4 中的注释 7 和注释 8，对聚糖符号命名法的示例之一进行了更新。

2022.06.27（版本：2.0）

1. 聚糖符号命名法扩展至对唾液酸和唾液酸样单糖的描述。

2. 添加了取代基表格，以及描述其化学结构的示意图。

3. 对聚糖符号命名法注释进行扩展，添加有关如何描述取代基的最新指南。

4. 对聚糖符号命名法的示例和演示幻灯片进行重新制作，提供了更多的示例和改进。

5. 聚糖符号命名法的单糖表格采用更高分辨率的图像进行了重新制作。

6. 对聚糖符号命名法进行版本迭代，旨在帮助遵守 FAIR 原则（FAIR data principles）。
7. 添加了对游离的、还原端的开环构型（醛、酮）进行相关描述的规则。

2020.02.04（版本：1.5）

1. 添加了聚糖符号和化学键方向的规范性规则。

2019.11.20（版本：1.4）

1. 更新了使用括号表示法描述不确定的连键位置及聚糖混合物的相关指南。

2019.05.09（版本：1.3）

1. 更新了注释 7，以适配可变修饰。
2. 添加了更多的聚糖符号命名法使用示例。

2019.01.22（版本：1.2）

1. 聚糖符号命名法内容中重新组织了来自哺乳动物、酵母、黏菌、昆虫、细菌和植物的新示例。
2. 新的示例重点关注如何呈现不同生物体中的碳水化合物结构，以及如何指告不确定的单糖。
3. 注释数量从 28 个减少至 10 个，并按主题进行了组织，以简化使用。
4. 现在允许在白色符号中使用单个非斜体字母，以帮助描述不属于聚糖符号命名法表格且无法使用现有的注释进行描述的单糖。
5. 聚糖符号命名法讨论组列表更新。

2017.06.05（版本：1.1）

1. 添加了聚糖符号命名法讨论组列表。
2. 白色菱形现在表示任何脱氧壬酮糖酸。
3. 扁平菱形适用于任何双脱氧壬酮糖酸。
4. 为 6dGul、6dAltNAc、6dTalNAc、Pse、Leg、Aci 和 4eLeg 添加了其他符号。
5. 引入了 DrawGlycan-SNFG 和 GlycanBuilder 2-SNFG 软件，并提供网站链接。
6. 在线附录更新。提供了采用聚糖符号命名法的组织和出版物。
7. 除 CMYK 外，补充提供 RGB 颜色代码。
8. 对命名法和显示规则进行了多项细微修正与补充。

2016.08.31（版本：1.0）

1. 提供在线附录（Online Appendix）网站链接，提供采用聚糖符号命名法的组织和出版物清单。
2. 类型未指定的唾液酸用红色菱形表示；任何壬酮糖酸用白色菱形表示。
3. 采用创建聚糖三维原子模型的 3D- 聚糖符号命名法（3D-SNFG）并提供了网站链接。
4. 对命名法和显示规则进行了多项细微修正和补充。

附录 2.11 许可证

聚糖符号命名法（SNFG）使用公共域 CC0 许可证。这意味着用户可以自由复制、分发、展示和将本页显示的标准和数据用于商业用途。

网址链接：https://creativecommons.org/publicdomain/zero/1.0/

附录 3

参与 *N*- 聚糖合成的酶的相关信息

下文罗列了参与 *N*- 聚糖合成的相关酶，根据字母顺序进行排列。

ALG1

鸟苷二磷酸 - 甘露糖：*N*- 乙酰葡萄糖胺（2）- 焦磷酸 - 多萜醇甘露糖基转移酶

（GDP-Man: GlcNAc2-PP-dolichol mannosyltransferase）

ALG2

鸟苷二磷酸 - 甘露糖：甘露糖（1）*N*- 乙酰葡萄糖胺（2）- 焦磷酸 - 多萜醇 α1-3/1-6 甘露糖基转移酶

（GDP-Man: Man1GlcNAc2-PP-Dol α1-3/1-6 mannosyltransferase）

ALG3

多萜醇 - 磷酸 - 甘露糖：甘露糖（5）*N*- 乙酰葡萄糖胺（2）- 焦磷酸 - 多萜醇 α1-3 甘露糖基转移酶

（Dol-P-Man: Man5GlcNAc2-PP-Dol α1-3 mannosyltransferase）

ALG5

多萜醇基 - 磷酸 β- 葡萄糖基转移酶（dolichyl-phosphate β-glucosyltransferase）

ALG6

多萜醇基焦磷酸 甘露糖（9）*N*- 乙酰葡萄糖胺（2）α1-3 葡萄糖基转移酶

（dolichyl pyrophosphate Man9-GlcNAc2 α1-3 glucosyltransferase）

ALG7

尿苷二磷酸 -*N*- 乙酰葡萄糖胺 - 多萜醇基 - 磷酸 -*N*- 乙酰葡萄糖胺磷酸转移酶

（UDP-GlcNAc-dolichyl-phosphate *N*-acetylglucosaminephosphotransferase）（在酵母中表达）

ALG8

多萜醇基焦磷酸 葡萄糖（1）甘露糖（9）*N*- 乙酰葡萄糖胺（2）α1-3 葡萄糖基转移酶

（dolichyl pyrophos-phate Glc1Man9GlcNAc2 α1-3 glucosyltransferase）

ALG9

多萜醇 - 磷酸 - 甘露糖：甘露糖（6）*N*- 乙酰葡萄糖胺（2）- 焦磷酸 - 多萜醇 α1-2 甘露糖基转移酶

（Dol-P-Man: Man6GlcNAc2-PP-Dol α1-2 mannosyltransferase）

ALG10

多萜醇 - 磷酸 - 葡萄糖：葡萄糖（2）甘露糖（9）*N*- 乙酰葡萄糖胺（2）- 焦磷酸 - 多萜醇 α1-2 葡萄糖基转移酶（Dol-P-Glc: Glc2Man9GlcNAc2-PP-Dol α1-2 glucosyltransferase）

ALG11

鸟苷二磷酸 - 甘露糖：甘露糖（3）*N*- 乙酰葡萄糖胺（2）- 焦磷酸 - 多萜醇 α1-2 甘露糖基转移酶（GDP-Man: Man3GlcNAc2-PP-Dol α1-2 mannosyltransferase）

ALG12

多萜醇 - 磷酸 - 甘露糖：甘露糖（7）*N*- 乙酰葡萄糖胺（2）- 焦磷酸 - 多萜醇 α1-6 甘露糖基转移酶（Dol-P-Man: Man7GlcNAc2-PP-Dol α1-6 mannosyltransferase）

ALG13/14

尿苷二磷酸 -*N*- 乙酰葡萄糖胺转移酶亚基 ALG13/ALG14（UDP-*N*-acetylglucosamine transferase subunit ALG13/ALG14）

ATP6AP1

质子转运液泡 - 腺苷三磷酸水解酶蛋白泵 S1 亚基 [proton -transporting vacuolar (V)-ATPase protein pump subunit S1]

ATP6AP2

ATP 酶 H^+ 转运溶酶体相互作用蛋白 2（ATPase H^+-transporting lysosomal-interacting protein 2）

B4GALT1

β1-4 半乳糖基转移酶 1（β1-4 galactosyltransferase 1）

CCDC115

含有卷曲螺旋结构域的蛋白质 115（coiled-coil domain-containing protein 115）

COG1

保守寡聚高尔基体复合物亚基 1（conserved oligomeric Golgi complex subunit 1）

COG2

保守寡聚高尔基体复合物亚基 2（conserved oligomeric Golgi complex subunit 2）

COG3

保守寡聚高尔基体复合物亚基 3（conserved oligomeric Golgi complex subunit 3）

COG4

保守寡聚高尔基体复合物亚基 4（conserved oligomeric Golgi complex subunit 4）

COG5

保守寡聚高尔基体复合物亚基 5（conserved oligomeric Golgi complex subunit 5）

COG6

保守寡聚高尔基体复合物亚基 6（conserved oligomeric Golgi complex subunit 6）

COG7

保守寡聚高尔基体复合物亚基 7（conserved oligomeric Golgi complex subunit 7）

COG8

保守寡聚高尔基体复合物亚基 8（conserved oligomeric Golgi complex subunit 8）

DAD1

多萜醇基 - 二磷酸寡糖 - 蛋白质 糖基转移酶亚基 DAD1
(dolichyl-diphosphooligosaccharide-protein glycosy-ltransferase subunit DAD1）

DDOST

多萜醇基 - 二磷酸寡糖 - 蛋白质 糖基转移酶 48 kDa 亚基
(dolichyl-diphosphooligosaccharide-protein glycosyl-transferase 48 kDa subunit）

DHDDS

脱氢多萜醇基二磷酸合成酶复合物亚基 DHDDS（dehydrodolichyl diphosphate synthase complex subunit DHDDS）

DOLK

多萜醇激酶（dolichol kinase）

DOLPP1

多萜醇基二磷酸酶 1（dolichyldiphosphatase 1）

DPAGT1

尿苷二磷酸 -*N*- 乙酰葡萄糖胺 - 多萜醇基 - 磷酸 -*N*- 乙酰葡萄糖胺磷酸转移酶（UDP-GlcNAc-dolichyl-phosphate *N*-acetylglucosaminephosphotransferase）（在人类中表达）

DPM1

多萜醇基 - 磷酸 甘露糖基转移酶亚基 1（dolichol-phosphate mannosyltransferase subunit 1）

DPM2

多萜醇基 - 磷酸 甘露糖基转移酶亚基 2（dolichol-phosphate mannosyltransferase subunit 2）

DPM3

多萜醇基 - 磷酸 甘露糖基转移酶亚基 3（dolichol-phosphate mannosyltransferase subunit 3）

EDEM

内质网降解增强 α- 甘露糖苷酶 I 样蛋白（ER degradation-enhancing α-mannosidase I-like protein）

FUT8

α1-6 岩藻糖基转移酶（α1-6-fucosyltransferase）

GANAB

中性 α- 葡萄糖苷酶 AB（neutral α-glucosidase AB）

GMPPA

甘露糖 -1- 磷酸鸟苷转移酶 A（mannose-1-phosphate guanyltransferase A）

GMPPB

甘露糖 -1- 磷酸鸟苷转移酶 B（mannose-1-phosphate guanyltransferase B）

GPI

葡萄糖 -6- 磷酸异构酶（glucose-6-phosphate isomerase）

KRTCAP2

多萜醇基 - 二磷酸寡糖 - 蛋白质 糖基转移酶亚基 KRTCAP2

（dolichyl-diphosphooligosaccharide-protein gly-cosyltransferase subunit KRTCAP2）

MAGT1

镁转运蛋白 1（magnesium transporter protein 1）

MAN1A1

α1-2 甘露糖苷酶 IA（α1-2 mannosidase IA）

MAN1A2

α1-2 甘露糖苷酶 IB（α1-2 mannosidase IB）

MAN1B1

内质网甘露糖基寡糖 α1-2 甘露糖苷酶（endoplasmic reticulum mannosyl-oligosaccharide α1-2 mannosidase），内质网 α- 甘露糖苷酶 I（endoplasmic reticulum α1-2 mannosidase I）

MAN1C1

α1-2 甘露糖苷酶 IC（α1-2 mannosidase IC）

MAN2A1

α- 甘露糖苷酶 II（α-mannosidase II）

MAN2A2

α- 甘露糖苷酶 IIx（α-mannosidase IIx）

MANEA

高尔基体内切 -α- 甘露糖苷酶（endo-α-mannosidase）

MPDU1

甘露糖 - 磷酸 - 多萜醇利用缺陷 1 蛋白（mannose-P-dolichol utilization defect 1 protein）

MGAT1

α1-3 甘露糖基 - 糖蛋白 2-β-*N*- 乙酰葡萄糖胺转移酶（α1-3 mannosyl-glycoprotein 2-β-*N*-acetylglucosaminyltransferase），*N*- 乙酰葡萄糖胺转移酶 I（*N*-acetylglucosaminyltransferase I，GlcNAcT-I）

MGAT2

α1-6 甘露糖基 - 糖蛋白 2-β-*N*- 乙酰葡萄糖胺转移酶（α1-6 mannosyl-glycoprotein 2-β-*N*-acetylglucosaminyltransferase），*N*- 乙酰葡萄糖胺转移酶 II（*N*-acetylglucosaminyltransferase II，GlcNAcT-II）

MGAT3

β1-4 甘露糖基 - 糖蛋白 4-β-*N*- 乙酰葡萄糖胺转移酶（β1-4 mannosyl-glycoprotein 4-β-*N*-acetylglucosaminyltransferase），*N*- 乙酰葡萄糖胺转移酶 III（*N*-acetylglucosaminyltransferase III，GlcNAcT-III）

MGAT4A

α1-3 甘露糖基 - 糖蛋白 4-β-*N*- 乙酰葡萄糖胺转移酶 A（α1-3 mannosyl-glycoprotein 4-β-*N*-acetylglucosaminyltransferase A），*N*- 乙酰葡萄糖胺转移酶 IVa（*N*-acetylglucosaminyltransferase IVa，GlcNAcT-IVa）

MGAT4B

α1-3 甘露糖基 - 糖蛋白 4-β-*N*- 乙酰葡萄糖胺转移酶 B（α1-3 mannosyl-glycoprotein 4-β-*N*-acetylglucosaminyltransferase B），*N*- 乙酰葡萄糖胺转移酶 IVb（*N*-acetylglucosaminyltransferase IVb，GlcNAcT-IVb）

MGAT4C

α1-3 甘露糖基 - 糖蛋白 4-β-*N*- 乙酰葡萄糖胺转移酶 C（α1-3 mannosyl-glycoprotein 4-β-*N*-acetylglucosaminyltransferase C），*N*- 乙酰葡萄糖胺转移酶 IVc（*N*-acetylglucosaminyltransferase IVc，GlcNAcT-IVc）

MGAT5

α1-6 甘露糖基 - 糖蛋白 6-β-*N*- 乙酰葡萄糖胺转移酶 A（α1-6 mannosyl-glycoprotein 6-β-*N*-acetylglucosaminyltransferase A），*N*- 乙酰葡萄糖胺转移酶 Va（*N*-acetylglucosaminyltransferase Va，GlcNAcT-Va）

MGAT5B

α1-6 甘露糖蛋白 6-β-*N*- 乙酰葡萄糖胺转移酶 B（α1-6 mannosyl-glycoprotein 6-β-*N*-acetylglucosaminyltransferase B），*N*- 乙酰葡萄糖胺转移酶 IX（*N*-acetylglucosaminyltransferase IX，GlcNAcT-IX）

MGAT6

α1-6 甘露糖基糖蛋白 4-β-*N*- 乙酰葡萄糖胺转移酶（α1-6 mannosyl-glycoprotein 4-β-*N*-acetylglucosaminyltransferase），*N*- 乙酰葡萄糖胺转移酶 VI（*N*-acetylglucosaminyltransferase VI，GlcNAcT-VI）

MOGS

甘露糖基 - 寡糖葡萄糖苷酶（mannosyl-oligosaccharide glucosidase）

MPI

磷酸甘露糖异构酶（phosphomannose isomerase），甘露糖 -6- 磷酸异构酶（mannose-6-phosphate isomerase）

NUS1

脱氢多萜醇基二磷酸合成酶复合物亚基 NUS1（dehydrodolichyl diphosphate synthase complex subunit NUS1）

OSTA/OSTB

N- 连接寡糖基转移酶亚基 1（*N*-linked oligosaccharyl transferase subunit 1）
N- 连接寡糖基转移酶亚基 2（*N*-linked oligosaccharyl transferase subunit 2）

OSTC

寡糖转移酶复合物亚基 OSTC（oligosaccharyltransferase complex subunit OSTC）

PMM2

磷酸甘露糖变位酶 2（phosphomannomutase 2）

PRKCSH

葡萄糖苷酶 II 亚基 β（glucosidase II subunit β）

RFT1

寡糖易位蛋白 RFT1（oligosaccharide translocation protein RFT1）

RPN1

多萜醇基二磷酸寡糖 - 蛋白质糖基转移酶亚基 1
（dolichyl-diphosphooligosaccharide-protein glycosyltrans-ferase subunit 1）

RPN2

多萜醇基二磷酸寡糖 - 蛋白质糖基转移酶亚基 2
（dolichyl-diphosphooligosaccharide-protein glycosyltrans-ferase subunit 2）

SLC35A3

尿苷二磷酸 -*N*- 乙酰葡萄糖胺转运蛋白（UDP-*N*-acetylglucosamine transporter）

SLC39A8

金属阳离子同向转运蛋白 ZIP8（metal cation symporter ZIP8）

SLC35C1

鸟苷二磷酸 - 岩藻糖转运蛋白（GDP-fucose transporter）

SLC35A1

胞苷一磷酸 - 唾液酸转运蛋白（CMP-sialic acid transporter）

SLC35A2

尿苷二磷酸 - 半乳糖转运蛋白（UDP-galactose translocator）

SRD5A3

聚戊烯醇还原酶（polyprenol reductase）

SSR1
信号序列受体亚基 1（signal sequence receptor subunit 1）

SSR2
信号序列受体亚基 2（signal sequence receptor subunit 2）

SSR3
信号序列受体亚基 3（signal sequence receptor subunit 3）

SSR4
信号序列受体亚基 4（signal sequence receptor subunit 4）

ST6GAL1
β- 半乳糖苷 α2-6 唾液酰基转移酶 1（β-galactoside α2-6 sialyltransferase 1）

ST6GAL2
β- 半乳糖苷 α2-6 唾液酰基转移酶 2（β-galactoside α2-6 sialyltransferase 2）

STT3A
多萜醇基 - 二磷酸寡糖 - 蛋白质 糖基转移酶亚基 3A
（dolichyl-diphosphooligosaccharide-protein glycosyltrans-ferase subunit STT3A）

STT3B
多萜醇基 - 二磷酸寡糖 - 蛋白质 糖基转移酶亚基 3B
（dolichyl-diphosphooligosaccharide-protein glycosyltrans-ferase subunit STT3B）

TMEM165
跨膜蛋白 165（transmembrane protein 165）

TMEM199
跨膜蛋白 199（transmembrane protein 199）

TUSC3
多萜醇基二磷酸寡糖 - 蛋白质 糖基转移酶亚基 TUSC3
（dolichyl-diphosphooligosaccharide-protein glycosy-ltransferase subunit TUSC3）

VMA21
液泡 ATP 酶组装膜整合蛋白（vacuolar ATPase assembly integral membrane protein）

附录 4

糖脂磷脂酰肌醇锚定蛋白示例、结构、化学性质和抑制剂

斯内哈·苏达·科马特（Sneha Sudha Komath），藤田盛久（Morihisa Fujita），杰拉德·W. 哈特（Gerald W. Hart），迈克尔·A. J. 弗格森（Michael A. J. Ferguson），木下太郎（Taroh Kinoshita）*,#

附录 4.1　糖基磷脂酰肌醇锚定蛋白示例

糖基磷脂酰肌醇锚定蛋白	描述 / 角色
原生动物	
布氏锥虫（*Trypanosoma brucei*）可变表面糖蛋白（VSG）	保护性外壳
硕大利什曼原虫（*Leishmania major*）前鞭毛体表面蛋白酶（PSP）	结合补体降解
克氏锥虫（*Trypanosoma cruzi*）糖基磷脂酰肌醇锚定黏蛋白	宿主细胞侵袭
恶性疟原虫（*Plasmodium falciparum*）裂殖子表面蛋白 1（MSP-1）	红细胞侵袭
刚地弓形虫（*Toxoplasma gondii*）表面抗原 1（SAG-1）	宿主细胞侵袭
溶组织内阿米巴（*Entamoeba histolytica*）糖基磷脂酰肌醇蛋白磷酸聚糖（PPG）	毒力因子
酵母、真菌、黏菌	
酿酒酵母（*Saccharomyces cerevisiae*）α- 凝集素	黏附分子
酿酒酵母糖脂锚定表面蛋白 1（Gas1）	细胞壁生物发生
烟曲霉菌（*Aspergillus fumigatus*）Gel1 蛋白	细胞壁生物发生
白色念珠菌（*Candida albicans*）菌丝壁蛋白 1（Hwp1）	黏附分子
盘基网柄菌（*Dictyostelium discoideum*）前孢子抗原（PsA）①	黏附分子
盘基网柄菌接触位点 A（CsA）蛋白	黏附分子
植物	
梨（*Pyrus*）阿拉伯半乳聚糖蛋白（AGP）	细胞壁生物发生
拟南芥（*Arabidopsis thaliana*）金属和天冬氨酰蛋白酶	花粉管发育
拟南芥 β1-3 葡聚糖酶	细胞壁生物发生
动物（非哺乳动物）	
曼氏血吸虫（*Schistosoma mansoni*）gp200 蛋白	吡喹酮药物靶点
秀丽隐杆线虫（*Caenorhabditis elegans*）气味反应异常 2 蛋白（ODR-2）	嗅觉

① 也称为前孢子特异性抗原，可写作 PsA 或 PSA，见附录 4.3 右下角图示。

* 通讯作者

电子邮件：tkinoshi@biken.osaka-u.ac.jp

续表

糖基磷脂酰肌醇锚定蛋白	描述 / 角色
石纹电鳐（*Torpedo marmorata*）乙酰胆碱酯酶（AchE）	水解酶
哺乳动物	
红细胞 CD59 和衰减加速因子（DAF）	补体调控
碱性磷酸酶	细胞表面水解酶
5′- 核苷酸酶	细胞表面水解酶
肾二肽酶	细胞表面水解酶
海藻糖酶	细胞表面水解酶
神经细胞黏附分子 120（NCAM-120）[a]	黏附分子
神经细胞黏附分子 TAG-1	黏附分子
CD58[a]	黏附分子
FcγIII 受体[a]	Fc 受体
睫状神经营养因子受体（CNTFR）α- 亚基	神经受体
胶质细胞源性神经营养因子受体（GDNFR）α- 亚基	神经受体
CD14	脂多糖受体
朊病毒蛋白（PrP）	未知
糖基磷脂酰肌醇锚定蛋白聚糖中的磷脂酰肌醇蛋白聚糖（glypican）家族	细胞外基质成分

[a] 在这些示例中，mRNA 的差异性剪接，可形成同一个蛋白质的跨膜形式和糖基磷脂酰肌醇锚定形式。

附录 4.2 糖基磷脂酰肌醇锚复杂而可变的结构 -I

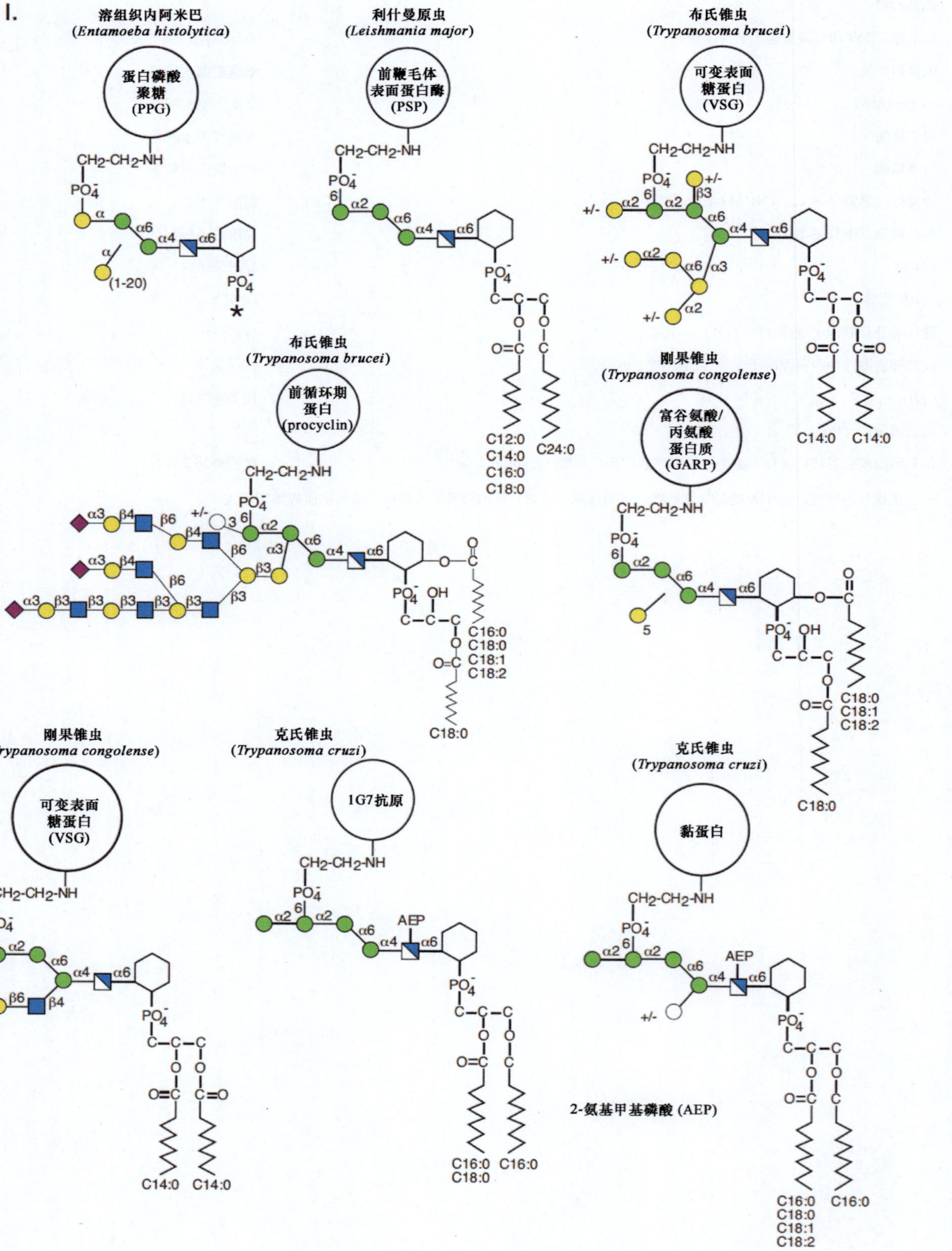

附录 4.3　糖基磷脂酰肌醇锚复杂而可变的结构 -II

II.

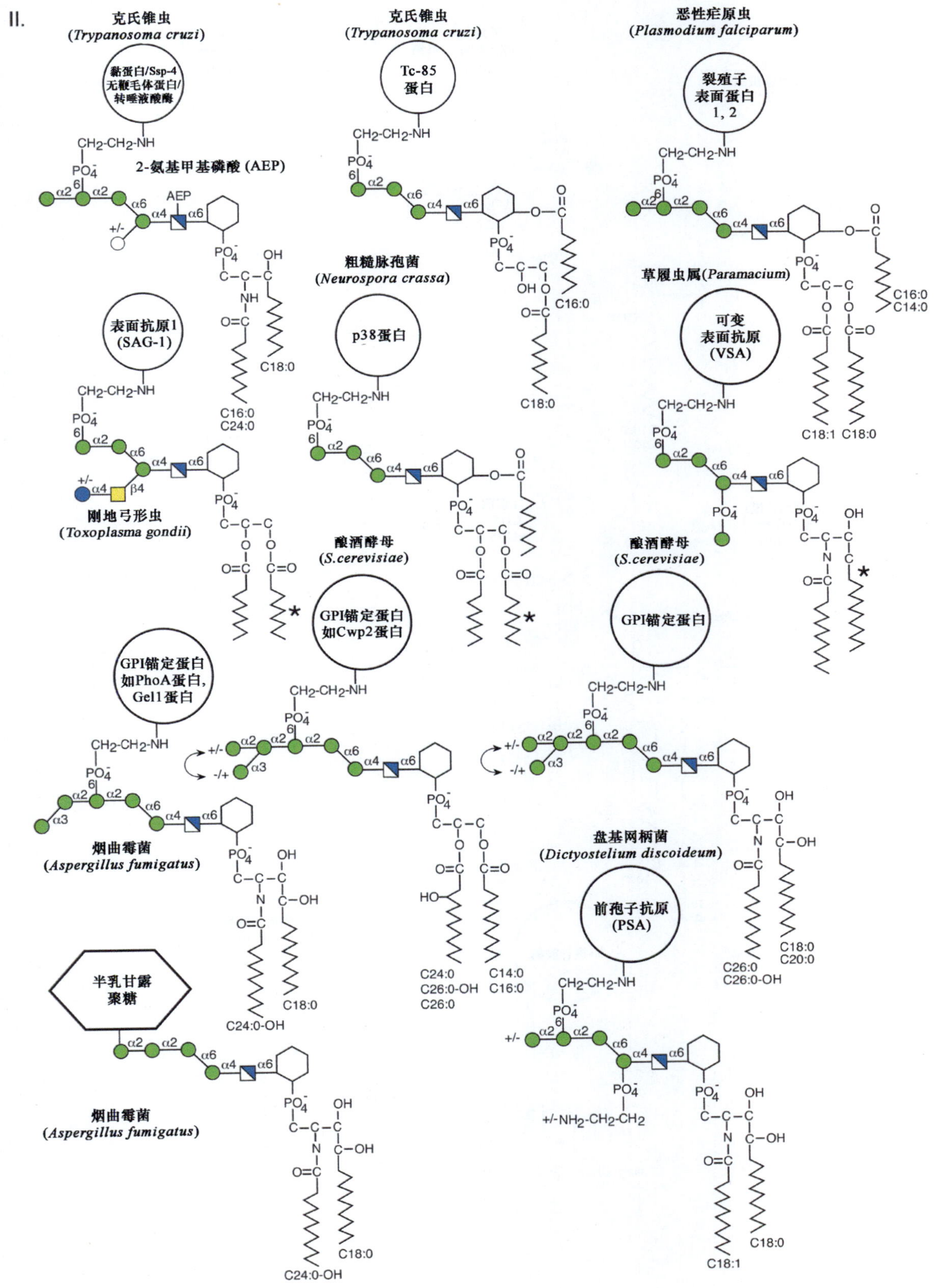

附录 4.4 糖基磷脂酰肌醇锚复杂而可变的结构 -III

III.

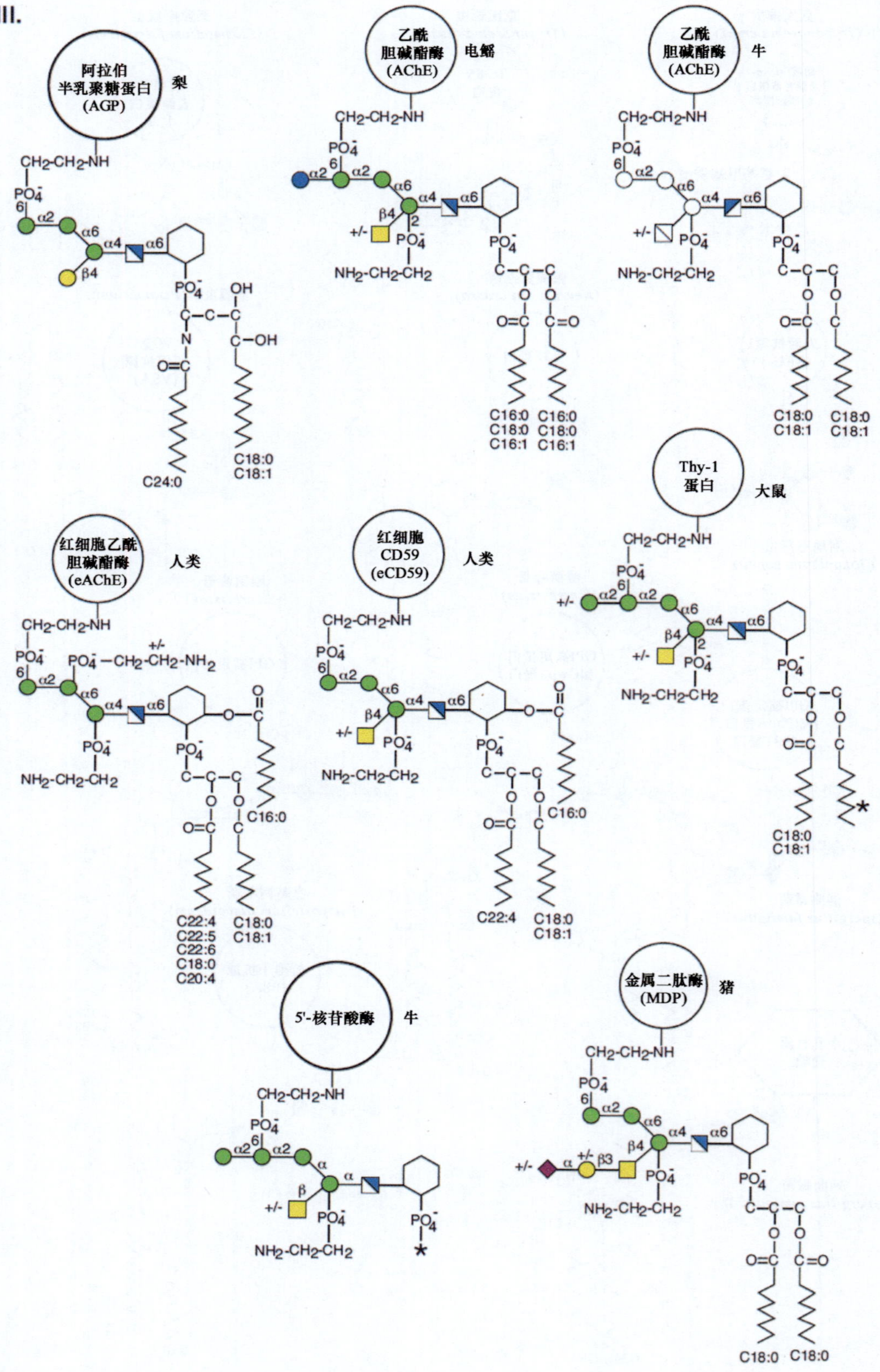

附录 4.5　糖基磷脂酰肌醇锚复杂而可变的结构 -IV

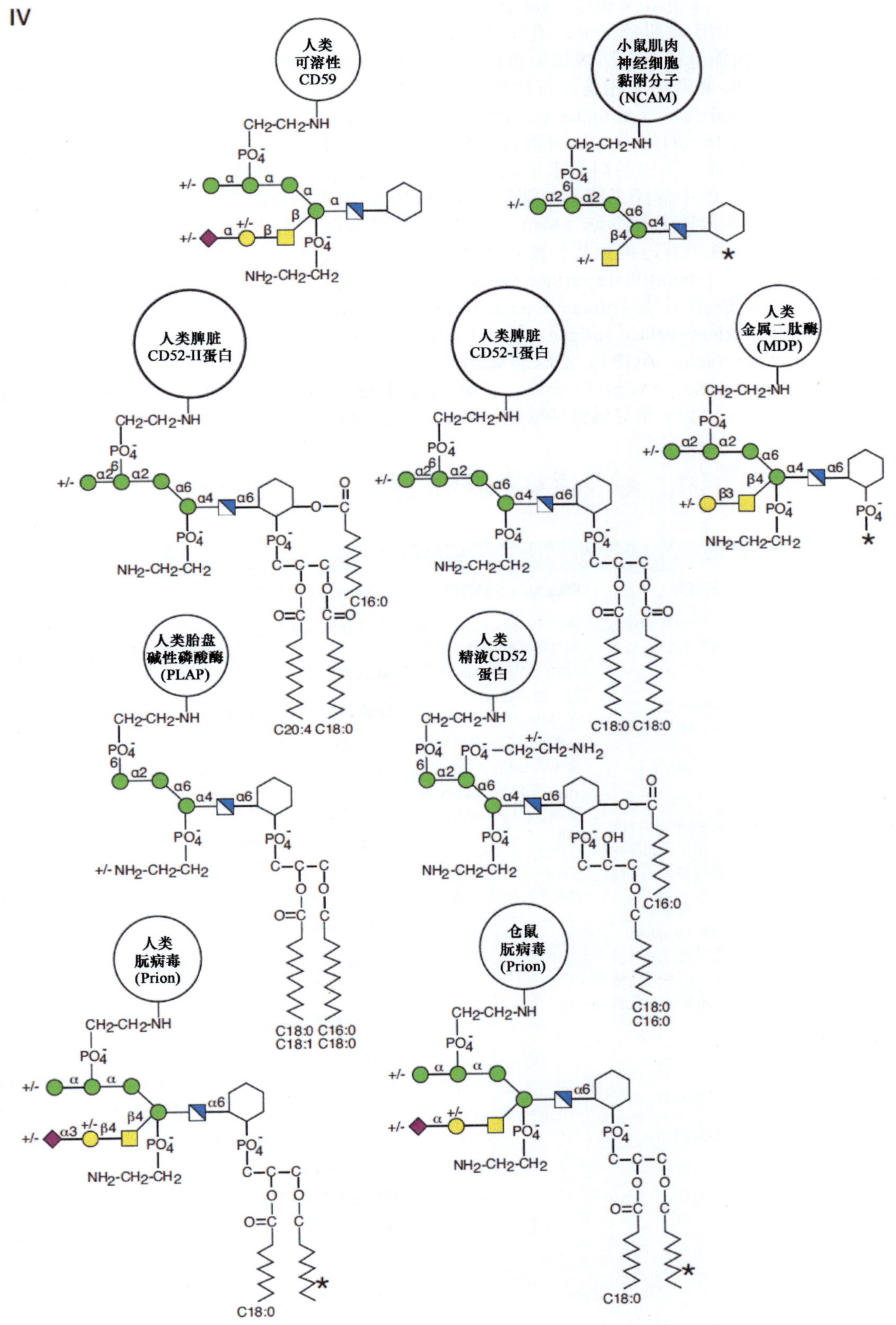

关于附录 4.2 ～ 4.5 的说明：附录 4.2 和附录 4.3 代表了在低等真核生物中发现的糖基磷脂酰肌醇锚的结构，而附录 4.4 和附录 4.5 则代表了在高等真核生物中观察到的相应结构。除了**溶组织内阿米巴**（***Entamoeba histolytica***）蛋白磷酸聚糖（proteophosphoglycan，PPG）（附录 4.2）之外，所有已知的、蛋白质连接的糖基磷脂酰肌醇锚，都具有相同的最小核心结构，并伴有物种特异性和组织特异性的侧链变化与脂质变化。**烟曲霉菌**（***Aspergillus fumigatus***）半乳甘露聚糖（galactomannan）（附录 4.3），因为缺乏用于连接的乙醇胺残基而不同寻常；相反，它的糖基磷脂酰肌醇部分，通过第四个甘露糖残基（Man-4）与半乳甘露聚糖链进行连接。那些存在于细胞壁上的真菌糖基磷脂酰肌醇锚定蛋白，通常在失去葡萄糖胺磷脂（glucosaminylphospholipid）部分后，与糖链表层下的 β- 葡聚糖层相连。可溶性的糖基磷脂酰肌醇结构，通过**磷脂酰肌醇特异性磷脂酶 C**（**phosphatidylinositol-specific phospholipase C，PI-PLC**）或**糖基磷脂酰肌醇特异性磷脂酶 D**（**GPI-specific phospholipase D，GPI-PLD**）的作用，从细胞表面释放。糖基的不均一性以（±）表示；在附录 4.3 中，两个酵母的糖基磷脂酰肌醇锚示例中的两个末端 αMan 残基相互排斥，以弯曲的双向箭头表示；未知的脂质类型或链长，以（*）表示。图中标注了脂质的链长和不饱和度。关于单糖的符号表示，参见附录 2。在哺乳动物细胞中，优先使用 α1-6 连接的甘露糖（Man-2）上的磷酸乙醇胺，而非 α1-2 连接的甘露糖（Man-3）上的磷酸乙醇胺，将糖基磷脂酰肌醇连接到某些糖基磷脂酰肌醇锚定蛋白上。相关糖基磷脂酰肌醇蛋白的全称如下：前鞭毛体表面蛋白酶（promastigote surface protease，PSP）；可变表面糖蛋白（variant surface glycoprotein，VSG）；富谷氨酸 / 丙氨酸蛋白质（glutamic acid/alanine-rich protein，GARP）；转唾液酸酶（*trans*-sialidase，TS）；可变表面抗原（variant surface antigen，VSA）；前孢子抗原（prespore antigen，PSA）；阿拉伯半乳聚糖蛋白（arabinogalactan protein，AGP）；乙酰胆碱酯酶（acetylcholinesterase，AChE）；红细胞乙酰胆碱酯酶（erythrocyte acetylcholinesterase，eAChE）；金属二肽酶（metallodipeptidase，MDP）；神经细胞黏附分子（neural cell adhesion molecule，NCAM）；胎盘碱性磷酸酶（placental alkaline phosphatase，PLAP）。

附录 4.6 哺乳动物、酿酒酵母和锥虫中 GPI 锚的侧链修饰

哺乳动物	酿酒酵母	锥虫
侧链 *N*- 乙酰半乳糖胺（GalNAc）的修饰 PGAP4 蛋白（403 个预测氨基酸，3 个预测跨膜结构域），为糖基磷脂酰肌醇 -*N*- 乙酰半乳糖胺转移酶（GPI-GalNAc transferase）。 注：PGAP4 将 β1-4GalNAc 转移到 Man-1 上。它是一种独特的、高尔基体定位的糖基转移酶，具有 3 个跨膜结构域。 **侧链半乳糖的修饰** β1-3 半乳糖基转移酶 4（β1-3 galactosyltransferase 4，B3GALT4）（378 个预测氨基酸，1 个预测跨膜结构域），为糖基磷脂酰肌醇 - 半乳糖转移酶（GPI-Gal transferase）。 注：B3GALT4 是一种 GM1 合成酶（GM1 synthase），但也参与将 β1-3Gal 添加到糖基磷脂酰肌醇侧链的 *N*- 乙酰半乳糖胺（GalNAc）上。膜上存在的乳糖神经酰胺增强了由 B3GALT4 介导的糖基磷脂酰肌醇 - 半乳糖基化。 **侧链唾液酸的修饰** 半乳糖被具有 α2-3 连键的唾液酸进一步修饰。 注：尚未鉴定出负责该过程的唾液酰基转移酶。	**侧链 Man-5 的修饰** 在大约 20% 的酵母的糖基磷脂酰肌醇锚定蛋白中，可在 Man-4 上添加 Manα1-3（5%）或 Manα1-2（15%）。前者在高尔基体顺面膜囊（*cis*-Golgi）中添加，后者在高尔基体反面膜囊（*trans*-Golgi）中添加。 注：参与该过程的甘露糖基转移酶尚未确定。	**侧链 Man-4 的修饰** 在几种锥虫和疟原虫中，同时负责添加 Man-3 的 Gpi10/PIG-B 蛋白，负责在某些糖基磷脂酰肌醇锚定蛋白的 Man-3 上添加 Manα1-2。 **侧链 β3GlcNAc 的修饰** TbGT8 蛋白（377 个预测氨基酸，1 个预测跨膜结构域），为 β1-3 *N*- 乙酰葡萄糖胺转移酶（β1-3GlcNAc transferase）。 注：该酶也参与支链聚 -*N*- 乙酰乳糖胺（poly-LacNAc）的合成。 **侧链 β6GlcNAc 的修饰** TbGT10 蛋白（384 个预测氨基酸，1 个预测跨膜结构域），为尿苷二磷酸 -*N*- 乙酰葡萄糖胺：β- 半乳糖 β1-6 *N*- 乙酰葡萄糖胺转移酶（UDP-GlcNAc: βGal β1-6 GlcNAc-transferase）。 注：通过在 βGal 处添加 β1-6GlcNAc 分支，来形成前循环型（procyclic form）所需的侧链。 **侧链半乳糖的修饰** TbGT3 蛋白（377 个预测氨基酸，1 个预测跨膜结构域），为尿苷二磷酸 - 半乳糖：β-*N*- 乙酰葡萄糖胺 - 糖基磷脂酰肌醇 β1-3 半乳糖基转移酶（UDP-Gal: β-GlcNAc-GPI β1-3Gal transferase）。 注：在非还原末端的 *N*- 乙酰葡萄糖胺（GlcNAc）残基上添加一个半乳糖残基。 **侧链唾液酸的修饰** 锥虫无法生物合成唾液酸。它们使用转唾液酸酶（*trans*-sialidase）将宿主唾液酸转移到它们自己的糖基磷脂酰肌醇锚上。 注：TbTS 和 TbSA C2 是两种已鉴定出的转唾液酸酶。

附录 4.7　糖基磷脂酰肌醇锚的化学

附录 4.7.1　糖基磷脂酰肌醇锚的化学反应和酶促反应

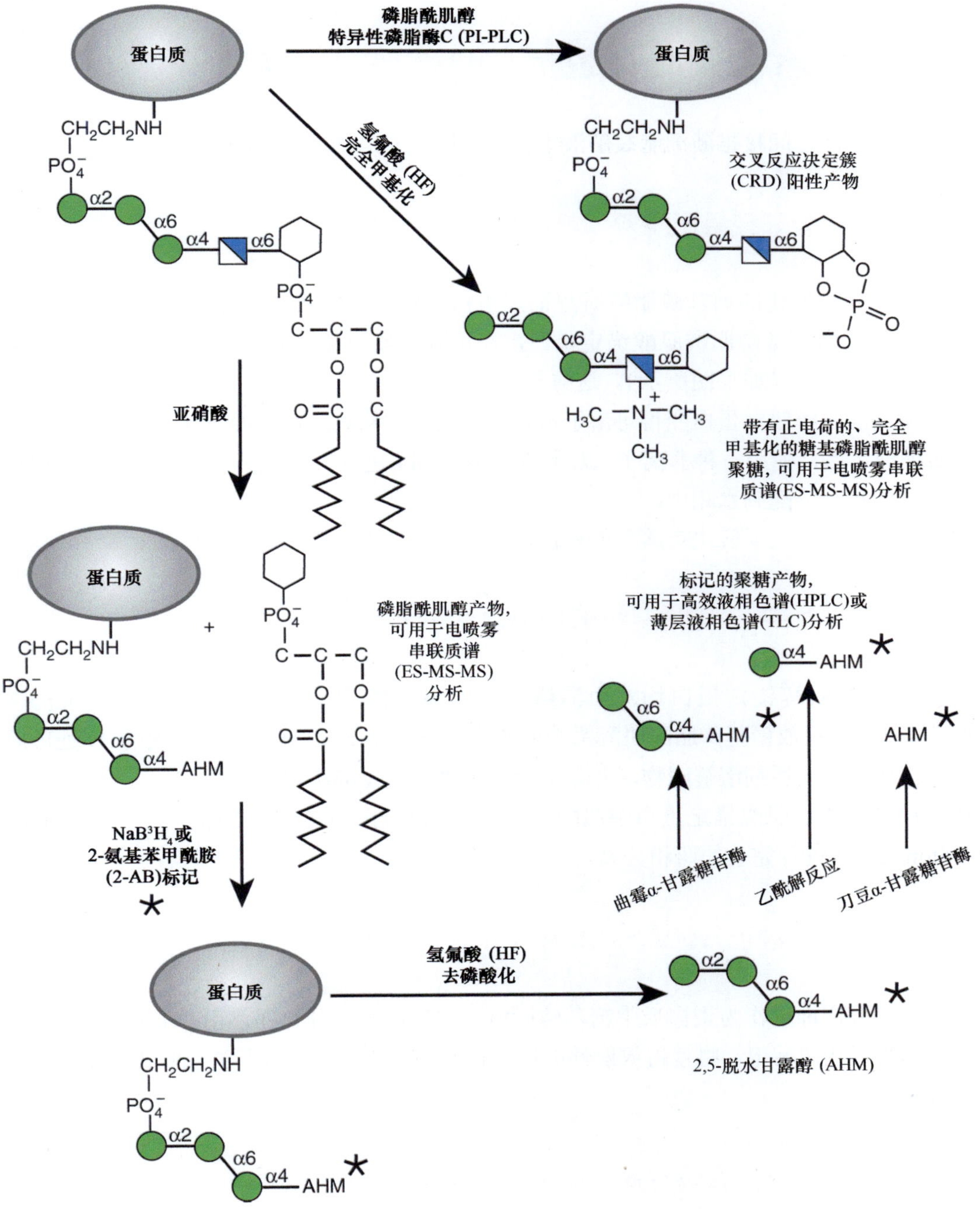

磷脂酰肌醇特异性磷脂酶 C（**phosphatidylinositol-specific phospholipase C，PI-PLC**）释放糖基磷脂酰肌醇锚的脂质部分，并生成肌肉 - 肌醇 -1,2- 环状磷酸（*myo*-inositol-1,2-cyclic phosphate）基团，该基团是**交叉反应决定簇**（**cross-reacting determinant，CRD**）表位的一部分。如果肌醇环在 C-2 位发生酰化，

将阻断该反应。葡萄糖胺（GlcN）残基的亚硝酸脱氨反应释放出的磷脂酰肌醇（PI）成分，然后通过质谱进行分析。亚硝酸脱氨反应还可将葡萄糖胺残基转化为2,5-脱水甘露醇（2,5-anhydromannitol，AHM），它可以通过硼氚化钠（NaB^3H_4）还原反应进行放射性标记，或通过2-氨基苯甲酰胺（2-aminobenzamide，2-AB）的还原胺化反应进行荧光标记。用冷的氢氟酸进行去磷酸化后，被标记的聚糖可以很方便地用糖苷外切酶进行测序。在冷的氢氟酸去磷酸化后进行全甲基化，可产生带正电荷的、全甲基化的糖基磷脂酰肌醇（GPI）聚糖，适用于串联质谱分析。

附录 4.7.2 检测糖基磷脂酰肌醇锚定蛋白存在与否的间接方法

可以通过以下方法，间接推断细胞裂解液中糖基磷脂酰肌醇锚定蛋白的存在。

1. 与磷脂酰肌醇特异性磷脂酶 C（PI-PLC）的反应

在肌醇C-2位发生酰化的糖基磷脂酰肌醇锚定蛋白，对磷脂酰肌醇特异性磷脂酶C不敏感，无法用该方法进行鉴定。其他糖基磷脂酰肌醇锚定蛋白，在用磷脂酰肌醇特异性磷脂酶C处理时，会失去糖基磷脂酰肌醇锚的脂质部分（如上图所示）。这将导致：

（1）糖基磷脂酰肌醇锚定蛋白变得可溶于水性缓冲液，并从离心沉淀的颗粒中转移到上清液中；

（2）在酶处理之后，使用一种非离子去垢剂 Triton X-114 进行两相分离时，糖基磷脂酰肌醇锚定蛋白会从富含去垢剂的相中分配到水相中；

（3）出现被称为“交叉反应决定簇”的表位，可由特异性抗体检测。

2. 与糖基磷脂酰肌醇-磷脂酶 D（GPI-PLD）的反应

所有糖基磷脂酰肌醇锚定蛋白均对血清**糖基磷脂酰肌醇-磷脂酶 D（GPI-phospholipase D，GPI-PLD）**的处理敏感，可释放糖基磷脂酰肌醇锚中的磷脂部分。糖基磷脂酰肌醇-磷脂酶D处理后：

（1）通常需要使用去垢剂溶解底物，并且不会产生“交叉反应决定簇”。

（2）根据糖基磷脂酰肌醇锚定蛋白中肌醇的酰化状态不同，蛋白质上可能会残留一条脂肪酸链，从而无法用 Triton X-114 进行完全的两相分离。

3. 用 $[^3H]$ 肌肉-肌醇进行代谢标记

由于磷脂酰肌醇修饰仅作为蛋白质中糖基磷脂酰肌醇锚的一部分存在，用 $[^3H]$ 肌肉-肌醇（$[^3H]$*myo*-inositol）对细胞进行代谢标记，将使得放射性的标签仅被整合进入糖基磷脂酰肌醇锚定蛋白，然后可以通过高灵敏度方法进行检测。

4. 使用荧光标记的气单胞菌溶素（fluorescently labeled aerolysin，FLAER）进行检测

某些成孔细菌毒素（如气单胞菌溶素）已被证明可与糖基磷脂酰肌醇锚结合，因而它们可用于细胞表面糖基磷脂酰肌醇锚定蛋白的直接检测，或在一维和二维凝胶蛋白质印迹法（Western blotting）中进行检测。

附录 4.8　糖基磷脂酰肌醇锚生物合成途径中的物种特异性抑制剂

生物合成酶	抑制剂	特异性	临床试验 / 药物
GlcNAc-T①	白鲨霉素（jawsamycin）	抗真菌剂：杀菌剂 • 对**镰刀菌属**（*Fusarium* spp.）、**赛多孢子菌属**（*Scedosporium* spp.）和**毛霉菌目**（Mucorales）真菌有效 • 对**白色念珠菌**（*Candida albicans*）或**新型隐球菌**（*Cryptococcus neoformans*）无效	否
Gpi12 蛋白	**非底物类似物** 水杨酸异羟肟酸（SHAM），一种 Zn^{2+} 结合剂	抗原虫寄生虫：**布氏锥虫**（*Trypanosoma brucei*），仅在无细胞系统中进行了测试	否
	底物类似物 2- 脱氧 -2- 脲基 -D- 葡萄糖 β1-6-D- 肌肉 - 肌醇 -1- 磷酸氢 -*sn*-1,2- 二棕榈酰甘油（$GlcNCONH_2$-β-PI）和 2- 脱氧 -2- 脲基 -D- 葡萄糖 α1-6-D-(2-*O*- 辛基) 肌肉 - 肌醇 -1- 磷酸氢 -*sn*-1,2- 二棕榈酰甘油 [$GlcNCONH_2$-(2-*O*-octyl)-PI]（自杀抑制剂）	抗原虫寄生虫：布氏锥虫，仅在无细胞系统中进行了测试	否
	2- 脱氧 -2- 脲基 -D- 半乳糖 α1-6-D- 肌肉 - 肌醇 -1- 磷酸氢 -*sn*-1,2- 二棕榈酰甘油（$GalNCONH_2$-PI）和 2- 脱氧 -2- 脲基 - D- 葡萄糖 β1-6-D- 肌肉 - 肌醇 -1- 磷酸氢 -*sn*-1,2- 二棕榈酰甘油 [$GlcNCONH_2$-β-PI]（自杀抑制剂）	抗原虫寄生虫：**恶性疟原虫**（*Plasmodium falciparum*），仅在无细胞系统中进行了测试	否
Gwt1 蛋白	获得专利的先导分子（结构未公开）	抗疟药	先导化合物优化
	APX001/E1211 （通过宿主中碱性磷酸酶的作用，加工成活性形式的 *N*- 膦酰氧甲基前药 APX001A/E1210）	抗真菌剂：抑菌剂 • 有效对抗**念珠菌属**（*Candida* spp.），以及由**曲霉菌属**（*Aspergillus* spp.）、赛多孢子菌属、镰刀菌属或其他稀有霉菌引起的侵袭性霉菌感染	II 期临床试验（药物名：Fosmanogepix/Manogepix）
	胺基吡芬（aminopyrifen） （2- 氨基烟酸盐）	抗真菌剂：杀菌剂 • 抑制**粗糙脉孢菌**（*Neurospora crassa*）的生长。对几种植物真菌病原体有效	开发中的农药（代码：AKD-5195）
	英文名：gepinacin （单羧酸酰胺）	抗真菌剂：抑菌剂 可杀灭念珠菌属、曲霉属真菌	否
MT-I②	L- 肌肉 - 肌醇 -1- 磷酸	抗原虫寄生虫：仅在布氏锥虫的无细胞系统中进行了测试	否
Mcd4 蛋白	YW3548/ M743（来自 *Codinea simplex* 的萜内酯）③ M720（M743 的衍生物）	抗真菌剂：抑菌剂 • 已证明对念珠菌属和曲霉属具有特异性 • 原生动物寄生虫不会被它抑制，因为它们缺乏药物靶向的合成步骤 / 酶 • PIG-N 蛋白介导的哺乳动物糖基磷脂酰肌醇 - 半乳糖基转移酶 1（glycosylphosphatidylinositol-mannosyltransferase 1，GPI-MT1）也受到抑制	否

① 即尿苷二磷酸 -*N*- 乙酰葡萄糖胺 : 磷脂酰肌醇 α1-6 *N*- 乙酰葡萄糖胺转移酶 (UDP-GlcNAc:PI α1-6 *N*-acetylglucosaminyltransferase)。

② 即甘露糖基转移酶 -1（mannosyltransferase-1，MT-1）。

③ 一种来自巴西桉树属（*Eucalyptus* spp.）树叶上的真菌，暂无中文译名。

附录 5

小鼠胚胎发育必需的糖基化基因

迈克尔·皮尔斯（Michael Pierce），[1] 帕梅拉·斯坦利（Pamela Stanley），[2] 藤田盛久（Morihisa Fujita）[3]

附表 5.1

基因	积累的聚糖底物	未生成的聚糖	死亡阶段	参考文献
***N*-聚糖**				
Mpi	果糖 -6- 磷酸	甘露糖 -6- 磷酸	～E11.5	DeRossi et al. 2006
Pmm2	甘露糖 -6- 磷酸	甘露糖 -1- 磷酸	～E3.5	Thiel et al. 2006
Nus1	法尼基二磷酸	聚戊烯基二磷酸	～E7.5	Rana et al. 2016
Srd5a3	聚戊烯醇（polyprenol）	多萜醇 (dolichol)	E8.5	Cantagrel et al. 2010
Dpagt1	多萜醇 - 磷酸	GlcNAc-PP-Dol	E4-5	Marek et al. 1999
Dad1	$Glc_3Man_9GlcNAc_2$-PP-Dol	$Glc_3Man_9GlcNAc_2$2Asn	E3.5	Brewster et al. 2000
Tmem258	$Glc_3Man_9GlcNAc_2$-PP-Dol	$Glc_3Man_9GlcNAc_2$Asn		Graham et al. 2016
Uggt1	$Man_9GlcNAc_2$Asn	$Glc_1Man_9GlcNAc_2$Asn	E13	Molinari et al. 2005
Mgat1	$Man_5GlcNAc_2$Asn	GlcNAc-$Man_5GlcNAc_2$Asn	～E9.5	Ioffe and Stanley 1994；Metzler et al. 1994
Man2a1+ *Man2a2*	GlcNAcMan$_5$GlcNAc$_2$Asn	GlcNAc-$Man_3GlcNAc_2$Asn	E15.5-18.5-P0	Akama et al. 2006
Mgat2	GlcNAc-$Man_3GlcNAc_2$Asn	$GlcNAc_2$-$Man_3GlcNAc_2$Asn	E9-15	Wang et al. 2001
Ngly1	*N*- 糖基化蛋白	游离寡糖	E16.5-P0	Fujihira et al. 2017
糖基磷脂酰肌醇锚				
Piga	磷脂酰肌醇（PI）	GlcNAc-PI	E7.5-9.5	Nozaki et al. 1999
Pgap1	肌醇酰化的糖基磷脂酰肌醇	肌醇去酰化的糖基磷脂酰肌醇	P0	Ueda et al. 2007
Pgap6	糖基磷脂酰肌醇锚定蛋白	溶血 - 糖基磷脂酰肌醇锚定蛋白	～E10	Lee et al. 2016
***O*-GalNAc 聚糖**				
C1galt1	GalNAc-*O*-Ser/Thr	Gal-GalNAc-*O*-Ser/Thr	～E13.5	Xia et al. 2004
C1galt1c1	GalNAc-*O*-Ser/Thr	Gal-GalNAc-*O*-Ser/Thr	～E13.5	Wang et al. 2010

[1] 复杂碳水化合物研究中心，美国佐治亚州佐治亚大学
电子邮件：hawkeye@uga.edu
[2] 阿尔伯特爱因斯坦医学院，美国纽约州纽约
电子邮件：pamela.stanley@einsteinmed.edu
[3] 江南大学生物技术学院糖化学与生物技术教育部重点实验室，江苏无锡，214122
电子邮件：fujita@jiangnan.edu

续表

基因	积累的聚糖底物	未生成的聚糖	死亡阶段	参考文献
***O*- 岩藻糖聚糖**				
Pofut1	$C_2X_4(S/T)C_3$ 表皮生长因子（EGF）重复，其中 C_2 和 C_3 是表皮生长因子重复序列的第二个和第三个保守的半胱氨酸	表皮生长因子的 *O*-Fuc 糖基化	～ E9.5	Shi and Stanley 2003
Lfng	表皮生长因子 *O*-Fuc	表皮生长因子 *O*-Fuc-GlcNAc	≤ P0	Evrard et al. 1998; Zhang and Gridley 1998
Pofut2	血小板应答蛋白重复序列（TSR）1 型重复	血小板应答蛋白重复序列 1 型重复的 *O*-Fuc 修饰	～ E10.5	Du et al. 2010
***O*- 甘露糖聚糖**				
Pomt1	未修饰的 Ser/Thr	Man-*O*-Ser/Thr	E7.5-9.5	Willer et al. 2004
Pomt2	未修饰的 Ser/Thr	Man-*O*-Ser/Thr	～ E9.5	Hu et al. 2011
Fktn	GalNAc-GlcNAc-Man(P)-*O*-Ser/Thr	Rbo5P-GalNAc-GlcNAc-Man(P)-*O*-Ser/Thr	E9.5	Kurahashi et al. 2005
Fkrp	Rbo5P-GalNAc-GlcNAc-Man(P)-*O*-Ser/Thr	Rbo5P-Rbo5P-GalNAc-GlcNAc-Man(P)-*O*-Ser/Thr	～ E12.5	Chan et al. 2010
B4gat1	Xyl-Rbo5P-Rbo5P-GalNAc-GlcNAc-Man(P)-*O*-Ser/Thr	在木糖基和葡萄糖醛酸基转移酶 LARGE 的作用下，引发 GlcA，以确保 XlyGlcA 添加到基质蛋白聚糖（matriglycan）上	～ E9.5	Wright et al. 2012; Willer et al. 2014; Kanagawa et al. 2016
***O*- 葡萄糖聚糖**				
Poglut1	$C_1XSXPTC_2$ 表皮生长因子重复，其中 C_1 和 C_2 是表皮生长因子重复序列的第一个和第二个保守的半胱氨酸	表皮生长因子重复 *O*-Glc	～ E10.5	Fernandez-Valdivia et al. 2011
胶原蛋白 -*O*- 半乳糖聚糖				
PLod3	胶原蛋白上的 X-Lys-Gly(X 为任意氨基酸）	胶原蛋白上的羟赖氨酸	E9.5-E14.5	Ruotsalainen et al. 2006
糖胺聚糖（GAG）				
Fam20b	Gal-Xyl-*O*-Ser	P-Gal-Xyl-*O*-Ser	E13.5	Vogel et al. 2012
B3gat3	Gal-(P)Gal-Xyl-*O*-Ser	GlcA-Gal-(P)Gal-Xyl-*O*-Ser	～ E2.5	Izumikawa et al. 2010
Extl3	GlcA-Gal-Gal-Xyl-*O*-Ser	GlcNAc-GlcA-Gal-Gal-Xyl-*O*-Ser	～ E9	Takahashi et al. 2009
Ext1	缺乏硫酸乙酰肝素的核心糖胺聚糖	硫酸乙酰肝素	E6.5-8.5	Lin et al. 2000
Ext2	缺乏硫酸乙酰肝素的核心糖胺聚糖	硫酸乙酰肝素	E6.5-8.5	Stickens et al. 2005
Ndst1+Ndst2	没有 *N*- 硫酸化的硫酸乙酰肝素	携带 GlcNS 的硫酸乙酰肝素	早期胚胎	Holmborn et al. 2004
Hs6st1	缺少 6-*O*- 硫酸化 *N*- 乙酰葡萄糖胺 (GlcN) 的硫酸乙酰肝素	携带 GlcN-*O*-6S 的硫酸乙酰肝素	≥ E15.5	Habuchi et al. 2007
Hs6st1+Hs2st	严重缺少 2-*O*- 硫酸化和 6-*O*- 硫酸化 *N*- 乙酰葡萄糖胺 (GlcN) 的硫酸乙酰肝素	携带 GlcN-*O*-2S 和 GlcN-*O*-6S 的硫酸乙酰肝素	＜ E15,5	Conway et al. 2011
Chst11/C4st1	缺少 4-*O*- 硫酸化 *N*- 乙酰半乳糖胺 (GalN) 的硫酸软骨素	携带 GalN-*O*-4S 的硫酸软骨素	～ P0	Klüppel et al. 2005
糖脂				
Ugcg	缺乏 Glc 的神经酰胺	Glc-Cer	≤ E9.5	Yamashita et al. 1999
B3gnt5	Gal-Glc-Cer	GlcNAc-Gal-Glc-Cer	～ E3.5	Biellmann et al. 2008

续表

基因	积累的聚糖底物	未生成的聚糖	死亡阶段	参考文献
B4galt5	GlcNAc-Gal-Glc-Cer	Gal-GlcNAc-Gal-Glc-Cer	～E10.5	Kumagai et al. 2009; Nishie et al. 2010
B3galnt1	Gal-Gal-Glc-Cer	GalNAc-Gal-Gal-Glc-Cer	E3.5-4.5	Vollrath et al. 2001
***O*-GlcNAc 糖基化**				
Ogt	未修饰的 Ser/Thr	GlcNAc-Ser/Thr		Shafi et al. 2000
透明质酸				
Has2	尿苷二磷酸 -*N*- 乙酰葡萄糖胺（UDP-GlcNAc）+ 尿苷二磷酸 - 葡萄糖醛酸（UDP-GlcA）	透明质酸	E9.5-10	Camenisch et al. 2000
核苷酸糖				
Gne	甘露糖胺	不含唾液酸的糖复合物	～E9.5	Schwarzkopf et al. 2002
Ugdh	尿苷二磷酸 - 葡萄糖（UDP-Glc）	尿苷二磷酸 -*N*- 葡萄糖醛酸（UDP-GlcA）	～E9.5	Garcia-Garcia and Anderson 2003
Slc35c1	鸟苷二磷酸 - 岩藻糖（GDP-Fuc）	Fuc 含量很少的糖复合物	～P0	Hellbusch et al. 2007
Slc35d1	细胞质中高浓度的尿苷二磷酸 - 葡萄糖醛酸（UDP-GlcA）和尿苷二磷酸 -*N*- 乙酰半乳糖胺（UDP-GalNAc）	硫酸软骨素糖胺聚糖	～P0	Hiraoka et al. 2007

缩写：多萜醇（Dol），磷酸基团（P），天冬酰胺（Asn），丝氨酸（Ser），苏氨酸（Thr），核糖醇（Rbo），胚胎期（E），胚胎后期（P）。

文献来源：经许可，修改自 Stanley P. 2016. What have we learned from glycosyltransferase knockouts in mice? *J Mol Biol* **428**：3166-3182.

参考文献

Akama TO, Nakagawa H, Wong NK, Sutton-Smith M, Dell A, Morris HR, Nakayama J, Nishimura S, Pai A, Moremen KW, et al. Essential and mutually compensatory roles of α-mannosidase II and α-mannosidase IIx in N-glycan processing in vivo in mice. *Proc Natl Acad Sci.* **2006**；103: 8983-8988.

Biellmann F, Hulsmeier AJ, Zhou D, Cinelli P, Hennet T. The Lc3-synthase gene *B3gnt5* is essential to pre-implantation development of the murine embryo. *BMC Dev Biol.* **2008**；8: 109.

Brewster JL, Martin SL, Toms J, Goss D, Wang K, Zachrone K, Davis A, Carlson G, Hood L, Coffin JD. Deletion of Dad1 in mice induces an apoptosis-associated embryonic death. *Genesis.* **2000**；26: 271-278.

Camenisch TD, Spicer AP, Brehm-Gibson T, Biesterfeldt J, Augustine ML, Calabro A Jr, Kubalak S, Klewer SE, McDonald JA. Disruption of hyaluronan synthase-2 abrogates normal cardiac morphogenesis and hyaluronan-mediated transformation of epithelium to mesenchyme. *J Clin Invest*. **2000**；106: 349-360.

Cantagrel V, Lefeber DJ, Ng BG, Guan Z, Silhavy JL, Bielas SL, Lehle L, Hombauer H, Adamowicz M, Swiezewska E, et al. SRD5A3 is required for converting polyprenol to dolichol and is mutated in a congenital glycosylation disorder. *Cell.* **2010**；142: 203-217.

Chan YM, Keramaris-Vrantsis E, Lidov HG, Norton JH, Zinchenko N, Gruber HE, Thresher R, Blake DJ, Ashar J, Rosenfeld J, et al. Fukutin-related protein is essential for mouse muscle, brain and eye development and mutation recapitulates the wide clinical spectrums of dystroglycanopathies. *Hum Mol Genet.* **2010**；19: 3995-4006.

Conway CD, Price DJ, Pratt T, Mason JO. Analysis of axon guidance defects at the optic chiasm in heparan sulphate sulphotransferase compound mutant mice. *J Anat.* **2011**; 219: 734-742.

DeRossi C, Bode L, Eklund EA, Zhang F, Davis JA, Westphal V, Wang L, Borowsky AD, Freeze HH. Ablation of mouse phosphomannose is omerase (Mpi) causes mannose 6-phosphate accumulation, toxicity, and embryonic lethality. *J Biol Chem.* **2006**; 281: 5916-5927.

Du J, Takeuchi H, Leonhard-Melief C, Shroyer KR, Dlugosz M, Haltiwanger RS, Holdener BC. O-fucosylation of thrombospondin type 1 repeats restricts epithelial to mesenchymal transition (EMT) and maintains epiblast pluripotency during mouse gastrulation. *Dev Biol.* **2010**; 346: 25-38.

Evrard YA, Lun Y, Aulehla A, Gan L, Johnson RL. *lunatic fringe* is an essential mediator of somite segmentation and patterning. *Nature.* **1998**; 394: 377-381.

Fernandez-Valdivia R, Takeuchi H, Samarghandi A, Lopez M, Leonardi J, Haltiwanger RS, Jafar-Nejad H. Regulation of mammalian Notch signaling and embryonic development by the protein O-glucosyltransferase Rumi. *Development.* **2011**; 138: 1925-1934.

Fujihira H, Masahara-Negishi Y, Tamura M, Huang C, Harada Y, Wakana S, Takakura D, Kawasaki N, Taniguchi N, Kondoh G, et al. Lethality of mice bearing a knockout of the Ngly1-gene is partially rescued by the additional deletion of the Engase gene. *PLoS Genet.* **2017**; 13: e1006696.

Garcia-Garcia MJ, Anderson KV. Essential role of glycosaminoglycans in Fgf signaling during mouse gastrulation. *Cell.* **2003**; 114: 727-737.

Graham DB, Lefkovith A, Deelen P, de Klein N, Varma M, Boroughs A, Desch AN, Ng ACY, Guzman G, Schenone M, et al. TMEM258 Is a component of the oligosaccharyltransferase complex controlling ER stress and intestinal inflammation. *Cell Rep.* **2016**; 17: 2955-2965.

Habuchi H, Nagai N, Sugaya N, Atsumi F, Stevens RL, Kimata K. Mice deficient in heparan sulfate 6-O-sulfotransferase-1 exhibit defective heparan sulfate biosynthesis, abnormal placentation, and late embryonic lethality. *J Biol Chem.* **2007**; 282: 15578-15588.

Hellbusch CC, Sperandio M, Frommhold D, Yakubenia S, Wild MK, Popovici D, Vestweber D, Grone HJ, von Figura K, Lubke T, et al. Golgi GDP-fucose transporter-deficient mice mimic congenital disorder of glycosylation IIc/leukocyte adhesion deficiency II. *J Biol Chem.* **2007**; 282: 10762-10772.

Hiraoka S, Furuichi T, Nishimura G, Shibata S, Yanagishita M, Rimoin DL, Superti-Furga A, Nikkels PG, Ogawa M, Katsuyama K, et al. Nucleotide-sugar transporter SLC35D1 is critical to chondroitin sulfate synthesis in cartilage and skeletal development in mouse and human. *Nat Med.* **2007**; 13: 1363-1367.

Holmborn K, Ledin J, Smeds E, Eriksson I, Kusche-Gullberg M, Kjellen L. Heparan sulfate synthesized by mouse embryonic stem cells deficient in NDST1 and NDST2 is 6-O-sulfated but contains no N-sulfate groups. *J Biol Chem.* **2004**; 279: 42355-42358.

Hu H, Li J, Gagen CS, Gray NW, Zhang Z, Qi Y, Zhang P. Conditional knockout of protein O-mannosyltransferase 2 reveals tissue-specific roles of O-mannosyl glycosylation in brain development. *J Comp Neurol.* **2011**; 519: 1320-1337.

Ioffe E, Stanley P. Mice lacking N-acetylglucosaminyltransferase I activity die at mid-gestation, revealing an essential role for complex or hybrid N-linked carbohydrates. *Proc Natl Acad Sci.* **1994**; 91: 728-732.

Izumikawa T, Kanagawa N, Watamoto Y, Okada M, Saeki M, Sakano M, Sugahara K, Sugihara K, Asano M, Kitagawa H. Impairment of embryonic cell division and glycosaminoglycan biosynthesis in glucuronyltransferase-I-deficient mice. *J Biol Chem.* **2010**; 285: 12190-12196.

Kanagawa M, Kobayashi K, Tajiri M, Manya H, Kuga A, Yamaguchi Y, Akasaka-Manya K, Furukawa J, Mizuno M, Kawakami H, Shinohara Y, Wada Y, Endo T, Toda T. Identification of a post-translational modification with ribitol-phosphate and its defect in muscular dystrophy. *Cell Reports*. **2016**; 14: 2209-2223.

Klüppel M, Wight TN, Chan C, Hinek A, Wrana JL. Maintenance of chondroitin sulfation balance by chondroitin-4-sulfotransferase 1 is required for chondrocyte development and growth factor signaling during cartilage morphogenesis. *Development*. **2005**; 132: 3989-4003.

Kumagai T, Tanaka M, Yokoyama M, Sato T, Shinkai T, Furukawa K. Early lethality of β-1, 4-galactosyltransferase V-mutant mice by growth retardation. *Biochem Biophys Res Commun*. **2009**; 379: 456-459.

Kurahashi H, Taniguchi M, Meno C, Taniguchi Y, Takeda S, Horie M, Otani H, Toda T. Basement membrane fragility underlies embryonic lethality in fukutin-null mice. *Neurobiol Dis*. **2005**; 19: 208-217.

Lee GH, Fujita M, Takaoka K, Murakami Y, Fujihara Y, Kanzawa N, Murakami KI, Kajikawa E, Takada Y, Saito K, et al. A GPI processing phospholipase A2, PGAP6, modulates Nodal signaling in embryos by shedding CRIPTO. *J Cell Biol*. **2016**; 215: 705-718.

Lin X, Wei G, Shi Z, Dryer L, Esko JD, Wells DE, Matzuk MM. Disruption of gastrulation and heparan sulfate biosynthesis in EXT1-deficient mice. *Dev Biol*. **2000**; 224: 299-311.

Marek KW, Vijay IK, Marth JD. A recessive deletion in the GlcNAc-1-phosphotransferase gene results in peri-implantation embryonic lethality. *Glycobiology*. **1999**; 9: 1263-1271.

Metzler M, Gertz A, Sarkar M, Schachter H, Schrader JW, Marth JD. Complex asparagine-linked oligosaccharides are required for morphogenic events during post-implantation development. *EMBO J*. **1994**; 13: 2056-2065.

Molinari M, Galli C, Vanoni O, Arnold SM, Kaufman RJ. Persistent glycoprotein misfolding activates the glucosidase II/UGT1-driven calnexin cycle to delay aggregation and loss of folding competence. *Mol Cell*. **2005**; 20: 503-512.

Nishie T, Hikimochi Y, Zama K, Fukusumi Y, Ito M, Yokoyama H, Naruse C, Ito M, Asano M. β4-galactosyltransferase-5 is a lactosylceramide synthase essential for mouse extra-embryonic development. *Glycobiology*. **2010**; 20: 1311-1322.

Nozaki M, Ohishi K, Yamada N, Kinoshita T, Nagy A, Takeda J. Developmental abnormalities of glycosylphosphatidylinositol-anchor-deficient embryos revealed by Cre/loxP system. *Lab Invest*. **1999**; 79: 293-299.

Rana U, Liu Z, Kumar SN, Zhao B, Hu W, Bordas M, Cossette S, Szabo S, Foeckler J, Weiler H, et al. Nogo-B receptor deficiency causes cerebral vasculature defects during embryonic development in mice. *Dev Biol*. **2016**; 410: 190-201.

Ruotsalainen H, Sipila L, Vapola M, Sormunen R, Salo AM, Uitto L, Mercer DK, Robins SP, Risteli M, Aszodi A, et al. Glycosylation catalyzed by lysyl hydroxylase 3 is essential for basement membranes. *J Cell Sci*. **2006**; 119: 625-635.

Schwarzkopf M, Knobeloch KP, Rohde E, Hinderlich S, Wiechens N, Lucka L, Horak I, Reutter W, Horstkorte R. Sialylation is essential for early development in mice. *Proc Natl Acad Sci*. **2002**; 99: 5267-5270.

Shafi R, Iyer SP, Ellies LG, O'Donnell N, Marek KW, Chui D, Hart GW, Marth JD. The O-GlcNAc transferase gene resides on the X chromosome and is essential for embryonic stem cell viability and mouse ontogeny. *Proc Natl Acad Sci*. **2000**; 97: 5735-5739.

Shi S, Stanley P. Protein O-fucosyltransferase 1 is an essential component of Notch signaling pathways. *Proc Natl Acad Sci*. **2003**; 100: 5234-5239.

Stickens D, Zak BM, Rougier N, Esko JD, Werb Z. Mice deficient in Ext2 lack heparan sulfate and develop exostoses. *Development*. **2005**; 132: 5055-5068.

Takahashi I, Noguchi N, Nata K, Yamada S, Kaneiwa T, Mizumoto S, Ikeda T, Sugihara K, Asano M, Yoshikawa T, et al. Important role of heparan sulfate in postnatal islet growth and insulin secretion. *Biochem Biophys Res Commun*. **2009**; 383: 113-118.

Thiel C, Lubke T, Matthijs G, von Figura K, Korner C. Targeted disruption of the mouse phosphomannomutase 2 gene causes early embryonic lethality. *Mol Cell Biol*. **2006**; 26: 5615-5620.

Ueda Y, Yamaguchi R, Ikawa M, Okabe M, Morii E, Maeda Y, Kinoshita T. PGAP1 knock-out mice show otocephaly and male infertility. *J Biol Chem*. **2007**; 282: 30373-30380.

Vogel P, Hansen GM, Read RW, Vance RB, Thiel M, Liu J, Wronski TJ, Smith DD, Jeter-Jones S, Brommage R. Amelogenesis imperfecta and other biomineralization defects in Fam20a and Fam20c null mice. *Vet Pathol*. **2012**; 49: 998-1017.

Vollrath B, Fitzgerald KJ, Leder P. A murine homologue of the Drosophila *brainiac* gene shows homology to glycosyltransferases and is required for preimplantation development of the mouse. *Mol Cell Biol*. **2001**; 21: 5688-5697.

Wang Y, Ju T, Ding X, Xia B, Wang W, Xia L, He M, Cummings RD. Cosmc is an essential chaperone for correct protein O-glycosylation. *Proc Natl Acad Sci*. **2010**; 107: 9228-9233.

Wang Y, Tan J, Sutton-Smith M, Ditto D, Panico M, Campbell RM, Varki NM, Long JM, Jaeken J, Levinson SR, et al. Modeling human congenital disorder of glycosylation type IIa in the mouse: conservation of asparagine-linked glycan-dependent functions in mammalian physiology and insights into disease pathogenesis. *Glycobiology*. **2001**; 11: 1051-1070.

Willer T, Prados B, Falcon-Perez JM, Renner-Muller I, Przemeck GK, Lommel M, Coloma A, Valero MC, de Angelis MH, Tanner W, et al. Targeted disruption of the Walker-Warburg syndrome gene *Pomt1* in mouse results in embryonic lethality. *Proc Natl Acad Sci*. **2004**; 101: 14126-14131.

Willer T, Inamori KI, Venzke D, Harvey C, Morgensen G, Hara Y, Beltran Valero de Bernabe D, Yu L, Wright KM, Campbell KP. The glucuronyltransferase B4GAT1 is required for initiation of LARGE-mediated α-dystroglycan functional glycosylation. *eLife*. **2014**; 3.

Wright KM, Lyon KA, Leung H, Leahy DJ, Ma L, Ginty DD. Dystroglycan organizes axon guidance cue localization and axonal pathfinding. *Neuron*. **2012**; 76: 931-944.

Xia L, Ju T, Westmuckett A, An G, Ivanciu L, McDaniel JM, Lupu F, Cummings RD, McEver RP. Defective angiogenesis and fatal embryonic hemorrhage in mice lacking core 1-derived O-glycans. *J Cell Biol*. **2004**; 164: 451-459.

Yamashita T, Wada R, Sasaki T, Deng C, Bierfreund U, Sandhoff K, Proia RL. A vital role for glycosphingolipid synthesis during development and differentiation. *Proc Natl Acad Sci*. **1999**; 96: 9142-9147.

Zhang N, Gridley T. Defects in somite formation in *lunatic fringe*-deficient mice. *Nature*. **1998**; 394: 374-377.

附录 6

两大类聚糖结合蛋白的比较

莫林 · E. 泰勒（Maureen E. Taylor），库尔特 · 德里卡默（Kurt Drickamer），安妮 · 安伯蒂（Anne Imberty），伊薇特 · 范 · 科伊克（Yvette van Kooyk），罗纳德 · L. 施纳尔（Ronald L. Schnaar），玛丽莲 · E. 埃茨勒（Marilynn E. Etzler），阿吉特 · 瓦尔基（Ajit Varki）

附表 6.1

特征	凝集素 [a]	糖胺聚糖结合蛋白 [b]
共同的进化起源	是（在每个组别内）	否
共享的结构特征	是（在每个组别内）	否
涉及结合过程的特定氨基酸	每组中通常含有典型的氨基酸	碱性氨基酸残基片区（patch）
识别的聚糖类型	*N*- 聚糖，*O*- 聚糖，鞘糖脂（少数也识别硫酸化糖胺聚糖）	不同类型的硫酸化糖胺聚糖
聚糖内同源残基的位置	通常位于聚糖链外端的序列中	通常位于延伸的硫酸化糖胺聚糖链内部的序列中
对所识别聚糖的特异性	对特定聚糖结构的立体特异性要求高	通常识别一系列相关的硫酸化糖胺聚糖结构
单位点结合亲和力（affinity）	通常较低；多价性可以产生高亲合力（avidity）	通常具有中 / 高亲合力
结合位点的价态	多价结合为主（在天然结构内或通过聚集）	通常为单价态
常见亚组	C 型凝集素，半乳凝集素，P 型凝集素，I 型凝集素，L 型凝集素，R 型凝集素等	硫酸乙酰肝素结合蛋白，硫酸软骨素结合蛋白，硫酸皮肤素结合蛋白
每组内可识别的聚糖类型	可以是相似的（如半乳凝集素），也可以是可变的（如 C 型凝集素）	分类本身基于所识别的糖胺聚糖链的类型

[a] 还有其他动物蛋白以类似凝集素的方式识别聚糖，但似乎不属于公认的类别之中（如各种细胞因子）。

[b] 透明质酸结合蛋白（hyaladherin）介于这两个类别之间。一方面，一些（但不是全部）透明质酸结合蛋白具有共同的进化起源；另一方面，识别过程涉及了透明质酸的内部区域。透明质酸是非硫酸化的糖胺聚糖。

文献来源：修改自 Varki A，Angata T. 2006. *Glycobiology* **16**：1R-27R.

附录 7

分子动力学模拟

徐定（Ding Xu），[1]杰弗里 · D. 艾斯科（Jeffery D. Esko），[2]詹姆斯 · H. 普利斯特加德（James H. Prestegard），[3]罗伯特 · J. 林哈特（Robert J. Linhardt）[4]

即使使用普通的实验室计算机，也可以对硫酸乙酰肝素与蛋白质之间的相互作用进行分子动力学模拟。这些模拟可用于将硫酸乙酰肝素链内不同结构域的构象灵活性可视化，当与蛋白质 - 糖胺聚糖对接的最新进展相结合时，可以提供对糖胺聚糖 - 蛋白质相互作用的更多见解。

扫码可看视频

网址：https://www.ncbi.nlm.nih.gov/books/NBK579959/bin/app38A_supp_revised.mp4

[1] 布法罗大学（University at Buffalo）
电子邮件：dingxu@buffalo.edu
[2] 加州大学圣迭戈分校（University of CA, San Diego）
电子邮件：jesko@health.ucsd.edu
[3] 佐治亚大学（University of Georgia）
电子邮件：jpresteg@ccrc.uga.edu
[4] 伦斯勒理工学院（Rensselaer Polytechnic Institute）
电子邮件：linhar@rpi.edu

附录 8

已知的人类糖基化障碍

德克 · J. 勒费伯（Dirk J. Lefeber），[1] 哈德森 · H. 弗里兹（Hudson H. Freeze），[2] 理查德 · 斯蒂特（Richard Street），[3] 木下太郎（Taroh Kinoshita）[4,#]

附表 8.1

疾病	基因	功能	疾病 OMIM[1]	基因 OMIM	主要临床特征	年份	参考文献[2]
***N*- 连接途径**							
DPAGT1-CDG	*DPAGT1*	*N*- 乙酰葡萄糖胺 -1- 磷酸转移酶	608093	191350	智力障碍，肌张力减退，癫痫发作，小头畸形，感染，早逝，先天性肌无力综合征	2003	PMID：12872255
ALG1-CDG	*ALG1*	β1-4 甘露糖基转移酶	608540	605907	智力障碍，肌张力减退，癫痫发作，小头畸形，感染、早逝	2004	PMID：14709599 PMID：14973778 PMID：14973782
ALG2-CDG	ALG2	α1-3 甘露糖基转移酶	607906	607905	智力障碍，肌张力减退，癫痫发作，感染，髓鞘形成不足，肝肿大，早逝	2003	PMID：12684507
ALG2-CMS					先天性肌无力综合征	2013	PMID：23404334
ALG3-CDG	*ALG3*	α1-3 甘露糖基转移酶	601110	608750	智力障碍，肌张力减退，癫痫发作，小头畸形，视神经萎缩	1999	PMID：10581255
ALG6-CDG	*ALG6*	α1-3 葡萄糖基转移酶	603147	604566	智力障碍，肌张力减退，癫痫发作，小头畸形，共济失调	1999	PMID：10359825
ALG8-CDG	*ALG8*	α1-3 葡萄糖基转移酶	608104	608103	发育迟缓，肝肿大，蛋白丢失性肠病，凝血障碍，腹水，肾功能衰竭，早逝	2003	PMID：12480927
ALG9-CDG	*ALG9*	α1-2 甘露糖基转移酶	608776	606941	智力障碍，肌张力减退，癫痫发作，肝肿大	2004	PMID：15148656
ALG10-CDG	*ALG10*	α1-2 葡萄糖基转移酶	无	618355	进行性肌阵挛性癫痫	2021	PMID：33798445
ALG11-CDG	*ALG11*	α1-2 甘露糖基转移酶	613661	613666	智力障碍，肌张力减退，癫痫发作，耳聋，畸形	2010	PMID：20080937

[1] 拉德堡德大学医学中心（Radboud University Medical Center）
电子邮件：Dirk.Lefeber@radboudumc.nl
[2] 桑福德 · 伯纳姆 · 普雷比斯医学发现研究所（Sanford-Burnham-Prebys Medical Discovery institute）
电子邮件：hudson@sbpdiscovery.org
[3] 格林伍德遗传中心（Greenwood Genetic Center）
电子邮件：rsteet@ggc.org
[4] 大阪大学（Osaka University）
电子邮件：tkinoshi@biken.osaka-u.ac.jp
[#] 通讯作者

续表

疾病	基因	功能	疾病 OMIM[①]	基因 OMIM	主要临床特征	年份	参考文献[②]
ALG12-CDG	*ALG12*	α1-6 甘露糖基转移酶	607143	607144	智力障碍，肌张力减退，癫痫发作，小头畸形，反复感染	2002	PMID：11983712 PMID：12217961
ALG13-CDG	*ALG13*	尿苷二磷酸 -*N*-乙酰葡萄糖胺转移酶	300884	300776	小头畸形，癫痫发作，肝肿大，水平眼球震颤，视神经萎缩，感染	2012	PMID：22492991
ALG14-CMS	*ALG14*	尿苷二磷酸 -*N*-乙酰葡萄糖胺转移酶	616227	612866	先天性肌无力综合征	2013	PMID：23404334
ALG14-CDG			619031 619036		癫痫，脑萎缩	2017	PMID：28733338
RFT1-CDG	*RFT1*	$Man_5GlcNAc_2$ 翻转酶	612015	611908	智力障碍，肌张力减退，癫痫发作，小头畸形，肝肿大，凝血障碍，耳聋	2008	PMID：18313027
STT3A-CDG（隐性）	*STT3A*	寡糖基转移酶（OST）复合物亚基	615596	601134	智力障碍，发育迟缓，肌张力减退，小头畸形，癫痫发作，发育不全	2013	PMID：23842455
STT3A-CDG（显性）					多种骨骼异常，身材矮小，畸形特征，智力障碍，肌张力增加和肌肉痉挛	2021	PMID：34653363
STT3B-CDG	*STT3B*	寡糖基转移酶复合物亚基	615597	608605	智力障碍，发育迟缓，肌张力减退，小头畸形，癫痫发作，发育停滞，血小板减少症，生殖器异常	2013	PMID：23842455
MAGT1-CDG	*MAGT1*	镁转运蛋白 1，寡糖基转移酶复合物亚基	300716	300715	连锁非综合征性智力障碍	2008	PMID：18455129
TUSC3-CDG	*TUSC3*	寡糖基转移酶复合物亚基	611093	601385	非综合征性智力障碍	2008	PMID：18452889 PMID：18455129
DDOST-CDG	*DDOST*	寡糖基转移酶复合物亚基	614507	602202	智力障碍，发育迟缓，发育停滞，胃食管反流，耳部感染，口腔运动功能障碍	2012	PMID：22305527
OSTc-CDG	*OSTC*	寡糖基转移酶复合物亚基	无	619023	小头畸形，畸形面容，先天性心脏病，局灶性癫痫，智力障碍，骨骼发育不良且致命	2020	PMID：32267060
TREX-CDG	*TREX1*	寡糖基转移酶分子伴侣	225750 610448 192315 152700	606609	自身免疫和自身炎症性疾病	2015	PMID：26320659
NGLY1-CDG	*NGLY1*	*N*- 聚糖酶 -1	615273	610661	智力障碍，发育迟缓，癫痫发作，肝功能异常，泪液或流泪减少	2012	PMID：22581936
MAN2C1-CDG	*MAN2C1*	游离寡糖加工	无	154580	智力障碍，脑部异常，面部畸形	2021	PMID：35045343[③]
SSR3-CDG	*SSR3*	信号序列受体 γ	无	606213	癫痫发作，智力障碍，发育迟缓，小头畸形，脑结构异常	2019	PMID：30945312
SSR4-CDG	*SSR4*	信号序列受体 δ	300934	300090	小头畸形，智力障碍，癫痫发作，胃食管反流	2013	PMID：24218363
MGAT2-CDG	*MGAT2*	*N*- 乙酰葡萄糖胺转移酶 II	212066	602616	智力障碍，喂养问题，严重腹泻，生长迟缓，畸形	1996	PMID：8808595
MOGS-CDG	*MOGS*	α1-2 葡萄糖苷酶	606056	601336	肌张力减退，癫痫发作，肝肿大，肺换气不足，喂养问题，畸形，致命，尿液中独特的四糖	2000	PMID：10788335
常染色体显性多囊肾病和肝病	*GANAB*	α1-3 葡萄糖苷酶	600666	104160	常染色体显性多囊肾病和肝病	2016	PMID：27259053

续表

疾病	基因	功能	疾病 OMIM[①]	基因 OMIM	主要临床特征	年份	参考文献[②]
MAN1B1-CDG	*MAN1B1*	α1-2 甘露糖苷酶	614202	604346	非综合征性智力障碍，运动和语言发育迟缓，可变的畸形特征，躯干肥胖，巨头畸形	2011	PMID：21763484
I 细胞疾病	*GNPTAB*	*N*- 乙酰葡萄糖胺 -1- 磷酸转移酶	252500 252600	607840	智力障碍，先天性髋关节脱位，胸部畸形，疝气，牙龈增生，五官粗糙，关节活动受限	1981	PMID：6461005
常染色体显性多囊肝病	*PRKCSH*	葡萄糖苷酶 II 亚基 β	174050	177060	常染色体显性多囊肝病	2003	PMID：12529853 PMID：12577059
重度先天性中性粒细胞减少症	*JAGN1*	内质网组织架构	616022	616012	重度先天性中性粒细胞减少症，反复感染	2014	PMID：25129144 PMID：25129145
FUT8-CDG	*FUT8*	α1-6 岩藻糖基转移酶	618005	602589	严重的发育停滞，生长迟缓，喂养问题，身材矮小，呼吸困难	2017	PMID：29304374
MAN2A2-CDG	*MAN2A2*	高尔基体 α-甘露糖苷酶 II	无	600988	智力障碍，发育停滞		*
EDEM3-CDG	*EDEM3*	内质网降解增强 α- 甘露糖苷酶样蛋白 3	619493	610214	神经发育迟缓和可变的面部畸形	2021	PMID：34143952
可能影响多种途径							
PMM2-CDG	*PMM2*	将甘露糖 -6- 磷酸转换为甘露糖 -1- 磷酸	212065	601785	智力障碍，肌张力减退，癫痫发作，斜视，小脑发育不全，发育停滞，心肌病，前 5 年致死率达 20%	1997	PMID：9140401
MPI-CDG	*MPI*	果糖 -6- 磷酸和甘露糖 -6- 磷酸的相互转化	602579	154550	肝纤维化，凝血障碍，低血糖，蛋白丢失性肠病，呕吐，无神经系统症状	1998	PMID：9525984
DHDDS-CDG（隐性）	*DHDDS*	脱氢多萜醇基二磷酸合成酶	613861	608172	德系犹太人视网膜色素变性	2011	PMID：21295282 PMID：21295283
DHDDS-CDG（显性）			617836		发育停滞，癫痫发作，神经退行性疾病	2021	PMID：34382076
NUS1-CDG（隐性）	*NUS1*	脱氢多萜醇基二磷酸合成酶	617082	610463	发育停滞，智力障碍，癫痫发作，肌张力减退	2014	PMID：25066056
MRD55（显性）			617831		智力低下，常染色体显性遗传 55，伴有癫痫发作	2017	PMID：29100083
DOLK-CDG	*DOLK*	多萜醇激酶	610768	610746	智力障碍，肌张力减退，癫痫发作，低血糖，鱼鳞病，扩张型心肌病，心力衰竭	2007	PMID：17273964
SRD5A3-CDG	*SRD5A3*	聚戊烯醇还原酶	612379	611715	智力障碍，肌张力减退，眼睛和大脑畸形，眼球震颤，肝功能障碍，凝血障碍，鱼鳞病	2010	PMID：20637498
DPM1-CDG	*DPM1*	多萜醇 - 磷酸 - 甘露糖合成酶复合体	608799	603503	智力障碍，肌张力减退，癫痫发作，小头畸形，面部畸形，凝血障碍	2000	PMID：10642597 PMID：10642602
DPM2-CDG	*DPM2*	多萜醇 - 磷酸 - 甘露糖合成酶复合体	615042	603564	抗肌萎缩相关糖蛋白病，癫痫发作，肌张力减退，小头畸形，面部畸形，小脑发育不全，早逝	2012	PMID：23109149
DPM3-CDG	*DPM3*	多萜醇 - 磷酸 - 甘露糖合成酶复合体	612937	605951	抗肌萎缩相关糖蛋白病，扩张型心肌病，中风样发作	2009	PMID：19576565
MPDU1-CDG	*MPDU1*	多萜醇 - 磷酸 - 甘露糖的利用	609180	604041	智力障碍，癫痫发作，发育停滞，鱼鳞病样皮肤病，严重的喂养困难	2001	PMID：11733556 PMID：11733564

续表

疾病	基因	功能	疾病 OMIM[1]	基因 OMIM	主要临床特征	年份	参考文献[2]
FCSK-CDG	*FCSK*	岩藻糖激酶	618324	608675	严重发育迟缓，脑病变，顽固性癫痫发作和肌张力减退	2018	PMID：30503518
GFUS-CDG	*GFUS*	鸟苷二磷酸 -L-岩藻糖合成酶	无	137020	发育停滞，五官特征轻度粗糙	2021	PMID：34468083
GMPPA-CDG	*GMPPA*	鸟苷二磷酸 - 甘露糖焦磷酸化酶 A	615510	615495	失弛缓症，无泪症，神经功能缺损	2013	PMID：24035193
B4GALT1-CDG	*B4GALT1*	β1-4 半乳糖基转移酶	607091	137060	智力障碍，发育迟缓，肌张力减退，大头畸形，丹迪 - 沃克（Dandy-Walker）畸形[4]，凝血障碍，肌病	2002	PMID：11901181
SLC35A1-CDG	*SLC35A1*	胞苷一磷酸 - 唾液酸转运蛋白	603585	605634	智力障碍，癫痫发作，共济失调，出血，血小板减少，中性粒细胞减少，肾脏和心脏受累	2005 2013	PMID：15576474 PMID：23873973
SLC35A2-CDG	*SLC35A2*	尿苷二磷酸 - 半乳糖转运蛋白	300896	314375	智力障碍，癫痫发作，骨骼异常	2013	PMID：23561849
SLC35A3-CDG	*SLC35A3*	尿苷二磷酸 -*N*-乙酰葡萄糖胺转运蛋白	615553	605632	自闭症谱系障碍，肌张力减退，癫痫发作，关节弯曲	2013	PMID：24031089
SLC39A8-CDG	*SLC39A8*	金属阳离子同向转运蛋白	616721	608732	颅骨不对称，严重婴儿痉挛伴高度节律失常，比例失调性侏儒症	2015	PMID：26637979 PMID：26637978
SLC35C1-CDG	*SLC35C1*	鸟苷二磷酸 - 岩藻糖（GDP-Fuc）转运蛋白	266265	605881	智力障碍，肌张力减退，癫痫发作，小头畸形，异常面部外观，侏儒症，中性粒细胞增多症感染	2001	PMID：11326279
COG1-CDG	*COG1*	高尔基体到内质网的逆行运输	611209	606973	智力障碍，长骨缩短，面部畸形	2006	PMID：16537452
COG1-CCMS					脑肋下颌综合征	2009	PMID：19008299
COG2-CDG	*COG2*	高尔基体到内质网的逆行运输	617395	606974	小头畸形，精神运动性迟缓，癫痫发作，肝功能障碍，低铜血症，低铜蓝蛋白血症	2014	PMID：24784932
COG3-CDG	*COG3*	高尔基体到内质网的逆行运输	无	606975	严重的发育迟缓，肌张力减退，脑和小脑萎缩	2021	*
COG4-CDG（隐性）	*COG4*	高尔基体到内质网的逆行运输	613489	606976	发育迟缓，肌张力减退，癫痫发作，眼球震颤，肝脾肿大，婴儿期发育停滞伴反复腹泻，早逝	2009	PMID：19494034
索尔 - 威尔逊（Saul-Wilson）综合征（显性）					侏儒症，发育迟缓，特征性面部和放射学特征	2018	PMID：30290151
COG5-CDG	*COG5*	高尔基体到内质网逆行运输	613612	606821	智力障碍，肌张力减退，言语延迟，共济失调	2009	PMID：19690088
COG6-CDG	*COG6*	高尔基体到内质网逆行运输	614576	606977	严重的神经系统疾病，癫痫发作，呕吐	2010	PMID：20605848
COG7-CDG	*COG7*	高尔基体到内质网的逆行运输	608779	606978	肌张力减退，小头畸形，生长迟缓，拇指内收，发育停滞，心脏异常，皮肤皱纹，早逝	2004	PMID：15107842
COG8-CDG	*COG8*	高尔基体到内质网的逆行运输	611182	606979	智力障碍，肌张力减退，癫痫发作	2007	PMID：17331980 PMID：17220172
ATP6V0A2-CDG 皮肤皱纹综合征（wrinkly skin syndrome）	*ATP6V0A2*	高尔基体 pH 调节因子	219200 278250	611716	皮肤松弛，先天性髋关节脱位，关节过度松弛，畸形，喂养问题，囟门闭合延迟，中枢神经系统受累不同	2008	PMID：18157129

续表

疾病	基因	功能	疾病 OMIM[①]	基因 OMIM	主要临床特征	年份	参考文献[②]
TMEM165-CDG	*TMEM165*	高尔基体 pH 调节因子，锰和钙稳态	614727	614726	智力障碍，肌张力减退，小头畸形，身材矮小，畸形，眼部异常，肝肿大，骨骼发育不良	2012	PMID：22683087
TMEM199-CDG	*TMEM199*	高尔基体稳态	616829	616815	轻度肝脂肪变性，转氨酶升高，碱性磷酸酶升高，高胆固醇血症，血清铜蓝蛋白低	2016	PMID：26833330
CCDC115-CDG	*CCDC115*	高尔基体稳态	616828	613734	涉及肝脾肿大的贮积病样表型，随着年龄的增长而消退，骨源性碱性磷酸酶高度升高，转氨酶和胆固醇升高，并伴有铜代谢异常和神经系统症状	2016	PMID：26833332
ATP6AP1-CDG	*ATP6AP1*	高尔基体液泡 ATP 酶	300972	300197	免疫缺陷，肝病和可变的神经认知异常	2016	PMID：27231034
ATP6AP2-CDG	*ATP6AP2*	高尔基体液泡 ATP 酶	300423 301045 300911	300556	智力障碍，肝病，免疫缺陷，皮肤松弛	2017	PMID：29127204
ATP6V1A-CDG	*ATP6V1A*	高尔基体液泡 ATP 酶	617403	607027	皮肤松弛，面部畸形，心脏异常	2017	PMID：28065471
ATP6V1E1-CDG	*ATP6V1E1*	高尔基体液泡 ATP 酶	617402	108746	皮肤松弛，面部畸形，心脏异常	2017	PMID：28065471
VMA21-CDG	*VMA21*	V-ATP 酶组装因子	310440	300913	轻度胆汁淤积，转氨酶慢性升高，低密度脂蛋白（LDL）胆固醇升高，脂肪变性	2020	PMID：32145091
MRX108	*SLC9A7*	Na^+/H^+ 交换蛋白	301024	300368	非综合征形式的 X 连锁智力障碍（XLNSID）	2019	PMID：30335141
先天性肌无力综合征	*GFPT1*	谷氨酰胺 - 果糖 -6- 磷酸转氨酶 1	610542	138292	伴有管状聚集体的先天性肌无力综合征	2011	PMID：21310273
软骨发育不全 1A 型	*TRIP11*	高尔基体结构	200600	604505	致命的软骨发育不全，骨化不足	2010	PMID：20089971
PGM1-CDG 糖原贮积症 14	*PGM1*	葡萄糖 -1- 磷酸和葡萄糖 -6- 磷酸的可逆转化	614921 612934	171900	神经系统正常，悬雍垂分裂，肝病，低血糖症，横纹肌溶解，扩张型心肌病，心脏骤停，恶性高热	2012	PMID：22492991
高 IgE 综合征（HIES）	*PGM3*	*N*- 乙酰葡萄糖胺 -1- 磷酸和 *N*- 乙酰葡萄糖胺 -6- 磷酸的可逆转化	615816	172100	严重特异反应性，血清 IgE 水平升高，免疫缺陷，自身免疫，运动和神经认知障碍	2014	PMID：24589341 PMID：24698316
中性粒细胞减少症，严重先天性 4 型	*G6PC3*	葡萄糖 -6- 磷酸酶催化亚基 3	612541	611045	严重的先天性中性粒细胞减少症，反复感染，显著的浅静脉，心脏异常	2011	PMID：21385794
糖原贮积症 Ib 和 Ic 型（隐性）	*SLC37A4*	葡萄糖 -6- 磷酸转运蛋白	232220 232240	602671	中性粒细胞功能障碍	2011	PMID：21385794
SLC37A4-CDG（显性）			619525		肝功能障碍，凝血功能障碍	2021	PMID：33964207
非综合征性智力障碍 韦斯特（West）综合征	*ST3GAL3*	*N*- 乙酰乳糖胺 α2-3 唾液酰基转移酶	611090 615006	606494	非综合征性智力障碍，婴儿痉挛症，高度节律失常	2011 2013	PMID：21907012 PMID：23252400
先天性红细胞生成障碍性贫血 II 型（CDA-II）	*SEC23B*	高尔基体运输	224100	610512	骨髓中的多核成红细胞破坏了红细胞生成	2009	PMID：19561605

续表

疾病	基因	功能	疾病 OMIM[1]	基因 OMIM	主要临床特征	年份	参考文献[2]
常染色体显性多囊肝病	*SEC63*	高尔基体运输	174050	608648	常染色体显性多囊肝病	2004	PMID：15133510
STX5-CDG	*STX5*	高尔基体	无	603189	多系统疾病伴严重肝病，骨骼发育不良，面部畸形，肌张力减退，胆固醇升高	2021	PMID：34711829
GET2-CDG	*CAMLG*	跨膜结构域识别复合物	无	601118	发育迟缓，智力障碍，肌张力减退，癫痫	2021	*
GET3-CDG	*GET3*	跨膜结构域识别复合物	无	601913	进行性小儿心肌病和早逝	2019	PMID：31461301
GET4-CDG	*GET4*	跨膜结构域识别复合物	无	612056	发育迟缓，智力障碍，癫痫发作，面部畸形和骨龄延迟	2020	PMID：32395830
卡特尔 - 曼茨克（Catel-Manzke）综合征[5]	*TGDS*	胸苷二磷酸 - 葡萄糖 -4,6- 脱水酶	616145	616146	产前和产后生长缺陷，皮埃尔 - 罗班（Pierre-Robin）序列[4]异常，心脏异常，食指双侧明显过度增生	2014	PMID：25480037
TRAPPC11 缺乏症	*TRAPPC11*	细胞内囊泡运输	615356	614138	肌肉萎缩症，肢带或脑萎缩，全身性发育迟缓，脊柱侧凸，失弛缓症和无泪症	2017	PMID：23830518 PMID：27707803
TRAPPC9-CDG	*TRAPPC9*	细胞内囊泡运输	613192	611966	智力障碍，小头畸形，胼胝体发育不全，畸形特征	2022	PMID：35042660
UGP2-CDG 发育性和癫痫发作性脑病 83	*UGP2*	尿苷二磷酸 - 葡萄糖焦磷酸化酶 2（将葡萄糖 -1- 磷酸转化为尿苷二磷酸 - 葡萄糖）	618744	191760	智力障碍，癫痫发作，发育迟缓，肌张力减退，喂养困难，部分患者畸形面部特征	2020	PMID：31820119
UGDH-CDG 发育性和癫痫发作性脑病 84	*UGDH*	尿苷二磷酸 - 葡萄糖脱氢酶（将尿苷二磷酸 - 葡萄糖转化为尿苷二磷酸 - 葡萄糖醛酸）	618792	603370	智力障碍，癫痫发作，发育迟缓，肌张力减退，喂养困难，部分患者畸形面部特征	2020	PMID：32001716
CAD-CDG 发育性和癫痫发作性脑病 50	*CAD*	嘧啶的从头生物合成	616457	114010	发育迟缓，肌张力减退，癫痫发作性脑病	2015	PMID：25678555
科恩（Cohen）综合征	*VPS13b*	液泡蛋白分选 13 蛋白同源物 B	216550	607817	智力障碍，小头畸形，面部畸形，躯干肥胖，进行性视网膜病变和间歇性先天性中性粒细胞减少症	2003	PMID：24334764
糖基磷脂酰肌醇锚定途径							
X 连锁糖基磷脂酰肌醇锚缺陷（GPIBD4）	*PIGA*	*N*- 乙酰葡萄糖胺 - 肌醇合成蛋白	300868	311770	畸形，肌张力减退，癫痫发作，可变的中枢神经系统，心脏和泌尿系统，早逝	2012	PMID：22305531
阵发性睡眠性血红蛋白尿症			300818		补体介导的溶血	1993	PMID：8500164
常染色体隐性遗传糖基磷脂酰肌醇锚缺陷（GPIBD16）	*PIGC*	*N*- 乙酰葡萄糖胺 - 肌醇合成蛋白	617816	601730	发育迟缓 / 智力障碍，癫痫发作	2016	PMID：27694521
常染色体隐性遗传糖基磷脂酰肌醇锚缺陷（GPIBD17）	*PIGH*	*N*- 乙酰葡萄糖胺 - 肌醇合成蛋白	618010	600154	癫痫发作，中等发育迟缓	2018	PMID：29573052 PMID：29603516

续表

疾病	基因	功能	疾病OMIM[①]	基因OMIM	主要临床特征	年份	参考文献[②]
常染色体隐性遗传糖基磷脂酰肌醇锚缺陷（GPIBD19）	*PIGQ*	*N*-乙酰葡萄糖胺-肌醇合成蛋白	618548	605754	重度发育迟缓，癫痫发作，早逝	2014	PMID：24463883
常染色体隐性遗传糖基磷脂酰肌醇锚缺陷（GPIBD14）	*PIGP*	*N*-乙酰葡萄糖胺-肌醇合成蛋白	617599	605938	发育迟缓，肌张力减退，癫痫发作	2017	PMID：28334793
常染色体隐性遗传糖基磷脂酰肌醇锚缺陷（GPIBD12）	*PIGY*	*N*-乙酰葡萄糖胺-肌醇合成蛋白	616809	610662	严重发育迟缓，癫痫发作，早逝	2015	PMID：26293662
CHIME 综合征，高磷酸酯酶症伴智力落后综合征（HPMRS）（GPIBD5）	*PIGL*	*N*-乙酰葡萄糖胺-肌醇去 *N*-乙酰化酶	280000	605947	智力障碍，眼组织缺损，心脏缺陷，早发性鱼鳞病样皮肤病，耳部异常（传导性听力损失），高磷酸酯酶症伴智力落后综合征	2012	PMID：22444671
韦斯特综合征和高磷酸酯酶症伴智力落后综合征（GPIBD11）	*PIGW*	在糖基磷脂酰肌醇锚生物合成中，酰化磷脂酰肌醇中的肌醇环	616025	610275	韦斯特综合征，高磷酸酯酶症伴智力落后综合征	2013	PMID：24367057
常染色体隐性遗传糖基磷脂酰肌醇锚缺陷（GPIBD1）	*PIGM*	糖基磷脂酰肌醇生物合成中的第一个 α-甘露糖基转移酶	610293	610273	癫痫发作，门静脉血栓形成，门静脉高压症	2006	PMID：16767100
高磷酸酯酶症伴智力落后综合征（GPIBD2）	*PIGV*	糖基磷脂酰肌醇生物合成中的第二个 α-甘露糖基转移酶	239300	610274	高磷酸酯酶症伴智力落后综合征 1	2010	PMID：20802478
常染色体隐性遗传糖基磷脂酰肌醇锚缺陷（GPIBD3）	*PIGN*	糖基磷脂酰肌醇磷酸乙醇胺转移酶 1	614080	606097	严重的神经功能障碍，癫痫发作，发育迟缓，多发性先天性异常，早逝	2011	PMID：21493957
常染色体隐性遗传糖基磷脂酰肌醇 I 锚缺陷（GPIBD20）	*PIGB*	糖基磷脂酰肌醇生物合成中的第三个 α-甘露糖基转移酶	618580	604122	发育迟缓 / 智力障碍，肌张力减退，癫痫发作，高磷酸酯酶症	2019	PMID：31256876
阵发性睡眠性血红蛋白尿症					补体介导的溶血	2020	PMID：33216889
常染色体隐性遗传糖基磷脂酰肌醇锚缺陷（GPIBD24）	*PIGF*	糖基磷脂酰肌醇磷酸乙醇胺转移酶 2/3	619356	600153	指甲营养不良，骨营养不良，智力障碍，癫痫发作	2021	PMID：33386993
高磷酸酯酶症伴智力落后综合征（GPIBD6）	*PIGO*	糖基磷脂酰肌醇磷酸乙醇胺转移酶 3	614749	614730	高磷酸酯酶症伴智力落后综合征 2	2012	PMID：22683086
常染色体隐性遗传糖基磷脂酰肌醇锚缺陷（GPIBD13）	*PIGG*	糖基磷脂酰肌醇磷酸乙醇胺转移酶 2	616917	616918	发育迟缓 / 智力障碍，肌张力减退，癫痫发作	2016	PMID：26996948
常染色体隐性遗传糖基磷脂酰肌醇锚缺陷（GPIBD22）	*PIGK*	糖基磷脂酰肌醇转酰胺酶复合物	618879	605087	发育迟缓 / 智力障碍，癫痫发作，共济失调	2020	PMID：32220290
常染色体隐性遗传糖基磷脂酰肌醇锚缺陷（GPIBD18）	*PIGS*	糖基磷脂酰肌醇转酰胺酶复合物	618143	610271	发育迟缓 / 智力障碍，肌张力减退，癫痫发作	2018	PMID：30269814

续表

疾病	基因	功能	疾病 OMIM[①]	基因 OMIM	主要临床特征	年份	参考文献[②]
常染色体隐性遗传糖基磷脂酰肌醇锚缺陷（GPIBD7）	*PIGT*	糖基磷脂酰肌醇转酰胺酶复合物	615398	610272	智力障碍，肌张力减退，癫痫发作，骨骼异常，内分泌，眼科异常，低磷酸酯酶症	2013	PMID：23636107
阵发性睡眠性血红蛋白尿症			615399		补体介导的溶血	2013	PMID：23733340
常染色体隐性遗传糖基磷脂酰肌醇锚缺陷（GPIBD21）	*PIGU*	糖基磷脂酰肌醇转酰胺酶复合物	618590	608528	发育迟缓 / 智力障碍，肌张力减退，癫痫发作	2019	PMID：31353022
常染色体隐性遗传糖基磷脂酰肌醇锚缺陷（GPIBD15）	*GPAA1*	糖基磷脂酰肌醇转酰胺酶复合物	617810	603048	发育迟缓，肌张力减退，癫痫发作，小脑萎缩，骨质减少	2017	PMID：29100095
常染色体隐性遗传糖基磷脂酰肌醇锚缺陷（GPIBD9）	*PGAP1*	糖基磷脂酰肌醇锚成熟中的脂质重塑步骤	615802	611655	患有脑病的智力障碍	2014	PMID：24784135
高磷酸酯酶症伴智力落后综合征（GPIBD8）	*PGAP2*	糖基磷脂酰肌醇锚成熟中的脂质重塑步骤	614207	615187	高磷酸酯酶症伴智力落后综合征 3	2013	PMID：23561846 PMID：23561847
高磷酸酯酶症伴智力落后综合征（GPIBD10）	*PGAP3*	糖基磷脂酰肌醇锚成熟中的脂质重塑步骤	615716	611801	高磷酸酯酶症伴智力落后综合征 4	2014	PMID：24439110
早期婴儿癫痫发作性脑病（GPIBD23）	*ARV1*	与 *N*- 乙酰葡萄糖胺 - 肌醇合成蛋白结合，推定的脂质转运蛋白	617020	611647	智力障碍，肌张力减退，癫痫发作，脑病，共济失调，视力障碍	2020	PMID：32165008
抗肌萎缩相关糖蛋白病							
沃克 - 瓦尔堡（Walker-Warburg）综合征（MDDGA1、B1、C1）	*POMT1*	*O*- 甘露糖基转移酶	236670 613155 609308	607423	沃克 - 瓦尔堡综合征，脑部畸形，各种眼部畸形，血清肌酸激酶（CK）升高	2002	PMID：12369018
沃克 - 瓦尔堡综合征（MDDGA2，B2，C2）	*POMT2*	*O*- 甘露糖基转移酶	613150 613156 613158	607439	沃克 - 瓦尔堡综合征，脑部畸形，各种眼部畸形，血清肌酸激酶升高	2005	PMID：15894594
肌 - 眼 - 脑病（MDDGA3，B3，C3）	*POMGNT1*	*O*- 甘露糖基聚糖 *N*- 乙酰葡萄糖胺转移酶	253280 613151 613157	606822	智力障碍，重度早发性肌无力，脑畸形，各种眼部畸形，血清肌酸激酶升高	2001	PMID：11709191
福山型先天性肌营养不良症（MDDGA4，B4，C4）	*FKTN*	核糖醇 -5- 磷酸转移酶	253800 613152 611588	607440	肌张力减退，智力障碍，癫痫发作，全身肌无力，血清肌酸激酶升高	1998	PMID：9690476
先天性肌营养不良症 1C 型（MDDGA5，B5，C5）	*FKRP*	福山蛋白相关蛋白，核糖醇 -5- 磷酸转移酶	613153 606612 607155	606596	肌张力减退，喂养困难，下肢肌肉肥大，肩带萎缩，不同的神经系统受累，血清肌酸激酶升高	2001	PMID：11592034
先天性肌营养不良 1D 型（MDDGA6，B6）	*LARGE1*	木糖和葡萄糖醛酸转移酶	613154 608840	603590	智力障碍，白质改变，血清肌酸激酶升高	2003	PMID：12966029
沃克 - 瓦尔堡综合征（MDDGA7）	*CRPPA*	胞苷二磷酸 - 核糖醇（CDP-ribitol）合成酶	614643	614631	脑畸形，各种眼部畸形，血清肌酸激酶升高	2012	PMID：22522420 PMID：22522421

续表

疾病	基因	功能	疾病 OMIM[1]	基因 OMIM	主要临床特征	年份	参考文献[2]
沃克-瓦尔堡综合征（MDDGA8）	*POMGNT2*	β1-4 *N*-乙酰葡萄糖胺转移酶	614830	614828	脑部畸形，各种眼部畸形	2012	PMID：22958903
沃克-瓦尔堡综合征（MDDGA10）	*RXYLT1*	木糖基转移酶	615041	605862	脑畸形，面裂，视网膜发育不良，性腺发育不全	2012	PMID：23217329
先天性肌营养不良症（MDDGA11）	*B3GALNT2*	β1-3 *N*-乙酰半乳糖胺转移酶 2	615181	610194	智力障碍，肌张力减退，癫痫发作，脑畸形，各种眼部畸形，血清肌酸激酶升高	2013	PMID：23453667
沃克-瓦尔堡综合征（MDDGA12）	*POMK*	*O*-甘露糖激酶	615249	615247	沃克-瓦尔堡综合征，脑和眼畸形，血清肌酸激酶升高	2013	PMID：23929950 PMID：23519211
沃克-瓦尔堡综合征（MDDGA13）	*B4GAT1*	β1-4 葡萄糖醛酸转移酶	615287	605517	肌张力减退，癫痫发作，脑畸形，视网膜发育不良，血清肌酸激酶升高	2013	PMID：23359570
先天性肌营养不良症（MDDGA14，B14，C14）	*GMPPB*	鸟苷二磷酸-甘露糖焦磷酸化酶 B	615350 615351 615352	615320	智力障碍，小头畸形，脑和眼畸形，血清肌酸激酶升高	2013	PMID：23768512
遗传性包涵体肌病	*GNE*	尿苷二磷酸-*N*-乙酰葡萄糖胺-2-差向异构酶/*N*-乙酰甘露糖胺激酶	600737 605820 269921	603824	近端和远端肌肉无力，上肢和下肢消瘦，股四头肌不受影响	2001	PMID：11528398
糖胺聚糖							
埃勒斯-当洛（Ehlers-Danlos）综合征	*B4GALT7*	β1-4 半乳糖基转移酶 7	130070	604327	早衰型发育迟缓，身材矮小，骨质减少，伤口愈合不良，关节活动过度，肌肉张力低，皮肤松弛但有弹性	1990	PMID：2106134
遗传性多发性外生骨疣	*EXT1*	葡萄糖醛酸/*N*-乙酰葡萄糖胺转移酶	133700	608177	多发性外生骨疣	1995	PMID：7550340
遗传性多发性外生骨疣（显性）	*EXT2*	葡萄糖醛酸/*N*-乙酰葡萄糖胺转移酶	133700	608210	多发性外生骨疣	1995	PMID：7550340
癫痫发作，脊柱侧弯和大头畸形综合征（隐性）	*EXT2*	葡萄糖醛酸/*N*-乙酰葡萄糖胺转移酶	616682	608210		2015	PMID：26246518
蜗牛状骨盆软骨发育不良（SHNKND）	*SLC35D1*	尿苷二磷酸-葡萄糖醛酸/尿苷二磷酸-*N*-乙酰半乳糖胺转移酶高尔基体转运蛋白	269250	610804	新生儿致死性软骨发育不良，短肢骨骼发育不良	2007	PMID：17952091
先天性脊椎骨骺发育不良（SED）	*PAPSS2*	3′-磷酸腺苷-5′-磷酰硫酸合成酶	612847	603005	身材矮小，骨骼发育不良，智力正常，骨骺和干骺端变化	1998	PMID：9771708
软骨发育不全 1B 型	*SLC26A2*	硫酸根阴离子转运蛋白	222600 600972 256050	606718	严重病例过早死亡，成人报告的症状为：软骨发育不全 Ib 型，通常为死胎或呼吸衰竭过早死亡；骨发育不全症 II 型，肺发育不全，婴儿期致死	1996	PMID：8528239
奥玛尼（Omani）型先天性脊椎骨骺发育不良	*CHST3*	软骨素 6-*O*-磺基转移酶	143095	603799	骨骼发育不良，智力正常	2004	PMID：15215498

续表

疾病	基因	功能	疾病 OMIM①	基因 OMIM	主要临床特征	年份	参考文献②
黄斑角膜营养不良 I/II 型	*CHST6*	硫酸角质素 6-*O*-磺基转移酶	217800	605294	角膜混浊和糜烂，畏光疼痛	2000	PMID：11017086
骨软骨发育不良，短指和重叠畸形手指（OCBMD）	*CHST11*	软骨素 4-*O*- 磺基转移酶 1	618167	610128	骨骼畸形	2015	PMID：26436107
埃勒斯 - 当洛综合征，内收拇指马蹄内翻足综合征	*CHST14*	硫酸皮肤素 *N*-乙酰半乳糖胺 4-*O*- 磺基转移酶 1	601776	608429	拇指内收，马蹄内翻足，进行性关节，皮肤松弛综合征	2009 2010	PMID：20004762 PMID：20533528
德比夸（Desbuquois）发育不良 1 型 多发性骨骺发育不良 7 型	*CANT1*	钙活化核苷酸酶 1	251450 617719	613165	严重的生长迟缓，关节松弛，四肢短小，脊柱侧弯	2009	PMID：19853239
埃勒斯 - 当洛样综合征，或伴有关节过度松弛的先天性脊椎骨骺发育不良	*B3GALT6*	β1-3 半乳糖基转移酶 6	251450 6177192	615291	骨骼和结缔组织异常，皮肤松弛，肌肉张力减退，关节脱位，脊柱畸形	2013	PMID：23664117
拉森（Larsen）样综合征	*B3GAT3*	β1-3 葡萄糖醛酸转移酶 3	245600	606374	多发性关节脱位，身材矮小，颅面畸形，先天性心脏缺陷	2011	PMID：21763480
德比夸发育不良	*FAM20B*	糖胺聚糖木糖激酶	无	611063	短肢发育不良，身材非常矮小，关节松弛和骨骼变化	2019	PMID：30847897
常染色体隐性身材矮小综合征（德比夸发育不良 2 型）	*XYLT1*	木糖基转移酶 1	615777	608124	中度智力障碍，身材矮小，面部特征明显，脂肪分布改变	2014	PMID：23982343
伴有骨脆性，白内障和听力缺陷的脊椎眼综合征	*XYLT2*	木糖基转移酶 2	605822	608125	骨质疏松症，白内障，感音神经性听力损失，轻度学习缺陷	2015	PMID：26027496
肌肉收缩型埃勒斯 - 当洛综合征	*DSE*	硫酸皮肤素差向异构酶	615539	605942	特征性面部特征，先天性拇指和足部挛缩，手指，肘部和膝关节过度活动，肌肉无力	2013	PMID：23704329
CSGALNACT1 缺乏症	*CSGALNACT1*	硫酸软骨素 *N*-乙酰半乳糖胺基转移酶 -1	618870	616615	身材矮小和关节松弛	2017	PMID：27599773
EXTL3 缺乏症	*EXTL3*	葡萄糖醛酸 /*N*-乙酰葡萄糖胺转移酶	617425	605744	智力障碍，骨骼发育不良，严重联合免疫缺陷	2017	PMID：28132690 PMID：28148688 PMID：28331220
SLC10A7 缺乏症	*SLC10A7*	Ca^{2+} 内稳态	618363	611459	牙釉质发育不全和骨骼发育不良，伴多发脱位	2018	PMID：30082715 PMID：29878199
NDST1-CDG MRT46	*NDST1*	硫酸乙酰肝素中，对 *N*- 乙酰葡萄糖胺进行 *N*- 去乙酰基化和 *N*- 硫酸化	616116	600853	非综合征性智力障碍	2014	PMID：25125150
帕加尼尼 - 米奥佐（Paganini-Miozzo）综合征（MRXSPM）	*HS6ST2*	硫酸乙酰肝素 6-*O*- 磺基转移酶 2	301025	300545	X 连锁智力障碍和严重近视	2019	PMID：30471091
伴或不伴肾发育不全的神经面骨骼综合征	*HS2ST1*	硫酸乙酰肝素 6-*O*- 磺基转移酶 1	619194	604844	发育迟缓 / 智力障碍，胼胝体发育不全或不发育，面部畸形，骨骼异常	2020	PMID：33159882

续表

疾病	基因	功能	疾病 OMIM[1]	基因 OMIM	主要临床特征	年份	参考文献[2]
泰姆塔米（Temtamy）轴前指过短综合征	*CHSY1*	β1-3 葡萄糖醛酸转移酶 /β1-4 *N*- 乙酰半乳糖胺转移酶（硫酸软骨素的延伸）	605282	608183	双侧，对称的轴前短指和指趾过度畸形，面部畸形，牙齿异常，感音神经性听力损失，运动迟缓，生长迟缓，智力障碍	2010	PMID：21129728
其他							
阿米什（Amish）婴儿癫痫	*ST3GAL5*	Sia2-3Galβ1-4Glc-Cer 合成酶（GM3）	609056	604402	婴儿期癫痫，发育停滞，失明	2004	PMID：15502825
椒盐综合征					重度智力障碍，癫痫，脊柱侧弯，皮肤色素沉着改变，舞蹈手足徐动症，畸形面部特征	2014	PMID：24026681
复杂遗传性痉挛性截瘫	*B4GALNT1*	β1-4 *N*- 乙酰半乳糖胺转移酶 1（GM2）	609195	601873	早发性痉挛性截瘫，智力障碍，小脑性共济失调，周围神经病变，皮质萎缩，白质高信号	2013	PMID：23746551
NOR 多聚凝集综合征	*A4GALT*	α1-4 半乳糖基转移酶（GB3 合成酶）	111400	607922	具有无症状贫血，白细胞减少或血小板减少的可能性	2012	PMID：22965229
GALNT2-CDG	*GALNT2*	多肽 *N*- 乙酰半乳糖胺转移酶 2	618885	602274	广泛具有语言缺陷的发育迟缓 / 智力障碍，自闭症特征，行为异常，癫痫，慢性失眠，脑磁共振成像白质变化，畸形特征，身材矮小和高密度脂蛋白胆固醇水平降低	2020	PMID：32293671
亚当斯 - 奥利弗综合征 4 型	*EOGT*	表面生长因子（EGF）结构域特异性 *O*- 连接 *O*-*N*- 乙酰葡萄糖胺转移酶	615297	614789	先天性皮肤发育不全，末端横肢缺损	2013	PMID：23522784
家族性肿瘤样钙质沉着症	*GALNT3*	多肽 *N*- 乙酰半乳糖胺转移酶 3	211900	601756	皮肤和组织中大量钙沉积	2004	PMID：15133511
Tn 综合征	*C1GALT1C1*	β1-3 半乳糖基转移酶的分子伴侣	300622	300611	伴有血小板减少症的溶血性贫血，白细胞减少症	2005	PMID：16251947
彼得斯附加（Peters-plus）综合征	*B3GLCT*	对血小板应答蛋白 1 型重复序列上的 *O*- 岩藻糖具有特异性的 β1-3 葡萄糖基转移酶	261540	610308	彼得斯（Peters）眼前房异常，智力障碍，发育迟缓，产前生长延迟，产后通常不成比例地矮小，唇裂伴或不伴腭裂	2006	PMID：16909395
道林 - 德戈斯病（Dowling-Degos disease）2 型	*POFUT1*	对特定表皮生长因子重复序列具有特异性的蛋白质 *O*- 岩藻糖基转移酶 1	615327	607491	皮肤病在弯曲区域（如颈部、腋窝、乳房下部和腹股沟等区域）显示网状色素沉着过度和色素减退	2013	PMID：23684010
道林 - 德戈斯病 4 型	*POGLUT1*	对特定表皮生长因子重复序列具有特异性的蛋白质 *O*- 葡萄基转移酶 1	615696	615618	皮肤病在弯曲区域（如颈部、腋窝、乳房下部和腹股沟等区域）显示网状色素沉着过度和色素减退	2014	PMID：24387993
常染色体隐性脊椎肋骨发育不全 3 型	*LFNG*	lunatic fringe 蛋白特异性，位于特定表皮生长因子重复序列上的 *O*- 岩藻糖	609813	602576	脊柱肋骨发育不全伴有严重的椎骨异常	2006	PMID：16385447
MRX106	*OGT*	*O*-GlcNAc 转移酶	300997	300255	X 连锁智力障碍	2017	PMID：28302723 PMID：28584052

续表

疾病	基因	功能	疾病 OMIM[①]	基因 OMIM	主要临床特征	年份	参考文献[②]
N- 乙酰神经氨酸合成酶缺乏症	*NANS*	*N*- 乙酰神经氨酸合成酶	610442	605202	婴儿期严重发育迟缓和骨骼发育不良	2016	PMID：27213289
N- 乙酰神经氨酸丙酮酸裂解酶缺乏症	*NPL*	将唾液酸回收为 *N*- 乙酰甘露糖胺	无	611412	唾液酸尿症，运动后产生心脏症状，不耐受 / 肌肉萎缩	2018	PMID：30568043
GNPNAT1-CDG	*GNPNAT1*	葡萄糖胺磷酸 *N*- 乙酰转移酶（将葡萄糖胺 -6- 磷酸转化为 *N*- 乙酰葡萄糖胺 -6- 磷酸）	无	616510	肢根骨发育不良	2021	PMID：32591345
脑小血管病 3 型（BSVD3）	*COLGALT1*	胶原蛋白半乳糖基转移酶	618360	617531	多发性颅内出血导致的发育迟缓，痉挛，孔脑畸形	2018	PMID：30412317
GOSR2-CDG 癫痫，进行性肌阵挛 6	*GOSR2*	SNARE 家族囊泡对接蛋白亚基	614018	604027	进行性肌阵挛性癫痫，共济失调	2011	PMID：21549339
先天性糖基化障碍状态未知 **							
半乳糖血症 1 型	*GALT*	半乳糖 1- 磷酸尿苷酰基转移酶	230400	606999	发育停滞、呕吐、白内障、肝肿大、促性腺激素性腺功能减退症导致的卵巢衰竭	2016	PMID：26733289
半乳糖血症 3 型	*GALE*	尿苷二磷酸 - 半乳糖 -4- 引物差向异构酶	230350	606953	发育停滞，肝肿大，脾肿大，肌张力减退，智力障碍，发育迟缓，呕吐	2021	PMID：34159722
遗传性果糖不耐受症	*ALDOB*	醛缩酶 B	229600	612724	发育停滞，肝肿大，肌张力减退智力障碍，发育迟缓，癫痫发作，呕吐[⑥]	2007	PMID：17515832

* 近期即将发表的工作；** 与为临床和为患者争取权益的专业人士仍在进行讨论。

① 数字为在线人类孟德尔遗传病数据库（Online Mendelian Inheritance in Man，OMIM）中的疾病编号。

② PMID 为 PubMed 生物医学资料库中的标识符（PubMed identifier），是分配给每个 PubMed 文献记录的唯一标识。

③ 原文提供了 DOI 链接，已根据出版物最新 PMID 进行了更新。

④ 又称第四脑室孔闭塞综合征（非交通性脑积）。多于生后 6 个月内出现脑积水和颅压增高，亦可伴有小脑性共济失调和颅神经麻痹。后天梗阻性多见于颅后窝肿瘤，表现为进行性颅压增高、小脑性共济失调和颅神经损害症状。

⑤ 也称小颌畸形 - 指综合征（micrognathia-digital-syndrome）。

⑥ 为小颌畸形、舌下垂和气道阻塞的三联征。

索　引

A

阿拉伯半乳聚糖　271, 275, 276, 311, 318, 319, 743, 744
阿拉伯半乳聚糖蛋白　318, 730
阿拉伯木聚糖　311, 314, 315
阿拉伯葡糖醛酸木聚糖　317
阿什韦尔 - 莫雷尔受体　440, 444, 477, 529, 531, 600, 732
癌胚抗原　608, 614, 618
癌症基因组图谱　617
氨基糖　26, 36, 57, 199, 210, 278

B

白细胞共同抗原相关蛋白质　350, 401
半抗原　381, 623, 632
半抗原抑制试验　623
半乳甘露聚糖　19, 92, 137, 298, 306
半乳凝集素　90, 110, 115, 163, 176, 237, 334, 368, 369, 373, 374, 417, 447, 477, 530, 557, 609, 766
半乳凝集素相关蛋白　479
半乳糖胺半乳聚糖　306
半乳糖神经酰胺　60, 124, 128, 131, 262, 302
半缩醛　22, 115, 692, 702, 706
半缩酮　22, 692
半纤维素　92, 263, 310, 314, 317, 760, 762
伴刀豆球蛋白　367, 382, 418, 421, 623, 629, 632, 634, 753, 756
胞壁质　271, 288
胞外多糖 / 细胞外多糖　35, 91, 92, 271, 282, 284, 295, 523, 540, 693
胞外聚合物（古菌）　295
薄层色谱 / 薄层色谱法　126, 128, 651, 653
饱和效应（核磁共振）　398
饱和转移差异　386, 402
饱和转移差异核磁共振　397, 398, 399
保护基团　691, 692, 697
保守寡聚高尔基体复合物　45
比较糖蛋白质组学　676
比较糖生物学　267
比较糖组学　665, 666
吡喃糖　22, 55
蓖麻毒素　94, 373, 405, 407
蓖麻毒素样结构域　117
壁磷壁酸　36, 271, 274, 275, 276, 280, 285
变旋现象　24, 700
表观解离常数　379
表观遗传学　241, 250
表面层　42, 98, 184, 288, 291
表面层蛋白　92, 282
表面层片　291
表面层糖蛋白　287, 293, 295
表面等离子体共振　83, 146, 384, 501, 635, 750, 751
表皮生长因子　79
表皮生长因子结构域　150, 457, 522
表皮生长因子模件　52, 66, 361
表皮生长因子受体　87, 132, 206, 352, 612
表皮生长因子样结构域　66, 67, 327, 347, 458
表皮生长因子样重复序列　44, 149, 243, 516, 584
表型模拟　95
丙酮酰基转移酶　64
病原体相关分子模式　79, 269, 274, 277, 414, 446, 448, 449, 451, 520, 525, 536, 554
补救途径　50, 56, 130, 589, 643, 665, 710, 741

C

操纵子　201, 539, 727
层粘连蛋白　98, 157, 211, 214, 532, 538, 582
差向异构化　20, 49, 51, 54, 56, 199, 217, 219, 221, 401, 540
差异表位绘图（饱和转移差异核磁共振）　398, 399
超极化（核磁共振）　403
重复单元　31, 33, 36, 37, 200, 274, 278, 279, 356
重新糖基化　59
沉淀试验　378, 389
衬度传递函数　399
尺寸排阻色谱法　100
初生细胞壁　313, 314, 316, 759
储存型多糖　31, 32, 51, 69, 321, 759
串联质量标签　675
串联质谱法　659, 667, 668, 670, 672, 676
串联重复型 R 型凝集素　408, 411, 414
串联重复型半乳凝集素　479, 480
串珠蛋白聚糖　214, 221, 333, 343, 615
磁化转移　397
次生代谢产物　322
次生细胞壁　273, 313, 317, 759, 760
刺突蛋白　425, 492, 500, 541, 543, 601
从头合成　13, 50, 538, 554, 573

从头合成途径　572
促黄体素 / 黄体生成素　67, 172, 173
促甲状腺素　172, 173
促进扩散转运蛋白　49
催化三联体机理　73

D

代谢标记　651
代谢池　51, 60, 710, 717
代谢放射标记　632
代谢流　62, 252, 665
代谢组　664, 678
单半乳糖基二酰甘油　232, 321
单次基因改变　599, 640
单核苷酸多态性　471
单颗粒分析　399
单糖　5, 19
单糖定量分析　656
单糖基化　223, 224, 225, 228
蛋白聚糖　11, 19, 34, 40, 177, 209, 221, 318, 332, 348, 350, 458, 585, 616, 645, 653
蛋白磷酸聚糖　554
蛋白质糖基化　12, 30, 236, 243, 280, 287, 291, 300
蛋白质体　419, 421
蛋白质体外结合牵拉实验　383
蛋白质印迹法　632, 653
蛋白质组　664
蛋白质组学　14, 116, 332, 633, 664, 666, 669, 673, 676, 678, 688
蛋白质组学实验所需最少信息　680
等电聚焦　578, 584
等温滴定量热法　378, 383, 501
低分子质量肝素　221, 597, 619, 743
低糖基化　103, 580
底物辅助受体去质子化　70
底物减少疗法　133, 573, 711, 742
点击化学　244, 754
电喷雾电离　244, 658, 659
电喷雾离子化　386
电子捕获解离　658
电子轰击 - 质谱法　656, 658
电子显微镜　633
电子转移 / 高能碰撞解离　675, 686
电子转移 / 碰撞诱导解离　675
电子转移解离　244, 658, 667, 676, 686, 767
定量演化　258
动力学和近平衡方法　381
豆科凝集素　90, 417
毒力因子　188, 225, 228, 263, 448, 534, 550, 555
端基差向异构体　24, 623, 659, 660, 669
端基差向异构效应　400
短蛋白聚糖　202, 204, 213, 458
堆栈（高尔基体）　40, 44, 45, 220, 435
多酚木质素　317
多价性　130, 370, 380, 407, 483
多聚 *O*- 抗原链　35
多囊泡体　571
多能蛋白聚糖　202, 204, 213, 214, 458, 616
多凝集素亲和色谱　632
多频饱和转移差异核磁共振　398
多羟基醛 / 多羟基酮　5
多糖　5, 19, 29
多糖侧链（蛋白聚糖）　34
多糖裂合酶　89
多萜醇　61, 101
多唾液酸　12, 79, 91, 120, 176, 184, 264, 284
多唾液酸化　176, 184, 359, 668
多微生物生物膜　540
多纤维素酶体　285, 314
多亚基转酰胺酶复合物　143

E

二 -*N*- 乙酰基乳糖胺　11, 108, 120, 162, 259, 329, 344, 407, 483, 556
二半乳糖基二酰甘油　232, 233, 321
二等分 *N*- 乙酰葡萄糖胺　107, 162, 374, 610, 731
二氢鞘氨醇　125
二维薄层色谱法　128

F

乏甘露糖苷　325, 326, 329
乏甘露糖型（*N*- 聚糖）　106, 320, 339
翻译后修饰　2, 13, 137, 236, 244, 248, 249, 318, 399, 604, 664
反面高尔基网　40, 44, 408, 431,434, 435, 708
反式激活（Notch 信号通路）　151
反式识别（鞘糖脂）　130
反式相互作用（唾液酸）　468
反受体　452, 454
反向遗传学方法　312
非分泌者　31, 166, 169, 170
非还原端 / 非还原末端　6, 27
非环状形式（单糖）　22
非菌毛黏附蛋白　539
非平衡方法　381, 386
非阳离子依赖性的甘露糖 -6- 磷酸受体　432, 435, 436, 437

费歇尔投影式 20
分级分离 499, 632, 653, 656
分解代谢途径 573
分泌颗粒蛋白聚糖 211, 214
分泌途径（蛋白质） 40, 42, 44, 99, 116, 149, 223, 225, 232, 233, 234, 237, 298, 301, 424, 438
分泌型蛋白 112
分泌型多糖 263
分泌型糖蛋白 50, 99, 266, 610
分泌 - 再捕获途径 435
分泌者 31
分泌者阳性 167
分选凝集素 373
分支 29, 30, 108
分支点（糖链结构） 27
分枝菌酸 271, 276
分子伴侣 103, 510
分子动力学 400
分子力学 400
分子模拟 36, 76, 79, 195, 207, 262, 264, 266, 470, 526, 536, 603
分子种类 12, 235, 674, 767
封端糖（链） 108
呋喃糖 22
辐射自杀法 642
福山蛋白 157, 582, 583
福山蛋白相关蛋白 157, 582, 583
福斯曼抗原 129, 171, 566
辅助蛋白 245, 246
辅助活性 89
负向选择 263
复合型（*N*- 聚糖） 11, 69, 99, 310, 339, 421, 623, 712
复杂神经节苷脂 131, 587
复杂碳水化合物结构数据库 680

G

钙连蛋白 67, 90, 104, 368, 373, 422, 511, 514, 518
钙网蛋白 67, 90, 104, 301, 368, 373, 422, 511, 515, 517
甘露糖 -6- 磷酸 178, 428, 429, 433, 436
甘露糖 -6- 磷酸受体 84, 109, 178, 352, 368, 432, 434, 436, 444, 512, 562, 573, 742
甘露糖 -6- 磷酸受体途径 436
甘露糖封端脂阿拉伯甘露聚糖 276, 451
甘露糖基化脂阿拉伯甘露聚糖 451
甘露糖结合凝集素 89, 90, 446, 447, 601
甘露糖受体 173, 276, 306, 368, 369, 373, 375, 379, 413, 434, 438, 442, 445, 730, 742
甘油糖脂 125
肝素 11, 33, 209, 220, 368, 499, 525, 597, 743
肝素原 264, 284
刚体 401
高尔基体反面膜囊 44, 45, 105, 116, 319, 369
高尔基体顺面膜囊 44, 105, 108, 116, 319, 424
高尔基体糖基化酶 42
高尔基体中间膜囊 44, 105, 106, 319
高能碰撞解离 674, 686
高糖基化 304
高效液相色谱法 100, 115, 190, 668, 669
革兰氏阳性菌 35, 269, 270, 274
革兰氏阴性菌 35, 56, 98, 269, 277, 285, 525, 537
功能获得 431, 585, 634, 640
功能获得突变 110
功能丧失 431, 585, 634, 640
功能丧失突变 110
功能糖组学联盟 90, 394, 681
功能糖组学 387
共翻译 / 共翻译修饰 12, 728
共聚焦显微镜 633, 651
共识位点 / 共识（多肽）序列 / 共识基序 11, 30, 66, 151, 153, 154, 155, 246, 258, 454, 674
共识折叠 204
供体（糖基化反应） 41, 48
构建单元 22, 29, 108, 258, 260, 288, 311, 583, 755, 763
构象异构体 23, 397, 401, 513
构型保留 70, 699, 700, 702, 706
构型保留型糖基转移酶 70, 225, 700
构型反转 70, 700, 702
构型反转型糖基转移酶 70, 229, 700
古菌 39, 42, 80, 91, 98, 180, 196, 258, 263, 288, 415
古菌鞭毛蛋白 291, 293, 295
谷氨酸 - 脯氨酸 - 天冬酰胺（EPN）基序 442
寡甘露糖型 / 高甘露糖型（*N*- 聚糖） 11, 99, 310, 339, 407, 446, 551, 623, 730
寡聚半乳糖醛酸苷 523
寡糖 5, 19, 29
寡糖基二磷脂 92
寡糖基转移酶 101, 103, 294, 511, 580
寡糖基转移酶复合物 103, 580, 581, 727
寡糖素 305, 519, 521, 522
寡唾液酸 177, 184
国际生物化学与分子生物学联盟 88
果冻卷基序 90, 425
果胶 32, 92, 314, 315, 317, 523, 759, 762
果胶多糖 262, 310, 311
果聚糖 313

H

哈沃斯投影式 22

还原端 / 还原末端 6, 27
还原糖 24, 25, 744
还原型烟酰胺腺嘌呤二核苷酸磷酸 51, 54, 521
海藻多糖 320
海藻酸 320, 696
寒武纪大爆发 196, 260
罕见单糖 36, 698
罕见糖 36
核奥弗豪泽效应 397, 402, 660, 662, 767
核磁峰归属 396, 398, 660
核磁共振 31, 116, 128, 378, 386, 392, 396, 501, 506, 601, 650, 653, 655, 659, 680, 684, 687, 751, 767
核定位信号途径 238
核苷酸糖 13, 41, 48, 700
核苷酸糖反向转运蛋白 57
核苷酸糖供体 13, 42, 44, 49, 63, 724, 727
核苷酸糖前体途径 60
核苷酸糖转运蛋白 57, 87, 109, 129, 331, 353, 581, 591, 726
核细胞质 223
核细胞质糖基化 57, 225, 346
核心（区）四糖 / 连键区四糖 / 四糖连接子（蛋白聚糖） 59, 178, 216, 330, 332, 348, 569, 585, 645
核心 M1 型（*O*- 甘露糖聚糖） 157, 583
核心 M2 型（*O*- 甘露糖聚糖） 157, 583
核心 M3 型（*O*- 甘露糖聚糖） 157, 582
核心蛋白（蛋白聚糖） 11, 34, 201, 209, 210, 212, 235, 332, 348, 458, 529, 566, 585, 616, 716
核心寡糖（脂多糖） 277, 280, 536, 539, 726
核心区域 / 核心结构 11, 29, 80, 112, 136
核心序列（*N*- 聚糖） 99
后高尔基体区室 43
化学酶法策略 702
化学酶法合成 507, 699, 706, 768
怀布尔 - 帕拉德小体 453
环肽链 68, 410, 418, 420, 442, 465, 503
环状形式（单糖） 5, 22
环状重排（蛋白质） 421
磺达肝癸钠 / 磺达肝素 597
磺基唾液酸化 Lewis x 169
磺基转移酶 64, 72, 120, 216, 330, 332, 457
混合床凝集素色谱法 630
混合连键葡聚糖 315
活化形式的单糖 41, 48, 49
活性氧类 253, 446, 458, 473, 521, 540
货物蛋白 44, 424, 571

J

肌醇磷酸神经酰胺 137
肌醇磷酸神经酰胺锚定聚糖 552
基底膜 214, 530, 531, 532, 584, 595, 603, 615
基底膜蛋白聚糖 214, 333
基因横向转移 91, 195, 260, 373, 408
基因替代疗法 573
基因组 12, 67, 88, 257, 263, 665, 678, 688, 725
基因组学 88, 94, 664
基因组在线数据库 88
基于微球的 Luminex 型分析 387
基质蛋白聚糖 157, 261, 346, 582, 583
基质辅助激光解吸 / 电离 658, 659, 666, 671, 769
基质辅助激光解吸 / 电离飞行时间 244, 386, 670
激光诱导荧光 670
己醛糖 22
己糖 8
己糖胺 8, 60, 216, 672, 744
己糖胺生物合成途径 60, 246, 251, 252, 606, 709
己酮糖 22
计算方法 400
计算机辅助的常规多糖核磁谱评估 660, 687
计算机建模 392, 400, 401
寄生关系 546
加工糖苷酶 42, 44, 711
荚膜 63, 271, 534
荚膜多糖 12, 35, 36, 184, 195, 271, 282, 535, 726, 745
荚膜透明质酸 207
荚膜血清型 536
甲烷菌软骨素 92, 290
假胞壁质 288, 290
假肽聚糖 288
间 α- 胰蛋白酶抑制剂 204, 205, 425
间质 - 上皮转化 456
键耦合（核磁共振） 660
交叉亲和免疫电泳 389
交叉校正 573
胶原蛋白结构域 158
胶原蛋白样结构域 89, 371,446
胶原凝集素 379, 440, 442, 446
结构性多糖 31, 32, 263
结合疫苗 745
结晶区（纤维素） 31
结瘤因子 490, 519, 522, 523
进化漂变 264
进化谱系 256, 259
进化选择压力 16, 266
京都基因与基因组百科全书 89
精脂 126

肼解 100, 235, 653, 655
竞争性分析法 387
巨噬细胞诱导的C型凝集素 370, 374, 447, 448, 450
聚-*N*-乙酰葡萄糖胺 284, 540
聚-*N*-乙酰乳糖胺 108, 120, 144, 162, 163, 166, 211, 215, 216, 481, 483, 551, 568, 571, 599, 604, 610, 727, 744
聚-二-*N*-乙酰基乳糖胺 11, 162
聚集蛋白聚糖 202, 204, 210, 213, 458
聚集蛋白聚糖家族 213, 214, 221
聚糖 2, 3, 19
聚糖表达模式 16, 82, 267
聚糖表位 79, 112, 164, 169, 359, 599, 608, 726
聚糖不均一性 109, 658
聚糖符号命名法 8, 680
聚糖基神经酰胺/大糖脂 166
聚糖结合蛋白 14, 15, 75, 87, 89, 99, 114, 130, 285, 334, 356, 366, 376, 379, 381, 440, 461, 490, 546, 622, 640
聚糖结合基序/聚糖结合决定簇 387
聚糖结合结构域 369
聚糖类别表征 668
聚糖觅食 531
聚糖密码 256
聚糖骗局 76, 79, 80
聚糖生物合成 40, 48, 312, 576, 578, 582, 678, 712
聚糖识别 374, 378, 392, 745
聚糖识别探针 82, 622, 666
聚糖识别探针模件 83
聚糖修饰酶 16, 312, 329
聚戊烯醇 61, 279
绝对构型 20
菌毛 273, 281, 369, 493, 539

K

卡拉胶 320
卡斯塔碱 103,711
开关效应 78
开链形式（单糖） 5
抗酸性细菌 271
抗体依赖性细胞介导的细胞毒作用 530, 668, 723
抗原变异 551
抗原呈递细胞 450, 456, 525
拷贝DNA 389
壳多糖 32, 77, 200, 298, 338, 350, 554, 635, 761
壳多糖寡糖 201, 523
壳多糖寡糖激发子结合蛋白 522
壳多糖酶样聚糖结合结构域 373
可变剪接 136, 214, 246
可变数目串联重复 114
可读框 89, 470
可溶性L型凝集素 419
苦马豆碱 109, 573, 711, 712
跨膜和四肽三肽重复序列 327
快原子轰击 658
昆布多糖 321, 526

L

拉氏图 662
郎飞结 131
雷兹途径 280
类S_N2反应机理 72
类囊体 321
冷冻电子显微术 62, 68, 392, 399, 767
冷凝集素 163
离去基团 70, 692
离子交换色谱法 100, 578, 653
离子淌度质谱法 659, 673
力场 400
立体化学 22, 31, 70
立体化学多样性 27
立体选择性 692
立体异构体 20, 26
立体中心 20, 30
连键 5
连键分析 656
连接单糖 294
连接蛋白 202, 209
连接模件 202, 369, 397
连接子 34, 90, 118, 387, 695
联合蛋白质数据库 89, 103
联合生物加工 760
链间结合 316
链间配对 317
量子力学 400
裂隙 68, 503
邻基参与 692
临时保护基 691, 695
磷壁酸 35, 525
磷壁酸型 36
磷酸蛋白聚糖 214, 519
磷酸聚糖（利什曼原虫） 553
磷酸肽甘露聚糖 305
磷酸糖基化/糖磷酸化 73, 554
磷酸戊糖途径 50, 51, 252, 617
磷酸烯醇式丙酮酸 53, 61, 185, 272
磷酸乙醇胺 136, 142, 345, 645
磷酸乙醇胺转移酶 64, 142

磷酸转移酶　64
磷脂甘露聚糖　305
磷脂酰肌醇蛋白聚糖　211, 214, 235, 333, 348, 519, 615
磷脂酰肌醇蛋白质锚　135
磷脂酰肌醇甘露糖苷　276
磷脂酰丝氨酸　145, 484
流式细胞术　83, 633
硫苷脂　125, 131
硫酸化鞘糖脂　126
硫酸化糖胺聚糖　199, 215, 368
硫酸化糖胺聚糖结合蛋白　15, 366, 368
硫酸化岩藻糖聚合物　356
硫酸角质素　11, 33, 163, 209, 216, 499, 532, 564, 568, 616
硫酸角质素 I 型、II 型　215
硫酸皮肤素　11, 32, 209, 217, 327, 499, 564, 568, 616
硫酸软骨素　11, 32, 209, 215, 217, 220, 235, 262, 348, 396, 499, 506, 568, 616, 645, 744
硫酸软骨素蛋白聚糖　204, 215, 332, 348, 506
硫酸乙酰肝素　11, 26, 32, 209, 217, 262, 348, 401, 492, 499, 504, 542, 549, 568, 596, 598, 603, 616
卵泡刺激素　67, 172
罗斯曼折叠　68

M

脉冲安培检测法 / 脉冲安培检测的高 pH 阴离子交换色谱法　655, 656
脉冲 - 追踪实验　232, 247, 429, 651
毛细管电泳法　669, 684
酶联免疫吸附分析法　381, 386, 501, 635
酶替代疗法　133, 435, 573, 742
酶学委员会　89, 229, 406
酶增强疗法　573, 574
孟买表型　167
免疫耗竭 / 平移淘选　642
免疫球蛋白折叠　441, 461
免疫受体酪氨酸活化基序　449, 463, 466
免疫受体酪氨酸抑制基序　450, 463, 467, 472, 474
免疫组化　422, 633
模式识别受体　422, 440, 446, 450, 484, 486, 520, 525, 557
模型比对　88
膜结合的 L 型凝集素　419
膜结合的蛋白聚糖　214
膜结合型蛋白　112
膜结合型糖蛋白　99, 105
膜磷脂　124, 282, 459
膜锚定凝集素　371
膜微结构域　45
膜整合蛋白质　68, 135, 437
木半乳糖醛酸聚糖　311, 316
木聚糖　92, 305, 317, 414, 628, 761
木葡聚糖　92, 314, 521, 761
木质素　313, 523, 760

N

耐久型（线虫）　248, 324
囊膜病毒　263, 543
囊泡膜整合蛋白 36　418, 514
囊泡膜整合蛋白 36 样蛋白　424
囊泡运输模型　44
内毒素　277, 525, 536
内核结构（脂多糖）　277
内源性聚糖　368, 484
内源性聚糖结合蛋白　75, 76, 84
内质网保留 / 检索序列　511
内质网 - 高尔基体途径　13, 39
内质网 - 高尔基中间区室　423
内质网 - 高尔基体中间区室 53kDa 蛋白　418, 423, 514
内质网糖基化酶　44
内质网途径　258
内质网相关蛋白质降解　225, 233, 301, 511, 524
内质网相关糖蛋白降解　369
能量依赖性转运蛋白　49
拟糖体　737, 745, 746, 757
逆向囊泡运输　45
黏蛋白　11, 65, 112, 190, 358, 490, 524, 530, 552, 594, 605, 610
黏附蛋白　133, 368, 489, 538
黏结蛋白聚糖　214, 333, 348, 363, 519, 615
黏膜聚糖　285, 596
黏液　114
凝集（试验）　388, 633
凝集素　14, 15, 366, 367, 380, 623, 628, 630
凝集素结构域　65
凝集素途径　276, 447
凝集素微阵列　633
凝集素印迹　651
凝集素折叠　418
扭弯式（构象）　23
扭转角　27, 31, 662
纽曼投影式　27

O

耦合关联性磁振频谱　660

P

派亚氏淋巴丛　456
配体集簇　375
碰撞活化解离　658
碰撞诱导解离　658, 671, 686

匹配（糖链结构） 668
胼胝质 315, 521
平板影印培养 642
平衡凝胶过滤法 382
平衡透析 378, 381
平衡选择 265
脯氨酸 - 苏氨酸 - 丝氨酸结构域 114
葡糖醛木甘露半乳聚糖 306
葡糖醛木甘露聚糖 306
葡糖醛酸阿拉伯木聚糖 317
葡糖醛酸木聚糖 92, 317
葡萄糖胺：果糖氨基转移酶途径 595
葡萄糖醛酸化 59, 178, 531
葡萄糖神经酰胺 51, 125, 131, 261, 302, 532, 699

Q

气相色谱法 115, 656
砌块 693
前沿亲和色谱法 382
嵌合抗原受体 T 细胞疗法 122, 471, 610, 619
嵌合体型 R 型凝集素 411
嵌合型半乳凝集素 479
鞘氨醇 11, 124, 303, 572
鞘磷脂 124
鞘糖脂 11, 124, 261, 327, 351, 519, 570, 587
鞘脂 124, 130, 303
鞘脂激活蛋白 130, 571
亲合力 15, 78, 130, 371, 379, 393, 419, 440, 490, 499, 749
亲和共电泳 389
亲和力 15, 78, 130, 374, 379, 393, 440, 490, 499, 749
亲和色谱 83, 630
亲和色谱法 100, 115, 382
亲水相互作用液相色谱法 668
芹半乳糖醛酸聚糖 53, 316
青霉素结合蛋白 94, 274
氢氘交换 386
氢键 32, 152, 314, 394, 400, 402, 481, 502, 714
琼脂糖凝胶电泳 653
区域化学多样性 27
趋化因子 453, 500, 506, 537, 616
趋同进化 80, 90, 93, 187, 215, 260, 284, 374, 419, 502
趋异进化 419
取代半乳糖醛酸聚糖 316
去 *N*- 乙酰化 26, 138
去掩蔽 465
全基因组关联分析 602, 604
醛糖 5, 20
醛糖醇 24
群体免疫 265

R

人绒毛膜促性腺激素 66, 358
人乳寡糖 31, 170, 425, 497, 523, 524, 744
壬酮糖酸 8, 36, 49, 180, 260, 264, 281, 538
溶菌酶型（糖基转移酶） 68, 69
溶酶体酶 67, 73, 78, 368, 428, 437, 561, 573, 742
溶酶体水解酶 44, 108, 129, 178, 562, 743
溶酶体载体 50
溶血性输血反应 169, 597
冗余性 117, 312, 331
柔性环肽链定序 72
乳糖神经酰胺 128

S

伞毛 369, 493, 539
色氨酸 - 天冬酰胺 - 天冬氨酸（WND）基序 442
上皮 - 间质转化 202, 450, 614, 618
伸展蛋白 318, 730
神经蛋白聚糖 202, 204, 213, 458
神经节苷脂 11, 79, 125, 262, 351, 469, 495, 611
神经系统变性疾病 251
神经细胞黏附分子 79, 80, 136, 176, 184, 233, 463, 532, 536, 603
神经酰胺 11, 65, 124, 125, 127, 128, 143
渗透调节周质葡聚糖 282
生境 269, 271, 284, 287, 291
生命域 258, 287, 371
生物标志物发现 676
生物分类群 256
生物合成机器 101
生物合成途径 35, 48
生物膜 269, 274, 284, 540
生物膜干涉测量法 385
生物掩蔽物 78, 192
生物正交 50
生长因子受体 33, 78, 130, 213
十二烷基硫酸钠聚丙烯酰胺凝胶电泳 244, 279, 651, 669
十一萜醇磷酸 273
十一异戊二烯基磷酸 61, 710
识别过程 5
嗜极微生物 287
噬菌体展示 627
受体（糖基化反应） 63
受体介导的胞吞作用 444
受体破坏酶 191, 542
输血反应 167, 169, 597

鼠李半乳糖醛酸聚糖　316, 523
鼠李半乳糖醛酸聚糖 -I　311, 316
鼠李半乳糖醛酸聚糖 -II　310, 316
树突状细胞　80, 132, 306, 413, 446, 465, 485, 543, 557
树突状细胞特异性细胞间黏附分子 -3- 捕获非整联蛋白　80, 276, 370, 394, 444, 530, 543, 557
栓系复合物　45
双分子亲核取代　70
双库尼茨抑制剂　204, 585
双 - 双连续动力学机理　71
双特异性 T 细胞衔接系统　122
双序列比对　88
双置换机理　70
顺面潴泡　44
顺式结合（唾液酸）　467
顺式调控（鞘糖脂）　130
顺式相互作用　78, 465, 474
顺式抑制　151
瞬态有序液体纳米团簇　145
丝甘蛋白聚糖　214, 221
斯文纳霍尔姆命名法　126
四肽三肽重复序列　245, 261, 585
四糖中性糖核心序列（鞘糖脂）　126
髓聚糖　132
髓磷脂　125, 131, 469
髓鞘　130, 193, 262, 469, 517, 532
髓鞘相关糖蛋白　131, 132, 178, 193, 462, 468, 532, 603
髓系细胞　446, 447, 450, 455, 456
碎裂规律（质谱）　658
碎片离子模式　656
损伤相关分子模式　80, 448, 474, 520, 525

T

肽聚糖　36, 61, 63, 69, 232, 269, 271, 525, 537, 710, 713
碳水化合物　2, 3, 19
碳水化合物活性酶数据库　67, 69, 88, 117, 227, 312, 394, 405, 681, 724, 768
碳水化合物结合蛋白　131, 223, 237, 343, 352, 392
碳水化合物结合模件　89, 285, 372, 394, 405, 622, 629
碳水化合物结合域　367, 379
碳水化合物识别域　83, 90, 353, 366, 379,405, 418, 440, 477, 489
碳水化合物识别域集簇　375
糖　3
糖胺聚糖　11, 32, 34, 40, 77, 199, 209, 210, 235, 262, 327, 332, 348, 502, 524, 531, 566, 585, 594, 645, 743
糖胺聚糖结合蛋白　5, 33, 215, 366, 393, 499, 685
糖表型　256, 768
糖蛋白　3, 8, 12, 19, 109, 112, 149, 163, 173, 233, 510, 565, 630, 632, 650, 669, 710, 721, 738
糖蛋白质组描绘　676
糖蛋白质组学　14, 664, 666, 673, 674, 676
糖萼　6, 77, 256, 291, 399, 551
糖二酸　24
糖复合物　3, 5, 19, 27
糖苷键　5, 19, 25, 26, 29, 158, 650, 656, 675, 691
糖苷酶　12, 63, 64, 69, 273, 699, 708
糖苷内切酶　13, 46, 561, 652, 669
糖苷配基　6, 27, 29, 483, 513, 650
糖苷水解酶　87, 93, 665, 673, 713, 742
糖苷外切酶　13, 46, 221, 384, 561, 652, 668
糖苷引物　715, 717
糖化　25, 595
糖基　5, 27
糖基甘油脂　321
糖基化　25, 39, 595
糖基化工程　639, 647, 721, 740
糖基化模式　39, 220, 256, 531, 725, 733
糖基肌醇磷酸神经酰胺　321
糖基肌醇磷脂　137, 552
糖基磷脂酰肌醇　135, 550
糖基磷脂酰肌醇 - 多肽　138
糖基磷脂酰肌醇锚　11, 40, 147, 214, 318, 614, 645, 654, 715
糖基磷脂酰肌醇锚定蛋白　130, 135, 298, 306, 551, 586, 645, 654
糖基磷脂酰肌醇生物合成途径　138, 143
糖基磷脂酰肌醇添加信号肽　138, 143, 302
糖基磷脂酰肌醇途径　143, 147, 586
糖基 - 酶中间体　70
糖基因　678, 724, 730, 768
糖基因数据库　89
糖基转移酶　12, 41, 63, 87, 273, 328, 699, 708, 713
糖降解途径　565
糖酵解　51, 53, 617
糖酵解途径　51
糖类　5
糖链　2
糖链终止剂　717
糖硫肽　455
糖谱分析　668
糖醛酸　8, 24, 36, 199, 210, 540

糖醛酸磷壁酸 274
糖生物信息学 678
糖生物学 2, 4
糖酸 24
糖肽偏好转移酶 118
糖突触 130, 183
糖信号结构域 130
糖型 12,109, 236, 578, 655, 722, 739, 768
糖原 32, 50, 77, 231, 285, 564
糖原蛋白 51, 66, 226, 231
糖原分解 51
糖脂 3, 11, 19, 124, 126, 276, 302, 321, 333, 646, 653, 715
糖脂组学 666
糖质营养素 743
糖转运蛋白 49, 87
糖组 14, 87, 183, 325, 546, 664
糖组信息学联盟 689
糖组学 14, 94, 655, 664, 665, 668, 673, 679
糖组学实验所需最少信息 680, 683, 768
提升酶 130, 571
替代途径 61, 110, 281, 450
天冬氨酸 -X- 天冬氨酸基序 68
天冬氨酸 -X- 组氨酸基序 118
天冬酰胺连接糖基化 101
调理吞噬作用 535
调理作用 306, 535, 540, 750
通用供血型 167
通用受血型 167
同侧 / 前侧解离机理 70
同多糖 231, 654
同型半乳糖醛酸聚糖 311, 315, 521, 628
同型结合 78
同源寡聚化 45
同源聚糖 15, 78, 82, 238, 444
同种凝集素 166
同种异体抗原 167
同种异体免疫 167
酮糖 5, 20, 24, 57
酮 - 脱氧辛酮糖酸 8, 49
透明质酸 / 透明质酸寡糖 11, 32, 199, 209, 235, 262, 524, 530, 532, 536, 567, 614
透明质酸和蛋白聚糖连接蛋白 202, 204
透明质酸结合蛋白 204, 236, 539, 743
透明质酸结合基序 210
透明质酸黏附蛋白 202, 366
突变等位基因 59 , 562, 646
突变株 15, 54, 105, 141, 359, 708
突触蛋白聚糖 158, 214
脱水酶 57
脱氧己糖 56, 671
脱氧糖 26, 56
脱氧野尻霉素 103, 109, 711
唾液酸 11, 180, 190, 233, 260, 303, 320, 325, 340, 363, 367, 402, 410, 425, 444, 455, 461
唾液酸蛋白 188
唾液酸化 30, 80, 115, 120, 126, 144, 163, 169, 174, 183, 188, 193, 217, 260, 339, 341, 344, 351, 359, 422, 453, 462, 483, 489, 524, 529, 536, 550, 589, 594, 598, 609, 611, 618, 633, 665, 668, 674, 700, 709, 723, 727, 732, 739, 770
唾液酸化 Lewis a 抗原 453
唾液酸化 Lewis x 聚糖 78, 121, 375, 589, 594
唾液酸化 Lewis x 169, 376, 453, 473, 494, 529, 589, 635, 645, 668, 676, 701, 710, 741, 746
唾液酸化 Lewis x 决定簇 177
唾液酸化 Lewis x 抗原 453
唾液酸化 Tn 抗原 113, 115, 122, 599, 604, 610, 728, 734
唾液酸化 T 抗原 115, 410, 610, 728
唾液酸化鞘糖脂 126
唾液酸结合蛋白 182, 185, 190, 542, 557
唾液酸结合免疫球蛋白样凝集素 78, 85, 90, 121, 131, 176, 185, 205, 260, 369, 376, 389, 447, 461, 470, 530, 536, 544, 554, 604, 611, 619, 666, 766
唾液酸结合免疫球蛋白样凝集素命名法 463, 470
唾液酸聚糖 183, 187, 356, 409, 465, 475, 706
唾液酸模拟 193, 196
唾液酸黏附蛋白 263, 414, 461, 466, 475
唾液酸组 31, 183, 190, 195, 470
唾液酰基序 68, 187

W

瓦尔堡效应 252
外毒素 285, 414, 425
外端基差向异构效应 400
外核结构（脂多糖） 277, 278
外聚糖层 91
外膜（革兰氏阴性菌） 35, 271, 277, 279, 280, 536
外源性聚糖 368
外源性聚糖结合蛋白 76, 192
外周蛋白质 135
烷基酰基磷脂酰肌醇锚定聚糖 552
晚期糖化终末产物 595
晚期糖化终末产物受体 595
网格蛋白包被小窝 434, 435
网格蛋白有被小泡 434
微不均一性 12, 81, 109, 627, 666, 674

微生物组 31, 93, 114, 122, 277, 285, 363, 531, 538, 596
伪接触位移 398
未裂解肝素 / 普通肝素 221, 597
未折叠蛋白质应答 60, 246, 514
位置异构体（多糖） 26
无定形区（纤维素） 31
无规线团结构 200
无唾液酸糖蛋白受体 174, 175, 367, 440
戊糖 8, 20, 22
物种内 / 物种间变异（糖基化） 76

X

席夫碱 25, 595, 651, 652
系列（鞘糖脂） 126
系统生物学 507, 679, 688
细胞表面蛋白聚糖 211, 214
细胞分选 633
细胞外基质 149, 209, 306, 458
细胞外基质蛋白聚糖 211, 213
细胞质尾部 42, 116, 434, 437, 465, 469, 471, 474, 524
细菌多糖 35, 386, 424, 654
细菌和古菌具有极其庞大的糖基化多样性 263
细菌磷脂酶 C 135
细菌磷脂酰肌醇特异性磷脂酶 C 135, 137
细菌萜醇 61
细菌萜醇磷酸 273
夏科 - 莱登结晶蛋白 479
先天性糖基化障碍 45, 50, 53, 98, 110, 114, 263, 359, 362, 576, 596, 711, 741, 766
纤胶凝蛋白 276, 370
纤维素 5, 19, 31, 32, 77, 92, 200, 237, 263, 283, 310, 314, 756, 760, 761, 762
相对反应性值 697
详细（完整）结构分析 668
小角 X 射线散射 393, 506
效应因子 455, 484, 486, 525, 530
斜船式（构象） 34, 401
新聚糖 389
新糖蛋白 237, 238, 385, 387, 693
信封式（构象） 23
形态发生 146, 205, 214, 324, 331, 338, 343, 350, 766
形态发生素 219, 338, 349, 353, 500, 525, 529
形态发生梯度 77
修剪（糖链） 13, 40, 69, 103, 258, 300, 319, 326, 329, 340, 511, 514, 711, 724
序列段 99, 109, 144, 236, 258, 260, 281, 301, 326
序列基序 43, 65, 187, 202, 371, 374, 478, 673, 687, 727
序列趋异 91
序列同源性 2, 42, 196, 207, 348, 410, 417, 462, 479, 523
序列元件 68
选凝素 110, 115, 132, 169, 353, 451, 529, 589, 593, 605, 609, 612, 619, 666, 710, 740, 746, 766
选凝素家族 78, 369, 451
选择压力 5, 76, 80, 185, 258, 263, 265, 269, 278
血管性血友病因子 113, 168, 174
血凝素 174, 191, 343, 368, 370, 406, 414, 417, 489, 541, 737
血清分型 278
血细胞凝集 83
血小板应答蛋白 1 型重复序列 44, 66, 67, 149, 150, 155, 156, 158, 159, 327, 331
血型 H 决定簇 164
血型糖 112

Y

亚孟买血型 167
烟酰胺腺嘌呤二核苷酸 51, 55, 56, 57, 328, 588
烟酰胺腺嘌呤二核苷酸磷酸 52, 54, 102
岩藻多糖 321, 357
盐黏蛋白 291
阳离子依赖性的甘露糖 -6- 磷酸受体 432, 433, 434, 436, 632
药理学分子伴侣疗法 574, 742
液相色谱法 116, 651, 667, 668, 669, 684, 686
一釜法 693, 697, 754
衣霉素 83, 101, 109, 234, 710, 711
乙酰辅酶 A 41, 55, 73, 187, 201, 247, 251, 568
椅式构象 20, 23, 27, 34
异变 60, 76, 83, 110, 122, 338, 340, 341, 346, 359, 402, 604, 608, 639, 711, 734
异核单量子相干 396, 397, 660, 661
异核多键相关 660
异头碳 24, 26, 29, 31, 70, 182, 403
异头中心 / 端基差向异构中心 5, 24
异戊二烯单元 61, 101
异戊二烯连接的单糖 42
异源寡聚化 45
异种移植 171, 747
异种移植模型 119
易位 99, 101, 144, 225, 233, 237, 258, 280, 293
易位蛋白 103, 408, 511
荧光偏振法 385
永久保护基 691, 693, 695
游离寡糖 31, 271, 281, 374, 726
游离聚糖 13, 78, 264, 381, 516, 519, 744
有被小泡 44, 444
诱导型表达 456

原型R型凝集素 411
原型半乳凝集素 479
原子力显微镜 386

Z

杂多糖 35, 92, 290, 654
杂合型（*N*-聚糖） 11, 69, 99, 310, 339, 668, 712
杂木聚糖 312, 317
杂糖 290
再葡萄糖基化 70, 301, 422, 514
造血干细胞移植 529, 573
造血细胞E/L选凝素配体 376, 453, 456, 595
长程异核单量子多键相关 660
长链基/鞘氨醇基 124, 125, 128, 130, 692
真菌细胞壁 298, 307, 399
诊断碎片离子 670
整体构型（单糖） 20
整体转移（聚糖链） 40, 63, 98, 281, 511, 727, 728
正五聚蛋白 373, 424
正相薄层色谱法 128
正向选择 260, 263
正向遗传学方法 312
支链产物 30
支链淀粉 313
支链序列 27
脂阿拉伯甘露聚糖 276
脂多糖 35, 56, 63, 125, 145, 181, 195, 205, 271, 277, 446, 454, 463, 525, 532, 536, 544, 593, 726
脂多糖外运途径 280
脂多糖易位途径 280
脂筏 130, 145, 454, 467, 519, 567, 614, 615
脂甘露聚糖 276
脂寡糖 133, 277, 522, 536, 538, 603
脂磷壁酸 35, 271, 274, 276, 446, 463, 537
脂磷酸聚糖 137, 145, 483, 486, 553, 554
脂肽磷酸聚糖 552, 555
脂质A 277, 280, 322, 463, 525, 536,726
脂质II 69, 272, 273
脂质载体 42, 61, 100, 293, 295, 589, 726
脂质重构 138, 143
脂质组 664, 678
直链产物 30
直链淀粉 313
直链序列 27
植物蛋白聚糖 310, 318
植物多糖 53, 309, 654, 743, 761, 762
植物凝集素 83, 166, 367, 370, 373, 378, 379, 409, 421, 608, 622, 640
植物鞘氨醇 125
植物神经酰胺 305
植物糖蛋白 310, 319, 626
植物细胞壁 31, 32, 92, 94, 313, 520, 628, 632, 635, 759, 766
质量控制（糖蛋白合成） 40, 98, 152, 155, 233, 258, 301, 319, 352, 368, 394, 422, 510, 516, 517, 581, 711
质谱法 14, 115, 128, 149, 189, 209, 244, 386, 653, 656, 659, 668, 684, 685
质谱碎裂/碎片离子 658, 659, 671, 674, 676
质子穿梭机理 70
中国仓鼠卵巢（细胞） 54, 104, 110, 348, 634, 639, 731
中间区室 40, 44, 60, 424, 435
中枢神经系统 214, 344, 350, 413, 468, 484, 532, 603, 715
中性鞘糖脂 126
种内多态性 80
周围神经系统 174, 468, 469, 578
周质 41, 269, 271, 276, 280, 281, 285
周转 13, 46, 50, 56, 60, 201, 221, 250, 369, 428, 456, 561, 572, 593
猪泡成熟模型 44
主干区 42, 43, 109, 116
主要衣壳蛋白途径 236
主要组织相容性复合体 132, 214, 414, 422, 448, 517, 610
转录激活因子样效应物核酸酶 356, 360, 640, 725
转肽酶 273, 274
转糖基化 146,702
转糖基酶 274
转糖基作用 272, 302
转移核奥弗豪泽效应 397
转运蛋白 41, 48, 49, 57, 58, 59, 87, 109, 276, 280, 331, 353, 516, 554, 572, 591, 634
装配途径 274, 279, 285
自动化固相合成/自动化聚糖组装 693, 695, 696
自身抗原 166, 448, 450
自体唾液酸化 177
自相关分子模式 79, 192, 260, 266, 284, 475, 525, 530
总相关谱 659, 660, 661
足萼糖蛋白 532, 602
组成型表达 359, 453, 456, 595, 730
组织化学 633
组织形式 39, 203, 270, 317
组装途径 42

其他

（A, B, H）血型抗原/决定簇 114, 120, 163, 164
（超急性）移植排斥 132, 171, 747
（聚糖）微阵列 14, 90, 336, 359, 387, 627, 630, 702

1 型聚糖单元 /1 型 *N*- 乙酰乳糖胺 115, 163, 407
2 型聚糖单元 /2 型 *N*- 乙酰乳糖胺 108, 115, 161, 407
3′- 磷酸腺苷 -5′- 磷酰硫酸 41, 72, 120, 187, 217, 360
6- 磺基 - 唾液酸化 Lewis x（决定簇） 453, 457, 473, 628
6- 脱氧己糖 8, 36, 57
ATP 结合盒转运蛋白 274, 280, 281, 285
CD33 相关的唾液酸结合免疫球蛋白样凝集素 192, 462, 470
CRISPR/Cas9 312, 356, 358, 360, 640, 725, 735
C 型凝集素 89, 204, 306, 353, 440, 543
C 型凝集素结构域 213, 334, 413, 440, 442, 446, 458
C 型凝集素受体 449, 450
C 型凝集素折叠 440, 443
C 型碳水化合物识别域 373
E 选凝素 121, 132, 192, 376, 451, 455, 532, 593, 604, 612, 746, 752
F 型凝集素 373, 374
GT-A 型（糖基转移酶） 68, 88, 117, 232
GT-B 型（糖基转移酶） 68, 88
GT-C 型（糖基转移酶） 68, 88, 276
G 蛋白偶联受体 80, 519
HNK-1 抗原 / 表位 133, 178, 458, 463, 603, 717
I（血型）抗原 115, 120, 163
i（血型）抗原 115, 163
II 型初生细胞壁 314
II 型膜蛋白 42
I 型初生细胞壁 314
I 型凝集素 90, 192, 373, 461, 462, 463
Lewis a（血型）抗原 114, 168, 676
Lewis b（血型）抗原 31, 169, 544
Lewis x（抗原）决定簇 169, 629, 634, 635, 676
Lewis y 决定簇 169
Lewis 型 /Lewis（血型）抗原 36, 115, 168
Lewis 阴性 169
L 型（细菌） 271
L 型凝集素 173, 367, 417, 514
L 型碳水化合物识别域 373
L 选凝素 84, 177, 178, 369, 442, 447, 451, 453, 456, 507, 593, 597, 613, 619, 746
M 型凝集素 368, 373
Nodal 信号通路 146
Notch 蛋白受体 87, 151, 530, 584
Notch 信号通路 146, 151, 153, 154, 155, 361
N- 聚糖 11, 30, 98, 99
N- 去乙酰化 73, 220, 299
N- 糖基化 98
N- 乙酰胞壁酸 73, 271, 273, 274, 285, 288
N- 乙酰基肝素原 348
N- 乙酰乳糖胺 11, 36, 64, 99, 108, 161, 259, 344, 407, 483, 524, 732
O-*N*- 乙酰葡萄糖胺（*O*-GlcNAc）糖基化 41, 60, 224, 232, 241, 327, 331, 346, 530, 532, 595, 606, 617, 647, 766
O- 聚糖 11, 30, 234, 261, 305, 566, 610
O- 抗原（多糖） 35, 37, 42, 56, 61, 91, 274, 276, 277, 278, 283, 536, 544, 726
O- 糖基化 98, 452
O- 乙酰化 73
O- 乙酰转移酶 41, 64, 73, 120, 187
P1PK 血型 169
P1 抗原 169
P2 血型 169
P^k 抗原 169, 412
P 抗原 412
P 型凝集素 353, 367, 369, 428
P 选凝素 78, 178, 192, 375, 376, 379, 442, 451, 453, 507, 593, 595, 597, 613, 619, 746, 752
P 选凝素糖蛋白配体 -1 78, 122, 375, 376, 453, 455, 594, 595, 597
P 血型 169
R 型凝集素 173, 405
R 型碳水化合物识别域 373
Sd^a 抗原 /Sd^a 血型 /CT 抗原 173, 613
S_Ni 或类 S_Ni 机理 70
S 结构域（糖胺聚糖） 34
S- 腺苷甲硫氨酸 41, 187
S 型凝集素 477
TF 抗原 /T 抗原 115, 409, 410
Tn 抗原 115, 122, 599, 604, 610, 618, 619, 626
Toll 样受体 79, 202, 205, 269, 446, 450, 466, 473, 525, 537, 606
T 细胞受体 132, 145, 485
X- 凝集素 358
X 染色体失活 147
X 射线晶体学 68, 71, 393, 464, 501, 718, 767
X 射线衍射 236
α-Gal/Galα1-3Gal 表位 171, 552, 747
α- 抗肌萎缩蛋白聚糖 52, 73, 149, 156, 157, 178, 261, 346, 373, 425, 582,590, 642
α- 连键 7
β- 连键 7
β- 螺旋桨型凝集素 373
β 螺旋桨折叠 69, 394, 395
β- 三明治折叠 394, 415, 420, 425, 461
β- 三叶折叠 394, 405, 409, 411, 413, 415
β 消除反应 115, 190, 234, 235, 241, 356, 653, 655, 669
β 转角 /β 发夹 100